Bergmann · Schaefer
Lehrbuch der Experimentalphysik
Band 3 Optik

Bergmann · Schaefer

Lehrbuch der Experimentalphysik

Band 3

Walter de Gruyter
Berlin · New York 1993

Optik

Herausgeber Heinz Niedrig

Autoren

Hans-Joachim Eichler, Axel Fleischer, Jürgen Kross
Michael Krystek, Heinwig Lang, Heinz Niedrig
Helmut Rauch, Günter Schmahl, Heinz Schoenebeck†
Erwin Sedlmayr, Horst Weber, Kurt Weber

9. Auflage

W DE G

Walter de Gruyter
Berlin · New York 1993

Herausgeber

Dr.-Ing. Heinz Niedrig
Professor für Physik
Optisches Institut
Technische Universität Berlin
Straße des 17. Juni 135
D-1000 Berlin 12

1. Auflage 1955
2. Auflage 1959
3. Auflage 1962
4. Auflage 1966 bearbeitet von Frank Matossi
5. Auflage 1972
6. Auflage 1974 Herausgeber Heinrich Gobrecht
7. Auflage 1978
   1. Nachdruck 1985
   2. Nachdruck 1986
8. Auflage 1987
   1. Nachdruck 1991
9. Auflage 1993

Das Buch enthält 783 Abbildungen, 77 Tabellen und 4 Farbtafeln am Ende des Buches.

⊚ Gedruckt auf säurefreiem Papier, das die US-ANSI-Norm über Haltbarkeit erfüllt.

Die Deutsche Bibliothek – CIP-Einheitsaufnahme

Lehrbuch der Experimentalphysik / Bergmann ; Schaefer. –
Berlin ; New York : de Gruyter.
NE: Bergmann, Ludwig [Begr.]
Bd. 3. Optik / Hrsg. Heinz Niedrig. Autoren Hans-Joachim Eichler ... –
9. Aufl. – 1993
ISBN 3-11-012973-6
NE: Niedrig, Heinz [Hrsg.]; Eichler, Hans-Joachim

Satz und Druck: Tutte Druckerei GmbH, Salzweg-Passau. Bindung: Lüderitz & Bauer-GmbH, Berlin. Einbandgestaltung: Hansbernd Lindemann, Berlin.

Vorwort zur 9. Auflage

Seit der ersten Auflage des Optik-Bandes im Jahre 1955 hat sich die Optik – vor allem durch die bedeutsame und schnelle Entwicklung der Laser – zu einem für Wissenschaft und Technik äußerst wichtigen und interessanten Gebiet weiterentwikkelt. Die Röntgenoptik ist durch die Röntgensatellitenmissionen (z. B. ROSAT) und auch durch die Entwicklung von Röntgenmikroskopen mit Fresnel-Zonenplatten bedeutsam geworden. Die Prinzipien, die zunächst für die Ausbreitung des sichtbaren Lichtes und dann für elektromagnetische Strahlung allgemein gefunden wurden, gelten aber nicht nur für elektromagnetische Wellen, sondern auch für Materiewellen. Die daraus resultierende Teilchenoptik hat an Bedeutung gewonnen, z. B. in der Elektronenmikroskopie und in der Elektronenstrahl-Lithographie. Die Optik von Neutronen- und Atomstrahlen ist zum Gegenstand zahlreicher Untersuchungen geworden. Um diese neuen Entwicklungen zu berücksichtigen, wurden gegenüber der 8. Auflage die Kapitel „Röntgenoptik“ und „Neutronenoptik“ zusätzlich aufgenommen. Aus dem Kapitel „Quantenoptik“ wurde die „Nichtlineare Optik“ herausgenommen und zu einem eigenen Kapitel erweitert. Das frühere Kapitel „Strahlenoptik“ wurde vollständig neu bearbeitet und erscheint nun als „Optische Abbildung“. Zusätzlich wird dieses Gebiet als Informationsübertragungsproblem behandelt. Das bisherige Kapitel „Wellencharakter der Materie“ wurde stärker auf die „Elektronenoptik“ konzentriert. Die Kontrastübertragung in der hochauflösenden Elektronenmikroskopie wird ausführlich behandelt. Die Darstellung der Relativitätstheorie wurde beibehalten und, z. B. in Hinblick auf ihre Bedeutung bei der Lichtausbreitung in Gravitationsfeldern (Gravitationslinsen) sowie bei Gravitationswellen und bei der Synchrotronstrahlung, erweitert.

Erstmals wurde ein „Einführungskapitel E“ aufgenommen, in dem die theoretischen Grundlagen der elektromagnetischen Wellen – ausgehend von den Maxwellschen Gleichungen – in knapper Form dargestellt werden. In den nachfolgenden Kapiteln wird darauf zurückgegriffen. Beim erstmaligen Lesen des Buches kann diese Einführung zunächst überschlagen werden, sollte dann aber bei Bedarf studiert werden.

Einige praktische Hinweise:

Vektorielle Größen werden von dieser Auflage an im Text und in den Abbildungen einheitlich durch kursiven halbfetten Druck gekennzeichnet. *Komplexe* Größen werden, in Übereinstimmung mit den Gepflogenheiten in international bekannten Optik-Werken, in kursiver „Schreibzierschrift“ gedruckt. In den wenigen Fällen, wo das nicht möglich ist (so z. B. bei griechischen Buchstaben), wurde auf die DIN-Empfehlungen zurückgegriffen und die komplexe Eigenschaft durch Unterstreichen gekennzeichnet. Die Lichtgeschwindigkeit im Vakuum wird normalerweise mit c_0

bezeichnet. Da in einigen Kapiteln jedoch keine Verwechslung mit der Lichtgeschwindigkeit in Medien zu erwarten ist, wurde dort auf den Index 0 verzichtet, wie in den Kapiteln 2, 3 und 12. Farbige Abbildungen zu den Kapiteln 2, 3, 4 und 6 wurden aus drucktechnischen Gründen in vier Farbtafeln am Ende des Buches zusammengefaßt. Die Literaturzitate am Ende eines jeden Kapitels wurden mit Vermerken versehen, zu welchen Abschnitten sie jeweils gehören.

Verweise auf andere Bände des Bergmann/Schaefer beziehen sich in dieser 9. Auflage auf die folgenden:

Band 1	Mechanik, Akustik, Wärme	10. Auflage	1990
Band 2	Elektrizität und Magnetismus	7. Auflage	1987
Band 4	Teilchen	Neuauflage	1992
Band 5	Vielteilchensysteme	Neuauflage	1992
Band 6	Festkörper	Neuauflage	1992

Der bisherige Herausgeber des „Bergmann/Schaefer", Herr Professor Heinrich Gobrecht, hat aus Altersgründen diese umfangreiche und verantwortungsvolle Aufgabe abgegeben. Ihm sei die neue Auflage des „Optik"-Bandes gewidmet. Ich hoffe, daß wir die bisherige hohe Akzeptanz dieses Lehrbuches der Experimentalphysik, die sich beim „Optik"-Band darin spiegelt, daß nun bereits die neunte Auflage erscheint, weiter fördern können. Allen Autoren, die zu diesem Band beigetragen haben, und dem Verlag de Gruyter danke ich herzlich für die außerordentlich angenehme und kooperative Zusammenarbeit.

Berlin, Januar 1993 *Heinz Niedrig*

Autoren

Professor Dr. Hans-Joachim Eichler
Optisches Institut
Technische Universität Berlin
Straße des 17. Juni 135
D-1000 Berlin 12

Professor Dr. Jürgen Kross
Optisches Institut
Technische Universität Berlin
Straße des 17. Juni 135
D-1000 Berlin 12

Dr. Michael Krystek
Abteilung Fertigungsmeßtechnik
Physikalisch-Technische Bundesanstalt
Bundesallee 100
D-3300 Braunschweig

Dr. Heinwig Lang
BTS Broadcast Television Systems GmbH
Robert-Bosch-Str. 7
Postfach 429
D-6100 Darmstadt

Professor Dr. Heinz Niedrig
Optisches Institut
Technische Universität Berlin
Straße des 17. Juni 135
D-1000 Berlin 12

Professor Dr. Helmut Rauch
Atominstitut der Österreichischen Universitäten
Schüttelstr. 115
A-1020 Wien

Professor Dr. Günter Schmahl
Forschungseinrichtung Röntgenphysik
Universität Göttingen
Geiststr. 11
D-3400 Göttingen

Professor Dr. Erwin Sedlmayr
und Dr. Axel Fleischer
Institut für Astronomie und Astrophysik
Technische Universität Berlin
Straße des 17. Juni 135
D-1000 Berlin 12

Professor Dr. Horst Weber
Optisches Institut
Technische Universität Berlin
Straße des 17. Juni 135
D-1000 Berlin 12

Professor Dr. Kurt Weber
Institut für Mineralogie und Kristallographie
Technische Universität Berlin
Straße des 17. Juni 135
D-1000 Berlin 12

Inhalt

Energieeinheiten und Äquivalentwerte

1 Joule (J)	= 1 Wattsekunde (Ws)
	= 1 Newtonmeter (Nm)
	= 0,239 cal
	= $6{,}2415 \cdot 10^{18}$ eV
1 Kalorie (cal)	= 4,1868 J
1 Elektronenvolt (eV)	= $1{,}6022 \cdot 10^{-19}$ J
1 Reziprokes Zentimeter (cm^{-1})*	≙ $1{,}9864 \cdot 10^{-23}$ J
1 Kelvin (K)	≙ $1{,}3807 \cdot 10^{-23}$ J

Einer Quantenenergie von $h\nu = 1$ eV entspricht eine elektromagnetische Strahlung mit der Frequenz $\nu = 2{,}418 \cdot 10^{14}$ Hz, der Wellenlänge $\lambda = 1{,}240$ µm und der Wellenzahl von 8066 cm^{-1}.

Strahlungsphysikalische Größen und Einheiten

Energiebezogen, Buchstabensymbole oft mit Index e versehen

Größe	Einheit
Strahlstärke I (I_e)	$W\,sr^{-1}$
Strahlungsleistung Φ (Φ_e)	W
Strahlungsenergie Q (Q_e)	W s
Strahldichte L (L_e)	$W\,sr^{-1}m^{-2}$
Bestrahlungsstärke E (E_e)	$W\,m^{-2}$
Spezifische Ausstrahlung M_e	$W\,m^{-2}$
Bestrahlung H	$W\,m^{-2}s$
Strahlungsausbeute η_e	%

* Bisher übliche Einheit der Wellenzahl: 1 cm^{-1} wurde früher als 1 Kayser bezeichnet.

Lichttechnische Größen und Einheiten

Auf das Auge, d.h. auf den Lichtsinn bezogen; Buchstabensymbole oft mit Index v (= visuell) versehen

Größe	Einheit
Lichtstärke I (I_v)	Candela (cd)
Lichtstrom Φ (Φ_v)	Lumen (lm) = cd sr
Lichtmenge Q (Q_v)	lm s
Leuchtdichte L (L_v)	cd m^{-2}
Beleuchtungsstärke E (E_v)	Lux (lx) = lm m^{-2}
Spezifische Lichtausstrahlung M (M_v)	lm m^{-2}
Belichtung H	lm m^{-2} s = lx s
Lichtausbeute η	lm W^{-1}

Tabelle der Fundamentalkonstanten (Ziffern in Klammern: Unsicherheit der letzten beiden Stellen)

Größe	Formelzeichen	Zahlenwert	Einheit (dezimale Vielfache)	relative Unsicherheit
Lichtgeschwindigkeit im Vakuum	c_0	299 792 458	ms^{-1}	Null
magnetische Feldkonstante	μ_0	$4\pi \times 10^{-7}$	NA^{-2}	Null
		$= 12.566370614\ldots$	$10^{-7}\,NA^{-2}$	
elektrische Feldkonstante, $1/\mu_0 c_0^2$	ε_0	8.854187817...	$10^{-12}\,F\,m^{-1}$	Null
Gravitationskonstante	G	6.67259(85)	$10^{-11}\,m^3\,kg^{-1}\,s^{-2}$	1.28×10^{-4}
Plancksches Wirkungsquantum, Planck-Konstante	h	6.6260755(40)	$10^{-34}\,J\,s$	6.0×10^{-7}
		4.1356692(12)	$10^{-15}\,eV\,s$	3.0×10^{-7}
$h/2\pi$	$\hbar$	1.05457266(63)	$10^{-34}\,J\,s$	6.0×10^{-7}
		6.5821220(20)	$10^{-16}\,eV\,s$	3.0×10^{-7}
Elementarladung	e	1.60217733(49)	$10^{-19}\,C$	3.0×10^{-7}
	e/h	2.41798836(72)	$10^{14}\,A\,J^{-1}$	3.0×10^{-7}
Flußquant, $h/2e$	Φ_0	2.06783461(61)	$10^{-15}\,Wb$	3.0×10^{-7}
Josephson-Frequenz-Spannungs-Quotient	$2e/h$	4.8359767(14)	$10^{14}\,Hz\,V^{-1}$	3.0×10^{-7}
quantisierter Hall-Leitwert	e^2/h	3.87404614(17)	$10^{-5}\,S$	4.5×10^{-8}
quantisierter Hall-Widerstand, $h/e^2 = \frac{1}{2}\mu_0 c_0/\alpha$	R_H	25812. 8056(12)	Ω	4.5×10^{-8}
Bohr-Magneton, $e\hbar/2m_e$	μ_B	9.2740154(31)	$10^{-24}\,J\,T^{-1}$	3.4×10^{-7}
		5.78838263(52)	$10^{-5}\,eV\,T^{-1}$	8.9×10^{-8}
Kernmagneton, $e\hbar/2m_p$	μ_N	5.0507866(17)	$10^{-27}\,J\,T^{-1}$	3.4×10^{-7}
		3.15245166(28)	$10^{-8}\,eV\,T^{-1}$	8.9×10^{-8}
Sommerfeld-Feinstrukturkonstante, $\frac{1}{2}\mu_0 c_0 e^2/h$	α	7.29735308(33)	10^{-3}	4.5×10^{-8}
	α^{-1}	137.0359895(61)		4.5×10^{-8}
Rydberg-Konstante, $\frac{1}{2} m_e\, c_0 \alpha^2/h$	R_∞	10 973 731.534 (13)	m^{-1}	1.2×10^{-9}
Rydberg-Frequenz	$R_\infty c_0$	3.2898419499(39)	$10^{15}\,Hz$	1.2×10^{-9}
Bohr-Radius, $\alpha/4\pi\, R_\infty$	a_0	0.529177249(24)	$10^{-10}\,m$	4.5×10^{-8}
Zirkulationsquant	$h/2m_e$	3.63694807(33)	$10^{-4}\,m^2\,s^{-1}$	8.9×10^{-8}
Ruhemasse des Elektrons	m_e	9.1093897(54)	$10^{-31}\,kg$	5.9×10^{-7}
		5.48579903(13)	$10^{-4}\,u$	2.3×10^{-8}
		0.51099906(15)	MeV	3.0×10^{-7}
Verhältnis Ruhemasse des Elektrons zu der des Myons	m_e/m_μ	4.83633218(71)	10^{-3}	1.5×10^{-7}

Größe	Formel- zeichen	Zahlen- wert	Einheit (dezimale Vielfache)	relative Unsicherheit
Verhältnis Ruhemasse des Elektrons zu der des Protons	m_e/m_p	5.44617013(11)	10^{-4}	2.0×10^{-8}
spezifische Elektronenladung	$-e/m_e$	− 1.75881962(53)	10^{11} C kg^{-1}	3.0×10^{-7}
Compton-Wellenlänge des Elektrons, $h/m_e c_0$	λ_C	2.42631058(22)	10^{-12} m	8.9×10^{-8}
$\lambda_C/2\pi = \alpha a_0 = \alpha^2/4\pi R_\infty$	$\bar{\lambda}_C$	3.86159323(35)	10^{-13} m	8.9×10^{-8}
(klassischer) Radius des Elektrons, $\alpha^2 a_0$	r_e	2.81794092(38)	10^{-15} m	1.3×10^{-7}
magnetisches Moment des Elektrons	μ_e	928.47701(31)	10^{-26} JT^{-1}	3.4×10^{-7}
	μ_e/μ_B	1.001159652193(10)		1×10^{-11}
	μ_e/μ_N	1838.282000(37)		2.0×10^{-8}
g-Faktor des Elektrons	g_e	2.002319304386(20)		1×10^{-11}
Ruhemasse des Myons	m_μ	1.8835327(11)	10^{-28} kg	6.1×10^{-1}
		0.113428913(17)	u	1.5×10^{-7}
		105.658389(34)	MeV	3.2×10^{-7}
magnetisches Moment des Myons	μ_μ	4.4904514(15)	10^{-26} JT^{-1}	3.3×10^{-7}
g-Faktor des Myons	g_μ	2.002331846(17)		8.4×10^{-9}
Ruhemasse des Protons	m_p	1.6726231(10)	10^{-27} kg	5.9×10^{-7}
		1.007276470(12)	u	1.2×10^{-8}
		938.27231(28)	MeV	3.0×10^{-7}
Verhältnis Ruhemasse des Protons zu der des Elektrons	m_p/m_e	1836.152701(37)		2.0×10^{-8}
Verhältnis Ruhemasse des Protons zu der des Myons	m_p/m_μ	8.8802444(13)		1.5×10^{-7}
spezifische Protonenladung	e/m_p	9.5788309(29)	10^7 C kg^{-1}	3.0×10^{-7}
Compton-Wellenlänge des Protons, $h/m_p c_0$	$\lambda_{C,p}$	1.32141002(12)	10^{-15} m	8.9×10^{-8}
$\lambda_{C,p}/2\pi$	$\bar{\lambda}_{C,p}$	2.10308937(19)	10^{-16} m	8.9×10^{-8}
magnetisches Moment des Protons	μ_p	1.41060761(47)	10^{-26} JT^{-1}	3.4×10^{-7}
	μ_p/μ_B	1.521032202(15)	10^{-3}	1.0×10^{-8}
	μ_p/μ_N	2.792847386(63)		2.3×10^{-8}
gyromagnetisches Verhältnis des Protons	γ_p	26752.2128(81)	10^4 s^{-1}T^{-1}	3.0×10^{-7}
	$\gamma_p/2\pi$	42.577469(13)	MHz T^{-1}	3.0×10^{-7}
Ruhemasse des Neutrons	m_n	1.6749286(10)	10^{-27} kg	5.9×10^{-7}
		1.008664904(14)	u	1.4×10^{-8}
		939.56563(28)	MeV	3.0×10^{-7}

Größe	Formelzeichen	Zahlenwert	Einheit (dezimale Vielfache)	relative Unsicherheit
Verhältnis Ruhemasse des Neutrons zu der des Elektrons	m_n/m_e	1838.683662(40)		2.2×10^{-8}
Verhältnis Ruhemasse des Neutrons zu der des Protons	m_n/m_p	1.001378404(9)		9×10^{-9}
Compton-Wellenlänge des Neutrons, $h/m_n c_o$	$\lambda_{C,n}$	1.31959110(12)	10^{-15} m	8.9×10^{-8}
$\lambda_{C,n}/2\pi$	$\bar{\lambda}_{C,n}$	2.10019445(19)	10^{-16} m	8.9×10^{-8}
magnetisches Moment des Neutrons	μ_n	0.96623707(40)	10^{-26} JT^{-1}	4.1×10^{-7}
	μ_n/μ_B	1.04187563(25)	10^{-3}	2.4×10^{-7}
	μ_n/μ_N	1.91304275(45)		2.4×10^{-7}
Ruhemasse des Deuterons	m_d	3.3435860(20)	10^{-27} kg	5.9×10^{-7}
		2.013553214(24)	u	1.2×10^{-8}
		1875.61339(57)	MeV	3.0×10^{-7}
Verhältnis Ruhemasse des Deuterons zu der des Protons	m_d/m_p	1.999007496(6)		3×10^{-9}
magnetisches Moment des Deuterons	μ_d	0.43307375(15)	10^{-26} JT^{-1}	3.4×10^{-7}
	μ_d/μ_B	0.4669754479(91)	10^{-3}	1.9×10^{-8}
	μ_d/μ_N	0.857438230(24)		2.8×10^{-8}
Avogadro-Konstante	N_A, L	6.0221367(36)	10^{23} mol^{-1}	5.9×10^{-7}
Atommassenkonstante, $m_u = \frac{1}{12} m(^{12}C)$	m_u	1.6605402(10)	10^{-27} kg	5.9×10^{-7}
		931.49432(28)	MeV	3.0×10^{-7}
Faraday-Konstante	F	96485.309(29)	C mol^{-1}	3.0×10^{-7}
universelle Gaskonstante	R, R_0	8.314510(70)	J mol^{-1} K^{-1}	8.4×10^{-6}
Boltzmann-Konstante, R/N_A	k	1.380658(12)	10^{-23} JK^{-1}	8.5×10^{-6}
		8.617385(73)	10^{-5} eV K^{-1}	8.4×10^{-6}
	k/h	2.083674(18)	10^{10} Hz K^{-1}	8.4×10^{-6}
	k/hc_0	69.50387(59)	m^{-1} K^{-1}	8.4×10^{-6}
Stefan-Boltzmann-Konstante, $(\pi^2/60)k^4/\hbar^3 c_0^2$	σ	5.67051(19)	10^{-8} W m^{-2} K^{-4}	3.4×10^{-5}
Elektronvolt, (e/C) J	eV	1.60217733(49)	10^{-19} J	3.0×10^{-7}
atomare Masseneinheit, 1 $u = m_u = \frac{1}{12} m(^{12}C)$	u	1.6605402(10)	10^{-27} kg	5.9×10^{-7}

Cohen, R. E., Taylor, B. N., CODATA Bull. 63 (Pergamon Press, Nov. 1986); Rev. Mod. Phys. **59**, 4, 1987;
Physics Today, Aug. 1990 Part 2, BG 9-13
Kose, V., Wöger, W., Phys. Bl. **43**, 397 (1987)

E Einführung

Horst Weber

Die Optik gehört neben der Mechanik zu den ältesten Naturwissenschaften. Auch in den nicht technisierten Kulturen konnte man im täglichen Leben viele optische Erscheinungen beobachten, wie die Reflexion von Licht an glatten Oberflächen (Wasser oder polierte Metalle), die weitgehend geradlinige Ausbreitung von Licht – gut zu erkennen, wenn Sonnenstrahlen durch aufgerissene Wolkendecken dringen – Schattenbildung, Brechung des Lichts beim Übergang in andere Medien, Regenbogen und vieles mehr.

Es ist deshalb nicht überraschend, daß bereits in den ältesten Kulturen, von denen schriftliche Überlieferungen existieren, die Optik als wissenschaftliche Disziplin betrieben wurde. Sowohl in Griechenland [1] als auch in China [2] waren bereits vor 2000 bis 2500 Jahren Gesetze der geometrischen Optik bekannt und führten zu technischen Geräten wie abbildende Linsen, Brenngläser (aus Eiskugeln) oder metallische Hohlspiegel.

Natürlich gab es auch Spekulationen über die Natur des Lichts, wobei in allen Fällen die geradlinige Ausbreitung als gesicherte Erkenntnis betrachtet wurde, denn man betrieb zu dieser Zeit nur geometrische Optik. Es war ein langer Weg von diesen Erkenntnissen bis zur Wellenvorstellung von Ch. Huygens 1690. Einen Abschluß bildete die elektromagnetische Theorie, die von Maxwell in den Jahren 1855–1862 entwickelt wurde. Bereits 1865 postulierte er die Möglichkeit elektromagnetischer Wellen, die sich mit Lichtgeschwindigkeit ausbreiten, und führte als Beispiel das Licht an. Der experimentelle Nachweis gelang H. Hertz 1887. Damit war die Optik eingeordnet in die Elektrodynamik, die nahezu vollständig durch die Maxwellschen Gleichungen beschrieben wird.

Nicht enthalten in dieser Theorie ist das Photon, also die Tatsache, daß in manchen Experimenten das Strahlungsfeld sich wie ein Partikelstrom verhält.

Die Materialeigenschaften werden in den Maxwellschen Gleichungen phänomenologisch als Brechzahl bzw. Permittivitätszahl und Leitfähigkeit eingeführt, ohne diese Größen und deren Frequenz- und Temperaturabhängigkeiten berechnen zu können.

Beides wird erst durch die quantenmechanische Theorie bzw. Quantenelektrodynamik befriedigend geklärt, die in den Jahren 1925–1927 von W. Heisenberg, E. Schrödinger, P. A. M. Dirac entwickelt wurde und ihren Abschluß in den vierziger Jahren durch R. P. Feynman, J. Schwinger und andere fand.

Die historische Entwicklung der Optik führte von den Lichtstrahlen über die Welleneigenschaften zu den Maxwellschen Gleichungen. Dieser Weg von den einfacheren, anschaulichen Phänomenen zu den abstrakten Differentialgleichungen ist stets der verständlichere und wird auch in diesem Buch verfolgt. Er ist aber logisch unbefriedigend, weil manches ohne korrekte Begründung hingenommen werden muß.

Zum anderen benötigt die Optik heutzutage ein theoretisches Fundament, das teilweise weit über den Rahmen dieses Buches hinausgeht. Im folgenden wird deshalb relativ knapp gezeigt, wie aus den Grundgleichungen der Elektrodynamik die wichtigsten Beziehungen der Optik folgen. Es sind das die Beziehungen, auf die in den folgenden Kapiteln zurückgegriffen werden wird. Ausführlichere Darstellungen der theoretischen Optik findet man in den Büchern von Sommerfeld, Born-Wolf oder Flügge [3, 4, 5].

In der Optik werden häufig die Begriffe der monochromatischen, unendlich ausgedehnten ebenen Welle, der Kugelwelle, des nicht divergierenden Lichtbündels (Lichtstrahl) oder der punktförmigen Lichtquelle verwendet. Diese Begriffe sind nützlich für die Anschauung, aber man darf nicht vergessen, daß es sich um singuläre Lösungen der Maxwell-Gleichungen handelt, die als Grenzfälle experimentell nicht realisierbar sind. In der technischen Optik gibt es nur Strahlungsfelder mit einer endlichen spektralen Breite, mit einem endlichen Öffnungswinkel, und alle Lichtquellen besitzen eine endliche Ausdehnung. Andernfalls divergieren die Amplituden der Felder oder der Energiefluß ist null.

Im folgenden soll u. a. gezeigt werden, durch welche Grenzübergänge diese idealisierten Darstellungen aus den Maxwell-Gleichungen folgen, und unter welchen Voraussetzungen eine experimentelle Annäherung möglich ist.

E.1 Die Maxwellschen Gleichungen

Die Maxwellschen Gleichungen sind nicht herleitbar, sondern werden als die Grundgleichungen der Elektrodynamik postuliert. Maxwell hat diese Gleichungen in genialer Weise aus den experimentellen Ergebnissen und theoretischen Überlegungen seiner Vorgänger abstrahiert. Die erste Gleichung besagt, daß eine zeitlich veränderliche magnetische Induktion $\boldsymbol{B}$ ein elektrisches Wirbelfeld $\boldsymbol{E}$ erzeugt (Induktionsgesetz, links in Abb. E.1):

$$\operatorname{rot} \boldsymbol{E} = -\frac{\partial \boldsymbol{B}}{\partial t}. \tag{E.1}$$

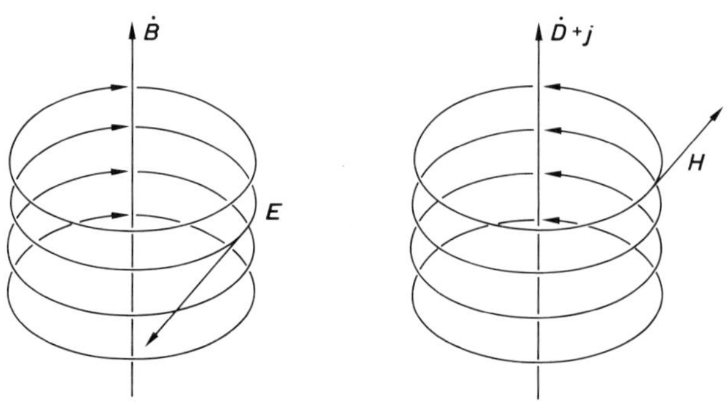

Abb. E.1 Eine zeitlich veränderliche magnetische Induktion $\boldsymbol{B}$ erzeugt ein elektrisches Wirbelfeld $\boldsymbol{E}$ (links). Eine zeitlich veränderliche elektrische Verschiebungsdichte $\boldsymbol{D}$ oder eine Stromdichte $\boldsymbol{j}$ erzeugt ein magnetisches Wirbelfeld $\boldsymbol{H}$ (rechts).

Analog entsteht ein magnetisches Wirbelfeld $\boldsymbol{H}$ durch eine zeitlich veränderliche elektrische Verschiebungsdichte $\boldsymbol{D}$ oder durch eine Stromdichte $\boldsymbol{j}$ (rechts in Abb. E.1):

$$\operatorname{rot} \boldsymbol{H} = \frac{\partial \boldsymbol{D}}{\partial t} + \boldsymbol{j} \,. \tag{E.2}$$

Es bedeuten:

$\boldsymbol{E}$: elektrische Feldstärke (SI-Einheit: V m^{-1}),
$\boldsymbol{H}$: magnetische Feldstärke (SI-Einheit: A m^{-1}),
$\boldsymbol{D}$: elektrische Verschiebung (SI-Einheit: As m^{-2}),
$\boldsymbol{B}$: magnetische Induktion (SI-Einheit: Vs m^{-2}),
$\boldsymbol{j}$: Stromdichte (SI-Einheit: A m^{-2}).

Gemessen werden diese Felder prinzipiell durch die Kräfte $\boldsymbol{F}$, die sie auf eine elektrische Ladung e der Geschwindigkeit $\boldsymbol{v}$ ausüben, d.h. durch die Coulomb-Kraft und Lorentz-Kraft:

$$\boldsymbol{F} = e\boldsymbol{E} + e\,\boldsymbol{v} \times \boldsymbol{B} \,. \tag{E.3}$$

Auf experimentelle Einzelheiten wird hier nicht eingegangen, diese sind ausführlich in Bd. 2 beschrieben.

Zu den beiden Feldgleichungen (E.1) und (E.2) kommen zwei Nebenbedingungen. Die erste folgt aus der Tatsache, daß freie elektrische Ladungen existieren und Quelle eines elektrischen Feldes sind (links in Abb. E.2):

$$\operatorname{div} \boldsymbol{D} = \varrho \,, \tag{E.4}$$

mit ϱ: elektrische Ladungsdichte (SI-Einheit: As m^{-3}).

Die zweite Nebenbedingung besagt, daß bis jetzt noch keine magnetischen Ladungen (Monopole) nachgewiesen wurden, daß also die magnetische Induktion stets quellenfrei ist (rechts in Abb. E.2):

$$\operatorname{div} \boldsymbol{B} = 0 \,. \tag{E.5}$$

Die Materialgleichungen. Unter dem Einfluß eines äußeren elektrischen/magnetischen Feldes in Materie können atomare oder molekulare elektrische/magnetische Dipole erzeugt werden. Das volumenbezogene Dipolmoment wird elektrische oder

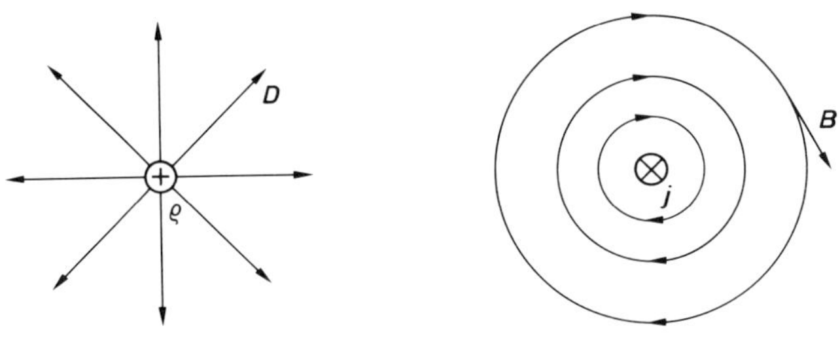

Abb. E.2 Eine elektrische Ladungsdichte ϱ erzeugt eine Verschiebungsdichte $\boldsymbol{D}$, eine Stromdichte $\boldsymbol{j}$ hat eine quellenfreie magnetische Induktion $\boldsymbol{B}$ zur Folge.

magnetische Polarisation genannt. Das führt zu den Materialgleichungen:

$$\boldsymbol{D} = \varepsilon_0 \boldsymbol{E} + \boldsymbol{P}(\boldsymbol{E}) , \tag{E.6}$$

$$\boldsymbol{B} = \mu_0 \boldsymbol{H} + \boldsymbol{J}(\boldsymbol{H}) . \tag{E.7}$$

Es bedeuten:

$\boldsymbol{P}$: elektrische Polarisation (SI-Einheit: As m^{-2}),
$\boldsymbol{J}$: magnetische Polarisation (SI-Einheit: Vs m^{-2}),
$\varepsilon_0 = 8{,}8542 \cdot 10^{-12}\,\mathrm{As\,V^{-1}m^{-1}}$: elektrische Feldkonstante,
$\mu_0 = 4\pi \cdot 10^{-7}\,\mathrm{Vs\,A^{-1}m^{-1}}$: magnetische Feldkonstante.

Elektrische und magnetische Polarisation sind abhängig vom erzeugenden Feld. In vielen Fällen ist dieser Zusammenhang ein linearer, oft aber auch eine sehr komplizierte, nichtlineare Relation, wie sich z. B. beim Ferromagnetismus (Bd. 2) zeigt.

Der in einem Medium fließende Strom wird durch das elektrische Feld hervorgerufen und es gilt das Ohmsche Gesetz:

$$\boldsymbol{j} = \sigma \boldsymbol{E} ,$$

wobei σ die elektrische Leitfähigkeit (SI-Einheit: $\mathrm{A\,m^{-1}\,V^{-1}}$) bedeutet.

σ ist im allgemeinen ein Tensor und kann ebenfalls eine Funktion des angelegten Feldes sein.

Lineare Medien. Für einen bestimmten Zeitverlauf der Felder $\boldsymbol{E}(t)$ bzw. $\boldsymbol{H}(t)$ ergibt sich ein entsprechender Zeitverlauf der Polarisationen $\boldsymbol{P}(t)$ bzw. $\boldsymbol{J}(t)$. Da jedoch die Reaktion eines Mediums nicht prompt erfolgt, sondern mit einer Zeitverzögerung, sind die Materialgrößen $\boldsymbol{P},\boldsymbol{J}$ nicht proportional den Feldern $\boldsymbol{E},\boldsymbol{H}$. Wenn aber bei einem vorgegebenen Zeitverlauf der Felder eine Erhöhung ihrer Amplituden in gleichem Maße zu einer Erhöhung der Amplituden der Materialgrößen führt, bezeichnet man diese Medien als linear. Dann gilt

$$\boldsymbol{P}(t) = \varepsilon_0 \chi_{\mathrm{e,t}} \boldsymbol{E}(t),$$

$$\boldsymbol{J}(t) = \mu_0 \chi_{\mathrm{m,t}} \boldsymbol{H}(t)$$

oder

$$\boldsymbol{D}(t) = \varepsilon_0 \varepsilon_{\mathrm{r,t}} \boldsymbol{E}(t), \tag{E.8 a}$$

$$\boldsymbol{B}(t) = \mu_0 \mu_{\mathrm{r,t}} \boldsymbol{H}(t) \tag{E.8 b}$$

mit

$$\varepsilon_{\mathrm{r,t}} = 1 + \chi_{\mathrm{e,t}} \quad \text{und} \quad \mu_{\mathrm{r,t}} = 1 + \chi_{\mathrm{m,t}} .$$

$\chi_{\mathrm{e,t}}, \chi_{\mathrm{m,t}}$ werden elektrische bzw. magnetische Suszeptibilität genannt. Es sind tensorielle Stoffkonstanten, abhängig vom speziellen Zeitverlauf der Felder. Entsprechendes gilt für $\varepsilon_{\mathrm{r,t}}$ und $\mu_{\mathrm{r,t}}$, die Permittivitätszahl (früher relative Dielektrizitätskonstante) bzw. die Permeabilitätszahl (früher relative Permeabilität). Die Tensoreigenschaft dieser Größen bedeutet, daß jede Komponente der Materialgrößen $\boldsymbol{D}$, $\boldsymbol{B}$ mit jeder Komponente der Feldgrößen linear verknüpft ist. Die Gln. (E.8 a) und (E.8 b) in Komponenten geschrieben lauten:

$$D_m = \varepsilon_0 \sum_n \varepsilon_{mn,t} E_n , \quad (\mathrm{m,n = x,y,z})$$

$$B_m = \mu_0 \sum_n \mu_{mn,t} H_n \, .$$

Die Größen $\varepsilon_{r,t}$, $\mu_{r,t}$ bestehen i. allg. also aus 9 Komponenten.

Bei linearen Medien kann jedes zeitabhängige Feld als Überlagerung monochromatischer Felder dargestellt werden. Die Stoffkonstanten verknüpfen dann die jeweiligen Felder $\boldsymbol{E}(\omega)$, $\boldsymbol{H}(\omega)$ mit den Größen $\boldsymbol{D}(\omega)$, $\boldsymbol{B}(\omega)$ und sind frequenzabhängig.

Wenn die Reaktion des Mediums ohne Zeitverzögerung den Feldern folgt, werden die Stoffkonstanten zeitunabhängig. Im Fall periodischer Felder bedeutet es, daß keine Phasenschiebung zwischen den monochromatischen Größen auftritt. Das ist gleichbedeutend mit einem verlustfreien Medium und Symmetrie der $\varepsilon_{r,t}$-, $\mu_{r,t}$-Tensoren, wie im folgenden gezeigt wird.

Die hier aufgeführten Gleichungen beschreiben alle Phänomene der Elektrodynamik und Optik, mit Ausnahme des Photons. Es ist jedoch außerdem zu beachten, daß in den materialabhängigen Größen $\boldsymbol{P}$ und $\boldsymbol{J}$ die Eigenschaften der Materie enthalten sind, die nur von einer quantenmechanischen Theorie geliefert werden können. Das trifft insbesondere auch auf die Absorption und Emission von Licht zu.

Die Maxwellschen Gleichungen wurden hier in der differentiellen Form dargestellt. Durch Anwendung der Integralsätze von Gauß und Stokes ergibt sich eine äquivalente integrale Form. Beide Formulierungen sind in Tab. E.1 gegenübergestellt.

Tab. E.1 Gegenüberstellung der differentiellen und integralen Form der Maxwellschen Gleichungen. K bedeutet eine geschlossene Kurve, die die Fläche F umrandet. F' ist eine geschlossene Fläche, die ein Volumen umschließt, welches im Fall der Gl. (E.4a) die gesamte Ladung Q enthält. I ist der Strom, der durch die Fläche F fließt, Φ der magnetische Fluß durch die Fläche F.

differentielle Form	integrale Form	Gln.
$\operatorname{rot} \boldsymbol{E} = -\frac{\partial}{\partial t}\boldsymbol{B}$	$\oint_K \boldsymbol{E} \cdot \mathrm{d}\boldsymbol{s} = -\frac{\partial}{\partial t}\Phi$	(E.1), (E.1a)
$\operatorname{rot} \boldsymbol{H} = -\frac{\partial}{\partial t}\boldsymbol{D} + \boldsymbol{j}$	$\oint_K \boldsymbol{H} \cdot \mathrm{d}\boldsymbol{s} = \frac{\partial}{\partial t}\int_F \boldsymbol{D} \cdot \mathrm{d}\boldsymbol{f} + I$	(E.2), (E.2a)
$\operatorname{div} \boldsymbol{D} = \varrho$	$\oint_{F'} \boldsymbol{D} \cdot \mathrm{d}\boldsymbol{f} = Q$	(E.4), (E.4a)
$\operatorname{div} \boldsymbol{B} = 0$	$\oint_{F'} \boldsymbol{B} \cdot \mathrm{d}\boldsymbol{f} = 0$	(E.5), (E.5a)

E.2 Monochromatische Schwingungen und die komplexe Schreibweise

E.2.1 Zeitliche Fourier-Transformation und Spektrum

Die Feldgrößen $\boldsymbol{E}$ und $\boldsymbol{H}$ können beliebig zeitabhängig sein. Entsprechend reagieren darauf die Materialgrößen $\boldsymbol{P}$, $\boldsymbol{J}$ und $\boldsymbol{j}$. Jedoch kann der Zeitverlauf der Materialgrößen bei nichtstationären Vorgängen oder in nichtlinearen Systemen ein völlig anderer sein als der der Feldgrößen. Dann wird das Zeitverhalten sehr unübersichtlich. Man beschränkt sich deshalb darauf, die Reaktion optischer Systeme auf monochromatische Felder, d.h. sinusförmig oszillierende Felder zu untersuchen. Bei linearen Systemen kann dann jeder beliebige Zeitverlauf als Überlagerung monochromatischer Felder dargestellt werden. In der reellen Schreibweise wird nach den trigonometrischen Funktionen $\sin \omega t$, $\cos \omega t$ entwickelt, in der komplexen Schreibweise nach den Exponentialfunktionen $\exp(\mathrm{i}\omega t)$, was dann formal zu negativen Frequenzen führt. Ein monochromatisches, elektrisches Feld der Frequenz ν bzw. der Kreisfrequenz $\omega = 2\pi\nu$ lautet:

$$\begin{aligned} \boldsymbol{E}(\omega) &= \boldsymbol{E}_0(\omega) \cos(\omega t + \varphi) \\ &= \frac{1}{2}\{\mathscr{E}(\omega) \exp(\mathrm{i}\omega t) + \mathscr{E}^*(\omega) \exp(-\mathrm{i}\omega t)\}\,, \end{aligned} \tag{E.9}$$

mit

$$\mathscr{E}(\omega) = \boldsymbol{E}_0(\omega) \exp(\mathrm{i}\varphi)\,,$$

wobei * konjugiert komplex bedeutet. Die Überlagerung der monochromatischen Felder liefert das zeitabhängige Feld $\mathscr{E}(t)$

$$\mathscr{E}(t) = \frac{1}{\sqrt{2\pi}} \int_{-\infty}^{+\infty} \mathscr{E}_0(\omega) \exp(\mathrm{i}\omega t)\, \mathrm{d}\omega\,, \tag{E.10 a}$$

und umgekehrt ergeben sich die monochromatischen Felder aus der Zeitfunktion

$$\mathscr{E}(\omega) = \frac{1}{\sqrt{2\pi}} \int_{-\infty}^{+\infty} \mathscr{E}(t) \exp(-\mathrm{i}\omega t)\, \mathrm{d}t\,. \tag{E.10 b}$$

Die Integraltransformationen stellen die zeitliche Fourier-Transformation dar. Man bezeichnet $\mathscr{E}(\omega)$ auch als das Amplitudenspektrum der Zeitfunktion und $|\mathscr{E}(\omega)|^2$ als das Intensitätsspektrum.

Es hat sich als sehr zweckmäßig erwiesen, mit den komplexen Feldern $\mathscr{E}(\omega)$ zu rechnen. Physikalische Bedeutung hat jedoch nur das reelle Feld, welches sich nach Gl. (E.9) ergibt. Die gleichen Überlegungen gelten für das magnetische Feld $\boldsymbol{H}(t)$.

E.2.2 Lineare Medien

Die Zerlegung eines zeitabhängigen Feldes in seine monochromatischen Anteile bzw. die Überlagerung monochromatischer Felder zu einer Zeitfunktion setzt Linearität voraus. Die Felder dürfen sich nicht gegenseitig beeinflussen; die Ausbreitung eines Feldes muß unabhängig davon sein, ob sich an dem Ort bereits ein anderes Feld befindet oder nicht. Im Vakuum ist das für heute realisierbare Felder der Fall, in einem Medium dagegen nicht generell. Ein Beispiel hierfür sind der Ferromagnetismus (Bd. 2) oder die nichtlineare Optik (Kap. 8).

Im Falle linearer Medien beeinflussen sich die Felder gegenseitig nicht und deshalb ist es sinnvoll, auch die materialabhängigen Feldgrößen ***D***, ***P***, ***B***, ***J*** nach monochromatischen Anteilen zu zerlegen. Linearität bedeutet dann, daß die jeweilige monochromatische Materialgröße proportional der induzierenden Feldgröße gleicher Frequenz ist.

Es werden im folgenden in den Maxwell-Gleichungen alle Feldgrößen durch die entsprechenden monochromatischen, komplexen Amplituden ersetzt, d. h.

$$\boldsymbol{G} \to \mathscr{G}(\omega)\exp(\mathrm{i}\omega t)\,.$$

Die komplexen Größen werden durch Buchstaben in Schreibschrift bzw. unterstrichene griechische Buchstaben gekennzeichnet. Die physikalischen Größen ergeben sich dann aus

$$\boldsymbol{G} = \frac{1}{2}\{\mathscr{G}\exp(\mathrm{i}\omega t) + \mathscr{G}^*\exp(\mathrm{i}\omega t)\}\,. \tag{E.11}$$

Im folgenden werden nur ladungsfreie Medien betrachtet, d. h. es gilt $\varrho = 0$. Damit sind z. B. Plasmen ausgeschlossen. Die Maxwell-Gleichungen vereinfachen sich dann zu:

$$\operatorname{rot}\mathscr{E} = -\mathrm{i}\omega\mathscr{B}\,, \tag{E.12}$$

$$\operatorname{rot}\mathscr{H} = \mathrm{i}\omega\mathscr{D} + \mathscr{j}\,, \tag{E.13}$$

$$\operatorname{div}\mathscr{D} = 0\,, \tag{E.14}$$

$$\operatorname{div}\mathscr{B} = 0\,. \tag{E.15}$$

Die Materialgleichungen für lineare Medien lauten in der komplexen Schreibweise:

$$\mathscr{P} = \varepsilon_0\,\underline{\chi}_{\mathrm{e}}\,\mathscr{E}\,, \tag{E.16}$$

$$\mathscr{J} = \mu_0\,\underline{\chi}_{\mathrm{m}}\,\mathscr{H}\,, \tag{E.17}$$

wobei die hier auftretenden Materialkonstanten, die elektrischen und magnetischen Suszeptibilitäten, ebenfalls komplex sein können, was eine Phasenverschiebung zwischen $\mathscr{P}$ und $\mathscr{E}$ bzw. $\mathscr{J}$ und $\mathscr{H}$ bedeutet.

Die Materialgleichungen (E.6) und (E.7) lassen sich dann umschreiben zu

$$\mathscr{D} = \underline{\varepsilon}_{\mathrm{r}}\,\varepsilon_0\,\mathscr{E}\,, \quad \text{mit} \quad \underline{\varepsilon}_{\mathrm{r}} = 1 + \underline{\chi}_{\mathrm{e}}\,, \tag{E.18}$$

$$\mathscr{B} = \underline{\mu}_{\mathrm{r}}\,\mu_0\,\mathscr{H} \quad \text{mit} \quad \underline{\mu}_{\mathrm{r}} = 1 + \underline{\chi}_{\mathrm{m}}\,, \tag{E.19}$$

und

$$\mathscr{j} = \underline{\sigma}\,\mathscr{E}\,. \tag{E.20}$$

$\underline{\varepsilon}_{\mathrm{r}}$ und $\underline{\mu}_{\mathrm{r}}$ sind komplexe dimensionslose Materialkonstanten, die Permittivitätszahl und die Permeabilitätszahl. Alle drei Größen $\underline{\varepsilon}_{\mathrm{r}}$, $\underline{\mu}_{\mathrm{r}}$, $\underline{\sigma}$ sind im allgemeinen Tensoren, nur bei optisch isotropen Medien Skalare. Man beachte, daß sie noch von der Frequenz ω der Felder abhängig sind. Die Materialgleichungen lauten in der Komponentenschreibweise:

$$\mathscr{D}_m = \varepsilon_0 \sum_n \underline{\varepsilon}_{mn} \mathscr{E}_{mn} \qquad (m, n = x, y, z) .$$

Die komplexen Komponenten des $\underline{\varepsilon}_r$-Tensors lassen sich nach Real- und Imaginärteil aufspalten

$$\underline{\varepsilon}_{mn} = \varepsilon_{mn,1} + \mathrm{i}\,\varepsilon_{mn,2}$$

oder als Tensor

$$\underline{\varepsilon}_r = \varepsilon_1 + \mathrm{i}\,\varepsilon_2 .$$

Geht man wieder zur reellen Schreibweise über, so lautet die Beziehung zwischen $\mathscr{D}$ und $\mathscr{E}$, wie sich durch Einsetzen in Gl. (E.11) zeigen läßt,

$$\boldsymbol{D} = \varepsilon_0 \{\varepsilon_1 \boldsymbol{E}_0 \cos(\omega t + \varphi) - \varepsilon_2 \boldsymbol{E}_0 \sin(\omega t + \varphi)\} . \tag{E.21}$$

Ein elektrisches Feld, welches kosinusförmig oszilliert, erzeugt eine elektrische Verschiebung, die sowohl cos- als auch sin-Anteile enthält. Der mit dem Feld in Phase schwingende Anteil ist proportional dem Realteil der komplexen Permittivitätszahl, und der gegen das Feld um 90° phasenverschobene Anteil ist proportional dem Imaginärteil von $\underline{\varepsilon}_r$. Man beachte daß auch ε_1 und ε_2 i. allg. Tensoren sind.

Die gleichen Überlegungen gelten für magnetisierbare Medien bezüglich der Permeabilitätszahl $\underline{\mu}_r$.

E.2.3 Das Lorentz-Modell der Wechselwirkung, ein Beispiel für ein lineares dielektrisches Medium

Die Materialkonstanten $\underline{\varepsilon}_r$, $\underline{\mu}_r$, $\underline{\sigma}$ folgen korrekt nur aus einer quantenmechanischen Beschreibung der Wechselwirkung Licht–Materie. Zum qualitativen Verständnis reicht jedoch ein klassisches Modell aus. Diesem liegt die Vorstellung zugrunde, daß die Wechselwirkung überwiegend durch die Wirkung des elektrischen Feldes der Lichtwelle auf die elastisch gebundenen Elektronen erfolgt (H. A. Lorentz 1896). Durch das elektrische Feld werden die Elektronen gegen den Atomkern verschoben. Positiver und negativer Ladungsschwerpunkt fallen nicht mehr zusammen, es ist ein elektrisches Dipolmoment entstanden. Als Beispiel soll ein monochromatisches Feld der Frequenz ω betrachtet werden

$$\mathscr{E} = \mathscr{E}_0 \exp(\mathrm{i}\,\omega t) .$$

Die auf das Elektron wirkende Kraft ist die Coulomb-Kraft, welche in der komplexen Schreibweise

$$\mathscr{F} = e\mathscr{E}$$

lautet, wobei e die Ladung des Elektrons ist. Durch diese Kraft wird ein elastisch gebundenes Elektron zu Schwingungen der gleichen Frequenz angeregt, während der sehr viel schwerere Kern nahezu in Ruhe bleibt. Für die Verschiebung $\mathscr{x}$ des Elektrons gegen den Kern kann die klassische Schwingungsgleichung angesetzt werden, wobei gleich die komplexe Schreibweise benutzt wird:

$$\ddot{\boldsymbol{x}} + \frac{\dot{\boldsymbol{x}}}{\tau} + \omega_0^2 \boldsymbol{x} = \frac{e}{m} \mathscr{E}_0 \exp(\mathrm{i}\,\omega\, t) .$$

Hierbei bedeuten ω_0 die Resonanzfrequenz und τ eine Dämpfungszeit. Die Lösung der Gleichung läßt sich sofort hinschreiben; sie entspricht der klassischen, erzwungenen, gedämpften Schwingung:

$$\boldsymbol{x} = \frac{e/m}{(\omega_0^2 - \omega^2) + \mathrm{i}\dfrac{\omega}{\tau}} \mathscr{E}_0 \exp(\mathrm{i}\,\omega\, t) .$$

Das entstehende Dipolmoment ist gleich der Elektronenladung multipliziert mit der Auslenkung, $e\,\boldsymbol{x}$, und die Polarisation $\mathscr{P}$ als volumenbezogenes Dipolmoment ergibt sich mit der Dipoldichte n_0 zu:

$$\mathscr{P} = n_0\, e\, \boldsymbol{x} ,$$

$$\mathscr{P} = \frac{n_0\, \mathrm{e}^2}{m} \frac{1}{(\omega_0^2 - \omega^2) + \mathrm{i}\dfrac{\omega}{\tau}} \mathscr{E}_0 \exp(\mathrm{i}\,\omega\, t) .$$

Hierbei wurde vorausgesetzt, daß die induzierten Dipole hinreichend weit voneinander entfernt sind, und sie sich nicht gegenseitig beeinflussen. Die Polarisation ist linear mit der Feldstärke verknüpft, und der Vergleich mit Gl. E.16) liefert für den Proportionalitätsfaktor – die komplexe, dielektrische Suszeptibilität – den Ausdruck:

$$\underline{\chi}_{\mathrm{e}} = \frac{n_0\, \mathrm{e}^2}{m\, \varepsilon_0} \frac{1}{(\omega_0^2 - \omega^2) + \mathrm{i}\dfrac{\omega}{\tau}} = \chi_{\mathrm{e}1} - \mathrm{i}\, \chi_{\mathrm{e}2} . \tag{E.22}$$

Real- und Imaginärteil der Suszeptibilität errechnen sich zu:

$$\chi_{\mathrm{e}1} = \frac{n_0\, \mathrm{e}^2}{m\, \varepsilon_0} \frac{(\omega_0^2 - \omega^2)}{(\omega_0^2 - \omega^2)^2 + \dfrac{\omega^2}{\tau^2}} , \tag{E.23a}$$

$$\chi_{\mathrm{e}2} = \frac{n_0\, \mathrm{e}^2}{m\, \varepsilon_0} \frac{\dfrac{\omega}{\tau}}{(\omega_0^2 - \omega^2)^2 + \dfrac{\omega^2}{\tau^2}} . \tag{E.23b}$$

Der spektrale Verlauf dieser Größen ist in Abb. E.4 dargestellt. Die Auswirkung auf das Strahlungsfeld wird eingehender in Abschn. E.4.2 diskutiert.

E.3 Energetische Betrachtungen

E.3.1 Energiedichte

Wirkt ein elektrisches Feld $\boldsymbol{E}$ oder ein magnetisches Feld $\boldsymbol{H}$ auf ein polarisierbares oder magnetisierbares Medium, so leistet es Arbeit. Die volumenbezogene Arbeit oder Energiedichte ist gegeben durch (s. Bd. 2):

$$w_{\text{em}} = \int \boldsymbol{E} \cdot \mathrm{d}\boldsymbol{D} + \int \boldsymbol{H} \cdot \mathrm{d}\boldsymbol{B}. \tag{E.24}$$

Die Energiedichte besteht aus dem reinen Feldanteil und dem Anteil des polarisierbaren Mediums. Mit den Materialgleichungen E.6, E.7 folgt:

$$w_{\text{em}} = \frac{1}{2}\{\varepsilon_0 \boldsymbol{E} \cdot \boldsymbol{E} + \mu_0 \boldsymbol{H} \cdot \boldsymbol{H}\} + \int \boldsymbol{E} \cdot \mathrm{d}\boldsymbol{P} + \int \boldsymbol{H} \cdot \mathrm{d}\boldsymbol{J}.$$

Falls die linearen Beziehungen zwischen $\boldsymbol{D}$ und $\boldsymbol{E}$, bzw. $\boldsymbol{J}$ und $\boldsymbol{H}$ gelten, läßt sich Gl. (E.24) für monochromatische Wellen umschreiben zu:

$$\begin{aligned} w_{\text{em}} = {} & \varepsilon_0 \{\boldsymbol{E}_0 \cdot \varepsilon_1 \cdot \boldsymbol{E}_0 \cos^2 \omega t + \boldsymbol{E}_0 \cdot \varepsilon_2 \cdot \boldsymbol{E}_0 \cos \omega t \ \ \sin \omega t\} \\ & + \mu_0 \{\boldsymbol{H}_0 \cdot \mu_1 \cdot \boldsymbol{H}_0 \cos^2 \omega t + \boldsymbol{H}_0 \cdot \mu_2 \cdot \boldsymbol{H}_0 \cos \omega t \ \ \sin \omega t\}. \end{aligned}$$

Diese lassen sich zusammenfassen zu

$$w_{\text{em}} = \frac{1}{2}\boldsymbol{E} \cdot \boldsymbol{D} + \frac{1}{2}\boldsymbol{H} \cdot \boldsymbol{B} = w_{\text{e}} + w_{\text{m}}, \tag{E.25}$$

wobei w_{e}, w_{m} die elektrische bzw. magnetische Energiedichte sind.

E.3.2 Poynting-Vektor, Intensität und Energieerhaltung

Die Energiestromdichte ist durch den Poynting-Vektor $\boldsymbol{S}$ gegeben, der wie folgt definiert ist:

$$\boldsymbol{S} = \boldsymbol{E} \times \boldsymbol{H}. \tag{E.26}$$

Der Poynting-Vektor hat die Bedeutung einer Leistungsdichte mit der Dimension Wm^{-2}. Die Leistungsdichte von einer Quelle emittiert, wird *spezifische Ausstrahlung* genannt. Fällt dagegen die Leistungsdichte auf eine Fläche, so lautet der genormte Ausdruck *Bestrahlungsstärke*. In der Optik ist auch der nicht genormte Begriff *Intensität* J für den Betrag des Poynting-Vektors üblich:

$$J = |\boldsymbol{S}|. \tag{E.27}$$

J hat die SI-Einheit Wm^{-2}. Der Energiefluß durch eine Fläche F ist das Flächenintegral über den Poynting-Vektor und hat die Dimension einer Leistung (SI-Einheit W):

$$P = \int_F \boldsymbol{S}\,\mathrm{d}\boldsymbol{f}. \tag{E.28}$$

Energieerhaltung. In einem abgeschlossenen Volumen V ist die darin enthaltene Feldenergie durch das Volumenintegral gegeben

$$\int_V w_{\mathrm{em}}\,\mathrm{d}V\,.$$

Der aus dem Volumen austretende Energiefluß ist das Oberflächenintegral über den Poynting-Vektor, welches nach dem Gaußschen Integralsatz in ein Volumenintegral umgeschrieben werden kann:

$$\int_F \boldsymbol{S}\cdot\mathrm{d}\boldsymbol{f} = \int_V \operatorname{div}\boldsymbol{S}\,\mathrm{d}V\,.$$

Falls die elektromagnetische Feldenergie erhalten bleibt, muß die zeitliche Änderung der Feldenergie im Innern gleich dem gesamten austretenden Energiefluß sein. Falls Feldenergie in andere Energieformen umgewandelt wird, z. B. Wärme, muß eine Verlustleistung P_{v} im Innern auftreten, die gleich dem Volumenintegral über die Verlustleistungsdichte p_{v} ist. Aus

$$P_{\mathrm{v}} = \int_V p_{\mathrm{v}}\,\mathrm{d}V = \int_V \operatorname{div}\boldsymbol{S}\,\mathrm{d}V + \frac{\mathrm{d}}{\mathrm{d}t}\int_V w_{\mathrm{em}}\,\mathrm{d}V$$

ergibt sich die Verlustleistungsdichte zu

$$p_{\mathrm{v}} = \operatorname{div}\boldsymbol{S} + \frac{\mathrm{d}}{\mathrm{d}t}w_{\mathrm{em}}\,.$$

Erhaltung der Feldenergie bedeutet somit $p_{\mathrm{v}} = 0$. Werden der Poynting-Vektor nach Gl. (E.26) und die Energiedichte nach Gl. (E.25) eingesetzt, erhält man unter Benutzung der entsprechenden Vektorrelationen für die Verlustleistungsdichte

$$p_{\mathrm{v}} = \frac{1}{2}\{\boldsymbol{E}\cdot\dot{\boldsymbol{D}} - \dot{\boldsymbol{E}}\cdot\boldsymbol{D} + \boldsymbol{H}\cdot\dot{\boldsymbol{B}} - \dot{\boldsymbol{H}}\cdot\boldsymbol{B}\} - \boldsymbol{E}\cdot\sigma\boldsymbol{E}\,. \tag{E.29}$$

E.3.3 Verlustfreie Medien

Verlustfreiheit erfordert, da die $\boldsymbol{E}$ und $\boldsymbol{H}$-Felder beliebig gewählt werden können, nach Gl. (E.29)

für das polarisierbare Medium $\quad \boldsymbol{E}\cdot\dot{\boldsymbol{D}} = \dot{\boldsymbol{E}}\cdot\boldsymbol{D}\,,$ (E.30a)

für das magnetisierbare Medium $\quad \boldsymbol{H}\cdot\dot{\boldsymbol{B}} = \dot{\boldsymbol{H}}\cdot\boldsymbol{B}\,,$ (E.30b)

für die Leitfähigkeit $\quad \sigma = 0\,.$ (E.30c)

Man kann in die Gl. (E.30a) die Größen $\boldsymbol{E}$ und $\boldsymbol{D}$ für monochromatische Felder einsetzen, wobei der allgemeine Fall zugelassen werden soll, daß die drei Komponenten des Feldes unterschiedliche Frequenzen ω_m besitzen. In Komponenten geschrieben lauten die Gln. (E.9) und (E.21):

$$E_m = E_{0m}\cos(\omega_m t + \varphi_m)\,,$$

$$D_m = \varepsilon_0 \sum_n E_{0m}\{\varepsilon_{nm,1}\cos(\omega_m t + \varphi_m) + \varepsilon_{nm,2}\sin(\omega_m t + \varphi_m)\}\,.$$

Beides in die Gl. (E.30a) eingesetzt ergibt für die Komponenten des ε_r-Tensors, da diese Gleichung für alle Werte von ω_m, φ_m gelten muß:

$$\varepsilon_{mn,1} = \varepsilon_{nm,1} \quad \text{und} \quad \varepsilon_{mn,2} = \varepsilon_{nm,2} = 0 \,.$$

Die Komponenten des $\underline{\varepsilon}_r$-Tensors für verlustfreie Medien sind reell und symmetrisch. Das führt zu einer starken Vereinfachung, denn für einen symmetrischen Tensor läßt sich stets ein Koordinatensystem finden, abhängig vom speziellen Medium, bei dem die Außerdiagonalelemente verschwinden. Im folgenden soll bei verlustfreien, linearen Medien nur noch diese Darstellung benutzt werden (Hauptachsendarstellung):

$$\varepsilon_r = (\varepsilon_m) = \begin{pmatrix} \varepsilon_x & 0 & 0 \\ 0 & \varepsilon_y & 0 \\ 0 & 0 & \varepsilon_z \end{pmatrix} \quad (m = x, y, z)\,.$$

Die gleichen Überlegungen gelten natürlich auch für magnetisierbare Medien. Die Materialgleichungen lassen sich dann sehr einfach formulieren

$$\boldsymbol{D} = \varepsilon_0\, \varepsilon_r \boldsymbol{E}\,, \quad \boldsymbol{B} = \mu_0\, \mu_r \boldsymbol{H}$$

oder in den Komponenten der Hauptachsendarstellung:

$$D_m = \varepsilon_0\, \varepsilon_m E_m \qquad B_m = \mu_0\, \mu_m H_m \tag{E.31}$$

E.4 Die Wellengleichungen und einfache Lösungen

Die Maxwellschen Gleichungen sind Differentialgleichungen erster Ordnung in Zeit und Ort, aber unübersichtlich wegen der vielen Feldgrößen. Diese lassen sich eliminieren, was dann auf Differentialgleichungen zweiter Ordnung führt, die Wellengleichungen. Die Form der Wellengleichung hängt von den Eigenschaften des Mediums ab, die in Tab. E.2 zusammengestellt sind.

Das Medium, z. B. ein Plasma, kann Ladungen enthalten. Dieser Fall wird im folgenden stets ausgeschlossen, d. h. es ist $\varrho = 0$. In einem homogenen Medium sind die Materialkonstanten $\underline{\varepsilon}_r$, $\underline{\mu}_r$ unabhängig vom Ort, in einem isotropen Medium sind sie unabhängig von der Richtung der Feldstärken und damit Skalare. Nicht-

Tab. E.2 Charakterisierung der optischen Eigenschaften von Medien.

Medium	$\underline{\mu}_r(\omega)$	$\underline{\varepsilon}_r(\omega)$	$\underline{\sigma}(\omega)$
homogen		nicht ortsabhängig	
anisotrop		Tensoren	
isotrop		Skalare	
nicht leitend (Isolatoren)	$\neq 1$	$\neq 1$	0
dielektrisch	1	$\neq 1$	0
verlustfrei	reell	reell	0
linear		nicht abhängig von den Feldern	
nichtlinear		abhängig von den Feldern	

leitend bedeutet $\underline{\sigma} = 0$, d.h. es treten keine ohmschen Verluste auf. Dielektrische Medien sind solche, bei denen keine Leitfähigkeit ($\underline{\sigma} = 0$) vorliegt und die außerdem unmagnetisch sind ($\underline{\mu}_r = 1$). Dieser Fall tritt am häufigsten in der Optik auf, ausgenommen sind Magnetooptik und Metalloptik. Verlustfreie Medien gibt es nicht, wohl aber verlustarme Medien. In diesem Fall sind die Stoffkonstanten nahezu reell. Auch lineare Medien gibt es streng genommen nicht, jedoch ist die Abweichung vom linearen Verhalten der Materie in weiten Bereichen beliebig gering. Dann sind die Materialkonstanten unabhängig von den Feldern, wohl aber noch frequenzabhängig.

E.4.1 Homogenes, isotropes, nichtleitendes, ladungsfreies, lineares Medium ($\underline{\sigma} = 0$, $\varrho = 0$)

Die Größen $\underline{\varepsilon}_r$, $\underline{\mu}_r$ sind in diesem Fall komplexe, frequenzabhängige Skalare. Es werden für die Felder die monochromatischen Darstellungen nach Gl. (E.11) verwendet und die Maxwell-Gleichungen in der Formulierung Gl. (E.12)–(E.15) benutzt mit den Materialgleichungen (E.18)–(E.20). Durch Anwendung der Operation rot auf Gl. (E.12), Ersetzen von rot $\mathscr{H}$ durch Gl. (E.13) und Benutzung der Vektorrelation rot rot = grad div − Δ folgt mit der Nebenbedingung div $\mathscr{D} = \underline{\varepsilon}_r \varepsilon_0$ div $\mathscr{E} = 0$ die Wellengleichung:

$$\Delta\mathscr{E} + \omega^2 \underline{\mu}_r \underline{\varepsilon}_r \mu_0 \varepsilon_0 \mathscr{E} = 0\,. \tag{E.32}$$

Der Δ-Operator in kartesischen Koordinaten lautet

$$\Delta\mathscr{E} = \left\{\frac{\partial^2}{\partial x^2} + \frac{\partial^2}{\partial y^2} + \frac{\partial^2}{\partial z^2}\right\}\mathscr{E} \tag{E.33a}$$

und in Kugelkoordinaten für Funktionen, die nur vom Radius r abhängen,

$$\Delta\mathscr{E} = \frac{1}{r}\,\frac{\partial^2}{\partial r^2}(r\mathscr{E})\,. \tag{E.33b}$$

Die ebene Welle im verlustfreien Medium. Verlustfrei bedeutet, daß ε_r und μ_r reell sind. Eine einfache Lösung in kartesischen Koordinaten ist:

$$\mathscr{E} = \mathscr{E}_0 \exp(\mathrm{i}\,\boldsymbol{k}\boldsymbol{r})\,,$$

wobei $\boldsymbol{r} = (x, y, z)$ der Ortsvektor ist und $\boldsymbol{k}$ ein beliebiger, konstanter Vektor. Diese Lösung befriedigt die Wellengleichung E.32 falls

$$k^2 = \mu_r \varepsilon_r \mu_0 \varepsilon_0 \omega^2 \tag{E.34}$$

gilt, was als Dispersionsrelation bezeichnet wird. Die Bedeutung der Größe $\boldsymbol{k}$ wird verständlich, wenn man sich die vollständige, reelle Lösung nach Gl. (E.11) verschafft

$$\boldsymbol{E} = \boldsymbol{E}_0 \cos(\omega t - \boldsymbol{k}\boldsymbol{r} + \varphi)\,. \tag{E.35}$$

Flächen konstanter Phase sind gegeben durch

$$\boldsymbol{k} \cdot \boldsymbol{r} - \omega t = \text{const}\,. \tag{E.36}$$

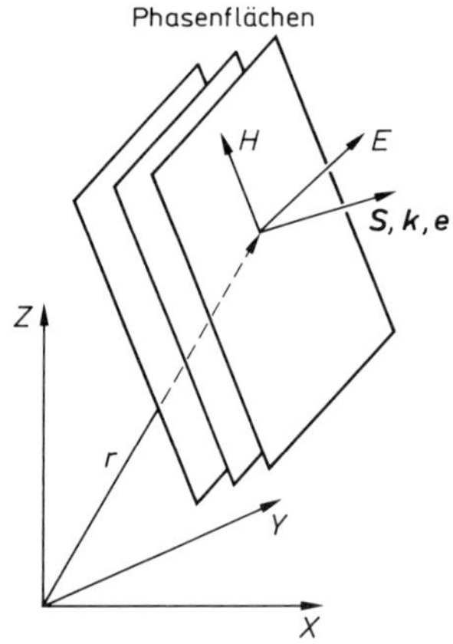

Abb. E.3 Die ebene Welle breitet sich in Richtung $\boldsymbol{e}$ aus. Senkrecht dazu stehen $\boldsymbol{H}$ und $\boldsymbol{E}$. $\boldsymbol{r}$ ist der Ortsvektor, $\boldsymbol{k}$ der Ausbreitungsvektor.

Das ist die Gleichung der Ebene im Raum mit $\boldsymbol{k}$ als Normalenvektor, d. h. die Welle breitet sich in Richtung von $\boldsymbol{k}$ aus (siehe Abb. E.3). Der Einheitsvektor der Ausbreitungsrichtung der Phasenflächen wird im folgenden mit $\boldsymbol{e}$ bezeichnet:

$$\boldsymbol{e} = \frac{\boldsymbol{k}}{k} \tag{E.37}$$

Die Geschwindigkeit, mit der sich die Phase in Ausbreitungsrichtung $\boldsymbol{e}$ ändert, wird Phasengeschwindigkeit c_{ph} genannt,

$$c_{ph} = \boldsymbol{e} \cdot \frac{\mathrm{d}\boldsymbol{r}}{\mathrm{d}t}$$

und folgt aus Gln. (E.36), (E.37) zu

$$c_{ph} = \frac{\omega}{k} . \tag{E.38}$$

Der Vergleich mit Gl. (E.34) liefert:

$$c_{ph} = \frac{1}{\sqrt{\mu_r \varepsilon_r \mu_0 \varepsilon_0}} . \tag{E.39}$$

Für das Vakuum mit $\mu_r = \varepsilon_r = 1$ ergibt sich die Vakuumlichtgeschwindigkeit c_0:

$$\begin{aligned} c_0 &= \frac{1}{\sqrt{\mu_0 \varepsilon_0}} \\ &= 2{,}99792458 \cdot 10^8 \,\mathrm{m/s} . \end{aligned} \tag{E.40}$$

In einem Medium ist die Phasengeschwindigkeit um den Faktor

$$n = \sqrt{\mu_r \varepsilon_r} = \frac{c_0}{c_{ph}} \tag{E.41}$$

verändert. Man bezeichnet n als Brechzahl und Gl. (E.41) als Maxwellsche Relation. Aus der Forderung der Quellenfreiheit $\operatorname{div}\mathscr{D} = \varepsilon_r \varepsilon_0 \operatorname{div}\mathscr{E} = 0$ folgt:

$$\begin{aligned} \operatorname{div}\mathscr{E} &= -\mathrm{i}\,\boldsymbol{k}\cdot\mathscr{E}\,\exp(-\mathrm{i}\,\boldsymbol{k}\boldsymbol{r}) = 0\,,\\ \boldsymbol{k}\cdot\mathscr{E} &= 0\,, \end{aligned} \tag{E.42}$$

die Transversalität der Welle. Die elektrische Feldstärke $\mathscr{E}$ steht senkrecht auf der Ausbreitungsrichtung $\boldsymbol{k}$. Man beachte, daß die Transversalität der Welle nur unter diesen speziellen Voraussetzungen gilt, nicht aber allgemein. Für den Betrag von $\boldsymbol{k}$ folgt aus Gl. (E.38):

$$k = \frac{\omega}{c_{ph}} = \frac{2\pi\nu}{c_{ph}} = \frac{2\pi}{\lambda}\,. \tag{E.43}$$

λ ist die Wellenlänge im Medium. k wird als Kreiswellenzahl bezeichnet, $\boldsymbol{k}$ als Ausbreitungsvektor. Das Verhältnis der Vakuumwellenlänge λ_0 zur Wellenlänge λ im Medium lautet mit Gl. (E.41), (E.43):

$$\frac{\lambda_0}{\lambda} = \frac{k}{k_0} = n\,. \tag{E.44}$$

Die magnetischen Felder ergeben sich aus Gl. (E.12) zu

$$\begin{aligned} \mathscr{H} &= \mathscr{H}_0 \exp(-\mathrm{i}\,\boldsymbol{k}\boldsymbol{r})\,,\\ \mathscr{B} &= \mathscr{B}_0 \exp(-\mathrm{i}\,\boldsymbol{k}\boldsymbol{r})\,, \end{aligned} \tag{E.45}$$

mit

$$\mathscr{H}_0 = \frac{\boldsymbol{k}\times\mathscr{E}_0}{\omega\mu_r\mu_0} = \frac{\boldsymbol{e}\times\mathscr{E}_0}{Z}\,, \quad \mathscr{B}_0 = \frac{\boldsymbol{e}\times\mathscr{E}_0}{c_{\mathrm{ph}}} \tag{E.46}$$

$$Z = \sqrt{\frac{\mu_r\mu_0}{\varepsilon_r\varepsilon_0}}\,. \tag{E.47}$$

Das Verhältnis der Feldstärken entspricht dem Verhältnis von Spannung (elektrische Feldstärke) zu Strom (magnetische Feldstärke). Deshalb wird Z auch als Wellenwiderstand bezeichnet. Z ist eine charakteristische Größe des Mediums. Für das Vakuum mit $\mu_r = \varepsilon_r = 1$ folgt:

$$Z_0 = 376{,}7\,\Omega\,.$$

Die magnetische Feldstärke steht senkrecht auf der elektrischen Feldstärke und der Ausbreitungsrichtung $\boldsymbol{e}$. Sie schwingt mit $\mathscr{E}$ in Phase, solange μ_r, ε_r reelle Größen sind, also bei Verlustfreiheit. Die magnetische Feldstärke in der reellen Darstellung lautet:

$$\boldsymbol{H} = \frac{\boldsymbol{e}\times\boldsymbol{E}_0}{Z}\cos(\omega t - \boldsymbol{k}\cdot\boldsymbol{r} + \varphi)\,. \tag{E.48}$$

Der Poynting-Vektor errechnet sich nach Gl. (E.23) mit den reellen Feldstärken nach Gl. (E.35)/(E.48) zu:

$$\boldsymbol{S} = \frac{\boldsymbol{e}}{Z}E_0^2\cos^2(\omega t - \boldsymbol{k}\cdot\boldsymbol{r} + \varphi)\,. \tag{E.49}$$

Der Energiefluß erfolgt in Richtung $\boldsymbol{e}$ der Ausbreitung der Phasenflächen, was jedoch nur bei isotropen Medien der Fall ist. Der über die Periodendauer $T = 2\pi/\omega$ gemittelte Energiefluß, also die Intensität, folgt zu:

$$J(\omega) = |\boldsymbol{S}|_T = \frac{E_0^2}{2Z} = \frac{\mathscr{E} \cdot \mathscr{E}^*}{2Z} \tag{E.50}$$

oder mit den Gleichungen (E.39), (E.40), (E.41)

$$J(\omega) = \frac{1}{2}\, n\, c_0\, \varepsilon_0\, \mathscr{E} \cdot \mathscr{E}^* \,.$$

Man bezeichnet $J(\omega)$ auch als das Intensitätsspektrum, da hier nur jeweils eine monochromatische Komponente eines beliebigen zeitabhängigen Feldes betrachtet wird, im Gegensatz zu Gl. (E.27), wo $J(t)$ eine zeitabhängige Größe ist.

Die elektromagnetische Energiedichte berechnet sich aus Gl. (E.25)

$$w_{em} = \frac{1}{2}\,\{\varepsilon_r\, \varepsilon_0\, E_0^2 + \mu_r\, \mu_0\, H_0^2\}\, \cos^2(\omega t - \boldsymbol{k} \cdot \boldsymbol{r} + \varphi)\,. \tag{E.51}$$

Da nach Gln. (E.46), (E.47) $H_0^2 = E_0^2\, \dfrac{\varepsilon_r \varepsilon_0}{\mu_r \mu_0}$ ist, folgt die Gleichheit von elektrischer und magnetischer Energiedichte bei ebenen Wellen. Zwischen Energiedichte und Betrag des Poynting-Vektors gilt die Beziehung:

$$|\boldsymbol{S}| = w_{em}\, c_{ph}\,.$$

Die hier vorgestellte elektromagnetische Welle im verlustfreien unbegrenzten Medium ist das, was in der Optik als „Lichtwelle" bezeichnet wird. Licht ist eine transversale, elektromagnetische Welle, bestehend aus einem elektrischen und magnetischen Feldstärkevektor, die aufeinander und auf der Ausbreitungsrichtung senkrecht stehen.

E.4.2 Die ebene Welle im verlustbehafteten Medium

Die Kraft, die eine ebene, elektromagnetische Welle auf eine Ladung e ausübt, ergibt sich aus den Gln. (E.3), (E.46) zu:

$$\boldsymbol{F} = e\left\{\boldsymbol{E} + \frac{\boldsymbol{v} \times (\boldsymbol{e} \times \boldsymbol{E})}{c_{ph}}\right\}.$$

Im nichtrelativistischen Fall ist die Geschwindigkeit $\boldsymbol{v}$ der elektrischen Ladung klein gegen die Lichtgeschwindigkeit c_{ph}, und der zweite Term in der obigen Gleichung kann vernachlässigt werden. Damit gilt die im Abschnitt E.2.3 behandelte Wechselwirkung auch für die Lichtwelle, was i. allg. zu einer komplexen Suszeptibilität (Gl. (E.22)) und folglich zu einer komplexen Brechzahl $\mathfrak{n}$ nach Gl. (E.18), (E.41) führt.

Die Wellengleichung (E.32) gilt in gleicher Form für komplexe Materialkonstanten. Eine Lösung ist wieder die ebene Welle:

$$\mathscr{E} = \mathscr{E}_0 \exp(-\mathrm{i}\, \boldsymbol{\mathfrak{k}} \cdot \boldsymbol{r})\,, \quad \boldsymbol{\mathfrak{k}} = k_0\, \mathfrak{n}\, \boldsymbol{e}\,,$$

wobei Ausbreitungsvektor $\boldsymbol{k}$ und Brechzahl n jetzt komplexe Größen sind. Es wird im folgenden ein unmagnetisches Medium mit $\mu_r = 1$ betrachtet. Aus den Gln. (E.41), (E.18), (E.22) folgt dann:

$$n = \sqrt{1 + \chi_{e1} - i\chi_{e2}}\,. \tag{E.52}$$

Zur Vereinfachung wird ein verlustarmes Medium angenommen, d.h. der Imaginärteil χ_{e2} sei klein gegen den Realteil. Dann gilt für die Brechzahl in Näherung:

$$n \approx \sqrt{1 + \chi_{e1}} - i\,\frac{\chi_{e2}}{2\sqrt{1 + \chi_{e1}}} \quad \text{für} \quad |\chi_{e2}| \ll 1 + \chi_{e1}\,.$$

Man setzt

$$\sqrt{1 + \chi_{e1}} = n_r\text{: reelle Brechzahl}\,,$$

$$\frac{k_0\,\chi_{e2}}{\sqrt{1 + \chi_{e1}}} = \alpha\text{: Absorptionskoeffizient}\,.$$

Damit lautet die ebene Welle

$$\mathscr{E} = \mathscr{E}_0 \exp\left\{-\left(i n_r k_0 + \frac{\alpha}{2}\right)\boldsymbol{e}\cdot\boldsymbol{r}\right\}.$$

Die Amplitude der Welle ändert sich in Ausbreitungsrichtung exponentiell nach Betrag und Phase.

Je nach Vorzeichen des Koeffizienten α wird der Betrag zu- oder abnehmen. In dem hier verwendeten klassischen Lorentz-Modell der Wechselwirkung sind der Imaginärteil der Suszeptibilität und damit α stets positiv, die Welle ist gedämpft. Der Fall $\alpha < 0$ ist ebenfalls möglich, wie in Kap. 7 (Laser) gezeigt wird. Falls die hier benutzte Voraussetzung $|\chi_{e2}| \ll 1 + \chi_{e1}$, d.h. geringe Absorption ($\alpha/k_0 \ll 1$), nicht erfüllt ist, muß Gl. (E.52) korrekt nach Real- und Imaginärteil der Brechzahl aufgelöst werden, dies ist von Bedeutung für die Metalloptik.

Alle Beziehungen, die im Abschn. E.4.1 für das verlustfreie Medium mit reellen Stoffkonstanten abgeleitet wurden, gelten in gleicher Weise für komplexe Stoffkonstanten. Nur ist jetzt zu beachten, daß der Wellenwiderstand $\mathscr{Z}$ komplex wird. Aus Gl. (E.45), (E.46) folgt deshalb für die relle magnetische Feldstärke

$$\boldsymbol{H} = \frac{1}{2}\left\{\frac{\boldsymbol{e}\times\mathscr{E}_0}{\mathscr{Z}}\exp[i(\omega t - \boldsymbol{k}\cdot\boldsymbol{r})] + \frac{\boldsymbol{e}\times\mathscr{E}_0^*}{\mathscr{Z}^*}\exp[-i(\omega t - \boldsymbol{k}^*\cdot\boldsymbol{r})]\right\}.$$

Elektrisches und magnetisches Feld schwingen nicht mehr in Phase, sondern es tritt eine Phasenverschiebung ψ auf, die in der hier verwendeten Näherung lautet:

$$\tan\psi = -\frac{\alpha}{2k_0 n_r}\,.$$

Entsprechend ändern sich Poynting-Vektor und Energiedichte. Für die Intensität folgt mit Gl. (E.50) bei Ausbreitung in z-Richtung

$$J(z) = J(o)\exp[-\alpha z]\,. \tag{E.53}$$

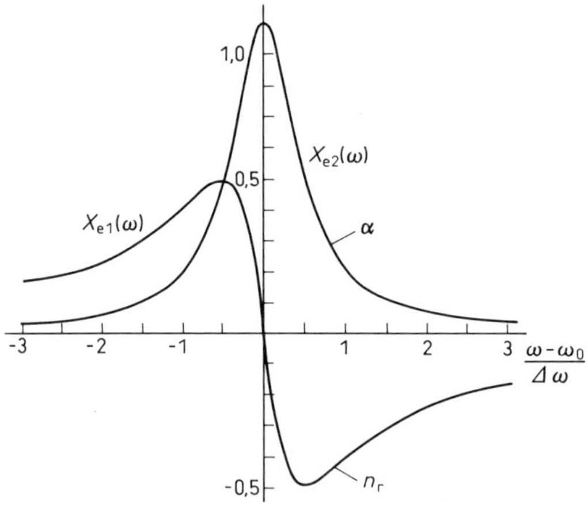

Abb. E.4 Realteil χ_{e1} und Imaginärteil χ_{e2} der elektrischen Suszeptibilität bzw. Brechzahl n_r und Absorptionskoeffizient α in der Umgebung einer Resonanzstelle nach dem Lorentz-Modell. Die Breite $\Delta\omega$ der Resonanz ergibt sich aus der Dämpfung gemäß $\Delta\omega = 1/\tau$.

Real- und Imaginärteil der elektrischen Suszeptibilität bzw. Brechzahl und Absorptionskoeffizient sind in Abb. E.4 in der Umgebung der Resonanzstelle dargestellt. Die dort eingetragene Halbwertsbreite der Resonanzkurve ist mit der Dämpfungszeit verknüpft gemäß $\Delta\omega = 1/\tau$. Im Bereich der Resonanzstelle nehmen die reelle Brechzahl $n_r \sim \chi_{e1}$ und der Absorptionskoeffizient $\alpha \sim \chi_{e2}$ stark zu. Weit unterhalb der Resonanzstelle dagegen macht sich nur noch der frequenzabhängige Realteil bemerkbar (Dispersion), während die Absorption vernachlässigt werden kann. Das ist z. B. der Fall bei den Gläsern im sichtbaren Spektralbereich.

E.4.3 Die Polarisation der Lichtwelle

Die Lage des Feldstärkevektors in einem beliebigen x, y-Koordinatensystem, falls die Welle sich in z-Richtung ausbreitet, ist durch die x, y-Komponenten des Vektors festgelegt. Die beiden Komponenten müssen nicht in Phase schwingen, sondern können eine Phasendifferenz γ besitzen. Dann lautet die allgemeine Darstellung der Feldstärke der ebenen Welle:

$$\mathscr{E} = \{\mathscr{E}_{0x}, \mathscr{E}_{0y} \exp(\mathrm{i}\gamma)\} \exp\mathrm{i}(\omega t - kz)\,.$$

Man nennt dieses Licht elliptisch polarisiert, denn in der x, y-Ebene bewegt sich die Spitze des $\mathscr{E}$-Vektors auf einer Ellipse. Sonderfälle sind linear und zirkular polarisiertes Licht:

lineare Polarisation	$\gamma = 0\,,$	
linkszirkulare Polarisation	$\gamma = +90^\circ\,,$	$\mathscr{E}_{0x} = \mathscr{E}_{0y}\,,$
rechtszirkulare Polarisation	$\gamma = -90^\circ\,,$	$\mathscr{E}_{0x} = \mathscr{E}_{0y}\,.$

Schwingen die beiden Komponenten der Feldstärke mit statistisch schwankender Phase und ebenso schwankenden Amplituden, ist das Licht unpolarisiert. Unpolarisiert bedeutet, daß die Richtung des Feldstärkevektors sich schnell gegen die Beobachtungszeiten ändert.

E.4.4 Anisotrope, lineare, nicht absorbierende dielektrische Medien

Ein typisches Beispiel hierfür sind die doppelbrechenden Kristalle oder die Spannungsdoppelbrechung (Kap. 4). Da es sich um lineare Medien handelt, kann der monochromatische Ansatz für die Felder benutzt werden. Wegen $\mu_r = 1$ und $\sigma = 0$ lauten die Maxwellschen Gln. (E.12)–(E.15):

$$\operatorname{rot}\mathscr{E} = -\mathrm{i}\,\omega\,\mu_0\,\mathscr{H}\,, \tag{E.54}$$

$$\operatorname{rot}\mathscr{H} = \mathrm{i}\,\omega\,\mathscr{D}\,, \tag{E.55}$$

$$\operatorname{div}\mathscr{D} = 0\,, \quad \operatorname{div}\mathscr{H} = 0$$

und die verbleibende Materialgleichung

$$\mathscr{D} = \varepsilon_r\,\varepsilon_0\,\mathscr{E}\,, \tag{E.56}$$

wobei ε_r jetzt ein Tensor ist. Deshalb folgt aus $\operatorname{div}\mathscr{D} = 0$ nicht mehr $\operatorname{div}\mathscr{E} = 0$. Die Gln. (E.54), (E.55) werden wieder durch den Ansatz der ebenen Welle gelöst, wobei die Gln. (E.37), (E.44) benutzt werden:

$$\mathscr{D}, \mathscr{E}, \mathscr{H} = \mathscr{D}_0, \mathscr{E}_0, \mathscr{H}_0 \exp\left(-\mathrm{i}\,\frac{n\boldsymbol{e}\cdot\boldsymbol{r}}{c_0}\right). \tag{E.57}$$

Die Beziehung zwischen Ausbreitungsrichtung $\boldsymbol{e}$, Richtung der Feldstärke $\mathscr{E}$ und Brechzahl n hängt von der Struktur der doppelbrechenden Kristalle ab und ist zu bestimmen. Wird der Ansatz Gl. (E.57) in (E.54), (E.55) eingesetzt, folgt:

$$\mathscr{H} \times \boldsymbol{e} = \frac{c_0\,\mathscr{D}}{n}\,,$$

$$\mathscr{E} \times \boldsymbol{e} = \frac{c_0\,\mu_0\,\mathscr{H}}{n}\,.$$

Einsetzen der Gleichungen ineinander und Ausführung des doppelten Vektorprodukts ergibt mit Gln. (E.40), (E.56) die Wellengleichung der Kristalloptik

$$\mathscr{D} = \varepsilon_0 n^2 \{\mathscr{E} - \boldsymbol{e}\cdot(\boldsymbol{e}\cdot\mathscr{E})\}\,. \tag{E.58}$$

In der Hauptachsendarstellung kann der Vektor $\mathscr{E}$ nach Gl. (E.31) eliminiert werden, und es ergibt sich für die Komponenten des $\mathscr{D}$-Vektors:

$$\mathscr{D}_m = \varepsilon_0\,\frac{e_m(\boldsymbol{e}\cdot\mathscr{E})}{\dfrac{1}{n_m^2} - \dfrac{1}{n^2}} \quad (m = x, y, z)\,.$$

Hierbei wurde gemäß der Maxwellschen Relation Gl. (E.41) die Größe n_m eingeführt

$$n_m = \sqrt{\varepsilon_m}\,,$$

die auch als Hauptbrechzahl bezeichnet wird. Da div $\mathscr{D} = 0$ gilt, folgt aus dem Ansatz Gl. (E.57) sofort die Transversalität der $\mathscr{D}$-Welle:

$$\mathscr{D} \cdot \boldsymbol{e} = \mathscr{D}_x e_x + \mathscr{D}_y e_y + \mathscr{D}_z e_z = 0\,.$$

Kombiniert man die beiden letzten Gleichungen, so ergibt sich die Fresnelsche Gleichung, falls $\boldsymbol{e} \cdot \mathscr{E} \neq 0$:

$$\frac{e_x^2}{\dfrac{1}{n_x^2} - \dfrac{1}{n^2}} + \frac{e_y^2}{\dfrac{1}{n_y^2} - \dfrac{1}{n^2}} + \frac{e_z^2}{\dfrac{1}{n_z^2} - \dfrac{1}{n^2}} = 0\,. \tag{E.59}$$

Bei vorgegebener Richtung des Einheitsvektors $\boldsymbol{e}$ ergeben sich aus Gl. (E.59) die gesuchten Werte der Brechzahl n. Die Gleichung ist biquadratisch, d.h. zu jeder Richtung $\boldsymbol{e}$ gibt es zwei im Betrag unterschiedliche Brechzahlen $\pm n_{e1}$ und $\pm n_{e2}$, die von den Hauptbrechzahlen n_m des Kristalls abhängen. Die Vorzeichen kennzeichnen die beiden möglichen gegenläufigen Wellen. Bei einachsig doppelbrechenden Kristallen mit $n_x = n_y \neq n_z$ werden die beiden Lösungen der Gl. (E.59) ordentliche Brechzahl n_0 und außerordentliche Brechzahl n_e genannt.

Die elektrische Energiedichte berechnet sich aus der Gl. (E.25), wobei jetzt die reellen Werte der Felder benutzt werden müssen:

$$w_e = \frac{1}{2}\boldsymbol{E} \cdot \boldsymbol{D}\,.$$

$\boldsymbol{E}$ kann in der Hauptachsendarstellung wieder leicht eliminiert werden:

$$w_e = \frac{1}{2}\left\{\frac{D_x^2}{n_x^2} + \frac{D_y^2}{n_y^2} + \frac{D_z^2}{n_z^2}\right\}.$$

Es ist üblich, einen normierten Vektor $\boldsymbol{d}$ einzuführen mit

$$\boldsymbol{d} = \frac{\boldsymbol{D}}{\sqrt{2w_e}}\,,$$

womit die obige Gleichung umgeschrieben werden kann zu

$$1 = \frac{d_x^2}{n_x^2} + \frac{d_y^2}{n_y^2} + \frac{d_z^2}{n_z^2}\,. \tag{E.60}$$

Diese Beziehung stellt im $\boldsymbol{d}$-Raum ein Ellipsoid dar, welches die anisotropen Eigenschaften des Mediums kennzeichnet. Man bezeichnet dieses Ellipsoid als *Index-Ellipsoid.*

E.4.5 Nichtlineare dielektrische Medien

Im Falle eines nichtlinearen Mediums ist der Ansatz einer monochromatischen Welle nicht zulässig. Die nichtlineare Abhängigkeit der Polarisation $\boldsymbol{P}$ vom Feld $\boldsymbol{E}$ führt zu neuen Frequenzen. Es muß deshalb von den Maxwellschen Gleichungen in der ursprünglichen Form (Gl. (E.1), (E.2), (E.6)) ausgegangen werden. Für diesen Fall ($\varrho = 0$, $\sigma = 0$, $\mu = 1$) vereinfachen sie sich zu

$$\operatorname{rot} \boldsymbol{E} = -\mu_0 \frac{\partial \boldsymbol{H}}{\partial t},$$

$$\operatorname{rot} \boldsymbol{H} = \varepsilon_0 \frac{\partial \boldsymbol{E}}{\partial t} + \frac{\partial \boldsymbol{P}}{\partial t}.$$

Es kann $\boldsymbol{H}$ in gleicher Weise wie vorher eliminiert werden, und man erhält

$$\Delta \boldsymbol{E} - \mu_0 \varepsilon_0 \frac{\partial^2 \boldsymbol{E}}{\partial t^2} = \operatorname{grad} \operatorname{div} \boldsymbol{E} + \mu_0 \frac{\partial^2 \boldsymbol{P}(\boldsymbol{E})}{\partial t^2}.$$

Für ebene, transversale Wellenfelder ist $\operatorname{div} \boldsymbol{E} = 0$, dann vereinfacht sich die obige Gleichung zu

$$\Delta \boldsymbol{E} - \frac{1}{c_0^2} \frac{\partial^2 \boldsymbol{E}}{\partial t^2} = \mu_0 \frac{\partial^2 \boldsymbol{P}(\boldsymbol{E})}{\partial t^2}, \quad \text{falls} \quad \boldsymbol{k} \cdot \boldsymbol{E} = 0$$

gilt. Die Polarisation kann in einen linearen Anteil $\boldsymbol{P}_\mathrm{L}$ und einen nichtlinearen Anteil $\boldsymbol{P}_\mathrm{NL}$ zerlegt werden. $\boldsymbol{P}_\mathrm{L}$ ist proportional dem Feld $\boldsymbol{E}$ und bewirkt wie bisher die Änderung der Phasengeschwindigkeit, während $\boldsymbol{P}_\mathrm{NL}$ neue Frequenzen produziert. Die Wellengleichung lautet dann:

$$\Delta \boldsymbol{E} - \frac{1}{c^2} \frac{\partial^2 \boldsymbol{E}}{\partial t^2} = \mu_0 \frac{\partial^2 \boldsymbol{P}_\mathrm{NL}(\boldsymbol{E})}{\partial t^2},$$

wobei c die Phasengeschwindigkeit im Medium ist.

Die nichtlineare Polarisation ist Quelle eines Feldes, d. h. die Amplitude von $\boldsymbol{E}$ wird sich bei Ausbreitung in dem nichtlinearen Medium ändern. Für eine ebene Welle, die sich in z-Richtung ausbreitet, ist dann der folgende Ansatz sinnvoll:

$$\boldsymbol{E} = \boldsymbol{A}(z) \cos(\omega t - kz).$$

Falls die Änderung der Amplitude $\boldsymbol{A}$ gering ist,

$$\partial \boldsymbol{A} / \partial z \ll k \boldsymbol{A},$$

kann die zweite Ableitung $\partial^2 \boldsymbol{A} / \partial z^2$ in der Wellengleichung vernachlässigt werden, und es ergibt sich – jetzt in der komplexen Schreibweise – aus der Wellengleichung die Grundgleichung der nichtlinearen Optik:

$$\frac{\partial \mathscr{A}}{\partial z} = \mathrm{i} \frac{\mu_0}{2k} \frac{\partial^2 \mathscr{P}_\mathrm{NL}}{\partial t^2} \exp[-\mathrm{i}(\omega t - kz)]. \tag{E.61}$$

Diese Gleichung beschreibt, wie unter dem Einfluß einer nichtlinearen Polarisation die Amplitude $\mathscr{A}$ einer ebenen, sich in z-Richtung ausbreitenden Welle zu- oder abnimmt.

E.4.6 Helmholtz-Gleichung und Kugelwelle

Bei vielen optischen Problemen hat die Polarisation des Lichts, d. h. die Orientierung der Feldstärke bezüglich des Mediums keine oder nur geringe Bedeutung. Das gilt z. B. für die Ausbreitung im Vakuum oder in einem isotropen Medium. In diesem Fall kann der Vektorcharakter von $\mathscr{E}$ vernachlässigt werden und die Wellengleichung Gl. (E.32) wird zur Helmholtz-Gleichung:

$$\Delta\mathscr{E} + k^2\,\mathscr{E} = 0\,. \tag{E.62}$$

Die ebene Welle ist wieder eine Lösung dieser Gleichung mit den gleichen Eigenschaften wie vorher. Liegt ein kugelsymmetrisches Problem vor, z. B. die Ausstrahlung einer nahezu punktförmigen Lichtquelle, so muß der Δ-Operator in Kugelkoordinaten formuliert werden. Eine Lösung ist dann die Kugelwelle der Form

$$\mathscr{E} = \mathscr{E}_0\,\frac{\lambda_0}{r}\,\exp(-\mathrm{i}kr) \quad (\mathrm{r} > \lambda_0)\,, \tag{E.63}$$

wie Einsetzen in die obige Gleichung zeigt. Diese Lösung versagt für $r \to 0$, denn bei sehr kleinen Abständen von der Quelle ist das Nahfeld zu berücksichtigen. Diese Problematik wird in Bd. 2 beim Hertzschen Dipol diskutiert.

E.5 Grenzbedingungen

Zwei Medien mit den Materialkonstanten μ_{r1}, ε_{r1} und μ_{r2}, ε_{r2} grenzen aneinander mit einem sprungartigen Übergang der Materialkonstanten. Wie verhält sich die elektromagnetische Welle an diesem Grenzübergang? Zur Vereinfachung werden nur ladungsfreie Grenzschichten, wie sie in der Optik auftreten, behandelt. Dazu wird der Energiestrom betrachtet. Die z-Achse des Koordinatensystems wird parallel zur Normalen der Grenzfläche gelegt (siehe Abb. E.5). An der Grenzfläche kann keine Energie verlorengehen, d. h. die gesamte auf die Fläche normal zufließende Leistung muß auch nach rechts wieder abfließen. Die z-Komponente des Poynting-Vektors muß stetig durch die Grenzfläche gehen:

$$S_{z,1} = S_{z,2}$$

oder mit Gl. (E.26) in Komponenten:

$$E_{x,1}\,H_{y,1} - H_{x,1}\,E_{y,1} = E_{x,2}\,H_{y,2} - H_{x,2}\,E_{y,2}\,.$$

Diese Bedingung muß für beliebige Felder $\boldsymbol{E}$ und $\boldsymbol{H}$ gelten, was nur möglich ist, wenn die jeweiligen Komponenten gleich sind.

$$E_{x,1} = E_{x,2}\,, \quad H_{x,1} = H_{x,2}\,,$$
$$E_{y,1} = E_{y,2}\,, \quad H_{y,1} = H_{y,2}\,.$$

Diese vier Bedingungen lassen sich zusammenfassen zur Aussage: Die Tangentialkomponenten von $\boldsymbol{E}$ und $\boldsymbol{H}$ gehen stetig durch eine Grenzfläche

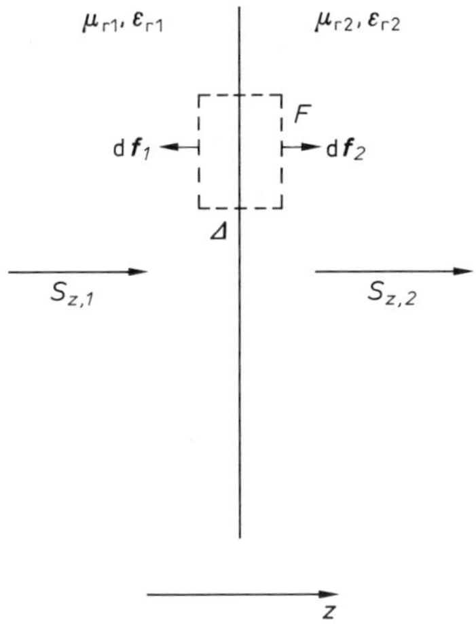

Abb. E.5 An der Grenze zweier Medien mit einem Sprung der Permeabilitätszahl bzw. Permittivitätszahl muß bei strom- und ladungsfreier Grenzfläche der Energiefluß stetig hindurchgehen.

$$E_{t,1} = E_{t,2}\,, \tag{E.64}$$

$$H_{t,1} = H_{t,2}\,. \tag{E.65}$$

Das bedeutet natürlich, daß die Tangentialkomponenten von $\boldsymbol{D}$ und $\boldsymbol{B}$ entsprechend den Materialgleichungen an der Grenzfläche unstetig sind.

Um eine Aussage über die Normalkomponenten der Felder zu erhalten, werden die Nebenbedingungen Gl. (E.4), Gl. (E.5) bzw. die integrale Form Gl. (E.4a), Gl. (E.5a) aus Tabelle E.1 benutzt.

Das Integral über eine geschlossene Oberfläche

$$\oint \boldsymbol{D} \cdot \mathrm{d}\boldsymbol{f} = 0$$

soll bei Ladungsfreiheit null sein. Dieses Integral wird über einen Zylinder der Höhe Δ und der Grundfläche F erstreckt, wie in Abb. E.5 skizziert ist. Wenn Δ hinreichend klein ist, wird die Normalkomponente von $\boldsymbol{D}$ immer parallel zu $\boldsymbol{df}$ gerichtet sein, und das Integral über Δ liefert keinen Beitrag. Die Flächen F ergeben:

$$\oint \boldsymbol{D} \cdot \mathrm{d}\boldsymbol{f} = F(D_{\mathrm{n},1} - D_{\mathrm{n},2}) = 0\,.$$

Das negative Vorzeichen entsteht durch die entgegengesetzten Richtungen der Flächennormalen $\mathrm{d}\boldsymbol{f}$. Analog liefert Gl. (E.5a) aus $\oint \boldsymbol{B} \cdot \mathrm{d}\boldsymbol{f} = 0$ die Stetigkeit der Normalkomponenten von $\boldsymbol{B}$. Es gilt somit:

$$D_{\mathrm{n},1} = D_{\mathrm{n},2} \tag{E.66}$$

$$B_{\mathrm{n},1} = B_{\mathrm{n},2}\,. \tag{E.67}$$

Aus den Materialgleichungen ergibt sich dann ein entsprechender Sprung der Normalkomponenten von $\boldsymbol{E}$ und $\boldsymbol{H}$. Aus diesen Stetigkeitsbedingungen ergeben sich die Fresnelschen Gleichungen, die die Transmission und Reflexion von Licht an Grenzflächen beschreiben.

E.6 Beugungsprobleme

Die unendlich ausgedehnte ebene Welle oder die Kugelwelle, die aus einer „punktförmigen" Lichtquelle zu kommen scheint, sind zwar Lösungen der Wellengleichung, aber Fiktionen und experimentell nicht realisierbar. Das ist schon daran erkennbar, daß die Leistung einer ebenen Welle mit endlicher Amplitude divergiert (s. Gl. (E.28)) oder daß im Zentrum der Kugelwelle die Amplitude divergiert. Trotzdem haben diese idealisierten Wellenfelder ihre Berechtigung, denn mit ihnen läßt sich in vielen Bereichen der Optik sehr erfolgreich operieren. Man muß stets beachten, daß Felder örtlich begrenzt sind, und daß parallele Lichtbündel nicht existieren sondern infolge Beugung stets endliche Öffnungswinkel besitzen. Wenn diese Begrenzungen eine Rolle spielen, spricht man von Beugung.

E.6.1 Die reduzierte Wellengleichung

Trifft eine ebene Welle (zur Vereinfachung im Vakuum) auf eine Begrenzung (ein Spalt oder eine Blende), so wird die Welle verändert. Hinter der Begrenzung ist sie keine ebene Welle mehr, sondern in ihrer transversalen Struktur gestört. Um dieses Problem zu lösen, muß man die Wellengleichung (E.32)

$$\Delta \mathscr{E} + k_0^2 \mathscr{E} = 0 \tag{E.68}$$

mit den durch die Begrenzung vorgegebenen Randbedingungen entsprechend Abschn. E.5 lösen; ein mathematisches Problem, welches nur für wenige, spezielle Fälle exakt lösbar ist [3]. Um zu einfachen Näherungslösungen zu kommen, müssen starke Vereinfachungen gemacht werden. Häufig wird die Polarisation des Feldes vernachlässigt, d. h. die Orientierung des Feldes bezüglich der Begrenzung soll keine Rolle spielen. Dann geht Gl. (E.68) in die Helmholtz-Gleichung über

$$\Delta \mathscr{E} + k_0^2 \mathscr{E} = 0\,. \tag{E.69}$$

Näherungslösungen hierzu wurden von Kirchhoff, Sommerfeld, Rayleigh und vielen anderen angegeben. Wir wollen uns hier auf die Fälle beschränken, die im Bereich der Optik von Bedeutung sind. Dazu wird angenommen, daß die ebene Welle durch die Begrenzung nur wenig gestört wird. Außerdem wird die z-Achse des Koordinatensystems in Richtung der Ausbreitungsrichtung der ebenen Welle gelegt. Dann ist der folgende Ansatz für Gl. (E.68) sinnvoll:

$$\mathscr{E}(x, y, z) = \mathscr{A}(x, y, z) \exp(-\mathrm{i} k_0 z)\,. \tag{E.70}$$

Die schnelle örtliche Oszillation der Welle ist im Exponentialansatz enthalten. Die Amplitude $\mathscr{A}$ möge sich nur wenig ändern, im Fall der ungestörten ebenen Welle wäre $\mathscr{A}$ eine Konstante. Geringe Änderung der Amplitude bedeutet, daß sich $\mathscr{A}$ wenig ändert, wenn die Welle in z-Richtung um die Strecke λ_0 fortschreitet:

$$\frac{\partial \mathscr{A}}{\partial z} \ll k_0 \mathscr{A}\,. \tag{E.71}$$

Man geht mit dem Ansatz der Gl. (E.70) in die Helmholtz-Gleichung und vernach-

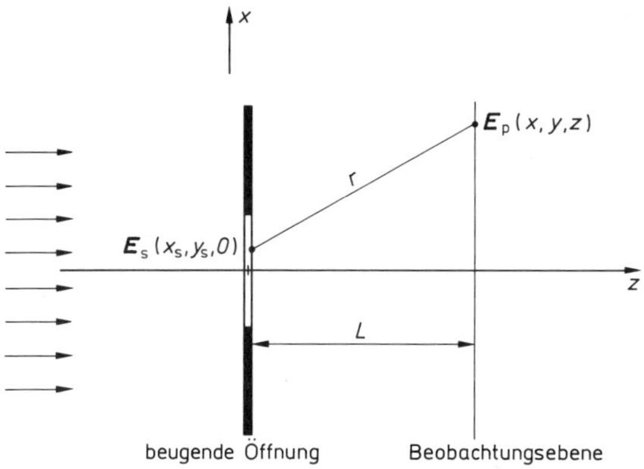

Abb. E.6 Die von links einfallende ebene Welle erzeugt in der Öffnung ein Feld $\mathscr{E}_s(x_s, y_s, 0)$, welches auf dem Beobachtungsschirm durch Beugung zu einer Feldverteilung $\mathscr{E}_p(x, y, z)$ führt.

lässigt die zweiten Ableitungen von $\mathscr{A}$ nach z. Dann bleibt eine vereinfachte Gleichung der Form

$$\frac{\partial^2 \mathscr{A}}{\partial x^2} + \frac{\partial^2 \mathscr{A}}{\partial y^2} - 2\mathrm{i}k_0 \frac{\partial \mathscr{A}}{\partial z} = 0 \tag{E.72}$$

übrig oder bei Rotationssymmetrie ohne Winkelabhängigkeit

$$\frac{\partial^2 \mathscr{A}}{\partial r^2} + \frac{\partial \mathscr{A}}{r \partial r} - 2\mathrm{i}k_0 \frac{\partial \mathscr{A}}{\partial z} = 0\,, \tag{E.73}$$

Gleichungen, die sich in vielen Fällen lösen lassen. Um diese Gleichung besser zu verstehen, betrachten wir Abb. E.6. Eine ebene Welle falle auf eine runde Öffnung mit dem Radius ϱ. Gesucht ist das Feld im Abstand L rechts von der Öffnung. Dann sind ϱ und L naheliegende Parameter, auf die die Koordinaten r und z normiert werden können. Gl. (E.73) läßt sich umschreiben zu

$$\frac{1}{F}\left(\frac{\partial^2 \mathscr{A}}{\partial (r/\varrho)^2} + \frac{1}{r/\varrho}\,\frac{\partial \mathscr{A}}{\partial (r/\varrho)}\right) - 4\pi\mathrm{i}\frac{\partial \mathscr{A}}{\partial (z/L)} = 0\,. \tag{E.74}$$

Diese normierte Gleichung hängt nur noch von einem Parameter ab, den man Fresnel-Zahl F nennt

$$F = \frac{\varrho^2}{\lambda_0 L}\,. \tag{E.75}$$

Ist die Öffnung sehr groß, d.h. ist $F \gg 1$, so macht sie sich kaum bemerkbar. Die Amplitude $\mathscr{A}$ verändert sich wenig mit zunehmenden z, die ebene Welle wird kaum gestört. Das gleiche gilt für kleine Wellenlänge oder geringen Abstand L. Ist dagegen die Öffnung klein, d.h. $F \ll 1$, so wird das Feld stark beeinträchtigt und die Amplitude $\mathscr{A}$ hängt sowohl von z als auch von r ab. Mit zunehmenden z nimmt die

Amplitude ab und breitet sich radial aus, das Feld verbreitert sich, es tritt Beugung auf.

Die Fresnel-Zahl ist also eine für den speziellen Aufbau charakteristische Größe:

		Öffnung	Abstand	Wellenlänge
$F \lesssim 1$	Beugung	klein	groß	groß
$F \gg 1$	Geometrische Optik	groß	klein	klein

E.6.2 Das Fresnelsche Beugungsintegral

Um eine Lösung der Gln. (E.72), (E.73) zu erhalten, greifen wir auf das Huygenssche Prinzip zurück, in der von Kirchhoff präzisierten Form:

- Das Feld $\mathscr{E}_s$ in der Öffnung sei das gleiche, als ob der Schirm nicht vorhanden wäre.
- Das Feld überall sonst auf dem Schirm sei Null.
- Von jedem Punkt der Öffnung geht eine Kugelwelle aus, und das Feld $\mathscr{E}_p$ auf dem Beobachtungsschirm ist die Überlagerung aller dieser Kugelwellen (Prinzip von Huygens).

Mit dieser Vorstellung läßt sich eine Lösung erraten unter Benutzung von Gl. (E.63):

$$\mathscr{E}_p(x, y, z) = \text{const.} \iint_{\text{Öffnung}} \mathscr{E}_s(x_s, y_s, 0) \frac{\exp(-\mathrm{i} k_0 r)}{r} \, \mathrm{d}x_s \, \mathrm{d}y_s \, .$$

Das Integral erfüllt annähernd die Helmholtz-Gleichung, Gl. (E.68), wie zuerst Kirchhoff zeigte. Jedoch in der vorliegenden Form ist diese Gleichung analytisch nicht lösbar. Es soll deswegen eine handlichere Lösung angegeben werden, die exakt Gl. (E.72) erfüllt, das sogenannte Fresnel-Integral:

$$\begin{aligned} \mathscr{A}_p(x, y, z) &= \frac{\mathrm{i}}{\lambda_0 z} \iint_{\text{Öffnung}} \mathscr{A}_s(x_s, y_s) \\ &\quad \cdot \exp\left\{\frac{-\mathrm{i} k_0}{2z} [(x_s - x)^2 + (y_s - y)^2]\right\} \mathrm{d}x_s \, \mathrm{d}y_s \, , \qquad \text{(E.76)} \\ \mathscr{E}_p &= \mathscr{A}_p \exp[-\mathrm{i} k_0 z] \, . \end{aligned}$$

Hierbei ist $\mathscr{A}_s(x_s, y_s)$ die Feldamplitude in der begrenzenden Öffnung. Die Ähnlichkeit mit dem Ansatz von Kirchhoff/Huygens ist sichtbar, aber Gl. (E.76) ist eine exakte Lösung der Gl. (E.72), wie sich durch Einsetzen leicht zeigen läßt. Entsprechendes läßt sich für Rotationssymetrie ableiten. Man beachte, daß aber Gl. (E.72), (E.76) nur Näherungen der Wellengleichung sind, und deren Zulässigkeit von Fall zu Fall geprüft werden muß. Die Näherung gilt, wenn

- die Abmessungen der Öffnung groß gegen die Wellenlänge sind,
- der Abstand der Beobachtungsebene groß gegen die Abmessungen der Öffnung ist.

Die Konstante $\mathrm{i}/\lambda_0 z$ vor dem Integral ist durch Einsetzen in Gl. (E.72) nicht festlegbar. Sie wird aus der Energieerhaltung bestimmt. Die gesamte Leistung, die durch die Öffnung fließt, muß auch auf dem Beobachtungsschirm auftreffen.

E.6.3 Der Gaußsche Strahl

Die Gl. (E.76) verknüpft die Feldverteilung $\mathscr{A}_s$ auf der beugenden Öffnung mit der Verteilung $\mathscr{A}_p$ auf dem Beobachtungsschirm. Man kann fragen, ob es Feldverteilungen gibt, deren Struktur bei Ausbreitung sich bis auf einen Maßstabsfaktor nicht ändert. Solche Lösungen werden Eigenlösungen genannt. Eine derartige Eigenlösung der Gl. (E.76) ist der Gaußsche Strahl. Eine vorgegebene Verteilung der Form

$$\mathscr{A}_s(x_s, y_s, 0) = \mathscr{A}_0 \exp\left[-\mathrm{i}\,\frac{k(x_s^2 + y_s^2)}{2q_s}\right],$$

wobei q_s eine beliebige komplexe Konstante ist, führt zu

$$\mathscr{A}_p(x, y, z) = \frac{\mathscr{A}_0}{1 + \dfrac{z}{q_s}} \exp\left[-\mathrm{i}\,\frac{k(x^2 + y^2)}{2q}\right] \tag{E.77}$$

mit

$$q = q_s + z\,,$$

wie sich durch Einsetzen in Gl. (E.76) zeigen läßt. Hierbei ist die Integration über die gesamte x_s, y_s-Ebene zu erstrecken. Gleichzeitig ist Gl. (E.77) auch Lösung der reduzierten Wellengleichung (E.76). Im einfachsten Fall hat die Ausgangsverteilung eine reelle Form, eine Gaußsche Verteilung der Feldstärke

$$\mathscr{A}_s = \mathscr{A}_0 \exp\left[-\frac{x_s^2 + y_s^2}{w_s^2}\right].$$

Hierbei charakterisiert w_s die Breite der Verteilung. In einem beliebigen Abstand z hinter dem Schirm folgt nach Gl. (E.77)

$$\mathscr{A}_p = \frac{\mathscr{A}_0}{1 - \mathrm{i}z/z_r} \exp\left[-\frac{x^2 + y^2}{w^2}\left(1 + \frac{\mathrm{i}z}{z_r}\right)\right], \tag{E.78}$$

$$w = w_s\sqrt{1 + \left(\frac{z}{z_r}\right)^2}\,,$$

$$R = z_r\left(\frac{z}{z_r} + \frac{z_r}{z}\right). \tag{E.79}$$

Es sind:

w_s:	Taillenradius,
w:	Strahlradius,
$z_r = \pi w_s^2/\lambda_0$:	Rayleigh-Länge,
R:	Krümmungsradius der Flächen konstanter Phase.

Die Fresnel-Zahl dieses begrenzten Strahlungsfeldes ist

$$F = \frac{w_s^2}{\lambda_0 z} = \frac{\pi z_r}{z}.$$

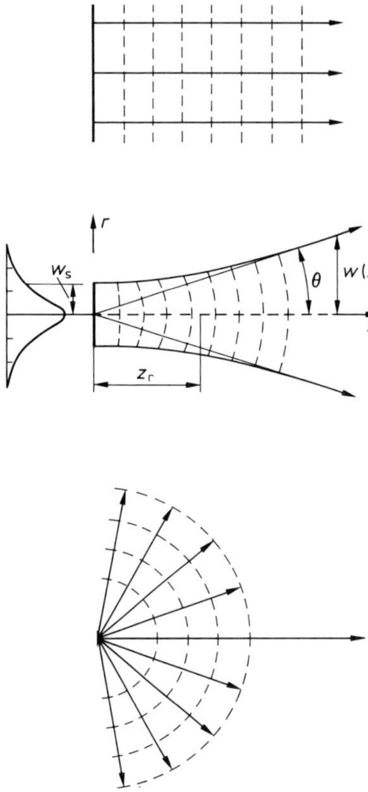

Abb. E.7 Der Gauß-Strahl (Mitte) und seine beiden Grenzfälle, die ebene Welle mit $z_r \to \infty$ (oben) und die Kugelwelle mit $z_r \to 0$ (unten).

In Abb. E.7 ist die Struktur dieses Strahles skizziert. Für $z_r \gg z$, d. h. $F \gg 1$ befindet man sich im Bereich der geometrischen Optik, das Wellenfeld breitet sich als eine nahezu ebene Welle aus. Im Bereich $z = z_r$, $F = 1$ beginnt das Strahlungsfeld auseinanderzulaufen und für $z_r \ll z$, $F \ll 1$ geht das Strahlungsfeld in eine Verteilung mit einem konstanten Öffnungswinkel Θ über. Dieser ergibt sich als Grenzwert aus der vorangehenden Beziehung zu

$$\Theta = \lim_{z \to \infty} \frac{w}{z} = \frac{w_s}{z_r} = \frac{\lambda_0}{\pi w_s} \tag{E.80}$$

und wird Beugungswinkel genannt.

Dieser Gaußsche Strahl hat sich als eine sehr brauchbare Beschreibung für ein Strahlungsfeld erwiesen, denn:

– Er ist durch einen Laser leicht realisierbar. Die Ebene $z = 0$ ist dann z. B. die Endfläche eines Lasers, also die Lichtquelle.

- Die Fläche des Gauß-Strahles ist zwar unbegrenzt, jedoch fällt die Amplitude sehr schnell ab, so daß im Experiment eine Fläche von zwei- bis dreimal πw_s^2 benötigt wird, um einen guten Gauß-Strahl zu realisieren.
- Die Amplitude $\mathscr{A}_p$ ist überall endlich.
- Die Gesamtleistung im Gauß-Strahl ergibt sich zu

$$P = \frac{1}{2Z} \int \mathscr{A}_p \mathscr{A}_p^* \, \mathrm{d}f = \frac{1}{4Z} \pi w_s^2 \, |\mathscr{A}_0|^2$$

  und ist begrenzt.
- Der Öffnungswinkel Θ ist endlich und, wie sich zeigen läßt [4], der kleinstmögliche bei einer Verteilung der Breite w_s.

In allen Fällen der Optik, wo ebene Welle und Kugelwelle keine brauchbaren Näherungen mehr sind, kann der Gaußstrahl als die bessere Näherung des realen Feldes benutzt werden.

E.6.4 Das Fraunhofersche Beugungsintegral

Wenn der Beobachtungsschirm sehr weit von der beugenden Öffnung entfernt ist, wird die Ausdehnung des Strahlungsfeldes senkrecht zur Ausbreitungsrichtung immer größer, wie im vorangehenden Abschnitt gezeigt wurde. Wenn also

$$x \gg x_s\,, \quad y \gg y_s$$

oder dem gleichbedeutend die Fresnel-Zahl $F \ll 1$ gilt, können die quadratischen Terme x_s^2, y_s^2 im Exponenten des Fresnel-Integrals vernachlässigt werden. Außerdem werden die Koordinaten x, y durch die entsprechenden Winkel

$$\alpha = \frac{x}{z} \quad \text{und} \quad \beta = \frac{y}{z}$$

ersetzt. Es vereinfacht sich das Fresnel-Integral Gl. E.76 zum Fraunhofer-Integral

$$\mathscr{A}_P(\alpha k_0, \beta k_0, z) = \mathrm{i}\, \frac{\exp\{\mathrm{i} z(\alpha^2 k_0^2 + \beta^2 k_0^2)/2k_0\}}{\lambda z} \cdot \iint\limits_{\text{Öffnung}} \mathscr{A}_s(x_s, y_s) \exp\{-\mathrm{i} k_0(\alpha x_s + \beta y_s)\} \, \mathrm{d}x_s \, \mathrm{d}y_s\,. \quad \text{(E.81)}$$

Das Beugungsintegral hat sich auf eine sehr einfache Form reduziert, denn die obige Gleichung stellt bis auf einen Phasenfaktor die zweidimensionale Fourier-Transformation dar. Jeder Feldverteilung $\mathscr{A}_s(x_s, y_s)$ (im Ortsraum) wird eine Feldverteilung $\mathscr{A}_p(\alpha k_0, \beta k_0)$ im Fernfeld (oder k-Raum) zugeordnet.

E.7 Geometrische Optik

E.7.1 Die Eikonalgleichung

Es soll nun der Fall eines isotropen, aber leicht inhomogenen dielektrischen Mediums betrachtet werden, d.h. die Brechzahl $n = \sqrt{\varepsilon_r}$ sei geringfügig ortsabhängig. Ein typisches Beispiel hierfür ist die Atmosphäre mit der orts- und temperaturabhängigen Brechzahl. Zur Vereinfachung wird ein verlustfreies Medium betrachtet. Es gelten die Maxwell-Gleichungen der Form Gl. (E.12), (E.15):

$$\begin{aligned} \operatorname{rot}\mathscr{E} &= -\mathrm{i}\omega\mu_0\mathscr{H}\,, \\ \operatorname{rot}\mathscr{H} &= \mathrm{i}\omega\varepsilon_r\varepsilon_0\mathscr{E}\,, \\ \operatorname{div}\mathscr{D} &= \operatorname{div}(\varepsilon_r\varepsilon_0\mathscr{E}) = 0\,. \end{aligned}$$

In gewohnter Weise wird $\mathscr{H}$ aus den ersten beiden Gleichungen eliminiert und liefert mit $k_0^2 = \omega^2/c_0^2$:

$$-\Delta\mathscr{E} + n^2 k_0^2 \mathscr{E} = \operatorname{grad}\operatorname{div}\mathscr{E}\,. \tag{E.82}$$

Weil n eine Funktion des Ortes ist, kann aus $\operatorname{div}\mathscr{D} = 0$; nicht auf $\operatorname{div}\mathscr{E} = 0$ geschlossen werden. Zur Lösung der Gl. E.82 wird jetzt der Ansatz

$$\mathscr{E} = \mathscr{E}_0 \exp[-\mathrm{i}k_0 L(\boldsymbol{r})] \tag{E.83}$$

versucht, wobei $L(\boldsymbol{r})$ eine Funktion des Ortes ist, die so bestimmt wird, daß Gl. (E.82) erfüllt ist. Man nennt L das Eikonal. Im Grenzfall des homogenen Mediums geht Gl. (E.83) in die Gleichung der ebenen Welle über. Mit diesem Ansatz ergibt sich aus Gl. (E.82) ein längerer Ausdruck, der im Grenzfall der geometrischen Optik $k_0 \to \infty$ zu einer sehr einfachen Beziehung wird [5]:

$$(\operatorname{grad} L)^2 = n^2\,. \tag{E.84}$$

In gleicher Näherung folgt aus der Nebenbedingung $\operatorname{div}(n^2\boldsymbol{E}) = 0$

$$\mathscr{E}_0 \cdot \operatorname{grad} L = 0\,. \tag{E.85}$$

Man nennt Gl. (E.84) die Eikonalgleichung der geometrischen Optik. Ist der ortsabhängige Brechungsindex $n(\boldsymbol{r})$ bekannt, kann hieraus das Eikonal L bestimmt werden und damit ist die quasiebene Welle nach Gl.(E.83) festgelegt. Flächen konstanter Phase sind gegeben durch $L(\boldsymbol{r}) = \text{const}$ und legen somit die Wellenfronten fest (vgl. Abb. E.8)

$$k_0 L - \omega t = \text{const.} \tag{E.86}$$

Die Normale auf den Phasenflächen ist die Ausbreitungsrichtung $\boldsymbol{e}$. Diese ergibt sich als Gradient der Phasenflächen

$$\boldsymbol{e} = \frac{\operatorname{grad} L}{|\operatorname{grad} L|}$$

oder mit Gl. (E.83)

$$n\boldsymbol{e} = \operatorname{grad} L\,. \tag{E.87}$$

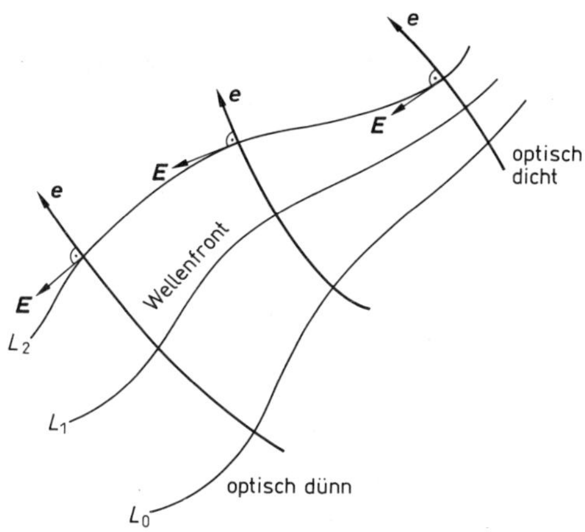

Abb. E.8 Flächen konstanter Phase in einem inhomogenen Medium. Die Strahlen sind die zu den Flächen $L = \text{const.}$ senkrechten Kurven. Die Strahlausbreitung erfolgt in Richtung von $\boldsymbol{e}$, der Feldstärkevektor $\mathcal{E}$ steht senkrecht auf $\boldsymbol{e}$.

Die zu den Phasenflächen orthogonalen Kurven werden *Strahlen* genannt; $\boldsymbol{e}$ ist also der Tangentialvektor der Strahlen.

Die Ausbreitungsgeschwindigkeit senkrecht zu den Phasenflächen wird wieder *Phasengeschwindigkeit* genannt und folgt aus der totalen Zeitableitung der Gl. (E.86) mit (E.87) zu

$$c_{\mathrm{ph}} = \frac{\mathrm{d}L}{\mathrm{d}t} = \boldsymbol{e} \cdot \operatorname{grad} L \, \frac{\omega}{k_0},$$

$$c_{\mathrm{ph}} = \frac{\omega}{n k_0}.$$

Die Differenz zweier benachbarter Eikonale $\mathrm{d}L$, deren Abstand längs eines Strahles $\mathrm{d}s$ beträgt, ist

$$\mathrm{d}L = \boldsymbol{e} \cdot \operatorname{grad} L \, \mathrm{d}s,$$

oder mit Gl. E.87

$$\mathrm{d}L = n \, \mathrm{d}s. \tag{E.88}$$

Man nennt $\mathrm{d}L$ den optischen Weg und das Integral die *optische Weglänge* zwischen zwei Punkten P_1, P_2:

$$\text{Optische Weglänge} = \int_{P_1}^{P_2} n \, \mathrm{d}s = L(P_2) - L(P_1). \tag{E.89}$$

Die Gl. (E.85) besagt, daß der Feldstärkevektor $\mathcal{E}$ senkrecht auf der Ausbreitungsrichtung $\boldsymbol{e}$, d.h. senkrecht auf den Strahlen steht, und damit tangential zu den Phasenflächen oder Wellenfronten. Man nennt ein solches Strahlungsfeld orthotom (Satz von Malus). Streng genommen steht $\mathcal{E}$ nicht mehr senkrecht auf der Ausbreitungsrichtung, wenn das Medium inhomogen ist. Gl. (E.85) gilt nur in Näherung bei Vernachlässigung der linearen Glieder k_0 gegenüber den quadratischen Gliedern für $k_0 \to \infty$.

E.7.2 Das Fermatsche Prinzip

Das Fermatsche Prinzip ist ein Extremalprinzip und besagt, daß der optische Weg zwischen zwei Punkten P_1, P_2 stets einen Extremwert annimmt. Dazu wird das geschlossene Integral

$$\oint \operatorname{grad} L \cdot \mathrm{d}\boldsymbol{s}$$

über einen beliebigen Weg betrachtet. Nach dem Stokesschen Integralsatz ist dieses Umlaufintegral stets gleich null. Andererseits folgt mit Gl. (E.87)

$$0 = \oint \operatorname{grad} L \cdot \mathrm{d}\boldsymbol{s} = \oint n\boldsymbol{e} \cdot \mathrm{d}\boldsymbol{s}\,.$$

Betrachtet werden zwei Punkte P_1, P_2. Das Integral wird einmal längs eines Strahles s berechnet, zum anderen längs einer beliebigen Kurve C. Dann muß gelten:

$$\underset{\text{Strahl s}}{\int_{P_1}^{P_2}} n\boldsymbol{e}\,\mathrm{d}\boldsymbol{s} + \underset{\text{Kurve C}}{\int_{P_2}^{P_1}} n\boldsymbol{e}\,\mathrm{d}\boldsymbol{s} = 0$$

Längs des Strahles ist $\boldsymbol{e}$ stets parallel zu $\mathrm{d}\boldsymbol{s}$, d.h. $\boldsymbol{e} \cdot \mathrm{d}\boldsymbol{s} = \mathrm{d}s$. Auf jeder anderen Kurve dagegen ist $\boldsymbol{e} \cdot \mathrm{d}\boldsymbol{s} = \cos\delta\, \mathrm{d}s < \mathrm{d}s$. Also folgt

$$\underset{\text{Strahl s}}{\int_{P_1}^{P_2}} n\,\mathrm{d}s \le \underset{\text{Kurve C}}{\int_{P_1}^{P_2}} n\,\mathrm{d}s\,. \tag{E.90}$$

Die optische Weglänge, gemessen längs eines Strahles, ist stets kleiner als alle anderen Wege, oder kürzer formuliert: Zwischen zwei Punkten P_1, P_2 wählt das Licht den

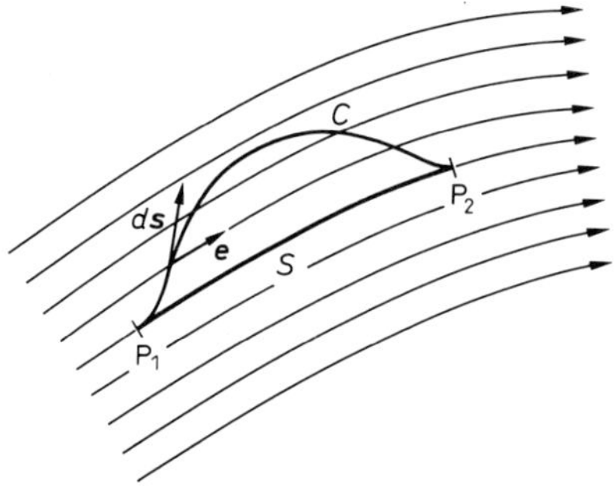

Abb. E.9 Zum Fermatschen Prinzip. Der optische Weg zwischen zwei Punkten P_1, P_2 längs eines Strahles nimmt – verglichen mit allen anderen Wegen – stets ein Extrem an.

kürzesten Weg. Die Zeit, die das Licht benötigt, um die Strecke zu durchlaufen, beträgt

$$\mathrm{d}t = \frac{\mathrm{d}s}{c_{\mathrm{ph}}} = \frac{n\,\mathrm{d}s}{c_0}.$$

Damit kann Gl. (E.90) umgeschrieben werden zu

$$(t_2 - t_1)_{\mathrm{Strahl}\,s} \leq (t_2 - t_1)_{\mathrm{Kurve}\,C}.$$

Das Licht bewegt sich zwischen zwei Punkten P_1, P_2 derart, daß die dazu benötigte Zeit ein Minimum annimmt.

Bisher wurde stets vorausgesetzt, daß es keine Überschneidungen der Strahlen infolge Reflexion gibt. Ist dieses der Fall, muß das Fermatsche Prinzip allgemeiner gefaßt werden. Es ergibt sich:

$$\int_{P_1}^{P_2} n\,\mathrm{d}s = \text{Extremum}. \tag{E.91}$$

Es gibt Fälle, wo der Lichtweg ein Maximum annimmt oder wo ein Sattelpunkt vorliegt. Aus Gl. (E.91) kann bei vorgegebenem $n(x, y, z)$ der Verlauf des Lichtstrahles in einem leicht inhomogenen Medium mittels der Variationsrechnung ermittelt werden.

E.7.3 Die Strahlengleichung

Eine andere Möglichkeit, den Verlauf eines Lichtstrahles zu berechnen, bietet die Eikonalgleichung. Die Formulierung Gl. (E.84) ist jedoch zu unhandlich. Es läßt sich aus der Eikonalgleichung die häufig verwendete Strahlengleichung herleiten. Dazu geht man von dem Ortsvektor $\boldsymbol{r}(s)$ aus, der den Strahlverlauf als Funktion der Bogenlänge, gemessen längs des Strahles, beschreibt. Aus Abb. E.10 entnimmt man:

$$\boldsymbol{r}_2 - \boldsymbol{r}_1 = \mathrm{d}\boldsymbol{r} = \boldsymbol{e}\,\mathrm{d}s.$$

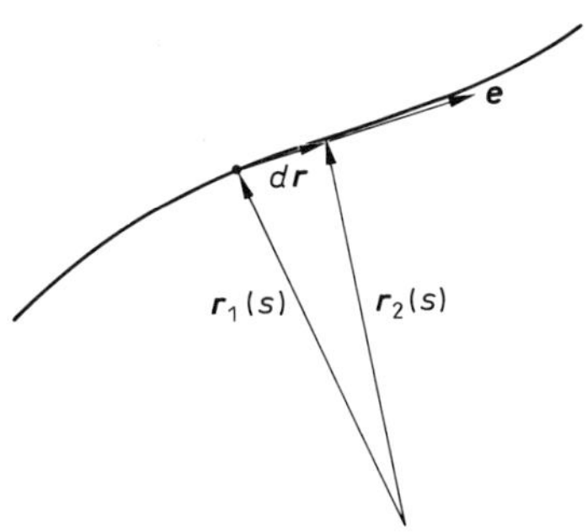

Abb. E.10 Ein Strahl in einem inhomogenen Medium wird durch den Ortsvektor $\boldsymbol{r}(s)$ beschrieben. s ist die Bogenlänge gemessen längs des Strahles, $\boldsymbol{e}$ der Tangentenvektor der Bahnkurve.

Damit wird Gl. (E.87)

$$n \frac{\mathrm{d}\boldsymbol{r}}{\mathrm{d}s} = \operatorname{grad} L\,. \tag{E.92}$$

Diese Gleichung wird nochmals nach der Bogenlänge differenziert. Die rechte Seite liefert am Beispiel der x-Komponente vorgeführt

$$\frac{\mathrm{d}}{\mathrm{d}s}\frac{\partial L}{\partial x} = \frac{\partial}{\partial x}\frac{\mathrm{d}L}{\mathrm{d}s} = \frac{\partial}{\partial x}\operatorname{grad} L \cdot \frac{\mathrm{d}\boldsymbol{r}}{\mathrm{d}s}$$

Da wie oben gezeigt wurde $\frac{\mathrm{d}\boldsymbol{r}}{\mathrm{d}s} = \boldsymbol{e}$, folgt mit Gl. (E.87)

$$\frac{\mathrm{d}}{\mathrm{d}s}\frac{\partial L}{\partial x} = \frac{\partial}{\partial \mathrm{x}} n\,.$$

Also gilt:

$$\frac{\mathrm{d}}{\mathrm{d}s}\operatorname{grad} L = \operatorname{grad} n\,,$$

und Gl. (E.92) liefert nach der Differentiation die Strahlengleichung

$$\frac{\mathrm{d}}{\mathrm{d}s}\left[n\frac{\mathrm{d}\boldsymbol{r}}{\mathrm{d}s}\right] = \operatorname{grad} n\,. \tag{E.93}$$

Diese Gleichung ermöglicht die direkte Bestimmung des Strahles $\boldsymbol{r}(s)$ bei vorgegebener Brechzahl $n(\boldsymbol{r})$. Wenn es sich um ein homogenes Medium handelt mit $\operatorname{grad} n = 0$, folgt aus Gl. E.93

$$\boldsymbol{r} = \boldsymbol{r}_0 + \boldsymbol{e}s\,,$$

die Geradengleichung im Raum, festgelegt durch einen Anfangspunkt $P_0(\boldsymbol{r}_0)$ und durch die Richtung $\boldsymbol{e}$; s ist der Abstand von P_0, gemessen auf der Geraden.

Literatur

[1] Hermann, A., Lexikon Geschichte der Physik A–Z, Aulis Verlag, Köln, 1987
[2] Ronan, C., The Shorter Science and Civilisation in China, Vol. 2, Cambridge University Press, 1981
[3] Sommerfeld, A., Vorlesungen über theoretische Physik IV, Optik, Akad. Verlagsgesellschaft, Leipzig, 1959
[4] Born, M., Wolf, E., Principles of Optics, Pergamon Press, Oxford, 1986
[5] Flügge, S., Lehrbuch der theoretischen Physik, Bd. III, Klassische Physik II, Springer Verlag, Berlin, 1961

1 Optische Abbildung

Jürgen Kross

1.1 Vorbemerkungen und Einführung

1.1.1 Vorbemerkungen

In früheren Auflagen dieses Bandes hieß dieses Kapitel „Geometrische Optik“; gleichbedeutend wurde der Begriff „Strahlenoptik“ benutzt. Wenn jetzt der Titel geändert wird, so haben sich Herausgeber und Autor wohl überlegt, wieso dies sinnvoll ist. Zunächst ist festzustellen, daß die geometrische Optik natürlich nach wie vor behandelt wird und dabei das zentrale Thema des Kapitels darstellt. Die im Rahmen der geometrischen Optik zu behandelnden Aufgaben sind aber vor allem die der optischen Abbildung; das gilt speziell dann, wenn – wie es hier geschehen soll – der Begriff der optischen Abbildung weiter gefaßt wird als das bisher erfolgte.

Es erscheint auch angebracht, den Inhalt und die Darstellungsweise zu modifizieren und zu ergänzen, um so den aktuellen Stand der auf der Strahlenoptik basierenden Erkenntnisse und Entwicklungen in angemessener Weise darstellen zu können. Es ist hier notwendig, die Abbildungsleistung optischer Systeme vollständiger zu beschreiben, als das bisher geschah; dazu müssen wenigstens im Abschn. 1.9 die Grundbegriffe der Beugung vorausgesetzt bzw. angegeben werden und es müssen die wichtigsten Begriffe der sogenannten Systemtheorie benutzt werden. So gelingt es, in angemessener Weise den heutigen Stand der abbildenden Optik und darauf beruhender Geräte-Entwicklungen darzustellen.

1.1.2 Einführung

Die Ausführungen des Kap. E zeigten, daß die Lichtausbreitung in Form von Strahlen dann mit ausreichender Näherung zu beschreiben ist, wenn die Wellenlänge als genügend klein angenommen werden darf. In diesem Kapitel beschränken wir uns weitgehend auf den sogenannten sichtbaren Spektralbereich; d. h. die Wellenlängen besitzen Werte zwischen 0,4 und 0,8 µm. In diesem Fall ist es erfahrungsgemäß fast immer zulässig, mit dem Modell der Lichtausbreitung entlang „Lichtstrahlen“ zu arbeiten; Ausnahmen davon werden in diesem Kapitel nur in dem Abschn. 1.9 zu behandeln sein; siehe dazu aber vor allem Kap. 3.

Betrachtet man – damit bewußt idealisierend – die Lichtausbreitung im Vakuum, so stellt man absolut geradlinige Strahlenverläufe fest, jedenfalls so lange wie Einflüsse von zusätzlichen elektromagnetischen Feldern vernachlässigt werden dürfen. Wenn aber die Lichtausbreitung in Materie untersucht wird, so sind mannigfache

Wechselwirkungen zwischen der Strahlung und den Materie-Eigenschaften festzustellen. Die Absorption und Dispersion werden im Detail in Kap. 2 behandelt werden und es werden die Materie-Eigenschaften auch bei den Problemen der Radiometrie zu berücksichtigen sein, die das Thema des Kap. 5 bilden. Im Rahmen der geometrischen Optik sind Materie-Eigenschaften nur insofern von Bedeutung, als sie den Strahlenverlauf beeinflussen. Innerhalb eines Mediums ist der Strahlenverlauf nur dann geradlinig, wenn das Medium homogen ist. Als homogen wird ein Medium bezeichnet, wenn die Eigenschaften – hier speziell die optischen – unabhängig vom Ort sind. Hier wird die Homogenität vorausgesetzt. Zusätzlich ist zu berücksichtigen, daß trotz Homogenität mancherlei Materialien richtungsabhängige Strahlbeeinflussungen hervorrufen, die nur durch Anisotropie erklärbar sind; darauf kann an dieser Stelle nicht eingegangen werden; das geschieht in Kap. 4. In diesem Kapitel werden die Materialien als homogen und isotrop angenommen, so daß der Strahlenverlauf immer als geradlinig anzusehen ist.

Die Strahlenverläufe interessieren im allgemeinen aber nicht nur innerhalb eines Mediums, sondern es sind von besonderer Wichtigkeit die an Grenzflächen zwischen unterschiedlichen Medien auftretenden Strahlbeeinflussungen. In Kap. E wurde gezeigt, daß an solchen Grenzflächen im allgemeinen eine Aufteilung der einfallenden Strahlung in einen reflektierten und einen gebrochenen Anteil erfolgt. Die detaillierte Behandlung dieser Erscheinung wird in den nächsten Teilabschnitten vorgenommen. Hier sei festgehalten, daß die quantitative Aufteilung in reflektierte und gebrochene Anteile mit den Mitteln der geometrischen Optik nicht beschreibbar sind und wir deshalb auf die Aussagen im Kap. E verweisen müssen. Je nach Fragestellung werden wir den reflektierten oder den gebrochenen Anteil für sich untersuchen. Dabei zeigt sich, daß bei der Reflexion von Strahlen die Richtungsänderungen unabhängig von dem jeweiligen Medium sind, während dies bei der Brechung nicht gilt. Bei der Brechung von Strahlen an der Grenzfläche zwischen zwei Medien besteht eine Abhängigkeit von den Material-Eigenschaften, die in Form des sogenannten *Brechungsindex* zum Ausdruck gebracht wird. In Form des Brechungsindex wird die vom Material abhängige Lichtgeschwindigkeit erfaßt. Während sich elektromagnetische Strahlung und damit auch „Licht“ im Vakuum mit der Lichtgeschwindigkeit $c \approx 3 \cdot 10^8$ m/s (in der Literatur wird die Vakuumlichtgeschwindigkeit manchmal auch mit c_0 bezeichnet) ausbreitet, ist die Lichtgeschwindigkeit v bei Durchstrahlung von Materie von den speziellen Eigenschaften dieser Materie abhängig. Zur Charakterisierung dessen benutzt man das Verhältnis von Vakuum-Lichtgeschwindigkeit zu der in dem aktuellen Medium und nennt dieses Verhältnis Brechungsindex n:

$$n = \frac{c}{v}. \tag{1.1}$$

Später (d. h. ab Abschn. 1.4.1) wird statt des Brechungsindex die Brechzahl verwandt werden, wie hier erwähnt sei. – Wie in Kap. 2 diskutiert wird, gibt es nicht eine feste Lichtgeschwindigkeit v pro Medium, sondern es besteht darüber hinaus auf Grund der immer vorhandenen Dispersion eine Abhängigkeit von der Wellenlänge λ und es ist zwischen Phasen- und Gruppengeschwindigkeit zu unterscheiden. In der geometrischen Optik werden immer die den Phasengeschwindigkeiten zuzuordnenden Brechungsindizes benutzt.

Die durch Gl. (1.1) definierten Brechungsindizes sind besonders wichtig zur Beschreibung des Brechungsgesetzes; es lautet:

$$n \sin i = n' \sin i' . \tag{1.2}$$

Die Diskussion und Anwendung dessen erfolgt in späteren Abschnitten dieses Kapitels.

Insgesamt sind damit die wichtigsten Begriffe genannt, die für die geometrische Optik Bedeutung besitzen und aus ihr selbst nicht erklärbar sind, sondern auf den Gesetzmäßigkeiten beruhen, die in Kap. E erörtert wurden.

Es erscheint angebracht, einführende Worte noch aus einer ganz anderen Sicht anzugeben: Das Wort Optik geht auf das alt-griechische Wort *ὄψισ* zurück, das wörtlich übersetzt „Sehen“ bedeutet. Daraus ist zu entnehmen, daß die Grund-Erscheinungen der Optik wesentlich mit dem Sehvorgang des Menschen verknüpft sind. In diesem Zusammenhang sei daran erinnert, daß der Mensch deutlich mehr als die Hälfte aller Informationen über den Gesichtssinn aufnimmt. Es ist deshalb wichtig, die Vorgänge des Sehens zu verstehen, zumindest in dem Umfang, wie sie durch die Physik erklärbar sind; es wird weiter unten deutlich werden, daß zusätzlich Probleme der Physiologie von Bedeutung sind, die hier höchstens angeführt, aber nicht erklärt werden können.

Die wichtigsten Gesetzmäßigkeiten der geometrischen Optik und damit der optischen Abbildung werden bei dem zumeist unbewußt vorgenommenen Sehvorgang und seiner Interpretation intuitiv vorausgesetzt. Jedem gesehenen und damit erkannten Objekt ordnet der Mensch Entfernung und Größe zu, wobei die geradlinige Strahlenausbreitung als selbstverständlich angenommen wird. Die Angaben von Lagen und Größen setzen mehrerlei voraus: Erstens geht von jedem gesehenen Objekt sichtbare Strahlung aus, die es von seiner Umgebung differenziert; dabei kann das Objekt selbst ein Strahler sein oder es beeinflußt die von einem anderen Objekt ausgehende Strahlung in Form von Reflexion, Brechung oder Streuung an dem eigentlichen Objekt in charakteristischer Weise. Die geradlinige Ausbreitung der Strahlung, des Lichts, ist in der uns umgebenden Atmosphäre im allgemeinen in sehr guter Näherung gegeben, weil die Atmosphäre – zumindest in dem persönlichen Erfahrungsbereich – weitestgehend homogen ist, d. h. keine ortsabhängigen Variationen besitzt; in besonderen Fällen gibt es jedoch Abweichungen von der Homogenität (Stichwort: Gradientenoptik), auf die in Kap. E hingewiesen wurde. Unsere visuellen Eindrücke von der Umwelt unterstellen in jedem Fall die geradlinige Ausbreitung der Strahlung, auch wenn zwischen dem Objekt und dem Auge mancherlei andere Medien und zugehörige Grenzflächen existieren; insofern können optische Täuschungen auftreten, bei denen falsche Vorstellungen von Objektgrößen und -lagen auftreten. Besonders wichtig ist in diesem Zusammenhang die Entstehung der Eindrücke von Bildern. Von einem gegebenen Objekt erzeugt das menschliche Auge auf seiner Netzhaut (Retina) ein Bild. Dieses Bild ist der wesentliche Schlüssel zu den Seheindrücken von unserer Umwelt; wie solch ein Bild in Form einer Bestrahlungsstärkeverteilung von dem menschlichen Gesichtssinn verarbeitet wird, kann hier nicht behandelt werden; vielmehr sind dafür physiologische Gesichtspunkte maßgebend. Im vorliegenden Zusammenhang ist jedoch auf den Begriff der Abbildung einzugehen. Das Wahrnehmen und Erkennen von Objekten geschieht durch Abbildung des Objektes auf die Netzhaut. Es ist deshalb der Begriff der Abbildung im Sinne der geometrischen Optik zu erfassen. Die hier anzuwendende Vorstellung ist: Von dem Objekt gehen in beliebige Richtungen Strahlen aus; die Strahlen, die das Auge treffen und die Pupille passieren können, werden durch die optischen Elemente des Auges auf der Netzhaut konzentriert; wir sprechen dann vom Zustandekommen einer Abbildung, wenn die von einem Objektpunkt ausgegangenen Strahlen sich im Bild, d.h. hier auf der Netzhaut wiederum treffen. Dementsprechend formulieren wir:

- Abbildung ist gleich Strahlenvereinigung

Diesen skizzierten Abbildungsvorgang nimmt unser Auge unbewußt und selbstverständlich vor, wenn wir „sehen“. Daraus ergibt sich, wie wichtig es ist, die optische Abbildung zu studieren, wie es in den folgenden Abschnitten geschehen wird.

Eine weitere wichtige Qualität des Sehvorgangs ist die Differenzierung der Seheindrücke nach den Wellenlängen der jeweils vom Objekt ausgesandten Strahlung. Die spektrale Zusammensetzung der Strahlung bestimmt den vom Gesichtssinn wahrgenommenen Farbeindruck. Die Wahrnehmbarkeit unterschiedlicher Farben ist für die Funktionsweise des Gesichtssinns und damit für unsere Eindrücke von der Umwelt eine sehr wichtige Qualität; deshalb wird darauf im einzelnen in dem Kap. 6 eingegangen. Hier muß der Hinweis genügen.

1.2 Geradlinige Strahlenausbreitung

Die Aussagen des vorigen einleitenden Abschnitts lassen es zu, die geometrische Optik als Strahlenoptik aufzufassen und nunmehr das Strahlenkonzept konsequent anzuwenden. Weiterhin werden die Medien als homogen unterstellt, so daß die Strahlenausbreitung als geradlinig angenommen werden darf. Die experimentelle Über-

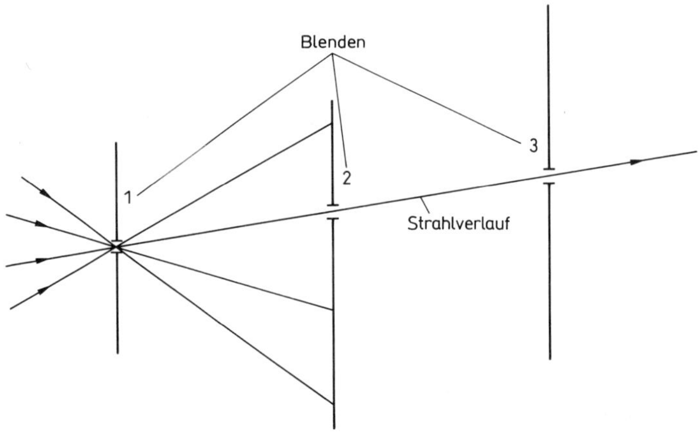

Abb. 1.1 Überprüfung des geradlinigen Strahlverlaufs mit Hilfe mehrerer Lochblenden in merklichen Abständen voneinander.

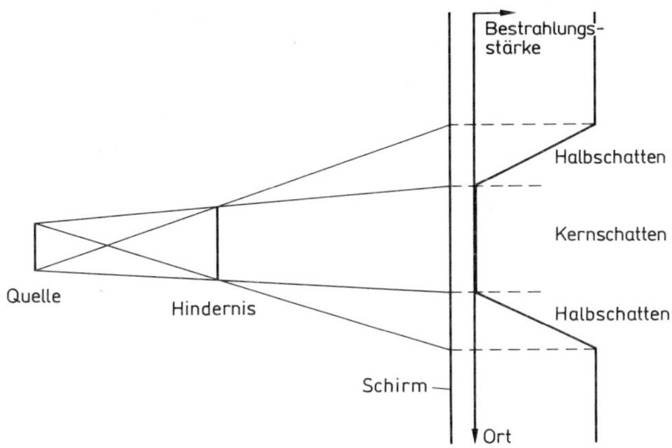

Abb. 1.2 Schattenwurf durch ein ausgedehntes Hindernis auf einem Schirm bei ausgedehnter strahlender Quelle; rechts der Bestrahlungsstärkeverlauf als Funktion des Ortes für den eindimensionalen Fall.

prüfung dieser Annahme wird unter Normalbedingungen bestätigt. Im einfachsten Fall gibt man eine beleuchtete Lochblende vor (siehe Abb. 1.1), und ordnet in geeigneten Abständen dahinter zwei weitere Lochblenden an; die Lochblenden repräsentieren hier transparente Flächenelemente, die von lichtundurchlässigen Bereichen umgeben sind. Hinter der dritten Lochblende ist nur dann Strahlung beobachtbar, wenn alle drei Lochblenden auf einer Geraden liegen.

Da man Lochblenden hinreichend kleiner Größe nur schwer realisieren kann, arbeitet man im Experiment lieber mit Lichtquellen endlicher Fläche und untersucht die Lichtverteilung auf einem Schirm, wenn zwischen Lichtquelle und Schirm ein Hindernis endlichen Durchmessers eingefügt wird; siehe Abb. 1.2. In diesem Fall ergibt sich der sogenannte Schattenwurf; auf dem Schirm ist in dem Bereich ein Kernschatten (Bestrahlungsstärke null) zu beobachten, der von der Lichtquelle überhaupt nicht bestrahlt wird; das ist nur bei geradliniger Strahlenausbreitung zu verstehen. Es gibt angrenzend an den Bereich des Kernschattens den des sogenannten Halbschattens, in dem die Bestrahlungsstärke vom Kernschatten ausgehend monoton anwächst, bis der Maximalwert der Bestrahlungsstärke dort erreicht ist, wo der geradlinige Strahlenverlauf durch das Hindernis für keinen Punkt der Quelle mehr beeinflußt wird. Im Bereich des Halbschattens werden nur Teile der Lichtquelle wirksam.

Der Schattenwurf durch ein Hindernis wie in Abb. 1.2 ist zu verstehen als Überlagerung der Strahlenkegel, die von den verschiedenen Flächenelementen der Lichtquelle ausgehen. Besonders deutlich wird das noch einmal in Abb. 1.3 gezeigt. Wichtige Beispiele für den Schattenwurf sind Sonnen- und Mondfinsternisse. Stellt in Abb. 1.4 F den Querschnitt der Sonne dar und K die Erdkugel, so entsteht eine Mondfinsternis, wenn der Mond in den Kernschatten hinter der Erde eintritt; die Finsternis ist total oder partiell, je nachdem, ob der Mond sich voll oder nur teilweise

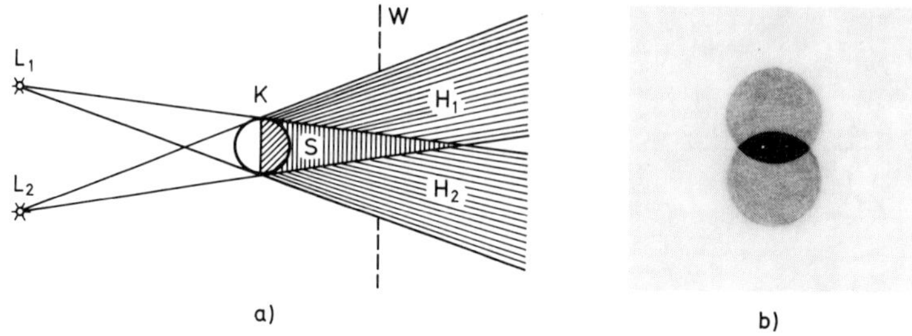

Abb. 1.3 Schattenwirkung hinter einer Kugel als Hindernis bei zwei punktförmigen Lichtquellen; a) Strahlenverlauf; b) Bild des Schattens.

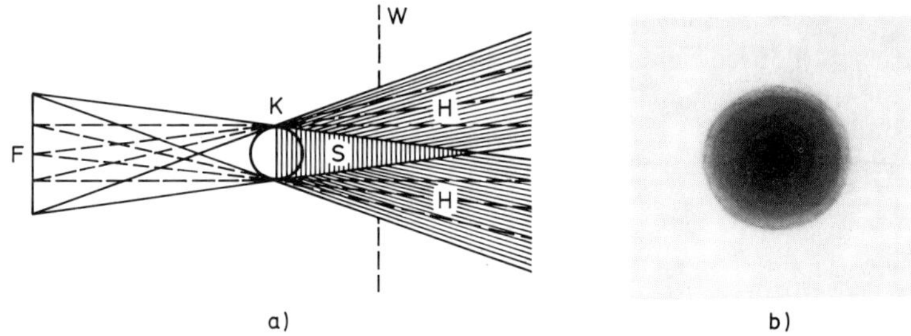

Abb. 1.4 Schattenwirkung hinter einer Kugel als Hindernis bei flächenhafter Lichtquelle; a) Strahlenverlauf; b) Bild des Schattens.

in dem Kernschatten befindet. Wenn K in Abb. 1.4 jedoch den Mond darstellt, so bildet man den Fall der Sonnenfinsternis nach, wenn die Erde in den Schatten des Mondes gelangt. Da der Durchmesser der Erde (12740 km) fast viermal größer als der des Mondes (3480 km) ist, entsteht nur an denjenigen Orten der Erde eine totale Sonnenfinsternis, die in dem Kernschatten des Mondes liegen. Für all die Orte, die im Halbschatten liegen, tritt nur eine partielle Sonnenfinsternis auf; für diese Orte bleibt ein mehr oder minder großer, sichelförmiger Teil der Sonne sichtbar. Ein spezieller Fall ist dann gegeben, wenn der Mond zur Zeit der Sonnenfinsternis so weit von der Erde entfernt ist, daß der Kernschatten die Erde nicht mehr trifft; dann entsteht eine ringförmige Sonnenfinsternis.

Eine weitere wichtige Anwendung hat der Schattenwurf bei der Herstellung von Röntgenbildern gefunden. Dort ist die Projektion zu untersuchender Gegenstände durch Schattenwurf die einzige Möglichkeit zur Bild-Erzeugung; das gilt für Anwendungen in der Medizin wie in der Technik. Der Wunsch nach Erzeugung „scharfer“ Bilder zwingt dazu, möglichst punktförmige Lichtquellen zu verwenden, um die Entstehung von Halbschatten zu vermeiden. Da die Röntgenstrahlen durch Aufprall schneller Elektronen auf der Anode einer Vakuumröhre erzeugt werden, müssen die Elektronen in einem möglichst kleinen Brennpunkt (Fokus) gebündelt werden; das geschieht mit Hilfe elektrischer oder magnetischer Felder.

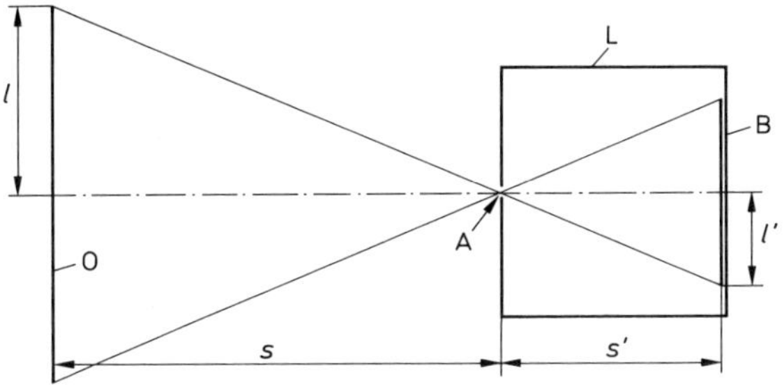

Abb. 1.5 Bildentstehung in der Lochkamera; Bezeichnungen im Vorgriff auf spätere Vereinbarungen gewählt.

Die Lochkamera (erwähnt schon 1321 von Levi Ben Gerson) ist im sichtbaren Spektralbereich als weitere Anwendung des Schattenwurfs aufzufassen; siehe Abb. 1.5. Die Strahlung von einem ausgedehnten Objekt (Gegenstand) O kann nur durch das Loch A in die Lochkamera eindringen. Die Rückwand B der Kamera dient als Projektionsschirm, auf dem ein Bild des Objekts aufgefangen werden kann. Die Größe des Bildes ist von den Abständen zwischen Objekt und Loch sowie zwischen Loch und Schirm abhängig; es gilt offensichtlich die Beziehung:

$$l' = \frac{ls'}{s}.$$

Die Schärfe des Bilds sollte um so besser sein, je kleiner die Öffnung bei A gewählt wird. Das trifft auch zu, wenn man die Öffnung nicht zu klein macht, so daß der Einfluß der Beugung noch nicht wirksam wird. Der optimale Durchmesser d der Öffnung bei A ergibt sich (siehe Kap. 2) aus:

$$d = \sqrt{\frac{\lambda s'}{2}}.$$

Setzt man speziell $\lambda = 0{,}5\,\mu\text{m}$ und $s' = 50\,\text{mm}$, so ergibt sich d zu 0,112 mm. Die Lochkamera macht deutlich, daß sich die Strahlenbüschel von unterschiedlichen Punkten des ausgedehnten Objekts O in der Öffnung bei A durchsetzen, ohne sich dabei gegenseitig zu beeinflussen.

Zwar sind mit einer Lochkamera wie auch bei Röntgenaufnahmen Bilder zu gewinnen, doch handelt es sich dabei nicht um Abbildungen im Sinne dieses Kapitels; vielmehr werden hier Zentral-Projektionen der jeweiligen Objekte vorgenommen. Bei der Lochkamera ist die Öffnung bei A das Projektions-Zentrum, bei den Röntgen-Aufnahmen ist es die nahezu punktförmige Röntgen-Lichtquelle.

1.3 Reflexion, ebene Spiegel

Treffen Strahlen auf eine Grenzfläche zwischen zwei Medien, so werden sie reflektiert, zumindest teilweise. Erfahrungsgemäß sind der Reflexionsgrad (Anteil der reflektierten Strahlung) und die Richtungen, in die reflektiert wird, stark von der Struktur der Grenzfläche und von den angrenzenden Medien abhängig. Rauhe Flächen wie z. B. eine gekalkte Wand streuen die einfallende Strahlung stark. Solche Flächen sollen hier nicht betrachtet werden; die Untersuchung derer Eigenschaften stellt ein mehr technisches Problem dar, auf das hier nicht einzugehen ist. Unser Interesse gilt „glatten" Flächen und hier noch spezieller ebenen Flächen. Untersucht man die Reflexion an solchen glatten ebenen Flächen, so stellt man die Gültigkeit einer sehr einfachen Gesetzmäßigkeit fest, die als *Reflexionsgesetz* zu formulieren ist:

- Ein unter dem Winkel i gegenüber der Flächen-Normalen einfallender Strahl wird unter dem Winkel $\bar{i} = -i$ reflektiert; außerdem liegen einfallender Strahl, reflektierter Strahl und Normale in einer Ebene.

An Stelle des Begriffs Reflexion wird häufig auch der der Spiegelung verwendet. Speziell spricht man zuweilen von spiegelnder Reflexion, wenn deutlich gemacht werden soll, daß Reflexionsanteile, die durch Rauhigkeit der Flächen bedingt sind, von der Betrachtung ausgeschlossen werden sollen. Das ist hier der Fall.

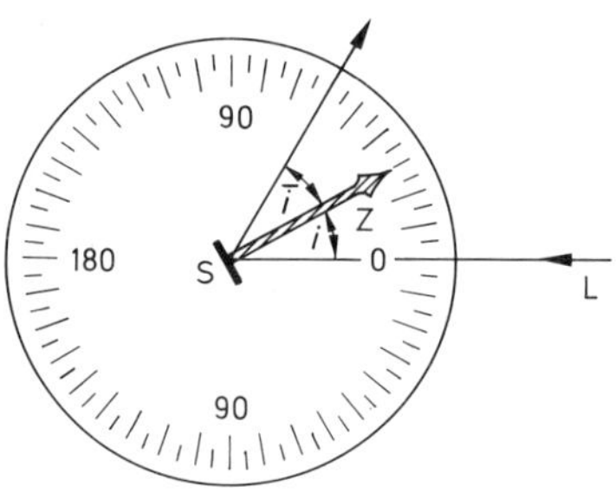

Abb. 1.6 Anordnung zur Überprüfung des Reflexionsgesetzes.

Der experimentelle Nachweis des Reflexionsgesetzes kann z. B. mit Hilfe einer Anordnung vorgenommen werden, wie sie in Abb. 1.6 skizziert ist. Im Mittelpunkt einer größeren Kreisscheibe mit Winkelteilung wird ein kleiner ebener Spiegel S drehbar befestigt. In Richtung der Normalen des Spiegels wird ein Zeiger angebracht. Man läßt dann ein paralleles Strahlenbüschel so auf den Spiegel treffen, daß es gleichzeitig auch die Kreisscheibe streifend trifft. Damit wird der Strahlenverlauf auf der Kreisscheibe sichtbar. Bei festem Winkel i der Lichteinstrahlung gegenüber der Normalen ist zu erkennen, daß das reflektierte Strahlenbüschel zu der Normalenrichtung ebenfalls den Winkel i (bzw. $\bar{i}$) besitzt. Bei Variation der Lichteinfallsrichtung um Δi durch Drehung des Spiegels ändert sich die Richtung des reflektierten Strahlenbüschels um $2\,\Delta i$. Von dieser Tatsache macht man gerne bei der Messung kleiner Drehwinkel Gebrauch.

Bild-Entstehung bei Reflexion an ebenen Spiegeln. Betrachtet wird ein punktförmiges Objekt O im Abstand s von einem ebenen Spiegel S (siehe Abb. 1.7). Von dem Objekt ausgehende Strahlen werden an dem Spiegel S entsprechend dem Reflexionsgesetz reflektiert; das gilt für beliebige Einfallswinkel der Strahlen an dem Spiegel. Verlängert man die Strahlen über die Spiegelfläche hinaus, so zeigt sich, daß sich die Strahlen alle in einem Punkt O′ schneiden. Solch ein Punkt heißt Bildpunkt, weil die von einem Objektpunkt ausgegangenen Strahlen sich nach der Abbildung, hier durch den Spiegel S, wieder in einem Bildpunkt O′ schneiden. Ein auf die Spiegelfläche blickender Beobachter sieht den Bildpunkt O′, der von dem Spiegel den Abstand $s' = -s$ besitzt; diese Aussage wird durch vielfache alltägliche Erfahrung bzw. Anwendung bestätigt.

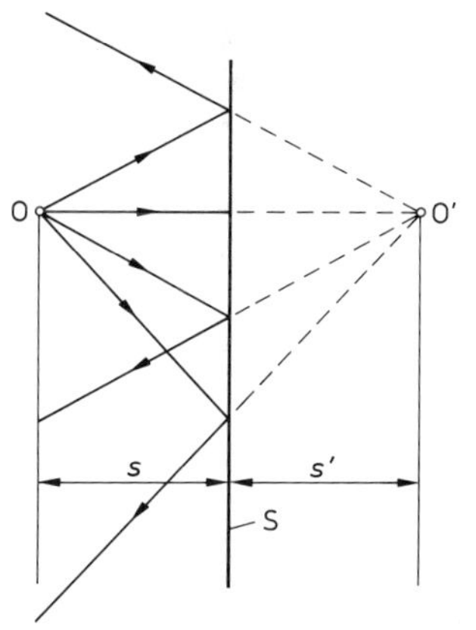

Abb. 1.7 Spiegelung einer punktförmigen Lichtquelle an einem ebenen Spiegel.

Die reflektierten Strahlen schneiden sich tatsächlich nicht in O′, sondern nur deren Verlängerungen. Für den auf den Spiegel blickenden Beobachter erscheint am Ort von O′ ein Bildpunkt. Solche Bilder nennt man daher scheinbar oder virtuell; das gilt insbesondere deshalb, weil solche Bilder nicht auffangbar und damit nicht reell sind. Im Gegensatz dazu werden auffangbare Bilder reell genannt. Die Begriffe reell und virtuell werden auch auf Objekte angewandt. Der in dem Beispiel der Abb. 1.7 benutzte Objektpunkt O ist ein reeller Objektpunkt.

Bei der Reflexion am ebenen Spiegel treffen sich alle vom Objektpunkt O ausgehenden Strahlen im virtuellen Bildpunkt O′; das gilt unabhängig von dem Strahl-Einfallswinkel i am Spiegel. Damit wird eine perfekte, d.h. geometrisch-optisch punktförmige Abbildung durch den ebenen Spiegel realisiert. Wie weiter unten festzustellen sein wird, gilt das für andere Abbildungen nicht.

Auf Grund der vorstehenden Aussagen kann eine einfache Vorschrift für die Bestimmung von Bildpunkten zu vorgegebenen Objektpunkten formuliert werden, wie es bereits aus der Abb. 1.7 zu entnehmen ist. Zu einem gegebenen Objektpunkt O im Abstand s von dem Spiegel gehört ein Bildpunkt O′ auf der anderen Seite des Spiegels, der den gleichen Abstand von dem Spiegel besitzt und auf der Normalen zum Spiegel liegt, die durch O geht. Die eben für Objektpunkte behandelte Abbildung durch Spiegelung ist ohne weiteres auf linien- und flächenhafte wie auch auf dreidimensionale Objekte übertragbar; für jeden Punkt bzw. für jedes Element eines solchen Objekts gilt das Reflexionsgesetz, so daß sich unmittelbar Bild-Konstruktionen ergeben, wie sie beispielhaft in den Abb. 1.8 und 1.9 wiedergegeben sind. Charakteristisch für solche Abbildungen ist die Gleichheit von Objekt- und Bildgröße. Objekt und Bild sind einander jedoch nicht exakt gleich, sondern es ist – je nach Betrachtungsart – vorn und hinten bzw. rechts und links vertauscht. Man spricht hier von Spiegelsymmetrie.

Die Anwendung des Reflexionsgesetzes ist nicht auf einen Spiegel beschränkt. Das Bild O′ der Lichtquelle O in Abb. 1.7 kann beispielsweise als Objekt für die Reflexion an einem zweiten Spiegel dienen. So sind in Abb. 1.10 zwei Spiegel dargestellt, die miteinander den Winkel δ bilden. Auf solch einen Winkelspiegel einfallende Strahlen weisen nach zweifacher Reflexion an den beiden Spiegeln S_1 und S_2 den Ablenkwinkel γ auf, der gerade doppelt so groß ist wie δ: $\gamma = 2\delta$; das gilt offensichtlich unabhängig von der Größe von δ und auch von der Einfallsrichtung

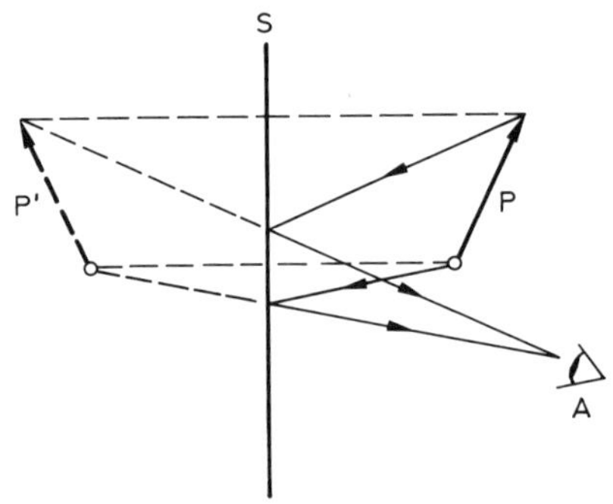

Abb. 1.8 Spiegelung eines linienförmigen Objekts an einem ebenen Spiegel.

Abb. 1.9 Spiegelung einer brennenden Kerze.

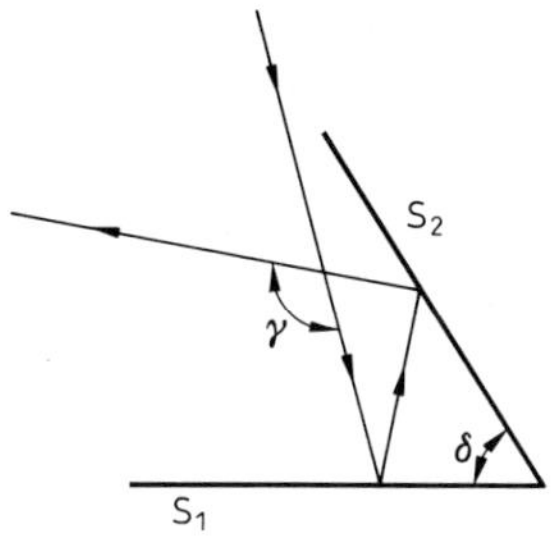

Abb. 1.10 Reflexion von Strahlen an zwei Spiegeln, die einen Winkel δ einschließen.

des Strahls. Von speziellem Interesse ist der Fall $\delta = 90°$; es wird dann $\gamma = 180°$, was einer Umkehrung der Lichtrichtung entspricht. Das gilt hier für die zweidimensionale Betrachtungsweise; weiter unten wird auf den besonders wichtigen dreidimensionalen Fall zurückzukommen sein.

Bringt man nun innerhalb eines solchen Winkelspiegels ein Objekt O an, so erhält man mehrere Spiegelbilder des Objekts. Deren Anzahl hängt entscheidend von der Größe von δ ab. In Abb. 1.11 ist zunächst dargestellt, welche Bilder von einem Objektpunkt O bei einem 72°-Winkelspiegel entstehen; es sind insgesamt vier Bilder. Die Bilder wie das Objekt liegen auf einem Kreis, dessen Mittelpunkt durch den Schnittpunkt der beiden Spiegel gegeben ist. Außerdem wird der Strahlenverlauf wiedergegeben, der für ein Beobachterauge am Ort A resultiert. In Abb. 1.12 sind die Spiegelbilder an einem 90°-Winkelspiegel konstruiert, die zu einem linienhaften Objekt gehören; hier entstehen drei Spiegelbilder. An dem durch Zweifach-Spiegelung entstandenen Bild des ausgedehnten Objekts (oben) ist zu erkennen, daß bei ihm rechts und links nicht mehr vertauscht sind. Das ist auf die Zweifach-Spiegelung zurückzuführen; allgemein wird die Vertauschung bei geradzahliger Anzahl von Reflexionen aufgehoben, bei ungeradzahliger Anzahl bleibt sie bestehen. Eine begrenzte

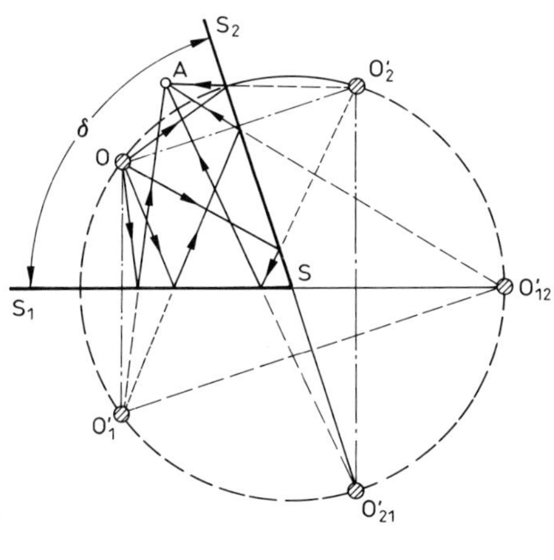

Abb. 1.11 Mehrfachspiegelung an einem Winkelspiegel von $\delta = 72°$.

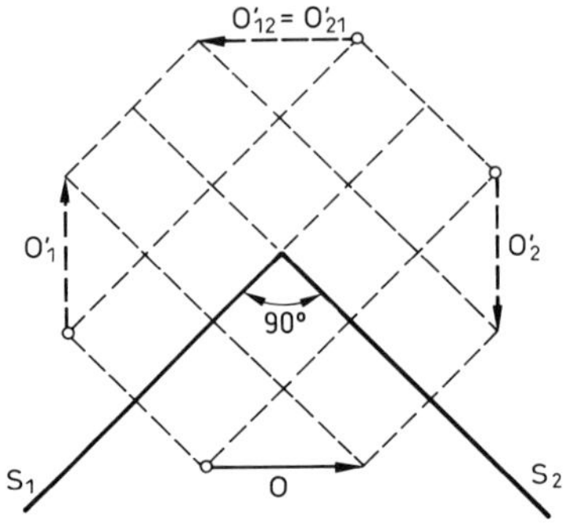

Abb. 1.12 Mehrfachspiegelung an einem Winkelspiegel von $\delta = 90°$.

Anzahl n von Spiegelbildern ergibt sich immer dann, wenn für den Winkel δ zwischen den beiden Spiegeln die folgende Relation gilt:

$$(n+1)\,\delta = 360° \, .$$

Offenbar ist diese Relation in den Beispielen der Abb. 1.11 und Abb. 1.12 erfüllt. Ein spezieller Fall ist durch $\delta = 0$ gegeben; siehe Abb. 1.13. Ein Objekt O zwischen den beiden Spiegeln wird im Prinzip unendlich oft gespiegelt. Diese Spiegelbilder sind gut zu beobachten, wenn man bei A eine Öffnung in dem einen Spiegel anbringt und durch diese auf den anderen Spiegel blickt.

Die Verfolgung der Strahlenverläufe wird schwieriger, wenn nun von zwei auf drei Spiegel übergegangen und dabei noch eine räumlich beliebige Anordnung zugelassen wird. Hier wird nur der wichtige Fall des Zentralspiegels behandelt. Es ist das eine derartige Anordnung von drei Spiegeln, daß sie die Ecke eines Würfels darstellen; siehe Abb. 1.14. Hier wird jeder in die Spiegelecke einfallende Strahl nach dreimaliger Reflexion um insgesamt 180° abgelenkt, so daß der aus dem Zentralspiegel herauskommende Strahl stets parallel zum einfallenden Strahl verläuft. In der Abb. 1.14 wird der einfallende Strahl ein erstes Mal an der linken vertikalen Wand bei A reflektiert, läuft dann zur hinteren vertikalen Wand und wird ein zweites

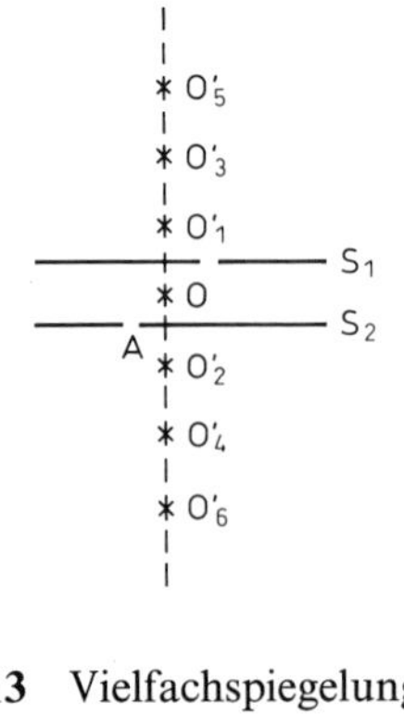

Abb. 1.13 Vielfachspiegelung an zwei parallelen, ebenen Spiegeln.

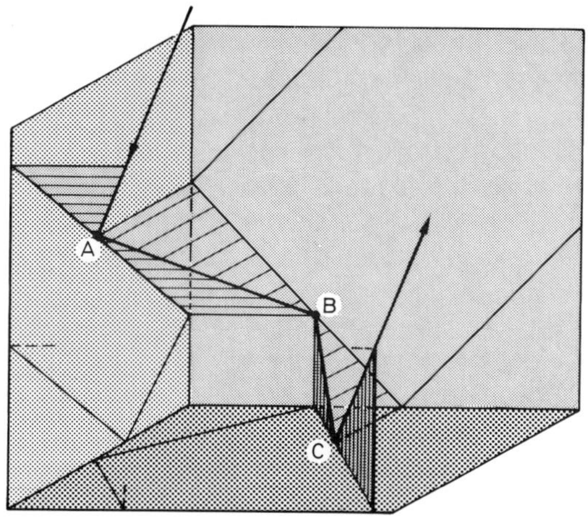

Abb. 1.14 Strahlenverlauf in einem Zentralspiegel.

Mal bei B reflektiert. Der Lichtstrahl erhält nach der dritten Reflexion im Punkt C an der unteren horizontalen Wand wieder die ursprüngliche Richtung, die er vor Erreichen von A hatte. Es sind in der Abb. 1.14 die Ebenen schraffiert, in denen jeweils der einfallende und der reflektierte Lichtstrahl verlaufen; diese Ebenen stehen senkrecht zu den Wänden an denen die jeweilige Reflexion erfolgt.

Zentralspiegel finden vielfache Anwendungen. Besonders bekannt und wichtig sind Zentralspiegel als Rückstrahler bzw. Retroreflektoren im Verkehrswesen an Fahrzeugen und Warnschildern, wo eine Vielzahl von mosaikartig zusammengesetzten Zentralspiegeln benutzt wird. Eine Anwendung ganz anderer Art fanden Zentralspiegel aus Quarzglas, die Astronauten auf dem Mond hinterließen; die Zentralspiegel reflektierten von der Erde ausgesandte Laserstrahlen wieder zur Erde zurück (durch Laufzeitmessung konnte so beispielsweise der Abstand Erde–Mond sehr genau bestimmt werden).

Es sei zum Abschluß dieses Abschnitts noch auf einige Anwendungen von Winkelspiegeln hingewiesen. Zunächst ist auf den Winkelspiegel mit $\delta = 45°$ einzugehen, der in der optischen Meßtechnik und in der Geodäsie dazu benutzt wird, um zwei zueinander senkrechte Richtungen zu erfassen. Man hält dazu den Winkelspiegel so, daß man über ihn hinwegsehend in die eine Richtung blickt; durch Hineinsehen in den Winkelspiegel erkennt man dann gleichzeitig die dazu senkrechte Richtung. – Eine weitere Anwendung ist in dem von I. Newton (1742) erdachten und von J. Hadley (1751) ausgeführten Spiegelsextanten gegeben, den die Abb. 1.15 in Aufsicht zeigt. Im Mittelpunkt eines Kreissektors ist ein kleiner Spiegel S_1 drehbar so angebracht, daß seine Ebene senkrecht auf der des Kreissektors steht. An dem Spiegel ist ein Zeiger Z befestigt, der die Verdrehung des Spiegels auf einer am Umfang des Kreissektors angebrachten Gradteilung abzulesen gestattet. Gegenüber S_1 ist ein zweiter Spiegel S_2, nur in seiner unteren Hälfte verspiegelt, fest angebracht, so daß seine Ebene dann parallel zu der von S_1 ist, wenn der Zeiger Z auf den Nullpunkt der Teilung weist. Blickt man durch die Öffnung einer Blende B (einen sogenannten

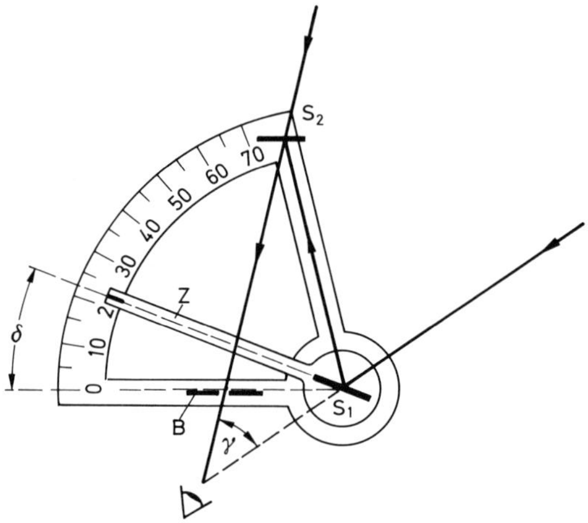

Abb. 1.15 Prinzip des Spiegelsextanten.

Diopter) oder ein an dessen Stelle angebrachtes Fernrohr durch den unverspiegelten Teil von S_2 nach einem fernen Objekt, so kann man gleichzeitig über den spiegelnden Teil von S_2 und den Drehspiegel S_1 in einer zweiten Richtung visieren. Der Winkel γ zwischen diesen beiden Richtungen ist nach dem oben Gesagten gleich dem doppelten Wert des auf der Teilung abgelesenen Winkels δ. Der besondere Vorteil des Sextanten besteht darin, daß er keine feste Aufstellung benötigt, sondern frei in der Hand gehalten werden kann. Deshalb wird er in der Seefahrt dazu benutzt, um von Bord eines Schiffes aus Sonnen- und Sternhöhen zu messen, aus denen sich die geographische Breite des Schiffsorts berechnen läßt. – Auf dem Prinzip des Winkelspiegels beruht auch das von D. Brewster (1817) erfundene Kaleidoskop. Es besteht aus zwei Spiegelstreifen, die unter einem Winkel $\delta = 60°$ in einem geschwärzten Rohr stecken. An einem Ende des Rohrs befindet sich eine kleine Öffnung für den Einblick, am anderen Ende zwischen einer Glasplatte und einer Mattscheibe eine Anzahl farbiger Glasstückchen, Perlen usw. Beim Sehen in das Rohr erkennt man die Objekte mit ihren Spiegelbildern zu einem sechseckigen Stern geordnet, dessen Muster sich durch Schütteln immer wieder verändern läßt. Auf diese Weise kann das Kaleidoskop als Hilfsmittel für variable Musterzeichnungen dienen.

1.4 Brechung, Totalreflexion, Abbildung an ebenen Flächen

1.4.1 Brechung

Fallen Lichtstrahlen auf die Grenzfläche zweier Medien, z. B. Luft und Glas oder Luft und Wasser, so wird ein Teil der Strahlung reflektiert und verbleibt damit in dem 1. Medium; die übrige Strahlung dringt in das 2. Medium ein. Wenn die Einfallsrichtung der Lichtstrahlen nicht mit der Normalenrichtung der Grenzfläche zusammenfällt, werden die Lichtstrahlen abgelenkt, d.h. sie erfahren beim Eindringen in das 2. Medium eine Richtungsänderung. Diesen Vorgang bezeichnet man als Brechung.

Ähnlich wie bei der Reflexion gibt es bei der Brechung auch eine diffuse Brechung, wenn die Grenzfläche rauh ist. Bei der diffusen Brechung werden die Lichtstrahlen mehr oder weniger in alle Richtungen gebrochen; diese Art von Brechung interessiert hier nicht. Analog wie bei der Reflexion werden hier glatte, ebene Flächen als gegeben angenommen. Dann hängt die Brechung nur von der Richtung der einfallenden Strahlen und von den beiden Medien ab.

Die Tatsache der Brechung beim Eintritt von Lichtstrahlen aus Luft in Wasser kann man durch einfache Versuche erfassen. Man legt z.B. auf den Boden eines leeren Gefäßes mit undurchsichtigen Wänden eine Münze M und sieht in einer solchen Richtung schräg in das Gefäß, daß die Münze gerade durch eine Seitenwand verdeckt wird; die Münze wird sofort sichtbar, wenn man Wasser in das Gefäß gießt (siehe Abb. 1.16a); die von der Münze ausgehenden Lichtstrahlen werden beim Austritt aus dem Wasser gebrochen und gelangen dadurch in das Auge des Beobachters; das Auge sieht die Münze in der Lage M′, d.h. in der Verlängerung der ins Auge gelangenden Strahlen, also angehoben. Aus dem gleichen Grund erscheint ein schräg ins Wasser getauchter Stab an der Eintrittsstelle geknickt (Abb. 1.16b); ebenso erscheint der Boden eines mit Wasser gefüllten Schwimmbeckens gehoben und gekrümmt (Abb. 1.16c).

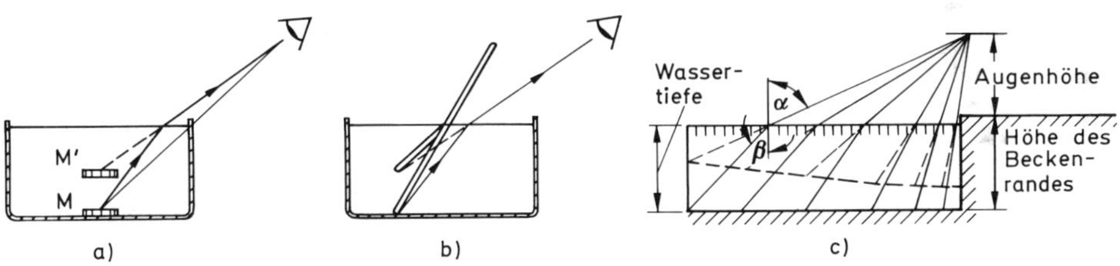

Abb. 1.16 Versuche zum Nachweis der Lichtbrechung.

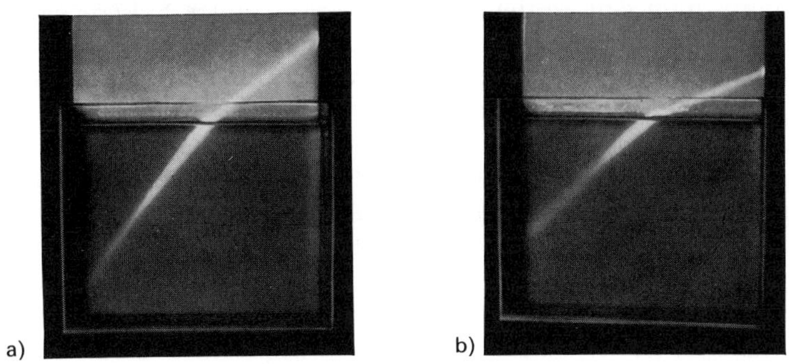

Abb. 1.17 Brechung eines Lichtstrahls beim Übergang.

Zur experimentellen Bestimmung der Brechung läßt man ein Parallel-Strahlenbüschel schräg auf eine Wasseroberfläche im Inneren eines schmalen Glastrogs fallen und verfolgt die Richtungen der Lichtstrahlen in Luft und Wasser dadurch, daß man vertikal in das Wasser eine Mattscheibe stellt, auf der die Lichtstrahlen ihren Weg als helle Linien erkennen lassen (Abb. 1.17). Statt dessen kann man auch nach J. Tyndall Luft und Wasser durch Zusatz von Rauch und Milch trüben und damit den Lichtweg sichtbar machen. Der Lichstrahl erfährt bei Eintritt in das Wasser einen Knick und wird zur Normalen hin gebrochen, wie die Beobachtung zeigt. Die Strahlen werden umso mehr von ihrer ursprünglichen Richtung abgelenkt, je größere Winkel sie beim Auftreffen auf die Grenzfläche mit der Normalen bilden. Der einfallende Strahl, die Normale und der gebrochene Strahl liegen immer in einer Ebene. Der Winkel zwischen Normale und einfallendem Strahl sei i, der zwischen Normale und gebrochenem Strahl sei i'. Damit kann das von W. Snellius (1620) gefundene *Brechungsgesetz* formuliert werden:

- Das Produkt aus Brechungsindex und Sinus des Strahlwinkels zur Normalen ist vor und nach der Brechung gleich.

$$n \sin i = n' \sin i' . \qquad (1.2)$$

Dabei ist n der Brechungsindex des Mediums, aus dem die Strahlung kommt, n' ist der Brechungsindex des Mediums, in das hinein die Strahlen nach Durchsetzen der Grenzfläche laufen.

An dieser Stelle wird zweckmäßig der Begriff der *Brechzahl* eingeführt, der in der gesamten angewandten Optik ausschließlich benutzt wird. In Gl. (1.1) hatten wir den Brechungsindex als das Verhältnis von Vakuum-Lichtgeschwindigkeit zu der in dem aktuellen Medium definiert; damit dient das Vakuum als Bezug. Hier erweist es sich aus praktischen Gründen als sehr angebracht, als Bezug nunmehr die Luft (genauer: eine zu definierende „Normalluft") zu verwenden und dann das Verhältnis der Brechungsindizes von aktuellem Medium zu Luft als Brechzahl zu bezeichnen. Damit wird die Brechzahl von Luft zu eins; demgegenüber ist der Brechungsindex von Luft 1,000277 (bei trockener Luft, 15 °C und $1{,}01325 \cdot 10^5$ Pa, 546 nm Wellenlänge).

Die Abb. 1.18 zeigt die Brechung von Lichtstrahlen beim Übergang von Luft in Glas und zwar für die beiden Einfallswinkel 40° und 60°; als zugehörige Brechungswinkel entnimmt man den Aufnahmen die Werte von 24,5° bzw. 34°; nach dem Brechungsgesetz Gl. (1.2) ist damit die Brechzahl n' des Glases gleich 1,55 (mit $n = 1$). Damit der Lichtstrahl beim Austritt aus dem Glas keine weitere Ablenkung erfährt, besitzt das Glasstück halbkreisförmige Gestalt. Die Strahlen verlaufen alle in der gemeinsamen Einfallsebene.

In der Tab. 1.1 sind die Brechzahlen bzw. die Brechungsindizes einiger Stoffe zusammengestellt. Sie gelten für die Wellenlänge 546,07 nm (e-Linie des Quecksilbers). Der Bezug auf eine bestimmte Wellenlänge ist notwendig, weil die Medien alle Dispersion besitzen und damit die Brechzahlen Funktionen der Wellenlänge sind; im einzelnen wird auf die Dispersion im Kap. 2 eingegangen.

Ein Medium wird optisch *dichter* (bzw. *dünner*) als ein anderes genannt, wenn seine Brechzahl größer (bzw. kleiner) ist als die des anderen. Die optische Dichte darf jedoch nicht mit der stofflichen Dichte verwechselt werden, weil beide Dichten

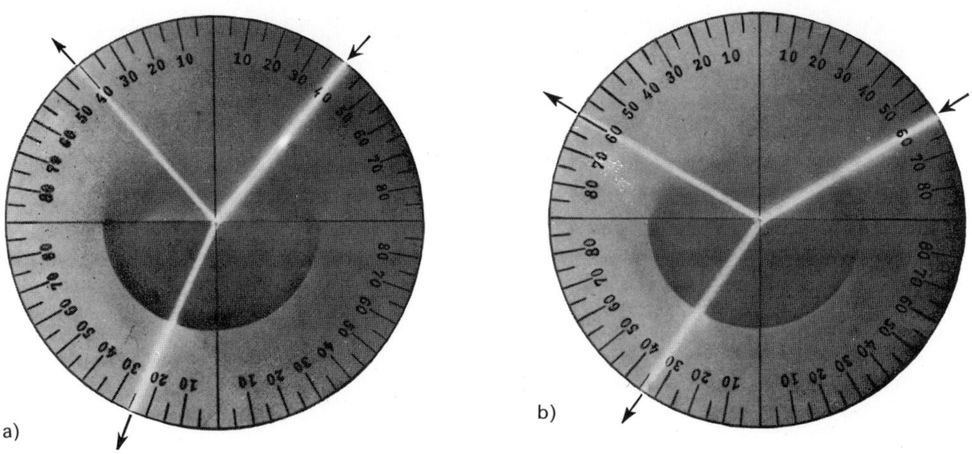

Abb. 1.18 Brechung und Reflexion eines Lichtstrahls.

Tab. 1.1 Brechzahlen bzw. Brechungsindizes einiger Stoffe für die Quecksilber e-Linie. $\lambda = 546{,}07$ nm bei 20 °C.

	n		n
Feste Stoffe (Brechzahlen)		Flüssigkeiten (Brechzahlen)	
Lithiumfluorid	1,3929	Wasser	1,3345
Calciumfluorid	1,43496	Ethanol	1,3635
Kaliumchlorid	1,49300	Benzol	1,50545
Natriumchlorid	1,54740	Zedernöl (23 °C)	1,5180
Caesiumiodid	1,79495	Kohlenstoffdisulfid	1,63560
Optische Gläser (Brechzahlen)		Gase (0 °C, 1,013 bar, Brechungsindizes)	
Borkron BK 1	1,51201	Sauerstoff	1,00027223
Schwerkron SK 1	1,61282	Stickstoff	1,00029914
Flint F 3	1,61685	Kohlendioxid	1,00045011
Schwerflint SF 4	1,76167	Luft	1,00029317
schwerstes Flint SF 59	1,96349		
Quarzglas	1,4601		
Plexiglas	1,4931		
Diamant	2,4235		

zwar oft, aber keineswegs immer zueinander proportional sind. So hat Wasser trotz seiner größeren stofflichen Dichte eine kleinere Brechzahl als das spezifisch leichtere Benzol.

An Hand der Abb. 1.19 sei gezeigt, wie man bei Kenntnis der Brechzahlen n und n' sowie des Einfallswinkels i die Richtung des gebrochenen Strahls und damit i' grafisch bestimmen kann. Der einfallende Strahl treffe die Grenzfläche GG′ in dem

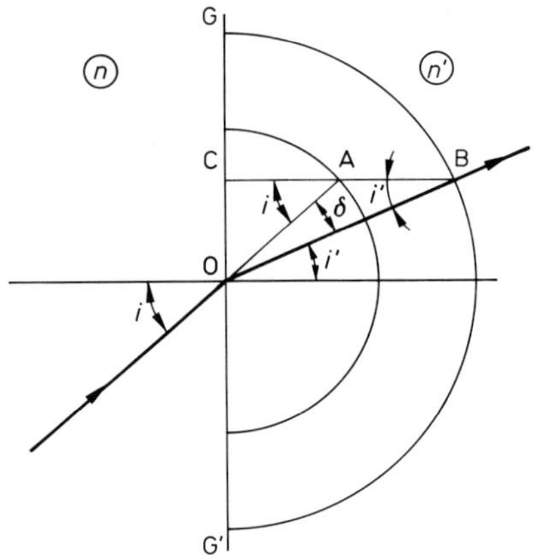

Abb. 1.19 Grafische Bestimmung der Richtung des gebrochenen Strahls.

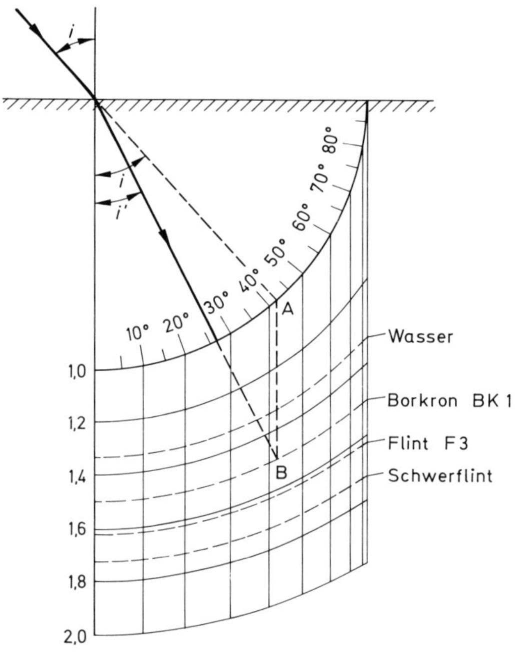

Abb. 1.20 Diagramm zur Bestimmung von Strahlrichtungen nach der Brechung beim Übergang von Luft nach Stoffen mit Brechzahlen zwischen 1 und 2.

Punkt O. Man zeichnet zwei Kreise mit dem gemeinsamen Mittelpunkt O, deren Radien das Verhältnis n/n' besitzen. Der Schnittpunkt des einfallenden Strahls mit dem Kreis, dessen Radius proportional zu n ist, ist A. Die Parallele zur Normalen durch A trifft den zweiten Kreis in B. Die Gerade durch O und B gibt die Richtung des gebrochenen Strahls an. Die Richtigkeit dieser Aussage ergibt sich aus:

$$\overline{OC} = \overline{OA} \sin i = x n \sin i = \overline{OB} \sin i' = x n' \sin i' ;$$

dabei ist x eine beliebige Konstante. Dieses Verfahren läßt sich immer anwenden, egal ob n größer n' oder umgekehrt. In Abb. 1.20 ist diese grafische Bestimmung von Strahlrichtungen nach der Brechung für den Fall schematisiert dargestellt, daß das Medium vor der Grenzfläche Luft ist.

Die Ablenkung δ, die ein Strahl durch die Brechung erfährt, ist gegeben durch:

$$\delta = i - i' . \tag{1.3}$$

Einsetzen des Brechungsgesetzes nach Gl. (1.2) läßt den Ausdruck für δ umformen in

$$\sin \delta = (n' \cos i' - n \cos i) \frac{\sin i}{n'} .$$

Daraus ist abzulesen, daß δ mit dem Einfallswinkel i wächst.

1.4.2 Totalreflexion

Beim Übergang von einem optisch dünneren in ein optisch dichteres Medium werden Lichtstrahlen stets zur Normalen hin gebrochen, weil n' größer als n ist. Umgekehrt ist es, wenn Licht aus einem optisch dichteren Medium, z. B. Wasser oder Glas, in

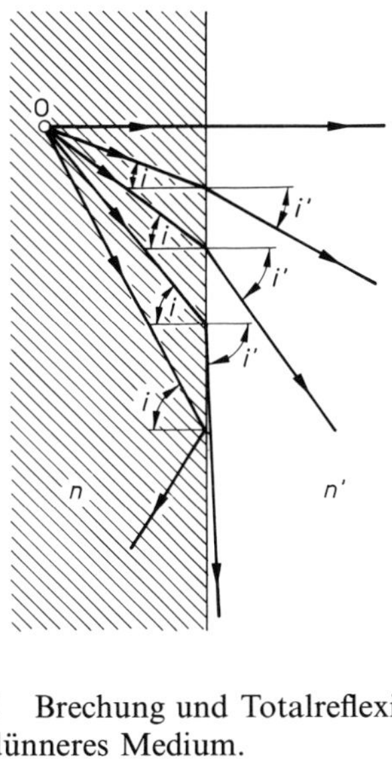

Abb. 1.21 Brechung und Totalreflexion beim Übergang von einem optisch dichteren in ein optisch dünneres Medium.

Abb. 1.22 Versuch zum Nachweis von Brechung und Totalreflexion an der Grenzfläche Wasser–Luft. Die Lichtquelle befindet sich links unten im Wasser in einer mit Schlitzen versehenen Dose.

ein optisch dünneres Medium, z. B. Luft übertritt. Dann findet eine Brechung von der Normalen weg statt (siehe dazu die Abb. 1.21). Der Winkel nach der Brechung ist entsprechend Gl. (1.3):

$$i' = \arcsin \frac{n \sin i}{n'},$$

wobei nun $n' < n$ ist. Der größte Wert von i' beträgt offensichtlich 90°; in diesem Fall tritt der in das dünnere Medium gebrochene Strahl streifend zur Grenzfläche ein. Der zugehörige Einfallswinkel i_g im dichteren Medium ergibt sich dann zu:

$$i_g = \arcsin \frac{n'}{n}. \tag{1.4}$$

Damit ist der *Grenzwinkel* i_g definiert, jenseits dessen einem Einfallswinkel i kein reeller Wert für den Winkel i' nach der Brechung mehr zugeordnet werden kann. Ein Übergang der Strahlen in das optisch dünnere Medium kann bei solchen Winkeln nicht mehr stattfinden. Vielmehr erfolgt an der Grenzfläche eine vollständige Reflexion. Man bezeichnet diesen zuerst von J. Kepler (1611) beobachteten Vorgang als *Totalreflexion*. Es gilt daher die Aussage:

- Totalreflexion tritt immer dann auf, wenn Licht aus einem optisch dichteren Medium auf die Grenzfläche zu einem optisch dünneren Medium trifft und wenn dabei der Einfallswinkel größer ist als der durch die Gl. (1.4) bestimmte Grenzwinkel i_g.

An dieser Stelle kann eine physikalisch genauere Behandlung des Phänomens der Totalreflexion nicht erfolgen; siehe dazu aber Abschn. 4.3.

Beim Übergang von Strahlung aus Wasser in Luft ist $\sin i_g = 3/4$, d. h. $i_g = 48° 35'$. Für diesen Fall ist in Abb. 1.22 der vorher in Abb. 1.21 schematisch dargestellte Strahlenverlauf experimentell realisiert worden. Einige Zentimeter unter der Wasseroberfläche befindet sich eine (in der Abbildung verdeckte) Lichtquelle, die durch mehrere Schlitzblenden einige scharf begrenzte Strahlenbündel schräg gegen die Wasseroberfläche strahlt. Von diesen werden nur die in den Luftraum gebrochen, deren

Einfallswinkel kleiner als der Grenzwinkel i_g ist; die übrigen Strahlenbündel werden in das Wasser zurück totalreflektiert. In der Abbildung ist auch gut zu erkennen, daß die Intensität der totalreflektierten Strahlenbündel deutlich größer ist als die der teilweise gebrochenen. Abb. 1.23 zeigt den Übergang von Strahlen aus Glas in Luft. Bei den Einfallswinkeln 30° und 40° findet sowohl Brechung als auch Reflexion statt, bei den Einfallswinkeln 50° und 60° jedoch bereits Totalreflexion. Bei dem benutzten Glas mit $n = 1{,}55$ liegt der Grenzwinkel bei 40,5°. – Blickt man schräg von unten auf eine Wasseroberfläche unter einem Einfallswinkel, der größer ist als der Grenzwinkel der Totalreflexion, so kann man durch die Wasseroberfläche nicht hindurchsehen; sie erscheint vollkommen spiegelnd. Aus dem Wasser heraus kann man nur innerhalb des durch den Grenzwinkel der Totalreflexion bestimmten räum-

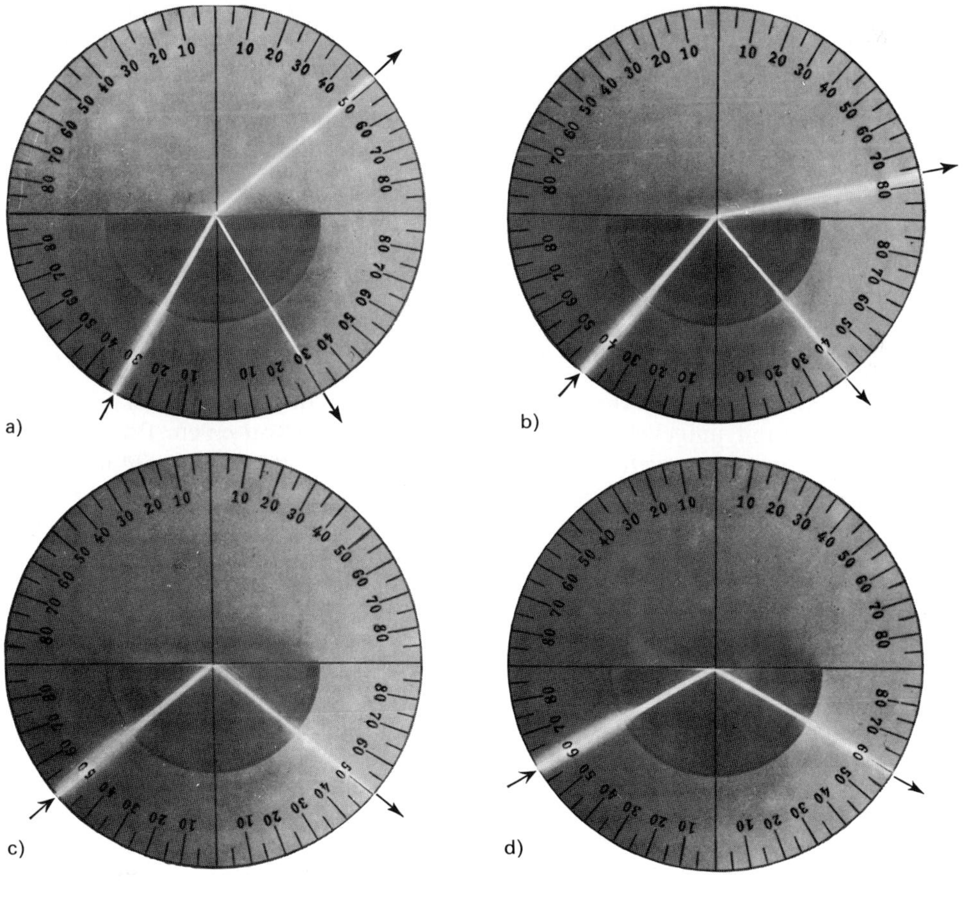

Abb. 1.23 Brechung und Reflexion von Strahlen beim Übergang von Glas in Luft; a, b) Einfallswinkel 30° bzw. 40° kleiner als Grenzwinkel 40,5° ergeben Brechung und Reflexion; c, d) Einfallswinkel 50° bzw. 60° größer als Grenzwinkel 40,5° ergeben Totalreflexion.

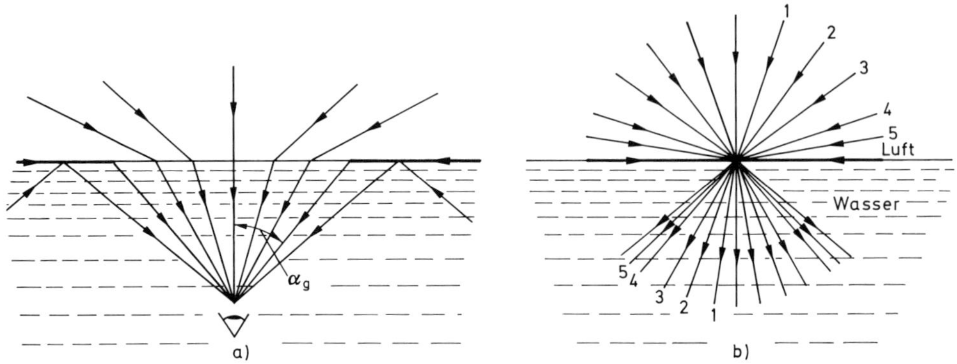

Abb. 1.24 Brechung beim Übergang von Strahlen aus Luft in Wasser; a) Ein Auge unter Wasser sieht innerhalb des durch den Grenzwinkel der Totalreflexion gegebenen Winkels von 97° den Luftraum (verzerrt); b) Strahlen in Luft, die auf einen unmittelbar oberhalb der Grenzfläche gelegenen Punkt konvergieren, treten in das Wasser nur innerhalb des Kegels ein, dessen halber Öffnungswinkel gleich dem Grenzwinkel der Totalreflexion (48,5°) ist.

lichen Winkels sehen. Abb. 1.24a zeigt, wie ein Auge unter Wasser den Luftraum darüber erblickt: Es sieht ihn – allerdings verzerrt – innerhalb eines Kegels, dessen halber Öffnungswinkel gleich dem Grenzwinkel ist; außerhalb des Kegels sieht es nur total reflektierte Strahlung, z. B. den Boden des Gefäßes, in dem das Wasser aufbewahrt wird. – Auf einen Punkt unmittelbar oberhalb der Wasserfläche einfallende Strahlen aus dem Luftraum treten in das Wasser nur innerhalb des Kegels, dessen halber Öffnungswinkel gleich dem Grenzwinkel ist; siehe Abb. 1.24b.

Bei der mikroskopischen Abbildung tritt regelmäßig der Strahlenverlauf wie in Abb. 1.24a, nur mit umgekehrter Lichtrichtung auf: Die von einem Punkt P des beleuchteten Präparats ausgehenden Strahlen verlaufen, bevor sie in das Mikroskop-Objektiv eintreten können, zunächst durch das Deckglas mit der Brechzahl $n = 1{,}515$ und dann durch eine Luftschicht. Wegen der Totalreflexion an der Grenzfläche zwischen Glas und Luft können aus dem Deckglas nur solche Strahlen austreten, deren Neigung gegenüber der Normalen den Winkel von 41,5° nicht überschreiten; siehe Abb. 1.25a. Wenn jedoch zwischen Deckglas und Frontlinse des Objektivs eine Wasserschicht eingefügt wird, so vergrößert sich der Grenzwinkel auf 61,5° (Abb. 1.25b). Setzt man schließlich zwischen Deckglas und Frontlinse Öl ein, das die gleiche Brechzahl wie das Deckglas bzw. die Frontlinse besitzt, so wird der Aperturwinkel sogar auf 90° vergrößert (Abb. 1.25c). Damit wird nicht nur die Helligkeit im Bild deutlich gesteigert, sondern auch die Bildqualität, was in Abschn. 1.9 erläutert wird. Man bezeichnet die Einführung einer Substanz mit höherer Brechzahl als Luft zwischen Deckglas und Frontlinse als *Immersion*.

Den quantitativen Unterschied zwischen totaler und partieller Reflexion zeigen die folgenden Versuche: In ein Becherglas gießt man etwas Wasser ($n = 1{,}33$) und schichtet darüber Benzol ($n = 1{,}496$); in ein zweites Becherglas bringt man Schwefelkohlenstoff ($n = 1{,}618$) und darüber Wasser (Abb. 1.26). Blickt man schräg von oben auf die Grenzflächen, so sieht man im ersten Falle wegen der Totalreflexion eine

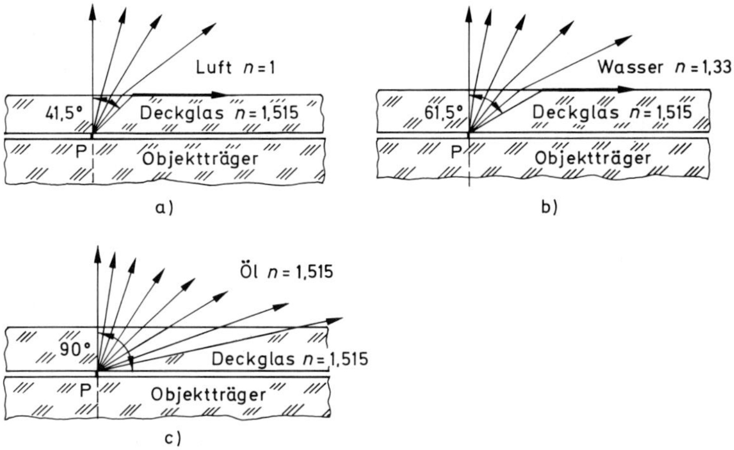

Abb. 1.25 Strahlenverlauf durch das Deckglas eines mikroskopischen Präparats: a) Deckglas grenzt an Luft, numerische Apertur = 1; b) Deckglas grenzt an Wasser, numerische Apertur = 1,33; c) Deckglas grenzt an Öl gleicher Brechzahl, numerische Apertur = 1,515.

in lebhaftem Silberglanz erscheinende Fläche, während im zweiten Fall die Grenzfläche zwischen Schwefelkohlenstoff und Wasser nur einen matten Glanz zeigt, weil lediglich eine partielle Reflexion auftritt. Stellt man ein teilweise mit Quecksilber gefülltes Reagenzglas schräg in ein mit Wasser gefülltes Becherglas (Abb. 1.27) und blickt von oben darauf, so sieht man bei passender Neigung des Reagenzglases das von einer weißen Kartonfläche in das Becherglas fallende Licht an der Luft im Reagenzglas total reflektiert; diese Reflexion ist vollständiger als die an Quecksilber. Der mit Quecksilber gefüllte Teil des Reagenzglases erscheint grau im Vergleich zu dem oberen totalreflektierenden Teil. Gießt man zusätzlich noch Wasser in das Reagenzglas, so verschwindet der silbrige Glanz, soweit das Wasser steigt.

Besonders effektvoll läßt sich die Totalreflexion nach J. D. Colladon (1841) demonstrieren, indem man in die Achse eines ausfließenden Wasserstrahls ein intensives Lichtbündel einstrahlt; siehe Abb. 1.28. Das Licht kann aus dem Wasserstrahl nicht

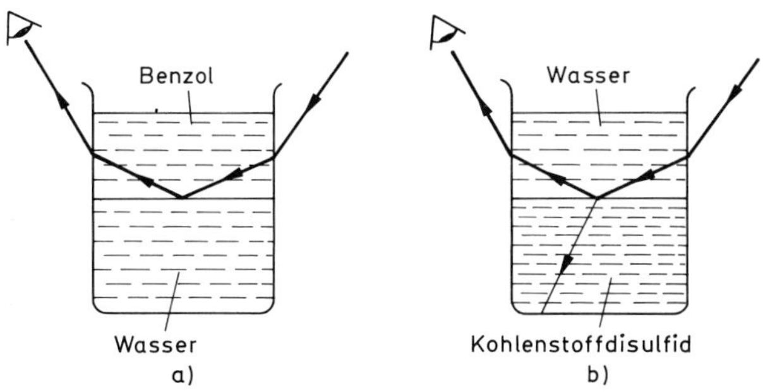

Abb. 1.26 Demonstration von a) totaler und b) partieller Reflexion.

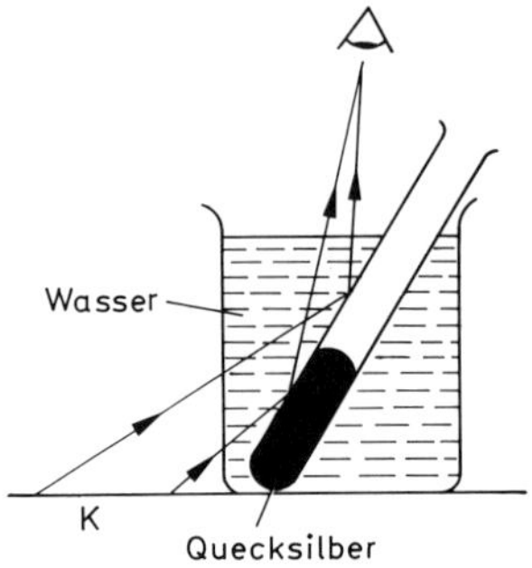

Abb. 1.27 Durch Totalreflexion an der Grenze Wasser–Luft gespiegelte weiße Fläche erscheint heller als bei Spiegelung an reinem Quecksilber.

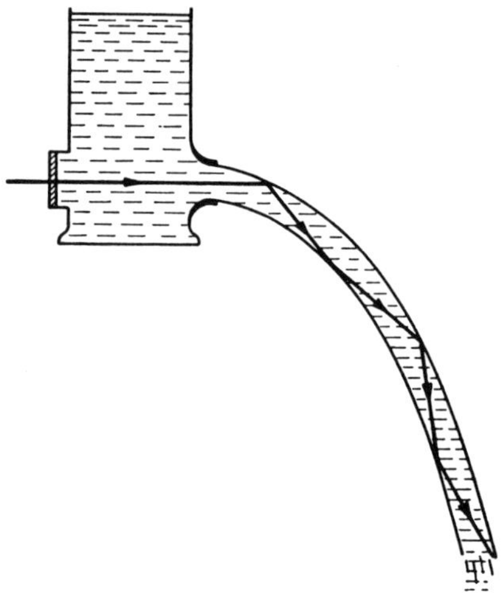

Abb. 1.28 Totalreflexion in einem Wasserstrahl.

mehr austreten, wenn letzterer so stark gekrümmt ist, daß für die Lichtstrahlen der Grenzwinkel der Totalreflexion überschritten wird. Der Wasserstrahl erschiene vollkommen dunkel, wenn die Oberfläche nicht kleine Störungen aufwiese, durch die das Licht austreten kann und den Wasserstrahl leuchtend erscheinen läßt. Das ist in besonderem Maße der Fall, wenn der Wasserstrahl sich in Tropfen auflöst (Fontaines *lumineuses*). – Die Totalreflexion wird heutzutage in großem Umfang praktisch genutzt und zwar für die Übertragung optischer Informationen durch Glasfasern. Dabei handelt es sich um dünne Fasern, oft aus Quarzglas, von typisch ca. 50 µm Dicke, die von einem Mantel niedrigerer Brechzahl umgeben sind; die Länge solcher Glasfasern kann inzwischen oft viele Kilometer betragen, weil es durch intensive Entwicklungsarbeiten gelungen ist, die Dämpfung durch Absorption bzw. Streuung drastisch zu reduzieren. Die Lichtübertragung durch Glasfasern mit Hilfe der Totalreflexion ist viel effektiver als es je mittels Reflexion an irgendeinem stark reflektierenden Material sein kann. Als praktisches Beispiel sei eine Glasfaser mit der Brechzahl 1,46 angenommen, die einen Mantel mit der Brechzahl 1,44 besitze. Totalreflexion tritt in diesem Fall für Einfallswinkel größer als $i_g = \arcsin(1{,}44/1{,}46) \mathrel{\hat{=}} 80{,}505°$ auf; bei einem Faserdurchmesser von 50 µm findet Totalreflexion bei einer geraden Faser im Abstand von ca. 299 µm statt; bei einer angenommenen Länge der Faser von 1 km finden dann immerhin $3 \cdot 10^6$ Reflexionen statt.

1.4.3 Abbildung durch Planflächen

Im Abschn. 1.3 wurde u. a. die Abbildung durch ebene Spiegel untersucht. Es ergab sich eine perfekte Abbildung, d. h. jeder Objektpunkt wird in einen Bildpunkt transformiert. Allerdings sind durch Spiegelung von reellen Objekten nur virtuelle Bilder erzeugbar. Die analoge Aufgabe ist nun für den Fall der Brechung zu untersuchen. Wie in Abb. 1.29 dargestellt, werde die Abbildung eines Objektpunkts O durch Brechung an einer ebenen Grenzfläche betrachtet; die Brechzahlen n und n' rechts und links der Grenzfläche seien voneinander verschieden. Auf jeden Strahl, der von dem leuchtenden Objektpunkt O ausgeht, ist das Brechungsgesetz Gl. (1.2) anwendbar (die Totalreflexion interessiert hier nicht). In der Abb. 1.29 ist der Strahlenverlauf grafisch wiedergegeben. Rechnerisch ergibt sich zusätzlich die Beziehung:

$$h = s \tan u = s' \tan u' ,$$

wobei u und u' die Winkel zwischen Strahl und Flächennormale durch den Objektpunkt O sind. Die Inzidenzwinkel i, i' an der brechenden Fläche und die Aperturwinkel u, u' sind bei der Planfläche verknüpft durch

$$i = -u; \quad i' = -u' .$$

Die hier eingesetzten negativen Vorzeichen werden im Abschn. 1.5 erklärt werden; hier sind sie an sich ohne Belang. Die Lage des Objekts sei durch seinen Abstand s von der brechenden Fläche gekennzeichnet; gesucht ist der Abstand des Bildpunkts s' von der brechenden Fläche. Die Auflösung der obigen Gleichung nach s' unter Berücksichtigung des Brechungsgesetzes führt auf:

$$\frac{s'}{n'} = \frac{s \cos u'}{n \cos u} = \frac{s}{n \cos u} \sqrt{1 - \left(\frac{n}{n'}\right)^2 \sin^2 u} . \tag{1.5}$$

Daraus ergeben sich mehrere Folgerungen: Es gibt keinen einheitlichen Bildpunkt O′ zu dem gegebenen Objektpunkt O. Vielmehr ist für jeden Aperturwinkel u eine andere Bildlage, gekennzeichnet durch die „Schnittweite“ s', gültig. Darüber hinaus hängt die Schnittweite s' von der Objektlage s und von den Brechzahlen n und n' ab. Wie auch aus der Abb. 1.29 zu ersehen ist, nimmt die Variation der Schnittweite s' mit wachsendem Aperturwinkel u stark zu. Läßt man andererseits den Aperturwinkel u gegen null gehen, so ergibt sich als Grenzwert für die Bildlage der Wert

$$\frac{s'}{n'} = \frac{s}{n} . \tag{1.6}$$

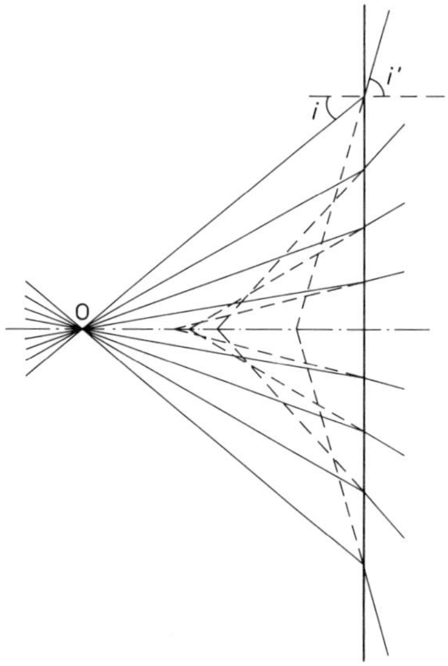

Abb. 1.29 Strahlenverlauf bei der Abbildung durch eine brechende Fläche.

Den Ausdruck Gl. (1.6) kann man auch gewinnen, indem man die Apertur- und Einfallswinkel als so klein annimmt, daß statt der trigonometrischen Funktionen Sinus und Tangens die Winkel selbst eingesetzt werden dürfen. Speziell ist dann statt des Brechungsgesetzes Gl. (1.2) vereinfacht zu schreiben:

$$n\,i = n'\,i' \,. \tag{1.7}$$

Es ist vielfach üblich, von der sogenannten *paraxialen* Abbildung zu sprechen, wenn die Winkel u und i und damit auch u' und i' nur kleine Werte annehmen dürfen. Als Achse wird dabei die Normale auf der Grenzfläche, die durch den Objektpunkt O geht, aufgefaßt. Wie später im einzelnen zu behandeln sein wird, dienen die Größen der paraxialen Abbildung ganz allgemein als *Bezugsgrößen.* Das gilt, auch wenn diese Größen als Grenzfälle nur rechnerisch zu gewinnen sind und experimentell lediglich näherungsweise bzw. durch Extrapolation realisiert werden können.

Aus Gl. (1.5) ergibt sich weiter – wie bei der Reflexion an ebenen Flächen – daß Objekt und Bild auf einer Seite der Grenzfläche liegen. Einem reellen Objektpunkt O ist somit immer ein virtueller Bildpunkt O′ zugeordnet. Das gilt für kleine wie für große Aperturwinkel. Reelle Abbildungen sind demnach nicht möglich, solange man nur ebene Grenzflächen verwendet.

Die wichtigste Aussage, die aus Gl. (1.5) bzw. aus Abb. 1.29 folgt, ist: Grundsätzlich treten bei Abbildungen durch Brechung *Abbildungsfehler* bzw. *Aberrationen* auf, weil einem Objektpunkt kein einheitlicher Bildpunkt mehr zugeordnet werden kann. Frei von Abbildungsfehlern wird man scheinbar dann, wenn der Objektpunkt formal unendlich fern angenommen wird; dann liegt auch der Bildpunkt unendlich fern. Dabei wird aber notwendig der Aperturwinkel u zu null. Immerhin ergibt sich damit eine Möglichkeit der Strahlführung durch optische Elemente, die mit Brechung von Strahlen arbeiten, ohne Abbildungsfehler befürchten zu müssen. Mit unendlich fernen Objektpunkten arbeitet man dann, wenn man Parallel-Strahlenbüschel verwendet; das wird im folgenden vielfach geschehen.

1.4.4 Planplatten

Läßt man eine planparallele Glasplatte von einem parallelen Strahlenbüschel durchsetzen, so werden die Strahlen beim Ein- wie beim Austritt an den Grenzflächen gebrochen (Abb. 1.30). Beim Eintritt findet eine Umlenkung zur Normalen hin statt, beim Austritt eine Umlenkung von der Normalen weg. Wegen der vorgegebenen Geometrie verläuft das Strahlenbüschel nach Durchsetzen der Glasplatte in der gleichen Richtung wie vorher; es erfolgt keine Ablenkung, aber eine Parallel-Verschiebung p. Diese Parallel-Verschiebung ist um so größer, je größer die Plattendicke d, die Brechzahl n und der Einfallswinkel i sind. Aus der Abb. 1.30b ergibt sich

$$\sin(i - i') = \frac{p}{\overline{AB}}$$

und

$$\cos i' = \frac{d}{\overline{AB}}.$$

Nimmt man noch das Brechungsgesetz nach Gl. (1.2) hinzu, so resultiert für die Parallel-Verschiebung

$$p = d \sin i \left(1 - \frac{\cos i}{\sqrt{n^2 - \sin^2 i}}\right).$$

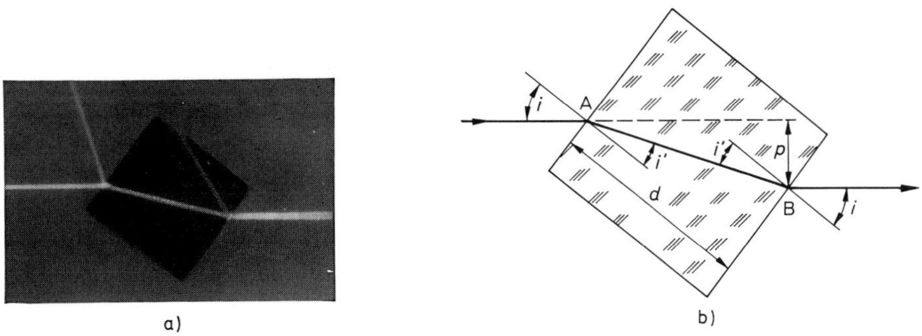

Abb. 1.30 Parallelversatz von Lichtstrahlen durch eine planparallele Platte; a) Versuch; b) Strahlen-Konstruktion.

Die Parallel-Verschiebung von Strahlenbüscheln durch Planparallelplatten wird z. B. in dem von H. v. Helmholtz (1856) angegebenen *Ophthalmometer* zur optischen Messung des Abstands zweier Punkte an solchen Objekten benutzt, an die man mit

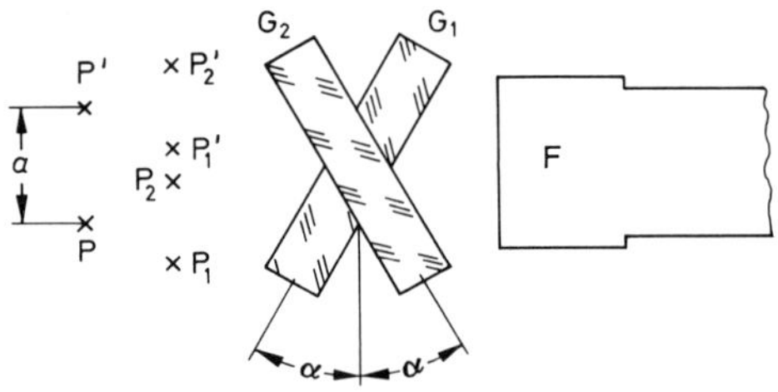

Abb. 1.31 Wirkungsweise des Ophthalmometers.

gewöhnlichen Längenmeßmethoden nicht herankommen kann. Hier gilt das speziell für den Durchmesser der Augenpupille. Das Ophthalmometer (siehe Abb. 1.31) besteht aus zwei dicht nebeneinander angebrachten, gleich dicken planparallelen Platten G_1 und G_2, die je eine Hälfte eines Fernrohrobjektivs F bedecken. Beide Platten werden um eine gemeinsame Achse um gleiche Winkel gegensinnig gedreht. Dadurch werden die beiden Objektmarken P und P′ um gleiche Beträge nach oben bzw. unten verschoben, so daß vier Bildpunkte P_1 und P_1' sowie P_2 und P_2' durch das Fernrohr zu sehen sind. Verdreht man die beiden Platten so weit, daß die Punkte P_2 und P_1' zusammenfallen, so ergibt sich der gesuchte Abstand a gerade als doppelt so groß wie der nach Gl. (1.8) berechnete Wert von p. Offensichtlich ist die Entfernung der Objektmarken vom Fernrohr dabei ohne Bedeutung.

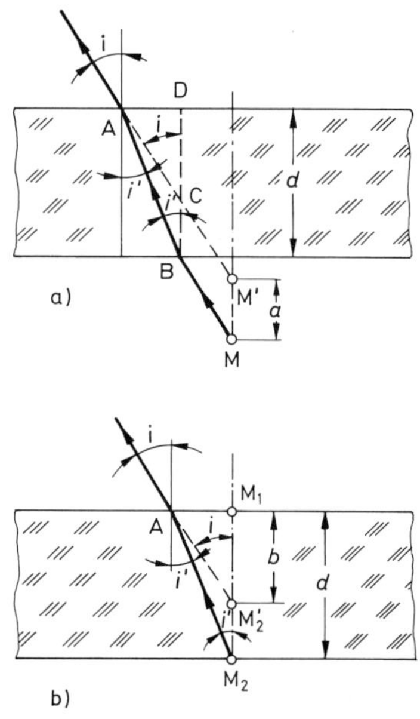

Abb. 1.32 Zur Messung der Brechzahl planparalleler Glasplatten (nach de Chaulnes).

Planparallele Glasplatten können auch zur Messung der Brechzahl des Mediums, aus dem sie bestehen, verwendet werden. Beispielsweise stellt man nach Duc de Chaulnes (1767) mit Hilfe eines Mikroskops, dessen axiale Verschiebung meßbar ist, zunächst auf eine Marke M scharf ein (Abb. 1.32a); dann bringt man zwischen der Marke M und dem Mikroskop die Planplatte ein. Das Bild M′ der Marke M erscheint dann angehoben. Um wieder ein scharfes Bild zu erhalten, muß das Mikroskop um die Strecke $\overline{MM'} = a$ verschoben werden, die gleich der Strecke $\overline{BC}$ ist. Mit d als Dicke der Glasplatte erhält man:

$$\tan i = \frac{\overline{AD}}{d-a} \quad \text{und} \quad \tan i' = \frac{\overline{AD}}{d}.$$

Unter der Voraussetzung kleiner Winkel i, i' resultiert mit Gl. (1.7)

$$n = \frac{d}{d-a}.$$

Für Glasplatten der Dicke $d = 10\,\text{mm}$ ist n so bis auf eine Einheit der 3. Dezimale meßbar.

Dieses Verfahren kann variiert werden: Auf der oberen und der unteren Seite der Glasplatte sei je eine Marke M_1 bzw. M_2 angebracht; das Mikroskop wird nacheinander auf beide Marken eingestellt, wozu eine Verschiebung b des Mikroskops erforderlich ist (die Marke M_2 erscheint durch die Brechung nach M_2' verschoben (Abb. 1.32b)). In diesem Fall ergibt sich für die Brechzahl der Glasplatte

$$n = \frac{d}{b}.$$

Ein weiteres Verfahren zur Brechzahlmessung (nach A. Pfund) benutzt die Totalreflexion; siehe Abb. 1.33. Durch die planparallele Platte wird ein auf ihrer Rückseite angebrachter weißer Fleck P (z. B. aus Papier oder weißer Farbe) möglichst intensiv und punktförmig bestrahlt. Das diffus reflektierte Licht kann nur bis zum Grenzwinkel der Totalreflexion wieder aus der Planplatte austreten; vom Grenzwinkel der Totalreflexion an wird das Licht zwischen der Vorder- und der Rückseite der Glasplatte hin und her reflektiert. Bestäubt man nun die Rückseite der Glasplatte mit einem feinen Pulver, z. B. Bärlappsamen, so zeichnen sich die dem Grenzwinkel der Totalreflexion entsprechenden Stellen in Form heller Ringe ab, wie es die fotografische Aufnahme der Abb. 1.33b zeigt, bei der der zentrale Fleck wegen möglicher Überblendung abgedeckt ist. Wie aus der Abb. 1.33a zu entnehmen ist, gilt die Beziehung

$$\tan i_g = \frac{r_1}{2d},$$

wobei i_g der Grenzwinkel der Totalreflexion ist. Nach Gl. (1.4) wird i_g durch die Brechzahl der Glasplatte bestimmt:

$$\sin i_g = \frac{1}{n}.$$

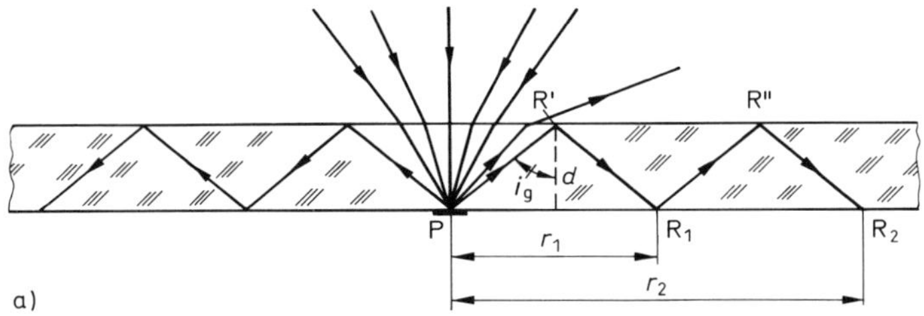

a)

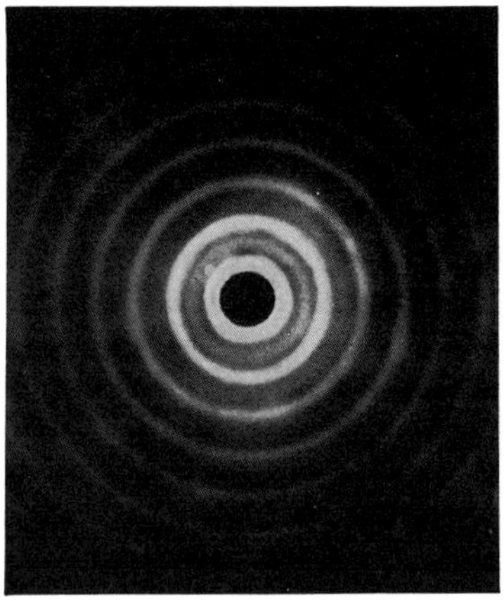

b)

Abb. 1.33 Messung der Brechzahl einer planparallelen Glasplatte mittels Totalreflexion.

Die Auflösung nach n führt auf

$$n = \frac{\sqrt{r_1^2 + 4d^2}}{r_1}.$$

Allgemeiner besitzt der k-te Ring den Radius $k \cdot r_1$, so daß durch Ausmessen der Ringradien auf die Brechzahl der Glasplatte geschlossen werden kann.

1.4.5 Prismen

In der Optik versteht man unter einem Prisma einen von zwei ebenen, polierten, gegeneinander geneigten Flächen (ABED und CBEF in Abb. 1.34) begrenzten Körper aus Glas oder einem anderen transparenten Material. Als *brechende Kante* des Prismas wird die Gerade bezeichnet, in der sich die genannten Flächen schneiden (BE in der Abbildung); der an dieser Kante liegende Prismenwinkel heißt der *brechende Winkel,* die der brechenden Kante gegenüberliegende dritte Fläche (ACFD in der Abb. 1.34) die *Basis;* ein zur brechenden Kante senkrecht stehender Schnitt durch das Prisma wird *Hauptschnitt* genannt.

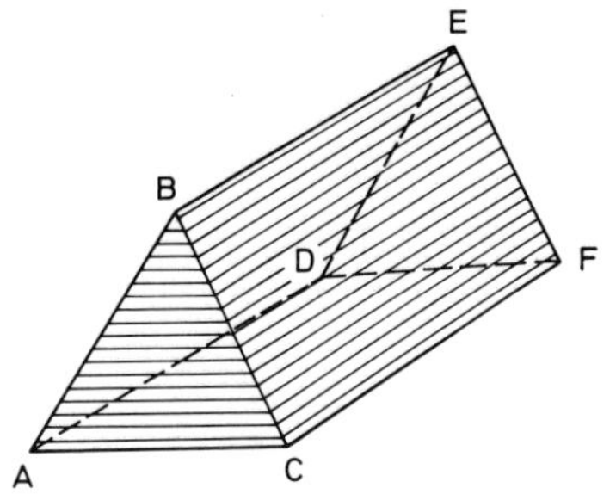

Abb. 1.34 Ansicht eines Prismas.

Betrachtet werde der Strahlengang in einem Hauptschnitt, der mit der Zeichenebene zusammenfallen möge (Abb. 1.35a). Es interessiert zunächst, wie bei beliebigen Einfallswinkeln i_1 und beliebigen brechenden Winkeln α die Ablenkwinkel δ zu ermitteln sind; weiter unten werden dann Prismen mit einer anderen Funktion behandelt werden, wobei der Einfallswinkel i_1 speziell den Wert null erhalten wird. Zu dem bei A auf das Prisma mit dem brechenden Winkel α unter dem Einfallswinkel i_1 treffenden Strahl werde nach dem Brechungsgesetz Gl. (1.2) der im Prisma verlaufende Strahl konstruiert; er trifft die zweite Prismenfläche im Punkt B und wird dort von der Normalen weg in den Außenraum gebrochen. Um die Ablenkung δ zwischen dem einfallenden Strahl LA und dem austretenden Strahl BL′ zu finden, werden beide Strahlen bis zum gemeinsamen Schnittpunkt C verlängert. In dem Dreieck ABC gilt offenbar:

$$\delta = i_1 - i_1' + i_2' - i_2 \, .$$

Die Normalen durch A und B schneiden sich in dem Punkt D. In dem Dreieck ABD besteht die Beziehung:

$$\alpha = i_1' + i_2 \, . \tag{1.9}$$

Zusammengefaßt ergibt sich:

$$\delta = i_1 + i_2' - \alpha \, . \tag{1.10}$$

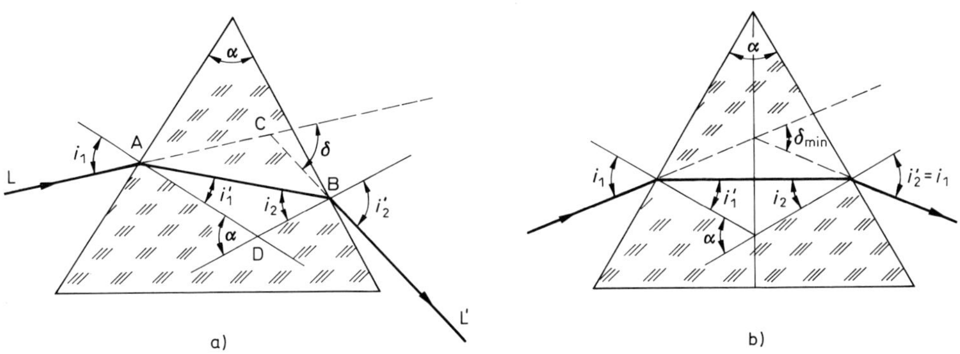

Abb. 1.35 Strahlenverlauf durch ein Prisma.

Die Anwendung des Brechungsgesetzes Gl. (1.2) auf die beiden optisch wirksamen Flächen des Prismas liefert

$$\sin i_1 = n \sin i_1' \quad \text{bzw.} \quad n \sin i_2 = \sin i_2' .$$

Damit und mit den Gln. (1.9) und (1.10) läßt sich die durch das Prisma bewirkte Ablenkung δ ausdrücken in der Form

$$\delta = i_1 - \alpha + \arcsin\left(\sin\alpha \sqrt{n^2 - \sin^2 i_2} - \cos\alpha \sin i_1\right) . \tag{1.11}$$

Die Ablenkung δ variiert offenbar mit n, α und i_1; speziell interessiert, ob δ in Abhängigkeit vom Einfallswinkel i_1 ein Extremum besitzt. Die Ableitung von δ nach i_1 wird zu null, wenn gilt

$$\frac{\cos i_1'}{\cos i_1} = \frac{\cos i_2}{\cos i_2'} .$$

Diese Gleichung ist mit Hilfe des Brechungsgesetzes umformbar zu

$$(n^2 - 1)(\sin^2 i_1 - \sin^2 i_2') = 0 .$$

Wegen $n \neq 1$ ergibt sich endgültig $i_1 = i_2'$, d.h. ein Extremum der Strahlablenkung δ durch ein Prisma resultiert bei symmetrischem Strahlverlauf; aus der 2. Ableitung ergibt sich, daß das Extremum ein Minimum ist. Die Ablenkung δ von Strahlen durch ein Prisma erreicht also dann ein Minimum, wenn der Eintritts- und der Austrittswinkel einander gleich sind; dabei verlaufen die Strahlen im Prisma senkrecht zur Winkelhalbierenden des brechenden Winkels α.

Bei dem symmetrischen Durchgang gelten zwischen den verschiedenen Winkeln offenbar die Beziehungen

$$i_1 = i_2' = \frac{\alpha + \delta_{\min}}{2} ; \quad \text{bzw.} \quad i_1' = i_2 = \frac{\alpha}{2} .$$

Zusammen mit dem Brechungsgesetz resultiert eine Bestimmungsgleichung für die Brechzahl n

$$n = \frac{\sin \dfrac{\alpha + \delta_{\min}}{2}}{\sin \dfrac{\alpha}{2}} . \tag{1.12}$$

Dreht man ein Prisma so um eine zu seiner brechenden Kante parallele Achse (Abb. 1.36), daß der Einfallswinkel i_1 monoton zunimmt, so wandert der abgelenkte Strahl entgegengesetzt zu der Drehrichtung des Prismas auf die Prismenkante zu, ereicht den Umkehrpunkt und wandert dann rückläufig.

Nach J. Fraunhofer (1817) kann man die Brechzahl des Prismenmaterials berechnen, wenn man den brechenden Winkel α und das *Minimum der Ablenkung* $\delta_{\min}$ mißt, das sehr genau bestimmbar ist; das geschieht mit Hilfe von Gl. (1.12). Diese häufig angewandte Meßmethode ist nicht auf Festkörper wie Glas beschränkt, sondern auch auf Flüssigkeiten übertragbar, wobei Hohlprismen benutzt werden. Diese bestehen aus planparallelen Glasplatten, die selbst keine Ablenkung erzeugen und

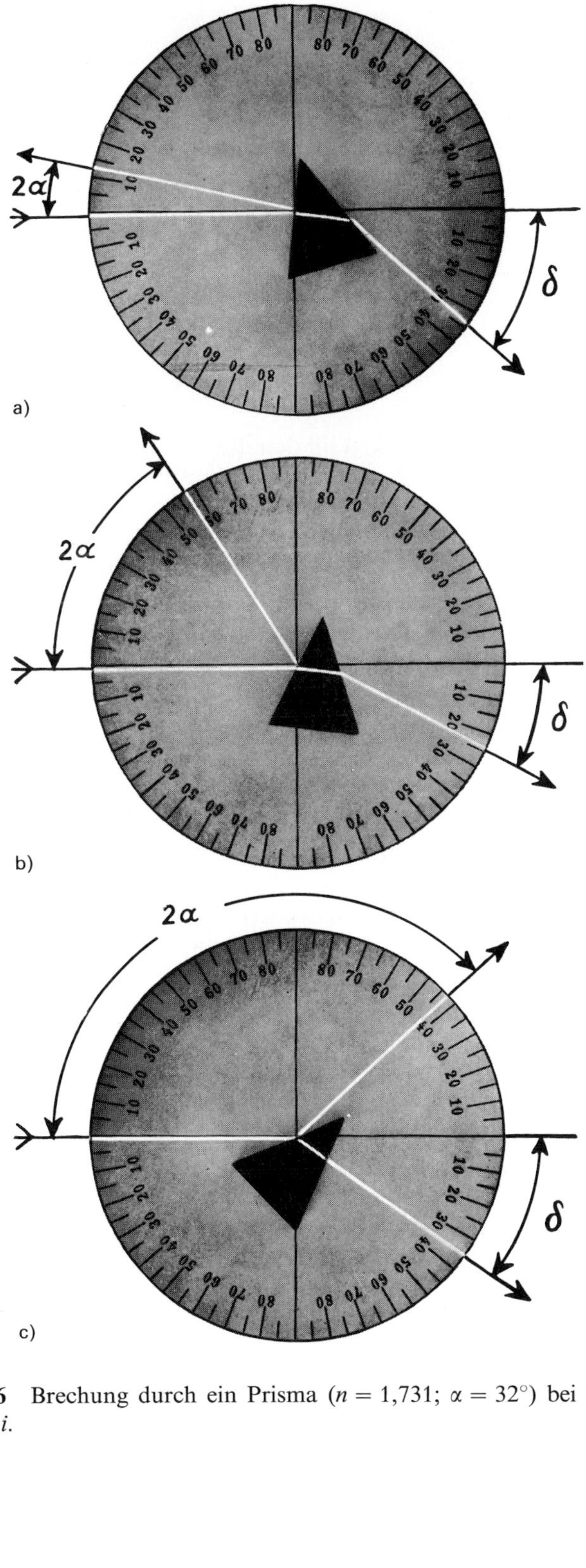

Abb. 1.36 Brechung durch ein Prisma ($n = 1{,}731$; $\alpha = 32°$) bei unterschiedlichen Einfallswinkeln i.

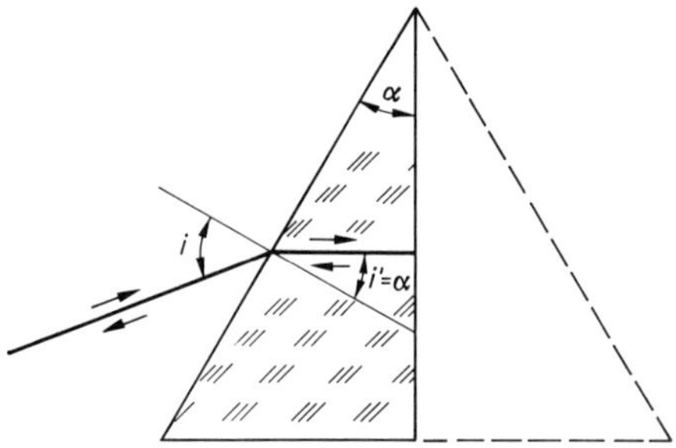

Abb. 1.37 Rechtwinkliges Prisma nach Abbe mit einem in sich selbst reflektierten Strahlenverlauf.

einem von diesen eingeschlossenen Hohlraum, in den die zu untersuchende Flüssigkeit gefüllt wird. Das Verfahren läßt sich prinzipiell auch auf Gase anwenden.

Das Verfahren nach Fraunhofer hat Ernst Abbe (1874) modifiziert: Durch Halbierung des Prismas nach Abb. 1.35a entsteht ein rechtwinkliges Prisma, wie in Abb. 1.37 dargestellt. Bei diesem Prisma wird das Minimum der Ablenkung dadurch realisiert, daß man die Schnittfläche spiegelnd ausführt. Die einfallenden Strahlen werden dann in sich selbst reflektiert. Die im Prisma verlaufenden Strahlen besitzen gegenüber der Normalen einen Winkel i', der gleich dem brechenden Winkel α ist. Damit ist die Brechzahl n einfach berechenbar gemäß

$$n = \frac{\sin i}{\sin \alpha}.$$

Das Verfahren besitzt den Vorteil, sehr einfach durchführbar zu sein; außerdem benötigt man im Vergleich zu dem Verfahren nach Fraunhofer nur ein Prisma mit dem halben Volumen.

Prismen mit kleinen brechenden Winkeln α werden oft als „Keile" bezeichnet, die in der optischen Meßtechnik vielfach eingesetzt werden (z. B. in Entfernungsmessern). Bei solchen Keilen kann Gl. (1.11) für die Ablenkung δ vereinfacht werden zu

$$\delta = (n - 1)\alpha. \tag{1.13}$$

Für Überschlagsrechnungen ist diese Gleichung oft recht brauchbar.

Die durch Prismen hervorgerufenen Ablenkungen werden in Form von Spektrometern und Refraktometern angewendet. Da die Brechzahlen der Prismen-Materialien grundsätzlich Funktionen der Wellenlänge λ sind (siehe Kap. 2), muß dabei mit (quasi-) monochromatischer Strahlung gearbeitet werden; das sei hier vorausgesetzt. Durch Bestimmung der Brechzahlen für unterschiedliche Wellenlängen ermittelt man mit Spektrometern und Refraktometern Dispersionskurven $n(\lambda)$, die charakteristisch für das jeweilige Material, insbesondere für optische Gläser sind.

Den prinzipiellen Aufbau eines *Spektrometers* zeigt die Abb. 1.38. Als Objekt dient ein schmaler Spalt Sp, der von einer Lichtquelle L (im allgemeinen eine Spektrallampe) beleuchtet wird. Der Spalt Sp wird durch einen Kollimator (Einzelheiten dazu in Abschn. 1.9) nach unendlich abgebildet. Hinter dem Kollimator befindet

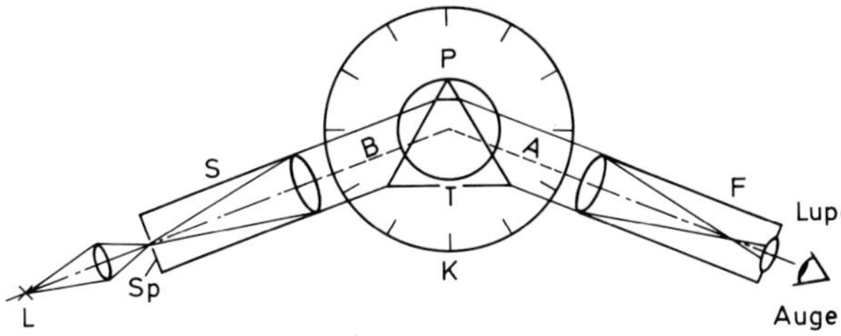

Abb. 1.38 Schematische Darstellung eines Spektrometers.

sich das zu untersuchende Prisma P, auf das ein paralleles Strahlenbüschel trifft. Nachdem das Strahlenbüschel das Prisma durchsetzt hat und dabei abgelenkt worden ist, tritt es in ein Fernrohr F ein, mit dessen Hilfe visuell ein Bild des Spaltes Sp beobachtet wird; ein Fadenkreuz in der vorderen Brennebene des Fernrohr-Okulars dient zur exakten Einstellung auf das Bild des Spaltes. Das Prisma wird auf einem Tisch T aufgestellt, der mit einem Teilkreis K fest verbunden ist. Die Stellung des Fernrohrs relativ zum Teilkreis ist sehr genau (z. B. bis auf wenige Winkelsekunden) ablesbar. Man arbeitet gewöhnlich mit der oben geschilderten Methode der minimalen Ablenkung und mißt zweimal, indem man das Prisma einmal nach oben, das andere Mal nach unten (entsprechend Abb. 1.38) ablenken läßt; die halbe Differenz der beiden zugehörigen Winkelstellungen des Fernrohrs ist gerade gleich der Ablenkung δ_{min}. Um die Brechzahl des Prismas berechnen zu können, muß gemäß Gl. (1.12) zusätzlich, d. h. durch eine gesonderte Messung, der brechende Winkel α des Prismas P bekannt sein.

Zur Brechzahl-Messung dienen auch *Refraktometer,* die die Erscheinung der Totalreflexion ausnutzen. Das Refraktometer nach C. Pulfrich (1887) besteht aus einem Glaswürfel G hoher Brechzahl, auf den ein Glaszylinder Z aufgekittet ist, in den

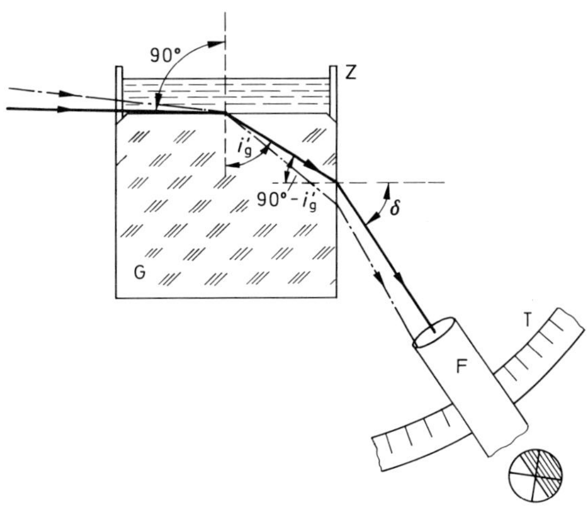

Abb. 1.39 Refraktometer nach Pulfrich.

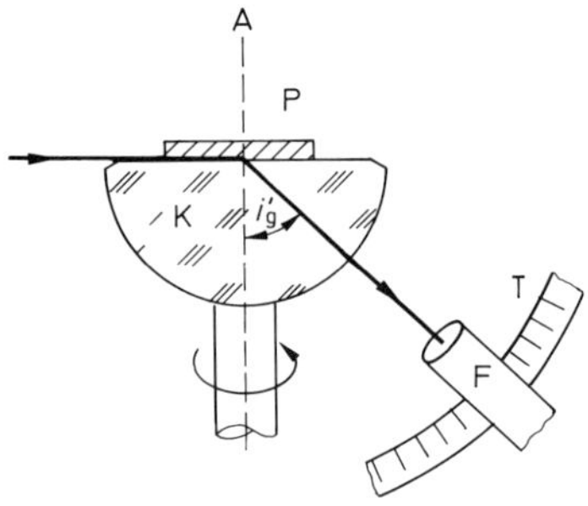

Abb. 1.40 Kristall-Refraktometer nach Pulfrich.

wiederum die zu untersuchende Flüssigkeit gefüllt wird (Abb. 1.39). Die Flüssigkeit muß eine niedrigere Brechzahl besitzen als der Glaswürfel G. Läßt man nun Strahlung streifend auf die Grenzfläche zwischen Glaswürfel und Flüssigkeit treffen, so daß ein Einfallswinkel von 90° resultiert, so wird die Strahlung in den Glaswürfel hinein unter dem Grenzwinkel i'_g gebrochen. Nach nochmaliger Brechung treten die Strahlen unter dem Winkel δ aus dem Glaswürfel aus. Dieser Winkel δ wird mit Hilfe eines Fernrohrs F gemessen, das relativ zu einem Teilkreis T drehbar angeordnet ist. Da Strahlung nicht nur streifend einfällt, werden auch Strahlenverläufe auftreten, wie in Abb. 1.39 strichpunktiert gezeichnet; wegen der Totalreflexion an der Grenzfläche Flüssigkeit–Glaswürfel tritt keine Strahlung unter kleineren Ablenkwinkeln als δ in das Fernrohr ein; es ergibt sich damit eine scharfe Grenze zwischen Licht und Schatten, die im Fernrohr mit Hilfe eines Fadenkreuzes recht genau zu erfassen ist. Die Bestimmung der Brechzahl n_F der Flüssigkeit gelingt unter Berücksichtigung der gegebenen Geometrie und des Brechungsgesetzes; es resultiert:

$$n_F = \sqrt{n_G^2 - \sin^2 \delta},$$

wobei n_G die Brechzahl des Glaswürfels ist. Die Kalibrierung dieses Refraktometers, d.h. hier die Bestimmung der Brechzahl n_G kann z.B. dadurch erfolgen, daß man eine Flüssigkeit bekannter Brechzahl (z.B. Wasser) vorgibt. – Ebenfalls von C. Pulfrich wurde das *Kristallrefraktometer* vorgegeben, das durch Abbe (1890) modifiziert wurde. In diesem Fall wird statt des Glaswürfels eine Halbkugel aus Glas benutzt (Abb. 1.40), die um eine vertikale Achse A drehbar angeordnet ist. Die Planfläche der Halbkugel muß genau senkrecht zur Drehachse justiert werden. Der zu untersuchende Kristallschnitt P wird auf die Planfläche mit einer stärker brechenden Flüssigkeit aufgeklebt und der Winkel i'_g wird mit Hilfe des Fernrohrs F und des Teilkreises T direkt gemessen. Bei Drehung der Halbkugel um die vertikale Achse A lassen sich Brechzahlen der Kristallplatte für die verschiedenen in der jeweiligen Schnittebene liegenden Richtungen bestimmen.

Ein weiteres Refraktometer ist von Abbe angegeben worden (Abb. 1.41), das sehr häufig zur Brechzahl-Bestimmung von Flüssigkeiten verwandt wird. Das von einer Strahlungsquelle kommende Licht verläuft über einen Spiegel S und trifft dann auf ein Doppelprisma, das aus zwei rechtwinkligen Prismen P_1 und P_2 aus Glas hoher,

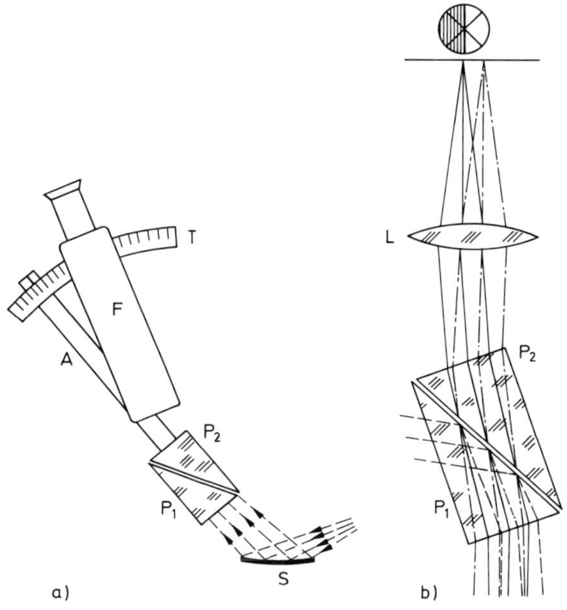

Abb. 1.41 Refraktometer nach Abbe.

gleicher Brechzahl besteht. Zwischen die beiden Prismen wird die zu untersuchende Flüssigkeit, deren Brechzahl kleiner als die des Glases sein muß, in Form einer planparallelen Schicht gebracht. Die durch das dichtere Medium (Prisma P_1) einfallende Strahlung kann die Flüssigkeit nur durchdringen, wenn der Einfallswinkel an der Grenzfläche zwischen P_1 und der Flüssigkeit kleiner ist als der der Totalreflexion. Durch Schwenken eines Fernrohrs F ist beobachtbar, wann der Grenzwinkel der Totalreflexion erreicht wird (in Abb. 1.41 b ausgezogen gezeichnet); unter größeren Winkeln einfallende Strahlen (in der Abbildung gestrichelt) werden an der Flüssigkeit total reflektiert. Das Gesichtsfeld des Fernrohrs F besteht daher aus einem hellen und einem dunklen Teil; die Trennlinie entspricht der Grenze der Totalreflexion. Durch Schwenken des Fernrohrs F gegenüber einem Teilkreis T ist der Winkel der Totalreflexion einstellbar; dabei wird die Trennlinie mit einem Fadenkreuz in dem Fernrohr zur Koinzidenz gebracht. Bei kommerziellen Geräten sind auf dem Teilkreis T nicht die Winkel graviert, sondern unmittelbar die zugeordneten Brechzahlen der jeweiligen Flüssigkeit; das setzt natürlich feste Werte für die Geometrie und die Brechzahlen der Prismen P_1 und P_2 voraus. Außerdem ist die Brechzahl-Zuordnung nur für eine vorgegebene Wellenlänge λ möglich.

Es ist nun auf solche *Prismen* einzugehen, die bewußt andere Funktionen aufweisen, als das bisher der Fall war. Jetzt soll die Ablenkung von Strahlenbüscheln nicht durch Brechung bewirkt werden, sondern durch Reflexion; dabei kann die Totalreflexion genutzt werden oder es können einzelne Prismenflächen auch bewußt verspiegelt werden. Die Eintritts- und Austrittsflächen solcher Prismen werden relativ zu den Strahlenbüscheln möglichst so orientiert, daß die Flächen von den Strahlen senkrecht getroffen und damit Strahlablenkungen durch Brechung vermieden werden; das geschieht, um die Einflüsse der Dispersion nicht wirksam werden zu lassen. An Hand einiger Abbildungen sollen im folgenden die Funktionen der wichtigsten Prismen-Ausführungen kurz erläutert werden. In vielen optischen Instrumenten werden solche Prismen eingesetzt, häufig ohne daß das bewußt wird. Es sei daher auf die wesentlichen Fakten hingewiesen, ehe die verschiedenen Ausführungen besprochen werden.

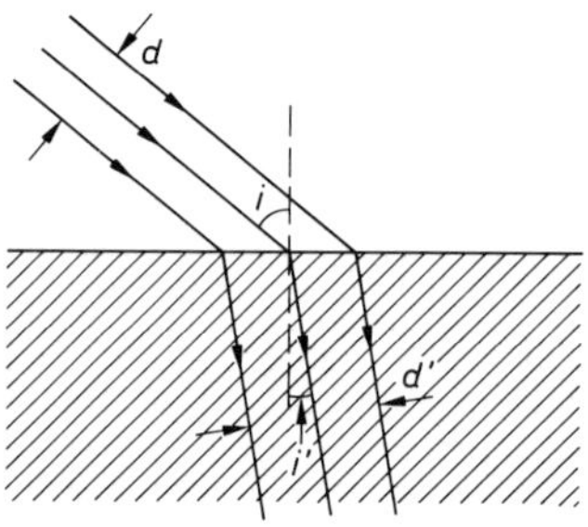

Abb. 1.42 Querschnittsänderung von Strahlenbüscheln durch Brechung an einer Fläche.

Abb. 1.43 Querschnittsänderung von Strahlenbüscheln beim Durchgang durch zwei Prismen.

Bei der Brechung eines Strahlenbüschels an einer Grenzfläche (Abb. 1.42) ändert sich der Querschnitt innerhalb der Einfallsebene; senkrecht dazu bleibt er unverändert. Es gilt offenbar

$$\frac{d}{\cos i} = \frac{d'}{\cos i'},$$

wobei i und i' über das Brechungsgesetz Gl. (1.2) zusammenhängen. Im optisch dichteren Medium ist der Querschnitt jeweils größer als im optisch dünneren. In der Abb. 1.43 ist zusätzlich die mehrfache Querschnittsänderung beim Strahldurch-

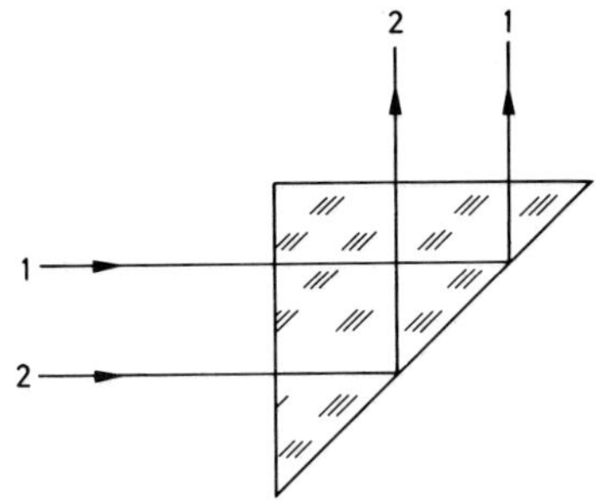

Abb. 1.44 Gleichschenklig rechtwinkliges Prisma mit 90° Ablenkung.

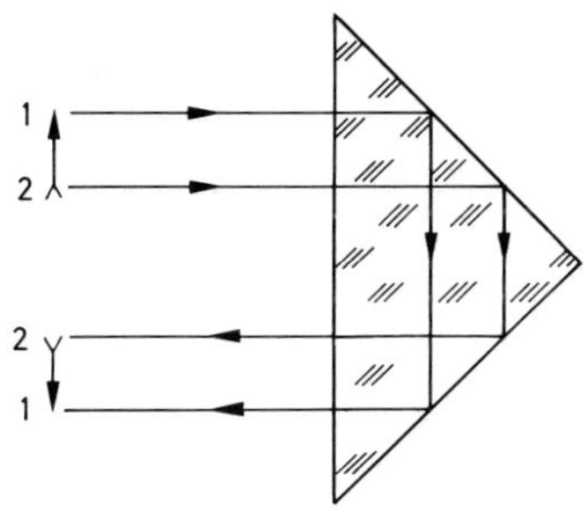

Abb. 1.45 Gleichschenklig rechtwinkliges Prisma mit 180° Ablenkung.

gang durch zwei Prismen dargestellt. Die Beachtung der Querschnitte von Strahlenbüscheln spielt oft eine große Rolle für die Dimensionierung von Prismen.

Besonders häufig werden gleichschenklig rechtwinklige Prismen eingesetzt. Eine Art der Anwendung zeigt die Abb. 1.44; Eintritts- und Austrittsfläche werden jeweils ohne Ablenkung durchsetzt, an der Hypotenusenfläche findet Totalreflexion statt, die Ablenkung beträgt 90°. – Das gleiche Prisma kann auch in anderer Weise benutzt werden (Abb. 1.45); der Strahlein- wie -austritt findet an der Hypotenusenfläche statt, während an den beiden Kathetenflächen zweimalige Totalreflexion auftritt. Der Strahlengang wird hier insgesamt um 180° geknickt. Durch die zweimalige Reflexion wird oben und unten vertauscht.

Fügt man in den Strahlengang ein zweites identisches Prisma ein, das um die Strahlrichtung um 90° gedreht wird, so ergibt sich das Umkehrprisma nach J. Porro (1848); siehe Abb. 1.46. Bei diesem Umkehrprisma werden durch die viermalige Totalreflexion sowohl oben und unten als auch rechts und links vertauscht. Da die ursprüngliche Strahlrichtung erhalten bleibt, nennt man solche Prismen geradsichtig; es findet jedoch ein seitlicher Versatz der Strahlenbüschel statt. Derartige Prismen-Kombinationen werden regelmäßig zur Bildumkehrung in sogenannten Prismenfeldstechern eingesetzt. – Um die Vielzahl existenter Prismen und gleichzeitig deren Unterschiedlichkeit im Aufbau beispielhaft zu demonstrieren, werden in den

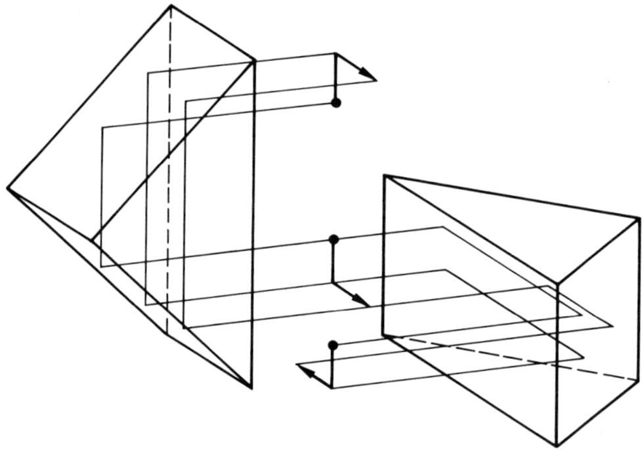

Abb. 1.46 Prismenanordnung nach Porro zur Bildumkehr.

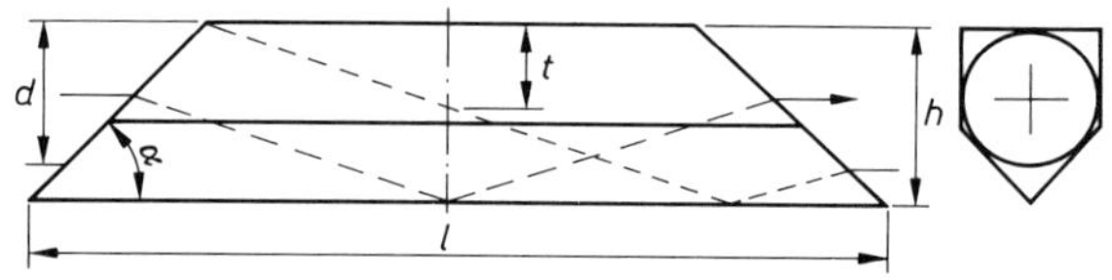

Abb. 1.47 Umkehrprisma nach Amici bzw. Dove.

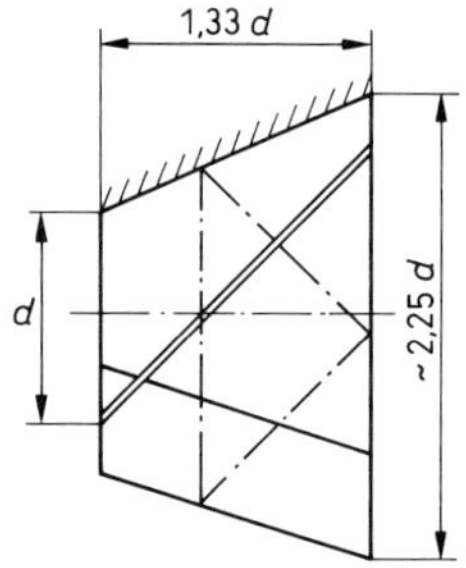

Abb. 1.48 Umkehrprisma nach Pechan.

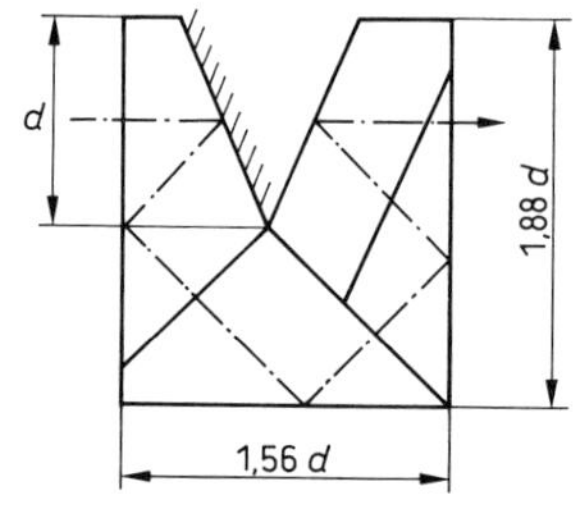

Abb. 1.49 Umkehrprisma nach Uppendahl.

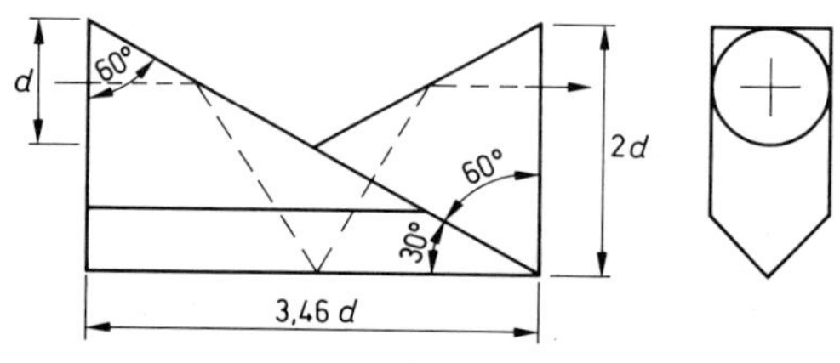

Abb. 1.50 Umkehrprisma nach Abbe-König.

Abb. 1.47 bis 1.50 weitere geradsichtige Umkehrprismen – mit den Namen ihrer Erfinder – einschließlich Strahlengängen wiedergegeben; hinzuzufügen ist noch, daß diese Prismen zur vollständigen Bildumkehrung mit sogenannten Dachkanten zu versehen sind, wie es in Abb. 1.50b für den Fall des Umkehrprismas nach Abbe-König zeichnerisch skizziert ist.
Als Beispiel für ein Umkehrprisma mit 90°-Ablenkung sei das Pentaprisma genannt, das heutzutage im Suchersystem einer jeden Spiegelreflexkamera zu finden ist. Den Schnitt zeigt die Abb. 1.51, in der allerdings die Darstellung der notwendigen Dachkante fehlt.

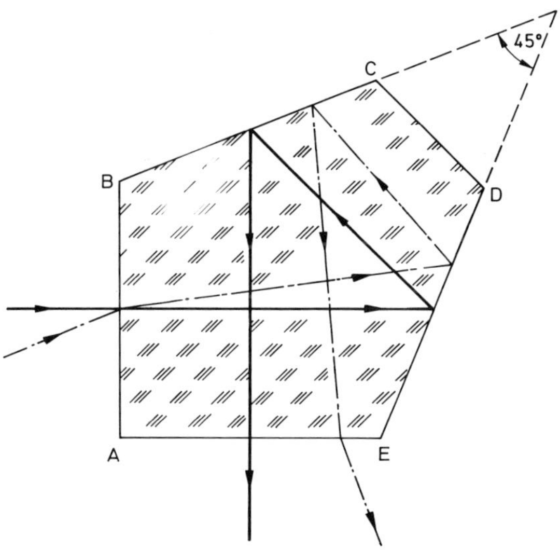

Abb. 1.51 Pentaprisma einschließlich Strahlenverlauf.

1.5 Gauß-Optik

In den vorigen Kapiteln wurden die Grundgesetze von Reflexion und Brechung an ebenen Flächen behandelt; einige ausgewählte Beispiele dienten dazu, verschiedene Anwendungen aufzuzeigen. Die Zielsetzung dieses Abschnitts ist es, intensiv die Gesetzmäßigkeiten der *optischen Abbildung* zu studieren und damit die Grundlage für die weiteren Abschnitte zu schaffen.

In den Abschn. 1.3 und 1.4 wurde gezeigt, daß ebene Grenzflächen von reellen Objekten nur virtuelle Bilder zu erzeugen vermögen; das gilt für reflektierende wie für brechende Flächen, weil divergente Strahlenbüschel durch ebene Grenzflächen nicht in konvergente Strahlenbüschel umgewandelt werden können. Bei brechenden ebenen Flächen ergab sich außerdem, daß sie Objektpunkte nicht in Bildpunkte zu transformieren vermögen, sondern daß Abbildungsfehler auftreten. Diese Feststellungen negativer Art sind gegenüberzustellen der bisher nicht explizit formulierten Aufgabenstellung der geometrischen Optik:

- Optische Systeme sollen vor allem dazu dienen, von gegebenen reellen Objekten reelle Bilder zu erzeugen. Darüber hinaus wird im allgemeinen gefordert, daß die Bilder den Objekten ähnlich sein sollen. Außerdem sollen die Bilder möglichst hohe Bestrahlungsstärken aufweisen.

Wie in dem Abschn. 1.4.3 beispielhaft deutlich wurde, sind *punktförmige reelle Abbildungen* nicht realisierbar, wenn brechende Flächen an der Abbildung beteiligt sind. Das gilt, weil in den Abbildungsgleichungen immer trigonometrische Funktionen der Aperturwinkel u, u' und der Inzidenzwinkel i, i' auftreten. Übersichtliche Verhältnisse resultieren nur dann, wenn man sich von vornherein auf kleine Winkel beschränkt, so daß die trigonometrischen Funktionen Sinus und Tangens der Winkel i, i' und u, u' durch die Winkel selbst ersetzt werden können. Wir sprechen dann von der „Gauß-Optik“.

Gauß-Optik zu betreiben bedeutet, Abbildungsgesetze in Näherung zu behandeln und damit rechnerische Untersuchungen vorzunehmen, die experimentell nur bedingt nachvollziehbar sind. Bei brechenden Flächen wird statt des exakten Brechungsgesetzes nach Gl. (1.2) gesetzt:

$$n\,i = n'\,i' \,, \tag{1.7}$$

wie es bereits in Abschn. 1.4.3 formuliert wurde. Hinreichende Übereinstimmung zwischen dieser Näherung und der Formulierung nach Gl. (1.2) resultiert nur dann, wenn i und i' kleine, genauer differentiell kleine, Werte anmnehmen. Darüber hinaus wird im Bereich der Gauß-Optik bei brechenden und reflektierenden Flächen angenommen, daß die Strahlneigungswinkel u, u' gegenüber der optischen Achse so kleine Werte besitzen, daß gesetzt werden darf:

$$u \approx \sin u \approx \tan u \,. \tag{1.14}$$

Offensichtlich stimmen diese Vereinbarungen bezüglich der Winkel i, i' und u, u' in den meisten Fällen nicht mit der Realität überein. Wenn hier – und implizit auch in den folgenden Kapiteln – zumeist mit diesen Approximationen gearbeitet wird, so hat das mehrerlei Gründe, die zunächst ohne Beweis aufgelistet seien:

- Nur mit den durch Gl. (1.7) und Gl. (1.14) vorgenommenen Vereinfachungen lassen sich explizit Abbildungsgleichungen formulieren;
- speziell sind nur so lineare Relationen zwischen Objekt und Bild erhältlich;
- die vereinfachten und damit eindeutigen Zuordnungen zwischen Objekt und Bild sind sehr gut geeignet, als Bezugswerte für allgemeine Abbildungssituationen zu dienen.

Behandelt werden im folgenden Abbildungen durch *rotationssymmetrische* Systeme; das geschieht aus zwei sehr unterschiedlichen Gründen. Der erste Grund ist sehr praktischer, ökonomischer Natur: Rotationssymmetrische, sphärische Flächen sind besonders einfach und kostengünstig herstellbar; deshalb werden Flächen bzw. optische Systeme, die aus solchen Flächen zusammengesetzt sind, bis heute zum weitaus überwiegenden Anteil so realisiert. Der andere Grund ist mehr prinzipieller Natur: Abbildungen im Sinne der geometrischen Optik dienen vor allem dazu, von den

Objekten *ähnliche* Bilder herzustellen, um aus den zugehörigen Bildern Eigenschaften der Objekte entnehmen zu können. Das gilt insbesondere dann, wenn die Objekte der Vermessung, der Beurteilung nicht unmittelbar zugänglich bzw. zeitlich veränderlich sind (z. B. Sterne, Feuerwerk).

1.5.1 Grundgrößen und Grundpunkte

Betrachtet werden beliebig zusammengesetzte rotationssymmetrische optische Systeme. Als solche werden Linsen und/oder Spiegelsysteme verstanden, die aus einer oder auch beliebig vielen brechenden und/oder spiegelnden Flächen bestehen. Ein solches System gilt als rotationssymmetrisch, wenn das einmal für jede einzelne Fläche gilt und wenn außerdem die Krümmungsmittelpunkte aller Flächen auf einer Geraden liegen (siehe Abb. 1.52); solche Systeme bezeichnet man als zentriert; die Gerade durch die Krümmungsmittelpunkte der Flächen wird als *optische Achse* bezeichnet.

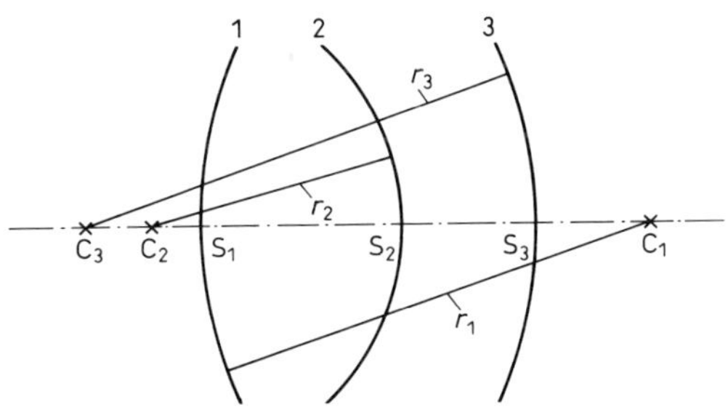

Abb. 1.52 Zentrierte Folge brechender Flächen. Die strichpunktierte Gerade durch die Krümmungsmittelpunkte C_1 der Flächen wird optische Achse genannt.

Eine Abbildung zu erzeugen, heißt im Sinne der hier benutzten Strahlenoptik, von einem gegebenen Objektpunkt ausgehende Strahlenbüschel in einem Bildpunkt wieder zu vereinigen (siehe dazu Abb. 1.53). Dafür sind optische Systeme erforderlich, wie sie eben charakterisiert wurden.

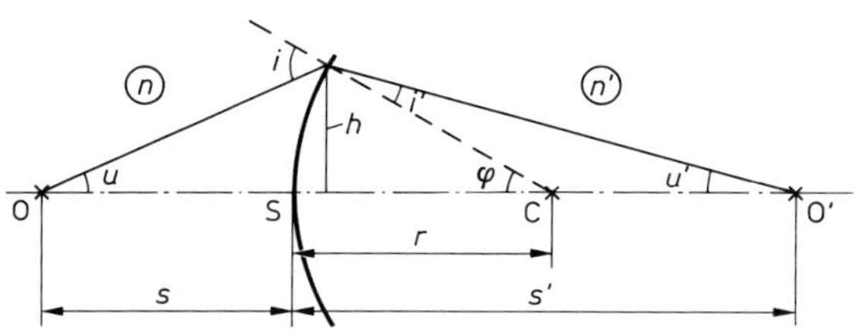

Abb. 1.53 Abbildung eines axialen Objektpunkts O durch eine brechende Fläche in den Bildpunkt O′.

Für derartige Systeme werden nun Abbildungs-Situationen gesucht, die charakteristische Größen der Abbildung zu ermitteln gestatten; das soll experimentell (in Näherung) wie rechnerisch gelten. Dafür kommen zunächst axiale Abbildungen in Betracht, bei denen Objektpunkte auf der optischen Achse abgebildet werden. Die Zusammensetzung der Systeme soll beliebig sein, d.h. die gesuchten Abbildungs-Situationen sollen allgemein anwendbar sein.

Von den möglichen Objektpunkten ist der im Unendlichen insofern ausgezeichnet, als das von ihm ausgehende Strahlenbüschel parallel zur optischen Achse des abbildenden Systems verläuft; siehe dazu Abb. 1.54. Nach Durchsetzen des optischen Systems verläuft das Strahlenbüschel im allgemeinen wie in der Abbildung dargestellt: Das Strahlenbüschel besitzt einen Schnittpunkt auf der optischen Achse, den man *bildseitigen Brennpunkt* F′ nennt; der Abstand des Brennpunkts vom letzten Scheitel des optischen Systems ist die *Brennpunkt-Schnittweite* $s'_{F'}$. In Form des bildseitigen Brennpunkts F′ ist ein erster *Grundpunkt* des abbildenden optischen Systems gefunden.

Die Bezeichnung „Brennpunkt" rührt offensichtlich von der Eigenschaft optischer Systeme her, Strahlenbüschel konzentrieren zu können, im Idealfall auf einen Punkt, und damit eine so hohe Bestrahlungsstärke im Bild zu erzeugen, daß eventuell auch ein im Bildpunkt angebrachtes Material zum Brennen gebracht werden kann. Man spricht speziell von einem Brennglas, wenn damit die nahezu aus dem Unendlichen kommende Sonnenstrahlung im bildseitigen Brennpunkt konzentriert wird; diese Linsenwirkung ist seit langem bekannt und hat zu der auch hier benutzten Bezeichnungsweise geführt.

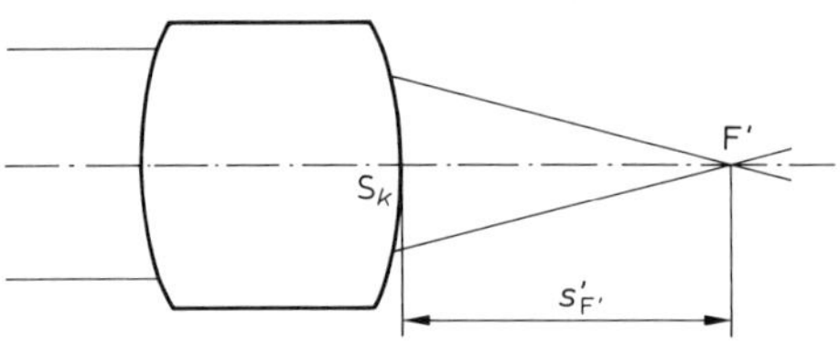

Abb. 1.54 Zur Definition des bildseitigen Brennpunkts F′ und seiner Schnittweite $s'_{F'}$.

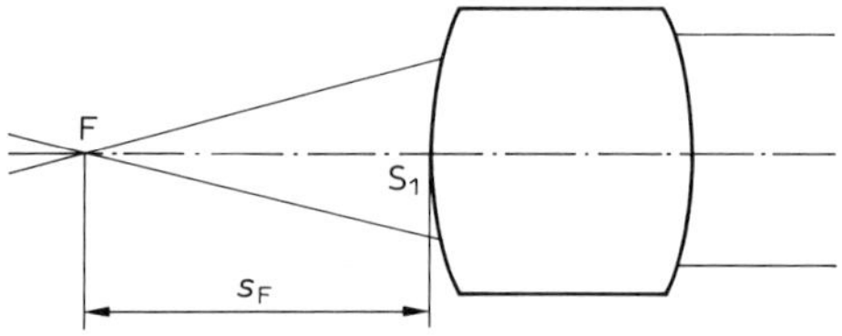

Abb. 1.55 Zur Definition des objektseitigen Brennpunkts F und seiner Schnittweite s_F.

So wie das objektseitig achsenparallele Strahlenbüschel auf einen bildseitigen Brennpunkt durch das optische System konzentriert wird, so ist es auch möglich, durch das optische System ein bildseitig achsenparalleles Strahlenbüschel zu erzeugen, das von einem axialen Objektpunkt ausgeht (siehe Abb. 1.55). Dieser Punkt heißt *objektseitiger Brennpunkt* F, sein Abstand von dem 1. Scheitel des optischen Systems ist die *objektseitige Brennpunkt-Schnittweite* s_F. Der objektseitige Brennpunkt F ist ein zweiter Grundpunkt optischer Systeme.

Da optische Systeme nicht nur zur Abbildung axialer Objekte dienen, wird jetzt ein paralleles Strahlenbüschel im Objektraum betrachet, das gegenüber der optischen Achse den Bildwinkel w_1 besitzt (Abb. 1.56); dieses Büschel konvergiert nach Durchsetzen des optischen Systems im Bildraum in einem Punkt, der von der optischen Achse den Abstand l'_k besitzt; der axiale Abstand vom letzten Scheitel ist wieder $s'_{F'}$, was im Bereich der Gauß-Optik einfach aus der Kleinheit der Winkel folgt. Der Zusammenhang zwischen dem objektseitigen Bildwinkel w_1 und der bildseitigen Bildgröße l'_k wird definiert durch die *Brennweite f*:

$$f = -\frac{l'_k}{n_1 w_1}. \tag{1.15}$$

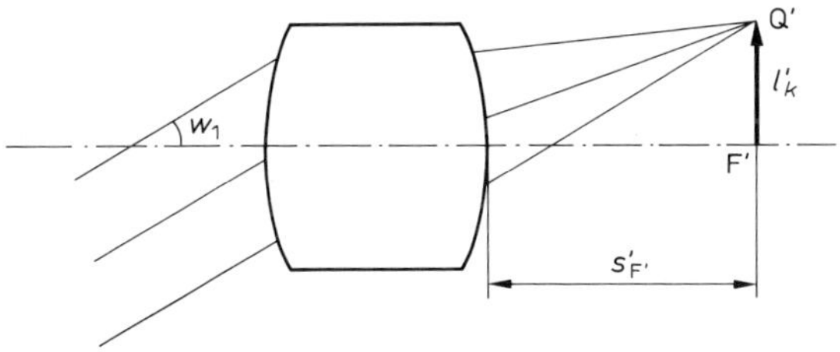

Abb. 1.56 Zur Definition der Brennweite *f* bei unendlich fernem Objekt.

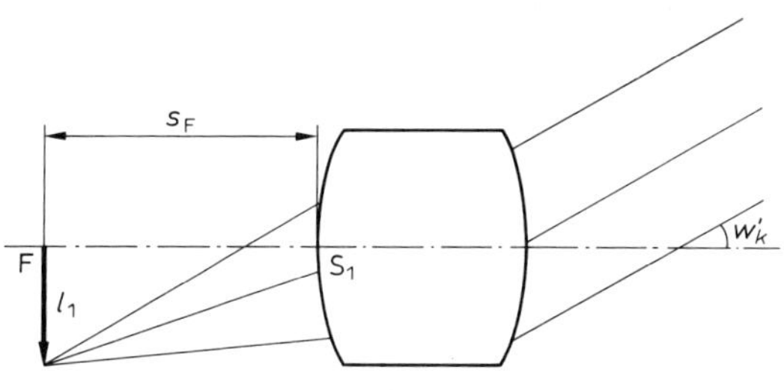

Abb. 1.57 Zur Definition der Brennweite *f* bei unendlich fernem Bild.

Gleichartig wie bei der axialen Abbildung muß es auch bei der außeraxialen Abbildung möglich sein, einen Objektpunkt zu finden, dem im Bildraum ein Parallel-Strahlenbüschel mit einem Neigungswinkel w'_k gegenüber der optischen Achse zugeordnet ist (siehe dazu Abb. 1.57). Dieser Objektpunkt besitzt den Abstand l_1 von der optischen Achse und sein axialer Abstand vom 1. Scheitel beträgt s_F. Analog zu Gl. (1.15) wird die Brennweite *f* definiert durch:

$$f = \frac{l_1}{n'_k w'_k}. \tag{1.16}$$

Die beiden Ausdrücke für die Brennweite f eines optischen Systems nach Gl. (1.15) bzw. Gl. (1.16) sind gleich, wie weiter unten gezeigt werden wird. Diese Aussage ist verschieden von der in mancherlei Schulbüchern; sie kommt dadurch zustande, daß hier einmal die Brechzahlen in Objekt- bzw. Bildraum berücksichtigt werden und daß zum anderen Mal zur Definition der Brennweite bewußt jeweils eine Relation zwischen Daten von Objekt- und Bildraum verwandt wird.

Die eigentliche Begründung für die hier vorgenommene Brennweiten-Definition besteht darin, eine einfache und eindeutige Vorschrift für die meßtechnische Bestimmung der Brennweite zu gewinnen; das gilt für beliebig zusammengesetzte optische Systeme. Das wird besonders deutlich, wenn wir kurz den Bereich der Gauß-Optik verlassen und auf die allgemein gültige Definition der Brennweite eingehen; sie lautet (für den Fall unendlich ferner Objekte):

$$f = -\lim_{w_1 \to 0} \frac{l'_k}{n_1 \tan w_1}. \tag{1.17}$$

Bei Variation der Bildwinkel w_1 (über den Bereich der Gauß-Optik hinaus) führt die Anwendung von Gl. (1.15) nicht zu einheitlichen Werten; nur die Definition nach Gl. (1.17) ergibt auch im meßtechnisch relevanten Bereich von Bildwinkeln und Bildgrößen einen eindeutigen Wert der Brennweite, der durch Interpolation gewonnen wird. Es ist also nicht möglich, die Brennweite f nach Gl. (1.17) unmittelbar zu messen, sondern es wird aus Meßwerten für den Bildwinkel w_1 und für die zugehörigen Bildgrößen l'_k rechnerisch auf die Brennweite geschlossen.

Um eindeutige Zuordnungen von beliebigen Objektlagen und -größen zu den entsprechenden Werten im Bildraum vornehmen zu können, erweist es sich als notwendig, weitere Abbildungs-Situationen zu betrachten. Als besonders zweckmäßig erscheint es, solche Lagen von Objekt und Bild auszuwählen, bei denen Objekt- und Bildgröße nach Betrag und Vorzeichen gleich sind. Die axialen Punkte, für die diese Bedingung erfüllt ist, heißen die *Hauptpunkte* H *und* H′ (siehe Abb. 1.58). Die Hauptpunkte H und H′ stellen weitere Grundpunkte dar.

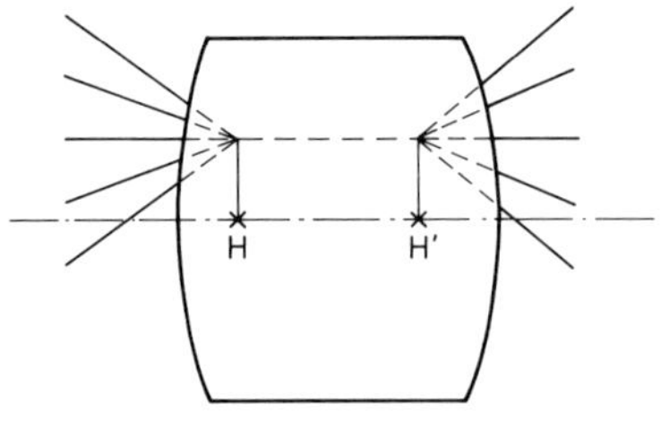

Abb. 1.58 Zur Definition der Hauptpunkte H und H′.

Sowohl die Lagen der Brennpunkte als auch die der Hauptpunkte sind zumindest prinzipiell meßbar. Die dafür erforderliche Vorgehensweise wird weiter unten beschrieben. An dieser Stelle interessiert, wie aus der Kenntnis dieser Grundpunkte auf Bildlage und -größe geschlossen werden kann, wenn Objektlage und -größe beliebige Werte besitzen. Aus der obigen Definition der Abbildung als Strahlenvereinigung lassen sich nun Regeln für die Abbildung beliebig gelegener Objekte herleiten. Das soll erst einmal in zeichnerischer Form geschehen, wobei vereinfachend angenommen wird, daß die Brechzahlen in Objekt- und Bildraum gleich seien; das trifft zumindest für alle optischen Systeme zu, die in Luft benutzt werden. Diese Vorgehensweise wird als *Listing-Konstruktion* bezeichnet.

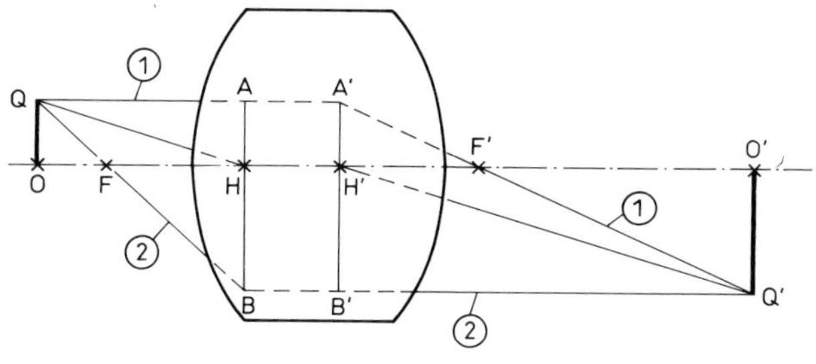

Abb. 1.59 Listing-Konstruktion zur grafischen Ermittlung von Bildlage und -größe bei gegebenem Objekt.

Die Abb. 1.59 enthält die Angaben zur Bestimmung des Bilds zu dem gegebenen Objekt OQ. Von dem Strahlenbüschel, das vom außeraxialen Objektpunkt Q ausgeht, werden zwei Strahlen ausgewählt. Der erste Strahl verläuft objektseitig achsparallel; dann muß er im Bildraum durch den bildseitigen Brennpunkt F′ gehen, wie es bei der Brennpunkt-Definition weiter oben festgestellt wurde. Um zu finden, unter welchem Winkel der Strahl im Bildraum verläuft, ist die Eigenschaft der Hauptpunkte heranzuziehen: Der objektseitig durch die achsensenkrechte Ebene durch H bei A verlaufende Strahl muß bildseitig die achsensenkrechte Ebene in H′ in A′ durchsetzen, wobei A und A′ den gleichen Abstand von der optischen Achse besitzen. Durch F′ und AA′ sind zwei Punkte des bildseitigen Strahlverlaufs bekannt. Der gesuchte Bildpunkt Q′ liegt also auf dem Strahl durch A′ und F′. Der zweite zu verfolgende Strahl verlaufe im Objektraum durch Q und F, den objektseitigen Brennpunkt; im Bildraum muß dieser Strahl nach der Brennpunkt-Definition achsparallel verlaufen. Da der Strahl objektseitig die achsensenkrechte Ebene durch H in B trifft, muß er die achsensenkrechte Ebene durch H′ in B′ durchsetzen. Da hier von dem bildseitigen Strahlverlauf die Richtung (achsparallel) und der Punkt B′ bekannt sind, gilt das für den gesamten Strahlverlauf. Die beiden betrachteten Strahlen besitzen im Bildraum einen gemeinsamen Schnittpunkt, das ist der gesuchte Bildpunkt Q′ nach Lage und Größe.

Die eben geschilderte einfache zeichnerische Konstruktion von Bildpunkten läßt sich auf beliebig gelegene Objektpunkte anwenden und führt immer zu eindeutigen Ergebnissen. In der Abb. 1.60 ist beispielhaft für Objekte konstanter Größe und variabler Lage angegeben, welche Bildlagen und -größen ihnen zugeordnet sind; der Übersichtlichkeit halber sind in der Abb. 1.60 von den Konstruktionslinien nur die allen Objekten bzw. Bildern gemeinsamen eingetragen. Dieser Fall gilt für abbildende Systeme positiver Brennweite, also sogenannte sammelnde Systeme. Die Abbildung durch Systeme negativer Brennweite, die auch als zerstreuende Systeme bezeichnet werden, erfolgt in völlig gleicher Weise; das ist in Abb. 1.61 dargestellt. Beim Vergleich der beiden Abbildungen fällt auf: Mit sammelnden Systemen (*f* positiv) sind reelle Abbildungen realisierbar, wenn das Objekt links vom objektseitigen Brennpunkt F liegt (dabei ist ein Strahlenverlauf von links nach rechts vorausgesetzt). Bei zerstreuenden Systemen (*f* negativ) sind nur virtuelle Abbildungen möglich.

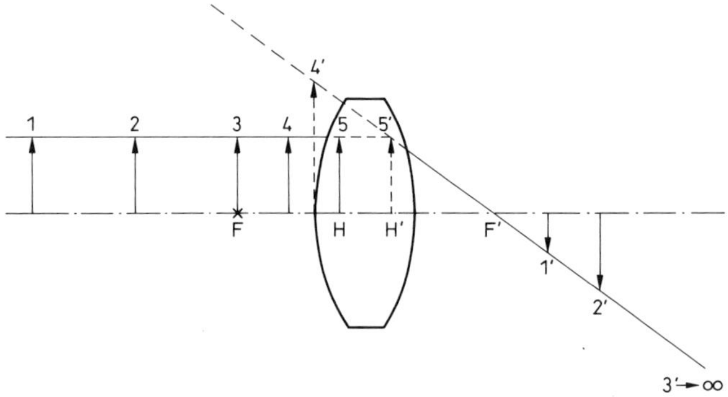

Abb. 1.60 Listing-Konstruktion für ein System positiver Brennweite bei verschiedenen Objektlagen.

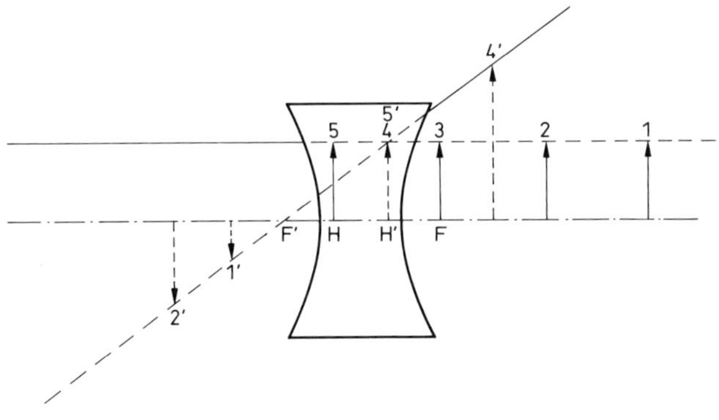

Abb. 1.61 Listing-Konstruktion für ein System negativer Brennweite bei verschiedenen Objektlagen.

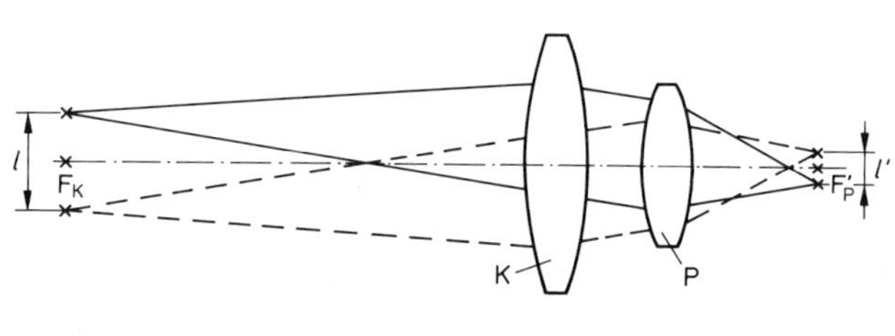

Abb. 1.62 Anordnung zur Messung der Brennweite und der Brennpunkt-Schnittweite eines Prüflings P mit Hilfe eines Kollimators K (schematisch).

Es ist nun zu diskutieren, wie die Grundpunkte optischer Systeme gemessen werden können. Möglicherweise vorhandene Abbildungsfehler müssen hier vernachlässigt werden; das geschieht, indem man durch Abblendung die Aperturwinkel u genügend klein macht, indem man entsprechend nur kleine Bildwinkel w verwendet und indem man notfalls – bei Auftreten von Farbfehlern – den wirksamen Spektralbereich einschränkt. Die experimentelle Vorgehensweise ist vollkommen analog zu der obigen prinzipiellen Darstellung: Parallele Strahlenbüschel unter definierten Winkeln relativ zur optischen Achse realisiert man mit Hilfe von Kollimatoren (Einzelheiten siehe Abschn. 1.9), die zwei Meßmarken im Abstand l nach Unendlich abbilden; sie erscheinen unter dem Winkel $w' = -l/f_K$, wobei f_K die Brennweite des Kollimator-Objektivs ist. Die Anordnung eines zu vermessenden optischen Systems hinter dem Kollimator (siehe Abb. 1.62) führt dazu, daß Bilder der Meßmarken in der hinteren Brennebene des Systems entworfen werden; diese werden mittels eines einfachen, axial und quer zur Achse verschiebbaren Meßmikroskops nach Lage und Größe vermessen. Zusätzlich wird das Meßmikroskop so lange axial verschoben, bis der letzte Scheitel durch das Mikroskop scharf abgebildet wird. Die axiale Verschiebung ist dann gleich der Brennpunkt-Schnittweite $s'_{F'}$. Der achsensenkrechte Abstand l' der Meßmarkenbilder wird durch Querverschiebung des Meßmikroskops bestimmt. Durch zweimalige Anwendung der Brennweiten-Definition nach Gl. (1.15) ergibt sich die gesuchte Brennweite des Prüflings zu

$$f_P = f_K \frac{l'}{l} . \tag{1.18}$$

Das geschilderte Verfahren zur Messung der Brennweite zeichnet sich durch hohe Genauigkeit aus. Es gibt darüber hinaus noch eine Reihe weiterer Verfahren zur Messung der Brennweite, die auf weiter unten abzuleitenden Beziehungen beruhen. Diese können hier nicht im einzelnen besprochen werden.

1.5.2 Abbildung durch einzelne Flächen

Da die Gesetzmäßigkeiten der Gauß-Optik wegen der Kleinheit der Winkel experimentell nicht exakt erfaßbar sind, ist es notwendig, auf rechnerischem Weg die wichtigsten Zusammenhänge zu ermitteln. Das geschieht zunächst für eine einzelne Fläche, später wird auf den allgemeinen Fall eingegangen. Hier werden brechende Flächen behandelt; die entsprechenden Ausdrücke für spiegelnde Flächen werden dann durch einfache Vereinbarungen aus denen für brechende Flächen erhältlich sein (siehe unten), so daß auf eine getrennte Herleitung verzichtet werden kann. An Hand der in Abb. 1.63 dargestellten Situationen wird nun die Abbildung eines axialen Objektpunktes O durch eine brechende Fläche untersucht. Die brechende Fläche ist die Grenzfläche zwischen den Medien der Brechzahlen n vor und n' nach der Grenzfläche. Die – als rotationssymmetrisch angenommene – Fläche besitzt den Radius r; der Krümmungsmittelpunkt ist C. Die Verbindungslinie $\overline{OC}$ trifft die brechende Fläche im Scheitel S; der Inzidenzwinkel bei S ist gleich null, so daß die Verbindungslinie $\overline{OC}$ als Strahl aufgefaßt werden kann, der bei dem Durchsetzen der Fläche keine Ablenkung erfährt. Der Bildpunkt O′ zu O liegt demnach auf der Geraden, die durch O und C festgelegt ist. Es braucht nur noch der Verlauf eines

Strahls, der gegenüber $\overline{OC}$ die Neigung u besitzt, ermittelt zu werden. Unter Bezug auf Abb. 1.63 gelten – immer unter der Voraussetzung kleiner Winkel – die folgenden Zusammenhänge:

$$h = u\,s = u'\,s' = \psi\,r\,. \tag{1.19}$$

Bei Berücksichtigung der hier vereinbarten Vorzeichenregeln (siehe auch das Normblatt DIN 1335) für die Winkel besteht ferner die Relation:

$$\psi = u + i = u' + i'\,. \tag{1.20}$$

Diese Beziehungen werden nun in das vereinfachte Brechungsgesetz nach Gl. (1.7) eingeführt, so daß sich nacheinander ergibt:

$$n\,i = n'\,i'\,,$$

$$n(\psi - u) = n'(\psi - u')\,,$$

$$n\left(\frac{h}{r} - \frac{h}{s}\right) = n'\left(\frac{h}{r} - \frac{h}{s'}\right),$$

$$n\left(\frac{1}{r} - \frac{1}{s}\right) = n'\left(\frac{1}{r} - \frac{1}{s'}\right).$$

Nach Umstellung der letzten Gleichung erhält man die Abbildungsgleichung für eine brechende Fläche:

$$\frac{n'}{s'} = \frac{n}{s} + \frac{n' - n}{r}\,. \tag{1.21}$$

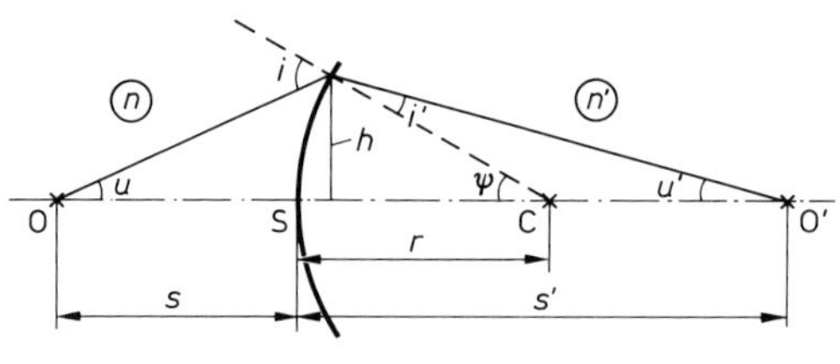

Abb. 1.63 Axiale Abbildung durch eine brechende Fläche.

Zu einer vorgegebenen Objektlage s (Schnittweite, gezählt vom Flächenscheitel) ist nach Gl. (1.21) eindeutig die zugehörige Schnittweite s' im Bildraum zu berechnen. Charakteristisch an dieser Gleichung ist die Tatsache, daß eine halbwegs symmetrische Schreibweise nur dann zu erhalten ist, wenn man – wie hier geschehen – nicht nach den Schnittweiten selbst auflöst, sondern mit deren Reziprokwerten arbeitet. Darauf wird weiter unten zurückzukommen sein.

Auf zwei spezielle Fälle ist besonders einzugehen. Wenn für die Objektlage s der Wert

$$s = -\frac{n\,r}{n' - n} \tag{1.22}$$

gewählt wird, so wird die bildseitige Schnittweite unendlich groß; dabei ist s durch die Systemdaten bestimmt. Auf Grund der Aussagen des vorigen Abschnitts ist durch Gl. (1.22) die objektseitige Brennpunkt-Schnittweite s_F einer brechenden Fläche gegeben. Wenn andererseits das Objekt unendlich weit entfernt angenommen wird, so ergibt sich:

$$s' = \frac{n' r}{n' - n}. \tag{1.23}$$

Wieder ist der Wert der Schnittweite durch die Systemdaten festgelegt; durch Gl. (1.23) ist die bildseitige Brennpunkt-Schnittweite $s'_{F'}$ einer brechenden Fläche gegeben.

Es interessieren hier nicht nur die Zuordnungen zwischen einzelnen Punkten des Objekt- und Bildraums, sondern es sollen – im Rahmen der Gauß-Optik – auch achsensenkrechte Objekte OQ abgebildet werden, von deren Bildern O′Q′ neben den Lagen auch die Größen interessieren. Entsprechend Abb. 1.64 wird der Objektpunkt Q auf dem Kreisbogen durch O mit dem Zentrum in C angenommen; dann besitzt die Gerade QC die gleiche Funktion für die Abbildung von Q wie die Gerade OC für die von O. Dementsprechend liegt der Bildpunkt Q′ einerseits auf dem Kreisbogen durch O′ mit dem Mittelpunkt in C und andererseits auf der Geraden QC. Im Bereich der Gauß-Optik werden die Größen $\overline{OQ}$ bzw. $\overline{O'Q'}$ als so klein angenommen, daß die Kreisbögen durch Geradenstücke angenähert werden können, die senkrecht zu der Bezugsachse OCO′ orientiert sind. Es werden dann $\overline{OQ}$ als Objektgröße l und $\overline{O'Q'}$ als Bildgröße l' aufgefaßt. Zur Kennzeichnung des Größenverhältnisses wird der *Abbildungsmaßstab* β eingeführt, der per Definition lautet:

$$\beta = \frac{l'}{l}. \tag{1.24}$$

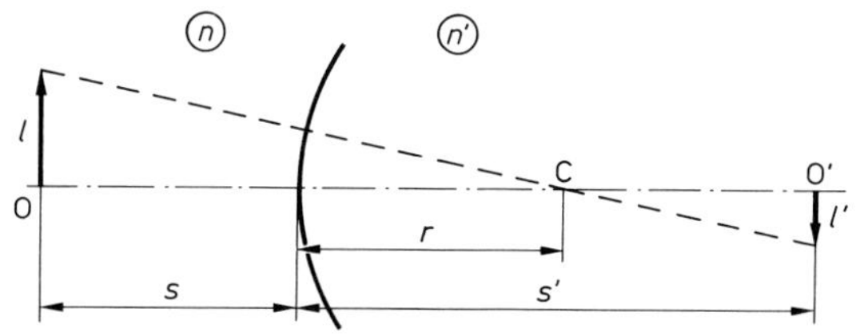

Abb. 1.64 Abbildung achsensenkrechter Objekte durch eine brechende Fläche.

Zur genaueren Abgrenzung gegenüber anderen, weiter unten einzuführenden Größenverhältnissen wird β auch *lateraler Abbildungsmaßstab* genannt. Es erweist sich als zweckmäßig, den obigen Ausdruck für β umzuformen. Entsprechend Abb. 1.64 ist offenbar

$$\frac{l'}{l} = \frac{s' - r}{s - r}.$$

Mit Hilfe von Gl. (1.21) wird hier r eliminiert; die elementare Rechnung führt auf

$$\beta = \frac{l'}{l} = \frac{n\,s'}{n'\,s}\,. \tag{1.25}$$

Dieser Ausdruck für den Abbildungsmaßstab β ist bis heute sehr gebräuchlich; hier wird er als Zwischenergebnis angesehen. Wichtig an dem Ausdruck ist jedoch, daß damit die Abbildung von lateral (d. h. senkrecht zur Bezugsachse) ausgedehnten Objekten auf die axiale Abbildung zurückgeführt wird. Dies ist eine nur im Bereich der Gauß-Optik gültige, aber sehr oft ausgenutzte Eigenschaft.

Es ist angebracht, hier die erwähnten weiteren Größenverhältnisse einzuführen, die zur Beschreibung optischer Abbildungen oft gebraucht werden. Es handelt sich zunächst um die *Winkelvergrößerung* γ, deren Definition lautet:

$$\gamma = \frac{u'}{u}\,. \tag{1.26}$$

Bei Abbildungen wie z. B. in Abb. 1.63 dargestellt, eignet sich die Winkelvergrößerung γ nicht zur Kennzeichnung, weil dabei γ mit u variiert. Bei sogenannten teleskopischen Abbildungen ist γ jedoch sehr zweckmäßig; das wird allerdings erst unten sinnvoll zu diskutieren sein, wenn mehrflächige optische Systeme besprochen werden.

Eine weitere Art von Vergrößerung ist die *Tiefenvergrößerung* α; sie wird definiert durch

$$\alpha = \frac{\mathrm{d}s'}{\mathrm{d}s}\,. \tag{1.27}$$

Auch für die Tiefenvergrößerung gilt, daß ihr Sinn erst bei optischen Systemen erkennbar wird.

Neben den Brennpunkten einer Fläche können aus Gl. (1.21) und Gl. (1.25) auch die Lagen der Hauptpunkte einer brechenden Fläche ermittelt werden. Da die Hauptpunkte H, H′ mit $\beta = +1$ ineinander abgebildet werden, resultiert:

$$s_{\mathrm{H}} = s'_{\mathrm{H'}} = 0\,. \tag{1.28}$$

Damit sind die wichtigen Grundpunkte einer einzelnen brechenden Fläche ermittelt. Deren Brennweite kann hier noch nicht nach der Definition gemäß Gl. (1.15) bzw. Gl. (1.16) bestimmt werden, doch sei ihr Wert angegeben; es ist

$$f = \frac{r}{n' - n}\,. \tag{1.29a}$$

Die zur Brennweite reziproke Größe heißt *Brechkraft* φ; ihr Wert ist

$$\varphi = \frac{n' - n}{r}\,. \tag{1.29b}$$

Die bis jetzt zur Beschreibung der Abbildung verwandten Schnittweiten s, s' sind in zweierlei Hinsicht ungeschickt. Einmal muß – siehe Gl. (1.21) – vielfach mit Reziprokwerten gearbeitet werden und zum anderen Mal muß mit dem Auftreten unendlich großer Werte gerechnet werden, was zumindest für numerische Betrachtungen zu Fall-Unterscheidungen führt. Diese Ungeschicklichkeiten lassen sich vermeiden durch den Übergang auf Höhen h und Winkel u, u'. In Gl. (1.19) sind die Zusammenhänge bereits angegeben worden. Einführen dieser in die Abbildungsgleichung Gl. (1.21) ergibt:

$$n' u' = n u + h(n' - n)\varrho \,. \tag{1.30}$$

Dabei ist zusätzlich gesetzt worden

$$\varrho = \frac{1}{r} \,.$$

ϱ nennt man die Krümmung der Fläche.

Auch den Ausdruck für den Abbildungsmaßstab β nach Gl. (1.25) formt man mit Hilfe von Gl. (1.19) zweckmäßig um zu

$$\beta = \frac{n u}{n' u'} \,. \tag{1.31}$$

Wie vorteilhaft die Formulierung mit Höhen und Winkeln an Stelle von Schnittweiten ist, erkennt man in einer ersten Stufe bei Aufstellung der Formeln für den Übergang von einer brechenden Fläche zur nächsten; es ist ja allgemein kaum die Abbildung durch eine einzelne Fläche interessant (abgesehen von dem Sonderfall eines einzelnen Spiegels), sondern es folgen mehrere Flächen aufeinander, die jeweils einzeln, unabhängig voneinander abbilden. Das durch eine Fläche erzeugte Bild stellt aber für die nächste Fläche das abzubildende Objekt dar. Insofern ist es wichtig, die Übergänge zwischen den Flächen quantitativ angeben zu können. Gemäß Abb. 1.65 gilt bei Benutzung von Schnittweiten-Formeln

$$s_{\nu+1} = s'_\nu - d'_\nu \tag{1.32}$$

und bei der Schreibweise mit Höhen und Winkeln

$$h_{\nu+1} = h_\nu - \frac{n'_\nu u'_\nu d'_\nu}{n'_\nu} \,, \tag{1.33}$$

wobei der Index ν die Nummer einer beliebigen Fläche kennzeichnet. Die Flächen eines optischen Systems werden von 1 bis k durchnumeriert; k ist die Anzahl der Flächen des Systems; hochgezählt wird in Lichtrichtung.

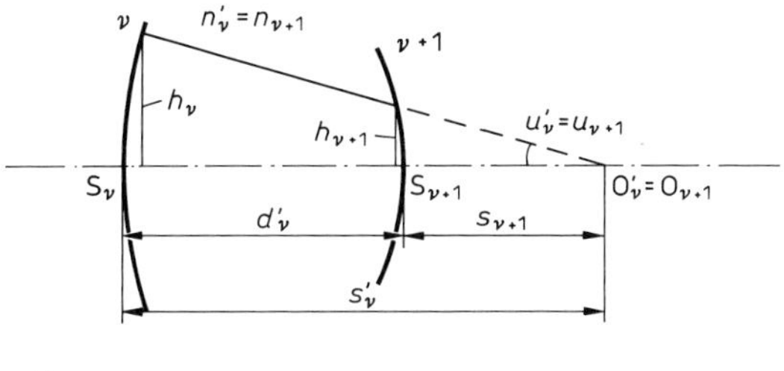

Abb. 1.65 Übergang von einer brechenden Fläche zur nächsten bei axialer Abbildung.

Speziell hingewiesen sei noch einmal auf die Tatsache, daß das von einer Fläche ν erzeugte Bild das Objekt für die Fläche $\nu+1$ darstellt. Es gelten die folgenden Identitäten:

$$n'_\nu = n_{\nu+1}\,; \quad u'_\nu = u_{\nu+1}\,; \quad l'_\nu = l_{\nu+1}\,. \tag{1.34}$$

Beim Übergang von einer Fläche zur nächsten stören bei den Schnittweiten-Formeln die Wechsel von reziproken (Gl. (1.21)) zu linearen (Gl. (1.32)) Zusammenhängen; demgegenüber sind die Gln. (1.28) und (1.33) linear bezüglich der Aperturen wie der Höhen. Diese Eigenschaft der Höhen-Winkel-Schreibweise wird sich weiter unten als sehr vorteilhaft erweisen.

Es ist nun zusätzlich auf *spiegelnde Flächen* einzugehen. Die eben vorgenommene rechnerische Behandlung einzelner brechender Flächen läßt sich auf spiegelnde Flächen in einfacher Weise übertragen, indem man formal setzt

$$n' = -n\,. \tag{1.35}$$

Damit erhält man z. B. für die Brennweite eines Spiegels nach Gl. (1.29)

$$f_{\text{Spiegel}} = -\frac{r}{2n}\,. \tag{1.36}$$

Ein konkaver Spiegel – in Lichtrichtung gesehen – besitzt danach eine positive Brennweite, ein konvexer Spiegel dagegen besitzt eine negative Brennweite.

In der Abb. 1.66 ist der entsprechende Strahlengang wiedergegeben, bei dem natürlich Objekt- und Bildraum zusammenfallen. Die Abbildungsgleichungen Gl. (1.21) bzw. Gl. (1.30) gehen mit Gl. (1.35) und Gl. (1.36) über in

$$\frac{1}{s'} = -\frac{1}{s} - \frac{1}{f} \tag{1.37}$$

bzw.

$$u' = -u - \frac{h}{f}\,. \tag{1.38}$$

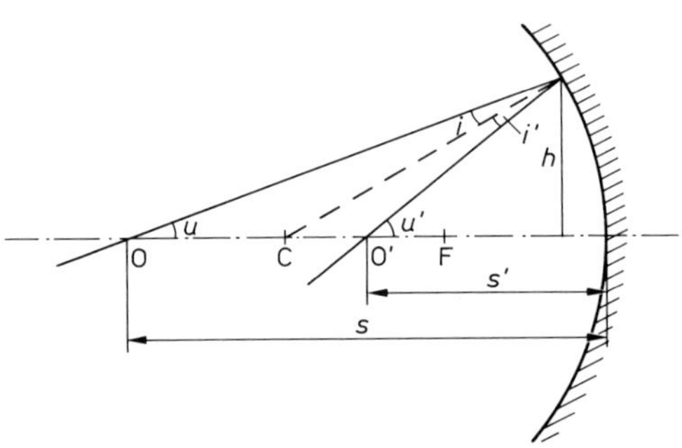

Abb. 1.66 Strahlengang bei der Abbildung durch eine spiegelnde Fläche.

1.5.3 Abbildung durch Flächenfolgen, Gauß-Matrizen

Brechende optische Elemente besitzen mindestens zwei Flächen, wie das bei einer Linse der Fall ist; Spiegelsysteme bestehen in Einzelfällen nur aus einem einzelnen Spiegel. Im Normalfall sind optische Systeme jedoch aus einer Vielzahl optischer Grenzflächen zusammengesetzt, so daß hier diskutiert werden muß, ob beziehungsweise wie die Bestimmung von Brennweite, Grundpunkten und daraus abgeleitet von Bildlagen und Bildgrößen erfolgen kann. Grundsätzlich sind die im vorigen Teilabschnitt angegebenen Formulierungen anwendbar, um für eine Fläche nach der anderen Schnittweiten und Abbildungsmaßstäbe zu ermitteln. Das ist eine Vorgehensweise, wie sie lange benutzt wurde und die durch ihre Unanschaulichkeit und Komplexität viel dazu beigetragen hat, die Abbildungseigenschaften optischer Systeme als unübersichtlich bzw. schwer verständlich aufzufassen. Der Übergang auf die sogenannte Höhen-Winkel-Schreibweise macht es möglich, die Gesetzmäßigkeiten der Gauß-Optik zu linearisieren und damit sehr übersichtliche Verhältnisse zu schaffen. Diese werden durch die konsequente Benutzung der sogenannten *Gauß-Matrizen* geschaffen.

Die rechnerische Behandlung einer Flächenfolge erfolgt, indem die Abbildung durch eine Fläche nach der anderen in Lichtrichtung vorgenommen und dabei der Übergang zwischen aufeinander folgenden Flächen jeweils vollzogen wird. Wie bereits in Gl. (1.34) festgestellt, ist das durch eine Fläche erzeugte Bild das Objekt für die folgende Fläche. Diese Eigenschaft wird im folgenden konsequent genutzt.

Statt Gl. (1.30) bzw. Gl. (1.33) wird nun eine Schreibweise mit Hilfe von Matrizen eingeführt:

$$\begin{pmatrix} 1 & (n'-n)\,\varrho \\ 0 & 1 \end{pmatrix}_\nu \begin{pmatrix} n\,u \\ h \end{pmatrix}_\nu = \boldsymbol{B}_\nu \begin{pmatrix} n\,u \\ h \end{pmatrix}_\nu = \begin{pmatrix} n'\,u' \\ h \end{pmatrix}_\nu \tag{1.39}$$

bzw.

$$\begin{pmatrix} 1 & 0 \\ -d'/n' & 1 \end{pmatrix}_\nu \begin{pmatrix} n'\,u' \\ h \end{pmatrix}_\nu = \boldsymbol{U}_\nu \begin{pmatrix} n'\,u' \\ h \end{pmatrix}_\nu = \begin{pmatrix} n\,u \\ h \end{pmatrix}_{\nu+1} . \tag{1.40}$$

Es sind hier die Abkürzungen $\boldsymbol{B}_\nu$ für zweireihige „Brechungsmatrizen" und $\boldsymbol{U}_\nu$ für zweireihige „Übergangsmatrizen" eingeführt worden; diese Matrizen enthalten nur Systemdaten, d.h. sie sind unabhängig von den aktuellen Strahldaten. Es sind:

$$\begin{pmatrix} 1 & (n'-n)\,\varrho \\ 0 & 1 \end{pmatrix}_\nu = \boldsymbol{B}_\nu \tag{1.41}$$

und

$$\begin{pmatrix} 1 & 0 \\ -d'/n' & 1 \end{pmatrix}_\nu = \boldsymbol{U}_\nu . \tag{1.42}$$

Bei Ausführung der Matrix-Multiplikationen in Gl. (1.39) und Gl. (1.40) ergeben sich im einzelnen die folgenden Ausdrücke:

$$1\,(n\,u)_\nu + ((n'-n)\,\varrho\,h)_\nu = (n'\,u')_\nu ,$$

$$0\,(n\,u)_\nu + 1\,h_\nu = h_\nu$$

bzw.

$$1\,(n'u')_\nu + 0\,h_\nu = (n\,u)_{\nu+1}\,,$$

$$\left(\frac{-d'}{n'}\right)_\nu (n'u')_\nu + 1\,h_\nu = h_{\nu+1}\,.$$

Der erste dieser Ausdrücke ist gleich der Gl. (1.30), der zweite ergibt hier eine Identität; der dritte Ausdruck beinhaltet die Gleichheit der numerischen Apertur nach einer Fläche mit der vor der nächsten (siehe dazu Gl. (1.34)); der letzte Ausdruck ist gleich der Gl. (1.33). Die Gln. (1.39) und (1.40) in Matrix-Schreibweise sind demnach – in anscheinend komplizierterer Formulierung – gleichbedeutend mit den früheren Aussagen. Sinn gewinnt die Matrix-Schreibweise durch Anwendung auf *Flächenfolgen:* In Gl. (1.40) ist auf der linken Seite die rechte Seite von Gl. (1.39) einsetzbar; damit sind durch die Aperturen und Höhen vor einer Fläche die vor der nächsten Fläche ausgedrückt. Gleichartig ist in Gl. (1.39) auf der linken Seite die rechte Seite von Gl. (1.40) einsetzbar; damit sind durch die Aperturen und Höhen nach einer Fläche die nach der nächsten ausgedrückt. In der Matrizen-Schreibweise bedeutet das

$$\boldsymbol{U}_\nu \boldsymbol{B}_\nu \begin{pmatrix} n\,u \\ h \end{pmatrix}_\nu = \begin{pmatrix} n\,u \\ h \end{pmatrix}_{\nu+1}$$

bzw.

$$\boldsymbol{B}_{\nu+1} \boldsymbol{U}_\nu \begin{pmatrix} n'u' \\ \mathrm{h} \end{pmatrix}_\nu = \begin{pmatrix} n'u' \\ h \end{pmatrix}_{\nu+1}.$$

Die in Form der Gln. (1.39) und (1.40) erfaßten Zusammenhänge der Brechung bzw. des Übergangs für einzelne Flächen lassen sich also durch Matrizen-Multiplikation in kompakter Weise ausdrücken: Mehrfache Anwendung der eben vorgenommenen Matrizen-Multiplikationen ergeben ein einfaches Schema für die „Durchrechnung“ optischer Systeme im Bereich der Gauß-Optik. Die Verallgemeinerung führt auf:

$$\boldsymbol{B}_k \boldsymbol{U}_{k-1} \boldsymbol{B}_{k-1} \ldots \boldsymbol{B}_2 \boldsymbol{U}_1 \boldsymbol{B}_1 \begin{pmatrix} n\,u \\ h \end{pmatrix}_1 = \begin{pmatrix} n'u' \\ h \end{pmatrix}_k \tag{1.43}$$

bzw.

$$\boldsymbol{G} \begin{pmatrix} n\,u \\ h \end{pmatrix}_1 = \begin{pmatrix} n'u' \\ h \end{pmatrix}_k. \tag{1.44}$$

Nach Gl. (1.41) und Gl. (1.42) sind die Matrizen $\boldsymbol{B}_\nu$ und $\boldsymbol{U}_\nu$ vollständig durch die Systemdaten bestimmt. Das gilt dann auch für deren Produkte, so daß die Matrix $\boldsymbol{G}$ – Gauß-Matrix des gesamten Systems – nur durch die Systemdaten bestimmt, also unabhängig von den Strahldaten ist. Die Gauß-Matrix $\boldsymbol{G}$ ist zu verstehen als das Produkt von $(2k-1)$ zweireihigen Matrizen. Die Bestimmung der Elemente der Gauß-Matrix $\boldsymbol{G}$ durch die Systemdaten sowie die Ermittlung der Bedeutungen der einzelnen Elemente von $\boldsymbol{G}$ werden weiter unten behandelt.

Es werde zunächst angenommen, die Elemente g_{ik} der Gauß-Matrix $\boldsymbol{G}$ seien bekannt; es interessiert dann, wie die Daten des Objekt- und des Bildraums durch die g_{ik} miteinander verknüpft werden. Dazu wird Gl. (1.44) erst einmal in Komponenten geschrieben:

$$g_{11} n_1 u_1 + g_{12} h_1 = n'_k u'_k ,$$
$$g_{21} n_1 u_1 + g_{22} h_1 = h_k . \tag{1.45}$$

Die Benutzung der Aperturwinkel u_1, u'_k und der Höhen h_1, h_k an 1. bzw. letzter Fläche des optischen Systems ist ungewohnt und unanschaulich. Es ist deshalb angebracht, statt dessen mit den Schnittweiten s_1, s'_k und dem Abbildungsmaßstab β zu arbeiten. Dafür ist zunächst der *Abbildungsmaßstab* nach Gl. (1.24) bzw. Gl. (1.31) in verallgemeinerter Form zu definieren:

$$\beta_{1\ldots k} = \frac{l'_k}{l_1} = \frac{n_1 u_1}{n'_k u'_k} . \tag{1.46}$$

Auf Grund von Gl. (1.34) ergibt sich Gl. (1.46) durch k-fache Anwendung. Mit den in Gl. (1.19) angegebenen Zusammenhängen zwischen Schnittweiten und Höhen lassen sich die Gleichungen nach Gl. (1.45) umformen zu:

$$g_{11} + g_{12} \frac{s_1}{n_1} = \frac{1}{\beta} ,$$
$$g_{21} + g_{22} \frac{s_1}{n_1} = \frac{s'_k}{n'_k \beta} . \tag{1.47}$$

Von den Größen s_1, s'_k und β läßt sich jede in Abhängigkeit von einer der beiden anderen und von den Elementen der Gauß-Matrix ausdrücken; die explizite Formulierung erscheint an dieser Stelle noch nicht angebracht, weil die Bedeutungen der g_{ik} bisher offen sind.

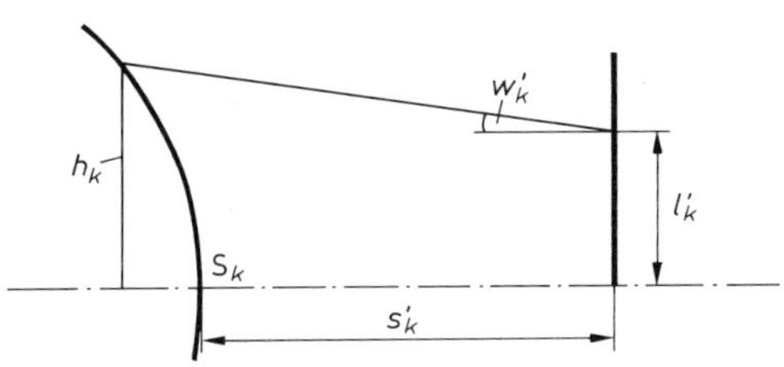

Abb. 1.67 Strahlverlauf im Bildraum bei Abbildung eines außeraxialen, unendlich entfernten Objekts.

Zur Ermittlung der Bedeutungen der g_{ik} wird einerseits von den Gln. (1.45) und (1.47) ausgegangen, andererseits wird auf die Definitionen der Grundpunkte in Abschn. 1.5.1 zurückgegriffen:

Gemäß der Definition der Brennweite durch Gl. (1.16) – siehe dazu auch Abb. 1.57 – wird objektseitig ein Parrallel-Strahlenbüschel mit der Neigung w_1 gegenüber der optischen Achse gegeben; die Einfallshöhen h_1 der Strahlen an der 1. Fläche sind variabel. Bei gegebenen Werten der g_{ik} des optischen Systems variieren $n'_k w'_k$ und h_k nach Gl. (1.45) mit h_1. Gesucht ist hier der allen Strahlen gleicher Neigung w_1, aber variabler Einfallshöhe h_1 gemeinsame Bildort, gekennzeichnet durch Schnittweite s'_k und Bildhöhe l'_k; aus der Abb. 1.67 ist der Zusammenhang

$$h_k - l'_k = s'_k w'_k$$

zu entnehmen. Einsetzen dessen in Gl. (1.45) und anschließende Elimination von h_1 und h_k entsprechend Gl. (1.49) führt auf

$$n'_k w'_k \frac{g_{22} - g_{12} s'_k}{n'_k} - g_{12} l'_k = n_1 w_1 .$$

Da die rechte Seite dieser Gleichung als konstant vorausgesetzt wird, andererseits $n'_k w'_k$ variabel ist, müssen die folgenden Beziehungen bestehen:

$$\frac{s'_k}{n'_k} = \frac{g_{22}}{g_{12}} \tag{1.48}$$

und

$$-\frac{l'_k}{n_1 w_1} = \frac{1}{g_{12}} . \tag{1.49}$$

Die vorgegebene Abbildungs-Situation ist mit der im Abschn. 1.5.1 zu vergleichen, wo die Grundpunkte eingeführt wurden. Daraus ergibt sich, daß in Gl. (1.48) auf der linken Seite die Schnittweite des bildseitigen Brennpunkts und in Gl. (1.49) auf der linken Seite der Ausdruck für die Brennweite nach Gl. (1.15) stehen. Daraus folgt für die Komponenten g_{12} und g_{22}:

$$g_{12} = \frac{1}{f} \tag{1.50}$$

und

$$g_{22} = \frac{s'_{F'}}{n'_k f} . \tag{1.51}$$

Betrachtet man weiter die Abbildung eines außeraxialen Objektpunkts nach unendlich, so ergibt sich, daß wiederum Gl. (1.50) gilt und daß nun die Schnittweite des objektseitigen Brennpunkts s_F eingeht in der Form

$$g_{11} = -\frac{s_F}{n_1 f} . \tag{1.52}$$

Für die Komponente g_{21} der Gauß-Matrix läßt sich nicht unmittelbar eine Verknüpfung mit den Grundpunkten herstellen. Die Bedeutung von g_{21} erhält man aus der Determinante von $\boldsymbol{G}$, die wie alle Teil-Matrizen $\boldsymbol{B}_\nu$, $\boldsymbol{U}_\nu$ immer gleich plus eins ist; damit resultiert

$$g_{21} = -\frac{f + s_F s'_{F'}}{n_1 n'_k f} . \tag{1.53}$$

Damit sind die g_{ik} vollständig auf die Grundpunkte zurückgeführt. Setzt man nun in die beiden Gln. (1.47) statt der g_{ik} die Grundpunkte nach Gl. (1.50) bis Gl. (1.53) ein, so erhält man Abbildungsgleichungen:

$$\frac{s_1}{n_1} = \frac{s_F}{n_1} + \frac{f}{\beta} \tag{1.54}$$

bzw.

$$\frac{s'_k}{n'_k} = \frac{s'_{F'}}{n'_k} - f\beta \,. \tag{1.55}$$

Setzt man hier speziell $\beta = +1$, so ergeben sich die Schnittweiten der Hauptpunkte H, H′ (siehe Abb. 1.59):

$$\frac{s_H}{n_1} = \frac{s_F}{n_1} + f \tag{1.56}$$

bzw.

$$\frac{s'_{H'}}{n'_k} = \frac{s'_{F'}}{n'_k} - f \,. \tag{1.57}$$

Da die Schnittweitendifferenzen für Hauptpunkte bzw. Brennpunkte gerade gleich der Brennweite sind, werden die Gln. (1.56) und (1.57) oft zur Definition der Brennweite verwendet; hier handelt es sich um ein Resultat, das aus der Definition der Brennweite nach Gl. (1.15) selbstverständlich folgt.

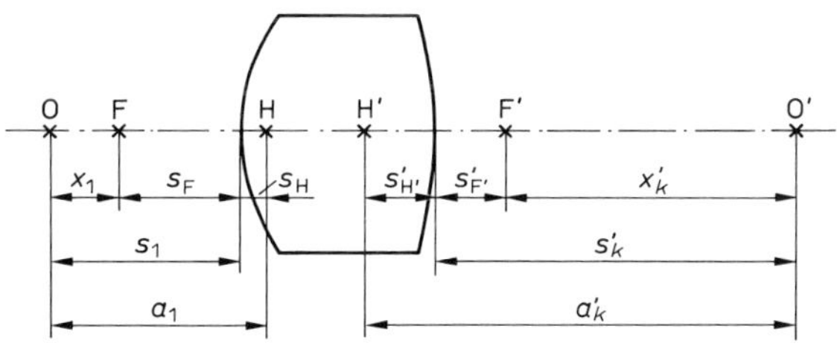

Abb. 1.68 Zur Formulierung von Abbildungsgleichungen mit unterschiedlichen Bezugspunkten.

Die Schreibweise der Abbildungsgleichungen Gl. (1.54) und Gl. (1.55) ist relativ ungewohnt, weil sie den 1. bzw. letzten Scheitel des optischen Systems als Bezug benutzt. Andere Formen für die Abbildungsgleichungen, aber inhaltlich gleichwertige Ausdrücke erhält man durch Übergänge auf andere Bezugspunkte; als solche werden einmal die Brennpunkte und das andere Mal die Hauptpunkte verwendet; siehe Abb. 1.68. Es gilt:

$$x_1 = s_1 - s_F\,; \quad x'_k = s'_k - s'_{F'} \tag{1.58}$$

und

$$a_1 = s_1 - s_H\,; \quad a'_k = s'_k - s'_{H'} \,. \tag{1.59}$$

Einführung von Gl. (1.58) in Gl. (1.54) und Gl. (1.55) führt auf die **Newton-Formeln**

$$\frac{x_1 x'_k}{n_1 n'_k} = -f^2 \tag{1.60}$$

und

$$\beta = \frac{n_1 f}{x_1} = -\frac{x'_k}{n'_k f} \,. \tag{1.61}$$

Der Übergang auf die Hauptpunkte als Bezug – mit Gl. (1.59) liefert

$$\frac{n'_k}{a'_k} = \frac{n_1}{a_1} + \frac{1}{f} \tag{1.62}$$

und

$$\beta = \frac{n_1 a'_k}{n'_k a_1} . \tag{1.63}$$

Unabhängig davon, welche der – gleichwertigen – Abbildungsformeln benutzt wird, sind immer zu einer vorgegebenen Größe, z. B. der Objektlage, zwei weitere Größen, z. B. Bildlage und Abbildungsmaßstab, berechenbar. Zu einem gegebenen Objekt ist damit das Bild immer nach Lage und Größe bestimmbar. Das ist ein wichtiges Ergebnis. – In den folgenden Kapiteln wird speziell Gl. (1.62) mehrfach benutzt werden, wobei allerdings vereinfacht gesetzt wird $n_1 = n'_k = 1$ (Systeme in Luft); außerdem werden im Unterschied zu der hier verwandten Bezeichnungsweise a_1 Gegenstandsweite und a'_k Bildweite genannt.

An dieser Stelle ist es angebracht, die im vorigen Abschnitt kurz in Form ihrer Definitionen eingeführten Vergrößerungen α und γ in allgemeiner Form anzugeben. Gleichartig wie für den lateralen Abbildungsmaßstab β – nach Gl. (1.46) – sind die Winkelvergrößerung γ und die Tiefenvergrößerung α für beliebig zusammengesetzte optische Systeme auf Grund ihrer Definitionen in Form der Produkte ihrer Werte für einzelne Flächen gegeben. Dementsprechend gilt für die *Winkelvergrößerung* γ eines beliebigen Systems

$$\gamma_{1\ldots k} = \frac{u'_k}{u_1} = \frac{n_1}{n'_k \beta} . \tag{1.64}$$

Wenn Objekt und/oder Bild in endlicher Entfernung von dem abbildenden System liegen, so variiert γ mit der Apertur, so daß die Angabe eines Wertes von γ jeweils nur für einen Strahl Bedeutung besitzt. Wenn jedoch eine Abbildung von Unendlich nach Unendlich erfolgt, wie das bei afokalen Systemen, speziell bei Fernrohren der Fall ist, so ist die Winkelvergrößerung γ gerade die die Abbildung charakterisierende Größe; in solch einem Fall ist nämlich der Abbildungsmaßstab β gar nicht definiert. Anwendungen werden im Abschn. 1.9 besprochen werden.

Die Verallgemeinerung der Tiefenvergrößerung nach Gl. (1.27) lautet

$$\alpha_{1\ldots k} = \frac{\mathrm{d}s'_k}{\mathrm{d}s_1} = \beta^2_{1\ldots k} \frac{n'_k}{n_1} . \tag{1.65}$$

Diese Größe ist sinnvoll nur bei endlichen Abbildungen anzuwenden. Ihrer Definition gemäß gibt sie dort an, wie sich axiale Ortsänderungen des Objekts auf die des Bildes auswirken; dabei ist zu bemerken, daß α immer positive Werte besitzt, d. h. die Ortsänderungen in Objekt und Bild erfolgen grundsätzlich in der gleichen Richtung. Beispielhaft sei die Auswirkung der Tiefenvergrößerung bei einem 40-fachen Mikroobjektiv betrachtet; für dieses ist $\beta = -40$ und damit $\alpha = 1600$. Nimmt man hier die Einstellsicherheit im Bild zu $\mathrm{d}s' = 1$ mm an, so ergibt sich die Fokussiergenauigkeit im Objekt zu $\mathrm{d}s = 0{,}6\,\mu\mathrm{m}$.

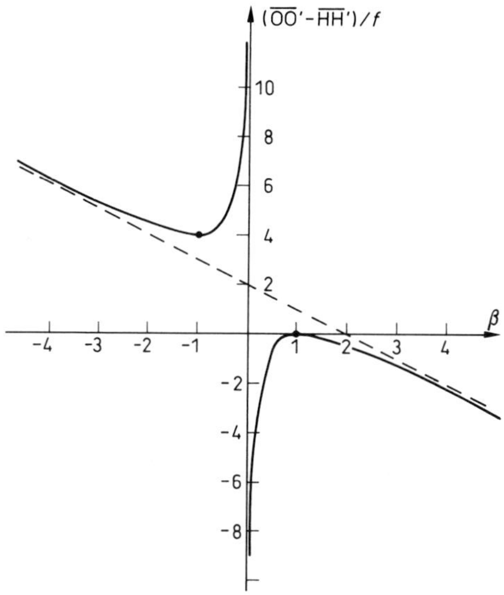

Abb. 1.69 Variation des Objekt-Bild-Abstands $\overrightarrow{OO'}$ mit dem Abbildungsmaßstab β.

Bei der Konzeption optischer Aufbauten und bei der Dimensionierung optischer Instrumente ist es oft erforderlich, den Abstand zwischen Objekt O und Bild O′, häufig einfach als $\overrightarrow{OO'}$ bezeichnet, zu kennen. Insbesondere interessiert dabei die Abhängigkeit dieser Größe vom Abbildungsmaßstab β. Mit Gl. (1.62) und Gl. (1.63) erhält man offensichtlich:

$$\overrightarrow{OO'} = -a_1 + \overrightarrow{HH'} + a'_k = \overrightarrow{HH'} + f\left(2 - \beta - \frac{1}{\beta}\right). \tag{1.66}$$

In dem letzten Ausdruck ist im Unterschied zu den bisherigen Formulierungen darauf verzichtet worden, beliebige Brechzahlen in Objekt- und Bildraum zuzulassen; vielmehr wird jetzt angenommen, daß das Medium des Objekt- wie des Bildraums Luft sei. Der Objekt-Bild-Abstand kann natürlich unendlich groß werden; zu fragen ist zusätzlich danach, ob er auch beliebig klein werden kann. Durch Differentiation von Gl. (1.66) nach β und Nullsetzen der Ableitung gewinnt man die Aussagen: Der Objekt-Bild-Abstand $\overrightarrow{OO'}$ nimmt Extremwerte an für $\beta = \pm 1$; die Extremwerte sind

$$\overrightarrow{OO'}(\beta = +1) = \overrightarrow{HH'} \tag{1.67}$$

und

$$\overrightarrow{OO'}(\beta = -1) = \overrightarrow{HH'} + 4f. \tag{1.68}$$

Der durch Gl. (1.68) gegebene Fall reeller Abbildung durch optische Systeme positiver Brennweite ist zumeist von besonderem Interesse. Hier existiert ein Minimalwert von $\overrightarrow{OO'}$, der grundsätzlich nicht unterschritten werden kann. In der Abb. 1.69 ist der Objekt-Bild-Abstand $\overrightarrow{OO'}$ als Funktion des Abbildungsmaßstabs β in einer normierten Form wiedergegeben. Neben der Existenz von Extremwerten ist bemerkenswert, daß es zu jedem realisierbaren Wert von $\overrightarrow{OO'}$ zwei Werte des Abbildungsmaßstabs β gehören; diese beiden Werte von β sind immer reziprok zueinander und die Schnittweiten a_1 und a'_k werden miteinander vertauscht. Es zeigt sich also, daß die Dimensionierung optischer Systeme keinesfalls beliebig vorgenommen werden kann.

In diesem Abschnitt wurden bisher brechende Flächen behandelt; es ist nun zusätzlich auf spiegelnde Flächen einzugehen. Im vorangehenden Teil-Abschnitt wurde bereits angegeben, daß die Spiegelung an einer Fläche durch die Formeln für brechende Flächen beschrieben wird, wenn man nur setzt $n' = -n$. Bei zusammengesetzten optischen Systemen mit spiegelnden Flächen sind die oben angegebenen Abbildungsgleichungen ebenfalls gültig; bei der flächenweisen Rechnung mit den Gauß-Matrizen sind allerdings noch folgende Änderungen für spiegelnde Flächen gegenüber brechenden Flächen zu berücksichtigen: An den Flächen nach einer spiegelnden Fläche sind die Vorzeichen der Scheitelabstände d' sowie die der Brechzahlen n' im Vorzeichen umzukehren, um zutreffende Ergebnisse zu erhalten.

1.5.4 Linsen, zusammengesetzte Systeme

Es wurde eben – in formaler Weise – gezeigt, wie mit Hilfe der Gauß-Matrizen aus den Systemdaten die Grundpunkte berechnet werden können. Um mit dieser Vorgehensweise vertraut zu werden, müssen wenigstens einige Beispiele betrachtet werden. Andererseits interessiert auch, die wichtigsten Grundformen optischer Systeme kennenzulernen, um die Zusammenhänge zwischen Aufbau und Grundpunkten zu erkennen. Es ist üblich wie angebracht, die Lagen der Hauptpunkte relativ zu dem jeweiligen Linsenschnitt anzugeben; damit sind dann die Lagen von Objekt und Bild entsprechend Gl. (1.62) und der Abbildungsmaßstab entsprechend Gl. (1.63) bestimmbar. Ein weiterer Grund für die Angabe der Hauptpunktlagen statt der Brennpunktlagen ist – ganz praktisch – dadurch gegeben, daß die Hauptpunkte im allgemeinen in der Nähe des optischen Systems gelegen sind, während das für die Brennpunkte nicht gilt.

Zuerst werden einzelne Linsen in Luft betrachtet; sie besitzen zwei brechende Flächen, deren Scheitel realiter endliche, positive Abstände d aufweisen. Die Linsen sollen aus einem Material bestehen, dessen Brechzahl n ist. Dann sind die Flächenbrechkräfte (siehe dazu Gl. (1.29b)) gegeben durch

$$\varphi_1 = (n-1)\,\varrho_1\,; \quad \varphi_2 = (1-n)\,\varrho_2\,.$$

Dabei beziehen sich die Indices auf die Flächennummern. Die Gaußmatrix $\boldsymbol{G}$ solcher Linsen ist zu berechnen aus

$$\begin{pmatrix} 1 & \varphi_2 \\ 0 & 1 \end{pmatrix} \begin{pmatrix} 1 & 0 \\ -d/n & 1 \end{pmatrix} \begin{pmatrix} 1 & \varphi_1 \\ 0 & 1 \end{pmatrix} = \boldsymbol{G}\,. \tag{1.69}$$

Das Ergebnis, hier in Form der Komponenten von $\boldsymbol{G}$ lautet

$$g_{11} = 1 - \varphi_2 \frac{d}{n} = -\frac{s_F}{f}, \tag{1.70a}$$

$$g_{12} = \varphi_1 + \varphi_2 - \varphi_1 \varphi_2 \frac{d}{n} = \frac{1}{f}, \tag{1.70b}$$

$$g_{21} = -\frac{d}{n}, \tag{1.70c}$$

$$g_{22} = 1 - \varphi_1 \frac{d}{n} = \frac{s'_{F'}}{f}. \tag{1.70d}$$

An Hand dieser Ausdrücke können die Grundpunkte für unterschiedliche Linsenformen errechnet werden. Da die Ausdrücke zwar elementar sind, aber häufig benötigt werden, seien die wichtigen Fälle behandelt. Um die Diskussion übersichtlich zu gestalten, empfiehlt es sich, mit der sogenannten dünnen Linse zu beginnen. Sie ist gekennzeichnet durch $d = 0$; solch eine Linse ist natürlich nicht herstellbar, aber sie ist für mancherlei Überlegungen trotzdem als erster gedanklicher Ansatz häufig geeignet. Bei der dünnen Linse ist die Gesamt-Brechkraft g_{12} gleich der Summe der Flächenbrechkräfte. Der Begriff der Brechkraft, eingeführt durch Gl. (1.29) wird gerne an Stelle der dazu reziproken Brennweite verwandt, weil sich dadurch viele Formeln linearisieren lassen. g_{12} ist dann positiv (negativ), wenn die Summe der Flächenbrechkräfte positiv (negativ) ist. Die Brennpunkt-Schnittweiten dünner Linsen sind gleich bzw. entgegengesetzt gleich der Brennweite. Bei dünnen Linsen vereinfachen sich die Ausdrücke nach Gl. (1.70) offenbar zu:

$$g_{11} = 1 \qquad = -\frac{s_F}{f},$$

$$g_{12} = \varphi_1 + \varphi_2 = \frac{1}{f},$$

$$g_{21} = 0,$$

$$g_{22} = 1 \qquad = \frac{s'_F}{f}.$$

Bei gegebener Gesamtbrechkraft g_{12} können von den Linsendaten ϱ_1, ϱ_2 und n theoretisch noch zwei frei gewählt werden. Tatsächlich ist die Auswahl an Brechzahlen keinesfalls beliebig, weil optische Gläser, Kristalle oder auch Kunststoffe nur in beschränkter Auswahl zur Verfügung stehen. Dem heutigen Stand der Technik entsprechend sind optische Gläser verfügbar mit $1{,}45 \leq n \leq 2{,}0$. In aller Regel gibt man eine Brechzahl vor; es ist üblich zunächst anzunehmen, es sei $n = 1{,}5$. Es verbleibt dann, die Flächenbrechkräfte φ_1 und φ_2 unterschiedlich zu wählen und damit bestimmte Linsenformen zu erzeugen.

Man geht aus von der symmetrischen Form einer *bikonvexen* Linse positiver Brechkraft bzw. einer *bikonkaven* Linse negativer Brechkraft, bei denen gilt

$$\varphi_1 = \varphi_2 = \frac{g_{12}}{2}; \quad \varrho_1 = -\varrho_2 .$$

Eine andere Linsenform ist gegeben durch *plankonvexe* bzw. *plankonkave* Linsen;

für diese ist

$$\varphi_1 = \varrho_2 = 0\,; \quad \varphi_2 = g_{12}\,; \quad \varrho_2 = \frac{g_{12}}{1-n}\,.$$

Linsenflächen mit der Krümmung $\varrho = 0$, dem Radius $r = \infty$ nennt man plan bzw. eben. – Eine weitere Linsenform ist die der *Menisken;* bei diesen Linsen handelt es sich um solche, deren Krümmungen bzw. Radien gleiche Vorzeichen besitzen, aber derart unterschiedliche Beträge aufweisen, daß gerade die geforderte Gesamtbrechkraft erhalten wird. Dünne Menisken mit gleichen Krümmungen besitzen die Brechkraft null, sie sind wirkungslos.

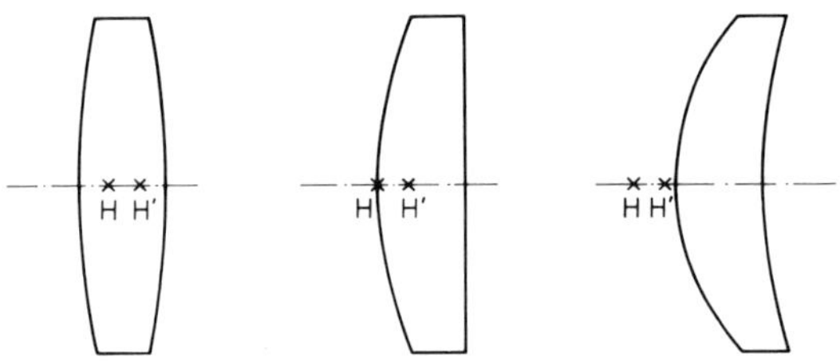

Abb. 1.70 Lagen der Hauptpunkte bei unterschiedlichen Linsenformen; Fall positiver Brennweite.

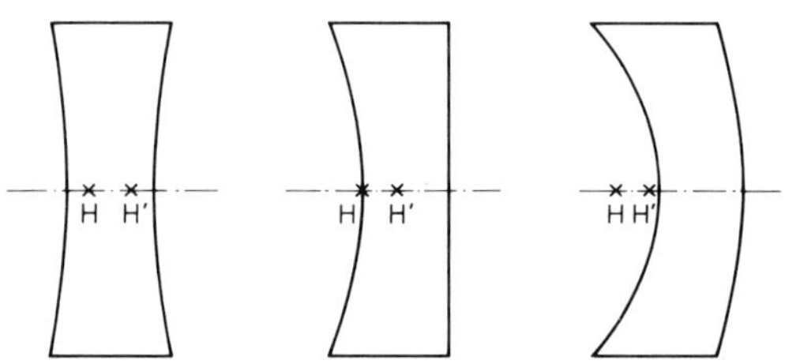

Abb. 1.71 Lagen der Hauptpunkte bei unterschiedlichen Linsenformen; Fall negativer Brennweite.

Beim Übergang zu Linsen mit endlicher, d. h. positiver Linsendicke d ändern sich die Verhältnisse insofern, als die Schnittweiten der Brennpunkte und der Hauptpunkte merklich von der Linsendicke beeinflußt werden können. Für die wichtigen Spezialfälle zeigen die Abb. 1.70 und 1.71 die Lagen der Hauptpunkte relativ zu den Linsen selbst bei unterschiedlichen Linsenformen.

Weiter sind Spezialfälle zu erwähnen: der *afokale Meniskus* ist eine Linse mit der Brechkraft null; abgesehen von dem trivialen Fall einer Planparallelplatte besitzt eine Linse dann keine Brechkraft (formal die Brennweite unendlich), wenn die Beziehung

$$d = (r_2 - r_1)\,\frac{n}{n-1}$$

erfüllt ist; in diesem Fall gibt es keine Brennpunkte und Hauptpunkte. Solch eine Linse nennt man auch teleskopisch. Charakteristisch für eine solche Linse ist die Winkelvergrößerung γ; diese ergibt sich nach Gl. (1.26). – Eine andere Form von Meniskus ist der *konzentrische Meniskus;* er ist charakterisiert durch die Beziehung

$$r_1 - r_2 = d\,.$$

Die beiden Flächen des konzentrischen Meniskus besitzen also einen gemeinsamen Krümmungsmittelpunkt. Die Brennweite ist hier negativ. – Schließlich sei eine besondere Form von Linsen angeführt, nämlich die der *Stablinsen.* Bei ihnen handelt es sich um Linsen mit besonders großen Werten der Mittendicke *d.* Für den Fall gleicher positiver Flächenbrechkräfte sind in der Abb. 1.72 die Grundpunkte für unterschiedliche Linsendicken eingetragen. Offensichtlich sind nicht nur sehr unterschiedliche Lagen der Grundpunkte erreichbar, sondern es kann sogar die Brennweite negativ werden, wobei speziell auch der Wert unendlich erreicht wird. Derartige Linsen verwendet man dann, wenn langgebaute optische Systeme mit sehr kleinen Durchmessern realisiert werden müssen; das typische Einsatzgebiet von Stablinsen ist in der Endoskopie gegeben.

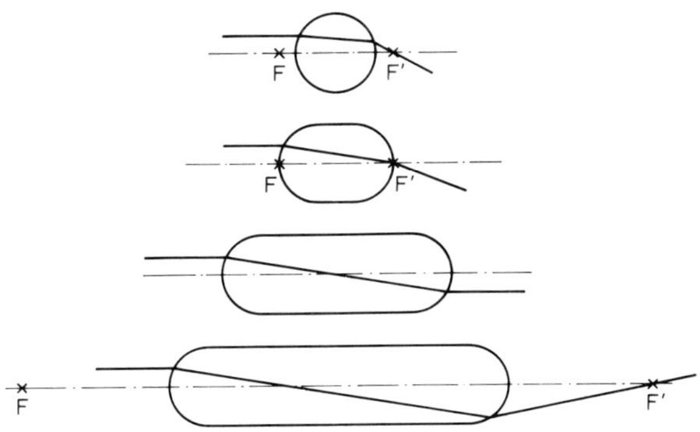

Abb. 1.72 Stablinsen unterschiedlicher Dicken und die zugehörigen Lagen der Grundpunkte.

Der Aufbau eines optischen Systems aus mehreren, zumindest jedoch aus zwei Linsen erfolgt derart, daß diese Linsen auf einer gemeinsamen optischen Achse mit meistens endlichen Abständen angeordnet werden. Es interessieren dann in erster Linie die Grundpunkte solcher zusammengesetzter Systeme. Die Messung geschieht natürlich in der gleichen Weise, wie das im Abschn. 1.5.2 bereits beschrieben wurde. Hier ist auf die Berechnung einzugehen, wobei vorausgesetzt wird, daß die Grundpunkte der einzelnen Linsen bereits bekannt sind. Ganz allgemein ist die Abbildung durch mehrere optische Elemente natürlich so zu verstehen, daß das Objekt für ein optisches Element durch das Bild gegeben ist, das das vorangehende Element erzeugte. Aus diesem Verständnis heraus ist leicht zu sagen, wie die Gauß-Matrix $\boldsymbol{G}$ eines zusammengesetzten Systems aus denen der Elemente aufzubauen ist. Es reicht dazu aus, zwei Elemente zu betrachten, die die Gauß-Matrizen $\boldsymbol{G}_1$ und $\boldsymbol{G}_2$ besitzen mögen. Es gilt

$$\boldsymbol{G} = \boldsymbol{G}_2 \boldsymbol{U} \boldsymbol{G}_1 \,,$$

wobei die Übergangsmatrix $\boldsymbol{U}$ durch den Abstand d zwischen den Linsen bestimmt ist; siehe Gl. (1.42). Gleichartig sind natürlich auch die Abbildungsgleichungen Gl. (1.60) bzw. Gl. (1.62) auf die einzelnen Linsen anwendbar. Es ist besonders zweckmäßig mit der Gl. (1.62) zu arbeiten, bei der die Schnittweiten von den Hauptpunkten an gezählt werden; die Zweckmäßigkeit ergibt sich daraus, daß gleiche Formulierungen resultieren wie im Falle von dünnen Linsen. Deshalb wird bei den folgenden Beispielen so argumentiert, als ob jeweils dünne Linsen vorlägen. Unter der Annahme dünner Linsen können die Grundpunkte wieder nach dem Schema der Gl. (1.69) bestimmt werden. Hier lauten die zu Gl. (1.70) analogen Ausdrücke:

$$\frac{1}{f} = \varphi_1 + \varphi_2 - e\,\varphi_1\,\varphi_2 \,, \tag{1.71a}$$

$$s_\mathrm{F} = -f(1 - e\,\varphi_2) \,, \tag{1.72a}$$

$$s'_{\mathrm{F}'} = f(1 - e\,\varphi_1) \,. \tag{1.73a}$$

Dabei sind φ_1, φ_2 die Brechkräfte der beiden Linsen, e deren gegenseitiger Abstand. Geläufiger als diese Gleichungen sind solche, bei denen die Brechkräfte durch die Brennweiten ersetzt werden. Das führt auf

$$f = \frac{f_1 f_2}{f_1 + f_2 - e} \,, \tag{1.71b}$$

$$s_\mathrm{F} = -f\left(1 - \frac{e}{f_2}\right) , \tag{1.72b}$$

$$s'_{\mathrm{F}'} = f\left(1 - \frac{e}{f_1}\right) . \tag{1.73b}$$

Die letzten Gleichungen gelten auch für dicke Linsen, wenn der Abstand e und die Schnittweiten s_F und $s'_{\mathrm{F}'}$ von den Hauptpunkten der Linsen aus gerechnet werden.

Zur Veranschaulichung werden die wichtigsten Formen zweigliedriger optischer Systeme mit positiver Brennweite f betrachtet. Als erstes Beispiel dient das *symmetrische Objektiv* aus zwei Linsen gleicher Brennweite; allgemein wird ein Objektiv als symmetrisch bezeichnet, wenn es aus zwei Hälften besteht, die sich bei Spiegelung an der Aperturblende (siehe dazu Abschn. 1.6) als identisch ergeben. In Abb. 1.73a ist ein solches symmetrisches System dargestellt; die wesentlichen Daten enthält die Tab. 1.2. Ein weiteres wichtiges Beispiel ist das *Tele-Objektiv,* das ein erstes Glied positiver und ein zweites Glied negativer Brennweite aufweist. Die Aufgabe eines Tele-Objektivs ist, bei vorgegebener – zumeist großer – Brennweite eine möglichst kurze Baulänge zu erreichen, wobei unter Baulänge hier der Abstand vom ersten Scheitel bis zum bildseitigen Brennpunkt zu verstehen ist. Das in Tab. 1.2 und in Abb. 1.73b wiedergegebene Beispiel enthält zwei bewußt eingeführte Annahmen; zuerst ist angenommen, daß die beiden Brechkräfte der Glieder entgegengesetzt gleich sind (das gilt auf Grund von Forderungen an die Bildfehler-Korrektion) und es gilt weiterhin die Forderung, eine möglichst kleine Baulänge zu realisieren. – Das nächste Beispiel kann als Umkehrung des eben angesprochenen Tele-Objektivs angesehen werden; es handelt sich um das *Retrofokus-Objektiv*. Dieses besteht aus einem Frontglied negativer Brennweite und einem Hinterglied positiver Brennweite; die Absicht ist hier, bei gegebener Brennweite eine große Schnittweite des bildseitigen Brennpunkts zu erreichen. In dem Beispiel der Tab. 1.2 bzw. der Abb. 1.73c ist das Frontglied im vorderen Brennpunkt des Hinterglieds angeordnet; das hat zur Folge, daß die Brennweite des zusammengesetzten Systems gleich der des Hinterglieds ist.

Tab. 1.2 Zweigliedrige Objektive; Brennweiten und Grundpunkte bei Gesamtbrennweite $f = 100$, aber unterschiedlichen Vorzeichen der Brennweiten.

Beispiel	f_1	f_2	d	s_F	s_H	$s'_{H'}$	$s'_{F'}$
1	210	210	21	−90	10	−10	90
2	50	−50	25	−150	−50	−50	50
3	−100	100	100	0	100	100	200

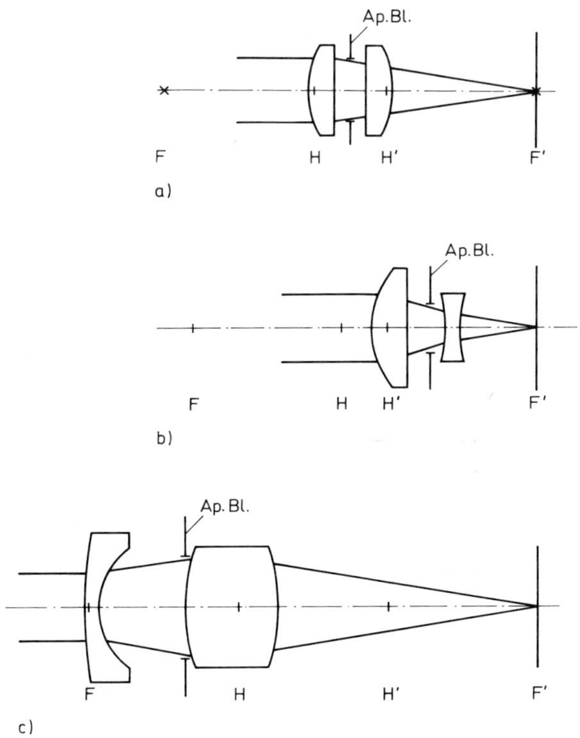

Abb. 1.73 Wichtige Formen zweigliedriger Objektive gleicher positiver Brennweite bei gleicher Lage des bildseitigen Brennpunkts; a) symmetrisches Objektiv; b) Tele-Objektiv; c) Retrofokus-Objektiv.

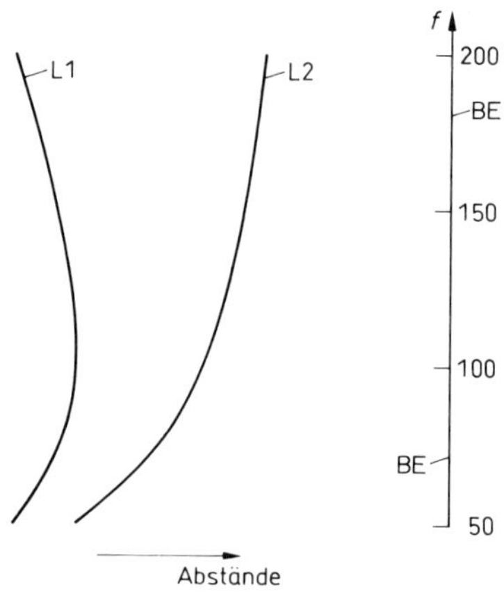

Abb. 1.74 Positionen der Glieder eines Vario-Objektivs in Abhängigkeit von der Brennweite bei unendlich fernem Objekt und ortsfester Lage der Bildebene BE.

Außerdem ist die Brennweite des Frontglieds so gewählt, daß die bildseitige Brennpunkt-Schnittweite gerade doppelt so groß ist wie die Brennweite. – Schließlich sei hier noch auf die sogenannten *Vario-Objektive* (oder auch Zoom-Objektive) hingewiesen. Dabei handelt es sich um Objektive, bei denen der Objekt-Bild-Abstand konstant gehalten wird, aber der Abbildungsmaßstab variiert wird. Aus den oben angegebenen Abbildungsgleichungen ist ableitbar, daß die Variabilität des Abbildungsmaßstabs β bei gleichzeitiger Konstanz des Objekt-Bild-Abstands dadurch zu erzielen ist, daß der Abstand e veränderbar gestaltet wird; von speziellem Interesse ist in praxi vor allem der Fall, daß das Objekt unendlich weit entfernt ist; dann tritt an die Stelle des Abbildungsmaßstabs β die Brennweite f als variable Größe. Im allgemeinen wird die Lage der Bildebene als konstant angenommen; da entsprechend Gl. (1.73) $s'_{F'}$ ebenfalls mit e variiert, sind bei einem zwei-gliedrigen Vario-System sowohl e wie $s'_{F'}$ variabel. Die beiden Glieder müssen axial relativ zueinander und relativ zur Bildebene verschoben werden, um die gewünschte Brennweiten-Variation zu erreichen. Die Abb. 1.74 zeigt ein Beispiel für die Positionen der Linsen als Funktion der Brennweite. Typisch ist, daß nicht-lineare Beziehungen auftreten und auch keine monotonen Verschiebungen der Linsen realisierbar sind, wenn kurze Baulängen gefordert werden.

Diese Beispiele zweigliedriger optischer Systeme machen deutlich, daß recht unterschiedliche Abbildungs-Situationen existieren. Die Verhältnisse komplizieren sich, wenn mehrgliedrige Systeme betrachtet werden, auf die hier nicht eingegangen werden kann. Es ist hier zu betonen, daß die Bauformen optischer Systeme sehr oft durch die Anforderungen an die Dimensionierung bestimmt werden; erst in zweiter Linie sind die im Abschn. 1.7 zu diskutierenden Abbildungsfehler von Bedeutung.

1.6 Strahlenbegrenzung, Blenden

In den bisherigen Abschnitten wurden Strahlenverläufe einfach so behandelt, als ob von dem jeweiligen Objektpunkt ausgehende Strahlenbüschel das aktuelle optische System bei beliebigen Strahlneigungen gegenüber der Bezugsachse (im allgemeinen der optischen Achse) passieren könnten. Bei realistischer Betrachtungsweise wird aber sehr schnell deutlich, daß jedes optische System nur endliche Durchmesser besitzen kann und somit nicht die gesamte, von einem Objektpunkt ausgehende Strahlung, die im Prinzip den vollen Raumwinkel von 4π erfüllt, erfassen kann. Zunächst erscheint es so, als ob die mehr oder weniger willkürlichen Durchmesser von Linsen oder Spiegeln eines zusammengesetzten optischen Systems den Raumwinkel bestimmten, innerhalb dessen eine Strahlungsübertragung vom Objekt- in den Bildraum erfolgt. Tatsächlich besteht aber bei nahezu allen Abbildungsaufgaben ein deutliches Interesse daran, definierte und vorher bestimmbare Strahlungsleistungen durch optische Systeme zu übertragen. Um dies zu bewerkstelligen, werden *Blenden* eingeführt. Die Abb. 1.75 macht die Wirkung solch einer Blende deutlich; absichtlich werden dabei Objekt und Blende zunächst im gleichen Medium, hier im Objektraum angenommen. Da vornehmlich rotations-symmetrische optische Systeme von Interesse sind, wird die Blende als kreisförmige Öffnung mit dem Radius r_{BL} angenommen, deren Zentrum mit der optischen Achse eines nachgeordneten optischen Systems zusammenfällt. Vor der Blende befinde sich im Abstand $s - z$ die Objektebene. Für den axialen Objektpunkt O ergibt sich daraus, daß nur solche von ihm ausgehende Strahlen die Blende passieren können, deren Strahlneigungen u betragsmäßig kleiner als u_{max} sind, wobei gilt:

$$u_{max} = \left| \frac{r_{Bl}}{s - z} \right| . \tag{1.74}$$

Der Winkel u_{max} bestimmt den von O ausgehenden Strahlenkegel, der vom nachfolgenden optischen System erfaßt werden kann. Die in Abb. 1.75 dargestellten Verhältnisse zeigen, daß die 1. Fläche des optischen Systems einen Durchmesser von mindestens $2|h_1|$ besitzen muß, um die von der Blende durchgelassenen Strahlen der außeraxialen Abbildung erfassen zu können. Die Blende besitzt aber nicht nur

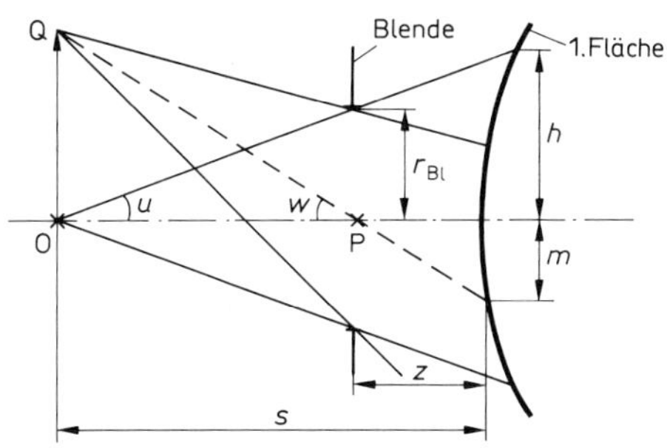

Abb. 1.75 Strahlenbegrenzung durch eine Aperturblende bei axialer wie außeraxialer Abbildung.

für den axialen Objektpunkt O, sondern auch für außeraxiale Objektpunkte wie Q, strahlenbegrenzende Wirkungen. Der von Q ausgehende Strahlenkegel weist am Ort der Blende natürlich den gleichen Querschnitt auf wie der von O ausgehende Strahlenkegel; in allen anderen Ebenen, vor oder hinter der Blende besitzen aber von unterschiedlichen Objektpunkten ausgehende Strahlenkegel auch unterschiedliche Querschnitte und Lagen. Damit ergibt sich die wichtige Feststellung:

- Am Ort dieser Blende, die allgemein als *Aperturblende* bezeichnet wird, ist der allen Strahlenbüscheln kleinste gemeinsame Querschnitt gegeben.

Diese Wirkung der Aperturblende bestimmt nicht nur den möglichen Strahlenverlauf, sondern sie ist vor allem auch verantwortlich für die übertragbare Strahlungsleistung; übertragbar nämlich von der Strahlung aussendenden Objektebene in den Raum rechts von der Aperturblende.

Um die Verhältnisse quantitativ beschreiben zu können, werden zweckmäßig noch Verabredungen vorgenommen: So wird der vom Objektpunkt ausgehende unter dem Neigungswinkel u_{max} zur optischen Achse verlaufende Strahl, der gerade den Rand der Aperturblende berührt, *Randstrahl* genannt. Der von dem außeraxialen Objektpunkt Q ausgehende Strahl, der die Aperturblende in ihrer Mitte P trifft, besitzt eine Strahlneigung w gegenüber der optischen Achse; dieser Strahl wird *Hauptstrahl* genannt; der Winkel w heißt *Bildwinkel.* In der Näherung der hier benutzten Gauß-Optik ist die maximale Apertur eines von Q ausgehenden Strahls gegenüber dem Hauptstrahl ebenfalls gleich u_{max}.

Die Hauptstrahlneigungen w sind ebenfalls nicht beliebig; zwar ist eine – nahezu – unendlich ausgedehnte Objektebene vorstellbar, doch muß das aktuelle optische System die Strahlen zu erfassen vermögen, um eine reale optische Abbildung zustande kommen zu lassen. Es wird daher eine Hauptstrahlneigung w_{max} geben, die eine maximale Objekthöhe l_{max} festlegt; es muß ja gelten:

$$l_{max} = -(s-z)\, w_{max} \,. \tag{1.75}$$

Damit ist ein kreisförmiges Objektfeld mit dem Radius l_{max} bestimmt. Die Begrenzung des Objektfeldes kann direkt durch eine dort angebrachte Blende gegeben sein; solch eine Blende besitzt die spezielle Bezeichnung *Gesichtsfeldblende.*

Die Strahlenbegrenzung ist nach Gl. (1.74) und Gl. (1.75) zu beschreiben durch

- die Neigung u_{max} bzw. den Aperturblendenradius r, um die wirksame Apertur zu kennzeichnen;
- die Neigung w_{max} bzw. die maximale Objekthöhe l_{max}, um das wirksame Objektfeld zu kennzeichnen.

Es sollte jeweils ausreichen, eine der beiden genannten Größen zu verwenden; daß dies nicht immer zutrifft, wird durch den folgenden Gedankengang deutlich: Es liege die Aperturblende zunächst, wie in Abb. 1.75 dargestellt, in endlicher Entfernung vom optischen System; die Objektlage werde nun geändert, indem das Objekt in immer größeren Abständen angebracht werde.

Bei festem Blendendurchmesser $2r$ nimmt nach Gl. (1.74) der Aperturwinkel u mit wachsender Objektentfernung ab; im Extremfall des unendlich entfernten Objekts (gegeben bei Fernrohren oder auch bei Foto-Objektiven) ist der Aperturwinkel u gleich null, während der Blendenradius endlich bleibt. In diesem Fall ist die Apertur nur durch den Blendenradius quantitativ beschreibbar. Das Objektfeld und damit l_{max} ist mit der Objektentfernung unendlich groß geworden, so daß nur noch der Bildwinkel w als kennzeichnende Größe für das erfaßbare Objektfeld verwendbar ist. Es kann aber auch vorkommen, daß das Objekt in fester, endlicher Entfernung vom optischen System angeordnet wird, aber die Aperturblende sehr weit vom optischen System entfernt wird. Dann muß der Durchmesser der Aperturblende mit der Entfernung wachsen, damit noch eine endliche Apertur realisiert wird; der Winkel u ist hier die kennzeichnende Größe für die wirksame Apertur. Wenn die Aperturblende sehr weit vom optischen System entfernt ist, ist der Bildwinkel w sehr klein und im Extremfall gleich null, so daß der Objektfeld-Halbmesser l_{max} zur kennzeichnenden Größe wird. Typische Beispiele für diesen Fall sind das Mikro-Objektiv und Objektive, die im Bereich der optischen Meßtechnik eingesetzt werden.

Es gelingt also nicht, immer gleichartige Größen zur Charakterisierung von Apertur und Feld zu verwenden. Das läßt sich bereits aus dem einfachen Beispiel entnehmen, das bis jetzt zur Beschreibung der Strahlenbegrenzung und deren quantitativer Erfassung dient. Es wird sich weiter unten zeigen, daß die hier getroffenen Feststellungen allgemeine Gültigkeit besitzen.

Der Hauptstrahl mit der Neigung w_{max} treffe die 1. Fläche des optischen Systems in einem Abstand m_1 von der optischen Achse. Es ist dann ein Durchmesser D_1 der ersten Fläche erforderlich, um alle von der kreisförmigen Objektfläche mit dem Radius l_{max} ausgehenden Strahlen unter der gleichen Apertur $\pm u_{max}$ zu erfassen; dieser Durchmesser ist gegeben durch:

$$D_1 = 2(|h_1| + |m_1|) . \qquad (1.76)$$

In Gl. (1.76) ist die folgende Aussage enthalten: Die Angaben von Apertur und Feld als kennzeichnende Größen haben Anforderungen an die Dimensionierung optischer Systeme zur Folge, wie hier beispielhaft für die 1. Fläche zu ersehen ist. Reale, kommerzielle optische Systeme genügen den hier genannten Bedingungen oft nur teilweise. Das hat zur Folge, daß speziell bei außeraxialen Abbildungen die theoretisch geforderten Aperturen nur partiell verfügbar sind. Man spricht dann von *Vignettierung;* sie macht sich im Bild vor allem durch eine Abnahme der Bestrahlungsstärke mit wachsendem Feld bemerkbar.

Die Strahlenbegrenzung erfolgte bis jetzt an Hand der einfachen Abb. 1.75 bewußt nur im Objektraum; damit ist zwar ein übersichtlicher, aber viel zu spezieller Fall ausgewählt. Bei realen optischen Abbildungen können die Strahlenbegrenzungen in wesentlich komplizierterer Weise erfolgen, wie nun zu behandeln ist:

Das Objekt liegt per definitionem immer vor dem abbildenden optischen System. Die Lage der Aperturblende dagegen ist prinzipiell beliebig. Im Objektraum kann die Aperturblende auch – abweichend von Abb. 1.75 – vor dem Objekt, in der Zeichnung links von ihm, angeordnet sein. Dabei ändert sich nichts an den obigen Aussagen. Die Aperturblende wird tatsächlich häufig innerhalb optischer Systeme angeordnet (typisches Beispiel: Foto-Objektive), sie kann aber auch im Bildraum liegen (typisches Beispiel: optische Meßsysteme). Eine Strahlenbegrenzung findet also immer statt, doch ist es erheblich schwieriger festzustellen, wie Größe und Lage der Aperturblende an irgendeiner Stelle des Strahlengangs auf die nutzbaren Strahlenbüschel im Objektraum wirken. Die Auswahl der Strahlenbüschel im Objektraum ist nämlich in mehrerer Hinsicht von Bedeutung: Im Sinne der hier behandelten

Gauß-Optik interessieren die zur Abbildung beitragenden Strahlenbüschel; sie legen – zumindest näherungsweise – die Dimensionierung des optischen Systems fest. Zur Bestimmung der radiometrischen Eigenschaften, d. h. vor allem für die vom Objekt- in den Bildraum übertragbare Strahlungsleistung ist die Kenntnis der im Objektraum wirksamen numerischen Apertur wesentlich (siehe unten). Weiter werden die – im Abschn. 1.7 zu besprechenden – geometrisch-optischen Abbildungsfehler entscheidend durch die real wirksamen Strahlenbüschel beeinflußt. Schließlich ist für die physikalisch-optisch begründete Begrenzung der Abbildungsqualität (siehe Abschn. 1.9) die Kenntnis der numerischen Apertur notwendig.

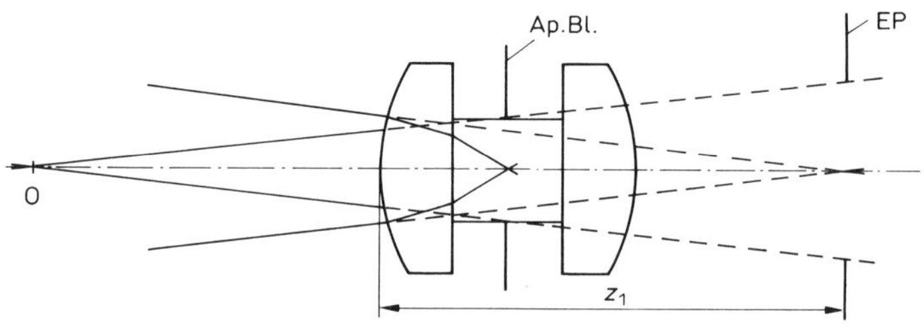

Abb. 1.76 Abbildung der Aperturblende in den Objektraum liefert die Eintrittspupille EP nach Lage und Größe.

Es ist deshalb wichtig und für das Verständnis optischer Abbildungen in komplexen Systemen sogar entscheidend, neben der bisher allein betrachteten Abbildung von Objektpunkten zusätzlich die der Aperturblende zu berücksichtigen. Wie das eigentlich abzubildende Objekt ist auch die Aperturblende abbildbar; jedes optische System tut das, und zwar erfolgen beide Abbildungen gleichzeitig, ohne besonderes Zutun. Im Sinne der Strahlenoptik ist die Lichtrichtung auch umkehrbar; eine Aperturblende, die in oder hinter einem optischen System angeordnet ist, wird dementsprechend durch das vor ihr gelegene (Teil-)System in den Objektraum abgebildet (siehe dazu Abb. 1.76). Das Bild der Aperturblende im Objektraum wird *Eintrittspupille* (abgekürzt: EP) genannt. Tatsächlich begrenzt die Aperturblende die Strahlenbüschel, die in dem Objektraum bzw. in dem Bildraum wirksam werden. Die EP als Bild der Aperturblende besitzt im Objektraum die gleiche Funktion wie die Aperturblende an ihrem Ort. Lage und Größe der EP sind mit Hilfe der gleichen Formeln zu berechnen, wie dies im Abschn. 1.5 für Objekt-Abbildungen angegeben wurde. Schwierigkeiten ergeben sich – scheinbar – dadurch, daß die EP häufig ein virtuelles Bild der Aperturblende ist; es sei deshalb explizit formuliert: Die EP ist auf Grund ihrer Definition dem Objektraum zugehörig; das gilt auch dann, wenn sie meßtechnisch nur mit Hilfssystemen (Meßmikroskopen) erfaßbar ist (siehe auch Abb. 1.76). Der Grund für die virtuelle Lage der EP ist zumeist der kompakte Aufbau optischer Systeme.

Die Aperturblende ist, wenn sie vor oder in einem optischen System angeordnet ist, auch in den Bildraum abbildbar; das Bild der Aperturblende im Bildraum heißt *Austrittspupille* (abgekürzt: AP). Die AP ist ebenfalls häufig virtuell; siehe dazu wie-

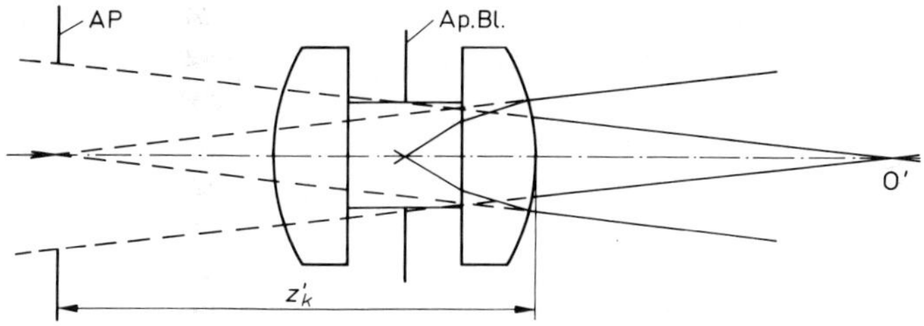

Abb. 1.77 Abbildung der Aperturblende in den Bildraum liefert die Austrittspupille AP nach Lage und Größe.

derum die Abb. 1.77. So wie die Objektabbildung durch Schnittweiten s, s' und Abbildungsmaßstab β beschrieben wird, ist auch die Abbildung von EP und AP ineinander vorzunehmen; die Lage der EP wird durch z, die der AP durch z' gekennzeichnet, wobei diese Größen vom ersten bzw. letzten Scheitel des optischen Systems gemessen werden. Der Abbildungsmaßstab β_p wird ebenfalls analog zur Objektabbildung formuliert:

$$\beta_p = \frac{n\,w}{n'\,w'} = \frac{r'_{AP}}{r_{EP}}. \tag{1.77}$$

Für ein beliebiges optisches System lassen sich nun die Strahlenverläufe in Objekt- und Bildraum in einfacher Weise beschreiben; siehe dazu Abb. 1.78, in der die Pupillenlagen bewußt außerhalb des optischen Systems angenommen wurden, was im allgemeinen nicht der Realität entspricht, aber die Darstellung hier besser verständlich macht: Die axiale Abbildung von O nach O′ wird durch den Randstrahl charakterisiert, der die Aperturwinkel u bzw. u' gegenüber der optischen Achse besitzt; der Randstrahl verläuft in Objekt- bzw. Bildraum gerade durch den Rand von EP bzw. AP, womit der Name für diesen Strahl seine Erklärung findet. Die außeraxiale Abbildung wird durch den Verlauf des *Hauptstrahls* beschrieben. Er geht von dem

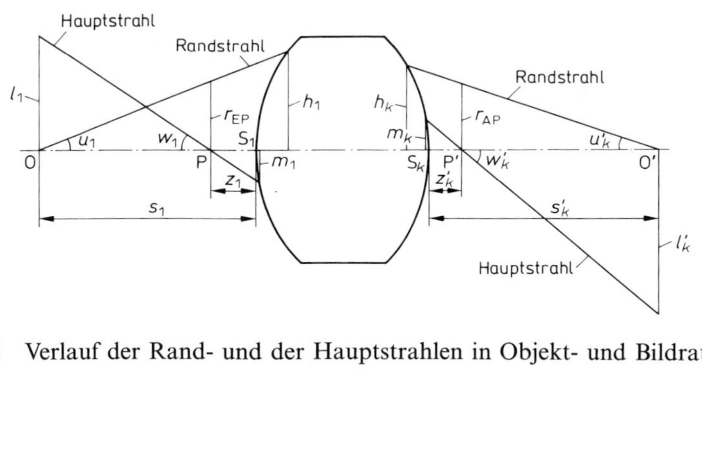

Abb. 1.78 Verlauf der Rand- und der Hauptstrahlen in Objekt- und Bildraum.

außeraxialen Objektpunkt Q aus, trifft die optische Achse im Objektraum im Punkt P, der Mitte der EP und besitzt eine Neigung w gegenüber der optischen Achse; im Bildraum trifft der Hauptstrahl die optische Achse im Punkt P′, der Mitte der AP; er besitzt die Neigung w' gegenüber der optischen Achse und er durchsetzt die achsensenkrechte Bildebene durch O′ im Punkte Q′, dem Bildpunkt zu Q. Es ist nicht nötig, den Verlauf weiterer Strahlen zu betrachten, speziell wenn der Hauptstrahl für den Objekt- bzw. Bildfeldrand betrachtet wird. Es läßt sich nämlich dann jeder andere Strahl als Linearkombination von Haupt- und Randstrahl darstellen. Einer Erklärung bedarf noch der Name Hauptstrahl: Vielfach ist die Aperturblende, realisiert z. B. durch eine mechanische Irisblende, im Durchmesser variabel; bei Verringerung des Blendendurchmessers werden dann die Aperturstrahlen mehr oder minder stark abgeblendet, d. h. sie können nicht mehr zur Abbildung beitragen. Solange die Blende und damit auch die Pupillen von null verschiedene Durchmesser besitzen, werden auf jeden Fall die Hauptstrahlen das optische System passieren; deshalb und weil der Verlauf der Aperturstrahlen symmetrisch relativ zu den Hauptstrahlen erfolgt, ist der spezielle Name gerechtfertigt.

Bei der Darstellung der Strahlenverläufe für die Objekt- und die Blendenabbildung in Objekt- und Bildraum wurden keine besonderen Voraussetzungen über das benutzte optische System gemacht. Das gilt, weil es sich hier um generell gültige Zusammenhänge handelt. Allerdings können O und/oder O′ oder P und/oder P′ auch sehr weit vom optischen System entfernt sein. Für die Vorgehensweise in praxi bedeutet das, daß Objekt und Bild sowie die Pupillen nur in Bezug auf die Grundpunkte eines aktuellen optischen Systems bekannt zu sein brauchen; der Aufbau, die Zusammensetzung des optischen Systems ist hier unwichtig.

Wie bereits oben angegeben, sind die Pupillen genau so ineinander abbildbar, wie das für Objekt und Bild gilt. Darüber hinaus ist aber zu beachten, daß Kopplungen zwischen Objekt und Bild einerseits und den Pupillen andererseits bestehen. Das ergibt sich besonders einfach aus der Definition des lateralen Abbildungsmaßstabs in Gl. (1.46), die hier anders geschrieben wird:

$$n_1 u_1 l_1 = n'_k l'_k u'_k = H . \tag{1.78}$$

Diese Beziehung ist für die gesamte abbildende Optik sehr wichtig; deshalb sei ihre Aussage in Worten wiederholt:

- Das Produkt aus Apertur und Objektgröße im Objektraum ist gleich dem Produkt von Apertur und Bildgröße im Bildraum. Es handelt sich hier um eine Invariante (unveränderliche Größe) der Abbildung; diese Invariante wird im allgemeinen *Huygens-Helmholtz-Invariante* genannt. Wir nennen sie abkürzend einfach *H-Invariante*.

Analog zu Gl. (1.78) kann mit den Daten der Pupillen-Abbildung auch geschrieben werden:

$$-n_1 \mathrm{w}_1 r_{\mathrm{EP}} = n'_k w'_k r_{\mathrm{AP}} = H . \tag{1.79}$$

Es resultiert hier der gleiche Wert für H auf Grund der Kopplung der Objekt- und Pupillenabbildung. Um das besser zu erkennen, entnimmt man aus der Abb. 1.78 die Beziehungen:

$$u_1 = \frac{r_{\text{EP}}}{s_1 - z_1} = \frac{h_1}{s_1},$$

$$w_1 = \frac{l_1}{z_1 - s_1} = \frac{m_1}{z_1} \tag{1.80}$$

bzw.

$$u'_k = \frac{r_{\text{AP}}}{s'_k - z'_k} = \frac{h_k}{s'_k},$$

$$w'_k = \frac{l'_k}{z'_k - s'_k} = \frac{m_k}{z'_k}. \tag{1.81}$$

Ersetzt man in Gl. (1.78) auf der linken Seite u_1 und l_1 durch die in Gl. (1.80) gegebenen Ausdrücke, so erhält man gerade die linke Seite von Gl. (1.79); analog gehen die rechten Seiten von Gl. (1.78) und Gl. (1.79) ineinander über, wenn man Gl. (1.81) beachtet.

Weiter ist die Pupillenabbildung vom Objekt- in den Bildraum natürlich auch durch die Gauß-Matrix wie in Gl. (1.44) bzw. Gl. (1.47) beschreibbar. Es ist aber auch möglich, Objekt- und Pupillenabbildung in einer Gleichung zusammenzufassen:

$$\boldsymbol{G}\begin{pmatrix} n_1 u_1 & n_1 w_1 \\ h_1 & m_1 \end{pmatrix} = \begin{pmatrix} n'_k u'_k & n'_k w'_k \\ h_k & m_k \end{pmatrix}. \tag{1.82}$$

Die Ausführung der Matrizen-Multiplikation führt gerade auf die bekannten Abbildungsgleichungen. Zusätzliche Information erhält man durch Bildung der Determinanten rechts und links; daraus ergibt sich wieder die Invarianz von H, denn die Determinante von $\boldsymbol{G}$ ist bekanntlich gleich eins.

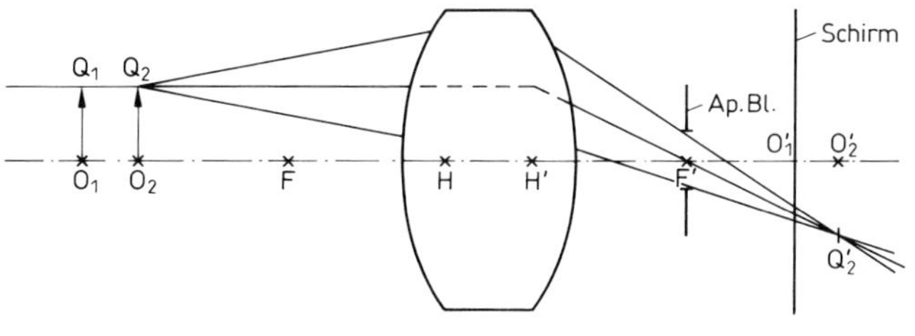

Abb. 1.79 Telezentrischer Hauptstrahlengang bei Anordnung der Aperturblende im bildseitigen Brennpunkt eines optischen Systems.

Die Lagen von Aperturblende und damit auch der Pupillen sind bis jetzt nicht festgelegt worden. Häufig ergeben sich spezielle Werte durch technische Nebenbedingungen. Es gibt jedoch einen besonderen Fall, in dem man wegen geforderter Abbildungseigenschaften auch der Aperturblende definitiv eine bestimmte Lage gibt. Es handelt sich um den Fall des *telezentrischen Hauptstrahlengangs,* bei dem die Aperturblende in der bildseitigen Brennebene des optischen Systems angebracht wird; siehe dazu Abb. 1.79. Die Hauptstrahlen verlaufen dann im Objektraum achsparallel, der objektseitige Bildwinkel w_1 ist gleich null; die EP liegt im Unendlichen. Dagegen befinden sich die abzubildenden Objekte in unterschiedlichen, endlichen Entfernungen vom optischen System; dementsprechend sind die Bildlagen ebenfalls unterschiedlich. Es besteht nun die Aufgabe, ein Objekt gegenüber Größe, aber mit variablen Lagen abzubilden und aus der resultierenden Bildgröße auf die des Objekts zu schließen. Beispielsweise aus den Gln. (1.54) und (1.55) geht hervor, daß das in Strenge nicht möglich ist. Es ist deshalb nach einer Vorgehensweise zu suchen, die den optimalen Kompromiß liefert. Es wird dafür bei einer mittleren Bildlage ein Schirm bzw. eine Mattscheibe aufgestellt; das Objekt in der konjugierten Lage wird natürlich scharf auf den Schirm abgebildet. Bei axialer Verschiebung des Objekts ändert sich zwar die Lage des Bildes, aber der Hauptstrahl durchstößt den Schirm immer noch an der gleichen Stelle. Auf dem Schirm entsteht nun ein etwas unscharfes Bild, das aber wegen des konstanten Hauptstrahl-Verlaufs die gleiche Größe besitzt wie das ursprüngliche Bild. Den Grad der Unschärfe kann man dadurch regeln, daß man die Apertur der Abbildung nur so groß macht, daß der Unschärfekreis auf dem Schirm ausreichend klein bleibt. Nach diesem Prinzip des telezentrischen Hauptstrahlengangs arbeiten alle Mikro-Objektive und optische Systeme, die in der Meßtechnik eingesetzt werden.

Abbildungen durch optische Systeme erfolgen grundsätzlich mit endlichen Werten von Apertur und Bildfeld. Die Festlegung dieser Werte geschieht durch die Angaben von Lagen und Größen der Aperturblende und der Gesichtsfeldblende. Die *quantitative Kennzeichnung* der jeweils gültigen Werte sollte in möglichst einheitlicher Weise vorgenommen werden. Dabei interessiert vor allem die Kennzeichnung im Objektraum, weil dadurch einerseits das abbildbare Objektfeld und andererseits die erfaßbare Apertur festgelegt werden; es ist dann aber auch die Apertur im Bildraum von Interesse, weil bei weitergehenden Untersuchungen zur Bestimmung der Bildqualität gerade diese Größe wesentlich ist. Es zeigt sich aber, daß eine völlig einheitliche Kennzeichnung nicht realisierbar ist. Das sei für die wichtigen Fälle kurz behandelt:

Zunächst werden Objekt und EP sowie Bild und AP jeweils in endlicher Entfernung vom optischen System angenommen, wie in Abb. 1.80 dargestellt. Aperturwinkel u_1 und Bildwinkel w_1 wie auch Pupillenradius r_{EP} und Objektgröße l_1 sind alle endlich; insofern ist jede dieser Größen zur Kennzeichnung geeignet. Typisch ist diese Konfiguration u. a. für reprografische Objektive. Aperturwinkel u und Objektfeld $2|l_1|$ werden hier normalerweise als charakteristische Leistungsdaten verwandt.

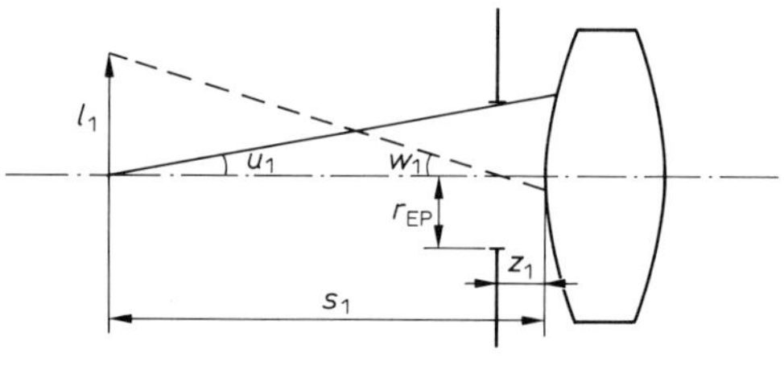

Abb. 1.80 Kennzeichnung von Apertur und Feld bei Objekt und EP in endlicher Entfernung vom optischen System.

Wenn das Objekt sehr weit entfernt ist, muß die EP in endlicher Entfernung vom optischen System liegen. Die Apertur kann hier durch den EP-Radius gekennzeichnet werden, was zuweilen auch geschieht; es ist jedoch weitaus gebräuchlicher, mit der *Blendenzahl* k zu arbeiten, die definiert ist durch

$$k = \frac{f}{2r_{EP}}. \tag{1.83}$$

Neben der Blendenzahl k wird auch noch die veraltete Bezeichnung „Öffnungsverhältnis" bzw. „relative Öffnung" benutzt; dabei handelt es sich jeweils um den Reziprokwert von k. Das Objekt- bzw. Bildfeld wird durch den objektseitigen Bildwinkel w_1 oder durch das Bildformat $2l'_k$ gekennzeichnet. So wird bei fotografischen Systemen verfahren; siehe dazu die Abb. 1.81.

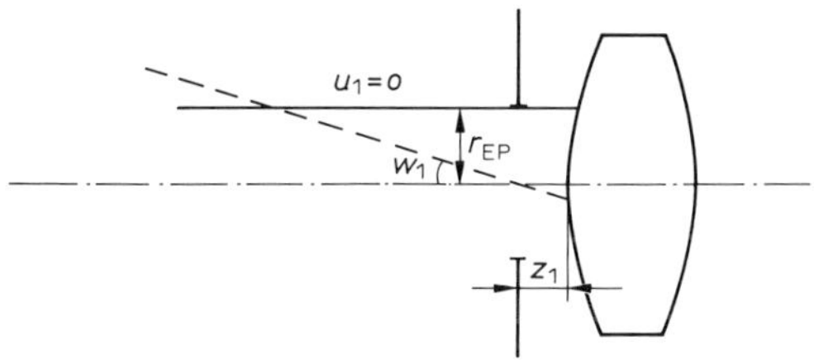

Abb. 1.81 Kennzeichnung von Apertur und Feld bei unendlich fernem Objekt.

Wenn jedoch die EP unendlich weit vom optischen System entfernt ist, und demnach das Objekt in endlicher Entfernung vom optischen System angeordnet ist, so ist die Apertur direkt in Form der maximalen Strahlneigung anzugeben, d. h. durch $n_1 \sin u_1$ (hier werden durchaus endliche Werte für die Apertur entsprechend der realen Anwendung eingetragen). Das Objekt- bzw. Bildfeld wird in solchen Fällen zumeist in Form des Durchmessers $2l'_k$ des Bildfelds gekennzeichnet. So geht man z. B. bei Objektiven für die Mikroskopie und auch bei mancherlei optischen Systemen für die Meßtechnik vor; siehe dazu die Abb. 1.82.

Die Funktionen der Aperturblende und der Gesichtsfeldblende sind, wie dargestellt, wohl definiert. Nur wenn optische Systeme mit zu kleinen Linsen- bzw. Spiegeldurchmessern ausgeführt werden, kann es passieren, daß bei außeraxialen Ab-

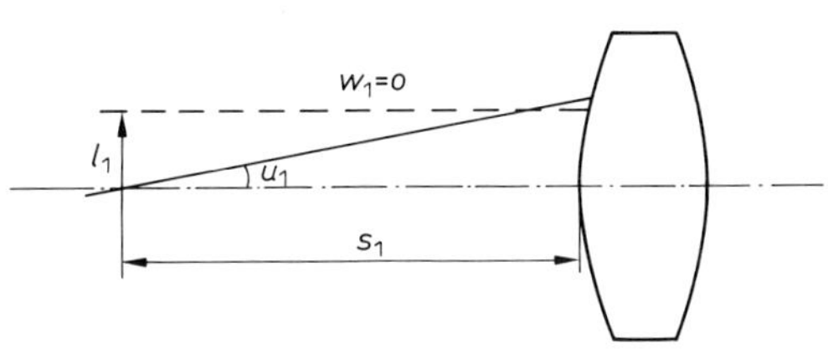

Abb. 1.82 Kennzeichnung von Apertur und Feld bei unendlich ferner EP.

bildungen als Aperturblende teilweise auch Linsenfassungen wirksam werden. Das hat aber nichts mit der prinzipiellen Funktion zu tun, sondern nur mit der Dimensionierung und ökonomischen Erwägungen. – In Gl. (1.79) wurde bereits angegeben, daß die H-Invariante eine Kopplung zwischen Objekt- und Aperturblenden-Abbildung beinhaltet. Das ist insbesondere bei zusammengesetzten optischen Systemen zu beachten, wie sie speziell in optischen Instrumenten verwendet werden. Man bezeichnet diese Kopplung auch als *verketteten Strahlengang*. Besonders gut läßt sich dessen Wirkungsweise am Mikroskop und dabei in der Mikro-Projektion darstellen bzw. überprüfen. Bei der Projektion eines vergrößerten Bildes auf einen Schirm müssen die Funktionen von Apertur- und Gesichtsfeldblende voneinander getrennt wahrgenommen werden können. Die Änderung der Aperturblenden-Größe darf nur eine Änderung der Bildhelligkeit zur Folge haben, die der Gesichtsfeldblende darf nur eine Änderung der Bildfeldgröße zur Folge haben. Hier ist implizit bereits angesprochen, daß man bei dem Mikroskop und vielerlei anderen optischen Geräten die beleuchtende Lichtquelle zweckmäßig nicht auf das Objekt sondern auf die Aperturblende abbildet. Damit vermeidet man einmal eine zu starke Erwärmung des Objekts durch die Strahlung und man erreicht gleichzeitig eine gleichmäßige Ausleuchtung des Objekts.

1.7 Abbildungsfehler

1.7.1 Auswirkungen der Dispersion optischer Medien

In dem Abschn. 1.5 über Gauß-Optik wurde festgestellt, daß in dem Bereich differentiell kleiner Aperturen von punktförmigen Objekten durch Abbildung wiederum punktförmige Bilder zu erzeugen seien. Das muß jetzt insofern relativiert werden, als die Aussage nur dann gilt, wenn es sich um Abbildungen für eine feste Wellenlänge handelt (sogenannte monochromatische Abbildung). Tatsächlich sind aber die in den Abbildungsgleichungen des Abschn. 1.5 eingesetzten Brechzahlen n, n' von der Wellenlänge λ abhängig. Das gilt jedenfalls für alle die optischen Systeme, die brechende optische Elemente enthalten. Es ist hier einfach festzustellen, in Kap. 2 dieses Buches genauer zu diskutieren, daß alle in der Optik benutzten Medien *Dispersion* besitzen; das bedeutet, daß die Brechzahlen n Funktionen der Wellenlänge λ sind:

$$n = n(\lambda)\,. \tag{1.84}$$

Optische Abbildungen erfolgen zumeist bei Benutzung von Strahlungen mit endlicher spektraler Bandbreite; der jeweils benutzte Strahler sendet bei unterschiedlichen Wellenlängen mit verschiedenen spektralen Strahldichten (Einzelheiten dazu siehe Kap. 5), auf Grund dessen im Bild Überlagerungen der monochromatischen Teilbilder zustande kommen; nur bei dem Einsatz von Lasern als Strahlungsquellen kann man Dispersions-Effekte im allgemeinen vernachlässigen. Hier gilt aber das Interesse vornehmlich solchen Abbildungsaufgaben, bei denen der sichtbare Spektralbereich von etwa $0{,}4\,\mu m \leq \lambda \leq 0{,}8\,\mu m$ berücksichtigt wird. Verfügbare optische Gläser besitzen Variationen der Brechzahl mit der Wellenlänge, wie sie beispielhaft in Abb. 1.83 für drei ausgewählte Gläser dargestellt ist.

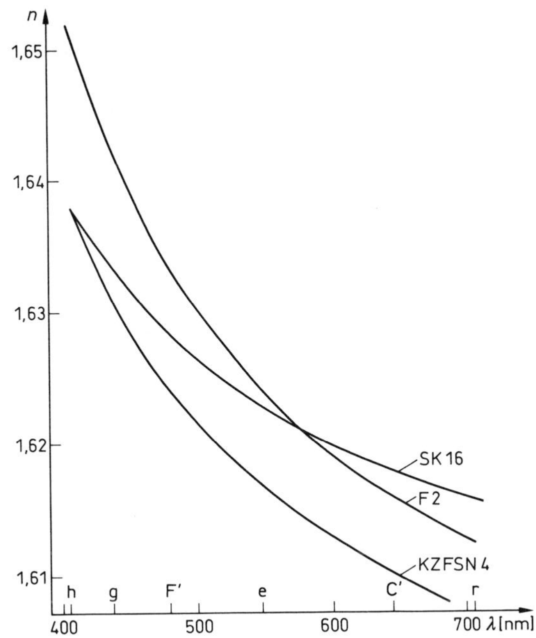

Abb. 1.83 Darstellung der Brechzahl als Funktion der Wellenlänge für drei ausgewählte Gläser.

Im hier interessierenden sichtbaren Spektralbereich weisen optische Gläser und andere interessierende Materialien „normale Dispersion" auf; das bedeutet, es gilt

$$\frac{dn}{d\lambda} < 0 .$$

Die Beschreibung des Dispersionverhaltens optischer Gläser erfolgt in der Praxis durch Gleichungen, die sich durch Einfachheit und Eignung auszeichnen, aber nicht notwendig theoretisch begründet sind. Eine besonders einfache Gleichung zur Beschreibung der Brechzahl-Variation mit der Wellenlänge ist die von Cornu (1870) angegebene:

$$n = n_0 + \frac{C}{\lambda - \lambda_0} . \tag{1.85}$$

Darin bedeuten n_0 die Brechzahl für $\lambda = \infty$, λ_0 die Wellenlänge, für die $n = \infty$ wird, d. h. für maximale Absorption. Da durch die Gl. (1.85) Brechzahlen nur auf etwa 4 Stellen genau beschrieben werden können, benutzen die Hersteller optischer Gläser heute die folgende Beschreibung der Brechzahl als Funktion der Wellenlänge:

$$n^2 = A_0 + A_1 \lambda^2 + A_2 \lambda^{-2} + A_3 \lambda^{-4} + A_4 \lambda^{-6} + A_5 \lambda^{-8} . \tag{1.86}$$

Mit dieser Gleichung wird im Bereich $400\,\text{nm} \leq \lambda \leq 750\,\text{nm}$ eine Darstellung der Brechzahl n als Funktion der Wellenlänge λ erreicht, die Abweichungen $\Delta n \leq 3 \cdot 10^{-6}$ besitzt.

Es ist üblich, vielfach nicht mit Dispersionsformeln wie den eben angeführten zu arbeiten, sondern statt dessen Brechzahlen für ausgewählte Wellenlängen zur Beschreibung des jeweils interessierenden Mediums zu verwenden. Im sichtbaren Spektralbereich wird die Fraunhofer-Linie e des Quecksilbers ($\lambda = 546{,}07$ nm) als Hauptwellenlänge gewählt. Die Brechzahl n_e wird als *Hauptbrechzahl* bezeichnet; daneben werden vor allem die Brechzahlen für die beiden Fraunhoferlinien F′ ($\lambda_{F'} = 479{,}99$ nm) und C' ($\lambda_{C'} = 643{,}85$ nm) benutzt. Die Brechzahl-Differenz $n_{F'} - n_{C'}$ wird als *Hauptdispersion* bezeichnet; neben dieser Größe wird die *Abbe-Zahl* ν_e zur ersten Charakterisierung des Dispersionsverhaltens eines optischen Mediums verwandt. Es gilt die Definition:

$$\nu_e = \frac{n_e - 1}{n_{F'} - n_{C'}}. \tag{1.87}$$

Es hat sich eingebürgert, die optischen Gläser – und andere optische Medien – in dem sogenannten n, ν-Diagramm darzustellen; für die optischen Gläser der Fa. Schott Glaswerke Mainz ist das entsprechende Diagramm in Abb. 1.84 wiedergegeben.

Wenn das Dispersionsverhalten optischer Gläser genauer beschrieben werden soll als durch n und ν möglich, so bedient man sich der sogenannten *relativen Teildispersion* P_{xy}, wobei die Indices x und y für speziell ausgewählte Wellenlängen stehen. Es gilt die Definition:

$$P_{xy} = \frac{n_x - n_y}{n_{F'} - n_{C'}}. \tag{1.88}$$

Wie Abbe vor mehr als 100 Jahren gezeigt hat, gilt für die meisten optischen Gläser die sogenannte Abbesche Regel, nach der die P_{xy} lineare Funktionen der Abbe-Zahl ν sind.

Die Abhängigkeit der Brechzahl n von der Wellenlänge bewirkt, daß bei brechenden Flächen deren Abbildungseigenschaften wellenlängenabhängig werden. Das ist sofort zu erkennen, wenn man mit Gleichungen wie Gl. (1.21) bzw. deren Verallgemeinerung wie Gl. (1.47) Schnittweiten und Abbildungsmaßstäbe für unterschiedliche Wellenlängen bestimmt. Es ist damit festzustellen, daß bereits im Bereich der Gauß-Optik *Abbildungsfehler* auftreten. Es ist üblich, hier von *Farbfehlern* bzw. *chromatischen Aberrationen* zu sprechen; da sich diese Ausdrucksweise eingebürgert hat, übernehmen wir diese Terminologie. Es ist jedoch darauf hinzuweisen, daß der Begriff *Farbe* und damit auch der von *Chroma* nur im Zusammenhang mit der Sinnesempfindung durch Auge und Gehirn sinnvoll ist, wie das in Kap. 6 im einzelnen dargelegt wird. Hier handelt es sich um Abbildungsfehler, die richtiger als *dispersive Fehler* zu bezeichnen sind, weil sie nur durch die Dispersion optischer Medien verursacht werden. Da diese Ausdrucksweise aber leider bisher nicht durchzusetzen ist, benutzen wir hier wider besseres Wissen die üblichen Ausdrücke.

Zunächst wird die axiale Abbildung eines Objektpunkts im Bereich der Gauß-Optik untersucht. Gemäß Gl. (1.21) gilt für die Abbildung durch eine beliebige Fläche eines abbildenden optischen Systems

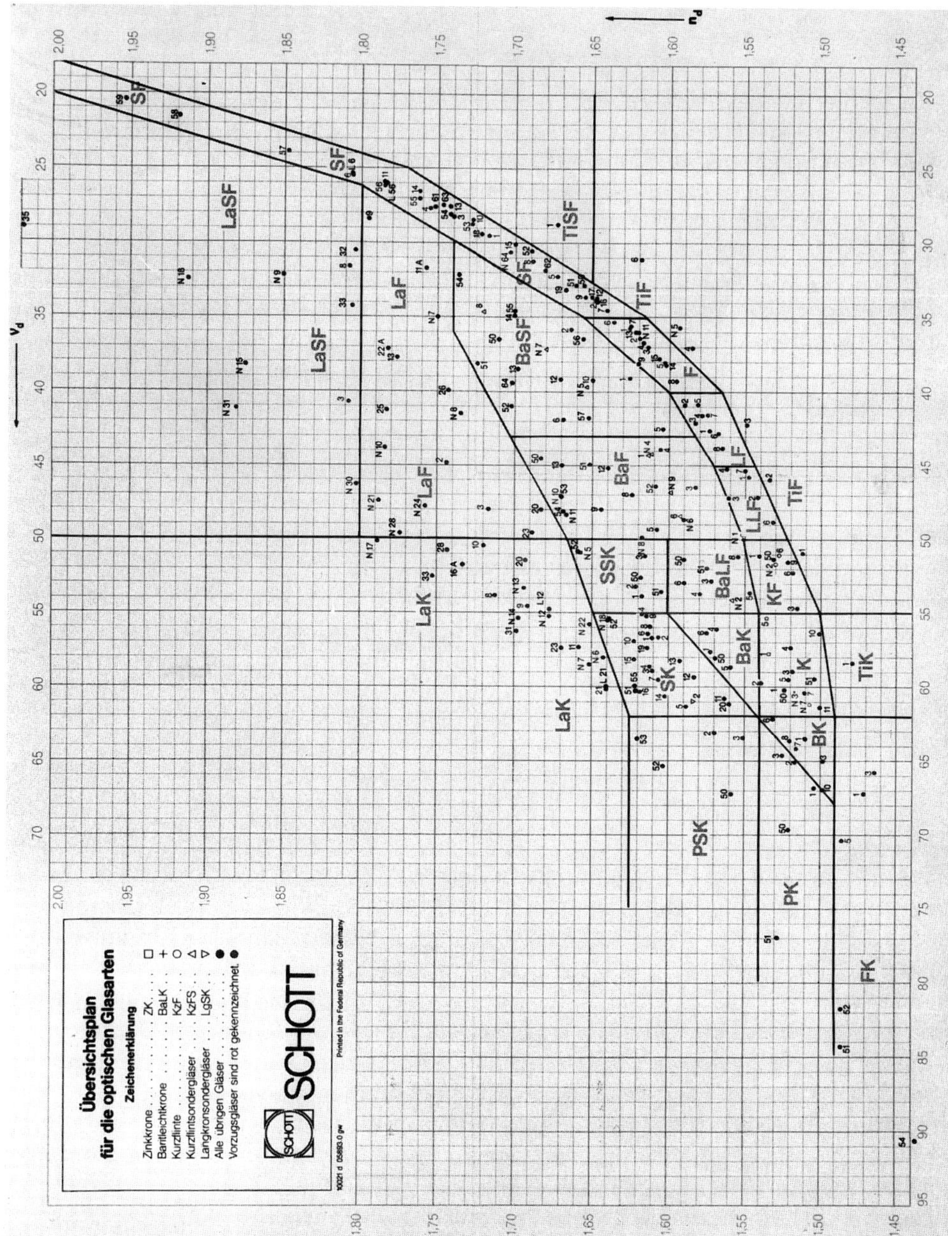

Abb. 1.84 Übersichtsplan für die optischen Glasarten der Fa. Schott Glaswerke, Mainz, (n, ν-Diagramm).

$$\frac{n'}{s'} = \frac{n}{s} + \frac{n'-n}{r}.$$

Hier sind die Brechzahlen n, n' als Funktionen der Wellenlänge λ aufzufassen; dementsprechend wird das auch für die Schnittweiten s, s' gelten. Durch Differentiation von Gl. (1.21) nach der Wellenlänge λ resultiert

$$\left(\frac{n'}{s'}\right)^2 \frac{\partial s'}{n'} = \left(\frac{n}{s}\right)^2 \frac{\partial s}{n} - n\left(\frac{1}{r} - \frac{1}{s}\right)\left(\frac{\partial n'}{n'} - \frac{\partial n}{n}\right). \tag{1.89a}$$

Für die weitere Diskussion ist es angebracht, gemäß Gl. (1.19) auf die Höhen-Winkel-Schreibweise überzugehen; das liefert

$$(n'u')^2 \frac{\partial s'}{n'} = (n\,u)^2 \frac{\partial s}{n} - h\,n\,i\left(\frac{\partial n'}{n'} - \frac{\partial n}{n}\right). \tag{1.89b}$$

Das Zeichen ∂ steht für die differentielle Variation einer Größe mit der Wellenlänge λ. Aus Gl. (1.89) sind bereits die Charakteristika des vorliegenden Abbildungsfehlers zu entnehmen, die vielfach auch bei anderen, später zu besprechenden Fehlern auftreten; die Diskussion erfolgt weiter unten.

Um den Abbildungsfehler eines zusammengesetzten optischen Systems zu ermitteln, stellt man sich den Ausdruck Gl. (1.89b) für alle Flächen j (mit $1 \le j \le k$) aufgeschrieben. Summiert man dann auf beiden Seiten, so ergibt sich wegen

$$n_{j+1} = n'_j; \quad u_{j+1} = u'_j$$

als Ergebnis

$$(n\,u)'^2_k \frac{\partial s'_k}{n'_k} = (n\,u)^2_1 \frac{\partial s_1}{n_1} - \sum_j h\,n\,i\left(\frac{\partial n'}{n'} - \frac{\partial n}{n}\right). \tag{1.90}$$

Die Aussagen von Gl. (1.90) sind: Bereits im Bereich der Gauß-Optik gibt es bei der axialen Abbildung Fehler, wenn endliche spektrale Bandbreiten zugelassen werden. Die Schnittweiten-Variation $\partial s'_k$ ist von zwei unterschiedlichen Einflußgrößen abhängig. Einmal wird die eventuell bereits im Objektraum vorhandene Schnittweiten-Variation ∂s_1 mit der Wellenlänge mit dem Faktor β^2 im Bildraum als $\partial s'_k$ wirksam. Zum anderen Mal – und das ist hier wesentlich – werden in dem Summenausdruck von Gl. (1.90) die Konstruktionsdaten des aktuellen Systems und die speziellen Strahldaten wirksam. Im allgemeinen wird angenommen, daß ein fehlerfreies Objekt vorliege; dann ist allein der Summenausdruck in Gl. (1.90) wirksam. Die dadurch bewirkte Schnittweiten-Variation im Bildraum wird *Farblängsfehler* oder auch *chromatische Längsaberration* genannt.

Der Summenausdruck in Gl. (1.90) sei etwas ausführlicher diskutiert, weil er eine typische Struktur besitzt, die in ähnlicher Form auch für andere, später zu besprechende Abbildungsfehler auftritt. Eine einzelne Fläche trägt nur dann nicht zum Farblängenfehler bei, wenn

- vor und nach der Fläche keine Dispersion besteht oder
- der Inzidenzwinkel i gleich null ist oder
- die Einfallshöhe h gleich null ist.

Solche Sonderfälle kommen wohl vor, doch sind sie hier nicht wesentlich.

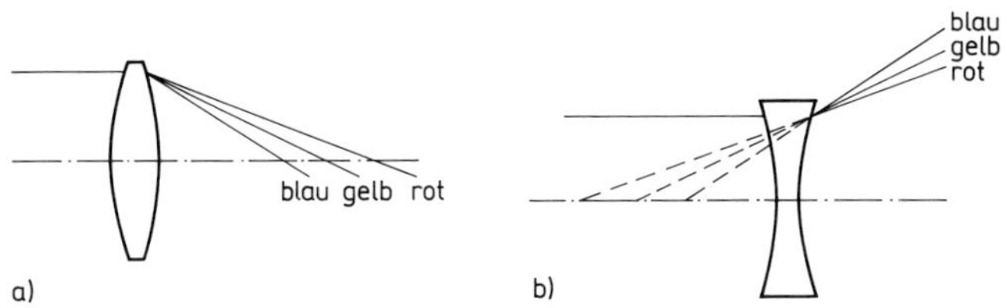

Abb. 1.85 Strahlenverlauf im Bildraum einer Linse bei Abbildung mit unterschiedlichen Wellenlängen; a) für eine Positivlinse; b) für eine Negativlinse.

Es sei nun danach gefragt, welchen Farblängsfehler eine dünne Linse der Brennweite f in Luft besitzt; damit wird ein erstes Maß dafür gewonnen, welche Bedeutung der Farblängsfehler besitzen kann. Die Abb. 1.85 zeigt den zugehörigen Strahlenverlauf in symbolischer Form für drei Wellenlängen. Aus Gl. (1.90) ergibt sich nach der entsprechenden Spezialisierung und bei gleichzeitiger Einführung endlicher anstatt differentieller Wellenlängendifferenzen

$$\Delta s'_{F' \ldots C'} = -f \, \frac{(1-\beta)^2}{\nu} \,. \tag{1.91}$$

Hier sind auf der rechten Seite von Gl. (1.91) f, β und ν für die Fraunhofer-Linie e eingesetzt. Der Farblängsfehler einer Linse ist demnach proportional zur Brennweite, umgekehrt proportional zur Abbe-Zahl und vom Abbildungsmaßstab β in quadratischer Form abhängig. Speziell für $\beta = +1$, d. h. wenn Objekt, Bild und Linse zusammenfallen, wird der Farblängsfehler zu null. – Beispielhaft wird ein Glas mit der Abbe-Zahl $\nu = 60$ angenommen, so daß bei $\beta = 0$ ein Farblängsfehler von $0{,}0167f$ resultiert (siehe Abb. 1.86a); bei $\beta = -1$ beträgt der Farblängsfehler bereits $0{,}0667f$. Diese Fehler-Beträge sind für viele Anwendungen bereits ausgesprochen störend.

Es ist deshalb zu untersuchen, ob es Möglichkeiten gibt, den Farblängsfehler zu korrigieren – d. h. zu null zu machen – oder wenigstens zu reduzieren. Da das Problem der Korrektion von Abbildungsfehlern hier erstmals auftritt, muß darauf etwas genauer eingegangen werden. Wie aus Gl. (1.90) zu ersehen ist, liefert im allgemeinen Fall jede Fläche einen Beitrag zum Farblängsfehler; Betrag und Vorzeichen können dabei durchaus variieren. Um übersichtliche Verhältnisse zu gewinnen, ist es angebracht, wieder das Konzept der dünnen Linsen in Luft zu verwenden; für diese resultiert aus Gl. (1.90) bei fehlerfreiem Objekt

$$\Delta s'_k = -\sum \frac{h_i^2 \, \varphi_i}{\nu_i \, h_1^2} \,. \tag{1.92}$$

Die Verhältnisse werden besonders einfach bei Betrachtung eines Systems aus zwei dünnen Linsen ohne gegenseitigen Abstand. Dann vereinfacht sich die Aufgabe der Annullierung des Farblängsfehlers zu

$$\frac{\varphi_1}{\nu_1} + \frac{\varphi_2}{\nu_2} = 0 \,. \tag{1.93}$$

Zusätzlich ist zu beachten, daß für die Brechkräfte der Einzellinsen noch die Nebenbedingung

$$\varphi_1 + \varphi_2 = \varphi$$

gilt, durch die der Gesamtbrechkraft φ ein bestimmter Wert zugewiesen wird. Nimmt man im Moment die Abbe-Zahlen als gegeben an, so erhält man für die Brechkräfte der Einzellinsen

$$\varphi_1 = \frac{\varphi \nu_1}{\nu_1 - \nu_2},$$

$$\varphi_2 = \frac{\varphi \nu_2}{\nu_2 - \nu_1}.$$

Mit $\nu_1 = 60$ und $\nu_2 = 30$ – das sind technisch realisierbare Daten – ergibt sich $\varphi_1 = 2\varphi$ und $\varphi_2 = -\varphi$; ein gleichwertiges Ergebnis erhält man bei Vertauschung der Abbe-Zahlen und damit auch der Brechkräfte. Das Ergebnis dieser Betrachtung ist, daß es durchaus möglich ist, mit Hilfe mehrerer Linsen und Gläser unterschiedlicher Dispersionen *Achromate* zu erzeugen. Es sind das optische Systeme, die für zwei unterschiedliche Wellenlängen (hier F′ und C′) gleiche Schnittweiten besitzen. Untersucht man solch einen Achromaten bei anderen Wellenlängen, so stellt man fest, daß für diese durchaus Schnittweiten-Variationen auftreten, wie sie in Abb. 1.86b dargestellt sind. Bei Verwendung sogenannter Regelgläser ist die verbleibende Schnittweiten-Abweichung, auch *sekundäres Spektrum* genannt, für die Wellenlänge *e* gegenüber F′ und C′ noch etwa $f/2000$; nur wenn Sondergläser eingesetzt werden, gelingt eine weitergehende Korrektion des Farblängsfehlers. Es ergeben sich im günstigsten Fall sogenannte *Apochromate,* die gleiche Schnittweiten bei drei Wellenlängen besitzen; die Abb. 1.86c enthält ein Beispiel für den Schnittweiten-Verlauf als Funktion der Wellenlänge.

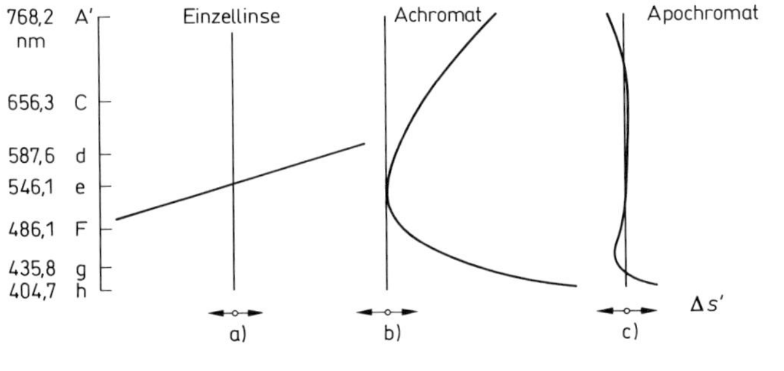

Abb. 1.86 Farblängsfehler a) einer einzelnen Linse; b) eines Achromaten; c) eines Apochromaten.

Die Korrektion von Fehlern, hier des Farblängsfehlers, erfordert mehr optische Elemente, als es aus den Überlegungen der Gauß-Optik heraus notwendig erscheint. Darüber hinaus sind aber die Beträge der Brechkräfte der einzelnen Elemente im allgemeinen größer zu wählen, als es für das gesamte Element gilt. Im obigen Beispiel des Achromaten ist das bereits zu erkennen. Wen man zusätzlich noch Gläser mit solchen Abbe-Zahlen verwendet, die sich weniger unterscheiden, als wir das in dem numerischen Beispiel oben angenommen haben, so steigen die Brechkraft-Beträge der einzelnen Elemente noch an. Diese Eigenschaft der *Korrektion durch Kompensation,* die hier angewandt werden muß, ist ausgesprochen unangenehm, weil dadurch nicht nur kostspielige und schwierige herstellbare Komponenten erforderlich werden, sondern vor allem weil die einzelnen Komponenten damit hohe Fehlerbeiträge liefern.

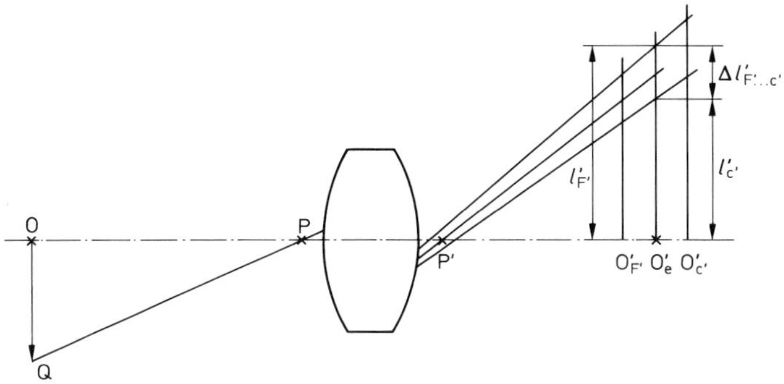

Abb. 1.87 Verlauf der Hauptstrahlen für unterschiedliche Wellenlängen im Bildraum bei Farbquerfehler.

Bereits im Bereich der Gauß-Optik ist zusätzlich zur axialen Abbildung der Verlauf der Hauptstrahlen zu berücksichtigen; für diese ist auch der Einfluß der Dispersion optischer Medien wirksam. In ganz analoger Weise wie oben für den Farblängsfehler sind hier Formulierungten herleitbar, die den Hauptstrahlverlauf als Funktion der Wellenlänge beschreiben. Die Abb. 1.87 zeigt in schematischer Weise ein Beispiel für die Hauptstrahlen unterschiedlicher Wellenlängen im Bildraum. Als Folge der Dispersion durchstoßen die Hauptstrahlen unterschiedlicher Wellenlängen die Bildebene der Bezugswellenlänge (hier e) in verschiedenen Bildhöhen. Den Bildhöhen-Unterschied $\Delta l'_{F'\ldots C'}$ für zwei ausgewählte Wellenlängen (hier F′ und C′) bezeichnet man als *Farbquerfehler* oder auch als *chromatische Vergrößerungsdifferenz.* Der zu Gl. (1.92) analoge Formelausdruck für den Farbquerfehler eines Systems dünner Linsen lautet

$$\Delta l'_{F'\ldots C'} = \sum_j \frac{\delta_j h_j^2 \varphi_j}{\nu_j h_1^2} . \tag{1.94}$$

Die hier neu eingeführte Größe δ steht im wesentlichen für das Verhältnis der Durchstoßhöhen von Hauptstrahl zu Randstrahl an dem i-ten Element. Daraus ist ersichtlich, daß ein Element am Ort der Aperturblende oder eines ihrer Bilder keinen Beitrag zum Farbquerfehler liefert. Im Gegensatz zum Farblängsfehler ist der Farbquerfehler also durch die Blendenlage beeinflußbar. Dieses Ergebnis ist typisch für den Unterschied zwischen axialer und außeraxialer Abbildung, wie es weiter unten ebenfalls festzustellen sein wird. Weiter ist aus Gl. (1.94) bzw. der Definition von δ

zu entnehmen, daß ein optisches Element vor der Aperturblende ein anderes Vorzeichen besitzen wird als ein Element hinter der Aperturblende. Damit ist ein Korrektionsmittel für den Farbquerfehler gegeben; insbesondere bei symmetrischen optischen Systemen (das sind Systeme, bei denen vordere und hintere Hälfte durch Spiegelung an der Aperturblende ineinander übergehen) gelingt es, den Farbquerfehler zu beseitigen, wenn auch der Strahlengang symmetrisch ist.

1.7.2 Abbildung bei endlichen Aperturen und Feldern

Wie in Abschn. 1.5 bereits formuliert, besteht die Aufgabe optischer Abbildungen darin, von punktförmigen Objekten punktförmige Bilder zu erzeugen. Das gelingt im Rahmen der Gauß-Optik bei fester Wellenlänge, weil dort mit differentiell kleinen Aperturen und Feldern gearbeitet wird. Dabei ist aber zu berücksichtigen, daß das nur in rechnerischer Näherung gilt. Reale Abbildungen erfolgen dagegen immer mit endlichen Werten von Apertur und Feld, so daß es notwendig wird, sich mit den tatsächlich auftretenden Strahlverläufen vertraut zu machen.

Bei der Beschreibung von Abbildungen im Sinn der Gauß-Optik in Abschn. 1.5 wurden zwei Näherungen eingeführt. Die erste Näherung betrifft die Darstellung des Strahlverlaufs relativ zur optischen Achse. Dabei wurden statt der trigonometrischen Funktionen deren Winkel selbst benutzt. Die zweite Näherung trifft nur für den Fall der Brechung, nicht für den der Reflexion zu: Es wurde nicht das exakt gültige Brechungsgesetz angewandt, sondern es wurde mit den Inzidenzwinkeln selbst statt mit den Sinus dieser Winkel gearbeitet. Diese Näherungen sind nun aufzugeben.

An Hand von einigen Beispielen wird versucht, einen ersten Einblick in Natur und Größe von Abbildungsfehlern zu erhalten. Zunächst wird deshalb die Abbildung von Objektpunkten durch eine ebene reflektierende Fläche betrachtet; siehe Abb. 1.88. Unter dem Winkel u gegenüber der Normalen zur spiegelnden Fläche vom Objektpunkt O ausgehende Strahlen besitzen nach der Reflexion den Neigungswinkel $-u$, und sie schneiden sich in dem gemeinsamen virtuellen Bildpunkt O′. In diesem einfachen Fall treten keine Abbildungsfehler auf. Objekt- und Bildentfernung von der spiegelnden Fläche sind gleich, der Abbildungsmaßstab β ist gleich $+1$.

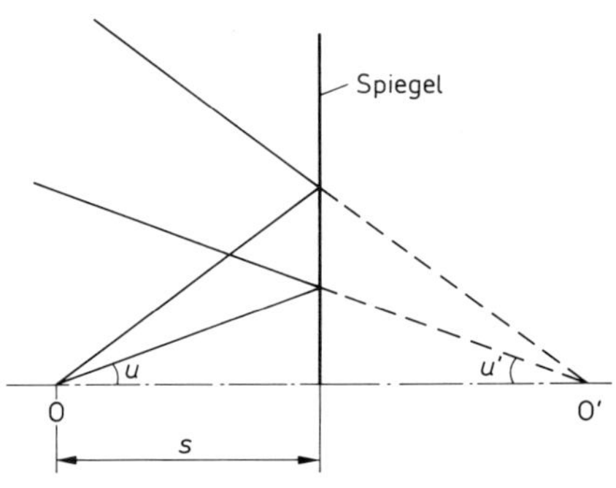

Abb. 1.88 Abbildung durch eine ebene reflektierende Fläche bei endlicher Apertur.

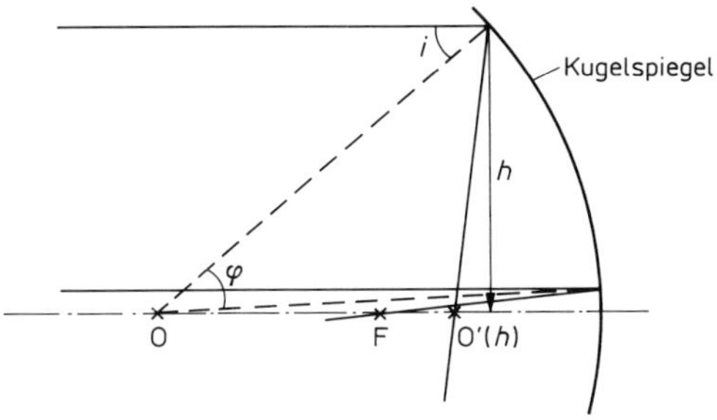

Abb. 1.89 Abbildung durch einen Kugelspiegel bei endlicher Apertur.

Als nächstes Beispiel wird die Abbildung durch einen Kugelspiegel betrachtet; siehe Abb. 1.89. Das Objekt wird hier unendlich entfernt angenommen, so daß ein Parallel-Strahlenbüschel auf den Kugelspiegel trifft. Der Verlauf der Strahlen nach der Reflexion ist zeichnerisch wie rechnerisch verfolgbar. Wenn die Einfallshöhe h der Strahlen im Verhältnis zum Radius r nicht mehr vernachlässigbar klein ist, ergibt sich keinesfalls mehr ein Bildpunkt. Vielmehr ist jeder Einfallshöhe h eine andere Bildschnittweite s' zugeordnet. Damit wird erstmals das Auftreten von *Abbildungsfehlern* oder auch *Aberrationen* bei monochromatischer Abbildung deutlich. Wichtig ist dabei vor allem, daß das Bild nicht punktförmig oder linienförmig oder flächenhaft ist, sondern daß eine räumliche Strahlenverteilung resultiert. Während in Abb. 1.89 die Verhältnisse nur für einzelne Strahlen zeichnerisch dargestellt sind, ergeben sich im Experiment (siehe Abb. 1.90) kontinuierlich variable Verhältnisse; es entsteht dabei eine Strahlenverteilung, die als *Kaustik* bezeichnet wird. Als Kaustik (Brennfläche) bezeichnet man genauer die Tangentialfläche an alle Strahlen, wobei immer zu berücksichtigen ist, daß es sich um eine räumliche Erscheinung handelt, die hier rotationssymmetrisch zur optischen Achse ist.

Abb. 1.90 Kaustik am Kugelspiegel in bildlicher Darstellung.

Quantitativ erhält man für die Schnittweiten $s'(h)$ mit den Bezeichnungen von Abb. 1.89:

$$\sin i = \sin \varphi = \frac{h}{r}$$

$$\overrightarrow{CO'} = \frac{r \sin i}{\sin(\pi - 2i)} = \frac{r}{2\cos i}$$

$$s' = r\left(1 - \frac{1}{2\cos i}\right)$$

Speziell gilt:

$$h = 0; \quad \text{bzw.} \quad h = \frac{r}{\sqrt{2}},$$

$$i = 0 \quad \text{bzw.} \quad i = \frac{\pi}{4},$$

$$s' = \frac{r}{2} \quad \text{bzw.} \quad s' = r\left(1 - \frac{1}{\sqrt{2}}\right) \approx 0{,}293\, r\,.$$

Die Schnittweiten s' variieren also beträchtlich mit der Einfallshöhe h.

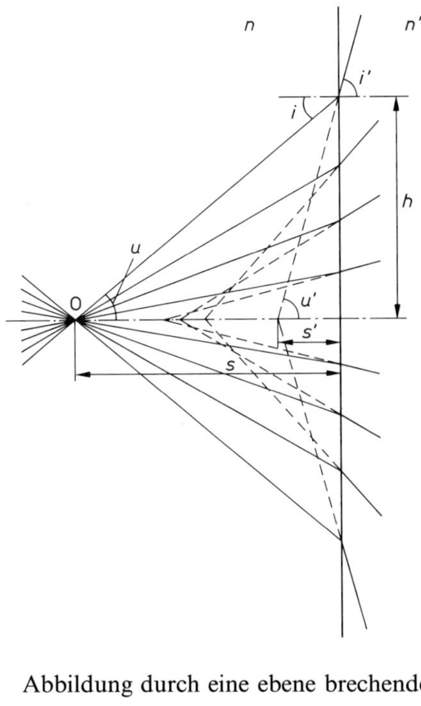

Abb. 1.91 Abbildung durch eine ebene brechende Fläche bei endlicher Apertur.

Als weiteres Beispiel sei nun die ebene brechende Fläche behandelt (siehe Abb. 1.91); die Brechzahl vor der Fläche sei n, die hinter der Fläche sei n', wobei speziell in der Abb. $n' < n$ gelten soll. Wie aus der Abb. 1.91 zu entnehmen ist, gilt die Beziehung

$$h = s \tan u = s' \tan u' .$$

Außerdem sind $i = -u$ und $i' = -u'$. Unter Berücksichtigung des Brechungsgesetzes nach Gl. (1.2)

$$n \sin i = n' \sin i'$$

ergibt sich die Schnittweite nach der Brechung zu

$$s' = \frac{n' s}{n \cos u} \sqrt{1 - \left(\frac{n}{n'} \sin u\right)^2} . \tag{1.95}$$

Offensichtlich ist die Bildschnittweite s' von dem Aperturwinkel u abhängig. Bei der Brechung treten Abbildungsfehler bereits im Falle ebener Grenzflächen auf, die auch zur Entstehung einer Kaustik führen.

Diese eben behandelten einfachsten Fälle von Abbildungen zeigen bereits, daß im allgemeinen Aberrationen zu erwarten sind, wenn Abbildungen vorgenommen werden. Bei Verwendung von optischen Systemen mit mehreren bzw. vielen Flächen ist immer damit zu rechnen, daß Abweichungen von der Gauß-Optik auftreten. Es wird in den nächsten Teilabschnitten zu untersuchen sein, wie Abbildungsfehler in allgemeinen Fällen zu beschreiben sind, wie ihr Zustandekommen erklärt werden kann und ob es Möglichkeiten gibt, Aberrationen zu reduzieren oder gar zu vermeiden.

1.7.2.1 Abbildungsfehler einer brechenden Fläche

Bei der Messung oder Berechnung von monochromatischen Abbildungsfehlern beliebig zusammengesetzter optischer Systeme stellt man fest, daß sehr viele Parameter von Einfluß sind und somit sehr schwer eine Übersicht zu gewinnen ist. Das wird weiter unten im einzelnen noch gezeigt werden. Es erscheint deshalb sehr angebracht, zunächst möglichst einfache Abbildungsaufgaben zu untersuchen, von denen ausgehend später die notwendigen Verallgemeinerungen vorgenommen werden können. Dafür bietet es sich an, die Abbildung durch eine sphärische brechende Fläche zu behandeln. Spiegelflächen werden damit auch erfaßt, was rechnerisch einfach durch entgegengesetzt gleiche Brechzahlen vor und nach der Grenzfläche erreicht wird.

Von der zu betrachtenden Grenzfläche seien der Radius r und die Brechzahlen n und n' bekannt. Weiter sei im Abstand s von der Grenzfläche ein abzubildender Objektpunkt O gegeben (siehe Abb. 1.92). Die Gerade durch den Objektpunkt O und den Krümmungsmittelpunkt C ist eine optische Achse; jede andere Gerade durch C ist ebenfalls als optische Achse vorstellbar, weil hier eine sphärische und damit rotationssymmetrische Fläche vorausgesetzt ist. Um einen Bezug herzustellen, wird nach den Formeln der Gauß-Optik (siehe Abschn. 1.5) der Bildpunkt O_0' bestimmt (Der Index $_0$ wird weiterhin benutzt, um Größen der Gauß-Optik von denen für endliche Aperturen bzw. Felder zu unterscheiden; letztere werden ohne Index geschrieben.). Es werden nun von dem Objektpunkt O unter endlichem Winkel u gegenüber der optischen Achse ausgehende Strahlen betrachtet. Bei bekannter Objektschnittweite s ist mit Hilfe des Brechungsgesetzes und einfachen Formeln der Geometrie der Strahlverlauf nach der Brechung berechenbar. Wie bereits oben bei der Abbildung durch eine Planfläche festgestellt, ergibt sich auch hier, daß die Bildschnittweite s' mit dem Aperturwinkel u variiert; bei sammelnden Flächen – wie in Abb. 1.92 angenommen – nimmt s' mit wachsendem u ab. Der im Bildraum resultierende Strahlverlauf ist wieder durch eine Kaustik beschreibbar. Die Kaustik ist die Einhüllende zu allen Strahlen, sie tangiert jeden Strahl; darüber hinaus ist die Kaustik hier natürlich rotationssymmetrisch. Bei der Abbildung durch eine Fläche ist die Schnittweiten-Differenz $\Delta s'$ relativ zu O'_0 in ausreichender Näherung beschreibbar durch:

$$\Delta s' = C \sin^2 u' \,.$$

Die Größe C ist dabei von r, n, n' und s abhängig.

Der damit qualitativ beschriebene Fehler ist der *Öffnungsfehler*. Es ist auch der Name sphärische Aberration gebräuchlich, der hier jedoch vermieden wird, weil er fälschlicherweise suggeriert, daß dieser Fehler speziell durch sphärische Flächen hervorgerufen würde. Die wesentlichen Charakteristika des Öffnungsfehlers sind die Apertur-Abhängigkeit, die Rotationssymmetrie und die Unabhängigkeit von den Feld-Koordinaten; die letztere Eigenschaft bedeutet, daß der Öffnungsfehler über das gesamte Bildfeld hinweg auftritt. Wegen dieser Eigenschaften wird der Öffnungsfehler hier als der **primäre** *Abbildungsfehler* bezeichnet. Die Apertur wird wie bei jeder Abbildung durch eine Aperturblende begrenzt; in der Abb. 1.92 besitzt die Aperturblende eine spezielle Lage; sie ist nämlich am Ort des Krümmungsmittelpunkts der brechenden Fläche angebracht. Auf die Bedeutung der Blendenlage wird weiter unten noch einzugehen sein.

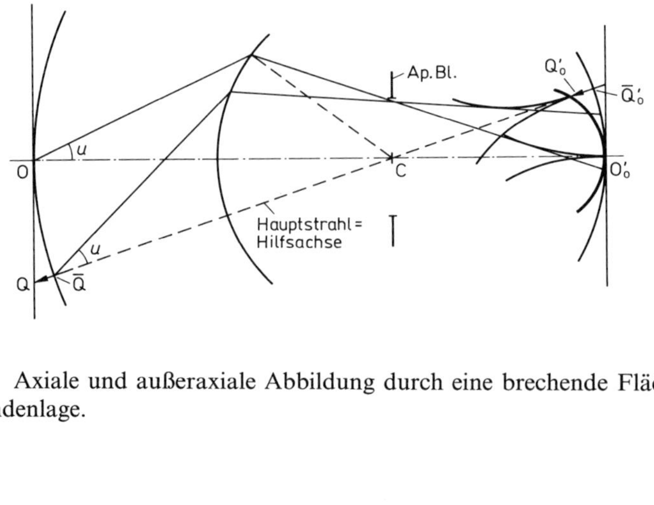

Abb. 1.92 Axiale und außeraxiale Abbildung durch eine brechende Fläche; Fall symmetrischer Blendenlage.

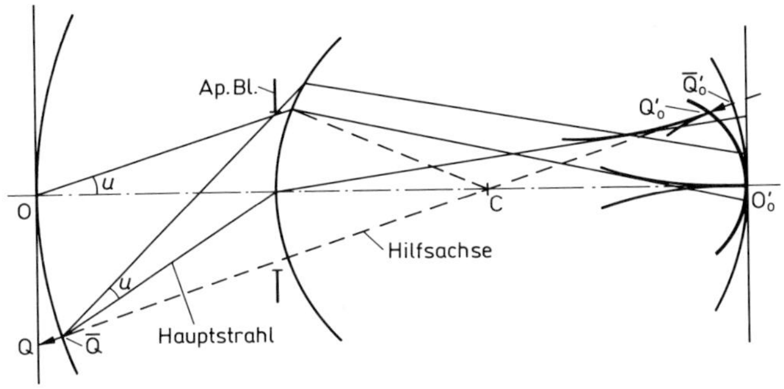

Abb. 1.93 Axiale und außeraxiale Abbildung durch eine brechende Fläche; Fall beliebiger Blendenlage.

Es wird nun auf die Abbildung außeraxialer Objektpunkte übergegangen. Wie früher (Abschn. 1.5) bereits angegeben, besteht die Abbildungsaufgabe darin, von achsensenkrechten ebenen Objekten achsensenkrechte ebene Bilder zu erzeugen; dabei sind die mit Hilfe der Gauß-Optik bestimmten Lagen und Größen der Bilder als Sollwerte aufzufassen. Es wird beispielhaft die Abbildung eines Objektpunkts Q betrachtet. Da die Abbildung durch nur eine Fläche behandelt wird, ist die Gerade QC auch als Symmetrieachse für die Abbildung von Q auffaßbar. Es wird jetzt die Zusatzforderung für die außeraxiale Abbildung gestellt, längs der Geraden QC eine gleichartige Abbildung zu erzeugen, wie sie für O in Bezug auf die Achse OC vorgenommen wurde. Diese Forderung läßt sich nur erfüllen, wenn man an Stelle von Q als Objektpunkt $\bar{Q}$ wählt; dabei ist $\bar{Q}$ dadurch definiert, daß er einerseits auf der Achse QC liegt und andererseits auf der Kugel mit dem Mittelpunkt C und dem Radius $r - s$. O und $\bar{Q}$ besitzen also den gleichen Abstand von der brechenden Fläche. Bei der Abbildung von $\bar{Q}$ entlang der (Hilfs-)Achse QC mit differentieller Apertur (Gauß-Optik) liegt der Bildpunkt $\bar{Q}'_0$ auf der Kugel mit dem Mittelpunkt C und dem Radius $s' - r$.

Es wird nun zur Abbildung von $\bar{Q}$ unter endlichen Aperturwinkeln u übergegangen; sie erfolgt unter identischen Bedingungen wie die von O; dementsprechend entsteht in der Umgebung von $\bar{Q}'_0$ die gleiche Kaustik wie bei O'_0. Es besteht aber nach wie vor die Aufgabe, die achsensenkrechte Objektebene durch O abzubilden; daher ist statt $\bar{Q}$ wieder Q als Objektpunkt aufzufassen. Da der Abstand $\overrightarrow{\bar{Q}Q}$ zumindest bei mäßigen Bildwinkeln w als klein gegenüber der Objekthöhe $\overrightarrow{OQ}$ aufzufassen ist, kann der Objektverschiebung von $\bar{Q}$ nach Q längs der Hilfsachse QC im Bildraum eine korrespondierende Verschiebung gemäß der Tiefenvergrößerung nach Gl. (1.45) zugeordnet werden:

$$\mathrm{d}s' = \mathrm{d}s\,\alpha$$

mit

$$\alpha = \beta^2 \frac{n'}{n} > 0\,.$$

Der Verschiebung des Objekts um ds von $\bar{\mathrm{Q}}$ nach Q entspricht also im Bildraum eine gleichgerichtete Verschiebung ds' von $\bar{\mathrm{Q}}'_0$ nach Q'_0. Damit wird das ebene Objekt OQ bei endlichen Bildwinkeln w und differentiellen Aperturen um die Hilfsachse QC herum in eine Bildschale $\mathrm{O}'_0\mathrm{Q}'_0$ abgebildet, die parabolische Form besitzt. Diese Erscheinung bezeichnet man als – natürliche – *Bildfeldwölbung;* genauer formuliert wird der Abstand des Bildpunkts Q'_0 von der Soll-Bildebene durch O'_0 als Bildfeldwölbung aufgefaßt; dabei wird der Abstand entweder in Richtung der optischen Achse OC oder auch in Richtung der aktuellen Hilfsachse QC gemessen. Die Bildfeldwölbung tritt immer dann auf, wenn endlich große Objektfelder abzubilden sind. Eine brechende oder spiegelnde Fläche liefert nur dann keinen Beitrag zur Bildfeldwölbung, wenn die Fläche plan ist.

Rechnerisch läßt sich die Bildfeldwölbung in dem Bildwinkelbereich geschlossen darstellen, in dem die Näherung

$$\cos w \approx 1 - \frac{w^2}{2}$$

ausreichend ist. Dann gilt:

$$\frac{p'}{n'} = \beta^2 \frac{p}{n} + \frac{l'^2}{2R}. \tag{1.96}$$

Dabei sind p und p' die in axialer Richtung gemessenen Bildfeldwölbungen, objekt- bzw. bildseitig, und $1/R$ ist die Krümmung des Bildfelds, die durch die abbildende Fläche bewirkt wird. Für $1/R$ ist auch der Ausdruck *Petzval-Krümmung* üblich; damit wird an den österreichisch-ungarischen Mathematiker Petzval erinnert, der um 1840 erstmals explizit die obigen Zusammenhänge angab. Insbesondere ist $1/R$ direkt aus den Daten der abbildenden Fläche berechenbar gemäß:

$$\frac{1}{R} = \frac{\varphi}{n n'}. \tag{1.97}$$

φ ist die in Abschn. 1.5 eingeführte Flächenbrechkraft. Offensichtlich ist die Bildfeldwölbung bei brechenden Flächen der Brechkraft direkt proportional; bei spiegelnden Flächen ist formal zu setzen $n = -n'$ (wegen der Lichtumkehrung), so daß die Bildfeldwölbung bei spiegelnden Flächen umgekehrt proportional zur Brechkraft ist. Von Bedeutung ist die besondere Eigenschaft der Bildfeldwölbung, unabhängig von der Objektlage zu sein; das trifft nur für diesen Fehler zu und ist daher hervorzuheben. Die Bildfeldwölbung bewirkt also eine bildwinkelabhängige Verschiebung der Bildpunkte in axialer Richtung bzw. genauer in Richtung des Hauptstrahls; damit ist – im Gegensatz zum Öffnungsfehler – keine Bildunschärfe verbunden, wenn auf der Bildschale beobachtet wird. Wenn jedoch das Bild in der achsensenkrechten Ebene durch O'_0 beobachtet wird, so entsteht dort ein Zerstreuungskreis, dessen Radius direkt proportional zur numerischen Apertur $n \sin u$ und proportional zum Quadrat der Bildhöhe ist.

Die bisherigen Aussagen zur Bildfeldwölbung gelten für die Abbildung bei endlichen Bildwinkeln und differentieller Apertur – wie oben bereits ausgesagt wurde. Um den realen bzw. allgemeinen Fall zu erfassen, ist die Abbildung von Q mit der gleichen Apertur vorzunehmen wie die von O. Da O und Q nahezu gleich weit entfernt von C sind, wird der bei endlicher Apertur wirksame Öffnungsfehler – zumindest qualitativ – für die Abbildungen beider Objektpunkte nahezu gleich sein; dementsprechend ist in Abb. 1.92 für das außeraxiale Bild um Q'_0 die gleiche Kaustik eingetragen wie für das axiale Bild um O'_0. Öffnungsfehler und Bildfeldwölbung überlagern sich also additiv; in dem bis jetzt betrachteten Fall erzeugen beide Fehler rotationssymmetrische Bildfiguren.

Es ist nun notwendig, auf den allgemeinen Fall überzugehen. Die Besonderheit des bis jetzt benutzten außeraxialen Strahlengangs besteht darin, daß die Lage der Aperturblende und damit der Verlauf des Hauptstrahls so gewählt wurden, daß die Hilfsachse und der Hauptstrahl zusammenfielen; damit ergaben sich für die außeraxiale Abbildung die gleichen Symmetrie-Verhältnisse wie für die axiale Abbildung. Im allgemeinen ist die Lage der Aperturblende jedoch beliebig. Es ist zu untersuchen, inwieweit die Blendenlage die Abbildungsfehler beeinflußt; siehe dazu Abb. 1.93. Die Abb. 1.92 und 1.93 stimmen bis auf die Lage und Größe der Aperturblende überein. Die axiale Abbildung ist in beiden Fällen identisch: die außeraxiale Abbildung ist jedoch unterschiedlich, was zunächst im Verlauf des Hauptstrahls zum Ausdruck kommt. Die zur Abbildung von Q beitragenden Strahlenbüschel sind in den beiden Fällen offensichtlich deutlich verschieden. Das wirkt sich im Bildraum so aus, daß die Strahlenbüschel und damit auch die Kaustik keinesfalls mehr symmetrisch zu der Hilfsachse verlaufen. Vielmehr nimmt die Aperturblende eine Selektion der Strahlenbüschel vor.

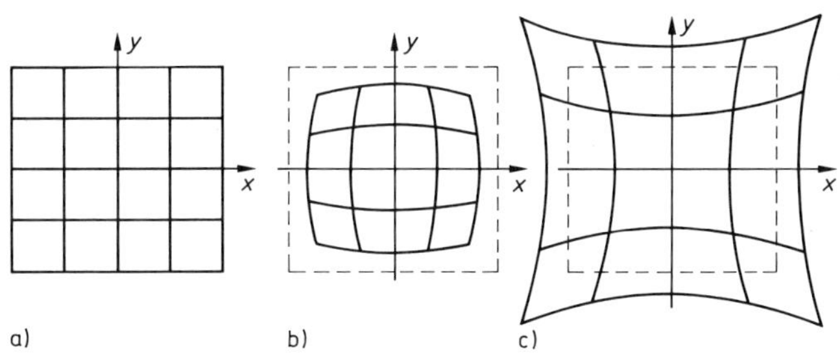

Abb. 1.94 a) Bilder eines Quadrats bei b) tonnenförmiger bzw. c) kissenförmiger Verzeichnung.

Bei symmetrischer Blendenlage wie in Abb. 1.92 durchsetzt der Hauptstrahl die Soll-Bildebene in dem Abstand l'_0 von der optischen Achse; bei beliebiger Blendenlage, wie in Abb. 1.93 durchsetzt der Hauptstrahl die Soll-Bildebene in einer anderen Bildhöhe; das ergibt eine bildwinkelabhängige Bildhöhen-Änderung, die man *Verzeichnung* nennt. In Abb. 1.93 ist die Hauptstrahldurchstoßhöhe kleiner als der Sollwert; in diesem Fall wird die Verzeichnung als negativ gewertet und man spricht anschaulich von einer *tonnenförmigen Verzeichnung*. Umgekehrt wird die Verzeichnung positiv gewertet, wenn die Hauptstrahldurchstoßhöhe größer ist als der Sollwert; dann wird die Verzeichnung *kissenförmig* genannt. In Abb. 1.94 ist dargestellt, wie die Abbildung eines Quadrats durch Verzeichnung beeinflußt wird. Hier wird die Verzeichnung durch den Verlauf des Hauptstrahls bestimmt; es ist also keine

Apertur-Abhängigkeit berücksichtigt. Diese Betrachtungsweise ist zwar nicht ganz exakt, doch es werden die wesentlichen Eigenschaften erfaßt. Die Lage der Aperturblende ist für Betrag und Vorzeichen entscheidend; insbesondere gibt es – wie oben bereits festgestellt – eine Blendenlage, bei der Freiheit von Verzeichnung besteht. Festzuhalten ist weiter, daß das Auftreten von Verzeichnung bereits durch die Strahlablenkung bei der Brechung bzw. der Reflexion bestimmt wird.

Wenn man die Abbildung des Objektpunkts Q längs des Hauptstrahls bei zunächst differentiellen Aperturen zusätzlich betrachtet, so führt man eine Rechentechnik ein, die vollkommen analog zu der Gauß-Optik im Falle der Rotationssymmetrie ist. Hier sind jedoch die Symmetrie-Verhältnisse anders, es besteht nur noch eine Symmetrie zum Meridionalschnitt. Der *Meridionalschnitt* ist als die Ebene definiert, die durch den außeraxialen Objektpunkt und die optische Achse definiert ist; in den Abbildungen zu diesem Abschnitt ist der Meridionalschnitt identisch mit der Zeichenebene. Der Schnitt senkrecht zur Meridionalebene, der den Hauptstrahl enthält, ist der *Haupt-Sagittalschnitt*. Die Abbildung mit differentiellen Aperturen längs des Hauptstrahls muß in den beiden Schnitten getrennt betrachtet werden.

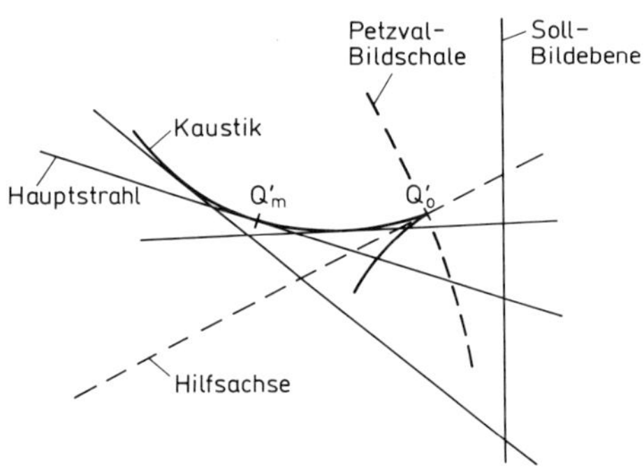

Abb. 1.95 Abbildung im Meridionalschnitt durch hauptstrahlnahe Strahlen.

Es wird zuerst auf den Fall der meridionalen Abbildung eingegangen; siehe dazu die Abb. 1.95, in der die Winkel wesentlich größer dargestellt sind, als es der Realität entspricht. Dargestellt sind zwei dem Hauptstrahl benachbarte Strahlen, deren Schnittpunkte mit dem Hauptstrahl im Bildraum gesucht sind. Der Hauptstrahl und diese beiden Strahlen tangieren natürlich die Kaustik. Läßt man nun die beiden Strahlen immer näher an den Hauptstrahl heranrücken, so ergibt sich in dem Grenzfall als Bildpunkt Q'_m gerade der Punkt, in dem der Hauptstrahl die Kaustik tangiert. Der Name dieses Punktes ist *meridionaler Bildpunkt*, weil er durch die Abbildung mit Strahlen im Meridionalschnitt zustande kommt. Im allgemeinen besitzt Q'_m einen endlichen Abstand von der Soll-Bildebene, so daß dadurch eine modifizierte Bildfeldwölbung zustande kommt.

Gleichartig wie eben im Meridionalschnitt werden nun zwei dem Hauptstrahl differentiell benachbarte Strahlen im Sagittalschnitt betrachtet; siehe dazu auch die Abb. 1.96. Die wiederum von dem Objektpunkt Q ausgehenden Strahlen durchsetzen

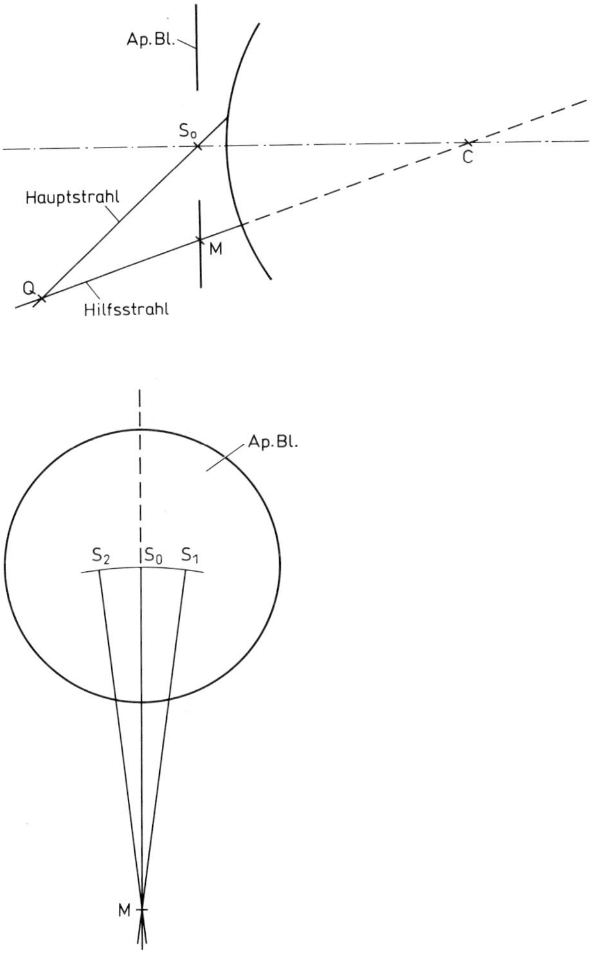

Abb. 1.96 Durchstoßpunkte der dem Hauptstrahl benachbarten Sagittalstrahlen in der Aperturblende.

die Aperturblende in Punkten, die auf dem Kreisbogen um M liegen, wobei M der Punkt in der Aperturblendenebene ist, in dem die Hilfsachse QC (siehe Abb. 1.93) erstere durchstößt. In den Schnitten MS_1 und MS_2 gelten aber die gleichen Abbildungseigenschaften wie in dem Schnitt MS_0, also dem Meridionalschnitt. Dementsprechend wird nach der Brechung bzw. Reflexion aus Symmetriegründen den drei Schnitten weiterhin die Hilfsachse durch QC gemeinsam sein. Daher muß der sagittale Bildpunkt einerseits auf dem Hauptstrahl, andererseits auf der Hilfsachse liegen, so daß sich der *sagittale Bildpunkt* Q'_s ergibt, wie in Abb. 1.97 eingetragen. Die beiden Bildpunkte Q'_m und Q'_s liegen also beide auf dem Hauptstrahl, allerdings im allgemeinen an unterschiedlichen Orten. Der Abstand zwischen den beiden Bild-

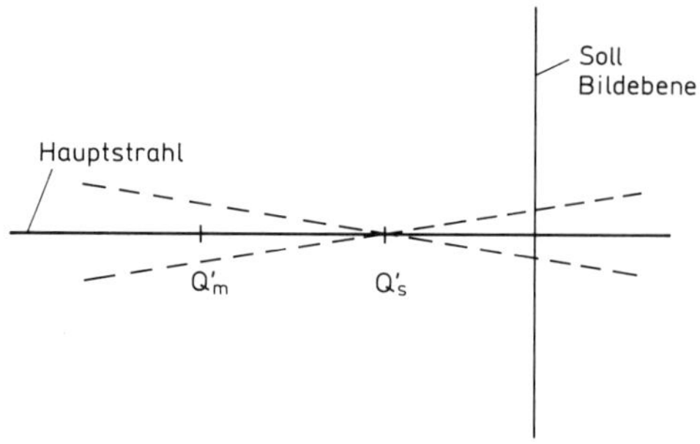

Abb. 1.97 Abbildung im Sagittalschnitt durch hauptstrahlnahe Strahlen.

punkten heißt *astigmatische Differenz,* der damit beschriebene Fehler wird *Astigmatismus* genannt. Abbildungen in anderen Schnitten als den beiden eben behandelten Hauptschnitten liefern Bildpunkte, die zwischen Q'_m und Q'_s liegen. Das Auftreten des Astigmatismus ist wie das der Verzeichnung wesentlich eine Folge der Aperturblendenlage; im Falle der sogenannten symmetrischen Blendenlage (siehe Abb. 1.92) ist der Astigmatismus null bzw. nicht vorhanden. Die relativen Lagen von Q'_m und Q'_s zueinander hängen offensichtlich wesentlich von der Lage und Größe der Kaustik ab. Es sei aber betont, daß der Astigmatismus sowohl positive wie negative Werte annimmt; das hängt vor allem von der jeweiligen Brechkraft der Fläche ab. Wenn Astigmatismus vorhanden ist, so durchsetzen die Strahlen die Soll-

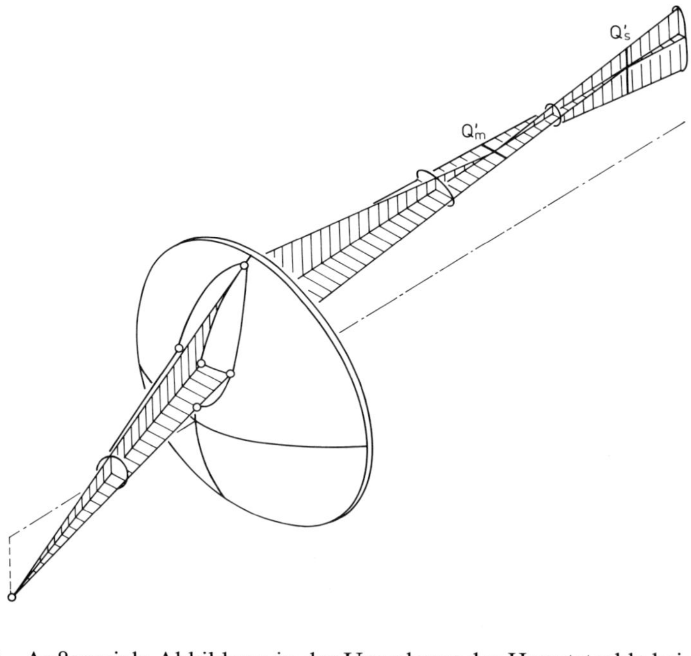

Abb. 1.98 Außeraxiale Abbildung in der Umgebung des Hauptstrahls bei endlichem Astigmatismus; perspektivische Darstellung des Strahlenverlaufs.

bildebene im allgemeinen in elliptischen Zerstreuungsfiguren; wenn jedoch der sagittale oder der meridionale Bildpunkt mit der Sollbildebene zusammenfällt, so entarten die Zerstreuungsfiguren zu Geradenstücken. In der Abb. 1.98 ist dargestellt, wie im Bildraum der Strahlenverlauf vorzustellen ist.

Bis jetzt haben wir die Bildfehler bei beliebiger Blendenlage nur für differentiell kleine Aperturen betrachtet. Es ist zusätzlich zu untersuchen, wie der Strahlverlauf bei endlichen Aperturen gegenüber dem Hauptstrahl ist. Dazu wird wieder ein Paar von Strahlen betrachtet, das vom Objektpunkt Q ausgehend symmetrisch zum Hauptstrahl verläuft; siehe dazu Abb. 1.99. Offensichtlich sind die Inzidenzwinkel an der brechenden Fläche für beide Strahlen im allgemeinen Fall durchaus verschieden voneinander. Das hat zur Folge, daß die Ablenkungen der beiden Meridionalstrahlen relativ zum Hauptstrahl, verursacht durch Brechung oder Reflexion nicht entgegengesetzt gleich sind und deren bildseitige Schnittpunkte mit dem Hauptstrahl verschieden sind. Im Meridionalschnitt existiert damit keine Symmetrie zum Hauptstrahl mehr. Man nennt diesen Fehler deshalb auch *Asymmetriefehler* bzw. *Koma;* der letztere Name wird erst dann verständlich, wenn man die Abbildung nicht nur im Meridionalschnitt, sondern in beliebigen Schnitten untersucht. Es entstehen dann nämlich Aberrationsfiguren in achsensenkrechten Ebenen, die in ihren komplizierten Figuren an „Kometenschweife" erinnern; daher rührt die Namensgebung. Siehe dazu auch die Abb. 1.99 und 1.100.

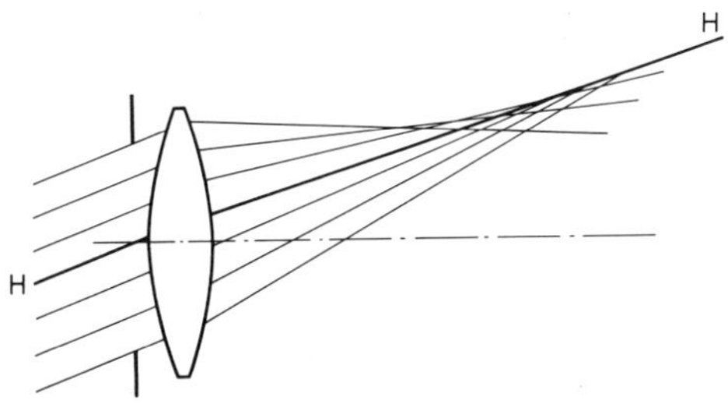

Abb. 1.99 Verlauf von Meridionalstrahlen endlicher Apertur gegenüber dem Hauptstrahl; Auftreten von Koma.

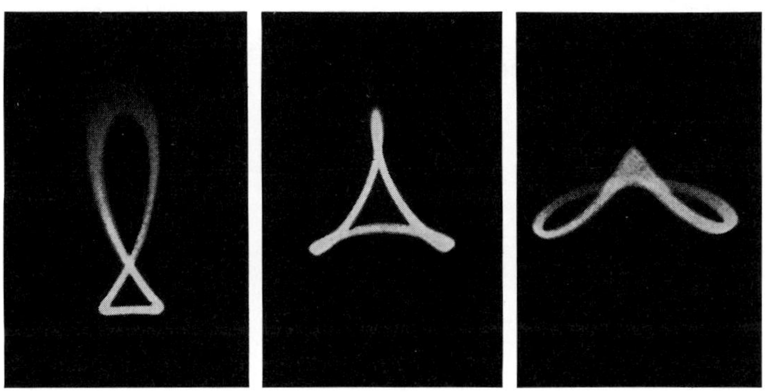

Abb. 1.100 Beispiele für Zerstreuungsfiguren bei Abbildung durch unterschiedliche Ringzonen einer Linse, die Koma besitzt.

Es sind damit die Grundtypen von Bildfehlern angegeben, wie sie bei der Abbildung durch eine einzelne Fläche auftreten. Die Berücksichtigung nur einer Fläche erfolgte, um die Ursachen für die Entstehung der verschiedenen Bildfehler besonders deutlich zu machen. Wegen der prinzipiellen Bedeutung dieser Zusammenhänge erschien es angebracht, diesen einfachen Fall ausführlicher zu diskutieren. – Experimentell ist die Richtigkeit der obigen Aussagen an einem Kugelspiegel in einfacher und überzeugender Weise nachvollziehbar.

Die vorstehenden Ausführungen können den Eindruck erzeugen, als ob jede Abbildung notwendig mit Abbildungsfehlern behaftet ist. Wenn Apertur und Feld endlich groß sind, trifft das zu. Punktuelle Abbildungen durch einzelne Flächen können in Sonderfällen jedoch fehlerfrei sein. Darauf sei hier zusätzlich eingegangen, weil diese Sonderfälle recht wichtig sein können: Wenn der Objektpunkt mit dem Scheitel der abbildenden Fläche zusammenfällt, so fällt auch der zugehörige Bildpunkt mit dem Scheitel der abbildenden Fläche zusammen; das gilt für beliebige Aperturen. Diese Abbildung eines Punktes auf sich selbst erfolgt fehlerfrei; der Abbildungsmaßstab β ergibt sich nach Gl. (1.30) zu plus eins. Wenn andererseits der Objektpunkt mit dem Krümmungsmittelpunkt einer Fläche zusammenfällt, so wird der Objektpunkt wiederum auf sich selbst abgebildet; der Abbildungsmaßstab β ist hier gleich $n/n' > 0$. Es gibt darüber hinaus noch einen dritten Fall, in dem für beliebige Größe der Apertur ein Objektpunkt fehlerfrei in einen Bildpunkt abgebildet wird. Es handelt sich dabei um die *aplanatischen Punkte*, die gegeben sind durch

$$s = r\,\frac{n+n'}{n}, \quad s' = r\,\frac{n+n'}{n'}. \tag{1.98}$$

Der Abbildungsmaßstab β solcher Flächen ergibt sich nach Gl. (1.25) zu

$$\beta = \left(\frac{n}{n'}\right)^2 > 0\,. \tag{1.99}$$

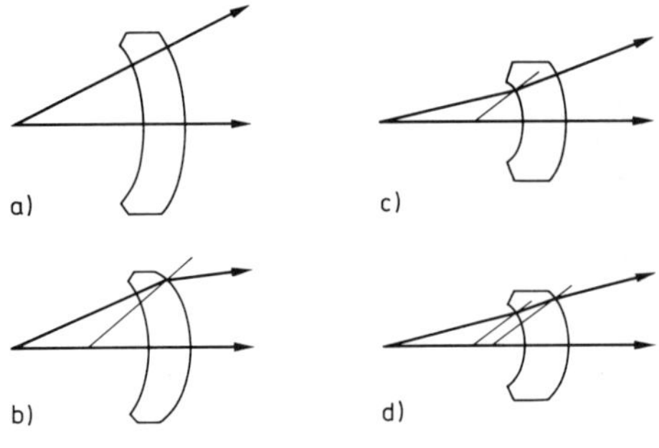

Abb. 1.101 Wiedergabe der vier Formen aplanatischer Linsen: a) beide Flächen konzentrisch zum Objektpunkt; b) erste Fläche konzentrisch zum Objektpunkt, 2. Fläche aplanatisch; c) erste Fläche aplanatisch, 2. Fläche konzentrisch zum Bildpunkt; d) beide Flächen aplanatisch (aus Berek, S. 99).

Ebenso wie die Schnittweite s' nach Gl. (1.98) unabhängig von der Apertur $n \sin u$ des einfallenden Strahls ist, so ist das auch für den Abbildungsmaßstab β der Fall. Als aplanatisch wird eine Abbildung dann bezeichnet, wenn sowohl der Öffnungsfehler als auch die Koma korrigiert sind. In allen drei eben genannten Fällen ist der Abbildungsmaßstab positiv, so daß keine reelle aplanatische Abbildung realisierbar ist. Trotzdem ist die aplanatische Abbildung für mancherlei praktische Anwendung von Bedeutung. Unter anderem ist zu bedenken, daß nicht nur die Objekt-Abbildung möglichst fehlerfrei zu gestalten ist, sondern daß das auch für die Pupillen-Abbildung zutrifft. – Wenn hier auch nur die Abbildung durch einzelne Flächen diskutiert wird, seien doch in der Abb. 1.101 die vier Formen aplanatischer Linsen gezeigt.

1.7.2.2 Abbildungsfehler zusammengesetzter Systeme

Die eben vorgenommene Betrachtung der Abbildung durch eine Fläche muß natürlich auf mehrere Flächen und damit auf ganze Systeme erweitert werden. Da nach der Abbildung durch eine Fläche durch die nächste Fläche bereits kein Objektpunkt mehr abzubilden ist, sondern die von der vorhergehenden erzeugte Kaustik, wird erkennbar, daß die obige Betrachtungsweise nicht verallgemeinert werden kann. Das Zusammenwirken mehrerer abbildender brechender und/oder spiegelnder Flächen ist grundsätzlich nicht in so einfacher und übersichtlicher Weise beschreibbar, wie das eben für eine Fläche geschah. Der Grund dafür liegt in dem Auftreten trigonometrischer Funktionen der Strahlneigungswinkel u, u' und der Inzidenzwinkel i, i' in den Abbildungsgleichungen (siehe Abb. 1.2 und z. B. Abb. 1.95). Im weiteren verzichten wir deshalb darauf, eine Beschreibung der Abbildungseigenschaften im Detail zu versuchen. Festzuhalten sind jedoch zwei Fakten: Die im vorigen Abschnitt festgestellten Abbildungsfehler treten auch bei zusammengesetzten optischen Systemen auf; allerdings sind die Verhältnisse insofern komplizierter, als – speziell bei korrigierten Systemen – noch sogenannte Fehler höherer Ordnungen in merklichem Umfang auftreten und damit die im Bildraum resultierenden Strahlabweichungen komplexere Verteilungen besitzen können. An dieser Stelle ist zu erklären, was unter Fehler-Ordnungen zu verstehen ist: Da die Winkel u, u' und i, i' in den Abbildungsgleichungen nur als Argumente trigonometrischer Funktionen auftreten, entwickelt man diese Funktionen in Taylor-Reihen und bezeichnet dann die Reihenglieder einer bestimmten Potenz der Winkel als Fehler-Ordnung eben dieser Potenz. In diesem Sinn sind die Abbildungsgleichungen der Gauß-Optik der ersten Ordnung zugehörig; die Fehler 3. Ordnung ergeben sich bei Berücksichtigung des zweiten Glieds der Reihenentwicklung. Reale Systeme enthalten natürlich Fehler beliebiger Ordnungen; als wesentlich werden im allgemeinen neben den Fehlern 3. noch die der 5. und 7. Ordnung angesehen. Die im vorigen Abschnitt angegebenen Fehler-Typen entsprechen den Fehlern 3. Ordnung, die vielfach auch Seidelsche Fehler genannt werden; die Fehler weiterer Ordnungen sind erheblich vielfältiger und komplizierter in ihren Abhängigkeiten von den Variablen Apertur und Feld als es oben geschildert wurde. Doch ist das hier nicht im einzelnen zu behandeln.

Für den Fall der Fehler 3. Ordnung sollen jedoch die Abhängigkeiten der verschiedenen Fehler von den Variablen Apertur und Feld explizit angegeben werden, weil diese „primären" Fehler – im Sinne erster Abweichungen vom Soll – zu allererst unter Kontrolle zu bringen sind, wenn die Eignung eines optischen Systems für eine gegebene Abbildungsaufgabe zur beurteilen ist. Um solch eine Darstellung der charakteristischen Eigenschaften der Fehler 3. Ordnung möglich zu machen, ist erst einmal eine einheitliche Beschreibungsform der Aberrationen anzugeben. Es werden deshalb die Queraberrationen in der Gauß-Bildebene der jeweiligen Bezugswellenlänge für die Abbildungsfehler 3. Ordnung angegeben. Die Bezeichnungsweisen der Bildfehler variieren in der Literatur beträchtlich; deshalb ziehen wir es vor, Namen zu vergeben, die mnemonisch sinnvoll sind. Außerdem ist es angebracht, statt der absoluten Werte von Apertur und Feld relative zu benutzen, wobei die Maximalwerte als Bezugsgrößen dienen. Es soll also gelten:

$$\text{relative Apertur} \quad ra = \frac{\sin u_1}{\sin u_{1,\,\max}} ,$$

$$\text{relatives Feld} \quad rf = \frac{\tan w_1}{\tan w_{1,\,\max}} . \tag{1.100}$$

Damit erhält man für die Komponenten des Queraberrationvektors in der Gauß-Bildebene:

$$\begin{aligned}
\Delta l'_x = & -f\,(ra^3\,rf^0 \sin\alpha\; OEFF \\
& + ra^2\,rf^1 \sin 2\alpha\; KOMA \\
& + ra^1\,rf^2 \sin\alpha\; (ASTI + PETZ)) , \\
\Delta l'_y = & -f\,(ra^3\,rf^0 \cos\alpha\; OEFF \\
& + ra^2\,rf^1\,(2 + \cos 2\alpha)\; KOMA \\
& + ra^1\,rf^2 \sin\alpha\; (3\,ASTI + PETZ) \\
& + ra^0\,rf^3\; VERZ) .
\end{aligned} \tag{1.101}$$

Die hier verwandten vierbuchstabigen Abkürzungen sind die Abkürzungen für die Fehler 3. Ordnung; *OEFF* steht für Öffnungsfehler, *KOMA* für Koma, *ASTI* für Astigmatismus, *PETZ* für Petzvalsumme bzw. Bildfeldwölbung und schließlich *VERZ* für Verzeichnung. Der Winkel α gibt das Azimut in der EP an, das von der y-Achse (Richtung des Meridionalschnitts) an gezählt wird. Den Einfluß eines einzelnen dieser Fehler erkennt man am besten, wenn man jeweils nur diesen als von null verschieden annimmt und danach fragt, welche Aberrationsfiguren in der Bildebene für Strahlen fester Werte von ra und rf, aber variabler Werte von α resultieren. Anders formuliert werden Strahlenkegel betrachtet, deren Spitzen im Objektpunkt liegen und die EP in Kreisen durchsetzen. Die Abb. 1.102 zeigt die zugehörigen Aberrationsfiguren für drei Werte von rf (0; 0,5 und 1) sowie zwei Werte von ra (0,5 und 1). Die Abbildung sollte sich weitgehend selbst erklären; es sind jedoch noch die folgenden Ergänzungen erforderlich: Bei Variation von α in der EP um 360° resultiert bei der Koma eine Azimut-Variation von 720°, d.h. die Aberrationsfiguren der Koma werden doppelt durchlaufen, was in der Abbildung nicht darstellbar ist. Astigmatismus und Bildfeldwölbung sind zwar gleichartig von Apertur und Feld abhängig, doch unterscheiden sie sich in ihren meridionalen und sagittalen Komponenten. Die im allgemeinen resultierenden Ellipsen als Zerstreuungsfiguren können auch zu Geraden-Stücken entarten; wenn $ASTI = -PETZ$, so ergeben sich Geraden-Stücke im Meridionalschnitt als Zerstreuungsfiguren, wenn $3\,ASTI = -PETZ$, so ergeben sich Geraden-Stücke im Sagittalschnitt als Zerstreuungsfiguren. Bei Auftreten von Verzeichnung wird nur eine Bildpunkt-Verschiebung wirksam, es entsteht keine Zerstreuungsfigur.

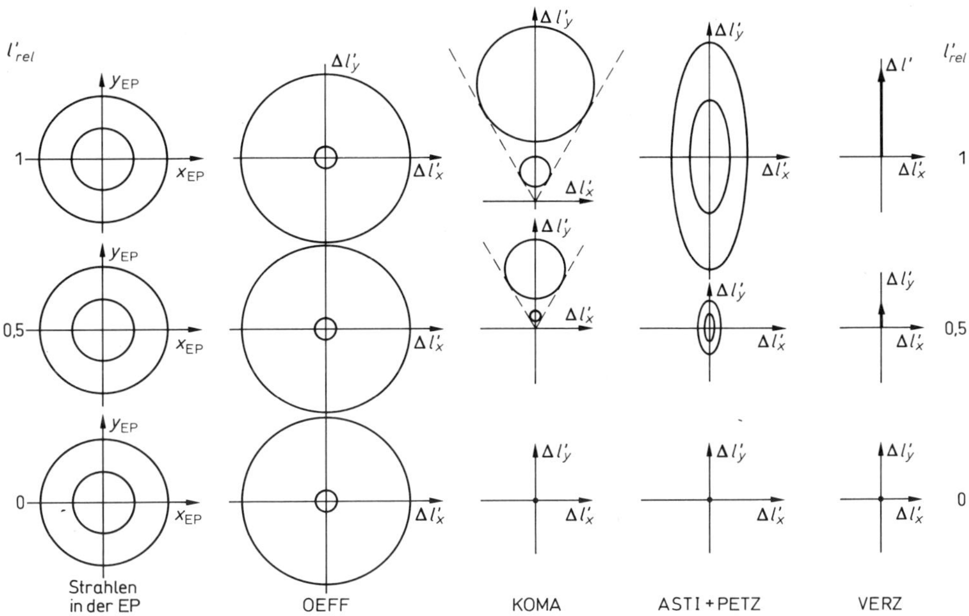

Abb. 1.102 Darstellung der Queraberrationen 3. Ordnung für die unterschiedlichen Typen von Abbildungsfehlern, wenn jeweils nur ein Fehler von Null verschieden ist; Parameter: Apertur und Feld.

Bei realen Abbildungen dürfen keinesfalls nur die Abbildungsfehler 3. Ordnung berücksichtigt werden, sondern es müssen die Strahlaberrationen exakt erfaßt werden. Das geschieht in Form von Strahldurchrechnungen, die hier nicht im einzelnen besprochen werden können; deren Ergebnisse werden in der Regel in numerischer Form geliefert. Anschaulich besser interpretierbar sind grafische Darstellungen. Es werden dazu sowohl Längs- als auch Queraberrationen als Funktionen von Apertur oder Feld verwendet; üblich ist es dabei, Strahlen im Meridional- und im Sagittalschnitt zu betrachten. Beispiele dazu siehe Abb. 1.144.

Weitergehende Einsichten in die Struktur von Bildpunkten gewinnt man mit Hilfe sogenannter *Spot-Diagramme,* die aus Durchrechnungen vieler, in der EP äquidistant gestufter Strahlen erhalten werden. Es ergeben sich damit in geometrisch-optischer Näherung die Lichtverteilungen in Punktbildern. Solche Spot-Diagramme fertigt man für unterschiedliche Feldwerte und für unterschiedliche Fokussierungen, d. h. Lagen der Auffangebene an, um eine Übersicht über die Abbildungseigenschaften des betrachteten optischen Systems zu erhalten. Beispiele dafür enthält die Abb. 1.145.

Weitergehende Aussagen sind aus Strahldurchrechnungen nur noch dadurch zu erhalten, daß man zusätzlich weitergehende rechnerische Auswertungen vornimmt, die nach bestimmten Kriterien erfolgen. Dabei handelt es sich aber um Spezialitäten, die hier nicht zu behandeln sind.

Die geometrisch-optischen Aberrationen sind auch meßbar; das gilt zumindest in Näherung. Exakt kann es nicht gelten, weil das Konzept der Strahlenoptik ja nicht der physikalischen Realität entspricht. Zunächst sei ein Meßverfahren beschrieben, das zur Bestimmung der Aberrationen bei axialer Abbildung, also des Öffnungsfehlers, sehr gut geeignet ist; gemeint ist die *Schneidenprüfung* nach Foucault. Als axiales Objekt wird eine Lochblende als künstlicher Stern verwendet, von dem quasimonochromatische Strahlung ausgehen soll (realisiert durch ein Interferenzfilter im Beleuchtungsstrahlengang). In endlichem Abstand von der Lochblende wird der Prüfling angeordnet, von dem hier die EP als reell und damit zugänglich angenommen wird. Im Bildraum des Prüflings wird dann eine Kaustik entstehen, wie sie im Abschn. 1.7.1 beschrieben wurde; siehe dazu auch Abb. 1.103. Führt man nun in die Kaustik von der Seite eine Schneide (z. B. eine Rasierklinge) soweit ein, daß sie die optische Achse gerade berührt, so sieht das unmittelbar hinter der Schneide angeordnete Auge die AP des Prüflings. Je nach axialer Position der Schneide wird letztere halbkreis- bzw. ringförmige Bereiche der AP dunkel erscheinen lassen, weil die aus diesen Teilen der AP kommende Strahlung durch die Schneide abgefangen wird. Die Abb. 1.103 zeigt in schematisierter Form die Zusammenhänge zwischen Strahlverlauf und Bild der AP. Wenn man nun in der EP bzw. AP des Prüflings eine Messung der Kreisringradien h vornimmt, so ergibt sich daraus eine Zuordnung von Schneiden-Positionen zu Kreisringradien h. Im einfachsten Fall können die Kreisringradien mit Hilfe einer transparenten Skala gemessen werden. In praxi ist eine Abwandlung des Verfahrens zweckmäßig, bei der statt einer Schneide ein Faden verwendet wird; der Faden wird wiederum axial verschiebbar und senkrecht zur optischen Achse angeordnet, der Faden durchsetzt die optische Achse. Beobachtet wird dann vom Auge ein symmetrisierter Schattenwurf: Der Faden selbst wird als gerade dunkle Linie sichtbar und es ist darüber hinaus ein dunkler Kreisring zu sehen, der der Zone entspricht, die gerade am Ort des Fadens ihren Bildpunkt besitzt. Dieses Meßverfahren ist einfach und zugleich genau; es ist auch bei sehr geringen Aberrationen einsetzbar, wobei dann eine genauere, wellenoptisch begründete Diskussion erforderlich ist. – Eine andere Methode zur Messung geometrisch-optischer Bildfehler ist durch das *Hartmann-Verfahren* gegeben, das als Standard-Verfahren zur Prüfung von astronomischen optischen Systemen anzusehen ist. Vor das zu prüfende Objektiv wird eine „Hartmann-Blende" gestellt, die auf einer Anzahl von Durchmessern symmetrisch angeordnete Lochpaare zur Realisierung unterschiedlicher Aperturen aufweist. Bei Beleuchtung mit einem natürlichen oder künstlichen Stern entstehen Teilbündel, die man als Strahlen im Sinne der geometrischen Optik auffaßt. Der Verlauf dieser „Strahlen" im Bildraum wird erfaßt, indem man nacheinander in zwei unterschiedlichen Einstellebenen senkrecht zur optischen Achse die Durchstoßpunkte bestimmt. Das kann visuell mit Hilfe eines Meßmikroskops oder auf fotografischem Wege geschehen; wichtig ist, die Zuordnung der Strahldurchstoßpunkte in den beiden Einstellebenen genau zu erfassen. Aus diesen Durchstoßpunkten ist dann rechnerisch leicht auf den Strahlverlauf in einer beliebig vorgegebenen Einstellebene zu schließen. Das Hartmann-Verfahren ist nicht nur auf axiale, sondern auch auf außeraxiale Abbildungen anwendbar. Das Prinzip der Anordnung ist in Abb. 1.104 dargestellt.

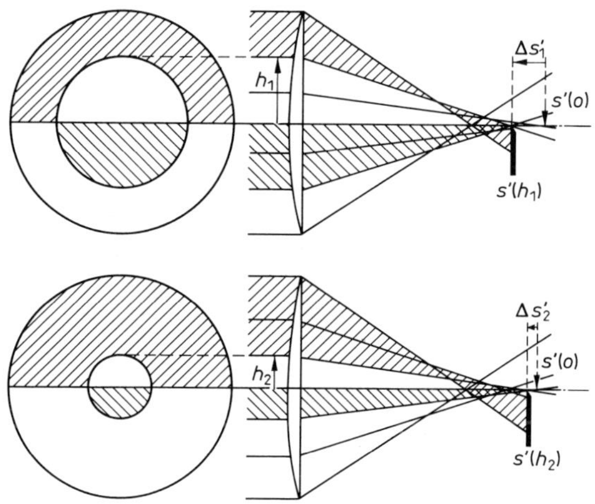

Abb. 1.103 Strahlenverlauf und beobachtbare Bildfigur bei der Schneidenprüfung.

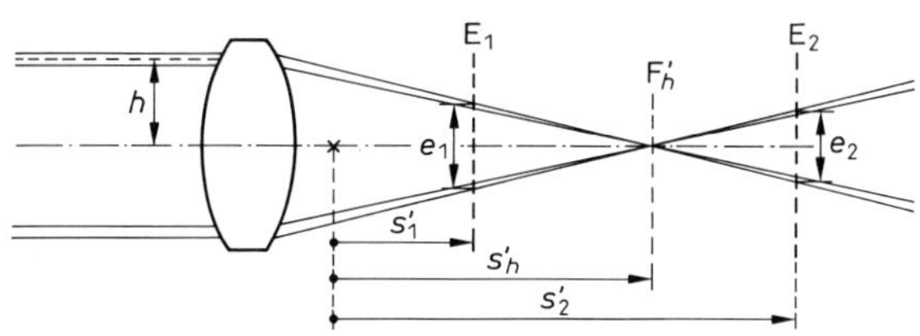

Abb. 1.104 Schema der Anordnung des Hartmann-Verfahrens zur Objektiv-Prüfung.

1.8 Das Auge

Das Auge ist ein optisches Instrument, aber ein ganz besonderes. Das gilt vor allem deshalb, weil der Mensch über das Auge und das nachgeschaltete Gehirn einen Gesichtssinn besitzt, mit Hilfe dessen er ca. 70% aller Informationen aus seiner Umwelt aufnimmt. Insofern ist das Auge so wichtig, daß ihm hier ein gesonderter Abschnitt eingeräumt wird. Trotzdem können nur die wichtigsten Fakten angeführt werden, eine vollständige Behandlung ist in diesem Rahmen nicht möglich. Bei der Diskussion des Auges wird sehr schnell erkennbar, daß mancherlei Eigenschaften des Sehvorgangs nicht durch physikalische Gesetzmäßigkeiten alleine erklärbar sind, sondern daß auch die Physiologie zu berücksichtigen ist. Das wird besonders deutlich bei der Behandlung des Farbensehens, dem das Kap. 6 gewidmet ist. Jedenfalls können hier viele Tatsachen nur erklärt, nicht deduziert werden.

Die Eigenschaften des Auges sind auch deshalb zu diskutieren, weil viele optische Instrumente, zumindest von ihrer ursprünglichen Konzeption her, visuelle Geräte sind, so daß das Zusammenwirken von Instrument und Auge beachtet werden muß. Dazu wiederum sind Kenntnisse der Eigenschaften des Auges erforderlich.

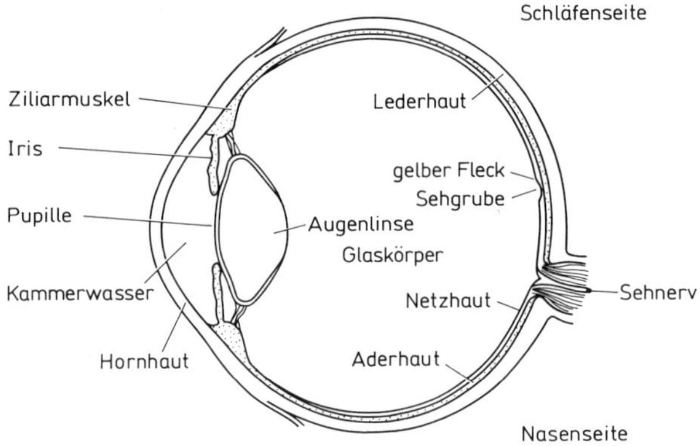

Abb. 1.105 Horizontaler Schnitt durch das rechte menschliche Auge.

Aufbau des menschlichen Auges. Die Abb. 1.105 zeigt den Schnitt durch ein Auge, genauer den Augapfel. Dieser ist von nahezu kugelförmiger Gestalt; er stellt jedoch kein zentriertes System im Sinne der geometrischen Optik dar. Eine „optische Achse" ist deshalb nur gemäß einer Vereinbarung festzulegen; als solch eine Achse wird das Lot auf die Hornhautvorderfläche durch die Mitte der EP benutzt. Jeder Schnitt durch das Auge, der diese Achse enthält wird als Meridionalschnitt bezeichnet. – Die äußerste Schicht des Auges ist die *Lederhaut* LH, die an der Vorderseite in die etwas vorgewölbte durchsichtige *Hornhaut* (Cornea) übergeht. Die Mittendicke der Hornhaut beträgt etwa 0,5 mm. An die Lederhaut schließt unmittelbar die Aderhaut an, die im vorderen Augenteil in den *Ziliarkörper* (dieser dient zur Formänderung der Kristallinse) und in die *Regenbogenhaut* (Iris, sie dient als Aperturblende variablen Durchmessers) übergeht. In Lichtrichtung gesehen befindet sich hinter der Hornhaut die *vordere Augenkammer,* die mit dem Kammerwasser gefüllt ist. Der gesamte Augapfel besitzt einen Durchmesser von etwa 24 mm. Das Augeninnere füllt der *Glaskörper;* dieser wird vorn von der Kristallinse begrenzt und hinten von der vielschichtigen *Netzhaut* umschlossen. Die etwa 0,3 mm dicke Netzhaut enthält als lichtempfindliche Zellen die *Zapfen* und die *Stäbchen.* In der Mitte der *Netzhautgrube* (fovea) befindet sich das Gebiet schärfsten Sehens, mit einem Durchmesser von etwa 5°. Ungefähr 15° nasal von der Mitte der Netzhautgrube entfernt befindet sich der blinde Fleck P (Durchmesser ca. 6°); er entsteht durch den Austritt der Sehnerven. Die optische Achse durchsetzt die Netzhaut in dem hinteren Augenpol. Damit ist der optische Aufbau des Auges skizziert.

Tab. 1.3 Tabelle der optischen Konstanten des Auges in seiner Ruhelage (nicht akkommodiert) nach Listing, Helmholtz und Gullstrand.

Abstände	
Hornhautdicke	0,5 mm
Hornhautvorderfläche – Linsenvorderpol	3,6 mm
Linsendicke	3,6 mm
Hornhautvorderfläche – Netzhautfovea	24 mm
Brechzahlen	
Kammerwasser, Glaskörper	1,336
Hornhautsubstanz	1,376
Linse an den Polen	1,386
am Äquator	1,375
im Zentrum	1,406
„Totalindex"	1,413
Krümmungsradien	
Hornhautvorderfläche	7,8 mm
Hornhauthinterfläche	6,7 mm
Linsenvorderfläche	10 mm
Linsenhinterfläche	−6 mm
Brechkräfte	
Hornhautvorderfläche	48,2 dpt
Hornhauthinterfläche	−6,0 dpt
Hornhaut, gesamt	42,4 dpt
Augenlinse, Vorderfläche	7,7 dpt
Augenlinse, Hinterfläche	12,8 dpt
Augenlinse, gesamt	20,2 dpt
Auge, gesamt (entspricht Brennweite von 17 mm)	58,8 dpt

Die Bilderzeugung ergibt sich qualitativ in der folgenden Weise: Die auf das Auge treffende Strahlung wird an der Hornhaut am stärksten gebrochen, durchsetzt dann die vordere Kammer, anschließend die Kristallinse und den Glaskörper und trifft schließlich auf die lichtempfindliche Netzhaut. Die Netzhaut wirkt als gewölbte Bildfläche, die Öffnung der Regenbogenhaut vor der Linse als variable Aperturblende. In der Tab. 1.3 sind die wichtigsten optischen Konstanten des Auges zusammengestellt. Daraus geht vor allem hervor, daß die stärkste Strahlablenkung an der Hornhautvorderfläche stattfindet, die die größte Brechkraft aller optisch wirksamen Teile aufweist. Die Brechkraft der Augenlinse beträgt etwa 20 Dioptrien (Einheit der Dioptrie, $1\,\text{dpt} = 1\,\text{m}^{-1}$), im akkommodationslosen Zustand. Hinzuweisen ist auf die Variation der Brechzahlen der Augenlinse über den Querschnitt hinweg; die Natur hat damit die „Gradienten-Optik" realisiert, lange bevor der Mensch sie entdeckte. – Die genannten Daten sind nicht absolut gültig; vielmehr haben sie sich als Durchschnittswerte aus vielen geometrischen und optischen Messungen ergeben. Aus diesen Daten hat Gullstrand um 1910 ein „Augenmodell", das sogenannte *Übersichtsauge* berechnet, das in der Abb. 1.106 wiedergegeben ist. Dort ist noch der *Augendrehpunkt* Z eingetragen, der in vereinfachter Weise als fester Punkt bei den vom Auge durchführbaren Drehbewegungen angenommen wird. Tatsächlich bleibt bei

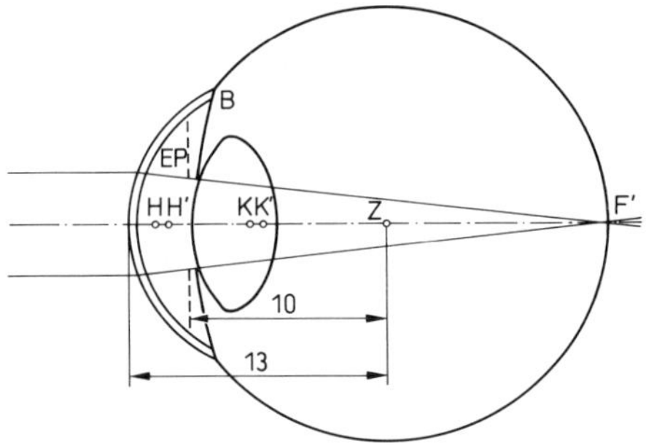

Abb. 1.106 Das Übersichtsauge (nach Gullstrand).

den Drehbewegungen des Auges kein Punkt in Ruhe. Der Augendrehpunkt Z ist ein wichtiger Bezugspunkt bei der Zentrierung von Brillengläsern. – Das monokulare *Blickfeld* des Auges resultiert als Gesamtheit aller Objektpunkte, die bei ruhendem Kopf durch die möglichen Bewegungen des Auges fixiert werden können. Dementsprechend kann jeder Punkt des Blickfelds in die Mitte der Netzhautgrube abgebildet werden.

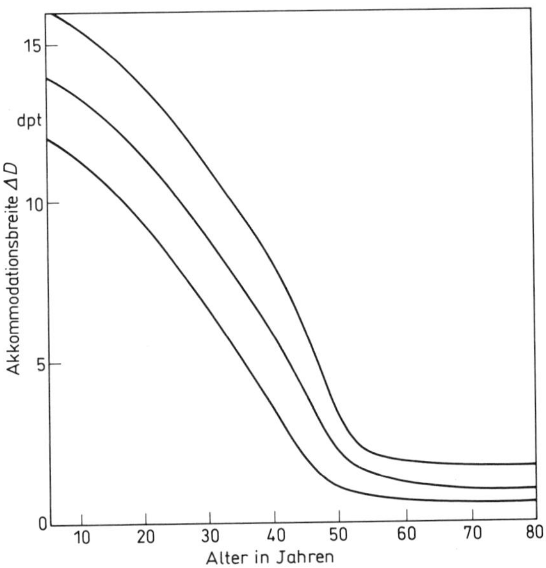

Abb. 1.107 Akkommodationsbreite des Auges als Funktion des Alters (mittlere Kurve); zusätzlich sind die noch zulässigen Grenzkurven eingetragen.

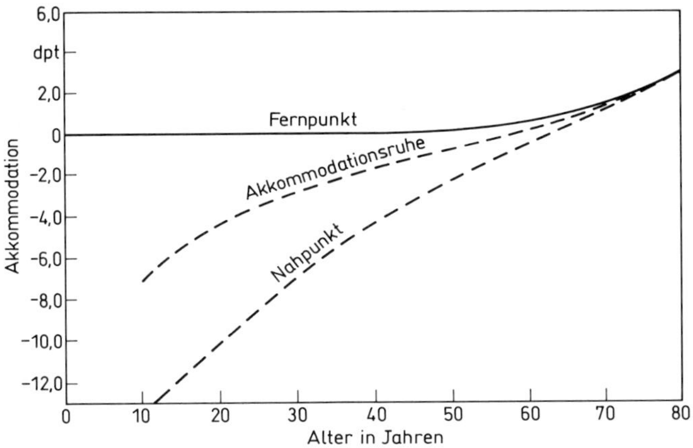

Abb. 1.108 Lagen von Fern- und Nahpunkt sowie der Akkommodationsruhelage als Funktion des Alters.

Akkommodation. Die in Tab. 1.3 genannten Daten beziehen sich auf das „entspannte“, nicht akkommodierte Auge. In Form des Ziliarmuskels besitzt das Auge ein Mittel, die elastische Vorderfläche der Augenlinse in ihrer Krümmung und damit in ihrer Brechkraft zu variieren. Die Betätigung des Ziliarmuskels dient damit zur Anpassung des Auges an unterschiedliche Objektlagen; dieser Vorgang heißt Akkommodation. Quantitativ gilt:

$-s_1$ in cm	f_{Auge} in mm	D_{Auge} in dpt
∞	17	58,8
25	15,9	62,8
8	14	71,3

Das akkommodationslose Auge sieht den *Fernpunkt* R im Abstand a_R vom Auge scharf. Bei stärkster Akkommodation wird der *Nahpunkt* P im Abstand a_P vom Auge gesehen. Das Akkommodationsvermögen oder auch die Akkommodationsbreite des Auges ist – beim Auge ohne Korrektionsmittel –

$$\Delta D = \frac{1}{a_P} - \frac{1}{a_R} = D_P - D_R \,.$$

Nahe reelle Objekte können aufgrund eines „Bewußtseins der Nähe“ eine psychologisch bedingte Akkommodation (Instrumentenmyopie) auslösen. Das trifft besonders bei jungen bzw. unerfahrenen Beobachtern zu. – Die Akkommodationsbreite des Auges ist unter anderem altersabhängig; das ist auf die Verringerung der Elastizität der Augenlinse mit zunehmendem Alter zurückzuführen. Die Abb. 1.107 zeigt die durchschnittliche Altersabhängigkeit der Akkommodationsbreite. Das Auge gilt als „alterssichtig", wenn $\Delta D < 4$ dpt. Die Abb. 1.108 macht zusätzlich deutlich, daß vor allem der Nahpunkt mit dem Alter veränderlich ist. – Das Akkommodationsvermögen des Auges ist auch Funktion von Parametern der Umwelt, insbesondere von der Gesichtsfeldleuchtdichte (siehe dazu auch Kap. 5); mit abnehmender Gesichtsfeldleuchtdichte entfernt sich der Nahpunkt vom Auge und der Fernpunkt nähert sich ihm. Als Folge dessen machen sich bei beginnender Alterssichtigkeit Orientierungsschwierigkeiten z. B. im nächtlichen Straßenverkehr störend bemerkbar.

Das Auge wird *rechtsichtig* genannt, wenn sein Fernpunkt im Unendlichen liegt ($D_R = 0$). Gleichbedeutend damit ist, daß der bildseitige Brennpunkt des Auges auf der Netzhaut liegt. Der Nahpunkt eines rechtsichtigen Auges liegt in endlichem Abstand vor dem Auge; die Akkommodationsbreite ist positiv. – Ein Auge heißt *fehlsichtig,* wenn sein Fernpunkt nicht im Unendlichen liegt. Dann wird ein unendlich ferner Objektpunkt auf der Netzhaut nicht scharf abgebildet. Besitzen dabei Hornhaut und Augenlinse trotzdem kugelförmige Begrenzungsflächen, so wird das Auge „sphärisch" fehlsichtig genannt. Werden jedoch in zwei zueinander senkrechten Hauptschnitten unterschiedliche Bildpunkte erzeugt, so ist das Auge „astigmatisch" fehlsichtig. – Ein Auge gilt speziell als *kurzsichtig,* wenn sein Fernpunkt in endlichem Abstand reell vor dem Auge liegt ($a_R < 0$). Das kurzsichtige Auge besitzt meist eine zu große Baulänge, zuweilen auch eine zu hohe Brechkraft. – Andererseits ist ein Auge *übersichtig,* wenn sein Fernpunkt virtuell hinter dem Auge liegt ($a_R > 0$). Das übersichtige Auge besitzt meist eine zu kurze Baulänge, zuweilen auch eine zu geringe Brechkraft. – Ein *astigmatisches* Auge besitzt zwei verschiedene Fernpunktlagen für die beiden Hauptschnitte. Jeder Hauptschnitt für sich kann rechtsichtig, kurzsichtig oder übersichtig sein. Die azimutale Lage der Hauptschnitte ist an sich beliebig, doch ergeben sich in der Praxis gewisse Vorzugsrichtungen. Der Astigmatismus des Auges ist meist durch Deformationen der Hornhaut, zuweilen auch durch solche der Augenlinse bedingt. – Die *Korrektion* der Fehlsichtigkeit des Auges erfolgt durch Brillengläser bzw. Kontaktlinsen; als allgemeine Regel gilt: Das günstigste Brillenglas ist das stärkste Plusglas (für das übersichtige Auge) oder das schwächste Minusglas (für das kurzsichtige Auge), mit dem jeweils der höchste Visus (Sehschärfe) ereicht wird. Zur Refraktionsbestimmung des Auges existieren objektive wie subjektive Verfahren. Dem derzeitigen Stand der Technik entsprechend ist zwar immer noch eine Kombination beider Verfahren angebracht, doch setzen sich die objektiven Verfahren mehr und mehr durch.

Sehleistungen. Die Empfindlichkeit des Auges ist sowohl absolut wie auch relativ zu bewerten. Die *absolute Empfindlichkeitsschwelle* für Lichtreize, das sogenannte minimum visibile bzw. minimum perceptibile ist – ausgedrückt als Beleuchtungsstärke auf der Hornhaut – etwa 10^{-9} lx im direkten Sehen; sie ist für das Sehen bei Nacht bzw. bei der Sternbeobachtung von Bedeutung. Die relative Empfindlichkeitsschwelle, auch verstehbar als *Kontrastempfindlichkeit,* gibt den geringsten noch wahrnehmbaren Leuchtdichteunterschied zweier benachbarter Objekte an. Die Wahrnehmbarkeit ist vor allem von der Objektleuchtdichte und von dem Adaptationszustand des Auges abhängig. Zwei benachbarte Objekte unterscheiden sich zunächst durch ihren Leuchtdichteunterschied ΔL. Das Verhältnis von ΔL zur mittleren

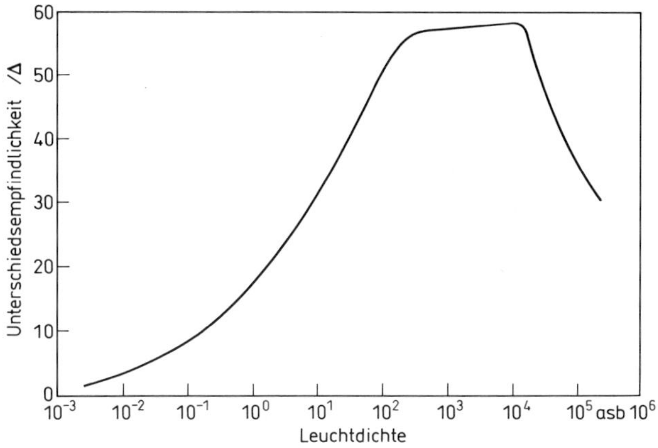

Abb. 1.109 Unterschiedsempfindlichkeit als Funktion der (Umfeld-)Leuchtdichte. Die Einheit Apostilb (asb) entspricht $\frac{1}{\pi}\frac{\text{cd}}{\text{cm}^2}$.

Leuchtdichte L wird als Unterschiedsempfindlichkeit, der Reziprokwert als Kontrastempfindlichkeit bezeichnet. In „klassischen" Untersuchungen haben König und Brodhun die Abhängigkeit der Unterschiedsempfindlichkeit von der Gesichtsfeldleuchtdichte L ermittelt; siehe dazu Abb. 1.109. In einem mittleren Leuchtdichtebereich ist die Unterschiedsempfindlichkeit nahezu konstant und beträgt dort 1 bis 2%; bei niedrigeren wie höheren Leuchtdichten nimmt die Unterschiedsempfindlichkeit deutlich ab. In dem genannten mittleren Leuchtdichtebereich gilt die sogenannte Weber-Fechnersche-Regel, derzufolge der Quotient Reiz/ΔReiz konstant sein soll; daraus leitet man ab, daß die Empfindung des Gesichtssinns (physiologische Größe) dem Logarithmus des Reizes (physikalische Größe) proportional sei. Wie Abb. 1.109 ausweist, ist das nur in einem begrenzten Leuchtdichtebereich zutreffend; dieser Bereich umfaßt aber gerade den der alltäglichen Verhältnisse. Deswegen und wegen der Analogie zu anderen Sinnesempfindungen (z. B. Gehör) wird die Weber-Fechnersche Regel auch heute noch oft wie eine Gesetzmäßigkeit gehandhabt.

Die Fähigkeit des Auges, sich in einem großen Leuchtdichtebereich den jeweiligen Gegebenheiten anpassen zu können, bezeichnet man als *Adaptation.* Je nach der herrschenden mittleren Leuchtdichte sind die *Stäbchen* und/oder die *Zapfen* der Netzhaut als lichtempfindliche Elemente an dem Sehvorgang beteiligt. Die sehr lichtempfindlichen Stäbchen reagieren bei Adaptationsleuchtdichten unterhalb etwa $10\,\text{cd/m}^2$, die weniger lichtempfindlichen Zapfen beginnen etwa oberhalb $5 \cdot 10^{-3}\,\text{cd/m}^2$ zu reagieren; das ist in Relation zu den Leuchtdichten unterschiedlicher Strahler zu setzen. Bei geringeren Leuchtdichten als $5 \cdot 10^{-3}\,\text{cd/m}^2$ arbeiten demnach nur die Stäbchen; man spricht dann von Nachtsehen oder skotopischem Sehen. Bei Leuchtdichten zwischen $5 \cdot 10^{-3}$ und $10\,\text{cd/m}^2$ sind Stäbchen und Zapfen in Tätigkeit; diesen Bereich bezeichnet man als Dämmerungssehen oder mesopisches Sehen. Bei größeren Leuchtdichten als $10\,\text{cd/m}^2$ arbeiten nur die Zapfen, es liegt dann Tagessehen oder photopisches Sehen vor. Die Übergänge zwischen diesen Bereichen sind fließend. – Die Anpassung der Zapfen an höhere Leuchtdichten verläuft relativ schnell: Helladaptation. Dagegen geht die Anpassung der Stäbchen an niedrige Leuchtdichten langsam vor sich: Dunkeladaptation. Der nach 3 bis 5 Minuten erreichte Zustand heißt Sofortadaptation, der nach mindestens 30 Minuten erreichte Daueradaptation. Die Adaptation über die gesamte Netzhaut heißt „Totaladaptation", die in Teilbereichen „Lokaladaptation". Da die Lokaladaptation erfahrungsgemäß in der Netzhautgrube (fovea) bedeutend geringer ist als am Rande der Netzhaut, ist Nachtsehen weitgehend ein indirektes Sehen, d.h. das gesehene Objekt wird nicht fixiert (z.B. sind Sterne am Nachthimmel vielfach nur ohne Fixierung erkennbar). In diesem Zusammenhang ist noch zu bemerken, daß Zapfen und Stäbchen sehr ungleichmäßig über die Netzhaut verteilt sind. Die Zapfendichte ist besonders groß in der Netzhautgrube und fällt stark ab, je weiter der Netzhautort von der fovea entfernt ist. Die Stäbchen dagegen sind in der fovea überhaupt nicht vorhanden, ihre größte Dichte besitzen sie etwa 8° von der fovea entfernt. – *Blendung* tritt auf, wenn der momentane Adaptationszustand des Auges durch ein Objekt einer Leuchtdichte gestört wird, die merklich über der Adaptationsleuchtdichte liegt; siehe dazu Abb. 1.110. Die Adaptationsfähigkeit des Auges wird vor allem durch zwei Effekte ermöglicht. Einmal ist die Lichtempfindlichkeit der Zapfen und Stäbchen durch photochemische Änderungen in den Empfängerelementen an das jeweils gegebene Leuchtdichte-Niveau anpaßbar; andererseits besitzt das Auge eine Aperturblende variabler Größe, so daß der in das Auge dringende Lichtstrom in gewissen Grenzen regulierbar ist. Auf den ersten Effekt kann hier nicht weiter eingegangen werden, zum zweiten Effekt seien noch einige Daten angegeben: Die Aperturblende

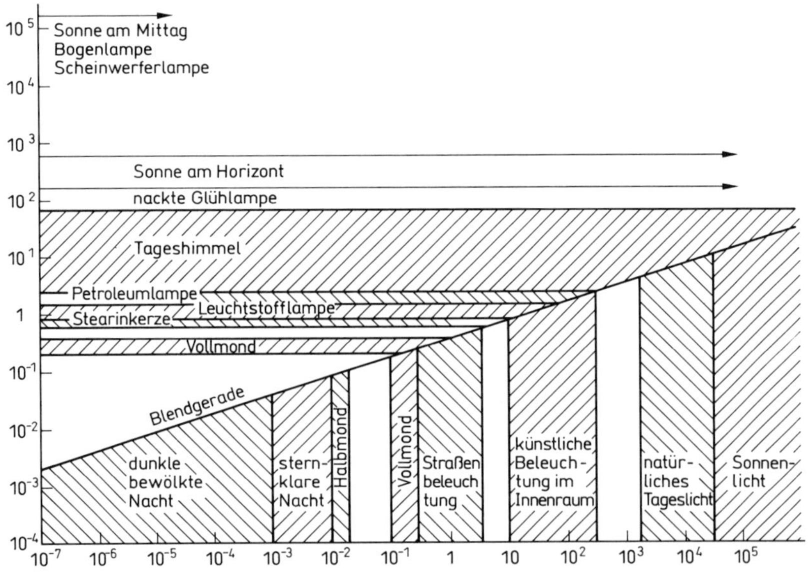

Abb. 1.110 Abhängigkeit der Blendungsleuchtdichte von der adaptierten Gesichtsfeldleuchtdichte; oberhalb der Blendgeraden tritt Blendung auf.

des Auges ist die Öffnung der Regenbogenhaut, sie heißt Augenpupille. Ihr Durchmesser ist in erster Linie von der Beleuchtungsstärke abhängig (aber auch vom Lebensalter). Der Pupillendurchmesser ist variabel von etwa 1 bis 10 mm. Vor der Pupille befinden sich Hornhaut und Kammerwasser, die als Lupe wirken und damit die Pupille etwa 1,13fach vergrößert erscheinen lassen. Neben der Leuchtdichte eines Objekts ist die Größe der Pupille für die Netzhautbeleuchtungsstärke und damit für den Helligkeitseindruck maßgeblich. Als Maß für die Netzhautbeleuchtung (beim Tagessehen) wird deshalb die „Pupillen-Lichtstärke" $I_P = L\,A_P$ eingeführt, wobei L die Leuchtdichte und A_P die Fläche der Pupille sind.

Eine weitere, wichtige Sehleistung des Auges ist das Auflösungsvermögen bzw. die *Sehschärfe* (minimum separabile). Damit wird die Fähigkeit des Auges beschrieben, Einzelheiten eines Objekts getrennt wahrzunehmen. Die Sehschärfe ist von zahlreichen Parametern abhängig; die wichtigsten dieser Parameter sind:

- die Objektstruktur: Das Ergebnis der Sehschärfe-Bestimmung ist in starkem Maß von dem jeweiligen Testobjekt abhängig; bei vielen Testobjekten wirkt die im Gedächtnis gespeicherte a priori Information bei der Erkennung mit.
- die Adaptationsleuchtdichte, aber auch die Lichtart beeinflussen natürlich die Sehschärfe. So ergibt sich bei Verwendung von gelbem Natriumlicht eine um etwa 13% höhere Sehschärfe als bei „weißem" Licht.
- die Qualität des Netzhautbildes, beeinflußt unter anderem durch die Abbildungsfehler des Auges.
- die anatomische Struktur der Netzhaut, gemeint ist hier die ortsabhängige Dichte der Stäbchen bzw. Zapfen in der Netzhaut; die Variation der Sehschärfe mit dem Ort auf der Netzhaut zeigt Abb. 1.111.
- das Lebensalter.

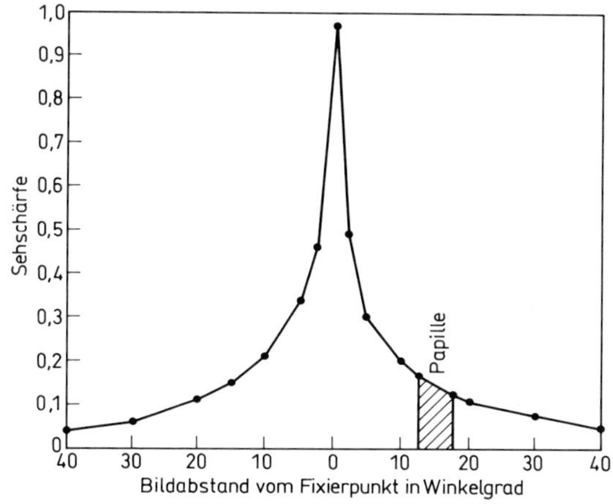

Abb. 1.111 Abhängigkeit der Sehschärfe vom Netzhautort.

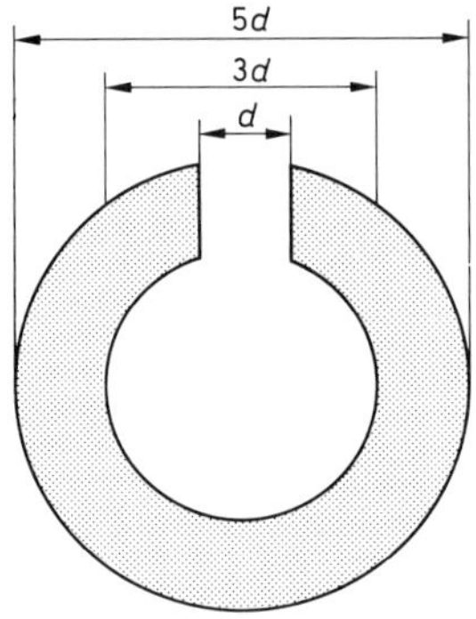

Abb. 1.112 Landolt-Ringe dienen als Testzeichen zur Sehschärfeprüfung.

Die Bestimmung der Sehschärfe erfolgt durch Messung des kleinsten Sehwinkels α unter dem Objekte noch getrennt wahrgenommen werden. Dieser Winkel α wird auch „physiologischer Grenzwinkel" genannt; sein Wert beträgt etwa eine Bogenminute. Als Sehschärfe S wird der Reziprokwert des Winkels α bezeichnet; also:

$$S = \frac{1}{\alpha},$$

wobei α in Bogenminuten einzusetzen ist. Um möglichst gut reproduzierbare Werte der Sehschärfe zu erhalten, wird zu Prüfzwecken ein Normsehzeichen verwendet; das ist der *Landolt-Ring,* siehe dazu Abb. 1.112. Als Kriterium für die Erkennung des Sehzeichens dient die richtige Angabe der Lage der Öffnung in dem Kreisring. Sehschärfewerte zwischen 0,8 und 1,6 gelten als ausreichend bis sehr gut; Werte von 2,0 und höher sind überdurchschnittlich; Werte von 0,4 und darunter gelten für schwachsichtige Beobachter. – Die Sehschärfe ist natürlich auch eine Funktion der Akkommodation; die maximale Sehschärfe ist über einen Akkommodationsbereich von ca. 3 Dioptrien zu halten.

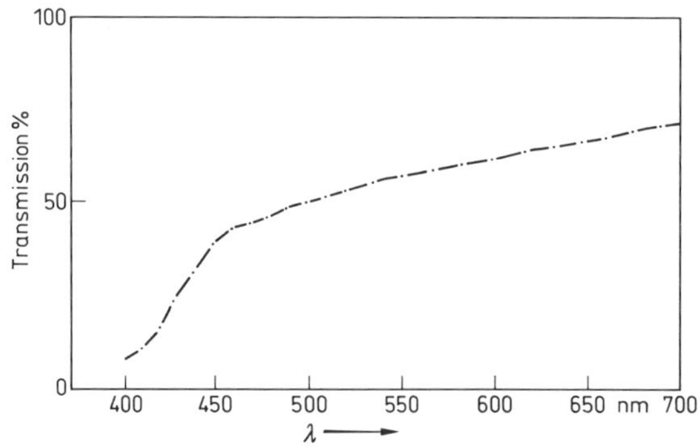

Abb. 1.113 Transmission von Strahlung in Abhängigkeit von der Wellenlänge durch die Augenmedien.

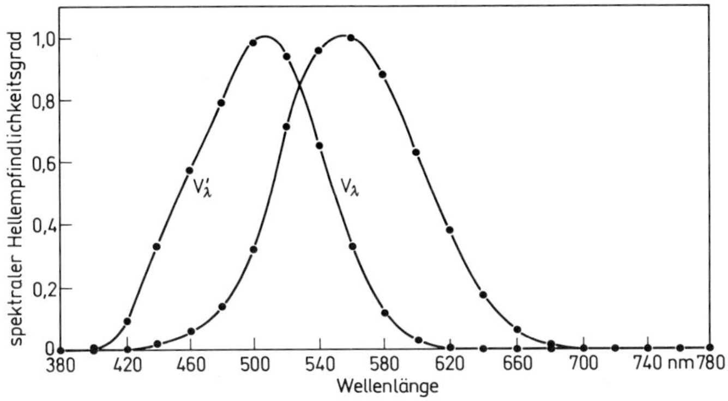

Abb. 1.114 Relative spektrale Hellempfindlichkeit des Auges für Tagessehen $V(\lambda)$ und für Nachtsehen $V'(\lambda)$.

Wellenlängenabhängige Eigenschaften. Der Transmissionsgrad der Augenmedien für Strahlungen unterschiedlicher Wellenlängen ist stark variabel. Da die Augenmedien zu einem sehr hohen Prozentsatz aus Wasser bestehen, liegt es nahe, sich mit dem spektralen Transmissionsgrad von Wasser zu beschäftigen. Dabei ergibt sich, daß gerade im sichtbaren Bereich die Schwächung elektromagnetischer Strahlung durch Wasser besonders gering ist; im Infraroten und im UV dagegen absorbiert Wasser stark. Der spektrale Transmissionsgrad der Augenmedien ist hoch im Bereich von $320\,\text{nm} < \lambda < 1400\,\text{nm}$; siehe dazu Abb. 1.113. – Davon klar zu unterscheiden ist die – relative – spektrale *Hellempfindlichkeit* $V(\lambda)$ des Auges; siehe Abb. 1.114. Erfahrungsgemäß reagiert das menschliche Auge auf einfallende Strahlungen aus dem sichtbaren Teil des elektromagnetischen Spektrums mit unterschiedlichen Lichtempfindungen. Die Funktion $V(\lambda)$ gibt für monochromatische Strahlungen gleicher physikalischer Leistung (äquienergetisches Spektrum) die relative Hellempfindlichkeit des menschlichen Auges bei Tagessehen (Helladaptation) an; es ist das die spektrale Hellempfindlichkeit der Zapfen. $V(\lambda)$ ist merklich von null verschieden im Bereich $380\,\text{nm} < \lambda < 750\,\text{nm}$, das Maximum liegt bei 555 nm. Für das Nachtsehen der Stäbchen gilt eine Funktion $V'(\lambda)$, die um etwa 50 nm zum Kurzwelligen hin gegenüber $V(\lambda)$ verschoben ist; das Maximum tritt bei 507 nm auf. – Da die spektrale Transmission der Augenmedien über einen größeren Wellenlängenbereich deutlich größer als null ist, als das für $V(\lambda)$ bzw. $V'(\lambda)$ gilt, ist Vorsicht beim Arbeiten insbesondere mit rotem und infrarotem Licht geboten. Da oberhalb von etwa 700 nm fast keine Empfindung mehr, aber durchaus merkliche Transmission vorliegt, erreicht solche Strahlung die Netzhaut, ohne gesehen zu werden. Daher besteht bei unvorsichtigem Umgang mit *Lasern* eine große Verletzungsgefahr (irreparabel!) für die Netzhaut. Anders ist die Situation am kurzwelligen Ende des Spektrums. Da für Wellenlängen unter 380 nm die Transmission bereits kleiner als 10% ist, besteht kaum eine Verletzungsgefahr für die Netzhaut durch Strahlungen solcher Wellenlängen. Jedoch absorbiert die Hornhaut diese Strahlung stark (z. B. bei Aufenthalt im Hochgebirge) und sie wie auch die Bindehaut können dadurch entzündet werden. Derartige Entzündungen können schmerzhaft sein, doch sind sie meist ungefährlich. – Eine ganz andere wellenlängenabhängige Eigenschaft des Auges ist die sogenannte *chromatische Aberration;* gemeint ist damit der Farblängsfehler, der durch die Dispersion der Augenmedien bedingt ist. Im sichtbaren Bereich beträgt der Farblängsfehler des Auges, umgerechnet auf den Objektraum etwa zwei Dioptrien; die Brechkraft des Auges steigt mit abnehmender Wellenlänge an (normale Dispersion). Das Auge bzw. der Gesichtssinn nutzt andererseits den Farblängsfehler, indem bei nahezu fester Akkommodation für Objekte in unterschiedlichen Entfernungen auch verschiedene „Einstellwellenlängen“ verwandt werden. – Die bisherigen Betrachtungen haben eine der wichtigsten Qualitäten des Gesichtssinns, nämlich das *Farbensehen* unberücksichtigt gelassen. Wegen der besonderen Bedeutung dieser speziellen Qualität des Gesichtssinns erfolgt die ausführliche Diskussion dieses Themas in Kap. 6.

1.9 Optische Instrumente

In diesem Abschnitt sollen die wichtigsten optischen Instrumente besprochen werden. Diese Instrumente besitzen recht unterschiedliche Aufgaben und Eigenschaften, von denen wenigstens die wichtigsten zu behandeln sind. Einmal ist der jeweilige Aufbau anzugeben, dann sind die Funktionsweisen im Sinne der geometrischen Optik zu beschreiben; weiter ist auf die energetischen Verhältnisse einzugehen, und es ist schließlich die erreichbare Bildqualität zu diskutieren.

Die Ausführungen der vorigen Teil-Abschnitte sind in zweierlei Hinsicht noch nicht ausreichend, um die Eigenschaften optischer Instrumente angemessen beschreiben zu können. Es ist einmal zu diskutieren, wie Strahlungsleistung vom Objektraum in das Bild gelangt. Die dafür anzuwendenden Begriffe werden in Kap. 6 behandelt; hier werden sie einfach benutzt. – Zur Erfassung der Bildqualität genügt es nicht, nur die geometrisch-optischen Verhältnisse zu berücksichtigen; vielmehr müssen die Grundbegriffe der Beugung – die im einzelnen in Kap. 3 erörtert werden – und die der sogenannten Systemtheorie kurz eingeführt werden. Anschließend werden dann ausgewählte optische Instrumente behandelt.

1.9.1 Strahlungs- und Informations-Übertragung

1.9.1.1 Strahlungsübertragung

Bisher wurde optische Abbildung als Strahlenoptik aufgefaßt. Nun müssen auch die energetischen Verhältnisse berücksichtigt werden. Dazu ist die idealisierte Vorstellung von Objektpunkten aufzugeben; statt dessen wird nun mit Objekten gearbeitet, die aus strahlenden Flächenelementen bestehen. Jedes solche Flächenelement sendet eine charakteristische *Strahlungsleistung* Φ (SI-Einheit Watt) in den gesamten Raumwinkel von 4π; davon vermag das jeweilige optische System nur einen Bruchteil zu erfassen, weil die Eintrittspupille von dem Objektelement aus gesehen nur unter einem Teil-Raumwinkel erscheint. Es ist also angebracht, den Sender durch spezielle Größen zu kennzeichnen. Das geschieht einmal in Form der *Strahlstärke*

I, die definiert ist durch

$$I = \frac{\mathrm{d}\Phi}{\mathrm{d}\Omega}\,. \tag{1.102}$$

Ω steht dabei für den Raumwinkel. Der Sender wird weiterhin gekennzeichnet durch seine *Strahldichte L,* die definiert ist gemäß

$$L = \frac{\mathrm{d}^2\Phi}{\mathrm{d}\Omega\,\mathrm{d}A}\,.$$

Dabei steht A für die Senderfläche. Gleichwertig kann auch geschrieben werden

$$\Phi = \iint L\,\mathrm{d}\Omega\,\mathrm{d}A\,. \tag{1.103}$$

Im allgemeinen ist die Strahldichte L als Funktion von Raumwinkel Ω und Senderfläche A zu verstehen. Nur wenn L unabhängig von Ω und A ist, lassen sich die Integrationen nach Gl. (1.103) explizit durchführen. In solch einem Fall nennt man den Strahler speziell einen *Lambert-Strahler;* wie weitestgehend üblich werden auch hier Lambertstrahler angenommen. Statt Gl. (1.103) gilt für Lambertstrahler offenbar die vereinfachte Beziehung.

$$\Phi = L\Lambda\,. \tag{1.104}$$

Die Größe Λ heißt *Lichtleitwert,* oder auch geometrischer Fluß und ist bei Anwendung auf optische Systeme, hier speziell in der Näherung der Gauß-Optik darstellbar als

$$\Lambda = \frac{n^2\,\pi\,l^2\,\pi\,r_{\mathrm{EP}}^2}{(s-z)^2}\,, \tag{1.105}$$

wobei die Bezeichnungen von Abschn. 1.5 benutzt sind. Mit Gl. (1.79) und Gl. (1.80) läßt sich auch schreiben

$$\Lambda = (\pi\,H)^2\,. \tag{1.106}$$

Damit ist der Lichtleitwert Λ durch die in Abschn. 1.6 eingeführte H-Invariante ausgedrückt; der Lichtleitwert ist demnach auch eine Invariante der Abbildung. Diese wichtige Feststellung macht die Aussage von Gl. (1.104) klar: Die von einem optischen System aufgenommene Strahlungsleistung Φ wird einerseits durch die Strahldichte L des Senders (Objekts) und andererseits durch den Lichtleitwert Λ des abbildenden optischen Systems festgelegt. Nimmt man nun noch an, daß das optische System frei von Verlusten – durch Absorption, Streulicht und dgl. – sei, so wird die einmal aufgenommene Strahlungsleistung auch in den Bildraum übertragen. Unter dieser Annahme läßt sich weiter folgern, daß bei der Abbildung auch die Strahldichte L unverändert bleibt. Damit ist eine sehr einfache, häufig genutzte Beziehung gegeben. – Im Bild wird die wirksame Strahlungsleistung durch die *Bestrahlungsstärke E* gemessen, die definiert ist durch

$$E = \frac{\mathrm{d}\Phi}{\mathrm{d}A'} \tag{1.107}$$

wobei A' die Empfängerfläche (Bildfläche) ist. Drückt man jetzt den Lichtleitwert Λ durch Größen des Bildraums aus, so erhält man durch Zusammenfassung von Gl. (1.104) und Gl. (1.107)

$$E = \pi L (n' u')^2 \,. \tag{1.108}$$

Die Bestrahlungsstärke im Bild ist also durch die Strahldichte des Objekts multipliziert mit dem Quadrat der bildseitigen numerischen Apertur gegeben; die bildseitige numerische Apertur ist natürlich durch die Größe der Aperturblende bestimmt, so daß damit eine weitere Funktion der Aperturblende erkennbar wird.

Beim Übergang zu endlichen Aperturen ist zunächst zu klären, ob ein Lambert-Strahler als Objekt wiederum in einen Lambert-Strahler abgebildet wird. Für die axiale Abbildung gilt das nur dann, wenn sowohl der Öffnungsfehler als auch der Asymmetriefehler korrigiert sind. Der Asymmetriefehler wird hier in Form der *Sinusbedingung* wirksam; die Forderung der Sinusbedingung ist, daß der Abbildungsmaßstab β bzw. die Brennweite f unabhängig von der Apertur und gleich den Werten der Gauß-Optik sein sollen:

$$\beta_0 = \frac{n_1 \sin u_1}{n_k' \sin u_k'} \quad \text{bzw.} \quad f_0 = \frac{h_1}{n_k' \sin u_k'} \,. \tag{1.109}$$

Bei Gültigkeit von Gl. (1.109) ist die Sinusbedingung erfüllt; optische Systeme mit diesen Eigenschaften werden auch *aplanatisch* genannt. Die eben benutzten Ausdrücke für Abbildungsmaßstab bzw. Brennweite sind Verallgemeinerungen der in vorangegangenen Abschnitten behandelten Definitionen; hier ist speziell die Apertur-Abhängigkeit von Interesse. Um auch bei außeraxialen Abbildungen die Eigenschaften eines Lambert-Strahlers zu erhalten, müssen die Abbildungsfehler prinzipiell vollständig korrigiert sein. Das ist realiter nur in Näherung zu erreichen, so daß man das Bild eines Strahlers dem Strahler selbst nur bedingt als gleichwertig annehmen darf.

Die Konstanz von Strahlungsleistung und Strahldichte bei der optischen Abbildung – zumindest im Bereich der Gauß-Optik – könnte den falschen Eindruck hervorrufen, daß die strahlungsphysikalischen Größen überhaupt unabhängig von den Eigenschaften der optischen Abbildung seien. Das beste Gegenbeispiel ist die Strahlstärke I. Bei der Abbildung wird im allgemeinen der Raumwinkel Ω geändert, der auch ausdrückbar ist in der Form

$$\Omega = \pi (n u)^2 \,,$$

so daß die Strahlstärke I' im Bild wird zu

$$I' = I \beta_0^2 \,. \tag{1.111}$$

Wenn β_0 betragsmäßig größer als eins ist, so nimmt die Strahlstärke zu; zu beachten ist dabei, daß damit eine Abnahme des Raumwinkels Ω' verbunden ist; die Strahlungsleistung bleibt dabei ungeändert. Von der Steigerung der Strahlstärke durch optische Abbildung wird insbesondere bei Scheinwerfern Gebrauch gemacht.

Mit den vorstehenden Beziehungen gelingt es, die Bestrahlungsverhältnisse im Bild zu bestimmen; das ist zumindest dann zutreffend, wenn man sich auf Flächenelemente beschränkt (weil hier Lambert-Strahler angenommen wurden).

1.9.1.2 Informationsübertragung

Abzubildende Objekte sind gekennzeichnet durch ortsabhängige Leuchtdichte-Variationen. Diese Objekt-Charakteristika sollen so exakt wie möglich in das Bild übertragen werden. Um das zu erreichen, genügt es nicht, nur die geometrisch-optischen Abbildungseigenschaften zu untersuchen, sondern es müssen zusätzlich die wichtigsten wellenoptischen Erscheinungen diskutiert werden. Das geschieht hier auf der Basis der sogenannten skalaren Wellenoptik. In Anlehnung an die Ausführungen des Kap. E beschreiben wir den Abbildungsvorgang in der folgenden Weise: Von dem jeweiligen Objektpunkt gehen Kugelwellen aus, die von dem optischen System insoweit aufgenommen und in den Bildraum übertragen werden, wie es der Raumwinkel zuläßt, unter dem die EP des Systems von dem Objektpunkt aus erscheint. Nachdem solche Wellen das optische System durchsetzt haben, besitzen sie in der AP im allgemeinen eine ortsabhängige Amplituden- und Phasenverteilung. Ziel einer jeden Abbildung ist es jedoch, Wellenflächen in der AP zu erzeugen, die konstante Amplituden und Phasen besitzen; solche Abbildungen sind frei von geometrisch-optischen Abbildungsfehlern. Die Wellenfläche in der AP besitzt in diesem Fall kugelförmige Gestalt; im Bildraum konvergiert diese Welle auf den Soll-Bildpunkt. Da die begrenzte Apertur aber nur einen Kugelwellenabschnitt zur Abbildung beitragen läßt, entsteht kein punktförmiges Bild, sondern eine Lichtverteilung, die zwar am Ort des Soll-Bildpunkts maximale Bestrahlungsstärke aufweist, aber auch in dessen Umgebung deutlich von null verschieden ist. Diese Punktlichtgebirge genannte Lichtverteilung wird weiter unten noch genauer zu besprechen sein. – Wenn die Abbildung durch das aktuelle optische System jedoch nicht frei von Abbildungsfehlern ist, so ist die Wellenfläche in der AP nicht kugelförmig und es können auch örtlich variable Amplituden auftreten. In diesem Fall spricht man von *Wellenaberrationen;* dieser hier neu einzuführende Begriff läßt sich auf die aus Abschn. 1.7 bekannten Queraberrationen zurückführen durch

$$\begin{aligned} \frac{\partial W(x,y)}{\partial x} &= n' \sin u'_{\max}\, \Delta l'_x\,, \\ \frac{\partial W(x,y)}{\partial y} &= n' \sin u'_{\max}\, \Delta l'_y\,. \end{aligned} \tag{1.112}$$

Dabei gibt die Funktion $W(x, y)$ die Abweichungen der realen Wellenfläche von der kugelförmigen an; die Koordinaten x, y in der AP sind zusätzlich auf den AP-Radius normiert. Die Lichterregung in der AP kann somit unter Berücksichtigung von geometrisch-optischen Abbildungsfehlern dargestellt werden durch die Funktion $P(x, y)$:

$$P(x,y) = A(x,y)\,\mathrm{e}^{\mathrm{i}\,k\,W(x,y)}\,. \tag{1.113}$$

$A(x, y)$ ist die Amplitude der Lichterregung in der AP. $P(x, y)$ heißt die *Pupillenfunktion,* weil sie die Lichterregung in der AP auch im Falle durchaus endlicher geometrisch-optischer Abbildungsfehler wiedergibt. – Die Lichterregung im Bildraum gewinnt man unter der Annahme, daß die Näherung der *Fraunhofer-Beugung* (siehe Abschn. 3.8) den physikalischen Abbildungsvorgang ausreichend genau wiedergibt; das ist zumeist in völlig ausreichendem Maße der Fall. Da die Fraunhofer-

Beugung mathematisch durch die *Fourier-Transformation* (siehe Kap. E) beschrieben werden kann, ergibt sich eine – zumindest prinzipiell – einfache Formulierung für die Lichterregung $F(l_x, l_y)$ im Bild:

$$F(l_x, l_y) = c \iint P(x, y)\, e^{-ik(xl_x + yl_y)/r}\, dx\, dy\,. \tag{1.114}$$

r ist dabei der Abstand von der AP-Mitte bis zum Soll-Bildpunkt; die Koordinaten l_x, l_y im Bild sind hier vom jeweiligen Sollbildpunkt aus zu zählen. Die Integration ist in Gl. (1.114) über die AP-Fläche hinweg vorzunehmen. – Die Lichterregung $F(l_x, l_y)$ selbst ist aber nicht meßbar, sondern nur ihr Betragsquadrat $B(l_x, l_y)$, die Bestrahlungsstärkeverteilung:

$$B(l_x, l_y) = F(l_x, l_y)\, F^*(l_x, l_y)\,. \tag{1.115}$$

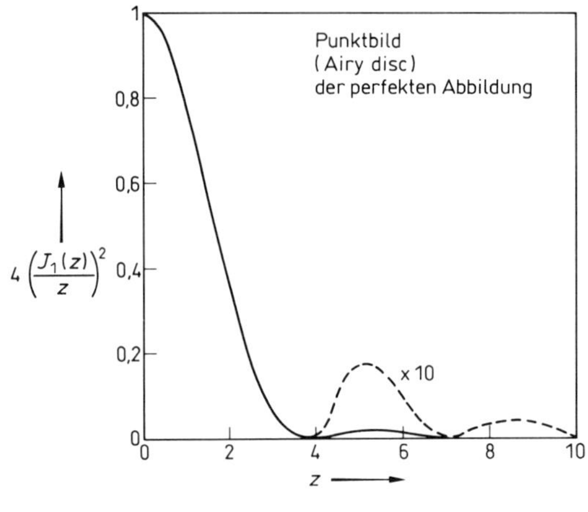

Abb. 1.115 Radiale Variation der Bestrahlungsstärkeverteilung im Punktbild bei perfekter Abbildung.

Mit Gl. (1.115) ist es möglich, *Punktbilder* oder auch *Punktlichtgebirge* zu berechnen; entsprechende Messungen sind ebenfalls durchführbar, doch treten dabei merkliche experimentelle Schwierigkeiten auf, so daß derartige Messungen bisher nur sehr selten realisiert wurden. Im allgemeinen Fall besitzen Punktbilder unter dem Einfluß von Aberrationen quantitativ wie qualitativ sehr unterschiedliche Lichtverteilungen, so daß Beurteilungen schwer fallen. Deshalb sei zunächst darauf eingegangen, welches Punktbild resultiert, wenn keine Aberrationen vorhanden sind. Man spricht dann von der *perfekten Abbildung*. Solch eine Abbildung ist nur perfekt, aber nicht ideal, weil es nicht gelingt, dem Objektpunkt einen Bildpunkt zuzuordnen. Wegen der begrenzten Apertur resultiert im Bildraum die durch Beugung an der AP erzeugte Lichtverteilung, deren radialen Verlauf Abb. 1.115 wiedergibt. Der Ort des Hauptmaximums fällt mit dem geometrisch-optischen Bildpunkt zusammen; der radiale Verlauf des rotationssymmetrischen Punktbilds ist gegeben durch

$$\left(\frac{J_1(z)}{z}\right)^2 . \tag{1.116}$$

Dabei steht J_1 für die Bessel-Funktion 1. Ordnung; die Variable z ist eine Abkürzung. Es gilt

$$z = \frac{2\pi}{\lambda} n' l' \sin u'_{\max} . \tag{1.117}$$

Das erste Minimum wird erreicht für $z = 3{,}832$, d. h. für

$$l' = \frac{0{,}61\,\lambda}{n' \sin u'_{\max}} . \tag{1.118}$$

Dieser Ausdruck ist insofern sehr wichtig, weil er das Maß für das *Auflösungsvermögen* optischer Instrumente angibt: Man kann danach zwei Punktbilder dann noch unterscheiden, wenn sie den durch Gl. (1.118) gegebenen Abstand nicht unterschreiten. Neben der Wellenlänge λ ist demnach die bildseitige numerische Apertur entscheidend für das jeweils erreichbare Auflösungsvermögen eines optischen Instruments. Das gilt für Abbildungen, die frei von geometrisch-optischen Abbildungsfehlern sind. Wenn aber Abbildungsfehler vorliegen – das ist der Normalfall – so werden die Verhältnisse merklich komplizierter, wie es oben bereits festgestellt wurde.

Lange Jahre gelang es nicht, das Zusammenwirken von Abbildungsfehlern und Beugung in Bildstrukturen zu erfassen. Erst seit etwa 1950 ist mit Hilfe des Konzepts der *optischen Übertragungsfunktion* eine Beschreibungsform gefunden worden, die die Abbildungseigenschaften optischer Systeme physikalisch hinreichend genau erfaßt und die außerdem experimentell wie rechnerisch nachvollziehbar ist. Die optische Übertragungsfunktion wird als Fourier-Transformierte des Punktbildes definiert, wobei letzteres auch durch die Aberrationen des abbildenden Systems beeinflußt sein kann. Diese Definition der optischen Übertragungsfunktion ist sehr zweckmäßig; andere Definitionen sind möglich und früher auch benutzt worden. Bevor die optische Übertragungsfunktion explizit angegeben wird, ist noch auf zwei Voraussetzungen zu verweisen, die erfüllt sein müssen, um das Konzept der optischen Übertragungsfunktion auf die Abbildung optischer Systeme anwenden zu dürfen. Es handelt sich um die *Linearität* und um die *Stationarität.* Als Linearität bezeichnet man die additive Überlagerung von Bestrahlungsstärkeverteilungen, die hier so lange als gegeben angenommen werden darf, wie inkohärente Abbildung vorliegt (zum Begriff der Kohärenz bzw. Inkohärenz siehe Kap. 7); das darf weitgehend als zutreffend angesehen werden. Die Bedingung der Stationarität besagt, daß die Abbildungseigenschaften optischer Systeme ortsinvariant sein sollten. Diese Eigenschaft ist in Strenge nicht gegeben, nämlich einfach deshalb, weil in Abschn. 1.7 festgestellt werden mußte, daß mit dem Bildfeld variable Abbildungsfehler existieren. Um die optische Übertragungsfunktion trotzdem anwenden zu können, hat man sich jeweils auf sogenannte *Isoplan-Gebiete* zu beschränken; es sind das Gebiete einer solchen Ausdehnung, daß innerhalb derer die Variation der Abbildungsfehler als vernachlässigbar klein betrachtet werden darf. Die Größe eines Isoplan-Gebietes ist damit durch die jeweiligen Genauigkeitsforderungen bestimmt. – Die Begriffsbildung der optischen Übertragungsfunktion wird durch die Auswahl typischer Objekte und

Bilder in Form von *Sinusgittern* bestimmt. Auf Grund der angenommenen Linearität kann jedes Objekt als Überlagerung von Sinusgittern beliebiger *Ortsfrequenzen* aufgefaßt werden. Als Ortsfrequenz (üblicherweise angegeben in mm^{-1}) wird die reziproke Gitterkonstante bezeichnet; der Begriff ist analog zur Zeitfrequenz gebildet. – Die oben bereits angesprochene Definition der optischen Übertragungsfunktion lautet:

$$D(R, S) = \iint B(l_x, l_y)\, e^{-2\pi i (l_x R + l_y S)}\, dl_x\, dl_y\,. \qquad (1.119)$$

Integrationsgebiet ist formal die gesamte Bildebene; in praxi ist über die von null hinreichend verschiedenen Werte des Punktbilds zu integrieren. R und S stehen für die Ortsfrequenzen in sagittaler bzw. meridionaler Richtung. Im Fall der perfekten Abbildung resultiert:

$$D(R) = \frac{2}{\pi}\left[\arccos\frac{\bar{R}}{2} - \frac{\bar{R}}{2}\sqrt{1-\left(\frac{\bar{R}}{2}\right)^2}\right]. \qquad (1.120)$$

Dabei ist $\bar{R}$ eine Abkürzung und wird reduzierte Ortsfrequenz genannt; es ist

$$\bar{R} = \frac{R\lambda}{n' \sin u'_{max}}\,. \qquad (1.121)$$

$D(R)$ für die perfekte Abbildung ist nur in dem Bereich $0 \le \bar{R} \le 2$ definiert; dementsprechend gilt $0 \le R \le 2n' \sin u'_{max}/\lambda$. Der Maximalwert von R heißt *Grenzfrequenz*. Die Grenzfrequenz ist eng mit der Auflösungsgrenze nach Gl. (1.118) verknüpft; der Reziprokwert von Gl. (1.118) ist nämlich bis auf einen Faktor 1,22 mit der Grenzfrequenz identisch. Die Abb. 1.116 zeigt den Verlauf von $D(\bar{R})$ als Funktion von $\bar{R}$.

Es erscheint angebracht, die optische Übertragungsfunktion noch in anderer Weise zu erklären, um damit das anschauliche Verständnis zu verbessern: Ein beliebiges flächenhaftes Objekt sei durch seine Strahldichteverteilung als Funktion des Ortes gekennzeichnet. Durch Fourier-Transformation dieser Strahldichteverteilung erhält man das *Ortsfrequenzspektrum* des Objekts, d.h. die Angabe, in welchem Maß die

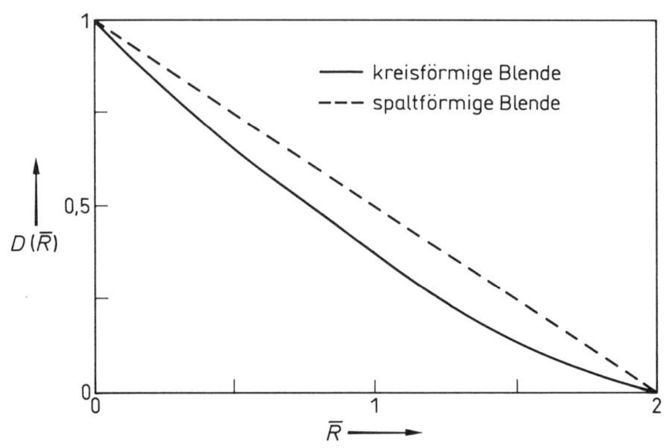

Abb. 1.116 Optische Übertragungsfunktion bei perfekter Abbildung.

verschiedenen Ortsfrequenzen zwischen null und unendlich in dem Objekt enthalten sind. Entsprechend kann man von der Bestrahlungsstärkeverteilung im Bild die Fourier-Transformierte bilden und damit das Ortsfrequenzspektrum des Bildes bestimmen. Die optische Übertragungsfunktion ist dann als Quotient der Ortsfrequenzspektren von Bild zu Objekt gegeben; basierend auf diesem Zusammenhang werden beispielsweise Übertragungsfunktionen fotografischer Schichten ermittelt. Die eben angegebene Beziehung kann auch in einer anderen Weise gedeutet werden:

- Das Ortsfrequenzspektrum im Bild ergibt sich aus dem des Objekts, indem man letzteres mit der optischen Übertragungsfunktion des abbildenden optischen Systems multipliziert.

Diese Darstellung sei veranschaulicht durch die Betrachtung eines Objekts rein sinusförmiger Strahldichte-Variation, d.h. es sei

$$L(x) = a + b\cos(2\pi R x)\,.$$

Die Extrema dieser Funktion sind

$$L_{\text{max}} = a + b\,; \quad \text{bzw.} \quad L_{\text{min}} = a - b\,.$$

Als Modulation wird der Ausdruck

$$M(R) = \frac{L_{\text{max}} - L_{\text{min}}}{L_{\text{max}} + L_{\text{min}}} = \frac{a}{b} \tag{1.122}$$

bezeichnet. Bei der Abbildung eines solchen Objekts erhält man im Bild eine Bestrahlungsstärkeverteilung der Form

$$E(x) = a + b'\cos(2\pi R x + \varphi)$$

mit der Modulation M'

$$M'(R) = \frac{b'}{a}\,.$$

Die Modulation im Bild ist immer geringer als die im Objekt, die Ortsfrequenz bleibt erhalten; zusätzlich tritt unter Umständen eine „Phase“ $\varphi(R)$ auf, die eine Verschiebung des Gitterbildes gegenüber der Sollage zur Folge hat. Das Verhältnis der Modulationen M' zu M wird nun gerade durch den Wert der optischen Übertragungsfunktion für die betrachtete Ortsfrequenz R gegeben. Damit findet auch die Bezeichnung Übertragungsfunktion ihre Erklärung. Der Zusatz optisch ist damit zu erklären, daß Übertragungsfunktionen in anderen Gebieten, vor allem in der Nachrichtenrechnik, bereits seit geraumer Zeit in Gebrauch sind und demgegenüber eine Unterscheidung zweckmäßig erscheint.

Beispiele für optische Übertragungsfunktionen realer Systeme sind am Ende dieses Abschnitts angegeben; siehe Abb. 1.146. – Die Messung der optischen Übertragungsfunktion kann nach verschiedenen Methoden erfolgen. Hier sei auf die Methode hingewiesen, die sich besonders eng an die Definition nach Gl. (1.119) anlehnt. Um experimentell gut beherrschbare Verhältnisse zu schaffen, wird aber von dem zweidimensionalen auf den eindimensionalen Fall zurückgegangen. Als Objekt wird ein schmaler, beleuchteter Spalt benutzt; dieser wird durch das zu prüfende optische System abgebildet und die Bestrahlungsstärkeverteilung des Spaltbildes wird mit Hilfe eines zweiten Spaltes abgetastet. Als Meßergebnis gewinnt man so ein Spaltbild, das rechnerisch zu korrigieren ist, um die Einflüsse der endlichen Spaltbreiten im Objekt und im Bild zu eliminieren. Das damit erhaltene Linienbild wird dann per Fourier-Transformation nach Gl. (1.119) in die optische Übertragungsfunktion umgerechnet. Da die Messung nur eindimensional erfolgt, müssen für einen Objektpunkt bereits mindestens zwei Messungen mit unterschiedlichen Spalt-Orientierungen (zumeist meridional und sagittal) vorgenommen werden. Überhaupt müssen zahlreiche Parameter bestimmt und angegeben werden, für die eine Messung jeweils vorgenommen wird; dazu gehören Abbildungsmaßstab, Apertur, Bildwinkel, Fokussierung, Spektralverteilung und einige andere mehr. Zur einigermaßen vollständigen Charakterisierung beispielsweise eines Foto-Objektivs sollen bereits ca. 100 Übertragungsfunktionen erforderlich sein. Aus so einer Aussage geht hervor, daß die quantitative Bestimmung von Abbildungseigenschaften wohl gelingt, deren Vollständigkeit aber kaum zu erreichen ist.

1.9.2 Ausgewählte optische Instrumente

1.9.2.1 Lupe

Die Lupe ist das einfachste optische Instrument, das dazu dient, die Sehleistung des menschlichen Auges zu erweitern. Wegen der begrenzten Sehschärfe und der begrenzten Akkommodation des Auges können kleine Objekte vom Auge nicht ohne optische Hilfsmittel erkannt werden. Ein Objekt der Größe l in der Entfernung s_0 vom Auge erscheint unter dem Winkel

$$\alpha = \frac{l}{s_0}.$$

Es ist üblich, für s_0 den Wert der sogenannten deutlichen Sehweite von 250 mm einzusetzen. Als Lupe wird nun eine Linse positiver Brennweite f verwendet, um damit das zu beobachtende Objekt dem Auge unter vergrößertem Winkel darzubieten. Es ist hier zunächst die vergrößernde Wirkung in angemessener Weise zu definieren. Das geschieht in Form der Lupen-Vergrößerung

$$\Gamma_1 = \frac{\tan w'}{\tan w}, \tag{1.123}$$

wobei w der Winkel ist, unter dem das Objekt ohne Lupe erscheint und w' der mit Lupe. Um Γ_1 durch die Brennweite der Lupe und die Daten der Beobachtungsbedingungen ausdrücken zu können, ist im allgemeinen Fall auch das beobachtende Auge zu berücksichtigen, insbesondere ob es rechtsichtig oder fehlsichtig ist. Derartige Betrachtungen gehen hier zu weit, so daß nur eine Standard-Beobachtung diskutiert wird. Das Objekt liege dazu in der vorderen Brennebene der Lupe, so daß es nach unendlich abgebildet wird. Das Auge werde mit seiner Pupille in der hinteren Brennebene der Lupe angeordnet, so daß dadurch für die Blendenabbildung objektseitig der telezentrische Hauptstrahlengang realisiert wird. Unter diesen Bedingungen wird die Lupenvergrößerung zu

$$\Gamma_1 = \frac{250}{f}. \tag{1.124}$$

Dabei ist die sogenannte deutliche Sehweite des Auges von 250 mm als numerischer Wert eingesetzt. Die eben genannten Vereinbarungen legen den Strahlengang für die Objekt- und für die Blendenabbildung fest. Tatsächlich sind die Vereinbarungen im allgemeinen nicht einzuhalten, weil die Lupe zumeist freihändig benutzt wird. Wenn sie jedoch zu Meßzwecken eingesetzt wird, so ist es zumindest sehr empfehlenswert, die Bedingungen einzuhalten.

Die Grenze der Leistungsfähigkeit einer Lupe in Bezug auf das Auflösungsvermögen ist meist durch das Auge, nicht durch die Lupe gegeben. – Bei Abbildung größerer Objektfelder durch eine Lupe können Verzeichnung, Astigmatismus, Bildfeldwölbung und Farbquerfehler stören. Öffnungsfehler, Koma und Farblängsfehler sind wegen der durch die Augenpupille begrenzten Apertur in der Regel unkritisch. – Lupen werden mit Vergrößerungen zwischen 1fach und etwa 25fach hergestellt. Solche mit geringen Vergrößerungen dienen als Lesegläser; sie bestehen meist aus einer einzigen Linse. Lupen werden als *Okulare* bezeichnet, wenn sie als Teil eines zusammengesetzten optischen Geräts mit definierter Lage der Austrittspupille verwendet werden.

Die Steigerung der Vergrößerung von Lupen ist begrenzt, weniger der Korrigierbarkeit der Abbildungsfehler wegen, sondern vor allem deshalb, weil bei mehrlinsigen Ausführungen Schwierigkeiten auftreten, die Brennpunkte mechanisch zugänglich zu gestalten und damit Objekt bzw. Aperturblende relativ zum Linsensystem richtig zu positionieren. – Die Abb. 1.117 zeigt Linsenschnitte der gebräuchlichsten Ausführungsformen von Lupen.

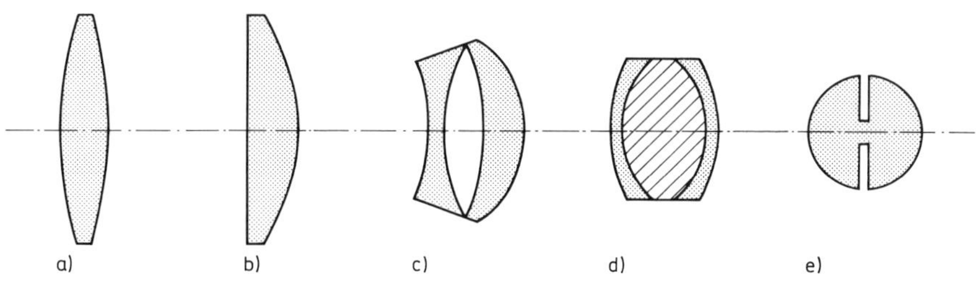

Abb. 1.117 Bauformen von Lupen: a) Symmetrische Bikonvexlinse, unkorrigiert, verwendbar bis maximal $\Gamma = 6$; b) Plankonvexlinse, frei von Astigmatismus bei geeigneter Position des Auges; c) Zweilinsige, sogenannte „Verantlupe"; frei von Astigmatismus, Bildfeldwölbung, Verzeichnung und Farbquerfehler bei geeigneter Position des Auges, meist für $\Gamma = 4$ vorgesehen; d) „Aplanatische" Lupe nach Steinheil, symmetrischer Aufbau, frei von Farbquerfehler, gebräuchlich mit $\Gamma = 6 \ldots 15$; e) Kugellinse, abgeblendet und damit ohne Verzeichnung und Astigmatismus (nicht mehr gebräuchlich).

1.9.2.2 Mikroskop

Allgemeines. Das Mikroskop ist eines der wichtigsten optischen Instrumente überhaupt. Es hat dem Menschen ermöglicht, Objekte zu erkennen, zu interpretieren und zu manipulieren, die vorher nicht bekannt und damit auch nicht beeinflußbar waren. Die Mikroskopie hat daher einen entscheidenden Anteil an der Erweiterung unserer Kenntnisse über die Umwelt. Vielfältige Beweise liefern dafür die Anwendungen des Mikroskops in der Medizin, der Biologie, der Mineralogie, der Metallurgie und heute auch in der technischen Mikro-Manipulation. In diesen Bereichen ist das Mikroskop absolut notwendiges Hilfsmittel für die Forschung wie auch für Routine-Einsätze geworden.

Zum vollen Verständnis der Funktionsweise des Mikroskops sind sowohl strahlenoptische als auch wellenoptische Gesetzmäßigkeiten zu berücksichtigen. Deshalb wird hier relativ ausführlich auf deren Zusammenhänge eingegangen.

Das Mikroskop ist als *visuelles* Gerät konzipiert; es ist also das menschliche Auge als Bildempfänger vorgesehen. Inzwischen auch übliche Registrierungen mit Foto- oder Fernsehkameras sind zumeist noch mit Hilfe von Adaptationen an das visuelle Gerät vorgenommen.

Die historische Entwicklung des Mikroskops ist ein sehr interessantes Thema, doch kann hier nur in wenigen Stichworten darauf eingegangen werden: A. van Leeuwenhoek (1673) gilt als der Erfinder des einfachen Mikroskops. Chr. Huygens erfand 1684 das zweilinsige Okular. C. A. Spencer erfand um 1860 Mikroobjektive hoher numerischer Apertur und verbesserte deren Farbkorrektion durch Kombination von Glas und Fluorit; den Dunkelfeld-Kondensor führte 1853 F. Wenham ein; E. Abbe (1840–1905) erfand apochromatische Mikroobjektive, führte Kompensationsokulare ein und klärte vor allem die Zusammenhänge bei der Bildentstehung im Mikroskop; F. Zernike erfand 1935 den Phasenkontrast und erhielt dafür 1953 den Nobel-Preis.

Optischer und mechanischer Grundaufbau. Lupen stärkerer Vergrößerung werden auch als einfache Mikroskope bezeichnet. Steigerungen der Vergrößerung scheitern daran, daß vordere und hintere Brennebene mechanisch zugänglich sein sollen und daß gleichzeitig die erforderlichen optischen Elemente herstellbar sein müssen.

Die Schwierigkeiten lassen sich durch den Übergang auf das *zweistufige* abbildende System stark vermindern. Dieses zweistufige abbildende System des Mikroskops wird hier behandelt; es besteht aus *Objektiv* und *Okular*. Die Aufgabe des Objektivs ist es, von dem reellen Objekt der Größe l ein stark vergrößertes reelles Zwischenbild der Größe l' zu erzeugen. Das Okular dient dazu, das Zwischenbild noch weiter zu vergrößern und ein Bild im Unendlichen zu erzeugen; das Okular besitzt die Funktion einer Lupe, wobei allgemein eine Beobachtung durch das Auge mit Akkommodation auf Unendlich unterstellt wird. Daraus ergibt sich die Abb. 1.118 für den Strahlengang der Objektabbildung.

Gegeben seien die Brennweiten f_{Ob} und f_{Ok}, beide positiv. Der Abbildungsmaßstab des Objektivs ist angebbar durch

$$\beta_{\mathrm{Ob}} = \frac{l'}{l} = \frac{n \sin u}{n' \sin u'} = -\frac{x'_{\mathrm{Ob}}}{f_{\mathrm{Ob}}}. \qquad (1.125)$$

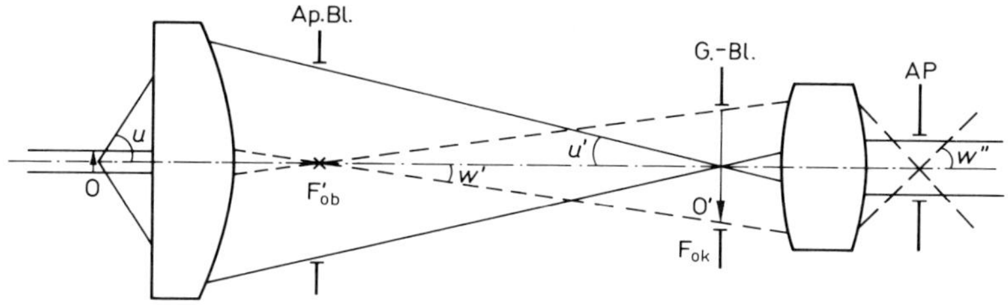

Abb. 1.118 Schematische Darstellung der Objekt- und der Pupillenabbildung beim Mikroskop.

Die Okular-Vergrößerung ist – analog zur Lupen-Vergrößerung –

$$\Gamma_{\mathrm{Ok}} = \frac{250}{f_{\mathrm{Ok}}} . \tag{1.126}$$

Die Gesamt-Vergrößerung des Mikroskops ergibt sich durch Produktbildung zu

$$\Gamma_{\mathrm{M}} = -\beta_{\mathrm{Ob}} \Gamma_{\mathrm{Ok}} . \tag{1.127}$$

Die Größe x'_{Ob} wird vielfach als *optische Tubuslänge* $t_{\mathrm{o}} = x'_{\mathrm{Ob}} = F'_{\mathrm{Ob}} F_{\mathrm{Ok}}$ bezeichnet. Einsetzen der Ausdrücke für β_{Ob} und Γ_{Ok} in Gl. (1.127) liefert

$$\Gamma_{\mathrm{M}} = 250 \frac{t_{\mathrm{o}}}{f_{\mathrm{Ob}} f_{\mathrm{Ok}}} = -\frac{250}{f_{\mathrm{M}}} . \tag{1.128}$$

Dabei ist f_{M} die Brennweite des abbildenden Systems des Mikroskops; offensichtlich ist f_{M} negativ.

Zur vollständigen Bestimmung des Strahlengangs sind noch die Lagen und Größen von Aperturblende und Gesichtsfeldblende festzulegen. Die *Aperturblende* wird in der hinteren Brennebene des Objektivs angeordnet; damit ist der objektseitige Hauptstrahlengang telezentrisch, die EP liegt im Unendlichen. Die Bildgröße ist unabhängig von gewissen Schwankungen der Objektlage. Die AP-Lage folgt aus der Abbildung der Aperturblende durch das Okular zu

$$x'_{\mathrm{AP}} = \frac{f_{\mathrm{Ok}}^2}{t_{\mathrm{o}}} > 0 . \tag{1.129}$$

Die reelle AP-Lage ist nötig, um dem Auge die Beobachtung des gesamten Gesichtsfelds ohne Vignettierung zu ermöglichen. Die Größen von Aperturblende und Pupillen werden hier durch die numerische Apertur im Objektraum $NA = n_1 \sin u_1$ bestimmt. Speziell für den Durchmesser der AP ergibt sich aus den Vorgaben:

$$\phi_{\mathrm{AP}} = 500 \frac{NA}{\Gamma_{\mathrm{M}}} . \tag{1.130}$$

Die Bedeutung dieses Ergebnisses wird weiter unten zu diskutieren sein.

Die *Gesichtsfeldblende* des Mikroskops (genauer der Objektabbildung des Mikroskops) liegt am Ort des Zwischenbilds. Das Objektiv bildet die Gesichtsfeldblende rückwärts verkleinert auf das Objekt ab; so wird der nutzbare Objektfeld-Durchmesser festgelegt. Die bildseitige Luke des Mikroskops liegt im Unendlichen, sie besitzt die Winkelausdehnung w'', wobei

$$\tan w'' = \frac{l'}{f_{\text{Ok}}}.$$

Das Zwischenbild wird in der Mikroskopie als *Sehfeld* bezeichnet; der Durchmesser des Zwischenbilds (üblicherweise angegeben in mm) wird *Sehfeldzahl* genannt.

Die vorstehenden Angaben bestimmen den vollständigen Strahlengang im Mikroskop qualitativ. Quantitativ fehlen Werte bzw. Wertebereiche für die grundlegenden Größen

$$\beta_{\text{Ob}}, \quad \Gamma_{\text{Ob}}, \quad NA \quad \text{und} \quad t_o;$$

die weiteren Größen lassen sich dann aus den eben genannten berechnen.

Um das bisher skizzierte abbildende System des Mikroskops zu einem brauchbaren Instrument zu machen, müssen noch technische Einbaubedingungen verabredet werden; daraus ergeben sich dann mechanische Einbaumaße. Die Konzeption realer Mikroskope geht davon aus, Objektive und/oder Okulare während der Beobachtung wechseln zu können, ohne dabei neu fokussieren zu müssen. Das bedeutet gleichzeitig, bei Objektiv- oder Okularwechsel den Abstand vom Objekt bis zum Auge – nahezu – konstant halten zu sollen. Darüber hinaus wird gefordert, die Abmessungen des gesamten Mikroskops so klein zu halten, daß es als Tischgerät dem Benutzer bequeme Beobachtung und Bedienung gestattet.

Diese Forderung zusammen mit einer Tradition haben zu dem folgenden Grundaufbau geführt (siehe Abb. 1.119): Im Abstand a von der Objektebene wird ein mechanischer Tubus der festen Länge t_m, genannt *mechanische Tubuslänge* als Träger für Objektiv und Okular angebracht. t_m wird unterteilt in b und c, wobei b als Bildweite des Objektivs und c als Zwischenbildweite des Okulars bezeichnet werden. Der Abstand a ist die Abgleichlänge (des Objektivs). Der Abstand vom Deckglas (auf dem Objekt liegend) bis zur Frontfläche des Objektivs heißt freier Arbeitsabstand f_{AA}; er muß größer als null sein. Die Größen a, b und c, damit auch t_m sind

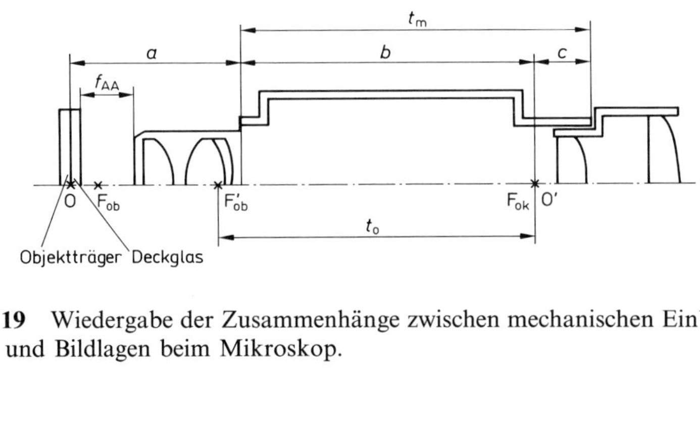

Abb. 1.119 Wiedergabe der Zusammenhänge zwischen mechanischen Einbaudaten und den Objekt- und Bildlagen beim Mikroskop.

für ein Mikroskop-System fest vorzugebende Daten. – Der Zusammenhang mit den Lagen von Objekt und Bild ist aus Abb. 1.119 zu entnehmen. Der Objekt-Bild-Abstand für das Objektiv ist gleich $a + b$; bei zusätzlicher Vorgabe des Abbildungsmaßstabs β_{Ob} erhält man für die Brennweite des Mikroskopobjektivs

$$f_{\mathrm{Ob}} = \frac{a + b - \overline{HH'}_{\mathrm{Ob}}}{2 - \beta_{\mathrm{Ob}} - \dfrac{1}{\beta_{\mathrm{Ob}}}} .$$

Daneben besteht für die optische Baulänge des Objektivs die Bedingung

$$s_1 s_k \leq a - f_{\mathrm{AA}} .$$

Für das Okular besteht die bei der mechanischen Fassungskonstruktion zu beachtende Forderung, das Okular in den Tubus gerade so weit einschieben zu können, daß dessen vordere Brennebene mit dem vom Objektiv erzeugten Zwischenbild zusammenfällt.

Für die Dimensionierung empfiehlt die Norm DIN 58 887 die folgenden Werte:

mechanische Tubuslänge	$t_{\mathrm{m}} = 160\,\mathrm{mm}$,
Abgleichlänge	$a = 37$ bzw. $45\,\mathrm{mm}$,
Bildweite des Objektivs	$b = 150\,\mathrm{mm}$,
Zwischenbildweite des Okulars	$c = 10\,\mathrm{mm}$.

Die Abgleichlänge a betrug früher grundsätzlich 37 mm; die Einführung des größeren Werts von 45 mm erwies sich für den Einsatz von hochwertigen „Planachromaten" als notwendig. Die Einhaltung einer festen Abgleichlänge a ist vom Objektiv-Hersteller serienmäßig zu garantieren; das erfordert spezielle Justiervorgänge bei der Montage. Der Objektivwechsel kann durch Einsatz von 3 ... 5 Objektiven in einem schwenkbaren Revolver durch einen einzigen Griff vorgenommen werden.

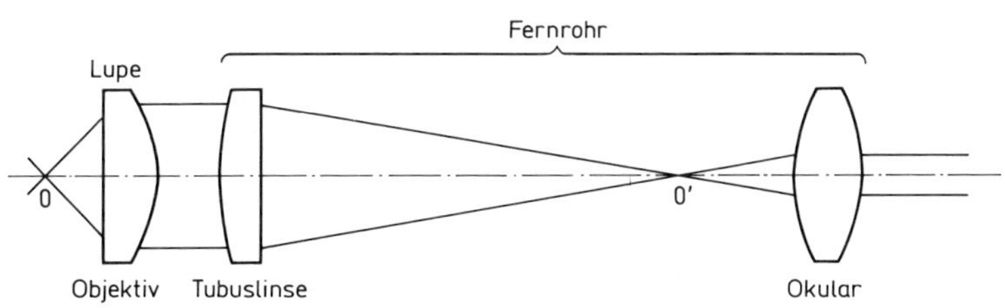

Abb. 1.120 Objektabbildung bei Aufspaltung des Mikro-Objektivs in Lupe und Tubuslinse.

Gegenüber dem eben beschriebenen und lange verwandten Konzept geht man neuerdings verstärkt auf die Benutzung von Objektiven mit der *Tubuslänge* ∞ über. Um den Zusammenhang mit den bisherigen Ausführungen herzustellen, denkt man sich das Objektiv in zwei Glieder mit endlichem Abstand aufgespalten, wobei das Objekt im vorderen Brennpunkt des ersten Glieds, das Bild im hinteren Brennpunkt des zweiten Glieds angeordnet werden. Dann verläuft das Mittenbüschel zwischen den beiden Gliedern achsparallel und es ist $\beta_{\text{Ob}} = -f_2/f_1$. Das zweite Glied nennt man *Tubuslinse;* diese wird fest in dem mechanischen Tubus untergebracht. Das erste Glied nennt man wieder Objektiv, es ist nach wie vor wechselbar. Diese Anordnung ist auch in anderer Weise interpretierbar, nämlich als *Fernrohrlupe;* dabei faßt man das Objektiv als Lupe auf und die Kombination von Tubuslinse und Okular als Fernrohr. Beide Interpretationen sind vollkommen gleichwertig; siehe auch Abb. 1.120.

Auflösungsvermögen, förderliche Vergrößerung. Da die Aufgabe des Mikroskops darin besteht, kleine und kleinste Objekte erkennbar zu machen, besteht die Forderung an Objektiv wie Okular, daß deren Abbildungsfehler vernachlässigbar klein sein sollen. Das wird hier als gegeben vorausgesetzt; weiter unten wird zu diskutieren sein, ob bzw. wie das erreichbar ist. Für die mikroskopische Abbildung sollen also die Gesetzmäßigkeiten der perfekten Abbildung gelten, wie sie oben besprochen wurden. Dementsprechend ist das minimale noch auflösbare Bilddetail in der Zwischenbildebene

$$l'_{\min} = \frac{\lambda}{2\,NA'},$$

wobei inkohärente Abbildung angenommen ist. Damit ist der Minimalwert der H-Invarianten angebbar; es ist

$$H_{\min} = l'_{\min}\,NA' = l_{\min}\,NA = \frac{\lambda}{2}. \tag{1.131}$$

So ist das minimal bei der mikroskopischen Abbildung noch auflösbare Detail bestimmt. Die Untersuchungen von E. Abbe (um 1870) galten gerade der Ermittlung dieser prinzipiellen Grenze der mit dem Mikroskop erzielbaren Auflösung. Dafür entwickelte Abbe die „Theorie der Bildentstehung im Mikroskop", die nach heutigem Verständnis als Beginn der Fourier-Optik aufzufassen ist.

Aus Gl. (1.131) wird die Bedeutung der objektseitig großen numerischen Apertur verständlich. Deren prinzipielle Grenze ist

$$NA \leq n_1\,,$$

dabei ist n_1 die Brechzahl im Objektraum. Die praktisch erreichbare Grenze liegt etwa bei $NA \leq 1{,}3$ (Einzelheiten dazu siehe weiter unten). Die zur Steigerung der Auflösung nützliche Verringerung der Wellenlänge ist wegen der vorgesehenen visuellen Anwendung auf etwa $\lambda = 450\,\text{nm}$ beschränkt. Der praktisch erreichbare Grenzwert für visuell erkennbare Strukturen beträgt demnach etwa

$$l_{\min} \geq 0{,}2\,\mu\text{m}\,.$$

Der Zusammenhang zwischen $l_{\min}$ und NA ist in Abb. 1.121 dargestellt.

Nach den bisherigen Ausführungen ist keine prinzipielle Grenze für die Mikroskop-Vergrößerung erkennbar. Diese existiert aber durchaus, wie nun zu zeigen ist: Dem minimalen Objektdetail $l_{\min}$ entspricht in der Zwischenbildebene

$$l'_{\min} = \beta_{\text{Ob}}\,l_{\min} = \beta_{\text{Ob}}\,NA\,\frac{\lambda}{2}\,.$$

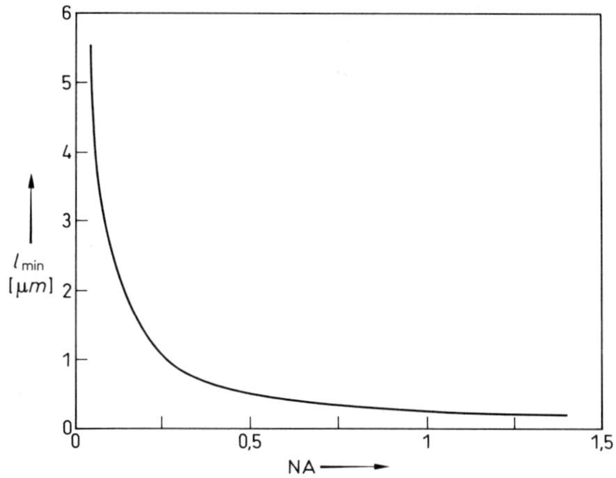

Abb. 1.121 Minimal auflösbares Objektdetail als Funktion der objektseitigen numerischen Apertur beim Mikroskop.

Damit diese Bildstruktur bei der Abbildung durch das Okular vom Auge noch aufgelöst werden kann, muß das Bild dem Auge unter einem Sehwinkel von etwa zwei Bogenminuten erscheinen. Es muß also gelten:

$$2' = 6 \cdot 10^{-4} = \frac{l'_{min}}{f_{Ok}} .$$

Die Verbindung dieser beiden Aussagen für l'_{min} führt mit Gl. (1.126) und Gl. (1.127) auf:

$$\Gamma_M = \beta_{Ob}\,\Gamma_{Ok} = 0{,}3\,\frac{NA}{\lambda} .$$

Speziell für die mittlere Wellenlänge $\lambda = 0{,}5\,\mu m$ ergibt sich

$$\Gamma_M = 600\,NA .$$

Dieses Ergebnis geht auf Abbe zurück, der als *förderliche Vergrößerung* des Mikroskops angab:

$$\Gamma_M = 500 \ldots 1000\,NA . \tag{1.132}$$

Der damit empfohlene Berreich für Γ_M berücksichtigt, daß das theoretische Auflösungsvermögen des Auges nicht unbedingt ausgenutzt werden sollte, z. B. bei ungeübten oder bei älteren (abnehmende Sehschärfe) Beobachtern. Außerdem setzt das Auflösungsvermögen von 1′ hohe Objektkontraste voraus, die bei mikroskopischen Objekten oft nicht gegeben sind. Über die förderliche hinausgehende Vergrößerungen werden als *leere* bezeichnet, weil sie keine weiteren Einzelheiten erkennbar machen.

Oben wurde in Gl. (1.130) der AP-Durchmesser angegeben; jetzt resultiert zusammen mit Gl. (1.132) ein Wert von 0,5 bis 1 mm als *förderlicher AP-Durchmesser,* der sich auch in der Praxis als sinnvoll erwiesen hat. Größere Pupillendurchmesser verursachen Minderungen der Bildqualität, bedingt durch strahlenoptische Aberrationen des Auges; kleinere Pupillendurchmesser führen zu Störungen bei der Beobachtung durch Kratzer, Wischer, Blasen und Staub im Okular sowie auch durch Schlieren im Auge (sog. entoptische Erscheinungen).

Dimensionierung von Objektiven und Okularen. In Anlehnung an Gl. (1.132) gehen wir von der Mikroskop-Vergrößerung $\Gamma_M = 500\,NA$ aus; damit wird der AP-Durchmesser zu 1 mm. Da die Größe der numerischen Apertur NA das erreichbare Auflösungsvermögen des Mikroskops bestimmt, sind die praktischen Grenzwerte der NA zu diskutieren. Der Aperturwinkel u kann theoretisch gleich 90° werden; in praxi wird ein Wert von 72° – entsprechend $\sin u_{max} = 0{,}95$ – erreicht. Normalerweise ist $n = 1$; in solchen Fällen spricht man von *Trockensystemen*. Zur Steigerung der NA werden *Immersionen* benutzt; zwischen Objekt und Frontlinse des Objektivs wird eine Flüssigkeit mit $n > 1$ eingebracht. Üblich sind Wasser mit $n = 1{,}333$, so daß $NA \leq 1{,}2$ wird, und Öl, genauer Zedernholzöl mit $n = 1{,}515$, so daß $NA \leq 1{,}4$ wird. Es ist dabei zu berücksichtigen, daß das mikroskopische Objekt im allgemeinen auf eine *Objektträger* genannte Glasplatte aufgebracht wird und mit einer als *Deckglas* bezeichneten Glasplatte abgedeckt und damit geschützt wird. Das Deckglas ist im Sinne der optischen Abbildung ein Bestandteil des Objektivs und muß deswegen festgelegte Daten aufweisen; nach DIN 58884 gilt: $d = 0{,}17$ mm; $n_e = 1{,}515$; $\nu_e = 56{,}5$. Bei hohen Aperturen besitzt das Deckglas beträchtlichen Einfluß auf die Korrektion, speziell auf den Öffnungsfehler, siehe dazu Abb. 1.122. – Eine Immersion wird speziell *homogen* genannt, wenn die Brechzahlen von Deckglas, Immersionsmittel und Frontlinse des Objektivs – nahezu – übereinstimmen. Die 1. Fläche der Frontlinse ist dann ohne optische Wirkung; wenn man dann den Radius der 2. Fläche so wählt, daß die Objektmitte im aplanatischen Punkt dieser Fläche liegt, so sind optimale Bedingungen für die aplanatische Korrektion geschaffen. Außerdem sind in diesem Fall Abweichungen der Deckglasdicke vom Sollwert von geringem Einfluß.

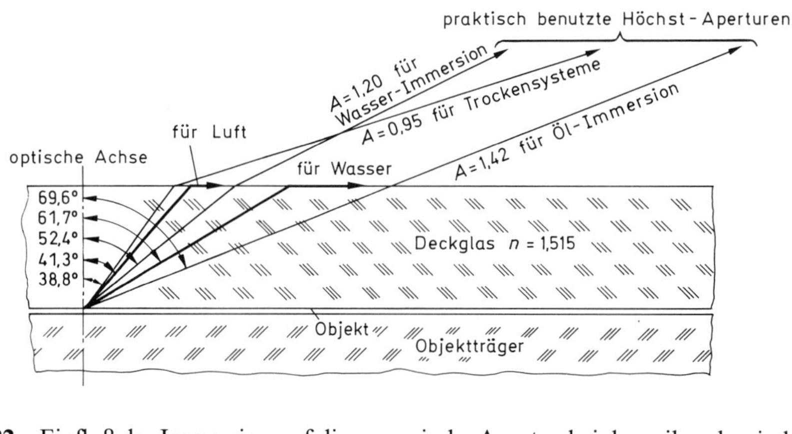

Abb. 1.122 Einfluß der Immersion auf die numerische Apertur bei der mikroskopischen Abbildung.

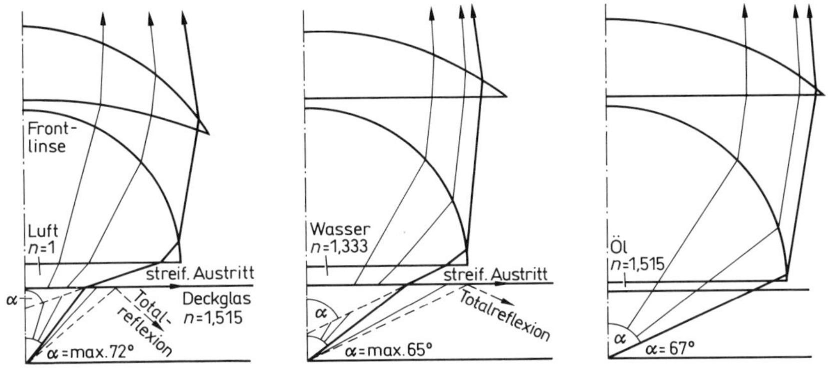

Abb. 1.123 Objektabbildung im Mikroskop ohne und mit Immersion.

Der Strahlenverlauf ohne und mit Immersion ist in der Abb. 1.123 dargestellt. Dabei ist der freie Arbeitsabstand f_{AA} aus mechanischen Gründen durchaus endlich zu wählen (das Objektiv darf beim Fokussieren nicht auf das Deckglas stoßen!). – Die maximale Apertur wird tatsächlich nur bei extremen Anforderungen benötigt. Man benutzt – z. B. in Labor-Mikroskopen – numerische Aperturen zwischen 0,1 und 1,3; die Stufung ist der Tab. 1.4 zu entnehmen. Das Konzept der Wechselobjektive sollte zu gegebenen objektseitigen Aperturen im Zwischenbild eine konstante Apertur liefern, um bei Verwendung eines Okulars einen konstanten AP-Durchmesser zu nutzen; es sollte also gelten

$$\sin u' = \frac{NA}{\beta_{Ob}} = \text{const}\,.$$

Nach Festlegung dieses Werts könnte dann für jede numerische Apertur NA der zugehörige Abbildungsmaßstab β_{Ob} sofort angegeben werden; da $\Gamma_M = 500\,NA$ sein soll, folgt unmittelbar $\Gamma_{Ok} = \Gamma_M/\beta_{Ob}$. Tatsächlich wird nicht so vorgegangen, sondern man wählt solche Kombinationen von NA und β_{Ob} für Mikroobjektive, wie sie sich bereits sehr lange eingebürgert haben; typische Werte enthält die Tab. 1.4. Die Vergrößerungen entsprechen weitgehend Auswahlwerten aus der Normreihe mit Stufungsfaktor 1,25; die Okular-Vergrößerungen werden so gewählt, daß die förderliche Mikroskop-Vergrößerung nach Gl. (1.132) in etwa erreicht wird. Bei den Objektiven der Tab. 1.4 ist die Sehfeldzahl gleich 18; üblich sind heute auch Werte von 24 und 28; dementsprechend betragen die bildseitigen Bildwinkel von Mikroobjektiven 2,8 bis 4,7°.

Der *Aufbau von Mikroobjektiven* wird zunächst durch die mechanischen Einbaumaße (siehe oben) bestimmt; die Vergrößerungen werden zumeist entsprechend der oben erwähnten Normreihe gewählt. Im übrigen wird der Aufbau weitgehend durch den jeweils geforderten Korrektionszustand bestimmt. Da grundsätzlich die Apertur groß und das Objektfeld klein sind, ist allgemein eine aplanatische Korrektion für die Hauptwellenlänge erforderlich. Die einfachsten Mikroobjektive sind die *Achromate,* die gleiche Schnittweiten für zwei Wellenlängen („blau“ und „rot“) aufweisen;

es verbleibt ein merkliches sekundäres Spektrum. Bildfeldwölbung, Astigmatismus und Verzeichnung sind nicht auskorrigiert. Bei den *Halbapochromaten* bzw. *Fluoritsystemen* wird das sekundäre Spektrum vermindert, aber nicht voll korrigiert; das gelingt speziell durch den Einsatz von Flußspat, wobei die Anzahl der Elemente gegenüber Achromaten nur geringfügig vergrößert wird. Eine weitere Steigerung der Abbildungsqualität in der Bildmitte wird in Bezug auf die Wellenlängenabhängigkeit durch *Apochromate* erzielt, die in mehreren Linsen Flußspat bzw. Sondergläser enthalten. Die bisher genannten Objektivtypen sind für die visuelle Beobach-

Tab. 1.4 Leitz-Achromate 170/0,17/37 (t_m/Deckglasdicke/a).

1	2	3	4	5	6	7	8	9	10
$-\beta_{ob}$	NA	$\sin u'$	f_{ob} mm	f_{AA} mm	t_0 mm	∅ AP-BL mm	Deckglas	Γ_{ok}	$-\beta\Gamma_{ok}/$ 500 NA
3,5	0,10	0,029	32 (32,7)	22	112	6,4	D0	16	1,12
6	0,18	0,030	23 (23,1)	17	138	8,3	D0	16	1,066
10	0,25	0,025	16 (15,6)	5,3	160	8,0	D0	12,5	1,0
25	0,50	0,020	7,1 (7,0)	0,82	177,5	7,1	D	10	1,0
40	0,65	0,016	4,5 (4,5)	0,47	180	5,85	D	8	0,98
63	0,85	0,013	2,9 (2,9)	0,24	182,7	4,93	D!	6,3	0,93
100	1,30	0,013	1,9 (1,85)	0,10	190	4,94	D!	6,3	0,97

Spalten 1, 2, 4, 5, 8 entsprechend Leitz-Angaben; bei Spalte 4 in Klammern Brennweiten berechnet aus $f = (OO')/(2 - \beta - 1/\beta)$ mit $OO' = 170 + 37 - 18 = t_m + a - c = 189$
Spalte 3: $\sin u' = -NA/\beta_o$; nicht konstant
Spalte 6: $t_0 = -\beta_0 \cdot f_{ob}$; nicht konstant
Spalte 7: ∅AP-BL $= 2\,NA \cdot f_{ob}$; nicht konstant
Spalte 8: D mit, O ohne Deckglas verwendbar, D! Deckglas unbedingt erforderlich, Dicke gleich $0{,}17 \pm 0{,}01$ mm
Spalte 9: Ausgewählte verfügbare Okular-Vergrößerungen, die $\Gamma_M = 500\,NA$ approximieren
Spalte 10: Verhältnis von Γ_M (aus Spalten 1 + 9) zur förderlichen Vergrößerung

Pl Apo Oel 100/1,32 Pl 40/0,65 Pl 25/0,50 Pl 10/0,25 Pl 4/0,10

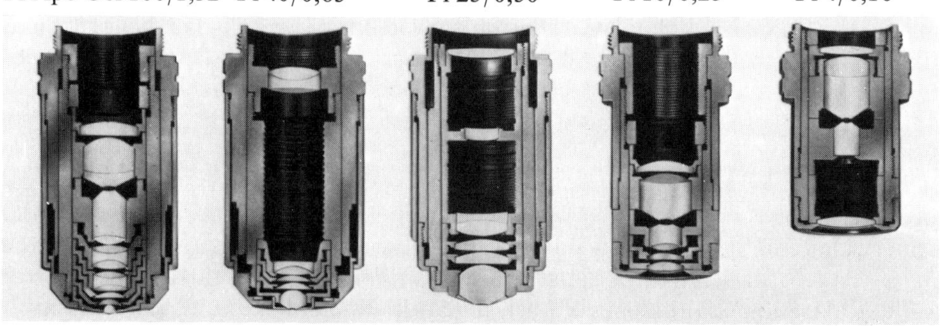

Abb. 1.124 Ausführungsformen von Mikroobjektiven.

tung geeignet, bei der man vornehmlich die Bildmitte betrachtet bzw. durch Akkommodation des Auges die Bildfeldwölbung wenigstens teilweise überbrückt. Für mikrofotografische Aufnahmen, d.h. für die objektive Registrierung flächenhafter mikroskopischer Bilder sind Objektive erforderlich, die ein geebnetes Bildfeld aufweisen. Dazu werden viellinsige *Planachromate* verwendet, die als zusätzliches Korrektionsmittel vielfach dicke Menisken besitzen; Bildfeldebnung und Apochromasie sind jedoch nur sehr schwierig gleichzeitig erreichbar. Beispiele von Linsenschnitten derartiger Objektive enthält Abb. 1.124.

Tab. 1.5 Charakteristische Daten einiger Periplan-Okulare (aus Leitz Firmenschrift).

Γ_{ok}	f mm	Sehfeldzahl mm	Bildwinkel $\pm w''$ °
6,3	40	18	12,7
8	31	16	14,5
10	25	18	19,8
12,5	20	18	24,2
16	16	15	25,1
25	10	10	26,6

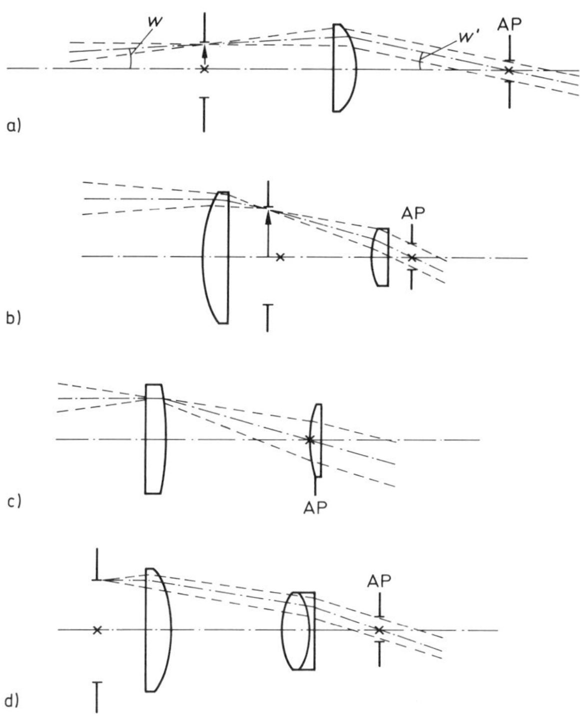

Abb. 1.125 Linsenschnitte der wichtigsten Okular-Bauformen mit Angabe der Zwischenbildlage und der der AP. a) Plankonvexlinse, b) monozentrisches Okular, c) Huygens-Okular, d) Ramsden-Okular.

Einem Objektiv ist jeweils ein Okular zuzuordnen, so daß die Kombination gerade die förderliche Vergrößerung besitzt. Die Okular-Vergrößerungen werden auch nach der oben genannten Normreihe gestuft, wie auch aus Tab. 1.4 zu entnehmen ist. Im Unterschied zu den oben behandelten Lupen sind Okulare meist so aufgebaut, daß der vordere Brennpunkt im Okular liegt, nur Meßokulare bilden eine Ausnahme davon. Die Anforderungen an die Bildfehler-Korrektion von Okularen sind sozusagen entgegengesetzt zu denen bei Objektiven; hier ist die Apertur klein, der Bildwinkel (augenseitig) groß. Die Tab. 1.5 gibt einige Daten von typischen Okularen wieder. Der Korrektion bedürfen vor allem Farbquerfehler, Astigmatismus und Verzeichnung; zumeist verbleibt eine merkliche Bildfeldwölbung. Ergänzend ist zum Farbquerfehler zu sagen, daß dafür fast immer eine Kompensations-Korrektion vorgenommen wird. Es zeigt sich nämlich, daß der Farbquerfehler von Mikroobjektiven nicht oder nur sehr schwer zu beseitigen ist; deshalb wird nach dem Vorschlag von Abbe in den Okularen ein zu den Mikroobjektiven entgegengesetzt gleicher Farbquerfehler eingeführt. Die Linsenschnitte einiger wichtiger Okular-Bauformen enthält die Abb. 1.125.

Wenn damit auch die funktions-entscheidenden Komponenten der mikroskopischen Abbildung kurz charakterisiert wurden, so blieben doch einige Komponenten unerwähnt, die in vielen realen Mikroskopen oft als selbstverständlich angesehen werden. Abweichend von Abb. 1.118 sind Objektiv und Okular nicht fluchtend angeordnet, sondern durch ein zwischengeschaltetes *Umlenkprisma* wird bei vertikaler Objektivachse die Okularachse geneigt, um dem Benutzer eine bequeme Beobachtung zu ermöglichen; eine der dafür verwendbaren Prismenformen ist in Abb. 1.126 dargestellt. Solche Prismen besitzen eine große optische Weglänge, so daß die oben angegebenen mechanischen und optischen Anschlußmaße nicht eingehalten werden. Deshalb muß zusätzlich eine *Tubuslinse* (mit anderer Funktion als oben) eingesetzt werden, die sowohl die Objekt- als auch die Pupillenabbildung beeinflußt; oft bilden solche Tubuslinsen mit $\beta_T = -1{,}25$ ab. – Prismen werden weiter eingeführt, um eine *binokulare Beobachtung* zu ermöglichen; eine Ausführungsform zeigt Abb. 1.127. Auch dafür ist der Einsatz von Tubuslinsen erforderlich. – Bei Auflichtbeleuchtung, wie sie z. B. bei metallografischen Untersuchungen anzuwenden ist, wird die Einspiegelung des Beleuchtungsstrahlengangs oft durch schräggestellte Planplatten vorgenommen. Damit bei der Schrägstellung asymmetrische Bildfehler nicht wirksam werden können, müssen hier Objektive mit der Tubuslänge unendlich eingesetzt werden.

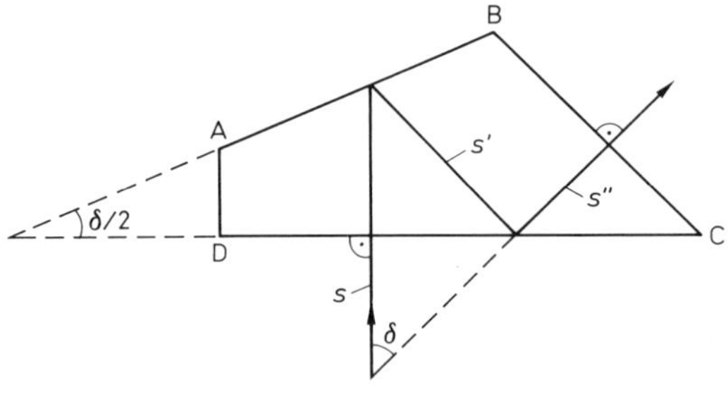

Abb. 1.126 Prisma zur Umlenkung des Strahlengangs im Mikroskop um den Winkel δ.

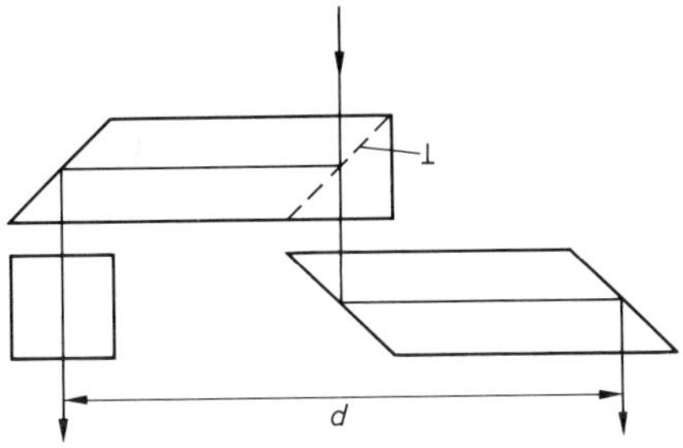

Abb. 1.127 Prismensystem für die binokulare Beobachtung.

Beleuchtungssystem. Bisher wurde nur der Abbildungsstrahlengang des Mikroskops behandelt; die notwendig ebenfalls vorzunehmende Beleuchtung des Objekts wurde als gegeben vorausgesetzt. Hier wird nun explizit auf das Beleuchtungssystem eingegangen, das an das bisher behandelte Abbildungssystem anzupassen ist. Vorausgesetzt werden zunächst transparente Objekte, so daß eine *Durchlicht*-Beleuchtung angewendet werden kann. Grundsätzlich sind zwei verschiedene Beleuchtungsarten bekannt. Es handelt sich einmal um die Beleuchtung nach Abbe (im englischen Sprachgebrauch: „critical illumination"), bei der die Lichtquelle auf das Objekt abgebildet wird. Diese Art der Beleuchtung wird heute kaum noch verwendet, vor allem weil dabei die Lichtquellenstruktur dem Objekt überlagert wird. Die andere Art der Beleuchtung besteht in dem *Köhlerschen Beleuchtungssystem,* das in Abb. 1.128 wiedergegeben ist. Dabei wird die Lichtquelle (sehr häufig die Wendel einer Glühlampe) mit Hilfe einer *Kollektorlinse* auf die *Aperturblende* (des Beleuchtungssystems) abgebildet; die Aperturblende ist in der Regel im Durchmesser variabel (Irisblende). Diese Aperturblende wird in der vorderen Brennebene des *Kondensors* angeordnet, durch den die Aperturblende nach unendlich abgebildet wird. Auf den Kondensor folgt das mikroskopische Objekt (das Präparat), für das der telezentrische Hauptstrahlengang realisert durch die Aperturblende des Beleuchtungssystems erzeugt wird. Die oben angegebene Aperturblende in der hinteren Brennebene des Mikroobjektivs fällt also mit dem Bild der Aperturblende des Beleuchtungssystems zusammen. Im Beleuchtungsstrahlengang wird dicht hinter der Kollektorlinse eine weitere Blende, die *Leuchtfeldblende* angebracht, die ebenfalls im Durchmesser variabel ausgebildet wird. Die Lage der Leuchtfeldblende und die Kondensor-Brennweite sind so aufeinander abgestimmt, daß erstere auf das Objekt abgebildet wird. Damit sind die beiden wichtigen Funktionen des Köhlerschen Beleuchtungssystems angebbar:

- Die Größe der Leuchtfeldblende bestimmt das ausgeleuchtete Objektfeld bei konstanter Bestrahlungsstärke im Objekt.
- Die Größe der Aperturblende bestimmt die Bestrahlungsstärke im Objekt bei konstantem Objektfeld.

Die Funktionen der beiden Blenden sind bei dieser Anordnung bewußt voneinander unabhängig. Das ist ein auch bei anderen optischen Instrumenten wichtiges Prinzip.

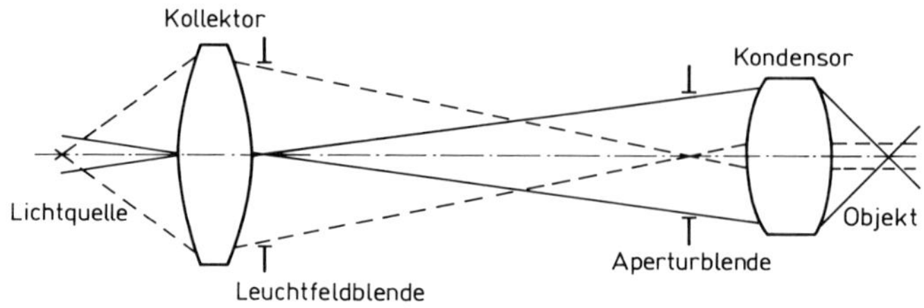

Abb. 1.128 Beleuchtungssystem des Mikroskops.

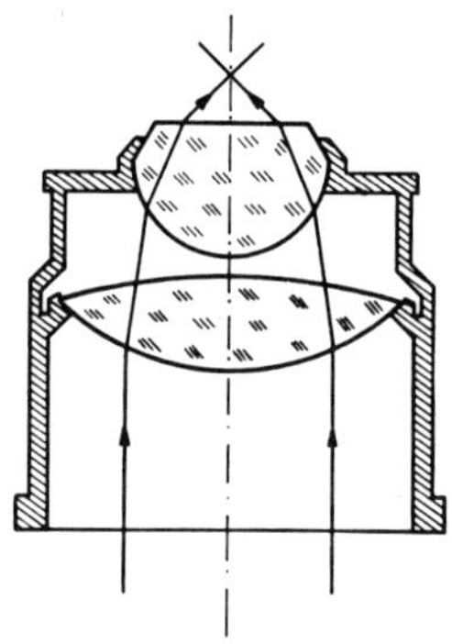

Abb. 1.129 Linsenschnitt eines zweilinsigen Mikroskop-Kondensors.

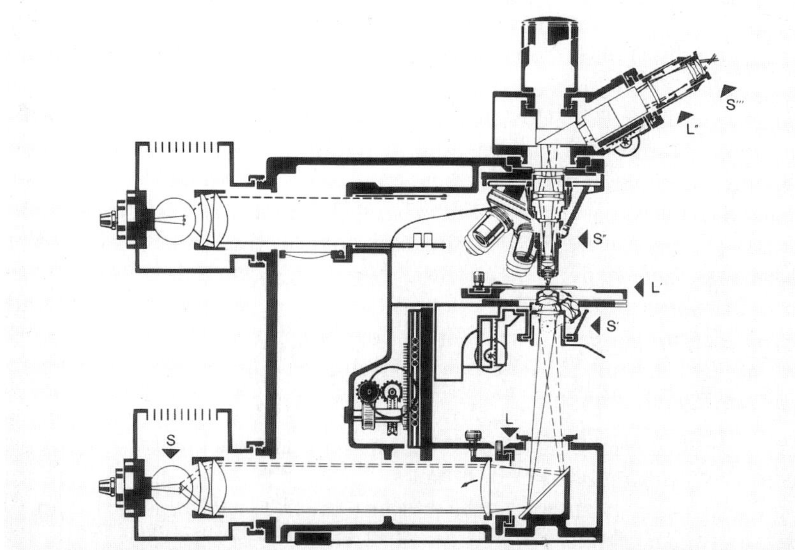

Abb. 1.130 Der vollständige Strahlengang des Durchlicht-Mikroskops.

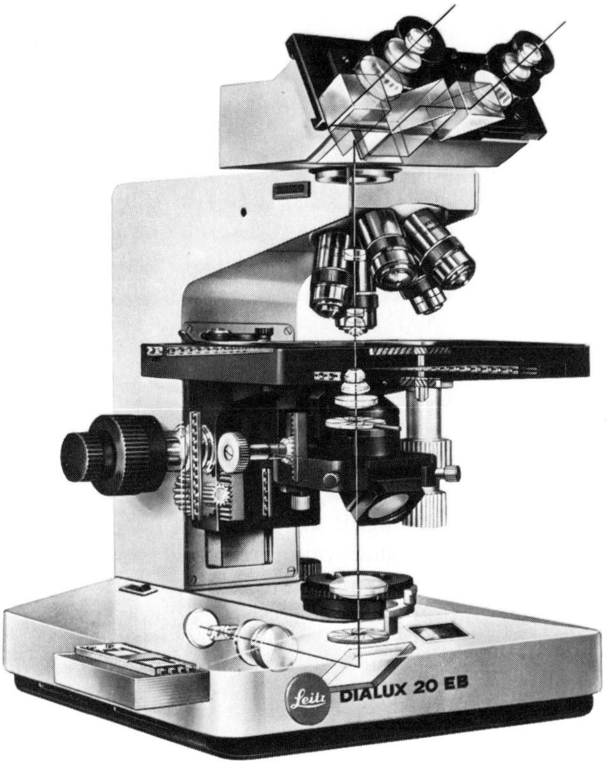

Abb. 1.131 Ansicht eines Durchlicht-Mikroskops mit Binokular-Tubus.

Es handelt sich um die Realisierung des in Abschn. 1.6 behandelten „verketteten Strahlengangs". – Die Variation der beleuchteten Objektfläche durch die Leuchtfeldblende ist in der Mikroskopie häufig wichtig, um mit geringer Strahlungsbelastung die Erwärmung des Objekts gering zu halten.

Die Dimensionsierung des Beleuchtungssystems ist nicht so genau festgelegt wie die des abbildenden Systems. Da aber die beiden Strahlengänge miteinander zu verketten sind, müssen die einzelnen Komponenten aufeinander abgestimmt sein. Das wird insbesondere beim Kondensor deutlich, dessen numerische Apertur näherungsweise gleich der des Mikroobjektivs sein muß. Da der Kondensor bei vielen Mikroskopen nicht so leicht wechselbar ist wie die Mikroobjektive, muß er sowohl ein großes Objektfeld ausleuchten als auch mit hoher Apertur beleuchten; insofern sind die Anforderungen an Kondensoren recht hoch, selbst wenn es sich „nur" um Beleuchtungsoptik handelt. In Abb. 1.129 ist beispielhaft eine Ausführungsform von Kondensoren gezeigt. – Schließlich sind in den Abb. 1.130 und 1.131 der Schnitt durch ein vollständiges Mikroskop bzw. die Außenansicht eines solchen wiedergegeben.

1.9.2.3 Fernrohr

Das Fernrohr ist – sehr ähnlich dem Mikroskop – eines der wichtigsten optischen Instrumente. Es dient zur Beobachtung von fernen und sehr fernen Objekten, die für das bloße Auge nicht erkennbar bzw. nicht auflösbar sind. Insbesondere als Hilfsmittel des Astronomen hat das Fernrohr sehr viel dazu beigetragen, unsere Kenntnisse vom Weltall zu erweitern. – Die klassische Ausführung des Fernrohrs stellt ein visuelles Gerät dar; d.h. das Auge dient als Bildempfänger. Inzwischen gibt es viele Geräte-Konstruktionen, die mit fotografischen bzw. opto-elektronischen Kamera-Anpassungen arbeiten. Hier stehen aber die klassischen Konstruktionen im Vordergrund des Interesses.

Optischer Aufbau. Grundsätzlich ist das Fernrohr – wie das Mikroskop – zweigliedrig aufgebaut. Das *Objektiv* erzeugt von dem unendlich entfernten Objekt, das die Winkel-Ausdehnung w besitzt, ein Zwischenbild der Größe l' in der hinteren Brennebene des Objektivs. Das Zwischenbild wird mit dem als Lupe benutzten *Okular* wiederum nach unendlich abgebildet; das Bild erscheint unter dem Winkel w''. Das Fernrohr ist damit ein *afokales* System; formal ist dessen Brennweite unendlich groß. Die beabsichtigte Funktion gewinnt das Fernrohr durch die Vorschrift: $f_{\text{Ob}} \gg |f_{\text{Ok}}|$. Dies wird verständlich durch die Definition der Fernrohr-Vergrößerung

$$\Gamma_{\text{F}} = \frac{\tan w''}{\tan w}. \tag{1.133}$$

Es ist gerade die Aufgabe des Fernrohrs, die Winkelausdehnung w des Objekts zu vergrößern. Aus der zweimaligen Anwendung der Brennweiten-Definition nach Gl. (1.15) bzw. Gl. (1.16) ergibt sich Γ_{F} zu:

$$\Gamma_{\text{F}} = -\frac{f_{\text{Ob}}}{f_{\text{Ok}}}. \tag{1.134}$$

Das Vorzeichen von Γ_{F} ist positiv, wenn $f_{\text{Ok}} < 0$; es besitzen dann w und w'' gleiche Vorzeichen. Wird dagegen $f_{\text{Ok}} > 0$ gewählt, so ist das Bild gegenüber dem Objekt um 180° gedreht. Der Betrag von Γ_{F} ist zunächst beliebig.

Die Aperturblende wird beim Fernrohr im Objektiv angeordnet; das ist einfach deshalb so, weil das Objektiv bei anderer Lage der Aperturblende einen noch größeren Durchmesser besitzen müßte, als es so schon der Fall ist. Nimmt man der Übersichtlichkeit wegen das Fernrohr-Objektiv zunächst als dünne Linse an, so ist $z_1 = 0$; der EP-Durchmesser ist gleich dem freien Durchmesser des Objektivs. Die AP-Lage resultiert aus der Abbildung der EP durch das Okular in den Bildraum; das führt auf

$$x'_{\text{AP}} = -\frac{f_{\text{Ok}}}{\Gamma_{\text{F}}}. \tag{1.135}$$

x'_{AP} besitzt also das gleiche Vorzeichen wie f_{Ok}. Nur bei positiver Okular-Brennweite ist die AP-Lage reell, so daß das Auge das Bild voll übersehen kann. Mit dem Pupillen-Abbildungsmaßstab β_{p} nach Gl. (1.77) läßt sich der Ausdruck für Γ_{F} umformen zu

$$|\Gamma_F| = \frac{\varnothing_{EP}}{\varnothing_{AP}}.$$

Das ist eine für meßtechnische Zwecke häufig benutzte Formulierung.

Die Gesichtsfeldblende des Fernrohrs ist am Ort des Zwischenbilds anzubringen, weil Objekt wie Bild unendlich entfernt sind. Der Durchmesser der Gesichtsfeldblende bestimmt objekt- wie bildseitig die wirksamen Bildwinkel w bzw. w''. Im Fall $f_{Ok} < 0$ existiert kein reelles Zwischenbild, dementsprechend auch keine Gesichtsfeldblende; das jeweils überschaubare Gesichtsfeld wird dann durch die Position des Auges und die mechanische Vignettierung des Fernrohrs bestimmt. – Der Strahlengang im Fernrohr mit $f_{Ok} > 0$ ist in Abb. 1.132 wiedergegeben.

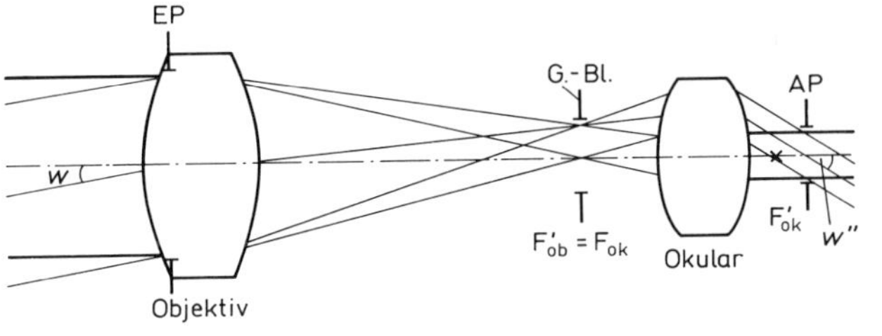

Abb. 1.132 Strahlengang eines afokalen Fernrohr-Systems.

Fernrohre mit $f_{Ok} > 0$ heißen *Kepler-* bzw. *astronomische Fernrohre;* solche mit $f_{Ok} < 0$ heißen *Galilei-* bzw. *holländische Fernrohre*. Letztere zeichnen sich durch eine geringe Baulänge aus. Wegen der reellen AP-Lage wird jedoch die Bauart des Kepler-Fernrohrs bevorzugt, dessen Nachteil darin besteht, um 180° gedrehte Bilder zu liefern. Zur Erzeugung aufrechter Bilder schaltet man deshalb zwischen Objektiv und Okular Prismen- oder Linsen-Umkehrsysteme. Linsen-Umkehrsysteme arbeiten mit dem Abbildungsmaßstab $\beta = -1$ und vergrößern die Baulänge um die vierfache Brennweite des Umkehrsystems; diese Baulänge ist oft störend. Bei Feldstechern bevorzugt man daher Prismen-Umkehrsysteme. Klassisch werden Porro-Prismen zur Bildumkehr verwendet, wie sie die Abb. 1.133 wiedergibt. Die optischen Achsen von Objektiv und Okular eines Feldstechers erhalten dabei notwendig einen gegenseitigen Versatz. Neuerdings werden auch andere Prismen-Anordnungen eingesetzt;

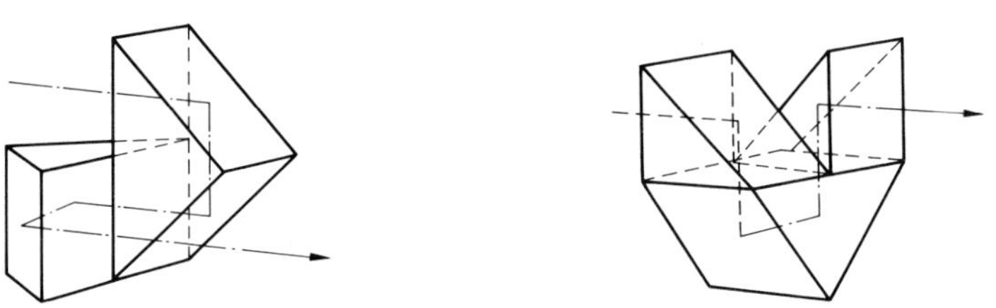

Abb. 1.133 Ausführungsformen von Porro-Prismen.

dementsprechend sind in Abb. 1.134 eine ältere und eine neuere Konstruktion einander gegenübergestellt. Schließlich zeigt die Abb. 1.135 welchen komplexen mechanischen Aufbau ein neuer Feldstecher besitzt.

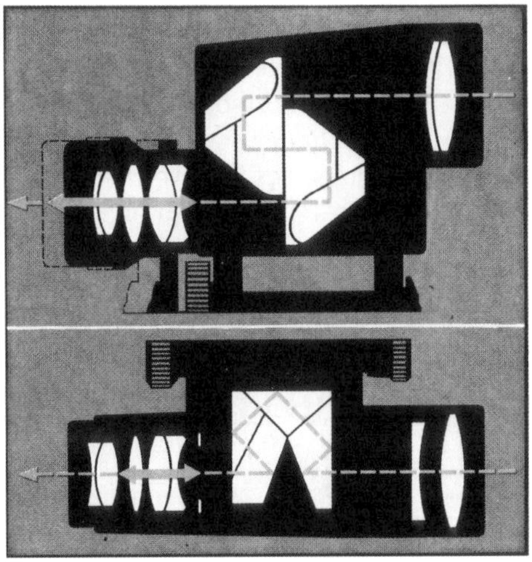

Abb. 1.134 Gegenüberstellung des optischen Aufbaus von Ferngläsern mit konventionellen Porro-Prismen bzw. neuem Prismen-Umkehrsystem.

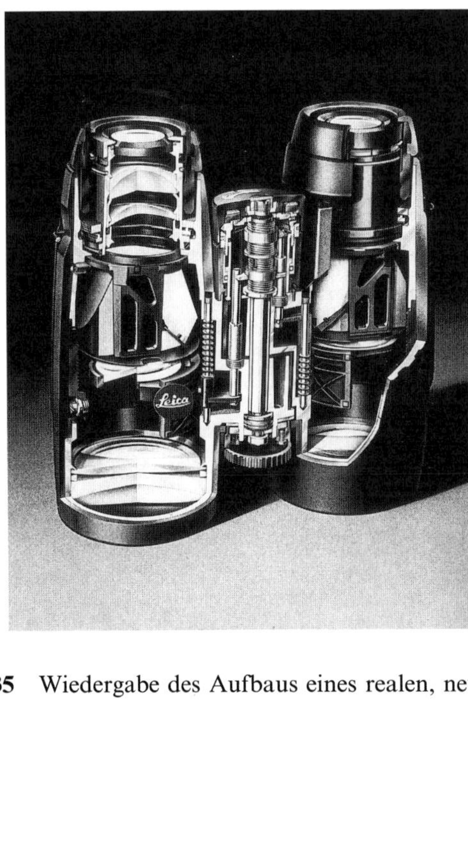

Abb. 1.135 Wiedergabe des Aufbaus eines realen, neuen Fernglases.

Auflösungsvermögen. Wie beim Mikroskop wird auch hier die perfekte Abbildung gefordert, um das maximal ereichbare Auflösungsvermögen sicherzustellen. Da das Fernrohr ausschließlich bei inkohärenter Abbildung genutzt wird, gilt für die Größe des minimalen Details im Zwischenbild wieder

$$l'_{\min} = \frac{\lambda}{2 \sin u'_{\max}},$$

so daß mit $r_{EP} = f_{Ob} \sin u'_{\max}$ resultiert:

$$l'_{\min} = \frac{\lambda f_{Ob}}{2 r_{EP}}. \tag{1.136}$$

Diese Beziehung ist merkenswert, weil speziell mit $\lambda = 0{,}5\,\mu\text{m}$ und mit $w_{\min} = 1'' = 5 \cdot 10^{-6}$ der erforderliche EP-Durchmesser zu 100 mm folgt. Dies ist ein bei Amateur-Teleskopen häufig realisierter Wert.

Das Zwischenbild der Größe $l'_{\min}$ wird mit dem Okular nach unendlich abgebildet und soll eine Winkelausdehnung $w''_{\min}$ von etwa einer Bogenminute besitzen, damit das Auge das Objekt auch erkennen kann. Mit der Brennweiten-Definition nach Gl. (1.15) ergibt sich für $l'_{\min}$ eine zweite Bestimmungsgröße:

$$l'_{\min} = 3 \cdot 10^{-4} f_{Ok}. \tag{1.137}$$

Elimination von $l'_{\min}$ und Benutzung des Ausdrucks Gl. (1.134) für die Fernrohr-Vergrößerung liefert explizit einen Wert für den AP-Durchmesser, nämlich:

$$\varnothing_{AP} = 1{,}67\,\text{mm}.$$

Ebenso erhält man einen Zusammenhang zwischen der Fernrohr-Vergrößerung und dem EP-Durchmesser:

$$\Gamma_F = 0{,}6\,\varnothing_{EP}.$$

Man spricht von der *förderlichen Vergrößerung,* wenn gilt

$$\Gamma_F = \frac{\varnothing_{EP}}{2\,\text{mm}} \tag{1.138}$$

und damit

$$\varnothing_{AP} = 1\,\text{mm}. \tag{1.139}$$

Offensichtlich ist die förderliche Vergrößerung hier ganz analog gebildet, wie das oben bei dem Mikroskop der Fall war. – Stärkere Vergrößerungen sind leer, d.h. sie ergeben keine gesteigerte Auflösung, höchstens eine bequemere Beobachtungsmöglichkeit.

Die Ausführungsform von Amateur-Teleskopen entspricht häufig den eben angegebenen Empfehlungen. Das Objektiv besitzt typisch die Brennweite 1000 mm, der EP-Durchmesser beträgt 100 mm; wählt man dann noch eine Okular-Vergrößerung von 12,5fach, so erreicht man gerade $\Gamma_{\text{förd}} = 50$. – Anders sind die Verhältnisse aber bei Feldstechern; ein Feldstecher „8 × 30“ ist nach anderen Kriterien konstruiert, denn die 8fache Vergrößerung und der AP-$\varnothing$ von fast 4 mm sind deutlich verschieden von den obigen Daten.

Bei astronomischen Beobachtungen sind vielfach nahezu punktförmige Objekte mit Fernrohren abzubilden. Das in der Zwischenbildebene bzw. das auf der Netzhaut des Beobachters entworfene Punktbild besitzt dann eine zentrale Bestrahlungsstärke, die der 4. Potenz des EP-Durchmessers proportional ist:

$$E(0) \approx (\varnothing_{\mathrm{EP}})^4 .$$

Diese Feststellung überrascht oft; doch ist sie leicht zu verstehen, wenn man den Ausdruck für die Lichterregung im Punktbild nach Gl. (1.118) genauer betrachtet, wie das im Abschn. 3.8 geschieht. Demnach ist die Bestrahlungsstärke als Quadrat der Lichterregung proportional zur vierten Potenz der bildseitigen Apertur. Anschaulich läßt sich das so interpretieren: Mit der Apertur wächst der aufgenommene Lichtstrom quadratisch und gleichzeitig nimmt die Ausdehnung des Punktbilds quadratisch mit der Apertur ab. Diese Feststellung macht verständlich, weshalb neue Konzeptionen astronomischer Teleskope immer größere Spiegel vorsehen. Nicht die Auflösung ist dabei von primärer Bedeutung, sondern die Absicht auch sehr ferne lichtschwache Objekte noch beobachten zu können.

Fernrohr-Objektive. Dieser Teil-Abschnitt behandelt nur Fernrohr-Objektive, weil die Okulare weitgehend gleichartig wie bei Mikroskopen aufgebaut sind. Bei den Objektiven interessieren besonders die astronomischen Anwendungen, weil dafür bemerkenswerte Entwicklungen durchgeführt wurden. Daher wird die historische Entwicklung von Spiegelsystemen kurz beschrieben.

Die Bevorzugung von Spiegelsystemen geht auf Newton zurück, der Linsensysteme für Fernrohrobjektive ablehnte, weil sie immer Farbfehler besäßen. Das entsprach dem technischen Stand der Glas-Entwicklung zu Newtons Zeiten. Inzwischen sind sehr große Fortschritte bei der Entwicklung optischer Gläser erfolgt, so daß achromatische und apochromatische Fernrohrobjektive durchaus hergestellt werden. Trotzdem verbleiben auch heute Schwierigkeiten bei der Verwendung von Linsen mit großen Durchmessern, speziell wegen großer Gewichte und wegen Homogenitätsproblemen. – Zunächst wird man versuchen, mit sphärischen Spiegeln zu arbeiten. Vor allem ist der Öffnungsfehler zu korrigieren. Als obere Grenze für den zulässigen Restfehler gilt eine Wellenaberration von $\lambda/4$, die für einen Kugelspiegel von 1 m Brennweite bereits bei einer Blendenzahl $k = 43$ erreicht wird. Da möglichst hohe Aperturen realisiert werden sollen, ist der einzelne Kugelspiegel offensichtlich ungeeignet. – Newton schlug in Kenntnis der Eigenschaften des Kugelspiegels 1671 den Parabolspiegel vor, der keinen Öffnungsfehler bei der Abbildung unendlich ferner Objekte aufweist. Allerdings ist es beim Parabolspiegel nicht möglich, die Koma zu korrigieren, so daß nur ein Bildfeld von etwa zwei Bogenminuten nutzbar ist. Es liegt hier aber eine der ersten Nutzungen asphärischer Flächen vor, deren Herstellung allerdings nach wie vor schwierig und teuer ist. Parabolspiegel nach Newton werden noch heute hergestellt, wobei Blendenzahlen bis zu $k = 3$ realisiert werden; solche Spiegel sind zumeist als Bestandteile umfangreicherer Spiegelsysteme konzipiert. Der einzelne Parabolspiegel relativ kleiner Brennweite wird dann für Übersichtsaufnahmen eingesetzt. Bei Spiegelsystemen tritt grundsätzlich das Problem der geeigneten Anordnung der Empfängerebene auf, weil durch die Reflexion objekt-

und bildseitiger Strahlengang einander überlagern. Newton löste das Problem, indem er kurz vor der Bildebene einen um 90° ablenkenden Planspiegel einsetzte und so das Okular seitlich von dem objektseitigen Strahlenbüschel anordnen konnte. Es wird dabei das grundsätzliche Problem von Spiegelsystemen deutlich, nämlich daß zentrale Abschattungen auftreten und damit ringförmige Pupillen entstehen; das wirkt sich auf die Auflösung und auf die Kontrastwiedergabe aus. – Kurz vor Newton gab Gregory ein erstes Zwei-Spiegel-System an, das frei von Öffnungsfehler ist. Gregory benutzte als Hauptspiegel wiederum einen Paraboloid, das ein reelles Zwischenbild erzeugt, und als Fangspiegel ein Ellipsoid, das ein zweites, aufrechtes Zwischenbild etwa am Ort des Hauptspiegels liefert. Im Hauptspiegel ist eine zentrale Bohrung vorzunehmen, um das Zwischenbild beobachten zu können. Beim Gregory-System tritt kein Öffnungsfehler auf, weil jeder Spiegel einzeln frei von Öffnungsfehler ist. Die übrigen Abbildungsfehler sind jedoch noch größer als beim einfachen Kugelspiegel. Deshalb ist das Gregory-System nur noch von historischem Interesse. Wenig später gab Cassegrain das nach ihm benannte Zwei-Spiegel-System an, das als Hauptspiegel auch einen Parabol-Spiegel, als Fangspiegel jedoch ein Hyperboloid besitzt. Die negative Brennweite des Fangspiegels ergibt eine im Verhältnis zur Brennweite relativ kurze Baulänge (Prinzip des Tele-Objektivs), was noch heute in sogenannten Coudé-Systemen ausgenutzt wird. Da für das klassische Cassegrain-System nahezu das gleiche für die Bildfehler-Korrektion gilt, wie für das Gregory-System, besitzt es auch nur ein Bildfeld von wenigen Bogenminuten.

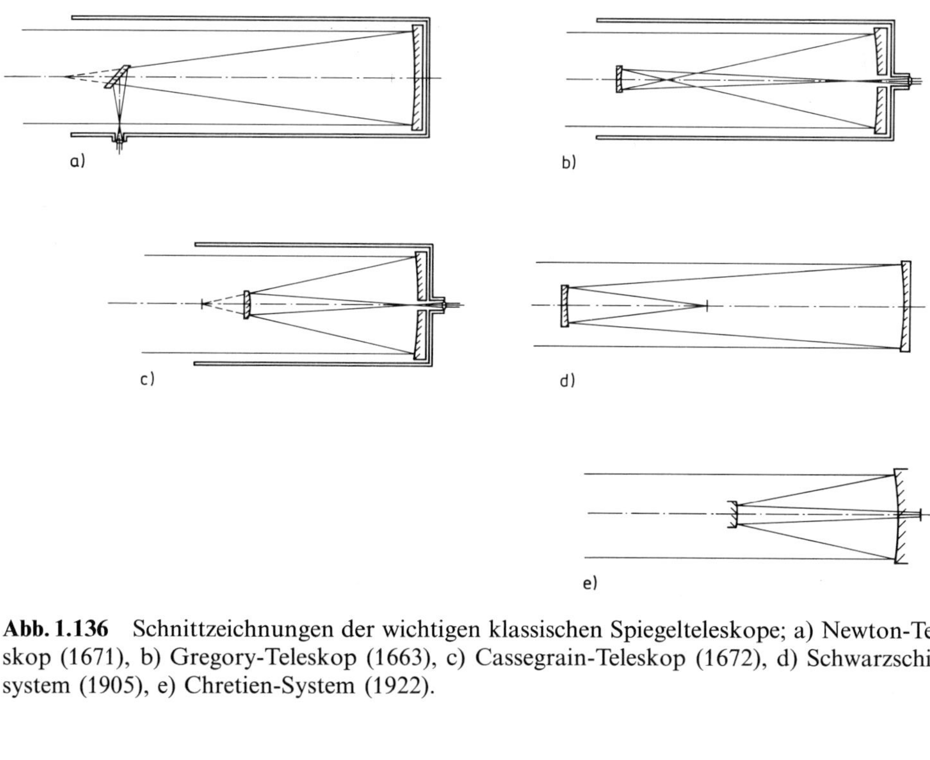

Abb. 1.136 Schnittzeichnungen der wichtigen klassischen Spiegelteleskope; a) Newton-Teleskop (1671), b) Gregory-Teleskop (1663), c) Cassegrain-Teleskop (1672), d) Schwarzschild-system (1905), e) Chretien-System (1922).

Für astronomische Beobachtungen wird eine große Objektiv-Apertur gefordert, um sowohl ein hohes Auflösungsvermögen als auch hohe Bestrahlungsstärken im Bild zu erhalten. Für die visuelle Beobachtung sind kleine Objektfelder noch akzeptabel, wenn man das Fernrohr nachführen kann, um interessierende Objekte zu erfassen. Zur objektiven Registrierung, z. B. in Form fotografischer Aufnahmen, ist es notwendig, neben dem Öffnungsfehler zumindest auch die Koma zu korrigieren und damit *Aplanasie* zu erreichen. Das gelang erstmals Schwarzschild mit einem Zwei-Spiegel-System. Das Konstruktionsprinzip läßt sich kurz so skizzieren: Es werden wiederum zwei asphärische Spiegel in großem Abstand ($d = 1{,}25f$) verwendet, die endliche, entgegengesetzt gleiche Öffnungsfehler besitzen und so noch Freiheitsgrade zur Korrektion der Koma aufweisen. Die prinzipiell sehr wichtige Erfindung von Schwarzschild wird in ihrer praktischen Bedeutung durch die große Baulänge gemindert. Deshalb ergab die Erfindung von Chretien einen großen Fortschritt, mit der bei kurzer Baulänge ($d \approx 0{,}3f$) ebenfalls Aplanasie erzielt wird; beide Spiegel besitzen wiederum asphärische Flächen. Die genannten Spiegelsysteme sind in der Abb. 1.136 dargestellt.

Der wesentliche Fortschritt gelang 1932 dem Feinoptiker B. Schmidt, der einen sphärischen Hohlspiegel benutzte und zusätzlich in der achsensenkrechten Ebene durch den Krümmungsmittelpunkt eine deformierte Platte setzte, die er gerade so gestaltete, daß sie den Öffnungsfehler des Spiegels kompensierte (siehe Abb. 1.137).

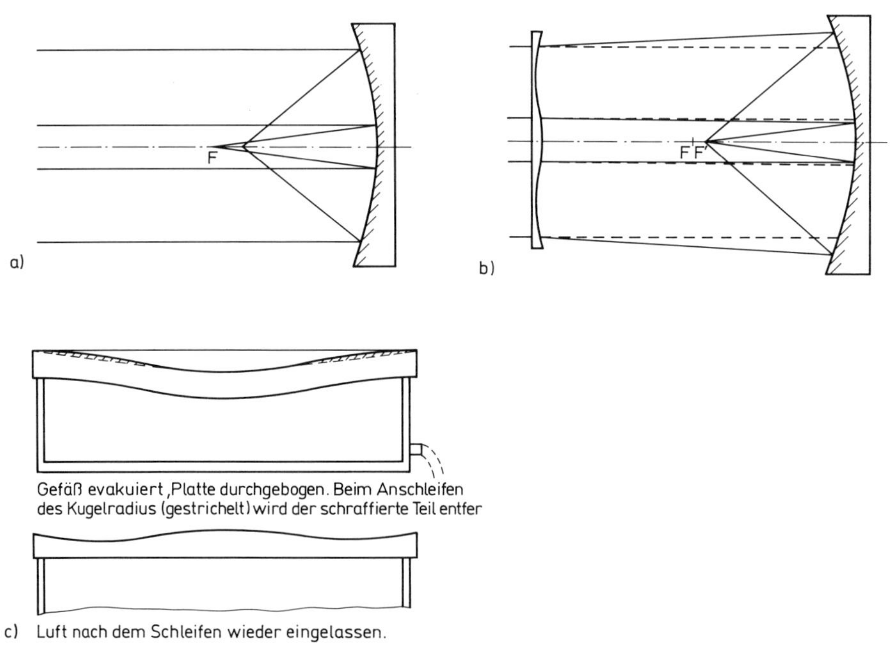

Abb. 1.137 Das Spiegelsystem nach B. Schmidt; a) Der sphärische Hohlspiegel allein besitzt einen sehr großen Öffnungsfehler; b) Die deformierte Platte im Krümmungszentrum des Kugelspiegels korrigiert den Öffnungsfehler; c) Hinweise zur Herstellung der deformierten Platte.

Am Ort der deformierten Platte wird gleichzeitig die Aperturblende angebracht, so daß auch Koma und Astigmatismus korrigiert werden (symmetrische Blendenlage); unkorrigiert bleibt dabei die Bildfeldwölbung. Derartige Schmidt-Systeme, wie sie nach ihrem Erfinder benannt wurden, sind mit Blendenzahlen bis zu $k = 2$ und Bildwinkeln bis zu $\pm 10°$ realisiert worden und haben damit die Astrofotografie entscheidend gefördert. Besonders wichtig an der Erfindung von B. Schmidt ist, daß er selbst ein brauchbares Verfahren zur Herstellung der deformierten Platte angab und praktizierte: Die zu deformierende Platte wird auf einen Hohlzylinder aufgelegt (siehe Abb. 1.137c), der Hohlzylinder wird evakuiert, so daß sich die Platte durchbiegt. In diesem Zustand wird die Platte geschliffen und poliert. Bei richtiger Einstellung diverser Parameter besitzt die Platte nach Aufhebung des Unterdruckes gerade das gewünschte Profil. – Ein großer Nachteil des Schmidt-Systems ist dessen große Baulänge von $2f$. Deshalb hat man sich sehr bemüht, die Baulänge zu verkürzen und auch auf die Asphären zu verzichten. So werden bei dem konzentrischen Meniskus-System (Abb. 1.138) nur sphärische Flächen verwendet; der dicke Meniskus negativer Brechkraft reduziert die Bildfeldwölbung und korrigiert gleichzeitig den Öffnungsfehler des Kugelspiegels; außerdem ist die Baulänge auf etwa $1{,}3f$ verkürzt. Derartige Systeme wurden um 1944 von verschiedenen Personen nahezu gleichzeitig entwickelt. Inzwischen ist die Entwicklung weiter fortgeschritten, was hier nicht mehr wiedergegeben werden kann. Abschließend sei mit dem Stichwort „adaptive Optik“ darauf hingewiesen, daß neuerdings Regelungsmechanismen realisiert werden, die die Sollform von astronomischen Spiegeln automatisch aufrechtzuerhalten gestatten.

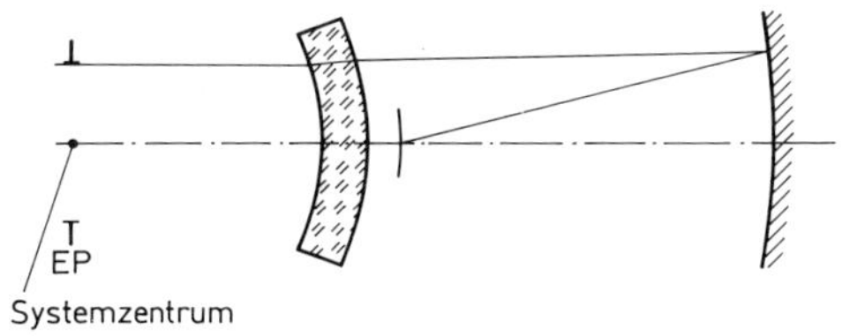

Abb. 1.138 Spiegelsystem mit konzentrischem Meniskus.

Die *Abbildungsqualität* von Fernrohr-Objektiven ist von der Konstruktion her beugungsbegrenzt. Die Herstellung zielt natürlich auch darauf ab; wegen des fast immer notwendigen Einsatzes asphärischer Flächen ist das bis heute nur mit iterativen Techniken erreichbar, bei denen Bearbeitung und – interferometrische – Prüfung einander abwechseln. Ergebnisse solcher Prüfungen sind der Spezial-Literatur vorbehalten.

1.9.2.4 Spektralapparate

Zu den wichtigsten optischen Instrumenten gehören auch die Spektralapparate, die im einzelnen in Kap. 3 behandelt werden. Es sei aber darauf hingewiesen, daß wie bei dem Mikroskop und dem Fernrohr das maximal erreichbare Auflösungsvermögen realisiert werden soll. Bei den Spektralapparaten kann in gleicher Weise vorgegangen werden wie bei Mikroskop und Fernrohr um aus dem örtlichen Auflösungsvermögen auf das spektrale Auflösungsvermögen zu schließen. Das örtliche Auflösungsvermögen wird hier in der hinteren Brennebene eines Kamera-Objektivs bestimmt, das dem dispergierenden Element (Prisma, Gitter oder Perot-Fabry) nachgeordnet ist.

1.9.2.5 Photo-Objektiv

Die Photographie ist in vielen Bereichen sehr wichtig geworden, weil mit ihrer Hilfe in besonders einfacher Weise die Speicherung von Informationen gelingt. Im Gegensatz zu den bisher besprochenen optischen Instrumenten ist es für die Photographie oft nicht wichtig, von jedem einzelnen optischen System die optimale Informationswiedergabe zu erhalten. Das mag zunächst überraschen; verständlich wird die Aussage dann, wenn man berücksichtigt, daß die Photographie im allgemeinen eine recht lange „Abbildungskette" beinhaltet. Für das Beispiel der Beobachtung von Dias seien die wichtigen Glieder dieser Kette genannt: Objekt, Aufnahme-Objektiv, Film, Entwicklung des Films zum Dia, Projektions-Objektiv, Leinwand, menschliches Auge (verstanden als abbildendes System), Netzhaut und schließlich der Gesichtssinn. Es kommt darauf an, über die gesamte Abbildungskette hinweg eine optimale Wiedergabe des Objekts zu erreichen, d. h. schließlich in dem durch das Auge verwertbaren Ortsfrequenzbereich hohe Modulationswiedergabe zu erzielen. Aufnahme-Objektive für die Kleinbild-Photographie werden häufig mit Blendenzahlen kleiner als zwei ausgeführt; der zugehörigen numerischen Apertur von 0,25 und mehr entspricht eine theoretische Grenzfrequenz von über $500\,\mathrm{mm}^{-1}$. Tatsächlich wird bei üblichen Abbildungsmaßstäben aber nur ein Ortsfrequenzbereich zwischen 0 und $40\,\mathrm{mm}^{-1}$ ausgenutzt. An dieser Stelle wird deutlich, daß eine Bewertung der Abbildungsleistung optischer Systeme für die Photographie mit dem Begriff des Auflösungsvermögens – nach Gl. (1.118) – nicht vorgenommen werden kann. Deshalb ist für die Photographie das Konzept der optischen Übertragungsfunktion so wichtig geworden; siehe Abschn. 9.1.2. Der Begriff der photographischen Optik ist in diesem Zusammenhang sehr weit zu fassen; neben der Amateur-Photographie gehören dazu Anwendungen in der Medizin, der Astronomie, der Photogrammetrie etc.

Der *Aufbau* von Photo-Objektiven ist vor allem durch Kompaktheit gekennzeichnet. Der jeweils verwandte *Typ* von Objektiv wird durch mechanische Anforderungen an Schnittweite, Baulänge, Blendenlage und Durchmesser bestimmt. Der Linsenschnitt im einzelnen wird bei der Korrektion der Abbildungsfehler festgelegt und kann sehr stark variieren; die Vielzahl existenter Objektiv-Ausführungen ist kaum noch überschaubar, so daß hier auf eine Diskussion im einzelnen verzichtet werden muß. Speziell hingewiesen sei nur auf die *Vario-Objektive* („Zoom-Objektive"), die in den letzten Jahrzehnten eine starke Verbreitung gefunden haben. Dabei werden Abbildungsmaßstab bzw. Brennweite dadurch variiert, daß mehrere, mindestens zwei Linsenglieder axial verschiebbar angeordnet werden; zusätzlich ist die Bildlage konstant zu halten. In der Abb. 1.74 wurde bereits ein einfaches Beispiel für die – nichtlinearen – Verschiebungen wiedergegeben.

Die *Funktionen* von Photo-Objektiven sind sehr vielfältig. Durch Blendenzahl und Filmformat werden maximale Apertur und Bildwinkel festgelegt; die Apertur ist stark variabel, um sich damit unterschiedlichen Objektleuchtdichten und Filmempfindlichkeiten anpassen zu können. Photo-Objektive sollen auch Objekte in sehr unterschiedlichen Entfernungen abbilden. Weiter werden sie nicht nur im sichtbaren, sondern auch im infraroten Spektralbereich eingesetzt. Die Vielzahl der Forderungen wird durch ökonomische Gesichtspunkte ergänzt. Es resultiert immer ein Kompromiß, der eine exakte Beurteilung sehr schwer macht.

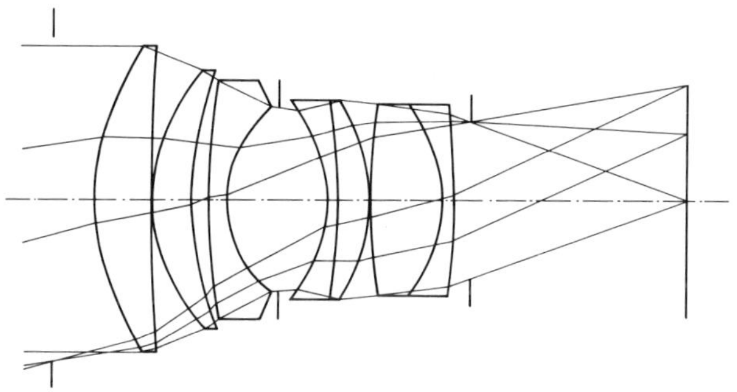

Abb. 1.139 Linsenschnitt eines Photo-Objektivs Summilux 1,4/80 der Fa. Leica-Camera.

SUMMILUX-R 1:1,4/80 mm

Abb. 1.140 Optischer und mechanischer Aufbau des Objektivs nach Abb. 1.139.

Wie oben angeführt, braucht ein Photo-Objektiv in der Regel nicht perfekt abzubilden; andererseits muß es die eben genannten Funktionen erfüllen können. Die Abbildungsleistung von Photo-Objektiven ist nicht in allgemeiner Form angebbar, sondern sie ist von Fall zu Fall verschieden. Hier wird deshalb nur ein Beispiel behandelt, das als repräsentativ gelten mag. Es handelt sich um ein neueres Objektiv *Summilux* 1,4/80 der Fa. Leica-Camera, für das in den Abb. 1.139 bis 1.146 im Zusammenhang etliche charakteristische Daten dargestellt sind. Die Abb. 1.139 zeigt

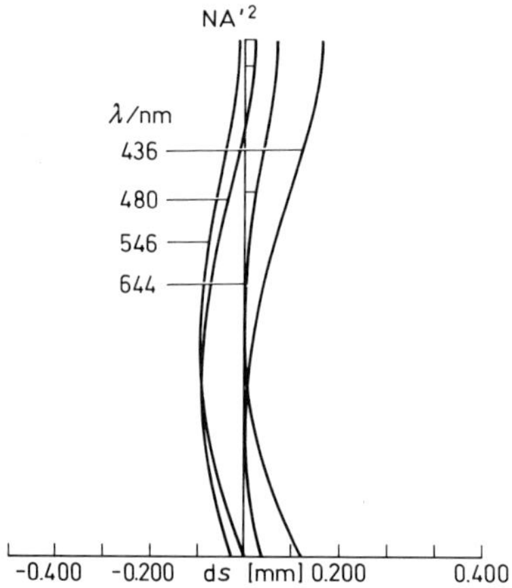

Abb. 1.141 Öffnungsfehler in Form der Längsaberration als Funktion der numerischen Apertur zum Quadrat (Parameter: Wellenlänge).

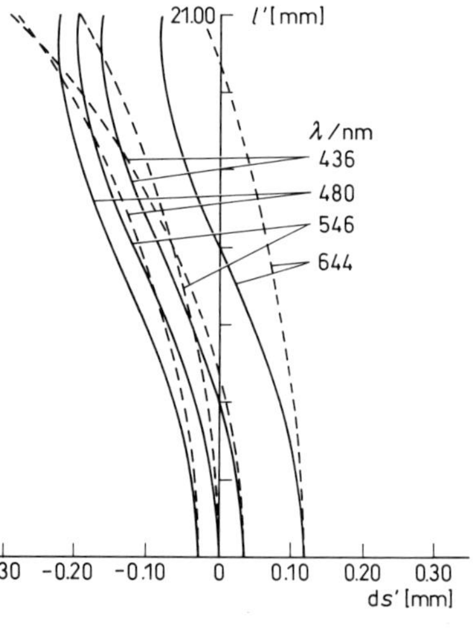

Abb. 1.142 Bildfeldwölbung in Form der Längsaberration als Funktion der Bildhöhe (Parameter: Wellenlänge; ausgezogen sagittale, gestrichelt meridionale Wölbungen).

den Linsenschnitt, wie ihn die Optik-Konstruktion nach der Korrektion der Abbildungsfehler liefert. Die Abb. 1.140 enthält im Schnitt den optischen und mechanischen Aufbau des fertigen Objektivs. Die Abb. 1.141 gibt den Öffnungsfehler in Form der Längsaberration als Funktion der Apertur (zum Quadrat) wieder; entsprechend ist in 1.142 die Bildfeldwölbung (der Hauptstrahlen) als Funktion der Bildhöhe dargestellt. Abb. 1.143 beinhaltet die Verzeichnung als Funktion der Bildhöhe. Zusammenfassend sind die Queraberrationen für mehrere Bildhöhen als Funktionen der Apertur in Abb. 1.144 enthalten. Während die genannten Aberrationen seit Jahrzehnten zur Bildfehler-Beschreibung verwandt werden, ist in Abb. 1.145 die Wiedergabe von Spot-Diagrammen (siehe Abschn. 1.7) vorgenommen, die einen Eindruck von der Punktbildstruktur liefern. Schließlich sind in Abb. 1.146 einige Übertragungsfunktionen angegeben. Die damit gelieferten Informationen sind in ihrer Aussagekraft sehr unterschiedlich zu bewerten; vor allem ist es nicht einfach, den Zusammenhang der Informationen in den unterschiedlichen Abbildungen zu erkennen. Die Wiedergabe erfolgt hier einfach deshalb, um einen ersten Eindruck von den Methoden zu vermitteln, die heute zur Bestimmung der Abbildungsqualität optischer Systeme verwandt werden.

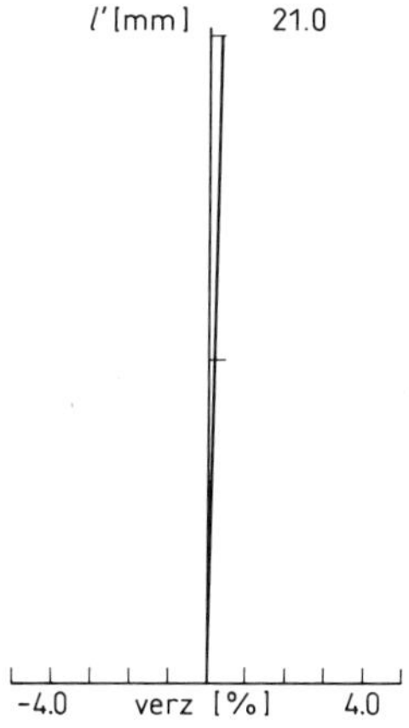

Abb. 1.143 Verzeichnung (in %) als Funktion der Bildhöhe.

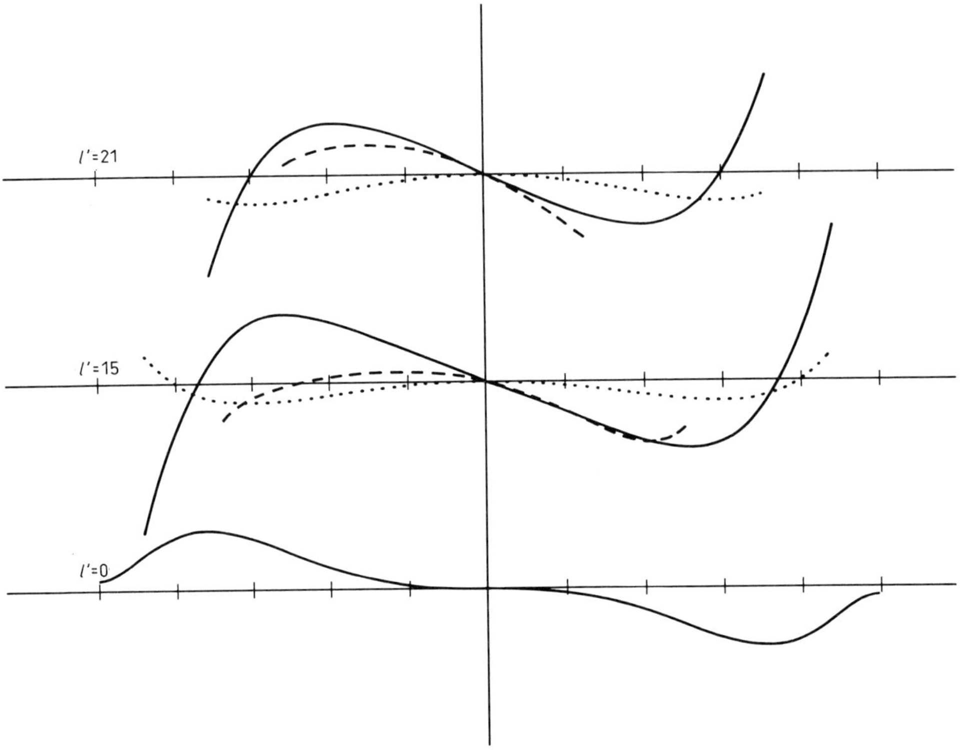

Abb. 1.144 Queraberrationen für mehrere Bildhöhen l' als Funktionen der Apertur; Parameter ist die Wellenlänge λ (hier: $\lambda = 546{,}07$ nm). Ausgezogen sind die Fehlerkurven für den Sagittalschnitt, gestrichelt für den Meridionalschnitt; die punktierten Kurven charakterisieren den „Rinnenfehler" im Sagittalschnitt, der ein Maß für den Koma-Anteil der Bildfehler ist. Die Wiedergabe der Queraberrations-Kurven für mehrere Bildhöhen l' gleichzeitig erfolgt, um neben der Abhängigkeit von der Apertur auch die von der Bildhöhe deutlich zu machen.

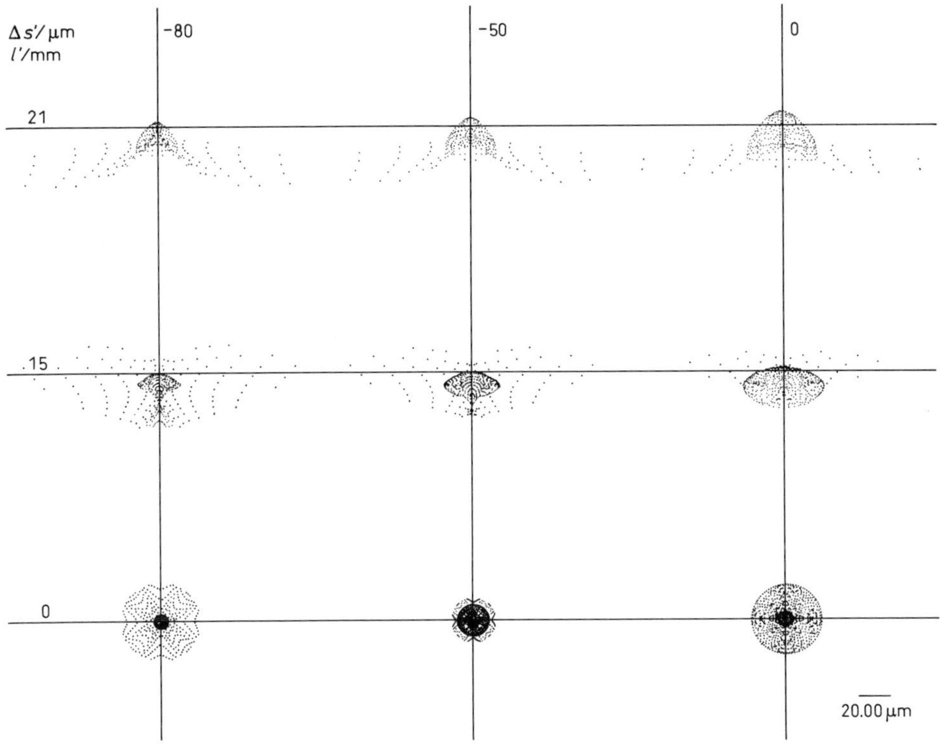

Bild 1.145 Spot-Diagramme für drei Fokussierungen (von links nach rechts) und für drei Bildhöhen (von oben nach unten); die Darstellung gilt für die Wellenlänge $\lambda = 546{,}07$ nm. Ein Spot-Diagramm stellt die geometrisch optische Näherung für ein Punktbild dar. Ein Spot-Diagramm wird gewonnen, indem von dem jeweiligen Objektpunkt aus eine große Zahl von Strahlen gerechnet wird, die über die Eintrittspupille des Objektivs gleichmäßig verteilt werden. In der Abbildung wiedergegeben sind die Strahldurchstoßpunkte in der jeweiligen Bildebene. Auf diese Weise wird eine anschauliche Übersicht vermittelt, wie die Energieverteilung im Punktbild auf Grund immer noch vorhandener Rest-Aberrationen ist.

Die Wiedergabe der Spot-Diagramme für mehrere Fokussierungen erfolgt, um die Variation der Energieverteilung mit der Wahl der Einstellebene abschätzen zu können. Siehe im Vergleich auch die Abb. 1.146, in der die gleichen Fokussierungen berücksichtigt sind.

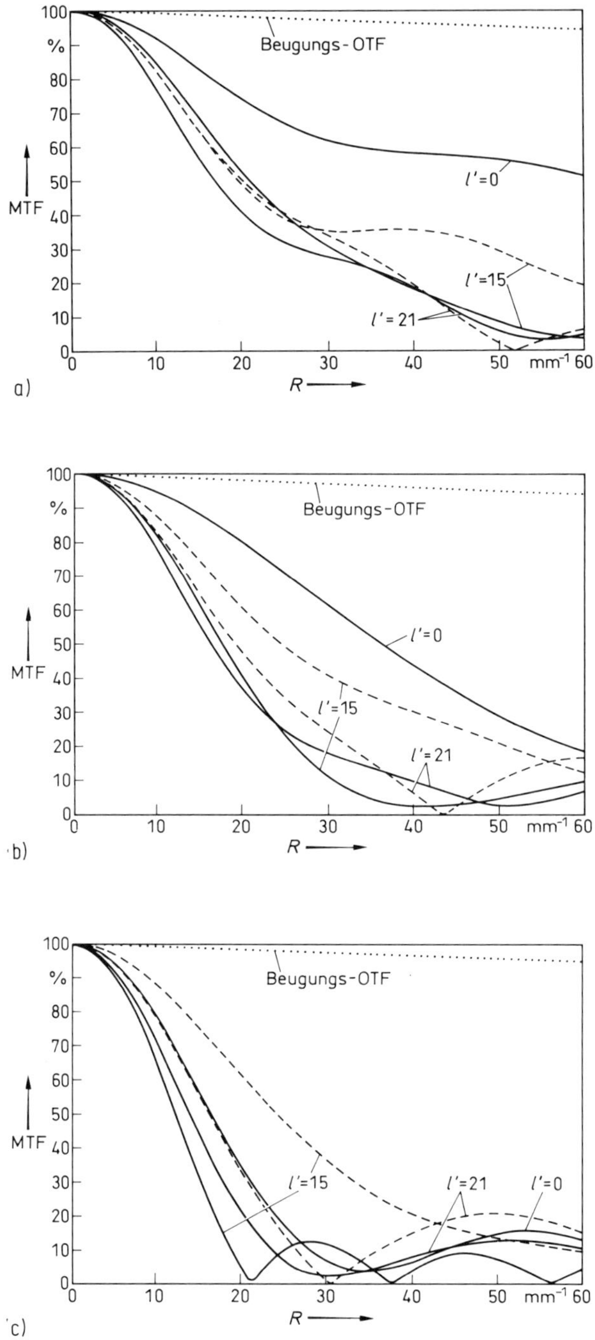

Abb. 1.146 Optische Übertragungsfunktion für mehrere Bildhöhen und Fokussierungen; a) Defokussierung = $-80\,\mu m$, b) Defokussierung = $-50\,\mu m$, c) Defokussierung = 0; ausgezogen sagittale, gestrichelt meridionale Verläufe.

Literatur

Weiterführende Literatur

Berek, M., Grundlagen der praktischen Optik, Verlag Walter de Gruyter, Berlin, 1970

Born, M, Wolf, E., Principles of Optics, 2. ed., Pergamon Press, Oxford, 1964

Crawford Jr., F. S., Berkeley Physics Course, vol. 3, Waves, McGraw-Hill Book Company, New York, 1968

Dichtburn, R. W., Light, 3. ed., 2 volumes, Academic Press, London, New York, San Francisco, 1976

Duffieux, P. M., The Fourier Transform and its Applications to Optics, 2. ed., John Wiley & Sons, New York, 1983

Feynman, R. P., Lectures on Physics, Addison Wesley Publishing Company, Reading Mass., 1965

Francon, M., et al., Experiments in Physical Optics, Gordon and Breach Science Publishers, New York, 1970

Francon, M., Optical Image Formation and Processing, Academic Press, New York, 1979

Franke, G., Photographische Optik, Akademische Verlagsgesellschaft, Frankfurt/Main, 1964

Fry, G. A., Geometrical Optics, Chilton Book Company, Philadelphia, 1969

Gaskill, J. D., Linear Systems, Fourier Transforms, and Optics, John Wiley & Sons, New York, 1978

Goodman, J. W., Introduction to Fourier Optics, McGraw-Hill Book Company, New York, 1968

Hecht, A., Zajac, A., Optics, Addison Wesley Publishing Company, Reading/Mass., 1974

Jenkins, F., White, H., Fundamentals of Optics, McGraw-Hill Book Company, New York, 1976

Klein, M., Furtak, T., Optik, Springer-Verlag Berlin, Heidelberg, 1988

Kohlrausch, F., Praktische Physik, 23. Auflage, Bd. I, B. G. Teubner, Stuttgart, 1985

Levi, L., Applied Optics, Vol. 1 and 2, John Wiley & Sons, New York 1968, 1980

Longhurst, R. S., Geometrical and Physical Optics, Longmans, Green and Co Ltd., 1967

Martin, L. C., The Theory of the Microscope, Blackie & Sons, London, Glasgow, 1966

Meyer-Arendt, J. R., Introduction to Classical and Modern Optics, Prentice-Hall, Englewood, N. J., 1972

Mütze, K. (Hrsg.), ABC der Optik, Verlag Werner Dausien, Hanau, 1972

Naumann, Schröder, Bauelemente der Optik, 5. Auflage, Hanser, München, 1987

Papoulis, A., Systems and Transforms with Applications to Optics, McGraw-Hill Book Company, New York, 1968

Röhler, R., Informationstheorie in der Optik, Wiss. Verlagsgesellschaft, Stuttgart, 1967

Röhler, R., Optische Eigenschaften des menschlichen Auges, Physik in unserer Zeit 1, 87 (1970)

Schober, H., Das Sehen, Bd. I und II, VEB Fachbuchverlag, Leipzig, 1970

Slevogt, H., Technische Optik, Verlag Walter de Gruyter, Berlin, 1973

Welford, W. T., Aberrations of the Symmetrical Optical System, Academic Press London, New York, 1974

Young, H. D., Fundamentals of Optics and Modern Physics, McGraw-Hill Book Company, New York, 1968

Zimmer, H. G., Geometrical Optics, Springer-Verlag, Berlin, Heidelberg, 1970

2 Dispersion und Absorption des Lichtes

Hans-Joachim Eichler

2.1 Messung der Lichtgeschwindigkeit

Die Kenntnis der Fortpflanzungsgeschwindigkeit des Lichtes ist für die Erforschung der Natur sehr wichtig, weil die Lichtgeschwindigkeit c im Vakuum[1] als Naturkonstante eine universelle Bedeutung hat und zur Berechnung anderer Werte verwendet wird. Einige Beispiele: Die Umwandelbarkeit von Materie (der Masse m) in Energie E nach der *Relativitätstheorie Einsteins* ist gekennzeichnet durch die Formel $E = mc^2$. Zur Messung größerer Entfernungen werden kurze Impulse von Licht oder von elektromagnetischen cm-Wellen benutzt und die Zeit von der Aussendung bis zur Wiederkehr nach Reflexion an einem entfernten Spiegel gemessen. Dies geschieht z. B. bei der geodätischen Landesaufnahme, indem auf einem Berg ein Sender und ein Empfänger nebeneinander und auf einem anderen Berg ein Reflektor stehen. Bei Kenntnis der Lichtgeschwindigkeit läßt sich aus der Messung der Zeitdauer, den ein Impuls für Hin- und Rückweg gebraucht hat, die Entfernung zwischen Sender und Reflektor berechnen. Selbstverständlich ist hierbei zu berücksichtigen, daß der Strahl nicht im Vakuum, sondern in der Luft läuft, also eine etwas kleinere Geschwindigkeit hat. Deshalb ist auch die genaue Kenntnis der Brechzahl der Luft bei bestimmter Dichte und bei bestimmtem Wasserdampfgehalt wichtig. Ein auf dem Mond aufgestellter Reflektor wirft Laserstrahlimpulse zur Erde zurück. Durch Messung der Laufzeit der Lichtimpulse läßt sich aus der Lichtgeschwindigkeit der Abstand Erde–Mond genau bestimmen.

Die Lichtgeschwindigkeit im Vakuum ist von der Frequenz unabhängig und somit z. B. für sichtbares Licht, für Röntgenstrahlen (etwa 10^{-10} m Wellenlänge) und für lange Radiowellen (etwa 10^3 m Wellenlänge), also für alle elektromagnetischen Wellen, gleich. In Materie ist die Lichtgeschwindigkeit geringer als im Vakuum. Das Verhältnis der Vakuumlichtgeschwindigkeit zur Geschwindigkeit des Lichtes in einem Stoff ist durch die Brechzahl n des Stoffes gekennzeichnet. Die Brechzahl ist von Stoff zu Stoff verschieden (vgl. Abschn. 1.4) und ist außerdem von der Frequenz abhängig (Dispersion des Lichtes; vgl. Abschn. 2.3). In Gasen, z. B. in Luft, ist die Geschwindigkeit des sichtbaren Lichtes nur wenig geringer als im Vakuum, während in einigen festen und flüssigen Stoffen die Geschwindigkeit des sichtbaren Lichtes nur die Hälfte oder ein Drittel von derjenigen im Vakuum beträgt (Brechzahl n also 2 oder 3).

[1] Die Vakuumlichtgeschwindigkeit sollte strenggenommen mit c_0 bezeichnet werden. Da in diesem Kapitel jedoch keine Verwechslungen auftreten können, verzichten wir auf den Index 0 und verstehen unter c immer die Lichtgeschwindigkeit im leeren Raum.

Die Messung der Lichtgeschwindigkeit besteht bei den meisten Verfahren in der Bestimmung einer großen Länge und der Zeit, innerhalb welcher das Licht die Strecke durcheilt. Bei einigen Methoden werden sehr kurze Strecken und Zeiten gemessen: Man bestimmt mit einem Interferometer die Wellenlänge einer Schwingung, vergleicht die Frequenz mit einer Standardfrequenz (mißt also auch die Frequenz) und errechnet die Lichtgeschwindigkeit aus der Gleichung $c = \lambda \nu$.

Von grundsätzlich anderer Art ist die Bestimmung der Lichtgeschwindigkeit nach der Gleichung $c = 1/\sqrt{\varepsilon_0 \mu_0}$, also aus der elektrischen Feldkonstante ε_0 und der magnetischen Feldkonstante μ_0. Dies haben Weber und Kohlrausch im Jahre 1856 zuerst getan.

Bei der Messung der Lichtgeschwindigkeit interessiert nicht die Frage, ob die Ausbreitung des Lichtes durch Wellen oder durch bewegte korpuskulare Teilchen beschrieben werden kann. Von Interesse ist aber, ob sich die Lichtgeschwindigkeit im Laufe der Zeit etwas ändert. Dafür sind besonders genaue Messungen erforderlich. Daß die Lichtgeschwindigkeit sehr groß ist, weiß man aus der Erfahrung schon lange. Deshalb gelang es Galilei (1607) auch nicht, mit Hilfe zweier voneinander entfernter Beobachter, die ihre Laternen wechselseitig abblendeten, die Lichtgeschwindigkeit zu ermitteln. – Im folgenden werden die verschiedenen Methoden beschrieben, mit denen die Lichtgeschwindigkeit gemessen wurde.

1. Verfahren von Römer. Als erster hat 1676 der dänische Astronom Olaf Römer die Fortpflanzungsgeschwindigkeit des Lichtes aus der Beobachtung der Verfinsterung der Jupitermonde bestimmt. In Abb. 2.1 stellt der Kreis um die Sonne S die Bahn der Erde E dar, während der Kreis um den Jupiter J die Bahn eines seiner Monde andeutet. Römer beobachtete die Zeitpunkte, an denen einer der Monde des Jupiters in dessen Schatten verschwand. Die Zeit zwischen zwei aufeinander folgenden Verfinsterungen des dem Jupiter nächsten Mondes beträgt 42 h 28 min 36 s, wenn bei der Beobachtung die Erde sich in Stellung I (Konjunktion) oder III (Opposition zum Jupiter) befindet. Wie aus Abb. 2.1 hervorgeht, ändert sich in I und III die Entfernung der Erde vom Jupiter während der Periode von etwa 42 Stunden nicht merklich, weil sie in I ein Minimum, in III ein Maximum ist. Bei fortlaufender Beobachtung, während der die Erde sich im Laufe eines halben Jahres

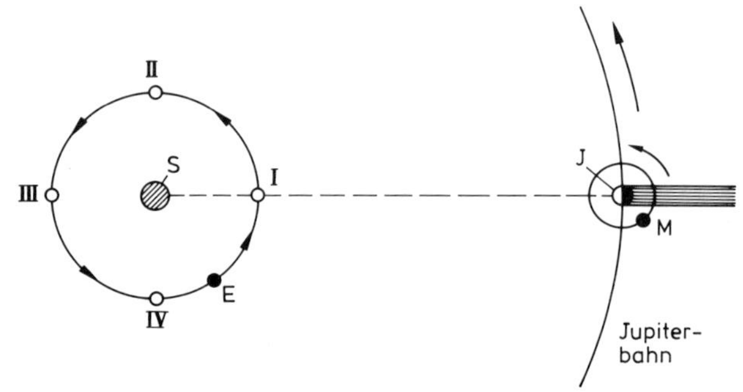

Abb. 2.1 Messung der Lichtgeschwindigkeit nach dem Verfahren von Römer durch Beobachtung der Verfinsterung der Jupitermonde.

von I nach III bewegt, d.h. sich von Jupiter entfernt, fand nun Römer, daß die Verfinsterungen immer später eintraten, als nach dem Intervall 42 h 28 min 36 s zu erwarten war. Wenn die Erde in III angekommen ist, beträgt diese Verspätung im ganzen rund 1000 Sekunden. Während sich die Erde im nächsten Halbjahr wieder von III auf die Stellung I zu bewegt, d.h. dem Jupiter nähert, zeigt sich das umgekehrte Phänomen; die Verfinsterungen verfrühen sich, und zwar im ganzen, bis die Erde in I angekommen ist, wieder um 1000 Sekunden, so daß der Zeitverlust während des ersten Halbjahres durch den Zeitgewinn während des zweiten gerade kompensiert wird. Als Grund hierfür erkannte Römer, daß das vom Jupiter kommende Licht einen größeren Weg zurücklegen muß, wenn die Erde sich während der gerade beobachteten Verfinsterung vom Jupiter entfernt, während es einen kürzeren Weg durcheilt, wenn die Erde sich auf den Jupiter hinbewegt. Da sich die einzelnen scheinbaren Verlängerungen der Umlaufzeiten des Jupitermondes bei der Bewegung der Erde von I nach III und ebenso die Verkürzungen der Umlaufszeiten bei der Bewegung von III nach I summieren, muß die oben angegebene Verspätung bzw. Verfrühung von 1000 Sekunden gerade die Zeit sein, die das Licht zum Durchlaufen des Erdbahndurchmessers benötigt. Diese Strecke ist aber gleich 299 Millionen Kilometer, und so ergibt sich, daß das Licht in der Sekunde 299 000 Kilometer zurücklegt.

Römer selbst beobachtete eine Verspätung von 1450 Sekunden und nahm für den Erdbahndurchmesser $311 \cdot 10^6$ m an, woraus sich die Lichtgeschwindigkeit zu etwa 214 000 km/s ergab.

2. Verfahren von Bradley. Etwa 50 Jahre später (1728) bestimmte der Astronom J. Bradley die Lichtgeschwindigkeit aus der sog. *Aberration des Lichtes.* Darunter ist folgende Erscheinung zu verstehen: In Abb. 2.2 sei F ein Fernrohr, in das längs seiner Achse von einer fernen Lichtquelle Q, z.B. einem Fixstern, Licht einfällt, so daß an der Stelle B im Kreuzungspunkt der Fäden des Fadenkreuzes ein Bild der Lichtquelle entsteht. Bewegt sich das Fernrohr in der Pfeilrichtung parallel zu sich selbst und senkrecht zur Richtung des einfallenden Lichtes, so verschiebt sich das Bild von der Stelle B nach B′, wenn sich das Fernrohr während der Zeit, die das Licht braucht, um die Fernrohrlänge von O nach B zu durchlaufen, um die Strecke BB′ verschiebt. Für einen durch das Fernrohr blickenden Beobachter scheint also das Licht aus der Richtung Q′B′ zu kommen; der Ort der Lichtquelle Q scheint infolge dieser sog. „Aberration des Lichtes" ein wenig in Richtung der Fernrohrbewegung verschoben. Der Beobachter muß also, um das Bild wieder in die Mitte des Gesichtsfeldes bei B zu bekommen, das Fernrohr um den Winkel BOB′ in die Richtung Q′B′ verdrehen. Nun bewegt sich jedes Fernrohr auf der Erde mit einer

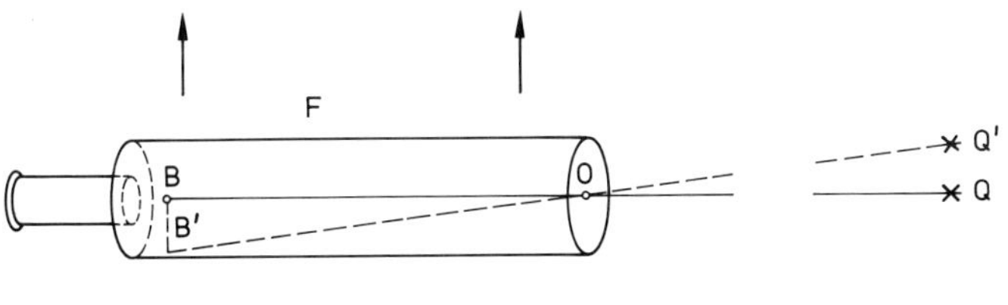

Abb. 2.2 Messung der Lichtgeschwindigkeit aus der Aberration des Lichtes.

Geschwindigkeit von 29,77 km/s, da sich die Erde mit dieser Geschwindigkeit auf ihrer Bahn um die Sonne bewegt. Die Folge davon ist, daß jeder Fixstern, wenn die Visierlinie senkrecht zur Erdgeschwindigkeit gerichtet ist, bei der Beobachtung um einen bestimmten Winkel verschoben erscheint. Dieser *Aberrationswinkel* α beträgt nach astronomischen Messungen 20,6″. Zur Feststellung dieses Winkels muß der Fixstern über ein ganzes Jahr hindurch beobachtet werden, währenddessen die Geschwindigkeit der Erde sich umkehrt. Fixsterne, die nahe dem Pol der Ekliptik stehen, beschreiben im Laufe eines Jahres scheinbar einen Kreis, Sterne in der Ebene der Ekliptik führen scheinbar eine hin- und hergehende Bewegung am Himmel aus, während alle dazwischen liegenden Sterne kleine Ellipsen durchlaufen. Die Durchmesser der Kreise, die großen Achsen der Ellipsen und die Amplitude der geradlinigen Verschiebungen erscheinen bei allen Fixsternen unter dem gleichen Winkel, nämlich dem doppelten Aberrationswinkel $2\alpha = 41{,}2''$. Nun besteht nach Abb. 2.2 die Beziehung, daß der Tangens des Aberrationswinkels α gleich dem Verhältnis der Erdgeschwindigkeit v zur Lichtgeschwindigkeit c ist, woraus für letztere die Beziehung folgt: $c = v/\tan\alpha$. Da $\tan 20{,}5'' = 0{,}0001$ und $v = 29{,}77$ km/s ist, ergibt sich für die Lichtgeschwindigkeit $c = 298\,000$ km/s.

Bei allen astronomischen Bestimmungen der Lichtgeschwindigkeit spielt der Erdbahndurchmesser, der aus der relativ ungenauen Sonnenparallaxe abgeleitet wird, eine entscheidende Rolle. Wesentlich genauer als diese astronomischen Messungen sind daher auf der Erde selbst angestellte Versuche; man kann auch mittels der terrestrisch gemessenen Lichtgeschwindigkeit sogar den Wert der Sonnenparallaxe kontrollieren bzw. verbessern.

3. Verfahren von Fizeau. Erst 1849 gelang H. Fizeau eine terrestrische Messung der Lichtgeschwindigkeit. Das Prinzip seiner Anordnung geht aus Abb. 2.3 hervor. F_1 und F_2 sind zwei auf unendlich eingestellte Fernrohre, die in einer großen Entfernung so montiert sind, daß man durch jedes Fernrohr das Objektiv des anderen deutlich sehen kann. Im Fernrohr F_1 befindet sich am Ort des Objektivbrennpunktes bei B der Zahnkranz eines Zahnrades Z, das in rasche Umdrehungen um eine zur Fernrohrachse parallele Achse D versetzt werden kann. Durch eine seitliche Öffnung im Fernrohr F_1 wird eine punktförmige Lichtquelle L mittels einer Sammellinse A über eine unter 45° geneigte Spiegelglasplatte G an der Stelle B abgebildet. Befindet

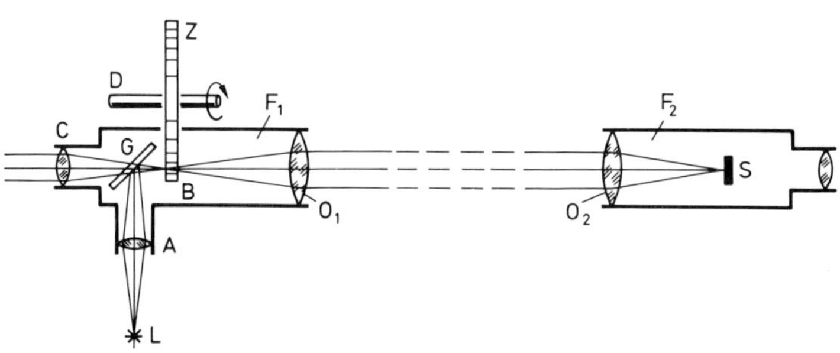

Abb. 2.3 Fizeausche Anordnung zur Messung der Lichtgeschwindigkeit.

sich bei B gerade eine Zahnlücke des Rades Z, so gehen die Strahlen divergent weiter und verlassen das Fernrohrobjektiv O_1 als paralleles Strahlenbündel. Nach Durchlaufen der großen Luftstrecke treffen sie auf das Fernrohr F_2 und werden von dem Objektiv O_2 auf dem Planspiegel S in seinem Brennpunkt vereinigt. Nach Reflexion an diesem Spiegel laufen die Strahlen wieder denselben Weg zurück. Mit dem Okular C wird dann durch die Glasplatte G hindurch das reelle Bild der Lichtquelle wahrgenommen. Wird das Zahnrad Z in Rotation versetzt, so tritt bei einer bestimmten Umdrehungszahl eine Verdunkelung des Gesichtsfeldes ein, nämlich dann, wenn während der Zeit, die das Licht zum Durchlaufen des Weges von B nach S zurück benötigt, an Stelle einer Lücke gerade ein Zahn des Rades getreten ist. Bei Verdoppelung der Rotationsgeschwindigkeit tritt wieder Helligkeit ein, da jetzt das Licht auf seinem Rückweg durch die nächste Zahnlücke hindurch kann, usw. Ist n die Zahnzahl des Rades, U die Anzahl seiner Umdrehungen je Sekunde, bis zum erstenmal Dunkelheit eintritt, so beträgt die Zeit, die vergeht, bis an Stelle einer Zahnlücke der folgende Zahn gerückt ist, $t = 1/2nU$. Während dieser Zeit muß das Licht den Abstand d der beiden Fernrohre zweimal durchlaufen, so daß sich für seine Geschwindigkeit die Beziehung ergibt:

$$c = \frac{2d}{t} = 4dnU\,.$$

Bei dem von H. Fizeau ausgeführten Versuch war $n = 720$, $U = 12{,}6\,\mathrm{s}^{-1}$, $d = 8{,}633\,\mathrm{km}$. Damit ergibt sich für die Lichtgeschwindigkeit der Wert $c = 313\,290\,\mathrm{km/s}$. Mit besseren Hilfsmitteln fand J. A. Perrotin (1901) nach der gleichen Methode unter Benutzung einer Meßstrecke von 46 km den Wert $c = (299\,776 \pm 80)\,\mathrm{km/s}$.

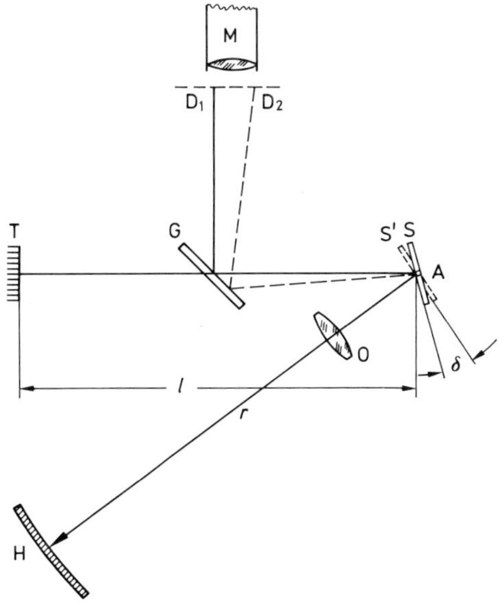

Abb. 2.4 Anordnung von Foucault zur Messung der Lichtgeschwindigkeit.

4. Verfahren von Foucault. Nach einem bereits 1838 von D. F. Arago erdachten Plan verwirklichte 1869 L. Foucault das folgende Verfahren: In Abb. 2.4 ist S ein kleiner Planspiegel, der um die zur Papierebene senkrechte Achse A mittels einer kleinen Luftdruckturbine in schnelle Umdrehung versetzt werden kann. Dabei wird die Umdrehungszahl etwa durch den bei der Rotation entstehenden Ton auf akustischem Wege bestimmt. Über den Spiegel wird mittels eines Objektivs O eine hellbeleuchtete Teilung T ($^1/_{10}$-mm-Teilung) auf dem Hohlspiegel H abgebildet; der Abstand des Hohlspiegels von der Drehachse A des Spiegels S ist gleich dem Krümmungsradius r des Hohlspiegels. In diesem Falle reflektiert H alle von S kommenden Strahlen in sich selbst zurück, so daß das reelle Bild der Teilung T mit dieser selbst zusammenfällt. Nun ist zwischen A und T eine unter 45° gegen AT geneigte Glasplatte G eingeschaltet, die einen Teil des von S zurückgeworfenen Lichtes nach D_1 reflektiert, wo ebenfalls ein reelles Bild von T entsteht, dessen Lage mit einem Mikroskop M betrachtet werden kann, das ein Okularmikrometer enthält. Erteilt man dem Spiegel S eine kleine Drehung, so kommt nichtsdestoweniger das reelle Bild von T immer in D_1 zustande, *solange das auf H erzeugte Bild von T nicht über den Spiegelrand hinauswandert* – wenn es sich auch an eine andere Stelle von H verschiebt. Dies ist ein entscheidender Punkt für die ganze Methode. Bei langsamer Umdrehung des Spiegels S entsteht also periodisch in D_1 ein scharfes reelles Bild, nämlich immer dann und nur dann, wenn ein Bild von T auf H liegt.

Dieses periodische Erscheinen und Verschwinden von T an der Stelle D_1 ist aber bereits bei 10 Umdrehungen pro Sekunde des Spiegels S wegen der Trägheit des Auges nicht mehr erkennbar. Es möge nun aber die Drehgeschwindigkeit des Spiegels S so weit erhöht werden, daß er sich in der Zeit, die das Licht zum Durchlaufen der Strecke AH und zurück benötigt, um den Winkel δ in die neue Lage S′ gedreht hat. Dann wird der von S′ reflektierte Strahl bei der Rückkehr um den Winkel 2δ gegenüber dem einfallenden Strahl gedreht, da die Spiegelnormale sich um den Winkel δ gedreht hat, was durch die gestrichelte Gerade angedeutet wird. Das reelle Bild von T kommt nun nicht mehr in D_1, sondern in D_2 zustande, es erleidet also eine Verschiebung Δ; diese kann mit Hilfe des Okularmikrometers im Mikroskop gemessen werden. Andererseits ist $\Delta \approx l\,2\delta$, wenn l den Abstand $\overline{TS}$ (oder $\overline{D_1\,GS}$) bedeutet. Da der Spiegel sich in einer Zeit $t = 2r/c$, die das Licht zum zweimaligen Durchlaufen von $\overline{AH}$ benötigt, um $4\pi\nu r/c = \delta$ gedreht hat, wenn ν die Umdrehungszahl pro Sekunde von S ist, so ist:

$$\Delta = \frac{8\pi\nu r l}{c}; \quad \text{also} \quad c = \frac{8\pi\nu r l}{\Delta}.$$

Bei den ersten Versuchen Foucaults war $l = 1\,\text{m}$, $r = 4\,\text{m}$, $\nu = 8 \cdot 10^2\,\text{s}^{-1}$. Unter Zugrundelegung eines c-Wertes von $3 \cdot 10^8\,\text{m/s}$ war dann eine Verschiebung $\Delta = 0{,}268\,\text{mm}$ zu erwarten. Durch Verwendung mehrerer Spiegel gelang es Foucault, die Strecke r auf 20 m zu vergrößern, wonach Δ den Wert 1,34 mm ergeben sollte. Die Beobachtung ergab in der Tat Verschiebungen in dieser Größenordnung, und Foucault fand bei seiner ersten Messung $c = 300\,900\,\text{km/s}$. Der schwache Punkt der Methode liegt in der Kleinheit von Δ, dessen Messung mit einem Fehler von mindestens 0,5% behaftet war.

Da man bei dem Foucaultschen Verfahren mit Meßstrecken von einigen Metern auskommt, eignet es sich auch zur Messung der Lichtgeschwindigkeit in andern

Medien als Luft. Man hat zu diesem Zweck in der Anordnung der Abb. 2.4 auf der Strecke $\overline{AH}$ eine Röhre mit der betreffenden Substanz unterzubringen, durch die das Licht hin- und zurückläuft.

5. Neuere Verfahren. In diesem Jahrhundert wurden zahlreiche Messungen nach verschiedenen Methoden durchgeführt. Die Zuverlässigkeit der Messungen konnte dabei so außerordentlich gesteigert werden, daß der Wert der Lichtgeschwindigkeit mit einer Unsicherheit von nur $\pm 1{,}2$ m/s bestimmt werden konnte.

a) A. Karolus und O. Mittelstaedt haben (1928/29) das Zahnrad der Anordnung von Fizeau durch eine Kerrzelle ersetzt. Diese ermöglicht auf elektrischem Wege Lichtunterbrechungen (von der doppelten Frequenz der an die Kerrzelle gelegten elektrischen Wechselspannung). Es wurden Wechselspannungen der Frequenz 10^7 Hz benutzt, die sich auf ± 200 Hz konstant halten ließen. Die mangelhafte Konstanz der Lichtunterbrechungen war die wesentliche Schwierigkeit bei der Methode von Fizeau, weil die Umdrehung des Zahnrades nicht gleichmäßig genug war. Das Verfahren mit der Kerr-Zelle wurde von A. Hüttel (1940), W. C. Anderson (1937 u. 1941) und von E. Bergstrand (1949–1951) weiter verbessert. Die genannten Forscher haben Messungen von großer Genauigkeit ausgeführt. In den Jahren 1964/65 haben A. Karolus und Helmberger statt der Kerrzelle eine Ultraschallzelle und als Lichtquelle einen He-Ne-Gaslaser verwendet. Sie geben als Bestwert aus verschiedenen Messungen für die Lichtgeschwindigkeit $c = (299\,792{,}5 \pm 15)$ km/s an (1967).

b) Das Foucaultsche Verfahren wurde von A. Michelson wesentlich verbessert. Das von einem hell beleuchteten Spalt kommende Licht fällt – statt auf einen rotierenden Spiegel – auf eine Fläche eines achtflächigen Prismas aus Glas oder Nickelstahl, dessen verspiegelte Flächen mit höchster Genauigkeit so geschliffen waren, daß die Winkel bis auf 10^{-6} ihres Sollwertes einander gleich waren. Das Prisma konnte um seine Achse mittels einer Luftdruckturbine in rasche Rotation versetzt werden. Bei ruhendem Spiegelprisma wird der Lichtstrahl an einer Fläche des Prismas so reflektiert, daß an einer bestimmten Stelle ein scharfes Bild des Spaltes entsteht. Bei Rotation des Prismas befindet sich das Bild nur dann an der gleichen Stelle, wenn sich während der Laufzeit des Lichtes das Prisma um $^1/_8$ einer ganzen Umdrehung weitergedreht hat. Dann ist nämlich gerade eine andere Spiegelfläche an die Stelle der ersten getreten. Die Laufzeit ergibt sich aus der Drehzahl des Prismas. Diese konnte auf 10^{-5} ihres Wertes konstant gehalten werden. Die ersten Messungen führte Michelson (1926) auf einer 35 km langen Strecke zwischen zwei Bergspitzen in Kalifornien aus, die bis auf 5 cm genau vermessen war. Bei späteren Messungen (1931) wurde ein 1600 m langes, evakuiertes Rohr benutzt, in dem der Lichtstrahl 8- bis 10mal hin- und hergespiegelt wurde, bevor er wieder auf den Drehspiegel zurückgelangte. Bei dieser Anordnung wurde ein Drehspiegel mit 32 Flächen verwendet. Aus 1900 Einzelmessungen ergab sich $c = (299\,774 \pm 11)$ km/s.

c) Der große englische Physiker James Clerk Maxwell sagte voraus, daß sich die elektromagnetischen Wellen mit einer bestimmten Geschwindigkeit fortpflanzen müßten. Der Wert war zunächst unbekannt. R. Kohlrausch und W. Weber haben im Jahre 1856 den Wert der „kritischen Geschwindigkeit" zuerst bestimmt. Sie haben einen Kondensator periodisch aufgeladen und entladen. Die dem Kondensator zugeführte Ladung ist $Q = C\,U$, also Kapazität C mal Spannung U. Diese Ladungsmenge wurde bei der Entladung elektromagnetisch durch Ablenkung einer Magnetnadel in einer Spule (Tangentenbussole) gemessen. Die gleiche Ladungsmenge des Kondensators wurde also einmal bei der Aufladung im elektrostatischen Maßsystem und dann bei der Entladung im elektromagnetischen Maßsystem bestimmt. Das Verhältnis beider Messungen ergibt eine Größe von der Dimension einer Geschwindigkeit („kritische Geschwindigkeit"). Der Versuch ergab den Wert der Lichtgeschwindigkeit. Dieses Ergebnis brachte Maxwell auf den Gedanken, daß die elektromagnetischen Wellen und die Lichtwellen von gleicher Natur sind.

Nach Einführung der elektrischen Feldkonstante ε_0 (auch Influenzkonstante oder Dielektrizitätskonstante des Vakuums genannt) und der magnetischen Feldkonstante μ_0 (auch Induktionskonstante oder Permeabilität des Vakuums genannt) ergibt sich einfach $\varepsilon_0 \mu_0 c^2 = 1$. Die magnetische Feldkonstante ist festgesetzt worden und beträgt $\mu_0 = 1{,}256637 \cdot 10^{-6}$ Vs/Am. Man kann ε_0 messen ($\varepsilon_0 = 8{,}8542 \cdot 10^{-12}$ As/Vm) und damit die Lichtgeschwindigkeit berechnen.

d) Sehr genaue Messungen wurden auch an linearen Molekülen wie HCN, CO, HCl und HBr vorgenommen. Diese rotieren um eine durch den Schwerpunkt gehende Achse. Es sind nur bestimmte Rotationen möglich, bei denen der Drehimpuls ein ganzes Vielfaches von $h/2\pi$ ist (h = Planck-Konstante). Das Rotations-Schwingungs-Spektrum des betreffenden Moleküls besteht aus einer großen Zahl regelmäßig angeordneter, scharfer Linien, die im Infrarot liegen. Seitdem es gelingt, elektromagnetische Millimeter- und Submillimeterwellen in Wanderfeldröhren zu erzeugen, kann man die Molekülrotationen auch auf diese Weise anregen. Man mißt die Anregungsfrequenz elektrisch und die Wellenlänge im Spektrum optisch. Das Produkt ergibt die Lichtgeschwindigkeit c. Ähnliche Messungen sind auch an Zeeman- oder Hyperfeinübergängen in Atomen durchgeführt worden.

e) Die weitaus genauesten Messungen von c erfolgten 1972 im National Bureau of Standards in Boulder/Colorado/USA. Hier erhielten zwei Forschergruppen auf verschiedenen Wegen Werte, die innerhalb der Fehlergrenzen übereinstimmen. Die eine Gruppe (Bay, Luther, White [1]) erhielt den Wert: $c = (299\,792\,462 \pm 18)$ m/s. Der Frequenz der roten 633-nm-Linie eines He-Ne-Lasers wurde elektrooptisch eine bekannte Mikrowellenfrequenz überlagert. Die Wellenlängendifferenz der beiden Seitenfrequenzen zur Zentrallinie wurde mit einem evakuierten Fabry-Perot-Interferometer gemessen. Aus Wellenlängendifferenz und Mikrowellenfrequenz wurde c berechnet.

Im gleichen Jahr erhielt hier eine andere Forschergruppe (Barger, Hall und andere [10]) den noch genaueren Wert von $c = (299\,792\,458 \pm 1{,}2)$ m/s. Sie bestimmten die Lichtgeschwindigkeit aus dem Produkt Frequenz mal Wellenlänge einer Lichtwelle, und zwar der Linie bei 3,39 µm (88 THz) eines Methan-stabilisierten He-Ne-Lasers. Der Laser enthielt eine Absorptionszelle, die Methan unter einem Druck von 1,3 Pa enthielt. Methan besitzt bei 3,39 µm eine Absorptionslinie. Bei Abstimmung der Laserlänge und damit -frequenz auf die Linienmitte ergibt sich ein Leistungsmaximum, das nur eine geringe Frequenzbreite im Vergleich zur Dopplerbreite des Laserüberganges aufweist. Die Laserfrequenz kann daher mit hoher Genauigkeit auf die Methanlinie stabilisiert werden. Die Wellenlänge wurde durch Vergleich mit der orangefarbenen ^{86}Kr-Linie bei $\lambda = 605{,}7$ nm bestimmt, deren Wellenlänge aufgrund internationaler Vereinbarung die SI-Einheit Meter bis zum Jahre 1983 bestimmte. Die Messung der Wellenlänge geschah in einem komplizierten Prozeß mit Hilfe eines planparallelen Fabry-Perot-Interferometers, dessen Länge von 1 bis 250 mm variiert werden konnte. Die Genauigkeit der Wellenlängenbestimmung wurde durch die Reproduzierbarkeit der ^{86}Kr-Linie begrenzt.

Die Frequenz des gleichen auf die Methanlinie (bei 88 THz) geregelten Lasers wurde über eine Kette von stabilisierten Lasern geringerer Frequenz und Klystrons durch Vergleich mit der Standard-Frequenz (Caesium-133-Uhr) gemessen, also mit der international festgelegten SI-Einheit Sekunde verglichen. Diese Präzisionsmessungen von Wellenlänge und Zeit der Schwingung des Methanmoleküls stellen Höchstleistungen der Experimentiertechnik dar.

Das Produkt von Wellenlänge und Frequenz hat im Jahre 1972 den bis jetzt genauesten Wert der Lichtgeschwindigkeit ergeben: $c = (299\,792\,458 \pm 1{,}2)\,\mathrm{m/s}$. Die Meßunsicherheit von $\pm 1{,}2\,\mathrm{m/s}$ war dabei durch die Reproduzierbarkeit der ^{86}Kr-Linie bei 605,7 nm gegeben, also durch die Unsicherheit des Längennormals. Frequenzmessungen sind mit wesentlich geringerer relativer Unsicherheit möglich. Aus diesem Grunde wurde 1983 die bisherige Definition des Längennormals aufgegeben und eine neue Definition beschlossen [2, 3]. Diese beruht auf der Festlegung des Wertes für die Lichtgeschwindigkeit auf exakt $c = 299\,792\,458\,\mathrm{m/s}$. Die neue Definition der Basiseinheit Meter leitet diese aus der Zeiteinheit Sekunde ab. Das Meter ist die Länge der Strecke, die Licht im Vakuum während des Intervalls von $(1/299\,792\,458)\,\mathrm{s}$ durchläuft.

Die Basiseinheit 1 Sekunde ist das 9 192 631 770fache der Periodendauer der Übergangsfrequenz zwischen den beiden Hyperfeinstrukturniveaus des Nuklids ^{133}Cs. Diese Einheit kann mit einer relativen Unsicherheit von $\pm 10^{-14}$ realisiert werden. Nach der neuen Definition des Meters besitzt dieses die gleiche Realisierungsunsicherheit. Erst wenn Längen mit größerer Genauigkeit gemessen werden können, sind neue Messungen der Lichtgeschwindigkeit c sinnvoll.

2.2 Phasengeschwindigkeit, Gruppengeschwindigkeit

Mit den im vorigen Abschnitt beschriebenen Methoden wurde nicht nur die Lichtgeschwindigkeit im Vakuum, sondern auch in verschiedenen Stoffen gemessen. Foucault hat mit der Anordnung in Abb. 2.4 z. B. festgestellt, daß die Fortpflanzungsgeschwindigkeit v des Lichtes im Wasser kleiner ist als im Vakuum, d. h. $v < c$. Weitere Messungen dieser Art hat A. Michelson mit Luft, Wasser und Kohlenstoffdisulfid ausgeführt.

Wie bereits im Band 1 in der allgemeinen Wellenlehre erläutert wurde, sollte das Verhältnis der Geschwindigkeiten c/v durch die (absolute) Brechzahl n gegeben sein, die aus dem Brechungsgesetz $\sin\alpha = n \sin\beta$ bestimmt wird (vgl. auch Kap. 1, Optische Abbildung). Für die angegebenen Flüssigkeiten ist $n > 1$, so daß $v < c$ wird, wie gemessen wurde.

Die Feststellung, daß die Fortpflanzungsgeschwindigkeit v sichtbaren Lichtes in Materie i. allg. kleiner ist als im Vakuum, hatte große Bedeutung in der Entscheidung zwischen der Wellen- und Korpuskulartheorie des Lichtes. Zur Deutung des Brechungsgesetzes in der Korpuskulartheorie nahm Newton an, daß die Moleküle des Mediums Anziehungskräfte auf die Lichtkorpuskeln ausüben, die aus Symmetriegründen senkrecht zur Begrenzungsfläche des Mediums gerichtet sein sollten. Diese

Kräfte müßten die Normalkomponente der Korpuskelgeschwindigkeit vergrößern, während die Tangentialkomponente unverändert bleibt, d. h. die Korpuskeln müßten sich im Medium mit der Geschwindigkeit $v > c$ bewegen, was der Wellentheorie widerspricht. Das war der Grund, der Foucault dazu veranlaßte, die Lichtgeschwindigkeit im Wasser zu bestimmen. Wie oben erwähnt, fand er $v < c$, im Gegensatz zur Korpuskulartheorie. Der Versuch Foucaults wurde daher lange Zeit als eine einwandfreie und endgültige Widerlegung der Korpuskulartheorie und als Beweis für die Wellentheorie des Lichtes betrachtet.

Bei einer genaueren Analyse der Experimente von Foucault und Michelson wurde jedoch festgestellt, daß das Verhältnis der Geschwindigkeiten c/v nicht genau durch die Brechzahl bestimmt ist. Die Ursache besteht darin, daß bei den Experimenten von Foucault und Michelson mit amplitudenmoduliertem Licht bzw. einer Folge von Lichtimpulsen gearbeitet wurde, die Brechzahlbestimmungen dagegen mit kontinuierlicher Strahlung. In folgendem wird gezeigt, daß Lichtimpulse eine andere Ausbreitungsgeschwindigkeit besitzen als unendlich ausgedehnte Wellen. Die Geschwindigkeit unendlich langer Wellen wird als Phasengeschwindigkeit v_p bezeichnet, die Geschwindigkeit von Lichtimpulsen als Gruppengeschwindigkeit v_g. Die Phasengeschwindigkeit ist durch die Brechzahl bestimmt:

$$v_\mathrm{p} = c/n\,.$$

Eine ebene, streng monochromatische Welle, die in der x-Richtung fortschreitet, die Frequenz ν und die Phasengeschwindigkeit v_p besitzt, kann dargestellt werden durch den Ausdruck:

$$A\cos 2\pi\left(\frac{t}{T}-\frac{x}{\lambda}\right) = A\cos 2\pi\nu\left(t-\frac{x}{v_\mathrm{p}}\right).$$

Eine solche streng monochromatische Welle haben wir aber nur dann vor uns, wenn der obige Ausdruck für alle Zeiten und für alle Stellen des Raumes gilt. Setzt die Welle z. B. erst zu einer Zeit $t = t_0$ ein und bricht sie zu einer Zeit $t = t_1$ ab, so ist sie nicht mehr streng monochromatisch, d. h. mit einer einzigen Frequenz behaftet, sondern es treten in einem schmalen Bereich auch alle Nachbarfrequenzen auf. Die Abb. 2.5 möge den Unterschied erläutern: die obere Kurve a, nach links und rechts ins Unendliche fortgesetzt, stellt eine streng monochromatische Welle dar; die untere b dagegen einen beiderseits abgebrochenen Wellenzug. Diese Verhältnisse gibt es

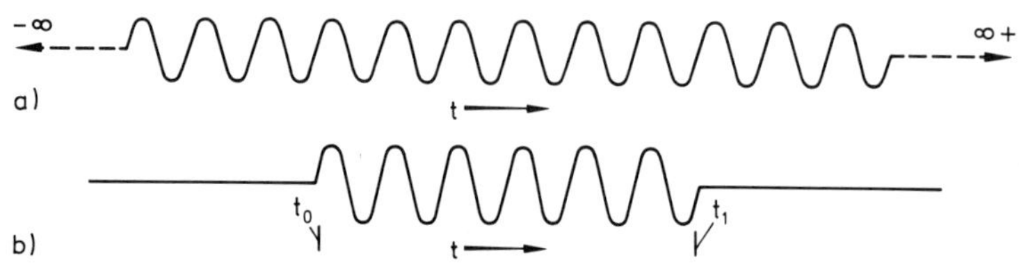

Abb. 2.5 a) Wellenzug einer homogenen, streng monochromatischen Welle und b) eines Impulses bzw. einer Wellengruppe.

nicht nur in der Optik, sondern auch in der Akustik. Daß man die untere Kurve b als einen Komplex von Wellen mit nahe benachbarten Frequenzen betrachten muß, folgt durch eine *Fourier-Zerlegung* (s. Bd. 1). Die untere Schwingung stellt also eine „Wellengruppe" benachbarter Frequenzen dar, die sich außerhalb des Intervalls $t_1 - t_0$ (durch Interferenz) vernichten.

Das Verhalten einer Wellengruppe soll nun genauer untersucht werden. Der Einfachheit halber möge die Gruppe nur durch zwei Wellen mit dicht benachbarten Wellenlängen λ_1 und λ_2 ($\lambda_2 > \lambda_1$) und gleicher Amplitude A repräsentiert werden. Diese vereinfachte Wellengruppe soll sich in einem Medium ausbreiten, von dem wir zunächst gar nicht wissen, ob die beiden Wellen überhaupt mit gleicher Geschwindigkeit fortschreiten. Wir nehmen deshalb *zwei* Geschwindigkeiten $v_1 = \lambda_1/T_1$ und $v_2 = \lambda_2/T_2$ an, die sich ebenfalls nur wenig unterscheiden sollen. Die beiden Wellen überlagern sich; der entsprechende Ausdruck läßt sich nach dem Additionstheorem der trigonometrischen Funktion umformen:

$$A \cos 2\pi \left(\frac{v_1 t}{\lambda_1} - \frac{x}{\lambda_1}\right) + A \cos 2\pi \left(\frac{v_2 t}{\lambda_2} - \frac{x}{\lambda_2}\right)$$

$$= 2A \cos \left[\pi t \left(\frac{v_1}{\lambda_1} + \frac{v_2}{\lambda_2}\right) - \pi x \left(\frac{1}{\lambda_1} + \frac{1}{\lambda_2}\right)\right]$$

$$\cdot \cos \left[\pi t \left(\frac{v_1}{\lambda_1} - \frac{v_2}{\lambda_2}\right) - \pi x \left(\frac{1}{\lambda_1} - \frac{1}{\lambda_2}\right)\right].$$

Dieser Ausdruck stellt eine Schwebungskurve (Abb. 2.6) dar, d.h. eine Welle mit periodisch sich ändernder Amplitude (vgl. Bd. 1). Der zweite Faktor besitzt wegen der auftretenden Differenzen die kleinere Frequenz, verglichen mit dem ersten Faktor. Er entspricht infolgedessen der relativ langsam veränderlichen Amplitude. Die

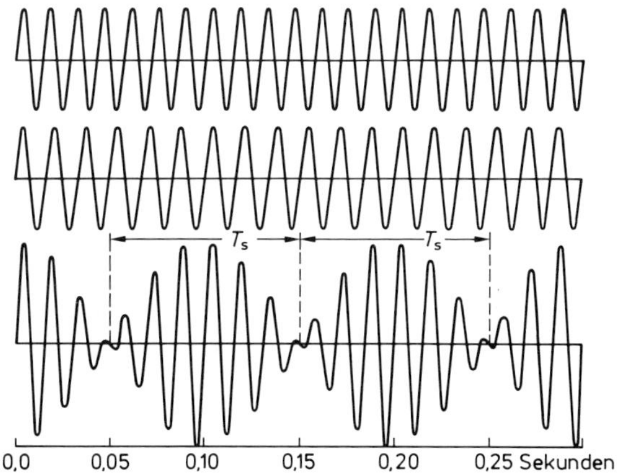

Abb. 2.6 Zusammensetzung zweier Sinusschwingungen mit wenig voneinander verschiedenen Frequenzen, z. B.: $\nu_1 = 60$ Hz und $\nu_2 = 70$ Hz, führt zur Schwebung.

Überlagerung zweier Wellen mit unterschiedlichen Frequenzen $\nu_1 = v_1/\lambda_1 = 1/T_1$ bzw. $\nu_2 = v_2/\lambda_2 = 1/T_2$ ergibt also eine Folge von sinusförmigen Impulsen. Wir fragen nun, mit welcher Geschwindigkeit sich ein Impuls bzw. das Maximum der Amplitude (Abb. 2.6) fortbewegt. Dieses Maximum liegt vor, wenn das Argument des Kosinus (zweiter Faktor) den Wert Null hat. Das ist der Fall für $t = 0$ und $x = 0$. Das Argument verschwindet aber auch, wenn

$$t\left(\frac{v_1}{\lambda_1} - \frac{v_2}{\lambda_2}\right) = x\left(\frac{1}{\lambda_1} - \frac{1}{\lambda_2}\right) = x\left(\frac{\lambda_2 - \lambda_1}{\lambda_1 \lambda_2}\right). \tag{2.1}$$

Die Auflösung dieser Gleichung nach x/t gibt die Antwort auf die gestellte Frage, nämlich nach welcher Zeit t das Maximum der Amplitude an der Stelle x eintrifft:

$$\frac{x}{t} = \frac{\lambda_1 \lambda_2}{\lambda_2 - \lambda_1}\left(\frac{v_1}{\lambda_1} - \frac{v_2}{\lambda_2}\right) = \frac{\lambda_1 \lambda_2}{(\lambda_2 - \lambda_1)\lambda_1}\left(v_1 - v_2\frac{\lambda_1}{\lambda_2}\right). \tag{2.2}$$

Mit $\lambda_2 - \lambda_1 = \Delta\lambda$ ergibt sich:

$$\frac{x}{t} = \frac{\lambda_2}{\Delta\lambda}\left(v_1 - v_2\frac{\lambda_2 - \Delta\lambda}{\lambda_2}\right) = \frac{\lambda_2}{\Delta\lambda}\left(v_1 - v_2 + v_2\frac{\Delta\lambda}{\lambda_2}\right)$$

oder mit $v_2 - v_1 = \Delta v$:

$$\frac{x}{t} = v_2 - \lambda_2\frac{\Delta v}{\Delta\lambda}.$$

Aus dieser Gleichung erkennt man: Schreiten die beiden Teilwellen der Wellengruppe mit gleicher Geschwindigkeit fort ($v_1 = v_2 = v$; $\Delta v = 0$), so bewegt sich das Amplitudenmaximum der Schwebungskurve ebenso schnell wie die einzelne Welle. Ist dagegen $\Delta v \neq 0$, so liefert der Grenzübergang $v_2 \to v = v_\mathrm{p}$; $\lambda_2 \to \lambda$:

$$\lim_{\Delta\lambda \to 0} \frac{\Delta v}{\Delta\lambda} = \frac{\mathrm{d}v_\mathrm{p}}{\mathrm{d}\lambda}.$$

Wenn jetzt $x/t = v_\mathrm{g}$ gesetzt wird, erhält man die fundamentale Beziehung (Lord Rayleigh 1881):

$$v_\mathrm{g} = v_\mathrm{p} - \lambda\frac{\mathrm{d}v_p}{\mathrm{d}\lambda}. \tag{2.3}$$

Eine einfachere Gleichung für v_g ergibt sich, wenn die Kreisfrequenz $\omega = 2\pi\nu$ und der Betrag des Ausbreitungsvektors $k = 2\pi/\lambda$ (k heißt auch Kreiswellenzahl) eingeführt werden. Dann ist $v_\mathrm{p} = \omega/k$ und $v_\mathrm{g} = \mathrm{d}\omega/\mathrm{d}k$.

Man hat also im Fall $\Delta v \neq 0$ zwischen zwei Geschwindigkeiten zu unterscheiden, die genauer als *Gruppengeschwindigkeit* v_g und *Phasengeschwindigkeit* v_p bezeichnet werden. In unserem Beispiel bewegt sich das Maximum der Schwebungskurve langsamer als die beiden Teilwellen, falls $\mathrm{d}v_\mathrm{p}/\mathrm{d}\lambda > 0$. In allen Medien gibt es Spektralbereiche, in denen dies zutrifft.

Auch wenn die Wellengruppe aus einer größeren Zahl von Wellen mit verschiedenen, aber benachbarten Wellenlängen und unterschiedlichen Amplituden besteht, gibt es immer mindestens ein Amplitudenmaximum. Dieses bewegt sich mit der Gruppengeschwindigkeit v_g.

Die übliche Brechzahl n, die genauer als Phasenbrechzahl zu bezeichnen wäre, gibt das Verhältnis c/v_p von Vakuumlichtgeschwindigkeit c zur Phasengeschwindigkeit in dem betreffenden Material an. In Analogie dazu wird meist die Gruppenbrechzahl

$$n_g = v/v_g$$

an Stelle der Gruppengeschwindigkeit v_g verwendet. Aus Gl. (2.3) ergibt sich

$$n_g = n - \lambda \frac{dn}{d\lambda}. \tag{2.3a}$$

Die Gruppenbrechzahl n_g kann also aus der Brechzahl $n(\lambda)$, die als Funktion der Wellenlänge bekannt sein muß, berechnet werden.

In Abb. 2.7 ist die Wellenlängenabhängigkeit von n und n_g von Quarzglas dargestellt [11]. Die Phasenbrechzahl n wurde aus der Brechung von Lichtstrahlen an einem Prisma bestimmt, die Gruppenbrechzahl mit einem Michelson-Interferometer. Dieses wurde dazu mit einer breitbandigen Lichtquelle beleuchtet; in einem Interferometerarm befand sich die zu vermessende Quarzglasscheibe (vgl. Abschn. 3.4). Bei polychromatischer Beleuchtung ergeben sich Interferenzen am Ausgang des Interferometers (z. B. im Fernrohr F der Anordnung nach Abb. 3.23), wenn die beiden Interferometerarme gleiche optische Länge besitzen. Zur Messung von n_g wird das Interferometer zunächst ohne Quarzglasscheibe auf gleiche Länge abgeglichen. Nach Einfügen der Quarzglasscheibe der Dicke L in einem Interferometerarm muß der andere Interferometerarm durch Spiegelverschiebung um eine Strecke $\Delta = (n_g - 1) L$ verkürzt werden, um wieder Weißlichtinterferenzen zu beobachten. Aus Δ und L kann n_g bestimmt werden. Um zu verstehen, daß hier die Gruppenbrechzahl n_g und nicht die normale Brechzahl n wichtig ist, stelle man sich vor, daß die Lichtquelle kurze Wellenpakete emittiert, deren Dauer die Kohärenzlänge und spektrale Breite

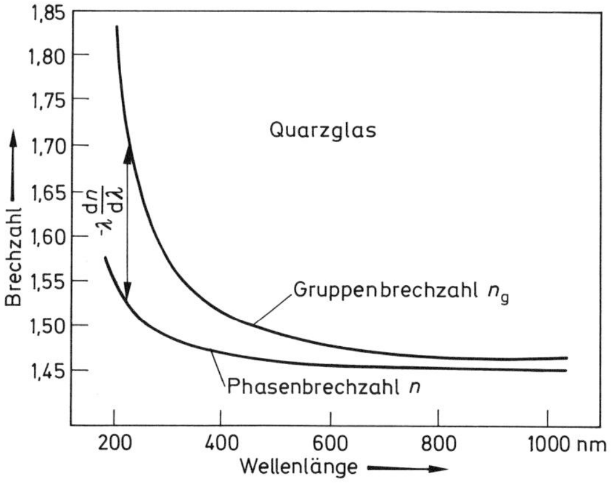

Abb. 2.7 Phasen- und Gruppenbrechzahl von Quarzglas [11].

bestimmt (vgl. Abschn. 3.1). Die Laufzeit eines derartigen Wellenpaketes durch das Interferometer ist durch die Gruppengeschwindigkeit und damit die Gruppenbrechzahl gegeben. Interferenz tritt auf, wenn die Laufzeiten in beiden Interferometerarmen gleich sind.

Abb. 2.7 zeigt, daß die Differenz zwischen den gemessenen Werten von n_g und n genau der theoretischen Erwartung nach Gl. (2.3a) entspricht.

Die Gruppengeschwindigkeit und -brechzahl haben in den letzten Jahren große Bedeutung für die Erzeugung und Anwendung ultrakurzer Lichtimpulse mit Dauern von nur einigen Femtosekunden (10^{-15} s) erhalten. Die Wellenlängenabhängigkeit oder Dispersion der Gruppenbrechzahl führt z. B. zur Verbreiterung von Lichtimpulsen nach Durchlaufen von optischen Bauteilen. In Lasern, mit denen ultrakurze Lichtimpulse erzeugt werden, muß deshalb die Dispersion der Gruppengeschwindigkeit intern kompensiert werden.

Die beiden Geschwindigkeiten, Gruppengeschwindigkeit und Phasengeschwindigkeit, sind nur dann verschieden, wenn eine *Dispersion* vorhanden ist. Diese liegt dann vor, wenn die Fortpflanzungsgeschwindigkeit einer Welle von der Wellenlänge abhängt. Im Vakuum bewegen sich Lichtwellen verschiedener Wellenlänge mit gleicher Geschwindigkeit, in Luft sind die Unterschiede relativ klein. Andernfalls müßten bei einem Lichtsignal aus großer Entfernung, z. B. beim Erscheinen der ersten Sonnenstrahlen nach einer totalen Sonnenfinsternis oder beim Hervortreten eines Jupiter-Mondes, hinter dem Planeten die Spektralfarben (Wellenlängen) nacheinander eintreffen. Ein solches Verhalten ist nie beobachtet worden. Daraus ist zu schließen, daß im Vakuum, $v_g = v_p = c$ ist.

Anders liegen die Verhältnisse bei den Messungen Foucaults und Michelsons in Wasser und Kohlenstoffdisulfid. Hier mißt die Foucaultsche Methode (vgl. Abb. 2.4) die Gruppengeschwindigkeit v_g. Bei Wasser fanden zwar die genannten Forscher für die Wellenlänge $\lambda = 589$ nm der D-Linie für c/v_g den Wert 1,330, der innerhalb der Fehlergrenzen mit $c/v_p = 1{,}333$ zusammenfällt; das liegt aber nur daran, daß bei Wasser die Brechzahl sich nur wenig mit der Wellenlänge ändert, so daß in Gl. (2.3) $\mathrm{d}v_p/\mathrm{d}\lambda \approx 0$ gesetzt werden kann. Bei Kohlenstoffdisulfid trifft dies nicht mehr zu. Für die gleiche Wellenlänge (D-Linie) fand Michelson das Verhältnis $c/v_g = 1{,}76 \pm 0{,}02$, und das ist in der Tat nicht gleich der Brechzahl $n = c/v_p = 1{,}63$. Hier spielt das Glied $\lambda\,\mathrm{d}v_p/\mathrm{d}\lambda$ eine entscheidende Rolle, da die Dispersion des Kohlenstoffdisulfids ungefähr 6mal größer ist als die des Wassers. Wenn man dies berücksichtigt, kann man v_g in v_p umrechnen, und dann kommt der richtige Wert der Brechzahl heraus.

Die Versuche von Foucault und Michelson haben die einfache Korpuskulartheorie von Newton, nach der die Ausbreitungsgeschwindigkeit von „Lichtteilchen" in Materie größer als im Vakuum sein sollte, falls die Brechzahl $n > 1$ ist, widerlegt. Aber auch heute wird Licht nicht nur als Welle, sondern auch als Teilchen, Lichtquant oder Photon angesehen. Umgekehrt sind Teilchen wie Elektronen, Neutronen usw. mit einem Wellenvorgang vebunden. Ein lokalisiertes Teilchen ist als begrenzter Wellenzug nach Abb. 2.5b vorstellbar (s. Abschn. 7, Wellencharakter der Materie). Die mechanische Ausbreitungsgeschwindigkeit eines Teilchens entspricht der Gruppengeschwindigkeit. Daneben gibt es die Phasengeschwindigkeit der den Teilchen zugeordneten Wellen, die durch die Brechzahl bestimmt ist. Brechung von Licht ist nicht durch eine Änderung der Gruppengeschwindigkeit deutbar, was bei der Newtonschen Deutung der Brechung impliziert wird. Die Newtonsche Korpuskulartheorie ist also nicht völlig unrichtig, hat aber nicht korrekt zwischen Phasen- und Gruppengeschwindigkeit unterschieden. Außerdem ist die Newtonsche Deutung der Brechung von Licht durch Anziehung nicht zutreffend.

Die Behauptung der Relativitätstheorie, daß es in der Natur keine größere Signal-Geschwindigkeit gebe als c, bezieht sich auf die Gruppengeschwindigkeit. Denn es muß hier darauf aufmerksam gemacht werden, was wir in Abschn. 2.7 noch ausführlicher besprechen werden, daß praktisch in allen Medien für gewisse Wellenlängen die Brechzahl $n < 1$ wird, was bedeutet, daß die Phasengeschwindigkeit $v_p > c$ ist. Aber es besteht folgender grundsätzliche Unterschied zwischen v_p und der Gruppengeschwindigkeit v_g: Mit der Phasengeschwindigkeit kann man *keine* Signale übertragen, was mit der Gruppengeschwindigkeit offensichtlich möglich ist. Denn wenn ein Meßapparat irgendwo aufgestellt ist, so reagiert er erst, wenn ein Lichtimpuls bzw. eine Wellengruppe, in der sich die Energie konzentriert und fortpflanzt, ankommt. Die Phasengeschwindigkeit dagegen setzt voraus, daß man einen für alle Zeiten existierenden Wellenzug hat, bei dem also kein Merkmal oder Charakteristikum vorhanden ist, mit dem man ein Signal übertragen könnte. Die *Signalgeschwindigkeit* ist danach mit der Gruppengeschwindigkeit identisch. Die Theorie [4, 5] zeigt, daß die Signalgeschwindigkeit in Materie stets kleiner als die Lichtgeschwindigkeit c im Vakuum ist.

2.3 Die Dispersion des Lichtes: Normale Dispersion

Jeder Stoff hat für die verschiedenen Wellenlängen des sichtbaren Gebietes eine andere Brechzahl n. Das bedeutet, daß je nach der Wellenlänge die Lichtgeschwindigkeit in dem betreffenden Medium einen anderen Wert hat.

Die genauere experimentelle Untersuchung dieser Erscheinung verdankt man I. Newtons berühmten Arbeiten (1666–1672) über Optik. Läßt man durch eine kleine runde Öffnung O in der Wand eines verdunkelten Zimmers Sonnenlicht eintreten (Abb. 2.8a), so entsteht auf der gegenüberliegenden Wand bei A ein weißer, runder

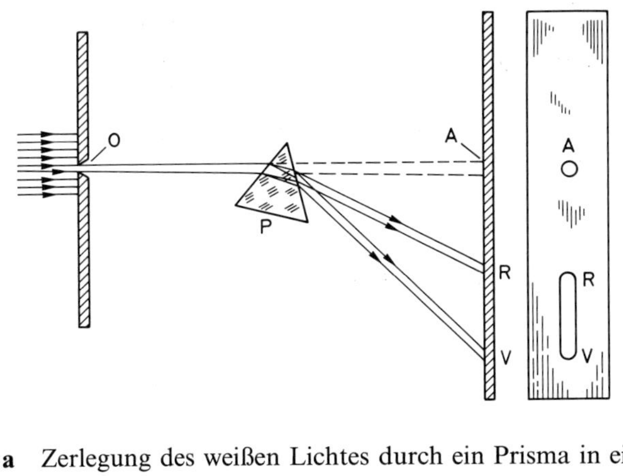

Abb. 2.8a Zerlegung des weißen Lichtes durch ein Prisma in ein Spektrum.

Fleck. Bringt man in den Gang der Strahlen ein Glasprisma P mit horizontaler brechender Kante, so erscheint statt des weißen Fleckes A ein vertikaler Farbstreifen RV, der der Reihe nach die Farben Rot, Orange, Gelb, Grün, Blau, Indigo und Violett enthält und dessen Breite gleich dem Durchmesser des voher bei A entstandenen Fleckes ist. Aus diesem Versuch schloß Newton, daß das weiße Sonnenlicht aus verschiedenfarbigen Lichtarten zusammengesetzt sei, die durch das Prisma verschieden stark gebrochen werden. Das rote Licht erfährt dabei die kleinste, das violette die größte Ablenkung. Statt des Sonnenlichtes kann man auch die Strahlung jedes glühenden festen oder flüssigen Körpers verwenden, z. B. das Licht einer Glühlampe, und statt des runden Lochs benutzt man besser einen Spalt (s. weiter unten). Man nennt diese Zerlegung des weißen Lichts Farbzerstreuung oder *Dispersion* des Lichtes, das dabei auftretende Farbenband *Spektrum,* die Farben *Spektralfarben.*

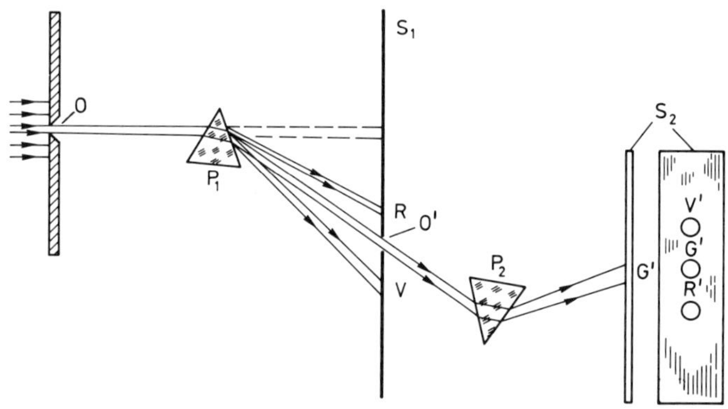

Abb. 2.8 b Unzerlegbarkeit der Farben eines Spektrums.

In einem weiteren Versuch (Abb. 2.8 b) wollte Newton zeigen, daß nach einer guten Zerlegung weißen Lichtes eine einzelne Farbe nicht merkbar weiter aufgeteilt werden kann. Er fing das Spektrum auf einem Schirm S_1 auf, der eine Öffnung O′ enthielt, durch die z. B. gerade die gelben Strahlen hindurchtreten konnten. Hinter die Öffnung setzte Newton ein zweites Prisma P_2, dessen brechende Kante derjenigen des ersten Prismas P_1 parallel verlief. Dann wurden die durch P_2 gehenden Strahlen auf dem zweiten Schirm S_2 nicht wieder zu einem Farbband auseinandergezogen, sondern erzeugten dort lediglich einen runden gelben Fleck G′. Verdreht man das Prisma P_1, so daß nur rote Strahlen durch die Öffnung O′ gehen, so entsteht auf S_2 an der Stelle R′ ein roter Fleck; sind die durch O′ gehenden Strahlen violett, so werden sie zu einem bei V′ liegenden violetten Fleck abgelenkt.

Newton konnte seine Erkenntnisse noch durch folgenden *Versuch mit gekreuzten Prismen* erhärten (Abb. 2.9): Stellt man hinter das erste Prisma P_1 ein zweites P_2, dessen brechende Kante senkrecht zur Kante des ersten steht, so entsteht auf dem Schirm an Stelle des vom ersten Prisma allein entworfenen vertikalen Spektrums RV ein schräg gegen die Vertikale verlaufendes Spektrum R′V′, das dadurch zustande kommt, daß das zweite Prisma die roten Strahlen nur wenig, die violetten

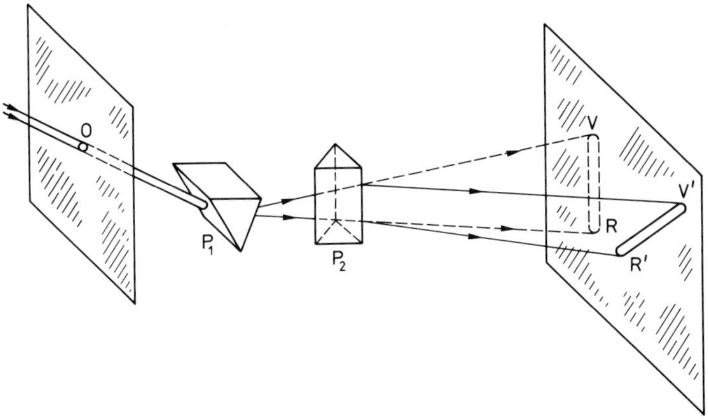

Abb. 2.9 Anordnung der gekreuzten Prismen nach Newton.

dagegen stark zur Seite ablenkt. Die in horizontaler Richtung gemessene Breite des schräg liegenden Spektrums ist die gleiche wie die des ursprünglich vertikal gerichteten. Die von dem ersten Prisma auseinandergezogenen Farben haben durch das zweite Prisma keine erkennbare Zerlegung erfahren.

Wir haben bisher nur von einigen (sieben) Farben des Spektrums gesprochen. Dies sind die Hauptfarben, die unser Auge beim ersten Anblick des Spektrums unterscheidet. In Wirklichkeit enthält dieses unendlich viele Farben, die sich in stetigem Übergang zu dem kontinuierlichen Farbenband aneinanderschließen. – Der *Farbeindruck,* der im Auge entsteht, ist zwar ein schönes und einfaches, aber ein grobes Mittel, das Licht zu beschreiben. Ein sehr viel genaueres Kennzeichen ist die *Wellenlänge* bzw. die *Frequenz.* Die verschieden starke Brechung des Lichtes im Prisma erfolgt deshalb, weil das weiße Licht, das aus einem Gemisch von Wellen verschiedener Länge besteht, derart gebrochen wird, daß *jeder Wellenzug entsprechend seiner Wellenlänge* verschieden stark gebrochen wird. Wellenzüge, die ungefähr die gleiche Wellenlänge haben, rufen im Auge auch ungefähr den gleichen Farbeindruck hervor. Einfarbiges Licht, das eine bestimmte Wellenlänge hat, wird *monochromatisch* oder besser *monofrequent* genannt.

Mischt man sämtliche Spektralfarben zusammen, so ergeben sie wieder weißes Licht. Man kann diesen Versuch experimentell in verschiedener Weise ausführen. Bringt man an die Stelle des Spektrums nach Abb. 2.10 eine Sammellinse, so daß

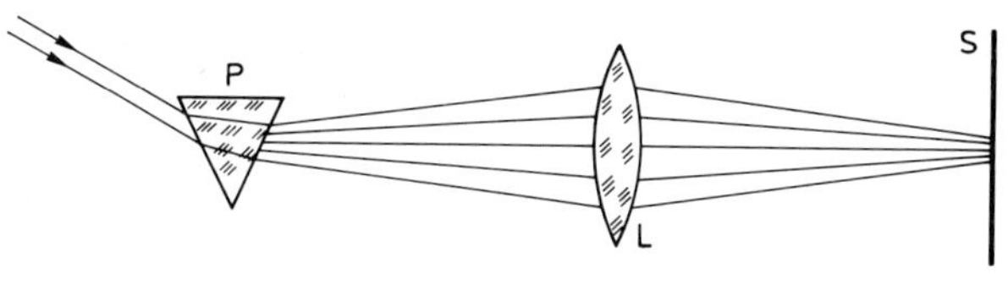

Abb. 2.10 Wiedervereinigung der Farben eines Spektrums zu weißem Licht.

die divergierenden Strahlen auf einen Schirm S zu einem kleinen Fleck vereinigt werden, so erscheint dieser weiß. Blendet man aber auf irgendeine Weise aus dem Spektrum eine oder mehrere Farben heraus, so erscheint der Fleck auf dem Schirm wieder farbig, und zwar in einer Mischfarbe, die mit der aus dem Spektrum herausgeblendeten Farbe zusammen wieder Weiß ergibt. Zwei Farben, die sich in dieser Weise zu Weiß ergänzen, nennt man komplementäre Farben. Man findet z. B., daß bestimmte rote und grüne Farbtöne sich gegenseitig zu Weiß ergänzen.

Von Newton stammt auch folgender Versuch: In Abb. 2.11 werde durch das Prisma P_1 auf dem Schirm S das Spektrum RV entworfen. Ein zweites Prisma P_2 werde parallel zum ersten so aufgestellt, daß es an derselben Stelle auf dem Schirm ein gleich großes Spektrum entwerfen würde, wenn von A in der Richtung AF ein Lichtbündel auf das Prisma auffiele. Infolge der Umkehrbarkeit des Lichtweges müssen dann auch die vom Spektrum RV diffus nach dem Prisma P_2 remittierten Strahlen in der einheitlichen Richtung FA aus diesem austreten. Blickt man also von A aus durch P_2 nach dem Spektrum RV auf dem Schirm, so erblickt man bei F ein weißes Feld der Öffnung O.

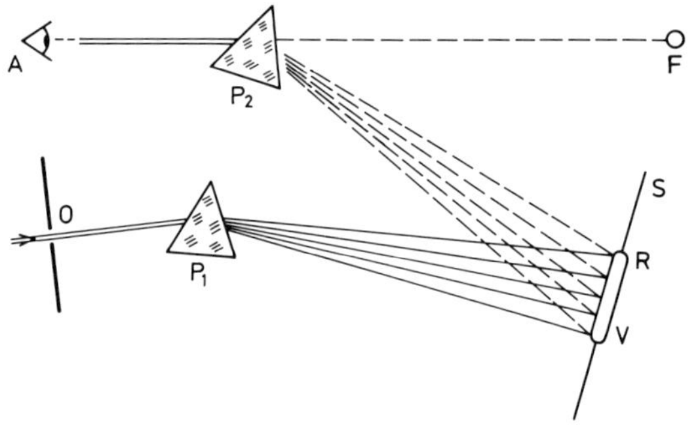

Abb. 2.11 Versuch von Newton zur Wiedervereinigung der Farben eines Spektrums.

Es ist nicht möglich, durch Mischung von verschiedenen Pigmentfarbstoffen (Wasser- oder Ölfarben) einen weißen Farbstoff zu erhalten. Man erhält allenfalls eine graue Mischfarbe. Diese Tatsache u. a. hatte Goethe in seiner Farbenlehre zur (falschen) Behauptung veranlaßt, daß Newton nicht Recht haben könne, wenn er sagt, daß weißes Licht in die Spektralfarben zerlegt werden kann und daß eine Zusammenfügung der Spektralfarben wieder weißes Licht ergibt. Eine weiße Substanz, z. B. Kreide oder Gips, reflektiert alle Farben des sichtbaren Spektrums fast vollständig. Ein roter oder blauer Farbstoff reflektiert nur den roten bzw. blauen Teil des Spektrums und verschluckt (absorbiert) den übrigen Teil, das sind etwa 90% des auffallenden Lichtes. Das gilt für alle Farbstoffe, also auch für die Mischung. So wird nur 10% des auffallenden Lichtes reflektiert, und es entsteht ein grauer Farbeindruck. Mehr darüber in Kap. 6 (Farbmetrik).

Fluoreszenz-Farbstoffe haben die Eigenschaft, absorbiertes, kurzwelliges Licht in längerwelliges umzuwandeln. Ein roter Fluoreszenz-Farbstoff reflektiert einmal den roten Anteil von dem auffallenden, weißen Licht. Der violette, blaue und eventuell auch noch der grüne Anteil des auffallenden, weißen Lichtes geht aber durch die Absorption nicht verloren, sondern wird in rotes Licht umgewandelt. Klebt man auf eine Scheibe einige Sektoren mit Stoffen, die bei Bestrahlung mit Ultraviolett in verschiedenen Spektralfarben fluoreszieren, dann sieht man die sich genügend schnell drehende Scheibe weiß leuchtend.

Der Leuchtschirm einer (Schwarzweiß-)Fernsehbildröhre besteht aus einer Mischung von orange und blau fluoreszierenden (ZnCdS)-Kriställchen, die von einem Elektronenstrahl zum Leuchten angeregt werden und zusammen weiß ergeben. Bei einer Farbfernsehbildröhre werden drei Farbkomponenten, Rot, Grün und Blau, eines Bildpunktes von drei Elektronenstrahlen zum Leuchten gebracht. Bei gleich starker Erregung der Komponenten ist der Bildschirm weiß.

Bei der in Abb. 2.8a angegebenen Anordnung treten die einzelnen Spektralfarben um so klarer hervor, je kleiner der Durchmesser der Öffnung O ist und je weiter der Schirm S vom Prisma entfernt ist. Dicht hinter dem Prisma erhält man überhaupt kein Spektrum, sondern nur einen Fleck, dessen Mitte weiß und dessen Ränder rot bzw. violett gefärbt sind. Der Grund dafür ist, daß an dieser Stelle die verschiedenfarbigen Strahlenbündel noch nicht hinreichend voneinander getrennt sind, sondern sich überlagern. Blickt man z. B. durch ein Prisma nach einem hell erleuchteten Fenster, so sieht man nur die zur brechenden Kante des Prismas parallelen Fensterränder mit einem roten bzw. violetten Saum überzogen.

Wie schon I. Newton und insbesondere W. Wollaston (1802) betonten, erhält man ein besonders reines Spektrum, wenn man einen schmalen Spalt Sp mittels einer Sammellinse auf einem Schirm in B abbildet und dicht hinter die Linse das Prisma mit seiner brechenden Kante parallel zur Spaltrichtung in den Strahlengang einsetzt (Abb. 2.12). Dann entspricht jeder im weißen Licht enthaltenen Farbe ein abgelenktes Bild des Spaltes. Sämtliche unzähligen schmalen Spaltbilder reihen sich nebeneinander (R und V) und ergeben ein um so reineres Spektrum, je schmäler der Spalt ist. Abb. 13 auf der Tafel I am Ende des Buches zeigt ein in dieser Weise aufgenommenes Spektrum des Sonnenlichtes.

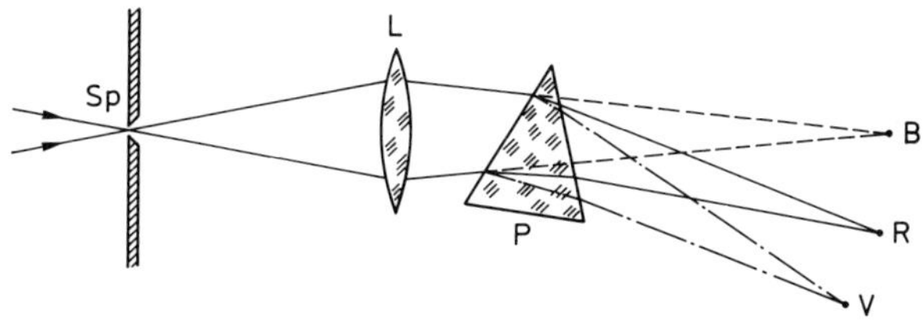

Abb. 2.12 Darstellung eines reinen Spektrums.

Dies Verfahren hat J. v. Fraunhofer (1814) noch dadurch verbessert, daß er das von dem beleuteten Spalt Sp kommende, divergente Licht zunächst durch eine Sammellinse L_1 parallel macht (Abb. 2.13); der Spalt Sp muß zu diesem Zweck in der Brennebene von L_1 liegen. Unmittelbar hinter der Linse L_1 ist das Prisma P angeordnet. Die gebrochenen Strahlen gehen dann durch eine weitere Sammellinse L_2, die jedes System paralleler Strahlen in ihrer Brennebene zu einem Bild des Spaltes

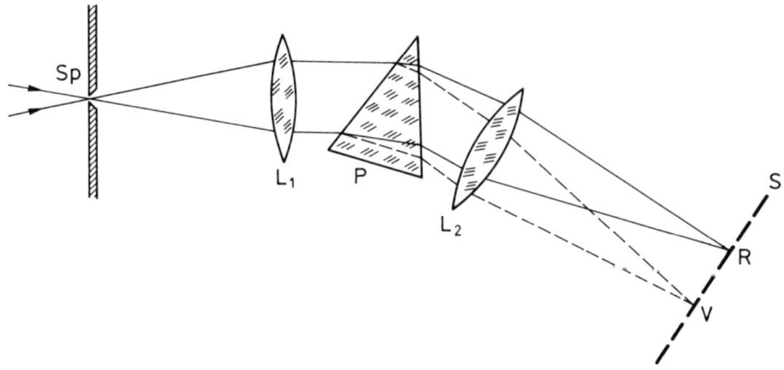

Abb. 2.13 Anordnung von Fraunhofer zur Erzeugung eines reinen Spektrums.

vereinigt. So entsteht in dieser Ebene ein reines Spektrum, das man entweder objektiv auf einem Schirm S oder einer photographischen Platte oder unter Weglassung des Schirmes durch eine Lupe subjektiv betrachten kann. Spalt und Linse L_1 bilden zusammengefaßt ein Kollimatorrohr, Linse L_2 und Lupe ein auf unendlich eingestelltes astronomisches Fernrohr: dies führt zum Prinzip des *Spektrometers* (Abschn. 2.10 u. 3.9). Ersetzt man den Schirm durch ein objektives Meßinstrument, etwa eine photographische Platte, die durch ein lichtdichtes Gehäuse mit der Linse L_2 verbunden ist, so hat man einen *Spektrographen* vor sich. Der Vorteil dieser Anordnung besteht darin, daß alle gleichfarbigen Strahlen das Prisma unter den gleichen Bedingungen als paralleles Strahlenbündel durchsetzen, während bei der Anordnung von Wollaston (Abb. 2.12) die einzelnen Strahlen das Prisma konvergent durchsetzen. An Stelle der einfachen Linsen L_1 und L_2 (Abb. 2.13) werden heute Objektive verwendet, die aus mehreren Linsen zusammengesetzt sind, um die Abbildungsfehler zu verringern.

Das Maß der Dispersion; Fraunhofersche Linien. Erzeugt man mit Prismen aus verschiedenem Material (evtl. mit Hohlprismen, die mit verschiedenen Flüssigkeiten gefüllt sind), aber alle vom gleichen brechenden Winkel, (unter Benutzung des gleichen optischen Aufbaus) Spektren, etwa von Sonnenlicht, so beobachtet man, daß nicht nur die Brechung, die die Prismen infolge ihrer verschiedenen Brechzahlen hervorrufen, sondern auch die Länge der Spektren ganz verschieden ausfällt. Zum Beispiel verhalten sich die Längen der Spektren, die von Prismen aus Wasser, aus Kronglas, aus Flintglas und aus Kohlenstoffdisulfid unter gleichen Bedingungen erzeugt werden, wie 1 : 1,5 : 3 : 6,5.

Um die Länge eines Spektrums genau festzulegen, ist es erforderlich, zwei bestimmte Farben herauszugreifen und ihren Abstand im Spektrum zu messen. Eine solche Messung ist aber nur ungenau durchführbar, da die Farben ja kontinuierlich ineinander übergehen. Hier hilft eine Entdeckung von J. von Fraunhofer (1814) weiter. Bei dem Bestreben, die Brechzahlen verschiedener Glassorten für ein und dieselbe Wellenlänge zu messen, entdeckte er im Sonnenspektrum eine große Zahl schwarzer Linien, die bei Benutzung eines hinreichend schmalen Spaltes sichtbar sind; d.h. es fehlen im Sonnenspektrum gewisse Lichtarten. (Fraunhofer konnte insgesamt 567 dunkle Linien zählen, heute sind über 20000 im Sonnenspektrum bekannt.) Man nennt diese Linien *Fraunhofersche Linien;* sie ermöglichen es, im Spektrum den Ort bestimmter Farben zu identifizieren. Von den vielen tausend im Sonnenspektrum vorhandenen Linien sind in dem Spektrum der Abb. 13 auf Tafel I die zehn stärksten eingezeichnet. Es ist seit Fraunhofer üblich, sie mit großen und kleinen Buchstaben zu bezeichnen. Die dunklen Spektrallinien vor hellem Hintergrund entstehen dadurch, daß das Licht dieser Wellenlänge von Gasen der Sonnenhülle absorbiert wird. Jedes Element im gasförmigen Zustand absorbiert (oder emittiert, z. B. bei Anregung in einer elektrischen Entladung) Licht seiner charakteristischen Wellenlängen (Spektrallinien), siehe Tab. 2.1.

Tab. 2.1 Einige wichtige Spektrallinien.

Element	Wellenlänge in nm = 10^{-9} m	Farbeindruck im Auge	Bezeichnung als Fraunhofersche Linie
K	769,8979	tief-dunkelrot	A′
K	766,4907	tief-dunkelrot	A′
O	760,82	dunkelrot	A
O	686,72	rot	B
H	656,2725	rot	C
Na	589,5923	gelb	D_1 (Mittelwert: D)
Na	588,9953	gelb	D_2 (Mittelwert: D)
He	587,5618	gelb	d
Hg	579,0654	gelb	–
Hg	576,9596	gelb	–
Hg	546,0740	grün	e
Fe	527,03602	grün	E
H	486,1327	blaugrün	F
Hg	435,8343	blau	g
Fe	430,79048	blau	G
Ca	396,8468	violett	H
Ca	393,3666	violett	K
Hg	365,0146	– (ultraviolett)	–
Hg	253,6519	– (ultraviolett)	–

Tab. 2.2 bringt die Brechzahl einiger Stoffe gegen Luft für die wichtigsten Fraunhoferschen Linien (auf die beiden letzten Spalten gehen wir weiter unten ein). Über den Begriff „ordentlicher Strahl“ siehe unter Doppelbrechung in Kap. 4.

In Abb. 2.14 ist die Abhängigkeit der Brechzahlen von der Wellenlänge, die sogenannte *Dispersionskurve,* für einige in der Tabelle aufgeführten Stoffe graphisch wiedergegeben. In Abb. 2.15 sind die Längen der Spektren dargestellt, wie sie unter gleichen Bedingungen mit Prismen aus einigen der genannten Stoffe erhalten werden. Die verschiedenen Spektren sind aber nicht nur verschieden lang, sondern auch die aus der Lage der einzelnen Fraunhoferschen Linien erkennbare Farbenverteilung im Spektrum ist ganz verschieden. Die Spektren sind in Abb. 2.15 so übereinander gezeichnet, daß die vom Punkt O aus gesehenen Linien C und H, die in der Abbildung die einzelnen Spektren begrenzen, auf einer Geraden liegen. Man sieht sofort, daß

Tab. 2.2 Dispersion einiger Stoffe gegen Luft für die wichtigsten Fraunhoferschen Linien.

Stoff	n_A	n_B	n_C	n_D	n_E
Wasser	1,3289	1,3304	1,3312	1,.3330	1,3352
Terpentinöl	1,4552	1,4684	1,4694	1,4723	1,4760
Benzol	1,4910	1,4945	1,4963	1,5013	1,5077
Kohlenstoffdisulfid (Schwefelkohlenstoff)	1,6088	1,6149	1,6182	1,6277	1,6405
Flußspat	1,4310	1,4320	1,4325	1,4338	1,4355
Borkronglas *BK*1	1,5049	1,5067	1,5076	1,5100	1,5130
Schwerkronglas *SK*2	1,6035	1,6058	1,6070	1,6120	1,6142
Flintglas *F*3	1,6029	1,6064	1,6081	1,6128	1,6190
Kalkspat (ordentlicher Strahl)	1,6500	1,6529	1,6544	1,6584	1,6634

Stoff	n_F	n_G	n_H	$n_F - n_C$	$\nu = \frac{n_D - 1}{n_F - n_C}$
Wasser	1,3371	1,3406	1,3435	0,0059	56,4
Terpentinöl	1,4794	1,4858	1,4915	0,0100	47,2
Benzol	1,5134	1,5243	1,5340	0,0171	29,3
Kohlenstoffdisulfid (Schwefelkohlenstoff)	1,6523	1,6765	1,6994	0,0341	18,4
Flußspat	1,4370	1,4398	1,4421	0,0045	96,4
Borkronglas *BK*1	1,5157	1,5205	1,5246	0,0080	63,4
Schwerkronglas *SK*2	1,6178	1,6244	1,6300	0,0108	56,5
Flintglas *F*3	1,6246	1,6355	1,6542	0,0165	37,0
Kalkspat	1,6679	1,6761	1,6832	0,0135	48,8

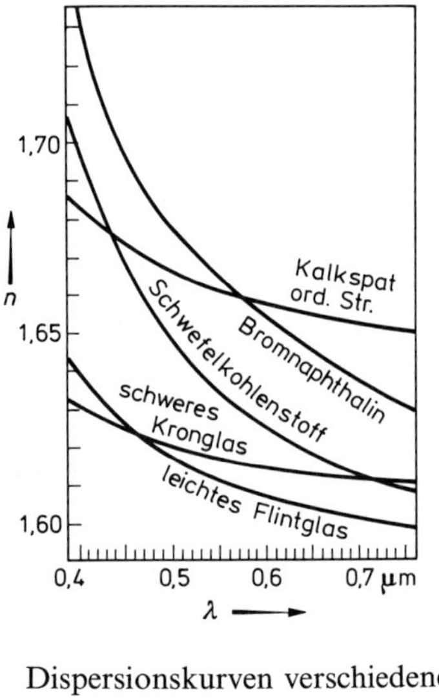

Abb. 2.14 Dispersionskurven verschiedener Stoffe.

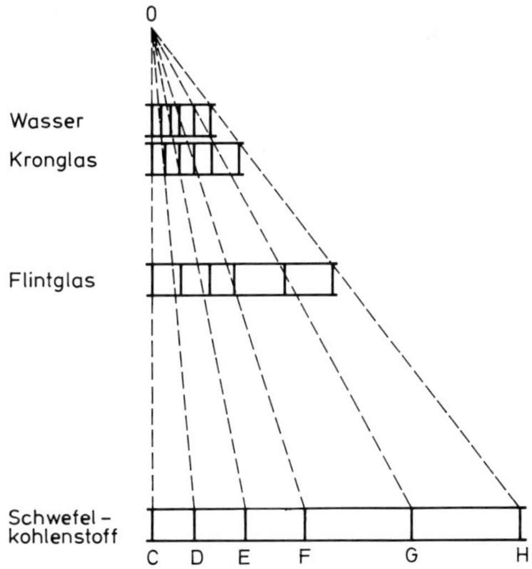

Abb. 2.15 Länge der unter gleichen Bedingungen mit Prismen aus verschiedenen Stoffen erzeugten Spektren.

dies für die übrigen einander entsprechenden Linien nicht der Fall ist. Würde man also (z. B. bei Projektion) die einzelnen Spektren lediglich durch Verschieben des Schirmabstandes auf gleiche Länge bringen, so würden sie trotzdem ein verschiedenes Aussehen hinsichtlich der einzelnen Farben bzw. der Fraunhoferschen Linien darbieten.

Wir wollen dies Ergebnis noch zahlenmäßig festlegen. Nach Gl. (1.14b) ist die Ablenkung δ_C, die die der Fraunhoferschen Linie C entsprechende Farbe durch ein Prisma mit dem kleinen brechenden Winkel ε erfährt:

$$\delta_C = (n_C - 1)\,\varepsilon\,, \tag{2.4}$$

wenn n_C die Brechzahl des Prismas für diese Lichtart bedeutet. Entsprechend ist für das durch die Linie H definierte Licht:

$$\delta_H = (n_H - 1)\,\varepsilon\,. \tag{2.4a}$$

Die Differenz $\delta_H - \delta_C$ nennt man (willkürlich!) die *Gesamtdispersion* Θ des Prismas; für diese ergibt sich also:

$$\Theta = \delta_H - \delta_C = (n_H - n_C)\,\varepsilon\,. \tag{2.5}$$

Θ bestimmt die Länge des Spektrums zwischen den Linien C und H und ist bei einem gegebenen Prisma der Differenz der den beiden Linien C und H zukommenden Brechzahlen proportional. Die Größe $n_H - n_C$ heißt entsprechend die *spezifische Dispersion* $\vartheta_{\text{spez.}}$ des betreffenden Materials. Es gilt also:

$$\vartheta_{\text{spez.}} = n_H - n_C\,, \tag{2.6}$$

und somit:

$$\Theta = \vartheta_{\text{spez.}}\,\varepsilon\,. \tag{2.6a}$$

Die für andere Fraunhofersche Linien angegebene Differenz der Brechzahlen wird *partielle Dispersion* genannt; die für den lichtstärksten Teil des Spektrums zwischen den Linien C und F (d.h. den Wellenlängen 656,3 nm (rot) und 486,1 nm (blau), bestimmte Dispersion $n_F - n_C$ heißt *mittlere Dispersion;* sie ist in Spalte 9 der Tab. 2.2 aufgeführt. Das Verhältnis der mittleren Dispersion $n_F - n_C$ zu der um 1 verminderten Brechzahl für die D-Linie wird die *relative Dispersion* $\vartheta_{\text{rel.}}$ des brechenden Stoffes genannt. Es ist also:

$$\vartheta_{\text{rel.}} = \frac{n_F - n_C}{n_D - 1}\,. \tag{2.7}$$

Um bequemere Zahlen zu erhalten, ist es nach E. Abbe üblich, ihren reziproken Wert, die sogenannte *Abbesche Zahl* v anzugeben; es ist also:

$$v = \frac{n_D - 1}{n_F - n_C}\,. \tag{2.8}$$

Dieser Wert ist in der letzten Spalte der Tab. 2.2 angegeben.

Die physikalische Bedeutung von v wird klar, wenn man bedenkt, daß analog zu Gl. (2.4) der Zähler $n_D - 1$ die mittlere Ablenkung des Lichtes durch das Prisma und der Nenner $(n_F - n_C)$ die mittlere Dispersion des Lichtes durch das Prisma bedeutet; die Abbesche Zahl v stellt also kurz gesagt, das Verhältnis von Brechung und Dispersion dar. Die Zahlenangaben in der Tabelle zeigen, daß die Abbesche Zahl für jeden Stoff individuell und keine universelle Konstante ist, wie Newton glaubte.

Zur groben *Charakterisierung der optischen Eigenschaften* eines Glases genügt die Kenntnis der mittleren Brechzahl n_D sowie der Abbeschen Zahl v; Glassorten mit starker Farbzerstreuung haben eine große mittlere Dispersion $(n_F - n_C)$ und demzufolge eine kleine Abbesche Zahl, während Gläser mit geringer Dispersion eine kleine mittlere Dispersion und eine hohe Abbesche Zahl besitzen.

Um festzustellen, ob zwei gleiche Prismen aus verschiedenen Stoffen identische Spektren erzeugen, bildet man das Verhältnis der partiellen Dispersionen für verschiedene Linienpaare, z. B. $(n_C - n_B)/(n'_C - n'_B)$ oder $(n_G - n_F)/(n'_G - n'_F)$ usw. Sind diese Verhältnisse durch das ganze Spektrum konstant, so decken sich die Fraunhoferschen Linien auf der ganzen Länge der beiden Spektren. In Tab. 2.3 sind diese Verhältnisse für Flintglas und Wasser sowie für Flintglas und Terpentinöl angegeben.

Tab. 2.3 Verhältnis der partiellen Dispersionen für verschiedene Linienpaare.

Stoffe	C – B	D – C	E – D	F – E	G – F	H – G
Flintglas/Wasser	2,125	2,611	2,818	2,947	3,114	3,348
Flintglas/Terpentinöl	1,700	1,620	1,675	1,647	1,703	1,701

Wie man aus diesen Zahlen sieht, ist das Verhältnis der partiellen Dispersion für Flintglas und Wasser in den verschiedenen Spektralbereichen recht verschieden, während es für Flintglas und Terpentinöl nahezu konstant ist. Der blaue Teil eines Flintglasspektrums ist relativ länger als der eines Wasserspektrums, während bei Flintglas und Terpentinöl die Spektren praktisch identisch sind:

Es war das Verdienst von G. A. Schott, in Zusammenarbeit mit E. Abbe zuerst optische Gläser geschaffen zu haben, die auf Grund der verschiedenen Zusammensetzung ihrer elementaren Bestandteile entweder bei gleicher relativer Dispersion beträchtliche Unterschiede in den Verhältnissen der partiellen Dispersion zeigen oder bei gleichem Gang der partiellen Dispersion merkliche Verschiedenheit der relativen Dispersion besitzen.

Die obige Charakterisierung eines Glases durch eine Brechzahl (n_D) und die Abbesche Zahl ist, wie schon bemerkt, eine lediglich für praktische Zwecke ausreichende rohe Bewertung. Wenn man das Verhalten eines optischen Glases genau kennen will, muß man die zugehörige Dispersionskurve (Abb. 2.14) heranziehen. Dann ist $dn/d\lambda$, die Neigung der Tangente an die Dispersionskurve im Punkt (n, λ), das exakte Maß der Dispersion in jedem Punkte der Kurve.

2.4 Achromatische und geradsichtige Prismen; chromatische Bildfehler

Das verschiedene Verhalten optischer Gläser bezüglich Brechung und Dispersion kann man zur Konstruktion von Prismen benutzen, die entweder eine Strahlenablenkung ohne Zerstreuung des Lichtes oder eine Farbzerstreuung ohne gleichzeitige Ablenkung des mittleren Strahles ergeben. Prismen der ersten Art nennt man *achromatisch,* solche der zweiten Art *geradsichtig*.

Wir betrachten zunächst das *achromatische Prisma*. Es besteht aus zwei Prismen aus verschiedenem Glas von solchen brechenden Winkeln, daß die Farbzerstreuung beider Prismen gleich groß, dagegen die Ablenkung des mittleren Strahls verschieden ist. Indem man diese beiden Prismen in umgekehrter Lage hintereinander schaltet, kompensiert man die Dispersion des Lichtes im ersten Prisma durch die gleichgroße, aber entgegengesetzt zerstreuende Wirkung im zweiten; dabei wird aber die durch das erste Prisma erzeugte Strahlablenkung nur zum Teil aufgehoben, wie aus der Abb. 2.16 hervorgeht. Für zwei Prismen aus dem in Tab. 2.2 angeführten Kron- und Flintglas mit dem kleinen brechenden Winkel ε ergibt sich für die Ablenkungen δ_1 und δ_2 der Linie C und die Gesamtdispersion Θ_1 und Θ_2 auf Grund der Gl. (2.4) und (2.5):

$$\text{Kronglasprisma:} \quad \delta_1 = 0{,}5076\,\varepsilon_1\,; \quad \Theta_1 = 0{,}0170\,\varepsilon_1$$

$$\text{Flintglasprisma:} \quad \delta_2 = 0{,}6081\,\varepsilon_2\,; \quad \Theta_2 = 0{,}0461\,\varepsilon_2\,.$$

Beide Prismen erzeugen also bei gleichem brechendem Winkel annähernd die gleiche Ablenkung, während die Dispersion (die Länge des Spektrums) beim Flintglasprisma fast dreimal so groß ist wie beim Kronglasprisma. Um die Dispersion zu kompensieren, muß $\Theta_1 = \Theta_2$ sein und müssen sich die brechenden Winkel umgekehrt wie

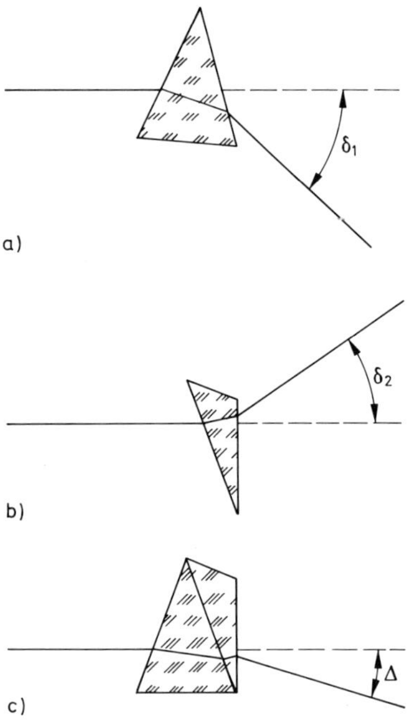

Abb. 2.16 Strahlenverlauf a) durch ein Kronglasprisma und b) durch ein Flintglasprisma sowie c) durch ein daraus zusammengesetztes achromatisches Prisma.

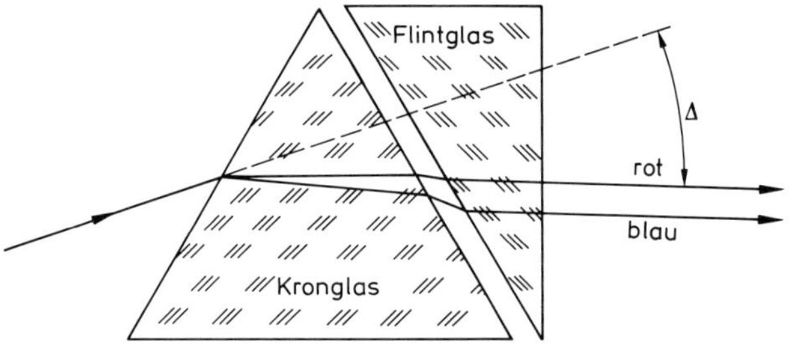

Abb. 2.17 Strahlenverlauf in einem achromatischen Prisma.

die spezifischen Dispersionen, d.h. wie 170:461, also annähernd wie $\varepsilon_2 : \varepsilon_1 = 1 : 2{,}7$ verhalten. Fügt man zwei derartige Prismen in der in Abb. 2.17 dargestellten Weise zusammen, so entsteht ein nahezu achromatisches Prisma, das den einfallenden Strahl um den Winkel $\Delta = 0{,}28\,\varepsilon_1$ ohne Farbzerstreuung ablenkt.

Der Strahlengang in dieser Prismenkombination ist der folgende: Von dem parallelen auf das Kronglasprisma auffallenden Strahlenbündel weißen Lichts betrachten wir nur den Mittelstrahl, der durch die erste Brechung im Innern in ein Spektrum zerlegt wird; von dem ganzen Strahlenfächer zeichnen wir nur jeweils einen roten und blauen Strahl, der Winkel, den sie miteinander bilden, ist ein Maß für die Dispersion des Kronglasprismas. Beide Strahlen bleiben auch nach dem Austritt aus dem Kronglasprisma divergent und fallen so auf die erste Fläche des Flintglasprismas auf. In diesem Prisma wird – wegen der umgekehrten Wirkung – ihre Divergenz verringert, und schließlich verlassen sie die letzte brechende Fläche parallel (Abb. 2.17). Eine Sammellinse (nicht gezeichnet) vereinigt beide Strahlen in einem Punkt ihrer Brennebene, allerdings nicht das gesamte Spektrum. Eine vollkommene Achromasie, d.h. eine völlige Farbfreiheit, wird auf diese Weise im allgemeinen nicht erreicht, sondern es bleibt ein farbiger Rest, das sog. *sekundäre Spektrum* übrig, weil ja die Kompensation der Dispersion wegen ihres verschiedenen Verlaufs in beiden Prismen gerade nur für zwei Wellenlängen exakt erreicht werden kann. Die Richtung der parallel austretenden Strahlen bildet mit der Richtung des einfallenden Parallelstrahlenbündels den Winkel Δ.

Rechnerisch läßt sich die Bedingung für eine achromatische Prismenkombination einfach behandeln, wenn man, wie oben, den Prismenwinkel hinreichend klein macht. Für die Gesamtdispersion eines ersten Prismas zwischen den Fraunhoferschen Linien x und z gilt dann Gl. (2.5):

$$\Theta_{x,z} = (n_x - n_z)\,\varepsilon\,,$$

während die Ablenkung für die Wellenlänge der Fraunhoferlinie y durch Gl. (2.4) gegeben ist:

$$\delta_y = (n_y - 1)\,\varepsilon\,.$$

Für ein zweites Prisma aus anderem Glas gelten die entsprechenden Gleichungen, bei denen wir die einzelnen Größen mit einem Strich versehen:

$$\Theta'_{x,z} = (n'_x - n'_z)\,\varepsilon' \quad \text{und} \quad \delta'_y = (n'_y - 1)\,\varepsilon'\,.$$

Stehen die Prismen, wie in Abb. 2.16 entgegengesetzt, so wird sowohl die Gesamtablenkung Δ_y gleich der Differenz $\delta_y - \delta'_y$ der Einzelablenkungen als auch die resultierende Dispersion $\bar{\Theta}_{x,z}$ gleich der Differenz der Einzeldispersionen $\Theta_{x,z} - \Theta'_{x,z}$, so daß wir die beiden Gleichungen erhalten:

$$\Delta_y = (n_y - 1)\,\varepsilon - (n'_y - 1)\,\varepsilon'\,, \tag{2.9}$$

$$\bar{\Theta}_{x,z} = (n_x - n_z)\,\varepsilon - (n'_x - n'_z)\,\varepsilon'\,. \tag{2.10}$$

Als Bedingung für das Verschwinden der Farbenzerstreuung der Prismenkombination finden wir also

$$\bar{\Theta}_{x,z} = 0\,, \quad \text{d.h.} \quad \frac{\varepsilon}{\varepsilon'} = \frac{n'_x - n'_z}{n_x - n_z}\,. \tag{2.11}$$

D.h.: die brechenden Winkel der beiden Prismen der achromatischen Kombination müssen sich umgekehrt verhalten wie die partiellen Dispersionen der beiden Glassorten für die zugrunde gelegten Wellenlängen. Für die Ablenkung der Fraunhoferlinie y ergibt sich aus Gl. (2.9) unter Benutzung von Gl. (2.11):

$$\Delta_y = (n_x - n_z)\,\varepsilon \left[\frac{n_y - 1}{n_x - n_z} - \frac{n'_y - 1}{n'_x - n'_z}\right]. \tag{2.12}$$

In praktischen Fällen wählt man als Farben x, y, z meistens die den Fraunhoferschen Linien F, D, C entsprechenden, man vereinigt also die beiden Farben Rot und Blau. Dann gehen Gl. (2.11) und (2.12) hier in

$$\frac{\varepsilon}{\varepsilon'} = \frac{n'_F - n'_C}{n_F - n_C} \tag{2.11a}$$

und

$$\Delta_D = (n_F - n_C)\,\varepsilon\,(\nu - \nu') \tag{2.12a}$$

über, wobei ν und ν' die zugehörigen Abbeschen Zahlen sind. Aus der letzten Gleichung ersieht man, daß der Aufbau eines achromatischen Prismas nur möglich ist, *wenn die Abbeschen Zahlen der beiden Glassorten verschieden sind.*

Für die beiden in der Tabelle 2.2 angegebenen Kron- und Flintgläser BK1 und F3 erhalten wir aus den Gl. (2.11) und (2.12a) die Beziehungen:

$$\frac{\varepsilon}{\varepsilon'} = \frac{0{,}0165}{0{,}0081} \quad \text{und} \quad \Delta_D = 0{,}0081\,\varepsilon\,(62{,}9 - 37) = 0{,}21\,\varepsilon\,.$$

Wählen wir für das Kronglasprisma einen brechenden Winkel von 10°, so ergibt sich für das Flintglasprisma ein Winkel von 4° 50′ 24″. Die resultierende mittlere Ablenkung des achromatischen Prismas ist dann 2° 6′.

Wie oben erwähnt, erzielt man so keine vollkommene Achromasie des gebrochenen weißen Lichtbüschels. Das ist jedoch möglich, wenn der Quotient der partiellen Dispersionen der benutzten Prismenmaterialien im ganzen Spektrum konstant ist (was nach der letzten Tabelle z. B. für Flintglas und Terpentinöl angenähert zutrifft), d. h., wenn die beiden Dispersionskurven den Bedingungen genügen: $n = f(\lambda)$ und $n' = kf(\lambda)$. Dann wird Gl. (2.12) für die Ablenkung einer mittleren Wellenlänge:

$$\Delta_y = (n_x - n_z)\,\varepsilon\left[\frac{n_y - 1}{n_x - n_z} - \frac{kn_y - 1}{k(n_x - n_z)}\right] = \varepsilon\left(\frac{1}{k} - 1\right),$$

d. h. die Ablenkung ist für alle Wellenlängen die gleiche, was zu beweisen war.

Gerade umgekehrt liegen die Verhältnisse bei dem von G. Amici (1860) angegebenen *Geradsichtprisma*. Bei diesem verlangt man Dispersion bei verschwindender Ablenkung eines mittleren Strahles. Man setzt gewöhnlich ein solches Prisma aus drei oder fünf Prismen nach Abb. 2.18 zusammen, die man mit Kanadabalsam aneinanderkittet.

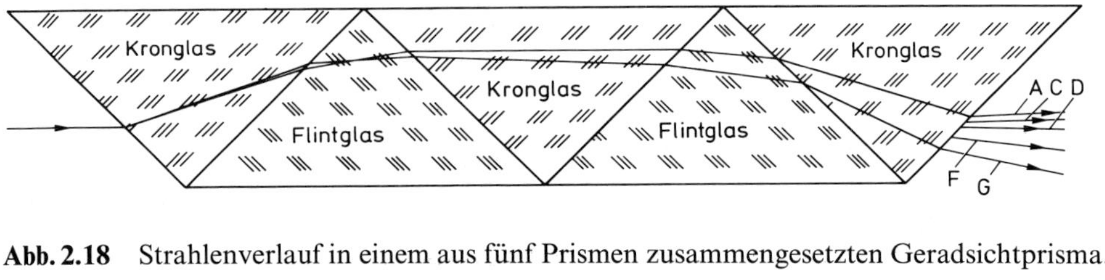

Abb. 2.18 Strahlenverlauf in einem aus fünf Prismen zusammengesetzten Geradsichtprisma.

Die mathematische Bedingung für ein zweiteiliges Geradsichtprisma mit kleinen brechenden Winkeln ist, daß in Gl. (2.9) $\Delta_y = 0$ wird; das liefert die Beziehung:

$$\frac{\varepsilon}{\varepsilon'} = \frac{n'_y - 1}{n_y - 1}. \tag{2.13}$$

Die brechenden Winkel von zwei zu einem Geradsichtprisma zusammentretenden Prismen müssen sich also umgekehrt verhalten wie die für nicht abgelenkte Farbe gültigen, um 1 verminderten Brechzahlen der beiden Glassorten.

Unter Benutzung dieser Beziehung folgt aus Gl. (2.10) weiter:

$$\bar{\Theta}_{x,y} = \varepsilon (n_y - 1) \left[\frac{n_x - n_z}{n_y - 1} - \frac{n'_x - n'_z}{n'_y - 1} \right]. \tag{2.14}$$

Wählt man wieder die den Fraunhoferschen Linien F, D, C entsprechenden Farben für die Größen x, y, z, so lassen sich die letzten beiden Gleichungen in der Form schreiben:

$$\frac{\varepsilon}{\varepsilon'} = \frac{n'_\mathrm{D} - 1}{n_\mathrm{D} - 1}, \tag{2.13a}$$

$$\bar{\Theta}_{x,z} = (n_\mathrm{D} - 1)\, \varepsilon \left[\frac{1}{\nu} - \frac{1}{\nu'} \right]. \tag{2.14a}$$

Es ist also auch ein Geradsichtprisma nur dann möglich, *wenn die Abbeschen Zahlen für die beiden verwendeten Glassorten verschieden sind.*

Wenn die mathematischen Beziehungen hier zwar nur für den selten verwirklichten Fall kleiner brechender Winkel abgeleitet werden, so ändert sich das Grundsätzliche auch bei strenger Rechnung nicht.

Chromatische Aberration und achromatische Objektive. Die Abhängigkeit der Brechzahl von der Wellenlänge muß sich auch bei der Abbildung durch Linsen auswirken, falls nicht ein schmaler Wellenlängenbereich, also einfarbiges Licht, verwendet wird. Man erhält so außer den in Abschn. 1.10 behandelten *Abbildungsfehlern* auch sog. *Farbfehler*. Denn eine Linse hat für jede Wellenlänge eine andere Brennweite. Bei einer dünnen Linse ist die Brennweite für violettes Licht kleiner als die für rotes Licht, weil die Brechzahl für violettes Licht größer ist als die für rotes Licht. Die Abb. 2.19 und 2.20 zeigen den Strahlenverlauf eines parallel zur Achse bei einer Konvex- und einer Konkavlinse auffallenden Strahlenbündels von weißem Licht. An Stelle *eines* Brennpunktes ergibt sich für jede Farbe ein besonderer Brennpunkt. Diese liegen um so weiter auseinander, je größer die Dispersion des verwendeten Glases ist. Ein Beispiel: Eine Linse mit $f = 100$ mm aus einem Glas mit $\nu = 67$, d.h. sehr schwacher Dispersion, hat zwischen rotem und blauem Licht eine Brennweitendifferenz von 1,6 mm. Es ist üblich, den Nennwert der Brennweite für das gelbe Natriumlicht anzugeben, also für n_D. Die Abweichungen davon bezeichnet man als *Farbfehler, Farbabweichung* oder *chromatische Aberration*. Bei der Abbildung eines weißen Punktes sieht man auf dem Bildschirm in der Brennebene konzentrische Ringe verschiedener Farben.

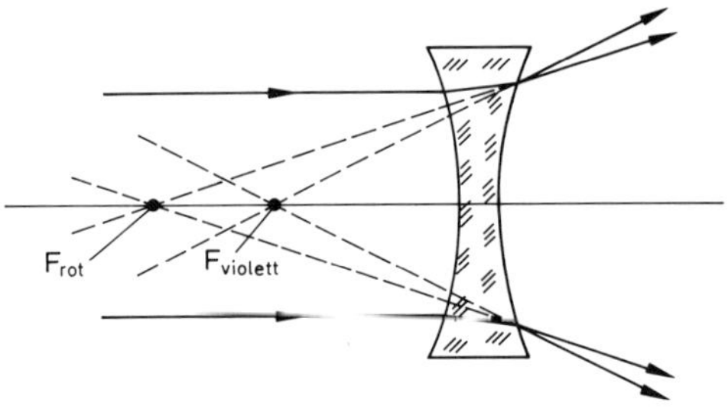

Abb. 2.19 Chromatische Aberration (Konkavlinse).

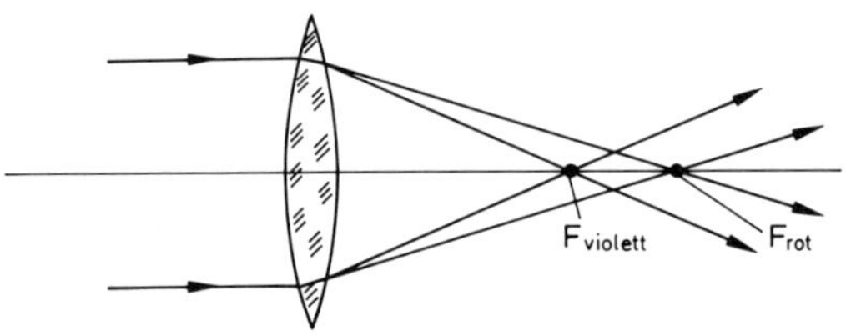

Abb. 2.20 Chromatische Aberration (Konvexlinse).

Bei den Zerstreuungslinsen haben ebenfalls die Strahlen kürzerer Wellenlänge die kürzere Brennweite. Die virtuellen Bildpunkte liegen aber in umgekehrter Reihenfolge. Im Gegensatz zur Sammellinse, bei der eine Unterkorrektion vorliegt, ist bei der Zerstreuungslinse eine chromatische Überkorrektion vorhanden.

Wegen der verschiedenen Brennweiten entsteht für jede Farbe ein anderes Bild. Diese verschiedenfarbigen Bilder unterscheiden sich durch ihre Größe. Man nennt diesen Fehler die *chromatische Vergrößerungsdifferenz*. Die Bilder liegen aber auch an verschiedenen Stellen: Der Fehler heißt *chromatische Längsabweichung* oder *Farblängsfehler*.

Die farbigen Säume, die man immer bei der Abbildung mit einer einfachen Linse (z. B. Brillenglas) sieht, machen die chromatischen Abbildungsfehler zu den auffälligsten und bekanntesten. Es ist deshalb nicht verwunderlich, daß man schon früh nach einer Korrektur suchte. In Analogie zum achromatischen Prisma kann man durch Hintereinanderschaltung einer Sammellinse und einer Zerstreuungslinse aus geeigneten Gläsern eine *achromatische Linse* schaffen, bei der diese chromatische Aberration zum mindesten für zwei Farben völlig behoben ist. Dies hat zuerst der englische Mechaniker J. Dollond (1757) gezeigt. Bedingung ist dabei, wie man aus Abb. 2.21 erkennt, daß die Dispersion der Sammellinse durch die der Zerstreuungslinse gerade aufgehoben wird, wobei aber eine Ablenkung der einfallenden Strahlen bestehen bleiben muß. Ein solches Linsensystem nennt man einen *Achromaten*.

Wie sind nun zu diesem Zweck die Brennweiten der beiden Linsen zu wählen? Wir beschränken unsere Überlegungen der Einfachheit halber auf dünne Linsen. Nach Abschn. 1.5.4 ist der Brechwert einer solchen:

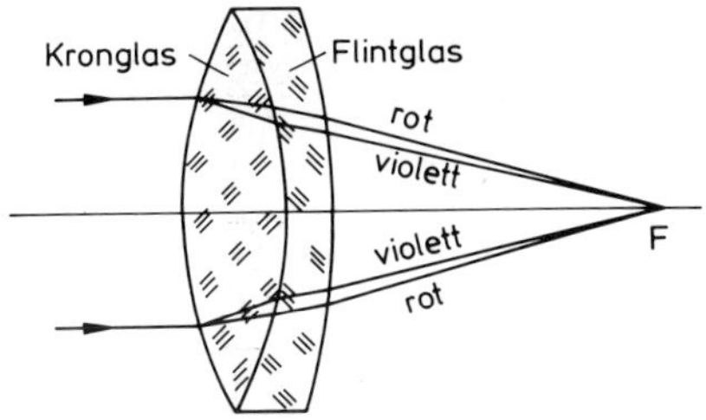

Abb. 2.21 Achromatische Linse.

$$D = \frac{1}{f} = (n-1)\left(\frac{1}{r_1} - \frac{1}{r_2}\right),$$

(r_1 und r_2 sind die beiden Krümmungsradien der Linse). Für eine benachbarte Spektralfarbe, für die die Brechzahl $n + \Delta n$ sein möge, findet man die Änderung des Brechwertes leicht durch Differenzbildung; das liefert:

$$\Delta D = \Delta \frac{1}{f} = \left(\frac{1}{r_1} - \frac{1}{r_2}\right) \Delta n = \frac{1}{f} \frac{\Delta n}{n-1}.$$

Diese Gleichung gilt mit guter Annäherung auch für weiter auseinander liegende Spektralfarben; dann wird $\Delta n = n_F - n_C$, also

$$\frac{\Delta n}{n-1} = \frac{n_F - n_C}{n_D - 1} = \frac{1}{v}$$

(v = Abbesche Zahl). Also gilt weiter:

$$\Delta D = \Delta \left(\frac{1}{f}\right) = \frac{1}{f} \frac{1}{v}.$$

Für zwei dicht hintereinander stehende Linsen mit den Einzelbrennweiten f_1 und f_2 gilt für die resultierende Brennweite f_r:

$$\frac{1}{f_r} = \frac{1}{f_1} + \frac{1}{f_2},$$

und demnach auch:

$$\Delta\left(\frac{1}{f_r}\right) = \Delta\left(\frac{1}{f_1}\right) + \Delta\left(\frac{1}{f_2}\right). \tag{2.15}$$

Hieraus folgt als Bedingung dafür, daß die Brennweiten des Systems für die in Betracht kommenden beiden Farben gleich sind:

$$\Delta\left(\frac{1}{f_r}\right) = 0.$$

Damit ergibt sich als Bedingung für die Achromasie der zusammengesetzten Linse:

$$\frac{1}{\nu_1 f_1} + \frac{1}{\nu_2 f_2} = 0 \,. \tag{2.16}$$

Da ν_1 und ν_2 dasselbe Vorzeichen haben, müssen f_1 und f_2 entgegengesetzte Vorzeichen besitzen; es ist also die Vereinigung einer konvexen mit einer konkaven Linse erforderlich (Abb. 2.21). Wählt man z. B. zwei in der Tab. 2.2 aufgeführte Glassorten und gibt der aus Borkronglas angefertigten Sammellinse willkürlich eine Brennweite $f_1 = 10\,\mathrm{cm}$, so muß die konkave Flintglaslinse die Brennweite

$$f_2 = -f_1 \frac{\nu_1}{\nu_2} = -10\,\mathrm{cm}\,\frac{62{,}9}{37{,}0} = -17\,\mathrm{cm}$$

haben. Die resultierende Brennweite des Achromaten ist dann:

$$f_\mathrm{r} = 24{,}29\,\mathrm{cm} \,.$$

Man erkennt auch hier, daß ein Achromat nur dann möglich ist, wenn $\nu_1 \neq \nu_2$ ist. Wäre nämlich $\nu_1 = \nu_2$, so würde $f_1 = -f_2$ sein, und die resultierende Brennweite würde unendlich werden. Dies ist genau so wie beim achromatischen Prisma.

Eine historische Bemerkung mag interessieren: Von seiner falschen Vorstellung ausgehend, daß ν für alle Stoffe den gleichen Wert habe, kam Newton zu der unrichtigen Behauptung, achromatische Linsen seien unmöglich; er ging also dazu über, Spiegelteleskope zu konstruieren bzw. zu verbessern. Der berühmte Mathematiker Leonhard Euler behauptete dagegen, Achromate müßten möglich sein, da das Auge farblose Ränder sieht. Auch diese letztere Behauptung ist unrichtig. Aber sie war es, die Dollong zu seinen schließlich mit Erfolg gekrönten Versuchen veranlaßte, achromatische Objektive herzustellen.

Es ist klar, daß die chromatische Aberration, auch wenn sie für zwei Farben beseitigt ist (im vorliegenden Falle für C und F), doch noch für andere Farben bestehenbleibt. Man nennt auch hier diese noch vorhandene chromatische Abweichung das *sekundäre Spektrum*. Durch Benutzung der modernen optischen Gläser lassen sich heute Systeme aus nur zwei Linsen herstellen, bei denen mindestens drei auseinanderliegende Spektralfarben, z. B. Rot, Gelb und Blau eine vollständige Vereinigung erfahren, so daß eine Farberscheinung bei der optischen Abbildung praktisch beseitigt ist. Man spricht in einem solchen Fall von *apochromatischer Korrektion*. Mikroskopobjektive, bei denen, allerdings unter Benutzung von mehr als zwei Linsen, das sekundäre Spektrum vollständig beseitigt ist, werden daher nach E. Abbe als **Apochromate** bezeichnet.

2.5 Infrarote (ultrarote) und ultraviolette Strahlung

Das Spektrum eines glühenden, festen Körpers (Sonne, Glühlampe) hat nur deshalb ein Ende im tiefen Dunkelrot und auf der kurzwelligen Seite im Violett, weil unser Auge nicht imstande ist, das Licht jenseits dieser Grenzen zu sehen. In Wirklichkeit ist das Spektrum an den Seiten nicht begrenzt. Die Grenzen des sichtbaren Lichtes liegen bei etwa 0,4 µm und 0,8 µm. Kürzerwelliges Licht heißt *ultraviolett,* längerwelliges *infrarot* (auch *ultrarot*). Die Empfindlichkeit des Auges ist für grünes Licht am größten und nimmt nach beiden Enden des sichtbaren Spektrums stark ab. Deshalb ist es überraschend, wenn man zum erstenmal das Spektrum einer Glühlampe mit einem objektiven, nicht selektiven Strahlungsempfänger aufnimmt: Man stellt fest, daß die Glühlampe im roten Spektralgebiet noch viel stärker strahlt als im grünen und im infraroten Spektralgebiet noch viel stärker als im roten. Die kurzwellige Grenze des infraroten Lichtes liegt dort, wo die Sichtbarkeit aufhört, also bei etwa 0,8 µm. Eine langwellige scharfe Grenze des infraroten Lichtes gibt es ebensowenig wie eine kurzwellige Grenze des ultravioletten. Im gesamten elektromagnetischen Spektrum gibt es nur allmähliche Übergänge in der Wechselwirkung zwischen Strahlung und Materie und ebenso Überschneidungen in der Art der Strahlungserzeugung. So kann man infrarotes Licht zwischen 0,1 und 1 mm Wellenlänge sowohl mit einer Quecksilber-Hochdrucklampe als auch mit Elektronenröhren und Oszillatoren (Submillimeterwellen) erzeugen. An das kurzwellige Ultraviolett schließt sich die weiche Röntgenstrahlung bei etwa 10 nm an. Auch dieser Übergang ist kontinuierlich. Dieses Spektralgebiet ($\lambda = 1$ bis 100 nm) ist experimentell schwer zugänglich, ebenso wie das Gebiet von $\lambda = 0{,}1$ bis 1 mm. Das liegt einmal daran, daß es sehr schwer ist, eine intensive Strahlung in diesen Gebieten zu erzeugen, und ferner daran, daß die Strahlung sehr stark von der Materie, auch von Luft, absorbiert wird.

In diesem Abschnitt sollen Lichtquellen, Empfänger, durchlässige Fenster und die Möglichkeiten der Spektralzerlegung behandelt werden. Die Ausdehnung der Spektroskopie vom sichtbaren in das infrarote und ultraviolette Gebiet hat bedeutende Fortschritte in der Physik, Chemie und Technik zur Folge gehabt.

Die international vereinbarten Einheiten für Wellenlängen sind: 1 µm $= 10^{-6}$ m; 1 nm $= 10^{-9}$ m. (Die früher viel verwendeten Einheiten 1 Å (= Ångström) $= 10^{-10}$ m, 1 µ (= Mikron) = 1 µm $= 10^{-6}$ m und 1 mµ (= Millimikron) $= 10^{-9}$ m sollten vermieden werden.) Die Frequenzen werden in Hz $= s^{-1}$ angegeben. Häufig ist die Energieskala wichtiger als die Wellenlängenskala, weil sie die Energieverhältnisse übersichtlicher und vergleichbar angibt. Die Energie elektromagnetischer Strahlung kommt in Quanten der Größe $h\nu$ vor (Planck-Konstante $h = 6{,}625 \cdot 10^{-34}$ Js; ν ist die Frequenz in s^{-1}). Im allgemeinen wird aber die Wellenlänge λ gemessen. Da die Lichtgeschwindigkeit $c = \lambda\nu$ ist, kann man $h\nu = hc/\lambda$ schreiben. Man erhält somit eine der Energie proportionale Skala, wenn man λ^{-1} aufträgt. Man braucht also nur den reziproken Wert der gemessenen Wellenlänge zu bilden. Es ist üblich, λ^{-1} in der Einheit cm^{-1} anzugeben. Tut man dies auf einer vertikalen Skala, so liegt das ultraviolette Licht oben, das violette darunter, das rote am unteren Ende des sichtbaren Spektrums und darunter das infrarote Licht. Nun versteht man, daß der Ausdruck „infrarotes Licht“ dann seine Berechtigung erhält, wenn man die Energie statt der Wellenlänge aufträgt.

Sehr oft wird die Energie des Lichtquants auch in Elektronenvolt (eV) angegeben. 1 eV $= 1{,}6021 \cdot 10^{-19}$ J entspricht 8066 cm^{-1} bzw. 1,24 µm.

Die infrarote (ultrarote) Strahlung wurde im Jahre 1800 durch den Musiker und Astronomen F. W. Herschel entdeckt. Er untersuchte die Erwärmung einer geschwärzten Fläche durch die einzelnen Farben im Sonnenspektrum und fand dabei auch eine starke Temperaturerhöhung jenseits des roten Endes, eben im Ultrarot.

Im Ultraviolett fand er die Temperaturerhöhung nicht, weil seine Nachweisempfindlichkeit zu gering war. Das infrarote Licht erregt die Atome und Moleküle von Festkörpern, auf die es trifft, zu (Resonanz-)Schwingungen. Das bedeutet Erwärmung. Die Frequenz des ultravioletten Lichtes ist im allgemeinen zu hoch, um die Schwingungen der Atome anzuregen. Die Absorption ultravioletten Lichtes führt zu anderen Wirkungen (innerer und äußerer Photoeffekt, d. h. Abtrennung von Elektronen, photochemische Reaktionen, Fluoreszenz). Dabei gibt es auch eine Erwärmung als Sekundärprozeß.

Die Absorption infraroten Lichtes führt fast ausschließlich zur Umwandlung der auffallenden elektromagnetischen Strahlungsenergie in Wärme. Deshalb werden die infraroten Strahlen auch *Wärmestrahlen* genannt. Dieser Ausdruck ist mit etwas Vorsicht zu gebrauchen, weil nicht nur die infraroten Strahlen eine Erwärmung bei Absorption verursachen. Er hat sich aber sehr eingebürgert, insbesondere deshalb, weil unsere irdischen Temperaturstrahler (Glühlampe, glühende Kohle, alle Arten von Öfen und Heizungskörper) überwiegend oder ausschließlich infrarote Strahlung aussenden. Die spektrale Verteilung der Emission eines *Temperaturstrahlers* oder *schwarzen Körpers* wird in Kap. 5 behandelt. Im übrigen wird auf Bd. 1, Abschn. 101, Wärmeübertragung durch Strahlung, verwiesen. Zwei wichtige Beziehungen müssen aber an dieser Stelle erwähnt werden:

Die spezifische Ausstrahlung M eines schwarzen Körpers über den gesamten Wellenlängenbereich ist proportional der *vierten* (!) Potenz der thermodynamischen Temperatur. Dies ist das **Stefan-Boltzmannsche Gesetz:**

$$M = \sigma T^4 , \quad \text{mit}$$

M: spezifische Ausstrahlung $\mathrm{d}\varphi/\mathrm{d}A$ (SI-Einheit: $\mathrm{W m^{-2}}$),
σ: Stefan-Boltzmann-Konstante ($5{,}67 \cdot 10^{-8}\,\mathrm{W m^{-2} K^{-4}}$),
T: absolute Temperatur.

Das Maximum der Strahlung verschiebt sich mit steigender Temperatur zu kleineren Wellenlängen (vgl. Abschn. 5.5). Die Lage des Maximums kann aus der Temperatur nach dem **Wienschen Verschiebungsgesetz** berechnet werden:

$$\lambda_{\max} T = \text{const} = 2898\,\mu\text{m K} .$$

Beträgt z. B. die Temperatur eines Strahlers 2898 K (das ist etwa die Temperatur einer kurzlebigen Glühlampe für photographische Aufnahmen oder zur Projektion), dann liegt das Maximum der Strahlung bei 1 µm, also im Infrarot! Man müßte die Temperatur auf rund 6000 K steigern, um zu erreichen, daß das Maximum der Strahlung bei einer Wellenlänge von etwa 0,5 µm, also beim Maximum der Augenempfindlichkeit, liegt. Diese Temperatur hat die Oberfläche der Sonne, und infolge der Anpassung unserer Augen an die Strahlung der Sonne ist das Maximum unserer Augenempfindlichkeit bei dieser Wellenlänge, d. h. im grünen Teil des Spektrums (vgl. Kap. 6, Farbmetrik). Wenn man die Strahlungsgesetze anwendet, wie dies eben bei der Berechnung des Maximums der Wellenlänge mit dem Wienschen Verschiebungsgesetz geschehen ist, dann darf man nicht vergessen, daß die Strahlungsgesetze nur für ideal schwarze Körper gültig sind. Der Wolframdraht einer Glühlampe z. B. ist kein schwarzer, sondern näherungsweise ein sog. *grauer Strahler*. Das Strahlungsvermögen ist geringer als das eines schwarzen Strahlers. Das Maximum der Strahlstärke liegt aber ungefähr bei der gleichen Wellenlänge (vgl. Abschn. 5.8).

Als **Strahlungsquellen für das Infrarot** kommen in erster Linie Temperaturstrahler in Frage. Da gewöhnliches Glas nur bis etwa $\lambda = 2{,}5\,\mu m$ durchlässig ist, müssen bei *Glühlampen* besondere Fenster aufgekittet sein, wenn man längerwelliges Licht braucht (vgl. Abb. 5.11). *Wolframbandlampen* sind auch in Quarzkolben lieferbar (durchlässig bis 3,5 µm, vgl. Abb. 2.27). Sehr intensive, fast kontinuierliche Infrarotstrahlung geben *Xenon-Hochdrucklampen.* Die Strahlung entspricht der eines schwarzen Körpers der Temperatur von 6000 K. Der Quarzkolben verhindert aber den Durchtritt der Strahlung, die längerwellig als 3,5 µm ist. Man kann daher auf die altbewährte in Luft brennende *Kohlebogenlampe* (positiver Krater etwa 4000 K) zurückgreifen, die aber den Nachteil hat, daß sie unruhig brennt. Der von W. Nernst im Jahre 1900 erfundene Nernstbrenner hat diesen Nachteil nicht, strahlt aber schwächer. Er besteht aus 85% ZrO_2 und 15% Y_2O_3. Das Pulvergemisch wird zu einem Stab von einigen Zentimetern Länge und einigen Millimetern Durchmesser gepreßt. An beiden Enden werden Elektroden angeschlossen. Der durch den Stift fließende Strom heizt ihn auf eine Temperatur von etwa 2200 K. Er brennt in Luft und benötigt den Sauerstoff zur Oxidation von Metallatomen, die an der Kathode abgeschieden werden. Die Strahlung eines „schwarzen Körpers“ gibt ein einseitig geöffnetes Keramikrohr ab, das außen von einem Platinband geheizt wird (Abb. 5.4), Infrarotstrahler für Heiz- und Trocknungszwecke bestehen aus *Chromnickelstahl-* und *Aluminiumstahl-Drähten,* hinter denen metallische Reflektoren angebracht sind. Der Widerstandsdraht kann in Luft bis auf 1000 °C (helle Rotglut) erhitzt werden, ohne daß er ganz durchoxidiert. Die Oxidschicht an der Oberfläche hat ein relativ hohes Emissionsvermögen. Die Strahlungsstärke hat ein breites, flaches Maximum, das sich von etwa 1 bis über 10 µm erstreckt. Es handelt sich also weder um einen schwarzen noch um einen grauen Strahler, sondern um einen sog. *Selektivstrahler.* Als Widerstandsmaterial kann statt Chromnickelstahl auch *Siliciumcarbid* verwendet werden, das zu Stäben gepreßt wird. Der Vorteil ist, daß man es höher erhitzen kann (1600 °C); der Nachteil ist die Zerbrechlichkeit der Stäbe. Auch der *Auerstrumpf,* bestehend aus Thoriumoxid mit 1% Zusatz von Ceroxid, ist ein Selektivstrahler. Er wird durch Gasflammen (Leuchtgas, Propan, Benzin) zum hellen Leuchten erregt und stellt für das langwellige Infrarot oberhalb von 10 µm eine gute Strahlungsquelle dar. In diesem Gebiet ist die spektrale Verteilung der Emission der des schwarzen Körpers ähnlich. Für Sonderzwecke gibt es *Gas-* und *Festkörper-Laser,* die kohärentes Licht bestimmter Wellenlänge als eng begrenzten Strahl aussenden (Beispiele s. Tab. 2.4); einige Lasersysteme sind kontinuierlich durchstimmbar, s. Abb. 2.22). Für spektralanalytische Zwecke wird im allgemeinen bis etwa 20 µm der Nernstbrenner, von 20 bis 1000 µm die Quecksilberhochdrucklampe im Quarzglaskolben (vgl. Abb. 2.27) verwendet, sofern ein Kontinuum von Wellenlängen erforderlich ist, wie z. B. für Absorptionsmessungen. Braucht man dagegen monochromatisches Licht bestimmter Wellenlänge, so nimmt man eine Gasentladungslampe, die ein solches Element enthält, das die gewünschte Wellenlänge emittiert.

Strahlungsempfänger für Infrarot. Die starke Absorption der infraroten Strahlung durch Materie führt, wie schon erwähnt, zur Erwärmung der bestrahlten Oberfläche. Man kann deshalb durch Messung der Temperaturerhöhung die durch Strahlung

Tab. 2.4 Wellenlängen λ, erreichte Ausgangsleistungen P, Impulsenergien W und -dauern τ häufig benutzter und kommerzieller Laser.

Bezeichnung	aktives Material	λ in µm	P in W	W in J	τ
Gaslaser					
Excimerlaser	ArF	0,19		0,4	20 ns
	KrF	0,25 (Gasentladung)		0,3	10 ns
		(Elektronenstrahl)		100	1 µs
	XeF	0,35	–	0,2	20 ns
Stickstofflaser	N_2	0,34	–	0,01	1 ns
He-Cd-Laser	Cd	0,32 ... 0,44	0,05	–	–
Edelgasionenlaser	Kr	0,33 ... 1,09	10	–	–
	Ar	0,35 ... 0,53	20	–	–
Kupferdampflaser	Cu	0,51; 0,58	–	0,002	20 ns
He-Ne-Laser	Ne	0,63; 1,15; 3,39	0,05	–	–
HF-Laser	HF	2,5 ... 4	10000	1	1 µs
CO-Laser	CO	5 ... 7	20	0,04	1 µs
CO_2-Laser	CO_2	9 ... 11	15000	10000	10 ns
optisch gepumpte Moleküllaser	H_2O	28; 78; 118	0,01	10^{-5}	30 µs
	CH_3OH	40 ... 1200	0,1	0,001	100 µs
	HCN	311; 337	1	0,001	30 µs
Festkörperlaser					
Rubinlaser	Cr: Al_2O_3	0,69		400	10 µs
Alexandritlaser	Cr: $BeAl_2O_4$	0,7 ... 0,8		1	10 µs
Titan-Saphir-Laser	Ti: AL_2O_3	0,7 ... 1,0	1		
Glaslaser	Nd: Glas	1,06		1000	1 ps
		0,21; 0,27; 0,36; 0,53 (mit Frequenzvervielfachung)			
YAG-Laser	Nd: YAG	1,06	1000	400	10 ps
Holmiumlaser	Ho: YLF	2,06	5	0,1	100 µs
Erbiumlaser	Er: YAG	2,94		1	100 µs
Farbzentrenlaser	KCl u. a.	1 ... 3,3	0,1	–	–
Farbstofflaser		0,4 ... 0,8	1	25	6 fs
		0,05 ... 12 (mit Frequenzumsetzung)			
Halbleiterinjektionslaser					
	GaAlAs	0,7 ... 0,9	10		1 ps
Galliumarsenidlaser	GaAs	0,904			
	InGaAsP	0,65 ... 2			
Bleisalzlaser	PbCdS	3 ... 2	0,001		
	PbSSe	4 ... 8			
	PbSnTe	7 ... 30			

zugeführte Energie ermitteln (*Thermische Empfänger*). Sehr bekannt und viel verwendet ist das *Thermoelement*. Als Strahlungsempfänger enthält es eine kleine, sehr dünne Metall- (z. B. Gold-)Folie, die auf der einen Seite geschwärzt ist. An die Folie der Fläche von z. B. 3 mm × 1 mm sind die beiden Drähte aus verschiedenem Material geschweißt oder gelötet. Eine Oberfläche der Metallfolie wird mit Ruß

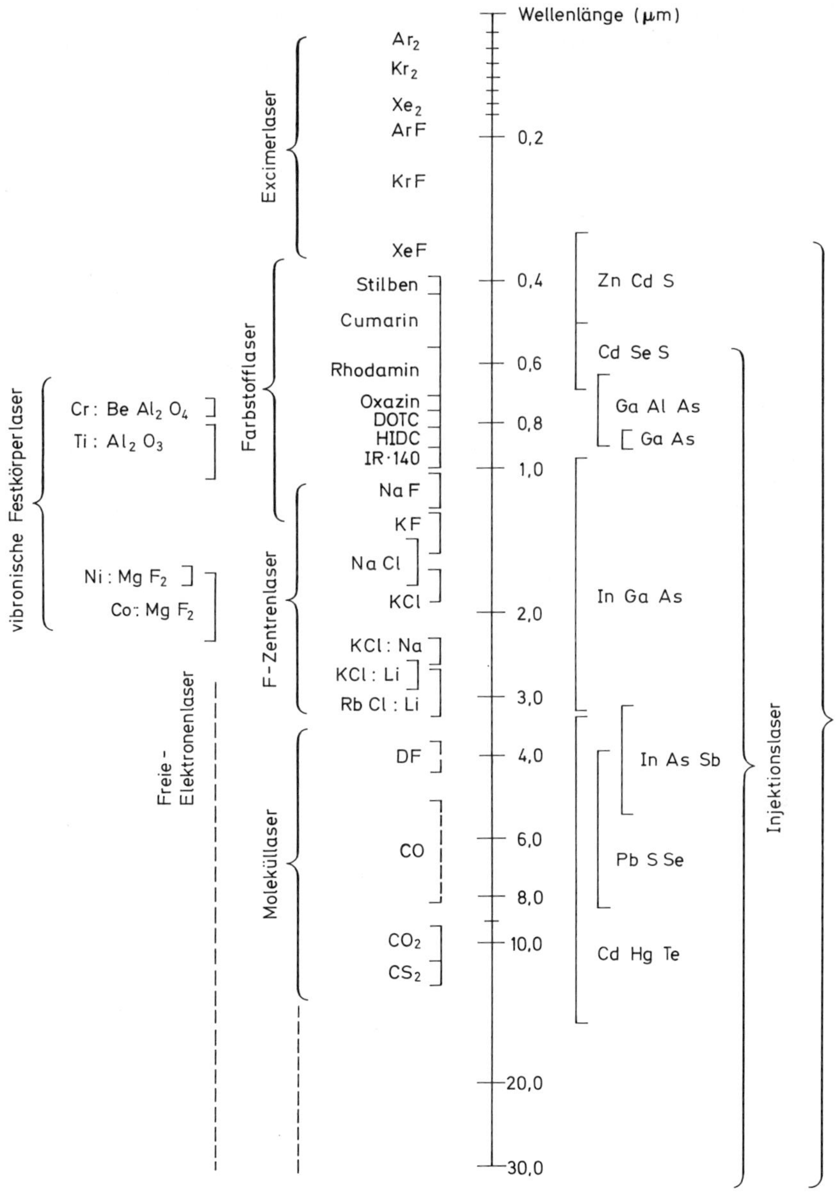

Abb. 2.22 Kontinuierlich abstimmbare Laser.

oder Platinschwarz (günstig für kurzwelliges Infrarot) oder fein zermahlenem Glas (günstig für langwelliges Infrarot) bedeckt. Gold, das in einer Stickstoff- oder Wasserstoffatmosphäre aufgedampft ist, ergibt einen tiefschwarzen, samtartigen Niederschlag, der das Infrarot in einem weiten Spektralbereich stark absorbiert und deshalb auch sehr günstig ist (Metallschwarz). Die Empfängerfläche kann der Form einer

Spektrallinie angepaßt werden. Die Wärmekapazität des Thermoelementes soll möglichst klein sein. Die Strahlung wird periodisch (z. B. mit rotierendem Sektor und 12,5 Hz) unterbrochen. Die Thermospannung wird verstärkt. Es lassen sich Zeitkonstanten von 0,01 s erreichen. Die kleinste noch nachweisbare Strahlungsleistung liegt für Thermoelemente mit Zeitkonstanten von 0,01 bis 0,1 s bei 10^{-9} bis 10^{-10} Watt (gültig für Betrieb bei Raumtemperatur). Diese kleinste Strahlungsleistung wird durch das Rauschen bestimmt. Vereinbarungsgemäß gilt als kleinste, gerade noch nachweisbare Strahlungsleistung diejenige, die gleich der Rauschleistung ist (*Rauschäquivalentleistung*).

Bolometer, Thermistor. Die Temperaturerhöhung einer schwarzen Empfängerfolie durch Strahlungsabsorption wird beim Bolometer durch Messung der Änderung des elektrischen Widerstandes gemessen. Es werden *Metalle* (Platin, Nickel) und *Halbleiter* benutzt. Der temperaturabhängige Widerstand wird in einer Brückenschaltung gemessen. Bei Verwendung einer kleinen und extrem dünnen Folie, auf welche das geeignete Widerstandsmaterial mäanderförmig und dünn aufgedampft ist, läßt sich eine Zeitkonstante bis 0,01 s erreichen. Die Rauschäquivalentleistung liegt bei (Metall- und Halbleiter-)Bolometern in der gleichen Größenordnung wie bei Strahlungs-Thermoelementen. Wesentlich größere Empfindlichkeit hat das *Supraleitungs-Bolometer*. Bei diesem wird die außerordentlich große Änderung des elektrischen Widerstandes beim Übergang vom supraleitenden in den normalleitenden Zustand ausgenutzt. Die Zeitkonstanten lassen sich bis auf 1 ms herabdrücken. Die Rauschäquivalentleistung beträgt bei 0,01 s und 10 K etwa $4 \cdot 10^{-11}$ W. Der experimentelle Aufwand ist groß, da bei der Temperatur des flüssigen Heliums gearbeitet werden muß.

Pneumatische Empfänger. Führt die Strahlungsabsorption einer schwarzen Folie zur Erwärmung eines Gases, das sich in einer Kammer befindet und infolge der Erwärmung ausdehnt, dann kann diese Ausdehnung in verschiedener Weise gemessen werden. Zum Beispiel kann sich eine leitfähige Membran verbiegen, die einer festen Metallplatte gegenübersteht. Beide Platten bilden einen Kondensator, dessen Ka-

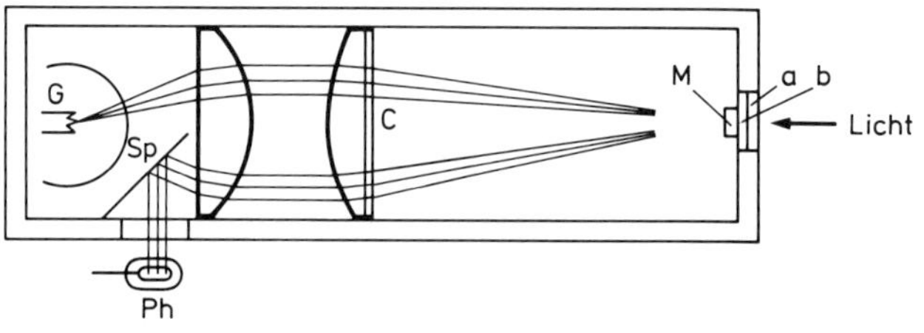

Abb. 2.23 Golay-Detektor. Das zu messende IR-Licht tritt durch das Fenster a und fällt auf die rechte, geschwärzte Wand einer kleinen, abgeschlossenen Kammer b. Die erwärmte Luft der Kammer verbiegt eine dünne, spiegelnde Membran M auf der linken Seite der Kammer. Ein von der Glühlampe G kommender Lichtstrahl projiziert die obere Hälfte eines Strichgitters C über die spiegelnde Membran auf die untere Hälfte des Strichgitters. Die Photozelle Ph erhält je nach der Durchbiegung der Membran und damit auch je nach Lage und Schärfe des Strichgitterbildes mehr oder weniger Licht der Glühlampe über den Spiegel Sp.

pazität sich mit der Erwärmung des Gases ändert. Bei dem *Golay-Detektor* biegt das sich ausdehnende Gas einen kleinen, flexiblen Spiegel durch (Abb. 2.23). Ein Strichgitter wird über diesen Spiegel auf sich selbst projiziert. Eine Photozelle erhält das Licht einer Glühlampe, wenn das Bild des Strichgitters genau auf das Strichgitter selbst fällt. Sie erhält aber kein Licht, wenn infolge der Durchbiegung des Spiegels das Bild des Strichgitters die Lücken des Gitters ausfüllt. Die absorbierende schwarze Fläche und der biegsame Spiegel sind sehr dünn und klein (etwa 2,6 mm Durchmesser); die Wärmekapazität ist so gering, daß der zu messende Lichtstrahl mit einer Frequenz von 10 Hz unterbrochen und der Wechselstrom der Photozelle verstärkt werden kann.

Ein Golay-Detektor ist empfindlicher als die besten Thermoelemente. Die Rauschäquivalentleistung beträgt bei einer Zeitkonstante von 0,01 s und bei Zimmertemperatur etwa 10^{-10} W.

Pyroelektrische Detektoren sind ebenfalls thermische Empfänger, die aus ferroelektrischen Materialien z. B. $BaTiO_3$ bestehen. Diese besitzen eine spontane elektrische Polarisation, die sich mit der Temperatur ändert. Eine kurzzeitige Erwärmung durch Licht führt daher zu einem elektrischen Spannungspuls, der als Meßsignal dient. Verwendet werden derartige Detektoren vor allem zur Energie- und Leistungsmessung von Laserimpulsen auch für den sichtbaren Spektralbereich. Für kontinuierliche Lichtmessungen sind pyroelektrische Detektoren nicht geeignet.

Halbleiter-Detektoren. Die vier behandelten thermischen Strahlungsempfänger haben den Vorteil gemeinsam, über einen sehr weiten Spektralbereich gleichmäßig empfindlich zu sein, sofern die Empfangsfläche für alle Spektralgebiete gleich stark absorbierend ist (was in Wirklichkeit nicht ganz der Fall ist). Man kann sie für ultraviolettes, sichtbares und infrarotes Licht bis über 1 mm Wellenlänge verwenden. Im Gegensatz zu diesen gibt es *selektive Empfänger,* die nur in einem bestimmten Spektralgebiet empfindlich sind. Die wichtigsten selektiven Empfänger sind: *Halbleiter-*

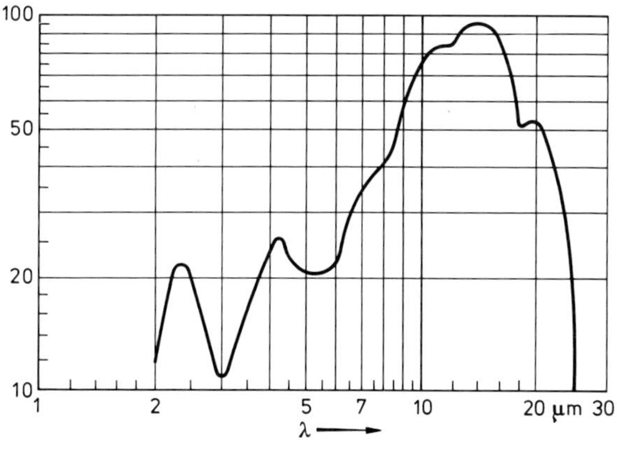

Abb. 2.24 Relative Empfindlichkeit eines mit Kupfer dotierten Germanium-Photowiderstandes bei 4,2 K.

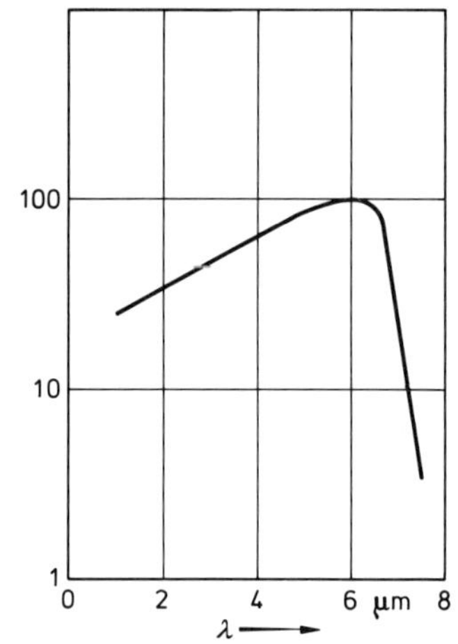

Abb. 2.25 Relative Empfindlichkeit eines InSb-Photowiderstandes bei 295 K.

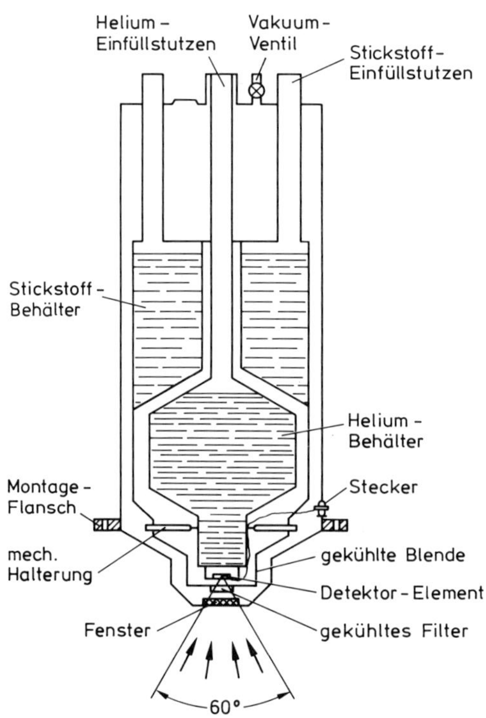

Abb. 2.26 Kryostat zur Kühlung eines Halbleiter-Infrarot-Detektors. Volumen des flüssigen Stickstoffs 1000 cm³, des flüssigen Heliums 700 cm³. Die Kühlmenge reicht etwa 7 Stunden (Valvo).

Detektoren, Photokathoden und *photographische Platten* bzw. *Filme*. Zwei typische Beispiele von Halbleiter-Detektoren zeigen die Abb. 2.24 und 2.25. Der Vorteil der selektiven Empfänger ist einmal die größere Empfindlichkeit und ferner die Möglichkeit der Umwandlung eines Infrarot-Bildes in ein sichtbares. Die wichtigsten Halbleiter-Detektoren bestehen aus PbS, PbSe, InSb, HgCdTe oder Germanium, das mit bestimmten Stoffen (Cu, Au, Hg) dotiert ist. Neuerdings wird auch geeignet dotiertes Silicium benutzt [6]. Der Widerstand dieser Stoffe sinkt infolge der Bestrahlung. Man spricht deshalb auch von Photowiderständen. Um ein günstigeres Signal/Rausch-Verhältnis zu erhalten, wird zweckmäßig das Rauschen durch Kühlung herabgesetzt. Abb. 2.26 zeigt einen Helium-Kryostaten für die Kühlung von Infrarot-Detektoren. Die Rauschäquivalentleistung bei einer Zeitkonstanten von 1 ms beträgt für Germanium, das mit Kupfer dotiert ist, etwa 10^{-11} W. Aus HgCdTe werden auch Photodioden aufgebaut, die photovoltaischen Betrieb ermöglichen.

Für die **Sichtbarmachung von infraroten Bildern** der Wellenlänge bis 1,2 µm sind die besonders sensibilisierte photographische Schicht und der äußere lichtelektrische Effekt, also die Auslösung freier Elektronen (aus einer Ag-O-Cs-Schicht), geeignet. Dies geschieht mit der Photokathode im *Infrarot-Bildwandler:* Die durch Strahlung in der Photokathode ausgelösten Elektronen werden im Hochvakuum durch ein elektrostatisches Feld beschleunigt und durch eine elektrostatische oder magnetische Linse auf einem Leuchtschirm abgebildet. So kann ein unsichtbares infrarotes Bild, das durch ein Objektiv auf die Photokathode geworfen wird, gleichzeitig vom Auge auf dem Leuchtschirm gesehen werden. Die erforderliche Anodenspannung beträgt z. B. 20000 V. Die Röhre ist 15 bis 20 cm lang und hat einen Durchmesser von 6 bis 8 cm. Trotz vieler Versuche ist es nicht gelungen, den äußeren Photoeffekt und die Empfindlichkeit der photographischen Schicht auf Wellenlängen größer als 1,2 µm auszudehnen. Bei Aufnahmen mit photographischen Infrarotplatten und bei Verwendung eines Bildwandlers muß ein Filter vorgeschaltet werden, das nur infrarotes Licht hindurchläßt, weil beide Empfänger auch für sichtbares Licht empfindlich sind.

Die Fernsehtechnik ermöglicht auch die Umwandlung eines infraroten Bildes in ein sichtbares. Man nimmt als Aufnahmeröhre ein *Vidicon,* das eine infrarot-empfindliche Halbleiterschicht enthält. Auf diese fällt das Licht und ändert dadurch die elektrische Leitfähigkeit. Von der Rückseite wird die Schicht durch einen Elektronenstrahl abgetastet. Man kann infrarote Bilder bis zur Wellenlänge von etwa 1,7 µm ohne Kühlung der Schicht gut umwandeln. Die Bilder werden auf dem Bildschirm eines Fernsehapparates sichtbar. Zur Erhöhung des Auflösungsvermögens kann die Zeilenzahl (z. B. auf 2000) gesteigert werden. Dies ist dann relativ leicht möglich, wenn auf eine drahtlose Übertragung verzichtet wird, wenn also das Vidicon mit Verstärker neben der Bildröhre steht.

Eine grundsätzlich andere, sehr interessante Methode, infrarote Bilder ohne Beschränkung auf einen bestimmten Wellenlängenbereich in sichtbare Bilder umzuwandeln, wurde von M. Czerny erfunden und als *Evaporographie* bezeichnet. Ein sehr dünnes Häutchen aus Kollodium, Kunststoff oder Aluminiumoxid wird auf einer Seite geschwärzt und auf der anderen Seite mit Öl (Hexadekan) bedampft. Das infrarote Bild auf der schwarzen Seite der Folie erwärmt diese an den beleuchteten Stellen. Hier verdampft das Öl auf der Rückseite der Folie. So erhält man eine verschieden dicke Ölschicht, die bei Beleuchtung mit einfarbigem Licht als Interferenzbild gut sichtbar ist. Die Folie befindet sich in einem Gefäß bei vermindertem Druck, um das Verdampfen des Öls zu erleichtern. Das Bild wird bei längerer Belichtung zunächst kontrastreicher, dann wieder kontrastärmer und verschwindet schließlich, weil das Öl auch an den dunklen Stellen verdampft. Vor jeder neuen Aufnahme erhält die Folie eine neue Ölschicht durch Bedampfen aus einem kleinen Vorratsbehälter im gleichen Gefäß. Nach einiger Übung gelingt es leicht, die Infrarotstrahlung einer Hand oder eines Kopfes im Bild auf diese Weise festzuhalten [7].

Schließlich sei noch die **Ausleuchtung von Phosphoren** erwähnt, eine Methode, die schon früh erfolgreich angewendet wurde. Leuchtstoffe, die so präpariert sind, daß sie nach Erregung mit kurzwelligem Licht starkes *Nachleuchten*, sog. *Phosphoreszenz*, zeigen, geben das gespeicherte Licht bei Erwärmung sehr viel schneller ab. Bedeckt man z. B. eine Glasplatte mit einer solchen Leuchtstoffschicht (z. B. SrS oder CaS, beide dotiert mit Sm und Eu), und erregt man den Phosphor durch Bestrahlung mit dem kurzwelligen Licht einer Quecksilberdampflampe, dann kann man mit dieser Platte infrarote Bilder bis 1,5 μm aufnehmen. Die Stellen, die infrarotes Licht absorbiert haben, sind nach kurzem, hellem Aufleuchten dunkel. Nach dieser Belichtung legt man die Schicht auf eine photographische Platte. Die noch hellen Stellen der Leuchtstoffschicht belichten die photographische Platte und erzeugen so ein Positiv. Zum Nachweis von infraroter Laserstrahlung, z. B. bei 1,06 μm wird von der Firma Kodak eine Leuchtstoffschicht angeboten, die durch intensive Infrarotbestrahlung zum Nachleuchten angeregt wird.

Infrarotdurchlässige und -undurchlässige Materialien. Die optische Durchlässigkeit der Materialien in Abhängigkeit von der Wellenlänge und Schichtdicke ist für die Wahl der Fenster bei Strahlungsquellen und -empfängern sowie für die Wahl von Prismen bei Spektralapparaten von Bedeutung. Die Abb. 2.27 bis 2.30 geben einen Überblick der für das Infrarot häufig verwendeten Substanzen, Abb. 2.29 und 2.30 zeigen auch den Einfluß der Schichtdicke. In Abschn. 2.6 und 2.8 wird die optische Absorption unter dem Einfluß der Schichtdicke ausführlich behandelt. Hier soll nur ein Überblick über die wichtigsten Stoffe gegeben werden.

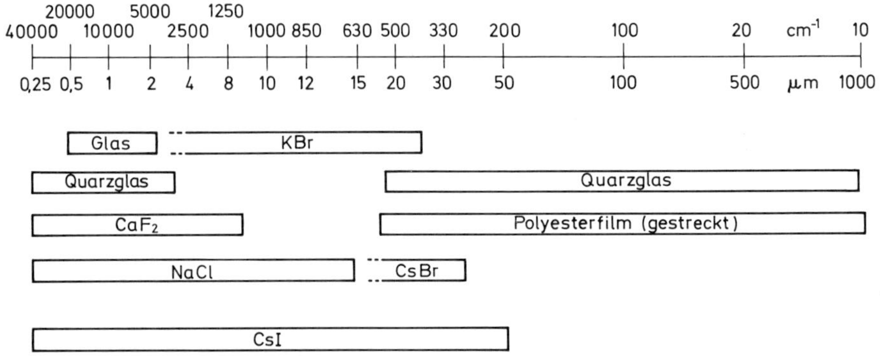

Abb. 2.27 Fenster für Infrarot mit ihren Durchlässigkeitsbereichen für kleine Schichtdicken (CsBr, CsI, KBr und NaCl sind hygroskopisch, vgl. Tab. 2.5).

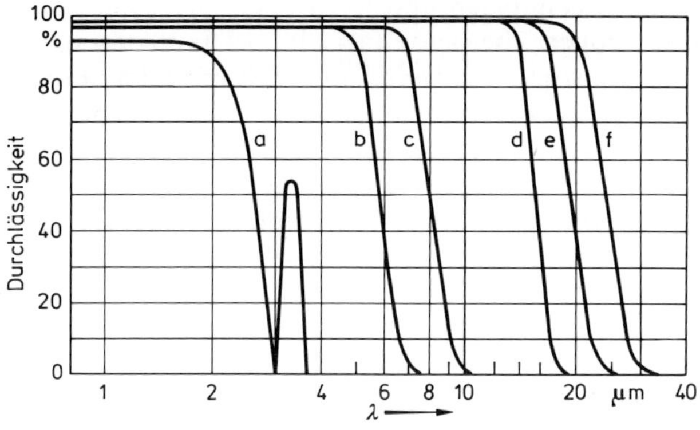

Abb. 2.28 Spektrale Durchlässigkeit von Quarz a, Lithiumfluorid b, Flußspat (CaF_2) c, Steinsalz (NaCl) d, Sylvin (KCl) e und Kaliumbromid (KBr) f; Schichtdicke 3 cm.

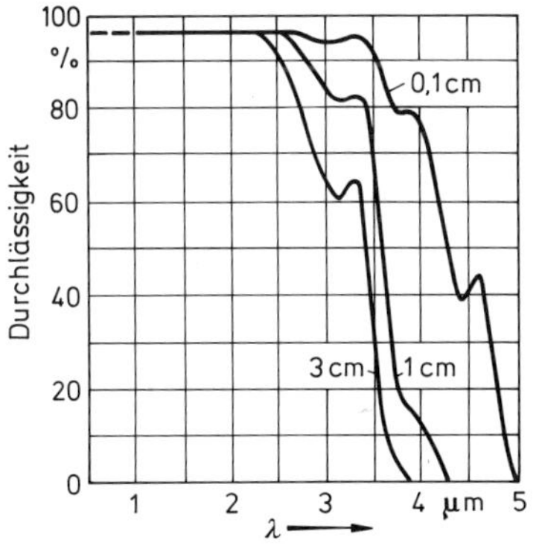

Abb. 2.29 Lichtdurchlässigkeit von extrem reinem, synthetischen Quarzglas (Hanauer Quarzglas Suprasil-W). Man vergleiche mit der Kurve a der Abb. 2.28.

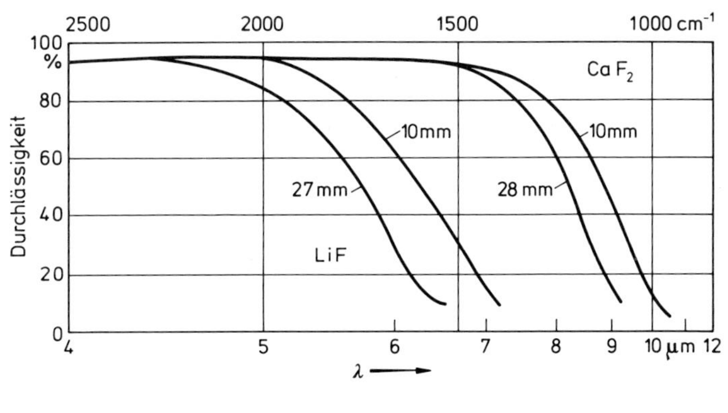

Abb. 2.30 Infrarotdurchlässigkeit von LiF und CaF_2 für verschiedene Schichtdicken.

Bei den Gasen sind die Schwingungen und Rotationen der Moleküle ungestört. Man findet scharfe Absorptionen, die heute fast alle bekannt und in Tabellen zu finden sind. Bei Experimenten stören besonders die Absorptionen durch den H_2O- und CO_2-Gehalt der Luft. Im Sonnenspektrum auf der Erde fehlen mehrere Spektralbereiche infolge dieser Absorptionen. Sie sind z. B. besonders stark bei folgenden Wellenlängen (in μm): 1,1 (H_2O); 1,38 (H_2O); 1,9 (H_2O); 2,7 (CO_2 und H_2O); 4,3 (CO_2); 6,0 (H_2O); 14,5 (CO_2). Die starke Absorption von Wasser bemerkt man beim Schwimmen an der Erwärmung der Wasseroberfläche im ruhigen Wasser, das von der Sonne beschienen wurde. Will man infrarotes Licht wegen störender Erwärmung zurückhalten, z. B. bei konzentrierter Bestrahlung eines Gegenstandes mit sichtbarem Licht, dann genügt eine mit Wasser gefüllte Küvette von 1 cm Schichtdicke. Bei Metallen und einigen Halbleitern wird durch freie Elektronen eine Absorption des infraroten Lichts verursacht. Die Elektronen übernehmen die Schwingungsenergie des Lichts und strahlen selbst wieder, d. h. das Licht wird reflektiert. Fensterglas von Bürohäusern und Personenwagen wird deshalb mit Metallen (z. B. Gold) oder Halbleitern bedampft, damit das infrarote Sonnenlicht nicht in die Räume dringt und sie zu sehr erwärmt. Andererseits will man auch verhindern, daß die Wärme beheizter Räume infolge Strahlung durch die Fenster nach außen gelangt. Erwünscht sind somit Gläser oder Schichten auf diesen, welche das sichtbare Licht vollständig hindurchlassen und das unsichtbare Infrarot vollständig reflektieren, d. h. eine möglichst steile Kante der Durchlässigkeit bzw. der Absorption bei etwa 0,7 μm haben. Die Reflektion ist dann besonders wichtig, wenn vermieden werden soll, daß sich das Glas erwärmt. Bei Grill- oder Backofenfenstern stört diese Erwärmung nicht; deshalb kann man hier Kunststoffolien auf das Glas kleben, die die Infrarotstrahlung absorbieren, d. h. in Wärme umwandeln. („Wärmeschutzfolien" aus Polypropylen, die oft auch für eine breite Verwendung mit einer dünnen Aluminiumschicht versehen sind).

Fast alle optischen Gläser lassen infrarotes Licht bis etwa 2,7 μm hindurch. Man nennt die Wellenlänge, bei welcher die Durchlässigkeit eines Materials von 5 mm Schichtdicke um 30% gesunken ist, die *Grenzwellenlänge*. In Tab. 2.5 sind die Grenzwellenlängen für einige Stoffe (als Einkristalle mit Ausnahme der Gläser) angegeben.

Es gibt Stoffe, wie z. B. Germanium, die im sichtbaren Spektralbereich vollkommen lichtundurchlässig sind, jedoch das infrarote Licht in einem weiten Spektralbereich hindurchlassen, wenn auch verhältnismäßig schwach. Außer der Absorption stört bei Infrarot-Fenstern auch die Reflexion. Diese kann durch dielektrische Mehrfachschichten stark herabgesetzt werden (sog. Entspiegelung; vgl. Abschn. 3.3).

Bei der Konstruktion von **Spektrometern** [9] für den infraroten Spektralbereich werden Linsen weitgehend vermieden und durch *Metallspiegel* ersetzt. Diese haben im Infrarot ein sehr gutes Reflexionsvermögen. Für die spektrale Zerlegung des Lichtes werden bis etwa 30 μm Prismen oder Gitter, darüber hinaus nur Gitter verwendet. Prismen aus NaCl oder KBr haben Basislängen und Höhen von etwa 15 cm. Sie werden so hergestellt: In die Oberfläche der Salzschmelze (etwa 800 °C) taucht ein Platinrohr, durch das Kühlwasser fließt. Das sich abkühlende Salz haftet am Platinrohr. Dann wird das Platinrohr langsam in die Höhe gezogen (Geschwindigkeit etwa 1 cm pro Stunde). Schließlich hängt ein schwerer Block festen Salzes am Platinrohr, am oberen Ende mit unvollkommener Kristallisation, weiter unten aber oft in einen guten Einkristall übergehend. Dieser wird zu einem Prisma zersägt; die

Tab. 2.5 Grenzwellenlängen einiger Stoffe.

Stoff	Grenzwellenlänge in µm	Bemerkungen
Optische Gläser	2,7	
Quarzglas	3,8	sofern extrem rein
Al_2O_3	5,5	
MgO und MgF_2	7	
LiF	7	
CaF_2	10	
BaF_2	13,5	
NaCl	20	hygroskopisch
KBr	30	hygroskopisch
CsJ	55	hygroskopisch
Ge	21	maximale Durchlässigkeit bei 2 mm Schichtdicke nur 50%
KRS-5	40	maximale Durchlässigkeit bei 5 mm Schichtdicke nur 75%

Seitenflächen werden geschliffen und poliert. Wegen der großen Löslichkeit einiger Salze in Wasser muß Wasserdampf von dem Prisma ferngehalten werden. Dies geschieht dadurch, daß man entweder das Prisma in einem abgeschlossenen Raum mit Trockenmittel hält oder unter dem Prisma ständig eine kleine Heizung in Betrieb hat, damit sich kein Wasserdampf auf den empfindlichen, polierten Prismaflächen niederschlagen kann.

Abb. 2.31 zeigt den grundsätzlichen Aufbau eines Infrarot-Spektrometers. Wie man sieht, sind die Absorption des Linsenmaterials und die nicht zu behebende chromatische Aberration von Linsen im Infrarot durch die Verwendung von Spiegeln umgangen. Sphärische Hohlspiegel zeigen allerdings starke sphärische Aberration, insbesondere bei dem hier notwendigen außeraxialen Strahlengang. Deren Einfluß wird nach Czerny und Turner durch den in Abb. 2.31 gezeichneten „gekreuzten" Strahlengang durch teilweise Kompensation der bei H_1 und H_2 entstehenden Aberrationen vermindert. Unumgehbar ist die Absorption im Prismenmaterial, wodurch der ausnutzbare Wellenlängenbereich begrenzt wird (Abb. 2.28 bis 2.30).

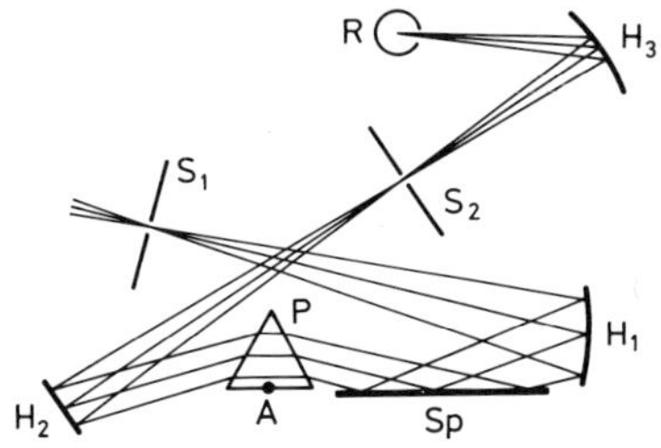

Abb. 2.31 Grundsätzlicher Aufbau eines Spiegelspektrometers.
S_i Spalte, H_i Hohlspiegel, P Prisma, A Drehachse für P und Planspiegel Sp, R Strahlungsempfänger.

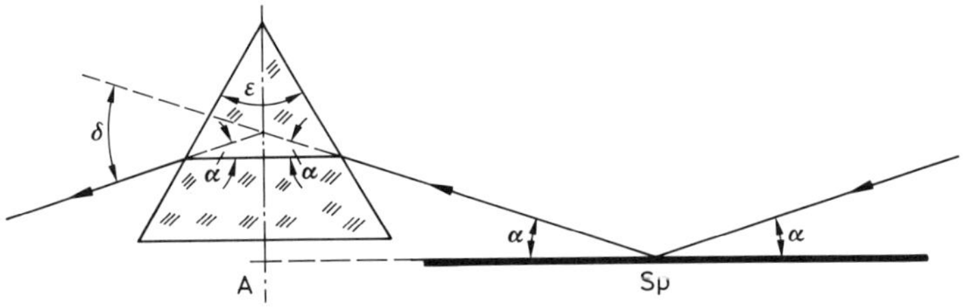

Abb. 2.32 Strahlengang durch die Wadsworth-Einrichtung.

Die angegebene Konstruktion gehört zu der Klasse der *Spektrometer mit konstanter Ablenkung*. D.h. der Kollimatorteil S_1H_1 und das Beobachtungsfernrohr S_2H_2 bleiben fest; die Wellenlänge, die auf S_2 fällt, wird durch Drehung der sog. *Wadsworth-Einrichtung* P-Sp um die gemeinsame Drehachse A eingestellt. Wie aus Abb. 2.32 zu erkennen ist, hat die Wadsworth-Einrichtung die Wirkung, den im Minimum der Ablenkung durchgehenden Strahl parallel mit sich selbst zu verschieben, und zwar unabhängig von dem jeweiligen Wert von α, durch den die Wellenlänge bestimmt wird, die durch S_2 ausgesondert wird. (Auch andere Winkel zwischen Prisma und Planspiegel sind möglich; auch dann ist konstante Ablenkung erreichbar.) Welche Wellenlänge durch S_2 hindurchgeht, berechnet sich aus der bekannten Dispersion $n(\lambda)$ des Prismenmaterials in Verbindung mit der für das Minimum der Ablenkung gültigen Beziehung

$$n = \frac{\sin \dfrac{\varepsilon + \delta}{2}}{\sin \dfrac{\varepsilon}{2}}$$

(ε: Prismenwinkel, $\delta = 2\alpha$: Gesamtablenkung im Prisma).

Moderne Infrarot-Spektrometer verwenden heute meist Reflexionsgitter (siehe Abschn. 3.10). Zur Vermeidung der Licht-Absorption durch H_2O und CO_2 in der Luft wird entweder der Spektrograph mit Stickstoff durchspült oder es werden zwei Strahlengänge miteinander verglichen, von denen einer durch die zu untersuchende Probe geht. Die beiden Strahlengänge werden durch Unterbrechung hergestellt. In der Pause des einen legt der andere die gleiche optische Weglänge zurück.

Fourier-Spektroskopie [8]. Im mittleren und besonders im fernen Infrarot bis zu Wellenlängen von etwa 2 mm ist eine neue Art der Spektroskopie außerordentlich erfolgreich. Es wird kein Prisma oder Gitter mehr für die Zerlegung des Lichts in schmale Wellenlängenbereiche benutzt. Vielmehr wird das zu untersuchende Licht in ein Michelson-Interferometer (s. Kap. 3) geschickt, wo es mittels eines halbdurchlässigen Spiegels in zwei Bündel geteilt wird; diese werden nach Reflexion an zwei Spiegeln überlagert und zur Interferenz gebracht. Ein Spiegel wird durch mechanischen Antrieb in Strahlrichtung bewegt. Falls eine streng monofrequente Lichtquelle vorhanden ist, registriert ein Empfänger während der Bewegung dieses Spiegels das

An- und Abschwellen der Strahlungsleistung durch Interferenz. Ein Computer verarbeitet dann diese gemessene Strahlungsleistung in Abhängigkeit vom Vortrieb des Spiegels. Er zerlegt nach Fourier die gemessene Strahlungsleistung in Abhängigkeit vom Weg des einen Spiegels mathematisch in einzelne Sinusfunktionen. Diese schreibt er in der üblichen Art der Spektrendarstellung, d. h. Strahlstärke in Abhängigkeit von der Frequenz, auf. Eine monofrequente Strahlung erscheint dann als schmaler, vertikaler Strich bei bestimmter Frequenz. Der Vortrieb des einen Spiegels ist mechanisch mit der Genauigkeit eines Bruchteils einer Wellenlänge zu beherrschen. Das ist eine gewisse Schwierigkeit, weshalb diese Fourier-Spektroskopie vorwiegend bei längeren Wellen, also im Infrarot, angewendet wird.

Die Optik besteht aus Hohl- und Planspiegeln sowie aus dem Strahlteiler, einem halbdurchlässigen Spiegel in der Mitte des Interferometers. Dieser ist auswechselbar, damit er dem Wellenlängenbereich angepaßt werden kann (6 µm eine Flußspatplatte, die mit Fe_2O_3 bedampft ist; von 3 bis 25 µm eine KBr-Platte, mit Germanium bedampft; ab 25 µm Folien verschiedener Dicke aus gestrecktem Polyester). Im langwelligen Infrarot (0,1 bis 2 mm) ist diese Strahlteilung mit halbdurchlässigem Spiegel weniger günstig. Man kann darauf verzichten, indem die beiden Spiegel als dicke Lamellen ausgebildet und ineinander gesteckt werden (*Lamellargitter,* Abb. 2.33). Einer der beiden streifenförmigen Spiegel ist in Richtung des Lichtstrahls beweglich. Die Breite der Lamellen beträgt einige Millimeter. Der ganze Spiegel hat einen Durchmesser von etwa 10 cm. Das an den beiden Streifensystemen reflektierte Licht hat verschieden lange Wege zurückzulegen, falls die Oberflächen nicht in einer Ebene liegen, und kommt damit zur Interferenz.

Das Auflösungsvermögen bei der Fourier-Spektroskopie ist außerordentlich groß. Um dieses zu verstehen, sei zunächst der oben beschriebene einfache, idealisierte Fall betrachtet, bei dem Licht mit nur einer einzigen Frequenz ν bzw. Wellenzahl $\tilde{\nu} = 1/\lambda$ ausgesendet wird. Die spektrale Strahldichte $L_e(\tilde{\nu})$ läßt sich dann mathe-

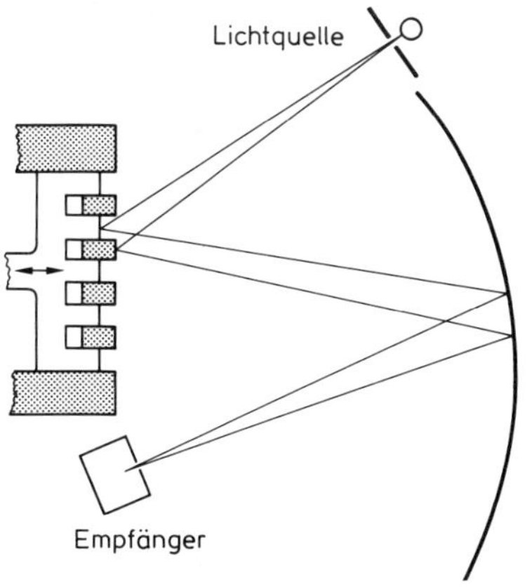

Abb. 2.33 Prinzip einer Zweistrahl-Interferenzanordnung für Fourier-Spektroskopie. Im fernen Infrarot sind halbdurchlässige Spiegel ungünstig, deshalb werden streifenförmige Spiegel (Lamellargitter) ineinander gesteckt, von denen einer bewegt wird.

matisch durch die Gleichung

$$L_e(\tilde{\nu}) = L_{0e}\,\delta(\tilde{\nu} - \tilde{\nu}_0)$$

beschreiben, wobei $\delta(\tilde{\nu} - \tilde{\nu}_0)$ die Diracsche Delta-Funktion ist, die nur an der Stelle $\tilde{\nu} = \tilde{\nu}_0$ einen Beitrag im Spektrum liefert. Nimmt man an, daß das Interferogramm mit einem Michelson-Interferometer aufgenommen wird, so können die elektrischen Feldstärken E_1 und E_2 der Wellen, die nach Durchlaufen der beiden Interferometerarme miteinander interferieren, für eine vorgegebene Wellenzahl dargestellt werden durch

$$E_1(\tilde{\nu}) = \sqrt{L_e}\exp(\mathrm{i}\omega t + 2\pi\mathrm{i}\tilde{\nu}s)$$

und

$$E_2(\tilde{\nu}) = \sqrt{L_e}\exp(\mathrm{i}\omega t)\,,$$

wobei s/2 die Verschiebung des Spiegels aus der Nullstellung bedeutet. Von dem Detektor wird die Bestrahlungsstärke E_e gemessen, die proportional dem zeitlichen Mittelwert des Quadrates der Gesamtfeldstärke ist:

$$E_e(s) \sim \int_0^\infty |E_1 + E_2|^2\,\mathrm{d}\tilde{\nu} = \int_0^\infty \delta(\tilde{\nu} - \tilde{\nu}_0)(1 + \cos 2\pi\tilde{\nu}s)\,\mathrm{d}\tilde{\nu} = 2\cos^2\pi\tilde{\nu}_0 s\,.$$

Bei unendlicher Verschiebung des Spiegels würde die Fourier-Transformierte von $E_c(s)$ wieder die Delta-Funktion liefern. Bei endlicher Verschiebung bis zu einem $s_{max}/2$ hingegen erhält man eine spektrale Strahldichte der Form

$$L_e(\tilde{\nu}) \sim s_{max}\frac{\sin 2\pi(\tilde{\nu} - \tilde{\nu}_0)\,s_{max}}{2\pi(\tilde{\nu} - \tilde{\nu}_0)\,s_{max}}\,.$$

Diese Funktion entspricht der Spaltfunktion der konventionellen Monochromatoren (Kap. 3). Die Halbwertsbreite $\Delta\tilde{\nu}_H$ beträgt

$$\Delta\tilde{\nu}_H = 1{,}21/(2s_{max}) \approx 1/(2s_{max})\,.$$

Wählt man eine Lichtquelle, die Licht mit zwei benachbarten Frequenzen ν_0 und ν_1 bzw. mit den Wellenzahlen $\tilde{\nu}_0$ und $\tilde{\nu}_1$ aussendet und deren spektrale Strahldichte $L_e(\tilde{\nu})$ ähnlich wie oben durch

$$L_e(\tilde{\nu}) = L_{0e}[\delta(\tilde{\nu} - \tilde{\nu}_0) + \delta(\tilde{\nu} - \tilde{\nu}_1)]$$

beschrieben werden möge, so erhält man für die Bestrahlungsstärke E_e

$$E_e(s) \sim 2 + \cos 2\pi\tilde{\nu}_0 s + \cos 2\pi\tilde{\nu}_1 s = 2\cos^2\pi\tilde{\nu}_0 s + 2\cos^2\pi\tilde{\nu}_1 s\,.$$

Bei sehr nahe gelegenen $\tilde{\nu}_0$ und $\tilde{\nu}_1$ erhält man eine $\cos^2$-Schwebung von $E_e(s)$. Auch hier kann man ohne großen Aufwand anhand des ursprünglichen Interferogramms den Abstand beider Linien bestimmen. Die Fouriertransformierte von $E_e(s)$ liefert dann, wenn man eine maximale Spiegelverschiebung bis zu $s_{max}/2$ annimmt,

$$L_e(\tilde{\nu}) \sim s_{max}\left[\frac{\sin 2\pi(\tilde{\nu} - \tilde{\nu}_0)\,s_{max}}{2\pi(\tilde{\nu} - \tilde{\nu}_0)\,s_{max}} + \frac{\sin 2\pi(\tilde{\nu} - \tilde{\nu}_1)\,s_{max}}{2\pi(\tilde{\nu} - \tilde{\nu}_1)\,s_{max}}\right].$$

Linien mit wenig verschiedenen Wellenzahlen $\tilde{\nu}_1$, $\tilde{\nu}_2$ erscheinen noch getrennt, wenn der Abstand der Maxima größer ist als ihre Halbwertsbreite. Unter Berücksichtigung der obigen Beziehung für $\Delta\tilde{\nu}_H$ ergibt sich

$$\Delta\tilde{\nu} = -\frac{\Delta\lambda}{\lambda^2} \approx \frac{1}{2s_{max}}$$

und damit das Auflösungsvermögen zu

$$\left|\frac{\lambda}{\Delta\lambda}\right| \approx \frac{2s_{max}}{\lambda}.$$

Bei zahlreichen Fourierspektrometern werden Gangunterschiede bis zu 100 cm beherrscht. Bei einer Wellenlänge von $\lambda = 1\,\mu m$ beträgt demnach das Auflösungsvermögen

$$\left|\frac{\lambda}{\Delta\lambda}\right| \approx 10^6 .$$

Wie ein Vergleich mit der in Abschn. 3.10 angegebenen Tab. 3.1 zeigt, entspricht das Auflösungsvermögen dem einer hochauflösenden Fabry-Perot-Platte.

Schon Rubens hat sehr früh (1911) die Vorzüge dieser Art der Spektroskopie erkannt und wohl das erste Interferogramm aufgenommen. Aber die Fourier-Transformation war damals (ohne Rechner!) zu schwierig. Nach 1950 griffen P. B. Fellgett in Cambridge und P. Jacquinot in Paris den Gedanken wieder auf. Heute gibt es komplette Fourier-Spektrometer auf dem Markt.

Kantenfilter. An dieser Stelle sollen auch andere Möglichkeiten erwähnt werden, mit denen ein bestimmtes, schmales Wellenlängengebiet aus dem Kontinuum ausgesondert werden kann, das entweder hindurchgelassen oder zurückgehalten wird. Feste und flüssige Stoffe haben, von Ausnahmen (Salze der Seltenen Erdmetalle) abgesehen, so breite Absorptionsgebiete, daß allenfalls nur eine Seite der Absorptionsbande für eine Filterkombination in Frage kommt. Das gleiche gilt auch für Infrarotfilter aus verschiedenen Gläsern (Schott, Corning, Bausch u. Lomb), von denen einige das Licht bis $\lambda = 6\,\mu m$ hindurchlassen (Calcium-Aluminat- und Germanatgläser), bei Arsensulfidglas sogar bis $\lambda = 12\,\mu m$. Hier ein Beispiel für eine Filterkombination: Eine 1 mm dicke Scheibe eines Germanium-Einkristalls läßt das infrarote Licht ab etwa 1,7 µm hindurch; ein Glas-Filter begrenzt es auf der langwelligen Seite je nach Wahl und Dicke des Filters z. B. bei 2,9 µm (Schott RG). So kann man durch Kombination beider einen bestimmten infraroten Bereich erhalten, der den Vorteil hat, daß weniger Licht verlorengeht als bei einem Spektralapparat. Die Zahl der Möglichkeiten ist aber sehr begrenzt.

Viel günstiger sind die *Interferenzfilter*. Sie bestehen aus Mehrfachschichten von Stoffen verschiedener Brechzahl und können für einen bestimmten, engen Spektralbereich, der wählbar ist, hergestellt werden. Ausführlicher über Interferenzfilter in Abschn. 3.3.

Ein anderer Weg ist die Methode der *Reststrahlen*. Bestimmte Molekülanteile werden zu Resonanzschwingungen angeregt, wenn Strahlung auftritt. Die Resonatoren bewirken eine selektive Reflexion. Nach einigen Wiederholungen (gegenübergestellte Kristallflächen) sind nur noch die Eigenfrequenzen im Spektrum vorhanden. Ausführlich darüber in Abschn. 2.8.

Eine grobe Trennung kann mit der *Quarzlinsenmethode* erfolgen. Sie beruht darauf, daß die Brechzahlen je nach Wellenlänge unterschiedlich sind und damit sich auch die Brennweiten unterscheiden. Es wird also der Farblängsfehler ausgenutzt. Eine feine Lochblende befindet sich an der Stelle, wo das Licht des gewünschten Wellenlängenbereichs punktförmig konzentriert ist. Ausführlich darüber in Abschn. 2.8.

Beim Arbeiten mit infraroter Strahlung stört im allgemeinen das kürzerwellige Licht. Man kann dieses z.T. dadurch entfernen, daß man das Licht an einem Planspiegel mit entsprechender Oberflächenrauhigkeit reflektieren läßt. Durch diffuse Reflexion wird das kürzerwellige Licht (etwa $\lambda < 9\,\mu m$) zum großen Teil aus dem Strahlengang entfernt.

Ultraviolettes Licht (UV). Daß jenseits des violetten Endes vom sichtbaren Spektrum noch Strahlung vorhanden ist, wurde im Jahre 1801 von J.W. Ritter durch photochemische Wirkung entdeckt. Das ultraviolette Licht ist energiereicher als das infrarote. Deshalb ist der Nachweis einfach, obgleich die Strahlungsstärke der meisten Lichtquellen ziemlich schwach ist. Die Emission eines Temperaturstrahlers fällt auf der kurzwelligen Seite des Maximums der Strahlung viel steiler ab als auf der langwelligen Seite (vgl. Abschn. 5.5). Das ultraviolette Licht schwärzt jeden photographischen Film und löst aus allen Metallen Elektronen aus (lichtelektrischer Effekt). Die Energie ist also groß genug, um den Atomen Elektronen zu entreißen und damit chemische Reaktionen einzuleiten. Als Beispiele seien weiter erwähnt: Spaltung und Umwandlung von Molekülen, das Ausbleichen von Farbstoffen, die Bildung von Vitamin D aus Ergosterin im lebenden Körper und die Bakterien tötende Wirkung. Auch die Umwandlung von UV in sichtbares Licht durch *Fluoreszenz* ist bei vielen Substanzen möglich. Dabei wird immer energiereicheres, d.h. kürzerwelliges Licht in energieärmeres, d.h. längerwelliges Licht umgewandelt **(Stokessches Gesetz).** Es gibt zwar seltene Ausnahmen von dieser Regel; sie verletzen aber *nicht* den Energiesatz. Denn jedes Mal wird die fehlende Energie hinzu geliefert, z.B. aus dem Wärmevorrat. Auch können zwei absorbierte Lichtquanten in eines umgewandelt werden, wobei die doppelte Frequenz erhalten wird.

UV-Lichtquellen. Der kurzwellige schwache Ausläufer der *Temperaturstrahler* hat den Vorteil, ein vollkommen kontinuierliches UV-Spektrum zu liefern. Zum Erhalt ausreichender UV-Strahlungsstärke muß die Temperatur der Lichtquelle möglichst hoch sein. Man verwendete früher den Kohlebogen und überhitzte Glühlampen mit UV-durchlässigem Fenster. Die überwiegend vorhandene Infrarot-(IR-)Strahlung konnte leicht durch eine mit Wasser oder $CuSO_4$-Lösung gefüllte Küvette (mit Fenstern aus Quarzglas!) zurückgehalten werden. Das sichtbare Licht wurde anschließend durch ein UV-Filter entfernt.

Da die Lebensdauer eines überhitzten Wolfram-Glühfadens sehr kurz ist, wählt man besser eine *Halogenlampe* mit Quarzkolben. Verdampfende Wolframatome verbinden sich mit einem Halogen (z.B. Jod), mit dem der Kolben gefüllt ist. Nach einiger Zeit trifft das Wolframjodid-Molekül wieder auf den heißen Wolframfaden, wo es gespalten wird. Das W-Atom setzt sich auf dem Faden ab, und das Jod-Atom wird wieder frei. Auf diese Weise bleibt die Stärke des Wolframfadens auch bei höherer Temperatur länger erhalten.

Der *positive Krater des Kohlebogens* erreicht eine höchste Temperatur von 4000 K. Das UV-Spektrum ist überlagert von Banden, die vom ionisierten Gas im Lichtbogen herrühren. Deshalb wird im UV unterhalb von 300 nm keine Kontinuum-Strahlung ausgesendet. Die Sonne hat eine Oberflächentemperatur von 6000 K. Der kurzwellige Ausläufer der Strahlung (unterhalb von 180 nm) wird in großen Höhen der Atmosphäre für die Bildung von Ozon verbraucht. Der mittlere Teil des UV um 254 nm wird von diesem Ozon stark absorbiert. So erhalten wir an der Erdoberfläche (glücklicherweise!) nur noch das Ultraviolett der Sonne, das längerwellig ist als 300 nm.

Die große Zahl dicht beieinander liegender Spektrallinien, die von angeregten Atomen und Ionen im gasförmigen Zustand ausgesandt werden, kann bei manchen Experimenten das Kontinuum ersetzen. Man verzichtet oft auf Temperaturstrahler und zieht Gasentladungen ausgewählter Atomarten im Quarzkolben vor. Allgemein bekannt ist die *Quecksilberdampflampe im Quarzkolben,* schon lange verwendet für Bestrahlungszwecke (Entkeimung und als sog. künstliche Höhensonne). Die Zahl der monochromatischen Linien im UV-Spektrum des Quecksilbers ist zwar gering, aber die Strahlungsstärke ist groß, besonders die der Resonanzlinie bei 253,7 nm. Bei hohem Druck (20 at $\approx$ 2 MPa) sind die Linien fast verschwunden; ein Kontinuum erstreckt sich von etwa 240 nm bis ins sichtbare Spektralgebiet, unterbrochen durch eine Lücke zwischen 250 und 270 nm (Umkehr der Resonanzlinie mit Verbreiterung). Das *Eisenspektrum* enthält eine große Zahl intensiver Linien. Man erhält die Strahlung leicht von einer Bogenlampe mit Eisenstäben als Elektroden. Die Spektren der Atomarten findet man in Tabellen. Wünscht man eine bestimmte monochromatische Strahlung eines Elementes, und hat man nur wenig Substanz oder hat man die Substanz als Pulver oder in gelöstem Zustand, dann bringt man sie in den Kohlebogen und erhält die charakteristischen Linien des Atoms im Entladungsbogen zwischen den Kohlen. So können auch mehrere Atomarten zusammen ein Spektrum mit sehr vielen Linien ergeben, mit dem man z. B. nicht zu schmale Absorptionsbanden von festen oder flüssigen Substanzen messen kann. Für die Suche nach schmalen Absorptionsbanden und -linien aber ist eine Strahlungsquelle mit kontinuierlicher Verteilung über ein größeres Spektralgebiet erwünscht oder notwendig. Obgleich die Strahlungsstärke schwach ist, eignen sich sehr gut *Entladungslampen,* die *mit Wasserstoff oder Edelgasen* gefüllt sind. Die Spektren zeigen zwar noch überlagerte Linien. Diese kann man aber bei der Messung durch Differenzbildung eliminieren. Abb. 2.34 zeigt die spektrale Verteilung der Emission. Die Wasserstoffentladung wird schon seit 1930 verwendet. Das H_2-Molekül wird zur Strahlung angeregt, weshalb sich ein kontinuierliches Spektrum ergibt. Bei den Edelgasen ist offenbar auch eine Molekülbildung vorhanden [Lit. bei Abb. 2.34]. Die Entladungsröhren sind aus Glas oder Quarz und haben ein Fenster, z. B. CaF_2, das bis 130 nm durchlässig ist.

Für das Wellenlängengebiet zwischem dem kurzwelligen Ultraviolett von etwa $\lambda = 180$ nm und den weichen Röntgenstrahlen von etwa $\lambda = 0{,}1$ nm ($= 1$ Å) gab es lange Zeit hindurch keine Strahlungsquelle, die ein zusammenhängendes Spektrum (Kontinuum) aussendet. Heute wird mit den für die Elementarteilchenphysik geschaffenen kreisförmigen Elektronenbeschleunigern ein derartiges Kontinuum erzeugt. Bekanntlich strahlt jedes elektrisch geladene Teilchen, das sich in einer beschleunigten Bewegung befindet, eine elektromagnetische Welle ab. Befinden sich

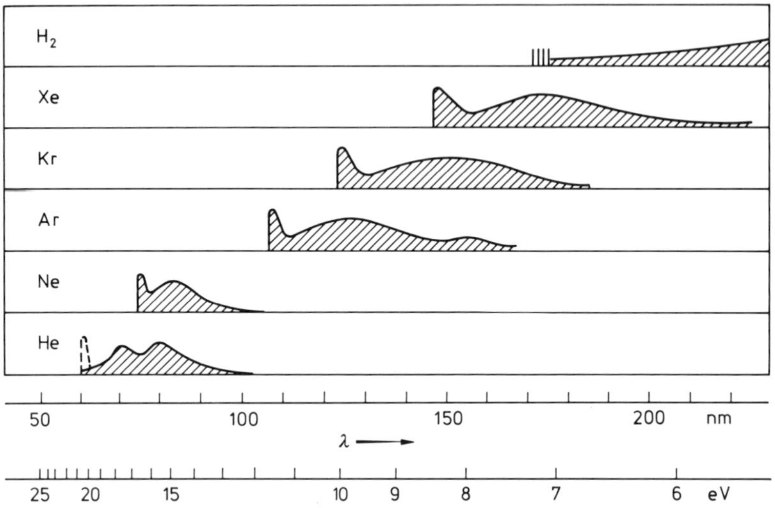

Abb. 2.34 Die kontinuierlichen Emissionsspektren von Wasserstoff und den Edelgasen im Ultraviolett (schematische Darstellung) (nach [13]).

die Teilchen auf einer Kreisbahn, so strahlen sie, weil die Bewegung eine beschleunigte ist (Richtungsänderung des Geschwindigkeitsvektors). Die Strahlungsenergie ist umgekehrt proportional der 4. Potenz der Ruhemasse; deshalb ist sie bei Protonen vernachlässigbar. Die Strahlung verläßt tangential die Kreisbahn der Ladungsträger. Die Polarisationsrichtung (elektr. Feldstärke) liegt in der Bahnebene (vgl. Abschn. 12.12).

Beim *Deutschen Elektronen-Synchrotron* (DESY) in Hamburg beträgt der Bahnradius 31,7 m; die Elektronen können bis auf 7,5 GeV beschleunigt werden und durchlaufen in 1,05 µs den Kreis. Die Elektronen emittieren Strahlung vorwiegend in Richtung der momentanen Geschwindigkeit. Da die Bewegung nahezu mit Lichtgeschwindigkeit erfolgt, entspricht die Richtcharakteristik nicht der üblichen Dipolstrahlung, sondern es tritt nur ein enges Strahlenbündel auf, das mit den Elektronen tangential um die Bahn rotiert (Abb. 2.35). Ein Beobachter außerhalb der Bahn sieht daher eine Folge kurzer Strahlungsimpulse im Abstand der Elektronenumlaufzeit von z. B. 1,05 µs. Jeder Impuls enthält ein breites Frequenzspektrum, das von der Bahnenergie der Elektronen abhängt, wie Abb. 5.15 zeigt. Bei 6 GeV ergibt sich ein Strahlungsverlust von 3,4 MeV pro Umlauf. Diese Leistung muß also zugeführt werden, wenn die Geschwindigkeit nicht abnehmen soll. Am Monochromator-Ausgang werden bei $\lambda = 10$ nm und einer Bandbreite von 0,1 nm etwa 10^8 Photonen/s bei einem Bahnstrom von etwa 100 mA gemessen. Bei $\lambda = 0{,}1$ nm (= 1 Å) sind es etwa 10^{11} Photonen/s! Zum Vergleich: Eine Krypton-Entladung ergibt bei $\lambda = 150$ nm (s. Abb. 2.34) etwa 10^7 Photonen/s. Zur Erzeugung von *Synchrotron-Strahlung* werden heute besondere Elektronenspeicherringe betrieben (z. B. BESSY = Berliner Elektronenspeicherring für Synchrotronstrahlung).

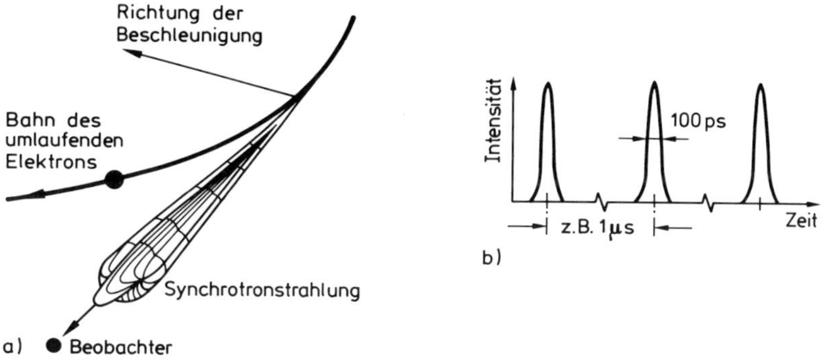

Abb. 2.35 Synchrotronstrahlung: a) Strahlungscharakteristik eines relativistischen Elektrons auf einer Kreisbahn; b) Zeitstruktur der Synchrotronstrahlung im single-bunch-Betrieb.

Zur Erzeugung von UV-Strahlung können auch kontinuierliche und gepulste **Laser** verwendet werden (s. Abb. 2.22). Im Vergleich zu anderen Strahlungsquellen können Laser sehr viel höhere Strahlungsleistungen liefern, sind aber nur über kleine Wellenlängenbereiche abstimmbar.

Empfänger für ultraviolette Strahlung. Die *photographische Platte* ist für Ultraviolett bis 185 nm sehr empfindlich. Unterhalb dieser Wellenlänge beginnt das sog. Schumann-UV, in welchem die Gelatine der photographischen Emulsion und der Sauerstoff der Luft die Strahlung absorbieren. Deshalb müssen hier Platten ohne Gelatine, sog. *Schumann-Platten,* verwendet werden, und die Strahlen müssen im Vakuum verlaufen (Vakuumspektrograph). Schumann-Platten sind unbequem zu behandeln; deshalb zieht man die *Photozelle mit Sekundärelektronenvervielfacher,* den sog. *Multiplier,* vor. Da man im Vakuum arbeitet, kann der offene Multiplier verwendet werden. Der Wirkungsgrad kann gesteigert werden, wenn vor den Multiplier eine fluoreszierende Substanz gebracht wird, z. B. eine dünne Schicht Natriumsalicylat. Die Wahl des fluoreszierenden Kristalls bzw. Schicht hängt von der UV-Wellenlänge ab. Da das Fluoreszenzlicht im sichtbaren Bereich liegt, bei Natriumsalicylat $\lambda = 400$ bis 470 nm, kann der Multiplier sich auch in einer abgeschlossenen Glasröhre, also mit Glasfenster befinden. Diese Art des Ultraviolett-Nachweises ist die bequemste und die heute wohl am meisten angewendete. Man hat nur auf die „Anpassung" zu achten, d. h. daß die UV-Strahlung den fluoreszierenden Stoff zum Leuchten anregt und daß die Fluoreszenzstrahlung im Empfindlichkeitsbereich der Photokathode liegt. Bei dem erwähnten Natriumsalicylat wird die Fluoreszenz im Gebiet von 60 bis 360 nm angeregt. Die Quantenausbeute ist außergewöhnlich hoch (99% bei $\lambda = 254$ nm). Das Natriumsalicylat bedeckt außen als dünne Schicht (2 mg/cm^2) das Glas- oder Quarzfenster des Photomultipliers. Andere fluoreszierende Stoffe (Szintillatoren) zur Vorschaltung vor den Multiplier sind: NaI(Tl), NaI rein, ZnS(Ag). Zur Strahlungsmessung ohne Multiplier eignen sich auch Halbleiter (z. B. CdS), deren elektrischer Widerstand mit der Bestrahlung sinkt.

Ultraviolettdurchlässige Materialien. Wegen der großen photochemischen Wirksamkeit der UV-Strahlung muß darauf geachtet werden, daß das Material nicht durch die Bestrahlung verändert wird, indem z.B. ein Fenster trübe wird. Dies gilt vor allem für das kurzwellige Ultraviolett unterhalb 100 nm.

Optische Gläser lassen im Ultraviolett bis etwa 350 nm hindurch, Spezialgläser bis 300 nm. Darunter wird am häufigsten Quarzglas verwendet, das bis 190 nm benutzt werden kann. Geringe Spuren von Verunreinigungen (Fe, Pb, Ce) vermindern die UV-Durchlässigkeit. CaF_2 ist bis 130 und LiF bis 110 nm durchlässig, Abb. 2.36. Eine 1 cm dicke Wasserschicht zeigt bis zu 190 nm kaum eine Absorption. Unterhalb von 185 nm absorbieren schon viele Gase merklich, vor allem Sauerstoff. Deshalb muß man zwischen 185 nm und 0,1 nm im Vakuum arbeiten (Vakuumspektrograph). Erst ab 0,1 nm (= 1 Å), also im Röntgengebiet, kann wieder bei normalem Luftdruck gearbeitet werden.

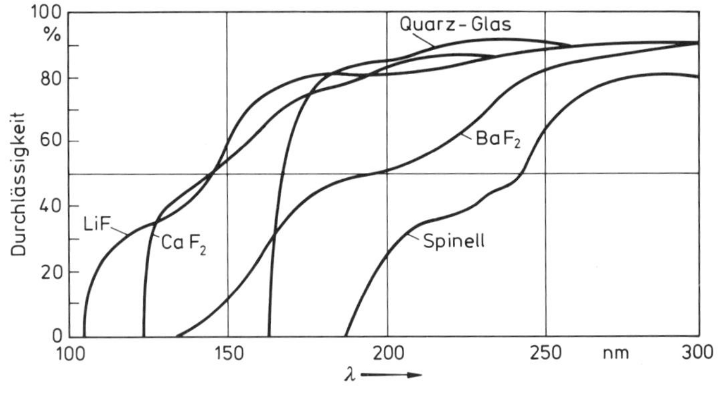

Abb. 2.36 Spektrale Durchlässigkeit einiger Stoffe im Ultraviolett (Schichtdicke 5 mm).

Um einen schmalen UV-Bereich zu erhalten, kann man zwar einen Monochromator mit Prisma oder Gitter nehmen. Es geht aber viel Licht verloren, und so sucht man nach geeigneten *Filtern* oder *Filterkombinationen*. Sehr gute Filter werden von Schott und Gen. in Mainz sowie von den Corning Glass Werken geliefert. Man kann sich für einige Bereiche aber auch leicht selbst Flüssigkeits-Filter herstellen, z.B. K_2CrO_4 in H_2O gelöst für $\lambda = 300$ bis 330 nm, $NiSO_4$ in H_2O gelöst für Wellenlängen unterhalb von 340 nm und andere, auch organische Substanzen. An dieser Stelle muß auch auf die wichtigen *Interferenzfilter* hingewiesen werden, die im Kap. 3 behandelt werden.

Die Möglichkeiten der Zusammensetzung von Linsen, z.B. zu Achromaten, sind wegen der geringen Zahl UV-durchlässiger Stoffe begrenzt. *Quarz-Flußspat-Achromate* gehören zu den meist verwendeten Kombinationen. Obgleich Flußspat teuer ist, kann man nicht darauf verzichten.

Spektrometer, Spektrographen und Monochromatoren werden für den ultravioletten Spektralbereich mit Quarzglasprismen und den gerade erwähnten Achromaten ausgerüstet. Sie werden für die Emissionsspektralanalyse, für Absorptions- und Reflexionsmessungen viel gebraucht. Die Dispersion ist wegen des steileren Verlaufs der Brechzahl größer als im sichtbaren Bereich. Wird ein Prisma nicht aus Quarzglas, sondern aus kristallinem Quarz (Bergkristall) hergestellt, dann muß die entstehende Zirkularpolarisation des Lichts kompensiert werden. Dies geschieht dadurch, daß das Prisma aus zwei Hälften von rechtsdrehendem und linksdrehendem Bergkristall besteht (*Cornu-Prisma*).

Im kurzwelligen UV (unterhalb von 190 nm), wo wegen der Absorption keine Prismen mehr verwendet werden können, nimmt man Strichgitter mit Spiegeloptik. Die Gitterstriche sind auf Metallspiegel geritzt, bzw. ein in Glas geritztes Strichgitter wird mit Metall bedampft. Der letzte Weg wird deshalb vorgezogen, weil als Metall Aluminium gern wegen seiner hohen Reflexion im UV gewählt wird; Aluminium ist aber stets mit einer dünnen Al_2O_3-Schicht bedeckt, die sehr hart ist und den Diamanten beim Ritzen schnell stumpf macht. Bei neueren Geräten wird auch im längerwelligen UV und im anschließenden sichtbaren Gebiet auf Prismen und Objektive verzichtet. Die Apparate bestehen nur aus der Spiegeloptik und dem Gitter.

2.6 Absorption der Strahlung

Bisher wurde die Absorption nur nebenher, gewissermaßen aus technischen Gründen erwähnt. Jetzt sollen ihre Gesetzmäßigkeiten behandelt werden. Dazu ist notwendig, mit monofrequentem Licht zu arbeiten, sei es im Ultraviolett, im Sichtbaren oder im Infrarot.

Wir wollen daher eine monofrequente Strahlung der Wellenlänge λ auf die Oberfläche eines Mediums fallen lassen. Ein bestimmter Bruchteil wird reflektiert. Der Rest, dessen Strahlungsleistung wir Φ_0 nennen wollen, dringt in das Medium ein. Bleibt diese Strahlungsleistung Φ_0 unverändert beim Durchgang, so heißt das Medium *durchlässig*, im Sichtbaren auch *durchsichtig*. Nimmt die Strahlungsleistung ab, so kann dies zwei Ursachen haben: 1. Das Licht wird teilweise absorbiert, d. h. verschluckt. Es wird von der Materie in eine andere Energieform umgewandelt, z. B. in längerwelliges Licht (Fluoreszenz) oder in Wärme. 2. Das Licht wird teilweise gestreut, z. B. an Staubteilchen in der Luft, an Schwebestoffen im Wasser oder an Luftbläschen im Glas. Hierbei wird das Licht von der ursprünglichen Richtung abgelenkt. Beide Ursachen zusammen nennt man *Extinktion* (= Auslöschung). Diese ist also zusammengesetzt aus der *Absorption* und der *Streuung*. Bei den folgenden Betrachtungen soll die Streuung vernachlässigbar klein sein. Dann können wir die Extinktion gleich der Absorption setzen.

Wenn die Fortpflanzungsrichtung der Strahlung etwa die l-Richtung ist, so nimmt die Strahlungsleistung mit wachsendem l ab. Nennen wir den Wert der noch vorhandenen Strahlungsleistung an der Stelle l nunmehr Φ, so ist diese an der Stelle $l + \mathrm{d}l$ offenbar $\Phi - \frac{\mathrm{d}\Phi}{\mathrm{d}l}\mathrm{d}l$, d. h. die längenbezogene Abnahme der Strahlungsleistung ist $-\frac{\mathrm{d}\Phi}{\mathrm{d}l}$. Es liegt nahe, diesen Wert proportional dem gerade vorhandenen Wert der Strahlungsleistung Φ zu setzen:

$$\frac{\mathrm{d}\Phi}{\mathrm{d}l} = -a\Phi(l), \quad \text{oder} \quad \frac{\mathrm{d}\Phi}{\Phi} = -a\,\mathrm{d}l; \quad (a > 0).$$

Die Integration ergibt sofort:

$$\ln\Phi = \ln\Phi_0 - a\,l,$$

oder:

$$\Phi = \Phi_0\,\mathrm{e}^{-al}. \tag{2.17}$$

Φ_0 ist also die Strahlungsleistung, die an der Stelle $l = 0$ in das Medium eindringt. Gl. (2.17) wird als das **Lambertsche Gesetz** bezeichnet. Es besagt, daß in jeder Schicht $\mathrm{d}l$ des Materials der gleiche Bruchteil der eindringenden Strahlung verschluckt wird. Die Größe a wird *Absorptionskoeffizient* genannt. a ist abhängig von der Wellenlänge λ und der Natur des absorbierenden Mediums, aber nicht von l. Da al in Gl. (2.17) die Dimension 1 hat, hat a die Dimension einer reziproken Länge; a wird z. B. in cm^{-1} gemessen. Seine physikalische Bedeutung ist die des reziproken Weges, auf dem die Strahlungsleistung auf den e-ten Teil herabsinkt. Denn für $a = 1/l$ wird nach Gl. (2.17) $\Phi_1 = \Phi_0\,\mathrm{e}^{-1}$.

A. Beer (1852) hat den Absorptionskoeffizienten a genauer bestimmt, indem er von dem Gedanken ausging, daß die Absorption längs eines Weges l nur von der Gesamtzahl der im Strahlengang befindlichen absorbierenden Individuen (Atome, Moleküle) abhängen könne. Ist also die Konzentration der absorbierenden Zentren c (bzw. ihr Partialdruck p), so ist die Gesamtzahl der absorbierenden Zentren offenbar proportional dem Produkt cl (bzw. pl). Bedeutet daher a' (a'') einen anderen Koeffizienten, so kann das Lambertsche Gesetz (2.17) geschrieben werden:

$$\Phi = \Phi_0\,\mathrm{e}^{-a'cl} \quad \text{bzw.} \quad \Phi = \Phi_0\,\mathrm{e}^{-a''pl}. \tag{2.17a}$$

In dieser Form wird es als Lambert-Beersches Absorptionsgesetz bezeichnet. Nach der zugrunde liegenden Auffassung sollte es also für die Absorption gleichgültig sein, ob man kleine Konzentrationen (oder Partialdrucke) und große Schichtdicken oder umgekehrt große Konzentrationen (und Partialdrucke) und kleine Schichtdicken verwendet, wenn nur das Produkt cl (oder pl) den gleichen Wert hat. Streng kann dies offenbar nur gelten, wenn die absorbierenden Zentren gegenseitig keine Wechselwirkung aufeinander ausüben, was man bei kleiner Konzentration (oder kleinem Partialdruck) wohl annehmen kann. Zweifelhaft ist dies aber bei hohen Konzentrationen (Partialdrucken). Tatsächlich findet man dann auch Abweichungen vom Lambert-Beerschen Gesetz. Es kann auch vorkommen, daß bei gleichbleibendem Partialdruck (Konzentration) der absorbierenden Zentren auch nichtabsorbierende Fremdstoffe eine störende Einwirkung ausüben; das würde bedeuten, daß die Absorption nicht nur vom Partialdruck (Konzentration), sondern auch vom Gesamtdruck (Gesamtkonzentration) abhängt; auch solche Fälle sind mehrfach festgestellt worden. Man kann also nur sagen, daß das Lambert-Beersche Gesetz den Charakter eines Grenzgesetzes für kleine Konzentrationen und Partialdrucke hat.

Der Absorptionskoeffizient a kann in Abhängigkeit von der Wellenlänge mit einem *Spektralphotometer* gemessen werden. Im Prinzip besteht ein Spektralphotometer aus zwei Spektrometern etwa in der Form, daß der Spalt eines Spektrometers derart unterteilt wird, daß die untere Hälfte frei bleibt, die obere Hälfte von der absorbierenden Substanz bedeckt wird und beide Hälften von der gleichen Strahlungsquelle beleuchtet werden. Dann entstehen zwei übereinanderliegende Spektren mit verschiedenen Helligkeiten für die verschiedenen Wellenlängen. Durch meßbare Schwächung der Strahlung durch den Vergleichsspalt (Verkleinerung des Spalts, Vorschaltung eines Filters bekannter Absorption, rotierender Sektor) werden die beiden Spektren bei jeder Wellenlänge auf gleiche Helligkeit gebracht. Die dazu nötige Schwächung des Vergleichsspektrums gibt dann ein Maß für die Absorption des untersuchten Stoffs. In anderen Formen von Spektralphotometern, speziell in solchen für objektive Strahlungsempfänger, wird der Spalt nicht unterteilt; jedoch wird der Strahlengang vor dem Spalt in zwei Teile geteilt, und ein Spiegel, der periodisch ein- und ausgeschaltet wird, bringt abwechselnd den einen oder anderen Strahlengang zum Spektrometerspalt. Die vom Spiegel umgeschalteten und im Meßinstrument angezeigten Intensitäten werden dann miteinander verglichen. Bei moderner technischer Ausführung solcher Spektralphotometer wird der Intensitätsvergleich durch geeignete Kompensationsschaltungen automatisch vorgenommen. Das ändert nichts am Prinzip. Das periodische Ein- und Ausschalten hat übrigens den weiteren Vorteil, Störung der Messung durch Umgebungseinflüsse, die langsam gegenüber der Wechselperiode erfolgen, dadurch auszuschalten, daß man die Empfänger in einen Wechselstromkreis einbaut, der auf die Wechselperiode abgestimmt ist, so daß sie auf Strahlung, die nicht mit dieser Periode „moduliert" ist, praktisch nicht ansprechen.

Bei diesem einfachen Meßverfahren wird nicht ermittelt, ob die auffallende Strahlungsleistung Φ_0 auch wirklich in das Medium eindringt. Es kann ja ein Teil reflektiert werden, wie dies bei Metallen besonders stark geschieht. Das Lambertsche Gesetz bezieht sich aber nur auf die eindringende Strahlung. Man umgeht diese Schwierigkeit bei der Messung, indem man beide Spalthälften mit Platten verschiedener Dicke bedeckt. Der Reflexionsverlust ist bei beiden Hälften der gleiche und fällt bei der Messung bzw. Rechnung heraus. Zu beachten ist ferner, daß das Licht senkrecht auf die Oberfläche der Platte trifft, damit die Plattendicke gleich dem Lichtweg ist.

In der Technischen Optik und Lichttechnik spielen die Reflexion, die Absorption, die Transmission und die Lichtstreuung eine große Rolle. Man denke nur an die Reflexion der vielen Linsenoberflächen bei Objektiven, an die Absorption und Durchlässigkeit (Transmission) von Filtergläsern und an die Lichtstreuung in Milchgläsern. Infolge verschiedenartiger Ansprüche und Meßmethoden sind Begriffe entstanden und gebräuchlich, die kurz geschildert werden sollen.

Die Strahlungsleistung Φ, die eine Lichtquelle in einem bestimmten Raumwinkel verläßt, kann sowohl energetisch (mit einem Thermoelement) als auch visuell (mit dem Auge) gemessen werden. Bei visueller Messung geht die Augenempfindlichkeit ein (wichtig z. B. bei Sonnenbrillen; s. Abb. 5.12). Die energetische Messung ist unabhängig hiervon und ebenso von der spektralen Empfindlichkeit anderer Empfänger. Visuell wird der Lichtstrom Φ in Lumen (lm) gemessen. (Eine international vereinbarte Normallichtquelle von der Lichtstärke 1 Candela sendet in den Raum einen Lichtstrom von 4π lm.) Energetisch wird die Strahlungsleistung Φ in Watt gemessen, d. h. die von einem schwarzen Empfänger zeitlich aufgenommene Strahlungsenergie (Wärme), vgl. Abschn. 5.9.

Die energetisch, bei einer bestimmten Wellenlänge λ gemessene Strahlungsleistung sei $(\Phi_{e\lambda})_0$. Beim Auftreffen auf einen optisch klaren Stoff geht ein Teil durch Reflexion verloren. Der Quotient aus reflektierter durch auffallende Strahlungsleistung wird *Reflexionsgrad* ϱ genannt. Der eindringende Anteil der Strahlungsleistung sei $(\Phi_{e\lambda})_{in}$, der aus dem Stoff austretende Teil sei $(\Phi_{e\lambda})_{ex}$. Die im Stoff absorbierte Strahlungsleistung ist somit gleich der Differenz. Der *spektrale Reinabsorptionsgrad* $\alpha_i(\lambda)$, also bezogen auf eine bestimmte Wellenlänge λ, ist somit

$$\alpha_i(\lambda) = \frac{(\Phi_{e\lambda})_{in} - (\Phi_{e\lambda})_{ex}}{(\Phi_{e\lambda})_{in}} = 1 - \frac{(\Phi_{e\lambda})_{ex}}{(\Phi_{e\lambda})_{in}} = 1 - \tau_i(\lambda) .$$

Der *spektrale Reintransmissiongrad* $\tau_i(\lambda)$ ist:

$$\tau_i(\lambda) = \frac{(\Phi_{e\lambda})_{ex}}{(\Phi_{e\lambda})_{in}} = 1 - \alpha_i(\lambda) .$$

Der Vorsatz „Rein" soll also darauf hinweisen, daß es sich um eine reine Absorption bzw. Transmission ohne teilweise Reflexion handelt. Sofern man sich dafür nicht interessiert, z.B. im Fall einer Sonnenbrille, spricht man einfach vom *spektralen Absorptionsgrad* $\alpha(\lambda)$, der einfach das Verhältnis der absorbierten spektralen Strahlungsleistung $(\Phi_{e\lambda})_\alpha$ zu der auffallenden Strahlungsleistung $\Phi_{e\lambda}$ ist:

$$\alpha(\lambda) = \frac{(\Phi_{e\lambda})_\alpha}{\Phi_{e\lambda}} .$$

Entsprechend gilt für den *spektralen Transmissionsgrad*

$$\tau(\lambda) = \frac{(\Phi_{e\lambda})_\tau}{\Phi_{e\lambda}} .$$

Der spektrale Absorptions- bzw. Transmissions*grad* enthält somit auch den Einfluß der Dicke des durchstrahlten Materials, während der spektrale Absorptions- bzw. Transmissions*koeffizient* unabhängig von der Dicke ist und nur vom Material und von der Wellenlänge abhängt.

An Stelle der (vom Deutschen Normenausschuß empfohlenen) Ausdrücke und Buchstabensymbole *Reflexionsgrad* ϱ, *Absorptionsgrad* α und *Transmissionsgrad* τ werden seit langem auch die Ausdrücke Reflexionsvermögen R, Absorptionsvermögen A und Durchlässigkeitsvermögen T benutzt. Ihre Anwendung sollte wegen der anzustrebenden Vereinheitlichung der Größennamen und -symbole vermieden werden.

Da die in Tab. 2.6 enthaltenen Absorptionskoeffizienten a alle der Ungleichung $1/a > \lambda$ genügen (λ in cm), gehören die genannten Stoffe zu den schwach absorbierenden. Als Gegenstück seien die Metalle genannt, für die a von der Größenordnung mehrerer Hunderttausend bis Millionen cm^{-1} ist (z.B. ist für Silber bei der Wellenlänge $0{,}630\,\mu m = 0{,}630 \cdot 10^{-4}\,cm$ der Absorptionskoeffizient $a = 5 \cdot 10^{+6}\,cm^{-1}$); hier ist $1/a < \lambda$, d.h. die Metalle sind stark absorbierende Stoffe.

Die Absorptionsverhältnisse sind bei den verschiedenen Stoffen äußerst mannigfaltig. Die Metalle haben für fast alle Wellenlängen vom UV bis IR starke Absorption; sie sind selbst in dünnen Schichten fast völlig undurchsichtig. Auch bei zahlreichen anderen Stoffen (z.B. gewissen Farbstoffen) finden sich breite Absorptionsgebiete. Bei Gasen finden wir dagegen vielfach die Absorption auf sehr schmale Wellenlängenbereiche beschränkt. Ein Beispiel dafür sind die Fraunhoferschen Li-

Tab. 2.6 Spektrale Absorptionskoeffizienten α einiger Stoffe.

CaF λ in µm	CaF a in cm^{-1}	NaCl λ in µm	NaCl a in cm^{-1}	KCl λ in µm	KCl a in cm^{-1}
1–6	< 0,001	1– 5	0	6– 8	< 0,001
7	–	6– 8	< 0,001	9–11	0,005
8	0,17	9–11	0,005	11–13	0,005
9	0,61	12	0,007	14	0,025
10	1,8	13	0,024	15	0,047
11	4,6	14	0,071	16	0,066
12	> 7	15	0,167	17	0,081
		16	0,41	18	0,148
		17	0,66	19	0,277
		18	1,29	20,7	0,535
		19	2,34	24	1,86
		20,7	5,1		
		24	10,7		

nien im Sonnenspektrum: Sie sind die infolge von Absorption durch die Dämpfe der Sonnenoberfläche im Sonnenspektrum fehlenden Wellenlängen.

Schließlich eine grundsätzliche Bemerkung: Wir werden im folgenden sehen, daß es überhaupt keine Stoffe gibt, die nicht in irgendeinem Spektralgebiet Absorption zeigen. Insbesondere gilt das auch für die im Sichtbaren völlig durchlässigen Stoffe (farblose Gläser, Flußspat, Steinsalz, Sylvin); auch sie besitzen entweder im UV oder im IR oder in beiden Spektralgebieten ausgeprägte Absorption.

Beziehungen zwischen Reflexion, Brechung und Absorption. Die engen Beziehungen, in denen die Absorption zur Dispersion steht, zeigen sich auch in gewissen quantitativen Verhältnissen, die wir hier zusammenstellen wollen, um sie später zu benutzen. Die bisherigen Erörterungen über Reflexion sind insofern unvollständig, als wir noch keine Angaben darüber gemacht haben, welcher Bruchteil der einfallenden Strahlung reflektiert wird. Dieser ist von der relativen Brechzahl der beiden aneinander grenzenden Medien abhängig. Wir beschränken uns auf den Fall, daß das erste Medium Vakuum (oder Luft) ist; dann fällt die relative Brechzahl mit der absoluten zusammen. Die allgemeine Aufgabe ist für beliebige Einfallswinkel von A. Fresnel gelöst worden (*Fresnelsche Formeln,* Kap. 4). Wir betrachten aber hier nur den einfachsten Fall senkrechter Inzidenz; auf den allgemeinen Fall schiefer Inzidenz kommen wir in Abschn. 4.2 zurück. Nennen wir die Amplitude der einfallenden Welle E_e, die der reflektierten E_r, so ergeben die Fresnelschen Formeln für diesen Spezialfall:

$$\frac{E_r}{E_e} = \frac{1-n}{1+n}. \tag{2.18}$$

Unter dem *Reflexionsgrad* ϱ versteht man – für senkrechte Inzidenz – die Größe E_r^2/E_e^2, da die Energie proportional dem Quadrat der Amplitude ist. Daher ergibt sich für ϱ

$$\varrho = \left(\frac{n-1}{n+1}\right)^2 . \tag{2.19}$$

Diese Gleichung gilt aber nur für *durchsichtige Stoffe*, genauer gesagt, nur in solchen Spektralgebieten, in denen der Absorptionskoeffizient a vernachlässigbar klein ist. Für ein Glas der Brechzahl $n = 1{,}5$ folgt z. B. $\varrho = 1/25$, das sind 4% der auffallenden Strahlung; selbst für große Brechzahlen, z. B. $n = 2{,}4$ für Diamant, ist der reflektierte Betrag relativ klein, nämlich $\varrho = 17\%$.

Für *absorbierende Stoffe* erhält man das an Stelle von Gl. (2.19) tretende Resultat, indem man die Brechzahl mit Hilfe des Absorptionsindex κ komplex ansetzt – (die komplexe Brechzahl wird mit $\mathfrak{n}$ bezeichnet):

$$\mathfrak{n} = n(1 - \mathrm{i}\kappa) = n - ik \quad \text{mit} \quad k = \frac{\alpha\lambda}{4\pi} . \tag{2.20}$$

Die Begründung dafür findet der Leser bis zu einem gewissen Grad im folgenden Abschn. 2.7. Der imaginäre Teil der komplexen Brechzahl, nämlich $k = n\kappa$, ist stets für die Absorption verantwortlich, während der reelle Teil n, wie bei durchsichtigen Medien, die Brechungsverhältnisse bestimmt. Ersetzt man in Gl. (2.18) n durch $\mathfrak{n} = n(1 - \mathrm{i}\kappa)$, so folgt zunächst:

$$\frac{\mathscr{E}_\mathrm{r}}{\mathscr{E}_\mathrm{e}} = \frac{\mathfrak{n} - 1}{\mathfrak{n} + 1} = \frac{n - 1 - \mathrm{i}n\kappa}{n + 1 - \mathrm{i}n\kappa} . \tag{2.18a}$$

Darin ist nun $E_r/E_\mathrm{e} \to \mathscr{E}_r/\mathscr{E}_\mathrm{e}$ jetzt komplex, da die rechte Seite von Gl. (2.18a) komplex ist. Um ϱ als Quadrat des Absolutbetrages von $\mathscr{E}_r/\mathscr{E}_\mathrm{e}$ zu finden, hat man Zähler und Nenner mit dem konjugiert komplexen Wert zu multiplizieren; das gibt:

$$\varrho = \left|\frac{\mathscr{E}_\mathrm{r}}{\mathscr{E}_\mathrm{e}}\right|^2 = \frac{(n - 1 - \mathrm{i}n\kappa)(n - 1 + \mathrm{i}n\kappa)}{(n + 1 - \mathrm{i}n\kappa)(n + 1 + \mathrm{i}n\kappa)} ,$$

und die Ausrechnung liefert die *Beersche Formel:*

$$\varrho = \frac{(n-1)^2 + n^2\kappa^2}{(n+1)^2 + n^2\kappa^2} . \tag{2.19a}$$

Diese Gleichung, die uns später noch beschäftigen wird, erklärt z. B. ohne weiteres den großen Reflexionsgrad der Metalle. Für die Wellenlänge des Na-Lichtes ist bei Kupfer $n\kappa = 2{,}62$ und $n = 0{,}64$; das gibt einen Reflexionsgrad von 75%. Für Silber lauten die entsprechenden Zahlen : $n\kappa = 3{,}67$ und $n = 0{,}18$, was $\varrho = 95\%$ ergibt.

Ist das erste Medium nicht das Vakuum ($n = 1$), sondern ein beliebiges Medium ($n = n_1$) und hat das zweite die Brechzahl n_2, so geht Gl. (2.19a) über in

$$\varrho = \left(\frac{n_2 - n_1}{n_2 + n_1}\right)^2 \tag{2.19b}$$

für zwei durchsichtige Medien; ist Medium 2 absorbierend, so geht Gl. (2.19a) über in

$$\varrho = \frac{(n_2 - n_1)^2 + n_2^2\kappa^2}{(n_2 + n_1)^2 + n_2^2\kappa^2} . \tag{2.19c}$$

2.7 Die Dispersion des Lichtes: Anomale Dispersion

In Abschn. 2.3 hatten wir die Farbenzerstreuung von Medien untersucht, die in dem in Betracht kommenden Wellenlängenbereich durchlässig sind; die erhaltenen Dispersionskurven $n = n(\lambda)$ haben alle den gleichen Charakter, n nimmt mit wachsender Wellenlänge λ ab. Bereits A. Cauchy (1876) hat sich die Frage vorgelegt, woher die Dispersion komme und welchen Charakter die Funktion $n = n(\lambda)$ habe. Ohne auf seine inzwischen überholten theoretischen Anschauungen einzugehen, erwähnen wir nur das praktische Ergebnis seiner Untersuchung, die sog. *Cauchysche Dispersionsformel:*

$$n^2 = A + \frac{B}{\lambda^2} + \frac{C}{\lambda^4} + \dots, \qquad (2.21\,\text{a})$$

in der A, B, C ... geeignet zu bestimmende Konstanten sind. (Da n^2 positiv ist und mit abnehmender Wellenlänge zunimmt, müssen A und B positiv sein, während a priori über die übrigen Konstanten nichts ausgesagt werden kann.) Es gelingt im großen und ganzen, wenigstens für das sichtbare Gebiet, die Konstanten so zu wählen, daß die experimentell gefundenen n-Werte durch die Formel recht gut wiedergegeben werden. Dennoch ist Gl. (2.21 a) nicht die endgültige Lösung des Problems; denn für $\lambda = \infty$ erhält man $n_\infty^2 = A$, das nach der elektromagnetischen Theorie des Lichtes gleich der Dielektrizitätskonstante (DK) ε sein sollte. Die Beziehung $A = \varepsilon$ ist aber keineswegs in allen Fällen zutreffend. Übrigens sah man sich auch zuweilen genötigt, noch ein Glied von anderer Gestalt hinzuzufügen:

$$n^2 = A + \frac{B}{\lambda^2} + \frac{C}{\lambda^4} + \dots - A'\lambda^2\,, \qquad (2.21\,\text{b})$$

wobei hervorzuheben ist, daß dieses Glied *negatives* Vorzeichen besitzt. Während der Ausdruck $A + \frac{B}{\lambda^2} + \frac{C}{\lambda^4} \dots$ immer abnimmt, wenn λ wächst, fällt das hinzugefügte Glied $A'\lambda^2$ unter der gleichen Bedingung immer mehr ins Gewicht. Es wird sich also z. B. bei den langen Wellen im infraroten Spektralgebiet bemerkbar machen, und zwar dadurch, daß die Dispersionskurve schließlich *konkav* gegen die Abszissenachse verläuft, wobei aber immer n mit wachsender Wellenlänge noch abnimmt.

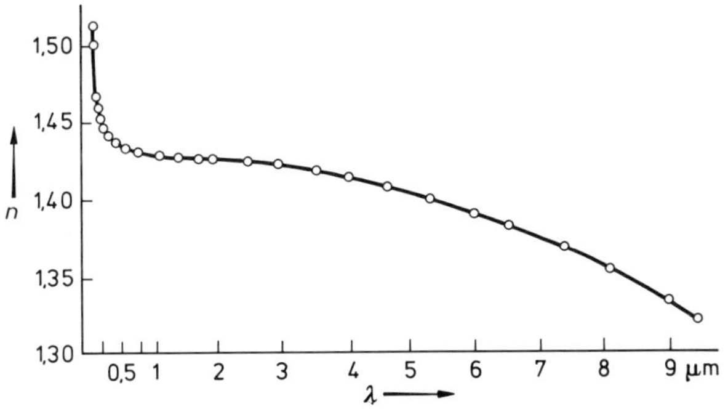

Abb. 2.37 Dispersionskurve von Flußspat.

Als Beispiel führen wir die Dispersionskurve für Flußspat im Gebiet von 0,2 bis 9 μm an (Abb. 2.37). Hier sieht man deutlich bei längeren Wellen die Änderung der Kurve.

Gemeinsam ist aber Gl. (2.21 a) und (2.21 b), daß n mit wachsender Wellenlänge abnimmt. Da diese Tatsache bei allen zuerst untersuchten Stoffen auftrat – weil man die für die praktische Optik wichtigen durchsichtigen Stoffe untersuchte – hat diese Art von Dispersion die Bezeichnung **normale Dispersion** erhalten. Heute weiß man, daß diese „normale" Farbenzerstreuung nur ein Spezialfall der allgemeinen Dispersion ist.

Als Beispiel eines Dispersionsverhaltens hat zuerst Ch. Christiansen (1870) eine alkoholische Fuchsinlösung untersucht. Sie besitzt im Grün einen Streifen selektiver Absorption. Christiansen konnte unter diesen Umständen, obwohl er ein Flüssigkeitsprisma von nur 1° brechendem Winkel und eine maximale Konzentration von etwa 18% benutzte, die Farbzerstreuung nur in den durchlässigen Partien Rot, Orange, Gelb einerseits und Blau, Indigo, Violett andererseits messen, während das Grün völlig ausgelöscht war. Seine Ergebnisse sind in Tab. 2.7 enthalten: Die Linien B, C, D folgen in der Reihenfolge aufeinander, wie man es von der normalen Dispersion gewöhnt ist: n fällt mit zunehmender Wellenlänge. Aber der Vergleich der bei diesen längeren Wellen auftretenden Bechzahlen mit denen der kurzen Wellen (F, G, H) zeigt, daß diese viel weniger gebrochen werden als die längeren Wellen (B, C, D). Wir haben also im Spektrum zunächst eine umgekehrte Farbenfolge, wenn man (F, G, H) als Ganzes mit (B, C, D) vergleicht. Dies wird in der Abb. 2.38 schematisch zum Ausdruck gebracht, in der untereinander ein normal dispergiertes Spektrum (a) und ein durch das Prisma aus Fuchsinlösung (b) erzeugtes gezeichnet sind; im letzteren fehlt der schwarz gezeichnete Bereich vollständig. Noch eine Besonderheit zeigt sich in den Zahlen von Christiansen: die Fuchsinlösung hat für die beiden Wellenlängen 486,1 nm (F) und 396,0 nm (H) *dieselbe Brechzahl*. Beide Wellenlängen werden also um den gleichen Betrag durch das Prisma abgelenkt; das heißt: Man erhält an dieser Stelle eine *Mischfarbe* im Spektrum aus Violett und Blau.

A. Kundt (1871) hat erkannt, daß die merkwürdigen Erscheinungen, die man unter der Bezeichnung **anomale Dispersion** zusammenfaßt, mit dem Auftreten einer Absorptionsstelle im Spektrum zusammenhängen. Er hat das gleiche Phänomen bei zahlreichen, stark selektiv absorbierenden Stoffen (Cyanin, Magdalarot, Malachit-

Tab. 2.7 Dispersion einer Fuchsinlösung.

Fraunhofersche Linien	Wellenlänge in mm	Brechzahl
H (Violett)	396,0	1,312
G (Indigo)	430,8	1,285
F (Blau)	486,1	1,312
E (Grün)	527,0	
D (Gelb)	589,3	1,561
C (Orange)	656,3	1,502
B (Rot)	686,3	1,450

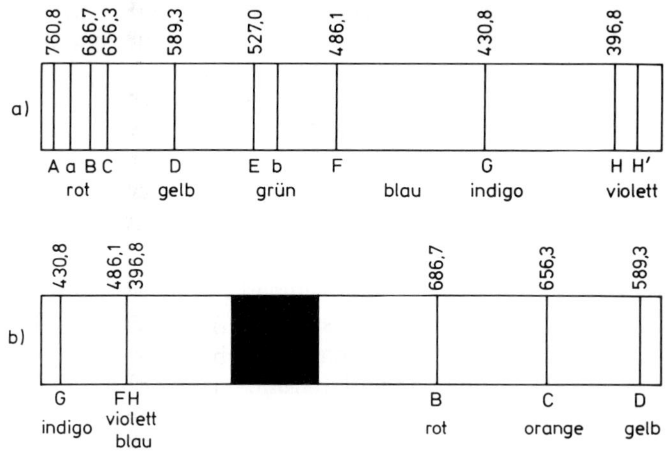

Abb. 2.38 a) Spektrum normaler Dispersion; b) Spektrum anomaler Dispersion, erzeugt durch ein Prisma aus Fuchsinlösung.

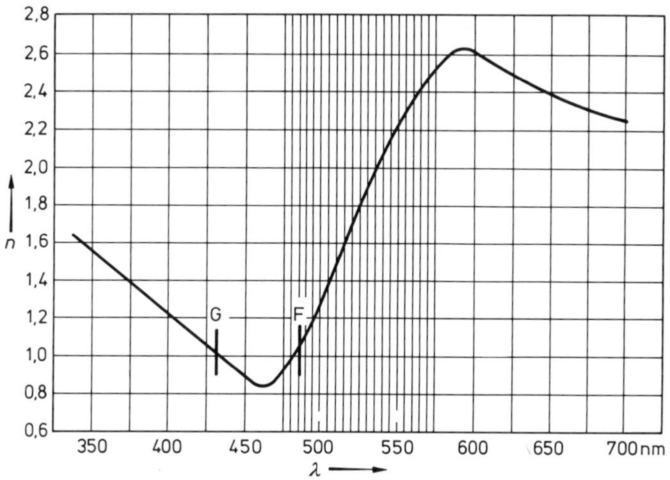

Abb. 2.39 Spektraler Verlauf der Brechzahl von festem Fuchsin.

grün, usw.) nachgewiesen. A. Pflügler (1901) und später R.W. Wood (1901) ist es dann gelungen, nicht nur an gefärbten Lösungen, sondern auch an den festen Stoffen selbst die Messungen durchzuführen, indem sie Prismen von sehr kleinem brechenden Winkel (40″ bis 130″) herstellten. Pflügler hat dann als Erster die Brechzahlen auch in der Absorptionsbande gemessen. Abb. 2.39 zeigt seine Resultate für festes Fuchsin. Die quantitativen Angaben differieren von den oben mitgeteilten Christiansens, weil es sich bei Pflügler um den festen Stoff handelt.

Aus Abb. 2.39 kann man alle Besonderheiten erkennen, die mit der Erscheinung der anomalen Dispersion verknüpft sind. Wenn wir zunächst von dem Absorptionsbereich im Grünen (in Abb. 2.39 schraffiert) absehen, finden wir wieder, daß das kurzwellige Licht (von etwa 330 nm bis zur Linie G, 434 nm) eine kleinere Brechzahl aufweist als das langwellige (von 589 nm bis 671 nm). Daß dies immer der Fall ist, wenn eine Absorptionsbande vorhanden ist, hat zuerst Kundt bei seinen erwähnten Versuchen bewiesen. Er formulierte diesen Sachverhalt folgendermaßen: *Eine Absorptionsbande erniedrigt die Brechzahl auf ihrer kurzwelligen Seite und erhöht sie auf der langwelligen Seite.* Das ist der Grund für die anomale Farbenfolge sowie dafür, daß die Dispersionskurve auf der kurzwelligen Seite der Absorptionsbande schließlich konkav gegen die Abszissenachse verläuft. Die Erniedrigung der Brechzahl auf der kurzwelligen Seite der Absorptionsbande kann so weit gehen, *daß n unter den Wert 1 sinkt;* das ist in Abb. 2.39 der Fall für die Umgebung der Wellenlänge 469 nm. Nach den Erörterungen in Abschn. 2.2 bedeutet das, daß die Phasengeschwindigkeit $v_p > c$ ist, und das ist, wie dort auseinandergesetzt, kein Widerspruch gegen die Behauptung, daß ein Signal sich niemals mit größerer Geschwindigkeit als c fortpflanzen kann. Es braucht übrigens nicht immer der Fall zu sein, daß Werte von $n < 1$ auftreten. Wie weit die Erniedrigung von n auf der kurzwelligen Seite geht, hängt ganz von der Stärke der Absorption, d. h. vom Wert des Absorptionskoeffizienten a ab: je größer a ist, desto ausgesprochener ist die nach dem Kundtschen Satz auftretende Erniedrigung von n. Weiter erkennt man aus Abb. 2.39, daß es Wellenlängenpaare geben muß, denen die *gleiche* Brechzahl zukommt, z. B. die Fraunhoferlinien G und F. Schließlich zeigt Abb. 2.39 noch, *daß die Brechzahl im Absorptionsgebiet mit der Wellenlänge zunimmt.* Dieses Wachstum von n mit λ wird eigentlich als die Anomalie der Dispersion betrachtet; denn außerhalb der Absorptionsbande ist links und rechts die Dispersion normal.

Die Methode, mit der Kundt seine Versuche ausführte, war die Newtonsche Anordnung der gekreuzten Prismen, die wir in Abschn. 2.3 besprochen und an Abb. 2.9 erläutert hatten. Für die Untersuchung der anomalen Dispersion ist diese Anordnung besonders nützlich.

Durch ein Prisma mit vertikaler und ein zweites mit horizontaler (also „gekreuzter") brechender Kante wird ein paralleles Bündel weißen Lichtes geschickt; das erste Prisma allein würde ein horizontales, das zweite allein ein vertikales Dispersionsspektrum erzeugen, das etwa durch die Verteilung der Fraunhoferschen Linien A bis H charakterisiert sein möge; beide Prismen zusammen erzeugen ein schräges Spektrum, das als die „Resultante" der beiden Einzelspektren betrachtet werden kann. Sind die beiden Prismen identisch, so erzeugen sie für sich identische Spektren, eins horizontal, eins vertikal, beide zusammen ein unter 45° gegen die Vertikale geneigtes, geradliniges Spektrum, wie es Abb. 2.40a zeigt. Das erste Prisma (mit vertikaler Kante) wollen wir unverändert lassen, dagegen für das zweite ein anderes Material wählen (z. B. sei das erste ein Flintglasprisma, das zweite eins aus Kronglas). Beide Prismen, obwohl verschieden dispergierend, besitzen *normale Dispersion.* Das Resultat ist diesmal wieder ein schräges Spektrum, das aber gekrümmt ist (Abb. 2.40b), weil eben die Verteilung der Fraunhoferschen Linien in beiden Prismen verschieden ist. Dieses gekrümmte Spektrum ist geradezu die *Dispersionskurve des Kronglasprismas,* bezogen auf die Dispersion des Flintglasprismas (hätten wir statt der Flintglasdispersion eine solche, bei der die Ablenkung proportional der Wellen-

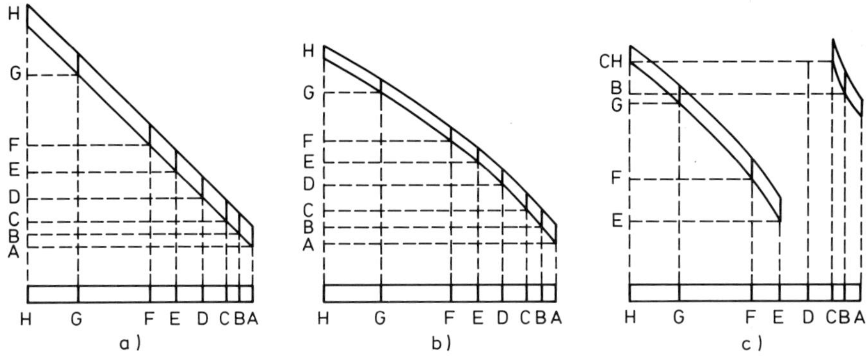

Abb. 2.40 Mit gekreuten Prismen aufgenommene Spektren a) beide Prismen aus Flintglas; b) erstes Prisma aus Flintglas, zweites Prisma aus Kronglas; c) erstes Prisma aus Flintglas, zweites Prisma aus Cyaninlösung.

länge wäre[2], so hätten wir direkt im schräg gekrümmten Spektrum die Dispersionskurve im bisherigen Sinne vor uns, bei der auf der Abszisse die Wellenlängen dargestellt sind).

Wir wollen für das zweite Prisma ein *anomal dispergierendes* nehmen, z. B. ein Flüssigkeitsprisma mit konzentrierter Cyanidlösung; dann erhalten wir das Bild der Abb. 2.40c, die im oben bezeichneten Sinn die (etwas verzerrte) Dispersionskurve des Cyanins ist. Cyanin hat im Gelb (Gegend der D-Linie) eine starke Absorption, das Gelb fehlt also in der Kurve. Man sieht links vom Absorptionsgebiet die normal verlaufende Dispersion der kürzeren Wellen (Linien H, G, F, E); dann kommt die Lücke bei D, und rechts davon, ebenfalls normal verlaufend, die Dispersion des langwelligen Teiles (Linien C, B, A). Der linke Teil der Kurve zeigt die erniedrigende, der rechte die erhöhende Wirkung des Absorptionsgebietes: Die längere Welle (Linie C) wird stärker gebrochen als die kürzere Welle (Linie E). Man sieht mit einem Blick die Eigentümlichkeiten der anomalen Dispersion, z. B. auch das Auftreten der Mischfarben (C und H in der Abb.) usw. Wood ist es gelungen, mit sehr spitzwinkligen Prismen aus festem Cyanin auch den Anstieg der Brechzahlen in der Absorptionsbande auf diese Weise sichtbar zu machen.

Bisher haben wir nur Stoffe betrachtet, die im Spektrum *eine* (mehr oder minder eng begrenzte) Absorptionsbande haben. Wenn wir jetzt zur Besprechung des allgemeineren Falles mehrerer Absorptionsbanden übergehen, so ist der Dispersionsverlauf bei *jeder* Absorptionsbande durch die Kundtsche Regel bestimmt: auf der kurzwelligen Seite *jeder* Absorptionsbande Erniedrigung, auf der langwelligen Erhöhung der Brechzahl. Ein gutes Beispiel dafür liefert (Abb. 2.41) die Dispersion von Quarz, der im UV eine Absorptionsstelle bei 0,103 μm, im IR deren zwei bei 8,84 μm und 20,75 μm besitzt. Die Abbildung zeigt zunächst zwischen 0,103 μm und 8 μm die bekannte normale Dispersion, die Erhöhung von n bei Annäherung an

[2] Mit Prismen läßt sich dies nicht erreichen, wohl aber gilt dies für die Beugungsspektren, die durch Gitter entworfen werden.

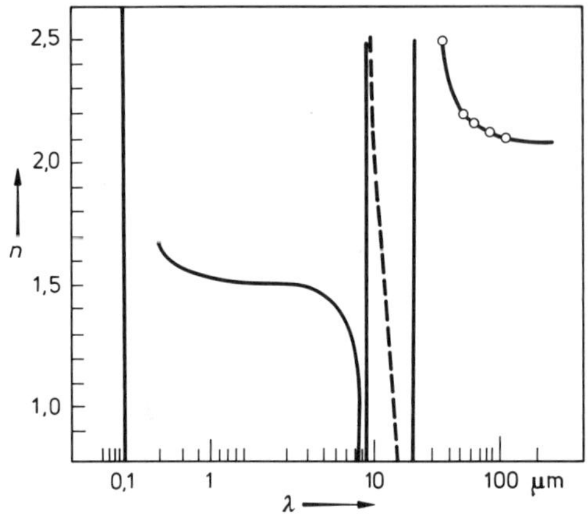

Abb. 2.41 Dispersionskurve von Quarz.

die Wellenlänge 0,103 μm ($n > 1{,}6$ bei 0,2) und die starke Erniedrigung ($n < 1$) bei Annäherung an 8 μm, den Umschlag von Konvexität zu Konkavität gegen die Abszissenachse. Zwischen den beiden Absorptionsstellen von etwa 8 μm und 20 μm ist der normale Dispersionsverlauf zwar schematisch eingezeichnet, aber nicht gemessen. Dagegen ist bei noch größeren Wellenlängen als 20 μm der Dispersionsverlauf wieder normal. Und zwar sieht man hier besonders deutlich die Erhöhung von n, das die großen Werte von 2,6 bei 33 μm bis etwa 2,1 bei etwa 110 μm aufweist.

Da zwischen zwei Absorptionsbanden die Brechzahl von hohen Werten bis zu kleinen abfällt (vgl. z. B. Abb. 2.41), so folgt daraus, daß die Dispersion im allgemeinen um so größer ist, je enger die Absorptionsbanden im Spektrum aneinander liegen: *die Verteilung der Absorptionsbanden bestimmt also den Verlauf der Dispersion.* Dafür liefern besonders schöne Beispiele die Erscheinungen der anomalen Dispersion bei Dämpfen (z. B. bei Natrium), die von A. Kundt (1880), R. W. Wood (1904) und P. V. Bevan (1911) untersucht worden sind.

Kundts ursprüngliche Anordnung war die folgende: Läßt man weißes Licht durch leuchtenden Na-Dampf, z. B. durch eine viel Na-Dampf enthaltende Bunsenflamme hindurchgehen und zerlegt das austretende Licht durch ein Prisma mit vertikaler Kante in ein horizontales Spektrum, so stellt man fest, daß der Na-Dampf das Gelb des Spektrums genau an der Stelle der D-Linie völlig absorbiert, für diese Wellenlänge tritt also im Spektrum des weißen Lichtes eine Absorptionsstelle auf. Bei genauer Betrachtung sieht man, daß das Spektrum zu beiden Seiten der Absorptionsstelle die in Abb. 2.42a dargestellten Verzerrungen zeigt: Infolge der ungleichen Temperaturverteilung wirkt die Na-Flamme wie ein Prisma mit horizontaler brechender Kante, so daß man im ganzen die Anordnung der gekreuzten Prismen und damit die Dispersionskurve des Na-Dampfes vor sich hat. Man erkennt die Erniedrigung der Brechzahl (Ablenkung nach unten) auf der kurzwelligen und die Erhöhung auf der andern Seite der Absorptionslinie. Der Versuch gelingt besser, wenn man (nach Wood) an Stelle der einfachen Na-Flamme die in Abb. 2.43 skizzierte Anordnung benutzt. Ein an beiden Enden durch aufgekittete Glasplatten G_1 und G_2 verschlos-

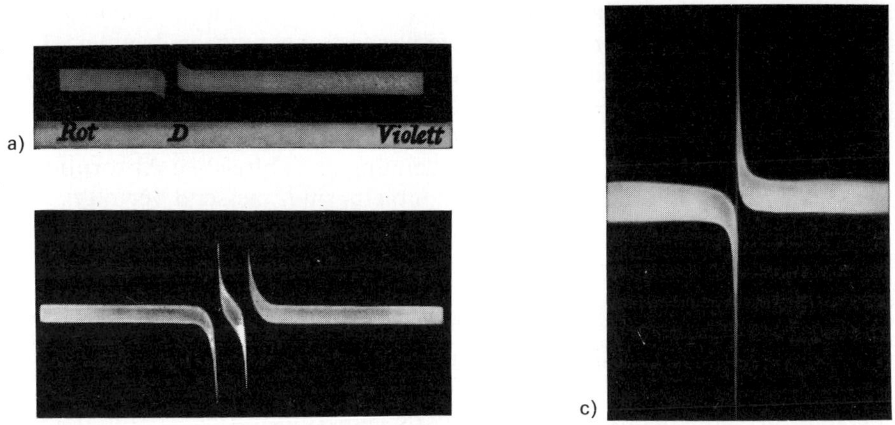

Abb. 2.42 Anomale Dispersion des Natriumdampfes bei kleiner (a, b) und großer (c) Dispersion.

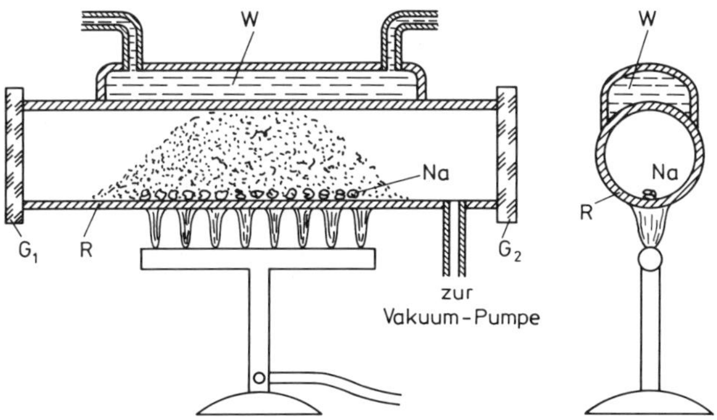

Abb. 2.43 Anordnung nach Wood zum Nachweis der anomalen Dispersion des Natriumdampfes.

senes Eisenrohr enthält auf seinem Boden einige Stücke metallisches Natrium, das durch einen untergesetzten Bunsenbrenner verdampft wird. Die Oberseite des Rohres wird mit fließendem Wasser gekühlt. Der Temperaturabfall von unten nach oben bewirkt, daß der Na-Dampf unten dichter, oben dünner ist: das Rohr ist also einem Na-Prisma mit horizontaler Kante äquivalent. (Da Natrium beim Erhitzen reichlich Wasserstoff abgibt, muß das Rohr R dauernd mit einer Vakuumpumpe in Verbindung stehen, so daß ein Druck von einigen mbar dauernd aufrechterhalten wird; durch die Diffusion des Na-Dampfes in Wasserstoff wird die Dichteabnahme des Na von unten nach oben in gewisser Weise stabilisiert, so daß die Gestalt des „Na-Prismas" für lange Zeit ungeändert bleibt.) Man erhält dann die Abb. 2.42b, die die Erscheinung viel deutlicher als vorher zeigt (siehe auch Bild 13 auf Tafel II).

Wenn der Na-Dampf nicht zu dicht ist und das Glasprisma eine hinreichend große Dispersion besitzt, so kann man noch eine feinere Erscheinung beobachten. Die D-Linie ist nämlich eine Doppellinie (D_1 und D_2), die man bei großer Dispersion getrennt sehen kann; man hat also zwei Absorptionslinien, die nach dem oben auseinandergesetzten Prinzip beide eine anomale Dispersion erzeugen, so daß sich das Bild der Abb. 2.42c ergibt. Bevan hat die Erscheinung an zahlreichen Absorptionslinien der Alkalien (Na, K und Rb), die alle Dubletts sind, messend verfolgt.

2.8 Dispersion und Absorption schwach absorbierender Substanzen; Anwendungen

Die Dispersionsformeln Gl. (2.21) sind empirische Näherungsformeln. Man hat das Bedürfnis, eine tiefer begründete Dispersionsformel aufzustellen, die außerdem den Zusammenhang zwischen Absorption und Dispersion zum Ausdruck bringt. Obwohl die Maxwellsche Theorie der Elektrizität die Wellennatur elektromagnetischer Strahlung erkennen läßt, so reicht sie in der in Bd. 2 beschriebenen Form sicher nicht aus. Aus ihr folgt zwar für die Lichtgeschwindigkeit $v = c/\sqrt{\varepsilon_r}$, wenn ε die Permittivitätszahl des Mediums ist, aber z. B. die Frequenzabhängigkeit (Dispersion) der Brechzahl $n = \sqrt{\varepsilon}$ wird durch diese Theorie nicht erklärt. Der beobachtete Zusammenhang zwischen Absorption und anomaler Dispersion läßt vermuten, daß bei der Einwirkung elektromagnetischer Strahlung auf elektrisch geladene Bestandteile der Materie Resonanzerscheinungen eine Rolle spielen. Dies führt zu der Vorstellung, daß durch das periodische elektrische Feld der Strahlung die Elektronen und Atomkerne zu erzwungenen Schwingungen angeregt werden. Die moderne Entwicklung der Physik hat zwar gezeigt, daß eine solche grob mechanistische Auffassung die Erscheinungen der Wechselwirkung von Strahlung und Materie nicht vollständig deuten kann. Wir werden uns aber trotzdem von diesem Bild leiten lassen. Es hat sich nämlich herausgestellt, daß auch die Quantentheorie die Form der Dispersionsgleichungen nicht geändert hat, wohl aber die physikalische Deutung der in ihnen vorkommenden Materialkonstanten. Für die Schwingungen von Atomen in Molekülen, deren Resonanzfrequenzen ultraroter Strahlung entsprechen, ist das Bild erzwungener Schwingungen von Teilchen im periodischen Strahlungsfeld auch heute noch weitgehend gültig. Jedenfalls muß man die Maxwellsche Theorie durch Berücksichtigung der atomistischen Struktur der Materie ergänzen. Ohne von dieser Struktur mehr vorauszusetzen, als daß Moleküle und Atome aus elektrisch geladenen Teilchen bestehen, daß aber das ganze Molekül neutral ist, ergibt das anschauliche Bild erzwungener Schwingungen die experimentell beobachteten Frequenzabhängigkeiten von Absorptionskoeffizienten und Brechzahl, wie im folgenden gezeigt werden wird.

Ist das Licht eine elektromagnetische Wellenerscheinung, so wird jede Lichtwelle Kräfte auf die elektrischen Ladungen der Moleküle ausüben, mit anderen Worten, eine Polarisation P erzeugen, indem die Ladungen aus ihrer Ruhelage ein wenig verschoben werden. Wir wollen die verschiedenen Teilchenarten mit dem Index h kennzeichnen. Ist ihre Anzahldichte N_h, ihre Ladung q_h, ihre Verschiebung ξ_h, so ist die gesamte Polarisation (Dipolmoment durch Volumen, vgl. Bd. 2)

$$P = \sum_h P_h = \sum_h N_h q_h \xi_h . \tag{2.22}$$

Da die Lichtwelle ein *periodischer* Vorgang ist, sind die Verschiebungen der Ladungen ξ auch periodisch und ebenso die Polarisation P_h (erzwungene Schwingungen). Wenn also ein positiv oder negativ geladenes Teilchen die Masse m_h hat, durch eine Direktionskraft $a_h^2 \xi_h$ an seine Ruhelage gebunden ist und außerdem einer der Geschwindigkeit $\dot{\xi}_h$ proportionalen Reibungskraft $f_h \dot{\xi}_h$ unterliegt, so führt es unter dem Einfluß der Lichtwelle, deren elektrischen Vektor wir mit E bezeichnen, eine erzwungene Schwingung nach der Gleichung aus:

$$m_h \frac{d^2 \xi_h}{d t^2} + f_h \frac{d \xi_h}{d t} + a_h^2 \xi_h = F_h = q_h E . \tag{2.23}$$

Dies ist nicht exakt richtig, da das lokale Feld in Materie vom äußeren Feld E abweichen kann; doch wollen wir uns hier mit der obigen Näherung begnügen, da alles Wesentliche sich schon daraus ergibt. Ferner ist auf der rechten Seite auch die Kraft, die das *magnetische* Feld H ausübt, wegen ihrer Kleinheit vernachlässigt. Nur wenn außer dem magnetischen Feld der Lichtwelle noch ein starkes statisches Magnetfeld vorhanden ist, müßte das magnetische Kraftglied berücksichtigt werden; das ist der Fall bei dem *Zeeman-Effekt* (s. weiter in Abschn. 4.14).

Die Gleichung 2.23 ist der Ausdruck für das Gleichgewicht der Kräfte: Trägheitskraft, Reibungskraft, Direktionskraft, äußere Kraft.

Dividiert man durch m_h, so folgt als Differentialgleichung der erzwungenen Schwingungen:

$$\frac{d^2 \underline{\xi}_h}{dt^2} + \frac{f_h}{m_h} \frac{d\underline{\xi}_h}{dt} + \omega_h^2 \underline{\xi}_h = \frac{q_h}{m_h} E_0 \mathrm{e}^{\mathrm{i}\omega t} . \tag{2.24}$$

Dabei ist $a_h^2 / m_h = \omega_h^2$ gesetzt, die Kreisfrequenz $\omega_h = 2\pi \nu_h$, ν_h die Frequenz der Eigenschwingung, ω die Kreisfrequenz der einfallenden Welle; ferner benutzen wir den Kunstgriff, statt mit den trigonometrischen Funktionen mit den komplexen Exponentialfunktionen zu rechnen; daher erhält die einfallende Welle den Zeitfaktor $\mathrm{e}^{\mathrm{i}\omega t}$.

Erweitert man die letzte Gleichung mit $N_h q_h$, so erhält man, da $N_h q_h \underline{\xi}_h = \mathscr{P}_h$ ist:

$$\frac{\mathrm{d}^2 \mathscr{P}_h}{\mathrm{d}t^2} + \frac{f_h}{m_h} \frac{\mathrm{d}\mathscr{P}_h}{\mathrm{d}t} + \omega_h^2 \mathscr{P}_h = \frac{q_h^2 N_h}{m_h} E_0 \mathrm{e}^{\mathrm{i}\omega t} .$$

In etwas anderem Gewand wurde diese Gleichung im 2. Band bei den erzwungenen Schwingungen behandelt. Zur Lösung wird $\mathscr{P}_h = \mathscr{P}_{h0} \mathrm{e}^{\mathrm{i}\omega t}$ angesetzt. Durch Differenzieren und Einsetzen folgt:

$$\mathscr{P}_h = \frac{N_h q_h^2 / m_h}{\omega_h^2 - \omega^2 + \frac{f_h}{m_h} \omega \mathrm{i}} \mathscr{E} ,$$

mithin die gesamte Polarisation:

$$\mathscr{P} = \sum_h \mathscr{P}_h = \sum_h \frac{N_h q_h^2/m_h}{\omega_h^2 - \omega^2 + \frac{f_h}{m_h}\omega \mathrm{i}} \mathscr{E} . \tag{2.25}$$

Von hier gelangen wir sofort zur Dispersionsformel, wenn wir berücksichtigen, daß nach der Maxwellschen Theorie

$$\mathscr{P} = (\underline{\varepsilon} - 1)\,\varepsilon_0\,\mathscr{E}$$

ist, wo $\underline{\varepsilon}$ die (hier komplexe) Permittivität (Dielektrizitätskonstante) des durchstrahlten Mediums ist ($\underline{\varepsilon}$ muß komplex sein, da $\mathscr{P}$ es ist!). Es folgt also durch Kombination mit Gl. (2.25)):

$$\underline{\varepsilon} = 1 + \sum_h \frac{N_h q_h^2/m_h \varepsilon_0}{\omega_h^2 - \omega^2 + \frac{f_h}{m_h}\omega \mathrm{i}} . \tag{2.26}$$

Da die reelle Permittivität $\varepsilon = n^2$ ist, werden wir das komplexe $\underline{\varepsilon}$ gleich $n^2(1 - \mathrm{i}\kappa)^2$ setzen; die physikalische Natur von n und κ müssen wir erst feststellen[3]. Der Analogie wegen nennt man die komplexe Größe, deren Quadrat gleich $\underline{\varepsilon}$ sein soll, die *komplexe Brechzahl* $\mathscr{n}$, mit

$$\mathscr{n} = n(1 - \mathrm{i}\kappa) .$$

Damit wird aus Gl. (2.26):

$$\underline{\varepsilon} = \mathscr{n}^2 = n^2(1 - \mathrm{i}\kappa)^2 = 1 + \sum_h \frac{N_h q_h^2/m_h \varepsilon_0}{\omega_h^2 - \omega^2 + \frac{f_h}{m_h}\omega \mathrm{i}} \tag{2.27}$$

$$= 1 + \sum_h \frac{N_h q_h^2/m_h \varepsilon_0 \left(\omega_h^2 - \omega^2 - \frac{f_h}{m_h}\omega \mathrm{i}\right)}{(\omega_h^2 - \omega^2)^2 + \frac{f_h^2}{m_h^2}\omega^2} ,$$

oder, nach Trennung des Reellen und Imaginären:

$$\mathrm{Re}\,\underline{\varepsilon} = n^2(1 - \kappa^2) = 1 + \sum_h \frac{N_h (q_h^2/m_h \varepsilon_0)(\omega_h^2 - \omega^2)}{(\omega_h^2 - \omega^2)^2 + f_h^2\,\omega^2/m_h^2} ,$$

$$\mathrm{Im}\,\underline{\varepsilon} = 2n^2\kappa = \sum_h \frac{N_h (q_h^2/m_h \varepsilon_0)\, f_h\,\omega/m_h}{(\omega_h^2 - \omega^2)^2 + f_h^2\,\omega^2/m_h^2} .$$

Mit den Abkürzungen

$$\frac{N_h q_h^2}{m_h \varepsilon_0} = \varrho_h , \quad \frac{f_h}{m_h} = \frac{1}{\tau_h}$$

[3] Die Bezeichnungen n und κ sind bereits so gewählt, daß sie der weiter unten zu erörternden physikalischen Bedeutung entsprechen.

schreiben sich diese Gleichungen in der Form

$$n^2(1-\kappa^2) = 1 + \sum_h \frac{\varrho_h(\omega_h^2-\omega^2)}{(\omega_h^2-\omega^2)^2+\omega^2/\tau_h^2}, \tag{2.28}$$

$$n^2\kappa = \sum_h \frac{\varrho_h\,\omega/2\tau_h}{(\omega_h^2-\omega^2)^2+\omega^2/\tau_h^2}.$$

Bevor wir diese Gleichungen diskutieren, soll zunächst die physikalische Bedeutung der eben eingeführten Größen n und κ festgestellt werden. Die elektrische Feldstärke einer ebenen elektromagnetischen Welle, die in Richtung der x-Achse fortschreitet, kann in komplexer Schreibweise dargestellt werden als

$$\mathscr{E} = E_0\,\mathrm{e}^{\mathrm{i}\omega\left(t-\frac{x}{v}\right)} = E_0\,\mathrm{e}^{\mathrm{i}\omega\left(t-\frac{x\sqrt{\varepsilon}}{c}\right)}.$$

Real- oder Imaginärteil von $\mathscr{E}$ entsprechen dann reellen Kosinus- oder Sinuswellen mit der Fortpflanzungsgeschwindigkeit v (genauer der Phasengeschwindigkeit v_p), die nach der Maxwellschen Theorie gleich $c/\sqrt{\varepsilon}$ sein soll – wenigstens für nichtabsorbierende Medien. Hier aber haben wir ε durch $\underline{\varepsilon} = n^2(1-\mathrm{i}\kappa)^2$ zu ersetzen und finden dann

$$\mathscr{E} = E_0\,\mathrm{e}^{\mathrm{i}\omega\left[t-\frac{x}{c}(n-\mathrm{i}n\kappa)\right]} = E_0\,\mathrm{e}^{\mathrm{i}\omega\left(t-\frac{nx}{c}\right)}\,\mathrm{e}^{-\frac{\omega n\kappa x}{c}}.$$

Der Faktor $\mathrm{e}^{\mathrm{i}\omega\left(t-\frac{nx}{c}\right)}$ bedeutet eine ebene Welle, die mit der Geschwindigkeit $v = c/n$ fortschreitet. n ist also die gewöhnliche Brechzahl. Andererseits zeigt der reelle Faktor $\mathrm{e}^{-\frac{\omega n\kappa x}{c}}$, daß die Welle räumlich gedämpft wird, wenn sie längs der x-Achse fortschreitet, d. h. es tritt *Absorption* ein. Da $\omega/c = 2\pi\nu/c = 2\pi/\lambda$ ist, wenn λ die der Frequenz ν entsprechende Vakuumwellenlänge ist, kann man auch schreiben:

$$\mathscr{E} = E_0\,\mathrm{e}^{-\frac{2\pi n\kappa}{\lambda}x}\,\mathrm{e}^{2\pi\mathrm{i}\left(\frac{t}{T}-\frac{nx}{\lambda}\right)}. \tag{2.29}$$

Da die Strahlungsleistung (Energie/Zeit) Φ proportional dem Quadrat des Absolutwerts der Feldstärke E ist, finden wir für die Strahlungsleistung Φ eine Gleichung von der Gestalt:

$$\Phi = \Phi_0\,\mathrm{e}^{-\frac{4\pi n\kappa}{\lambda}x},$$

d. h. das Lambertsche Absorptionsgesetz (2.17) oder (2.17b). κ ist der in Gl. (2.20) eingeführte *Absorptionsindex*[4], $\dfrac{4\pi n\kappa}{\lambda}$ also der *Absorptionskoeffizient a*. Die Größe $1/4\pi n\kappa$ hat die Dimension einer Zahl und bedeutet anschaulich, wieviel Wellenlängen auf die Eindringtiefe $1/a$ kommen, bei welcher die Strahlungsleistung auf $1/\mathrm{e} \approx 37\%$ abgesunken ist. Die Gl. (2.28) liefern gleichzeitig Dispersion und selektive

[4] Leider hat sich für die Benennung von κ, k und ebensowenig für die Formelzeichen selbst noch keine Einheitlichkeit durchgesetzt. In der angelsächsischen Literatur findet man κ als extinction coefficient, $n\kappa = k$ als absorption constant.

Absorption, zeigen also deutlich die enge Verknüpfung der beiden Erscheinungen. Außerdem bestätigt sich die am Schluß des vorhergehenden Abschnittes aufgestellte und benutzte Behauptung, daß die Optik absorbierender Medien aus der für durchlässige Stoffe formal hervorgeht, indem das reelle n durch das komplexe $\mathcal{n} = n(1 - \mathrm{i}\kappa)$ ersetzt wird[5].

Der Zusammenhang zwischen Absorptionskoeffizient und Brechzahl in Form der Gl. (2.28) läßt sich unabhängig von dem hier behandelten einfachen Oszillatormodell durch die Kramers-Kronig-Relation beschreiben.

Diskussion der Dispersionsgleichungen. Zunächst nehmen wir an, daß im Nenner der Gl. (2.28) der Summand ω^2/τ_h^2 sehr klein gegenüber dem anderen Summanden $(\omega_h^2 - \omega^2)^2$ sei, d.h. wir bleiben mit ω immer in einem gewissen Abstand von den Eigenschwingungen ω_h. Dann dürfen in erster Annäherung sowohl in der ersten, wie in der zweiten Gl. (2.28) im Zähler und Nenner die ω/τ_h enthaltenen Glieder vernachlässigt werden. Die zweite Gl. (2.28) geht dann über in

$$n^2\kappa = 0 \quad \text{für} \quad |\omega_h - \omega| \gg \frac{1}{\tau_h},$$

d.h. das Medium ist außerhalb der Eigenschwingungen praktisch durchlässig. Dann folgt als vereinfachte erste Gl. (2.28):

$$n^2 = 1 + \sum_h \frac{\varrho_h}{\omega_h^2 - \omega^2}, \tag{2.28a}$$

oder mit Einführung der Vakuumwellenlängen λ_h und λ statt der Frequenzen $\omega_h = 2\pi c_0/\lambda_h$ und $\omega = 2\pi c_0/\lambda$

$$n^2 = 1 + \sum_h \frac{\varrho_h \lambda^2 \lambda_h^2}{(2\pi c_0)^2 (\lambda^2 - \lambda_h^2)}. \tag{2.28b}$$

Diese Gleichung stellt den experimentellen Verlauf der Dispersion außerhalb des Eigenschwingungsbereichs richtig dar.

Bevor wir dies nachweisen, wollen wir die zweite Gl. (2.28) noch in dem bisher ausgeschlossenen Fall betrachten, daß wir mit ω in die unmittelbare Nachbarschaft einer Eigenfrequenz (z.B. ω_1) kommen; alle übrigen Glieder der Summe verschwinden praktisch; denn für sie ist ja ω von ω_h ($h = 2, 3, \ldots$) merklich verschieden. Nur *ein* Glied bleibt also in diesem Fall übrig (in unserem Beispiel das erste); denn hier darf ω^2/τ_1^2 nicht neben dem gleichfalls sehr kleinen Glied $(\omega_1^2 - \omega^2)^2$ vernachlässigt werden. Wir haben also jetzt:

$$n^2\kappa = \frac{\varrho_1 \omega/2\tau_1}{(\omega_1^2 - \omega^2)^2 + \omega^2/\tau_1^2} \quad \text{für} \quad \omega \approx \omega_1\,. \tag{2.28c}$$

Was hier am Beispiel der ersten Eigenfrequenz gezeigt wurde, gilt natürlich für die engste Umgebung *aller* Eigenschwingungen; d.h. das betrachtete Medium besitzt

[5] Das ist jedoch nur in linearen Gleichungen erlaubt; deshalb wurde z.B. dieser Ersatz in Gl. (2.18) und nicht in Gl. (2.19) vorgenommen.

in unmittelbarer Nachbarschaft jeder Eigenschwingung ω_h (und λ_h) – und *nur* in dieser – eine von Null verschiedene Absorption (sog. selektive Absorption), während es in einigem Abstand von den Eigenschwingungen, wie wir bereits wissen, durchlässig ist. Die Absorptionskurve $n^2\kappa(\lambda)$ hat in Abhängigkeit von λ in unmittelbarer Nähe der Eigenschwingungen die Gestalt einer „Glockenkurve", die ihre Maxima ungefähr bei $\lambda_1, \lambda_2, \lambda_3 \ldots$ besitzt und in einigem Abstand rasch zu Null abfällt. Für die Maxima findet man aus Gl. (2.28c) annähernd, indem man $\omega = \omega_h$ setzt:

$$(n^2\kappa)_{\max} = \frac{\varrho_h \tau_h}{2\omega_h} = \frac{\varrho_h \tau_h \lambda_h}{4\pi c} \quad (h = 1, 2 \ldots), \tag{2.28d}$$

Sie sind um so stärker, je größer τ_h, also je kleiner, anschaulich gesprochen, die Reibungskraft ist. Außerdem wachsen sie mit wachsendem ϱ_h an, also mit der Zahl N_h absorbierender Teilchen. Abb. 2.44 zeigt den typischen Verlauf einer allgemeinen Absorptionskurve mit 3 Absorptionsbanden verschiedener Stärke bei λ_1, λ_2, λ_3. Ein z. B. im sichtbaren Spektralgebiet farblos durchsichtiges Material (etwa optisches Glas) hat also im ganzen Bereich von 400 bis 750 nm *keine* Eigenfrequenzen; sie müssen entweder im UV oder im IR oder in beiden liegen. Ein farbig durchsichtiger Körper (z. B. gefärbte Gläser oder Lösungen) weist dagegen im sichtbaren Spektralbezirk mindestens eine Eigenschwingung auf, und für ihre unmittelbare Nachbarschaft tritt Absorption ein, d. h. die austretende Strahlung erscheint in der Komplementärfarbe der absorbierten Farbe.

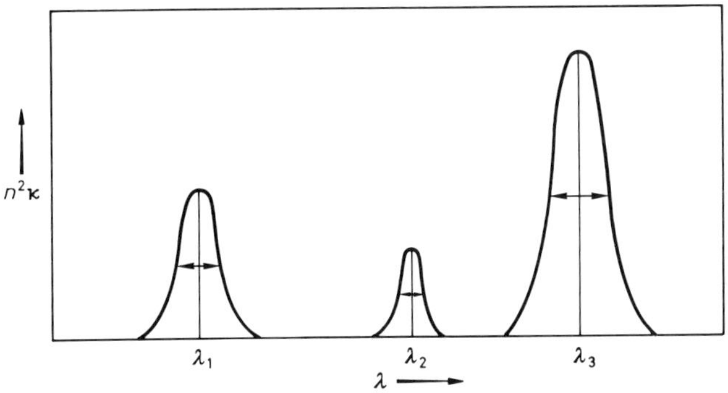

Abb. 2.44 Verlauf einer allgemeinen, willkürlich erdachten Absorptionskurve mit drei Banden.

Wenn n innerhalb des Absorptionsbereichs konstant wäre, was aber tatsächlich nicht so ist, dann lägen die Maxima von $n^2\kappa$, die ungefähr bei ω_h auftreten, an derselben Stelle wie die Maxima von $n\kappa$ oder ungefähr die von Φ_0/Φ. Die Abweichungen von dieser Lage sind im allgemeinen sehr klein, so daß Absorptionsmaxima im wesentlichen die Frequenzen der zugrunde liegenden Eigenfrequenzen angeben. Aus den so gewonnenen Frequenzen ω_h lassen sich dann die *Kraftkonstanten* a_h^2 bestimmen, Größen, die für die Kräfte in Molekülen von wesentlicher Bedeutung sind. Für Moleküle ist ja die mechanische Interpretation der Dispersionstheorie noch erlaubt.

Es ist ferner von Interesse, die Stelle im Frequenzbereich aufzusuchen, für die $n^2\kappa$ den halben Wert von $(n^2\kappa)_{\max}$ annimmt. Sei diese Frequenz mit ω' bezeichnet und sei $\omega_h - \omega' \ll \omega_h$, so daß $\omega'\omega_h \approx \omega_h^2$ und $(\omega_h^2 - \omega'^2) \approx 2\omega_h(\omega_h - \omega')$ gesetzt werden kann, so folgt aus Gl. (2.28c), wenn dort für $n^2\kappa$ der Wert $\varrho_h\tau_h/4\omega_h$ eingesetzt wird, nach einer näherungsweisen Rechnung

$$\omega_h - \omega' = 1/2\tau_h\,.$$

Das Doppelte dieser Differenz ist die Breite der Absorptionslinie in halber Höhe (Abb. 2.44), so daß diese *Halbwertsbreite* ungefähr durch $1/\tau_h$ gegeben ist[6]. Die Linie ist also um so schmaler, je größer τ, je kleiner die Reibungskraft ist. Größere Werte von τ vergrößern danach nicht nur die Maximalwerte von $n^2\kappa$, sondern lassen diese Maxima auch schärfer hervortreten.

Die Eigenfrequenz ω_h ist ferner dadurch gekennzeichnet, daß ihr Beitrag zu $n^2(1-\kappa^2)$ und damit, wenn $\kappa^2 \ll 1$ ist, auch zu n selbst verschwindet. Befindet man sich also bei ω_h weit entfernt von anderen Eigenfrequenzen, so daß deren Beitrag nach (2.28a) ebenfalls verschwindet, so muß für $\omega = \omega_h$ die Brechzahl den Wert $n \approx 1$ annehmen. Die Bedingung $\kappa^2 \ll 1$ ist nicht sehr einschneidend, da selbst für $a = 1/\lambda$ noch $\kappa = 1/4\pi n$ gilt, was nur für $n \ll 1$ die Bedingung verletzt.

Wir wollen nun einmal sehen, was die vereinfachte Dispersionsgleichung (2.28b) liefert, wenn wir sie auf eine im Sichtbaren vollkommen durchsichtige Substanz anwenden, die nur im UV eine Eigenwellenlänge λ_V habe. Nach (2.28b) ist dann:

$$n^2 = 1 + \frac{\varrho_1\lambda^2\lambda_V^2}{(2\pi c)(\lambda^2-\lambda_V^2)} = 1 + \frac{\varrho_1\lambda_V^2}{(2\pi c)^2}\,\frac{1}{1-\lambda_V^2/\lambda^2}\,.$$

Da es sich um den Dispersionsverlauf im Sichtbaren handelt, ist $\frac{\lambda_V}{\lambda} < 1$.

Man kann daher den Ausdruck $\left(1-\frac{\lambda_V^2}{\lambda^2}\right)^{-1}$ in die folgende Reihe entwickeln:

$$\left(1-\frac{\lambda_V^2}{\lambda^2}\right)^{-1} = 1 + \frac{\lambda_V^2}{\lambda^2} + \frac{\lambda_V^4}{\lambda^4} + \ldots,$$

was für n^2 liefert:

$$n^2 = A_0 + A_1\lambda^{-2} + A_2\lambda^{-4} + \ldots,$$

wo $A_0, A_1, A_2\ldots$ Abkürzungen für positive Konstanten sind. Das ist aber die Cauchysche Dispersionsformel (2.21), die die normale Dispersion durchsichtiger Substanzen für nicht zu große Wellen darstellt; die Kurven sind sämtlich konvex gegen die Abszissenachse. In Abb. 2.37 hatten wir aber auch ein Beispiel dafür angeführt, daß unter Umständen der Charakter der normalen Dispersionskurve sich insofern ändert, als sie für längere Wellen schließlich konkav gegen die Abszissenachse verläuft; dasselbe zeigen die Abb. 2.41 (für Quarz) und 2.42 (für Na-Dampf). Man wird nach dem Vorhergehenden vermuten, daß dies darauf beruht, daß außer der kurzwelligen Eigenwellenlänge λ_V noch eine im IR liegende λ_R vorhanden ist. Dann

[6] Nur ungefähr, da ja das Maximum von $n^2\kappa$ nicht genau mit ω_h zusammenfällt. Übrigens findet man leicht durch Differenzieren, daß das Maximum von $n^2\kappa/\omega$ bei $\omega_h'^2 = \omega_h^2 + 1/2\tau_h^2$ liegt.

hat die Gl. (2.28 b) zwei Glieder:

$$n_1 = 1 + \frac{\varrho_1 \lambda_V^2 \lambda^2}{(2\pi c)^2 (\lambda^2 - \lambda_V^2)} + \frac{\varrho_2 \lambda_R^2 \lambda^2}{(2\pi c)^2 (\lambda^2 - \lambda_R^2)} .$$

Hier ist, wie vorhin, $\frac{\lambda_V}{\lambda} < 1$, während andererseits $\frac{\lambda_R}{\lambda} > 1$ ist; deshalb schreiben wir die Gleichung in folgender Weise:

$$n^2 = 1 + \varrho_1 \frac{\lambda_V^2}{(2\pi c)^2} \cdot \frac{1}{1 - \lambda_V^2/\lambda^2} - \frac{\varrho_2 \lambda^2}{(2\pi c)^2} \frac{1}{1 - \lambda^2/\lambda_R^2} .$$

Beide Ausdrücke $\frac{1}{1 - \lambda_V^2/\lambda^2}$ und $\frac{1}{1 - \lambda^2/\lambda_R^2}$ können wir wieder in eine Reihe entwickeln und erhalten dann außer den Gliedern der Cauchyschen Dispersionsformel auch solche, die proportional Potenzen von λ^2 sind:

$$n^2 = A_0 + A_1 \lambda^{-2} + A_2 \lambda^{-4} + \ldots - A_1' \lambda^2 - A_2' \lambda^4 - \ldots \tag{2.28e}$$

wobei $A_1', A_2' \ldots$ wieder Abkürzungen für positive Konstanten sind, so daß die neuen Glieder sämtlich *negativ* ausfallen. Daher bewirken sie für längere Wellen schließlich die Konkavität der Dispersionskurven gegen die Abszissenachse. Gl. (2.28 e) ist analog mit der empirischen, schon früher mitgeteilten Gl. (2.21 b). Das hier Festgestellte wiederholt sich jedesmal im Intervall zwischen zwei Absorptionsstreifen, so daß wir sagen dürfen, daß die Theorie die Ergebnisse des Experiments vollkommen bestätigt.

Wenn die hier gemachten Voraussetzungen wirklich zutreffen, dann müßten die Konstanten A_i und A_i' direkt die Wellenlängen der Eigenfrequenzen liefern, so daß schon aus dem Verlauf der Dispersion im durchsichtigen Bereich die Eigenfrequenzen bestimmt werden könnten, wenn auch nicht sehr genau. Tatsächlich hat man, bevor Absorptionsmessungen im Ultrarot bei großen Wellenlängen möglich waren, aus Dispersionsmessungen auf die Existenz und ungefähre Lage der Eigenfrequenzen Schlüsse gezogen, die zwar qualitativ zutrafen, aber quantitativ unzureichend waren.

Einen Spezialfall wollen wir noch an Hand von Gl. (2.28 b) erörtern. Wir wollen λ unendlich bzw. $\omega = 0$ werden lassen, d. h. in das Gebiet langer elektrischer Wellen (im engeren Sinn des Worts) übergehen. Dann folgt unmittelbar aus Gl. (2.28 a):

$$n_\infty^2 = 1 + \sum_h \frac{\varrho_h}{\omega_h^2} ;$$

nach der Maxwellschen Theorie ist aber n_∞^2 gleich der Permittivität ε_∞, für die somit die Darstellung folgt:

$$\varepsilon_\infty = 1 + \sum_h \frac{\varrho_h}{\omega_h^2} = 1 + \sum_h \frac{\varrho_h \lambda_h^2}{(2\pi c)^2} . \tag{2.29}$$

Diese Gleichung liefert offenbar eine *atomistische Deutung der Permittivität (Dielektrizitätskonstanten)*. Gl. (2.29) kann man mit (2.28 b) kombinieren, indem man sie von (2.28 b) subtrahiert. Das liefert eine neue Form der Dispersionsgleichung, die in der Literatur vielfach als *Ketteler-Helmholtzsche Gleichung* bezeichnet wird:

$$n^2 = \varepsilon_\infty + \sum_h \varrho_h \frac{\lambda_h^2}{(2\pi c)^2} \frac{\lambda_h^2}{\lambda^2 - \lambda_h^2} = \varepsilon + \sum_h \frac{M_h}{\lambda^2 - \lambda_h^2}. \tag{2.30}$$

Dabei ist

$$\frac{\varrho_h \lambda_h^4}{(2\pi c)^2} = M_h \tag{2.31}$$

gesetzt. Diese Form der Dispersionsgleichung wird oft bei der numerischen Berechnung von Dispersionskurven benutzt.

Damit wurde das Verhalten der Absorption und der Dispersion – allerdings nur *außerhalb* der Absorptionsbanden – erklärt. Wir erhalten für das Beispiel der Abb. 2.44 – drei Absorptionsstellen – den in Abb. 2.45 angegebenen Verlauf der Dispersionskurve (ausgezogene Kurve). Wir können qualitativ auch den Verlauf der Dispersionskurve in den Absorptionsbanden angeben, indem wir die getrennten Teile der Dispersionskurve durch stetige Kurvenzüge verbinden, die in Abb. 2.45 gestrichelt eingetragen sind; man erkennt, daß der gezeichnete Verlauf z. B. mit dem direkt bei Fuchsin (Abb. 2.39) gemessenen qualitativ übereinstimmt: In der Absorptionsbande steigt die Brechzahl an – *anomale Dispersion.*

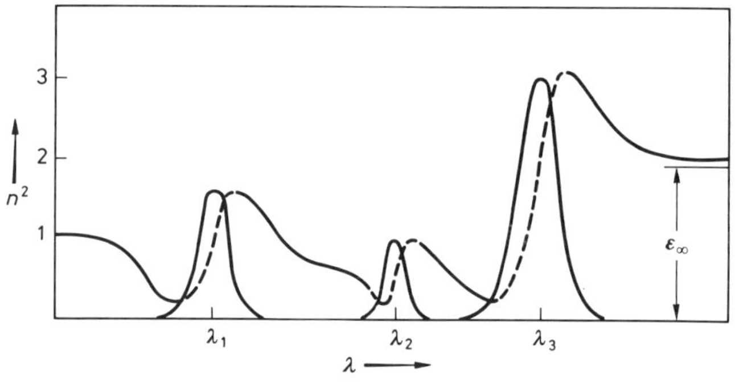

Abb. 2.45 Verlauf von n^2 bei einem Stoff mit drei Absorptionsstellen nach Abb. 2.44.

Abb. 2.46 zeigt als Beispiel für Quarzglas und für kristallisiertes Al_2O_3 oben den Absorptionsindex κ und unten die Brechzahl n in Abhängigkeit von der Wellenlänge. Man sieht deutlich den beschriebenen Zusammenhang zwischen Absorption und Brechzahl.

Allgemeine Folgerungen und Anwendungen. Wir fügen noch einige allgemeine Bemerkungen hinzu, zunächst über die Absorption, wie die oben dargestellte Theorie sie auffaßt. Gl. (2.28c) gibt den Verlauf der Absorptionskurve $n^2\kappa$ als Funktion der Frequenz ω wieder. Man muß sich klarmachen, daß man nach Gl. (2.28c) *keine feste Grenze für die Breite der Absorptionsbanden angeben kann.* Denn streng genommen ist $n^2\kappa$ für keine Wellenlänge $= 0$, auch wenn sie noch so sehr von den Eigenwellenlängen abweicht. Auch wenn nur eine einzige Absorptionsbande im Spektrum vorhanden ist, erstreckt sie sich streng genommen auf alle Wellen des

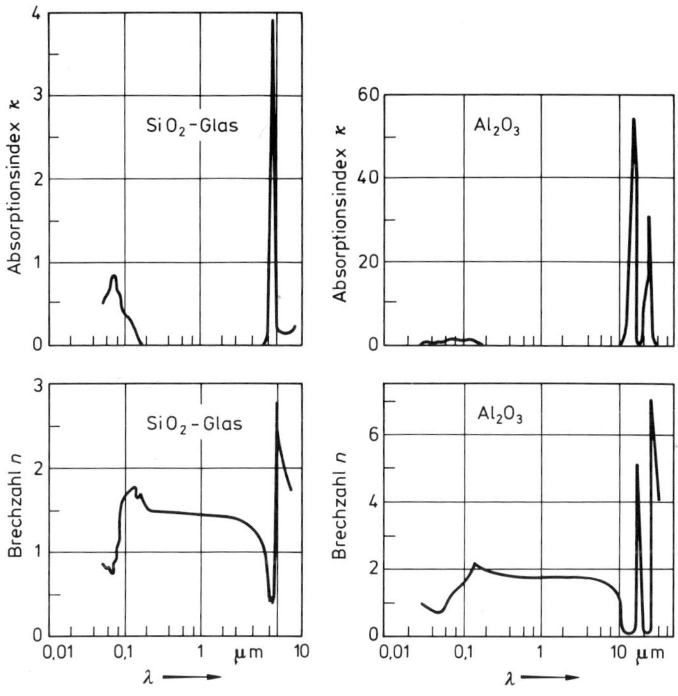

Abb. 2.46 Absorptionsindex κ und Brechzahl n von Quarzglas und Al_2O_3-Kristall.

Spektrums; daher die oben eingeführte Halbwertsbreite als Maß für die Breite einer Linie. Die Abb. 2.44 gibt den Verlauf von $n^2\kappa$ daher nur angenähert wieder. Aus der eben gemachten Bemerkung geht aber in Verbindung mit dem Lambertschen Absorptionsgesetz (2.17a) hervor, *daß in sehr großen Schichtdicken schließlich jede Substanz für alle Wellenlängen undurchsichtig wird:* In hinreichender Tiefe unter dem Meeresspiegel herrscht tiefe Dunkelheit. Die Darstellung von $n^2\kappa$ in Abb. 2.44 stellt die Verhältnisse für mäßige Schichtdicken, wie sie normalerweise bei Prismen und Linsen vorliegen, in angemessener Weise dar. Daraus ergibt sich, daß die starken Absorptionsbanden, wie sie in der Nähe der Eigenschwingungen auftreten, schon durch die Untersuchung der Durchlässigkeit verhältnismäßig dünner Schichtdicken nachgewiesen werden können: Das ist die im Prinzip einfachste Methode, Lage und Anzahl der Eigenschwingungen festzustellen. Je größer man die Schichtdicke macht, desto schwächere Absorptionen werden erkennbar; die Untersuchung der Absorption liefert *alle*[7] Eigenschwingungen, seien sie auch noch so wenig ausgeprägt. Wir

[7] Hierzu ist aber eine Einschränkung erforderlich. Denn es gibt Schwingungen von Atomen in Festkörpern oder Molekülen, bei denen infolge besonderer Symmetrieverhältnisse die Polarisation P_h sich *nicht* ändert. Derartige „inaktive" Schwingungen können also durch Absorption nicht angeregt werden, und sie beeinflussen auch die Dispersion nicht. In Abb. 2.47 z. B. sind die 3 „aktiven" Schwingungen der CO_3-Gruppe der Carbonate deutlich erkennbar, es fehlt aber eine „inaktive" Schwingung dieser Gruppe (bei ungefähr 9 μm); diese fehlt auch in Absorption.

betonen dies, weil wir weiter unten sehen werden, daß die starken Eigenschwingungen (große Werte von $n^2\kappa$) auch in Reflexion nachgewiesen werden können, während die schwachen Absorptionsstellen dabei unterdrückt werden.

Metalle absorbieren bekanntlich das Licht auch in dünner Schicht sehr stark. Das elektrische Lichtfeld regt die ungebundenen, also freien und leichten Ladungsträger (Elektronen) des Metalls zu Schwingungen an (s. Abschn. 2.9). In einer Lösung von NaCl in Wasser sind zwar auch freie Ladungsträger, nämlich Ionen, vorhanden, die auch eine elektrische Leitfähigkeit verursachen. Die Ionen sind aber wegen ihrer viel größeren Masse nicht in der Lage, den hochfrequenten Schwingungen des sichtbaren Lichts zu folgen. Deshalb ist eine Kochsalzlösung klar durchsichtig. Niederfrequentes, also infrarotes Licht kann aber Ionen zum Mitschwingen anregen und wird deshalb absorbiert. Dies geschieht auch in festen Stoffen, wie unten gezeigt wird.

Gebundene Elektronen, z. B. in Glas, werden durch hochfrequentes, d. h. ultraviolettes Licht zum Mitschwingen angeregt. Es gibt aber auch Stoffe, die im festen und gelöstem Zustand auch im sichtbaren Gebiet Absorptionsbanden haben, z. B. Salze der Seltenen Erdmetalle oder von Chrom, Mangan, Eisen, Nickel u. a. Hier handelt es sich um die Änderung von Energiezuständen der Elektronen im Innern der Atome. Eine solche Änderung ist aber nur dann möglich, wenn nicht alle Zustände besetzt sind. Das ist der Fall bei den Elementen, bei denen eine innere Schale, die 3d-Schale (z. B. bei Cr, Mn, Fe, Ni) und die 4f-Schale (bei den Seltenen Erdmetallen) aufgefüllt wird. Auch beim Kupfer ist eine solche Lücke der Elektronenhülle vorhanden; deshalb sind Kupfersalze und Lösungen gefärbt (z. B. blaues Kupfersulfat). Die unterschiedliche Breite der Absorptionsbanden bei gleicher Schichtdicke und Konzentration der verantwortlichen Ionen, z. B. von $NiSO_4$ und $Pr_2(SO_4)_3$ rührt daher, daß die 4f-Elektronen des Praseodym-Ions, deren Energiezustände sich ändern, durch mehr äußere Elektronen des gleichen Atoms vor den elektrischen Feldern der Umgebung geschützt sind als dies beim Nickel der Fall ist. Daß für die Änderung der Energiezustände oft nur wenig Energie erforderlich ist (viele Absorptionslinien der Seltenen Erdmetalle liegen sogar im Infrarot!), liegt daran, daß alle Elektronen in ihrer Bahn (Schale und Unterschale) bleiben. Nur die vektorielle Zusammensetzung von Bahndrehimpuls und Spin der Elektronen in der gleichen Schale ändert sich.

Wie verhält sich der Reflexionsgrad der absorbierenden Stoffe? Nach den früheren Darlegungen ist außerhalb der Absorptionsbanden ($\lambda \neq \lambda_h$) die Größe $n^2\kappa = 0$, d. h. die Substanz praktisch durchlässig. Der Reflexionsgrad ϱ an diesen Stellen berechnet sich daher nach Gl. (2.19): $\varrho = \left(\frac{n-1}{n+1}\right)^2$. Wie wir zeigten, gibt dies nur kleine Werte von ϱ (z. B. für $n = 1{,}5$ ist $\varrho = 0{,}04$). Dagegen ist für die Wellenlängen $\lambda = \lambda_h$ ($h = 1, 2 \ldots$) die Größe $n^2\kappa \neq 0$, und $n^2\kappa^2$ kann sehr groß gegen $(n-1)^2$ werden. In diesem Fall hat man für das Reflexionsvermögen die allgemeinere Formel (2.19b) anzuwenden: $\varrho = \frac{(n-1)^2 + n^2\kappa^2}{(n+1)^2 + n^2\kappa^2}$. Das bedeutet, daß in der Nähe der Wellenlängen λ_h der Reflexionsgrad größer ist als in einiger Entfernung von ihnen: Der Reflexionsgrad muß also in der Nähe der Eigenwellenlängen deutlich Maxima aufweisen; als Beleg dafür mag Abb. 2.47 dienen, in der der Reflexionsgrad einiger Carbonate nach Messungen von Cl. Schaefer und Mitarbeitern dargestellt ist: die Carbonate

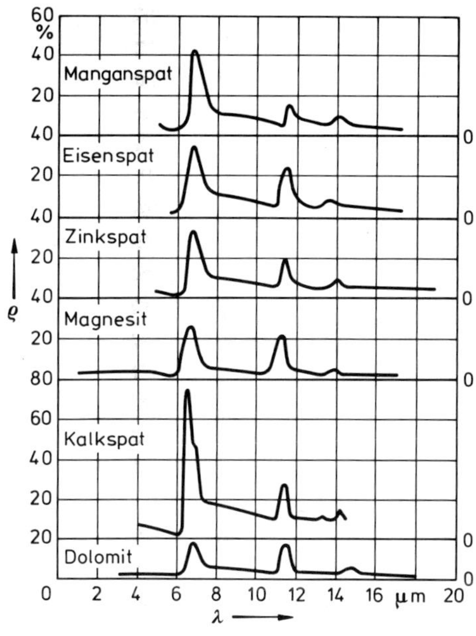

Abb. 2.47 Reflexionsgrad verschiedener Carbonate zwischen 1 und 20 μm.

zeigen in der Nähe der Wellenlängen 7 μm, 11 μm, 14 μm deutliche Maxima von ϱ. Die Maxima rühren von den Eigenschwingungen der CO_3-Gruppe her, die allen Carbonaten gemeinsam ist. Am stärksten ist das Maximum bei der Wellenlänge 7 μm.

Ein sehr hoher Reflexionsgrad in der Umgebung der Eigenfrequenz findet sich bei vielen Substanzen, aber immer nur im IR-Spektrum, z. B. auch beim Quarz in der Gegend von 8 μm und 20 μm. Diese Tatsache führte H. Rubens (1897) zu seiner **Methode der Reststrahlen.** Wenn die Bestrahlungsstärke für die Wellenlänge λ, die auf eine Substanz auffällt, $E(\lambda)$ und der Reflexionsgrad $\varrho(\lambda)$ genannt werden, so ist der reflektierte Betrag $E(\lambda)\,\varrho(\lambda)$, und dieser ist im allgemeinen klein. Nur in der Nähe der Eigenfrequenzen ist $E(\lambda_h)\,\varrho(\lambda_h)$ fast ebenso groß wie $\mathrm{E}(\lambda_h)$ selbst, da $\varrho(\lambda_h)$ nicht wesentlich kleiner als 1 ist. Rubens läßt nun die unzerlegte Gesamtstrahlung $\Sigma E(\lambda)$ mehrere Male an der betrachteten Substanz reflektieren; der Betrag der reflektierten Strahlung der Wellenlänge λ ist dann nach n-maliger Reflexion $E(\lambda)\,\varrho(\lambda)^{\mathrm{n}}$. Dann ist praktisch für alle Wellenlängen, die merklich von den Eigenwellen abweichen, $E(\lambda)\,\varrho(\lambda)^{\mathrm{n}} = 0$, während für die Eigenfrequenzen $E(\lambda_h)\,\varrho(\lambda_h)^{\mathrm{n}}$ noch einen erheblichen Wert hat. Die mehrmalige (etwa 4 bis 5malige) Reflexion unterdrückt im Endergebnis alle Wellenlängen mit Ausnahme einer fast homogenen Strahlung von der (ungefähren) Wellenlänge λ_h. Als Beispiel betrachten wir Kalkspat; nach Abb. 2.47 besitzt er bei ungefähr 7 μm einen Reflexionsgrad von rd. 0,8; nach 4 Reflexionen ist von dieser Strahlung ein Anteil von $0{,}8^4$, also 41% vorhanden. Außerhalb dieser Wellenlänge ist die Brechzahl rund 1,6, was $\varrho = 0{,}06$ liefert; $\varrho^4 = 0{,}00001$ oder 10^{-3}%. Bei der Wellenlänge, die der Halbwertsbreite entspricht,

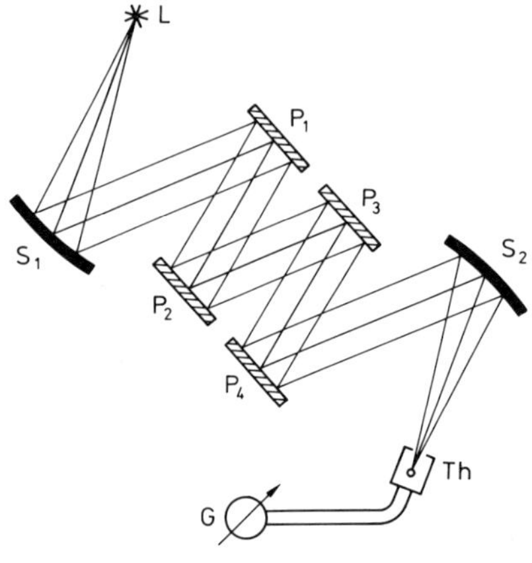

Abb. 2.48 Reststrahlenmethode nach Rubens.

wird $\varrho^4 = 0{,}4^4 = 2{,}6\%$. Die Reststrahlmethode wirkt also wie ein selektives Filter. Ihr großer Vorteil ist der, daß man ohne spektrale Zerlegung, die ja wegen der Reflexionsverluste in der optischen Apparatur eine starke Schwächung für alle Wellenlängen hervorruft, eine oder mehrere diskrete Wellenlängen λ_h isolieren kann. Das ermöglichte nach 1900 die Auffindung langer infraroter Wellen, die mit prismatischer Zerlegung nicht nachweisbar waren. Abb. 2.48 zeigt das Prinzip der Rubensschen Anordnung (L = Lichtquelle, S_1 und S_2 Hohlspiegel, P_1, P_2, P_3, P_4 Platten aus dem zu untersuchenden Material, z. B. Quarz, Flußspat, Steinsalz, Sylvin usw., Th Thermosäule, G Galvanometer). Daß der Galvanometerausschlag wirklich nur von der ausgesonderten Strahlung der Wellenlänge λ_h herrührt, kann man zeigen, indem man eine ganz dünne Platte aus dem Untersuchungsmaterial in den Strahlengang bringt; da diese Platte – wegen der starken Absorption gerade der Wellenlänge λ_h – diese Wellenlänge zurückhalten muß, während sie für andere Wellenlängen durchsichtig ist, so muß der Galvanometerausschlag verschwinden, wenn der Aufbau einwandfrei ist. Tab. 2.8 gibt einige Reststrahlwellenlängen an, die von Rubens und Mitarbeitern gefunden und gemessen wurden. Es ergibt sich aus dem Vorhergehenden für die Bestimmung von Eigenfrequenzen bzw. Absorptionsmaxima folgender Sachverhalt: Durch Absorption kann man alle auch noch so schwachen

Tab. 2.8 Reststrahlwellenlängen.

Material	Wellenlänge in µm	Material	Wellenlänge in µm
$CaCO_3$	6,56	KBr	82,6
SiC	12,0	TlCl	91,6
ZnS	30,9	KJ	94,7
NaCl	52,0	AgBr	112,7
KCl	63,0	TlBr	117,0
AgCl	81,5	TlJ	152,8

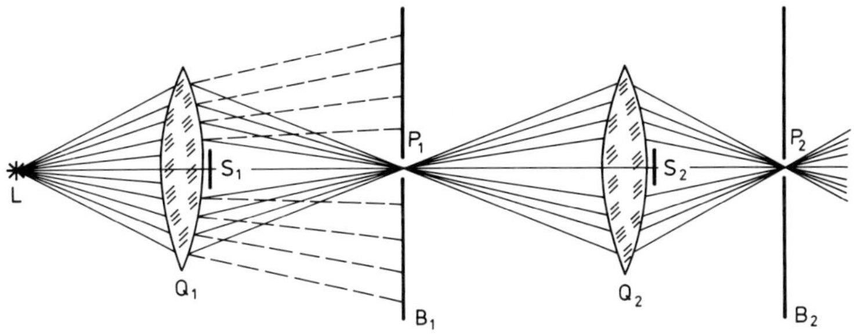

Abb. 2.49 Quarzlinsenmethode nach Rubens und Wood.

Eigenfrequenzen nachweisen, wenn man hinreichend große Schichtdicken wählt. Die Methode der Reflexion (Abb. 2.47) liefert nur die stärkeren Eigenschwingungen, und von diesen sondert die Reststrahlmethode noch die allerstärksten aus (z. B. liefert sie von den Eigenfrequenzen des Kalkspates nur die bei etwa 7 µm, während sie diejenigen bei etwa 11 µm und 14 µm unterdrückt).

Zur Aussonderung noch größerer Wellenlängen haben H. Rubens und R. W. Wood (1910) die chromatische Aberration von Quarzlinsen im IR ausgenutzt *(Quarzlinsenmethode)*, deren Prinzip in Abb. 2.49 dargestellt ist. Wie schon erwähnt und wie auch aus Abb. 2.41 hervorgeht, besitzt Quarz für lange Wellen, etwa jenseits 50 µm, Brechzahlen $n > 2$, während im sichtbaren und ultravioletten Spektralgebiet $n \approx 1{,}5$ ist. Nun ist nach der elementaren Linsenformel die Brennweite einer Linse $f = \dfrac{r_1 r_2}{(n-1)(r_2 - r_1)}$ (r_1 und r_2 die beiden Krümmungsradien). Das bedeutet, daß eine Quarzlinse, die für sichtbares Licht mittlerer Wellenlänge eine Brennweite $f = 27{,}3$ cm besitzt, für die langen ultraroten Wellen nur noch eine solche von 12 cm hat. Solche Werte mögen die beiden Quarzlinsen Q_1 und Q_2 in Abb. 2.49 haben. Der Abstand der Lichtquelle L wird größer als 12 cm, aber kleiner als 27,3 cm gewählt. Von L ausgesandte Strahlung $\ll 50$ µm verläßt Q_1 also divergent (in Abb. 2.49 gestrichelt), während die langwellige Strahlung $\geqq 50$ µm in einem Bildpunkt P_1 vereinigt wird. Eine enge Lochblende läßt nur diese langwelligen Strahlen hindurchtreten, während die achsennahe kurzwellige Strahlung durch eine kleine runde Scheibe S_1 zurückgehalten wird. Um etwaige kurzwellige Beimischung mit Sicherheit auszuschließen, wird dasselbe Verfahren noch ein zweites Mal angewendet, indem die von P_1 divergierende Strahlung noch einmal eine Quarzlinse Q_2 durchsetzt usw. In dem Bildpunkt P_2 haben wir dann eine sehr langwellige Strahlung – abhängig von der Emission der Lichtquelle. Diese aus Lichtquellen stammenden Wellen von rund 1 mm Länge greifen schon in das Gebiet der auf direktem elektrischen Weg erzeugten Wellen hinüber.

Eigenfrequenzen von Elektronen und Ionen. P. Drude (1904) hat aus der Dispersionstheorie noch einen interessanten Schluß gezogen, der die Frage beantwortet, mit welchen schwingenden Gebilden man es im UV und Sichtbaren einerseits, im IR andererseits zu tun hat. Dazu muß man die numerischen Daten der Dispersion verschiedener Stoffe kennen, etwa die Konstanten M_h und λ_h der Ketteler-Helmholtzschen Dispersionsformel (2.30).

Für zwei Eigenfrequenzen bzw. Eigenwellenlängen λ_R und λ_V, etwa im UV und im IR, ist dann nach Gl. (2.31)

$$\frac{M_V/\lambda_V^4}{M_R/\lambda_R^4} = \frac{N_V q_V^2/m_V}{N_R q_R^2/m_R}.$$

Weil das ganze Molekül unelektrisch ist, gilt:

$$N_V q_V = -N_R q_R.$$

Setzt man dies in die vorletzte Gleichung ein, so folgt für den Quotienten:

$$\frac{M_V/\lambda_V^4}{M_R/\lambda_R^4} = \frac{(q/m)_V}{(-q/m)_R}. \tag{2.32}$$

Er ist also – abgesehen vom Vorzeichen – gleich dem Verhältnis der spezifischen Ladungen (Ladung durch Masse) der Gebilde, die im UV oder (Sichtbaren) und im IR die Schwingungen ausführen. Aus den Dispersionformeln kennt man M_h und λ_h empirisch. Daraus ergibt sich für das Verhältnis der spezifischen Ladungen im UV, Sichtbaren und IR stets die Größenordnung von 10^4–10^5, d.h. es ist:

$$\left|\left(\frac{q}{m}\right)_{UV}\right| \approx 10^4 \left|\left(\frac{q}{m}\right)_{IR}\right|.$$

10^4 ist aber das Verhältnis der spezifischen Ladung von Elektronen zu der von Ionen. Daraus folgt der Drudesche Schluß, daß die Eigenschwingungen im UV und Sichtbaren den *Elektronen,* im IR dagegen den *Ionen* zukommen, was sich stets bestätigt hat, wenn man auch nicht mehr von eigentlichen „Schwingungen“ der Elektronen, sondern nur allgemeiner von deren Mitwirkung sprechen darf.

Relaxationsdispersion. Alle Dispersionserscheinungen, die bisher behandelt wurden, beruhen auf der Einwirkung der Strahlung auf Systeme (z.B. Moleküle), deren Teilchen an Gleichgewichtslagen gebunden sind und die daher Resonanzfrequenzen besitzen. Es gibt aber noch weitere Ursachen der Dispersion, die wir uns an einem Beispiel anschaulich klarmachen wollen.

Man denke sich elektrische Dipole, deren Richtungen unregelmäßig verteilt seien, so daß insgesamt keine elektrische Polarisation vorhanden ist. Sie seien ferner drehbar. Die Drehbarkeit sei aber mit einer Art Trägheit behaftet; sie finde quasi in einem mehr oder weniger zähen Medium statt. Die Dipolrichtungen besitzen also keine feste Gleichgewichtslage. Ein homogenes, periodisches, elektrisches Feld (das Strahlungsfeld) wirke auf diese Dipole ein. Dann werden bei sehr niedriger Frequenz dieses Feldes alle Dipole ohne Verzögerung folgen können. Wie gering diese Frquenz sein muß, damit dies der Fall ist, hängt natürlich von der „Zähigkeit“ ab. Das Feld erzeugt also dann eine Polarisation, da die Dipole sich alle parallel zum Feld einstellen können, und diese wird proportional zum Feld sein. Dies entspricht einer endlichen Brechzahl größer als 1. Bei sehr hoher Frequenz dagegen werden die Dipole überhaupt nicht mehr folgen können, die Polarisation wird gleich der ohne

Feld sein, d. h. in unserem Fall verschwinden. Das Medium wirkt wie ein Vakuum; die Brechzahl wird den Wert 1 annehmen. Für mittlere Frequenzen wird die Brechzahl von $n = 1$ für $\omega = \infty$ bis $n = n_0$ für $\omega = 0$ monoton ansteigen, je nach der mehr oder weniger großen Verzögerung des Folgens. Bei den extremen Frequenzen wird keine Absorption stattfinden. Bei $\omega = \infty$ deswegen nicht, weil das Medium ja keine Energie aus dem Feld aufnimmt; bei $\omega = 0$ deswegen nicht, weil die aufgenommene Energie ohne Phasenverzögerung wieder an das Feld abgegeben wird. Im Zwischengebiet wird Absorption auftreten.

Die quantitative Behandlung dieser Art Dispersion (zuerst von P. Debye durchgeführt) führt auf Gleichungen der Form

$$n^2(1-\kappa^2) = 1 + \frac{a}{1+\omega^2\tau^2}, \quad n^2\kappa = \frac{b\omega\tau}{1+\omega^2\tau^2}, \tag{2.33}$$

wo a und b Konstanten sind und τ eine sogenannte *Relaxationszeit* ist, die angibt, wann die durch ein niederfrequentes Feld erzeugte Polarisation nach plötzlichem Abschalten dieses Feldes auf den e-ten Teil abgesunken ist. Je größer diese Zeit ist, um so „träger" findet die Einstellung statt. Solche *Relaxationsdispersion* tritt überall auf, wo es sich um die Einstellung eines Gleichgewichts unter dem Einfluß periodischer Kräfte handelt. Die Relaxationsfrequenzen $1/\tau$ fallen sehr oft in das Gebiet der cm- und mm-Wellen. Sie hängen ab von der Dichte der sich einstellenden Dipole, von ihrer gegenseitigen Störung und von der Temperatur.

Abb. 2.50 gibt den Verlauf dieser Dispersion und Absorption (genau genommen den von $n^2(1-\kappa^2)-1$ und $n^2\kappa$) an. Man kann aus Gl. (2.33) entnehmen, daß das Maximum von $n^2\kappa$ genau dort liegt, wo n^2 den Mittelwert $(n_0^2+n_\infty^2)/2$ einnimmt, nämlich bei $\omega = 1/\tau$. Die Halbwertsbreite der im logarithmischen Maßstab symmetrischen Absorptionskurve hat den Wert $2\sqrt{3}/\tau$.

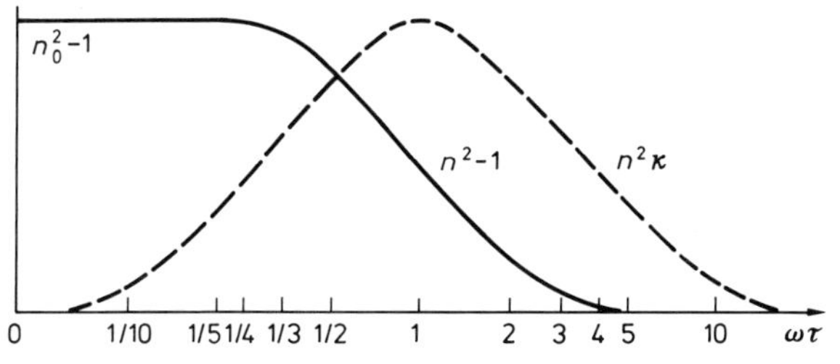

Abb. 2.50 Schematischer Verlauf der Brechzahl n und des Absorptionsindex κ für Relaxationsdispersion.

2.9 Dispersion und Absorption der Metalle

Zu den Substanzen mit sehr großem Absorptionskoeffizienten a gehören vor allem die Metalle. Vom Standpunkt der elektromagnetischen Theorie des Lichtes kann man leicht den Grund dafür angeben: Er liegt in ihrer großen Leitfähigkeit. Diese bewirkt einmal, daß beim Eindringen der elektromagnetischen Welle in das Metall das elektrische Feld zusammenbricht; ferner entstehen durch das wechselnde Magnetfeld Wirbelströme, die Joulesche Wärme erzeugen. Die eindringende Strahlung muß also stark absorbiert werden. Demgemäß wurde versucht, mit der Maxwellschen Theorie die optischen Eigenschaften der Metalle durch ihre Leitfähigkeit σ zu erklären, ebenso wie die optischen Eigenschaften der Nichtleiter durch die Dielektrizitätskonstante ε_∞ erklärt werden sollten. Wir haben gesehen, daß letzteres nur bei sehr langwelliger Strahlung (elektrische Wellen von 10 cm an aufwärts) zutrifft, nicht aber bei kurzen Wellen (IR, Sichtbar, UV usw.). Für solche Strahlung zeigen die Nichtleiter Dispersion und Absorption, während sie im Bereich elektrischer Wellen tatsächlich dispersions- und absorptionsfrei sind. Ganz ähnlich ist es nun auch mit den Metallen: für elektrische Wellen trifft wirklich die Behauptung der Maxwellschen Theorie zu, daß das Leitvermögen die optischen Erscheinungen bestimmt, auch noch, wie wir sehen werden, für infrarote Wellen bis zu 15 µm herab, aber in keiner Weise mehr für die kürzeren ultraroten, sichtbaren und ultravioletten Wellenlängen. Wir haben im vorhergehenden Abschnitt gesehen, wie man die Maxwellsche Theorie für Nichtleiter zu verbessern hat, indem man dem molekularen Aufbau der Materie Rechnung trägt; so werden wir es auch bei den Metallen machen müssen.

Die erste Frage gilt dem *Reflexionsgesetz* und dem *Brechungsgesetz*. Das erstere gilt für Metalle genau so wie für Nichtleiter, wovon wir in den beiden ersten Kapiteln ohne weiteres Gebrauch gemacht haben. Was die Brechung angeht, so wissen wir aus den vorhergehenden Nummern, daß man bei absorbierender Substanz einfach so rechnen kann, als ob die Brechzahl komplex geworden sei. Demgemäß folgt für das Brechungsgesetz der Metalle (φ_1 Einfallswinkel, $\underline{\chi_2}$Brechungswinkel, n relle Brechzahl, κ Absorptionsindex):

$$\frac{\sin\varphi_1}{\sin\underline{\chi_2}} = \mathfrak{n} = n(1 - \mathrm{i}\kappa)\,. \tag{2.34}$$

Da φ_1, somit auch $\sin\varphi_1$, reell ist, folgt daraus zunächst, daß

$$\sin\underline{\chi_2} = \frac{\sin\varphi_1}{n(1 - \mathrm{i}\kappa)} \tag{2.34a}$$

komplex sein muß. Ebenso folgt, daß die „Geschwindigkeit“ $\mathfrak{v}_2$ der Wellen im Metall komplex ist:

$$\mathfrak{v}_2 = \frac{c}{\mathfrak{n}} = \frac{c}{n(1 - \mathrm{i}\kappa)} = \frac{c(1 + \mathrm{i}\kappa)}{n(1 + \kappa^2)}\,. \tag{2.34b}$$

Diese scheinbar kleine Änderung gegenüber nichtleitenden Substanzen hat sehr große Komplikationen zur Folge, die wir zunächst qualitativ und anschaulich besprechen wollen.

Der Leser muß sich darüber klar sein, daß die komplexe Schreibweise eine symbolische ist; wir haben es natürlich immer mit reellen Dingen zu tun. Das heißt, der tatsächliche Brechungswinkel ist reell, ebenso wie die tatsächliche Fortpflanzungsgeschwindigkeit v_2 und die Brechzahl n. Die komplexe Rechnung erlaubt aber, in einfacher Weise den ganzen Formalismus der Optik durchsichtiger Körper auf undurchsichtige zu übertragen, indem man n durch $\underline{n} = n(1 - \mathrm{i}\kappa)$ ersetzt. Natürlich muß man nachher immer zu reellen Größen übergehen.

Wir lassen zunächst aus Luft (Vakuum) – das ist der im allgemeinen interessierende Fall – Strahlung der Vakuumwellenlänge λ (Kreisfrequenz ω) senkrecht auf eine ebene Metalloberfläche auffallen, die mit der y,z-Ebene, d. h. $x = 0$, zusammenfalle. Oberhalb der Metalloberfläche ist $x < 0$;, im Metall selbst $x > 0$. Setzen wir nun eine ebene Welle an, die sich in Richtung der positiven x-Achse im Metall fortpflanzt – das ist die eindringende Welle –, so haben wir diese zu schreiben:

$$\mathscr{E} \sim \mathrm{e}^{\mathrm{i}\omega\left(t - \frac{x}{v_2}\right)} = \mathrm{e}^{\mathrm{i}\omega\left(t - \frac{\underline{n}x}{c}\right)} = \mathrm{e}^{\mathrm{i}\omega\left[t - \frac{n(1-\mathrm{i}\kappa)x}{c}\right]},$$

und das liefert

$$\mathscr{E} \sim \mathrm{e}^{\frac{-\omega n \kappa x}{c}}\, \mathrm{e}^{\mathrm{i}\omega\left(t - \frac{nx}{c}\right)} = \mathrm{e}^{-\frac{2\pi n\kappa x}{\lambda}}\, \mathrm{e}^{\mathrm{i}\omega\left(t - \frac{x}{v_2}\right)},$$

wenn v_2 die reelle Fortpflanzungsgeschwindigkeit (Phasengeschwindigkeit) der Welle bedeutet. (Diese Darstellung haben wir ganz analog schon in Abschn. 2.8 bei der Untersuchung schwach absorbierender Substanzen benutzt.) Die Fläche gleicher Amplitude ist offenbar $x =$ const.; sie fällt – wie bisher stets – zusammen mit der Fläche gleicher Phase, die ebenfalls $x =$ const. ist. Das ist aber nicht mehr der Fall, wenn die Welle schief (unter dem Einfallswinkel φ_1) auf die Metalloberfläche auffällt (Abb. 2.51); sie werde dann unter dem noch zu bestimmenden reellen Winkel φ_2

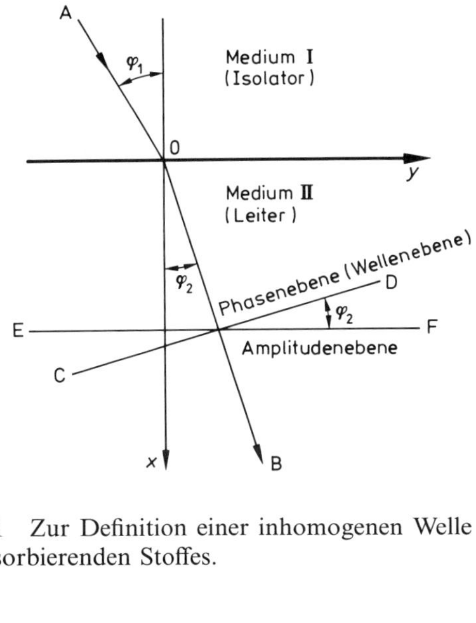

Abb. 2.51 Zur Definition einer inhomogenen Welle (Oberflächenwelle) an der Grenzfläche eines absorbierenden Stoffes.

ins Metall hereingebrochen. Außer den beiden Strahlen AO und OB zeichnen wir eine Ebene konstanter Phase, d.h. die Wellenebene CD im Metall (senkrecht zum Strahl OB) und eine Ebene konstanter Amplitude EF im Metall, für die wieder $x = \text{const.}$ gilt. Man erkennt, daß die beiden Ebenen nicht zusammenfallen, sondern gleichfalls den Winkel φ_2 miteinander bilden. D.h. die Welle schreitet in Richtung OB fort, ihre Amplitude nimmt aber in Richtung OX ab. Eine solche Welle nennt man eine *inhomogene Welle*, auch *Oberflächenwelle*, weil sie mit merklicher Amplitude nur in der Nähe der Grenzfläche $x = 0$ auftreten kann.

Wir wollen zunächst die Gleichung einer ebenen Welle im Metall in komplexer Form anschreiben; sie hat die Gestalt:

$$\mathscr{E}_2 \sim \mathrm{e}^{\mathrm{i}\omega\left(t - \frac{y \sin \underline{\chi_2} + x \cos \underline{\chi_2}}{\underline{v}_2}\right)}, \tag{2.35}$$

wobei $\underline{\chi_2}$ und $\underline{v}_2$, wie gesagt, komplex sind; wir müssen daraus den reellen Brechungswinkel φ_2 (Abb. 2.51) berechnen; dies tun wir, indem wir einmal aus der obigen Gleichung die Phasenebene feststellen. Zu diesem Zwecke müssen wir in die obige symbolische Darstellung der Welle die Werte von $\sin \underline{\chi_2}$ und $\cos \underline{\chi_2}$ einführen. Aus Gl. (2.34a) folgt zunächst:

$$\sin \underline{\chi_2} = \frac{\sin \varphi_1}{n(1 - \mathrm{i}\kappa)} = \frac{\sin \varphi_1 (1 + \mathrm{i}\kappa)}{n(1 + \kappa^2)}, \tag{2.36a}$$

und daraus:

$$\cos \underline{\chi_2} = \sqrt{1 - \sin^2 \underline{\chi_2}} = \sqrt{\frac{n^2(1+\kappa^2)^2 - (1 - \kappa^2 + 2\mathrm{i}\kappa)\sin^2 \varphi_1}{n^2(1+\kappa^2)^2}}. \tag{2.36b}$$

Wenn wir vorläufig zur Abkürzung setzen

$$\cos \underline{\chi_2} = \varrho e^{-\mathrm{i}\delta} = \varrho(\cos\delta - \mathrm{i}\sin\delta), \tag{2.36c}$$

so folgt zur Bestimmung von ϱ und δ

$$\begin{aligned} \frac{n^2(1+\kappa^2)^2 - (1-\kappa^2)\sin^2\varphi_1}{n^2(1+\kappa^2)^2} &= \varrho^2 \cos 2\delta, \\ \frac{2\kappa \sin^2 \varphi_1}{n^2(1+\kappa^2)^2} &= \varrho^2 \sin 2\delta. \end{aligned} \tag{2.37}$$

Trägt man Gl. (2.36a), (2.36c) und (2.34b) in (2.35) ein, so nimmt die gebrochene Welle folgende Gestalt an, aus der man deutlich sieht, daß hier Phasenebene und Amplitudenebene nicht mehr zusammenfallen:

$$\mathscr{E}_2 \sim \mathrm{e}^{\mathrm{i}\omega\left[t - \frac{y \sin\varphi_1}{c} - \frac{x\varrho n}{c}(\cos\delta - \kappa\sin\delta)\right]}\, \mathrm{e}^{\frac{-2\pi\varrho x n}{\lambda}(\sin\delta + \kappa\cos\delta)}. \tag{2.38}$$

Der erste Exponentialfaktor stellt eine gebrochene Welle dar, die sich unter einem (noch in unentwickelter Form auftretenden) reellen Brechungswinkel, den wir vorher schon φ_2 genannt hatten, fortpflanzt; der zweite Faktor aber stellt eine mit wachsendem x wachsende Absorption dar – wie es sein muß. Die Phasen- (oder Wellen-) Ebene gehorcht der Gleichung:

$$y \sin \varphi_1 + x \varrho n (\cos \delta - \kappa \sin \delta) = \text{const.}\,, \tag{2.39}$$

während die Gleichung der Amplitudenebene offenbar $x = \text{const.}$ lautet. Und nun können wir die Phasenebenengleichung (2.39) auch durch den reellen Brechungswinkel φ_2 ausdrücken:

$$y \sin \varphi_2 + x \cos \varphi_2 = \text{const.} \tag{2.40}$$

Durch Vergleich mit Gl. (2.39) folgt also, daß $\sin \varphi_2$ und $\cos \varphi_2$ folgenden Ausdrücken proportional sein müssen:

$$\begin{aligned} \sin \varphi_1 &= A \sin \varphi_2\,, \\ \varrho n (\cos \delta - \kappa \sin \delta) &= A \cos \varphi_2\,, \end{aligned} \tag{2.41}$$

womit wir die Mittel in der Hand haben, φ_2 zu bestimmen. Lassen wir vorläufig noch ϱ und δ unbestimmt stehen, so ergibt sich die Proportionalitätskonstante A zu

$$A = \sqrt{\sin^2 \varphi_1 + \varrho^2 n^2 (\cos \delta - \kappa \sin \delta)^2}\,. \tag{2.42}$$

Mit diesem Wert von A finden wir aus der ersten Gl. (2.41) das Brechungsgesetz in reeller Form (ϱ und δ sind noch auszurechnen!):

$$\frac{\sin \varphi_1}{\sin \varphi_2} = A = \sqrt{\sin^2 \varphi_1 + \varrho^2 n^2 (\cos \delta - \kappa \sin \delta)^2} = n_{\varphi_1}\,. \tag{2.43}$$

Man sieht schon in dieser Form, daß die Brechzahl nicht konstant ist, sondern vom Einfallswinkel φ_1 abhängt, weswegen wir in Zukunft n_φ dafür schreiben wollen. Drücken wir in Gl. (2.38) $\sin \varphi_1$, $\varrho \sin \delta$ und $\kappa \cos \delta$ nach Gl. (2.41), (2.42) und (2.43) durch $\sin \varphi_2$, $\cos \varphi_2$ und n_φ aus, so wird der erste Exponentialfaktor:

$$e^{i\omega\left[t - \frac{y \sin \varphi_2 + x \cos \varphi_2}{c/n_\varphi}\right]},$$

was bedeutet, daß die Welle sich mit der reellen Geschwindigkeit

$$v_\varphi = \frac{c}{n_\varphi} = \frac{c}{\sqrt{\sin^2 \varphi_1 + \varrho^2 n^2 (\cos \delta - \kappa \sin \delta)^2}} \tag{2.44}$$

fortpflanzt; auch sie hängt von dem Einfallswinkel ab. Schließlich gewinnen wir für den Dämpfungsfaktor, den wir κ_φ nennen wollen:

$$\kappa_\varphi = \varrho (\sin \delta + \kappa \cos \delta)\,. \tag{2.45}$$

Wir müssen nun noch die bisher nicht ausgerechneten Größen ϱ und δ aus Gl. (2.37) bestimmen und die erhaltenen Werte in Gl. (2.43), (2.44) und (2.45) einsetzen. Dann liefert eine elementare, aber mühsame Rechnung:

$$\begin{aligned} n_\varphi^2 &= [n^2 - n^2 \kappa^2 + \sin^2 \varphi_1 + \sqrt{4 n^4 \kappa^2 + (n^2 - n^2 \kappa^2 - \sin^2 \varphi_1)^2}]/2\,, \\ \kappa_\varphi^2 &= [-n^2 - n^2 \kappa^2 + \sin^2 \varphi_1 + \sqrt{4 n^4 \kappa^2 + (n^2 - n^2 \kappa^2 - \sin^2 \varphi_1)^2}]/2 n^2\,, \\ v_\varphi &= c/n_\varphi\,. \end{aligned} \tag{2.46}$$

Man sieht an diesen Gleichungen die außerordentliche Komplikation der Verhältnisse; für $\varphi_1 = 0$ gehen n_φ in n, κ_φ in κ über. Deshalb bezeichnet man die „optischen Konstanten" n und κ auch wohl als *Hauptbrechzahl* und *Hauptabsorptionsindex*.

Die Frage, wie man die optischen Konstanten n und κ experimentell bestimmt, müssen wir zurückschieben; wir werden in Abschn. 4.4 darauf zurückkommen. Hier genüge die Tatsache, daß die Beobachtungen zahlreicher Forscher (z. B. D. Shea [1892] und R. B. Wilsey [1916]) den in Gl. (2.46) gegebenen Zusammenhang zwischen den Größen n_φ, κ_φ mit n und κ immer bestätigt haben; eine andere Frage ist aber die, wie n und κ mit der Leitfähigkeit σ der Metalle zusammenhängen, das nach der Maxwellschen Theorie beide Größen bestimmen soll. Diese Frage wird uns weiter unten beschäftigen. Hier geben wir eine Übersicht über die Resultate von Shea, die sich auf die Wellenlänge 640 nm (rotes Licht) beziehen.

Tab. 2.9 Optische Konstanten von Metallen als Funktion des Einfallswinkels nach Shea.

Metall	n	$n\kappa$	n_{10}	n_{20}	n_{30}	n_{40}	n_{50}	n_{60}	n_{70}	n_{80}	n_{90}
Fe	3,03	1,78	3,04	3,04	3,04	3,05	3,06	3,06	3,07	3,07	3,07
Pt	1,99	2,03	2,00	2,01	2,02	2,04	2,07	2,09	2,11	2,12	2,12
Cu	0,48	2,61	0,51	0,59	0,69	0,79	0,89	0,98	1,04	1,08	1,10
Au	0,35	1,79	0,39	0,49	0,61	0,72	0,83	0,92	0,99	1,03	1,05
Ag	0,26	2,16	0,31	0,43	0,56	0,69	0,80	0,90	0,97	1,01	1,03

Bei den Resultaten der Metalloptik, wie sie z. B. in Tab. 2.9 wiedergegeben sind, erreicht man bei weitem nicht die Genauigkeit, die man bei durchsichtigen Substanzen erzielt. Während bei diesen die Brechzahl bis auf eine Einheit in der 5. Dezimale genau gemessen werden kann, ist hier bereits die zweite Dezimale nicht sicher. Das liegt, z. T. an der schwierigen Messung, z. T. daran, daß man Reflexionsbeobachtungen heranziehen muß, und diese leiden an dem Übelstand, daß es außerordentlich schwer ist, reine Metalloberflächen herzustellen; daher schwanken auch die Resultate verschiedener Beobachter für n und κ noch erheblich.

Man sieht, daß die Tabelle in zwei Teile zerfällt, deren erster sich auf Fe und Pt bezieht. Beide haben relativ große Brechzahlen ($n > 1$), und ihre Variation mit φ_1 ist nicht erheblich. Daher befolgt bei diesen Metallen die Brechung nahezu das gewöhnliche Brechungsgesetz. Die zweite Hälfte der Tabelle zeigt zunächst, daß für Cu, Ag und Au die Hauptbrechzahl $n < 1$ ist, sowie daß die Änderung von n_φ mit φ_1 sehr erheblich ist; hier ist also das Brechungsgesetz ein ganz anderes. Im besonderen zeigt die Tabelle, daß für Cu die Brechzahl n_φ zwischen 60° und 70° durch den Wert 1 hindurchgeht, und das gleiche zeigt sich für etwas größere Winkel bei Ag und Au. Das bedeutet aber, daß für diese Metalle bei einem bestimmten Einfallswinkel (bei Cu 62,9°, bei Ag 71,9°, bei Au 76,2°) die einfallende Welle *ungebrochen* in das Metall eintritt; dies hat Shea auch direkt konstatiert. Abb. 2.52 gibt graphisch die Werte der Tabelle wieder.

Man könnte unsere obige Feststellung, daß n_φ, κ_φ, v_φ vom Einfallswinkel abhängen, auch so ausdrücken, daß sie vom reellen Brechungswinkel φ_2 abhängen, der

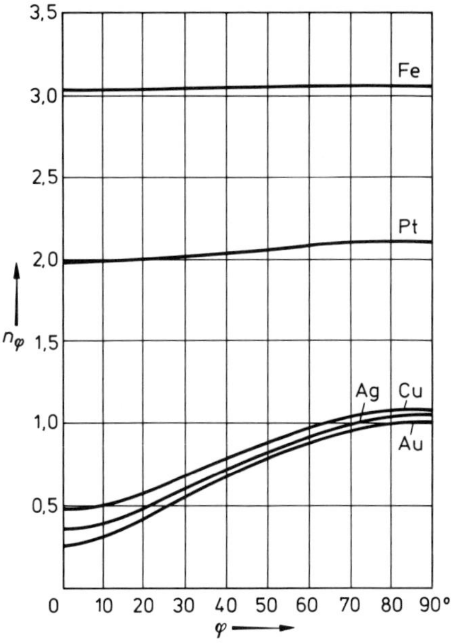

Abb. 2.52 Abhängigkeit der Brechzahlen verschiedener Metalle vom Einfallswinkel für $\lambda = 640\,\text{nm}$.

ja mit φ_1 nach Gl. (2.43) zusammenhängt; φ_2 ist aber auch der Winkel zwischen der Ebene konstanter Phase und der Ebene konstanter Amplitude, der mit anderen Worten die inhomogene Welle charakterisiert. Deshalb hat E. Ketteler (1885), der große Verdienste um die Aufklärung der Verhältnisse der Metalloptik, insbesondere der Fortpflanzung inhomogener Wellen hat, diesen Sachverhalt durch die Formulierung charakterisiert, daß die Fortpflanzungsgeschwindigkeit und die Stärke der Absorption von dem Winkel abhängen, den die „Wellennormale“ mit der „Absorptionsnormalen“ bildet.

Eine grundsätzliche Bemerkung muß noch hinzugefügt werden. Obwohl die starken Abweichungen von der Optik durchsichtiger Körper besonders in der Optik der Metalle wegen ihres großen Absorptionskoeffizienten a auftreten, gelten die Ergebnisse dieses Abschnittes im Prinzip auch für die Substanzen mit kleinem Absorptionskoeffizienten a, wie wir sie in den vorhergehenden Abschnitten behandelt haben. Im allgemeinen sind die Abweichungen von dem idealen Fall völlig durchsichtiger Körper unmerklich, zeigen sich jedoch z. B. bei genauen Messungen der Brechzahl bei gefärbten Lösungen.

Bevor wir an die Untersuchung herangehen, welche Werte die optischen Konstanten nach der Maxwellschen Theorie haben sollen, teilen wir noch Werte von n und $n\kappa$ mit, nach Messungen von P. Drude für die Wellenlänge 589 nm (D-Linie) (Tab. 2.10). Interessant ist, daß bei allen untersuchten Metallen $n < n\kappa$ ist; besonders merkwürdig ist der Wert für Natrium, $n = 0{,}005$, der bedeutet, daß die Phasengeschwindigkeit 200mal größer ist als c!

Tab. 2.10 Optische Konstanten von Metallen bei $\lambda = 589$ nm nach Drude.

Metall	n	$n\kappa$	Metall	n	$n\kappa$
Ag	0,18	3,67	Stahl	2,41	3,40
Au	0,37	1,82	Na	0,005 (!)	2,61
Pt	2,06	4,26	Hg	1,73	4,96
Cu	0,64	2,62			

Metalloptik und Maxwellsche Theorie. Die im vorhergehenden behandelten Tatsachen haben *nichts* mit der Maxwellschen Theorie zu tun; sie folgen in gleicher Weise aus jeder Wellentheorie und sind älter als die elektromagnetische Auffassung des Lichtes. Dagegen behauptet die letztere, daß die Leitfähigkeit σ der Metalle die Werte von n und $n\kappa$ bestimmt. Wir wollen jetzt prüfen, wie es sich damit verhält.

Betrachten wir die erste Maxwellsche Gleichung (Abschn. E.1):

$$\operatorname{rot} \boldsymbol{H} = \varepsilon\varepsilon_0 \frac{\partial \boldsymbol{E}}{\partial t} + \sigma \boldsymbol{E} .$$

Falls $\boldsymbol{E}$ der elektrische Vektor einer Lichtwelle ist, so ist er periodisch: $\boldsymbol{E} \to \mathscr{E} = \boldsymbol{E}_0 \mathrm{e}^{\mathrm{i}\omega t}$, also ist weiter

$$\frac{\partial \mathscr{E}}{\partial t} = \omega \mathrm{i} \mathscr{E} , \quad \mathscr{E} = -\frac{\mathrm{i}}{\omega} \frac{\partial \mathscr{E}}{\partial t} .$$

Setzt man den letzten Wert in die obige Maxwellsche Gleichung ein, so nimmt sie die Gestalt an:

$$\operatorname{rot} \mathscr{H} = \left[\varepsilon\varepsilon_0 - \frac{\sigma}{\omega} \mathrm{i} \right] \frac{\partial \mathscr{E}}{\partial t} .$$

Damit hat die linke Seite der Gleichung die gleiche Form wie für einen Nichtleiter, nur daß an Stelle der rellen Permittivität die komplexe Größe

$$\underline{\varepsilon} = \varepsilon - \frac{\sigma}{\varepsilon_0 \omega} \mathrm{i} \tag{2.47}$$

getreten ist. Setzen wir diese wie im vorhergehenden gleich $n^2(1 - \mathrm{i}\kappa)^2$, so ergeben sich durch Trennung des Reellen und Imaginären folgende Beziehungen zwischen der Leitfähigkeit σ einerseits und den optischen Konstanten andererseits:

$$\varepsilon = n^2 - n^2\kappa^2 , \qquad \frac{\sigma}{2\varepsilon_0 \omega} = n^2 \kappa . \tag{2.48a}$$

Quadriert man die erste dieser Gleichungen und addiert dazu das vierfache Quadrat der zweiten, so erhält man

$$n^2 + n^2\kappa^2 = \sqrt{\varepsilon^2 + \sigma^2/\varepsilon_0^2\omega^2} . \tag{2.48b}$$

Kombination mit der ersten Gl. (2.48 a) ergibt für n und $n\kappa$:

$$n = \sqrt{\frac{1}{2}\sqrt{\varepsilon^2 + \sigma^2/\varepsilon_0^2\omega^2} + \frac{\varepsilon}{2}},$$

$$n\kappa = \sqrt{\frac{1}{2}\sqrt{\varepsilon^2 + \sigma^2/\varepsilon_0^2\omega^2} - \frac{\varepsilon}{2}}. \tag{2.49}$$

Man hat versucht, mit Gl. (2.48 a) aus der Gleichstromleitfähigkeit σ den Absorptionsindex κ für sichtbares Licht zu berechnen. Dies führt nicht zu befriedigenden Ergebnissen. Wir merken noch an, daß nach der ersten Gl. (2.48 a) $n > n\kappa$ sein muß, wenn ε positiv angenommen wird. Vergleichen wir damit die Tabelle, so ergibt sich sofort, daß für die dort angegebenen Metalle ausnahmslos das Gegenteil, nämlich $n < n\kappa$ zutrifft. Dies bedeutet, daß bei Metallen $\varepsilon < 0$ sein muß für optische Frequenzen.

Wir wollen nun untersuchen, wie sich die Metalle gegenüber elektrischen Wellen (mit kleineren Frequenzen) verhalten. Dafür können wir die Gl. (2.49) noch etwas vereinfachen. Die Dielektrizitätskonstante der Metalle bei tiefen Frequenzen beträgt etwa gleich 1. Für Cu ist $\sigma_{Cu} = 5{,}7 \cdot 10^7$ A/Vm, für Hg ist $\sigma_{Hg} = 1{,}1 \cdot 10^6$ A/Vm.

Da Hg eines der schlechtestleitenden Metalle ist, ergibt sich mit $\varepsilon_0 = 8{,}85 \cdot 10^{-12}$ As/Vm:

$$\sigma/\varepsilon_0\omega \geq 6{,}6 \cdot 10^4 \quad \text{für} \quad \lambda \geq 1\,\text{mm}\,, \quad \omega \geq 6\pi \cdot 10^{11}\,\text{s}^{-1}\,.$$

Daher kann in Gl. (2.49) ε vernachlässigt werden. Damit vereinfachen sich die Gl. (2.49) zu den sog. **Drudeschen Gleichungen:**

$$n = n\kappa = \sqrt{\sigma/2\varepsilon_0\omega}\,, \tag{2.50}$$

woraus übrigens auch $\kappa = 1$ folgt.

Infolge der Größe von $\sigma/2\varepsilon_0\omega$ entarten nun auch die Gl. (2.46) so stark, daß die Variation von n_φ und κ_φ mit φ gar nicht mehr zu erkennen ist, denn es wird

$$n_\varphi = n\,, \quad \kappa_\varphi = \kappa\,;$$

daher bleibt zur Prüfung von Gl. (2.50) bei elektrischen Wellen nichts anderes übrig, als den Reflexionsgrad der Metalle zu berechnen und mit dem Experiment zu vergleichen. Nach Gl. (2.19 a) und (2.50) wird ϱ der Reihe nach ($n \gg 1$!):

$$\varrho = \frac{(n-1)^2 + n^2}{(n+1)^2 + n^2} = \frac{n^2 - 2n + 1 + n^2}{n^2 + 2n + 1 + n^2} \approx \frac{n^2 - n}{n^2 + n} = \frac{1 - 1/n}{1 + 1/n}$$

$$\approx 1 - \frac{2}{n} = 1 - \frac{2}{\sqrt{\sigma/2\varepsilon_0\omega}}. \tag{2.51}$$

Rechnet man sich danach mit den obigen Werten für σ und ω bei Cu und Hg die Werte von ϱ aus, so folgt:

$$\varrho_{Cu} = 99{,}85\%\,; \quad \varrho_{Hg} = 98{,}9\%\,.$$

Hohe Werte von ϱ werden tatsächlich beobachtet, können aber kaum von 100%

unterschieden werden. Auch dieser Prüfungsversuch der Gl. (2.50) ist also keineswegs hinreichend, da für $\varrho \approx 1$ die Leitfähigkeit aus der Gl. (2.51) praktisch herausfällt. Man muß versuchen, zu kürzeren Wellen, d. h. zum IR überzugehen, da dann $\sigma/2\varepsilon_0\omega$ kleiner wird, also $2/\sqrt{\sigma/2\varepsilon_0\omega}$ gegen 1 mehr in Betracht kommt. Eine derartige Untersuchung haben (1903) E. Hagen und H. Rubens durchgeführt, mit dem seinerzeit überraschenden Ergebnis, daß Gl. (2.51) sich bis zu Wellenlängen bis zu 10 µm hinab durchaus bewährt hat. In Tab. 2.11 ist der Wert $1-\varrho = 2/\sqrt{\sigma/2\varepsilon_0\omega}$ (das ist der Absorptionsgrad α der Metalle) für eine Wellenlänge von 25,5 µm eingetragen und mit der Theorie verglichen; man erkennt die gute Übereinstimmung.

Die experimentellen Ergebnisse von Hagen und Rubens zeigen, daß in der Maxwellschen Theorie der Ansatz für die Stromdichte $\boldsymbol{j} = \sigma \boldsymbol{E}$ mit $\sigma = \text{const.}$ bis zu Wechselströmen von 10^{13} Hertz noch gilt; d.h. das Ohmsche Gesetz in der Formulierung der Feldtheorie. Die Leitfähigkeit σ von Metallen kann bis zu diesen hohen Frequenzen als frequenzunabhängig angesehen werden.

Tab. 2.11 Hagen-Rubenssche Beziehung.

Metall	$\alpha = 1-\varrho$ in %, für $\lambda = 25{,}5$ µm beobachtet	berechnet	Metall	$\alpha = 1-\varrho$ in %, für $\lambda = 25{,}5$ µm beobachtet	berechnet
Ag	1,13	1,15	Ni	3,20	3,16
Cu	1,17	1,27	Sn	3,27	3,23
Au	1,56	1,39	Stahl	3,66	3,99
Al	1,97	1,60	Hg	7,66	7,55
Zn	2,27	2,27	Rotguß	2,70	2,73
Cd	2,55	2,53	Manganin	4,63	4,69
Pt	2,82	2,96	Constantan	5,20	5,05

2.10 Spektralanalyse, Emissions- und Absorptionsspektren, Dopplereffekt, Spektroskopie

Die Dispersion des Lichtes bildet die Grundlage der von G. Kirchhoff und R.W. Bunsen (1859) begründeten **Spektralanalyse.** Die genannten Forscher fanden zuerst die grundlegende Tatsache, daß jedes Element unter geeigneten Bedingungen ein ganz bestimmtes und für dieses Element charakteristisches *Spektrum* aussendet. Man kann daher aus dem Spektrum einer Lichtquelle auf die chemischen Elemente der in ihr vorhandenen, leuchtenden Stoffe schließen.

Die Erfahrung hat ergeben: Das Spektrum eines glühenden festen oder flüssigen Körpers ist stets ein *kontinuierliches Spektrum,* das alle Wellenlängen enthält. Man erkennt dies z. B. am Spektrum des positiven Kraters der Bogenlampe, des Lichtes einer Glühlampe oder einer Kerze, in der glühende feste Rußteilchen die Emissionszentren sind; auch geschmolzene Metalle, z. B. Platin, besitzen ein kontinuierliches

Spektrum. Kontinuierliche Spektren sind weniger charakteristisch für den strahlenden Körper.

Anders verhalten sich glühende Gase und Dämpfe: Sie liefern im allgemeinen *diskontinuierliche Spektren,* die nur aus einzelnen, durch dunkle Zwischenräume getrennten, scharfen *Spektrallinien* bestehen. Zum Beispiel gibt leuchtender Natriumdampf geringer Dichte, den man durch Einbringen von Kochsalz in eine nichtleuchtende Bunsenflamme erzeugt, ein Spektrum, das im sichtbaren Gebiet aus zwei charakteristischen, eng beieinanderliegenden, gelben Linien besteht, die bei schwacher spektraler Trennung als eine Linie (D-Linie) erscheinen. Leuchtender Lithiumdampf erzeugt zwei im Orange und Rot liegende Spektrallinien, atomarer Wasserstoff liefert ein Spektrum mit vier Linien (H_α ist rot, H_β grünblau, H_γ blauviolett, H_δ violett); leuchtender Quecksilberdampf besitzt im Sichtbaren sechs Linien. Auf der Tafel I ist eine Anzahl der wichtigsten Linienspektren mit ihren Hauptlinien wiedergegeben.

Die einzelnen Linien sind die (farbigen) Bilder des Beleuchtungsspaltes. Zur wirksamen Trennung dicht nebeneinanderliegender Spektrallinien muß man daher den Spalt möglichst eng machen. Um scharfe und möglichst schmale Spektrallinien zu erhalten, darf die strahlende Schicht des Gases nicht zu dick und seine Dichte nicht zu groß sein; die günstigsten Bedingungen sind von Fall zu Fall empirisch festzustellen. Je dicker die leuchtende Gasschicht oder je dichter das Gas ist, um so mehr verbreitern sich die Linien. Bei hinreichend hohem Gasdruck kann das ursprüngliche Linienspektrum sogar in ein kontinuierliches übergehen. Nach dem Einschalten einer anfangs kalten Quecksilber-Hochdrucklampe sieht man deutlich die Drucksteigerung durch Verbreiterung der Spektrallinien bis zum Kontinuum.

Außer den Linienspektren gibt es noch eine andere Art von diskontinuierlichen Spektren von Gasen, bei denen gesetzmäßige Anhäufung sehr zahlreicher Linien an bestimmten Stellen auftritt, so daß bei kleiner Dispersion des benutzten Spektralapparates dieser Teil des Spektrums fast als kontinuierlich erscheint. Man nennt solche Linienanhäufung *Banden* und die betreffenden Spektren *Bandenspektren.* Sowohl Linien- wie Bandenspektren erstrecken sich auch ins UV und IR. Die Linienspektren sind *Atomspektren,* während die Bandenspektren bei Gasen von *Molekülschwingungen* herrühren. Beide Arten von Spektren sind charakteristisch für den emittierenden Körper, können also zu einer Identifizierung dienen: Spektralanalyse.

Alle bisher erwähnten Spektren sind **Emissionsspektren,** die von bestimmten Lichtquellen, sei es infolge hoher Temperatur, sei es infolge direkter elektrischer oder chemischer Anregung ausgesandt werden. Den Gegensatz hierzu bilden die **Absorptionsspektren.** Diese erhält man, wenn man zunächst ein kontinuierliches Spektrum erzeugt und in den Strahlengang einen Stoff bringt, der gewisse Wellenlängen absorbiert, so daß in dem ursprünglich kontinuierlichen Spektrum Lücken auftreten. Auf der Tafel I ist unter Nr. 11 das Absorptionsspektrum von Neodym wiedergegeben. Auch die Absorptionsspektren sind charakteristisch, so daß man sie ebenfalls zum Nachweis und zur Identifizierung der absorbierenden Stoffe benutzen kann. Die bereits vielfach erwähnten Fraunhoferschen Linien im Sonnenspektrum sind Absorptionslinien. Sie kommen dadurch zustande, daß das vom leuchtenden Sonnenkern ausgehende kontinuierliche weiße Licht beim Durchgang durch die Sonnenatmosphäre selektive Absorption erfährt.

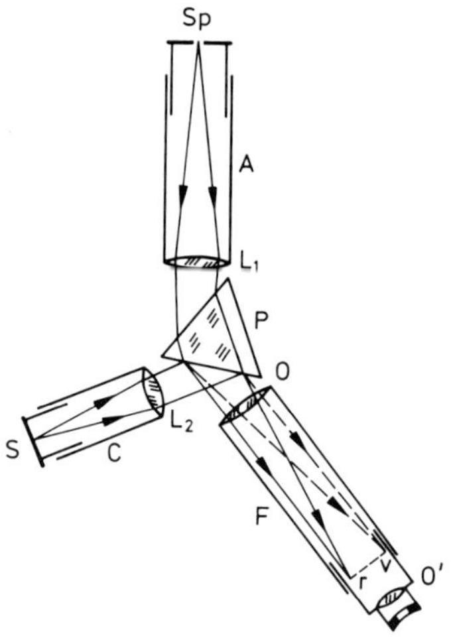

Abb. 2.53 Spektralapparat nach Kirchhoff und Bunsen.

Spektralapparate. Zur Untersuchung der Spektren dienen die sog. Spektralapparate. In Abb. 2.53 ist der Strahlengang des *Spektralapparates von Kirchhoff und Bunsen* wiedergegeben. Das Licht der zu untersuchenden Lichtquelle tritt durch den bei Sp befindlichen Spalt, dessen Breite sich mit einer Mikrometerschraube einstellen läßt, in das Spaltrohr (Kollimator) A ein und wird durch die Sammellinse L_1, die sich im Abstand der Brennweite vom Spalt befindet, parallel gemacht. Das Parallelstrahlbündel durchsetzt für eine mittlere Wellenlänge, z. B. die D-Linie, im Minimum der Ablenkung das Flintglasprisma P und gelangt in das Beobachtungsfernrohr F. In diesem wird durch das Objektiv O an der Stelle rv das Spektrum erzeugt, das mit dem Okular O′ betrachtet werden kann. Um das Spektrum mit einem Maßstab vergleichen und den Ort der Linien angeben zu können, trägt der Apparat noch ein drittes Rohr, das Skalenrohr C, das in der Brennebene der Linse L_2 eine kleine Skala S mit durchsichtigen Teilstrichen enthält; wird die Skala durch eine Lampe beleuchtet, so werden die von ihr ausgehenden Strahlen von der Vorderfläche des Prismas P in das Beobachtungsfernrohr F reflektiert; man erblickt dann gleichzeitig mit dem Spektrum ein scharfes Bild der Skala und kann diese mit Hilfe bekannter Spektrallinien in Wellenlängen eichen. Ist die Länge des Spektrums größer als das Gesichtsfeld des Fernrohrs, so muß dies an einem drehbaren Arm angebracht sein, um es auf den zu betrachtenden Spektralbereich einstellen zu können. Ein im Okular befindliches Fadenkreuz kann bei Drehung des Fernrohrs auf die einzelnen Spektrallinien eingestellt werden. Um auch auf diese Weise eine Messung der relativen Lage der einzelnen Linien vornehmen zu können, ist die Drehung des Fernrohrs entweder an einem Teilkreis oder einer Mikrometerschraube ablesbar. Will man das Spektrum photographisch fixieren, so wird das Fernrohr durch eine photographische Kamera ersetzt (*Spektrograph* im Gegensatz zum eben beschriebenen *Spektrometer*).

Da nach Gl. (2.5) die Gesamtlänge des durch ein Prisma erzeugten Spektrums mit dem brechenden Winkel ε wächst, liegt es nahe, zur Erzeugung ausgedehnter

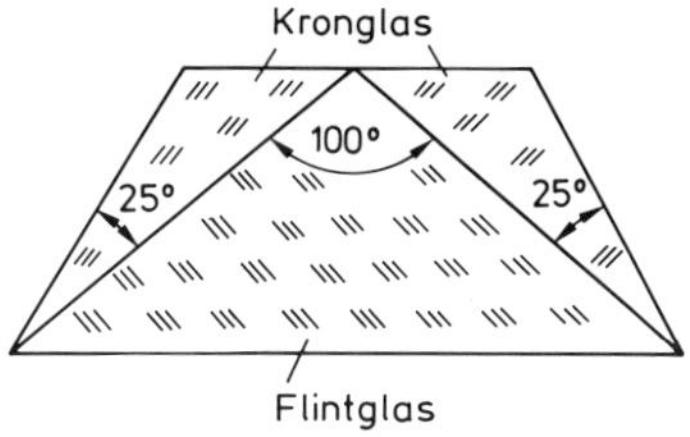

Abb. 2.54 Rutherfurd-Prisma.

Spektren Prismen mit möglichst großem brechendem Winkel zu benutzen. Erhöht man aber bei einem Flintglasprisma den Winkel bis auf etwa 100°, so tritt der Fall ein, daß der im Prisma verlaufende Strahl infolge Totalreflexion nicht mehr aus dem Prisma austreten kann. Dies kann man durch Aufkitten zweier Kronglasprismen mit einem brechenden Winkel von etwa 25° verhindern. Man erhält dann das in Abb. 2.54 gezeichnete *Rutherfurd-Prisma*[8], dessen Dispersion der von zwei hintereinandergesetzten Flintglasprismen von etwa 60° entspricht.

Im Gebrauch sind ferner noch *Spektralapparate mit konstanter Ablenkung*, bei denen Spalt und Beobachtungsfernrohr eine feste Lage zueinander haben und die Einstellung auf eine bestimmte Wellenlänge durch Verdrehen des Prismas erreicht wird. Damit dabei der Strahlengang im Minimum der Ablenkung verbleibt, kann das Prisma z. B. die in Abb. 2.55 dargestellte, von E. Abbe (1870) angegebene Form besitzen. Diese kann man sich entsprechend den eingezeichneten Hilfslinien aus zwei 30°-Prismen AEB und ACD und dem gleichschenkeligen 90°-Prisma BEC zusammengesetzt denken. Ein unter dem Winkel α auf die Prismenfläche AB auffallender

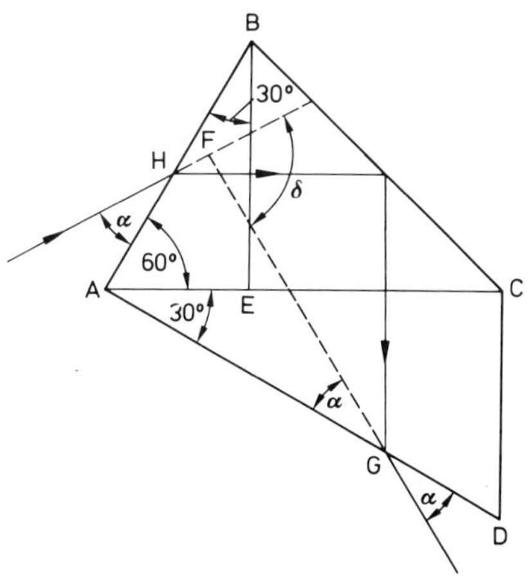

Abb. 2.55 Prisma mit konstanter, rechtwinkliger Ablenkung nach Abbe.

[8] Oft fälschlich als Rutherford-Prisma bezeichnet; Erfinder ist der amerikanische Astronom L. M. Rutherfurd (1816-1892).

Strahl wird so gebrochen, daß er im Prisma unter dem Minimum der Ablenkung, also parallel zu AC verläuft. Er wird dann an der Fläche BC totalreflektiert und tritt unter dem Winkel α aus der Fläche AD aus. Für jede Wellenlänge ist für einen solchen Strahlenverlauf ein anderer Einfallswinkel nötig, der durch Drehen des Prismas eingestellt werden muß. Stets steht aber der aus dem Prisma austretende Strahl auf dem eintretenden senkrecht. Es ist nämlich in dem Viereck AHFG die Winkelsumme

$$(180^\circ - \delta) + (180^\circ - \alpha) + (60^\circ + 30^\circ) + \alpha = 360^\circ\,,$$

woraus $\delta = 90^\circ$ folgt (vgl. auch Abb. 2.32).

Kombiniert man ein solches Prisma mit Spaltrohr und Fernrohr, die senkrecht aufeinander stehen, so hat man einen Spektralapparat mit der konstanten Ablenkung von 90°. Ersetzt man das Fernrohr durch einen in der Bildebene des Spektrums liegenden Austrittsspalt, so erhält man einen *Monochromator,* der zur Herstellung monochromatischen Lichtes dient. Die Wellenlängenänderung geschieht dabei durch Drehen des Prismas. Um besonders reines monochromatisches Licht zu erhalten, nimmt man häufig noch eine zweite spektrale Zerlegung und Ausblendung vor.

Ein für Messungen im Infrarot geeignetes Spektrometer (Spiegelspektrometer) wird bereits bei Abb. 2.31 beschrieben.

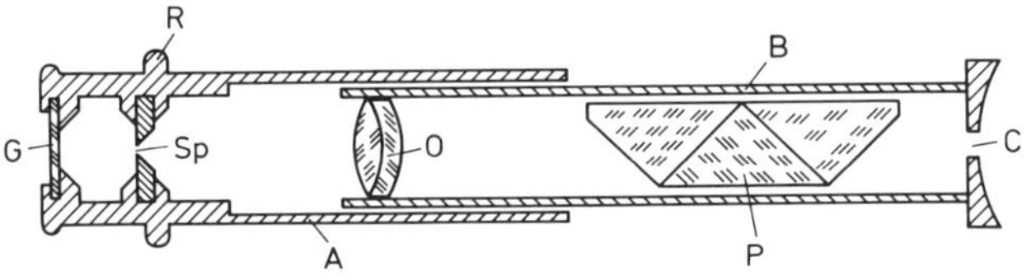

Abb. 2.56 Längsschnitt durch ein geradsichtiges Taschenspektroskop.

In Abb. 2.56 ist im Längsschnitt ein zu Orientierungszwecken viel benutztes *geradsichtiges Taschenspektroskop* wiedergegeben, das zuerst von Browning in dieser Form angegeben wurde. Es besteht aus zwei ineinander verschiebbaren Metallröhren A und B, von denen A den Spalt Sp enthält, dessen Breite sich durch den Ring R verstellen läßt. Die Eintrittsöffnung von A ist durch eine Glasscheibe G abgeschlossen, um eine Verschmutzung des Spaltes zu verhüten. In der Metallröhre B befindet sich ein Objektiv O, das als Lupe zur Betrachtung des Spaltes von der Öffnung C aus dient, und ein meist dreiteiliges Geradsichtprisma, wie es durch Abb. 2.18 beschrieben wird.

In modernen Spektralapparaten werden hauptsächlich Gitter an Stelle von Prismen verwendet (Abb. 2.57). **Gitterspektrometer** besitzen eine höhere Auflösung und sind einfacher zu kalibrieren. Die Funktion eines Gitters wird in Kap. 3 beschrieben.

Für die **Erzeugung der Emissionsspektren** eines Elementes gibt es verschiedene Möglichkeiten. Liegt das Material in Form eines Metallsalzes vor, so kann man mit ihm eine nichtleuchtende Bunsenflamme färben und diese als Lichtquelle benutzen. Man schmilzt zu diesem Zweck eine kleine Menge des Salzes in das zu einer Öse zusammengebogene Ende eines dünnen Platindrahtes, der zum Zweck einer

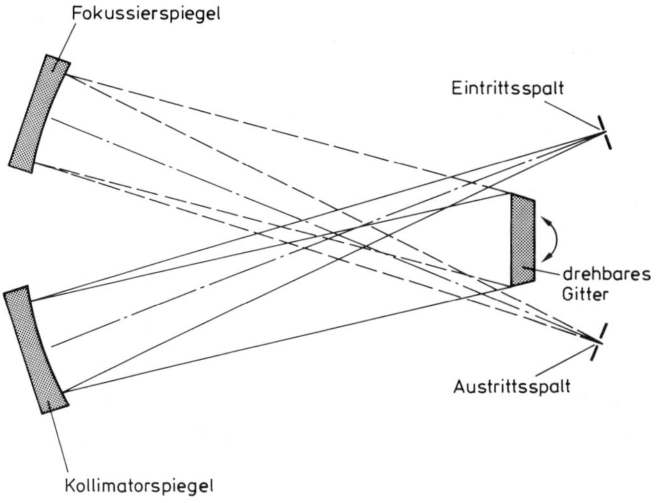

Abb. 2.57 Gitterspektrometer in gekreuzter Czerny-Turner-Aufstellung.

bequemen Halterung in das Ende eines Glasröhrchens eingeschmolzen ist. Diese Salzperle bringt man in geeigneter Höhe in den Rand der Bunsenflamme. Auf diese Weise fanden Kirchhoff und Bunsen bei Untersuchung der in der Dürkheimer Mineralquelle enthaltenen Salze gleich im Beginn ihrer Arbeiten zwei bis dahin unbekannte Elemente, Rubidium und Caesium – ein glänzender Erfolg der neuen Methode. – Auch der elektrische Lichtbogen läßt sich zur Erzeugung der Spektren von Metallen benutzen, indem man entweder den Bogen zwischen Elektroden aus dem betreffenden Metall brennen läßt oder das Metall bzw. ein Salz desselben im Bogen verdampft, wobei man es zweckmäßig in eine in der positiven Kohle angebrachte Bohrung bringt. Besonders der Eisenbogen wird wegen seiner leichten Anregbarkeit und seines Linienreichtums vielfach zur Erzeugung eines „Standardspektrums" für Eichzwecke benutzt. Schließlich kann auch der elektrische Funke zur Erzeugung der Spektren dienen, indem man ihn zwischen Elektroden aus dem betreffenden Material überspringen läßt. Zur Verstärkung des Funkens schaltet man einen Kondensator großer Kapazität parallel zur Funkenstrecke. Bezüglich der Deutung der Spektren ist zu beachten, daß die mittels Lichtbogen erzeugten Spektrallinien, die sog. *Bogenlinien* vorwiegend von neutralen, angeregten Atomen, die durch den Funken hervorgebrachten, die sog. *Funkenlinien*, dagegen vorwiegend von ionisierten, angeregten Atomen, denen also ein oder mehrere Elektronen fehlen, herrühren.

Zur Erzeugung der Gasspektren eignet sich am besten die elektrische Glimmentladung in dem betreffenden Gas, und zwar spielen dabei die positive Säule und das negative Glimmlicht für die Lichtemission die Hauptrolle (vgl. Bd. 2). Als Entladungsrohr wird vielfach ein Rohr benutzt, bei dem die positive Säule in einem mittleren kapillaren Teil des Rohres eng zusammengeschnürt wird, so daß eine große Leuchtdichte entsteht. Für die Erzeugung von Absorptionsspektren bringt man die zu untersuchenden Substanzen vor den Spalt des Spektralapparates, wobei man die Flüssigkeiten und Gase in Gefäße mit planparallelen Wänden füllt.

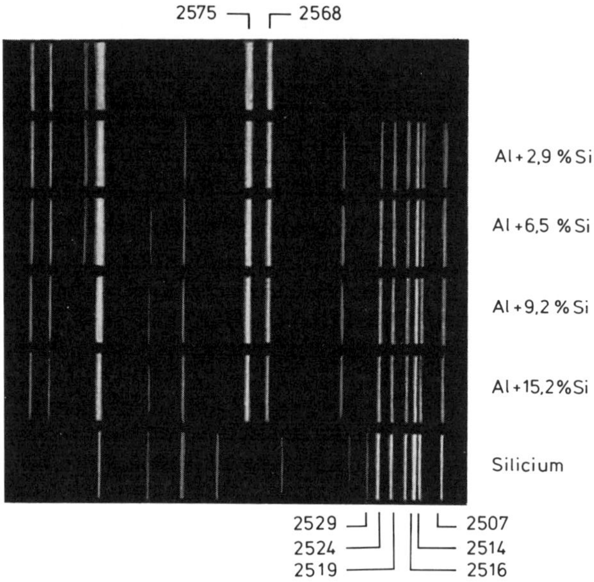

Abb. 2.58 Funkenspektren von Aluminium, Silicium und verschiedenen Aluminium-Silicium-Legierungen (Wellenlängen in 10^{-10} m).

Um die große *Empfindlichkeit der Spektralanalyse* zu illustrieren, sei angeführt, daß bereits weniger als 0,006 Milligramm Natrium zur Sichtbarmachung der D-Linie genügen. Es gelingt daher, spektroskopisch noch Spuren von Stoffen, z. B. Verunreinigungen von Metallen usw. nachzuweisen. Gerade in der Metallkunde hat die Spektralanalyse große Anwendung gefunden. Es gelingt nicht nur, eine Metallverbindung qualitativ zu analysieren, sondern aus der Intensität der Spektrallinien läßt sich auch die Zusammensetzung der Probe quantitativ angeben. Hierfür gibt Abb. 2.58 als Beispiel das Funkenspektrum einer Aluminium-Silicium-Legierung wieder; man erkennt deutlich, wie mit zunehmendem Siliciumgehalt die diesem Element zukommenden Spektrallinien 250,7 bis 252,9 nm immer stärker hervortreten, während die dem Aluminium zugehörigen Linien, z. B. 256,8 nm und 257,5 nm, immer schwächer werden. Ein besonderer Vorteil dieses Verfahrens ist, daß nur sehr geringe Stoffmengen benötigt werden. Z. B. hat man bei kostbaren alten Glasgefäßen durch Entnahme winziger Mengen Glasstaub feststellen können, wodurch die Färbung des Glases bedingt war.

Als Beispiel für Absorptionsspektren sind in Abb. 2.59a drei Absorptionsspektren des im Blut vorkommenden Farbstoffs Hämoglobin wiedergegeben. Die Spektren entsprechen einer 2%igen Hämoglobinlösung in 0,4% Ammoniaklösung in einer Schichtdicke von 1 cm. Spektrum 1 kommt dem Blutfarbstoff *Hämoglobin* zu: es besteht in der uns interessierenden Spektralgegend aus einer Bande im Grünen (556 nm). Die Funktion des Hämoglobins besteht darin, eine lockere Verbindung mit Sauerstoff in den Lungen einzugehen und auf diese Weise den Sauerstoff weiterzutransportieren. Das auf diese Weise gebildete *Oxyhämoglobin* im Spektrum 2

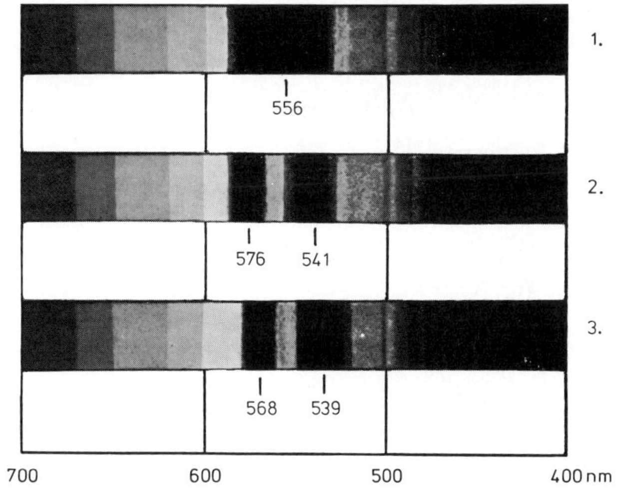

Abb. 2.59 a Absorptionsspektrum von Hämoglobin 1., Oxyhämoglobin 2. und Kohlenstoffoxidhämoglobin 3.

besitzt zwei Banden bei 576 und 541 nm, während die Hämoglobinbande des Spektrums 1 verschwunden ist. Man kann z. B. Oxyhämoglobin erhalten, indem man eine 2%ige Lösung von Hämoglobin mit Luft oder Sauerstoff schüttelt. Durch milde Reduktionsmittel läßt sich die lockere Bindung des Sauerstoffs an Hämoglobin wieder lösen, und man erhält dann wieder das Spektrum 1, d. h. die beiden Oxyhämoglobinbanden verschwinden wieder. Wenn man aber die Hämoglobinlösung mit CO vergiftet, indem man CO durchperlen läßt, so entsteht die Verbindung *Kohlenstoffoxidhämoglobin,* die das Spektrum 3 besitzt: zwei Banden bei 568 und 539 nm, also ähnlich dem Oxyhämoglobinspektrum. Aber diese Banden verschwinden nicht, wenn man dieselben Reduktionsmittel anwendet, die imstande sind, Oxyhämoglobin wieder in Hämoglobin überzuführen. Auf diesem Nichtverschwinden der Kohlenstoffoxidhämoglobinbanden beruht der forensische (gerichtliche) Nachweis der CO-Vergiftung, die darin besteht, daß die Anlagerung von CO an das Hämoglobin dieses unfähig macht, O_2 anzulagern und damit seine Funktion im Blutkreislauf auszuüben.

Ein typisches Absorptionsspektrum ist auch das *Sonnenspektrum* (Abb. 2.59 b, c) mit seiner großen Zahl (mehr als 2000) von Fraunhoferschen Linien. Daß es Absorptionslinien sind, wurde zuerst von Kirchhoff bewiesen. Er stellte zunächst fest, daß die helle, gelbe Emissionslinie des leuchtenden Na-Dampfes (λ = 589 nm) sich exakt mit der Fraunhoferlinie D deckt (genauer: Die Doppellinie des Fraunhoferschen Dubletts D_1 und D_2). Dieser Spezialfall führte ihn zu der Erkenntnis, *daß ein strahlender Körper, z. B. ein Gas, gerade die Wellenlängen, die es emittiert, auch zu absorbieren imstande ist.* Das ist nach den Ausführungen in Abschn. 2.8 über Dispersion und Absorption verständlich, da beide Erscheinungen bei Spektrallinien Resonanzphänomene sind: Die Frequenzen der Absorptionslinien fallen ja mit denen der Eigenschwingungen, d. h. denen der Emissionslinien, sehr nahe zusammen.

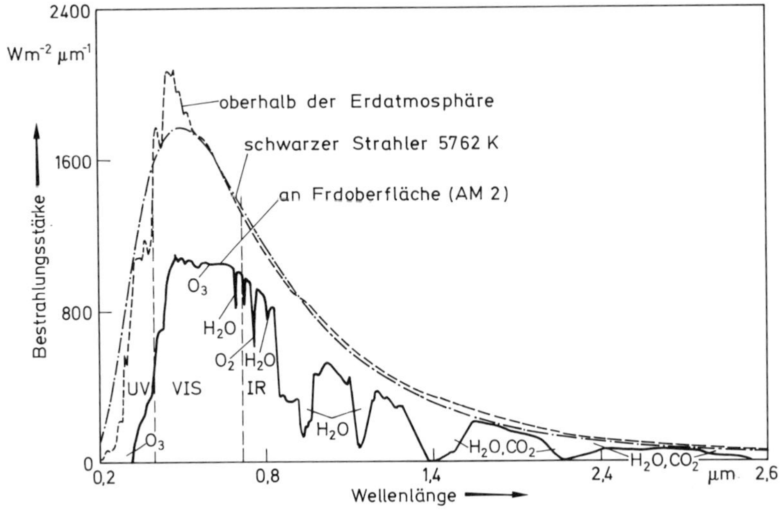

Abb. 2.59 b Spektrum der Sonne, gemessen mit geringer Auflösung oberhalb der Atmosphäre und an der Erdoberfläche. Die genauen Werte der spektralen Verteilung der Bestrahlungsstärke hängen stark von den Beobachtungsbedingungen ab (nach [14]).

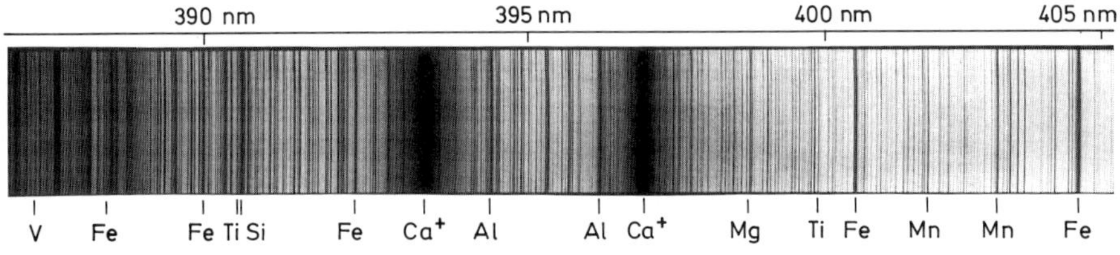

Abb. 2.59 c Ausschnitt aus dem Sonnenspektrum (hohe spektrale Auflösung) mit Fraunhoferschen Linien und zugehörigen chemischen Elementen. Die beiden Ca^+-Linien entsprechen der H- und K-Linie in Tab. 2.1. Aufnahme von B. Bombach und K. Krebs mit 3-Prismen-Spektrograph am Optischen Institut der Technischen Universität Berlin.

Dabei ist es gleichgültig, auf welche Weise die Emission zustande kommt. In vielen Fällen ist es die hohe Temperatur, die die Strahlung erzeugt (sog. *Temperatur-* oder *Wärmestrahlung*). Wir kennen aber auch andere Möglichkeiten, namentlich Gase zur Emission anzuregen, z. B. durch Stoß in elektrischen Feldern beschleunigter Elektronen oder Ionen *(Kathodolumineszenz)*, oder auch durch chemische Prozesse *(Chemilumineszenz)*. Es ist auch gleichgültig, ob es sich um echte Absorption, d. h. Umwandlung der Strahlung in Wärme, handelt oder um Streuung. In jedem Fall muß man erwarten, daß die Wellenlängen der Emissionslinien mit denen der Absorptionslinien übereinstimmen, da es sich in allen Fällen um Resonanzerscheinungen handelt. Der Fall der Temperaturstrahlung spielt insofern eine besondere Rolle, als G. Kirchhoff den Zusammenhang zwischen Emission und Absorption streng thermodynamisch formuliert hat; auf dieses Kirchhoffsche Strahlungsgesetz werden wir in Kap. 5 eingehend zurückkommen.

Die im Sonnenspektrum auftretenden dunklen Linien kommen so zustande, daß die Gase der Sonnenhülle gewisse Wellenlängen aus dem kontinuierlichen Spektrum absorbieren, das aus inneren Bereichen der Sonne emittiert wird. Die Fraunhoferschen Linien geben uns also Kenntnis von den in der Sonnenatmosphäre vorhandenen Elementen. Unter anderem wurde eine Linie im Gelb gefunden (1868), die man keinem bekannten irdischen Element zuordnen konnte, die man deshalb einem hypothetischen Gase „Helium“ zuschrieb, das erst viele Jahre später (1895) von W. Ramsay und Lord Rayleigh chemisch nachgewiesen wurde.

Einige dunkle Linien des Sonnenspektrums (z. B. A und B) entstehen übrigens durch die Absorption der Sonnenstrahlen in der Erdatmosphäre, was man daran erkennen kann, daß diese Absorptionslinien dunkler und breiter werden, wenn die Sonne sich dem Horizont nähert, ihr Licht also einen längeren Weg durch die Erdatmosphäre zu durchlaufen hat; man nennt diese Linien daher „terrestrische Linien“.

Wenn die Deutung der Fraunhoferschen Linien zutrifft, muß man erwarten, daß die Gashülle um die Sonne am Sonnenrand, wo sie über den glühenden Kern herausragt, an Stelle der dunklen Linien helle Linien in Emission zeigt. Dies konnte bei totalen Sonnenfinsternissen unmittelbar vor dem Verschwinden des Sonnenrandes auch beobachtet werden. Ferner zeigt die spektroskopische Beobachtung der Sonnenprotuberanzen, daß diese ein Linienspektrum emittieren, in dem vorwiegend die Linien des atomaren Wasserstoffs auftreten. Daraus ist zu schließen, daß die Protuberanzen in der Hauptsache Eruptionen glühenden Wasserstoffes sind.

Bereits in Abb. 2.42 wurde gezeigt, daß aus dem kontinuierlichen Spektrum des weißen Lichtes die helle Na-Linie (D-Linie) verschwindet und eine dunkle Linie an ihrer Stelle erscheint, wenn das Licht durch glühenden Na-Dampf hindurchgegangen ist. Diese *Umkehr der Na-Linie* zeigt folgender eindrucksvoller Versuch: Mit dem Licht einer Bogenlampe, deren Kohlen mit einer Kochsalzlösung getränkt sind, entwerfen wir in der üblichen Weise ein Spektrum, das auf einem schwach kontinuierlichen Grund die helle Na-Linie zeigt. Bringt man in der Mitte vor dem Spalt der Spektralanordnung ein horizontales Blech an (Abb. 2.60), darunter eine Bunsenflamme, in die man etwas metallisches Natrium bringt, so wird in dem Teil des

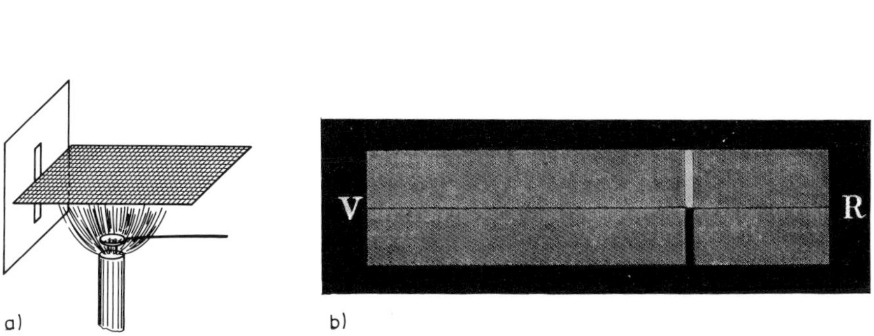

Abb. 2.60 Umkehr der gelben Natriumlinie: a) Versuchsanordnung; b) Emissionsspektrum (oben) und Absorptionsspektrum (unten).

Spektrums, der von der unteren Seite des Spaltes herrührt, die Natriumlinie dunkel auf hellem Grunde erscheinen.

In der Astronomie hat die Spektroskopie noch eine weitere Bedeutung: sie liefert uns die Möglichkeit, die *Geschwindigkeit von Himmelskörpern* zu bestimmen. Nach dem *Doppler-Prinzip* (Bd. 1) muß sich bei einem Stern, der sich auf die Erde zu oder von ihr fort bewegt, eine Veränderung der Frequenz (und Wellenlänge) des von ihm ausgestrahlten Lichtes, d. h. eine Verschiebung der Spektrallinien im Spektrum ergeben. Führen wir in der Gleichung für den Dopplereffekt (Bd. 1) an Stelle der Frequenzen die Wellenlänge ein, so erhalten wir

$$\lambda = \frac{\lambda_0}{1 + v/c},$$

(λ_0 Wellenlänge der ruhenden Lichtquelle, λ die der bewegten); für die Wellenlängenänderung $\lambda - \lambda_0 = \Delta\lambda$ folgt hieraus:

$$\Delta\lambda = \lambda_0 \left(\frac{1}{1 + v/c} - 1 \right).$$

Solange v klein gegenüber der Lichtgeschwindigkeit c ist, erhält man die in der Astronomie übliche und allgemein benutzte Beziehung:

$$\Delta\lambda = -\lambda_0 \frac{v}{c}. \tag{2.52}$$

Hierbei ist die Geschwindigkeit v positiv in Richtung auf den Beobachter zu gerechnet. Nähert sich also ein Stern der Erde, so tritt im Spektroskop eine Abnahme der Wellenlänge des ausgesandten Lichtes, d. h. eine Verschiebung der Spektrallinien nach dem violetten Ende hin auf. Umgekehrt bedeutet eine Verschiebung nach dem roten Ende des Spektrums eine Entfernung des Sternes von der Erde. 1868 stellte W. Huggins durch Vergleich der blaugrünen Wasserstofflinie (H_β) im Siriusspektrum mit der entsprechenden Linie im Spektrum einer mit Wasserstoff gefüllten Entladungsröhre fest, daß sich der Sirius mit einer Geschwindigkeit von 48 km/s von der Erde entfernt.

Der amerikanische Astronom E. Hubble fand (1935), daß die entfernten extragalaktischen Sternsysteme (also diejenigen, die sich außerhalb unseres Milchstraßensystems befinden) immer eine Rotverschiebung zeigen. Diese ist umso größer, je weiter sie entfernt sind. Bei einer Entfernung von einer Milliarde Lichtjahren folgt aus der Rotverschiebung eine Geschwindigkeit von 25000 km/s, d. h. sie haben 8% der Lichtgeschwindigkeit. Es scheint also eine Proportionalität der von uns fortgerichteten Fluchtgeschwindigkeit mit der Entfernung zu bestehen: Das Weltall scheint sich auszudehnen.

Mittels des Dopplereffektes läßt sich ferner die Existenz sehr ferner *Doppelsterne* – das sind Systeme aus zwei dicht benachbarten Fixsternen, die infolge ihrer Anziehung umeinander rotieren – an einer periodischen Hin- und Herverschiebung ihrer Spektrallinien nach Rot und Violett feststellen, obwohl sie mit dem Fernrohr nicht als Doppelsterne erkennbar sind; daher werden sie als *spektroskopische* Doppelsterne von den *teleskopischen* unterschieden.

Auch für die Physik der Moleküle ist das Doppler-Prinzip von Bedeutung geworden. Joh. Stark (1905) zeigte, daß die leuchtenden Kanalstrahlen, die aus positiv geladenen, schnell fliegenden Teilchen bestehen, den Dopplereffekt zeigen, der zur Bestimmung ihrer Geschwindigkeit dienen kann. Auch die thermische Bewegung leuchtender Atome macht sich wegen des Dopplereffektes durch eine Verbreiterung der Spektrallinien bemerkbar. In Bezug auf einen ruhenden Beobachter ist die Geschwindigkeit der Atome statistisch mit dem Mittelwert Null verteilt. Es ergibt sich daher keine einheitliche Linienverschiebung, sondern eine Verbreiterung. Mit sinkender Temperatur nimmt die Wärmebewegung der Atome und Moleküle ab und damit auch die Breite der Spektrallinien. Will man daher sehr schmale Spektrallinien, mit anderen Worten möglichst monofrequentes Licht erhalten, so muß man die betreffende Lichtquelle (z. B. elektrische Entladungslampe), mit flüssiger Luft oder Wasserstoff kühlen.

Was bis jetzt als „monofrequente" Strahlung bezeichnet wurde, ist weit davon entfernt, im strengen Sinne des Wortes monochromatisch oder -frequent zu sein. Dies wäre nur dann der Fall, wenn der Spalt des Monochromators äußerst schmal wäre und das Prisma ein äußerst großes Trennungsvermögen für benachbarte Wellenlängen hätte. Da aber beide Voraussetzungen nie zutreffen, haben wir es in Wirklichkeit stets mit einem *Wellenlängenbereich,* d. h. mit einem schmalen Kontinuum von Schwingungszahlen zu tun, innerhalb dessen die Schwingungszahlen ν noch sehr erheblich variieren. Eine streng monochromatische oder -frequente Strahlung würden wir übrigens auch gar nicht wahrnehmen können, da sie keine endliche Energie besäße, worauf schon öfter hingewiesen wurde. Denn all unsere Lichtquellen senden doch in endlicher Zeit einen endlichen Energiebeitrag aus, der sich auf das ganze Wellenlängenkontinuum stetig verteilt; ein endlicher Teilbetrag kann somit nur auf einen endlichen Spektralbereich, niemals aber auf eine unendlich scharfe, streng homogene Spektral-„Linie" entfallen. Auch die sog. Spektrallinien sind keineswegs homogen, sondern haben eine endliche Breite. Selbst die schmalsten Spektrallinien von Gasentladungen *mit Ausnahme der Laser* haben noch eine Halbwertsbreite in der Größenordnung von $\Delta\lambda = 10^{-8}\,\lambda$. Da $\left|\frac{\Delta\lambda}{\lambda}\right| = \left|\frac{\Delta\nu}{\nu}\right|$ gilt und da die Schwingungszahl ν von der Größenordnung $10^{15}\,\mathrm{s}^{-1}$ ist, so folgt für $\Delta\nu$ die Größenordnung

$$\Delta\nu = 10^7\,\mathrm{s}^{-1}\,,$$

d. h. in einer Spektrallinie steckt ein schmales Kontinuum voneinander verschiedener Frequenzen. Man sollte daher lieber die Strahlung von Spektrallinien und schmalen Spektralbereichen als *quasi-homogen* bezeichnen. Auch Laser zeigen eine Linienverbreiterung, die allerdings wesentlich geringer sein kann als bei Spektrallinien (s. Abschn. 7.10).

Als einen der Gründe für die endliche Breite der Spektrallinien haben wir oben den durch die thermische Bewegung der Moleküle bedingten Dopplereffekt erwähnt. Eine weitere Ursache für die Verbreiterung liegt darin, daß die Atome Licht nur während einer kurzen Zeitdauer nach ihrer Anregung emittieren. Die Lichtfeldstärke aller klassischen Lichtquellen, nicht jedoch der Laser, besteht daher aus einer statistischen Folge von Einzelimpulsen, die sich nach Fourier in eine unendliche Summe (ein Integral) harmonischer Schwingungen zerlegen. Es ist aber die eine zeitlich begrenzte Lichterregung darstellende Funktion keineswegs harmonisch, sondern nur durch ein ganzes *Spektrum harmonischer Schwingungen* darstellbar. Das Wesen eines monochromatischen Wellenzuges wäre es, daß er von $t = -\infty$ bis $t = +\infty$ andauere; jeder *abgebrochene* Wellenzug dagegen ist ein ganzes Spektrum, in dem freilich eine Wellenlänge besonders stark hervorgehoben ist. Die sogenannte *natürliche Linienbreite* ist durch die Dauer τ eines Einzelimpulses bzw. die Lebensdauer eines Atoms gegeben: $\Delta\nu = 1/\tau$.

An dieser Stelle muß der Begriff **spektrales Auflösungsvermögen** erwähnt werden, obgleich er erst im Kap. 3 ausführlich behandelt werden kann. Man versteht darunter den Ausdruck $\lambda/\mathrm{d}\lambda$, in dem $\mathrm{d}\lambda$ der spektrale Abstand zweier, gerade noch eben trennbarer Wellenlängen ist. Für einen Prismenspektralapparat gilt:

$$\frac{\lambda}{\mathrm{d}\lambda} = -L\,\frac{\mathrm{d}n}{\mathrm{d}\lambda}.$$

L ist die Länge der Basis des Prismas. Die Brechzahl n ändert sich um den Betrag $\mathrm{d}n$, wenn man die Wellenlänge λ um den Betrag $\mathrm{d}\lambda$ ändert. Das Minuszeichen ist willkürlich eingesetzt, weil der Ausdruck $\mathrm{d}n/\mathrm{d}\lambda$ im allgemeinen negativ ist. So entsteht ein positiver Wert für das Auflösungsvermögen.

Um das Auflösungsvermögen eines Prismas für einen bestimmten Wellenlängenbereich zu erhöhen, hat man praktisch nur die Möglichkeit, die Basislänge L zu vergrößern. Dies kann durch Hintereinanderschaltung von mehreren Prismen geschehen. Selbstverständlich hat dies nur dann einen Sinn, wenn die Prismen auch voll ausgeleuchtet werden.

Für die Beurteilung der Güte eines Spektrographen ist es außerdem wichtig zu wissen, wie weit zwei Spektrallinien im Spektrogramm voneinander entfernt liegen. Man nennt dies die **Leardispersion;** sie wird angegeben z. B. in nm/mm. Die Leardispersion hängt von $\mathrm{d}n/\mathrm{d}\lambda$, also vom Prismenmaterial, vom brechenden Winkel und von der Brennweite des Objektivs ab.

Die Abb. 2.61 zeigt vier Spektren der gleichen Lichtquelle, mit verschiedenen Spektralapparaten aufgenommen. Als Lichtquelle diente eine Gasentladung, die Quecksilberdampf und Cadmiumdampf enthielt. Eine Spektrallinie ist besonders hervorgehoben: Es ist die grüne Quecksilberlinie der Wellenlänge 546,07 nm (5460,7 Å). Die Spektrogramme sind so übereinander geordnet, daß sich diese Linie in den 4 Spektren an gleicher Stelle befindet. Die Aufnahme a) wurde mit einem Rutherfurd-Prisma (Abb. 2.54) gemacht, dessen Basislänge 17 cm beträgt. Das Objektiv hatte eine Brennweite von 60 cm. Das Spektrum b) wurde mit einem Spektralapparat aufgenommen, der 3 Prismen aus Flintglas mit einer gesamten Basislänge $L = 35$ cm enthielt. Die Brennweite des Objektivs betrug 64 cm. Man sieht, daß das Spektrum b) gegenüber dem Spektrum a) gespreizt ist. Da in beiden Fällen die Brennweite fast gleich war, ist die Vergrößerung der Leardispersion auf den größeren brechenden Winkel ($3 \cdot 60°$) zurückzuführen. Daß sich auch hierbei das Auflösungsvermögen erhöht hat, kann man an diesen Bildern nicht ohne weiteres erkennen. Das Auflösungsvermögen des Rutherfurd-Prismas mit der Basislänge 17 cm beträgt 4160 nm/mm, während das Auflösungsvermögen der 3 Prismen 9010 nm/mm beträgt (Basislänge $L = 35$ cm; $\mathrm{d}n/\mathrm{d}\lambda = 2860\,\mathrm{cm}^{-1}$ für grünes Licht und Flintglas). Bei der

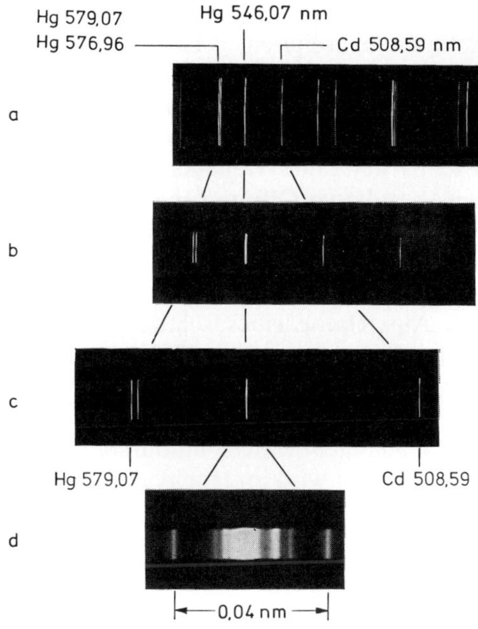

Abb. 2.61 Spektren einer Hg-Cd-Dampf-Lichtquelle, aufgenommen mit vier verschiedenen Spektralapparaten: a) Rutherfurd-Prisma der Basislänge 17 cm; Kameraobjektiv $f = 60$ cm; b) drei 60° Prismen der Gesamt-Basislänge 35 cm; Kameraobjektiv $f = 64$ cm; c) Prismen von b), jedoch Kameraobjektiv $f = 160$ cm; d) Perot-Fabry-Interferometer; Etalon-Abstand 3,2 mm. Wellenlänge in nm.

Aufnahme c) beträgt die Brennweite 160 cm. Die 3 Prismen waren die gleichen wie bei b). Man sieht eine Erhöhung der Lineardispersion infolge der großen Brennweite des Objektivs. Die Aufnahme d) wurde mit einem *Perot-Fabry-Interferometer* (s. Kap. 3) gemacht. Der Etalon-Abstand betrug 3,2 mm. Hieraus ergibt sich ein sehr hohes Auflösungsvermögen von etwa 10^5 bis 10^6 nm/mm. Die grüne Quecksilberlinie nimmt nun einen breiten Raum ein und besitzt eine Struktur. Statt einer scharfen Linie gibt es verschiedene Wellenlängengebiete der Lichtemission. Die Auffindung solcher Strukturen gehört in das Gebiet der *Hyperfeinstrukturspektroskopie*. Prismen- oder einfache Gitterspektrographen haben dafür kein ausreichendes Auflösungsvermögen. Man braucht Interferenzapparate (s. Kap. 3). Aus der Hyperfeinstruktur der Spektrallinien kann man auf Eigenschaften der Elektronenhülle und des Atomkerns schließen.

Die hervorragendsten Ergebnisse der Spektroskopie wurden bei der Erforschung der Atome und Moleküle und in der Spektralanalyse erzielt. Die Atom- und Molekülspektren vermittelten neben den Röntgenspektren die Kenntnisse über den Aufbau der Elektronenhülle der Atome und über die Schwingungen der Moleküle. Diese Informationen über die Energiezustände der Atome und Moleküle ermöglichten die Entwicklung der Atom- und Molekularphysik mit ihren vielen Anwendungen, von denen nur der Laser (s. Kap. 3) als Beispiel genannt sei.

Auf den vorangehenden Seiten wurden die Grundlagen der Spektroskopie behandelt. Die Erfolge am Anfang ermutigten zu weiteren, geistreichen Entwicklungen, deren wesentliche Züge kurz aufgeführt werden sollen.

Die *Aussonderung eines schmalen Wellenlängenbereichs* kann durch einen *Monochromator* oder durch ein **Filter** erfolgen. Ein Monochromator hat den Vorteil der leichten und kontinuierlichen Einstellbarkeit eines Wellenlängenbereichs, aber den Nachteil eines stärkeren Lichtverlusts (relative Öffnung maximal etwa 1:4). Ein Filter läßt mehr Licht hindurch und erlaubt auch die Aufnahme eines Bildes mit dem Licht eines schmalen Wellenlängenbereichs. Die schönen Bilder von der Sonne im Licht einer Wasserstofflinie sind nur durch Aufnahmen mit Filtern entstanden.

Drei Filterarten ermöglichen die Aussiebung eines schmalen Wellenlängenbereichs. Das *Interferenzfilter* kann für jeden gewünschten Wellenlängenbereich hergestellt werden. Eine dielektrische Schicht, z. B. Kryolit (Na_3AlF_6), läßt infolge entstehender Interferenz zwischen zwei halbdurchlässigen Metallschichten (s. Kap. 3) nur das Licht eines sehr schmalen Wellenlängenbereichs hindurch, der bei der Herstellung frei gewählt werden kann. Die Schicht wird im Hochvakuum auf Glas (oder Quarz) aufgedampft, das vorher mit einer dünnen Metallschicht bedeckt ist. Eine zweite, ebenfalls mit einer dünnen Metallschicht bedeckte Scheibe wird darauf gelegt. Die hindurchgelassene Wellenlänge hängt von der Brechzahl n des Dielektrikums, der Dicke d der Schicht und der Ordnung m ab: $\lambda = 2nd/m$. Falls zwei Wellenlängenbereiche hindurchkommen, muß einer durch gefärbtes Glas oder Gelatinefilter beseitigt werden (s. Abschn. 3.5). Die Halbwertsbreite guter Interferenzfilter liegt bei 0,1 bis 1 nm. Die Durchlässigkeit kann über 50% betragen.

Das *Lyot-Filter* wurde von B. Lyot (1933) erfunden. Es besteht aus mehreren Quarz-Platten mit Polarisatoren zwischen jedem Paar. Die Funktionsweise wird in Abschn. 4.10 beschrieben. Die Aufnahmen der Sonne und der Sonnenkorona im Licht einer Wasserstofflinie wurden mit dem Lyot-Filter gemacht: denn die Halbwertsbreite beträgt nur etwa 0,2 nm! Es ist möglich, durch Temperaturveränderung den hindurchgelassenen Wellenlängenbereich geringfügig zu verschieben, weil sich mit steigender Temperatur die Platten ausdehnen und die Brechzahl sinkt. Lyot-Filter sind in der Herstellung aufwendig und entsprechend teuer.

Das *Christiansen-Filter* wurde schon 1884 von Ch. Christiansen angegeben und hat den Vorteil, daß man es im Laboratorium leicht selbst herstellen kann. Es besteht aus Körnern eines farblosen Stoffes, z. B. eines Glases in einer Flüssigkeit von gleicher mittlerer Brechzahl. Eine solche Flüssigkeit läßt sich durch Mischen zweier Flüssigkeiten herstellen, deren eine eine höhere, deren andere eine niedrigere mittlere Brechzahl als das Glaspulver besitzt. Infolge der verschiedenen Dispersionen von Glas und Flüssigkeit schneiden sich ihre Dispersionskurven bei einer bestimmten Wellenlänge, differieren aber voneinander für längere und kürzere Wellenlängen. Glas und Flüssigkeit haben also nur für einen schmalen Spektralbereich die gleiche Brechzahl. Lediglich dieser Bereich wird von dem Filter durchgelassen, während alle anderen Wellenlängen durch Brechung oder diffuse Reflexion zur Seite abgelenkt werden (Abb. 2.62). Damit das Filter auch andere Wellenlängen hindurchläßt, kann man entweder die mittlere Brechzahl der Flüssigkeit durch Benutzung eines anderen Mischungsverhältnisses der Komponenten ändern oder bei der gleichen Flüssigkeitsmischung die Temperatur des Filters ändern. Das ist deshalb möglich, weil die Brechzahl von Glas und Flüssigkeit einen verschiedenen Temperaturkoeffizienten besitzen.

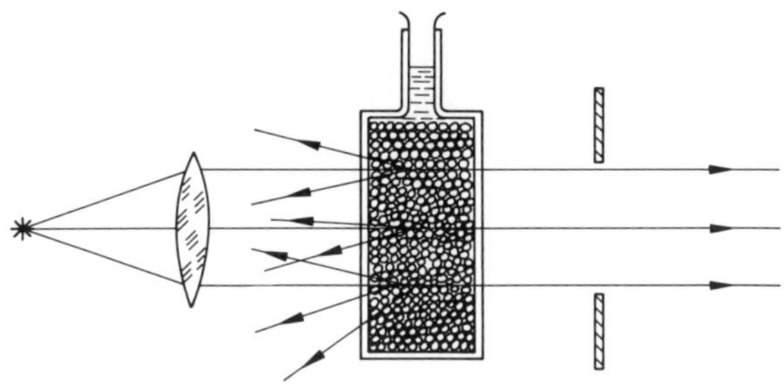

Abb. 2.62 Christiansen-Filter.

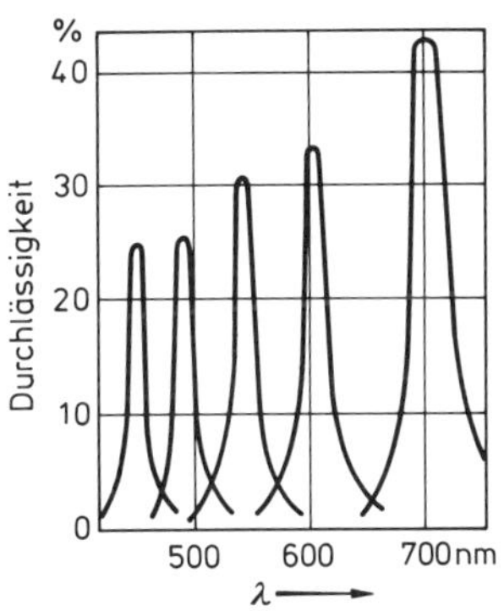

Abb. 2.63 Spektrale Durchlässigkeit eines Christiansen-Filters für verschiedene Mischungsverhältnisse von Kohlenstoffdisulfid und Benzol.

Abb. 2.63 zeigt die Durchlässigkeit eines solchen Filters bei 20 °C, bei dem die Variation der spektralen Durchlässigkeit durch Änderung des Mischungsverhältnisses von Kohlenstoffdisulfid und Benzol erreicht wird.

Die Atom- und Molekularspektren wurden fast ausschließlich mit Spektrographen aufgenommen. Von $\lambda = 100$ bis 1100 nm verwendete man photographische Platten. Dadurch entstanden aber folgende Schwierigkeiten: 1. Wegen der gekrümmten Brennebene kann nur ein Teil des Spektrums auf der Plattenebene scharf fokussiert sein. 2. Die photographische Emulsion hat in verschiedenen Spektralgebieten nicht gleiche Empfindlichkeit. 3. Die Schwärzung der photographischen Schicht ist nicht proportional der Lichtstärke bzw. der Belichtungszeit. Um also Intensitätsvergleiche von Spektrallinien verschiedener Wellenlänge vorzunehmen, müssen (wegen des Einflusses der Entwicklung) von jeder Platte Schwärzungskurven in jedem Spektralgebiet aufgenommen werden. Für die Gewinnung einer qualitativen Übersicht sind solche photographischen Aufnahmen gut geeignet, während sie für quantitative Zwecke in den letzten Jahren durch Messungen mit dem **Multiplier** (Photozelle mit Sekundärelektronenvervielfachung) ersetzt wurden. Man verwendet dann ein Spektrometer oder einen Monochromator. Das durch den Austrittsspalt tretende Licht wird im Multiplier in einen elektrischen Strom umgesetzt, dessen Stärke bei einer bestimmten Wellenlänge der Strahlungsstärke des Lichts proportional ist.

Multiplier gibt es aber erst seit etwa 1950. Rund 100 Jahre lang wurde die photographische Platte für die Aufnahme der Spektren benutzt. Der Altmeister der Spektroskopie, H. Kayser, hielt aber eine quantitative Spektralanalyse für unerreichbar. Die große Nachweisempfindlichkeit der **Spektralanalyse** und ihre Schnelligkeit gegenüber der nassen, chemischen Analyse waren zwar überzeugend. Deshalb fehlte es nicht an Versuchen zur Verbesserung, um insbesondere aus der Intensität der Spektrallinie und damit der Schwärzung der Photoplatte auf die vorhandene Menge des Elementes schließen zu können. Man setzt z. B. vor den Spalt des Spektrographen ein Stufenfilter, das in genau bekannten Abstufungen das Licht in allen Spektralbereichen gleich schwächt. Aus jeder Spektrallinie kann somit die Schwärzungskurve photometrisch erhalten werden. Auch die Lichtquellen wurden wesentlich verbessert: Der *scheibenstabilisierte Bogen* erreicht eine Temperatur bis 10000 K (Maecker, E. Hoffmann), wichtig für schwer verdampfbare Atome. Im *elektrisch gesteuerten Funken* (Feussner) lassen sich genau wiederholbare Bedingungen einstellen. Außerdem kommen im Funken auch mehrfach ionisierte Atome vor, die andere Spektren ergeben. Die *Hohlkathode* (Paschen) ist auch für nicht flüchtige Stoffe verwendbar: Die Glimmentladung arbeitet bei vermindertem Druck; die Kathode ist ein Topf, in dem sich das negative Glimmlicht befindet. Durch Kathodenzerstäubung verdampft das zu untersuchende Material im Topf und gelangt so in das Glimmlichtplasma. Die Lichtquelle hat eine hohe spektrale Strahlungsdichte und dadurch ergibt sich eine größere Nachweisempfindlichkeit. Aber auch die alte Bunsenflamme wurde noch verbessert, z. B. durch die Art der Beimischung der zu untersuchenden Salze und durch Temperaturerhöhung. Die heißeste Flamme (etwa 3000 K) erreicht man mit dem Gasgemisch N_2O und C_2H_2.

Solche wichtigen Verbesserungen waren aber noch nicht in der Lage, die Spektralanalyse zu einem einwandfreien, quantitativen Verfahren zu entwickeln. Deshalb wählte Walter Gerlach (1924) einen anderen Weg: Er ging zum *Intensitätsvergleich zweier Spektrallinien* über, von denen eine Linie von einem Element bekannter Konzentration stammt. Dieser entscheidende Schritt ermöglichte nun auch Angaben über die vorhandene Menge einer Substanz. Es entstanden Kataloge mit den Emissionslinien der Elemente und den Intensitätsverhältnissen geeigneter Spektrallinien. Die Spektralanalyse wurde zu einem unentbehrlichen Hilfsmittel in Wissenschaft und Technik.

Atomabsorptions-Spektroskopie. Statt der *Linienemission* kann auch die *Linienabsorption* für Analysezwecke verwendet werden. Das Verfahren wird Atomabsorptions-Spektroskopie (AAS) genannt. Die Methode hat eine hohe Nachweisempfindlichkeit und Analysengenauigkeit insbesondere dann, wenn als „Hintergrundstrahlung" kein Kontinuum, sondern die gleiche Linie der gleichen Atomart verwendet wird. Bestimmung der Existenz und Konzentration von Elementen in der Gashülle der Sonne und anderer Sterne und einige chemische Analysen (z. B. die Bestimmung von Quecksilberdampf durch Absorption der Resonanzlinie 253,7 nm) deuteten schon früh auf die großen Vorteile dieser Methode hin. Größere Verbreitung erfolgte aber erst, als Lichtquellen, bestehend aus den verschiedenen, nachzuweisenden Elementen, im Handel zur Verfügung standen.

Der Nachweis und die Konzentrationsbestimmung eines Elements mittels AAS erfolgt durch Messung der Schwächung von Licht beim Durchstrahlen einer Absorptionszelle. In dieser wird das Element durch thermische Dissoziation in den atomaren Zustand überführt. Wie erwähnt, wählt man anstelle eines Kontinuums bei der Einstrahlung eine schmale, absorbierbare Linie (meist eine Resonanzlinie) der betreffenden Atomsorte, die man sucht oder deren Konzentration man bestimmen will. Aus der hervorgerufenen Schwächung des Lichts kann man auf die Zahl der absorbierenden Atome schließen, entsprechend dem Lambert-Beerschen Gesetz (Gl. 2.17a). Da der Logarithmus der reziproken Durchlässigkeit proportional der Konzentration der absorbierenden Atome ist, läßt sich die AAS zur quantitativen Analyse verwenden. Der Proportionalitätsfaktor muß durch eine Eichung bestimmt werden.

Die wesentlichen Teile eines Atomabsorptions-Spektrophotometers sind also eine geeignete Lichtquelle, ein Monochromator bzw. ein monochromatisches Filter, ein Absorptionsraum mit dem zu bestimmenden Element und ein Detektor, der die Lichtschwächung messen kann. Als Lichtquelle nimmt man eine *Hohlkathodenlampe,* die das nachzuweisende Element in der Hohlkathode enthält. Mit dem Monochromator bzw. mit dem Filter wird aus dem Linienspektrum der betreffenden Atomart eine geeignete Spektrallinie ausgewählt. Das konventionelle Atomisierungsmittel ist die Flamme. Hierbei können dadurch Störungen auftreten, daß das nachzuweisende Element mit den Flammengasen reagiert und Verbindungen bzw. Radikale gebildet werden. Eine weitere Störung kann durch Ionisation der Atome hervorgerufen werden. Da die Absorptionsspektren der Verbindungen, Radikale bzw. Ionen von denen der Atome verschieden sind, wird der Bruchteil der Atome, der sich zum Zeitpunkt der Analyse nicht in dem atomaren Zustand befindet, bei dem Nachweis nicht erfaßt. In diesen Fällen müssen dann geeignete Maßnahmen ergriffen werden. Das kann einmal durch Wahl anderer Flammengase geschehen. Zur Unterdrückung der Ionisation hat sich die Zugabe eines Elementes mit sehr geringer Ionisierungsenergie bewährt. Nach dem Massenwirkungsgesetz wird beim Vorhandensein von Elektronen das Gleichgewicht zwischen Metallatomen Me, Ionen Me^+ und Elektronen e^- gemäß der Gleichung $Me \rightleftharpoons Me^+ + e^-$ nach links verschoben.

Mit der (von H. Maßmann 1968 erstmals beschriebenen) *flammenlosen Atomabsorptions-Spektroskopie* steht aber eine sehr viel empfindlichere Methode zur Verfügung. Hierbei wird die Verdampfung bzw. Atomisierung in einem glühenden Graphitrohr unter Schutzgas (Argon) vorgenommen. Das Rohr dient als elektrischer Widerstand und wird mittels Joulescher Wärme aufgeheizt. Durch Wahl der Stromstärke läßt sich die optimale Temperatur für die Atomisierung des jeweiligen Elementes einstellen. In dieser Graphitrohrküvette ist die Aufenthaltszeit der Atome im Strahlengang größer als in der Flamme. Hierdurch ergibt sich die größere Empfindlichkeit. Als Detektor verwendet man eine Photozelle mit Sekundärelektronenvervielfachung (Photovervielfacher oder Photomultiplier) mit guter Empfindlichkeit im gewählten Spektralbereich.

Die Nachweisgrenzen liegen unter 10^{-3} ppm. Absolute Mengen lassen sich in günstigen Fällen bis herunter zu 10^{-14} g nachweisen.

Optischer Vielkanal-Analysator (abgekürzt **OMA** von Optical Multichannel Analyser). Die beiden bis jetzt verwendeten Wege, ein optisches Spektrum (d.h. Verlauf der Strahlstärke in Abhängigkeit von der Wellenlänge bzw. Frequenz) zu erhalten, sind folgende: Mit einem Spektrographen wird gleichzeitig das ganze Spektrum von einer photographischen Schicht aufgenommen; geringe Lichtstärken können durch längere Belichtungszeit summiert werden. Aus der Schwärzung kann die Strahlstärke und aus der Lage auf der Platte bzw. auf dem Film die Wellenlänge bestimmt werden. Beim Monochromator fällt ein schmaler, ausgeblendeter Teil des Spektrums auf einen Detektor. Durch Verschieben dieses ausgeblendeten Teils (Bewegung der Blende mit dem Detektor oder durch Drehen des Prismas) kann die Strahlstärke Punkt für Punkt in Abhängigkeit von der Wellenlänge im Registriergerät aufgezeichnet werden. Beide Möglichkeiten, sowohl die Messung eines Spektrums mit einem Spektrographen als auch die Messung mit einem Monochromator, erfordern Zeit. Die *sofortige* Aufzeichnung des ganzen Spektrums in kurzer Zeit, z.B. von Lichtblitzen oder schnellen Abklingvorgängen, ist nicht möglich.

Der optische Vielkanal-Analysator benutzt die schnelle Aufzeichnungsmöglichkeit der Fernsehtechnik. Es wird aber kein Bild des Spektrums übertragen, sondern der Elektronenstrahl schreibt gleich die im Spektrum vorhandene Strahlstärke als Ordinate in Abhängigkeit von der Wellenlänge bzw. Frequenz auf. Dazu ist eine besondere Aufnahmeröhre erforderlich. Sie enthält etwa 10^6 Photodioden, auf einer Fläche von einem Quadratzentimeter rasterförmig angeordnet. Auf diese Fläche fällt das durch ein Prisma oder Gitter entstandene Spektrum. In jedem Rasterpunkt (Silicium-Photodiode) werden durch das auftreffende Licht im Silicium elektrische Ladungsträger erzeugt, deren Zahl von der Strahlstärke abhängt. Durch die Ladungsträger wird in jedem Rasterpunkt ein winziger Kondensator entladen. Auf der Rückseite werden die Kondensatoren durch einen feinen Elektronenstrahl zeilenweise, wie bei einer Fernsehaufnahmeröhre, abgetastet. Die zur Aufladung erforderlichen Elektronen sind für jeden Rasterpunkt durch die vorangegangene Belichtung bestimmt. Durch Summation aller Zeilen wird auf einer Oszillographenröhre die Strahlstärke (y-Richtung) in Abhängigkeit von der Wellenlänge bzw. Frequenz (x-Richtung) Punkt für Punkt aufgezeichnet. Wegen der großen Abtastgeschwindigkeit des Elektronenstrahls können sehr kurzzeitige Leuchtvorgänge spektral zerlegt und die Strahlstärken in Abhängigkeit von der Wellenlänge bzw. Frquenz aufgezeichnet werden.

Die Empfindlichkeit kann noch gesteigert werden, indem eine Aufnahmeröhre mit vorgeschaltetem Bildwandler verwendet wird. Dann trifft das Licht zunächst auf eine Photokathode und löst freie Elektronen aus, die beschleunigt werden. Mit Hilfe einer Elektronenoptik entsteht ein Elektronenbild statt eines Lichtbildes auf der rasterförmigen Diodenfläche. Der größere Energiegehalt des Elektronenbildes ist durch die Beschleunigung der Elektronen entstanden.

Optoakustische Spektroskopie. Absorption von Licht führt oft zu einer Erwärmung des absorbierenden Stoffes, diese wiederum zu einer Ausdehnung. Bei periodischer, optischer Anregung (der Strahl wird dazu durch eine rotierende Blende, einen Chopper, zerhackt) entsteht eine akustische Schwingung des Stoffes. Deren Nachweis kann sehr empfindlich mit einem Mikrophon erfolgen. Die Methode eignet sich daher zum Nachweis schwacher Absorptionslinien. Bei der Absorptionsmessung von Gasen kann die Meßzelle (s. Golay-Zelle) gleichzeitig Detektor sein, bei dem die Schwingung einer Membran kapazitiv nachgewiesen wird. Die optoakustische Spektroskopie wird z. B. zum empfindlichen Nachweis von Spurengasen, wie den atmosphärischen Schadstoffen NO, NO_2, CH_3 eingesetzt, wobei noch Konzentrationen von 1 ppb = 10^{-9} gemessen werden können.

Weitere spektroskopische Methoden. Analog zur Spektralanalyse werden in der Physik, Chemie, Biologie und den Ingenieurwissenschaften zahlreiche spektroskopische Methoden zur Untersuchung des Aufbaus der Materie eingesetzt. Während mikroskopische Verfahren, einschließlich der Elektronenmikroskopie und Röntgenbeugung, Aussagen über die geometrische Struktur der Materie geben, kann mit der Spektroskopie die chemische Struktur bestimmt werden. Dafür werden viele weitere spektroskopische Methoden [12] angewandt, die hier nicht umfassend dargestellt werden. Bei der *optogalvanischen Spektroskopie* werden Stromänderungen gemessen, die bei Lichteinstrahlung in Gasentladungen auftreten und besonders groß sind, wenn ein elektronischer Übergang in den Gasatomen angeregt wird. Besonders geeignet ist diese Methode zur Untersuchung angeregter Zustände, die in Gasen und Dämpfen normalerweise nicht benutzt sind, aber in Gasentladungen z. B. durch Elektronenstoß angeregt werden. Bei der *Photoionisationsspektroskopie* werden Atome oder Moleküle durch Einstrahlung von Licht geeigneter Wellenlänge ionisiert und die dadurch erzeugten Elektronenströme nachgewiesen. Bei der *Ramanspektroskopie* werden Frequenzverschiebungen von Licht gemessen, das an Molekülen gestreut wird. Es können damit Schwingungen und Rotationen von Molekülen nachgewiesen und so Moleküle identifiziert werden.

Der Einsatz von Lasern hat der Spektroskopie viele neue Möglichkeiten eröffnet. Mit Lasern hoher Leistung und geringer Strahldivergenz (Tab. 2.4) können z. B. Luftverunreinigungen in der Atmosphäre durch Rückstreuung über große Entfernungen von einigen km nachgewiesen werden. Da dieses Verfahren Ähnlichkeit zur konventionellen Radartechnik mit Mikrowellen besitzt, mit der Flugobjekte nachgewiesen werden, wird es als Lichtradar oder *Lidar* bezeichnet.

Mit abstimmbaren Lasern (Abb. 2.22) geringer Linienbreite wurde das Auflösungsvermögen herkömmlicher Spektralapparate weit übertroffen. Die Ausnutzung nichtlinearer optischer Methoden ermöglicht es, die Linienverbreiterung durch Dopplereffekt zu eleminieren und hochauflösende *Sub-Doppler-Spektroskopie* zu betreiben. Damit können die Energiezustände von Atomen genauestens gemessen werden und neue Erkenntnisse über deren Aufbau gewonnen werden.

Literatur

[1] Bay, Z., Luther, G. G., White, J. A. Messungen der Lichtgeschwindigkeit, Phys. Rev. **29,** 189 (1972) (Zu Abschn. 2.1)

[2] Bayer-Helms, F., Neudefinition der Basiseinheit Meter im Jahre 1983, Phys. Bl. **39,** 307 (1983) (Zu Abschn. 2.1)

[3] Bates, H. E., Recent measurements of the speed of light and the redefinition of the meter, Am. J. Phys. **56**, 682 (1988) (Zu Abschn. 2.1)

[4] Landau, L. D., Lifschitz, E. M., Lehrbuch der Theoretischen Physik, Band VIII, Elektrodynamik der Kontinua, Akademie-Verlag, Berlin, 1974 (Zu Abschn. 2.2)

[5] Tanaka, M., Description of a wave packet propagating in anomalous dispersion media, Plasma Physics and Controlled Fusion **31**, 1049 (1989) (Zu Abschn. 2.2)

[6] Tebo, A., Review of Infrared Detector Technology, Laser Focus/Electro-Optics. April 1984, S. 46 (Zu Abschn. 2.5)

[7] Gobrecht, H., Weiss, W., Zur photogr. Aufnahme im Ultrarot nach der Methode von Czerny (Evaporographie), Zeitschr. angew. Phys. **5**, 207 (1953). (Zu Abschn. 2.5)

[8] Bell, R. J., Introductory Fourier Transform Spectroscopy, Academic Press, New York and London, 1972 (Zu Abschn. 2.5)

[9] Volkmann, H., Handbuch der Infrarot-Spektroskopie, Verlag Chemie, Weinheim, 1972 (Zu Abschn. 2.5)

[10] Evenson, K. M., Wells, J. S., Petersen, F. R., Danielson, B. L., Day, G. W., Barber, R. L., Hall, J. L., Speed of Light from Direct Frequency and Wavelength Measurements of the Methane-Stabilized Lasers, Phys. Rev. Lett. **29,** 1346 (1972) (Zu Abschn. 2.1)

[11] Bor, Z. et al., Group refractive index measurement by Michelson interferometer, Optics Communications **78**, 109 (1990) (Zu Abschn. 2.2)

[12] Demtröder, W.: Laserspektroskopie, Springer-Verlag, Berlin, 1989 (Zu Abschn. 2.10)

[13] Tanaka, Y., Jursa, A. S., Blanc, F. J., J. Opt. Soc. Am. **48**, 304, 1958.

[14] Fahrenbruch, Bube, Fundamentals of Solar Cells, Academic Press, 1983.

3 Interferenz und Beugung

Hans-Joachim Eichler

3.1 Allgemeines über Interferenz von Lichtwellen; Kohärenz und Inkohärenz

Im vorliegenden Kapitel werden Interferenz- und Beugungserscheinungen von Licht besprochen. Aus der Beobachtung dieser Erscheinungen kann geschlossen werden, daß das Licht einen Wellenvorgang darstellt, denn Interferenz und Beugung treten bei jeder Art von Wellen auf. Dieser Zusammenhang wird z. B. in der „Allgemeinen Wellenlehre“ des 1. Bandes diskutiert. Außerdem ist bekannt, daß die Lichtgeschwindigkeit gleich der Ausbreitungsgeschwindigkeit elektromagnetischer Wellen ist. Darauf wird in Bd. 2, im Anschluß an die Besprechung der Hertzschen Versuche mit elektromagnetischen Wellen, hingewiesen. Die Übereinstimmung dieser Geschwindigkeiten legt die Behauptung nahe, daß auch das Licht eine elektromagnetische Welle ist. Weitere experimentelle Ergebnisse, wie z. B. die elektro- und magnetooptischen Effekte, die im vorliegenden Band besprochen werden, stützen diese Hypothese, so daß sie heute bis auf die Modifikationen durch die Quantentheorie als völlig gesichert angesehen werden kann. In diesem Kapitel soll daher gleich vorausgesetzt werden, daß Licht eine elektromagnetische Welle ist. Es reicht dabei, wie die Erfahrung gezeigt hat, lediglich die elektrische Feldstärke zu betrachten und die damit verknüpfte magnetische Feldstärke zu vernachlässigen.

Das Interesse an der Untersuchung der Interferenz- und Beugungserscheinungen zum Nachweis der Wellennatur des Lichtes ist heute nur noch historisch zu verstehen. In der modernen Optik besteht eine weitaus stärkere Veranlassung zum Studium dieser Erscheinungen darin, daß auf ihnen viele optische Geräte beruhen und daß zum genaueren Verständnis von geometrisch-optischen Betrachtungen die Berücksichtigung von Beugungserscheinungen notwendig ist.

Zunächst sei ganz kurz daran erinnert, was Interferenz ist und wie sie zustande kommt. Interferenzerscheinungen entstehen, wenn zwei (oder mehrere) Wellensysteme zusammentreffen. Der resultierende Vorgang kann näherungsweise durch **ungestörte Überlagerung** der beiden einzelnen Wellensysteme konstruiert werden, d. h. jedes Wellensystem breitet sich so aus, als ob das andere nicht vorhanden wäre. Das durch Überlagerung zweier Lichtwellenfelder resultierende Wellenfeld wird an jeder Stelle dadurch erhalten, daß man die primären Felder vektoriell addiert. In dem speziellen Falle, daß die primären Felder gleichgerichtet sind, entartet die vektorielle Addition in eine algebraische.

Die Addition der Feldstärke führt dazu, daß sich die Intensitäten, die durch die Quadrate der Feldstärken gegeben sind, i. a. nicht einfach additiv überlagern. Man bezeichnet daher speziell beim Licht, wo lediglich die Intensitäten beobachtet werden können, jede Abweichung von der Additivität der Intensität bei der Überlagerung als **Interferenz.**

Das Prinzip der ungestörten Überlagerung gilt in der Elektrodynamik wie in der Elastizitätstheorie nur näherungsweise, in der Elektrodynamik nur für kleine elektrische Feldstärken. Bei großen Feldstärken, wie sie mit Lasern erzeugt werden können, treten sogenannte *nichtlineare optische Effekte* auf.

Mathematische Formulierung der Zweistrahlinterferenz. Als Beispiel soll zunächst die Interferenzerscheinung betrachtet werden, die bei der Überlagerung zweier Lichtwellen entsteht, die von zwei punktförmigen Quellen L_1 und L_2 ausgehen, wie in Abb. 3.1 dargestellt. Beide Wellen sollen gleiche Frequenz ν und Wellenlänge λ besitzen. Die elektrischen Feldstärken E_1, E_2 der Wellen sollen gleichgerichtet (gleich polarisiert) sein, z. B. in der zur Zeichenebene senkrechten Richtung. Für die Feldstärken im Punkt P gilt dann:

$$E_1 = A_1 \cos 2\pi \left(\frac{t}{T} - \frac{r_1}{\lambda} - \delta_1 \right),$$

$$E_2 = A_2 \cos 2\pi \left(\frac{t}{T} - \frac{r_2}{\lambda} - \delta_2 \right). \tag{3.1}$$

Dabei bedeuten A_1 und A_2 in bekannter Weise die beiden Amplituden, $T = 1/\nu$ die Schwingungsdauer, r_1 und r_2 die beiden Wege, die beide Wellen von ihrem Ausgangspunkte zurückgelegt haben. Durch die Phasenkonstanten δ_1 und δ_2 ist die momentane Feldstärke der beiden Wellen in ihren Quellenpunkten L_1 und L_2 zur Zeit $t = 0$ bestimmt. Die Argumente der cos-Funktion in den vorstehenden Gleichungen werden als Phasen der betreffenden Wellen bezeichnet. Die Amplituden A_1, A_2 sind bei den hier betrachteten Kugelwellen proportional den reziproken Ab-

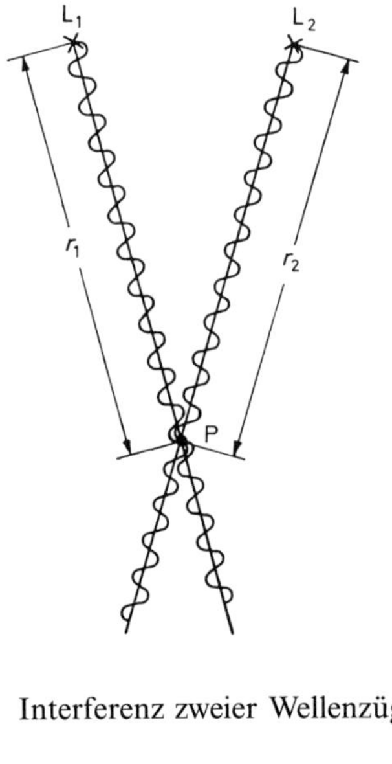

Abb. 3.1 Interferenz zweier Wellenzüge.

ständen r_1, r_2. In Raumbereichen mit hinreichend kleiner Ausdehnung können die Amplituden jedoch als konstant angesehen werden.

Wegen des Prinzips der ungestörten Überlagerung kann die Gesamtfeldstärke E durch Addition der Einzelfeldstärken gewonnen werden:

$$E = E_1 + E_2 \,. \tag{3.2}$$

Was man beim Licht allein messen kann, sind wegen der hohen Frequenzen, denen weder das Auge noch Instrumente folgen können, die Intensitäten, d.h. die Zeitmittelwerte der auf eine Flächeneinheit treffenden Lichtleistungen. Diese sind, wie allgemein für elektromagnetische Wellen im 2. Band erläutert wird, gegeben durch den Poynting-Vektor und damit proportional dem Feldstärkequadrat. Der Proportionalitätsfaktor hat die Dimension eines Widerstandes und wird daher Wellenwiderstand Z genannt. Die SI-Einheit der elektrischen Feldstärke ist V/m. Der Wellenwiderstand hat im Vakuum den Wert $Z = 377\,\Omega$, so daß sich die Intensität in $\mathrm{W/m^2}$ ergibt. Der Begriff Intensität, wie er hier verwendet wird, entspricht den Begriffen spezifische Ausstrahlung und Bestrahlungsstärke, die eine Strahlungsleistung/Fläche darstellt (vgl. Abschn. 5.2). Während sich diese Größen auf eine leuchtende oder beleuchtete Fläche beziehen, beschreibt die Intensität J das gesamte Lichtwellenfeld und wird auch als Strahlungsflußdichte φ bezeichnet.

Die Gesamtintensität J ergibt sich damit zu (Bildung des Zeitmittelwertes durch Überstreichen angedeutet):

$$J = \frac{1}{Z}\,\overline{(E_1 + E_2)^2} \,. \tag{3.3}$$

Einsetzen von Gl. (3.1) und Anwendung von Additionstheoremen für die cos-Funktionen ergibt:

$$\begin{aligned} J = \frac{1}{2Z}\Bigg[& A_1^2 + \overline{A_1^2 \cos 4\pi\left(\frac{t}{T} - \frac{r_1}{\lambda} - \delta_1\right)} \\ & + A_2^2 + \overline{A_2^2 \cos 4\pi\left(\frac{t}{T} - \frac{r_2}{\lambda} - \delta_2\right)} \\ & + \overline{2A_1 A_2 \cos 2\pi\left(\frac{r_2 - r_1}{\lambda} + \delta_2 - \delta_1\right)} \\ & + \overline{2A_1 A_2 \cos 2\pi\left(\frac{2t}{T} - \frac{r_2 + r_1}{\lambda} - \delta_2 - \delta_1\right)}\Bigg] . \end{aligned}$$

Die Zeitmittelwerte der cos-Funktionen, die als Argument die Zeit t enthalten, haben den Wert Null, wenn über Zeiten gemittelt wird, die groß gegen die Schwingungsdauer T sind. Damit ist:

$$J = \frac{1}{2Z}\left[A_1^2 + A_2^2 + 2A_1 A_2 \cos 2\pi\left(\frac{r_2 - r_1}{\lambda} + \delta_2 - \delta_1\right)\right] . \tag{3.4}$$

Die Intensitäten J_1, J_2 der beiden einfallenden Wellen sind gegeben durch:

$$J_{1,2} = \frac{1}{2Z} A_{1,2}^2 \,. \tag{3.5}$$

Damit wird aus Gl. (3.4):

$$J = J_1 + J_2 + 2\sqrt{J_1 J_2} \cos 2\pi \left(\frac{r_2 - r_1}{\lambda} + \delta_2 - \delta_1 \right). \tag{3.6}$$

Die Gesamtintensität ist also im allgemeinen nicht gleich der Summe der Einzelintensitäten, sondern dazu muß noch ein sogenanntes Interferenzglied addiert werden. Das Interferenzglied bewirkt, daß die Intensität an verschiedenen Orten um den Mittelwert $J_1 + J_2$ schwankt. Maximale Gesamtintensität tritt auf, wenn der Gangunterschied $r_2 - r_1$ zwischen den beiden Wellen im Punkt P so groß ist, daß die cos-Funktion den Wert 1 annimmt. Werden die Phasenkonstanten δ_1 und δ_2 als gleich angenommen, so ist der Gangunterschied in diesem Fall ein ganzzahliges Vielfaches der Wellenlänge. Dies ist verständlich, da sich dann die beiden Wellenzüge gleichsinnig überlagern. Gangunterschiede von einem ungeradzahligen Vielfachen der halben Wellenlänge ergeben entsprechend Minima der Intensität. Der genaue Intensitätsverlauf als Funktion des Gangunterschiedes $r_2 - r_1$ ist in Abb. 3.2 unter der vereinfachenden Annahme $\delta_1 = \delta_2$ dargestellt. Ist $\delta_1 \neq \delta_2$, so verschieben sich die Kurven um den Betrag $\lambda(\delta_2 - \delta_1)$. Die Differenz der Phasenkonstanten $\delta_2 - \delta_1$ wirkt also wie ein zusätzlicher Gangunterschied. Zusammengefaßt ergibt sich, daß bei Phasendifferenzen $2\pi \left(\frac{r_2 - r_1}{\lambda} + \delta_2 - \delta_1 \right)$, die Null oder ein ganzzahliges Vielfaches von 2π betragen, ein Intensitätsmaximum entsteht. Dieser Fall wird auch als „gleichphasige" Überlagerung bezeichnet. Bei „gegenphasiger" Überlagerung, d. h. Phasendifferenzen von einem ungeradzahligen Vielfachen von π, entsteht ein Minimum.

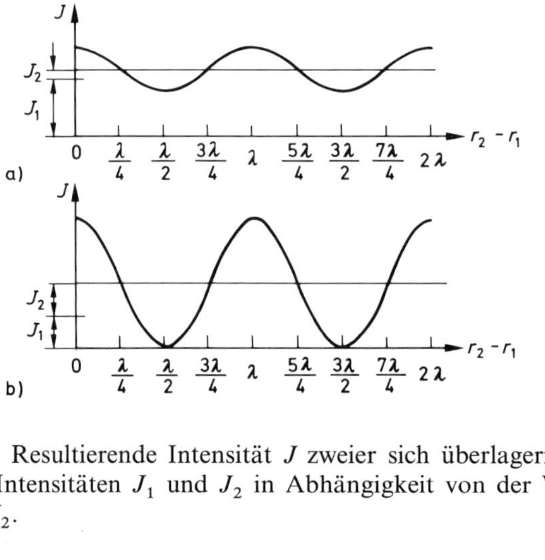

Abb. 3.2 Resultierende Intensität J zweier sich überlagernder elektromagnetischer Wellen mit den Intensitäten J_1 und J_2 in Abhängigkeit von der Wegdifferenz $r_2 - r_1$: a) $J_1 \neq J_2$; b) $J_1 = J_2$.

Besonders deutlich werden diese Verhältnisse, wenn $A_2 = A_1$, d.h. $J_2 = J_1$ ist. Dann erhält man für die Maximalintensität den Wert $4J_1$, für die Minimalintensität den Wert Null.

Natürlich kann die Intensität im ganzen weder vermehrt noch vermindert werden; wenn an bestimmten Stellen des Raumes $J > J_1 + J_2$ ist, so bedeutet das nur, daß an anderen Stellen des Raumes $J < J_1 + J_2$ ausfällt, so daß im ganzen die Energie erhalten bleibt: Sie wird beim Auftreten von Interferenz nur räumlich anders verteilt.

Es sei ausdrücklich darauf aufmerksam gemacht, daß unter Wegdifferenz oder Gangunterschied immer die Differenz der optischen Wege gemeint ist, d.h. das Produkt aus Brechzahl n und der geometrischen Wegdifferenz.

Kohärenz. Im allgemeinen beobachtet man in der Optik, daß Intensitäten im Gegensatz zu Gl. (3.6) additiv sind, d.h. daß keine Interferenz zwischen zwei Lichtwellen, die von verschiedenen Quellen stammen, stattfindet. Dies wird darauf zurückgeführt, daß die Differenz der Phasenkonstanten $\delta_2 - \delta_1$ der Lichtwellen im allgemeinen zeitlich nicht konstant ist, sondern während der Beobachtungsdauer beliebige positive und negative Werte annehmen kann. Deshalb ist in Gl. (3.6) noch über die Differenz der Phasenkonstanten zu mitteln, wodurch das Interferenzglied herausfällt und die Gesamtintensität gleich der Summe der Einzelintensitäten wird.

Zwei Wellen, für die $\delta_2 - \delta_1$ konstant ist, nennt man *kohärent,* um auszudrücken, daß zwischen beiden Wellen eine feste Phasenbeziehung besteht. Ändern sich aber die beiden Phasen δ_2 und δ_1 in zusammenhangloser Weise, so nennt man die Wellen *inkohärent.* Interferenz kann man also nur gut beobachten, wenn die sich überlagernden Wellenzüge kohärent sind. Kohärenz und Inkohärenz sind zwei Extremfälle für die Phasenbeziehung zweier Lichtwellen. Dazwischen ist auch *partielle Kohärenz* möglich. Diese ergibt geringen Kontrast in Interferenzexperimenten. Ein quantitatives Maß für die partielle Kohärenz ist z.B. die *Kohärenzzeit,* die im folgenden erläutert werden wird. Oft wird die Bezeichnung partiell auch weggelassen. Dann werden zwei Wellen als vollständig kohärent bezeichnet, falls $\delta_2 - \delta_1$ konstant ist.

Bei zwei Wellenfeldern, die von zwei unabhängigen Lichtquellen erzeugt werden, hängt die Phasendifferenz im allgemeinen vom Ort und von der Zeit ab, an denen die Wellenfelder beobachtet werden. Man spricht in diesem Fall von *gegenseitiger (partieller) Kohärenz* (engl. mutual coherence). Oft bezieht man den Kohärenzbegriff aber auch auf ein einzelnes Wellenfeld oder auf die erzeugende Lichtquelle. Bei Interferenzexperimenten werden nämlich die interferierenden Wellen meist von einer einzigen Lichtquelle erzeugt. Aus ihrem räumlich ausgedehnten Wellenfeld können an zwei verschiedenen Orten zwei Teilwellen abgeleitet werden. Interferenz tritt auf, falls diese kohärent sind. Das gesamte Wellenfeld wird als *örtlich kohärent* bezeichnet, falls die Schwingungen der elektrischen Feldstärke an beliebigen Punkten eine feste Phasenbeziehung besitzen. Entsprechend ist ein Wellenfeld bzw. eine Lichtquelle *zeitlich kohärent,* falls die Schwingungen an einem beliebigen Punkt zu verschiedenen Zeiten eine konstante Phase besitzt.

Bei den Wellen der Akustik und Hochfrequenztechnik haben die Begriffe Kohärenz und Inkohärenz wesentlich geringere Bedeutung als in der Optik; die dort auftretenden Wellen können fast immer als kohärent angesehen werden. Die Sonderstellung der Optik, die im täglichen Leben dauernd erfahren wird, hat lange Zeit verhindert, daß man eine Wellentheorie des Lichtes ernstlich in Betracht zog, und als Interferenzerscheinungen beobachtet wurden, hatten sie geradezu etwas Sensationelles an sich, weil sie den „normalen“ Verhältnissen widersprachen.

Die konventionellen Lichtquellen der Optik, wie z. B. die Sonne, Glüh- und Gasentladungslampen besitzen geringe (partielle) Kohärenz und können als fast inkohärent bezeichnet werden. Erst seit der Erfindung des Lasers steht auch für das Gebiet der Optik eine Quelle zur Verfügung, die hohe (partielle) Kohärenz besitzt und näherungsweise als vollständig kohärent angesehen werden kann.

Die Inkohärenz der konventionellen Lichtquellen beruht auf dem Entstehungsmechanismus des von ihnen ausgestrahlten Lichtes. Darüber kann man sich folgende Vorstellung machen. Die eigentlichen lichtaussendenden Zentren sind die Atome oder Moleküle, deren Elektronen durch Energiezufuhr in angeregte Zustände gehoben werden. Bei Rückkehr in den Grundzustand wird Energie in Form einer gedämpften Welle abgestrahlt. Diese kann näherungsweise als ein Wellenzug mit begrenzter Länge aufgefaßt werden. Die einzelnen Akte der Lichtemission verschiedener Atome erfolgen statistisch, so daß die einzelnen Wellenzüge wechselnde Phasenkonstanten besitzen. Deshalb sind die von verschiedenen Punkten einer Lichtquelle, d. h. von verschiedenen Atomen, abgestrahlten Lichtwellen zueinander inkohärent. Das gleiche gilt für verschiedene Lichtquellen.

Trotz ihrer Inkohärenz ist es mit konventionellen Lichtquellen möglich, Interferenzerscheinungen zu beobachten. Man zerlegt dazu das von einem Punkt einer Quelle emittierte Licht in zwei Teilwellen. Ein Beispiel ist in Abb. 3.3a dargestellt. Von dem Punkt L wird eine Kugelwelle ausgestrahlt. Durch geeignete Blenden, die in der Abb. 3.3 nicht dargestellt sind, werden aus der Kugelwelle zwei Lichtbündel ausgeblendet, die auf die beiden Spiegel treffen. Da bei einer hinreichend kleinen Ausdehnung des Lichtquellenpunktes, der im Idealfall nur ein Atom enthalten darf, die ausgestrahlte Kugelwelle einem einzigen Emissionsakt entstammt, sind die beiden Teilbündel zueinander kohärent und zeigen nach Umlenkung durch die Spiegel im Punkt P Interferenzerscheinungen.

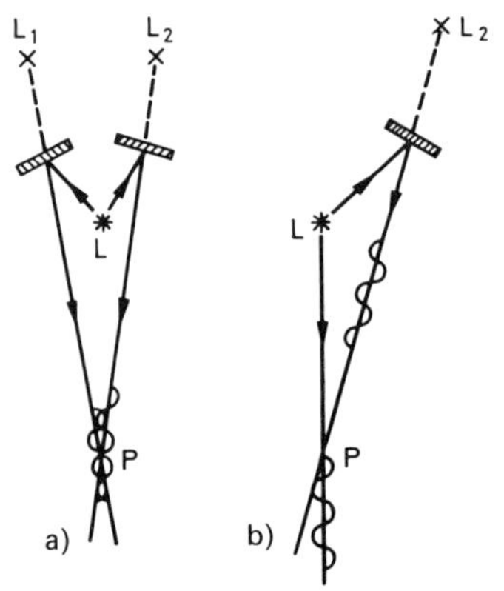

Abb. 3.3 Erzeugung zweier interferenzfähiger Lichtwellen aus einer punktförmigen Lichtquelle. Die interferierenden Lichtwellen können als von den virtuellen Spiegelbildern L_1, L_2 der Lichtquelle L ausgehend aufgefaßt werden: a) Die Wegdifferenz ist Null, es tritt Interferenz auf; b) Die Wegdifferenz ist größer als die Kohärenzlänge (Länge des Wellenzuges), es tritt keine Interferenz auf.

Zeitliche Kohärenz, Kohärenzzeit, Kohärenzlänge. Auch Lichtwellen, die von einem Emissionszentrum ausgehen, brauchen nicht unbedingt kohärent zu sein. Dies kommt dadurch zustande, daß auch die von einem Emissionszentrum zeitlich hintereinander ausgestrahlten Wellenzüge eine statistische Phasenlage zueinander haben. Kohärent sind also nur Teilwellenzüge, die von einem einzigen Emissionsakt stammen. Dies bedingt, daß die Wegdifferenz zwischen den beiden Wellen in Abb. 3.3 nicht größer sein darf als die Länge eines Wellenzuges. In dem in Abb. 3.3b gezeigten Fall kann z. B. keine Interferenz mehr auftreten. Die maximal zulässige Wegdifferenz, die etwa gleich der Länge eines Wellenzuges ist, wird als *Kohärenzlänge l* bezeichnet. Die zugehörige Zeit

$$\tau = \frac{l}{c}, \tag{3.7}$$

die das Licht braucht, um die Kohärenzlänge zurückzulegen, heißt entsprechend *Kohärenzzeit*.

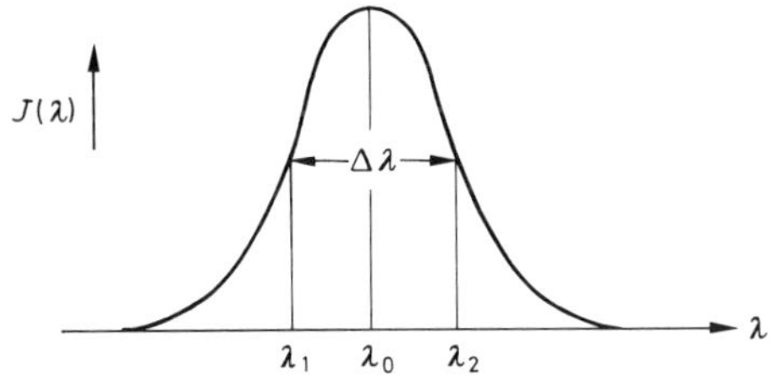

Abb. 3.4 Intensitätsverteilung $J(\lambda)$ einer Spektrallinie.

Der Begriff der Kohärenzlänge, der bisher an Hand eines Modells einer Lichtquelle, die Wellenzüge endlicher Länge emittiert, erläutert wurde, kann auch unabhängig von diesem Modell eingeführt werden. Dazu sei daran erinnert, daß es Licht einer einzigen scharfen Frequenz ν, wie sie in Gl. (3.1) und der folgenden Ableitung angenommen wurde, nicht gibt. Jede Lichtquelle, auch die beste Spektrallampe und auch ein Laser, strahlt Licht mit vielen, eng beieinander liegenden Frequenzen aus. Diese spektrale Verteilung ist schematisch in Abb. 3.4 dargestellt. Die Halbwertsbreite $\Delta\lambda = \lambda_2 - \lambda_1$ der Verteilung wird als Linienbreite bezeichnet. Wird die Spektralverteilung als Funktion der Frequenz ν an Stelle der Wellenlänge dargestellt, so ergibt sich für die Linienbreite die Frequenz:

$$\Delta\nu \approx \nu_0 \frac{\Delta\lambda}{\lambda_0} = c\frac{\Delta\lambda}{\lambda_0^2}. \tag{3.8}$$

Für jede einzelne der Wellenlängen λ ist bei einem Interferenzexperiment die Intensität im Überlagerungsgebiet gegeben durch Gl. (3.6). Beispielsweise tritt für die mittlere Wellenlänge λ_0 ein Maximum der Intensität auf, wenn gilt (die Phasenkonstanten δ_1, δ_2 werden in der folgenden Betrachtung der Einfachheit halber als gleich angenommen; n ist eine ganze Zahl):

$$\frac{r_2 - r_1}{\lambda_0} = n\,.$$

Für die Wellenlänge λ_1 ist am selben Punkt, d. h. bei derselben Wegdifferenz $r_2 - r_1$, im allgemeinen nicht notwendigerweise ein Maximum der gebeugten Intensität, da die relative Wegdifferenz $(r_2 - r_1)/\lambda_1$ einen anderen beliebigen von n abweichenden Wert haben kann. Nur bei hinreichend kleinen Wegdifferenzen weichen bei vorgegebenen Wellenlängen λ_0 und $\lambda_1 = \lambda_0 - \Delta\lambda/2$ die relativen Wegdifferenzen $(r_2 - r_1)/\lambda_0$ und $(r_2 - r_1)/\lambda_1$ hinreichend wenig voneinander ab, so daß die Maxima der Interferenzfelder für diese beiden Wellenlängen und damit auch für alle anderen Wellenlängen zwischen λ_1 und λ_2 zusammenfallen. Wird dagegen die Wegdifferenz $r_2 - r_1$ vergrößert, so tritt schließlich der Fall ein, daß ein Maximum für λ_0 mit einem Minimum von λ_1 zusammenfällt. Dies ist der Fall, wenn λ_1 gerade so groß ist, daß gilt:

$$\frac{r_2 - r_1}{\lambda_1} = \frac{2n+1}{2}\,.$$

In diesem Fall werden die durch Interferenz entstandenen Intensitätsunterschiede wieder ausgeglichen. Dies tritt bei großen Gangunterschieden immer auf, da sich dann zu jeder Wellenlänge, die an einer bestimmten Stelle ein Interferenzmaximum erzeugt, eine zweite Wellenlänge finden läßt, die an dieser Stelle gerade ein Intensitätsminimum besitzt. Der Wert des Wegunterschiedes, bei dem dieses Zusammenfallen für die Wellenlänge λ_0 und λ_1 erstmalig auftritt, entspricht der vorhin definierten Kohärenzlänge l. Sie ergibt sich durch Subtraktion der beiden vorstehenden Gleichungen zu:

$$l = r_2 - r_1 = \frac{1}{2\left(\dfrac{1}{\lambda_1} - \dfrac{1}{\lambda_0}\right)} = \frac{\lambda_1 \lambda_0}{2(\lambda_0 - \lambda_1)} \approx \frac{\lambda_0^2}{\Delta\lambda}\,. \tag{3.9}$$

Die Kohärenzzeit ergibt sich mit Gl. (3.7) und (3.8) zu:

$$\tau = \frac{1}{\Delta\nu}\,. \tag{3.10}$$

Die Gl. (3.9) und (3.10) gelten nur näherungsweise und können noch einen konstanten Zahlenfaktor enthalten, der von der Linienform abhängig ist. Für eine Lichtquelle, die Wellenzüge mit begrenzter zeitlicher Dauer emittiert, ist die Kohärenzzeit gleich der Dauer des Wellenzuges. Vergleich mit Gl. (3.10) ergibt, daß eine solche Lichtquelle eine Linienbreite $\Delta\nu$ haben sollte, die reziprok der Wellenzugdauer ist. Dieses Ergebnis kann auch direkt mit Hilfe einer Fourierzerlegung gewonnen werden.

Je nach der Natur der Lichtquelle ergeben sich äußerst verschiedene Werte für die Kohärenzlänge. Unter besonders günstigen Verhältnissen (sehr scharfe Spektrallinien) hat man Längen von rund 1 m gefunden; daraus würde sich für die Dauer der emittierten Wellenzüge die Größenordnung von 10^{-8} s ergeben; man sieht, daß diese Zeit sehr klein gegen die Beobachtungsdauer ist. Ist das Licht sehr inhomogen, besteht es z.B. aus weißem Licht, das das ganze sichtbare Spektrum enthält, so ist die Kohärenzlänge entsprechend klein (10^{-4} cm).

Interferenzexperimente mit ausgedehnten Lichtquellen, örtliche Kohärenz. Im vorigen Abschnitt wurde erläutert, daß zur Erzeugung kohärenten Lichtes ein einziges Emissionszentrum verwendet werden muß. Das ist natürlich eine Idealisierung. Denn in Wirklichkeit hat man bei Interferenzexperimenten immer leuchtende Flächen von endlicher Ausdehnung vor sich. Man muß sich also klar darüber werden, inwiefern die Größe der benutzten Lichtquelle von Einfluß auf die Interferenzerscheinung ist. Es wird sich herausstellen, daß im allgemeinen die Größe der leuchtenden Fläche einer bestimmten Bedingung zu genügen hat, damit man beobachtbare Interferenzen erhält. Um die Bedingung zu erhalten, denke man sich in Abb. 3.3 die punktförmige Lichtquelle L durch eine ausgedehnte Quelle $L_1 L_2$ ersetzt. Dann ergeben sich durch Spiegelung ausgedehnte virtuelle Lichtquellen $L_1' L_1''$ und $L_2' L_2''$, wie in Abb. 3.5 dargestellt. Im übrigen ist Abb. 3.5 der Abb. 3.1 analog. Alle Punkte einer leuchtenden Fläche senden untereinander völlig inkohärente Wellen aus, eben wegen der unregelmäßigen Phasensprünge, die jeder strahlende Punkt unabhängig von allen anderen ausführt. Es genügt, wenn wir nur die jeweils beiden Endpunkte L_1' und L_2' sowie L_1'' und L_2'' ins Auge fassen, was der ungünstigste Fall ist. Für alle dazwischenliegenden Punkte gelten dieselben folgenden Überlegungen. Die von L_1' und L_2' ausgehenden Lichtwellen sind untereinander kohärent und interferieren deshalb, da sie denselben Punkten der ursprünglichen, leuchtenden Fläche $L_1 L_2$ entsprechen, aus der sie durch eine geeignete Abbildung erzeugt wurden. Dasselbe gilt für L_1'' und L_2''. Die von L_1' und L_2' im Punkt P erzeugte Intensität hat z.B. ein Maximum, da $r_1' = r_2'$. Die Differenz der Phasenkonstanten wird dabei als Null angenommen. Um die von L_1'' und L_2'' erzeugte Gesamtintensität in P bestimmen zu können, muß die Wegdifferenz $r_2'' - r_1''$ berechnet werden:

$$r_2'' - r_1'' = \sqrt{x_2^2 + l^2} - \sqrt{x_1^2 + l^2} = l\sqrt{1 + \frac{x_2^2}{l^2}} - l\sqrt{1 - \frac{x_1^2}{l^2}}\,.$$

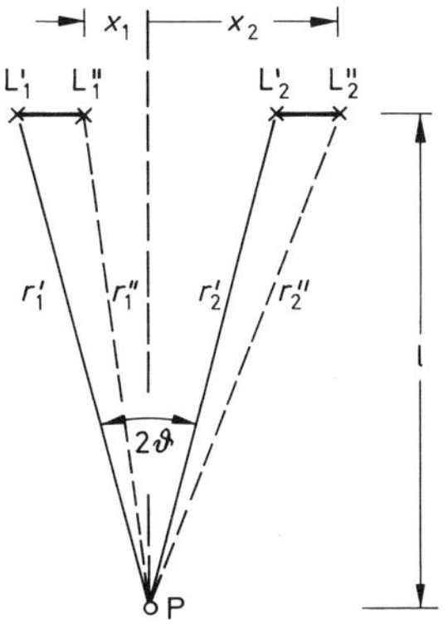

Abb. 3.5 Zur Interferenz bei ausgedehnter Lichtquelle.

Für $l \gg x_1, x_2$, d. h. für große Abstände des Beobachtungspunktes P von den Lichtquellen, gilt:

$$r_2'' - r_1'' \approx l\left(1 + \frac{x_2^2}{2l^2}\right) - l\left(1 + \frac{x_1^2}{2l^2}\right) = \frac{x_2^2 - x_1^2}{2l} = \frac{(x_2 - x_1)(x_2 + x_1)}{2l} \approx$$
$$\approx 4a \sin \vartheta \,.$$

Dabei ist $a = (x_2 - x_1)/2$ die Ausdehnung der Lichtquelle und ϑ der Winkel, unter dem die (Randpunkte der) ausgedehnten Lichtquellen $L_1'\,L_1''$ und $L_2'\,L_2''$ von Punkt P aus gesehen werden. Damit die von L_1'' und L_2'' erzeugte Intensitätsverteilung ebenfalls im Punkt P ein Maximum hat, muß diese Weglängendifferenz klein gegen $\lambda/2$ sein; denn wäre sie gerade gleich $\lambda/2$, so hätte diese Intensitätsverteilung in P ein Minimum. Für die Ausdehnung a der Lichtquelle muß also gefordert werden:

$$a \ll \frac{\lambda}{4 \sin \vartheta} \approx \frac{\lambda}{4\vartheta} \,. \tag{3.11}$$

Falls nur ϑ genügend klein ist, können nach Gl. (3.11) Lichtquellen mit beliebig großen Durchmessern (z. B. Sterne) für Interferenzexperimente verwendet werden.

Häufig ist es zweckmäßig (vgl. Abb. 3.58), der Gl. (3.11) noch eine andere Deutung zu geben. Dazu wird ein Kegel mit dem Öffnungswinkel ϑ betrachtet, der einen Teil der von der Lichtquelle $L_1'\,L_1''$ oder $L_2'\,L_2''$ ausgehenden Lichtstrahlen enthält. Ein derartiger Kegel tritt bei einer ausgedehnten Lichtquelle in Abständen l auf, die groß gegen die Ausdehnung a der Lichtquelle sind. Nach den vorhergehenden Ausführungen dieses Abschnitts treten in beliebigen Abständen $x_1 + x_2$ der reellen und virtuellen Lichtquellen Interferenzen auf, sofern sich Lichtstrahlen der beiden Quellen überlagern, die in sich entsprechenden Strahlungskegeln mit dem Öffnungswinkel ϑ enthalten sind. Eine Lichtquelle, deren einzelne Punkte zueinander völlig inkohärent sind, erzeugt also in einem Kegel mit dem Winkel ϑ interferenzfähiges, d. h. örtlich kohärentes Licht.

Interferenz verschieden polarisierter Wellen. Bisher ist nur die Interferenz von parallel polarisierten Wellenzügen erörtert worden. Der Vollständigkeit halber soll auch der Fall betrachtet werden, daß die beiden primären Wellen senkrecht zueinander polarisiert sind. Es sei also beispielsweise in Abb. 3.1 die Schwingungsebene der einen Lichtquelle senkrecht zur Zeichenebene, die der anderen parallel. Die entsprechenden Feldstärken seien $E_{1\perp}$ und $E_{2\parallel}$. Die resultierende Feldstärke findet man durch vektorielle Addition. Der Betrag der resultierenden Feldstärke E ergibt sich nach dem Satz des Pythagoras zu:

$$E = \sqrt{E_{1\perp}^2 + E_{2\parallel}^2} \,. \tag{3.12}$$

Da die Intensität proportional dem Amplitudenquadrat ist, folgt aus Gl. (3.12):

$$J = J_1 + J_2 \tag{3.13}$$

Das heißt, bei Zusammensetzung senkrecht zueinander polarisierter Wellen addieren sich die Intensitäten, die Wellen interferieren also nicht miteinander.

Es bleiben noch mehrere grundsätzliche Probleme der Interferenz zu erörtern,

z. B. die Interferenz einer großen Zahl von Wellen, die relativ zueinander eine konstante Phasendifferenz besitzen, was bei vielen Versuchsanordnungen vorliegt, oder die Frage nach der Interferenz von Wellen verschiedener Frqeuenz, die z. B. in der Akustik das Phänomen der Schwebungen erzeugt. Diese Fragen sollen aber erst dann weiter diskutiert werden, wenn die betreffenden Versuchsanordnungen besprochen werden.

3.2 Fresnelscher Spiegelversuch und Varianten

Der erste Nachweis von Interferenzerscheinungen beim Licht ist von Thomas Young im Jahre 1802 durchgeführt worden. Da bei diesem Experiment jedoch auch Beugungserscheinungen auftreten, soll es im Zusammenhang mit diesen erörtert werden. Statt dessen soll zunächst der klassische Spiegelversuch von A. Fresnel (1821) besprochen werden.

Da zwei getrennte Lichtquellen infolge ihrer Inkohärenz keine Interferenzen ergeben, erzeugte Fresnel aus einer einzigen Lichtquelle L (Abb. 3.6) durch Spiegelung

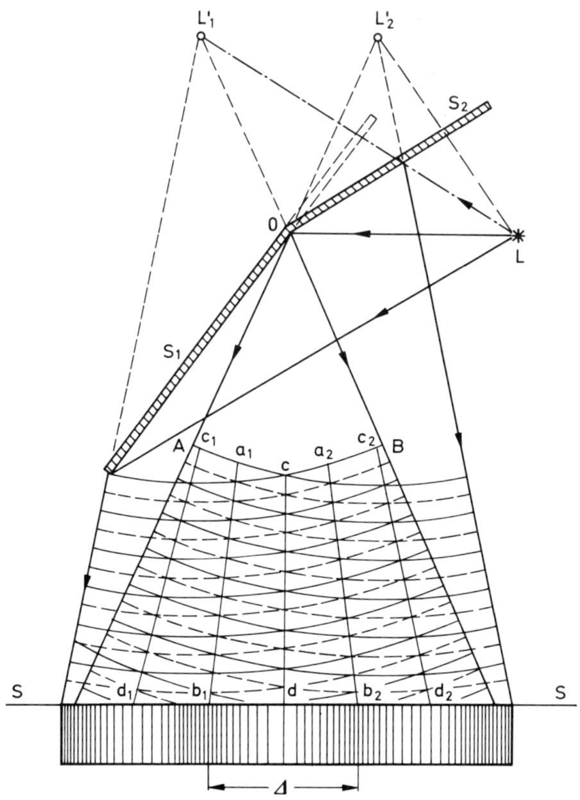

Abb. 3.6 Fresnelscher Spiegelversuch.

an zwei gegeneinander geneigten Spiegeln S_1 und S_2 zwei virtuelle Lichtquellen L'_1 und L'_2, die ebenso weit hinter den Spiegeln liegen, wie L sich vor ihnen befindet; diese Lichtquellen sind kohärent. Dann entstehen in dem von L'_1 und L'_2 gemeinsam beleuchteten Raumgebiet (in Abb. 3.6 zwischen den Strahlen L'_2A und L'_1B) die Interferenzen. Bringt man in einer größeren, im übrigen aber beliebigen Entfernung von dem Winkelspiegel einen Schirm SS an, so sieht man auf diesem ein System von hellen und dunklen Streifen, wenn als Lichtquelle L ein mit monochromatischem Licht (z. B. Na-Licht) beleuchteter Spalt dient, dessen Richtung parallel zur Schnittkante der beiden Spiegel verläuft. Im unteren Teil der Abb. 3.6 ist das Interferenzbild schematisch angedeutet. Deckt man einen der beiden Spiegel ab, so verschwindet die Interferenzerscheinung, und der Schirm ist gleichmäßig ausgeleuchtet.

In Abb. 3.6 sind um die beiden virtuellen Lichtquellen L'_1 und L'_2 Kreisbögen gezeichnet, deren Radien ganzen Vielfachen von λ (ausgezogen) und ungeraden Vielfachen von $\lambda/2$ (gestrichelt) entsprechen. Die Schnittpunkte der ausgezogenen sowie der gestrichelten Kreisbögen unter sich sind die Stellen, die von beiden Wellensystemen mit gleicher Phase getroffen werden. Dagegen sind alle Schnittpunkte der ausgezogenen Kreise mit den gestrichelten die Orte, die von den beiden Wellen mit genau entgegengesetzter Phase getroffen werden. Man erkennt, daß sich z. B. die zuletzt genannten Stellen auf Kurven anordnen, die von a_1 nach b_1 und von a_2 nach b_2 verlaufen, während die erstgenannten Stellen auf den Kurven c_1d_1, cd, c_2d_2 liegen. Der Gangunterschied beträgt hier $+\lambda$, 0, $-\lambda$ (Maxima +1., 0., −1. Ordnung). Die hellen und dunklen Kurven sind, wie bereits in Bd. 1 bei dem analogen Vorgang bei Wasserwellen auseinandergesetzt, in der Zeichenebene Stücke von Hyperbeln mit L'_1 und L'_2 als Brennpunkten. Nähert man daher den Beobachtungsschirm den Spiegeln, so rücken die hellen und dunklen Streifen enger zusammen.

Macht man die Frequenz der Lichtquelle veränderlich, indem man als solche z. B. den Austrittsspalt eines Monochromators nimmt, so beobachtet man, daß die Interferenzstreifen am weitesten im Rot auseinanderliegen und um so enger zusammenrücken, je mehr man sich dem Violett nähert. Ist die Lichtquelle nicht monochromatisch, so liegen die Orte, an denen Auslöschung der einzelnen im Licht enthaltenen Spektralfarben eintritt, nicht an den gleichen Stellen; man erhält daher bei weißem Licht nur an der Stelle des Schirmes, die der Gangdifferenz 0 für alle Wellenlängen entspricht, eine rein weiße Zone, an die sich zu beiden Seiten je ein schwarzer Interferenzstreifen anschließt; die dann folgenden nächsten schwarzen Streifen haben bereits farbige Ränder, und zwar nach der Mitte des Bildes rote, nach außen blaue. Diese Farben entstehen durch das Fehlen der an der betreffenden Stelle ausgelöschten Wellenlänge, es sind also *Mischfarben*. Da ferner bei größeren Gangunterschieden, d. h. in einiger Entfernung von der Mitte, an derselben Stelle des Schirmes immer zahlreichere Helligkeits-Maxima und -Minima verschiedener Wellenlänge sich überlagern, so sieht man bei weißem Licht zu beiden Seiten des zentralen Streifens nur ganz wenige, nach außen immer mehr zu Weiß verblassende Streifen. – Man kann sich aber auch in diesem Fall noch von der Existenz von Interferenzstreifen überzeugen, indem man die Interferenzerscheinung so auf den Spalt eines Spektralapparates fallen läßt, daß die zu erwartenden Streifen den Spalt rechtwinklig schneiden würden (Anordnung nach J. Müller). In dem weißen Licht, das auf verschiedene Stellen des Spalts fällt, werden jeweils andere Wellenlängen ausgelöscht. Man erhält dann ein Spektrum, das von dunklen Linien durchzogen ist (Abb. 12 auf Tafel I), die auch erkennen lassen, daß die Streifen im Rot weiter auseinander liegen als im Violett; diese Streifen werden als *Müllersche* oder *Talbotsche Streifen* bezeichnet.

Der Schirm S in Abb. 3.6, auf dem die Interferenzerscheinung aufgefangen wird, kann an einer beliebigen Stelle des Interferenzraumes stehen, d. h. *die Interferenzen sind nicht in einer bestimmten Fläche (Ebene) lokalisiert*. Zur Betrachtung derselben braucht man daher überhaupt keinen Schirm; man kann sie direkt mit dem Auge oder mit einer Lupe betrachten. Bequem zur Ausmessung des Abstandes Δ der Interferenzstreifen ist eine Lupe mit Fadenkreuz, die auf einem Stativ mikrometrisch parallel zur Beobachtungsebene S verstellbar ist (sog. *Fresnelsche Lupe*).

Um aus dem gemessenen Abstand Δ zweier benachbarter heller oder dunkler Streifen die Wellenlänge der benutzten Strahlung zu bestimmen, betrachten wir noch einmal Abb. 3.6, deren wesentliche Teile der Deutlichkeit halber in Abb. 3.7 wiederholt sind; aus ihnen kann man folgendes entnehmen: Sowohl die reale Lichtquelle L als auch die beiden virtuellen L'_1 und L'_2 liegen auf einem Kreis um den Knickpunkt O der beiden Spiegel. Der Radius R dieses Kreises ist gleich dem (direkt meßbaren) Abstand der Lichtquelle von O. Man sieht sofort, daß die Geraden L'_1O und OL'_2 den Winkel 2α einschließen, wenn die beiden Spiegel um den Winkel α gegeneinander geknickt sind; denn $\sphericalangle L'_1OL'_2$ ist der Zentriwinkel, zu dem der Peripheriewinkel $L'_1LL'_2$ gehört, der offensichtlich gleich α ist, da LL'_1 und LL'_2 die Spiegelnormalen sind. Es folgt also zunächst, daß die Bogenlänge $L'_1CL'_2 = R\,2\alpha$ ist. Wegen der Kleinheit von α (wenige Bogenminuten) kann man statt des Bogens die Sehne $\overline{L'_1ML'_2} = a$ nehmen, die den Abstand der beiden virtuellen Lichtpunkte $\overline{L'_1L'_2}$ darstellt, d. h. $a = 2R\alpha$; ebenso kann man $\overline{OM} \approx \overline{OC} \approx R$ setzen. Errichtet man auf der Verbin-

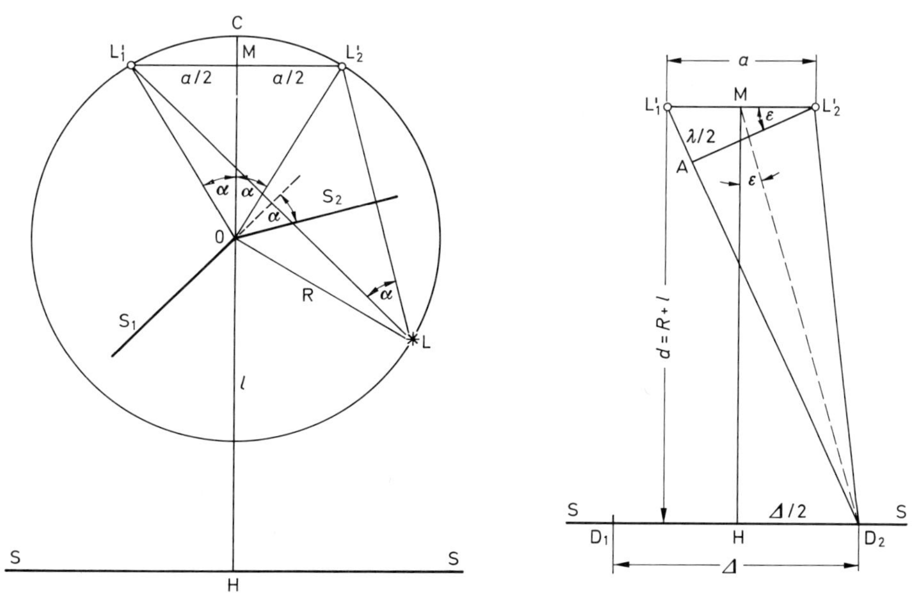

Abb. 3.7 Zum Fresnelschen Spiegelversuch.

dungslinie $L'_1L'_2$ die mittelsenkrechte Ebene, deren Spur in der Abb. 3.7 MO ist, und verlängert sie bis zum Beobachtungsschirm SS, den sie in H trifft, so ist die senkrechte Entfernung des Schirmes von $L'_1L'_2$, d. h. die Strecke $\overline{MH}$, offenbar gleich $R + l$, wenn l die Länge der Verbindungslinie OH ist; wir setzen ein für allemal, auch für die verwandten Anordnungen, den gesamten Abstand zwischen den virtuellen Lichtquellen und dem Schirm $R + l = d$. Aus Abb. 3.7a sieht man, daß im Punkt D_2, der Stelle des Interferenzminimums erster Ordnung, dann Dunkelheit herrschen wird, wenn $\overline{L'_1D_2} - \overline{L'_2D_2} \approx \overline{L'_1A}$ gerade gleich $\lambda/2$ ist. Ferner sind die beiden rechtwinkeligen Dreiecke $L'_1AL'_2$ und MHD_2 einander nahezu ähnlich, da sie in allen Winkeln ungefähr übereinstimmen. Folglich gilt angenähert (weil $\lambda/2$ sehr klein und d sehr groß ist) die Proportion:

$$\frac{\Delta}{2} : d = \frac{\lambda}{2} : a \,, \tag{3.14}$$

also

$$\Delta = \frac{\lambda d}{a} = \frac{\lambda(R+l)}{2R\alpha} \,,$$

$$\lambda = \frac{2R\Delta}{R+l}\alpha \,. \tag{3.15}$$

Diese Formeln gelten in allen analogen Fällen; mit ihnen kann man die Größe der Wellenlängen der benutzten Lichtquellen bestimmen, was Fresnel als einer der ersten getan hat. Die Wellenlängen betragen für sichtbares Licht bekanntlich zwischen 0,4 µm und 0,7 µm. Heute hat man bequemere und weit genauere Methoden zur Wellenlängenbestimmung, weswegen auf die Fresnelsche Methode hier nicht näher eingegangen werden soll. Die Größe der Wellenlänge ist in Abb. 3.6 übertrieben dargestellt. Tatsächlich ist die Wellenlänge bedeutend kleiner und die Interferenzstreifen liegen dichter zusammen. Dies führt dazu, daß im Interferenzgebiet mehr als drei helle Streifen auftreten. Der Abstand der anderen Streifen ist jedoch näherungsweise ebenfalls durch Gl. (3.15) gegeben.

Hingewiesen sei noch auf folgendes: Wie oben erwähnt, tritt bei weißem Licht nur eine begrenzte Zahl von Streifen auf. Dasselbe gilt auch, wenn eine auch nur geringe spektrale Inhomogenität der benutzten Lichtquelle vorliegt, wie sie z. B. bei schmalen Spektral-„Linien" auftritt. Es sei angenommen, die Spektral-„Linie" habe eine spektrale Verteilung, wie sie in Abb. 3.4 dargestellt ist; der Halbwertsbreite $\Delta\lambda$ sollen die extremen Wellenlängen λ_1 und λ_2 entsprechen. Dann überlagern sich die Interferenzbilder jeder einzelnen Wellenlänge dieses ganzen Komplexes, und es fragt sich nun, wie viele Interferenzstreifen jetzt beobachtet werden. Darauf gibt die folgende Überlegung Antwort: Wenn die Gangdifferenz $N\lambda_0$ der zentralen Wellenlänge λ_0 gerade gleich der Gangdifferenz $(N + 1/2)\,\lambda_1$ der kürzeren Grenzwellenlänge ist, d.h. wenn das N-te Interferenzmaximum der Wellenlänge λ_0 auf ein Interferenzminimum der Wellenlänge λ_1 fällt, so verschwindet an dieser Stelle die Interferenzerscheinung, indem die Dunkelheit des Minimums von λ_1 von der Helligkeit des gleichliegenden Maximums λ_0 überlagert wird. Ganz dasselbe gilt für die größere Wellenlänge λ_2; wenn hier $N\lambda_0$ gleich $(N - 1/2)\,\lambda_2$ ist, so überlagert sich auch hier das Maximum von λ_0 dem Minimum von λ_2. Wir haben also

$$N\lambda_0 = N\lambda_1 + \frac{\lambda_1}{2} = N\lambda_2 - \frac{\lambda_2}{2},$$

woraus weiter folgt:

$$\frac{\lambda_1 + \lambda_2}{2} = N(\lambda_2 - \lambda_1) = N\Delta\lambda$$

bzw., wenn man $\frac{\lambda_1 + \lambda_2}{2} = \lambda_0$ setzt

$$N = \frac{\lambda_0}{\Delta\lambda}. \tag{3.16}$$

Aus dieser Gleichung ergibt sich, daß einer spektralen Breite von der Größe $\Delta\lambda$ eine bestimmte Maximalzahl N von Interferenzstreifen entspricht; je kleiner $\Delta\lambda$ ist, desto größer ist die Zahl der beobachtbaren Streifen. Hat man durch Versuche mit einer bestimmten Spektrallinie die Maximalzahl N der beobachtbaren Streifen festgestellt, so ergibt sich nach Gl. (3.16) die in diesem Fall vorliegende spektrale Breite und die Kohärenzlänge $l = N\lambda_0$ nach Gl. (3.9). Wenden wir Gl. (3.16) auf die Versuche mit weißem Licht an, so haben wir $\Delta\lambda = 0{,}75\,\mu m - 0{,}4\,\mu m = 0{,}35\,\mu m$ und $\lambda_0 = 0{,}57\,\mu m$ zu nehmen; daraus folgt für weißes Licht $N = 0{,}57/0{,}35$, d.h. eine Zahl zwischen 1 und 2.

Den Grund dafür, daß man tatsächlich mehr als 2 Streifen beobachtet, ist, daß das Auge nicht nur Helligkeiten, sondern auch Farben wahrnimmt. Ersetzt man das Auge durch ein Energiemeßinstrument (z.B. Thermosäule), so findet man in der Tat nur 2 Streifen.

Die Erzeugung kohärenter Lichtquellen aus einer primären läßt sich noch auf andere Weise verwirklichen. Bei dem ebenfalls von A. Fresnel (1826) angegebenen *Biprisma* (Abb. 3.8) werden von einem Lichtpunkt L (z.B. einem senkrecht zur Zeichenebene stehenden Spalt) durch Brechung in den beiden Prismenhälften zwei virtuelle Bilder L'_1 und L'_2 der Lichtquelle erzeugt, die um so näher beieinanderliegen,

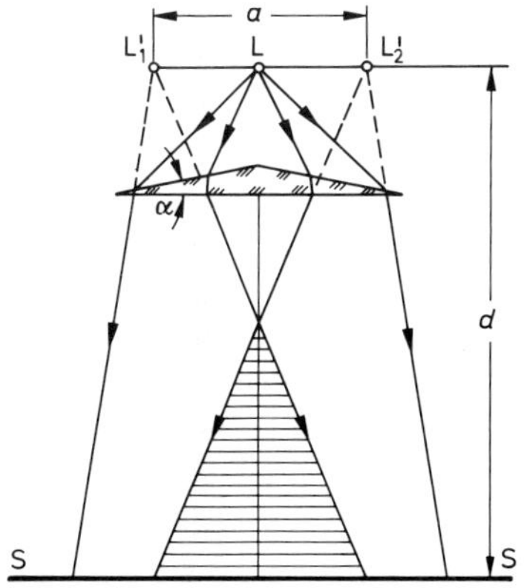

Abb. 3.8 Fresnelsches Biprisma (Brechung stark übertrieben dargestellt).

je kleiner der Prismenwinkel ist. Die von L'_1 und L'_2 ausgehenden divergenten Strahlenbündel überschneiden sich in dem schraffierten Gebiet und geben dort zu Interferenzen Anlaß, die sich auf einem Schirm SS beobachten lassen.

Wenn das Biprisma die kleinen Basiswinkel α hat, so beträgt die Ablenkung der Strahlen, die durch die linke und rechte Hälfte gehen, $(n-1)\alpha$; insgesamt erhalten die Strahlen also gegeneinander eine Neigung von $2(n-1)\alpha$. Unter diesen Umständen darf der dritte Prismenwinkel $2(90° - \alpha)$ nur wenig von 180° verschieden sein, und da es technisch schwierig ist, die Kante sauber herzustellen, hat Abbe folgenden Kunstgriff angegeben: Er bringt ein Prisma mit erheblich größeren Basiswinkeln und entsprechend kleinerem Winkel an der Spitze in einen quaderförmigen Trog mit planparallelen Wänden, der mit einer Flüssigkeit von der Brechzahl n_1 gefüllt wird. Dann wird die Neigung der beiden interferierenden Strahlen gegeneinander $2(n-n_1)\alpha$; indem man also n_1 sehr nahe an n wählt, kann man die Neigung der Strahlen zueinander gleichfalls sehr klein machen; A. Winkelmann (1902) hat diesen Gedanken Abbes ausgeführt.

Bei den von M.F. Billet (1867) angegebenen Halblinsen (Abb. 3.9) geschieht die Erzeugung der beiden, in diesem Falle reellen, dicht nebeneinander liegenden kohärenten Lichtquellen L'_1 und L'_2 mittels zweier Hälften A und B einer auseinandergeschnittenen Linse, deren Abstand man mit einer Mikrometerschraube variieren kann.

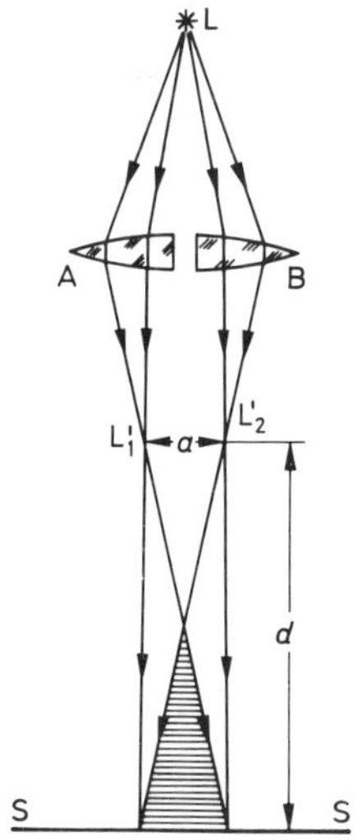

Abb. 3.9 Bilettsche Halblinsen.

Schließlich läßt sich nach H. Lloyd (1839) mit einem einzelnen Spiegel Sp (Abb. 3.10) zu einer reellen Lichtquelle L eine zweite L′ erzeugen, so daß man auf einem Schirm Interferenzen zwischen dem direkten und reflektierten Licht erhält.

In allen Fällen gilt die Gl. (3.15). Um scharfe Interferenzstreifen zu erhalten, muß die Kohärenzbedingung Gl. (3.11) eingehalten werden, wodurch Breite der Lichtquellen und Öffnungswinkel der verwendeten Lichtbündel Einschränkungen unterworfen werden.

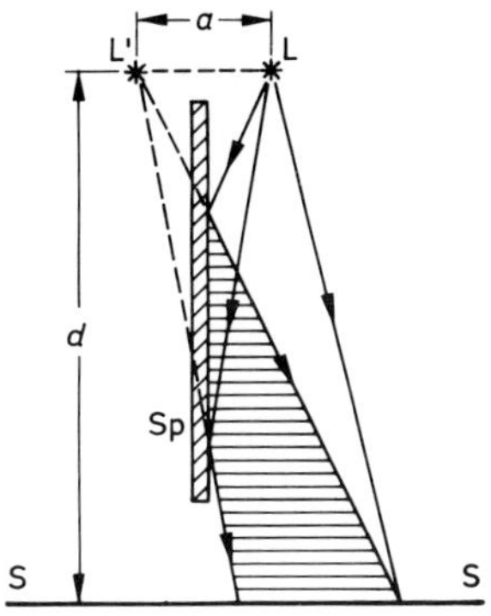

Abb. 3.10 Lloydscher Spiegelversuch.

3.3 Interferenzerscheinungen an dünnen Schichten, Farben dünner Blättchen; Kurven gleicher Dicke und gleicher Neigung

Betrachtet man eine Seifenblase oder eine in einem horizontalen rechteckigen Metallrahmen ausgespannte Seifenlamelle, so sieht man prachtvolle Farberscheinungen, die sich ändern, wenn man die Seifenblase weiter aufbläst oder die Lamelle vertikal stellt; in beiden Fällen ändert sich die Dicke der Schicht. Ähnliche Farberscheinungen beobachtet man an dünnen Ölschichten auf Wasser, an sehr dünnen Glaslamellen, an den dünnen Luftschichten in Glassprüngen und zwischen zwei aufeinandergelegten Glasplatten. Alle diese Farberscheinungen entstehen durch Lichtinterferenz von Wellen, die an der Vorderseite und der Hinterseite der Lamelle reflektiert worden sind.

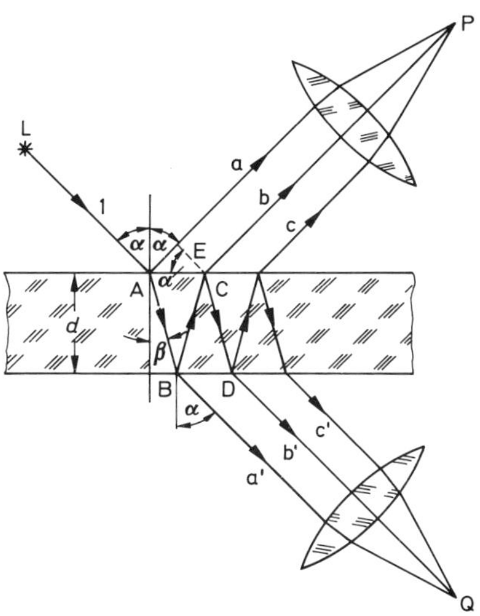

Abb. 3.11 Entstehung von Interferenzen in einer planparallelen Platte.

Planparallele Platten. Es sei zunächst der theoretisch einfachste Fall einer planparallelen Platte betrachtet. Abb. 3.11 stelle einen Schnitt durch eine solche Platte mit der Brechzahl n und der Dicke d dar; auf sie falle von einem Punkt einer Lichtquelle L unter dem Einfallswinkel α ein Strahl 1 auf; er wird zum Teil an der Oberfläche als Strahl a im Punkt A reflektiert, zum Teil unter dem Brechungswinkel β in die Platte hineingebrochen, an ihrer Rückseite im Punkt B erneut reflektiert, trifft die Oberfläche der Platte im Punkt C und tritt dann schließlich als Strahl b parallel zum ersten, in A reflektierten Strahl a wieder in Luft aus. Der andere Teil tritt unter dem Austrittswinkel α als Strahl a′ aus der unteren Fläche wieder in Luft aus; die übrigbleibende Intensität wird in C wieder nach unten reflektiert und tritt teilweise in D wieder unter dem Austrittswinkel α als Strahl b′ nach unten in Luft aus. Durch weitere Reflexionen splittert sich der einfallende Strahl 1 in eine unendliche Zahl unter sich paralleler reflektierter Strahlen a, b, c ... und pralleler gebrochener Strahlen a′, b′, c′ ... auf. Zunächst sollen nur je zwei reflektierte und gebrochene Strahlen betrachtet werden. Da sämtliche reflektierten und gebrochenen Strahlen aus dem Strahl 1 herstammen, so sind sie unter sich kohärent, können also miteinander interferieren, wenn sie durch eine geeignete optische Vorrichtung in einem Punkt zum Schnitt gebracht werden. Da es sich hier um parallele Strahlen handelt, vereinigt man sie durch eine Konvexlinse in deren Brennebene in dem Punkt P (bzw. Q). Das Resultat der Überlagerung hängt von der Gangdifferenz zwischen a und b ab, wenn wir uns zunächst auf die reflektierten Strahlen beschränken. Die *geometrische Wegdifferenz* der Strahlen a und b ist offenbar gleich $\overline{AB} + \overline{BC} - \overline{AE}$; die *optische Wegdifferenz* ist aber $n(\overline{AB} + \overline{BC}) - \overline{AE}$, da die Strecken $\overline{AB}$ und $\overline{BC}$ im Innern der Platte mit der Brechzahl n verlaufen. Eine leichte Rechnung an Hand der Abb. 3.11 liefert nun:

$$n(\overline{AB} + \overline{BC}) = \frac{2dn}{\cos\beta}; \quad \overline{AE} = \overline{AC}\sin\alpha = 2d\tan\beta\sin\alpha\,.$$

Anwendung des Brechungsgesetzes $\sin\alpha/\sin\beta = n$ ergibt schließlich:

$$\begin{aligned} n(\overline{AB} + \overline{BC}) - \overline{AE} &= \frac{2d}{\cos\beta}(n - \sin\beta\sin\alpha) = 2nd\cos\beta \\ &= 2d\sqrt{n^2 - \sin^2\alpha}\,. \end{aligned}$$

Dies ist aber noch nicht die ganze Gangdifferenz, die für die Überlagerung in Frage kommt; denn der Strahl a ist durch Reflexion am *dichteren* Medium (in A) entstanden, Strahl b dagegen durch Reflexion am *dünneren* Medium (in B). Bei Reflexion am dichteren Medium tritt nun ein zusätzlicher Phasensprung der reflektierten Welle von π auf, der einer halben Wellenlänge Gangdifferenz entspricht. Dem oben errechneten Ergebnis ist daher noch $\lambda/2$ zuzuzählen (oder abzuziehen). Also ist die Gangdifferenz:

$$\Delta = 2d\sqrt{n^2 - \sin^2\alpha} + \frac{\lambda}{2}\,. \tag{3.17}$$

Daß ein Phasensprung um π bei Reflexion am dichteren Medium stattfindet, hatten wir bereits in Bd. 1 bei der Reflexion von Seilwellen festgestellt, ebenso in Bd. 2, bei Reflexion elektrischer Wellen. – Man kann folgende Überlegung anstellen, um sich

Existenz und Größe des Phasensprunges beim Licht plausibel zu machen. Man denke sich die Dicke d der Platte allmählich bis zu 0 abnehmend, dann verschwindet mit d auch die Gangdifferenz $2d\sqrt{n^2 - \sin^2\alpha}$ der beiden Strahlen a und b; ihre Interferenzwirkung würde also in P ein Helligkeitsmaximum hervorrufen. Da aber eine Platte von der Dicke $d = 0$ gar nicht existiert, so kann überhaupt keine reflektierte Strahlung entstehen. Für $d = 0$ muß also völlige Dunkelheit in P herrschen, d.h. Δ muß für $d = 0$ den Wert $\pm\lambda/2$ haben, was zu erläutern war.

Außer in den Phasen unterscheiden sich die beiden Strahlen a und b – das Analoge gilt für die anderen, hier außer Betracht gebliebenen reflektierten Strahlen c, d, ..., wie auch für die gebrochenen Strahlen a′, b′ ... – auch in ihren Amplituden. Denn wenn wir die Amplitude der einfallenden Welle mit 1 bezeichnen, so ist die von Strahl a gleich r zu setzen, wo $r^2 = \varrho$ der Reflexionskoeffizient (für den gewählten Einfallswinkel) ist; der durchgehende Strahl AB habe die Amplitude σ, aus der durch die Reflexion bei B die Amplitude σr und durch die Brechung bei C die Amplitude $\sigma^2 r$ für den Strahl b entsteht. Die beiden uns hier allein interessierenden Strahlen haben also die Amplituden ϱ und $\varrho\sigma^2$, sie stehen also, unabhängig von r, im Verhältnis $1:\sigma^2$. Gehen wir von den Amplituden zu den Intensitäten über, so würde der Strahl a eine Intensität $\sim r^2$, der Strahl b eine $\sim r^2\sigma^4$ haben; da keine Energie verlorengeht, ist die Intensität des durchgehenden Strahls vermehrt um die des reflektierten offenbar gleich 1, d.h. $\sigma^2 = 1 - r^2$. Dabei ist vorausgesetzt, daß innerhalb der Platte keine Absorption stattfindet. Für senkrechten Einfall ist $r^2 = \varrho = (n-1)^2/(n+1)^2$. Für Glas mit der Brechzahl $n = 1{,}5$ ergibt sich $\varrho = 0{,}04$. Wenn der Einfallswinkel nicht allzu groß ist, gilt also $1 - \varrho \approx 0{,}9$. Die Amplituden der beiden Wellen verhalten sich also wie 10 zu 9, sind also nicht allzu ungleich, d.h. man bekommt gut sichtbare Interferenzen.

Im Punkt P wird Helligkeit herrschen, wenn

$$\Delta = 2d\sqrt{n^2 - \sin^2\alpha} + \frac{\lambda}{2} = k\lambda \quad (\text{mit } k = 0, 1, 2, \ldots)$$

ist, Dunkelheit dagegen, wenn

$$\Delta = \frac{2k+1}{2}\lambda$$

ist.

Da die die Interferenz erzeugenden Strahlen (hier a und b) einander parallel sind, ist der Öffnungswinkel des Strahlenbündels $2\vartheta = 0$; daher kann die Lichtquelle beliebig groß sein, was der Helligkeit der Erscheinung zugute kommt. Man sieht dies auch unmittelbar ein: denn die Strahlen, sofern sie nur unter dem gleichen Einfallswinkel α von einem beliebigen Punkte der Lichtquelle ausgehen, erzeugen ihr Interferenzbild wieder in genau den gleichen Punkten P und Q, wie man sich z.B. durch Ergänzung der Abb. 3.11 überzeugen kann, wenn man die gleiche Konstruktion von einem anderen Punkte der Lichtquelle ausführt.

Aus Symmetriegründen sind die Interferenzkurven, die man in der Brennebene der Linse (oder auch mit auf Unendlich akkommodiertem Auge) wahrnimmt, wenn man in Richtung der Plattennormalen beobachtet, konzentrische Kreise um die Plattennormale als Achse; bei sehr schräger Beobachtung sieht man nur fast geradlinige Stücke der Kreise. Δ kann nur so variieren, daß der Einfallsinkel α verschiedene

Werte annimmt; für jeden hellen oder dunklen Kreis hat α einen bestimmten Wert. Deshalb nennt man diese Interferenzkurven nach Lummer *Kurven gleicher Neigung*.

Etwas anders liegen die Verhältnisse im *durchgehenden* Licht, wenn wir wieder nur die beiden ersten Strahlen a′ und b′ berücksichtigen. Wie man leicht feststellt, ist die optische Gangdifferenz Δ auch hier $\Delta = 2d\sqrt{n^2 - \sin^2\alpha}$, ohne daß aber hier noch $\lambda/2$ hinzutritt; denn keiner der beiden Strahlen a′ und b′ erleidet eine Reflexion am dichteren Medium. Deshalb hat man in Durchsicht als Bedingung für das Auftreten eines hellen Kreises $\Delta = 2d\sqrt{n^2 - \sin^2\alpha} = k\lambda$, eines dunklen, wenn $\Delta = 2d\sqrt{n^2 - \sin^2\alpha} = (2k+1)2\lambda/2$ ist. Das bedeutet, daß die Interferenzerscheinung in durchgehendem Licht *komplementär* zu der im reflektierten Licht ist. Was die Sichtbarkeit der Interferenzringe angeht, so hat die Welle a′ die Amplitude σ^2, die Welle b′ dagegen $\sigma^2 r^2$; das Amplitudenverhältnis ist also, unabhängig von σ, $1 : r^2$, und das ist, unter Zugrundelegung der obigen Zahlen, gleich $10 : 1$. Hier sind also die Amplituden sehr ungleich, und das bedeutet, daß die Sichtbarkeit der Interferenzen viel weniger gut ist als im reflektierten Licht.

Bevor wir die hier auftretenden Interferenzen nun weiter erörtern – namentlich ihre Unterschiede gegen die im Abschn. 3.2 besprechen – beschreiben wir zunächst einige Versuche zur Beobachtung der Kurven gleicher Neigung. Nach dem Vorhergehenden ist es einleuchtend, daß vor allem Anordnungen günstig sind, die das reflektierte Licht benutzen. Im Handel sind sehr gleichmäßige Spaltungsblättchen von Glimmer, wenige Zehntelmillimeter dick, erhältlich; sie haben Flächen bis zu 10 cm × 10 cm. Diese zeigen die Interferenzen sehr schön in folgender Weise: man beleuchtet mit monochromatischem Licht (Na-Dampflampe) eine weiße Zimmerwand oder eine Projektionsfläche, hält das Glimmerblättchen dicht ans Auge, und zwar derartig, daß man die beleuchtete Wand gespiegelt sieht. Das Spiegelbild, das mit auf unendlich akkommodiertem Auge betrachtet werden muß, ist dann von hellen und dunklen Streifen durchzogen (Stücken von sehr exzentrisch betrachteten Kreisen). Als Lichtquelle fungiert hier die beleuchtete Wand, die beliebig groß (mehrere Quadratmeter) sein kann, worauf die große Helligkeit des Interferenzphänomens zurückzuführen ist. Will man das ganze Ringsystem haben, muß man in Richtung der Plattennormalen beobachten; dazu ist die Anordnung der Abb. 3.12 sehr be-

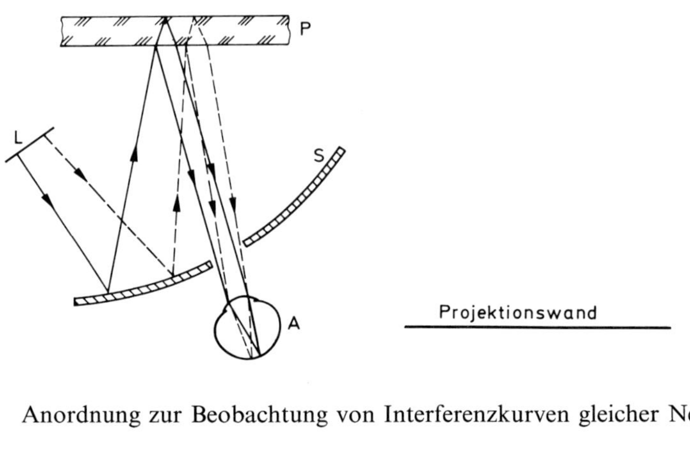

Abb. 3.12 Anordnung zur Beobachtung von Interferenzkurven gleicher Neigung.

quem: eine Lichtquelle L, etwa eine von hinten beleuchtete Mattscheibe, wirft ihr Licht auf einen in der Mitte durchbohrten Augenspiegel S, der es auf die Planparallelplatte P reflektiert. Durch das Loch des Spiegels dringen die reflektierten Strahlen ins Auge A, das wieder auf Unendlich akkommodiert sein muß. Statt eines Glimmerblättchens kann man auch besonders hergestellte Planparallelplatten aus Glas benutzen, die heute in großer Vollendung von optischen Firmen geliefert werden können. (Man kann natürlich auch ohne Spiegel, wenn man die Planplatte senkrecht vors Auge hält, direkt nach der beleuchteten Wand blicken, indem man die durchgelassene Strahlung benutzt; doch ist die Deutlichkeit der Interferenzen dann nicht sehr gut, wie oben dargelegt.) Eine besonders schöne Anordnung hat R. W. Pohl (1940) angegeben, die in Abb. 3.13 dargestellt ist. Eine Lichtquelle L, entweder eine Hg-Niederdrucklampe oder eine Na-Dampflampe, beleuchtet die Planparallelplatte PP; durch einen um die Lampe gestellten auf drei Seiten geschlossenen Kasten sorgt man dafür, daß die Strahlung nur in Richtung der Platte austreten kann, die Projektionswand aber gegen das direkte Licht abgeschirmt ist. Man betrachtet einen Strahl, der unter dem Einfallswinkel α auftrifft und durch Reflexion an Vorder- und Rückseite in zwei parallele Strahlen aufgespalten wird; diese erzeugen im Unendlichen das Interferenzphänomen. Wegen der Symmetrie um die Plattennormale sind es die schon erwähnten konzentrischen Kreise um dieselbe. Man fängt die Interferenzstreifen auf einer weit entfernten Wand auf. Diese liegt zwar nicht im Unendlichen, aber doch so weit von der Lichtquelle entfernt, daß die Öffnung der Strahlenbündel, zwar nicht streng, aber praktisch 0 ist. Abb. 3.14 gibt ein Bild der Erscheinung; zur Verstärkung der Erscheinung kann die dünne Platte vorderseitig halbdurchlässig, rückseitig ganz verspiegelt sein.

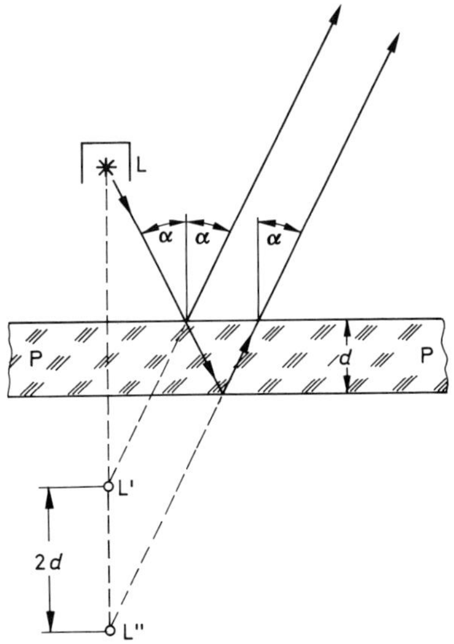

Abb. 3.13 Versuchsanordnung zur Projektion von Interferenzkurven gleicher Neigung nach R. W. Pohl.

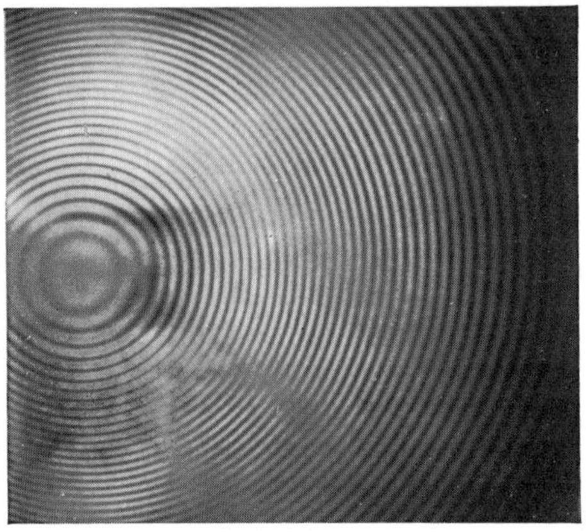

Abb. 3.14 Mit der Versuchsanordnung von Abb. 3.13 erhaltene Interferenzkurven gleicher Neigung.

Aus Abb. 3.13 kann man entnehmen, wie durch den Prozeß der Spiegelung an Vorder- und Hinterfläche der Platte aus der reellen Lichtquelle L zwei virtuelle L′ und L″ entstehen, die voneinander um die doppelte Plattendicke entfernt sind (in der Zeichnung ist der Einfachheit halber der Vorgang der Brechung nicht berücksichtigt): das ist im Prinzip genau so, wie beim Fresnelschen Spiegelversuch und seinen Varianten. Dennoch besteht ein wesentlicher Unterschied zwischen den hier besprochenen Interferenzen und jenen. Beim Fresnelschen Spiegelversuch kann man von der Gangdifferenz 0 ausgehen, die (bei nichtmonochromatischem Licht) den achromatischen Streifen liefert; daran schließen sich dann die Interferenzstreifen höherer, aber immer noch niedriger Ordnung an. Das ist hier anders. Denn die Gangdifferenz ist nach Gl. (3.17), auch wenn von dem Summanden $\lambda/2$ abgesehen wird, immer von hoher Ordnung, am größten für den Einfallswinkel $\alpha = 0$, d.h für das Ringzentrum. Dort ist die Gangdifferenz gleich $2dn$, und das bedeutet bei der Kleinheit der Lichtwellenlänge schon eine sehr große Ordnungszahl. Nehmen wir z. B. eine dünne Planparallelplatte, etwa $d = 0{,}1$ cm, von der Brechzahl $n = 1{,}5$. Das liefert für $2dn$ den Wert $0{,}3\,\text{cm} = 3 \cdot 10^3\,\mu\text{m}$; wählt man die Wellenlänge etwa zu $0{,}5\,\mu\text{m}$, so ist die Ordnungszahl des Interferenzstreifens bereits $N = 6000$; für Planparallelplatten von 1 cm Dicke würde man schon bei 60000 angelangt sein. Darin liegt folgende Beschränkung: Da wir nie streng monochromatisches Licht, sondern immer einen Spektralbereich $\Delta\lambda$ haben – mit anderen Worten: eine endliche Zahl N von beobachtbaren Interferenzstreifen und eine endliche Kohärenzlänge l –, muß die doppelte optische Dicke der Planparallelplatte $2dn$ kleiner als die Kohärenzlänge $l = N\lambda$ sein. Da $N = \lambda/\Delta\lambda$ ist, gilt die Forderung: $2dn < \lambda^2/\Delta\lambda$ oder: $\Delta\lambda < \lambda^2/(2dn)$. Bleiben wir bei dem obigen Beispiel ($d = 0{,}1$ cm, $n = 1{,}5$, $\lambda = 0{,}5\,\mu\text{m}$), so hat die spektrale Breite $\Delta\lambda$ der benutzten Spektrallinie der Ungleichung zu genügen: $\Delta\lambda < 0{,}08$ nm. Während man also beim Fresnelschen Spiegelversuch selbst bei weißem Licht zwei Interferenzstreifen erhält, würde die oben benutzte Planparallelplatte dafür keinerlei beobachtbare Streifen zeigen. Man kann dies in der Anordnung der Abb. 3.12 leicht beobachten, wenn man eine Hg-Hochdrucklampe benutzt: Beim ersten Zünden sieht man schöne Interferenzringe; sobald sich aber nach einigen Minuten die Lampe „eingebrannt", d.h. ihren stationären Zustand mit hohem Dampfdruck erreicht hat, verschwinden die Interferenzstreifen vollständig, da bei dem hohen Druck eine starke Verbreiterung der Spektrallinie (z.B. der grünen Hg-Linie bei 0,546 μm) eintritt: dann ist die Kohärenzlänge kleiner als $2dn$.

Keilförmige Platten. Komplizierter liegen die Verhältnisse, wenn die Platten nicht planparallel sondern keilförmig sind. Es soll nur die einfachste Interferenzerscheinung an solchen Keilen betrachtet werden, indem folgende Voraussetzungen eingeführt werden. Der Keilwinkel soll sehr klein sein und die Keilkante senkrecht zur Zeichenebene stehen. Zu den Versuchen benutzt man meistens „Luftkeile", die man einfach dadurch herstellen kann, daß man zwei plane Glasplatten (z.B. Mikroskop-Objektträger) an dem einen Ende direkt aufeinanderlegt, an dem anderen Ende aber durch ein dünnes Staniolblättchen trennt; natürlich kann man auch spitzwinkelige Glaskeile benutzen. Man betrachte nun (Abb. 3.15) folgende zwei Strahlen, die von der Lichtquelle L ausgehen: erstens den Strahl 1, der die Vorderfläche des Keils in A trifft und dort reflektiert wird, zweitens den Strahl 2, der so gewählt ist, daß er nach Reflexion an der Hinterfläche in C gerade den Punkt A der Vorderfläche trifft und dann austritt, aber in anderer Richtung wie der erste Strahl. (Natürlich wird auch Strahl 2 an der Vorderfläche reflektiert, doch interessiert uns dieser reflektierte Strahl hier nicht.) Im Punkt A treffen die beiden Strahlen 1 und 2 wieder zusammen, interferieren dort, da sie kohärent sind, und erzeugen in A eine bestimmte resultierende Helligkeit; ihre Gangdifferenz Δ kann bei kleinem Keilwinkel ε nach der Gl. (3.17) bestimmt werden: ist n die Brechzahl des Keilmaterials, α der Einfallswinkel, so ist $\Delta = 2d\sqrt{n^2 - \sin^2\alpha} + \lambda/2$, da wieder nur einer der beiden Strahlen am dichteren Medium reflektiert wurde. Genau dasselbe gilt für die beiden anderen in Abb. 3.15 gezeichneten Strahlen, von denen wiederum der eine an der Vorderseite des Keiles direkt reflektiert, der andere nach Durchdringen des Keiles an dessen

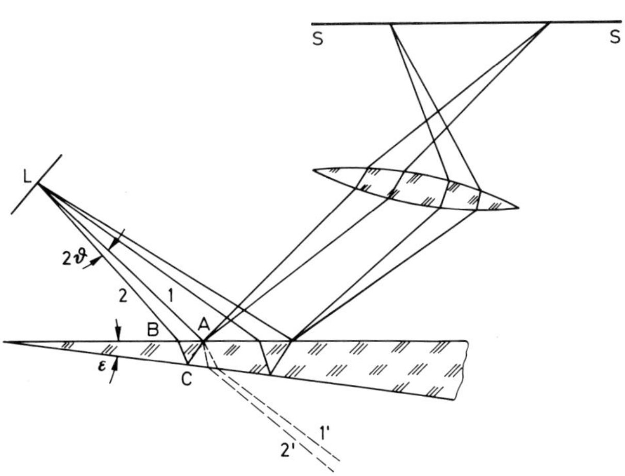

Abb. 3.15 Entstehung von Interferenzen an einer keilförmigen Platte.

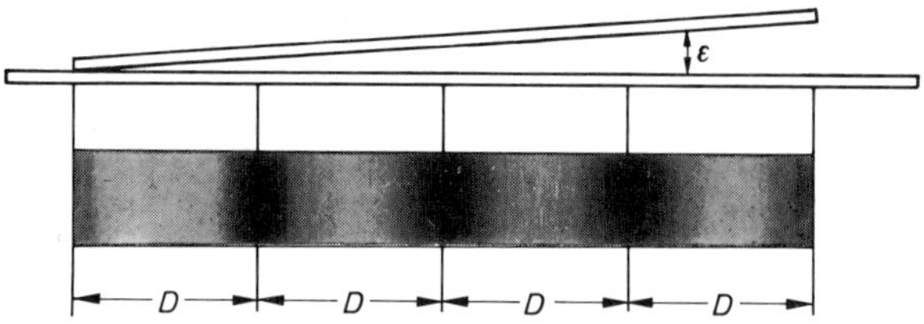

Abb. 3.16 An einem Luftkeil erhaltene Interferenzkurven gleicher Dicke.

Rückseite so zurückgeworfen wird, daß er an der Vorderfläche des Keiles mit dem dort direkt reflektierten Strahl zusammentrifft. Infolge der größeren Keildicke an dieser Stelle ist die Gangdifferenz natürlich eine andere wie bei den in A zusammentreffenden Strahlen 1 und 2. Wegen des kleinen Keilwinkels kann man bei hinreichendem Abstand der Lichtquelle den Einfallswinkel α angenähert als konstant betrachten und entnimmt dann der Gl. (3.17), daß gleiches Δ gleicher Keildicke d entspricht: Die an der Vorder- und Rückseite reflektierten Strahlen erzeugen durch ihre Interferenz eine Helligkeitsverteilung, die bei gleichem d die gleiche ist; daher nennt man diese Interferenzkurven auch *Kurven gleicher Dicke:* es sind offenbar gerade Linien parallel der Keilkante, die hier senkrecht zur Zeichenebene verlaufen. Das Interferenzphänomen ist hier an der Keiloberfläche lokalisiert; man kann es daher mit auf diese Fläche akkommodiertem Auge wahrnehmen bzw., wie Abb. 3.15 andeutet, mit einer Linse gleichzeitig mit der Keiloberfläche abbilden. Abb. 3.16 gibt eine Photographie der Interferenzerscheinung wieder; als keilförmige Platte diente ein Luftkeil zwischen zwei um den Winkel ε gegeneinander geneigten Glasplatten. Daß man es mit Kurven gleicher Dicke zu tun hat, äußert sich auch darin, daß die Interferenzstreifen sich beim Verschieben des Keiles mitverschieben, was bei den Kurven gleicher Neigung natürlich nicht der Fall ist. Da je zwei die Interferenz bedingende Strahlen nur einen kleinen Öffnungswinkel 2ϑ einschließen, kann die Lichtquelle einen entsprechend großen Durchmesser haben, bevor die Interferenzen verschwinden. Ist etwa die hintere Keilfläche nicht eben, sondern unregelmäßig gestaltet, so sind die Interferenzkurven natürlich keine Geraden mehr; jeder dunkle oder helle Streifen (genauer: jede Kurve gleicher Helligkeit, sog. *Isophote*) stellt aber immer noch den geometrischen Ort gleicher Dicke dar; das Interferenzphänomen liefert also die Topographie der betreffenden Keilfläche. Diese Erscheinung ist es gerade, die man bei dünnen Ölschichten usw. häufig beobachtet; wie später gezeigt werden wird, kann man die Kurven gleicher Dicke ganz systematisch zur Untersuchung der genauen Gestalt von Flächen benutzen (vgl. Abschn. 3.5).

Die Entstehung der Interferenzen soll an einem Keil vom Keilwinkel ε etwas genauer verfolgt werden: für den k-ten dunklen Interferenzstreifen muß die Gangdifferenz Δ_k nach Gl. (3.17) sein

$$\Delta_k = 2d_k\sqrt{n^2 - \sin^2\alpha} + \frac{\lambda}{2} = \frac{2k+1}{2}\lambda \quad \text{oder} \quad 2d_k\sqrt{n^2 - \sin^2\alpha} = k\lambda\,;$$

für den $(k+1)$-ten Streifen folgt entsprechend

$$2d_{k+1}\sqrt{n^2-\sin^2\alpha}=(k+1)\lambda,$$

und durch Subtraktion

$$d_{k+1}-d_k=\frac{\lambda}{2\sqrt{n^2-\sin^2\alpha}};$$

d_k und d_{k+1} sind die Keildicken beim k-ten und $(k+1)$-ten dunklen Streifen. Nennt man den Abstand zweier aufeinanderfolgender Streifen D, so ist offenbar die Dickenzunahme beim Fortschreiten um einen Streifen $d_{k+1}-d_k=D\tan\varepsilon$; folglich ist der Abstand D der Streifen:

$$D=\frac{\lambda}{2\tan\varepsilon\sqrt{n^2-\sin^2\alpha}}. \tag{3.18}$$

Der erste Streifen ($k=0$) tritt für $d_1=0$, d. h. an der Keilkante ein, wie es Abb. 3.16 zeigt.

Bisher ist die Erscheinung im reflektierten Licht betrachtet worden, aber natürlich existiert auch ein entsprechendes Phänomen im durchgehenden Licht. In Abb. 3.15 sind zwei durchgehende Strahlen gezeichnet (1′ und 2′), die auch im Punkt A der Vorderfläche zusammentreffen, nachdem 2′ in C an der Hinterfläche reflektiert worden ist; sie entstehen aus den Strahlen 1 und 2: Die Beziehung zur Interferenzerscheinung im reflektierten Licht ist dieselbe, wie bei den Kurven gleicher Neigung: erstens ist die Erscheinung hier komplementär zu der im reflektierten Licht (z. B. sind die dunklen Streifen um $^1/_2$ Streifenbreite verschoben), zweitens ist sie hier weniger deutlich, weil die Amplituden von 1′ und 2′ zu sehr verschieden sind.

Die auf der Keiloberfläche lokalisierte Interferenzerscheinung ist nicht die einzig mögliche; sie ist in der Anordnung der Abb. 3.15 eigentlich durch die Abbildung des Keils mittels der Linse erzwungen. Im allgemeinen wären noch Interferenzen anderer als der gezeichneten Strahlen zu berücksichtigen, die oberhalb oder unterhalb des Keils zur Interferenz gelangen.

Besonders einfach lassen sich die Kurven gleicher Dicke mit einer Anordnung beobachten, die zuerst von R. Hooke (1665) und dann von I. Newton (1676) angewendet worden ist. Man legt auf eine ebene Glasplatte eine sehr schwach gekrümmte Konvexlinse (Brillenglas mit einer Brennweite von 2 bis 4 m, d. h. 0,5 bis 0,25 Dioptrien); dann entsteht ein Luftkeil, dessen Vorderseite allerdings gekrümmt ist. Belichtet man senkrecht von oben mit parallelem Licht (von einer weit entfernen Lichtquelle), d. h. ist $\alpha=0$, so entstehen auf gleiche Weise wie beim gewöhnlichen Keil sowohl in Reflexion wie in Durchsicht Interferenzkurven, die hier aus Symmetriegründen konzentrische Kreise um den Berührungspunkt der Kugelfläche mit der Ebene sind (sog. *Newtonsche Ringe*). Im Berührungspunkt selbst herrscht Dunkelheit; Abb. 3.17 stellt eine photographische Aufnahme der Erscheinung dar. Man erkennt, daß die Abstände der einzelnen (z. B. dunklen) Ringe voneinander nicht konstant sind, sondern von der Mitte nach außen abnehmen. Das ist dadurch bedingt (Abb. 3.18), daß die Dicke d der Luftschicht zwischen der ebenen Glasplattenoberfläche und der gekrümmten Linsenfläche nicht proportional dem Abstand vom Berührungspunkt, sondern rascher ansteigt.

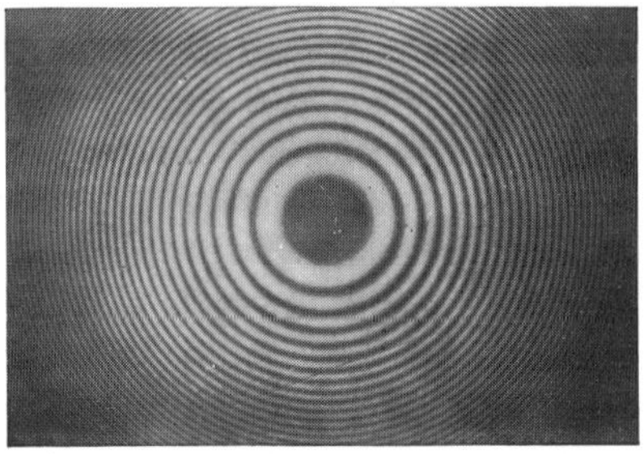

Abb. 3.17 Newtonsche Interferenzringe im reflektierten monochromatischen Licht.

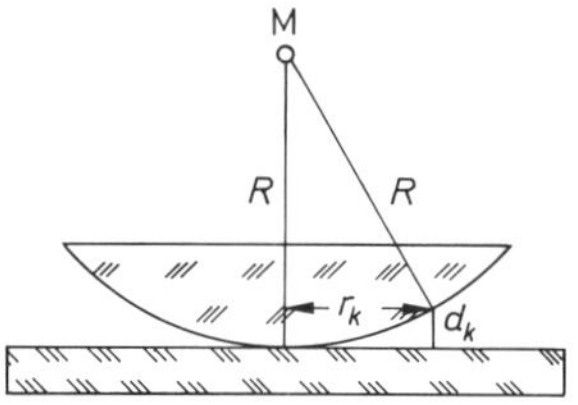

Abb. 3.18 Zur Deutung der Newtonschen Interferenzringe.

Nun ist allgemein nach Gl. (3.17) die Gangdifferenz der beiden interferierenden Wellen $\Delta = 2d\sqrt{n^2 - \sin^2\alpha} + \lambda/2$, was hier wegen $n = 1$ und $\alpha = 0$ in die einfachere Form $\Delta = 2d + \lambda/2$ übergeht. Dunkelheit herrscht also für die Werte der Dicke d_k, für die $2d_k + \lambda/2 = (2k+1)\lambda/2$, also $d_k = k\lambda/2$ $(k = 0, 1, 2, \ldots)$ ist; d_k ist die Keildicke an der Stelle des k-ten dunklen Ringes, da dem Zentrum der Wert $d_0 = 0$, d. h. $k = 0$ zukommt. Andererseits ist nach Abb. 3.18, wenn r_k der Radius des k-ten Ringes und R der Krümmungsradius der Kugelfläche ist:

$$R^2 = (R - d_k) + r_k^2\,, \quad \text{d.h.} \quad r_k^2 = 2Rd_k - d_k^2\,, \tag{3.19}$$

oder einfacher, wegen der Kleinheit von d_k

$$r_k^2 = 2Rd_k = 2Rk\frac{\lambda}{2} = \text{const.}\,2k\,; \tag{3.19a}$$

die hellen Ringe liegen genau dazwischen, gehorchen also der Gleichung

$$r_k^2 = \frac{R(2k+1)\lambda}{2} = \text{const.}(2k+1)\,. \tag{3.19b}$$

Es folgt daher aus den Gleichungen 3.19, daß die Quadrate der Radien der dunklen Ringe sich wie die geraden, die der hellen wie die ungeraden Zahlen verhalten.

Kennt man den Krümmungsradius R der Kugelfläche, so kann man durch Ausmessung der Radien der hellen oder dunklen Ringe die Wellenlänge λ des benutzten Lichtes bestimmen; zum ersten Male hat dies Th. Young aus den Messungen New-

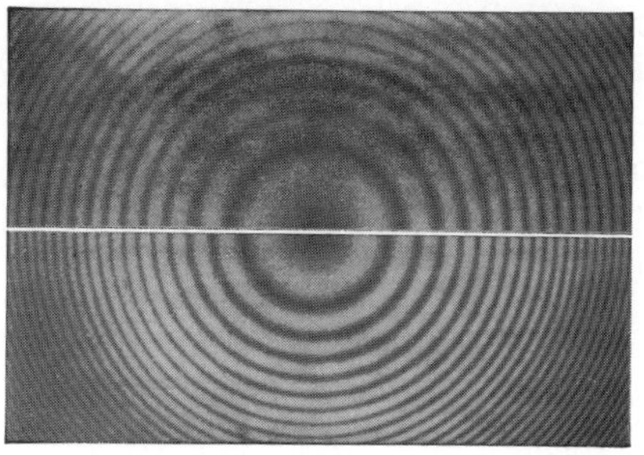

Abb. 3.19 Newtonsche Ringe in a) rotem und b) blauem Licht.

tons getan. Natürlich gilt auch hier wieder die Proportionalität der Ringradien r_k mit der Wellenlänge, wofür Abb. 3.19 ein Beispiel gibt. In der Durchsicht haben wir wieder das weniger deutliche komplementäre Phänomen.

Besonders schöne Newtonsche Ringe zeigt eine runde Seifenlamelle, die man in waagerechter Lage um eine vertikale Achse rotieren läßt (C.V. Boys, 1912). Durch die Zentrifugalkraft wird allmählich die Seifenlösung aus der Mitte nach dem Rande hin gedrängt, so daß die Lamelle in der Mitte dünner als am Rande wird. Man beobachtet dann mit weißem Licht, daß immer neue farbige Ringe aus der Mitte der Lamelle hervorquellen und nach dem Rand wandern (Abb. 1 und 2 auf Tafel II). Ist die Dicke der Lamelle in der Mitte verschwindend gegen die Wellenlänge des Lichtes, so tritt ein *schwarzer Fleck* auf (Abb. 3 und 4 auf Tafel II), der sich langsam immer mehr vergrößert, bis schließlich die Lamelle zerreißt.

Das Auftreten des schwarzen Flecks ist ein direkter Beweis dafür, daß das Licht bei der Reflexion am dichteren Medium einen Phasensprung um $\lambda/2$ erfährt. Denn da bei einer Dicke $\ll \lambda$ die Gangdifferenz – ohne den Phasensprung – gleich Null wäre, müßte die Interferenz maximale Helligkeit statt Dunkelheit ergeben; erst die Hinzufügung von $\lambda/2$ kann das experimentelle Ergebnis erklären. Diese Erklärung für den schwarzen Fleck, der ja auch bei den Newtonschen Ringen im reflektierten Licht in der Mitte auftritt, wo die Interferenzschicht sehr dünn ist, gab zuerst Th. Young, von dem auch noch folgender schöne Versuch herrührt. Benutzt man zur Erzeugung Newtonscher Ringe eine Linse aus Kronglas auf einer Flintglasplatte mit Kassiaöl dazwischen, so erhält man im reflektierten Licht ein Ringsystem mit einem *hellen Fleck* in der Mitte. Da nämlich die Brechzahl des Öles zwischen der des Kron- und Flintglases liegt, findet an der oberen und unteren Grenze der Ölschicht stets Reflexion am dichteren Medium statt, so daß bei sehr dünner Schicht $\ll \lambda$ im reflektierten Licht ein Helligkeitsmaximum auftreten muß.

Vergütung, Entspiegelung. Interferenzerscheinungen an dünnen Schichten wendet man heute in der Optik zur Herstellung reflexmindernder Schichten auf Glasflächen an (G. Bauer, 1934). Bringt man auf eine Glasoberfläche eine sehr dünne Schicht eines durchsichtigen Stoffes mit kleiner Brechzahl, z. B. Kryolith (Na_3AlF_6, $n = 1{,}33$) oder Magnesiumfluorid (MgF_2, $n = 1{,}38$) auf und bemißt die Schichtdicke so, daß die an der Vorder- und Hinterseite reflektierten Strahlen gerade eine halbe Wellenlänge Gangunterschied haben, wozu bei senkrechter Inzidenz die optische Schichtdicke gerade $\lambda/4$ sein muß, so löschen sich diese beiden Strahlen aus, vorausgesetzt, daß ihre beiden Amplituden gleich sind; letzteres läßt sich durch eine geeignete Wahl der Brechzahl des Schichtmaterials erreichen.

Zu einer näherungsweisen Berechnung nimmt man an, daß die Amplituden der an den beiden Grenzflächen reflektierten Wellen jeweils proportional dem Reflexionsgrad der betreffenden Grenzfläche sind, und vernachlässigt, daß die in die Schicht eindringende Welle durch die Reflexion an der Vorderseite eine geringe Schwächung erfahren hat. Gleiche Amplituden der reflektierten Wellen bedeuten dann gleichen Reflexionsgrad der beiden Grenzflächen. Werden die Brechzahlen der Luft und der zu vergütenden Glasfläche mit n_1 und n_2 bezeichnet, so ergibt sich auf Grund der Fresnelschen Formel (Abschn. 4):

$$\left(\frac{n_1 - n}{n_1 + n}\right)^2 = \left(\frac{n - n_2}{n_2 + n}\right)^2 .$$

Daraus folgt nach kurzer Rechnung, daß die Brechzahl der Schicht gleich dem geometrischen Mittel der beiden anderen Brechzahlen sein muß:

$$n = \sqrt{n_1 n_2} .$$

Eine genaue Rechnung, die berücksichtigt, daß die einfallende Welle nicht vollständig in die Schicht eindringt und daß in der Schicht Vielfachreflexionen stattfinden, liefert das gleiche Ergebnis.

Durch die destruktive Interferenz der an beiden Grenzflächen reflektierten Strahlen wird die Intensität des reflektierten Lichtes vermindert und die durchgelassene entsprechend vermehrt. Dies gelingt natürlich streng nur für eine Wellenlänge, doch

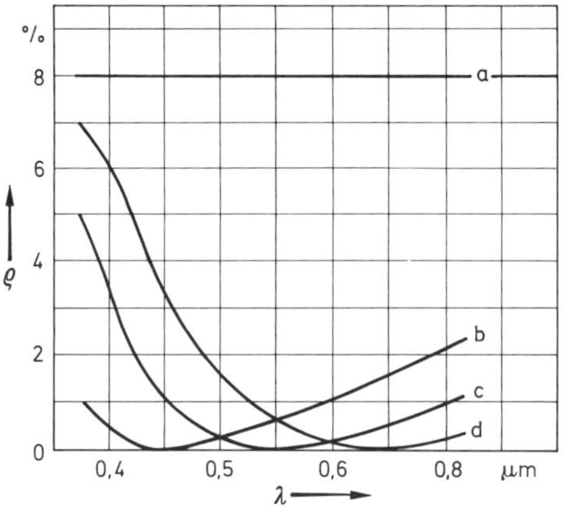

Abb. 3.20 Reflexionsgrad einer a) nicht vergüteten und einer mit Kryolith-Schichten verschiedener Dicke vergüteten Flintglas-Oberfläche (b–d). Die optischen Dicken der Kryolith-Schichten sind

$$\frac{0{,}45}{4}\,\mu\text{m (b)}, \quad \frac{0{,}55}{4}\,\mu\text{m (c)} \quad \text{und} \quad \frac{0{,}65}{4}\,\mu\text{m (d)}.$$

ist in der Praxis der Bereich verhältnismäßig breit, so daß sich fast für das gesamte sichtbare Gebiet des Spektrums eine erhebliche Reflexionsverminderung erreichen läßt (Abb. 3.20). Infolge des nicht vollständig durch Interferenz ausgelöschten reflektierten roten und blauen Lichtes zeigt vergütete Optik je nach der Dicke der aufgebrachten Schicht einen violett- bis purpurfarbenen Reflex. Abb. 3.21a zeigt z. B. eine runde Glasplatte, die beiderseitig in der Mitte mit einem solchen „Tarnbelag" – daher auch der Name *T-Optik* – versehen ist und auf schwarzem Samt liegt. Die unbelegten Teile spiegeln ein helles Fenster, während die belegte Kreisfläche in der Mitte nur wenig spiegelt, sondern das Licht in verstärktem Maße hindurchläßt, wo es dann von Samt verschluckt wird. Noch deutlicher zeigt Abb. 3.21b die Erscheinung: hier sind 4 in der Mitte beiderseitig mit einem reflexmindernden Belag versehene Platten so übereinander gelegt, daß zwischen ihnen ein kleiner Abstand bleibt. Dann kann man durch die Mitte der Glasplatten noch deutlich die darunter

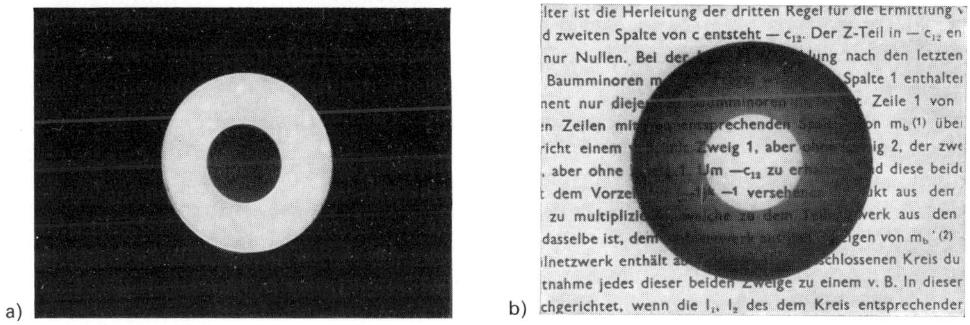

Abb. 3.21 Wirkung der Vergütung. a) Eine beiderseitig in der Mitte vergütete runde Glasplatte liegt auf schwarzem Samt. Die unbelegten Teile spiegeln ein helles Fenster, während die belegte Mitte praktisch alles Licht durchläßt, so daß es vom Samt verschluckt wird. b) Blick durch vier aufeinandergelegte, in der Mitte beiderseitig vergütete Glasplatten auf ein beleuchtetes Schriftstück. Sowohl das auffallende wie das vom Papier zurückgeworfene Licht kommt ohne Reflexionsverluste durch die vergütete Plattenmitte.

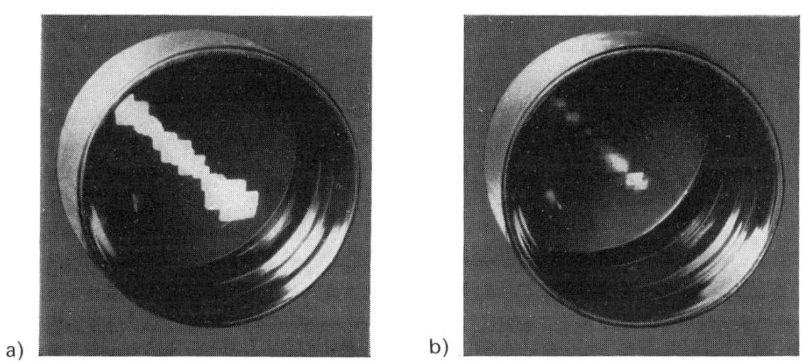

Abb. 3.22 Mehrfachspiegelung einer hellen Fläche an einem a) unvergüteten und einem b) vergüteten Projektionsobjektiv.

liegende Schrift lesen, während dies durch die unbelegten Teile der Platten nicht möglich ist. Die große Bedeutung der Vergütung liegt in der Steigerung der Lichtstärke photographischer Objektive, die bis zu 30% erreichen kann, wenn man sämtliche freie Flächen der einzelnen Objektivlinsen in der geschilderten Weise präpariert. Außerdem lassen sich auf diese Weise die so häufig störenden Reflexe infolge mehrfacher Spiegelung des Lichtes an den Linsenoberflächen weitgehend vermindern (Abb. 3.22), wenn nicht ganz unterdrücken.

Dielektrische Vielschichtenspiegel. Durch Aufbringen dünner durchsichtiger Schichten (die oft auch dielektrische Schichten genannt werden, weil die Dielektrizitätskonstante bzw. die Brechzahl der wichtigste sie charakterisierende Parameter ist und die Absorption vernachlässigt wird) kann statt einer Reflexminderung auch eine Erhöhung des Reflexionsgrades der beschichteten Oberfläche stattfinden. Dies wird zur Herstellung verlustfreier Spiegel verwendet, die das nicht reflektierte Licht im Gegensatz zu den stark absorbierenden Metallspiegeln fast vollständig durchtreten lassen. Derartige Spiegel werden z. B. als Strahlteilerspiegel für Farbfernsehkameras und als Laserspiegel verwendet.

Bereits eine $\lambda/4$-Schicht (n) auf einer Glasunterlage (n_2) führt zu Erhöhung der Reflexion, wenn die Brechzahl n der Schicht größer ist als die der Unterlage und der Umgebung (Luft, n_1). Dies kommt dadurch zustande, daß in diesem Fall die an den beiden Grenzflächen reflektierten Wellen konstruktiv interferieren, da bei der Reflexion an der ersten Grenzfläche ein Phasensprung von 180° stattfindet (Reflexion am dichteren Medium). Die Reflexion an der zweiten Grenzfläche findet ohne Phasensprung statt (Reflexion am dünneren Medium). Da für die an der zweiten Grenzfläche reflektierten Welle der Gangunterschied von $\lambda/2$ jedoch ebenfalls einer Phasenverschiebung von 180° entspricht, kommt es zu einer Verstärkung der beiden Wellen und damit zu einer Erhöhung der Reflexion. Eine hochbrechende $\lambda/4$-Schicht aus ZnS ($n = 2,3$) erhöht z. B. den Reflexionsgrad einer Grenzfläche Luft ($n_1 = 1$), Glas ($n_3 = 1,5$) von 4% auf 31%.

Eine weitere Erhöhung des Reflexionsgrades ergibt sich für Schichtpakete aus abwechselnd hoch- und niedrigbrechenden $\lambda/4$-Schichten. Wegen des Phasensprungs bei der Reflexion am dichteren Medium haben alle Wellen, die an den Grenzflächen reflektiert werden, Phasenunterschiede von 360° oder ganze Vielfache davon, so daß es zu einer konstruktiven Interferenz und damit zu einer Erhöhung des Reflexionsgrades kommt. Mit Schichtpaketen aus etwa 20 Schichten können Reflexionsgrade bis 99,9% bei einer sehr geringen Absorption von weniger als 0,1% hergestellt werden. Außerdem ist es möglich, durch Variation der Zahl und der Dicke der Schichten beliebige andere Werte des Reflexionsgrades zu erzeugen sowie die Spiegel für verschiedene Wellenlängenbereiche selektiv zu machen.

Eine genaue mathematische Behandlung der reflexmindernden und reflexerhöhenden Schichten erfordert die Berücksichtigung von Vielstrahlinterferenzen (Abschn. 3.5) und soll daher hier nicht vorgenommen werden [1].

3.4 Zweistrahlinterferometer

Auf der Erscheinung der Interferenz zweier Lichtwellen beruhen wichtige optische Geräte, die im folgenden mit ihren Anwendungen besprochen werden sollen: Das Michelson-Interferometer, das Interferenzmikroskop sowie die Interferometeranordnungen von Jamin und Mach-Zehnder.

Michelson-Interferometer. Auf die im vorigen Abschnitt besprochenen Interferenzerscheinungen an einer planparallelen oder keilförmigen Platte läßt sich ein von A. Michelson (1882) angegebenes Interferometer zurückführen, das in der Optik eine große Rolle gespielt hat.

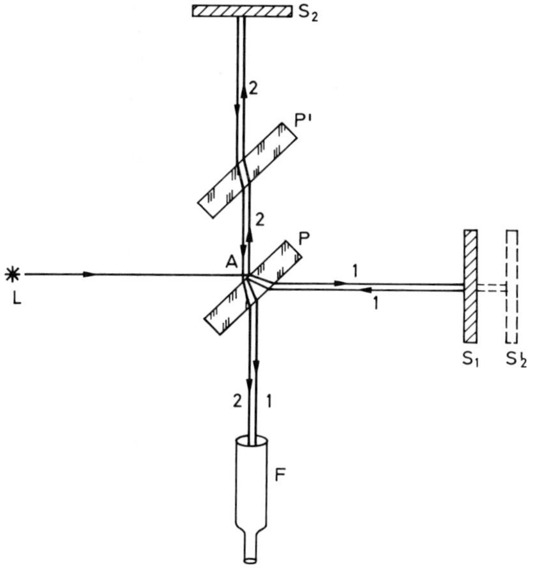

Abb. 3.23 Aufbau des Michelson-Interferometers.

Sein Aufbau ist schematisch in Abb. 3.23 wiedergegeben. Von einer Lichtquelle L fällt das Licht auf eine unter 45° geneigte, halbdurchlässig verspiegelte Glasplatte P, durch die es in einen durchgehenden Strahl 1 und einen senkrecht dazu verlaufenden Strahl 2 zerlegt wird. Beide Strahlen werden an senkrecht gestellten ebenen Spiegeln S_1 und S_2 in sich selbst zurückgeworfen und treffen auf ihrem Rückweg erneut auf die Platte P, wo sie nochmals in je zwei Teile zerlegt werden. Von diesen betrachten wir nur die beiden Anteile, die miteinander koinzidierend ins Fernrohr F gelangen. Da hierbei der Strahl 1 die Platte P dreimal, Strahl 2 aber nur einmal durchlaufen hat, ist in den Weg des Strahles 2 zwischen P und S_2 eine zweite, gleich dicke, aber unverspiegelte Platte P′ parallel zu P eingeschaltet. Auf diese Weise wird die bisherige Asymmetrie der beiden Strahlen 1 und 2 aufgehoben; die Lichtwege sind nunmehr vollkommen gleichwertig. Nehmen wir zunächst an, daß die beiden Spiegel S_1 und

S_2 gleichweit vom Punkt A auf der Platte P entfernt sind, so treffen die Strahlen 1 und 2 ohne Gangunterschied in das Beobachtungsfernrohr F und verstärken sich. Eine solche Verstärkung tritt auch ein, wenn einer der beiden Spiegel um ein ganzes Vielfaches einer halben Wellenlänge verschoben wird. Dagegen löschen sich die beiden Strahlen im Fernrohr aus, wenn einer der beiden Spiegel um ein ungerades Vielfaches einer Viertelwellenlänge längs der Strahlrichtung verschoben wird; denn in diesem Fall beträgt der Gangunterschied zwischen den beiden Strahlen ein ungerades Vielfaches einer halben Wellenlänge. Indem man also den einen Spiegel mit Hilfe einer Mikrometerschraube meßbar verschiebt und die Helligkeitswechsel im Fernrohr zählt, kann man die optischen Wellenlängen absolut messen. In Wirklichkeit ist das im Fernrohr erscheinende Gesichtsfeld nicht gleichmäßig hell oder dunkel, sondern zeigt bei ausgedehnter Lichtquelle konzentrische Interferenzringe, die sich bei einer Spiegelverschiebung erweitern oder zusammenziehen. Die ganze Anordnung kann man nämlich als äquivalent mit einer planparallelen Luftplatte ansehen. Denn das virtuelle Bild S_2', das die spiegelnde Platte P von S_2 entwirft, liegt ebenso weit hinter P wie S_2 vor ihm, wobei S_1 und S_2' einander parallel sind, wenn S_1 und S_2 senkrecht aufeinander stehen, was vorausgesetzt wurde. Man kann sich also S_2 einfach durch S_2' ersetzt und dann den Spiegel S_2 unterdrückt denken. Die Gangdifferenz für den Mittelstrahl ist einfach gleich dem doppelten Abstand S_1S_2' des reellen Spiegels S_1 von dem virtuellen S_2', die zusammen eine planparallele Luftplatte von variabler Dicke begrenzen, und wir beobachten Kurven gleicher Neigung.

Man kann natürlich die Spiegel S_1 und S_2 auch so justieren, daß sie einer keilförmigen Luftplatte S_1S_2' äquivalent sind; dann beobachtet man bei Beleuchtung mit parallelem Licht mit dem (jetzt allerdings nicht auf Unendlich, sondern auf den Keil eingestellten) Fernrohr gradlinige Streifen parallel der Keilkante (Kurven gleicher Dicke). Wählt man dabei den mittleren Abstand AS_1 und AS_2 gleich, dann schneiden sich die Flächen S_1 und S_2' und man erhält den Interferenzstreifen 0-ter Ordnung in der Mitte des Gesichtsfeldes, den man bei Beleuchtung mit weißem Licht als einzigen achromatischen Streifen leicht identifizieren kann. Damit kann die Gleichheit der Lichtwege 1 und 2 kontrolliert werden.

Mit dem nach ihm benannten Interferometer hat A. Michelson die Länge des Urmeters nach der eben beschriebenen Methode ausgewertet. Da es mit konventionellen Lichtquellen (Spektrallampen) nicht möglich ist, Interferenzen über einem Gangunterschied von 2 m zu erhalten, was bei einer Vermessung der gesamten Urmeterlänge notwendig wäre, wurden Hilfsnormale (sog. Etalons) von $^1/_2$, $^1/_4$, $^1/_8$ bis $^1/_{256}$ der Urmeterlänge hergestellt und diese interferometrisch ausgemessen. Diese und spätere Versuche lieferten z. B. für die Vakuumwellenlänge λ_0 der orangen Krypton-Linie (Isotop ^{86}Kr, Übergang $5d_5 \rightarrow 2p_{10}$) folgende Resultate:

$$1\,\text{m} = 1\,650\,763{,}73\,\lambda_0\,; \quad \lambda_0 = 605{,}78021\,\text{nm}\,.$$

Die Krypton-Linie eignet sich für derartige Untersuchungen besonders gut, weil sie eine geringe Breite besitzt und ihre Mittenfrequenz in geeigneten Spektrallampen gut reproduzierbar ist.

Da die Wellenlänge einer Spektrallinie eine naturgegebene, unveränderliche Größe ist, wurde früher die Wellenlänge des Kryptons zur Festlegung des Meterstandards verwendet.

Auf eine wichtige Anwendung des Michelson-Interferometers zur Untersuchung des Einflusses der Erdbewegung auf die Lichtgeschwindigkeit und damit zur Überprüfung der Relativitätstheorie wird im Kapitel 12 eingegangen.

Interferenzmikroskop. Ersetzt man in der Anordnung von Abb. 3.23 das Fernrohr durch ein Mikroskop, indem man je ein Objektiv vor S_1 und S_2 in den Strahlengang 1 und 2 bringt und an Stelle des Fernrohres das Mikroskopokular setzt, so kommt man zu einem Aufbau, mit dem man die Beschaffenheit von Oberflächen bis zu hohen Vergrößerungen untersuchen kann (Interferenzmikroskop). Durch Verschieben des Spiegels S_2 kann man die Referenzfläche S_2' durch das zu beobachtende Objekt (S_1) hindurchbewegen und so z. B. Strukturen in einer Vertiefung untersuchen. Abb. 3.24 zeigt als Beispiel den Eindruck einer Diamantpyramide in eine Metalloberfläche (Vergrößerung 1250fach). In Bild a) lag die Fläche S_2' parallel zu S_1 (Metalloberfläche); die Interferenzstreifen entstehen als Höhenschichtlinien parallel zur Metalloberfläche. Die um den viereckigen Eindruck noch sichtbare Interferenzfigur zeigt die Aufwölbung der Metalloberfläche durch das vom Eindruck verdrängte Volumen. In Bild b) war S_2' gegen S_1 schwach geneigt; infolgedessen liegen die Höhenschichtlinien geneigt zur Metalloberfläche, und ihre Spuren werden auch in Interferenzstreifen über die ganze Metalloberfläche sichtbar.

a) 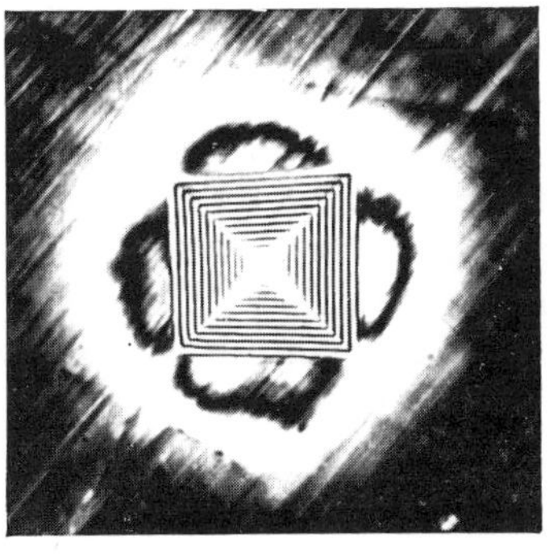 b) 

Abb. 3.24 Interferenzbild eines Diamanteindruckes in eine Metalloberfläche: a) Referenzfläche parallel zur Oberfläche; b) Referenzfläche schwach geneigt zur Oberfläche.

Jaminsches Interferometer. Jamin benutzte zwei gleich dicke Platten P_1 und P_2, die in Abb. 3.25 parallel stehen. Auf P_1 fällt ein Lichtstrahl unter etwa 45° auf, teilt sich in bekannter Weise durch Reflexion an Vorder- und Rückseite in zwei Strahlen, die sich bei der weiteren Spiegelung an P_2 in vier spalten. Von diesen seien die zwei Strahlen ausgewählt, die eine verschwindende Gangdifferenz gegeneinander besitzen: mit 2 bezeichnen wir den Strahl, der an der Vorderseite von P_1 und an der Rückseite von P_2, mit 3 bezeichnen wir denjenigen, der an der Rückseite von P_1 und an der Vorderseite von P_2 zurückgeworfen wird; beide Strahlen fallen schließlich zusammen, wenn P_1 und P_2 streng parallel sind. Eine von 2 und 3 beleuchtete Fläche ist dann hell, und das gilt für jeden Einfallswinkel. Wenn man P_2 um eine vertikale (senkrecht

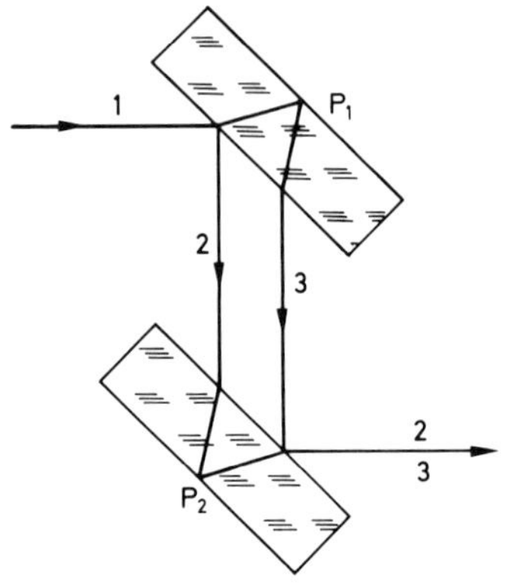

Abb. 3.25 Jaminsches Interferometer.

zur Papierebene stehende) Achse gegen P_1 um einen kleinen Winkel dreht, so wächst die Gangdifferenz rasch an, und es genügen kleine Winkel (1° bis 2°), um Gangdifferenzen von einigen Tausend Wellenlängen zu erhalten; man erhält dann zwar Interferenzstreifen mit divergentem monochromatischen, aber nicht im weißen Licht; dazu darf die Drehung nur wenige Winkelminuten betragen. Haben die Platten eine Dicke von 1 cm – im allgemeinen nimmt man Platten von 3 bis 5 cm Dicke – und die Brechzahl 1,5, so bekommt man bei einer Drehung um 1′ bereits eine Gangdifferenz von 4 Wellenlängen; damit kann man eben noch Interferenzen im weißen Licht beobachten. Die Streifen sind in diesem Falle vertikal, ebenso wie die Schnittkante der Platten. Günstiger ist es, die Platte P_2 um die in der Papierebene liegende horizontale Achse zu kippen, so daß die Schnittkante nunmehr auch horizontal liegt. Dann bekommt man selbst bei größerer Drehung gut sichtbare horizontale Streifen auch im weißen Licht. Um möglichst große Intensität zu erhalten, verspiegelt man die Rückseite der Platten.

Zwischen beiden Platten verlaufen die Strahlen 2 und 3 weitgehend getrennt, am weitesten, wenn der Einfallswinkel an P_1 49° beträgt. In den Strahlengang kann man sowohl bei Strahl 2 wie 3 zwei identische Glasgefäße einführen, die z. B. mit Luft gefüllt werden können; wenn man dann aus dem einen Behälter die Luft allmählich evakuiert, wandern die Interferenzstreifen stetig am Fadenkreuz des Fernrohres vorbei. Beim Passieren eines Streifens hat sich die Gangdifferenz um eine halbe Wellenlänge geändert, weil die Dichte und damit die Brechzahl n des sich verdünnenden Gases abgenommen hat. Auf diese Weise kann man sehr kleine Änderungen von n mit sehr großer Genauigkeit bestimmen. Der Apparat wird als *Jaminsches Interferentialrefraktometer* bezeichnet. Diese Messung kann prinzipiell auch mit einem Michelson-Interferometer durchgeführt werden, jedoch ist das Jamin-Interferometer einfacher zu handhaben.

Für andere, ähnliche Anwendungen haben E. Mach und L. Zehnder (1891) eine andere Ausführungsform eines Interferometers mit weiterer Trennung der Strahlen 2 und 3 angegeben. Das Prinzip einer solchen Anordnung zeigt Abb. 3.26, die ohne nähere Erläuterung verständlich sein dürfte.

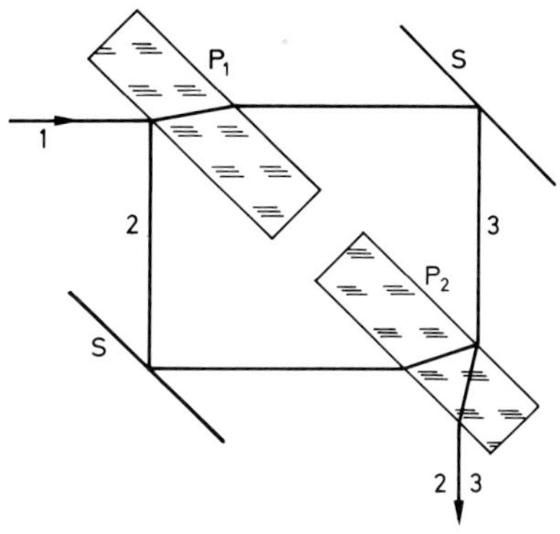

Abb. 3.26 Mach-Zehnder-Interferometer.

3.5 Vielstrahlinterferenz; Interferenzspektroskopie

Bisher wurden nur Interferenzen betrachtet, die entstehen, wenn *zwei* Wellen sich überlagern; deren Gesetzmäßigkeiten und Anwendungen wurden in Abschn. 3.1 bis 3.4 erörtert. Eine besonders interessante und wichtige Interferenzerscheinung erhält man aber, wenn man *viele* Wellen zur Erzeugung der Interferenzen benutzt. Wir wollen die Untersuchung in zwei Etappen durchführen, indem wir zunächst p ebene Wellen von gleicher Amplitude A betrachten, die relativ zueinander die konstante Phasendifferenz δ besitzen mögen. Die Phasendifferenz kann z. B. durch einen konstanten Wegunterschied d zustande gekommen sein. Dann ist

$$\delta = 2\pi \frac{d}{\lambda}.$$

Am bequemsten werden die Wellen in komplexer Schreibweise dargestellt, indem die Beziehung $\cos\varphi = \mathrm{Re}\,\mathrm{e}^{\mathrm{i}\varphi}$ ausgenutzt wird (Re = Realteil). Die p Wellen sollen im Unterschied zu Abschn. 3.1, wo beliebige Ausbreitungsrichtungen möglich waren, alle in x-Richtung laufen:

$$\begin{aligned}
E_1 &= \mathrm{Re}\,A\,\mathrm{e}^{\mathrm{i}\left[2\pi\nu\left(t-\frac{x}{c}\right)\right]}\\
E_2 &= \mathrm{Re}\,A\,\mathrm{e}^{\mathrm{i}\left[2\pi\nu\left(t-\frac{x}{c}\right)-\delta\right]}\\
E_3 &= \mathrm{Re}\,A\,\mathrm{e}^{\mathrm{i}\left[2\pi\nu\left(t-\frac{x}{c}\right)-2\delta\right]}\\
&\;\vdots\\
E_p &= \mathrm{Re}\,A\,\mathrm{e}^{\mathrm{i}\left[2\pi\nu\left(t-\frac{x}{c}\right)-(p-1)\delta\right]}.
\end{aligned} \qquad (3.20)$$

Die resultierende Feldstärke E der Welle hat den Wert:

$$
\begin{aligned}
E &= E_1 + E_2 + \ldots E_p \\
&= \operatorname{Re} A \mathrm{e}^{\mathrm{i}2\pi\nu\left(t-\frac{x}{c}\right)} \left[1 + \mathrm{e}^{-\mathrm{i}\delta} + \mathrm{e}^{-\mathrm{i}2\delta} + \ldots + \mathrm{e}^{-\mathrm{i}(p-1)\delta}\right].
\end{aligned}
\tag{3.21}
$$

Die eckige Klammer stellt eine geometrische Reihe mit dem Quotienten $\mathrm{e}^{-\mathrm{i}\delta}$ dar, und ihre Summe ist bekanntlich

$$
1 + \mathrm{e}^{-\mathrm{i}\delta} + \ldots + \mathrm{e}^{-\mathrm{i}(p-1)\delta} = \frac{1 - \mathrm{e}^{-\mathrm{i}p\delta}}{1 - \mathrm{e}^{-\mathrm{i}\delta}},
$$

so daß aus Gl. (3.21) wird:

$$
E = \operatorname{Re} A \mathrm{e}^{2\pi\nu\mathrm{i}\left(t-\frac{x}{c}\right)} \frac{1 - \mathrm{e}^{-\mathrm{i}p\delta}}{1 - \mathrm{e}^{-\mathrm{i}\delta}}. \tag{3.22}
$$

Nach Bildung des Realteils ergibt sich:

$$
E = A \frac{\sin p\,\delta/2}{\sin \delta/2} \cos\left[2\pi\nu\left(t - \frac{\mathrm{x}}{\mathrm{c}}\right) - \frac{(p-1)\,\delta}{2}\right]. \tag{3.23}
$$

Die resultierende Intensität ist proportional dem zeitlichen Mittelwert des Feldstärkequadrates:

$$
\overline{E^2} = \frac{A^2}{2} \frac{\sin^2 p\,\delta/2}{\sin^2 \delta/2}. \tag{3.24}
$$

Die Minima der Intensität liegen da, wo der Zähler von Gl. (3.24) seine Minima hat. Dieser ist gleich 0, wenn $\delta = 2k\pi/p$ ($k = 0, 1, 2, \ldots$) ist, vorausgesetzt, daß nicht auch der Nenner gleich Null wird; das ist jedesmal dann der Fall, wenn $k/p = k'$ eine ganze Zahl ist. Dann nimmt der Ausdruck $\dfrac{\sin^2 p\,\delta/2}{\sin \delta/2}$ den unbestimmten Wert $0:0$ an, und dieser ist gleich p^2. An diesen Nullstellen des Nenners liegen, wie eine

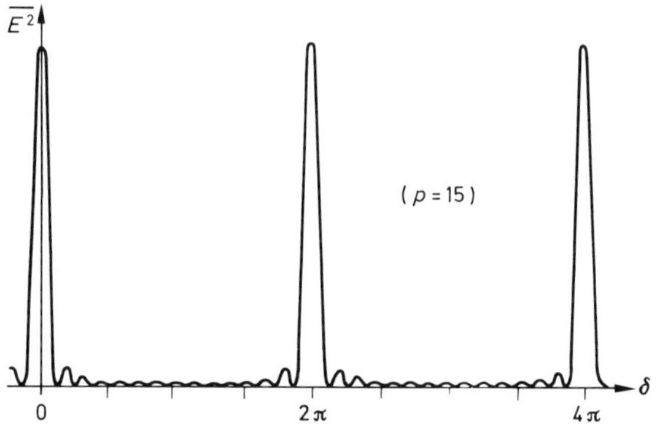

Abb. 3.27 Interferenzmaxima bei Überlagerung von 15 ebenen Wellen gleicher Amplitude, die jeweils um die Phasendifferenz δ voneinander abweichen.

weitere Diskussion zeigt, Maxima, die mit der Zahl p sehr stark anwachsen; sie werden *Hauptmaxima* genannt. Zwischen ihnen liegen noch $(p-2)$ *Nebenmaxima*, die durch die Maxima des Zählers entstehen. Die Nebenmaxima werden jedoch im Vergleich zu den Hauptmaxima um so unbedeutender, je größer p wird; bei einigermaßen großen Werten von p können sie völlig außer acht bleiben. Abb. 3.27 zeigt z.B. die Maxima für $p = 15$; die Hauptmaxima liegen an den Stellen $\delta = 0, 2\pi, 4\pi \ldots$ Die Breite der Hauptmaxima läßt sich folgendermaßen bestimmen: Gehen wir z.B. vom Wert $k = 0$, $\delta = 0$ aus und zu dem Wert $k = 1$ über, so kommt man zum benachbarten Minimum, dem also der Wert $\delta = 2\pi/p$ entspricht. Der Abstand von $\delta = 0$ bis zu $\delta = 2\pi/p$ entspricht der halben Breite des Hauptmaximums, die ganze Breite ist also $4\pi/p$. Daraus folgt, daß die Hauptmaxima mit wachsendem p nicht nur höher, sondern auch schmäler werden. Für $p = 2$ würden, wie wir schon wissen, die Maxima und Minima einen kosinusförmigen Verlauf zeigen, also im Gegensatz zu Abb. 3.27 sehr breit sein. Das Eigentümliche der Vielstrahlinterferenzen ist es also, daß man schmale Maxima auf breitem, dunklen Grund bzw. schmale Minima auf hellem, breiten Grund hat, statt, wie bisher, breite Maxima und Minima; die Bedeutung davon wird weiter unten erörtert.

In der Praxis wird es selten vorkommen, daß die Amplituden der mitwirkenden Wellen sämtlich den gleichen Wert haben; viel häufiger jedenfalls trifft es zu, daß die Amplituden abnehmen, z. B. durch mehrfache Reflexion. Man kommt den wirklichen Bedingungen nahe, wenn man die aufeinanderfolgenden Amplituden proportional dem Ausdruck r setzt, wobei $r < 1$ ist. Dann würden wir statt der Gl. (3.21) die folgende haben:

$$E = \operatorname{Re} A \mathrm{e}^{2\pi\nu\mathrm{i}\left(t-\frac{x}{c}\right)} \left[1 + r\mathrm{e}^{-\mathrm{i}\delta} + r^2 \mathrm{e}^{-\mathrm{i}\delta} + \ldots + r^{p-1}\mathrm{e}^{-\mathrm{i}(p-1)\delta}\right]. \qquad (3.21\,\mathrm{a})$$

Die Summe läßt sich wieder leicht ausrechnen und man erhält folgendes allgemeinere Ergebnis:

$$E = \operatorname{Re} A \mathrm{e}^{2\pi\nu\mathrm{i}\left(t-\frac{x}{c}\right)} \frac{1 - r^p \mathrm{e}^{-\mathrm{i}p\delta}}{1 - r\mathrm{e}^{-\mathrm{i}\delta}}. \qquad (3.22\,\mathrm{a})$$

Dieser Ausdruck hängt von zwei variablen Parametern p und r ab, was die Diskussion erschwert; wir können aber der Einfachheit halber annehmen, daß wir unendlich viele Glieder haben. Da r^∞ verschwindet, vereinfacht sich Gl. (3.22a) zu – wir geben E der Deutlichkeit halber den Index ∞ –:

$$E_\infty = \operatorname{Re} A \mathrm{e}^{2\pi\nu\mathrm{i}\left(t-\frac{x}{c}\right)} \frac{1}{1 - r\mathrm{e}^{-\mathrm{i}\delta}}. \qquad (3.25)$$

Für den Zeitmittelwert $\overline{E_\infty^2}$ ergibt sich der folgende Wert, den erstmals G.B. Airy (1833) angegeben hat:

$$\overline{E_\infty^2} = \frac{A^2/2}{1 + r^2 - 2r\cos\delta} = \frac{A^2/2}{(1-r)^2 + 4r\sin^2\dfrac{\delta}{2}}. \qquad (3.26)$$

Dieser Ausdruck soll nun für verschiedene Werte von r diskutiert werden. Wenn r sehr klein gegen 1 ist, kann man r^2 gegen 1 vernachlässigen, und der erste der in

Gl. (3.26) angegebenen Ausdrücke geht dann über in:

$$\overline{E_\infty^2} = \frac{A^2/2}{1 - 2r\cos\delta} \approx \frac{A^2}{2}(1 + 2r\cos\delta)\,.$$

Die Intensität schwankt also kosinusförmig zwischen den Grenzen $A^2(1+2r)$ und $A^2(1-2r)$ hin und her; das ist genau das gleiche Ergebnis, das bei der Interferenz zweier Wellen auftritt, wie in Abschn. 3.1 dargelegt wurde. Das ist verständlich, denn bei kleinem r können die Glieder mit r^2, r^3 usw. nicht mehr zur Geltung kommen. Das Bild ändert sich aber total, wenn r in die Nähe von 1 kommt, so daß $1 - r = \varepsilon$ eine gegen 1 kleine Zahl ist; das ist der Fall, der von besonderem Interesse sein wird. Dann geht Gl. (3.26) über in:

$$\overline{E_\infty^2} = \frac{A^2/2}{\varepsilon^2 + 4(1-\varepsilon)\sin^2\delta/2} \approx \frac{A^2/2}{\varepsilon^2 + 4\sin^2\delta/2}\,.$$

Der Maximalwert ist gleich $A^2/2\varepsilon^2$, der Minimalwert ist gleich $A^2/8$; für $r = 0{,}9$, d.h. $\varepsilon = 0{,}1$, wäre z.B. das Maximum $50A^2$, das Minimum $A^2/8$. Die Abb. 3.28 gibt den Verlauf von $\overline{E_\infty^2}$ für die 4 Parameterwerte $r = 0{,}04$; 0,4; 0,6; 0,9 wieder. Man erkennt, daß für großes r die Maxima scharf werden.

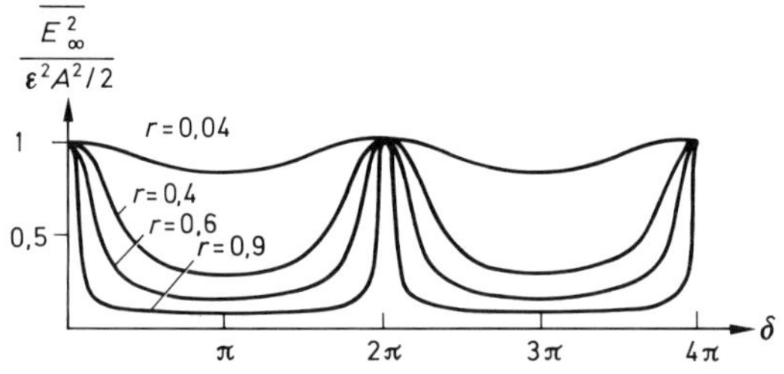

Abb. 3.28 Änderung der Interferenzmaxima bei Vielstrahlinterferenz mit der Größe r.

Als Anwendung wählen wir der Einfachheit halber wieder die geradlinigen Interferenzstreifen an einem Luftkeil, der durch zwei gegeneinander geneigte Platten in der üblichen Weise gebildet ist; würde er so verwendet werden, so würden, weil der Reflexionsgrad r von Glas gegen Luft sehr klein ist, praktisch nur die beiden Strahlen zusammenwirken, die in Abb. 3.15 gezeichnet sind, und diese würden kosinusförmige, d.h. breite Maxima und Minima ergeben. Um die Vielstrahlinterferenzen zu erhalten, kann man die Glasplatten so verspiegeln, daß sie zwar noch gerade durchsichtig sind, aber doch einen hohen Reflexionsgrad (etwa 90%) besitzen. Die Abb. 3.29 stellt die Erscheinung in Durchsicht an einem Luftkeil dar, dessen Glasplatten nur in der oberen Hälfte verspiegelt sind, während die untere Hälfte freigelassen ist: so sieht man in dem oberen Teil die scharfen Minima im Gegensatz zu den breiten in der unteren Hälfte. Es ist klar, daß man die Genauigkeit bei Ausmessung der scharfen Streifen viel weiter treiben kann als bei den breiten. Mit anderen Worten: Man kann sich eine viel genauere Kenntnis der Topographie verschaffen, wie auch kleine Unregelmäßigkeiten des in Abb. 3.30 benutzten Keiles zeigen. Dieses an sich im Prinzip schon lange bekannte Verfahren hat S. Tolansky (1943) zu hoher Vollendung ausgebildet. Er hat unter anderem die Spaltungsflächen (oder natürlichen Flächen) von Kristallen untersucht, die als Netzebenen eben sein sollten; in Wirklichkeit zeigen sie – beim Spaltungsprozeß entstandene – kleine Stufen, deren

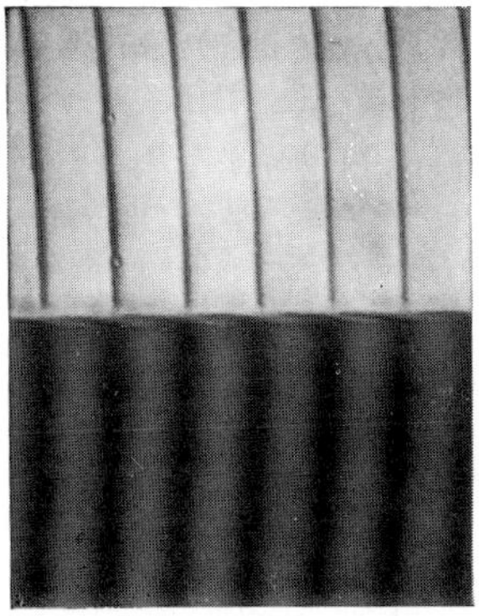

a)
b)

Abb. 3.29 An einem Luftkeil zwischen Glasplatten in Durchsicht erhaltene Interferenzstreifen: a) Glasplatten versilbert (Vielstrahlinterferenz); b) Glasplatten unversilbert (normale Interferenz).

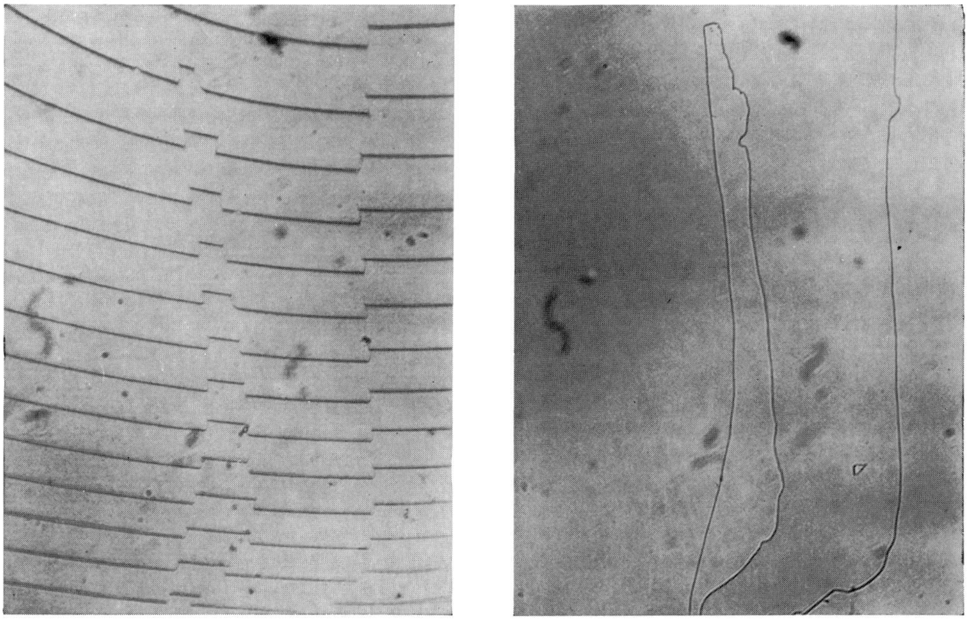

a) b)

Abb. 3.30 a) Nach dem Tolansky-Verfahren aufgenommenes Interferenzbild und b) normale Mikroaufnahme einer Glimmerspaltungsfläche.

Ausmessung z. B. beim Glimmer ergab, daß ihre Höhe in jedem Falle ein Vielfaches von etwa 2 nm war; so groß ist aber der Abstand gleichartiger Netzebenen, die sog. Gitterkonstante, bei Glimmer.

Als Beispiel zeigt das linke Bild (a) in Abb. 3.30 eine nach dem **Tolansky-Verfahren** mit dem Licht der grünen Quecksilberlinie ($\lambda = 546$ nm) in 77facher Vergrößerung photographisch aufgenommene Glimmerspaltungsfläche. Der Abstand zweier aufeinanderfolgender Interferenzstreifen entspricht also einem Gangunterschied von $(\lambda/2) = 273{,}05$ nm. Aus der Versetzung der Streifen kann man bequem die Höhe der beim Spalten des Glimmers entstandenen Stufenschichten bestimmen. Zum Vergleich zeigt das rechte Bild (b) in Abb. 3.30 eine normale Mikroaufnahme derselben Glimmerspaltungsfläche, in der nur die Stufenränder erkennbar sind.

Interferenzfilter. Noch eine andere Anwendung der Vielstrahlinterferenz hat heute eine erhebliche Bedeutung gewonnen, nämlich die Herstellung von *Lichtfiltern,* die nur sehr schmale Spektralbereiche durchlassen. Wenn auf eine planparallele Luftplatte (die von 2 Glasflächen begrenzt wird, die zunächst als unverspiegelt angenommen werden sollen), von der Dicke d, der Brechzahl $n = 1$ unter dem Winkel α paralleles Licht einfällt, so ist nach Gl. (3.17) die Gangdifferenz $\Delta = 2d\sqrt{n^2 - \sin^2\alpha}$ $= 2d\cos\alpha$ (wenn im durchgehenden Licht beobachtet wird, fällt die zusätzliche Differenz $\lambda/2$ fort). Wird außerdem noch senkrechter Einfall angenommen, so wird $\Delta = 2d$. Läßt man weißes Licht auffallen, so sondert die Platte durch Interferenz gewisse Wellenlängen λ_k aus, nämlich diejenigen, für die $2d = k\lambda$ $(k = 1, 2, \ldots)$ ist. Zerlegt man das durchgehende Licht spektral, so sieht man das Spektrum von dunklen Interferenzstreifen durchzogen, die den Wellenlängen entsprechen, die durch Interferenz ausgelöscht sind, während die hellen Streifen gerade die Wellenlängen bezeichnen, die durch die Platte hindurchgelassen werden. Obwohl also das Spektrum erhebliche Lücken aufweist, wird die Mischung der nicht-ausgelöschten Teile des Spektrums doch vom Auge als Weiß empfunden, selbst wenn etwa nur 9 dunkle Streifen vorhanden sind, weil die übrigbleibenden Wellenlängen sich so über das ganze Spektrum verteilen, daß ihre Mischung den Weiß-Eindruck hervorruft. Dieses physikalisch modifizierte Weiß nennt man zum Unterschied von gewöhnlichem weißen Licht *Weiß höherer Ordnung*. Nehmen wir z. B. eine Luftplatte von einer Dicke $d = 2{,}5$ µm; dann werden alle diejenigen Wellenlängen mit größter Intensität durchgelassen, für die $2d = 5{,}0\ \mu\text{m} = k\lambda_k$ ist. Folgende Wellenlängen entsprechen den Werten $k = 1$ bis $k = 12$:

$$\begin{array}{llll}
\lambda_1 = 5\ \mu\text{m}; & \lambda_2 = 2{,}5\ \mu\text{m}; & \lambda_3 = 1{,}66\ \mu\text{m}; & \lambda_4 = 1{,}25\ \mu\text{m}; \\
\lambda_5 = 1\ \mu\text{m}; & \lambda_6 = 0{,}833\ \mu\text{m}; & \lambda_7 = 0{,}714\ \mu\text{m}; & \lambda_8 = 0{,}625\ \mu\text{m}; \\
\lambda_9 = 0{,}555\ \mu\text{m}; & \lambda_{10} = 0{,}5\ \mu\text{m}; & \lambda_{11} = 0{,}455\ \mu\text{m}; & \lambda_{12} = 0{,}385\ \mu\text{m}.
\end{array}$$

Von diesen liegen die 5 Wellenlängen λ_7 bis λ_{11} im sichtbaren Gebiet; was also durch die Platte hindurchgeht, bildet eine *Mischfarbe* aus den genannten Wellenlängen. *Jede Planparallelplatte stellt also ein Lichtfilter dar*. Das Ziel ist natürlich, eine Platte zu bestimmen, die nur *eine* Wellenlänge im sichtbaren Gebiet hindurchtreten läßt. Das kann man offenbar dadurch erreichen, daß man die Dicke d der Platte verkleinert. Wen z. B. $d = 0{,}8$ µm gewählt wird, so findet man für die Werte $k = 2, 3, 4$ die Wellenlängen:

$$\lambda_2 = 0{,}8\,\mu m; \qquad \lambda_3 = 0{,}533\,\mu m; \qquad \lambda_4 = 0{,}400\,\mu m\,.$$

Hier wird also tatsächlich nur die Wellenlänge $\lambda_3 = 0{,}533\,\mu m$ im Sichtbaren durchgelassen; die Wellen λ_2 und λ_4 liegen bereits im Infraroten bzw. Ultravioletten; in jedem Fall muß offenbar die Dicke d der Platte von der Größenordnung einer Wellenlänge sein, wenn man nur einen Streifen im Sichtbaren haben will. Bei einer unverspiegelten Planparallelplatte würden die Interferenzstreifen kosinusförmig sein, d.h. es würde neben der Wellenlänge $\lambda_3 = 0{,}533\,\mu m$ noch eine große Zahl benachbarter Frequenzen durchgelassen, d.h. die Halbwertsbreite der Wellenlänge 0,533 µm würde sehr erheblich sein. Das läßt sich aber nun wieder verbessern, indem man die Glasplatten, die unsere Luftplatte begrenzen, durchlässig verspiegelt, so daß der Reflexionsgrad groß wird ($\approx 0{,}9$), und sehr viele Strahlen zur Mitwirkung kommen. So gewinnt man ein brauchbares **Interferenzfilter,** das recht homogene Strahlung von einer Halbwertsbreite von etwa 15 nm liefert; die Durchlässigkeit eines guten Interferenzfilters beträgt ungefähr 50%.

Bisher war vorausgesetzt, daß die Strahlung senkrecht auf das Filter auffällt; dreht man das Filter, so daß der Einfallswinkel von Null verschieden wird, so wird die Gangdifferenz kleiner, nämlich gleich $2d\cos\alpha$; daher verschiebt sich die durchgelassene Wellenlänge nach dem violetten Ende hin und der Farbton verschiebt sich nach Blau.

Interferenzspektroskopie. Eine weitere Anwendung der Vielstrahlinterferenz liegt in der Spektroskopie vor; sie beruht im letzten Grunde auf einer Beobachtung von H. Fizeau, die er schon im Jahre 1862 gemacht hat: Er entfernte beim Newtonschen Farbenglas (Abb. 3.18) die Konvexlinse allmählich von ihrer planen Unterlage, um systematisch die Keildicke zu vergrößern. Mit größerer Dicke rücken die Interferenzringe immer enger zusammen, ihre Zahl vergrößert sich also, indem vom Rand her immer neue Ringe nach dem Zentrum wandern. Markiert man auf der Linsenoberfläche einen bestimmten Punkt, so wandern die Ringe von außen nach innen an ihm vorbei, so daß sie leicht gezählt werden können. Fizeau machte den Versuch mit den gelben Natrium-Doppellinien und beobachtete folgendes bemerkenswerte Phänomen: Wenn die Keildicke von Null an allmählich wächst, so kann man ohne Schwierigkeit 400 bis 450 vorbeiwandernde Ringe zählen; dann werden die Interferenzen schlechter und immer schlechter erkennbar, um nach Passieren von etwa 500 Ringen vollkommen zu verschwinden. Vergrößert man die Keildicke noch weiter, so werden die Ringe allmählich wieder sichtbar, um nach Passieren von weiteren 500 Ringen wieder ganz deutlich zu sein. Bei weiterer Vegrößerung der Keildicke spielt sich derselbe Vorgang immer wieder ab: wenn 1500, 2500, 3500 ... Ringe vorbeigewandert sind, völliges Verschwinden der Interferenzen, bei 2000, 3000 ... wieder volle Deutlichkeit. Nachdem im ganzen etwa 30000 Ringe vorbeigewandert sind, verschwinden sie endgültig, nachdem die Erscheinung allmählich immer undeutlicher geworden ist. Sehen wir zunächst von dem endgültigen Verschwinden der Interferenzstreifen ab, so erklärt sich das periodische Auftreten und Verschwinden derselben, wie Fizeau sofort erkannte, aus der Struktur der Na-Linie, die bekanntlich ein enges Dublett mit den Wellenlängen $\lambda_1 = 589{,}5932\,\text{nm}$ (D_1-Linie) und $\lambda_2 = 588{,}9965\,\text{nm}$ (D_2-Linie) ist; die Differenz ist $\lambda_1 - \lambda_2 = \Delta\lambda \approx 0{,}60\,\text{nm}$, die mittlere Wellenlänge $\lambda = 589{,}3\,\text{nm}$, d.h. der Abstand der beiden D-Linien beträgt rund

$^1/_{1000}$ der mittleren Wellenlänge. Wir betrachten zur Vereinfachung die beiden Wellenlängen der Linien D_1 und D_2 als im strengen Sinne monochromatisch, d.h. als *unendlich scharfe Spektrallinien;* beide geben bei der gewöhnlichen Anordnung sinusförmige Interferenzstreifen, die bei der Keildicke und Gangdifferenz 0 exakt zusammenfallen. Da aber $\Delta\lambda$ hier rund $^1/_{1000}$ der mittleren Wellenlänge beträgt, ist die kürzere Wellenlänge D_2 der längeren D_1 um $^1/_2$ Wellenlänge voraus, wenn gerade $^1/_2 \cdot 1000 = 500$ Streifen vorbeigewandert sind, d.h. die Gangdifferenz beträgt einerseits 500 Wellenlängen von D_1 und 500,5 Wellenlängen von D_2. Mit anderen Worten: es fällt nach 500 Interferenzstreifen ein Maximum von D_1 auf ein Minimum von D_2, die sich überlagern und wegen der Sinusförmigkeit der Lichtverteilung auslöschen. Dies ist in Abb. 3.31 dargestellt. Sind aber 1000 Streifen vorbeigewandert, so entsteht die neue Gangdifferenz 1000 Wellenlängen $D_1 = 1001$ Wellenlängen D_2: nunmehr fallen die Maxima (wie die Minima) beider Wellen aufeinander. Die Interferenzstreifen sind wieder ausgeprägt. Dieses Verhalten wiederholt sich alle 500 bzw. 1000 Interferenzstreifen und würde bis zu beliebig hohen Gangunterschieden so weitergehen, wenn die beiden D-Linien wirklich im strengen Sinne monochromatisch wären. Sie sind dies natürlich nicht, sondern haben eine endliche spektrale Breite ($\Delta\lambda_1$ und $\Delta\lambda_2$), die für jede einzelne von ihnen, wie in Abschn. 3.2 dargelegt, bewirkt, daß nur eine begrenzte Zahl von Interferenzstreifen $\lambda_1/\Delta\lambda_1$ und $\lambda_2/\Delta\lambda_2$ auftreten kann. Daher wird bei jeder von Fizeau festgestellten periodischen Wie-

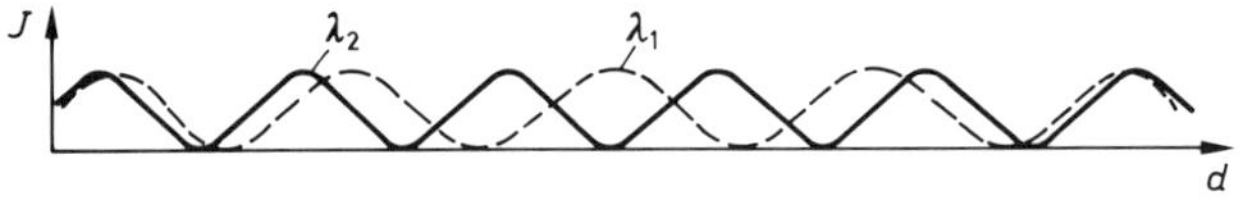

Abb. 3.31 Intensitäten J zweier Spektrallinien λ_1, λ_2 an einer beliebigen Stelle in einem System Newtonscher Ringe als Funktion der Keildicke d. In der Mitte der Abbildung wird in dem einen Ringsystem maximale, in dem anderen minimale Intensität beobachtet, so daß für die entsprechende Keildicke die Newtonschen Ringe verschwinden.

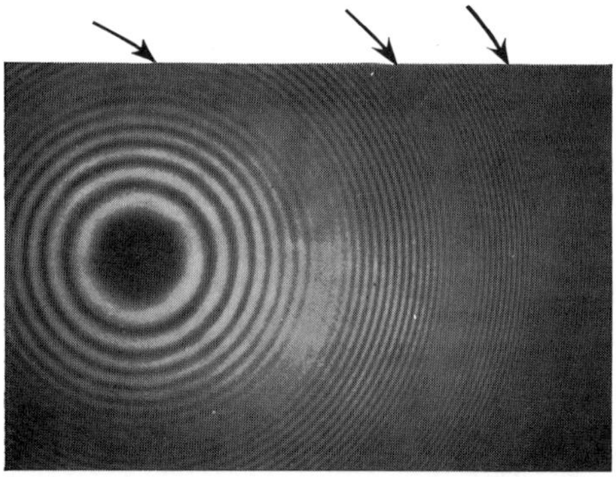

Abb. 3.32 Newtonsche Ringe aufgenommen mit dem Licht der beiden Quecksilberlinien 546,1 nm und 577,0 nm. An den mit Pfeilen bezeichneten Stellen erfolgt Auslöschung der Interferenzstreifen.

derholung nach je 1000 Streifen die Erscheinung immer undeutlicher und hört schließlich auf. – Ein anderes Beispiel, nämlich Newtonsche Ringe mit den Quecksilber-Linien $\lambda_1 = 577{,}0\,\text{nm}$ und $\lambda_2 = 546{,}1\,\text{nm}$, zeigt Abb. 3.32; da hier $\Delta\lambda = \lambda_1 - \lambda_2 = 31\,\text{nm}$, die mittlere Wellenlänge $\lambda = 569\,\text{nm}$ ist, ist der Abstand $\Delta\lambda$ rund $^1/_{18}$ der mittleren Wellenlänge: nach 9, 27, ... vorbeigewanderten Streifen erfolgt Auslöschung, nach 18, 36, ... wieder Erscheinen der Interferenzstreifen; die Auslöschungsstellen sind in der Abb. 3.32 deutlich zu erkennen. Wir wollen nun diesem Sachverhalt eine andere Wendung geben: Wenn man seinerzeit nicht bereits gewußt hätte, daß die Na-Linien ein enges Dublett bilden, hätte man aus dem periodischen Verschwinden und Wiederauftreten der Interferenzstreifen schließen müssen, daß hier zwei Linien mitwirken, deren spektraler Abstand rund $^1/_{1000}$ der mittleren Wellenlänge betrug. *Man kann also aus der Beobachtung von Interferenzen Schlüsse auf die Struktur von Spektrallinien ziehen:* das ist der Grundgedanke der Interferenzspektroskopie.

In der vorstehend erläuterten, ursprünglichen Form ist der Schluß auf die Struktur der die Interferenz erzeugenden Spektrallinie indirekt, und man erhält keine vollständige Trennung ihrer beiden Komponenten. Ein besseres Verfahren ergibt sich, wenn man statt der bei den Newtonschen Ringen angewendeten Zweistrahlinterferenzen Vielstrahlinterferenzen ausnutzt.

Fabry-Pérot-Interferometer. Ein Interferenzspektroskop, das auf diesem Prinzip beruht, ist das von A. Fabry und Ch. Pérot (1897) angegebene. Von zwei ebenen Glasplatten P_1 und P_2 wird eine planparallele Luftschicht begrenzt. Zur Vermeidung störender Reflexionen an den äußeren Seiten der Glasplatten werden diese oft schwach keilförmig ausgeführt. Auf der Innenseite sind beide Platten durchlässig

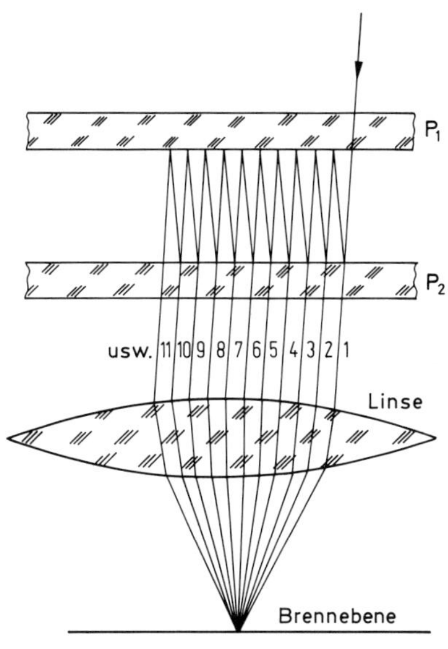

Abb. 3.33 Interferometer von Fabry und Pérot (Brechung der Strahlen durch die Platten vernachlässigt).

verspiegelt, so daß der Reflexionsgrad 0,90 bis 0,95 beträgt (Abb. 3.33). Die eine der beiden Platten (P_1) ist fest montiert, die andere (P_2) kann auf sehr genaue Weise der ersten parallel gestellt, außerdem in Richtung der gemeinsamen Normalen von P_1 und P_2 verschoben werden, so daß der Abstand beider Platten verändert werden kann. Für sehr kleine Abstände entspricht das Fabry-Pérot-Interferometer den oben beschriebenen Interferenzfiltern. Um das Auflösungsvermögen (s. unten) zu erhöhen, werden jedoch für interferometrische Zwecke Plattenabstände von 1 cm bis zu 10 cm und für Sonderanwendungen auch mehr verwendet. Der Apparat wird nur in Durchsicht verwendet. Ein von einem Punkt der Lichtquelle kommender Strahl wird, nachdem er die Spiegelschicht der ersten Platte durchdrungen hat, sehr oft hin- und herreflektiert; bei jeder Reflexion tritt ein Bruchteil der Energie nach unten aus; die vielfach reflektierten Strahlen werden in der Brennebene einer Linse vereinigt. Je nach Gangunterschied der Strahlen findet dabei infolge von Interferenz Verstärkung oder gegenseitige Auslöschung der Strahlen statt. Bei Beleuchtung mit divergentem Licht entstehen in der Brennebene Kreise um die Plattennormale als Kurven gleicher Neigung (Abb. 3.34).

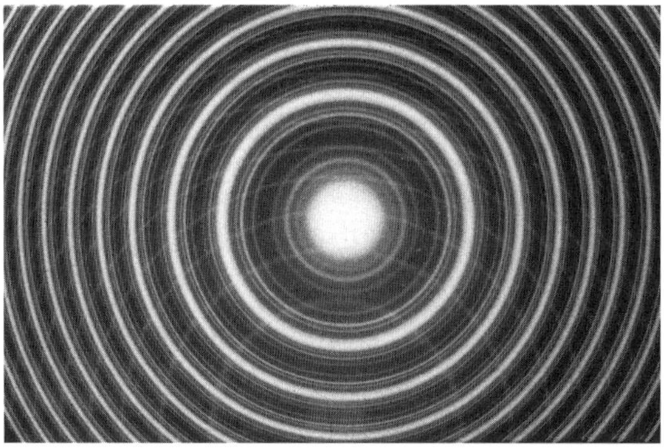

Abb. 3.34 Hyperfeinstruktur der grünen Hg-Linie (546 nm), aufgenommen mit dem Fabry-Pérot-Interferometer (nach Krebs und Kronfeldt, Optisches Institut der TU Berlin).

Aus den Radien benachbarter Kreise bzw. aus den entsprechenden Winkeln α ergeben sich nach Gl. (3.17) für $\Delta = k\lambda$ (innerer Ring) und $\Delta = (k-1)\lambda$ (äußerer Ring) bei bekanntem d nach Elimination von k die Wellenlängen der Spektrallinien. Da hier in Durchsicht beobachtet wird, fällt auf der rechten Seite von Gl. (3.17) der Summand $\lambda/2$ fort. Anstatt die Ringdurchmesser bei festem d auszumessen, kann man auch d verändern und den Intensitätswechsel etwa im Ringzentrum ($\alpha = 0$) als Funktion des Plattenabstands messen. Mit wachsender Dicke aufeinanderfolgende Intensitätsmaxima für die Gangunterschiede $k\lambda$ und $(k+1)\lambda$ entsprechen dann einer Abstandsdifferenz von $\lambda/2n$, wie leicht aus Gl. (3.17), die hier einfach $\Delta = 2dn$ lautet, folgt. Schließlich kann man den Intensitätswechsel auch erreichen, indem man n ändert, etwa durch Variation des Drucks der Luft zwischen den beiden Interferometerplatten.

Wird das Fabry-Pérot-Interferometer derartig mit veränderlichem Plattenabstand betrieben, so ist es zweckmäßig, mit parallelem Licht zu arbeiten, das senkrecht auf die Platten eingestrahlt wird. Bei Veränderung des Plattenabstandes wird das Interferometer dann abwechselnd durchlässig ($2dn = k\lambda$) und undurchlässig ($2dn = \lambda(2k+1)/2$). Die genaue Abhängigkeit der durchtretenden Intensität I_{aus} als Funktion des Plattenabstandes kann mit Hilfe der Airyschen Formel Gl. (3.26) berechnet werden. Dazu wird A als Amplitude der in das Interferometer eintretenden Lichtwelle bezeichnet. Wird der Transmissionsgrad der Spiegel mit τ und die von außen einfallende Intensität mit J_{ein} bezeichnet, so gilt (Z = Wellenwiderstand):

$$\tau J_{ein} = \frac{1}{Z}\frac{A^2}{2}.$$

Die einfallende Welle wird zwischen den Spiegeln mehrmals hin- und herreflektiert, so daß mehrere Teilwellen entstehen. Die Amplitude der in gleicher Richtung laufendenTeilwelle ist jeweils um den Faktor ϱ verschieden, wenn ϱ der Reflexionsgrad der Spiegel ist. Die Amplitude wird bei jeder Reflexion um den Faktor $\sqrt{\varrho}$ geschwächt. Da jedoch 2 Reflexionen stattfinden müssen, damit eine Teilwelle wieder die ursprüngliche Richtung hat, tritt insgesamt der Faktor ϱ auf. Der Phasenunterschied zwischen zwei Teilwellen ist gegeben durch $\delta = 4\pi nd/\lambda$. Durch Summierung der Teilwellen wie in Gl. (3.21 a) ergibt sich die Gesamtfeldstärke E_∞ der auf den Austrittsspiegel einfallendenWellen. Die austretende Intensität ergibt sich daraus zu:

$$J_{aus} = \tau\frac{1}{Z}\frac{E_\infty^2}{2}.$$

Durch Kombination der vorstehenden Gleichungen mit Gl. (3.26) ergibt sich:

$$\frac{J_{aus}}{J_{ein}} = \frac{\tau^2}{(1-\varrho)^2 + 4\varrho\sin^2(2\pi\,\mathrm{n\,d}/\lambda)}.$$

Die Abhängigkeit der durchtretenden Intensität von dem Plattenabstand ist in Abb. 3.35 für 2 verschiedene Wellenängen dargestellt. Sind die Spiegel nicht absorbierend ($\tau = 1-\varrho$), so gilt in den Maxima:

$$J_{aus}^{max} = J_{ein}\,,$$

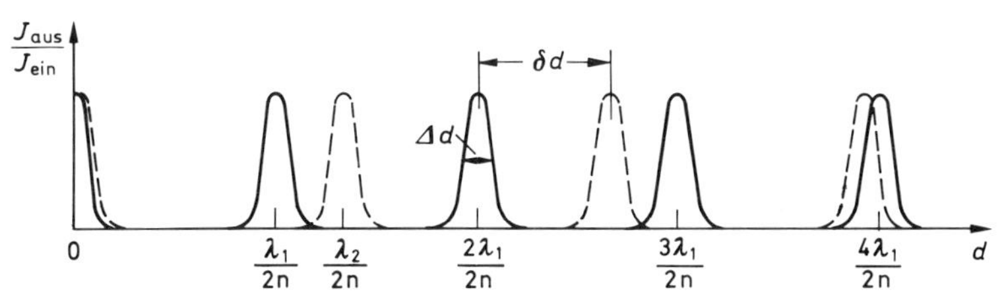

Abb. 3.35 Durchlässigkeit J_{aus}/J_{ein} eines Fabry-Pérot-Interferometers als Funktion des Plattenabstandes d für zwei verschiedene Wellenlängen λ_1, λ_2 (im realen Betrieb ist die Dicke wesentlich größer als die dargestellten 2 Wellenlängen).

d. h. das Interferometer läßt Licht der betreffenden Wellenlänge ungeschwächt durchtreten. Die Minima sind gegeben durch:

$$J_{\text{aus}}^{\min} = J_{\text{ein}}\,\tau^2/(1+\varrho)^2 \approx J_{\text{ein}}\,\tau^2/4\,,$$

wenn Reflexionsgrade nahe bei 100% verwendet werden. Wird z. B. $\tau = 1 - \varrho = 1\%$ gewählt, so ergibt sich eine minimale Durchlässigkeit des Interferometers von $J_{\text{aus}}^{\min}/J_{\text{ein}} = 10^{-4}$. Die Halbwertsbreite Δd der Maxima ist gegeben durch ($\varrho \approx 1$):

$$\Delta d = \frac{\lambda}{\pi n} \arcsin \frac{1-\varrho}{2\sqrt{\varrho}} \approx \frac{(1-\varrho)\,\lambda}{2\pi n}\,.$$

Die Maxima für zwei verschiedene Wellenlängen λ_1, λ_2 liegen an den Stellen

$$d_1 = \frac{k\lambda_1}{2n}\,, \quad d_2 = \frac{k\lambda_2}{2n} \quad (k = 0, 1, 2 \ldots)\,.$$

Zwei Maxima gleicher Ordnung k haben den Abstand δd:

$$\delta d = \frac{k(\lambda_1 - \lambda_2)}{2n} = k\frac{\delta\lambda}{2n}\,.$$

Zwei Lichtwellen mit dem Wellenlängenunterschied $\delta\lambda$ können nur dann vom Interferometer getrennt werden, wenn $\Delta d \leqq \delta d$.

Mit $\delta\lambda \ll \lambda \approx \lambda_1 \approx \lambda_2$, $d \approx d_1 \approx d_2$ folgt daraus:

$$\delta\lambda \geqq \frac{(1-\varrho)\,\lambda\, 2n}{2\pi n k} = \frac{(1-\varrho)\,\lambda^2}{2\pi n d}\,.$$

Die Größe

$$\frac{\lambda}{\Delta\lambda} = \frac{2\pi n d}{(1-\varrho)\,\lambda}$$

wird als Auflösungsvermögen bezeichnet. Mit $\varrho = 95\%$, $d = 1$ cm, $n = 1$, $\lambda \approx 0{,}6$ µm ergibt sich ein Auflösungsvermögen von $4 \cdot 10^6$, was mit Prismen- oder Gitterspektrographen (Abschn. 3.9 und 3.10) nicht erreicht werden kann. Ein Nachteil der Fabry-Pérot-Interferometer ist, daß nur schmale Wellenlängenbereiche untersucht werden können, weil sich sonst, wie in Abb. 3.35 dargestellt, Maxima, die zu verschiedenen Wellenlängen gehören, überlagern können und damit nicht eindeutig einer bestimmten Wellenlänge zuzuordnen sind. Wird eine einzige Wellenlänge λ eingestrahlt, so ergibt sich z. B. für $2nd = k\lambda$ ein Maximum. Wird eine 2. Wellenlänge $\lambda + \delta\lambda$ eingestrahlt, so kann sich für den gleichen Plattenabstand d ein Maximum für diese Wellenlänge ergeben, wie in Abb. 3.35 angedeutet. Dann sind die beiden Wellenlängen nicht voneinander zu trennen. Um solche Fälle zu vermeiden, muß gelten $(k-1)(\lambda + \delta\lambda) = 2nd'$ mit $d' < d$. Diese Ungleichung ist erfüllt für $\Delta\lambda < \lambda/(k-1) \approx \lambda^2/2dn$. Die maximal zulässige Breite eines Wellenlängenbereichs beträgt also $\Delta\lambda = \lambda^2/2dn$. Dieser Bereich wird *Dispersionsgebiet* genannt.

Das Pérot-Fabry-Interferometer ist also nur dann zur Interferenzspektroskopie zu benutzen, wenn die Strahlung nur auf einen schmalen Wellenlängenbereich beschränkt ist oder eine Vorzerlegung erfahren hat. Diese kann mit Interferenzfiltern,

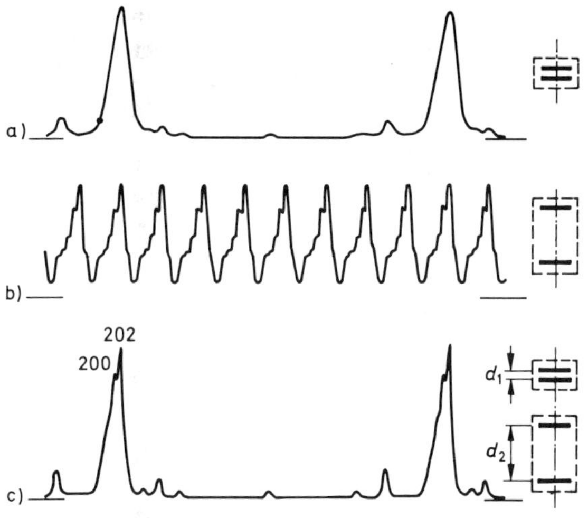

Abb. 3.36 Kombination von zwei Fabry-Pérot-Interferometern nach Krause und Krebs [22]. Die Dicken d_1 und d_2 stehen in ganzzahligem Verhältnis zueinander.

Prismen- oder Gitterspektralapparaten und auch mit einem zweiten Fabry-Pérot-Interferometer erfolgen, das kleineren Plattenabstand, damit ein größeres Dispersionsgebiet, aber kleine Auflösung hat. Abb. 3.36 veranschaulicht diese Wirkung an der grünen Quecksilberlinie. Das obere Interferometer allein liefert großen Linienabstand, aber wenig ausgeprägte Hyperfeinstrukturlinien; das mittlere Interferometer allein liefert besser aufgelöste Satelliten, aber nicht deren volle Zahl, wegen des zu kleinen Dispersionsgebietes. Die Kombination ergibt volle Zahl gut aufgelöster Linien, wobei die Verdoppelung der Hauptlinie auf dem Vorliegen eines Isotopengemischs (^{200}Hg, ^{202}Hg) beruht. Man beachte übrigens die Überlegenheit dieser Interferometeraufnahme gegenüber der spektralen Zerlegung der gleichen Linie in Abb. 3.34.

Statt Planspiegeln werden in modernen Fabry-Pérot-Interferometern, insbesondere zur Untersuchung von Laserstrahlung, oft Hohlspiegel verwendet. Der Grund dafür ist, daß mit Hohlspiegel-Interferometern Lichtbündel mit kleinen Durchmessern besser analysiert werden können. Bei einem Planspiegel-Interferometer kann man, wie oben dargestellt, erreichen, daß bei Einfall einer ebenen Lichtwelle im Idealfall der Transmissionsgrad 1 realisiert wird. Eine ebene Lichtwelle setzt jedoch einen sehr großen Durchmesser des eingestrahlten Lichtbündels voraus. Ist das Lichtbündel begrenzt, so besitzt es wegen der Beugung (s. Abschn. 3.8) eine gewisse Divergenz, die beim Hin- und Herlauf des Lichtbündels in einem Planspiegel-Interferometer zu einer ständigen unerwünschten Strahlaufweitung führen würde. Diese durch Beugung erzeugte Strahlaufweitung kann jedoch durch Verwendung eines Hohlsammelspiegels wieder kompensiert werden, so daß auch nach mehrfachen Reflexionen keine Strahlaufweitung eintritt [2].

Die Funktion des Fabry-Pérot-Interferometers kann auch ohne den Begriff der Vielstrahlinterferenz verstanden werden. Dazu wird der Raum zwischen den Spiegeln als resonanzfähiges System aufgefaßt, das zu elektromagnetischen Eigenschwingungen fähig ist; diese werden durch stehende Lichtwellen repräsentiert, die auf den Spiegeln Knoten besitzen. Ähnlich wie bei den Schwingungen einer Saite ergibt sich, daß die Wellenlänge λ der Eigenschwingungen mit dem optischen Spiegelabstand durch die Beziehung $nd = k\lambda/2$ (k = ganze Zahl) verknüpft ist. Diese Spiegelabstände entsprechen denjenigen Abständen, bei denen nach der Vielstrahlinterferenzvorstellung maximale Durchlässigkeit des Interferometers auftritt. Ein derartiger *optischer Resonator* kann durch von außen eingestrahltes Licht zu Schwingungen angeregt werden. Die Amplitude dieser Schwingungen ist maximal, wenn die Wellenlänge des eingestrahlten Lichtes mit der Wellenlänge einer Eigenschwingung übereinstimmt (Resonanz). In diesem Fall tritt auch wieder maximale Intensität aus dem Interferometer heraus.

Während das Interferometer von Fabry und Pérot dadurch viele Strahlen zur Interferenz bringt, daß die Platten durch Verspiegelung einen großen Reflexionsgrad bekommen, hat O. Lummer (1901) große Reflexionsgrade dadurch erhalten, daß er sehr schräge Inzidenz (bis zu 88°) nimmt: bei einem solchen Einfallswinkel werden für Glas mit $n = 1{,}5$ ungefähr 95% der auffallenden Strahlung reflektiert. Lummer benutzt also eine unverspiegelte planparallele Platte (oder vielmehr einen aus einer solchen Platte herausgeschnittenen Streifen von etwa 2 cm Höhe, bis zu 3 cm Dicke und 20 bis 30 cm Länge), wie sie schon in Abb. 3.11 dargestellt wurde. Wenn man sehr schräge Inzidenz anwendet, wirken sehr viele Strahlen mit, so daß man eine Intensitätsverteilung gemäß Gl. (3.26) bekommt, die der Abb. 3.28 für $\varrho = 0{,}9$ entspricht. Den Strahlenverlauf im Interferenzspektroskop von Lummer zeigt Abb. 3.37a; sowohl die vielfach reflektierten wie auch die durchgelassenen Strahlen werden in einem auf Unendlich eingestellten Fernrohr betrachtet, wobei jeweils der untere oder der obere Teil der Linse abgeblendet werden muß. Wie schon früher auseinandergesetzt, ist die Erscheinung im reflektierten Licht komplementär zu der im durchgelassenen. Die Komplementarität beruht auf der Sonderstellung des ersten Strahles, der der einzige ist, der am dichteren Medium reflektiert wird. Wegen des großen Wertes von ϱ hat dieser Strahl eine große Intensität, während umgekehrt die in die Platte eindringende und austretende Energie klein ist. Es ist deshalb zweck-

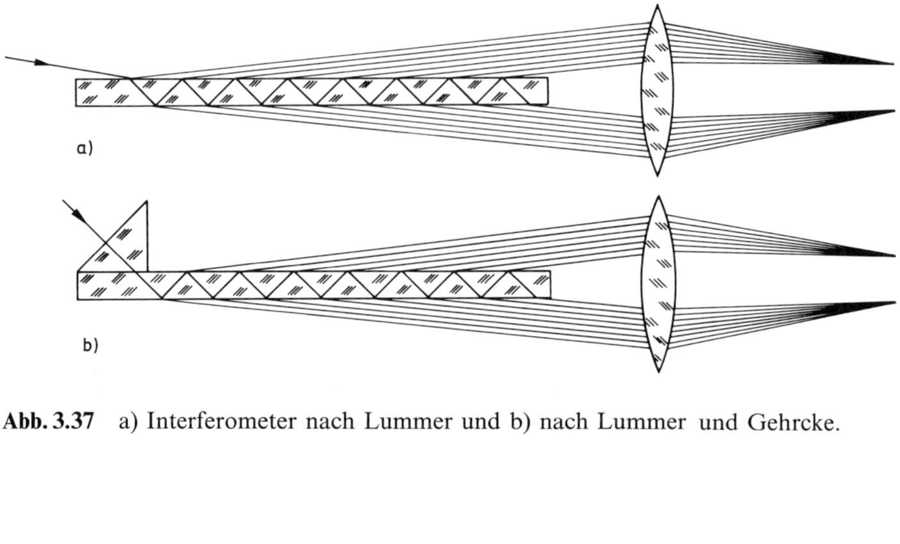

Abb. 3.37 a) Interferometer nach Lummer und b) nach Lummer und Gehrcke.

mäßig, den ersten reflektierten Strahl zu beseitigen, was man nach E. Gehrcke (1902) durch Aufkitten eines gleichschenkligen, rechtwinkeligen Prismas erreichen kann. Abb. 3.37b zeigt das *Lummer-Gehrckesche Inteferenzspektroskop*: da die primäre Strahlung nahezu senkrecht auf die Hypotenusefläche auffällt, ist der Reflexionsverlust sehr klein (4%), so daß 96% der Energie eindringen kann. Natürlich sind die Erscheinungen im reflektierten und durchgelassenen Licht jetzt nicht mehr komplementär, sondern identisch.

Wenn die Platte lang genug ist (20 bis 30 cm), hat man zahlreiche Reflexionen, d. h. Vielfachinterferenz. Die *Lummerplatte* ist sehr bequem, braucht keinerlei Justierung, und das Auflösungsvermögen ist gleichfalls sehr groß. Von Nachteil ist ihre geringe Lichtstärke (kleine Eintrittsfläche) und die Unmöglichkeit, Auflösungsvermögen und Dispersionsgebiet zu variieren (festgelegte Dicke).

3.6 Stehende Lichtwellen; Farbenphotographie nach Lippmann

Eine der einfachsten Interferenzerscheinungen ist im Grunde die durch zwei gegeneinander laufende ebene Wellen erzeugte. Dann bilden sich bekanntlich stehende Wellen aus. Mit den langen Hertzschen Wellen bereitet die Durchführung dieses Versuches keinerlei Schwierigkeit, aber bei Lichtwellen erschwert deren kleine Wellenlänge die Ausführung der Versuche; denn es kommt ja darauf an, die Knoten und Bäuche der stehenden Wellen nachzuweisen. Zunächst sollen die theoretischen Grundlagen wiederholt werden, die bereits in Bd. 2 erörtert wurden; dabei soll hier die bequemere komplexe Schreibweise statt der reellen mit trigonometrischen Funktionen angewendet werden.

Es falle eine ebene elektrische Welle mit der elektrischen Feldstärke E_{1y} von der negativen Seite der x-Achse kommend, auf eine im Punkt $x = 0$ senkrecht zur x-Achse aufgestellte, vollkommen reflektierende Wand; von dieser läuft dann eine reflektierte Welle mit der elektrischen Feldstärke E_{2y} in umgekehrter Richtung zurück. Beide elektrischen Wellen sind von je einer magnetischen Welle mit den magnetischen Feldstärken H_{1z} und H_{2z} begleitet. Im ganzen ergibt sich folgender Schwingungszustand:

$$E_y = E_{1y} + E_{2y} = \mathrm{Re}\left[A\,\mathrm{e}^{2\pi\nu\mathrm{i}\left(t-\frac{x}{c}\right)} - A\,\mathrm{e}^{2\pi\nu\mathrm{i}\left(t+\frac{x}{c}\right)}\right],$$

$$H_z = H_{1z} + H_{2z} = \frac{1}{Z}\,\mathrm{Re}\left[A\,\mathrm{e}^{2\pi\nu\mathrm{i}\left(t-\frac{x}{c}\right)} + A\,\mathrm{e}^{2\pi\nu\mathrm{i}\left(t+\frac{x}{c}\right)}\right]. \tag{3.27}$$

Dabei bedeutet $Z = \sqrt{\mu\mu_0/\varepsilon\varepsilon_0}$ den Wellenwiderstand und Re den Realteil einer komplexen Größe. Außerdem ist zu berücksichtigen, daß Ausbreitungsrichtung, E-Vektor und H-Vektor für beide Wellen ein Rechtsdreibein bilden und bei der Reflexion beim E-Vektor ein Phasensprung von 180° auftritt.

Wir schreiben hier die magnetische Welle mit hinzu, weil es bei stehenden Wellen nicht dasselbe ist, ob man $\overline{E^2}$ oder $\overline{H^2}$ bestimmt, was bei fortschreitenden Wellen immer der Fall ist. Die Gl. (3.27) kann man vereinfachend schreiben:

$$E_y = -2 \operatorname{Re} \mathrm{i} A \sin \frac{2\pi \nu x}{c} \mathrm{e}^{2\pi \nu \mathrm{i} t},$$

$$H_z = \frac{2}{Z} \operatorname{Re} A \cos \frac{2\pi \nu x}{c} \mathrm{e}^{2\pi \nu \mathrm{i} t}. \tag{3.28}$$

Setzt man noch $\nu/c = 1/\lambda$, so folgt für die zeitlichen Mittelwerte:

$$\overline{E_y^2} = A^2 \sin^2 \frac{2\pi x}{\lambda}; \quad \overline{H_z^2} = \frac{A^2}{Z} \cos^2 \frac{2\pi x}{\lambda}. \tag{3.29}$$

An Gl. (3.29) erkennt man, daß $\overline{E_y^2}$ nicht proportional zu $\overline{H_z^2}$ ausfällt. Besonders zeigt sich das an der Lage der Knoten (und Bäuche) für $\overline{E_y^2}$ und $\overline{H_z^2}$. Die Knoten von $\overline{E_y^2}$ liegen an den Stellen, an denen $\sin 2\pi x/\lambda$ verschwindet, d.h. bei

$$\frac{2\pi x}{\lambda} = k\pi \quad \text{oder} \quad x = \frac{k\lambda}{2} \quad (k = 0, -1, -2\ldots).$$

Der erste Knoten der elektrischen Feldstärke liegt in der Oberfläche der reflektierenden Wand, die folgenden jeder um eine halbe Wellenlänge davon entfernt. Die Knoten der elektrischen Feldstärke fallen zusammen mit den Bäuchen der magnetischen und umgekehrt. Abb. 3.38 stellt diese Verhältnisse dar.

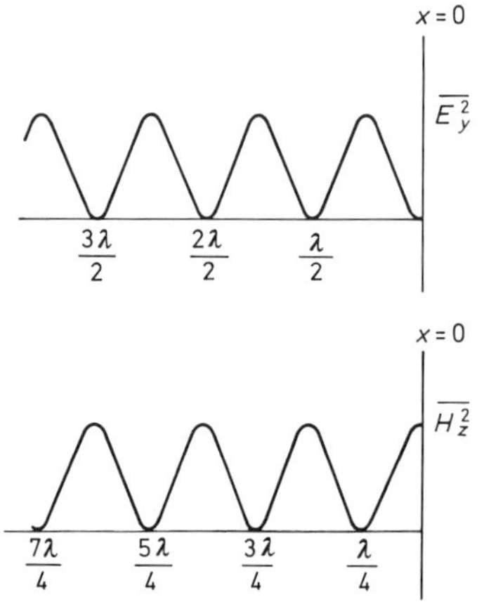

Abb. 3.38 Verlauf der Mittelwerte der Quadrate der elektrischen Feldstärke $\overline{E_y^2}$ und der magnetischen Feldstärke $\overline{H_z^2}$ in einer stehenden Lichtwelle. Die Abszisse entspricht der x-Achse.

Bei Hertzschen Wellen können beide Fälle untersucht werden, da es Meßinstrumente gibt, die $\overline{E^2}$, wie auch solche, die $\overline{H^2}$ anzeigen. Je nachdem findet man die Knoten entweder entsprechend dem oberen Teil der Abb. 3.38 oder dem unteren Teil. Was aber ergibt sich bei optischen Wellen? Sprechen die photographische Platte, das Auge, die Fluoreszenzwirkung usw. auf E oder auf H an? Darauf kann nur der Versuch Antwort geben, wenn er uns gestattet, die Knotenlagen festzustellen. Das

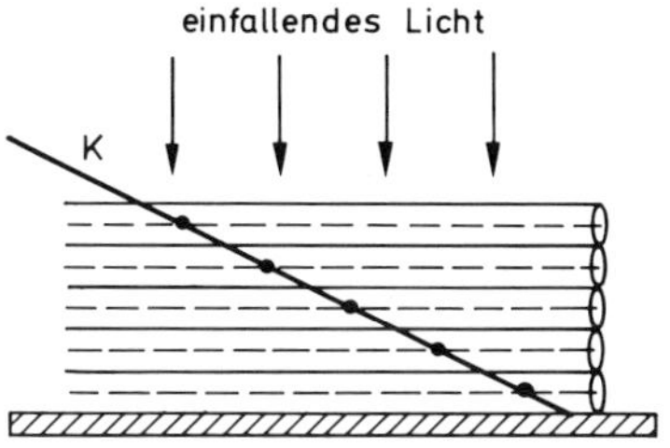

Abb. 3.39 Versuchsanordnung von Wiener zum Nachweis stehender Lichtwellen.

gelang O. Wiener (1890), und darin liegt die grundsätzliche Bedeutung seiner Versuche. Wiener überwand die in der Kleinheit der optischen Wellen liegende Schwierigkeit dadurch, daß er in das System der stehenden Lichtwellen, die sich vor einem Silberspiegel bildeten, ein dünnes (etwa ein dreißigstel-λ-dickes) lichtempfindliches Silberchlorid-Kollodiumhäutchen K (Abb. 3.39) brachte und sehr schräg ausspannte. Wie man aus der Abbildung sieht, wird dieses Häutchen von den Ebenen der elektrischen Bäuche in Abständen geschnitten, die um so größer sind, je flacher das Häutchen zur Spiegelebene verläuft. Nach der photographischen Entwicklung zeigt es eine regelmäßige Folge heller und dunkler (ungeschwärzter und geschwärzter) Streifen, und zwar ist das Häutchen an der Stelle, wo es den Spiegel berührt, d. h. dort, wo der Knoten der elektrischen Feldstärke liegt, ungeschwärzt, dagegen geschwärzt im Abstand $\lambda/4$ vor der Silberschicht, d. h. im ersten Schwingungsbauch; die übrigen Schwärzungsstellen – in der Abb. 3.39 gestrichelt hervorgehoben – liegen in Abständen von $\lambda/2$ davon entfernt. Daraus folgt, daß das Korn der photographischen Platte ausschließlich auf den elektrischen Vektor anspricht. Ferner haben P. Drude und W. Nernst (1892) bei Wiederholung der Wienerschen Versuche das lichtempfindliche Häutchen durch eine fluoreszierende Schicht ersetzt, die nur an den Stellen aufleuchtet, wo der E-Vektor Bäuche hat. Es ist kein Versuch bekannt, bei dem der H-Vektor des Lichts eine Rolle spielt. Deshalb beschränkt man sich bei der Untersuchung von Lichtwellen oft auf die elektrische Feldstärke.

Eine sehr interessante Anwendung der stehenden Lichtwellen zur **Photographie in natürlichen Farben** hat G. Lippmann (1891) gemacht. Legt man ein auf einer Glasplatte aufgebrachtes durchsichtiges Häutchen (das aber viele Wellenlängen dick sein muß) einer lichtempfindlichen Substanz, z. B. Albumin, in dem Silberiodid und Silberbromid äußerst fein verteilt sind, auf eine Quecksilberoberfläche und entwirft auf der Schicht etwa ein Spektrum, so bilden sich durch die stehenden Lichtwellen bei der photographischen Entwicklung der Schicht in dieser geschwärzte Flächen aus, die für das rote Ende des Spektrums weiter auseinanderliegen als für das violette Ende (Abb. 3.40). Die einzelnen geschwärzten Schichten bestehen aus Ablagerungen von reflektierenden Silberteilchen. Betrachtet man eine so behandelte Lippmann-Platte im weißen Licht, so reflektiert jede Stelle gerade die Wellenlänge, die doppelt so groß ist wie der Abstand der geschwärzten Schichten an dieser Stelle (weil gerade dann die reflektierten Teilwellen sich phasenrichtig überlagern), d. h. auf der rotbestrahlten Seite nur Rot, auf der violettbestrahlten Seite Violett, dazwischen die Farben Orange, Gelb, Grün, Blau. Das Spektrum erscheint also in natürlichen Far-

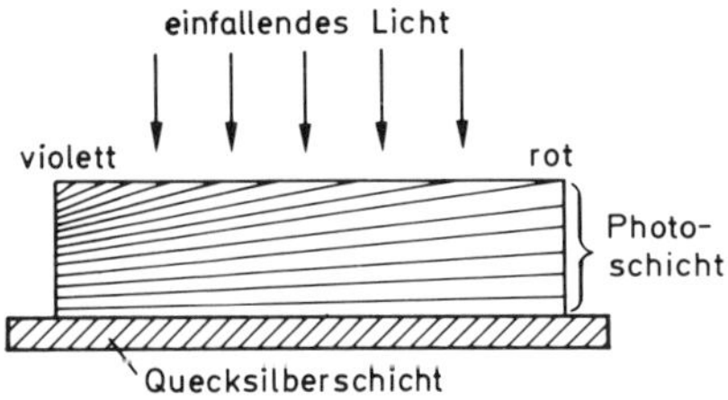

Abb. 3.40 Anordnung von Lippmann zur Photographie in natürlichen Farben.

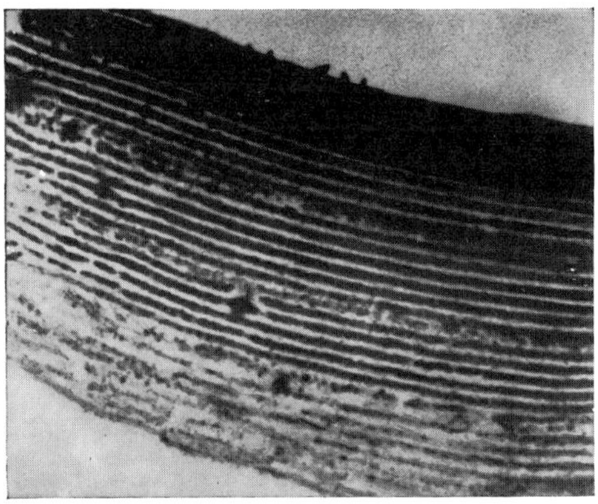

Abb. 3.41 Stark vergrößerter Schnitt durch eine Lippmann-Schicht.

ben photographiert. In der Tat hat Lippmann mit dieser Methode, die übrigens schon von W. Zenker (1896) vorausgesagt war, sehr schöne Spektralaufnahmen sowie Aufnahmen farbiger Gegenstände hergestellt. Abb. 3.41 gibt eine starke Vergrößerung eines Schnittes durch eine *Lippmann-Schicht* wieder. Damit man bei der Betrachtung von Lippmann-Schichten die richtigen Faben sieht, muß das Licht bei der Betrachtung unter dem gleichen Winkel auf die Platte fallen wie bei der Aufnahme. Betrachtet man die Platte unter einem merklich flacheren Lichteinfall, so erscheinen alle Farben nach der Seite längerer Wellenlängen hin verschoben. Haucht man eine Lippmann-Photographie an, so daß die Gelatineschicht quillt und die geschwärzten Schichten auseinanderrücken, so verändert das Bild seine Farben. Das Lippmannsche Verfahren hat heute erneute Bedeutung in der Holographie erlangt.

3.7 Lichtschwebungen

Es bleibt noch der Fall von Interferenz zu besprechen, bei dem die Frequenzen der beiden sich überlagernden Wellen voneinander verschieden sind. In der Akustik entsteht dann das bekannte Phänomen der Schwebungen (vgl. z. B. Bd. 1). Gibt es das analoge Phänomen auch bei den Lichtwellen? Grundsätzlich gewiß, aber die hohen Schwingungszahlen und die Inkohärenz machen die Beobachtung von Schwebungen in der Optik schwierig. Seien die beiden Frequenzen ν_1 und ν_2, so ist für die beiden Wellen (der Einfachheit halber mit gleicher Amplitude) anzusetzen:

$$E_1 = \operatorname{Re} A\,\mathrm{e}^{2\pi\nu_1 \mathrm{i}\left(t-\frac{x}{c}\right)}; \quad E_2 = \operatorname{Re} A\,\mathrm{e}^{2\pi\nu_2 \mathrm{i}\left(t-\frac{x}{c}\right)}.$$

Die Überlagerung ergibt, wenn man noch $\nu_1 = \nu - \frac{\Delta\nu}{2}$, $\nu_2 = \nu + \frac{\Delta\nu}{2}$ setzt:

$$E = E_1 + E_2 = \operatorname{Re} A\,\mathrm{e}^{2\pi\nu \mathrm{i}\left(t-\frac{x}{c}\right)} \left\{ \mathrm{e}^{-\mathrm{i}\pi\Delta\nu\left(t-\frac{x}{c}\right)} + \mathrm{e}^{\mathrm{i}\pi\Delta\nu\left(t-\frac{x}{c}\right)} \right\}. \tag{3.30}$$

Für die Intensität $\overline{E^2}$ folgt mit $\mathrm{e}^{\mathrm{i}\varphi} + \mathrm{e}^{-\mathrm{i}\varphi} = 2\cos\varphi$:

$$\overline{E^2} = 2A^2 \cos^2 \pi\Delta\nu \left(t - \frac{x}{c}\right). \tag{3.31}$$

Bei der zeitlichen Mittelung wurde $\Delta\nu \ll \nu$ vorausgesetzt, und über Zeiten gemittelt, die sehr viel größer als die Schwingungsdauer $1/\nu$, aber kleiner als die Schwingungsdauer $1/\Delta\nu$ der Schwebung sind.

Die Intensität erweist sich also in der Tat als periodisch, was im Prinzip ja die Erscheinung der Schwebung ist. Es fragt sich nur, ob man sie beobachten kann. Dazu darf die Frequenzdifferenz $\Delta\nu = \nu_2 - \nu_1$ nicht groß sein, für das Auge kaum größer als 10 Hz, da bei größerer Schwebungsfrequenz das Auge die aufeinanderfolgenden wechselnden Intensitäten wieder verschmilzt, d. h. von Gl. (3.31) das zeitliche Mittel bildet: $\overline{E^2} = A^2$. In diesem Fall beobachtet das Auge also einfach die Summe $A^2/2 + A^2/2$ der Einzelintensitäten: es liegt keine beobachtbare Interferenz vor. Das gleiche gilt auch für andere Meßinstrumente, z. B. Thermosäule + Galvanometer, die alle oberhalb einer bestimmten Maximalfrequenz wieder nur Mittelwerte anzeigen. Um mit dem Auge beobachtbare Schwebungen zu erzeugen, sind also zwei Lichtquellen (Spektrallinien) erforderlich, die einen Abstand von weniger als 10 Hz besitzen. Gleichzeitig muß die Breite der Linien klein gegen diesen Abstand sein. Die schärfsten Spektrallinien haben jedoch eine Breite von mehr als 10^7 Hz. Damit ist die Erzeugung von visuell beobachtbaren Schwebungen unmöglich. Dennoch gibt es Anordnungen, bei denen man optische Schwebungen mit dem Auge beobachten kann.

In Abschn. 3.5 ist z. B. im Absatz *Interferenzspektroskopie* die Beobachtung Fizeaus erwähnt worden, der beim Newtonschen Farbenglas (bei monochromatischem Licht) den Abstand der Linse von ihrer Unterlage (d. h. die Keildicke) vergrößerte. Dabei wandern an einem festen Beobachtungspunkt A die hellen und dunklen Interferenzstreifen vorbei: das Auge beobachtet also einen periodischen Wechsel

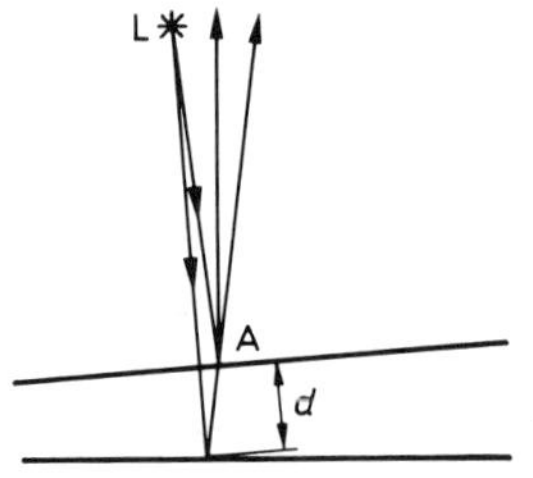

Abb. 3.42 Zur Erklärung von Lichtschwebungen.

von Hell und Dunkel – und das kann als eine Lichtschwebung gedeutet werden. Schwebung setzt aber eine Frequenzdifferenz $\Delta\nu$ voraus, und es muß geklärt werden, wieso eine solche hier auftritt. Dazu werden die beiden Wellen betrachtet, die an der oberen und unteren Begrenzung des Keiles reflektiert werden (Abb. 3.42). Ist der Schwingungszustand der vom Lichtpunkt L ausgehenden und an der Oberseite reflektierten Welle im Punkt A durch $e^{i2\pi\nu_1 t}$ gegeben, so ist der Schwingungszustand der an der Unterseite zurückgeworfenen im gleichen Punkt $e^{i2\pi\nu_1(t-2d/c)+i\pi}$, wenn d die Dicke des Keiles an der Stelle A ist; das Glied $i\pi$ kommt daher, daß die zweite Welle am dichteren Medium reflektiert ist; die Amplituden sind (der Einfachheit halber) gleich 1 angenommen. Die Überlagerung ergibt unter Berücksichtigung von $e^{i\pi} = -1$:

$$e^{i2\pi\nu_1 t} + e^{i2\pi\nu_1\left(t-\frac{2d}{c}\right)+i\pi} = e^{i2\pi\nu_1 t} - e^{i2\pi\nu_1\left(t-\frac{2d}{c}\right)}. \tag{3.32}$$

Wenn nun die untere Begrenzung des Luftkeiles mit der konstanten Geschwindigkeit v nach unten bewegt wird, so wird der Abstand d eine Funktion der Zeit: $d = d_0 + vt$, wenn die Bewegung zur Zeit $t = 0$ anfängt und der Keil dann gerade die Dicke d_0 hat. Führen wir dies in Gl. (3.32) ein, so erhält man:

$$e^{i2\pi\nu_1 t} - e^{i2\pi\nu_1\left(t-\frac{2d}{c}\right)} = e^{i2\pi\nu_1 t} - e^{i2\pi\nu_1\left[\left(1-\frac{2v}{c}\right)t-\frac{2d_0}{c}\right]}.$$

Wenn nun zur Abkürzung

$$\nu_1\left(1-\frac{2v}{c}\right) = \nu_2 \tag{3.33}$$

gesetzt wird, folgt schließlich:

$$e^{i2\pi\nu_1 t} - e^{i2\pi\nu_1\left(t-\frac{2d}{c}\right)} = e^{i2\pi\nu_1 t} - e^{i\left(2\pi\nu_2 t-\frac{4\pi d_0}{\lambda_1}\right)}. \tag{3.34}$$

Die zweite Welle mit der Frequenz ν_1 und der zeitlich variablen Phase $4\pi(d_0 + vt)/\lambda_1$ ist also formal identisch mit einer Welle der veränderten Frequenz $\nu_2 = \nu_1(1 - 2v/c)$ und der konstanten Phase $4\pi d_0/\lambda_1$. Die periodische Intensitätsmodulation, die durch Wanderung der Interferenzstreifen im Beobachtungspunkt A hervorgerufen wird, kann also wirklich als Schwebung gedeutet werden. Das gilt überhaupt für alle Interferenzanordnungen, bei denen infolge Bewegung eines Apparatteiles eine Verschiebung der Interferenzstreifen stattfindet.

Eine anschaulichere Begründung für die durchgeführte Umdeutung wird im folgenden angegeben. In Abb. 3.43 ist der Keil noch einmal dargestellt. Zur reellen Lichtquelle gehören die beiden virtuellen Lichtquellen L′ und L″, die um so viel hinter der oberen und unteren Begrenzung des Keiles liegen, wie L über ihnen. Die beiden virtuellen Lichtquellen ersetzen bezüglich der Wellenausbreitung die reelle Lichtquelle und die beiden spiegelnden Flächen. Da L′ von der festen, oberen Begrenzung aus konstruiert ist, ist L′ ebenfalls im Raume fest. L″ ist aber von der mit der Geschwindigkeit v nach unten bewegten unteren Begrenzung aus gewonnen, bewegt sich also mit der doppelten Geschwindigkeit $2v$ nach unten, wie die Abbildung andeutet. Man kann also sagen, daß die beiden Wellen von einer festen (L′) und einer mit der Geschwindigkeit $2v$ bewegten Lichtquelle (L″) ausgehen. Nach dem Doppler-Prinzip aber ist für einen Beobachter, von dem die Quelle L″ sich entfernt, die Frequenz ν_1 umgeändert in ν_2 nach der Formel (vgl. Bd. 1)

$$\nu_2 = \nu_1 \left(1 - \frac{2v}{c}\right)$$

und das ist identisch mit Gl. (3.33). Auf diese Weise kann man in der Optik die notwendige kleine Frequenzdifferenz $\Delta\nu$ erzeugen und somit Schwebungen erhalten.

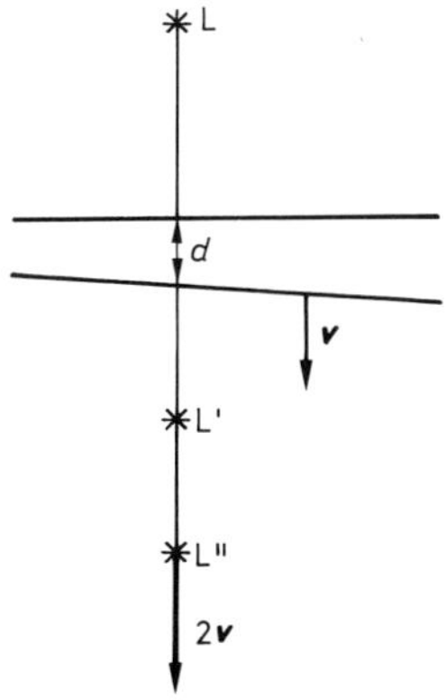

Abb. 3.43 Zur Erklärung von Lichtschwebungen.

Javan (1962) ist es gelungen, mit Laser-Lichtquellen (Kap. 7) Schwebungsfrequenzen im MHz-Bereich zu erhalten. Diese können natürlich nicht mit dem Auge beobachtet werden. Der Versuchsaufbau ist in Abb. 3.44 dargestellt. Die von zwei verschiedenen Lasern ausgestrahlten Lichtwellen werden durch zwei Spiegel so zur Überlagerung gebracht, daß ihre Strahlachsen und Ausbreitungsrichtungen übereinstimmen. Wenn die Intensitäten der beiden Laser gleich sind und sie jeweils eine einzige Frequenz ν_1 bzw. ν_2 emittieren, dann ist die Gesamtintensität im Überlagerungsbereich der Strahlen gegeben durch Gl. (3.31). Eine Änderung der Laser-

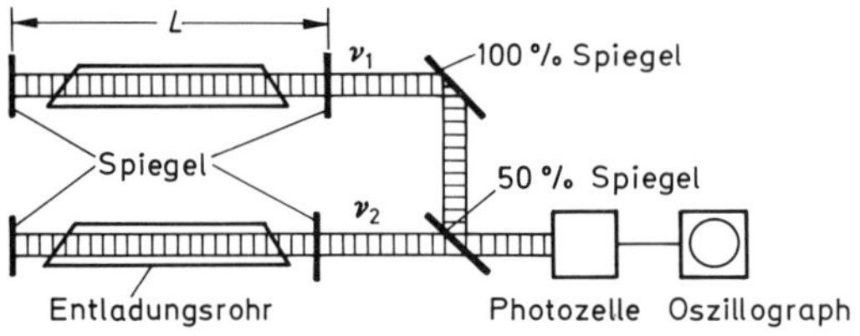

Abb. 3.44 Versuchsanordnung zur Beobachtung der Schwebungsfrequenz $\nu_2 - \nu_1$ zwischen zwei Gaslasern.

frequenzen ist durch Änderung des Spiegelabstandes L möglich. Damit können beliebige Differenzfrequenzen $\Delta\nu$ von 0 bis etwa 1 GHz eingestellt werden. Die maximale Differenzfrequenz ist durch die Breite des verwendeten Laserüberganges gegeben, innerhalb derer die Laserfrequenzen durch Änderung des Spiegelabstandes variiert werden kann. Die Gesamtintensität ist mit der Differenzfrequenz $\Delta\nu$ moduliert. Schnelle Intensitätsmodulationen können mit einer geeigneten Photozelle, die die Intensitäten in eine entsprechend modulierte Spannung umsetzt, und einem Oszillographen, der den zeitlichen Spannungsverlauf anzeigt, registriert werden.

Es ist gelungen, bei sehr stabilen Lasern Differenzfrequenzen bis herunter zu 100 Hz nachzuweisen. Dies bedeutet, daß die spektrale Breite der verwendeten Laser kleiner als 100 Hz sein muß. Wäre sie größer, so würde man keine scharfe Differenzfrequenz beobachten, sondern ein ganzes Frequenzgemisch, da jede Frequenzkomponente des einen Lasers mit jeder Frequenzkomponente des zweiten Lasers eine verschiedene Differenzfrequenz erzeugt. Einer spektralen Breite von 100 Hz entspricht eine Kohärenzzeit von etwa 0,01 s und eine Kohärenzlänge von 3000 km.

3.8 Grunderscheinungen der Beugung; Beugung am Spalt, an rechteckiger und kreisförmiger Öffnung

Unter der Beugung des Lichtes versteht man die Abweichungen der Lichtausbreitung von den Gesetzen der geometrischen Optik, die immer dann auftreten, wenn die freie Ausbreitung der Wellen durch irgendwelche Objekte (z. B. Schirme mit Blendenöffnungen im Strahlengang) geändert wird. Da dies bei allen optischen Versuchen der Fall ist, hat man es grundsätzlich immer mit Beugungserscheinungen zu tun. Man kann sie in manchen Fällen vernachlässigen, sie können aber unter geeigneten Umständen von entscheidender Bedeutung werden. Die Bezeichnung *Beugung* kommt daher, daß hinter Beugungsobjekten Lichtstrahlen auftreten, die in der Richtung von dem einfallenden Licht abweichen. Die Richtung des einfallenden Lichtes wird also ähnlich wie bei der Brechung geändert, das Licht wird von dem Objekt gebeugt.

Eng verwandt mit der Beugung ist die *Streuung*. Man spricht insbesondere von Beugung, falls die charakteristischen Dimensionen des Objektes (z. B. Blendendurchmesser, Gitterkonstante) größer als die Wellenlänge sind, andernfalls, bei kleineren Objektstrukturen, von Streuung. Die Verwendung dieser Begriffe ist jedoch nicht immer einheitlich. In den folgenden Abschnitten werden hauptsächlich Beugungserscheinungen besprochen. Auf die Streuung von Licht wird im Abschn. 3.13 eingegangen.

Bereits vor 1663 beobachtete F. Grimaldi, daß ein durch eine kleine Öffnung in ein verdunkeltes Zimmer einfallender Sonnenstrahl auf der gegenüberliegenden Wand einen Lichtfleck erzeugte, der bedeutend größer war, als er entsprechend der geradlinigen Ausbreitung des Lichtes hätte sein sollen. Außerdem zeigte der Lichtfleck keineswegs eine scharfe Begrenzung, sondern seine Ränder waren verwaschen und mit farbigen Ringen durchzogen. Man kann diese Erscheinungen subjektiv leicht beobachten, wenn man durch eine kleine Öffnung (mit einer Nähnadel in schwarzes Papier gestochenes Loch) nach einer entfernten punktförmigen weißen Lichtquelle blickt: man sieht dann die Lichtquelle merklich größer als bei direkter Betrachtung und gleichzeitig umgeben von farbigen Ringen. Objektiv kann man eine derartige Beugungserscheinung erzeugen, indem man von einem schmalen ersten Spalt, den wir den *Beleuchtungsspalt* nennen wollen, da er als Lichtquelle dienen soll, durch ein langbrennweitiges Objektiv auf einem mehrere Meter entfernten Schirm ein scharfes reelles Bild erzeugt; dann stellt man vor das Objektiv, parallel dem ersten Spalt einen zweiten, den *Beugungsspalt*. Solange der Beugungsspalt hinreichend breit ist (was man durch Versuch feststellen muß), bleibt das Bild der Lichtquelle auf dem Schirm ebenfalls noch scharf: hier spielt die Beugung noch keine merkliche Rolle; verkleinert man aber die Breite des Beugungsspaltes mehr und mehr, so verbreitert sich das Spaltbild und wird an den Rändern immer verwaschener, gleichzeitig treten zu beiden Seiten verschiedenfarbige Streifen auf, die durch dunkle Zwischenräume getrennt sind. Bei einfarbigem Licht erhält man die in Abb. 3.45 vergrößert wiedergegebene Beugungserscheinung, bei der links und rechts von dem zentralen, verbreiterten hellen Bild eine Anzahl dunkler und heller Streifen auftritt.

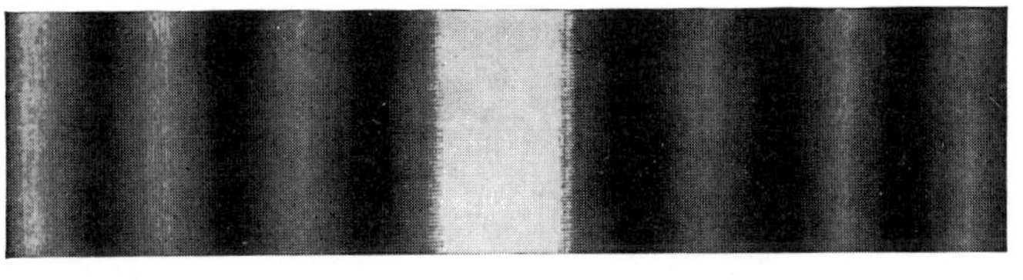

Abb. 3.45 Beugungsbild eines Spaltes in einfarbigem Licht.

Je nachdem, ob Lichtquelle und *Aufpunkt*, d. h. der Punkt, an dem die Erscheinung beobachtet wird, in endlicher oder unendlicher Entfernung voneinander liegen, unterscheidet man **Fresnelsche** und **Fraunhofersche Beugungserscheinungen,** die natürlich nicht grundsätzlich voneinander verschieden sind. Bei hinreichendem Abstand der Lichtquelle und des Aufpunkts von der beugenden Öffnung gehen die Fresnelschen allmählich in die Fraunhoferschen Erscheinungen über. Indem man die Lichtquelle in den Brennpunkt einer Konvexlinse O_1 bringt, verlegt man tatsächlich die Lichtquelle ins Unendliche; indem man ferner die Erscheinung wieder in der Brennebene einer zweiten Linse O_2 (oder mit einem auf unendlich gestellten Fernrohr) beobachtet, verlegt man auch den Aufpunkt ins Unendliche. In der Abb. 3.46 sind die beiden Fälle schematisch dargestellt. In beiden Abbildungen ist L die Lichtquelle, P der Aufpunkt auf dem Schirm S. Die gestrichelten Strahlen deuten den geometrisch-optischen Strahlengang an, die ausgezogenen dagegen die gebeugten Wellen, die im Aufpunkt P zur Wirkung kommen. Bei der Fraunhoferschen Betrachtungsweise kommen also in P nur Strahlen zur Wirkung, die unter dem gleichen Beugungswinkel φ vom geradlinigen Verlauf abgebeugt sind, während bei der Fresnelschen Beugung die in P wirksamen Strahlen unter ganz verschiedenen Winkeln abgebeugt sind. Zur quantitativen Diskussion der Beugungserscheinungen ist also die Fraunhofersche Beobachtungsweise wesentlich übersichtlicher.

Entsprechend Abb. 3.46 arbeitet man bei der Fresnelschen Beugung mit divergenten Lichtbündeln, bei der Fraunhoferschen Beugung mit parallelen Lichtbündeln. Man spricht daher auch von der *Beugung mit divergentem und parallelem Licht.*

Auch in der Anordnung nach Abb. 3.46b kann Fresnelsche Beugung beobachtet werden, wenn der Schirm S sich nicht in der Brennebene von O_2 befindet. Bei vielen optischen Apparaten beobachtet man entsprechend Fraunhofersche Beugungserscheinungen in der Bildebene eines Objektivs, Fresnelsche Beugungserscheinungen dagegen bei Defokussierung.

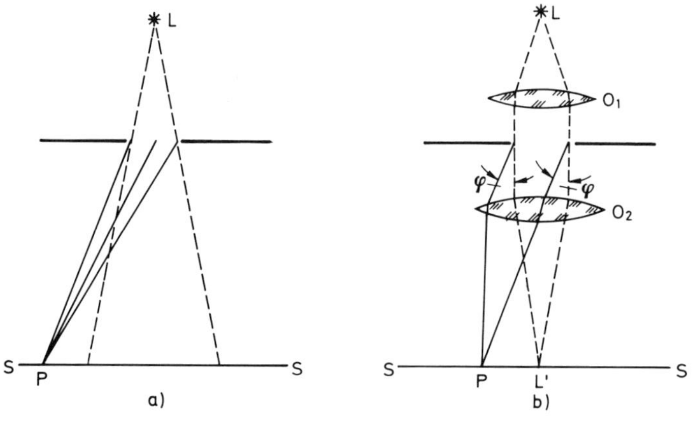

Abb. 3.46 a) Fresnelsche und b) Fraunhofersche Lichtbeugung an einer engen Öffnung.

Abb. 3.47 zeigt eine von einem keilförmigen Spalt mit monochromatischem Licht ($\lambda = 450$ nm) erzeugte Fresnelsche Beugungserscheinung. Die bei geradliniger Ausbreitung zu erwartenden Schattengrenzen sind durch die gestrichelten Linien angedeutet. Man erkennt, wie mit abnehmender Spaltbreite die seitlichen Beugungsstreifen immer weiter auseinanderrücken. Ersetzt man den beugenden Spalt durch einen geraden Draht, so erhält man auf dem Schirm einen sehr verwaschenen Schatten desselben und sieht bei einfarbigem Licht mehrere, zu den Rändern parallele helle und dunkle Streifen. In Abb. 3.48 sind zwei Beugungsbilder an Drähten verschiedener Dicke wiedergegeben. Bei dem rechten Bild erkennt man auch, daß der mittlere

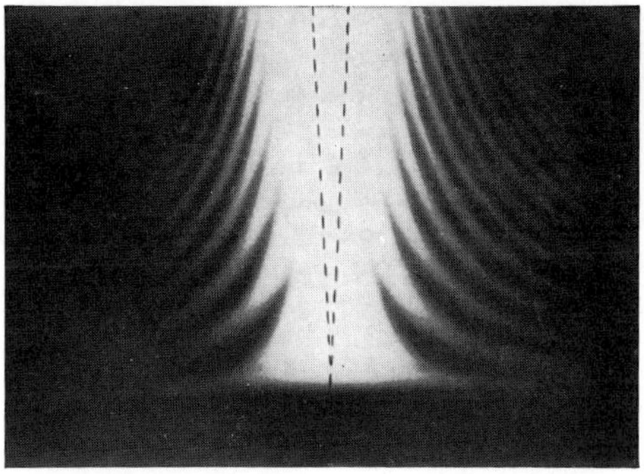

Abb. 3.47 Von einem keilförmigen Spalt mit monochromatischem Licht erzeugte Fresnelsche Beugungserscheinung.

Abb. 3.48 Mit monochromatischem Licht an Drähten verschiedener Stärke erzeugte Fresnelsche Beugungserscheinungen.

Teil des Schattens, der bei geometrischem Strahlenverlauf vollkommen dunkel sein müßte, aufgehellt ist. Schließlich ist in Abb. 3.49 die Beugungserscheinung an der Kante eines undurchsichtigen Schirmes wiedergegeben. Dabei entstehen vor der geometrischen Schattengrenze im hell erleuchteten Gebiet mehrere helle und dunkle Streifen, die immer schmaler werden und einander näher rücken; unmittelbar an der geometrischen Schattengrenze (Nullpunkt der Abszisse) sind übrigens die hellen Streifen sogar heller, als diese Stellen bei Wegnahme des Beugungsschirmes sein würden. Im unteren Teil der Abb. 3.49 ist die Lichtverteilung graphisch angegeben, wie sie die Theorie ergibt; man erkennt, daß auch im geometrischen Schatten noch Helligkeit vorhanden ist.

Die richtige Deutung der Beugungserscheinungen gab A. Fresnel (1818) durch die Kombination des *Huygensschen Prinzips der Elementarwellen* mit dem *Interferenzprinzip von Th. Young*. Das Huygens-Fresnelsche Prinzip ist in Bd. 1 ausführlich

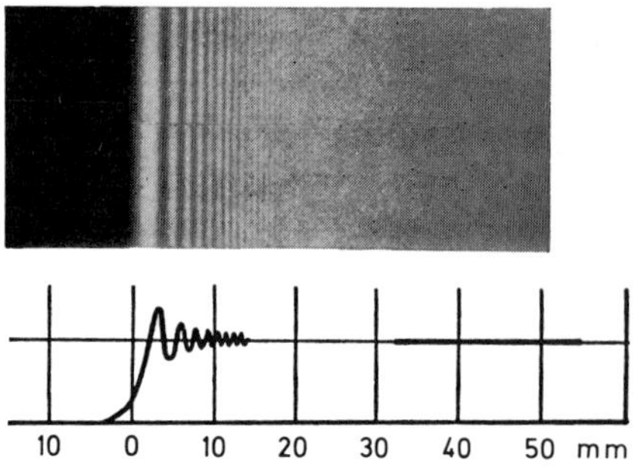

Abb. 3.49 Fresnelsche Beugung an einer Kante.

behandelt worden. Es sagt aus, daß sich von jedem Punkt einer Wellenfläche eine kugelförmige Elementarwelle ausbreitet.

Im folgenden soll auf die weniger wichtigen Fälle der Fresnelschen Beugungserscheinungen nicht mehr eingegangen werden. Es sei aber darauf aufmerksam gemacht, daß die in der allgemeinen Wellenlehre in Bd. 1 behandelte Beugung an einer kreisrunden Scheibe bzw. kreisrunden Öffnung vom Typus Fresnelscher Beugungserscheinungen sind. Mit Hilfe der geeignet modifizierten Fresnelschen Zonenkonstruktion läßt sich ohne Schwierigkeit die Fresnelsche Beugung an einem Spalt, einem Faden oder einer Kante diskutieren.

Beugung an einem Spalt. Als Lichtquelle wird ein schmaler Beleuchtungsspalt parallel zum Beugungsspalt benutzt. Der Beleuchtungsspalt steht in der Brennebene einer Konvexlinse, wodurch er virtuell ins Unendliche verlegt wird. Theoretisch ist es am einfachsten, einen unendlich schmalen Beleuchtungsspalt zu betrachten, der auch als unendlich lang angenommen wird, was praktisch durch hinreichende Länge angenähert wird. Auch der Beugungsspalt wird als unendlich lang betrachtet. Wenn beide Spalte wirklich unendlich lang sind, so herrschen in jeder Ebene senkrecht zu beiden Spalten die gleichen Verhältnisse, so daß wir uns auf die Betrachtung einer dieser Ebenen, nämlich der Papierebene, beschränken könnten; angenähert ist dies schon bei hinreichend langen Spalten der Fall. Hinter den Beugungsspalt wird wieder eine Konvexlinse gesetzt, wodurch die Beugungspunkte ebenfalls ins Unendliche verlegt werden. Mit andern Worten: es liegt die Anordnung der Abb. 3.46b vor und es wird also die Fraunhofersche Beugungserscheinung eines Spaltes betrachtet.

Die maximal zulässige Breite des Beleuchtungsspaltes ergibt sich aus der Tatsache, daß in der Versuchsanordnung nach Abb. 3.46b der Beleuchtungsspalt auf dem Schirm abgebildet wird. Dieses Spaltbild muß kleiner sein als der Abstand der Interferenzstreifen des Beugungsspaltes.

Nach diesen Vorbemerkungen soll nun die Beugungserscheinung genauer untersucht werden; in Abb. 3.50 ist ein Schnitt durch die Öffnung AB = b des Beugungsspaltes gezeichnet. Hinter dem Spalt breitet sich das Licht nicht geradlinig in der ursprünglichen Einfallsrichtung senkrecht zum Spalt aus, sondern in *allen* Richtungen als Folge der Beugung: nach dem Huygens-Fresnelschen Prinzip gehen von

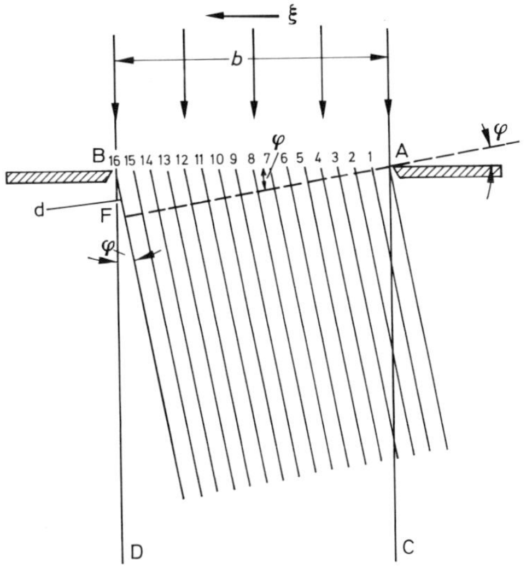

Abb. 3.50 Zur Erklärung der Lichtbeugung an einem Spalt. Die beiden Konvexlinsen aus Abb. 3.46a sind der Einfachheit wegen nicht gezeichnet. Es werden nur parallele Richtungen, sowohl im senkrecht auffallenden als auch im gebeugten Licht, betrachtet.

jedem Punkt der Beugungsöffnung AB die Sekundärwellen aus. Um die Lichtintensität in der Richtung φ zu berechnen, teilen wir die Öffnung b in eine große Zahl p gleicher Teile von der Breite β, so daß $b = p\beta$ ist. Wir müßten natürlich, streng genommen, die Spaltbreite b in unendlich viele, unendlich schmale Teilstücke zerlegen; vorläufig aber nehmen wir p nur groß und β klein an; in der Abb. 3.50 ist z.B. b in 16 Teile ($p = 16$) geteilt, und entsprechend klein ist also $\beta = b/p = b/16$. Wir betrachten nun das Bündel paralleler Strahlen von der Gesamtbreite b, das in der Richtung φ abgebeugt wird. Dann besteht zwischen dem ersten Strahl (1) auf der rechten Seite und dem letzten Strahl (16) auf der linken Seite des Spaltes eine Gangdifferenz $d = \overline{BF}$, der eine Phasendifferenz des ersten und letzten Strahles $\Delta = 2\pi d/\lambda$ entspricht; je zwei benachbarte Teilbündel haben also relativ zueinander eine p-mal kleinere Phasendifferenz $\delta = 2\pi d/p\lambda$; die Gesamtphasendifferenz Δ ist gleich $p\delta$. Die Teilwellen interferieren miteinander in der Brennebene der Linse O_2 (Abb. 3.46b). Es handelt sich um eine Art „Vielstrahlinterferenz", wie sie in Abschn. 3.5 behandelt wurde. Da die Amplitude der einzelnen Wellen proportional der Breite β ist, kann der Schwingungszustand im Punkt A mit $\beta e^{i2\pi\nu t}$ bezeichnet werden. Die elektrische Lichtfeldstärke E_φ in einem Punkt P, der einen großen Abstand l von A besitzt bzw. sich in der Brennebene einer Linse befindet (vgl. Abb. 3.46b), ergibt sich dann als folgende Summe von Wellen:

$$E_\varphi \sim \mathrm{Re}\,\beta e^{i2\pi\left(\nu t - \frac{l}{\lambda}\right)}\left[1 + e^{-i\delta} + e^{-i2\delta} + \ldots + e^{-i(p-1)\delta}\right]. \tag{3.35}$$

Die vorstehende Summe stellt eine geometrische Reihe dar und hat den folgenden Wert:

$$E_\varphi \sim \operatorname{Re} \beta \frac{\sin p\delta/2}{\sin \delta/2} e^{-i\frac{p-1}{2}\delta} e^{i2\pi\left(\nu t - \frac{l}{\lambda}\right)}. \tag{3.35a}$$

Nun ist aber $p\delta = \Delta$ fest vorgegeben; also kann die Feldstärke E_φ der in Richtung φ abgebeugten Welle auch so geschrieben werden:

$$E_\varphi \sim \operatorname{Re} \beta \frac{\sin \Delta/2}{\sin(\Delta/2p)} e^{-\frac{i\Delta}{2}} e^{\frac{i\Delta}{2p}} e^{i2\pi\left(\nu t - \frac{l}{\lambda}\right)}.$$

Geht schließlich $p \to \infty$, so kann man im Nenner der rechten Seite der letzten Gleichung statt des Sinus sein Argument setzen und im Exponenten $1/p$ gegen 1 vernachlässigen. Dann lautet die Gleichung unter Berücksichtigung von $p\beta = b$

$$E_\varphi \sim \operatorname{Re} \beta p \frac{\sin \Delta/2}{\Delta/2} e^{i\left[2\pi\left(\nu t - \frac{l}{\lambda}\right) - \frac{\Delta}{2}\right]} = b \frac{\sin \Delta/2}{\Delta/2} \cos\left[2\pi\left(\nu t - \frac{l}{\lambda}\right) - \frac{\Delta}{2}\right]. \tag{3.36}$$

Quadrieren und Mittelung über die Zeit liefert schließlich für die Intensität J_φ in der Richtung φ:

$$J_\varphi \sim b^2 \frac{\sin^2(\Delta/2)}{(\Delta/2)^2}. \tag{3.37}$$

Mit dieser Gleichung ist das Problem gelöst, die Intensität J_φ in jeder beliebigen Richtung φ zu bestimmen. Die Gesamtgangdifferenz $d = \overline{BF}$ kann nun – je nach *dem Wert von* φ – alle Werte von 0 an bis zu Vielfachen der Wellenlänge annehmen. Es ergibt sich also schließlich die Gleichung:

$$J_\varphi \sim b^2 \frac{\sin^2\left(\frac{\pi b}{\lambda}\sin\varphi\right)}{\left(\frac{\pi b}{\lambda}\sin\varphi\right)^2}. \tag{3.38}$$

Darin ist d durch $\sin\varphi$ ausgedrückt: $d = b\sin\varphi$; damit ist J_φ direkt als Funktion von $\sin\varphi$ bestimmt. Einige Spezialfälle mögen erörtert werden:

1. $\sin\varphi = 0$ (unabgelenkte Strahlen): $J_0 \sim b^2$, der größte Intensitätswert, der auftreten kann.
2. $\sin\varphi = \frac{\lambda}{2b}$; $J_{1/2} = \frac{4}{\pi^2} J_0 = 0{,}406\, J_0$;
3. $\sin\varphi = \frac{\lambda}{b}$; $J_1 = 0$; hier liegt das erste Minimum, d.h. die Mitte eines dunklen Interferenzstreifens;
4. $\sin\varphi = \frac{3\lambda}{2b}$; $J_{3/2} = \frac{4}{9\pi^2} J_0 = 0{,}045\, J_0$;
5. $\sin\varphi = \frac{2\lambda}{b}$; $J_2 = 0$; hier liegt der zweite dunkle Interferenzstreifen usw.

Man kann also das Gesamtergebnis folgendermaßen formulieren:

- Die Gesamtintensität aller Strahlen eines abgebeugten Strahlenbündels ist immer gleich Null, wenn der Gangunterschied der Randstrahlen ein ganzes Vielfaches der Wellenlänge beträgt; ist dagegen der Gangunterschied der Randstrahlen ein ungerades Vielfaches einer halben Wellenlänge, so ist die Gesamtintensität um so schwächer, je stärker das Lichtbündel abgebeugt ist; die maximale Intensität entsteht für $\varphi = 0$, d. h. im unabgelenkten sog. Zentralbild.

Demnach gehören die Minima zu den Beugungswinkeln φ_k, für die gilt:

$$\sin \varphi_k = \frac{k\lambda}{b} \quad (k = 1, 2, 3 \ldots) \tag{3.39}$$

Das sind die Nullstellen des Zählers von Gl. (3.38), und diese geben die Lage der Minima exakt an (Abb. 3.51). Die Maxima der Helligkeit aber liegen nicht genau an den Stellen, wo der Zähler seine Maxima hat, weil die Variable ja auch im Nenner steht; immerhin weichen die Maxima des Zählers nicht stark von den Helligkeitsmaxima ab, so daß man angenähert für die entsprechenden Beugungswinkel φ'_k schreiben kann:

$$\sin \varphi'_k = \frac{2k+1}{2} \frac{\lambda}{b} \quad (k = 1, 2, 3 \ldots) \tag{3.40}$$

Eine Sonderstellung nimmt der in Gl. (3.39) ausgeschlossene Fall $k = 0$ ein; denn da dann Zähler und Nenner von Gl. (3.38) *gleichzeitig* verschwinden, ist dort kein Minimum, sondern im Gegenteil das *Hauptmaximum (Zentralbild)*; ebenso haben wir auch in Gl. (3.40) $k = 0$ ausgeschlossen, denn man hat dort zwar Helligkeit, aber kein Maximum.

Die Werte k eines Interferenzmaximums oder Minimums nennt man auch hier die Ordnung desselben; der Zentralstreifen hat also die Ordnung 0; bei nicht-monochromatischem Licht ist dies das „Zentrum" der Interferenzerscheinung, da es der einzige achromatische Interferenzstreifen ist.

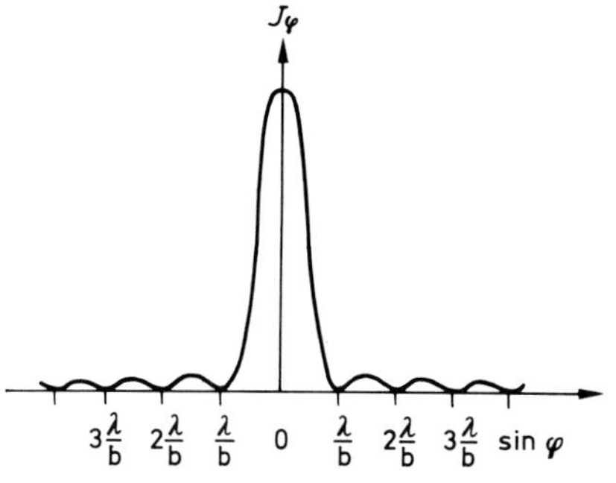

Abb. 3.51 Intensitätsverteilung J_φ bei der Beugung monochromatischen Lichtes an einem Spalt. Die Höhe der Maxima ist nicht maßstäblich.

Die aufeinanderfolgenden Minima haben nach Gl. (3.39) einen (in Einheiten von $\sin\varphi$) konstanten Abstand λ/b, ebenso die Maxima nach Gl. (3.40). Nur der Abstand der beiden Minima erster Ordnung links und rechts beträgt das Doppelte, nämlich $2\lambda/b$, weil eben das Minimum für $k = 0$ ausfällt: das zentrale Intensitätsmaximum hat dementsprechend die doppelte Breite wie die übrigen Maxima. Abb. 3.51 stellt J_φ als Funktion von $\sin\varphi$ dar, woraus man alles eben Gesagte entnehmen kann. Aus Abb. 3.51 geht übrigens hervor, daß man es mit relativ breiten Maxima und Minima zu tun hat.

Man kann Gl. (3.38) noch in eine etwas andere Gestalt bringen. Wenn man die Beugungserscheinung auf einem Schirm auffängt, so entspricht dem Winkel $\varphi = 0$ an einer bestimmten Stelle desselben die maximale Intensität; diese Stelle soll für das folgende als Anfangspunkt eines Koordinatensystems angenommen werden: die y-Achse desselben sei dem Spalt parallel, d. h. senkrecht zur Papierebene, die x-Achse senkrecht dazu in der Papierebene. Die Intensität, die einem endlichen Winkel φ entspricht, befindet sich dann an einer bestimmten Stelle x des Schirmes. Hat dieser von der Beugungsöffnung den Abstand f, so ist offenbar $x/f = \tan\varphi$; falls es sich um kleine Winkel handelt, hat man mit hinreichender Genauigkeit $x/f = \sin\varphi$, und diesen Wert kann man in Gl. (3.38) einführen. Im allgemeinen vereinigt man durch Einschalten einer Konvexlinse die unter dem Winkel φ abgebeugten Parallelstrahlen in einem Punkt x der Brennebene dieser Linse f; der Abstand f ist dann gleich der Brennweite der Linse zu setzen. Damit erhält man aus Gl. (3.38):

$$J_x \sim b^2 \frac{\sin^2\left(\frac{\pi b x}{\lambda f}\right)}{\left(\frac{\pi b x}{\lambda f}\right)^2}, \quad \text{falls} \quad \frac{x}{f} \ll 1 . \tag{3.41}$$

Diese Gleichung bringt klar zum Ausdruck, daß die Beugungserscheinung *transversal* zur Spaltrichtung (y-Achse!) vor sich geht, da nur in der x-Richtung eine Begrenzung der Wellenfläche durch den Spalt stattfindet. Hätte der Spalt auch nur eine endliche Höhe a in der y-Richtung, dann würde zu der durch Gl. (3.41) dargestellten Beugung in der x-Richtung die analoge in der y-Richtung hinzutreten. Bei Verwendung einer punktförmigen Lichtquelle (statt eines schmalen Spaltes) ergibt sich dann folgende Intensitätsverteilung in der Brennebene der Linse:

$$J_{x,y} \sim a^2 b^2 \frac{\sin^2\left(\frac{\pi b x}{\lambda f}\right)}{\left(\frac{\pi b x}{\lambda f}\right)^2} \cdot \frac{\sin^2\left(\frac{\pi a y}{\lambda f}\right)}{\left(\frac{\pi a y}{\lambda f}\right)^2} . \tag{3.42}$$

Dieses Beugungsbild läßt sich folgendermaßen beschreiben: Die dunklen Interferenzstreifen folgen sich in Richtung der x-Achse im Abstand $\lambda f/b$, in Richtung der y-Achse im Abstand $\lambda f/a$; sie schneiden sich also rechtwinklig und teilen die xy-Ebene in rechteckige Felder von der Größe $\lambda^2 f^2/ab$; nur im Zentralbild hat das Rechteck die Größe $4\lambda^2 f^2/ab$, da sowohl in der x- wie in der y-Richtung der dunkle Interferenzstreifen von der Ordnung 0 ausfällt.

Als allgemeines Ergebnis kann man also feststellen: Statt des schmalen Bildes der Lichtquelle bekommen wir durch die Beugung am Spalt ein stark verbreitertes Zentralbild, an das sich zu beiden Seiten abwechselnd dunkle und helle Streifen anschließen; im Fall der rechteckigen Beugungsöffnung erhält man statt des *Bildpunktes* der punktförmigen Lichtquelle eine *Fläche* als Zentralbild. Analoges gilt in allen Fällen. Insbesondere kann man aus den Gln. (3.41) und (3.42) entnehmen, daß der Abstand der Interferenzstreifen proportional der Wellenlänge, ferner umgekehrt proportional der Breite der beugenden Öffnung ist; wäre $\lambda = 0$ oder $b = a = \infty$, so würde keine Beugung stattfinden, d. h. die *geometrische Optik streng gelten*. Daß diese in vielen Fällen wenigstens annähernd gilt, verdankt man also der Kleinheit der optischen Wellenlängen; je weiter man aber zu langen (ultraroten und namentlich elektrischen) Wellen übergeht, um so stärker treten die Beugungserscheinungen hervor, um so stärker sind die Abweichungen von den Gesetzen der Strahlenoptik. Man kann direkt sagen, daß *die geometrische Optik dem Fall verschwindender Wellenlänge entspricht*. Bei endlicher Wellenlänge treten die Beugungseffekte um so mehr zurück, je größer die beugende Öffnung, d. h. je größer das zur Wirkung kommende Stück der Wellenfläche ist.

Diese Feststellungen gelten für beliebige Gestalt der beugenden Öffnungen, z. B. auch für die **Beugung an einer kreisförmigen Öffnung** vom Radius R, wie im folgenden gezeigt werden soll. Als Lichtquelle sei ein leuchtender Punkt benutzt, im übrigen die Anordnung nach Abb. 3.46b. Aus Symmetriegründen muß das Beugungsbild aus einem zentralen, hellen, kreisförmigen Scheibchen bestehen, das (monochromatisches Licht vorausgesetzt) abwechselnd von dunklen und hellen Ringen umgeben ist. Für senkrecht einfallendes Licht liefert die Theorie (Fourier-Transformation) folgende Abhängigkeit der gebeugten Intensität J_φ vom Richtungswinkel φ:

$$J_\varphi \sim \frac{\mathrm{J}_1^2\left(\frac{2\pi}{\lambda} R \sin\varphi\right)}{\left(\frac{2\pi}{\lambda} R \sin\varphi\right)^2}. \tag{3.42a}$$

Dabei bedeutet $\mathrm{J}_1(\ldots)$ die Besselfunktion 1. Ordnung. Die Winkel $\varphi_1, \varphi_2, \varphi_3 \ldots,$ für die minimale Intensität auftritt, ergeben sich aus den tabellierten Nullstellen der Besselfunktion zu:

$$\sin\varphi_1 = 0{,}610\,\frac{\lambda}{R}; \quad \sin\varphi_2 = 1{,}116\,\frac{\lambda}{R}; \quad \sin\varphi_3 = 1{,}619\,\frac{\lambda}{R} \ldots, \tag{3.43}$$

zwischen denen sich die Maxima (die hellen Ringe) bei den Winkeln

$$\sin\varphi_1' = 0{,}819\,\frac{\lambda}{R}; \quad \sin\varphi_2' = 1{,}346\,\frac{\lambda}{R}; \quad \sin\varphi_3' = 1{,}850\,\frac{\lambda}{R} \ldots \tag{3.44}$$

befinden; die Gln. (3.43) und (3.44) entsprechen genau den Gln. (3.39) und (3.40) für den Spalt und sind ganz analog gebaut. Bildet man wieder durch eine Linse der Brennweite f auf einen Schirm ab, so erhält man für die Radien der *dunklen* Ringe:

$$r_1 = 0{,}610\,\frac{\lambda f}{R}; \quad r_2 = 1{,}116\,\frac{\lambda f}{R}; \quad r_3 = 1{,}619\,\frac{\lambda f}{R} \quad \text{usw.} \tag{3.45}$$

Demgemäß sieht die Beugungserscheinung folgendermaßen aus: Statt eines *Lichtpunktes,* wie es die geometrische Abbildung fordern würde, erhält man eine helle Kreisfläche (sog. *Beugungsscheibchen*) vom Radius $r_1 = 0{,}61\,\lambda f/R$, deren Intensität vom Maximum bei $r = 0$ bis zum Werte 0 bei $r = r_1$ abnimmt; dann folgt der erste dunkle Ring für $r = r_1$, dann ein heller Ring, der von den Radien r_1 und $r_2 = 1{,}116\,\lambda f/R$ begrenzt wird; bei $r = r_2$ liegt der zweite dunkle Ring usw. Die Nebenmaxima sind hier allerdings noch schwächer als bei der rechteckigen Öffnung. Diese Beugungserscheinung beobachtet man z. B. regelmäßig, wenn man mit einem Fernrohr auf einen Fixstern blickt. Hier wirkt die Begrenzung des Objektivs als Beugungsöffnung. Auch hier erkennt man: der Radius des zentralen Beugungsscheibchens ($r_1 = 0{,}61\,\lambda f/R = 1{,}22\,\lambda f/D$) ist proportional der Wellenlänge und umgekehrt proportional dem Durchmesser D der beugenden Öffnung, z. B. eines Fernrohrobjektivs. Je größer also D ist und je kleiner man die Wellenlänge wählt, um so mehr nähert man sich den Verhältnissen der geometrischen Optik.

Umgekehrt gilt natürlich, daß die Beugungserscheinungen um so stärker hervortreten, je größer die Wellenlänge im Verhältnis zu den Abmessungen der beugenden Öffnung ist. Nehmen wir den extremen Fall, daß die Breite b des Beugungsspaltes im vorhin behandelten Problem kleiner als die Wellenlänge, z. B. gleich $\lambda/4$ sei. Dann ist die Gangdifferenz der Randstrahlen (vgl. Abb. 3.50) selbst auch $\leqq \lambda/4$, und es kann auf der Rückseite der Öffnung in keiner Richtung mehr Dunkelheit geben; die Beugungserscheinung reduziert sich dann auf das sehr stark verbreiterte Zentralbild, da auf beiden Seiten desselben keine Minima mehr auftreten können: das Licht breitet sich also diffus hinter der Öffnung aus. Natürlich gilt entsprechendes für alle Arten von Beugungsöffnungen.

Fraunhofersche Beugung und Fourier-Transformation. Das vorstehend behandelte Beispiel der Beugung am Spalt läßt sich mit etwas mehr mathematischem Aufwand wesentlich allgemeiner formulieren. Dazu wird in der Richtung AB (vgl. Abb. 3.50) eine Koordinate ξ eingeführt mit dem Nullpunkt in A und positiven ξ-Werten entlang des Spaltes. Im Punkt B gilt dann $\xi = b$. Die Spaltbreite wird wieder in schmale Teilstücke der Breite $\mathrm{d}\xi = \beta$ zerlegt. Das an der Stelle ξ ausgehende Teilbündel hat dann gegenüber dem Teilbündel an der Stelle $\xi = 0$ einen Gangunterschied von $d\xi/b$ und eine Phasendifferenz $\frac{2\pi d}{\lambda}\,\frac{\xi}{b} = \frac{2\pi \sin\varphi}{\lambda}\,\xi$. Die Summe in Gl. (3.35) kann damit durch ein Integral ersetzt werden:

$$E_\varphi \sim \operatorname{Re} \mathrm{e}^{\mathrm{i}2\pi\left(\nu t - \frac{l}{\lambda}\right)} \int\limits_0^b \mathrm{e}^{-\mathrm{i}\frac{2\pi\sin\varphi}{\lambda}\xi}\,\mathrm{d}\xi\,. \tag{3.46}$$

Ausrechnung ergibt mit $d = b\sin\varphi$:

$$\begin{aligned} E_\varphi &\sim \operatorname{Re}\frac{\mathrm{i}\lambda}{2\pi\sin\varphi}\,\mathrm{e}^{\mathrm{i}2\pi\left(\nu t - \frac{l}{\lambda}\right)}\mathrm{e}^{-\frac{\mathrm{i}\pi d}{\lambda}}\left(\mathrm{e}^{-\frac{\mathrm{i}\pi d}{\lambda}} - \mathrm{e}^{+\frac{\mathrm{i}\pi d}{\lambda}}\right) \\ &\sim \frac{\lambda\sin\frac{\pi d}{\lambda}}{\pi\sin\varphi}\cos\left[2\pi\left(\nu t - \frac{l}{\lambda} - \frac{d}{2\lambda}\right)\right], \end{aligned}$$

$$J_\varphi \sim \overline{E_\varphi^2}$$
$$\sim b^2 \frac{\sin^2\left(\dfrac{\pi b \sin\varphi}{\lambda}\right)}{\left(\dfrac{\pi b \sin\varphi}{\lambda}\right)} . \tag{3.47}$$

Die Gl. (3.47) ist identisch mit Gl. (3.38), die das Beugungsbild eines Spaltes beschreibt.

Die Ausgangsgleichung (3.46) für die hier demonstrierte Rechnung soll noch verallgemeinert werden. Dazu wird zunächst wie im vorangegangenen Abschnitt statt des Beugungswinkels φ die Koordinate x auf dem Beobachtungsschirm durch $x/f = \sin\varphi$ eingeführt. Außerdem soll der zweidimensionale Fall, beschrieben durch die zusätzlichen Koordinaten η und y, betrachtet werden. Zur Elimination der Integrationsgrenzen wird eine Funktion $F(\xi, \eta)$ eingeführt, die im Fall einer rechteckigen Blende folgendermaßen definiert ist:

$$F(\xi,\eta) = 1 \quad \text{für} \quad 0 \leqq \xi \leqq b\,, \quad 0 \leqq \eta \leqq a\,;$$
$$F(\xi,\eta) = 0 \quad \text{sonst}\,. \tag{3.48}$$

Damit ergibt sich für die Beugung an einer rechteckigen Blende als Verallgemeinerung von Gl. (3.46):

$$E(x,y) \sim \operatorname{Re} e^{i2\pi\left(\nu t - \frac{l}{\lambda}\right)} \iint\limits_{-\infty}^{+\infty} F(\xi,\eta)\, e^{-\frac{2\pi i}{\lambda f}(x\xi + y\eta)}\, d\xi\, d\eta\,. \tag{3.49}$$

Die Berechnung des Beugungsbildes kann nun mit Hilfe von Gl. (3.49) nicht nur für rechteckige Blenden erfolgen, sondern auch für beliebige Blendenformen, wenn die Funktion analog Gl. (3.48) so definiert wird, daß sie innerhalb der Blendenöffnung den Wert 1 annimmt und außerhalb Null ist. Außerdem kann mit Hilfe von Gl. (3.49) auch der Fall untersucht werden, daß $F(\xi, \eta)$ nicht konstant über die Blendenöffnung ist, sondern örtlich variiert. Dies kann z. B. dadurch hervorgerufen werden, daß sich in der Blendenöffnung eine absorbierende Schicht mit örtlich unterschiedlicher Absorption befindet.

Der durch Gl. (3.49) gegebene Zusammenhang entspricht einer sogenannten Fourier-Transformation, die einer Funktion $F(\xi, \eta)$ der ξ, η-Ebene eine Funktion $E(x, y)$ der x, y-Ebene zuordnet. Bei der Fraunhoferschen Beugung ergibt sich also die Verteilung der elektrischen Feldstärke in der Beobachtungsebene durch Fourier-Transformation der Verteilung in der Ebene des beugenden Objekts. Da die Fourier-Transformation umkehrbar ist, kann die Objektverteilung durch Fourier-Transformation des Beugungsbildes bestimmt werden.

Die vorstehenden Aussagen müssen allerdings noch etwas eingeschränkt werden. Unter Fourier-Transformation versteht man die Integraltransformation in Gl. (3.49). Vor dem Integral steht jedoch noch ein Phasenfaktor. In diesem bedeutet $l = l(x, y)$ den optischen Abstand des Koordinatenursprungs der ξ, η-Ebene von dem jeweils betrachteten Punkt der x, y-Ebene. Nur wenn die ξ, η-Ebene mit der vorderen Brennebene der Linse O_2 (vgl. Abb. 3.46) zusammenfällt, ist der Abstand l für alle Punkte x, y gleich und Gl. (3.49) beschreibt bis auf einen konstanten Phasenfaktor tatsächlich eine Fourier-Transformation. Die Unabhängigkeit des Abstandes l für diesen Fall erkennt man am bequemsten, indem man den Koordinatenursprung, der beliebig gewählt werden kann, in den vorderen Brennpunkt der Linse legt. Alle vom vorderen Brennpunkt der Linse ausgehenden Strahlen haben dann in der hinteren Brennebene den gleichen Weg zurückgelegt, denn sonst würde sich in der hinteren Brennebene keine ebene Wellenfront ergeben. Da man beim Licht im allgemeinen nur die Amplitude beobachtet, ist in vielen Fällen ein örtlich variierender Phasenfaktor jedoch vernachlässigbar.

Babinetsches Theorem. Man denke sich zunächst in der Anordnung nach Abb. 3.46b den beugenden Spalt entfernt. Dann entsteht auf dem Schirm ein scharfes Bild der Lichtquelle, das als Zentralbild bezeichnet wird. Die Einfügung des Spaltes in den Strahlengang erzeugt die bekannte in Abb. 3.45 dargestellte Beugungserscheinung. Ersetzt man die beugende Öffnung eines Beugungsschirmes von der Breite b durch einen undurchlässigen Streifen der gleichen Breite (z. B. einen Draht vom Durchmesser b), so erhält man auf beiden Seiten des Zentralbildes (bzw. des Drahtschattens) sehr ähnliche, wenn nicht identische Beugungserscheinungen. Das muß in der Tat so sein und für beliebig gestaltete Öffnungen bzw. entsprechende Schirme gelten, wie folgende Überlegung am Beispiel der Spaltbeugung zeigt. Durch die Beugung am Spalt wird außerhalb des Zentralbildes eine bestimmte Amplitudenverteilung der Lichtwellen erzeugt. Ersetzt man den Schirm und Beugungsspalt durch einen Draht, dessen Durchmesser gleich der Spaltbreite ist, so liefert dieser eine Amplitudenverteilung, die außerhalb des Zentralbildes der im ersten Fall entstandenen gerade entgegengesetzt ist. Denn es müssen sich die beiden Beugungserscheinungen genau kompensieren, wenn man die beugende Öffnung bzw. den beugenden Draht ganz fortnimmt, d. h. ungestörte Lichtausbreitung hat: Dann herrscht mit Ausnahme

a)
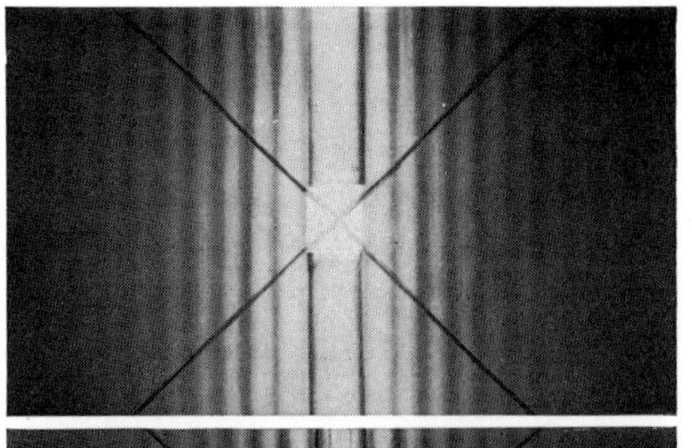
b)

Abb. 3.52 Zum Babinetschen Theorem: Fraunhofersche Beugung a) an einem Spalt und b) einem gleichdicken Draht.

des Zentralbildes auf dem Schirm Dunkelheit. Nun ist aber die Intensität des Lichtes proportional dem Quadrat der Amplitude; deren Vorzeichen ist also für die Intensität gleichgültig. Daher ist in beiden Fällen die Intensitätsverteilung außerhalb des Zentralbildes identisch. Man kann dies so ausdrücken:

- Komplementäre Schirme (d. h. Schirme, bei denen Öffnungen und undurchsichtige Partien vertauscht sind) liefern außerhalb des Bereiches der geometrisch-optischen Abbildung die gleichen Beugungserscheinungen.

Dieses von A. Babinet (1837) zuerst ausgesprochene und nach ihm benannte Theorem erweist sich für viele Beugungsprobleme als sehr fruchtbar. Abb. 3.52 gibt die Beugung an einem Spalt und dem komplementären Draht wieder (geometrisches Bild durch dünne Vertikalstriche angedeutet). Man erkennt, daß außerhalb des Zentrums, wo das geometrisch-optische Bild der Lichtquelle liegt, die Intensitätsverteilungen etwa gleich sind. Eine geringfügige Streifenversetzung kann durch unterschiedliche Dicke des Drahtes und Spaltes zustande kommen. Das Fadenkreuz in beiden Bildern hat keine Bedeutung.

3.9 Das Auflösungsvermögen optischer Instrumente (Fernrohr, Auge, Mikroskop, Prisma)

Die in den vorhergehenden Nummern geschilderten Erscheinungen der Beugung des Lichtes sind von grundlegender Bedeutung für die Beurteilung der Leistungsfähigkeit der optischen Instrumente.

Fernrohr. Schaut man durch ein Fernrohr nach einem fernen Lichtpunkt, etwa einem Fixstern, so erblickt man keinen idealen Lichtpunkt, sondern ein kleines Beugungsscheibchen endlicher Ausdehnung, das noch von einer Reihe dunkler und heller Ringe umgeben ist, wie im vorhergehenden Abschnitt gezeigt wurde. Dieses Phänomen kommt durch die Beugung des Lichtes an der kreisförmigen Begrenzung des Objektivs zustande. Wird sein Durchmesser mit $D = 2R$, seine Brennweite mit f bezeichnet, so beträgt nach Gl. (3.45) der Radius r des zentralen Beugungsscheibchens

$$r = 0{,}61\,\frac{\lambda f}{R} = 1{,}22\,\frac{\lambda f}{D}\,. \tag{3.50}$$

Es ist unmittelbar klar, daß die Ausdehnung dieses Beugungsscheibchens die Leistung des Fernrohrs, d. h. seine brauchbare Vergrößerung begrenzen muß. Denn es ist seine Aufgabe, die Winkeldistanz zwischen zwei punktförmigen Objekten, z. B. zwei Fixsternen, so zu vergrößern, daß die beiden Objekte getrennt wahrgenommen werden können. Da man die Vergrößerung des Fernrohres an sich beliebig weit treiben kann, müßte eine derartige Auflösung zweier Objektpunkte im Bild bei einer punktweisen Abbildung im Sinne der geometrischen Optik immer möglich sein. Infolge der stets auftretenden Beugung kann sie aber nur gelingen, wenn die vom Fernrohr nach den Objekten laufenden Strahlen einen so großen Winkel $\delta\varphi$ mit-

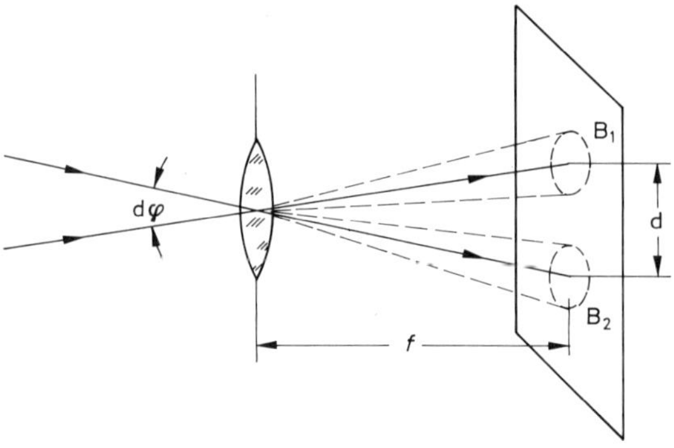

Abb. 3.53 Zur Erklärung der Auflösung zweier Objektpunkte im Bild.

einander bilden, daß die beiden kreisrunden Beugungsscheibchen in der Bildebene merklich auseinanderfallen, wie es Abb. 3.53 andeutet. Man nimmt an, daß diese Trennung mit Sicherheit gelingt, wenn das Intensitäts- bzw. Helligkeitsmaximum des einen Objektes auf das erste Helligkeitsminimum des andern zu liegen kommt, d.h. wenn die beiden Helligkeitsmaxima nach Gl. (3.50) keinen geringeren Abstand als $1{,}22(\lambda f/D)$ haben. Nun ist dieser Abstand (Abb. 3.53) gleich $f\delta\varphi$, so daß die Beziehung folgt:

$$\delta\varphi = \frac{1{,}22\,\lambda}{D}. \tag{3.50a}$$

Das ist die notwendige Winkeldistanz, damit zwei Objekte vom Fernrohr noch aufgelöst werden können. Den reziproken Wert von $\delta\varphi$ nennt man daher passend das *Auflösungsvermögen* U des Fernrohrs. Es ist also:

$$U = \frac{1}{\delta\varphi} = 0{,}82\,\frac{D}{\lambda}. \tag{3.50b}$$

Daraus ersieht man, daß das Auflösungsvermögen um so größer ist, je kleiner die Wellenlänge λ und je größer der Objektivdurchmesser D ist. Die Fernrohrvergrößerung kann man natürlich so hoch treiben, wie man will; aber sie verbessert nichts, weil sie keine bessere Trennung zur Folge hat, sondern die ausgedehnten zentralen Beugungsscheibchen mitvergrößert. Man kann aus Gl. (3.50a) berechnen, wie groß bei gegebener Wellenlänge der Objektivdurchmesser D sein muß, um z. B. zwei Sterne im Abstand einer Winkelsekunde ($\delta\varphi = 4{,}85 \cdot 10^{-6}$ rad) als doppelt zu erkennen. Dazu muß sein:

$$D = 1{,}22\,\frac{\lambda}{\delta\varphi} = \frac{1{,}22 \cdot 5 \cdot 10^{-5}}{4{,}85 \cdot 10^{-6}}\,\text{cm} = 12{,}6\,\text{cm}\,.$$

Als mittlere Wellenlänge ist hier $\lambda = 0{,}5\,\mu\text{m} = 5 \cdot 10^{-5}$ cm angenommen.

Wie man aus Gl. (3.50) sieht, wird der Durchmesser eines Beugungsscheibchens um so kleiner, d.h. der abgebildete Lichtpunkt um so schärfer, je größer der Objektivdurchmesser D ist. Das bedeutet hinsichtlich der Bildhelligkeit (Intensität,

Strahlungsflußdichte), daß diese der vierten Potenz des Objektivdurchmessers proportional ist. Denn bei doppeltem Durchmesser steigt z. B. die eintretende Lichtmenge auf den vierfachen Wert, während die Fläche des Beugungsscheibchens gleichzeitig auf den vierten Teil absinkt: die Strahlungsflußdichte wird also im Bildpunkt 16mal so groß. Schon aus diesem Grunde ist eine Vergrößerung des Objektivdurchmessers bei astronomischen Instrumenten sehr wertvoll.

Natürlich gelten die obigen Überlegungen auch für das Auge; die Blende, die hier den Strahlengang und damit das Auflösungsvermögen begrenzt, ist die Pupille, deren Durchmesser bei mittlerer Beleuchtung ungefähr 0,3 cm beträgt, demgemäß findet man für $\delta\varphi$ im Bogenmaß

$$\delta\varphi = \frac{1{,}22 \cdot 5 \cdot 10^{-5}}{3 \cdot 10^{-1}} = 2{,}03 \cdot 10^{-4}\,\mathrm{rad}\,;$$

das entspricht einem Winkel von etwa 42″, während der physiologische Grenzwinkel rund 60″ beträgt. Es ist bemerkenswert, daß die durch den endlichen Abstand der zäpfchenförmigen Lichtempfänger auf der Netzhaut gegebene physiologische Auflösungsgrenze und die durch die Beugung an der Pupille bedingte annähernd zusammenfallen.

Es muß noch erwähnt werden, daß die obigen Erörterungen insofern mit einer gewissen Willkür behaftet sind, als definitionsgemäß festgesetzt wurde, daß zwei Lichtpunkte erst dann zu trennen seien, wenn das Zentrum des einen Beugungsscheibchens mit dem ersten dunklen Ring des anderen zusammenfalle. Es wird aber unter Umständen eine Trennung auch schon dann möglich sein, wenn der Abstand etwas kleiner ist; das hängt von physiologischen Faktoren ab. Daher können unsere Betrachtungen nur die richtige Größenordnung des Auflösungsvermögens ergeben, was auch die Erfahrung bestätigt. Man fügt daher in der Praxis auf der rechten Seite von Gl. (3.50b) noch einen „physiologischen Faktor" zu, der größer als 1 ist und nur im ungünstigsten Falle den Wert 1 selbst annimmt.

Mikroskop. Auch für das Mikroskop gelten hinsichtlich des Auflösungsvermögens und der dadurch begrenzten, sinnvollen Vergrößerung dieselben Überlegungen. Ein sphärisch und chromatisch vollkommen korrigiertes Objektiv liefert keineswegs eine ideale Abbildung: Es bildet einen Punkt nicht als Punkt ab, sondern infolge der Beugung des Lichtes an der Begrenzung der Objektivlinse als Lichtscheibchen. Sein Durchmesser ist näherungsweise durch Gl. (3.45) gegeben:

$$d' = 1{,}22\,\frac{a\lambda}{R}\,,$$

wobei a die Entfernung der Bildebene vom Objektiv und R dessen Radius bedeutet. Es ist üblich, sich den Durchmesser des Beugungsscheibchens ins Objekt zurückprojiziert zu denken, d. h. seine Größe in Einheiten des Objektdetails zu messen. Da die Objektebene in erster Annäherung in der vorderen Brennebene des Objektivs liegt, erhält man für den Durchmesser d des Beugungsscheibchens in dieser Ebene die Beziehung $d : d' = f : a$, oder mit Bezug auf die vorangehende Gleichung:

$$d = 1{,}22\,\frac{f\lambda}{R}\,;$$

R/f ist aber nichts anderes als die Apertur A des Objektivs, so daß

$$d = 1{,}22\,\frac{\lambda}{A}\,. \tag{3.51}$$

Die Größe des so objektseitig gemessenen scheinbaren Beugungsscheibchens bestimmt offenbar das Auflösungsvermögen des Mikroskops. Denn wenn zwei Objektpunkte so nahe liegen, daß ihre Beugungsscheibchen sich gerade berühren, können die beiden Objekte sicher als deutlich voneinander getrennt beobachtet werden. Aber auch, wenn beide Beugungsscheibchen sich schon teilweise überdecken, wird man sie noch als getrennte Punkte ansprechen können. Wie weit dies in einem solchen Fall möglich ist, hängt wieder von physiologischen Eigentümlichkeiten ab, d. h. von der Fähigkeit unseres Auges, Unterschiede in Form und Helligkeit zu erkennen. Man führt daher wie oben einen physiologischen Faktor k ein. Das praktische Ergebnis ist das, daß zwei Teilchen noch als getrennt beobachtet werden können, wenn ihr Abstand ungefähr $^1/_2\,\lambda$ beträgt, vorausgesetzt, daß die Apertur A etwa den Wert 1 besitzt. Definiert man hier entsprechend das Auflösungsvermögen U als den reziproken Wert von d in Gl. (3.51), so haben wir

$$U = 0{,}82\,k\,\frac{A}{\lambda}\,, \tag{3.52}$$

wo jetzt $k \geqq 1$ ist.

Die vorstehende Berechnung des Auflösungsvermögens eines Mikroskops ist zuerst von H. v. Helmholtz (1874) gegeben worden; sie ist wesentlich die gleiche, die man auch beim Fernrohr anwendet. Sie setzt also, was beim Fernrohr der normale Fall ist, *selbstleuchtende Objekte* voraus; freilich zeigt es sich, daß Nichtselbstleuchter, die das auffallende Licht diffus zerstreuen, was in vielen Fällen bei mikroskopischen Objekten der Fall ist, wie Selbstleuchter behandelt werden können. Im Gegensatz zur Helmholtzschen Untersuchung steht die fast gleichzeitig von E. Abbe (1873) durchgeführte, die den Extremfall zugrunde legt: Abbe betrachtet nur die Abbildung von Nichtselbstleuchtern. Die Abbesche Theorie wird in Abschn. 3.12 erläutert; sie führt im Endergebnis wesentlich zum gleichen Ergebnis wie die Helmholtzsche.

Prismenspektralapparat. Schließlich soll noch das Auflösungsvermögen eines Prismenspektralapparates bestimmt werden; denn auch dessen Leistungfähigkeit wird durch die Beugung begrenzt. In Abb. 3.54 ist der Strahlenverlauf gezeichnet: Das vom Spalt Sp kommende Licht der Wellenlänge λ wird durch die Linse L_1 parallel gemacht, durchsetzt das Prisma und wird dann durch die zweite Linse L_2 in deren Brennebene auf dem Schirm S zu einem Bilde Q des Spaltes vereinigt. Läuft noch eine zweite Welle mit etwas verschiedener Wellenlänge durch den Spektralapparat, so wird deren Wellenebene, die vor der Brechung mit AB zusammenfällt, nach dem Durchgang durch das Prisma etwa CD′ sein, d.h. mit der Wellenebene CD von λ einen kleinen Winkel φ bilden, weil die Brechzahl für die Wellenlänge $(\lambda + \delta\lambda)$ statt n den Wert $\left(n + \frac{\mathrm{d}n}{\mathrm{d}\lambda}\,\delta\lambda\right)$ besitzt. Das von dieser zweiten Welle herrührende Spaltbild möge auf dem Schirm an der Stelle Q′ liegen. Wären nun die Bilder Q und Q′ der

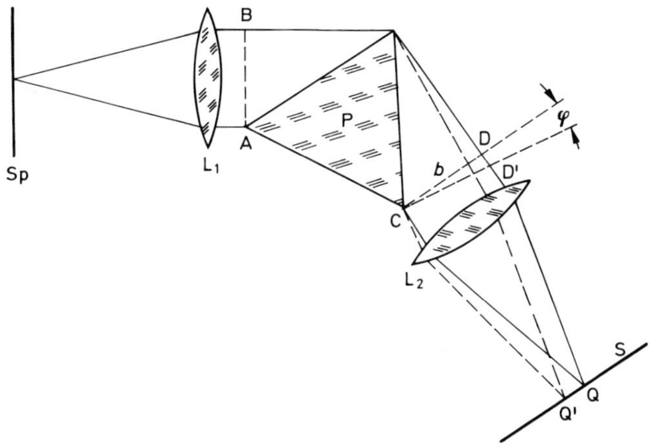

Abb. 3.54 Auflösungsvermögen eines Prismenspektralapparates.

zu den benachbarten Wellenlängen gehörenden Spalte unendlich schmal, so würden diese Wellenlängen in jedem Fall räumlich getrennt, und das Auflösungsvermögen des Prismas wäre unendlich groß. In Wirklichkeit liegen die Verhältnisse aber anders. Infolge seiner endlichen Abmessung schneidet nämlich das Prisma aus der Wellenfläche ein Stück von der Breite $\overline{CD} = b$ heraus, wirkt also wie eine spaltförmige Blende von dieser Breite. Man erhält daher in Q und Q′ nicht ein scharfes Bild des Beleuchtungsspaltes Sp, sondern die durch die Abb. 3.51 dargestellte Beugungserscheinung. Eine Trennung der beiden Wellenlängen λ und $\lambda + \delta\lambda$ kann also nur dann erfolgen, wenn das Helligkeitsmaximum der letzteren gerade in das erste Minimum fällt, das die Wellenlänge λ in der Umgebung von Q erzeugt. Es muß zu diesem Zweck nach Gl. (3.39), da wegen der Kleinheit von φ statt des Sinus das Argument gesetzt werden darf, $\varphi = \lambda/b$ sein; andererseits ist nach Abb. 3.54 auch $\varphi = \overline{DD'}/b$, woraus durch Vergleich folgt: $\overline{DD'} = \lambda$. Die Strecke $\overline{DD'}$ ist gleich dem Unterschied der optischen Weglängen für die beiden Strahlen mit den Wellenlängen λ und $\lambda + \delta\lambda$. Nun ist die optische Weglänge von $\overline{AC}$ gleich derjenigen von B (längs des ausgezogenen Strahles) nach D, da sowohl A und B wie C und D auf je einer Wellenfläche für die Wellenlänge λ liegen. $\overline{AC}$ ist aber gleich $n(\lambda)\,t$, wenn t die Basisdicke des Prismas ist. Ebenso besteht für die benachbarte Wellenlänge $\lambda + \delta\lambda$ Gleichheit der optischen Weglängen von $\overline{AC}$ und $\overline{BD'}$ (längs des gestrichelten Strahles gemessen); $\overline{AC}$ ist aber nun gleich

$$n(\lambda + \delta\lambda)\,t = n(\lambda)\,t + \frac{\mathrm{d}n}{\mathrm{d}\lambda}\,\delta\lambda\,t$$

zu setzen. Also ist die Differenz $\overline{DD'}$ der beiden optischen Wege, d.h. $\lambda = t\dfrac{\mathrm{d}n}{\mathrm{d}\lambda}\,\delta\lambda$ oder:

$$\frac{\lambda}{\delta\lambda} = t\,\frac{\mathrm{d}n}{\mathrm{d}\lambda}\,. \tag{3.53}$$

Auf der linken Seite steht die als Auflösungsvermögen bezeichnete Größe $\lambda/\delta\lambda$. *Das spektrale Auflösungsvermögen eines Prismas ist also gleich dem Produkt aus seiner Basislänge und der Dispersion* $\mathrm{d}n/\mathrm{d}\lambda$ *des Prismenmaterials.*

Dieses Ergebnis wurde zuerst von Lord Rayleigh (1879) gefunden. Für das Auflösungsvermögen eines Spektralapparates ist es nach Gl. (3.53) also gleichgültig, ob man ein Prisma oder deren mehrere verwendet, wenn nur die gesamte Basislänge die gleiche ist; dagegen hängt das Auflösungsvermögen *nicht* vom Prismenwinkel ab. Um einen Begriff von der Größe des Auflösungsvermögens zu geben, sei angeführt, daß die Größe $\mathrm{d}n/\mathrm{d}\lambda$ für schweres Flintglas $1730\,\mathrm{cm}^{-1}$, für leichtes Flintglas $960\,\mathrm{cm}^{-1}$ und für schweres Kronglas $530\,\mathrm{cm}^{-1}$ beträgt. Damit ergibt sich das Auflösungsvermögen für Prismen von 1 cm Basislänge aus den genannten Stoffen zu 1730, 960 und 530. Man kann also mit einem solchen Prisma aus schwerem Flint die beiden D-Linien sicher auflösen, was mit einem Prisma aus leichtem Flint nur eben gelingt, während es mit schwerem Kronglas nicht mehr möglich ist. Leider läßt sich die Prismenbasis nicht beliebig vergrößern, da das Prisma zu groß würde oder bei Verwendung mehrerer Prismen es an Platz fehlt. Im nächsten Abschnitt wird das Beugungsgitter, ein besseres Hilfsmittel zur Erzielung hoher Auflösung, erläutert.

Kontrastübertragungsfunktion. Neben der eben besprochenen Beugung begrenzen auch die Linsenfehler das Auflösungsvermögen optischer Apparate. Eine umfassende theoretische Erfassung aller das Auflösungsvermögen bestimmender Faktoren ist bisher zu aufwendig, und man ist daher auf experimentelle Untersuchungen angewiesen. Dazu wird meist die Abbildung einfacher Testobjekte durch das zu untersuchende Objekt betrachtet. Die gebräuchlichen Testobjekte sind leuchtende Punkte oder Linien, die durch möglichst feine Kreis- oder Spaltblenden realisiert werden, sowie Gitter.

Die Abbildung eines Punktes liefert in der Bildebene des Objektivs eine nicht punktförmige Intensitätsverteilung, die oft als *Lichtgebirge* bezeichnet wird. Zum Beispiel entsteht bei Abbildung eines Punktes durch ein Mikroskopobjektiv, dessen Auflösung nur durch die Beugung begrenzt ist, das bereits diskutierte Lichtscheibchen mit den umgebenden hellen und dunklen Ringen. Die Abbildung einer Linie würde in derselben Anordnung das bekannte Spaltbeugungsbild liefern. Die mittlere Breite des Lichtgebirges ist, wie bereits diskutiert, ein Maß für das Auflösungsvermögen.

Besonders in jüngster Zeit [3] wurden als Testobjekte häufig Gitter gewählt. Am übersichtlichsten sind die Verhältnisse, wenn Gitter mit einem sinusförmigen Verlauf der Transmission betrachtet werden. Die Intensität J in der Objektebene ist dann gegeben durch:

$$J = J_0\left(\frac{1}{2} + \frac{1}{2}\sin\frac{2\pi x}{d}\right).$$

Dabei bedeutet J_0 die Maximalintensität, d die Gitterkonstante und x die Koordinate in der Objektebene senkrecht zu den Gitterstrichen.

Unter vereinfachenden Annahmen kann gezeigt werden, daß das Bild eines solchen Gitters wieder ein sinusförmiges Gitter ist, wobei die Gitterkonstante d' entsprechend dem geometrischen Abbildungsmaßstab vergrößert ist.

Gegenüber dem idealen Bild hat jedoch das reale Bild $J'(x')$ des Gitters eine veränderte Maximalintensität J_{max}. Außerdem tritt ein zusätzlicher Untergrund auf, d.h. in den Minima des Gitterbildes ist die Intensität J_{min} nicht Null, wie beim Testobjekt:

$$J'(x') = \frac{J_{max} + J_{min}}{2} + \frac{J_{max} + J_{min}}{2} \sin \frac{2\pi x'}{d'} .$$

Zur quantitativen Beschreibung dieser Veränderung wird der sogenannte *Kontrast* K eingeführt:

$$K = \frac{J_{max} - J_{min}}{J_{max} + J_{min}} .$$

Der Kontrast kann zwischen dem Wert 1, bei einer idealen Abbildung mit $J_{min} = 0$, und dem Wert -1, gleichbedeutend mit Kontrastumkehr, variieren. Der Wert $K = 0$ bedeutet, daß die Intensität in der Bildebene gleichförmig ist, d.h. überhaupt keine Abbildung mehr stattfindet. Außerdem ist es möglich, daß z.B. bei einer Abbildung von nicht symmetrisch zur Achse liegenden Gittern die Maxima des realen Gitterbildes nicht mit den Maxima des idealen Bildes zusammenfallen, d.h. eine Art Phasenverschiebung bei der Abbildung auftritt. Das kann durch eine verallgemeinerte Definition eines komplexen Kontrastes beschrieben werden, worauf hier jedoch nicht weiter eingegangen werden soll.

Der Kontrast nimmt wegen der Begrenzung der Auflösung im allgemeinen von großen zu kleinen Gitterkonstanten hin ab, da grobe Strukturen besser abgebildet werden als feine. Man erhält daher eine gute Darstellung der Leistungsfähigkeit eines Objektivs, wenn der Bildkontrast als Funktion der Gitterkonstanten eines sinusförmigen Testbildes dargestellt wird. Da nach Fourier eine beliebige Intensitätsverteilung in der Objektebene in sinusförmige Verteilungen zerlegt werden kann, ist es mit Hilfe dieser *Kontrastübertragungsfunktion* möglich, auch die Abbildung beliebiger Objekte zu untersuchen.

Eine Analogie zur Nachrichtentechnik ergibt sich, wenn statt der Gitterkonstanten ihr reziproker Wert eingeführt wird, der als Ortsfrequenz bezeichnet wird. Ein Objektiv „überträgt" dann nur bis zu einem gewissen Maximalwert, der Auflösungsgrenze. Dieses Verhalten entspricht dem eines Tiefpasses für elektrische Wellen.

3.10 Beugung durch mehrere kongruente, regelmäßig angeordnete Öffnungen; Youngscher Interferenzversuch; Beugungsgitter; Stufengitter; Ultraschallwellengitter

Von besonderer Bedeutung sind die Beugungserscheinungen, die durch mehrere in regelmäßigen Abständen nebeneinanderliegende gleiche Öffnungen hervorgebracht werden. Zunächst soll die erstmalig von J.v. Fraunhofer (1821) an einer Reihe schmaler paralleler Spalte, einem sog. **Gitter** untersuchte Erscheinung betrachtet werden. Die optische Anordnung entspricht im Prinzip der Abb. 3.46b; das von einem Beleuchtungsspalt, der als Lichtquelle L dient, kommende Licht wird durch die Linse O_1 parallel gemacht und durchstrahlt dann das Beugungsgitter, dessen einzelne Spalte parallel zum Beleuchtungsspalt verlaufen. Eine zweite Linse O_2 vereinigt das Licht in ihrer Brennebene, in der sich der Auffangschirm S befindet; mit anderen Worten: die Linsenkombination O_1, O_2 bildet den Beleuchtungsspalt auf dem Schirm scharf ab. Es ist wichtig, sich klar zu machen, daß die Breite des Beleuchtungsspaltes so klein gemacht werden muß, daß die Kohärenzbedingung Gl. (3.11) für sämtliche beugenden Öffnungen, d.h. für die ganze Gitterbreite, erfüllt ist, damit zwischen allen von den verschiedenen Beugungsöffnungen ausgehenden Strahlen feste Phasenbeziehungen bestehen. Weiter unten wird die Notwendigkeit dieser Voraussetzung an einem speziellen Beispiel erhärtet werden.

Die Beugungserscheinung hinter dem Gitter kann durch Überlagerung der Beugungserscheinungen der einzelnen Spalte gefunden werden. Das Gitter besitzt p Öffnungen, so daß p interferierende parallele Strahlenbündel vorhanden sind. Die Spaltbreite sei wieder mit b bezeichnet, der Abstand zweier Spalte, von Mitte zu Mitte gemessen, sei s; s ist also die Periode des Gitters, die allgemein als *Gitterkonstante* bezeichnet wird.

In Abb. 3.55 werden zwei Strahlenbündel, die unter dem Winkel φ abgebeugt werden, herausgegriffen. Betrachtet sei zunächst das rechte Strahlenbündel; für dieses beträgt die Gangdifferenz der Randstrahlen $d_1 = b \sin \varphi$, was einer Phasendifferenz $\delta_1 = 2\pi d_1/\lambda = 2\pi b(\sin \varphi)/\lambda$ entspricht. Das ist genau so wie in Abschn. 3.8; für den linken Spalt (überhaupt für alle p Spalte des Gitters) gilt das gleiche. Da auch Strahlen, die aus verschiedenen Spalten kommen, miteinander interferieren, muß auch noch die Gangdifferenz zwischen „homologen" Strahlen zweier aufeinanderfolgender Spalte in Betracht gezogen werden; diese ist nach Abb. 3.55 $d_2 = s \sin \varphi$, was einer Phasendifferenz $\delta_2 = 2\pi d_2/\lambda = 2\pi s(\sin \varphi)/\lambda$ entspricht. Wenn die p Strahlenbündel, die unter dem Winkel φ abgebeugt sind, durch die Linse O_2 im Beugungspunkt P überlagert werden, so findet dort Interferenz, und zwar *Vielstrahlinterferenz*, statt, auf die Gl. (3.23) oder Gl. (3.35a) sinngemäß anzuwenden ist. Wird die Amplitude eines abgebeugten Strahlenbündel E_φ genannt, so ergibt sich im Beugungspunkt P die Intensität

$$J_\varphi \sim \overline{E_\varphi^2} \frac{\sin^2 p\delta_2/2}{\sin^2 \delta_2/2}.$$

$\overline{E_\varphi^2}$ aber ist die Intensität der von einem einzelnen Spalt in der Richtung φ ausgesandten Strahlung. Sie ergibt sich nach Gl. (3.36) zu:

$$\overline{E_\varphi^2} \sim \frac{\sin^2 \delta_1/2}{(\delta_1/2)^2}.$$

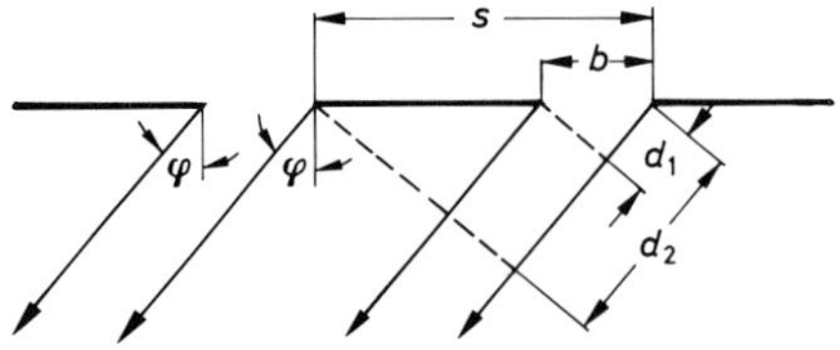

Abb. 3.55 Zur Lichtbeugung an zwei nebeneinanderliegenden Spalten.

Durch Kombination beider Gleichungen erhält man für die Beugungsintensität des gesamten Gitters im Beugungspunkt P

$$J_\varphi \sim \frac{\sin^2 \delta_1/2}{(\delta_1/2)^2} \cdot \frac{\sin^2 p\delta_2/2}{\sin^2 \delta_2/2} \sim \frac{\sin^2\left(\frac{\pi b}{\lambda}\sin\varphi\right)}{\left(\frac{\pi b}{\lambda}\sin\varphi\right)^2} \cdot \frac{\sin^2\left(\frac{p\pi}{\lambda}s\sin\varphi\right)}{\sin^2\left(\frac{\pi}{\lambda}s\sin\varphi\right)}. \tag{3.54}$$

Diese Gleichung ist also die Lösung des Problems: sie gibt für jede abgebeugte Richtung φ die Intensität des Lichts im Beugungspunkt P der Brennebene an.

Zunächst eine allgemeine Bemerkung zu dieser Formel: J_φ ist ein *Produkt* zweier Ausdrücke, von denen der erste die Intensitätsverteilung beim Einzelspalt, der zweite das Resultat des Zusammenwirkens von p Spalten darstellt. Wenn nun die Richtungen φ ins Auge gefaßt werden, in denen der Einzelspalt ein Minimum liefert, so ist der erste Faktor Null, und damit auch das Produkt, d.h. $J_\varphi = 0$. Das heißt: *die Minima des Einzelspaltes bleiben in jedem Fall Minima;* durch das Hinzufügen der übrigen Beugungsöffnungen des Gitters kann dort niemals Helligkeit entstehen. Umgekehrt kann an den Stellen, an denen der Einzelspalt Helligkeit liefert, Dunkelheit entstehen, nämlich durch Verschwinden des zweiten Faktors in Gl. (3.54). Entsprechendes gilt für alle Fälle von Beugung durch gleichgestaltete Öffnungen, mögen sie – wie hier – in einer bestimmten Ordnung angebracht sein, mögen sie völlig willkürlich verteilt sein. Die Beugungserscheinung, die wir zu erwarten haben, geht aus der für einen Spalt dadurch hervor, daß die hellen Gebiete noch von dunklen Interferenzstreifen durchzogen werden. Der bequemeren Ausdrucksweise halber werden im folgenden nach dem Vorgehen von Fraunhofer die Maxima und Minima *einer* Öffnung als *Interferenzen I. Klasse* bezeichnet, während Maxima und Minima, die durch Zusammenwirken *mehrerer* Öffnungen entstehen, *Interferenzen II. Klasse* heißen sollen.

Beugung am Doppelspalt. Zunächst soll der auch historisch interessante Fall von 2 Spalten behandelt werden. Die Gl. (3.54) liefert dafür mit $p = 2$:

$$J_\varphi \sim \frac{\sin^2\left(\frac{\pi}{\lambda}b\sin\varphi\right)}{\left(\frac{\pi}{\lambda}b\sin\varphi\right)^2} \cdot \frac{\sin^2\left(\frac{2\pi}{\lambda}s\sin\varphi\right)}{\sin^2\left(\frac{\pi}{\lambda}s\sin\varphi\right)}. \tag{3.55}$$

Die Minima I. Klasse sind durch die Nullstellen des Zählers des ersten Faktors bestimmt: sie liegen bei den Beugungswinkeln $\sin\varphi_k = k\lambda/b$ ($k = 1, 2 \ldots$), man hat also Minima bei

$$\sin\varphi_1 = \frac{\lambda}{b}; \quad \sin\varphi_2 = \frac{2\lambda}{b}; \quad \sin\varphi_3 = \frac{3\lambda}{b}\ldots;$$

sie folgen aufeinander in den gleichen Abständen λ/b. Für $k = 0$ ergibt sich das Zentralmaximum I. Klasse; die beiden Minima erster Ordnung links und rechts haben also den doppelten Abstand $2\lambda/b$, der der Breite des Zentralbildes entspricht; das alles ist in Abschn. 3.8 eingehend erörtert worden.

Der zweite Faktor läßt sich nach leichter Umformung schreiben als

$$\frac{\sin^2\left(\frac{2\pi}{\lambda}s\sin\varphi\right)}{\sin^2\left(\frac{\pi}{\lambda}s\sin\varphi\right)} = 4\cos^2\left(\frac{\pi}{\lambda}s\sin\varphi\right). \qquad (3.56)$$

Dieser Ausdruck verschwindet, wenn $\frac{\pi s}{\lambda}\sin\varphi_{\mathrm{h}} = \frac{2h+1}{2}\pi$ $(h = 0, 1, 2\ldots)$ ist, d.h. wenn $\sin\varphi_{\mathrm{h}} = \frac{2h+1}{2}\frac{\lambda}{s}$ oder die Gangdifferenz d_2 zwischen homologen Strahlen der benachbarten Bündel $d_2 = \frac{2h+1}{2}\lambda$ ist. Es entstehen also die neuen Minima II. Klasse an den Stellen

$$\sin\varphi_0 = \frac{\lambda}{2s}; \quad \sin\varphi_1 = \frac{3\lambda}{2s}; \quad \sin\varphi_2 = \frac{5\lambda}{2s}\ldots \sin\varphi_{\mathrm{h}} = \frac{2h+1}{2s}\lambda; \qquad (3.57)$$

mit dem Abstand λ/s, und dieser ist, da natürlich $s > b$ sein muß, kleiner als der Abstand der Minima I. Klasse. In dem zentralen Maximum I. Klasse von der Breite $2\lambda/b$ liegen offenbar $(2\lambda/b)/(\lambda/s) = 2s/b$ Minima der II. Klasse. Abb. 3.56 stellt die Erscheinung an einem Doppelspalt dar, für den $b \approx 0{,}1$ mm, $s \approx 0{,}7$ mm war; daher hat der Ausdruck $2s/b$ ungefähr den Wert 14: Es müssen also in dem breiten zentralen Maximum erster Klasse 14 relativ schmale Minima II. Klasse liegen; das entspricht tatsächlich der Abb. 3.56. Man sieht ferner an der Abbildung, namentlich wenn man sie aus einiger Entfernung betrachtet, auf beiden Seiten des Zentralbildes je zwei breite Minima I. Klasse, in Übereinstimmung mit dem vorher Gesagten. Angedeutet sind auch noch auf beiden Seiten die Maxima zweiter Ordnung. – Es ist noch ein Wort über die Maxima II. Klasse, die vom zweiten Faktor herrühren, zu sagen. Sie liegen an den Stellen, an denen gleichzeitig Zähler und Nenner verschwinden, und haben die vierfache Intensität (verglichen mit der Intensität der Beugung an einem Spalt), wie man am einfachsten aus Gl. (3.56) ersieht: die Maxima liegen danach an den Stellen, an denen $\cos\left(\frac{\pi}{\lambda}s\sin\varphi\right) = \pm 1$ ist, d.h. für $\sin\varphi_{h'} = \frac{h'\lambda}{s}$ $(h' = 0, 1, 2\ldots)$:

$$\sin\varphi_0 = 0; \quad \sin\varphi_1 = \frac{\lambda}{s}; \quad \sin\varphi_2 = \frac{2\lambda}{s}\ldots$$

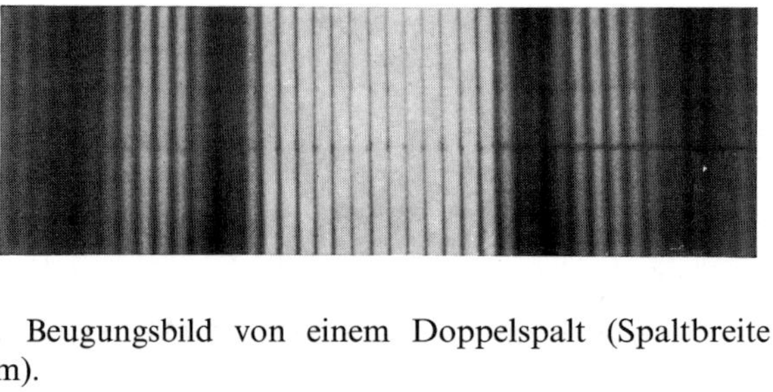

Abb. 3.56 Beugungsbild von einem Doppelspalt (Spaltbreite $b \approx 0{,}1$ mm, Spaltabstand $s \approx 0{,}7$ mm).

Sie liegen also gerade zwischen den Minima nach Gl. (3.57). Diese Maxima (die als *Hauptmaxima* bezeichnet werden sollen, da für größere Werte p noch kleinere Maxima vorhanden sind) werden in ihrer Intensität moduliert durch den ersten Faktor, der in Abb. 3.51 dargestellt ist. Demgemäß hat nur das Maximum der nullten Ordnung ($\varphi_0 = 0$) die volle Intensität, während die folgenden immer kleiner werden, wie Abb. 3.57a zeigt; als Abszissen sind die Werte von $\sin\varphi$ in Einheiten von λ/s aufgetragen, und man überzeugt sich, daß Minima und Maxima an den durch Gl. (3.57) und Gl. (3.58) geforderten Stellen liegen.

Die hier beschriebene Anordnung rührt von Thomas Young (1802) her, der damit zum ersten Male die Wellenlängen des Lichtes maß. Außerdem stellt der Youngsche Versuch das erste Interferenzexperiment dar; denn wenn man von der überlagerten Beugung *eines* Spaltes absieht, hat man die reine Interferenzwirkung von Strahlen, die von den beiden Spalten ausgehen, vorausgesetzt, daß sie mit kohärentem Licht beleuchtet werden.

Um diesen letzteren Punkt ins richtige Licht zu setzen, soll untersucht werden, wie groß der Abstand s der beiden Beugungsspalte sein darf, wenn sie direkt von der Sonne mit dem Durchmesser a beleuchtet werden; die Fläche, die kohärent beleuchtet sein muß, ist eine Kreisfläche vom Durchmesser $(s + b)$. Der Abstand

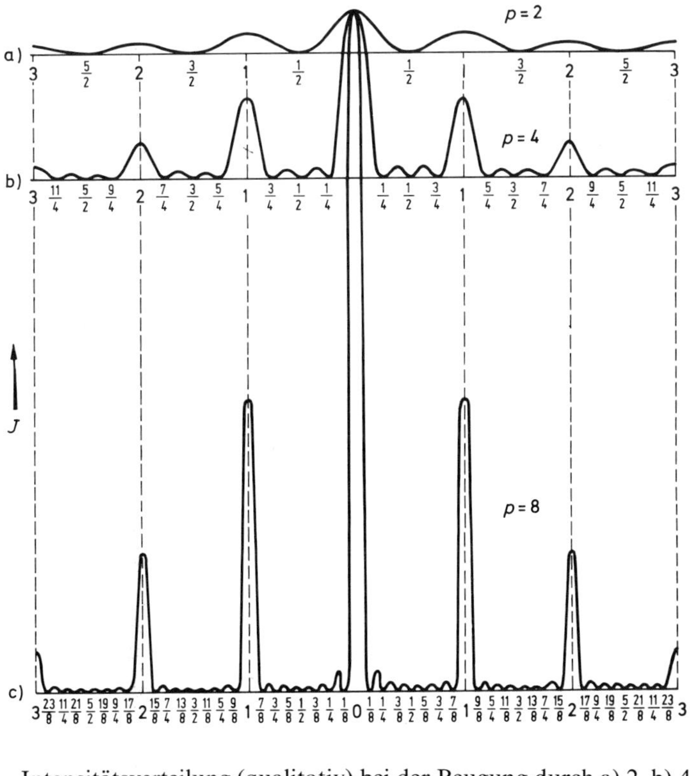

Abb. 3.57 Intensitätsverteilung (qualitativ) bei der Beugung durch a) 2, b) 4, und c) 8 Spalte. Die Abszisse ist in Einheiten von λ/s eingeteilt. Es gilt $s \gg b$.

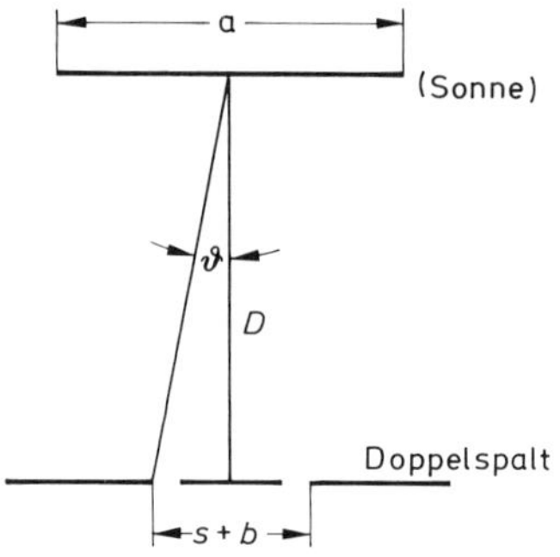

Abb. 3.58 Erfüllung der Kohärenzbedingung bei Ausleuchtung eines Doppelspaltes durch die Sonne.

der Sonne vom Doppelspalt sei mit D bezeichnet (Abb. 3.58). Der Öffnungswinkel 2ϑ ist also durch die Breite $(s+b)$ und den Abstand D festgelegt, und wegen der Kleinheit des Winkels kann $\sin\vartheta = (s+b)/2D$ gesetzt werden. Nach der Kohärenzbedingung Gl. (3.11) muß nun hier sein $2a\sin\vartheta \leqq \lambda/2$, d.h.

$$s+b \leqq \frac{\lambda D}{2a}\,.$$

a/D, die sog. scheinbare Größe der Sonne, d.h. der Winkel, unter dem sie von der Erde aus erscheint, ist gleich $32' = 0{,}0092\,\text{rad} \approx 10^{-2}\,\text{rad}$. Damit folgt für $s+b$ der Wert

$$s+b \leqq 500\,\lambda = 25\,\mu\text{m}\,,$$

wenn die mittlere Wellenlänge zu 0,5 µm angenommen wird. Bei direkter Beleuchtung durch die Sonne müßten also die beiden Spalte eine Entfernung voneinander besitzen, die kleiner als 25 µm ist, damit sie kohärent beleuchtet werden! Wenn man aber z.B. durch eine Linse mit einer Brennweite $f = 5$ mm ein Sonnenbildchen erzeugt, so hat dies einen Durchmesser $a' = fa/D$, und das gibt mit den gegebenen Werten $a' = 0{,}05\,\text{mm} = 50\,\mu\text{m}$. Befindet sich der Doppelspalt in einer Entfernung von $D' = 1\,\text{m} = 1000\,\text{mm}$ vom Bild der Sonne, so verlangt die Kohärenzbedingung nunmehr:

$$s+b \leqq \frac{\lambda D'}{2a'}\,;$$

daraus folgt: $s+b \leqq 5$ mm, d.h. jetzt dürfen die Spalte einen Abstand von etwa 5 mm voneinander besitzen, ohne daß die kohärente Beleuchtung gestört wird.

Die nach Gl. (3.58) möglichen Maxima II. Klasse brauchen nicht immer alle aufzutreten, nämlich dann nicht, wenn eines oder mehrere derselben auf ein Minimum I. Klasse fallen; denn diese Minima bleiben ja unter allen Umständen erhalten. Dieser Fall liegt dann vor, wenn z.B. das k-te Minimum I. Klasse $\sin\varphi_k = k\lambda/b$ zusammenfällt mit dem h'-ten Maximum II. Klasse: $\sin\varphi_{h'} = h'\lambda/s$. Dann muß ja gelten:

$$\frac{k\lambda}{b} = \frac{h'\lambda}{s}\,,\quad \text{d.h.}\quad \frac{b}{s} = \frac{k}{h'}\,;$$

mit anderen Worten: Dann ist das Verhältnis *b/s rational,* d. h. gleich dem Verhältnis ganzer (und zwar kleiner) Zahlen $k : h'$. Ist etwa $2b = s$, so ist $k/h' = \frac{1}{2}$; dann muß jedes zweite Maximum II. Klasse mit einem Minimum I. Klasse zusammenfallen, also fehlen. In diesem Fall treten nur die ungeradzahligen Ordnungen der Maxima II. Klasse auf. Wäre dieses Verhältnis von b/s zum Beispiel in Abb. 3.57a (und folgenden) erfüllt, so müßte das dort gezeichnete Maximum bei $\lambda/s = 2$ ausfallen.

Mehrfachspalte, Gitter. Nunmehr soll der Fall betrachtet werden, daß 4 bzw. 8 Spalte vorhanden sind. Im Prinzip bleibt alles beim alten, nur treten die sog. *Hauptmaxima* (II. Klasse) immer stärker hervor: denn da diese Maxima durch gleichzeitiges Verschwinden von Zähler und Nenner des zweiten Faktors in Gl. (3.54) charakterisiert sind, werden die Intensitäten derselben proportional p^2; je mehr Spalte, desto höher und schmäler werden diese Maxima, wie wir bereits in Abschn. 3.5 auseinandergesetzt haben. Man erkennt dies deutlich an Abb. 3.57b und c, in denen die Intensitäten für $p = 4$ und $p = 8$ dargestellt sind; für $p = 2$ liefert der zweite Faktor Intensitäten der Hauptmaxima vom Werte 4; für $p = 4$ dagegen von $4^2 = 16$; für $p = 8$ endlich von $8^2 = 64$: dieses Wachstum der Intensitäten ist deutlich zu sehen. (Daß nur die Hauptmaxima nullter Ordnung die angegebenen Werte haben und die höherer Ordnungen allmählich abnehmen, liegt natürlich wieder an der Modulierung durch die Intensitätsverteilung des Einzelspaltes.) Man hat Gitter hergestellt, für die $p = 100\,000$ ist; man kann danach ermessen, wie hoch und scharf die Hauptmaxima sind. – In Abb. 3.57b und c erkennt man zwischen den Hauptmaxima noch sogenannte *Nebenmaxima,* die mit wachsendem p einerseits immer zahlreicher $(p - 2)$, andererseits aber auch immer niedriger werden; schließlich braucht man sich bei großem p, was bei den optisch verwendeten Gittern praktisch immer der Fall ist, um die Nebenmaxima gar nicht mehr zu kümmern; es bleiben nur die Hauptmaxima übrig, in den Zwischenräumen herrscht Dunkelheit.

Zusammenfassend kann man das Ergebnis der durchgeführten Untersuchungen so formulieren (statt h' wird nun k als Index für die Hauptmaxima verwendet):

- Bei der Beugung des Lichtes an vielen, in gleichen Abständen nebeneinanderliegenden gleichen Öffnungen liegen die Hauptmaxima an den Stellen

$$\sin \varphi_k = \frac{k\lambda}{s} \quad (k = 0, 1, 2, 3, \ldots)\,, \tag{3.59}$$

wobei die Gitterkonstante s den Abstand der Mitten (bzw. homologer Stellen) zweier benachbarter Öffnungen bedeutet; die Beugungsmaxima sind um so intensiver und schmäler, je größer die Zahl der beugenden Öffnungen ist.

Steht die Gitterkonstante s zur Breite b der Öffnungen in einem rationalen Verhältnis, so fallen gewisse der durch Gl. (3.59) gegebenen Maxima aus.

Wie bei allen Interferenzerscheinungen sind die Abstände der Maxima auch hier proportional der Wellenlänge. Daher ist im Prinzip jede Interferenzanordnung ein Spektroskop, d. h. zur Trennung verschiedener Wellenlängen brauchbar; die Gitter sind dadurch ausgezeichnet, daß man bei ihnen sehr große Trennung benachbarter Wellenlängen erreichen kann. Bei den gebräuchlichen Gittern, bei denen p von der Größenordnung 10^4 bis 10^5 ist, kann man selten höhere Ordnungen als die dritte

($k = 3$) benutzen; wegen der Gl. (3.59) $k\lambda = s \sin \varphi_k$ muß dann $s \geqq 3\lambda$ sein, da sonst die dritte Ordnung gar nicht auftreten könnte. Weil die Wellenlängen des sichtbaren Gebietes zwischen 0,4 und 0,75 µm liegen, soll als Beispiel ein Gitter mit $s = 2{,}5$ µm betrachtet werden; dies gestattet dann, die roten Wellen von 0,75 µm noch in der dritten Ordnung zu erhalten. Wir wollen für die Ordnungen $k = 1$, 2 und 3 die Beugungswinkel φ_k für $\lambda_{\text{rot}} = 0{,}75$ µm und $\lambda_{\text{violett}} = 0{,}4$ µm ausrechnen. Man erhält so:

$$\begin{aligned}
&\text{für } k = 1: \quad \varphi_{\text{rot}} = 17{,}5°; \quad \varphi_{\text{violett}} = 9{,}2°; \quad \varphi_{\text{rot}} - \varphi_{violett} = 8{,}3°,\\
&\text{für } k = 2: \quad \varphi_{\text{rot}} = 36{,}9°; \quad \varphi_{\text{violett}} = 18{,}7°; \quad \varphi_{\text{rot}} - \varphi_{violett} = 18{,}7°,\\
&\text{für } k = 3: \quad \varphi_{\text{rot}} = 64{,}2°; \quad \varphi_{\text{violett}} = 28{,}7°; \quad \varphi_{\text{rot}} - \varphi_{violett} = 33{,}5°. \qquad (3.60)
\end{aligned}$$

Man erkennt, daß man schon in der ersten Ordnung eine sehr erhebliche Trennung der extremen Wellenlängen erreichen kann, die sich in zweiter und dritter Ordnung noch etwa verdoppelt bzw. vervierfacht. Eben wegen dieser großen Trennungsmöglichkeit empfiehlt sich das Gitter als Spektroskop; dieser Punkt wird noch genauer erörtert werden. Hier sei nur noch bemerkt, daß in Gl. (3.59) die Zahl p der Spalte gar nicht auftritt; die in den Gl. (3.60) berechneten Winkel bzw. Winkeldifferenzen gelten also auch schon für ein aus 2 Spalten bestehendes Gitter, das aber wegen der breiten Maxima (Abb. 3.57a) dennoch kein leistungsfähiges Spektroskop darstellt.

In Abb. 3.59 sind für ein Gitter in der oberen Reihe die Beugungsbilder für rotes und darunter die für violettes Licht skizziert. Man sieht, daß langwelliges Licht stärker abgebeugt wird als kurzwelliges. Wegen der großen Differenzen der Beugungswinkel für verschiedene Wellenlängen liefert das Beugungsgitter ein hervorragendes Mittel zur genauen Bestimmung der Wellenlänge. Man stellt zu diesem Zweck das Gitter auf das Tischchen eines Spektrometers, so daß die Richtung der Gitterspalte parallel zu der des Spektrometerspaltes steht und mißt mit dem drehbaren Fernrohr die Winkel φ_k der Beugungsbilder gegen das zentrale Spaltbild nullter Ordnung. Auf diese Weise hat z. B. H. A. Rowland (1883) die ersten Präzisionsmessungen an den Fraunhoferschen Linien im Sonnenspektrum ausgeführt.

Bei Anwendung weißen Lichtes lagern sich links und rechts neben dem zentralen Spaltbild nullter Ordnung die Beugungsbilder der einzelnen Wellenlängen lückenlos aneinander, so daß in jeder Ordnung ein ganzes Spektrum entsteht, das von außen

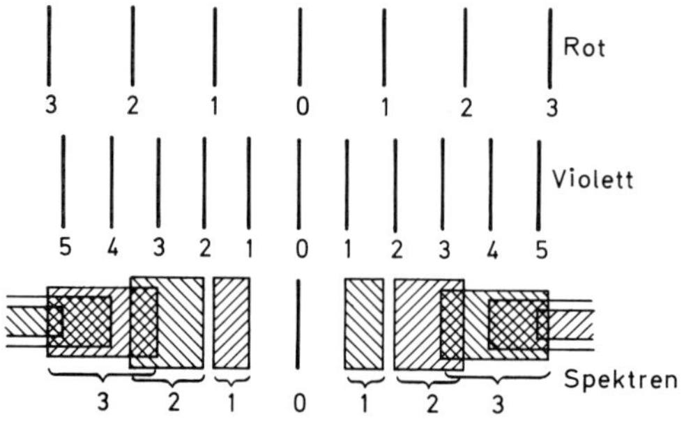

Abb. 3.59 Entstehung der Gitterspektren.

nach innen stets die Farbenfolge Rot, Orange, Gelb, Grün, Blau, Indigo, Violett zeigt. In der unteren Reihe von Abb. 3.59 ist die Lage der Beugungsspektren erster bis dritter Ordnung angedeutet. Während das Spektrum erster Ordnung von dem der 2. Ordnung noch durch einen dunklen Zwischenraum getrennt ist, überlagern sich die folgenden Spektren in der Weise, daß jedesmal das violette des folgenden auf das rote Ende des vorhergehenden Spektrums zu liegen kommt. Dadurch ergeben sich an diesen Stellen Mischfarben, die sich mit höherer Ordnung immer mehr dem Weiß nähern.

Bei einem Gitterspektrum ist die Reihenfolge der Farben die gleiche wie bei einem Prismenspektrum, abgesehen von der Richtung. Während aber im letzteren die Verteilung der Farben im Spektrum von der Dispersion der Prismensubstanz abhängt, ist dies beim Gitterspektrum nicht der Fall; bei diesem werden vielmehr die einzelnen Farben stets proportional ihrer Wellenlänge abgelenkt. Man bezeichnet daher das Gitterspektrum als **Normalspektrum.** Bei Benutzung von Sonnenlicht treten natürlich auch im Gitterspektrum die Fraunhoferschen Linien auf. In Abb. 14 auf Tafel I ist ein Gitterspektrum und darüber in Abb. 13 ein mit einem Flintglasprisma erzeugtes gleichlanges Spektrum wiedergegeben. Aus der Lage der Fraunhoferschen Linien erkennt man, daß im Gitterspektrum der rote und gelbe Teil wesentlich stärker auseinandergezogen ist als bei einem prismatischen Spektrum.

Für Wellenlängenmessungen mit dem Gitter ist die Kenntnis des **Auflösungsvermögens des Gitters** wichtig. Wie bereits in Abschn. 3.5 bei der Diskussion des Fabry-Pérot-Interferometers und in Abschn. 3.9 beim Prismenspektralapparat angegeben, versteht man darunter die Größe $\lambda/\delta\lambda$, die angibt, welcher Wellenlängenunterschied $\delta\lambda$ sich bei einer Wellenlänge λ noch erkennen läßt. Da nach den Ausführungen zu Abb. 3.57 die Beugungsmaxima, d. h. die Linien im Spektrum, um so schärfer ausfallen, je größer die Zahl p der beugenden Öffnungen ist, und ferner aus den Werten Gl. (3.60) hervorgeht, daß die Länge des Beugungsspektrums mit der Ordnungszahl k wächst, ist das Auflösungsvermögen eines Beugungsgitters proportional dem Produkt kp. Die genaue Rechnung liefert:

$$\frac{\lambda}{\delta\lambda} = kp\,. \tag{3.61}$$

Zur Ableitung dieser Gl. (3.61) berechnet man aus Gl. (3.59) den Winkelabstand der Maxima für 2 Wellenlängen λ_1 und $\lambda_1 + \delta\lambda = \lambda_2$ zu:

$$\sin\varphi_{2k} - \sin\varphi_{1k} = \frac{k\delta\lambda}{s}\,.$$

Die beiden Hauptmaxima können noch getrennt werden, falls das Hauptmaximum von λ_2 auf das benachbarte Minimum („II. Klasse“) von λ_1 fällt. Der Abstand dieses Minimums vom Hauptmaximum von λ_1 ist nach Gl. (3.54):

$$\sin\varphi_{1h} - \sin\varphi_{1k} = \frac{\lambda_1}{ps}\,.$$

Für $p = 2, 4, 8$ kann dieser Abstand auch Abb. 3.57 entnommen werden. Gleichsetzen der beiden vorhergehenden Gleichungen liefert mit $\lambda_1 = \lambda \approx \lambda_2$ die Gl. (3.61).

Bei den feinsten Gittern liegt p in der Größenordnung von 10^5; die Größe k ist, wie oben erläutert wurde, beschränkt auf Werte bis zu 3. Im allgemeinen beobachtet man in der zweiten oder dritten Ordnung, so daß man für das Auflösungsvermögen eines guten Gitters etwa 200 000 bis 300 000 erhält.

Da für die beiden Na-D-Linien $\lambda/\Delta\lambda = 1000$ ist, können mit einem Gitter von dieser Leistungsfähigkeit noch Spektrallinien aufgelöst werden, deren Abstand nur der 200. bis 300. Teil des D-Linien-Abstandes ist. Je größer p, um so besser ist das Auflösungsvermögen des Gitters, obwohl bei allen Gittern mit gleichem s die Maxima nach Gl. (3.59), wie auch Abb. 3.57 deutlich zeigt, um den gleichen Winkel gebeugt sind. Danach ist das Auflösungsvermögen eines Gitters mit z. B. zwei Öffnungen minimal, weil die Maxima breit und verwaschen sind. Infolgedessen werden Maxima dicht beieinanderliegender Wellenlängen nicht getrennt, sondern sie überlagern sich. Ein Blick auf Abb. 3.57 zeigt, wieviel man an Schärfe gewinnt, wenn man p groß wählt. Daraus ergibt sich übrigens auch die Notwendigkeit, auf die *Erfüllung der Kohärenzbedingung Gl.* (3.11) *für das ganze Gitter* zu achten: würde z. B. infolge zu großer Breite des Beleuchtungsspaltes Gl. (3.11) nur für einen Teil des Gitters erfüllt sein, so hätte man auch nur das Auflösungsvermögen, das der Zahl der Öffnungen dieses Teiles entspricht.

In Tab. 3.1 sind typische Werte für das Auflösungsvermögen der verschiedenen Spektralapparate zusammengestellt für eine mittlere Wellenlänge von 500 nm. Mit steigender Wellenlänge wird das Auflösungsvermögen der Prismenapparate schlechter, da $\mathrm{d}n/\mathrm{d}\lambda$ abnimmt, das der Interferenzspektroskope besser; für kleinere Wellenlängen kehren sich die Verhältnisse um.

Es kann gezeigt werden [23], daß das spektrale Auflösungsvermögen $\lambda/\delta\lambda = \nu/\delta\nu$ der verschiedenen Anordnungen auf das klassische Unschärfeprinzip

$$\delta\nu\,\delta\tau \geq 1$$

zurückgeführt werden kann. Das zu unterscheidende Licht stelle man sich dazu als eine Folge von Impulsen dar (vgl. Abschn. 3.1). Nach Durchlaufen des Spektralapparates tritt eine Verbreiterung des Pulses um $\delta\tau$ auf. Aus der Impulsverbreiterung

Tab. 3.1 Spektrales Auflösungsvermögen

Anordnung	Ordnungszahl k	Zahl p der interferierenden Strahlen	Auflösungsvermögen
Flintglasprisma, $\frac{\mathrm{d}n}{\mathrm{d}\lambda} = 1730\,\mathrm{cm}^{-1}$, Basis $t = 10\,\mathrm{cm}$, $n_D = 1{,}7594$	–	–	17 300
Strichgitter, 16,5 cm breit, 600 Linien pro mm	3	99 000	297 000
Lummer-Gehrcke-Platte, 20 cm lang, 1 cm dick, $n = 1{,}5$	80 000	11	880 000
Fabry-Pérot-Platte, 1 cm dick	40 000	60	2 400 000
$\varrho = 95\%$ 10 cm dick	400 000	60	24 000 000

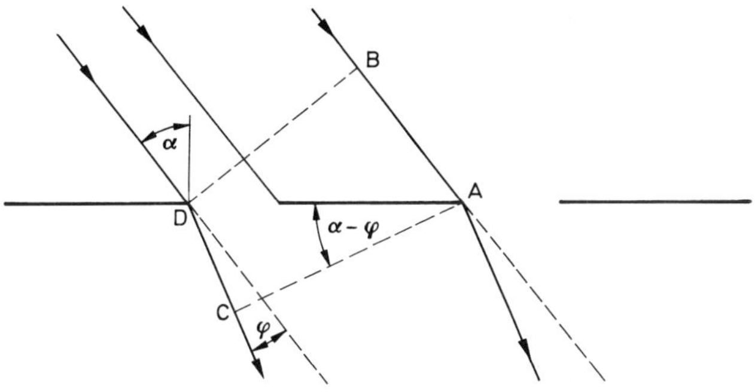

Abb. 3.60 Beugung am Gitter bei schrägem Lichteinfall.

ergibt sich die auflösbare Frequenzdifferenz aus dem Unschärfeprinzip. Umgekehrt gilt auch, daß ein Spektralapparat, der eine Frequenzdifferenz $\delta\nu$ auflösen kann, zu einer Impulsverbreiterung $\delta\tau \geq 1/\delta\nu$ führt.

Schräger Einfall. Läßt man Licht schräg durch ein Strichgitter hindurchtreten oder unter flachem Winkel von diesem reflektieren (Reflexionsgitter werden im folgenden besprochen), so wirkt das Gitter mit einer kleineren Gitterkonstante als bei senkrechtem Lichtauffall. Nach Abb. 3.60 ist nämlich für einen Beugungswinkel φ der Gangunterschied zweier homologer Strahlen $d = \overline{AB} - \overline{DC}$, und es ist:

$$\overline{AB} = \overline{DA} \sin\alpha = s \sin\alpha; \quad \overline{DC} = \overline{DA} \sin(\alpha - \varphi) = s \sin(\alpha - \varphi),$$

folglich ist die Gangdifferenz

$$d = s\{\sin\alpha + \sin(\varphi - \alpha)\} = s\{\sin\alpha + \sin\varphi\cos\alpha - \cos\varphi\sin\alpha\}. \qquad (3.62)$$

Für kleine Beugungswinkel φ kann man $\cos\varphi = 1$ setzen und erhält angenähert:

$$d = s\cos\alpha\sin\varphi = s'\sin\varphi .$$

An die Stelle von Gl. (3.59) tritt die Beziehung

$$\sin\varphi_k = \frac{k\lambda}{s'} = \frac{k\lambda}{s\cos\alpha}, \qquad (3.63)$$

d.h. das Gitter wirkt so, als ob es eine Gitterkonstante $s' = s\cos\alpha$ besäße. Auf diese Weise ist es z. B. gelungen, bei fast streifendem Einfall unter Ausnutzung der Totalreflexion Beugungsspektren von Röntgenstrahlen mit gewöhnlichen Glasgittern im reflektierten Licht zu erhalten (A.H. Compton und C.L. Doan, 1925).

Reflexionsgitter. Die im vorhergehenden dargestellten Überlegungen gingen von einem Gitter aus, das aus abwechselnden dünnen durchlässigen Bereichen der Breite b und undurchlässigen Bereichen der Breite $s - b$ besteht. Ein derartiges Gitter hat für $b = s/2$ einen maximalen Beugungswirkungsgrad von $(\pi)^{-2} \approx 10\%$ für die 1. Ordnung. Höhere Verhältnisse von eingestrahlter zu gebeugter Intensität erhält

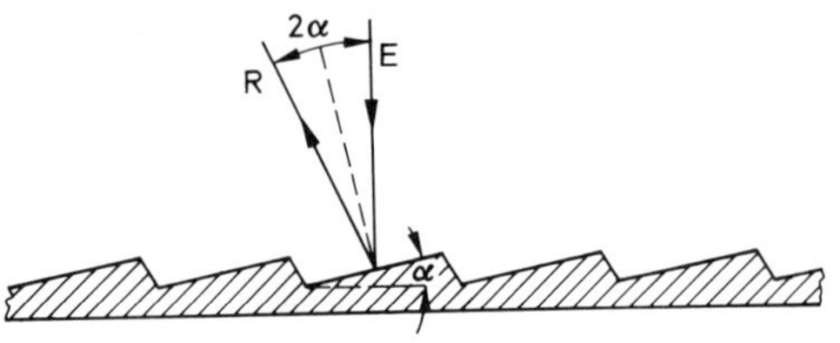

Abb. 3.61 Geblaztes Gitter (Blaze-Gitter, Echelette-Gitter) nach R. W. Wood (1910).

man mit Reflexionsgittern, die aus einer gefurchten, metallisierten Oberfläche bestehen. Wegen des hohen Beugungswirkungsgrades werden vorwiegend derartige Gitter in Spektrometern und anderen Geräten verwendet. Die im vorhergehenden dargelegte Gittertheorie liefert auch für Reflexionsgitter die Lage der Maxima – Gl. (3.59) – und erklärt das hohe Auflösungsvermögen. Der Beugungswirkungsgrad kann Werte von nahezu 100% erreichen, wenn die in Abb. 3.61 dargestellte Furchenform gewählt wird.

Stellt E in Abb. 3.61 eine einfallende Welle dar, so kommt der größte Teil der Energie jener Beugungsordnung zugute, die in Richtung R (der regulär reflektierten Welle) liegt. Inzwischen beherrscht man die Technik der Gitterherstellung derartig, daß man die Energie in jeder verlangten Ordnung durch Wahl der geeigneten Furchenform konzentrieren kann. Bei der in Abb. 3.61 dargestellten Anordnung steht der einfallende Strahl senkrecht zur mittleren Oberfläche (engl. „normal incidence"). Es sind auch andere Einfallsrichtungen möglich. Von besonderem Interesse ist die *Littrow-Anordnung,* bei der die einfallenden Strahlen senkrecht zu den Furchenoberflächen stehen. Damit die reflektierten Strahlen konstruktiv interferieren, muß die Furchenhöhe in Einfallsrichtung gemessen ein ganzzahliges Vielfaches der halben Wellenlänge, d. h. $m\lambda/2$ sein. Ein Gitter in Littrow-Anordnung wirkt somit wie ein wellenlängenselektiver Spiegel. Bei Abweichen von der senkrechten Einstrahlrichtung tritt maximale Reflexion für eine andere Wellenlänge auf. Gitter in Littrow-Anordnung werden daher in Lasern als Spiegel verwendet. Durch Drehung des Gitters kann eine Abstimmung des Lasers erreicht werden.

Herstellung von Beugungsgittern. Gröbere Gitter kann man nach Fraunhofer in der Weise anfertigen, daß man dünne Drähte in gleichmäßigen Abständen auf einen Metallrahmen aufspannt; die besondere Art der Herstellung bringt es mit sich, daß dabei $b = s/2$ ist, so daß die geradzahligen Ordnungen ausfallen. Drahtgitter der beschriebenen Art wurden z. B. zu Messungen im Infraroten benutzt. Feinere Gitter erhält man, indem man mit einem Diamanten auf Glasplatten in gleichmäßigen Abständen Striche einritzt, die die undurchlässigen Teile des Gitters bilden; man kommt so bis zu 400 Strichen pro Millimeter. **Reflexionsgitter** hat zuerst L. M. Rutherfurd und später H. A. Rowland (1882) durch Einritzen von Linien in eine spiegelnde Fläche ausgeführt. Die besten *Rowland-Gitter* enthalten bis zu 1700 Striche pro Millimeter und eine Gesamtzahl von 110000 Strichen. Ein weiterer Fortschritt gelang wieder Rowland, nämlich die Gitter auf einer sphärischen Fläche auszuführen. Da diese **Konkavgitter** parallel einfallende Strahlen in einem Brennpunkt vereinigen, machen sie die Benutzung eines Beobachtungsfernrohrs oder sonstiger Optik entbehrlich; das ist besonders wichtig für den Bau von Spektrographen für das ferne Ultraviolett, bei denen man zur Vermeidung von Absorption die Strahlung nur im Vakuum verlaufen lassen darf.

Lange Zeit waren Rowlandgitter das unentbehrliche Instrument für die Spektroskopie, namentlich für die exakte Bestimmung der Wellenlänge der Spektrallinien der chemischen Elemente. Diese Messungen haben nicht nur die Spektralanalyse im vorigen Jahrhundert ermöglicht, sondern auch in diesem Jahrhundert die Grundlagen für die Atomtheorie geliefert. Ein weiterer wesentlicher Fortschritt bei der Herstellung von Gitterteilungen gelang durch Verwendung von interferometrisch kontrollierten Teilmaschinen. Selbst bei Gittern von 25 cm Breite konnten Teilungsfehler fast vollkommen vermieden werden.

In jüngster Zeit werden vielfach **holographische Gitter** verwendet. Diese werden hergestellt, indem ein Laserstrahl aufgeweitet und in zwei Teilwellen aufgespalten wird. Diese werden unter einem geeigneten Winkel überlagert. Es ergeben sich parallele Interferenzstreifen, mit denen ein photoempfindlicher Lack auf einer Trägerplatte belichtet wird. Durch Entwicklung und Ätzen werden Furchen geeigneter Form auf dem Träger, z. B. einer Glasplatte, erzeugt. Durch Metallisierung der Oberfläche wird die Reflexion des Gitters erhöht. Der Vorteil dieses holographischen Verfahrens ist, daß keine Teilungsfehler auftreten. Voraussetzungen für die Herstellung guter holographischer Gitter ist, daß die interferierenden Wellen möglichst ebene Phasenflächen bzw. Wellenfronten besitzen.

Von Oberflächengittern können durch Abdrücke in Kunststoff Kopien, sog. *Replikagitter,* hergestellt werden.

Amplituden- und Phasengitter. Bei den oben besprochenen Strichgittern variierte die Lichtdurchlässigkeit unstetig zwischen 0 und 100%. Es gibt aber Gitter, bei denen sich die Lichtdurchlässigkeit stetig, aber periodisch ändert. Zum Beispiel stellt der Rand eines Tonfilmstreifens, auf den ein einzelner Ton mittels sog. *Dichteschrift* (Sprossenverfahren) kopiert ist, ein optisches Gitter dar, bei dem die Lichtdurchlässigkeit eine etwa sinusförmige Verteilung besitzt. Gitter mit periodisch variierender Durchlässigkeit (Transmission) werden als *Amplitudengitter* bezeichnet. Im Gegensatz dazu ist bei einem *Reflexionsgitter* die Amplitude der reflektierten Welle konstant. Es ändert sich hier die Phase sprungweise von Stufe zu Stufe. Ein Material mit periodischer Struktur, die auf die Phase von Lichtwellen wirkt, wird als *Phasengitter* bezeichnet. Phasengitter können nicht nur in Reflexion sondern auch in Durchstrahlung (Transmission) betrieben werden, z. B. das in Abb. 3.61 dargestellte Blaze-Gitter ohne Oberflächenverspiegelung. Eine durchsichtige Platte mit sinusförmiger Riffelung nach Abb. 3.62 stellt ein Phasengitter mit stetig variabler Phase dar.

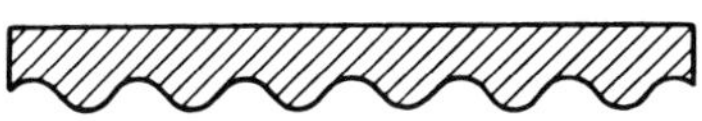

Abb. 3.62 Phasengitter.

Volumengitter. Die Holographie, die Lichtbeugung an Ultraschallwellen und andere optische Anordnungen beruhen auf sogenannten Volumengittern, die aus Materia-

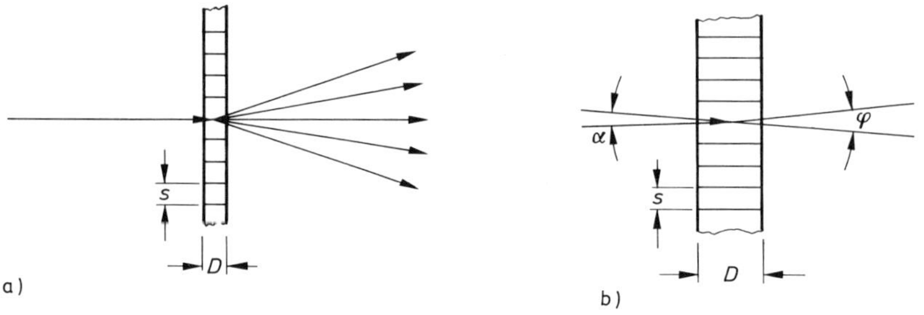

Abb. 3.63 Beugung am a) dünnen und b) dicken Gitter.

lien mit einer örtlich periodischen Modulation des Absorptionskoeffizienten a (Amplitudengitter) oder der Brechzahl n (Phasengitter) bestehen. Die oben besprochenen Gitter, die aus abwechselnd durchlässigen und undurchlässigen Bereichen bestehen, können z. B. durch eine dünne Schicht eines Materials realisiert werden, dessen Absorptionskoeffizient zwischen Null und einem sehr großen Wert variiert. Im allgemeinen können die Schichtdicken bei Volumengittern beliebig groß sein, und die Maxima und Minima der optischen Konstanten a und n können beliebig sein.

Bei der Beugung von Licht an Volumengittern ist zu unterscheiden, ob es sich um dünne oder dicke Gitter handelt. Die Beugung an dünnen Gittern kann mit beliebiger Einstrahlrichtung erfolgen. Es treten im allgemeinen mehrere Beugungsordnungen auf (Abb. 3.63a). Bei der Beugung an dicken Gittern nach Abb. 3.63b tritt nur eine Beugungsordnung mit starker Intensität auf. Der Einfallswinkel ist nicht mehr beliebig, sondern muß gleich dem halben Beugungswinkel φ sein, d. h. $\alpha = \varphi/2$. Dies wird verständlich, wenn die Entstehung der gebeugten Welle als Reflexion der eingestrahlten Welle an den Gitterebenen aufgefaßt wird. Unter Gitterebene wird hierbei eine Fläche mit konstantem Absorptionskoeffizienten bzw. konstanter Brechzahl verstanden. Die Beugung wird in diesem Fall auch als *Braggsche Reflexion* bezeichnet. Für den Beugungswinkel oder *Bragg-Winkel* gilt nach Gl. (3.62) mit $\alpha = \varphi/2$ und $d = \lambda$:

$$\sin\frac{\varphi}{2} = \frac{\lambda}{2s}.$$

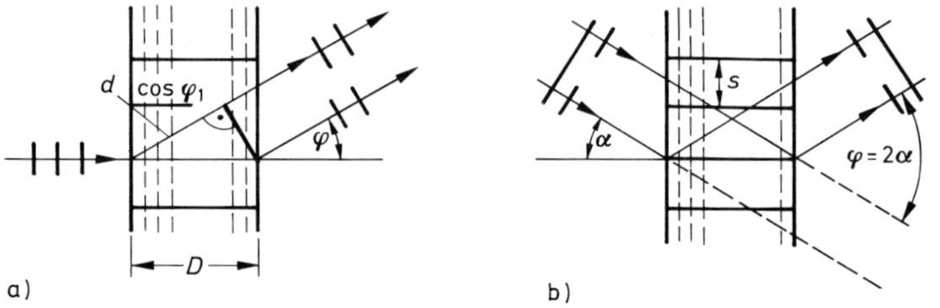

Abb. 3.64 Beschreibung der Beugung an einem dicken Gitter durch Zerlegung in dünne Gitterelemente; a) senkrechter Einfall; b) Braggsche Reflexion.

Bedingung für dünnes Gitter. Ein Gitter mit beliebiger Dicke D kann in dünne Elemente aufgeteilt werden (Abb. 3.64). Es wird zunächst eine senkrecht einfallende Welle betrachtet, die an den aufeinanderfolgenden Gitterelementen gebeugt wird (Abb. 3.64a). Die am ersten Gitterelement gebeugte Welle hat gegenüber der am letzten Gitterelement gebeugten Welle eine Phasenverschiebung von

$$P = \frac{2\pi n}{\lambda}(D - D\cos\varphi_1).$$

Hierbei ist n die mittlere Brechzahl und λ die Vakuumwellenlänge. Der Beugungswinkel im Material gemessen ist $\sin\varphi_1 = \lambda/sn$. Unter der Voraussetzung kleiner Winkel, d.h. $\varphi_1 \approx \sin\varphi_1$ ergibt sich

$$P = 4\pi\frac{D\lambda}{s^2 n}.$$

Falls die Phasendifferenz genügend klein ist, d.h. $P \ll 1$, interferieren die von den einzelnen Gitterelementen gebeugten Strahlen *konstruktiv*. Für $P \gg 1$ ergibt sich *destruktive Interferenz,* wodurch die gebeugte Intensität klein wird. Ein Gitter wird demnach als dünn bezeichnet, falls $P \ll 1$.

Im Falle der Braggschen Reflexion (Abb. 3.64b) haben die an den einzelnen Gitterlementen gebeugten Strahlen gleiche Phasen, so daß sich konstruktive Interferenz auch bei großer Gitterdicke ergibt. Da nur eine Beugungsordnung auftritt, kann der Beugungswirkungsgrad bei einem dicken Gitter wesentlich größer sein als bei einem dünnen Gitter (s. Tab. 3.2).

Tab. 3.2 Maximal mögliche Beugungswirkungsgrade sinusförmiger Gitter

	dünn	dick
Amplitudengitter	6,25%	3,7%
Phasengitter	33,8 %	100 %

Lichtbeugung an Ultraschallwellen. Ein ausgezeichnetes Gitter, und zwar ein Phasengitter von großer Regelmäßigkeit stellt ferner eine ebene *Ultraschallwelle* dar, insbesondere dann, wenn sie sich in einem festen Körper oder einer Flüssigkeit ausbreitet. Jede Schallwelle besteht ja aus einer regelmäßigen Aufeinanderfolge von Verdichtungen und Verdünnungen, wobei der Abstand zweier aufeinanderfolgender Verdichtungen und Verdünnungen durch die Schallwellenlänge gegeben ist. Eine Flüssigkeit, in der eine ebene Schallwelle läuft, stellt daher ein Medium mit in Richtung der Schallwelle periodisch veränderlicher Dichte und damit auch periodisch veränderlicher Brechzahl dar. Bildet man nun senkrecht durch eine in einem Flüssigkeitstrog T mittels eines Piezoquarzes Q (siehe Bd. 1) erzeugte Ultraschallwelle einen Spalt Sp auf einem Schirm S so ab (Abb. 3.65), daß die Schallwellenfront parallel zur Spaltrichtung liegt, so erhält man praktisch dieselbe Beugungserscheinung wie bei einem Strichgitter. Rechts und links neben dem zentralen Spaltbild

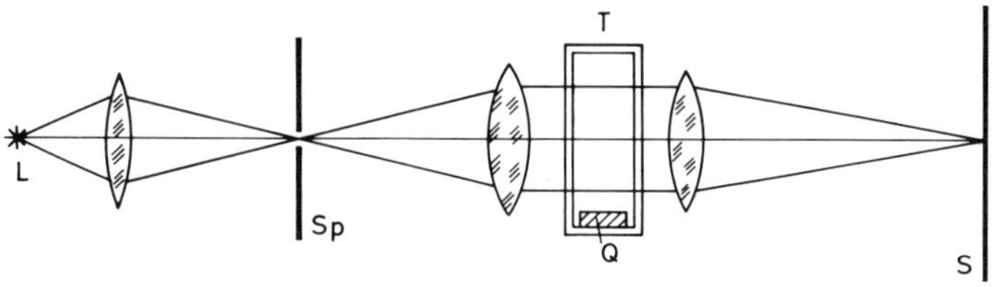

Abb. 3.65 Versuchsanordnung zur Lichtbeugung an Ultraschallwellen.

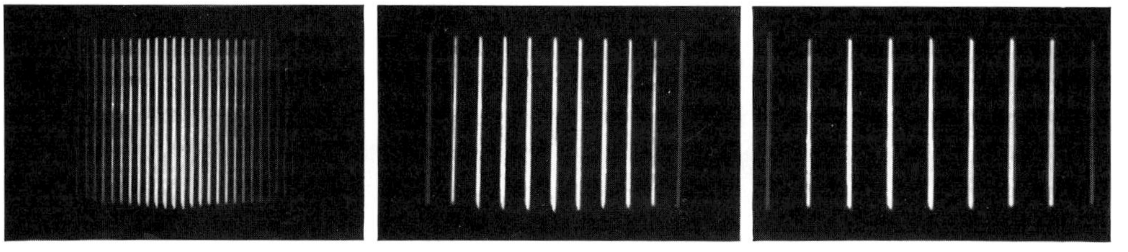

Abb. 3.66 An Ultraschallwellen in Xylol mit Natriumlicht aufgenommene Fraunhofersche Beugungsspektren. a) Grundschwingung (3 MHz); b) dritte und c) fünfte Oberschwingung des Schallgebers; Schallwellenlänge bei der Grundschwingung 0,44 mm.

tritt bei monochromatischem Licht eine große Zahl von Beugungsbildern auf (Abb. 3.66); die Gitterkonstante ist gleich der Schallwellenlänge Λ. Erhöht man daher die Schallfrequenz N, indem man z. B. den Piezoquarz in einer höheren Oberschwingung erregt, so wird Λ entsprechend kleiner, und die Beugungsbilder rücken weiter auseinander (Abb. 3.66b und c). Diese Beugungserscheinung an Ultraschallwellen wurde zuerst von P. Debye und F. W. Sears (1932) und unabhängig davon fast gleichzeitig von R. Lucas und P. Biquard entdeckt. Ihre praktische Bedeutung besteht u. a. darin, daß man auf diesem Wege sehr bequem unter Verwendung sehr kleiner Flüssigkeitsmengen die Schallgeschwindigkeit v in Flüssigkeiten messen kann. Wie man sich leicht an Hand der Gl. (3.59), die hier die Gestalt $\sin \varphi_k = k\lambda/\Lambda$ annimmt, überlegt, ist die Schallgeschwindigkeit v durch die Beziehung

$$v = \frac{k\lambda N}{\sin \varphi_k} \tag{3.64}$$

gegeben. Die Frequenz N des Schallgebers läßt sich dabei mit einem elektrischen Frequenzmesser bestimmen.

Lichtbeugung tritt sowohl an stehenden wie an fortschreitenden Schallwellen auf, weil die Fraunhofersche Beugungserscheinung unabhängig von der Lage des Gitters ist. Bei der Beugung am bewegten Gitter tritt infolge des Dopplereffekts eine Frequenzverschiebung des gebeugten Lichtes auf. Zur Berechnung dieses Effektes wird angenommen, daß die Lichtwelle mit der Frequenz ν_0 senkrecht auf die Schallwelle einfällt, die sich mit der Geschwindigkeit v bewegt. In einem System, das sich mit der Schallwelle mitbewegt, ist die Frequenz des Lichtes ebenfalls ν_0, da die Geschwindigkeitskomponente des bewegten Systems in Lichtausbreitungsrichtung Null ist und daher kein klassischer Dopplereffekt stattfindet (vgl. Bd. 1). Im bewegten System kann die Beugung des Lichtes als Beugung an einem ruhenden Gitter untersucht werden. Es treten Beugungswinkel $\pm\varphi_k$ auf. Nunmehr müssen die gebeugten Lichtwellen in ruhende Laborsysteme zurücktransformiert werden. Dabei tritt eine Frequenzverschiebung auf, da das bewegte System gegenüber den Lichtausbreitungen der gebeugten Wellen die Geschwindigkeitskomponenten $\pm v \sin\varphi_k$ besitzt. Die Theorie des Dopplereffektes (s. Bd. 1) liefert dann für die Frequenz ν_k des in die k-te Ordnung abgebeugten Lichtes den Ausdruck:

$$\nu_k = \nu_0 \left(1 \pm \frac{v \sin\varphi_k}{c}\right).$$

Daraus folgt nach Gl. (3.64)

$$\nu_k = \nu_0 \pm kN. \tag{3.65}$$

dabei gilt das Pluszeichen (Frequenzerhöhung), wenn der Winkel φ_k zwischen der Fortpflanzungsrichtung der Schallwelle und der des abgebeugten Lichtes spitz ist, während das Minuszeichen (Frequenzerniedrigung) gilt, wenn φ_k stumpf ist. Bei einer Schallfrequenz von $N = 10$ MHz bewirkt der im Beugungsbild erster Ordnung zu erwartende Dopplereffekt bei der grünen Quecksilberlinie ($\lambda = 546$ nm) nur eine Wellenlängenänderung von 10^{-5} nm; diese konnte trotz seiner Kleinheit experimentell nachgewiesen werden. Etwas anders liegen die Verhältnisse bei der Beugung des Lichtes an einer *stehenden Schallwelle*. Betrachtet man letztere als eine Überlagerung zweier in entgegengesetzter Richtung laufender Wellen, so sieht man, daß in dem Beugungsbild k-ter Ordnung die beiden durch Gl. (3.65) angegebenen Lichtfrequenzen vorhanden sind, was in der Tat experimentell bestätigt werden konnte. Die beiden Frequenzen führen zu einer Schwebung und damit zu einer Amplitudenmodulation des gebeugten Lichtes. Dies kann auch folgendermaßen verstanden werden: Wie in Bd. 1 bei den stehenden Wellen auseinandergesetzt, entsteht und verschwindet eine stehende Welle in der Sekunde $2N$-mal, wenn N die Frequenz der Welle ist. Das hat zur Folge, daß die Intensität des von der Schallwelle gebeugten Lichtes mit der *doppelten Schallfrequenz* schwankt. Blendet man also das zentrale Bild aus und faßt alle abgebeugten Strahlen mit einer Linse wieder zusammmen, so erhält man eine für stroboskopische Zwecke geeignete, mit dem zweifachen Wert der Schallfrequenz intermittierende Lichtquelle. Man verwendet daher vielfach solche *Ultraschallzellen* an Stelle von *Kerr-Zellen* (vgl. Kap. 4). Lichtbeugung an Ultraschallwellen mit Frequenzen von 10 MHz bis 500 MHz in Quarzglas und anderen Materialien wird zur Ablenkung und Modulation von Laserstrahlen verwendet. Man arbeitet in der Bragg-Anordnung, um hohe Beugungswirkungsgrade zu erzielen. Stehende Ultraschallwellen ergeben eine Amplitudenmodulation des durchtretenden Lichtes mit der doppelten Schallfrequenz. Laufende Schallwellen werden zur Amplitudenmodulation mit beliebigen Signalformen eingesetzt. Dazu muß die Schallwelle selbst mit dem Modulationssignal moduliert werden. Die Amplitude des Bragg-Reflexes entspricht dann dem Modulationssignal.

3.11 Beugung an zwei- und dreidimensionalen Gittern; Röntgenstrahlbeugung

Die bisherigen Überlegungen bezogen sich auf eindimensionale Gitter, d.h. ihre Periodizität erstreckte sich nur in einer Richtung. Legt man zwei gleiche Strichgitter um 90° verdreht übereinander, so erhält man ein zweidimensionales *Kreuzgitter*. Projiziert man durch ein solches Gitter einen Lichtpunkt auf einen Schirm, so erhält man bei Benutzung von weißem Licht die in Abb. 3.67a wiedergegebene Beugungserscheinung, bei der sich um einen zentralen weißen Fleck in der Mitte eine große Zahl von farbigen Beugungsspektren in regelmäßiger Anordnung so gruppiert, daß ihre Längsrichtung nach der Mitte zeigt und das violette Ende innen liegt. In monochromatischem Licht geht die Erscheinung in die der Abb. 3.67b über, bei der die einzelnen Beugungspunkte in den Schnittpunkten eines geradlinigen quadratischen Netzes liegen[1]. Die Lage der Beugungspunkte und damit das Aussehen der Erscheinung ändert sich, wenn man die Richtung des einfallenden Lichtes zur Ebene des Kreuzgitters durch Verdrehen desselben etwas variiert. Dabei ändert sich nach Gl. (3.62) die Größe der Gitterkonstanten in den verschiedenen Richtungen.

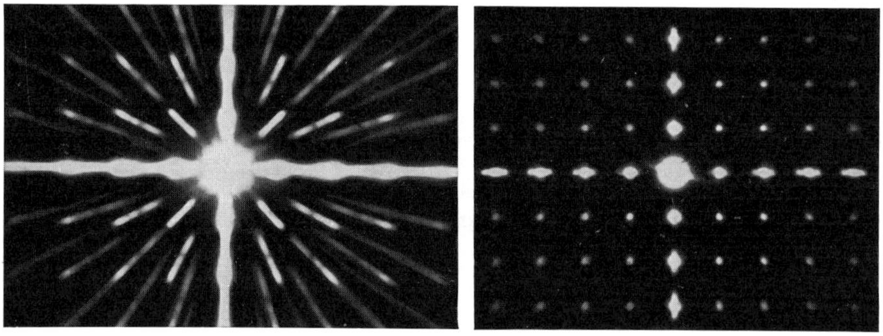

a) b)

Abb. 3.67 An einem Kreuzgitter mit a) weißem und b) monochromatischem Licht aufgenommene Fraunhofersche Beugungsspektren.

Solche und ähnliche Beugungserscheinungen beobachtet man z.B. wenn man durch ein feines Gewebe (Regenschirm) nach einer punktförmigen Lichtquelle (entfernte Straßenlaterne) blickt. Viele Farberscheinungen in der Natur, z.B. die Farbe gewisser Schmetterlingsflügel und anderer Insekten, die Farbe von Perlmutt und der Perlen erklären sich durch Beugung des Lichtes an einer feinen Riffelung oder gitterartigen Struktur der betreffenden Oberfläche.

Um die Beugung an zwei- und dreidimensionalen Gittern übersichtlich darstellen zu können, soll zunächst an Stelle eines Strichgitters eine längs der x-Achse aufge-

[1] Das Netz ist nicht exakt geradlinig, sondern wird von Hyperbeln gebildet, die allerdings in niedrigen Ordnungen fast geradlinig verlaufen.

reihte Anzahl von kleinen kreisförmigen Öffnungen betrachtet werden, die im Abstand b_1 aufeinander folgen. Statt der Öffnungen in einem undurchlässigen Schirm können auch, was für das Folgende zweckmäßiger ist, nach dem *Babinetschen Theorem* komplementäre und undurchlässige Teilchen als die beugenden Elemente ins Auge gefaßt werden. Durch Verschieben der Punktreihe in der x,y-Ebene ergibt sich ein zweidimensionales Gitter. Aus diesem kann durch Verschieben in z-Richtung ein dreidimensionales Gitter erzeugt werden. In allen Fällen möge das Licht parallel der z-Richtung sowohl auf die lineare Punktreihe, das ebene Punktsystem und das dreidimensionale Raumgitter auffallen; der abgebeugte Strahl bilde mit den Koordinatenachsen die Winkel α, β, γ.

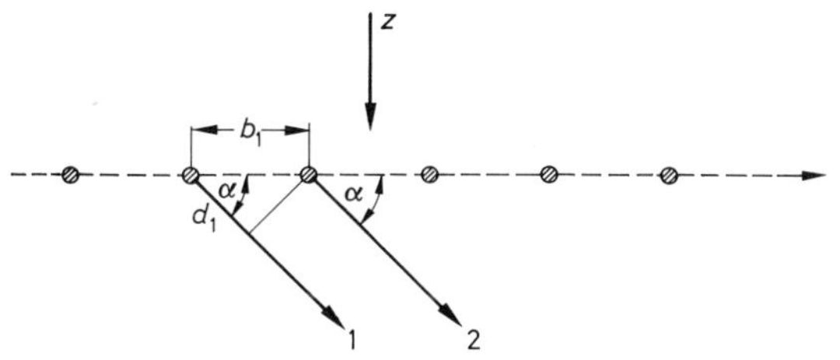

Abb. 3.68 Beugung an einer längs der x-Achse liegenden Reihe kleiner Teilchen ($z = 0$).

Betrachtet sei nun zuerst die längs der x-Achse aufgezogene Reihe von Teilchen, die im Abstande b_1 voneinander angeordnet sind (Abb. 3.68). Fällt Strahlung aus der z-Richtung senkrecht auf diese Reihe, so gehen von jedem Teilchen Kugelwellen aus (die man sich als eine physikalische Realisierung der Huygensschen Elementarwellen denken kann), die miteinander interferieren. Man fasse zwei parallele, homologe Strahlen 1 und 2 ins Auge, die mit der x-Achse den Winkel α bilden. Die Zeichenebene der Abb. 3.68 sei die Ebene, die durch die x-Achse und die beiden Strahlen 1 und 2 gelegt ist. Helligkeit herrscht in der durch α gekennzeichneten Richtung, wenn die Gangdifferenz $d_1 = b_1 \cos\alpha$ den Wert $h_1\lambda$ ($h_1 = 0, 1, 2, \ldots$) besitzt, woraus für die Winkel α die Beziehung folgt:

$$\cos\alpha = \frac{h_1\lambda}{b_1} \quad (h_1 = 0, \pm 1, \pm 2, \ldots)\,. \tag{3.66}$$

Das ist wegen $\alpha = 90^\circ - \varphi$, abgesehen von der etwas veränderten Bezeichnung, genau die Gl. (3.59). Während aber bei den Strichgittern nur ein *ebener* Schnitt durch das Gitter senkrecht zur Strichrichtung betrachtet zu werden braucht, liegt hier Rotationssymmetrie um die x-Achse vor. Das heißt, in allen durch die x-Achse gelegten Ebenen gelten die gleichen Verhältnisse wie in der Zeichenebene der Abb. 3.68. Geometrisch bedeutet die Gl. (3.66), d. h. $\alpha = \text{const.}$, eine Schar von Kreiskegeln mit dem halben Öffnungswinkel α um die x-Achse. In den durch diese Kreiskegel bestimmten Richtungen ($\cos\alpha_0 = 0$; $\cos\alpha_1 = \lambda/b_1$; $\cos\alpha_2 = 2\lambda/b_1; \ldots$) herrscht also Helligkeit. Die Schnitte dieser Kegel mit einer senkrecht zur Richtung der auffallenden Strahlen, d. h. senkrecht zur z-Achse aufgestellten photographischen

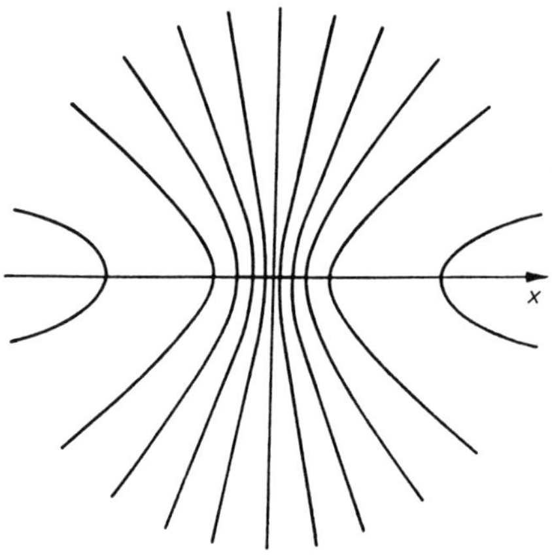

Abb. 3.69 Hyperbelschar als Ort der Interferenzmaxima in einer Ebene $z = \text{const.}$ bei der Beugung nach Abb. 3.68.

Platte sind aber gleichseitige Hyperbeln, die die Orte der Interferenzmaxima im Raume darstellen (Abb. 3.69); sie entsprechen den geradlinigen Interferenzmaxima beim Strichgittter.

Zu einem ebenen Gitter kann übergegangen werden, indem parallel zur y-Achse in den Abständen b_2 zu jedem Gitterpunkt der x-Achse neue Gitterpunkte hinzugefügt werden, so daß sie in ihrer Gesamtheit ein ebenes Punktgitter bilden (Abb. 3.70); dieses Gitter liege in der Zeichenebene; von hinten fällt wieder parallel der z-Achse Strahlung senkrecht auf das Gitter auf, und von jedem Gitterpunkt gehen wieder die Huygensschen Elementarwellen aus. Man fasse jetzt einen gebeugten Strahl ins Auge, der mit der x-Achse den Winkel α, mit der y-Achse den Winkel β bildet; der in der Abb. 3.70 gezeichnete Strahl 1 tritt aus der Zeichenebene nach

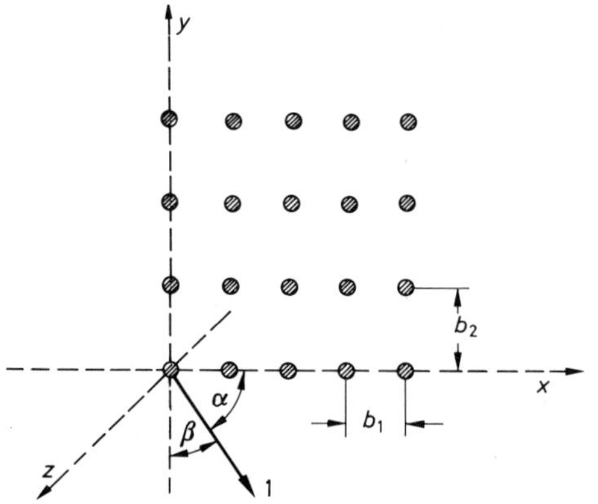

Abb. 3.70 Beugung an einem ebenen Punktgitter ($z = \text{const.}$).

vorn heraus. Gefragt wird wieder nach den Richtungen (α, β), in denen maximale Helligkeit herrscht. Von vornherein ist klar (vgl. die Verhältnisse bei der Beugung am rechteckigen Spalt und am Gitter), daß die Hinzufügung der neuen Gitterpunkte zur linearen Punktreihe *keine neue Helligkeit, sondern nur neue Dunkelheit* bewirken kann: Von den Punkten der hellen Interferenzlinien der Gl. (3.66) und der Abb. 3.69 wird noch eine Auswahl getroffen, d.h. es entstehen in diesen alten Maxima neue Minima. Und zwar müssen nunmehr zwei Gleichungen nach Art von Gl. (3.66) erfüllt sein, nämlich

$$\cos\alpha = \frac{h_1 \lambda}{b_1}, \qquad \cos\beta = \frac{h_2 \lambda}{b_2}, \tag{3.67}$$

deren erste wieder die schon bekannte Schar von Kreiskegeln um die x-Achse, deren zweite eine Schar von Kreiskegeln um die y-Achse definiert. Es ergeben sich also in einer Ebene senkrecht zu z zwei Scharen gleichseitiger Hyperbeln, die in Abb. 3.71 dargestellt sind. Beide Gl. (3.67) sind aber nur in den Schnittpunkten beider Hyperbelsysteme erfüllt; nur in diesen Schnittpunkten erscheinen die Helligkeitsmaxima. Sie bilden ein Netz, das für kleine Werte von h_1 und h_2 nahezu geradlinig ist, wie es Abb. 3.67b angibt.

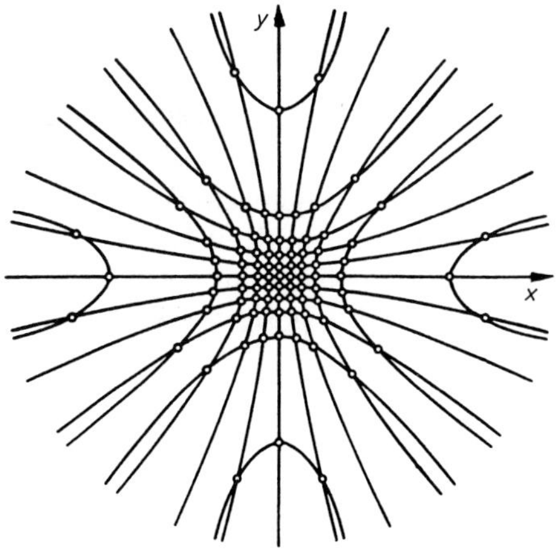

Abb. 3.71 Die Schnittpunkte zweier Hyperbelscharen bilden die Orte der Interferenzmaxima in einer Ebene $z > 0$ bei der Beugung an einem ebenen Punktgitter.

Beiden Fällen (Beugung an der linearen Punktreihe und am ebenen Punktgitter) ist es gemeinsam, daß die Wellenlänge λ der gebeugten Strahlung jeden Wert haben kann, sofern nur λ kleiner ist als die Gitterkonstante b_1 *und* b_2. Denn es gibt für Gl. (3.67) *immer* Winkel, für die die Gleichungen erfüllt werden können.

Das wird anders, wenn zum dreidimensionalen Punktgitter, dem *Raumgitter,* übergegangen wird, indem das in Abb. 3.70 gezeichnete ebene Gitter periodisch in der

z-Richtung in Abständen b_3 wiederholt wird. Wie ohne weiteres klar ist, müssen nun drei Bedingungen erfüllt sein, damit in der Richtung (α, β, γ) Helligkeit herrschen kann:

$$\cos\alpha = \frac{h_1\lambda}{b_1},$$

$$\cos\beta = \frac{h_2\lambda}{b_2},$$

$$\cos\gamma - 1 = \frac{h_3\lambda}{b_3}, \tag{3.68}$$

Zur Ableitung der letzten Gleichung betrachte man eine Reihe längs der z-Achse liegender Teilchen mit dem Abstand b_3, d.h. man ersetze in Abb. 3.68 die x-Achse durch die z-Achse und b_1 durch b_3. Die Strahlung soll parallel zur z-Achse, also parallel zur Teilchenreihe einfallen im Unterschied zu Abb. 3.68. An den einzelnen Teilchen werden Strahlen um den Winkel γ gebeugt (statt α). Die Gangdifferenz von gebeugten Strahlen, die von in der z-Richtung benachbarten Gitterpunkten ausgehen, ist gleich $b_3 \cos\gamma - b_3$. Damit ein Beugungsmaximum auftritt, muß diese Gangdifferenz gleich $h_3\lambda$, d.h. gleich einem ganzzahligen Vielfachen der Wellenlänge λ sein. Man beachte, daß die Gangdifferenz und h_3 negativ sind.

Die Gl. (3.68) ergeben Scharen von Kreiskegeln um die x-, y- und z-Achse; die letzteren scheiden von den Helligkeitspunkten, die die beiden ersten ergeben, noch eine Anzahl aus. Die Schnittkurven der Kegel $\cos\gamma - 1 = h_3\lambda/b_3$ mit der senkrecht zur z-Achse stehenden photographischen Platte sind aber *Kreise*. Helligkeit herrscht also nur da, wo die beiden Hyperbelscharen und die ausgewählten Kreise sich in *einem* Punkt schneiden, und das ist im allgemeinen *nicht* der Fall. Nur wenn die Wellenlänge λ richtig ausgesucht ist, kann dieses Ereignis eintreten; diese kann also – im Gegensatz zu vorher – nicht mehr beliebig gewählt werden. Im Gegenteil ist λ durch die drei Bedingungen Gl. (3.68) vollkommen bestimmt, da ja $\cos^2\alpha + \cos^2\beta + \cos^2\gamma = 1$ sein muß. Trägt man in diese Gleichung die Werte aus Gl. (3.68) ein, so folgt:

$$0 = \frac{2h_3}{b_3}\lambda + \lambda^2\left(\frac{h_1^2}{b_1^2} + \frac{h_2^2}{b_2^2} + \frac{h_3^2}{b_3^3}\right)$$

oder

$$\lambda = \frac{2|h_3|/b_3}{\dfrac{h_1^2}{b_1^2} + \dfrac{h_2^2}{b_2^2} + \dfrac{h_3^2}{b_3^3}} \tag{3.69}$$

Nur diese Wellenlänge kann bei der angenommenen Einfallsrichtung in den Strahl mit den Ordnungszahlen (h_1, h_2, h_3) abgebeugt werden. Für eine beliebige Wellenlänge wird im allgemeinen in *kein* Ordnungszahltripel Licht gebeugt. Hat man weißes Licht, d.h. ein ganzes Wellenlängenkontinuum zur Verfügung, so sucht sich das Raumgitter aus dieser Gesamtheit gerade die Wellenlänge (oder die Wellenlängen) heraus, für die Gl. (3.69) erfüllt ist; in diesem Fall ist aber das in irgendein Ordnungszahltripel (h_1, h_2, h_3) gebeugte Licht nicht mehr weiß, sondern monochromatisch.

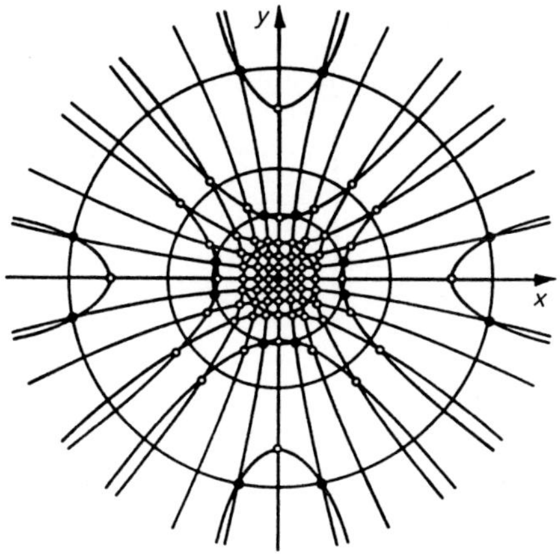

Abb. 3.72 Die gleichzeitigen Schnittpunkte zweier Hyperbelscharen und einer Anzahl ausgewählter Kreise (schwarze Punkte) bilden die Orte der Interferenzmaxima bei der Beugung an einem dreidimensionalen Punktgitter.

Für ein kubisches Gitter ($b_1 = b_2 = b_3 = b$) geht Gl. (3.69) in die einfachere Gleichung über:

$$\lambda = \frac{2|h_3|b}{h_1^2 + h_2^2 + h_3^2}. \tag{3.70}$$

Abb. 3.72 zeigt in einem speziell ausgesuchten Fall, wie die dritte Bedingung der Gl. (3.68) aus den zahlreichen Punkten der Abb. 3.71 nur einige wenige übrig läßt.

Beugung an Raumgittern spielt in der Lichtoptik nur eine geringe Rolle. Um so größer ist die Bedeutung für das Gebiet der Röntgenstrahlen. Im Jahre 1912 wies M. v. Laue darauf hin, daß man in den Raumgittern der Kristalle möglicherweise ein Mittel habe, um Beugungserscheinungen sehr kurzer Wellen zu beobachten und damit sowohl die Frage nach der Wellen- oder Teilchennatur der Röntgenstrahlen zu entscheiden, als auch gegebenenfalls ihre Wellenlänge zu messen. Dazu hat M. v. Laue die oben dargestellte Theorie der Beugung an dreidimensionalen Gittern entwickelt. Auf seine Veranlassung hin stellten W. Friedrich und P. Knipping (1912) den folgenden Versuch an (Abb. 3.73): Aus der Strahlung einer Röntgenröhre R wurde mittels geeigneter Blenden B ein feiner Röntgenstrahl ausgeblendet. Dieser wurde durch einen Kristall K hindurchgeschickt und fiel auf eine photographische Platte P. Abb. 3.74a zeigt das Ergebnis dieses Versuches, das **Laue-Diagramm** eines Zinkblendekristalls (ZnS), der parallel zur Würfelkante, also in Richtung einer vierzähligen Symmetrieachse, durchstrahlt wurde. Infolgedessen ergeben die an den Zn- und S-Atomen des Kristalls gebeugten Strahlen ein Beugungsbild von vierzähliger Symmetrie. Jede zusammengehörige Gruppe von Interferenzpunkten, die durch Drehung und Spiegelung auseinander hervorgehen, zeigt gleiche Intensität und wird durch die gleiche Wellenlänge erzeugt. Optisch gesprochen würde also jede solche Punktgruppe in einer reinen Farbe und verschiedene Punktgruppen im allgemeinen in verschiedenen Farben auftreten. Abb. 3.74b zeigt die Beugung an einem Zink-

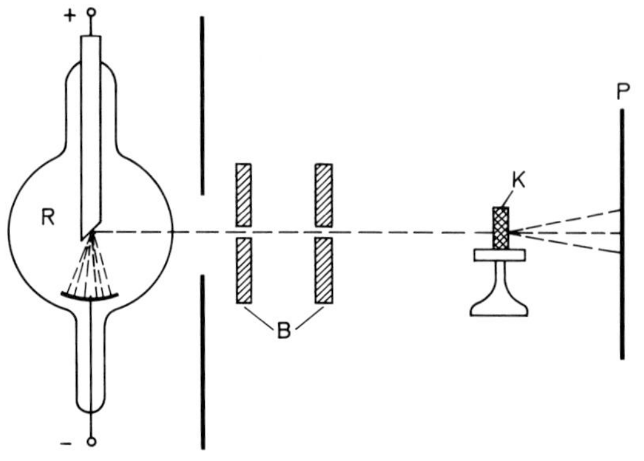

Abb. 3.73 Versuchsanordnung zum Nachweis der Beugung von Röntgenstrahlen an einem Kristall.

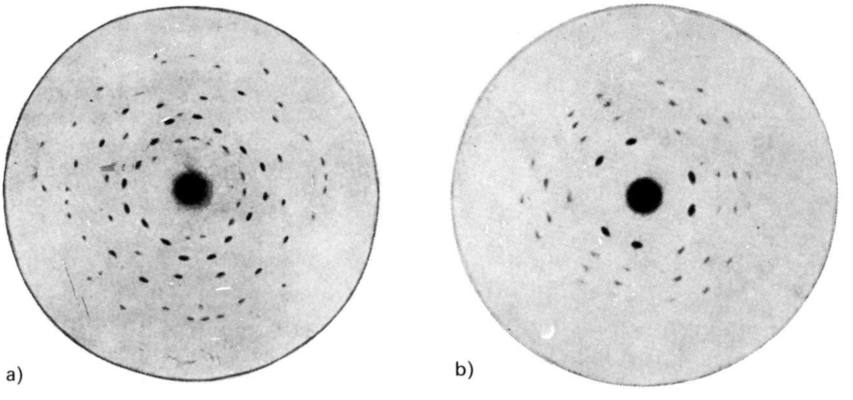

Abb. 3.74 Laue-Diagramm der Zinhkblende. a) Durchstrahlung parallel zur Würfelkante; b) Durchstrahlung in Richtung einer Würfeldiagonale.

blendekristall, der parallel zu einer Oktaederfläche geschnitten war und senkrecht zu dieser Fläche, also in Richtung einer Raumdiagonalen des Würfels, durchstrahlt wurde. Dementsprechend ist das Interferenzbild von dreizähliger Symmetrie.

Wichtig ist, daß nach dem Vorhergehenden zur Erzeugung der Laue-Diagramme ein *kontinuierliches Röntgenspektrum* (sog. *weißes Röntgenlicht*) erforderlich ist; aus diesem Kontinuum sucht sich dann der Kristall diejenigen Wellenlängen heraus, für die Gl. (3.69) erfüllt ist.

Die eine große Leistung der Laueschen Entdeckung war der dadurch erbrachte Beweis der Wellennatur der Röntgenstrahlen. Gleichzeitig bewiesen die Versuche aber auch die Richtigkeit der Vorstellung von der Raumgitterstruktur der Kristalle. Daß die Beugung der Röntgenstrahlen wirklich an den das Raumgitter bildenden Partikeln (Atomen, Ionen oder Molekülen) erfolgt, beweist unter anderem die Tatsache, daß bei Erhitzung des Kristalls infolge der Wärmebewegung die Beugungsmaxima unscharf werden. Heute sind die Laue-Diagramme ein wichtiges Hilfsmittel der Kristallographie zur Untersuchung von Kristallstrukturen geworden. Im einzelnen können wir darauf nicht näher eingehen; daß es grundsätzlich möglich ist, aus der Struktur der Beugungsbilder Rückschlüsse auf das beugende Gitter zu ziehen, ist aber klar [4].

In diesem Zusammenhange sollen noch zwei weitere röntgenspektroskopische Verfahren erwähnt werden, die für die Praxis von großer Bedeutung geworden sind. Das eine rührt von Vater und Sohn W.H. Bragg und W.L. Bragg (1913) her. Sie erkannten, daß man die Abbeugung von Röntgenstrahlen, wie wir sie im Vorhergehenden geschildert haben, als eine *Reflexion* an gewissen Ebenen, den sog. *Netzebenen* des Kristalls deuten kann: so erhält man eine äußerst anschauliche Darstellung des immerhin komplizierten Beugungsvorgangs im Raumgitter. Netzebenen sind in Bd. 1 als Ebenen definiert worden, die mit den Teilchen, die die Raumgitter bilden, besetzt sind. Es gibt natürlich eine sehr große (im unendlich ausgedehnten Kristall unendlich große) Zahl von Netzebenen; wie man sie aber auch wählt, in ihrer Gesamtheit umfassen sie alle Punkte des Raumgitters; die Begrenzungsflächen eines Kristalls sind natürlich auch Netzebenen.

In Abb. 3.75 ist ein Schnitt (parallel der x, z-Ebene, der Zeichenebene) durch einen einatomigen kubischen Kristall mit der Gitterkonstanten b gezeichnet; parallel der z-Achse, also senkrecht zu einer Netzebene, treffe ein paralleles Röntgenstrahlbündel auf, von dem die Strahlen 1 und 2 gezeichnet sind, die von den Punkten A_1 und A_2 des Raumgitters unter dem Winkel φ abgebeugt seien. In der Zeichnung sind

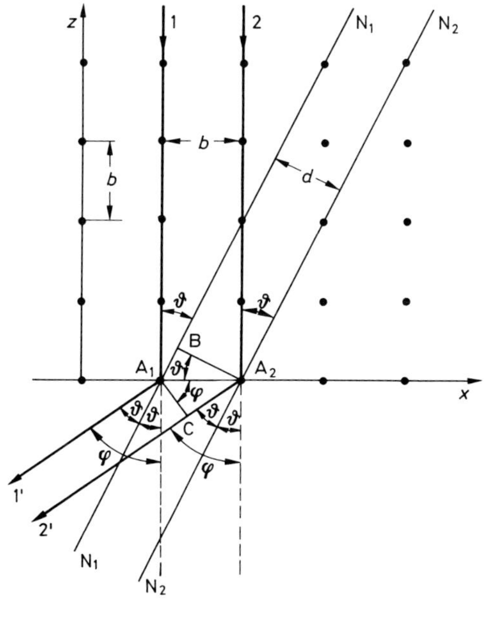

Abb. 3.75 Reflexion von Röntgenstrahlen an den Netzebenen eines Kristalls.

außerdem die Schnitte von zwei parallelen Netzebenen N_1 und N_2 eingetragen, und zwar so, daß sie sowohl mit den einfallenden Strahlen 1 und 2 wie mit den gebeugten Strahlen 1′ und 2′ den Winkel ϑ bilden. Man kann sich vorstellen, daß Strahl 1 an der Netzebene N_1, Strahl 2 an der Netzebene N_2 „gespiegelt“ sei, ebenso die nicht gezeichneten Strahlen 3, 4, ... an weiteren parallelen Netzebenen N_3, N_4... Das war die Auffassung der Braggs. Es soll nun gezeigt werden, daß diese Darstellung, die ja keine Reflexion im Sinne der Optik ist, weil sie nicht an der Oberfläche, sondern an der ganzen Schar der geeigneten parallelen Netzebenen vor sich gehen soll, zu den Laueschen Bedingungen (Gl. (3.68)) führt. Zur Vereinfachung sollen nur Strahlen betrachtet werden, die in der x,z-Ebene um einen Winkel φ abgebeugt werden. Dafür gelten hier nur zwei der Laue-Bedingungen Gl. (3.68), die hier in folgender Form zu schreiben sind:

$$\sin\varphi = \frac{h_1\lambda}{b},$$
$$\cos\varphi - 1 = \frac{h_3\lambda}{b}. \tag{3.68a}$$

Diese Beugung kann als Reflexion an einer Ebene aufgefaßt werden, die um den Winkel ϑ gegen den einfallenden Strahl geneigt ist. Für ϑ ergibt sich wegen $\varphi = 2\vartheta$:

$$\tan\vartheta = \frac{2\sin\vartheta\cos\vartheta}{2\sin^2\vartheta} = \frac{-\sin\varphi}{\cos\varphi - 1} = \frac{-h_1}{h_3}.$$

Die durch den Winkel ϑ festgelegte Ebene ist eine Netzebene des Kristalls, denn für diese ergibt sich der Winkel ϑ ebenfalls nach der vorstehenden Gleichung. Die Laue-Bedingung kann also tatsächlich als Reflexionsbedingung für eine Netzebenenschar interpretiert werden.

Diese Reflexionsbedingung soll jetzt noch einmal auf anderem Wege abgeleitet werden (Abb. 3.76). Es mögen zwei Strahlen auf eine Netzebene auffallen, so daß sie mit derselben den Winkel ϑ bilden; ϑ ist offenbar das Komplement des Einfallswinkels und wird allgemein als *Glanzwinkel* bezeichnet. Die beiden ins Auge gefaßten Strahlen mögen die Netzebene in den Punkten C und D treffen, von denen dann die Huygensschen Elementarwellen nach allen Seiten ausgehen; man fasse eine Richtung ϑ' ins Auge und denke sich die in dieser Richtung „reflektierten“ Strahlen zur Interferenz gebracht. Es kommt also auf ihren Gangunterschied an. Nach Abb. 3.76 ist derselbe gleich $\overline{ED} - \overline{CF}$, d. h. gleich $b\cos\vartheta - b\cos\vartheta'$; dieser muß Null sein, wenn in der Reflexionsrichtung eine merkliche Intensität herrschen soll, d. h. es muß $\vartheta' = \vartheta$

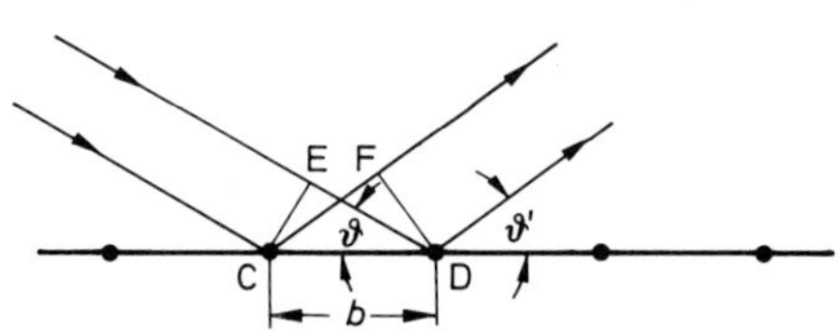

Abb. 3.76 Röntgenstrahlreflexion an einer einzelnen Netzebene.

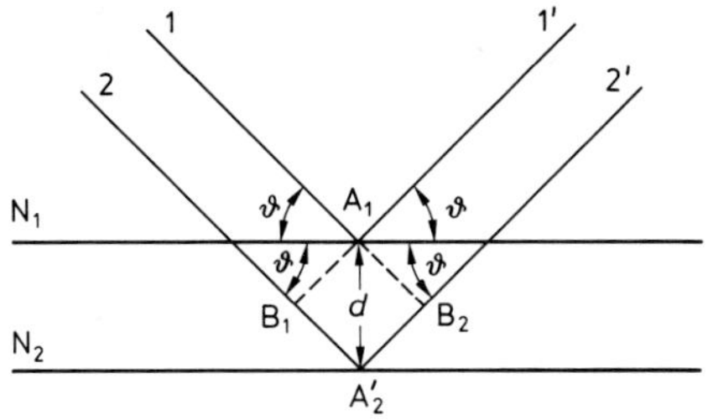

Abb. 3.77 Röntgenstrahlreflexion an zwei Netzebenen.

sein. Damit also überhaupt von einer Netzebene eine merkliche Intensität „reflektiert" wird, muß das gewöhnliche Reflexionsgesetz gelten. Wie aber, wenn eine ganze Schar paralleler Netzebenen sich an der „Reflexion" beteiligen soll, wie es die Auffassung der Braggs ist? Betrachten wir nun Abb. 3.77; hier sind zwei Netzebenen N_1 und N_2 gezeichnet, die mit den in Abb. 3.75 mit den gleichen Buchstaben gekennzeichneten identifiziert werden können. Die beiden Strahlen 1 und 2, die nun, der eine im Punkt A_1 an N_1, der andere in A'_2 an N_2 „reflektiert" werden sollen, wobei nach dem oben Gesagten $\vartheta' = \vartheta$ genommen ist, haben jetzt den Gangunterschied $\overline{B_1 A_2} + \overline{A'_2 B_2} = 2d \sin\vartheta$, und dieser muß, damit nun die „reflektierten" Strahlen 1 und 2 eine merkliche Intensität haben, gleich einem ganzzahligen Vielfachen von λ sein, d. h. es muß eine „Reflexion" an einer parallelen Schar von Netzebenen die Bedingung erfüllt sein (sog. **Braggsche Bedingung**):

$$2d \sin\vartheta = k\lambda \quad (k = 0, 1, 2, 3 \ldots). \tag{3.71}$$

Das bedeutet, daß bei einem gegebenen Netzebenenabstand d nur gewisse Wellenlängen unter dem Glanzwinkel ϑ „reflektiert" werden bzw. daß bei gegebener Wellenlänge λ und bestimmtem Netzebenenabstand d nur gewisse Glanzwinkel möglich sind. Andererseits folgt aus Betrachtung des Dreiecks $A_1 A_2 B$ in Abb. 3.75, daß der Netzebenenabstand $\overline{A_2 B} = d = b \cos\vartheta$ ist. Nach der Braggschen Bedingung Gl. (3.71) muß also sein

$$2b \cos\vartheta \sin\vartheta = k\lambda\,,$$

oder wegen $\vartheta = \varphi/2$

$$2b \cos\frac{\varphi}{2} \sin\frac{\varphi}{2} = k\lambda\,,$$

und das ist identisch mit $b \sin\varphi = k\lambda$, d. h. der ersten Laue-Bedingung nach Gl. (3.71). Die zweite Laue-Bedingung kann mit der Definition der Richtung einer Netzebene berechnet werden. Damit ist die Gleichwertigkeit der Braggschen und Laueschen Betrachtungsweise (wenigstens für den hier betrachteten Spezialfall) bewiesen.

Abb. 3.78 zeigt das Schema des *Braggschen Röntgenspektrographen.* Der von der Antikathode K einer Röntgenröhre ausgehende Röntgenstrahl durchsetzt einen

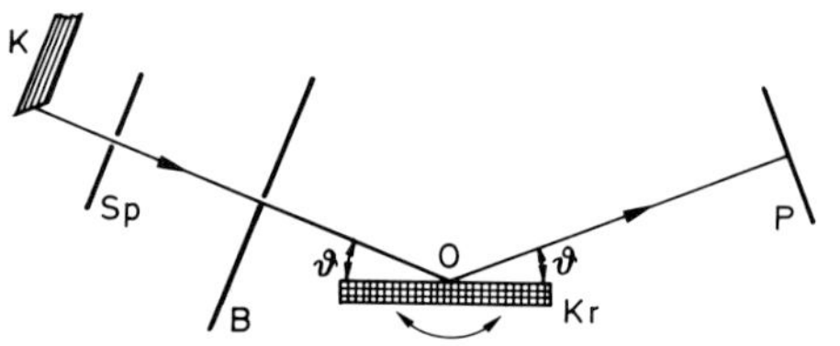

Abb. 3.78 Schema des Braggschen Röntgenspektrographen.

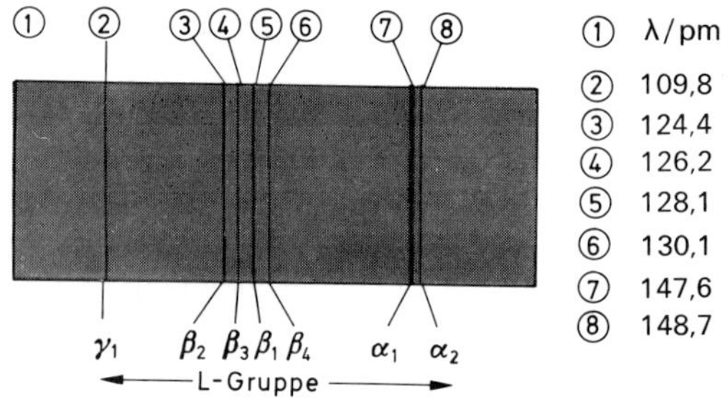

Abb. 3.79 Linienspektrum der L-Röntgenstrahlung einer Wolfram-Antikathode, vereinfacht [4].

Spalt Sp von etwa 0,1 mm Breite und trifft nach Durchgang durch eine weitere Schutzblende B auf die Oberfläche des Kristalls Kr, von wo er zur Photoplatte P „reflektiert" wird. Dazu muß erwähnt werden, daß in der Röntgenstrahlung außer der sog. *Bremsstrahlung,* die das als *weißes Röntgenlicht* bezeichnete Wellenkontinuum liefert[2], auch bestimmte, dem Material eigentümliche Wellenlängen (sog. *charakteristische Eigenstrahlung*) mit großer Intensität vorhanden sind; sie sind durchaus analog den in der Optik auftretenden Spektrallinien. Um die Bestimmung dieser Linien handelt es sich bei dem Braggschen Spektrometer. Um den für diese Wellenlängen richtigen Glanzwinkel einzustellen, wird der Kristall durch ein Uhrwerk um eine in O befindliche, der Spaltrichtung parallele Achse langsam hin und her geschwenkt. Abb. 3.79 zeigt als Beispiel ein nach diesem *Drehkristallverfahren* gewonnenes Linienspektrum der L-Röntgenstrahlung einer Wolfram-Antikathode.

Ein weiteres wichtiges Verfahren ist das *Kristallpulververfahren von P. Debye und P. Scherrer* (1916); es hat vor allem den großen Vorzug, daß kein großes, gut ausgebildetes Kristallstück benötigt wird, sondern das zu untersuchende Material in Pulverform verwendet werden kann. Das aus vielen einzelnen Kristalliten bestehende Pulver wird zu einem zylindrischen Stäbchen S zusammengepreßt und dann von einem Bündel paralleler Röntgenstrahlen durchstrahlt (siehe Abb. 3.80). An den im Stäbchen vorhandenen Netzebenen aller möglichen Orientierungen werden die

[2] Der Name Bremsstrahlung rührt davon her, daß dieses Spektrum durch Abbremsung von Elektronen in der Materie erzeugt wird. Die dabei verlorengehende kinetische Energie wird in Strahlungsenergie und Wärme umgesetzt.

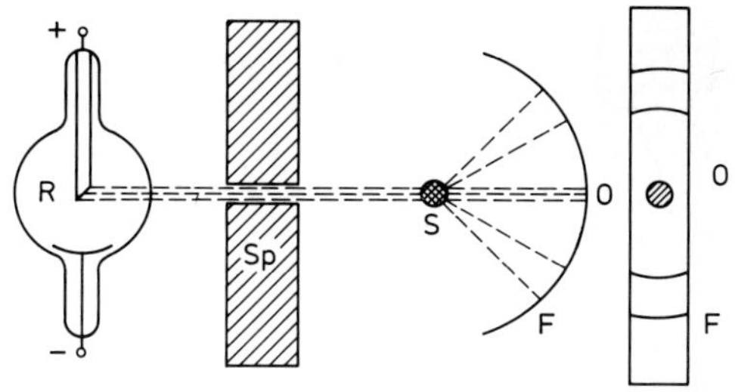

Abb. 3.80 Kristallpulververfahren von Debye-Scherrer.

Abb. 3.81 Debye-Scherrer-Diagramm, aufgenommen mit der K-Röntgenstrahlung einer Kupfer-Antikathode an Nickel-Pulver.

Röntgenstrahlen jetzt in die durch ihre Wellenlängen bedingten Richtungen „reflektiert". Alle diese Richtungen liegen auf (verschiedenen) Kegelmänteln, deren Achse die Richtung der einfallenden Strahlen bildet. Umgibt man das beugende Stäbchen in einiger Entfernung konzentrisch mit einem kreisförmig gebogenen photographischen Film, so entstehen auf diesem zum Auftreffpunkt O des direkten Strahles konzentrische Kreise (bzw. Stücke von solchen), wie dies Abb. 3.81 an einem Beispiel zeigt.

Elastogramme. Natürliche Raumgitter für sichtbares Licht gibt es nicht. 1933 ist es Cl. Schaefer und L. Bergmann gelungen, mittels Ultraschallwellen *künstliche Raumgitter* für die Beugung des sichtbaren Lichtes zu erzeugen. Läßt man z. B. in einer Flüssigkeit drei Ultraschallwellen sich in drei zueinander senkrechten Richtungen durchkreuzen, so bilden die Schnittpunkte der Ebenen stärkster Verdichtungen ein dreidimensionales Raumgitter. Durchstrahlt man ein solches Gebilde mit einem Lichtstrahl, so erhält man die in Abb. 3.82 wiedergegebene Beugungsfigur, die einer Laueaufnahme an einem regulären Kristall ähnlich sieht.

In Abb. 3.83 ist ein Beugungsbild wiedergegeben, das man bei Durchstrahlung eines Glaswürfels mit sichtbarem Licht erhält, wenn man diesen Würfel durch einen aufgekitteten Piezoquarz zu hochfrequenten elastischen Schwingungen anregt. Infolge der Querkontraktion gerät der Würfel auch in den beiden senkrecht zur Anregungsrichtung liegenden Richtungen in Schwingungen. Dadurch kommt es zur Ausbildung eines Systems sich kreuzender, stehender, elastischer Wellen und somit wieder zu einem Raumgitter von Verdichtungen, an dem das Licht in einzelne Beugungsmaxima auf zwei um die Durchstrahlungsrichtung konzentrisch angeordneten Kreisen abgebeugt wird. Wie man aus dem *Elastogramm* der Abb. 3.83 erkennt, ist der Radius des äußeren Kreises nicht gleich dem doppelten Radius des inneren; er

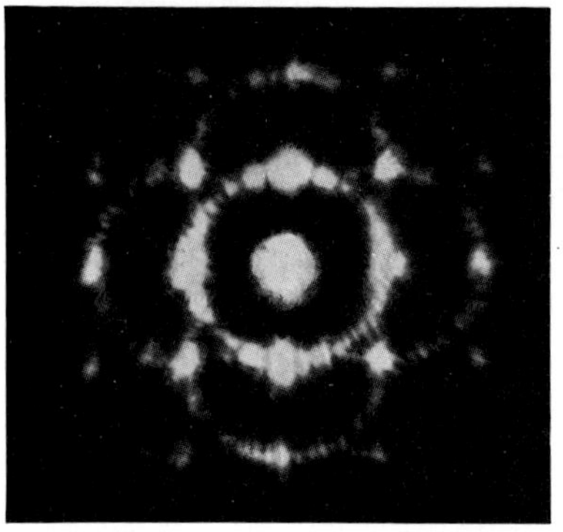

Abb. 3.82 An einem von Ultraschallwellen erzeugten dreidimensionalen Raumgitter mit monochromatischem Licht erzeugte Beugungsfigur.

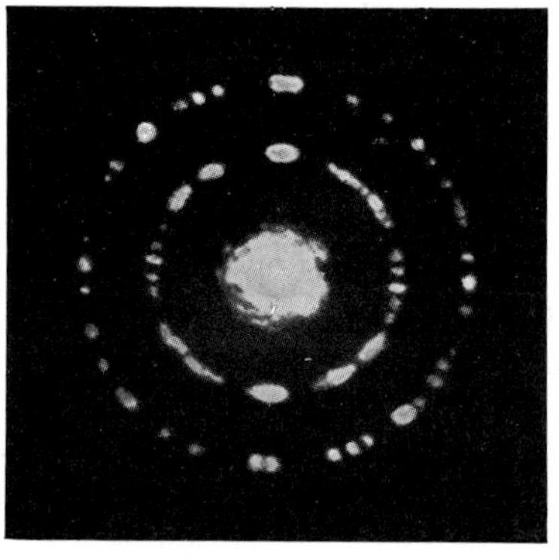

Abb. 3.83 Optisches Beugungsbild (Elastogramm) eines hochfrequent schwingenden Glaswürfels.

kann also nicht die zweite Beugungsordnung zum letzteren darstellen. Es entsteht vielmehr der äußere Kreis durch die Beugung des Lichtes an einem elastischen Raumgitter, das von Transversalwellen erzeugt wird, während der innere Kreis einem Gitter von Longitudinalwellen zugeordnet ist. Nun ist die Fortpflanzungsgeschwindigkeit der longitudinalen Wellen durch den Elastizitätsmodul, die der Transversalwellen durch den Torsionsmodul bestimmt. Da letzterer stets kleiner als der Elastizitätsmodul ist, ist die Fortpflanzungsgeschwindigkeit der Longitudinalwellen größer als die der Transversalwellen; das bedeutet aber, daß bei der gleichen Anregungsfequenz die Wellenlänge und damit Gitterkonstante der longitudinalen Wellen größer ist als die der transversalen Wellen. Infolgedessen wird das Licht an letzteren unter einem größeren Winkel abgebeugt als an einem Gitter der Longitudinalwellen. Die beiden Ringe entsprechen sämtlichen Interferenzen erster Ordnung; man kann daher, wenn man die Radien der beiden Kreise ausmißt, aus einer einzigen solchen Aufnahme bei bekannter Wellenlänge des Lichtes und bekannter Anregungsfrequenz die elastischen Konstanten des Glases, nämlich den Elastizitätsmodul, den Torsionsmodul, den Querkontraktionskoeffizienten und den Kompressionsmodul ermitteln. Daher erscheint der Name „Elastogramm“ für diese Beugungsbilder geeignet.

Beim Glas handelt es sich um einen elastisch isotropen Körper, dessen elastisches Verhalten durch zwei Moduln vollkommen bestimmt ist; daher lassen sich von den vier angegebenen Größen stets zwei durch die beiden anderen ausdrücken. Infolge der Isotropie zeigt die an dem schwingenden Glaswürfel erhaltene Beugungsfigur vollkommene Symmetrie um die Durchstrahlungsrichtung. Durchstrahlt man dagegen einen zu elastischen Schwingungen angeregten anisotropen Körper, z. B. einen Kristall, mit Licht, so erhält man wesentlich kompliziertere Elastogramme. Abb. 3.84 zeigt hierfür zwei Beispiele. In der oberen Reihe ist ein Quarzwürfel in Richtung der optischen Z-Achse sowie in den beiden dazu senkrechten Richtungen der Y- und der polaren X-Achse durchstrahlt. Man erkennt sofort, daß man um die optische Achse eine sechszählige, um die beiden anderen Achsen aber eine zweizählige Symmetrie im Beugungsbild erhält. In der zweiten Reihe sind die analogen Aufnahmen für einen Kalkspatwürfel, der dem gleichen Kristallsystem angehört, zusammengestellt. Man sieht die große Ähnlichkeit mit den beim Quarz erhaltenen Figuren; insbesondere findet man bei Durchstrahlung in der X-Achse wieder eine schiefliegende Figur, wobei der Neigungswinkel gegen die Horizontale durch den kleinsten Elastizitätsmodul im Kristall bestimmt ist. Durch Ausmessen der drei Beugungs-

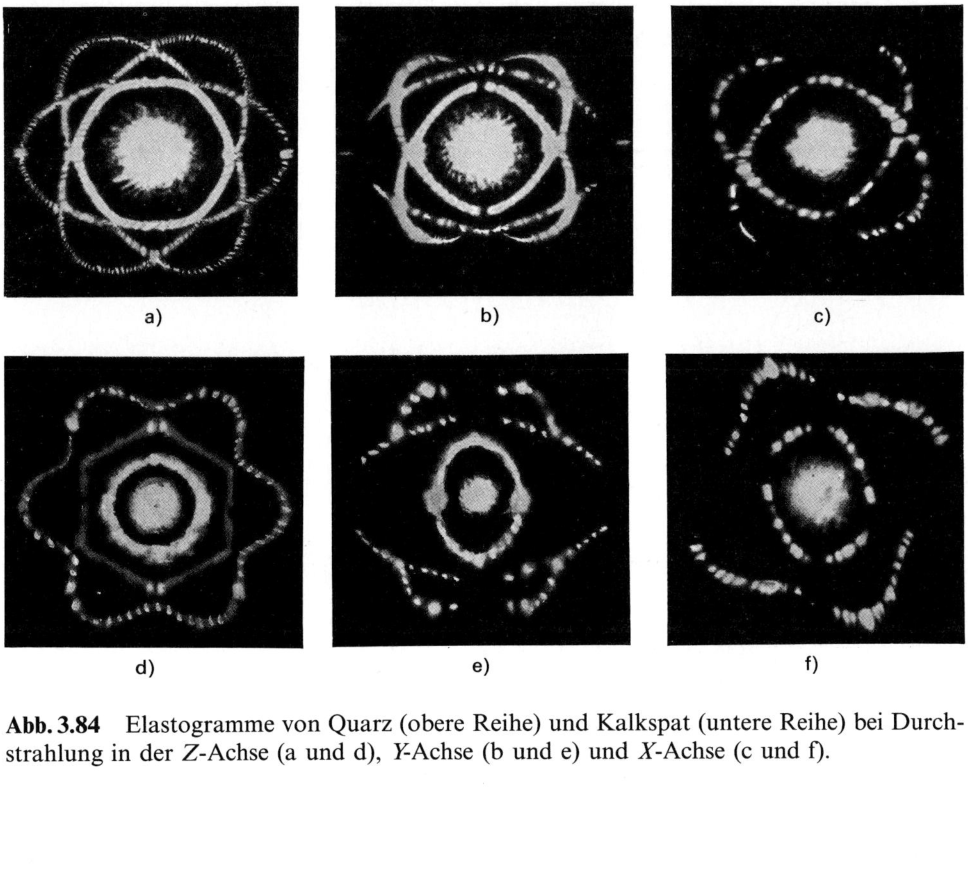

Abb. 3.84 Elastogramme von Quarz (obere Reihe) und Kalkspat (untere Reihe) bei Durchstrahlung in der Z-Achse (a und d), Y-Achse (b und e) und X-Achse (c und f).

bilder lassen sich auch hier sämtliche elastischen Konstanten bestimmen. Der Vorteil dieses Verfahrens liegt darin, daß der Kristall keine bestimmte Abmessung oder Gestalt haben muß; es genügt, daß er z. B. Würfelgestalt hat, wenn seine Kanten parallel zu den bekannten Kristallachsen verlaufen.

3.12 Bildentstehung im Mikroskop nach E. Abbe; Phasenkontrastverfahren nach Zernike; Schlierenverfahren

In Abschn. 3.9 sind die Helmholtzschen Betrachtungen über die Leistungsfähigkeit und die Grenzen des Mikroskops dargestellt worden unter Betonung des Umstandes, daß die Objekte als *Selbstleuchter* betrachtet werden, d.h. die von verschiedenen Objektpunkten ausgehenden Lichtwellen inkohärent sind. Den anderen Extremfall des *kohärent beleuchteten Objektes* hat E. Abbe (1873) fast gleichzeitig mit H. v. Helmholtz untersucht. Den tatsächlichen Verhältnissen bei der praktischen Mikroskospie entsprechen die Überlegungen von Helmholtz mehr, da meist inkohärente Beleuchtung vorliegt.

Die durchleuchteten Objekte haben sehr feine Strukturen, die mit dem Mikroskop erkannt werden sollen; als Modell für ein solches strukturiertes Objekt kann man daher etwa ein Strichgitter nehmen. Denkt man sich ein solches Strichgitter G auf den Tisch des Mikroskops gelegt (Abb. 3.85), so wird an ihm das auffallende Lichtbündel gebeugt. Der Einfachheit halber soll eine punktförmige Lichtquelle L angenommen werden, die in sehr großer (praktisch als unendlich zu betrachtender)

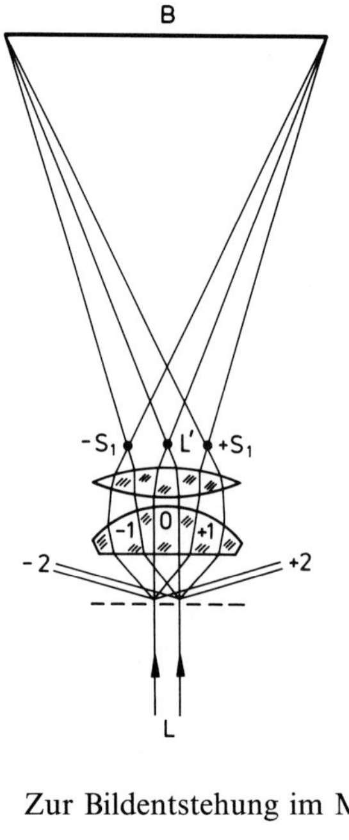

Abb. 3.85 Zur Bildentstehung im Mikroskop nach Abbe.

Entfernung auf der Achse des Mikroskop-Objektivs liegt; wäre das Objekt (mit seinem Gitter) nicht da, so würde in der Brennebene des Objektivs bei völliger Korrektur desselben nur ein Lichtpunkt L′ erzeugt; da aber das Objekt durchleuchtet wird, entstehen neben diesem Lichtpunkt, der nun als Zentralbild einer Beugungserscheinung fungiert, auf beiden Seiten noch die abgebeugten, spektral zerlegten Bilder der Lichtquelle. Das ist bisher freilich nichts Neues. Aber diese *Bilder der Lichtquelle* interessieren uns beim Mikroskop ja gar nicht, wir wollen vielmehr ein *Bild des Objektes* haben. Man muß sich nun klar machen, daß die gleichen Strahlen, die die Beugungsbilder der Lichtquelle liefern, im weiteren Verlauf hinter der Brennebene in der zum Objekt konjugierten Bildebene das reelle Bild des Objektes liefern müssen. In Abb. 3.85 ist dieser Sachverhalt klar zu erkennen: von dem unendlich fernen Lichtpunkt L wird einerseits das Zentralbild L′ entworfen, an das sich links und rechts die mit 1, 2 ... bezeichneten abgebeugten Strahlen anschließen. In der Abb. 3.85 ist der Fall angenommen, daß die abgebeugten Strahlen erster Ordnung noch durch das Objektiv aufgenommen werden und die Beugungsbilder $+S_1$ und $-S_1$ der Lichtquelle bilden, während die Strahlen zweiter Ordnung vom Objektiv infolge zu kleiner Apertur nicht mehr aufgenommen werden. Jedenfalls sieht man, daß dieselben Strahlen, die $-S_1$, L′ und $+S_1$ erzeugen, auch in der Bildebene B das Objekt abbilden.

Das Beugungsbild der Lichtquelle nennt Abbe das *primäre Bild,* während das relle Bild des Objektes von ihm das *sekundäre Bild* genannt wird. Man erkennt aus dieser Überlegung den innigen Zusammenhang zwischen der Beugungserscheinung (dem primären Bild) und dem Zustandekommen des reellen (des sekundären) Bildes. Ein strukturloses Objekt würde gar kein Beugungsbild der Lichtquelle erzeugen und eben deshalb auch ein strukturloses Bild ergeben; eine Abbildung der Objektstruktur im sekundären Bilde ist direkt an das Vorhandensein von Beugungsspektren der Lichtquelle geknüpft: das ist die wichtige Erkenntnis, die man Abbe verdankt. Und da *alle* Beugungsbilder zum Aufbau des reellen Objektbildes mitwirken, ist es klar, daß im Prinzip auch *alle* notwendig sind, um ein vollkommen ähnliches Abbild des Objektes zu liefern. Jede Störung oder teilweise Beseitigung der Beugungsbilder in der Brennebene des Objektivs (des primären Bildes) bringt eine Störung des sekundären Bildes in der Bildebene hervor, was z. B. auch unter den Bedingungen der Abb. 3.85 der Fall sein muß, da nicht alle Beugungsordnungen ins Objektiv eintreten können. Da die Beugungsbilder in ihrer Intensität aber mit höherer Ordnung abnehmen, ist es klar, daß die Beugungsbilder erster Ordnung die wichtigsten für die Bildentstehung sind, und Abbe hat in der Tat gezeigt, daß es zum Erkennen der Gitterstruktur erforderlich ist, daß außer dem zentralen Lichtbündel mindestens noch ein Beugungsspektrum erster Ordnung von dem Objektiv durchgelassen wird. Kann durch das Objektiv nur das zentrale Lichtbündel durchtreten, so erkennt man im Mikroskop nur eine gleichmäßig helle Fläche ohne jede Andeutung einer Struktur. Das sekundäre Bild der Struktur wird um so getreuer, je mehr Strahlen von dem Objektiv erfaßt und zur Abbildung verwertet werden.

Nach Gl. (3.59) ist nun der Winkel φ_1, unter dem das erste Beugungsmaximum auftritt, durch

$$\sin \varphi_1 = \frac{\lambda}{s}$$

gegeben, wenn s die Gitterkonstante und λ die Wellenlänge im Raum zwischen Objekt und Objektiv bedeuten. Ist dieses Gebiet mit Luft erfüllt, so ist λ praktisch gleich der Vakuumwellenlänge. Arbeiten wir aber zur Erreichung starker Vergrößerungen mit einer Flüssigkeits-Immersion, d. h. befindet sich zwischen Objekt und Objektiv ein Medium mit der Brechzahl n, so geht die Wellenlänge auf den n-ten Teil zurück, und es wird

$$\sin \varphi_1 = \frac{\lambda}{ns}.$$

Damit man also noch die Gitterstruktur s erkennen kann, darf der Beugungswinkel φ_1 den Öffnungswinkel α des Objektivs, d. h. den halben Winkel, unter dem das Objektiv vom Gegenstand aus erscheint, nicht übertreffen, sondern darf im Grenzfall diesem höchstens gleich sein. Der mit einem Mikroskop gerade noch auflösbare Abstand zweier Punkte s ist demnach durch

$$s = \frac{\lambda}{n \sin \alpha} = \frac{\lambda}{A} \tag{3.72}$$

gegeben, wobei wir unter A nach Abbe die *numerische Apertur* des Objektivs verstehen. Je kleiner s ist, um so größer muß das Auflösungsvermögen des Mikroskops sein; deshalb bezeichnet man auch hier den reziproken Wert von s, nämlich $1/s = U$ als das *Auflösungsvermögen:*

$$U = \frac{A}{\lambda}. \tag{3.73}$$

Gl. (3.73) stimmt mit Gl. (3.52) (Helmholtz) bis auf einen konstanten Faktor überein. Die Abbeschen und Helmholtzschen Überlegungen lassen sich jeweils auch auf den Fall inkohärent bzw. kohärent leuchtender Objekte verallgemeinern, so daß vom Standpunkt der modernen Optik kein prinzipieller Unterschied zwischen beiden Vorstellungen besteht (s. Kontrastübertragungsfunktion).

Die allgemeinen Überlegungen Abbes lassen sich sehr anschaulich in folgender Weise bestätigen: als Objekt benutzt man ein Strichgitter nach Abb. 3.86a (sog. *Abbesche Diffraktionsplatte*), bei dem in einer undurchsichtigen Schicht zwei verschie-

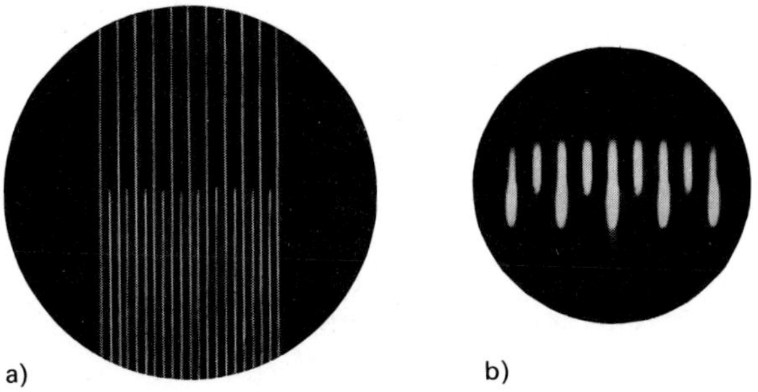

a) b)

Abb. 3.86 a) Abbesche Diffraktionsplatte und b) Bild der von der Platte in der hinteren Brennebene des Mikroskopobjektes erzeugten Beugungsbilder.

dene Strichsysteme eingeritzt sind, von denen das eine doppelt soviel Striche auf den Millimeter enthält wie das andere. In die Beleuchtungsoptik schaltet man einen Spalt, dessen Richtung parallel zu der des Strichgitters liegt [16]. Nachdem man das Mikroskop auf das Strichgitter scharf eingestellt hat, entfernt man das Okular. Beim Hineinblicken in den Tubus sieht man dann in der (hinteren) Brennebene des Objektivs zwei Systeme von Beugungsspektren, wie sie die Abb. 3.86b zeigt (die in diesem Falle mit monochromatischem Licht aufgenommen wurde). Die weiter auseinanderliegenden Spektren rühren von dem engen, die dichter beieinanderliegenden von dem weiten Strichgitter her. Schiebt man in die Brennebene des Objektivs eine Blende, die nur das zentrale Bild durchläßt, die Spektren aber sämtlich abblendet (Abb. 3.87a), so sieht man nach Einsetzen des Okulars im sekundären Bilde an Stelle des Gitters nur eine gleichmäßig helle Fläche ohne jede Struktur (Abb. 3.87b). Ersetzt man die Blende durch eine solche mit einem so weiten Spalt, daß dieser gerade das Zentralbild und die beiden Spektren erster Ordnung des weiten Gitters durchläßt (Abb. 3.87c), so sieht man das in Abb. 3.87d wiedergegebene Bild, in dem man nur in der einen Bildfeldhälfte die Andeutung des weiten Gitters erkennt, während die andere Hälfte keine Struktur zeigt, da kein Beugungsspektrum des engen Gitters durchgelassen wird. Macht man die Objektivblende so weit, daß von den Beugungsspektren des weiten Gitters die erste und zweite Ordnung, von denen des engen Gitters nur die erste Ordnung durchgelassen wird (Abb. 3.87e), so erscheint die weitere Gitterteilung scharf und deutlich, während die feinere Gitterstruktur zwar erkennbar, aber unscharf ist (Abb. 3.87f). Besonders eindrucksvoll ist schließlich der Versuch mit einer dreifachen Spaltblende, die von den Spektren des weiten Gitters nur die beiden zweiter Ordnung, von denen des engen Gitters die beiden erster Ordnung durchläßt (Abb. 3.87g). Man sieht dann das Gitter der Diffraktionsplatte im Bild überall gleich weit, und zwar mit der engen Struktur, obgleich das Objekt verschieden ist (Abb. 3.87h). Denn durch den Eingriff sind die zur Wirkung kommenden Beugungsspektren beider Gitter identisch gemacht worden.

Aus diesen Versuchen erkennt man also deutlich, daß bei der mikroskopischen Abbildung eine Struktur vom Objektiv nur dann richtig angedeutet wird, wenn seine Apertur mindestens ein Beugungsspektrum erster Ordnung durchläßt. Die Ähnlichkeit des Bildes mit seinem Gegenstand wird aber um so deutlicher, je mehr abgebeugte Spektren bei der Bilderzeugung mitwirken.

- Verschiedene Strukturen können dasselbe sekundäre Bild liefern, wenn die Verschiedenheit des mit ihnen verknüpften primären Bildes im Mikroskop künstlich beseitigt wird. Umgekehrt können gleiche Strukturen verschiedene sekundäre Bilder liefern, wenn ihr primäres Bild im Mikroskop auf irgendeine Weise ungleich gemacht wird.

Man kann die eben geschilderten Versuche zur Abbeschen Theorie als Demonstrationsexperiment vorführen, wenn man von der Tatsache ausgeht, daß z. B. die Projektion eines Gegenstandes auch eine Abbildung eines durchstrahlten, aber nicht selbst leuchtenden Objektes ist. Man benutzt z. B. nach A. B. Porter (1906) einen der üblichen Projektionsapparate zur Abbildung eines feinen Kreuzgitters, z. B. aus Drahtgeflecht. Auch hier entsteht bei der Projektion einerseits ein primäres Bild im Sinne Abbes, d. h. ein von Beugungsspektren umgebenes Zentralbild der punktförmigen Lichtquelle, und bei geeigneter Einstellung der Linse das scharfe sekundäre

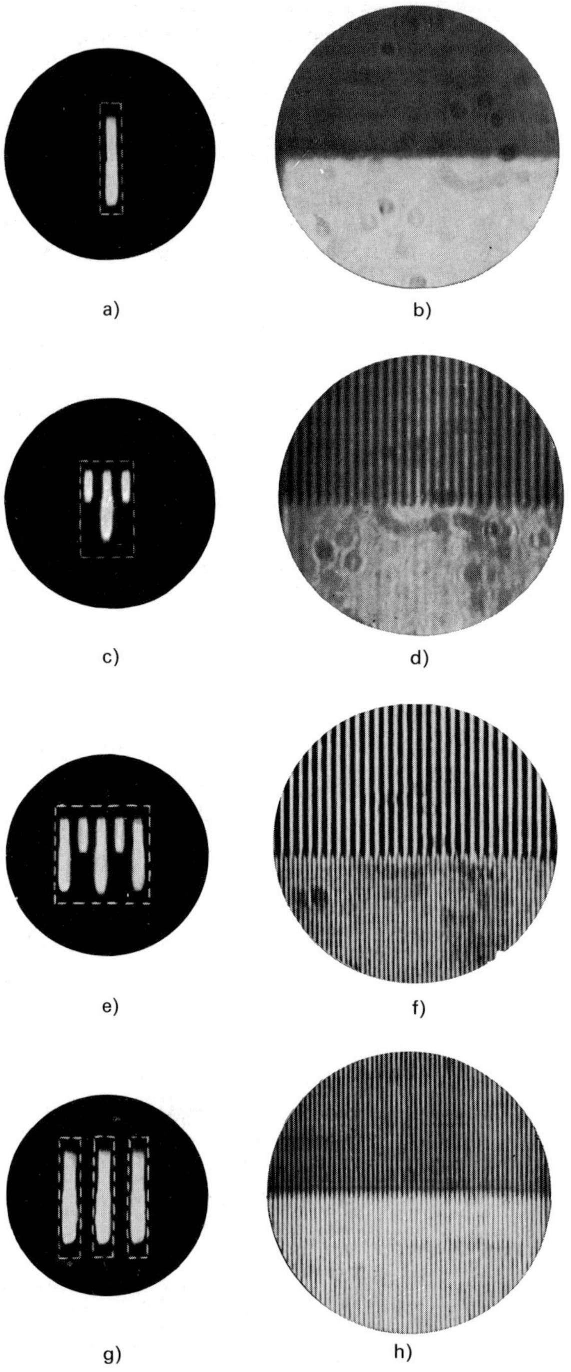

Abb. 3.87 Versuche zur Abbeschen Theorie der Bildentstehung im Mikroskop.

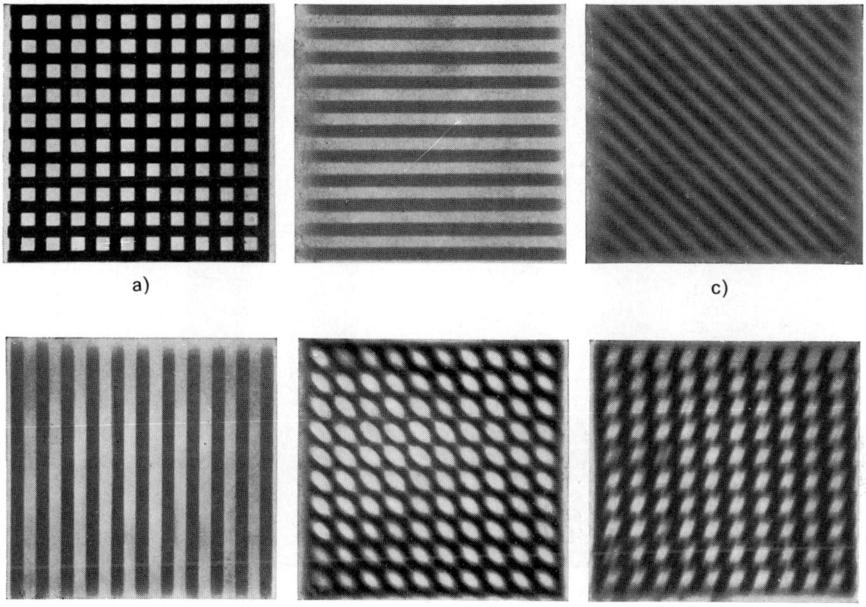

a) c)

d) e) f)

Abb. 3.88 Demonstrationsversuch zur Abbeschen Theorie der Bildentstehung im Mikroskop. Abbildung eines Kreuzgitters durch einen am Ort des primären Bildes befindlichen Spalt, dessen Breite und Richtung geändert werden können: a) weit geöffneter Spalt; b) enger vertikaler Spalt; c) enger, unter 45° geneigter Spalt; d) horizontaler Spalt; e, f) Spalt etwas weiter und unter 45° e) bzw. 65° f) geneigt.

Bild des Kreuzgitters auf dem Projektionsschirm. An der Stelle des primären Bildes bringt man einen Spalt an, dessen Breite und Richtung geändert werden können: er kann vertikal, horizontal und gegen diese geneigt eingestellt werden. Stellen wir den Spalt zunächst vertikal und wählen seine Breite groß, so erhält man das vollkommen getreue Bild 3.88a des Kreuzgitters. Ziehen wir den Spalt immer enger zusammen, so schneidet er schließlich sämtliche horizontalen Beugungsspektren ab, während die vertikalen erhalten bleiben: es verschwindet die Struktur in horizontaler, es bleibt die in vertikaler Richtung, d. h. man erhält Bild 3.88b, das nur helle und dunkle horizontale Bänder zeigt, als ob das Objekt ein horizontal aufgestelltes Strichgitter wäre. Dreht man den Spalt um 45°, so schneidet er die zu seiner Längsrichtung senkrechten Spektren ab, das Resultat im sekundären Bilde ist darum eine Strichgitterstruktur, die senkrecht zur Längsrichtung des Spaltes orientiert ist (Abb. 3.88c) und noch stärker von dem wirklichen Objekt abweicht. Dreht man den Spalt, bis seine Längsrichtung horizontal ist, so erhält man das Bild 3.88d, das wohl ohne Erläuterung verständlich ist. Die Bilder 3.88e und f erhält man mit etwas weiterem Spalt, der unter 45° bzw. unter 65° gegen die Vertikale geneigt ist: hier wirken bereits gewisse Beugungsspektren mit, daher hier eine Andeutung von Kreuzgitterstruktur, die aber keineswegs getreu ist.

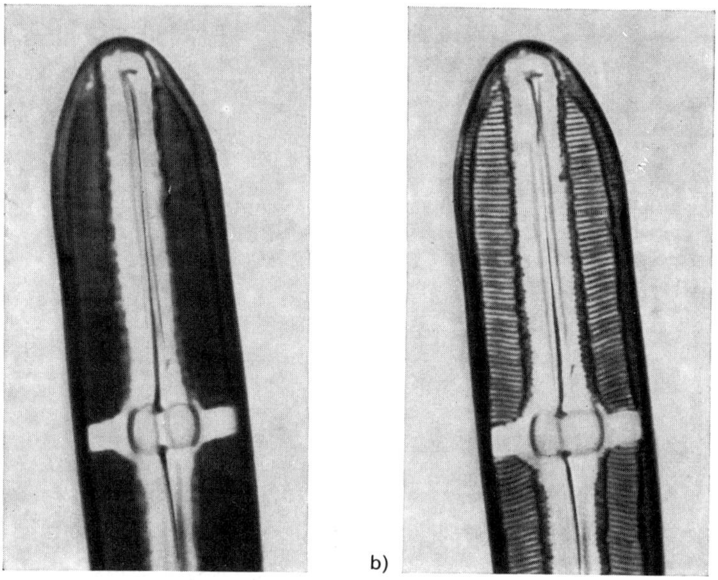

a) b)

Abb. 3.89 Mikroskopische Aufnahme einer Diatomee *(Pimularia opulenta)* in 100facher Vergrößerung: a) mit rotem Licht ($\lambda = 680$ nm); b) mit blauem Licht ($\lambda = 458$ nm).

Aus den vorstehenden Überlegungen geht hervor, daß das Auflösungsvermögen eines Mikroskops sowohl von der Wellenlänge des Lichtes wie auch von der Apertur des benutzten Objektivs abhängt. Je kleiner die Wellenlänge ist, um so feiner darf die aufzulösende Struktur sein; dies geht deutlich aus den mit rotem und blauem Licht aufgenommenen Photographien Abb. 3.89 hervor. Hinsichtlich der mit Objektiven verschiedener Apertur erreichbaren Auflösung gibt die folgende Tabelle eine Zusammenstellung der aus Gl. (3.51) sich ergebenden gerade noch erkennbaren Größen *d*, in Einheiten der Lichtwellenlänge.

Man sieht aus dieser Tabelle, daß man mit dem Mikroskop im besten Fall noch Strukturen auflösen kann, deren Größe ungefähr eine halbe Wellenlänge beträgt, falls das benutzte Objektiv die erforderliche Apertur besitzt. Hierauf hat man in jedem Fall zuerst zu achten. Nun erhebt sich noch die Frage, ob man die Gesamtvergrößerung eines Mikroskops entweder mit einem schwach vergrößernden Objektiv und einem stark vergrößernden Okular oder mit einem stärkeren Objektiv und einem schwachen Okular erreichen soll (s. Abschn. 1.9). Aufgabe des Okulars ist es, alles, was das Objektiv auflöst, dem Auge bequem erkennbar zu machen, d. h. es unter hinreichend großem Winkel erscheinen zu lassen. Das ist erfahrungsgemäß der Fall, wenn die Okularvergrößerung $V_{\text{Ok.}}$ zwischen $500\,A/V_{\text{Obj.}}$ und $1000\,A/V_{\text{Obj.}}$ gewählt wird. Okularvergrößerungen, die diese Grenze überschreiten, geben „leere“ Vergrößerungen; Okularvergrößerungen dagegen, die diese Grenze nicht erreichen, nützen wiederum die Leistungsfähigkeit des Objektivs nicht aus. In der 6. Spalte der Tab. 3.3 sind Vergrößerungen angegeben, die zwischen der maximal zulässigen und der zur Ausnutzung der Objektivleistungsfähigkeit erforderlichen liegen. In der nächsten Spalte ist die damit erreichbare Gesamtvergrößerung $V_{Obj.} \cdot V_{Ok.}$ des Mikroskops angegeben. Man sieht daraus, daß bei kleiner Apertur die brauchbaren Vergrößerungen gar nicht sehr hoch sind.

Tab. 3.3 Auflösungsvermögen und Vergrößerung von Objektiven

Benutztes Objektiv	Objektiv-Apertur A	Objektiv-brennweite f in mm	Reziprokes Auflösungsvermögen (in λ-Einheit) $d = 0{,}61\ \lambda/A$	Objektiv-Vergrößerung $V_{Obj.}$	Okular-Vergrößerung $V_{Ok.} = \frac{750\,A}{V_{Obj.}}$	Gesamt-Vergrößerung $V_{Obj.} V_{Ok.}$
Trocken-systeme	0,05	39	12,2	2,4	15	36
	0,1	32	6,1	3,5	20	70
	0,25	16	2,5	10	20	200
	0,65	6	0,95	30	16	480
	0,85	3	0,7	62	10	620
Wasser-Immersion	1,0	3,6	0,6	50	15	750
	1,2	2,1	0,5	90	10	900
Öl-Immersion	1,3	1,8	0,45	100	10	1000

Da das Auflösungsvermögen des Mikroskops mit abnehmender Wellenlänge des Lichtes zunimmt, kann man es durch Benutzung sehr kurzwelligen Lichts etwas steigern (Abb. 3.89). Eine merkbare Verbesserung erhält man aber im allgemeinen erst, wenn man ultraviolettes Licht benutzt (A. Köhler 1904); man muß dann allerdings auf die subjektive Beobachtung verzichten und photographische Aufnahmen machen.

Ein viel größeres Auflösungsvermögen liefert jedoch das **Elektronenmikroskop,** bei dem an Stelle der Lichtstrahlen Elektronenstrahlen benutzt werden; daß ein solches Mikroskop möglich sein muß, folgt aus der in Bd. 2 besprochenen Ablenkung von Elektronen in elektrischen oder magnetischen Feldern (vgl. auch Kap. 10).

Sehr kleine (submikroskopische) Teilchen, die man mit dem Mikroskop direkt nicht mehr erkennen kann, lassen sich dadurch sichtbar machen, daß man sie von der Seite her intensiv mit einem schmalen Lichtbündel beleuchtet (Abb. 3.90). Dann wird das Licht an den kleinen Teilchen seitwärts gebeugt, und man beobachtet im Mikroskop die beugenden Teilchen als helle kleine Lichtscheiben im „Dunkelfeld“. Diese Scheibchen lassen aber nicht die Form der Teilchen erkennen, sondern verraten nur ihr Vorhandensein. Man kann mit dieser zuerst von H. Siedentopf und R. Zsigmondy (1903) angegebenen **Ultramikroskopie** z. B. das Vorhandensein von Bakterien oder kolloidalen Teilchen (Goldteilchen in Rubinglas) feststellen; die so erreichbare *Sichtbarkeitsgrenze* liegt bei etwa $4 \cdot 10^{-6}$ mm ($\approx 1/100\,\lambda$).

Anstatt den zu betrachtenden Gegenstand von der Seite her mit einem Lichtkegel zu beleuchten, kann man zum gleichen Zweck besondere **Dunkelfeldkondensoren** benutzen. Setzt man z. B. vor einen normalen Mikroskopkondensor (Abb. 1.146)

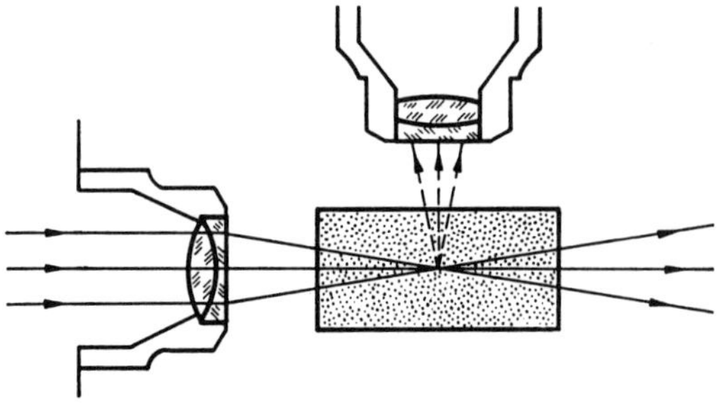

Abb. 3.90 Anordnung der Dunkelfeldbeleuchtung im Ultramikroskop.

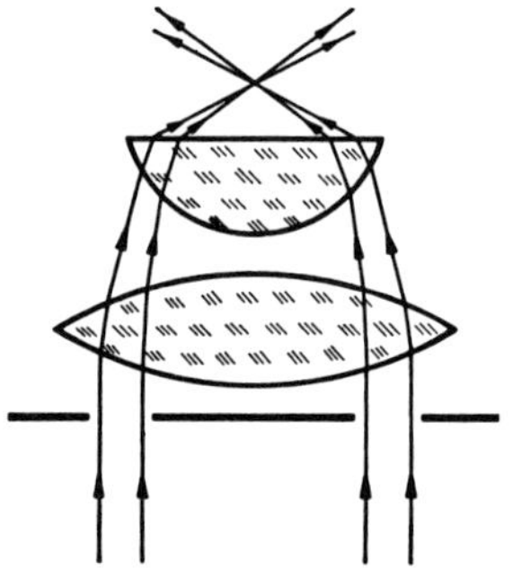

Abb. 3.91 Mikroskopkondensor mit Ringblende für Dunkelfeldbeleuchtung.

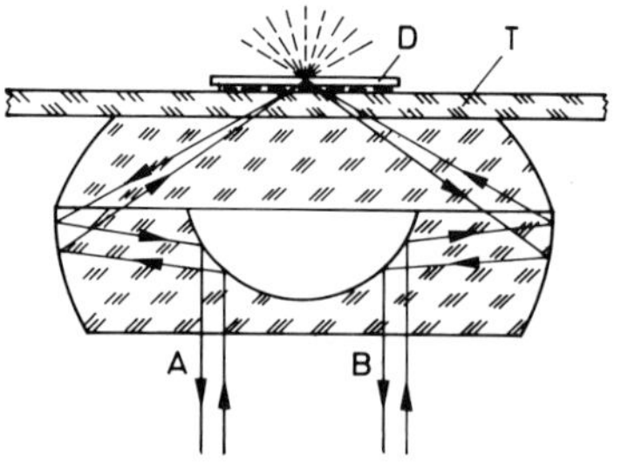

Abb. 3.92 Spiegelkondensor für Dunkelfeldbeleuchtung.

eine ringförmige Blende, so wird das durch die Blende einfallene Licht vom Kondensor so gebrochen, daß es durch den Brennpunkt des Kondensors geht, aber nicht in das darüber befindliche Mikroskopobjektiv gelangt (Abb. 3.91). In Abb. 3.92 ist ein speziell für Dunkelfeldbeleuchtung konstruierter *Spiegelkondensor* im Schnitt dargestellt, bei dem das von unten einfallende Licht an zwei Flächen so gespiegelt wird, daß es den oberhalb des Kondensors befindlichen Gegenstand schräg von unten her allseitig beleuchtet, ohne daß Strahlen direkt in das Objektiv gelangen. Der Objektträger T mit dem in einer Flüssigkeit darauf befindlichen Präparat muß dazu unter Zwischenschaltung von Wasser oder Zedernholzöl auf die obere Fläche des Kondensors aufgelegt werden. Die durch den Objektträger, das Präparat und das Deckglas D dringenden Strahlen werden an der Oberfläche des Deckglases total reflekteirt und treten bei A und B wieder aus. Die an den beleuchteten Teilchen des Präparates abgebeugten Wellen fallen z. T. unter kleineren Winkeln als dem Grenzwinkel der Totalreflexion auf die Oberfläche des Deckglases und treten durch dieses in die umgebende Luft und dann in das Objektiv aus. (In Abb. 3.92 sind diese Strahlen gestrichelt gezeichnet.)

Phasenkontrastverfahren nach Zernike. Als Modell eines im Mikroskop zu betrachtenden Objekts ist bisher ein Gitter betrachtet worden, weil sich alles Wesentliche der Abbeschen Theorie des Mikroskops daran erläutern ließ. Dieses Gitter bestand aus abwechselnd durchsichtigen und undurchsichtigen Teilen, die seine Struktur bildeten. Ein solches Gitter wird *Amplitudengitter* genannt, weil die Amplitude der hindurchtretenden Strahlung vom vollen Wert in den durchlässigen Teilen bis zum Wert Null in den undurchlässigen variiert. Objekte, die ihre Struktur durch die Verschiedenheit der hindurchgelassenen Lichtamplituden offenbaren, nennt man entsprechend *Amplitudenobjekte*. Es gibt aber auch, wie schon in Abschn. 3.10 erwähnt, strukturierte Objekte, die an allen Stellen völlig durchlässig sind; ihre Struktur ist darin begründet, daß infolge von lokalen Variationen der Brechzahl die Phasen der hindurchtretenden Lichtwellen nicht konstant sind – daher der Name *Phasenobjekte*, wofür als Beispiel eine Ultraschallwelle dienen mag, die ein ausgezeichnetes Phasengitter liefert. Phasenobjekte erzeugen im primären Bilde genau wie Amplitudenobjekte die ihrer Natur entsprechenden Beugungsspektren, aber man kann ihre Struktur ebensowenig mit einem Mikroskop wie mit dem Auge sehen, da dieses nicht die Fähigkeit besitzt, Phasenunterschiede zu erkennen. Der praktische Mikroskopiker hat sich bisher in diesem Falle dadurch geholfen, daß er die Objekte geeignet färbte und sie – so gut wie möglich – in Amplitudenobjekte umwandelte. Solche Färbemethoden haben z. B. in der Bakteriologie eine große Rolle gespielt. Natürlich bedeutet Färbung immer einen Eingriff in das Präparat, dessen Tragweite schwer abzuschätzen ist. Deshalb stellt es einen großen Fortschritt dar, daß es F. Zernike (1932) gelungen ist, auf rein optischem Wege (sog. **Phasenkontrastverfahren**) Phasenstrukturen ohne den geringsten Eingriff in das Präparat sichtbar zu machen.

Zur Erläuterung des Phasenkontrastverfahrens soll an die Abbesche Theorie angeschlossen werden und die Verteilung der gebeugten Intensität in der hinteren Brennebene des Objektivs für ein Amplituden- und Phasenobjekt verglichen werden. Der Zusammenhang zwischen Objekt und Beugungsbild ist nach Gl. (3.49) durch eine Fourier-Transformation gegeben, die hier in folgender Form geschrieben werden soll:

$$E(x,y) \sim \operatorname{Re} \mathrm{e}^{-\frac{2\pi i l}{\lambda}} \iint F(\xi,\eta)\,\mathrm{e}^{2\pi i \nu t}\,\mathrm{e}^{-\frac{2\pi i}{\lambda f}(x\xi + y\eta)}\,\mathrm{d}\xi\,\mathrm{d}\eta\,. \tag{3.74}$$

Dabei kann der Ausdruck $\operatorname{Re} F(\xi,\eta)\,\mathrm{e}^{2\pi i \nu t}$ als elektrische Feldstärke unmittelbar hinter der Objektebene gedeutet werden. Bei einem Amplitudenobjekt ist $F(\xi,\eta)$ reell, und die Feldstärke besitzt in der Objektebene konstante Phase. Dies kommt dadurch zustande, daß die Beleuchtungswelle vor der Objektebene mit $e^{2\pi i\nu t}$ angesetzt wurde, also eine örtlich konstante Phase besitzt. Die Feldstärke unmittelbar hinter der Objektebene ergibt sich durch Multiplikation der Beleuchtungswelle mit dem Schwächungsfaktor $F(\xi, \eta)$. Bei einem Phasenobjekt wird dagegen die Phase der ebenen Beleuchtungswelle örtlich um eine Phasengröße $\vartheta(\xi, \eta)$ variiert, so daß die Feldstärke hinter der Objektebene gegeben ist durch $e^{i2\pi\nu t - i\vartheta}$. Die Beugung an einem Phasenobjekt kann demnach ebenfalls mit Hilfe von Gl. (3.74) behandelt werden, wenn angesetzt wird

$$F(\xi, \eta) = e^{-i\vartheta(\xi, \eta)} . \tag{3.75}$$

Bei der weiteren Betrachtung sollen schwache Phasenobjekte angenommen werden, d. h. $\vartheta \ll 1$. Dann gilt näherungsweise

$$F(\xi, \eta) = 1 - i\vartheta(\xi, \eta) . \tag{3.76}$$

Einsetzen in Gl. (3.74) ergibt unter Ausnutzung von $-i = e^{-\frac{i\pi}{2}}$

$$\begin{aligned} E_p(x, y) &\sim \operatorname{Re} e^{-\frac{2\pi i l}{\lambda}} \iint e^{2\pi i\nu t} e^{-\frac{2\pi i}{\lambda f}(x\xi + y\eta)} \, d\xi \, d\eta \\ &+ \operatorname{Re} e^{-\frac{2\pi i l}{\lambda} - \frac{i\pi}{2}} \iint \vartheta(\xi, \eta) \, e^{2\pi i\nu t} e^{-\frac{2\pi i}{\lambda f}(x\xi + y\eta)} \, d\xi \, d\eta . \end{aligned} \tag{3.77}$$

Für die Beugung an einem schwachen Amplitudengitter mit $F(\xi, \eta) = e^{-k(\xi, \eta)} \approx 1 - k$, ergibt sich analog mit $-1 = e^{-i\pi}$:

$$\begin{aligned} E_A(x, y) &\sim \operatorname{Re} e^{-\frac{2\pi i l}{\lambda}} \iint e^{2\pi i\nu t} e^{-\frac{2\pi i}{\lambda f}(x\xi + y\eta)} \, d\xi \, d\eta \\ &+ \operatorname{Re} e^{-\frac{2\pi i l}{\lambda} - i\pi} \iint k(\xi, \eta) \, e^{2\pi i\nu t} e^{-\frac{2\pi i}{\lambda f}(x\xi + y\eta)} \, d\xi \, d\eta . \end{aligned} \tag{3.78}$$

Die gebeugte Feldstärke $E_p(x, y)$ besteht nach vorstehenden Gleichungen aus zwei Summanden. Der erste Summand beschreibt die Beugung an einem Objekt mit konstantem Transmissionsgrad 1. Dies ergibt gar keine Beugung, sondern eine ungeschwächt durch das Objekt tretende Welle. Der zweite Summand beschreibt die eigentliche Beugung. Er ist beim Amplitudengitter und Phasengitter ähnlich aufgebaut. Der einzige Unterschied ist, daß beim Phasengitter in der gebeugten Intensität gegenüber dem Amplitudengitter eine Phasenverschiebung von $\pi/2$ auftritt.

Dies macht tatsächlich den Unterschied in der mikroskopischen Abbildung von Amplituden- und Phasenstrukturen aus; man muß sich ja klar machen, daß das sekundäre Bild im Sinne Abbes, d.h. das Abbild des Objektes, eine *Interferenzerscheinung* ist, die von den Spektren des primären Bildes erzeugt wird: Daß dabei Phasendifferenzen die entscheidende Rolle spielen, ist also selbstverständlich. Damit aber hat man schon den Grundgedanken des Zernike-Verfahrens: Man hat nur die Phase im Zentralbild des Phasenobjektes um $\pi/2$ zu ändern, um den Unterschied zwischen Amplituden- und Phasenobjekten zum Verschwinden zu bringen, d.h. Phasenstrukturen genau wie Amplitudenstrukturen erkennbar zu machen.

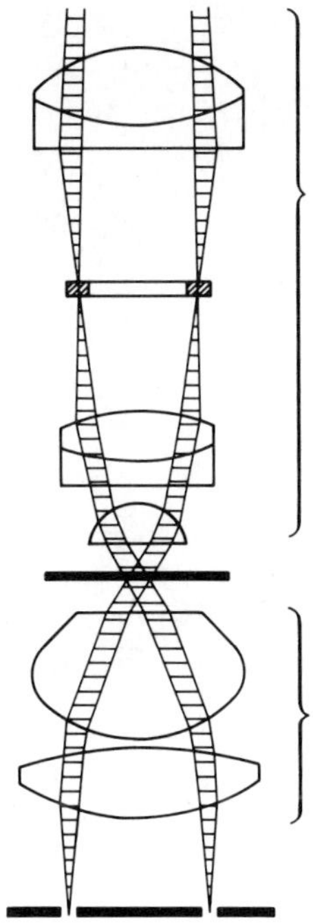

Abb. 3.93 Strahlenverlauf in einem Phasenkontrastmikroskop.

Die Lösung dieser Aufgabe gelang Zernike dadurch, daß er in den Gang der Strahlen, die das Zentralbild erzeugen, in der Brennebene des Mikroskopobjektivs eine *Phasenplatte* einschaltete, die dem durchtretenden Licht eine Phasenverschiebung von $\pi/2$, also einem Gangunterschied von $\lambda/4$, aufprägt. In der Praxis wird diese Phasenplatte zweckmäßiger durch eine ringförmig auf eine Glasplatte aufgedampfte, $\lambda/4(n-1)$ dicke Schicht einer geeigneten Substanz hergestellt. Ein solcher Phasenring setzt voraus, daß das zur Beleuchtung dienende Licht von einer ringförmigen Lichtquelle herkommt. Man erreicht dies z. B. durch eine vor dem Mikroskopkondensor angebrachte ringförmige Blende, wie in Abb. 3.93 dargestellt. In Abb. 3.93 sind nur Strahlen gezeichnet, die dem Zentralbild entsprechen. Die das Objekt abbildenden, abgebeugten Strahlen sind weggelassen.

Da das beim Phasenkontrastverfahren in die höheren Ordnungen abgebeugte Licht schwächer ist als das ungebeugte, das durch die Phasenplatte geht, gibt man letzterer eine kleine zusätzliche Absorption; denn man erhält bei einer Interferenzerscheinung besonders große Helligkeitsunterschiede und somit kontrastreichere Bilder, wenn (neben der richtigen Phasenbeziehung) die miteinander interferierenden Lichtbündel gleiche Amplituden haben.

In Abb. 3.94 ist das 378fach vergrößerte Bild eines ungefärbten Schnittes durch eine Rattenniere im gewöhnlichen Hellfeld (a) und im Phasenkontrastverfahren (b) wiedergegeben. Wie man sofort sieht, kommen im letzteren Fall Zellmembran, Zellkern, Nukleoli und vieles andere, was im Helfeld nur angedeutet ist, klar heraus.

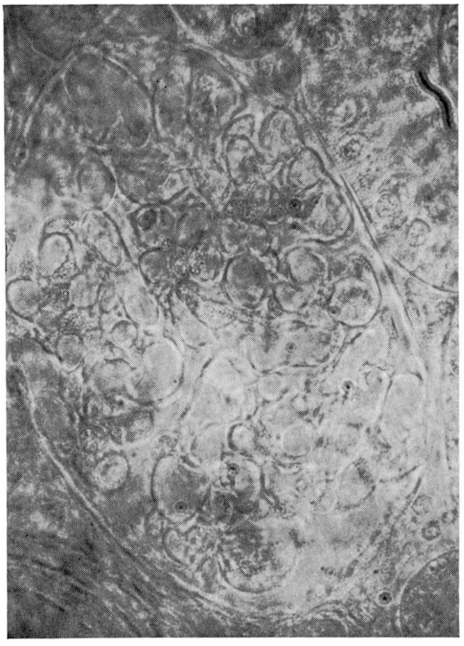

a)

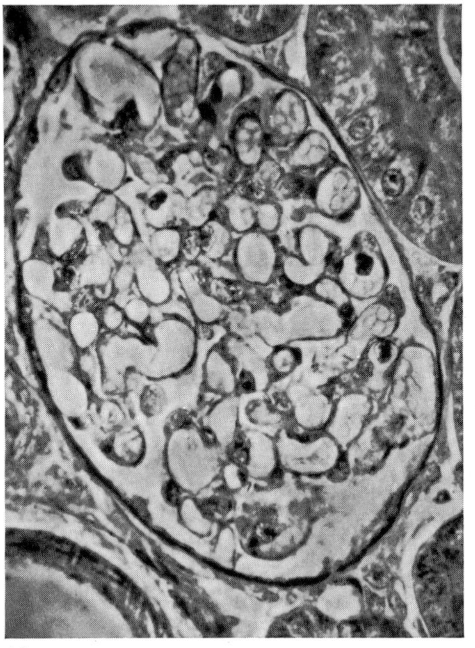

b)

Abb. 3.94 a) Hellfeld und b) Phasenkontrast-Mikroaufnahme eines ungefärbten Schnittes durch eine Rattenniere; Vergrößerung 378fach.

Sowohl die Dunkelfeldanordnung als auch das Phasenkontrastverfahren kann man mit der gleichen Anordnung demonstrieren, mit der man die Abbesche Theorie der Abbildung von Nichtselbstleuchtern im Vorlesungsversuch vorführt (vgl. Ausführungen zu Abb. 3.88). Statt der spaltförmigen Öffnung in einem undurchsichtigen Schirm an der Stelle des primären Bildes bringt man eine (völlig durchsichtige) Glasplatte an. Blendet man das Zentralbild der Lichtquelle durch ein dunkles Scheibchen geeigneter Größe auf der Glasplatte ab, so beobachtet man eine vorhandene Struktur des Objektes im Dunkelfeld. Bringt man statt dieses undurchsichtigen Scheibchens aber eine Phasenplatte an, so erkennt man die Phasenstruktur des Objektes mit Hilfe des Phasenkontrastverfahrens; man kann z. B. auf diese Weise ein durch Ultraschall erzeugtes Phasengitter wie ein Amplitudengitter abbilden.

Schatten- und Schlierenmethode. Die im vorhergehenden geschilderten Methoden zur Sichtbarmachung von Phasenstrukturen haben eine nahe Beziehung zu älteren Verfahren, gröbere Phasenstrukturen, sog. *Schlieren,* sichtbar zu machen; diese Verfahren werden auch heute noch vielfach benutzt, weswegen hier auf sie hingewiesen sei.

Das einfachste Verfahren ist die sog. *Schattenmethode,* mit deren Hilfe man Schlieren objektiv sichtbar machen kann. Man benutzt eine möglichst punktförmige Lichtquelle (Krater einer Bogenlampe) zur direkten Beleuchtung eines Projektionsschirmes; dieser ist vollkommen gleichmäßig erleuchtet, wenn die Lichtquelle nur voll-

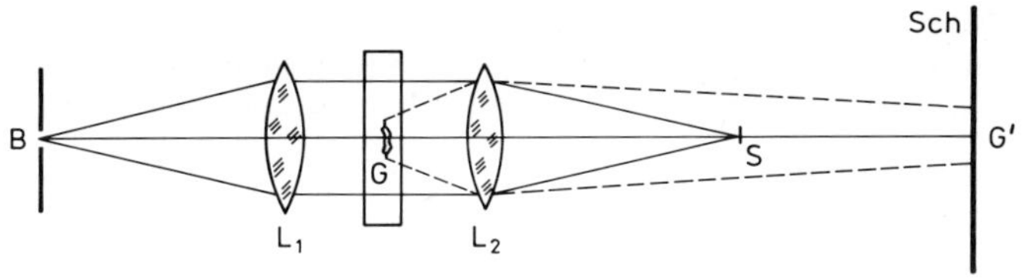

Abb. 3.95 Schlierenmethode nach Toepler.

kommen homogene Medien durchstrahlt. Bringt man aber zwischen Lichtquelle und Schirm eine Inhomogenität, z. B. einen aufsteigenden warmen Luftstrom, so erkennt man deutlich sein Schattenbild auf dem Schirm. Denn die warmen Gase haben eine kleinere Brechzahl als die normale umgebende Luft, und beide Gasmassen vermischen sich unregelmäßig. Es resultiert also eine Störung des regulären Strahlenganges, der sich durch unregelmäßig wechselnde Helligkeit auf dem Schirm äußert.

Diese primitive Methode wurde bereits 1864 von Aug. Toepler durch die sogenannte **„Schlierenmethode"** verbessert. Eine der möglichen Versuchsanordnungen ist in Abb. 3.95 skizziert: Als Lichtwelle dient eine kleine kreisförmige, von hinten beleuchtete Blendenöffnung B, die in der Brennebene eines guten Objektivs L_1 angebracht ist, so daß die von der Öffnung B ausgehenden Strahlen parallel gemacht werden; das parallele Lichtbündel fällt dann in einigem Abstand auf ein zweites mit dem ersten identischen Objektiv L_2, das in seiner Brennebene am Ort S ein reelles Bild der Blendenöffnung B entwirft. Dieses Bild wird durch eine undurchsichtige kreisförmige Blende von der genauen Größe des Bildes vollkommen abgedeckt. Ist der Strahlengang, wie bisher angenommen, regulär, so ist ein hinter S in geeignetem Abstand angebrachter Projektionsschirm Sch dunkel. Wenn aber zwischen L_1 und L_2 der reguläre Strahlengang irgendwie an der Stelle G gestört wird (etwa durch Gase anderer Temperatur oder durch Schlierenbildung in einer Flüssigkeit, in der sich ein Salz auflöst), so gelangt von G aus Licht auf den Schirm, der im übrigen dunkel ist, und erzeugt an der Stelle G′ ein reelles Bild von G (wenn

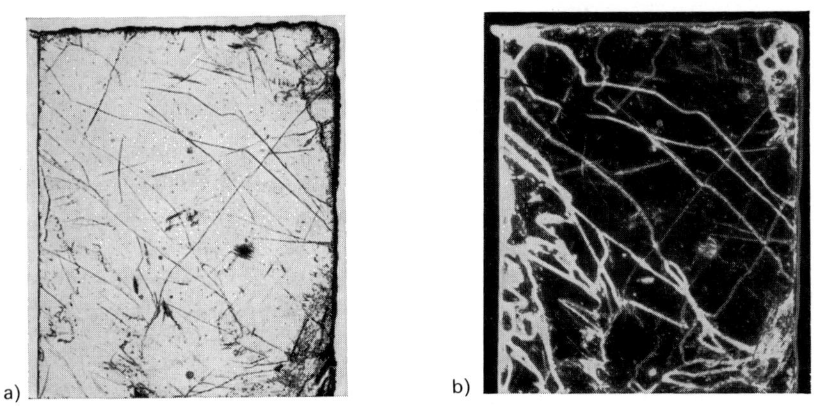

Abb. 3.96 a) Im Hellfeld und b) im Dunkelfeld photographiertes Glimmerblatt (natürliche Größe).

der Schirm in der passenden Entfernung angebracht ist). Aus dieser Schlierenmethode hat sich die Dunkelfeldmethode entwickelt. Abb. 3.96 zeigt in a) im gewöhnlichen Hellfeld die nur zart angedeuteten Schlieren in einem Glimmerblatt, die im Dunkelfeld b) mit erstaunlicher Deutlichkeit hervortreten. Toepler ist es u.a. gelungen, auf diese Weise die Verdichtungen und Verdünnungen einer Schallwelle optisch nachzuweisen; in Bd. 1, Akustik, findet sich ein auf diese Weise gewonnenes Bild der sog. *Kopfwelle* eines Geschosses.

3.13 Beugung an Teilchen, Lichtstreuung

Einzelteilchen. Die Beugung an undurchsichtigen Teilchen entspricht nach den Babinetschen Theorien der Beugung entsprechend geformter Öffnungen. Zum Beispiel erzeugt ein kugelförmiges Teilchen ein ähnliches Beugungsbild wie eine kreisförmige Öffnung. Bisher ist vorwiegend die Beugung an Objekten besprochen worden, deren Abmessungen größer als die Wellenlängen sind. Teilchen können jedoch bedeutend kleiner sein. Die daran auftretenden Beugungserscheinungen können nicht mehr mit der bisher verwendeten Vorstellung skalarer Wellen beschrieben werden. Von Mie [5] wurde statt dessen eine strenge elektromagnetische Theorie entwickelt, ausgehend von den Maxwellschen Gleichungen. Damit kann die Beugung einer ebenen Welle an einer Kugel mit beliebigen Brechzahlen und Absorptionskoeffizienten berechnet werden. In Abb. 3.97 sind berechnete Polardiagramme für die Streuung von polarisiertem Licht mit $\lambda = 550$ nm an Goldkugeln mit verschiedenen Radien a dargestellt. Die Länge des Radiusvektors ist jeweils proportional zur gestreuten Intensität in die entsprechende Richtung. Die Einheiten sind willkürlich und verschieden in jeder Figur.

Für kleinere Radien hat die gebeugte Intensität die gleiche Winkelverteilung wie die Strahlungscharakteristik eines Dipols. In Vorwärts- und Rückwärtsrichtung sind die gebeugten Intensitäten gleich groß. Mit zunehmender Partikelgröße wird mehr

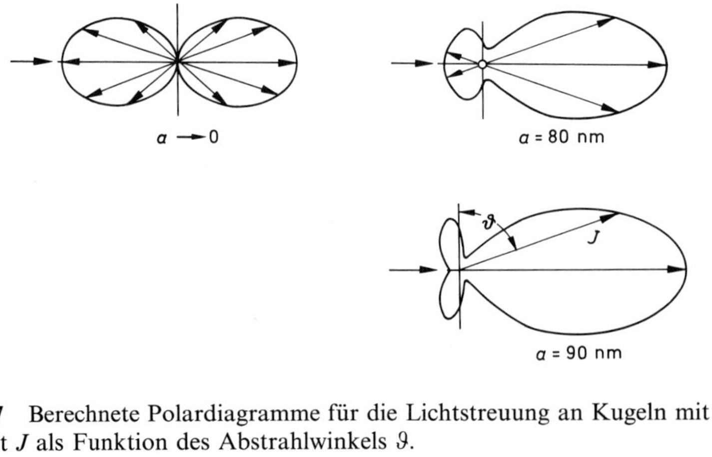

Abb. 3.97 Berechnete Polardiagramme für die Lichtstreuung an Kugeln mit dem Radius a. Intensität J als Funktion des Abstrahlwinkels ϑ.

Licht in die Vorwärtsrichtung gebeugt als in die Rückwärtsrichtung. Diese Erscheinung wird oft als *Mie-Effekt* bezeichnet. Experimentell läßt sich der Mie-Effekt bei der Streuung eines Laserstrahls an Staubpartikeln (Aerosolen) in der Luft beobachten. Der gestreute Strahl erscheint bei Beobachtung entgegengesetzt zur Ausbreitungsrichtung heller als in umgekehrter Richtung. Ähnliche Intensitätsverteilungen wie in Abb. 3.97 dargestellt, ergeben sich auch für Kugeln aus anderen Materialien.

Die Lichtbeugung an Teilchen wird auch oft als *Streuung* bezeichnet. Besonders häufig spricht man von Streuung, wenn der Teilchendurchmesser kleiner als die Wellenlänge ist. In ähnlicher Weise wird die Lichtablenkung durch periodische Strukturen als *Beugung* bezeichnet, die Lichtablenkung an ungeordneten, statistischen Objekten als *Streuung*.

Die Lichtbeugung oder -streuung an Teilchen wird zur Bestimmung der Größe und Konzentration von Staubteilchen z. B. in der Luft ausgenutzt. Eine weitere Anwendung sind Geschwindigkeitsmessungen von strömenden Gasen oder Flüssigkeiten, wie im folgenden dargestellt.

Laser-Doppler-Geschwindigkeitsmessungen. Wird Licht an bewegten Teilchen gestreut, so tritt im gestreuten Licht wegen des Doppler-Effektes eine Frequenzverschiebung auf, die der Teilchengeschwindigkeit proportional ist. Die Frequenzverschiebung kann bei Verwendung von Laserlicht mit scharfer Frequenz bestimmt und zur Geschwindigkeitsmessung von Gasen und Flüssigkeiten ausgenutzt werden, wenn darin mitbewegte Streuteilchen enthalten sind [6]. Bei Messungen in der Atmosphäre, z. B. zur Bestimmung von Windgeschwindigkeiten, und anderen Anwendungen sind oft genügend Streuteilchen vorhanden. Sehr saubere und transparente Flüssigkeiten oder Gase können mit Fremdteilchen geimpft werden, um meßbare Streusignale zu erhalten.

Die Meßmethode ist berührungslos, besitzt hohe räumliche Auflösung und umfaßt einen Geschwindigkeitsbereich von etwa $10^{-3} \ldots 10^{5}$ cm/s. Im folgenden werden zwei Varianten beschrieben.

1. *Referenzstrahlmethode*. Ein Streuteilchen bewegt sich mit der Geschwindigkeit v. Es wird mit Laserlicht der Frequenz ν bestrahlt, das durch Streuung um einen Winkel β abgelenkt wird. Es ergibt sich eine Dopplerverschiebung (s. Abb. 3.98):

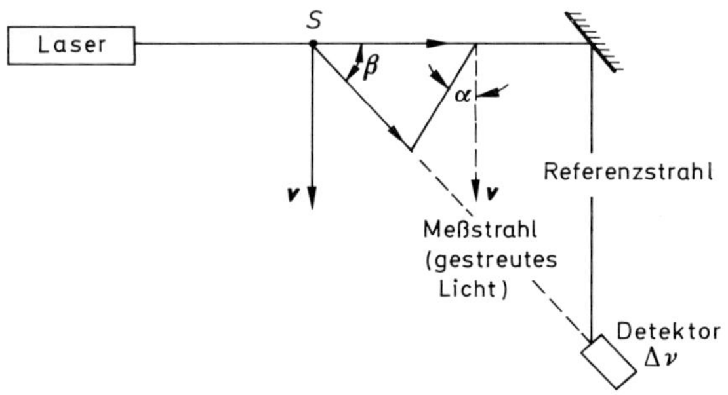

Abb. 3.98 Geschwindigkeitsmessung mit dem Laser-Doppler-Verfahren: Referenzstrahlmethode (S ist ein Streuteilchen mit der Geschwindigkeit $\vec{v}$).

$$\Delta\nu = \nu\frac{v}{c}2\cos\alpha\sin\frac{\beta}{2}.$$

Diese Frequenzverschiebung kann mit einem optischen Überlagerungsverfahren gemessen werden. Dazu wird das Licht eines Referenzstrahls mit dem gestreuten Licht auf einem Photodetektor überlagert. Wegen der sich ergebenden Lichtschwebung (s. Abschn. 3.7) ist der Photostrom mit $\Delta\nu$ amplitudenmoduliert. Damit die Dopplerfrequenz möglichst scharf gemessen wird, muß der Öffnungswinkel $\Delta\beta$, unter dem der Meßbereich beobachtet wird, klein sein. Dies setzt voraus, daß eine hohe Dichte von Streuteilchen vorhanden ist, um ausreichend große Streusignale zu erhalten.

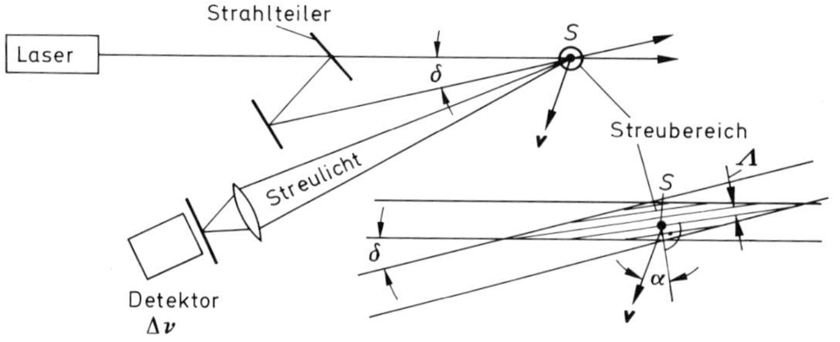

Abb. 3.99 Geschwindigkeitsmessung mit dem Laser-Doppler-Verfahren: Zweistrahlmethode.

2. *Zweistrahlmethode.* Auch bei dieser Methode ist es möglich, die mit dem Detektor gemessene Frequenz mit dem Dopplereffekt zu deuten. Eine gleichwertige Darstellung geht davon aus, daß die beiden Laserstrahlen, die sich unter dem Winkel δ im Meßvolumen überlagern (Abb. 3.99), dort interferieren. Der Abstand der Interferenzstreifen ist

$$\Lambda = \frac{\lambda}{2}\sin\frac{\delta}{2}.$$

Die Streuteilchen durchlaufen das Interferenzfeld und streuen dabei mehr oder weniger Licht. Das von einem Teilchen gestreute Licht ist daher amplitudenmoduliert mit einer Frequenz

$$\Delta\nu = \frac{v}{\Lambda}\cos\alpha = \nu\frac{v}{c}2\cos\alpha\sin\frac{\delta}{2}.$$

Diese Frequenz hängt nicht von der Beobachtungsrichtung ab. Die Detektoröffnung kann daher groß sein, so daß auch bei vergleichsweise geringen Streuteilchendichten oder bei großen Entfernungen gemessen werden kann.

Beugung an unregelmäßig angeordneten Objekten. In Abschn. 3.10 sind die Erscheinungen besprochen worden, die bei der Beugung an *regelmäßigen* Anordnungen von identischen Öffnungen oder – nach dem Babinetschen Theorem – Teilchen auftreten. Diese Untersuchungen sollen für den umgekehrten Fall ergänzt werden, daß die fraglichen Öffnungen oder Teilchen *völlig ungeordnet* angebracht sind, wenn also p Wellen, die etwa in Richtung der x-Achse fortschreiten, überlagert werden. Früher war bei der regelmäßigen Anordnung die Gangdifferenz zweier aufeinanderfolgender Wellen konstant, wie in Gl. (3.20) angesetzt. Hier muß aber angenommen werden, daß wegen der unregelmäßigen Anordnung die Gangdifferenzen ebenfalls völlig unregelmäßig variieren. Die von den Beugungspunkten ausgehenden Wellen werden angesetzt als:

$$\begin{aligned} E_1 &= A\cos\left[2\pi\nu\left(t-\frac{x}{c}\right)-\delta_1\right], \\ E_2 &= A\cos\left[2\pi\nu\left(t-\frac{x}{c}\right)-\delta_2\right], \\ &\vdots \\ E_p &= A\cos\left[2\pi\nu\left(t-\frac{x}{c}\right)-\delta_p\right]. \end{aligned} \tag{3.79}$$

Die zu bildende Summe lautet also:

$$\begin{aligned} E &= A\cos 2\pi\nu\left(t-\frac{x}{c}\right)\cos\delta_1 + A\sin 2\pi\nu\left(t-\frac{x}{c}\right)\sin\delta_1 + \\ &\quad \ldots \\ &\quad + A\cos 2\pi\nu\left(t-\frac{x}{c}\right)\cos\delta_p + A\sin 2\pi\nu\left(t-\frac{x}{c}\right)\sin\delta_p \\ &= A\cos 2\pi\nu\left(t-\frac{x}{c}\right)\sum_{i}^{1,p}\cos\delta_i + A\sin 2\pi\nu\left(t-\frac{x}{c}\right)\sum_{i}^{1,p}\sin\delta_i\,. \end{aligned}$$

Durch Quadrieren erhält man:

$$\begin{aligned} E^2 &= A^2\cos^2 2\pi\nu\left(t-\frac{x}{c}\right)[\cos\delta_1+\cos\delta_2+\ldots\cos\delta_p]^2 \\ &\quad + A^2\sin^2 2\pi\nu\left(t-\frac{x}{c}\right)[\sin\delta_1+\sin\delta_2+\ldots\sin\delta_p]^2 \\ &\quad + 2A\cos 2\pi\nu\left(t-\frac{x}{c}\right)[\cos\delta_1+\cos\delta_2+\ldots\cos\delta_p] \\ &\quad \cdot\sin 2\pi\nu\left(t-\frac{x}{c}\right)[\sin\delta_1+\sin\delta_2+\ldots\sin\delta_p]\,. \end{aligned}$$

Die Ausrechnung liefert nach zeitlicher Mittelwertbildung

mit $\overline{\cos^2 2\pi\nu(t-x/c)} = \overline{\sin^2 2\pi\nu(t-x/c)} = 1/2$

und $\overline{\cos 2\pi\nu(t-x/c)\sin 2\pi\nu(t-x/c)} = 0$:

$$\overline{E^2} = \frac{p}{2}A^2 + \frac{A^2}{2}\sum_{i}^{1,p}\sum_{\substack{k\\ i \neq k}}^{1,p} \cos\delta_i \cos\delta_k + \frac{A^2}{2}\sum_{i}^{1,p}\sum_{\substack{k\\ i \neq k}}^{1,p} \sin\delta_i \sin\delta_k$$

$$= \frac{p}{2}A^2 + \frac{A^2}{2}\sum_{i}^{1,p}\sum_{\substack{k\\ i \neq k}}^{1,p} \cos(\delta_i - \delta_k)\,. \tag{3.80}$$

Abgesehen von einem irrelevanten Faktor ist dies die resultierende Intensität. Das erste Glied $pA^2/2$ kommt durch die p Quadrate $\cos^2\delta_i + \sin^2\delta_i$ zustande und ist deshalb aus der Summe herausgenommen. Der Wert des zweiten Gliedes ist *absolut unbestimmt;* denn wegen der völlig unregelmäßigen Anordnung der Öffnungen (oder Teilchen) kann über die Summe nichts Bestimmtes ausgesagt werden. Bei genügend großer Anzahl von Teilchen werden aber im Mittel gleich viel positive wie negative Glieder vorhanden sein. Daher kann man annehmen, daß im Mittel das zweite Glied verschwindet. Wir haben es hier mit einer Art von (räumlicher) Inkohärenz zu tun, die bewirkt, daß – abgesehen von kleinen Schwankungen – die resultierende Intensität

$$\overline{E^2} = \frac{p}{2}A^2 \tag{3.81}$$

wird, d.h. p-mal so groß wie die Intensität $A^2/2$ der Einzelöffnung. Hätte man z.B. kreisförmige Öffnungen mit dem Radius R als die Beugungsöffnungen gewählt, so wäre für A^2 der Wert aus Gl. (3.42a) einzusetzen, so daß man für p Öffnungen erhalten würde:

$$J(\varphi) \sim \frac{p\,J_1^2\left(\dfrac{2\pi}{\lambda}R\sin\varphi\right)}{\left(\dfrac{2\pi}{\lambda}R\sin\varphi\right)^2}\,, \tag{3.82}$$

mit φ = Richtungswinkel. Das heißt, das Beugungsbild ist das gleiche wie für eine Öffnung, aber mit p-facher Intensität. Das paßt gut zu der Auffassung, daß man es mit einer Art von Inkohärenz zu tun hat; denn dann addieren sich ja die Intensitäten. Entsprechendes gilt natürlich auch für kreisrunde Öffnungen usw.

Zur Demonstration dieser Beugungserscheinung bestäubt man eine Glasplatte mit Bärlappsamen (Lycopodium), der aus winzigen Kügelchen von etwa 30 µm Durchmesser besteht, und projiziert durch die bestäubte Platte eine hell beleuchtete Blendenöffnung von etwa 1 mm Durchmesser auf einen Schirm, indem man die Platte vor das abbildende Objektiv hält. Man bekommt dann die in Abb. 3.100 wiedergegebene Beugungsfigur, die in monochromatischem Licht aus farbigen Ringen besteht, die Mischfarben zeigen, da die verschiedenen Ordnungen sich überlappen. Die Beugungsfigur ist nach dem Babinetschen Theorem analog der Beugungsfigur eines kreisrunden Loches. Bei Natriumlicht ist der nach dem ersten hellen Ring hingebeugte Strahl nach Gl. (3.44) um einen Winkel von 1° 50′ (mit $\lambda = 0{,}6$ µm, $2R = 30$ µm) gegen den zentralen Strahl geneigt. Auch an einer angehauchten, mit mikroskopisch kleinen Wassertröpfchen belegten Glasscheibe beobachtet man die gleiche Beugungserscheinung.

Abb. 3.100 Beugungsbild einer mit Lycopodiumteilchen bestäubten Glasplatte im Natriumlicht.

Ähnliche Beugungserscheinungen ergeben sich an räumlich ungeordnet verteilten kleinen Kügelchen, wie wir sie z. B. in kleinen Wassertröpfchen in Nebeln und Wolken finden. Blickt man im Nebel nach einer fernen Lichtquelle, so erscheint diese mit farbigen Ringen umgeben. Man kann diese Erscheinung leicht künstlich erzeugen, indem man in einer mit etwas Wasser gefüllten großen Glaskugel den Luftdruck mit einer Luftpumpe plötzlich verringert. Infolge der dabei eintretenden Abkühlung der Luft tritt wie in der Wilson-Kammer (Bd. 1) Übersättigung des Wasserdampfgehaltes und Kondensation ein. Durchstrahlt man die Kugel mit einem Lichtstrahlenbündel, so erhält man auf einem einige Meter entfernten Schirm prachtvolle farbige Beugungsringe. Dabei beobachtet man, daß der Durchmesser der Ringe kurz nach ihrem Entstehen kleiner wird. Die Ursache liegt in einer allmählichen Zunahme des Durchmessers der beugenden Nebeltröpfchen. Ihre Größe kann man aus dem Durchmesser der Beugungsringe bestimmen. In der gleichen Weise entstehen in der Natur die bekannten *Sonnen-* und *Mondhöfe* durch Beugung des Lichtes an den Wassertröpfchen der Wolkenschleier. Daß man Mondhöfe häufiger beobachtet als Sonnenhöfe, ist darin begründet, daß das Sonnenlicht so hell und blendend ist, daß man daneben die lichtschwachen Ringe nicht erkennen kann; dagegen sieht man sie leichter, wenn man das weniger helle Spiegelbild der Sonne auf einer Wasseroberfläche oder einer Glasplatte beobachtet. Auch hier kann man aus dem Durchmesser der Beugungsringe auf die Größe der Wassertropfen in den Wolken schließen, die im Winter erheblich größer als im Somme sind; bei herannahendem Regenwetter vergrößern sich die Wassertropfen schnell, und der beobachtete Mondhof wird enger. Auf der Beugung des Lichtes an feinen Nebeltröpfchen beruht auch die als *Heiligenschein (Glorie)* bekannte Erscheinung.

Theorie des Himmelblaus nach Lord Rayleigh. Die additive Überlagerung der Intensitäten gilt nicht nur bei der Beugung an statistisch verteilten Objekten mit Dimensionen größer als die Wellenlänge, sondern auch bei der Lichtstreuung an kleineren Teilchen, z. B. Molekülen. Ein weiteres Beispiel aus der meteorologischen Optik ist die Tatsache, daß uns an wolkenlosen Tagen der Himmel blau erscheint.

Einen Hinweis auf die Entstehung des Himmelsblaus gaben die Experimente von Tyndall (1869), der beobachtete, daß submikroskopische Schwebeteilchen in Flüssigkeiten zu einer Lichtstreuung führen können. Durchstrahlt man eine derartige „kolloide Lösung" mit einem Lichtbündel, so erscheint sie von der Seite gesehen blau.

Gut eignen sich für derartige Beobachtungen wäßrige Lösungen von Mastix oder Kolophonium. Diese in Wasser unlöslichen Harze werden zunächst in Alkohol gelöst. Einige Tropfen dieser Lösung werden in Wasser gegeben, wobei sich der Alkohol mit dem Wasser vermischt und das Harz in Kügelchen mit submikroskopischem Durchmesser (d.h. kleiner als die Lichtwellenlänge) ausfällt.

Man kann den *Tyndallschen Versuch* auch mit Wasser, in das einige Tropfen Milch pro Liter geträufelt werden, durchführen. Ein Glasrohr von einigen Zentimetern Durchmesser und etwa 1 Meter Länge wird mit einer frisch hergestellten Milchlösung gefüllt und mit dem parallel gemachten Licht einer Bogenlampe durchstrahlt. Dann leuchtet der vordere Teil des Rohres bläulich auf, während nach hinten die Färbung immer stärker rot wird. Ein hinter das Ende gehaltenes weißes Stück Papier erscheint Orange bis Rot.

Besonders deutlich kann man diesen Effekt machen, wenn man ein strenges Blaufilter in den Strahlengang vor dem Eintritt in die Röhre einschiebt: Dann leuchtet der vordere Teil der Röhre infolge der Streuung im blauen Licht auf, der hintere Teil aber ist dunkel, da alles blaue Licht schon in dem vorderen Teil gestreut wurde. Nimmt man aber ein Filter, das gleichzeitig Blau und Rot durchläßt, so leuchet der vordere Teil blau, wie bisher, während der hintere rötlich ist.

Die Erklärung für diese Erscheinung gab Lord Rayleigh (1871). Nach der klassischen Theorie der Dispersion (s. Kap. 2) schwingen im Feld der eingestrahlten Lichtwelle die positiven und negativen Bausteine der Moleküle gegeneinander, so daß jedes einzelne Molekül einem Hertzschen Dipol (vgl. Bd. 2) entspricht. Die Dipole strahlen ihrerseits Licht mit der bekannten Strahlungscharakterstik ab; es tritt also eine Lichtstreuung auf. Die abgestrahlte Feldstärke ist proportional dem Quadrat der Schwingungsfrequenz, die gleich der Frequenz des einfallenden Lichtes ist. Die abgestrahlte Leistung, die sich aus dem Quadrat der Feldstärke ergibt, ist damit proportional der vierten Potenz der Frequenz oder reziproken Wellenlänge. Da der Durchmesser der Streukörper klein gegen die Lichtwellenlänge sein soll, können die Strahlungsanteile der einzelnen Moleküle ohne Phasenverschiebung addiert werden, so daß die Gesamtstrahlung eines Streukörpers ebenfalls der Strahlung eines Hertzschen Dipols entspricht. Die Intensität des gestreuten Lichtes ist damit umgekehrt proportional der 4. Potenz der Wellenlänge. Da die blauvioletten Wellen (0,45 µm) etwa 0,7mal so lang sind wie die roten (0,65 µm), wird das blaue Licht etwa $(1/0{,}7)^4 = 4$ mal stärker gestreut als das rote. Daher die Blaufärbung.

Das Himmelsblau beruht auf dem gleichen Mechanismus wie die Tyndallstreuung. Streukörper sind hier die Luftmoleküle selbst. Die gestreute Intensität soll hier auf Grund des vorstehend skizzierten Gedankenganges explizit berechnet werden.

Das durch das einfallende Sonnenlicht (Amplitude E_0, Kreisfrequenz ω) maximale induzierte Dipolmoment p eines Moleküls ergibt sich zu

$$p = \frac{P}{N} = \frac{\varepsilon_r - 1}{N} \varepsilon_0 E_0 \,.$$

Dabei ist P die Polarisation, d.h. das Gesamtdipolmoment geteilt durch das Volumen, N die Anzahldichte der Moleküle, ε_r die Permittivitätszahl des streuenden Gases.

Für die abgestrahlte Feldstärke E gilt in einem Abstande r bei einer Beobachtungsrichtung, die gegen die Polarisationsrichtung der einfallenden Welle um den Winkel ϑ geneigt ist (vgl. Bd. 2 unter Berücksichtigung, daß das Dipolmoment gleich der Dipollänge multipliziert mit der Ladungsamplitude ist):

$$E = \frac{\omega^2 p}{4\pi \varepsilon_0 c^2 r} \sin \vartheta .$$

Da die Intensitäten den Feldstärkequadraten proportional sind, ergibt sich für die von einem Volumen V, das NV streuende Moleküle enthält, gestreute Intensität J mit $n = \sqrt{\varepsilon_r}$:

$$\frac{J}{J_0} = \frac{NVE^2}{E_0^2} = \frac{\pi^2 V(n^2-1)^2 \sin^2 \vartheta}{N r^2 \lambda^4} . \tag{3.83}$$

Da die Gleichung auf der linken Seite ein maßsystemunabhängiges Verhältnis und auf der rechten Seite nur geometrische Größen enthält, gilt sie für alle Maßsysteme. Die Abhängigkeit der gestreuten Intensität von der 4. Potenz der reziproken Wellenlänge ergibt, wie bereits erläutert, die Erklärung der blauen Färbung des Himmels.

Die durch den Faktor $\sin^2 \vartheta$ gegebene Winkelabhängigkeit gilt nur für polarisiertes Licht. Wie bei einem Hertzschen Dipol gilt dann, daß bei Beobachtung in Polarisationsrichtung des eingestrahlten Lichtes keine gestreute Intensität registriert wird. Bei Verwendung nicht polarisierten Lichtes ergibt sich, daß bei Beobachtung senkrecht zur Einstrahlungsrichtung das gestreute Licht linear polarisiert ist, und zwar senkrecht zur Einstrahlungs- und Beobachtungsrichtung. Dieses experimentelle Ergebnis wird verständlich, wenn das eingestrahlte Licht in einen senkrecht und einen parallel zur Beobachtungsrichtung polarisierten Anteil zerlegt wird.

Die zu Gl. (3.83) führende Überlagerung der Intensitäten der von den einzelnen Molekülen gestreuten Wellen ist deshalb richtig, weil die Streuwellen in der Beobachtungsrichtung statistische Phasen besitzen. Lediglich in Vorwärtsrichtung haben die Streuwellen gegeneinander und gegenüber der einfallenden Welle eine feste Phasenbeziehung. In Vorwärtsrichtung sind daher die Feldstärken der Streuwellen der einfallenden Welle phasenrichtig zu überlagern. Dadurch ergibt sich eine Phasen- und Amplitudenänderung der durchtretenden Welle gegenüber der einfallenden Welle, die durch Brechzahl und Absorptionskoeffizient beschrieben wird.

Durch die Streuung des Lichtes wird zusätzlich zur Absorption durch die Moleküle eine Schwächung des eingestrahlten Lichtes erzeugt. Daher kommt es, daß auch vollkommen farblose, durchsichtige Gase (z. B. Luft) in großen Schichtdicken Licht erheblich schwächen. Man kann die Schwächung der auffallenden Intensität J_0 einer bestimmten Wellenlänge λ *nach Durchlaufen der Schichtdicke* x durch die allgemeine Lambertsche Gleichung darstellen.

$$J_x = J_0 \, e^{-hx} ,$$

wo J_x die übriggebliebene Intensität ist. In seiner ausführlichen Theorie hat Lord Rayleigh folgenden Wert für die *Schwächungskonstante* h angegeben:

$$h = \frac{8\pi^3}{3N\lambda^4}(n^2 - 1)\,.$$

Zur Ableitung dieser Gleichung muß man durch Integration von Gl. (3.83) über alle Streurichtungen die gesamte Streuleistung bestimmen. Daraus kann man dann h als längenbezogene relative Intensitätsabnahme berechnen.

Die eintretende Schwächung ist wellenlängenabhängig; es tritt also eine Färbung weißen Lichtes nach Durchlaufen einer großen Gasstrecke ein: je weiter das weiße Licht in die Schicht eindringt, desto mehr nimmt es einen rötlichen Farbton an. Dies ist die Erklärung der Morgen- und Abendröte.

Nach der Theorie der Dispersion (s. Kap. 2) ist $(n^2 - 1)^2$ proportional dem Quadrat der Teilchenzahl N. Dann ist h proportional N, und dies ist die quantitative Grundlage dafür, daß man aus der Rayleigh-Streuung die Avogadro-Konstante bestimmen kann, was schon in Bd. 1 erwähnt wurde. Ausführliche Darstellung von Lichtstreuerscheinungen und ihre weiteren Anwendungen geben Fabelinskii und Kerker [7, 8].

3.14 Holographie

Einführung. Holographie[3] ist ein zweistufiges Verfahren zur Aufzeichnung und Rekonstruktion von Bildern beliebiger Gegenstände. In der ersten Stufe wird das von einem Gegenstand ausgestrahlte Lichtwellenfeld in einer Ebene als Hologramm in einem photoempfindlichen Material gespeichert. Die Speicherung ist vollständig, d. h. daß im Gegensatz zur konventionellen Photographie neben der Amplitude des Lichtwellenfeldes nach einem im folgenden zu beschreibenden Verfahren auch die Phase gespeichert wird. Das Hologramm besitzt im Gegensatz zu einer Photographie im allgemeinen keine Ähnlichkeit mit dem Gegenstand. Mit Hilfe des Hologramms kann aber in der zweiten Stufe des Verfahrens das ursprüngliche, vom untersuchten Gegenstand abgestrahlte Lichtwellenfeld wieder rekonstruiert werden. Da in dem Lichtwellenfeld alle optische Information über den Gegenstand enthalten ist, wird auf diese Art und Weise ein originalgetreues Bild des Gegenstandes erzeugt, das wie der Gegenstand selbst einen räumlichen Eindruck macht.

Möglich wird die Holographie dadurch, daß nach dem Huygensschen Prinzip aus der gegebenen Verteilung der Feldstärke eines Wellenfeldes *in einer Ebene* das Lichtwellenfeld *im ganzen Raum* bestimmt werden kann. Zur Aufzeichnung eines räumlich verteilten Wellenfeldes genügt es also, das Lichtwellenfeld in einer einzigen Fläche zu speichern. Wird nachher das Lichtwellenfeld in dieser Fläche, das als Wellenfront bezeichnet wird, wieder rekonstruiert, so breiten sich von dieser Wellenfront die Huygensschen Elementarwellen so aus, daß sich im gesamten Raum das vorher vorhandene Lichtwellenfeld ergibt. Die Holographie wird deshalb auch als Wellenfrontrekonstruktion bezeichnet.

Die Begriffe „Hologramm“ und „Wellenfrontrekonstruktion“ sind im Jahre 1948 von Gabor [9] eingeführt worden, der als erster Hologramme und Rekonstruktionen

[3] Das Wort Holographie hat griechischen Ursprung, holos: vollständig und graphein: schreiben.

davon angefertigt hat. Eine bequem zugängliche Darstellung der Gaborschen Arbeiten findet sich bei Born und Wolf [5]. Die Entwicklung der Holographie läßt sich jedoch noch über Gabor hinaus zurückverfolgen [10].

Das allgemeine Verfahren der Holographie. Wird eine Photoplatte in ein Lichtwellenfeld gestellt, so wird die Platte entsprechend der Lichtintensität (Beleuchtungsstärke, Strahlungsflußdichte) oder dem Quadrat der Lichtfeldstärke geschwärzt. Da die Phase des Lichtes keinen Einfluß auf die Schwärzung hat, geht sie bei der Photographie verloren. Bei der Holographie dagegen wird die Phase dadurch registriert, daß der zu registrierenden Objektwelle eine zweite Lichtwelle, die sogenannte Referenzwelle, überlagert wird (Abb. 3.101). Auf der Photoplatte, dem späteren Hologramm, entsteht dann ein Interferenzstreifensystem. Der Abstand der Interferenzstreifen ist proportional der Phasendifferenz der beiden Wellen, d.h. bei bekannter Phasenverteilung der Referenzwelle in der Hologrammebene kann aus dem Abstand der Interferenzstreifen die Phasenverteilung der Objektwelle rekonstruiert werden. Gleichzeitig wird in dem Hologramm die Intensität beider Wellen als Schwärzungsverteilung gespeichert, woraus wieder bei bekannter Intensitätsverteilung der Referenzwelle die Schwärzungsverteilung der Objektwelle rekonstruiert werden kann.

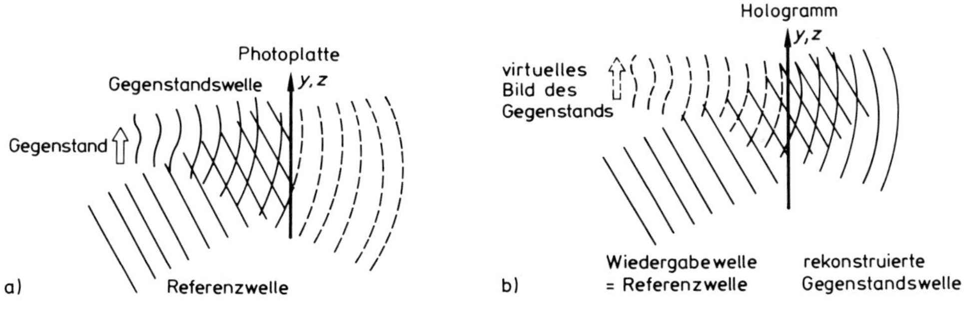

Abb. 3.101 a) Schematische Darstellung der Aufnahme und b) Rekonstruktion eines Hologramms. Die konjugierte Welle bei der Rekonstruktion wurde fortgelassen.

Bei der mathematischen Formulierung des holographischen Prozesses stellt man ein Lichtwellenfeld in der allgemeinen Form

$$\begin{aligned} E &= A(x, y, z)\cos 2\pi(\nu t + \Phi(x, y, z)) \\ &= \tfrac{1}{2} A(x, y, z)\, e^{i2\pi(\nu t + \Phi(x,y,z))} + \text{c.c.} \end{aligned} \tag{3.83}$$

dar. Dabei bedeutet „c.c." den konjugiert komplexen Wert der jeweils vorangegangenen Ausdrücke. $A(x, y, z)$ wird als Amplitude und $\Phi(x, y, z)$ als Phase des Wellenfeldes bezeichnet. Ist z.B. die Amplitude konstant und die Phase eine lineare Funktion von x, y, z, so stellt Gl. (3.83) eine ebene Welle dar. Wird die Amplitude der ebenen Welle als ortsabhängig angenommen und für die Phase ebenfalls eine allgemeine Ortsabhängigkeit angesetzt, so ergibt sich die in Gl. (3.83) angegebene, allgemeine Form eines Wellenfeldes.

Analog zu Gl. (3.83) läßt sich die Verteilung der elektrischen Feldstärke der Gegenstandswelle in der Hologrammebene ansetzen als:

$$E_G = \tfrac{1}{2} A_G(y, z)\, e^{i2\pi(\nu t + \Phi_G(y,z))} + \text{c.c.} \tag{3.84}$$

Für die Referenzwelle gilt entsprechend:

$$E_R = \tfrac{1}{2} A_R(y, z)\, e^{i2\pi(\nu t + \Phi_R(y,z))} + \text{c.c.} \tag{3.85}$$

Dabei sind y, z die Koordinaten eines Punktes in der Hologrammebene. Die Lichtintensität in der Hologrammebene ist gegeben durch:

$$\begin{aligned} J(y, z) &\sim \overline{(E_G + E_R)^2} \\ &\sim A_G^2 + A_R^2 + A_G A_R\, e^{2\pi i(\Phi_G - \Phi_R)} + A_G A_R\, e^{-2\pi i(\Phi_G - \Phi_R)} \\ &\sim A_G^2 + A_R^2 + 2 A_G A_R \cos 2\pi(\Phi_G - \Phi_R)\,. \end{aligned} \tag{3.86}$$

Die Größen A_G^2 und A_R^2 sind die Intensitäten der Objekt- und Referenzwelle allein, der Summand $A_G A_R \cos 2\pi(\Phi_G - \Phi_R)$ kommt durch Interferenz der beiden Wellen zustande und beschreibt ein Interferenzstreifensystem (Abschn. 3.1).

Die Intensität $J(y, z)$ schwärzt die in der Hologrammebene befindliche Photoplatte und erzeugt eine Amplitudentransmission $t(y, z)$, die näherungsweise proportional zur eingestrahlten Intensität ist:

$$t(y, z) \sim J(y, z)\,.$$

Wird nun die belichtete und entwickelte Photoplatte, das Hologramm, wieder an seine ursprüngliche Stelle gestellt und mit einer Wiedergabewelle, die zunächst identisch mit der Referenzwelle sein soll, bestrahlt, so entsteht hinter dem Hologramm eine Lichtfeldstärke E, die proportional dem Produkt aus Amplitudentransmission und eingestrahlter Lichtfeldstärke ist:

$$\begin{aligned} E(y, z) &= t(y, z)\, E_R(y, z) \\ &\sim A_R(A_G^2 + A_R^2) \cos 2\pi(\nu t + \Phi_R) + A_G A_R^2 \cos 2\pi(\nu t + \Phi_G) \\ &\quad + A_G A_R^2 \cos 2\pi(\nu t - \Phi_G + 2\Phi_R)\,. \end{aligned} \tag{3.87}$$

Die Summanden in dieser Gleichung haben folgende Bedeutung:

$A_R(A_G^2 + A_R^2) \cos 2\pi(\nu t + \Phi_R)$	ist die Lichtfeldstärke der Referenzwelle multipliziert mit einem Transmissionsfaktor, der zu einer mittleren Schwächung der Referenzwelle führt.
$A_G A_R^2 \cos 2\pi(\nu t + \Phi_G)$	ist die Lichtfeldstärke der ursprünglichen Gegenstandswelle, geschwächt um einen Faktor, der proportional zu A_R^2 ist.
$A_G A_R^2 \cos 2\pi(\nu t - \Phi_G + 2\Phi_R)$	ist die Lichtfeldstärke der sogenannten konjugierten Welle, die unter noch zu erläuternden Bedingungen ein sogenanntes Zwillingsbild („twin image") liefert.

Wesentlich ist der Anteil von E, der die Lichtfeldstärke der ursprünglichen Gegenstandswelle in der Hologrammebene wiedergibt. Da nach dem Huygensschen Prinzip durch die Lichtfeldstärke in einer Ebene die Feldstärke im ganzen Raum gegeben ist, erzeugt dieser Anteil die ursprüngliche Lichtwelle im ganzen Halbraum hinter dem Hologramm. Damit kann auch das ursprüngliche Objekt an seiner ursprünglichen Stelle wieder beobachtet werden, wenn durch das Hologramm gesehen wird; denn hinter dem Hologramm ist die rekonstruierte Welle mit der Objektwelle bis auf den Faktor A_R^2 identisch.

Neben der rekonstruierten Objektwelle treten nach Gl. (3.87) hinter dem Hologramm jedoch noch zwei weitere Wellen auf, die sich mit der rekonstruierten Objektwelle überlagern und die Beobachtung des Objektes erschweren können. Durch eine geeignete Wahl der Referenzwelle ist es jedoch möglich, die beiden zusätzlich auftretenden Wellen räumlich von der rekonstruierten Objektwelle zu trennen und damit das Objekt ungestört zu beobachten. Dazu ist es notwendig, daß die mittleren Ausbreitungsrichtungen von Gegenstands- und Referenzwelle verschieden sind. Wie in den folgenden Abschnitten beschrieben wird, werden meist kugelförmige oder ebene Referenzwellen benutzt.

Zusammengefaßt läßt sich sagen, daß das Hologramm durch *Interferenz* der Gegenstandswelle mit der Referenzwelle entsteht. Aus dem Hologramm wird dann durch *Beugung* der Wiedergabewelle (Huygenssches Prinzip) die ursprüngliche Gegenstandswelle rekonstruiert.

Transmissionshologramme mit ebenen Referenzwellen. Eine Anordnung zur Aufnahme von Hologrammen mit ebener Referenzwelle, wie sie erstmalig von Leith und Upatnieks [11] verwendet wurde, ist in Abb. 3.102 dargestellt. Die Anordnung eignet sich besonders für durchsichtige Gegenstände. Bei undurchsichtigen Gegenständen werden nur die Umrisse aufgenommen. Es soll zunächst der einfachste Fall beschrieben werden, bei dem der Gegenstand eine konstante Transparenz über die gesamte Fläche besitzt. Die Gegenstandswelle ist dann wie die Beleuchtungswelle eine ebene Welle.

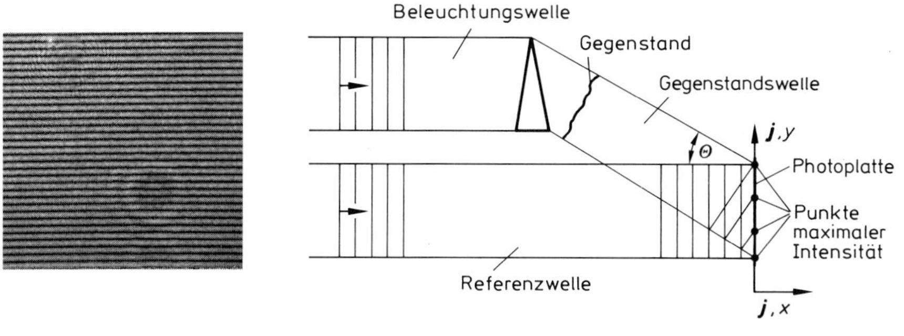

Abb. 3.102 Strahlengang zur Aufnahme von Hologrammen durchsichtiger Objekte mit ebener Referenzwelle. Bei einer ebenen Gegenstandswelle ist das Hologram ein System paralleler Interferenzstreifen.

Die Wellenvektoren der beiden auf die Photoplatte treffenden Wellen seien $\boldsymbol{k}_R = \frac{2\pi}{\lambda}\boldsymbol{i}$ und $\boldsymbol{k}_G = \frac{2\pi}{\lambda}(\boldsymbol{i}\cos\Theta - \boldsymbol{j}\sin\Theta)$. Dann ist die elektrische Feldstärke der beiden als gleich polarisiert angenommenen Wellen gegeben durch:

$$E_G = A_G \cos(2\pi\nu t - \boldsymbol{k}_G \cdot \boldsymbol{r}) = A_G \cos 2\pi\left(\nu t - \frac{x}{\lambda}\cos\Theta + \frac{y}{\lambda}\sin\Theta\right),$$

$$E_R = A_R \cos(2\pi\nu t - \boldsymbol{k}_R \cdot \boldsymbol{r}) = A_R \cos 2\pi\left(\nu t - \frac{x}{\lambda}\right). \tag{3.88}$$

In der Ebene der Photoplatte ergibt sich mit $x = 0$:

$$E_G(0, y, z) = A_G \cos 2\pi\left(\nu t + \frac{y}{\lambda}\sin\Theta\right),$$

$$E_R(0, y, z) = A_R \cos 2\pi\nu t. \tag{3.89}$$

Die Phase der Referenzwelle ist nach Gl. (3.89) konstant über den gesamten Querschnitt. Die Phase der Objektwelle wächst linear über den Querschnitt an. Die Lichtintensität auf der Photoplatte ist gegeben durch:

$$J(y, z) \sim \overline{(E_G(0, y, z) + E_R(0, y, z))^2}$$

$$\sim A_R^2 + A_G^2 + 2A_G A_R \cos\left(\frac{2\pi y}{\lambda}\sin\Theta\right). \tag{3.90}$$

Diese Intensität ist nicht konstant wie die Intensität der beiden einfallenden Lichtwellen, sondern örtlich in Form eines Interferenzstreifensystems moduliert mit einer Periode

$$\Lambda = \frac{\lambda}{\sin\Theta}. \tag{3.91}$$

Der Abstand Λ der Interferenzstreifen hängt von der Phasendifferenz der beiden Wellen ab. Bei bekannter Phase der Referenzwelle, die durch ihren Einfallswinkel gegeben und im vorliegenden Beispiel konstant ist, kann also auf die Phase der Objektwelle geschlossen werden. Die durch Gl. (3.90) gegebene Intensität erzeugt nach photographischer Entwicklung eine Schwärzung der Photoplatte und erzeugt damit eine Transmission $t(x)$, die aus hellen und dunklen Streifen besteht. Wird daher das fertige Hologramm wieder mit dem Referenzstrahl beleuchtet, so wirkt es wie ein Beugungsgitter, so daß hinter dem Hologramm neben der durchtretenden Welle zwei gebeugte Wellen ± 1. Ordnung auftreten (vgl. Abb. 3.103). Der Beugungswinkel Θ_B ist gegeben durch:

$$\sin\Theta_B = \frac{\lambda}{\Lambda}. \tag{3.92}$$

Einsetzen von Gl. (3.91) ergibt

$$\Theta_B = \pm\Theta. \tag{3.93}$$

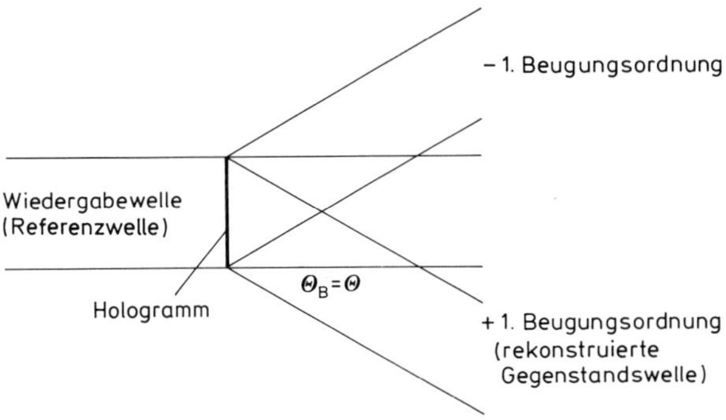

Abb. 3.103 Rekonstruktion eines Hologramms, das in der Anordnung nach Abb. 3.102 aufgenommen wurde.

Die gebeugten Wellen schließen also mit der Referenzwelle denselben Winkel ein, wie die Referenzwelle mit der Objektwelle bei der Aufnahme. Insbesondere entspricht die +1. Beugungsordnung vollständig der ursprünglichen Objektwelle und kann als Rekonstruktion dieser Welle aufgefaßt werden. Bei der Rekonstruktion des Hologramms können auch noch höhere Beugungsordnungen auftreten als die +1. Ordnung. Die höheren Ordnungen sind in der Intensität jedoch schwächer als die erste Ordnung und können daher meist vernachlässigt werden.

Als nächster Fall soll die Anwendung des holographischen Verfahrens auf ein Objekt untersucht werden, das nur aus einem einzigen leuchtenden Punkt besteht. In Abb. 3.102 kann solch ein Objekt durch Einbringen einer feinen Lochblende in den Beleuchtungsstrahlengang erzeugt werden.

Wie in Abb. 3.104 dargestellt, ist die Objektwelle in diesem Falle eine Kugelwelle. Durch Interferenz dieser Kugelwelle mit der Referenzwelle, deren Phasenflächen zunächst als unendlich ausgedehnt angesehen werden sollen, entstehen konzentrische Ringe maximaler Intensität. Da Referenzwelle und Photoplatte nur begrenzte Aus-

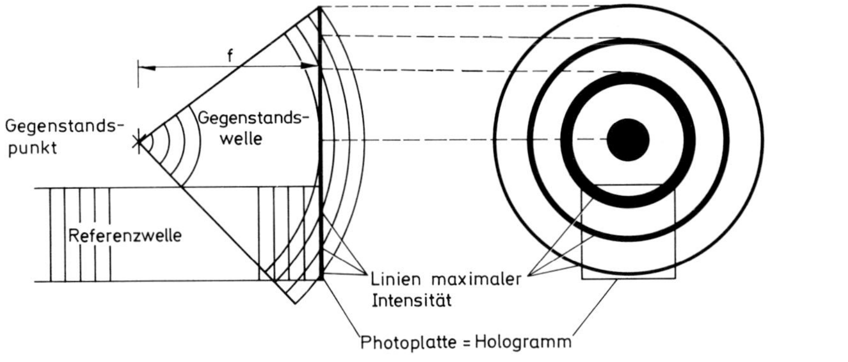

Abb. 3.104 Das Hologramm eines Gegenstandspunktes bei ebener Referenzwelle entspricht einer Fresnelschen Zonenplatte.

dehnung besitzen, wird von diesem Ringsystem nur der angedeutete Ausschnitt als Hologramm aufgenommen. Wie im folgenden (vgl. auch Bd. 1) erläutert, entspricht das durch Überlagerung einer ebenen Welle mit einer Kugelwelle entstandene Interferenzstreifensystem einer Fresnelschen Zonenplatte. Das Hologramm eines Objektpunktes stellt also einen Ausschnitt aus einer Zonenplatte dar.

Bei der Rekonstruktion wird die Wiedergabewelle, die hier wiederum als identisch mit der Referenzwelle angesehen wird, an dem Hologramm gebeugt. Dieses wirkt dabei wie eine Zerstreuungs- und gleichzeitig Sammellinse[4] der Brennweite $\pm f$, wobei f den Abstand des Objektpunktes zur Ebene der Photoplatte bedeutet. Hinter dem Hologramm entstehen also neben der durchtretenden, ebenen Welle eine konvergente und eine divergente Kugelwelle, die zum vorderen Brennpunkt hinläuft bzw. aus dem hinteren Brennpunkt zu kommen scheint. Da der hintere Brennpunkt dieselbe Lage hat wie der ursprüngliche Objektpunkt, ist die divergente Kugelwelle eine Rekonstruktion der Objektwelle. Blickt ein Beobachter entgegengesetzt zur Ausbreitungsrichtung dieser Welle durch das Hologramm hindurch, so kann er ein virtuelles Bild des Objektpunktes beobachten.

Neben dem virtuellen Bild des Objektpunktes wird durch die konvergente Welle auch ein reelles Bild erzeugt. Da die hinter dem Hologramm auftretenden gebeugten Wellen in genügend großem Abstand räumlich getrennt sind, können der reelle und virtuelle Bildpunkt jeweils ungestört durch die anderen Wellen beobachtet werden.

Nachdem die Aufnahme und Rekonstruktion von Hologrammen an zwei einfachen Beispielen besprochen wurde, soll das Verfahren der Holographie für ein beliebiges Objekt in der Anordnung nach Abb. 3.102 erläutert werden.

Ein beliebiges Objekt kann als aus einzelnen, leuchtenden Punkten bestehend angesehen werden. Nach dem Huygensschen Prinzip ist jeder Objektpunkt Ausgangspunkt einer Kugelwelle, die Objektwelle also eine Überlagerung von Kugelwellen. Jede dieser elementaren Kugelwellen erzeugt mit der Referenzwelle als Interferenzbild auf der Photoplatte eine Fresnelsche Zonenplatte oder einen Ausschnitt davon. Insgesamt kann das Hologramm also als Überlagerung Fresnelscher Zonenplatten dargestellt werden[5]. Die Schwärzung der einzelnen Zonenplatten ist proportional der Intensität eines Bildpunktes. Wird eine solche Fresnelsche Zonenplatte wieder mit der Referenzwelle beleuchtet, so entsteht hinter dem Hologramm als Beugungsbild ein reeller Bildpunkt und symmetrisch dazu scheinbar vor dem Hologramm als Beugungsbild ein virtueller Bildpunkt. Die Helligkeit der Bildpunkte ist durch

[4] In Bd. 1, Abschn. 78 ist die Sammellinsenwirkung einer Fresnelschen Zonenplatte erläutert worden. Der Brennpunkt B kann dabei als +1. Beugungsordnung der Zonenplatte angesehen werden. Entsprechend ergibt sich eine Zerstreuungslinsenwirkung als Folge der −1. Beugungsordnung.

[5] Genau genommen muß nicht nur die Interferenz der Elementarwellen mit der Referenzwelle betrachtet werden, sondern es muß zusätzlich die Interferenz der Elementarwellen untereinander berücksichtigt werden. Da jedoch die Differenz zwischen den mittleren Einfallswinkeln zweier Elementarwellen auf der Photoplatte klein ist gegenüber der Differenz zwischen dem mittleren Einfallswinkel einer Elementarwelle und der Referenzwelle, werden durch die Interferenz der Elementarwellen untereinander Interferenzstreifen erzeugt, die einen Abstand haben, der groß ist gegenüber dem Abstand der Interferenzstreifen einer Elementarwelle mit der Referenzwelle. Bei der Rekonstruktion führt die Beugung an jenen Interferenzstreifen daher nur zu kleinen Beugungswinkeln, die sich in einer Strahlaufweitung der durchtretenden Welle bemerkbar machen, wodurch die rekonstruierten Bilder nicht gestört werden.

die Schwärzung der Zonenplatte gegeben und ist daher proportional zur Intensität des Bildpunktes. Da das Hologramm zu jedem Objektpunkt eine Zonenplatte enthält, werden auf die gleiche Weise die anderen Objektpunkte rekonstruiert, so daß sich insgesamt ein relles und ein virtuelles Bild des Objektes ergeben.

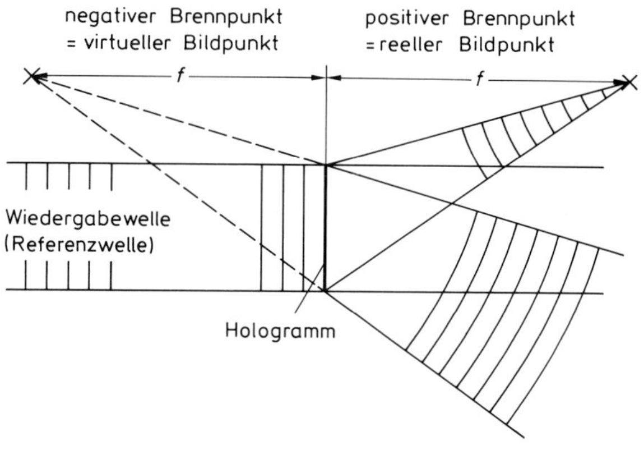

Abb. 3.105 Rekonstruktion eines Gegenstandspunktes aus einem Hologramm.

Transmissionshologramme eines Bildpunktes bei kugelförmiger Referenzwelle. Neben der im vorigen Abschnitt beschriebenen Technik der Holographie mit ebener Referenzwelle können Hologramme genauso gut mit kugelförmiger Referenzwelle aufgenommen werden. Dies stellt den allgemeineren Fall dar, denn eine ebene Welle kann als Kugelwelle aufgefaßt werden, deren Ursprung in unendlich großer Entfernung von dem Beobachtungspunkt liegt. Die Aufnahme und Rekonstruktion des Hologramms soll für diesen Fall wieder für einen Bildpunkt diskutiert werden. Das gesamte Hologramm kann dann, wie im vorigen Abschnitt erläutert, aus den Hologrammen einzelner Bildpunkte zusammengesetzt werden.

Die elektrischen Feldstärken der kugelförmigen Referenzwelle und der vom betrachteten Bildpunkt abgestrahlten Objektwelle sind gegeben durch

$$E_G = A_G \cos 2\pi \left(\nu t - \frac{r_G}{\lambda} - \delta_G \right), \tag{3.94}$$

$$E_R = A_R \cos 2\pi \left(\nu t - \frac{r_R}{\lambda} - \delta_R \right), \tag{3.95}$$

Dabei sind A_G und A_R die ortsabhängigen Amplituden der beiden Wellen, die allerdings in den betrachteten großen Abständen von den Zentren näherungsweise als konstant angesehen werden können. Die Abstände eines Hologrammpunktes P von den Zentren der Kugelwellen sind, wie in Abb. 3.106 dargestellt, mit r_G und r_R bezeichnet; δ_G und δ_R geben die Phasen der Wellen im Zentrum an. Die gesamte von der Photoplatte registrierte Intensität ist:

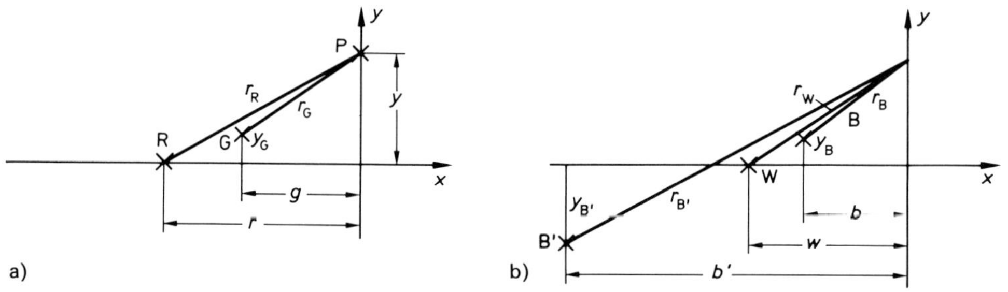

Abb. 3.106 a) Geometrische Bezeichnungen bei der Aufnahme und b) Rekonstruktion eines Gegenstandspunktes G.

$$J \sim \overline{(E_G + E_R)^2} \sim A_G^2 + A_R^2 + 2A_R A_G \cos 2\pi \left(\frac{r_G - r_R}{\lambda} - \delta_G + \delta_R\right). \quad (3.96)$$

Die Abstandsdifferenz $(r_G - r_R)$ nimmt für verschiedene Punkte auf der Photoplatte verschiedene Werte an. Die durch Gl. (3.96) gegebene Intensitätsverteilung ist daher örtlich moduliert. Orte maximaler Intensität ergeben sich, wenn die cos-Funktion 1 wird, d.h. ihr Argument ein ganzzahliges Vielfaches von 2π ist:

$$\frac{r_G - r_R}{\lambda} + (\delta_G - \delta_R) = m \qquad (m = 1, 2, 3 \ldots). \quad (3.97)$$

Zwischen den Orten maximaler Intensität liegen Orte minimaler Intensität. Die Orte maximaler Intensität zeichnen sich nach Gl. (3.97) dadurch aus, daß die Differenz der Abstände vom Beobachtungspunkt zu einer phasenrichtigen Überlagerung der beiden Wellen und damit zu einer Intensitätsverstärkung in diesem Punkte führt.

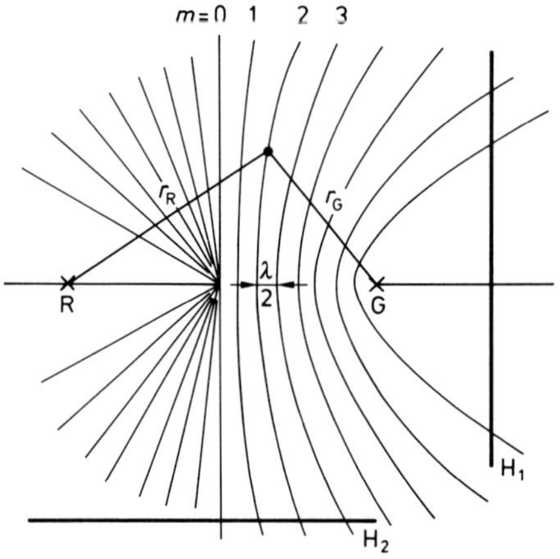

Abb. 3.107 Linien maximaler Intensität bei Aufnahme eines Hologramms eines Gegenstandspunktes G mit kugelförmiger Referenzwelle ($\delta_G - \delta_R = 0$; Wellenlänge λ stark vergrößert; im linken Teil des Bildes sind die Asymptoten der Hyperbelschar dargestellt).

Da die Hyperbel der geometrische Ort aller Punkte ist, deren Abstandsdifferenz von zwei Punkten, den Brennpunkten, konstant ist, legt Gl. (3.97) eine Schar von Rotationshyperboloiden fest, die sich durch verschiedene Werte von m unterscheiden. In einer Ebene, die durch die Zentren der beiden Kugelwellen geht, ergeben sich, wie in Abb. 3.107 dargestellt, Hyperbeln als Linien maximaler Intensität. In dieses Interferenzfeld kann die Photoplatte auf verschiedene Art und Weise gestellt werden. In der Position H_1 ergeben sich auf der Photoplatte kreisförmige Interferenzringe, in der Position H_2 Hyperbeln. Zwischen diesen beiden Extremfällen erhält man Ellipsen.

Die weitere Überlegung soll für den Fall durchgeführt werden, daß die Abstände aller betrachteten Punkte von der x-Achse klein sind. Dann gilt näherungsweise (Abb. 3.106):

$$r_G = \sqrt{(z-z_G)^2 + (y-y_G)^2 + g^2} \approx g + \frac{(z-z_G)^2 + (y-y_G)^2}{2g}, \tag{3.98}$$

$$r_R \approx r + \frac{z^2 + y^2}{2r}. \tag{3.99}$$

Der wesentliche Anteil in Gl. (3.98) und Gl. (3.99) ist jeweils der zweite Summand; denn er gibt die Krümmung der Wellenfront wieder, die sich in einer über das Hologramm nicht konstanten Phase der Wellen E_G und E_R äußert. Die von y und z unabhängigen Summanden r und g sind unwichtig und könnten in die Phasenkonstanten δ_G und δ_R einbezogen werden.

Aus den vorstehenden Gleichungen ergibt sich:

$$r_G - r_R + (\delta_G - \delta_R)\lambda = \frac{1}{2f}\left[(y-y_M)^2 + (z-z_M)^2\right] + \lambda\delta. \tag{3.100}$$

Dabei ist die Größe δ von y und z unabhängig und es gilt ferner:

$$\frac{1}{f} = \frac{1}{g} - \frac{1}{r}, \tag{3.101}$$

$$y_M = y_G\frac{r}{r-g}; \quad z_M = z_G\frac{r}{r-g}. \tag{3.102}$$

Wird Gl. (3.100) in Gl. (3.96) eingesetzt, so ergeben sich Kreise als Linien maximaler Intensität in der y,z-Ebene. Der Mittelpunkt der Kreise liegt im Punkt mit den Koordinaten y_M, z_M. Dies ist der Durchstoßpunkt der Geraden RG durch die Ebene $x = 0$, also die Hologrammebene. Entsprechend der Intensitätsverteilung wird die in der y,z-Ebene befindliche Photoplatte geschwärzt, so daß als Hologramm ein System konzentrischer Kreise entsteht. Wird die Phasenkonstante δ vernachlässigt, so ergibt sich für den Radius der Kreise:

$$\varrho_m^2 = 2\lambda f m \quad (m = 0, 1, 2, 3 \ldots). \tag{3.103}$$

In gleicher Weise verhalten sich bei einer Fresnelschen Zonenplatte (vgl. Bd. 1) die Radien der Kreise, die die dunklen Zonen nach außen begrenzen. Das Hologramm eines punktförmigen Gegenstandes ist also ebenfalls eine Art Fresnelscher Zonenplatte, mit dem Unterschied, daß die Durchlässigkeit in dem Hologramm cos-förmig moduliert ist, während die in Bd. 1 beschriebene Zonenplatte aus abwechselnd durchlässigen und undurchlässigen Bereichen besteht.

Bei der Rekonstruktion wird das Hologramm mit einer Kugelwelle E_W beleuchtet, die nicht identisch mit der Referenzwelle E_R zu sein braucht. Für die Wiedergabewelle E_W gilt in der üblichen Bezeichnungsweise:

$$E_W = \frac{A_W}{2} e^{i\left(2\pi\nu t - \frac{2\pi r_W}{\lambda} - \delta_W\right)} + \text{c.c.} \tag{3.104}$$

Es wird wieder angenommen, daß der Abstand w des Zentrums der Kugelwelle E_W vom Hologramm groß gegen die Ausdehnung y, z des Hologramms ist und daß das Zentrum von E_W auf der x-Achse liegt. Dann gilt näherungsweise:

$$r_W \approx w + \frac{y^2 + z^2}{2w}. \tag{3.105}$$

Die Lichtfeldstärke E unmittelbar hinter der Hologrammebene ergibt sich durch Multiplikation der Feldstärke E_W mit der Transmissionsfunktion des Hologramms, die proportional zur Intensität J nach Gl. (3.96) ist:

$$E \sim (A_G^2 + A_R^2)\, A_W \cos 2\pi \left(\nu t - \frac{r_W}{\lambda} - \delta_W\right) + E_B + E_{B'}. \tag{3.106}$$

Der erste Summand in der vorstehenden Gleichung repräsentiert die durch das Hologramm geschwächt durchtretende Wiedergabewelle. Die Summanden E_B und $E_{B'}$ haben folgende Gestalt:

$$E_B \sim A_R A_W A_G e^{i2\pi\left(\nu t + \frac{r_R - r_G - r_W}{\lambda} + \delta_R - \delta_G - \delta_W\right)} + \text{c. c.},$$

$$E_{B'} \sim A_R A_W A_G e^{i2\pi\left(\nu t + \frac{r_G - r_R - r_W}{\lambda} + \delta_G - \delta_R - \delta_W\right)} + \text{c. c.} \tag{3.107}$$

Die Ausdrücke E_B und $E_{B'}$ beschreiben Kugelwellen, denn ihre Phase ist als Summe bzw. Differenz von Gl. (3.105) und Gl. (3.100) eine quadratische Funktion von y, z und kann daher analog zu Gl. (3.98) näherungsweise als Phase einer Kugelwelle angesehen werden. Diese beiden Kugelwellen können als Rekonstruktionen der ursprünglichen Gegenstandswelle aufgefaßt werden und ihre Zentren B, B' als Bildpunkte des Gegenstandspunktes G. Als Kugelwelle müssen sich E_B, $E_{B'}$ in der folgenden Form schreiben lassen:

$$E_B = \frac{A_B}{2} e^{i2\pi\left(\nu t - \frac{r_B}{\lambda} - \delta_B\right)} + \text{c. c.},$$

$$E_{B'} = \frac{A_{B'}}{2} e^{i2\pi\left(\nu t - \frac{r_{B'}}{\lambda} - \delta_{B'}\right)} + \text{c. c.} \tag{3.108}$$

Dabei ist nach Abb. 3.106:

$$r_B \approx b + \frac{(y - y_B)^2 + (z - z_B)^2}{2b},$$

$$r_{B'} \approx b' + \frac{(y - y_{B'})^2 + (z - z_{B'})^2}{2b'}.$$

Die Koordinaten b, y_B, z_B und $b', y_{B'}, z_{B'}$ der Bildpunkte ergeben sich durch Vergleich von Gl. (3.107) und Gl. (3.108). Wichtig ist es dabei lediglich, die von y und z abhängigen Glieder zu vergleichen, da durch sie die Krümmung der Wellen und damit auch das Zentrum der Kugelwellen festgelegt sind. Glieder, die von y und z unabhängig sind, können in die Phasenkonstanten δ_B, $\delta_{B'}$ mit einbezogen werden:

$$\frac{1}{b} = \frac{1}{f} + \frac{1}{w}, \qquad \frac{1}{b'} = -\frac{1}{f} + \frac{1}{w}, \tag{3.109}$$

$$y_B = b\frac{y_M}{f} = \frac{b}{g}y_G, \qquad y_{B'} = -\frac{b}{g}y_G,$$

$$z_B = \frac{b}{g}z_G, \qquad z_{B'} = -\frac{b}{g}z_G. \tag{3.110}$$

Die Rekonstruktion liefert also aus dem Hologramm für jeden Gegenstandspunkt G zwei Bildpunkte B und B′, deren Koordinaten durch die Gl. (3.109) und Gl. (3.110) gegeben sind. Dabei ist zu beachten, daß gemäß Abb. 3.106 alle Punkte links von der Hologrammebene positive Abstände haben. Die Gl. (3.109) entsprechen daher der Abbildungsgleichung einer Linse mit der Brennweite $\pm f$. Bei der Rekonstruktion werden gemäß Gl. (3.110) die Abstände y_G, z_G des Gegenstandspunktes von der x-Achse im Verhältnis der Bildweite b zur Gegenstandsweite g vergrößert, was ebenfalls analog zur Abbildung durch eine Linse ist.

Alle Bildpunkte rechts vom Hologramm sind reell, da in ihnen Kugelwellen tatsächlich zusammenlaufen und die Bildpunkte direkt auf einem Schirm aufgefangen werden können. Dagegen sind die links vom Hologramm liegenden Bildpunkte virtuelle, da die zugehörigen Kugelwellen hier nur scheinbar konvergieren.

Zusammenfassend läßt sich die vorstehende Ableitung folgendermaßen formulieren: Durch Interferenz der Gegenstandswelle mit der Referenzwelle entsteht als Hologramm ein System konzentrischer Ringe, eine sog. *Fresnelsche Zonenplatte*. Diese wirkt auf einfallendes Licht wie eine Linse, und zwar wie eine Sammellinse und eine Zerstreuungslinse. Deren Brennweiten sind gleich und durch Gl. (3.101) gegeben. Die Fresnelsche Zonenplatte bildet die Wiedergabewelle in zwei Bildpunkte ab. Die Lage der Bildpunkte kann mit den Gl. (3.109) bestimmt werden, die den Abbildungsgleichungen einer Linse analog sind. Zwei Beispiele sollen das erläutern.

1. Ebene Referenzwelle: $r = \infty$.
   Gegenstandspunkt im Abstand g.
   Ebene Wiedergabewelle: $w = \infty$.
   Es ergibt sich nach Gl. (3.101): $f = g$.
   Damit ist nach Gl. (3.109): $b = g$, $b' = -g$,
   und nach Gl. (3.110): $y_B = y_G$; $y_{B'} = y_G$; $z_B = z_G$; $z_{B'} = z_G$.

   Man erhält also in diesem Fall einen Bildpunkt B an derselben Stelle, an der der Gegenstandspunkt liegt. D.h. ein ausgedehnter Gegenstand wird in seiner ursprünglichen Position rekonstruiert. Es ergibt sich allerdings ein virtuelles Bild. Der zweite Bildpunkt B′ ist reell und liegt genau spiegelbildlich zum Punkt B (vgl. Abb. 3.105). Dies ist ein gewisser Unterschied zur Abbildung mit einer Linse, denn bei einer Linsenabbildung im Maßstab 1:1 würde sich ein seitenverkehrtes

Bild ergeben. Ein weiterer Unterschied besteht darin, daß die Tiefendimensionen des Bildes gegenüber dem Gegenstand vertauscht sind. Da das Bild nämlich auch in der Tiefendimension (x-Koordinate) genau spiegelbildlich zum Gegenstand ist, sieht man, wenn man von der gleichen Richtung auf Bild und Gegenstand blickt, im Bild Vorder- und Hintergrund vertauscht. Diese allgemeine Eigenschaft reeller holographischer Bilder wird als *Pseudoskopie* bezeichnet. Im Gegensatz dazu ist die Abbildung durch eine Linse *orthoskopisch* (vgl. Abb. 3.108), d.h. der Vordergrund des Gegenstandsraumes liegt auch im Bildraum im Vordergrund.

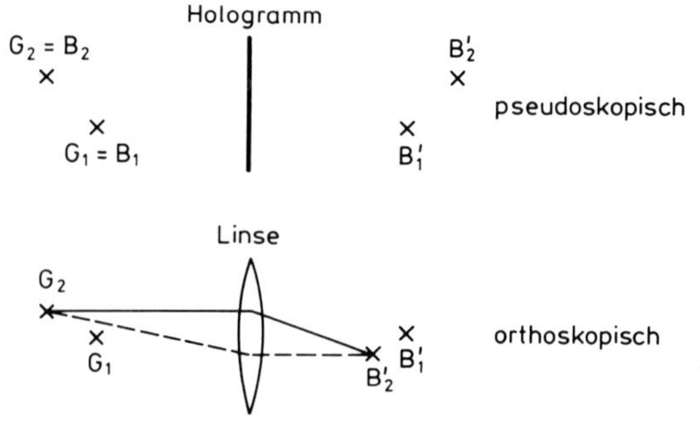

Abb. 3.108 Abbildung zweier Gegenstandspunkte G_1, G_2 durch ein Hologramm ($r = w = \infty$) und einer Linse.

2. Die Zentren der Referenz- und Wiedergabewelle sowie der Gegenstandspunkt haben den gleichen Abstand vom Hologramm: $r = g = w$.
   Es ergibt sich nach Gl. (3.101): $f = \infty$.
   Damit ist nach Gl. (3.109): $b = g$; $b' = g$,
   und nach Gl. (3.110): $y_B = y_G$; $y_{B'} = -y_G$.

   Man erhält also auch in diesem Fall einen Bildpunkt B an derselben Stelle, an der der Gegenstandspunkt liegt. Dies ist immer der Fall, wenn Referenz- und Wiedergabewelle identisch sind, und folgt aus der allgemeinen Rechnung am Beginn dieses Abschnitts. Der zweite Bildpunkt ist ebenfalls virtuell und geht durch Drehung um 180° um die x-Achse aus dem ersten Bildpunkt hervor. Die x-Achse geht dabei durch das Zentrum der Referenzwelle (vgl. Abb. 3.109).

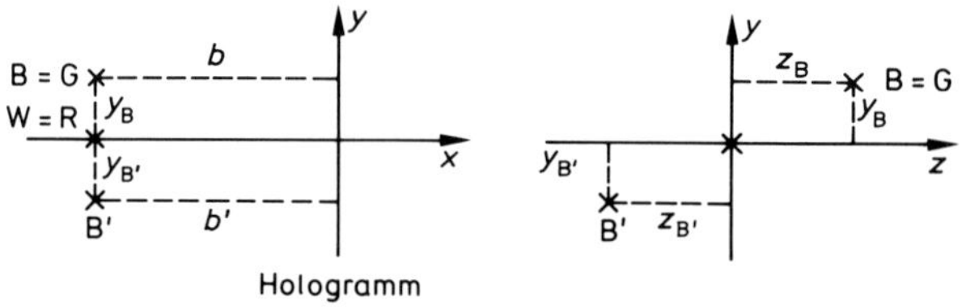

Abb. 3.109 Lage der Bildpunkte B und B′ eines Hologramms mit $w = b = r$.

Aufnahmetechnik für Transmissionshologramme. Eine bisher nicht erwähnte Voraussetzung bei der Aufnahme von Hologrammen ist die Kohärenz von Gegenstands- und Referenzwelle. Denn nur unter dieser Vorausetzung ergeben die beiden Wellen ein zeitlich konstantes Interferenzmuster, in dem neben der Amplitude auch die Phase der Gegenstandswelle gespeichert ist. Intensive kohärente Lichtquellen stehen aber erst seit der Erfindung des Lasers im Jahre 1960 zur Verfügung. Nachdem dieser im Jahre 1962 von Leith und Upatnieks [11] in die Holographie eingeführt wurde, hat eine intensive Beschäftigung mit diesem Verfahren eingesetzt und es sind eine Fülle von Anwendungen vorgeschlagen worden.

Zunächst soll die *Erzeugung dreidimensionaler Bilder* besprochen werden. Die Abb. 3.110 zeigt eine Anordnung zur Aufnahme eines Hologramms eines beliebigen Gegenstandes. Der Strahl eines Lasers, der normalerweise nur einen Durchmesser von etwa 2 mm hat, wird durch eine geeignete Linse zur Beleuchtung des Gegenstandes aufgeweitet. Ein Teil des aufgeweiteten Laserstrahls wird mit Hilfe des Spiegels umgelenkt und als Referenzwelle verwendet. Die Kohärenz von Gegenstands- und Referenzwelle ist damit gesichert. Die belichtete und entwickelte Photoplatte stellt das Hologramm dar. Die Intensitäten von Gegenstands- und Referenzwelle sind etwa gleich einzustellen, damit die das Hologramm darstellenden Interferenzstreifen möglichst guten Kontrast besitzen (vgl. Kap. 3.1). Da sich die Intensitätsgleichheit im allgemeinen schwer erfüllen läßt, arbeitet man mit Intensitätsverhältnissen von Referenz- und Objektwelle von etwa 3 bis 10. Bei der Rekonstruktion wird das Hologramm nur mit der Referenzwelle beleuchtet. Hinter dem Hologramm treten wie besprochen zwei gebeugte Wellen auf, von denen eine mit der ursprünglichen Gegenstandswelle identisch ist. Ein Beobachter, der in die rekonstruierte Gegenstandswelle hineinblickt, kann im Idealfall nicht unterscheiden, ob nun die echte Gegenstandswelle oder eine rekonstruierte Welle vorliegt. Er sieht daher ein naturgetreues, d. h. auch dreidimensionales Bild des Gegenstandes, das allerdings virtuell ist. Die andere gebeugte Welle liefert nach vorangegangenen Überlegungen ebenfalls

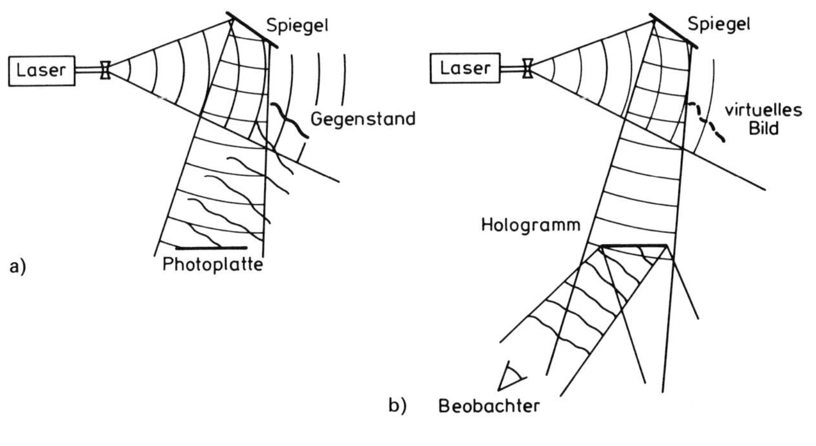

Abb. 3.110 a) Einfache experimentelle Anordnung zur Aufnahme und b) Rekonstruktion von Hologrammen beliebiger Objekte.

ein Bild des Gegenstandes, das reell oder ebenfalls virtuell sein kann. Befindet sich das Auge des Beobachters im Überkreuzungsgebiet der Wellen, so werden beide Bilder gleichzeitig gesehen, wenn sie virtuell sind. Trifft auf das Auge des Beobachters nur die rekonstruierte Welle, wie in Abb. 3.110 dargestellt, so wird auch nur das eine virtuelle Bild beobachtet.

Mit Hilfe dieses Verfahrens können auch farbige Objekte aufgenommen und rekonstruiert werden. Dazu muß die Aufnahme des Hologramms mit drei verschiedenfarbigen Lasern oder mit einem Laser, der drei verschiedene Farben ausstrahlt, so daß die Summe Weiß ergibt, durchgeführt werden. Für jede Farbe wird dann in der Photoplatte ein Hologramm unabhängig von den anderen Farben gespeichert. Diese Unabhängigkeit beruht darauf, daß nur Lichtwellen gleicher Farbe, d.h. gleicher Frequenz oder Wellenlänge, interferieren können. Die Photoschicht braucht dabei nicht farbempfindlich zu sein, sondern es kann eine Schwarz-Weiß-Schicht verwendet werden. Die Rekonstruktion ebenfalls mit mehrfarbigem Licht liefert dann für jede Farbe ein rekonstruiertes Bild, das sich mit den anderen Bildern so überlagert, daß sich insgesamt ein farbiger Eindruck ergibt. Gewisse Störungen können allerdings dadurch auftreten, daß bei der Rekonstruktion z.B. das rote Licht nicht nur an dem vom roten Licht erzeugten Hologrammanteil, sondern auch an den von den anderen Farben erzeugten Hologrammanteilen gebeugt wird.

Mit gepulsten Lasern ist es auch möglich, Hologramme bewegter Gegenstände aufzunehmen.

Holographische Materialien. Für Transmissionshologramme können normale photographische Schichten verwendet werden, die in Gelatine eingebettet sehr kleine lichtempfindliche Silber-Halogenid-Kristalle enthalten und daher ein genügend hohes Auflösungsvermögen besitzen. Die Silbersalz-Kristalle werden, sofern sie belichtet worden sind, in einem Entwickler zu *schwarzem metallischen Silber* reduziert; anschließend wird das unbelichtete Silbersalz aus der Photoschicht in einem Fixierbad herausgelöst. Auf diese Weise wird also das Hologramm als Schwärzungsverteilung aufgezeichnet. Der Beugungswirkungsgrad von Schwärzungsgittern beträgt allerdings nur wenige Prozent, so daß die rekonstruierten Hologramm-Bilder recht dunkel sind. Durch „Bleichen" der Hologramme, d.h. durch chemische Umwandlung des metallischen Silbers in ein *transparentes Silbersalz* mit hoher Brechzahl, lassen sich deutlich hellere Hologramm-Bilder rekonstruieren. Aus den Schwärzungsgittern bilden sich Phasengitter, die einen höheren Beugungswirkungsgrad besitzen.

In der Holographie werden gelegentlich auch *Photoresist-Schichten* verwendet, die in der Produktion von integrierten Halbleiter-Schaltungen Anwendung finden. In geeigneten organischen Schicht-Materialien bilden sich in den mit UV-Licht belichteten Bereichen Vernetzungen und chemische Veränderungen, die die Wasserlöslichkeit wesentlich ändern. In anschließenden Bädern werden z.B. nur die unbelichteten Bereiche der Photoresist-Schicht abgelöst, so daß ein der Belichtung entsprechendes *Obeflächenprofil* zurückbleibt. Dieses bildet nach einer Hologramm-Aufnahme ein moduliertes Phasengitter, das einen hohen Beugungswirkungsgrad besitzt und ein helles räumliches Hologrammbild liefert.

Von einem Photoresist-Hologramm läßt sich durch Galvanisieren ein metallischer *Präge-Druckstock* herstellen, mit dem in eine erwärmte Plastikfolie das Hologramm-

Profil übertragen und *vervielfältigt* werden kann. Wird auf diese Folien eine dünne Aluminium-Spiegelschicht aufgedampft, so entstehen besonders wirkungsvolle *Reflexions-Hologramme,* die bei Beleuchtung mit weißem Licht leuchtend bunte dreidimensionale Hologrammbilder liefern. Die Spektralfarbe im rekonstruierten Bild ändert sich wieder stark mit dem Beobachtungs- und Beleuchtungswinkel. Da sich von einem Hologramm-Druckstock sehr viele geprägte Hologramme herstellen lassen, sind diese relativ billig.

Volumen-Reflexionshologramme nach Y.N. Denisynk (1962). Mit Hilfe des Lippmann-Effektes ist es möglich, sogenannte *Weißlichthologramme* herzustellen. Referenz- und Objektwelle fallen von verschiedenen Seiten auf die photographische Schicht (verwendet werden 5–10 μm dicke Dichromat-Gelatineschichten mit einer Auflösung bis zu 3000 Linien/mm und 90% Beugungswirkungsgrad) und bilden eine stehende Lichtwelle (vgl. Abschn. 3.6). Das Hologramm besteht dann aus Schichten mit konstantem Absorptionskoeffizienten oder konstanter Brechzahl, die etwa parallel zur Oberfläche der photographischen Schicht liegen und einen Abstand $\lambda/2$ besitzen. An diesen Schichten wird die Wiedergabewelle reflektiert und dadurch die Objektwelle rekonstruiert. Die Wiedergabewelle kann in diesem Fall auch von einer Glühlampe erzeugt werden, besonders geeignet sind Halogenlampen. Bei Betrachtung des Hologramms in weißem Licht wird vorwiegend die Wellenlänge der gespeicherten stehenden Welle reflektiert. Dies liegt daran, daß die Wiedergabewelle an den Schichten z.B. mit konstanter Brechzahl mehrfach reflektiert wird. Durch Interferenz verstärken sich die Teilwellen, die einen Gangunterschied von λ besitzen, das sind gerade die Wellen, die die gleiche Wellenlänge besitzen wie die bei der Aufnahme verwendete Welle. Bei Aufnahme mit He-Ne-Lasern würde man also ein rekonstruiertes, rotes Bild erwarten. Infolge leichter Schrumpfung der photographischen Schicht beim Entwickeln wird die rekonstruierte Welle zu kurzen Wellenlängen hin verschoben. Das beobachtete, virtuelle Bild wird deswegen meist grün. Es gibt aber inzwischen Entwicklungsprozesse (z.B. Agfa-Gevaert), die eine solche Schrumpfung verhindern, so daß ein Weißlichthologramm die gleiche Farbe ergibt wie das zur Aufnahme verwendete Laserlicht.

Bildebenenhologramme. Von einem Objekt wird zunächst ein Master-Transmissionshologramm H_m angefertigt. Daraus wird ein reelles Bild erzeugt. In oder nahe der Bildebene wird ein zweites Hologramm H_b aufgenommen. Bei der Rekonstruktion von H_b kann ein relles Bild entstehen, das teilweise vor bzw. hinter der Hologrammplatte H_b zu stehen scheint. Bildebenenhologramme können hellere Bilder liefern als das ursprüngliche Master-Hologramm [12].

Regenbogenhologramme. Wird ein Transmissionshologramm mit weißem Licht rekonstruiert, so werden rekonstruierte Objektwellen verschiedener Wellenlängen in unterschiedliche Richtungen gebeugt (Abb. 3.111). Ist die Objektwelle hinreichend schmal und parallel, so wird das rekonstruierte Bild des Objektes hinter dem Hologramm unter verschiedenen Winkeln in verschiedenen Farben gesehen (Regenbogenhologramm). Allerdings kann dann das Objekt in Beugungsrichtung nicht mehr unter verschiedenen Richtungen gesehen werden. In der Richtung, die senkrecht zur Einfallsebene von Objekt- und Referenzwelle ist, bleibt jedoch der dreidimen-

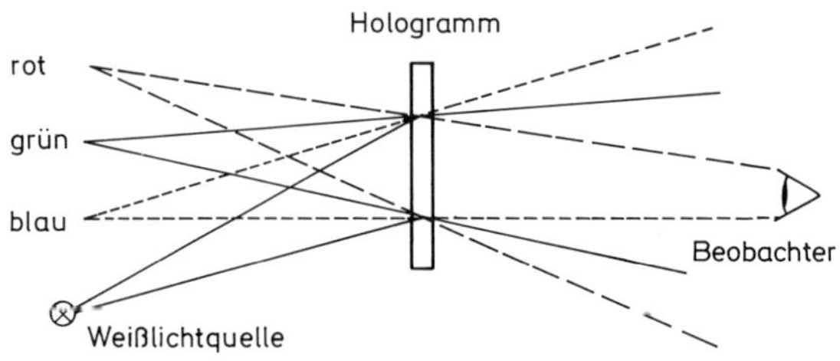

Abb. 3.111 Die Rekonstruktion eines Transmissionshologramms mit weißem Licht liefert ein verwaschenes farbiges Bild. In der Abbildung ist nur ein Bildpunkt dargestellt.

sionale Bildeindruck erhalten. Regenbogenhologramme nach Benton werden hergestellt, indem zunächst ein Master-Hologramm H_m aufgenommen wird. Aus H_m wird ein einzelner Streifen mit einem Laser beleuchtet und dadurch ein reelles Bild des Objektes erzeugt. Dieses wird als Bildebenenhologramm H_b registriert und zwar in Form eines reflektierenden Oberflächenreliefs. Bei der Rekonstruktion von H_b mit einfarbigem Licht wird das gebeugte Bündel auf die ursprüngliche Position des Streifens von H_m gerichtet (Abb. 3.112). Bei Rekonstruktion mit weißem Licht wird das Bild unter verschiedenen Winkeln in verschiedenen Farben sichtbar. Als Hologrammaterial wird oft Kunststoffolie verwendet, in die Phasenhologramme als Oberflächenrelief eingeprägt sind. Durch metallische Verspiegelung können diese in Reflexion rekonstruiert werden. Derartige Oberflächenreflexionshologramme können durch Prägetechnik wesentlich leichter als Volumenreflexionshologramme hergestellt werden. Da eine Rekonstruktion mit Weißlicht möglich ist, sind Oberflächenhologramme auf Titelseiten von Zeitschriften und Sicherung von Scheckkarten weit verbreitet.

Weitere Sonderformen. Holographische Stereogramme werden aus konventionellen, zweidimensionalen Photographien eines Objektes (ausgedehnte Szenen, Lebewesen) synthetisiert, die aus verschiedenen Winkeln aufgenommen wurden. 360°-Hologramme werden auf zylindrischem Photomaterial aufgenommen und erlauben eine volle Rundumsicht von Objekten. Holographische optische Elemente (HOEs) können als Ersatz für Linsensysteme eingesetzt werden. Dafür eignen sich z. B. Fresnelsche Zonenplatten. Prismen können durch holographisch hergestellte Gitter ersetzt werden. Computererzeugte Hologramme werden nicht photographisch aufgenommen, sondern berechnet. Sie könnten sich zur dreidimensionalen Darstellung von Objekten an Stelle von Modellen, z. B. in der Architektur oder im Maschinenbau, eignen.

Holographische Interferometrie. Befindet sich bei der Aufnahme eines Hologramms nach Abb. 3.110a der Gegenstand zunächst in der gezeichneten Position und wird er nach der Aufnahme etwas deformiert und nochmals auf dieselbe Hologrammplatte aufgenommen, so ergibt sich bei der Rekonstruktion ein holographisches Interferogramm. Darunter wird ein Bild des Objektes verstanden, das von Interferenzstreifen durchzogen ist, die Linien konstanten Abstands zwischen den beiden

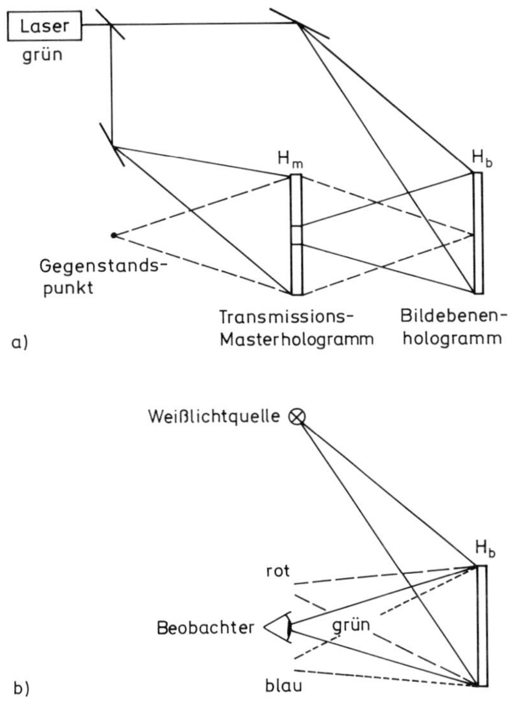

Abb. 3.112 a) Aufnahme und b) Rekonstruktion eines Oberflächenreflexions- und Regenbogenhologramms H_b.

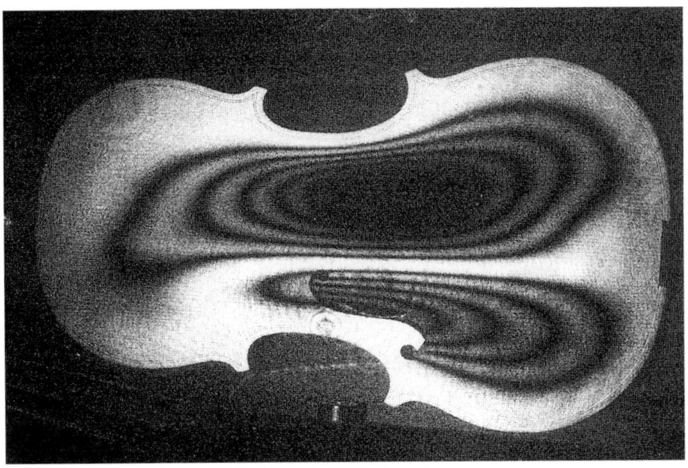

Abb. 3.113 Holographisches Interferogramm einer schwingenden Bratschendecke nach Reinicke und Cremer [13].

Zuständen des Objektes entsprechen. Zur Aufnahme des in Abb. 3.113 dargestellten Interferogramms einer schwingenden Bratschendecke ist z. B. je ein Hologramm in den beiden Umkehrpunkten der Schwingung, an denen die Amplitude maximal ist, aufgenommen worden.

Auf der Hologrammplatte sind bei der Herstellung eines derartigen Interferogrammes zwei Hologramme gespeichert. Bei der Rekonstruktion entstehen je zwei Wellen, die das Objekt in seinen beiden Zuständen rekonstruieren. Diese Wellen interferieren miteinander gerade so, als ob sich der Gegenstand gleichzeitig in beiden Zuständen befinden und Licht abstrahlen würde. Das rekonstruierte Bild des Gegenstandes erscheint daher von hellen und dunklen Streifen durchzogen. Helle Streifen ergeben sich z. B., wenn der Gangunterschied zwischen den beiden Wellen, die das Objekt in seinen beiden Zuständen rekonstruieren, ein ganzes Vielfaches der Wellenlänge des zur Aufnahme und Rekonstruktion verwendeten Lichtes beträgt.

Die Gangunterschiede kommen durch die Verschiebung der Punkte der Objektoberfläche infolge der Deformation zwischen den beiden Aufnahmen zustande. Es spielen dabei nur die Komponenten der Verschiebung eine Rolle, die parallel zur Beobachtungs- oder Aufnahmerichtung liegt. Unter der Voraussetzung, daß das Objekt etwa in gleicher Richtung beleuchtet und aufgenommen wird, ist die Verschiebung eines Objektpunktes, der im rekonstruierten Bild auf einem hellen Streifen liegt, ein ganzzahliges Vielfaches der halben Wellenlänge. Benachbarte helle Streifen entsprechen also einer Abstandsdifferenz von einer halben Wellenlänge der auf diesen Streifen liegenden Objektpunkte. Aus dem Interferogramm kann daher direkt die Deformation des Objektes bestimmt werden, in dem Beispiel nach Abb. 3.113 die Schwingungsamplitude.

Außer zur Schwingungsanalyse wird die holographische Interferometrie auch in der Materialprüfung verwendet, z. B. zur Untersuchung der Gestaltsänderungen von Werkstücken, die Temperatur- oder Druckänderungen unterworfen sind.

Phasenkonjugation. Mit holographischen Verfahren können neuartige Reflektoren, Phasenkonjugatoren (engl. PCM – phase conjugate mirror) genannt, realisiert werden. Sie besitzen die interessante Eigenschaft, daß eine reflektierte Welle sich zur einfallenden Welle *zeitumgekehrt* verhält. Dies bedeutet, daß die Welle nicht dem Reflexionsgesetz normaler Spiegel gehorcht, sondern in sich selbst zurückläuft (Abb. 3.114). Daher können Phasenstörungen in optischen Systemen mit Hilfe von Phasenkonjugatoren kompensiert werden, indem das optische System zweifach in unterschiedlichen Richtungen durchlaufen wird. Bei einem phasenkonjugierenden Spiegel sind die Wellenfronten der einfallenden und der reflektierten Welle gleich, aber die Ausbreitungsrichtungen sind an jeder Stelle der Wellenfront umgekehrt.

Mathematisch ist die einfallende Welle gegeben durch

$$E(x, y, z, t) = \frac{1}{2} A(x, y, z) \exp \mathrm{i}(2\pi\nu t + \Phi(x, y, z)) + \text{c.c.}\,, \tag{3.111}$$

wobei ν die Frequenz ist und die Amplitude A und Phase Φ zur komplexen Amplitude $\mathscr{A}$ zusammengefaßt werden können.

$$\mathscr{A} = \frac{A}{2} \exp \mathrm{i}\,\Phi\,. \tag{3.112}$$

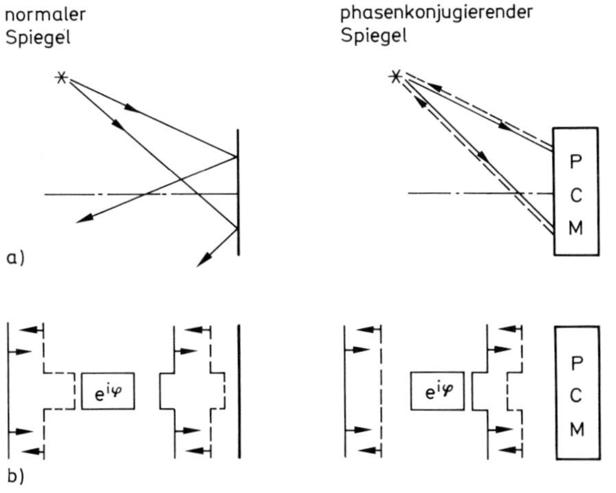

Abb. 3.114 Eigenschaften eines phasenkonjugierenden Spiegels (PCM) im Vergleich mit einem normalen Spiegel. a) Reflexion einer Kugelwelle: beim normalen Spiegel divergiert die reflektierte Welle, beim phasenkonjugierenden Spiegel konvergiert die reflektierte Welle und breitet sich entgegengesetzt oder „zeitumgekehrt" zur einfallenden Welle aus. b) Elimination von Phasenverschiebungen $e^{i\varphi}$ in einer Welle durch Reflektion am PCM und erneutem Durchlauf durch das phasenschiebende Element. Bei Verwendung eines normalen Spiegels wird die Phasenverschiebung verdoppelt.

Die phasenkonjugierte Welle E_{PC} hat die gleichen Wellenfronten oder Phasenflächen, allerdings ist die Ausbreitungsrichtung und damit das Vorzeichen der Phase $\Phi(x, y, z)$ umgekehrt.

$$E_{PC}(x, y, z, t) = \frac{1}{2} A(x, y, z) \exp \mathrm{i}(2\pi \nu t - \Phi(x, y, z)) + \mathrm{c.c.}\,. \tag{3.113}$$

Die komplexe Amplitude der phasenkonjugierten Welle, gegeben durch

$$\mathscr{A}_{PC} = \frac{A}{2} \exp - \mathrm{i}\Phi = \mathscr{A}^* \,, \tag{3.114}$$

ist *konjugiert komplex* zur Amplitude $\mathscr{A}$ der einfallenden Welle, was den Begriff der *Phasenkonjugation* erklärt.

Die phasenkonjugierte Welle nach Gl. (3.113) läuft mit gleichen Wellenfronten in umgekehrter Richtung zur Welle nach Gl. (3.111). Dies kann leicht am Beispiel einer ebenen Welle eingesehen werden, welche die Phase $\Phi = -kz$ besitzt. Änderung des Vozeichens $z \to -z$ bedeutet eine Umkehr der Ausbreitungsrichtung.

Die phasenkonjugierte Welle ergibt sich aus der einfallenden Welle durch Zeitumkehr $t \to -t$. Man erhält nämlich aus Gl. (3.111) und (3.113)

$$\begin{aligned} E(x, y, z, -t) &= \frac{1}{2} A \exp \mathrm{i}(-2\pi \nu t + \Phi) + \frac{1}{2} A \exp \mathrm{i}(2\pi \nu t - \Phi) \\ &= E_{PC}(x, y, z, t)\,. \end{aligned} \tag{3.115}$$

In Abb. 3.114 ist die Elimination einer Phasenstörung durch Phasenkonjugation dargestellt. Eine derartige Störung entsteht z. B. durch einen Brechzahlsprung in einem optischen Bauteil und wird in Abb. 3.114 durch den Ausdruck $e^{i\varphi}$ symbolisiert. Da die am phasenkonjugierenden Spiegel reflektierte Wellenfront identisch mit der einfallenden Welle ist, wird die Phasenstörung nach dem Zurücklaufen durch das phasenstörende Element vollständig kompensiert.

Phasenkonjugation kann durch Vierwellenmischung oder stimulierte Streuung, zwei nichtlineare optische Effekte, erzeugt werden. *Vierwellenmischung* kann auch als holographischer Prozeß verstanden werden und soll daher hier erläutert werden.

Bei der Aufnahme eines Hologramms interferieren eine Gegenstands- und eine Referenzwelle miteinander, die hier als Signalstrahl A und Pumpstrahl P bezeichnet werden (Abb. 3.115). Die Aufnahme eines Hologramms ist der erste Schritt zur Phasenkonjugation.

Zur Erzeugung der phasenkonjugierten Welle wird das Hologramm im Gegensatz zur normalen Holographie mit einem zweiten Pumpstrahl P* beleuchtet, der zu P gegenläufig ist. Statt eines reellen Bildpunktes wie bei der normalen Holographie (Abb. 3.105) entsteht bei der Phasenkonjugation eine rekonstruierte Welle, die genau gegenläufig zur ursprünglichen Signalwelle ist, die phasenkonjugierte Welle. Außer-

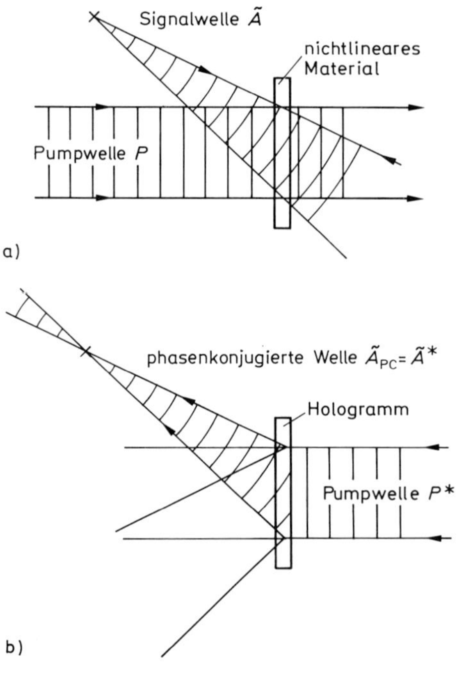

Abb. 3.115 Phasenkonjugation durch Vierwellenmischung. Die vier Wellen A, P, P* und A_{PC} sind gleichzeitig vorhanden. Die Erzeugung der phasenkonjugierten Welle kann in folgende 2 Schritte zerlegt werden: a) durch Interferenz der Signalwelle A mit der Pumpwelle P entsteht ein Hologramm; b) das Hologramm wird mit der gegenläufigen Pumpwelle P* ausgelesen und erzeugt die phasenkonjugierte Welle $A_{PC} = A^*$.

dem ergibt sich eine weitere gebeugte Welle, die jedoch hier nicht von Interesse ist und in dicken nichtlinearen Materialien durch Bragg-Beugung unterdrückt werden kann. Bei dieser Art der Phasenkonjugation sind vier Wellen beteiligt: A, P, P*, A_{PC}, deshalb wird der Prozeß als Vierwellenmischung bezeichnet.

Als nichtlineare Materialien können z. B. Halbleiter oder sogenannte photorefraktive Materialien verwendet werden, in denen Hologramme mit einer Belichtungszeit von nur 10^{-9} s bis 10^{-3} s erzeugt werden, so daß die phasenkonjugierte Welle praktisch gleichzeitig zur einfallenden Signalwelle entsteht. Dazu ist es erforderlich, daß auch die beiden Pumpwellen P und P* gleichzeitig vorhanden sind. Da Hologramme in den genannten Materialien zeitlichen Änderungen der Lichtintensität folgen können, kann die Phasenkonjugation mit zeitabhängigen Signalwellen durchgeführt werden.

Nachteilig bei der Phasenkonjugation durch Vierwellenmischung ist, daß zwei Pumpwellen für das reflektierende nichtlineare Material benötigt werden, die durch einen Laser erzeugt werden müssen. Einfacher ist der Aufbau eines selbstgepumpten phasenkonjugierenden Spiegels, welcher auf induzierter Streuung, besonders *stimulierter Brillouin-Streuung* in Flüssigkeiten (z. B. Aceton) oder Gasen (CH_4, SF_6, Xe) beruht. Ein phasenkonjugierender Spiegel besteht aus einer Flüssigkeitsküvette, in welche eine intensive Laserwelle eingestrahlt wird. Durch zunächst spontane Streuung entsteht eine rücklaufende Welle, die sich mit der einfallenden überlagert. Beide Wellen bilden in der Flüssigkeit Interferenzstreifen und induzieren ein Phasengitter. Dieses wirkt ähnlich wie Vielschichtenspiegel mit dem Unterschied, daß die Schichtebenen gekrümmt sind und eine phasenkonjugierte Welle reflektieren. Zusätzliche Pumpwellen sind bei diesem Prozeß nicht erforderlich.

Die Phasenkonjugation wird z. B. in der *Lasertechnik für Oszillator-Verstärker-Systeme* benutzt. Ein Laserstrahl wird dabei zunächst von einem angeregten Material durch induzierte Emission verstärkt, dann von einem Phasenkonjugator in das Medium zurückreflektiert, nochmals verstärkt und dann aus dem Strahlengang gekoppelt. Die Phasenkonjugation führt zu einer Verdoppelung der effektiven Verstärkerlänge bei gleichzeitiger Elimination von Phasenstörungen im Verstärker, wie in Abb. 3.114 dargestellt. Außerdem können Phasenkonjugatoren für linsenlose Abbildungen benutzt werden.

3.15 Wellenleiter und Glasfasern

In den vorhergehenden Abschnitten ist bisher die Ausbreitung von Lichtwellen im freien Raum bzw. in Materialien mit Abmessungen, die groß gegen die Wellenlänge sind, besprochen worden.

Zum Transport von Lichtstrahlung, insbesondere Laserstrahlen, werden jedoch in der Nachrichtentechnik, Materialbearbeitung und Medizin zunehmend optische Lichtleitfasern eingesetzt, deren Dicke in der Größenordnung der Wellenlänge liegt. Dadurch ergeben sich neuartige Effekte bei der Ausbreitung.

Abb. 3.116 zeigt, daß die Wirkungsweise von Glasfasern und anderen Wellenleitern auf Totalreflexion beruht, wodurch das Licht ohne große Verluste in dem hochbrechenden Faserkern geführt wird. Der Faserkern besteht im sichtbaren und benachbarten Spektralbereichen meist aus Quarzglas mit einer relativ hohen Brechzahl $n_1 = 1{,}6$. Dieser Kern ist mit einem Material mit geringerer Brechzahl n_2 umgeben.

Da der Durchmesser des Faserkerns in der Größenordnung der Wellenlänge liegt, muß bei der Lichtausbreitung in Fasern die Wellennatur des Lichtes berücksichtigt werden. Dies trifft nicht nur für Glasfasern, sondern auch für andere optische Wellenleiter zu. Zunächst soll der einfachste Fall eines *planaren Wellenleiters* diskutiert werden, der nur in einer Richtung begrenzt ist. Wird in einen solchen eindimensional begrenzten Wellenleiter eine ebene Welle eingestrahlt, so bildet sich durch Totalreflexion im Wellenleiter eine Zickzackwelle aus, deren Phasenflächen in Abb. 3.117 dargestellt sind. Nur bei den dargestellten Winkeln γ_n tritt additive Interferenz der parallelen Komponenten einer Zickzackwelle auf. Dadurch entstehen in transversaler Richtung stationäre Feldverteilungen oder Moden. Die Zahl m gibt die Nullstellen dieser Moden an. Bei Erhöhung des Einstrahlwinkels steigt der Modenindex m. Moden niedriger Ordnung entstehen bei kleinem Winkel. Weichen die Einstrahlbedingungen von den gezeigten Winkeln ab, so entsteht destruktive Interferenz und eine Ausbreitung des Lichtes in der Schicht ist nicht möglich. Bei steigendem Einstrahlwinkel wird schließlich der Grenzwinkel der Totalreflexion überschritten. Es existiert daher nur eine gewisse Maximalzahl M von möglichen Moden.

Aus dem Grenzwinkel für Totalreflexion kann man den maximalen Eintrittswinkel ε berechnen. Den Ausdruck $\sin\varepsilon$ nennt man numerische Apertur

$$\sin\varepsilon = \sqrt{n_1^2 - n_2^2}\,. \tag{3.116}$$

Typische Werte sind $\sin\varepsilon = 0{,}2$ für eine Ummantelung aus Quarzglas mit kleinerer Brechzahl. Für Ummantelungen aus Kunststoff erhält man $\sin\varepsilon = 0{,}4$.

In rechteckigen, quadratischen oder *zylindrischen Wellenleitern* existieren zweidimensionale Feldverteilungen mit Nullstellen in zwei Richtungen. Die Zahl M der möglichen Moden in einem zylindrischen Wellenleiter, z. B. einer Glasfaser, ist gegeben durch:

$$M = \frac{1}{2}\left(\frac{\pi d \sin\varepsilon}{\lambda}\right)^2. \tag{3.117}$$

Dabei bedeuten d den Kerndurchmesser, λ die Lichtwellenlänge und $\sin\varepsilon$ die numerische Apertur.

Zur Strahlführung über größere Strecken werden vorwiegend zylindrische Wellenleiter in Form von Glasfasern verwendet, deren wichtigste Typen im folgenden erläutert werden.

Die **Stufenindexfaser** weist einen abrupten Sprung der Brechzahl zwischen Kern und Faser auf (Abb. 3.116a). Die Kerndurchmesser liegen etwa zwischen 50 µm bis 1 mm. Bedingt durch den großen Kerndurchmesser können sich viele Moden gleichzeitig ausbreiten. Dadurch kann der Laserstrahl je nach Ausbreitungsrichtung unterschiedliche Laufzeiten in der Faser aufweisen. Im Fall der Nachrichtenübertragung kommt es somit zu Laufzeitverzerrungen kurzer Signale. Aufgrund der hohen numerischen Apertur ist die Einkopplung des Lichtes von Sendedioden relativ leicht. Stufenindexfasern werden daher zur Nachrichtenübertragung über kurze Strecken und in der Materialbearbeitung und Medizin eingesetzt. Dabei wird die Strahlung leistungsstarker Laser, z. B. Nd:YAG, über die Entfernung von einigen

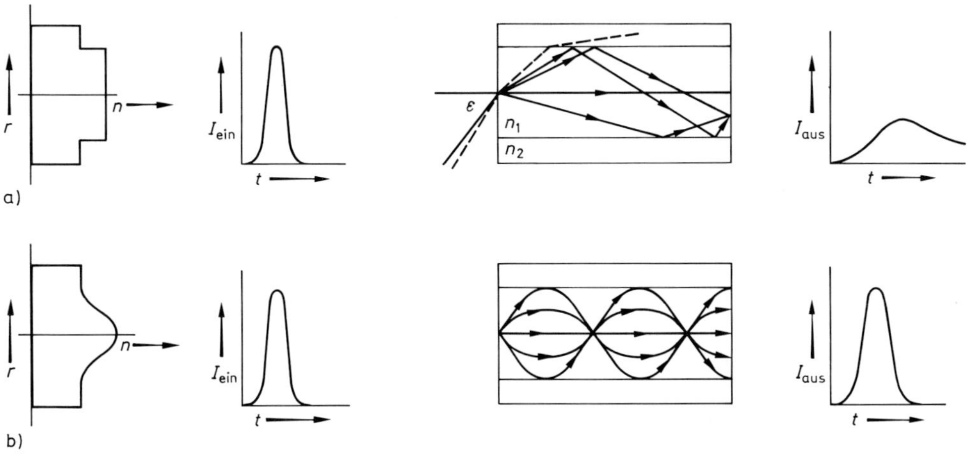

Abb. 3.116 Bauformen optischer Fasern: a) Stufenindexfaser b) Gradientenfaser. Gezeigt ist jeweils das Profil der Brechzahl sowie die Verformung kurzer Pulse bei der Übertragung.

Metern an den Einsatzort geführt. Wegen der großen Querschnittsfläche können Laserleistungen bis in den Kilowattbereich übertragen werden.

Die **Gradientenfaser** wurde aus der Anforderung entwickelt, die Laufzeitunterschiede der Moden (Dispersion) zu verkleinern und dic numerische Apertur möglichst groß zu halten. Die Brechzahl variiert bei diesem Fasertyp kontinuierlich zwischen dem Zentrum und dem Mantel (Abb. 3.116 b). Durch dieses Gradientenprofil werden die verschiedenen Laufzeiten der einzelnen Moden teilweise ausgeglichen. Die Moden niedrigerer Ordnung bewegen sich überwiegend in zentralen Bereichen mit hoher Brechzahl, wodurch die Ausbreitungsgeschwindigkeit reduziert wird. Eine derartige Korrektur der Laufzeiten kann jedoch nur für schmale Wellenlängenbereiche erzielt werden. Diese Beschränkung liegt an der Dispersion, d. h. an der Wellenlängenabhängigkeit der Brechzahl. Gradientenfasern werden mit Kerndurchmessern um 50 μm überwiegend in der optischen Nachrichtentechnik eingesetzt.

Eine weitere Verbesserung der Übertragungscharakteristik von Signalen erhält man durch den Einsatz von **Einmodefasern.** Der Kerndurchmesser beträgt einige μm, so daß sich nach Gl. (3.117) nur eine Mode ausbreiten kann. Für höhere Moden wird der Grenzwinkel der Totalreflexion überschritten. Damit entfällt die Modendispersion. Allerdings kann eine Einmodenfaser nicht für alle Wellenlängen eingesetzt werden. Wird die Wellenlänge im Vergleich zum Kerndurchmesser zu klein, so können nach Gl. (3.117) auch höhere Moden auftreten.

Monomodefasern werden zur Signalübertragung über große Strecken eingesetzt. Lichtwellenleiter haben im Gegensatz zu Kupferkoaxialkabeln eine hohe Übertragungsbandbreite und geringe Dämpfung. Sie liegt bei guten Fasern um 0,2 dB/km, was nach 100 km Faserlänge einen Transmissionsgrad

$$T = I/I_0 = 10^{-0{,}2 \cdot 100/10} = 0{,}01$$

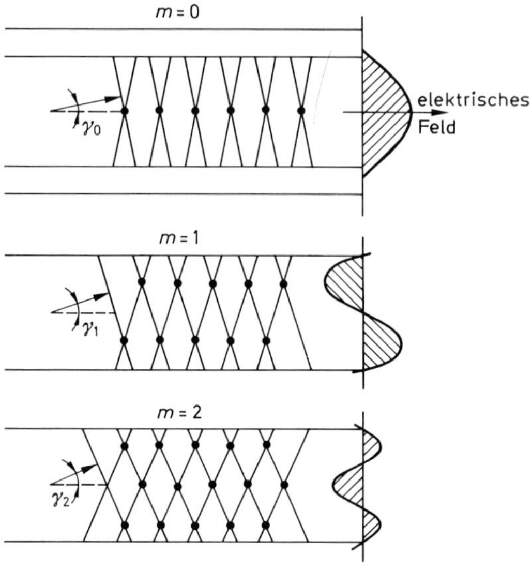

Abb. 3.117 Feldverteilung verschiedener Moden in Fasern. Die Moden entstehen durch konstruktive Interferenz bei bestimmten Einstrahlwinkeln bzw. Ausbreitungsrichtungen.

ergibt. Der Absorptionskoeffizient einer derartigen Faser beträgt

$$\alpha = ((\ln 10)/10) \cdot 0{,}2\,\mathrm{km}^{-1} = 0{,}23 \cdot 0{,}2\,\mathrm{km}^{-1} = 4{,}6 \cdot 10^{-7}\,\mathrm{cm}^{-1}\,.$$

Zur Herstellung von Glasfasern mit derartig geringen Dämpfungen ist Quarzglas, d. h. amorphes SiO_2 mit extremer Reinheit notwendig.

Integrierte Optik. Optische Wellenleiter können auch auf ebenen Substraten, z. B. $LiNbO_3$ oder GaAs-Kristallen, aufgebaut werden. Durch Eindiffusion von geeigneten Dotierungsatomen können hochbrechende Kanäle erzeugt werden, in denen Lichtwellen geleitet werden. Es ist damit möglich, optische Bauelemente, z. B. Halbleiterlasersender, Photodetektoren und Modulatoren durch Wellenleiter zu verbinden und damit zweidimensionale, optische Schaltungen herzustellen. Diese werden als *integrierte Optik* bezeichnet in Analogie zu den integrierten elektronischen Schaltungen auf Siliziumsubstraten. Integrierte optische Schaltungen sind vor allem für die Nachrichtenübertragung mit Glasfasern von Interesse, wo sie auf der Sende- oder Empfangsseite zur Verarbeitung der optischen Signale eingesetzt werden könnten. Außerdem ist geplant, in optischen Schaltungen auch optische Schaltelemente, die auf nichtlinearen optischen Effekten beruhen, einzusetzen, so daß dann die Verarbeitung und Vermittlung optische Signale ohne Einsatz elektronischer Bauelemente möglich wird. Aus der Optik entwickelt sich damit die *Photonik*, die in Zukunft ähnliche Bedeutung erlangen könnte wie die Elektronik heute.

Literatur

Zitierte Publikationen

[1] Vasicek, A., Optics of Thin Films, North-Holland Publishing Comp., 1960 (Zu Abschn. 3.3)
[2] Koppelmann, G., Prog. Optics **VII**, 3 (1969) (Zu Abschn. 3.5)
[3] Murata, K., Prog. Optics **V**, 201 (1966) (Zu Abschn. 3.9)
[4] Bearden, J.A., X-Ray Wavelengths, Rev. of Mod. Phys. **39,** 78 (1967) (Zu Abschn. 3.11)
[5] Born, M., Wolf, E., Principles of Optics, Pergamon Press, London 1964 (Zu Abschn. 3.13 und 3.14)
[6] Durst, F., Melling, A., Whitelaw, J.H., Principles and Practice of Laser-Doppler-Anemometry, Academic Press, New York, 1976 (Zu Abschn. 3.13)
[7] Fabelinskii, I.L., Molecular Scattering of Light, Plenum Press, New York, 1968 (Zu Abschn. 3.13)
[8] Kerker, M., The Scattering of Light, Academic Press, New York, 1969 (Zu Abschn. 3.13)
[9] Gabor, G., Nature **161,** 777 (1948) (Zu Abschn. 3.14)
[10] Boersch, H., Phys Blätter **23**, 393 (1976) (Zu Abschn. 3.14)
[11] Leith, E.N., Upatnieks, J., J. Opt. Soc. Amer. **53**, 1377 (1963) (Zu Abschn. 3.14)
[12] Jeong, T.H., Progress in Pictorial Holography, Laser Focus/Electro-Optics, April 1984, S. 77–90 (Zu Abschn. 3.14)
[13] Reinicke, Cremer, Institut für Technische Akustik, TU Berlin

Weiterführende Literatur

[14] Born, M., Optik, J. Springer, Berlin 1933
[15] Handbuch der Physik, hrsg. von S. Flügge, Band 24, Springer-Verlag, Berlin 1956; Artikel von: M. Francon, Interferences, Diffraction et Polarisation, und: H. Wolter, Optik dünner Schichten; Phasenkontrast- und Lichtschnittverfahren
[16] Müller-Pouillet, Lehrbuch der Physik II (1), Kap. 14–16 (O. Lummer), F. Vieweg & Sohn, Braunschweig 1926 (Zu Abschn. 3.12)
[17] Tolansky, S., Multiple-beam Interferometry, Oxford University Press, New York, 1948
[18] Bergmann, L., Der Ultraschall, S. Hirzel Verlag, Stuttgart, 1949
[19] Kiemle, H., Röss, D., Einführung in die Technik der Holographie, Akademische Verlagsgesellschaft, Frankfurt/M. 1969 (Zu Abschn. 3.14)
[20] Collier, R.J., Burckhardt, C.B., Lin, L.H., Optical Holography, Academic Press, New York, 1971 (Zu Abschn. 3.14)
[21] Harriharan, P., Optical holography, Cambridge University Press, Cambridge, 1984 (Zu Abschn. 3.14)
[22] Krause, H., Krebs, K., Optik **20,** 471 (1963) (Zu Abschn. 3.5)
[23] Bor, Z., Racz, B., Szabo, G., Optics Letters 1990 (Zu Abschn. 3.10)

4 Polarisation und Doppelbrechung des Lichtes

Kurt Weber

4.1 Polarisation des Lichtes durch Reflexion und gewöhnliche Brechung

Die im Kap. 3 behandelten Interferenz- und Beugungserscheinungen lassen sich mit der Annahme einer wellenförmigen Ausbreitung des Lichtes widerspruchsfrei ordnen. Wären uns indessen nur jene Erscheinungen bekannt, blieb eine Reihe weiterer Fragen unbeantwortet. Denn Wellen können, wie in Abb. 4.1 skizziert ist, transversal oder longitudinal sein, aber Interferenz und Beugung kommen allen Wellentypen gleichmäßig zu; außerdem können die Wellen physikalisch verschieden, z. B. elastischer oder elektromagnetischer Natur sein. Als Huygens, Young, Fresnel die Wellentheorie des Lichtes begründeten, kam für sie nur die Vorstellung elastischer Wellen in einem das Weltall erfüllenden Medium, dem sogenannten Äther, in Frage. Dieser wurde als eine Art materieller Stoff gedacht, der jedenfalls so beschaffen sein mußte, daß er den Körpern, die sich durch den Äther bewegen, keinen merklichen Widerstand entgegensetzte; denn ein Widerstand hätte sich z. B. bei der Bewegung der Himmelskörper bemerkbar machen müssen. Es könnte sich also – so glaubte man schließen zu müssen – nur um eine äußerst feine Flüssigkeit oder ein Gas, keinesfalls um einen festen Körper handeln. Im Innern von Gasen und Flüssigkeiten sind aber nur elastische Longitudinalwellen möglich, bei denen die Verrückungen in Richtung der Fortpflanzung vor sich gehen. Demgemäß faßten sowohl Huygens wie auch Young und Fresnel die Lichtwellen – genau wie die Schallwellen – als Longitudinalwellen auf. Bei elastischen Transversalwellen gehen die Verschiebungen senkrecht zur Fortpflanzungsrichtung vor sich, d. h. in einer die x-Richtung einschließenden Ebene, der **Schwingungsebene.** Dadurch ist bei Transversalwellen eine gewisse „Seitlichkeit" der Wellen gegeben, da ja diese eine Ebene ausgezeichnet ist, während bei Longitudinalwellen um die Fortpflanzungsrichtung herum vollkommene Symmetrie herrscht. Da man bei Licht, das von natürlichen Lichtquellen ausgeht, keinerlei

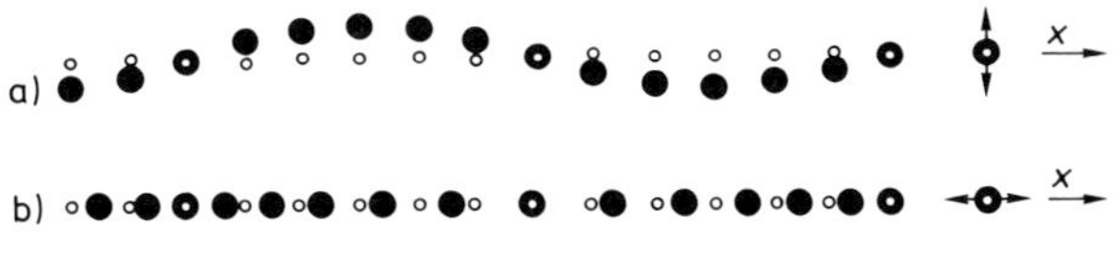

Abb. 4.1 Elastische Wellentypen in festen Medien. Fortpflanzungsrichtung x; a) Transversalwelle, linear polarisiert; b) Longitudinalwelle.

Anzeichen von „Seitlichkeit" gefunden hatte, vielmehr dieses „natürliche" Licht sich völlig symmetrisch um die Fortpflanzungsrichtung verhielt, war die Annahme von Longitudinalwellen für das Licht ganz natürlich, während die Annahme von elastischen Transversalwellen auf eine große Schwierigkeit gestoßen wäre: elastische Transversalwellen sind nämlich in Gasen und Flüssigkeiten nicht möglich, da diese keine rückstellenden Kräfte normal zur Wellenausbreitung, das heißt keinen Schubmodul, wie die festen Körper, besitzen. Die Annahme von Transversalwellen hätte also zu der Folgerung genötigt, daß der lichttragende Äther ein fester Körper wäre, und zwar wegen der enormen Größe der Lichtgeschwindigkeit c fester als etwa der beste Stahl – offenbar unverträglich mit der Tatsache, daß wir alle uns durch diesen festen Körper hindurch bewegen, ohne etwas von dieser Festigkeit zu spüren. So schien also die Annahme von longitudinalen Lichtwellen aufs beste begründet und mit allen Tatsachen in Übereinstimmung zu sein – bis im Jahre 1808 der französische Physiker E. L. Malus eine für die Optik folgenschwere Beobachtung machte, die tatsächlich eine „Seitlichkeit" oder, wie man damals zu sagen pflegte, **Polarisation** der Lichtwellen offenbarte. Die Malussche Beobachtung führte zu der Feststellung, daß Licht, welches einmal an einem durchsichtigen Medium (z. B. Glas oder Wasser) reflektiert worden ist, seine Symmetrie um die Fortpflanzungsrichtung als Achse eingebüßt hat. Solches Licht verhält sich also anders als „natürliches" Licht.

Anstelle des ursprünglichen Versuches von Malus, der erst in Abschn. 4.5 verständlich wird und dort nachgeholt werden soll, sei hier ein einfacherer Versuch beschrieben, der zu derselben Folgerung führt. Abb. 4.2 zeigt als erstes einen Vorversuch: Eine ebene Welle natürlichen Lichtes mit der Strahlrichtung AB falle unter einem beliebigen Einfallswinkel α auf eine Glasplatte P_1. An deren Vorderseite werde der Strahl in die Richtung BC reflektiert, wobei man störende Reflexion an der Plattenrückseite etwa dadurch ausschaltet, daß man die Platte P_1 aus schwarzem Glas wählt. Das Einfallslot $\boldsymbol{n}$ und der Strahl AB bestimmen die Einfallsebene ABC, die zunächst mit der Zeichenebene zusammenfällt. Dreht man jetzt den Spiegel P_1 und damit $\boldsymbol{n}$ um die Strahlrichtung AB, so verläßt BC die Papierebene und erreicht sie erst wieder nach einer Drehung von 180°, wobei P_1 in P_1', $\boldsymbol{n}$ in $\boldsymbol{n}'$ und BC in BC′ übergegangen sind. Nach Weiterdrehen des Spiegels um abermals 180° ist die Aus-

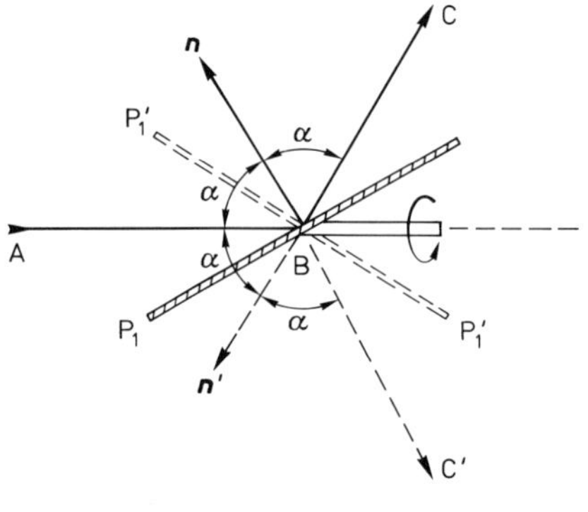

Abb. 4.2 Reflexion des Lichtes an einer Glasplatte, die um die Einfallsrichtung des Lichtes gedreht werden kann.

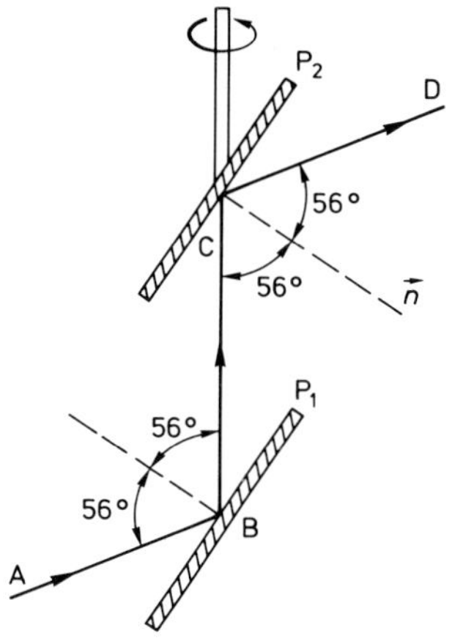

Abb. 4.3 Versuch zum Nachweis der Polarisation des Lichtes durch Reflexion.

gangsstellung wieder erreicht. In jeder Lage des Spiegels wird der reflektierte Strahl jeweils unter dem gleichen Winkel gespiegelt; er beschreibt dann offenbar einen Kegelmantel. Wie aber auch die Einfallsebene gegen die Papierebene gedreht werde, immer wird der einfallende Strahl am Spiegel P_1 in der gleichen Weise reflektiert, nicht nur unter dem gleichen Reflexionswinkel α, sondern auch mit der gleichen Intensität[1]. Dieser Vorversuch zeigt eben die vollkommene Symmetrie des natürlichen Lichtes um die Fortpflanzungsrichtung. Hier setzt nun die Beobachtung von Malus ein. Um das Ergebnis recht deutlich zu gestalten, soll nun der bisher beliebige Winkel α durch einen bestimmten Winkel α_p ersetzt werden, der später den Namen *Polarisationswinkel* erhalten soll und der für Glas annähernd 56° beträgt; der Vorversuch läuft zweifellos auch unter dem Winkel α_p in der gleichen Weise ab. Nun aber wird der Vorversuch entsprechend der Abb. 4.3 durch Einfügen eines weiteren Glasspiegels P_2 in die eigentliche Versuchsanordnung abgewandelt. Wiederum wechselt der Lichtstrahl AB – diesmal jedoch unter dem festen Einfallswinkel von 56° – nach Reflexion an P_1 in die Richtung BC über, wo er – ebenfalls unter 56° – auf den zweiten Spiegel trifft und in die Richtung CD weiterreflektiert wird. Solange die beiden Spiegel P_1 und P_2 parallel stehen, sind auch die Strahlen AB und CD zueinander parallel. Der Versuch beginnt mit einer Drehung des Spiegels P_2 um den Lichtstrahl BC als Achse, wobei der Strahl CD die Zeichenebene verläßt, die Strahlen AB und BC jedoch in der Zeichenebene verbleiben. Wäre der einmal reflektierte Strahl BC noch natürliches Licht mit seiner vollkommen axialen Symmetrie um BC, so müßte, wie man auch die Einfallsebene BCD des zweiten Spiegels gegen die des ersten verdreht, immer ein reflektierter Strahl CD mit gleicher Intensität auftreten. Dies ist jedoch nicht der Fall: vielmehr beobachtet man, daß die Intensität (Helligkeit) des von der Platte P_2 reflektierten Lichtstrahles sich bei der Drehung

[1] Intensität bedeutet in diesem Abschnitt durchweg die von einer ebenen Lichtwelle durch eine senkrecht zur Ausbreitungsrichtung stehenden Fläche transportierte Strahlungsleistungsdichte; ihr Zahlenwert ist der Betrag des Poynting-Vektors mit der SI-Einheit Wm^{-2}.

ändert. Maximale Intensität erhält man, wenn die beiden Platten P_1 und P_2 parallel zueinander stehen oder um 180° gegeneinander verdreht („antiparallel") sind: in beiden Positionen fallen die Einfallsebenen beider Spiegel zusammen. Wird dagegen der Spiegel P_2 um 90° oder 270° um die Richtung BC gegen den Spiegel P_1 verdreht, wobei die Einfallsebenen an beiden Spiegeln Winkel von 90° miteinander bilden, so findet gar keine Reflexion des Lichtes an der Platte P_2 statt. Dies gilt in dieser extremen Form allerdings nur, wenn der Einfallswinkel richtig gewählt wird (bei Glas rund 56°). Bei anderen Einfallswinkeln ist die Erscheinung zwar vorhanden, aber nicht so ausgeprägt: dreht man den Spiegel P_2 aus der parallelen (antiparallelen) Stellung allmählich heraus, so nimmt die Intensität des reflektierten Strahles dauernd ab, um in der „gekreuzten" Stellung ein Minimum, aber keine volle Dunkelheit zu erreichen; der ausgezeichnete Einfallswinkel α_p wird weiter unten noch näher betrachtet.

In jedem Falle zeigt der Versuch nach Abb. 4.3, daß das Licht nach der Reflexion an einer Glasplatte (P_1) seine anfänglich vollkommene Drehsymmetrie um die Laufrichtung (BC) eingebüßt hat. Mit der verbleibenden Symmetrie (vgl. dazu auch die Abb. 4.6) sind zwei durch die Fortpflanzungsrichtung (BC) gelegte Ebenen ausgezeichnet – je eine parallel und senkrecht zur Einfallsebene (BCD) –, die tatsächlich „seitliche" Eigenschaften des Lichtes offenbaren. Dies ist aber nur verständlich, wenn die Lichtschwingung transversalen Charakter hat. Man nennt solches durch eine bestimmte Schwingungsrichtung senkrecht zur Fortpflanzungsrichtung ausgezeichnete Licht **linear polarisiert.** Die zur Herstellung desselben vorgenommene Veränderung des Lichtes heißt **Polarisierung;** die Vorrichtung, welche den neuen Zustand, die **Polarisation,** hervorruft, wird **Polarisator** genannt; diejenige, mit der die Polarisation nachgewiesen wird, heißt **Analysator.** In dem oben beschriebenen Versuch ist die Glapslatte P_1 der Polarisator und P_2 der Analysator. Polarisator und Analysator zusammen mit einer Beleuchtungsanordnung und einer Vorrichtung zum Anbringen der zu untersuchenden Substanzen zwischen P_1 und P_2, eventuell auch mit einer Beobachtungslupe, bilden den einfachsten Polarisationsapparat, wie er ursprünglich von Nörremberg angegeben wurde. Den Schluß auf Transversalität der Lichtwellen zogen – widerstrebend wegen der Konsequenzen eines festen Äthers – Young und Fresnel, und dieser innere Widerspruch hat fast dreiviertel Jahrhundert auf der Optik gelastet, bis die Vorstellung elastischer Lichtwellen durch die Erkenntnis, daß es elektromagnetische Wellen sind, abgelöst wurde; denn elektromagnetische Transversalwellen sind in allen Aggregatzuständen möglich, und die fatale Folgerung eines festen Äthers entfällt. Damit ist ein Anschluß an die in Bd. 2 dargelegte elektromagnetische Lichttheorie hergestellt.

Es bleibt noch die Frage zu klären, warum „natürliches" Licht – trotz der Transversalität – vollkommene axiale Symmetrie aufweist. Das kann nur so gedeutet werden, daß diese Symmetrie statistischen Charakters ist, der in der großen Komplikation der Prozesse in den Lichtquellen begründet ist. Wenn wir auch ein einzelnes Molekül einer Lichtquelle mit einem Hertzschen Oszillator vergleichen können, so besteht die Lichtquelle doch aus einer ungeheuren Zahl von solchen Oszillatoren, die völlig unabhängig voneinander schwingen und deren Schwingungsrichtungen sich im Mittel gleichmäßig auf alle Raumrichtungen verteilen. (Die komplexen Vorgänge in der Lichtquelle mußten ja schon zur Erklärung der Inkohärenz herangezogen werden.) – Würde es gelingen, die gleichmäßige Verteilung aller Schwingungsrichtungen in einer Lichtquelle zu beseitigen, so würde diese auch „polarisiertes" Licht aussenden. Das kann man tatsächlich erreichen, indem man z. B. etwa eine leuchtende Flamme in ein starkes Magnetfeld bringt: dann sendet sie wirklich polarisierte Strahlung aus (Zeeman-Effekt).

Während also bei natürlichem Licht der elektrische Feldvektor $\boldsymbol{E}$ in allen möglichen Richtungen senkrecht zur Fortpflanzungsrichtung schwingt, verlaufen bei linear polarisiertem Licht die Schwingungen des $\boldsymbol{E}$-Vektors nur in einer ganz bestimmten Ebene; diese Ebene nennt man die **Schwingungsebene des Lichtes.** Ist das linear polarisierte Licht, wie vorher beschrieben, durch Reflexion erzeugt, muß die Schwingungsebene aus Symmetriegründen mit einer der beiden ausgezeichneten Ebenen zusammenfallen, die das Versuchsergebnis parallel und senkrecht zur Einfallsebene erkennen läßt. Welche der beiden Lagen die Schwingungsebene einnimmt, ist zwar nicht direkt feststellbar, kann aber z. B. durch einen Versuch mit längeren Hertzschen Wellen, die ja derselben Wellenfamilie angehören, entschieden werden (Abb. 4.4).

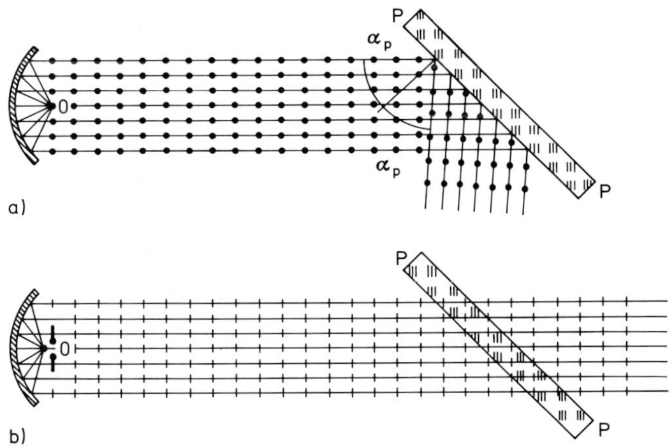

Abb. 4.4 Versuch zum Nachweis der Lage der Schwingungsebene des elektrischen Feldvektors in einer durch Reflexion linear polarisierten elektromagnetischen Welle:
a) Der elektrische Feldvektor schwingt senkrecht zur Einfallsebene, es tritt Reflexion auf.
b) Der elektrische Feldvektor liegt in der Einfallsebene, es findet keine Reflexion statt.

In der Abb. 4.4 bezeichnet PP den Querschnitt einer etwa 2 cm dicken Glasplatte, die für diesen Versuch als Spiegel dient. In der Zeichenebene befindet sich im Brennpunkt eines Parabolspiegels ein Hertzscher Oszillator, dessen Dipolachse und Schwingungsrichtung im Fall a) senkrecht zur Zeichenebene steht, im Fall b) innerhalb der Zeichenebene verläuft. Für die linear polarisierte, ebene Welle, welche die Oszillatoranordnung abstrahlt, ist in beiden Fällen die Zeichenebene gleichzeitig auch Einfallsebene. Der Versuch zeigt nun zweifelsfrei, daß die Wellen, falls sie unter geeignetem Winkel α_p den Spiegel erreichen, nur dann reflektiert werden, wenn die Schwingungsebene *senkrecht* auf der Einfallsebene steht; gehen aber die Schwingungen in der Einfallsebene vor sich, so wird die auffallende Strahlung nicht reflektiert,

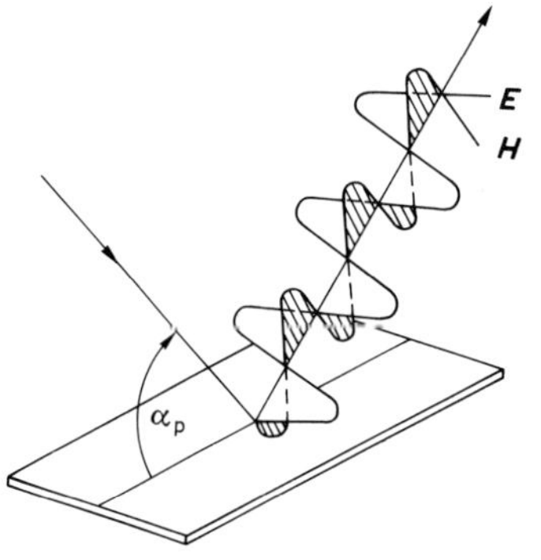

Abb. 4.5 Lage der Schwingungsebene des elektrischen und magnetischen Feldvektors in dem durch Reflexion erzeugten linear polarisierten Licht.

sondern hindurchgelassen. Das bedeutet also allgemein: *Bei dem durch Reflexion erzeugten linear polarisierten Licht liegt die Schwingungsebene senkrecht zur Einfalls-(Reflexions-)Ebene.* Diesem Ergebnis entspricht die in Abb. 4.5 dargestellte Situation. Für die zur Schwingungsebene senkrechte Ebene durch die Fortpflanzungsrichtung hat man seinerzeit allgemein den Namen *Polarisationsebene* eingeführt, der nunmehr überflüssig ist, da durch die Schwingungsebene die sogenannte Polarisationsebene mitbestimmt ist; im allgemeinen wird heute auch die Schwingungsebene als Polarisationsebene bezeichnet. Hier soll jedoch an der Unterscheidung beider Ebenen festgehalten werden.

Die Polarisationsversuche gelingen in der beschriebenen Form nur mit Spiegeln aus einem durchsichtigen Stoff[2], z. B. Glas, Quarz usw., dagegen *nicht* mit Metallspiegeln oder metallisierten Glasspiegeln. Im letzteren Fall findet bei einer Drehung des Spiegels zwar eine Änderung der Lichtintensität, aber keine vollständige Auslöschung bei gekreuzten Spiegelstellungen statt, wie auch immer man den Einfallswinkel wählt. In den Versuchen der Abb. 4.2 und 4.3 dienten drehbare Glasplatten als Analysatoren. Die geometrische Bedingung für das Gelingen der Versuche bestand darin, daß für alle Drehwinkel der Einfallsebene das in Frage gestellte Lichtbündel stets unter α_p reflektiert wurde. Diese Bedingung kann auch ein Kegel aus schwarzem Glas erfüllen, dessen halber Öffnungswinkel $90° - \alpha_p$, also etwa 34° beträgt. Fällt die Kegelachse nach Abb. 4.6a mit der Richtung des einfallenden Lichtbündels zusammen, so wird das Licht an jedem Punkt des Kegelmantels unter α_p reflektiert. Begrenzt man ferner den Querschnitt des Lichtbündels auf die Basisfläche des Kegels, so zeigt das reflektierte Licht auf einer weißen Fläche F die in den Abbildungen b und c wiedergegebenen Lichtverteilungen. Im Falle linear polarisierten Lichtes weist die Symmetrie der Figur deutlich die Spuren zweier ausgezeichneter Ebenen aus, darunter die der Schwingungsebene.

[2] Die oben erwähnte Schwarzfärbung des Glases, die Störungen durch Reflexion an der Plattenrückseite verhindern soll, ist nicht intensiv genug, diese Schwarzglasspiegel völlig undurchsichtig zu machen. Es ist also immer noch $n^2 \kappa^2 \ll 1$ (vgl. Abschn. 2.6, 2.8 und 2.9).

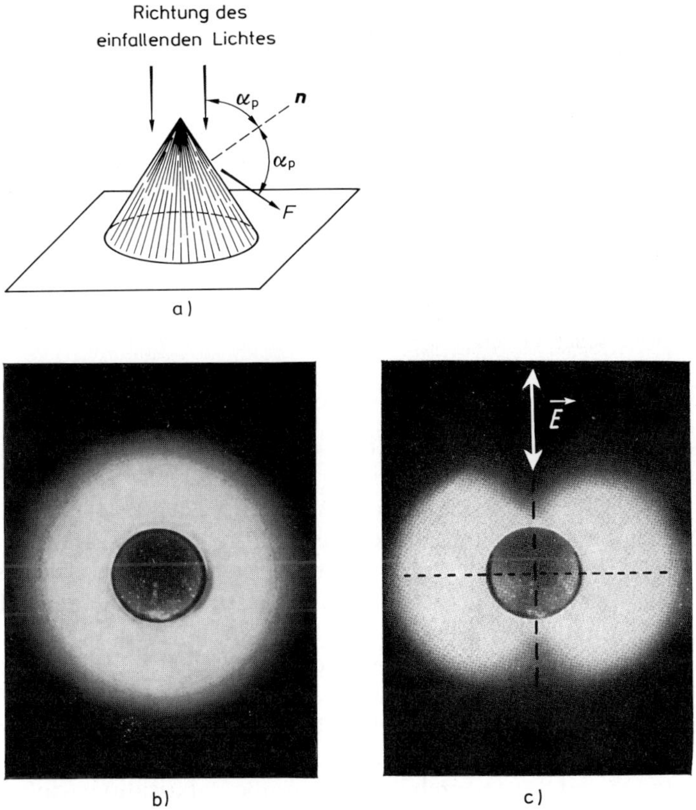

Abb. 4.6 a) Glaskegel zur Untersuchung der Reflexion linear polarisierten Lichtes; b) Reflexionsbild auf der Fläche F bei unpolarisiertem Licht; c) Reflexionsbild bei linear polarisiertem Licht.

Der für eine maximale Polarisation des Lichtes durch Reflexion erforderliche sogenannte **Polarisationswinkel** α_p ist nach D. Brewster (1813) durch die Brechzahl des benutzten Glases bestimmt. Das Brewstersche Gesetz sagt aus, daß der Polarisationswinkel α_p eines Stoffes durch die Bedingung gegeben ist, daß der an der Oberfläche reflektierte Strahl S_r und der in den Stoff hineingebrochene Strahl S_t aufeinander senkrecht stehen. Wie man aus Abb. 4.7 entnimmt, ist dann $\alpha_p + \beta = 90°$ und $\sin\beta = \cos\alpha_p$; da aber nach dem Brechungsgesetz $\sin\alpha_p = n \sin\beta$ ist, so folgt:

$$\tan\alpha_p = n\,.$$

Der Polarisationswinkel ist also derjenige Einfallswinkel, dessen Tangens gleich der Brechzahl des reflektierenden Stoffes ist **(Brewstersches Gesetz).** α_p wird auch als Brewsterscher Winkel bezeichnet.

Die folgende Tab. 4.1 gibt für einige Stoffe mit verschiedenen Brechzahlen den Polarisationswinkel für Natriumlicht an. Da die Brechzahl mit der Wellenlänge variiert, so ist bei gegebener Substanz der Polarisationswinkel für Licht verschiedener

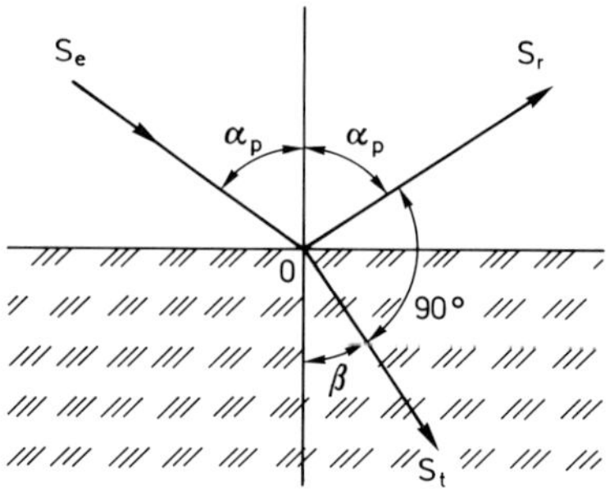

Abb. 4.7 Zum Brewsterschen Gesetz.

Wellenlängen verschieden; weißes Licht kann daher durch Reflexion niemals vollständig polarisiert werden.

Die Polarisation des Lichtes durch Reflexion hat zwei Nachteile: einmal wird der gradlinige Strahlengang durch die Reflexion geknickt, was für Messungen und Demonstrationen vielfach unbequem ist, und weiter ist die reflektierte Leistung im allgemeinen nur ein kleiner Bruchteil der einfallenden. Für das sichtbare Licht hat man bessere Polarisatoren, die später beschrieben werden (Abschn. 4.7). Im Infraroten jedoch benutzt man zur Polarisation auch heute noch Spiegel; vorzugsweise sind *Selenspiegel* in Benutzung, auch Schwefel kann verwendet werden. Beide Substanzen besitzen vorteilhafterweise im Wellenlängengebiet oberhalb 5 μm praktisch konstante Brechzahl und damit auch konstanten Polarisationswinkel (s. Tab. 4.2).

Die hohe Brechzahl und der dadurch bedingte große Polarisationswinkel erhöhen den Bruchteil reflektierter Strahlung, wie in Abschn. 4.2 noch gezeigt wird.

Untersucht man das Licht, das eine durchsichtige Glasplatte durchsetzt und die Plattenrückseite wieder unter dem Einfallswinkel verlassen hat, auf seinen Polarisationszustand, so findet man auch dieses Licht polarisiert. Allerdings erhält man

Tab. 4.1 Polarisationswinkel einiger Stoffe für Natriumlicht.

Stoff	Brechzahl für λ-Na-D	Polarisationswinkel
Wasser	1,333	53° 7′
Quarzglas	1,4589	55° 35′
Borkronglas	1,5076	56° 28′
Schwerflint	1,7473	60° 33′

Tab. 4.2 Brechzahlen und Polarisationswinkel von Selen und Schwefel.

Stoff	Brechzahl für $\lambda > 5\,\mu$m	Polarisationswinkel
Selen	2,420	67°
Schwefel	2,008	63° 32′

selbst dann, wenn das Licht die Glasplatte unter dem Brewsterschen Winkel erreicht, in keiner Richtung völlige Auslöschung, woraus folgt, daß das durchgelassene Licht aus einer Mischung unpolarisierten und polarisierten Lichtes besteht. Die Schwingungsrichtung des polarisierten Anteils dieses teilweise polarisierten Lichtes liegt dabei senkrecht zu der des reflektierten Lichtes. Man kann sich dies leicht klarmachen, wenn man davon ausgeht, daß bei dem einfallenden polarisierten Licht (wegen der axialen Symmetrie) keine Schwingungsebene bevorzugt ist. Wird nun durch Reflexion unter dem Polarisationswinkel eine bestimmte Schwingungsebene im reflektierten Strahl ausgesondert, so muß diese Schwingungsebene im Licht, das in die Glasplatte eindringt, fehlen: das eindringende Licht wird also in einer zu dieser Schwingungsrichtung senkrechten Ebene bevorzugt schwingen. Die bei der Brechung des Lichtes an einem durchsichtigen Körper auftretende Polarisation ist eine Art Restwirkung. Dies läßt sich dadurch zeigen, daß man eine größere Anzahl von Glasplatten (etwa 15 bis 20) mit geringen Zwischenräumen aufeinanderlegt und unter dem Polarisationswinkel Licht auf diesen *Glasplattensatz* auffallen läßt. Die Abb. 4.8 zeigt die Verhältnisse in schematischer Darstellung. Während der ***E***-Vektor des reflektierten Lichtes senkrecht zur Einfallsebene schwingt (durch Punkte angedeutet), schwingt das hindurchgehende Licht in der Einfallsebene (durch kurze Striche senkrecht zur Fortpflanzungsrichtung angedeutet); es wird daher von einem zweiten Glasplattensatz P_2 vollständig (ohne Reflexion!) durchgelassen, wenn dieser parallel zu P_1 steht. Im Infrarot benutzt man Sätze aus dünnen Se-Schichten.

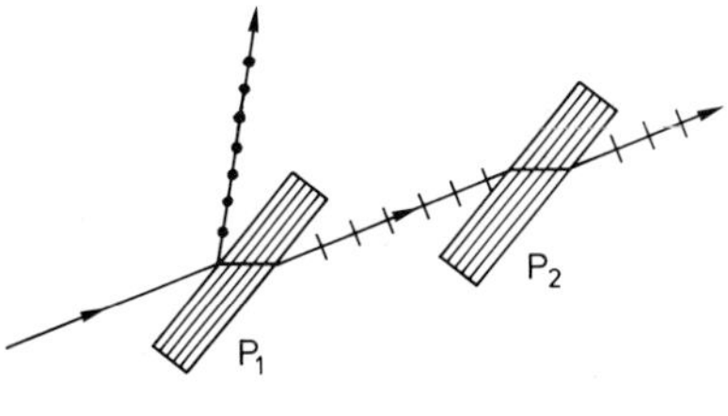

Abb. 4.8 Bei einem Glasplattensatz sind reflektierter und durchgehender Strahl senkrecht zueinander polarisiert.

Das Brewstersche Gesetz wird sofort verständlich, wenn man die Vorstellung über Brechung und Fortpflanzung des Lichtes in materiellen Medien zugrunde legt, die in Kap. 2 (Dispersion) entwickelt wurden. Danach läßt sich die Brechung und Fortpflanzung des Lichtes durch die vom elektrischen Vektor erzwungenen Schwingungen der Elektronen in den brechenden Medien erklären. Die Elektronen schwingen dabei in Richtung des elektrischen Vektors der Lichtquelle. Jedes schwingende Elektron ist aber ein schwingender Dipol. Der Dipol strahlt maximal in Richtung senkrecht zu seiner Schwingungsrichtung, während er in der Schwingungsrichtung überhaupt nicht strahlt (andernfalls müßte er longitudinale Wellen aussenden). Wenn nun Licht unter dem Brewsterwinkel α_p einfällt, können die vom einfallenden Licht im Medium angeregten Dipole, entsprechend der Abb. 4.9 kein Licht in Richtung der regulären Reflexion abstrahlen, sofern ihre Schwingungsrichtung parallel der

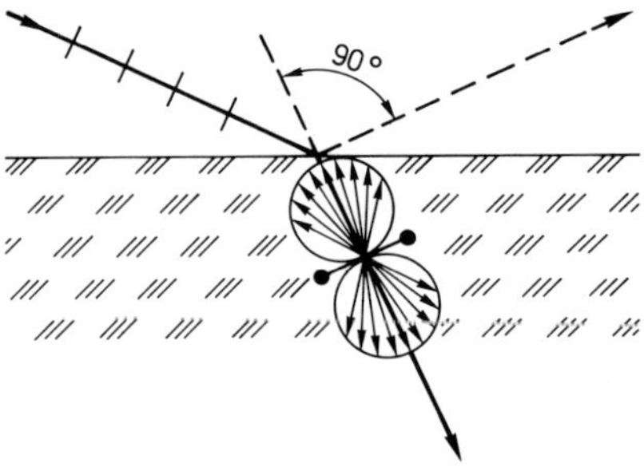

Abb. 4.9 Erklärung des Brewsterschen Gesetzes durch die Strahlungscharakteristik eines linear schwingenden Elektrons.

Richtung des reflektierten Strahles liegt, sofern also das ankommente Licht in der Einfallsebene schwingt; das ist der Inhalt des Brewsterschen Gesetzes. Liegt dagegen die Schwingungsebene des ankommenden Lichtes senkrecht zur Einfallsebene, so strahlen die Dipole sowohl in Richtung des reflektierten als auch in Richtung des gebrochenen Strahles.

Im Einklang damit ist auch die Tatsache, daß das an sehr kleinen kugelförmigen Teilchen gestreute Licht in allen Richtungen, die senkrecht zum einfallenden Strahl stehen, linear polarisiert ist (Abb. 4.10). Die Transversalität der Lichtschwingung und die Strahlungscharakteristik der streuenden Dipole bedingen, daß die Schwingungsrichtung jeweils senkrecht auf der durch Primärstrahl und Beobachtungsrichtung festgelegten Ebene steht. Denn der $\boldsymbol{E}$-Vektor des einfallenden Strahles kann immer nur senkrecht zur Primärstrahlrichtung, der des gestreuten Strahles immer nur senkrecht zur Beobachtungsrichtung schwingen. Bei einem Streuwinkel von 90° und einer festen Beobachtungsrichtung ist die Lage der Schwingungsebene des Streu-

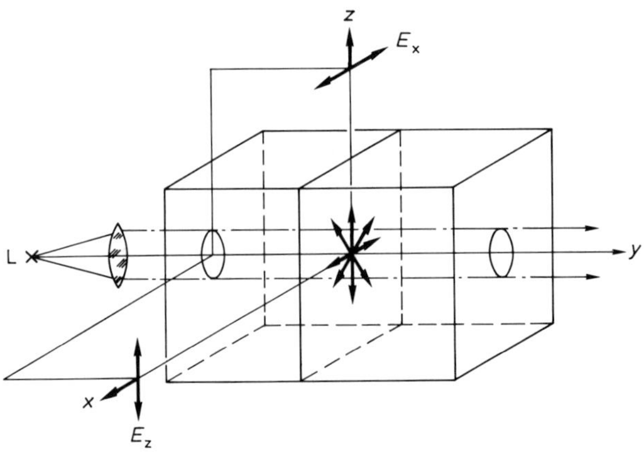

Abb. 4.10 Polarisation durch Streuung an einem trüben Medium. Schwingungsrichtungen der $\boldsymbol{E}$-Vektoren im Streulicht bei einem Streuwinkel von 90° in x- bzw. in z-Richtung.

lichtes für alle möglichen Orientierungen der streuenden Dipole dieselbe, nur die Schwingungsamplitude ändert sich. Entsprechende Versuche lassen sich an einem mit Wasser gefüllten Trog durchführen. Zur Erhöhung der Streuung[3] trübt man das Wasser mit einer kleinen Menge Seife, Milch oder einer alkoholischen Mastixlösung und beobachtet das gestreute Licht durch einen drehbaren Analysator. Oder man entfernt den Analysator und beleuchtet in einem zweiten Versuch bereits mit linear polarisiertem Licht. Während man die Polarisationsrichtung dreht, wird das unter 90° gestreute Licht jeweils in einem Drehabstand von 90° sichtbar oder unsichtbar (siehe dazu auch Abb. 4.61).

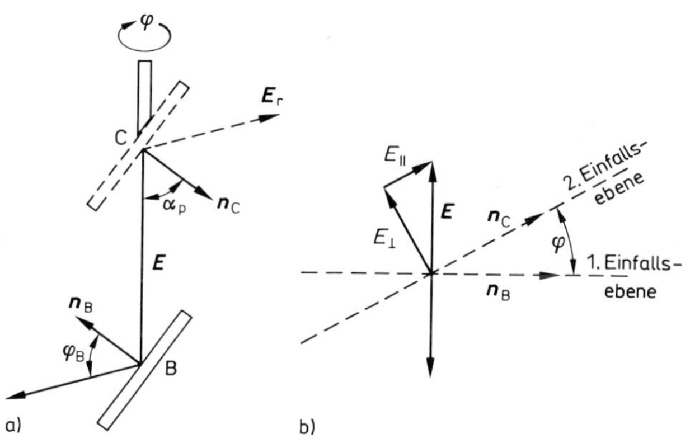

Abb. 4.11 Zum Malusschen Gesetz. a) Anordnung des festen (bei B) und des drehbaren Glasspiegels (bei C) für $\varphi = 0°$ entsprechend Abb. 4.3. $\boldsymbol{n}_B$ und $\boldsymbol{n}_C$ Spiegelnormalen. $\boldsymbol{E}$ steht senkrecht zur Zeichenebene. b) Blickrichtung BC (zugleich Schnittgerade der 1. und 2. Einfallsebene) senkrecht zur Papierebene.

Wenn man in dem grundlegenden Versuch der Abb. 4.3, der in Abb. 4.11a noch einmal skizziert ist, die beiden Spiegel aus der parallelen oder antiparallelen Stellung, in der ihre Einfallsebenen zusammenfallen, gegeneinander verdreht, nimmt die Intensität, besser die Leistung, der bei C reflektierten Strahlung ab und erreicht schließlich den Wert Null, wenn die Spiegel gekreuzt sind, d.h. die Einfallsebenen einen Winkel von 90° miteinander bilden. (Da der Querschnitt des Lichtbündels bei der Reflexion erhalten bleibt, gilt die Betrachtung ebenso für die Leistung wie für die Intensität = Leistung/Querschnitt.) Es erhebt sich die Frage, welchen Betrag die Intensität des reflektierten Lichtes besitzt, wenn die beiden Einfallsebenen den Winkel φ miteinander bilden. Diese Frage hat Malus beantwortet: Bezeichnet man die reflektierte Intensität im Falle $\varphi = 0$ mit J_0, diejenige beim Winkel φ mit J_φ, so ist **(Malussches Gesetz)**

$$J_\varphi = J_0 \cos^2 \varphi \,. \tag{4.1}$$

[3] Alle materiellen Medien sind „trübe", als Folge der molekularen Struktur, auch ohne die geringsten Verunreinigungen.

Es ist nicht schwierig, dieses Gesetz aus der Vorstellung der Transversalität des Lichtes zu erklären, wenn man von dem in Abb. 4.8 dargestellten Sachverhalt ausgeht: Da linear polarisiertes Licht nur dann vom Glasspiegel reflektiert wird, wenn die Schwingungsrichtung senkrecht zur Einfallsebene steht und nur dann reflexionsfrei hindurchgelassen wird, wenn die Schwingungsrichtung parallel der Einfallsebene liegt, genügt es, den elektrischen Vektor $\boldsymbol{E}$ des einfallenden Strahls BC der Abb. 4.11 in die beiden Anteile senkrecht und parallel zur zweiten Einfallsebene zu zerlegen, wie es der rechte Teil der Abb. 4.11 zeigt. Der reflexionsfähige Anteil $E_\perp$ ist demnach:

$$E_\perp = E \cos \varphi \,.$$

Da einerseits der Reflexionswinkel α_p für den Spiegel bei C unter allen Drehwinkeln konstant bleibt und damit das Reflexionsverhältnis $E_{\mathrm{r}\perp}/E_\perp$ von φ unabhängig ist, andererseits die Intensitäten proportional den Amplitudenquadraten sind, folgt daraus das Malussche Gesetz:

$$J_\varphi = E_{\mathrm{r}\perp}^2 = \text{const.} \cdot E_\perp^2 = \text{const.} \cdot E^2 \cos^2 \varphi \quad \text{und} \quad J_0 = \text{const.} \cdot E^2 \,.$$

Genaue Messungen haben es vollständig bestätigt.

4.2 Theorie der Reflexion, Brechung und Polarisation; Fresnelsche Formeln

Die im vorhergehenden besprochenen Vorgänge der Reflexion und Brechung des Lichtes spielen sich offensichtlich jeweils in einer schmalen Schicht um die Trennfläche zweier aneinanderstoßender Medien – etwa Glas und Luft – ab, so daß es im folgenden genügt, allein diese Grenzschicht näher zu betrachten. Eine quantitative Beschreibung der Vorgänge gestattet die elektromagnetische Lichttheorie, da sie hinlänglich Aussagen über das Verhalten der Feldvektoren $\boldsymbol{E}$ und $\boldsymbol{H}$ in der Grenzschicht macht. Aus der Elektrizitätslehre (Bd. 2, vgl. auch Kap. E.5) ist bekannt, daß die tangential zu einer Trennfläche verlaufenden Komponenten von E und H diese Trennfläche stetig passieren. Es sei ferner daran erinnert, daß die mittlere räumliche Energiedichte eines elektromagnetischen Wellenfeldes gleich $\varepsilon \boldsymbol{E}^2$ ist, woraus sich die zeit- und flächenbezogene Energiemenge zu $S = (c_0/n)\,\varepsilon \boldsymbol{E}^2$ ergibt[4]. ε ist die Permittivität (Dielektrizitätskonstante), $c_0/n = 1/\sqrt{\varepsilon\mu}$ ist die Fortpflanzungsgeschwindigkeit der Welle im betrachteten Medium, dessen absolute Brechzahl n ist, und c_0 bedeutet die Vakuumlichtgeschwindigkeit. Für die meisten Stoffe ist die Abweichung der Permeabilität μ vom Vakuumwert μ_0 (magnetische Feldkonstante) vernachlässigbar klein, so daß schließlich mit der üblichen Vereinfachung $\mu \approx \mu_0$ folgt:

[4] S entspricht dem Betrag des häufig benutzten **Poynting-Vektors** $\boldsymbol{S} = \boldsymbol{E} \times \boldsymbol{H}$, dessen Pfeilspitze in die Energietransportrichtung, d. h. in die Strahlrichtung weist. Ferner gilt in einem normierten Orthogonalsystem x, y, z z. B.: $H_y = \sqrt{\varepsilon/\mu}\, E_x \approx (c_0/n)\,\varepsilon E_x$; damit folgt $S_z = E_x H_y = \sqrt{\varepsilon/\mu}\, E_x^2 \approx (c_0/n)\,\varepsilon E_x^2$. – S liefert den Zahlenwert für die auf S. 457 eingeführte Intensität J eines parallelen Strahlenbündels.

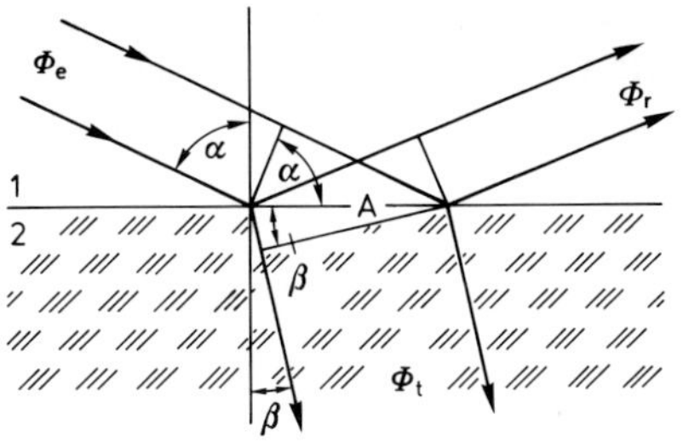

Abb. 4.12 Zur Ableitung der Fresnelschen Formeln.

$$S = \sqrt{\frac{\varepsilon}{\mu_0}} \boldsymbol{E}^2 .$$

In Abb. 4.12 falle ein paralleles Lichtbündel der Strahlungsleistung Φ_e unter dem Winkel α auf die ebene Trennfläche zweier Medien 1 und 2 und bestrahle dort den Querschnitt A der Trennfläche. Das Lichtbündel spaltet sich nach dem Brechungs- und Reflexionsgesetz in zwei Anteile auf, die ihren Weg unter den Winkeln β und $\pi - \alpha$ zur Trennflächennormale fortsetzen. Aus Gründen der Energieerhaltung muß die im einfallenden Lichtbündel vom Querschnitt $A \cos\alpha$ vorhandene Strahlungsleistung $\Phi_e = S_e A \cos\alpha$ gleich der Summe der Strahlungsleistungen des reflektierten und des gebrochenen Strahls sein

$$\Phi_e = \Phi_r + \Phi_t \quad \text{oder} \quad S_e A \cos\alpha = S_r A \cos\alpha + S_t A \cos\beta . \tag{4.2}$$

Nach Einsetzen der elektrischen Feldvektoren unter sinngemäßer Beibehaltung der Indizes e, r und t folgt daraus

$$\sqrt{\frac{\varepsilon_1}{\mu_0}} \boldsymbol{E}_e^2 = \sqrt{\frac{\varepsilon_1}{\mu_0}} \boldsymbol{E}_r^2 + \sqrt{\frac{\varepsilon_2}{\mu_0}} \boldsymbol{E}_t^2 \frac{\cos\beta}{\cos\alpha} .$$

Die Indizes 1 und 2 an den Permittivitäten ε beziehen sich dabei auf die zugehörigen Medien. Über die Maxwellsche Beziehung

$$\sqrt{\frac{\varepsilon_2 \mu_2}{\varepsilon_1 \mu_1}} = \frac{n_2}{n_1} = n_{\text{rel}}$$

läßt sich eine relative Brechzahl n_{rel} einführen und mit der Abkürzung f_α für den Quotienten der Bündelquerschnitte

$$f_\alpha = \frac{\cos\beta}{\cos\alpha} = \frac{\sqrt{n_{\text{rel}}^2 - \sin^2\alpha}}{n_{\text{rel}} \cos\alpha} = \sqrt{1 + \left(1 - \frac{1}{n_{\text{rel}}^2}\right) \tan^2\alpha} , \tag{4.3}$$

aus der sich der Winkel β mit Hilfe des Snelliusschen Brechungsgesetzes eliminieren läßt, reduziert sich Gl. (4.2) schließlich auf die Form

$$E_e^2 - E_r^2 = n_{\text{rel}} f_\alpha E_t^2 . \tag{4.4}$$

Zur weiteren Behandlung sind die elektrischen Feldvektoren in ihre beiden Komponenten parallel ($_{\parallel}$) und senkrecht ($_{\perp}$) zur Einfallsebene zu zerlegen

$$\boldsymbol{E} = \{E_{\parallel}, E_{\perp}\}\,.$$

Die Gl. (4.4) gilt für jede der beiden Komponenten einzeln, so daß die folgende Komponentenrechnung skalar ablaufen kann. Zuerst sei die Komponente $E_{\perp}$ betrachtet, die zugleich „Tangentialkomponente“ zur Trennfläche ist und daher beiderseitigs der Trennfläche gleich groß sein muß; daraus gewinnt man die Bedingungsgleichung

$$E_{\mathrm{e}\perp} + E_{\mathrm{r}\perp} = E_{\mathrm{t}\perp}\,, \tag{4.5}$$

welche als Teiler in Gl. (4.4) eingeführt unmittelbar zu

$$E_{\mathrm{e}\perp} - E_{\mathrm{r}\perp} = n_{\mathrm{rel}} f_{\alpha} E_{\mathrm{t}\perp} \tag{4.6}$$

führt. Eliminiert man aus den beiden letzten Ausdrücken $E_{\mathrm{t}\perp}$, so erhält man das Reflexionsverhältnis $q_{\mathrm{r}\perp}$

$$q_{\mathrm{r}\perp} = \frac{E_{\mathrm{r}\perp}}{E_{\mathrm{e}\perp}} = -\frac{n_{\mathrm{rel}} f_{\alpha} - 1}{n_{\mathrm{rel}} f_{\alpha} + 1} = -\frac{n_2 \cos\beta - n_1 \cos\alpha}{n_2 \cos\beta + n_1 \cos\alpha} = -\frac{\sin(\alpha - \beta)}{\sin(\alpha + \beta)}\,. \tag{4.7}$$

Eliminiert man andererseits die reflektierte Komponente $E_{\mathrm{r}\perp}$, gelangt man zum Transmissionsverhältnis $q_{\mathrm{t}\perp}$.

$$q_{\mathrm{t}\perp} = \frac{E_{\mathrm{t}\perp}}{E_{\mathrm{e}\perp}} = \frac{2}{1 + n_{\mathrm{rel}} f_{\alpha}} = \frac{2 n_1 \cos\alpha}{n_2 \cos\beta + n_1 \cos\alpha} = \frac{2\cos\alpha \sin\beta}{\sin(\alpha + \beta)}\,. \tag{4.8}$$

Die verschiedenen Schreibweisen ergeben sich durch schrittweisen Abbau der eingeführten Abkürzungen.

Die Quadrate der Beträge der Größen q_{r} und q_{t} bezeichnet man als **Reflexionsgrad** ϱ und als **Transmissionsgrad** τ.

In völlig analoger Weise lassen sich Reflexion und Transmission für die Komponente $E_{\parallel}$ gewinnen, wenn man vorübergehend von der Substitutionsmöglichkeit $|E_{\parallel}| = \sqrt{\frac{\mu}{\varepsilon}}\,|H_{\perp}|$ Gebrauch macht und die Gl. (4.4) bis (4.8) für die Feldkomponente $H_{\perp}$ durchrechnet, deren Stetigkeit für die Grenzflächen ja gesichert ist. Ein zweiter, hier beschrittener Weg, benutzt die Tatsache, daß auch die Komponente $E_{\parallel}$ einen Tangentialanteil besitzt. Aus der Abb. 4.17, auf die sich insbesondere die Vorzeichen beziehen, entnimmt man

$$E_{\mathrm{e}\parallel} \cos\alpha + E_{\mathrm{r}\parallel} \cos(\pi - \alpha) = E_{\mathrm{t}\parallel} \cos\beta$$

oder

$$E_{\mathrm{e}\parallel} - E_{\mathrm{r}\parallel} = f_{\alpha} E_{\mathrm{t}\parallel}\,. \tag{4.9}$$

Die Division der Gl. (4.4) durch Gl. (4.9) – diesmal für die Komponente $E_{\parallel}$ geschrieben – liefert

$$E_{\mathrm{e}\parallel} + E_{\mathrm{r}\parallel} = n_{\mathrm{rel}} E_{\mathrm{t}\parallel}\,. \tag{4.10}$$

Eliminiert man wieder zuerst $E_{t\parallel}$, dann $E_{r\parallel}$, so folgt nacheinander

$$q_{r\parallel} = \frac{E_{r\parallel}}{E_{e\parallel}} = \frac{n_{rel} - f_\alpha}{n_{rel} + f_\alpha} = \frac{n_2 \cos\alpha - n_1 \cos\beta}{n_2 \cos\alpha + n_1 \cos\beta} = -\frac{\tan(\alpha - \beta)}{\tan(\alpha + \beta)}. \quad (4.11)$$

und

$$q_{t\parallel} = \frac{E_{t\parallel}}{E_{e\parallel}} = \frac{2}{n_{rel} + f_\alpha} = \frac{2 n_1 \cos\alpha}{n_2 \cos\alpha + n_1 \cos\beta} = \frac{2 \cos\alpha \sin\beta}{\sin(\alpha + \beta)\cos(\alpha - \beta)}. \quad (4.12)$$

Eine weitere, viel benutzte Gestalt der Gleichungen für q_r und q_t entsteht durch Elimination des Winkels β:

$$q_{r\perp} = \frac{E_{r\perp}}{E_{e\perp}} = -\frac{(\sqrt{n_{rel}^2 - \sin^2\alpha} - \cos\alpha)^2}{n_{rel}^2 - 1}, \quad (4.7\,a)$$

$$q_{t\perp} = \frac{E_{t\perp}}{E_{e\perp}} = \frac{2\cos\alpha\sqrt{n_{rel}^2 - \sin^2\alpha} - 2\cos^2\alpha}{n_{rel}^2 - 1}, \quad (4.8\,a)$$

$$q_{r\parallel} = \frac{E_{r\parallel}}{E_{e\parallel}} = \frac{n_{rel}^2 \cos\alpha - \sqrt{n_{rel}^2 - \sin^2\alpha}}{n_{rel}^2 \cos\alpha + \sqrt{n_{rel}^2 - \sin^2\alpha}}, \quad (4.11\,a)$$

$$q_{t\parallel} = \frac{E_{t\parallel}}{E_{e\parallel}} = \frac{2 n_{rel} \cos\alpha}{n_{rel}^2 \cos\alpha + \sqrt{n_{rel}^2 - \sin^2\alpha}}, \quad (4.12\,a)$$

Die vier Gleichungen für q_r und q_t hat zuerst A. Fresnel (1821) aus seiner elastischen Lichttheorie abgeleitet, während sie heute aus der elektromagnetischen Theorie begründet werden. Die vier Fresnelschen Formeln (4.7), (4.8), (4.11) und (4.12) enthalten die vollständige Theorie der Reflexion, Brechung und Polarisation bei isotropen Medien. Für vollkommen durchsichtige, also nichtabsorbierende Medien, für welche die Formeln zunächst abgeleitet wurden, behalten die für die Grenzschicht gewonnenen Ergebnisse ihre Gültigkeit auch noch in beliebiger Entfernung beiderseits der Trennfläche, so daß sich die Formeln experimentell bequem prüfen lassen. Den Absorptionsfall kann man formal durch eine Erweiterung auf komplexe Größen ε und n einschließen und es wird sich zeigen, daß die Fresnelschen Formeln auch noch für die Optik der Metalle maßgebend sind.

Die Diskussion der Fresnelschen Gleichungen muß sich in erster Linie am Verlauf des Querschnittsquotienten f_α – Gl. (4.3) – orientieren. Aus dessen graphischer Darstellung in Abb. 4.13 geht hervor, daß die Parameterwerte $n_{rel} \gtrless 1$ zu zwei wesentlich unterschiedlichen Kurven führen. An dieser Stelle soll der Fall $n_2/n_1 = n_{rel} > 1$ – entsprechend einer **Reflexion und Brechung am optisch dicheren Medium** – besprochen werden, wobei hier speziell das Medium 1 Vakuum oder Luft ($n_1 \cong 1$) sein soll, das zweite eine Brechzahl $n_2 > 1$ besitzen möge. Dieser Situation soll dann in Abschn. 4.3 die umgekehrte ($n_{rel} < 1$) gegenübergestellt werden, wobei dann auch die Totalreflexion erfaßt wird.

Experimentell kann man sich mit der Messung der reflektierten Strahlung begnügen, da der durchgelassene Anteil über das Energieprinzip – Gl. (4.2) – mitbestimmt ist. Man mißt $q_{r\perp}^2$ bzw. $q_{r\parallel}^2$, d. h. das Verhältnis der Leistungen der reflektierten zur einfallenden Strahlung als Funktion des Einfallswinkels α. Das Wesentliche einer solchen Versuchsanordnung zeigt Abb. 4.14. Paralelles, monochromatisches Licht

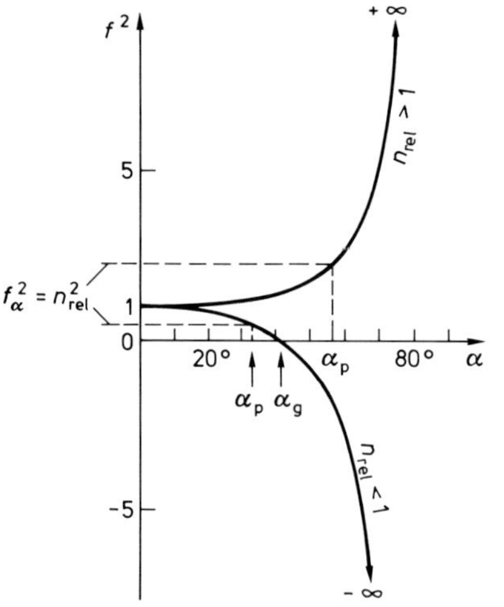

Abb. 4.13 Verlauf von f_α^2. Die Kurve strebt, von 1 ausgehend, für Parameterwerte $n_{rel} > 1$ nach oben, für $n_{rel} < 1$ dagegen nach unten; nur im letzten Fall schneidet die Kurve die Abszisse ($\alpha = \alpha_g$). An der Stelle $\alpha = \alpha_p$ gilt in beiden Fällen $f_\alpha = n_{rel}$.

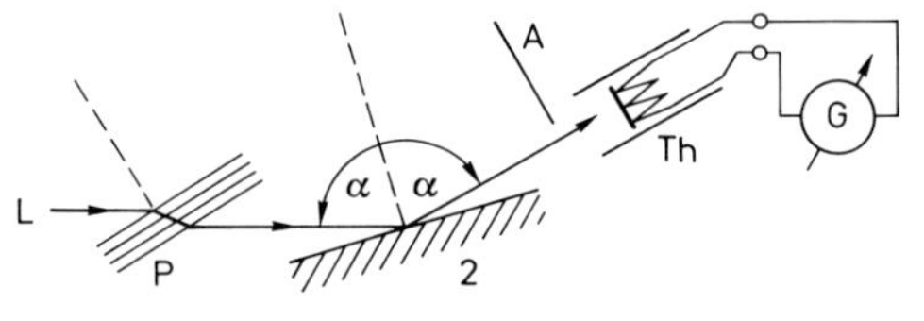

Abb. 4.14 Schematische Versuchsanordnung zur Messung des Reflexionsgrades ϱ. L: Monochromatische Lichtquelle, P: Polarisator, Th: Thermosäule, G: Galvanometer.

wird mittels eines Polarisators P linear polarisiert und fällt unter dem verstellbaren Einfallswinkel α auf die Oberfläche des Mediums 2. Die wiederum unter α reflektierte Strahlung trifft auf ein geeignetes Instrument zur Messung der Strahlungsleistung (etwa eine Thermosäule in Verbindung mit einem Galvanometer). Ferner mißt man die einfallende Strahlungsleistung. Der Polarisator P ist drehbar und gestattet, die Schwingungsebene um die Einfallsrichtung als Achse beliebig zu drehen. Insbesondere erhält man die Komponente $q_{r\|}^2$ für das Azimut $\varphi_e = 0$ und $q_{r\perp}^2$ für $\varphi_e = \pi/2$.

Die Abb. 4.15 zeigt die Verhältnisse für Luft-Kronglas, $n_{rel} = 1{,}5$. Sie lassen sich parallel dazu an Hand der Fresnelschen Formeln (4.7) und (4.11) mühelos verfolgen, wenn man beachtet, daß f_α im Bereich $0 \leqq \alpha \leqq \pi/2$ monoton von 1 bis ∞ ansteigt. Unter allen Einfallswinkeln α gilt $q_{r\perp} > q_{r\|}$; nur an den beiden Randpunkten senkrechten und streifenden Einfalls werden beide gleich. Während aber $q_{r\perp}$ mit α ständig ansteigt, sinkt $q_{r\|}$ zunächst ab und verschwindet für $f_\alpha = n_{rel}$ an der Stelle $\alpha = \alpha_p$; hier gilt nach Gl. (4.3)

$$n_{\mathrm{rel}}^2 = 1 + \frac{n_{\mathrm{rel}}^2 - 1}{n_{\mathrm{rel}}^2} \tan^2 \alpha_{\mathrm{p}} \quad \text{oder} \quad n_{\mathrm{rel}}^2 = \tan^2 \alpha_{\mathrm{p}} \, ;$$

das aber ist das Brewstersche Gesetz des Polarisationswinkels. An diesem Punkt der Kurve kann reflektiertes Licht nur senkrecht zur Einfallsebene schwingen. Dagegen zeigt das durchgehende Licht (Abb. 4.16) stets ein Gemich beider Kompo-

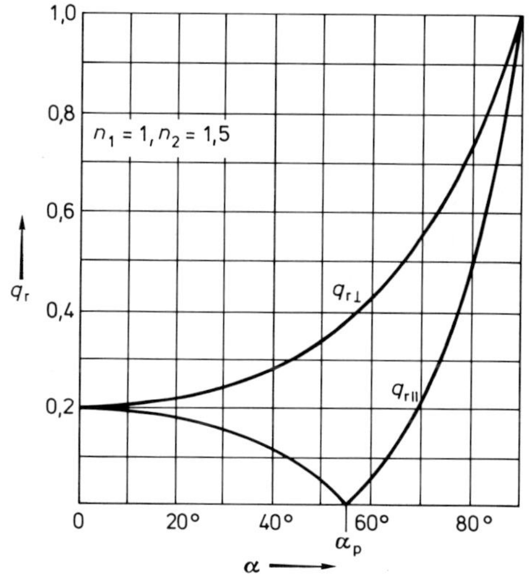

Abb. 4.15 Abhängigkeit der Reflexionsverhältnisse vom Einfallswinkel α für senkrecht ($q_{\mathrm{r}\perp}$) und parallel ($q_{\mathrm{r}\parallel}$) zur Einfallsebene polarisiertes Licht.

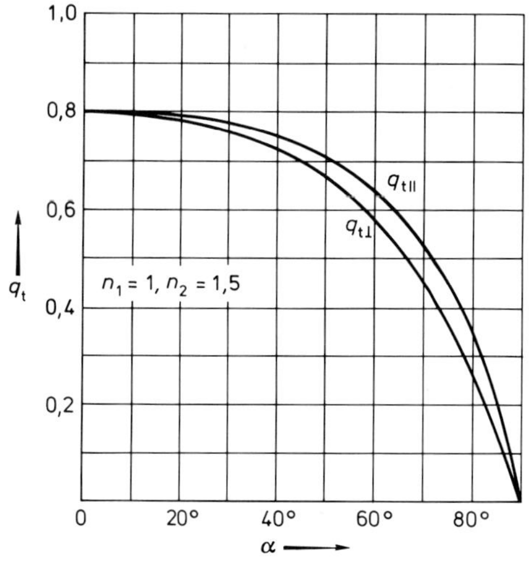

Abb. 4.16 Abhängigkeit der Transmissionsverhältnisse vom Einfallswinkel α für senkrecht ($q_{\mathrm{t}\perp}$) und parallel ($q_{\mathrm{t}\parallel}$) zur Einfallsebene polarisiertes Licht.

nenten. Hier gilt $q_{t\parallel} > q_{t\perp}$. Die Kurven sind unter Benutzung der Gl. (4.2) aus den Reflexionsmessungen berechnet. Selbstverständlich gelten die Fresnelschen Formeln für Licht aller Wellenlängen von den ultravioletten bis zu den Hertzschen elektrischen Wellen; sie sind in den meisten Spektralbereichen wiederholt geprüft und immer bestätigt worden.

Der wichtige Spezialfall **senkrechter Strahleninzidenz** sei noch erörtert. Hier gilt $\alpha = 0$ damit $f_\alpha = 1$ und man findet sofort:

$$q_{r\perp} = -\frac{n_{rel} - 1}{n_{rel} + 1}, \quad q_{r\parallel} = \frac{n_{rel} - 1}{n_{rel} + 1},$$

$$q_{t\perp} = \frac{2}{n_{rel} + 1}, \quad q_{t\parallel} = \frac{2}{n_{rel} + 1}. \tag{4.13}$$

Da für $\alpha = 0$ eine Unterscheidung der beiden Schwingungsrichtungen nicht mehr möglich ist, müssen die entsprechenden Formeln ineinander übergehen. Die Reflexionsverhältnisse in Gl. (4.13) weisen jedoch formal eine Vorzeichendifferenz auf: Während das negative Vorzeichen in der ersten Formel anzeigt, daß $E_{e\perp}$ und $E_{r\perp}$ entgegengerichtet sind, bei der Reflexion also ein Phasensprung um π stattfindet, scheint dieser Phasensprung zwischen $E_{e\parallel}$ und $E_{r\parallel}$ zu fehlen. Für $q_{r\parallel}$ bedeutet jedoch die Beibehaltung der Richtung relativ zum Strahl gerade die Umkehrung der Richtung im festen Raumsystem, wie Abb. 4.17 erkennen läßt. Damit ist faktisch wieder Übereinstimmung mit $q_{r\perp}$ erreicht. Der empirisch beobachtete **Phasensprung** bei der Reflexion am optisch dichteren Medium bestätigt, daß der Grenzübergang für $q_{r\perp}$ richtig ist.

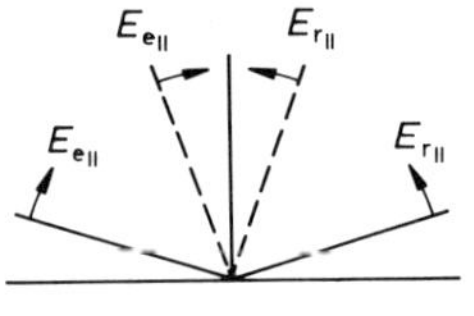

Abb. 4.17 Richtungen von $E_{e\parallel}$ und $E_{r\parallel}$ bei verschiedenem Einfallswinkel (Reflexion am dichteren Medium).

Für senkrechten Lichteinfall wird der **Reflexionsgrad**

$$\varrho = \frac{\Phi_r}{\Phi_e} = \frac{q_{r\perp}^2 E_{e\perp}^2 + q_{r\parallel}^2 E_{e\parallel}^2}{E_{e\perp}^2 + E_{e\parallel}^2} = \left(\frac{n_{rel} - 1}{n_{rel} + 1}\right)^2 \quad \text{für} \quad \alpha = 0. \tag{4.14a}$$

Der Reflexionsgrad durchsichtiger Stoffe ist im allgemeinen klein, weil die Brechzahlen größtenteils unterhalb von 2 liegen. Zum Beispiel ist für Kronglas ($n_2 = 1{,}5$) der Reflexionsgrad $\varrho = \left(\frac{1{,}5 - 1}{1{,}5 + 1}\right)^2 = \left(\frac{0{,}5}{2{,}5}\right)^2 = 0{,}04$ oder 4%. Der reflektierte Betrag nimmt zwar mit wachsendem Einfallswinkel laufend zu, jedoch bleibt beispielsweise die Erzeugung linear polarisierten Lichtes durch Reflexion stets mit erheblichen Lichtverlusten verbunden. Glücklicherweise gibt es wesentlich wirksamere Polarisationsverfahren, die aber erst in Abschn. 4.7 besprochen werden. Anders liegen indessen die Verhältnisse im Infraroten, wo andere Verfahren fehlen. Dort wirkt sich günstig aus, daß Selen die hohe Brechzahl $n = 2{,}420$ aufweist, weshalb man mit einem Selenspiegelpolarisator ($\alpha_p \approx 67°$) verhältnismäßig viel linear polarisiertes Licht gewinnen kann.

Analog dem Reflexionsgrad erhält man den **Transmissionsgrad** τ

$$\tau = \frac{\Phi_t}{\Phi_e} = n_{rel} \frac{q_{t\perp}^2 E_{e\perp}^2 + q_{t\parallel}^2 E_{e\parallel}^2}{E_{e\perp}^2 + E_{e\parallel}^2} = \frac{4 n_{rel}}{(n_{rel}+1)^2} \quad \text{für} \quad \alpha = 0\,, \tag{4.14b}$$

wobei nach Gl. (4.2) berücksichtigt ist, daß

$$\frac{\Phi_t}{\Phi_e} = f_\alpha \frac{S_t}{S_e} = f_\alpha n_{rel} \frac{E_t^2}{E_e^2}$$

gilt. – Werden ϱ und τ addiert, so erhält man erwartungsgemäß den Betrag 1.

Man kann die Fresnelschen Formeln noch auf eine weitere, ergänzende Weise prüfen, wen man gemäß Abb. 4.14 der Schwingungsebene des einfallenden Lichtes ein beliebiges Azimut φ_e gegen die Einfallsebene erteilt. Für diesen Fall ist zu beachten, daß die Komponentenzerlegung in $E_{e\parallel}$ und $E_{e\perp}$ phasengekoppelt ist:

$$\boldsymbol{E}_e = \{E_{e\parallel}, E_{e\perp}\}\,;\; E_{e\parallel} = E_e \cos\varphi_e \text{ und } E_{e\perp} = E_e \sin\varphi_e \text{ bzw. } \frac{E_{e\perp}}{E_{e\parallel}} = \tan\varphi_e\,.$$

Nach der Reflexion unter dem Winkel α setzen sich die Komponenten wieder zu einer resultierenden Schwingung zusammen:

$$\boldsymbol{E}_r = \{E_{r\parallel}, E_{r\perp}\} = \{q_{r\parallel} E_e \cos\varphi_e,\; q_{r\perp} E_e \sin\varphi_e\}\,.$$

Das Azimut φ_r dieses Vektors $\boldsymbol{E}_r$ ist bestimmt durch

$$\tan\varphi_r = \frac{E_{r\perp}}{E_{r\parallel}} = K \tan\varphi_e \quad \text{mit} \quad K = \frac{q_{r\perp}}{q_{r\parallel}} = \frac{n_{rel} f_\alpha - 1}{n_{rel} f_\alpha + 1} \cdot \frac{n_{rel} + f_\alpha}{n_{rel} - f_\alpha}\,. \tag{4.15}$$

Eigentlich enthält Gl. (4.15) ein Minuszeichen. Da aber üblicherweise der Winkel φ_e mit Blick in der Strahlrichtung, dagegen φ_r mit Blick entgegen der Strahlrichtung gemessen wird, muß φ_r negativ gezählt, also das Vorzeichen umgekehrt werden.

Für $\alpha \neq 0$ ist der Faktor K in Gl. (4.15) von 1 verschieden; folglich erscheint der Vektor $\boldsymbol{E}_r$ um den Winkel $\varphi_r - \varphi_e$ gegenüber $\boldsymbol{E}_e$ gedreht. Schaltet man in Abb. 4.14 an der bei A bezeichneten Stelle einen Polarisationsanalysator in den Strahlengang ein, so kann man die bei der Reflexion erzeugte Verdrehung $\varphi_r - \varphi_e$ der Schwingungsebene – gemäß Gl. (4.15) – als Funktion von α bestimmen. Abb. 4.18 zeigt das Ergebnis in voller Übereinstimmung mit der Theorie. Mit zunehmendem α bzw. f_α wächst auch K und wird für $\alpha = \alpha_p (f_\alpha = n_{rel})$ unendlich groß. An dieser Stelle ist $\varphi_r = \pi/2$, unabhängig vom Einfallsazimut φ_e. Für $\alpha > \alpha_p$ wird K negativ und nähert sich für streifenden Einfall ($f_\alpha \to \infty$) schließlich dem Wert -1; dort gilt dann $\tan\varphi_r = -\tan\varphi_e = \tan(\pi - \varphi_e)$. Eine Übersicht bietet die nachstehende Tab. 4.3.

Zusammenfassend kann man sagen: Der Anfangswert φ_r ist gleich φ_e; er liegt um ebensoviel unter (über) $\pi/2$ wie der Endwert darüber (darunter) liegt. Sämtliche

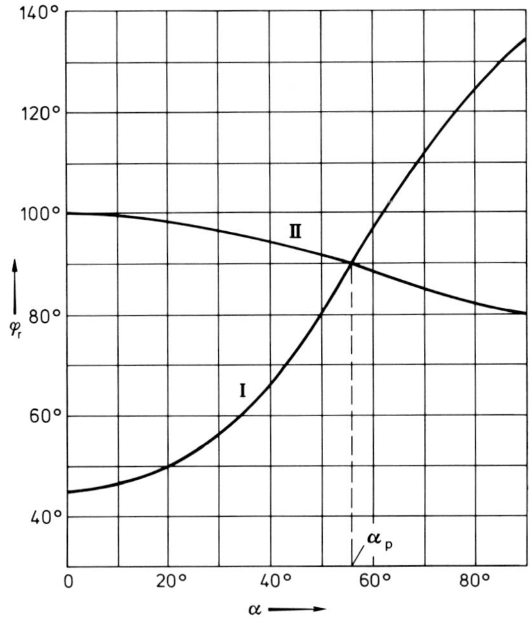

Abb. 4.18 Abhängigkeit des Azimutwinkels φ_r einer reflektierten, linear polarisierten Welle vom Einfallswinkel α: I: Azimutwinkel der einfallenden Welle 45°, II: Azimutwinkel der einfallenden Welle 100°.

Tab. 4.3 Wertebereiche der Parameter aus Gl. (4.15).

α	f_α	$K = q_{r\perp}/q_{r\parallel}$
$0 \leqq \alpha \leqq \alpha_p$	$1 \leq f_\alpha \leq n_{rel}$	$1 \leqq K < \infty$
$\alpha_p \leqq \alpha \leqq \pi/2$	$n_{rel} \leqq f_\alpha \leqq \infty$	$-\infty < K \leqq -1$
$\tan\varphi_r$	$\varphi_e < \pi/2$	$\varphi_e > \pi/2$
$\lvert\tan\varphi_e\rvert \leqq \lvert\tan\varphi_r\rvert \leqq \infty$	$\varphi_e \leqq \varphi_r \leqq \pi/2$	$\varphi_e \geqq \varphi_r \geqq \pi/2$
$\infty \geqq \lvert\tan\varphi_r\rvert \geqq \lvert\tan\varphi_e\rvert$	$\pi/2 \leqq \varphi_r \leqq \pi - \varphi_e$	$\pi/2 \geqq \varphi_r \geqq \pi - \varphi_e$

Kurven unterschiedlicher Parameter schneiden sich beim Polarisationswinkel $\alpha = \alpha_p$ an der Stelle $\varphi_r = \pi/2$.

In gleicher Weise läßt sich auch die gebrochene Strahlung betrachten. An Stelle von Gl. (4.15) erhält man:

$$\tan\varphi_t = \frac{E_{t\perp}}{E_{t\parallel}} = \frac{n_{rel} + f_\alpha}{1 + n_{rel} f_\alpha} \tan\varphi_e \,. \tag{4.15a}$$

Der Faktor $(n_{rel} + f_\alpha)/(1 + n_{rel} f_\alpha)$ nimmt von 1 ($\alpha = 0$, $f_\alpha = 1$) monoton bis $1/n_{rel}$ ab ($\alpha = \pi/2$, $f_\alpha = \infty$); daher ist die Drehung der Schwingungsebene hier im allgemeinen unbedeutend.

4.3 Totalreflexion, Herstellung von elliptisch und zirkular polarisiertem Licht

In diesem Abschnitt sollen die Fresnelschen Gleichungen (4.7), (4.8), (4.11) und (4.12) für relative Brechzahlen $n_2/n_1 = n_{\text{rel}} < 1$ betrachtet werden. Hier wird nun der untere Ast der f_α-Kurve wirksam (Abb. 4.13). Um das Medienpaar Luft-Kronglas des letzten Abschnittes beizubehalten, sind lediglich die Rollen der Medien 1 und 2 zu vertauschen: Im Medium mit der Brechzahl n_1 (jetzt Kronglas) läuft der Lichtstrahl auf die Grenzschicht zum optisch dünneren Medium mit der Brechzahl n_2 (Luft) zu. Es gilt: $n_{\text{rel}} = 1/1{,}5 = 2/3$. Ein Teil des Lichtes wird an der Trennfläche in das optisch dünnere Medium hineingebrochen, der reflektierte Anteil verbleibt im Kronglas (vgl. etwa Abb. 1.41 und 1.42).

Solange $f_\alpha > 0$ ist, verlaufen die Reflexionskurven für $q_{\text{r}\parallel}$ und $q_{\text{r}\perp}$ (Abb. 4.19) analog dem Fall $n_{\text{rel}} > 1$. Auch hier gilt $q_{\text{r}\parallel} < q_{\text{r}\perp}$. Insbesondere verschwindet wiederum für den Brewsterwinkel $\alpha = \alpha_{\text{p}}$ (entsprechend $f_\alpha = n_{\text{rel}}$) die zur Einfallsebene parallele Komponente, um sich anschließend in steilem Anstieg wieder dem Wert $q_{\text{r}\perp}$ zu nähern. Wenn f_α verschwindet, d.h. wenn $\cos\beta = 0$, $\beta = \pi/2$ wird, erreichen beide Reflexionsverhältnisse den Betrag 1:

$$q_{\text{r}\parallel} = q_{\text{r}\perp} = 1 \quad \text{für} \quad \alpha = \alpha_{\text{g}}, \quad f_\alpha = 0, \quad \beta = \pi/2 .$$

Für diesen **Grenzwinkel,** der in Abb. 4.13 mit α_{g} bezeichnet ist, tritt nach dem Snelliusschen Brechungsgesetz der gebrochene Strahl gerade noch streifend in das optisch dünnere Medium ein ($\beta = \pi/2$); es gilt daher $\sin\alpha_{\text{g}} = n_{\text{rel}}$. Aus Abb. 4.13 liest man

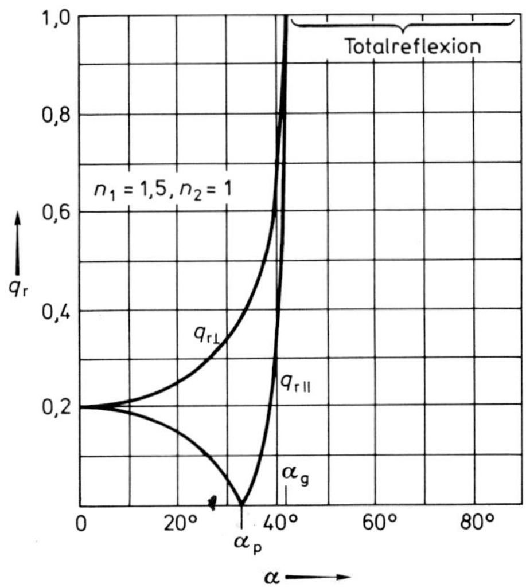

Abb. 4.19 Reflexionsverhältnisse für senkrecht ($q_{\text{r}\perp}$) und parallel ($q_{\text{r}\parallel}$) zur Einfallsebene polarisiertes Licht in Abhängigkeit vom Einfallswinkel α für den Fall der Reflexion am optisch dünneren Medium.

ab, daß der Grenzwinkel α_g stets größer als der Brewsterwinkel α_p sein muß:

$$\alpha_p < \alpha_g .$$

Auch die Relation $n_{rel} = \sin\alpha_g = \tan\alpha_p$ drückt diese Ungleichung aus. Wächst α über a_g hinaus bis $\pi/2$ an, so gibt es keinen reellen Brechungswinkel β mehr, was sich physikalisch in einem neuen Phänomen äußert: *Ein gebrochener Strahl tritt nicht mehr auf, vielmehr findet sich die ganze einfallende Strahlungsleistung in der reflektierten wieder.* Dieses Phänomen wurde bereits in Abschn. 1.4.2 als **Totalreflexion** von einem rein experimentellen Standpunkt aus festgestellt. Es wird sich zeigen, daß die Fresnelschen Formeln auch hier ihre Gültigkeit bewahren.

Zunächst aber soll der Fall $\alpha < \alpha_g$ abgehandelt werden. In Abschn. 4.2 wurde bereits festgestellt, daß bei senkrechter Inzidenz ($\alpha = 0$, $f_\alpha = 1$) die Einfallsebene nicht mehr definiert ist und nach Gl. (4.13) – unter Berücksichtigung der Vorzeichenfestsetzung – beide Reflexionsverhältnisse einander gleich werden:

$$q_r = -\frac{n_{rel} - 1}{n_{rel} + 1} \quad \text{für} \quad \alpha = 0 .$$

Da aber jetzt $n_{rel} < 1$ ist, wird q_r positiv und die $\boldsymbol{E}$-Vektoren der einfallenden und der reflektierten Lichtwelle besitzen gleiche Phasen.

Bei der Reflexion am optisch dünneren Medium tritt demnach kein Phasensprung des $\boldsymbol{E}$-Vektors auf. Weil jedoch die Vektoren $\boldsymbol{E}$ und $\boldsymbol{H}$ mit der Strahlrichtung $\boldsymbol{S}$ (Poynting-Vektor) in der genannten Reihenfolge stets ein Rechtssystem bilden (Abb. 4.5), muß in diesem Falle nach der Reflexion gleichzeitig mit $\boldsymbol{S}$ auch der Vektor $\boldsymbol{H}$ sein Vorzeichen gewechselt haben. Bezüglich des Phasensprunges verhalten sich $\boldsymbol{H}$ und $\boldsymbol{E}$ bei der Reflexion stets gegensinnig, im gebrochenen Strahl jedoch gleichsinnig.

Dividiert man Zähler und Nenner der vorstehenden Gleichung für das Reflexionsverhältnis q_r durch n_{rel}, so entsteht daraus – bis auf das phasenbestimmende Vorzeichen – der entsprechende Ausdruck für vertauschte Medien ($n_{rel} \to 1/n_{rel}$). Der Reflexionsgrad ϱ nach Gl. (4.14a) gilt daher numerisch auch hier:

$$\varrho = \left(\frac{n_{rel} - 1}{n_{rel} + 1}\right)^2 = \left(\frac{1/n_{rel} - 1}{1/n_{rel} + 1}\right)^2 = \left(\frac{n_1 - n_2}{n_1 + n_2}\right)^2 \quad \text{für} \quad \alpha = 0 .$$

ϱ ist unabhängig davon, ob der einfallende Strahl aus dem dünneren oder dem dichteren Medium kommt.

Wendet man sich den Durchlässigkeitskurven (Abb. 4.20) zu, so ist auf den ersten Blick überraschend, daß sie sich im ganzen Bereich $\alpha < \alpha_g$ oberhalb von 1 bewegen. Zwar gilt auch hier $q_{t\perp} < q_{t\parallel}$, aber im Gegensatz zur Abb. 4.16 steigen die q_t mit wachsendem α und im allgemeinen auch zunehmender Reflexion stetig an. Ihre Höchstwerte erreichen sie beim Grenzwinkel α_g der Totalreflexion ($q_{t\perp} = 2$, $q_{t\parallel} = 3$).

Selbstverständlich widerspricht dieses Verhalten nicht dem Prinzip der Energieerhaltung, denn die durchgelassene Leistung – bezogen auf die einfallende – ist ja nicht durch q_t^2 gegeben, sondern, wie mehrfach betont, durch $f_\alpha n_{rel} q_t^2$, wobei der Faktor n_{rel} der veränderten Fortpflanzungsgeschwindigkeit und f_α der Querschnittsveränderung Rechnung trägt. Für den Grenzwinkel α_g ($f_\alpha = 0$) ist es demnach ver-

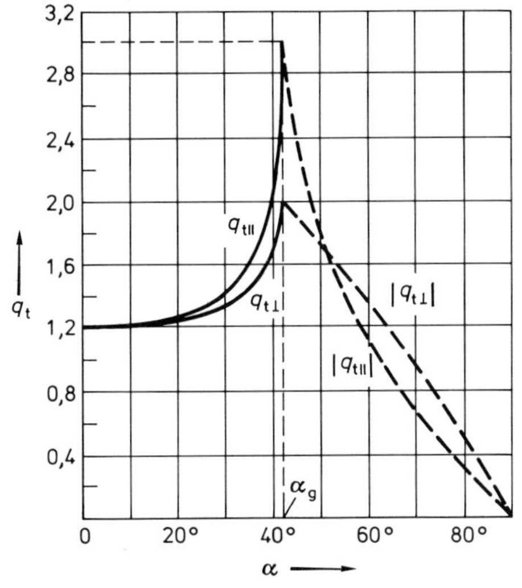

Abb. 4.20 Transmissionsverhältnisse für senkrecht ($q_{t\perp}$) und parallel ($q_{t\|}$) zur Einfallsebene polarisiertes Licht in Abhängigkeit vom Einfallswinkel α beim Übergang von einem dichteren in ein dünneres Medium.

ständlich, daß keine Strahlungsleistung mehr ins dünnere Medium abgegeben wird, in völliger Übereinstimmung mit der vorher getroffenen Feststellung $q_{r\perp}^2 = q_{r\|}^2 = 1$. (Daß dem Vektor $\boldsymbol{E}_t$ an dieser Stelle dennoch eine Bedeutung zukommt, wird die weitere Behandlung zeigen.) Aber auch für andere Winkel α stimmt die Probe. Für $\alpha = 0$ ($f_\alpha = 1$) entnimmt man beispielsweise $q_{t\perp}^2 = q_{t\|}^2 = 1{,}2^2$ und $q_{r\perp}^2 = q_{r\|}^2 = 0{,}2^2$. Die Summe $\tau + \varrho$ ergibt $1{,}44 \cdot 2/3 + 0{,}04 = 0{,}96 + 0{,}04 = 1$.

Die uneingeschränkte Gültigkeit der Fresnelschen Formeln in ihrer bisherigen Form ist somit auch für die Brechung und Reflexion am optisch dünneren Medium bis zum Grenzwinkel α_g der Totalreflexion erwiesen.

Überschreitet der Einfallswinkel α diesen Grenzwert, so zeigt das Experiment, daß das Licht an der Grenzschicht beider Medien stets totalreflektiert wird. Neben der Totalreflexion tritt aber noch eine neue Erscheinung auf, die im polarisierten Licht deutlich wird. Experimentiert man nämlich mit linear polarisiertem Licht, so kann man feststellen, daß das totalreflektierte Licht nicht mehr linear polarisiert ist, wie unter den Bedingungen der Gl. (4.15). Beim Untersuchen des Polarisationszustandes ist keine Drehstellung des Analysators zu finden, bei dem das Licht vollständig ausgelöscht wird. Im Drehabstand von 90° erscheinen abwechselnd Stellungen maximaler und minimaler Helligkeit, aber völlige Dunkelheit wird nicht mehr erreicht. Das könnte dadurch hervorgerufen sein, daß das totalreflektierte Licht aus einer Mischung von linear polarisiertem und unpolarisiertem (natürlichem) Licht besteht, wie sie z. B. diejenige Strahlung besitzt, welche eine Glasplatte unter dem Polarisationswinkel durchlaufen hat (Abb. 4.8). Es läßt sich mit den nachfolgend beschriebenen Versuchen jedoch zeigen, daß diese Erklärung nicht zutrifft; vielmehr erweisen sich auch hier die beiden Komponenten $E_\|$ und $E_\perp$ als phasenstarr gekoppelt, jedoch ist ihre zeitliche Phasendifferenz Δ von Null (bzw. π) verschieden.

Das entspricht dem allgemeinen Polarisationszustand, den man als **elliptisch polarisiert** bezeichnet.

Eilt die Komponente $E_{\parallel}$ um den Phasenwinkel Δ voraus, so gilt in komplexer Darstellung unter Einbeziehung des Zeitfaktors $\exp \mathrm{i}\, 2\pi \nu t$: $\mathscr{E}(t) = \mathscr{E} \exp \mathrm{i}\, 2\pi \nu t$ mit $\mathscr{E} = \{\mathscr{E}_{\parallel}, E_{\perp}\}$ und $\mathscr{E}_{\parallel} = E \cos \varphi \exp \mathrm{i} \Delta$, $E_{\perp} = E \sin \varphi$. Die Realteile der Komponenten von $\mathscr{E}(t)$,

$$x(t) = |\mathscr{E}_{\parallel}| \cos(2\pi \nu t + \Delta) \quad \text{und} \quad y(t) = |E_{\perp}| \cos 2\pi \nu t\,,$$

setzen sich zu einer elliptischen Schwingung zusammen, d. h. der Endpunkt des Vektors $\mathscr{E}(t)$ beschreibt in der Ebene $z = \text{const.}$ während der Schwingungsdauer $1/\nu$ der Lichtwelle genau eine vollständige Ellipse um die Strahlrichtung $\boldsymbol{S}$ (wobei sich die Welle gleichzeitig um das Wegstück $\lambda = c_0/n\nu$ entlang $\boldsymbol{S}$ weiterschiebt). Die Form der Ellipse findet man nach Elimination des Parameters t zu

$$\frac{x^2}{|\mathscr{E}_{\parallel}|^2} - 2\frac{x}{|\mathscr{E}_{\parallel}|}\frac{y}{|E_{\perp}|}\cos\Delta + \frac{y^2}{|E_{\perp}|^2} = \sin^2\Delta\,.$$

Die Ellipse tangiert das Rechteck mit den Seiten $2|\mathscr{E}_{\parallel}|$ und $2|E_{\perp}|$, im übrigen hängen ihre Form, sowie die Orientierung ihrer Hauptachsen von der Phasendifferenz Δ ab, wie Abb. 4.21 zeigt. Die Gleichung schließt die beiden Fälle linear polarisierten

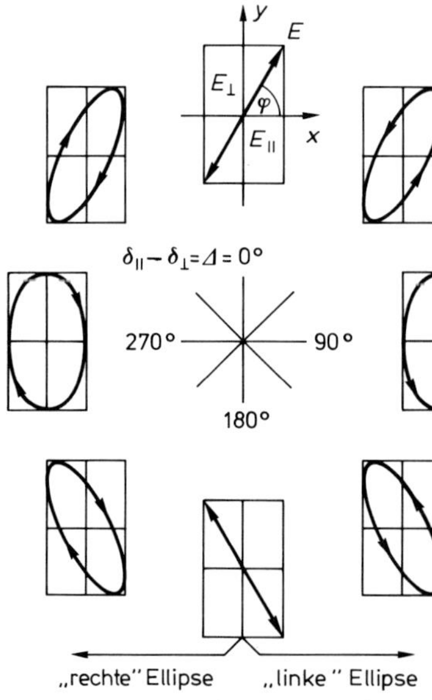

Abb. 4.21 Schwingungsformen elliptisch polarisierten Lichtes in Abhängigkeit vom Phasenwinkel Δ. Die Komponente $E_{\parallel}$ eilt der Komponente $E_{\perp}$ um Δ voraus. Die Lichtwelle läuft normal zur Papierebene auf den Beschauer zu (z-Richtung). Die Kurven werden vom Endpunkt des Vektors $\boldsymbol{E}$ innerhalb der Zeichenebene $z = \text{const.}$ genau einmal durchlaufen, während sich die Welle gleichzeitig um das Wegstück $\lambda = c_0/n\nu$ durch die Zeichenebene hindurchschiebt. Rechte Ellipsen gehören zu rechts-, linke Ellipsen zu linkselliptisch polarisiertem Licht.

Lichtes ein ($\Delta = 0, \pi$). Sind speziell die Beträge $|\mathscr{E}_{\parallel}|$ und $|\boldsymbol{E}_{\perp}|$ gleich (Azimut $\varphi = \pi/4$), so geht für die Phasenlage $\Delta = \pm\pi/2$ die Ellipsengleichung in eine Kreisgleichung über und es entsteht **zirkular polarisiertes Licht.** – Zerlegt man umgekehrt elliptisch polarisiertes Licht in zwei orthogonale Komponenten beliebiger Orientierung, so muß das aus den Komponenten gebildete Rechteck aus Gründen der Erhaltung der Energie die Ellipse tangieren. **Rechte Ellipsen** gehören zu rechtselliptisch polarisiertem Licht, **linke Ellipsen** zu linkselliptisch polarisiertem Licht. (Weitere Einzelheiten über die verschiedenen Möglichkeiten der Zusammensetzung von Schwingungen sind ausführlich in Bd. 1 erörtert, wo der Leser nachschlagen möge.)

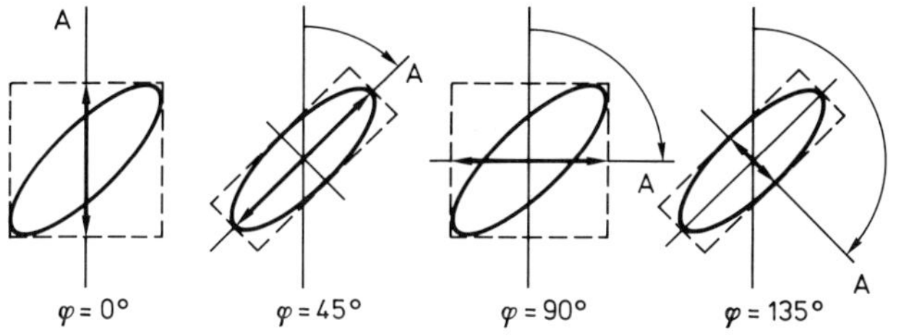

Abb. 4.22 Orthogonale Zerlegung einer elliptisch polarisierten Lichtwelle unter verschiedenen Drehwinkeln φ des Achsenkreuzes; A: Durchlaßstellung des Analysators.

Ein Polarisationsanalysator im Strahlengang elliptisch polarisierten Lichtes kann demnach offensichtlich keine Dunkelstellung einnehmen, da für jede Drehstellung ein zwar unterschiedlich großer, aber niemals verschwindender Anteil des $\boldsymbol{E}$-Vektors in die Durchlaßrichtung des Analysators fällt (Abb. 4.22). In den Helligkeitsmaxima und -minima steht die Durchlaßrichtung des Analysators parallel den Ellipsenachsen. Der elliptische Polarisationszustand ist daher im Gebiet der Totalreflexion $\alpha > \alpha_g$ mit der zuvor beschriebenen Beobachtung verträglich. Nach Gl. (4.3) wird der Quotient f_α, welcher in allen vier Fresnelschen Formeln erscheint, in diesem Bereich rein imaginär, denn $\sin\alpha$ ist dort größer als n_{rel}. Da nunmehr alle vier Koeffizienten q_r und q_t und folglich auch die Komponenten $E_{\parallel}$ und $E_{\perp}$ des reflektierten und des gebrochenen $\boldsymbol{E}$-Vektors komplex sind, lassen die Fresnelschen Formeln für das Gebiet der Totalreflexion im allgemeinen elliptisch polarisiertes Licht erwarten.

Für die weitere Rechnung ist es angebracht, allen komplexen Ausdrücken $\mathscr{A}$ die einheitliche Form (4.16) zu geben.

$$\mathscr{A} = |\mathscr{A}| \exp \mathrm{i}\delta \quad \text{mit} \quad |\mathscr{A}|^2 = \mathscr{A}\mathscr{A}^* \quad \text{und} \quad \tan\delta = \mathrm{Im}\mathscr{A}/\mathrm{Re}\mathscr{A}\,. \tag{4.16}$$

Bezeichnet man den Imaginärteil von f_α mit f_α''

$$f_\alpha = \frac{\sqrt{(-1)(\sin^2\alpha - n_{\text{rel}}^2)}}{n_{\text{rel}}\cos\alpha} = -\mathrm{i}f_\alpha'' \quad \text{mit}$$

$$f_\alpha'' = \frac{\sqrt{\sin^2\alpha - n_{\text{rel}}^2}}{n_{\text{rel}}\cos\alpha} \quad \text{für} \quad \alpha > \alpha_g \tag{4.17}$$

– wobei für $\sqrt{-1}$ das negative Vorzeichen zu wählen ist, weil das positive Vorzeichen zu physikalisch unmöglichen Folgerungen führen würde (siehe auch Ausführungen zu Abb. 4.24) – so erhält man zunächst für die beiden Reflexionsgrade

$$\varphi_{r\perp}\varphi_{r\perp}^* = \frac{1+\mathrm{i}n_{\mathrm{rel}}f_\alpha''}{1-\mathrm{i}n_{\mathrm{rel}}f_\alpha''}\cdot\frac{1-\mathrm{i}n_{\mathrm{rel}}f_\alpha''}{1+\mathrm{i}n_{\mathrm{rel}}f_\alpha''} = 1$$

und entsprechend

$$\varphi_{r\parallel}\varphi_{r\parallel}^* = 1\,.$$

Das bedeutet Totalreflexion für den ganzen Bereich $\alpha_g \leqq \alpha \leqq \pi/2$. Um den zu $|\varphi_{r\perp}|$ gehörenden Phasenwinkel $\delta_\perp$ zu finden, trennt man Real- und Imaginärteil (indem man $\varphi_{r\perp}$ mit dem konjugiert komplexen Nenner erweitert) und erhält

$$\tan\delta_\perp = \frac{2n_{\mathrm{rel}}f_\alpha''}{1-n_{\mathrm{rel}}^2 f_\alpha''^2} \quad \text{oder} \quad \tan\frac{\delta_\perp}{2} = f_\alpha''\,n_{\mathrm{rel}}\,.$$

In entsprechender Weise findet man

$$\tan\delta_\parallel = \frac{2n_{\mathrm{rel}}f_\alpha''}{n_{\mathrm{rel}}^2 - f_\alpha''^2} = \frac{2f_\alpha''/n_{\mathrm{rel}}}{1-(f_\alpha''/n_{\mathrm{rel}})^2} \quad \text{bzw.} \quad \tan\frac{\delta_\parallel}{2} = \frac{f_\alpha''}{n_{\mathrm{rel}}}\,.$$

Die unterschiedliche Gestalt der beiden Ausdrücke für die Phasenwinkel zeigt an, daß tatsächlich eine Phasendifferenz $\Delta = \delta_\parallel - \delta_\perp$ zwischen den beiden Komponenten des reflektierten elektrischen Feldvektors existiert und somit das total reflektierte Licht elliptisch polarisiert sein muß. Zusammenfassend liefern die Fresnelschen Gleichungen für den **Bereich der Totalreflexion**

$$\varphi_{r\perp} = \exp\mathrm{i}\delta_\perp \quad \text{mit} \quad \tan\frac{\delta_\perp}{2} = f_\alpha''\,n_{\mathrm{rel}}\,, \tag{4.7b}$$

$$(\text{für } \alpha_g \leqq \alpha \leqq \pi/2)$$

$$\varphi_{r\parallel} = \exp\mathrm{i}\delta_\parallel \quad \text{mit} \quad \tan\frac{\delta_\parallel}{2} = \frac{f_\alpha''}{n_{\mathrm{rel}}}\,. \tag{4.11b}$$

Die Konsequenz dieser Gleichungen läßt sich noch weiter verfolgen, wenn man die Phasendifferenz $\Delta = \delta_\parallel - \delta_\perp$ berechnet. Aus

$$\tan\frac{\Delta}{2} = \tan\left(\frac{\delta_\parallel}{2}-\frac{\delta_\perp}{2}\right) = \frac{f_\alpha''/n_{\mathrm{rel}} - f_\alpha''\,n_{\mathrm{rel}}}{1+f_\alpha''^2} = \frac{f_\alpha''}{1+f_\alpha''^2}\left(\frac{1-n_{\mathrm{rel}}^2}{n_{\mathrm{rel}}}\right)$$

$$= \frac{\sqrt{(1-\sin^2\alpha)(\sin^2\alpha - n_{\mathrm{rel}}^2)}}{\sin^2\alpha} \tag{4.18}$$

folgt sofort, daß Δ überall positiv ist und nur für die Grenzwerte $\alpha = \alpha_g(f_\alpha'' = 0)$ und $\alpha = \pi/2\,(f_\alpha'' = \infty)$ verschwindet; für diese beiden Einfallswinkel α bleibt auch das totalreflektierte Licht linear polarisiert. Zwischen den Nullwerten von Δ an den Grenzen des Intervalls muß es also eine Stelle α_m maximaler Phasendifferenz Δ_m geben. Man gewinnt sie durch Differentiation von (4.18) nach f_α'' und Nullsetzen der Gleichung. Nach Beseitigung der nichtverschwindenden Faktoren lautet die Bestimmungsgleichung

$$1 - f_\alpha''^2 = 0 \quad \text{oder} \quad f_\alpha'' = 1 \quad \text{bzw.} \quad \sin^2\alpha = \frac{2n_{\text{rel}}^2}{1+n_{\text{rel}}^2} \quad \text{für} \quad \alpha = \alpha_{\text{m}}\,.$$

Da $f_\alpha'' \geqq 0$ vorausgesetzt ist, interessiert nur die Lösung mit positivem Vorzeichen. Setzt man $f_\alpha'' = 1$ in Gl. (4.18) ein,

$$\tan\frac{\Delta_{\text{m}}}{2} = \frac{1-n_{\text{rel}}^2}{2n_{\text{rel}}} \quad \text{für} \quad \alpha = \alpha_{\text{m}}\,, \tag{4.18a}$$

so erkennt man, daß das Maximum um so höher ausfällt, je kleiner n_{rel} ist. Der Grenzfall $n_{\text{rel}} \to 0$, mit $\Delta_{\text{m}} \to \pi$ legt die Möglichkeit nahe, bei geeigneter Wahl von n_{rel} zirkular polarisiertes Licht ($\Delta = \pi/2$) mit einer einmaligen Totalreflexion herzustellen. Die Gleichheit der Komponenten erhält man einfach, indem man linear polarisiertes Licht unter dem Azimut $\varphi = \pi/4$ einfallen läßt. Setzt man die Bedingung $\Delta = \pi/2$ und damit $\tan(\Delta/2) = 1$ in Gl. (4.18) ein, so findet man

$$\frac{1+f_\alpha''^2}{f_\alpha''} = \frac{1-n_{\text{rel}}^2}{n_{\text{rel}}} \quad \text{oder} \quad \sin^4\alpha - \frac{1+n_{\text{rel}}^2}{2}\sin^2\alpha + \frac{n_{\text{rel}}^2}{2} = 0\,, \tag{4.19}$$

woraus folgt

$$4\sin^2\alpha = (1+n_{\text{rel}}^2) \pm \sqrt{(1+n_{\text{rel}}^2)^2 - 8n_{\text{rel}}^2}\,.$$

Die Gleichung liefert zunächst eine Aussage über die zulässigen Werte von n_{rel}, denn die Wurzel muß reell, der Radikand also positiv sein. Somit hat n_{rel} der Ungleichung zu genügen:

$$(1+n_{\text{rel}}^2)^2 \geqq 8n_{\text{rel}}^2 \quad \text{oder} \quad (1+n_{\text{rel}}^2) \geqq \sqrt{8}\,n_{\text{rel}}\,.$$

Die Wurzeln der Gleichung $1 + n_{\text{rel}}^2 - \sqrt{8}\,n_{\text{rel}} = 0$ bestimmen die Randpunkte des Lösungsgebietes: Oberhalb $n_{\text{rel}} = \sqrt{2}+1 = 2{,}414$ und unterhalb $n_{\text{rel}} = \sqrt{2}-1 = 0{,}414$ ist die Ungleichung befriedigt. Da nur Werte $n_{\text{rel}} < 1$ in Frage kommen, muß die relative Brechzahl kleiner als 0,414 sein, damit bei einmaliger Totalreflexion eine Phasendifferenz Δ von $\pi/2$ erzielt werden kann. Die Brechzahl des Materials, aus dessen Innerem der einfallende Strahl kommt, müßte einen Wert $n_1 \geqq 1/0{,}414 = 2{,}415$ haben. So hohe Brechzahlen sind im sichtbaren Bereich jedoch recht selten. – Diamant ($n_1 = 2{,}4173$ für $\lambda_{\text{Na-D}}$) wäre ein Beispiel. – Dagegen stehen im Gebiet der sogenannten Hertzschen Wellen geeignete Substanzen mit hohen Permittivitäten ε bzw. hohen Brechzahlen $n_1 = \sqrt{\varepsilon/\varepsilon_0}$ zur Verfügung. L. Bergmann (1932) hat den Polarisationsversuch mit Wasser als Medium ($n_1 = 9$, $n_{\text{rel}} = 1/9 = 0{,}11$) erfolgreich ausgeführt. Nach Gl. (4.19) kann man die zugehörigen Einfallswinkel α berechnen. Es gibt zwei Lösungen: $\alpha_1 = 6°\,15'$ und $\alpha_2 = 44°\,35'$.

Bedeutend einfacher ist es, im sichtbaren Bereich eine Phasendifferenz Δ von $\pi/4$ zu erreichen, so daß es möglich ist, wenigstens mit zweimaliger Totalreflexion zirkular polarisiertes Licht aus linear polarisiertem Licht herzustellen. Für das Beispiel Luft-Kronglas mit $n_{\text{rel}} = 1/1{,}5 = 2/3$ gewinnt man aus Gl. (4.18), auf deren linker Seite jetzt die Bedingung $\tan(\pi/8) = 0{,}414$ einzusetzen ist, als Analogon zu Gl. (4.19):

$$0{,}414\sin^2\alpha = \sqrt{(1-\sin^2\alpha)(\sin^2\alpha - (2/3)^2)}\,.$$

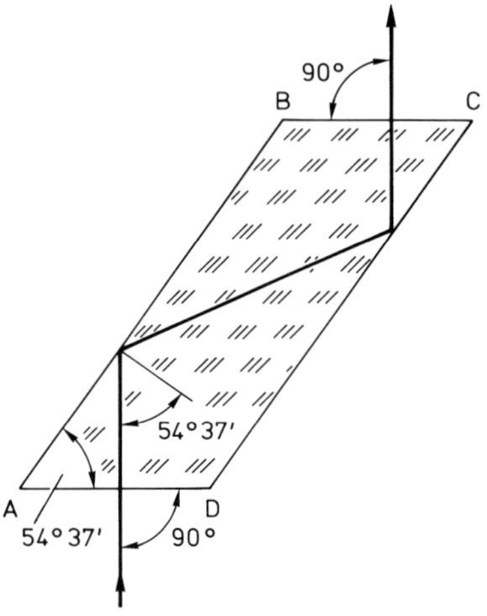

Abb. 4.23 Fresnelsches Parallelepiped zur Herstellung von zirkular polarisiertem Licht aus linear polarisiertem Licht durch zweimalige Totalreflexion.

Wiederum führt die Lösung zu zwei möglichen Einfallswinkeln α_1 und α_2. A. Fresnel (1823) hat dazu ein Parallelepiped aus Kronglas (Abb. 4.23) angegeben, mit dem sich der Übergang von linear zu zirkular polarisiertem Licht realisieren läßt. Der Querschnitt des Kronglaskörpers stellt ein Parallelogramm dar, dessen spitzer Winkel bei A und C 54° 37′ beträgt; linear polarisiertes Licht, das senkrecht auf eine Stirnfläche AD trifft, wird zweimal unter dem Winkel 54° 37′ an den Seitenflächen AB und CD totalreflektiert und verläßt den Kronglaskörper wiederum senkrecht durch die gegenüberliegende Stirnfläche. Dieses Licht ist dann tatsächlich zirkular polarisiert, falls gleichzeitig die Schwingungsebene des einfallenden, linear polarisierten Lichtes mit der Einfallsebene im Parallelepiped einen Winkel von 45° bildet. Wegen der vollkommen axialen Symmetrie einer zirkular polarisierten Welle muß ein Analysator in allen Stellungen gleiche Helligkeit zeigen, was der Versuch tatsächlich ergibt. Um zu zeigen, daß das austretende Licht, das sich unter dem Polarisator ja durch nichts von natürlichem, unpolarisiertem Licht unterscheidet, wirklich zirkular polarisiert ist, hat Fresnel ein zweites, gleichartiges Parallelepiped in den Strahlengang eingeführt. Wird durch zweimalige Totalreflexion wirklich eine Phasenverschiebung $= \pi/2$ erreicht, so muß die viermalige Totalreflexion zur doppelten Phasenverschiebung $2 \cdot \pi/2 = \pi$, d. h. wieder zu linear polarisiertem Licht führen. Liegen die Seitenflächen beider Parallelepipede parallel, so beträgt das Azimut des viermal totalreflektierten, wieder linear polarisierten Lichtes $90° + 45° = 135°$; beim Drehen des Analysators findet man zwei Stellen völliger Dunkelheit. Tatsächlich läßt sich der Versuch mit dem geschilderten Ergebnis leicht durchführen. Wäre dagegen das aus dem ersten Fresnelschen Parallelepiped austretende Licht nicht zirkular polarisiert, sondern natürliches unpolarisiertes Licht, so würde das zweite Parallelepiped keinerlei Wirkung haben, und aus ihm würde natürliches Licht austreten – entgegen der Beobachtung. Damit ist hier eindeutig gezeigt, daß die Behauptungen der Fresnelschen Theorie zutreffen. Der tiefere Grund für das unterschiedliche Verhalten von zirkular polarisiertem und natürlichem Licht beim Durchgang durch das Fresnelsche Parallelepiped liegt darin, daß eine zirkular polarisierte Schwingung eine echte axiale Symmetrie besitzt, natürliches Licht dagegen nur eine statistische.

Die hier durchgeführte Überlegung läßt sich sinngemäß auf den allgemeinen Fall elliptisch polarisierten Lichtes übertragen: Man hat in jedem Fall die Phasendifferenz Δ durch geeignete Mittel entweder auf π zu vergrößern oder auf 0 zu reduzieren und so das elliptisch polarisierte Licht in linear polarisiertes zu verwandeln. Letzteres geschieht mit Hilfe sog. **Kompensatoren,** deren Konstruktion und Wirkungsweise in Abschn. 4.10 behandelt wird.

Nachdem nun sichergestellt ist, daß die Fresnelschen Formeln auch das Verhalten totalreflektierten Lichtes richtig wiedergeben, gilt es den überraschenden Befund zu verstehen, daß gleichzeitig die Transmissionsverhältnisse q_t von Null verschieden sind und somit im zweiten Medium ebenfalls eine Strahlung vorhanden ist. Mathematisch liegt der Grund darin, daß die $q_t \neq 0$ notwendig sind, um die Grenzbedingungen der Maxwellschen Theorie (Stetigkeit der Tangentialkomponenten) zu erfüllen. Setzt man nach Gl. (4.17) das im Bereich der Totalreflexion gültige imaginäre Verhältnis der Bündelquerschnitte $f_\alpha = -\mathrm{i} f''_\alpha$ in die Gln. (4.8) und (4.12) ein, so findet man, daß die Transmissionsverhältnisse mit Ausnahme der streifenden Inzidenz ($\alpha = \pi/2, f''_\alpha = \infty$) nirgends verschwinden. Nach Umformung gemäß der Konvention (4.16) gilt:

$$|q_{t\perp}| = \frac{2}{\sqrt{1 + n_{rel}^2 f''^2_\alpha}}, \quad \tan\delta_\perp = n_{rel} f''_\alpha, \tag{4.8b}$$

$$\left(\text{für} \quad \begin{matrix} \alpha_g \leqq \alpha \leqq \pi/2, \\ n_{rel} < 1 \end{matrix}\right)$$

$$|q_{t\parallel}| = \frac{2}{\sqrt{n_{rel}^2 + f''^2_\alpha}}, \quad \tan\delta_\parallel = \frac{f''_\alpha}{n_{rel}}. \tag{4.12b}$$

Die Beträge der vorstehenden Transmissionsverhältnisse sind in der rechten Hälfte der Abb. 4.20 aufgetragen; sie schließen sich an die entsprechenden Werte des Bereiches $\alpha < \alpha_g$ an und verschwinden für $\alpha = \pi/2$. Auch hier besteht zwischen den beiden Komponenten $\mathscr{E}_{t\parallel}$ und $\mathscr{E}_{t\perp}$ des $\mathscr{E}_t$-Vektors eine Phasendifferenz $\Delta_t = \delta_\parallel - \delta_\perp$. Wie ein Blick auf die Gln. (4.7b) und (4.11b) lehrt, ist die Phasendifferenz hier genau halb so groß wie in der reflektierten Welle. Die dort berechneten Phasendifferenzen lassen sich daher mühelos übertragen. Insbesondere verschwindet Δ_t für $\alpha = \alpha_g$ ($f''_\alpha = 0$) und $\alpha = \pi/2$ ($f''_\alpha = \infty$). Da jedoch für $\alpha = \pi/2$ auch $|\mathscr{E}_t| = 0$ wird, ist die Strahlung nur für $\alpha = \alpha_g$ linear polarisiert.

Wie verträgt sich nun die Existenz einer Strahlung im zweiten Medium mit der Tatsache, daß sich die gesamte Energie der einfallenden Strahlung in der reflektierten wiederfindet (Totalreflexion)? Die Lösung des Rätsels soll nachstehend erläutert werden, so wie sie die mathematische Untersuchung ergibt, die im einzelnen hier zu weit führen würde.

In Abb. 4.24 fällt eine seitlich begrenzte ebene Welle auf die Trennfläche TT zweier Medien unter einem Einfallswinkel $\alpha > \alpha_g$. Der Vorgang der Totalreflexion spielt sich also auf einem begrenzten Stück AB der Trennfläche TT ab. Im Medium 1 (n_1)

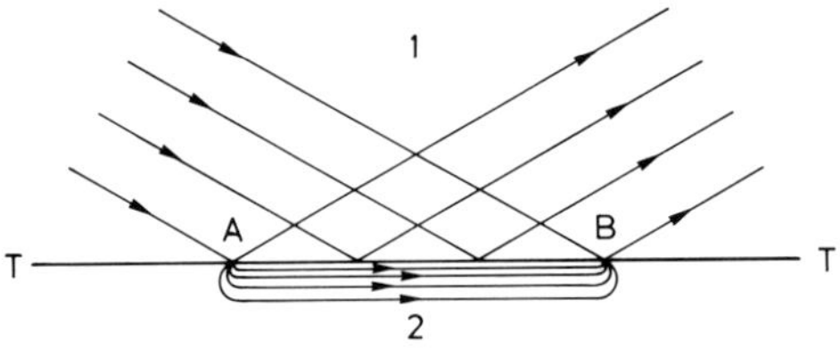

Abb. 4.24 Zur Erklärung der Totalreflexion.

sind die einfallende und die reflektierte Welle eingezeichnet. Unterhalb der Trennfläche im Medium 2 (n_2, $n_{\text{rel}} < 1$) läuft parallel zu TT die durch die Amplitude $E_{\text{e}\|}\,\varphi_{\text{t}\|}$ und $E_{\text{e}\perp}\,\varphi_{\text{t}\perp}$ bestimmte Strahlung; sie ist – wie es die Abbildung durch den allmählich abnehmenden Abstand der Strahlen andeutet – auf die nächste Nachbarschaft der Trennfläche beschränkt, stellt also eine echte **Oberflächenwelle** dar. Die Erfahrung zeigt, daß die Oberflächenwelle im Abstand von einigen (3 bis 4) Wellenlängen bereits unmerkbar geworden ist[5]. Quer durch die Trennfläche zwischen A und B tritt – sofern man von den beiden Grenzpunkten selbst absieht – im Mittel keine Energie aus dem ersten ins zweite Medium ein, wie es bei der gewöhnlichen Brechung der Fall wäre; daher kann innerhalb A und B die Reflexion wirklich total sein. Wie aber kommt die Strahlung überhaupt ins zweite Medium? Die Antwort darauf ist folgende: Da die einfallende Welle begrenzt ist, findet an den Rändern, d. h. in der unmittelbaren Umgebung der mit A und B bezeichneten Punkte, **Beugung** statt, wie in Kap. 3 ausführlich dargelegt wurde. Durch diesen Vorgang der Beugung tritt nun in der Umgebung von A etwas Energie aus der einfallenden Welle ins zweite Medium über, die in der Umgebung von B wieder ins erste Medium zurückgeliefert wird. (Bei unendlich ausgedehnten Wellen, wie man sie meistens in der Theorie zugrunde legt, verlagert sich dieser Beugungsvorgang beiderseits ins Unendliche; die so vereinfachte Theorie vermag daher keine Rechenschaft davon zu geben.) Dieser Sachverhalt führt übrigens zu einer interessanten Folgerung, die sich in dem weiter unten beschriebenen Versuch von Goos und Hänchen zeigt.

Schon I. Newton, G. Quincke (1868) und E. Hall (1902) haben experimentell eine Strahlung im dünneren Medium nachgewiesen, indem sie der Trennfläche von unten her ein drittes Medium näherten. Sobald Medium 3 der Trennfläche bis auf einen Abstand von etwa vier Wellenlängen genähert wird, fängt es einen Teil der Oberflächenwellen ab, um so mehr, je näher es der Trennfläche TT kommt. Das bedeutet eine Störung der Totalreflexion, die ja, wie oben erwähnt, der Oberflächenwelle im zweiten Medium bedarf. Bei hinreichend kleinem Abstand des Mediums 3, das übrigens die gleiche Brechzahl wie Medium 1 besitzen kann, gibt es keine Totalreflexion mehr. Der reflektierte Betrag wird um so kleiner, je kleiner der Abstand zwischen den Medien 3 und 1 wird. Darauf beruht der Grundgedanke der Versuche von Newton und Quincke nach Abb. 4.25: Gegen die Basis eines Glasprismas drückt im Punkt P ein schwach konvex geformter Glaskörper, so daß sich in einer kleinen

[5] Dies ist der Grund, weswegen $\mathrm{i}f''_{\alpha}$ in Gl. (4.17) mit negativem Vorzeichen zu versehen ist; positives Vorzeichen würde umgekehrt ergeben, daß die Intensität der Welle mit wachsendem Abstand von der Trennfläche zunähme.

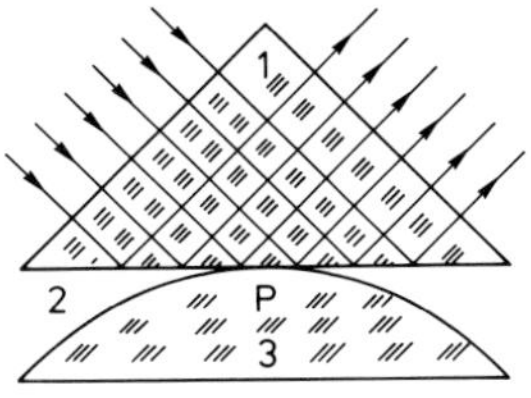

Abb. 4.25 Versuch zum Nachweis der im dünneren Medium bei Totalreflexion vorhandenen Strahlung.

Umgebung von P eine Berührungsfläche ausbildet. Die an der Prismenbasis beobachtete Totalreflexion erscheint nun nicht nur innerhalb der geometrischen Berührungsfläche von P gestört, sondern auch noch dort, wo die Glaskörper bereits durch eine dünne Luftschicht getrennt sind. Wie Quincke feststellen konnte, ist die Reflexion erst wieder total, wenn die Dicke der Luftschicht etwa vier Wellenlängen erreicht; bis zu solchen Entfernungen von der Trennschicht erstreckt sich demnach die Oberflächenwelle. E. Hall benutzte als Medium 2 statt Luft eine lichtempfindliche Gelatineschicht mit $n_2 < n_1$; die Gelatineschicht war auf eine Glasplatte aufgebracht. Ein kreisförmig begrenztes Lichtbündel, an der Trennfläche total reflektiert, erzeugte beim Entwickeln der lichtempfindlichen Schicht eine elliptisch geformte Schwärzungsfläche, die jedoch nur eine geringe Tiefe der photographischen Schicht erreichte, also offenbar durch Einwirkung der Oberflächenwelle entstanden sein mußte. Schließlich haben Cl. Schaefer und G. Gross (1910) einen quantitativen Nachweis der Existenz der Welle im zweiten Medium mit Hertzschen Wellen ($\lambda = 15\,\text{cm}$) erbracht; bei diesem Versuch wurde ein großes Paraffinprisma von rechtwinkligem Querschnitt benutzt, wobei die Wellen senkrecht durch die Kathetenflächen ein- und ausfielen und unter 45° an der Basisfläche total reflektiert wurden. Ein mit einem Galvanometer verbundener elektrischer Empfänger wurde dicht hinter der Basisfläche des Prismas aufgestellt. Mit zunehmender Entfernung vom Prisma nahm der Galvanometerausschlag des Empfängers genau mit dem theoretisch geforderten Exponentialfaktor ab. Durch die vorstehend aufgezählten Versuche ist die Existenz der Oberflächenwelle qualitativ und quantitativ nachgewiesen.

Allen diesen Versuchen ist gemeinsam, daß sie durch den Versuch selbst die Totalreflexion stören. Einen Nachweis, der frei von diesem Mangel ist, konnten F. Goos u. H.H. Hänchen [1] durch eine neue Beobachtung erbringen. Sie geht von der Überlegung aus, daß bei Totalreflexion nach Abb. 4.24 an der Auftreffstelle A der Trennschicht etwas Lichtenergie aus dem optisch dichteren in das dünnere Medium bis zur Tiefe einiger Wellenlängen einströmt, dort als Oberflächenwelle weiterläuft, um an anderer Stelle (B) wieder vollständig in das dichtere Medium zurückzukehren.

Das totalreflektierte Strahlenbündel scheint daher nicht genau von derjenigen Stelle auszugehen, wo das einfallende die Trennfläche trifft, sondern zeigt eine, wenn auch nur geringfügige, seitliche Versetzung. (Da man in der Theorie vorher immer nur unendlich ausgedehnte Wellen zu beobachten pflegte, die Strahlenbegrenzung also beiderseits ins Unendliche gelegt hatte, war diese Verschiebung nicht erfaßt worden.) Die **Strahlversetzung** tritt um so deutlicher hervor, je schmaler das betrach-

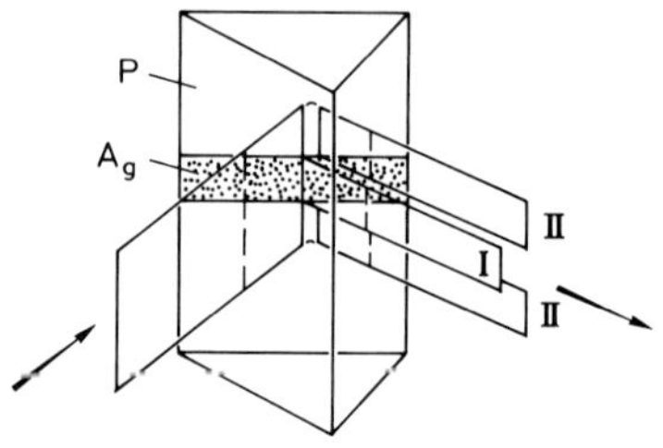

Abb. 4.26 Schematische Darstellung des Versuches von Goos u. Hänchen zur Totalreflexion. Auf die Basis des Glasprismas P ist ein schmaler Silberstreifen aufgedampft. Lichtstrahl I: metallisch reflektiert, II: an der Grenzschicht Glas/Luft totalreflektiert.

tete Bündel ist. Sie läßt sich mit dem in Abb. 4.26 vereinfacht skizzierten Versuch nachweisen: Ein sehr schmales Lichtband fällt durch eine Seitenfläche in ein Glasprisma ein und wird an dessen Basis totalreflektiert. Würde das Lichtband unmittelbar an der Trennfläche reflektiert, so müßte der weitere Strahlengang entsprechend dem mit I bezeichneten Weg folgen. Dringt dagegen Strahlungsenergie vorübergehend in das zweite Medium ein, so wird das totalreflektierte Lichtband den Weg II nehmen. Der Strahlengang I läßt sich nun in dem skizzierten Versuch dadurch realisieren, daß man einen Teil der Unterseite des Glasprismas metallisch verspiegelt, etwa durch Aufdampfen eines schmalen Silberstreifens Ag. Der hohe Absorptionskoeffizient von Silber bewirkt, daß das Licht, welches auf die Silberschicht auftrifft, nur wenige nm tief in diese einzudringen vermag; der reflektierte Lichtanteil kommt daher aus einem Tiefenbereich, der wenigstens zwei Größenordnungen schmaler ist als derjenige, in dem sich normalerweise die Totalreflexion abspielt. Die Abb. 4.27 zeigt noch einmal den Strahlenverlauf an der Trennfläche. In der linken Randzone A wird Energie ans zweite Medium abgegeben, in der Randzone ist die Reflexion also nicht total, in der rechten wird die Energie dem ersten Medium wieder zurückerstattet, hier ist die Reflexion mehr als total. Das bedeutet eine Verkleinerung der Amplituden in der linken, eine Vergrößerung in der rechten Randzone und damit eine Schwerpunktverschiebung des ursprünglichen, gestrichelt gezeichneten Strahlenquerschnitts AB nach A′B′. Es handelt sich demnach nicht um eine rein geometrische Verschiebung des Strahlenbündels, vielmehr entsteht die Versetzung durch eine Energieübertragung mittels der im zweiten Medium laufenden Oberflächenwelle.

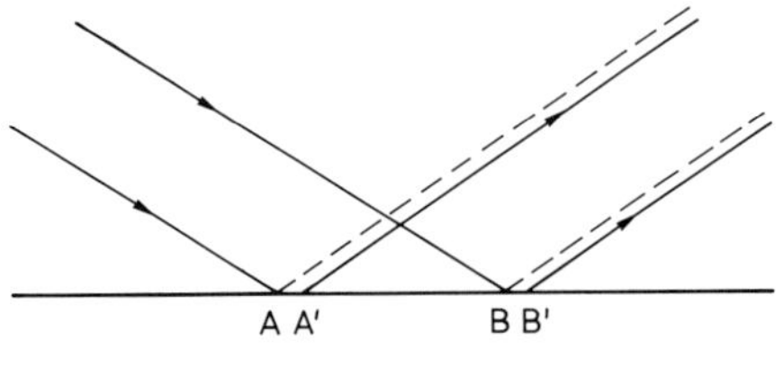

Abb. 4.27 Strahlversetzung bei der Totalreflexion.

Die Theorie liefert für die **Streifenverschiebung** d, wenn der elektrische Vektor der einfallenden Welle senkrecht zur Einfallsebene liegt, den strengen Ausdruck [2]:

$$d = \frac{K\lambda}{\sqrt{\sin^2\alpha - n_{\text{rel}}^2}} \quad \text{mit} \quad K = \frac{\mu_r \sin\alpha \cos^3\alpha}{\pi(\mu_r^2 \cos^2\alpha + \sin^2\alpha - n_{\text{rel}}^2)}.$$

Dabei ist α der Einfallswinkel, λ die Wellenlänge im Medium 1 (Abb. 4.24) mit $n_{\text{rel}} = n_2/n_1 < 1$; $\mu_r = \mu/\mu_0$ ist die Permeabilitätszahl (Bd. 2), für die man gewöhnlich $\mu_r \approx 1$ setzen darf. d wird senkrecht zur Strahlenrichtung gemessen. In der Nähe beginnender Totalreflexion ($\alpha \approx \alpha_g$, $\sin\alpha \approx n_{\text{rel}}$) reduziert sich K auf $K = n_{\text{rel}}/\pi$ und man erhält

$$\frac{d}{\lambda} = \frac{n_{\text{rel}}}{\pi\sqrt{\sin^2\alpha - n_{\text{rel}}^2}}.$$

Nähert sich α dem Wert 90°, verschwindet d. Die Größe K ergibt sich aus Messungen von Goos und Hänchen an Flintglas zu 0,19 bis 0,23, je nach Einfallswinkel, während die Theorie für $n_{\text{rel}} = 2/3$ und $\alpha = 45°$ den Wert $K = 0{,}20$ liefert. Die Strahlverschiebungen liegen demnach, wie zu erwarten war, in der Größenordnung der Wellenlänge (0,5 µm). Um den Effekt zu vergrößern, wurde gemäß Abb. 4.28 die mehrmalige Reflexion benutzt. Der Bezugsstrahl, gegen den die Verschiebung gemessen wird, kann durch gewöhnliche metallische Reflexion erhalten werden, wenn man die reflektierende Glasplatte in ihrer Längsrichtung auf halber Breite mit Silber belegt.

Wie gesagt, stören alle Methoden zum Nachweis der Strahlung im zweiten Medium – ausgenommen die von Goos und Hänchen – die Totalreflexion; gerade diese Störung aber kann man technisch dienstbar machen, um kleine Abstandsänderungen durch eine Lichtmodulation zu erfassen (z. B. „Lichttelephonie“).

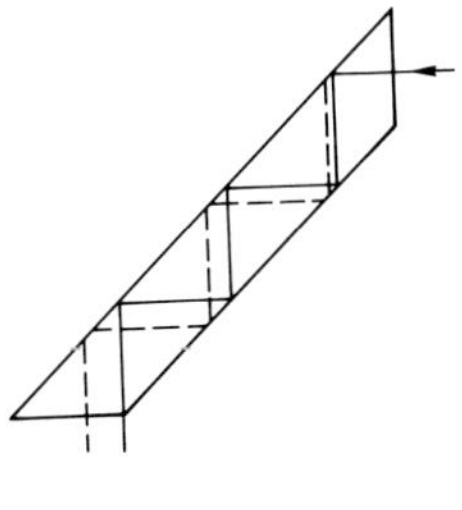

Abb. 4.28 Vervielfachung der Strahlverschiebung bei Totalreflexion.
—— Bezugsstrahl (Reflexion an Metall) - - - - - verschobener Strahl (Reflexion am dünneren Medium)

4.4 Polarisation des reflektierten Lichtes bei absorbierenden Medien; Metallreflexion

Die Fresnelschen Formeln (4.7), (4.8), (4.11) und (4.12) bewähren sich, wie in der vorhergehenden Nummer gezeigt ist, auch dann noch, wenn Reflexions- und Transmissionsverhältnisse q_r und q_t komplex sind, nämlich im Falle der Totalreflexion an vollkommen durchsichtigen Medien. Nun ist aus Abschn. 2.8 bekannt, daß für die Optik absorbierender Medien eine komplexe Brechzahl $\mathscr{n}$ charakteristisch ist, die formal die Stelle der reellen Brechzahl n einnimmt:

$$n \to \mathscr{n} = n(1 - \mathrm{i}\kappa) \quad \text{bzw.} \quad \mathscr{n} = n - \mathrm{i}k \, .$$

Ihr Imaginärteil $k = n\kappa$ enthält den in Abschn. 2.6 eingeführten **Absorptionsindex** κ, eine Materialkonstante, die ein Maß für die Dämpfung der Lichtwelle – d. h. der Feldvektoren $\boldsymbol{E}$ und $\boldsymbol{H}$ – im absorbierenden Medium darstellt.

$4\pi n\kappa/\lambda = a$ ist der Absorptionskoeffizient; seinen Kehrwert bezeichnet man als **Eindringtiefe** der Strahlung. Nach Durchlaufen der Eindringtiefe $1/a$ ist die Intensität einer ebenen Lichtwelle, die senkrecht auf das Medium einfällt, auf $1/\mathrm{e}$ abgeklungen. Die Beschränkung auf senkrechte Inzidenz ist erforderlich, da nur in diesem Fall der Materialkonstante κ eine einfache physikalische Bedeutung zukommt. Analoges gilt jetzt auch für die Materialkonstante n, die Brechzahl, die nur noch bei senkrechter Inzidenz mit dem (reellen) Verhältnis c_0/v der Lichtgeschwindigkeiten übereinstimmt. Bei schiefer Inzidenz sind, wie in Abschn. 2.9 ausführlich dargelegt wird, sowohl das Verhältnis der Lichtgeschwindigkeiten wie auch die Dämpfung, winkelabhängig. Diesem Umstand läßt sich formal mit einer **komplexen Fortpflanzungsgeschwindigkeit $c_0/\mathscr{n}$** Rechnung tragen; mit $\mathscr{n}$ wird dann auch das Snelliussche Brechungsgesetz komplex.

Da bei der mathematischen Ableitung der Fresnelschen Formeln nur Bedingungen für die (unendlich dünne und damit absorptionsfreie) Trennfläche der beiden angrenzenden Medien eingeführt wurden, darf man erwarten, daß die Formeln ihre Gültigkeit im Komplexen auch für absorbierende Medien beibehalten, wenn man nur n durch $\mathscr{n}$ ersetzt. Das ist tatsächlich der Fall. Selbstverständlich ist der Absorption im homogenen Medium Rechnung zu tragen, wenn man die Feldvektoren $\boldsymbol{E}$ an irgendeiner Stelle außerhalb der Trennfläche bestimmt. Die allgemeinen Formeln werden äußerst kompliziert. Indes kann man sich auf den vorwiegend interessierenden Fall der Reflexion am absorbierenden Medium 2 ($\mathscr{n}_2$ = komplex) bei Beobachtung in Luft oder Vakuum (n_1 = reell) beschränken, setzt also

$$\mathscr{n}_{\text{rel}} = \frac{n_2}{n_1} - \mathrm{i}\frac{k_2}{n_1} = n_{\text{rel}}(1 - \mathrm{i}\kappa) \, .$$

Zu beachten ist, daß in den Reflexionsformeln (4.7) und (4.11) nicht nur $\mathscr{n}_{\text{rel}}$ komplex wird, sondern auch $\mathscr{f}_\alpha$ bzw. $\mathscr{B}$, die ja nach Gl. (4.3) gleichfalls die Brechzahlen enthalten. Der allgemeine Ansatz für die Komponente parallel (||) und senkrecht ($\perp$) zur Einfallsebene lautet:

$$\mathscr{E}_{\mathrm{r}\|} = E_{\mathrm{e}\|}\, \mathscr{q}_{\mathrm{r}\|} = E_{\mathrm{e}\|}\, |\mathscr{q}_{\mathrm{r}\|}| \exp \mathrm{i}\delta_\| \, ; \quad \mathscr{E}_{\mathrm{r}\perp} = E_{\mathrm{e}\perp}\, \mathscr{q}_{\mathrm{r}\perp} = E_{\mathrm{e}\perp}\, |\mathscr{q}_{\mathrm{r}\perp}| \exp \mathrm{i}\delta_\perp \, .$$

Wie im folgenden gezeigt wird, können die beiden Materialkonstanten n_2 und k_2 allein aus Reflexionsmessungen bestimmt werden. Um die Anzahl der Parameter einzuschränken, benutzt man ausschließlich linear polarisiertes Licht

$$E_{e\|} = E_e \cos\varphi_e\,, \quad E_{e\perp} = E_e \sin\varphi_e\,,$$

dessen Schwingungsebene das spezielle Einfallsazimut $\varphi_e = 45°$ (bzw. $\varphi_e = 135°$) besitzt, weshalb $E_{e\|}/E_{e\perp} = \tan^{-1}\varphi_e = 1$ (bzw. $= -1$) gilt. Das komplexe Reflexionsverhältnis vereinfacht sich damit zu

$$\frac{\mathscr{E}_{r\|}}{\mathscr{E}_{r\perp}} = \frac{\mathscr{q}_{r\|}}{\mathscr{q}_{r\perp}} = \frac{|\mathscr{q}_{r\|}|}{|\mathscr{q}_{r\perp}|}\exp\mathrm{i}\Delta \quad \text{mit} \quad \Delta = \Delta_L = \delta_\| - \delta_\perp \quad (\text{bzw. } \Delta = \pi + \Delta_L)\,.$$

Bereits ohne Rechnung, allein aus der Tatsache, daß in den Fresnelschen Formeln komplexe Größen auftreten, kann man sagen, daß zwischen den Komponenten $\mathscr{E}_{r\|}$ und $\mathscr{E}_{r\perp}$ im allgemeinen eine Phasendifferenz $\Delta \neq 0, \pi$ besteht und daß das *reflektierte Licht daher* (im Gegensatz zu den Verhältnissen bei nichtabsorbierenden Stoffen) *elliptisch polarisiert ist.*

In den Fresnelschen Formeln bezieht man durchweg den Lichtvektor $(E_{e\|}, E_{e\perp})$ der einfallenden Welle auf ein Rechtssystem x, y, z, dessen z-Richtung die Strahlrichtung bildet und dessen y-Richtung senkrecht zur Einfallsebene liegt, während der Vektor $(\mathscr{E}_{r\|}, \mathscr{E}_{r\perp})$ der reflektierten Welle auf ein zweites Rechtssystem x', y', z' bezogen wird, das mit z' in die Richtung des reflektieren Strahls weist. Unter dem Einfallswinkel α sind die beiden Rechtssysteme um ihre gemeinsame y-Achse gegeneinander um $\pi - 2\alpha$ gedreht. Dies hat zur Folge, daß für den Einfallswinkel $\alpha = 0$ der (tatsächlich vorhandene) Phasensprung π für $E_\|$ in der Formel nicht explizit auftritt, da die jeweils positiven Richtungen für x und x' einander entgegengesetzt liegen. Daher beginnt $\Delta_L = (\delta_\| - \delta_\perp)$ bei $\alpha = 0$ mit einer Phasendifferenz von π. – Mit wachsendem α nimmt Δ_L im Intervall $\pi \geqq \Delta_L \geqq 0$ ab; gemäß Abb. 4.21 entstehen dabei linke Schwingungsellipsen, was der Index L in Δ_L andeuten soll. Dagegen beginnt für $\varphi_e = 135°$ Δ bei 0; dies ist der Grund, weshalb man das Einfallsazimut φ_e 135° oft bevorzugt.

Anstatt des bisher gebrauchten Azimuts φ benutzt man hier meist den Komplementwinkel ψ:

$$\psi = \frac{\pi}{2} - \varphi\,,$$

mißt also von der $\perp$-Komponente aus; φ und ψ lassen sich jeweils auf den ersten Quadranten reduzieren, wenn man die dazu nötige Phasenverschiebung $k\pi/2$ bei Δ berücksichtigt, wie es zuvor bereits für $\varphi_e = 135°$ geschehen ist. Das reduzierte Ausfallsazimut φ_r bzw. ψ_r bestimmt durch

$$\tan\psi_r = \frac{|\mathscr{E}_{r\|}|}{|\mathscr{E}_{r\perp}|} = \frac{|\mathscr{q}_{r\|}|}{|\mathscr{q}_{r\perp}|}$$

und der Phasenwinkel Δ bilden zusammen mit dem Einfallswinkel α die Meßgrößen zur Bestimmung von n_{rel} und κ.

Der mathematische Zusammenhang soll hier soweit skizziert werden, daß er ohne

Schwierigkeiten zu verfolgen ist. Ausgehend von den Fresnelschen Gln. (4.7) und (4.11) bildet man

$$\frac{\mathscr{g}_{r\parallel}}{\mathscr{g}_{r\perp}} = \frac{-\cos(\alpha+\underline{\beta})}{\cos(\alpha-\underline{\beta})} = \frac{-(1-\tan\alpha\tan\underline{\beta})}{1+\tan\alpha\tan\underline{\beta}},$$

ersetzt $\mathscr{g}_{r\parallel}/\mathscr{g}_{r\perp}$ durch die Meßgrößen $\tan\psi_r \exp i\Delta_L$ (bzw. $-\tan\psi_r \exp i(\pi+\Delta_L)$ für $\varphi_e = 135°$) und löst anschließend nach $\tan\alpha\tan\underline{\beta}$ auf:

$$\tan\alpha\tan\underline{\beta} = \frac{1+\tan\psi_r\exp i\Delta_L}{1-\tan\psi_r\exp i\Delta_L} = \frac{1+\tan^2\psi_r+\tan\psi_r 2\cos\Delta_L}{1-\tan^2\psi_r-\tan\psi_r 2i\sin\Delta_L}$$

$$= \frac{1+\sin 2\psi_r\cos\Delta_L}{\cos 2\psi_r - i\sin 2\psi_r\sin\Delta_L}.$$

Die Ausdrücke entstehen nacheinander durch Erweitern mit dem konjugiert komplexen Zähler und mit $\cos^2\psi_r$. Indem man mit Hilfe des Snelliusschen Brechungsgesetzes den Winkel $\underline{\beta}$ eliminiert

$$\tan\underline{\beta} = \frac{\sin\alpha}{\sqrt{\underline{n}_{rel}^2-\sin^2\alpha}}$$

und zur reziproken Form der Gleichung übergeht (wobei $\alpha \neq 0$ sein muß)

$$\sqrt{n_{rel}^2(1-2i\kappa-\kappa^2)-\sin^2\alpha} = \sin\alpha\tan\alpha\frac{\cos 2\psi_r - i\sin 2\psi_r\sin\Delta_L}{1+\sin 2\psi_r\cos\Delta_L},$$

kann man nach Quadrieren Real- und Imaginärteil A und B trennen

$$A = n_{rel}^2(1-\kappa^2) = \tan^2\alpha\sin^2\alpha\frac{\cos^2 2\psi_r - \sin^2 2\psi_r\sin^2\Delta_L}{(1+\sin 2\psi_r\cos\Delta_L)^2} + \sin^2\alpha,$$

$$B = 2n_{rel}^2\kappa = \frac{\tan^2\alpha\sin^2\alpha\sin 4\psi_r\sin\Delta_L}{(1+\sin 2\psi_r\cos\Delta_L)^2}. \tag{4.20}$$

Es ist nicht sonderlich schwierig, diese Gleichungen für gegebene Meßwerte α, ψ_r und Δ_L numerisch auszuwerten und daraus n_{rel} und κ zu bestimmen. Für $B \neq 0$ findet man:

$$\kappa = -\frac{A}{B} + \sqrt{1+\left(\frac{A}{B}\right)^2} > 0; \quad n_{rel} = \begin{cases} \sqrt{A} & \text{für } \kappa = 0, \\ \sqrt{B/2} & \text{für } \kappa = 1^6, \\ \sqrt{A/(1-\kappa^2)} & \text{für } \kappa \neq 0 \text{ oder } 1. \end{cases} \tag{4.21}$$

Für $\varphi_e = 135°$ ist $\mathscr{g}_{r\parallel}/\mathscr{g}_{r\perp}$ durch $-\tan\psi_r \exp i(\pi+\Delta_L) \equiv \tan\psi_r \exp i\Delta_L$ zu ersetzen, was die Gleichungen offensichtlich nicht beeinflußt. Man gewinnt daher diesen Fall einfach mit der Substitution $\Delta_L = \Delta - \pi$; dabei wechseln in den Gln. (4.20) die Vorzeichen aller betroffenen Winkelfunktionen. Die Ergebnisse gelten ebenso für schwach wie für stark absorbierende Medien, also auch für Metalle und enthalten

[6] Es sei daran erinnert, daß nach den Maxwellschen Gleichungen das unendlich stark absorbierende Metall durch $\kappa^2 \to 1$, $n \to \infty$ charakterisiert ist.

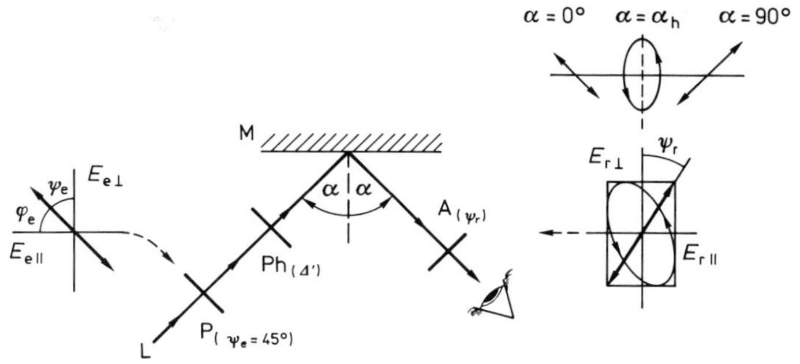

Abb. 4.29 Ellipsometer zur Messung der Phasenverschiebung zwischen den Schwingungskomponenten parallel ($E_{r\parallel}$) und senkrecht ($E_{r\perp}$) zur Einfallsebene im reflektierten Licht. L: monochromatische Lichtquelle, P: Polarisator, 45° gegen die Einfallsebene geneigt, Ph: Phasenschieber, A: Analysator, M: Probe (Medium 2). Die Zerlegung des Schwingungsvektors parallel und senkrecht zur Einfallsebene ist bei P in Strahlrichtung und bei A entgegen der Strahlrichtung zu sehen. (In jedem Fall bilden $E_\parallel$, $E_\perp$ mit der Strahlrichtung in der genannten Reihenfolge ein Rechtssystem.)

den absorptionsfreien Fall ($B = 0$) als Spezialfall. Obwohl man n_{rel} und κ für schwach absorbierende Medien im allgemeinen viel genauer im durchgehenden Licht mißt, gibt es auch hier wichtige Anwendungen der Gl. (4.21). Ihre eigentliche Bedeutung liegt aber zweifellos bei den stark absorbierenden Medien, den **„Metallen“**, die keine Untersuchung im durchgehenden Licht erlauben. (Das Wort „Metall“ steht hier wie im folgenden für alle Medien mit großem Imaginärteil $k = n\kappa$.)

Eine entsprechende Meßanordnung, die man als **Ellipsometer** bezeichnet, zeigt schematisch Abb. 4.29. Das monochromatische parallele Licht gelangt durch den unter $\psi_e = 45°$ eingestellten Polarisator P auf die spiegelnde Oberfläche M des Untersuchungsmaterials (Medium 2). Zwischen P und M ist ein Phasenschieber Ph montiert, mit dem man den beiden Komponenten $E_{e\parallel}$ und $E_{e\perp}$ eine beliebig einstellbare Phasendifferenz Δ' erteilen kann, mit dem Ziel, die bei der Reflexion entstehende Phasenverschiebung gerade zu kompensieren und auf der Beobachtungsseite linear polarisiertes Licht zu gewinnen. Die Auslöschungsstellung des Analysators A liefert dann den Winkel ψ_r. Die Genauigkeit, mit der sich die Meßwinkel bei P, Ph und A einstellen lassen, beträgt jeweils etwa 10^{-2} Grad. Die untersuchte Oberfläche kann kleiner als $1\,\mathrm{mm}^2$ sein. Geeignete Polarisatoren werden in Abschn. 4.7 und geeignete Phasenschieber in Abschn. 4.10 besprochen.

Eine interessante Anwendung, welche zugleich die hohe Empfindlichkeit der Anordnung deutlich macht, besteht in der *ellipsometrischen Messung der Dicke von Adsorptionsschichten*. Sind ψ_{r0} und Δ_0 die Meßwerte an einer vollkommen sauberen Oberfläche und ist d die Dicke einer fremden Oberflächenschicht (z. B. Oxid- oder Feuchtigkeitsfilm), so läßt sich die dadurch hervorgerufene Störung formal durch die linearen Terme der Potenzreihenansätze

$$\Delta = \Delta_0 + \gamma_1 d + \dots \quad \text{und} \quad \psi_r = \psi_{r0} + \gamma_2 d + \dots$$

erfassen. Die Koeffizienten γ_1 und γ_2 sind Funktionen der beteiligten optischen Konstanten (Medium 1, Schicht und Medium 2), sowie des Einfallswinkels α. Ihre Werte können etwa 1 bis 10^{-2} Winkelgrad/nm erreichen. Unter günstigen Versuchsbedingungen ist es daher nicht nur möglich, die Dicke d monomolekularer Schichten zu messen (die in der Größenordnung von 0,1 nm liegen), sondern sogar Bedeckungsgrade von nur wenigen % der Oberfläche. In den theoretischen Ansätzen betrachtet man entweder eine (zweidimensionale) Verteilung Hertzscher Oszillatoren auf der Oberfläche in Interferenz mit der reflektierten Strahlung, oder man geht von einer „dickeren" dreidimensionalen Störschicht aus, deren Brechzahl n_s ortsabhängig ist und sich mit n_1 auf der einen und n_2 auf der anderen Seite stetig an die beiden Medien anschließt. Dieser letzte Ansatz wurde bereits von P. Drude (1889) behandelt, um Beobachtungen zu deuten, die auf eine geringfügige Abweichung von den Fresnelschen Formeln hinwiesen. Bei nichtabsorbierenden Medien hatte man nämlich festgestellt – und zwar besonders deutlich unter dem Brewsterwinkel α_p, wo die Komponente $E_{r\parallel}$ nach den Fresnelschen Gleichungen völlig verschwinden sollte – daß stets ein winziger Rest elliptisch polarisierter Strahlung zu finden war, deren Elliptizität zum Teil in wenig kontrollierbarer Weise von der Vorgeschichte des Materials abhing.

Unter dem Brewsterwinkel α_p (s. Abb. 4.30) wird $\Delta_0 = \pi/2$ und $\psi_{r0} = 0$, und der Ansatz vereinfacht sich zu:

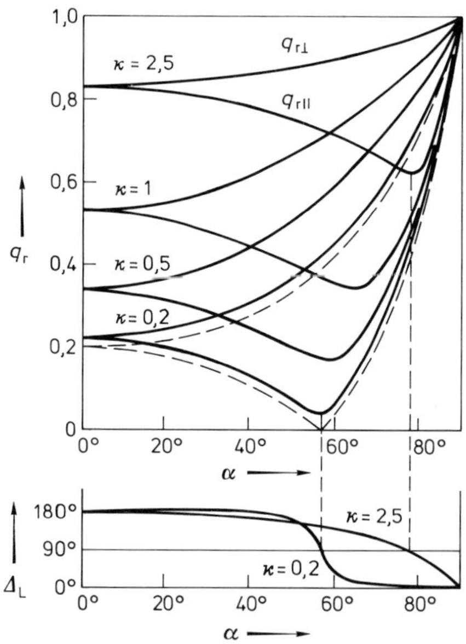

Abb. 4.30 Reflexionskurven für absorbierende Medien (berechnet) für $n = 1{,}5$ und verschiedene κ-Werte. – Das obere Kurvenpaar entspricht etwa den Verhältnissen bei Stahl ($n = 0{,}9$; $\kappa = 2{,}5$), während das untere, gestrichelte Kurvenpaar den absorptionsfreien Fall zeigt (Kronglas $n = 1{,}5$; $\kappa = 0$). Die aufgetragenen Phasenwinkel Δ_L gehören zu $\varphi_e = 45°$ und entsprechen nach Abb. 4.21 linkselliptisch polarisiertem Licht. Bei $\varphi_e = 135°$ ergeben sich jeweils um 180° größere Phasen entsprechend rechtselliptisch polarisiertem Licht.

$$\tan\psi_r \exp i\Delta = \tan(\gamma_2 d)\exp i\left(\frac{\pi}{2}+\gamma_1 d\right) \approx i\gamma_2 d\,,$$

d.h. es tritt elliptisch polarisiertes Licht auf und die Halbachsen der Schwingungsellipse liegen parallel (||) und senkrecht ($\perp$) zur Einfallsebene. γ_1 kann hier vernachlässigt werden, da es ersichtlicherweise erst zu einer quadratischen Korrektur beiträgt. Mit einer mittleren Brechzahl $n_s = \sqrt{n_1 n_2}$ für die Schicht berechnet Drude einen Koeffizienten

$$\gamma_2 = \left(\frac{\pi n_1}{\lambda}\right)\frac{n_{\rm rel}-1}{n_{\rm rel}+1}\sqrt{n_{\rm rel}^2+1} \qquad \left(\text{für } \alpha=\alpha_{\rm p},\ \kappa=0,\ n_{\rm rel}=\frac{n_2}{n_1}>1\right),$$

der eine untere Grenze für die **Schichtdicke** $d = (\tan\psi_r)/\gamma_2$ liefert. Wenn die Brechzahl n_S der Fremdschicht höher ist als die der Unterlage, ist das reflektierte Licht linkselliptisch polarisiert.

Bemerkenswert ist es, daß auch unter der Annahme eines stetigen Überganges von n_1 auf n_2 in der Grenzschicht eine Reflexion stattfindet. Analoge Untersuchungen, insbesondere der Wellenmechanik, bestätigen jedoch ganz allgemein, daß sich eine kontinuierliche Übergangsschicht bereits wesentlich wie eine unstetige Trennfläche verhält, wenn ihre Dicke d kleiner als etwa $\lambda/4$ ist. Indessen wird die Reflexion sehr klein, sobald sich der Angleich von n_1 auf n_2 auf einer Strecke abspielt, die größer oder gleich der Lichtwellenlänge ist. Da sich der gewöhnliche Reflexionsvorgang auch bei nichtabsorbierenden Medien auf eine Tiefe erstreckt, die klein gegen die Wellenlänge des Lichtes ist, wird die Empfindlichkeit bezüglich der Oberflächenbeschaffenheit verständlich. Bei stark absorbierenden Medien setzt die Eindringtiefe $\lambda/4\pi n\kappa$ der Strahlung eine weitere Schranke.

Einen speziellen Fall, mit dem die Mehrzahl aller vorliegenden (n,κ)-Messungen gewonnen sind, hat P. Drude ausgearbeitet. Man sucht den sog. **Haupteinfallswinkel** α_h auf, für den die Phasenverschiebung $\Delta = \pm\pi/2$ beträgt. Das zugehörige Azimut ψ_r heißt **Hauptazimut** (selbstverständlich hat man hier, trotz $\Delta = \pm\pi/2$ kein zirkular polarisiertes Licht, da $|\varrho_{r\parallel}| \neq |\varrho_{r\perp}|$ ist). In der Meßanordnung Abb. 4.29 kann man jetzt bei Ph die viel einfacher zu verwirklichende feste Phasenverschiebung $\Delta' = \mp\pi/2$ einführen und die Gln. (4.20) vereinfachen sich zu:

$$\begin{aligned} A &= n_{\rm rel}^2(1-\kappa^2) = \tan^2\alpha_h \sin^2\alpha_h \cos 4\psi_r + \sin^2\alpha_h\,, \\ B &= 2n_{\rm rel}^2\kappa = \tan^2\alpha_h \sin^2\alpha_h \sin 4\psi_h\,. \end{aligned} \qquad \left(\text{für } \Delta_L = \frac{\pi}{2}\right) \quad (4.20\text{b})$$

Auch diese Gleichungen folgen streng aus den Fresnelschen Formeln. Bildet man mit $\kappa = 0$ (und damit $B = 0$ sowie $4\psi_r = 0$) den Grenzfall des absorptionsfreien Mediums, so wird $\cos 4\psi_r = 1$ und A geht in das Brewstersche Gesetz über: Der Haupteinfallswinkel α_h wird zum Polarisationswinkel α_p. Da bei absorbierenden Medien $|\varrho_{r\parallel}|$ nicht verschwinden kann, sondern bei α_h nur ein Minimum durchläuft, weil die Nullstelle komplex ist, gibt es für $\kappa \neq 0$ keinen Polarisationswinkel (Abb. 4.30).

Aus den Gln. (4.20a) läßt sich über den Quotienten A/B eine Näherung gewinnen, wenn man das auf der rechten Seite entstehende zweite Glied $\sin^2\alpha_h/B$ vernachlässigt. Nach kurzer Rechnung gelangt man zu den bereits von Cauchy (1849) angegebenen Näherungsgleichungen

$$\kappa = \tan 2\psi_r\,, \quad n_{rel} = \sin\alpha_h \tan\alpha_h \cos 2\psi_r\,.$$

Für schwach absorbierende Medien ($\kappa \ll 1$) ist die Voraussetzung leidlich erfüllt. Der Fall $\kappa \to 0$ liefert $2\psi_r = 0$ und $n_{rel} = \sin\alpha_h \tan\alpha_h$ anstatt des richtigen Wertes $n_{rel} = \tan\alpha_h$. Für Metalle ist die Näherung meist besser.

Reflexionsmessungen sind, wie betont, mit beträchtlichen Schwierigkeiten verknüpft. Da sich der Reflexionsvorgang in unmittelbarer Umgebung der Oberfläche des Materials abspielt, ist deren Beschaffenheit von ausschlaggebender Bedeutung. Darauf ist bei der Materialvorbereitung (Politur, Ätzung) zu achten. Die besten, d.h. die am wenigsten gestörten Oberflächen zeigen – abgesehen von den Flüssigkeiten – die Spaltstücke guter Einkristalle[7]. Bereits spurenhafte Oxidationen an der Luft oder Feuchtigkeitsfilme können jedoch die Messungen beträchtlich verfälschen; zur Vermeidung von Fehlern nimmt man dann Spaltung und Messung der Kristalle im Hochvakuum, mitunter im Ultrahochvakuum vor.

In einer weiteren Methode – mit der man die zuvor genannten Schwierigkeiten zum Teil dadurch umgeht, daß man die glasgeschützte Rückseite einer Aufdampfschicht untersucht – mißt man nicht die Phasendifferenz $\delta_{\parallel} - \delta_{\perp}$, sondern **die absoluten Phasen** [3]. Hier liefert bereits der einfache Fall senkrechter Inzidenz ($\alpha = 0$) die erforderlichen Informationen. Meßgrößen sind der Reflexionsgrad ϱ_m des Metalls, gemessen durch das Verhältnis der reflektierten zur einfallenden Strahlungsleistung und der Phasenwinkel δ. (Die Zeichen $\parallel$ und $\perp$ sind jetzt überflüssig und sollen unterdrückt werden, da für $\alpha = 0$ die Einfallsebene nicht mehr definiert ist.)

Aus den Formeln (4.13) folgt mit $\mathscr{n}_{rel} = (n_2 - \mathrm{i}k_2)/n_1$ anstatt n_{rel}, sowie nach Erweiterung mit n_1

$$\mathscr{q}_r = |\mathscr{q}_r| \exp \mathrm{i}\delta = \frac{-(n_2 - \mathrm{i}k_2 - n_1)}{n_2 - \mathrm{i}k_2 + n_1} \quad \text{für} \quad \alpha = 0\,.$$

Unter Beachtung der Rechenregeln für komplexe Größen (Gl. (4.16)) findet man:

$$\varrho_m = \mathscr{q}_r \mathscr{q}_r^* = \frac{(n_2 - n_1)^2 + k_2^2}{(n_2 + n_1)^2 + k_2^2} \tag{4.22a}$$

und

$$\tan\delta = \frac{2k_2 n_1}{-(n_2^2 - n_1^2 + k_2^2)} \tag{4.22b}$$

bzw.

$$\sqrt{\varrho_m}\cos\delta = \frac{-(n_2^2 - n_1^2 + k_2^2)}{(n_2 + n_1)^2 + k_2^2}\,,$$

$$\sqrt{\varrho_m}\sin\delta = \frac{2k_2 n_1}{(n_2 + n_1)^2 + k_2^2}\,. \tag{4.23}$$

[7] Kristalle kubischer Symmetrie verhalten sich optisch wie isotrope Substanzen und die Meßergebnisse sind unabhängig von der Wahl der Kristallfläche. Bei Kristallen, die nicht dem kubischen System angehören, ergeben sich Komplikationen. Siehe dazu den Absatz über Erzmikroskopie am Ende von Abschn. 4.9.

Eine etwas mühsame, aber elementare Rechnung liefert dann

$$n_2 = n_1 \frac{1-\varrho_{\mathrm{m}}}{1+2\sqrt{\varrho_{\mathrm{m}}}\cos\delta+\varrho_{\mathrm{m}}}, \quad \kappa_2 = \frac{k_2}{n_2} = \frac{2\sqrt{\varrho_{\mathrm{m}}}\sin\delta}{1-\varrho_{\mathrm{m}}}. \tag{4.24}$$

Von der Richtigkeit dieser (streng gültigen) Beziehungen kann man sich rückwärts leicht überzeugen, wenn man die rechten Seiten der Gln. (4.22a) und (4.23) einsetzt.

Schließlich ist noch die *experimentelle Bestimmung von δ* zu schildern: man benutzt eine Interferenzmethode, z.B. die in Abschn. 3.10 besprochene Anordnung von Th. Young. In Abb. 4.31 seien durch die Geraden 1 und 2 die Zentralstrahlen der beiden kohärenten Strahlenbündel dargestellt, die aus dem Youngschen Doppelspalt austreten und miteinander interferieren können; sie werden an der Rückseite einer Glasplatte G (Brechzahl n_1) reflektiert. Die Reflexionen an der Vorderseite werden dadurch unschädlich gemacht, daß die Glasplatte als Keil mit dem kleinen Keilwinkel ε ausgebildet ist; die an der Vorderseite senkrecht auffallenden Strahlen werden in sich reflektiert, während die für den Versuch wesentlichen Strahlen 1′ und 2′ von der Hinterseite unter dem Einfallswinkel ε reflektiert werden, also mit den einfallenden den Winkel 2ε bilden. Bei der in Abb. 4.31 gezeichneten Lage der Glasplatten werden die Strahlen 1 und 2 beide an Luft, d.h. am dünneren Medium reflektiert. Dabei tritt kein Phasensprung auf; das von 1′ und 2′ erzeugte Interferenzbild wird auf einer photographischen Platte aufgenommen. Anschließend schiebt man die keilförmige Glasplatte so weit (in Abb. 4.31 nach unten), daß Strahl 1 nicht mehr an Luft sondern an der rückseitig aufgedampfen dicken Metallschicht M (mit n_2, κ_2) reflektiert wird, während Strahl 2 nach wie vor an Luft gespiegelt wird. Da bei der Reflexion am Metall unter (nahezu) senkrechter Inzidenz der Phasensprung δ entsteht, so tritt zwischen den reflektierten Strahlen 1′ und 2′ jetzt die Phasendifferenz δ auf; das neue, auf derselben photographischen Platte festgehaltene Interferenzbild ist gegen das vorangehende verschoben. Die Verschiebung der Interferenzstreifen liefert dann δ: Eine Verschiebung um eine ganze Streifenbreite entspricht einer Phasendifferenz von π (bzw. $\lambda/2$); daher kommt nur eine Verschiebung um den Bruchteil einer Streifenbreite zustande. – Die Methode ist vergleichsweise einfach und genau.

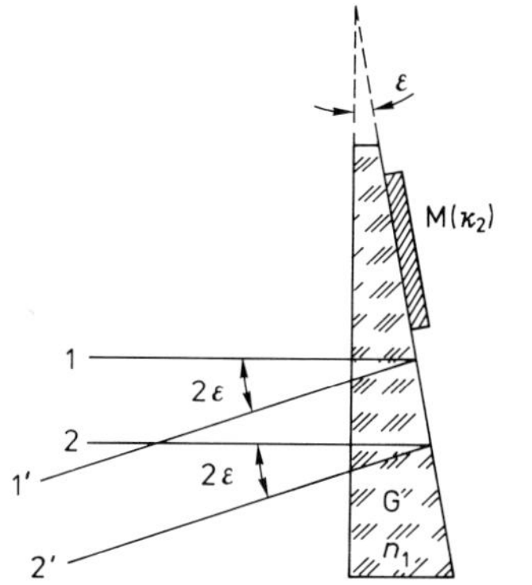

Abb. 4.31 Messung der Phasenverschiebung bei Metallreflexion.

Es ist kaum erforderlich hinzuzufügen, daß die wirkliche Ausführung der Messungen nach Abb. 4.29 und 4.31 komplizierter ist, als hier dargestellt, wo es nur auf das Grundsätzliche ankommt.

4.5 Doppelbrechung und Polarisation an optisch einachsigen Kristallen

Im Jahre 1669 fand Erasmus Bartholinus, daß ein Lichtstrahl, der auf einen Kristall aus isländischem Kalkspat trifft, gleichzeitig in zwei verschiedenen Richtungen gebrochen wird, so daß aus dem Kristall zwei getrennte Strahlen austreten. Man nennt diese Erscheinung, die bei allen Kristallen, mit Ausnahme der dem kubischen System angehörenden, mehr oder minder ausgeprägt auftritt, die **Doppelbrechung** des Lichtes; Stoffe, die diese Eigenschaft besitzen, werden doppelbrechend genannt. Die Erscheinung der natürlichen Doppelbrechung ist eine Folge der **Anisotropie** der Kristalle, beruht also darauf, daß die verschiedenen, durch einen beliebigen Punkt des Kristalls gezogenen Richtungen physikalisch nicht gleichwertig sind. Auch an sich isotrope Stoffe, wie etwa Glas, können auf verschiedene Weise (durch Druck, Biegung, Temperaturverschiedenheit, elektrische Felder usw.) künstlich anisotrop gemacht werden; dann werden auch sie doppelbrechend (sog. künstliche oder erzwungene Doppelbrechung, auch als akzidentelle, induzierte Doppelbrechung bezeichnet).

Die Erscheinung der Doppelbrechung soll an einem Kalkspatkristall, bei dem sie besonders ausgeprägt ist, genauer betrachet werden. Der Kalkspat oder **Calcit** (chemisch $CaCO_3$) kristallisiert im trigonalen System (s. Tab. 4.14, S. 550); die farblosen gut ausgebildeten Kristalle zeigen nach drei zueinander fast senkrechten Richtungen vollkommene Spaltbarkeit, so daß es relativ leicht gelingt, Stücke in Rhomboedergestalt herauszuspalten; ein ideales **Rhomboeder** (Abb. 4.32) ist begrenzt von sechs Rhomben gleicher Kantenlänge, deren stumpfer Winkel 101° 53′ beträgt. In zwei gegenüberliegenden Ecken (A und B) stoßen je drei Rhombenflächen zusammen, die dort miteinander gleiche stumpfe Flächenwinkel von 105° 5′ bilden. Die Verbindungslinie von A nach B ist beim (ideal ausgebildeten) Rhomboeder die **kri-**

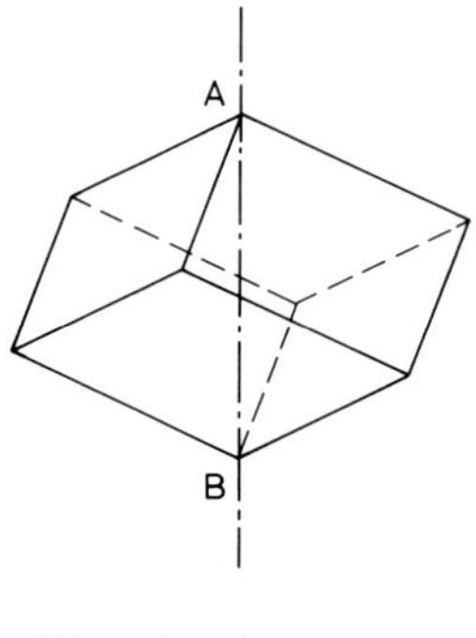

Abb. 4.32 Rhomboeder.

stallographische Hauptachse; sie ist *dreizählig,* was besagt, daß nach einer Rotation von jeweils $2\pi/3$ um diese Achse der Kristall mit allen seinen physikalischen Eigenschaften eine deckungsgleiche Position einnimmt. Zwar zeigt Abb. 4.32 dies nur für die Spaltflächen (je drei bilden mit der Hauptachse den gleichen Winkel von $45^\circ\,23'\,30''$), jedoch müssen sich alle physikalischen Eigenschaften der Dreizähligkeit unterordnen. (Eine genauere Untersuchung des Calcits würde allerdings ergeben, daß seine kristallographische Hauptachse eine sog. *dreizählige Drehinversionsachse* darstellt; der Unterschied zur normalen *Drehachse,* der in Abschn. 4.9 beschrieben wird, spielt indes für alle hier behandelten optischen Erscheinungen keine Rolle und braucht deshalb in den folgenden Ausführungen nicht beachtet zu werden.)

Rein geometrisch kann man sich ein Rhomboeder aus einem Würfel entstanden denken: Beim Würfel sind die acht Ecken, in denen je drei quadratische Flächen unter Winkeln von 90° zusammenstoßen, gleichwertig, sämtliche Raumdiagonalen gleich lang und sämtlich dreizählig. Staucht man den Würfel längs einer Raumdiagonale, so verkürzt sie sich, gleichzeitig werden die Winkel zwischen den Flächen der nun zu Rhomben gewordenen Quadrate an den Ecken dieser Raumdiagonale stumpf, an den anderen sechs Enden spitz; die verkürzte Raumdiagonale hat nun als einzige Achse ihre Dreizähligkeit behalten und damit eine Vorzugsstellung vor den übrigen Raumdiagonalen gewonnen.

Durch ihre Symmetrie legt die kristallographische Hauptachse im Kristall auch eine *optische Vorzugsrichtung* fest, die man aus später hervortretenden Gründen als **optische Achse** bezeichnet. Sie liegt der kristallographischen Hauptachse parallel.

Man muß sich hierbei vor einem Mißverständnis hüten: Mit der Bezeichnung „Achse“ meint man hier nicht eine materielle Gerade, wie es z. B. die Rotationsachse eines Rades ist, sondern *eine Richtung im Kristall;* alle zur Hauptachse parallelen Richtungen verdienen daher gleichermaßen den Namen *kristallographische Hauptachse* und *optische Achse.*

Für eine einheitliche Beschreibung der Doppelbrechung ist der Begriff des *Hauptschnittes* wichtig. Allgemein versteht man unter dem **Hauptschnitt eines Kristalls** jede Ebene, die die kristallographische Achse enthält; im besonderen nennt man **Hauptschnitt eines Strahls** denjenigen Kristallhauptschnitt, der außerdem das Einfallslot des Strahls enthält. Was zuvor von den Achsen gesagt wurde, gilt auch für die Ebenen des jeweiligen Strahlhauptschnittes; es ist damit keine materielle Ebene gemeint, sondern eine bestimmte *Ebenenstellung im Kristall;* alle zu einem Hauptschnitt parallelen Ebenen sind daher ebenfalls als Hauptschnitte zu bezeichnen.

Bei einem beliebigen Spaltstück von Calcit sind im allgemeinen die begrenzenden Flächen keine Rhomben, sondern gewöhnliche Parallelogramme; in diesem Fall ist die Richtung der kürzesten Raumdiagonale nicht mehr Hauptachse oder optische Achse; deren Lage ist aber selbstverständlich auch dann definiert, und zwar durch den oben angegebenen Winkel von $45^\circ\,23'\,30''$ mit den drei in der Ecke zusammenstoßenden Flächen. Im folgenden werden insbesondere in den Abbildungen immer vollkommen regelmäßig ausgebildete Rhomboeder vorausgesetzt.

Ein Calcitrhomboeder, auf beschriebenes Papier gelegt, zeigt bei senkrechter Aufsicht die Schrift doppelt (Abb. 4.33); das eine Bild erscheint dort, wo es auch bei einem Rhomboeder aus isotroper Substanz erscheinen würde, nämlich wegen des senkrechten Einfalls unverschoben; das zweite Bild aber ist gegen das erste versetzt. Bereits dieser einfache Versuch zeigt, daß der zweite Strahl sicher nicht dem Snel-

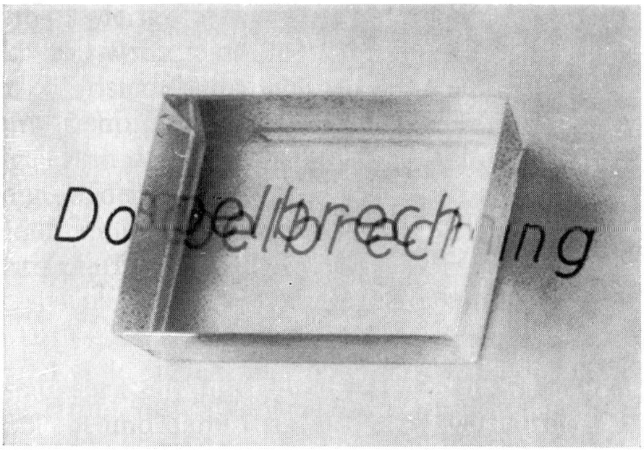

Abb. 4.33 Doppelbrechung des Lichtes durch ein Calcit-(=Kalkspat-)rhomboeder.

liusschen Brechungsgesetz folgt, was im einzelnen noch genauer zu untersuchen ist. Der erste Strahl hingegen verhält sich normal, er gehorcht dem Brechungsgesetz und wird dementsprechend **ordentlicher Strahl**[8], der zweite aber **außerordentlicher Strahl** genannt; sie tragen in allen folgenden Abbildungen die Bezeichnungen „o" und „e".

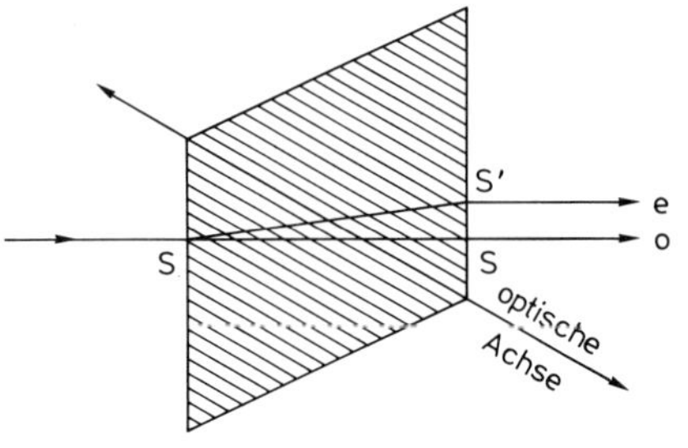

Abb. 4.34 Strahlenverlauf im Hauptschnitt eines Calcitrhomboeders.

Zunächst soll in Abb. 4.34 ein einfacher Spezialfall betrachtet werden: Auf eine natürliche Fläche des Calcitrhomboeders falle senkrecht ein Strahl SS, der sich im Innern des Kristalls in zwei Strahlen verschiedener Richtung (o und e) teilt. Beim Austritt aus dem Kristall an der parallelen Gegenfläche findet die zweite Brechung statt und beide Strahlen laufen zwar getrennt aber parallel weiter. In der Abbildung ist die Richtung der optischen Achse eingetragen; sie bestimmt definitionsgemäß zusammen mit dem Einfallslot, das sich hier mit dem Strahl SS deckt, die Ebene

[8] Dies sind schlechte Übersetzungen der französischen Bezeichnungen „rayon ordinaire" und „rayon extraordinaire"; eine bessere Übersetzung wäre „gewöhnlicher" und „ungewöhnlicher" Strahl, doch sind die im Text angeführten Bezeichnungen seit mehr als einem Jahrhundert eingebürgert.

eines Strahlhauptschnittes; der Strahlhauptschnitt liegt bei gegebenem Einfallslot im Kristall fest und macht daher z. B. eine Drehung um die Achse SS mit, so daß man ihn in die Papierebene einschwenken kann. Zusammen mit dem Strahlhauptschnitt fällt auch der Strahlengang SS′e in die Papierebene, wie sich herausstellen wird (vgl. auch Abb. 4.37). Es soll nun angenommen werden, der Hauptschnitt, dessen Schraffierung die Richtung der optischen Achse hervorhebt, liege in Abb. 4.34 in der Zeichenebene. In der Abbildung sind eine von links beleuchtete kreisförmige Lochblende, die als Lichtquelle dient, und eine Abbildungslinse der Einfachheit halber fortgelassen; mit deren Hilfe kann man die Zweiteilung des Strahls SS objektiv zeigen, indem man die Lochblende auf einem Schirm abbildet. Man erhält zwei gleich helle Bilder nebeneinander; die einfallende Strahlungsleistung verteilt sich also je zur Hälfte auf den ordentlichen und den außerordentlichen Strahl. Der ordentliche Strahl passiert, da er senkrecht auffällt, den Kristall ungebrochen und sein Blendenbild verharrt unbeweglich an derselben Stelle des Projektionsschirmes, während man den Kristall um SS dreht. Anders der außerordentliche Strahl SS′e: trotz senkrechten Einfalls wird er gebrochen und abgelenkt; für ihn gilt, wie schon betont, das Snelliussche Brechungsgesetz nicht. Nach Abb. 4.34 wird der Strahl e in der Ebene des Hauptschnitts nach oben oder unten abgelenkt. (Für Calcit bei der gezeichneten Lage der optischen Achse nach oben, so daß e mit der optischen Achse einen größeren Winkel bildet als o. In allen sog. *optisch negativen Kristallen* verhält sich der e-Strahl wie im Calcit, während er sich in *optisch positiven Kristallen* umgekehrt verhält: Bei Quarz z. B. würde unter gleichen Bedingungen der e-Strahl nach unten abgelenkt werden.) Wird jetzt der Hauptschnitt durch eine Rotation des Kristalls um SSo als Achse aus der Papierebene gedreht, so wandert der Strahl e mit: Das von e entworfene Lochblendenbild umkreist auf dem Projektionsschirm das unabgelenkte Bild des Strahls o. Der Abstand der beiden Bilder der Lichtquelle hängt offenbar mit der Kristalldicke in der Durchstrahlungsrichtung zusammen: *mit wachsender Dicke nimmt die Aufspaltung zu,* wie der Versuch in Abb. 4.44 bestätigen wird. – Abb. 4.35 soll die Darstellung der Abb. 4.34 durch eine perspektivische Zeichnung der Kristallflächen, des Strahlenverlaufes und des Hauptschnittes ergänzen.

In Abb. 4.35 ist der Auftreffpunkt des Strahls SS auf die Kristallfläche zufällig so gelagert, daß er auf der kurzen Rhombendiagonale liegt; demgemäß geht auch

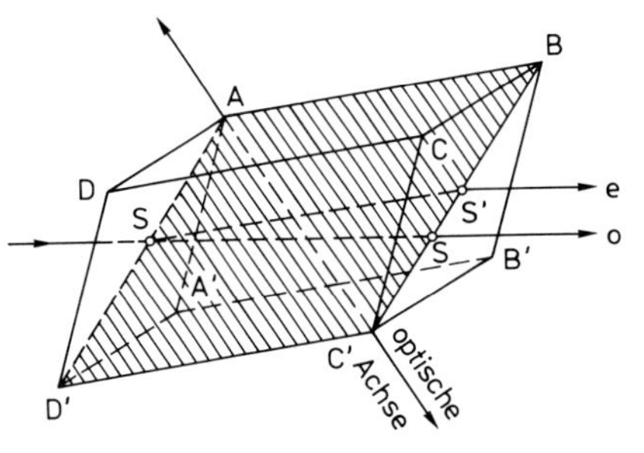

Abb. 4.35 Strahlenverlauf im Hauptschnitt eines Calcitrhomboeders (perspektivische Darstellung).

der zugehörige Strahlhauptschnitt durch die Diagonale und steht, da er das Einfallslot enthält, senkrecht auf der Kristallfläche. Wenn man einen anderen Auftreffpunkt der Strahls SS gewählt hätte, so hätte man als zugehörigen Hauptschnitt offenbar eine Parallelebene zu dem oben bestimmten Hauptschnitt erhalten. Da nun aber nur die Ebenenstellung charakteristisch ist, kann man sagen, es sei der gleiche Hauptschnitt. Für das (ideale) Rhomboeder kann man also den Hauptschnitt zu einem beliebigen Strahl so definieren, daß er die Richtung der optischen Achse enthält, auf der betreffenden Kristallfläche senkrecht steht und durch deren kurze Diagonale hindurchgeht; von dieser Ausdrucksweise wird verschiedentlich Gebrauch gemacht.

Den in Abb. 4.34 dargestellten Versuch kann man dahingehend abändern, daß man die Lichtquelle vor der Blende entfernt und die Blende mit dem Auge durch das Calcitrhomboeder hindurch betrachtet (Abb. 4.36). Man sieht wiederum nebeneinander zwei Blendenbilder, deren eines beim Drehen des Kristalls um die Verbindungslinie Auge–Lochblende seine Lage beibehält, während das andere Bild um das erste herumwandert. Abb. 4.36 zeigt den zugehörigen Strahlenverlauf. Das Auge A sieht die Blendenöffnung O einmal längs des ordentlichen, geradlinig verlaufenden Strahles BC direkt und zum anderen längs des zweimal geknickten, von A über DE nach O laufenden, außerordentlichen Strahles *scheinbar* an der Stelle O′, wohin die Verlängerung der Blickrichtung zielt. Die Lage von ED hängt von der Entfernung zwischen O und E ab. Die beiden Strahlenwege kreuzen sich dabei im Calcit. Letzteres kann man, worauf G. Monge (1807) zuerst hingewiesen hat, dadurch zeigen, daß man dicht hinter dem Kristall etwa in der Ebene FF′ ein Stück schwarzen Kartons von F nach F′ verschiebt. Dann verschwindet für das durch den Calcitkristall blickende Auge zuerst die direkt gesehene Öffnung O und dann erst das bei O′ liegende Bild der Öffnung, obwohl man zunächst das umgekehrte erwartet, was z. B. eintritt, wenn man den Karton dicht vor dem Calcitkristall von G nach G′ verschiebt.

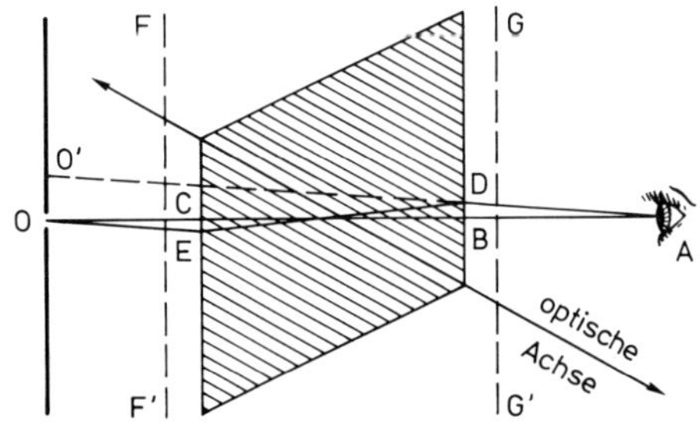

Abb. 4.36 Strahlenverlauf im Hauptschnitt eines Calcitrhomboeders bei subjektiver Beobachtung.

In den Abb. 4.37a und b ist ein Calcitrhomboeder so auf ein Papier mit einem eingezeichneten Kreuz gelegt, daß die beiden Kreuzarme in Abb. 4.37a die Diagonalen der unteren Rhombenfläche bilden; in Abb. 4.37b ist bei gleicher Lage der Kreuzarme das Rhomboeder verdreht; in beiden Fällen ist die optische Achse ein-

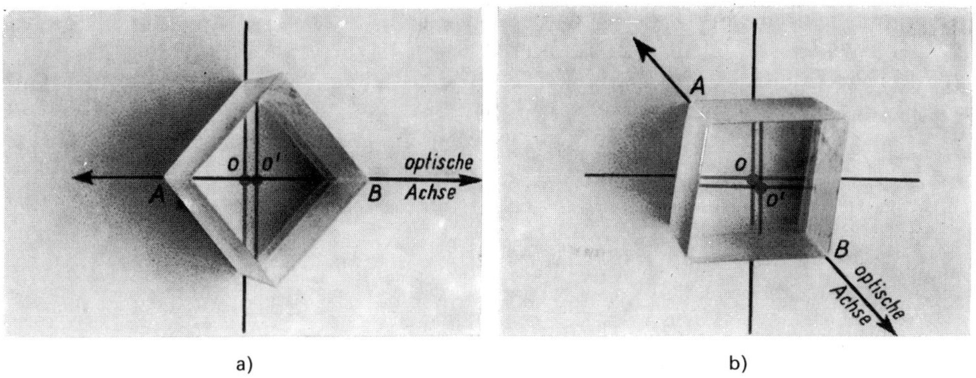

Abb. 4.37 Doppelbrechung des Lichtes durch ein Calcitrhomboeder. In Bild b) ist das Calcitstück um 45° gegen seine Lage in a) verdreht. In beiden Fällen wird das zweite Bild des auf der Unterlage befindlichen Kreuzes in Richtung des Hauptschnittes verschoben.

gezeichnet. Die Ebene des Hauptschnittes geht durch die optische Achse und steht senkrecht zur Papierebene; in beiden Fällen wird durch die Brechung des e-Strahls das zweite Bild des Kreuzes in Richtung des Hauptschnittes, d. h. parallel der kurzen Diagonale verschoben.

Alle in den Abbildungen 4.33 bis 4.37 beschriebenen Versuche lassen sich, bei qualitativ völlig gleichbleibendem Resultat, an jeder planparallelen, in beliebiger Orientierung aus einem Calcitkristall herausgeschnittenen Platte wiederholen. Die Beschreibungen behalten daher auch dann noch ihre Gültigkeit, wenn Strahleneinfalls- und -austrittsfläche keine natürlichen Spaltflächen sind (und man sich nicht mehr einfach an den Rhombendiagonalen orientieren kann): Immer erhält man einen ordentlichen Strahl o, der dem Snelliusschen Brechungsgesetz folgt, und immer einen außerordentlichen Strahl e, der davon abweicht. Im Falle senkrechter Inzidenz wird der e-Strahl stets innerhalb der Ebene des Strahlhauptschnitts in Richtung eines größeren Winkels zur optischen Achse abgelenkt (optisch negativ!). Darüber hinaus liefern diese Versuche ein wichtiges neues Ergebnis: Der Winkel, unter dem sich e im Innern des Kristalls von dem (parallel zum Einfallslot laufenden) Strahl o entfernt, hängt nur ab vom Schnittwinkel der Kristallplatte zur optischen Achse, besser: zur kristallographischen Hauptachse. Das bedeutet, daß das optische Verhalten von e um diese Hauptachse herum Rotationssymmetrie aufweist. Das bestätigt sich ferner bei beliebig zu den Kristallplatten geneigten Strahlengängen und gilt deshalb ohne jede Einschränkung: *Die optische Erscheinung der Doppelbrechung ist rotationssymmetrisch um die kristallographische Hauptachse.*

Die gefundene optische Rotationssymmetrie um die Hauptachse schließt ferner ein, daß die Hauptachse, als Sitz dieser Symmetrie, selbst eine singuläre Stellung einnimmt. Das läßt sich an einer Kristallplatte bestätigen, die senkrecht zur optischen Achse geschnitten ist. Legt man eine derart geschnittene Platte etwa über das Kreuz der Abb. 4.37, so erscheint bei senkrechter Betrachtung das Bild nur einfach; bei zunehmend geneigter Betrachtungsweise zeigt sich zwar auch wieder Doppelbrechung, dieses Bild wandert jedoch nicht, wenn man die Kristallplatte über dem

Kreuz hinwegdreht, im Gegensatz zu den Beobachtungen an allen anders geschnittenen Kristallen. Da in dieser besonderen Schnittlage der e-Strahl in keiner Weise azimutal beeinflußt ist, verbleibt er in der Einfallsebene[9] und seine Brechung zum Lot hin läßt sich messen; man stellt dabei fest, daß diese „Brechzahl“ vom Einfallswinkel abhängig ist und bei senkrechter Inzidenz stetig in die (feste!) Brechzahl des o-Strahls übergeht. In Richtung der optischen Achse gibt es daher – wie in einem isotropen Medium – nur eine Brechzahl. Damit wird die Sonderstellung dieser Richtung deutlich: Die *optische Achse ist eine Richtung optischer Isotropie.* Calcit und überhaupt alle Kristalle des trigonalen, tetragonalen und hexagonalen Systems besitzen genau eine Hauptachse und damit eine optische Achse, weshalb sie **optisch einachsig** heißen. In Richtung der optischen Achse gibt es keine Doppelbrechung.

Außer diesem Spezialfall gibt es noch einen zweiten, der mit einem Kristallschnitt verifiziert werden kann, welcher die optische Achse selbst enthält. Auch hier erkennt man bei senkrechter Inzidenz keine Aufspaltung mehr, jedoch unterscheidet sich der Fall grundsätzlich von dem zuvor besprochenen, was sich sofort beim Drehen der Kristallplatte unter geneigtem Strahlengang bemerkbar macht; hier hängt, wie üblich, die Doppelbrechung vom Azimut ab, das Bild wandert beim Drehen.

Man kann sich diesen Grenzfall folgendermaßen erklären: Bei senkrechter Inzidenz bildet der Strahl o mit der optischen Achse den größtmöglichen Winkel von 90°. Die überall vorhandene eindeutige Tendenz von e, mit der optischen Achse einen größeren (bzw. bei optisch positiven Kristallen: einen kleineren) Winkel als o zu bilden, läßt sich nur mit dem Kompromiß aufrechterhalten, daß auch e den Winkel 90° mit der optischen Achse beibehält. Da die optische Achse nicht polar ist, entsteht mit jedem stumpfen Winkel ein völlig gleichwertiger spitzer Komplementwinkel und umgekehrt. Beide Strahlen, o und e, verlaufen daher im Innern parallel, obgleich sie durchaus verschiedenes Verhalten zeigen können (und es auch tatsächlich zeigen).

Zusammenfassend kann man sagen: Beim optisch einachsigen Kristall wird jeder ankommende Strahl in zwei Anteile o und e zerlegt. Der ordentliche Strahl o gehorcht dem Snelliusschen Brechungsgesetz; ihm kann in der üblichen Weise eine Brechzahl n_o zugeordnet werden. Von dem außerordentlichen Strahl läßt sich im Augenblick nur so viel sagen, daß er sich rotationssymmetrisch um die Hauptachse verhält und in Richtung der optischen Achse dem ordentlichen Strahl gleich wird (Richtung der Isotropie). Abgesehen von dieser einen Richtung (mit der Brechzahl n_o) ist das Brechverhalten des außerordentlichen Strahls hier noch nicht verständlich.

Strahlenfläche und Huygenssches Prinzip. Bis hierher waren die Betrachtungen der Doppelbrechung rein geometrisch optisch. Die Wellentheorie des Lichtes wurde bislang nicht benutzt. Zu einer vertieften Betrachtungsweise führt die Frage nach der Wellenfläche der o- und e-Strahlen in einem einachsigen Kristall. Als **„Wellenfläche“** wurde in Bd. 1 diejenige Fläche bezeichnet, bis zu der sich von einem punktförmigen Erregungszentrum aus die Strahlung in einer bestimmten Zeit ausgebreitet hat. Die Geschwindigkeit, mit der sich die Strahlungsenergie ausbreitet, die **Strahlgeschwin-**

[9] Mathematisch ist bei dieser Schnittlage der Strahlhauptschnitt nicht mehr definiert, da beide bestimmende Geraden (Lot und optische Achse) einander parallel sind. Jede Einfallsebene wird Strahlhauptschnitt.

digkeit, soll mit $\boldsymbol{V}$, (ihr Betrag mit V) bezeichnet werden, um sie begrifflich von einer später einzuführenden, anderen Geschwindigkeit $\boldsymbol{v}$ klar zu trennen. In einem isotropen Medium ist wegen der Konstanz der Lichtgeschwindigkeit in allen Richtungen die Wellenfläche selbstverständlich eine Kugelfläche und das muß auch für den o-Strahl im Kristall gelten. Wie aber ist die Wellenfläche für den e-Strahl beschaffen? Berücksichtigt man, daß die Geschwindigkeit V des e-Strahls parallel der optischen Achse gleich der des o-Strahls sein muß, daß ferner unter festem Winkel ϑ zur optischen Achse die gleichen Verhältnisse beobachtet werden, d.h. axialsymmetrisch auch gleiche Strahlgeschwindigkeiten V für den außerordentlichen Strahl auftreten müssen, so ist klar, daß die Wellenfläche der e-Strahlen eine Rotationsfläche sein muß, die in Richtung der optischen Achse ($\vartheta = 0$) die Kugelfläche des o-Strahls berührt. Huygens hat daher die Hypothese aufgestellt, daß die Wellenfläche der e-Strahlen ein Rotationsellipsoid sei. Unter den gegebenen Bedingungen stellt sie die einfachste Annahme einer nur von ϑ abhängigen Strahlgeschwindigkeit V dar. Das Ellipsoid ist bestimmt durch seine Achsen, das sind die Extremwerte von V bei $\vartheta = 0°$, mit einer Strahlgeschwindigkeit V_o, und $\vartheta = 90°$ mit einer Strahlge-

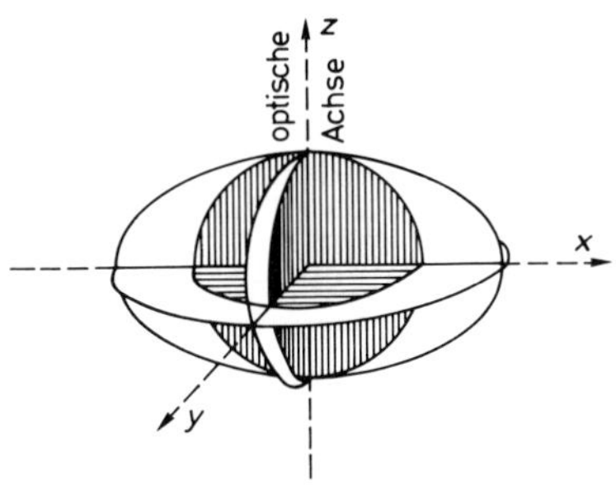

Abb. 4.38 Strahlenfläche eines optisch negativ einachsigen Kristalls.

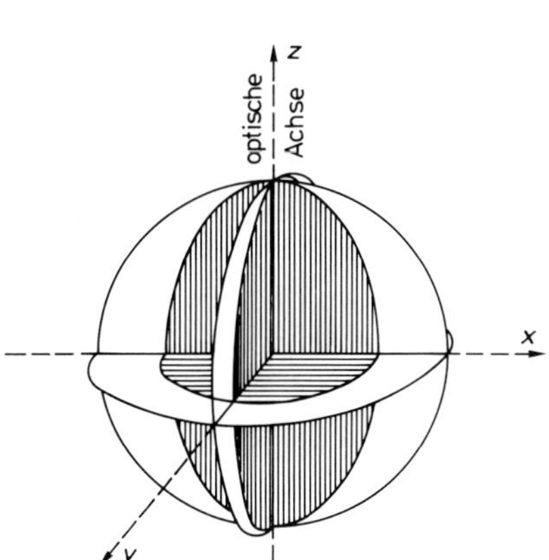

Abb. 4.39 Strahlenfläche eines optisch positiv einachsigen Kristalls.

schwindigkeit V_e. Die extremalen Werte V_o und V_e der Strahlgeschwindigkeit sind charakteristische Konstanten des Kristalls, die man als **Hauptlichtgeschwindigkeiten** bezeichnet; die zugehörigen Brechzahlen $n_o = c_0/V_o$ und $n_e = c_0/V_e$ heißen **Hauptbrechzahlen.** Es sind zwei Fälle zu unterscheiden, die beide in der Natur vorkommen und die einander gegenübergestellt und in den Abb. 4.38 und 4.39 illustriert sind:

Tab. 4.4 Form der Wellenfläche und zugehöriger Parameterbereich.

Hauptlicht-geschwindig-keiten	Haupt-brechzahlen	optischer Charakter $(n_e - n_o)$	Form der Wellenfläche	Beispiel	Abb.
$V_e > V_o$	$n_e < n_o$	optisch negativ	abgeplattetes Rotationsellipsoid	Calcit	4.38
$V_e < V_o$	$n_e > n_o$	optisch positiv	verlängertes Rotationsellipsoid	Quarz	4.39

In beiden Fällen berühren sich die Wellenflächen des ordentlichen und des außerordentlichen Strahls in den beiden Durchstoßpunkten der optischen Achse. Für die zweischaligen Flächen der Abb. 4.38 und 4.39 soll in Zukunft aus bald hervortretenden Gründen die Bezeichnung **Strahlenfläche** verwendet werden.

Analytisch kann man die Strahlenfläche folgendermaßen darstellen: Sei die optische Achse die z-Achse eines rechtwinkligen Koordinatensystems, so ist in Richtung der z-Achse die Strahlgeschwindigkeit gleich V_o; in der dazu senkrechten xy-Ebene aber V_e; das Strahlenellipsoid hat also die Halbachse V_o in der z-Richtung, dagegen die Halbachse V_e in der x- und y-Richtung. In einer beliebigen Richtung gibt der vom Mittelpunkt gezogene Radiusvektor r der Fläche die Strahlgeschwindigkeit V an. Man erhält also für beide Strahlen folgende Darstellung der zweischaligen Fläche:

$$\left(\frac{x^2+y^2+z^2}{V_o^2}-1\right)\left(\frac{x^2+y^2}{V_e^2}+\frac{z^2}{V_o^2}-1\right)=0\,. \tag{4.25}$$

Wenn man Polarkoordinaten $r\ (=V)$, φ, ϑ einführt (ϑ Zenitdistanz, φ Azimut in der x, y-Ebene) so ist

$$x^2+y^2=V^2\sin^2\vartheta\,,\quad z^2=V^2\cos^2\vartheta$$

(das Azimut φ spielt keine Rolle, weil um die z-Achse herum alles symmetrisch ist); Gl. (4.25) geht damit über in

$$\left(\frac{V^2}{V_o^2}-1\right)\left(\frac{V^2}{V_e^2}\sin^2\vartheta+\frac{V^2}{V_o^2}\cos^2\vartheta-1\right)=0\,. \tag{4.25a}$$

Jeder *Schnitt parallel der optischen Achse,* der also die z-Achse enthält, z. B. die x, z-Ebene, liefert mit $x = 0$ aus Gl. (4.25):

$$x^2+z^2=V_o^2\,,\quad \frac{x^2}{V_e^2}+\frac{z^2}{V_o^2}=1\,, \tag{4.26}$$

d.h. für die o-Strahlen einen Kreis mit dem Radius V_o, für die e-Strahlen eine Ellipse mit den Halbachsen V_e und V_o; die Kurven berühren sich in der z-Achse ($x = 0$).

Wählt man andererseits einen *Schnitt senkrecht zur optischen Achse* durch den Mittelpunkt ($z = 0$), so erhält man aus Gl. (4.25):

$$x^2 + y^2 = V_o^2, \quad x^2 + y^2 = V_e^2, \tag{4.27}$$

d.h. zwei konzentrische Kreise mit den Radien V_o für den o-Strahl und V_e für den e-Strahl. Die Abb. 4.38 und 4.39 geben diese Schnitte wieder.

Faßt man andererseits die Strahlgeschwindigkeiten ins Auge, die gleiche Winkel ϑ mit der optischen Achse bilden, so lehrt am einfachsten Gl. (4.25a) die Beziehung zwischen der Strahlgeschwindigkeit V und ϑ:

$$V^2 = \frac{V_o^2 V_e^2}{V_o^2 \sin \vartheta + V_e^2 \cos^2 \vartheta}, \tag{4.28}$$

also, wie angegeben, bei gleichen Winkeln ϑ gegen die z-Achse gleiche V-Werte.

In Bd. 1 wurde gezeigt, wie man nach Huygens den Brechungsvorgang und das Brechungsgesetz ableiten kann. Der Grundgedanke ist bekanntlich der, daß jeder Punkt einer Strahlenfläche als selbständiges Erregungszentrum betrachtet werden kann; jeder Punkt sendet daher zur gleichen Zeit Wellen (sog. **Elementarwellen**) in den Raum hinaus, deren gemeinsame Tangentialebene die tatsächlich beobachteten Wellen liefert. Das Prinzip muß sich selbstverständlich auch hier anwenden lassen; während aber in isotropen Medien die Elementarwellen den Innenraum einer Kugel erfüllen, hat man bei Kristallen zwei Sorten von Elementarwellen zu unterscheiden: Für den o-Strahl sind es wieder Kugelwellen, während die e-Strahlen als Begrenzung das geschilderte Rotationsellipsoid haben. Selbstverständlich müssen diese beiden Strahlenflächen im Kristall richtig orientiert sein, d.h. die Verbindungslinie der Berührungspunkte von Kugel und Rotationsellipsoid muß parallel der optischen Achse gerichtet sein.

Nach diesen Vorbemerkungen soll die Huygenssche Hypothese zuerst an der einfachen, in Abb. 4.40 skizzierten Situation erprobt werden, welche den bisher noch ungeklärten Versuchen nach Abb. 4.35 entspricht: Ein paralleles Strahlenbündel, begrenzt durch die Strahlen A und B, fällt senkrecht auf eine Kristallfläche, die schräg zur optischen Achse (EA) geschnitten ist. Die Figur ist so weit um die Einfallsnormale gedreht, daß die optische Achse in die Zeichenebene zu liegen kommt. Nach Ablauf der Zeitspanne $t = 1$ sind die Elementarwellen, von ihren Ausgangspunkten A und B auf der Trennfläche ZZ, um die Abmessungen der Strahlenfläche ins Innere des Kristalls vorgerückt. Die gezeichnete Strahlenfläche gilt für einen optisch negativen Kristall; selbstverständlich kommen nur die im Innern des Kristalls liegenden, ausgezogenen Schalenhälften in Betracht. Bemerkenswert ist nun folgendes: Obwohl die Wellenfronten für die Strahlen o und e – gegeben durch die Tangentialebenen DC und GF – beide parallel zur Oberfläche verlaufen, weicht der e-Strahl in Richtung größerer Winkel zur optischen Achse aus, in Übereinstimmung mit der Beobachtung an optisch negativen Kristallen. Die Situation ist für den e-Strahl im rechten Teilbild noch einmal vereinfacht dargestellt: die horizontalen Striche bezeichnen die Orte gleicher Phasenlage im Abstand 2π (bzw. λ). Wellennormale und Strahlrichtung fallen nicht mehr zusammen. Die Zeichnung macht die Notwen-

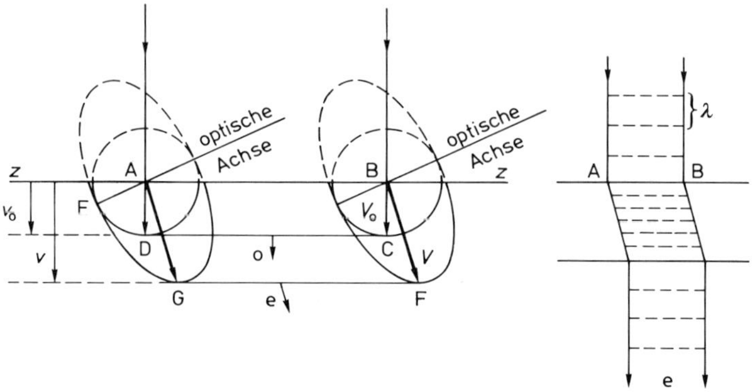

Abb. 4.40 Verlauf der Strahl- und Wellennormalengeschwindigkeiten für senkrechte Inzidenz bei schräger Schnittlage zur optischen Achse. – Die Abweichung zwischen o- und e-Richtung ist übertrieben gezeichnet; selbst für den sehr stark doppelbrechenden Calcit beträgt der Winkel zwischen o und e maximal nur wenig über 6°.

digkeit deutlich, beim außerordentlichen Strahl e zu unterscheiden zwischen der Strahlgeschwindigkeit V und der Geschwindigkeit v, mit der sich die Phase der Welle bzw. die Welle normal zur Wellenfront weiterbewegt. Man nennt v die **Wellennormalengeschwindigkeit** oder kurz die **Normalengeschwindigkeit.** Die Geschwindigkeiten sind in der Abb. 4.40 eingetragen. Beim ordentlichen Strahl o sind V_o und v_o offenbar nicht zu unterscheiden. Es liegt jetzt nahe, die Brechzahl durch das Verhältnis

$$n = \frac{\text{Vakuumlichtgeschwindigkeit } c_0}{\text{Normalengeschwindigkeit } v} \tag{4.29}$$

zu definieren, um ein einfaches Brechungsgesetz zu erhalten; dies wird sich als richtig herausstellen, bedarf jedoch zu seiner Rechtfertigung einer nun folgenden allgemeineren Untersuchung (vgl. auch das in Abschn. 2.2 über die Brechzahl Gesagte).

Abb. 4.41 zeigt, wiederum im Strahlhauptschnitt, den Fall schiefer Strahleninzidenz, jedoch der Übersichtlichkeit halber für o- und e-Strahl in getrennten Teilbildern a und b. Eine Wellenebene AB treffe zum Zeitpunkt $t = 0$ in A auf die Trennfläche ZZ. A wird Ausgangspunkt je einer Elementarwelle für o und für e, wobei die Ausbreitung der e-Welle von der Orientierung der optischen Achse abhängt. Während die einfallende Welle mit der Geschwindigkeit c_0 im Vakuum (Luft) fortschreitet und der Punkt B nach Verstreichen der Zeitspanne $t = 1$ gerade bis zum Punkt C auf der Trennfläche vorgerückt sein möge, haben von A aus die beiden Elementarwellen gerade die Schalen der Strahlenfläche erreicht, so daß die Elementarwelle des o-Strahls auf einer Kugelfläche vom Radius $\overline{AD} = t V_o = 1\ V_o$ oder kurz $\overline{AD} = V_o$ angekommen ist und die dem e-Strahl zukommende Elementarwelle dementsprechend das Rotationsellipsoid mit den Achsen V_o (parallel zur optischen Achse) und V_e (senkrecht zur optischen Achse) erfüllt. Die Ableitung des Brechungsgesetzes für den ordentlichen Strahl bei a) bietet keine Schwierigkeiten: Zieht man die senkrecht zur Zeichenebene stehende Tangentialebene von C an die Kugel, so liegt der Berührungspunkt D wieder in der Zeichenebene und die Gerade CD stellt den Schnitt

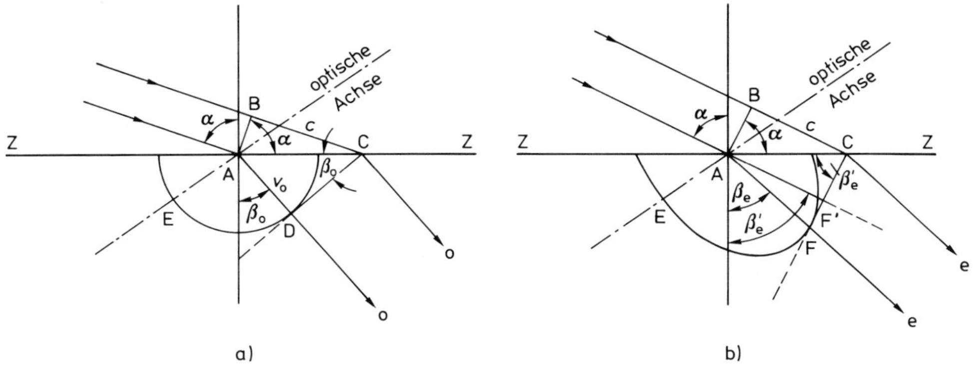

Abb. 4.41 Erklärung der Brechung beim Calcit mittels des Huygensschen Prinzips. a) Für den ordentlichen Strahl; b) für den außerordentlichen Strahl.

der Ebene der gebrochenen Welle dar. AD – die Richtung des o-Strahls im Kristall – liegt nach Konstruktion in der Papierebene und damit in der Einfallsebene. Aus der Betrachtung der beiden rechtwinkligen Dreiecke ABC und ADC mit

$$\sin \sphericalangle BAC = \sin\alpha = \overline{BC}/\overline{AC} = c_0/\overline{AC} \quad \text{und}$$

$$\sin \sphericalangle ACD = \sin\beta_o = \overline{AD}/\overline{AC} = V_o/\overline{AC}$$

folgt durch Division das Brechungsgesetz für isotrope Medien:

$$\frac{\sin\alpha}{\sin\beta_o} = \frac{c_0}{V_o} = \frac{c_0}{v_o} = n_o\,. \tag{4.29a}$$

Beim außerordentlichen Strahl (Teilbild b), tritt an die Stelle des Elementarwellenkreises eine bestimmt gelagerte Ellipse. Der Schnitt CF der von C an die Ellipse bzw. das Ellipsoid gezogenen Tangentialebene liefert die Spur der Wellenebene des e-Strahls als geometrischen Ort aller zur gleichen Zeit (von der Wellenfront AB aus) ankommenden Strahlen. Die Verbindung von A mit dem Berührungspunkt F gibt Richtung und Größe der Geschwindigkeit des e-Strahlenbündels an. Der Brechungswinkel des e-Strahls sei β_e.

Der e-Strahl liegt in diesem Fall auch in der Einfallsebene, aber nur aus dem Grund, weil vorausgesetzt ist, daß die optische Achse in der Einfallsebene liegen soll, die deshalb hier mit dem Hauptschnitt in der Zeichenebene zusammenfällt. Würde jedoch die optische Achse nicht in der Einfallsebene liegen, so wäre auch der Berührungspunkt F zwischen dem Strahlenellipsoid und der von C aus konstruierten (und zur Einfallsebene stets senkrechten) Tangentialebene außerhalb der Zeichenebene gelegen, während das Lot AF′ und damit F′ in jedem Fall in der Einfallsebene verbleiben. Im Hauptschnitt, definiert durch die optische Achse und den Strahl AF, liegt auch das in F auf die Tangentialebene errichtete Lot, denn dieses Lot muß die optische Achse schneiden; folglich gehört auch AF′ demselben Hauptschnitt an. Der e-Strahl AF kann deshalb immer nur innerhalb eines Hauptschnittes von der Normalenrichtung AF′ abweichen, wie bereits empirisch festgestellt wurde.

Die Normalengeschwindigkeit ist durch das Lot auf die Wellenfront gegeben: $v = \overline{AF'}$, der zugehörige Brechungswinkel ist β'_e. Auch dieser allgemeine Fall liefert für die Normalengeschwindigkeit v das bekannte Brechungsgesetz. In Analogie zum ordentlichen Strahl findet man:

$$\sin\alpha = \overline{BC}/\overline{AC} = c_0/\overline{AC} \quad \text{und} \quad \sin\beta'_e = \overline{AF'}/\overline{AC} = v/\overline{AC}\,,$$

womit sofort das Ergebnis folgt:

$$\frac{\sin\alpha}{\sin\beta'_e} = \frac{c_0}{v} = n\,. \tag{4.29b}$$

Dagegen überzeugt man sich sofort, daß $\sin\alpha/\sin\beta_e \neq c_0/V$ ist, denn der Winkel AFC, welcher dem Winkel ADC beim ordentlichen Strahl entspricht, ist kein rechter mehr. Es ist daher zweckmäßig, daß man die *variable Brechzahl n des* e-*Strahls* stets als das *Verhältnis der Normalengeschwindigkeiten* definiert, das dann auch mit dem zugehörigen *Sinusverhältnis* übereinstimmt. Wegen der Identität der beiden Gl. (4.29a) und (4.29b) kann man die gewöhnliche Methode zur Bestimmung der Brechzahlen anwenden, was indessen noch genauer untersucht werden soll.

Die Notwendigkeit, bei der Fortpflanzung der e-Strahlen zwischen der Strahlgeschwindigkeit und der Normalengeschwindigkeit zu unterscheiden, ist auch der Grund, weswegen die „Wellenfläche" durch den genaueren Ausdruck *Strahlenfläche* ersetzt wurde. Nur in zwei Fällen stimmt bei einachsigen Kristallen für den e-Strahl die Strahlgeschwindigkeit mit der Normalengeschwindigkeit überein, nämlich für parallel und senkrecht zur optischen Achse verlaufende Strahlen; auch dieses empirisch bereits erwähnte Verhalten erklärt die Huygenssche Konstruktion, worauf Abb. 4.42 noch einmal ausdrücklich hinweisen soll. Den beiden Teilbildern entnimmt man unmittelbar die beiden Hauptbrechzahlen

$$\overline{AD} = \overline{A_1D_1} = V_o = v_o \quad \text{und} \quad n_o = \frac{c_0}{v_o}\,,$$

$$\overline{AF} = \overline{A_1F_1} = V_e = v_e \quad \text{und} \quad n_e = \frac{c_0}{v_e}\,.$$

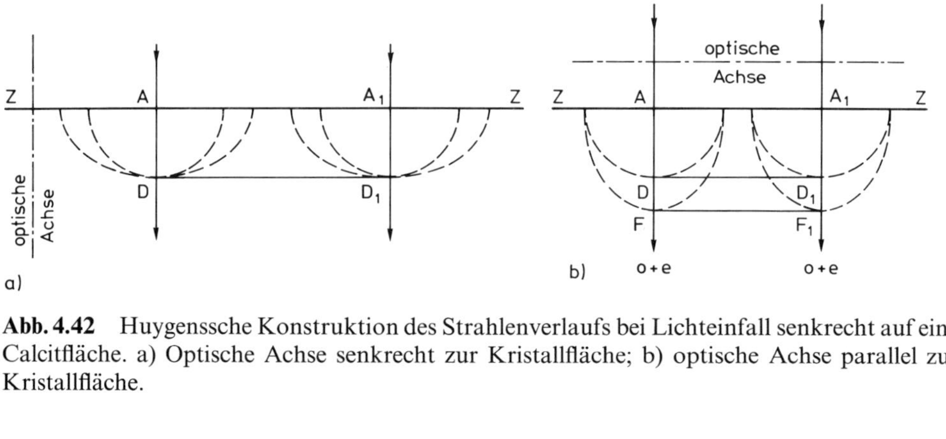

Abb. 4.42 Huygenssche Konstruktion des Strahlenverlaufs bei Lichteinfall senkrecht auf eine Calcitfläche. a) Optische Achse senkrecht zur Kristallfläche; b) optische Achse parallel zur Kristallfläche.

In beiden Fällen verlaufen die Strahlen o und e im Kristall nicht getrennt. Während jedoch bei a) beide Strahlen mit gleicher Geschwindigkeit weiterziehen, bildet sich im Fall b) beim Fortschreiten durch den Kristall eine Phasendifferenz zwischen o und e aus, die beim Wiederaustritt aus dem Kristall proportional dem Unterschied ihrer optischen Weglängen $(n_o - n_e)d$ ist (d ist die durchlaufende Wegstrecke). Bei keinem Wert der Phasendifferenz wird aber Interferenz der beiden Strahlen beobachtet, was darauf hinweist, daß die bisherige Charakterisierung der beiden Strahlenarten noch einer ganz wesentlichen Ergänzung bedarf (vgl. Abschn. 4.10).

Es ist selbstverständlich, daß die *Normalengeschwindigkeitsfläche* (kurz *Normalenfläche*), d. h. die Fläche, deren vom Mittelpunkt aus gezogener Radiusvektor die Normalengeschwindigkeit angibt, von der Strahlenfläche für die e-Strahlen verschieden ist; für die o-Strahlen sind beide Flächen identisch. Man kann in der Tat aus der Strahlenfläche rein rechnerisch die Normalenfläche ableiten; ohne die Rechnung auszuführen, sei das Resultat hier angegeben:

$$\left[\frac{x^2+y^2+z^2}{v_o^2}-1\right]\left[v_e^2(x^2+y^2)+v_o^2 z^2-(x^2+y^2+z^2)^2\right]=0\,. \qquad (4.30)$$

Diese Fläche ist gleichfalls eine zweischalige Rotationsfläche mit der z-Richtung als Achse. Wenn man auch hier Polarkoordinaten $r = v, \vartheta', \varphi$ einführt – die Zenitdistanz ϑ' ist hier im allgemeinen eine andere als in Gl. (4.25), da Strahlgeschwindigkeit und Normalengeschwindigkeit verschiedene Richtungen haben –, so ist

$$x^2+y^2=v^2\sin^2\vartheta'\,,\quad z^2=v^2\cos^2\vartheta'\,.$$

Damit gewinnt man statt Gl. (4.30) die übersichtliche Gleichung

$$\left(\frac{v^2}{v_o^2}-1\right)(v_e^2\sin^2\vartheta'+v_o^2\cos^2\vartheta'-v^2)=0\,. \qquad (4.30\,a)$$

Jeder die z-Achse enthaltende Schnitt, z. B. die x,z-Ebene, liefert mit $y = 0$ aus Gl. (4.30)

$$x^2+z^2=v_o^2\,;\quad v_e^2 x^2+v_o^2 z^2=(x^2+z^2)^2\,, \qquad (4.31)$$

d. h. für die o-Strahlen einen Kreis mit dem Radius v_o, für die e-Strahlen aber keine Ellipse, sondern ein „Oval", von dem die Ellipse (4.26) der Strahlenfläche in den 4 Endpunkten der großen und kleinen Halbachse von außen berührt wird, das sonst aber außerhalb der Ellipse verläuft; das „Oval" ist „runder" als die Ellipse. Rotation des Ovals um die z-Achse liefert das „Rotationsovaloid" (nach Gl. (4.30))

$$v_e^2(x^2+y^2)+v_o^2 z^2=(x^2+y^2+z^2)^2\,,$$

wie es sein muß.

Nimmt man andererseits den Schnitt senkrecht zur optischen Achse durch den Mittelpunkt ($z = 0$), so erhält man, wieder nach Gl. (4.30)

$$x^2+y^2=v_o^2\,;\quad v_e^2(x^2+y^2)=(x^2+y^2)^2 \quad \text{d. h.}\quad x^2+y^2=v_e^2\,. \qquad (4.32)$$

Beide Kurven sind Kreise mit den Radien v_o und v_e, in diesem Fall also genau wie in Gl. (4.27).

Faßt man auch hier die Normalengeschwindigkeiten v ins Auge, die gleiche Winkel ϑ' mit der optischen Achse bilden, so läßt am einfachsten Gl. (4.30a) die Abhängigkeit erkennen:

$$v^2 = v_e^2 \sin^2 \vartheta' + v_o^2 \cos^2 \vartheta' . \tag{4.33}$$

Diese Gleichung ist das Analogon zu Gl. (4.28) für die Strahlgeschwindigkeiten V in Abhängigkeit von ϑ.

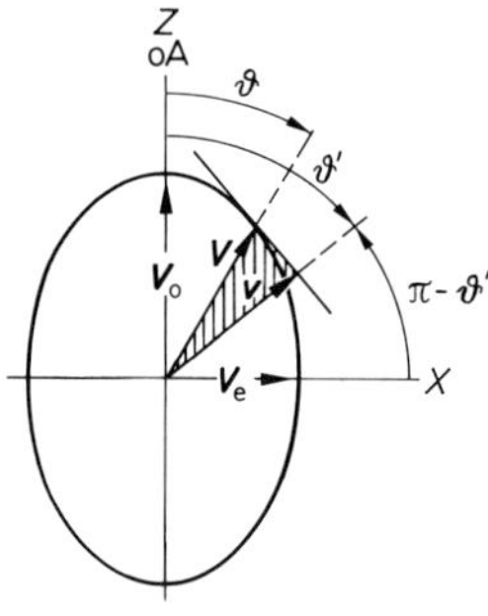

Abb. 4.43 Schnitt durch die Strahlenfläche der e-Welle eines optisch positiven einachsigen Kristalls parallel zur optischen Achse oA, $\boldsymbol{V}$ Strahlgeschwindigkeit unter dem Winkel ϑ zu oA, $\boldsymbol{v}$ die zu $\boldsymbol{V}$ gehörende Wellennormalengeschwindigkeit; sie steht senkrecht auf der Ellipsentangente am Endpunkt von $\boldsymbol{V}$. Die Figur ist rotationssymmetrisch um oA (s. a. Abb. 4.39). Der $\boldsymbol{E}$-Vektor der e-Welle schwingt in der Zeichenebene. Dem schraffierten Dreieck entnimmt man: $v = V \cos(\vartheta' - \vartheta)$.

Der Zusammenhang zwischen ϑ und ϑ' ist leicht zu durchschauen, wenn man von dem in Abb. 4.43 gezeichneten Schnitt durch die Strahlenfläche ausgeht; dieser Schnitt wird von den Gln. (4.26) und (4.28) beschrieben. Die Normalengeschwindigkeit $\boldsymbol{v}$, die zu $\boldsymbol{V}$ gehört, steht senkrecht auf der Ellipsentangente durch den Endpunkt von $\boldsymbol{V}$. Indem man in Gl. (4.26) $c_0/V_o = n_o$ und $c_0/V_e = n_e$ einsetzt und die Gleichung

$$n_e^2 x^2 + n_o^2 z^2 = c_0^2$$

nach x differenziert, findet man

$$2n_e^2 \mathrm{x} + 2n_o^2 zz' = 0 .$$

Mit $z' = \tan(\pi - \vartheta')$ und $x/z = \tan\vartheta$ folgt schließlich

$$\left(\frac{n_e}{n_o}\right)^2 \tan\vartheta = \tan\vartheta' . \tag{4.34}$$

Außerdem liest man aus der Zeichnung ab:

$$v = V \cos(\vartheta - \vartheta') . \tag{4.35}$$

Im übrigen verdeutlicht ein Vergleich von Gl. (4.26) bis (4.28) mit Gl. (4.31) bis (4.33) die Unterschiede im Verhalten von v und V.

Mit der Normalenfläche von Gl. (4.30) ist gleichzeitig eine weitere zweischalige Fläche gefunden, *deren Radiusvektor (vom Mittelpunkt aus gezogen) die Brechzahlen für beide Strahlen liefert;* diese Fläche wird als **Indexfläche** bezeichnet, weil man die Brechzahl, besonders in der älteren Literatur, häufig auch als *Brechungsindex* bezeichnet. Die Indexfläche ist am einfachsten aus Gl. (4.30a) zu gewinnen; indem man überflüssige Konstanten fortläßt und nach Definition (4.29b) statt v, v_o, v_e resp. $1/n$, $1/n_o$, $1/n_e$ schreibt, folgt:

$$\left[\frac{n_o^2}{n^2} - 1\right]\left[\frac{n^2}{n_e^2}\sin^2\vartheta' + \frac{n^2}{n_o^2}\cos^2\vartheta' - 1\right] = 0\,. \tag{4.30b}$$

Da hier n gleich dem Radiusvektor sein soll, lautet Gl. (4.30b) in kartesischen Koordinaten:

$$[n_o^2 - (x^2 + y^2 + z^2)]\left[\frac{x^2 + y^2}{n_e^2} + \frac{z^2}{n_o^2} - 1\right] = 0\,. \tag{4.30c}$$

Der ersten eckigen Klammer entspricht eine Kugel vom Radius $r = n_o$, die das Verhalten der ordentlichen Brechzahl beschreibt; der zweiten Klammer entspricht ein Rotationsellipsoid mit den Halbachsen n_e und n_o. Da für optisch negative Kristalle (z. B. Calcit) $n_e < n_o$ ist, umhüllt hier die Kugel das verlängerte Rotationsellipsoid, im Gegensatz zur Strahlenfläche (Abb. 4.38); für optisch positive Kristalle ist es umgekehrt. Löst man in Gl. (4.30b) die zweite, für die e-Welle gültige Klammer nach n^2 auf, so gilt:

$$n^2 = \frac{n_o^2 n_e^2}{n_o^2 \sin^2\vartheta' + n_e^2 \cos^2\vartheta'}\,. \tag{4.33a}$$

An dieser Stelle sei folgende Bemerkung eingeschaltet: Sämtliche Gln. (4.30) für Normalen- und Indexfläche sind abgeleitet von der Strahlenfläche in den Gln. (4.25) und (4.26). Die Strahlenfläche ist aber durch die Hypothese Huygens' bestimmt, daß sie für den e-Strahl ein Rotationsellipsoid sei. Alle Ausführungen über die Normalenfläche und die Indexfläche hängen also von der Bestätigung dieser Hypothese ab. Deshalb liefert die Prüfung der Gl. (4.33a), nämlich die Bestimmung von n als Funktion von ϑ', eine Probe auf die Richtigkeit der Huygensschen Hypothese und damit der gesamten Optik einachsiger Kristalle.

Bestimmung der Brechzahlen. Die Messung der Hauptbrechzahlen n_o und n_e bietet keine Schwierigkeiten, da sie z. B. mit der üblichen Prismenmethode vorgenommen werden kann. Speziell n_o kann mit Hilfe eines sogar beliebig aus dem Kristall geschnittenen Prismas nach der Minimumsmethode – vgl. Abschn. 1.4.5, Gl. (1.12) – nach der Formel

$$n_o = \frac{\sin\left[\frac{1}{2}(\delta_o + \varepsilon)\right]}{\sin\frac{\varepsilon}{2}}$$

gemessen werden (ε brechender Winkel, δ_o Ablenkwinkel des Strahls).

Bei beliebiger Achsenlage im Prisma bekommt man selbstverständlich auch einen e-Strahl mit einer Brechzahl n, deren Wert von dem Winkel abhängt, den der e-Strahl mit der Achse bildet. Wenn man aber ein Prisma benutzt, bei dem die optische Achse parallel der Basis gerichtet ist, so tritt bei symmetrischem Durchgang im Minimum der Ablenkung überhaupt keine Doppelbrechung auf, und man erhält allein n_o. (In dieser Weise benutzt man z. B. Quarzprismen zu Untersuchungen im Ultraviolett und Infrarot, bei denen Doppelbrechung stören würde.) Um n_e zu bestimmen, muß man erwirken, daß der e-Strahl senkrecht zur Achse verläuft. Das kann man mit einem Prisma erreichen, bei dem die Achse parallel zur brechenden Kante steht. Dann bekommt man Doppelbrechung, und die Brechung des e-Strahls liefert unmittelbar n_e. Damit hat man die beiden charakteristischen optischen Konstanten festgestellt. Diese reichen jedoch nicht aus, um die Huygenssche Hypothese zu prüfen, wonach die Strahlenfläche der e-Strahlen ein Rotationsellipsoid sei; dazu bedarf es einer Untersuchung der Gl. (4.33) bzw. (4.33a). Doch zuvor soll die Benutzung des Pulfrichschen **Totalrefraktometers** zur Bestimmung der Brechzahlen, sowohl in der ursprünglichen Gestalt (Abb. 1.39), als auch in der von Abbe modifizierten zweiten Ausführung als Kristallrefraktometer (Abb. 1.41), besprochen werden. Auf der Oberfläche des Würfels in Abb. 1.39 sei eine senkrecht zur optischen Achse geschnittene Kristallplatte angekittet. Die Kittsubstanz muß dabei eine höhere Brechzahl als der zu messende Kristall besitzen; es genügt oft, den Kristall mit einem Tropfen Monobromnaphthalin ($n = 1{,}658$) auf den Glaskörper aufzukleben. Streifend einfallendes Licht ($\alpha = 0$) ist senkrecht zur optischen Achse gerichtet und spaltet daher in einen o- und e-Strahl auf, die beide unter ihrem Grenzwinkel in den Würfel hineingebrochen werden und nach nochmaliger Brechung in Luft austreten. Demnach erhält man zwei Grenzen zwischen Hell und Dunkel, die n_o und n_e liefern. Ist die Kristallplatte jedoch parallel der optischen Achse geschnitten, so kommt es auf deren Lage in der Platte an: Liegt die optische Achse in der Papierebene, die in Abb. 1.39 Einfallsebene ist, so ist der streifend einfallende Strahl parallel der Achse gerichtet; die Doppelbrechung verschwindet, eine einzige Grenze zwischen Hell und Dunkel tritt auf, die dem Wert von n_o entspricht. Dreht man die Kristallplatte aber so, daß die optische Achse senkrecht zur Papierebene (= Einfallsebene) steht, so ist der einfallende Strahl senkrecht zur optischen Achse gerichtet, man beobachtet Doppelbrechung, zwei Grenzen, die den Werten n_o und n_e entsprechen. Dreht man den Kristall so, daß die optische Achse den Winkel ϑ' mit der Richtung des einfallenden Strahls bildet, so hat man Doppelbrechung: zwei enger aneinander liegende Grenzen, den Werten n_o (wie immer) und $n(\vartheta')$ entsprechend. Indem man die Platte systematisch weiterdreht, kann man für alle ϑ' zwischen 0 und 2π den zugehörigen n-Wert für den e-Strahl messen. Die Abbesche Modifikation, das sogenannte **Kristallrefraktometer,** unterscheidet sich nur dadurch von dem ursprünglichen Pulfrichschen Refraktometer, daß erstens der Würfel durch eine Glashalbkugel mit genau horizontaler Planfläche ersetzt ist und daß zweitens die Halbkugel um eine vertikale Achse (A in Abb. 1.40) gedreht werden kann. Wenn man auf die horizontale Planfläche z. B. eine parallel der optischen Achse geschnittene Kristallplatte aufkittet, kann man der optischen Achse in der Horizontalen jede beliebige Lage erteilen und so, wie oben, $n(\vartheta')$ messen. Derartige Untersuchungen von G. G. Stokes (1872). R. T. Glazebrook (1879), W. u. F. Kohlrausch (1880) und Ch. S. Hastings (1888) haben die Richtigkeit der Gl. (4.33a) mit großer Genauigkeit bestätigt, damit auch

Tab. 4.5 Doppelbrechung optisch einachsiger Kristalle.

Kristallart	n_o	n_e	opt. Charakter
Calcit	1,6584	1,4864	negativ
Korund	1,7682	1,6598	
Natronsalpeter	1,5874	1,5361	
Turmalin	1,6425	1,6220	
Beryll	1,5740	1,5674	
Quarz	1,5442	1,5533	positiv
Rutil	2,6158	2,9029	
Kaliumsulfat	1,4550	1,5153	
Zinnober	2,854	3,201	
Eis	1,309	1,313	

das Zutreffen der Huygensschen Annahme, daß die Strahlenfläche des e-Strahles ein Rotationsellipsoid sei. Tab. 4.5 enthält einige Messungen von n_o und n_e für die Wellenlänge der D-Linie.

Bei der Bezeichnung „optisch negativ" und „optisch positiv" ist zu beachten, daß die Hauptbrechzahlen n_o und n_e Funktionen der Wellenlänge sind. Es kann daher wohl sein – und ist in Wirklichkeit immer der Fall – daß z. B. im UV oder im Infrarot die dort geltenden Werte von n_o und n_e so sind, daß ein im Sichtbaren „optisch negativer" Kristall dort als „optisch positiv" bezeichnet werden muß, und umgekehrt. *Die Angabe „negativ" und „positiv" hat also nur Sinn, wenn gleichzeitig die Wellenlänge (oder das Wellenlängenintervall) mitgeteilt wird, für die diese Angabe gelten soll.* Daß ein im Sichtbaren optisch negativer Kristall, wie der Calcit, etwa im Infrarot optisch positiv wird, liegt daran, daß die Dispersionkurven für n_o und n_e verschieden verlaufen und sich bei gewissen Wellenlängen schneiden; ist vor dem Schnittpunkt der optische Charakter $n_e - n_o$ negativ, dann ist er hinter dem Schnittpunkt positiv. *Für die Wellenlänge des Schnittpunktes selbst ist $n_e = n_o$, d. h. für diese Wellenlänge ist der Kristall dann optisch isotrop und überhaupt nicht doppelbrechend.* Solche Fälle sind z. B. bei den Carbonaten von Cl. Schaefer gefunden worden. – Selbstverständlich kann es auch passieren, daß der optische Charakter eines Kristalls innerhalb des sichtbaren Gebietes umschlägt; das ist z. B. seit langem beim Apophyllit bekannt. Die Änderung des optischen Charakters ist aber nicht, wie in den mineralogischen und kristallographischen Lehrbüchern vielfach behauptet wird, eine Anomalie, sondern der Normalfall und stellt hier nur hinsichtlich der Lage des Umschlagpunktes eine Singularität dar. Man sieht, wie wichtig es ist, stets das Gesamtspektrum zu betrachten.

Das Kristallrefraktometer kann man nach C. Leiss (1904) für einen Demonstrationsversuch so umändern, daß von allen Seiten gleichzeitig Licht streifend auf die Kristallplatte K trifft (Abb. 4.44). K ist parallel der optischen Achse geschnitten und auf der Refraktometerhalbkugel H mit der Brechzahl N aufgekittet. (In Abb. 4.44a ist H aus nachher zu erörternden Gründen in eine größere Kronglaskugel W mit dem Radius R eingekittet.) Ein Kegelspiegel, dessen Spur S_1S_2 ist, lenkt ein senkrecht von oben einfallendes Parallelstrahlbündel von allen Seiten streifend auf

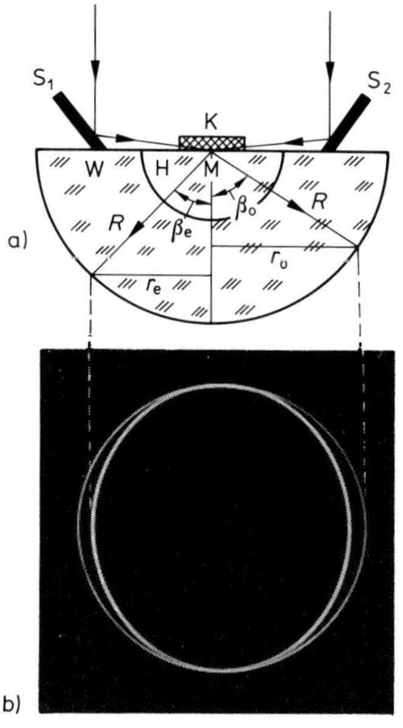

Abb. 4.44 Anordnung zur Demonstration der Grenzkurven der Totalreflexion. a) Schnitt durch den optischen Aufbau; b) Grenzkurven für Calcit (= Kalkspat).

die zylindrisch ausgebildete Kristallplatte K; für alle Strahlen beträgt der Einfallswinkel $\alpha = 90°$, so daß sie unter den Grenzwinkeln β_o, für die o-Strahlen, β_e für die e-Strahlen in die Refraktometerhalbkugel hineingebrochen werden und dann geradlinig weiter bis zur mattierten Oberfläche der Kronglaskugel laufen. Die Gesamtheit sowohl der o-Strahlen wie auch der e-Strahlen bildet einen Kegel; für die o-Strahlen entsteht ein Kreiskegel mit dem konstanten Öffnungswinkel β_o, und für die e-Strahlen – wie vorweggenommen sei – ein elliptischer Kegel mit dem variablen halben Öffnungswinkel β_e. Die mattierte Oberfläche von W zeigt die Schnittkurven beider Kegel mit dieser Oberfläche, die sogenannten **Grenzkurven der Totalreflexion.**

Aus Abb. 4.44a entnimmt man $r_o = R \sin \beta_o$; ferner ist nach dem Brechungsgesetz $n_o \sin(\pi/2) = N \sin \beta_o$, woraus $\sin \beta_o = n_o/N$ und durch Kombination $r_o = R n_o/N$ folgt. Die Grenzkurve der o-Strahlen ist daher ein Kreis vom Radius $R n_o/N$. Setzt man der Bequemlichkeit halber $R/N = 1$, dann gilt direkt $r_o = n_o$. Ganz analog verläuft die Betrachtung für die e-Strahlen:

$$r_e = R \sin \beta_e\,; \quad \sin \beta_e = \frac{n}{N} \quad \text{nach dem Brechungsgesetz,}$$

so daß sich für den Radiusvektor (mit $R/N = 1$) ergibt:

$$r_e = n\,,$$

wobei n von ϑ', dem Winkel zwischen dem jeweils betrachteten e-Strahl und der optischen Achse, abhängt; setzt man $n(\vartheta')$ aus Gl. (4.33a) in die vorstehende Gleichung ein, so folgt

$$r_e^2 = n^2 = \frac{n_o^2 n_e^2}{n_o^2 \sin^2 \vartheta' + n_e^2 \cos^2 \vartheta'},$$

die bereits in Polarkoordinaten geschriebene Gleichung der Schnittkurve des e-Strahlenkegels. Zur Umrechnung in kartesische Koordinaten kann man

$$\sin \vartheta' = \frac{x}{n} = \frac{x}{r_e} \quad \text{und} \quad \cos \vartheta' = \frac{z}{n} = \frac{z}{r_e}$$

setzen – denn der betrachtete Kristallschnitt enthält ja die optische Achse (z-Achse) und eine dazu senkrechte x-Achse – und man erhält sofort

$$\frac{x^2}{n_e^2} + \frac{z^2}{n_o^2} = 1\,.$$

Das ist die Gleichung einer Ellipse, womit die Behauptung, der e-Strahlenkegel sei elliptisch, bewiesen ist. Die hier erhaltenen Resultate lassen sich ebenso auch über die Indexfläche Gl. (4.30c) gewinnen. Der Schnitt $y = 0$ liefert

$$n_o^2 = x^2 + z^2 \quad \text{und} \quad \frac{x^2}{n_e^2} + \frac{z^2}{n_o^2} = 1,$$

d.h. die Grenzkurven, die man auf der mattierten Kugelfläche beobachtet, stellen Schnittflächen der Indexfläche dar. Eine photographische Aufnahme für Calcit zeigt Abb. 4.44b. Der Kreis umgibt die Ellipse; für einen optisch positiven Kristall wäre es umgekehrt.

Es bleibt noch zu klären, warum in dem Leiss-Apparat die Refraktometerkugel in eine große Kronglashalbkugel eingekittet ist. Ein Grund dafür ist sofort ersichtlich: Die Kurven blieben kleiner, wenn man allein die kleine Halbkugel H benutzen würde. Der zweite Grund ist geometrisch-optischer Natur: In Abb. 4.44a ist statt des streifend einfallenden Strahlen*bündels* nur ein Strahl gezeichnet, der vom Mittelpunkt M der Halbkugel ausgeht; Strahlen, die außerhalb M in H einfallen, werden an der kugeligen Oberfläche von H „fokussierend“ gebrochen, so daß sie an der Oberfläche von W gerade die zentralen, durch M laufenden Strahlen schneiden. Die Kurven erscheinen dann auf der mattierten Oberfläche scharf; daher müssen die Radien und die Brechzahlen beider Halbkugeln aufeinander abgestimmt sein.

Polarisation des ordentlichen und des außerordentlichen Strahls. Einige Versuche mit zwei Calcitkristallen, die bereits Huygens anstellte, aber nicht zu deuten vermochte, zeigen die Abb. 4.45a bis d. In diesen Abbildungen sind die Strahlen photographisch festgehalten, nachdem sie (z. B. durch Einblasen von Tabakrauch) sichtbar gemacht wurden. Der obere der beiden aus dem ersten Rhomboeder austretenden Strahlen ist der abgelenkte e-Strahl, der untere der unabgelenkte o-Strahl.

In Abb. 4.45a ist hinter dem ersten Calcitrhomboeder ein zweites gleiches parallel orientiert gesetzt, mit dem Ergebnis, daß der Abstand der beiden Strahlen hinter dem zweiten Kristall doppelt so groß ist wie hinter dem ersten Kristall. Dies ist

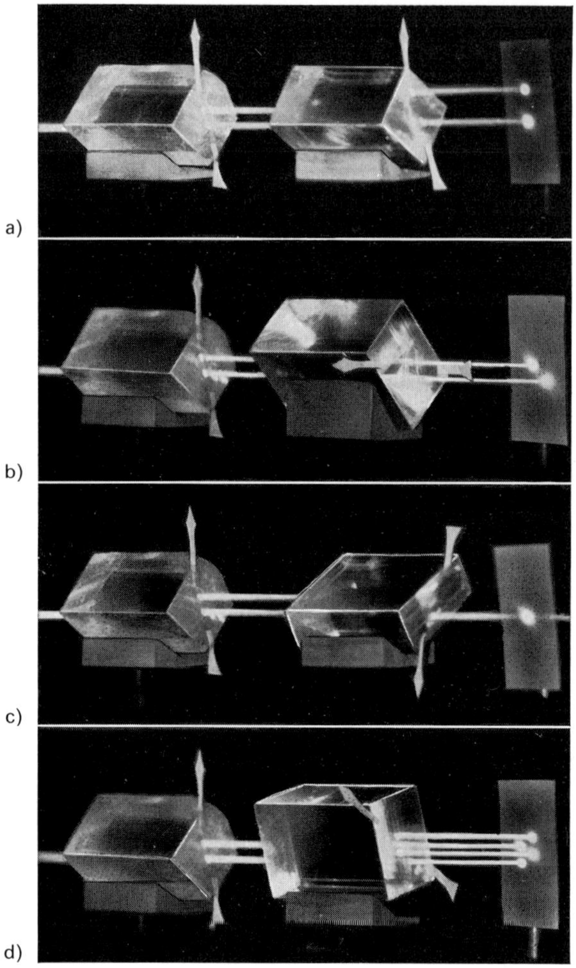

Abb. 4.45 Strahlenverlauf durch zwei hintereinandergestellte Calcit-(Kalkspat-)rhomboeder. a) Beide Kristalle in Parallelstellung; b) zweiter Kristall um 90° verdreht; c) zweiter Kristall um 180° verdreht; d) zweiter Kristall um 45° verdreht.

plausibel, da man das gleiche Resultat mit einem einzigen, in Richtung der Durchstrahlung doppelt so dicken Calcitkristall hätte erreichen können, was z. B. auch aus Abb. 4.34 hervorgeht.

Im Fall der Abb. 4.45c ist der zweite Calcit, dessen Stellung ein aufgeklebter Pfeil sichtbar macht, aus seiner bisherigen Lage um 180° verdreht, mit dem ebenfalls plausiblen Ergebnis, daß nunmehr die im ersten Calcit hervorgerufene Zweiteilung des einfallenden Strahls, wobei der e-Strahl nach oben abgelenkt wurde, dadurch wieder rückgängig gemacht wird, daß im zweiten Kristall der e-Strahl um das gleiche Stück nach unten abgelenkt wird, so daß nach dem Austritt beide Strahlen zusammenfallen.

Eine Schwierigkeit bietet aber schon der Versuch Abb. 4.45b, bei dem der zweite Calcit um 90° gegen den ersten gedreht ist; auch jetzt gibt es zwei aus dem letzteren austretende Strahlen, die aber nicht mehr wie im Fall a vertikal übereinanderliegen, sondern um 45° gegen die Vertikale geneigt sind.

Alle drei Ergebnisse stehen jedoch in einem gewissen Gegensatz zu dem Fall in Abb. 4.45d, bei dem der zweite Kristall aus seiner Ausgangslage um 45° (oder um 90° + 45° = 135°) herausgedreht ist: dann tritt eine *Vierteilung* des Strahls auf, wobei jeder der vier Teilstrahlen $^1/_4$ der Gesamthelligkeit erreicht. Zwar kann man das so erklären, daß im zweiten Kristall die beiden aus dem ersten austretenden Strahlen wieder in je zwei Strahlen doppelt gebrochen werden, aber dann erhebt sich sofort die Frage, warum dies nicht auch in den Fällen a, b und c geschehen ist. Noch komplizierter wird der Tatbestand, wenn man den zweiten Kristall aus der Ausgangslage in a allmählich herausdreht; dann erscheinen – wie im Fall d – vier Strahlen, gleichzeitig aber tritt etwas wesentlich Neues auf: *die vier Strahlen sind nicht mehr gleich hell,* wie sie es in der 45°- bzw. 135°-Stellung doch waren. Der Übergang von Fall a nach d ist vollkommen stetig: Dreht man den zweiten Calcit zunächst um einen kleinen Winkel aus seiner Ausgangsstellung, so erscheinen sofort vier Strahlen (bzw. Lichtflecke) auf einem Auffangschirm. Die beiden ursprünglichen werden etwas dunkler; ein Teil ihrer Helligkeit wird offenbar an die beiden neuen Lichtflecke abgegeben. Je weiter man dreht, desto heller werden die neuen und desto dunkler die alten Lichtflecke, bis sie bei 45° alle vier gleiche Helligkeit besitzen. Dies setzt sich weiter fort, bis der zweite Calcit um 90° gegen den ersten verdreht ist: dann haben die „neuen" Lichtflecke die volle Helligkeit von den „alten" übernommen, die jetzt verschwunden sind. Dreht man noch weiter, so folgt jetzt dieselbe Veränderung in umgekehrter Reihenfolge: die neuen Flecke nehmen jetzt an Helligkeit ab, die alten erscheinen wieder und werden heller, bis bei 135° alle vier Flecke wieder gleich hell geworden sind. Dreht man noch weiter bis 180°, so wandert allmählich die Helligkeit wieder in die alten Flecke, bis diese bei 180° die volle Helligkeit wieder erlangt haben, aber nunmehr in einen Fleck zusammenfallen, der die Helligkeit des ursprünglich einfallenden Strahls besitzt.

Huygens gelang die Aufklärung dieser Erscheinung nicht, obwohl er auf dem richtigen Wege war. Er nahm nämlich an, „daß die Lichtwellen nach dem Durchgang durch den ersten Kristall eine gewisse ‚Form' oder ‚Anlage' bekommen haben, mit deren Hilfe sie beim Auftreffen auf das Gefüge des zweiten Kristalls in bestimmten Lagen die zwei Arten von Materie anregen können, die die beiden Brechungsarten hervorrufen; daß sie dagegen nur eine dieser Arten von Materie anregen können, wenn sie den zweiten Kristall in einer anderen Lage antreffen. Aber wie dieses zugeht, dafür habe ich bis jetzt keine befriedigende Lösung gefunden".

Die Erklärung setzt bei der Tatsache an, daß die vier auftretenden Strahlen im allgemeinen verschiedene Helligkeiten haben. Da sie aus den o- und e-Strahlen entstanden sind, die aus dem ersten Kristall austreten, so ist mit Sicherheit zu sagen, daß o und e nicht mehr aus *natürlichem* Licht bestehen, denn zwei natürliche Lichtstrahlen würden im zweiten Kristall in vier gleich helle Strahlen zerlegt werden. Genau das wollte Huygens mit den Worten „Form" oder „Anlage" bezeichnen. Die volle Erkenntnis mußte sich ihm jedoch verschließen, da er die Lichtwelle als longitudinal betrachtete. Die im vorhergehenden besprochenen Malusschen Polarisationsversuche bewiesen aber dann, daß die Lichtwellen transversal sind. Man

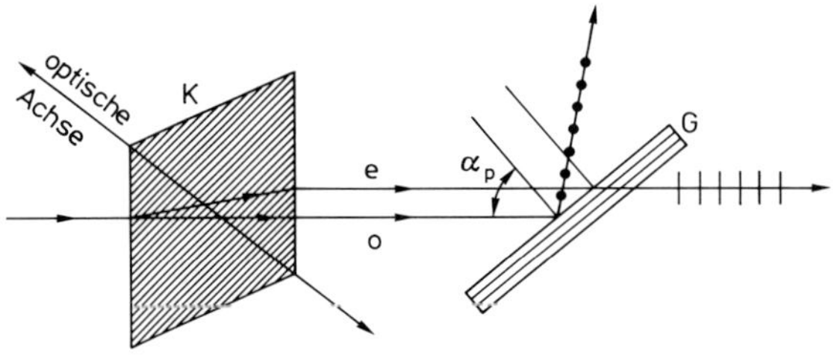

Abb. 4.46 Bestimmung der Lage der Schwingungsebene im ordentlichen und außerordentlichen Strahl.

muß daher annehmen, daß die aus einem Calcit austretenden Strahlen o und e *beide* polarisiert sind. In der Tat ist dies des Rätsels Lösung, wie die exakte Polarisationsanalyse der beiden Strahlen, z. B. mit einem Glasplattensatz, bestätigt. Aus Abschn. 4.1 ist bekannt, daß ein solcher Plattensatz nur Wellen reflektiert, die senkrecht zur Einfallsebene schwingen, und umgekehrt nur in der Einfallsebene schwingende Wellen durchläßt. In Abb. 4.46 falle ein Lichtstrahl senkrecht auf eine Fläche eines Calcitkristalls K, dessen optische Achse in die Zeichenebene (um den einfallenden Strahl als Achse) eingedreht ist; der Strahlhauptschnitt fällt dann mit der Zeichenebene zusammen, und der e-Strahl wird ebenfalls in der Zeichenebene nach oben abgelenkt, während der ordentliche Strahl o ungebrochen den Kristall passiert. Beide Strahlen fallen unter dem Polarisationswinkel α_p auf den Plattensatz G; die Papierebene ist für beide Strahlen Einfallsebene. Der Versuch zeigt nun, daß unter diesen Umständen nur der o-Strahl reflektiert wird, während der e-Strahl durch den Plattensatz hindurchtritt; der reflektierte Strahl kann aber nur senkrecht zur Einfallsebene schwingen, was die Punkte andeuten sollen, der durchgelassene Strahl nur in der Einfallsebene, parallel der kleinen Striche.

Folglich schwingt der o-Strahl *senkrecht* zur Einfallsebene, d. h. senkrecht zum Hauptschnitt, der e-Strahl *in* der Einfallsebene, d. h. im Hauptschnitt. *Es ergibt sich demnach aus diesem Versuch, daß sowohl der* o-*Strahl wie der* e-*Strahl linear, und zwar senkrecht zueinander, polarisiert sind.* Der beschriebene Versuch läßt sich in mannigfacher Weise variieren, indem man z. B. den Kristall so dreht, daß der Hauptschnitt senkrecht zur Papierebene (Einfallsebene) gerichtet ist. Dann schwingt der o-Strahl in der Einfallsebene, wird also vom Plattensatz nicht reflektiert; entsprechend verhält sich der e-Strahl. Ebenso kann der Plattensatz um den o-Strahl als Achse gedreht werden. Das Ergebnis bleibt immer dasselbe. Das führt zu der folgenden Vorstellung:

- Grundsätzlich können sich im Innern eines optisch einachsigen Kristalls nur linear polarisierte Wellen fortpflanzen; sie müssen mit ihrer Schwingungsrichtung entweder senkrecht zum Hauptschnitt oder im Hauptschnitt liegen. Natürliches einfallendes Licht wird deshalb in zwei Strahlen aufgespalten, die in diesen beiden (im Kristall festliegenden) Richtungen schwingen, der o-Strahl senkrecht zum Hauptschnitt, der e-Strahl im Hauptschnitt.

Diese, für absorptionsfreie Kristalle gültige Vorstellung gestattet es, die unter den Abb. 4.45 geschilderten Versuche in allen Einzelheiten zu erklären.

An dieser Stelle sei eine historische Bemerkung über die erste Beobachtung von Malus gemacht, die zur Entdeckung der Polarisation überhaupt führte und die in Abschn. 4.1 noch nicht gebracht werden konnte, da die Doppelbrechung noch nicht erörtert war. Malus blickte durch einen Calcit (und vermutlich[10] durch eine kleine Lochblende unmittelbar hinter dem Kristall hindurch) nach einem von der Sonne beleuchteten Fenster des Palais Luxembourg in Paris; beim Drehen des Kristalls bemerkte er, daß die beiden entstehenden Bilder ihre Helligkeit änderten und daß unter Umständen ein Bild sogar ganz verschwand. Daraus schloß Malus, daß das vom Fenster reflektierte Sonnenlicht kein natürliches Licht mehr sein könne, und die weitere Untersuchung führte ihn folgerichtig zur Entdeckung der Polarisation von reflektiertem Licht, wie es in Abschn. 4.1 geschildert ist. Von da war nur ein Schritt bis zu der weiteren Erkenntnis, daß auch die beiden aus einem Calcitkristall austretenden o- und e-Strahlen polarisiert sind.

Die folgenden Beispiele werden zeigen, daß sich alle vorstehend beschriebenen an zwei Calcitkristallen demonstrierten Erscheinungen erklären lassen. Läßt man paralleles natürliches Licht der Amplitude 1 (und der Intensität $1^2 = 1$) auf den ersten Kristall auftreffen[11], so ist bei der Zerlegung zu beachten, daß natürliches Licht um den Lichtstrahl herum (statistisch) axiale Symmetrie besitzt, d.h. daß die Schwingungen alle möglichen Richtungen haben. Man muß daher entsprechend Abb. 4.47a zunächst eine bestimmte Schwingungsrichtung herausgreifen und zum Schluß über alle Schwingungsrichtungen mitteln. Die herausgegriffene Schwingungsrichtung bilde mit dem Hauptschnitt H des Kristalls den Winkel ψ; der einfallende Strahl wird dann zerlegt in eine Komponente parallel H, die als e-Strahl weiterläuft und eine Komponente senkrecht H, die den o-Strahl bildet. Die o-Komponente hat demnach die Amplitude $1 \cdot \sin\psi$ und die e-Komponente $1 \cdot \cos\psi$, die Intensitäten entsprechen den jeweiligen Amplitudenquadraten. Die durch natürliches Licht er-

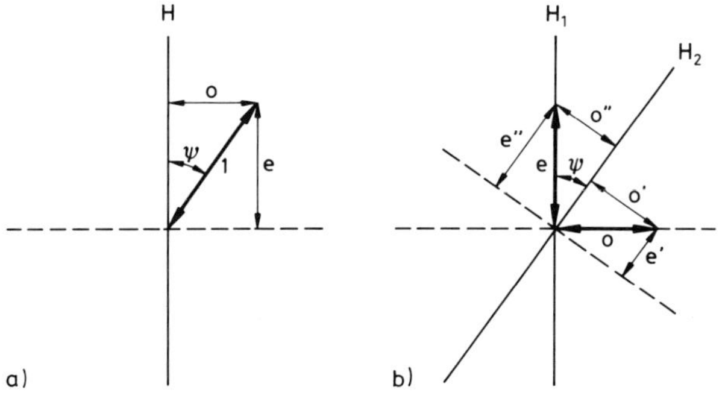

Abb. 4.47 Zerlegung der Amplitude eines linear polarisierten Lichtstrahles in die beiden parallel (e) und senkrecht (o) zum Hauptschnitt schwingenden Komponenten: a) beim Durchgang durch einen Calcitkristall 1. b) Beim weiteren Durchgang durch einen Calcitkristall 2, dessen Hauptschnitt gegen den des ersten um den Winkel ψ verdreht ist.

[10] In der Originalarbeit steht darüber nichts. – Siehe auch Abb. 4.36.
[11] Zu dem Begriff der Intensität sei auf die Fußnoten in den Abschnitten 4.1 und 4.4 verwiesen.

zeugten Helligkeiten von o und e erhält man durch Mittelung über alle ψ:

$$\overline{\sin^2 \psi} = \overline{\cos^2 \psi} = 0{,}5\,,$$

d. h. natürliches Licht von der Intensität 1 zerlegt sich in zwei zueinander senkrecht polarisierte Strahlen von gleicher Intensität 1/2, wie es der Beobachtung entspricht. Dagegen liefert linear polarisiertes Licht für den o-Strahl die Intensität $\sin^2 \psi$, für den e-Strahl $\cos^2 \psi$. Schwingt speziell ein auffallender linear polarisierter Strahl parallel dem Hauptschnitt ($\psi = 0$), so erhält man keinen o-Strahl und die gesamte Intensität 1 enthält der e-Strahl; für $\psi = \pi/2$ hat man umgekehrt nur einen o-Strahl der Intensität 1, während der e-Strahl verschwindet.

Die beiden Strahlen o und e, mit ihren jeweiligen Intensitäten 1/2 – also den Amplituden $1/\sqrt{2}$ –, wie sie im ersten Kristall aus natürlichem Licht entstehen, mögen jetzt auf den zweiten Kristall fallen. Die Hauptschnitte H_1 und H_2 beider Kristalle seien um den Winkel ψ gegeneinander geneigt (Abb. 4.47b). Jeder der beiden linear polarisierten, aus dem ersten Kristall austretenden Strahlen o und e wird senkrecht und parallel zu H_2 zerlegt, so daß insgesamt vier Strahlen entstehen. Durch Quadrieren ihrer Amplituden findet man die in der folgenden Tab. 4.6 zusammengestellten Intensitäten.

Tab. 4.6 Teilung einer Lichtwelle beim Durchqueren zweier Calcitkristalle.

Natürliches Licht von der Intensität 1 wird im 1. Calcit zerlegt in:			
Strahl o, Intensität 1/2		Strahl e, Intensität 1/2	
diese Strahlen werden weiter zerlegt im 2. Calcit in:			
Strahl o′, Intensität $1/2 \cos^2 \psi$	Strahl e′, Intensität $1/2 \sin^2 \psi$	Strahl o″, Intensität $1/2 \sin^2 \psi$	Strahl e″, Intensität $1/2 \cos^2 \psi$

Die Intensitäten aller vier Strahlen zusammen ergeben bei jedem Winkel ψ gleich 1, wie es sein muß.

Die Abb. 4.48a bis f ergänzen die Tabellenangaben durch Richtung und Größe der Ablenkung aller Strahlen; zusammen mit Tab. 4.6 enthalten sie die vollständige Deutung der im Anschluß an Abb. 4.45 besprochenen Huygensschen Versuche. In der Abb. 4.48 sind die beiden aus dem ersten Calcitrhomboeder ABCD austretenden Strahlen durch Punkte, ihre Schwingungsrichtungen gleichzeitig durch Pfeile angedeutet. Die Strahlen treffen senkrecht von hinten auf die Papierebene. In allen Figuren ist die Spur des Hauptschnitts mit BD (für H_1) bzw. B′D′ (für H_2) bezeichnet. Der e-Strahl ist im Hauptschnitt verschoben und schwingt parallel zu ihm, der o-Strahl bleibt unverschoben und schwingt senkrecht zum maßgebenden Hauptschnitt. Die Abbildungen b bis f sind so zu verstehen, daß ein zweites Rhomboeder A′B′C′D′ mit B′D′ als Hauptschnitt über das erste Rhomboeder gelegt ist, so daß der von hinten ankommende Strahl es zuletzt durchsetzt. – Damit sind die Versuche von Huygens vollständig aufgeklärt.

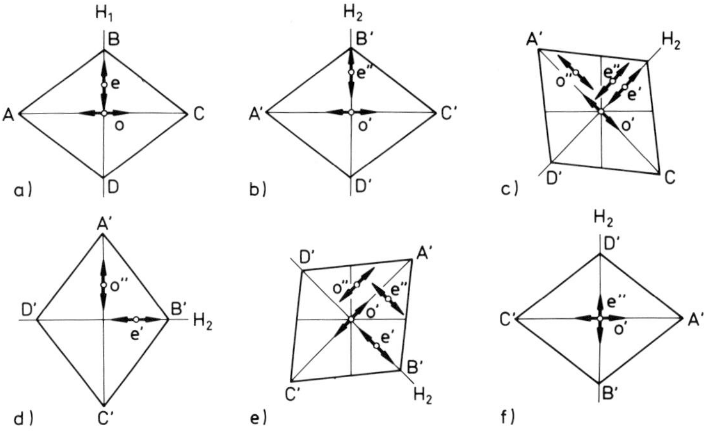

Abb. 4.48 Zerlegung eines Lichtstrahls, der zwei hintereinander gestellte Calcitkristalle durchsetzt, in die beiden parallel und senkrecht zum Hauptschnitt schwingenden Komponenten. a) Strahlzerlegung im Calcit 1; b-f) Strahlenzerlegung im Calcit 2 für die fünf Fälle, daß H_2 parallel H_1 b), daß H_2 gegen H_1 um 45° c), um 90° d), um 135° e) und um 180° f) verdreht ist. (Die Lage der Durchstoßpunkte in c) und e) entspricht aus zeichnerischen Gründen nicht der wirklichen Lage.)

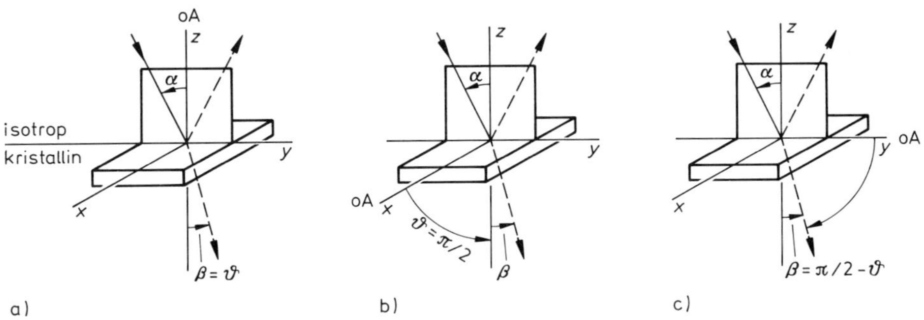

Abb. 4.49 Brechung und Reflexion an der Grenze zum optisch einachsigen Medium. Die drei Achsen X, Y, Z, der Strahlenfläche liegen parallel zu x, y, z. Daher gilt: Einfallsebene = Ausfallsebene = y, z; a) optische Achse $oA \| z$; b) $oA \| x$; c) $oA \| y$.

Reflexionsverhalten an einer anisotropen Grenzfläche. Die Lichtausbreitung beim Passieren einer Grenzfläche vom optisch isotropen zum anisotropen Medium führt im allgemeinen zu Strahlteilungen, die sich nicht mehr auf die Einfallsebene beschränken. Die Fresnelschen Formeln werden daher im allgemeinen Fall ziemlich unübersichtlich. Um das wesentliche der erforderlichen Formelerweiterungen zu erkennen, genügt es jedoch, die in den Abb. 4.49a bis c skizzierten drei einfachen und am häufigsten gebrauchten Situationen zu betrachten.

Wie im optisch isotropen Fall des Abschn. 4.2 gründet sich die Ableitung auf die beiden Tatsachen, daß

1. sich die Energieströme Φ beiderseits der Grenzfläche verlustfrei fortsetzen und
2. die Tangentialkomponente von $\boldsymbol{E}$ und $\boldsymbol{H}$ die Grenzfläche stetig durchsetzen. Anders als im isotropen Fall muß man nun berücksichtigen, daß
3. die Richtung des Energieflusses, die wieder der Poynting-Vektor $\boldsymbol{S}$ anzeigt und die daher mit der Richtung der Strahlgeschwindigkeit $\boldsymbol{V}$ übereinstimmt, im allgemeinen von der Richtung der Wellennormale $\boldsymbol{v}$ abweicht. Entsprechend lautet jetzt der Betrag S des Poynting-Vektors (für nichtabsorbierende, nichtmagnetische Medien):

$$S = E^2 \frac{c_0^2}{V},$$

oder, unter Mitbenutzung von Gl. (4.35):

$$S = E^2 \frac{c_0^2}{v} \cos(\vartheta' - \vartheta) . \tag{4.36}$$

Nach Einführen der Brechzahl $n = \sqrt{\varepsilon} = c_0/v$ erkennt man gegenüber Abschn. 4.2 als formale Verallgemeinerung von S den Kosinusfaktor. Die erweiterte Gleichung schließt selbstverständlich auch den isotropen Fall ein, für den $\vartheta \equiv \vartheta'$ gilt und für den V mit v zusammenfällt.

Die drei Teilbilder der Abb. 4.49 zeichnen sich dadurch aus, daß die Zerlegungsrichtungen x, y und z bezüglich der Grenzfläche den Achsen der Strahlenfläche des anisotropen Mediums parallel liegen; Einfallsebene ist die y,z-Ebene.

Die Brechzahl des isotropen Mediums sei im folgenden n_1, die Hauptbrechzahlen des anisotropen Mediums seien n_o und n_e. Im Teilbild a fällt die optische Achse oA in die Einfallsnormale z. Gestützt auf Abb. 4.38 und 4.39, erkennt man die Rotationssymmetrie um z, und es gilt $\beta = \vartheta$. Schwingt der Vektor $\boldsymbol{E}$ senkrecht zur Einfallsebene, so entsteht unter allen Einfallswinkeln α stets der o-Strahl; daher gilt zusätzlich $\beta = \beta'$.

Die Situation ist somit analog derjenigen, bei der zwei optisch isotrope Medien mit den Brechwerten n_1 und n_o aneinander grenzen. Die Fresnelsche Formel für das Reflexionsverhältnis q_r ist daher identisch mit Gl. (4.7):

$$q_{r\perp} = -\frac{n_o \cos\beta - n_1 \cos\alpha}{n_o \cos\beta + n_1 \cos\alpha}, \tag{4.37a}$$

mit $\beta = \beta' = \vartheta$. Der Anteil $\boldsymbol{E}_\parallel$ von $\boldsymbol{E}$ führt zum außerordentlichen Strahl. Die Zerlegungsrichtungen für $\boldsymbol{E}_\parallel$ sind x und z; im Innern des anisotropen Mediums gilt:

$$\boldsymbol{E}_\parallel = \{E_\parallel \sin\beta, 0, E_\parallel \cos\beta\} .$$

Die Brechung n und der Vektor $\boldsymbol{V}$ sind zwar nach wie vor rotationssymmetrisch um z, jetzt aber, gemäß Gl. (4.28), vom Winkel $\beta = \vartheta$ abhängig. Zur Aufstellung der Leistungsbilanz nach Gl. (4.2)

$$\Phi_e = \Phi_r + \Phi_t ,$$

muß man für das Innere des anisotropen Mediums den Poynting-Vektor in der verallgemeinerten Form Gl. (4.36) ansetzen. Mit den Bezeichnungen in Abschn. 4.2 erhält man

$$E_{e\|}^2 n_1 A \cos\alpha = E_{r\|}^2 n_1 A \cos\alpha + E_{t\|}^2 n A \cos\beta \cos(\vartheta' - \vartheta)$$

oder

$$E_{e\|}^2 - E_{r\|}^2 = E_{t\|}^2 \frac{n}{n_1} f_\alpha \cos(\vartheta' - \vartheta) .$$

Der Unterschied zu Gl. (4.4) liegt allein im Faktor $\cos(\vartheta' - \vartheta)$, der von der Brechzahl n des anisotropen Mediums abhängt. Da die weitere Ableitung wörtlich unverändert der in Abschn. 4.2 folgt, liefert Gl. (4.11) das Ergebnis für $q_{r\|}$, wenn man dort formal die Brechung n_2 des zweiten Mediums durch $n \cos(\vartheta' - \vartheta)$ ersetzt:

$$q_{r\|} = \frac{n \cos\alpha \cos(\vartheta' - \vartheta) - n_1 \cos\beta}{n \cos\alpha \cos(\vartheta' - \vartheta) + n_1 \cos\beta} ,$$

wobei $\vartheta = \beta$ gilt. Die Gleichung ist in der vorstehenden Form jedoch unhandlich, denn sie enthält mehrere miteinander verknüpfte Parameter, deren Zahlenwerte allein vom Einfallswinkel α bestimmt werden. Über eine Reihe elementarer Umformungen gelangt man zu der unten stehenden Gl. (4.38a).

Um dem Rechengang zu folgen, geht man vom Snelliusschen Brechungsgesetz aus,

$$\frac{n}{n_1} = \frac{\sin\alpha}{\sin\beta'} .$$

Unter Berücksichtigung der Gleichheit von

$$\vartheta = \beta \quad \text{sowie} \quad \vartheta' = \beta' ,$$

kann man die oben stehende Gleichung für $q_{r\|}$ zunächst umschreiben in:

$$q_{r\|} = \frac{\sin\alpha \cos\alpha - \dfrac{\sin\beta' \cos\beta}{\cos(\beta' - \beta)}}{\sin\alpha \cos\alpha + \dfrac{\sin\beta' \cos\beta}{\cos(\beta' - \beta)}} .$$

Der in Zähler und Nenner auftretende Faktor $\cos\beta / \cos(\beta' - \beta)$ enthält die Abweichung X vom isotropen Verhalten, die man in der Form

$$\frac{\cos\beta}{\cos(\beta' - \beta)} = X \cos\beta'$$

einführt. Aus der zuletzt geschriebenen Gleichung gewinnt man durch einfache trigonometrische Umformungen

$$\frac{1}{X} = \frac{\cos\beta'}{\cos\beta} (\cos\beta' \cos\beta + \sin\beta' \sin\beta) ,$$

Mit Hilfe von Gl. (4.34) ersetzt man $\tan\beta$ durch $(n_o/n_e)^2 \tan\beta'$ und gelangt zu

$$\frac{1}{X} = \frac{n_e^2 \cos^2 \beta' + n_o^2 \sin^2 \beta'}{n_e^2}$$

oder

$$\frac{1}{X} = 1 - \sin^2 \beta' \left(\frac{n_e^2 - n_o^2}{n_e^2} \right).$$

Um daraus $\sin^2 \beta'$ zu entfernen, greift man auf Gl. (4.33a) zurück, die in der Form

$$\left(\frac{n_o}{n} \right)^2 = \frac{n_e^2 \cos^2 \beta' + n_o^2 \sin^2 \beta'}{n_e^2}$$

dem Ausdruck für $1/X$ entspricht.

Führt man auf der linken Seite noch einmal das Snelliussche Brechungsgesetz ein,

$$\left(\frac{\sin \beta'}{\sin \alpha} \right)^2 \left(\frac{n_o}{n_1} \right)^2 = \left(\frac{n_o}{n} \right)^2,$$

und löst nach $\sin^2 \beta'$ auf,

$$\sin^2 \beta' = \left(\frac{n_1}{n_o} \right)^2 \frac{\sin^2 \alpha}{1 + \bar{K} \sin^2 \alpha},$$

mit

$$\bar{K} = \frac{n_e^2 - n_o^2}{n_o^2 n_e^2} n_1^2,$$

so findet man nach kurzer Zwischenrechnung

$$X = 1 + \bar{K} \sin^2 \alpha .$$

Damit ist der Anschluß an die nachstehende Gl. (4.38a) erreicht:

$$q_{r\parallel} = \frac{\sin 2\alpha - \sin 2\beta' (1 + \bar{K} \sin^2 \alpha)}{\sin 2\alpha + \sin 2\beta' (1 + \bar{K} \sin^2 \alpha)}, \tag{4.38a}$$

mit der zuvor erklärten Abkürzung $\bar{K}$ und der Brechwinkelbeziehung

$$\frac{\sin \alpha}{\sin \beta'} = \frac{n_o}{n_1} \sqrt{1 + \bar{K} \sin^2 \alpha} .$$

Auf analoge Weise findet man für die Situation oA$\parallel y$ (Teilbild b):

$$q_{r\perp} = - \frac{n_e \cos \beta' - n_1 \cos \alpha}{n_e \cos \beta' + n_1 \cos \alpha}, \tag{4.37b}$$

$$q_{r\parallel} = \frac{n_o \cos \alpha - n_1 \cos \beta'}{n_o \cos \alpha + n_1 \cos \beta'}, \tag{4.38b}$$

und für oA$\parallel x$ (Teilbild c):

$$q_{r\perp} = - \frac{n_o \cos \beta' - n_1 \cos \alpha}{n_o \cos \beta' + n_1 \cos \alpha}, \tag{4.37c}$$

$$q_{r\parallel} = \frac{\sin 2\alpha - \sin 2\beta'(1 - \bar{K}\sin^2\alpha)}{\sin 2\alpha + \sin 2\beta'(1 - \bar{K}\sin^2\alpha)}. \tag{4.38c}$$

Mit q_r sind gleichzeitig auch die Transmissionsverhältnisse q_t festgelegt. Wie schon im isotropen Fall, lassen sich die vorstehenden Gleichungen durch Erweiterung ins Komplexe auch auf *absorbierende Medien* übertragen.

4.6 Optisch zweiachsige Kristalle

Die kristalloptischen Betrachtungen in Abschn. 4.5 gelten für Kristalle, die genau *eine* drei- oder höherzählige kristallographische Hauptachse besitzen. Diese Kristalle gehören dem trigonalen, hexagonalen oder dem tetragonalen System an. Ihre Hauptachse ist gleichzeitig Achse optischer Isotropie und spielt als *optische Achse* eine ausgezeichnete Rolle.

In diesem Abschnitt soll nun die Optik solcher Kristalle betrachtet werden, die eine geringere Symmetrie aufweisen. Ist nämlich die kristallographische Hauptachse nur zweizählig, wie im orthorhombischen oder im monoklinen System, oder fehlt die Hauptachse, wie im triklinen System, so entfällt die Richtung optischer Isotropie und die optischen Verhältnisse werden wesentlich komplizierter. Nach den Feststellungen Fresnels gibt es hier *keinen* o-*Strahl*, mit einer festen, richtungsunabhängigen Brechzahl n_o, vielmehr treten jetzt *zwei* e-*Strahlen* auf; für beide ist der Wert der Brechzahl richtungsabhängig und keiner der beiden Strahlen befolgt das Snelliussche Brechungsgesetz. Auch der Begriff der optischen Achse kann nur unter einer einschränkenden Definition beibehalten werden. Da – wie bei Abb. 4.52 erläutert wird – die geringere kristallographische und optische Symmetrie eine Aufspaltung in zwei optische Achsen hervorruft, nennt man die Kristalle des orthorhombischen monoklinen und triklinen Systems zusammenfassend **optisch zweiachsig.** Beispiele optisch zweiachsiger Kristalle enthält die Tab. 4.7. Die zweiachsigen Kristalle bilden eines der reizvollsten, aber auch schwierigsten Kapitel der Optik. Hier können nur ihre wichtigsten Eigenschaften behandelt werden.

An die Stelle der beiden Hauptlichtgeschwindigkeiten V_o und V_e der vorhergehenden Nummer treten hier nunmehr *drei*, für den Kristall charakteristische (in

Tab. 4.7 Hauptbrechzahlen zweiachsiger Kristalle.

Kristallart	n_α	n_β	n_γ
Kaliumnitrat	1,3346	1,5056	1,5064
Natriumcarbonat	1,405	1,425	1,440
Gips	1,5208	1,5228	1,5298
Aragonit	1,5309	1,6810	1,6862
Rohrzucker	1,5382	1,5658	1,5710
Glimmer	1,5612	1,5944	1,5993
Topas	1,6293	1,6308	1,6379
Baryt	1,6361	1,6371	1,6480

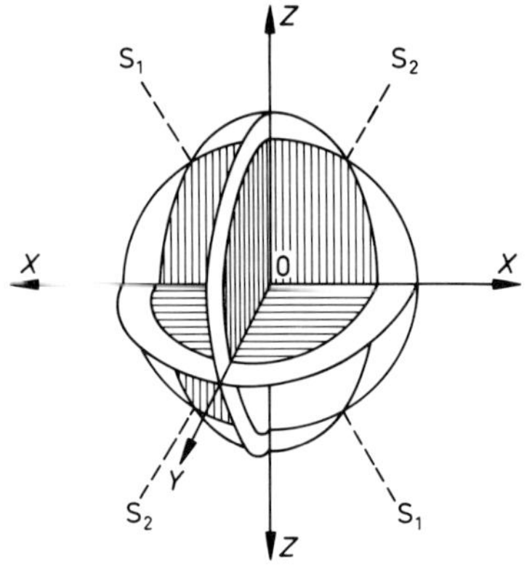

Abb. 4.50 Modell der Strahlenfläche eines zweiachsigen Kristalls.

ihrer Richtung durch die Kristallstruktur festgelegte) **Hauptlichtgeschwindigkeiten** V_α, V_β, V_γ, wobei konventionell

$$V_\alpha > V_\beta > V_\gamma$$

gilt; entsprechend gibt es drei **Hauptbrechzahlen** $n_\alpha = c_0/V_\alpha$, $n_\beta = c_0/V_\beta$, $n_\gamma = c_0/V_\gamma$, die also den Ungleichungen

$$n_\alpha < n_\beta < n_\gamma$$

gehorchen. Schon daraus geht hervor, daß die Strahlenfläche sicher keine Rotationsfläche mehr sein kann. Sie ist von Fresnel in genialer Weise erraten worden, wie einst auch Huygens die Strahlenfläche der einachsigen Kristalle intuitiv erschaut hatte[12]. Die Abb. 4.50 bis 4.52 sollen die auch hier zweischaligen Strahlenflächen dem Verständnis näher bringen. Man erkennt zunächst in Abb. 4.50 das im Kristall festgelegte (stets orthogonale) Achsenkreuz X, Y, Z; ferner unterscheidet man eine innere, schraffiert gezeichnete Schale, die die äußere in vier Punkten an Stellen trichterähnlicher Vertiefungen berührt (sog. **Nabelpunkte**). Da der Radiusvektor zur Strahlenfläche Richtung und Betrag der Strahlgeschwindigkeit angibt, erkennt man aus der Zeichnung, daß in Richtung der Verbindungsgeraden S_1S_1 und S_2S_2 des Mittelpunktes O mit den Nabelpunkten jeweils nur eine Strahlgeschwindigkeit existiert. Man nennt diese beiden ausgezeichneten Richtungen die **Strahlenachsen** oder die **Biradialen;** sie fallen bei optisch einachsigen Kristallen in deren optischer Achse zusammen. An dieser Stelle sei aber bereits vermerkt, daß die beiden in Richtung einer Strahlenachse fallenden Normalengeschwindigkeiten (die hier ebenso wie bei den einachsigen Kristallen eingeführt werden müssen) durchaus nicht gleich sind.

In den Teilbildern der Abb. 4.51 sind die drei wichtigsten Schnitte $X = 0$, $Y = 0$ und $Z = 0$ der Strahlenfläche aufgezeichnet. Jeder der orthogonal zueinander lie-

[12] Das darf nicht dahin mißverstanden werden, daß die beiden Schalen der Strahlenfläche etwa dreiachsige Ellipsoide wären, was durchaus nicht der Fall ist, wie insbesondere Abb. 4.52 zeigt.

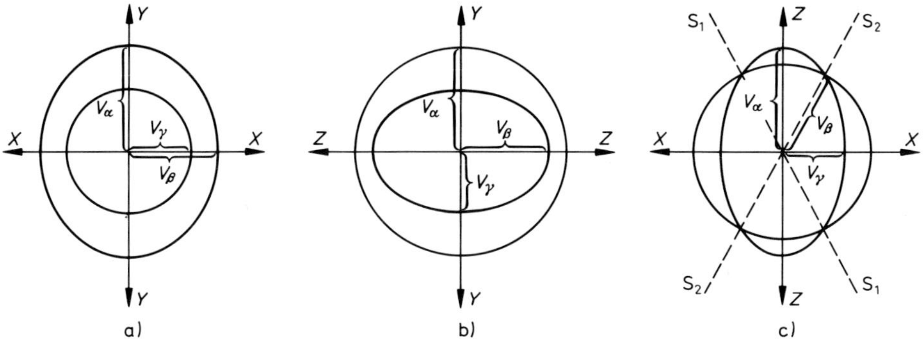

Abb. 4.51 Schnitte durch die in Abb. 4.50 dargestellte Strahlenfläche eines zweiachsigen Kristalls.

genden Schnitte enthält (auch bei triklinen Kristallen) alle drei Hauptlichtgeschwindigkeiten. Jeder Schnitt zerfällt in einen Kreis, dessen Radius die eine, und eine Ellipse, deren Achsen die beiden anderen Hauptlichtgeschwindigkeiten bilden. Im Teilbild a ($Z = 0$) hat der Kreis die kleinste Hauptlichtgeschwindigkeit V_γ, so daß er vollständig im Innern der Ellipse liegt, während im Teilbild b ($X = 0$) der Kreisradius V_α beträgt und der Kreis die Ellipse umschließt. Die beiden Kurven berühren sich nicht. Ein Strahl, der die Richtung der Y-Achse hat (Teilbild a oder b), spaltet in zwei Strahlen mit den Geschwindigkeiten V_α und V_γ auf; ein Strahl der X-Richtung spaltet in V_β und V_γ auf, ein Strahl in Z-Richtung entsprechend in V_α und V_β. Ein Strahl beliebiger Richtung innerhalb der X, Y-Ebene (Teilbild a) wird immer zerlegt in einen Strahl mit der Geschwindigkeit V_γ und in einen zweiten, dessen Geschwindigkeit zwischen V_α und V_β liegt; entsprechend verhalten sich Strahlen der Y, Z-Ebene nach Teilbild b. Etwas anders liegen die Verhältnisse im X, Z-Schnitt (Teilbild c); hier wird der Kreis durch die mittlere Hauptlichtgeschwindigkeit V_β gebildet und die beiden Ellipsenachsen enden auf verschiedenen Seiten des Kreises, so daß vier Schnittpunkte zwischen Kreis und Ellipse entstehen: die bereits erwähnten vier Nabelpunkte. In den Verbindungsrichtungen des Mittelpunktes O mit den Nabelpunkten (S_1S_1 und S_2S_2) existiert jeweils nur *eine* Strahlgeschwindigkeit, und zwar ist diese gleich der mittleren Hauptlichtgeschwindigkeit V_β, wie aus der Figur ohne weiteres hervorgeht. – Da V_α und V_γ die beiden Extremwerte aller im Kristall möglichen Strahlgeschwindigkeiten bedeuten, ist durch deren singuläre, in der Abb. 4.51 erläuterten Lage das Achsenkreuz X, Y, Z und damit die Strahlenfläche im Kristall fixiert.

In allen diesen Fällen handelt es sich immer um Strahlgeschwindigkeiten; zur Bestimmung z. B. der Brechzahlen hat man aber, wie bei den einachsigen Kristallen, die *Normalengeschwindigkeiten* einzuführen. Sie werden aus der *Normalenfläche* abgeleitet, die man – ebenfalls wie bei einachsigen Kristallen – rein mathematisch aus der Strahlenfläche gewinnen kann. Die Rechnung läßt sich umgehen, wenn man nur die Strahlenflächenschnitte der Abb. 4.51 untersucht. Beim Übergang vom Strahl zur Normale bleiben die Kreise bekanntlich unverändert; statt der Ellipsen treten die „*Ovale*" auf, welche die Ellipsen in den Endpunkten der Achsen berühren, im

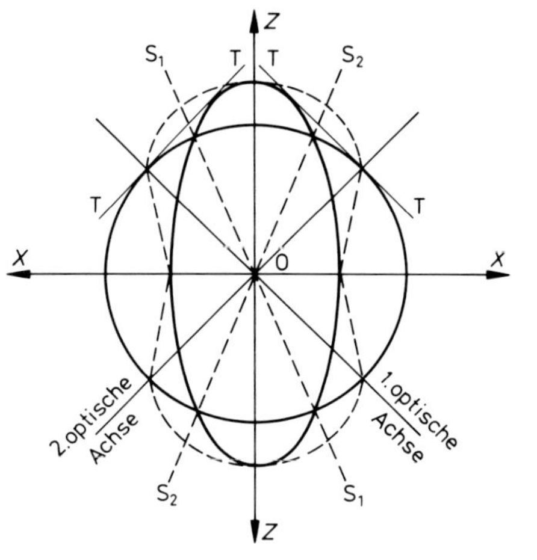

Abb. 4.52 X, Z-Schnitt der in Abb. 4.50 dargestellten Strahlenfläche.

übrigen jedoch außerhalb derselben verlaufen. In Abb. 4.52 ist noch einmal der *X*, *Z*-Schnitt der Strahlenfläche wiedergegeben; zusätzlich ist das zugehörige Oval gestrichelt gezeichnet, dessen von O ausgehender Radiusvektor die Normalengeschwindigkeit darstellt. Die Abweichung des Ovals von der Ellipse ist hier aus zeichnerischen Gründen gewaltig übertrieben; man stoße sich daher nicht an seiner äußerst überraschenden Gestalt. Zunächst erkennt man, daß sich Kreis und Oval ebenfalls in vier Punkten schneiden, die wieder Nabelpunkte sind. Ihre Verbindungen mit dem Mittelpunkt O stellen diejenigen Richtungen her, in denen eine einheitliche Normalengeschwindigkeit herrscht: Sie heißen **optische Achsen** oder auch **Binormalen.** Die gemeinsame Tangente TT an Kreis und Ellipse trifft, wie Abb. 4.52 zeigt, den Schnittpunkt zwischen Kreis und Oval; die Länge des von O zu diesem Punkt gezogenen Radiusvektors liefert daher die einheitliche Normalengeschwindigkeit in dieser Richtung. Man erkennt, daß die Binormalen nicht mit den Biradialen identisch sind[13]; beide Paare liegen jedoch in der *X*, *Z*-Ebene. Sowohl die *Z*- als auch die *X*-Achse stellen Winkelhalbierende der beiden optischen Achsen dar: Die in der Zeichnung 4.51c den spitzen Winkel halbierende Richtung ZZ heißt deshalb die **spitze Bisektrix** oder die **erste Mittellinie** während die Richtung XX sinngemäß als **stumpfe Bisektrix** oder **zweite Mittellinie** bezeichnet wird. Ist die Z-Achse spitze Bisektrix, so bezeichnet man den Kristall als *optisch zweiachsig positiv,* im anderen Fall (spitze Bisektrix parallel *x*) als *optisch zweiachsig negativ*; beträgt der Winkel zwischen beiden optischen Achsen genau 90°, so nennt man den Kristall – wenig bezeichnend – *optisch zweiachsig neutral.* Schließlich entnimmt man aus den Abb. 4.51 und 4.52 noch die Tatsache, daß die drei Strahlgeschwindigkeiten V_α, V_β, V_γ *(Hauptlichtgeschwindigkeiten)* entlang den Achsen *X*, *Y*, *Z*, mit den Normalengeschwindigkeiten v_α, v_β, v_γ identisch sind, denn die Ovale berühren ja die Ellipsen

[13] Die Abweichung zwischen Biradiale und Binormale ist im allgemeinen sehr klein, viel kleiner als die übertrieben gezeichnete Abb. 4.52 zeigt.

an den Enden ihrer Halbachsen, wie es auch bei den optisch einachsigen Kristallen der Fall ist.

Bei einem stetigen Übergang vom optisch zweiachsigen zum einachsigen Kristall fallen die Binormalen und Biradialen in einer einzigen optischen Achse zusammen. Während also bei einachsigen Kristallen die optische Achse durch fehlende Doppelbrechung ausgezeichnet ist, liegen im optisch zweiachsigen Kristall die Verhältnisse weniger einfach. Aus Abb. 4.52 ist zu entnehmen, daß eine ebene Welle, die in Richtung einer Binormale läuft, in zwei Strahlen zerfällt, die definiert sind durch die Berührungspunkte von TT mit Kugel und Ellipsoid (in Wirklichkeit kommt ein ganzer Kegel solcher Strahlen zustande). Zu einem Strahl in Richtung der Biradialen (OS_1) gehören andererseits zwei verschiedene Normalenrichtungen, die Normalen zu den Tangenten an Kugel und an Ellipsoid in deren Schnittpunkt (im räumlichen Fall wieder ein ganzer Kegel solcher Richtungen). Das ist die Grundlage für die Erscheinung der *inneren und äußeren konischen Refraktion*. Die Beobachtungen sind jedoch nicht allein durch diese rein geometrischen Umstände erklärbar. Weitere Einzelheiten sollen hier nicht erörtert werden.

Bei allen in den nächsten Nummern zu besprechenden kristalloptischen Versuchen bleibt die Durchstrahlung auf solche Schnitte beschränkt, wie sie in Abb. 4.51 besprochen sind. Wenn beispielsweise ein Kristallschnitt parallel zur X, Z-Ebene senkrecht durchstrahlt wird, d. h. in Richtung der Y-Achse, so werden, nach Abb. 4.51 a oder b, die beiden in dieser Richtung auftretenden Strahl- und Normalengeschwindigkeiten V_α und V_γ wirksam; die Schwingungen dieser senkrecht zur X, Z-Ebene fortschreitenden Strahlen sind dann parallel der X- und der Z-Richtung orientiert, d. h. die Schwingungen sind zueinander und zur Y-Achse orthogonal. In diesem Fall gehen also die Schwingungen parallel der spitzen und der stumpfen Bisektrix vor sich; solche Verhältnisse ergeben sich z. B. bei Glimmerplättchen. Analog liegen die Dinge bei Durchstrahlung senkrecht zur X, Y- und zur Y, Z-Ebene.

Numerische Daten über die Hauptbrechzahlen n_α, n_β, n_γ einiger ausgewählter zweiachsiger Kristalle enthält Tab. 4.7 am Beginn dieses Abschnitts.

4.7 Polarisatoren: Nicolsches Prisma, Glan-Thompson-Prisma, Turmalinplatte, Polarisationsfilter, Wollaston-Prisma, Polarisationsphotometer

Ein Polarisator, der natürliches in linear polarisiertes Licht bestimmter Schwingungsrichtung verwandelt, läßt sich aus einem Calcitrhomboeder gewinnen, dessen o- oder e-Strahl auf irgendeine Weise ausgeblendet wird. Dies gelang, nach Vorarbeiten von D. Brewster (1819), auf rein optischem Wege zuerst dem englischen Physiker W. Nicol (1828) durch folgenden Kunstgriff: An einem länglichen Spaltrhomboeder eines Calcits (Abb. 4.53 a) werden die Endflächen so weit abgeschliffen, bis die neuen Flächen A, B, D, C und A′, B′, C′, D′ mit den Längskanten nur noch einen Winkel von 68° statt 71° bilden. Sodann wird der Kristall durch eine Ebene (C, E, A′, F in Abb. 4.53 a) die senkrecht auf den neuen Endflächen und senkrecht auf der das Rhomboeder diagonal zerlegenden Hauptebene A, C, C′, A′ steht, in zwei Teile zer-

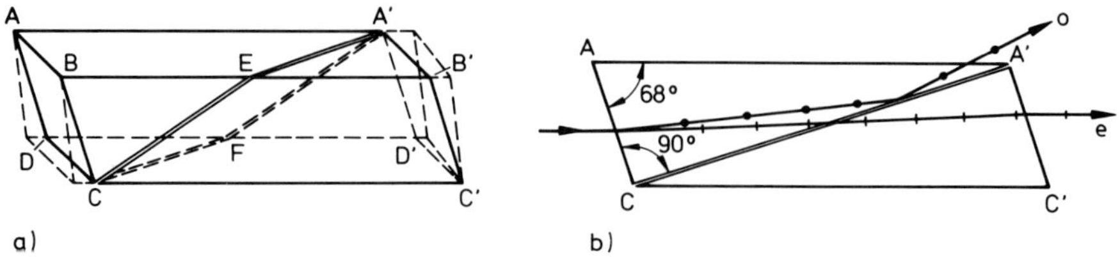

Abb. 4.53 Nicolsches Prisma. a) Aufbau; b) Strahlenverlauf im Hauptschnitt senkrecht zur Kittfläche.

schnitten. Nachdem die neuen Schnittflächen plan geschliffen und poliert sind, werden beide Teile in der ursprünglichen Lage mit Kanadabalsam (oder Leinöl) wieder zusammengekittet. In Abb. 4.53b ist der Diagonalschnitt durch das zusammengekittete Prisma noch einmal gezeichnet; A'C ist der Schnitt durch die Kittfläche. Ein in der Längsrichtung auffallendes Bündel natürlichen Lichtes spaltet in den o- und den e-Strahl auf, von denen der erste senkrecht und der zweite parallel zur Zeichenebene schwingt; dabei wird der o-Strahl stärker geknickt als der e-Strahl. Die Kitttschicht (bei Kanadabalsam $n = 1{,}542$) bildet für den e-Strahl ($n_e = 1{,}486$) ein dichteres, für den o-Strahl ($n_o = 1{,}658$) ein dünneres Medium. Da bei den gewählten Abmessungen des Prismas der Einfallswinkel des o-Strahls den Grenzwinkel der Totalreflexion überschreitet, wird der o-Strahl an der Kittfläche totalreflektiert, zur Seite abgelenkt und fällt auf die geschwärzte Seitenfläche, wo er absorbiert wird. In Richtung des einfallenden Lichtes tritt der e-Strahl als linear polarisiertes Licht aus, dessen Leistung selbstverständlich nur die Hälfte der des einfallenden Lichtes ausmacht. Gewöhnlich wird dieses **Nicolsche Prisma** in eine zylindrische Messinghülse eingekittet, wie es Abb. 4.54 in Aufsicht zeigt. Die in der Abbildung vertikal stehende kurze Diagonale der Rhombenfläche gibt die Richtung des Hauptschnitts und damit die der austretenden Schwingung an.

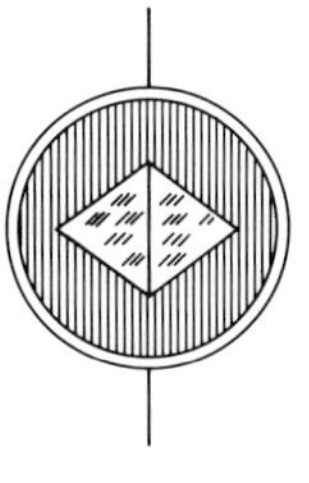

Abb. 4.54 Nicolsches Prisma in Fassung.

Da beim Nicolschen Prisma Ein- und Austrittsfläche schräg zur Richtung des hindurchgehenden Lichtes stehen, wird der Strahlengang parallel verschoben, was sich beim Drehen des Prismas um die Lichtrichtung störend bemerkbar macht. Diesen Nachteil vermeidet das Polarisationsprisma von P. Glan (1877) und S.P. Thompson (1883) nach Abb. 4.55. Es hat senkrechte Endflächen und ist so aus einem Calcit

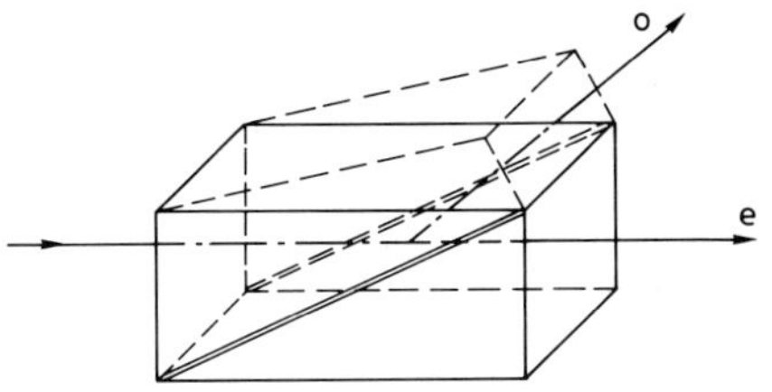

Abb. 4.55 Polarisationsprisma nach Glan-Thompson mit aufgekittetem Glasprisma.

geschnitten, daß die diagonal verlaufende Kittfläche senkrecht zu einer Seitenfläche steht. Deshalb kann der auch hier totalreflektierte o-Strahl über ein zusätzlich aufgekittetes Glasprisma (gestrichelt in Abb. 4.55) seitlich austreten; eine Absorption an der Calcitfläche entfällt, weshalb bei starken Lichtquellen, wie sie die Projektion erfordert, die im Nicolschen Prisma auftretenden schädlichen Erwärmungen (mit Flüssigwerden und Trübung des Kitts) hier vermieden werden. Wegen seiner gegenüber dem „Nicol" erheblich kürzeren Länge, seiner senkrechten Ein- und Austrittsflächen, der über den ganzen Querschnitt gleichmäßigen Polarisation (die das Nicol wegen des schiefen Strahlenganges für e nicht liefert) und wegen seines relativ großen Gesichtsfeldes (bis 30°), wird das **Glan-Thompson-Prisma** heute in den meisten Polarisationsapparaten benutzt.

Zwei in Richtung des durchgehenden Strahls hintereinander drehbar angeordnete Polarisatoren (Nicol oder Glan-Thompson) bilden einen einfachen und bequemen Polarisationsapparat, wie ohne weiteres klar ist.

Stehen beide Nicols eines Polarisationsapparates parallel (d. h. sind ihre Hauptschnitte parallel), so geht das mit der Intensität J_0 den Polarisatornicol verlassende Licht praktisch ungeschwächt durch den Analysatornicol hindurch; sind die beiden Hauptschnitte aber um den Winkel ψ gegeneinander gedreht, so entnimmt man der Tab. 4.6 – indem man nur den e-Strahl verfolgt und den Strahl o″ streicht (da keine o-Strahlen auftreten) –, daß von der Intensität J_0 hinter dem Polarisator nur der Bruchteil $J_0 \cos^2 \psi$ den Analysator passiert. Das ist nichts anderes als das schon früher gefundene Malussche Gesetz. Sind die Nicols gekreuzt ($\psi = \pi/2$), so läßt der Analysator kein Licht durch und das Gesichtsfeld ist vollkommen dunkel. Dieses Verhalten eröffnet die Möglichkeit, polarisiertes Licht in genau bekannten Verhältnissen abzuschwächen, was oft für verschiedene optische Geräte (z. B. Photometer) erwünscht ist.

Dichroismus. Die vorstehend genannten Polarisatoren, deren Anzahl leicht vermehrt werden könnte, sind durchweg aus Calcit hergestellt, einem farblosen, durchsichtigen Kristallmaterial. Die für die Dispersion verantwortlichen Eigenfrequenzen (Absorptionsstellen) des Calcits liegen daher (s. Kap. 3) nicht im Sichtbaren, sondern im Ultraviolett und im Infrarot. Liegen sie für ein Material im Sichtbaren, was selbstverständlich möglich ist, dann erscheint es gefärbt, in hinreichend dicken Schichten auch gänzlich undurchsichtig, da aus dem sichtbaren Spektrum des weißen Lichtes gewisse Bereiche durch selektive Absorption entfernt werden. Lage und Stärke der Absorptionsstellen bestimmen im wesentlichen den Verlauf der Dispersion. Während

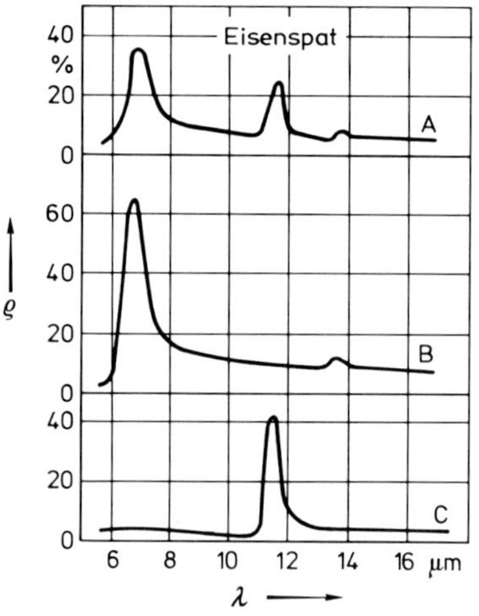

Abb. 4.56 Dichroismus von Siderit (Eisenspat); vgl. auch Abb. 2.47. Kurve A: Natürliche unpolarisierte Strahlung. Kurve B: Elektrischer Vektor senkrecht zur optischen Achse. Kurve C: Elektrischer Vektor parallel zur optischen Achse.

aber bei optisch isotropen Medien die Absorption unabhängig von Strahl- und Polarisationsrichtung ist, werden bei doppelbrechenden Substanzen jeweils zwei verschiedene Dispersionskurven wirksam. Beim optisch einachsigen Kristall gibt es für den o- und den e-Strahl je eine charakteristische Dispersionskurve, mit Absorptionsgebieten an unterschiedlichen Stellen des Spektrums (während beim optisch zweiachsigen Kristall die Verhältnisse komplizierter liegen). Das Verhalten der optisch einachsigen Carbonate der Calcitreihe liefert dafür im Infrarot ein eindrucksvolles Beispiel. In Abb. 2.47 ist der Reflexionsgrad jener Carbonate für natürliches Licht wiedergegeben; die Kurve für Siderit oder Eisenspat ($FeCO_3$) ist noch einmal in Abb. 4.56 aufgetragen (Kurve A). Wiederholt man die Messung im polarisierten Licht, wobei die auffallende Strahlung einmal senkrecht (o-Strahl), ein zweites Mal parallel zur optischen Achse (e-Strahl) schwingt, so erhält man die charakteristischen Kurven B und C (nach Messungen von Cl. Schaefer (1922)). In Kurve B findet man nur noch die beiden Reflexionsmaxima bei 6,77 µm und bei 13,54 µm, die also dem o-Strahl angehören. Die dritte Kurve C gibt das Verhalten wieder, wenn die auffallende Strahlung parallel der optischen Achse schwingt; hier erscheint nur der in B verschwundene Reflexionsbereich bei 11,53 µm, der folglich dem e-Strahl zuzuordnen ist. Die unterschiedliche Lage der Eigenfrequenzen für o- und e-Strahlung bedingt letzten Endes die Doppelbrechung.

In dem angeführten Beispiel, das für doppelbrechende Stoffe typisch ist, liegen die Eigenfrequenzen im Infrarot, das Material bleibt daher farblos und durchsichtig. Wenn aber die Eigenfrequenzen im Sichtbaren bei verschiedenen Wellenlängen liegen, etwa für den o-Strahl bei 650 nm, für den e-Strahl bei 500 nm, so wird bei hinreichender Schichtdicke im durchgehenden Licht der Bereich um 650 nm bzw. um 500 nm fehlen, wenn die Schwingungsebene senkrecht bzw. parallel zur optischen Achse liegt. Das bedeutet, daß die Substanz (auch im natürlichen Licht!) farbig ist und daß die Farbe von der Schwingungsrichtung des eingestrahlten Lichtes abhängt. Daher nennt man diese Erscheinung **Dichroismus,** bei optisch zweiachsigen Kristallen **Trichroismus.**

Wenn man eine dichroitische Substanz im durchfallenden Licht durch einen Polarisator (Nicol) betrachtet und diesen um seine Achse dreht, so treten die erwähnten Farben auf, wenn die vom Nicol durchgelassene Schwingungsrichtung parallel oder senkrecht zur optischen Achse der Substanz gerichtet ist. In jeder anderen Stellung des Nicols treten Mischfarben aus diesen beiden Extremfarben auf, weswegen man statt Dichroismus (oder Trichroismus) häufig und namentlich in der Mineralogie von **Pleochroismus** spricht. Diese letztere Bezeichnung ist gerechtfertigt, wenn es sich nur um die Beschreibung der tatsächlichen Beobachtung handelt; die Namen Di- und Trichroismus beruhen auf der theoretischen Interpretation der Erscheinung.

Aus dem Vorhergehenden folgt, daß bei Doppelbrechung grundsätzlich immer Dichroismus vorhanden ist, wenn man das gesamte Spektrum ins Auge faßt, wie es der Physiker tun muß; nur wenn man sich auf das sichtbare Spektrum beschränkt, erscheint der Dichroismus als Ausnahme.

Zu den dichroitischen Substanzen im engeren Sinn gehört der (trigonale) *Turmalin,* ein strukturell kompliziertes Borosilicat mit unterschiedlichen Kationenarten, von dem hier zwei Varietäten in Betracht kommen; die rosafarbene und die grüne; die letztere verdient deshalb besonderes Interesse, weil sie den o-Strahl (Schwingungsrichtung senkrecht zur optischen Achse) bereits in einer Schichtdicke von nur 1 mm so stark absorbiert, daß bei der Durchstrahlung mit natürlichem Licht praktisch nur der e-Strahl (Schwingungsrichtung parallel der optischen Achse) übrigbleibt. Eine parallel der kristallographischen Hauptachse geschnittene **Turmalinplatte** von 1 mm Dicke stellt also einen brauchbaren Polarisator dar, freilich mit der Eigentümlichkeit, daß das hindurchtretende Licht grün gefärbt ist, was indessen für viele Zwecke nicht stört. Zwei gegeneinander drehbare Turmalinplatten bilden demnach einen vollständigen Polarisationsapparat, der besonders früher viel benutzt worden ist **(Turmalinzange)**.

Polarisationsfilter. Auch künstlich lassen sich plattenförmige Polarisatoren, sog. **Polarisationsfolien,** herstellen, deren Größe praktisch nicht mehr beschränkt ist. Zum Beispiel kann man kleine Kristallnadeln von Herapathit (Jodchininsulfat), die einen ausgeprägten Dichroismus besitzen, in einen Zellulosefilm orientiert einlagern; eine andere Möglichkeit besteht darin, in einer Zellulosehydratfolie durch Streckung eine gerichtete Spannungsdoppelbrechung (s. Abschn. 4.13) hervorzurufen und die Folie dann mit bestimmten Farbstoffen einzufärben[14]. Solche Polarisationsfolien lassen in Parallelstellung etwa 25% des einfallenden Lichtes hindurch; als Färbung ergibt sich ein helles Grau. In gekreuzter Stellung liegt der Transmissionsgrad unterhalb 0,01%. Gelegentlich werden solche Folien in der Photographie verwendet, um das reflektierte, mehr oder weniger polarisierte Störlicht von Glasscheiben (Fensterscheiben, Deckscheiben auf Bildern usw.) auszuschalten.

[14] Daß bestimmte Farbstoffe, z. B. Methylenblau, nach gerichtetem Ausstreichen auf eine Glasplatte infolge Parallelorientierung ihrer ursprünglich regellos gelagerten anisotropen Kriställchen eine einheitliche Doppelbrechung mit verschieden starker Absorption beider Wellenanteile (o- und e-Strahlen) zeigen, haben bereits D. Brewster (1817) und W. Haidinger (1852) gezeigt.

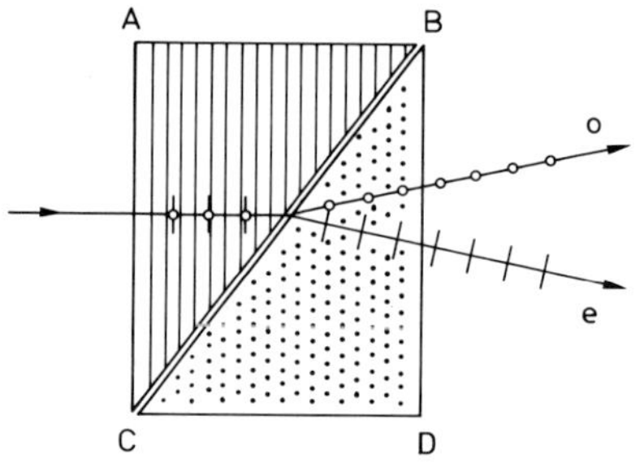

Abb. 4.57 Strahlenverlauf im Wollaston-Prisma (die Buchstaben o und e gelten für das linke Prisma).

Weitere Polarisationsprismen. W. H. Wollaston (1820) hat ein Prisma angegeben, mit dem das einfallende Strahlenbündel in zwei zueinander senkrecht polarisierte Anteile zerlegt wird, die unter entgegengesetzt gleichen Winkeln die Einfallsrichtung verlassen (Abb. 4.57). Dieses **Wollaston-Prisma** besteht aus zwei mit ihren Basisflächen verkitteten rechtwinkligen Calcitprismen; beim Prisma ABC liegt die optische Achse in der Zeichenebene parallel AC, während sie bei dem Prisma BDC senkrecht zur Zeichenebene und parallel zur brechenden Kante verläuft. Das normal zu AC einfallende Licht spaltet im ersten Prisma in o- und e-Strahl auf, die sich bis zur Kittstelle BC in ursprünglicher Richtung, aber mit unterschiedlicher Geschwindigkeit fortpflanzen. Der senkrecht zur Papierebene schwingende o-Strahl wird nach seinem Übertritt ins zweite Prisma BDC vom Einfallslot weggebrochen, da er hier als e-Strahl mit größerer Geschwindigkeit läuft; das im ersten Prisma als e-Strahl laufende Licht wird dagegen im zweiten als o-Strahl mit kleinerer Geschwindigkeit weitergeleitet und zum Einfallslot hingebrochen. Dadurch kommt bei dieser Prismenanordnung die große räumliche Trennung der beiden Strahlenbündel zustande. Ähnliche Anordnungen sind von A. M. de Rochon (1801) und H. de Sénarmont (1857) angegeben worden.

Polarisationsphotometer. Bereits weiter oben wurde auf die Möglichkeit hingewiesen, Polarisatoren zur kontrollierten Helligkeitssteuerung in Photometern einzusetzen. Zwei Typen solcher Polarisationsphotometer sollen hier betrachtet werden. Als erstes zeigt Abb. 4.58 einen Längsschnitt durch das Gerät nach F. F. Martens (1900). Die beiden miteinander zu vergleichenden Lichtquellen Q_1 und Q_2 beleuchten in der üblichen Weise Vorder- und Rückseite einer Gipsplatte G; das von G diffus verteilte Licht leuchtet über die beiden Spiegel S_1, S_2 und die beiden Prismen P_1, P_2 die runden Öffnungen O_1 und O_2 aus. Ein Biprisma B, unterhalb der Linse L_1, lenkt mit seiner rechten Hälfte den ganzen Strahlengang nach links und mit seiner linken Hälfte nach rechts ab, so daß von jeder der beiden Öffnungen O_1 und O_2 zwei Bilder, im ganzen also vier Bilder, entstehen. In Abb. 4.58 b sind die vier Bilder mit O_1', O_2', O_1'' und O_2'' angedeutet, wobei die Reihenfolge der Bilder zu beachten ist. Ein zwischen die Linse L_1 und das Biprisma B eingebautes Wollaston-Prisma W spaltet jedes der vier Teilbilder nochmals in zwei senkrecht zueinander polarisierte Bilder auf, wobei die in Abb. 4.58 c skizzierten acht Teilbilder entstehen. Die einge-

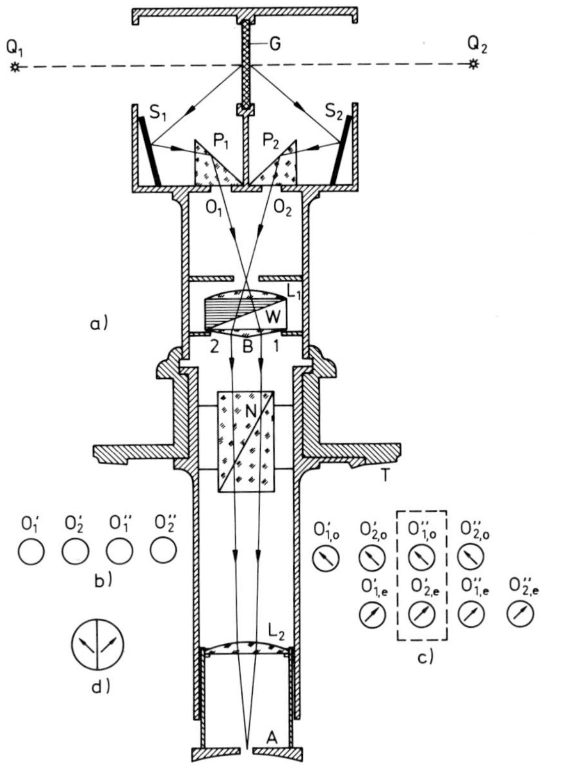

Abb. 4.58 Längsschnitt durch das Polarisationsphotometer nach Martens.

zeichneten Pfeile geben die jeweilige Schwingungsrichtung des Lichtes an. Geeignet angeordnete Blenden sorgen dafür, daß nur Licht der beiden gestrichelt umrahmten Bilder $O''_{1,o}$ und $O'_{2,e}$ sichtbar wird. Wenn man vor A das Auge, mit L_2 als Lupe, auf das Biprisma akkommodiert, wird ein rundes Gesichtsfeld deutlich, das durch die Kante des Biprismas in zwei Hälften geteilt wird (Abb. 4.58d). Jede Gesichtsfeldhälfte erhält ihre Helligkeit von einer Seite des Gipsschirmes G, entsprechend der Helligkeit der zu photometrierenden Lichtquellen Q_1 und Q_2. Da die Polarisationsrichtungen des Lichtes in den beiden Hälften orthogonal zueinander liegen, lassen sich die Helligkeiten einander anpassen, indem man das zwischen Biprisma B und Linse L_2 eingebaute Nicolsche Prisma N dreht; der Drehwinkel von N kann an einem Teilkreis T abgelesen werden. Auf diese Weise ist z. B. das Photometrieren einer Lichtquelle Q_2 gegen eine Normallichtquelle Q_1 (die auch im Photometer eingebaut sein kann) möglich, ohne den Abstand der Lichtquelle Q_2 zu ändern. – Bemerkt sei noch, daß man durch ein Prisma, das an geeigneter Stelle in den Strahlengang eingeschaltet wird, die Strahlung beider Lichtquellen spektral zerlegen kann; dann hat man ein sehr brauchbares **Spektralphotometer.**

Schließlich ist in Abb. 4.59 schematisch ein **Kompensationsphotometer** dargestellt, das bei Extinktionsmessungen an Flüssigkeiten, Farblösungen usw. vielseitige Ver-

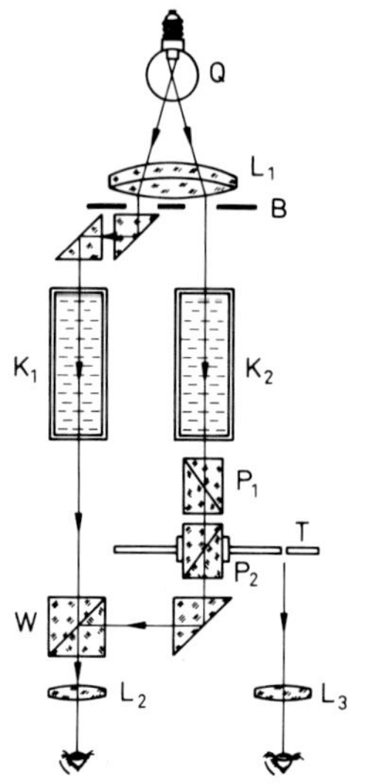

Abb. 4.59 Strahlengang im Kompensationsphotometer.

wendung findet. Auch bei diesem Apparat wird das Licht im Vergleichsstrahlengang mit Hilfe zweier gegeneinander verdrehbarer Polarisationsprismen geschwächt. Das von der Lichtquelle Q ausgehende Strahlenbüschel wird durch die Kollimatorlinse L_1 parallel gemacht und durch die Blende B und zweier nachgeschalteter totalreflektierender Prismen in zwei Strahlen aufgeteilt. Die beiden Strahlenbündel durchsetzen in vollkommen symmetrischer Weise die gleichartigen Küvetten K_1 und K_2, von denen K_1 die zu untersuchende Lösung und K_2 das reine Lösungsmittel enthält. Der Vergleichsstrahlengang durchläuft anschließend zwei Polarisationsprismen P_1 und P_2, von denen P_2 drehbar ist. Endlich werden beide Strahlengänge im Photometerwürfel W (Abb. 4.59) vereinigt, bevor sie in das Auge des Beobachters gelangen. Man erblickt zwei halbkreisförmige Vergleichsfelder, deren vertikale Trennungslinie mit L_2 als Lupe scharf eingestellt wird. Durch Verdrehen des Polarisationsprismas P_2 kann man beide Felder auf gleiche Helligkeit einstellen und die Winkelstellung von P_2 an einem Teilkreis T mit der Lupe L_3 ablesen.

4.8 Drehung der Schwingungsebene polarisierten Lichtes (optische Aktivität)

Durchstrahlt man – wie es in Abb. 4.60 skizziert ist – ein optisch isotropes (nicht absorbierendes) planparallel begrenztes Medium bei normaler Inzidenz mit linear polarisiertem, einfarbigem Licht, so erwartet man bei einer Polarisationsanalyse des austretenden Lichtes maximale Helligkeit, wenn Polarisator- und Analysatornicol parallel stehen, und Dunkelheit bei gekreuzten Nicols. Für viele Stoffe trifft diese Erwartung zu. Bei einer Reihe von Substanzen jedoch – so z. B. bei Rohrzuckerlö-

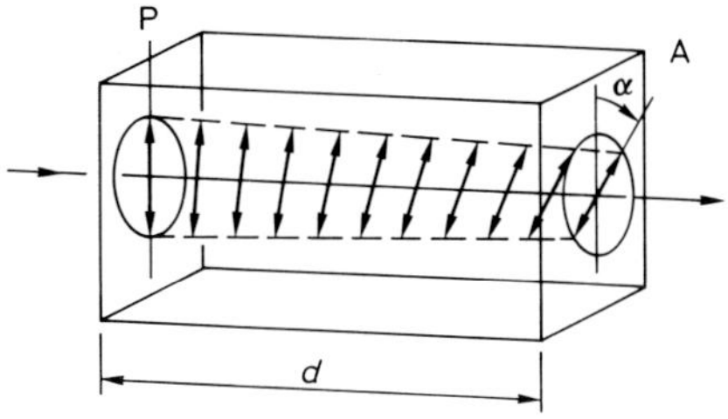

Abb. 4.60 Drehung der Schwingungsebene im optisch aktiven Medium. Rechtsdrehende Substanz; der ***E***-Vektor folgt einer Linksschraube.

sung – findet man überraschenderweise die Hell- und Dunkelposition des Analysators gegenüber der des Polarisators verdreht. Diese bemerkenswerte Erscheinung kann nur als eine *Drehung der Schwingungsebene des polarisierten Lichtes* beim Durchgang durch das Medium gedeutet werden. Medien, die diese Eigenschaft besitzen, nennt man (nicht gerade charakteristisch) **optisch aktiv,** die Erscheinung selbst wird als **optische Aktivität** bezeichnet.

Man kann verhältnismäßig leicht feststellen, daß der Winkel α, um den die Schwingungsebene gedreht wird, proportional zur Länge d des Lichtweges im Medium ist, bei Lösungen außerdem proportional zur Konzentration c des optisch aktiven Stoffes:

$$\alpha = [\alpha]\, c\, d\,. \qquad (4.39)$$

Der Proportionalitätsfaktor $[\alpha]$ wird als **spezifische Drehung** oder als optisches Drehvermögen einer Substanz bezeichnet; $[\alpha]$ ist stark wellenlängenabhängig **(Rotationsdispersion).** Das Vorzeichen von $[\alpha]$ gilt konventionell als positiv und die Substanz als *rechtsdrehend,* wenn sich die Schwingungsrichtung für einen Beobachter, der dem Lichtstrahl entgegenblickt, im Uhrzeigersinn dreht und demgemäß der Analysator vom Beobachter im Uhrzeigersinn nachgedreht werden muß, um die Dunkelstellung zu erreichen. Entsprechend wird $[\alpha]$ negativ gesetzt für *linksdrehende* Substanzen. Der Lichtvektor bewegt sich demnach in rechtsdrehenden Substanzen mit einer Linksschraube um seine Fortpflanzungsrichtung, in linksdrehenden mit einer Rechtsschraube.

Für beide Drehrichtungen gibt es natürliche Vertreter. Unter den Flüssigkeiten und Lösungen drehen z. B. nach rechts: deutsches Terpentinöl, Limonen (aus Kümmel), alkoholische Japankampferlösung, wäßrige Lösungen von Rohrzucker, Traubenzucker, Mandelsäure, Weinsäure usw., nach links: französisches Terpentinöl, Nicotin, wäßrige Lösungen von Gummiarabicum, Chinin, Strychnin usw. Genauere Untersuchungen zeigen, daß jede optisch aktive chemische Substanz sowohl in einer links- wie in einer rechtsdrehenden Moldifikation möglich ist; die Moleküle solcher, in ihrem chemischen Bestand gleichen, isomeren Substanzpaare, die auch als **Antipoden** bezeichnet werden, unterscheiden sich, wie zuerst L. Pasteur (1859) vermutet hat, nur in der räumlichen Anordnung ihrer Atome, sie sind **enantiomorph,** d. h. „entgegengesetzt gestaltet", spiegelbildlich gebaut. Darin liegt letztlich die Bedeutung der optischen Aktivität für den Chemiker. Die spezifischen Drehungen enantiomorpher Substanzpaare sind dem Betrag nach gleich und unterscheiden sich nur im Vorzeichen der Drehung; Gemische verringern die Drehung α der Schwingungsebene des Lichtes, gleiche Mengen heben die Drehung auf **(razemisches Gemisch).** Die Messung des Drehwinkels kann man in sog. **Polarimetern** zur Konzentrationsbestimmung gelöster optisch aktiver Stoffe heranziehen. Diesem äußerst wichtigen Hilfsmittel ist ein eigener Passus in diesem Abschnitt gewidmet.

In der Praxis wird die Gl. (4.39) mit unterschiedlichen Einheiten benutzt. Bei *Flüssigkeiten* ($c = 1$) mißt man d in Dezimeter und gibt demgemäß $[\alpha]$ in Winkelgrad/dm an. Bei *Lösungen* bezieht man außerdem die Konzentration c auf die Grammenge gelöster aktiver Substanz pro cm^3 Lösungsmittel. Beispielsweise beträgt der Drehwinkel α einer wäßrigen Rohrzuckerlösung (mit $[\alpha] = 66{,}5°/dm$ für Natrium-D-Licht), die 1 g Rohrzucker in $100\,cm^3$ enthält, bei einer Schichtdicke von 20 cm

$$\alpha = 66{,}5 \cdot 2 \cdot 0{,}01 = 1{,}33° .$$

Für *feste Substanzen* schließlich mißt man d in mm und benutzt dementsprechend für $[\alpha]$ die Einheit Winkelgrad/mm.

Wegen der Wellenlängenabhängigkeit muß stets eine Bezugswellenlänge (meist λ_{Na-D}) angegeben werden.

In Tab. 4.8 und 4.9 sind die spezifischen Drehungen einiger optisch aktiver Substanzen aufgeführt.

Tab. 4.8 Spezifische Drehung $[\alpha]$ einiger Flüssigkeiten für λ_{Na-D}.

Flüssigkeit	Temp. in °C	$[\alpha]$ in Grad/dm
Amylalkohol		− 5,7
Menthol	35,2	− 49,7
Japankampfer	204	+ 70,3
Nicotin	10–30	−162

Tab. 4.9 Spezifische Drehung $[\alpha]$ einiger optisch isotroper Kristalle für λ_{Na-D}.

Kristallart	$[\alpha]$ in Grad/mm
$NaBrO_3$	2,8
$NaClO_3$	3,13

Die optische Aktivität ist indes nicht auf optisch isotrope Substanzen beschränkt, vielmehr tritt sie auch unter den optisch anisotropen Medien bei einigen Klassen von Kristallen auf. Allerdings ist hier die Beobachtbarkeit auf die Richtung der optischen Achse beschränkt, wo die sonst störende Doppelbrechung ausgeschaltet ist; schon Richtungsabweichungen von wenigen Minuten bringen die Erscheinung zum Verschwinden[15].

[15] Die Verhältnisse in der Umgebung der Achse sind sehr kompliziert. Hier soll nur so viel gesagt werden, daß sie stetig in die normalen Bedingungen übergehen, die bei nichtaktiven Kristallen existieren. Selbstverständlich sind auch die Strahlenflächen einachsiger aktiver Kristalle in der Nähe der Achse verändert.

Für den optisch einachsigen Kristall, auf den sich die Betrachtung zunächst beschränken soll, bedeutet die optische Achse bekanntlich eine Richtung optischer Isotropie, so daß – speziell für den Kristallschnitt senkrecht zur optischen Achse – die Abb. 4.60, sowie die anschließenden Ausführungen in analoger Weise gelten. Wichtigster Vertreter optischer Aktivität ist hier der **Quarz** (SiO_2), an dem F. Arago (1811) die Erscheinung der optischen Aktivität entdeckt hat. Erst einige Jahre danach wurde von J. B. Biot (1815) die optische Aktivität auch an Lösungen und später von H. Marbach (1854) an kubischen, d. h. optisch isotropen Kristallen (Natriumchlorat und -bromat) entdeckt.

Auch die Kristalle zeigen in ihrer natürlichen Gestalt sehr schön Enantiomorphie und entsprechend gekoppelt findet man Rechts -und Linksdrehung, jedoch ist die optische Aktivität bei Kristallen nicht ausschließlich auf enantiomorphe Kristallklassen beschränkt (siehe dazu Abschn. 4.9).

Eine wichtige Tatsache ist noch festzustellen: Wenn Quarz geschmolzen wird (Quarzglas), d. h. wenn das Raumgitter zerstört wird, verschwindet jegliche Drehung, ein Beweis, daß bei Quarz und allen sich analog verhaltenden Kristallen die besondere Art der Gitterstruktur die Ursache der Drehung ist; das gleiche gilt auch für die kubischen Kristalle Natriumbromat und Natriumchlorat, die in Lösung absolut inaktiv sind. Andererseits zeigt die Tatsache, daß eine Zuckerlösung und viele andere flüssige organische Kohlenstoffverbindungen (bei denen von Gitterstruktur ja keine Rede sein kann) optisch aktiv sind, daß für diese Substanzen der Grund der Drehung bereits im Bau des einzelnen Moleküls liegen muß. Schließlich ist noch die Möglichkeit gegeben und beim kristallisierten Rohrzucker verwirklicht, daß beim Zustandekommen der Drehung beide Gründe, Kristallstruktur und Molekülbau, zusammenwirken. Tab. 4.10 gibt die spezifische Drehung einiger optisch einachsiger Kristalle an. Die Angaben beziehen sich, wie üblich, auf Na-D-Licht, mit Ausnahme von Zinnober (HgS), das aus meßtechnischen Gründen mit der roten Li-Linie ($\lambda = 670{,}8$ nm) untersucht wurde.

Tab. 4.10 Spezifische Drehung $[\alpha]$ einachsiger Kristalle.

Kristallart	$[\alpha]$ in Grad/mm	Kristall	$[\alpha]$ in Grad/mm
Zinnober	325	Guanidincarbonat	14,35
Benzil	24,92	Kaliumhyposulfat	8,39
Natriumperiodat	23,3	Calciumhyposulfit	2,09
Quarz	21,7		

Die Drehung der Schwingungsebene läßt sich an Quarzplatten sehr schön mit Hilfe des Tyndall-Effektes demonstrieren (Abb. 4.61). Wie an Hand der Abb. 4.10 erläutert wurde, trägt zur Lichtstreuung an einem trüben Medium nur diejenige elektrische Feldkomponente bei, die senkrecht zur Streurichtung liegt. In Abb. 4.61 fällt nun von rechts kommend ein linear polarisiertes einfarbiges Lichtbündel in einen Glastrog, der mit getrübtem Wasser gefüllt ist. (Zur Trübung ist dem Wasser Seife, Milch oder alkoholische Mastixlösung zugesetzt.) Die Schwingungsebene des einfallenden Lichtes liegt parallel der Papierebene, so daß der Beschauer das Streulicht sehen kann. Im Trog hängen, einige Zentimeter voneinander entfernt, zwei

Abb. 4.61 Versuch zum Nachweis der Drehung der Schwingungsebene polarisierten Lichtes in Quarzplatten.

gleich dicke Quarzplatten im Strahlengang, deren Dicke so bemessen ist, daß sie die Schwingungsebene bei der benutzten Wellenlänge gerade um 90° drehen. Zwischen den beiden Platten steht deshalb die Schwingungsebene des Lichtes senkrecht zur Papierebene, weshalb das Streulicht in der Beobachtungsrichtung ausfallen muß. Hinter der zweiten Quarzplatte, nach einer Drehung von insgesamt 180°, entspricht der Schwingungszustand wieder dem des einfallenden Lichtes und die Streuung ist wiederum sichtbar. Fällt dagegen der Blick von oben in den Trog (was sich mit einem unter 45° geneigten Spiegel erreichen läßt), so liegen die Streuverhältnisse gerade umgekehrt: Während zwischen den beiden Platten Streulicht erscheint, herrscht vor und hinter dem Plattenpaar Dunkelheit.

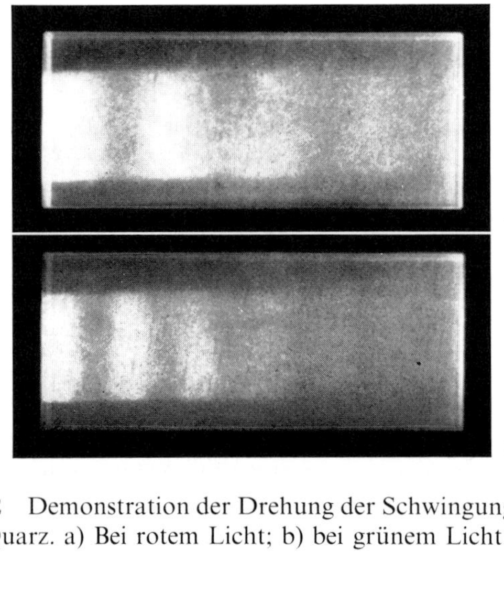

a)

b)

Abb. 4.62 Demonstration der Drehung der Schwingungsebene des Lichtes in einem schwach trüben Quarz. a) Bei rotem Licht; b) bei grünem Licht.

Ein weiterer Versuch soll die kontinuierliche Drehung der Schwingungsebene im optisch aktiven Medium verdeutlichen. In Abb. 4.62a durchsetzt linear polarisiertes, monochromatisches Licht einen schwach trüben Quarz (Milchquarz) in Richtung der optischen Achse. Das Streulicht – wiederum senkrecht zur Ausbreitungsrichtung beobachtet – läßt einzelne, gleich weit voneinander entfernte helle Zonen erkennen. Von Zone zu Zone hat sich der Lichtvektor des einfallenden Lichtes jeweils um 180° weitergedreht; dazwischen liegen Stellen, an denen der Lichtvektor in Beobachtungsrichtung schwingt und das Streulicht infolgedessen ausbleibt. In Wirklichkeit aber sind die hellen Zonen Stücke einer (hellen) Schraubenlinie, die sich durch den Quarz windet, als Zeichen einer kontinuierlichen Drehung der Schwingungsebene mit fortschreitendem Strahlenweg. In der Projektion ist gerade noch erkennbar, daß die Streifen nicht vertikal, sondern geneigt verlaufen, wie es der Ganghöhe einer Schraube entspricht.

Auch zur Demonstration der *Rotationsdispersion,* der Wellenlängenabhängigkeit der spezifischen Drehung, eignet sich der zuletzt beschriebene Versuch. Wechselt man von einer Durchstrahlung mit rotem Licht (Abb. 4.62a) auf grünes Licht über (Abb. 4.62b), so verkürzt sich deutlich die Ganghöhe der Schraubenlinie. Mit sinkender Wellenlänge steigt demnach die spezifische Drehung an, was allgemein gilt. Quantitative Angaben für Quarz entnimmt man der Tab. 4.11, in der die $[\alpha]$-Werte für einige Fraunhofersche Linien verzeichnet sind.

Tab. 4.11 Spezifische Drehung von Quarz in Abhängigkeit von der Wellenlänge.

λ in nm	A(760,8)	B(686,7)	C(656,3)	D(589,3)	E(527,0)	F(486,1)	G(430,8)	H(396,8)
$[\alpha]_{20°C}$	12,704	15,742	17,314	21,724	27,552	32,766	42,630	51,119

Die Rotationsdispersion zeigt ein weiterer Versuch: Verkittet man Glaswürfel aus schwach trübem Glas im Wechsel mit Quarzplatten, die senkrecht zur optischen Achse geschnitten sind, zu einer Säule und durchstrahlt diese Kombination mit linear polarisiertem weißen Licht, leuchten die einzelnen Glaswürfel in der Reihenfolge der „Drehungsfarben“ auf. In dem in Tafel II/12 festgehaltenen Versuchsergebnis ist die Dicke der ersten Quarzplatte so bemessen, daß sie die Polarisationsebene violetten Lichtes gerade um 90° dreht, die der zweiten, daß sie, zusammen mit der ersten, gerade blaues Licht um 90° dreht, entsprechend die weiteren Platten für steigende Wellenlängen. Bei seitlicher Betrachtung der Säule parallel der ursprünglichen Polarisationsrichtung sieht man vorwiegend die um 90° gedrehte Farbe, senkrecht dazu die Komplementärfarbe (unteres Teilbild).

Die Rotationsdispersion hat zur Folge, daß eine optisch aktive Substanz, die weißem polarisiertem Licht ausgesetzt ist, für keine Stellung des Analysatornicols Dunkelheit zeigen kann. Vielmehr ist das Gesichtsfeld, abhängig von der Analysatorstellung und auch von der Dicke der durchstrahlten Schicht, stets gefärbt. Diese Feststellung soll unter Benutzung von Tab. 4.11 durch ein numerisches Beispiel unterstützt werden: Eine Quarzplatte von 1 mm Dicke befinde sich zwischen parallelgestellten Nicols in weißem Licht. Wird die Schwingungsebene für die Wellenlänge λ um den Winkel α_λ gegenüber der Einfallsrichtung gedreht, so kann nur der Bruch-

Tab. 4.12 Transmissionsgrade der Anordnung Polarisator-Quarz-Analysator in Abhängigkeit von der Wellenlänge λ.

Fraunhofer-Linien	Transmissionsgrad			
	Analysator parallel Polarisator	Analysator senkrecht Polarisator	Analysator zur Schwingungsrichtung von C parallel	gekreuzt
A	0,94	0,06	0,98	0,02
C	0,92	0,08	1,00	0,00
E	0,79	0,21	0,96	0,04
G	0,54	0,46	0,83	0,17
H	0,40	0,60	0,69	0,31

teil $\cos^2 \alpha_\lambda$ der einfallenden spektralen Intensität J_λ den Analysator passieren. Bei gekreuzten Nicols wird entsprechend der Anteil $\sin^2 \alpha_\lambda$ durchgelassen. Mit dieser Abhängigkeit – die bereits aus der Erläuterung zur Abb. 4.47 verständlich ist und noch ausführlicher im Abschn. 4.10 behandelt wird – läßt sich der Transmissionsgrad der Anordnung: Polarisator–Quarz–Analysator berechnen. Tab. 4.12 enthält die Ergebnisse für einige ausgewählte Wellenlängen λ. Nimmt man für das einfallende weiße Licht der Einfachheit halber eine spektrale Rechteckverteilung an (alle $J_\lambda = 1$), liefern die zweite und dritte Spalte der Tab. 4.12 direkt die Helligkeitswerte für das austretende Licht.

Demnach werden bei parallelen Nicols die langwelligen Linien A bis C relativ wenig geschwächt, da die Drehungen hier gering sind; die Linien G und H büßen unter den gegebenen Verhältnissen aber bereits die Hälfte ihrer ursprünglichen Intensitäten ein. Bei gekreuzten Nicols dagegen werden die rotgelben Farbtöne im Verhältnis zu den grün-blau-violetten stark geschwächt. In beiden Fällen sind Farbton der Mischung und Gesamthelligkeit zueinander komplementär (wie aus früheren allgemeineren Betrachtungen folgt.) – Dreht man den Analysator aus der Parallelstellung weiter auf maximalen Durchlaß bzw. auf Auslöschung etwa der Spektrallinie C (Neigung $\approx 17{,}31°$), so gelangt man zu Helligkeitsverteilungen, wie sie in den beiden letzten Spalten notiert sind. Die Tabelle zeigt: Mit der Analysatorposition verändert sich auch die Helligkeitsmodulation des durchgelassenen Spektrums und demgemäß wechselt die Färbung. – Welche Farben auftreten, hängt unter sonst gleichen Umständen von der Dicke der Platte ab. Wenn man bei einem rechtsdrehenden Quarz den Analysator im Uhrzeigersinn dreht, so wird eine bestimmte Farbenfolge durchlaufen, die sich in identischer Weise auch beim linksdrehenden Quarz einstellt, wenn der Analysator entgegen dem Uhrzeigersinn gedreht wird. Man kann dies objektiv vorführen, indem man das Licht, welches den Polarisator verläßt, spektral zerlegt. Ausgehend von gekreuzten Nicols, wobei für eine 1 mm dicke Quarzplatte das rote Ende des Spektrums noch fast ausgelöscht ist, wird – falls man den Analysator im richtigen Umlaufsinn herausdreht – bei jeder Analysatorposition eine Wellenlänge völlig unterdrückt und im Spektrum „erscheint" dann an dieser Stelle ein schwarzer Streifen, der sich von rot nach violett durch das Spektrum hindurchschiebt. Die Färbung, die jeweils auftritt, ist stets die Komplementärfarbe zur ausgetilgten.

Die hier beschriebenen Verhältnisse komplizieren sich, wenn die Platten so dick werden, daß sehr große Drehungen auftreten. Beträgt die Dicke einer Quarzplatte beispielsweise 1 cm, so verzehnfachen sich alle Drehwinkel in dem zuvor behandelten Beispiel. Dann werden bei jeder Analysatorstellung mehrere Wellenlängen, aber sehr viel schmalere Spektralbereiche unterdrückt und das Licht erscheint schließlich wieder weiß; man bezeichnet es als **Weiß höherer Ordnung.** – Auch bei sehr dünnen Platten sehen die Farben weißlich aus; bei einer Plattendicke von 0,1 mm dreht Quarz die Linie A nur um 1,27°, die Linie H am anderen Ende des Spektrums aber nur um 4,19°. Bei sehr dünnen Platten (20 bis 30 µm), wie sie der Mineraloge in Gesteinsdünnschliffen verwendet, spielt die optische Aktivität praktisch keine Rolle mehr.

Zweiachsige Kristalle. Auch bei einigen zweiachsigen Kristallen hat man nach langem Suchen optische Aktivität in Richtung der beiden Binormalen feststellen können. Hier kompliziert jedoch die niedrige Symmetrie der Kristalle den Effekt erheblich. Die Beispiele der Tab. 4.13 lassen erkennen, daß die beiden Achsen sogar unterschiedlich spezifische Drehung und unter Umständen entgegengesetztes Vorzeichen der Drehung aufweisen können. Erst eine nähere Betrachtung der Kristallsymmetrie im nächsten Abschnitt kann hier wenigstens qualitativ Ordnung schaffen.

Tab. 4.13 Spezifische Drehung [α] zweiachsiger Kristalle.

Kristallart	Spezifische Drehung [α] in Richtung der Binormalen in Grad/mm	
Rhamnose	+12,9	+5,4
Rohrzucker	+ 2,2	−6,4
Magnesiumsulfat	+ 2,6	+2,6
Natriumphosphat	− 4,45	−4,45
Seignettesalz	− 1,2	−1,2

Polarimeter. Die Messung der Drehung der Schwingungsebene ist ein einfaches und wertvolles Mittel zur Bestimmung der Konzentration eines optisch aktiven Stoffes, z. B. des Zuckers im Harn; dabei kann die Messung in Gegenwart anderer optisch nicht drehender Lösungspartner durchgeführt werden, so daß diese nicht abgetrennt werden müssen. Aus Gl. (4.39) folgt für die Konzentration c:

$$c = \frac{\alpha}{[\alpha] d}.$$

Zur Messung der Drehung α dienen *Polarimeter* (Abb. 4.63), die, falls sie allein der Zuckerbestimmung dienen sollen, auch **Saccharimeter** genannt werden. Das einfachste Polarimeter nach Mitscherlich (1844) besteht aus einer Lichtquelle mit Polarisator P und einem drehbaren, mit Teilkreis versehenen Analysator A; zwischen P und A befindet sich eine beiderseits planparallel abgeschlossene Glasröhre R mit der Meßflüssigkeit. Den Drehwinkel α bestimmt man als Differenz der Dunkelpositionen des Analysators, mit und ohne Meßflüssigkeit eingestellt. Da die Einstellung auf

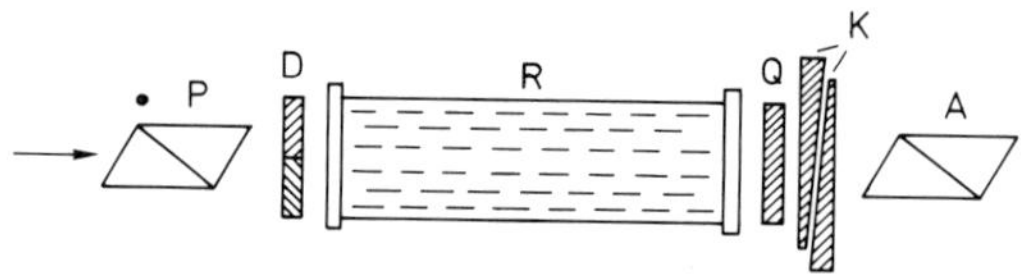

Abb. 4.63 Aufbau eines Polarimeters. P: Polarisator; A: Analysator; R: Meßröhre; D: Soleilsche Doppelplatte; Q, K: Quarzkeilkompensator.

völlige Dunkelheit des Gesichtsfeldes recht unsicher ist, hat man die Polarimeter durch empfindliche Einstellhilfen verbessert. N. Soleil beschrieb eine **Doppelplatte,** die aus zwei senkrecht zur optischen Achse geschnittenen, nebeneinander auf einer Glasplatte aufgekitteten Quarzplatten besteht, eine rechts- und eine linksdrehend und beide 3,75 mm dick. Bei dieser Dicke wird gelbgrünes Licht etwa um 90° gedreht (wie man an Hand der Tab. 4.11 leicht bestätigt). Schaltet man die Doppelplatte D zwischen parallele Nicols, so wird im weißen Licht gerade der gelbgrüne Anteil des Spektrums unterdrückt und das Gesichtsfeld erscheint in der rötlich violetten Komplementärfarbe, der sog. „empfindlichen Farbe". Füllt man jetzt die aktive Flüssigkeit in die Meßröhre R (zwischen den Nicols) ein, so addiert sich die Flüssigkeitsdrehung zu dem gleichsinnig drehenden Quarz der Doppelplatte D und verringert gleichzeitig die durch den zweiten Quarz bewirkte Drehung. Im Gesichtsfeld spaltet daher die vorher einheitliche Färbung auf, wobei die eine Hälfte nach rot, die andere Hälfte nach blau verschoben wird. Man braucht dann nur den Analysator so weit nachzudrehen, bis das ganze Gesichtsfeld wieder einheitlich die ursprüngliche empfindliche Fabe zeigt; selbst kleine Drehungen lassen sich auf diese Weise gut messen, da das Auge in hohem Maße die Fähigkeit besitzt, die Farbgleichheit zweier aneinander grenzender Felder zu beurteilen.

Statt den Analysator A zu verstellen, kann man die optische Drehung auch mit dem **Quarzkeilkompensator** von N. Soleil ausgleichen. In Abb. 4.63 befindet sich zu diesem Zweck eine Platte Q aus rechtsdrehendem Quarz und zwei gleiche aus linksdrehendem Quarz geschnittene Keile K, die mittels einer Mikrometerschraube gegeneinander verschoben werden können. Bei einer bestimmten Stellung bilden sie zusammen eine Quarzplatte, die ebenso dick wie Q ist und daher deren Rechtsdrehung aufheben. Durch Mikrometerverstellungen in die eine oder andere Richtung kann man in Kombination mit der Platte Q beliebige Drehungen der Schwingungsebene erzielen und daher auch die von der Lösung verursachte Drehung kompensieren. Das Verfahren ist relativ empfindlich, weil sich mit dem Mikrometer kleine Dickenänderungen des Doppelkeils leicht einstellen lassen.

Da eine Zuckerlösung, die auf 100 cm^3 Lösung 16,35 g Zucker enthält, in einer 20 cm langen Röhre (mit einer Genauigkeit von 0,1%) die gleiche Drehung wie eine 1 mm dicke Quarzplatte hervorruft, braucht man die an der Mikrometerschraube (in mm) abgelesene Dickenänderung des Doppelkeils nur mit 16,35 zu multiplizieren, um die in 100 cm^3 gelöste Zuckermasse zu ermitteln. – Die Verwendung von weißem Licht ist deshalb möglich, weil die Rotationsdispersionen von Quarz und von Zuckerlösung weitgehend gleich verlaufen. Filtert man das weiße Licht mit einer 15 mm dicken Schicht einer wäßrigen 6%igen Kaliumdichromatlösung, so lassen sich auch noch die restlichen Abweichungen in der Dispersion ausschalten.

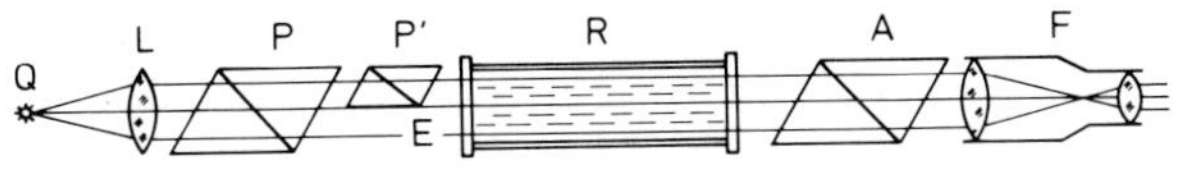

Abb. 4.64 Aufbau des Halbschattenpolarimeters nach Lippich.

Ein weiteres genaues Verfahren zum Einmessen der Drehung einer aktiven Substanz wird bei dem **Halbschattenpolarimeter** von F. Lippich (1882) benutzt (Abb. 4.64). Das Charakteristische dieser Konstruktion ist der **Lippich-Polarisator,** der aus dem normalen Polarisationsprisma P und einem dahinter geschalteten zweiten Polarisator, dem „Halbprisma" P′ besteht, dessen Größe so bemessen ist, daß es die Hälfte des Gesichtsfeldes einnimmt. Das Licht, von der Quelle Q kommend und durch die Linse L parallelisiert, durchsetzt auf der einen Gesichtsfeldhälfte nur das normale Polarisationsprisma P, auf der zweiten Hälfte auch noch das Halbprisma P′, bevor es durch die Röhre R mit der Meßflüssigkeit und den Analysator A in das kleine astronomische Fernrohr F gelangt. F ist auf die vordere Kante E des (etwas geneigten) Halbprismas P′ scharf eingestellt; die Kante E ist in der Mitte des Gesichtsfeldes als scharfe Trennlinie zu sehen. Entscheidend für die Anordnung ist nun, daß die Hauptschnitte H des normalen Polarisationsprismas P und H′ des Halbprismas P′ um einen kleinen Winkel ε gegeneinander geneigt sind, wie Abb. 4.65 im Teilbild a zeigt. Kreuzt man nun den Analysator mit dem Hauptschnitt H von P, so ist die linke Hälfte des Gesichtsfeldes völlig dunkel, die rechte noch mäßig erhellt (Teilbild b). Dreht man den Analysator dagegen um den Winkel ε, so daß er nun mit dem Hauptschnitt H′ von P′ gekreuzt ist, entsteht Teilbild c. Dreht man den Analysator so, daß er senkrecht zur Winkelhalbierenden zwischen H und H′ steht, erscheinen beide Felder gleich hell, was das Auge mit großer Genauigkeit feststellt (Abb. 4.65d). Die Halbschattenmethode ist um so empfindlicher, je kleiner man den Winkel ε macht; durch Drehung von P′ gegen P kann der Halbschattenwinkel ε in kleinen Grenzen reguliert werden. Da das Feld mit abnehmendem ε immer dunkler wird, muß man einerseits helle (im übrigen beliebige) Lichtquellen heranziehen, andererseits einen Kompromiß schließen zwischen der Verkleinerung von ε und der Helligkeitsverminderung des Gesichtsfeldes. Die Analysatorstellung läßt sich mit Hilfe von Nonien auf etwa 1′ feststellen.

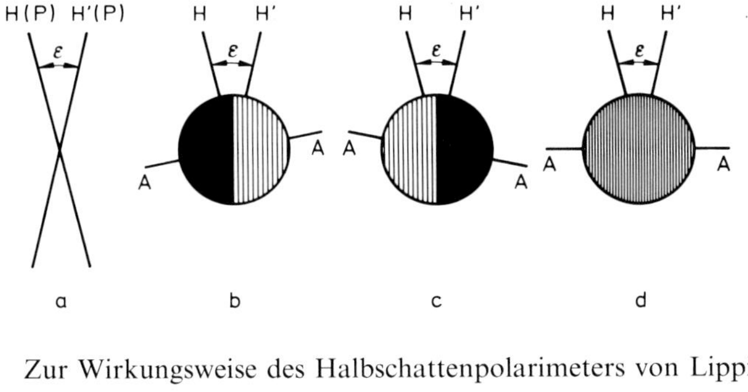

Abb. 4.65 Zur Wirkungsweise des Halbschattenpolarimeters von Lippich.

Der wesentliche Vorteil der Halbschattenmethode liegt darin, daß Abweichungen von der Nullstellung (Teilbild d in Abb. 4.65) sich wegen der gegenläufigen Helligkeitsänderung beider Felder sehr scharf bemerkbar machen. Daher wird diese Methode auch in anderen photometrischen Instrumenten angewandt. Eine Einstellung auf größte Dunkelheit des ganzen Feldes wäre wesentlich unempfindlicher.

Kinematische Erklärung der Drehung der Schwingungsebene. Wie in Bd. 1 gezeigt ist, kann man sich jede gradlinige Schwingung zusammengesetzt denken aus zwei entgegengesetzt umlaufenden Kreisschwingungen mit halber Amplitude und gleicher Schwingungszahl. Man kann daher auch jede linear polarisierte Lichtwelle zerlegen in zwei zirkular polarisierte, entgegengesetzt umlaufende Lichtwellen von halber Amplitude und gleicher Frequenz. Das ist eine rein mathematische Umformung, die zunächst mit Physik nichts zu tun hat. Fresnel aber konnte mit dieser Zerlegung für das Drehverhalten optisch aktiver Substanzen – schon bald nach deren Entdeckung – eine Erklärung liefern, wobei er für die beiden (nunmehr als real betrachteten) zirkular polarisierten Wellen im aktiven Medium unterschiedliche Fortpflanzungsgeschwindigkeiten annahm. Als deren Folge bildet sich zwischen beiden zirkularen Wellen im aktiven Medium eine Phasendifferenz $\delta = \varphi_L - \varphi_R$ aus, die proportional mit der Weglänge im Medium ansteigt. Setzt man die Wellen beim Verlassen des Mediums wieder zusammen, so entsteht eine linear polarisierte Welle mit einer um $\delta/2$ gedrehten Schwingungsebene; die Drehung ist, unter Beachtung früherer Konventionen, positiv (negativ), wenn die rechts (links) zirkulare Welle die größere Geschwindigkeit, d.h. die kleinere Brechzahl n_R (n_L) besitzt, wie man der Abb. 4.66 entnimmt.

Die Drehung α der Schwingungsebene ist demnach die Folge einer **zirkularen Doppelbrechung** $n_L - n_R$, mit der Beziehung

$$\delta = \varphi_L - \varphi_R = 2\pi(n_L - n_R)\frac{d}{\lambda} = 2\alpha\,.$$

Die zirkulare Doppelbrechung ist allgemein sehr niedrig, wie man über die experimentell bestimmten Drehwinkel der Tab. 4.8, 4.9, 4.10 und 4.13 (unter Beachtung der benutzten Einheiten!) leicht nachrechnen kann. Quarz besitzt für die Wellenlänge des Na-D-Lichtes in Richtung seiner optischen Achse die zirkulare Doppelbrechung

$$n_L - n_R = (21{,}72/180) \cdot 589{,}3 \cdot 10^{-6} = 7{,}1 \cdot 10^{-5}\,,$$

was weniger als ein Hundertstel seiner maximalen linearen Doppelbrechung ausmacht (Tab. 4.5). Noch viel niedriger, nämlich bei $7 \cdot 10^{-6}$, liegt die (richtungsunabhängige) zirkulare Doppelbrechung des optisch isotropen Natriumbromats[16].

Die zirkulare Doppelbrechung des Quarzes in Richtung seiner optischen Achse macht sich bereits störend bemerkbar, wenn man ein Prisma aus kristallinem Quarz in einem Spektralapparat benutzen muß: Um die gewöhnliche Doppelbrechung zu vermeiden, muß das Licht parallel der optischen Achse laufen, wie bei jeder dop-

[16] Die Begriffe „Doppelbrechung" und „Isotropie" stehen hier nicht im Widerspruch, denn die zirkulare Doppelbrechung verhält sich in kubisch kristallisierenden Stoffen und Flüssigkeiten tatsächlich in allen Raumrichtungen gleich, d.h. isotrop.

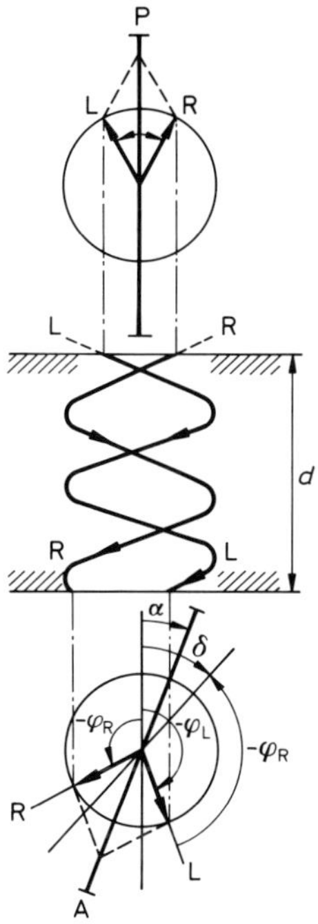

Abb. 4.66 Drehung der Schwingungsebene als Folge zirkularer Doppelbrechung. Die rechtszirkulare Welle hat die höhere Geschwindigkeit ($n_R < n_L$) und damit die größere Wellenlänge. – Die Abbildung zeigt eine Momentaufnahme der beiden von oben nach unten laufenden Wellen. Oberes und unteres Zeigerdiagramm stellen den Phasenzustand der Wellen im selben Zeitpunkt für die Orte des Ein- und Austritts am Medium dar.

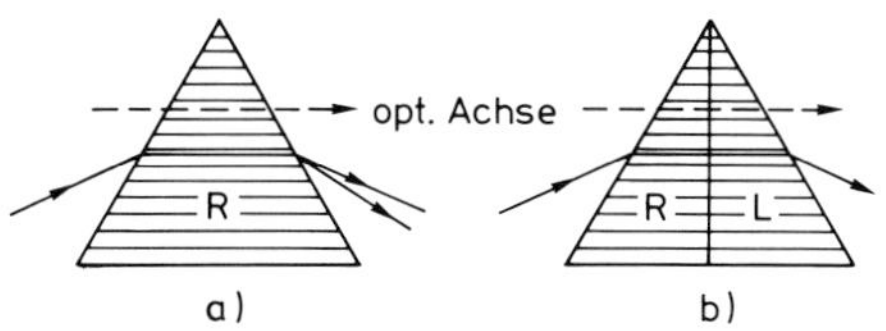

Abb. 4.67 Quarzprisma a) mit und b) ohne zirkulare Doppelbrechung in Richtung der optischen Achse.

pelbrechenden Substanz. Beim Quarz aber werden auch in Richtung der optischen Achse alle Spektrallinien in zwei eng benachbarte, entgegengesetzt polarisierte Linien aufgespalten (Abb. 4.67a). Man kann nach A. Cornu (1881) diese Doppelbrechung des Quarzes in Richtung der optischen Achse unschädlich machen, indem man die Prismen hälftig aus rechts- und linksdrehendem Quarz zusammensetzt (Cornu-Prisma, Abb. 4.67b).

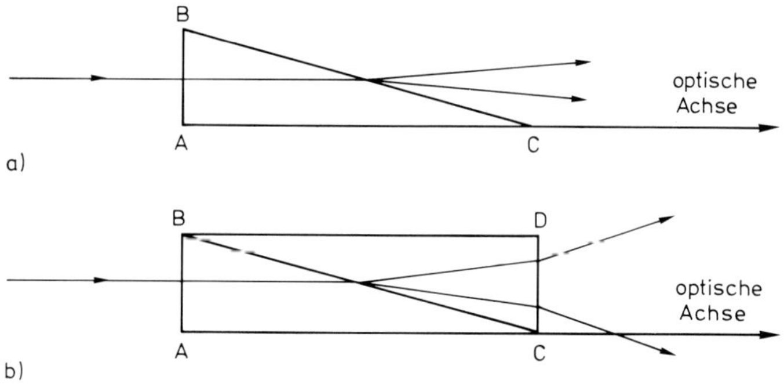

Abb. 4.68 Versuch von Fresnel zur Erklärung der Drehung der Polarisationsebene.

Bereits Fresnel ist es gelungen, die von ihm zunächst nur formal eingeführte zirkulare Doppelbrechung durch eine Ablenkung am Prisma experimentell nachzuweisen. Wegen der Kleinheit des Effektes mußte er eine besondere Prismenkonstruktion (Abb. 4.68) ersinnen, die zwei verkittete Prismen mit rechtwinkligem Querschnitt aber stark ungleichen Kantenlängen – einen Linksquarz BAC und einen Rechtsquarz BCD – enthält. Die Quarze sind so geschnitten, daß die optische Achse normal den Stirnflächen AB und DC verläuft und demgemäß die gemeinsame Fläche BC unter einem sehr kleinen Winkel schneidet. Das normal zur Stirnfläche AB, also parallel zur optischen Achse, einfallende linear polarisierte Licht wird beim Passieren der Kittfläche BC allein auf Grund der Unterschiede im zirkularen Verhalten gebrochen; n_R nimmt ab ($n_{rel} < 1$), n_L wird größer ($n_{rel} > 1$), wobei die Kombination von Links- und Rechtsquarz den Unterschied verstärkt. Die linkszirkulare Welle wird daher nach oben, in Richtung zum Lot, gelenkt, die rechtszirkulare vom Lot nach unten weggebrochen. Schließlich findet eine weitere (im wesentlichen gewöhnliche) Brechung an DC beim Austritt in Luft statt. Die Prüfung beider Strahlen auf ihren Polarisationszustand, mit Analysator und Phasenschieber, bestätigte die Erwartung. Die Abbildung gibt das Doppelprisma in ungefähr natürlicher Größe wieder.

Auf einen Punkt sei noch besonders hingewiesen: Die Drehung erfolgt in einem bestimmten Stoff für den Beobachter, der dem Licht entgegenblickt, stets in ein und derselben Richtung; läßt man daher linear polarisiertes Licht in eine drehende Substanz eintreten und an der Rückseite wieder vollkommen reflektieren, so daß der Strahl das Medium zweimal in entgegengesetzter Richtung druchläuft, so ist die gesamte Drehung gleich Null. Diese Eigenschaft der optisch aktiven Stoffe unterscheidet die sog. „natürliche optische Aktivität“ von einer anderen künstlich durch ein Magnetfeld erzeugten Aktivität. Diese wird nicht rückgängig gemacht, wenn man den Lichtstrahl das magnetisierte Medium zweimal in entgegengesetzter Richtung durchlaufen läßt, man bekommt vielmehr auf diese Weise die doppelte Drehung. In Abschn. 4.14 wird diese Frage noch einmal angeschnitten.

Auch die zirkulare Doppelbrechung ($n_L - n_R$) ist wellenlängenabhängig, zeigt also *Dispersion*. Diese Dispersion ist u. a. (analog den Verhältnissen bei der linearen Doppelbrechung) durch *Absorptionsstellen* (Dipoleigenfrequenzen) bedingt, die bei durchsichtigen Substanzen entweder im IR oder im UV liegen. In der Nähe einer Absorptionsstelle ändert sich die Brechzahl $n_L(\lambda)$ bzw. $n_R(\lambda)$ beträchtlich; die entstehende Dispersionsschleife bedingt, daß die spezifische Drehung $[\alpha] = (n_L - n_R)\pi/\lambda$ nach einem raschen Anstieg zunächst ein Maximum, dann eine Nullstelle durchläuft und dabei ihr Vorzeichen wechselt. Wegen der unterschiedlichen Absorption von links- und rechtszirkular polarisiertem Licht ist das austretende Licht im Bereich der Dispersionsschleife elliptisch polarisiert (Cotton-Effekt).

Ultraviolett-Polarimeter, die gestatten eine vollständige Dispersionsschleife aufzunehmen, finden in der organischen Chemie bei strukturellen Fragen zunehmend Verwendung. Die Dispersionsschleife reagiert sehr empfindlich auf Änderungen der asymmetrischen Umgebung des Absorptionsdipols, weshalb sich an Hand von Vergleichssubstanzen wertvolle Informationen über die Stellung und Konfiguration von Substituenten neuer Verbindungen gewinnen lassen. Die Anwendungen waren besonders bei der Untersuchung von Steroiden und Proteinen erfolgreich.

Weitere Einzelheiten zur optischen Aktivität enthält Abschn. 4.12.

4.9 Optisches Verhalten und Symmetrie der Kristalle

Bestimmungen der optischen Symmetrie und der Form der Strahlenfläche gehören zu den Routineaufgaben bei der Diagnose und der Orientierung von Kristallen; oft ist es dabei bequemer, statt der zweischaligen Strahlenfläche die einschalige Indikatrix zu betrachten. Für optische Messungen an kleinen Kristallen, wie auch an beliebig begrenzten Kristallbruchstückchen, eignet sich hervorragend der im nächsten Abschnitt beschriebene *Spindeltisch.*

Die teilweise recht komplizierten optischen Erscheinungen, die in Abschn. 4.5 bis 4.8 beschrieben wurden, sind offensichtlich auf bestimmte Medien beschränkt, während viele andere Medien ein wesentlich einfacheres optisches Verhalten zeigen. Der Grad der Kompliziertheit erweist sich dabei als mehrfach abgestuft. Der Ansatzpunkt für die erwünschte Ordnung der Erscheinungen ist verhältnismäßig leicht in ihrer Richtungsabhängigkeit zu finden: Das einfachste optische Verhalten lassen die isotropen Medien erkennen, bei denen primär keine Orientierung vor einer anderen ausgezeichnet ist. Da aber auch die Kristalle des sog. kubischen oder regulären Systems, deren natürliche äußere Gestalt beweist, daß sie keineswegs isotrop sind, sich optisch wie isotrope Substanzen verhalten, ist es erforderlich, die Anisotropie etwas genauer zu betrachten.

In der Kristallographie hat man sich eingehend mit dem Problem der Richtungsanisotropie beschäftigt und als wesentlich einige wenige grundlegende Symmetrien erkannt (wie beispielsweise die Spiegelsymmetrie), die von einem bestimmten Ort, dem **Kristallmittelpunkt,** als **Symmetrieelemente** ausgehen (im Beispiel als Spiegelebene) und auf den Kristallraum wirken. Die Gesamtsymmetrie eines Kristalls läßt sich stets mit einer Kombination weniger Symmetrieelemente, dem **Symmetriegerüst,** vollständig erfassen. Das Symmetriegerüst bestimmt alle möglichen Deckoperationen, durch die der Kristall, genauer: die Kristallstruktur, mit sich selbst zur Deckung gebracht werden kann und damit gleichwertige Richtungen ineinander überführt werden. Entscheidend ist nun, daß der Kristall in dieser neuen Lage sich optisch

Tab. 4.14 Symmetrie und optisches Verhalten der Kristalle. (Die Lage einer Spiegelebene m wird durch die Richtung ihrer Normale angegeben. Liegen zwei Symmetrieelemente einer Richtung parallel, so werden sie durch einen Schrägstrich getrennt, z. B.: $2/m$.)

Kristallsystem	Kristallklasse	Charakteristische Symmetrien				Optisches Verhalten	
		i	Symmetrieelement parallel zu a_1	 a_2	 a_3	optisch aktiv[1]	Strahlenfläche
triklin $a_1 \neq a_2 \neq a_3$ $\alpha_1 \neq \alpha_2 \neq \alpha_3$	C_1 C_i	– i	– –	– –	– –	+ –	mit Lagedispersion optisch zweiachsig
monoklin $a_1 \neq a_2 \neq a_3$ $\alpha_2 \neq \alpha_1 = \alpha_3 = 90°$	C_2 C_s C_{2h}	– – i	– – –	2 m $2/m$	– – –	+ × –	
orthorhombisch $a_1 \neq a_2 \neq a_3$ $\alpha_1 = \alpha_2 = \alpha_3 = 90°$	D_2 D_{2v} D_{2h}	– – i	2 m $2/m$	2 m $2/m$	2 2 $2/m$	+ × –	ohne Lagedispersion optisch zweiachsig
trigonal[2] $a_1 = a_2 \neq a_3$ $\alpha_1 = \alpha_2 = 90°$ $\alpha_3 = 120°$	⋮ D_3 ⋮	–	2	2	3	+	optisch einachsig
	4 weitere Klassen:	3 bzw. $\bar{3}$ parallel a_3					
und hexagonal	7 Klassen:	6 bzw. $\bar{6}$ parallel a_3					
tetragonal $a_1 = a_2 \neq a_3$ $\alpha_1 = \alpha_2 = \alpha_3 = 90°$	7 Klassen:	4 bzw. $\bar{4}$ parallel a_3					
kubisch $a_1 = a_2 = a_3$ $\alpha_1 = \alpha_2 = \alpha_3 = 90°$	5 Klassen:	3 bzw. $\bar{3}$ parallel den vier Raumdiagonalen des Würfels					optisch isotrop

[1] Erklärung zur Spalte optisch aktiv:
+ optisch aktiv,
× optisch aktiv, links- und rechtsdrehende Richtungen sind symmetriegekoppelt,
– optisch inaktiv.

[2] Zu den Kristallen mit trigonaler Symmetrie gehören auch diejenigen mit rhomboedrischem Gitter, wie z. B. Calcit. Ein rhomboedrisches Gitter ließe sich auch auf ein Achsenkreuz mit $a_1 = a_2 = a_3$, $\alpha_1 = \alpha_2 = \alpha_3 \neq 90°$ beziehen, dessen Zelle nur 1/3 des Volumens der trigonal-hexagonalen Zelle besitzt. Da die rhomboedrischen Kristalle jedoch nur einen Teil derjenigen mit trigonaler Symmetrie ausmachen, müßte man dann zwischen den Aufstellungen im trigonalen und im rhomboedrischen Achsenkreuz unterscheiden.

genau so verhalten muß, wie in seiner Ausgangslage. Mit anderen Worten: *Das optische Erscheinungsbild muß sich in das Symmetriegerüst einfügen*[17].

Es ist nun nicht erforderlich, eine vollständige Systematik der Erscheinungen anzustreben, vielmehr genügt es, nach einem kurzen Überblick über die Symmetrieelemente, ihren Einfluß isoliert zu diskutieren, so daß man an Hand des Symmetriegerüstes (s. Tab. 4.14), das die Kristallsystematik bereitstellt, das optische Verhalten eines Kristalls ableiten kann.

Als erstes Symmetrieelement sei die p-zählige **Drehachse** aufgeführt, die den Kristallraum nach einer Drehung um $360°/p$ in eine deckungsgleiche Position überführt, wobei (als Folge einer translationsperiodischen Struktur) neben dem trivialen Fall $p = 1$ nur die Fälle $p = 2, 3, 4$ und 6 möglich sind[18]. Als Symbol wird der Zahlenwert von p (in arabischen Ziffern) benutzt. Ein weiteres Symmetrieelement ist das **Symmetrie-** oder **Inversionszentrum** (Symbol: i); die zugehörige Deckoperation (die physikalisch nicht mehr ausführbar ist) ist die Spiegelung am Punkt (Abb. 4.69a). Schließlich kann i mit einer Drehachse p ein zusammengesetztes Symmetrieelement bilden, das man als **Drehinversionsachse** bezeichnet (Symbol: $\bar{p}$) und das so zu verstehen ist, daß weder p noch i allein eine Deckoperation bewirken und erst die gemeinsame Anwendung beider zu einer Deckoperation führt. Man stellt leicht fest, daß $\bar{1} = i$ gilt, daß $\bar{2}$ eine **Spiegelebene** (Symbol: m) beinhaltet, deren Normale in Richtung der Drehinversionsachse liegt, daß ferner $\bar{3}$ identisch ist mit dem Symmetriegerüst [3 und i] und daß $\bar{6}$ mit [3 und m] identisch ist, während $\bar{4}$ etwas Neues bedeutet.

Dazu treten bei Berücksichtigung der Gitterstruktur noch die **Translationen** und als zusammengesetzte Symmetrieelemente **Schraubenachse** und **Gleitspiegelebene.** Sie führen zu einer weiteren Differenzierung, die jedoch für die optische Kontinuums-

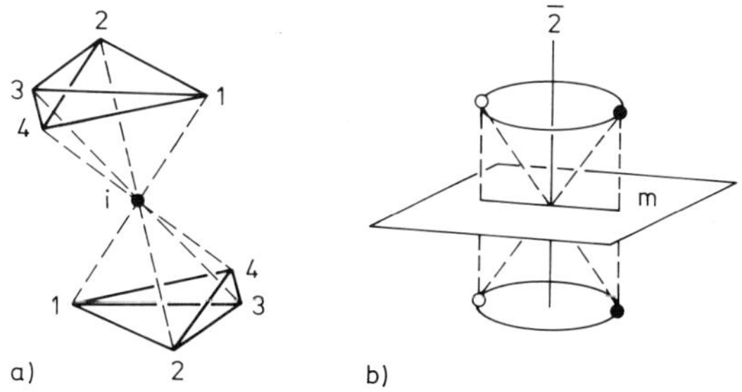

Abb. 4.69 Symmetrieelemente; a) Inversionszentrum i; b) Zusammenhang zwischen Drehinversionsachse $\bar{2}$ und Spiegelebene m.

[17] Diese Feststellung ist Teil eines allgemeinen auf F. Neumann (1798–1895) zurückgehenden Symmetrieprinzips, wonach die Symmetrie eines physikalischen Effektes das Ergebnis aus der Symmetrie der Einwirkung und der des Mediums ist, und das P. Curie (1908) in die Worte kleidete: „C'est la dissymétrie qui crée le phénomène".

[18] Der Fall $p = 5$ ist in den gewöhnlichen Kristallen, mit ihrem streng translationsperiodisch geordneten Gitterbau, nicht möglich, wohl aber, wenn die Struktur eines Kristalls quasiperiodischen Gitterbau besitzt (Penrose-Muster); letzterer ist jedoch die Ausnahme und erstmals 1984 durch Röntgenbeugungsbilder bestätigt.

betrachtung nicht gebraucht wird. Erwähnt sei noch, daß jeder Translationspunkt die Rolle des Kristallmittelpunkts übernehmen kann.

Die Symmetrieelemente lassen sich, wie die gruppentheoretische Untersuchung ergibt, zu genau 32 unterschiedlichen Symmetriegerüsten (mathematischen Gruppen) kombinieren, nach denen man die Kristalle in 32 **Kristallklassen** eingeteilt hat. Ein zunächst beliebiges Parallelkoordinatensystem (Achsenbasis a_1, a_2, a_3, Achsenwinkel α_1, α_2, α_3, Ursprung im Kristallmittelpunkt), das man zur Beschreibung eines Kristalls in dessen Symmetriegerüst einpaßt, führt bei den 32 Möglichkeiten zu insgesamt sieben in ihrer Symmetrie unterscheidbaren Fällen: den sieben **Kristallsystemen,** deren jedes mehrere Klassen umfaßt.

Die Basis $\boldsymbol{a}_1$, $\boldsymbol{a}_2$, $\boldsymbol{a}_3$ eines Kristalls kann aus Röntgenbeugungsbildern direkt bestimmt werden. Die Achsen des Koordinatensystems besitzen stets spezielle Lagen zu den Symmetrieelementen. Beispielsweise würde eine vierzählige Drehachse, die eine Koordinatenachse schräg schneidet, noch drei weitere, gleichwertige Koordinatenachsen erzeugen. Die Lösung kann nur so sein, wie es Tab. 4.14 für das tetragonale System angibt. Entsprechend liegt bei Anwesenheit einer Spiegelebene (von wenigen hochsymmetrischen Fällen abgesehen) eine Koordinatenachse in der Spiegelebene oder senkrecht dazu; so liegt im Monoklinen (konventionell) $\boldsymbol{a}_2$ in Richtung der Spiegelebenennormale, während $\boldsymbol{a}_1$ und $\boldsymbol{a}_3$ in die Spiegelebene fallen und daher zwei der Achsenwinkel (α_1 und α_3) zu rechten Winkeln werden. Wie auch immer man die Koordinatenachsen einpassen würde, im Monoklinen ist über zwei der sechs ursprünglich vorhandenen Freiheitsgrade verfügt.

Zunächst soll nur die *lineare Doppelbrechung* zur Diskussion gestellt und die optische Aktivität ausgeklammert werden. Da sich die optische Aktivität aber nur in unmittelbarer Umgebung der optischen Achse bemerkbar macht, so bedarf die nun folgende Betrachtung – etwas umfassender ausgedrückt – nur noch einer anschließenden Ergänzung hinsichtlich der optischen Achsen. Der allgemeine Fall im monochromatischen Licht wird durch die Strahlenfläche des zweiachsigen Kristalls in Abb. 4.50 dargestellt. Zur Strahlenfläche gehört ein orthogonales Achsenkreuz X, Y, Z mit ungleichwertigen Achsen, in deren Richtungen die Hauptlichtgeschwindigkeiten abgetragen sind. Es besteht jetzt die Aufgabe, die Strahlenfläche der Kristallsymmetrie unterzuordnen. Im triklinen, dem niedrigst symmetrischen Fall, besteht keine Symmetrieeinschränkung; die Strahlenfläche kann in beliebiger Position zu den Kristallachsen angetroffen werden, die überdies mit der Wellenlänge λ des Lichtes variieren wird; die λ-Abhängigkeit der Lage bezeichnet man als **Lagedispersion** (gemeint: des Achsenkreuzes X, Y, Z). Da die Strahlenfläche bereits selbst ein Symmetriezentrum besitzt (Richtung und Gegenrichtung sind gleichwertig), verhalten sich beide trikline Klassen (C_1 und C_i) gleich, abgesehen von den optischen Achsen, die hier ja ausdrücklich ausgenommen sind. Entsprechendes gilt auch für andere Klassen, deren Symmetriegerüste sich voneinander nur durch ein Inversionszentrum unterscheiden; solche Klassen faßt man jeweils zu einer sog. **Laue-Klasse** zusammen; beispielsweise werden die drei orthorhombischen Klassen D_2, C_{2v}, D_{2h} in einer Laue-Klasse mit optisch gleicher Symmetrie vereint. – Interessanter als der trikline, ist der **monokline Fall.** Bringt man den monoklinen Kristall mit einer Symmetrieoperation (Drehen um 360°/2 um a_2 oder Spiegeln an m) in eine deckungsgleiche Position, müssen sich auch die Strahlenflächen beider Positionen decken. Das ist nur der Fall, wenn eine der Achsen X, Y oder Z in Richtung der a_2-Achse fällt. Bezogen auf die spitze Bisektrix muß man drei Dispersionsfälle unterscheiden:

1. Fällt $Y \| a_2$, dann liegen die Binormalen in der Ebene senkrecht zu a_2, die sie dann aus Symmetriegründen (m oder 2) nicht verlassen können. Die Wellenlängenabhängigkeit äußert sich hier in einer sog. **geneigten Dispersion** (Abb. 4.70a).
2. Fällt die spitze Bisektrix (X oder Z)$\| a_2$, so halbiert a_2 den Winkel zwischen beiden optischen Achsen; die verbleibenden Freiheitsgrade für λ führen zur **gekreuzten Dispersion** (Abb. 4.70b).
3. Liegt die stumpfe Bisektrix (X oder Z)$\| a_2$, so entsteht eine **horizontale Dispersion,** wie sie in Teilbild c skizziert ist.

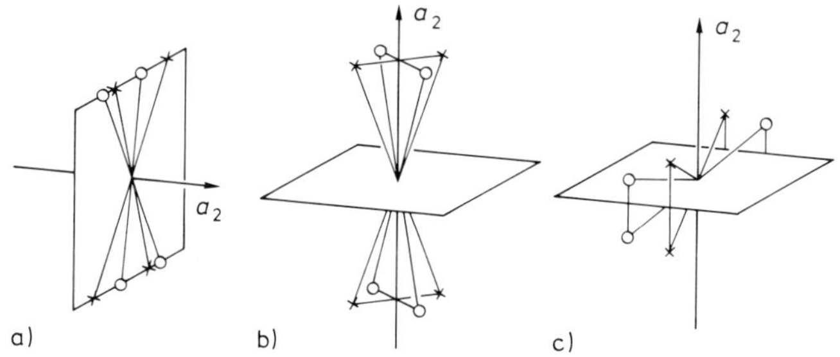

Abb. 4.70 Dispersionsverhalten im Monoklinen. o Rotes Licht, x blaues Licht. Lage der Binormalen a) bei geneigter Dispersion (Fall 1), b) bei gekreuzter Dispersion (Fall 2), c) bei horizontaler Dispersion (Fall 3).

Die Unterscheidung der drei Fälle hat vor allem meßtechnische Gründe. Daher kann dieselbe Substanz in verschiedenen Spektralbereichen ihr Erscheinungsbild zwischen 1, 2 und 3 ändern. Ein eindrucksvolles Beispiel, mit einem Wechsel im sichtbaren Bereich, bietet die Substanz $MgPt(CN)_4 \cdot 5\,H_2O \cdot C_3H_8O_3$: für Wellenlängen $\lambda > 630$ nm zeigt sie geneigte, für kürzere Wellenlängen gekreuzte Dispersion.

Bei **orthorhombischer Symmetrie** müssen (in allen drei Klassen) die Achsen X, Y, Z und damit die Richtungen der Hauptlichtgeschwindigkeiten mit den kristallographischen Achsen übereinstimmen, und zwar für alle Wellenlängen. Hier gibt es keine Lagedispersion mehr, wohl aber können die Hauptbrechzahlen n_α bis n_γ in unterschiedlicher Weise von λ abhängen. Im Orthorhombischen stimmt die Symmetrie der allgemeinen Strahlenfläche mit der kristallographischen Symmetrie überein; die Strahlenfläche besitzt keine Lagefreiheitsgrade mehr, sondern nur noch Formfreiheitsgrade. – Mit der Symmetrie des **rhomboedrischen, hexagonalen und tetragonalen Systems** ist die Strahlenfläche nur verträglich, wenn zwei ihrer Achsen gleich werden, d.h. wenn zwei der Hauptbrechzahlen übereinstimmen; das aber führt zur Strahlenfläche der optisch einachsigen Kristalle, wobei die Fälle $V_\alpha = V_\beta$ (optisch positiv) und $V_\beta = V_\gamma$ (optisch negativ) möglich sind (Abb. 4.38 und 4.39). – Endlich müssen im **kubischen System** alle drei Hauptlichtgeschwindigkeiten übereinstimmen: $V_\alpha = V_\beta$

$= V_\gamma$, die Strahlenfläche wird zur einschaligen Kugelfläche wie im isotropen Medium. Der kubische Kristall verhält sich optisch isotrop[19].

Es bleibt noch der *Einfluß der Symmetrie auf die optische Aktivität* mit ihrer Auswirkung auf die optischen Achsen zu untersuchen. Die Drehung der Polarisationsebene bei optisch aktiven Substanzen beruht auf einer zirkularen Doppelbrechung. Damit sich eine Phasendifferenz zwischen links- und rechtszirkularer Welle ausbilden kann, müssen die Brechzahlen $n_{L,R}$ für beide Wellen (in Laufrichtung) symmetrieunabhängig sein. Diese Voraussetzung ist nicht erfüllt, wenn der Kristall ein Symmetriezentrum besitzt, da i eine Links- in eine äquivalente Rechtsschraube (gleiche Achsenrichtung) überführt und umgekehrt. *Alle zentrosymmetrischen Klassen müssen daher optisch inaktiv* sein. Die Voraussetzung ist auch dann noch nicht erfüllt, wenn die zirkular polarisierten Wellen innerhalb einer Spiegelebene m oder normal zu ihr laufen, denn auch dann gehen Rechts- und Linksschrauben durch Deckoperation ineinander über. Wohl aber kann schräg zur Spiegelebene eine zirkulare Doppelbrechung vorhanden sein, deren Spiegelbild dann eine zirkulare Doppelbrechung entgegengesetzten Vorzeichens (aber mit gleichem Betrag) verlangt (Abb. 4.71). Diese Möglichkeit ist im monoklinen System bei der Klasse C_s gegeben, wenn gekreuzte oder horizontale Dispersion vorliegt (Fall 2 oder 3), nicht aber bei geneigter Dispersion. Die beiden optischen Achsen drehen die Polarisationsebene in entgegengesetzer Richtung. Zum Unterschied dazu sind in der Klasse C_2 die Fälle 2 und 3 über eine zweizählige Achse gekoppelt, und die Polarisationsebene wird in beiden optischen Achsen gleichsinnig gedreht. – In entsprechender Weise läßt sich durch Inspektion der Symmetrien die optisch aktive Verhaltensweise an-

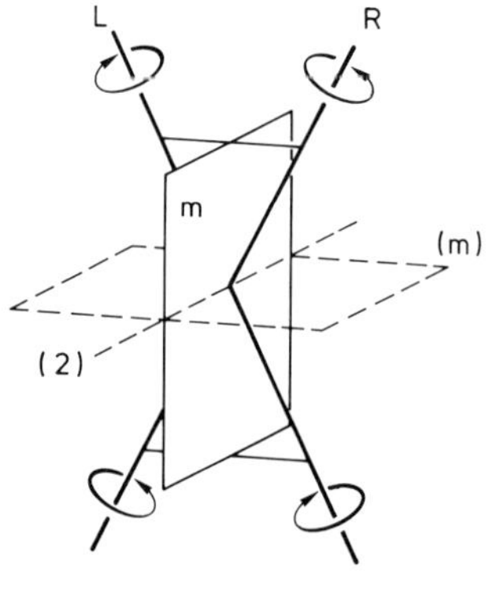

Abb. 4.71 Kopplung der optischen Aktivität durch eine Spiegelebene m.

[19] Die orthorhombische Symmetrie der Wellenfläche beruht letztlich auf der Dipolnatur der Huygensschen Elementarwelle. Gelingt es, eine reine Quadrupolstrahlung anzuregen, so sind auch noch vierzählige Achsen optisch als solche zu erkennen und der kubische Kristall erscheint nicht mehr isotrop [4].

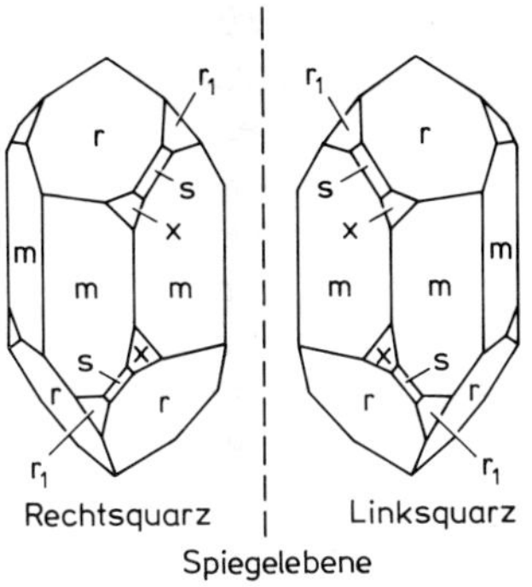

Abb. 4.72 Kristallform eines rechts- und eines linksdrehenden Quarzes. *r* Hauptrhomboederflächen (meist sehr glatt ausgebildet und daran leicht zu erkennen). Mit Blick auf das obere Hauptrhomboeder *r* liegt beim Rechtsquarz die Fläche *x* rechts vom Beschauer, beim Linksquarz links. Erscheint *x* sowohl rechts wie links, ist der Kristall verzwillingt (sog. Brasilianergesetz). Millersche Indizes (hkil): $r = (10\bar{1}1)$, $r_1 = (01\bar{1}1)$, $m = (10\bar{1}0)$ $s = (11\bar{2}1)$ und Streifung parallel der Kante *rs*, $x = (51\bar{6}1)$.

derer Klassen erkennen[20]. Optische Aktivität ist immer möglich, wenn das Symmetriegerüst weder Symmetriezentrum noch Spiegelebene besitzt. In jedem Kristallsystem gibt es ein bis zwei Klassen, die diese Forderung erfüllen. Die Kristalle dieser Klassen weisen die Besonderheit auf, daß sie in zwei *enantiomorphen* Individuen vorkommen, die zueinander spiegelbildlich gebaut sind. Während die eine Form die Polarisationsebene nach rechts dreht, dreht die andere nach links. Wie ein Blick auf Tab. 4.14 bestätigt, zeigt auch die trigonal-rhomboedrische Klasse D_3 Enantiomorphie; ihr gehört der Quarz (Abb. 4.72) an, dessen zirkulare Doppelbrechung in Abschn. 4.8 ausführlich erörtert wurde. Die Strukturaufklärung des Quarzes bewies seinen schraubenförmigen Gitterbau entlang der a_3-Achse, wobei Rechts- und Linksform unterschiedlichen Drehsinn besitzen.

Das optische Drehvermögen läßt sich quantitativ berechnen, wenn die strukturelle Lage der für die Lichtausbreitung maßgebenden Dipoloszillatoren und deren Eigenfrequenzen bekannt sind. Die ersten numerischen Rechnungen haben C. Hermann (1923) für $NaClO_3$ und E.A.H. Hylleraas (1927) für (cin Strukturmodell der Symmetrie $P6_222$ von) Hochtemperaturquarz, sog. β-Quarz durchgeführt. Speziell bei Quarz stehen die maßgebenden Oszillatoren an den Plätzen der Sauerstoffatome. Mit einem kristallographisch allgemeiner verwendbaren Modell hat G.N. Ramachandran [5] die Berechnungen wiederholt und die Ergebnisse für die vorstehend genannten Substanzen bestätigt; darüber hinaus liefert dieses Modell aber auch das

[20] Allgemein ist optische Aktivität parallel zu Achsen $\bar{p}$ mit $p > 2$ ausgeschlossen. Da Achsen mit $p > 2$ zugleich Achsen optischer Isotropie sind, optische Aktivität jedoch nur in Richtung verschwindender linearer Doppelbrechung (d.h. in Richtung optischer Isotropie) ohne größeren Aufwand experimentell beobachtbar ist, kann man die theoretisch mögliche optische Aktivität in den Klassen $\bar{4}$ und $\bar{4}2m$ bis heute nicht nachweisen. In der azentrischen Klasse $\bar{4}3m$ folgt bereits aus ihrer optischen Isotropie, daß sie optisch inaktiv sein muß; ähnliche Symmetrieüberlegungen zeigen, daß auch die Klassen $4mm$, $3mm$, $6mm$, $\bar{6}$ und $\bar{6}2m$ optisch inaktiv sind.

Drehvermögen senkrecht zur optischen Achse $[\alpha]_\perp$, das für β-Quarz einen Betrag ergibt, der für Na-D-Licht ungefähr halb so groß wie parallel zur optischen Achse ausfällt, bei entgegengesetztem Vorzeichen: $[\alpha]_\perp/[\alpha]_\parallel \simeq -0{,}5$. – Meßdaten von $[\alpha]_\perp$ sind bislang allerdings nur für den strukturell sehr ähnlichen, gewöhnlichen Quarz (α-Quarz, Tiefquarz) bekannt; sie stehen mit der Modellrechnung in Einklang. Eine direkte röntgenographische Prüfung des Schraubungssinnes von de Vries (1958) führte zu dem Ergebnis, daß α-Quarz mit *Linksschraubenstruktur* die Schwingungsebene nach *rechts* dreht (somit ein *Rechtsquarz* ist) und umgekehrt. Damit in Einklang steht auch die Darstellung in Abb. 4.88; den Ausführungen zu Abb. 4.88 liegen dispersionsfreie Medien zugrunde.

Symmetriediskussionen sind allgemein äußerst aufschlußreich und keineswegs auf Kristalle beschränkt. Einige nichtkristalline Beispiele werden in Abschn. 4.12 sowie bei der induzierten Doppelbrechung (Abschn. 4.13) zu erörtern sein. Auch die optische Aktivität von Flüssigkeiten und Lösungen ist hier zu nennen. Enthält beispielsweise die Eigensymmetrie eines Moleküls weder *i* noch *m*, so muß es noch in einer zweiten enantiomorphen Form existieren. Weiter muß eine Lösung, die nur eine Molekülform enthält, optisch aktiv sein, da die Richtungsmittelung über eine Links- oder über eine Rechtsschraubung diese nicht zum Verschwinden bringen kann. Nachdem bereits L. Pasteur (1848) die Vermutung ausgesprochen hatte, daß die optisch aktiven Moleküle einen asymmetrischen Bau haben müßten, entdeckten J.H. van't Hoff (1875) und J.A. Le Bel (1874), daß allgemein in optisch aktiven Verbindungen organischer Stoffe mindestens ein *asymmetrisches Kohlenstoffatom* vorkommt, d.h. ein C-Atom, das mit vier ungleichen Atomen oder Atomgruppen verbunden ist. Nach van't Hoff hat man sich das zentrale C-Atom in der Mitte eines Tetraeders zu denken, an dessen vier Ecken die verschiedenen Atome oder Atomgruppen sitzen. In Abb. 4.73 sind zwei spiegelbildliche Formen des Moleküls des optisch aktiven Butylakohols dargestellt. Der Drehsinn ist durch die Anordnung der Atomgruppen H, OH, CH_3, C_2H_5 um das zentrale C-Atom bedingt. Man bezeichnet solche Stoffe als **optische Antipoden** oder **Enantiostereoisomere** und unterscheidet sie häufig durch die Zeichen d (von „dexter" rechts) und l (von „laevus" links), im obigen Fall also d-Butylalkohol und l-Butylalkohol.

K.F. Lindemann hat (1920) ein optisch aktives Medium in der Weise nachgebildet, daß er in einen Kasten eine große Anzahl spiralförmiger Resonatoren mit gleichem Windungssinn einbrachte. Durch den Kasten wurden elektrische Wellen ($\lambda = 25$ cm)

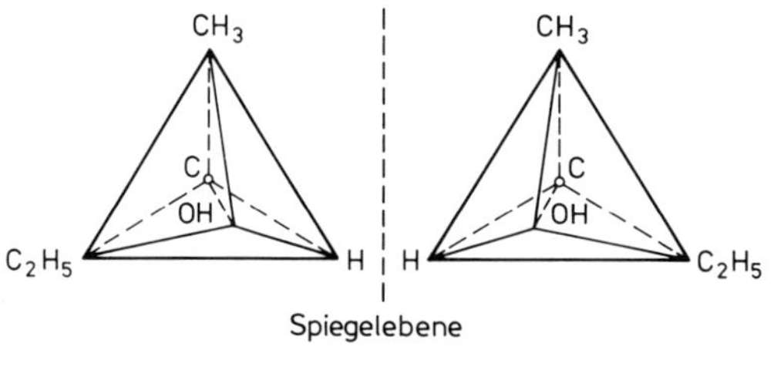

Abb. 4.73 Zwei spiegelbildliche Formen des Moleküls von optisch aktivem Butylalkohol $C_2H_5CH_3CHOH$.

geschickt. Die Schwingungsebene der elektrischen Wellen wurde gedreht und das Ergebnis stand auch quantitativ in der erwarteten Größenordnung.

Die Behandlung des *absorbierenden Kristalls* geschieht im Prinzip in der gleichen Weise wie beim nichtabsorbierenden Kristall. Jedoch komplizieren sich die Verhältnisse wesentlich, da die Wellennormalen- und Strahlgeschwindigkeiten und damit auch die Stahlenflächen komplex sind. Unter Verzicht auf Einzelheiten sollen hier nur die wesentlichen Merkmale aufgeführt werden: Beim Eintritt einer Lichtwelle in den absorbierenden Kristall breiten sich *zwei* im allgemeinen elliptisch polarisierte Wellen aus, deren Schwingungsellipsen gleiches Achsenverhältnis aufweisen und in ihrem Azimut um 90° differieren. Bei nicht zu hoher Symmetrie, d. h. bei allen optisch zweiachsigen Klassen, gibt es vier singuläre Richtungen, sog. **Windungsachsen,** in denen sich die Wellen zirkular polarisiert fortpflanzen. In den Windungsachsen durchkreuzen sich die Kurven für Brechzahlen und Absorptionskoeffizienten beider Wellen. Die Windungsachsen entsprechen etwa den optischen Achsen nichtabsorbierender Medien; beim mathematischen Übergang zum nichtabsorbierenden Medium vereinigen sich je zwei Windungsachsen zu einer optischen Achse. Mit Annäherung an eine Windungsachse werden die Schwingungsellipsen der beiden orthogonal zueinander elliptisch polarisierten Wellen immer kreisähnlicher, um sich schließlich in der Windungsachse als Schwingungskreise zu überdecken. In der Nähe der Windungsachse ändert sich das Achsenverhältnis der Schwingungsellipsen sehr stark.

Für die Praxis, insbesondere für die **Erzmikroskopie,** ist der Reflexionsfall wichtiger als das Studium des durchgehenden Lichtes. Man beobachtet bei senkrechter Beleuchtung mit linear polarisiertem Licht, wobei die Anisotropieffekte unter Ölimmersion sehr an Deutlichkeit gewinnen. In absorbierenden Kristallen **orthorhombischer und höherer Symmetrie** ist die Lage der Strahlenfläche fixiert. Bei den nicht kubischen Fällen besitzt die Strahlenfläche im allgemeinen eine wellenlängenabhängige Form, was zu richtungsabhängigen Farbeindrucken führt (*Reflexionsdichroismus* bzw. *-trichroismus* und allgemeiner, vornehmlich bei unbekannter Symmetrie, *Reflexionspleochroismus*[21] oder **Bireflexion**). Die Schwingungsrichtungen für die beiden jeweils wirksamen optischen Zerlegungsrichtungen (n_1,κ_1 und n_2,κ_2) des Lichtvektors lassen sich bei beliebiger Schnittlage daran erkennen, daß das reflektierte Licht wiederum linear polarisiert ist (Auslöschung unter gekreuzten Nicols). Der Phasensprung an der reflektierenden Oberfläche ist von n und κ abhängig und daher im allgemeinen ebenfalls komplex. In Kristallen des **monoklinen und des triklinen Systems** verlangt die **Lagedispersion** der Strahlenfläche streng genommen ein Arbeiten bei monochromatischem Licht; gleichwohl darf man die Messungen nicht auf eine einzige Wellenlänge beschränken, selbst nicht bei höherer Symmetrie. Beispielsweise durchläuft der Achsenwinkel des orthorhombischen Minerals Brookit (TiO_2) bei etwa 550 nm (gelbgrün) den Wert Null; Brookit ist dort also optisch einachsig. Im sichtbaren Bereich ist ein solches Verhalten allerdings recht selten. –

[21] Pleochroismus ist selbstverständlich für Transmission und Reflexion immer gleichzeitig vorhanden, weshalb der Zusatz Reflexion auf den ersten Blick verwirren mag; damit soll jedoch eine meist nachfolgende Farbbeschreibung als Reflexionsspektrum gekennzeichnet werden. Dem Ausdruck „Bireflexion“ sollte man den Vorzug geben. Bireflexion im engeren Sinn bedeutet unterschiedlichen Reflexionsgrad im monochromatischen Licht parallel den beiden Zerlegungsrichtungen. Diese Bireflexion verursacht im polychromatischen Licht den Di- und Trichroismus.

Für diagnostische Zwecke benutzt man meist den Reflexionsgrad; seltener mißt man die experimentell schwieriger zugänglichen Phasendifferenzen. Jedoch bietet schon ihre qualitative Einbeziehung, etwa mit Hilfe des Laves-Ernst-Kompensators, erhebliche diagnostische Vorteile; dieser Kompensator übersetzt, wie in Abschn. 4.13 beschrieben, Phasendifferenzen in Farbeffekte. Die beiden Farbtafelabbildungen II/5 und II/6 am Ende dieses Bandes demonstrieren den Kompensator an der Untersuchung ferroelastischer Domänen eines Hochtemperatursupraleiters [6]. Wie bereits in Abschn. 4.4 betont, sind genaue Messungen sehr schwierig.

4.10 Interferenzen an Kristallplatten im parallelen, polarisierten Strahlengang

Das Verhalten eines Mediums im polarisierten Licht wurde ausführlicher bisher nur für den speziellen Fall behandelt, daß dieses Medium optisch isotrop ist bzw. in einer Richtung optischer Isotropie durchstrahlt wird. Die Untersuchung führte zur optischen Aktivität, die auf zirkularer Doppelbrechung beruht und die sich wegen der Kleinheit des Effektes nur bei verschwindender linearer Doppelbrechung bemerkbar macht. In diesem Abschnitt sollen nun, allgemeiner, die optischen Erscheinungen behandelt werden, die eine senkrecht durchstrahlte doppelbrechende Kristallplatte zwischen zwei Polarisatoren bietet. Als besonders auffällig wird sich dabei die Wellenlängenabhängigkeit erweisen, die bei Benutzung weißer Lichtquellen mit zu den farbenprächtigsten Erscheinungen der gesamten Optik führt.

Die Ergebnisse dieses und des nächsten Abschnitts finden wichtige praktische Anwendung z. B. bei der Untersuchung von „Gesteinsdünnschliffen" mit dem **Polarisationsmikroskop,** im Zusammenhang mit der Bestimmung der optischen Symmetrie, der Brechzahlen sowie der Orientierung von Kristallkörnern, die in weitgehend zufälligen Lagen angeschnitten sind. – Beim Polarisationsmikroskop ist zwischen Beleuchtungsspiegel und Mikroskopkondensor ein Polarisator, unterhalb des Okulars ein Analysator angebracht. Mit den leicht erhältlichen Polarisationsfolien, die man an passender Stelle einlegt, kann man ein Polarisationsmikroskop improvisieren, das für viele Zwecke ausreicht. Um die Bedingung des parallelen Strahlenganges einigermaßen einzuhalten, muß man mit möglichst kleiner Apertur arbeiten.

Fällt natürliches einfarbiges Licht senkrecht auf eine planparallele doppelbrechende Kristallplatte, so spaltet das Licht beim Eintritt in die Platte in zwei orthogonal zueinander polarisierte Anteile auf, die sich mit unterschiedlichen Normalen- und Strahlgeschwindigkeiten durch die Kristallplatte bewegen. Im folgenden sollen die beiden Anteile mit 1 und 2, ihre Normalengeschwindigkeiten mit $\boldsymbol{v}_1$ und $\boldsymbol{v}_2$ bezeichnet werden. Da senkrechte Strahleninzidenz vorausgesetzt ist, bleibt die Normalenrichtung der Lichtwellen auch im Innern der Platte bestehen, unabhängig davon, wie das Achsenkreuz X, Y, Z der Normalen- und Strahlenfläche (Abb. 4.50) zu dem betrachteten Kristallschnitt orientiert ist; Abb. 4.40 zeigt die Situation speziell für einen optisch einachsigen Kristall. Ganz allgemein findet man die beiden Normalengeschwindigkeiten $\boldsymbol{v}_1$ und $\boldsymbol{v}_2$ – und damit die beiden wirksamen Brechzahlen n_1

und n_2 – aus den Schnittpunkten der zweischaligen Normalenfläche mit dem Kristallplattenlot.

Da sich alle wichtigen Ergebnisse dieses Abschnitts an wenigen speziellen und übersichtlichen Orientierungen der Kristallplatten gewinnen lassen, erübrigt es sich, den allgemeinen Fall weiter zu betrachten. Ein wichtiger Fall liegt vor, wenn die Kristallplattennormale mit einer der drei Achsen X, Y oder Z der Strahlenfläche übereinstimmt; dann reduzieren sich Strahl- und Normalengeschwindigkeiten zu Hauptlichtgeschwindigkeiten: $V_1 = \mathfrak{v}_1$ und $V_2 = \mathfrak{v}_2$, n_1 und n_2 werden zu Hauptbrechzahlen und die Schwingungsrichtungen beider Anteile 1 und 2 fallen in Achsenrichtungen des Koordinatensystems X, Y, Z. Dem vorhergehenden Abschn. 4.9 entnimmt man, daß diese Forderung sicher erfüllt ist, wenn die Plattennormale eine Symmetrierichtung des Kristalls (z. B. Drehachse oder Spiegelebenennormale) enthält. Als Beispiel sei das Spaltplättchen des (monoklinen) Gipses angeführt, dessen Normale (Spiegelebene und zweizählige Achse) mit Y zusammenfällt. Ähnlich liegen die Verhältnisse, wenn innerhalb der Plättchenebene eine Achse durch ein Symmetrieelement des Kristalls fixiert ist, eine zweite Achse aber ebenfalls in die Plättchenebene fällt; das gilt beispielsweise für die meisten der (ebenfalls monoklinen) Glimmer, deren Spaltfläche dann die Achsen Y, Z enthalten; es gilt ferner auch für alle optisch einachsigen Kristalle, sobald die optische Achse in der Plättchenebene liegt. In allen diesen Fällen genügt es, die Schnitte Abb. 4.51 der Strahlenfläche heranzuziehen.

Da die beiden senkrecht zueinander polarisierten Wellen mit unterschiedlichen Geschwindigkeiten durch die Kristallplatte laufen, besitzen sie beim Austritt aus der Platte einen durch die Wellenlänge λ und die Plattendicke d bedingten Phasenunterschied. Für den Gangunterschied D und die Phasendifferenz δ gilt:

$$D = d(n_1 - n_2)\,; \qquad \delta = 2\pi \frac{D}{\lambda}\,.$$

Bei dem aus der Platte austretenden Licht beobachtet man keinerlei Interferenzen, worauf schon mehrfach aufmerksam gemacht wurde. Dies hatten bereits A. Fresnel und F. Arago (1817) durch gemeinschaftliche Versuche bewiesen. Auch beim Durchgang linear polarisierten Lichtes durch eine doppelbrechende Kristallplatte werden Interferenzen erst sichtbar, wenn man die Schwingungsrichtungen der beiden Strahlen nach ihrem Austritt aus der Platte durch einen Analysator auf eine gemeinsame Schwingungsebene bringt. Für solche Interferenzversuche eignen sich nach X, Y, Z orientierte Dünnschliffe beliebiger Kristalle, besonders aber auch dünne Spaltplättchen aus Gips und aus Glimmer, die sich in fast jeder gewünschten Dicke leicht herstellen lassen.

Die Berechnung der Intensität für den Interferenzfall läßt sich an Hand der Abb. 4.74 nun ohne Schwierigkeiten durchführen, wenn man etwa die für ein Spaltplättchen von Gips geltende Symmetrielage ($Y \parallel$ Plättchennormale) zugrunde legt: Dann (und nur dann!) stimmen die Schwingungsrichtungen des Lichtes im Innern des Kristalls mit den Achsenrichtungen X, Y, Z überein.

Der Schwingungszustand der aus dem Polarisator kommenden, linear polarisierten Lichtwelle mit der Amplitude E werde beim Eintritt in das Kristallplättchen zur Zeit t durch

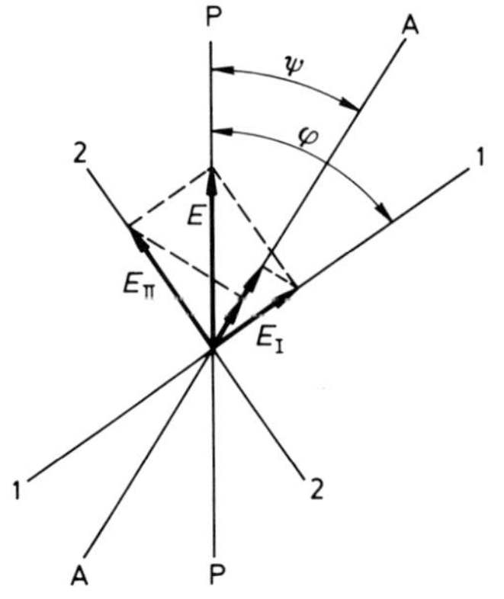

Abb. 4.74 Strahlenzerlegung in einem Gipsplättchen, das sich zwischen zwei Nicols A und P befindet.

$$E \exp i\omega t$$

dargestellt, wobei, wie immer bei komplexer Schreibweise, der reelle Teil gemeint ist. Im Plättchen spaltet die Welle in die beiden Anteile 1 und 2 auf, mit definierten (ganz allgemein: durch die Kristallschnittlage bestimmten) orthogonalen Schwingungsrichtungen 1,1 und 2,2 und Normalengeschwindigkeiten $v_1 = V_1$ und $v_2 = V_2$ bzw. den Brechzahlen n_1 und n_2. Entsprechend wird E in die Komponenten $\mathscr{E}_I$ und $\mathscr{E}_{II}$ vektoriell zerlegt:

$$\mathscr{E}_{\mathrm{I}} = E \cos\varphi \exp i\omega t \quad \text{und} \quad \mathscr{E}_{\mathrm{II}} = E \sin\varphi \exp i\omega t \,.$$

Beim Verlassen des Plättchens besteht zwischen 1 und 2 die weiter oben berechnete Phasendifferenz δ, so daß die beiden Teilwellen mit folgenden *relativen* Schwingungszuständen austreten:

$$\mathscr{E}_{\mathrm{I}} = E \cos\varphi \exp i\omega t \quad \text{und} \quad \mathscr{E}_{\mathrm{II}} = E \sin\varphi \exp i(\omega t - \delta) \,.$$

Von diesen beiden Wellen läßt der Analysator nur die zu seiner Schwingungsebene parallelen Komponenten passieren. Da die Schwingungsebene des Analysators mit der Richtung 1,1 den Winkel $(\varphi - \psi)$ bildet, beträgt die Summe der aus dem Analysator austretenden Wellenanteile:

$$E \exp i\omega t [\cos\varphi \cos(\varphi - \psi) + \sin\varphi \sin(\varphi - \psi) \exp(-i\delta)] \,.$$

Die aus dem Analysator austretende Intensität J findet man, wie immer, durch Multiplikation dieses Ausdruckes mit seinem konjugiert komplexen Wert, also:

$$\begin{aligned} J &= E^2 [\cos\varphi \cos(\varphi - \psi) + \sin\varphi \sin(\varphi - \psi) \exp(-i\delta)] \\ &\quad \cdot [\cos\varphi \cos(\varphi - \psi) + \sin\varphi \sin(\varphi - \psi) \exp i\delta] \\ &= E^2 [\cos^2\varphi \cos^2(\varphi - \psi) + \sin^2\varphi \sin^2(\varphi - \psi) \\ &\quad + 2 \sin\varphi \cos\varphi \sin(\varphi - \psi) \cos(\varphi - \psi) \cos\delta] \,, \end{aligned}$$

oder, wenn man $\cos\delta$ durch $1 - 2\sin^2(\delta/2)$ ersetzt:

$$J = E^2\left[\cos^2\psi - \sin 2\varphi \sin 2(\varphi - \psi)\sin^2\frac{\delta}{2}\right].$$

Setzt man darin für die Intensität der vom Polarisator kommenden Welle $E^2 = J_0$ und schreibt die Phasendifferenz wieder aus, $\delta = 2\pi d(n_1 - n_2)/\lambda$, so folgt endgültig:

$$J = J_0\left\{\cos^2\psi - \sin 2\varphi \sin 2(\varphi - \psi)\sin^2\left[\pi\frac{d}{\lambda}(n_1 - n_2)\right]\right\}. \tag{4.40}$$

Aus dieser Gleichung liest man sofort ab, daß die Lichtintensität hinter dem Analysator von der Art der benutzten Kristallplatte (d, $n_1 - n_2$), von der durch den Winkel φ bestimmten Lage der Platte gegen den Hauptschnitt PP des Polarisators, ferner von dem Neigungswinkel ψ zwischen den Hauptebenen von Analysator und Polarisator und schließlich von der Wellenlänge λ abhängt.

Gl. (4.40) umfaßt auch den Fall, daß sich kein Plättchen oder daß sich ein isotropes Plättchen zwischen den Nicols befindet; man hat dazu nur $d = 0$ oder $(n_1 - n_2) = 0$ zu setzen. Dann folgt für die Intensität J hinter dem Analysator $J = J_0\cos^2\psi$, d.h. wieder das Malussche Gesetz, wie es sein muß. Im folgenden sei immer $d(n_1 - n_2) \neq 0$ vorausgesetzt.

Die Diskussion soll mit dem Fall paralleler Nicols ($\psi = 0$) begonnen werden, womit Gl. (4.40) übergeht in:

$$\begin{aligned} J_{\parallel} &= J_0[1 - \alpha^2\sin^2 2\varphi] \quad \text{mit der Abkürzung} \\ \alpha &= \sin\left[\pi\frac{d}{\lambda}(n_1 - n_2)\right]. \end{aligned} \tag{4.40a}$$

α^2 bewegt sich zwischen den Grenzen

$$\begin{aligned} \alpha^2 &= 0 \quad \text{für} \quad d(n_1 - n_2) = \mathrm{k}\lambda \quad \text{und} \\ \alpha^2 &= 1 \quad \text{für} \quad d(n_1 - n_2) = \frac{2\mathrm{k}+1}{2}\lambda. \end{aligned} \tag{4.41}$$

Für ein festes α, d.h. für eine gegebene Kristallplatte im monochromatischen Licht, erkennt man zunächst, daß im Laufe einer vollen Drehung des Plättchens in seiner Ebene vier Stellungen erreicht werden, in denen $\sin^2 2\varphi$ verschwindet ($\varphi = 0°$, $90°$, $180°$, $270°$): In diesen Lagen, die man als **Normalstellungen** bezeichnet, ist das Plättchen einflußlos und die Intensität mit $J_{\parallel} = J_0$ am größten. Dreht man das Plättchen über die Normalstellung hinaus, etwa von $\varphi = 0$ ausgehend, so nimmt $J_{\parallel}$ bis zu einem Minimalwert $J_0\,(1 - \alpha^2)$ ab, der für $\varphi = 45°$ erreicht ist und der auch bei den Winkeln $\varphi = 135°$, $225°$ und $315°$ wiederkehrt; diese vier Positionen bezeichnet man als *Diagonalstellungen*. Setzt man die Drehung des Plättchens über $\varphi = 45°$ hinaus fort, so steigt $J_{\parallel}$ wieder an, um bei $\varphi = 90°$ erneut den Ausgangswert J_0 zu erreichen. In den übrigen Quadranten wiederholt sich dieses Spiel periodisch. Die Größe der Helligkeitsschwankung hängt von α ab, wie Abb. 4.75 zeigt, im monochromatischen Licht also von der Plattendicke d und der Höhe der Doppelbrechung $(n_1 - n_2)$.

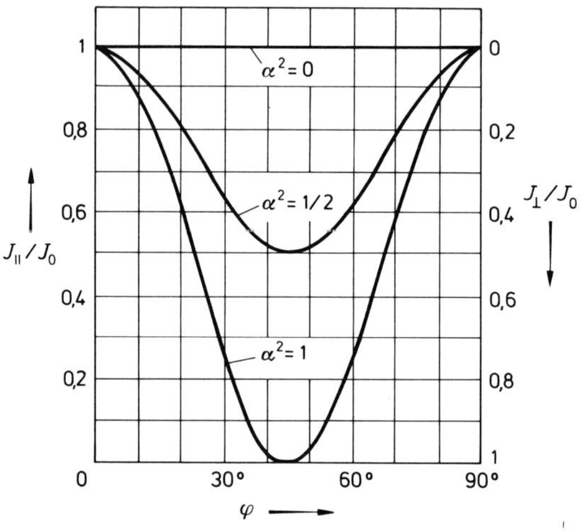

Abb. 4.75 Abhängigkeit der Lichtintensität hinter dem Analysator von der Stellung φ des Gipsplättchens. $J_\parallel / J_0$ für parallele Nicols; $J_\perp / J_0$ für gekreuzte Nicols.

Kreuzt man jetzt die Nicols ($\psi = 90°$), so entsteht aus Gl. (4.40) die Gleichung

$$J_\perp = J_0 \alpha^2 \sin^2 2\varphi ,$$

die mit dem bisher betrachteten Fall paralleler Nicols über die leicht nachprüfbare Beziehung

$$\frac{J_\parallel}{J_0} + \frac{J_\perp}{J_0} = 1$$

verknüpft ist. *Die beiden Situationen paralleler und gekreuzter Nicols sind daher bezüglich ihrer Helligkeit komplementär.* Dies soll in Abb. 4.75 der zur rechten Hand angetragene Ordinatenmaßstab zum Ausdruck bringen. Wo man etwa im *Hellfeld* ($\psi = 0$) das Minimum von $J_\parallel$ antrifft, liegt im *Dunkelfeld* ($\psi = 90°$) das Maximum von $J_\perp$; das gilt für alle Werte von α^2. Z. B. herrscht für $\alpha^2 = 0$ im Hellfeld volle Intensität, $J_\parallel = J_0$, im Dunkelfeld an dieser Stelle aber völlige Dunkelheit, $J_\perp = 0$, usw.

Betrachtet man nun den Strahlengang im *weißen Licht* und beginnt wieder bei der Normalstellung ($\varphi = 0$), so bleibt zunächst, wie bereits gesagt, das Plättchen ohne Wirkung, und zwar für alle Wellenlängen: Das Gesichtsfeld bleibt im Hellfeld hell, im Dunkelfeld dunkel. Wächst nun φ allmählich an, so gewinnt der Parameter α, gemäß Abb. 4.75, bis zur Diagonalstellung ($\varphi = 45°$) zunehmend an Einfluß. Auf Grund der Wellenlängenabhängigkeit[22]

$$\alpha^2 = \sin^2 \frac{\text{const.}}{\lambda} \quad \text{mit} \quad 0 \leqq \alpha^2 \leqq 1 ,$$

[22] Die Dispersion der Doppelbrechung $(n_1 - n_2)$ ist im allgemeinen gering und darf an dieser Stelle der Betrachtung vernachlässigt werden, so daß man $d(n_1 - n_2) = \text{const.}$ setzen kann.

wird das Spektrum in seiner Helligkeit zwischen volkommen ausgelöschten Spektrallinien ($\alpha^2 = 1$ für $\psi = 0$ bzw. $\alpha^2 = 0$ für $\psi = 90°$) und völlig unbehindert durchgelassenen Spektrallinien ($\alpha^2 = 0$ für $\psi = 0$ bzw. $\alpha^2 = 1$ für $\psi = 90°$) moduliert. Das Gesichtsfeld erscheint daher bei Verwendung einer weißen Lichtquelle sowohl unter parallelen wie unter gekreuzten Nicols gefärbt. *Die Farben im Hell- und Dunkelfeld verhalten sich komplementär,* denn gehört etwa zu einer Spektrallinie im Hellfeld die Intensität $J_{\|}(\lambda)$, so erscheint sie im Dunkelfeld mit der Intensität $J_0(\lambda) - J_{\|}(\lambda)$. Die Häufigkeit, mit der Auslöschungen im Spektrum aufeinander folgen, hängt von der Präparatdicke und der Höhe der Doppelbrechung ab, weshalb diese Größen auch wesentlich die Gesichtsfeldfärbung bestimmen. Die gesamte erreichbare Farbskala läßt sich sehr schön an einem einzigen flachen Keil aus Gips oder aus Quarz darstellen, den man an Stelle des Plättchens als Präparat benutzt. Beim Quarz liegt die optische Achse parallel der Keilkante, bei zweiachsigen Kristallen (Gips) eine Schwingungsrichtung parallel, die andere senkrecht zur Keilkante. Im monochromatischen Licht erhält man zwischen gekreuzten Nicols die in Abb. 4.76 wiedergegebenen Bilder. Bei a, b, c, d, e findet bei gekreuzten Nicols Auslöschung, bei parallelen Nicols Aufhellung statt. An diesen Stellen muß $\alpha^2 = 0$ sein, d.h. der Gangunterschied beträgt nach Gl. (4.36) ein ganzes Vielfaches der Wellenlänge ($= k\lambda$). An den dazwischen liegenden Stellen a', b', c', d', e' gilt $\alpha^2 = 1$ und der Gangunterschied beträgt $(2k-1)\lambda/2$, also ein ungerades Vielfaches der halben Wellenlänge. Infolgedessen erscheinen diese Stellen zwischen gekreuzten Nicols hell, zwischen parallelen Nicols dunkel; die so erhaltenen Interferenzstreifen sind Kurven gleichen Gangunterschiedes. Der Abstand benachbarter Interferenzstreifen vergrößert sich mit wachsender Wellenlänge, wie Abb. 4.77 zeigt. Im weißen Licht erscheinen die Streifen als farbige Bänder. Die Farben kommen durch Überlagerung der verschiedenen Wellenlängen des Spektrums zustande. Man weist dies dadurch nach, daß man das Bild des farbig erscheinenden Keiles auf den Spalt eines Spektralapparates so projiziert, daß die Keillänge dem Spalt parallel liegt. Auf der Mattscheibe des Spektralapparates erhält man dann ein kontinuierliches Spektrum mit gekrümmten

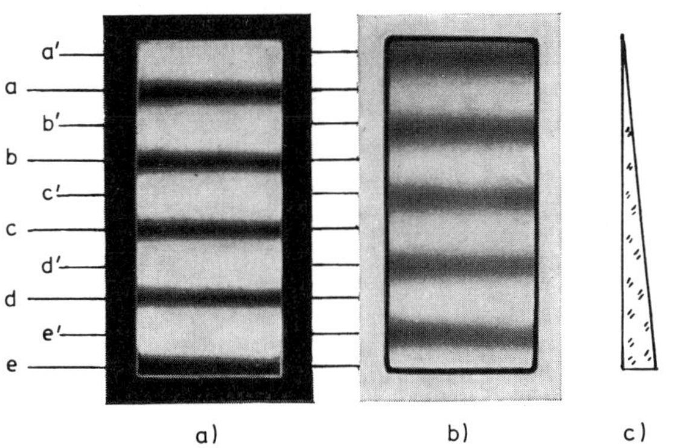

Abb. 4.76 Quarzkeil (Kante parallel zur optischen Achse) a) zwischen gekreuzten Nicols, b) zwischen parallelen Nicols; die Lage des Keils geht aus dem in übertriebenem Maßstab wiedergegebenen Querschnitt c) hervor; Aufnahme in Na-Licht.

Abb. 4.77 Interferenzstreifen im kontinuierlichen Spektrum mit Quarzkeil erzeugt.

dunklen Streifen, die in Längsrichtung verlaufen und deren Abstand im kurzwelligen Teil des Spektrums kleiner als im langwelligen ist **(Müllersche Streifen)**. Auf diese Weise entstand die Abb. 4.77 sowie die Abb. 12 der Tafel I am Ende dieses Bandes.

In der Tab. 4.15 sind die Interferenzfarben für den Fall gekreuzter und paralleler Nicols zusammengestellt, die man mit Tageslicht in Abhängigkeit vom Gangunterschied erhält. Die Abb. 10 und 11 der Tafel II zeigen die Interferenzfarben am Quarzkeil. Man teilt die Farben in **Ordnungen** ein. Für jede Ordnung wächst der Gangunterschied um einen Betrag, der konventionell 551 nm beträgt und der der Wellenlänge der hellsten Stelle des Sonnenspektrums sehr nahe kommt. Die erste Ordnung reicht demnach vom Gangunterschied null bis zum Gangunterschied 551 nm, die zweite von 551 nm bis 1102 nm usw. In der ersten Ordnung treten zwischen gekreuzten Nicols vorzugsweise grauweiße Mischfarben auf. Dies liegt daran, daß bei Gangunterschieden, die erheblich unterhalb einer Wellenlänge liegen, keine Stelle des Spektrums völlig ausgelöscht wird. Das resultierende Lichtgemisch enthält dann noch alle Farben und wird daher mehr oder weniger weißlich erscheinen. Weißliche Farben stellen sich andererseits auch bei Plättchen mit hohen Gangunterschieden ein. Dann werden zwar mehrere Wellenlängen des sichtbaren Spektrums gleichzeitig ausgelöscht, aber die benachbarten, in ihrer Helligkeit stark mitgeschwächten Wellenlängenbereiche sind erheblich schmaler als etwa im Bereich der zweiten Ordnung, wo geschlossene Farbbänder ausfallen. Die Abwesenheit schmaler Bereiche im Spektrum fällt dem Auge weniger auf und so ist es erklärlich, daß Mischfarben beispielsweise 6. Ordnung wieder weitgehend weißlich aussehen; Interferenzen noch höherer Ordnungen unterscheiden sich visuell nicht mehr von Weiß *(Weiß höherer Ordnung)*. Bei mittleren Gangunterschieden herrschen ausgeprägt farbige Töne vor. Zum Beispiel wird bei einem Gangunterschied von 551 nm gerade die hellste Stelle im Sonnenspektrum ausgelöscht. Zwischen gekreuzten Nicols entsteht daher ein tiefroter bis purpurner Farbton, der nach kleineren Gangunterschieden hin schnell in Rot, nach größeren hin schnell in Violett umschlägt. Man nennt diese dem Gangunterschied von 551 nm entsprechende Farbe, die *empfindliche Farbe,* weil ihr Farbton äußerst empfindlich auf kleine Änderungen des Gangunterschiedes reagiert.

Tab. 4.15 Namen der Interferenzfarben im Tageslicht in Abhängigkeit vom Gangunterschied

Gangunterschied in nm		Interferenzfarbe zwischen gekreuzten Nicols	Zwischen parallelen Nicols
0	1. Ordnung	Schwarz	Hellweiß
40		Eisengrau	Weiß
97		Lavendelgrau	Gelblichweiß
158		Graublau	Bräunlichweiß
218		Grau	Braungelb
234		Grünlichweiß	Braun
259		Fastreinweiß	Hellrot
267		Gelblichweiß	Karminrot
275		Blaßstrohgelb	Dunkelrotbraun
281		Strohgelb	Tiefviolett
306		Hellgelb	Indigo
332		Lebhaftgelb	Blau
430		Braungelb	Graublau
505		Rotorange	Bläulichgrün
536		Rot	Blaßgrün
551		Tiefrot	Gelblichgrün
565	2. Ordnung	Purpur	Hellgrün
575		Violett	Grünlichgelb
589		Indigo	Goldgelb
664		Himmelblau	Orange
728		Grünlichblau	Bräunlichorange
747		Grün	Hellkarminrot
826		Hellergrün	Purpurrot
843		Gelblichgrün	Violettpurpur
866		Grünlichgelb	Violett
910		Reingelb	Indigo
948		Orange	Dunkelblau
998		Lebhaftorangerot	Grünlichblau
1101		Dunkelviolettrot	Grün
1128	3. Ordnung	Hellbläulichviolett	Gelblichgrün
1151		Indigo	Unreingelb
1258		Grünlichblau	Fleischfarben
1334		Meergrün	Braunrot
1376		Glänzendgrün	Violett
1426		Grünlichgelb	Graublau
1495		Fleischfarben	Meergrün
1534		Karminrot	Grün
1621		Mattpurpur	Mattmeergrün
1652		Violettgrau	Gelblichgrün
1682	4. Ordnung	Graublau	Grünlichgelb
1711		Mattmeergrün	Gelblichgrau
1744		Bläulichgrün	Lila
1811		Hellgrün	Karmin
1927		Hellgrünlichblau	Graurot
2007		Weißlichgrau	Blaugrau
2048		Fleischrot	Grün

$\lambda/2$-Plättchen, $\lambda/4$-Plättchen und Kompensatoren. In Übereinstimmung mit der Rechnung zeigen die Interferenzversuche dieser Nummer, daß ein doppelbrechendes Plättchen geeigneter Dicke in Diagonalstellung zwischen parallelen Nicols Licht einer bestimmten Wellenlänge auszulöschen vermag. Kreuzt man die Nicols, so geht das betrachtete Licht ungeschwächt durch den Analysator, was zu dem Schluß führt, daß das Plättchen offenbar die Polarisationsebene um 90° (bzw. um −90°) gedreht hat. Die Situation wird durch die Bedingung $\alpha^2 = 1$ beschrieben, die nach Gl. (4.41)

$$d(n_1 - n_2) = \frac{2k+1}{2}\lambda$$

verlangt. Der Gangunterschied beträgt in diesem Fall $\lambda/2$ oder ein ungerades Vielfaches der halben Wellenlänge, die Phasendifferenz $\delta = 180°$. Die Diagonalstellung ($\varphi = 45°$) ist indessen nur ein Sonderfall. Selbstverständlich besteht die Phasendifferenz $\delta = 180°$ auch bei allen anderen Plättchenstellungen φ zum Polarisator. Da $\delta = 180°$ für die Komponente E_{II} (Kristallrichtung 2,2 in Abb. 4.74) nur ein Vorzeichenwechsel bedeutet, ist leicht einzusehen, daß die Polarisationsebene damit um den Winkel 2φ gedreht wird (Abb. 4.78a). Kristallplättchen mit dem Gangunterschied $\lambda/2$ eignen sich daher zur Einstellung beliebiger Schwingungsebenen linear polarisierten Lichtes.

Plättchen, die gerade diesen Gangunterschied besitzen, werden viel benutzt und heißen allgemein *Halbwellenlängenplättchen* oder *$\lambda/2$-Plättchen;* man stellt sie meist durch Spalten von Gips oder von Glimmer her, gegebenenfalls aber auch aus geeignet

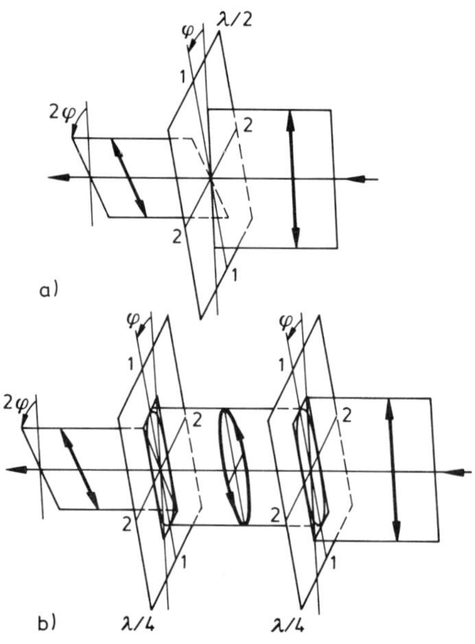

Abb. 4.78 Zerlegung linear polarisierten Lichtes a) durch ein $\lambda/2$-Plättchen, b) durch zwei $\lambda/4$-Plättchen. 1,1 und 2,2 sind die optischen Zerlegungsrichtungen der Plättchen.

Tab. 4.16 Minimale Dicken von $\lambda/2$-Plätchen aus Gips und Glimmer.

Wellenlänge in nm	656	589	527	486	431
Dicke eines Gipsplättchens in mm	0,033	0,030	0,027	0,024	0,022
Dicke eines Glimmerplättchens in mm	0,077	0,070	0,062	0,057	0,051

geschliffenem anderem Kristallmaterial. In Tab. 4.16 sind die ungefähren kleinsten Dicken (k = 0) verschiedener $\lambda/2$-Plättchen verzeichnet.

Es ist klar, daß Plättchen der 3, 5, 7 ... fachen Dicke die gleichen Dienste leisten.

Die Halbierung der Tabellenwerte liefert die Dicken für die ebenfalls häufig gebrauchten **λ/4-Plättchen,** die demnach eine Phasendifferenz von $\delta = 90°$ zwischen den beiden Komponenten E_{I} und E_{II} (der Abb. 4.74) herstellen. Eine Phasendifferenz von 90° führt, wie in Abschn. 4.3 bereits dargelegt wurde, zu *elliptisch* polarisiertem Licht, bei gleichen Amplituden E_{I} und E_{II}, d. h. in Diagonalstellung des $\lambda/4$-Plättchens, zu *zirkular* polarisiertem Licht. Auch beim $\lambda/4$-Plättchen bleibt $\delta = 90°$ unter beliebigen Plättchenstellungen φ zum Polarisator bestehen. In jedem Fall erhält man elliptisch polarisiertes Licht. Mit φ ändert sich jedoch die Form der Schwingungsellipse, deren Achsenverhältnis $a/b = E_{\text{I}}/E_{\text{II}} = \tan\varphi$ ist. (Man kann dies der Abb. 4.21 in Abschn. 4.3 entnehmen, wobei für die Bezeichnungen gilt: $E_{\text{I}} = E_{\parallel}$, $E_{\text{II}} = E_{\perp}$, $\delta = \Delta$.)

Legt man zwei $\lambda/4$-Plättchen in paralleler Orientierung übereinander, so müssen sie die Wirkung eines $\lambda/2$-Plättchens hervorrufen, d. h. sie drehen die Schwingungsebene linear polarisierten Lichtes (Abb. 4.78a). Trennt man die beiden $\lambda/4$-Plättchen, ohne sie gegeneinander zu verdrehen, so wird – wenn man die linke und die rechte Hälfte der Zeichnung Abb. 4.78b einzeln betrachtet – deutlich, *daß $\lambda/4$-Plättchen zur Erzeugung und Analyse zirkular und beliebig elliptisch polarisierten Lichtes dienen können:* Um elliptisch polarisiertes Licht zu analysieren, schiebt man ein $\lambda/4$-Plättchen in den Strahlengang und verdreht es so weit, bis seine Richtungen 1,1 und 2,2 mit den Ellipsenachsen zusammenfallen; dann entsteht wieder linear polarisiertes Licht, das man in üblicher Weise mit einem nachgeschalteten Nicolschen Prisma weiter untersucht. Auf diese Weise kann man auch zirkular polarisiertes Licht von unpolarisiertem Licht unterscheiden, die ja beide, wegen ihrer vollkommen axialen Symmetrie, für jede Drehstellung eines Analysators gleiche Helligkeit aufweisen: Liegt zirkular polarisiertes Licht vor, so erzeugt das (im übrigen in beliebiger Drehlage) eingeschobene $\lambda/4$-Plättchen linear polarisiertes Licht, während es bei unpolarisiertem Licht wirkungslos bleibt.

Schließlich sei der Fall *beliebiger Plattendicke* noch einmal kurz gestreift: Hier unterliegt der Phasenwinkel keiner Einschränkung mehr. Jede von 0° und 180° verschiedene Phasendifferenz δ führt jedoch zu elliptisch polarisiertem Licht. Alle dabei vorkommenden charakteristischen Schwingungsformen sind in Abb. 4.21 zusammengestellt. (Will man die hier benutzten Bezeichnungen dort verwenden, so gilt: $E_{\text{I}} = E_{\parallel}$, $E_{\text{II}} = E_{\perp}$, $\delta = \Delta$.) Man darf daher sagen, daß linear polarisiertes Licht nach Durchqueren einer doppelbrechenden Platte im allgemeinen elliptisch polarisiert ist.

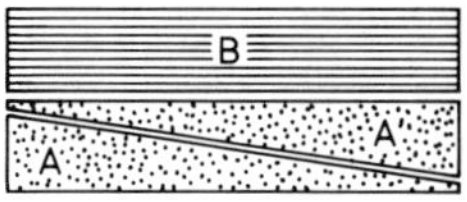

Abb. 4.79 Schnitt durch den Kompensator nach Babinet-Soleil.

Bei $\lambda/2$- und $\lambda/4$-Plättchen ist man selbstverständlich auf deren feste Gangdifferenz angewiesen, die, streng genommen, auch nur für eine Wellenlänge gilt. Es ist aber vielfach wünschenswert, Vorrichtungen zu besitzen, die beliebige Phasendifferenzen einzustellen und zu kompensieren gestatten. Diese Vorrichtungen bezeichnet man, der letztgenannten Funktion wegen, als **Kompensatoren.** Das Wesentliche einer derartigen Vorrichtung soll die nachstehende Beschreibung des von J. Babinet angegebenen und von N. Soleil modifizierten Kompensators (Abb. 4.79) zeigen. Er besteht aus zwei flachen, gegeneinander meßbar verschieblichen Quarzkeilen A und A', deren optische Achsen parallel der Keilkante (senkrecht zur Papierebene) verlaufen und einer planparallelen Quarzplatte B, deren optische Achse parallel zur Plattenfläche B (in der Papierebene), aber senkrecht zur Keilkante gerichtet ist. Läßt man senkrecht auf eine solche Kombination linear polarisiertes Licht so auffallen, daß seine Schwingungsrichtung einen Winkel von 45° mit der Lage der optischen Achse bildet (d.h. „diagonal" im weiter oben gebrauchten Sinne), so läuft die eine Komponente (in der Papierebene) in den beiden Keilen A und A' als o-Strahl, in der Platte B aber als e-Strahl, während die andere Komponente (senkrecht zur Papierebene) gerade umgekehrt die beiden Keile als e-Strahl, die Platte aber als o-Strahl durchquert. Die beiden Keile bilden zusammen auch eine planparallele Platte von der variablen Dicke d', während die Platte B die Dicke d haben möge. Die Gangdifferenz der beiden Strahlen in dem Keilpaar ist $(n_e - n_o)\,d'$, in der Platte dagegen $(n_o - n_e)\,d$, also mit umgekehrtem Vorzeichen, so daß die gesamte Gangdifferenz, die bei beliebiger Stellung der Keile auftritt, $(n_o - n_e)(d - d')$ ist. Die Gangdifferenz ist Null, wenn die Keile so gegeneinander verschoben sind, daß ihre Dicke d' mit der Plattendicke d übereinstimmt (Nullstellung). Verschiebt man die Keile gegeneinander, so wird $d' \gtrless d$, d.h. es entsteht zu beiden Seiten der Nullstellung eine entweder negative oder positive Phasendifferenz, die kontinuierlich veränderlich ist. Der Kompensator wirkt genau wie ein Gips- oder Glimmerplättchen veränderlicher Dicke; wie man mit ihm – innerhalb der Grenzen der Vorrichtung – beliebige Phasendifferenzen erzeugt oder kompensiert, bedarf daher keiner Erläuterung mehr. Gelegentlich bezeichnet man den Kompensator auch als **Phasenschieber.** Die Wirkungsweise zweier weiteren Kompensatoren, des „Gips-Rot-I" und des „Laves-Ernst-Kompensators" werden im Abschn. 4.13 behandelt.

Der Spindeltisch. Bei nicht allzu hohen Brechzahlen ($n \leq 1{,}9$) ist das optische Brechverhalten einzelner kleiner Kristalle oder Kristallbruchstücke quantitativ gut auf dem Spindeltisch meßbar. Diese schon weit über hundert Jahre bekannte, in letzter Zeit erheblich verbesserte Vorrichtung gewinnt ihre volle Leistungsfähigkeit auf dem Drehtisch eines Polarisationsmikroskops; die Meßfehler liegen dann in der vierten Dezimale der Brechwerte.

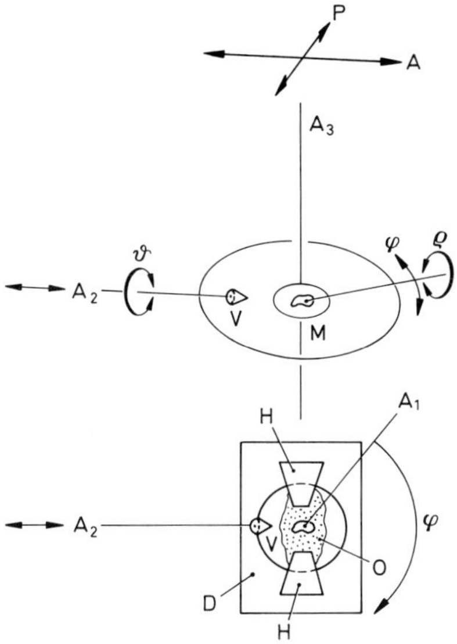

Abb. 4.80 Schematische Darstellung des Spindeltisches zur Messung der Strahlenfläche bzw. der Indikatrix eines Kristalls M. A_1: Objektspindel, A_2: Refraktometerspindel, beide senkrecht zur Mikroskopachse A_3; P: Polarisator, A: Analysator des Mikroskops, V: Refraktometerkristall. Unteres Teilbild: Immersionszelle; D: oberes und unteres Deckglas, H: Abstandshalter, O: Immersionsöltropfen.

Der Spindeltisch besitzt nach Abb. 4.80 zwei voneinander unabhängige, mit A_1 und A_2 bezeichnete und mit Teilkreisen versehene Spindelachsen, die senkrecht zur Mikroskopachse A_3 aufgestellt sind. Durch A_1 läuft die Objektspindel mit dem Meßkristall M. Die Refraktometerspindel durch A_2 trägt einen Vergleichskristall V, der zur Verbesserung der Brechzahlbestimmung benötigt wird. Die Achse A_1 der Objektspindel, die zunächst betrachtet werden soll, ist zusätzlich um A_3 drehbar; damit ist es möglich, M im Strahlengang des Mikroskopes beliebig zu orientieren. Der Kristall taucht in eine mit einem flüssigen Medium gefüllte Immersionszelle ein (unteres Teilbild), deren Brechung der von M möglichst gut angeglichen ist. Dreht man nun M um A_3, erreicht man – nach den Ausführungen dieses Abschnitts – unter gekreuzten Polarisatoren ($P \perp A$) vier um 90° versetzte Auslöschungsstellungen φ. Bei geänderter Winkelstellung ϱ von A_1 erscheinen die Auslöschungen unter anderen Winkeln φ. Die Gesamtheit aller möglichen Auslöschungspositionen (ϱ, φ) erzeugt auf der Lagekugel zwei geschlossene Kurven, deren Verlauf die Orientierung und Symmetrie der Strahlenfläche von M liefert. Hat man so die Lage der Strahlenfläche ermittelt, stellt man der Reihe nach die Richtungen der Hauptlichtgeschwindigkeiten parallel A_3 und mißt mit der Einbettungsmethode die jeweilige Hauptbrechzahl. Mit drei Brechzahlbestimmungen kennt man dann das vollständige Brechverhalten von M für eine Wellenlänge λ.

Mit der **Einbettungsmethode** wird die Brechung des umgebenden flüssigen Mediums der Brechung von M angepaßt. Zur Erleichterung dieser Aufgabe ist die

Immersionszelle heiz- und kühlbar. Da die Brechzahl der Flüssigkeiten generell stärker temperaturabhängig ist als die der Festkörper, läßt sich durch Temperaturvariation im Mittel ein Brechzahlbereich Δn von ungefähr $\pm 0{,}01$ leicht überdecken. Wenn die Gleichheit der Brechzahlen erreicht ist, wird die Brechzahl der Flüssigkeit mit Hilfe des Vergleichskristalls V gemessen, den man jetzt mit der Refraktometerspindel parallel A_2 in den Strahlengang des Mikroskops und in die Immersionszelle schiebt. V ist ein (optisch einachsiger) Kristall hoher Doppelbrechung, der senkrecht zu seiner optischen Achse zum Kreiskegel geschliffen ist und der mit der Kegelachse genau parallel zur Spindelachse A_2 ausgerichtet ist. A_2 stimmt für diesen Fall mit der Y-Richtung von Abb. 4.38 überein, und gemäß Gl. (4.28) überstreicht man im Strahlengang des Mikroskopes mit dem Drehwinkel ϑ um A_2 den vollständigen Bereich der Doppelbrechung von V. Zu diesem Zweck ist A_2 so unter dem Mikroskop ausgerichtet, daß der e-Strahl von V in der Ebene des Mikroskoppolarisators schwingt. Mit ϑ läßt sich dann die Brechzahl n von V kontinuierlich zwischen n_o und n_e einstellen. Für den Meßbereich zwischen $n = 1{,}49$ und $n = 1{,}65$ eignet sich ein Calcitkristall ($CaCO_3$), für den Bereich zwischen $n = 1{,}63$ bis 1,84 ein Smithonitkristall ($ZnCO_3$). V wird nun um A_2 so weit gedreht, bis auch seine Brechzahl mit der der Immersionsflüssigkeit übereinstimmt. Die zur Winkelposition ϑ um A_2 gehörende Brechzahl von V entnimmt man einer Eichtabelle, in der auch die Temperatur- und die Wellenlängenabhängigkeit berücksichtigt sind. Wie schon erwähnt, muß V mit dem e-Strahl in „Dunkelstellung" stehen. Die Brechzahl für eine zweite Hauptlichtgeschwindigkeit erreicht man übrigens sehr einfach mit einer Drehung um A_3 in die nächste, um 90° versetzte Dunkelstellung.

Polarisationsinterferenzfilter (Lyot-Filter). Richtet man eine Kristallplatte K zwischen zwei parallel gestellten Polarisatoren P unter $\varphi = 45°$ aus, so wird das Spektrum des hindurchgehenden Lichtes nach Gl. (4.40a) proportional zu $\cos^2\gamma$ mit $\gamma = \pi d(n_1 - n_2)/\lambda$ in seiner Helligkeit moduliert; zwischen den Maxima bei $\gamma = \mathrm{k}\pi$, entsprechend $\lambda = d(n_1 - n_2)/\mathrm{k}$, liegen die dunklen Müllerschen Streifen mit Auslöschungen bei $\lambda = d(n_1 - n_2)\,2/(2\mathrm{k} + 1)$. Fügt man, nach B. Lyot (1933), dieser Kristall-Polarisatoranordnung der Reihenfolge P-K-P noch weitere Paare .-K-P.. unter nämlicher Orientierung hinzu, so erhält man einen lichtstarken Monochromator, wenn die Dicken d aufeinanderfolgender Kristallplatten K im Verhältnis 1:2:4:8... ansteigen. Abgesehen von der Absorption in den Kristallen und den Polarisatoren wird unter diesen Umständen die Helligkeit nur von dem Produkt $(\cos\gamma \cos 2\gamma \cos 4\gamma \ldots)^2$ bestimmt. Als Maxima des Cosinusproduktes bleiben allein die Bereiche um die Stellen $\gamma = \mathrm{k}\pi$ erhalten, während sich die gleichmäßig über das Spektrum verteilten Nullstellen mit jeder weiteren Kristallplatte verdoppeln und die Maxima von beiden Seiten her zunehmend einengen, so daß diese steil aus dem Untergrund hervortreten. Unter Benutzung von vier in ihrer Dicke abgestuften und zwischen Polarisationsfolien verkitteten Quarzplatten konnte W. Y. Öhman (1937) ein Filter für die rote Wasserstofflinie H_α ($\lambda = 656{,}282$ nm) mit einer Durchlaßbreite von rund 5 nm erzielen; dieses Filter diente ihm zu Beobachtungen und Aufnahmen der Sonnenkorona. Inzwischen gibt es für astronomische Zwecke Anordnungen, die bis zu neun Kristallplatten tragen und eine Durchlaßbreite von nur noch 0,025 nm besitzen. Wegen der Temperaturabhängigkeit der Doppelbrechung $(n_1 - n_2)$ der Kristalle, müssen derartige Polarisationsinterferenzfilter sehr gut thermostatisiert sein.

Die Arbeitstemperatur kann als Parameter genutzt werden, beispielsweise um das Profil der H_α-Linie abzutasten. – Für manche Ansprüche genügen gelegentlich Filter mit einer einzigen Kristallplatte, welche sich ebenso gut zur Unterdrückung wie zur Hervorhebung einer bestimmten Wellenlänge eignen.

4.11 Interferenzen im konvergenten Licht

Untersucht man eine Kristallplatte im parallelen Licht, so betrachtet man jeweils nur eine einzige Kristallrichtung. Die Bedeutung dieser Richtung für den gesamten Kristall ergibt sich indessen erst, wenn man weitere Beobachtungsrichtungen hinzunimmt bzw. die Kristallsymmetrie in die Betrachtung einbezieht. Eine wertvolle praktische Hilfe bietet dabei die Untersuchung der Kristallplatte im konvergenten Strahlengang. Man erfaßt damit nicht nur das optische Verhalten in Richtung der Plattennormale, sondern gleichzeitig auch dasjenige ihrer (durch die Apertur begrenzten) Umgebung. Richtungen, die sich in der Symmetrie vor ihrer Umgebung auszeichnen, treten auf ihre Weise deutlich hervor.

Die erforderliche optische Anordnung, die man auch als **konoskopische** bezeichnet, ist in Abb. 4.81 skizziert: Von einer ausgedehnten Lichtquelle $L_1 L_2 L_3$, deren Strahlen den Polarisator passiert haben, entwirft eine Linse O_1 von kurzer Brennweite bei $L'_1 L'_3$ ein verkleinertes Bild. Die Blende EP stellt die Eintrittspupille dar. Eine zweite Linse O_2, ebenfalls von kurzer Brennweite, bildet die Eintrittspupille EP in die Austrittspupille AP ab: Durch jeden Punkt in der Ebene der Pupillenöffnung EP tritt ein Strahlenbündel – begrenzt durch je einen gestrichelt gezeichneten, von L_1 kommenden und einen ausgezogenen, von L_3 kommenden Strahl der Lichtquelle –, das in der Ebene AP wieder vereinigt wird. Die weitere Linse O_3 macht die Strahlenbüschel schließlich parallel, so daß ein hinter dem Analysator befindliches Auge die Erscheinung in der Austrittspupille AP, bei Akkommodation auf unendlich, deutlich sehen kann. (Selbstverständlich kann man mit der Linse O_3 die Austrittspupille auch auf einen Schirm abbilden.) Setzt man nun an die Stelle des Bildes $L'_1 L'_3$ der Lichtquelle eine Kristallplatte K ein, so wird diese von parallelen Strahlenbündeln verschiedener Neigung durchsetzt, wie man der Abb. 4.81 entnimmt.

Auch konoskopische Beobachtungen lassen sich mit dem Polarisationsmikroskop durchführen; die einfachste Methode besteht darin, das Okular aus dem Mikroskoptubus zu entfernen und das vom Objektiv (O_2 in Abb. 4.81) in der hinteren Brenn-

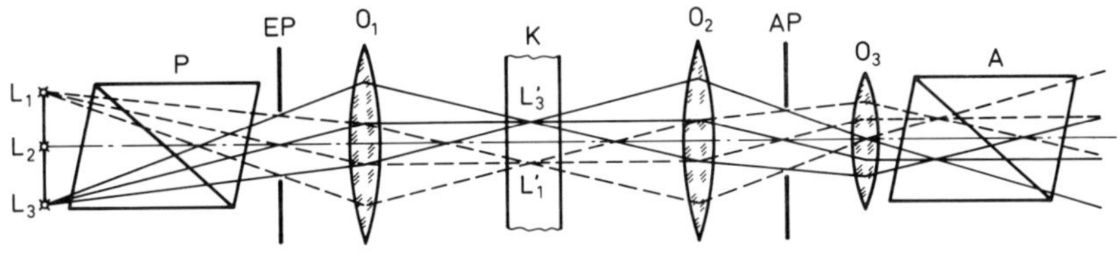

Abb. 4.81 Optische Anordnung zur Untersuchung von Kristallplatten im konvergenten polarisierten Licht.

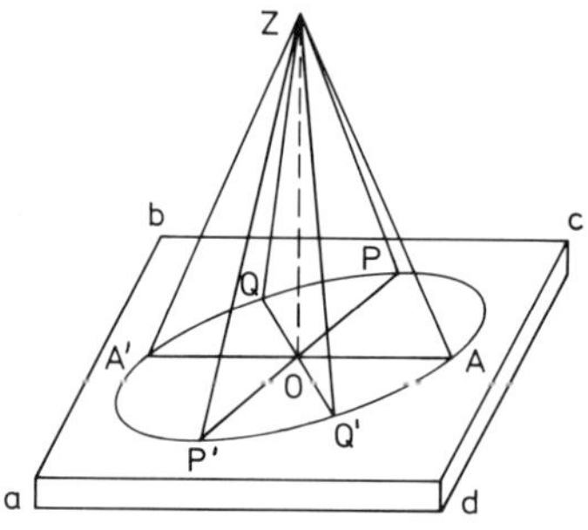

Abb. 4.82 Entstehung der Interferenzerscheinungen im konvergenten polarisierten Licht.

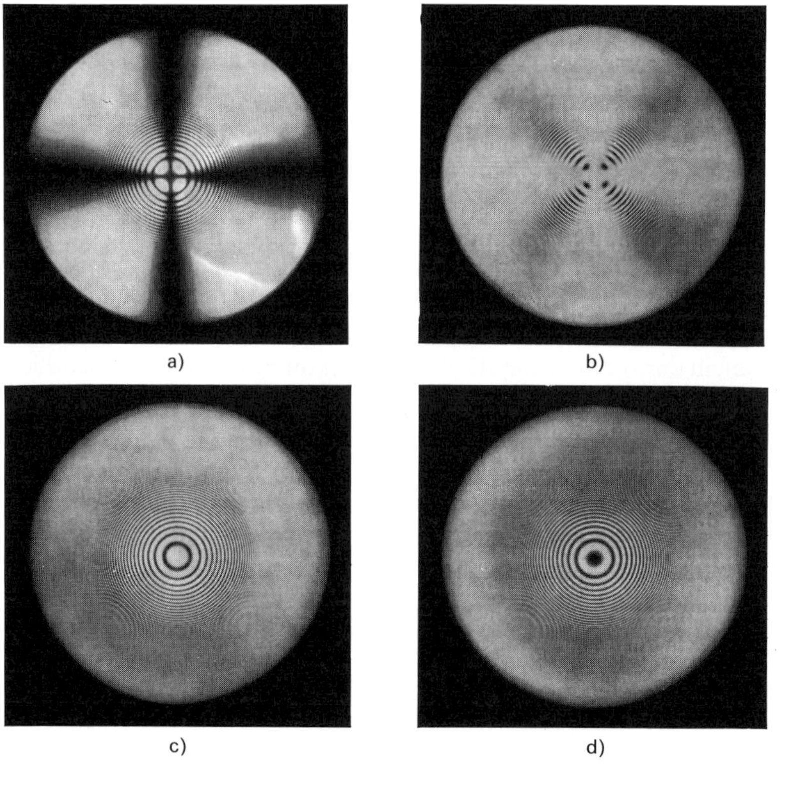

Abb. 4.83 Interferenzfiguren einachsiger Kristalle im konvergenten polarisierten Licht. a) Calcitplatte, senkrecht zur optischen Achse geschnitten zwischen gekreuzten Nicols; b) dieselbe Platte zwischen parallelen Nicols; c) dieselbe Platte im zirkular polarisierten Licht zwischen gekreuzten Nicols; d) dieselbe Platte im zirkular polarisierten Licht zwischen parallelen Nicols.

ebene (AP) entworfene zwar kleine, aber scharfe Interferenzbild mit dem Auge zu betrachten. Selbstverständlich ist hier eine hohe Apertur erwünscht.

Die Wirkung von K soll zunächst an Hand einer Kristallplatte untersucht werden, die aus einem optisch einachsigen Kristall senkrecht zur optischen Achse geschnitten ist. Dann erfährt das die Platte senkrecht durchsetzende Strahlenbündel keine Doppelbrechung; alle anderen Strahlenbündel geraten aber um so stärker unter den Einfluß der Doppelbrechung – erreichen also um so größere Gangunterschiede zwischen o- und e-Strahl – je schräger sie die Kristallplatte durchsetzen. Da im gleichen Winkelabstand rings um die optische Achse gleiche Verhältnisse herrschen, ist eine Schar von ringförmigen Interferenzen zu erwarten. Man erhält zwischen gekreuzten Nicols in der Tat das in Abb. 4.83a und zwischen parallelen Nicols das in Abb. 4.83b wiedergegebene Interferenzbild. Beide Aufnahmen sind in monochromatischem Licht gemacht. Im weißen Licht erhält man farbige Interferenzringe, wobei die Farben in Abb. 4.83b komplementär zu denen in Abb. 4.83a sind; auch bei Verwendung monochromatischen Lichtes sind die Helligkeiten in beiden Fällen komplementär. Das Interferenzbild Abb. 4.83a ist von einem schwarzen Kreuz, das von Abb. 4.83b von einem hellen Kreuz durchzogen. Das Auftreten dieses Kreuzes läßt sich an Hand der Abb. 4.82 verständlich machen. Es sei abcd ein Kristallschnitt senkrecht zur optischen Achse; die verschieden geneigten Strahlen mögen von dem Zentrum Z ausgehen; das von Z aus gefällte Lot ZO auf die Platte gibt die Richtung der optischen Achse an und ist gleichzeitig für jeden der von Z ausgehenden Strahlen Einfallslot. Auf einem Kreis um O, der die Punkte P, A, Q′, P′, A′, Q berühren möge, gilt das eben Gesagte für alle Strahlen, die nach dem Umfang des Kreises gezogen sind, z. B. für ZP, ZA, ZQ usw. Die Richtung PP′ ist die Schwingungsrichtung des aus dem Polarisator austretenden Lichtes, AA′ diejenige des Analysators. Um nun herauszufinden, wie ein Strahl, etwa ZQ, die Platte als e- oder o-Strahl durchquert und wie dabei die Schwingungsrichtungen liegen, genügt es , die Lage zum Strahlhauptschnitt zu betrachten. Da ein beliebiger Strahl ZQ mit der optischen Achse und dem Einfallslot immer in eine gemeinsame Ebene zu liegen kommt, liegt ZQ stets in einem Strahlhauptschnitt. Nach Abb. 4.46 schwingt der o-Strahl senkrecht zum Strahlhauptschnitt, der e-Strahl aber im Strahlhauptschnitt[23]; der einfallende Strahl ZQ mit seiner Schwingungsrichtung PP′ wird daher aufgespalten in einen e-Strahl, der parallel zum Radius OQ, und in einen o-Strahl, der senkrecht zu OQ schwingt; von diesen Schwingungen läßt der Analysator nur die Komponenten parallel seines eigenen Hauptschnittes AA′ durch. Dies gilt für alle Strahlen, mit Ausnahme der Strahlen ZP, ZP′ und ZA, ZA′, die einen Sonderfall bilden. Die in P und P′ einfallende Strahlung (parallel PP′) schwingt von vornherein im Hauptschnitt OP bzw. OP′, d. h. hier findet keine Komponentenzerlegung statt. Die Strahlen ZP und ZP′ gehen also als e-Strahlen durch den Kristall hindurch und werden, da sie parallel zu PP′ schwingen, vom Analysator nicht durchgelassen. Bei den Strahlen ZA und ZA′ liegen die Verhältnisse analog, nur schwingen diese Strahlen *senkrecht* zu den Hauptschnitten OA und OA′, gehen dann, ebenfalls unzerlegt, als o-Strahlen durch die Platte und werden, da sie keine Komponente parallel AA′ besitzen, ebenfalls vom Analysator unterdrückt. In den Richtungen PP′ (Polarisator) und

[23] Außerdem wird der e-Strahl, abhängig vom optischen Charakter des Kristalls, in Richtung eines größeren oder kleineren Winkels zur optischen Achse abgelenkt, was hier jedoch unwichtig ist.

AA′ (Analysator) herrscht also stets Dunkelheit, unabhängig davon, wie groß der Radius des betrachteten Kreises gewählt wurde, d. h. für die ganze Kristallplatte. Das ist die Erklärung für das Auftreten des schwarzen Kreuzes bei gekreuzten Nicols.

In allen anderen Strahlrichtungen (ZQ, ZQ′) tritt aber im allgemeinen Licht aus dem Analysator aus, wenn nicht der radiusabhängige, durch die Plattendicke hervorgerufene Gangunterschied zwischen o- und e-Strahlen dies durch Interferenz verhindert. Beträgt nämlich der Gangunterschied speziell 0, λ, 2λ..., so entsteht nach dem vorhergehenden Abschnitt [Gl. (4.40b)] Dunkelheit, da dann α^2 verschwindet. Dies gilt für alle Stellen des Kreisumfanges, denn sie führen alle zu gleichen Gangunterschieden; auf diese Weise entsteht ein dunkler Ring. Ist aber die Gangdifferenz $\lambda/2$, $3\lambda/2$..., d. h. $\alpha^2 = 1$, so wird der Ring, wiederum nach Gl. (4.40b), hell. Die Helligkeit ist jedoch trotz ringsum gleichbleibenden Gangunterschiedes nicht an allen Stellen des Ringes die gleiche, da die Schwingungsrichtungen zu den Nicols unterschiedlich orientiert sind. Am hellsten sind die Stellungen, die unter 45° gegen den Polarisator geneigt sind ($\psi = 45°$), auch hier alles in Übereinstimmung mit Gl. (4.40b).

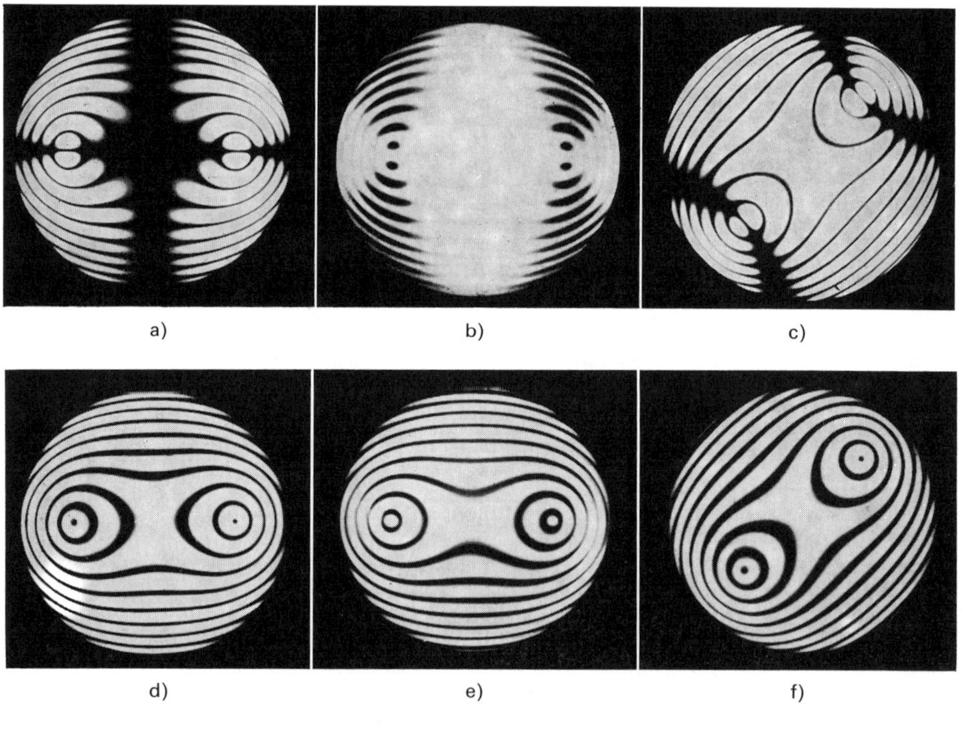

Abb. 4.84 Interferenzfiguren zweiachsiger Kristalle im konvergenten polarisierten Licht. a) Glimmerplatte, senkrecht zur ersten Mittellinie in Normalstellung zwischen gekreuzten Nicols; b) dieselbe Platte in Normalstellung zwischen parallelen Nicols; c) dieselbe Platte in Diagonalstellung zwischen gekreuzten Nicols; d) dieselbe Platte in Normalstellung im zirkular polarisierten Licht zwischen gekreuzten Nicols; e) dieselbe Platte in Normalstellung im zirkular polarisierten Licht zwischen parallelen Nicols; f) dieselbe Platte in Diagonalstellung im zirkular polarisierten Licht zwischen gekreuzten Nicols.

Damit ist die Erscheinung für monochromatisches Licht und gekreuzte Nicols vollkommen aufgeklärt. Der Fall paralleler Nicols erledigt sich durch die Bemerkung, daß das Interferenzbild helligkeitskomplementär sein muß: Das schwarze Kreuz erscheint hell, dunkle und helle Ringe sind vertauscht. Bei Benutzung weißen Lichtes sind die Ringe gefärbt; auch die Färbung ist bei parallelen Nicols komplementär zu der bei gekreuzten Nicols.

Durchstrahlt man die Kristallplatte mit zirkular polarisiertem Licht, indem man zwischen Polarisator und Kristallplatte K ein $\lambda/4$-Plättchen in Diagonalstellung einschiebt (sog. *zirkularer Polarisator*), und benutzt ebenso einen *zirkularen Analysator,* so verschwindet das Achsenkreuz; man erhält an Stelle von Abb. 4.83a und b die Teilbilder c und d; die Erklärung kann dem Leser überlassen bleiben.

Optisch zweiachsige Kristalle, die senkrecht zur spitzen Bisektrix (erste Mittellinie) geschnitten sind, liefern bei Durchstrahlung im konvergenten Licht die in Abb. 4.84 wiedergegebenen Erscheinungen. Zwischen gekreuzten Nicols findet man zwei Ringsysteme, von denen jedes eine optische Achse umgibt (sog. *Cassinische Ovale*). Die Ringe höherer Ordnung verschmelzen zu lemniskatenförmigen Kurven, die beide optische Achsen umschließen. Bei gekreuzten Nicols ist das Bild wieder von einem schwarzen Kreuz, bei parallelen Nicols von einem hellen Kreuz durchsetzt (Abb. 4.84b). Dreht man die Kristallplatte aus der Normalstellung in die Diagonalstellung, so löst sich das schwarze Kreuz in zwei hyperbolisch gekrümmte dunkle Büschel auf, welche die Interferenzstreifen senkrecht durchsetzen (Abb. 4.84c). – Im zirkular polarisierten Licht (siehe Abb. 4.84d bis f) verschwinden in Normalstellung das Achsenkreuz und in Diagonalstellung die beiden Büschel.

Die Interferenzbilder der Abb. 4.84 geben einen unmittelbaren Eindruck von der optischen Symmetrie eines Kristalls. Im weißen Licht kann man dabei aus der Art der Lagedispersion weitere Schlüsse ziehen (s. Abschn. 4.9). Der Winkel zwischen den Binormalen kann grundsätzlich bestimmt werden, indem man den Kristall drehbar anordnet[24] und den Winkel mißt, um den der Kristall gedreht werden muß, bis einmal das eine Ringsystem, dann das andere in die Mikroskopachse auf Fadenkreuzmitte fällt. Aus diesem in Luft gemessenen Winkel muß mit der Brechzahl auf den Winkel im Kristall korrigiert werden.

Auch die Deutung des Interferenzbildes eines *optisch aktiven Kristalls,* wie es Abb. 4.85a für einen senkrecht zur optischen Achse geschnittenen Quarz im weißen Licht zeigt, bietet keine Schwierigkeit. Alle Strahlen, die geneigt zur optischen Achse verlaufen, verhalten sich normal und bilden, wie bei nichtaktiven Substanzen, abwechselnd helle und dunkle Ringe. Nur der Ausstichpunkt der optischen Achse und dessen unmittelbare Umgebung, wo sich allein die zirkulare Doppelbrechung bemerkbar machen kann, ist verändert: Die Drehung der Schwingungsebene verursacht in dieser Richtung eine Aufhellung, deren Färbung von der Plattendicke abhängt. Nur bei dickeren Platten (bei Quarz etwa in der Größenordnung mm) lassen auch noch die inneren Interferenzringe eine leichte zum Quadrat hin tendierende Deformation erkennen. – Verwendet man zirkulare Polarisatoren und Ana-

[24] Hervorragend eignet sich dazu der sog. *Universaldrehtisch* von E. v. Fedorow, eine auf dem Mikroskoptisch zu befestigende Vorrichtung ähnlich einer Cardanischen Aufhängung, in der die Kristallplatte (oder auch ein beliebig geformter Kristall) im Mittelpunkt mehrerer (aus praktischen Gründen meist vier) einzeln dreh- und schwenkbarer Teilkreise sitzt.

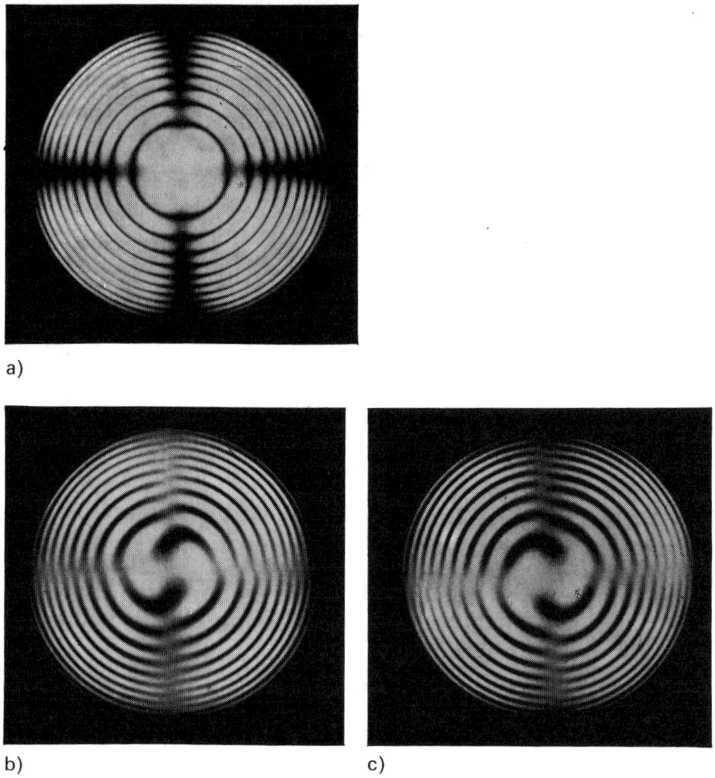

Abb. 4.85 Quarzplatte, senkrecht zur optischen Achse im konvergenten polarisierten Licht. a) Zwischen gekreuzten Nicols (linearem Polarisator und linearem Analysator). Zweifache Airysche Spiralen (optisch aktives Medium zwischen linearem Polarisator und zirkularem Analysator), b) bei einem Rechtsquarz, c) bei einem Linksquarz.

lysatoren, so bleiben, wie beim inaktiven Kristall, nur die Ringe übrig. Deutlicher wird die Erscheinung, wenn man den linearen Polarisator mit dem zirkularen Analysator kombiniert, wie Abb. 4.85b und c zeigen. Diese Anordnung, von G. B. Airy (1831) theoretisch untersucht und gefunden, liefert für eine Platte aus Rechtsquarz eine im Uhrzeigersinn gewundene sog. *zweifache Airysche Spirale,* beim Linksquarz zeigen die Spiralen entgegengesetzten Windungssinn. Erwähnt sei noch, daß man vierfache Airysche Spiralen bekommt, wenn das konvergente Licht zwei gleich dicke, rechts- und linksdrehende Quarze hintereinander durchsetzt; der Windungssinn hängt dann davon ab, ob zuerst der rechts- oder der linksdrehende Quarz durchstrahlt wird. – Bei optisch zweiachsigen aktiven Kristallen findet man die entsprechenden Erscheinungen um beide optischen Achsen, insbesondere sind also bei gekreuzten Nicols die beiden Zentren aufgehellt.

4.12 Kristalline Flüssigkeiten

In allen vorangehenden Betrachtungen dieses Kapitels war dem isotropen, d. h. dem molekular ungeordneten Medium das molekular vollständig geordnete, kristalline Medium mit seinen charakteristischen, die Anisotropie bestimmenden Symmetrien gegenübergestellt worden. Neben diesen beiden zweifellos häufigsten Ordnungszuständen[25] der Materie, existieren aber noch eine Reihe von Zwischenstufen mit zum Teil recht interessanten Eigenschaften. Eine wichtige Gruppe bilden die sog. **kristallinen Flüssigkeiten,** die auch Flüssigkristalle oder flüssige Kristalle genannt werden.

Eine derartige Substanz war erstmals dem Botaniker F. Reinitzer (1888) aufgefallen, der beobachtet hatte, daß Cholesteryl-Benzoat, welches bei 145 °C schmilzt, zunächst ein milchig trübes Aussehen behält, um erst bei 179 °C in eine klar durchsichtige Flüssigkeit überzugehen. Der Physiker O. Lehmann, darauf aufmerksam gemacht, kam nach eingehenden Studien (1889) zu dem Ergebnis, daß es sich hier, im Bereich zwischen 145–179 °C, um eine Art von „fließenden Kristallen" handeln müsse. Indessen blieb seine Deutung noch lange heftig umstritten. Da sich aber die Übergangstemperaturen als reproduzierbar erwiesen und alle physikalisch-chemischen Phänomene eindeutig den einzelnen Zuständen zugeordnet werden konnten, waren die Einwände, es lägen Kristallsuspensionen oder einfach verunreinigte Präparate vor, schließlich nicht mehr zu halten. Heute sind mehrere tausend Substanzen bekannt, die in bestimmten Temperaturbereichen die typischen Eigenschaften kristalliner Flüssigkeiten zeigen.

Wegen der leichten Verschiebbarkeit ihrer Moleküle sind diese Art von Medien zu den Flüssigkeiten zu rechnen, jedoch stehen die einzelnen Moleküle – wie man heute weiß – mit ihrer näheren und weiteren Umgebung immerhin so stark in Wechselwirkung, daß es zur Ausbildung größerer Bereiche **(Domänen)** kommt, in denen mindestens in einer Raumrichtung eine einheitliche Orientierung und somit ein erkennbarer Ordnungszustand besteht. Diese Ordnung bewirkt dann Anisotropieerscheinungen, die man gemeinhin nur bei Kristallen erwartet – eine Feststellung, die seinerzeit für die Namensgebung ausschlaggebend war. Die Ursachen solcher speziellen Ordnungen können z. B. elektrischer oder magnetischer Natur sein, sind aber stets an eine stark von der Kugelgestalt abweichende Molekülform gebunden; kristalline Flüssigkeiten trifft man daher unter den organischen Substanzen an.

Man muß demnach sehr wohl unterscheiden zwischen dem Übergang vom festen zum flüssigen Zustand, der sich mit zunehmender Wärmebewegung der Moleküle vollzieht, und der Änderung im Ordnungszustand eines Mediums. Ein Ordnungszustand ist durch die Dimension der Positions- und Orientierungsfernordnung der Moleküle bestimmt und kann sich prinzipiell auch innerhalb der festen (und – wie sich weiter unten herausstellen wird – auch innerhalb der flüssigen) Phase ändern. So hat man beispielsweise im Druck-Temperaturdiagramm des Siliciumdioxids außer dem gewöhnlichen (trigonalen) Quarz noch sieben weitere fest-kristalline Ordnungszustände gefunden. Allgemein sieht man ein Medium als fest an, solange die Schwer-

[25] Von Abweichungen in Bereichen, die klein gegen die Lichtwellenlänge sind – etwa durch Nahordnung auf der einen, Fehlstellen auf der anderen Seite bedingt – kann hier, wie auch bisher, abgesehen werden.

punkte seiner Moleküle ortsgebunden sind; sind sie beweglich, d.h. besitzen sie Translationsfreiheitsgrade, so bezeichnet man die Substanz als flüssig (fluid). Flüssig-isotrop ist eine Substanz nur dann, wenn die Beweglichkeit der Moleküle hinsichtlich Translation und Rotation dimensionell nicht eingeschränkt ist.

In der kristallinen Flüssigkeit manifestiert sich somit ein Übergangsstadium zwischen einer fest-kristallinen, dreidimensional geordneten Phase und der (nicht mehr ferngeordneten) isotropen Flüssigkeitsphase. Wegen dieser Zwischenstellung im Phasendiagramm bezeichnet man die kristallin-flüssige auch als **mesomorphe Phase** oder kurz als Mesophase; wenn ein Medium allein durch Temperaturänderung in die mesomorphe Phase eintreten kann, so spricht man von **thermotropem** Verhalten, wenn dieser Fall dagegen durch geeignetes Verdünnen des Mediums mit Wasser oder einem anderen Lösungsmittel erreicht wird, von **lyotropem** Verhalten.

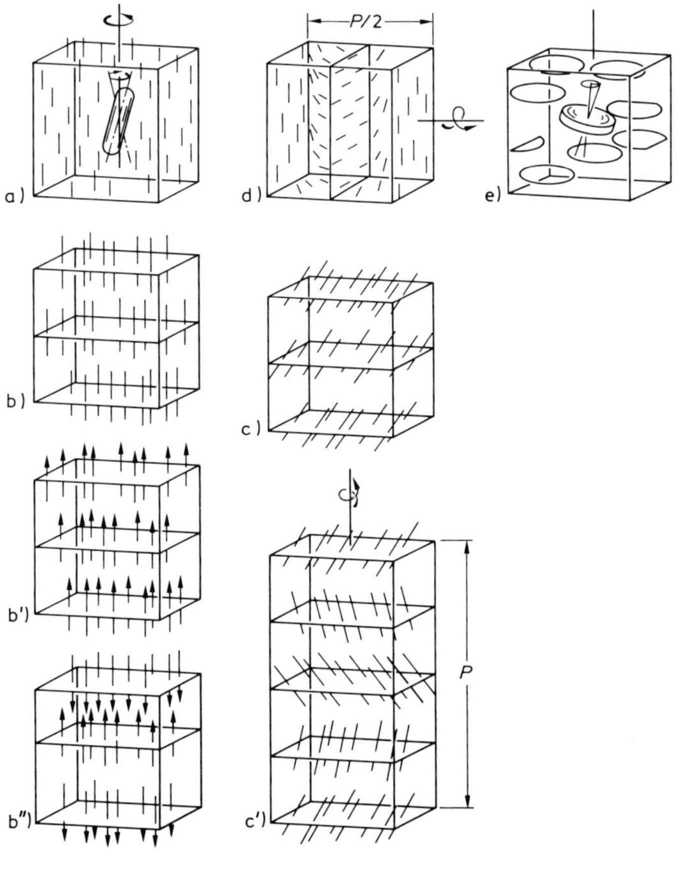

Abb. 4.86 Die geometrische Anordnung der Moleküle in den wichtigsten mesomorphen Phasen. a) Nematisch (optisch einachsig positiv), b) smektisch, b′) smektisch polar, b″) smektische Doppelschicht, alle optisch einachsig positiv, c) smektisch geneigt (optisch zweiachsig positiv), c′) smektisch geschraubt (optisch einachsig positiv, optisch aktiv), d) cholesterisch (optisch einachsig negativ, optisch aktiv), e) discotisch (optisch ein- und zweiachsig negativ).

Man unterscheidet nach Abb. 4.86a und b zunächst zwei Haupttypen: die vorzugsweise parallel einer Raumrichtung geordnete **nematische** und die zusätzlich in Ebenen geordnete **smektische Phase**[26]. Die Darstellungen der Abb. 4.86 sind stark schematisiert. In Wirklichkeit muß man sich die Molekülachsen statistisch um kleine, mit der Temperatur ansteigende Winkelbereiche um die eingezeichneten Vorzugsrichtungen verteilt denken. Beim Übergang vom kristallinen (dreidimensional ferngeordneten) zum flüssig-isotropen (nulldimensional ferngeordneten) Zustand kann eine Substanz in der Reihenfolge smektisch-nematisch auch mehrere mesomorphe Zustände durchlaufen, was – *molekular gesehen* – demnach einem stufenweisen Ordnungsabbau entspricht.

Da in den mesomorphen Phasen zweifellos anisotrope Zustände verwirklicht sind, müssen ihnen – entsprechend den Ausführungen in Abschn. 4.9 – charakteristische Symmetrien und damit bestimmte physikalische, insbesondere aber auch optische Verhaltensweisen zukommen. Das ist in der Tat der Fall. Aus rein geometrischen Überlegungen kam C. Hermann (1931) zu dem Ergebnis, daß es 18 Klassen, d. h. durch Symmetriegerüst unterscheidbare Zwischenstadien zwischen dem kristallinen und dem amorphen Zustand geben müsse, doch besitzen wir heute noch keinen Überblick darüber, wie viele dieser Klassen insgesamt realisiert sind. Man unterscheidet gewöhnlich die in Abb. 4.86 gezeigten Typen.

Die im strengen Sinne **nematische Phase** (Teilbild a) kann sich nur mit sog. kalamitischen, d. h. langgestreckten, etwa ellipsoidförmig gestalteten Molekülen ausbilden, wobei die Moleküle mit ihrer Längsachse annähernd parallel ausgerichtet sind. Dieser Ordnungszustand läßt sich angenähert dadurch beschreiben, daß man das Einzelmolekül in einem konstanten, von allen anderen Molekülen aufgebauten inneren (elektrischen) Feld betrachtet (W. Maier und A. Saupe). Das Feld darf aber nur über den Bereich einer Domäne als hinreichend konstant angenommen werden und ändert seine Richtung auf größere Distanz gesehen beträchtlich. Einige Forscher vertreten die Ansicht, daß diese Darstellung der für ferromagnetische Stoffe üblichen ähnelt, wobei sich gewisse Analogien ergeben (z. B. Weißsche Bezirke und Domänen). Die Vorgänge sind jedoch noch nicht vollständig geklärt. Die einzelne Domäne einer nematischen Phase besitzt eine (statistisch verursachte) Rotationssymmetrieachse, verhält sich also *optisch einachsig*. Die optische Achse liegt parallel der großen Molekülachse. Über den *optischen Charakter,* d. h. über das Vorzeichen von $n_e - n_o$, läßt sich eine Aussage treffen, wenn man die elektrische Polarisierbarkeit der Moleküle qualitativ in Betracht zieht.

Das Licht, als elektromagnetische Erscheinung, übt auf die Ladungen eines Moleküls (in erster Linie auf dessen äußere Elektronen) Kräfte aus, die das Molekül im Takte der Lichtfrequenz elektrisch polarisieren. Dabei laden sich – bezüglich der Feldrichtung – entgegengesetzte Seiten des Moleküls jeweils entgegengesetzt auf. Bezeichnet man den Abstandsvektor zwischen den beiden influenzierten Ladungen $\pm e$ mit $\boldsymbol{l}$, so erzeugt die elektrische Feldstärke $\boldsymbol{E}$ ein Dipolmoment der Größe

[26] Die Bezeichnungen wurden von G. Friedel (1922) geprägt. Nematisch (gr.: nema, dt.: Faden) bezieht sich auf die für diese Phase charakteristische Beobachtung sehr auffälliger, fadenförmig verlaufender Konturen, die das mikroskopische Präparat durchziehen. Smektisch (gr.: smegma, dt.: Schmiere, Seife) weist darauf hin, daß viele Seifen zu diesem Typ gehören, darunter auch das Ammonium- und das Kaliumoleat als erste bekanntgewordene Vertreter smektischer Medien.

$\boldsymbol{p} = e\boldsymbol{l} = \alpha\varepsilon_0\boldsymbol{E}$ für alle Feldrichtungen in Bezug zum Molekülkoordinatensystem; ε_0 ist die elektrische Feldkonstante, α nennt man die *Polarisierbarkeit* des Moleküls. Dieser Ansatz ist nicht nur gültig bei kugelsymmetrisch gebauten Atomen, sondern auch noch bei kubischer Molekülsymmetrie (sofern keine höheren Momente als die der Dipole betrachtet werden). Weicht dagegen – wie im Falle einer mesomorphen Phase – die Molekülgestalt erheblich von der Kugelform ab, so ist der Betrag des Abstandsvektors l, den man einmal ganz roh durch den Moleküldurchmesser parallel zur Feldrichtung abschätzen kann, von der äußeren Feldrichtung abhängig; damit wird auch α eine anisotrope, genauer gesagt: eine tensorielle Größe. Im allgemeinen wird man somit erwarten dürfen, daß p und damit die Amplitude des molekularen Hertzschen Oszillators den größten Betrag erreicht, wenn der $\boldsymbol{E}$-Vektor mit der Richtung größter Molekülerstreckung zusammenfällt. Schließlich entnimmt man noch dem Abschn. 2.8, daß im Bereich normaler Dispersion die Brechzahl um so höher ausfällt, je stärker die molekularen Oszillatoren eines Mediums mitschwingen.

Schwingt der Lichtvektor parallel zur optischen Achse, d.h. parallel der Längsachse der Moleküle, so ist zu erwarten, daß die Polarisierbarkeit und damit die Brechzahl am größten sind. Diese Schwingungsrichtung entspricht der des außerordentlichen Strahls, weshalb $n_e - n_o > 0$ folgt. In der nematischen Phase ist ein Medium daher im allgemeinen *optisch positiv,* in voller Übereinstimmung mit der Beobachtung.

Da benachbarte Domänen gewöhnlich verschieden orientiert sind, herrschen zu beiden Seiten einer Domänengrenze unterschiedliche Brechzahlen. Durch wiederholte Brechung und Reflexion wird das Licht in der kristallinen Flüssigkeit stark gestreut, was dickeren Schichten ein milchig trübes Aussehen verleiht. Das Medium wird dagegen klar durchsichtig, sobald der flüssig-isotrope Zustand erreicht ist *(Klärpunkt).*

In der **smektischen Phase** (Teilbilder b, b′ und b″ sowie c und c′ der Abb. 4.86) sind die parallel ausgerichteten Moleküle zusätzlich in äquidistanten Ebenen angeordnet. In dem einfachsten, in Teilbild b dargestellten Fall ist – aus den gleichen Gründen wie bei der zuvor behandelten nematischen Phase – zu erwarten, daß sich die Domäne *optisch einachsig positiv* verhält. Gleiches gilt für den Fall polarer Moleküle nach Teilbild b′, oder polarer Doppelschichten nach Teilbild b″, die sich in ihrem optischen Verhalten qualitativ nicht unterscheiden. Allerdings zeigen Anordnungen nach b″, die oft lyotrope Phasen bilden, wie etwa die Seifen, vielfach ein sehr kompliziertes Verhalten. Abhängig vom Verdünnungsgrad finden sich die polaren Moleküle dann zu sphärischen oder röhrenförmigen Anordnungen zusammen und können schließlich auch wieder ebene Anordnungen bilden, wobei dann die Moleküllängsachse in der Ebene liegt und der optische Charakter entsprechend *negativ* ausfällt; lyotrope Medien spielen in der Biochemie eine bedeutende Rolle. Wenn die Molekülvorzugsrichtung wie im Fall c geneigt zur Schichtnormale steht, geht die Rotationssymmetrieachse verloren und das Medium ist *optisch zweiachsig.* Der Fall c′ schließlich entsteht aus c, indem benachbarte Ebenen um einen festen Winkel $2\pi/m$ monoton gegeneinander verdreht werden; das bedingt einen Schraubungssinn um die optische Achse, welche hier wieder mit der Ebenenennormale zusammenfällt. Das Medium c′ ist daher *optisch einachsig,* gleichzeitig aber auch *optisch aktiv.* Die optische Aktivität weist keinerlei Besonderheiten auf, da hier, wie bei den Kristallen und Einzelmolekülen, die Ganghöhe der Schraubenachse klein gegen die Lichtwellenlänge ist. Eine nähere Begründung dieses Zusammenhanges wird bei der cholesterischen Phase, die höchst bemerkenswerte Formen der optischen Aktivität zeigen kann, gegeben.

Eine weitere Art flüssiger Kristall kann mit Molekülen entstehen, die eine ausgeprägt scheibenförmige Gestalt besitzen, wie es schematisch Abb. 4.86e zeigt. Diese **discotischen Phasen** müssen aus dem zuvor erörterten Grund bei Feldrichtungen parallel der Scheibenebene wesentlich stärker polarisierbar sein als bei Feldrichtung parallel der Scheibenachse. Der optische Charakter dieser Phasen ist daher *negativ,* überwiegend *optisch einachsig;* aber auch in diesen Fällen ist selbstverständlich optische Aktivität möglich.

Als letzten, praktisch aber sehr wichtigen Fall zeigt Abb. 4.86d schematisch den Aufbau einer **cholesterischen Phase.** Die cholesterische Phase gehört, nach den Ergebnissen bisheriger Experimente, den nematischen Ordnungszuständen an, ist aber viel komplizierter gebaut als der Fall a. Geometrisch entsteht sie aus a durch homogene Torsion um eine Achse senkrecht zur Molekülorientierung. Moleküle auf einer Ebene normal zur Torsionsachse weisen daher die gleiche mittlere Verdrehung φ gegenüber ihrer Ausgangslage auf. Wesentliches Element in der cholesterischen Phase ist daher die Schraubenachse, die sich unter Bedingungen ausbildet, die für viele Derivate des Cholesterins offenbar in charakteristischer Weise erfüllt sind. Diese chemischen Substanzen bestehen aus ziemlich flachen, langgestreckten Molekülen, die in asymmetrischen, teilweise aus der „Breitseite“ des Moleküls austretenden Baugruppen enden. Allein schon aus sterischen Gründen können sich die oberhalb und unterhalb der Breitseite ansiedelnden Nachbarmoleküle nicht genau parallel zum Ausgangsmolekül stellen; sie weichen um geringe Winkelbeträge systematisch aus. Dadurch bildet sich, je nach Molekülart, entweder eine Rechts- oder eine Linksschraube aus. Durch Form und Lage der Moleküle bedingt, ist ihre elektrische Polarisierbarkeit in Richtung der Schraubenachse klein, senkrecht dazu groß, d.h. die Brechzahl n_e für den außerordentlichen Strahl zeigt kleinere Werte als für den ordentlichen, weshalb das cholesterische Medium im allgemeinen *optisch einachsig negativ* sowie *optisch aktiv* ist.

Ein geeignetes Präparat zur Beobachtung der optischen Aktivität läßt sich gewinnen, indem man einen Flüssigkeitstropfen des cholesterischen Mediums in eine planparallele Mikroküvette von etwa 100 μm Dicke einfließen läßt. Mitunter genügt bereits die Strömungsorientierung, um die Domänen annähernd einheitlich mit der optischen Achse senkrecht zur Küvette auszurichten. Bei Durchstrahlung in normaler Richtung mit linear polarisiertem monochromatischem Licht fällt allgemein eine hohe spezifische Drehung auf, wie sie bei Kristallen nie beobachtet wurde (vgl. etwa Tab. 4.10 in Abschn. 4.8). Es sind Höchstwerte bis zu 70000 Grad/mm gemessen worden. Derart hohe Werte sind indessen auf einen schmalen, allerdings sehr interessanten Bereich um eine Wellenlänge λ_0 beschränkt, der nachstehend noch weiter untersucht werden soll. Weitab von λ_0, auf der langwelligen Seite, ändert sich die spezifische Drehung $[\alpha]$ zunächst etwa proportional λ^{-2}, um dann mit Annäherung an λ_0 zunehmend rascher anzusteigen. Gleichzeitig wird das durchgehende Licht mehr und mehr elliptisch polarisiert und geht bei λ_0 in zirkular polarisiertes Licht über. Hier sind dann Drehung und $[\alpha]$ offensichtlich unbestimmt. Verläßt man den Bereich der Zirkularpolarisation unter fortschreitend kürzeren Wellenlängen, so setzt die spezifische Drehung wiederum mit ihrem höchsten Wert, hier aber mit umgekehrtem Drehsinn, ein. Mit weiter sinkender Wellenlänge vermindert sich [α] stark und das elliptisch polarisierte Licht geht wieder stetig in linear polarisiertes Licht über. Parallel zum Auftreten elliptisch polarisierten Lichtes beobachtet man einen Anstieg im Reflexionsgrad mit einem Maximum bei λ_0. Dieses vermehrt reflektierte Licht erweist sich als zirkular polarisiert, wobei sein Drehsinn dem des durchgehenden, bei λ_0 gemessenen zirkularen Lichtes entgegengesetzt ist. Bei λ_0 hat man daher praktisch eine vollständige Zerlegung linear polarisierten Lichtes in zwei gegensinnig zirkular polarisierte Anteile. Dies bestätigen Versuche, bei denen man zirkular polarisiertes Licht einstrahlt: Während Licht mit dem „falschen" Drehsinn ohne weitere Behinderung das cholesterische Medium passiert, wird Licht mit dem „richtigen" Drehsinn (und der geeigneten Wellenlänge λ_0) *totalreflektiert*. Bemerkenswert ist die Tatsache, daß – im Gegensatz zur gewöhnlichen Reflexion – der Drehsinn des zirkular polarisierten Lichtes bei der hier beschriebenen Reflexion nicht umgekehrt wird. Bei schrägem Einfall zur optischen Achse verschiebt sich der Bereich der Totalreflexion annähernd nach einer Braggschen Gleichung (vgl. Abschn. 3.11) in Richtung kürzerer Wellen

$$\frac{\lambda_0}{n} = 2d \sin\theta \,,$$

wobei n die wirksame Brechzahl des Mediums, θ der „Glanzwinkel", d. h. das Komplement zum Strahleneinfallswinkel und $2d$ eine Konstante von der Größenordnung einiger hundert nm bedeuten. Die Konstante $2d$ erweist sich als identisch mit der Ganghöhe p der Schraubenstruktur, also

$$\frac{p}{2} = d \,.$$

Dies ist unschwer einzusehen, da die Braggsche Gleichung einen Beugungsfall beschreibt, für den eine Gitterperiode d in Tiefenrichtung – hier also in Richtung der optischen Achse – maßgebend ist. Ein periodischer Verlauf in dieser Richtung ist aber durch die Ganghöhe p der Schraubenachse des cholesterischen Mediums gegeben. Aus Symmetriegründen (vgl. Abb. 4.83d) muß $p/2$ die optische Periode d der Schraubenachse sein. p liegt demnach in der Größenordnung der Wellenlänge des sichtbaren Lichtes.

Mit der Braggschen Gleichung folgt, daß bei Totalreflexion unter senkrechter Inzidenz die Wellenlänge λ_0 gleich der optischen Weglänge np der Ganghöhe ist:

$$np = \lambda_0 \,.$$

Die richtungsabhängige Totalreflexion ist auch bei Einstrahlung weißen, unpolarisierten Lichtes durch Verändern des Beobachtungsstandpunktes (d. h. des Glanzwinkels θ) als prächtiges Farbenspiel zu erkennen.

Das extrem unterschiedliche Verhalten von rechts- und linkszirkular polarisiertem Licht deutet auf eine Resonanz mit der Schraubenstruktur hin. Wenn man – wie schon in Abschn. 4.8 – der Fresnelschen Idee folgt und das Licht in zwei gegensinnig zirkular polarisierte Wellen zerlegt und beachtet, daß in der Nähe einer Resonanzstelle λ_0 die Brechzahl (n_R für rechts- bzw. n_L für linkszirkulare Wellen) starke Dispersion zeigen muß, lassen sich Änderung und Vorzeichenwechsel der spezifischen

Drehung $[\alpha]$ beim Durchschreiten des Totalreflexionsbereiches qualitativ verstehen. Außerdem ist zu erwarten, daß sich cholesterische Medien mit Links- und mit Rechtsschraubenstruktur optisch komplementär verhalten. Das ist auch tatsächlich der Fall. Die genaue Untersuchung zeigt, *daß Rechtsschraubenstrukturen rechtszirkular polarisiertes Licht totalreflektieren;* unterhalb λ_0 drehen sie nach rechts, oberhalb nach links. Entsprechend umgekehrt verhalten sich die Linksschraubenstrukturen, die linkszirkular polarisiertes Licht totalreflektieren.

Da die hier beschriebene Art optischer Aktivität jeweils auf die cholesterische Phase beschränkt ist und weder in der kristallinen noch in der flüssig-isotropen Phase desselben Materials auftritt, kann der Grund für das Verhalten nur in dem speziellen Ordnungszustand liegen und nicht unmittelbar und allein im Bau des Einzelmoleküls.

Einen tieferen Einblick in die Entstehung der optischen Aktivität, insbesondere der cholesterischen Medien, gewinnt man an Hand eines auf E. Reusch (1869) zurückgehenden Modells einer optisch aktiven Substanz. Dieses Modell, die *Reuschsche Glimmersäule* (Abb. 4.87) besteht aus einem Stapel doppelbrechender Plättchen (Glimmerplättchen), in dem jedes folgende Plättchen mit seinen optischen Hauptschwingungsrichtungen (x' und y') gegenüber dem vorhergehenden (x und y) um einen Winkel $\Delta\varphi < 90°$ monoton gedreht ist, wodurch ein Schraubungssinn eingeführt wird. Bei senkrechter Durchstrahlung der Säule (z-Richtung) beobachtet man

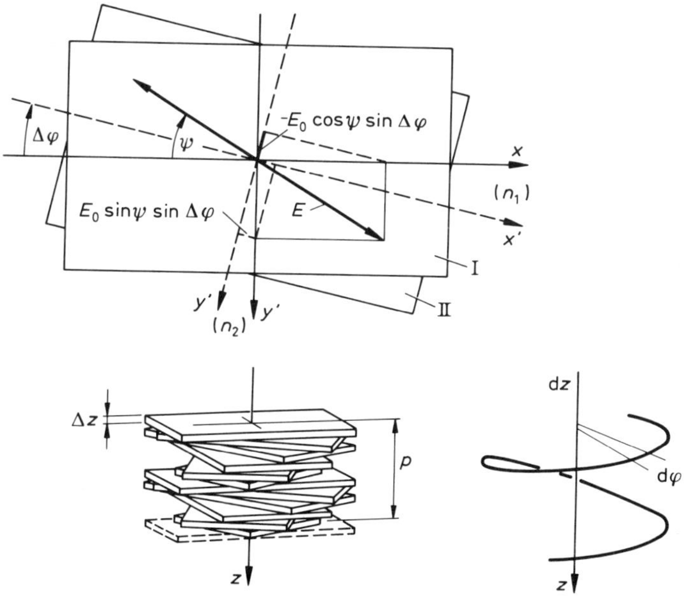

Abb. 4.87 Die Reuschsche Glimmersäule (unten) und Lage der Hauptschwingungsrichtungen für das obere Plättchenpaar I und II, wonach der Lichtvektor (Einfallsazimut ψ) zerlegt wird; n_1, n_2: Hauptbrechzahlen; p: Ganghöhe der Säule. Die dick gestrichelten Anteile $E_0 \cos\psi \sin\Delta\varphi$ geben Anlaß zu der an der Grenzschicht I–II reflektierten Welle $\boldsymbol{E}_r$, die in I selbstverständlich parallel x und y zu zerlegen ist.

eine Drehung des Azimuts der Schwingungsebene linear polarisierten Lichtes, obgleich das einzelne Plättchen optisch inaktiv ist. (Im allgemeinen entsteht dabei elliptisch polarisiertes Licht; das Ausfallsazimut entspricht dann dem Winkel φ in Abb. 4.21).

Wie die mathematische Untersuchung ergibt, die hier nur gestreift werden kann, wirkt ein Paar gedreht übereinander liegender doppelbrechender Plättchen wie die Kombination eines doppelbrechenden mit einem optisch aktiven Medium. In jedem einzelnen Plättchen breiten sich zwei Wellen aus, die eine, mit der Brechzahl n_1, schwingt parallel x, die andere, mit der Brechzahl n_2, parallel y. Bereits ohne Berücksichtigung einer Reflexion (wobei man die Luft als Medium zwischen den einzelnen Platten selbstverständlich ausschaltet!), findet man eine Drehung als Ergebnis der sukzessiven Zerlegung des Schwingungsvektors und der entstehenden Wegdifferenzen. Bei Beschränkung auf kleine Winkel $\Delta\varphi$ erweist sich diese optische Drehung proportional zu $(\sin\Delta\varphi)/\lambda^2$, ändert ihre Richtung also mit dem Vorzeichen von $\Delta\varphi$, dem Schraubungssinn. Greift man bei gegebener fester Ganghöhe p der Schraube zu einer feineren Unterteilung in Plättchendicke Δz und Drehwinkel $\Delta\varphi$, wobei die Relation

$$\Delta\varphi = 2\pi\frac{\Delta z}{p}$$

besteht, so ist leicht einzusehen, daß die spezifische Drehung $[\alpha]$, die sich nach Division der optischen Drehung durch Δz ergibt, hauptsächlich – und mit zunehmend feinerer Unterteilung schließlich allein – von p abhängt. Man kann daher ohne Schwierigkeiten den Übergang zur kontinuierlichen Schraubenachse vollziehen, wie sie beim cholesterischen Medium vorliegt.

Auch die reflektierte Welle läßt sich in die Betrachtung einbeziehen. Die Reflexion wird dadurch verursacht, daß wegen der Verdrehung benachbarter Plättchen die beiden Wellenkomponenten jeweils eine unstetige Grenzschicht passieren.

Eine ebenfalls für kleine Winkel $\Delta\varphi$ und gleichmäßige Teilungen gültige Näherungsbetrachtung sei hier, unabhängig von der zuvor bechriebenen Drehung, skizziert. Die Zerlegung des Vektors $\boldsymbol{E}$ nach dem Koordinatensystem x', y' der Abb. 4.87 an der Grenzschicht zwischen Plättchen I und II

$$\boldsymbol{E} = E_0\{\cos(\psi - \Delta\varphi),\ \sin(\psi - \Delta\varphi)\}$$

liefert die vier Anteile

$$\boldsymbol{E} = E_0\{\cos\psi\cos\Delta\varphi + \sin\psi\sin\Delta\varphi,\ \sin\psi\cos\Delta\varphi - \cos\psi\sin\Delta\varphi\}\ ,$$

wovon das jeweils erste Glied beider Vektorkomponenten einem Grenzdurchgang ohne Änderung der Wellengeschwindigkeit c_0/n_1 bzw. c_0/n_2 entspricht, während die zweiten Glieder beim Grenzdurchgang ihre Geschwindigkeiten vertauschen und daher Anlaß zu einer reflektierten Welle $\boldsymbol{E}_\mathrm{r}$ geben. Mit dem Reflexionsverhältnis $q_\mathrm{r} = (n_1 - n_2)/(n_1 + n_2)$ der Fresnelschen Formel (4.13) findet man für $n_1 > n_2$:

$$\boldsymbol{E}_\mathrm{r} = q_\mathrm{r} E_0\{-\sin\psi\sin\Delta\varphi,\ -\cos\psi\sin\Delta\varphi\} = -q_\mathrm{r}\sin\Delta\varphi\{E_0\sin\psi,\ E_0\cos\psi\}\ .$$

Die Vorzeichenumkehr der ersten Komponente entsteht dadurch, daß hier eine Reflexion am optisch dichteren Medium (Übergang $n_2 \to n_1$) stattfindet, während die zweite Komponente (Übergang $n_1 \to n_2$) ihr Vorzeichen bewahrt. In diesem unterschiedlichen Verhalten beider Komponenten liegt der Grund für die bemerkenswerte Tatsache, daß das zirkular polarisierte Licht seinen Drehsinn bei der Reflexion beibehält. Die Näherung für $\boldsymbol{E}_\mathrm{r}$ ist um so besser, je kleiner $\Delta\varphi$ ist. Die reflektierte Welle enthält x- und y-Komponente der einfallenden Welle $\boldsymbol{E} = \{E_0 \cos\psi, E_0 \sin\psi\}$ in vertauschter Weise. Das Azimut der reflektierten Welle – wie bisher von x aus gemessen – entspricht daher dem jeweiligen Komplementwinkel $\pi/2 - \psi$:

$$\boldsymbol{E}_\mathrm{r} = -q_\mathrm{r} E_0 \sin\Delta\varphi \left\{\cos\left(\frac{\pi}{2} - \psi\right), \sin\left(\frac{\pi}{2} - \psi\right)\right\}.$$

Die Amplitude der reflektierten Welle bleibt sicher klein, solange die Säule nur aus wenigen Plättchen besteht. Zur Berechnung der Gesamtamplitude müssen die Phasendifferenzen zwischen den Teilwellen bekannt sein. Dazu ist wenigstens noch die nächstfolgende, am Ende des zweiten Plättchens entstehende Reflexion einzubeziehen. Für die Betrachtung sei rechtszirkular polarisiertes Licht, mit $\psi = -\omega t$ bei Blick in Laufrichtung z der Primärwelle, vorausgesetzt. Am Anfang des zweiten Plättchens gilt, unter Vernachlässigung des sehr geringen Reflexionsverlustes $E_0 q_\mathrm{r} \sin\Delta\varphi$, näherungsweise wieder

$$\boldsymbol{E} = E_0 \{\cos(\psi - \Delta\varphi), \sin(\psi - \Delta\varphi)\}.$$

Nach Durchlaufen des Plättchens II ist die Phasenlage durch

$$\psi_{x'} = \psi - \Delta\varphi + 2\pi \frac{\Delta z n_1}{\lambda} \quad \text{und} \quad \psi_{y'} = \psi - \Delta\varphi + 2\pi \frac{\Delta z n_2}{\lambda}$$

gekennzeichnet. Die Doppelbrechung bewirkt eine mit z wachsende Phasendifferenz $\psi_{y'} - \psi_{x'}$ zwischen den beiden parallel x' und y' schwingenden Teilwellen, worauf die Indizes bei ψ hinweisen. Die ausgelöste reflektierte Welle

$$\boldsymbol{E}_\mathrm{r}^{(2)} = -E_0 q_\mathrm{r} \sin\Delta\varphi \left\{\cos\left(\frac{\pi}{2} - \psi_{y'}\right), \sin\left(\frac{\pi}{2} - \psi_{x'}\right)\right\}$$

erreicht am Anfang des zweiten Plättchens die Phasenlage

$$\tilde{\psi}_{x'} = \frac{\pi}{2} - \psi_{y'} + 2\pi \frac{(-\Delta z) n_1}{\lambda} \quad \text{und} \quad \tilde{\psi}_{y'} = \frac{\pi}{2} - \psi_{x'} + 2\pi \frac{(-\Delta z) n_2}{\lambda}.$$

Nach Rückdrehung um $+\Delta\varphi$ auf das Koordinatensystem x, y und Einsetzen der Abkürzungen findet man für die x-Komponente von $\boldsymbol{E}_\mathrm{r}^{(2)}$ die Phasenlage

$$\psi_x = \tilde{\psi}_{x'} + \Delta\varphi = \frac{\pi}{2} - \psi + \left[2\Delta\varphi - 2\pi \frac{\Delta z (n_1 + n_2)}{\lambda}\right],$$

sowie ein gleichlautendes Ergebnis für die y-Komponente. Die Phasendifferenz zwischen zwei sukzessiven Reflexionen enthält die eckige Klammer. Wenn diese Phasendifferenz verschwindet, überlagern sich alle an der Schraubenstruktur reflektierten Teilwellen phasengleich und die Amplitude kann beträchtliche Werte erreichen.

Substituiert man $\Delta\varphi$ durch $(2\pi/p)\,\Delta z$, so liefert das Verschwinden der Phasendifferenz nach kurzer Rechnung die Beziehung

$$\lambda = p\frac{n_1 + n_2}{2};$$

dies aber ist die Resonanzbedingung $\lambda_0 = pn$, die sich somit ebenfalls als unabhängig von der gewählten Unterteilung der Säule erweist. Bei Linksschrauben ($\Delta\varphi < 0$) und rechtszirkular polarisiertem Licht kann dagegen die eckige Klammer offensichtlich nicht verschwinden und die Resonanz bleibt aus. Fällt *linkszirkular* polarisiertes Licht auf die Glimmersäule, so ist $\psi = \omega t$ zu setzen und in allen Phasengliedern muß das Vorzeichen von Δz gewechselt werden. Hier führt offensichtlich nur die *Linksschraube* $\Delta\varphi < 0$ zum Verschwinden der eckigen Klammer und damit zur Resonanz. Da beim Reflexionsvorgang nicht nur das Vorzeichen von ψ ($\psi = \omega t \to \pi/2 - \omega t$), sondern auch die Laufrichtung der Welle ($z \to -z$) umgekehrt wird, bleibt die reflektierte Welle linkszirkular polarisiert.

Ausgehend von dieser Modellvorstellung konnten die wesentlichen Züge des optischen Verhaltens cholesterischer Medien geklärt werden (de Vries 1951; Mauguin 1911 u.a.). Mit der reduzierten Wellenlänge $\lambda' = \lambda/pn$ und $\varrho = q_r q_r^*$ als Abkürzung fand de Vries für die spezifische Drehung $[\alpha]$

$$[\alpha] = \frac{2\pi}{p}\,\frac{\varrho}{2\lambda'^2(1-\lambda'^2)}.$$

Die Formel gibt den steilen Anstieg von $[\alpha]$ bei Annäherung an den Bereich der Totalreflexion ($\lambda' \to 1$), sowie die Vorzeichenumkehr des Drehsinns für $\lambda' \gtrless 1$ richtig wieder. Die Totalreflexion erstreckt sich über den Bereich $\lambda' = 1 \pm q_r$; in diesem Bereich ist die oben stehende Gleichung außer Kraft gesetzt. Bei Linksschraubenstrukturen ist p mit dem negativen Vorzeichen einzusetzen. Ergänzend zeigt Abb. 4.88 in graphischer Darstellung die Reflexionsverhältnisse.

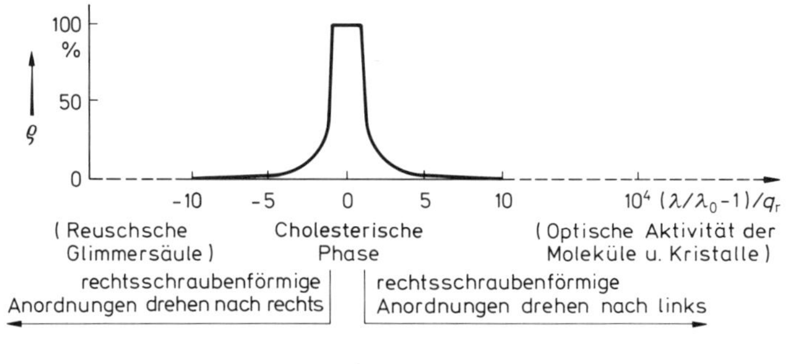

Abb. 4.88 Reflexionsgrad ϱ eines cholesterischen Mediums mit Rechtsschraubenstruktur für rechtszirkular polarisiertes Licht, $\lambda_0 = np$; $q_r = (n_1 - n_2)/(n_1 + n_2)$.

Anwendungen. Die bereits eingangs erwähnten schwachen Bindungskräfte, die den Ordnungszustand mesomorpher Phasen aufrechterhalten, sind durch vielerlei physikalische Einwirkungen leicht zu überwinden. Das macht ohne weiteres verständ-

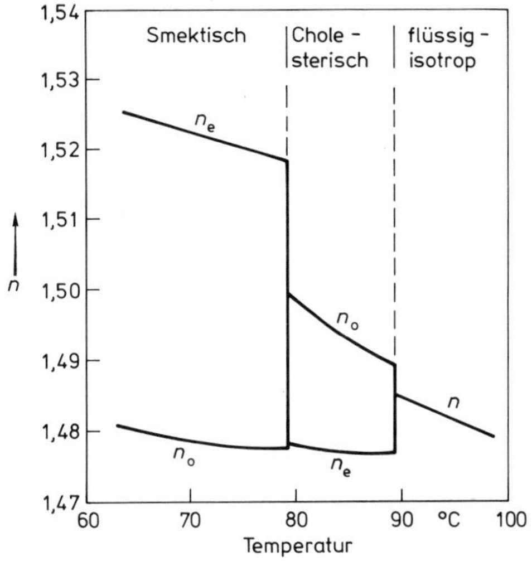

Abb. 4.89 Hauptbrechzahlen für Cholesterindecanoat in Abhängigkeit von der Temperatur (nach Messungen von Gross und Böttcher (1970)).

lich, daß die mesomorphen Phasen zum Teil überaus empfindlich reagieren, wobei das ausgeprägte optische Verhalten, insbesondere in der cholesterischen Phase, Reaktionsnachweise sehr einfach gestaltet. Mesomorphe Phasen besitzen als empfindliche Indikatoren z.B. für Temperatur- und für Ultraschallfelder, für magnetische und für elektrische Felder ein erhebliches, ständig wachsendes technisches Interesse.

In Abb. 4.89 ist als Beispiel die Temperaturabhängigkeit der Brechzahlen von Cholesterindecanoat dargestellt. Die Messungen sind an einem thermostatisierten Refraktometer nach Abbe (siehe Abb. 1.41) durchgeführt. Die Kurven zeigen sehr schön die beiden Unstetigkeiten an den Phasenübergängen smektisch/cholesterisch (bei 79 °C) und cholesterisch/flüssig-isotrop (bei 89 °C), sowie das Umklappen des optischen Charakters (positiv in der smektischen, negativ in der cholesterischen Phase).

In der cholesterischen Phase wächst mit ansteigender Temperatur der mittlere Drehwinkel zwischen Nachbarmolekülen an. Als Folge davon verkürzt sich die Ganghöhe p der Schraubenachse und der Totalreflexionsbereich verschiebt sich nach kürzeren Wellenlängen λ_0, bis schließlich die Fernordnung abreißt und die isotrope Flüssigkeit entsteht. Man hat Substanzen gefunden, etwa Mischungen von Cholesterincaprylat mit Cholesterinoleat, die über ein Temperaturintervall von 1 K reversibel die gesamte Skala sichtbarer Spektralfarben durchlaufen; je nach Mischungsverhältnis der beiden Partner läßt sich die sensible Temperaturstelle auf jeden beliebigen Punkt innerhalb eines breiten Temperaturintervalls einstellen; der heute mit einer großen Auswahl von Substanzen insgesamt erfaßbare Bereich liegt etwa zwischen -50 °C und $+250$ °C. Derart empfindliche *Temperaturindikatoren* erlauben noch Differenzen von 10^{-3} Grad zu erkennen. Cholesterische Temperaturindikatoren werden nicht nur in der zerstörungsfreien Werkstoffprüfung benutzt, sondern haben auch Eingang in die Medizin und in die Biologie gefunden. – In der nematischen Phase läßt sich technisch vor allem die an den Domänengrenzen auftretende *Lichtstreuung* verwerten, wobei die Orientierung der Domänen durch elektrische oder magnetische Felder – selbst großflächig – gesteuert werden kann. (Wirkungsweise: Die nematische Flüssigkeit befindet sich zwischen zwei planparallelen Glasplatten mit so geringem Abstand (etwa 20 µm), daß die Domänen durch Randwirkung einheitlich orientiert sind und die Flüssigkeit klar erscheint. Die Glasplatten besitzen auf ihren Innenseiten durchsichtige, leitende Beläge (z. B. SnO_2); legt man an zwei benachbarte Beläge eine Spannung (etwa 6–20 V) an, so fließt ein (Ionen-) Strom durch das Medium, der die Domänen dort so „verwirbelt", daß an ihren Grenzen die Lichtstreuung stark anwächst und das Medium dort undurchsichtig wird.)

Eine mehr wissenschaftliche Anwendung finden nematische Flüssigkeiten auf Grund ihrer Eigenschaft, anisotrope Moleküle auch in größerer Zahl orientiert einzulagern, so daß man an ihnen richtungsabhängige Eigenschaften messen kann, wie es sonst nur im Kristallzustand möglich wäre. Schließlich soll nicht vergessen werden, daß die mesomorphen Phasen als Studienobjekte für Phasenübergänge ein erhebliches, selbständiges Interesse besitzen und daß sie geeignet sind, unsere Kenntnisse über die Ordnungszustände zu vertiefen. Unsere begründeten Vorstellungen über die Phasenzustände basieren in erster Linie auf der Interpretation der Röntgenbeugungsbilder.

Wie für die optischen Eigenschaften, so hat man ein spezifisches Verhalten der mesomorphen Phasen auch für andere physikalische Eigenschaften, beispielsweise für die Viskosität, feststellen können.

In diesem Abschnitt konnten nur die derzeit wichtigsten flüssigkristallinen Phasen vorgestellt werden. Eine möglicherweise interessante Weiterentwicklung versprechen die in den siebziger Jahren gefundenen *flüssigkristallinen* festen *Polymere*. Es sind hochmolekulare Substanzen, in deren Seitenketten mehr oder weniger bewegliche mesogene (nematische, smektische, discotische, cholesterische) Moleküle eingelagert sind. Mit äußeren Feldern bei höheren Temperaturen eingestellte Orientierungen lassen sich durch Unterschreiten der Glastemperatur bei diesen Substanzen problemlos einfrieren.

Vom theoretischen Standpunkt aus sind schließlich noch die sog. **Blauen Phasen** erwähnenswert, die sich mit einem sehr engen Existenzbereich von nur wenigen zehntel Kelvin aus dem cholesterischen Zustand, kurz unterhalb des Klärpunktes zur flüssig isotropen Phase, entwickeln können. Sie zeichnen sich durch eine plötzlich ansteigende Viskosität aus; bei extrem hoher optischer Aktivität sind sie optisch isotrop. Bisher sind drei natürlich auftretende Modifikationen bekannt geworden, die nach steigender Temperatur als BP-I, BP-II und BP-III bezeichnet werden. BP-I und BP-II sind dreidimensional geordnete Phasen mit kubischer Symmetrie, die sich sogar als *Einkristalle* züchten lassen [7]; man hat ihre Morphologie und Zwillingsbildung kristallographisch untersucht. Die BP-III, die der isotropen Füssigkeit am nächsten steht, ist bereits amorph; wegen ihres optischen Erscheinungsbildes wird die BP-III auch als *Fogphase* bezeichnet.

Die Struktur flüssigkristalliner Ordnungszustände untersucht man in Beugungsexperimenten mit Röntgen- und Lichtwellen. Sofern die strukturellen Perioden vergleichbar mit der Lichtwellenlänge sind, lassen sich die klassischen Weitwinkel-Röntgenbeugungsmethoden (Abschn. 3.11) auf den sichtbaren Bereich übertragen. Er-

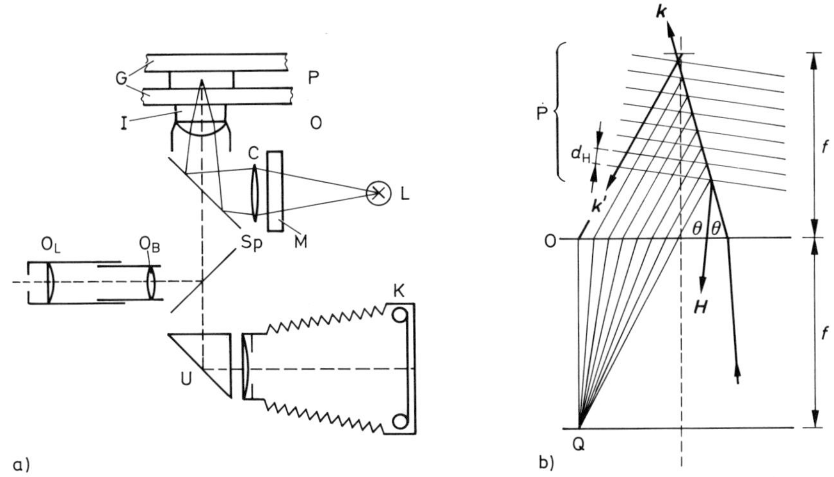

Abb. 4.90 Beobachtung optischer Kossel-Kegel in Flüssig-Einkristallen.
a) Strahlengang im Auflichtmikroskop; L: Lichtquelle, M: (Filter-)Monochromator, C: Beleuchtungskondensor, O: Objektiv, O_B: Amici-Bertrand-Linse, O_L: Okularlupe, Sp: halbdurchlässige Spiegel, U: Umlenkprisma zur photographischen Kamera K, G: planparallele Glasplatten, I: Immersionsöl, P: Flüssig-Einkristallpräparat. Die Objektivlinse O erfüllt hier, im Auflicht, die Aufgabe der beiden Linsen O_1 und O_2 des Durchlichtmikroskopes von Abb. 4.81. b) Entstehung des Interferenzbildes; k, k': Primärstrahl- und Sekundärstrahlrichtung, H: Normale und d_H: Abstandsperiode der beugenden Netzebenenschar, θ: Beugungswinkel, f: Brennpunktsabstand von O; das parallele Sekundärstrahlenbündel der Richtung k' wird vom Objektiv O im Punkt Q der Brennebene fokussiert; k, k', H und Q liegen jeweils in einer gemeinsamen Ebene.

wähnt wurde schon die optische Bragg-Beugung an der Schraubenstruktur cholesterischer Medien. Man hat mit Laserlicht Debye-Scherrer-Aufnahmen an polyflüssigkristallinen Phasen hergestellt und konnte an Flüssig-Einkristallen sogar die nachstehend erklärten Kossel-Kegel erzeugen und untersuchen. An dreidimensional geordneten Phasen erlauben die optischen Beugungsmethoden damit Raumgruppenaussagen, das sind weitergehende Symmetrieaussagen, anhand erkannter Auslöschungsgesetze (s. Bd. 6, Kap. 2).

Optische Kossel-Kegel lassen sich nach Pieranski et al. (1986) mit einem umgebauten Auflichtmikroskop (Metall- oder Erzmikroskop) beobachten. Den Strahlengang zeigt schematisch das linke Teilbild der Abb. 4.90: Über einen halbdurchlässigen Spiegel Sp wird monochromatisches Licht in die Mikroskopachse eingeblendet und mit einem Objektiv O kurzer Brennweite im Flüssig-Einkristallpräparat P fokussiert. Die von P reflektierte Strahlung, deren Weg der zentrale, gestrichelt gezeichnete Strahl skizziert, verzweigt an einem zweiten halbdurchlässigen Spiegel in das Okular O_L und über das Umlenkprisma U in die photographische Kamera K. Das Präparat ist zwischen zwei planparallele Glasplatten in einen umgebenden Thermostaten eingebettet, mit dessen Hilfe die Kristalle an Ort und Stelle gezüchtet werden. Das rechte Teilbild zeigt die Entstehung der Interferenzfigur. Die Zeichenebene ist so gewählt, daß sie den Primärstrahl $\boldsymbol{k}$ und die Normale $\boldsymbol{H}$ eines Netzebenensatzes des Flüssig-Einkristalls enthält. $\boldsymbol{H}$ ist mit Betrag und Richtung durch die Millerschen Indizes *hkl* des Netzebenensatzes festgelegt. $1/H = d_H$ ist die strukturelle Identitätsperiode des Netzebenensatzes, die im Fall kubischer Gitter besonders einfach aus der Gitterkonstanten a folgt (s. Bd. 6, Kap. 2):

$$d_H^2 = \frac{\mathrm{a}^2}{h^2 + k^2 + l^2} .$$

Die einzelnen Netzebenen, deren Spuren eingetragen sind, senden nach dem Reflexionsgesetz Strahlung in Richtung $\boldsymbol{k}'$ aus, die in der Brennebene von O in einem Punkt Q interferiert. Dort entsteht ein Interferenzmaximum, wenn die Wegdifferenz zwischen benachbarten Strahlenwegen gleich λ (oder ein ganzzahliges Vielfaches von λ) ist. Unter Berücksichtigung der Brechzahl n von P gilt dann die Braggsche Gleichung:

$$\frac{\lambda}{n} = 2 d_H \cos\theta ,$$

d. h. nur unter einem ausgezeichneten, durch d_H und λ/n festgelegten Winkel θ entsteht ein Interferenzmaximum. Außer dem eingezeichneten Primärstrahl $\boldsymbol{k}$ erzeugen auch alle rotationssymmetrisch um $\boldsymbol{H}$ laufende Primärstrahlen Interferenzmaxima. Die so ausgezeichneten Primärstrahlen liegen auf einem Kegelmantel um $\boldsymbol{H}$ mit dem halben Öffnungswinkel θ. Auch die Richtungen $\boldsymbol{k}'$ der ausgelösten Sekundärstrahlen liegen auf diesem Kegelmantel. Der geometrische Ort der Interferenzmaxima Q ist die Schnittfigur des Kegelmantels mit der Brennebene von O; es ist eine Ellipse, deren Gestalt durch θ und die Orientierung von $\boldsymbol{H}$ zur Mikroskopachse bestimmt ist. Der beschriebene Kegel heißt *Kossel-Kegel*[27]. Die in der Brennebene von O erzeugte Interferenzfigur, die *Kossel-Linie,* wird von $\mathrm{O_B}$ (einer sog. Amici-Bertrand-Linse) abgebildet und das von ihr entworfene Zwischenbild mit der Okularlupe $\mathrm{O_L}$ betrachtet oder direkt mit der mit einem Teleobjektiv versehenen Kamera K photographiert. Die Linien aus verschiedenen Vektoren $\boldsymbol{H}$ überlagern sich schließlich zum *Kossel-Diagramm.* Der Umfang des Diagramms wird durch die Apertur des Mikroskopobjektivs O begrenzt.

4.13 Induzierte Doppelbrechung in isotropen Stoffen

Bisher war allein die natürliche Doppelbrechung an Kristallen betrachtet worden, deren Ursache in einer entsprechend niedrig symmetrischen Atomanordnung liegt. Wie aber schon in Abschn. 4.5 erwähnt, kann auch bei Stoffen, die sich normalerweise isotrop verhalten, wie etwa Glas, Doppelbrechung auftreten, wenn sie geeigneten äußeren, richtungsabhängigen (und damit symmetrievermindernden) Einflüssen ausgesetzt werden. Auch hier bedingt, wie bei den Kristallen, die Art der Sym-

[27] W. Kossel hat die Entstehung dieses Interferenzeffektes, bei dem die Strahlenquelle ins Präparatinnere gelegt ist, für die Röntgenfluoreszenz in Einkristallen vorausgesagt und 1935 gefunden.

metrieverringerung den Effekt. In entsprechender Weise kann die natürliche Symmetrie der Kristalle herabgesetzt werden, so daß etwa aus einem optisch isotropen Kristall ein optisch einachsiger, aus einem optisch einachsigen ein optisch zweiachsiger entstehen kann. Die Fülle der Möglichkeiten, worunter alle Arten von elastischer Deformation (Druck, Zug, Biegung, Torsion), Temperaturveränderung, elektrische und magnetische Felder usw. zu rechnen sind, ist groß. Hier soll nur ein kurzer Überblick über die Erscheinungen gegeben werden.

Als Beispiel einer elastischen Deformation sei die Biegung eines isotropen Glasstabes (Abb. 4.91) betrachtet. Wenn man ihn – immer in Diagonalstellung – undeformiert zwischen gekreuzte Nicols bringt, so bleibt das Gesichtsfeld selbstverständlich dunkel. Sowie aber der Stab gebogen wird, hellt sich das Gesichtsfeld in charakteristischer Weise auf (Abb. 4.91a): Der Glasstab zeigt sowohl in der oberen Hälfte, in der er durch die Biegung gedehnt wird, wie auch in der unteren, in der er gestaucht wird, eine Aufhellung; zwischen beiden hellen Partien bleibt die mittlere Schicht dunkel; das ist die sog. **neutrale Faser,** in der weder Zug- noch Druckkräfte wirken. Sie allein bleibt isotrop, während die beanspruchten Partien nunmehr doppelbrechend sind (Näheres über den elastischen Zustand bei der Biegung eines Stabes vgl. Bd. 1).

Die Experimente zeigen, daß sich ein elastischer Körper bei *Dehnung* optisch einachsig negativ, bei *Kompression* optisch einachsig positiv verhält, wobei die Richtung der Dehnung oder Kompression aus Symmetriegründen optische Achse wird. Die Spannungsdoppelbrechung ist niedrig; größenordnungsmäßig sind Werte $n_e - n_o \approx 0{,}002$ zu erreichen.

Man kann sich im molekularen Bild die Entstehung einer Spannungsdoppelbrechung leicht klar machen. Da bei Dehnung die Entfernung der Moleküle voneinander vergrößert wird, so muß in der Zugrichtung die Brechzahl n abnehmen, denn nach Abschn. 2.8 ist ja n eine mit der Teilchendichte N_h wachsende Funktion. Andererseits besteht senkrecht zu dieser Richtung Querkontraktion, was die Brechzahl n anhebt. Analoges gilt für die Kompression: in Richtung des Druckes Vergrößerung, senkrecht dazu Verringerung der Brechzahl. In beiden Fällen herrscht um die Richtung von Zug- und Druckkraft als Achse Drehsymmetrie.

Um festzustellen, welche Teile der aufgehellten deformierten Partien (siehe Abb. 4.91a) des Stabes auf Zug (opt −), welche auf Druck (opt +) beansprucht sind. verwendet man eine auch sonst viel benutzte Methode: Man verlegt dan Gangunterschied, den die Doppelbrechung verursacht, in den Bereich der *empfindlichen Far-*

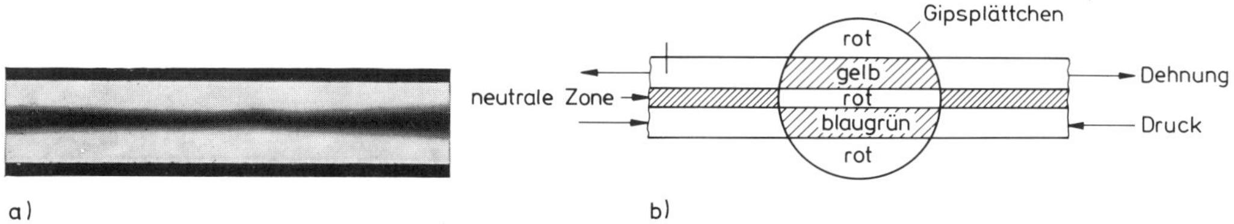

Abb. 4.91 Spannungsdoppelbrechung in einem auf Biegung beanspruchten Glasstab. a) Glasstab in Diagonalstellung zwischen gekreuzten Nicols; b) Unterscheidung von Dehnung und Kompression mittels Gipsplättchen (Rot I. Ordnung). In den gelben Teilen ist der Gangunterschied gegenüber Rot I verringert *(Subtraktionsfarbe)*, in den blaugrünen Teilen vergrößert *(Additionsfarbe)* (Tafel II, Abb. 8).

be, indem man ein Gipsplättchen mit der Gangdifferenz 536 nm (vielfach auch 551 nm), sog. **Gips Rot I. Ordnung,** zusätzlich in Diagonalstellung zwischen die gekreuzten Nicols schiebt. Die Schwingungsrichtungen des Gipsplättchens liegen dann parallel und senkrecht zu den „optischen Achsen" des Glasstabes. In Abb. 4.91 b fällt die Schwingungsrichtung der „langsameren Welle" des Gipsplättchens (das ist diejenige mit der größeren Brechzahl n_γ) mit der Stabrichtung zusammen, die gleichzeitig auch die Schwingungsrichtung des e-Strahls bei der Spannungsdoppelbrechung ist, denn der e-Strahl schwingt in Richtung der optischen Achse. Demnach wirken n_γ und n_e in derselben Schwingungsrichtung und der gesamte Gangunterschied D beträgt

$$D = d_{\text{Gips}}(n_\gamma - n_\alpha) + d_{\text{Glas}}(n_e - n_o)\,.$$

Die optisch isotropen Partien – nämlich die neutrale Faser im Glasstab und das Gesichtsfeld außerhalb des Glasstabes – bringen keinen zusätzlichen Gangunterschied, denn für sie gilt $n_e - n_o = 0$; sie zeigen die unverschobene rote Farbe. Im Bereich der Dehnung (opt −) ist $n_e - n_o$ negativ und der Gangunterschied verringert sich (hier: nach braungelb $\approx$ 430 nm), während er sich im Druckbereich (opt +) vergrößert (hier nach blau $\approx$ 664 nm). Man vergleiche dazu die Tab. 4.15 in Abschn. 4.10.

Der geschilderte Fall ist der Normalfall. Die Verhältnisse können sich jedoch umkehren, wenn der ausgeübte Zug oder Druck das elektrische Moment oder die Eigenfrequenz optischer Dipole beeinflussen. Dann kann eine entgegengesetzte dipolspezifische Änderung der Brechung die dichtebedingte kompensieren („Pockelsche Gläser") oder sogar überwiegen. Beispiele sind PbO- und BaO-haltige Gläser.

Ein anderes Beispiel ist in Abb. 4.92 dargestellt. Es zeigt die Spannungsdoppelbrechung in einem rechteckigen Glasstück, das in einer Presse zwischen den Punkten a und b gedrückt wird. Zwischen gekreuzten Nicols sieht man eine deutliche Aufhellung des Glases an den verspannten Stellen. Das schwarze Kreuz ist durch die

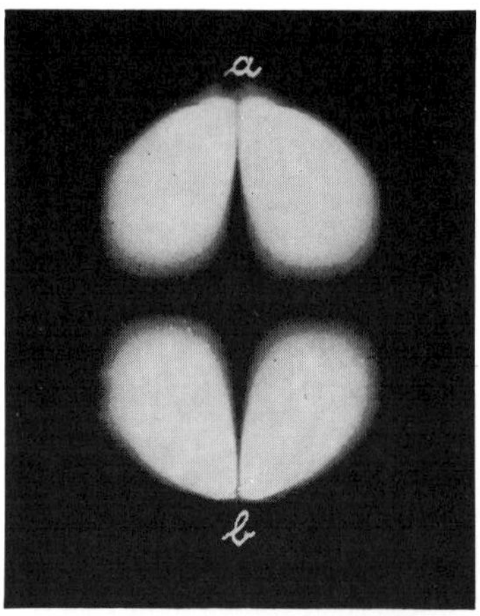

Abb. 4.92 Auf Druck beanspruchtes rechteckiges Glasstück zwischen gekreuzten Nicols.

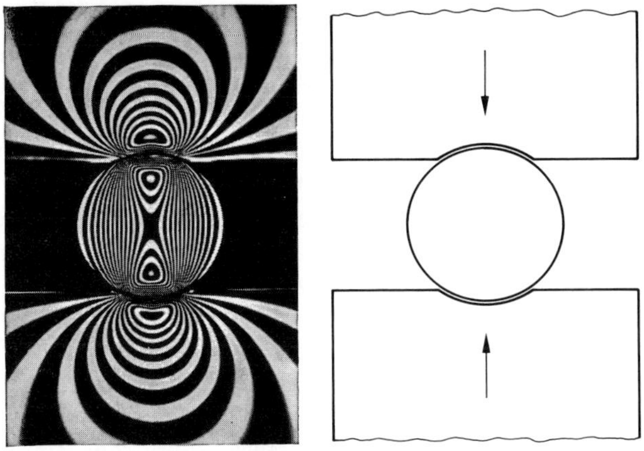

a) b)

Abb. 4.93 Isochromaten a) im Modell einer Zylinderpressung, b) Modellteile aus Phenolkunstharz, 10 mm stark; Belastung 250 kp (≈ 2,5 kN). (Aufnahme W. Prigge, Physikalisch-Technische Bundesanstalt).

Stellung von Polarisator und Analysator gegeben. Das Gipsplättchen kann dann weiteren Aufschluß über Größe und Vorzeichen der Deformationskräfte geben. Da es bekanntlich keine starren Körper gibt, sondern jedes Material, auch das festeste, elastisch ist, ist es von großer Wichtigkeit, die Verteilung der Beanspruchung genau zu kennen. Das Mittel dazu ist die optische Untersuchung, die man vielfach an verkleinerten Modellen (aus durchsichtigem Kunstharz) anstellt; dieser Zweig der angewandten Optik (sog. **Spannungsoptik**), der bis zur Gebirgsmechanik reicht, besitzt große Bedeutung.

Abb. 4.93 zeigt ein besonders schönes Beispiel an einem Modell aus Phenolkunstharz von 10 mm Dicke, nämlich eine Zylinderpressung zwischen ebenen Backen, an denen entsprechend der plastischen Verformung zylindrisch gekrümmte Mulden auftreten; der angewandte Druck im Modell betrug 2500 N.

Ein einfacher Demonstrationsversuch zur Spannungsdoppelbrechung ist von A. Kundt angegeben worden: Ein Glasstab, in Diagonalstellung zwischen gekreuzten Nicols, wird sofort sichtbar, wenn man den Stab durch Reiben zu longitudinalen Schwingungen anregt. Die Dichteschwankungen der Schallwellen machen sich durch Doppelbrechung bemerkbar. Hierher gehört auch das in Bd. 1 demonstrierte Sichtbarmachen der Chladnischen Klangfiguren von Glaszylindern, die zwischen gekreuzten Nicols zu hochfrequenten Eigenschwingungen angeregt wurden. *Permanente Spannungsdoppelbrechung* trifft man in der Natur z. B. bei Kristallen an, die Gemengteile tektonisch stark gepreßter Gesteine sind. Künstlich findet man sie bei rasch abgekühlten Gläsern (Tafel II, Abb. 7 u. 9); dabei bilden sich im Innern starke Spannungen durch rasches Zusammenziehen der Oberfläche aus. Optische Gläser müssen absolut spannungsfrei sein; auch deren Fassungen können in dern Gläsern störende Spannungsdoppelbrechung (durch Einspannen, Verbiegen) hervorrufen.

Bei sehr schwacher Doppelbrechung lassen sich deutlichere Farbeffekte erzielen, wenn man die Schwingungsrichtungen des Gipsplättchens nicht diagonal, sondern subparallel zu den Schwingungsrichtungen der gekreuzten Nicols ausrichtet. Diese Möglichkeit bietet der **Laves-Ernst-Kompensator,** bei dem das Gipsplättchen um wenige Winkelgrade nach beiden Seiten über die Auslöschungsstellung hinweg beweglich ist. Das Präparat verbleibt dabei weiterhin in Diagonalstellung. Steht der Laves-Ernst-Kompensator streng parallel zu den Nicols, zeigt er keine Wirkung. Das schwach doppelbrechende Medium erhellt kaum das Gesichtsfeld, denn die entstehenden Schwingungsellipsen sind sehr schmal, mit ihrer großen Achse dem Polarisator parallel, weshalb der Hauptteil der Strahlung vom Analysator gesperrt wird. Durchfährt man mit dem Kompensator die Dunkelposition, werden Additions- und Subtraktionsbereich der Gangunterschiede vertauscht. Die dabei vertauschten lichtschwachen, gut erkennbaren Interferenzfarben sind jedoch nur dann symmetrisch zur Dunkelstellung, wenn die Präparatesymmetrie eine Lagedispersion der Strahlenfläche ausschließt. Bei fehlender Symmetrie bewirken die wellenlängenabhängigen Dunkelstellungen des Präparates charakteristische, sehr eindrucksvolle Farbwechsel.

Ebenfalls sehr schmale Schwingungsellipsen liefert das Reflexionsbild anisotroper, stark absorbierender Medien unter dem Erzmikroskop. Hier ermöglicht der Laves-Ernst-Kompensator die qualitative *Bestimmung der Phasensprungdifferenz,* die bei der Reflexion entsteht. Die Farbspiele des Kompensators sind charakteristisch für das kristalline Medium und die Orientierung seiner Reflexionsfläche zum Kristallachsenkreuz (Tafel II, Abb. 5 u. 6). Die empfindlichste Kompensatorstellung hängt von der Phasensprungdifferenz ab; hohe Werte können nach Gl. (4.22b) insbesondere dann entstehen, wenn die Brechung n_1 des Einbettungsmittels sehr nahe oder sogar zwischen den Brechzahlen $n_{2,1}$ und $n_{2,2}$ des Präparates liegt. Die Ellipsen werden dann breiter und die farbempfindliche Stellung nähert sich zunehmend der Diagonallage des Gips-Rot-I.

Elektrische Felder erzeugen in isotropen Stoffen, und zwar in allen Aggregatzuständen, Doppelbrechung; dieser Effekt wurde von J. Kerr (1875) entdeckt und wird nach ihm als **elektrooptischer Kerr-Effekt** bezeichnet. Er ist besonders stark bei Nitrobenzol und Nitrotoluol. Zum Nachweis der Erscheinung benutzt man einen Kondensator, der bei Untersuchung von Flüssigkeiten und Gasen in ein kleines Glasgefäß eingebaut ist, das dann mit der betreffenden Substanz gefüllt wird; feste Stoffe bringt man in Plattenform unmittelbar zwischen die beiden Kondensatorplatten. Beim Anlegen eines elektrischen Feldes (Gleich- oder Wechselspannung) wird der Stoff doppelbrechend; man erkennt das wiederum an der Aufhellung des Gesichtsfeldes bei gekreuzten Nicols, zwischen denen sich die **Kerr-Zelle** in Diagonalstellung befindet. Aus Symmetriegründen ist die Doppelbrechung einachsig und die optische Achse liegt in Feldrichtung. Die normale Brechzahl des Stoffes wird für die Schwingungsrichtung parallel zum Feld (e-Strahl) abgeändert in n_e, für Schwingungsrichtungen senkrecht dazu in n_o, wobei man experimentell die Beziehung

$$n_e - n_o = K \lambda E^2$$

findet, K ist die **Kerr-Konstante,** λ die Wellenlänge des benutzten Lichtes, E der Betrag der elektrischen Feldstärke. $n_e - n_o$ gibt die Doppelbrechung an, die positiv oder negativ sein kann. Die nachstehende Tab. 4.17 enthält einige Werte der Kerr-Konstante.

Tab. 4.17 Kerr-Konstante einiger Flüssigkeiten.

Flüssigkeit	Kerr-Konstante in $m V^{-2}$ gemessen bei 20 °C mit der Wellenlänge $\lambda = 589 \cdot 10^{-9}$ m
Benzol	$0{,}67 \cdot 10^{-14}$
Kohlenstoffdisulfid	$3{,}590 \cdot 10^{-14}$
Chloroform	$-3{,}85 \cdot 10^{-14}$
Wasser	$5{,}23 \cdot 10^{-14}$
Nitrotoluol	$137 \cdot 10^{-14}$
Nitrobenzol	$245 \cdot 10^{-14}$

Die Kerr-Konstante für feste Körper (Gläser) ist um rund eine Zehnerpotenz kleiner als diejenige der Flüssigkeiten, während die der Gase (unter Normalbedingungen) um rund drei Zehnerpotenzen niedriger liegt.

Zwei unterschiedliche Mechanismen sind bei der Entstehung des Kerr-Effektes möglich: Werden polare Moleküle (Tab. 4.17) entlang den Feldlinien ausgerichtet, so entsteht der *Orientierungs-Kerr-Effekt*. Werden nur die Orbitale der Elektronen beeinflußt, entsteht der *elektronische Kerr-Effekt*.

Der Kerr-Effekt ist dadurch ausgezeichnet, daß er auch noch bei sehr rasch wechselnden Feldern praktisch trägheitslos eintritt. Da für $E = 0$ die Doppelbrechung verschwindet, sperrt die Kombination [Polarisator – Kerr-Zelle – gekreuzter Analysator] in jeder Halbperiode eines Hochfrequenzfeldes einmal den Lichtdurchgang. Die Kerr-Zelle eignet sich daher hervorragend als *hochauflösender Lichtverschluß*. Die untere Grenze der Verschlußzeit ist durch die Relaxationszeit τ der Moleküle gegeben, die man mit Laserpulsen über den Kerr-Effekt gemessen hat (Nitrobenzol: $\tau = 4 \cdot 10^{-11}$ s; CS_2: $\tau = 2 - 5 \cdot 10^{-12}$ s).

Bemerkt sei noch, daß A. Cotton und H. Mouton (1907) eine dem Kerr-Effekt analoge, aber viel kleinere *magnetische Doppelbrechung* gefunden haben, für die

$$n_e - n_o = K' \lambda H^2$$

gilt; H = Betrag der magnetischen Feldstärke, optische Achse parallel $\boldsymbol{H}$.

Bereits im Jahre 1846 hat M. Faraday eine andere magnetische Einwirkung auf die Lichtfortpflanzung in isotropen Medien gefunden. Sie ruft eine *künstliche zirkulare Doppelbrechung* hervor und wird allgemein als *Faraday-Effekt* oder *Magnetorotation* bezeichnet: Bringt man ein durchsichtiges isotropes Material in ein starkes longitudinales Magnetfeld und schickt längs der Feldrichtung linear polarisiertes Licht durch das Material, so wird die Schwingungsebene des Lichtes gedreht. Der Winkel α, um den die Schwingungsebene gedreht wird, ist der magnetischen Feldstärke H und der Länge l des im Feld befindlichen durchstrahlten Materials proportional:

$$\alpha = \omega l H .$$

Die Stoffkonstante ω bezeichnet man vielfach als *Verdet-Konstante*[28].

[28] Nach E. Verdet (1854), der neben G. Wiedemann (1851) die ersten exakten Bestimmungen von ω ausführte.

Auch dieser Effekt steht im Einklang mit dem Symmetrieprinzip: Da die magnetische Feldstärke $\boldsymbol{H}$ durch einen „axialen“ Vektor dargestellt wird, der mit seiner Richtung gleichzeitig auch einen Umlaufsinn beschreibt (etwa den eines elektrischen Stromes, der dieses Magnetfeld erzeugt), wird in einem isotropen Stoff durch $\boldsymbol{H}$ die Symmetrie in der Weise erniedrigt, daß mit der Feldrichtung eine Rechtsschraubung, *entgegen* der Feldrichtung eine Linksschraubung eingeführt wird. Ein Schraubungssinn (der bei den natürlich aktiven Stoffen materiell in deren Atomanordnung begründet ist und dann in Richtung und Gegenrichtung gleich ist!) kann sich optisch in einer Drehung der Schwingungsebene bemerkbar machen. Die physikalische Deutung findet man beim Zeeman-Effekt in Abschn. 4.14.

Der Faraday-Effekt zeigt sich sehr deutlich an Bleisilicat, das man in die Achse einer stromdurchflossenen Spule zwischen zwei gekreuzte Nicols bringt. Da α proportional H ist, hängt das Vorzeichen der Drehung von der Feldrichtung (in Bezug der Lichtrichtung) ab: Polt man die Magnetspule und damit die Feldrichtung um, ändert sich unter sonst gleichen Bedingungen das Vorzeichen von α; d. h. die Schwingungsebene des Lichtes wird in die entgegengesetzte Richtung gedreht, was weiter bedeutet, daß der Schraubungssinn, mit dem sich die Schwingungsebene entlang der Feldrichtung windet, umgedreht ist. Das gleiche Resultat findet man, wenn man statt der Feldrichtung die Laufrichtung des Lichtes umkehrt. Zusammenfassend ergeben die Versuche: *Läuft das Licht in der Feldrichtung, so folgt seine Schwingungsebene (bei positivem ω) einer Rechtsschraubung, läuft es der Feldrichtung entgegen, folgt die Schwingungsebene einer Linksschraubung.* Läßt man daher das Licht nach einer Spiegelung noch einmal denselben Weg im magnetisierten Stoff rückwärts durchlaufen, so verdoppelt sich der Drehwinkel[29] α. Auf diese Weise gelang es seinerzeit Faraday, durch mehrfache Spiegelung die Größe der Drehung zu vervielfachen. Das ist bei der natürlichen Aktivität nicht der Fall. Tab. 4.18 enthält die Verdet-Konstante einiger Stoffe, gemessen in Na-Licht als Drehwinkel/Stromstärke.

Auf der Tatsache, daß bei der magnetischen Drehung der Schwingungsebene des Lichtes der Drehsinn von der Feldrichtung abhängt, beruht folgender Versuch: Wählt man bei einem magnetisch drehenden Stoff die Magnetisierung so stark, daß eine Drehung der Schwingungsebene des Lichtes um 45° erfolgt – bei einer 1 cm

Tab. 4.18 Verdet-Konstante einiger Stoffe für Na-D-Licht.

Stoff	Verdet-Konstante in Winkelminuten/Ampere	Stoff	Verdet-Konstante in Winkelminuten/Ampere
Bleisilicatglas	0,0711	m-Xylol	0,0312
Natriumchlorid	0,0467	Nitrobenzol	0,0271
Quarz	0,0209	Wasser	0,0163
Monobromnaphthalin	0,1029	Kohlendioxid	$0{,}1083 \cdot 10^{-4}$
Kohlenstoffdisulfid	0,0529	Sauerstoff	$0{,}0702 \cdot 10^{-4}$
Benzol	0,0380	Wasserstoff	$0{,}0675 \cdot 10^{-4}$

[29] Die Drehung der Schwingungsebene folgt daher stets dem Stromlauf in der Magnetspule.

dicken Schicht von Monobromnaphthalin sind dazu etwa $2{,}6 \cdot 10^6\,A/\mathrm{m}$ erforderlich –, so findet durch einen um 45° gegen den Polarisator verdrehten Analysator eine vollkommene Auslöschung des Lichtes statt, wenn die Analysatordrehung und die magnetische Drehung entgegengesetztes Vorzeichen haben. Die betreffende Anordnung ist also in der gewählten Richtung für einfarbiges Licht undurchlässig. Schickt man aber das Licht in der umgekehrten Richtung hindurch, ohne dabei die Stellung von Analysator und Polarisator zu verändern, so findet keine Auslöschung des Lichtes statt; die Anordnung ist vielmehr für diese Lichtrichtung vollkommen durchsichtig. Das jetzt durch den Analysator polarisierte Licht wird nämlich wieder um 45° in dem magnetisierten Stoff gedreht, und zwar in derselben Richtung wie bei dem vorangehenden Versuch, so daß seine Schwingungsebene nach dem Durchgang durch das magnetisierte Medium parallel zur Durchlaßrichtung des jetzt als Analysator dienenden Polarisators liegt. Man hat damit eine Anordnung, die in der einen Richtung lichtdurchlässig, in der entgegengesetzten Richtung aber lichtundurchlässig ist *(Rayleighsche Lichtfalle)*. Auf den ersten Blick scheint dieses Ergebnis im Widerspruch zu dem Satz von der Umkehrbarkeit des Lichtweges zu stehen. Dies ist jedoch nicht der Fall, da dieser Satz, wie H. v. Helmholtz gezeigt hat, nur gilt, wenn kein Magnetfeld vorhanden ist.

Die Rayleighsche Lichtfalle findet vor allem in der Lasertechnik praktische Verwendung, um unerwünschte Rückstreuung und Reflexion von Laserstrahlung zu verhindern. Obgleich die Methode im Prinzip recht einfach ist, gibt es nicht viele Stoffe, die die Anforderungen der Praxis erfüllen: Das Material darf keine Doppelbrechung besitzen (s. Abschn. 4.9), auch keine Spannungsdoppelbrechung, denn dabei entstünde elliptisch polarisiertes Licht, das mit keiner Polarisatorstellung auslöschbar ist. Auch darf das Material die Lichtstrahlung nicht wesentlich absorbieren, da dies bei den hohen Laserleistungen zu störenden, ja zerstörenden Aufheizungen führen würde. Die erwünschten kurzen Strahlenwege verlangen hohe Verdet-Konstanten. Letztere findet man vorwiegend bei para- und ferrimagnetischen Stoffen, die – im Gegensatz zu diamagnetischen Stoffen – starke Temperaturabhängigkeit ihrer Verdet-Konstanten zeigen. Um den Temperatureinfluß gering zu halten, muß das Material gute Wärmeleitfähigkeit besitzen. Eine gewisse Abhilfe schafft auch die kombinierte Verwendung von Materialien mit entgegengesetztem Temperaturverhalten, etwa das Paar Y-Fe-Granat (neg. TK) und Gd-Fe-Granat (pos. TK). Vornehmlich im Infrarotbereich (bis 1000 nm) bewährt sich Tb-Ga-Granat. Granate sind kubische, also optisch isotrope, Kristallstrukturen mit der allgemeinen Zusammensetzung $X_3Y_2Z_3O_{12}$, worin die Z-Position vorwiegend mit Si, teilweise aber auch mit Al oder P (einige Prozent) besetzt sind.

Besonders starke Magnetorotation zeigen nach A. Kundt (1884) durchsichtige Eisen-, Nickel- und Cobaltschichten, die man durch Kathodenzerstäubung auf Glas herstellen kann. Bei einer Schichtdicke von 10 µm dreht Eisen bei magnetischer Sättigung (etwa $1{,}5\,\mathrm{Vs/m^2}$ entsprechend 15000 Gauß) die Schwingungsebene von Natriumlicht um 195°, Nickel um 75°.

In diesem Zusammenhang mag erwähnt werden, daß nach J. Kerr (1877) die Schwingungsebene linear polarisierten Lichtes auch dann gedreht wird, wenn das Licht an der polierten Fläche eines starken Magneten reflektiert wird *(magnetooptischer Kerr-Effekt)*.

4.14 Zeeman-Effekt und Stark-Effekt

M. Faraday hatte während der Mitte des letzten Jahrhunderts, zur Bekräftigung seiner schon damals gehegten Vermutung, daß Licht ein elektromagnetischer Vorgang sein müsse, Versuche angestellt, um einen Einfluß magnetischer und elektrischer Felder auf optische Erscheinungen zu finden. In der Tat beobachtete er 1846, daß ein magnetisierter Stoff die Schwingungsebene linear polarisierten Lichtes zu drehen vermag, wobei das Licht den Stoff parallel der Feldrichtung durchquert; dieser **Faraday-Effekt** wurde bereits im vorangehenden Abschnitt beschrieben und soll hier im Zusammenhang mit der nachstehend behandelten Erscheinung seine physikalische Erklärung finden.

Im Jahre 1896 entdeckte P. Zeeman, daß die Strahlung einer monochromatischen Lichtquelle durch ein Magnetfeld verändert wird **(Zeeman-Effekt).** Auch diesen Versuch hatte bereits Faraday angestellt, jedoch ohne Erfolg; wie wir heute wissen, mußte Faradays Versuch deshalb negativ ausfallen, weil man damals weder über hinreichend starke Magnetfelder noch über Spektralapparate von genügendem Auflösungsvermögen verfügte. Zeeman arbeitete ursprünglich mit dem Licht der D-Linien einer leuchtenden Na-Flamme; er brachte die Flamme zwischen die Pole eines starken Elektromagneten und suchte sowohl parallel wie senkrecht zu den magnetischen Kraftlinien nach Frequenzänderungen und Polarisationserscheinungen der (normalerweise unpolarisierten) emittierten Strahlung. Bei seinen Beobachtungen entdeckte er sowohl Verbreitungen der ausgesandten Spektrallinien als auch an ihren Rändern Polarisationseffekte. Damit war grundsätzlich das erreicht, was Faraday vergeblich angestrebt hatte. (Übrigens sind die Na-Linien für den Versuch weniger geeignet, schon deshalb, weil sie ein Dublett bilden; vgl. hierzu weiter unten.)

H.A. Lorentz, dem Zeeman von seinen vorläufigen Ergebnissen berichtet hatte, untersuchte nun theoretisch, was ein möglichst einfaches Modell der Lichtquelle unter diesen Bedingungen erwarten ließ. Er nahm an, daß in der Lichtquelle geladene Teilchen Schwingungen ausführen, analog dem Hertzschen Oszillator (dessen Strahlung z. B. in Bd. 2 ausführlich untersucht wird). Ein derart schwingendes Teilchen (Masse m, Ladung e) sei aus der Lichtquelle herausgegriffen und im folgenden näher betrachtet: Bei einer Verrückung r aus der Ruhelage werde es durch eine rücktreibende Kraft (Bd. 1) $-ar$ in diese zurückgezogen; es führt dann harmonische Schwingungen mit der Eigenfrequenz

$$\nu_0 = \frac{\alpha}{2\pi\sqrt{m}}$$

um seine Ruhelage aus. Die Ruhelage möge der Ursprung eines orthogonalen Koordinatensystems x, y, z bilden. Projiziert man die im allgemeinen elliptische Bahn des Teilchens auf die Koordinatenachsen, so gilt in allen drei Richtungen die nämliche Schwingungsgleichung

$$\frac{d^2x}{dt^2} + 4\pi^2\nu_0^2 x = 0\,; \quad \frac{d^2y}{dt^2} + 4\pi^2\nu_0^2 y = 0\,; \quad \frac{d^2z}{dt^2} + 4\pi^2\nu_0^2 z = 0\,.$$

Alle drei Freiheitsgrade führen identische Schwingungen der Frequenz ν_0 aus, und da die einzelnen Teilchen in der ausgedehnten Lichtquelle ganz unregelmäßig angeordnet sind, sendet die Lichtquelle nach allen Seiten unpolarisiertes („natürliches") Licht aus.

Nun werde ein homogenes Magnetfeld von der Flußdichte $\boldsymbol{B} = \mu_0 \boldsymbol{H}$ am Ort der Lichtquelle erzeugt, und zwar so, daß die Richtung von $\boldsymbol{B}$ mit der positiven z-Achse zusammenfällt; dann verläuft die z-Schwingung parallel zum Magnetfeld, die x und die y-Schwingung senkrecht dazu. Da das Teilchen eine Ladung trägt, stellt es in Bewegung einen elektrischen Strom dar, auf den das Magnetfeld nach dem Biot-Savartschen Gesetz die Kraft

$$\boldsymbol{F} = e\,\boldsymbol{v} \times \boldsymbol{B} \quad \text{mit} \quad \boldsymbol{B} = \{0, 0, B\} \quad \text{und} \quad \boldsymbol{v} = \left\{\frac{\mathrm{d}x}{\mathrm{d}t}, \frac{\mathrm{d}y}{\mathrm{d}t}, \frac{\mathrm{d}z}{\mathrm{d}t}\right\}$$

ausübt. Da die Kraft F normal auf B steht, kann sie nur die x- und y-Schwingungen verändern und es gilt:

$$\frac{\mathrm{d}^2 x}{\mathrm{d}t^2} + 4\pi^2 \nu_0^2 x - \frac{e}{m}\frac{\mathrm{d}y}{\mathrm{d}t} B = 0\,; \quad \frac{\mathrm{d}^2 y}{\mathrm{d}t^2} + 4\pi^2 \nu_0^2 y + \frac{e}{m}\frac{dx}{dt} B = 0\,;$$

$$\frac{\mathrm{d}^2 z}{\mathrm{d}t^2} + 4\pi^2 \nu_0^2 z = 0\,.$$

Die beiden ersten Gleichungen sind durch das Magnetfeld miteinander gekoppelt; sie lassen sich vereinfachen, indem man die zweite mit $\mathrm{i} = \sqrt{-1}$ multipliziert und einmal zur ersten addiert, einmal von ihr subtrahiert. Mit den neuen Größen

$$x + \mathrm{i}y = \underline{\varrho}\,; \quad x - \mathrm{i}y = \underline{\sigma}$$

entstehen die folgenden Gleichungen:

$$\frac{\mathrm{d}^2 \underline{\varrho}}{\mathrm{d}t^2} + 4\pi^2 \nu_0^2 \underline{\varrho} + \mathrm{i}\frac{e}{m} B \frac{\mathrm{d}\underline{\varrho}}{\mathrm{d}t} = 0\,,$$

$$\frac{\mathrm{d}^2 \underline{\sigma}}{\mathrm{d}t^2} + 4\pi^2 \nu_0^2 \underline{\sigma} - \mathrm{i}\frac{e}{m} B \frac{\mathrm{d}\underline{\sigma}}{\mathrm{d}t} = 0\,.$$

Setzt man zur Integration die nachstehenden (partikulären) Lösungen mit den drei (reellen) Konstanten A_1, A_2 und C an,

$$\underline{\varrho} = A_1 \exp \mathrm{i}\,2\pi\nu_1 t\,; \quad \underline{\sigma} = A_2 \exp \mathrm{i}\,2\pi\nu_2 t\,; \quad \underline{z} = C \exp \mathrm{i}\,2\pi\nu_0 t\,,$$

so liefert ihr Einsetzen für die modifizierten Frequenzen ν_1 und ν_2 die quadratischen Bestimmungsgleichungen

$$\nu_1^2 + \nu_1 \frac{e}{2\pi m} B = \nu_0^2 \quad \text{sowie} \quad \nu_2^2 + \nu_2 \frac{e}{2\pi m} B = \nu_0^2\,.$$

Die Auflösung führt in Anbetracht des Umstandes, daß $(e\,B/4\pi m)^2 \ll \nu_0^2$ ist, zu

$$\nu_1 = \nu_0 - \frac{e}{4\pi m} B; \quad \nu_2 = \nu_0 + \frac{e}{4\pi m} B\,.$$

Diese Gleichungen liefern die neuen, durch das Magnetfeld erzeugten Frequenzen der x- und y-Komponente, wozu noch die unveränderte Frequenz ν_0 der z-Komponente tritt.

Was wird nun beobachtet? Um eine feste Vorstellung zu haben, möge die x,y-Ebene mit der Papierebene zusammenfallen und die positive z-Achse, also die Feldrichtung, von hinten nach vorn auf den Beobachter zu laufen. Dann kann man zunächst feststellen – da von der Komponente $z = C \exp \mathrm{i} 2\pi \nu_0 t$ in der Feldrichtung keine Strahlung ausgesandt wird –, *daß bei „longitudinaler" Beobachtung eine Welle der Frequenz* ν_0, *d.h. die usprüngliche Spektrallinie, nicht beobachtet werden kann.* Dagegen senden die x- und y-Komponente parallel der z-Richtung Strahlung mit den Frequenzen ν_1 und ν_2 aus; während man ohne Feld die unveränderte Spektrallinie der Frequenz ν_0 beobachtet, spaltet die Linie unter der Einwirkung des Magnetfeldes in zwei Linien auf, die eine mit der Frequenz ν_1, die zweite mit ν_2, was in einem Spektrometer hinreichender Auflösung (z.B. Gitterspektrometer) tatsächlich festgestellt wird. Die neu entstandenen Spektrallinien liegen zu beiden Seiten der ursprünglichen (nun nicht mehr sichtbaren) Linie in einem Frequenzabstand

$$\Delta \nu = \pm \frac{e}{4\pi m} B = \pm \frac{e \mu_0}{4\pi m} H .$$

Longitudinal beobachtet man also ein *Dublett.* – Auch über den Polarisationszustand liefert die Theorie eine Aussage: Trennt man in den Ansätzen für $x \pm \mathrm{i} y$ Real- und Imaginäranteile, so folgt:

$$x = A_1 \cos 2\pi \nu_1 t , \quad y = A_1 \sin 2\pi \nu_1 t ,$$

bzw.

$$x = A_2 \cos 2\pi \nu_2 t ; \quad y = -A_2 \sin 2\pi \nu_2 t .$$

Beide Gleichungspaare stellen Kreisbewegungen dar; die Schwingung der Frequenz ν_1 bildet in einer in positiver z-Richtung laufenden Welle (d.h. wenn man der Feldrichtung entgegenblickt) eine Rechtsschraube. Von dem bewegten Teilchen geht also eine *rechtszirkular polarisierte Welle* aus. Entsprechend geht die Schwingung der Frequenz ν_2 entgegen dem Uhrzeigersinn vor sich, d.h. die Welle mit der Frequenz ν_2 ist eine *linkszirkular polarisierte Welle.* Der Polarisationszustand kann in der üblichen Weise ($\lambda/4$-Plättchen und Nicol vor dem Spektrometerspalt) festgestellt werden. Zusammenfassend ergibt sich: Die Frequenz $\nu_1 = \nu_0 - e \mu_0 H / 4\pi m$ gehört zur einer rechtszirkular polarisierten, die Frequenz $\nu_2 = \nu_0 + e \mu_0 H / 4\pi m$ zu einer linkszirkular polarisierten Welle. Ob $\nu_1 > \nu_0$ oder $\nu_2 > \nu_0$ ist, hängt vom Vorzeichen der Ladung e ab; der Versuch liefert für e eine negative Ladung. Aus dem beobachteten Wellenlängenunterschied $\Delta\lambda = -\lambda^2 \Delta\nu / c_0$ bei gegebener Feldstärke H ergibt sich schließlich das Verhältnis e/m zu:

$$\frac{e}{m} = \frac{4\pi c_0}{\lambda \mu_0 H} \frac{\Delta\lambda}{\lambda} \approx 1{,}77 \cdot 10^{11}\,\mathrm{C\,kg^{-1}} .$$

Das entspricht der *spezifischen Ladung e/m für Elektronen,* womit man zum erstenmal die Natur der „schwingenden Teilchen" festgestellt hatte. (Man muß bedenken, daß Begriff und Eigenschaften des Elektrons erst 1897 erkannt wurden (J.J. Thomson und Ph. Lenard).).

Es bleibt noch zu erörtern, was „transversal", d.h. senkrecht zur Feldrichtung beobachtet wird, etwa wenn man parallel der y-Richtung blickt. Die Schwingung $C \cos 2\pi \nu_0 t$ sendet in die Beobachtungsrichtung eine Welle aus, die parallel zur Feld-

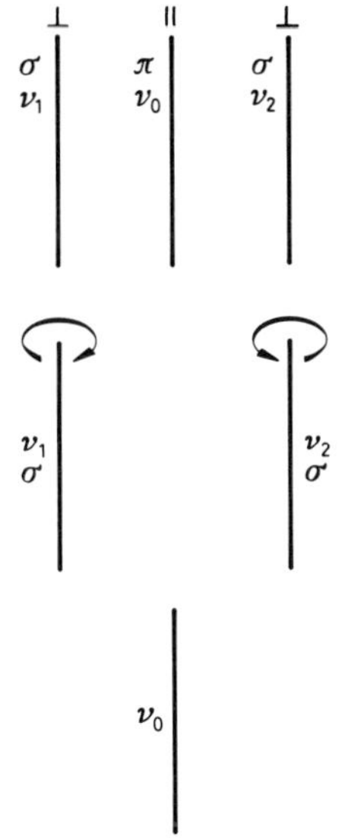

Abb. 4.94 Zeeman-Aufspaltung. Oben: transversal, Mitte: longitudinal.

richtung z linear polarisiert ist und die mit ihrer Frequenz ν_0 der ursprünglichen Spektrallinie entspricht. Ferner ist von den Schwingungen $x + \mathrm{i}y = A_1 \exp \mathrm{i} 2\pi \nu_1 t$ wegen des transversalen Charakters der Lichtwelle nur die x-Komponente $A_1 \cos 2\pi \nu_1 t$ beobachtbar, da die y-Komponente in y-Richtung nicht strahlt; das führt wiederum zu einer linear polarisierten, jedoch parallel der x-Richtung schwingenden Welle mit der Frequenz ν_1. Auch von der Schwingung $x - \mathrm{i}y = A_2 \exp \mathrm{i} 2\pi \nu_2 t$ bleibt die x-Komponente sichtbar; auch sie ist parallel x linear polarisiert. Somit beobachtet man *transversal* ein *Triplett* mit den Frequenzen $\nu_1 > \nu_0 > \nu_2$[30]. Abb. 4.94 gibt das Gesamtergebnis wieder.

Einige quantitative Angaben sind noch nachzuholen: Drückt man in der Gleichung $\Delta\nu = e\mu_0 H/4\pi m$ die Frequenzänderung durch die Wellenlängenänderung aus, so kann man die Gleichung auf die „dimensionslose" Form $\Delta\lambda/\lambda = a\lambda H$, mit dem *Lorentz-Faktor* $a = e\mu_0/4\pi m c_0 = 5{,}866 \cdot 10^{-5}\,\mathrm{A}^{-1}$ als Abkürzung, umschreiben. – Die Größenordnung $\Delta\lambda/\lambda$, mit der man es beim Zeeman-Effekt zu tun hat, soll ein numerisches Beispiel zeigen: Mit dem bereits recht starken Feld von $H \approx 3{,}5 \cdot 10^6\,\mathrm{A/m}$ (entsprechend etwa 45000 Oersted) findet man bei der Wellenlänge der Wasserstoffspektrallinie H_γ von $\lambda = 434{,}1\,\mathrm{nm}$

$$\frac{\Delta\lambda}{\lambda} = 5{,}886 \cdot 10^{-5} \cdot 434{,}1 \cdot 10^{-9} \cdot 3{,}5 \cdot 10^6 \approx 0{,}9 \cdot 10^{-4}\,.$$

Das gibt bei der gewählten Wellenlänge einen Abstand von $\Delta\lambda = 0{,}04\,\mathrm{nm}$, also dem 11000. Teil der Wellenlänge. Das erforderliche Auflösungsvermögen des Spektral-

[30] Da die Ladung e negativ ist, gilt $\nu_1 = \nu_0 + \Delta\nu$ usw.

apparates muß demnach mindestens $\lambda/\Delta\lambda \approx 11\,000$ sein, also etwa 11mal so hoch, wie es zur Trennung der beiden Na-D-Linien verlangt wird (vgl. Kap. 3). Daraus ersieht man, welche Anforderungen an den Spektralapparat zu stellen sind.

Die dargelegte Aufspaltung einer Spektrallinie in ein Triplett bzw. Dublett hat man als den *normalen Zeeman-Effekt* bezeichnet, obwohl die weitere Forschung gezeigt hat, daß er im Grunde eine Seltenheit ist; denn weitaus die meisten Spektrallinien spalten in viel komplizierterer Weise auf. Erst 1908 wurden bei gewissen He-Linien *(Parhelium)*, später auch bei bestimmten Linien des Cd- und des Zn-Spektrums usw., normale Tripletts festgestellt. Die komplizierteren Aufspaltungen bezeichnet man als *anomale Zeeman-Effekte*. Um diese aufzuklären, hat man sich im Rahmen der klassischen Wellentheorie ergebnislos bemüht; erst die Quantentheorie hat die vollständige Lösung erbracht, was an dieser Stelle nur am Rande vermerkt sei. In den Abbildungen der komplizierten Zeeman-Aufspaltungen beschränkt man sich auf die Darstellung des Ergebnisses bei transversaler Betrachtung, weil man bei dieser alle Linien beobachten kann; ihr Polarisationszustand wird allgemein durch die Buchstaben π ($\parallel$ zu $\boldsymbol{H}$) und σ ($\perp$ zu $\boldsymbol{H}$) angegeben. Die Abb. 4.95 gibt als Beispiel die anomale Aufspaltung für die Na-Linien D_1 und D_2 wieder, beide senkrecht zur Feldrichtung beobachtet; D_1 spaltet in vier, D_2 in sechs Linien auf (Cornu 1908). In beiden Bildern ist zusätzlich die normale Aufspaltung gestrichelt eingetragen; man sieht daraus, daß die anomalen Linien gesetzmäßig mit der normalen Aufspaltung, die gewissermaßen den Maßstab bildet, zusammenhängt.

Die Erforschung der anomalen Aufspaltung beim Zeeman-Effekt ist in erster Linie den Forschern Runge, Paschen und Back zu verdanken. Die beiden letztgenannten haben u.a. das wichtige Ergebnis gefunden, daß bei sehr starken Magnetfeldern ($\approx 10^7$ A/m) die kompliziertere Aufspaltung in das normale Triplett übergeht *(Paschen-Back-Effekt)*.

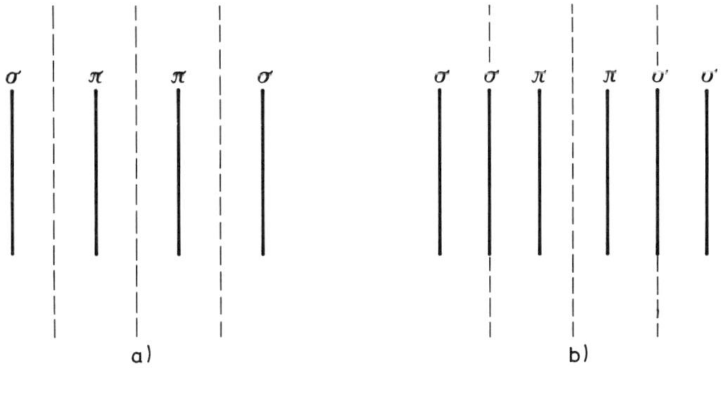

Abb. 4.95 Zeeman-Aufspaltung der a) Na-Linien D_1 und b) D_2. - - - - - - normaler, ——— beobachteter (anomaler) Effekt.

Inverser Zeeman-Effekt. Ebenso wie die Elektronenbewegung in einer Lichtquelle nach Auffassung der klassischen Physik die Strahlungsemission verursacht, spielt die Schwingung von Elektronen auch bei der Dispersion und der Absorption in allen Medien eine entscheidende Rolle; das zeigen die Darlegungen der Dispersionstheorie in Abschn. 2.8. Will man den Einfluß eines Magnetfeldes auf Dispersion und Absorption untersuchen, so muß man – wie dort bemerkt wurde – auf der rechten Seite der Gl. (2.24) die Biot-Savartsche Kraft berücksichtigen; dies geschieht in analoger Weise zur Lorentzschen Theorie des Zeeman-Effektes. Das ist der Gedankengang von W. Voigt (1898) gewesen, von dessen Ergebnissen nur das Resultat für die longitudinale Beobachtung mitgeteilt sei. Das Medium, das ohne Feld bestimmte Dispersions- und Absorptionseigenschaften besitzt, verändert beide im Magnetfeld. Läßt man eine linear polarisierte Lichtwelle in das magnetisierte Medium eintreten, so spaltet sie in zwei entgegengesetzt zirkular polarisierte Wellen auf, die sich mit unterschiedlicher Geschwindigkeit fortpflanzen; es entsteht daher eine zirkulare Doppelbrechung, die bewirkt, daß die Welle beim Verlassen des (magnetisierten) Mediums in ihrer Schwingungsebene gegen die einfallende Welle gedreht ist (Abb. 4.66 in Abschn. 4.8). Das aber ist nichts anderes als der Faraday-Effekt (vgl. Abschn. 4.13).

Stark-Effekt. Nachdem Zeeman gezeigt hatte, daß ein Magnetfeld sehr charakteristische Änderungen der Lichtemission von Spektrallinien hervorruft, lag der Gedanke nahe, zu untersuchen, ob und wie ein elektrisches Feld sich in dieser Hinsicht verhält. Aber zunächst waren alle dahin gehenden Versuche ergebnislos verlaufen und wurden schließlich aufgegeben, nachdem W. Voigt nachgewiesen hatte, daß unter den Annahmen der klassischen Theorie über den Mechanismus der Lichtemission, die sich bei dem normalen Zeeman-Phänomen bewährt hatten, ein elektrisches Analogon dazu nicht existieren könne. Stark lehnte jedoch die Voraussetzungen der Voigtschen Beweisführung ab und erkannte überdies, daß die bisher angestellten Versuche allein schon wegen experimentell unzulänglicher Anordnung zum Scheitern verurteilt waren. Will man nämlich eine intensive Strahlungsquelle haben, sei es im Lichtbogen oder in einer Gasentladungsröhre, so müssen starke Ströme erzeugt werden, d. h. das leuchtende Gas muß stark ionisiert sein; das aber bedeutet relativ große elektrische Leitfähigkeit und diese wiederum macht es unmöglich, starke elek-

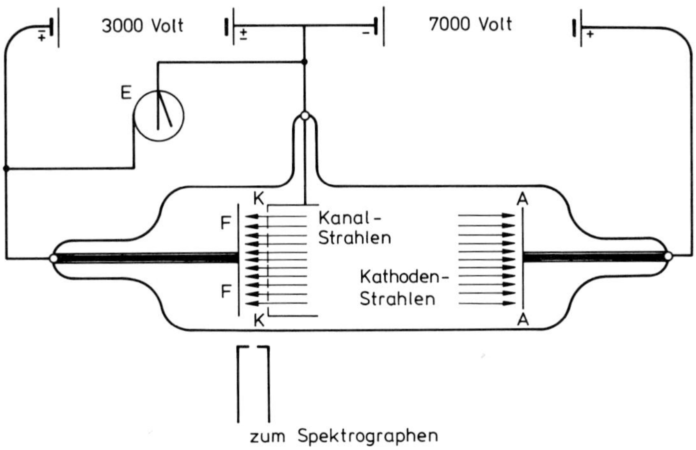

Abb. 4.96 Schema zur Beobachtung des Stark-Effektes an Kanalstrahlen.

trische Felder aufrechtzuerhalten. Trotz dieser einander scheinbar widersprechenden Bedingungen gelang es Stark 1913 eine Anordnung zu finden, die eine Lichtquelle befriedigender Intensität in einem nur schwach ionisierten Gasvolumen liefert (Abb. 4.96). In dem gezeichneten Gasentladungsrohr herrscht bei hinreichend niedrigem Druck ($\leqq$ 0,7 kPa) bekanntlich (vgl. Bd. 2) folgender Zustand: Die von der Kathode K ausgehenden Kathodenstrahlen werden durch das zwischen K und A bestehende elektrische Feld zur Anode A geleitet; in unmittelbarer Nähe der Kathode, zwischen K und dem negativen Glimmlicht, werden die Kanalstrahlen erzeugt, die ihren Namen der Tatsache verdanken, daß sie bei durchlöcherter Kathode durch diese Kathoden-„Kanäle" hindurchtreten. So gelangen die Kanalstrahlen in einen Raum hinter der Kathode, der verhältnismäßig wenig Ionen enthält und daher eine sehr kleine elektrische Leitfähigkeit besitzt, so daß man dort ein starkes elektrisches Feld zwischen K und der Platte F aufrechterhalten kann. Stark benutzt die leuchtenden Kanalstrahlen als Lichtquelle und beobachtete ihre Strahlung senkrecht zur Feldrichtung FK. Zwischen Kathode K und der in dem geringen Abstand von 1 bis 3 mm angebrachten Feldplatte F wird eine Spannung von einigen kV angelegt, die am Elektrometer E abgelesen werden kann. Mit einer Spannung von 3000 V läßt sich bei einem Abstand von 1 mm eine Feldstärke von $3 \cdot 10^6$ V/m erzeugen; es gelingt, selbst Felder von 10^7 V/m und darüber zu erzielen. Das von den Kanalstrahlen (infolge ihrer Zusammenstöße mit den Gasmolekülen) ausgestrahlte Licht ist freilich schwach, so daß Stark, trotz lichtstarker Spektrographen, seine photographischen Platten zuweilen 24 Stunden belichten mußte. Auf diese Weise gelang es ihm jedoch, das elektrische Analogon zum Zeemann-Effekt, nämlich die Aufspaltung der Spektrallinien im elektrischen Feld, aufzufinden **(Stark-Effekt).**

Seine ersten Beobachtungen machte Stark an Wasserstoff-Kanalstrahlen. Das war ein glücklicher Griff, denn es ergab sich, daß die Aufspaltung der Spektrallinien des Wasserstoffs für die Beobachtung und für die Deutung am günstigsten und einfachsten ist.

In Abb. 4.96 wird senkrecht zur Feldrichtung beobachtet. Stark hat jedoch außerdem mit einer modifizierten Apparatur gearbeitet, die Untersuchungen parallel zur Feldrichtung erlaubte. In beiden Fällen wird aber senkrecht zur Richtung der Kanalstrahlen beobachtet, da man in Richtung der Kanalstrahlen eine Störung durch den *Doppler-Effekt* zu befürchten hat.

Etwas später als Stark hat Lo Surdo (1914) eine einfachere Untersuchungsmethode zur Aufspaltung von Spektrallinien im elektrischen Feld angegeben. Sein Gedankengang ist dem Starks ganz ähnlich und stützt sich auf die in Bd. 2 angegebene Spannungsverteilung in der Glimmentladungsröhre: Man erkennt aus dieser Darstellung, daß zwischen der Kathode und dem ersten Kathodendunkelraum, dem sog. Hittorfschen Dunkelraum, ein sehr starkes Feld herrscht. Durch geeignete Form der Kathode und eine zweckmäßige Wahl des Gasdruckes kann man die dort gegebene Spannungsverteilung noch akzentuieren; richtet man auf diesen Teil der Röhre ein Spektroskop, so sieht man direkt die Aufspaltung. Allerdings ist das Feld nicht homogen, und das ist der Nachteil gegenüber Starks Anordnung, aber die Erscheinung ist lichtstärker. Als Folge der Feldinhomogenität haben die aufgespalteten Linien die merkwürdig gekrümmte Gestalt, wie sie Abb. 4.97 zeigt. Bei der Lo Surdoschen Methode kann man übrigens nur „transversal" (senkrecht zum elektrischen Feld) beobachten.

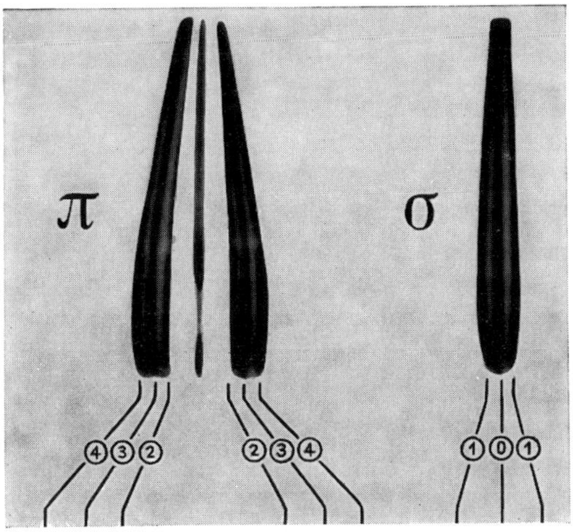

Abb. 4.97 Stark-Effekt der H_α-Linie nach der Lo-Surdo-Methode.

Eine Überraschung war es, daß die Wasserstoffspektrallinien in eine sehr große Anzahl von Linien aufgespalten werden, die außerdem relativ weit von der ursprünglichen Linie getrennt sind, so daß die Erscheinung von anderer Größenordnung als beim Zeeman-Effekt ist. Eine Theorie gab es zur Zeit der Versuche Starks noch nicht. Erst später wurde gleichzeitig von Epstein und Schwarzschild der Stark-Effekt aus der Quantentheorie erklärt; um so bemerkenswerter war es, daß die Starkschen Beobachtungen, obgleich nicht durch die Theorie geführt, doch vollkommen mit ihr übereinstimmen. – Um eine kürzere Darstellung zu erreichen, sollen hier umgekehrt die Aussagen der Theorie vorangestellt werden.

Vorher eine Bemerkung zur Nomenklatur: Statt der Frequenz $\nu = c_0/\lambda$ benutzt man meist die sog. *Wellenzahl* $\tilde{\nu} = 1/\lambda$; man spricht aber trotzdem oft von Frequenzen, wobei man sich stillschweigend den Faktor c_0 hinzudenkt.

Die Wellenzahldifferenz $\Delta\tilde{\nu}$ gegenüber der unbeeinflußten Linie ist gegeben durch

$$\Delta\tilde{\nu} = \frac{\Delta\lambda}{\lambda^2} = 3\varepsilon_0 \frac{h}{2\pi m e c_0} E \frac{N}{Z};$$

dabei bedeutet E die elektrische Feldstärke, Z die Kernladungszahl, d.h. die Zahl der positiven Elementarladungen im Atomkern (für H ist also $Z = 1$, für He ist $Z = 2$ usw.); N bedeutet eine ganze Zahl, die ebensowohl positiv wie negativ sein kann, wobei jeder aufgespaltenen Komponente ein bestimmter Wert $\pm|N|$ zukommt; je größer N ist, desto größer ist der Frequenzabstand $\Delta\tilde{\nu}$ der betreffenden Komponente. Die Größe

$$R = 3\varepsilon_0 \frac{h}{2\pi m e c_0} E$$

(für H mit $Z = 1$) heißt **Aufspaltungsfaktor.** Für R ist charakteristisch, daß die Planck-Konstante $h = 6{,}.6256 \cdot 10^{-34}$ Js auftritt; das bedeutet eben, daß hier der Bereich der klassischen Physik überschritten ist und die Quantentheorie eingegriffen hat. Nach Ersetzen der Werte für ε_0, h, m, e und c_0 erhält man den Zahlenwert des speziellen Aufspaltungsfaktors für Wasserstoff (mit $E = 1\,\text{V/m}$):

$$R_H = 6{,}403 \cdot 10^{-5}\,\text{V}^{-1}\,.$$

R_H wird als **Stark-Konstante** bezeichnet.

Welches sind nun die weiteren Aussagen der Theorie? Zunächst sieht man, da Z im Nenner steht, daß für H die Aufspaltung am größten sein muß; für He ($Z = 2$) erreicht sie nur die Hälfte. Ferner soll das Aufspaltungsbild, da positive und negative Werte N gleich möglich sind, *symmetrisch* zur ursprünglichen Spektrallinie (Mittellinie) sein. Die jeweiligen Aufspaltungsabstände $\Delta\tilde{\nu}$ von der Mittellinie sollen bei gegebenem Feld E ganzzahlige Vielfache des Aufspaltungsfaktors R sein.

Alle hier aufgezählten Forderungen der späteren Theorie hatte Stark bereits in seiner ersten Arbeit gefunden, auch schon einen ungefähren Wert für R_H angegeben, der nahezu mit dem theoretischen übereinstimmte; spätere Beobachter (Steubing) haben ihn genau bestätigt. Theorie und Experiment stimmen weiter darin überein, daß die Anzahl N der Aufspaltungen um so mehr wächst, zu je höheren Gliednummern man im Wasserstoffspektrum fortschreitet. Theoretisch wird H_α ($\lambda = 656{,}3$ nm) in 14 Linien, H_β ($\lambda = 486{,}1$ nm) in 20, H_γ ($\lambda = 434{,}1$ nm) in 26 Linien aufgespalten, so daß das Aufspaltungsdiagramm immer breiter wird. (Zählt man die Mittellinie $N = 0$ mit, so erhöhen sich die genannten Gesamtzahlen um 1.) Bei H_γ entspricht die beobachtete maximale Aufspaltung einem Wert von $N = \pm 22$ und das bedeutet bei einem Feld $E = 7{,}4 \cdot 10^6\,\text{V/m}$ zwischen $N = -22$ und $N = +22$ eine Wellenlängendifferenz von ungefähr 3,9 nm; man erkennt daraus am besten, wie breit die Aufspaltungen beim Stark-Effekt im Vergleich zum Zeeman-Effekt sind.

Was beobachtet man „transversal" und longitudinal", d. h. senkrecht und parallel zu den Feldlinien? Bei **transversaler Beobachtung** bekommt man *alle* Aufspaltungskomponenten - wie beim Zeeman-Effekt. Alle Linien sind ohne Ausnahme *linear polarisiert.* Bei einem Teil der Komponenten schwingt der elektrische Feldvektor parallel der Feldrichtung *(π-Komponenten),* bei den anderen senkrecht zum Feld *(σ-Komponenten).* Bei **longitudinaler Betrachtung** fallen die π-Komponenten fort (aus dem gleichen Grunde wie beim Zeeman-Effekt) und es bleiben nur die σ-Komponenten übrig, die hier aber nicht zirkular polarisiert sind, wie beim Zeeman-Effekt, sondern *unpolarisiert.* (Diese Feststellung zeigt erneut deutlich den Unterschied zwischen dem elektrischen und dem magnetischen Feldvektor; letzterer hat „axialen", ersterer „polaren" Charakter, wie schon verschiedentlich erwähnt.) Auch hier hat die Beobachtung genau das geliefert, was die spätere Theorie forderte. – Es sei noch bemerkt, daß man sich auf die transversale Beobachtung beschränken kann, da diese sämtliche Komponenten liefert. Die π- und σ-Komponenten kann man durch Vorschalten eines Nicols vor den Spektrographen getrennt erhalten; noch einfacher ist die Benutzung eines Wollaston-Prismas (vgl. Abb. 4.57), das beide Arten von Komponenten gleichzeitig liefert. In Abb. 4.98 sei als Beispiel der Vergleich der Aufspaltungsbilder zwischen Beobachtung und Theorie für die Wasserstofflinie H_α dargestellt. Die Länge der Linien soll ihre Intensität andeuten, wie sie von Stark geschätzt bzw. nach der Theorie berechnet wurde. Bis auf gewisse theoretisch erwartete sehr schwache Linien, die in der Beobachtung fehlen, ist die Übereinstimmung vollkommen. Aus der Lo Surdo-Aufnahme von H_α (Abb. 4.97) entnimmt man überdies

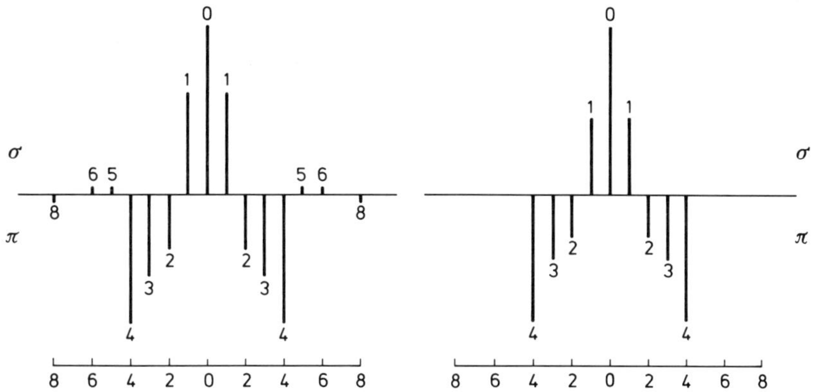

Abb. 4.98 Stark-Effekt von H_α; links: Theorie, rechts: Beobachtung.

die Polarisationsrichtungen; die Zahlen geben die Werte von $\pm|N|$ an; die linke Aufnahme gibt die sechs π-Komponenten ($N = \pm 2, 3, 4$) die rechte die drei σ-Komponenten ($N = 0, \pm 1$) wieder.

Endlich sei noch bemerkt, daß es neben dem *linearen* normalen Stark-Effekt, wie schon Stark selbst bemerkt hat, bei Feldstärken über 10^7 V/m einen *quadratischen,* bei solchen über 10^8 V/m sogar einen *kubischen* Effekt gibt; auch davon vermag die Theorie Rechenschaft zu geben.

Stark-Effekt in Kristallen. Es gibt, wie H. Bethe (1929) erkannt hat, auch einen natürlichen Stark-Effekt: Ein Atom oder Ion, das in einen Kristall eingebaut wird, gerät unter den Einfluß der es umgebenden Ionen; deren elektrisches Feld, das sog. **Kristallfeld,** spaltet die Spektrallinien des eingebrachten Teilchens (Atom oder Ion) auf.

Gegenüber der Betrachtungsweise nach Abb. 4.96 treten dabei zwei entscheidende Änderungen ein: Erstens wird das äußere elektrische Feld des Plattenkondensators mit seiner Zylindersymmetrie durch ein Kristallfeld mit verschiedenen Symmetriemöglichkeiten ersetzt und dadurch die Art der Linienaufspaltung modifiziert. Zweitens kann das Ein-Teilchenmodell, an dem die Spektrallinien bislang betrachtet wurden, nur für diejenigen Fälle auf den Kristallzustand übertragen werden, für die – im klassisch sehr vereinfachten Bild – der Oszillator in seinen Schwingungen durch Berührung mit den Nachbarn im Kristall nicht wesentlich behindert wird, solange also der Oszillator nicht allzu nahe an der Oberfläche des betrachteten Teilchens wirkt; entsprechende Oszillatorlagen sind nur bei den chemischen Elementen der Nebengruppen (in deren offenen Schalen) zu finden. Genauers darüber bringt Bd. 6.

Die Aufspaltung im Kristallfeld kann einerseits Aufschluß geben über die Symmetrieverteilung der Oszillatoren in den offenen Schalen der Atome, andererseits läßt sich damit die Symmetrie des Kristallfeldes ausloten. Besonders eingehend sind die Aufspaltungseffekte an den Spektren der Ionen der Seltenerdmetalle im Kristallzustand untersucht. Während die Kristallfeldaufspaltung hier mit etwa 20 bis 200 cm^{-1} wegen der weitgehenden Abschirmung der Oszillatoren klein ist und die

Linien scharf bleiben, führt sie bei den Elementen der ersten Nebengruppe, deren offene Schale weitgehend ungeschützt ist, zu Frequenzverschiebungen, die um Größenordnungen höher sind. Es bilden sich breite Banden aus, die vielfach im sichtbaren Bereich (etwa 20000 cm^{-1}) liegen.

Die intensiven Farben der Edelsteine Rubin und Smaragd beruhen beispielsweise auf einem Stark-Effekt an Cr^{3+}-Ionen; die Cr^{3+}-Ionen besetzen in geringer Menge (etwa zu 1%) die Plätze des Al^{3+}-Ions in der Korundstruktur (α-Al_2O_3 beim Rubin) bzw. in der Beryllstruktur ($[SiO_3]_6Al_2Be_3$ beim Smaragd). – Auch die kräftigen Farben von Komplexionen der Übergangselemente in Lösungen (etwa $[Co(NH_3)_6]^{3+}$, $[Fe(CN)_6]4^-$ u.a.) entstehen durch Stark-Effekt am Zentralion, das sich im sog. **Ligandenfeld** befindet.

Literatur

Zitierte Publikationen

[1] Goos, F., Hänchen, H., Ann. Physik 1, 333 (1974) (Zu Abschn. 4.3)
[2] Renard, R. H., J. Opt. Soc. Amer. 54, 1191 (1964) (Zu Abschn. 4.3)
[3] Fleischmann, R., Schopper, H., Z. Physik 129, 285 (1951) (Zu Abschn. 4.4)
[4] Hellwege, K. H., Z. Physik 129, 626 (1951) u. 131, 98 (1951) (Zu Abschn. 4.9)
[5] Ramachandran, G. N., Ramaseshan, S., Crystal Optics, in: Handbuch der Physik (S. Flügge), Band XXV/I, 76, Springer, Berlin, 1961 (Zu Abschn. 4.9)
[6] Rabe, H. et al., Ferroelectrics 92, 129 (1989) (Zu Abschn. 4.9)
[7] Stegemeyer, H. et al., Liq. Cryst. 1, 3 (1986) (Zu Abschn. 4.12)

Weiterführende Literatur

Bloss, F., Donald, The Spindel Stage, Principles and Practice, Cambridge University Press, 1981

Kelker, H., Hatz, R., Handbook of Liquid Crystals, Verlag Chemie, Weinheim 1980

Kléman, M., Points, lines and walls in liquid crystals, magnetic systems and various ordered media, Wiley. New York, 1983

König, W., Elektromagn. Lichttheorie. in: Handbuch der Physik (H. Geiger und K. Scheel) Bd. 20, Springer, Berlin, 1928

5 Optische Strahlung und ihre Messung

Michael Krystek

5.1 Einführung

Die in diesem Kapitel zu behandelnde optische Strahlung ist, im Gegensatz zur Korpuskular- oder auch zur Schallstrahlung, eine elektromagnetische Naturerscheinung, d. h. es handelt sich um elektromagnetische Wellen. Der Spektralbereich mit Wellenlängen von etwa 100 nm bis etwa 1 mm (entsprechend einem Frequenzbereich von etwa 300 GHz bis etwa 300 THz) wird als **optischer Spektralbereich** des elektromagnetischen Spektrums bezeichnet und umfaßt das *infrarote* (einschließlich Wärmestrahlung), das *sichtbare* und das *ultraviolette* Spektralgebiet. Die genaue Einteilung der Spektralbereiche der optischen Strahlung nach DIN 5030, Teil 2 ist in der Tab. 5.1 wiedergegeben. Damit wurde eine Abgrenzung zu den Radiowellen (im langwelligen Spektralbereich) und zu den weichen Röntgenstrahlen (im kurzwelligen Spektralbereich) vorgenommen; die Übergänge sind allerdings fließend. Von besonderer Bedeutung für den Menschen ist der sichtbare Spektralbereich. Optische Strahlung dieses Bereiches heißt auch **Licht** (man beachte die strengere Definition des Begriffes „Licht" im Gegensatz zum umgangssprachlichen Gebrauch).

Die Beschreibung der optischen Strahlung durch elektromagnetische Wellen, also mit Hilfe der Elektrodynamik, ist nicht vollständig; denn neben Experimenten, die den Wellencharakter der Strahlung bestätigen (z. B. Beugungsphänomene) gibt es auch solche, die eine Beschreibung durch Teilchen erforderlich machen (z. B. der

Tab. 5.1 Einteilung der Spektralbereiche der optischen Strahlung. Die angegebenen Werte beziehen sich auf das Vakuum und sind gerundet.

Benennung der Strahlung	Kurzbezeichnung		Wellenlänge λ in nm	Frequenz ν in THz	Photonenenergie Q in eV
Vakuum-UV	VUV	UV-C	100– 200	3000–1500	12,4–6,2
Fernes UV	FUV		200– 280	1500–1070	6,2–4,4
Mittleres UV	UV-B		280– 315	1070– 950	4,4–3,9
Nahes UV	UV-A		315– 380	950– 790	3,9–3,3
Licht	VIS		380– 780	790– 385	3,3–1,6
Nahes IR	NIR	IR-A	780–1400	385– 215	1,6–0,9
		IR-B	1400–3000	215– 100	0,9–0,4
Mittleres IR	MIR	IR-C	$3000–5 \cdot 10^4$	100– 6	0,4–0,025
Fernes IR	FIR		$5 \cdot 10^4 – 10^6$	6– 0,3	$0{,}025–10^{-3}$

Photoeffekt). Dieser zunächst widersprüchlich erscheinende Dualismus Welle–Teilchen in der Beschreibung der optischen Strahlung machte eine quantenmechanische Erweiterung der Elektrodynamik erforderlich, die *Quantenelektrodynamik*. In dieser Theorie wird das elektromagnetische Feld quantisiert; die Quanten (Teilchen) des Feldes nennt man *Photonen*. Es sind Teilchen mit der Ruhemasse Null und der Energie $h\nu$, wobei ν die Frequenz der elektromagnetischen Welle und h die Planck-Konstante ist, eine Naturkonstante mit dem Zahlenwert $h = 6{,}6260755 \cdot 10^{-34}$ Js. Dieser Zusammenhang zwischen der Frequenz der Welle und der Photonenenergie wurde erstmals im Jahre 1900 von M. Planck bei der Ableitung seiner Strahlungsformel postuliert.

Fragt man nach der Herkunft der optischen Strahlung, so zeigt zunächst die Erfahrung des täglichen Lebens, daß ein heißer Körper Licht ausstrahlt. Aber nicht nur Festkörper (Metalle, Kohle, usw.), sondern auch Gase, die unter hohem Druck stehen, senden optische Strahlung aus. Die abgestrahlte Energie wird dabei in beiden Fällen dem Wärmeinhalt des Körpers bzw. des Gases entzogen (Energieerhaltung). Eine solche Strahlung wird als *Wärmestrahlung* oder auch als *Temperaturstrahlung* bezeichnet. Mit ihr wird sich dieses Kapitel fast ausschließlich beschäftigen.

Optische Strahlung kann auch von Medien ausgesandt werden, ohne daß die dazu notwendige Energie dem Wärmeinhalt entnommen werden muß, nämlich durch Zuführung elektrischer Energie (z. B. bei einer Gasentladung), durch Bestrahlung mit ultravioletter Stralung oder Korpuskularstrahlung (z. B. Elektronen), oder auch durch Energiezufuhr über chemische und biologische Reaktionen. In allen diesen Fällen erhöht sich die Temperatur des strahlenden Körpers nicht – sieht man von Verlusten ab –, sondern die Energie wird durch eine Änderung des Zustandes der Materie sozusagen gespeichert und anschließend als optische Strahlung wieder freigesetzt. Man spricht in diesem Fall von *Lumineszenzstrahlung* (sogenanntes „kaltes Licht"). Die Art der Emission hängt dabei (im Gegensatz zur Wärmestrahlung) von den mikroskopischen Eigenschaften der Materie ab. Bei Gasen entstehen Linien- oder Bandenspektren, die sich bei hohem Druck zu kontinuierlichen Spektren verbreitern, die oftmals noch von Spektrallinien überlagert sind. Bei Flüssigkeiten und Festkörpern entstehen aufgrund der Wechselwirkung der nahe benachbarten Atome oder Ionen meistens breitbandige oder kontinuierliche Spektren. Die Lumineszenzstrahlung gewinnt in der Licht- und Signaltechnik zunehmend an Bedeutung und zwar sowohl die Strahlungserzeugung durch Zufuhr elektrischer Energie oder durch Teilchenstöße (Bogenentladung, Plasmastrahlung), als auch die Lumineszenzanregung durch Quantenprozesse (Luminophore, Leuchtstofflampen, Fernsehbildschirm, Lumineszenzdioden). Zum Verständnis der Lumineszenzstrahlung ist die Quantentheorie notwendige Voraussetzung, während die Wärmestrahlung im wesentlichen noch im Rahmen der „klassischen" elektromagnetischen Feldtheorie und der Wärmelehre erklärt werden kann.

Der *Nachweis der optischen Strahlung* geschieht durch ihre Wirkung beim Auftreffen auf Materie. Diese Wirkung kann in Erwärmung, Erzeugung elektrischer Energie (z. B. Photostrom bzw. Photospannung), Emission von Elektronen (z. B. äußerer Photoeffekt), Ablauf biologischer und chemischer Reaktionen (z. B. Photochemie und Photosynthese), usw. bestehen. Einrichtungen zum Nachweis der Strahlung werden mit dem Sammelbegriff *Empfänger* bezeichnet (in diesem Sinne ist auch das menschliche Auge ein Empfänger, wenn auch ein äußerst komplizierter). Im allgemeinen akkumulieren Empfänger die eingestrahlte Energie nicht. Es kommt vielmehr nach kurzer Zeit zur Einstellung eines Gleichgewichtszustandes, so daß die Anzeige des Empfängers proportional zu der je Zeit zugestrahlten Energie (Strahlungsleistung) wird. Zur Messung sehr kleiner Strahlungsenergien werden deswegen akkumulierende Empfänger benutzt, deren Funktion in der Regel auf photochemischen Prozessen basiert (z. B. die Photoplatte). Ihre „Anzeige" ist direkt proportional zur Energie der absorbierten Strahlung, wenn man von Nichtlinearitäten absieht.

Die *Messung der Leistung* bzw. *Energie optischer Strahlung* zum Zwecke der Beurteilung der Leistungsfähigkeit und Eigenschaften von Strahlern und Empfängern oder aber die Messung der von Körperoberflächen bzw. -volumina absorbierten und emittierten Strahlungsleistung ist Aufgabe der **Radiometrie.** Hierbei werden keine Aussagen über die Wirkung der Strahlung (z. B. photochemische oder photobiologische Wirkungen) gemacht. Dies ist erst möglich durch Angabe der zugehörigen wellenlängen- bzw. frequenzabhängigen, dimensionslosen Bewertungsfunktion, wodurch man zu bewerteten Strahlungsgrößen gelangt. Ein wichtiger Sonderfall dieser Art liegt bei der Bewertung der Strahlung mit der spektralen Hellempfindlichkeitsfunktion des menschlichen Auges vor. Hier werden für die bewerteten Strahlungsgrößen sogar besondere Einheiten verwendet. Für die Messung dieser speziellen Größen ist die **Photometrie** (s. Abschn. 5.11) zuständig. Eine ähnliche Sonderstellung nimmt die **Colorimetrie** (s. Kap. 6) ein, die sich mit der physikalischen Erfassung der menschlichen Farbempfindung beschäftigt.

5.2 Grundgrößen und Definitionen

Beschäftigt man sich mit der Messung optischer Strahlung, so stellt man sehr schnell fest, daß die theoretisch berechenbare Strahlungsenergie dem Experiment in der Regel nicht unmittelbar zugänglich ist. Vielmehr werden je nach experimentellen Gegebenheiten die verschiedensten Grundgrößen verwendet (siehe dazu z. B. DIN 5031). Es ist deshalb notwendig, sich mit den wichtigsten Definitionen und den Zusammenhängen zwischen den Grundgrößen vertraut zu machen.

Eine in der Strahlungsphysik immer wieder auftauchende Größe ist der **Raumwinkel** Ω, bzw. sein Differential $d\Omega$. Den differentiellen Raumwinkel $d\Omega$, unter dem ein differentielles Flächenelement dA von einem bestimmten Punkt O aus erscheint, erhält man auf folgende anschauliche Weise (siehe dazu Abb. 5.1): Der Punkt O wird als Ursprung des Koordinatensystems gewählt. Um diesen Punkt wird eine Einheitskugel, d. h. eine Kugel mit dem Radius Eins, konstruiert. Dann ist die vom Kugelmittelpunkt ausgehende Projektion (Zentralprojektion) des Flächenelements dA auf die Oberfläche der Einheitskugel gleich dem differentiellen Raumwinkel $d\Omega$, d. h. $d\Omega$ ist ein Flächenelement der Einheitskugel. Um den Zusammenhang zwischen dA und $d\Omega$ zu finden, werden beide Flächenelemente in Kugelkoordinaten (ϑ, φ) geschrieben. Man findet durch geometrische Betrachtungen:

$$d\Omega = \sin\vartheta \, d\vartheta \, d\varphi \qquad (5.1)$$

und

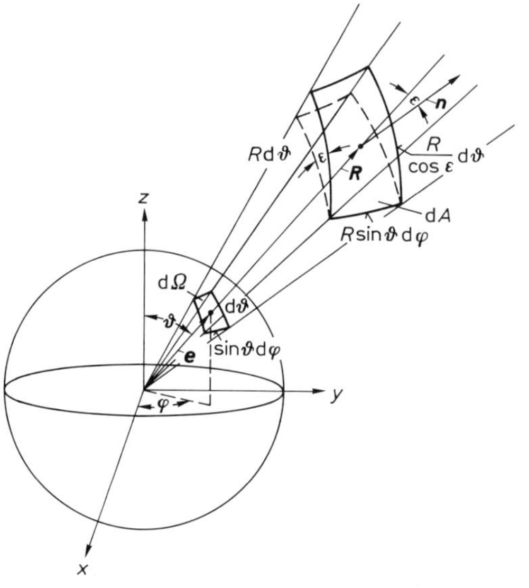

Abb. 5.1 Zur Definition des Raumwinkels.

$$\mathrm{d}A = \frac{R^2}{\cos\varepsilon} \sin\vartheta \,\mathrm{d}\vartheta \,\mathrm{d}\varphi\,, \tag{5.2}$$

wobei R der Abstand des Flächenelements $\mathrm{d}A$ vom Punkt O ist und ε der Winkel, den die Flächennormale $\boldsymbol{n}$ von $\mathrm{d}A$ mit der Projektionsrichtung $\boldsymbol{e}$ bildet. Aus den Gln. (5.1) und (5.2) erhält man schließlich:

$$\mathrm{d}\Omega = \frac{\cos\varepsilon}{R^2} \mathrm{d}A\,, \tag{5.3}$$

d. h. eine Beziehung, die unabhängig vom gewählten Koordinatensystem ist. Der Gl. (5.3) entnimmt man außerdem, daß der Raumwinkel die Dimension Fläche mal reziproke Fläche hat, d. h. das Dimensionsprodukt 1 (Größen mit dem Dimensionsprodukt 1 bezeichnet man üblicherweise – etwas ungenau – als dimensionslose Größen). Für die SI-Einheit des Raumwinkels, $\mathrm{m}^2 \cdot \mathrm{m}^{-2}$, wurde der besondere Name Steradiant (Einheitenzeichen: sr) eingeführt. Da die Oberfläche der Einheitskugel gleich 4π ist, wird durch die Festlegung des zum vollen Raum gehörenden Raumwinkels zu $\Omega = 4\pi\,\mathrm{sr}$ die Raumwinkeleinheit festgelegt. Der Raumwinkel einer ausgedehnten Fläche A wird durch Integration berechnet. Aus Gl. (5.3) erhält man:

$$\Omega = \int\limits_A \frac{\cos\varepsilon}{R^2} \mathrm{d}A\,, \tag{5.4}$$

wobei ein geeignetes Koordinatensystem zu wählen ist. Man beachte, daß dabei sowohl ε, als auch R im allgemeinen von den Integrationsvariablen abhängen werden, also der Faktor $\cos\varepsilon/R^2$ nicht vor das Integral gezogen werden kann!

Strahlt ein Körper (Strahlungsquelle) im Zeitintervall $\mathrm{d}t$ die **Strahlungsenergie** $\mathrm{d}Q$ ab, so ist seine **Strahlungsleistung** durch

$$\Phi = \frac{\mathrm{d}Q}{\mathrm{d}t} \tag{5.5}$$

gegeben. Die Strahlungsleistung (auch **Strahlungsfluß** genannt) ist im allgemeinen eine Funktion der Zeit, außer für stationäre Abstrahlungsbedingungen. Die SI-Einheit der Strahlungsleistung ist das Watt (W).

Umgibt man die Strahlungsquelle mit einer beliebigen geschlossenen Oberfläche, so muß, da die gesamte durch diese Oberfläche abgestrahlte Strahlungsleistung aus energetischen Gründen weder von der Form, noch von der Größe dieser Oberfläche abhängen darf, die auf das Raumwinkelelement $\mathrm{d}\Omega_2$ (der Index 2 deutet nach üblichen Konventionen auf eine *Empfängergröße* hin, während *Strahlergrößen* mit dem Index 1 versehen werden) entfallende Strahlungsleistung $\mathrm{d}\Phi$ diesem proportional sein, d.h. es muß gelten:

$$\mathrm{d}\Phi = I\,\mathrm{d}\Omega_2 \tag{5.6}$$

Die Proportionalitätsgröße I heißt **Strahlstärke** und ist im allgemeinen eine Funktion der Abstrahlungsrichtung. Für isotrope Ausstrahlung ist die Strahlstärke eine Konstante. Oft findet man in der Literatur auch noch die Bezeichnung Intensität für die Strahlstärke. Da dieser Begriff jedoch auch in anderem Zusammenhang gebraucht wird, sollte man ihn vermeiden. Nach der bereits erwähnten Konvention, dem Raumwinkel die Einheit sr zuzuordnen, hat die Strahlstärke die SI-Einheit $\mathrm{W \cdot sr^{-1}}$.

Der Gl. (5.6) entnimmt man, daß nur Strahlenbündel endlichen Öffnungswinkels (Raumwinkels) Strahlungsleistung bzw. Strahlungsenergie übertragen können, da anderenfalls die Strahlstärke nicht endlich sein könnte. Daraus folgt, daß es den Idealfall exakt paralleler Strahlen der geometrischen Optik in der Natur nicht geben kann.

Setzt man in die Gl. (5.6) die Definition des Raumwinkelelements gemäß Gl. (5.3) ein, so erhält man den Zusammenhang:

$$\mathrm{d}\Phi = I\frac{\cos\varepsilon_2}{R^2}\,\mathrm{d}A_2 = E\,\mathrm{d}A_2\,. \tag{5.7}$$

Die neu eingeführte Größe

$$E = I\frac{\cos\varepsilon_2}{R^2} \tag{5.8}$$

heißt **Bestrahlungsstärke** und hat die SI-Einheit $\mathrm{W \cdot m^{-2}}$. Sie ist ein Maß für die pro Fläche auffallende Strahlungsleistung und im allgemeinen eine Funktion der Flächenkoordinaten. Wie man der Gl. (5.8) entnimmt, ist die Bestrahlungsstärke dem Quadrat des Abstandes R vom Koordinatenursprung (in dem sich der Strahler ja befinden soll) proportional. Dieser Zusammenhang ist als *quadratisches Entfernungsgesetz* bekannt. Es gilt in Strenge nur für punktförmige Strahler. In der Praxis sind die Fehler aber kleiner als 1%, solange nur das Verhältnis der lateralen Abmessung des Strahlers zum Abstand zwischen Strahler und Empfänger kleiner als 1 : 10 ist.

Das Zeitintegral der Bestrahlungsstärke

$$H = \int_{t_1}^{t_2} E(t)\,\mathrm{d}t \tag{5.9}$$

wird als **Bestrahlung** bezeichnet und ist bei akkumulierenden Empfängern (z. B. Photoplatte) ein Maß für die auf die Fläche bezogene Wirkung der Strahlung. Die SI-Einheit der Bestrahlung ist $\mathrm{W \cdot s \cdot m^{-2}}$ bzw. $\mathrm{J \cdot m^{-2}}$.

Bezieht man die abgestrahlte Strahlungsleistung $\mathrm{d}\Phi$ nicht auf die Fläche $\mathrm{d}A_2$ des Empfängers, sondern auf die Fläche $\mathrm{d}A_1$ der Strahleroberfläche, so erhält man eine Größe M, die als **spezifische Ausstrahlung** bezeichnet wird. Für sie gilt demnach:

$$\mathrm{d}\Phi = M\,\mathrm{d}A_1\,. \tag{5.10}$$

Die SI-Einheit von M stimmt mit der SI-Einheit von E überein. Im allgemeinen wird auch die spezifische Ausstrahlung eine Funktion der Flächenkoordinaten sein.

Wie bereits erwähnt, ist die Strahlstärke einer Strahlungsquelle von der Abstrahlungsrichtung abhängig. Diese Abhängigkeit läßt sich durch den Winkel ε_1 zwischen der Flächennormalen $\boldsymbol{n}_1$ und der Ausstrahlungsrichtung $\boldsymbol{e}_1$ (siehe Abb. 5.2) charakterisieren, d. h. es ist $I = f(\varepsilon_1)$. Da die Art der Emission natürlich von der physikalischen Natur der Oberfläche abhängt, z. B. davon, ob sie glatt oder rauh ist, ob sie selbst emittiert oder aber zugestrahlte Energie reflektiert oder durchläßt, kann die funktionale Abhängigkeit der Strahlstärke von ε_1 nur empirisch bestimmt werden. Man spricht von *diffuser Emission* bzw. *Reflexion,* wenn das im Jahre 1760 von Lambert aufgestellte Kosinusgesetz gilt. In diesem Fall ist die auf das Flächenelement $\mathrm{d}A_1$ bezogene Strahlstärke bei Abstrahlung in Richtung ε_1 dem Kosinus dieses Winkels proportional, d. h. es ist

$$\mathrm{d}I = L\cos\varepsilon_1\,\mathrm{d}A_1 \tag{5.11}$$

Die neu eingeführte Größe L heißt **Strahldichte** und hat die SI-Einheit $\mathrm{W \cdot sr^{-1} \cdot m^{-2}}$. Für diffuse Emission bzw. Reflexion ist L eine Konstante, in allen anderen Fällen jedoch nicht. Ein Beispiel für eine angenähert diffuse Emission ist die Sonnenstrah-

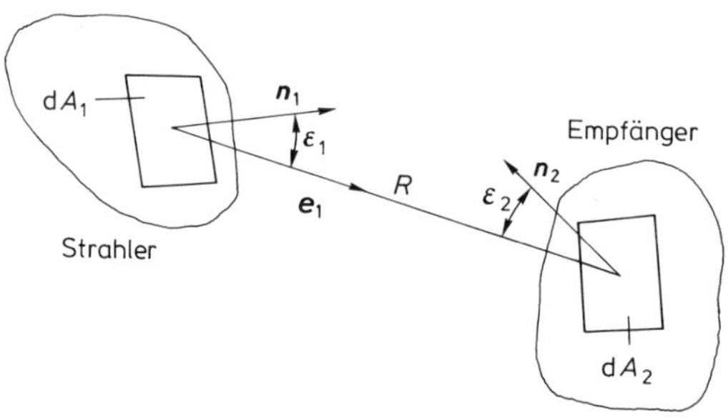

Abb. 5.2 Zum Grundgesetz der Strahlungsübertragung.

lung und für eine angenähert diffuse Reflexion die von zu Tabletten gepreßtem Bariumsulfat ($BaSO_4$) reflektierte Strahlung.

In der Elektrodynamik wird die Energieübertragung durch Strahlung mit dem *Poynting-Vektor* $\boldsymbol{S}$ beschrieben, dessen Richtung mit der Ausstrahlungsrichtung übereinstimmt, und dessen Betrag ein Maß für die auf die Fläche entfallende Strahlungsleistung ist. Ein Zusammenhang zwischen dem Betrag des Poynting-Vektors und den bisher eingeführten strahlungsphysikalischen Größen läßt sich durch die Beziehung

$$|\boldsymbol{S}| = \int_{\Omega_1} L \, \mathrm{d}\Omega_1 \tag{5.12}$$

herstellen.

Für den allgemeinen Fall (d. h. wenn L keine Konstante ist) kann man mit Hilfe der Gln. (5.7) und (5.11) das **Grundgesetz der Strahlungsübertragung** formulieren (s. dazu Abb. 5.2):

$$\mathrm{d}^2\Phi = L \frac{\cos\varepsilon_1 \cos\varepsilon_2}{R^2} \mathrm{d}A_1 \, \mathrm{d}A_2 \, . \tag{5.13}$$

Die Beziehung (5.13) gilt streng nur im Vakuum, da weder Absorption und Streuung, noch Lumineszenz berücksichtigt wurden, Effekte, die bei der Strahlungsübertragung durch Materie im Prinzip immer auftreten können. Ist die Wechselwirkung zwischen Strahlung und Materie nur schwach (z. B. bei Gasen, mit Ausnahme von Frequenzen bzw. Wellenlängen bei oder in der Nähe von Absorptions- bzw. Emissionsmaxima), so kann man Gl. (5.13) noch verwenden, wenn man für die Strahldichte die in dem entsprechenden Medium geltende Funktion benutzt.

Strahlungsquellen emittieren in den seltensten Fällen monochromatische Strahlung (d. h. bei einer festen Frequenz bzw. Wellenlänge). Vielmehr ist die Energie in der Regel über einen größeren Spektralbereich verteilt. Deshalb wurde der Begriff der **spektralen Dichte** der strahlungshysikalischen Größen eingeführt. Die spektrale Dichte einer strahlungsphysikalischen Größe X ist als Differentialquotient aus dieser Größe und der Frequenz ν bzw. der Wellenlänge λ definiert; als Kennzeichnung wird der Index ν bzw. λ angehängt:

$$X_\nu = \frac{\partial X}{\partial \nu} \quad \text{bzw.} \quad X_\lambda = \frac{\partial X}{\partial \lambda} \, . \tag{5.14}$$

Man beachte, daß wegen des Zusammenhanges $c = \lambda \nu$ (c ist die Lichtgeschwindigkeit; für das Vakuum gilt $c_0 = 2{,}99792458 \cdot 10^8 \, \mathrm{ms}^{-1}$) die Funktionen $X_\nu(\nu)$ und $X_\lambda(\lambda)$ nicht identisch sind. Das gilt insbesondere auch für die Lage der Extremwerte.

In der Praxis arbeitet man aus Gründen der Zweckmäßigkeit oft mit *normierten* (und damit dimensionslosen) *spektralen Dichtefunktionen*. Die Normierung geschieht dabei durch Division durch einen Bezugswert $X_\nu(\nu_0)$ bzw. $X_\lambda(\lambda_0)$, der ein Mittelwert, Maximalwert, usw. sein kann. Die so eingeführte spektrale Dichtefunktion wird als Strahlungsfunktion bezeichnet; für sie gilt:

$$S(\nu) = \frac{X_\nu(\nu)}{X_\nu(\nu_0)} \quad \text{bzw.} \quad S(\lambda) = \frac{X_\lambda(\lambda)}{X_\lambda(\lambda_0)} \, . \tag{5.15}$$

Trifft Strahlung auf Materie auf, so wird ein Teil reflektiert, ein Teil durchgelassen und ein Teil absorbiert, wobei die absorbierte Energie unter Umständen als Lumineszenzstrahlung im gleichen oder in einem anderen Spektralbereich wieder abgestrahlt werden kann. Die Anteile der Reflexion, Transmission und Absorption sind vom Material (Art, Dicke, Oberflächenbeschaffenheit, usw.), von der einfallenden Strahlung (Wellenlänge, Polarisation, usw.) und auch von der Meßgeometrie (Einfallswinkel, Beobachtungswinkel, Öffnungswinkel der Strahlenbündel, usw.) abhängig. Die Wechselwirkung der Strahlung mit der Materie läßt sich durch drei Materialkennzahlen charakterisieren:

Der **spektrale Reflexionsgrad** $\varrho(\lambda)$ ist der Quotient aus reflektierter Strahlungsleistung $\Phi_{\lambda,\mathrm{R}}$ und einfallender Strahlungsleistung $\Phi_{\lambda,\mathrm{E}}$:

$$\varrho(\lambda) = \frac{\Phi_{\lambda,\mathrm{R}}}{\Phi_{\lambda,\mathrm{E}}}. \tag{5.16}$$

Der **spektrale Transmissionsgrad** $\tau(\lambda)$ ist der Quotient aus durchgelassener Strahlungsleistung $\Phi_{\lambda,\mathrm{T}}$ und einfallender Strahlungsleistung $\Phi_{\lambda,\mathrm{E}}$:

$$\tau(\lambda) = \frac{\Phi_{\lambda,\mathrm{T}}}{\Phi_{\lambda,\mathrm{E}}}. \tag{5.17}$$

Der **spektrale Absorptionsgrad** $\alpha(\lambda)$ ist der Quotient aus absorbierter Strahlungsleistung $\Phi_{\lambda,\mathrm{A}}$ und einfallender Strahlungsleistung $\Phi_{\lambda,\mathrm{E}}$:

$$\alpha(\lambda) = \frac{\Phi_{\lambda,\mathrm{A}}}{\Phi_{\lambda,\mathrm{E}}}. \tag{5.18}$$

Alle drei Materialkennzahlen sind dimensionslose Größen und ihr Zahlenwert liegt im Intervall 0...1. Wegen des Satzes von der Erhaltung der Energie gilt außerdem der Zusammenhang

$$\varrho(\lambda) + \tau(\lambda) + \alpha(\lambda) = 1 \tag{5.19}$$

für jede beliebige Wellenlänge (bzw. Frequenz). Die Voraussetzung für die Gültigkeit der Beziehung (5.19) ist allerdings, daß das betreffende Material selbst keine Strahlung emittiert, also auch nicht lumineszGiert. Hinsichtlich der Absorption von Strahlung durch Materie sei auch auf den Abschn. 2.6 verwiesen, wo auch der Begriff des Absorptionskoeffizienten erklärt wird.

Zur Charakterisierung des Emissionsverhaltens von Strahlungsquellen (Temperaturstrahlern) hat man den **spektralen Emissionsgrad** $\varepsilon(\lambda)$ als Quotienten der von ihnen emittierten spektralen Strahldichte L_λ zu der von einem sogenannten „schwarzen Strahler" (siehe Abschn. 5.5) emittierten spektralen Strahldichte $L_{\lambda,\mathrm{S}}$ definiert:

$$\varepsilon(\lambda) = \frac{L_\lambda}{L_{\lambda,\mathrm{S}}}. \tag{5.20}$$

Der spektrale Emissionsgrad ist ebenfalls eine dimensionslose Größe. Er hängt von der Temperatur ab, da zumindest $L_{\lambda,\mathrm{S}}$ eine temperaturabhängige Funktion ist, wie noch gezeigt wird. Der Zahlenwert von $\varepsilon(\lambda)$ ist auf das Intervall 0...1 beschränkt, d.h. die Strahldichte eines beliebigen Temperaturstrahlers ist stets kleiner als die des schwarzen Strahlers. Dies ist eine Folgerung aus dem Kirchhoffschen Gesetz, das im Abschn. 5.4 behandelt wird.

5.3 Die Wärmestrahlung

Alle Körper, die sich auf einer beliebigen Temperatur oberhalb des absoluten Nullpunktes befinden, senden eine optische Strahlung aus, die Wärmestrahlung. Ihre Intensität (Strahlstärke) wächst mit der Temperatur an. Außerdem ändert sich mit der Temperatur auch die spektrale Verteilung der Strahlungsenergie (vgl. Kap. 2) in der Weise, daß der Anteil der kurzwelligen Strahlung mit der Temperatur wächst.

Die Aufgabe, die von der Oberfläche eines Körpers abgestrahlte Strahlungsleistung und ihre spektrale Verteilung zu berechnen, ist sowohl der Elektrodynamik, als auch der Thermodynamik zuzuordnen. Zunächst stellt sich die Frage, ob die von einem heißen Körper abgestrahlte Wärmestrahlung nur von seiner eigenen Beschaffenheit abhängt oder auch von der Umgebung, in der er sich befindet. Man könnte ja annehmen, daß in Analogie zur Wärmeleitung die Strahlung dem Temperaturgradienten vom wärmeren zum kälteren Körper folgt. Es zeigt sich jedoch, daß die Strahlung nicht von der Umgebung abhängig ist. Dadurch wird die Zahl der notwendigen Variablen zur Beschreibung der Wärmestrahlung stark eingeschränkt. Weiterhin zeigt sich (s. Abschn. 5.9), daß man die Wärmestrahlung eines beliebigen Körpers berechnen kann, wenn sein Absorptionsspektrum und die spektrale Strahlungsverteilung des sogenannten *schwarzen Strahlers* (s. Abschn. 5.5) bei gleicher Temperatur bekannt sind. Der schwarze Strahler kann dadurch charakterisiert werden, daß er alle auf ihn auftreffende Strahlung vollständig absorbiert.

Die Wärmestrahlung kann auch als ein Gas von Photonen angesehen werden. Da die Gleichungen der Elektrodynamik linear sind, wechselwirken die Photonen nicht miteiannder *(Superpositionsprinzip elektromagnetischer Felder)*, d. h. das „Photonengas" ist ideal, zumindest solange es sich im Vakuum befindet. In Materie ist diese Bedingung aufgrund der Wechselwirkung der Strahlung mit der Materie nicht mehr erfüllt. Ist diese Wechselwirkung aber nur sehr klein, wie z. B. bei Gasen in Spektralbereichen, in denen keine Absorption stattfindet, so kann man die Wärmestrahlung immer noch näherungsweise als ideales Photonengas ansehen. Bei großer Dichte der Materie gilt diese Idealisierung nur bei sehr hohen Temperaturen.

Da die Wechselwirkung der Photonen untereinander praktisch vollkommen fehlt, ist das Vorhandensein einer, wenn auch kleinen, Menge von Materie notwendig, um das thermische Gleichgewicht in der Wärmestrahlung herzustellen. Der Mechanismus, der dieses Gleichgewicht gewährleistet, besteht in der Absorption und Emission von Photonen durch die Materie. Daraus folgt, daß, im Gegensatz zu gewöhnlichen Gasen, die Zahl der Teilchen im „Photonengas" nicht konstant ist, sondern eine veränderliche Größe. Die Energiedichte der Wärmestrahlung ist also bereits durch die Temperatur allein eindeutig bestimmt, die Teilchenzahl muß aus der Gleichgewichtsbedingung berechnet werden.

Experimente zeigen, daß die Wärmestrahlung ein kontinuierliches Spektrum besitzt, d. h. daß in ihm alle Wellenlängen vertreten sind. Dieses Spektrum hat große Ähnlichkeit mit der Maxwellschen Geschwindigkeitsverteilungskurve, die die Verteilung der Energie auf die einzelnen Geschwindigkeitsbereiche für Teilchen in einem Gas beschreibt (s. Bd. 1). Trotz dieser Ähnlichkeit waren Versuche, die Wärmestrahlung mit Hilfe statistischer Methoden aus der kinetischen Gastheorie zu behandeln, zum Scheitern verurteilt. Der Weg zur korrekten Strahlungsformel für die Wärmestrahlung soll in den nächsten Abschnitten behandelt werden.

5.4 Das Kirchhoffsche Gesetz

Wie bereits im vorhergehenden Abschnitt erwähnt, wird das thermische Gleichgewicht in der Wärmestrahlung nur durch ihre Wechselwirkung mit Materie aufrechterhalten, indem die Strahlung emittiert und absorbiert wird. Daraus folgt, daß Emissions- und Absorptionsvorgänge im Gleichgewichtsfall nicht unabhängig voneinander sein können. Diese Tatsache ist Gegenstand des im Jahre 1859 von G. Kirchhoff abgeleiteten Zusammenhanges zwischen Emissions- und Absorptionsvermögen eines beliebigen Körpers.

Ein Körper, der im thermischen Gleichgewicht mit der ihn umgebenden Wärmestrahlung steht, reflektiert und absorbiert ständig die auf ihn auffallende Strahlungsenergie und emittiert gleichzeitig auch wieder Strahlung, so daß sich im Gleichgewicht (d.h. bei einer festen Temperatur T) alle diese Prozesse im Mittel gegenseitig kompensieren, in der Weise, daß die Verteilung der Strahlung über die verschiedenen Wellenlängen und Austrahlungsrichtungen im Mittel unverändert bleibt. Man kann nun die folgende Energiebilanz der Strahlung aufstellen: Nach dem Grundgesetz der Strahlungsübertragung (5.13) ist die auf das Flächenelement $\mathrm{d}A_2$ des Körpers aus der Richtung ε_2 auffallende Strahlungsleistung aus dem Wellenlängenintervall $\mathrm{d}\lambda$ gegeben durch

$$\mathrm{d}^3\Phi_{\lambda,\mathrm{E}} = L_\lambda^{(\mathrm{w})} \cos\varepsilon_2 \, \mathrm{d}A_2 \, \mathrm{d}\Omega_2 \, \mathrm{d}\lambda\,, \tag{5.21}$$

wobei $L_\lambda^{(\mathrm{w})}$ die spektrale Strahldichte der Wärmestrahlung ist. Besitzt der Körper den Absorptionsgrad α, so wird er gemäß der Beziehung (5.18) den Anteil

$$\mathrm{d}^3\Phi_{\lambda,\mathrm{A}} = \alpha\, \mathrm{d}^3\Phi_{\lambda,\mathrm{E}} = \alpha\, L_\lambda^{(\mathrm{w})} \cos\varepsilon_2 \, \mathrm{d}A_2 \, \mathrm{d}\Omega_2 \, \mathrm{d}\lambda \tag{5.22}$$

der auffallenden Strahlungsleistung absorbieren und den Rest reflektieren (es sei vorausgesetzt, daß die Strahlung den Körper nicht durchdringt, d.h. es sei $\tau = 0$). Nimmt man nun an, daß der Körper die Strahlung nicht streut und daß er nicht lumineszier, d.h. die Reflexion geschieht ohne Änderung des Winkels und der Wellenlänge, dann muß die absorbierte Strahlungsleistung durch diejenige Strahlung kompensiert werden, die von dem betrachteten Flächenelement des Körpers selbst in die gleiche Richtung und mit der gleichen Wellenlänge, wie die auffallende Strahlung, emittiert wird. Für diese Strahlungsleistung folgt wieder gemäß Gl. (5.13):

$$\mathrm{d}^3\Phi_\lambda = L_\lambda \cos\varepsilon_1 \, \mathrm{d}A_1 \, \mathrm{d}\Omega_1 \, \mathrm{d}\lambda\,, \tag{5.23}$$

wobei L_λ die spektrale Strahldichte des Körpers ist. Im Gleichgewicht folgt somit aus den Gln. (5.22) und (5.23) durch Gleichsetzen:

$$\alpha L_\lambda^{(w)} \cos \varepsilon_2 \, dA_2 \, d\Omega_2 \, d\lambda = L_\lambda \cos \varepsilon_1 \, dA_1 \, d\Omega_1 \, d\lambda \tag{5.24}$$

bzw. da nach Voraussetzung $\varepsilon_1 = \varepsilon_2$ und $dA_1 = dA_2$ sein sollen

$$\frac{L_\lambda(\lambda, T)}{\alpha(\lambda, T)} = L_\lambda^{(w)}(\lambda, T), \tag{5.25}$$

d.h. das Verhältnis der spektralen Strahldichte eines beliebigen Körpers zu seinem Absorptionsgrad ist für jede Temperatur gleich der spektralen Strahldichte der Wärmestrahlung. Insbesondere gilt für den absolut schwarzen Körper, der ja alle auf ihn auffallende Strahlungsenergie vollständig absorbiert, $\alpha(\lambda, T) \equiv 1$, so daß in diesem Falle wegen $L_\lambda(\lambda, T) = L_{\lambda,s}(\lambda, T)$ aus Gl. (5.25) $L_\lambda^{(w)}(\lambda, T) \equiv L_{\lambda,s}(\lambda, T)$ folgt, d.h. die spektrale Strahldichte des schwarzen Körpers (d.h. des schwarzen Strahlers) ist mit dem der Wärmestrahlung identisch. Die Beziehung (5.25) kann deshalb auch in der Form

$$\frac{L_\lambda(\lambda, T)}{\alpha(\lambda, T)} = L_{\lambda,s}(\lambda, T) \tag{5.26}$$

geschrieben werden. Dies ist das **Kirchhoffsche Gesetz,** das man wie folgt verbal formulieren kann:

- Das Verhältnis der Strahldichte zum Absorptionsgrad eines beliebigen Temperaturstrahlers ist gleich der Strahldichte des schwarzen Strahlers.

Führt man gemäß Gl. (5.20) den spektralen Emissionsgrad $\varepsilon(\lambda)$ ein, so kann die Beziehung (5.26) auch geschrieben werden

$$\varepsilon(\lambda, T) = \alpha(\lambda, T), \tag{5.27}$$

d.h. eine andere mögliche Formulierung des Kirchhoffschen Gesetzes ist:

- Bei gegebener Wellenlänge und Temperatur ist der spektrale Emissionsgrad eines beliebigen Körpers gleich seinem spektralen Absorptionsgrad.

Aus der Gl. (5.27) folgt auch die in Abschn. 5.2 aufgestellte Behauptung, daß $\varepsilon(\lambda)$ auf das Intervall $0 \ldots 1$ beschränkt ist, da $\alpha(\lambda)$ auf dieses Intervall beschränkt ist. Daraus folgt, daß der schwarze Strahler unter allen Temperaturstrahlern das größte Emissionsvermögen besitzt, denn für ihn ist $\varepsilon(\lambda) \equiv 1$.

Streut der Körper die Strahlung oder reflektiert er sie diffus, so kann das Kirchhoffsche Gesetz nur in einem eingeschränkten Sinne formuliert werden. Da in diesem Fall nämlich bei der Reflexion der Winkel geändert wird, kann man im Falle des Gleichgewichts nur fordern, daß die aus allen Richtungen absorbierte Strahlung der in alle Richtungen emittierten Strahlung gleich ist, so daß an die Stelle der Gl. (5.26) die Beziehung

$$\int_\Omega \alpha(\lambda, T) L_{\lambda,s}(\lambda, T) \cos \varepsilon \, d\Omega = \int_\Omega L_\lambda(\lambda, T) \cos \varepsilon \, d\Omega \tag{5.28}$$

tritt. Ist sowohl der Absorptionsgrad, als auch der Emissionsgrad des Körpers nicht von der Richtung abhängig, so gilt das Kirchhoffsche Gesetz in Form der Gl. (5.27) auch für den Fall diffuser Reflexion bzw. Streuung, wie man sofort verifiziert, indem man in Gl. (5.28) die Definition (5.20) für den Emissionsgrad einsetzt und die richtungsunabhängigen Größen $\alpha(\lambda)$ und $\varepsilon(\lambda)$ dann vor die Integrale zieht.

Der Ausstrahlungswinkel wird aufgrund der Brechung auch dann geändert, wenn die Strahlung durch den Körper hindurchtritt (Transmission, $\tau \neq 0$). In diesem Fall muß man noch zusätzlich zur Integration über die Richtungen über die Oberfläche des Körpers integrieren. Das Kirchhoffsche Gesetz hat dann die Gestalt

$$\int_A \int_\Omega \alpha(\lambda, T)\, L_{\lambda,\mathrm{S}}(\lambda, T) \cos\varepsilon \, \mathrm{d}\Omega \, \mathrm{d}A = \int_A \int_\Omega L_\lambda(\lambda, T) \cos\varepsilon \, \mathrm{d}\Omega \, \mathrm{d}A \,. \tag{5.29}$$

Hängen der Absorptions- und Emissionsgrad des Körpers weder von der Ausstrahlungsrichtung noch von den Oberflächenkoordinaten ab, so gilt die Beziehung (5.27) im Falle $\tau \neq 0$ weiterhin, wie man in gleicher Weise wie zuvor im Falle der Streuung zeigen kann.

Kommen schließlich noch Lumineszenzerscheinungen hinzu, d. h. ist die Wellenlänge von emittierter und absorbierter Strahlung nicht mehr gleich, so muß auch noch über die Wellenlänge integriert werden, um die Energiebilanz zu befriedigen. Man erhält dann

$$\int_0^\infty \int_A \int_\Omega \alpha(\lambda, T)\, L_{\lambda,\mathrm{S}}(\lambda, T) \cos\varepsilon \, \mathrm{d}\Omega \, \mathrm{d}A \, \mathrm{d}\lambda$$

$$= \int_0^\infty \int_A \int_\Omega L_\lambda(\lambda, T) \cos\varepsilon \, \mathrm{d}\Omega \, \mathrm{d}A \, \mathrm{d}\lambda \,. \tag{5.30}$$

In diesem Fall gilt die Beziehung (5.27) selbst dann nicht mehr, wenn Emissions- und Absorptionsgrad keine Funktionen der Ausstrahlungsrichtung und der Oberflächenkoordinaten sind, sondern an ihre Stelle tritt die Gleichung

$$\int_0^\infty \varepsilon(\lambda, T) \, \mathrm{d}\lambda = \int_0^\infty \alpha(\lambda, T) \, \mathrm{d}\lambda \,. \tag{5.31}$$

Für linear polarisierte Strahlung läßt sich zeigen, daß die bisher abgeleiteten Beziehungen für das Kirchhoffsche Gesetz für jede einzelne Polarisationsrichtung gültig sind. Dies soll jedoch hier nicht explizit durchgeführt werden.

Es sei noch angemerkt, daß es Fälle gibt, bei denen das Kirchhoffsche Gesetz nicht gilt, wie z. B. bei der Thermolumineszenz, bei der in die Energiebilanz neben der Strahlungsbilanz noch andere Effekte einbezogen werden müssen.

Die Bedeutung des Kirchhoffschen Gesetzes liegt in folgendem: Es stellt zunächst fest, daß die Strahlung eines beliebigen Temperaturstrahlers von seinem Absorptionsgrad, aber nicht von seinen sonstigen spezifischen Eigenschaften abhängt; der Quotient $L_\lambda(\lambda, T)/\alpha(\lambda, T)$ ist eine von den individuellen Körpereigenschaften vollkommen unabhängige Größe, nämlich eine universelle Funktion von Wellenlänge (bzw. Frequenz) und Temperatur. Deshalb ist es wichtig, diese universelle Funktion zu bestimmen. Diese Aufgabe ist durch die im folgenden zu besprechenden Strahlungsgesetze für die spektrale Strahldichte des schwarzen Strahlers gelöst. Für ihre experimentelle Überprüfung ist es wichtig, einen schwarzen Strahler zu realisieren. Hierzu reicht eine oberflächliche Schwärzung z. B. mit Ruß o. ä. nicht aus, die nur eine Annäherung für gewisse Spektralbereiche darstellen würde. Eine mögliche Realisierung wird im nächsten Abschnitt besprochen.

Wie bereits erwähnt, ist, als Folge des Grenzfalls $\alpha_S(\lambda) \equiv 1$ für den schwarzen Körper, die spektrale Strahldichte des schwarzen Strahlers, und damit auch sein spektraler Emissionsgrad, größer als die jedes anderen Temperaturstrahlers. Dies läßt sich eindringlich durch folgenden Versuch demonstrieren: Ein Platinblechstreifen, auf den mit schwarzer Tinte Zeichen geschrieben wurden, wird elektrisch bis zur hellen Rotglut erhitzt. Dann sieht man die im kalten Zustand zunächst dunkleren Zeichen heller als das Platinblech.

Aus dem Kirchhoffschen Gesetz folgt weiterhin, daß ein Körper nur Strahlung der Wellenlängen (Frequenzen) aussenden kann, die er bei gleicher Temperatur auch absorbiert oder umgekehrt: *Ein Körper absorbiert gerade Strahlung der Wellenlänge, die er bei gleicher Temperatur auch aussendet*. Schon Kirchhoff hat als Beweis dafür die Erscheinung der Fraunhoferschen Linien angeführt. Diese im Sonnenspektrum auftretenden Linien kommen danach dadurch zustande, daß die Gase der Sonnenhülle gewisse Wellenlängen aus dem kontinuierlichen Spektrum des Sonnenkerns absorbieren. An Stelle dieser dunklen Absorptionslinien muß man dagegen helle Emissionslinien am Sonnenrand erwarten, wo die Gashülle über den Sonnenkern hinausragt. Diese Linienumkehr kann tatsächlich bei totalen Sonnenfinsternissen beobachtet werden.

5.5 Der schwarze Strahler, Hohlraumstrahlung

Das Kirchhoffsche Gesetz hat die Bedeutung eines absolut schwarzen Strahlers gezeigt, der Strahlung aller Wellenlängen absorbiert und emittiert und damit den höchsten denkbaren Emissionsgrad eines Temperaturstrahlers besitzt. Kirchhoff hat im Jahre 1861 bereits eine Möglichkeit zur Realisierung des schwarzen Strahlers mit folgenden Worten angegeben: „Wenn ein Raum von Körpern gleicher Temperatur umschlossen ist und durch diese Körper keine Strahlen hindurchdringen können, so ist ein jedes Strahlenbündel im Innern des Raumes seiner Qualität und Intensität nach gerade so beschaffen, als ob es von einem vollkommen schwarzen Körper derselben Temperatur herkäme, ist also unabhängig von der Beschaffenheit und Gestalt der Körper und nur durch die Temperatur bedingt.“

Die Richtigkeit dieser Überlegungen kann man sich an folgendem Beispiel klarmachen (siehe dazu Abb. 5.3): Es sei ABCD der Querschnitt durch einen geschlossenen Hohlraum, dessen Wände aus einem homogenen, für die Strahlung undurchlässigen Material bestehen und die auf der Temperatur T gehalten werden. Jedes Flächenelement der inneren Oberfläche strahlt. Die von einem beliebig herausgegriffenen Flächenelement (an der Stelle a) ausgesandte Strahlung ist proportional der Strahldichte $L(\lambda, T)$. Die Strahlung (1) wird an der Stelle b, wo sie auf die gegenüberliegende Wand trifft, mit dem Reflexionsgrad $\varrho(\lambda, T)$ reflektiert und geht dann auf der gegenüberliegenden Seite zur Stelle c. Die Strahlung (2) zwischen b und c setzt sich nun zusammen aus der Eigenstrahlung $L(\lambda, T)$ von b und der von a herrührenden reflektierten Strahlung $\varrho(\lambda, T)\, L(\lambda, T)$, sie hat also insgesamt den Wert $L(\lambda, T)\,[1 + \varrho(\lambda, T)]$. Im Punkt c wird diese Strahlung (3) wieder reflektiert

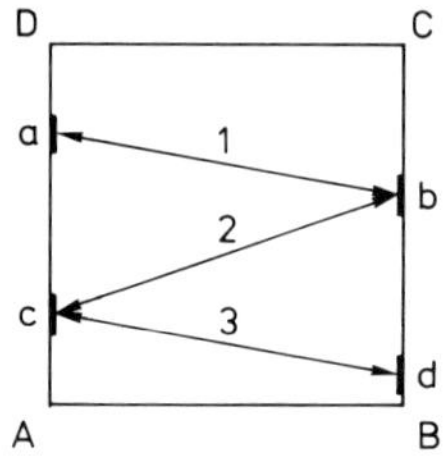

Abb. 5.3 Strahlung im Hohlraum.

und gleichzeitig addiert sich dazu die Eigenstrahlung im Punkt c, so daß die Strahlung (3) insgesamt durch den folgenden Ausdruck beschrieben werden kann: $L(\lambda, T)[1 + \varrho(\lambda, T) + \varrho^2(\lambda, T)]$. Nach n Reflexionen erhält man somit für die gesamte Strahlung den Ausdruck

$$L(\lambda, T)[1 + \varrho(\lambda, T) + \varrho^2(\lambda, T) + \ldots + \varrho^{n-1}(\lambda, T)]$$
$$= L(\lambda, T)\frac{1 - \varrho^n(\lambda, T)}{1 - \varrho(\lambda, T)}\,. \tag{5.32}$$

Da aber in der Praxis $\varrho(\lambda, T) < 1$ ist, kann man nach hinreichend vielen Reflexionen $\varrho^n(\lambda, T)$ gegenüber der Eins im Zähler vernachlässigen und erhält für die spektrale Strahldichte der Strahlung im Hohlraum den Ausdruck

$$\frac{L(\lambda, T)}{1 - \varrho(\lambda, T)} = \frac{L(\lambda, T)}{\alpha(\lambda, T)} = L_S(\lambda, T)\,, \tag{5.33}$$

d. h. die **schwarze Strahlung,** wie man die Strahlung des absolut schwarzen Strahlers der Kürze halber nennt.

Diese Berechnung versagt, wenn die Wände des Hohlraumes absolut spiegelnd sind, d. h. den Reflexionsgrad $\varrho(\lambda, T) = 1$, also den Absorptionsgrad $\alpha(\lambda, T) = 0$ und daher auch die Strahldichte $L(\lambda, T) = 0$ haben. Dann nimmt der Quotient in der letzten Gleichung die unbestimmte Form 0/0 an. Es folgt daraus, daß in dem vollkommen spiegelnden Hohlraum von selbst überhaupt keine Strahlung entstehen kann. Eine von außen durch eine Öffnung in den Hohlraum gelangende Strahlung würde in diesem Fall auch nicht „schwarz" werden, sondern vollkommen unverändert bleiben. Wenn man aber in die spiegelnde Hülle (es ist dabei völlig gleichgültig, ob sie mit Strahlung gefüllt ist oder nicht) einen materiellen Körper hineinbringt, ändert sich die Situation vollständig. Denn jeder materielle Körper besitzt, wie die Dispersionstheorie lehrt, wenigstens für eine Wellenlänge Absorption, d. h. es ist dafür ein Absorptionsgrad angebbar. Da sich die Absorption in Wirklichkeit über das gesamte Spektrum erstreckt (man kann ja keine „Breite" der Absorptionslinie, sondern nur eine „Halbwertbreite" angeben), hat jeder materielle Körper faktisch einen Absorptionsgrad für alle Wellenlängen, mag er auch noch so klein sein, und damit auch einen endlichen Emissionsgrad für alle Wellenlängen. Deshalb strahlt er und es bildet sich ein Strahlungsgleichgewicht aus zwischen der von ihm emittierten und absorbierten Energie; damit wird im Innern des Hohlraumes wieder die über das gesamte Spektrum reichende Strahlung des schwarzen Strahlers entstehen. Es genügt also, einen beliebig kleinen, Strahlung aller Wellenlängen absorbierenden, materiellen Körper in die vollkommen spiegelnde Hülle zu bringen, um auch in einer solchen schwarze Strahlung zu erzeugen. In Wirklichkeit gibt es aber keine vollkommen spiegelnde Hülle, so daß schon ihre eigene Strahlung nach genügend vielen Reflexionen schwarz wird.

Man kann an diesem einfachen Beispiel sehr schön sehen, wie die schwarze Strahlung in einem Hohlraum zustande kommt: Es addiert sich zur Eigenstrahlung jedes Flächenelements der Wand noch die reflektierte Strahlung der anderen Flächenelemente. Je kleiner $\varrho(\lambda, T)$ ist, desto schneller konvergiert die oben angegebene geometrische Reihe und desto schneller bildet sich die schwarze Strahlung im Hohlraum aus. Versieht man diesen mit einer kleinen Öffnung, so dringt hier die schwarze Strahlung nach außen, so daß man mit ihr experimentieren kann. Natürlich bedingt die Öffnung eine Störung des Strahlungsgleichgewichts, die aber durch geeignete Wahl der Abmessungen von Hohlraum und Öffnung beliebig klein gemacht werden kann. Wenn man durch die Öffnung von außen Strahlung in den Hohlraum hineinschickt (in der Abb. 5.3 z.B. bei a), so wird sie infolge der vielfachen Reflexionen so geschwächt, daß sie nicht mehr mit merklicher Intensität wieder heraustreten kann. Der Hohlraum ist also wirklich „schwarz“. Seine Strahlung ist vollkommen homogen und isotrop, d.h. sie geht von allen Stellen des Hohlraumes mit gleicher Intensität in alle Richtungen und ist vollkommen unpolarisiert.

Zur praktischen *Realisierung eines schwarzen Strahlers* geht man so vor, daß man einen Hohlraum (z.B. ein Rohr) innen schwärzt (mit einem Metalloxid, wegen der besseren Temperaturbeständigkeit) und mit mehreren Blenden versieht. Gestalt und Material des Hohlraumes sind dabei ohne Belang. Erhitzt wird er in der Regel auf elektrischem Wege. Eine mögliche praktische Ausführung zeigt die Abb. 5.4; sie geht auf Lummer und Kurlbaum (1898) zurück. Das z.B. aus Wolfram oder Graphit gefertigte Kammersystem wird in einer Schutzgasatmosphäre durch elektrischen Strom erhitzt. Hierbei kann etwa eine Temperatur von 3000 K erreicht werden. Für den Fall, daß eine niedrigere Temperatur benötigt wird, genügt es, eine ähnliche Anordnung aus Keramik in einem Platinofen zu erhitzen, oder aber den strahlenden Hohlraum in ein Bad von schmelzendem Gold oder Platin (dies sind die wichtigsten thermodynamischen Fixpunkte) zu tauchen. Dies führt sogleich auf das Problem der Temperaturbestimmung des Hohlraumstrahlers: Abgesehen von der soeben erwähnten Eintauchmethode kann sie bis zu einer Temperatur von etwa 1800 K durch Messung mit einem Thermoelement hinter dem Hohlraum erfolgen. Wie in Abb. 5.4

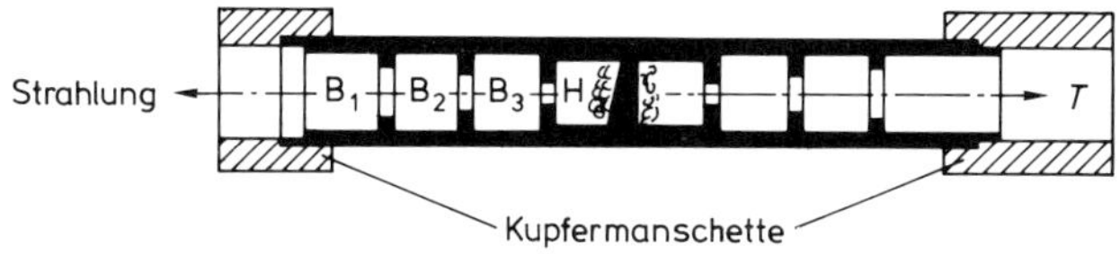

Abb. 5.4 Schwarzer Strahler aus Wolfram mit Strahlungs-Hohlraum H, Blenden $B_1, B_2, \ldots$ und entgegengesetzt gerichtetem Temperaturmeß-Strahler. Das gesamte Rohr wird über die Kupfermanschetten mittels Stromdurchfluß geheizt.

bereits angedeutet, muß aber bei höherer Temperatur die Messung direkt über die abgestrahlte Wärmestrahlung erfolgen, zweckmäßigerweise in der entgegengesetzten Richtung zur genutzten Abstrahlungsrichtung für die schwarze Strahlung. Hierzu ist ein kalibriertes Strahlungsthermoelement erforderlich, dessen Bereitstellung hohe meßtechnische Anforderungen stellt. Der eigentliche Hohlraum des schwarzen Strahlers ist mit einer abgeschrägten Rückwand versehen, die durch Einbringen von Wolframwolle „aufgerauht" ist. Dies dient der Erhöhung des Absorptionsgrades. Die Blenden sorgen für die Vielfachreflexionen und eine gleichmäßige Temperaturverteilung im Innern des Hohlraumes.

Mit einfachen Demonstrationsversuchen kann man zeigen, daß ein Hohlraum stärker emittiert und absorbiert als die umliegende Wandung: So leuchtet ein Loch in einem durch elektrischen Strom erhitzten Platinzylinder bei jeder Temperatur heller als die Zylinderwand selbst. Umgekehrt ist ein Loch in der Wand eines mit schwarzem Samt bezogenen Kastens schwärzer als der schwärzeste Samt.

5.6 Das Stefan-Boltzmannsche Gesetz

Der schwarze Strahler bzw. der ihn bildende Hohlraum, dessen Wände sich auf der Temperatur T befinden, ist von Energie erfüllt, die natürlich eine Funktion dieser Temperatur ist. Zu ihrer Berechnung sei ein Flächenelement $\mathrm{d}A_1$ im Innern des Hohlraumes betrachtet und die von ihm ausgesandte Strahlung in einer Richtung, die mit der Flächennormalen $\boldsymbol{n}_1$ von $\mathrm{d}A_1$ den Winkel ε_1 bildet (siehe Abb. 5.2; der Index 1, der die Ausstrahlung charakterisiert, soll im folgenden weggelassen werden, da nur diese betrachtet wird und daher Verwechslungen nicht zu befürchten sind). Da die Strahlung in der Zeit $\mathrm{d}t$ die Strecke $c\,\mathrm{d}t$ zurücklegt, ist sie in einem Zylinder enthalten, der die Grundfläche $\mathrm{d}A\cos\varepsilon$ und die Höhe $c\,\mathrm{d}t$, also das Volumen $c\cos\varepsilon\,\mathrm{d}A\,\mathrm{d}t$ hat. Andererseits ist nach den Gln. (5.13) und (5.3) die Strahlungsleistung $\mathrm{d}\Phi$, die von $\mathrm{d}A$ in die Richtung ε und in den Raumwinkel $\mathrm{d}\Omega$ abgestrahlt wird, $\mathrm{d}\Phi = L\cos\varepsilon\,\mathrm{d}A\,\mathrm{d}\Omega$. Die Energiedichte $\mathrm{d}u$ (beachte: $\mathrm{d}\Phi$ ist eine Leistungsgröße!) in dem soeben beschriebenen differentiellen Volumen ist also

$$\mathrm{d}u = \frac{L\cos\varepsilon\,\mathrm{d}A\,\mathrm{d}\Omega\,\mathrm{d}t}{c\cos\varepsilon\,\mathrm{d}A\,\mathrm{d}t} = \frac{L}{c}\mathrm{d}\Omega\,. \tag{5.34}$$

Hieraus folgt durch Integration über den gesamten Raum (4π sr) für die Energiedichte der schwarzen Strahlung im gesamten Hohlraum:

$$u = \frac{4\pi}{c}L\,. \tag{5.35}$$

Dieses Ergebnis ist plausibel, denn man kann erwarten, daß u proportional der Strahldichte L und umgekehrt proportional der Lichtgeschwindigkeit c ist. Multiplikation von u mit dem Volumen V ergibt die gesamte Strahlungsenergie des Hohlraumes. Aus Gl. (5.35) ist zu erkennen, daß L und u verschiedene Dimensionen besitzen.

Berücksichtigt man die Tatsache, daß die Strahlung elektromagnetischer Natur ist und den Maxwellschen Gleichungen (vgl. Abschn. E.1) gehorcht, so folgt, daß sie einen Druck auf die sie umschließende Wand ausübt, der bei gerichteter Strahlung gleich der Energiedichte ist (vgl. Abschn. E.3 u. Bd. 2). Hier hat man es aber mit ungerichteter Strahlung zu tun. Ähnlich wie bei der kinetischen Gastheorie (vgl. Bd. 1, Abschn. 105) kann man zeigen, daß in einer bestimmten Richtung nur ein Drittel der Energiedichte für den Strahlungsdruck in Frage kommt. So gelangt man zu der Aussage, daß für den **Strahlungsdruck** der schwarzen Strahlung gilt:

$$p = \frac{1}{3} u \,. \tag{5.36}$$

Mit Hilfe der beiden Hauptsätze der Thermodynamik kann man aus der Energiegleichung (5.35) (nach Multiplikation mit dem Volumen V) und der Druckgleichung (5.36) die Energiedichte als Funktion der Temperatur gewinnen, wie es L. Boltzmann im Jahre 1884 getan hat. Das Ergebnis seiner Überlegungen war $u = aT^4$, worin a eine Integrationskonstante ist. Der Beweis ist einfach. Man hat zu setzen: $U = uV$, $p = u/3$, Q_r für die reversibel zugeführte Wärme, A für die zugeführte Arbeit, S für die Entropie. Dann ist nach dem 1. Hauptsatz der Thermodynamik für eine differentielle reversible Änderung von V in $V + \mathrm{d}V$ und von T in $T + \mathrm{d}T$:

$$\mathrm{d}U = u\,\mathrm{d}V + V\,\mathrm{d}u = \delta Q_r - p\,\mathrm{d}V = \delta Q_r - \frac{1}{3} u\,\mathrm{d}V \,, \tag{5.37}$$

also

$$\delta Q_r = \frac{4}{3} u\,\mathrm{d}V + V\,\mathrm{d}u \,. \tag{5.38}$$

Die Bezeichnung δQ_r soll daran erinnern, daß Q_r keine Zustandsgröße ist (siehe Bd. 1, Abschn. 103).

Daraus ergibt sich für die Entropieänderung nach dem 2. Hauptsatz der Thermodynamik:

$$\mathrm{d}S = \frac{\delta Q_r}{T} = \frac{4u}{3T}\mathrm{d}V + \frac{V}{T}\frac{\mathrm{d}u}{\mathrm{d}T}\mathrm{d}T \,. \tag{5.39}$$

Da $\mathrm{d}S$ ein totales Differential sein muß[1], folgt

$$\frac{\partial}{\partial T}\left(\frac{4u}{3T}\right) = \frac{\partial}{\partial V}\left(\frac{V}{T}\frac{\mathrm{d}u}{\mathrm{d}T}\right). \tag{5.40}$$

Die Rechnung liefert unmittelbar, da u eine Funktion der Temperatur ist:

$$\frac{\mathrm{d}u}{u} = 4\frac{\mathrm{d}T}{T} \,. \tag{5.41}$$

[1] Für ein totales Differential $\mathrm{d}Z = \left(\frac{\partial Z}{\partial x}\right)_y \mathrm{d}x + \left(\frac{\partial Z}{\partial y}\right)_x \mathrm{d}y$ einer Zustandsfunktion $Z(x, y)$ gilt allgemein $\frac{\partial}{\partial x}\left(\frac{\partial Z}{\partial y}\right)_x = \frac{\partial}{\partial y}\left(\frac{\partial Z}{\partial x}\right)_y$. Die Indizes geben an, welche der beiden Variablen x oder y bei der jeweiligen partiellen Ableitung konstant zu halten sind.

Durch Integration erhält man somit

$$\ln u = 4 \ln T + \ln a \quad \text{bzw.} \quad u = a\,T^4 \,. \tag{5.42}$$

Nach Gl. (5.35) gilt dann für die Strahldichte L:

$$L = \frac{c\,a}{4\pi} T^4 \,. \tag{5.43}$$

Für die spezifische Ausstrahlung in den Halbraum gilt dann für den Fall eines Lambertschen Strahlers nach den Gln. (5.10), (5.13), (5.3) und (5.1) und mit der Gl. (5.43):

$$M = L \int_{\Omega} \cos\varepsilon \, \mathrm{d}\Omega = L \int_0^{2\pi} \int_0^{\pi} \sin\vartheta \cos\vartheta \, \mathrm{d}\vartheta \, \mathrm{d}\varphi = \pi L = \frac{c\,a}{4} T^4 = \sigma T^4 \tag{5.44}$$

oder in Worten:

- Die Energiedichte u, die Strahldichte L und die spezifische Ausstrahlung M des schwarzen Strahlers sind proportional der vierten Potenz der absoluten Temperatur.

Wenn die Beziehung zwischen Temperatur und spezifischer Ausstrahlung in den Halbraum hier ebenfalls angegeben wurde, so deshalb, weil es üblich ist, den Zahlenwert für die Strahlungskonstante σ in der Schreibweise der Gl. (5.44) anzugeben. Als bester Wert gilt zur Zeit $\sigma = 5{,}67051 \cdot 10^{-8}\,\mathrm{W \cdot m^{-2} \cdot K^{-4}}$.

Das soeben abgeleitete Gesetz heißt heute allgemein das **Stefan-Boltzmannsche Gesetz** und die Strahlungskonstante die *Stefan-Boltzmann-Konstante*. Der Wiener Physiker J. Stefan vermutete es im Jahre 1879 als für beliebige Strahler gültig, L. Boltzmann hat es im Jahre 1884 auf den schwarzen Strahler beschränkt und damit endgültig abgeleitet und formuliert. Es ist durch Messungen gut bestätigt, und seine große grundsätzliche Bedeutung liegt in dem Beweis, daß man die Hauptsätze der Thermodynamik auf ein Strahlung enthaltendes Volumen in gleicher Weise anwenden kann wie auf ein gasgefülltes Volumen.

Berücksichtigt man, daß sich der Strahler mit der Temperatur T in einer Umgebung mit der Temperatur T_0 befindet, so wird dem Strahler aus der Umgebung auch ein T_0 entsprechender Betrag an Strahlungsenergie zugestrahlt. Deshalb muß das Stefan-Boltzmannsche Gesetz bezüglich der spezifischen Ausstrahlung des Strahlers wie folgt modifiziert werden:

$$M = \sigma (T^4 - T_0^4) \,. \tag{5.45}$$

5.7 Das Wiensche Verschiebungsgesetz

Im Jahre 1893 gelang es W. Wien durch thermodynamische Betrachtungen zu zeigen, daß die Funktion $L_{\lambda,\mathrm{S}}(\lambda, T)$, die von λ und T abhängt, gleich ist dem Produkt einer Potenz von λ und einer Funktion nur einer Variablen, nämlich des Produktes λT. Charakteristisch für die Wiensche Ableitung, die hier nicht im einzelnen gebracht werden kann, ist das Ausnutzen der Ähnlichkeit der in einem Hohlraum eingeschlossenen Strahlung mit einem idealen Gas in einem bestimmten Volumen. Dabei tritt der Strahlungsdruck an die Stelle des Gasdruckes. Ist β eine Konstante, so kann das Resultat Wiens wie folgt formuliert werden:

$$L_{\lambda,\mathrm{S}}(\lambda, T) = \beta\lambda^{-5}F(\lambda T) \tag{5.46}$$

bzw. nach Gl. (5.35):

$$u_{\lambda,\mathrm{S}}(\lambda, T) = \frac{4\pi}{c}\beta\lambda^{-5}F(\lambda T)\,. \tag{5.47}$$

Diese Beziehung wird als **Verschiebungsgesetz** bezeichnet, weil es nach ihm ausreicht, die Abhängigkeit der spektralen Strahldichte $L_{\lambda,\mathrm{S}}(\lambda, T)$ von der Wellenlänge λ nur für eine einzige Temperatur zu kennen, um sie sofort auch für alle anderen Temperaturen angeben zu können. Geht man nämlich von einem Wert $L_{\lambda,\mathrm{S}}(\lambda, T)$ aus und fragt nach der Strahldichte für eine andere Temperatur T_1, so gilt für die Wellenlänge λ_1:

$$\lambda_1 T_1 = \lambda T \tag{5.48}$$

und damit nach Gl. (5.46)

$$L_{\lambda,\mathrm{S}}(\lambda_1, T_1) = \beta\lambda_1^{-5}F(\lambda_1 T_1) \tag{5.49}$$

und

$$L_{\lambda,\mathrm{S}}(\lambda, T) = \beta\lambda^{-5}F(\lambda T)\,. \tag{5.50}$$

Aus den Gln. (5.49) und (5.50) folgt, daß

$$L_{\lambda,\mathrm{S}}(\lambda_1, T_1) = \left(\frac{\lambda}{\lambda_1}\right)^5 L_{\lambda,\mathrm{S}}(\lambda, T) \tag{5.51}$$

ist, und mit Gl. (5.48) erhält man

$$L_{\lambda,\mathrm{S}}(\lambda_1, T_1) = \left(\frac{T_1}{T}\right)^5 L_{\lambda,\mathrm{S}}(\lambda, T)\,. \tag{5.52}$$

Wenn also zum Wertepaar λ und T die spektrale Strahldichte $L_{\lambda,\mathrm{S}}$ gehört, so findet man bei der Temperatur T_1 ihren $(T_1/T)^5$-fachen Wert bei der Wellenlänge $\lambda_1 = \lambda T/T_1$, d.h. der vergrößerte Wert dieser spektralen Strahldichte ist gegenüber λ um λ_1 verschoben. Hierbei gilt $\lambda_1 < \lambda$, $T_1 > T$, so daß bei höherer Temperatur dieser Strahldichtewert zu kleineren Wellenlängen hin verschoben ist.

Da $L_{\lambda,\mathrm{S}}(\lambda, T)$ eine Funktion ist, die bei jeder Temperatur T für eine gewisse Wellenlänge $\lambda_{\max}$ ein Maximum $L_{\lambda,\mathrm{S},\max}$ besitzen muß, so läßt sich das Wiensche Verschiebungsgesetz noch in eine andere Form bringen: Man bestimmt, indem man für konstant gehaltene Temperatur T den Differentialquotienten von $L_{\lambda,\mathrm{S}}(\lambda, T)$ nach λ gleich Null setzt, den Maximalwert $L_{\lambda,\mathrm{S},\max}(\lambda, T)$, der dann natürlich noch von der Temperatur abhängt. Differentiation der Gl. (5.46) und Nullsetzen liefert (hierbei ist F' die Ableitung von F nach λT):

$$\frac{\mathrm{d}L_{\lambda,\mathrm{S}}(\lambda, T)}{\mathrm{d}\lambda} = \beta\lambda^{-5}\left(TF' - \frac{5F}{\lambda}\right) = 0\,. \tag{5.53}$$

Dies ist eine Bestimmungsgleichung für das Produkt $\lambda_{max} T$, welches von T unabhängig ist, und zwar erhält man durch Nullsetzen der Klammer

$$\lambda_{max} T = \frac{5F(\lambda_{max} T)}{F'(\lambda_{max} T)} = \text{const.} = b\,. \tag{5.54}$$

Als bester Wert gilt $b = 2{,}897756 \cdot 10^{-3}\,\text{m} \cdot \text{K}$. Er läßt sich durch Aufnehmen der Isothermen des schwarzen Strahlers finden, wie es Lummer und Pringsheim erstmalig vorgenommen haben. Man mißt hierzu bei mehreren als Parameter konstant gehaltenen Temperaturwerten des schwarzen Strahlers die spektrale Strahldichte (d. h. die Strahldichte in einem durch die Auflösung des verwendeten Monochromators bestimmten Wellenlängenbereich) über ein möglichst großes Wellenlängenintervall. Abb. 5.5 zeigt für einige Temperaturwerte diese Isothermen, aus denen man den experimentellen Wert für die Konstante b ermitteln kann. Deutlicher noch zeigt dies Abb. 5.6, worin die Isothermen doppelt logarithmisch aufgetragen sind. Als Wellenlängenbereich $\Delta\lambda$ für $L_{\lambda,S}$ ist jeweils $\lambda/100$ gewählt worden. Die ausgezogene Gerade verbindet die Maxima von $L_{\lambda,S}$ für die verschiedenen Temperaturparameter.

Die Verschiebung von λ_{max} mit der Temperatur ist der Grund dafür, daß sich die Farbempfindung bei der emittierten schwarzen Strahlung von Rot (bei einer Temperatur von etwa 1000 K) über nahezu Weiß (bei einer Temperatur von etwa 6000 K) nach Blau verschiebt.

Man kann sich auch leicht davon überzeugen, daß der allgemeine Ausdruck (5.46) des Wienschen Verschiebungsgesetzes dem Stefan-Boltzmannschen Gesetz gehorcht, wie es auch sein muß. Multipliziert man nämlich beide Seiten dieser Gleichung mit $\mathrm{d}\lambda$ und integriert über das gesamte Spektrum, so erhält man:

$$\int_0^\infty L_{\lambda,S}(\lambda, T)\,\mathrm{d}\lambda = \int_0^\infty \beta\lambda^{-5} F(\lambda T)\,\mathrm{d}\lambda\,. \tag{5.55}$$

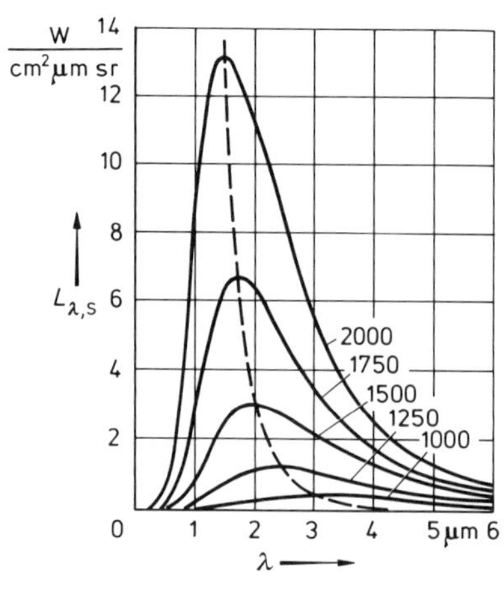

Abb. 5.5 Isothermen des schwarzen Strahlers.

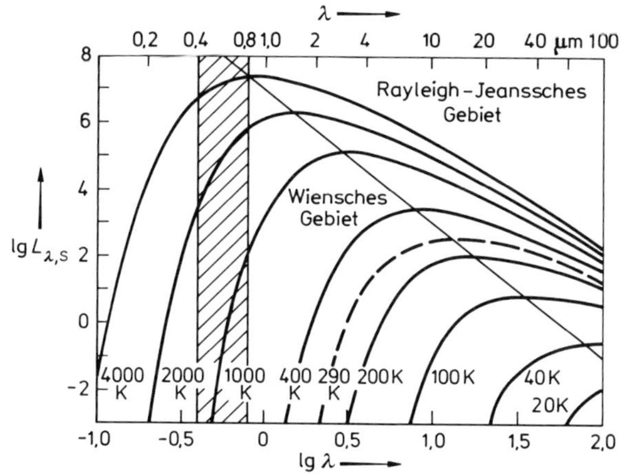

Abb. 5.6 Isothermen des schwarzen Strahlers in doppeltlogarithmischer Darstellung (schraffiert das sichtbare Spektralgebiet).

Führt man als neue Variable $\lambda T = \xi$ ein, so folgt $\mathrm{d}\xi = T\,\mathrm{d}\lambda$ und weiter

$$\int_0^\infty L_{\lambda,\mathrm{S}}(\lambda, T)\,\mathrm{d}\lambda = T^4 \beta \int_0^\infty \xi^{-5} F(\xi)\,\mathrm{d}\xi = \text{const.}\; T^4\,, \tag{5.56}$$

da das bestimmte Integral eine Konstante ist.

5.8 Die Strahlungsgesetze

Das Auffinden der universellen Funktion $L_{\lambda,\mathrm{S}}(\lambda, T)$, d.h. der spektralen Strahldichte des schwarzen Strahlers, war die fundamentale Aufgabe der Strahlungsphysik. Einen wesentlichen Beitrag zur Lösung dieser Aufgabe stellte das Wiensche Verschiebungsgesetz dar, wobei es allerdings nicht gelang, die Funktion $F(\lambda T)$ in Gl. (5.46) vollständig zu bestimmen. Das liegt daran, daß die Möglichkeiten der Thermodynamik, mit deren Hilfe sowohl das Stefan-Boltzmannsche Gesetz als auch das Wiensche Verschiebungsgesetz erhalten wurden, damit erschöpft sind. Es war daher notwendig, spezielle Modellvorstellungen für den schwarzen Strahler zu entwickeln, um die explizite Form der Funktion $F(\lambda T)$ zu erhalten, etwa wie die kinetischen Modelle in der Gastheorie, um zur Zustandsgleichung idealer Gase zu gelangen. Das experimentelle Material zur Aufstellung von Modellhypothesen lag um die Jahrhundertwende in Form der Isothermen der Hohlraumstrahlung (s. Abb. 5.5 und 5.6) vor, die aus Messungen von Lummer, Pringsheim, Rubens und Kurlbaum gewonnen worden waren.

Es wurden mehrere mit der Elektrodynamik und Thermodynamik konsistente Modellvorstellungen für den schwarzen Strahler entwickelt. Ausgehend von der schon von Kirchhoff vorgeschlagenen Möglichkeit, den schwarzen Strahler als mit

Strahlung erfüllten Hohlraum anzusehen, haben Lord Rayleigh und J.H. Jeans vorgeschlagen, das System der im spiegelnden Hohlraum stehenden elektromagnetischen Wellen zu betrachten. Es sind dabei nur bestimmte Wellen möglich, ebenso wie sich bei einer eingespannten Saite nur solche Wellen ausbilden können, die, abgesehen von den Knoten an den beiden Enden, einen, zwei, drei ... n Knoten besitzen. Die zu solchen Wellen im Hohlraum gehörenden Frequenzen sind die Eigenschwingungsfrequenzen des Hohlraumes. Hier interessiert diejenige Anzahl $\mathrm{d}Z$ der Eigenschwingungen des Hohlraumes pro Volumen, die dem Frequenzintervall zwischen ν und $\nu + \mathrm{d}\nu$ (oder dem Wellenlängenintervall zwischen λ und $\lambda + \mathrm{d}\lambda$) entspricht. Sie ist gleich der Anzahl der *Freiheitsgrade* des schwingenden Systems in diesem Intervall. Das Resultat der Rechnung ist:

$$\mathrm{d}Z = \frac{8\pi\nu^2}{c^3}\mathrm{d}\nu = \frac{8\pi}{\lambda^4}\mathrm{d}\lambda\,. \tag{5.57}$$

Nun ist aber aus den Wahrscheinlichkeitsbetrachtungen der kinetischen Gastheorie bekannt (s. Bd. 1), daß im Gleichgewicht auf jeden Freiheitsgrad der kinetischen Energie nach dem Äquipartitionstheorem im Mittel die Energie $kT/2$ entfällt, wobei k die Boltzmann-Konstante ist. Bei harmonischen Schwingungen ist in der Meachnik die mittlere kinetische Energie gleich der mittleren potentiellen Energie, also entfällt auf jeden Freiheitsgrad der Gesamtenergie im Mittel die Energie kT. Bei elektromagnetischen Wellen ist dies genauso, entsprechend der Tatsache, daß neben der elektrischen (potentiellen) Energie noch die magnetische (kinetische) Energie zu berücksichtigen ist, die im Mittel gleich sind. Damit gewinnt man einen Ausdruck für die spektrale Energiedichte $u_{\lambda,\mathrm{S}}(\lambda, T)$ im Intervall $\mathrm{d}\lambda$, nämlich die Anzahl der Freiheitsgrade multipliziert mit kT:

$$u_{\lambda,\mathrm{S}}(\lambda, T) = \frac{8\pi}{\lambda^4}kT \tag{5.58}$$

und damit nach Gl. (5.35):

$$L_{\lambda,\mathrm{S}}(\lambda, T) = \frac{2ck}{\lambda^4}T\,. \tag{5.59}$$

Das ist das *Strahlungsgesetz von Rayleigh und Jeans,* wie es sich nach der klassischen Theorie ergibt.

Man kann die Gl. (5.59) auch leicht in eine Form bringen, die dem Wienschen Verschiebungsgesetz (5.46) entspricht:

$$L_{\lambda,\mathrm{S}}(\lambda, T) = 2ck\lambda^{-5}(\lambda T)\,. \tag{5.60}$$

Das Rayleigh-Jeansche Gesetz kann aber dennoch nicht das richtige Strahlungsgesetz sein, denn erstens liefert es für jede Temperatur eine Gesamtstrahlung, die unendlich groß ist:

$$\int_0^\infty L_{\lambda,\mathrm{S}}(\lambda, T)\,\mathrm{d}\lambda = 2ckT\int_0^\infty \frac{\mathrm{d}\lambda}{\lambda^4} \to \infty \tag{5.61}$$

was natürlich nicht möglich sein kann, und zweitens hätte $L_{\lambda,\mathrm{S}}(\lambda, T)$ kein Maximum, im Widerspruch zum Experiment (s. Abb. 5.5 und 5.6). Man sieht aus Gl. (5.59), daß die Energie um so größer ausfällt, je kleiner die Wellenlänge ist. Die größte Energie würde bei extrem kurzen Wellenlängen liegen. Man hat daher diese unmögliche Folgerung der Rayleigh-Jeanschen Theorie auch als Ultraviolett-Katastrophe bezeichnet. Ein weiterer Versuch, das Energieverteilungsgesetz des schwarzen Strahlers zu bestimmen, wurde von W. Wien gemacht. Er ließ sich von der Ähnlichkeit leiten, die die Kurven der Abb. 5.5 mit denen des Maxwellschen Geschwindigkeitsgesetzes (s. Bd. 1) besitzen. Das Wiensche Gesetz lautet, wenn c_1 und c_2 zwei empirisch zu bestimmende Konstanten sind:

$$u_{\lambda,\mathrm{S}}(\lambda, T) = \frac{4}{c} c_1 \lambda^{-5} \mathrm{e}^{-c_2/\lambda T} \tag{5.62}$$

und dementsprechend

$$L_{\lambda,\mathrm{S}}(\lambda, T) = \frac{c_1}{\pi} \lambda^{-5} \mathrm{e}^{-c_2/\lambda T} . \tag{5.63}$$

Diese Wiensche Gleichung gehorcht offenbar ebenfalls dem Verschiebungsgesetz (5.46). Sie liefert außerdem, im Gegensatz zu Gl. (5.59) ein Maximum für $L_{\lambda,\mathrm{S}}(\lambda, T)$. Die speziellen Aussagen des Verschiebungsgesetzes sind hier (vgl. Gl. (5.54)):

$$\lambda_{\max} T = b = \frac{1}{5} c_2 . \tag{5.64}$$

Dagegen hat die Gl. (5.63) eine Eigentümlichkeit, die ihre allgemeine Gültigkeit von vornherein als zweifelhaft erscheinen läßt: Wenn man bei festgehaltener, beliebiger Wellenlänge die Temperatur T gegen unendlich wachsen läßt, so wächst die Strahldichte nicht ins Unendliche, sondern $L_{\lambda,\mathrm{S}}(\lambda, T)$ nähert sich dem endlichen Wert $2c_1\lambda^{-5}$, während das Rayleigh-Jeanssche Gesetz $L_{\lambda,\mathrm{S}}(\lambda, T)$ mit T ins Unendliche wachsen läßt.

Bei der experimentellen Überprüfung der Gl. (5.63) treten systematische Abweichungen um so stärker auf, je mehr λT anwächst. Die Wiensche Strahlungsformel kann also als Grenzgesetz für kleine Werte von λT betrachtet werden. Im sichtbaren Spektralbereich ist sie z. B. bis zu Temperaturen von etwa 5000 K durchaus verwendbar und damit von Bedeutung für die optische Pyrometrie (siehe Abschn. 5.10). Bei großen Werten von λT (z. B. im Gebiet der sogenannten Reststrahlen, d. h. im fernen Infrarot) wächst nach experimentellem Befund $L_{\lambda,\mathrm{S}}$ aber direkt proportional zur Temperatur T an, also entsprechend dem Strahlungsgesetz nach Rayleigh-Jeans (5.59). Dieses kann demnach als Grenzgesetz für sehr große Werte von λT angesehen werden.

Im Jahre 1900 hat M. Planck seine berühmte Strahlungsformel vorgeschlagen, die die beiden anderen Strahlungsformeln von Rayleigh-Jeans und Wien als Grenzfälle enthält. Nachdem er sein Gesetz zunächst nur intuitiv angegeben hatte, hat Planck schon sehr bald eine systematische Theorie zu seiner Herleitung entwickelt, auf der einer der wesentlichsten Fortschritte der Physik, die *Quantentheorie,* basiert. Dazu war er genötigt, eine damals revolutionäre Annahme zu machen, nämlich die, daß die von ihm als Modell benutzten Resonatoren, im Gegensatz zur Elektrodynamik, in einem äußeren periodisch wechselnden Feld Energie nicht stetig aufnehmen oder abgeben, sondern nur in bestimmten endlichen „Quanten", die mit $\bar{\varepsilon}$ bezeichnet werden sollen. Demgemäß soll ein harmonischer Oszillator nur die Energiewerte 0, $\bar{\varepsilon}$, $2\bar{\varepsilon}, \ldots n\bar{\varepsilon}$ besitzen können[2]. Die Rechnung liefert für die mittlere Energie u pro Freiheitsgrad der gesamten Energie den Ausdruck

$$\bar{u} = \frac{\bar{\varepsilon}}{e^{\bar{\varepsilon}/kT} - 1}, \tag{5.65}$$

der an die Stelle der bisherigen Aussage $u = kT$ tritt. Damit wurde das Äquipartitionsprinzip fallengelassen. Multipliziert man mit der Anzahl der Freiheitsgrade nach Gl. (5.57), so erhält man analog zu den Gln. (5.58) und (5.59):

$$u_{\lambda,\mathrm{s}}(\lambda, T) = \frac{8\pi\bar{\varepsilon}}{\lambda^4} \frac{1}{e^{\bar{\varepsilon}/kT} - 1} \tag{5.66}$$

und

$$L_{\lambda,\mathrm{s}}(\lambda, T) = \frac{2c\bar{\varepsilon}}{\lambda^4} \frac{1}{e^{\bar{\varepsilon}/kT} - 1}. \tag{5.67}$$

Für den Energiewert $\bar{\varepsilon}$ ist nun noch die Photonenenergie einzusetzen, nämlich

$$\bar{\varepsilon} = h\nu = \frac{hc}{\lambda}, \tag{5.68}$$

worin h die Planck-Konstante ist. Damit geht Gl. (5.65) über in

$$\bar{u} = \frac{h\nu}{e^{h\nu/kT} - 1} = \frac{hc}{\lambda(e^{hc/\lambda kT} - 1)} \tag{5.69}$$

und die Gln. (5.66) und (5.67) nehmen unter Verwendung von Gl. (5.35) ihre endgültige Gestalt an:

$$u_{\lambda,\mathrm{s}}(\lambda, T) = \frac{8\pi hc}{\lambda^5} \frac{1}{e^{hc/\lambda kT} - 1} \tag{5.70}$$

und

$$L_{\lambda,\mathrm{s}}(\lambda, T) = \frac{2hc^2}{\lambda^5} \frac{1}{e^{hc/\lambda kT} - 1}. \tag{5.71}$$

Die **Plancksche Strahlungsformel** (5.71) wird auch häufig in der Form

$$L_{\lambda,\mathrm{s}}(\lambda, T) = \frac{c_1}{\pi\lambda^5} \frac{1}{e^{c_2/\lambda T} - 1} \tag{5.72}$$

geschrieben, mit der *ersten Planckschen Strahlungskonstante*

$$c_1 = 2\pi hc^2 = 3{,}7417749\ \mathrm{W \cdot m^2} \tag{5.73}$$

und der *zweiten Planckschen Strahlungskonstante*

[2] Es würde auch die Annahme $\bar{\varepsilon}/2$, $3\bar{\varepsilon}/2$, $5\bar{\varepsilon}/2 \ldots$ genügen. Dabei bleibt die Differenz zweier aufeinanderfolgender Energien des Resonators immer noch $\bar{\varepsilon}$. Die moderne Entwicklung der Quantentheorie hat gezeigt, daß diese letztere Quantelung die richtigere ist.

$$c_2 = \frac{hc}{k} = 1{,}438769 \cdot 10^{-2}\,\mathrm{m\,K}\,. \tag{5.74}$$

Man sieht leicht ein, daß die Beziehung (5.72) für kleine Werte von λT in das Wiensche Strahlungsgesetz (5.62) übergeht, da dann die Eins im Nenner von Gl. (5.72) gegen die Exponentialfunktion vernachlässigt werden kann[3]. Für große Werte von λT kann man die Exponentialfunktion dagegen entwickeln

$$\mathrm{e}^{c_2/\lambda T} = 1 + \frac{c_2}{\lambda T} + \ldots, \tag{5.75}$$

so daß der Nenner einfach den Wert $c_2/(\lambda T)$ annimmt, und man erhält:

$$L_{\lambda,\mathrm{S}}(\lambda, T) = \frac{c_1}{\pi c_2}\lambda^{-4}\,T\,, \tag{5.76}$$

was durch Einsetzen von c_1 und c_2 zum Rayleigh-Jeansschen Gesetz (5.59) führt. Die Plancksche Strahlungsformel ist experimentell geprüft und in weiteren Bereichen für streng gültig befunden worden. Daher sei hier nochmals auf die Abb. 5.5 verwiesen, die den Verlauf der Funktion nach Gl. (5.72) für verschiedene Temperaturen wiedergibt. Die Abb. 5.6 zeigt den Verlauf der Planckschen Funktion im logarithmischen Maßstab. Der Gültigkeitsbereich der beiden Grenzgesetze (nach Rayleigh-Jeans und Wien) liegt, wie eingetragen, zu beiden Seiten der die Maxima verbindenden Geraden.

Vom theoretischen Standpunkt aus ist es vorzuziehen, u und L als Funktionen der Frequenz ν und der Temperatur T anzugeben. Die Gln. (5.68) und (5.69) tragen dem schon Rechnung. Aus den Gln. (5.70) und (5.71) ergibt sich dann für $u_{\nu,\mathrm{S}}(\nu, T)$ und $L_{\nu,\mathrm{S}}(\nu, T)$:

$$u_{\nu,\mathrm{S}}(\nu, T) = \frac{8\pi h}{c^3}\nu^3\frac{1}{\mathrm{e}^{h\nu/kT} - 1}\,, \tag{5.77}$$

$$L_{\nu,\mathrm{S}}(\nu, T) = \frac{2h}{c^2}\nu^3\frac{1}{\mathrm{e}^{h\nu/kT} - 1}\,. \tag{5.78}$$

$L_{\lambda,\mathrm{S}}(\lambda, T)$ bzw. $L_{\nu,\mathrm{S}}(\nu, T)$ geben diejenige Strahlungsenergie des schwarzen Strahlers eines unpolarisierten Bündels wieder, die im Intervall zwischen λ und $\lambda + \mathrm{d}\lambda$ (bzw. ν und $\nu + \mathrm{d}\nu$) und bezogen auf die Fläche, die Zeit und den Raumwinkel bei der absoluten Temperatur T in Richtung der Flächennormalen ausgestrahlt wird.

Die Entdeckung der korrekten Strahlungsformel durch Planck im Jahre 1900 war unzweifelhaft eine große wissenschaftliche Leistung, zeigte sich doch, daß die klassische Physik zu einer zuverlässigen Beschreibung der Naturerscheinungen nicht völlig ausreicht. In der Natur treten Unstetigkeiten auf, die im Gegensatz zur klassischen Physik stehen. Die von Planck eingeführte Quantisierung hat sich inzwischen als Schlüssel zum Verständnis der Mikrostruktur (Aufbau der Atome, Theorie der Strahlung, Wechselwirkungsprozesse) herausgestellt (siehe Bd. 4). Planck selbst sah

[3] Für linear polarisierte Strahlung muß der Faktor $^1/_2$ hinzugefügt werden, da unpolarisierte Strahlung in zwei gleich starke linear polarisierte Strahlungsanteile zerlegt werden kann.

in den Unstetigkeiten zunächst noch eine besondere Eigenschaft der optischen Strahlung. Der revolutionäre Charakter und die weitreichende Bedeutung der Quantenhypothese sind erst später erkannt worden.

5.9 Strahlung nicht-schwarzer Strahler

Das Plancksche Strahlungsgesetz, Gl. (5.71), lieferte die universelle Beziehung $L_{\lambda,\mathrm{s}}(\lambda, T)$ für den schwarzen Strahler. Wenn das Kirchhoffsche Gesetz nach den Gln. (5.26) und (5.27) hinzugenommen wird, dann besitzt man unmittelbar die spektrale Strahldichte für einen beliebigen Strahler, sofern dessen spektraler Absorptionsgrad bzw. Emissionsgrad bekannt ist, denn es gilt

$$L_{\lambda,\mathrm{s}}(\lambda, T) = \varepsilon(\lambda, T)\,\frac{c_1}{\pi\lambda^5}\,\frac{1}{\mathrm{e}^{c_2/\lambda T} - 1}\,. \tag{5.79}$$

Im Falle der Gültigkeit des Lambertschen Gesetzes ist $\varepsilon(\lambda, T) = \alpha(\lambda, T)$ für alle Abstrahlungsrichtungen. Im Falle des idealen schwarzen Strahlers gilt dies nach Kirchhoff allgemein. Je nach den Meßbedingungen kann man $\varepsilon(\lambda, T)$ für einen nicht-schwarzen Strahler bestimmen oder aber seinen spektralen Absorptionsgrad $\alpha(\lambda, T)$, der ja angibt, um welchen Betrag die spektrale Strahldichte des betrachteten Strahlers kleiner ist als die des schwarzen Strahlers. Hat man eine dieser beiden Größen bestimmt (im allgemeinen wird dies nur für einen bestimmten Spektralbereich möglich sein), so ist nach Gl. (5.79) auch die spektrale Strahldichte des betrachteten nicht-schwarzen Strahlers bekannt. Dies soll im folgenden für drei besonders herausgegriffene Beispiele von nicht-schwarzen Strahlern verdeutlicht werden.

Graue Strahler. Hierunter versteht man solche Strahler, deren spektraler Emissionsgrad zwar konstant, aber kleiner als Eins ist. Dies läßt sich in der Praxis nur für einen beschränkten Spektralbereich realisieren. Für graue Strahler ist die spektrale Strahldichte um einen konstanten Faktor kleiner als die des schwarzen Strahlers. Demzufolge gelten auch die in den vorhergehenden Abschnitten besprochenen Gesetze. Als graue Strahler können im sichtbaren Spektralbereich z. B. der Kohlebogen und die Wolfram-Glühlampe gelten. Damit eignen sich beide als Sekundär-Strahlungsnormale in wohldefinierten Spektralbereichen (s. dazu Abschn. 5.11).

Metalle. Die Metalle besitzen im allgemeinen einen großen Reflexionsgrad ϱ und daher einen kleinen Absorptionsgrad α. Daher ist ihre Strahldichte, und damit auch ihr Emissionsgrad ε, im Vergleich zu den Werten bei der schwarzen Strahlung bei gleicher Temperatur nur klein. Schon relativ früh wurden an dem Metall Platin von Paschen, Lummer und Pringsheim (1899) Messungen des Emissionsgrades durchgeführt, wobei besonders darauf geachtet wurde, daß die strahlende Fläche eben war. Kleine Einbuchtungen der strahlenden Metallblechs stören nämlich, weil sie als Hohlräume eine nicht dem Metall eigene „Schwärze“ der Strahlung vortäuschen. Als Ergebnis der Messung zeigte sich, daß die Strahldichte L bzw. die spezifische Ausstrahlung M der Gesamtstrahlung des Platins stärker mit der Temperatur anstieg als die des schwarzen Strahlers:

$$L(\lambda) = \int_0^\infty L_\lambda(\lambda, T)\,\mathrm{d}\lambda = \text{const.}\, T^5 \tag{5.80}$$

und

$$M = \sigma' T^5 . \tag{5.81}$$

Hierin ist σ' eine Konstante, die analog zur Strahlungskonstante σ im Stefan-Boltzmannschen Gesetz ist. Es ist klar, daß die Temperaturabhängigkeit nach den Gln. (5.80) und (5.81) nur in einem bestimmten Temperaturbereich gelten kann, da sonst bei hinreichend hoher Temperatur $\sigma' T^5 > \sigma T^4$ werden würde, was nach der Definition des schwarzen Strahlers nicht möglich wäre.

Außer dem Platin hat auch das Wolfram große technische Bedeutung, vor allem auch für die Lampenherstellung. Als beste Messungen des spektralen Emissionsgrades von Wolfram gelten die von De Vos (1954); in der Abb. 5.7 ist der spektrale Emissionsgrad $\varepsilon(\lambda)$ als Funktion der Wellenlänge bei verschiedenen Temperaturen dargestellt. Die starke Abhängigkeit von der Wellenlänge in einem weiten Spektralbereich (die natürlich auch für $\alpha(\lambda)$ gilt) ist deutlich zu sehen. Man nennt Strahler dieser Art selektive Strahler. Weiterhin entnimmt man der Abb. 5.7, daß $\varepsilon(\lambda)$ im sichtbaren Spektralbereich verhältnismäßig konstant bleibt. Dies berechtigte zu der Feststellung, daß eine Wolframlampe in diesem relativ schmalen Spektralbereich als grauer Strahler angesehen werden kann. Noch ein weiteres interessantes Ergebnis kann man aus der Abbildung entnehmen: Bei $\lambda = 1{,}3\,\mu\text{m}$ ist der spektrale Emissionsgrad unabhängig von der Temperatur. Wegen der Gestalt der Kurven nennt man diese Stelle, an der sich alle $\varepsilon(\lambda)$-Kurven schneiden, den X-Punkt des Wolframs.

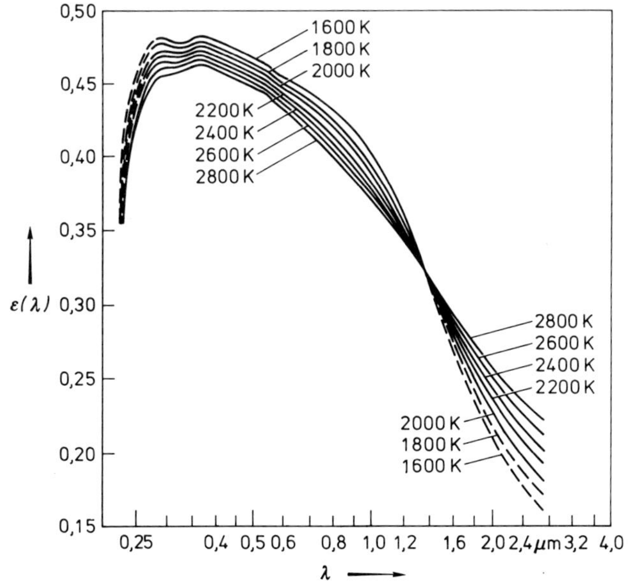

Abb. 5.7 Spektraler Emissionsgrad $\varepsilon(\lambda)$ von Wolfram (nach DE VOS, Physica **20**, 690 (1954)).

Solche X-Punkte sind auch für Kupfer, Silber, Gold und andere Metalle gefunden worden. Ihre Erklärung ist nur mit Hilfe der Quantentheorie der Festkörper möglich. Man nimmt an, daß sie mit selektiven Absorptionsvorgängen zusammenhängen für die nicht die Leitungselektronen der Metalle, sondern Übergänge der gebundenen Elektronen verantwortlich sind.

Selektive Strahler. Als Beispiel für einen stark selektiven Strahler sei kurz auf den *Gasglühkörper,* den sogenannten *Auerstrumpf,* eingegangen, der für Beleuchtungszwecke Verwendung findet und aus Thoriumoxid mit einer Beimengung von etwa 1% Ceroxid (diese Zusammensetzung geht auf Auer von Welsbach zurück) besteht. Rubens hat im Jahre 1905 gefunden, daß der Gasglühkörper neben einem guten

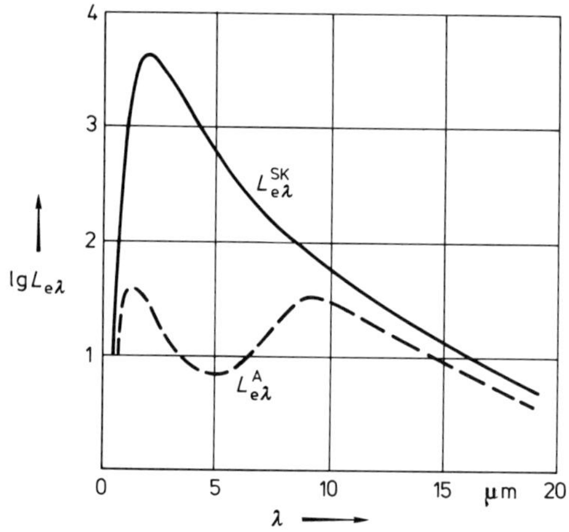

Abb. 5.8 Spektrale Strahldichte eines Gasglühkörpers (Auerstrumpf) $L_{e\lambda}^{A}$ und des schwarzen Strahlers $L_{e\lambda}^{SK}$ bei 1800 K.

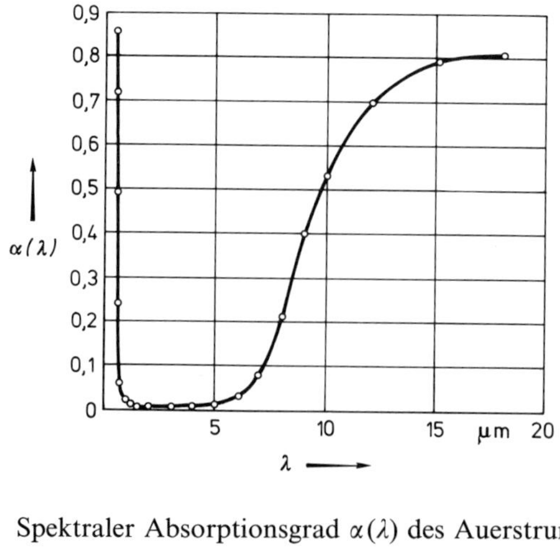

Abb. 5.9 Spektraler Absorptionsgrad $\alpha(\lambda)$ des Auerstrumpfs (ThO_2 mit 1% CeO_2).

Emissionsgrad im sichtbaren Spektralbereich auch eine starke Emission im infraroten Spektralbereich zeigt. Wie die Abb. 5.8 zeigt, emittiert der Auerstrumpf im Sichtbaren und Infraroten stark, während im Übergangsbereich mit einem Minimum bei etwa 5 µm die Emission nur schwach ist. Dementsprechend verläuft auch der in der Abb. 5.9 dargestellte Absorptionsgrad; das Verhalten ist entgegengesetzt zu dem der Metalle. Diese Lichtquelle hatte einst eine große technische Bedeutung; heute wird sie nur noch in wenigen Fällen zur Straßenbeleuchtung und als Camping-Leuchte verwendet und ist außerdem von historischem oder – wie hier – von didaktischem Interesse.

Weitere selektive Strahler sind z. B. die Bogenentladung des Quecksilbers oder anderer Metalldämpfe, die alle eine mehr oder weniger verbreiterte, linienhafte Emission zeigen. Alle diese Strahler sind im allgemeinen keine Temperaturstrahler, was aber nicht ausschließt, daß man bei Gasentladungen bzw. Plasmen Bereiche mit schwarzer Strahlung finden kann. Nach der Definition in Abschn. 5.1 müssen alle diese Selektivstrahler zu den Lumineszenzstrahlern gezählt werden.

5.10 Strahlungscharakteristische Temperaturen, Pyrometrie

In diesem Abschnitt sollen einige durch Temperaturangaben zu kennzeichnende Strahlungseigenschaften und umgekehrt die Anwendung der Strahlungsphysik zur Temperaturmessung besprochen werden. Der Ausgangspunkt solcher Betrachtungen muß stets der schwarze Strahler sein, da bei ihm durch das Plancksche Strahlungsgesetz (bzw. vereinfacht durch das Wiensche Strahlungsgesetz) für jede Wellenlänge die spektrale Strahldichte durch die Temperatur allein eindeutig bestimmt ist.

Zunächst soll an die Ausführungen des vorhergehenden Abschnitts über den grauen Strahler angeknüpft werden. Infolge des – verglichen mit dem Emissionsgrad des schwarzen Strahlers –, zwar kleineren, aber konstanten spektralen Emissionsgrades des grauen Strahlers, den dieser in einem bestimmten Spektralbereich besitzt, kann man seine relative spektrale Strahldichteverteilung durch eine Temperatur des schwarzen Strahlers kennzeichnen. Diese nennt man die **Verteilungstemperatur** T_V des grauen Strahlers in dem betreffenden Spektralbereich. Sie stimmt mit der wahren Temperatur T_W des grauen Strahlers überein, weil in dem betrachteten Spektralbereich der Emissionsgrad definitionsgemäß konstant ist, d. h. die relativen spektralen Strahldichten des grauen und des schwarzen Strahlers stimmen überein. Die absolute spektrale Strahldichte des grauen Strahlers ist aber um den Faktor ε kleiner.

Beschränkt man sich auf den sichtbaren Spektralbereich und vergleicht den Farbeindruck, den ein beliebiger Strahler hervorruft, mit der Farbe der schwarzen Strahlung, so kann man den betrachteten Strahler durch die Temperatur des farbgleichen schwarzen Strahlers kennzeichnen (man sagt dann, beide Strahlungen besitzen die gleiche Farbart bzw. der Farbort beider Strahler stimmt überein; siehe dazu Kap. 6). Diese Temperatur heißt dann die **Farbtemperatur** T_f, die allerdings eine subjektive Größe ist und nichts über die spektrale Strahlungsverteilung aussagt. Im sichtbaren Spektralbereich ist diese Temperatur identisch mit einer dafür gegebenenfalls gefundenen Verteilungstemperatur. Insbesondere gilt für den idealen grauen Strahler:

$T_f = T_V = T_W$. Damit ist wiederum die Wichtigkeit des schwarzen Strahlers deutlich geworden, da alle diese Temperaturangaben sich stets auf ihn beziehen.

Dies gilt auch für den nun noch zu behandelnden Fall der Beschränkung auf monochromatische Strahlung. In diesem Falle lassen sich in einem Wellenlängenbereich Absolutwerte vergleichen, denn stets läßt sich eine Temperatur des schwarzen Strahlers angeben, bei der dieser die gleiche spektrale Strahldichte besitzt wie der zu vergleichende beliebige Strahler. Man nennt diese Temperatur die **spektrale Strahlungstemperatur (schwarze Temperatur)** T_S bei der betreffenden Wellenlänge. Es gilt, daß T_S stets kleiner als T_W ist, da der schwarze Strahler schon bei einer niedrigeren Temperatur die gleiche Strahldichte erreicht, wie jeder beliebige andere Temperaturstrahler. Eine spektrale Strahlungstemperatur kann für jeden Strahler in einem bestimmten Wellenlängenbereich angegeben werden. Am gebräuchlichsten ist die Angabe von T_S bei der Wellenlänge $\lambda = 655$ nm. Der Begriff und die Bestimmung von T_S sind von großer Bedeutung für die **Pyrometrie,** der Methode der Temperaturmessung mit Hilfe der von einem Material ausgesandten Strahlung. Aber auch die Ermittlung von T_f oder, falls bestimmbar, von T_V ist für die in der Strahlungsmeßtechnik bzw. Pyrometrie verwendeten Strahler hinsichtlich ihrer Strahlungsleistung oder Strahlstärke wesentlich.

Bevor auf die optische Pyrometrie etwas näher eingegangen wird, soll zunächst die **Temperaturbestimmung bei Flammen** behandelt werden. Im Abschn. 5.4 ist bereits von der *Linienumkehr* die Rede gewesen. Eine solche Linienumkehr beweist jedoch noch nicht, daß es sich bei der Strahlung, bei der sie auftritt, um Temperaturstrahlung handelt, denn auch bei Lumineszenzstrahlung (z. B. in Gasentladungen mit radialem Temperaturgradienten) läßt sie sich beobachten. Dies ist in Übereinstimmung mit der Dispersionstheorie, wonach die Absorption ein Resonanzphänomen ist (s. dazu Abschn. 2.8). Man muß also noch ein anderes Kriterium heranziehen, um zu zeigen, daß eine Strahlung Temperaturstrahlung ist, wie z. B. die Untersuchung ihres gesamten kontinuierlichen Spektrums. Wenn man dies aber voraussetzen darf, dann kann man die Linienumkehr zur Temperaturbestimmung einer umkehrenden Flamme benutzen. Man stelle sich dazu folgende Anordnung vor: Ein stark erhitzter Hohlraumstrahler mit der regulierbaren Temperatur T liefert Strahlung mit einem kontinuierlichen Spektrum. Die emittierte Strahlung falle auf den Eintrittsspalt eines Spektrometers. Zwischen den Hohlraumstrahler und den Eintrittsspalt wird eine leuchtende Flamme geschoben, die ein Linienspektrum mit gewissen Wellenlängen $\lambda_1, \lambda_2, \ldots$ emittiert. Die Flamme habe die Temperatur T_{Fl}. Ist wie bisher $L_S(\lambda, T)$ die Strahldichte des schwarzen Strahlers (Hohlraumstrahler), $L_{Fl}(\lambda, T_{Fl})$ die Strahldichte der Flamme und $\alpha(\lambda)$ ihr Absorptionsgrad, dann erhält man für die Strahldichte am Ort des Eintrittsspaltes die Summe der Strahldichten des schwarzen Strahlers $L_S(\lambda, T)$ und der Flamme $L_{Fl}(\lambda, T_{Fl})$ vermindert um den durch die Flamme absorbierten Anteil des schwarzen Strahlers $\alpha(\lambda) \cdot L_S(\lambda, T)$, d. h. den Ausdruck

$$L_S(\lambda, T) + L_{Fl}(\lambda, T_{Fl}) - \alpha(\lambda, T_{Fl}) \cdot L_S(\lambda, T)\,. \tag{5.82}$$

Dieser kann größer, gleich oder kleiner als $L_S(\lambda, T)$ sein (gleiche Apertur der beleuchtenden Bündel vorausgesetzt). Ist er größer als $L_S(\lambda, T)$, so erscheint eine von der Flamme emittierte Strahlung der Wellenlänge λ mit größerer Helligkeit als die Strahlung des kontinuierlichen Spektrums des Hohlraumstrahlers, d. h. es zeigt sich auf dem Hintergrund des Kontinuums eine Emissionslinie der Wellenlänge λ. Im umgekehrten Fall tritt Linienumkehr auf, d.h. es tritt eine dunkle Absorptionslinie der Wellenlänge λ im Kontinuum auf. Für den Fall, daß der Ausdruck (5.82) gleich $L_S(\lambda, T)$ wird, verschwindet die Linie somit vollkommen, d.h. dann gilt

$$L_{Fl}(\lambda, T_{Fl}) = \alpha(\lambda, T_{Fl})\, L_S(\lambda, T)\,. \tag{5.83}$$

Diese Gleichung kann aber nach dem Kirchhoffschen Gesetz nur gelten, wenn die Flammentemperatur T_{Fl} mit der Temperatur des Hohlraumstrahlers T übereinstimmt, d.h. wenn $T_{Fl} = T$ ist. Man hat also die Temperatur des schwarzen Strahlers solange zu verändern, bis die betrachtete Linie gerade verschwindet. Dann hat die Flamme die gleiche Temperatur wie der schwarze Strahler. Aus dieser Darlegung ist ersichtlich, daß hier die Voraussetzung von Temperaturstrahlung notwendig ist, denn für den Fall von Lumineszenzstrahlung könnte schon bei einer weit geringeren Temperatur eine starke Emission vorhanden sein. Man würde dann für T_{Fl} einen falschen Wert erhalten.

Damit wirklich eine dunkle Linie auf dem kontinuierlichen Hintergrund erscheint, muß offenbar die Temperatur T des schwarzen Strahlers höher als die Flammentemperatur sein, denn nur dann ist die absorbierte Strahlungsleistung größer als der Betrag der Eigenemission.

Als Abschluß der Betrachtungen über Strahlungsphysik soll nun noch auf die **optische Pyrometrie** näher eingegangen werden. Sie wurde im Jahre 1903 von Holborn und Kurlbaum begründet und basiert auf dem (zunächst subjektiven) Vergleich der Strahldichte eines Temperaturstrahlers (z.B. einer Lampe) mit der Strahldichte des schwarzen Strahlers bekannter Temperatur. Dies geschieht in einem durch ein Filter ausgesonderten Wellenlängenintervall, d.h. es wird letztlich die spektrale Strahlungstemperatur des betrachteten Strahlers bestimmt. Die Meßanordnung ist schematisch in der Abb. 5.10 gezeigt: Eine strahlende Fläche A_1 wird mittels eines Fernrohres betrachet (gebildet durch die Linsen L_1 und L_2), in welchem sich am Ort G eine spezielle Glühlampe (Pyrometerlampe mit gestrecktem Faden in einer Ebene) befindet. Duch die Linse L_2 wird die Ebene A_1 in die Ebene G des Glüh-

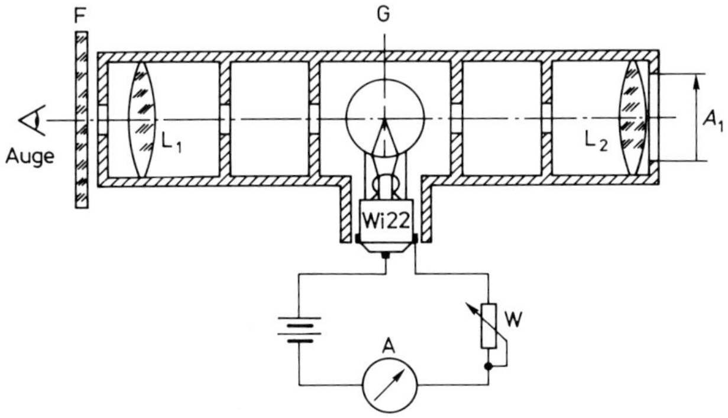

Abb. 5.10 Schematische Darstellung eines Pyrometers nach Holborn und Kurlbaum (die Fadenebene G der Pyrometerlampe ist in der Abbildung um 90° gedreht!).

lampenfadens abgebildet. Durch die Okularlinse L_1 sieht man dann das strahlende Objekt A_1 und den Faden gleichzeitig scharf. Betrachtet wird durch ein Farbfilter F vor der Linse L_1, das im allgemeinen für eine wirksame Wellenlänge $\lambda = 655\,\text{nm}$ ausgelegt ist *(subjektive Pyrometrie)*. Hier ist das menschliche Auge der Strahlungsindikator. Je nach der Stromstärke im Glühfaden hebt sich dieser vor der Fläche A_1 des Objektes hell oder dunkel ab. Die Stromstärke wird nun mit Hilfe eines Vorwiderstandes W so eingestellt, daß der Faden bei einem mit dem Amperemeter A zu messenden Wert nicht mehr sichtbar ist. Man muß das Pyrometer zunächst mit einem schwarzen Strahler bekannter Temperatur (an Stelle des Objektes A_1) kalibrieren und kann dann die spektrale Strahlungstemperatur im Wellenlängenbereich des Farbfilters für einen beliebigen Strahler bestimmen.

Wegen seiner grundsätzlichen Bedeutung für die Messung höherer Temperaturen sei das Verfahren im folgenden noch etwas näher beschrieben. Für praktische Verhältnisse reicht es in der Regel aus, das Wiensche Strahlungsgesetz anstelle des Planckschen Strahlungsgesetzes zu verwenden, da λT als genügend klein angesehen werden darf (s. Abschn. 5.8). Das Verhältnis Q zweier spektraler Strahldichten bei der Wellenlänge λ und den Temperaturen T und T_{Au} ist nach der Gl. (5.62) in logarithmierter Form

$$\ln Q = \ln \frac{L_\lambda(\lambda, T)}{L_\lambda(\lambda, T_{\text{Au}})} = \frac{c_2}{\lambda}\left(\frac{1}{T_{\text{Au}}} - \frac{1}{T}\right). \tag{5.84}$$

Hieraus folgt für die Temperatur T

$$T = \left(\frac{1}{T_{\text{Au}}} - \frac{\lambda}{c_2} \ln \frac{L_\lambda(\lambda, T)}{L_\lambda(\lambda, T_{\text{Au}})}\right)^{-1}. \tag{5.85}$$

T_{Au} bedeutet den Schmelzpunkt des Goldes ($1337{,}58 \pm 0{,}2\,\text{K}$), den sogenannten *Goldpunkt*, der als höchster gesicherter gasthermometrischer Fixpunkt den Anschluß der strahlungsmeßtechnischen an die gasthermometrische Skala sicherstellt. Weiterhin muß die zweite Strahlungskonstante des Planckschen bzw. des Wienschen Strahlungsgesetzes zu $c_2 = 1{,}438769 \cdot 10^{-2}\,\text{m} \cdot \text{K}$ festgelegt werden (diese Vorschriften werden jeweils auf der Generalkonferenz für Maß und Gewicht beschlossen, die auch die internationale praktische Temperaturskala festlegt). Selbstverständlich muß auch die Wellenlänge λ des Farbfilters genau bekannt sein und das Verhältnis Q so präzise wie möglich gemessen werden.

Mit Hilfe der sogenannten **pyrometrischen Grundgleichung** (5.85) ist es möglich, einen Vergleichsstrahler, z. B. eine *Bandlampe* (s. Abb. 5.11), an den schwarzen Strahler beim Goldpunkt T_{Au} anzuschließen. Bandlampen enthalten als wesentlichen Bestandteil ein elektrisch heizbares Band aus Wolfram, dessen temperaturstabiler Bereich in der Mitte oftmals durch eine Kerbe markiert ist. Bandlampen lassen sich als Sekundärnormale für Strahldichten bzw. spektrale Strahlungstemperaturen kalibrieren und verwenden.

Außer dem Goldpunkt gibt es noch weitere Fixpunkte, die geeignet sind ein Pyrometer in einem weiten Temperaturbereich zu kalibrieren, nämlich die Schmelzpunkte von Palladium (1827 K), Platin (2042 K), Rhodium (2236 K) und Iridium (2720 K).

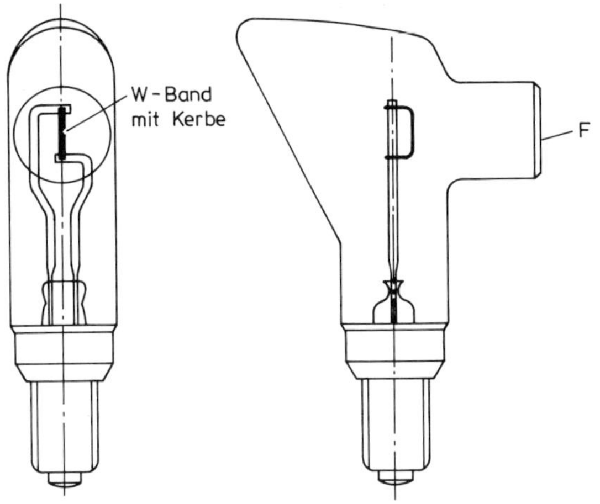

Abb. 5.11 Wolfram-Bogenlampe Wi 17 (Strahldichtenormal). Wegen der Reflexion ist die Kolbenrückwand abgeschrägt; das Fenster F ist aus Quarzglas. (Hersteller: Osram GmbH).

Das in der Abb. 5.10 im Grundprinzip dargestellt visuelle Pyrometer läßt sich unter Verwendung physikalischer Strahlungsempfänger in vielfältiger Weise zu einem objektiven Pyrometer umkonstruieren. Die Verhältnisse sind denen in der Photometrie sehr ähnlich, so daß hier auf den Abschn. 5.12 verwiesen sei. Die Genauigkeit pyrometrischer Temperaturmessungen beträgt einige K, sie sind aber in jedem Fall besser als auf 1% durchführbar.

5.11 Strahlungsbewertung durch das Auge, Photometrie

War in den bisherigen Abschnitten von Strahlung im optischen Spektralbereich die Rede, so soll nun der sichtbare Anteil dieser Strahlung allein betrachtet werden, d. h. derjenige kleine Bereich aus dem gesamten elektromagnetischen Spektrum, für den das menschliche Auge empfindlich ist. Dies ist die Strahlung aus dem Wellenlängenintervall von etwa 360 nm bis 830 nm, die auch als Licht im strengen Sinne bezeichnet wird (man beachte, daß Strahlung, die durch das menschliche Auge nicht wahrgenommen werden kann, nicht als Licht bezeichnet werden sollte!). Mit der Messung der sichtbaren optischen Strahlung beschäftigt sich die Photometrie, wobei natürlich die Eigenschaften des menschlichen Auges eine entscheidende Rolle spielen. Deshalb hat man – in Analogie zu den Grundgrößen der Strahlungsphysik – photometrische bzw. lichttechnische Größen definiert, die für einen (vom Menschen wahrgenommenen) Helligkeitseindruck maßgebend sind.

Da der physikalische Aufbau und die wesentlichen Daten des menschlichen Auges bereits im Abschn. 1.8 beschrieben worden sind, soll hier nur auf die Fähigkeit des Auges eingegangen werden, spektrale Strahldichten, die ihm aus verschiedenen Spektralbereichen angeboten werden, zu bewerten. Die maßgebliche Bewertungsfunktion wird als **spektraler Hellempfindlichkeitsgrad** $V(\lambda)$ bezeichnet. Dieser ist eine physiologische Eigenschaft und deshalb bei den einzelnen Menschen natürlich unterschiedlich. Die durch eine Mittelung über eine Vielzahl von Beobachtern gewonnene Bewertungsfunktion $V(\lambda)$ ist genormt worden. Bei entsprechenden Versuchsreihen hat sich gezeigt, daß das Auge im grünen Spektralbereich am empfindlichsten ist, d.h. daß die in diesem Bereich benötigte spektrale Strahldichte, die zu einer Erregung der lichtempfindlichen Elemente der Netzhaut (der Zapfen für das Tagessehen und der Stäbchen für das Nachtsehen) führt, am kleinsten ist. Eine Farbwahrnehmung ist dabei nur mit den Zapfen möglich, die wesentlich empfindlicheren Stäbchen sind farbuntüchtig, d.h. sie leiten eine unbunte, als grau wahrgenommene Erregung an das Nervensystem weiter. Weiterhin haben die Experimente gezeigt, daß beim Nachtsehen mit dem dunkeladaptierten Auge ein anderer Verlauf des spektralen Hellempfindlichkeitsgrades gefunden wird; die entsprechende Bewertungsfunktion wird mit $V'(\lambda)$ bezeichnet. Das Maximum der $V'(\lambda)$-Kurve, d.h. die Fähigkeit, bei kleinster Strahldichte noch eine Erregung mit Hilfe der Stäbchen wahrzunehmen, ist gegenüber der $V(\lambda)$-Kurve zu kürzeren Wellenlängen hin verschoben. Die Abb. 5.12 gibt die $V(\lambda)$- und die $V'(\lambda)$-Kurve wieder. Man erkennt, daß sowohl zu kürzeren, als auch zu längeren Wellenlängen hin (vom Maximum aus gesehen) beide Hellempfindlichkeitsgrade abnehmen. Dies entspricht dem allgemein bekannten Tatbestand, daß das menschliche Auge weder auf der kurzwelligen Seite im ultravioletten Spektralbereich noch auf der langwelligen Seite im infraroten Spektralbereich optische Strahlung wahrnehmen kann. Wegen der großen Bedeutung des Hellempfindlichkeitsgrades im Zusammenhang mit den photometrischen bzw. lichttechnischen Größen sind in der Tab. 5.2 die Werte für die Funktionen $V(\lambda)$ und $V'(\lambda)$ für den Spektralbereich 380 nm bis 780 nm angegeben. Es sei noch erwähnt, daß man bei Gültigkeit der $V(\lambda)$-Funktion von *photopischen Sehbedingungen* spricht, während es sich bei Gültigkeit der $V'(\lambda)$-Funktion um *skotopische Sehbedingungen* handelt. Für den Übergangsbereich zwischen beiden *(mesopische Sehbedingungen)* ist zur Zeit kein Hellempfindlichkeitsgrad definiert. Somit ist klar, daß die Beschreibung durch die

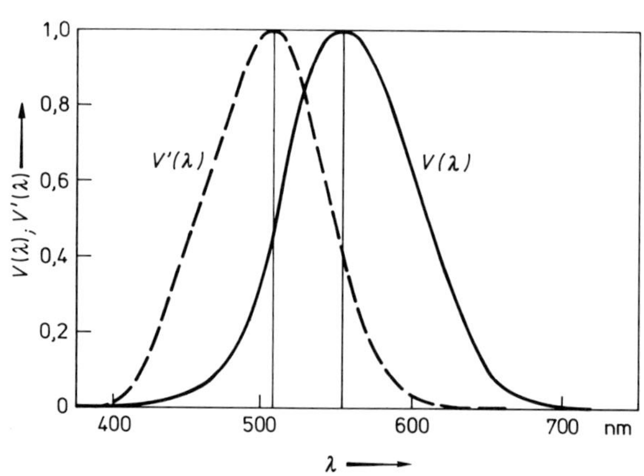

Abb. 5.12 Verlauf des spektralen Hellempfindlichkeitsgrades für das helladaptierte ($V(\lambda)$-Kurve) und das dunkeladaptierte ($V'(\lambda)$-Kurve) Auge.

Tab. 5.2 Von der Internationalen Beleuchtungskomission (CIE) empfohlene Werte des spektralen Hellempfindlichkeitsgrades für das hell- und dunkeladaptierte Auge (Tages- bzw. Nachtsehen).

Wellenlänge in nm	Spektraler Hellempfindlichkeitsbereich $V(\lambda)$	$V'(\lambda)$	Wellenlänge in nm	Spektraler Hellempfindlichkeitsbereich $V(\lambda)$	$V'(\lambda)$
380	0,0000	0,000589	590	0,757	0,0655
390	0,0001	0,002209	600	0,631	0,03315
400	0,0004	0,00929	610	0,503	0,01593
410	0,0012	0,03484	620	0,381	0,00737
420	0,0040	0,0966	630	0,265	0,003335
430	0,0116	0,1998	640	0,175	0,001497
440	0,023	0,3281	650	0,107	0,000677
450	0,038	0,455	660	0,061	0,0003129
460	0,060	0,567	670	0,032	0,0001480
470	0,091	0,676	680	0,017	0,0000715
480	0,139	0,793	690	0,0082	0,00003533
490	0,208	0,904	700	0,0041	0,00001780
500	0,323	0,982	710	0,0021	0,00000914
510	0,503	0,997	720	0,00105	0,00000478
520	0,710	0,935	730	0,00052	0,000002546
530	0,862	0,811	740	0,00025	0,000001379
540	0,954	0,650	750	0,00012	0,000000760
550	0,995	0,481	760	0,00006	0,000000425
560	0,995	0,3288	770	0,00003	0,000000241
570	0,952	0,2076	780	0,000015	0,000000139
580	0,870	0,1212			

$V(\lambda)$- bzw. $V'(\lambda)$-Kurve nur eine starke Vereinfachung der realen Sehvorgänge sein kann, da die Abhängigkeit vom Adaptationsniveau nur sehr unvollkommen berücksichtigt worden ist.

Man kann nun daran gehen, die photometrischen Größen in Analogie zu den strahlungsphysikalischen Größen dadurch zu definieren, daß man mit Hilfe des spektralen Hellempfindlichkeitsgrades eine Bewertung vornimmt. Bezeichnet man die strahlungsphysikalischen Größen mit X_e (der Index e steht für energetisch) und die photometrischen Größen mit X_v (der Index v steht für visuell), dann kann man folgende Beziehungen aufstellen:

$$X_v = K_m \int_0^\infty X_{e\lambda}(\lambda)\, V(\lambda)\, d\lambda \tag{5.86}$$

und

$$X'_v = K'_m \int_0^\infty X_{e\lambda}(\lambda)\, V'(\lambda)\, d\lambda \tag{5.87}$$

Hierin bedeutet K_m einen dimensionsbehafteten Proportionalitätsfaktor, den man den *Maximalwert des photometrischen Strahlungsäquivalents für das Tagessehen* nennt; Entsprechendes gilt für K'_m. Die ungestrichenen photometrischen Größen beziehen sich jeweils auf das Tagessehen, während sich die gestrichenen Größen auf das Nachtsehen beziehen.

Aus meßtechnischen Gründen ist als Basisgröße der photometrischen Größen die **Lichtstärke** I_v, also das Analogon zur Strahlstärke I_e gewählt worden. Die zugehörige SI-Basiseinheit ist die Candela (lateinisch für Kerze, Betonung auf der zweiten Silbe). Sie ist im Oktober 1979 von der 16. Generalkonferenz für Maß und Gewicht (CGPM) neu definiert worden:

- Die Candela (cd) ist die Lichtstärke in einer bestimmten Richtung einer Strahlungsquelle, die monochromatische Strahlung der Frequenz 540 THz aussendet und deren Strahlstärke in dieser Richtung $1/683\,\mathrm{W \cdot sr^{-1}}$ beträgt.

Aufgrund dieser Definition ist der Maximalwert des photometrischen Strahlungsäquivalents für das Tagessehen zu $K_m = 683\,\mathrm{cd \cdot sr \cdot W^{-1}}$ festgelegt. Der entsprechende Wert des photometrischen Strahlungsäquivalents für das Nachtsehen ist $K'_m = 1700\,\mathrm{cd \cdot sr \cdot W^{-1}}$. Dieser höhere Wert trägt der Tatsache Rechnung, daß das dunkeladaptierte Auge wesentlich empfindlicher ist.

Die zur Strahlungsleistung analoge photometrische Größe ist der **Lichtstrom** mit der SI-Einheit Lumen (lm), so daß wegen des Zusammenhanges $\mathrm{d}\Phi = I\,\mathrm{d}\Omega$ für die Strahlungsäquivalente K_m und K'_m die prägnantere Einheit lm/W verwendet wird. In der Tab. 5.3 sind die wichtigsten Größen der Strahlungsphysik mit ihren Dimen-

Tab. 5.3 Zusammenstellung der wichtigsten strahlungsphysikalischen und lichttechnischen Größen

Strahlung		
Größe	Zeichen	Einheit
Strahlstärke	I_e (I)	$\mathrm{W \cdot sr^{-1}}$
Strahlungsleistung	Φ_e (Φ)	Watt (W)
Strahlungsenergie	Q_e	$\mathrm{W \cdot s}$
Strahldichte	L_e (L)	$\mathrm{W \cdot sr^{-1} \cdot m^{-2}}$
Spezifische Ausstrahlung	M_e	$\mathrm{W \cdot m^{-2}}$
Bestrahlungsstärke	E_e	$\mathrm{W \cdot m^{-2}}$
Bestrahlung	H	$\mathrm{W \cdot m^{-2} \cdot s}$
Strahlungsausbeute	η_e	%
Photometrie (Lichttechnik)		
Größe	Zeichen	Einheit
Lichtstärke	I (I_v)	Candela (cd)
Lichtstrom	Φ (Φ_v)	$\mathrm{cd \cdot sr}$ = Lumen (lm)
Lichtmenge	Q	$\mathrm{lm \cdot s}$
Leuchtdichte	L (L_v)	$\mathrm{cd \cdot m^{-2}}$
Spezifische Lichtausstrahlung	M	$\mathrm{lm \cdot m^{-2}}$
Beleuchtungsstärke	E	$\mathrm{lm \cdot m^{-2}}$ = Lux (lx)
Belichtung	H	$\mathrm{lm \cdot m^{-2} \cdot s = lx \cdot s}$
Lichtausbeute	η	$\mathrm{lm \cdot W^{-1}}$

sionen den entsprechenden photometrischen (lichttechnischen) Größen und ihren Einheiten gegenübergestellt. Auf die entsprechenden skotopischen Größen wird wegen ihres relativ seltenen Gebrauchs nicht näher eingegangen.

Die soeben definierten photometrischen (lichttechnischen) Grundgrößen sind seinerzeit aus praktischen Erwägungen heraus geschaffen worden. In der Lichttechnik war und ist letztlich der Mensch „das Maß der Dinge". Dieser Leitgedanke gilt offenbar auch heute noch als bedeutend genug, um die Lichtstärke als eine der sechs Basisgrößen beizubehalten. Es bleibt dabei ein Unbehagen zu überwinden, wenn eine physikalische Größe (wie etwa die Strahlungsleistung, gemessen in Watt) durch Bewertung mit einer (fiktiven, weil genormten) physiologischen Bewertungsfunktion und Multiplikation mit einem dimensionsbehafteten Proportionalitätsfaktor zu einer neuen Größe wird (beim Beispiel der Strahlungsleistung zum Lichtstrom, gemessen in Lumen). Auch die Realisierung der Basiseinheit Candela durch den schwarzen Strahler beim Platinpunkt (s. nächsten Abschn. 5.12) kann an Genauigkeit nicht mit der Darstellung der anderen Basiseinheiten (denen der Basisgrößen Länge, Masse, Zeit, Stromstärke, Temperatur und Stoffmenge) konkurrieren.

5.12 Realisierung der Lichteinheit, Normallichtquellen

Die Definition für die Einheit der Lichtstärke ist im Laufe der Zeit mehrfach geändert worden. Bis zum Jahre 1948 bezog man sich auf die sogenannte *Hefner-Kerze* als Normallichtquelle, die eine mit Iso-Amylacetat gespeiste Flamme besaß, deren horizontal gemessene Lichtstärke (bei genau festgelegten Bedingungen für die Flammengröße und die Justierung) als Bezugsgröße für die Lichtstärkeeinheit diente. Diese Festlegung besaß jedoch den Nachteil, daß sie von mehreren Materialeigenschaften abhing. Deshalb wurde eine neue Einheit der Lichtstärke eingeführt (die **Candela,** cd), die auf ein fundamentales Naturgesetz abgestellt war und den schwarzen Strahler als Normallichtquelle einführte. Nach dieser bis zum Jahre 1979 gültigen Definition war 1 cd diejenige Lichtstärke, die $1/600\,000\,\mathrm{m}^2$ der Oberfläche eines schwarzen Strahlers in Normalenrichtung bei der Temperatur des erstarrenden Platins und einem Druck von 1013,25 hPa aussendet. Dabei ergab sich für den Maximalwert des photometrischen Strahlungsäquivalents der Wert $K_\mathrm{m} = 673\,\mathrm{lm/W}$. Seit Oktober 1979 gilt die neue in Abschn. 5.11 bereits angegebene Definition der Lichtstärkeeinheit (man beachte, daß der Maximalwert des photometrischen Strahlungsäquivalents nach der neuen Definition der Candela den Wert $K_\mathrm{m} = 683\,\mathrm{lm/W}$ hat!). Bei der Neudefinition der Candela wurde der Bezug auf eine Frequenz gewählt, um eine Abhängigkeit der Lichtstärkeeinheit von der Brechzahl n des jeweiligen Mediums zu vermeiden. Für Luft ist im sichtbaren Spektralbereich $n \approx 1{,}00028$, so daß hier der Frequenz $\nu = 540\,\mathrm{THz}$ die Wellenlänge $\lambda = 555\,\mathrm{nm}$ entspricht, bei der das menschliche Auge gemäß der $V(\lambda)$-Kurve seine größte Empfindlichkeit besitzt. Man beachte aber, daß bei der neuen Festlegung der Candela weder eine Vereinbarung über die photometrische Bewertungsfunktion getroffen worden ist, noch eine Normallichtquelle angegeben wurde, denn eine streng monochromatische Strahlung ist eine Idealisierung und läßt sich durch eine praktiche Strahlungsquelle nicht realisieren. Damit erfordert die Darstellung einer photometrischen (lichttechnischen)

Einheit zunächst eine Realisierung der entsprechenden radiometrischen (strahlungsphysikalischen) Einheit, *d.h. die Lichtstärkeeinhet ist an die Strahlstärke gekoppelt.* Radiometrische Einheiten lassen sich entweder über das Plancksche Strahlungsgesetz an die Temperatureinheit (Kelvin) oder mit Hilfe eines Vergleichs zwischen Strahlungsleistung und elektrischer Leistung an die elektrischen Einheiten für Strom (Ampere) und Spannung (Volt) anschließen. Die erste der beiden Möglichkeiten wird durch Messungen am schwarzen Strahler realisiert, während das zweite, zur Zeit genauere, Verfahren auf Absolutempfängern basiert (hiermit lassen sich heute Meßunsicherheiten von etwa 0,4% erreichen).

Hier soll nur auf die **Realisierung der Lichtstärkeeinheit mit Hilfe des schwarzen Strahlers** bei der Temperatur des erstarrenden Platins eingegangen werden (für andere, heute in der Praxis wichtigere, Verfahren sei auf die Spezialliteratur verwiesen). Der schwarze Strahler wird z. B. auf die entsprechende Temperatur gebracht, indem man einen geeignet geformten Hohlraum in eine genügend große Platinmenge, die indirekt oder auch induktiv erhitzt wird, eintauchen läßt. Das austretende Licht muß wegen der bei diesem Verfahren kaum vermeidbaren vertikalen Lage des schwarzen Strahlers umgelenkt werden und wird anschließend auf eine Meßblende abgebildet, wie es in der Abb. 5.13 schematisch gezeigt wird. Zum Vergleich mit einer Glühlampe als Sekundärnormal fällt das Licht sodann auf die eine Seite eines (hier als visuell angenommenen) Photometers, während die andere Seite dieses Photometers von einer Glühlampe bestrahlt wird, deren Verteilungstemperatur T_v der des erstarrenden Platins in etwa entspricht. Bei Gleichheit der von den beiden Licht-

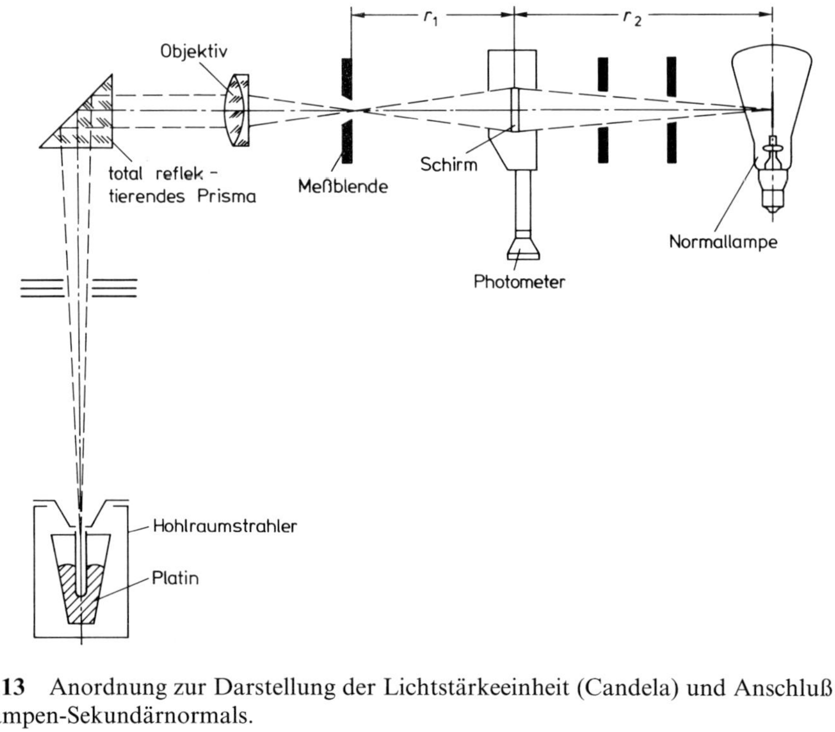

Abb. 5.13 Anordnung zur Darstellung der Lichtstärkeeinheit (Candela) und Anschluß eines Glühlampen-Sekundärnormals.

quellen auf dem Photometerschirm erzeugten Beleuchtungsstärken (einregelbar durch Abstandsveränderung der Glühlampe) kann diese in Einheiten der Candela kalibriert werden. Hierzu ist es notwendig, die Fläche der Meßblende, den Transmissionsgrad von Umlenkprisma und Objektiv und die Abstände der Lichtquellen vom Photometerschirm möglichst präzise zu messen. Ferner müssen das verwendete Platin so rein wie möglich und der schwarze Strahler so optimal wie möglich sein. In den letzten beiden Punkten liegt zur Zeit noch immer eine beträchtliche Unsicherheit, die man dadurch verringern könnte, daß man den schwarzen Strahler horizontal legt (wie in Abb. 5.4), auf das schmelzende Platin wegen möglicher Verunreinigungen verzichtet und die Temperatur des Platinpunktes auf anderem Wege einstellt. Dabei muß dann aber die Temperaturmessung möglichst genau sein, und die Kenntnis des Platinpunktes wird vorausgesetzt. Dieser ist über den Goldpunkt an die Temperaturskala angeschlossen und hat den Wert $T_{Pt} = 2042\,K$. Insgesamt kann man sagen, daß die Realisierung der Candela auf diesem Wege heute kaum besser als auf einige Promille durchführbar sein dürfte, also weniger genau als die anderen fünf Basiseinheiten.

Sekundärnormale für die Lichtstärke wurden bereits erwähnt. In der Praxis sind dies besonders sorgfältig gefertigte Glühlampen. Die Abb. 5.14 zeigt eine *Lichtstärke-Normallampe,* bei der der einfach ausgebildete Glühfaden vertikal in einer Ebene durch einen Rahmen gehalten wird. So ist es möglich, seine Lage – z. B. auf einer optischen bzw. Photometerbank – genau zu fixieren. Natürlich gibt es auch anders konstruierte Glühlampen als Normallampen. Alle Normallichtquellen sollten nicht zu stark belastet werden, damit sie möglichst wenig altern. Für die praktischen Bedürfnisse der Lichttechnik sind meist auch höhere Verteilungstemperaturen als $T_{Pt} = 2042\,K$ erwünscht, z. B. ist die *Normlichtart A* (eine auf Bedürfnisse der Lichttechnik zugeschnittene Standard-Lichtart) definiert als die Plancksche Strahlung im Spektralbereich von 380 nm bis 780 nm bei einer Temperatur des schwarzen Strahlers von $T = 2856\,K$. Es ist also erforderlich, die Lichtstärke-Normale auch für höhere Verteilungstemperaturen bereitzuhalten, und daher muß auch der Temperatursprung von z. B. 2042 K zu 2856 K überbrückt werden, was in der Regel nur auf Kosten der Meßgenauigkeit möglich ist. Diese Bemerkungen zeigen, daß die Angabe der

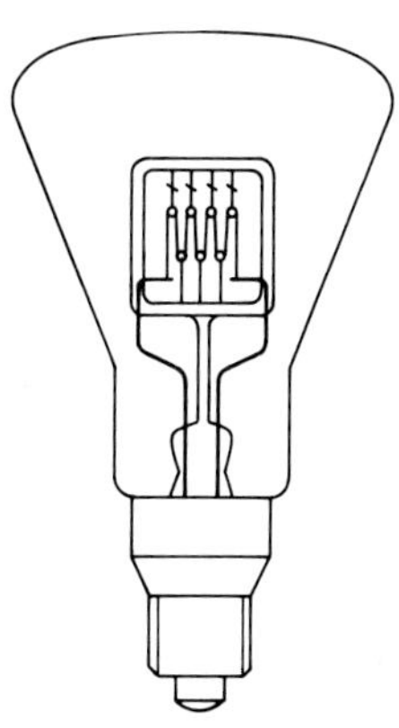

Abb. 5.14 Lichtstärke-Normallampe von Typ Wi 40. (Hersteller: Osram GmbH).

Tab. 5.4 Die Leuchtdichte des schwarzen Strahlers als Funktion der Temperatur nach dem Planckschen Strahlungsgesetz.

T in K	L in $(\mathrm{cd\,m^{-2}})$	T in K	L in $(\mathrm{cd\,m^{-2}})$
1000	2,7069	2045	$6{,}0000 \cdot 10^5$
1100	$2{,}3113 \cdot 10^1$	2100	$8{,}3882 \cdot 10^5$
1200	$1{,}4012 \cdot 10^2$	2200	$1{,}4377 \cdot 10^6$
1300	$6{,}5091 \cdot 10^2$	2300	$2{,}3543 \cdot 10^6$
1400	$2{,}4484 \cdot 10^3$	2400	$3{,}7042 \cdot 10^6$
1500	$7{,}7685 \cdot 10^3$	2500	$5{,}6255 \cdot 10^6$
1600	$2{,}1444 \cdot 10^4$	2600	$8{,}2799 \cdot 10^6$
1700	$5{,}2738 \cdot 10^4$	2700	$1{,}1851 \cdot 10^7$
1800	$1{,}1774 \cdot 10^5$	2800	$1{,}6543 \cdot 10^7$
1900	$2{,}4218 \cdot 10^5$	2900	$2{,}2580 \cdot 10^7$
2000	$4{,}6450 \cdot 10^5$	3000	$3{,}0202 \cdot 10^7$

Verteilungstemperatur bei Lichtstärke-Normallampen (oder überhaupt bei allen Sekundärnormalen) von großer Bedeutung ist. Nach dem Planckschen Strahlungsgesetz wachsen ja Lichtstärke und Leuchtdichte eines Temperaturstrahlers stark mit der Temperatur an, wie die Tab. 5.4 dies für den lichttechnisch bedeutsamen Temperaturbereich zwischen 1000 K und 3000 K illustriert.

Weitere mögliche Normallichtquellen sind *Lichtstrom-Normallampen,* wofür ebenfalls Glühlampen besonderer Herstellungspräzision (man verschweißt z. B. die Ösen, die den Glühfaden halten), aber in der üblichen Tropfenform (mattiert) verwendet werden. Man kalibriert diese Lichtstrom-Normallampen durch Anschluß an die Lichtstärke-Normale, indem man die Winkelverteilung ihrer Lichtstärke mißt und über den gesamten Raum integriert. Hierbei ist natürlich wie stets Voraussetzung, daß die Lichtstärke in der photometrischen Grenzentfernung (d. h. in einem angenähert differentiellen Raumwinkelelement) gemessen wird (Abstand groß gegen Lampenausdehnung). Hat man auf diese Weise Lichtstrom-Normale erhalten, so finden weitere Lichtstrom-Anschlußmessungen mit Hilfe des Ulbrichtschen Kugelphotometers statt, auf das im nächsten Abschnitt kurz eingegangen wird.

Mit Normallampen-Sätzen für Lichtstärke und Lichtstrom bei verschiedenen Verteilungstemperaturen verfügt man über genügend viele Normallichtquellen, um etwa benötigte Leuchtdichte-Sekundärnormale mit Hilfe von Mattglasscheiben zu konstruieren und zu kalibrieren, oder auch Leuchtstofflampen als Lichtstrom- oder Leuchtdichte-Sekundärnormale zu kalibrieren. Dies erweist sich deshalb als zweckmäßig, weil Leuchtstofflampen in der Lichttechnik eine zunehmende Rolle spielen.

Die Zukunft muß zeigen, ob photometrische Größen auch aus anderen physikalischen Gesetzmäßigkeiten abgeleitet werden können. Hier böte sich z. B. die Strahlung umlaufender Elektronen im Synchrotron oder Speicherring als eine Möglichkeit an. Bei Kenntnis der Endenergie der Elektronen, ihrer Dichte und des Radius der Elektronenbahn läßt sich die Strahlung nach der *Schwinger-Formel* berechnen. Die Abb. 5.15 zeigt die spektrale Verteilung der Synchrotronstrahlung des DESY (Deutsches Elektronen-Synchrotron, Hamburg), wobei ein mittlerer Radius von 31,27 m zugrunde gelegt wurde. Aufgetragen ist die über einen ganzen Umlauf gemittelte

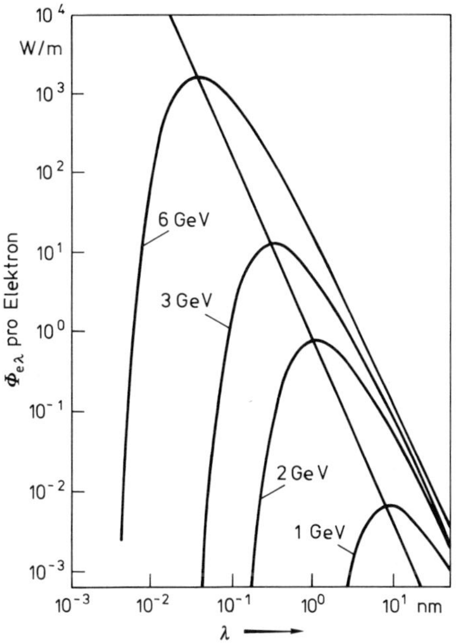

Abb. 5.15 Spektrale Strahlungsleistung eines Elektronen-Synchrotrons (gemittelt über einen gesamten Umlauf mit $R = 31{,}72\,\text{m}$) in Abhängigkeit von der Wellenlänge (Parameter: Elektronen-Endenergie).

Strahlungsleistung pro Elektron, Parameter ist die Endenergie der Elektronen. Bei Kenntnis der Elektronenzahl ist die Strahlungsleistung also absolut berechenbar, die Messung des Elektronenstromes bereitet in der gewünschten Genauigkeit allerdings noch einige Schwierigkeiten. Gemessen wird die Strahlstärke tangential zur Umlaufbahn in Laufrichtung der Elektronen in einem kleinen Winkelbereich senkrecht zur Umlaufebene, der gegeben ist durch den Sicherheitsabstand von etwa 40 m von den umlaufenden Elektronen. Die Kurvenschar hat Ähnlichkeit mit jener des Planckschen Strahlungsgesetzes (s. Abb. 5.5). Damit liegen im Prinzip zwei unabhängige Normalstrahlungsquellen mit berechenbaren Eigenschaften für Strahlungsmessungen vor. Damit wäre es aber prinzipiell möglich, beide nebeneinander zu benutzen und miteinander zu vergleichen. Vielleicht kann dann auch später die aus den Strahlungsmessungen hergeleitete Lichteinheit objektiviert werden.

5.13 Photometrische Meßmethoden und Meßgeräte

Die Besonderheit der Lichtmessung bringt es mit sich, daß hier keine rein physikalische Größe wie in der Strahlungsphysik gemessen werden kann, sondern eine mit der $V(\lambda)$-Kurve bewertete Strahlungsgröße, meist eine modifizierte Leistung. Daher lag es zunächst nahe, das menschliche Auge als Strahlungsdetektor zu verwenden. Dementsprechend waren die ersten Lichtmeßgeräte oder **Photometer** auf das menschliche Auge abgestellt. Solche Photometer heißen daher *visuelle Photometer*. Benutzt man dagegen physikalische Empfänger (Photozellen, Photovervielfacher, usw.), so spricht man von **physikalischen Photometern.** Heute werden fast ausschließlich physikalische Photometer verwendet, dennoch sollen hier aus didaktischen Gründen auch die visuellen Photometer behandelt werden.

Das menschliche Auge ist praktisch nicht in der Lage, eine photometrische Größe direkt zu messen, d. h. deren Wert eindeutig auf einer vorher kalibrierten Skala einzuordnen. Dagegen ist es ausgezeichnet geeignet, die Gleichheit von photometrischen Größen – etwa zweier Beleuchtungsstärken nebeneinander auf einem Schirm – festzustellen. Das bedeutet, daß in der visuellen Photometrie fast ausschließlich Abgleichsverfahren verwendet werden, die es notwendig machen, eine der beiden miteinander zu vergleichenden Lichtquellen (von denen die eine z. B. eine Normallampe und die andere eine zu kalibrierende Lichtquelle sein möge) so zu schwächen, daß eine Gleichheit der zu messenden Größen erzielt werden kann. Eine mögliche Meßanordnung aus der visuellen Photometrie, mit deren Hilfe das menschliche Auge diese Gleichheit feststellen kann, der sogenannten *Photometerkopf nach Lummer-Brodhun* in Verbindung mit einer Photometerbank-Anordnung (s. Abb. 5.16), soll als Beispiel im folgenden näher beschrieben werden. Hier mögen Q_1 und Q_2 die beiden zu vergleichenden Lichtquellen sein, die auf den beiden Seiten einer Gipsplatte G (als Auffangschirm) eine bestimmte Beleuchtungsstärke erzeugen. Durch Veränderung der Abstände r_1 und r_2 der Lampen können deren Beleuchtungsstärken so reguliert werden, daß sie auf den beiden Seiten des Schirms gleich groß sind. Die Gipsplatte G bildet mit den beiden Spiegeln Sp_1 und Sp_2, dem Lummer-Brodhun-Würfel W und dem Bestrahlungstubus mit der Linse L den sogenannten Photometerkopf. Über die beiden Spiegel gelangt Licht von beiden Seiten des Auffangschirms in den Würfel W, der aus zwei mit den Hypothenusenflächen aufeinander liegenden totalreflektierenden Prismen besteht. Die eine Hälfte der Grundfläche des einen Prismas ist soweit abgeschliffen, daß kein optischer Kontakt zwischen den beiden Prismen mehr besteht. Das Auge stellt mit Hilfe der Linse L scharf auf die Grenzlinie ein, an der sich die beiden Prismenflächen zu

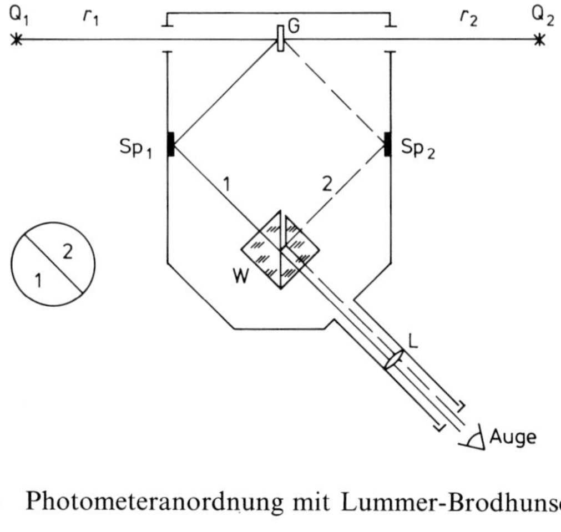

Abb. 5.16 Photometeranordnung mit Lummer-Brodhunschem Würfel.

berühren beginnen. Es sieht dann ein kreisförmiges, geteiltes Feld, dessen linke Hälfte von dem beide Prismen durchsetzenden Licht der Lampe Q_1 (Strahl 1) beleuchtet wird, während die rechte Hälfte Licht von der Lampe Q_2 (Strahl 2) erhält, das in der oberen Hälfte des rechten Prismas total reflektiert wird. Durch Verschieben des Photometerkopfes (d.h. Änderung der Abstände r_1 und r_2) stellt der Beobachter auf gleiche Helligkeit der betrachteten Feldhälften ein, was um so leichter fällt, wenn beide Lampen gleiche Farb- bzw. Verteilungstemperaturen besitzen, weil dann die Grenzlinie zwischen den Feldhälften zum Verschwinden gebracht werden kann. Die Meßgenauigkeit beträgt etwa 1% bei einer genügend hohen Anzahl von Messungen durch geübte Beobachter.

Sind die Farbtemperaturen der beiden Lichtquellen unterschiedlich und folglich beide Feldhälften verschieden gefärbt, so wird der Abgleich sehr viel schwieriger. Man kann ihn dann entweder in Farbstufen vollziehen *(Methode der kleinsten Stufen* oder *Kaskadenmethode)* oder nach dem *Flimmerprinzip* (Rood 1899). Bei der Flimmerphotometrie bietet man dem Auge die verschieden gefärbten Lichter nicht gleichzeitig, sondern in regelmäßigen Zeitabschnitten abwechselnd dar, so daß also jedes der beiden Lichter (z.B. mit den Farben Rot und Grün) das Auge zeitlich nacheinander trifft. Dann tritt im allgemeinen ein Flackern oder Flimmern der vom Auge wahrgenommenen Empfindung ein. Wenn man das Helligkeitsverhältnis der beiden Lichter geeignet wählt, so verschwindet das Flimmern entweder ganz oder seine Intensität geht zumindest durch ein Minimum. Man vermutet, daß dieses Verschwinden des Flimmerns bei einer Helligkeitsgleichheit der beiden (z.B. roten und grünen) farbigen Lichter eintritt. Diese Vermutung kann man prüfen, indem man die durch die Flimmermethode verglichenen Helligkeiten auch noch auf eine andere Weise, z.B. nach der oben bereits erwähnten Kaskadenmethode, bestimmt. Die Erfahrung hat gezeigt, daß beide Methoden innerhalb der Fehlergrenzen gleiche Ergebnisse liefern, vorausgesetzt, daß gewisse Versuchsbedingungen, wie z.B. ein sehr kleines Gesichtsfeld, eingehalten werden. Damit ist die Flimmermethode legitimiert worden. Man realisiert sie, indem man vor beide Seiten des in der Abb. 5.16 gezeigten Photometerkopfes Sektorscheiben mit gleichen Ausschnitten rotieren läßt. Das so entstandene Meßgerät wird als *Flimmerphotometer* bezeichnet. Dieses Meßverfahren gehört zur sogenannten heterochromatischen Photometrie und damit zum Gebiet der *Colorimetrie,* auf die im Kap. 6 ausführlich eingegangen wird.

Es wurde bereits eingangs erwähnt, daß für visuelle Photometer die *Lichtschwächung* von großer Bedeutung ist, da sich nur durch sie eine Gleichheit der Beleuchtungsstärken von Lichtquellen erzielen läßt. Die einfachste Methode der Lichtschwächung wurde soeben bei der Beschreibung des visuellen Photometers erwähnt. Sie besteht in der Anwendung des photometrischen Entfernungsgesetzes. Im Falle des Helligkeitsabgleiches zweier Lampen, deren Lichtstärke I_1 und I_2 sein möge, muß bei senkrechter Beleuchtung gemäß dem photometrischen Entfernungsgesetz (siehe dazu Gl. (5.8)) gelten:

$$I_1 = \frac{r_1^2}{r_2^2} I_2 \,. \tag{5.88}$$

Angenommen, I_2 ist bekannt, dann kann I_1 nach dieser Beziehung sofort berechnet werden. Allerdings ist bei der praktischen Anwendung des photometrischen Ent-

Abb. 5.17 Rotierender Sektor.

fernungsgesetzes zu beachten, daß Streulicht, das die Meßergebnisse verfälschen würde, unbedingt zu vermeiden ist, d.h. es müssen Blenden verwendet und die Messung in schwarzen Räumen durchgeführt werden.

Statt durch Veränderung des Lampenabstandes vom Photometerkopf kann man die hellere Lampe auch dadurch schwächen, daß man einen rotierenden Sektor (siehe Abb. 5.17) zwischen der Lampe und dem Photometer-Auffangschirm G anbringt. Man erhält ihn, indem man aus einer kreisförmigen, geschwärzten Metallplatte einen Sektor vom Winkel α ausschneidet. Läßt man diese Metallplatte dann schnell rotieren, so daß das Auge trotz der Unterbrechungen einen kontinuierlichen Reiz wahrnimmt, so wird die Strahlung im Verhältnis $\alpha : 360$ oder im Verhältnis t/T (T ist die Dauer einer Umdrehung und t die Dauer der Hellperiode) geschwächt. Dieses von Talbot im Jahre 1934 aufgestellte Gesetz hat sich in der Praxis gut bewährt. Der Winkel α kann bei geeigneter Konstruktion durch Verdrehen zweier halbkreisförmiger Scheiben gegeneinander beliebig verändert werden.

Schließlich kann die Lichtschwächung auch durch Polarisationsfilter oder Graugläser (sofern diese im Spektralbereich der $V(\lambda)$-Kurve aselektiv absorbieren) vorgenommen werden oder durch eine Blende mit meßbar veränderlicher Öffnung, die in eine homogen ausgeleuchtete Pupille eines Strahlenganges gesetzt wird.

Daß in den besprochenen Anordnungen das Auge als Indikator benutzt wurde, ist nicht wesentlich, denn man könnte ebensogut einen physikalischen Empfänger einsetzen. Für den Fall, daß ein rotierender Sektor zur Strahlungsschwächung verwendet wird, muß der Empfänger nur träge genug sein, um den Intensitätsschwankungen des Lichts nicht zu folgen.

Zum Abschluß der Beschreibung der visuellen Photometer sei erwähnt, daß es Photometer mit eingebauten Schwächungseinrichtungen (verschiebbare Mattglasscheibe, rotierende Prismen mit Sektor, Meßblenden, usw.) und eingebauten Vergleichslampen (spezielle Photometerlampen) gibt, die als *Universalphotometer* bezeichnet werden und im Handel erhältlich sind (z. B. das sogenannte *Tubusphotometer* oder das *Bechstein-Photometer,* um nur zwei zu erwähnen). Sie treten jedoch als praktische Meßgeräte hinter den nun zu besprechenden physikalischen Photometern mehr und mehr zurück.

Physikalische Photometer enthalten als Kernstück einen Strahlungsempfänger, dessen Wirkungsweise in der Regel auf der Umsetzung des auffallenden Lichtes in elektrischen Strom beruht. Hierzu sind der Thermoeffekt und sowohl der innere als auch der äußere Photoeffekt geeignet. Physikalische Empfänger gestatten im allgemeinen eine Messung in der Weise, daß der durch die Strahlung erzeugte elektrische Strom ein Maß für den Wert der zu messenden photometrischen Größe ist. Wenn eine Strahlungsschwächung vorgenommen wird, so geschieht dies meist nur, um

Proportionalitätsfehler des Empfängers zu vermeiden, indem die Beleuchtungsstärken zweier Lampen nacheinander auf der Empfängerfläche etwa gleich groß gemacht werden. Physikalische Empfänger besitzen neben dem Vorteil der direkten Messung photometrischer Größen oftmals auch den einer größeren Empfindlichkeit, gestatten bei sorgfältiger Anwendung auch eine höhere Meßgenauigkeit, und schließlich sind sie ständig einsetzbar unter Ausschluß menschlichen Versagens z. B. aufgrund von Ermüdung. Dagegen stimmt die spektrale Empfindlichkeit der physikalischen Empfänger in der Regel nicht mit dem Verlauf des spektralen Hellempfindlichkeitsgrades des menschlichen Auges überein. Ihre Anwendung für die Messung photometrischer Größen erfordert deshalb eine Anpassung an die $V(\lambda)$-Kurve, die mit Hilfe von vorgesetzten Farbfiltern, welche die Empfängerfläche ganz (Vollfilterung) oder nur teilweise (Partialfilterung) bedecken, mehr oder weniger gut gelingt.

Neben der **Photoplatte,** die deshalb am empfindlichsten ist, weil sie die eingestrahlte Energie akkumuliert (sie wird in der Meßpraxis aber nur bei der Auswertung von Spektren bzw. in der Spektralphotometrie verwendet), unterscheidet man zwischen **photoelektrischen** und **thermoelektrischen Empfängern.** Zu den ersteren gehören *Photoelemente* (aus Halbleitermaterial wie z. B. Selen, Silicium, Galliumarsenid, usw.), *Photovervielfacher, Photozellen, Photowiderstände* und *Photodioden* (die Letztgenannten ebenfalls aus halbleitenden Materialien). Photoelemente und Photodioden lassen sich verhältnismäßig gut an die $V(\lambda)$-Kurve anpassen, sind aber relativ wenig empfindlich. Photovervielfacher dagegen gehören zu den empfindlichsten phy-

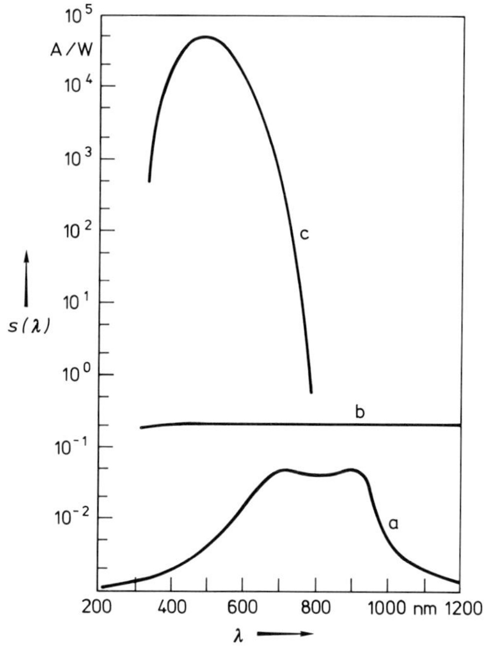

Abb. 5.18 Spektrale Empfindlichkeit von Strahlungsempfängern. a: Silicium-Photoelement; b: Thermoelement; c: Photovervielfacher der Spektralklasse S 10.

sikalischen Empfängern (sie übertreffen sogar das menschliche Auge an Empfindlichkeit), wegen ihrer stark selektiven spektralen Empfindlichkeit sind sie aber schwerer an die $V(\lambda)$-Kurve anzupassen. Die Proportionalität der Anzeige (hierunter versteht man eine lineare Beziehung zwischen der Beleuchtungsstärke der auffallenden Strahlung und dem Photostrom) läßt sich bei sorgfältig aufgebauter Meßschaltung auf besser als 1% sicherstellen. Die Arbeitsweise der photoelektrischen Empfänger ist in Bd. 2 näher beschrieben, auf den deshalb hier verwiesen sei. Der wichtigste thermoelektrische Empfänger ist das *Thermoelement* oder eine Zusammenfassung mehrerer davon zu einer *Thermosäule* (für nähere Einzelheiten siehe ebenfalls Bd. 2), die zwar in der Regel nur eine geringe Empfindlichkeit haben, aber als aselektive physikalische Empfänger von Wichtigkeit sind. Sie werden als *aselektive* oder auch als *schwarze Empfänger* bezeichnet, weil sie jede auffallende Strahlung (z. B. sichtbare Strahlung aller Wellenlängen) nahezu vollständig absorbieren und die entstehende Wärme in elektrische Energie umwandeln und danach eine leistungsproportionale Anzeige über die Thermospannung ermöglichen. Als Bezugsnormale unter den physikalischen Empfängern haben Strahlungsthermoelemente deshalb eine große Bedeutung. Die Abb. 5.18 zeigt als Beispiel die spektrale Empfindlichkeit $s(\lambda)$ der drei wichtigsten Strahlungsempfängertypen, nämlich eines Strahlungsthermoelements, eines Silicium-Photoelements und eines Photovervielfachers der Spektralklasse S-10. Die Kurven erlauben einen ungefähren Vergleich der spektralen Empfindlichkeiten dieser Empfänger. Für die Meßpraxis muß man zusätzlich berücksichtigen, daß Thermoelemente eine Empfängerfläche von etwa 1 mm^2 besitzen, Photoelemente dagegen eine Fläche von bis zu mehreren cm^2, so daß der Ausgangsstrom sich bei gleicher Bestrahlungs- bzw. Beleuchtungsstärke um viele Zehnerpotenzen unterscheiden kann. Die Anpassung an die $V(\lambda)$-Kurve (vgl. dazu Abb. 5.12) bereitet, wie man leicht sehen kann, bei den verschiedenen Empfängertypen unterschiedliche Schwierigkeiten.

Abschließend sei noch ein räumlich integrierendes Photometer besprochen, die sogenannte *Ulbrichtsche Kugel* (in der Abb. 5.19 schematisch dargestellt), mit der man den von einer Lichtquelle ausgehenden Gesamtlichtstrom messen kann. Die Lichtquelle Q wird dazu in eine Kugel gebracht (nicht notwendigerweise in den Kugelmittelpunkt), deren innere Oberfläche mit einer näherungsweise aselektiv und diffus reflektierenden Schicht versehen ist (heute wird dafür fast ausschließlich Bariumsulfat verwendet). An einer beliebigen Stelle der Kugeloberfläche befindet sich

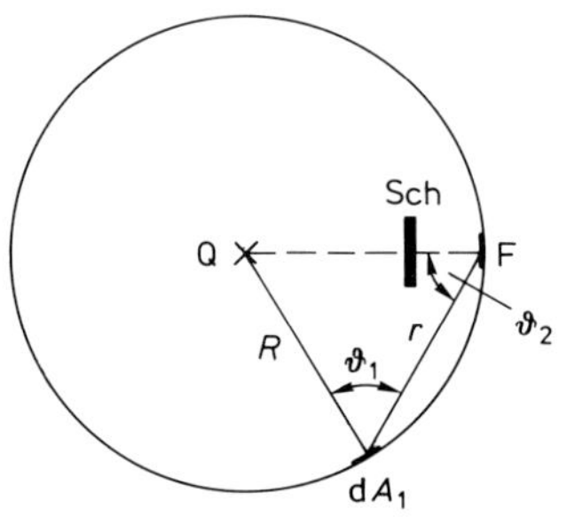

Abb. 5.19 Zur Ulbrichtschen Kugel.

ein Meßfenster F. Ein sogenannter „Schatter“ Sch bewahrt das mit einer Mattglasscheibe versehene Fenster vor einer direkten Bestrahlung durch die Lichtquelle Q, Dann läßt sich zeigen, daß die Beleuchtungstärke E_2 auf dem Mattglasfenster F ein Maß für den Gesamtlichtstrom Φ_a der Lichtquelle Q ist, sofern Lampe und Schatter in ihren räumlichen Ausdehnungen die Meßanordnung nicht oder nur vernachlässigbar stören. Um dies im einzelnen zu verstehen, sei der Lichtstrom Φ betrachtet, den ein Flächenelement $\mathrm{d}A_1$ der inneren Kugeloberfläche in Richtung auf die Fensterfläche F abstrahlt. Die Beleuchtungsstärke E_2 auf F ist dann gegeben durch (s. dazu die Ausführungen in Abschn. 5.2)

$$\mathrm{d}E_2 = \frac{L_1}{r^2} \cos\vartheta_1 \cos\vartheta_2 \,\mathrm{d}A_1 \,. \tag{5.89}$$

Wie aus der Abb. 5.19 zu entnehmen ist, gilt $\cos\vartheta_1 = \cos\vartheta_2 = r/2R$, so daß Gl. (5.89) übergeht in

$$\mathrm{d}E_2 = \frac{L_1}{4R^2} \mathrm{d}A_1 \,, \tag{5.90}$$

d.h. die Beleuchtungsstärke E_2 wird unabhängig von der gegenseitigen Lage von $\mathrm{d}A_1$ und F. Da das Flächenelement $\mathrm{d}A_1$ nicht selbst leuchtet, ist die auf $\mathrm{d}A_1$ herrschende Beleuchtungsstärke E_2 und auch die Leuchtdichte L_1 proportional zu dem von der Lichtquelle Q ausgehenden und auf $\mathrm{d}A_1$ auffallenden Lichstrom Φ, der dann von dort diffus reflektiert wird. Dies gilt sinngemäß für alle Flächenelemente der Kugelwand, die von Q beleuchtet werden, so daß auf F insgesamt eine Beleuchtungsstärke entsteht, die dem über den gesamten Raumwinkel (d.h. über die gesamte Kugelwand) integrierten Lichtstrom proportional ist. Diese Betrachtung gilt auch für die Bestrahlung des Flächenelements $\mathrm{d}A_1$ durch alle von Q beleuchteten Flächenelemente und nicht nur für die direkte Beleuchtung durch Q selbst, wobei auch Vielfachreflexionen betrachtet werden müssen. Daher besitzt jedes beliebige Flächenelement der Kugelwand die gleiche Leuchtdichte. An der Proportionalität zwischen E_2 und dem gesamten Lichtstrom ändert sich dadurch natürlich nichts. Kalibriert wird das Kugelphotometer mit Hilfe einer Lichtstrom-Normallampe, die möglichst die gleichen Abmessungen und eine ähnliche spektrale Strahldichteverteilung (bzw. Verteilungstemperatur) wie die zu messende Lampe haben sollte. Man mißt die Beleuchtungsstärke auf dem Mattglasfenster von außen, wobei visuelle oder auch physikalische Photometer verwendet werden können.

5.14 Ausblicke auf die Lichttechnik

Nachdem über Strahlung und sichtbares Licht das Wichtigste gesagt und die entsprechenden Grundgrößen sowie ihre Messung beschrieben wurden, soll ein Ausblick auf die Lehre von der Anwendung des Lichts, die **Lichttechnik,** dieses Kapitel beschließen. Im wesentlichen werden in diesem Zusammenhang nur die Möglichkeiten der Lichterzeugung, **Leuchttechnik** genannt, interessieren, während die **Beleuchtungstechnik,** die sich mit der Verteilung der Lichtleistung in vorgegebenen Räumen und für vorgegebene Aufgaben befaßt, hier nicht behandelt werden kann. Trotz der großen Bedeutung des Lichts für den Menschen, die vielleicht höher anzusetzen ist als etwa die der Elektrizität, ist die Lichttechnik und damit auch die Photometrie verhältnismäßig spät ausgebildet worden, nämlich eigentlich erst mit dem Beginn der Leuchttechnik, d. h. der Schaffung künstlicher Lichtquellen; vorher genügte die Sonne weitestgehend den Ansprüchen. Dies mag auch der Grund dafür sein, daß die Meßgenauigkeit in der Photometrie und bei der Realisierung ihrer Grundgrößen noch heute hinter anderen Bereichen der Physik zurückbleibt, wobei die besondere Schwierigkeit, die physiologisch bedingte $V(\lambda)$-Kurve bei den Definitionen verwenden zu müssen, noch hinzukommt.

Was das *Lichtbedürfnis des Menschen* bei seiner Arbeit angeht, so reichen 100 lx als Beleuchtungsstärke zum Lesen aus, dagegen sind 500 lx für die allgemeine Beleuchtung bei der Arbeit anzusetzen und etwa 1000 lx für Präzisionsarbeiten erforderlich. Der Mond erzeugt etwa 0,2 lx auf der Erde, was nicht einmal zum Erkennen der Farben ausreicht, da bei diesem Beleuchtungsniveau nur die farbuntüchtigen Stäbchen in Funktion sind („des Nachts sind alle Katzen grau"). Dagegen liefert die Sonne mittags im Winter etwa 6000 lx und im Sommer etwa 70 000 lx. Ihre Leuchtdichte beträgt außerhalb der Atmosphäre etwa $225 \cdot 10^7$ cd $\cdot$ m^{-2}, nach Messung durch die klare Atmosphäre hindurch nur noch etwa $150 \cdot 10^7$ cd $\cdot$ m^{-2}. Sieht man die Sonne angenähert als schwarzen (Temperatur-)Strahler an, so kann man ihr eine Oberflächentemperatur von etwa 6200 K zuordnen; im Sonneninnern dürfte die Temperatur auf über 10^6 K ansteigen.

Es lag nahe, daß die Menschen als **künstliche Lichtquellen** zunächst nur Temperaturstrahler verwendeten. Sieht man von Kerzen und Petroleumlampen ab, so beginnt die Lichttechnik eigentlich erst mit der Erfindung der Glühlampe (Goebel 1854, Edison 1879). Ursprünglich mit Kohlefäden im Vakuum bestückt, wurde ein erster echter Fortschritt durch die Metallfadenlampe erreicht. Um die Jahrhundertwende verwendete man zunächst Osmium und dann Tantal. Nachdem man gelernt hatte, gehämmertes und gesintertes Wolfram durch Düsen zu Fäden zu ziehen, kam auch dieses Material zur Anwendung, das erst bei 3660 K schmilzt. Grundsätzlich ist nämlich die Ausbeute an sichtbarer Strahlung umso größer, je höher die Temperatur des Strahlers gemacht werden kann (vgl. dazu Abb. 5.6), allerdings nur bis zum Erreichen eines Maximums zwischen 6000 K und 7000 K. Für höhere Temperaturen nimmt die Lichtausbeute wieder ab. Das hängt damit zusammen, daß das Maximum der spektralen Strahldichte des schwarzen Strahlers in diesem Temperaturbereich ungefähr im Spektralgebiet des Maximums des spektralen Hellempfindlichkeitsgrades des menschlichen Auges liegt.

Es ist nützlich sich klar zu machen, daß im wesentlichen zwei Gesichtspunkte die Entwicklung moderner Lichtquellen bestimmt haben: Erstens die Erzielung einer möglichst guten *Farbwiedergabe,* verglichen mit dem Sonnenlicht, d. h. die Lampen sollen möglichst mit einer Verteilungstemperatur von etwa 6000 K strahlen. Hieraus resultiert die Suche nach hochschmelzenden Materialien für die Glühlampenfäden, bzw. der Einsatz von Gasentladungslampen oder Plasmen für Beleuchtungszwecke, oftmals in Verbindung mit Leuchtpigmentschichten an den Innenseiten der Glaskolben. Zweitens sollen die Lampen einen möglichst hohen *Wirkungsgrad* haben, sowohl was die aufzuwendende elektrische Leistung als auch was den spektralen Hellempfindlichkeitsgrad des menschlichen Auges betrifft. Hieraus folgt, daß es nötig ist, verschiedene Begriffe des Wirkungsgrades in der Licht- bzw. Leuchttechnik zu unterscheiden. Der in diesem Zusammenhang wohl wichtigste Wirkungsgrad ist die **Lichtausbeute** η_v, d.h. der Quotient aus abgestrahltem Lichtstrom und der zu seiner Erzeugung aufgewendeten (elektrischen) Leistung

$$\eta_v = \frac{K_m}{P} \int_0^\infty \Phi_{e\lambda}(\lambda)\, V(\lambda)\, d\lambda \,. \tag{5.91}$$

Das Analogon zu diesem Wirkungsgrad ist in der Strahlungsphysik die **Strahlungsausbeute** η_e, das Verhältnis der abgegebenen Strahlungsleistung zur aufgewendeten Leistung. Ferner wird auch oft der sogenannte **optische Nutzeffekt** O verwendet, das Verhältnis der im sichtbaren Spektralgebiet ausgesandten Strahlungsleistung zur insgesamt ausgesandten Strahlungsleistung

$$O = \frac{\int_{380\,\text{nm}}^{780\,\text{nm}} \Phi_{e\lambda}(\lambda)\, d\lambda}{\int_0^\infty \Phi_{e\lambda}(\lambda)\, d\lambda} \,. \tag{5.92}$$

Schließlich soll noch der **visuelle Nutzeffekt** der Gesamtstrahlung V erwähnt werden. Er ist das Verhältnis aus der gemäß $V(\lambda)$ bewerteten Strahlungsleistung zur gesamten Strahlungsleistung

$$V = \frac{\int_0^\infty \Phi_{e\lambda}(\lambda)\, V(\lambda)\, d\lambda}{\int_0^\infty \Phi_{e\lambda}(\lambda)\, d\lambda} \,. \tag{5.93}$$

Eine monochromatische Strahlung mit der Wellenlänge des Maximums des spektralen Hellempfindlichkeitsgrades des menschlichen Auges (555 nm) hat demnach einen visuellen Nutzeffekt von 100% und die Lichtausbeute wäre genau gleich $K_m = 683\,\text{lm/W}$. Mit Temperaturstrahlern kann man dagegen im Temperaturintervall von 6000 K bis 7000 K im Idealfall (schwarzer Strahler) höchstens einen visuellen Nutzeffekt von $V \approx 14\%$ erreichen. Es lag daher nahe, andere Strahler (Selektivstrahler im sichtbaren Spektralbereich, aber auch Gasentladungslampen in Verbindung mit Leuchtpigmentschichten) zu entwickeln, um den Wirkungsgrad zu verbessern.

Es sollen nun – ohne Anspruch auf Vollständigkeit – die Fortschritte der Leuchttechnik und die wichtigsten Lampentypen besprochen werden. Auf der Temperaturstrahlung beruhen die **Glühlampen,** deren Entwicklung am Beispiel der 100-W-Lampe in der Abb. 5.20 gezeigt ist. Die Lichtausbeute dieser Lampen steigt umgekehrt proportional zu ihrer Größe, von der *Kohlefadenlampe* (3 lm/W) über die *Wolfram-Langdrahtlampe* (9 lm/W), *Wolfram-Einfachwendellampe* (11 lm/W), *Wolfram-Doppelwendellampe* (14 lm/W) bis zur *Quarz-Iod-Lampe* (21 lm/W). Alle diese Lampen sind für eine Betriebsdauer von 1000 Brennstunden gebaut. Nach der Verwendung von Wolfram, das als hochschmelzendes Material technologisch erst seit 1909 beherrscht wurde, ließ sich ein weiterer Fortschritt im Jahre 1913 dadurch erreichen,

Abb. 5.20 Entwicklung der 100-W-Glühlampe. Von links nach rechts: Kohlefaden-Lampe, Wolfram-Langdrahtlampe, Einfachwendel-Lampe, Doppelwendel-Lampe, Quarziodid-Lampe (nach Lompe, Lichttechnik **15,** 601, 1963, Helios-Verlag, Berlin).

daß statt der Evakuierung der Lampenkolben eine Edelgasfüllung (Argon oder Krypton) verwendet wurde, um die Verdampfungsneigung des Leuchtkörpermaterials zu verringern. Im Jahre 1959 konnte zusätzlich gezeigt werden, daß sich durch hinzufügen von Halogen (meist Iod) zur Gasfüllung ein Wolfram-Wolframiodid-Kreisprozeß einleiten läßt, der das verdampfte Wolfram daran hindert, sich an der Wand des Glaskolbens niederzuschlagen. Das in das Lampenvolumen in kleinen Mengen in Form einer geeigneten Verbindung eingebrachte Iod verbindet sich an der Innenseite des relativ kühlen Lampenkolbens mit dem dort ankommenden Wolfram zu Wolframiodid. Da diese Reaktion aber erst oberhalb einer Temperatur von etwa 250 °C einsetzt, muß die Kolbenwand an der kältesten Stelle diesen Temperaturwert überschreiten. Deshalb fertigt man die Lampenkolben solcher Lampen möglichst klein und aus Quarzglas. In der Nähe des Lampenfadens zersetzt sich unter dem Einfluß der dort herrschenden hohen Temperatur das Wolframiodid wieder zu Wolfram und Iod. Das Wolfram wird auf dem Glühfaden abgeschieden, während das Iod erneut für den Kreisprozeß zur Verfügung steht. Hierdurch wird zum einen erreicht, daß der Wolframglühfaden bis zu einer Temperatur von etwa 3585 K erhitzt werden kann, die sehr nahe bei der Schmelztemperatur dieses Metalls (3660 K) liegt, ohne daß die hierbei sehr hohe Verdampfungsrate des Wolframs die Lebensdauer des Glühfadens zu stark herabsetzt. Zum anderen wird aber die Lichtausbeute während der gesamten Lebensdauer der Lampe hoch gehalten, da ein Bedampfen der inneren Kolbenoberfläche mit lichtundurchlässigem Wolfram praktisch vollkommen verhindert wird. Die Lichtausbeute würde bei einer Betriebstemperatur am Schmelzpunkt des Wolframs etwa 54,2 lm/W betragen, bei der praktisch verwendeten Betriebstemperatur beträgt sie theoretisch 51 lm/W. Mit Halogenglühlampen für Projektionszwecke läßt sich aber zur Zeit nur eine Lichtausbeute von maximal 40 lm/W bei einer Leuchtdichte von $55 \cdot 10^6$ cd/m^2 und einer Lebensdauer von 25 h erreichen. Das liegt an Strahlungs- und Wärmeverlusten, die durch die Lampentechnologie bedingt sind (Wendelform, Halterung, Füllgas, usw.). Die Halogenglühlampe hat aber insofern eine neue Lampentechnologie erschlossen, als sie die Bedeutung chemischer Prozesse in der Gasatmosphäre der Lampe deutlich gemacht hat.

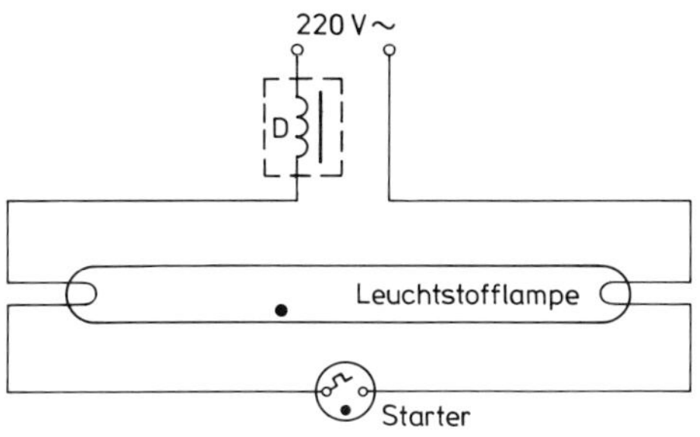

Abb. 5.21 Prinzipschaltbild einer Leuchtstofflampe.

Zu den Temperaturstrahlern sind seit etwa 1936 die **Gasentladungslampen** hinzugekommen, deren Bedeutung und Verbreitung in der Leuchttechnik seitdem immer weiter zugenommen hat. Die meist zylinderförmig ausgebildeten Gasentladungsröhren werden mit einem Zündgas (z. B. Argon oder Neon) und Quecksilberdampf als Entladungsmaterial gefüllt und funktionieren aufgrund einer Niederdruck-Bogenentladung in diesem Gasgemisch. Die Abb. 5.21 zeigt das Prinzipschaltbild einer solchen Gasentladungslampe **(Leuchtstofflampe)** an 220 V Wechselspannung. Die Drossel D dient einerseits zur Strombegrenzung und andererseits im Zusammenspiel mit dem Starter zur Zündung der Entladung. Der Starter ist ein Glimmzünder, der sich im offenen Zustand solange erwärmt, bis der in ihm enthaltene Bimetallstreifen schließt, wodurch dann die Elektroden erhitzt werden. Dadurch wird der Hg-Dampfdruck soweit erhöht, daß nach dem Öffnen des Bimetallkontaktes die Entladung in der Röhre gezündet werden kann. Wegen des relativ niedrigen Hg-Dampfdruckes im Gasgemisch brennt die Entladung bald stationär und emittiert vorwiegend die Hg-Resonanzlinie bei 254 nm. Auf der Innnenseite des Glaskolbens ist eine Schicht aus *Leuchtpigmenten* aufgebracht, die mit Hilfe von Lumineszenzeffekten für die Umwandlung der UV-Strahlung der Entladung in sichtbare Strahlung (Licht) sorgt. Als Leuchtpigmente haben sich insbesondere doppeltaktivierte Halophosphatleuchtstoffe bewährt (z. B. $3\,Ca_3(PO_4)_2 \cdot Ca(FCl)_2 : Sb, Mn$), die seit 1948 fast alle anderen Leuchtpigmentmischungen verdrängt haben. Anstelle der für Pulver normgerechten Bezeichnung Leuchtpigment werden in der Literatur auch die Ausdrücke *Luminophor* (Phosphor) oder *Leuchtstoff* verwendet. Daher heißen die hier behandelten Lampen auch Leuchtstofflampen. Durch Verändern des Aktivators (Zugabe von Mn erhöht z. B. den Anteil an rotem Licht) und des Grundmaterials (das Verhältnis der Halogene, die gemischt hinzugefügt werden können, z. B. F : Cl, kann verändert werden) läßt sich das Emissionsspektrum der Leuchtstofflampen in weiten Bereichen variieren, so daß die Lichtfarbe mit einem Leuchtpigment allein den verschiedensten lichttechnischen Bedürfnissen angepaßt werden kann. Außerdem sind die Leuchtpigmente durch die Hg-Linie bei 254 nm optimal anregbar. In neuester Zeit scheinen wieder Dreikomponenten-Mischungen (blau, grün und rot emittierende Leuchtpigmente) in den Vordergrund zu treten. Hierbei handelt es sich um Metall(Ca, Sr, Ba)-Aluminate, die Mg^{2+}-Ionen enthalten und mit seltenen Erden (Eu, Tb) aktiviert sind. Als Rotkomponente wird speziell ein ($Y_2O_3 : Eu^{3+}$)-Leuchtpigment verwendet. Die Mehrfachbeschichtung der Lampeninnenwand wird technologisch im Kauf genommen, da diese Luminophore eine weitere Steigerung der Lichtausbeute und auch eine bessere Farbwiedergabe versprechen.

Damit der Lichtstrom der Lampe ein Optimum erreicht, sollte der Quecksilberdampfdruck im Innern der Lampe bei 20 °C etwa 0,7 Pa betragen. Im Betriebstemperaturbereich, der bis zu etwa 80°C reichen kann, kann der Dampfdruck jedoch soweit ansteigen, daß die Lampe erheblich unter ihrem Lichtstrom-Maximum betrieben wird. Dies erklärt sich aus der bei höheren Temperaturen und Hg-Drücken schlechteren Ausbeute an Hg-Resonanzstrahlung. Eine Verbesserung der Situation kann erreicht werden, indem kühle Stellen auf der inneren Lampenwand geschaffen werden, an denen das Quecksilber kondensieren kann. Durch Dellen im Lampenkörper oder durch Verdrillen (siehe Abb. 5.22 oben und unten), Anbringen von Zapfen in der Mitte (siehe Abb. 5.22 Mitte), Zurücksetzen der Elektroden von den Rohrenden o. ä. versucht man, genügend Quecksilber zum Kondensieren zu bringen. Eine chemische Maßnahme hierzu ist die Verwendung von Blei-, Indium-, Cadmium- oder Zinn-Amalgam an Stelle des reinen Quecksilbers. Seine Zusammensetzung und Menge bestimmt die freiwerdende Quecksilbermenge, so daß auch bei höheren Betriebstemperaturen der Lampen stets der optimale Hg-Dampfdruck gehalten werden kann. Das Amalgam wird als etwa pfenniggroße Scheibe (z. B. 48%iges Cadmium-Amalgam) in der Lampenmitte im Innern angebracht. Die Abb. 5.22 zeigt eine Reihe von Hochleistungs-Leuchtstofflampen verschiedener Hersteller.

Je nach Lichtfarbe und elektrischer Lampenleistung (üblich sind 15 W bis 65 W) haben normale Leuchtstofflampen Lichtausbeuten von 40 lm/W bis zu 80 lm/W. Mit Amalgamlampen erreicht man 50 lm/W bis 60 lm/W und hat den Vorteil größerer Lichtkonstanz. Auch bei Leuchtstofflampen können durch Halogen-Zusatz Niederschläge des Elektrodenmaterials auf der Lampeninnenwand verhindert werden. Die Lebensdauer solcher Lampen beträgt bis zu 10000 h.

Abb. 5.22 Hochleistungs-Leuchtstofflampen. Von oben nach unten: Power-Groove-Lampe (General Electric), VHO-Lampe (Sylvania), Zapfen-Lampe (Philips), Amalgam-Lampe (Osram), Power-Twist-Lampe (Duro-Test) (nach Lompe, Lichttechnik **15,** 601 (1963), Helios-Verlag, Berlin).

Mit **Natriumdampflampen** lassen sich noch höhere Lichtausbeuten erzielen, nämlich bis zu 150 lm/W, jedoch sind diese seit 1930 verwendeten Lampen wegen ihrer fast monochromatischen (gelben) Strahlung auf wenige Anwendungen beschränkt, wie z. B. bei der Straßenbeleuchtung zur Markierung von Kreuzungen, Gefahrenstellen o. ä.

Gasentladungen bei hohen und höchsten Drücken sind eine weitere Möglichkeit zur Erzeugung von Licht. Solche Entladungen können sowohl bei Gleichspannung als auch bei Wechselspannung betrieben werden und werden durch einen Spannungsstoß gezündet. In erster Linie sind **Hochdruck-Bogenentladungen** des *Quecksilbers* oder anderer Metalle (mit und ohne Leuchtpigmentschicht auf der Innenwand des Lampenkolbens) und des *Xenons* zu erwähnen, aber auch Metalldampflampen mit Halogenzusatz sowie die Indiumiodid-Hochdrucklampe. Quecksilberdampfhochdrucklampen können auch Zusätze von Dysprosium-, Holmium-, Gallium-, Indium-, Thallium- oder Zinniodid enthalten, wodurch die emittierten Hg-Linien verbreitert und weitere Linien emittiert werden, und um gleichzeitig den Niederschlag von Elektrodenmaterial auf dem Lampenkolben zu verhindern. Lampen dieser Art nennt man *Halogen-Metalldampf-Lampen.* Außer einer hohen Lichtausbeute (bei der einfachen Quecksilberdampf-Hochdrucklampe je nach elektrischer Anschlußleistung 40 lm/W bis zu 60 lm/W, bei der Halogen-Metalldampf-Lampe 60 lm/W bis zu 100 lm/W) besitzen sie auch recht gute Farbwiedergabeeigenschaften, besonders wenn mittels eines geeigneten Leuchtpigments (z. B. Yttrium-Vanadat, aktiviert mit Europium) die Rotlücke im Emissionsspektrum geschlossen wird. Da derartige Lampen eine Farbtemperatur von etwa 6000 K besitzen, eignen sie sich auch für Beleuchtungszwecke bei Farbfernseh-Aufnahmen. Ihre Lebensdauer beträgt einige tausend Stunden. Eine speziell für Projektionszwecke geeignete Lampe ist die *Indiumiodid-Hochdrucklampe,* die mit dem Zündgas Argon, Indium, Iod und Quecksilberdampf als Puffergas gefüllt ist. Ihre Betriebsdauer liegt bei einigen hundert Stunden, ihre Lichtausbeute beträgt etwa 70 lm/W, ihre Farbtemperatur ist etwa 6000 K und die mittlere Leuchtdichte ihres Bogens beträgt 10^8 cd/m^2.

Xenon-Höchstdrucklampen haben eine Bogentemperatur von über 7000 K und lassen sich bis zu höchsten Leistungen (130 kW und mehr) bei Luftkühlung herstellen. Diese Lampen haben vor der Wolframkathode Leuchtdichten, die bis zu 10^{10} cd/m^2 betragen können, also die der Sonne erheblich übersteigen. Auch bei ihnen findet man Lichtausbeuten von 30 lm/W bis zu 40 lm/W. Sie werden als Kurzbogenlampen (in Kugelform für Projektionszwecke, siehe Abb. 5.23) und als Langbogenlampen (gestreckte Form, Hochleistungstypen für Beleuchtungszwecke) hergestellt.

Abschließend soll noch auf die direkte Umwandlung von elektrischer Energie in Lichtenergie mittels **Luminophoren** eingegangen werden. Zwar haben sich die anfänglich großen Hoffnungen nicht erfüllt, die man in diese als Elektrolumineszenz bezeichnete Methode gesetzt hat, aber für spezielle Anwendungsfälle scheint sie doch ihren festen Platz gefunden zu haben. Die Wechselfeld-Anregung von Luminophoren (vorwiegend kupferaktiviertes Zinksulfid) in Pulverform geht auf Destriau (1936) zurück. Sie erfolgt durch Stoßionisation der Aktivatoren in den Kristalliten der Leuchtpigmente. Das Zinksulfid-Leuchtpigment (meist in Kunststoff oder Keramik eingebettet) wird in genügend dünner Schicht auf eine Glasplatte aufgebracht, die auf ihrer Innenseite leitfähig gemacht wurde (z. B. durch eine SnO_2-Schicht). Anschließend wird eine Metallschicht aufgedampft, so daß sich das Leuchtpigment im

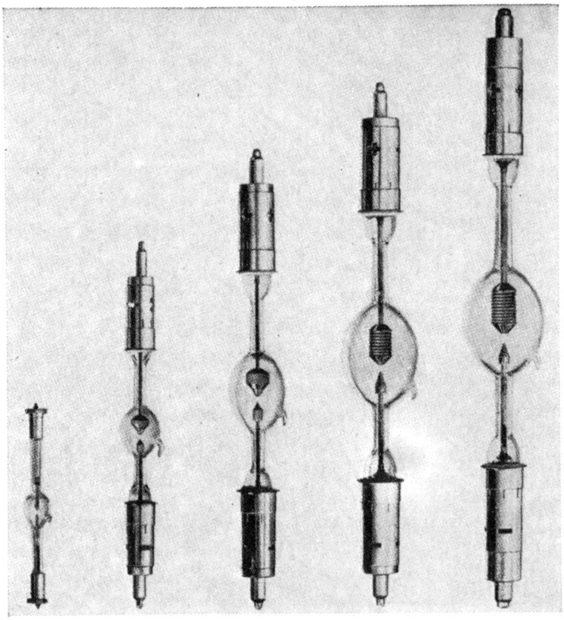

Abb. 5.23 Xenon-Kurzbogenlampen. Von links nach rechts: 150 W, 450 W, 900 W, 1600 W, 2500 W (nach Lompe, Lichttechnik **15,** 601, 1963, Helios-Verlag, Berlin).

Dielektrikum eines auf einer Seite lichtdurchlässigen Kondensators befindet, an den nun eine Wechselspannung (Feldstärke $E = 10^4$ V/cm) angelegt wird. Die Strahldichte der Elektrolumineszenz steigt mit der Spannung und der Frequenz des Wechselfeldes bis zu einem Optimum an. Angestrebt wird natürlich eine ausreichende Strahldichte bei der technischen Wechselspannung (220 V, 50 Hz). Es ist gelungen, elektrolumineszierende Leuchtpigmente herzustellen (vorwiegend grün emittierendes Zinksulfid, aktiviert mit einigen Prozent Kupfer, also sehr stark aktiviert), die unter diesen Bedingungen eine Leuchtdichte von bis zu 200 mcd/m^2 aufweisen, bei einer Lichtausbeute von 5 lm/W bis zu 15 lm/W. Die Lichtausbeute entspricht damit etwa der von Glühlampen, ist also garnicht so ungünstig. Der grüne Spektralbereich und die niedrige Leuchtdichte sind jedoch Hindernisse für eine größere leuchttechnische Anwendung. Von Vorteil sind aber der sehr geringe Leistungsbedarf (einige mW) und die hohe Lebensdauer (einige 10^4 h), so daß eine Anwendung für Spezialzwecke, wie Notbeleuchtungseinrichtungen, leuchtende Paneele, Skalen, Lichtzeichen usw., sinnvoll ist.

Auf die Möglichkeit, **Halbleiterkristalle** zur Lichterzeugung zu verwenden, sei hier nur hingewiesen (Einzelheiten darüber finden sich im Bd. 6), da die entsprechenden Bauelemente (Lumineszenzdioden, Festkörperlaser, usw.) nicht mehr in den Bereich der Lichttechnik gehören, denn sie werden nicht für Beleuchtungszwekke, sondern für Signalzwecke eingesetzt.

Literatur

Weiterführende Literatur

Bauer, G., Die Candela, PTB-Mitt. **85,** 47 (1975)

Bauer, G., Strahlungsmessungen im optischen Spektralbereich, Vieweg, Braunschweig, 1962

Bischoff, K., Die Realisierung der SI-Basiseinheit Candela (cd) nach ihrer Neudefinition 1979, PTB-Mitt. **90,** 20 (1980)

DIN 5030, Teil 2, Spektrale Strahlungsmessung; Strahler für spektrale Strahlungsmessungen, Auswahlkriterien

DIN 5031, Teil 1–10, Strahlungsphysik im optischen Bereich und Lichttechnik

DIN 5032, Teil 1–4, Lichtmessung

DIN 5036, Teil 1–4, Bewertung und Messung der lichttechnischen Eigenschaften von Werkstoffen

Euler, J., Ludwig, R., Arbeitsmethoden der optischen Pyrometrie, G. Braun, Karlsruhe, 1960

Grum, F., R.J. Becherer, Optical Radiation Measurements, Vol. 1 Radiometry, Academic Press, New York, 1979

Hahn, D., Metzdorf, J., Schley, U., Verch, J., Siebenstellige Tabellen der Planck-Funktion für den sichtbaren Spektralbereich

Hahn, D., Schley, U., Zur Geschichte und Problematik der photometrischen Grundgrößen, Lichttechn. **15,** 601 (1963)

Helbig, E., Grundlagen der Lichtmeßtechnik, Akad. Verlagsgesellschaft, Leipzig, 1972

Internationales Wörterbuch der Lichttechnik, Bureau de la CIE, Paris, 1970

Kohlrausch, Praktische Physik, Teubner, Stuttgart, 1985

Kunz, C. (ed.), Synchrotron Radiation, Springer, Berlin 1979

Larché, K., Moderne Glüh- und Entladungslampen, Naturwiss. **56,** 429 (1969)

Lompe, A., Aus der Entwicklung der Lichtquellentechnik, Lichttechn. **15,** 601 (1963)

Planck, M., Vorlesungen über die Theorie der Wärmestrahlung, Barth, Leipzig, 1921

Reeb, O., Grundlagen der Photometrie, G. Braun, Karlsruhe, 1962

Rutgers, G.A.W., Temperature Radiation in Solids, in: Flügge, Handbuch der Physik, Band XXVI, Springer, Berlin, Göttingen, Heidelberg, 1958

Vos, J.C. de, Emissivity of tungsten ribbon, Physica **20,** 690 (1954)

6 Farbmetrik

Heinwig Lang

6.1. Farbmetrik und Physik

Die Farbmetrik befaßt sich mit der Messung von Farben. Sie ist ein Randgebiet der Physik. Ihre Gegenstände, die Farben, sind keine physikalischen Größen, sondern Sinnesempfindungen. Allerdings sind auch Wärme und Töne Sinnesempfindungen, und dennoch sind Wärmelehre und Akustik zentrale Gebiete der Physik. Die physikalische Wärmlehre befaßt sich jedoch nicht mit der Wärmeempfindung, sondern mit einer bestimmten Energieform, die Wärmeempfindungen auslösen kann. Und die Akustik befaßt sich nicht mit dem Gehörsinn, sondern mit den Schallwellen, die als physikalische Reize Hörempfindungen auslösen können.

Es gibt jedoch keine physikalische Größe, die mit der Farbempfindung in einem einfachen Zusammenhang steht. Es ist deshalb nützlich, etwas näher auf den Zusammenhang zwischen physikalischem Reiz und der durch ihn ausgelösten Farbempfindung einzugehen.

Die Farbmetrik wird manchmal nicht ganz korrekt als Kolorimetrie bezeichnet. Dieser Ausdruck ist aber in der deutschen Fachliteratur für ein physikalisch-chemisches Verfahren besetzt, bei dem die Messung der Lichtabsorption von Lösungen zur quantitativen Bestimmung von Substanzen benützt wird. In der internationalen Literatur ist dieser Ausdruck (z. B. engl. colorimetry) jedoch für Farbmetrik gebräuchlich.

Zur Terminologie sei noch angemerkt, daß in diesem Kapitel unter Farbe immer die Farbempfindung verstanden werden soll. Dieser Begriff schließt nicht nur die bunten Farben ein, die einen Farbton haben (Rot, Grün, Blau, Gelb, usw.), sondern auch die unbunten Farben Schwarz, Weiß und Grau.

Farbreiz. Abb. 6.1 zeigt grob schematisiert die physikalischen und physiologischen Vorgänge bei einer Farbwahrnehmung. Eine Lichtquelle beleuchtet eine Fläche, die von einem Betrachter wahrgenommen wird. Die Strahlung, die ins Auge des Betrachters fällt und eine Farbempfindung auslöst, bezeichnet man als *Farbreiz*. Im Auge, genauer in den Sehzellen der Netzhaut, wird der Farbreiz in eine neuronale Erregung umgewandelt, die über den Sehnerv zum Zentralnervensystem weitergeleitet wird. Das Auge selbst ist bei der Wahrnehmung ein wichtiger Teil, in dem der äußere Reiz in ein komplexes neuronales Erregungsmuster umgesetzt wird. Die Farbempfindung wird jedoch sehr wesentlich von Prozessen im Gehirn bestimmt.

Physikalisch wird die den Farbreiz bildende Strahlung beschrieben durch ihre spektrale Zusammensetzung innerhalb des sichtbaren Spektralbereichs. Dieser umfaßt das Gebiet zwischen den Wellenlängen 380 und 780 Nanometer (nm). Andere

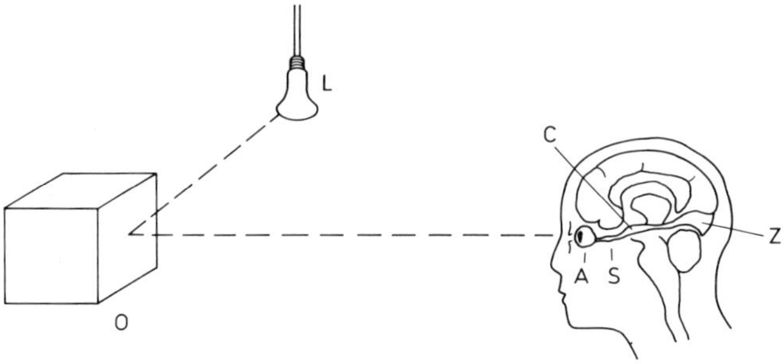

Abb. 6.1 Schema der physikalischen und physiologischen Vorgänge bei der Farbwahrnehmung. L: Lichtquelle, 0: Körperoberfläche, A: Auge, S: Sehnerv, C: Corpus geniculatum laterale, Z: Sehzentrum (primärer visueller Cortext).

physikalische Eigenschaften dieser Strahlung, wie ihre Polarisation oder Kohärenz, beeinflussen die Farbwahrnehmung nicht direkt. Der Farbreiz wird deshalb in der Farbmetrik durch eine skalare Funktion der Wellenlänge beschrieben, die sogenannte *Farbreizfunktion* $\phi(\lambda)$. Als relative spektrale Strahlungsverteilung ist sie dimensionslos.

In der dargestellten Anordnung ist die Farbreizfunktion das Produkt aus der spektralen Strahlungsfunktion $S(\lambda)$ der Lichtquelle und dem spektralen Remissionsgrad $\beta(\lambda)$ der Oberfläche:

$$\phi(\lambda) = S(\lambda)\,\beta(\lambda).$$

In der Praxis setzt sich die Farbreizfunktion oft aus sehr viel mehr Komponenten zusammen, da die betrachtete Fläche nicht nur direkt von der Lichtquelle, sondern auch indirekt über andere teilweise farbige Flächen beleuchtet wird. Ebenso kann das Licht der Lichtquelle durch transparente Medien wie farbige Leuchten gefiltert sein.

Die Abhängigkeit der Farbreizfunktion von den Eigenschaften der Lichtquelle und von der Beschaffenheit der betreffenden Oberfläche ist Gegenstand der Optik als des Teilgebiets der Physik, das sich mit der Erzeugung und Ausbreitung der elektromagnetischen Strahlung befaßt. Mit den für die Farbmetrik wichtigen physikalischen Eigenschaften von Lichtquellen, Filtern, Oberflächen und Empfängern befassen sich die Abschn. 6.2 bis 6.5 dieses Kapitels.

Farbreiz und Farbempfindung. Welche Farbempfindung ein physikalischer Reiz auslöst, läßt sich allein mit den Mitteln der physikalischen Optik nicht klären. Das Zustandekommen der Farbempfindung ist das Ergebnis einer komplexen Wechselwirkung zwischen dem Farbreiz und dem Gesichtssinn.

Der Zusammenhang zwischen Farbreiz und Farbempfindung ist keineswegs durch eine eindeutige Relation zu beschreiben. So können verschiedene Farbreize gleiche Farbempfindungen auslösen, aber ebenso kann derselbe Farbreiz zu sehr unterschiedlichen Farbempfindungen führen. Das sei an einigen Beispielen erläutert.

Betrachtet man auf einem Farbfernseh-Bildschirm die Wiedergabe eines weißen Papiers, so mag die dadurch ausgelöste Farbempfindung völlig übereinstimmen mit der Empfindung, die durch ein vor uns im Tageslicht liegendes weißcs Papier ausgelöst wird. Mißt man jedoch die Farbreizfunktion der betreffenden Fläche auf dem Bildschirm, so ist sie völlig verschieden von der des weißen Papiers bei Tageslichtbeleuchtung. Man nennt diese Erscheinung *Metamerie*, und sie wird in Abschn. 6.6 ausführlicher behandelt.

Farbkontrast, Farbstimmung und Farbkonstanz. Verschiedene Farbempfindungen bei gleichem Farbreiz erhält man z. B. beim sogenannten *farbigen Simultankontrast*. Legt man zwei gleiche graue Papiere jeweils auf eine gelbe und auf eine blaue Unterlage, so werden sie etwas verschieden aussehen. Auf der gelben Unterlage erhält das Grau einen bläulichen, auf der blauen einen gelblichen Ton. Besonders deutlich wird dieser Effekt, wenn man das graue Feld und die Umgebung durch eine leicht streuende Folie abdeckt, die die Ränder etwas verwischt. In diesem Falle wird also die Farbempfindung offenbar nicht nur durch den Farbreiz der betrachteten Fläche bestimmt, sondern auch durch die Umgebung beeinflußt. Ein anderes eindrucksvolles Beispiel dafür ist der *Bezold-Effekt*, dargestellt auf der Tafel III/1.

Auch im Falle der Farbe *Schwarz* ist der Zusammenhang zwischen Farbreiz und Farbempfindung nicht eindeutig. So sieht etwa ein abgeschalteter Fernsehbildschirm aufgrund des reflektierten Umgebungslichts keineswegs schwarz aus. Wird bei derselben Raumbeleuchtung auf dem eingeschalteten Bildschirm eine Person mit einem schwarzen Kleidungsstück wiedergegeben, erscheint dies jedoch schwarz, obwohl der Bildschirm an dieser Stelle nicht weniger, sondern aufgrund des in der Bildröhre entstehenden Streulichts sogar etwas mehr Licht abstrahlt als im abgeschalteten Zustand.

Ein weiteres Beispiel dafür, daß ein und derselbe Farbreiz verschieden empfunden wird, ist die *Farbumstimmung*. Dabei ist das Auge selbst in unterschiedlichen Zuständen der *Farbstimmung* oder *chromatischen Adaptation* und reagiert deshalb verschieden auf denselben Farbreiz.

Sehr eindrucksvoll läßt sich die Umstimmung mit einem einfachen Versuch demonstrieren, den M. Richter [13] beschrieben hat. Dabei wird die Tatsache benützt, daß sich die beiden Augen auch unabhängig voneinander umstimmen lassen. Man projiziert mit einem Kleinbildprojektor, in den man ein Farbfilter einsetzt, eine kräftige bunte Farbe (z.B. Grün) auf eine Projektionswand. Diese Farbfläche fixiert man 1 bis 2 Minuten lang mit einem Auge. Das andere Auge wird dabei mit der Hand abgedeckt. Betrachtet man unmittelbar anschließend ein Farbdiapositiv (z. B. eine Schneelandschaft), das man statt des Farbglases projiziert, abwechselnd mit dem umgestimmten und mit dem nicht umgestimmten Auge, so erhält man deutlich unterschiedliche Farbeindrücke durch die beiden Augen. Das Auge, das vorher dem grünen Farbreiz ausgesetzt war, gibt einen rötlicheren, wärmeren Farbeindruck von der Landschaft als das nicht umgestimmte Auge.

Die Farbstimmung spielt für das Farbensehen ein sehr große Rolle und ihre Wirkung kann in vielen alltäglichen Situationen beobachtet werden, so beim Abnehmen einer Sonnenbrille oder beim unvermittelten Übergang von Tageslicht zu künstlicher Beleuchtung oder umgekehrt. Dabei ist jeweils im ersten Moment die Umstimmung noch nicht wirksam. Durch den Vorgang der Umstimmung wird erreicht, daß wir die Farben der Gegenstände weitgehend unabhängig von verschiedenen Beleuchtungen sehen und erkennen (*Farbkonstanz*).

Die Rolle der Psychophysik in Photometrie und Farbmetrik. Kehren wir zurück zu der Frage nach den Beziehungen zwischen Farbreiz und Farbempfindung. Die Wissenschaft, die sich allgemein mit den Zusammenhängen zwischen den Empfindungen und den sie auslösenden Reizen befaßt, ist die *Psychophysik*. Sie wurde begründet von Gustav Theodor Fechner, der 1860 ein umfangreiches Werk veröffentlichte mit dem Titel „Elemente der Psychophysik" [19].

Empfindungen entziehen sich einer direkten Messung, oft auch einer größenmäßigen Schätzung. Dagegen läßt sich unter bestimmten Bedingungen sehr sicher beurteilen, ob zwei Empfindungen gleich sind. Deshalb untersucht die Psychophysik, welche Reize gleiche Empfindungen auslösen. Außer der *Empfindungsgleichheit* ist ein wichtiges Kriterium der Psychophysik die *Empfindungsschwelle*. Dabei wird gefragt, welche Größe ein Reiz haben muß, um überhaupt wahrgenommen zu werden (*Wahrnehmungsschwelle*), oder wie groß der Unterschied zweier Reize sein muß, um sie empfindungsmäßig unterscheiden zu können (*Unterschiedsschwelle*). Weitere psychophysische Kriterien sind gerade noch wahrnehmbare Unterschiede (just noticeable differences) oder gleichabständige Empfindungsstufen.

Die experimentellen Methoden und Begriffe der Psychophysik sind für die Farbmetrik, aber auch für die Lichttechnik, sehr wichtig. Als *psychophysische* Begriffe im engeren Sinne bezeichnet man die Größen, die allein nach dem Gleichheitskriterium abgeleitet sind. Dazu gehören z. B. die photometrischen Größen Lichtstrom, Leuchtdichte, Beleuchtungsstärke. Die Leuchtdichte L wird aus der physikalischen Größe spektrale Strahldichte $L(\lambda)$ durch Bewertung mit dem spektralen Hellempfindlichkeitsgrad $V(\lambda)$ und durch Multiplikation mit dem photometrischen Strahlungsäquivalent K_m gebildet (Abschn. 5.11, Abb. 5.12, Tab. 5.2).

Die $V(\lambda)$-Funktion beschreibt die spektrale Helligkeitsempfindlichkeit des helladaptierten Auges. Zwei monochromatische Lichter der Wellenlängen λ_1 und λ_2 mit den Strahldichten L_1 und L_2 erscheinen dann gleich hell, wenn

$$L_1 V(\lambda_1) = L_2 V(\lambda_2).$$

Die Leuchtdichte sagt nichts aus über die Intensität der Helligkeitsempfindung, da gleiche Leuchtdichtestufen sehr unterschiedliche Stufen der Hellempfindung bilden. Zur Beschreibung gleicher Helligkeitsstufen ist eine *psychometrische* Helligkeitsfunktion (Abschn. 6.12) erforderlich.

Die Leuchtdichte muß einen bestimmten Mindestwert überschreiten, um überhaupt eine Helligkeitswahrnehmung auszulösen. Diese Wahrnehmungsschwelle hängt von dem Adaptationszustand des Auges ab. Bei längerem Aufenthalt in völliger Dunkelheit ist sie sehr niedrig. Bei so geringen Leuchtdichten ist jedoch die Wahrnehmung von Farben nicht möglich. Man kann bei diesem *skotopischen* oder *Dämmerungssehen* nur Helligkeiten unterscheiden. Für diesen Bereich gilt auch ein spezieller Hellempfindlichkeitsgrad $V'(\lambda)$, der ein Maximum bei 505 nm hat (Abb. 5.12).

Die Wahrnehmung von Farben beginnt bei sehr viel höheren Leuchtdichten. Erst ab etwa 30 cd/m^2 ist man im *photopischen* Bereich und im Zustand völliger *Helladaptation*. Nur bei vollständig helladaptiertem Auge ist der Farbensinn voll entwickelt. Dies ist im normalen Tageslicht gegeben, das deshalb für die Farbmetrik die wichtigste Beleuchtungsart bildet.

‚Niedere' und ‚höhere' Farbmetrik. Eine elementare Frage der Farbmetrik ist also, welche Bedingungen zwei Farbreize erfüllen müssen, um die gleiche Farbempfindung auszulösen. Diese Frage kann experimentell durch die Versuche zur *additiven Farbmischung* beantwortet werden. Die Versuche zeigen, daß jede Farbe durch Mischung aus anderen Farben nachgemischt werden kann. Das Urteil über Gleichheit oder Ungleichheit der vorgegebenen Farbe mit ihrer Nachmischung kann primär nur ein Beobachter vornehmen. Ein physikalisches Meßgerät, das das Spektrum des Farbreizes mißt, ist dazu aufgrund der erwähnten Metamerie nicht in der Lage.

Farbreize, die gleich aussehen, haben gleiche *Farbvalenz*. Zahlenmäßig kann man die Farbvalenz durch die Anteile dreier ausgewählter anderer Farben angeben, aus denen sie nachgemischt werden kann. Der Teil der Farbmetrik, der allein auf dem Begriff der Farbvalenz aufgebaut ist, wird *Farbvalenzmetrik* genannt oder auch *niedere Farbmetrik*. Sie bildet den Gegenstand der Abschn. 6.6 bis 6.10.

Abschn. 6.11 behandelt in der gebotenen Kürze einige Ergebnisse der Sinnesphysiologie des Farbensehens, durch die die Grundgesetze der Farbmetrik erst verständlich werden.

Für die Anwendungen der Farbmetrik ist es wichtig, außer der Kennzeichnung einer Farbe durch Zahlen auch Unterschiede zwischen Farben empfindungsgemäß angeben zu können. Deshalb untersucht die *höhere Farbmetrik* vor allem die *empfindungsgemäßen Farbabstände* quantitativ. Sie versucht die Farben durch sogenannte *psychometrische Farbmaßzahlen* zu beschreiben und Koordinatensysteme zu finden, in denen die Farben empfindungsgemäß richtig angeordnet werden können. Solche Koordinatensysteme und Farbordnungen werden in den Abschn. 6.12 und 6.13 behandelt.

Der letzte Abschnitt wendet sich schließlich einigen wichtigen Anwendungen der Farbmetrik in dem Bereich der technischen Farbreproduktion zu.

6.2. Spektrale Eigenschaften von Lichtquellen

Lichtquellen und die in ihnen ablaufenden physikalischen Prozesse der Lichterzeugung sind in Kap. 5 behandelt worden. Hier soll lediglich die für die Farbmetrik wichtige räumliche bzw. spektrale Verteilung der Strahlung von einigen Lichtquellen behandelt werden. Die Messung der Spektren erfolgt mit Hilfe von Prismen- oder Gitterspektrometern, wie sie in den Kapiteln 2 und 3 behandelt worden sind.

Der Lambertstrahler. Eine leuchtende Oberfläche wird durch ihre Leuchtdichte gekennzeichnet. Die Leuchtdichte L ist der abgestrahlte Lichtstrom, bezogen auf den Raumwinkel und die Fläche (Tab. 5.3). Ist die Leuchtdichte von der Beobachtungsrichtung unabhängig, so spricht man von einem *Lambertstrahler*. Eine leuchtende Fläche, die ein Lambertstrahler ist, sieht aus allen Richtungen gleich hell aus. Der Lichtstrom Φ, der in verschiedene Richtungen von einem Flächenelement $\mathrm{d}F$ eines Lambertstrahlers abgegeben wird, ist zwar proportional zum Kosinus des Abstrahlungswinkels δ, da aber die Fläche für den Beobachter auch um den Kosinus des Abstrahlungswinkels verkleinert erscheint, ist der in diese Richtung fallende Lichtstrom proportional zur scheinbaren Flächengröße und damit erscheint die Fläche

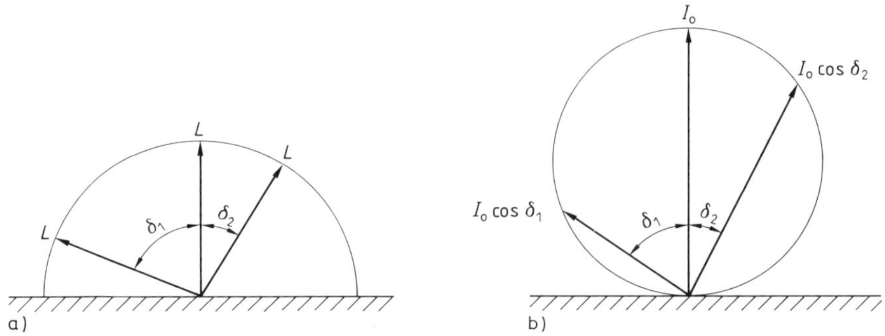

Abb. 6.2 Lambertstrahler; a) Richtungsverteilung der Leuchtdichte; b) Richtungsverteilung der Lichtstärke.

aus allen Richtungen gleich hell. Die Lichtstärke I (das ist der abgegebene Lichtstrom bezogen auf den Raumwinkel), die von dem betreffenden Flächenelement abgegeben wird, ist

$$\mathrm{d}I = L\,\mathrm{d}F\cos\delta$$

und damit proportional zum Kosinus des Abstrahlungswinkels δ. Abb. 6.2 zeigt die räumliche Verteilung der Leuchtdichte und der Lichtstärke einer als Lambertstrahler leuchtenden Fläche.

Der Lambertstrahler ist eine idealisierte Lichtquelle und die meisten realen Lichtquellen weichen beträchtlich von dem idealen Lambertstrahler ab. So ist auch die Sonne, obwohl sie ungefähr gleich hell bis zum Rand erscheint, kein Lambertstrahler. Ihre Leuchtdichte fällt zum Rand hin ab.

Tageslicht und Normlichtart D65. Die Sonne ist die Quelle des Tageslichts. Ihre Strahlung wird durch die Atmosphäre der Erde stark modifiziert. Die spektrale Verteilung des Tageslichts hängt deshalb von der Tageszeit und von der Beschaffenheit der Atmosphäre ab, d. h. damit von der Witterung, der Luftverschmutzung, sowie von der geographischen Lage. Bei klarem Himmel ist die Strahlung aus direkter Sonnenstrahlung und dem an den Partikeln der Atmosphäre gestreuten Anteil der Sonnenstrahlung zusammengesetzt. Nach der Rayleighschen Theorie der Lichtstreuung an Molekülen (Abschn. 3.13) wird der kurzwellige, blaue Anteil des Lichts wesentlich stärker gestreut als der langwellige, rote Anteil. Deshalb erscheint der klare Himmel blau und das direkte Sonnenlicht wegen des fehlenden Blauanteils leicht gelblich. Je dicker und dichter die Luftschicht ist, die die Strahlung auf ihrem Weg zur Erdoberfläche durchdringen muß (d. h. abends und morgens und bei Luftverunreinigung z. B. durch Rauch), desto rötlicher sieht die Sonne aus und desto mehr wird die auf die Erdoberfläche gelangende Strahlung geschwächt.

Bei bedecktem Himmel mischen sich die verschiedenen Spektralanteile wieder zu einer diffusen Einstrahlung, bei der die Strahlung aus allen Himmelsrichtungen in etwa dasselbe Spektrum hat. Auf ein solches diffuses Licht von einem bedecktem Himmel bezieht man sich, wenn man in der Farbmetrik von „Tageslichtbeleuchtung“ spricht. Trotzdem kann die spektrale Verteilung dieses Tageslichts je nach Tageszeit und geographischer Lage noch erheblich schwanken. Obwohl die Sonne selbst ein Spektrum hat, das recht gut durch die Plancksche Funktion bei einer absoluten Temperatur von 6000 K beschrieben wird (Abschn. 5.8), sind die Modifikationen durch die Atmosphäre beträchtlich.

Wegen der Wichtigkeit des Tageslichts für die Farbmetrik wurde eine repräsentative spektrale Strahlungsverteilung, eine mittlere Tageslichtart als *Normlichtart* D65 standardisiert. Die Bezeichnung bezieht sich auf „Daylight" und die Farbtemperatur 6500 K (Abschn. 5.10). Definiert ist diese Normlichtart durch die *spektrale Strahlungsfunktion* $S(\lambda)$ in Abb. 6.3 [2, 4].

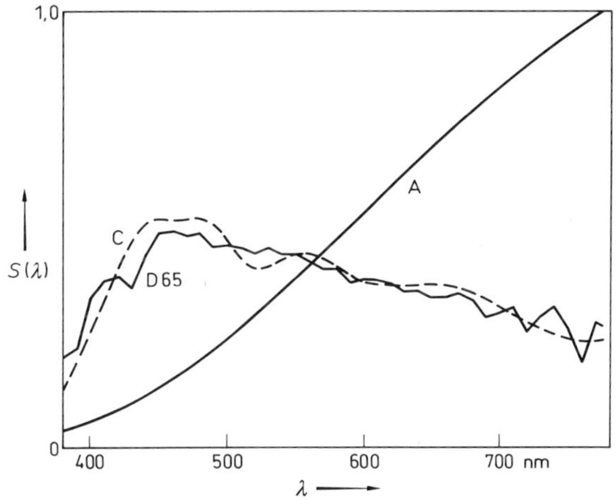

Abb. 6.3 Relative spektrale Strahlungsverteilungen $S(\lambda)$ der Normlichtarten A, D65 und C, normiert auf gleiche Leuchtdichte.

Temperaturstrahler und Normlichtart A. Von den künstlichen Lichtquellen ist an erster Stelle die *Glühlampe* zu nennen. Ihre spektrale Strahlungsverteilung wird, wie in Abschn. 5.10 dargestellt wurde, durch die *Plancksche Formel* beschrieben, wobei ihre Verteilungstemperaturen sich zwischen 2800 K bei normalen Glühlampen und 3400 K bei Halogenglühlampen bewegen. Neben der höheren Verteilungs- bzw. Farbtemperatur ist bei den Halogenglühlampen auch die Lichtausbeute mit ca. 25–35 lm/W erheblich höher als die normaler Glühlampen mit nur 15–20 lm/W. Die Halogenglühlampen werden vor allem bei der Projektion und in Schweinwerfern eingesetzt.

Glühlampenlicht wird durch eine *Normlichtart A* repräsentiert. Deren spektrale Strahlungsverteilung ist durch einen Planckschen Strahler der absoluten Temperatur 2856 K gegeben. Im sichtbaren Spektralbereich kann diese Strahlungsverteilung erzeugt werden durch eine gasgefüllte Wolfram-Glühlampe der Verteilungstemperatur 2856 K [2, 4].

Durch Vorsetzen eines genau spezifizierten Filters (Davis-Gibson-Filter) kann man aus der Normlichtart A die ältere tageslichtähnliche *Normlichtart* C erzeugen, die vor Einführung der Normlichtart D65 viel in Gebrauch war (Abb. 6.3).

Gasentladungslampen. Neben den Glühlampen haben für die Innenraumbeleuchtung die *Leuchtstofflampen* eine große Bedeutung (Abschn. 5.14). Ihr Spektrum unterscheidet sich grundsätzlich von dem eines Temperaturstrahlers. Es besteht aus einigen scharfen Spektrallinien, die sich auf einem breiten Kontinuum erheben. Die Spektrallinien stammen aus der Niederdruck-Gasentladung im Innern der Röhre und die stärksten gehören zum Spektrum des dort vorhandenen Quecksilbers. Der kurzwellige Anteil der bei dieser Gasentladung entstehenden Strahlung wird jedoch zur Anregung der Leuchtstoffe benützt, die an der Innenwand der Entladungsröhre aufgebracht sind. Die von diesen Leuchtpigmenten abgegebene Strahlung bildet den kontinuierlichen Anteil des Spektrums. Je nach der Zusammensetzung der Leuchtpigmente kann im Spektrum der langwellige Anteil überwiegen (Warmtonlampen) oder der kurzwellige Anteil (Tageslichtlampen).

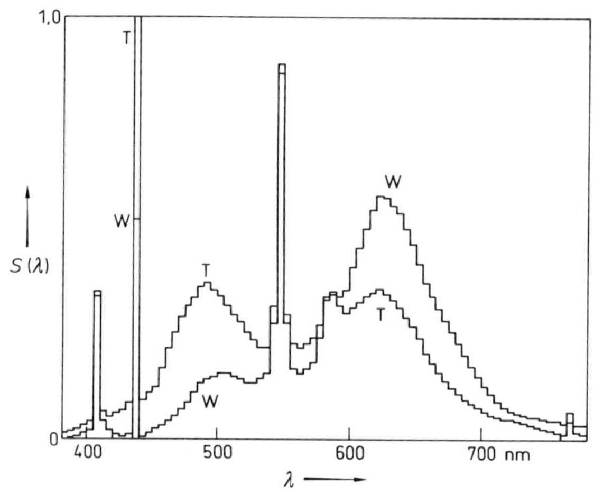

Abb. 6.4 Relative spektrale Strahlungsfunktionen $S(\lambda)$ von verschiedenen Leuchtstofflampen. T: Tageslicht de Luxe, W: Warmton de Luxe.

Abb. 6.4 zeigt einige Spektren von Leuchtstofflampen. Eine wichtige Eigenschaft von Lichtquellen ist ihre Farbwiedergabe. Damit ist gemeint, daß Körperfarben unter ihrer Beleuchtung möglichst so wie unter Beleuchtung mit natürlichen Lichtquellen, also etwa Tageslicht, aussehen sollen. Dazu ist im allgemeinen ein kontinuierliches Spektrum Voraussetzung, in dem nicht einzelne Spektrallinien stark überwiegen. Die ersten Leuchtstofflampen hatten eine sehr schlechte Farbwiedergabe und ließen etwa Gesichtsfarben fahl und unnatürlich erscheinen. Die modernen Leuchtstofflampen haben jedoch aufgrund sorgfältig ausgewählter Leuchtstoffkombinationen eine sehr gute Farbwiedergabe, die durch den allgemeinen Farbwiedergabe-Index beschrieben wird (Abschn. 6.12).

Während in den Leuchtstofflampen die Gasentladung unter sehr niedrigem Druck stattfindet, arbeiten die Xenonlampe und die Natriumdampflampe unter hohem Druck. In diesen *Hochdruck-Gasentladungslampen* bewirkt der hohe Druck eine Verbreiterung der Emissionslinien im Spektrum. Mit diesen Lampen werden extrem hohe Leuchtdichten und Lichtströme bei Lichtausbeuten um und über 100 lm/W erzielt. Wegen ihrer guten Farbwiedergabe-Eigenschaften haben unter diesen Lampen vor allem die *Halogen-Metalldampflampen* (Abschn. 5.14) bei der Ausleuchtung von Film- und Fernsehstudios Bedeutung.

Fluoreszenzschirme. Lichtquellen dienen nicht nur zur Beleuchtung, sondern auch zur direkten Darstellung von Information etwa auf Leuchtschirmen. Dabei macht man sich die unter dem Begriff *Lumineszenz* zusammenfassend bezeichnete Eigenschaften bestimmter Stoffe zunutze, bei Energiezufuhr durch Bestrahlung mit Röntgen-, UV- oder Kathoden- bzw. Elektronen-Strahlung diese wieder in Form von sichtbarer Strahlung abzugeben. Technisch ausgenützt wird dies in der *Kathodenstrahlröhre*, die zur Informationsdarstellung im Oszilloskop und zur Bilddarstellung im Farbfernsehempfänger und im Computer-Bildschirm verwendet wird.

Der auf der Innenseite der Bildröhre aufgebrachte Leuchtstoff (Phosphor) wird durch einen magnetisch fokussierten und zeilenförmig über das Bildformat geführten Elektronenstrahl angeregt und zum Leuchten gebracht. In einer *Farbfernseh-Bildröhre* werden gleichzeitig drei Elektronenstrahlen erzeugt und gemeinsam fokussiert und abgelenkt. Die Phosphorschicht besteht aus einem Mosaik rot, grün und blau leuchtender Phosphorpunkte. Durch eine siebförmige Maske hinter der Phosphorschicht wird dafür gesorgt, daß jeder der drei Elektronenstrahlen nur jeweils eine Art von Phosphorpunkten erreichen und anregen kann. Abb. 6.5 zeigt die spektralen Strahlungsfunktionen der Leuchtstoffe einer Farbfernseh-Bildröhre.

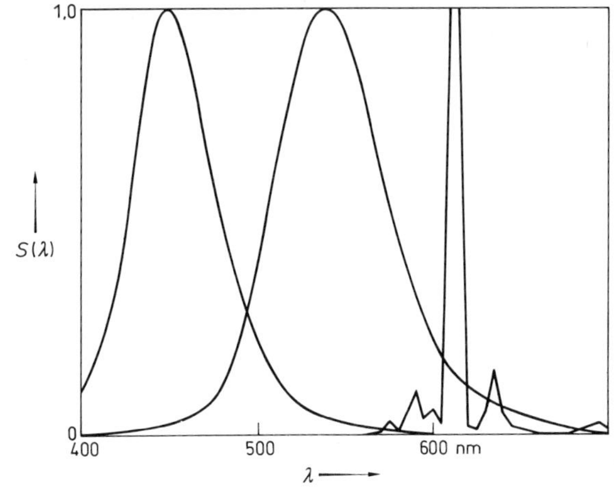

Abb. 6.5 Relative spektrale Strahlungsfunktionen $S(\lambda)$ der drei Leuchtstoffe einer Farbfernseh-Bildröhre. Blau- und Grünphosphor haben ein kontinuierliches Spektrum, der Rotphosphor hat ein Linienspektrum.

6.3. Optische Filter

Spektraler Transmissionsgrad. Beim Durchgang durch Materie wird Licht teilweise absorbiert, teilweise an den Grenzflächen reflektiert, teilweise gestreut und teilweise unbeeinflußt durchgelassen. Im allgemeinen treten alle Prozesse gleichzeitig auf, jedoch mit unterschiedlichen Gewichtungen, die zudem von der Wellenlänge abhängen.

Stoffe wie Glas oder Flüssigkeiten, die einen Teil des Lichts ohne Streuung und Richtungsänderung durchlassen, nennt man (teilweise) *transparent* oder durchsichtig. Das Verhältnis des durchgelassenen zum auffallenden Lichtstrom heißt der Transmissionsgrad τ dieses Körpers. Bestimmt man den Transmissionsgrad für monochromatisches Licht der Wellenlänge λ, so spricht man vom spektralen Transmissionsgrad $\tau(\lambda)$. Entsprechend ist das Verhältnis des an einer Oberfläche reflektierten Lichtstroms zum auffallenden Lichtstrom der (spektrale) Reflexionsgrad $\varrho(\lambda)$. Transmissionsgrad und Reflexionsgrad können nicht größer als 1 werden (Abschn. 2.6).

Im Falle einer planparallelen Platte aus absorptionsfreiem Glas mit einer Brechzahl von $n = 1.5$ ist der Transmissionsgrad bei senkrechtem Licheinfall $\tau = 0{,}92$, d.h. 92 % des auffallenden Lichts werden durchgelassen. Je 4 % werden an den beiden Glas-Luft-Grenzflächen reflektiert (Fresnel-Reflexionen, Abschn. 4.2).

Als optische Filter bezeichnet man Körper, die transparent sind und in mindestens einem Teil des Spektrums absorbieren oder reflektieren, also einen spektralen Transmissionsgrad kleiner als 1 haben. Wenn sich der spektrale Transmissionsgrad im sichtbaren Bereich ändert, spricht man von Farbfiltern. Filter mit wellenlängenunabhängigem Transmissionsgrad bezeichnet man als Graufilter.

Filterwirkungen spielen bei sehr vielen Farberscheinungen eine Rolle. Auch die Farben von Pigmenten und von den meisten farbigen Oberflächen beruhen auf Filterwirkungen, da das auffallende Licht in die Pigmentteilchen bzw. in die Oberfläche eindringt, dort gefiltert und gestreut wird und dann – teilweise – wieder an die Oberfläche gelangt.

Die wichtigsten technischen Farbfilter sind Massefilter und Interferenzfilter. Auf andere Filter wie z. B. Polarisationsfilter können wir hier nicht eingehen.

Massefilter. Massefilter sind absorbierende Filter. Bis auf die Fresnelschen Grenzflächenreflexionen werden die nicht durchgelassenen Lichtanteile im Filtermaterial absorbiert. Häufig bestehen Massefilter aus einem vollständig transparenten Stoff wie Glas oder einer Flüssigkeit, dem bzw. der bestimmte färbende Substanzen zugefügt sind. Im Falle von Glasfiltern werden diese Substanzen der Schmelze beigemengt. Durch die Konzentration dieser Beimengungen kann man den spektralen Transmissionsgrad des Filters beeinflussen. Abb. 6.6 zeigt die spektralen Transmissionsgrade einer Reihe von Glasfiltern der Firma Schott.

Aufgrund des Lambertschen Absorptionsgesetzes (Abschn. 2.6) ändert sich der spektrale Transmissionsgrad mit der Dicke des Filters. Nach diesem Gesetz gilt für absorbierendes Material der Dicke d bei monochromatischer Beleuchtung für den durchgelassenen Lichtstrom Φ:

$$\Phi = \Phi_0 \mathrm{e}^{-\alpha d}$$

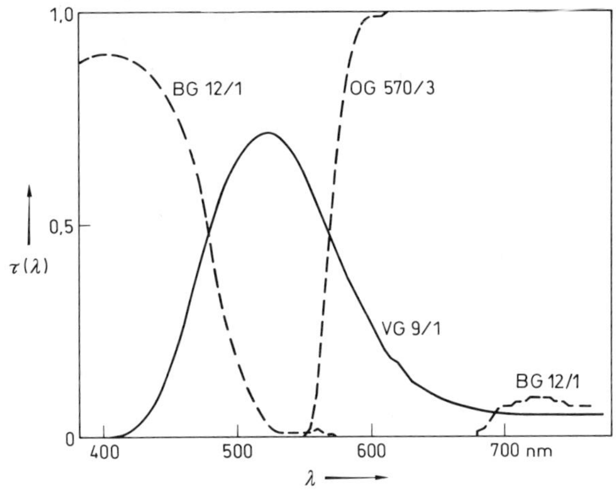

Abb. 6.6 Spektrale Transmissionsgrade $\tau(\lambda)$ verschiedener Schott-Glasfilter.

Dabei ist Φ_0 der in das Material eindringende Lichtstrom und α der Absorptionskoeffizient des Materials bei der betreffenden Wellenlänge. Diese Beziehung gilt, wenn man von den Grenzflächenreflexionen absieht. Bezeichnet man das Verhältnis des Lichtstroms vor der Austrittsfläche zu dem in den Körper eintretenden Lichtstrom als *inneren Transmissionsgrad* τ_i, so gilt für die Abhängigkeit dieses inneren spektralen Transmissionsgrades von der Dicke d:

$$\tau_i = \frac{\Phi}{\Phi_0} = \mathrm{e}^{-\alpha d} \tag{6.1}$$

Die Abhängigkeit von der Wellenlänge ist nicht explizit mit angegeben. Es ist jedoch hervorzuheben, daß diese und die folgenden Beziehungen nur für monochromatisches Licht gelten. Zwei Filter unterschiedlicher Dicke d_1 und d_2 aus demselben Material haben die inneren Transmissionsgrade

$$\tau_1 = \mathrm{e}^{-\alpha d_1} \quad \text{und} \quad \tau_2 = \mathrm{e}^{-\alpha d_2}$$

Daraus folgt:

$$\begin{aligned} \tau_2 &= \mathrm{e}^{-\alpha d_2} = \mathrm{e}^{-\alpha d_1 (d_2/d_1)}, \\ &= (\mathrm{e}^{-\alpha d_1})^{(d_2/d_1)}, \\ &= \tau_1^{(d_2/d_1)}. \end{aligned} \tag{6.2}$$

Man kann aus dem (inneren spektralen) Transmissionsgrad eines Filters einer bestimmten Dicke also den (inneren spektralen) Transmissionsgrad bei irgend einer anderen Dicke berechnen. Abb. 6.7 zeigt die spektralen Transmissionsgrade eines bestimmten Filtertyps für verschiedene Dicken.

Setzt man zwei Massefilter mit den inneren Transmissionsgraden τ_1 und τ_2 hintereinander, so gilt für die Lichtströme am ersten Filter

$$\Phi_1 = \tau_1 \Phi_0 .$$

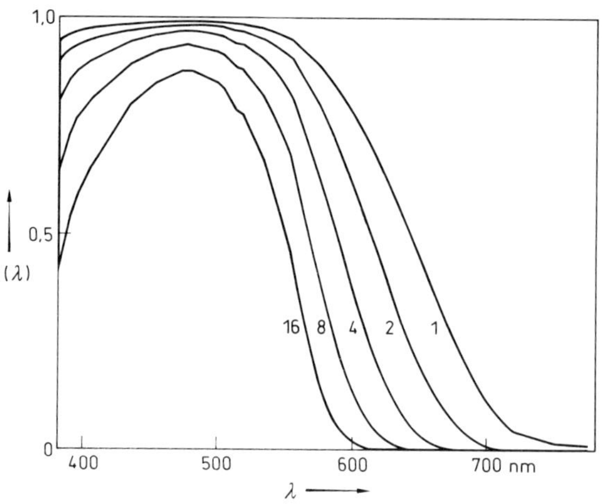

Abb. 6.7 Spektrale Transmissionsgrade $\tau(\lambda)$ eines Glasfilters Schott BG40 bei den Dicken 1, 2, 4, 8, 16 mm.

Der aus dem ersten Filter austretende Lichtstrom Φ_1 trete nun in das zweite Filter ein, an dessen Ausgang der Lichtstrom Φ_{12} übrig bleibt:

$$\Phi_{12} = \tau_2 \Phi_1 .$$

Einsetzen von Φ_1 ergibt:

$$\Phi_{12} = \tau_2 \tau_1 \Phi_0 = \tau_{12} \Phi_0$$

und damit

$$\tau_{12} = \tau_1 \tau_2 . \tag{6.3}$$

Das Hintereinandersetzen zweier Filter ergibt also ein kombiniertes Filter mit einem (inneren spektralen) Transmissionsgrad, der das Produkt aus den beiden (inneren spektralen) Transmissiongraden der beiden kombinierten Filter ist. Bei vielen Anwendungen in der Photometrie und in der Farbmetrik sind Filter mit einem ganz bestimmten spektralen Transmissionsverlauf erwünscht. Die Kombination von unterschiedlichen Massefiltern verschiedener Dicke erlaubt es in vielen Fällen, den gewünschten Verlauf wenigstens näherungsweise zu realisieren.

Werden die Filter nicht hintereinander, sondern nebeneinander im Strahlengang angeordnet, so spricht man von *Partialfilterung* (im Gegensatz zur Vollfilterung bei Hintereinanderschaltung). Sind die beiden inneren Transmissionsgrade der beiden Filter wieder τ_1 und τ_2 und bedecken sie im Strahlengang die relativen Flächenanteile σ undf 1-σ, so wird der eintretende Lichtstrom Φ_0 aufgeteilt in die Anteile $\sigma \Phi_0$ und $(1 - \sigma)\ \Phi_0$ und die durchgelassenen Anteile sind:

$$\Phi_1 = \tau_1 \sigma \Phi_0 \quad \Phi_2 = \tau_2 (1 - \sigma) \Phi_0 .$$

Der aus beiden Filtern austretende Lichtstrom ist die Summe:

$$\Phi_{1+2} = \Phi_1 + \Phi_2$$
$$= \{\tau_1 \sigma + \tau_2 (1-\sigma)\} \Phi_0 = \tau_{1+2} \Phi_0$$

und damit

$$\tau_{1+2} = \tau_1 \sigma + \tau_2 (1-\sigma). \tag{6.4}$$

τ_{1+2} ist der Transmissionsgrad der Partial-Filterkombination. Damit hat man einen zusätzlichen Freiheitsgrad zur Variation des Transmissionsverlaufs. Allerdings muß man beachten, daß diese Methode der Filterung nur bei Beleuchtungs- oder reinen Meßstrahlengängen Verwendung finden kann, nicht jedoch bei abbildenden Strahlengängen. Auch im ersteren Falle muß gewährleistet sein, daß die Ausleuchtung der Filterkombination immer gleichmäßig ist, da eine ungleichförmige Verteilung des Lichtstroms auf den kombinierten Filtern deren relative Wirkung verändert.

Interferenzfilter. Bei Interferenzfiltern wird im Gegensatz zu Massefiltern der nicht durchgelassene Anteil des Lichts nicht absorbiert, sondern reflektiert. Die Absorption eines solchen Filters ist im sichtbaren Spektralbereich vernachlässigbar, und deshalb gilt für die Interferenzfilter näherungsweise, daß sich spektraler Transmissionsgrad τ und spektraler Reflexionsgrad ϱ zu 1 ergänzen:

$$\tau + \varrho \cong 1.$$

Interferenzfilter bestehen aus einer Anzahl von sehr dünnen transparenten Einzelschichten von abwechselnd hoher und niedriger Brechzahl. Hergestellt werden die Interferenzfilter durch Aufdampfen solcher Schichten im Vakuum auf eine Glasplatte als Unterlage.

Ein auf die Oberfläche eines solchen Filters auffallender Lichtstrom dringt in das Schichtenpaket ein, wobei aufgrund der unterschiedlichen Brechungsindizes an jeder Grenzfläche bestimmte Anteile reflektiert werden. Wenn die Dicke der Schichten in der Größe einer Viertelwellenlänge ($\lambda/4$) liegt, dann ist der Gangunterschied zweier an benachbarten Grenzflächen reflektierter Anteile gleich einer Wellenlänge, nämlich der Wegdifferenz von einer halben Wellenlänge und dem an der Grenzfläche mit der Reflexion an der dichteren Schicht entstandenen Phasensprung von einer halben Wellenlänge (Abschn. 3.3). Die beiden Anteile sind also in Phase und die Amplituden addieren sich. Bei einer anderen Wellenlänge ist diese Bedingung nicht mehr erfüllt und die Amplituden der reflektierten Anteile addieren sich nicht mehr oder kompensieren sich sogar ganz oder teilweise.

Auf diese Weise ergibt sich bei einem bestimmten Schichtaufbau des Filters ein Verlauf des spektralen Transmissionsgrads, wie er z. B. in Abb. 6.8 dargestellt ist. Die Kurve des spektralen Reflexionsgrades $\varrho(\lambda)$ dieses Filters ist nach obiger Beziehung zu $\tau(\lambda)$ komplementär: $\varrho(\lambda) = 1 - \tau(\lambda)$.

Interferenzfilter können sehr unterschiedliche spektrale Transmissionsgrade haben. In Abschn. 3.3 war von Interferenz-Linienfiltern die Rede, die nur einen sehr schmalen Spektralbereich, eben möglichst nur eine „Linie" im Spektrum durchlassen. In der Farbmetrik haben vor allem Kantenfilter Bedeutung, die einen ausgedehnten Bereich des Spektrums möglichst vollständig reflektieren. Die *Langkantenfilter* sind im langwelligen Bereich transparent und reflektieren den kurzwelligen Bereich, bei den *Kurzkantenfiltern* verhält es sich umgekehrt.

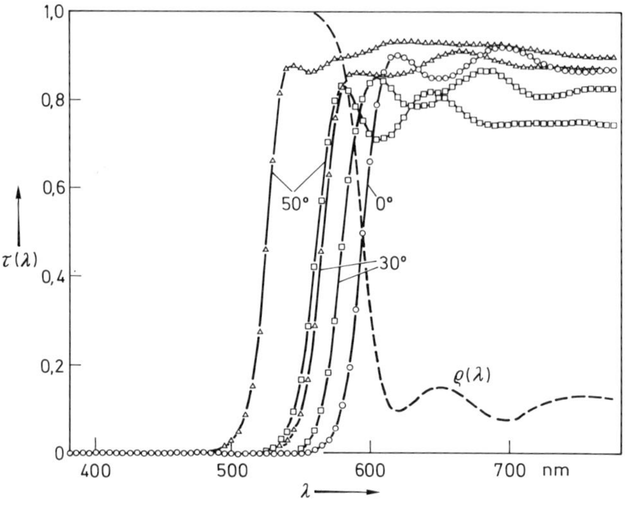

Abb. 6.8 Spektraler Transmissionsgrad $\tau(\lambda)$ eines Langkanten-Interferenzfilters bei den Einfallswinkeln 0°, 30° und 50° und bei unterschiedlicher Polarisation des einfallenden Lichts (△ parallel bzw. □ senkrecht zur Einfallsebene linear polarisiert). Der spektrale Reflexionsgrad $\varrho(\lambda)$ gilt für 0° Einfallswinkel.

Für die Interferenzfilter ist charakteristisch, daß sich der spektrale Transmissionsgrad mit dem Einfallswinkel ändert, und daß für größere Einfallswinkel der Transmissionsgrad von dem Polarisationszustand des Lichts abhängt. Abb. 6.8 macht dies an einem Beispiel deutlich.

Der Transmissionsgrad von mehreren hintereinander angeordneten Interferenzfiltern ist nur dann gleich dem Produkt der Transmissionsgrade der Einzelfilter, wenn dafür gesorgt ist, daß durch Schrägstellen der Filter die reflektierten Anteile aus dem Strahlengang herausreflektiert werden.

Sehr oft werden Massefilter und Interferenzfilter kombiniert, wenn man ein Filter mit einem bestimmten spektralen Transmissionsgrad realisieren will. Das Interferenzfilter kann dabei direkt auf das Massefilter aufgedampft werden, so daß man ein sehr kompaktes Filter erhält.

Ein Spezialfall des Interferenzfilters ist die Vergütung, die, wie in Abschn. 3.3 beschrieben, schon mit einer einfachen Schicht auf Glas erzeugt werden kann. Vergütet man z. B. ein Massefilter auf beiden Seiten, so kann man dadurch die Fresnelschen Grenzflächenreflexionen weitgehend ausschalten und die Gesamttransmission wird praktisch gleich der inneren Transmission.

6.4. Spektrale Eigenschaften von Körperoberflächen

Matte und glänzende Oberflächen. Die Farbe einer Oberfläche, die nicht selbst leuchtet, hängt davon ab, welche spektralen Anteile des aus der Umgebung auf sie fallenden Lichts von ihr reflektiert werden. Dabei kann das Licht *glänzend* oder *matt* von der Oberfläche zurückgestrahlt werden. Von einem Glanz spricht man, wenn gerichtet auffallendes Licht nach dem Reflexionsgesetz gerichtet reflektiert wird. Matt nennt man eine Oberfläche, wenn das reflektierte Licht unabhängig von der Beleuchtungsrichtung in alle Richtungen verteilt wird.

Glatte Metalloberflächen haben einen starken Glanz und sind meist unbunt (Ausnahmen: Kupfer, Gold). Da Metalle eine sehr starke Absorption haben, kann kein Licht aus dem Metallinneren zurückkommen. Die typische Metallreflexion ist reine Oberflächenreflexion. In Abschn. 4.4 wird die Metallreflexion berechnet und gezeigt, daß der hohe Absorptionskoeffizient auch zu hoher Oberflächenreflexion führt. Die rötliche bzw. gelbe Eigenfarbe von Kupfer und Gold sind auf geringere Absorption im kurzwelligen Spektralbereich zurückzuführen [12].

Für nichtmetallische Stoffe mit Brechzahlen zwischen 1 und 2 liegt der auf die Fresnelschen Reflexionen zurückzuführende Anteil nach Abschn.4.2 bei wenigen Prozent. Da die Brechzahl sich bei diesen Stoffen innerhalb des sichtbaren Spektralbereiches meistens nur wenig ändert, ist dieser Anteil unbunt. Bei glatten Oberflächen führt diese Fresnel-Reflexion zum Glanz, der deshalb die Farbe der Lichtquelle hat. Wenn die Oberfläche nicht glatt ist, sondern rauh, dann verteilt sich dieser Anteil diffus über alle Richtungen. Ein anderer Teil des Lichts tritt jedoch in den Körper ein, wird dort in den oberflächennahen Schichten gestreut, gefiltert und tritt schließlich wieder in die Umgebung aus (Abb. 6.9). Dieser Anteil ist für die Eigenfarbe der Oberfläche verantwortlich und wird aufgrund der mehrfachen Streuung diffus in alle Richtungen reflektiert. Er gibt der Oberfläche ein mattes Aussehen.

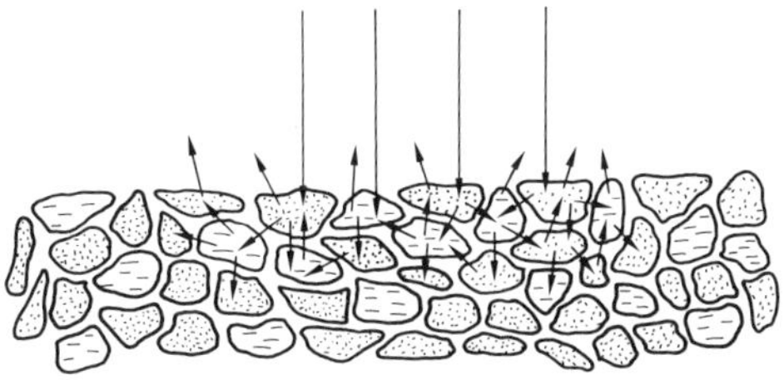

Abb. 6.9 Mehrfache Streuung von Licht an den Partikeln einer Schicht aus mehreren Pigmenten.

Pigmentschichten. Für die Berechnung der Wirkung einer Pigmentschicht auf einer bestimmten Oberfläche ist es wichtig zu wissen, in welcher Weise sich das in diese Schicht eindringende Licht fortpflanzt und ausbreitet. Da eine solche Schicht kein Kontinuum ist, sondern eine Ansammlung von Partikeln, läßt sich das Lambertsche Gesetz der Absorption hier nicht anwenden. Außer der Absorption ist die Streuung des Lichts in der Schicht zu berücksichtigen, sowie die Dicke der Schicht und die Reflexionseigenschaften der Unterlage.

Die Theorie von Kubelka und Munk [30] greift in einer Pigmentschicht der endlichen Dicke X auf einer Unterlage mit dem Reflexionsgrad ϱ_g eine dünne Lage der Dicke dx heraus und betrachtet die durch diese Lage tretenden Strahlungsflüsse (Abb. 6.10). Da die Ausdehnung dieser Lage sehr groß gegen ihre Dicke sein soll,

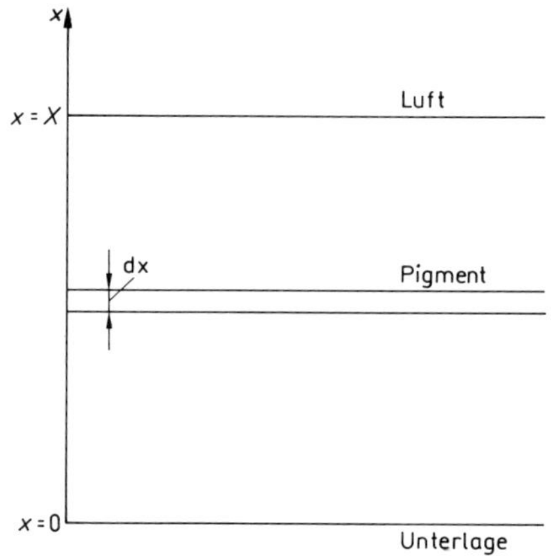

Abb. 6.10 Modell der Lichtstreuung zur Ableitung der Kubelka-Munk-Formel. Erläuterungen im Text.

kann man die Betrachtung auf einen nach oben, zur Oberfläche hin gerichteten Anteil j, und einen nach unten zur Unterlage gerichteten Anteil i beschränken, da sich die Anteile in Richtung der Schicht gegenseitig kompensieren. Die Änderungen, die diese beiden Anteile beim Durchgang durch die Lage der Dicke $\mathrm{d}x$ – in Bezug auf die $+x$-Richtung – erfahren, werden durch die beiden folgenden Gleichungen beschrieben:

$$\frac{\mathrm{d}j}{\mathrm{d}x} = -(S+K)\,j + Si\,,$$

$$-\frac{\mathrm{d}i}{\mathrm{d}x} = -(S+K)\,i + Sj\,. \tag{6.5}$$

Dabei geben S und K die Größe von Streuung und Absorption an. Der erste Term beschreibt die Abnahme des Strahlungsflusses durch Absorption und Streuung in der Schicht, der zweite die Zunahme durch den vom entgegengerichteten Strahlungsfluß zurückgestreuten Anteil.

Bildet man das Verhältnis $h = j/i$ der beiden entgegengerichteten Strahlungsflüsse, so erhält man die differentielle Beziehung:

$$\frac{\mathrm{d}h}{\mathrm{d}x} = \left(i\frac{\mathrm{d}j}{\mathrm{d}x} - j\frac{\mathrm{d}i}{\mathrm{d}x}\right)\frac{1}{i^2}\,. \tag{6.6}$$

Setzt man die beiden Ausdrücke von Gl. (6.5) in diese Gleichung ein, so erhält man eine Differentialgleichung erster Ordnung in h:

$$\frac{\mathrm{d}h}{\mathrm{d}x} = S - 2(K+S)\,h + Sh^2\,. \tag{6.7}$$

Diese Differentialgleichung kann man integrieren, wenn man die folgenden Randbedingungen berücksichtigt: Für $x = 0$, an der Unterlage, ist $h = \varrho_g$, d.h. das Verhältnis der aufwärts und abwärts gerichteten Strahlungsflüsse ist dort gleich dem Reflexionskoeffizienten der Unterlage. Für $x = X$, an der Oberfläche der Schicht, ist $h = \varrho$, d.h. gleich dem Reflexionskoeffizienten der Schicht.

Damit ergibt sich als Lösung der Differentialgleichung das bestimmte Integral

$$\int_0^X \mathrm{d}x = \int_{\varrho_g}^{\varrho} \frac{\mathrm{d}h}{S - 2(K+S)\,h + Sh^2}. \tag{6.8}$$

Führt man die Integration durch und löst das Ergebnis nach dem gesuchten ϱ auf, so findet man [8, S. 305]

$$\varrho = \frac{1 - \varrho_g(a - b\coth(bSX))}{a - \varrho_g + b\coth(bSX)}. \tag{6.9}$$

Dabei bedeutet $a = 1 + K/S$ und $b = \sqrt{(a^2 - 1)}$, $\coth(z)$ ist der hyperbolische Kotangens:

$$\coth(z) = \frac{e^{+z} + e^{-z}}{e^{+z} - e^{-z}}.$$

Gl. (6.9) ist die allgemeinste Form der *Kubelka-Munk-Formel*. Sie beschreibt die Reflexion einer Schicht als Funktion ihrer Dichte S, der Absorption K, der Streuung S sowie der Reflexion ϱ_g ihrer Unterlage.

Aus dieser Gleichung lassen sich verschiedene Grenzfälle ableiten. Im Fall eines verschwindenden Streukoeffizienten S erhält man $\varrho = \varrho_g\, e^{-2KX}$. Das ist das Lambertsche Gesetz für eine transparente Schicht der Absorption K, wobei berücksichtigt ist, daß das Licht zweimal durch die Schicht der Dicke X läuft und an der Unterlage reflektiert wird.

Läßt man die Dicke X der Schicht anwachsen, so wird das Argument bSX der coth-Funktion sehr groß und coth (bSX) selbst geht gegen 1. In diesem Fall ist die Schicht so dick, daß kein Licht mehr von der Unterlage zurück kommt. Die Schicht ist dann *opak* und die Reflexion für diesen Fall wird:

$$\varrho_\infty = 1 + \frac{K}{S} - \sqrt{\left(\frac{K}{S}\right)^2 + 2\left(\frac{K}{S}\right)} \tag{6.10}$$

Ein einfacherer Ausdruck ergibt sich bei Auflösung nach K/S:

$$\frac{K}{S} = \frac{(1 - \varrho_\infty)^2}{2\varrho_\infty}. \tag{6.11}$$

Bemerkenswert ist, daß die Reflexion der opaken Schicht nur vom Verhältnis von Absorption zu Streuung abhängt. Wird die Absorption im Verhältnis zur Streuung sehr klein, so nähert sich die Reflexion dem Wert 1, d.h. alles Licht kommt aus der Schicht zurück an die Oberfläche. Den entgegengesetzten Fall überwiegender Absorption erhält man bei verschwindender Reflexion.

Große praktische Bedeutung hat die Mischung verschiedener Pigmente zur Erzielung eines gegebenen Farbtons. Um diesen Fall behandeln zu können, müssen verschiedene Absorptions- und evtl. auch Streukoeffizienten in die Kubelka-Munk-Gleichungen eingesetzt werden. Die Rechnungen werden dann recht kompliziert und können nur mit Hilfe von leistungsfähigen Rechnern durchgeführt werden.

Der Weißstandard. Die Messung des die Eigenfarbe bestimmenden diffus von einer Oberfläche reflektierten Lichts ist eine der wichtigen Aufgaben der Farbmeßtechnik. Man geht dabei von einer idealisierten Oberfläche aus, der sogenannten *vollkommen mattweißen Fläche.* Eine solche Fläche soll alles auffallende Licht im ganzen sichtbaren Spektrum wieder an die Umgebung zurückstrahlen, jedoch diffus, d.h. unabhängig vom Einfallswinkel gleichmäßig in alle Richtungen. Eine solche Fläche darf also keinen Glanz haben. Sie gibt das Licht wie ein Lambert-Strahler ab (Abschn. 6.2), hat also aus allen Richtungen betrachtet dieselbe Leuchtdichte.

Technisch kann man eine solche vollkommen mattweiße Fläche mit recht guter Näherung durch einen *Weißstandard* realisieren. Das ist eine aus weißem kristallinen Pulver gepreßte Tablette (meist wird dazu $BaSO_4$-Pulver verwendet). Da die $BaSO_4$-Partikel im sichtbaren Spektralbereich praktisch absorptionsfrei sind, streuen sie das einfallende Licht nur mehrfach und geben es schließlich wieder an die Umgebung zurück. Die Herstellung eines Weißstandards ist in DIN 5033, Teil 9 [4] beschrieben.

Die Messung des spektralen Strahldichtefaktors. Mißt man die Leuchtdichte einer realen matten Oberfläche bei einer bestimmten Beleuchtung und dividiert sie durch die Leuchtdichte der unter derselben Beleuchtung gemessenen vollkommen mattweißen Fläche, so erhält man den *Leuchtdichtefaktor* β der betreffenden Oberfläche. Der Leuchtdichtefaktor der vollkommen mattweißen Fläche selbst ist also 1. Der $BaSO_4$-Weißstandard hat einen Leuchtdichtefaktor von ca. 98–99 %. Der Leuchtdichtefaktor ist jedoch immer dann von der beleuchtenden Lichtart abhängig, wenn die Reflexionseigenschaften der Oberfläche wellenlängenabhängig sind.

Für die Farbmetrik ist der *spektrale Strahldichtefaktor* $\beta(\lambda)$ wichtig. Er wird bestimmt, indem man bei monochromatischer Beleuchtung die Strahldichte der zu bestimmenden Probe mißt und mit der des ebenso beleuchteten Weißstandards vergleicht. Das Verhältnis der beiden gemessenen Strahldichten ist der spektrale Strahldichtefaktor der Oberfläche bei der betreffenden Wellenlänge. Er wird auch *spektraler Remissionsgrad* genannt.

Der Strahldichtefaktor 0 würde eine Oberfläche beschreiben, die alle auffallende Strahlung absorbiert und damit als ideal schwarz zu bezeichnen wäre. Wegen der unvermeidlichen Reflexionen an Grenzflächen reflektiert jedoch jede Oberfläche einen gewissen Anteil des auffallenden Lichts. Dabei sind glänzende Oberflächen schwärzer als matte, wenn man sie aus Richtungen betrachtet, in die kein Glanz fällt, da die matten Oberflächen die Grenzflächenreflexe in alle Richtungen verteilen. Eine nahezu ideal schwarze Fläche kann man nur durch eine Öffnung in einer Fläche erzeugen, durch die das Licht in einen Hohlraum mit schwarzen Wänden fällt, wo es nach wenigen Reflexionen restlos absorbiert ist.

Die Messung des spektralen Strahldichtefaktors erfolgt mit Hilfe eines Spektralphotometers und eines dazugehörigen Remissionsansatzes. Die im Monochromator erzeugte monochromatische Strahlung wird dabei aufgeteilt und fällt gleichzeitig oder abwechselnd hintereinander auf die Meßprobe bzw. den Weißstandard. Das von der Meßprobe und dem Weißstandard reflektierte Licht fällt jeweils auf einen lichtelektrischen Empfänger und wird gemessen. Das Verhältnis der Meßwerte von Probe und Weißstandard ist der spektrale Strahldichtefaktor. Beim registrierenden Spektralphotometer wird die Wellenlänge des Monochromators schrittweise durch einen Motor geändert und die Meßergebnisse bei den verschiedenen Wellenlängen entweder ausgedruckt oder graphisch registriert.

Meßgeometrie. Wäre die Probe vollkommen matt, so wäre das Ergebnis unabhängig von der Beleuchtungsrichtung sowie von der Richtung, unter der gemessen wird. Da jedoch reale Oberflächen mehr oder weniger glänzen und auch außerhalb des Glanzwinkels die Strahldichte nicht völlig unabhängig von der Beleuchtungs- und Meßrichtung ist, ergeben sich bei verschiedenen Meßanordnungen (Meßgeometrien) etwas unterschiedliche Ergebnisse. Vergleichbare Ergebnisse erhält man nur bei gleichen Meßbedingungen. Im folgenden werden einige gebräuchliche Meßanordnungen beschrieben (s. DIN 5033, Teil 8 [4]). Bei der Angabe von spektralen Strahldichtefaktoren ist die zusätzliche Angabe der zu seiner Bestimmung angewendeten Meßgeometrie unbedingt erforderlich.

45/0-*Meßgeometrie:* In diesem Falle werden Probe und Standard unter 45° beleuchtet, während die Messung unter 0° erfolgt, d. h. senkrecht zur Probenoberfläche. Dadurch wird ein Glanz, falls einer vorhanden ist, bei der Messung nicht mit erfaßt.

0/*d-Meßgeometrie* bedeutet Beleuchtung unter 0° und Messung der diffus in alle Richtungen reflektierten Strahlung. Man benützt dazu eine *Ulbrichtsche Kugel* (Abb. 6.11). Das ist eine Hohlkugel, deren Inneres mit einem möglichst mattweißen Belag versehen ist. Durch eine Öffnung fällt das Licht aus dem Monochromator ein und gelangt senkrecht auf die von außen an eine gegenüberliegende Öffnung gelegte Probe bzw. den Weißstandard. An einer weiteren Öffnung befindet sich der lichtelektrische Empfänger. Durch eine Blende wird dafür gesorgt, daß kein Licht direkt von der Probe auf den Empfänger gelangt, sondern nur auf dem Umweg über eine oder mehrere Reflexionen an der Kugelwand. Da diese Reflexionen vollkommen diffus erfolgen, bildet der auf den Empfänger gelangende Lichtstrom ein Integral über das in alle Richtungen von der Probe abgegebene Licht.

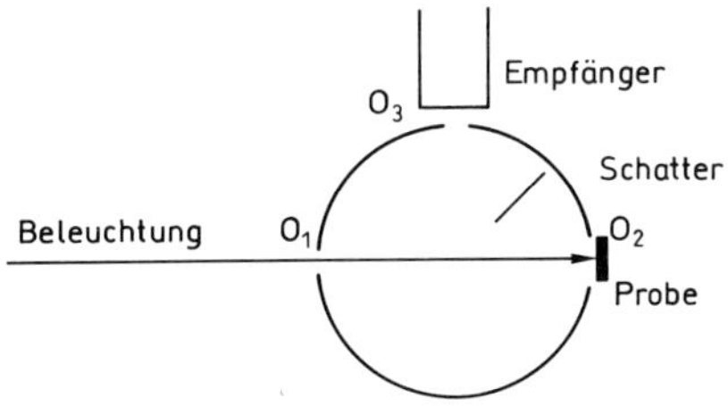

Abb. 6.11 Vertikaler Schnitt durch eine Ulbrichtsche Kugel für die Messung des spektralen Strahldichtefaktors bei der Meßgeometrie 0/d. $O_1 \ldots O_3$: Öffnungen.

Die 8/*d-Meßgeometrie* unterscheidet sich von der 0/d-Geometrie dadurch, daß die Probe unter 8° beleuchtet wird. Damit fällt der als Glanz reflektierte Lichtstrom nicht in die Beleuchtungsrichtung zurück und kann entweder mitgemessen oder durch eine sogenannte *Glanzfalle* (das ist eine in Richtung des Glanzwinkels stehende schwarze Blende oder Kugelöffnung) ausgeblendet werden (Abb. 6.12).

d/0- *bzw. d*/8-*Meßgeometrien* entstehen aus den ebenen behandelten Anordnungen durch Vertauschung von Beleuchtungs- und Meßwinkel. Eine diffuse Beleuchtung

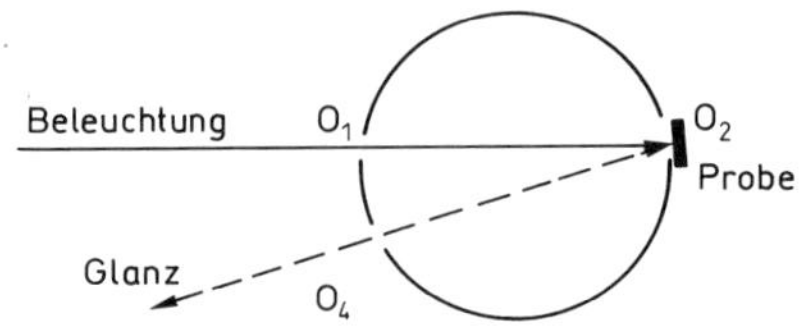

Abb. 6.12 Horizontaler Schnitt durch eine Ulbrichtsche Kugel bei der Meßgeometrie 8/d. O_4: Öffnung für Glanzfalle.

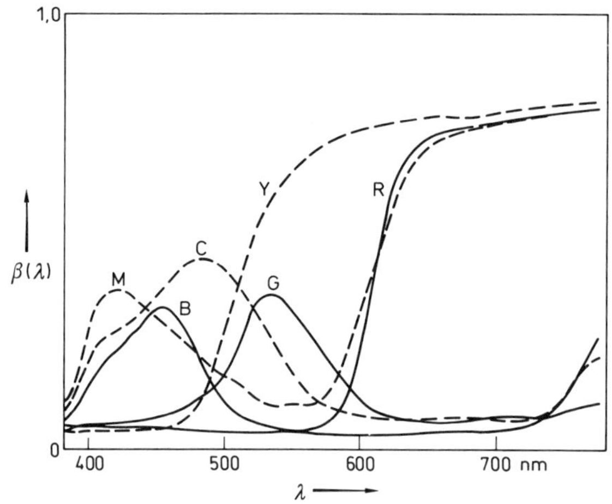

Abb. 6.13 Spektrale Strahldichtefaktoren $\beta(\lambda)$ verschiedener bunter Oberflächen: Blau (B), Grün (G), Rot (R), Magenta (M), Cyan (C), Gelb (Y).

wird realisiert, indem der Lichtstrom vom Monochromator nicht direkt auf die Probe bzw. den Weißstandard, sondern auf die Kugelwand trifft und dort in alle Richtungen diffus gestreut wird. Diffuse Beleuchtung ist deshalb von praktischer Bedeutung, weil sie der Situation einer unter freiem bedecktem Himmel betrachteten Oberfläche entspricht.

Die Werte für den spektralen Strahldichtefaktor $\beta(\lambda)$ liegen für vollkommen matte Oberflächen, die nicht fluoreszieren, immer zwischen 0 und 1. Abb. 6.13 zeigt die $\beta(\lambda)$-Kurven für einige Oberflächen verschiedener Farben. Die Farbreizfunktion $\phi(\lambda)$ einer matten Oberfläche mit dem spektralen Strahldichtefaktor $\beta(\lambda)$, die von einer Lichtquelle mit der spektralen Strahlungsfunktion $S(\lambda)$ beleuchtet wird, ist:

$$\phi(\lambda) = S(\lambda)\,\beta(\lambda).$$

Mißt man bei einer glänzenden Probe mit gerichteter Beleuchtung ohne Glanzfalle den Strahldichtefaktor in der Nähe des Glanzwinkels, so erhält man Werte über 1. Aus dieser Richtung betrachtet erscheint die Fläche also heller als eine vollkommen mattweiße Fläche. Aus Gründen der Energieerhaltung muß dann natürlich in anderen Richtungen der Strahldichtefaktor entsprechend kleiner als 1 sein. Diese Verstärkung der Remission in bestimmte Richtungen durch Glanzeffekte macht man sich z. B. bei gerichtet reflektierenden Projektionswänden zunutze.

Fluoreszenzfarben. Eine Besonderheit stellen die heute viel benützten Fluoreszenzfarben dar. Sie enthalten fluoreszierende Substanzen. Bei der Fluoreszenz (Abschn. 2.3, 7.6.2) wird Strahlungsenergie in Form von kurzwelligem blauem oder ultraviolettem Licht absorbiert und in Form von längerwelliger (grüner oder roter) Strahlung wieder abgegeben. Durch diesen Effekt kann eine Oberfläche bei einer bestimmten sichtbaren Wellenlänge mehr Licht diffus abstrahlen als eine vollkommen mattweiße Fläche bei gleicher Beleuchtung. Daher rührt der Leuchteffekt dieser Farben. Voraussetzung ist allerdings, daß die Beleuchtung die zur Anregung der Fluoreszenz erforderliche kurzwellige Strahlung enthält.

Eine fluoreszierende Oberfläche kann nicht durch einen spektralen Strahldichtefaktor beschrieben werden, da ihre spektrale Strahldichte nicht allein von der bei dieser Wellenlänge auffallenden Strahlung abhängt. Will man die Wirkung der Fluoreszenz auf die Farbe dieser Probe messen, so darf man sie nicht mit monochromatischem Licht beleuchten, sondern mit einer breitbandig strahlenden Lichtquelle, die auch das Anregungsspektrum enthält. Das von der Probe reflektierte Licht wird dann durch einen Monochromator spektral zerlegt und auf diese Weise wird die spektrale Strahldichte gemessen und auf einen Weißstandard bei gleicher Beleuchtung bezogen. Allerdings ist das Ergebnis dieser Messung vom Spektrum der Lichtquelle abhängig [8].

6.5. Lichtelektrische Empfänger in Photometrie und Farbmetrik

Bedingungen für lichtelektrische Empfänger in der Farbmetrik. Lichtelektrische oder photoelektrische Empfänger werden in den Kapiteln 2, 5 und und 7 behandelt. Sie werden sowohl in der Photometrie zur Lichtmessung als auch in der Farbmetrik zur Farbmessung verwendet. In beiden Anwendungsbereichen müssen sie bestimmte spezifische Leistungen des menschlichen visuellen Systems übernehmen. Dazu müssen sie verschiedene Bedingungen erfüllen.

Die erste Bedingung ist, daß sie für Strahlung im gesamten sichtbaren Spektralbereich empfindlich sind. Eine Empfindlichkeit für Strahlung außerhalb dieses Bereichs muß durch geeignete Filter unterdrückt werden.

Das Auge hat die außerordentliche Fähigkeit der Adaptation an sehr hohe und auch sehr niedrige Leuchtdichten. Daher folgen als weitere Bedingungen hohe Empfindlichkeit und ein großer Linearitätsbereich, d. h. über einen großen Leuchtdichtebereich soll das elektrische Signal proportional zum einfallenden Lichtstrom sein.

In Licht- und Farbmeßgeräten werden heute meist *Silicium-Photoelemente* verwendet, die nach dem inneren Photoeffekt arbeiten (Abschn. 7.3). Sie haben eine sehr gute Linearität über mehrere Zehnerpotenzen, ebenso zeigen sie geringe Ermüdung. Da sie ohne Betriebsspannung zu benützen sind, eignen sie sich für kompakte transportable Geräte. Nur bei sehr kleinen Leuchtdichten oder Beleuchtungsstärken benützt man noch die hochempfindlichen *Photomultiplier* (Abschn. 2.5 u.

7.3), die nach dem äußeren Photoeffekt arbeiten. Das ist eine Vakuumröhre mit Photokathode und Verstärkungselektroden (Dynoden), die eine aufwendige Spannungsversorgung brauchen.

Die spektrale Empfindlichkeit. Die für die genannten Anwendungen wichtigste Eigenschaft der photoelektrischen Empfänger ist ihre *spektrale Empfindlichkeit* $\gamma(\lambda)$. Das ist das Verhältnis des im Empfänger erzeugten Signalstroms i zu dem auf die empfindliche Fläche auffallenden monochromatischen Strahlungsfluß Φ bei der Wellenlänge λ. Er wird deshalb angegeben in Ampere durch Watt (A/W). Innerhalb des Linearitätsbereichs ist die spektrale Empfindlichkeit unabhängig von der auffallenden Strahlungsleistung.

Die spektrale Empfindlichkeit eines Silicium-Photoelements ist in Abb. 7.17 dargestellt. Sie erstreckt sich vom kurzwelligen Ende des sichtbaren Spektrums über den gesamten sichtbaren Bereich und bis etwa 1200 nm in den infraroten Teil des Spektrums. Für die Anwendung in der Farbmetrik und Photometrie muß die Empfindlichkeit jenseits der Grenzen des sichtbaren Spektralbereichs, also besonders oberhalb von 780 nm, durch Filter unterdrückt werden.

Beeinflussung der spektralen Empfindlichkeit durch Filter. Als Anwendungsbeispiel betrachten wir ein *Luxmeter*, das die Beleuchtungsstärke in einer bestimmten Ebene mit Hilfe eines Silizium-Photoelements mißt. Dieser Empfänger muß die einfallende Strahlung gemäß dem spektralen Hellempfindlichkeitsgrad $V(\lambda)$ des normalsichtigen und helladaptierten Auges bewerten (Abschn. 5.11).

Der Zusammenhang zwischen spektralem Strahlungsfluß $\Phi(\lambda)$, der auf die Empfängerfläche F fällt, und der zu messenden Beleuchtungsstärke E ist:

$$E = \frac{\Phi_v}{F} = \frac{K_m}{F} \int_0^\infty \Phi(\lambda)\, V(\lambda)\, d\lambda \tag{6.12}$$

Der Empfänger mit der spektralen Empfindlichkeit $\gamma(\lambda)$ erzeugt, wenn der spektrale Strahlungsfluß $\Phi(\lambda)$ auf seine empfindliche Fläche F fällt, den Photostrom

$$i = \int_0^\infty \Phi(\lambda)\, \tau(\lambda)\, \gamma(\lambda)\, d\lambda \tag{6.13}$$

Dabei ist $\tau(\lambda)$ der Transmissionsgrad eines optisches Filters, das die spektrale Empfindlichkeit des Empfängers in geeigneter Weise beeinflußt.

Im ersten Fall muß über den sichtbaren Teil des Spektrums, in dem die $V(\lambda)$-Funktion von Null verschieden ist, integriert werden, im zweiten Fall über den Bereich, in dem die spektrale Empfindlichkeit $\gamma(\lambda)$ dieses Empfängers von Null verschieden ist.

Der Photostrom i soll nun proportional sein zur Beleuchtungsstärke E_v, d.h. für alle möglichen spektralen Strahlungsflüsse $\Phi(\lambda)$ soll die folgende Beziehung gelten:

$$E_v = iC$$

wobei C eine Konstante ist, und zwar die Kalibrierungskonstante des Luxmeters, die angibt, mit welchem Faktor der Photostrom zu multiplizieren ist, um die Beleuchtungsstärke E_v zu erhalten.

Das bedeutet, daß für alle möglichen $\Phi(\lambda)$ die Beziehung gelten muß:

$$\frac{K_m}{F} \int_0^\infty \Phi(\lambda)\, V(\lambda)\, d\lambda = C \int_0^\infty \Phi(\lambda)\, \tau(\lambda)\, \gamma(\lambda)\, d\lambda .$$

Diese Beziehung ist nur dann für alle möglichen $\Phi(\lambda)$ erfüllt, wenn

$$\frac{K_m}{F} V(\lambda) = C\tau(\lambda)\, \gamma(\lambda)$$

oder

$$C\tau(\lambda) = \frac{K_m V(\lambda)}{F\gamma(\lambda).} . \qquad (6.14)$$

Der spektrale Transmissionsgrad $\tau(\lambda)$ des Filters muß also proportional sein dem Quotienten aus $V(\lambda)$-Kurve und spektraler Empfindlichkeit $\gamma(\lambda)$ des lichtelektrischen Empfängers. In Abb. 6.14 ist für den Fall eines Silicium-Photoelements dieser Quotient dargestellt.

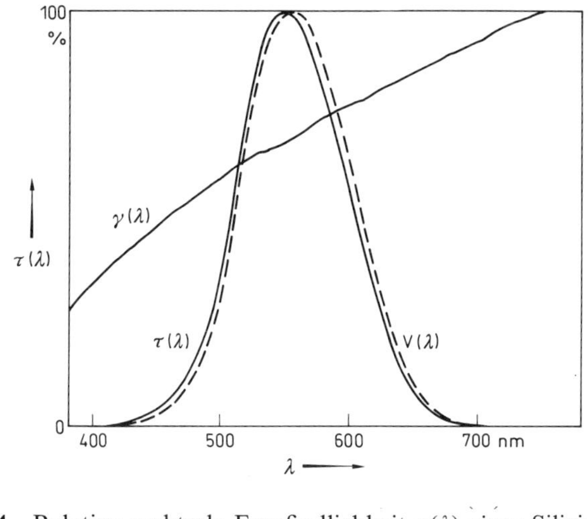

Abb. 6.14 Relative spektrale Empfindlichkeit $\gamma(\lambda)$ eines Silicium-Photoelements und spektraler Transmissionsgrad $\tau(\lambda)$ eines Filters zur spektralen Anpassung dieses Silicium-Photoelements an die $V(\lambda)$-Kurve.

6.6. Additive Farbmischung und Graßmannsche Gesetze

Was ist additive Farbmischung? Mit Hilfe der Farbmischung kann man aus einer sehr kleinen Anzahl von sogenannten Grundfarben eine große Zahl von Mischfarben erzeugen, die von den Grundfarben sehr verschieden sein können. Alle Methoden der Farbbildwiedergabe - von der Malerei über den Mehrfarbendruck, die Farbphotographie bis zum Farbfernsehen – beruhen auf der einen oder anderen Art der Farbmischung. Verschiedene Arten der Farbmischung gehorchen im einzelnen jedoch durchaus unterschiedlichen Mischungsregeln und auch die jeweils verwendeten Grundfarben sind verschieden. Grundsätzlich ist zu unterscheiden zwischen der Mischung von Farbstoffen oder Farbpigmenten, die man als *subtraktive* oder *multiplikative Mischung* bezeichnet, und der *additiven Mischung* von farbigen Lichtern. Gemeinsam ist beiden Arten der Farbmischung, daß immer drei Grundfarben, die allerdings jeweils verschieden sind, genügen, um die anderen Farben zu ermischen.

Additive Mischung von Farben liegt dann vor, wenn sich die Farbreize $\phi_1(\lambda)$, $\phi_2(\lambda)$, … der zu mischenden Farben in ihrer Wirkung auf das Sehorgan addieren. Die wirksame Farbreizfunktion $\phi(\lambda)$ ist dann die Summe der Farbreize der Mischungskomponenten:

$$\phi(\lambda) = \phi_1(\lambda) + \phi_2(\lambda) + \ldots$$

Praktisch kann dies auf verschiedene Weise realisiert werden:

a) Drei Lichtquellen, z. B. Projektoren mit vorgesetzten Farbfiltern, beleuchten eine vollkommen mattweiße Fläche mit der spektralen Remission $\beta(\lambda) = 1$ (Abb. 6.15). Die drei Lichtquellen mögen die spektralen Strahlungsfunktionen $S_1(\lambda)$, $S_2(\lambda)$ und $S_3(\lambda)$ haben. Einzeln haben die von ihnen auf dem Schirm beleuchteten Flächen die Farbreizfunktionen:

$$\begin{aligned}\phi_1(\lambda) &= S_1(\lambda)\,\beta(\lambda),\\ \phi_2(\lambda) &= S_2(\lambda)\,\beta(\lambda),\\ \phi_3(\lambda) &= S_3(\lambda)\,\beta(\lambda).\end{aligned}$$

Wegen der diffusen Streuung des auffallenden Lichts sieht der Betrachter die Summe der Farbreize (Tafel III/2):

$$\phi(\lambda) = [S_1(\lambda) + S_2(\lambda) + S_3(\lambda)]\,\beta(\lambda) = \phi_1(\lambda) + \phi_2(\lambda) + \phi_3(\lambda).$$

b) Ein Bild auf einem Farbfernsehbildschirm ist ein Mosaik aus leuchtenden Bildpunkten. Die Bildpunkte werden von drei verschiedenfarbig strahlenden Phosphor- oder Leuchtstoffen erzeugt, die drei ineinander verschachtelte feine Raster bilden (Tafel III/3). Die Farbreizfunktionen der roten, grünen bzw. blauen Phosphore in einer bestimmten Farbfläche des Bildschirms seien $\phi_R(\lambda)$, $\phi_G(\lambda)$ und $\phi_B(\lambda)$. Da das Auge aus der beim Fernsehen üblichen Betrachtungsentfernung die einzelnen

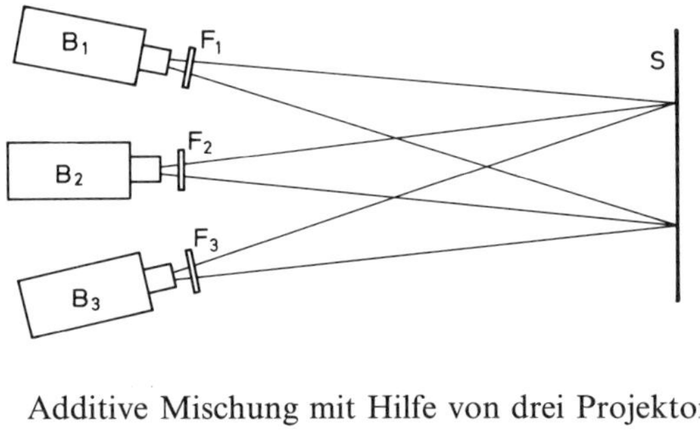

Abb. 6.15 Additive Mischung mit Hilfe von drei Projektoren mit Farbfiltern.

Rasterpunkte nicht trennen kann, wirken auf jede Stelle der Netzhaut alle drei Strahlungen gemeinsam und wirksam wird die Summe der drei Farbreizfunktionen:

$$\phi(\lambda) = \phi_R(\lambda) + \phi_G(\lambda) + \phi_B(\lambda).$$

c) Läßt man eine Kreisscheibe mit drei verschiedenfarbigen Sektoren so schnell rotieren, daß das Auge die einzelnen Farben nicht mehr unterscheiden kann, so erhält man ebenfalls einen einheitlichen Farbeindruck. Sind die relativen Anteile der drei Sektoren am gesamten Kreisumfang (und damit an der gesamten Kreisfläche) w_1, w_2 und w_3, wobei $w_1 + w_2 + w_3 = 1$ ist, so ist die wirksame Farbreizfunktion

$$\phi(\lambda) = w_1 \phi_1(\lambda) + w_2 \phi_2(\lambda) + w_3 \phi_3(\lambda).$$

Da die Farbreizfunktionen ϕ_1, ϕ_2 unds ϕ_3 nur mit den Flächenanteilen, die sie auf dem Kreis einnehmen, in die wirksame Farbreizfunktion $\phi(\lambda)$ eingehen, spricht man in diesem Falle auch manchmal von einer „anteiligen" Farbmischung. Läßt man jedoch die drei Sektoren einzeln rotieren, indem man den jeweiligen Rest der Kreisfläche schwarz macht, so sind ihre wirksamen (d.h. zeitlich gemittelten) Farbreizfunktionen die Produkte $w_1 \phi_1(\lambda)$, $w_2 \phi_2(\lambda)$, $w_3 \phi_3(\lambda)$ und man kann auch diesen Fall der Farbmischung als echte additive Mischung betrachten. Man bezeichnet einen solchen Farbkreisel auch als *Maxwellsche Scheibe* (Abb. 6.16), da James Clerk Maxwell 1850–1860 mit ihr die ersten systematischen Messungen von Spektralfarbwerten durchgeführt hat [33].

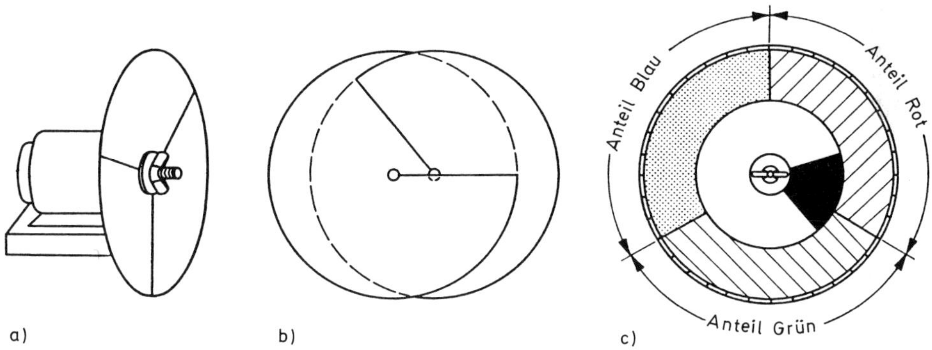

Abb. 6.16 Maxwellscher Farbkreisel zur Durchführung von additiven Mischungen: a) Motor mit Kreiselscheiben, deren Sektorgrößen nach Lösen der Flügelschrauben verstellbar sind, b) Ineinanderstecken der radial geschlitzten Scheiben, c) Beispiel einer Einstellung der Farbsektore zur Nachmischung der inneren Kreiselscheibe (mit Schwarzsektor zum Helligkeitsabgleich).

Nach diesen Beispielen ist klar, daß alle Arten von Mischungen von Farbpigmenten (Farbstoffen) keine additiven Mischungen sind. Nach den Abschnitten 6.3 und 6.4 wirken die Pigmentpartikel wie Filter auf das einfallende Licht und bei Pigmentmischungen setzen sich die Wirkungen der verschiedenen Pigmentanteile im wesentlichen multiplikativ zusammen. Deshalb spricht man bei Pigmentmischungen von multiplikativer oder subtraktiver Farbmischung. Im Abschn. 6.14 kommen wir noch ausführlicher auf subtraktive Farbreproduktion zurück.

Additive Mischungen aus drei Grundfarben. Die Bilder 2 und 3 auf der Tafel III zeigen zwei Beispiele additiver Mischungen aus den drei Farben Rot, Grün und Blau. Im ersten Falle handelt es sich um drei Projektoren mit Farbfiltern, deren drei Strahlenbündel sich auf einem Projektionsschirm teilweise überlappen. Im zweiten Fall ist das Farbbalkentestbild auf einem Farbfernsehbildschirm dargestellt, das ebenfalls aus den drei durch die Phosphore gegebenen Farben Rot, Grün und Blau und deren Mischungen aufgebaut ist.

Aus beiden Bildern folgt, daß sich aus je zwei der drei Ausgangsfarben folgende Mischfarben herstellen lassen:

Gelb aus Rot und Grün,
Cyan (Blaugrün) aus Grün und Blau,
Purpur (Rotviolett) aus Blau und Rot.

Schließlich ergibt sich in beiden Fällen:

Weiß aus Rot und Grün und Blau.

Betrachten wir zuerst die Mischungen aus zwei Komponenten. Natürlich hängt das Aussehen des aus Rot und Grün additiv ermischten Gelb ab von dem Verhältnis, in dem Rot und Grün gemischt werden. Schwächt man etwa den grünen Beitrag in der Mischung, so wird das Gelb orangefarben, bei Schwächung des roten Beitrags wird das Gelb grünlich. Die Mischung aus den beiden Farben Rot und Grün bleibt jedoch, wie man die Komponenten auch in ihrem Verhältnis wählt, im Bereich Rot-Orange-Gelb-Grün. Unbunte oder bläuliche Farbtöne lassen sich mit diesen beiden Ausgangsfarben nicht ermischen.

Entsprechend kann man durch Änderung des Mischungsverhältnisses von Grün und Blau das Cyan in Richtung Blau bzw. Grün verschieben, und durch unterschiedliche Mischungsverhältnisse von Blau und Rot erhält man sämtliche Purpur- und Violettöne zwischen den beiden Ausgangsfarben. Bei diesen Mischungen ändert sich also im wesentlichen der *Farbton* oder *Buntton* der Mischfarbe. Es ergibt sich dabei, daß man durch systematische Mischungen aus je zwei der drei Farben Rot, Grün und Blau alle im Farbkreis vorkommenden Bunttöne ermischen kann.

Eine andere Art der Farbveränderung findet man, wenn eine der drei Mischungskomponenten in dem aus allen drei Ausgangsfarben gemischten Weiß verändert wird. Schwächt man in der Mischung die blaue Komponente, so wird das Weiß gelblich, wobei die *Buntheit* bzw. *Farbsättigung* bei weiterer Schwächung des Blauanteils immer weiter zunimmt, bis das nur aus Rot und Grün gemischte Gelb übrigbleibt. Es ist hier gleich darauf hinzuweisen, daß die beiden Begriffe Buntheit und Sättigung nicht dieselbe Bedeutung haben. Auf den Unterschied kommen wir gleich noch zurück.

Ganz entsprechend kommt man durch Schwächung von Rot von Weiß nach Cyan und bei Schwächung von Grün von Weiß nach Purpur, wobei sich jeweils die Sättigung von Weiß bis zur Mischfarbe aus nur zwei Komponenten ohne wesentliche Änderung des Bunttons erhöht. Bei gleichzeitiger Schwächung zweier Komponenten, etwa Rot und Grün, kommt man von Weiß über ein blasses Himmelsblau bei zunehmender Sättigung schließlich zur dritten Ausgangsfarbe, in diesem Falle Blau.

Ändert man schließlich alle drei Mischungskomponenten im selben Verhältnis, so ändert sich weder der Buntton noch die Sättigung der Mischfarbe, sondern nur ihre *Helligkeit*. Die sogenannte *Farbart* bleibt dabei erhalten. Im Falle von Weiß ist diese Farbart Unbunt und es ergeben sich also bei gleichzeitiger Schwächung von Rot, Grün und Blau die verschiedenen Stufen von Grau bis Schwarz als Endpunkt. Die Farbart ist offenbar durch das Verhältnis der drei Mischungskomponenten, nicht durch ihre absolute Größe, bestimmt.

Einer bestimmten Farbart ist eine bestimmte Sättigung fest zugeordnet, die im Falle von Unbunt verschwindet. Die Buntheit dagegen nimmt bei einer bunten Farbe zu, wenn sich deren Helligkeit (Leuchtdichte) bei konstanter Farbart erhöht.

Aus den bisher behandelten Mischungsversuchen läßt sich die folgende offenbar allgemein gültige Aussage ableiten:

- Ändert sich eine Komponente in einer Mischung stetig, so ändert sich auch die Mischfarbe stetig.

Dieses sogenannte *dritte Graßmannsche Gesetz* bestätigt sich ganz allgemein bei allen Versuchen mit additiven Mischungen.

Erstes Graßmannsches Gesetz. Aus den bisher besprochenen Mischungsmöglichkeiten geht hervor, daß sich mit den drei gewählten Farben Rot, Grün und Blau im wesentlichen alle anderen Farben durch additive Mischung erzeugen lassen. Zwei Ausgangsfarben genügen dazu offenbar nicht. Daß drei Farben tatsächlich genügen, ist im Aufbau unseres Sehorgans begründet (Abschn. 6.11). Eine anschauliche qualitative Bestätigung dieser These liefert der Farbfernsehbildschirm, auf dem sich aus drei durch die Phosphore gegebenen Grundfarben tatsächlich im wesentlichen alle Farben von Gegenständen darstellen lassen.

Diese Aussage ist vorläufig rein qualitativ und soll in diesem und den beiden nächsten Abschnitten präzisiert und experimentell bestätigt werden. Sie bildet den Inhalt des für die Farbmetrik grundlegenden *ersten Graßmannschen Gesetzes* [21]:

- Zwischen vier beliebig gegebenen Farben läßt sich durch Variation der Intensitäten von maximal drei Farben immer eine additive Mischungsbeziehung finden.

Zunächst soll die additive Mischung in einer quantitativen Form dargestellt werden. Wir beziehen uns dabei auf ein bestimmtes Tripel von Grundfarben, ohne diese vorläufig physikalisch zu definieren. Sie dürfen nur nicht selbst untereinander ermischbar sein, und für die abzuleitenden Beziehungen ist wichtig, daß man sich immer auf die gleichen Grundfarben bezieht. Man kann dabei z. B. an die Phosphorfarben eines Farbfernsehbildschirms als Grundfarben denken.

Farbwerte und Farbvalenz. Eine additive Mischung aus drei Grundfarben ist durch drei Zahlen bestimmt, die die relativen Leuchtdichten der drei Mischungskomponenten angeben. Man nennt diese Zahlen die drei *Farbwerte* R, G, B einer Mischfarbe. Sie beziehen sich auf die gewählten Grundfarben und sind als relative Leuchtdichten dimensionslos. Normiert werden diese Farbwerte, indem man festlegt, daß sie für ein Weiß bestimmter Leuchtdichte die Werte $R = G = B = 1$ annehmen. Die in den Bildern 2 und 3 auf der Tafel III dargestellten Mischungen aus den drei Grundfarben lassen sich damit – einschließlich der Grundfarben selbst sowie Schwarz – durch die in Tab. 6.1 gegebenen Farbwerte darstellen.

Tab. 6.1 Die Farbwerte der Grundfarben und ihrer Mischungen.

Farbe	Farbwert R	G	B
Weiß	1	1	1
Gelb	1	1	0
Cyan	0	1	1
Grün	0	1	0
Purpur	1	0	1
Rot	1	0	0
Blau	0	0	1
Schwarz	0	0	0

Die drei Farbwerte kennzeichnen eine *Farbvalenz*. Die Farbvalenz ist der Grundbegriff der Farbmetrik und er wird im nächsten Abschnitt noch eingehend erläutert werden. Wenn man die Farbwerte als Koordinaten eines Vektors in einem dreidimensionalen Vektorraum auffaßt, kann man die Farbvalenzen auch als Vektoren darstellen. Die Grundfarben selbst nennt man *Primärvalenzen*. Sie sind in der Vektordarstellung die Einheitsvektoren eines dreidimensionalen Vektorraums:

$$\boldsymbol{R} = \begin{pmatrix} 1 \\ 0 \\ 0 \end{pmatrix}, \quad \boldsymbol{G} = \begin{pmatrix} 0 \\ 1 \\ 0 \end{pmatrix}, \quad \boldsymbol{B} = \begin{pmatrix} 0 \\ 0 \\ 1 \end{pmatrix}.$$

Die additive Mischung einer Farbvalenz mit den Farbwerten R, G und B aus den drei Primärvalenzen läßt sich folgendermaßen als Gleichung schreiben:

$$\boldsymbol{F} = R\boldsymbol{R} + G\boldsymbol{G} + B\boldsymbol{B} \tag{6.15}$$

oder in Vektorschreibweise:

$$\begin{pmatrix} R \\ G \\ B \end{pmatrix} = R\begin{pmatrix} 1 \\ 0 \\ 0 \end{pmatrix} + G\begin{pmatrix} 0 \\ 1 \\ 0 \end{pmatrix} + B\begin{pmatrix} 0 \\ 0 \\ 1 \end{pmatrix}.$$

Weiß ist gegeben durch die Farbwerte $R = G = B = 1$.

Metamerie und zweites Graßmannsches Gesetz. Faßt man Gl. (6.15) als eine formale Beschreibung einer additiven Mischung aus drei Primärvalenzen mit den drei Farbwerten R, G und B auf, so enthält sie keine wesentliche farbmetrische Aussage. Man könnte die Größen $\boldsymbol{R}, \boldsymbol{G}, \boldsymbol{B}$ und $\boldsymbol{F}$ auch als Farbreizfunktionen auffassen und hätte mit der Gleichung lediglich die physikalische Tatsache zum Ausdruck gebracht, daß sich die Farbreizfunktionen bei der additiven Mischung addieren.

Sieht man jedoch in Gl. (6.15) einen Ausdruck des ersten Graßmannschen Gesetzes, so enthält sie eine Aussage, die über die Physik wesentlich hinausgeht. Sie besagt dann, daß zwischen vier beliebigen Farbvalenzen, unabhängig von der spektralen Zusammensetzung ihrer Farbreize, eine lineare Beziehung besteht. Der vorgegebene Farbreiz und der durch die Nachmischung erzeugte können dabei physikalisch, d.h. spektral verschieden sein, aber sie sind für das Auge nicht zu unterscheiden, d.h. ihre Farbvalenzen sind gleich. Man nennt zwei Farben, die zu verschiedenden Farbreizen gehören, aber gleiche Farbvalenz haben, *bedingt gleich* oder *metamer*.

Die Ermischung einer vorgegebenen Farbvalenz aus drei gegebenen Primärvalenzen läßt sich dann auch auffassen als Konstruktion eines zu einem vorgegebenen Farbreiz metameren Farbreizes.

Für den Ausbau der Farbmetrik ist das *zweite Graßmannsche Gesetz* wichtig, das sich auf metamere Farben bezieht:

- In einer additiven Mischung kann man eine Mischungskomponente ersetzen durch einen gleich aussehenden, aber spektral verschiedenen Farbreiz, ohne das Mischergebnis zu verändern.

Lassen sich etwa zwei beliebige Farbvalenzen $\boldsymbol{F}_1$ und $\boldsymbol{F}_2$ aus drei Primärvalenzen $\boldsymbol{R}$, $\boldsymbol{G}$ und $\boldsymbol{B}$ nachmischen:

$$\boldsymbol{F}_1 = R_1\,\boldsymbol{R} + G_1\,\boldsymbol{G} + B_1\,\boldsymbol{B},$$
$$\boldsymbol{F}_2 = R_2\,\boldsymbol{R} + G_2\,\boldsymbol{G} + B_2\,\boldsymbol{B},$$

so folgt daraus nach dem 2. Graßmannschen Gesetz:

$$\boldsymbol{F}_1 + \boldsymbol{F}_2 = (R_1 + R_2)\,\boldsymbol{R} + (G_1 + G_2)\,\boldsymbol{G} + (B_1 + B_2)\,\boldsymbol{B} \tag{6.16}$$

Die additive Mischung zweier Farbvalenzen bedeutet also Addition der Farbwerte der beiden Mischungskomponenten.

Ebenso wie das erste ist auch das zweite Graßmannsche Gesetz eine Erfahrungstatsache, die durch zahlreiche Versuche erhärtet ist. Auf die experimentelle Bestätigung dieser Gesetze gehen die folgenden Abschnitte noch ausführlich ein.

Der dreidimensionale Farbraum und die äußere Mischung. Mit der Vektorschreibweise ist auch eine graphische Darstellung der additiven Mischung in einem dreidimensionalen *Farbraum* möglich. Dabei spielen die Primärvalenzen die Rolle der Basis- oder Einheitsvektoren in dem affinen Vektorraum und jede Farbvalenz wird dargestellt durch einen Ortsvektor, dessen Koordinaten die Farbwerte sind.

Die additive Mischung zweier beliebiger Farbvalenzen ergibt nach Gl. 6.16 eine Farbvalenz, deren Farbwerte die Summen der Farbwerte der Mischungskomponenten sind. Entsprechend findet man im Farbraum den Ort der Mischfarbe als Spitze des Ortsvektors, der sich durch die Addition der Vektoren $\boldsymbol{F}_1$ und $\boldsymbol{F}_2$ ergibt (Abb. 6.17). Der Vektor, der die ermischte Farbvalenz darstellt, liegt also in derselben Ebene wie die Vektoren der beiden Mischungskomponenten.

Umgekehrt kann man einen gegebenen Vektor aus zwei in derselben Ebene liegenden (Basis)-Vektoren additiv zusammensetzen. Dazu wird der Vektor parallel zu den Basisvektoren jeweils auf die durch diese gebildeten Achsen projiziert. Dadurch findet man die beiden Komponenten, die addiert den darzustellenden Vektor ergeben. Die beiden Farbwerte bezüglich der gegebenen Basisvektoren sind die Verhältnisse der Längen der Vektorkomponenten zu den Längen der Basisvektoren.

Wenn, wie Abb. 6.18 zeigt, der zu ermischende Vektor außerhalb des von den beiden Basisvektoren gebildeten Winkels liegt, ergibt sich eine Vektorkomponente, deren Richtung der des entsprechenden Basisvektors entgegengerichtet ist. Entspre-

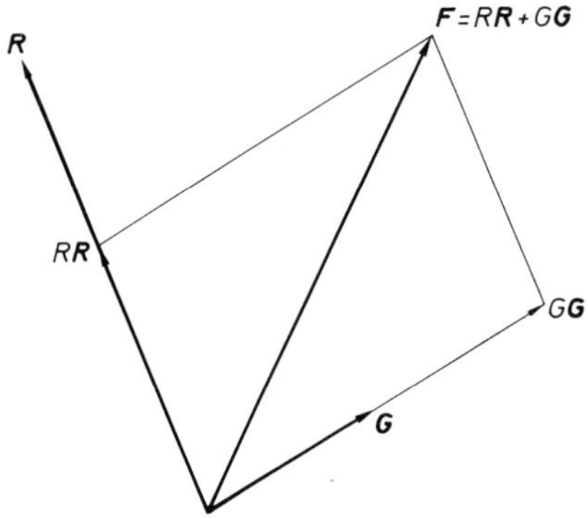

Abb. 6.17 Geometrische Darstellung einer inneren additiven Mischung durch die Addition zweier Vektoren.

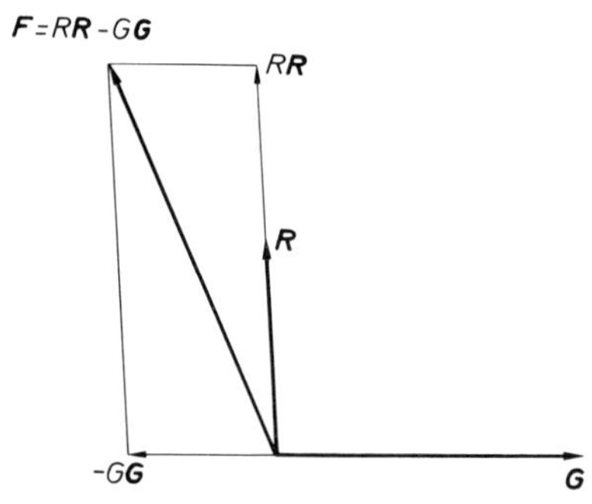

Abb. 6.18 Darstellung einer äußeren additiven Mischung durch Vektoraddition.

chend ist der Farbwert, das Längenverhältnis zwischen Vektorkomponente und Basisvektor, negativ. Formal mathematisch stellt das kein Problem dar. Es ist jedoch zu überlegen, was dies bedeutet, wenn man die Vektoraddition als additive Mischung interpretieren will. Eine Subtraktion von Farbreizen ist physikalisch nicht möglich.

In der Vektorgleichung für diese Mischung kann man das negative Vorzeichen dadurch beseitigen, daß man das entsprechende Glied auf die andere Seite der Gleichung bringt:

$$\boldsymbol{F} = R\boldsymbol{R} - G\boldsymbol{G}\,,$$
$$G\boldsymbol{G} + \boldsymbol{F} = R\boldsymbol{R}\,.$$

Entsprechend kann man bei der additiven Mischung verfahren: Es werden nicht die beiden Farbvalenzen $R\boldsymbol{R}$ und $G\boldsymbol{G}$ addiert und das Ergebnis mit der Farbvalenz $\boldsymbol{F}$ verglichen, sondern es wird $G\boldsymbol{G}$ zu $\boldsymbol{F}$ addiert und mit $R\boldsymbol{R}$ verglichen. Man nennt ein solches Vorgehen eine *äußere Mischung* im Gegensatz zu der inneren Mischung mit positiven Farbwerten. Damit ist gezeigt, daß man jeden Farbvektor aus zwei beliebigen anderen in derselben Ebene liegenden Vektoren zusammensetzen kann.

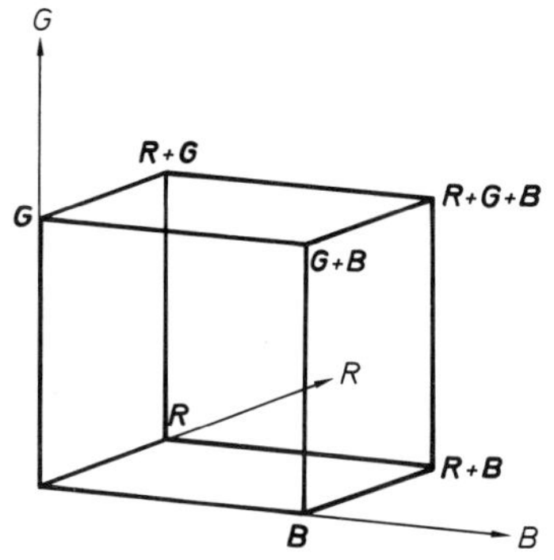

Abb. 6.19 Räumliche Darstellung der additiven Mischungen aus drei Grundfarben Rot, Grün und Blau in einem rechtwinkligen Koordinatensystem. Die Ecken des Würfels stellen die Grund- und Mischfarben der Farbtafeln 2 und 3 dar.

Drei Farbvalenzen, deren Vektoren in einer Ebene liegen, sind also immer linear voneinander abhängig.

In Abb. 6.19 sind die drei Basisvektoren, die die Primärvalenzen darstellen, rechtwinklig und gleich lang dargestellt. Dies ist nicht zwingend, im Prinzip kann man die Gesetze der additiven Mischung ebenso bei beliebiger Richtung und Länge der Basisvektoren darstellen. Allerdings dürfen sie nicht in einer Ebene liegen. Das würde, wie eben gezeigt wurde, bedeuten, daß sie linear abhängig sind, d. h. daß man eine von ihnen aus den beiden anderen ermischen kann.

Durch Parallelen zu den Basisvektoren ist die Figur in Abb. 6.19 zu einem Würfel ergänzt. die acht Ecken dieses Würfels stellen die acht Farbvalenzen der Tab. 6.1 dar. Der gemeinsame Ursprung der drei Basisvektoren bedeutet Schwarz, die Endpunkte der Basisvektoren die reinen Primärvalenzen Rot, Grün und Blau. Die übrigen Ecken des Würfels sind die Mischfarben Gelb, Cyan, Purpur und Weiß, das dem Schwarz gegenüberliegt. Auf der Diagonalen, die den Schwarzpunkt und den Weißpunkt verbindet, liegen die unbunten Farben.

Dieser Würfel bildet im Farbraum den Körper, der alle Vektoren enthält, die Farbvalenzen entsprechen, die man aus den drei gegebenen Primärvalenzen ermischen kann, wenn die drei Farbwerte R, G und B zwischen den Werten 0 und 1 liegen. Es gibt aber auch Farbvalenzen außerhalb dieses Würfels im Farbraum. Ihre Farbwerte bezüglich dieser drei Primärvalenzen können nicht durch innere, sondern nur durch äußere Mischung ermittelt werden. Es erhebt sich allerdings die Frage, welche Bereiche eines solchen Farbraums überhaupt durch physikalisch realisierbaren Farben erfüllt sind, und welche leer sind, d. h. keinen realen Farben entsprechen. Diese Frage wird in den Abschn. 6.8 und 6.10 behandelt werden. Die Antwort ist unter anderem davon abhängig, ob es sich um Lichtfarben oder Körperfarben handelt.

Die Farbtafel und das Maxwellsche Farbdreieck. Dreidimensionale Darstellungen des Farbenraums sind wichtig, um Beziehungen zwischen verschiedenen Farben sowie die Gesetze der additiven Mischung anschaulich zu machen. Sie sind jedoch für den praktischen Gebrauch nicht sehr handlich. Deshalb ist es schon seit der Zeit Newtons üblich, zweidimensionale Darstellungen, etwa in Form von Farbkreisen oder Farbdreiecken, zu verwenden. Da aber nach dem ersten Graßmannschen Gesetz die Farbvalenzen eine dreidimensionale Mannigfaltigkeit bilden, geht bei einer zweidimensionalen Darstellung eine Kenngröße dieser Mannigfaltigkeit verloren.

Betrachten wir im Farbraum noch einmal die Darstellung der Farbvalenzen durch Vektoren. Jeder Vektor hat eine Richtung und eine Länge. Einer Längenänderung des Vektors – bei gleicher Richtung – entspricht eine Leuchtdichteänderung der betreffenden Farbvalenz. Die Farbart bleibt dabei erhalten.

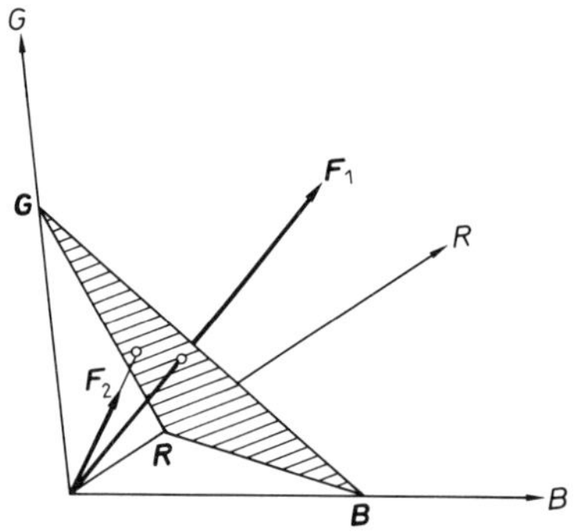

Abb. 6.20 Die Lage der Farbtafel in einem dreidimensionalen Farbraum. Die Spitzen der Vektoren der Grundfarben bilden die Ecken des Farbdreiecks.

Abb. 6.20 zeigt im Farbraum eine Ebene, die durch die Endpunkte der drei Basisvektoren gelegt ist, die die Primärvalenzen darstellen. Ein beliebiger Vektor im Farbraum (bzw. seine Verlängerung) wird diese Ebene in einem Punkt durchstoßen, und alle Vektoren gleicher Richtung und unterschiedlicher Länge durchstoßen diese Ebene im selben Punkt. Jeder Punkt dieser Ebene stellt also eine bestimmte Farbart dar. Man nennt eine solche Ebene eine *Farbtafel*. Einer bestimmten Farbart entspricht auf der Farbtafel ein bestimmter *Farbort*. Es seien R, G und B die Farbwerte einer beliebigen Farbvalenz, und r, g und b die Farbwerte der Farbvalenz gleicher Farbart, deren Vektor in dieser Ebene endet. Für diese Farbwerte gilt die Beziehung

$$r + g + b = 1 .$$

Geht man von einer beliebigen Farbvalenz mit den Farbwerten R, G und B aus, so stellen die Größen

$$r = \frac{R}{R+G+B}, \quad g = \frac{G}{R+G+B}, \quad b = \frac{B}{R+G+B} \tag{6.17}$$

also die Farbwerte der in der Farbtafel-Ebene liegenden Farbvalenz gleicher Farbart dar, wobei $r + g + b = 1$.

Man nennt die Größen r, g und b die *Farbwertanteile* einer Farbvalenz, und die

Farbwertanteile bestimmen die Farbart der Farbvalenz. Da ihre Summe immer gleich 1 ist, genügt es, die beiden Werte r und g anzugeben, da $b = 1 - r - g$.

Die Farbtafel hat die bemerkenswerte Eigenschaft, daß die Farbörter der aus zwei Farbvalenzen additiv ermischten Farbvalenzen auf der Verbindungsgeraden der Farbörter der Mischungskomponenten liegen. Das ist unmittelbar einzusehen, da die Vektoren, die sich aus zwei gegebenen Vektoren durch Addition bilden lassen, in einer Ebene liegen. Ihre Durchstoßpunkte durch die Farbtafelebene liegen damit auch auf einer Geraden.

Wir berechnen jetzt die Lage des Farborts einer Farbvalenz $\boldsymbol{F}$, die aus zwei Farbvalenzen $\boldsymbol{F}_1$ und $\boldsymbol{F}_2$ ermischt ist. Ihre Farbwerte seien R_1, G_1, B_1 bzw. R_2, G_2, B_2.

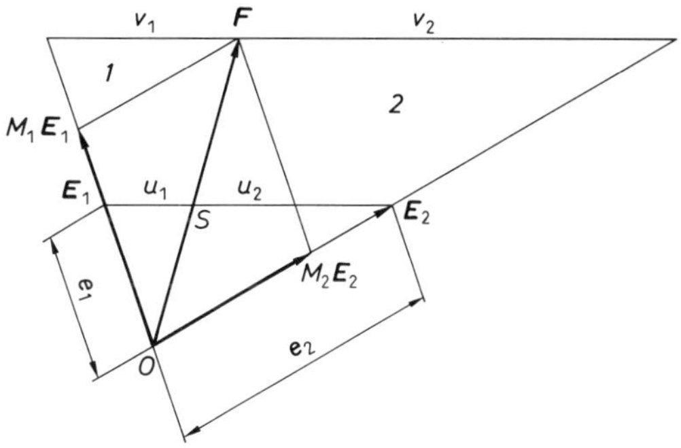

Abb. 6.21 Die Ableitung der Schwerpunktregel. Erläuterungen im Text.

Wir konstruieren dazu die Farbvalenzen $\boldsymbol{E}_1$ und $\boldsymbol{E}_2$, deren Farbwerte gleich den Farbwertanteilen r_1, g_1, b_1 bzw. r_2, g_2, b_2, sind. Abb. 6.21 zeigt diese vier Vektoren. Die Längen der Vektoren $\boldsymbol{E}_1$ und $\boldsymbol{E}_2$ seien e_1 und e_2. Ihre Spitzen liegen in der Farbtafelebene, deren Spur in Abb. 6.21 die Gerade s ist. Der Schnittpunkt S dieser Geraden mit der Geraden, in der der Summenvektor $\boldsymbol{F}$ liegt, ist der gesuchte Farbort der Mischung. Er teilt die Mischungsgerade zwischen den Endpunkten der Vektoren $\boldsymbol{E}_1$ und $\boldsymbol{E}_2$ in die Teilstrecken u_1 und u_2. Durch den Endpunkt des Summenvektors $\boldsymbol{F}$ ist zu s eine Parallele gezogen, auf der zwischen den Schnittpunkten mit den Verlängerungen von $\boldsymbol{F}_1$ und $\boldsymbol{F}_2$ die Teilstrecken v_1 und v_2 entstehen, wobei $v_2 : v_1 = u_2 : u_1$ ist.

Es gelten folgende Beziehungen:

$$\begin{aligned}
\boldsymbol{F} &= \boldsymbol{F}_1 + \boldsymbol{F}_2 \\
&= R_1 \boldsymbol{R}_1 + G_1 \boldsymbol{G}_1 + B_1 \boldsymbol{B}_1 + \\
&\quad + R_2 \boldsymbol{R}_2 + G_2 \boldsymbol{G}_2 + B_2 \boldsymbol{B}_2 \\
&= (R_1 + G_1 + B_1)(r_1 \boldsymbol{R}_1 + g_1 \boldsymbol{G}_1 + b_1 \boldsymbol{B}_1) + \\
&\quad + (R_2 + G_2 + B_2)(r_2 \boldsymbol{R}_2 + g_2 \boldsymbol{G}_2 + b_2 \boldsymbol{B}_2) \\
&= M_1 \boldsymbol{E}_1 + M_2 \boldsymbol{E}_2 .
\end{aligned}$$

Dabei ist $M_1 = R_1 + G_1 + B_1$ und $M_2 = R_2 + G_2 + B_2$. Wegen der Ähnlichkeit der Dreiecke 1 und 2 in Abb. 6.21 mit dem aus $\boldsymbol{E}_1$ und $\boldsymbol{E}_2$ gebildeten Dreieck gelten die Beziehungen:

$$\frac{v_2}{M_1 e_1} = \frac{u_1 + u_2}{e_1} \quad \text{und} \quad \frac{v_1}{M_2 e_2} = \frac{u_1 + u_2}{e_2}$$

oder

$$\frac{v_2}{M_1} = \frac{v_1}{M_2} = u_1 + u_2$$

und damit

$$\frac{u_1}{u_2} = \frac{v_1}{v_2} = \frac{M_2}{M_1} = \frac{R_2 + G_2 + B_2}{R_1 + G_1 + B_1}. \tag{6.18}$$

Dieses Ergebnis bedeutet, daß der Farbort der Mischfarbe die Strecke zwischen den Farbörtern im Verhältnis der Farbwerte der Mischungskomponenten unterteilt. Man kann das Ergebnis auch als *Schwerpunktregel* interpretieren:

- Man findet den Farbort einer additiven Mischung in der Farbtafel, indem man sich in den Farbörtern der Mischungskomponenten die Farbwerte als Gewichte vorstellt und den gemeinsamen Schwerpunkt bestimmt.

Im Falle der Mischung aus zwei Komponenten bilden die beiden Teilstrecken u_1 undf u_2 auf der Mischungsgeraden die Hebelarme, an denen die Gewichte $(R_1 + G_1 + B_1)$ bzw. $(R_2 + G_2 + B_2)$ im Gleichgewicht stehen.

Die Verallgemeinerung der Regel für den Fall von drei und mehr Mischungskomponenten ergibt sich, wenn man erst den Schwerpunkt zweier Mischungskomponenten bildet und in diesem Farbort die Summe der Farbwerte als Gewichte vereinigt und dann die Schwerpunktregel auf diesen Farbort und den der nächsten Mischungskomponente anwendet.

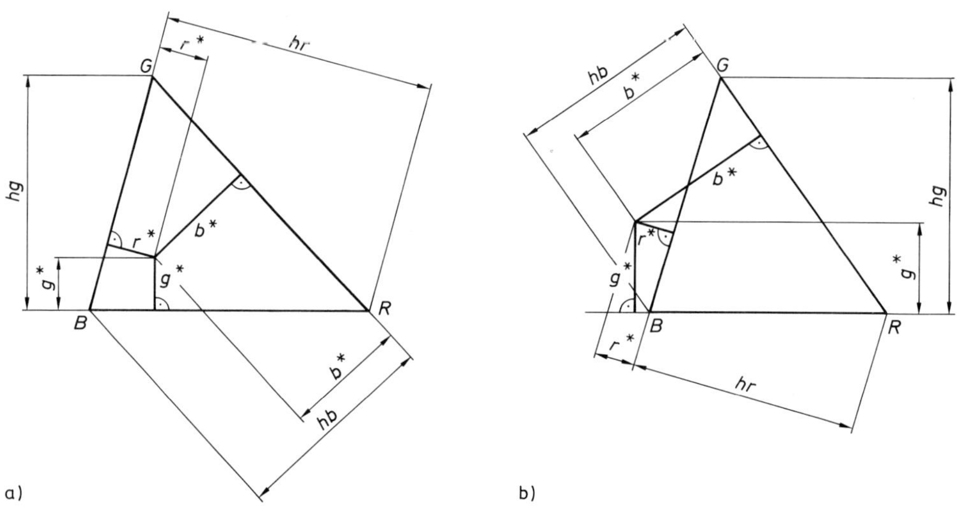

Abb. 6.22 Konstruktion eines Farborts in der Farbtafel aus den Farbwertanteilen r, g, b mit Hilfe der Schwerpunktregel; a) innere Mischung, b) äußere Mischung. Es gilt $r^* = rh_r$, $g^* = gh_g$, $b^* = bh_b$.

Schließlich erlaubt diese Regel auch die Konstruktion des Farborts in der Farbtafel aus den Farbwerten bzw. Farbwertanteilen, wenn die Farbörter der Primärvalenzen als Dreieck gegeben sind. Abb. 6.22a zeigt diese Konstruktion für drei positive Farbwerte, Abb. 6.22b für den Fall eines negativen Farbwertes, d. h. einer äußeren Mischung.

6.7 Farbgleichheit und Farbvalenz

Bedingungen für den Farbvergleich. Nach dem ersten Graßmannschen Gesetz kann man zu jeder Farbe eine additive Mischung aus drei Grundfarben oder Primärvalenzen finden, die dieser gleich ist. Wie kann man nun die Gleichheit zweier Farben, also zweier Empfindungen, prüfen? Das Kriterium dafür ist ihre Ununterscheidbarkeit für das Auge.

Nach Abschn. 6.1 hängt die Farbempfindung von einer Reihe von Umständen ab. Um ein reproduzierbares Urteil über die Gleichheit von Farben zu gewährleisten, müssen diese Umstände für die Beurteilung genau festgelegt werden. Ein Farbvergleich soll deshalb so vorgenommen werden, daß die beiden Farben

a) gleichzeitig,
b) aneinander angrenzend,
c) strukturlos,
d) mit einer Winkelgröße von 2°,
e) mit helladaptiertem Auge,
f) bei einäugiger Beobachtung mit ruhendem Auge,
g) von einem normalsichtigen Beobachter

gesehen werden. Da die Bedingungen mit wichtigen Eigenschaften des menschlichen Farbensinns zusammenhängen, sollen sie im einzelnen begründet werden.

a) Ein sicherer Vergleich von Farben, die zu verschiedenen Zeiten gesehen werden, ist im allgemeinen nicht möglich. Es fällt sehr schwer, eine Farbe exakt im Gedächtnis zu behalten. Man ist z. B. beim Einkauf von Textilien darauf angewiesen, eine Probe von einem Stoff mitzunehmen, wenn ein zweiter, genau dazu passender ausgesucht werden soll.

b) In Abschn. 6.1 wurde der farbige Simultankontrast als Beispiel dafür angeführt, wie das Aussehen einer Farbfläche durch die Umgebung beeinflußt wird. Deshalb ist man auch unwillkürlich bestrebt, beim Vergleich zweier Farben die Proben möglichst ohne Zwischenraum nebeneinander zu sehen. Durch die Umgebung kann zwar auch dann noch das Aussehen der Farben beeinflußt werden, aber es werden dann die zu vergleichenden Farben in der gleichen Weise beeinflußt.

c) Ist in einer Fläche eine Struktur wahrnehmbar, so ist sie nicht wirklich einfarbig. Ein Webmuster etwa einer Textiloberfläche ergibt bei jeder Beleuchtung eine sichtbare Struktur, die bei einem Vergleich stört. Wird die Fläche mit einem optischen Instrument betrachtet, so kann man diese Struktur z. B. durch Defokussieren unsichtbar machen.

d) Die Festlegung der Größe des Gesichtsfeldes für einen Vergleich ist erforderlich, weil die Farbwahrnehmung von großen Flächen etwas von der bei kleinen Flächen abweicht. Der Grund dafür liegt in der Gelbfärbung des zentralen Teils der Netzhaut, der Fovea centralis (gelber Fleck, macula lutea). Sie bewirkt, daß Farben etwas anders aussehen, wenn sie in dem zentralen Teil des Gesichtsfeldes mit wenigen Grad Ausdehnung erscheinen. Dieser Effekt wird unter normalen Sehbedingungen nicht bemerkt, wirkt sich jedoch bei genauen Farbvergleichen aus. Natürlich kann man auch Farbvergleiche mit größeren Gesichtsfeldern machen, wird dann aber etwas andere Ergebnisse erhalten. Es ist deshalb wichtig, solche abweichenden Bedingungen gegebenenfalls anzugeben. Ein Gesichtsfeld mit 2° Winkelgröße entspricht einer Scheibe von 1 cm Durchmesser im Abstand von 30 cm vom Auge.

e) Es wurde ebenfalls in Abschn. 6.1 erwähnt, daß der Farbensinn nur bei helladaptiertem Auge – und entsprechender Leuchtdichte der zu vergleichenden Flächen – seine volle Leistungsfähigkeit hat. Bei sehr viel höheren Leuchtdichten ist das Auge durch Blendung beeinträchtigt, bei wesentlich geringeren Leuchtdichten gelangt man in den Bereich des mesopischen Sehens und schließlich, bei sehr geringen Leuchtdichten, in das Dämmerungssehen (skotopischer Bereich), in dem keine Farben mehr unterschieden werden können. Helladaptation tritt ein bei Leuchtdichten über 30 cd/m^2. Sie kann z. B. durch ein Umfeld entsprechender Leuchtdichte bei dem Farbvergleich gewährleistet werden (Abb. 6.23).

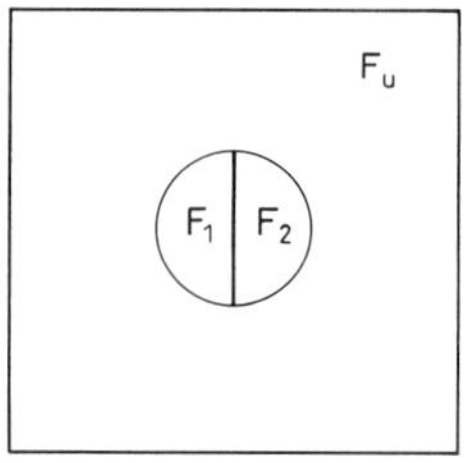

Abb. 6.23 Gesichtsfeld für die Einstellung einer Farbgleichung. F_1, F_2: Vergleichsfelder F_u: Umfeld.

f) Ein einäugiger Vergleich wird gefordert, weil nicht wenige Menschen etwas unterschiedliche Augen haben. Auch dieser Unterschied wird im allgemeinen nicht bemerkt und ist im Alltag nicht störend. Zudem ist bei vielen Oberflächen der Remissionsgrad vom Beobachtungswinkel abhängig. Die beiden Augen sehen eine nicht zu weit entfernte Fläche aber unter merklich verschiedenen Winkeln.

g) Die letzte Bedingung fordert, daß der Vergleich von einem normalsichtigen Beobachter durchgeführt werden soll. Nur dann ist gewährleistet, daß das Urteil auch von anderen (normalsichtigen) Beobachtern geteilt wird. Es gibt zwar auch zwischen normalsichtigen Personen kleine, aber merkliche Unterschiede. Etwa 8 % der männlichen und 0.5 % der weiblichen Bevölkerung sind jedoch farbfehlsichtig. Bei diesen Personen weicht der Farbensinn erheblich von dem der normalsichtigen ab (Abschn. 6.11).

Das visuelle Photometer. In der Praxis ist es oft schwierig, zwei Farbflächen aneinander angrenzend und strukturlos für den Vergleich darzubieten. In vielen Fällen kann dieses Problem mit Hilfe eines *visuellen Photometers* gelöst werden.

Kernstück eines solchen Photometers, wie es in Abschn. 5.13 beschrieben ist, ist ein *Photometerwürfel*, auch *Lummer-Brodhun-Würfel* genannt (Abb. 5.16). Er ermöglicht es, die beiden zu vergleichenden Flächen direkt nebeneinander zu sehen, auch wenn sie räumlich getrennt sind. Durch die Beobachtungsoptik (Maxwellsche Beobachtung) wird dafür gesorgt, daß das Auge des Beobachters dabei die Trennlinie des Photometerwürfels scharf sieht, die beiden zu vergleichenden Flächen aber unscharf (Abb. 6.24). Dadurch verschwinden störende Strukturen.

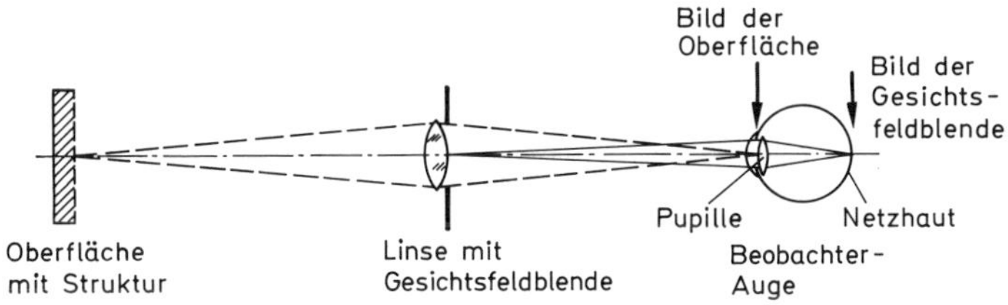

Abb. 6.24 Maxwellsche Beobachtung. Die zu beobachtende Oberfläche wird in die Pupille abgebildet.

Der Persistenzsatz. Es mag verwundern, daß unter den Bedingungen für den Farbvergleich keine Festlegung der Farbstimmung vorkommt. Nach den Ausführungen in Abschn. 6.1 hat die Farbstimmung einen großen Einfluß auf die Farbempfindung, die ein Farbreiz auslöst. Sie hat allerdings keinen Einfluß auf das Gleichheitsurteil. Man kann dies prüfen, indem man in einem visuellen Photometer zwei metamere Farben mit zwei verschieden gestimmten Augen abwechselnd betrachtet. Diese Erfahrungstatsache, die für die Farbmetrik grundlegend ist, wurde von dem Physiologen J. von Kries 1878 als *Persistenzsatz* formuliert [28]:

- Verschieden zusammengesetzte Farbreize, die dem neutral gestimmten Auge gleich erscheinen (metamer sind), erscheinen auch dem irgendwie umgestimmten Auge gleich.

Es darf allerdings dieser Satz nicht so verstanden werden, daß zwei metamere Farben auch bei einem Wechsel der Beleuchtung wieder metamer sein müßten. Im Gegenteil erscheinen zwei Oberflächen, die unter einer bestimmten Beleuchtung metamer sind, unter einer anderen Beleuchtung im allgemeinen verschiedenfarbig, d. h. die Metamerie bricht bei einem Wechsel der Beleuchtung im allgemeinen zusammen.

Farbreiz und Farbvalenz. Werden die beschriebenen Regeln für die Durchführung eines Farbvergleichs eingehalten, so ist gewährleistet, daß das so gewonnene Urteil über die Gleichheit oder Ungleichheit zweier Farben

– reproduzierbar ist, also auch bei späterer Überprüfung wieder dasselbe Resultat liefert,

- unabhängig vom Beobachter ist bis auf die erwähnten geringen individuellen Unterschiede, also von jedem normalsichtigen Beobachter nachvollzogen werden kann,
- unabhängig ist auch von der Beeinflußung der Farbempfindung durch die Farbstimmung.

Damit ist die Voraussetzung gegeben für die Definition des für die Farbmetrik grundlegenden Begriffs der Farbvalenz:

- Zwei Farbreize haben genau dann gleiche Farbvalenz, wenn sie bei einem Farbvergleich ununterscheidbar sind.

Die Farbvalenz ist damit, wie das auch bei physikalischen Begriffen üblich ist, über eine Meßmethode definiert. Allerdings ist diese Messung keine physikalische, sondern eine *psychophysische*. Sie erlaubt zugleich eine quantitative Bestimmung der Farbvalenz, und zwar durch die Angabe der drei Farbwerte, mit denen man diese Farbvalenz aus drei Primärvalenzen additiv ermischen kann. Da die Primärvalenzen durch physikalisch genau definierbare Farbreize gegeben sind, ist die Farbvalenz insofern eine objektive Größe, als sie unabhängig ist von der Farbempfindung, die der zugehörige Farbreiz auslöst.

Die Relation zwischen Farbreizen und Farbvalenzen ist nicht umkehrbar eindeutig. Vielmehr wird durch den Farbvergleich eine Methode definiert, mit der die Farbreize zu Klassen gleich aussehender Farbreize zusammen gefaßt werden können. Jede Klasse gleichaussehender Farbreize bildet eine Farbvalenz [43]. Die Farbvalenzen bilden eine dreidimensionale Mannigfaltigkeit, da sie drei unabhängig veränderliche Koordinaten haben, nämlich die drei Farbwerte. Die Farbreize bilden dagegen theoretisch einen Raum von sehr vielen Dimensionen, da sie so viele unabhängige Variablen haben, als es meßbare Wellenlängen im sichtbaren Spektralbereich gibt.

6.8 Die Spektralwertkurven

Die Bedeutung der Spektralwerte. Gegenstand dieses Abschnitts ist die Ermittlung der Farbwerte der Spektralfarben durch additive Nachmischung. Die Farbwerte der Spektralfarben heißen *Spektralwerte*. Bestimmt man die Spektralwerte durch das ganze sichtbare Spektrum, so erhält man drei *Spektralwertfunktionen* oder *Spektralwertkurven*. Diese Spektralwertfunktionen sind aus verschiedenen Gründen theoretisch sehr wichtig:

- Wenn man die Farbwerte aller Spektralfarben bezüglich dreier Primärvalenzen kennt, dann kann man damit für jede beliebige Farbe aus deren Farbreizfunktion die Farbwerte berechnen.
- Wenn man die Farbwerte für jede gegebene Farbreizfunktion berechnen kann, dann läßt sich diese Farbe auch durch eine additive Mischungsgleichung aus diesen Primärvalenzen darstellen. Damit ist aber das erste Graßmannsche Gesetz bewiesen.

- Die Spektralwertfunktionen geben wichtige Hinweise für das Verständnis der Physiologie des Farbensehens.
- Die Kenntnis der Spektralwertfunktionen erlaubt den Bau von Farbmeßgeräten, mit deren Hilfe man die Farbwerte von Farbreizen ermitteln kann ohne visuellen Farbvergleich (Abschn. 6.10).

Die ersten Versuche zur Ermittlung der Spektralwerte wurden um 1855 von Helmholtz [24] und Maxwell [33] durchgeführt und stellen den Beginn der modernen Farbmetrik dar. Die experimentellen Möglichkeiten sowohl zur Herstellung genügend intensiven monochromatischen Lichts sowie zur Darstellung additiver Mischungen (Farbkreisel) waren damals noch sehr unvollkommen und entsprechend ungenau waren die Ergebnisse. In der Folgezeit sind diese Messungen von verschiedenen Autoren wiederholt worden mit eigens dafür konstruierten, teilweise sehr aufwendigen Anordnungen (König, Dieterici [27], Wright [48], Stiles [46], Speranskaja [45]).

Für die heute zur Verfügung stehenden leistungsfähigen Lichtquellen und Monochromatoren ist die experimentelle Realisierung einer solchen Messung kein grundsätzliches Problem mehr und kann für die Demonstration im Rahmen einer Vorlesung realisiert werden [41].

Die Bestimmung der Spektralwerte. Zur Bestimmung der Farbwerte der Spektralfarben muß man Spektralfarben, also monochromatische Lichter verschiedener Wellenlängen, vergleichen mit additiven Mischungen dreier Primärvalenzen. Monochromatisches Licht kann man in einem Monochromator erzeugen. Es möge eine Hälfte eines Vergleichsfeldes eines visuellen Photometers beleuchten. Seine spektrale Bandbreite sei $\Delta\lambda$, d.h. es enthalten Strahlung im Wellenlängenbereich $\lambda - \frac{1}{2}\Delta\lambda$ bis $\lambda + \frac{1}{2}\Delta\lambda$. Der Wellenlängenbereich $\Delta\lambda$ soll dabei so klein sein, daß innerhalb dieses Spektralbereichs sich die Farbe nicht sichtbar ändert. Dies ist z.B. gegeben, wenn $\Delta\lambda$ nicht größer als 5 nm ist. Die relative Strahldichte dieses monochromatisch beleuchteten Photometerfeldes wird dabei durch die Funktion $\phi(\lambda)\,\Delta\lambda$ dargestellt. Da es sinnvoll ist, die Farbwerte immer auf einen spektralen Farbreiz gleicher Strahldichte zu beziehen, dividiert man die ermittelten Farbwerte jeweils durch $\phi(\lambda)\,\Delta\lambda$. Die so normierten spektralen Farbvalenzen seien mit $\boldsymbol{F}(\lambda)$ bezeichnet.

Als Primärvalenzen seien in diesem Falle ebenfalls monochromatische Lichter verwendet, und zwar jeweils

eine rote Primärvalenz $\boldsymbol{R}$ der Wellenlänge 700,0 nm,
eine grüne Primärvalenz $\boldsymbol{G}$ der Wellenlänge 546,1 nm,
eine blaue Primärvalenz $\boldsymbol{B}$ der Wellenlänge 435,8 nm.

Die Primärvalenzen seien so normiert, daß ihre Summe Unbunt ergibt, und zwar die Farbart des unzerlegten energiegleichen Spektrums:

$$\boldsymbol{R} + \boldsymbol{G} + \boldsymbol{B} = \boldsymbol{U}.$$

Mischungen aus diesen Primärvalenzen sind in der einen Hälfte des Photometerfeldes darzustellen (Abb. 6.23) und zu vergleichen mit den spektralen Farbvalenzen $\boldsymbol{F}(\lambda)$ in der anderen Hälfte. Bei Gleichheit der beiden Felder ist eine Farbgleichung eingestellt von der Form:

$$\boldsymbol{F}(\lambda) = \bar{r}(\lambda)\,\boldsymbol{R} + \bar{g}(\lambda)\,\boldsymbol{G} + \bar{b}(\lambda)\,\boldsymbol{B}. \tag{6.19}$$

$\bar{r}(\lambda)$, $\bar{g}(\lambda)$, $\bar{b}(\lambda)$ sind die Spektralwerte bei der Wellenlänge λ. Bei der Einstellung der Farbgleichungen stößt man sehr schnell auf eine Schwierigkeit, die sich bei fast allen Wellenlängen wiederholt. Versucht man etwa eine blaugrüne Spektralvalenz der Wellenlänge 500 nm durch eine Mischung aus der grünen und blauen Primärvalenz anzugleichen, so stellt man fest, daß man zwar ein Blaugrün mit dem richtigen Buntton ermischen kann, daß die Mischfarbe jedoch immer geringere Sättigung hat als die Spektralfarbe. Eine Zumischung von Anteilen der dritten Primärvalenz Rot kann die Sättigung der Mischfarbe nur erniedrigen, nicht erhöhen.

Eine Gleichheit der beiden Farbfelder ist nur durch äußere Mischung zu erreichen, d.h. wenn man einen bestimmten Anteil der roten Primärvalenz zu der nachzumischenden spektralen Farbvalenz addiert (Abschn. 6.6). Man stellt also eine Farbgleichung ein von der Form:

$$\boldsymbol{F}(\lambda) + \bar{r}_{\mathrm{n}}(\lambda)\,\boldsymbol{R} = \bar{g}(\lambda)\,\boldsymbol{G} + \bar{b}(\lambda)\,\boldsymbol{B}. \tag{6.20}$$

Setzt man $\bar{r}(\lambda) = -\bar{r}_{\mathrm{n}}(\lambda)$, so geht die Gl. (6.20) wieder in die ursprüngliche Form (6.19) über. Der Spektralwert $\bar{r}$(500 nm) ist also negativ.

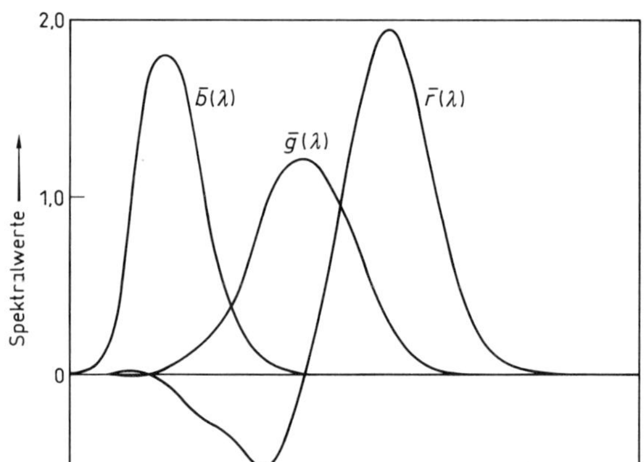

Abb. 6.25 Spektralwertkurven dreier spektraler Primärvalenzen (Rot 700,0 nm, Grün 546,1 nm, Blau 435,8 nm).

Spektralwertkurven und Spektralfarbenzug. In Abb. 6.25 sind die Spektralwerte als Kurven für die angegebenen spektralen Primärvalenzen und für ein energiegleiches Spektrum angegeben. Bei den Wellenlängen der Primärvalenzen (435,8 nm, 546,1 nm, 700 nm) sind jeweils zwei Farbwerte Null. Bei den meisten anderen Wellenlängen ist jedoch mindestens ein Spektralwert negativ. Eine Darstellung der Spektralfarben in der Farbtafel erhält man, wenn man die Farbwertanteile aus den Spek-

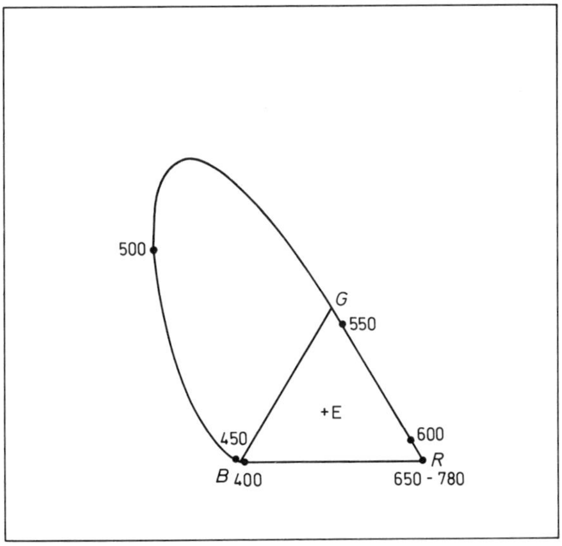

Abb. 6.26 Der Spektralfarbenzug in der Farbtafel.

tralwerten $\bar{r}(\lambda)$, $\bar{g}(\lambda)$ und $\bar{b}(\lambda)$ berechnet. Führt man die in Abb. 6.22 angegebene Konstruktion der Farbörter aus den Farbwertanteilen durch, so erhält man einen Linienzug, den sogenannten *Spektralfarbenzug*. Er geht durch die Farbörter der drei Primärvalenzen (Abb. 6.26). Daß der Spektralfarbenzug außerhalb der Seiten des Farbdreiecks verläuft, das von den drei Primärvalenzen gebildet wird, hat seinen Grund darin, daß die Spektralfarben durch äußere Mischung aus den Primärvalenzen gebildet werden müssen, wenn ein Farbwert bzw. ein Farbwertanteil negativ ist.

Der Spektralfarbenzug ist nicht geschlossen, da kurzwelliges und langwelliges Ende nicht zusammenfallen. Die Mischungen aus den beiden Enden des Spektrums liegen auf der Verbindungsgeraden zwischen dem langwelligen und dem kurzwelligen Ende des Spektralfarbenzugs. Diese Gerade heißt die *Purpurgerade*, weil die auf ihr liegenden Mischfarben die Purpurtöne zwischen Violett und Rot enthalten. Innerhalb des von Spektralfarbenzug und Purpurgerade begrenzten Gebiets liegen alle möglichen Farbörter, die Mischfarben aus zwei oder mehr Spektralfarben darstellen.

Da der Spektralfarbenzug auf seinem ganzen Verlauf nirgends nach außen gekrümmt ist, sondern entweder nach innen oder – im langwelligen Bereich – gerade ist, liegen alle inneren Mischungen aus zwei Spektralfarben innerhalb des vom Spektralfarbenzug begrenzten Gebiets. Mischt man weitere Spektralfarben zu diesen Mischungen, so kommt man dadurch niemals in den Bereich außerhalb des Spektralfarbenzugs.

Da jede Farbreizfunktion eine Summe von spektralen Farbreizen ist, sind auch die dazugehörigen Farbvalenzen additive Mischungen der entsprechenden Spektralvalenzen. Da die Farbörter der Mischungen aus Spektralvalenzen immer innerhalb des von Spektralfarbenzug und Purpurgerade eingeschlossenen Gebiets liegen, liegen überhaupt alle zu physikalisch realen Farbreizen gehörenden Farbörter innerhalb dieses Bereichs.

Berechnung der Farbwerte aus den Spektralwerten. Mit den Spektralwertkurven ist die Möglichkeit gegeben, für eine vorgegebene Farbreizfunktion $\phi(\lambda)$ die Farbwerte zu berechnen. Zu dieser Farbreizfunktion gehöre die Farbvalenz:

$$\boldsymbol{F} = R\boldsymbol{R} + G\boldsymbol{G} + B\boldsymbol{B}. \tag{6.15}$$

R, G und B sind die gesuchten Farbwerte. Man zerlegt die durch die Farbreizfunktion gegebene spektrale Strahlungsverteilung in monochromatische Bestandteile $\phi(\lambda_i)\,\Delta\lambda$ der spektralen Bandbreite $\Delta\lambda$. Die zu einem monochromatischen Bestandteil gehörige Farbvalenz sei $\Delta\boldsymbol{F}_i$. Die additive Mischung aller monochromatischer Bestandteile ergibt demnach $\boldsymbol{F}$:

$$\boldsymbol{F} = \Sigma\,\Delta\boldsymbol{F}_i. \tag{6.21}$$

Die Summe ist über alle Wellenlängen λ_i im sichtbaren Spektralbereich mit einem Abstand von Δj zu bilden. Andererseits läßt sich jedes $\Delta\boldsymbol{F}_i$ als additive Mischung darstellen, wobei die Farbwerte gleich sind den Produkten aus Spektralwerten und Farbreizfunktionen bei der betreffenden Wellenlänge λ_i:

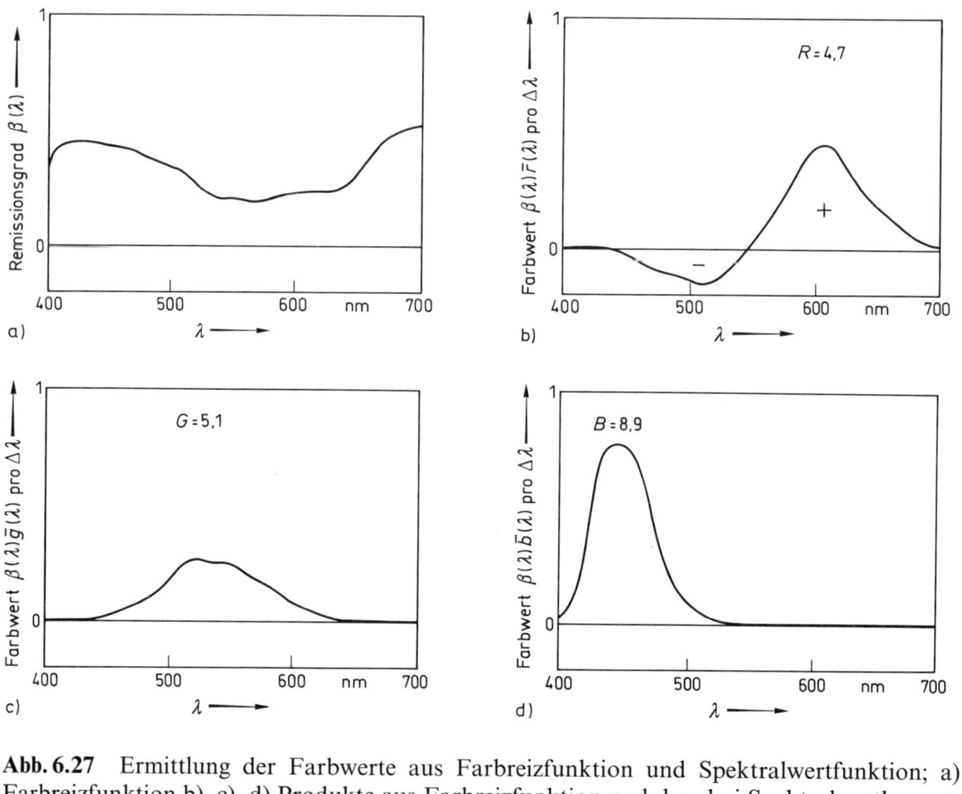

Abb. 6.27 Ermittlung der Farbwerte aus Farbreizfunktion und Spektralwertfunktion; a) Farbreizfunktion b), c), d) Produkte aus Farbreizfunktion und den drei Spektralwertkurven.

$$\begin{aligned}\Delta \boldsymbol{F}_i &= \Delta R_i \boldsymbol{R} + \Delta G_i \boldsymbol{G} + \Delta B_i \boldsymbol{B}\\ \Delta R_i &= \phi(\lambda_i)\, \bar{r}(\lambda_i)\, \Delta\lambda,\\ \Delta G_i &= \phi(\lambda_i)\, \bar{g}(\lambda_i)\, \Delta\lambda,\\ \Delta B_i &= \phi(\lambda_i)\, \bar{b}(\lambda_i)\, \Delta\lambda.\end{aligned} \tag{6.22}$$

Nach dem zweiten Graßmannschen Gesetz lassen sich in einer additiven Mischung die einzelnen Komponenten durch gleichaussehende Mischungen ersetzen. Man kann die einzelnen Spektralvalenzen $\Delta \boldsymbol{F}$ also ersetzen durch ihre Nachmischungen aus den spektralen Primärvalenzen:

$$\boldsymbol{F} = (\Sigma \Delta R_i)\, \boldsymbol{R} + (\Sigma \Delta G_i)\, \boldsymbol{G} + (\Sigma \Delta B_i)\, \boldsymbol{B}.$$

Damit errechnen sich die gesuchten Farbwerte:

$$\begin{aligned}R &= \Sigma \Delta R_i = \Sigma(\phi(\lambda_i)\, \bar{r}(\lambda_i))\, \Delta\lambda,\\ G &= \Sigma \Delta G_i = \Sigma(\phi(\lambda_i)\, \bar{g}(\lambda_i))\, \Delta\lambda,\\ B &= \Sigma \Delta B_i = \Sigma(\phi(\lambda_i)\, \bar{b}(\lambda_i))\, \Delta\lambda.\end{aligned} \tag{6.23}$$

Abb. 6.27 zeigt, daß die Farbwerte geometrisch die Flächen unter den Kurven bedeuten, die sich als Produkt aus Farbreizfunktion und Spektralwertfunktion ergeben. Die Flächenanteile unter der Wellenlängenachse werden dabei negativ gerechnet. Schreibt man statt der Summen Integrale, dann erhält man für die Farbwerte die Ausdrücke:

$$\begin{aligned}R &= \int_0^\infty \phi(\lambda)\, \bar{r}(\lambda)\, \mathrm{d}\lambda,\\ G &= \int_0^\infty \phi(\lambda)\, \bar{g}(\lambda)\, \mathrm{d}\lambda,\\ B &= \int_0^\infty \phi(\lambda)\, \bar{b}(\lambda)\, \mathrm{d}\lambda.\end{aligned} \tag{6.24}$$

Die Integrationsgrenzen sind praktisch durch die Grenzen des sichtbaren Spektralbereichs gegeben. Nur in diesem Bereich sind die Spektralwertkurven von Null verschieden.

Übergang zu anderen Primärvalenzen. Es sei eine Farbvalenz $\boldsymbol{F}$ gegeben durch drei Farbwerte R, G und B, die sich auf das System der spektralen Primärvalenzen $\boldsymbol{R}$, $\boldsymbol{G}$ und $\boldsymbol{B}$ beziehen. Dieselbe Farbvalenz soll jetzt erzeugt werden durch additive Mischung aus drei anderen Primärvalenzen $\boldsymbol{X}$, $\boldsymbol{Y}$ und $\boldsymbol{Z}$. Es soll also gelten:

$$\boldsymbol{F} = R\boldsymbol{R} + G\boldsymbol{G} + B\boldsymbol{B} = X\boldsymbol{X} + Y\boldsymbol{Y} + Z\boldsymbol{Z}. \tag{6.25}$$

Geometrisch bedeutet dies den Übergang zu einem anderen Koordinatensystem im Vektorraum. In Abb. 6.28 ist die Addition einer Farbvalenz (Vektor) aus zwei verschiedenen Paaren von Primärvalenzen (Basisvektoren) $\boldsymbol{R}$ und $\boldsymbol{G}$ bzw. $\boldsymbol{X}$ und $\boldsymbol{Y}$ dargestellt. Der besseren Anschaulichkeit halber ist die dritte Primärvalenz jeweils weggelassen worden.

Für die Lösbarkeit dieser Aufgabe ist wichtig, daß die drei Primärvalenzen linear unabhängig sind, d. h. daß die Gleichung

$$X_0 \boldsymbol{X} + Y_0 \boldsymbol{Y} + Z_0 \boldsymbol{Z} = 0$$

nur erfüllt ist, wenn die drei Zahlen X_0, Y_0 und Z_0, alle gleich 0 sind. Gäbe es andere Werte für X_0, X_0 und Z_0, die die Gleichung erfüllen, so könnte man die Gleichung, wenn etwa $X_0 \neq 0$ ist, nach $\boldsymbol{X}$ auflösen:

$$\boldsymbol{X} = -\frac{Y_0}{X_0}\boldsymbol{Y} - \frac{Z_0}{X_0}\boldsymbol{Z}.$$

Eine dieser drei Primärvalenzen wäre also überflüssig und könnte durch Beiträge der anderen beiden Primärvalenzen ersetzt werden.

Die Umrechnung der Farbwerte von einem Primärvalenzsystem in ein anderes ist dann möglich, wenn man die Farbwerte der neuen Primärvalenzen im alten oder umgekehrt die der alten im neuen System kennt. Nehmen wir den letzteren Fall an, d.h. es mögen sich die alten Primärvalenzen durch additive Mischung im neuen System wie folgt darstellen lassen:

$$\begin{aligned}\boldsymbol{R} &= X_R\boldsymbol{X} + Y_R\boldsymbol{Y} + Z_R\boldsymbol{Z},\\ \boldsymbol{G} &= X_G\boldsymbol{X} + Y_G\boldsymbol{Y} + Z_G\boldsymbol{Z},\\ \boldsymbol{B} &= X_B\boldsymbol{X} + Y_B\boldsymbol{Y} + Z_B\boldsymbol{Z}.\end{aligned}$$

Wegen der Beziehung (6.25) gilt für $\boldsymbol{F}$:

$$\begin{aligned}\boldsymbol{F} = {} & R(X_R\boldsymbol{X} + Y_R\boldsymbol{Y} + Z_R\boldsymbol{Z}) + \\ & + G(X_G\boldsymbol{X} + Y_G\boldsymbol{Y} + Z_G\boldsymbol{Z}) + \\ & + B(X_B\boldsymbol{X} + Y_B\boldsymbol{Y} + Z_B\boldsymbol{Z})\end{aligned} \tag{6.26}$$

und nach Zusammenfassung der Glieder mit $\boldsymbol{X}$, $\boldsymbol{Y}$ bzw. $\boldsymbol{Z}$:

$$\begin{aligned}\boldsymbol{F} = {} & (RX_R + GX_G + BX_B)\boldsymbol{X} + \\ & + (RY_R + GY_G + BY_B)\boldsymbol{Y} + \\ & + (RZ_R + GZ_G + BZ_B)\boldsymbol{Z}.\end{aligned} \tag{6.27}$$

Für die Farbwerte X, Y und Z ergeben sich die Beziehungen:

$$\begin{aligned}X &= RX_R + GX_G + BX_B,\\ Y &= RY_R + GY_G + BY_B,\\ Z &= RZ_R + GZ_G + BZ_B.\end{aligned}$$

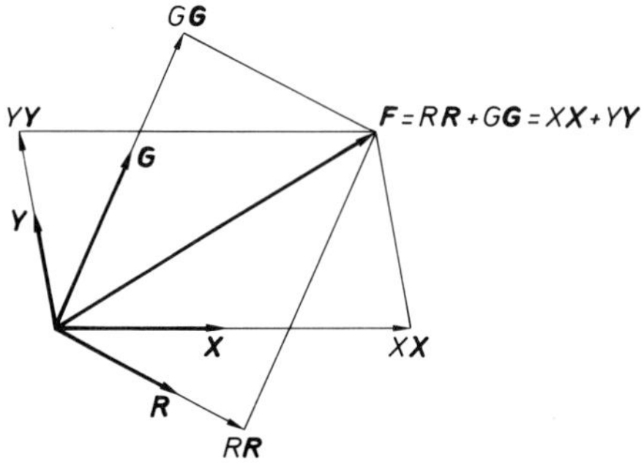

Abb. 6.28 Darstellung einer Farbvalenz $\boldsymbol{F}$ in zwei verschiedenen Primärvalenzsystemen mit den Primärvalenzen $\boldsymbol{R}$ und $\boldsymbol{G}$ bzw. $\boldsymbol{X}$ und $\boldsymbol{Y}$. Die jeweils dritte Primärvalenz ist der besseren Übersichtlichkeit halber weggelassen worden.

In Matrixform lauten diese Gleichungen:

$$\begin{pmatrix} X \\ Y \\ Z \end{pmatrix} = \begin{pmatrix} X_R & X_G & X_B \\ Y_R & Y_G & Y_B \\ Z_R & Z_G & Z_B \end{pmatrix} \cdot \begin{pmatrix} R \\ G \\ B \end{pmatrix}. \tag{6.28}$$

Diese Darstellung drückt denselben Sachverhalt etwas anders aus. Die drei Farbwerte R, G und B, hier als Komponenten eines Vektors im dreidimensionalen Farbraum geschrieben, werden durch die Matrix mit den Koeffizienten $X_R, \ldots, Z_B$ in den Vektor der Farbwerte X, Y, Z transformiert. Die Farbwerte R, G, B sind die Koordinaten des Vektors $\boldsymbol{F}$ im Farbraum mit den Basisvektoren $\boldsymbol{R}$, $\boldsymbol{G}$, $\boldsymbol{B}$, während die Farbwerte X, Y, Z die Koordinaten in bezug auf die Basisvektoren $\boldsymbol{X}$, $\boldsymbol{Y}$, $\boldsymbol{Z}$ darstellen. Die Koeffizienten $X_R, \ldots, Z_B$ der Transformationsmatrix sind die Koordinaten der Basisvektoren $\boldsymbol{R}$, $\boldsymbol{G}$, $\boldsymbol{B}$ im System der Basisvektoren $\boldsymbol{X}$, $\boldsymbol{Y}$, $\boldsymbol{Z}$.

Geht man umgekehrt von den Farbwerten der Primärvalenzen $\boldsymbol{X}$, $\boldsymbol{Y}$, $\boldsymbol{Z}$ im alten System aus, also von

$$\begin{aligned} \boldsymbol{X} &= R_X \boldsymbol{R} + G_X \boldsymbol{G} + B_X \boldsymbol{B}, \\ \boldsymbol{Y} &= R_Y \boldsymbol{R} + G_Y \boldsymbol{G} + B_Y \boldsymbol{B}, \\ \boldsymbol{Z} &= R_Z \boldsymbol{R} + G_Z \boldsymbol{G} + B_Z \boldsymbol{B}, \end{aligned}$$

so kommt man für die Farbwerte R, G, B zu dem Gleichungssystem:

$$\begin{pmatrix} R \\ G \\ B \end{pmatrix} = \begin{pmatrix} R_X & R_Y & R_Z \\ G_X & G_Y & G_Z \\ B_X & B_Y & B_Z \end{pmatrix} \cdot \begin{pmatrix} X \\ Y \\ Z \end{pmatrix}. \tag{6.29}$$

Es geht aus dem Vergleich der beiden Gleichungssysteme (6.28) und (6.29) hervor, daß das eine jeweils die Umkehrung oder Inversion des anderen ist. Man erhält aus den Koeffizienten $R_X, \ldots, B_Z$ die Koeffizienten $X_R, \ldots, Z_B$ und umgekehrt jeweils durch Matrixinversion. Für den ersten Fall ist das Ergebnis:

$$\begin{aligned} X_R &= (G_Y B_Z - G_Z B_Y)\, D^{-1}, \\ X_G &= (B_Y R_Z - B_Z R_Y)\, D^{-1}, \\ X_B &= (R_Y G_Z - R_Z G_Y)\, D^{-1}, \\ \\ Y_R &= (G_Z B_X - G_X B_Z)\, D^{-1}, \\ Y_G &= (B_Z R_X - B_X R_Z)\, D^{-1}, \\ Y_B &= (R_Z G_X - R_X G_Z)\, D^{-1}, \\ \\ Z_R &= (G_X B_Y - G_Y B_X)\, D^{-1}, \\ Z_G &= (B_X R_Y - B_Y R_X)\, D^{-1}, \\ Z_B &= (R_X G_Y - R_Y G_X)\, D^{-1}, \end{aligned}$$

$$\begin{aligned} D = {} & R_X G_Y B_Z + R_Y G_Z B_X + R_Z G_X B_Y \\ & - R_Z G_Y B_X - R_Y G_X B_Z - R_X G_Z B_Y. \end{aligned} \tag{6.30}$$

D ist die Determinante der Matrix $[R_X, \ldots, B_Z]$.

Damit ist die gestellte Aufgabe gelöst, zu einer Farbvalenz $\boldsymbol{F}$ die Farbwerte bezüglich irgend eines neuen Primärvalenzsystem zu finden.

Mit den gefundenen Umrechnungsbeziehungen lassen sich auch die Spektralwertfunktionen des neuen Primärvalenzsystems aus denen des alten Systems berechnen. Spektralwerte sind ja nichts anderes als die Farbwerte der Spektralfarben und transformieren sich dementsprechend wie die Farbwerte:

$$\bar{x}(\lambda) = X_R\bar{r}(\lambda) + X_G\bar{g}(\lambda) + X_B\bar{b}(\lambda),$$
$$\bar{y}(\lambda) = Y_R\bar{r}(\lambda) + Y_G\bar{g}(\lambda) + Y_B\bar{b}(\lambda),$$
$$\bar{z}(\lambda) = Z_R\bar{r}(\lambda) + Z_G\bar{g}(\lambda) + Z_B\bar{b}(\lambda).$$

Ein Beispiel für eine Transformation in ein anderes Primärvalenzsystem wird im nächsten Abschnitt behandelt.

6.9 Das Normvalenzsystem

Der farbmetrische 2°-Normalbeobachter. Die im letzten Abschnitt behandelten Spektralwertkurven sind aufgrund ihrer Bestimmung durch individuelle Einstellungen von Farbgleichungen bezogen auf diese individuellen Beobachter. Nach Abschn. 6.7 sind für die normalsichtigen Beobachter zwar individuelle Unterschiede nachweisbar, sie liegen aber nicht wesentlich über der Wiederholgenauigkeit solcher Einstellungen. Es ist deshalb sinnvoll, aus den an einer Reihe von Beobachtern gemessenen Spektralwertkurven einen Mittelwert zu bilden und diesen als repräsentativ für alle Farbnormalsichtigen zu betrachten. Aus Messungen, die in England von Guild [22] und Wright [48] an 17 verschiedenen Beobachtern durchgeführt worden sind, wurden solche Mittelwertkurven abgeleitet und international standardisiert. Sie beschreiben den sogenannten farbmetrischen 2°-Normalbeobachter und dessen Fähigkeit, Farben zu unterscheiden.

Die Spektralwertkurven, die den farbmetrischen 2°-Normalbeobachter definieren, werden jedoch nicht in dem System der spektralen Primärvalenzen angegeben, sondern in einem davon verschiedenen Normvalenzsystem.

Das Normvalenzsystem ist ein Primärvalenzsystem, das 1931 zusammen mit den dazugehörigen Normspektralwertkurven von der Internationalen Beleuchtungskommission (Commission Internationale de l' Éclairage, abgek. CIE) als Standard für die Kennzeichnung von Farben empfohlen wurde. Es wird heute überall als Bezugssystem für die Farbmessung benützt [2, 4].

Virtuelle Primärvalenzen. Abb. 6.29 zeigt die Farbtafel mit den spektralen Primärvalenzen ***R***, ***G***, ***B*** und mit dem Spektralfarbenzug. Zusätzlich sind die Farbörter der Normvalenzen ***X***, ***Y*** und ***Z*** in diese Farbtafel eingetragen. Ihre Lage ist in mehrfacher Hinsicht bemerkenswert:

- Alle drei Primärvalenzen liegen außerhalb des Spektralfarbenzugs und entsprechen damit keinen reellen Farbreizen.
- Das von diesen Primärvalenzen gebildete Farbdreieck umschließt den Spektralfarbenzug, alle Spektralfarben liegen innerhalb des Farbdreiecks.

Die Bedeutung der zweiten Eigenschaft ist sofort einleuchtend. Wenn die Spektral-

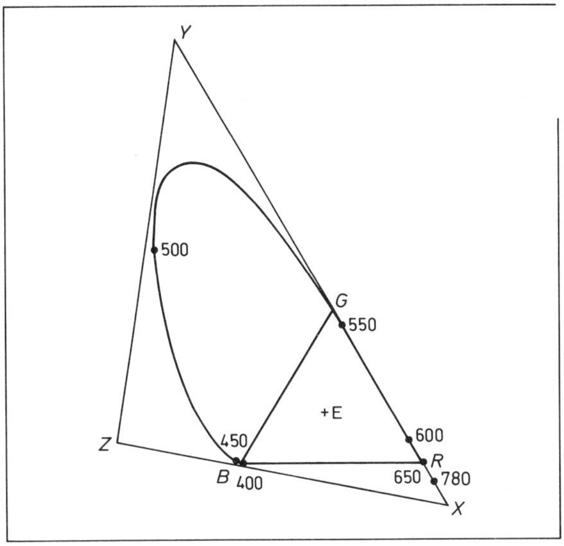

Abb. 6.29 Die Lage der Normvalenzen in der Farbtafel der drei spektralen Primärvalenzen aus Abb. 6.26

farben alle innerhalb des Farbdreiecks liegen, lassen sie sich alle durch innere Farbmischung, d. h. mit positiven Farbwerten ermischen. Die Spektralwertkurven dieses Primärvalenzsystems sind also überall positiv.

Die konvexe Krümmung des Spektralfarbenzugs bringt es aber auch mit sich, daß die Ecken eines Dreiecks, das diesen ganz umfaßt, außerhalb des Spektralfarbenzugs liegen. Man spricht bei solchen nicht reellen, außerhalb des Spektralfarbenzugs liegenden Farbvalenzen von *virtuellen Farbvalenzen.* Sie können nicht durch physikalische Strahlungsverteilungen dargestellt werden, da deren Farbörter, wie in Abschn. 6.8 gezeigt wurde, immer innerhalb des Spektralfarbenzugs liegen müssen.

Rein mathematisch kann man mit virtuellen Primärvalenzen ebensogut rechnen wie mit reellen. Und man kann auch die zu solchen virtuellen Primärvalenzen gehörigen Farbwerte X, Y, Z berechnen, obwohl sie nicht als Farbwerte in einer additiven Mischung vorkommen können.

Solange man also ein Primärvalenzsystem nur verwendet, um Farbvalenzen durch ihre Farbwerte eindeutig zu kennzeichnen, ist die Verwendung von virtuellen Primärvalenzen sinnvoll. Wegen ihrer positiven Spektralwertkurven haben solche Primärvalenzsysteme für die Rechnung und vor allem für die Farbmessung Vorteile. Deshalb wurden für das Normvalenzsystem virtuelle Primärvalenzen gewählt.

Die Normvalenzen. Bei der Wahl der Normvalenzen hat man einige Besonderheiten des visuellen Systems berücksichtigt. Aus Abb. 6.29 geht hervor, daß der Spektralfarbenzug etwa von der Wellenlänge 580 nm ab geradlinig verläuft. Es liegt nahe, die virtuellen Primärvalenzen so zu wählen, daß eine Dreieckseite mit diesem geraden langwelligen Teil zusammenfällt. Das bedeutet, daß die auf diesem Teil des Spektralfarbenzugs liegenden Spektralfarben durch nur zwei *Normfarbwerte* (X und Y) vollständig gegeben sind, da der dritte Normfarbwert $Z = 0$ ist (Abb. 6.29). Ferner hat man eine Dreieckseite, und zwar die zwischen X und Z, so gewählt, daß die zugehörige Spektralwertkurve proportional ist zu dem spektralen Hellempfindungsgrad, also der $V(\lambda)$-Kurve. Daß die $V(\lambda)$-Kurve eine Kombination aus den drei Spektralwertkurven sein muß, wird weiter unten gezeigt werden.

Die dritte Dreieckseite, die die Farbörter der Primärvalenzen Z und Y verbindet, berührt den Spektralfarbenzug bei der Wellenlänge 504 nm beinahe. Das bedeutet, daß die Spektralwertkurve dort ein Minimum haben muß.

Die Normvalenzen sind im spektralen Primärvalenzsystem des vorangehenden Abschnitts durch folgende Gleichungen gegeben:

$$\begin{aligned} \boldsymbol{X} &= 2{,}365\,\boldsymbol{R} - 0{,}515\,\boldsymbol{G} + 0{,}005\,\boldsymbol{B}, \\ \boldsymbol{Y} &= -0{,}897\,\boldsymbol{R} + 1{,}426\,\boldsymbol{G} - 0{,}014\,\boldsymbol{B}, \\ \boldsymbol{Z} &= -0{,}468\,\boldsymbol{R} + 0{,}089\,\boldsymbol{G} + 1{,}009\,\boldsymbol{B}. \end{aligned}$$

Daraus errechnen sich nach den angegebenen Beziehungen folgende Transformationsgleichungen für die Normfarbwerte X, Y, Z:

$$\begin{pmatrix} R \\ G \\ B \end{pmatrix} = \begin{pmatrix} 2{,}365 & -0{,}897 & -0{,}468 \\ -0{,}515 & 1{,}426 & 0{,}089 \\ 0{,}005 & -0{,}014 & 1{,}009 \end{pmatrix} \begin{pmatrix} X \\ Y \\ Z \end{pmatrix} \tag{6.31}$$

und umgekehrt:

$$\begin{pmatrix} X \\ Y \\ Z \end{pmatrix} = \begin{pmatrix} 0{,}490 & 0{,}310 & 0{,}200 \\ 0{,}177 & 0{,}812 & 0{,}011 \\ 0{,}000 & 0{,}010 & 0{,}990 \end{pmatrix} \begin{pmatrix} R \\ G \\ B \end{pmatrix}. \tag{6.32}$$

Die Rolle der Leuchtdichte im Normvalenzsystem. Die Farbvalenz $\boldsymbol{F}$ sei im Primärvalenzsystem $\boldsymbol{R}$, $\boldsymbol{G}$, $\boldsymbol{B}$ durch die Farbwerte R, G, B gegeben:

$$\boldsymbol{F} = R\boldsymbol{R} + G\boldsymbol{G} + B\boldsymbol{B}.$$

Die Leuchtdichte von $\boldsymbol{F}$ sei L_f, die der Primärvalenzen seien L_r, L_g und L_b. L_f ist dann berechenbar nach der Beziehung:

$$L_f = RL_r + GL_g + BL_b. \tag{6.33}$$

Das ist das *Abneysche Gesetz*, nachdem die Leuchtdichte einer additiven Mischung sich additiv aus den Leuchtdichten der Komponenten der Mischung zusammensetzt.

Berücksichtigt man, daß die Farbwerte so normiert sind, daß gleiche Farbwerte $R = G = B = 1$ Weiß ergeben, so kann man die Leuchtdichte der weißen Farbvalenz $\boldsymbol{F}_W = \boldsymbol{R} + \boldsymbol{G} + \boldsymbol{B}$ normieren, indem man setzt:

$$L_w = L_r + L_g + L_b = 1\,.$$

Für die Farbvalenzen der Spektralfarben gilt Gl. (6.18):

$$\boldsymbol{F}_\lambda = \bar{r}(\lambda)\,\boldsymbol{R} + \bar{g}(\lambda)\,\boldsymbol{G} + \bar{b}(\lambda)\,\boldsymbol{B}. \tag{6.18}$$

Die Anwendung des Abneyschen Gesetzes Gl. (6.33) auf diese Beziehung ergibt für die Leuchtdichten L_λ der Spektralfarben:

$$L_\lambda = \bar{r}(\lambda)\, L_r + \bar{g}(\lambda)\, L_g + \bar{b}(\lambda)\, L_b .$$

Die Größe L_λ beschreibt die auf Weiß normierten Leuchtdichten der Spektralfarben des energiegleichen Spektrums. Damit muß aber diese Funktion proportional sein zur $V(\lambda)$-Kurve. Denn diese beschreibt ebenfalls die relativen Leuchtdichten der spektralen Anteile des energiegleichen Spektrums, normiert auf den Maximalwert $V(555\,\text{nm}) = 1$.

Aus der Gültigkeit des Abneyschen Gesetzes, d. h. aus der Additivität der Leuchtdichten bei additiven Mischungen folgt also, daß die $V(\lambda)$-Funktion eine Kombination der drei Spektralwertkurven ist. Dabei sind die Faktoren, mit denen die drei Spektralwertfunktionen zur Bildung der $V(\lambda)$-Funktion multipliziert werden müssen, proportional zu den drei *Leuchtdichtebeiwerten* L_r, L_g, L_b der drei Primärvalenzen, zu denen die Spektralwertfunktionen gehören.

Im Normvalenzsystem ist die Normspektralwertkurve $\bar{y}(\lambda)$ der $V(\lambda)$-Kurve proportional. Das bedeutet, daß die Information über die relative Leuchtdichte allein in dem Normfarbwert Y enthalten ist. Die Leuchtdichtebeiwerte der beiden Normvalenzen $\boldsymbol{X}$ und $\boldsymbol{Z}$ verschwinden deshalb und der Leuchtdichtebeiwert der Normvalenz $\boldsymbol{Y}$ wird zu 1:

$$L_y = 1 \quad L_x = L_z = 0 .$$

Damit wird die relative Leuchtdichte einer Farbvalenz $\boldsymbol{F}$ identisch mit ihrem Normfarbwert Y:

$$L_f = L_x X + L_y Y + L_z Z = Y .$$

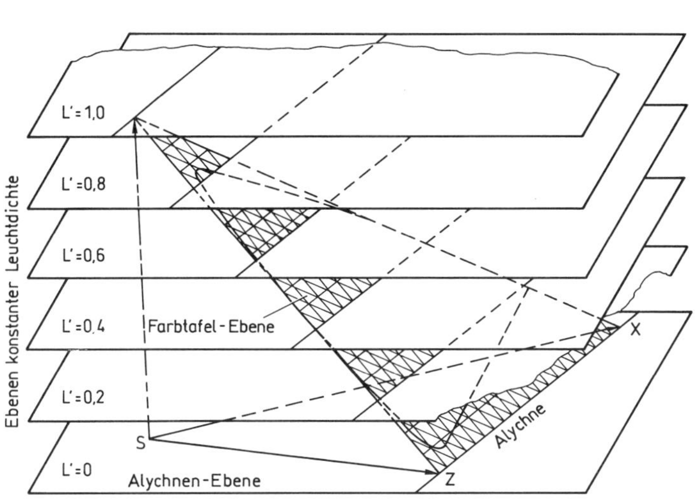

Abb. 6.30 Räumliche Lage der Ebenen gleicher Leuchtdichte im Normvalenzsystem. Die Ebene der Leuchtdichte 0 ($Y = 0$) ist die Alychne.

In einer Darstellung des Farbraums mit den Koordinaten X, Y, Z liegen die Farbvalenzen gleicher Leuchtdichte L also alle auf einer Ebene $Y =$ konstant, die parallel ist zu der aus den beiden Koordinatenachsen X und Z aufgespannten Ebene (Abb. 6.30). Die Ebene $Y = 0$ entspricht der Leuchtdichte 0. Sie heißt *Alychne* (Lichtlose), und auf ihr liegen außer dem Schwarzpunkt keine reellen Farbvalenzen.

Die Normspektralwertkurven. Die Umrechnungsbeziehungen von Gl. (6.32) für die Farbwerte gelten auch für die Spektralwerte. Damit kann man auch die Spektralwertkurven in das Normvalenzsystem umrechnen. Diese *Normspektralwertkurven* sind in Abb. 6.31 dargestellt. Sie beziehen sich wie die Spektralwerte des vorangehenden Abschnitts auf ein energiegleiches Spektrum.

Die Normspektralwertkurven werden vor allem dazu gebraucht, aus der Farbreizfunktion die Normfarbwerte zu berechnen. Da die Normfarbwerte die Grundlage für die Farbmessung und für die gesamte Farbvalenzmetrik bilden, sind sie in dem Normblatt DIN 5033 [4] bzw. in der Publikation Nr. 15 der CIE [2] in Tabellenform angegeben. Sie werden dort für die Wellenlängen von 380 nm bis 780 nm im Abstand von 5 nm angegeben. Die Normierung ist so gewählt, daß die $\bar{y}(\lambda)$-Kurve identisch wird mit der $V(\lambda)$-Kurve, d. h. bei der Wellenlänge 555 nm den Wert 1,000 annimmt. Ferner sind die Summen der Normfarbwerte aller Wellenlängen für $\bar{x}(\lambda)$, $\bar{y}(\lambda)$ und $\bar{z}(\lambda)$ gleich.

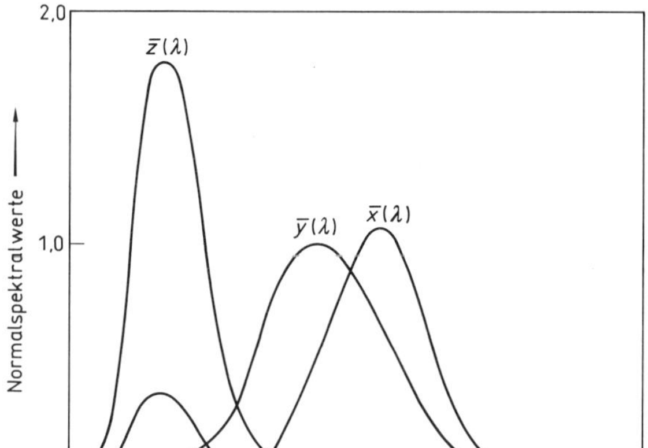

Abb. 6.31 Die Normspektralwertkurven. Die Flächennormierung der Kurven ist so gewählt, daß die Kurve $\bar{y}(\lambda)$ identisch wird mit der $V(\lambda)$-Kurve.

Die Berechnung der Normfarbwerte. Die Berechnung der Normfarbwerte aus einer gegebenen Farbreizfunktion $\phi(\lambda)$ mit Hilfe der Normspektralwertfunktionen ist eine der häufigsten Aufgaben der Farbmetrik. Die Farbreizfunktion kann z. B. durch eine spektralphotometrische Messung bestimmt sein. Die Berechnung erfolgt wie in Abschn. 6.8 durch Bewertung mit den Spektralwertkurven.

Die Werte der Farbreizfunktion $\phi(\lambda)$ werden für alle Wellenlängen zwischen

380 nm und 780 nm im Abstand $\Delta\lambda$ mit den Normspektralwerten und dem Wellenlängenintervall Δj multipliziert und die Produkte werden addiert:

$$\begin{aligned}
X &= \Sigma(k\phi(\lambda_i)\,\bar{x}(\lambda_i)\,\Delta\lambda) = c\Sigma(\phi(\lambda_i)\,\bar{x}(\lambda_i)),\\
Y &= \Sigma(k\phi(\lambda_i)\,\bar{y}(\lambda_i)\,\Delta\lambda) = c\Sigma(\phi(\lambda_i)\,\bar{y}(\lambda_i)),\\
Z &= \Sigma(k\phi(\lambda_i)\,\bar{z}(\lambda_i)\,\Delta\lambda) = c\Sigma(\phi(\lambda_i)\,\bar{z}(\lambda_i)),
\end{aligned} \tag{6.34}$$

Die Normierungsfaktoren k, c werden folgendermaßen berechnet:

$$k = \frac{100}{\Sigma(\phi_u(\lambda_i)\,\bar{y}(\lambda_i)\,\Delta\lambda)}, \quad c = \frac{100}{\Sigma(\phi_u(\lambda_i)\,\bar{y}(\lambda_i))}$$

ϕ_u ist die Farbreizfunktion des als Unbunt festgelegten Farbreizes. Bezieht man sich auf das energiegleiche Spektrum, so ist $\phi_u(\lambda)$ eine Konstante. Falls man sich auf Tageslicht beziehen will, kann man die spektrale Strahlungsfunktion der Normlichtart D65 einsetzen und im Falle von Glühlampenlicht die der Normlichtart A (Abschn. 6.2). Auf diese Weise ist gewährleistet, daß sich für diesen als Weiß erklärten Farbreiz der Normfarbwert $Y = 100$ ergibt. Im Falle des energiegleichen Spektrums erhält man $X = Y = Z = 100$ für Weiß.

Die Normspektralwerte, die man für die Rechnung braucht, kann man den angegebenen Tabellen der Normspektralwerte entnehmen. Je nach der erforderlichen Genauigkeit kann man mit einem von 10 nm, 5 nm oder 1 nm rechnen. Wenn man den Normierungsfaktor c benützt, kommt Δj in der Rechnung selbst nicht mehr vor. Mathematisch lassen sich die Summen in den Formeln zur Bestimmung der Normfarbwerte auch als Integrale schreiben:

$$\begin{aligned}
X &= k\int_0^\infty \phi(\lambda)\,\bar{x}(\lambda)\,d\lambda,\\
Y &= k\int_0^\infty \phi(\lambda)\,\bar{y}(\lambda)\,d\lambda,\\
Z &= k\int_0^\infty \phi(\lambda)\,\bar{z}(\lambda)\,d\lambda, \quad \text{mit}\\
k &= 100\left(\int_0^\infty \phi_u(\lambda)\,\bar{y}(\lambda)\,d\lambda\right)^{-1}.
\end{aligned} \tag{6.35}$$

Dabei bedeuten diese Operationen anschaulich, daß die Farbreizfunktion $\phi(\lambda)$ mit den drei Normspektralwertfunktionen multipliziert oder gewichtet wird und die Integration oder Summenbildung entspricht der Bestimmung des Flächeninhaltes der Flächen unter diesen Produktkurven.

Die Normfarbtafel. Ebenso wie zu den Farbwerten R, G, B berechnet man die zu den Normfarbwerten X, Y, Z gehörigen *Normfarbwertanteile* x, y, z:

$$x = \frac{X}{X+Y+Z}, \; y = \frac{Y}{X+Y+Z}, \; z = \frac{Z}{X+Y+Z}. \tag{6.36}$$

Da die Summe der drei Normfarbwertanteile 1 ist, genügt es, die beiden Normfarbwertanteile x und y anzugeben. Der dritte läßt sich aus den anderen beiden

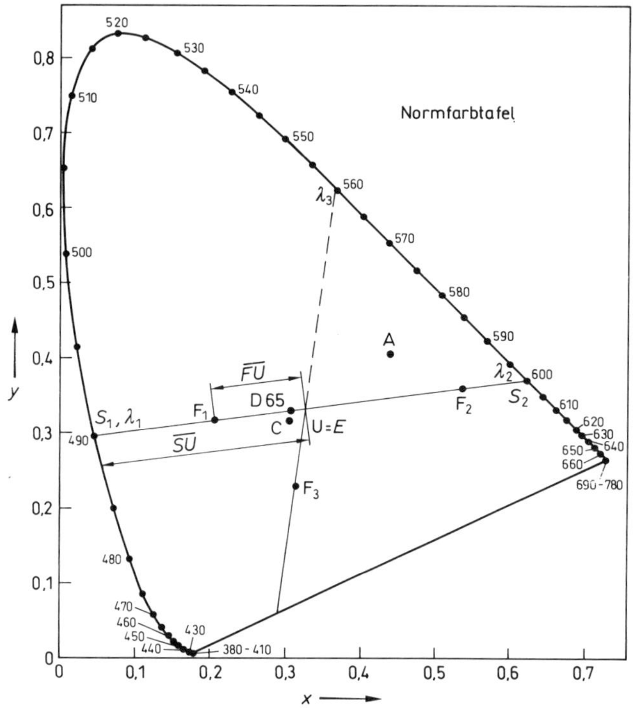

Abb. 6.32 Die Normfarbtafel mit der durch das energiegleiche Spektrum gegebenen Mittelpunktsvalenz E und den Farbörtern der Normlichtarten A, C und D65. S_1 und S_2: Kompensative Spektralfarben. λ_1 und λ_2 sind die farbtongleichen Wellenlängen der Farbörter F_1 und F_2, λ_3 ist die kompensative Wellenlänge des Farborts F_3.

berechnen, da $z = 1 - x - y$. Die beiden Normfarbwertanteile bestimmen die Farbvalenz nicht vollständig, sondern nur die Farbart. Da die relative Leuchtdichte in dem Farbwert Y enthalten ist, gibt man Farbvalenzen häufig durch die beiden Normfarbwertanteile x, y und den Normfarbwert Y (oder die absolute Leuchtdichte) an.

In der Normfarbtafel (Abb. 6.32 und Tafel IV) sind die beiden Normfarbwertanteile x und y als rechtwinklige Koordinaten aufgetragen. Das Farbdreieck der Normvalenzen $\boldsymbol{X}$, $\boldsymbol{Y}$, $\boldsymbol{Z}$ wird in dieser Darstellung rechtwinklig. Die Normvalenz $\boldsymbol{Z}$ fällt dabei in den Ursprung des Koordinatensystems.

Die unbunten Farbvalenzen, die zu der Farbart des energiegleichen Spektrums gehören, sind dadurch gekennzeichnet, daß ihre drei Normfarbwerte gleich sind. Ihre Normfarbwertanteile sind demnach $x = y = z = 1/3$. Der zugehörige Farbort ist in Abb. 6.32 als Punkt E eingezeichnet. Ebenso sind die Farbörter der Normlichtarten A, C und D65 angegeben. Ihre Normfarbwerte und Normfarbwertanteile sind in Tab. 6.2 angegeben.

Die Gerade $y = 0$, auf der die Farbörter der Normvalenzen $\boldsymbol{X}$ und $\boldsymbol{Z}$ liegen, ist die Spur der Ebene $Y = 0$, der Alychne. Auf ihr liegen die Farbvalenzen der Leuchtdichte 0.

Tab. 6.2 Normfarbwerte und Normfarbwertanteile der wichtigsten Lichtarten.

	Lichtart X	Y	Z	x	y
Energiegleiches Spektrum	100,00	100,00	100,00	0,3333	0,3333
Normlichtart A	109,87	100,00	35,59	0,4476	0,4074
Normlichtart C	98,07	100,00	118,22	0,3101	0,3162
Normlichtart D65	95,05	100,00	108,90	0,3127	0,3290

Auch in der Normfarbtafel gilt, daß der Farbort einer durch additive Mischung zweier Farbvalenzen entstandenen Farbvalenz auf der Verbindungsgeraden zwischen den Farbörtern dieser Farbvalenzen liegt. Ebenso gilt die in Abschn. 6.6 behandelte Schwerpunktregel.

Der Spektralfarbenzug. In Abb. 6.32 ist der Spektralfarbenzug in die Normfarbtafel eingezeichnet. Die Farbörter der Spektralfarben findet man, indem man ihre Normfarbwertanteile aus den Normspektralwerten berechnet. Der Spektralfarbenzug liegt innerhalb des aus den Farbörtern der drei Normvalenzen gebildeten rechtwinkligen Farbdreiecks. Das ist die Folge der Wahl virtueller Normvalenzen und der Normspektralwertkurven ohne negative Anteile. Die Krümmung des Spektralfarbenzugs ist auch in dieser Farbtafel bis etwa 570 nm konvex, d. h. nach außen gekrümmt, und von da ab gerade. In dem geraden Stück verschwindet der Normspektralwert $\bar{z}(\lambda)$ und Normfarbwertanteil z. In diesem Spektralbereich ist eine spektrale Farbvalenz durch benachbarte Spektralfarben ermischbar.

Bei der Wellenlänge 504 nm kommt der Spektralfarbenzug der Achse $x = 0$ sehr nahe. Dort hat die Normspektralwertkurve $\bar{x}(\lambda)$ ihr Minimum. Die Farbörter aller Spektralfarben zwischen 690 nm und dem langwelligen Ende des Spektrums fallen alle in einen Punkt zusammen. In diesem Wellenlängenbereich sind die Normspektralwerte $\bar{x}(\lambda)$ und $\bar{y}(\lambda)$ zueinander proportional.

Kompensative Spektralfarben und Helmholtz-Maßzahlen. Verbindet man einen Farbort auf dem Spektralfarbenzug mit dem Unbuntpunkt und verlängert die Verbindungsgrade über den Unbuntpunkt hinaus, so schneidet sie entweder den Spektralfarbenzug noch einmal auf der gegenüberliegenden Seite, oder die Purpurgerade (Abb. 6.32). Mit den auf den beiden gegenüberliegenden Schnittpunkten liegenden Farben läßt sich Unbunt ermischen, da dessen Farbort auf der Verbindungsgeraden zwischen den beiden Farben liegt. Man nennt Farben, aus denen man Unbunt additiv ermischen kann, *kompensative Farben*. Ob zwei Farben ein kompensatives Paar bilden, hängt also einmal von dem gewählten Unbunt ab, ist aber ansonsten allein vom Farbton dieser Farben bestimmt.

Man bezeichnet solche Farbenpaare in der angelsächsischen Literatur als komplementär. In der deutschen Fachliteratur ist der Ausdruck *Komplementärfarben* etwas anders festgelegt. Man bezeichnet zwei Farbreize als komplementär, wenn die Addition ihrer Farbreizfunktionen den Farbreiz der Unbunt-Lichtart ergibt. Beispiele dafür lassen sich mit den in Abschn. 6.3 angegebenen absorptionsfreien Interferenzfiltern erzeugen, deren Reflexions- und Transmissionsgrade komplementär sind. Wird der von einer unbunten Lichtquelle abgestrahlte Lichtstrom an einem solchen Filter in einen reflektierten und einen durchgelassenen Anteil aufgespalten, so ergeben die beiden Spektralverteilungen Komplementärfarben, deren Vereinigung wieder das Unbunt der Lichtquelle liefert. Komplementärfarben sind also immer auch kompensativ, nicht aber umgekehrt!

Es gibt also auf dem Spektralfarbenzug Paare von kompensativen Spektralfarben. Zwischen 494 nm und 570 nm, im grünen bis gelbgrünen Bereich, liegen die kompensativen Partner der Spektralfarben jedoch auf der Purpurgeraden.

Man kann, wie ein Blick auf Abb. 6.32 lehrt, jede beliebige Farbvalenz aus Unbunt und einer Spektralfarbe oder Purpurfarbe ermischen. Letztere findet man, indem man die Gerade, die den Farbort dieser Farbvalenz mit dem Unbuntpunkt verbindet, bis zum Spektralfarbenzug bzw. zur Purpurgeraden verlängert. Mit Hilfe dieser Konstruktion läßt sich die Farbart dieser Farbvalenz anschaulich kennzeichnen.

Liegt der Farbort zwischen dem Unbuntpunkt und einer Spektralfarbe, so nennt man die Wellenlänge dieser Spektralfarbe die *farbtongleiche Wellenlänge* λ_f der betreffenden Farbart. Wenn der Farbort im Gebiet der Purpurtöne liegt, wählt man die Wellenlänge des gegenüberliegenden Schnittpunktes und nennt sie *kompensative Wellenlänge* λ_k dieser Farbart.

Die Lage des Farborts auf der Verbindungsgeraden kann man geometrisch durch ihren Abstand von der Spektralfarbe bzw. von Unbunt kennzeichnen. Das Verhältnis der Abstände Farbort-Unbuntpunkt und Spektralfarbe-Unbuntpunkt ist der *spektrale Farbanteil* p_e, der zu dieser Farbart gehört. Nach dem Schwerpunktsatz gibt er den relativen Anteil der Spektralfarbe in der Mischung mit Unbunt an. Er läßt sich aus den Normfarbwertanteilen folgendermaßen berechnen:

$$p_e = \overline{FU}/\overline{SU} = \sqrt{\frac{(x_f - x_u)^2 + (y_f - y_u)^2}{(x_s - x_u)^2 + (y_s - y_u)^2}}. \tag{6.37}$$

Liegt der Farbort auf einer Geraden zwischen Unbuntpunkt und Purpurgerade, so berechnet man das Verhältnis des Abstands des Farborts vom Unbuntpunkt zu dem Abstand Unbuntpunkt-Purpurgerade $p_e = \overline{FU}/\overline{PU}$.

Die beiden *Helmholtz-Maßzahlen* farbtongleiche bzw. kompensative Wellenlänge und spektraler Farbanteil (j_f, p_e bzw. λ_k, p_e) kennzeichnen ebenso wie die beiden Normfarbwertanteile eine Farbart. Will man eine Farbvalenz vollständig kennzeichnen, so muß man als dritte Größe die relative oder absolute Leuchtdichte angeben.

Das Großfeld-Normvalenzsystem. Die Einschränkung des Gesichtsfeldes für die Farbmessung auf 2°, wie sie beim 2°-Normvalenzsystem vorgenommen wurde, hat seinen Grund darin, daß nur im zentralen Teil der Netzhaut, der sogenannten Fovea, ausschließlich Zapfen vorkommen, die das Farbensehen vermitteln, aber keine Stäbchen (Abschn. 6.11). In diesen zentralen Netzhautbereich ist ein Gelbpigment eingelagert, das wie ein Gelbfilter die spektrale Empfindlichkeit der dort vorhandenen Sehzellen etwas verändert. Man spricht vom sogenannten *gelben Fleck* (Macula lutea), der etwa 5° Durchmesser hat. Wenn man visuelle Farbvergleiche mit großen Flächen durchführt, muß man also mit einem Einfluß der Stäbchen auf das Resultat rechnen. Da die Stäbchen jedoch vor allem dem Dämmerungssehen bei geringen Leuchtdichten dienen, kann man ihren Einfluß unterdrücken, wenn man die Farbvergleiche mit großen Flächen bei entsprechend hohen Leuchtdichten durchführt. Andererseits wird eine mit großem Testfeld eingestellte Farbgleichung aufgrund des gelben Flecks etwas verschieden sein von einer mit kleinem Gesichtsfeld eingestellten Gleichung.

Aus diesen Gründen hat die Internationale Beleuchtungskommission 1964 dem farbmetrischen 2°-Beobachter einen 10°-Beobachter gegenübergestellt und ein *Großfeld-Normvalenzsystem* geschaffen. Die diesem System zugrundeliegenden Messungen wurden von Stiles [46] und Speranskaja [45] veröffentlicht.

Dieses Großfeld-Normvalenzsystem ist ebenfalls durch ein Tripel von Großfeld-Normspektralwertkurven $\bar{x}_{10}(\lambda)$, $\bar{y}_{10}(\lambda)$, $\bar{z}_{10}(\lambda)$ definiert (DIN 5033). Mit ihnen bestimmt man genau wie im Falle des 2°-Normvalenzsystems die Großfeld-Normfarbwerte X_{10}, Y_{10} und Z_{10}. Diese Großfeld-Normspektralwertkurven sind in Abb. 6.33 im Vergleich zu den 2°-Normspektralwertkurven dargestellt [4]. Die Unterschiede sind, wie man sieht, recht beträchtlich, und es scheint merkwürdig, daß sie bei normaler Farbwahrnehmung nicht stärker in Erscheinung treten. Tatsächlich werden die durch die Gelbfärbung der Macula verursachten Unterschiede in der Farbwahrnehmung nur bei sehr hoch gesättigten und gleichförmigen Farbflächen direkt sichtbar.

Auf zwei Tatsachen sei im Zusammenhang mit dem Großfeld-Normvalenzsystem noch hingewiesen. Einmal sind weder die jeweiligen Normspektralwertkurven noch die Normfarbwerte beider Systeme ineinander umrechenbar. Lineare Transformationen wie zwischen den Farbwerten verschiedener Primärvalenzsysteme des 2°-Systems kann es nicht geben, da ja Farbvalenzen, die im einen System gleich sind, im anderen System unterscheidbar sein können.

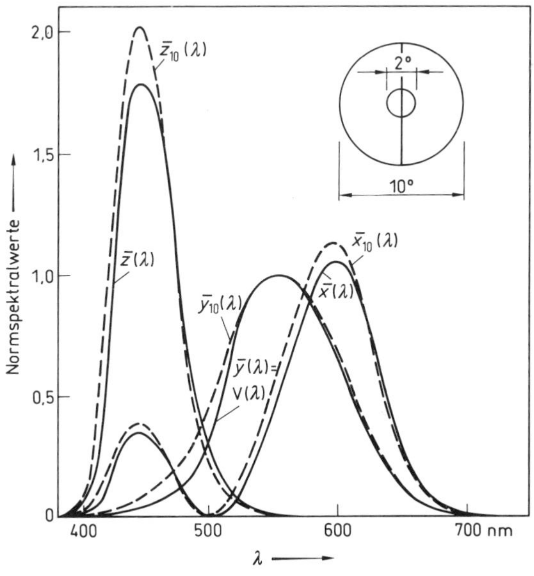

Abb. 6.33 Die Spektralwertkurven des Großfeld-Normvalenzsystems (gestrichelt) im Vergleich zu den 2°-Normspektralwertkurven.

Zum anderen gibt es im Großfeld-Normvalenzsystem keinen Farbwert, der proportional zur Leuchtdichte ist. Die $V(\lambda)$-Kurve läßt sich nicht als eine gewichtete Summe der 10°-Normspektralwertkurven darstellen. Das kann zu der etwas paradoxen Situation führen, daß man zwei Farbreizfunktionen hat, die im Großfeld-Normvalenzsystem gleiche Farbvalenzen besitzen, also metamer und damit ununterscheidbar sind, aber gleichzeitig etwas unterschiedliche Leuchtdichte haben!

6.10 Farbmessung

Unter einer Farbmessung versteht man die Bestimmung der Farbvalenz eines Farbreizes. Es ist dabei üblich, die Normfarbwerte X, Y und Z anzugeben oder die beiden Normfarbwertanteile x und y sowie die Leuchtdichte L. Das ist jedoch nicht zwingend, man kann ebensogut die Farbwerte R, G, B ermitteln. Kennt man die Lage der Primärvalenzen dieses Systems im Normvalenzsystem, dann ist es nach Abschn. 6.8 möglich, aus den Farbwerten R, G und B die Normfarbwerte X, Y und Z zu ermitteln.

Es gibt drei verschiedene Methoden der Farbmessung, die nun im einzelnen behandelt werden sollen.

Gleichheitsverfahren. Dieses Verfahren liegt allen anderen Meßverfahren und der ganzen Farbvalenzmetrik zugrunde. Es besteht darin, daß zu dem vorgegebenen Farbreiz ein anderer gleich aussehender gefunden wird, dessen Farbmaßzahlen bekannt sind. Man kann den vorgegebenen Farbreiz z. B. mit einer additiven Mischung aus drei bekannten Primärvalenzen vergleichen, bei der man die Farbwerte so lange variiert, bis die gemischte Farbvalenz gleich aussieht wie die zu bestimmende. Die Farbwerte der ermischten Farbvalenz sind dann die Farbwerte der zu messenden Farbvalenz. Bei dem Farbvergleich sind die in Abschn. 6.7 genannten Bedingungen zu berücksichtigen.

Die Einzelheiten einer solchen Bestimmung der Farbwerte durch Einstellung einer Farbgleichung wurden in Abschn. 6.8 behandelt. Dieses Verfahren erfordert ein Gerät, in dem die Erzeugung von additiven Mischungen mit drei geeigneten Primärvalenzen sowie ein Farbvergleich möglich ist. Wegen der grundsätzlichen Bedeutung solcher Messungen für die Farbmetrik wurden verschiedentlich solche *Dreifarben-Meßgeräte* gebaut [17]. Abb. 6.34 zeigt ein solches Gerät. Dabei ist zu berücksichtigen, daß gegebenenfalls für die Nachmischung einer Farbvalenz hoher Sättigung eine äußere Farbmischung erforderlich ist.

Die mit Hilfe des Gleichheitsverfahrens direkt ermittelten Farbmaßzahlen beziehen sich auf ein reelles System von Primärvalenzen und nicht auf das Normvalenzsystem. Sie können im Prinzip in das Normvalenzsystem umgerechnet werden. Allerdings ist dabei zu bedenken, daß die nach diesem Meßverfahren ermittelten Farbwerte die der Person sind, die die Farbmessung durchgeführt hat, und nicht die des farbmetrischen Normalbeobachters.

Farbmessungen nach dem Gleichheitsverfahren sollten natürlich immer von farbnormalsichtigen Personen vorgenommen werden. Andererseits ist ein Dreifarbenmeßgerät besonders geeignet zur Untersuchung der verschiedenen Arten der Farb-

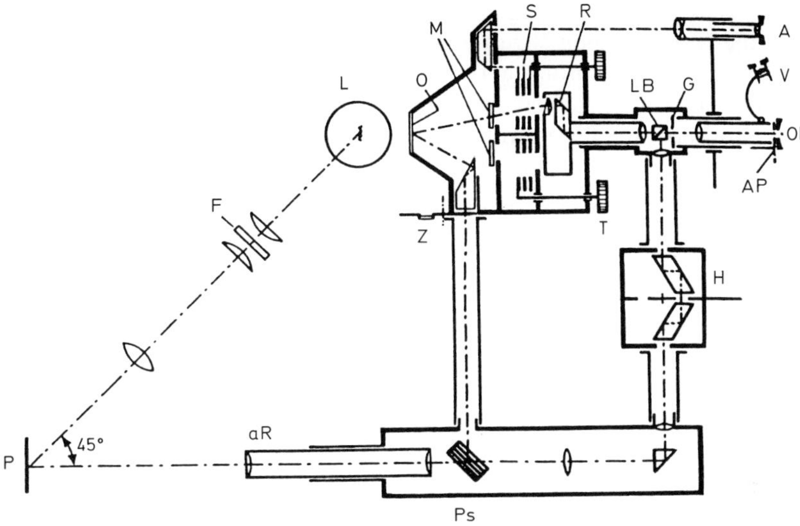

Abb. 6.34 Dreifarben-Meßgerät nach Guild-Bechstein-Richter.

fehlsichtigkeit, die wiederum wichtige Aufschlüsse geben über den physiologischen Mechanismus des Farbensehens (Abschn. 6.11).

Sollen die Farbmaßzahlen einer Körperfarbe bestimmt werden und ist die Anforderung an die Genauigkeit der Messung nicht sehr hoch, so kann man auch versuchen, aus einer Farbmustersammlung ein gleichaussehendes Muster auszusuchen, dessen Farbmaßzahlen bekannt sind. Es gibt einige solcher systematischen Farbmustersammlungen (z. B. die DIN-Farbenkarte DIN 6164, s. Abschn. 6.13), bei denen zu jedem Muster die Farbmaßzahlen genau vermessen sind. Allerdings ist dabei zu berücksichtigen, daß diese Farbwerte für eine bestimmte beleuchtende Lichtart gelten und bei dieser Lichtart auch die Abmusterung vorgenommen werden muß. Findet man kein passendes Muster, so kann man durch Aussuchen möglichst ähnlicher Muster eine Farbbestimmung durch Interpolation durchführen.

Spektralverfahren. Beim Spektralverfahren wird nicht die Farbvalenz direkt bestimmt, sondern es wird die Farbreizfunktion gemessen und aus dieser werden mit Hilfe der Normspektralwertkurven die Normfarbwerte berechnet. Es handelt sich dabei also um eine rein physikalische Messung mit einer anschließenden *valenzmetrischen Auswertung*.

Bei der Messung der Farbreizfunktion ist zu unterscheiden, ob es sich um einen Selbstleuchter (z. B. Lichtquelle, Bildschirm, Leuchtanzeige) handelt oder um eine beleuchtete Oberfläche (Körperfarbe).

Im Falle eines Selbstleuchters muß die spektrale Verteilung der von der betreffenden Oberfläche ausgehenden Strahlung gemessen werden. Das ist eine Aufgabe der *Spektroradiometrie*, bei der die pro Wellenlängenintervall vorhandene Strahlungsleistung bestimmt wird. Da jedoch für die Farbmetrik die absolute Strahlungsleistung (bzw. Leistungsdichte) meist nicht gefragt ist, genügt die Bestimmung der relativen spektralen Strahlungsfunktion, eben der Farbreizfunktion. In Abschnitt 5 wurde die Messung von Strahlungsfunktionen mit Hilfe von Monochromatoren und lichtelektrischen Empfängern behandelt.

Im Falle von Körperfarben ist, wie in Abschn. 6.4 beschrieben, die Farbreizfunktion ein Produkt aus der Strahlungsfunktion $S(\lambda)$ der Lichtquelle und dem spektralen Strahldichtefaktor $\beta(\lambda)$ (Remissionsfunktion) der betreffenden Oberfläche.

$$\phi(\lambda) = S(\lambda)\,\beta(\lambda).$$

Die Messung des spektralen Strahldichtefaktors von Oberflächen wurde ebenfalls in Abschn. 6.4 behandelt. Zur Berechnung der Farbreizfunktion wird diese Funktion mit der Strahlungsfunktion der Lichtquelle multipliziert, für die man die Farbmaßzahlen der betreffenden Körperfarbe ermitteln will. Wenn nicht eine spezielle Beleuchtungsart vorliegt, nimmt man dafür im allgemeinen die Strahlungsfunktion einer Normlichtart (D65 für Tageslicht bzw. A für Glühlicht).

Die valenzmetrische Auswertung der gemessenen oder aus Strahldichtefaktoren und Strahlungsfunktion berechneten Farbreizfunktionen besteht in der Berechnung der Integralausdrücke für die Normfarbwerte X, Y und Z. Sie erfolgt durch Summierung der Produkte aus Farbreizfunktion und den Normspektralwerten $\bar{x}(\lambda)$, $\bar{y}(\lambda)$, $\bar{z}(\lambda)$ im Abstand von 5 oder 10 nm (Abschn. 6.9, Gl. (6.34)).

Zur Berechnung des Normierungsfaktors k bzw. c wählt man im Falle von Körperfarben die Farbreizfunktion der vollkommen mattweißen Fläche, meßtechnisch repräsentiert durch den Weißstandard. Da diese Fläche den spektralen Strahldichtefaktor $\beta(\lambda) = 1$ hat, wird die Farbreizfunktion, auf die man alle Farbvalenzen bezieht, gleich der Strahlungsfunktion der beleuchtenden Lichtart. Das bedeutet, daß bei dieser Festlegung die vollkommen mattweiße Fläche immer den Normfarbwert $Y = 100$ erhält.

Alle andern Körperfarben haben einen Normfarbwert Y – d.h. also eine relative Leuchtdichte – die kleiner ist als die der mattweißen Fläche bei derselben Beleuchtung. Man nennt bei Körperfarben den auf die vollkommen mattweiße Fläche bezogenen Normfarbwert Y auch den *Hellbezugswert* A. Als Farbmaßzahlen kann man bei Körperfarben folgende Wertetripel angeben:

Normfarbwerte X, Y, Z;
Normfarbwertanteile x, y und Hellbezugswert A.

Da diese Werte abhängig sind von der Beleuchtungsart, muß man diese mit den Farbmaßzahlen von Körperfarben immer angeben.

Für die Durchführung der Farbmessung nach dem Spektralverfahren bei Körperfarben werden eine Reihe von Meßgeräten angeboten, die eine Lichtquelle, einen Monochromator und einen Sensor enthalten. Das im Monochromator erzeugt Spektrum fällt auf die Probe, wird dort reflektiert und fällt auf den Sensor, der das Spektrum der reflektierten Strahlung mißt (Abb. 6.35). Dieses Spektrum wird in den Speicher eines Rechners eingelesen, der heute meist Bestandteil des Meßgerätes ist. Man bestimmt das Spektrum einmal mit einem Weißstandard und dann mit der zu messenden Probe. Der Quotient aus beiden Meßwerten ist gleich dem spektralen Strahldichtefaktor. Die valenzmetrische Auswertung kann dann in dem Rechner erfolgen. Dieser Rechner hat sowohl die Normspektralwertfunktionen als auch die

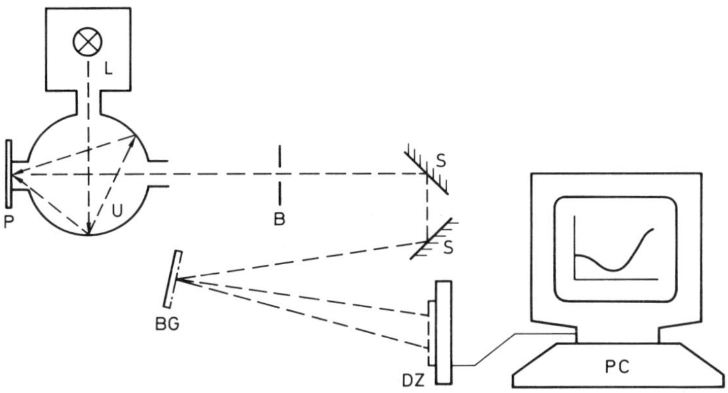

Abb. 6.35 Schema eines Farbmeßgeräts nach dem Spektralverfahren für die Meßgeometrie d/0. L: Lichtquelle, U: Ulbrichtsche Kugel, P: Meßprobe, B: Blende, S: Umlenkspiegel, BG: Beugungsgitter, DZ: Diodenzeile, PC: Rechner mit Bildschirm für die Anzeige des Remissionsspektrums und die valenzmetrische Auswertung.

Strahlungsfunktionen der wichtigsten Beleuchtungsarten (Normlichtarten) gespeichert und man kann deshalb sofort die Farbmaßzahlen für verschiedene Beleuchtungsarten abrufen.

Dreibereichsverfahren. Beim Dreibereichsverfahren wird die Bewertung der Farbreizfunktion mit den drei Normspektralwertfunktionen, also die valenzmetrische Auswertung, von drei lichtelektrischen Empfängern mit geeigneter spektraler Empfindlichkeit übernommen. Hat ein solcher Empfänger die spektrale Empfindlichkeit $\gamma(\lambda)$ und ist mit einem optischen Filter mit dem spektralen Transmissionsgrad $\tau(\lambda)$ versehen, so erzeugt ein auf ihn fallender Strahlungsfluß $\Phi(\lambda) = \Phi_0 \phi(\lambda)$ nach Abschn. 6.5 den Photostrom:

$$i = \int_0^\infty \Phi(\lambda)\,\tau(\lambda)\,\gamma(\lambda)\,\mathrm{d}\lambda = \Phi_0 \int_0^\infty \phi(\lambda)\,\tau(\lambda)\,\gamma(\lambda)\,\mathrm{d}\lambda\,. \tag{6.13}$$

Dabei ist $\phi(\lambda)$ die Farbreizfunktion und Φ_0 ein Faktor der Dimension Watt. Die Normspektralwerte sind nach Abschn. 6.9:

$$X = k \int_0^\infty \phi(\lambda)\,\bar{x}(\lambda)\,\mathrm{d}\lambda\,,$$

$$Y = k \int_0^\infty \phi(\lambda)\,\bar{y}(\lambda)\,\mathrm{d}\lambda\,,$$

$$Z = k \int_0^\infty \phi(\lambda)\,\bar{z}(\lambda)\,\mathrm{d}\lambda\,. \tag{6.35}$$

Setzt man wie in Abschn. 6.5 den Ausdruck 6.13 für den Photostrom i jeweils proportional dem Integralausdruck für einen Normfarbwert, so erhält man die Bedingungen dafür, daß die Signale der drei lichtelektrischen Empfänger proportional den Normspektralwerten sind:

$$\tau(\lambda)\,\gamma(\lambda) = c_{\mathrm{n}}\bar{n}(\lambda) \quad \text{mit} \quad \bar{n}(\lambda) = \bar{x}(\lambda),\ \bar{y}(\lambda),\ \bar{z}(\lambda). \tag{6.38}$$

Bei vorgegebener Empfindlichkeit $\gamma(\lambda)$ des Empfängers selbst muß man also drei Filter (oder Filterkombinationen, Abschn. 6.3) finden, deren spektrale Transmissionsgrade diesen Bedingungen genügen. Ist dies gelungen, so ergibt die Messung einer beliebigen Farbreizfunktion mit diesen drei lichtelektrischen Empfängern Photoströme, die proportional zu den Normfarbwerten sind.

Die drei Werte c_{n} sind Konstanten, die den Umrechnungsfaktor zwischen den mit diesen Empfindlichkeiten gemessenen Photoströmen und dem Normfarbwert angeben. Man nennt die Beziehungen (6.38) *Luther-Bedingungen* [31].

Ein Farbmeßgerät, das nach dem Dreibereichsverfahren arbeitet, besitzt einen Meßkopf, der drei Empfänger mit drei verschiedenen Filterkombinationen enthält (Abb. 6.36a). Bei der erforderlichen Genauigkeit ist jedoch eine ausreichende Anpassung durch sogenannte Vollfilterung allein, d.h. durch Hintereinanderschalten der Filter, nicht zu erreichen. Besonders schwierig ist dabei die Anpassung an die $\bar{x}(\lambda)$-Kurve mit ihren beiden Maxima.

Abb. 6.36b zeigt, wie in einem modernen Gerät einzelne Filter nach dem sogenann-

a)

b)

Abb. 6.36 Farbmeßgerät der Firma Lichtmeßtechnik Berlin (LMT) nach dem Dreibereichsverfahren; a) Anzeigegerät mit Meßkopf, b) Filteranordnung für den Spektralangleich.

ten Partialfilter- oder Dresler-Prinzip [18] nur Teile der empfindlichen Fläche bedecken (Abschn. 6.3). Auf diese Weise erhält man einen weiteren Freiheitsgrad bei der Anpassung der Empfindlichkeit. Allerdings muß dabei beachtet werden, daß für die Partialfilterung eine gleichmäßige Ausleuchtung der Meßfläche durch die zu messende Strahlung eine unabdingbare Voraussetzung ist. Vor dem Filterpaket müssen also Streuscheiben angebracht werden, die eine mögliche Ungleichförmigkeit der Beleuchtung korrigieren [20].

Ein solches Gerät zeigt direkt die Normfarbwerte oder, nach Umrechnung in einem internen Prozessor, die Normfarbwertanteile an. Es ist besonders geeignet für die Messung von Selbstleuchtern, also z. B. Lichtquellen oder Bildschirmen. Für die Messung von Körperfarben eignet es sich deshalb weniger, weil die Empfindlichkeit meist nicht ausreicht für das an dunklen und matten Oberflächen reflektierte Licht, und weil man die Farbmaßzahlen von Körperfarben meist für Beleuchtung mit Normlichtarten angeben will, die man nur im Labor mit beträchtlichem Aufwand realisieren kann.

6.11 Physiologie des Farbensehens

Die Beziehungen zwischen den Farbempfindungen und den sie auslösenden physikalischen Farbreizen, die bisher in diesem Kapitel behandelt wurden, sind im wesentlichen mit den Methoden der Psychophysik ermittelt worden. Es waren dazu keine besonders genauen Kenntnisse der Anatomie und Physiologie des visuellen Systems erforderlich.

Für das naturwissenschaftliche Weltverständnis ist es jedoch selbstverständlich anzunehmen, daß die gefundenen Beziehungen mit Aufbau und Wirkungsweise des Auges und der nachgeschalteten visuellen Zentren im Gehirn zusammenhängen. Deshalb werden in diesem Abschnitt in der gebotenen Kürze einige für das Verständnis des Farbensehens grundlegende physiologische Zusammenhänge dargestellt.

Der anatomische Aufbau des Auges und der Netzhaut. Abb. 1.105 zeigt einen horizontalen Querschnitt durch den menschlichen Augapfel. Dort sind auch die abbildenden Eigenschaften des Auges beschrieben. Die gekrümmte Hornhaut sowie die durch die Akkomodation in ihrer Brechkraft veränderliche Linse sorgen dafür, daß die Gegenstände, die der Beobachter anblickt, scharf auf die *Netzhaut* (*Retina*) am Augenhintergrund abgebildet werden. Diese ist ein feines Geflecht aus Nervengewebe, das an der Außenseite die stäbchen- und zapfenförmigen Sinneszellen enthält, und an der Innenseite von den transparenten Nervensträngen bedeckt ist, die von den verschiedenen Netzhautbereichen kommend in einer Stelle zusammenlaufen, dem sogenannten *blinden Fleck*. Dort treten die Sehnerven zu einem Strang vereinigt durch die Netzhaut hindurch und bilden den Sehnerv, der das Auge mit dem Gehirn verbindet. Abb. 6.37 zeigt einen vergrößerten und schematisierten Querschnitt durch die Netzhaut. Daraus geht hervor, daß zwischen den Sinneszellen und den Sehnerven noch andere Nervenzellen zwischengeschaltet sind, die Verbindungen zwischen Sin-

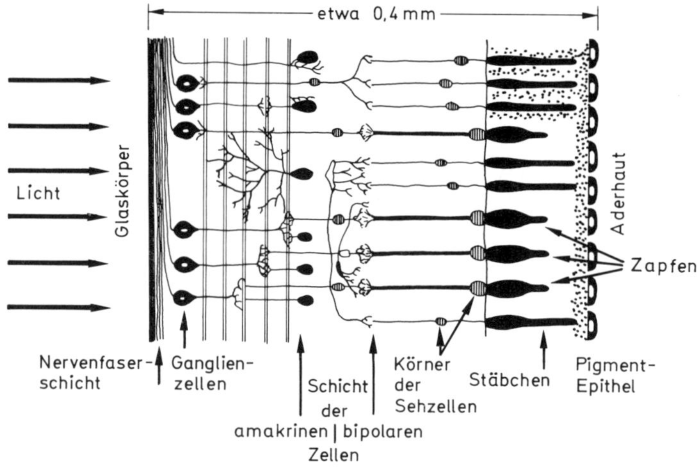

Abb. 6.37 Schematischer Querschnitt durch die menschliche Netzhaut.

nes- und Nervenzellen, aber auch lateral zwischen verschiedenen Sinneszellen bzw. verschiedenen Nervenzellen herstellen.

Bei den *Sinneszellen* oder *Sehzellen* lassen sich anatomisch *Stäbchen* und *Zapfen* unterscheiden. Die insgesamt etwa 4–7 Millionen Zapfen sind am stärksten konzentriert in der *Fovea centralis*, der Stelle des deutlichsten Sehens. Dort gibt es keine Stäbchen. Diese überwiegen jedoch sehr stark in der gesamten übrigen Netzhaut und ihre Gesamtzahl beträgt 110–125 Millionen. Nur der blinde Fleck ist frei von Sehzellen.

Die Zapfen sind für das Tagessehen (photopisches Sehen) und damit für das Farbensehen verantwortlich. Die Stäbchen dagegen haben eine sehr viel höhere Empfindlichkeit und sind für das Dämmerungs- und Nachtsehen (skotopisches Sehen) zuständig (Abschn. 6.1). Sie können nur Hell-Dunkel-Empfindungen, aber keine Farbempfindungen vermitteln.

Die Young-Helmholtzsche Dreikomponententheorie. Die Tatsache, daß unsere Farbempfindungen eine dreidimensionale Mannigfaltigkeit bilden, war schon im 18. Jahrhundert bekannt. Der englische Arzt und Physiker Thomas Young war jedoch der erste, der im Jahre 1801 die Hypothese aufstellte, daß diese Dreidimensionalität nicht in der Natur des Lichts, sondern im Aufbau des Sehorgans begründet ist. Er nahm an, daß es in der Netzhaut drei verschiedene Arten von Sehzellen gibt, die in unterschiedlichen Spektralbereichen empfindlich sind [50]. Diese Hypothese wurde nach 1850 vor allem von dem Physiologen und Physiker Hermann von Helmholtz zu der *Dreikomponententheorie* des Farbensehens ausgebaut [25]. Diese Theorie ist heute eine der Fundamente unseres Verständnisses des Farbensehens und durch viele Untersuchungen abgesichert. Sie erklärt die Graßmannschen Gesetze der additiven Farbmischung, sowie die verschiedenen Arten der Farbfehlsichtigkeit. Sie kann jedoch andere wichtige Besonderheiten des Farbensehens nicht erklären und muß daher als ein Teilaspekt einer umfassenderen Theorie verstanden werden.

Der Dreikomponententheorie liegt ein bestimmtes Modell der Wirkungsweise der zapfenförmigen Sehzellen zugrunde, die das Farbensehen vermitteln. Danach gibt es drei verschiedene Arten von Zapfen mit unterschiedlicher spektraler Empfindlichkeit. Ein auf eine bestimmte Stelle der Netzhautmitte fallender Farbreiz der Spektralfunktion $\phi(\lambda)$ wird in den Zapfen absorbiert und erzeugt dort neuronale Erregungen, deren Stärke durch die Menge des in den betreffenden Sehzellen absorbierten Lichtes gegeben ist.

Dieser Vorgang entspricht der Bildung der elektrischen Signale in den drei lichtelektrischen Empfängern eines nach dem Dreibereichsverfahren arbeitenden Farbmeßgerätes. Die drei Empfindlichkeitskurven der Zapfen müssen nicht identisch mit den Normspektralwertkurven sein, um die Gesetze der additiven Mischung erklären zu können. Aber sie müssen ein Tripel von Spektralwertkurven bilden, das zu einem Primärvalenzsystem gehört, das durch eine lineare Transformation in das Normvalenzsystem überführbar ist. Metamere Farbreize unterschiedlicher Spektralverteilung, die gleichen Farbvalenzen entsprechen, erzeugen dann in den Zapfen gleiche Erregungen und sind damit ununterscheidbar. Man nennt dieses Tripel der durch die Zapfenempfindlichkeiten gegebenen Spektralwertkurven *Grundspektralwertkurven.*

Abb. 6.38 zeigt diese Grundspektralwertkurven. Sie sind aus folgenden Tatsachen und Messungen erschlossen worden:

- Man kann annehmen, daß die Empfindlichkeiten der Sehzellen einfache Funktionen mit nur einem Maximum und ohne negative Anteile sind.
- Die Untersuchung von Farbfehlsichtigkeit hat ergeben, daß ein Teil der Farbfehlsichtigen sich dadurch von Normalsichtigen unterscheidet, daß sie bestimmte Farben verwechseln, die für den Normalsichtigen verschieden sind. Farben, die für den Normalsichtigen metamer sind, kann auch dieser Farbfehlsichtige nicht

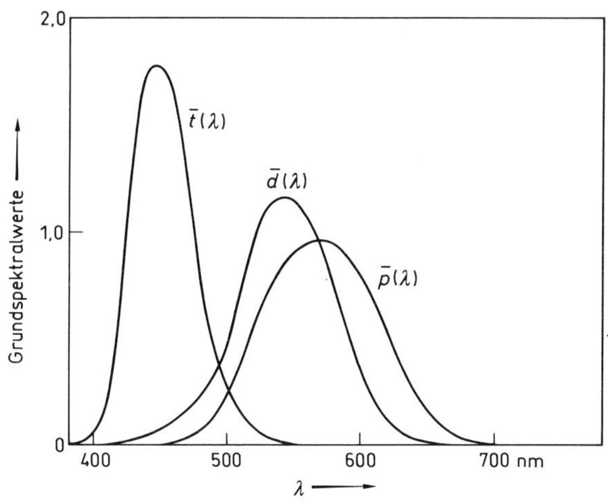

Abb. 6.38 Die sogenannten Grundspektralwertkurven, die durch die spektralen Empfindlichkeiten der zapfenförmigen Sehzellen bestimmt sind.

unterscheiden. Dies erklärt man sich dadurch, daß eine der drei Zapfenarten des Normalsichtigen beim Farbfehlsichtigen fehlen oder nicht funktionsfähig sind. Man nennt diese Art der Farbfehlsichtigkeit deshalb *Dichromasie* im Unterschied zur *Trichromasie* des normalsichtigen Auges. Es gibt nun tatsächlich drei verschiedene Arten von Dichromasie, die sich in der Art der Farbverwechslungen unterscheiden und die man dem Fehlen der Erregungen aus je einer Zapfenart zuordnen kann. Aus der Lage der Verwechslungsfarben bei den verschiedenen Arten der Dichromasie kann man auf die Gestalt der spektralen Empfindlichkeiten schließen.
- Durch hochentwickelte mikro-spektralphotometrische Meßmethoden ist es gelungen, die Absorptionsspektren einzelner Zapfen in operativ entfernten menschlichen Netzhäuten zu messen [34].

Neben der Erklärung der additiven Mischung und der verschiedenen Arten von Dichromasie kann die Dreikomponententheorie auch eine Reihe anderer Erscheinungen plausibel machen. So kann man etwa das Auftreten von komplementärfarbigen Nachbildern auf einem grauen Grund durch die Ermüdung einzelner Zapfen deuten. Fixiert man, wie in Abschn. 6.1 beschrieben, einen hellen roten Kreis auf dunklem Hintergrund eine Zeitlang, so werden während dieser Zeit vor allem die im roten Spektralbereich empfindlichen Zapfen beansprucht. Sie werden dadurch ermüdet und verlieren Empfindlichkeit. Blickt man anschließend auf eine graue Fläche, so werden durch sie alle drei Zapfenarten in gleicher Weise gereizt. An der Stelle der Netzhaut, wo vorher der rote Kreis abgebildet war, überwiegen jedoch die Erregungen der blau- und grünempfindlichen Zapfen gegenüber den von den ermüdeten Rotzapfen gebildeten Erregungen. Die Folge ist ein cyanfarbiges Nachbild. Allerdings kann die Dreikomponententheorie das Auftreten dieses Nachbilds bei geschlossenem Auge nicht ohne zusätzliche Annahmen erklären.

Auch für die Farbumstimmung (s. Abschn. 6.1) bietet sich im Rahmen der Dreikomponententheorie eine einfache Erklärung an. Die jeweilige *Farbstimmung* sorgt ja dafür, daß eine unbunte Fläche bei unterschiedlichen Beleuchtungsarten (z. B. Kerzenlicht, Glühlicht, Tageslicht) immer unbunt erscheint, obwohl sich die spektralen Strahlungsverteilungen des von den so unterschiedlich beleuchteten Oberflächen jeweils reflektierten Lichts erheblich unterscheiden.

Es liegt nun nahe, diese Beleuchtungsunabhängigkeit der Farbempfindung so zu erklären, daß sich zu jeder Beleuchtung die Empfindlichkeit der verschiedenen Zapfen so einstellt, daß diese Lichtart und damit auch die Oberflächen, die deren Farbart nicht verändern, als unbunt empfunden wird.

Diese Hypothese wurde zuerst von J. von Kries [28, 29] als sogenannter *Koeffizientensatz* ausgesprochen. Danach müßte also die Wirkung der Farbumstimmung auf die Farbwahrnehmung sich durch drei Koeffizienten beschreiben lassen, die sich auf die Empfindlichkeitsänderungen der drei Zapfensysteme beziehen. Neuere Untersuchungen haben jedoch gezeigt, daß die Umstimmung sich quantitativ nicht befriedigend durch dieses einfache Modell beschreiben läßt [16].

Die Gegenfarbentheorie von E. Hering. Es gibt eine Reihe von Tatsachen, für die die Dreikomponententheorie keine Erklärung bietet.

- Die unbunten Farben sind in der Empfindung sehr deutlich durch das Fehlen einer bestimmten Qualität, nämlich der Buntheit, gekennzeichnet. Nach der Dreikomponententheorie sind die unbunten Farben jedoch nur quantitativ durch ein bestimmtes Verhältnis der drei Erregungsarten von den bunten Farben unterschieden.

- Von den bunten Farben erscheinen uns vier Farben als besonders rein und unvermischt, nämlich Rot, Gelb, Grün und Blau. Es gibt ein Rot, das weder bläulich noch gelblich, ein Gelb, das weder rötlich noch grünlich, ein Grün, das weder geblich noch bläulich und ein Blau, das weder rötlich noch grünlich ist. Diese vier Farben wurden von dem Physiologen Ewald Hering *Urfarben* genannt.
- Je zwei von ihnen, nämlich Rot und Grün bzw. Blau und Gelb bilden ein Paar von *Gegenfarben*, von denen Buntheitsanteile nie gleichzeitig in einer Zwischenfarbe enthalten sein können. So ist etwa ein Orange gleichzeitig rötlich und gelblich oder ein Cyan gleichzeitig bläulich und grünlich, aber keine Farbe kann gleichzeitig bläulich und gelblich oder rötlich und grünlich sein.
- Schließlich hat sich gezeigt, daß die Empfindlichkeit für Farbunterschiede durch ein Farbkoordinatensystem, wie es die Dreikomponenten nahelegt, nicht hinreichend beschrieben werden kann.

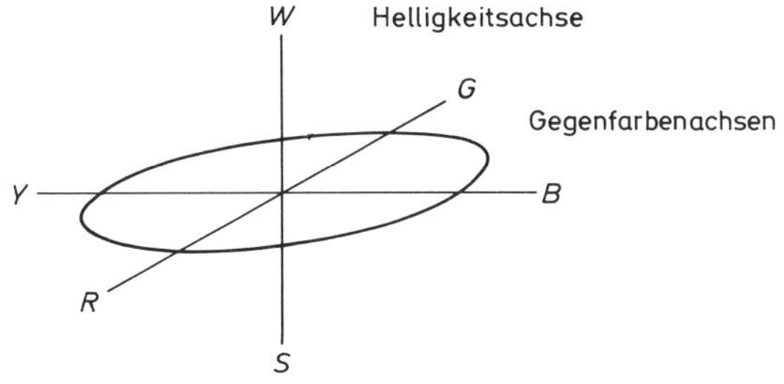

Abb. 6.39 Die Achsen des Gegenfarbensystems nach E. Hering. S-W: Unbuntachse Schwarz-Weiß; R-G: Gegenfarbenachse Rot-Grün; B-Y: Gegenfarbenachse Blau-Gelb.

Vom Jahre 1864 an veröffentlichte Hering eine Reihe von Arbeiten zu einer Theorie des Farbensehens, die unter dem Namen Gegenfarbentheorie bekannt wurde [26]. Sie geht davon aus, daß man die Farben empfindungsgemäß in einem Koordinatensystem mit drei Achsen einordnen kann (Abb. 6.39). Es besteht aus einer Unbuntachse von Schwarz nach Weiß, einer Gegenfarbenachse von Rot nach Grün und einer weiteren Gegenfarbenachse Blau-Gelb. Eine unbunte Farbe ist dadurch ausgezeichnet, daß sie keinen der vier Urfarbenanteile enthält und deshalb auf der Unbuntachse von Schwarz nach Weiß liegt. Ein Purpur enthält die Urfarbenanteile Rot und Blau und liegt demnach in dem Bereich zwischen der Rot- und der Blau-Halbachse, umso weiter von der Unbuntachse entfernt, je höher seine Buntheit ist. Seine Helligkeit bestimmt die Koordinate auf der Unbuntachse.

Herings Hypothese war nun, daß beim Sehen einer Farbe im visuellen System drei gegenläufige physiologische Prozesse gleichzeitig stattfinden, ein Hell-Dunkel-Prozeß, einen Rot-Grün und einen Blau-Gelb-Prozeß. Er nahm dazu drei verschiedene Sehsubstanzen an, deren Auf- oder Abbau die Einordnung der Farbe in das

Gegenfarbenschema bewirken. Den Nachweis solcher physiologischer Prozesse – oder ihre Widerlegung – konnte man allerdings damals nicht führen, ebenso wenig wie man die Existenz dreier verschiedener Zapfenarten in der Netzhaut nachweisen konnte.

Zwischen den Anhängern der Gegenfarbentheorie und der Dreikomponententheorie entspann sich bald eine sehr heftige Auseinandersetzung. Wir wissen heute, daß beide Theorien grundsätzlich richtig sind, aber verschiedene Ebenen im Prozeß der visuellen Reizverarbeitung beschreiben.

Zonentheorie und Modelle des Farbensehens. Der Physiologe Johannes von Kries sprach 1905 die Vermutung aus, daß die Dreikomponententheorie die Prozesse beschreibt, die beim Farbensehen auf der Ebene der Sehzellen stattfinden, während die Gegenfarbentheorie die Reizverarbeitung in den nachgeordneten Stufen des visuellen Systems besser darstellt [29]. Diese Auffassung hat sich bestätigt. Betrachtet man den schematischen Schnitt durch die Netzhaut in Abb. 6.37, so sieht man, daß es schon in der Netzhaut zwischen den Nervenbahnen, auf denen die in den Sehzellen gebildeten Erregungen weitergeleitet werden, Querverbindungen gibt. Tatsächlich hat man gefunden, daß die in den Fasern des optischen Nervs transportierten Signale, die die Form von Impulsfolgen haben, nicht dieselbe Abhängigkeit von der Wellenlänge haben wie die in den Zapfen gebildeten Erregungen. Man findet im Sehnerv Zellen, bei denen die Zahl der Impulse pro Sekunde sich bei allen Farben mit zunehmender bzw. abnehmender Helligkeit erhöht bzw. erniedrigt. In ihnen wird offenbar die Helligkeitsinformation transportiert Es gibt aber auch Zellen, deren Impulsrate sich bei bestimmten Wellenlängen erhöht, bei anderen Wellenlängen sich aber gegenüber der sogenannten spontanen Rate, die sich ohne Reizung einstellt, erniedrigt. Man spricht bei solchen Zellen von Gegenfarbenzellen (opponent cells),

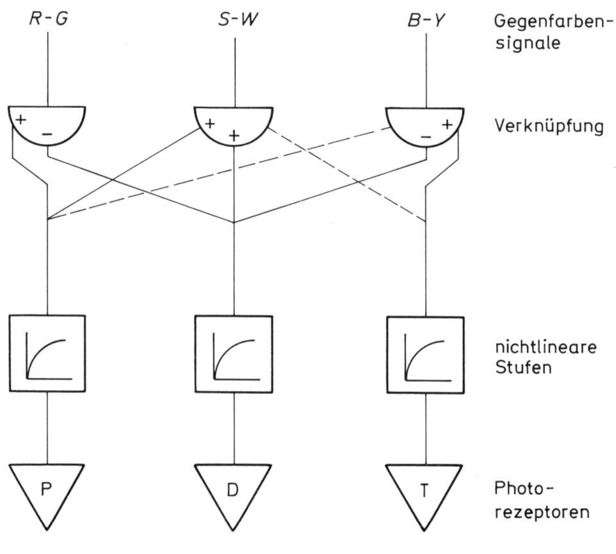

Abb. 6.40 Vereinfachtes mögliches Schema der Reizverarbeitung im visuellen System.

weil ihr Verhalten genau den von Hering beschriebenen Eigenschaften seiner Gegenfarbenprozesse entspricht.

Abb. 6.40 macht deutlich, wie man sich heute in etwa die Reizverarbeitung im visuellen System beim Farbensehen vorstellt. Es gibt eine Anzahl von solchen mathematischen Modellen, die auch komplexere Leistungen des visuellen Systems wie etwa die Farbumstimmung oder die Empfindlichkeit für Farbunterschiede beschreiben [42].

Danach werden durch die zapfenförmigen Sehzellen die Farbreize gemäß der Dreikomponententheorie in Erregungen umgewandelt, die den Farbwerten eines virtuellen Primärvalenzsystems entsprechen, dessen Spektralwertkurven durch die spektralen Empfindlichkeiten der Zapfen gegeben sind. Diese Erregungen durchlaufen Stufen, in denen sie nichtlinear verzerrt werden, wodurch der Erscheinung Rechnung getragen wird, daß unsere Helligkeitsempfindung nicht proportional zur Leuchtdichte (Abschn. 6.12) ist. Danach werden durch Summen- und Differenzbildungen der Erregungen Signale gebildet, die dem Gegenfarbensystem entsprechen. Durch Bildung einer Summe entsteht das Helligkeitssignal, durch unterschiedliche Differenzbildungen entstehen die Rot-Grün- und Blau-Gelb-Gegenfarbensignale.

Sieht man einmal von den nichtlinearen Stufen ab, so kann man vereinfachend auch die Gegenfarbensignale als Farbwerte eines besonderen Primärvalenzsystems betrachten [42]. Die Bildung von Summen und Differenzen von Farbwerten stellt ja eine lineare Transformation dar und dementsprechend kann man auch Spektralwertkurven eines solchen Gegenfarben-Primärvalenzsystems errechnen (Abb. 6.41). Bei richtiger Wahl der Koeffizienten für die Summenbildung ergibt sich als Spektralwertkurve für die Helligkeitsempfindung die $V(\lambda)$-Kurve. Für die Gegenfarbensignale erhält man Kurven, die in bestimmten Bereichen des Spektrums positiv, in anderen negativ sind. Im Falle der Blau-Gelb-Kurve führen alle Spektralfarben im kurzwelligen Bereich zu einem positiven Signal (sie erscheinen bläulich), im langwelligen Bereich zu enem negativen Signal (sie erscheinen gelblich). Dort wo diese

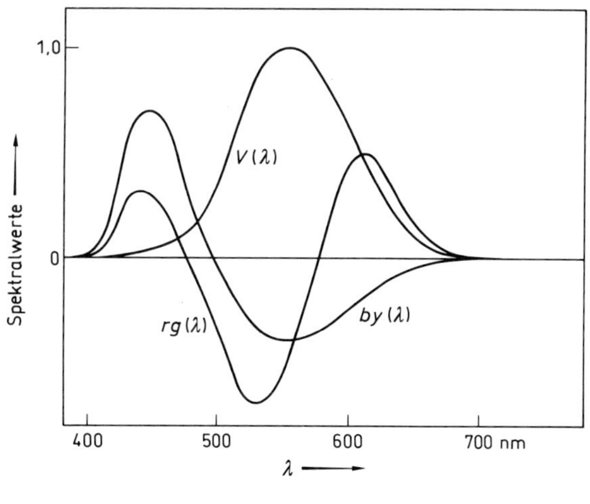

Abb. 6.41 Mögliche Spektralwertkurven des Gegenfarbensystems.

Kurve durch 0 geht, liegt eine grüne Spektralfarbe, die weder bläulich noch gelblich ist. Sie entspricht dem Urfarbton Grün. Entsprechendes gilt für die Rot-Grün-Kurve. Die abgebildete Kurve gibt die Verhältnisse allerdings nur qualitativ wieder.

6.12 Empfindungsgemäße Farbsysteme und Farbabstände

Empfindungsgemäße Helligkeitsskala. Die Leuchtdichte erlaubt zu entscheiden, wann zwei Farbreize gleich hell sind (Abschn. 6.1). Sie berücksichtigt die unterschiedliche Hellempfindlichkeit des Auges für verschiedene Wellenlängen. Gleiche Leuchtdichteunterschiede werden jedoch nicht als gleiche Helligkeitsunterschiede empfunden. Die Leuchtdichte ist eine photometrische, aber keine psychometrische Größe (Abschn. 6.1). Eine Grautreppe, bei der die einzelnen Graustufen sich um gleiche Leuchtdichtedifferenzen unterscheiden, sieht für das Auge nicht gleichmäßig gestuft aus, vielmehr sind die Helligkeitsunterschiede bei geringen Leuchtdichten sehr viel größer als bei hohen Leuchtdichten.

Wie bei den meisten anderen Sinnen läßt sich der Zusammenhang zwischen Reiz und Empfindung auch im Falle von Licht näherungsweise durch das *Webersche Gesetz* beschreiben. Ein eben noch wahrnehmbarer Helligkeitsunterschied ΔL^* zwischen zwei Flächen ist danach proportional zu deren relativem Leuchtdichteunterschied $\Delta L/L$. Es gilt:

$$\Delta L^* \sim \frac{\Delta L}{L}.$$

Man kann dies qualitativ nachprüfen, wenn man bei bedecktem Himmel eine Wolkenpartie betrachtet, in der kleine Helligkeitsunterschiede wahrnehmbar sind. Diese Helligkeitsunterschiede bleiben sichtbar, auch wenn man sie durch neutrale Dämpfungsfilter (Graufilter) sieht mit Transmissionsgraden von 10 % oder 1 %. Man muß dabei allerdings darauf achten, daß man nicht durch direktes ungedämpftes Licht geblendet wird. Durch das Filter werden Leuchtdichteunterschiede im selben Maße gedämpft wie die Leuchtdichte selbst.

Das Webersche Gesetz wird genau dann erfüllt, wenn die Empfindungsgröße (die Helligkeitsempfindung L^*) selbst proportional ist zum Logarithmus der Reizgröße (der Leuchtdichte L):

$$L^* = \log(cL).$$

Dabei ist c eine Konstante. Diese Beziehung ist unter dem Namen *Weber-Fechnersches Gesetz* oder *psychophysisches Grundgesetz* [19] bekannt. Sie folgt aus der Proportionalitätsbeziehung für die Unterschiedsschwellen durch Integration, und umgekehrt erhält man aus dem Weber-Fechnerschen Gesetz durch Differentiation das Webersche Gesetz.

Beide Beziehungen können streng genommen nicht als Gesetze bezeichnet werden, da sie nur in einem begrenzten Leuchtdichtebereich gelten. Dies folgt schon daraus, daß die Logarithmus-Funktion für beliebig kleine Argumentwerte immer weiter ins Negative geht, die Empfindung aber durch die absolute Wahrnehmungsschwelle begrenzt ist.

Bei konstantem Adaptationszustand und für Körperfarben läßt sich der Zusammenhang zwischen Leuchtdichte und Helligkeitsempfindung besser durch eine Potenzfunktion beschreiben, wobei der Exponent den Wert 1/3 hat [2]:

$$L^* = 116\sqrt[3]{\frac{Y}{Y_0}} - 16 \quad \text{für} \quad 0{,}008\,856 < \frac{Y}{Y_0} \leq 1,$$

$$L^* = 903{,}29\,\frac{Y}{Y_0} \qquad \text{für} \quad 0 < \frac{Y}{Y_0} \leq 0{,}008\,856. \tag{6.39}$$

Dabei ist Y der Normfarbwert, der proportional zur relativen Leuchtdichte ist, und Y_0 ist der Normfarbwert der Weißfläche, auf die man sich bezieht. Man nennt L^* die *psychometrische Helligkeitsfunktion* (Abb. 6.42). Für Weiß nimmt Y/Y_0 den Wert 1 und L^* den Wert 100 an. Für die Leuchtdichte 0 wird auch die Helligkeitsfunktion $L^* = 0$. Eine Grautreppe, deren Stufen sich um gleiche L^*-Werte unterscheiden, sieht näherungsweise gleichstufig aus.

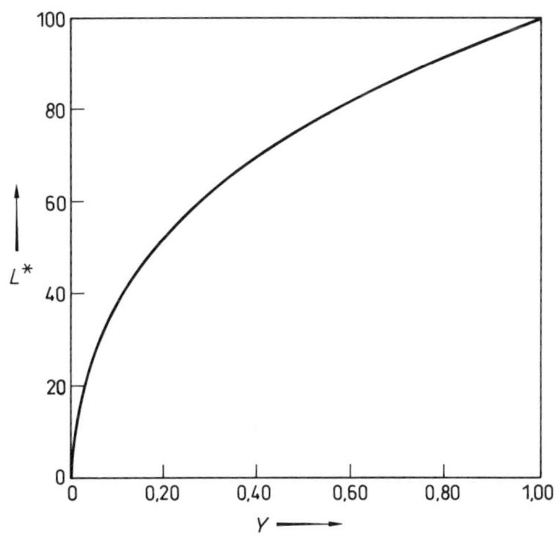

Abb. 6.42 Abhängigkeit der psychometrischen Helligkeitsfunktion L^* von der relativen Leuchtdichte Y.

MacAdam-Ellipsen und empfindungsgemäße Farbtafel. Die Untersuchung der Empfindlichkeit für Farbunterschiede ist erheblich schwieriger als im Falle der Helligkeit, da die Farben sich in drei Dimensionen verändern können, die Helligkeit nur in einer. Bahnbrechende Untersuchungen auf diesem Gebiet stammen von dem Amerikaner D.L. MacAdam [32], die er während des zweiten Weltkriegs bei Kodak durchgeführt hat. Er ging von dem Gedanken aus, daß bei mehrfacher Einstellung einer Farbgleichung durch Nachmischen einer vorgegebenen Farbvalenz die Unterschiede, die sich zwischen den einzelnen Einstellungen ergeben, im Mittel proportional zur Unterschiedsschwelle sein müssen.

Er wählte 25 verschiedene Farbarten aus und stellte sie jeweils durch beleuchtete Filter in der einen Hälfte eines Photometerfeldes so dar, daß sie alle etwa gleiche Leuchtdichte hatten (ca. 50 cd/m^2). In der anderen Hälfte des Photometerfeldes konnte der Beobachter die vorgegebene Farbvalenz aus zwei anderen Farben nachmischen, die so gewählt waren, daß ihre Verbindungsgerade in der Farbtafel durch den Farbort der vorgegebenen Farbe ging, man diese also exakt nachmischen konnte. Die Nachmischung wurde von der Versuchsperson mehrfach wiederholt und daraus wurden die mittleren quadratischen Abweichungen (Standardabweichungen) der Einstellungen berechnet und auf der Geraden in der Farbtafel nach beiden Richtungen von der vorgegebenen Farbe aus eingetragen.

Dieses Verfahren hat MacAdam für verschiedene Richtungen in der Farbtafel durchgeführt, indem er jeweils unterschiedliche Mischungskomponenten vorgab, die auf verschiedenen Geraden durch den Farbort der gegebenen Farbe lagen. Durch Eintragen der Standardabweichungen auf den verschiedenen Geraden erhielt er Ellipsen, deren große und kleine Achsen und Orientierung sich für die verschiedenen Farben stark unterschieden. Diese *MacAdam-Ellipsen* sind in Abb. 6.43 in der Normtafel eingezeichnet, allerdings der Deutlichkeit halber in 10facher Größe. Sie geben an, wieweit man von einer bestimmten Farbe ausgehend die Farbart in einer bestimmten Richtung verändern kann, bis man einen Unterschied zu der Ausgangsfarbe sehen kann (Unterschiedsschwellen).

Die unterschiedliche Größe und Gestalt der MacAdamschen Schwellen-Ellipsen in der Normfarbtafel beweist, daß diese Darstellung der Farbarten empfindungsgemäß stark verzerrt ist. In einer empfindungsgemäß gleichabständigen Farbtafel müßten diese Ellipsen alle gleich große Kreise sein.

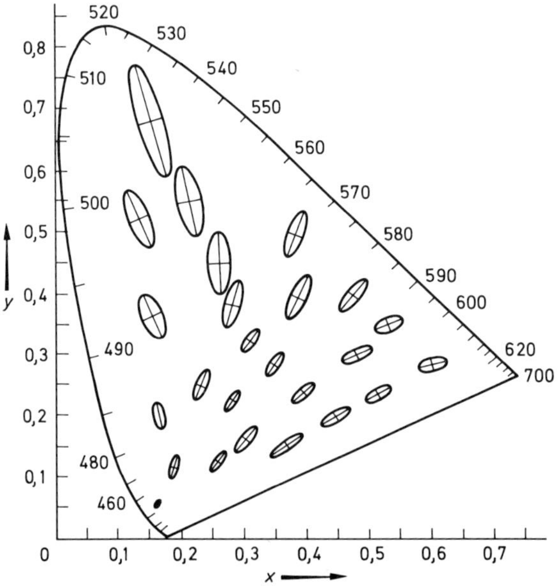

Abb. 6.43 Die Schwellenellipsen nach MacAdam in der Normfarbtafel. Die Ellipsen sind gegenüber dem Maßstab der Koordinaten x, y zehnfach vergrößert.

Bekanntlich ist die Normfarbtafel mit ihren rechtwinklig angeordneten Primärvalenzen nur eine mögliche Darstellungsart der Farbarten. Die Frage ist nun, ob es eine empfindungsgemäße Darstellung der Farbarten in Form einer Farbtafel gibt, bei der die MacAdam-Ellipsen alle zu Kreisen werden.

Tatsächlich gibt es keine Farbtafel, die diese Forderung erfüllt. Dieses Ziel könnte man nur durch nichtlineare Diagramme erreichen, bei denen die Mischungslinien gekrümmt sind und keine Schwerpunktregel mehr gilt.

Einen Kompromiß stellt die von der CIE 1976 vorgeschlagene sogenannte CIE-UCS-Farbtafel 1976 dar (UCS ist abgekürzt aus uniform chromaticity scale). Sie hat die rechtwinkligen Koordinaten u' und v', die sich folgendermaßen aus den Normfarbwertanteilen errechnen:

$$u' = \frac{4x}{-2x + 12y + 3},$$

$$v' = \frac{9y}{-2x + 12y + 3}. \tag{6.40}$$

Abb. 6.44 zeigt diese Farbtafel, die an Stelle der Normfarbtafel immer dann benützt werden sollte, wenn man Farbarten empfindungsgemäß darstellen will. Sie ist eine projektive Transformation der Normfarbtafel, und auch in ihr gilt deshalb, daß Mischungen aus zwei Komponenten auf der Verbindungsgeraden der Farbörter der Komponenten liegen.

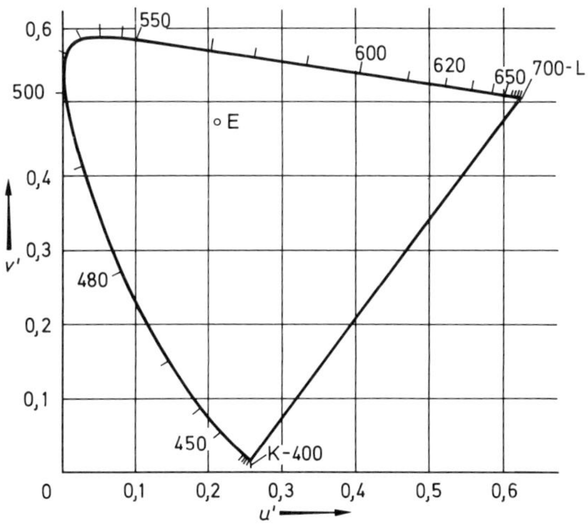

Abb. 6.44 Die CIE-UCS-Farbtafel 1976 mit der Mittelpunktsvalenz E.

Empfindungsgemäße Farbräume. In einer empfindungsgemäßen Farbtafel lassen sich nur Unterschiede gleichheller Farben beurteilen. Um die Unterschiede beliebiger Farben beurteilen zu können, ist eine dreidimensionale gleichabständige Darstellung des Farbraums erforderlich. Sie läßt sich gewinnen durch eine Verknüpfung der gleichabständigen Helligkeitsskala mit der empfindungsgemäßen Farbtafel. Eine solche Darstellung mit den drei Koordinaten L^*, u^*, v^* wurde 1976 von der CIE unter der Bezeichnung *CIE-LUV-System* 1976 empfohlen und ist folgendermaßen definiert [2]:

$$
\begin{aligned}
L^* &= 116 \sqrt[3]{\frac{Y}{Y_0}} - 16, \\
u^* &= 13\, L^*(u' - u'_0), \\
u^* &= 13\, L^*(v' - v'_0).
\end{aligned} \tag{6.41}
$$

L^* ist die psychometrische Helligkeitsfunktion, die beiden Größen u'_0 und v'_0 geben die Farbart der Beleuchtungsart (z. B. D65). Für die unbunten Farben werden damit die beiden Koordinaten u^* und v^* Null. Die beiden Gleichungen $u^* = 0$ und $v^* = 0$ repräsentieren Ebenen, deren Spuren in der UCS-Farbtafel (Abb. 6.44) zwei rechtwinklige Geraden ergeben, die sich im Unbuntpunkt schneiden. Aus den Schnittpunkten dieser Geraden mit dem Spektralfarbenzug kann man erkennen, daß die Achse u^* in etwa Richtung Grün-Rot und die Achse v^* etwa in Richtung Blau-Gelb verläuft. Aus den beiden Koordinaten u^* und v^* läßt sich also qualitativ ungefähr der Buntton ableiten. Er ist

rötlich, wenn $u^* > 0$,
grünlich, wenn $u^* < 0$,
gelblich, wenn $v^* > 0$,
bläulich, wenn $v^* > 0$.

Weiterhin kann man die Größe

$$C^*_{uv} = \sqrt{u^{*2} + v^{*2}}$$

bilden, die *psychometrische Buntheit*. Sie gibt den Abstand der Farbe von Unbunt an. Die Buntheit darf jedoch nicht verwechselt werden mit der Sättigung. Wird

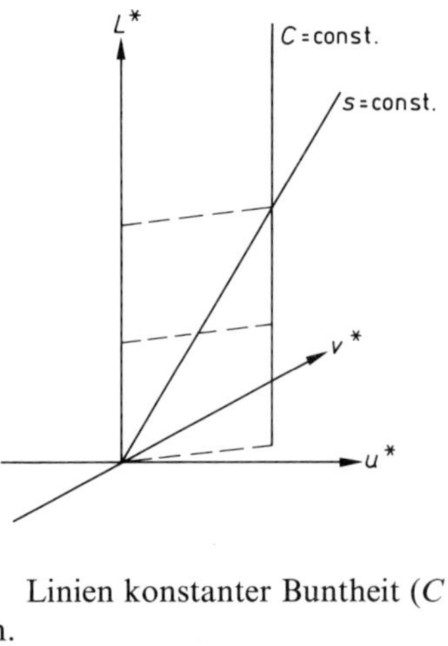

Abb. 6.45 Linien konstanter Buntheit (C = const) und konstanter Sättigung (S = const) im Farbraum.

etwa die psychometrische Helligkeit einer Farbe verändert, aber die beiden Koordinaten u^* und v^* und damit auch die Größe C^*_{uv} festgehalten, so ändert sich die Farbart. Die Farbe bewegt sich dabei im Farbraum auf einer Geraden parallel zur Unbuntgeraden, nicht auf einer Geraden durch den Nullpunkt des Koordinatensystems, wie es bei konstanter Sättigung der Fall sein müßte (Abb. 6.45). Man kann jedoch leicht eine Größe ableiten, die ein Maß für die Sättigung ist, wenn man die Buntheit durch die psychometrische Helligkeit dividiert:

$$s_{uv} = \frac{C^*_{uv}}{L^*} = 13 \cdot \sqrt{(u' - u'_0)^2 + (v' - v'_0)^2}\,.$$

Diese sogenannte *psychometrische Sättigung* ist in der Tat proportional zur Entfernung des jeweiligen Farborts vom Farbort des Unbuntpunkts in der Farbtafel.

Schließlich läßt sich auch der Buntton in diesem Koordinatensystem durch einen *uv-Buntton-Winkel* h_{uv} angeben:

$$h_{uv} = \arctan \frac{v^*}{u^*} = \arctan \frac{v' - v'_0}{u' - u'_0}\,.$$

Damit ist auch im Rahmen dieses CIE-LUV-Koordinatensystems eine anschauliche Kennzeichnung einer Farbe nach Helligkeit, Buntton und Sättigung quantitativ möglich. Allerdings ist bei Angaben dieser Größen immer der Zusatz ‚CIE-LUV 1976‘ erforderlich, um eindeutig zu kennzeichnen, um welche Größen es sich handelt. Weil die empfindungsgemäße Gleichabständigkeit des CIE-LUV-Systems keineswegs vollkommen ist, hat die Internationale Beleuchtungskommission 1976 nämlich noch ein zweites Farbkoordinatensystem als näherungsweise gleichabständig empfohlen mit den Koordinaten L^*, a^* und b^*:

$$L^* = 116 \sqrt[3]{\frac{Y}{Y_0}} - 16,$$

$$a^* = 500 \left(\sqrt[3]{\frac{X}{X_0}} - \sqrt[3]{\frac{Y}{Y_0}} \right),$$

$$b^* = 200 \left(\sqrt[3]{\frac{Y}{Y_0}} - \sqrt[3]{\frac{Z}{Z_0}} \right).$$

Die Größen X_0, Y_0, Z_0 bezeichnen auch hier die Normfarbwerte der unbunten Bezugsfarbe, im Falle der Körperfarben Weiß. Die Helligkeitsfunktion ist in diesem *CIE-LAB-System* 1976 identisch mit der des CIE-LUV-Systems. Die beiden Achsen a^* und b^* sind ebenfalls Rot-Grün- bzw. Blau-Gelb-Buntheitsachsen. Für unbunte Farben sind die Koordinaten a^* und b^* jeweils Null. Im Gegensatz zu dem CIE-LUV System besitzt das CIE-LAB-System keine Farbtafel, da sich aus den Koordinaten L^*, a^*, b^* wegen des Exponenten 1/3 keine leuchtdichteunabhängigen Quotienten bilden lassen.

Auch aus diesen Größen lassen sich jedoch entsprechend zum CIE-LUV-System eine psychometrische Buntheit und ein Farbtonwinkel ableiten, wobei diese jeweils durch den Zusatz ‚CIE-LAB 1976‘ zu kennzeichnen sind.

Farbabstandsformeln. In einem Farbraum, in dem die Anordnung der Farben empfindungsgemäß gleichabständig ist, sind die geometrischen Abstände direkt proportional zu den empfindungsgemäßen Farbabständen. Sind etwa zwei verschiedene, aber ähnliche Farben gegeben durch ihre CIE-LUV-Koordinaten

$$L_1^*,\ L_2^*,\ \Delta L^* = L_2^* - L_1^*,$$
$$u_1^*,\ u_2^*,\ \Delta u^* = u_2^* - u_1^*,$$
$$v_1^*,\ v_2^*,\ \Delta v^* = v_2^* - v_1^*,$$

so ist ihr Farbabstand im CIE-LUV-Farbraum gegeben durch den Ausdruck

$$\Delta E_{uv}^* = \sqrt{\Delta L^{*2} + \Delta u^{*2} + \Delta v^{*2}}.$$

Diesen Ausdruck bezeichnet man als Farbabstandsformel. Dabei bedeutet der Farbabstand $\Delta E_{uv}^* = 1$ einen gerade noch wahrnehmbaren Unterschied. Ganz entsprechend kann man auch eine Farbabstandsformel für das CIE-LAB-System angeben. Es gibt in der Literatur noch eine Reihe verschiedener Farbabstandsformeln, auf die wir hier nicht eingehen können.

Farbabstandsformeln benützt man, wenn es darum geht, die Qualität einer Farbreproduktion zu kennzeichnen. Dies kann eine einzelne Farbnachstellung in der Farbstoff-Industrie sein, bei der z. B. ein Lack nach einer Vorlage nachgemischt werden muß.

Statt des Farbabstands selbst wird gelegentlich auch der *Farbwiedergabe-Index* R angegeben. Er berechnet sich aus dem Farbabstand ΔE^* nach der Formel [1, 6]

$$R = 100 - 4{,}6\,\Delta E^*.$$

Bei einer exakten Wiedergabe der Farbe mit verschwindendem Farbabstand ist der Farbwiedergabe-Index 100.

Die Angabe eines Farbwiedergabe-Index ist vor allem bei Lampen zur Kennzeichnung ihrer Farbwiedergabe-Eigenschaften gebräuchlich. Dabei werden 14 festgelegte Testfarben bei Beleuchtung mit dieser Lampe gemessen und verglichen mit den Farben, die sie unter einer Bezugslichtart, z. B. der Normlichtart D65 annehmen. Den über die ersten 8 Testfarben gemittelten Farbwiedergabe-Index nennt man den *allgemeinen Farbwiedergabe-Index* R_a dieser Lampe.

In der Farbfernsehtechnik sowie beim Farbdruck und bei farbphotographischen Reproduktionen ist es üblich, für eine Reihe von definierten Testfarben die reproduzierten Farben zu bestimmen und mit den Farben unter einer Bezugslichtart zu vergleichen. Die Farbabstände zwischen Bezugs- und Wiedergabefarben sowie die Farbwiedergabe-Indizes werden berechnet und aus ihnen wird ein Mittelwert gebildet, der die Abweichung zwischen Wiedergabefarben und Bezugsfarben kennzeichnet.

Die Ermittlung des Farbwiedergabe-Index für Lampen und für die verschiedenen Reproduktionstechniken wird beschrieben in der DIN-Norm 6169, Teil 1–8 [6].

6.13 Körperfarben und Farbordnungen

Die Optimalfarben. In Abschn. 6.6 wurde die Frage gestellt, welchen Bereich des Farbraums die realen Farben ausfüllen. Für die farbigen Lichter ist diese Frage in Abschn. 6.8 beantwortet worden: Nur die Farben innerhalb der von den Spektralfarben gebildeten Farbfläche sind physikalisch realisierbar. In der Farbtafel liegen ihre Farbörter innerhalb des von Spektralfarbenzug und Purpurgeraden begrenzten Bereichs.

Die möglichen Körperfarben erfüllen ebenfalls nur einen beschränkten Bereich im Farbraum. Man nennt einen solchen geschlossenen Bereich einen *Farbkörper*. Die Gestalt des Farbkörpers der Körperfarben hängt von der Beleuchtung ab. Bei dem Extremfall einer monochromatischen Beleuchtung etwa entartet der Farbkörper zu einer Linie, da alle Oberflächen bei dieser Beleuchtung dieselbe Farbart haben.

Wir nehmen in diesem Abschnitt jedoch eine Beleuchtung an, die alle sichtbaren Spektralanteile enthält, wie etwa die Normlichtart D65. Wie sieht bei dieser Beleuchtung der Farbkörper aller möglichen Körperfarben aus?

Die dunkelste Körperfarbe ist Schwarz, d. h. eine Oberfläche, die keinerlei Licht reflektiert. Im Gegensatz zu den farbigen Lichtern gibt es bei den Körperfarben auch eine hellste Farbe, die der vollkommen mattweiße Fläche unter der gegebenen Beleuchtung.

Es läßt sich leicht einsehen, daß bei einer endlichen relativen Leuchtdichte (Hellbezugswert > 0) eine Körperfarbe nicht die gleiche Farbart wie etwa eine grüne Spektralfarbe haben kann. Dazu dürfte die Oberfläche nämlich nur bei einer einzigen Wellenlänge Licht reflektieren und müßte im gesamten übrigen Spektralbereich alles Licht absorbieren. Ihr Hellbezugswert wäre also verschwindend gering. Wenn die

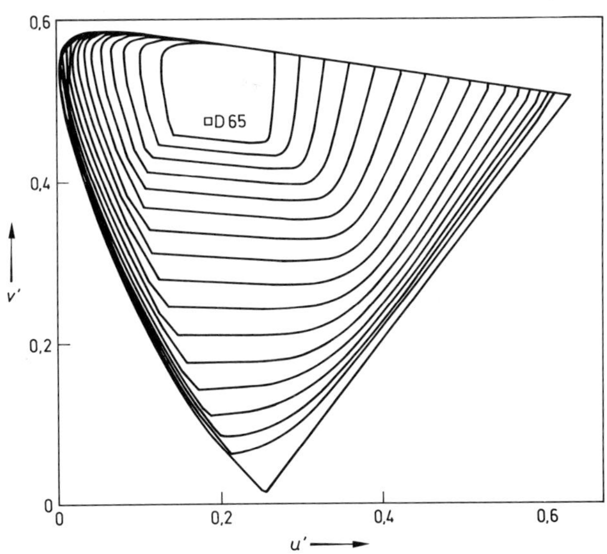

Abb. 6.46 Die Linien der Optimalfarben gleicher psychometrischer Helligkeit in der CIE-UCS-Farbtafel 1976. L^* nimmt von außen nach innen zu.

Oberfläche in einem ausgedehnteren Spektralbereich reflektiert, so mischen sich die verschiedenen Spektralanteile und wegen der Krümmung des Spektralfarbenzugs im Grünbereich (Abb. 6.32) liegt die Farbart der Mischung nicht mehr auf, sondern innerhalb des Spektralfarbenzugs. Die Körperfarbe hat also geringere Sättigung als die Spektralfarbe.

Es ist also sinnvoll zu fragen, welches die Körperfarbe größter Sättigung bei vorgegebenem Hellbezugswert und Buntton ist. Eine solche Körperfarbe optimaler Sättigung heißt *Optimalfarbe*. Abb. 6.46 zeigt die Linien in der u'-v'-Farbtafel 1976, auf der die Farbörter der Optimalfarben gleicher Hellbezugswerte liegen. Diese Linien gelten für Beleuchtung mit Normlichtart D65. Je höher der Hellbezugswert, desto geringer wird die maximal mögliche Sättigung der Körperfarben.

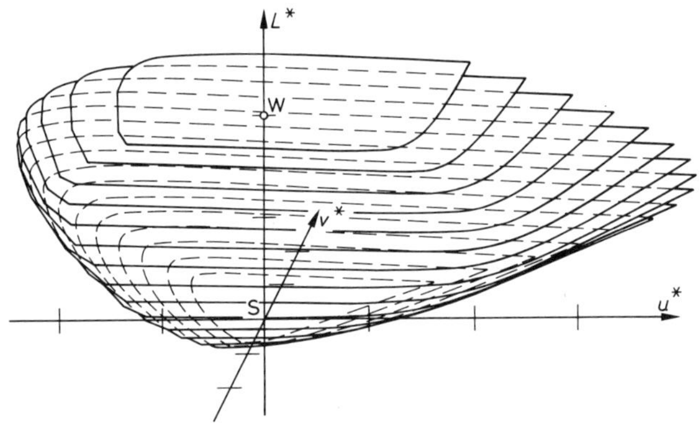

Abb. 6.47 Der Farbkörper der Optimalfarben im Farbraum des nahezu gleichabständigen CIE-LUV-Systems. Gezeichnet sind Schnitte L^* = konstant. W: Weißpunkt, S: Schwarzpunkt.

Abb. 6.47 gibt eine perspektivische Darstellung des Farbkörpers im Farbraum des CIE-LUV-Systems 1976. Man erkennt die spindelförmige Gestalt, die unten im Schwarzpunkt und oben im Weißpunkt zusammenläuft. Die Optimalfarben bilden die Oberfläche dieses Farbkörpers.

Die spektralen Remissionsfunktionen, die zu den Optimalfarben gehören, sind besonders einfach und für alle Beleuchtungen mit kontinuierlichem Spektrum gleich. Es sind Funktionen, die nur die Werte 0 und 1 annehmen (Abb. 6.48). Den Beweis dafür, daß gerade diese Remissionsfunktionen die gesuchte optimale Eigenschaft haben, hat 1920 der Physiker und spätere Mitbegründer der Quantenmechanik Erwin Schrödinger erbracht [44]. Er hat auch gezeigt, daß die Optimalfarben nicht nur höchste Sättigung bei gegebenem Hellbezugswert und Buntton haben, sondern bei gegebener Sättigung und gegebenem Buntton auch die Körperfarben mit dem größten Hellbezugswert sind.

Die Remissionsfunktionen der Optimalfarben sind theoretisch ermittelt worden und kommen exakt in dieser Form in der Natur und auch bei synthetisch erzeugten Farbstoffen nicht vor. Sie bilden jedoch die äußerste Grenze der überhaupt physikalisch möglichen Körperfarben.

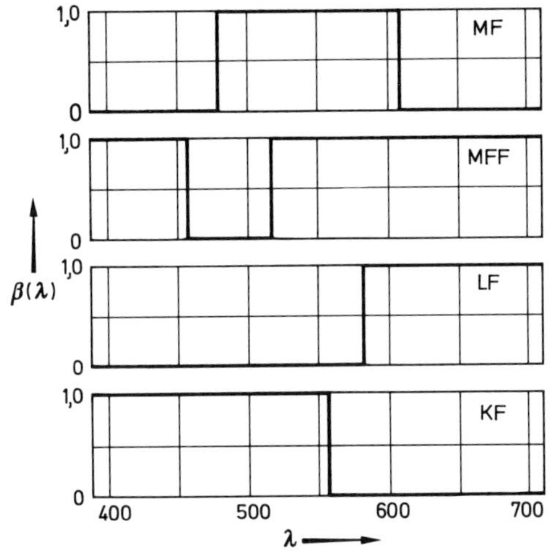

Abb. 6.48 Die vier verschiedenen Typen von Remissionsfunktionen der Optimalfarben. MF: Mittelfarbe, MFF: Mittelfehlfarbe, KF: Kurzendfarbe, LF: Langendfarbe.

Farbordnungen und Farbmustersammlungen. Es ist immer wieder versucht worden, systematische Farbordnungen zu finden, in denen alle möglichen Körperfarben anhand von Buntton, Sättigung oder Buntheit und Hellbezugswert eingeordnet werden können. Im 18. Jahrhundert schlugen solche Farbordnungen die Physiker Tobias Mayer und Johann Heinrich Lambert (in Form von Pyramiden) vor, im 19. Jahrhundert der Maler Philipp Otto Runge (die Farbenkugel) und der französische Chemiker Michel Eugène Chevreul und zu Beginn dieses Jahrhunderts befaßten sich der amerikanische Maler A.H. Munsell [35] und der deutsche Physiker Wilhelm Ostwald [39] mit diesem Problem. Dabei entstand auch das Bedürfnis, eine solche Farbordnung durch möglichst viele Farbmuster konkret zu repräsentieren.

Heute ist eine große Anzahl von Farbmustersammlungen in Gebrauch [49]. Eine moderne Farbordnung, die wissenschaftlichen Ansprüchen genügt, sollte die folgenden Eigenschaften haben:

- Die Farben liegen als Muster vor, wobei jedes Muster eine eigene Kennzeichnung hat.
- Die Abweichungen der Muster gleicher Kennzeichnung voneinander, bedingt durch den Herstellungsprozeß, wird in sehr kleinen Toleranzen gehalten.
- Die Muster sind farbmetrisch vermessen, so daß ihre Normfarbwerte bei spezifizierter Beleuchtung bekannt sind.
- Die Muster liegen in einer systematischen und möglichst empfindungsgemäßen Ordnung vor.

Zu den Farbordnungen, die diese Bedingungen erfüllen, gehören in den USA das Munsell Book of Color, in Deutschland das DIN-Farbensystem, und in Schweden wurde in den letzten 25 Jahren das Natural Color System (NCS) entwickelt.

In der Praxis sind solche Farbordnungen sehr wichtig, weil z. B. Architekten und Designer sich bei ihren Entwürfen auf bestimmte Farbmuster beziehen können und anschließend bei der Ausführung die zu realisierenden Farben eindeutig gekennzeichnet sind.

Das Munsell-System. Das Munsell-System ist in den USA entstanden und ist das am weitesten verbreitete System. Die Farbmuster sind in dem *Munsell Book of Color* [36] zusammengefaßt. Sie sind nach den drei Parametern *Value V* (Helligkeit), *Hue H* (Buntton) und *Chroma C* (Buntheit) angeordnet. Der Helligkeitsparameter Value läuft von 0 für Schwarz bis 10 für Weiß und war im ursprünglichen Munsell-System mit dem Hellbezugswert A durch die Beziehung $V = 10\sqrt{A}$ verbunden. Genaue Messungen der Graustufen ergaben die folgende komplizierte Beziehung:

$$A = 1{,}2219\ V - 0{,}23111\ V^2 + 0{,}23951\ V^3 - 0{,}021009\ V^4 + 0{,}0008404\ V^5$$

Aus dem Bunttonkreis wurden fünf Bunttöne ausgesucht, die empfindungsgemäß gleiche Bunttonwinkel einschließen: Rot (R), Gelb (Y), Grün (G), Blau (B), Purpur (P). Durch einfache Unterteilung wurden fünf Zwischentöne (YR für Orange, RP, PB, BG, GY) geschaffen, und durch nochmalige zehnfache Unterteilung entstand ein Bunttonkreis von 100 verschiedenen Bunttönen, von denen allerdings nur 40 als Muster ausgeführt sind. Die Bunttonpaare R und BG, Y und PB, G und RP sowie B und YR sind kompensativ, man kann aus ihnen jeweils Unbunt ermischen. Allerdings sind die Linien konstanten Munsell-Bunttons H in der Normfarbtafel keine Geraden (Abb. 6.49), da die Linien empfindungsgemäß gleichen Bunttons in der Farbtafel gekrümmt sind (Bezold-Abney-Effekt).

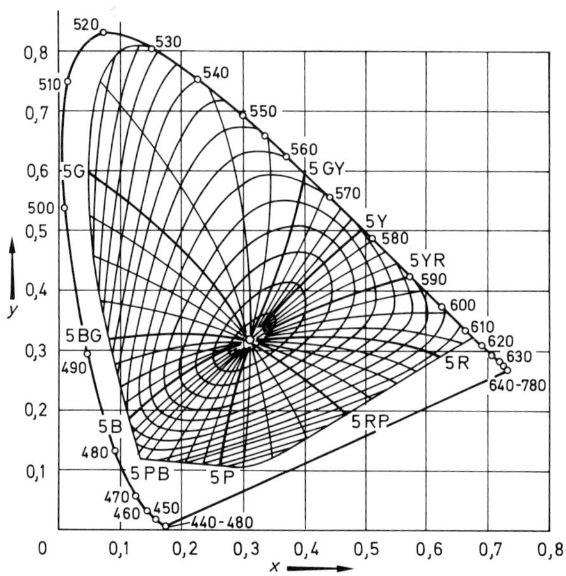

Abb. 6.49 Normfarbtafel mit Linien konstanter Buntheit (Chroma) und konstanten Bunttons (Hue) im Munsell-System in einer Ebene konstanter Helligkeit (Value = 5).

Aus Abb. 6.49 geht auch hervor, daß die Linien konstanter Buntheit (Chroma C) keine Kreise bilden in der Normfarbtafel. Dies ist auch nicht zu erwarten, da gleiche Chroma-Werte bei gleicher Helligkeit und unterschiedlichen Bunttönen ebenfalls gleicher empfindungsgemäßen Buntheit (und im Falle gleicher Helligkeit auch gleicher Sättigung) entsprechen. Bemerkenswert ist ferner, daß in Richtung Gelb sehr viel weniger Chroma-Schritte genügen, um die Sättigung der Spektralfarben zu erreichen, während in Richtung Grün mehr als die doppelte Schrittzahl erforderlich ist bis zur Optimalfarbengrenze, die dort innerhalb des Spektralfarbenzugs liegt.

Das DIN-Farbsystem. Dieses Farbsystem ist als DIN 6164 Teil des DIN-Normensystems. Es wurde ab 1945 von Manfred Richter im Auftrag des Deutschen Normenausschusses entwickelt [5, 40]. Es liegt je in einer Ausführung als Mattfarben und Glanzfarben vor, wobei die Farbmuster in einer Größe von 20 × 25 mm ausgeführt sind. Sie sind durch die drei Parameter *Bunttonzahl T, Dunkelstufe D* und *Sättigungsstufe S* gekennzeichnet.

Der Bunttonkreis ist beim DIN-System in 24 Bunttöne eingeteilt, die gleichabständig sind (Abb. 6.50). Linien gleichen Bunttons sind in der Normfarbtafel strahlenförmig vom Unbuntpunkt ausgehende Geraden (der Bezold-Abney-Effekt wird hier nicht berücksichtigt). Die Linien gleicher Sättigungsstufe sind ähnlich wie im Munsell-System geformte geschlossene ovale Linien um den Unbuntpunkt.

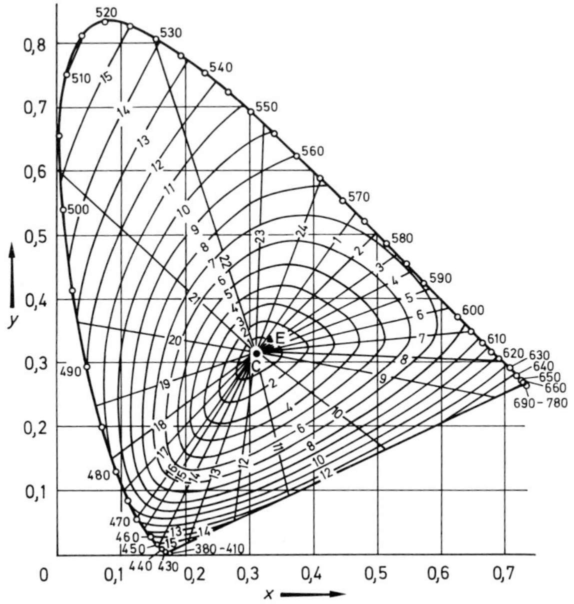

Abb. 6.50 Normfarbtafel mit Linien konstanter Bunttonzahl T und konstanter Sättigungsstufe S im DIN-Farbsystem.

Anders als beim Munsell-System ist in einer Fläche konstanter Dunkelstufe nicht der Hellbezugswert konstant, sondern die Relativhelligkeit h. Sie ist das Verhältnis des Hellbezugswerts A zum Hellbezugswert A_0 der farbartgleichen Optimalfarbe:

$$h = \frac{A}{A_0}\,.$$

Da die hellste Körperfarbe einer bestimmten Farbart immer eine Optimalfarbe ist, ist es sinnvoll, die Helligkeit der bunten Körperfarben nicht auf Weiß, sondern auf die Optimalfarbe dieser Farbart zu beziehen. Für die unbunten Farben ist $A_0 = 100$ (vollkommenes Weiß), für alle anderen Farben ist $A_0 < 100$. Die Dunkelstufe ist durch die folgende Beziehung definiert:

$$D = 10 - 6{,}1723 \log(40{,}7\,h + 1)\,.$$

Sie ergibt für die Relativhelligkeit $h = 1$ (hellste Körperfarbe der betreffenden Farbart) die Dunkelstufe $D = 0$ und für $h = 0$ (Schwarz) $D = 10$.

Die einzelnen Farbmuster des DIN-Systems werden durch das Wertetripel $T:S:D$ gekennzeichnet. In Tabellen kann man dann zu jedem Muster die Farbmaßzahlen, also die Normfarbwertanteile und den Hellbezugswert für eine bestimmte Normlichtart und für den 2°-Normalbeobachter nachschlagen. Tafel III/5 zeigt ein Blatt des DIN-Farbensystems mit den zu der Bunttonzahl T = 8 gehörigen Farbmustern.

Das NCS-Farbsystem. Das NCS-System (Natural Color System) ist in Schweden unter der Bezeichnung Swedish Standard for Color Notation (SS019100) genormt [23]. Es erhebt schon durch seinen Namen den Anspruch, sich durch seinen Aufbau der ‚natürlichen' Farbempfindung besonders gut anzupassen. Es geht dabei von den Heringschen Vorstellungen aus, nach denen für die Orientierung im Farbraum die sechs Urfarben Schwarz, Weiß, Rot, Gelb, Grün und Blau die wichtigsten Anhaltspunkte sind. Jede Farbe wird durch ihre Beziehung zu diesen Urfarben gekennzeichnet.

Für die Bestimmung des Bunttons sind die vier bunten Urfarben Rot (R), Gelb (Y), Grün (G) und Blau (B) die Orientierungspunkte. Sie teilen im NCS-System den Bunttonkreis in vier gleiche Teile. Jeder Buntton, der nicht selbst ein Urfarbton ist, liegt zwischen zwei Urfarben und wird durch seine beiden Urfarbenanteile beschrieben. So ist Y50R ein Orange, das je 50 % Gelb und 50 % Rot enthält.

Alle Farben eines bestimmten Bunttons werden im NCS-System in Form eines Dreiecks angeordnet (Abb. 6.51). Eine Seite dieses Dreiecks bildet die Unbuntachse die von Schwarz nach Weiß geht. Die dieser Seite gegenüberliegende Ecke C bezeichnet die Farbe höchster Buntheit (chromaticness c) dieses Bunttons. Ihr wird der Buntheitswert $c = 100$ zugeordnet. Die Verbindungen dieses Punktes mit Weiß bzw. mit Schwarz stellen die Linien dar, auf denen die verweißlichten bzw. verschwärzlichten Farben dieses Bunttons liegen. Zieht man innerhalb dieses Dreiecks Linien parallel zur Unbuntachse, so liegen auf ihnen Farben gleicher Buntheit c. Auf Linien, die parallel der Verbindungsgeraden zum Weißpunkt sind, liegen die Farben gleicher Schwärzlichkeit s. Im Schwarzpunkt selbst ist die Schwärzlichkeit $s = 100$, im Weißpunkt ist sie $s = 0$. Ebenso kann man die Weißlichkeit w definieren. Im Weißpunkt ist $w = 100$ und im Schwarzpunkt $w = 0$. Parallelen zur Verbindungs-

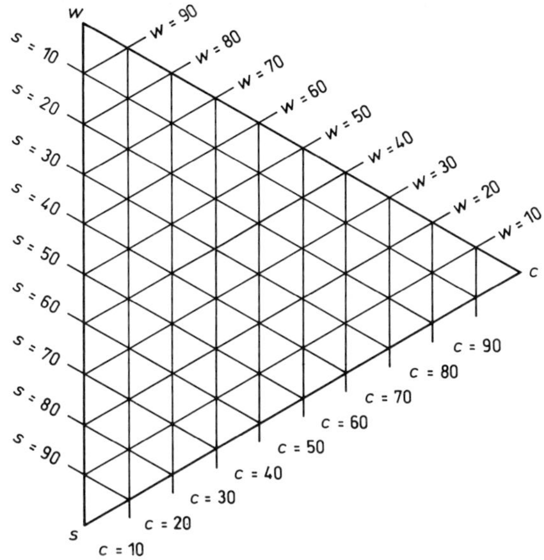

Abb. 6.51 Schnitt durch eine Ebene bestimmten Bunttons mit Unbuntachse SW (Schwarz-Weiß) im NCS-Farbsystem. Eingezeichnet sind Linien konstanter Buntheit (c), konstanter Schwärzlichkeit (s) und konstanter Weißlichkeit (w).

geraden zwischen der Buntspitze des Dreiecks und dem Schwarzpunkt sind Linien gleicher Weißlichkeit. Aus diesen Definitionen und Abb. 6.51 folgt die Beziehung $s + w + c = 100$.

Neben der Angabe des Bunttons genügen also zwei der drei Größen Buntheit c, Schwärzlichkeit s und Weißlichkeit w. Man gibt die Schwärzlichkeit s und die Buntheit c an und schreibt z. B. 20 30 Y30R für ein Orange der Schwärzlichkeit $c = 20$, der Buntheit $c = 30$ und bei einem Bunttonwinkel, der den Viertelkreis zwischen Gelb und Rot im Verhältnis 30 : 70 teilt.

6.14 Verfahren der Farbreproduktion

Farbfernsehen. Das Farbfernsehen ist das einzige Reproduktionsverfahren, das mit additiver Mischung arbeitet. Von dem Zustandekommen des Farbbildes auf einem Farbfernsehbildschirm durch additive Mischung war in Abschn. 6.6 die Rede. Die Primärvalenzen oder Grundfarben bei dieser Mischung werden von den roten, grünen und blauen Phosphorpunkten gebildet.

Die Farbörter der Bildschirmphosphore bilden in der Farbtafel ein Primärvalenz-Dreieck, das vollständig innerhalb des Spektralfarbenzugs liegt (Abb. 6.52). Alle Farbvalenzen, deren Farbörter innerhalb dieses Farbdreiecks liegen, können auf dem betreffenden Bildschirm wiedergegeben werden, ihre Farbwerte sind positiv. Farbvalenzen, deren Farbörter außerhalb dieses Dreiecks liegen, wie die Spektral-

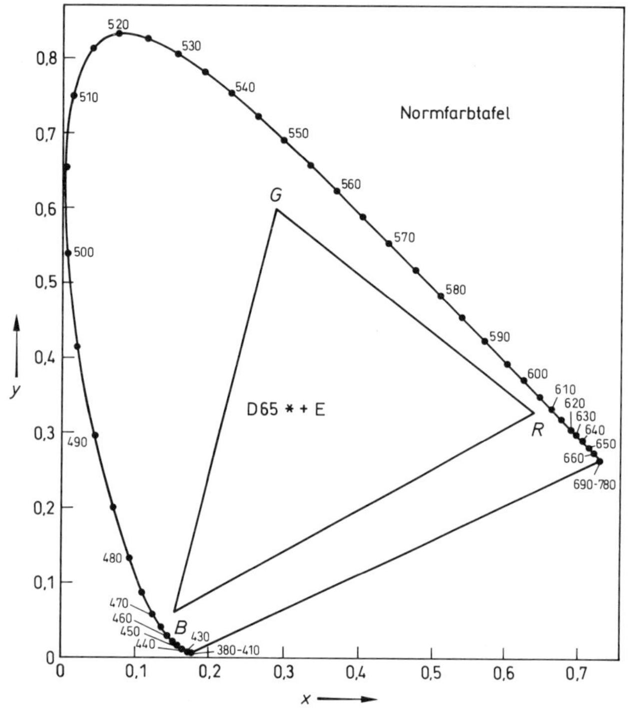

Abb. 6.52 Normfarbtafel mit dem Farbdreieck der standardisierten Bildschirm-Primärvalenzen *R, G, B* (EBU-Phosphore) und dem Farbort der Normlichtart D65.

farben selbst, können nicht wiedergeben werden, mindestens einer ihrer Farbwerte ist negativ.

Für die Reproduktion einer bestimmten Farbvalenz müssen demnach ihre Farbwerte bekannt sein. Die Farbwerte werden der Kathode der Bildröhre als *Farbwertsignale* zugeführt, die die Strahlströme der drei Elektronenstrahlen steuern. Diese bestimmen die relativen Leuchtdichten der roten, grünen und blauen Phosphorpunkte.

Um die Erzeugung der Farbwertsignale in der Farbfernsehkamera verstehen zu können, betrachten wir erst eine Schwarz-Weiß-Fernsehübertragung. Das Objektiv der Schwarz-Weiß-Fernsehkamera bildet die zu übertragende Szene auf eine Aufnahmeröhre oder einen optoelektrischen Halbleitersensor ab. Die dort entstehende Beleuchtungsstärke-Verteilung, die ein Bild der Leuchtdichteverteilung in der Szene ist, wird in eine elektrische Ladungsverteilung umgewandelt und zeilenweise als Videosignal ausgelesen. Im Schwarz-Weiß-Empfänger steuert dieses Signal die Intensität des Elektronenstrahls der Bildröhre, der auf dem Bildschirm eine Leuchtdichteverteilung erzeugt, die der in der Originalszene gleicht.

In der Farbfernsehkamera müssen statt eines Leuchtdichtesignals drei Farbwertsignale erzeugt werden. Die Farbwerte werden nach Abschn. 6.8 aus der Farbreizfunktion ermittelt durch Bewertung mit den zu den betreffenden Primärvalenzen gehörenden Spektralwertkurven.

In der Farbfernsehkamera ist nach dem Objektiv ein *Lichtteiler* angeordnet, der das einfallenden Licht auf drei Wandler verteilt, die die drei Farbwertsignale erzeugen (Abb. 6.53). Nach Abschn. 6.8 und 6.10 müssen die spektralen Empfindlichkeiten der drei Wandler einschließlich der spektralen Transmissionen der drei Kanäle des Lichtteilers proportional zu den Spektralwertkurven sein (Luther-Bedingungen). Dann ist gewährleistet, daß die elektrischen Signale, die in diesen Wandlern erzeugt werden, proportional sind zu den Farbwerten des betreffenden Farbreizes. Die Farbfernsehkamera entspricht also bezüglich der Erzeugung der Farbwertsignale im Prinzip einem Farbmeßgerät, das nach dem Dreibereichsverfahren arbeitet (Abschn. 6.10).

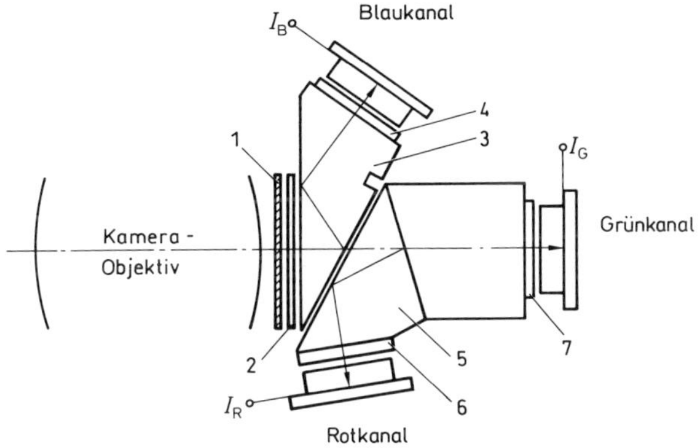

Abb. 6.53 Lichtteilung und Bildsignalerzeugung in einer Farbfernsehkamera. 1: Filterrad mit Konversions- und Graufiltern zur Anpassung an verschiedene Beleuchtungen, 2: Quarzplatte zur Depolarisation. Der Lichtteiler besteht aus drei Prismen, die durch je eine blaureflektierende (3) und eine rotreflektierende (4) Interferenzschicht getrennt sind. An den Austrittsflächen sind Korrekturfilter (5, 6, 7) aufgekittet, die die spektralen Transmissionsgrade anpassen. In den optoelektrischen Wandlern (OE) werden aus den drei verschiedenen Abbildungen der Szene die Farbwertsignale I_R, I_G, I_B gebildet. Die Wandler können Kameraröhren oder Flächensensoren sein.

Abb. 6.54 zeigt die Spektralwertkurven, die zu dem in Europa von der EBU (European Broadcasting Union) standardisierten Bildschirm-Primärvalenzsystem gehören. Aufgrund ihrer beträchtlichen negativen Anteile kann man sie nicht exakt als spektrale Empfindlichkeitskurven in der Kamera realisieren. Nach Abschn. 6.9 gibt es jedoch Primärvalenzsysteme mit rein positiven Spektralwertkurven, wie z. B. die Normspektralwertkurven oder die Grundspektralwertkurven aus Abschn. 6.11. In Abschn. 6.8 wurde gezeigt, wie man die Farbwerte von einem System in ein anderes transformieren kann. Deshalb werden in einer modernen Farbfernsehkamera die Signale nach ihrer Erzeugung in den optoelektrischen Wandlern und nach ihrer Verstärkung in einer elektronischen Matrix linear so miteinander verknüpft, wie es einer Transformation aus dem System der Kamera-Empfindlichkeitskurven in das Primär-

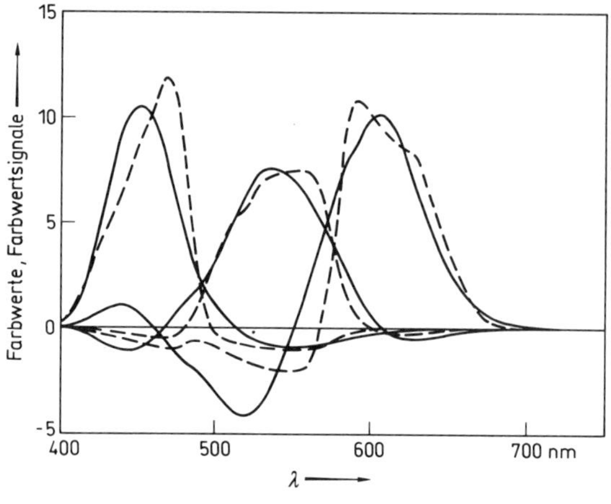

Abb. 6.54 Theoretische Spektralwertkurven und praktisch realisierte, normierte Empfindlichkeitskurven (gestrichelt) einer Farbfernsehkamera. Die negativen Anteile der Empfindlichkeitskurven werden durch die Matrix erzeugt.

valenzsystem der Bildröhrenphosphore entspricht. In Abb. 6.54 sind die in einer modernen Kamera realisierten spektralen Empfindlichkeitskurven, die sogenannten *Farbmischkurven*, im Vergleich zu den theoretischen Spektralwertkurven dargestellt. Sie sind nach der elektronischen Transformationsmatrix gemessen und zeigen deshalb auch negative Anteile.

Tatsächlich entsteht in der Farbfernsehkamera nach der elektronischen Matrix nur dann ein negatives Farbwertsignal, wenn die Farbe in der Szene vor der Kamera so hoch gesättigt ist, daß ihr Farbort außerhalb des Farbdreiecks der Bildschirmphosphore liegt. Ein negatives Signal wird in der Kamera vor der Codierung begrenzt und zu Null gesetzt. Farben außerhalb des Phosphor-Farbdreiecks werden also bei der Wiedergabe so verschoben, daß ihre Farbörter auf einer Seite der Farbdreiecks liegen.

Diese wenigen Bemerkungen sollen das Prinzip der Farbsignalerzeugung in einer Farbfernsehkamera von der Farbmetrik her verstehbar machen. Für eine ausführlichere Darstellung muß auf die Fachliteratur verwiesen werden [11].

Zum Schluß sei noch darauf hingewiesen, daß bei der Bildung des sendefähigen Farbbildsignals (FBAS-Signal) aus den drei Farbwertsignalen durch eine weitere Transformation ein *Luminanzsignal* (Leuchtdichte- bzw. Helligkeitssignal) und zwei *Chrominanzsignale* oder *Farbdifferenzsignale* (Buntheits- oder Gegenfarbensignale) gewonnen werden. Die beiden Chrominanzsignale werden in ihrer Bandbreite beschnitten, nur das Luminanzsignal wird mit der vollen Bandbreite übertragen. Das bedeutet, daß feine Bilddetails nur als Helligkeitsmodulation übertragen werden. Da das räumliche und auch zeitliche Auflösungsvermögen des menschlichen visuellen Systems für Helligkeitsmodulation deutlich höher ist als für Buntheitsmodulation, ist dies ohne sichtbaren Verlust an Bildqualität möglich. Im Empfänger wird dann aus dem empfangenen demodulierten FBAS-Signal erst wieder ein Tripel von Luminanz- und Chrominanzsignalen gebildet und aus diesen werden durch eine elektronische Matrix die Farbwertsignale gewonnen, die an der Bildröhre die drei Elektronenstrahlen für die roten, grünen und blauen Phosphorpunkte steuern. Auch hier muß für weitere Einzelheiten auf die genannte Fachliteratur verwiesen werden.

Subtraktive Reproduktion in der Farbphotographie. Eine entwickelte photographische Schicht besteht im wesentlichen aus drei übereinanderliegenden Farbstoffschichten. Das Prinzip der Farbwiedergabe sei an einem Farbdiapositiv erläutert.

Die drei Farbstoffschichten enthalten einen Gelbfarbstoff, einen Cyan- bzw. einen Magentafarbstoff. Je nach Belichtung wird in einer bestimmten Stelle der Schicht mehr oder weniger dieser drei Farbstoffe ausentwickelt. Wenn kein Farbstoff in der Schicht entwickelt ist, ist ihr Transmissionsgrad maximal, sie ist klar. Bei hoher Farbstoffkonzentration bildet die Schicht ein Farbfilter, das einzeln in der Projektion mit weißem Licht ein hochgesättigtes Gelb, Cyan (Blaugrün) oder Magenta (Purpur) ergibt [37].

Es ist in der photographischen Technik üblich, die Absorption einer Farbstoffschicht durch ihre spektrale Dichte $D(\lambda)$ zu kennzeichnen. Sie ist der negative Logarithmus des spektralen Transmissionsgrades $\tau(\lambda)$. Da nach dem Lambert-Beerschen Absorptionsgesetz (Abschn. 2.6) die Transmission sich mit der Konzentration c exponentiell ändert, bedeutet eine Konzentrationsänderung für die Dichte eine Multiplikation mit einem Faktor:

$$-\log(\tau(\lambda)) = D(\lambda),$$
$$-\log(\tau^{c}(\lambda)) = -c\log(\tau(\lambda)) = cD(\lambda).$$

Abb. 6.55 zeigt typische spektrale Transmissionsgrade der drei Farbstoffschichten eines Farbpositiv-Films bei verschiedenen Farbstoffkonzentrationen. Der Gelbfarbstoff absorbiert im blauen Spektralbereich, läßt aber den grünen und roten Spektralbereich durch. Bei Projektion mit weißem Licht entsteht durch Addition der durchgelassenen Spektralanteile die Farbe Gelb. Der Cyanfarbstoff absorbiert im Rotbereich und der Magentafarbstoff im Grünen.

Nach Abschn. 6.3 ist der spektrale Transmissionsgrad einer Kombination aus mehreren hintereinandergeschalteten Filtern gleich dem Produkt aus den einzelnen Transmissionsgraden. Die spektralen Dichten der Filter addieren sich dabei.

Die Bildung der verschiedenen Farben bei der Projektion eines Farbdiapositivs kann man sich folgendermaßen klarmachen:

- Ist kein Farbstoff entwickelt, so ist der Film für alle Spektralbereiche transparent, in der Projektion erscheint Weiß.
- Ist jeweils nur ein Farbstoff entwickelt, dann erscheint Gelb, Blaugrün oder Purpur in der Projektion.
- Sind der Gelb- und der Cyanfarbstoff entwickelt, so wird der blaue sowie der rote Spektralbereich absorbiert, durchgelassen wird nur im grünen Bereich. In der Projektion erhält man eine grüne Farbe. Entsprechend ergibt sich bei entwickeltem Cyan- und Magentafarbstoff Blau und bei entwickeltem Magenta- und Gelbfarbstoff Rot in der Projektion.
- Sind alle drei Farbstoffe voll entwickelt, so werden alle Spektralbereiche absorbiert und die betreffende Stelle erscheint in der Projektion schwarz.

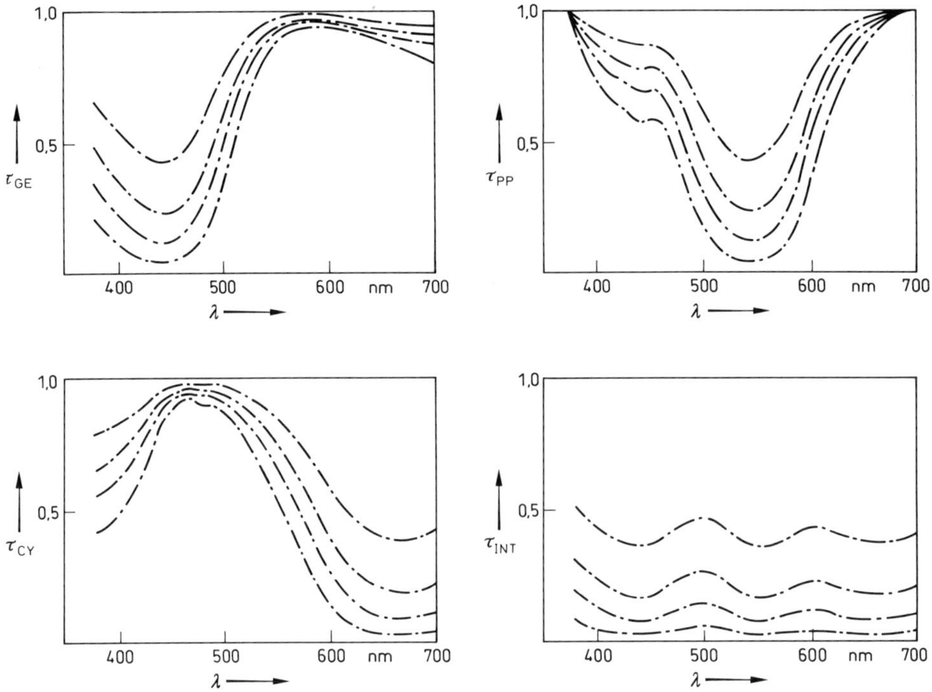

Abb. 6.55 Spektrale Transmissionskurven der Schichten eines Farbfilms bei verschiedenen Farbstoffkonzentrationen. GE: Gelbschicht, PP: Purpurschicht, CY: Cyanschicht, INT: Transmissionskurve der drei übereinandergelegten Schichten.

Man erhält also die Farben Rot, Grün und Blau durch Kombination von je zwei absorbierenden Schichten und Schwarz, wenn alle drei Schichten absorbieren. In der Tafel III/4 ist die Entstehung dieser Farben durch subtraktive Kombination von drei Filtern dargestellt.

Bezeichnet man die spektralen Dichten der drei einzelnen Farbstoffschichten mit $D_Y(\lambda)$, $D_C(\lambda)$ und $D_M(\lambda)$, wobei Y, C und M für Gelb, Cyan und Magenta stehen, so kann man die spektrale Dichte des Diapositivs an dieser Stelle durch die Summe beschreiben:

$$D(\lambda) = D_Y(\lambda) + D_C(\lambda) + D_M(\lambda).$$

Die Variation der Farbstoffkonzentration in den drei Schichten kann man durch drei positive Variable c_Y, c_C, c_M darstellen.

$$D(\lambda) = c_Y D_Y(\lambda) + c_C D_C(\lambda) + c_M D_M(\lambda).$$

Dieser Ausdruck erfaßt alle möglichen spektralen Dichten, die mit den betreffenden Farbstoffen möglich sind. Legt man dabei die Funktionen $D_Y(\lambda)$, $D_C(\lambda)$ und $D_M(\lambda)$ so fest, daß sie die spektralen Dichten der Einzelschichten für den Fall wiedergeben, bei dem die Photoschicht insgesamt das Projektionslicht ohne Veränderung der Farbart um den Leuchtdichtefaktor 10 schwächt, so nennt man die Faktoren c_Y, c_C, c_M die *grauäquivalenten Dichten*. Sind sie alle drei gleich Null, so ist $D(\lambda) = 0$, die Photoschicht ist also absorptionsfrei und in der Projektion weiß. Sind alle drei grauäquivalenten Dichten $c_Y = c_C = c_M = 1$, so stellt die Photoschicht ein Graufilter der Dichte 1 dar. Jedes Tripel c_Y, c_C, c_M kennzeichnet also eine bestimmte spektrale Dichte $D(\lambda)$ und damit eine spektrale Transmission $\tau(\lambda)$ der Photoschicht, die wiederum mit der Strahlungsfunktion $S(\lambda)$ des Projektionslichts eine Farbreizfunktion $\phi(\lambda)$ auf dem Projektionsschirm definiert.

$$\phi(\lambda) = S(\lambda)\,\tau(\lambda) = S(\lambda)\,10^{-D(\lambda)}.$$

Aus dieser Farbreizfunktion kann man nach Abschn. 6.9 die Normfarbwerte X, Y und Z der durch die Projektion des Films erzeugten Farbe berechnen. So ist eine eindeutige Zuordnung von drei grauäquivalenten Dichten zu drei Normfarbwerten möglich.

Vergleicht man die Entstehung der Farben bei der subtraktiven bzw. multiplikativen Reproduktion mit dem in Abschn. 6.6 angegebenen Schema der additiven Ermischung dieser acht Farben, so sieht man, daß die Verhältnisse in beiden Fällen genau komplementär sind. Grundfarben und abgeleitete Farben, Schwarz und Weiß haben ihre Rollen vertauscht. Allerdings kann man hier nicht eigentlich von einer Farbenmischung sprechen, da weder Lichter noch Pigmente gemischt, sondern lediglich Farbstoffe kombiniert werden. Als grundsätzlicher Unterschied zur additiven Reproduktion kann festgehalten werden, daß hier die Ausgangsfarbe das Weiß des Projektionslichts ist und alle anderen Farben durch Absorption, also Subtraktion gebildet werden, während bei der Addition Schwarz den Ausgangspunkt bildet.

Die subtraktive Farbreproduktion weist gegenüber dem additiven Verfahren einige grundlegende Unterschiede auf. So liegen die Farbörter der Farben, die man bei Variation von nur zwei Farbstoffdichten erhält, nicht auf einer Geraden, sondern auf einer gekrümmten Linie in der Farbtafel. Der Grund dafür liegt in den sogenannten *Nebendichten* der Farbstoffe. Aus Abb. 6.55 geht hervor, daß die Durchlaßbereiche der Farbstoffe (etwa der blaue und grüne Wellenlängenbereich beim Cyanfarbstoff) keineswegs völlig absorptionsfrei sind. Mit einer Konzentrationsänderung ist auch eine geringe Variation der Durchlässigkeit in diesen Teilen des Spektrums verbunden.

Ferner gibt es bei der subtraktiven Farbreproduktion keine Entsprechung zum 2. Graßmannschen Gesetz. Ersetzt man in einer photographischen Schicht einen Farbstoff durch einen mit anderem Absorptionsspektrum, der einzeln projiziert gleich aussieht, so verändert sich in der Kombination mit anderen Farbstoffen die resultierende Farbe.

Mit diesen beiden Eigenschaften hängt zusammen, daß man einem Tripel von Farbstoffen, das man zur subtraktiven Reproduktion benützen will, kein eindeutig festgelegtes Tripel von spektralen Empfindlichkeiten zuordnen kann, mit dem man die erforderlichen Farbdichten bei der Belichtung exakt ermitteln kann.

Auf die komplexen Zusammenhänge zwischen spektraler Empfindlichkeit, Farbstoffdichten, Gradiationskurven, Entwicklung und resultierender Farbwiedergabe bei Umkehr- und Negativprozeß können wir hier nicht eingehen und müssen auf die Fachliteratur verweisen [47]. Die Kennzeichnung der Farbwiedergabe in der

Farbphotographie mit Hilfe des Farbwiedergabeindex (Abschn. 6.12) ist in DIN 6169, Teil 4 [6] beschrieben.

Autotypische und subtraktive Reproduktion beim Farbdruck. Je nach Druckverfahren werden beim Farbdruck unterschiedliche Farbmischungsprozesse wirksam. Beim *Buch-* oder *Offset-Druck* werden Punktraster mit den Druckfarben Gelb, Magenta und Cyan, im Falle des Vierfarbendrucks zusätzlich Schwarz, übereinandergedruckt. Als Variable zur Beeinflussung der Farbe benutzt man die Größe der Rasterpunkte. Die Rasterpunkte der verschiedenen Druckfarben können sich gegenseitig je nach ihrer Größe mehr oder weniger überlappen. Auf dem bedruckten Papier erhält man demnach ein feines Muster, in dem beim Dreifarbendruck folgende acht Farben vorkommen:

- Das Weiß des unbedruckten Papiers.
- Gelb, Magenta (Purpur) und Cyan an den Stellen, wo nur eine Druckfarbe das Papier bedeckt.
- Rot, Grün und Blau als subtraktive Mischfarben dort, wo je zwei Druckfarben übereinanderliegen.
- Das subtraktiv aus den drei Druckfarben entstehende Schwarz bei Übereinanderdruck aller drei Farben.

Je nachdem, in welchen Anteilen diese Farben ein bestimmtes Flächenstück bedekken, ergibt sich wegen der Feinheit des Druckrasters im Auge durch additive Mischung dieser acht Komponenten ein bestimmter Farbeindruck. Man spricht hier von autotypischer Mischung [38]. Beim Vierfarbendruck ist durch die zusätzliche Verwendung von Schwarz die Zahl der Komponenten entsprechend größer.

Noch komplizierter liegen die Verhältnisse beim *Tiefdruck*. Bei relativ hellen Farben sind die Rasterpunkte auch hier getrennt und der Flächendeckungsgrad ist gering. Man kann mit der autotypischen Mischung rechnen. Darüberhinaus werden jedoch beim Tiefdruck die Farben auch flächendeckend gedruckt und dabei wird durch den Farbauftrag die Farbdichte variiert. In diesem Falle hat man es mit einer subtraktiven Mischung der Farbstoffe zu tun, bei der noch zusätzlich die weiße Unterlage Einfluß hat, da die Druckfarben transparent und nicht opak sind.

Literatur

Weiterführende Literatur

[1] Commission Internatinale de l'Eclairage, Verfahren zur Messung und Kennzeichnung der Farbwiedergabe-Eigenschaften von Lichtquellen. Publ. CIE Nr. 13.2 (1974) (Zu Abschn. 6.12).

[2] Commission Internationale de l'Eclairage. Colorimetry. Colorimetry. Farbmessung. Publ. CIE Nr. 15 (1971) 2. Aufl. 1987 (Zu Abschn. 6.2, 6.9, 6.12 u. 6.13)

[3] Commission Internationale de l'Eclairage. Internationales Wörterbuch der Lichttechnik. Publ. CIER Nr. 17 (1970).

[4] Deutsche Normen. DIN 5033 Teil 1–9: Farbmessung. (Zu Abschn. 6.2, 6.4 u. 6.9)

[5] Deutsche Normen. DIN 6164 Teil 1 u. 2: DIN-Farbenkarte. Mit Beibl. 1–25 Farbmuster für Farbton 1 bis 24 und unbunte Farben.
[6] Deutsche Normen. DIN 6169 Teil 1–8: Farbwiedergabe. (Zu Abschn. 6.12 u. 6.14)
[7] Deutsche Normen. DIN 6174: Farbmetrische Bestimmung von Farbabständen. (Zu Abschn. 6.13)
[8] Grum, F., C.J. Bartleson (Hrsg), Optical Radiation Measurements. Vol. 2. Color Measurement. Academic Press. New York, 1980. (Zu Abschn. 6.4)
[9] Hunt, R.W.G., Measuring Colour. Wiley, New York, 1987.
[10] Judd, D.B., G. Wyszecki, Colour in Business, Science and Industry, Wiley, New York, 1975.
[11] Lang, H., Farbmetrik und Farbfernsehen. Oldenbourg, München, Wien, 1978. (Zu Abschn. 6.14)
[12] Nassau, K., The Physics and Chemistry of Color. The Fifteen Causes of Color. Wiley, New York, 1983. (Zu Abschn. 6.4)
[13] Richter, M., Einführung in die Farbmetrik. de Gruyter, Berlin, New York, 1976. 2. Aufl. 1981 (Zu Abschn. 6.1)
[14] Schultze, W., Farbenlehre und Farbmessung. Springer, Berlin, 1975.
[15] Wyszecki, G., W. Stiles, Color Science. Wiley, New York, 1982.

Einzelveröffentlichungen

[16] Bartleson, C.J., On Chromatic Adaptation and Persistence. COLOR res. and appl. **6**, S. 153–160 (1981). (Zu Abschn. 6.11)
[17] Beck, H., M. Richter, Neukonstruktion des Dreifarben-Meßgeräts nach Guild-Bechstein. Farbe **7**, 141–152 (1958). (Zu Abschn. 6.10)
[18] Dresler, A., H.G. Frühling, Über ein photoelektrisches Dreifarbenmeßgerät. Licht **8**, 238–242 (1938). (Zu Abschn. 6.10)
[19] Fechner, G.Th., Elemente der Psychophysik. 2 Bde. Leipzig, 1860, 1889. (Zu Abschn. 6.1 u. 6.12)
[20] Geutler, G., Zur Herstellung und Verwendung lichtelektrischer Farbmeßgeräte nach dem Dresler-Prinzip. Farbe 7, 153–162 (1958). (Zu Abschn. 6.10)
[21] Graßmann, H., Zur Theorie der Farbenmischung. Poggendorrfs Ann. Physik **89**, 69–84 (1853). (Zu Abschn. 6.6)
[22] Guild, J., The colorimetric properties of the spectrum. Phil. Trans. Roy Soc. London **A 230**, 149–187 (1931). (Zu Abschn. 6.9)
[23] Hård, A., L. Sivik, NCS – Natural Color System: A Swedish Standard for Color Notation. COLOR res. and appl. **6**, 129–138 (1981). (Zu Abschn. 6.13)
[24] v. Helmholtz, H., Über die Zusammensetzung von Spektralfarben. Poggendorffs Ann. Physik **94**, 1–28 (1855). (Zu Abschn. 6.8)
[25] v. Helmholtz, H., Handbuch der physiologischen Optik. 2. Aufl. Voss, Hamburg, Leipzig, 1896. (Zu Abschn. 6.11)
[26] Hering, E., Grundzüge zur Lehre vom Lichtsinn. In: Gräfe-Sämisch, Handbuch der Augenheilkunde I. Engelmann, Leipzig, 1905. (Zu Abschn. 6.11)
[27] König, A., C. Dieterici, Die Grundempfindungen in normalen und anomalen Farbensystemen und ihre Intensitätsverteilung im Spektrum. Z. Psychol. u. Physiol. d. Sinnesorgane **4**, 241–347 (1892). (Zu Abschn. 6.8)
[28] v. Kries, J., Theoretische Studien zur Umstimmung des Sehorgans. Festschrift Univ. Freiburg 144–158 (1902). (Zu Abschn. 6.7 u. 6.11)
[29] v. Kries, J., Die Gesichtsempfindungen. In: Handbuch der Physiologie des Menschen. Bd. 3 Braunschweig, 1920. (Zu Abschn. 6.11)

[30] Kubelka, P., F. Munk, Ein Beitrag zur Optik der Farbanstriche. Z. techn. Phys. **12**, 593–601 (1931) u. **13**, 101 (1932). (Zu Abschn. 6.4)
[31] Luther, R., Aus dem Gebiet der Farbreiz-Metrik. Z. techn. Phys. **8**, 540–558 (1927). (Zu Abschn. 6.10)
[32] MacAdam, D.L., Visual sensitivities to color differences in daylight. J. Opt. Soc. Amer. **32**, 247–274 (1942). (Zu Abschn. 6.12)
[33] Maxwell, J.C., Experiments on color, as perceived by the eye, with remarks on color blindness. Trans. Roy. Soc. Edinburgh **21**, 275–297 (1855/57). (Zu Abschn. 6.6 u. 6.8)
[34] Mollon, J.D., Colour vision and colour blindness. In: Barlow, H.B. u. Mollon, J.D. (Hrsg), The senses. Cambridge Univ. Press, Cambridge, 1982. (Zu Abschn. 6.11)
[35] Munsell, A.H., A Color Notation. Boston, 1905. (Zu Abschn. 6.13)
[36] Munsell, A.H., Book of Colors. A revision and extension of the Atlas of the Munsell Color System. Baltimore, 1929. (Zu Abschn. 6.13)
[37] Mutter, E., Farbphotographie, Theorie und Praxis. Die wissenschaftliche und angewandte Photographie. Bd. 4, Springer, Berlin, 1967. (Zu Abschn. 6.14)
[38] Neugebauer, H.E.J., Eine in gewissen Fällen vorteilhafte additive Darstellung der subtraktiven Mischung von Farben. Z. wiss. Photogr. **36,** 171–182 (1937). (Zu Abschn. 6.14)
[39] Ostwald, W., Farbnormen-Atlas (Farbmuster in 4 Kästen), Unesma, Leipzig, 1923. (Zu Abschn. 6.13)
[40] Richter, M., Untersuchungen zur Aufstellung eines empfindungsgemäß gleichabständigen Farbsystems. Z. wiss. Photogr. **43**, 139–162 (1950). (Zu Abschn. 6.14)
[41] Richter, M., H. Terstiege, Demonstration der Entstehung der Spektralwertkurven. Farbe **17**, 209–223 (1968). (Zu Abschn. 6.8)
[42] Scheibner, H., Psychophysik und Physiologie des Farbensehens. In: Bodmann, H.-W. (Hrsg.), Aspekte der Informationsverarbeitung. Springer, Berlin, 1985. (Zu Abschn. 6.11)
[43] Scheibner, H., Über die Begriffe Farbvalenz, Farbart und Chrominanz in der Farbmetrik. Farbe **18**, 221–232 (1969). (Zu Abschn. 6.7)
[44] Schrödinger, E., Theorie der Pigmente von größter Leuchtkraft. Ann. Phys. (IV) **63**, 603–622 (1920). (Zu Abschn. 6.13)
[45] Speranskaja, N.I., Determination of spectrum color coordinates for twenty-seven normal observers. Optics and Spectroscopy 7, 424–428 (1959). (Zu Abschn. 6.8 und 6.9)
[46] Stiles, W.S., The basic data of colour-matching. Phys. Soc. London Yearbook 44–65 (1955). (Zu Abschn. 6.8 und 6.9)
[47] Vieth, G., Meßverfahren der Photographie. Oldenbourg, München, Wien, 1974. (Zu Abschn. 6.14)
[48] W.D. Wright, A re-determination of the trichromatic coefficients of the spectral colours. Trans. Opt. Soc. London **30**, 144–164 (1928/29). (Zu Abschn. 6.8 u. 6.9)
[49] Wyszecki, G., Farbsysteme. Musterschmidt, Göttingen, 1960. (Zu Abschn. 6.13)
[50] Young, Th., On the theory of light and colours. Philos. Trans. Roy Soc. London **92**, 210–71 (1802). (Zu Abschn. 6.11)

7 Quantenoptik

Horst Weber

Jahrhundertelang haben sich die Naturwissenschaftler bemüht, die experimentellen Ergebnisse der Optik mathematisch zu formulieren oder, weniger präzise ausgedrückt, die Natur des Lichts zu ergründen. Vereinfacht kann man sagen, daß seit dem 17. Jahrhundert versucht wurde, durch Experimente oder theoretische Überlegungen zu entscheiden, ob das Licht eine Welle oder ein Korpuskelstrom ist.

Sowohl Descartes als auch Newton glaubten an die Korpuskeltheorie und konnten mit ihrer Hilfe einige Phänomene wie Reflexion und Brechung des Lichts erklären. Die Beugungs- und Interferenzversuche von Huygens und Fresnel schienen dann jedoch eindeutig für die Wellennatur des Lichts zu sprechen, und alle anschließenden theoretischen und experimentellen Arbeiten bestätigten den Wellencharakter. Die Entdeckung der elektromagnetischen Wellen durch Heinrich Hertz in den Jahren 1887/88 schien dann endgültig die Richtigkeit der elektromagnetischen Lichttheorie, also die Wellennatur des Lichts, zu bestätigen. In seinem berühmten Vortrag „Über die Beziehungen zwischen Licht und Elektrizität“ vom Jahr 1889 charakterisiert Hertz die Situation folgendermaßen: „Die Wellennatur (des Lichts) ist, menschlich gesprochen, Gewißheit; was aus derselben mit Sicherheit folgt, ist ebenfalls Gewißheit.“ Dabei war zu dieser Zeit bereits eine Erscheinung bekannt, von Hertz selbst beobachtet und beschrieben (1887), die der Wellennatur des Lichts den ersten Stoß versetzen sollte. Es handelte sich um den Einfluß ultravioletter Strahlung auf die elektrische Entladung.

Die Entdeckung des lichtelektrischen Effektes durch Hallwachs, das Plancksche Strahlungsgesetz, der Compton-Effekt und die – wenn auch nicht vollständige – Erklärung dieser Phänomene durch Einstein, zeigten dann, daß gewisse experimentelle Ergebnisse nur zu verstehen sind, wenn dem Licht Korpuskelcharakter zugeschrieben wird. Diese zwiespältige Natur des Lichtes war durch keine klassische Theorie zu beschreiben. Der Widerspruch zwischen Wellen- und Korpuskelbild konnte erst durch die Quantenelektrodynamik (Dirac, Heisenberg, Pauli 1928/29) gelöst werden.

7.1 Der lichtelektrische Effekt

Die Versuche von Hertz und Hallwachs. Bei seinen Untersuchungen an elektrischen Wellen arbeitete H. Hertz mit Funkenstrecken(Funkensendern) und bemerkte hierbei, daß sich zwei Funkenstrecken gegenseitig beeinflussen. In einer Reihe von Experimenten konnte er zeigen, daß das ultraviolette Licht eines Funkens den elektrischen Überschlag einer zweiten Funkenstrecke begünstigt, daß der Effekt besonders deutlich auftritt, wenn der negative Pol der Funkenstrecke bestrahlt wird und daß jede ultraviolette Strahlung diese auslösende Wirkung zeigt.

Einen wesentlichen Fortschritt in der Klärung der Erscheinung, die man als den äußeren lichtelektrischen Effekt bezeichnet, machte W. Hallwachs 1887. Er belichtete eine mit einem Elektrometer verbundene, isoliert aufgestellte Metallplatte mit kurzwelligem Licht. Er fand, daß die Metallplatte negative elektrische Ladungen abgibt und sich dabei positiv auflädt. Diese positive Aufladung kann aber nur so lange vor sich gehen, bis sie groß genug geworden ist, um die von der Strahlung ausgelösten negativen Ladungen zurückzuhalten, auf die die positive Platte jetzt eine Anziehungskraft ausübt. Die Platte kann sich also nur bis zu einem ganz bestimmten Potential U_m, dem *Haltepotential,* aufladen, U_m hat die Größenordnung von einigen Volt.

Die Natur der Ladungen. Da man jetzt weiß (Bd. 2, Kap. 2, Der elektrische Strom), daß die in einem Metall vorhandenen negativen Ladungen Elektronen sind, würde man heute sofort vermuten, daß die bei Belichtung einer Metallplatte abgegebenen negativen Ladungen Elektronen sind; seinerzeit mußte dies ausdrücklich bewiesen werden. Lenard hat bei seinen Untersuchungen, die das Vorbild für fast alle späteren wurden, den Entladungsvorgang im Hochvakuum vor sich gehen lassen, um den störenden Einfluß der Gasumgebung vollständig auszuschließen. Seine Anordnung war etwa die in Abb. 7.1 skizzierte. Eine Platte K wird in ein evakuiertes Rohr gebracht, das noch mit einem seitlichen Stutzen S verbunden ist, der mit einer Quarzplatte verschlossen ist. Durch ihn tritt die Strahlung einer Lichtquelle ein. Zwischen K (Kathode) und A (Anode) liegt eine Spannung an, die die aus K austretenden Elektronen beschleunigt, so daß sie an der Anode A eine Geschwindigkeit v besitzen. Einzelne Ladungen treten durch ein in A befindliches Loch in den dahinter liegenden feldfreien Raum, in dem sie ihre Geschwindigkeit beibehalten. Sie fallen schließlich auf eine Elektrode P_1, die als Faraday-Käfig ausgebildet ist, so daß durch den Ausschlag eines mit P_1 verbundenen Elektrometers E_1 die auftretenden Ladungen angezeigt werden können. Im Raum hinter A kann ein homogenes Magnetfeld einwirken, und zwar senkrecht zur Papierebene und auf den Beschauer hin gerichtet. Dann werden die Ladungen nach oben abgelenkt, wenn diese negativ sind, und

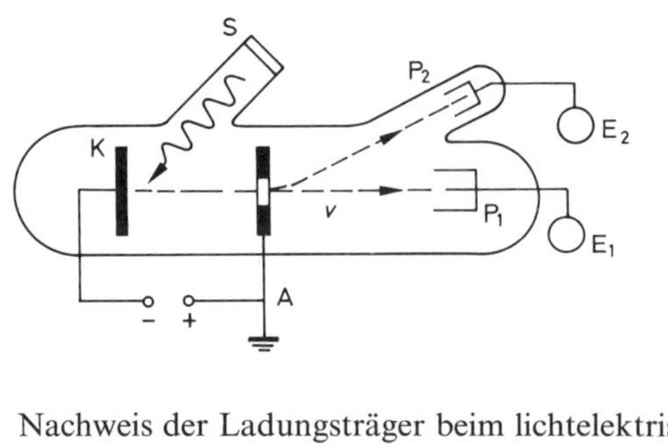

Abb. 7.1 Nachweis der Ladungsträger beim lichtelektrischen Effekt, ––– ohne Magnetfeld, - - - - - mit Magnetfeld.

gerade das wurde beobachtet. Durch geeignete Regelung des Magnetfeldes kann man erreichen, daß die abgelenkten Ladungen gerade auf eine zweite Elektrode P_2 auftreffen und dort ebenfalls mittels eines Elektrometers E_2 gemessen werden. Aus der bekannten Feldstärke des Magnetfeldes und der Größe der Ablenkung von der geradlinigen Bahn kann man in bekannter Weise (Bd. 2) die spezifische Ladung e/m_e und die Geschwindigkeit v der Ladungen bestimmen. Es ergibt sich derselbe Wert wie für die Elektronen, nämlich:

$$\frac{e}{m_e} = 1{,}759 \cdot 10^{11}\,\mathrm{C/kg}$$

Damit war bewiesen, daß die beim lichtelektrischen Effekt auftretenden Ladungen wirklich Elektronen (Photoelektronen) sind. Statt der Elektroden P kann man auch einen Leuchtschirm benutzen, der bei genügend großer Geschwindigkeit der Elektronen deren Auftreffpunkt direkt sichtbar werden läßt, genau wie bei Versuchen mit Kathodenstrahlen, mit denen die Photoelektronen identisch sind.

Haltepotential, lichtelektrischer Strom. Im folgenden werden nur zwei Platten K und A im Vakuum betrachtet (Abb. 7.2). A sei stets geerdet, während das Potential U' von K mit Hilfe einer geeignet geschalteten Gleichstromquelle systematisch geändert werden kann. U' wäre bei dieser Anordnung gleich der Spannung zwischen K und A, wenn man von der Kontaktpotentialdifferenz U_{KA} zwischen K und A absehen könnte. Eine solche tritt bekanntlich immer auf, wenn K und A aus verschiedenem Material bestehen (Bd. 2). Bei den hier in Betracht kommenden kleinen Potentialdifferenzen von einigen Volt kann man die Kontaktpotentialdifferenz nicht vernachlässigen, da sie von der gleichen Größenordnung ist. Es wird also gesetzt:

$$U = U' + U_{KA}$$

wobei das Vorzeichen von U_{KA} von der relativen Stellung der beiden Metalle in der Voltaschen Spannungsreihe abhängt.

Zunächst wird an K ein positives Potential U' gelegt. Dieses wird bis auf Null verringert, um dann steigende negative Werte anzunehmen. Die Platte K wird hierbei

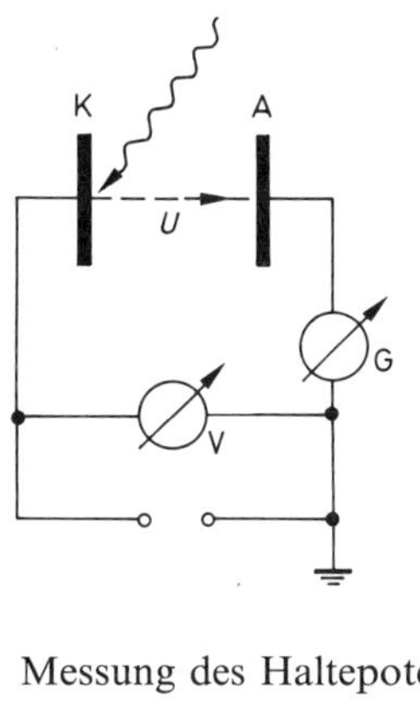

Abb. 7.2 Messung des Haltepotentials und des lichtelektrischen Stromes.

in geeigneter Weise belichtet, wobei darauf geachtet werden muß, daß nicht auch A von der Strahlung getroffen wird. Von K werden Elektronen ausgesandt, die bei passenden Potentialen U von der Platte A ganz oder teilweise aufgenommen werden. Die Zahl der von K nach A gelangenden Ladungen ist der mit einem Galvanometer meßbare *lichtelektrische Strom.* Bei positivem Potential liegt ein „Gegenfeld" zwischen K und A, das die aus K austretenden Elektronen zurückzutreiben sucht. Nur solche Elektronen, deren Geschwindigkeit größer ist als die nach

$$\frac{m_e v^2}{2} = eU \tag{7.1}$$

berechneten, überwinden das Gegenfeld. Fängt man also mit positiven Potentialen von K an, so fließt dann kein lichtelektrischer Strom, wenn U größer ist als das Haltepotential U_m. Bei Verminderung des positiven Potentials setzt bei $U = U_m$ der Strom plötzlich ein. Der Strom steigt an, wenn U weiter erniedrigt und allmählich immer stärker negativ gewählt wird, da immer mehr der von K ausgehenden Elektronen von A aufgenommen werden. Nachdem aber ein negatives Potential U erreicht ist, fällt das Gegenfeld fort, alle Elektronen erreichen A und es tritt bei weiterer Steigerung des negativen Potentials keine Vergrößerung der Stromstärke mehr ein, der lichtelektrische Strom ist dann „gesättigt". Die der Abb. 7.3a zugrunde liegenden Messungen bestätigen das oben Gesagte. Sie gestatten außerdem die wichtige Folgerung, daß die Elektronen beim Austritt aus der Platte K bereits eine von Null verschiedene Geschwindigkeit besitzen; denn sonst wäre es überhaupt unmöglich, daß sie bei positiven Potentialen U die Platte K verlassen und zu A gelangen könnten. Allerdings haben die austretenden Elektronen nicht alle die gleiche Geschwindigkeit. Das Haltepotential U_m entspricht offenbar der maximalen Geschwindigkeit v_m beim Austritt aus K, wofür gilt

$$\frac{m_e}{2} v_m^2 = eU_m \,. \tag{7.2}$$

Das Haltepotential U_m hängt von dem speziellen Kathodenmaterial und von der Wellenlänge des Lichtes ab, ist aber gänzlich unabhängig von der Strahlungsintensität.

Die in Abb. 7.3a skizzierte Kurve wird auch integrale Energieverteilung der Elektronen genannt; denn der Strom I bei einem bestimmten Potential U ist gleich der Zahl n der Elektronen (bis auf unwichtige Konstanten), deren Geschwindigkeit größer ist als dem Potential nach Gl. (7.1) entspricht. Die Differentiation liefert dann die Zahl der Elektronen, deren Anfangsgeschwindigkeit dem Potentialintervall von U bis $U + \mathrm{d}U$ entspricht. Eine solche Kurve gibt mit anderen Worten die Geschwindigkeitsverteilung der lichtelektrisch ausgelösten Elektronen an, wo statt der eigentlichen Geschwindigkeit die Gegenspannung aufgetragen ist. Abb. 7.3b gibt eine solche Kurve schematisch wieder; sie wird auch differentielle Energieverteilung genannt. Die Verteilung der Geschwindigkeiten um das Maximum ist dabei unabhängig von der eingestrahlten Lichtwellenlänge.

Es ist vielfach üblich, als Abszisse die kinetische Energie $E_{kin} = eU$ zu benutzen. Da, gemessen an den Energien der Mechanik und Thermodynamik, die kinetische Energie eines Elektrons um viele Zehnerpotenzen geringer ist, wird in diesen ato-

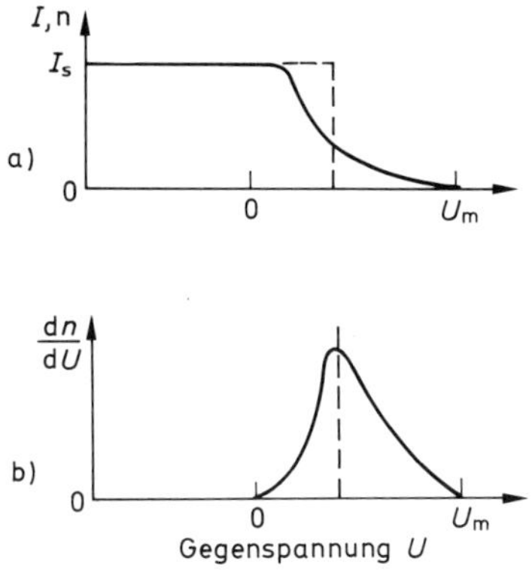

Abb. 7.3 a) Abhängigkeit des lichtelektrischen Stromes I oder der Zahl n der Elektronen vom Potential U (integrale Energieverteilung), b) Geschwindigkeitsverteilung der Elektronen (differentielle Energieverteilung). Für Elektronen einheitlicher Geschwindigkeit (monochromatische Elektronen) ergäbe sich der gestrichelte Verlauf.

maren Bereichen eine neue Energieeinheit, das **Elektronvolt (eV)** eingeführt. Ein Elektronvolt ist die kinetische Energie eines Elektrons, welches die Spannung von einem Volt durchlaufen hat. Es gilt:

$$1\,\mathrm{eV} \mathrel{\hat{=}} 1{,}6022 \cdot 10^{-19}\,\mathrm{Ws}\,.$$

Über die Abhängigkeit des lichtelektrischen Sättigungsstromes I_s von der Bestrahlungsstärke der erregenden Strahlung liegen viele sorgfältige Messungen vor, z. B. schon von J. Elster und H. Geitel (1888–1890). Sie fanden das wichtige Ergebnis, daß die Sättigungsstromstärke streng proportional der Bestrahlungsstärke ist. Diese Feststellung gilt sowohl für weißes Licht wie auch bei monochromatischer Belichtung. In den Versuchen von Elster und Geitel wurde die Bestrahlungsstärke in dem Verhältnis von $1 : 5 \cdot 10^7$ variiert. Bei diesen Versuchen war wegen der damals zur Verfügung stehenden Lichtquellen die maximale Bestrahlungsstärke beschränkt. Neuere Untersuchungen mit intensivem Laserlicht zeigen, daß bei sehr hohen Bestrahlungsstärken die Proportionalität nicht vorliegt. Hierauf wird in Kap. 8 näher eingegangen. Bei allen normalen Lichtquellen dagegen ist der Sättigungsstrom streng proportional der Bestrahlungsstärke.

Von grundlegender Bedeutung ist die Feststellung, daß man bisher keinerlei Trägheit des lichtelektrischen Effekts gefunden hat. Bei den besonders sorgfältigen Messungen von E. O. Lawrence und J. W. Beams (1927) vergehen keine 10^{-9} s bis zum Einsetzen des Effektes. Diese Beobachtung ist von besonderer Bedeutung für die Theorie des lichtelektrischen Effekts. Der Einfluß von Frequenz und Bestrahlungsstärke des Lichts auf die Geschwindigkeit der Elektronen wurde von Ph. Lenard experimentell untersucht. Er kam zu folgendem Ergebnis: Die Geschwindigkeit der Elektronen erweist sich als völlig unabhängig von der Bestrahlungsstärke; diese bestimmt lediglich die Stärke des lichtelektrischen Stroms, also die Anzahl der ausgelösten Elektronen. Dagegen hängt die Geschwindigkeit der Elektronen nur von der Frequenz des auffallenden Lichts ab. Je kurzwelliger dieses ist, desto größer ist die Geschwindigkeit der Elektronen. Bei einer bestimmten Grenzfrequenz ν_0 hört die lichtelektrische Wirkung vollkommen auf (sogenannte langwellige Grenze des lichtelektrischen Effekts). Die experimentellen Ergebnisse beim lichtelektrischen Effekt können wie folgt zusammengefaßt werden:

a) Der Sättigungsstrom ist proportional der Bestrahlungsstärke.
b) Der lichtelektrische Effekt ist trägheitslos im Rahmen der bisherigen Meßgenauigkeit ($< 10^{-11}$ s).
c) Die Geschwindigkeit der Photoelektronen ist unabhängig von der Bestrahlungsstärke.
d) Die Geschwindigkeit der Photoelektronen nimmt mit der Frequenz des Lichtes zu.
e) Es existiert eine materialabhängige Grenzfrequenz ν_0, d. h. für Lichtfrequenzen unterhalb von ν_0 verschwindet der Photoeffekt (langwellige Grenze).

Versagen der Wellentheorie des Lichtes. Die oben aufgeführten experimentellen Resultate (a–e) lassen sich mit dem Wellenbild des Lichtes nicht erklären, wie im folgenden qualitativ gezeigt wird.

Eine naheliegende Annahme ist die, daß die elektrische Feldstärke $\boldsymbol{E}$ des Lichtes auf die Elektronen wirkt und diese zum Mitschwingen anregt. Wenn die erzeugten Schwingungsamplituden groß genug werden, können die Elektronen aus dem Metall ausgelöst werden. Man muß sich diesen Vorgang so denken, daß das Elektron von der auffallenden Strahlung immer mehr Energie aufnimmt, bis seine Energie schließlich so groß geworden ist, daß es die normalerweise sein Austreten aus dem Metall verhindernden Kräfte überwindet und mit einer bestimmten Geschwindigkeit herausfliegt. Es ist dann weiter zu erwarten, daß die nach dem Austritt noch vorhandene kinetische Energie bzw. die Geschwindigkeit des Elektrons um so größer ausfällt, je größer die Bestrahlungsstärke des auffallenden Lichtes ist. Weiter sollte man erwarten, daß eine gewisse Zeit vergehen muß, bis das Elektron genügend Energie von der Strahlung aufgenommen hat, daß der Auslöseprozeß um so später einsetzt, je schwächer die Strahlung ist. Beides steht im Widerspruch zu den experimentellen Ergebnissen (b, c).

Ebenso unverständlich sind Frequenzabhängigkeit der Elektronengeschwindigkeit und Grenzfrequenz. Nach klassischer Vorstellung könnte man eher den umgekehrten Effekt erwarten, daß nämlich das Elektron mit zunehmender Lichtfrequenz wegen seiner Trägheit immer weniger Energie aufnimmt.

Die Auffassung, daß die Energie der Elektronen aus der Strahlung stamme, ist also nach der klassischen Theorie unhaltbar, weil ihre Folgerungen dem Experiment widersprechen. Es bleibt die zweite Möglicheit zu erörtern, daß die Energie der Photoelektronen aus dem Wärmeinhalt des Metalls stammt, wobei der Strahlung dann nur eine auslösende Wirkung zukäme. Aber dann ist einerseits ein gesetzmäßiger Zusammenhang mit der Frequenz nicht zu verstehen, und andererseits sollte man eine Erhöhung der Geschwindigkeit erwarten, wenn das Material hoch erhitzt wird. Aber auch dieser Effekt tritt nicht ein. Also scheidet auch diese Möglichkeit der Erklärung des Photoeffekts aus. Da aber die Energie der Elektronen nur aus der Strahlung oder aus dem Metall stammen kann, ist ein Verständnis der Erscheinungen durch die klassische Wellentheorie unmöglich.

Ein Zahlenbeispiel soll die Unmöglichkeit einer klassischen Erklärung verdeutlichen. Eine Glühlampe von 100 Watt elektrischer Leistung liefert im Abstand von 1 m eine Bestrahlungsstärke von rund $7 \cdot 10^{-5}$ W/cm^2. Dieses Licht soll auf ein lichtelektrisch besonders wirksames Metall, z. B. Na fallen. Wegen der hohen Reflexion dringen nur 10% des Lichts in das Metall ein, wo es innerhalb einer Strecke von etwa $1{,}5 \cdot 10^{-6}$ cm vollständig absorbiert wird, d. h. in einem Volumen von 10^{-6} cm^3 an die dort befindlichen freien Elektronen abgegeben wird. Da Na das Atomgewicht 23 und nahezu die Dichte 1 hat, entfallen auf dieses Volumen rund $4 \cdot 10^{16}$ Atome und ebenso viele „freie" Elektronen. Von der absorbierten Energie ist aber nur der Teil wirksam, dessen Wellenlänge unterhalb 0,543 µm, der langwelligen Grenze für Na, liegt. Das reduziert die für den lichtelektrischen Effekt zur Verfügung stehende Leistung auf $5 \cdot 10^{-23}$ W. Dem Haltepotential von 2 Volt entspricht eine maximale kinetische Energie der Elektronen von 2 eV $= 3{,}2 \cdot 10^{-19}$ Ws. Zur Aufbringung dieser Energie aus der oben berechneten Leistung brauchte also jedes Elektron die Zeit von rund $6 \cdot 10^3$ s, also nicht ganz zwei Stunden, ein Ergebnis, welches in krassem Widerspruch zum Experiment steht.

Das unsinnige Ergebnis dieses Zahlenbeispiels ergibt sich unter der Voraussetzung, daß die Energie des Strahlungsfeldes gleichmäßig auf der Wellenfläche verteilt ist. Läßt man diese Annahme fallen, so kann der lichtelektrische Effekt zwanglos erklärt werden. Man muß also annehmen, daß sich die Energie des Strahlungsfeldes kurzzeitig auf sehr kleine Bereiche mit atomaren Abmessungen konzentrieren kann, was bereits ein Widerspruch zur Wellenauffassung ist, nach der ein Strahlungsfeld mindestens Abmessungen von der Größenordnung der Wellenlänge besitzen muß.

Das Licht besteht also nicht aus einem örtlich und zeitlich konstanten Energiestrom, sondern schwankt statistisch um den Mittelwert. Es besitzt eine Art „Körnigkeit". Die Energie wird in „Klumpen" oder „Korpuskeln" transportiert. Diese Energiepakete werden Photonen oder Lichtquanten genannt. Ihre Eigenschaften sollen in den nächsten Abschnitten ausführlich behandelt werden.

Die Korpuskulartheorie des Lichts erklärt zwanglos den lichtelektrischen Effekt, führt jedoch zunächst zu Schwierigkeiten bei der Erklärung von Interferenz und Beugung (Abschn. 7.6).

Bevor auf die Einsteinsche Theorie eingegangen wird, noch eine historische Bemerkung: J.J. Thomson hat im Jahr 1896 die Ionisation von Gasen durch Röntgenstrahlen gemessen. Er fand, daß nur etwa 10^{-6} bis 10^{-9} aller Atome oder Moleküle des durchstrahlten Raumgebiets durch die Röntgenstrahlen ionisiert werden. Zu dieser Zeit schwankte man noch zwischen Wellenauffassung oder Korpuskulartheorie der Röntgenstrahlen. Thomson hat schon damals darauf hingewiesen, daß seine Beobachtungen nicht für eine Wellentheorie sprechen können. Da wir heute wissen, daß Röntgenstrahlen und Licht wesensgleich sind, zieht die Notwendigkeit einer Korpuskulartheorie für Röntgenstrahlen die gleiche Folgerung für Licht nach sich und umgekehrt. Die Ionisation eines Atoms, d. h. die Ablösung eines Elektrons, durch Röntgenstrahlen kann übrigens ebenso wie die Elektronenauslösung aus Metallen als lichtelektrischer Effekt angesehen werden.

7.2 Einsteins korpuskulare Theorie des Lichts und deren Prüfung

Einsteins Annahmen. Wenn nun wieder eine Korpuskeltheorie des Lichts eingeführt werden muß, so ist damit natürlich keine Rückkehr zur Newtonschen Korpuskulartheorie gemeint, diese würde nichts nützen. Einstein hat vielmehr die Lichtkorpuskeln mit den Planckschen Energiequanten identifiziert. Er machte (1905) folgende Annahmen:

1. Monochromatisches Licht der Frequenz ν besteht aus einzelnen Lichtquanten oder Photonen, die sich mit Lichtgeschwindigkeit c bewegen, wobei jedes Photon als Korpuskel seine Energie $h\nu$ beibehält.
2. Ein Photon teilt seine Energie momentan einem getroffenen Elektron mit. Die Energie $h\nu$ wird benötigt, um das Elektron aus dem Metall zu lösen (Austrittsarbeit A), überschüssige Energie wird in kinetische Energie des Elektrons umgewandelt.

Die Austrittsarbeit A ist eine feste, für das betreffende Metall charakteristische Größe. Wenn man

$$A = e\Phi$$

setzt, so bezeichnet Φ das *Austrittspotential.* Als übliche Energieeinheit wird das Elektronvolt (eV) verwendet. Die Begriffe Austrittsarbeit und Austrittspotential wurden schon in Bd. 2 bei den aus einer Glühkathode austretenden Elektronen eingeführt. Das Austrittspotential der Glühelektronen ist auf Grund theoretischer Erwägungen und experimenteller Erfahrung identisch mit dem lichtelektrischen Austrittspotential der Photoelektronen.

Nach Einstein ergibt sich für die Energiebilanz des lichtelektrischen Effektes:

$$h\nu = \frac{m_e v_m^2}{2} + A\,, \tag{7.3}$$

$$h = 6{,}6256 \cdot 10^{-34}\,\mathrm{Ws}^2\,.$$

$$\text{Photonenenergie} = \text{Elektronenenergie} + \text{Austrittsarbeit}\,.$$

Nach Gl. (7.2) kann die maximale kinetische Energie der Elektronen durch das Haltepotential ersetzt werden:

$$h\nu = e\,U_m + e\Phi\,. \tag{7.4}$$

Hierbei wurde der Einfluß des Kontaktpotentials nicht berücksichtigt. Zwar ist dieses bei den experimentellen Untersuchungen von Bedeutung, soll jedoch hier zur Vereinfachung nicht weiter diskutiert werden. Aus Gl. (7.4) folgt, daß das Haltepotential U_m eine lineare Funktion der Frequenz ν des Lichtes ist:

$$U_m = \frac{h}{e}\nu - \Phi\,. \tag{7.5}$$

Prüfung der Einsteinschen Theorie mit Licht. Diese aus den Einsteinschen Annahmen folgende Beziehung zwischen Haltepotential und Lichtfrequenz wird experimentell

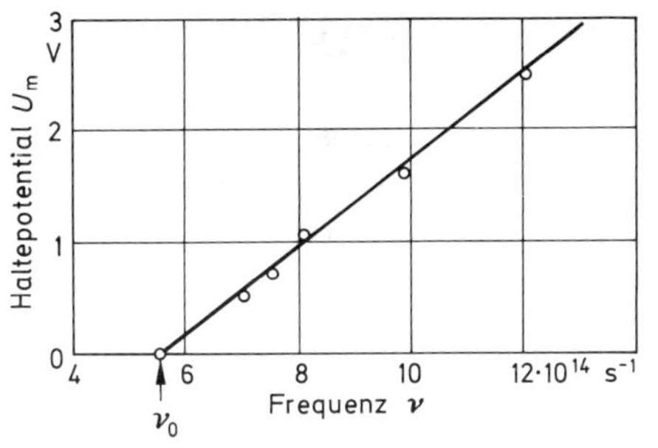

Abb. 7.4 Das Haltepotential U_m als Funktion der Lichtfrequenz ν für Natrium nach Millikan. o sind beobachtete Werte, korrigiert bezüglich Kontaktpotential.

voll bestätigt. Ein Beispiel zeigt Abb. 7.4, wobei die Meßwerte bereits um das Kontaktpotential korrigiert wurden. Aus dem Schnittpunkt der Geraden mit der Abszisse ergibt sich nach Gl. (7.4) für $U_m = 0$ die Grenzfrequenz ν_0:

$$\nu_0 = \frac{e}{h}\Phi = \frac{A}{h}. \tag{7.6}$$

Ersetzt man in Gl. (7.3) die Austrittsarbeit A durch die Grenzfrequenz ν_0, so ergibt sich für die kinetische Energie der Elektronen:

$$\frac{m_e}{2}v_m^2 = h(\nu - \nu_0). \tag{7.7}$$

Das bedeutet, daß für $\nu = \nu_0$ die Austrittsgeschwindigkeit v_m der Elektronen gleichfalls Null wird. ν_0 ist also die Frequenzgrenze, bei der keine lichtelektrische Emission mehr stattfindet. Die zugehörige Wellenlänge λ_0 ist die langwellige Grenze des lichtelektrischen Effektes, die man auch direkt beobachten kann. Aus der Grenzfrequenz ν_0 kann mittels Gl. (7.6) direkt das Austrittspotential bestimmt werden.

Die Bestimmung von h aus der Neigung der Geraden hat Werte geliefert, die sehr genau mit denen aus anderen Methoden übereinstimmen. Diese Übereinstimmung ist die stärkste Stütze für die Einsteinsche Theorie der Lichtquanten.

Die nachfolgende Tab. 7.1 gibt für die wichtigsten Metalle Austrittsarbeit $e\Phi$ und die langwellige Grenze λ_0 des lichtelektrischen Effekts an, wobei chemisch verwandte Metalle in Gruppen zusammengefaßt sind. Abb. 7.5 zeigt die Abhängigkeit der Austrittsarbeit von der Ordnungszahl. Die Alkalimetalle haben jeweils die geringste Austrittsarbeit in jeder Periode des Periodensystems der Elemente. Da Φ ein Maß für die Kraft ist, mit der das betreffende Element die Elektronen festhält, ist dieses Verfahren verständlich; denn aus der Elektrochemie ist bekannt, daß Alkaliatome sehr leicht Elektronen abgeben und positive Ionen bilden, ihre Nachbarn weiter rechts im Periodensystem der Elemente dies dagegen weniger gut können.

Man erkennt aus der Tabelle, daß nur die Alkalimetalle und Barium bereits im sichtbaren Gebiet lichtelektrisch empfindlich sind. Bei allen anderen Metallen liegt die langwellige Grenze im Ultraviolett. Die angegebenen Zahlen sind nur als Nä-

Tab. 7.1 Austrittsarbeit $e\Phi$ und langwellige Grenze λ_0 des lichtelektrischen Effekts.

Element	$e\Phi$ in eV	λ_0 in nm
Li	2,46	504
Na	2,28	543
K	2,25	551
Rb	2,13	582
Cs	1,94	639
Cu	4,48	277
Ag	4,70	264
Au	4,71	263
Be	3,92	316
Mg	3,70	335
Ca	3,20	387
Sr	2,74	452
Ba	2,52	492
Zn	4,27	290
Cd	4,04	307
Hg	4,53	273
B	4,6	269
Al	4,2	295
Ga	3,3	375
C	4,36	284
Si	3,59	345
Ge	4,62	268
Sn	4,39	282
Pb	4,04	307
V	4,11	301
Nb	3,99	311
Ta	4,13	300
As	4,79	259
Sb	4,56	272
Bi	4,32	287
Cr	4,45	278
Mo	4,24	292
W	4,53	273
U	3,45	359
Se	4,87	254
Te	4,73	262
Mn	3,95	314
Re	4,97	249
Fe	4,63	268
Co	4,25	292
Ni	4,91	252
Os	4,55	272
Ir	4,57	271
Pt	5,36	231

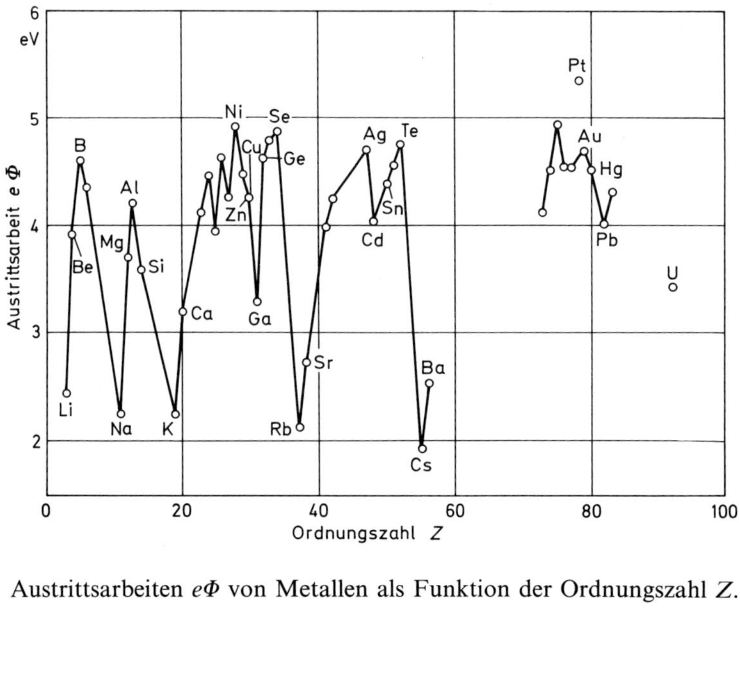

Abb. 7.5 Austrittsarbeiten $e\Phi$ von Metallen als Funktion der Ordnungszahl Z.

herungswerte zu betrachten, im wesentlichen deshalb, weil der Zustand der Oberfläche großen Einfluß auf die Messungen hat.

Prüfung der Einsteinschen Theorie mit Röntgenstrahlen. Die im vorhergehenden Abschnitt beschriebenen Messungen mit Wellenlängen aus dem sichtbaren Gebiet und dem nahen Ultraviolett haben zwei Nachteile. Einmal ist der benutzte Wellenlängenbereich relativ klein, hauptsächlich schon deshalb, weil nur wenige Metalle im Sichtbaren lichtelektrisch empfindlich sind. Dazu kommt ferner, daß das Haltepotential U_m nicht sehr genau erfaßbar ist. Die exakte Theorie läßt dies vermuten; unsere Darstellung würde nach dieser Theorie nur am absoluten Nullpunkt streng gültig sein.

Diese Erwägungen drängen dazu, die Einsteinsche Gleichung mit sehr energiereichem, also kurzwelligem Licht, vor allem mit Röntgenstrahlen zu prüfen. Dies kann in folgender Weise geschehen. Man erzeugt Elektronen, die ein streng definiertes Potentialgefälle durchlaufen haben, also eine kinetische Energie $E_{kin} = eU$ besitzen. Durch Aufprallen auf ein Metall werden die Elektronen abgebremst und geben ihre kinetische Energie als elektromagnetische Strahlung ab, d.h. die Elektronen emittieren Photonen. Das Abbremsen erfolgt durch Stoß zwischen Elektronen und den Metallatomen (Ionen), wobei im allgemeinen das Elektron sehr viele Stöße erleidet, bevor es völlig abgebremst ist. Im günstigsten Fall jedoch kann das Elektron beim ersten Stoß vollständig abgebremst werden und seine gesamte kinetische Energie einem Lichtquant mitgeben. Die maximale Frequenz, die hierbei auftreten kann, ist also gegeben durch

$$h\nu_{max} = eU\,. \tag{7.8}$$

Neben dieser Maximalfrequenz können auch alle kleineren Frequenzen auftreten, ohne den Satz von der Erhaltung der Energie zu verletzen, und sie treten auch wirklich auf, da infolge des komplizierten Bremsvorganges der Elektronen im Metall der Antikathode die erzeugten Röntgenstrahlen ein ganzes Spektrum, das sogenannte *weiße Röntgenlicht* oder *Bremsspektrum,* bilden, dessen kurzwellige Grenze aber scharf bestimmt ist. Diese schon lange bekannte Tatsache erfährt durch Gl. (7.8) ihre quantitative Formulierung, die eben die maximale Frequenz oder, in Wellenlängen umgeschrieben,

$$\lambda_{min}\, U = h\frac{c_0}{e} = \text{const.}\,, \tag{7.9}$$

die Minimalwellenlänge des Röntgenspektrums angibt. Die Gl. (7.9) ist das bekannte *Duane-Huntsche Verschiebungsgesetz.*

Während beim normalen lichtelektrischen Effekt monochromatische Wellenstrahlung Korpuskeln auslöst, wird hier von Korpuskeln einheitlicher Geschwindigkeit eine Wellenstrahlung erzeugt *(inverser Photoeffekt)*. Zu den Gl. (7.8) und (7.9) ist weiter zu bemerken, daß in beiden die Austrittsarbeit $A = e\Phi = h\nu_0$ fortgelassen ist. Dies ist zulässig, weil die Frequenz ν_0 der langwelligen Grenze des lichtelektrischen Effekts sehr klein gegenüber allen Röntgenfrequenzen ist. Daher fällt hier auch die Komplikation durch die Kontaktspannung fort.

Bei den Versuchen mit Röntgenstrahlen haben sich die Gl. (7.8) und (7.9) in einem weiten Spannungsbereich in allen Fällen vollauf bewährt.

Die am häufigsten benutzte Methode ist im Prinzip die folgende: Aus dem kontinuierlichen Spektrum einer Röntgenröhre wird mittels eines Röntgenspektrometers nach Bragg eine Wellenlänge fest eingestellt. Dann wird die Spannung U an der Röntgenröhre, bei kleinen Werten anfangend, immer weiter gesteigert. Ob die Strahlung der eingestellten Wellenlänge vorhanden ist oder nicht, erkennt man daran, daß die Röntgenstrahlen nach Passieren des Spektrometers in ein Ionisierungsgefäß gelangen, in dem als Maß für die Intensität dieser Strahlung die Stärke der von dieser erzeugten Ionisierung gemessen wird. Bei hinreichend kleiner Spannung tritt noch keine Ionisierung auf. Erst bei einer gewissen Spannung setzt plötzlich Ionisierung ein, d. h. die Röntgenröhre emittiert nun Strahlung dieser Wellenlänge. Weitere Steigerung von U führt zu immer größerer Intensität der Strahlung dieser ausgewählten Wellenlänge. Da hierbei die Wellenlänge konstant bleibt, während nur U geändert wird, heißt diese Methode die *Methode der Isochromaten.*

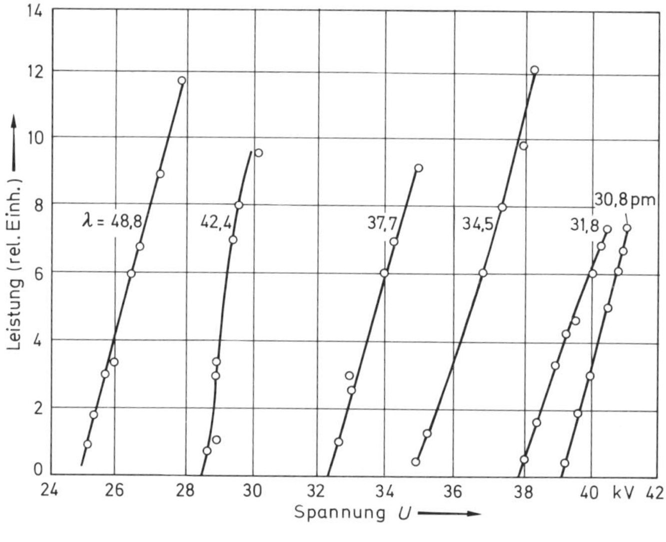

Abb. 7.6 Leistung der Röntgenstrahlung verschiedener Wellenlängen als Funktion der Spannung an der Röntgen-Röhre (nach Duane und Hunt).

Im folgenden wird eine Meßreihe von W. Duane und F. L. Hunt (1916) diskutiert, die als erste solche Messungen ausgeführt haben. In Abb. 7.6 sind als Abszissen die Spannungen an der Röntgenröhre in kV, als Ordinaten die Ionisationsströme, also die Röntgenstrahlleistungen in relativen Einheiten aufgetragen. Die eingestellten Wellenlängen variieren von 48,8 bis 30,8 pm (10^{-12} m), die Spannungen von 20 bis 40 kV. Unterhalb von 24 kV ist keine der genannten Wellenlängen vorhanden. Bei etwa 25 kV setzt aber plötzlich Röntgenstrahlung ein, und zwar rührt sie von der Wellenlänge 48,8 pm her, gemäß der Beziehung Gl. (7.9). Stellt man am Spektrometer eine andere Wellenlänge ein, z. B. 42,6 pm, so tritt diese Wellenlänge erst bei 28,5 kV auf usw. Qualitativ sieht man schon aus Abb. 7.6, daß in der Tat für ein bestimmtes U eine Minimalwellenlänge λ_{min} in dem Röntgenspektrum vorhanden ist. Das kann natürlich auch direkt durch kontinuierliche Variation der Wellenlänge bei konstanter Spannung U nachgeprüft werden (Abb. 7.7 – *Isopotential-Methode*).

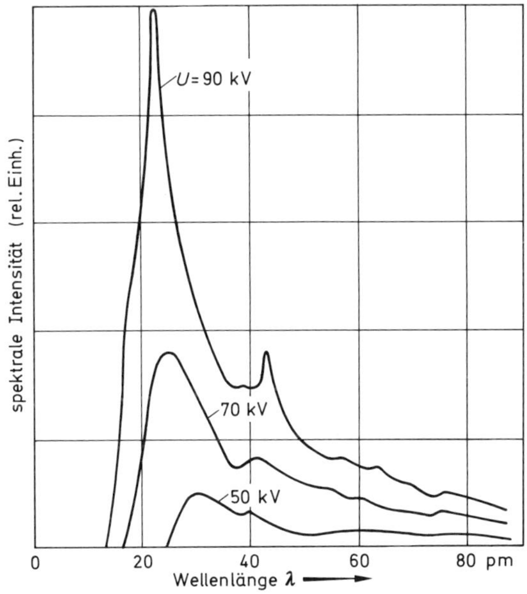

Abb. 7.7 Bremsspektrum für verschiedene Spannungen. Dem kontinuierlichen Bremsspektrum sind charakteristische Linien des Antikathodenmaterials überlagert.

Schon dieses Ergebnis steht in krassem Gegensatz zur klassischen Physik. Denn daß das Spektrometer aus dem kontinuierlichen Bremsspektrum der Röntgenröhre eine definierte Wellenlänge aussondert, ist, mathematisch gesprochen, eine vom Spektralapparat ausgeführte Fourier-Analyse, und diese kann im allgemeinen nicht bei einer bestimmten Minimalwellenlänge abbrechen, sondern sollte bis zur Wellenlänge Null herabgehen. Es ließen sich zwar besondere Formen der Energieverteilung der Wellenlängen im Bremsspektrum gedanklich konstruieren, die zum Abbrechen des Fourier-Spektrums führen würden. Aber es fehlt jeder Anhalt, warum solche speziellen Energieverteilungen immer auftreten sollten. Es bleibt dabei: Das scharfe Abbrechen des Spektrums ist auf klassische Weise nicht erklärbar. Tab. 7.2 gibt einige Ergebnisse von Duane und Hunt wieder. Die dritte Spalte von Tab. 7.2 zeigt, daß das Produkt $\lambda_{min} U$ wirklich eine Konstante ist, was wiederum eine Bestätigung der Einsteinschen Theorie ist. Die letzte Spalte enthält die Planck-Konstante h auf Grund von Gl. (7.9). Daß der h-Wert etwas zu klein ausgefallen ist, liegt an Ungenauigkeiten, die bei der ersten Messung noch nicht erkannt worden waren. Daß genauere Messungen die Gültigkeit der Einsteinschen Gleichungen noch schlagender beweisen, braucht hier im einzelnen nicht näher ausgeführt zu werden.

Tab. 7.2 Kurzwellige Grenze λ_{min} des Bremsspektrums.

U in V	λ_{min} in pm	$\lambda_{min}\,U$	h in Ws^2
39150	30,7	$1201{,}9 \cdot 10^3$	$6{,}42 \cdot 10^{-34}$
37950	31,8	$1206{,}8 \cdot 10^3$	$6{,}45 \cdot 10^{-34}$
34900	34,5	$1204{,}1 \cdot 10^3$	$6{,}42 \cdot 10^{-34}$
32250	37,1	$1196{,}5 \cdot 10^3$	$6{,}39 \cdot 10^{-34}$
28400	42,5	$1207{,}0 \cdot 10^3$	$6{,}45 \cdot 10^{-34}$
25000	48,8	$1215{,}0 \cdot 10^3$	$6{,}49 \cdot 10^{-34}$

Außer der Spannung wurde bei solchen Messungen auch das Material der Antikathode in umfassender Weise geändert (Wolfram, Blei, Rhodium, Kupfer, Silber, Platin) und die Wellenlängenmessung geschah mit verschiedenen Kristallen (Kalkspat, Steinsalz, Sylvin). Wie rückschauend zu erwarten war, ergab sich jedesmal die Gültigkeit der Einsteinschen Formel.

Übrigens leistet die Einsteinsche Formel Gl. (7.9) noch mehr: Sie erklärt die folgende bemerkenswerte Erscheinung: Kathodenstrahlen von der Voltgeschwindigkeit U erzeugen Röntgenstrahlen mit der durch Gl. (7.9) bestimmten Maximalfrequenz ν_{max}; die Röntgenstrahlen ihrerseits können nun aus den Metallen wiederum Photoelektronen, sogenannte sekundäre Kathodenstrahlen, von der ursprünglichen Voltgeschwindigkeit U erzeugen. Das ist aus denselben Gründen wie beim Photoeffekt auch hier mit einer kontinuierlichen Ausbreitung der Strahlung auf Kugelflächen vollkommen unvereinbar. Denn eine sich stetig verdünnende Strahlung könnte natürlich keine Photoelektronen der ursprünglichen Energie hervorbringen. Nach der Photonen-Vorstellung ergibt sich die Erklärung von selbst durch Anwendung der Gl. (7.4) und (7.9).

Die Einsteinsche Erklärung des lichtelektrischen Effekts, so exakt sie auch durch die experimentellen Daten bestätigt wird, ist natürlich unvollständig. Sie liefert eigentlich nur eine Energiebilanz unter Einführung der Photonenenergie $h\nu$, sie kann jedoch nicht den Photoeffekt insgesamt quantitativ beschreiben. Wie groß ist der Photostrom, wie groß ist die Wahrscheinlichkeit, daß ein Photon ein Elektron auslöst, sind Fragen, die erst die Quantentheorie beantworten kann.

7.3 Anwendungen des lichtelektrischen Effekts

Für normale Bestrahlungsstärken besteht eine strenge Proportionalität zwischen der Zahl der Photoelektronen geteilt durch die Zeit (Photostrom) und der einfallenden Bestrahlungsstärke. Hierauf beruhen zahlreiche Methoden zur Messung der Bestrahlungsstärke. Wegen der großen Bedeutung, die diese Anwendungen gewonnen haben, sollen hier einige Lichtdetektoren ausführlicher besprochen werden, insbesondere die beiden wichtigsten, die *Photodiode* und der *Multiplier*.

Allgemeine Definitionen. Das Verhältnis von ausgelöstem Photostrom I zu eingestrahlter Strahlungsleistung P wird *photoelektrische Empfindlichkeit* γ der Kathode genannt.

$$\gamma = \frac{I}{P}, \tag{7.10}$$

γ = photoelektrische Empfindlichkeit
I = Photostrom,
P = Strahlungsleistung.

Nicht jedes eingestrahlte Photon löst ein Photoelektron aus, auch wenn seine Frequenz größer als die Grenzfrequenz des betreffenden Materials ist. Das Verhältnis von Zahl der ausgelösten Elektronen n_e zur Zahl der eingestrahlten Photonen n_p wird *Quantenausbeute* η genannt, eine dimensionslose Größe:

$$\eta = \frac{n_e}{n_p}, \tag{7.11}$$

η = Quantenausbeute,
n_e = Zahl der ausgelösten Elektronen,
n_p = Zahl der eingestrahlten Photonen.

Die empirischen Werte von η sind oft außerordentlich klein und liegen im Bereich von 10^{-4} bis 10^{-2}. Letzteres hat seinen Grund vielfach darin, daß von den lichtelektrisch im Innern des Metalls freigesetzten Elektronen nur ein kleiner Bruchteil die Metalloberfläche verlassen kann, da die Eindringtiefe des Lichts größer sein kann als die mögliche Austrittstiefe der Elektronen, die infolge von Stößen mit dem Metallgitter ihre Energie verlieren. Die Quantenausbeute steigt nach kurzen Wellenlängen an, weil mit höherer Lichtfrequenz die Energie der Photonen und damit die kinetische Energie der freigesetzten Elektronen zunimmt, so daß auch Elektronen aus tieferen Schichten bis zur Oberfläche gelangen und austreten können. So erklärt sich bei reinen Metalloberflächen der Anstieg der photoelektrischen Empfindlichkeit mit abnehmender Wellenlänge. Man spricht in diesem Fall vom *normalen äußeren lichtelektrischen Effekt*. Als Beispiel ist in Abb. 7.8 die normale photoelektrische Empfindlichkeit γ für Platin, Silber und Gold wiedergegeben.

Wird eine Photokathode nicht mit monochromatischem Licht bestrahlt, sondern mit einem Frequenzgemisch, so hängt die Elektronenausbeute von der spektralen Verteilung des Lichtes ab. Es gibt Normallichtquellen, deren Gesamtlichtstrom Φ in Lumen angegeben wird, z. B. die Wolfram-Bandlampe. Fällt das Licht einer solchen Normallampe auf eine Photokathode, so wird ebenfalls ein Photostrom I ausgelöst. Das Verhältnis von Photostrom zu einfallendem Lichtstrom wird *Empfindlichkeit* S genannt:

$$S = \frac{I}{\Phi}, \tag{7.12}$$

S = Empfindlichkeit,
Φ = einfallender Lichtstrom,
I = Photostrom.

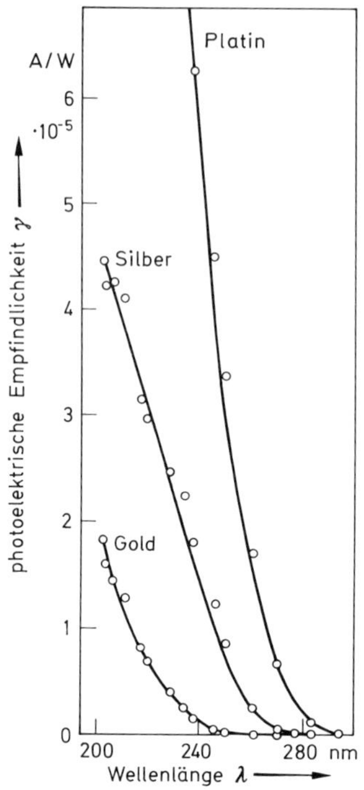

Abb. 7.8 Die normale photoelektrische Empfindlichkeit γ als Funktion der Wellenlänge λ für verschiedene Metalle.

Die Definition des Lichtstromes Φ erfolgt über die Hohlraumstrahlung und Augenempfindlichkeit (vgl. Kap. 5). Der Begriff der Empfindlichkeit S wird daher fragwürdig, wenn die photoelektrische Empfindlichkeit γ der Photokathode im spektralen Verlauf nicht mit der der Hohlraumstrahlung übereinstimmt. Das ist insbesondere der Fall bei Photokathoden, die im ultravioletten oder infraroten Spektralbereich ihr Empfindlichkeitsmaximum besitzen. Die Empfindlichkeiten S von Photokathoden mit unterschiedlichem spektralen Verlauf der photoelektrischen Empfindlichkeit γ sind nicht vergleichbar, wohl aber ist die Angabe von S sinnvoll, um Photokathoden mit gleichem spektralen Verlauf von γ zu vergleichen.

Selektiver lichtelektrischer Effekt. Eine Reihe von Metallen, insbesondere die Alkali- und Erdalkalimetalle, und ihre Verbindungen zeigen in der spektralen Verteilung der photoelektrischen Empfindlichkeit ein resonanzähnliches Maximum. Dieses Verhalten bezeichnet man als *selektiven lichtelektrischen Effekt*. In Abb. 7.9 ist dieser Effekt für verschiedene Kalium-Kathoden wiedergegeben. Dieser selektive Verlauf, der sehr stark von der Reinheit der betreffenden Substanz und vom Zustand seiner Oberfläche abhängt, erklärt sich nach R. Suhrmann (1954) durch den Verlauf der optischen Absorption, die bei Alkalimetallen im sichtbaren Spektralgebiet im Vergleich mit anderen Metallen verhältnismäßig klein ist und von der langwelligen Gren-

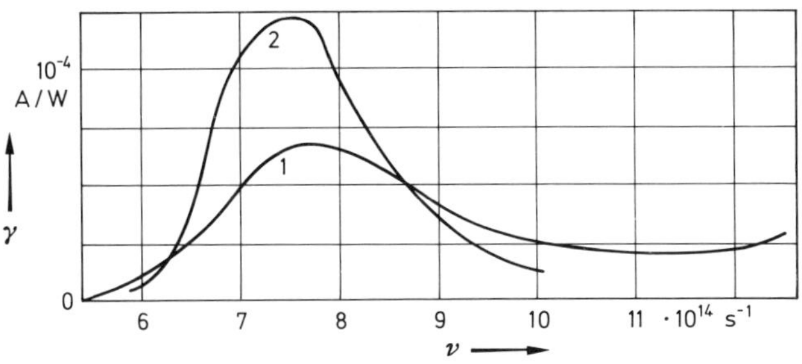

Abb. 7.9 Selektive photoelektrische Empfindlichkeit reiner Kaliumelektroden (nach Suhrmann); 1) Kalium als feinkristalliner Belag auf Trägermetall, 2) Innenverspiegelung der Zelle mit Kalium.

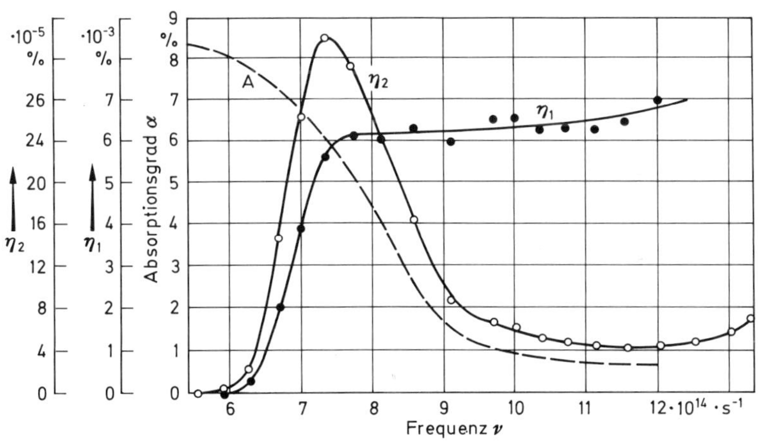

Abb. 7.10 Quantenausbeute η von reinem Kalium (nach Suhrmann).
η_1 = Quantenausbeute bezogen auf das absorbierte Licht,
η_2 = Quantenausbeute bezogen auf das einfallende Licht (entspricht der Kurve 2 in Abb. 7.9),
α = Absorptionsgrad in einer Schicht von $d = 2{,}7 \cdot 10^{-7}$ cm.

ze, bei der der lichtelektrische Effekt einsetzt, nach kürzeren Wellen stark abnimmt. Dies zeigt z.B. für Kalium die gestrichelte Kurve A in Abb. 7.10, die die Lichtabsorption in einer Kaliumschicht von der Dicke $d = 2{,}6 \cdot 10^{-7}$ cm in % der einfallenden Bestrahlungsstärke angibt. Aus anderen Messungen ist bekannt, daß die in einer so dünnen Schicht ausgelösten Elektronen noch alle austreten können. Dividiert man die photoelektrische Empfindlichkeit γ (Abb. 7.9) durch die zugehörigen Werte der Lichtabsorption, so erhält man die *wahre spektrale Empfindlichkeitskurve,* in der das spektrale Maximum vollständig verschwunden ist und die lichtelektrische Ausbeute nach dem ersten steilen Anstieg im Anschluß an die langwellige Grenze wellenunabhängig bleibt, wie es das Einsteinsche Gesetz erwarten läßt. Denn dieses besagt, daß für jedes absorbierte Lichtquant unabhängig von dessen Energie gerade ein Elektron freigemacht wird. Die Ausbeute muß also von der Frequenz unabhängig sein, wenn alle ausgelösten Elektronen auch austreten können. Das ist hier wegen der Dünne der Schicht der Fall. Der Verlauf des steilen Anstiegs in der Nähe der langwelligen Grenze ist durch die Wärmeenergie bedingt; dieser Anstieg würde bei tieferer Temperatur noch steiler werden.

Lichtempfindliche Schichten (Photokathoden). Die photoelektrische Empfindlichkeit γ und die Grenzwellenlänge λ_0 einer Photokathode werden durch deren spezielle Zusammensetzung bestimmt. Besonders geeignet im sichtbaren Spektralbereich sind Caesium-Antimon-Verbindungen und Natrium-Kalium-Antimon-Verbindungen. Einige Beispiele für lichtempfindliche Materialien sind in Tab. 7.3 zusammengestellt. Die Empfindlichkeit γ bzw. Quantenausbeute η hängen von zahlreichen Parametern ab wie: Herstellungsbedingungen der Schicht, Verunreinigungen, Güte des Vakuums usw. Daher sind die Zahlenwerte in Tab. 7.3 nur als Richtwerte zu betrachten.

Tab. 7.3 Die wichtigsten Photokathoden mit ihren typischen Daten [1, 2].

Photo-kathode	Material	η_{max} in %	$\lambda(\eta_{max})$ in nm	λ_0 in nm	γ_{max} in A/W	S in µA/lm	I_0 in A/cm²
S 1	Ag-O-Cs	0,4	800	1200	$2 \cdot 10^{-3}$	20	10^{-12}
		0,7	350		$3 \cdot 10^{-3}$		
S 10	Bi-Ag-O-Cs	5	450	780	$2 \cdot 10^{-2}$	35	10^{-13}
S 11	Cs_3Sb	14	420	670	$5 \cdot 10^{-2}$	50	10^{-16}
S 20	$Na_2KSb(Cs)$	22	390	850	$6 \cdot 10^{-2}$	150	10^{-16}

η_{max} = maximale Quantenausbeute
$\lambda(\eta_{max})$ = Wellenlänge maximaler Quantenausbeute
λ_0 = langwellige Grenze der Empfindlichkeit (Grenzwellenlänge)
γ_{max} = maximale photoelektrische Empfindlichkeit
S = Empfindlichkeit
I_0 = Dunkelstrom bei 20 °C

Die spektrale Abhängigkeit der photoelektrischen Empfindlichkeit γ für typische Photokathoden ist in Abb. 7.11 dargestellt. Diese charakteristischen Kurven werden einheitlich gekennzeichnet durch S1, S10, S11 usw. Alle angegebenen Empfindlichkeitskurven gelten für den Fall, daß das Licht durch ein Fenster aus Borkronglas auf die lichtempfindliche Schicht fällt. Dieses Glas läßt ultraviolettes Licht nicht hindurch, daher der starke Abfall der Empfindlichkeit im blauen Spektralbereich.

Ein weiteres, wichtiges Kennzeichen der lichtempfindlichen Schicht ist der *Dunkelstrom* I_0. Selbst wenn kein Licht auf die Schicht fällt, treten einige wenige Elektronen aus, bedingt durch thermische Effekte und unter Umständen auch durch Feldemission, falls die Schicht auf einem negativen Potential liegt. Je geringer die Austrittsarbeit der Photoelektronen ist, d. h. je größer die Grenzwellenlänge λ_0 ist, um so leichter kommen die Elektronen heraus und um so größer ist der Dunkelstrom.

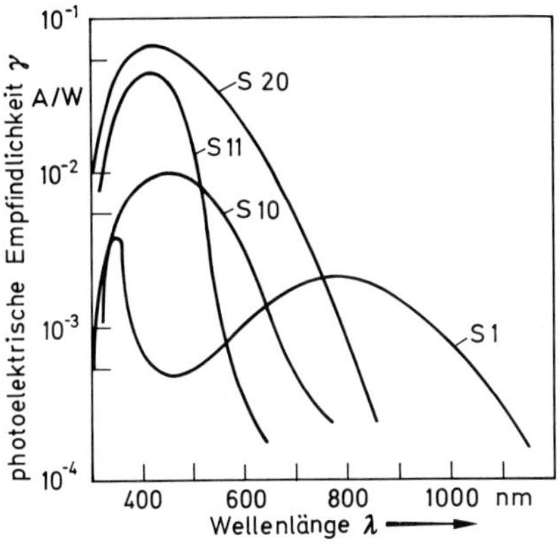

Abb. 7.11 Spektraler Verlauf der photoelektrischen Empfindlichkeit für verschiedene Photokathoden (siehe Tab. 7.3).

Das bedeutet, daß alle jene Photokathoden einen hohen Dunkelstrom besitzen, die im roten und ultraroten Spektralbereich empfindlich sind. Die Größe des Dunkelstroms bestimmt die kleinste nachweisbare Bestrahlungsstärke; denn wenn durch die einfallenden Photonen weniger Elektronen ausgelöst werden als dem Dunkelstrom entsprechen, können die Photonen nicht mehr nachgewiesen werden. Durch Kühlung kann der Dunkelstrom in manchen Fällen stark reduziert (Abb. 7.12) und damit die Empfindlichkeit der Schicht erhöht werden.

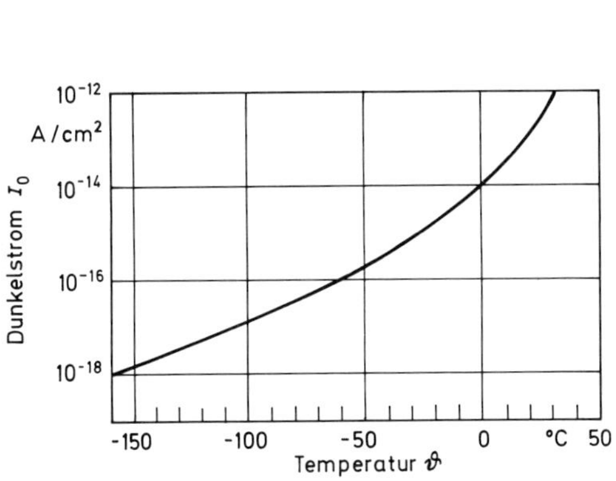

Abb. 7.12 Temperaturabhängigkeit des Dunkelstroms I_0 einer S1-Photokathode.

Die Photozelle. Die Photozelle besteht aus der lichtempfindlichen Schicht *(Photokathode)* und einer Anode (Abb. 7.13). Zwischen Anode und Kathode liegt eine Spannung, um die Photoelektronen zur Anode zu beschleunigen. Die Spannung muß so groß sein, daß alle Elektronen zur Anode gelangen, also der Sättigungsstrom I_s fließt (Abb. 7.14). Nur dann besteht ein linearer Zusammenhang zwischen ein-

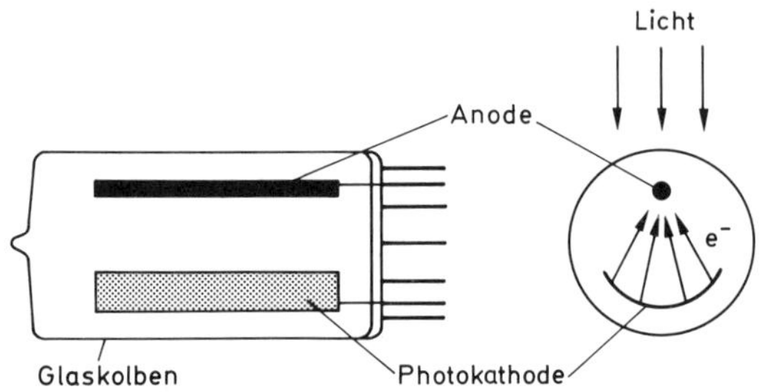

Abb. 7.13 Schematischer Aufbau einer Photozelle.

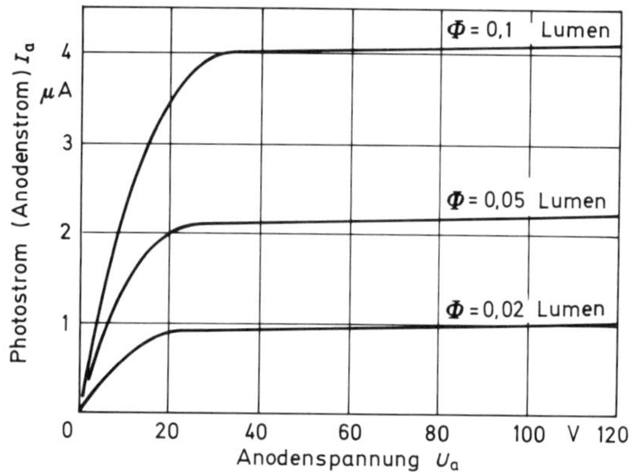

Abb. 7.14 Strom-Spannungscharakteristik einer Photozelle für verschiedene Lichtströme Φ.

fallendem Lichtstrom Φ und Sättigungsstrom I_s. Die Photozelle ist entweder evakuiert oder enthält ein Füllgas (z. B. Argon). Die gasgefüllte Photozelle liefert einen sehr viel höheren Strom, da die Photoelektronen auf ihrem Weg zur Anode Gasatome ionisieren, also zusätzliche Elektronen erzeugen. Stromverstärkungsfaktoren bis zu zehn sind erreichbar.

Die gasgefüllte Photozelle hat einen Nachteil: sie kann schnellen Änderungen des einfallenden Lichtstromes nicht folgen. Während die Vakuumzelle Modulationsfrequenzen des Lichtstromes bis zu 10^{10} Hz noch anzeigt, hört die Gaszelle bei 10^3–10^4 Hz auf. Ist der Lichtstrom mit eine höheren Frequenz moduliert, zeigt die Gaszelle nur noch einen Gleichstrom an.

Der Sekundärelektronenvervielfacher (SEV) oder Multiplier. Elektronen, die mit genügend großer Geschwindigkeit auf eine Metallplatte treffen, können aus dieser wieder Elektronen sekundär auslösen. Die Ausbeute an solchen Sekundärelektronen pro eingestrahltem Elektron hängt dabei ab von der Art des bestrahlten Materials und von der Geschwindigkeit der Primärelektronen. Sie erreicht ein Maximum bei Energien von 400–600 eV. Bei größerer Energie dringen die Primärelektronen so

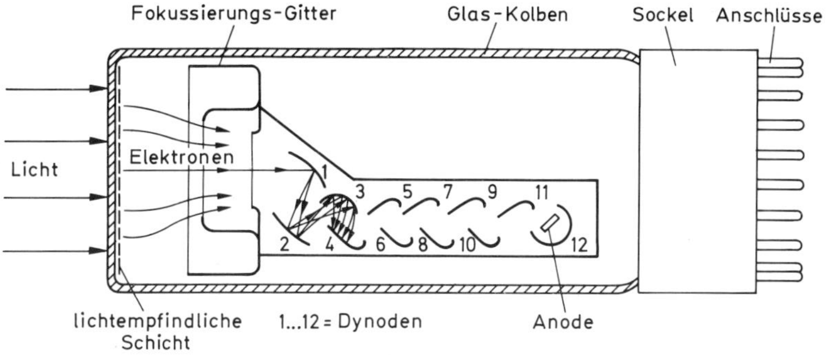

Abb. 7.15 Beispiel für den Aufbau eines 12stufigen Multipliers.

tief in das Metall ein, daß nicht alle sekundär ausgelösten Elektronen austreten können. Bei den meisten Metallen beträgt der Ausbeutefaktor 1 bis 1,5. Bei gewissen Verbindungen, wie z. B. GaP(Cs) kann die *Sekundärelektronenausbeute* den Wert 45 erreichen. Indem nun die an einer Photokathode lichtelektrisch ausgelösten Elektronen zur Auslösung von Sekundärelektronen benutzt werden und dieser Vorgang in mehreren Stufen wiederholt wird, kann eine 10^5- bis 10^9fache Verstärkung des Photoeffekts erreicht werden. Bei einer Empfindlichkeit der Photokathode von $S = 40\,\mu\text{A/lm}$ beträgt dann die Ausgangsempfindlichkeit am SEV $4 - 4 \cdot 10^4\,\text{A/lm}$, die sich natürlich nur bei sehr schwacher Beleuchtung der Photokathode ausnutzen läßt, aber auch gerade dann wichtig ist. Abb. 7.15 zeigt schematisch den Aufbau eines solchen Multipliers. Zwischen den Platten (sog. *Dynoden*), an denen der Sekundärelektroneneffekt auftritt, liegt eine Spannung von je 100 bis 200 V. Damit die an einer Platte ausgelösten Elektronen sämtlich auf die nächste treffen, muß das Elektronenbündel geeignet konzentriert werden, was sich durch die Formgebung der Platten und richtige Abschirmung erreichen läßt, d. h. durch geeignete *elektrische Linsen* (s. Kap. 10). Das Fokussierungsgitter direkt hinter der Photokathode hat gleichfalls die Aufgabe, die aus der Photokathode austretenden Elektronen zu sammeln und auf die erste Dynode zu konzentrieren.

Da lichtelektrischer Effekt und Sekundärelektronenemission praktisch trägheitslose Effekte sind, kann der Multiplier im Prinzip sehr schnell arbeiten, d. h. er kann auch sehr kurze Lichtimpulse in entsprechende Stromimpulse umformen. Eine Begrenzung der zeitlichen Auflösung tritt dadurch auf, daß die ausgelösten Elektronen unterschiedliche Geschwindigkeiten und damit unterschiedliche Laufzeiten besitzen. Ein ursprünglich sehr scharfer Lichtimpuls erzeugt zwar noch einen scharfen Stromimpuls der Photoelektronen, der dann aber wegen der Laufzeiteffekte verbreitert wird. Gute Multiplier können Pulsanstiegszeiten bis zu 10^{-9} s, in Sonderausführungen bis zu 10^{-10} s erreichen.

Photowiderstände. Neben dem äußeren lichtelektrischen Effekt werden zum Bau lichtelektrischer Zellen auch der innere lichtelektrische Effekt und der Sperrschichtphotoeffekt benutzt, deren physikalische Grundlagen bereits in Bd. 2 besprochen wurden. Es wird daher nur kurz wiederholt: Beim *inneren lichtelektrischen Effekt,* der vornehmlich an Halbleitern auftritt, befreit das auffallende Licht im Innern des Halbleiters Elektronen aus ihrer festen Bindung an die Gitterbausteine, während beim äußeren lichtelektrischen Effekt das Licht auf freie Elektronen einwirkt. Die ausgelösten Elektronen treten nicht aus der Oberfläche heraus, sondern bewirken lediglich eine Erhöhung der Leitfähigkeit, die sich bei Anlegen einer äußeren Spannung durch eine Erhöhung des Stroms gegenüber dem unbelichteten Halbleiter bemerkbar macht. Man spricht von *Photowiderständen*. Im unbelichteten Zustand besitzt ein solcher einen Dunkelwiderstand von 10^5 bis 10^9 Ohm. Je stärker dieser Widerstand bei Belichtung absinkt, um so größer ist die photoelektrische Empfindlichkeit. Es gibt Photowiderstände, bei denen sich bei Bestrahlung mit Sonnenlicht 10^6 Lux) der Widerstand um rund 9 Zehnerpotenzen ändert, also metallische Leitfähigkeit erreicht wird. Ein Nachteil aller Photowiderstände ist ihre verhältnismäßig große Trägheit gegenüber schnellen Änderungen der Belichtung. Die Zeiten, in denen nach Ein- oder Ausschalten der Belichtung der Leitwert auf den halben Wert seines Hellbetrages angestiegen bzw. abgesunken ist, betragen bei schwachen Beleuchtungsstärken (100 Lux) etwa 5 bis 500 ms, bei hohen Beleuchtungsstärken sind sie kleiner. Ein wesentlicher Vorteil der Photowiderstände ist ihre Infrarotempfindlichkeit und die hohe Quantenausbeute, die Werte bis nahezu 100% erreichen kann.

Als Photowiderstände eignen sich Eigenhalbleiter, Störstellenhalbleiter und Isolatoren. Einige Beispiele sind in Tab. 7.4 zusammengestellt. Ein Betrieb im Bereich der Grenzwellenlängen, also im fernen Infrarot, ist nur möglich, wenn die Photowiderstände gekühlt werden (vgl. Abschn. 2.5).

Tab. 7.4 Beispiele für Photowiderstände mit Grenzwellenlänge λ_0 und Betriebstemperatur T.

Material	Dotierung	Grenzwellenlänge λ_0 in μm	Betriebstemperatur T in K
Eigenhalbleiter			
PbS	—	4	77
PbSe	—	5	300
		7	190
PbTe	—	6	77
InSb	—	6	190
Störstellenhalbleiter			
Ge	Au	8,5	60
Ge	Cd	25	20
Ge	Cu	30	5
Ge	Zn	45	5
Isolatoren			
CdS	—	0,55	300
CdSe	—	0,82	300

Photoelemente. Photoelemente liefern ohne äußere Spannungsquelle bei Belichtung einen Photostrom. Der Aufbau eines Photoelements und dessen Wirkungsweise soll hier für das **Silicium-Photoelement** erläutert werden (vgl. auch Bd. 2). Es besteht,

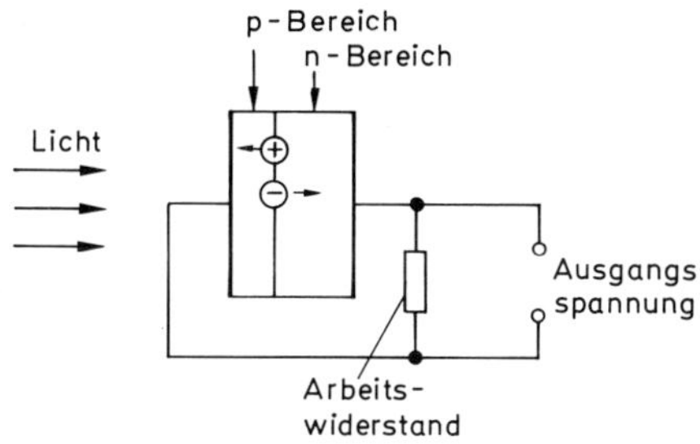

Abb. 7.16 Schema eines Silicium-Photoelements. ⊕ und ⊖: vom Licht erzeugte Ladungsträger.

wie Abb. 7.16 schematisch zeigt, aus einer Scheibe aus n-Silicium (Elektronenüberschußleitung durch As-Zusatz), auf die eine lichtdurchlässige Schicht aus p-Silicium (Defektelektronenleitung durch Ga-Zusatz) angebracht ist. Infolge des Konzentrationsgefälles der Elektronen von der n- zur p-Schicht (und umgekehrt für die Defektelektronen) bilden sich durch Diffusion dieser Ladungsträger Raumladungen zu beiden Seiten der Grenzschicht zwischen p- und n-Leiter aus, die zur Entstehung einer elektrischen Doppelschicht führen mit einem elektrischen Feld, das von der n- zur p-Schicht gerichtet ist und weitere Diffusion verhindert. Werden nun durch Licht, das durch die lichtdurchlässige Schicht eindringt, in der Grenzschicht Elektronen ausgelöst, so werden diese durch das eben erwähnte Feld in die n-Schicht gezogen, und diese Änderung der Ladungsverteilung gegenüber dem vorher eingestellten Gleichgewicht erzeugt eine Photo-EMK. Verbindet man die beiden Schichten durch einen äußeren Stromkreis, so fließen die lichtelektrisch ausgelösten Elektronen als Photostrom durch diesen Kreis. Die Empfindlichkeit liegt in der Größenordnung von $S = 400\,\mu\text{A/lm}$ und die maximale Quantenausbeute liegt bei $\eta_{\max} = 0{,}5$. Infolge dieses hohen Wirkungsgrades werden solche Photoelemente als *Sonnenbatterien* zur Spannungsversorgung elektrischer Geräte kleinen Stromverbrauchs benutzt. Sie können eine Leistung von wenigen mW/cm^2 abgeben.

Ähnlich arbeiten **Selen-Photoelemente.** Da deren spektrale Empfindlichkeitsverteilung (Abb. 7.17) weitgehend der des Auges entspricht, werden sie besonders zum Bau von Photometern und photographischen Belichtungsmessern verwendet.

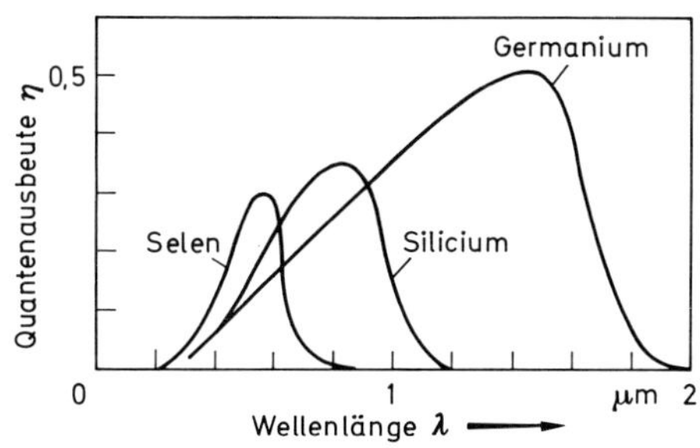

Abb. 7.17 Spektraler Verlauf der Quantenausbeute von Photoelementen.

Photodioden. Photoelemente können auch als Photodioden verwendet werden, indem an das Element von außen eine Spannung in Sperrichtung angelegt wird. Ohne Belichtung fließt nur ein sehr geringer Strom, d. h. der Widerstand der Photodiode ist sehr groß. Bei Lichteinfall werden Ladungsträger erzeugt, es fließt ein Strom, der Widerstand nimmt ab. Der Strom ist proportional der einfallenden Lichtintensität. Die aktive Zone dieser Dioden kann sehr klein sein (0,1 mm), dadurch ist es möglich, die durch die Diffusionszeit der Ladungsträger begrenzte Zeitkonstante der Diode klein zu halten. Die Zeitauflösung solcher PIN-Dioden liegt bei 10^{-9} s und darunter.

7.4 Die korpuskularen Eigenschaften des Photons

Die experimentellen Ergebnisse des lichtelektrischen Effekts lassen sich durch das Wellenbild nicht beschreiben, sondern nur durch eine quantenmechanische Theorie des Strahlungsfeldes. In vielen Experimenten verhält sich das Strahlungsfeld wie ein Strom von Teilchen. Diese Teilchen werden Photonen genannt. Sie sind die kleinsten Energieeinheiten des Feldes bei vorgegebener Frequenz, und ihre Eigenschaften reichen vollständig aus, um das Strahlungsfeld zu beschreiben, wobei zu beachten ist, daß die Photonen Wellen- und Teilcheneigenschaften besitzen. Wie diese widersprüchlichen Eigenschaften durch eine einheitliche Theorie beschrieben werden können, wird in Abschn. 7.5 diskutiert. Im folgenden soll etwas näher auf die korpuskularen Eigenschaften des Photons eingegangen werden, also die Eigenschaften, die auf klassische, massebehaftete Teilchen hinweisen. Eine Übersicht gibt Tab. 7.5.

Tab. 7.5 Korpuskulare Eigenschaften des Photons.

Energie	E	$h\nu$
Masse	m_{ph}	$h\nu/c_0^2$
Ruhemasse	$m_{\text{ph},0}$	0
Impulsvektor	$\boldsymbol{p}_{\text{ph}}$	$\hbar\boldsymbol{k}$
Impulsbetrag	$\lvert\boldsymbol{p}_{\text{ph}}\rvert$	h/λ
Eigendrehimpuls (Spin)	$\lvert\boldsymbol{s}\rvert$	$\hbar = h/2\pi$

$h = 6{,}625 \cdot 10^{-34}\,\text{Ws}^2$

Nach der speziellen Relativitätstheorie sind Masse und Energie einander gleichwertig. Jeder Energie ist eine Masse zuzuordnen und umgekehrt, gemäß der Beziehung $E = mc_0^2$. Also besitzt auch das Photon der Energie $E = h\nu$ eine Masse m_{ph}:

$$m_{\text{ph}} = \frac{h\nu}{c_0^2}\,. \tag{7.13}$$

Bei Geschwindigkeiten v, die vergleichbar mit der Lichtgeschwindigkeit c sind, muß zwischen Ruhemasse m_0 (für $v = 0$) und der bewegten Masse m unterschieden werden. Zwischen ihnen besteht die Beziehung (s. Kap. 12):

$$m_0 = m\sqrt{1 - \left(\frac{v}{c_0}\right)^2}\,.$$

Da das Photon sich mit Lichtgeschwindigkeit bewegt, wird seine Ruhemasse null:

$$m_{\text{ph},0} = 0\,. \tag{7.14}$$

Wenn ein Teilchen Masse besitzt, muß es auch einen Impuls $\boldsymbol{p}$ besitzen. Nach der Beziehung $\boldsymbol{p} = m\boldsymbol{v}$ ergibt sich mit $|\boldsymbol{v}| = c_0$ und mit Gl. (7.13) für den Photonenimpuls:

$$|\boldsymbol{p}_{\text{ph}}| = \frac{h\nu}{c_0} = \frac{h}{\lambda}\,. \tag{7.15}$$

Der Impuls ist ein Vektor, und daher kann Gl. (7.15) auch vektoriell geschrieben werden:

$$\boldsymbol{p}_{\text{ph}} = \hbar\boldsymbol{k}\,, \tag{7.16}$$

wobei $\hbar = h/2\pi$ und $|\boldsymbol{k}| = 2\pi/\lambda$ der Ausbreitungsvektor des Lichtes ist, der in Ausbreitungsrichtung der Wellen zeigt. Experimentelle und theoretische Untersuchungen zeigen, daß das Photon auch einen mechanischen Eigendrehimpuls besitzt, den Spin $\boldsymbol{s}$. Dieser Drehimpulsvektor zeigt stets parallel oder antiparallel zur Ausbreitungsrichtung und nimmt die Werte $\pm\hbar$ an:

$$|\boldsymbol{s}| = \hbar\,. \tag{7.17}$$

Ein elektromagnetisches Strahlungsfeld führt also Drehimpuls mit sich, wobei dieser mit dem Polarisationszustand des Lichts verknüpft ist:

rechtszirkulares Licht	$j = -q\hbar$,
linear polarisiertes Licht	$j = 0$,
linkszirkulares Licht	$j = +q\hbar$.

Hierbei ist j die Drehimpulsdichte des Feldes und q die Photonenanzahldichte. Mit abnehmender Frequenz nimmt die Energie der Photonen ab, d. h. bei gleicher Energiedichte nimmt die Dichte der Photonen zu und entsprechend die Drehimpulsdichte.

Bei diesen Betrachtungen muß man streng zwischen den Elementarteilcheneigenschaften des Photons (wie z. B. Spin) und den Eigenschaften eines Teilchenensembles (Drehimpulsdichte) unterscheiden. Es ist nicht immer zulässig, die Eigenschaft eines Teilchens mit der Teilchenanzahldichte zu multiplizieren, um die Eigenschaften des Ensembles zu erhalten, wie sich z. B. beim linear polarisierten Licht zeigt.

Schon aus den Maxwellschen Gleichungen folgt, daß ein elektromagnetisches Feld Impuls und Drehimpuls besitzt, jedoch handelte es sich hier um stetige Größen. Als Folge der Energiequantisierung ergeben sich notwendig die Impuls- und Drehimpulsquantisierung oder umgekehrt.

Im folgenden soll auf einige Experimente eingegangen werden, die sehr anschaulich zeigen, daß Masse, Impuls und Drehimpuls des Photons nicht nur Rechengrößen sind, sondern eine echte physikalische Bedeutung besitzen.

Um eine Vorstellung zu gewinnen, sollen diese Größen für die Wellenlänge $\lambda_\text{D} = 5{,}893 \cdot 10^{-5}\,\text{cm}$ bzw. die Frequenz $\nu_\text{D} = 5{,}091 \cdot 10^{14}\,\text{s}^{-1}$ der Natrium-D-Linie berechnet werden. Mit $h = 6{,}625 \cdot 10^{-34}\,\mathrm{Ws}^2$ ergibt sich:

$$\begin{array}{ll} \text{Energie} & E_{\mathrm{ph}} = 3{,}37 \cdot 10^{-19}\,\mathrm{Ws}\,, \\ \text{Masse} & m_{\mathrm{ph}} = 3{,}75 \cdot 10^{-33}\,\mathrm{g}\,, \\ \text{Impuls} & p_{\mathrm{ph}} = 1{,}12 \cdot 10^{-22}\,\mathrm{g\,cm\,s^{-1}}\,, \\ \text{Drehimpuls} & |s| = 1{,}05 \cdot 10^{-34}\,\mathrm{Ws}^2\,. \end{array}$$

Zum Vergleich die Masse eines Natrium-Atoms:

$$m_{\mathrm{Na}} = 3{,}82 \cdot 10^{-23}\,\mathrm{g}\,.$$

Photonenmasse. Nach dem Einsteinschen Äquivalenzprinzip besteht kein Unterschied zwischen schwerer und träger Masse (Kap. 12). Jede Masse wird im Gravitationsfeld beschleunigt und jede Masse setzt einer Beschleunigung einen Widerstand entgegen. Also sollte man erwarten, daß auch auf das Photon im Gravitationsfeld anziehende Kräfte wirken.

Betrachten wir z. B. ein Photon, welches auf der Erdoberfläche senkrecht nach oben startet. Wenn auf dieses Photon anziehende Kräfte wirken, so muß es gegen diese Kräfte Arbeit leisten. Das Photon muß also Energie aufbringen, um die Erde zu verlassen. Ein normales, mit Masse behaftetes Teilchen würde dabei langsamer werden. Das ist dem Photon nicht möglich, da es sich als Teilchen ohne Ruhemasse stets mit Lichtgeschwindigkeit bewegt. Der Energieverlust muß also auf Kosten der Frequenz des Photons gehen, d. h. die Frequenz muß abnehmen. Es tritt eine Rotverschiebung $\Delta\nu$ der Frequenz auf.

Die potentielle Energie eines Teilchens der Masse m_{ph} im Unendlichen gegenüber der Erde mit der Masse M und dem Radius R beträgt (siehe Bd. 1):

$$\Phi = G\frac{m_{\mathrm{ph}}M}{R}\,,$$

wobei G die Gravitationskonstante ist. Diese Energie muß gleich dem Energieverlust des Photons sein:

$$\Phi = \Delta E = h\Delta\nu\,.$$

Aus beiden Gleichungen ergibt sich zusammen mit Gl. (7.13) für die Rotverschiebung:

$$\frac{\Delta\nu}{\nu} = G\frac{M}{Rc_0^2}\,.$$

Das gleiche Ergebnis folgt aus der allgemeinen Relativitätstheorie, jedoch ist die Herleitung mühsamer (Kap. 12).

Die Ablenkung eines Lichtstrahls im Gravitationsfeld ist im Photonenbild sofort zu verstehen, zumindest qualitativ. Benutzt man jedoch wie vorher bei der Rotverschiebung zur Berechnung des Ablenkwinkels die Newtonsche Mechanik, so ergibt sich nur der halbe Wert. Erst die Nichteuklidizität des Raumes liefert das richtige Ergebnis. Bewegt sich das Photon senkrecht zu den Potentialflächen des zentralsymmetrischen Gravitationsfeldes, macht sich die Raumkrümmung nicht bemerkbar. Nur deshalb ergibt sich bei der Rotverschiebung mehr oder weniger zufällig das richtige Ergebnis.

Photonenimpuls. Den Nachweis, daß auch das einzelne Photon einen Impuls besitzt, erbrachte R. O. Frisch [3]. Bei der Emission oder Absorption von Photonen durch Atome muß sich der Photonenimpuls beim Atom als Rückstoß bemerkbar machen. Betrachten wir als Beispiel die Emission eines Photons durch ein ruhendes Natrium-Atom (Na-D-Linie). Welche Geschwindigkeit besitzt das Natrium-Atom nach der Emission, wenn der gesamte Rückstoß in kinetische Energie des Atoms umgewandelt wird? Aus dem Impulssatz folgt

$$\boldsymbol{p}_{\mathrm{Na}} = \boldsymbol{p}_{\mathrm{ph}} ,$$

woraus sich für die Geschwindigkeit $\boldsymbol{v}_{\mathrm{Na,r}}$ des Na-Atoms ergibt:

$$|\boldsymbol{v}_{\mathrm{Na,r}}| = \frac{h}{\lambda_{\mathrm{D}} m_{\mathrm{Na}}} = 2{,}94\,\mathrm{cm/s}\,. \tag{7.18}$$

Diese Angaben werden gleich bei der Beschreibung des Versuchs von Frisch benötigt. Die Idee des Versuchs ist folgende: Nach dem Verfahren von Dunoyer zur Erzeugung von Molekularstrahlen (Bd. 1) wird durch Erhitzen im Vakuum ein Metall, in unserem Fall Natrium, verdampft. Die mittlere Geschwindigkeit der Na-Dampf-Atome hängt von der Ofentemperatur ab, bei Frisch betrug sie $|\boldsymbol{v}_{\mathrm{Na,th}}| = 9 \cdot 10^4\,\mathrm{cm/s}$, was einer Ofentemperatur von etwa 300 °C entspricht. Durch spaltförmige Blendenöffnungen S_1 und S_2 (Abb. 7.18) wird ein feiner Atomdampfstrahl ausgeblendet, der sich in einem etwa 50 cm langen evakuierten Rohr ausbreitet. Unmittelbar hinter dem Spalt S_2 wird der Atomstrahl von der Seite her senkrecht zu seiner Richtung mit einer Na-Dampflampe belichtet, die praktisch nur die D-Linien emittiert. Es treffen also Photonen $h\nu_{\mathrm{D}}$ auf und übertragen ihren Impuls auf jedes getroffene Na-Atom, das nach Gl. (7.18) durch den Stoß eine seitliche Geschwindigkeitskomponente von 2,94 cm/s erhält. Diese setzt sich mit der dazu senkrechten Geschwindigkeit der Atome längs des Strahls vektoriell zusammen und bewirkt so eine kleine Richtungsänderung des Strahls. Der Ablenkwinkel beträgt hier $\delta = 2{,}94/(9 \cdot 10^4) = 6''$. Das bedeutet, daß der kleine Anteil derjenigen Atome, die ein Photon absorbiert haben, bei einer Strahllänge von 50 cm etwa 0,016 mm neben den unabge-

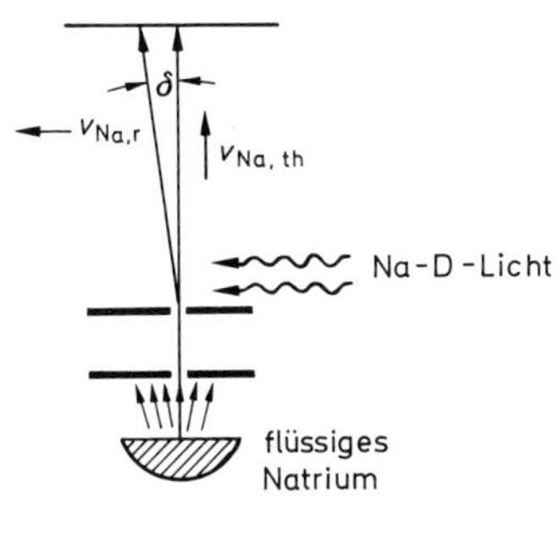

Abb. 7.18 Schema des Versuchs von Frisch zur Photonenimpuls-Bestimmung.

lenkten Atomen auf den zur Messung benutzten Empfänger treffen. Die Experimente von Frisch wurden in den letzten Jahren mit Lasern wiederholt. Da der Laser, verglichen mit der Na-Dampflampe, sehr viel intensiver ist, kann man sehr leicht eine beachtliche Anzahl von Atomen ablenken. Es ist möglich, auf diese Weise ein Gemisch verschiedener Atome oder Isotope zu trennen. Die Absorptionslinien verschiedener Isotope einer Atomsorte besitzen leicht unterschiedliche Resonanzfrequenzen. Mit einem schmalbandigen Laser wird nur ein Isotop angeregt, abgelenkt und somit von den anderen Isotopen getrennt.

Es geht aus dieser Darlegung hervor, daß die bisherige Behandlung des lichtelektrischen Effekts noch nicht vollständig ist, denn wir müssen außer der Erhaltung der Energie auch noch die des Impulses verlangen. Die austretenden Photoelektronen besitzen nach Gl. (7.7) eine kinetische Energie von (in nicht relativistischer Näherung):

$$\frac{1}{2} m_e v_e^2 = h(\nu - \nu_0) .$$

Daraus folgt für den Elektronenimpuls

$$|\boldsymbol{p}_e| = \sqrt{2h(\nu - \nu_0) m_e} .$$

Wird hierin der Photonenimpuls nach Gl. (7.15) eingesetzt, so folgt

$$\frac{|\boldsymbol{p}_e|}{|\boldsymbol{p}_{ph}|} = \sqrt{\frac{2m_e c_0^2}{h\nu}\left(1 - \frac{\nu_0}{\nu}\right)} . \tag{7.19}$$

Unter der Wurzel steht im wesentlichen das Verhältnis von Elektronenruheenergie $m_e c_0^2$ zu Photonenenergie $h\nu$. Setzt man übliche Zahlenwerte für den sichtbaren Spektralbereich ein: $m_e c_0^2/h\nu = 2 \cdot 10^5$, $\nu_0/\nu = 0{,}5$, so ergibt sich, daß der Elektronenimpuls rund fünfhundertmal so groß wie der Photonenimpuls ist. Für die Impulsbilanz kann also unter den angenommenen Bedingungen der Photonenimpuls vernachlässigt werden. Erst wenn die Photonenenergie in die Größenordnung der Elektronenruheenergie kommt $h\nu = m_e c_0^2$, also bei Frequenzen von $\nu = 1{,}6 \cdot 10^{20}\,\mathrm{s}^{-1}$ bzw. Wellenlängen von $\lambda = 2\,\mathrm{pm}$ wird der Photonenimpuls dem Elektronenimpuls vergleichbar (Compton-Effekt, s. Abschn. 7.7). In diesem Fall sind jedoch Gl. (7.7) oder Gl. (7.19) nicht mehr gültig, da es sich um nichtrelativistische Näherungen handelt.

Da beim lichtelektrischen Effekt der Photonenimpuls vernachlässigbar ist, muß also der nach vorn gerichtete Impuls der Photoelektronen durch einen nach hinten gerichteten Impuls, einen Rückstoß, kompensiert werden. Ein solcher Rückstoßimpuls könnte nur auftreten, wenn das ausgetretene Photoelektron im Gitter nicht vollkommen frei ist, sondern mit ihm durch Kräfte, wenn auch kleine, in Wechselwirkung steht. Dann und nur dann erteilt das austretende Elektron einem Gitteratom einen Rückstoßimpuls $\boldsymbol{p}_G$ von gleichem Betrag, aber umgekehrter Richtung wie $\boldsymbol{p}_e$, so daß $\boldsymbol{p}_e + \boldsymbol{p}_G \approx 0$ ist. Wegen der im Verhältnis zur Elektronenmasse sehr großen Masse der Atome kann ein Atom nur eine im Vergleich zur Elektronengeschwindigkeit sehr kleine Geschwindigkeit annehmen, die sich im allgemeinen der Beobachtung entzieht. Die Erhaltung des Impulses, die mechanisch notwendig ist, zwingt also zu der Folgerung, daß die sogenannten „freien" Elektronen im Metall, denen die Elektrizitäts- und Wärmeleitung zugeschrieben wird, nicht vollkommen frei sein können. Daß es aber jedenfalls diese sogenannten freien Elektronen sind und nicht etwa die im Atom gebundenen, die im äußeren lichtelektrischen Effekt herausgelöst werden, dafür spricht die experimentell feststehende Tatsache, daß das Austrittspotential eine charakteristische Konstante des betreffenden Metalls ist.

Strahlungsdruck, optische Levitation. Bei den heute zur Verfügung stehenden intensiven Lichtquellen sind die Auswirkungen des Impulsübertrages auf makroskopische Teilchen (Strahlungsdruck) nachweisbar und technische Anwendungen durchaus denkbar. Einige Beispiele sollen im folgenden diskutiert werden.

Ein gepulster Laser kann Lichtimpulse von etwa 10^{-8} s Dauer und 10^8 W Leistung emittieren, d.h. dieser Lichtimpuls enthält eine Energie von $E = 1\,\mathrm{Ws}$. Er besteht also aus $E/h\nu$ Photonen und enthält damit einen Gesamtimpuls von

$$|\boldsymbol{p}| = \frac{E}{h\nu}\,\frac{h}{\lambda} = \frac{E}{c_0}\,.$$

Wird dieser Lichtimpuls von einem Spiegel total in sich reflektiert, so muß der Spiegel den doppelten Impuls aufnehmen, d.h. für den Spiegel der Masse m_s gilt

$$|\boldsymbol{p}_\mathrm{s}| = |m_\mathrm{s}\,\boldsymbol{v}_\mathrm{s}| = 2\frac{E}{c_0}\,.$$

Daraus ergeben sich die Geschwindigkeit und die kinetische Energie des Spiegels zu:

$$E_{\mathrm{kin},s} = \frac{m_\mathrm{s} v_\mathrm{s}^2}{2} = \frac{2}{m_\mathrm{s}}\left(\frac{E}{c_0}\right)^2 .$$

Ist dieser Spiegel an einem Faden frei beweglich aufgehängt (Abb. 7.19), so wird er durch den Rückstoß ausgelenkt und zwar soweit, bis seine potentielle Energie im Erdfeld gleich der kinetischen Energie nach obiger Gleichung ist:

$$E_{\mathrm{pot,s}} = m_\mathrm{s} g \Delta l = E_{\mathrm{kin,s}}\,,$$

wobei g die Erdbeschleunigung ist. Aus dieser Beziehung ergibt sich die Strecke Δl

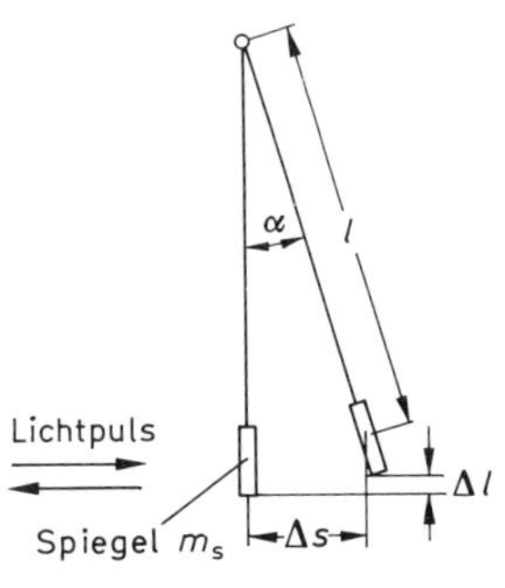

Abb. 7.19 Messung des Impulses eines intensiven Lichtpulses.

und damit die Auslenkung α für kleine Winkel zu:

$$\alpha = \sqrt{\frac{2\Delta l}{l}} = \frac{2E}{m_s c_0} \frac{1}{\sqrt{lg}}.$$

Experimentell realisierbare Zahlenwerte sind $E = 1\,\mathrm{Ws}$, $m_s = 2 \cdot 10^{-2}\,\mathrm{g}$, $l = 10\,\mathrm{cm}$. Mit $c_0 = 3 \cdot 10^{10}\,\mathrm{cm/s}$ und $g = 980\,\mathrm{cm/s^2}$ ergibt sich dann eine Auslenkung um $\alpha = 3 \cdot 10^{-4} = 6''$ bzw. eine Verschiebung Δs des Spiegels um $\Delta s = \alpha l = 3 \cdot 10^{-2}\,\mathrm{mm}$. Diese Werte sind bequem meßbar, und die Methode wird sogar benutzt, um die Energie intensiver Lichtimpulse absolut zu messen.

Die obigen Gleichungen sind nicht ganz korrekt. Es wurde nicht berücksichtigt, daß für das am bewegten Spiegel reflektierte Licht eine Dopplerverschiebung der Frequenz auftritt, und der reflektierte Lichtimpuls eine etwas geringere Frequenz besitzt als der einfallende. Die Frequenzverschiebung bedeutet, daß das Licht Energie verloren hat, nämlich genau die Energie, die der Spiegel als kinetische Energie aufgenommen hat. Die Frequenzverschiebung ist jedoch wegen der relativ großen Spiegelmasse hier vernachlässigbar.

Mit kontinuierlichen Lasern ist es möglich, kleine dielektrische Teilchen zu manipulieren und z.B. gegen die Erdanziehung zu halten [4, 5]. Ein Strahlungsfeld der Leistung P transportiert eine Impulsrate von

$$\frac{\Delta p}{\Delta t} = \frac{P}{c_0}.$$

Fällt dieses Strahlungsfeld auf ein Kügelchen, und wird der Anteil R reflektiert, der Anteil T transmittiert, so ergibt sich aus dem zeitlich aufgenommenen Impuls die wirkende Kraft F:

$$F = (R + 1 - T)\frac{P}{c_0}.$$

Um das Kügelchen stationär gegen die Erdanziehung zu halten, muß diese Kraft gleich der Gewichtskraft $F_k = mg$ sein. Daraus ergibt sich die notwendige Leistung zu

$$P = \frac{mgc_0}{(R + 1 - T)}.$$

Für ein Glaskügelchen mit den folgenden Daten: Radius $r = 2 \cdot 10^{-5}\,\mathrm{m}$, Dichte $\varrho = 2500\,\mathrm{kg/m^3}$, $R = 0{,}05$, $T = 1 - R$, $g = 9{,}81\,\mathrm{m/s^2}$ ergibt sich die notwendige Lichtleistung zu $P = 246\,\mathrm{mW}$, ein Wert, der mit Lasern problemlos realisiert werden kann. Es ist durchaus möglich, mit einem guten Hochleistungslaser eine kontinuierliche Leistung von 250 W auf das Kügelchen zu fokussieren. Wenn dann noch der Reflexionsgrad durch Beschichtung mit dielektrischen Schichten auf nahezu $R = 1$ erhöht wird, ergibt sich eine Beschleunigung von $b = 2P/mc_0 \approx 20\,000\,g$.

Das Überraschende ist nicht nur, daß eine relativ geringe Leistung ausreicht, um ein Glaskügelchen zu tragen, sondern daß es in der Strahlmitte stabilisiert wird, ähnlich wie ein Ball auf einer Wasserfontäne. Überlegt man sich jedoch das Vektordiagramm der reflektierten und gebrochenen Strahlen, so ist diese Stabilisierung im Intensitätsmaximum des Strahls leicht einzusehen [4, 5]. Man bezeichnet dieses Phänomen als *optische Levitation.*

Im atomaren Bereich ergeben sich hieraus zahlreiche Möglichkeiten, Atome und Moleküle in Strahlungsfeldern zu manipulieren und zu stabilisieren. Auch kann die Wechselwirkung von „einzelnen" Atomen mit einem Strahlungsfeld untersucht werden. Bei geeigneter Wechselwirkung ist es auch möglich, die Atome zu kühlen, d. h. ihre thermische Energie zu reduzieren [6].

Die oben angegebenen Gleichungen sind nur als Abschätzungen zu betrachten. So ist z. B. der Reflexionsgrad abhängig von den verschiedenen Einfallswinkeln und der Polarisation. Bei sehr kleinen Kugeln ist auch die Rückwirkung der Kugel auf das Strahlungsfeld (Beugung) zu berücksichtigen.

Die Kraftwirkungen des elektromagnetischen Feldes auf metallische oder dielektrische Medien sind nicht eine Folge des Photons und der Quantisierung, sondern bereits Eigenschaften des klassischen Feldes (Maxwellscher Spannungstensor). Nur ist das Verständnis des Strahlungsdrucks über den Photonenimpuls sehr einfach, während die Deutung mit der klassischen Feldtheorie etwas mühsamer ist [7]. Die Kraftwirkungen entstehen letztlich durch die Coulomb- und Lorentzkraft. Fällt ein Strahlungsfeld senkrecht auf eine metallische Oberfläche, so induziert das elektrische Feld einen Strom, welcher parallel zum $\boldsymbol{E}$-Feld oszilliert. Das Magnetfeld $\boldsymbol{H}$ wirkt auf diesen Strom und hat eine Kraft senkrecht zum Strom und senkrecht zu $\boldsymbol{H}$ zur Folge. Diese Kraft steht senkrecht auf der Metalloberfläche. Bei Dielektrika sind es die induzierten Dipole, auf die das elektrische Feld wiederum wirkt und eine Kraft hervorruft. Aus der Elektrostatik ist dieses bekannt als elektrostatischer Druck. In beide Betrachtungsweisen gehen die Materialeigenschaften ein, die hier bei der Impulsbilanz in der Reflexion bzw. Transmission enthalten sind.

Photonendrehimpuls. Auf den Eigendrehimpuls (Spin) des Photons kann aus zahlreichen indirekten Hinweisen geschlossen werden. Die Notwendigkeit der Drehimpulserhaltung bei der Emission oder Absorption von Photonen durch Atome zwingt zu der Annahme, daß das Photon einen Spin $\pm\hbar$ besitzt.

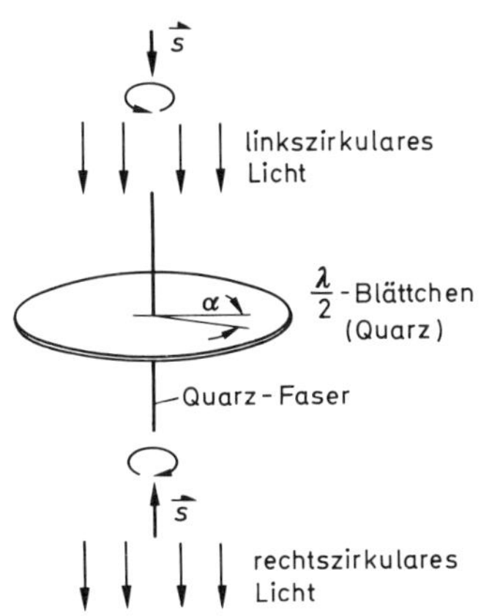

Abb. 7.20 Prinzip des Versuchs von Beth [8] zur Photonendrehimpuls-Bestimmung.

Es gibt jedoch auch einige makroskopische Experimente, um den Drehimpuls direkt zu messen. Als erstem gelang es Beth [8] die Größe des Eigendrehimpulses zu bestimmen. Die Grundidee dieses Versuches ist in Abb. 7.20 skizziert. Linkszirkulares Licht (Spin in Vorwärtsrichtung) fällt auf ein $\lambda/2$-Plättchen aus Quarz und wird in rechtszirkulares Licht (Spin in Rückwärtsrichtung) umgewandelt. Jedes Photon, welches durch das $\lambda/2$-Plättchen hindurchgeht, ändert seinen Drehimpuls um $2\hbar$. Dieser Drehimpuls muß von dem $\lambda/2$-Plättchen aufgenommen werden. Das Plättchen hängt an einer dünnen Quarzfaser und die Drehimpulsaufnahme pro Zeit (Drehmoment) bewirkt eine Verdrehung um den Winkel α. Aus diesem Torsionswinkel kann dann auf den Drehimpuls des Photons zurückgeschlossen werden.

Photon-Photon-Streuung. Da das Photon viele Eigenschaften eines klassischen, massebehafteten Teilchens besitzt, ist es naheliegend, nach den „Abmessungen" des Photons zu fragen. Wenn das Photon eine endliche Ausdehnung hat, so muß es möglich sein, Photonen an Photonen zu streuen. Tatsächlich sollte diese Streuung möglich sein, nur ist die wirksame Fläche der Photonen, der Wirkungsquerschnitt σ_{pp}, sehr klein. Aus theoretischen Überlegungen von Euler [9] im Rahmen der Quantenelektrodynamik ergibt sich für sichtbares Licht der Wirkungsquerschnitt zu:

$$\sigma_{pp} = 10^{-72}\,\text{cm}^2 .$$

Dessen Messung liegt damit zur Zeit noch jenseits aller experimentellen Möglichkeiten.

7.5 Die Bedeutung der Quantenelektrodynamik

Quantenmechanik und Strahlungsfeld. Der lichtelektrische Effekt und die in den folgenden Abschnitten diskutierten Erscheinungen wie Compton- und Mössbauer-Effekt benötigen zu ihrer Erklärung eine korpuskulare Theorie des Lichts. Andererseits sind die in den vorangehenden Kapiteln ausführlich diskutierten Phänomene der Lichtausbreitung, wie Beugung und Interferenz, nur im Wellenbild des Lichts zu verstehen. Diese beiden „klassischen" Vorstellungen von der Natur des Lichts sind miteinander unvereinbar und widersprechen sich. Das zeigt auch die mathematische Beschreibung der Phänomene. Das korpuskulare Bild benutzt die Newtonsche Punktmechanik, das Wellenbild dagegen die Maxwellschen Gleichungen und die daraus folgende Wellengleichung. Diese beiden mathematischen Beschreibungen des Lichts sind nicht ineinander überführbar und vom Standpunkt der klassischen Physik kann nur das eine oder das andere Modell richtig sein, niemals beide.

Da jedoch die Experimente eindeutig sind, muß daraus der Schluß gezogen werden, daß eine klassische Beschreibung des Lichts nicht möglich ist. Streng genommen bedeutet es, daß weder das Wellenbild noch das Teilchenbild richtig sein können. Das gleiche Problem tritt später nochmals bei den Welleneigenschaften der Materie auf (Kap. 10).

Die Quantenmechanik dagegen liefert eine in sich widerspruchsfreie Theorie zur Beschreibung der experimentellen Ergebnisse. Heisenberg und Schrödinger entwikkelten zwei mathematische Formalismen, der eine entspricht dem korpuskularen

Bild, der andere dem Wellenbild. Diese beiden quantenmechanischen Theorien sind mathematisch und physikalisch identisch. Das heißt, die quantenmechanische, korpuskulare Theorie ist in die quantenmechanische Wellentheorie überführbar, was bei den entsprechenden klassischen Theorien nicht der Fall war. Man braucht daher gar nicht von zwei Theorien zu sprechen, sondern es gibt eine quantenmechanische Theorie, die je nach Zweckmäßigkeit verschieden formuliert werden kann.

Die Quantenmechanik, ursprünglich für die Atomphysik formuliert, läßt sich auf das elektromagnetische Strahlungsfeld übertragen und wird dann **Quantenelektrodynamik** genannt. Sie ist in den letzten Jahren sehr weit entwickelt worden (Bethe, Schwinger, Feynman, Dyson) und durch zahlreiche Experimente auch quantitativ bestätigt worden, so daß an ihrer Gültigkeit kein Zweifel besteht. Sie ist imstande, alle experimentellen Ergebnisse der Optik, also die Wellen- und Korpuskeleigenschaften des Lichtes, quantitativ zu beschreiben. Es ist daher eigentlich nicht richtig, vom *Dualismus Teilchen–Welle* beim Licht zu sprechen; denn das Licht ist weder das eine noch das andere, sondern etwas drittes, was durch die Quantenelektrodynamik beschrieben wird.

Da der mathematische Aufwand beträchtlich ist, werden oft nur zwei Grenzfälle der Quantenelektrodynamik betrachtet. Diese beiden Grenzfälle sind *Korpuskel-* und *Wellenbild.* Beide haben den Vorteil, daß sie einer anschaulichen, klassischen Deutung zugänglich sind. Aber man darf nie vergessen, daß es nur Grenzfälle sind mit begrenzter Gültigkeit. Immer dann, wenn ein Widerspruch zwischen diesen beiden Bildern auftritt, wurde ihr Gültigkeitsbereich überschritten.

Wann das eine Bild und wann das andere zu verwenden ist, hängt vom speziellen Experiment ab und wird durch die im folgenden zu diskutierenden *Unschärfe-Relationen* bestimmt. Es lassen sich jedoch einige generelle Regeln angeben. Im Bereich der klassischen Optik, wo über große Photonenzahlen gemittelt wird, ist stets das Wellenbild zulässig. Bei der Wechselwirkung mit Materie dagegen liefert nur eine quantenmechanische Behandlung quantitative Ergebnisse. Man darf z. B. nicht vergessen, daß die Einsteinsche Korpuskulartheorie des Lichts, so fruchtbar sie war, keine quantitativen Ergebnisse liefert. Zwar erklärt die Einsteinsche Theorie den lichtelektrischen Effekt, d. h. sie läßt auf Grund der Erhaltungssätze die Möglichkeit zu, aber sie kann nicht angeben, mit welcher Wahrscheinlichkeit z. B. ein Elektron durch Licht freigesetzt wird usw.

Bei sehr hoher Energie der Photonen wird das Korpuskelbild immer brauchbarer, so z. B. beim Compton-Effekt (Abschn. 7.7). Aber auch hier gilt das oben Gesagte: das Korpuskelbild erklärt das Auftreten des Effekts, kann jedoch keine Aussagen über die Wahrscheinlichkeit des Effekts, also z. B. den Wirkungsquerschnitt, machen. Quantitative Ergebnisse liefert nur die quantenmechanische Behandlung des Problems, also die Quantenelektrodynamik.

Die Unschärfe-Relationen beim Licht. Aus der quantenmechanischen Theorie folgen Unschärfe-Relationen, die erstmals von Heisenberg aufgestellt wurden. Die Unschärfe-Relationen besagen, daß die gleichzeitige, scharfe (fehlerfreie) Messung zweier einander zugeordneter physikalischer Größen prinzipiell nicht möglich ist. An einigen Beispielen sollen die verschiedenen Unschärfe-Relationen für das Licht demonstriert werden.

Der Ort eines Photons in y-Richtung (s. Abb. 7.21) soll bestimmt werden. Dazu

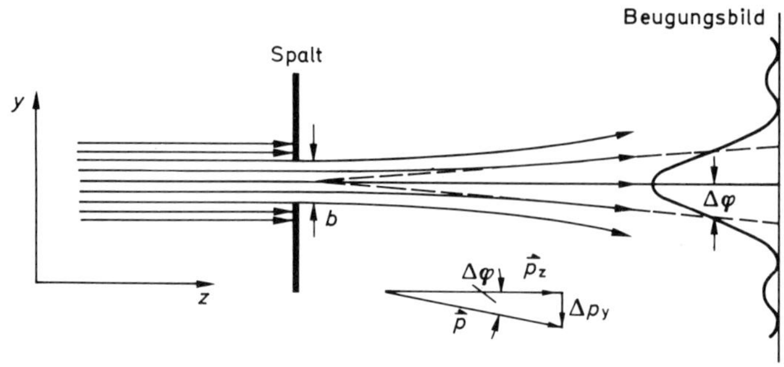

Abb. 7.21 Die Unschärfe-Relation bei der Beugung am Spalt.

wird in den Lichtstrahl ein Spalt der Breite b gestellt. Hinter dem Spalt ist ein Multiplier angebracht, der so empfindlich sei, daß er jedes durch den Spalt tretende Photon registriert. Damit ist die Position des Photons in y-Richtung mit einer Genauigkeit von

$$\Delta y = \pm \frac{b}{2}$$

bestimmt. Durch Verringerung der Spaltbreite b kann die Ortsunschärfe beliebig klein gemacht werden. Aus der Beugungstheorie ist jedoch bekannt, daß hinter dem Spalt eine Aufweitung des Lichtbündels stattfindet, wobei der größte Anteil der Intensität in das nullte Beugungsmaximum geht. Dieses besitzt eine Halbwertsbreite $\Delta\varphi$, die sich aus

$$\sin \Delta\varphi = \frac{1{,}4\lambda}{\pi b} \tag{7.20}$$

bestimmt. Hinter dem Spalt kann also nicht mehr angegeben werden, in welcher Richtung sich das Photon bewegt; man kann nur sagen, daß es sich mit großer Wahrscheinlichkeit im nullten Beugungsmaximum befindet. Der Impuls p_y des Photons, der vor dem Spalt null war, ist jetzt mit einer Unschärfe Δp_y behaftet

$$\Delta p_y = \pm |\boldsymbol{p}| \sin \Delta\varphi \,. \tag{7.21}$$

Aus den Gln. (7.20) und (7.21) folgt[1]:

$$\Delta p_y = |\boldsymbol{p}| \frac{1{,}4\lambda}{\pi b} \,. \tag{7.22}$$

Wird für b die Ortsunschärfe $b = \pm 2\Delta y$ und für $|\boldsymbol{p}|$ der Impuls des Photons nach Gl. (7.15) eingesetzt, so folgt

$$\Delta y \Delta p_y = 1{,}4\hbar \,.$$

Je genauer der Ort des Photons in y-Richtung bestimmt wird, um so ungenauer ist

[1] Der Zahlenfaktor auf der rechten Seite hängt von der Definition der Unschärfen ab [10].

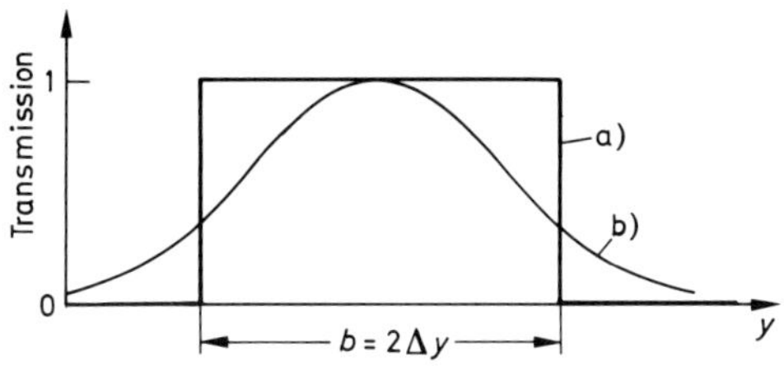

Abb. 7.22 Der Transmissionsverlauf eines a) normalen Spalts und eines b) apodisierten Spalts mit minimaler Beugungsunschärfe.

der Impuls in y-Richtung bzw. nach Gl. (7.16) der Ausbreitungsvektor bekannt. An diesem Beispiel ist deutlich zu erkennen, wie Wellen- und Korpuskeleigenschaften einander ausschließen. Je genauer das eine ermittelt wird, um so ungenauer ist die andere Größe bekannt.

Nun könnte man meinen, daß das Ergebnis Gl. (7.22) zufällig sei, denn der Zahlenfaktor 1,4 ist eine Folge der speziellen Begrenzung. Wird z. B. der Spalt durch eine Lochblende ersetzt, so ergibt sich ein anderer Zahlenfaktor. Es läßt sich in der Beugungstheorie zeigen, daß die Begrenzung, die den Strahl am wenigsten beeinflußt, ein Spalt ist, dessen Transmission sich nicht plötzlich von null auf eins erhöht, sondern sich stetig in Form einer Gauß-Funktion ändert (Abb. 7.22). Solche Systeme werden verwendet, um die Auflösung optischer Instrumente zu verbessern *(Apodisation)*. In diesem Fall ergibt sich für die Unschärfe-Relation

$$\Delta y \Delta p_y = \hbar \, .$$

Diese Unschärfe kann prinzipiell nicht mehr unterschritten werden. Im allgemeinen ist die Unschärfe jedoch größer als nach obiger Gleichung, so daß die korrekte Formulierung lautet

$$\Delta y \Delta p_y \geqslant \hbar \, . \qquad (7.23)$$

Ähnliches tritt auf, wenn versucht wird, das Photon zeitlich zu fixieren. Vor dem Multiplier wird ein Verschluß angebracht, der in der Zeit $\tau = 2\Delta t$ geöffnet ist. Zeigt der Multiplier in dieser Zeit ein Photon an, so kann dessen Ankunftszeit auf $\pm \Delta t$ genau angegeben werden. Im Wellenbild bedeutet diese zeitliche Fixierung, daß der Wellenzug hinter dem Verschluß die zeitliche Dauer $2\Delta t$ besitzt, also ein abgehackter Sinuszug ist, der eine spektrale Breite $\Delta \nu = 1/(2\pi\Delta t)$ besitzt, wobei die genaue spektrale Breite von der Schaltfunktion des Verschlusses abhängt (Abb. 7.23). Hieraus folgt eine Unschärfe-Relation der Form:

$$\Delta \nu \Delta t \geqq \frac{1}{2\pi} \qquad (7.24)$$

oder wenn die Quantenenergie $E = h\nu$ eingeführt wird:

$$\Delta E \Delta t \geqq \hbar \, . \qquad (7.25)$$

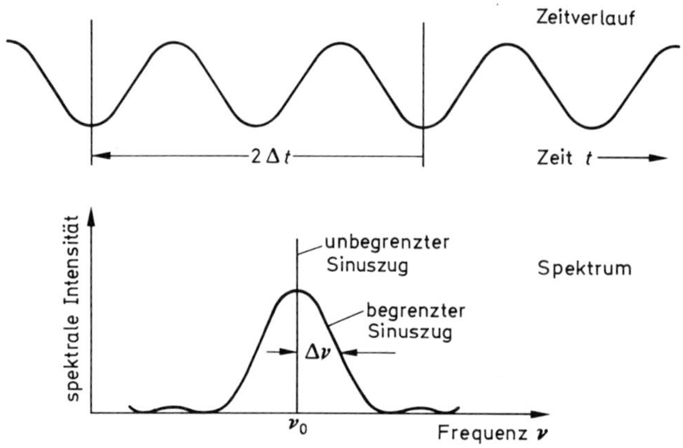

Abb. 7.23 Die Unschärfe-Relation bei der Frequenzbestimmung.

Eine weitere wichtige Unschärfe-Relation besteht zwischen der Zahl n der Photonen und der Phase φ der elektrischen Feldstärke. Ist die Zahl n der Quanten mit einer Genauigkeit Δn bekannt, so entspricht dem eine Energieunschärfe von $\Delta E = \Delta n h\nu$. Einer Ungenauigkeit in der Zeitmessung entspricht eine Phasenungenauigkeit von $\Delta\varphi = \Delta t 2\pi\nu$. Beides in Gl. (7.25) eingesetzt liefert:

$$\Delta n \Delta\varphi \geqq 1 .^2 \tag{7.26}$$

Wenn also die Phase des Strahlungsfeldes sehr genau bekannt sein soll, muß die Zahl der Photonen mit einer großen Unschärfe behaftet sein, was nur möglich ist, wenn sehr viele Photonen zur Verfügung stehen. Das heißt anschaulich: ein Sinuswellenzug kann nur dann genau ausgemessen werden, wenn pro Halbwelle auch genügend Photonen vorhanden sind. Diese letzte Unschärfe-Relation zeigt, daß es prinzipiell nicht möglich ist, ein Strahlungsfeld genau auszumessen; denn die Unschärfe Δn entspricht einer Energieungenauigkeit. Es können also bei einem Strahlungsfeld nicht gleichzeitig Energie und Phase scharf bestimmt werden. Da andererseits ein Strahlungsfeld eindeutig durch die Angabe der elektrischen und magnetischen Feldstärke bestimmt ist, muß es auch eine Unschärfe-Relation für die Feldstärken geben. Über die Energiedichte des elektromagnetischen Feldes läßt sich aus den obigen Unschärfe-Relationen die Beziehung herleiten (siehe z. B. Heisenberg [12])

$$\Delta \boldsymbol{E}_x \Delta \boldsymbol{H}_y \geqq \frac{\hbar c_0^2}{2\mathrm{a}^4},$$

c_0 = Lichtgeschwindigkeit,
a = Länge.

Diese Unschärfe-Relation besagt, daß in zwei Punkten, die um die Strecke a von-

[2] Während das Schwankungsquadrat der Teilchenzahl sich mittels des wohldefinierten Teilchenzahloperators berechnen läßt, liegt eine eindeutige Definition eines Phasenoperators noch nicht vor [11].

einander entfernt sind, die elektrische und die magnetische Feldstärke nicht gleichzeitig scharf gemessen werden können. Je weiter die beiden Punkte voneinander entfernt sind, desto genauer ist die Messung der Feldstärken möglich.

In der folgenden Tab. 7.6 sind die wichtigsten Unschärfe-Relationen des Strahlungsfeldes zusammengestellt. Die minimale Unschärfe, also das Gleichheitszeichen, wird immer dann erreicht, wenn eine Gaußsche Wahrscheinlichkeitsverteilung für die betreffenden Meßgrößen vorliegt. Am Beispiel der Spaltbeugung wurde dieser Fall vorgeführt.

Alle aufgeführten Unschärfe-Relationen verhindern, daß ein Widerspruch zwischen Korpuskel- und Wellenbild der Strahlung auftritt. Diese Unschärfen sind nicht Ausdruck der Unvollkommenheit unserer Meßinstrumente, sondern prinzipieller Art. In Kap. 10 wird gezeigt, daß die gleichen Unschärfe-Relationen sich auch bei der Materie bemerkbar machen.

Tab. 7.6 Unschärfe-Relationen. Die Koordinaten x, y, z sind jeweils zyklisch zu vertauschen. Für die Unschärfe-Relationen wurde hier die Formulierung von Heisenberg [12] verwendet. Bei anderer Definition der Unschärfe (z. B. als mittlerer Fehler) ist die rechte Seite der Ungleichungen mit dem Faktor 1/2 zu multiplizieren.

Ort-Impuls	$\Delta x \Delta p_x \geqq \hbar$
Frequenz-Zeit	$\Delta \nu \Delta t \geqq 1/2\pi$
Energie-Zeit	$\Delta E \Delta t \geqq \hbar$
Photonenzahl-Phase	$\Delta n \Delta \varphi \geqq 1$
Feldstärken	$\Delta E_x \Delta H_y \geqq \frac{\hbar c_0^2}{2a^4}$

Energiequantelung und Nullpunktsenergie. Für die folgenden Überlegungen wird eine stehende Welle zwischen zwei ideal reflektierenden Wänden eines Hohlraumes betrachtet (Abb. 7.24). Die größte mögliche Wellenlänge ist durch die Kantenlänge a des Hohlraums gegeben $\lambda/2 = a$. Damit ist auch die Frequenz ν der Welle festgelegt zu $\nu = c_0/2a$ und die elektrische Feldstärke ergibt sich zu:

$$\boldsymbol{E} = \boldsymbol{E}_0 \sin(2\pi \nu t) \sin\frac{\pi x}{a} .$$

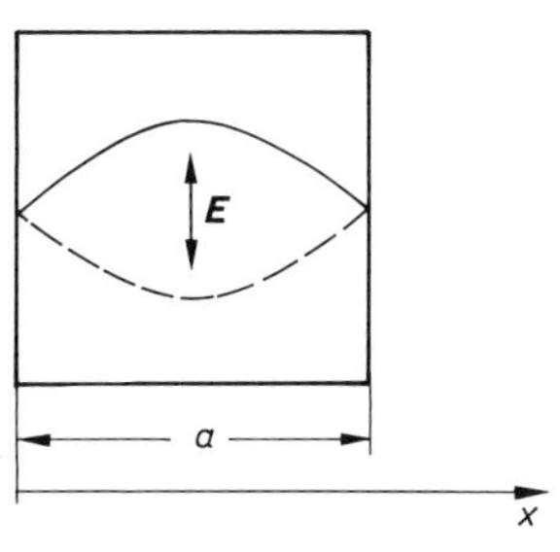

Abb. 7.24 Eine stehende, elektromagnetische Welle zwischen den ideal reflektierenden Wänden eines Kastens. Dargestellt ist die elektrische Feldstärke.

Die elektromagnetische Feldenergie E der stehenden Welle hängt vom Volumen des Hohlraumes ab und ist proportional dem Quadrat der Feldstärke:

$$E = \varepsilon_0 \langle \boldsymbol{E}^2 \rangle a^3 ,$$

wobei die spitzen Klammern andeuten, daß der örtliche und zeitliche Mittelwert zu bilden ist. Klassisch können Energie und Feldstärke kontinuierlich alle Werte bis herunter zu null annehmen. Quantenmechanisch dagegen ist die Energie gequantelt, denn das Feld wird durch Photonen der Energie $h\nu$ repräsentiert. Das heißt, bei einer Energiemessung wird immer ein ganzes Vielfaches n der Energie $h\nu$ gemessen, wobei natürlich je nach Zustand des Hohlraumes dieser Wert n von Messung zu Messung schwanken kann.

Ein zweiter bemerkenswerter Unterschied zum klassischen Feld tritt noch auf. Die Feldenergie im Innern des Kastens kann nicht den Wert null annehmen, sondern beträgt mindestens

$$E_0 = \frac{1}{2} h\nu . \tag{7.27}$$

Dieser Wert wird als Nullpunktsenergie bezeichnet und ist eine Folge der Unschärfe-Relation. Der Mittelwert des elektrischen Feldes ist natürlich null, da es sich um ein fluktuierendes Feld handelt, aber der Mittelwert des Amplitudenquadrates ist ungleich null.

Durch den Hohlraum sind das Strahlungsfeld und damit die Photonen örtlich fixiert mit einer Genauigkeit von $\Delta x = \pm a/2$. Dann darf nach der Unschärfe-Relation Gl. (7.23) der Impuls nicht null werden, d.h. die Energie kann nicht null werden.

Die Energie E des Strahlungsfeldes nimmt also die folgenden diskreten Werte an

$$E = \left(n + \frac{1}{2}\right) h\nu \quad n = 0, 1, 2, \ldots \tag{7.28}$$

Maxwellsche Gleichungen und Vakuumpolarisation. Die Maxwellschen Gleichungen in der ursprünglichen Form können nur begrenzt gültig sein, denn sie umfassen nicht die Photonen. Auf die quantenmechanisch korrekte Formulierung der Maxwellschen Gleichungen bzw. der Wellengleichung soll hier nicht eingegangen werden. Dies ist Aufgabe der Quantenelektrodynamik. Interessant ist jedoch, wie sich die Abweichungen von den klassischen Gleichungen bemerkbar machen. Betrachten wir hierzu die elektromagnetische Feldenergie u im Vakuum. Sie lautet klassisch

$$u_{\mathrm{kl}} = \frac{1}{2}(\varepsilon_0 \boldsymbol{E}^2 + \mu_0 \boldsymbol{H}^2) .$$

Die Quantenelektrodynamik dagegen liefert für die Feldenergie in Näherung:

$$u_{\mathrm{qu}} = \frac{1}{2}(\varepsilon_0 \boldsymbol{E}^2 + \mu_0 \boldsymbol{H}^2) - \frac{1}{90\pi\alpha\varepsilon_0 \boldsymbol{E}_0^2}\left[(\varepsilon_0 \boldsymbol{E}^2 + \mu_0 \boldsymbol{H}^2)^2 + \left(\frac{7\boldsymbol{E}\cdot\boldsymbol{H}}{c_0}\right)^2\right] + \ldots \tag{7.29}$$

Es tritt ein Zusatzglied auf, welches die Feldstärken in der vierten Potenz enthält. Die Konstanten α, $\boldsymbol{E}_0$ besitzen eine anschauliche Bedeutung:

$\alpha = e^2/(4\pi\varepsilon_0 \hbar c_0)$ = Sommerfeld-Feinstrukturkonstante $= 1/137$, auf ihre Bedeutung wird in Bd. 4 ausführlicher eingegangen;

$|\boldsymbol{E}_0| = e/(4\pi\varepsilon_0 r_e^2)$ = Feldstärke „am Rande" des Elektrons,

$r_e = e^2/(4\pi\varepsilon_0 m_e c_0^2)$ = Elektronenradius (s. Abschn. 7.7),

m_e = Ruhemasse des Elektrons.

Die Konstante $\boldsymbol{E}_0$ entspricht der Feldstärke, die im Abstand r_e von einer Punktladung der Ladung e herrschen würde. Die Größe r_e wird auch als klassischer Elektronenradius bezeichnet. Die Gründe hierfür werden bei der Thomson-Streuung etwas verständlicher (Abschn. 7.7). Die Konstante

$$|\boldsymbol{E}_0| = 1{,}8 \cdot 10^{18}\,\mathrm{V/cm}$$

ist sehr groß, d.h. das Zusatzglied der Energiedichte macht sich erst bemerkbar, wenn die Feldstärken der Felder in die gleiche Größenordnung wie $\boldsymbol{E}_0$ kommen. Derartige Felder sind bisher experimentell nicht realisierbar; sie treten jedoch in der Nähe von Protonen und Elektronen auf. Daher können auch die Effekte der Quantenelektrodynamik in der Atomphysik nur bei der Feinstruktur der Spektrallinien beobachtet werden.

Prinzipiell besagt jedoch Gl. (7.29), daß das Vakuum bei hohen Feldstärken sich verändert, also materieähnliches Verhalten zeigt. Es kann Lichtabsorption auftreten, Dispersion und Doppelbrechung. Daher faßt man alle diese Erscheinungen unter dem Schlagwort *Vakuum-Polarisation* zusammen.

Interferenz von Photonen. Die Interferenzfähigkeit von Licht ist im Wellenbild sofort einzusehen, bereitet dagegen große Verständnisschwierigkeiten im Korpuskelbild. Diese Schwierigkeiten treten jedoch nur dann auf, wenn man die Photonen als klassische Teilchen betrachtet, die der Newtonschen Mechanik gehorchen. Wird aber beachtet, daß die Photonen quantenmechanische Teilchen sind, so lassen sich auch Interferenz und Beugung zwanglos im Korpuskelbild beschreiben. Bereits zu Beginn dieses Abschnitts wurde darauf hingewiesen, daß kein Unterschied zwischen Korpuskel- und Wellenbild in der quantenmechanischen Formulierung besteht. Nur in der klassischen Betrachtung des Lichts entstehen Widersprüche, die jedoch bei Beachtung der Unschärfe-Relation nicht auftreten. Bei jeder Fragestellung muß daher kontrolliert werden, ob sie mit der entsprechenden Unschärfe-Relation vereinbar ist. Andernfalls ist die Frage unphysikalisch und nicht beantwortbar.

Als Beispiel für die Interferenz im Photonenbild soll ein Gedankenversuch von Feynman betrachtet werden, die Beugung am Doppelspalt. Zwei Spalte S_1 und S_2 werden kohärent beleuchtet, so daß hinter den beiden Spalten auf einem Schirm die bekannte Interferenzfigur entsteht (Abb. 7.25). Die Breite jedes Spalts sei klein gegen die Wellenlänge, so daß das Beugungsbild des Einzelspalts keine Intensitätsstruktur zeigt.

Wird der Spalt S_2 abgedeckt, so kommen nur Photonen durch den Spalt S_1 und

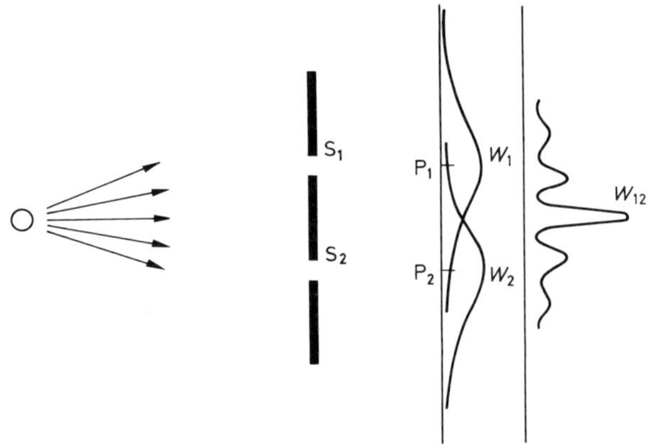

Abb. 7.25 Die Interferenz am Doppelspalt. Bei jedem Einzelspalt sei die Breite b klein gegen die Wellenlänge, so daß die Beugungsfigur des Einzelspalts nicht strukturiert ist.

verteilen sich nach einer bestimmten Funktion W_1. Die Funktion W_1 gibt an, mit welcher Wahrscheinlichkeit ein Photon auf einen bestimmten Ort des Schirmes fällt. Viele Photonen werden in der Umgebung des Punktes P_1 auftreffen, weniger Photonen links und rechts davon. Diese Wahrscheinlichkeitsfunktion W_1 können wir immer dann experimentell ermitteln, wenn genügend Photonen zur Verfügung stehen. Dabei ist es völlig gleichgültig, ob die Intensität des Lichts, also der Photonenstrom, gering oder groß ist. Selbst wenn nur ein Photon pro Stunde auf den Schirm gelangt, stellt sich bei genügend langer Meßzeit die Verteilung W_1 ein.

Das gleiche geschieht, wenn der Spalt S_1 abgedeckt wird. Es entsteht eine entsprechende Verteilung W_2.

Wie sieht jedoch die Verteilung aus, wenn beide Spalte offen sind? Wären die Photonen klassische Teilchen, so ergäbe sich für die resultierende Verteilung W_{12}:

$$\textit{klassisch} \quad W_{12} = W_1 + W_2 \, .$$

Die Photonen sind jedoch keine klassischen Teilchen und daher ist für sie diese Relation falsch, genauso wie sie auch für Elektronen oder andere Teilchen nicht gilt. Photonen sind quantenmechanische Teilchen, also Teilchen, die durch eine quantenmechanische Theorie beschrieben werden. Für derartige Teilchen dürfen die Wahrscheinlichkeitsverteilungen nicht einfach summiert werden. Quantenmechanisch ergeben sich die Wahrscheinlichkeitsverteilungen als Betragsquadrate einer komplexen Funkion

$$W_1 = |\Phi_1|^2 \, , \quad W_2 = |\Phi_2|^2 \, ,$$

und die resultierende Wahrscheinlichkeit wird:

$$\begin{aligned} \textit{quantenmechanisch} \quad W_{12} &= |\Phi_1 + \Phi_2|^2 \, , \\ W_{12} &= W_1 + W_2 + \Phi_1 \Phi_2^* + \Phi_1^* \Phi_2 \, . \end{aligned}$$

Hierbei bedeutet der Stern konjugiert komplex. Die resultierende Verteilung W_{12} enthält einen Interferenzterm, denn das Zusatzglied $\Phi_1 \Phi_2^* + \Phi_1^* \Phi_2$ kann positiv und negativ werden. Die quantenmechanische Wahrscheinlichkeit kann also gegenüber der klassischen Wahrscheinlichkeit sowohl größer als auch kleiner werden. Man sagt, die Wahrscheinlichkeiten können interferieren, und das ist nur eine andere Formulierung für den Wellencharakter der Photonen. Wichtig ist, daß für jedes einzelne Photon die Verteilung W_{12} gilt. Auch der Doppelspaltversuch kann mit beliebig kleinen Intensitäten durchgeführt werden. Wird über genügend viele Photonen gemittelt, so entsteht stets die Verteilung W_{12}. Alle Photonen ordnen sich richtig ein, entsprechend dem Interferenzbild der klassischen Optik.

Die Wahrscheinlichkeitsverteilungen W_1, W_2, W_{12} sind im allgemeinen nicht identisch mit der elektrischen Feldstärke des Lichts. Insbesondere ist es falsch, die Photonen den Maxima der elektrischen Feldstärke zuzuordnen, wie die Betrachtung der stehenden Welle im Hohlraum zeigt (Abb. 7.24). Die elektrische Feldstärke hat auf den Wänden jeweils einen Knoten und ihr Maximum in der Mitte des Kastens. Die magnetische Feldstärke dagegen besitzt in der Mitte des Kastens einen Knoten und auf den Wänden je ein Maximum. Beide Feldstärken oszillieren sinusförmig und zwar derart, daß die eine Feldstärke immer dann ein Maximum annimmt, wenn die andere durch null geht und umgekehrt. Die Feldenergie liegt einmal als magnetische Energie vor und eine halbe Periode später als elektrische Energie. Die Photonen, die die Energie dieser Welle repräsentieren, sind weder dem $\boldsymbol{E}$- noch dem $\boldsymbol{H}$-Feld zuzuordnen, sondern können nicht genauer lokalisiert werden als den Abmessungen des Kastens entspricht. Natürlich kann man ein Experiment ausführen und feststellen, wo im Kasten sich das Photon aufhält, nur wird dadurch die stehende Welle zerstört.

7.6 Die quantenhafte Absorption und Emission von Licht

Die Wechselwirkung von Licht mit Materie wird ausführlich in Kap. 2 behandelt. Dispersion und Absorption werden dort als Folge der erzwungenen Schwingungen der elastisch gebundenen Elektronen unter dem Einfluß der elektrischen Feldstärke des Lichts hergeleitet, und es ergibt sich eine qualitative Übereinstimmung mit den Experimenten. Diese klassische Betrachtung der Wechselwirkung liefert jedoch keine quantitative Übereinstimmung und ist auch nicht in der Lage, das Auftreten diskreter Spektrallinien oder der Verstärkung von Licht durch induzierte Emission zu erklären. Hierzu muß der Quantencharakter des Lichts und der Atome berücksichtigt werden.

Diese Zusammenhänge werden ausführlich in Bd. 4 diskutiert. Hier soll nur eine qualitative Darstellung gegeben werden, um die für das Verständnis des Lasers wichtigen Prozesse der spontanen und induzierten Emission von Licht zu verstehen.

Die induzierte Emission von Licht wurde bereits 1917 von Einstein [13] aus thermodynamischen Erwägungen eingeführt, jedoch schien diese Art der Emission für die Praxis ohne Bedeutung zu sein. Erst mit der Erfindung des **Masers** (1954) und des **Lasers** (1960) wurde offenbar, welche grundlegende Bedeutung die induzierte

Emission besitzt. Aus diesem Grund soll im folgenden ausführlich hierauf eingegangen werden.

7.6.1 Eigenschaften der Atome

Bohrsches Atommodell. Angeregte Atome (z. B. in einer Gasentladung) emittieren diskrete Lichtfrequenzen, die sogenannten Spektrallinien. Diese Spektrallinien oder Emissionsspektren der Atome und Moleküle sind charakteristisch für die Struktur der betreffenden Atom- oder Molekülart und die Spektroskopie hat sich als wichtiges Hilfsmittel für die Erforschung der atomaren und molekularen Strukturen erwiesen. Darauf wird noch ausführlich in Bd. 4 eingegangen.

Als Beispiel für die Spektren soll im folgenden das Emissionsspektrum des atomaren Wasserstoffs näher betrachtet werden. Es besteht aus einzelnen Linien, deren Frequenzen in einem einfachen gesetzmäßigen Zusammenhang miteinander stehen, der am durchsichtigsten durch die von Rydberg (1890) stammende *Balmer-Formel* ausgedrückt wird[3], eine Formel, die empirisch aus experimentellen Daten abgeleitet wurde,

$$\nu_{\mathrm{nm}} = R_\infty c_0 \left[\frac{1}{m^2} - \frac{1}{n^2}\right], \tag{7.30}$$

in der R_∞ eine Konstante *(Rydberg-Konstante)* ist, die für Wasserstoff nach sehr genauen Messungen den Wert hat:

$$R_\infty = 1{,}0973731571(4) \cdot 10^7\,\mathrm{m}^{-1} \tag{7.31}$$

und c_0 die Vakuumlichtgeschwindigkeit ist.

Dabei sind n und m ganze Zahlen mit $n > m$. Für bestimmte Serien von Linien hat m einen festen Wert, während n alle ganzen Zahlen von $n = m + 1$ ab annimmt. Die Tab. 7.7 gibt die beobachteten Frequenzen neben den aus Gl. (7.30) berechneten wieder. Die Intensitäten der Linien nehmen mit wachsendem n ab. Jede Serie trägt den Namen eines bedeutenden Spektroskopikers.

In Absorption können grundsätzlich die gleichen Linien wie in Emission auftreten; bei niedrigen Temperaturen (Zimmertemperatur) enthält das Absorptionsspektrum aber nur die Linien mit $m = 1$.

Bei der hohen Genauigkeit der spektroskopischen Messungen ist der Unterschied zwischen den an Luft gemessenen Werten der Wellenlänge und den Vakuumwerten, für die Gl. (7.30) gilt, zu berücksichtigen.

Das Auftreten von zweimal unendlich vielen diskreten Resonanzfrequenzen bei einem Atom nach Gl. (7.30) ist mit der klassischen Physik nicht zu verstehen. Nimmt man an, daß das Wasserstoffatom aus einem positiven Kern besteht, um den sich das negative Elektron auf einer Kreisbahn bewegt, so stellt dieses Gebilde einen oszillierenden Dipol dar. Die zirkulare Bewegung des Elektrons läßt sich als Überlagerung zweier zueinander senkrechter linearer Bewegungen verstehen (mit 90° Phasenverschiebung). Jede dieser linearen Bewegungen entspricht einem Hertzschen Di-

[3] J. Balmer hatte schon 1884 den gesetzmäßigen Zusammenhang der Wasserstofflinien erkannt, aber für die Wellenlängen formuliert.

Tab. 7.7 Linienspektrum des atomaren Wasserstoffs.

Wellenlänge λ_{beob} in nm (Luft)	λ_{beob} in nm (Vakuum)	λ_{ber} in nm (Vakuum)	Wellenzahl* $\bar{\nu}_{ber}$ in cm^{-1} (Vakuum)	m	n	Bezeichnung	
—	97,27	97,254	102822,75	1	4	Lymanserie, bis $n = 10$ bekannt	
—	102,60	102,57	97491,2	1	3		
—	121,57	121,568	82248,2	1	2		
—	—	364,706	27419,4	2	∞		
379,7900	379,878	379,902	26322,6	2	10	H_ϑ	Balmerserie, bis $n = 37$ bekannt
383,5387	383,647	383,650	26065,4	2	9	H_η	
388,9052	389,015	389,02	25705,7	2	8	H_ζ	
397,0075	397,120	397,123	25181,1	2	7	H_ε	
410,1738	410,289	410,290	24373,0	2	6	H_δ	
434,0466	434,169	434,173	23032,3	2	5	H_γ	
486,1327	486,268	486,273	20564,55	2	4	H_β	
656,2793	656,461	656,469	15233,0	2	3	H_α	
—	—	820,59	12186,4	3	∞	Paschenserie	
954,62	954,882	954,873	10472,7	3	8		
004,98	1005,255	1005,218	9948,1	3	7		
093,80	1094,099	1094,092	9140,0	3	6		
281,76	1282,11	1282,17	7799,3	3	5		
875,12	1875,63	1875,63	5331,55	3	4		

* Es ist in der Spektroskopie üblich, statt der Frequenz ν die Wellenzahl $\bar{\nu}$ zu verwenden, $\bar{\nu} = \nu/c = 1/\lambda$, die dem Kehrwert der Wellenlänge entspricht.

pol, der elektromagnetische Energie abstrahlt. Das heißt, das Elektron würde auf der Kreisbahn ständig Energie verlieren und sich auf den Kern zu bewegen. Nach der klassischen Elektrodynamik ist also ein solches Gebilde nicht stabil. Außerdem würde ein Elektron, welches sich auf einer Kreisbahn bewegt, wenn man einmal von der Dämpfung absieht, nur eine monochromatische Welle abstrahlen, niemals aber eine Vielzahl diskreter Frequenzen.

Die experimentellen Befunde der Spektroskopie lassen sich also mit den Mitteln der klassischen Mechanik und Elektrodynamik nicht beschreiben. Einen Ausweg aus diesen Schwierigkeiten fand N. Bohr (1912). Er stellte die folgenden, mit der klassischen Physik unvereinbaren und nicht begründbaren Postulate auf:

1. Für jedes Atom gibt es eine Anzahl stationärer Zustände E_n, in denen das Atom nicht strahlt (stationäre Kreis- oder Ellipsenbahnen der Elektronen um den Kern).
2. Atome können Energie nur dann aufnehmen (Absorption) oder abgeben (Emission), wenn das betreffende Atom von einem Zustand in einen anderen übergeht.
3. Ist dieser Übergang mit Strahlungsabsorption oder -emission verbunden, so gilt für die Frequenz der betreffenden Strahlung

$$\nu_{nm} = \frac{1}{h}(E_m - E_n) \quad n, m = 1, 2, 3, \ldots, \tag{7.32}$$

d. h. bei einem Übergang von einem Energiezustand in einen anderen absorbiert oder emittiert das Atom ein Lichtquant der entsprechenden Energie.

Die Auswahl der stationären Zustände des Atoms muß nun derart getroffen werden, daß die möglichen Frequenzen nach Gl. (7.32) mit den experimentellen Werten nach Gl. (7.30) übereinstimmen. Nach Bohr wird diese Übereinstimmung erreicht, wenn man fordert, daß der Bahndrehimpuls der stationären Elektronenbahnen nur ganze Vielfache von $h/2\pi$ annehmen darf[4]:

$$|\mathbf{L}| = n\frac{h}{2\pi}, \quad n = 1, 2, 3, \dots \tag{7.33}$$

Der Bahndrehimpuls ist gequantelt.

Bohrsche Bahnen. Im folgenden soll am Beispiel des Wasserstoffatoms gezeigt werden, daß sich aus den Bohrschen Postulaten zusammen mit der klassischen Mechanik die experimentell ermittelten Resonanzfrequenzen nach Gl. (7.30) ergeben.

Das Elektron der Ladung e möge sich auf einer Kreisbahn mit dem Radius r um den Kern bewegen. Im stationären Zustand müssen sich dann die anziehende *Coulomb-Kraft* und die nach außen gerichtete *Zentrifugalkraft* das Gleichgewicht halten:

$$\frac{e^2}{4\pi\varepsilon_0 r^2} = m_e r\omega^2 ,$$

wobei ω die Winkelgeschwindigkeit des umlaufenden Elektrons ist und m_e seine Masse. Daraus ergibt sich für den Bahnradius:

$$r^3 = \frac{e^2}{4\pi\varepsilon_0 m_e \omega^2} . \tag{7.34}$$

Nach der klassischen Mechanik wären alle Werte von r zulässig: Bohr dagegen postuliert, daß nur solche Werte auftreten, für die der Bahndrehimpuls ganzzahlige Werte der Planck-Konstante $h/2\pi$ annimmt (Gl. (7.33)). Der Bahndrehimpuls des Elektrons beträgt

$$|\mathbf{L}| = m_e r^2 \omega = n\frac{h}{2\pi} . \tag{7.35}$$

Aus den Gl. (7.34) und (7.35) ergeben sich dann durch Eliminierung von ω die zulässigen Werte des Bahnradius:

$$r_n = n^2 \frac{\varepsilon_0 h^2}{\pi m_e e^2} . \tag{7.36}$$

Die Zahl n heißt Quantenzahl, genauer die *Hauptquantenzahl* (zum Unterschied von anderen, die hier nicht interessieren). Den kleinsten Bahnradius beim Wasserstoffatom für $n = 1$ bezeichnet man als Bohr-Radius. Er ergibt sich zu

[4] Die korrekte quantenmechanische Theorie liefert $|\boldsymbol{L}| = \sqrt{l(l+1)}\, h/2\pi$ mit $l = 0, 1, 2 \dots$. Danach kann der Bahndrehimpuls auch null werden.

$$r_{\mathrm{B}} = \frac{\varepsilon_0 h^2}{\pi m_{\mathrm{e}} e^2} = 52{,}92\,\mathrm{pm}\,. \tag{7.37}$$

Die Energie des n-ten Zustands ergibt sich als Summe von potentieller Energie $-e^2/4\pi\varepsilon_0 r_{\mathrm{n}}$ und kinetischer Energie $1/2 m_{\mathrm{e}} r_{\mathrm{n}}^2 \omega^2$:

$$E_{\mathrm{n}} = -\frac{m_{\mathrm{e}} e^2}{8\varepsilon_0^2 h^2 n^2}\,. \tag{7.38}$$

Die Energie ist also *gequantelt* in Energiestufen, deren Energien in diesem Fall durch eine einzige Quantenzahl n bestimmt ist. Werden die zulässigen Energiewerte nach Gl. (7.38) in die Bohrsche Frequenzbedingung Gl. (7.32) eingesetzt, so folgt;

$$\nu_{\mathrm{nm}} = \frac{m_{\mathrm{e}} e^4}{8\varepsilon_0^2 h^3} c_0 \left(\frac{1}{m^2} - \frac{1}{n^2}\right). \tag{7.39}$$

Diese Gleichung stimmt mit der von Balmer aufgestellten Gl. (7.30) überein und liefert für die Rydberg-Konstante

$$R_\infty = \frac{m_{\mathrm{e}} e^4}{8\varepsilon_0^2 h^3 c_0} = 1{,}0973731571(4) \cdot 10^7\,\mathrm{m}^{-1}\,.$$

Das ist zwar sehr annähernd, aber doch nicht genau der beobachtete Wert der Rydbergkonstanten. Verfeinert man die Theorie dadurch, daß man die Bewegung von Kern und Elektron um den gemeinsamen Schwerpunkt berücksichtigt, so folgt mit dem Korrekturfaktor $(1 + m_{\mathrm{e}}/m_{\mathrm{Kern}})$

$$R_\infty = 1{,}096775818 \cdot 10^7\,\mathrm{m}^{-1}\,,$$

und das ist innerhalb der Fehlergrenze der Rechnung (die durch die Genauigkeit von e, m_{e} und h gegeben ist und nicht die der spektroskopischen Messung erreicht) wirklich der beobachtete Wert. Damit ist einerseits das Serienspektrum des Wasserstoffs quantitativ erklärt und andererseits gleichzeitig das vermutete Atommodell als grundsätzlich richtig befunden. Aus diesen Anfängen entwickelte sich unsere heutige Kenntnis vom Bau der Atome.

Betrachtet man das Spektrum des Wasserstoffs noch einmal von dem jetzt gewonnenen Standpunkt, so kann man die emittierte Strahlung auffassen als herrührend von Änderungen der Energie von Elektronen in verschiedenen Zuständen der Bindung an den Kern. Bei Emission gibt das Atom offensichtlich Energie als Strahlung ab, und das Atom geht von einem Zustand mit höherer Quantenzahl in einen solchen mit niedrigerer über. Gemäß Gl. (7.38) sind die Energien negativ gerechnet, was einfach daran liegt, daß als Nullpunkt der Energie ihr Wert für $n = \infty$ gewählt wurde. Die absolut kleinste Energie, $-R_\infty h c_0$, entspricht dem stabilsten Zustand des Elektrons, der stärksten Bindung, von dem aus keine weitere Energieabgabe möglich ist. Dies ist der sogenannte *Grundzustand* oder unangeregte Zustand des Atoms. Durch Zufuhr von Energie, etwa infolge Absorption von Strahlung der Frequenz $\nu_{\mathrm{n}1}$ kann das Elektron von diesem Grundzustand in einen *angeregten Zustand* mit der Quantenzahl n übergeführt werden, von dem aus dann wieder Übergänge nach tiefer gelegenen Zuständen und entsprechende Strahlungsemission möglich sind.

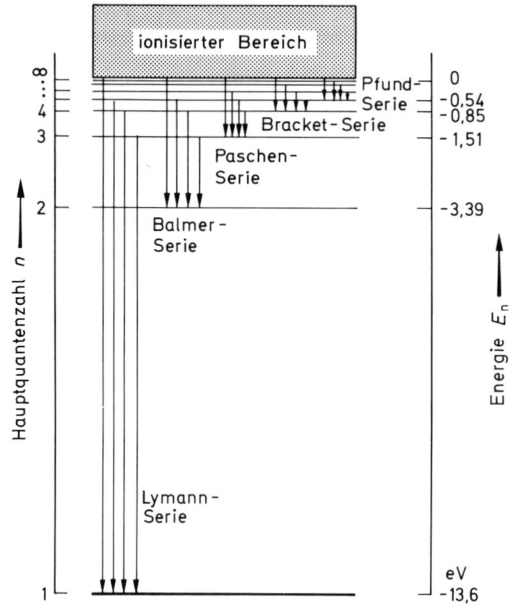

Abb. 7.26 Energieniveauschema des Wasserstoffatoms.

Es ist üblich, die stationären Energiewerte E_n eines Atoms in einem **Energieniveauschema (Termschema)** darzustellen. Als Ordinate wird eine Energieskala gewählt und jeder zulässige Wert durch einen waagerechten Strich markiert. Abb. 7.26 zeigt als Beispiel das Termschema des atomaren Wasserstoffs. Der niedrigste Energiewert ist $-13{,}6\,\mathrm{eV}$ ($n = 1$); das ist auch gleichzeitig die Energie, die zur Ionisierung des Atoms aufgewendet werden muß.

Es hat sich herausgestellt, daß die Bohrschen Grundsätze für alle Systeme gelten, die aus Elementarteilchen aufgebaut sind (Moleküle, Atome, Kerne, Kristalle), auch wenn es sich nicht um elektrostatische Kräfte zwischen Ladungen handelt. Die Methode zur Bestimmung der Energien E_n, die hier benutzt wurde, hat sich jedoch für andere Systeme als das Wasserstoffatom und die Ionen einiger weniger anderer Atome insofern als unzureichend erwiesen, als zwar kleine, aber wegen der großen Genauigkeit spektroskopischer Messungen doch bemerkbare Diskrepanzen zwischen Theorie und Beobachtung auftraten. Insbesondere ist die Bohrsche Theorie nicht in der Lage, die Intensität der Spektrallinien richtig anzugeben. Erst die Entwicklung der im Kap. 10 einzuführenden Vorstellungen hat Abhilfe geschaffen.

Schließlich muß noch bemerkt werden, daß die Betrachtung des Serienspektrums von Wasserstoff insofern unvollständig ist, als bei höherer spektraler Auflösung Aufspaltungen der Linien beobachtet werden, die die Einführung weiterer Quantenzahlen neben der Hauptquantenzahl notwendig machen und die darauf beruhen, daß neben Kreisbahnen elliptische Bahnen zugelassen werden müssen, daß die relativistische Geschwindigkeits-Abhängigkeit der Masse berücksichtigt werden muß und daß neben der Bewegung auf der Bahn eine *Eigendrehung (Spin) der Elektronen* eine Rolle spielt. Alle diese Fragen bleiben hier unerörtert.

Das quantenmechanische Atommodell. Um die im folgenden zu behandelnden Prozesse der Absorption und Emission von Licht zu verstehen, muß noch kurz qualitativ diskutiert werden, welche Abänderungen die korrekte quantenmechanische Theorie gegenüber der Bohrschen Theorie bringt.

Die Annahme diskreter Bahnen mit genau bestimmter Energie oder Impuls des Elektrons widerspricht der Unschärfe-Relation Gl. (7.23), die auch für Elektronen gilt. Wenn die Energie scharf bestimmt ist, muß der Ort des Elektrons, also die Bahn unbestimmt sein. Das führt dazu, daß in der quantenmechanischen Theorie nicht eine diskrete Elektronenbahn angegeben wird, *sondern nur eine Wahrscheinlichkeit W, das Elektron an einem bestimmten Ort anzutreffen.* Es ist völlig unbestimmt und nicht vorhersagbar, wo das Elektron bei einer Messung angetroffen wird. Werden hingegen sehr viele Messungen ausgeführt, so stellt sich heraus, daß das Elektron an manchen Orten häufiger angetroffen wird als an anderen. Es läßt sich eine Wahrscheinlichkeit angeben, in einem bestimmten Ortsbereich das Elektron anzutreffen. Die Aufgabe der Quantenmechanik ist es, diese Wahrscheinlichkeitsverteilungen zu berechnen.

In Abb. 7.27 sind für die beiden niedrigsten Energiezustände E_1, E_2 des Wasserstoffatoms die entsprechenden Wahrscheinlichkeitsverteilungen W_1, W_2 skizziert. Die Dichte der Punkte ist ein Maß dafür, wie oft das Elektron in einem bestimmten Volumenelement angetroffen wird. Im Grundzustand z. B. befindet sich das Elektron am häufigsten auf einer Kugelschale mit dem Bohr-Radius r_B nach Gl. (7.37). Aber das Elektron kann sich ebenso gut weit außerhalb, als auch innerhalb dieser Kugelschale befinden, nur ist die Wahrscheinlichkeit hierfür geringer. Das Elektron umgibt den Kern wie eine *Ladungswolke*. Ausdehnung und Dichte dieser Wolke werden durch die Wahrscheinlichkeitsfunktion W_1 beschrieben.

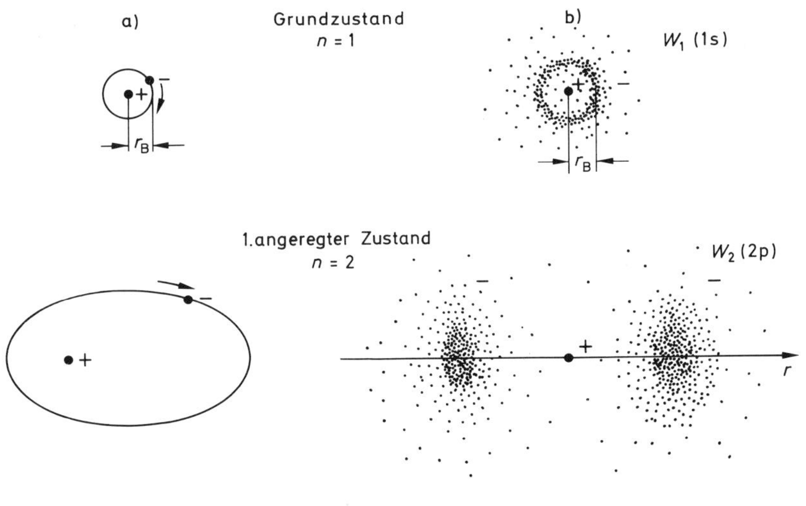

Abb. 7.27 a) Atommodell nach Bohr und b) Atommodell der Quantenmechanik. Die Ladungsverteilung bei letzterem ist im Grundzustand $n = 1$ kugelsymmetrisch und im angeregten Zustand $n = 2$ rotationssymmetrisch um r. Die Bezeichnung 1s, 2p entsprechen der üblichen Nomenklatur [40].

Bemerkenswert ist, daß im Grundzustand wegen der kugelsymmetrischen Ladungsverteilung Dipolmoment und Bahndrehimpuls null sind, was in der Bohrschen Theorie nicht der Fall war.

Die Wahrscheinlichkeitsfunktionen ergeben sich ähnlich wie im vorangehenden Abschnitt (Interferenz von Photonen) als Betragsquadrate einer komplexen Wahrscheinlichkeitsamplitude. Allgemein gilt:

$$W_n = \left| u_n(r) \exp\left(-\mathrm{i} \frac{E_n t}{\hbar} \right) \right|^2 . \tag{7.40}$$

Hierbei beschreibt die Funktion $u_n(r)$ (Wellenfunktion) die Ortsabhängigkeit. Zusätzlich tritt ein Phasenfaktor auf, der wegen der Betragsbildung für die Wahrscheinlichkeitsfunktion W_n keine Rolle spielt, aber von Bedeutung bei der Überlagerung von Wahrscheinlichkeiten ist (Interferenz von Wahrscheinlichkeiten).

7.6.2 Absorption und Emission von Licht

Die Wechselwirkung von Licht mit Atomen, wie sie in Kap. 2 beschrieben wurde, als Wirkung der elektrischen Feldstärke auf das Elektron, gilt auch in dem quantenmechanischen Modell. Um die prinzipiellen Vorgänge hierbei zu verstehen, reicht es aus, von den vielen Energieniveaus der Atome nur zwei zu berücksichtigen, die im folgenden mit E_1, E_2 bezeichnet werden, auch wenn E_1 nicht der Grundzustand sein sollte.

Absorption. Unter Absorption eines Lichtquants kann ein Atom vom Energiezustand E_1 in den höheren Zustand E_2 übergehen, falls die Energie des Lichtquants etwa der Energiedifferenz entspricht. Da die Energieniveaus eine endliche Breite besitzen, muß die Bedingung

$$h\nu_{21} = (E_2 - E_1)$$

nicht exakt erfüllt sein. Auch Lichtquanten, deren Frequenz um Beträge $\pm\Delta\nu$ von der Resonanfrequenz ν_{21} abweicht, werden absorbiert. Ihre Absorptionswahrscheinlichkeit $f(\nu)$ ist jedoch geringer. Man bezeichnet $\Delta\nu$ als die Linienbreite des Übergangs und die normierte Absorptionswahrscheinlichkeit $f(\nu)$ als Linienform (Abb. 7.28). Auf die Ursache der endlichen Linienbreite wird bei der spontanen Emission näher eingegangen. Die Zahl der Atome, die pro Zeit und Volumen ein Photon absorbieren, ist der Anzahldichte der Atome und der spektralen Strahlungsdichte proportional:

$$\frac{\mathrm{d}n_1}{\mathrm{d}t} = -B_{12} n_1 u_\nu f(\nu) , \tag{7.41}$$

n_1 = Anzahldichte der Atome im Zustand E_1,

B_{12} = Einstein-Koeffizient der Absorption,

u_ν = Spektrale Energiedichte des Lichts,

$f(\nu)$ = normierte Linienform

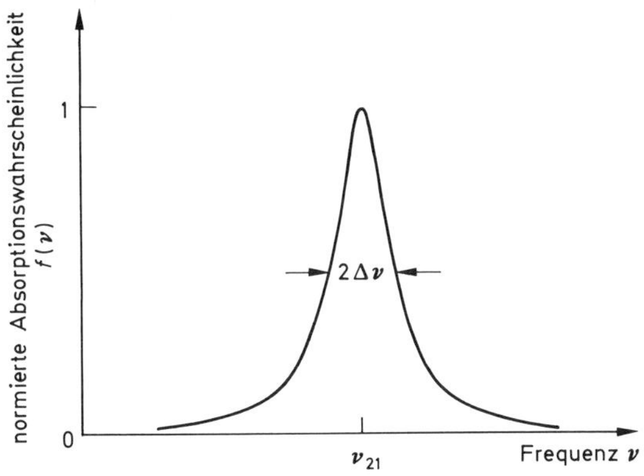

Abb. 7.28 Das Linienprofil (normierte Absorptionswahrscheinlichkeit) eines atomaren Überganges.

Der Proportionalitätsfaktor B_{12} wird *Einstein-Koeffizient der Absorption* genannt und kann nur quantenmechanisch berechnet werden. Er ergibt sich aus den speziellen Eigenschaften des atomaren Übergangs.

Bisher wurde bei der Absorption nur die Energiebilanz betrachtet, die auch in einem Energienieveauschema (Abb. 7.29) veranschaulicht werden kann. Ein Photon wird absorbiert und das Atom geht von E_1 nach E_2. Das ist die Darstellung des Absorptionsvorgangs im Korpuskelbild.

Um etwas über die erzwungene Schwingung zu erfahren, die das Elektron unter dem Einfluß der elektrischen Feldstärke des Lichts ausführt, muß der Absorptionsvorgang im Wellenbild betrachtet werden. Man muß hierbei jedoch die Unschärfe-Relation (z. B. Gl. (7.26)) beachten. Es ist nicht zulässig, gleichzeitig nach der genauen Zahl der absorbierten Quanten und der Phasenlage der erzwungenen Schwingung zu fragen.

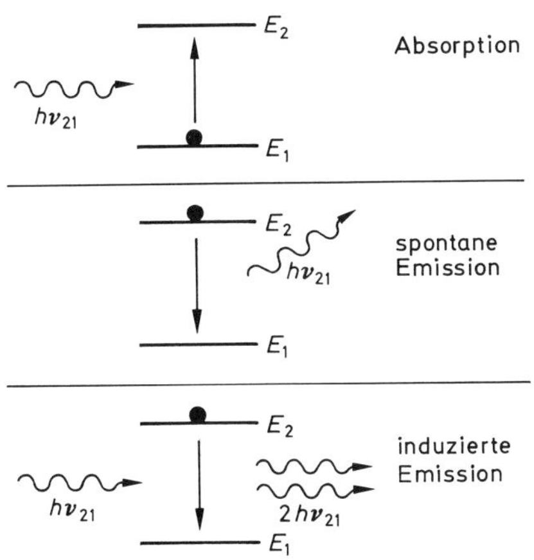

Abb. 7.29 Absorption und Emission von Photonen im Energieniveauschema.

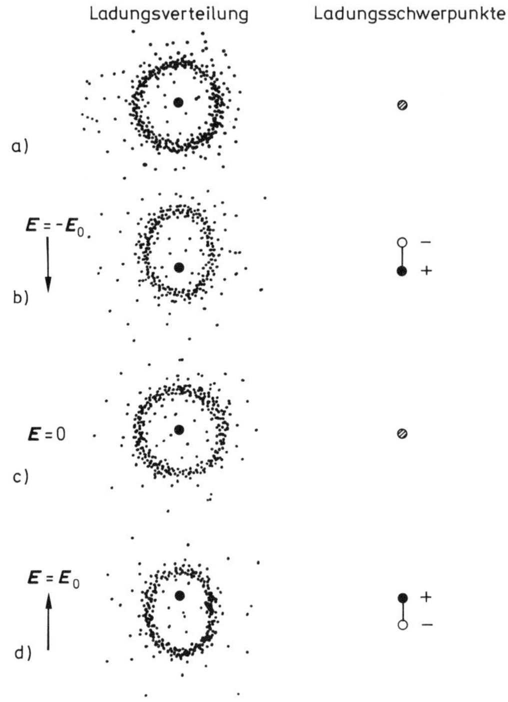

Abb. 7.30 Ein einfallendes, elektrisches Wechselfeld (Licht) $\boldsymbol{E} = \boldsymbol{E}_0 \sin \omega t$ deformiert die atomare Ladungswolke und verschiebt die Ladungsschwerpunkte, was zu einem oszillierenden Dipol führt [40].

Die mit den Photonen verknüpfte elektrische Feldstärke übt auf das Atomelektron eine Kraft aus und verschiebt dieses gegen den sehr viel schwereren Atomkern. Das heißt, die ursprünglich kugelsymmetrische Ladungsverteilung des Grundzustands wird deformiert und oszilliert im Takt der angreifenden Feldstärke, wie in Abb. 7.30 schematisch dargestellt ist. Dabei bleibt der schwere Kern nahezu in Ruhe, so daß ein oszillierender Dipol entsteht.

Wegen der rücktreibenden Anziehungskräfte des Kerns ergibt sich hierbei eine echte Resonanzerscheinung, wie in der klassischen Mechanik. Das kommt z. B. in dem spektralen Verlauf der Absorptionswahrscheinlichkeit (Abb. 7.28) zum Ausdruck. Es kann gezeigt werden, daß diese neue deformierte Ladungsverteilung sich als Überlagerung der stationären Verteilungen W_1 und W_2 darstellen läßt wobei nicht etwa direkt W_1 und W_2 überlagert werden dürfen, sondern die entsprechenden Wahrscheinlichkeitsamplituden nach Gl. (7.40).

Es macht begriffliche Schwierigkeiten, sich vorzustellen, daß ein Atom gleichzeitig im Zustand W_1 und W_2 sein soll. Betrachten wir als Analogon eine schwingende Saite oder Platte, die ebenfalls durch ihre Eigenschwingungen charakterisiert werden, d. h. durch bestimmte örtliche Verteilungen der Schwingungsamplituden. Ein solches

System kann ebenfalls in mehreren Eigenschwingungen gleichzeitig angeregt werden (z. B. Grundfrequenz und Oberwelle).

Weiter ist zu beachten, daß hier keine Aussagen über einzelne Atome, sondern nur statistische Aussagen über das Verhalten sehr vieler Atome gemacht werden, wobei es gleichgültig ist, ob über ein Ensemble von Atomen gemittelt wird *(Scharmittel)* oder ob über ein Atom zeitlich gemittelt wird *(Zeitmittel)*. Wenn also viele Photonen mit vielen Atomen wechselwirken und die Elektronen zu erzwungenen Schwingungen anregen, so wird bei einer Energiemessung ein Teil der Atome im angeregten Zustand E_2 und ein anderer größerer Teil im Grundzustand E_1 angetroffen.

Zusammenfassend kann der Absorptionsvorgang wie folgt beschrieben werden: Unter dem Einfluß des Strahlungsfeldes führen die Atomelektronen erzwungene Schwingungen aus. Dabei wird aus dem Strahlungsfeld Energie in Einheiten $h\nu$ entnommen und ein Teil der Atome geht in den angeregten Zustand über. Auf jedes angeregte Atom entfällt die Energie $h\nu$, die etwa gleich der Anregungsenergie $E_2 - E_1$ sein muß.

Induzierte Emission. Die induzierte Emission, von Einstein [13] bereits 1917 eingeführt, ist die genaue Umkehrung der Absorption. Befinden sich Atome im angeregten Zustand E_2, so können unter dem Einfluß eines Strahlungsfeldes die Elektronen erzwungene Schwingungen ausführen. Dabei gehen die Atome vom angeregten Zustand E_2 in den Grundzustand E_1 über und geben ihre Anregungsenergie in Form von Lichtquanten ab. Die Frequenz ν der emittierten Lichtquanten ist wegen der erzwungenen Schwingungen identisch mit der Frequenz des einfallenden Lichts. Aus dem gleichen Grund stimmen auch Polarisation und Richtung von emittierten Photonen und einfallenden Photonen überein. Man bezeichnet diesen Vorgang als **induzierte** oder **erzwungene Emission.**

Im Energieniveauschema (Abb. 7.29) bedeutet induzierte Emission, daß ein Lichtquant auf ein Atom im angeregten Zustand E_2 trifft und dieses zur induzierten Emission veranlaßt. Dadurch entsteht ein zweites Photon, welches mit dem auslösenden Photon in Frequenz, Richtung und Polarisation übereinstimmt[5]. Das auslösende Photon ist verstärkt worden, d. h. die Intensität des Lichts nimmt bei der induzierten Emission zu.

Für die Zahl der Atome, die pro Zeit und Volumen durch *induzierte Emission* in den Grundzustand übergeht, gilt völlig symmetrisch zu Gl. (7.41):

$$\frac{\mathrm{d}n_2}{\mathrm{d}t} = -B_{21} n_2 u_\nu f(\nu), \tag{7.42}$$

B_{21} = Einstein-Koeffizient der induzierten Emission,
n_2 = Anzahldichte der angeregten Atome.

[5] Diese übliche Formulierung ist nicht korrekt; denn es ist sinnlos (siehe Unschärfe-Relationen), von Frequenz oder Phase eines Photons zu sprechen, da diese Größen bei einem Photon nicht meßbar sind. Gemeint ist stets: das Strahlungsfeld, welches vielen gleichartigen Photonen zugeordnet ist, besitzt diese Eigenschaften.

Spontane Emission. Ein angeregtes Atom kann auch ohne Beeinflussung durch ein äußeres Strahlungsfeld in den Grundzustand übergehen. Da dieser Übergang völlig statistisch und zu einem nicht vorhersagbaren Zeitpunkt erfolgt, wird diese Art der Emission *spontane Emission* genannt. Die hierbei freiwerdende Energie wird ebenfalls in Form von Photonen emittiert, aber die Emission erfolgt in beliebige Raumrichtungen, mit beliebiger Polarisation und die Frequenz schwankt statistisch innerhalb der Linienbreite $\Delta\nu$ des atomaren Übergangs um die Mittenfrequenz ν_{21}.

Wegen der statistischen Eigenschaften der spontanen Emission emittiert ein Ensemble von Atomen im Mittel eine Kugelwelle, denn keine Richtung ist bevorzugt.

Für die Zahl der Atome, die pro Zeit und Volumen durch *spontane Emission* in den Grundzustand übergeht, gilt:

$$\frac{\mathrm{d}n_2}{\mathrm{d}t} = -A_{21}n_2\,, \tag{7.43}$$

A_{21} = Einstein-Koeffizient der spontanen Emission

Die Ursache der spontanen Emission ist die Nullpunktsenergie. In Abschn. 7.5 wurde gezeigt, daß die Energie des Strahlungsfeldes nie null werden kann, sondern daß pro mögliche, stehende Welle in einem Hohlraum im Mittel mindestens die Energie $h\nu/2$ vorhanden ist. Diese Überlegungen gelten auch für den nicht verspiegelten Hohlraum (schwarzen Strahler) und auch im Grenzübergang des freien Strahlungsfeldes (Hohlraumvolumen gegen unendlich). Befinden sich angeregte Atome in einem Hohlraum, so wirkt auf sie stets das Feld der Nullpunktsenergie, selbst wenn von außen kein Strahlungsfeld eingekoppelt wird. Da in einem Hohlraum, der im allgemeinen groß gegen die Wellenlänge des Lichts ist, innerhalb der Bandbreite $\Delta\nu$ des atomaren Übergangs viele stehende Wellen möglich sind, wirkt entsprechend viel Nullpunktsenergie auf die Atome und veranlaßt sie zu spontaner Emission.

Die spontane Emission der Atome kann also als induzierte Emission, hervorgerufen durch die Nullpunktsenergie, betrachtet werden. Damit werden auch die statistischen Eigenschaften der spontanen Emission verständlich; denn die Nullpunktsenergie selbst besitzt nur statistische Eigenschaften. Die spontane Emission ist nicht, wie oft behauptet wird, eine naturgegebene Eigenschaft der Atome, die unbeeinflußbar ist, sondern sie kann über die Nullpunktsenergie verändert werden. Das ist im Prinzip dadurch möglich, daß die Abmessungen des Hohlraums klein gegen die Emissionswellenlänge λ_{21} des Atoms gewählt werden. Dann existiert innerhalb der Bandbreite $\Delta\nu$ des Atoms keine stehende Welle im Hohlraum und damit auch keine Nullpunktsenergie, die spontane Emission verursachen könnte – das Atom kann nicht spontan emittieren. Im optischen Wellenlängenbereich ist ein derartiger Hohlraum schwer zu realisieren. Aber es gibt atomare Übergänge, deren Frequenzen im Hochfrequenzbereich und deren Wellenlängen somit im Zentimeterbereich liegen. Hier ist es durchaus möglich, die spontane Emission zu beeinflussen. Streng genommen ist also die Zeitkonstante τ der spontanen Emission von der Geometrie des Hohlraums abhängig. Die Zahlenwerte, die hierfür theoretisch oder experimentell ermittelt werden, gelten für Hohlräume, deren Abmessungen groß gegen die Wellenlänge sind, was im optischen Spektralbereich immer erfüllt ist.

Aus Gl. (7.43) folgt durch Integration sofort:

$$n_2(t) = n_2(0)\,e^{-t/\tau},$$
$$\tau = \frac{1}{A_{21}}. \tag{7.44}$$

τ spielt die Rolle einer mittleren Lebensdauer des Zustands E_2. Es ist die Zeit, die vergeht, bis nur noch der e-te Teil der ursprünglich angeregten Atome $n_2(0)$ übrig geblieben ist. Bei normalen optischen Übergängen liegt τ in der Größenordnung von $\tau = 10^{-8} - 10^{-9}$ s. Diese allein durch die spontanen Übergänge bestimmte Lebensdauer ist maßgebend für die sogenannte natürliche Halbwertsbreite einer Spektrallinie. Nach der Unschärfe-Relation Gl. (7.24) ergibt sich ein Zusammenhang zwischen der Lebensdauer τ des Zustands und der Linienbreite $\Delta\nu$:

$$2\pi\Delta\nu = \frac{1}{\tau} = A_{21}.$$

Es muß hier allerdings vermerkt werden, daß die natürliche Linienbreite nur selten beobachtet werden kann, da Linienverbreiterung durch andere Ursachen überwiegt. Dazu gehören die **Doppler-Verbreiterung** infolge der mit dem Doppler-Effekt der sich bewegenden Atome verbunden Frequenzänderungen und die **Stoßverbreiterung** infolge Verkleinerung der Lebensdauer τ durch Zusammenstöße des emittierenden Atoms mit anderen Teilchen.

Das Licht aller Lichtquellen (außer Laser) entsteht praktisch durch spontane Emission angeregter Atome. Die Anregung der Atome kann durch Absorption von Licht, aber auch durch Stoß mit anderen Atomen oder Elektronen erfolgen. Ein Sonderfall der Anregung durch Licht und anschließende Emission ist die **Resonanzfluoreszenz,** bei der Absorptions- und Emissionsfrequenz übereinstimmen. Bei Wasserstoff tritt eine solche Resonanzfluoreszenz bei $\lambda = 121{,}6$ nm auf, entsprechend der Anregung vom Grundzustand in den ersten angeregten Zustand. Falls keine Störung der emittierenden Atome durch Zusammenstöße erfolgt (also bei niedrigem Gasdruck), geht die Umwandlung der Absorptions- in eine Emissionsenergie ohne Verlust vor sich, also mit 100% Nutzeffekt. Wegen der kleinen Wellenlänge der „Resonanzlinie“ von Wasserstoff ist diese Resonanzfluoreszenz in Wasserstoff nur schwierig zu beobachten. Ein bequemeres Beispiel für eine derartige Linie ist aber die D-Linie des Natriums.

Im allgemeinen ist die Fluoreszenzfrequenz geringer als die Anregungsfrequenz, was aus dem Termschema des Wasserstoffs verständlich wird. Bei Anregung des Atoms vom Grundzustand ($n = 1$) in den zweiten angeregten Zustand ($n = 3$), wird das Atom von dort nicht immer direkt in den Grundzustand zurückkehren, sondern über das Niveau $n = 2$ und daher zwei Lichtquanten geringerer Frequenz emittieren.

Atome im thermischen Gleichgewicht. Atome mögen sich in einem Hohlraum der Temperatur T befinden und im thermischen Gleichgewicht mit der Strahlung und den Wänden stehen. Durch die bei dieser Temperatur nach dem Planckschen Strahlungsgesetz vorhandene Strahlungsdichte u_ν in dem Hohlraum werden Atome in den angeregten Zustand gebracht und gehen durch spontane und induzierte Emission wieder in den Grundzustand. Im stationären Gleichgewicht wird sich stets eine gewisse Anzahl von Atomen in den höheren Energiezuständen aufhalten. Zur Ver-

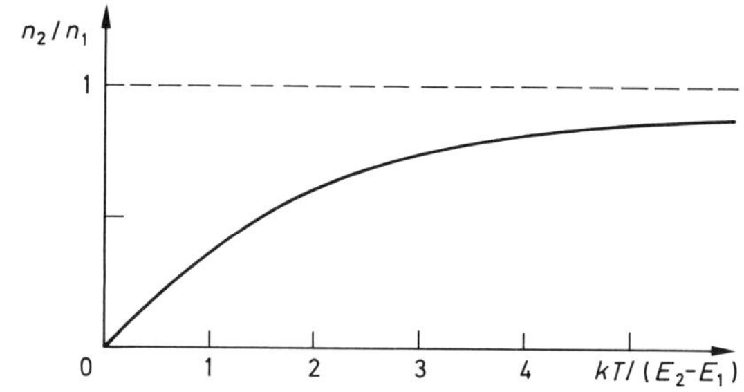

Abb. 7.31 Das Verhältnis der Besetzungszahlen n_2/n_1 in zwei Energiezuständen E_2, E_1 als Funktion der thermischen Energie kT.

einfachung sollen wieder nur zwei Energieniveaus E_1, E_2 betrachtet werden. Es gilt dann für die Dichten n_1, n_2 der Atome in den Zuständen E_1, E_2 die sogenannte Boltzmann-Verteilung[6] (Abb. 7.31):

$$n_2 = n_1 \exp\left(-\frac{E_2 - E_1}{kT}\right). \tag{7.45}$$

Aus den Zahlenwerten von E_1, E_2 und k folgt, daß bei Zimmertemperatur schon der erste angeregte Zustand ($n = 2$) nur äußerst selten vorkommt. Das erklärt, warum in Absorption im allgemeinen nur Linien gefunden werden, die von $n = 1$ ausgehen. Bei der Absorption in den heißen Sternatmosphären sind dann auch die von $n = 2, 3$ usw. ausgehenden Absorptionslinien zu beobachten. Im thermischen Gleichgewicht folgt aus obiger Formel für alle Temperaturen:

$$n_2 < n_1 . \tag{7.46}$$

Wechselwirkt eine Lichtwelle mit einem Ensemble von Atomen im thermischen Gleichgewicht, so ist wegen $n_2 < n_1$ nach den Gl. (7.41) und (7.42) stets die Absorption größer als die induzierte Emission. Die Lichtwelle wird durch Atome im thermischen Gleichgewicht geschwächt und nie verstärkt. Im günstigsten Fall $T \to \infty$ befinden sich gleich viele Atome im Grundzustand und im angeregten Zustand. In diesem Fall sind Absorption und induzierte Emission gleich, die Atome erscheinen für die einfallende Lichtwelle transparent.

Mössbauer-Effekt. Ein Atom, das ein Photon aussendet, erfährt einen Rückstoß. Der Vorrat an potentieller Energie, der dabei dem Atom zur Umwandlung in andere Energieformen zur Verfügung steht, ist allein von dem inneren Zustand des Atoms abhängig. Diese Energie teilt sich auf in Energie des emittierten Photons und ki-

[6] Man kann diese Formel leicht aus der für die Dichteverteilung der Atmosphäre im Schwerefeld der Erde (Bd. 1) gewinnen, was mathematisch dasselbe Problem ist. Man setze dort die Dichte $\varrho = Nm/V$ (N = Zahl der Teilchen der Masse m im Volumen V), die potentielle Energie $E_2 - E_1$ und führe außerdem das Gasgesetz in der Form $pV = NkT$ ein, denn $k = R/N_A$ ist die Gaskonstante pro Teilchen.

netische Energie des Atoms. Die Frequenz des emittierten Photons hängt demnach mit der Rückstoßenergie zusammen und ist verschoben gegenüber der Frequenz, die ohne Rückstoß zu erwarten wäre.

Ein freies Atom der Masse m_A möge ein Photon der Energie $h\nu$ emittieren. Nach Gl. (7.18) erhält dann das Atom durch den Rückstoß eine Geschwindigkeit

$$v = \frac{h\nu}{c_0 m_A}$$

und damit eine kinetische Energie

$$E_{kin} = \frac{(h\nu)^2}{2 m_A c_0^2}.$$

Diese Energie geht der Energie des emittierten Quants verloren, d.h. die Frequenz ist um einen entsprechenden Betrag $\delta\nu$ geringer als die Resonanzfrequenz ν_0

$$\delta\nu = -\frac{E_{kin}}{h},$$

woraus sich für die relative Frequenzverschiebung ergibt:

$$\frac{\delta\nu}{\nu} = -\frac{h\nu}{2 m_A c_0^2}. \tag{7.47}$$

Das gleiche tritt bei der Absorption eines Quants auf. Auch hier muß das Atom einen Impuls aufnehmen und erhält eine entsprechende Geschwindigkeit. Ein Teil der Photonenenergie wird in kinetische Energie des Atoms umgesetzt. Soll also das Photon im Atom einen bestimmten Übergang zwischen den Niveaus E_1, E_2 anregen, so muß es nicht nur diese Energiedifferenz ΔE aufbringen, sondern auch noch die seinem Impuls entsprechende kinetische Energie des absorbierenden Atoms. Die Frequenz des Photons muß um den Betrag $\delta\nu$ nach Gl. (7.47) größer sein als der Resonanzfrequenz ν_0 entspricht. Absorptions- und Emissionsspektrum sind um den Betrag $2\delta\nu$ gegeneinander verschoben (siehe Abb. 7.32).

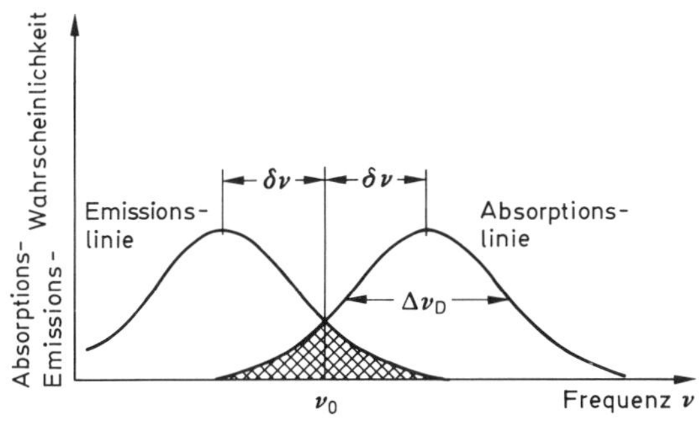

Abb. 7.32 Rückstoßverschiebung von Emissions- und Absorptionslinien bei hochenergetischen γ-Quanten.

Tab. 7.8 Vergleich der Emissionseigenschaften von Übergängen im optischen Bereich und im γ-Quanten-Bereich.

	Quanten-energie E_0 in eV	Frequenz ν_0 in s^{-1}	Natürliche Linienbreite $\Delta\nu$ in s^{-1}	$\Delta\nu_0/\nu_0$	Rückstoß-Verschiebung $\delta\nu$ in s^{-1}
Optischer Bereich					
Wasserstoff H_α	1,9	$4{,}6 \cdot 10^{14}$	$3 \cdot 10^{7}$	$6 \cdot 10^{-8}$	$9 \cdot 10^{5}$
γ-Quanten					
^{191}Ir	$1{,}3 \cdot 10^{5}$	$3{,}1 \cdot 10^{19}$	$8 \cdot 10^{8}$	$3 \cdot 10^{-11}$	$9 \cdot 10^{12}$
^{57}Fe	$1{,}4 \cdot 10^{4}$	$3{,}5 \cdot 10^{18}$	$1 \cdot 10^{6}$	$3 \cdot 10^{-13}$	$9 \cdot 10^{11}$
^{67}Zn	$9{,}3 \cdot 10^{4}$	$2{,}3 \cdot 10^{19}$	$1 \cdot 10^{4}$	$5 \cdot 10^{-16}$	$1 \cdot 10^{13}$

Im optischen Bereich ist diese Verschiebung wegen der geringen Photonenenergie klein gegen die natürliche Linienbreite, wie das Beispiel in Tab. 7.8 zeigt. Völlig anders dagegen sehen die Verhältnisse bei den sehr kurzwelligen γ-Quanten aus, wie sie von den Atomkernen emittiert werden. Hier ist die Rückstoßverschiebung groß gegen die natürliche Linienbreite. Das führt dazu, daß eine Resonanzabsorption bei γ-Quanten nicht ohne weiteres möglich ist. Denn ein emittiertes Quant ist in seiner Frequenz so weit verschoben, daß eine Wiederabsorption durch den gleichen Übergang im Kern nicht stattfindet.

Neben der Rückstoßverschiebung $\delta\nu$ tritt noch wegen der thermischen Bewegung der Kerne eine Doppler-Verbreiterung $\Delta\nu_D$ der Linie auf, so daß trotz der großen Rückstoßverschiebung eine geringe Absorption stattfinden kann (schraffierter Bereich in Abb. 7.32).

Mössbauer [14] erkannte nun, daß es möglich ist, den Rückstoß dadurch unschädlich zu machen, daß dem Photon Gelegenheit gegeben wird, den Rückstoß nicht auf ein einziges Atom zu übertragen, sondern auf ein Aggregat von Atomen, insbesondere auf die Atome in einem Kristallgitter. In vereinfachter Darstellung des Sachverhalts könnte man sagen, daß die große Masse des Kristallgitters Übertragung von kinetischer Energie auf Grund der Stoßgesetze praktisch verhindert. Diese triviale Deutung trifft aber nicht den Kern des Problems, der darin liegt, daß der Emissionsakt in einem bestimmten einzelnen Atom stattfindet, die Energieübertragung auf das Gitter dann aber durch die Wechselwirkung des emittierenden Atoms mit den übrigen Atomen des Gitters geschehen muß. Es kann auf diese Problematik, die mit den elastischen Schwingungen eines Kristallgitters zusammenhängt, hier nicht eingegangen werden. Sie wurde bemerkenswerterweise in einem anderen Zusammenhang schon 1939 von Lamb [15] theoretisch behandelt, aber nicht beachtet. Auf Grund der Entdeckung Mössbauers kann man nun γ-Spektrallinien erzeugen, die sehr scharf sind und deren Energie exakt dem durch den Zustand des Atoms vorgegebenen Wert der potentiellen Energie entspricht. Die γ-Linie besitzt ihre natürliche Linienbreite $\Delta\nu_0$ und ist weder durch Rückstoß verschoben noch bei Kühlung des Kristalls durch thermischen Doppler-Effekt verbreitert.

Entsprechend der „rückstoßfreien" Emission kann auch bei der Absorption der gesamte Kristall den Rückstoß aufnehmen, und es tritt keine Verschiebung der Absorptionslinie auf. Emissions- und Absorptionsfrequenz fallen also zusammen und die von einer Probe emittierten γ-Quanten können von einer zweiten wieder absorbiert werden.

Bewegt man jedoch den Absorberkristall mit einer konstanten Geschwindigkeit v gegen den Emitterkristall, so findet keine Absorption statt. Durch den hierbei auftretenden Doppler-Effekt tritt eine Frequenzverschiebung bei den γ-Quanten auf von

$$\frac{\Delta\nu_v}{\nu_0} = \frac{v}{c_0}, \tag{7.48}$$

die schon bei relativ kleinen Geschwindigkeiten größer als die natürliche Linienbreite $\Delta\nu_0$ sein kann. Betrachten wir als Beispiel die γ-Quanten von ^{191}Ir mit $\Delta\nu_0/\nu_0 = 3 \cdot 10^{-11}$. Um nach obiger Gleichung eine Frequenzverschiebung $\Delta\nu_v$ durch Doppler-Effekt zu erreichen, die gleich der natürlichen Linienbreite ist, genügt eine Geschwindigkeit von $v = 0{,}9$ cm/s. Bei Variation der Geschwindigkeit von null bis zu einem

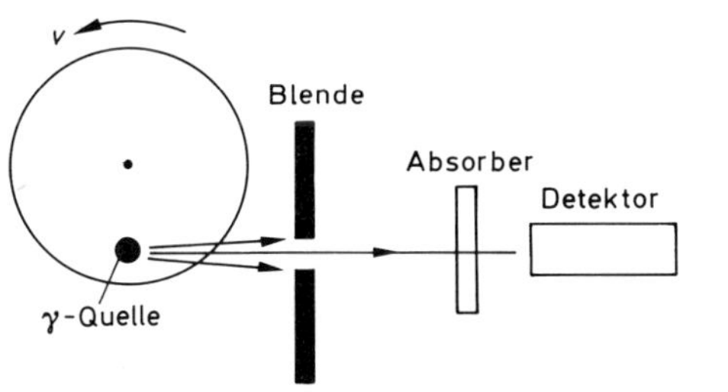

Abb. 7.33 Prinzipieller Aufbau zur Messung der γ-Absorptionslinie.

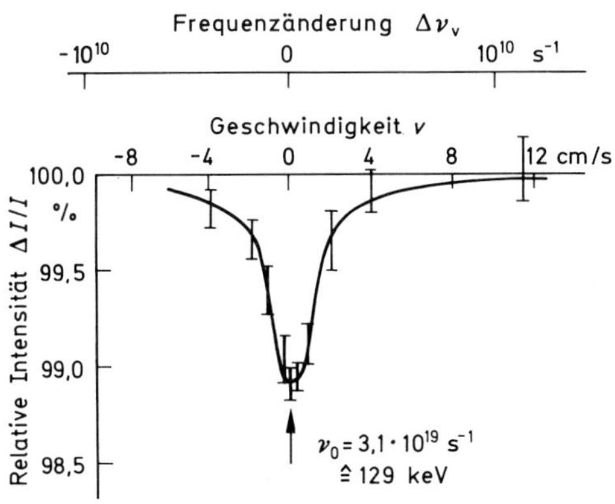

Abb. 7.34 γ-Absorptionslinie von ^{191}Ir. Die relative Intensitätsänderung $\Delta I/I$ hinter dem Absorber ist als Funktion der Geschwindigkeit v der Quelle bzw. als Funktion der Frequenzverschiebung $\Delta\nu_v$ nach Gl. (7.48) dargestellt. Man beachte die geringe Intensitätsänderung (nach Mössbauer [14]).

Wert von einigen Zentimetern pro Sekunde (abhängig von der natürlichen Linienbreite) nimmt also die Absorption der γ-Quanten von einem Maximalwert (bei $v = 0$) bis auf null ab. Mit diesem Verfahren ist es möglich, das Linienprofil der Absorptionslinie auszumessen. Den prinzipiellen Meßaufbau hierfür zeigt Abb. 7.33. Die γ-Quelle, z. B. das Iridium-Nuklid ^{191}Ir, befindet sich auf einem Drehtisch und wird mit konstanter, aber abstimmbarer Geschwindigkeit bewegt. Durch einen Spalt werden γ-Quanten ausgeblendet und fallen auf den Absorber, der aus dem gleichen Nuklid besteht. Hinter dem Absorber wird mit dem Zähler die γ-Quanten-Rate als Funktion der Geschwindigkeit v ausgemessen. Das Ergebnis zeigt Abb. 7.34.

Die extrem geringe, relative Bandbreite der γ-Quanten, die in der Größenordnung von 10^{-11} bis 10^{-16} liegt (Tab. 7.8), ermöglicht die Ausführung sehr präziser Experimente im Bereich der Festkörperphysik und Relativitätstheorie (Rotverschiebung von γ-Quanten im Gravitationsfeld der Erde).

Bremsstrahlung. Die Emission und Absorption von Photonen beschränkt sich nicht auf die gebundenen Elektronen der Atome oder auf die Atomkerne, sondern auch freie Elektronen können unter gewissen Nebenbedingungen Photonen emittieren und absorbieren. Dieser Vorgang wurde bereits kurz bei der Röntgenbremsstrahlung diskutiert.

Ein Elektron nähere sich einer anderen positiven oder negativen Ladung (z. B. einem Ion). Durch die dabei wirkenden Coulomb-Kräfte wird es abgelenkt. Ist seine kinetische Energie hinreichend groß, so wird es auch von einem positiven Ion nicht eingefangen, sondern bewegt sich auf einer hyperbelähnlichen Bahn. Wegen der Unschärfe-Relation ist diese Bahn nicht genau lokalisierbar. Man kann daher nur sagen, ein Elektron bewegt sich auf ein Ion zu, es erfolgt eine Wechselwirkung und das Elektron ändert seine Richtung – es ist gestreut worden. In Analogie zur Mechanik wird dieser Vorgang Stoß genannt, wobei, wie in der Mechanik nicht genauer auf die Einzelheiten dieses Stoßes eingegangen wird.

Nach der klassischen Mechanik wäre dieser Stoß ein elastischer, denn im Zentralkraftfeld der hier wirkenden Coulomb-Kraft ist die Gesamtenergie eine Konstante. Aus der Elektrodynamik ist jedoch bekannt, daß eine beschleunigte Ladung strahlt. Das gleiche geschieht hier. Bei dem Stoß wird das Elektron beschleunigt und emittiert Photonen. Es besitzt also nach dem Stoß eine geringere kinetische Energie als vorher, d. h. es ist langsamer geworden. Die hierbei emittierte Strahlung wird **spontane Bremsstrahlung** genannt. Diese Emission entspricht der spontanen Emission der gebundenen Elektronen und kann ebenfalls in einem Energieniveauschema veranschaulicht werden (Abb. 7.35). Das freie Elektron besitzt vor dem Stoß eine kinetische Energie entsprechend der Geschwindigkeit v_1, gibt beim Stoß Energie in Form von Photonen $h\nu$ ab und verringert deshalb seine Geschwindigkeit auf v_2. Da das freie Elektron keine diskreten Energiewerte besitzt, sondern kontinuierlich alle Werte durchlaufen kann, besteht auch die Bremsstrahlung, über viele Photonen gemittelt, aus einem kontinuierlichen Spektrum mit scharfer oberer Grenzfrequenz. Diese ist dadurch gegeben, daß das Elektron seine gesamte kinetische Energie beim ersten Stoß als Quant $h\nu_{max}$ abgibt. Eine scharfe obere Grenzfrequenz wird man daher nur dann beobachten, wenn die Elektronen eine einheitliche kinetische Energie besitzen (Kathodenstrahlen).

Der umgekehrte Prozeß ist gleichfalls möglich. Ein freies Elektron absorbiert in

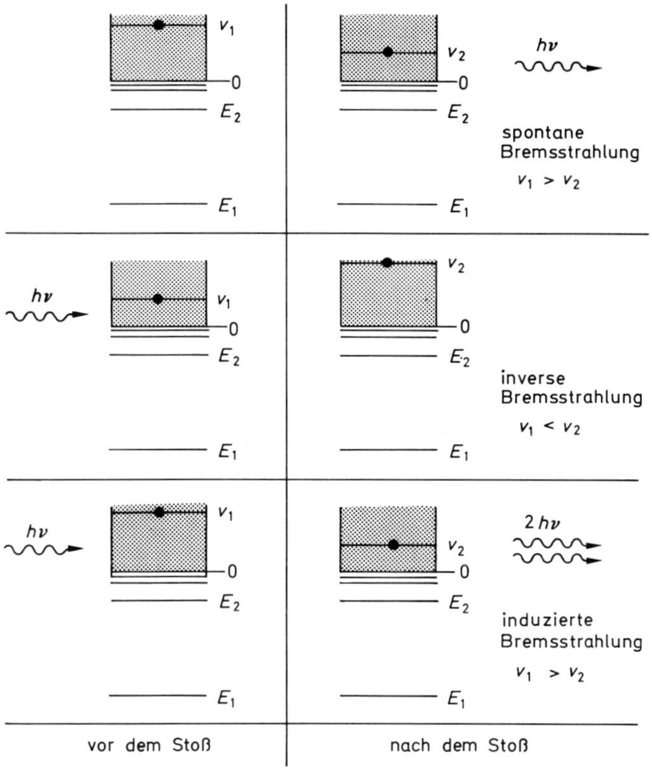

Abb. 7.35 Die drei Bremsstrahlungsarten. Die scharfen Energieniveaus entsprechen den diskreten Energieniveaus des gebundenen Elektrons (vgl. Abb. 7.26), der schraffierte Bereich kennzeichnet den kontinuierlichen Energiebereich des freien Elektrons. Der schwarze Punkt soll den Energiezustand des gerade betrachteten Elektrons symbolisieren.

der Nähe eines Ions ein Photon und erhöht damit seine kinetische Energie, d.h. es wird schneller. Dieser Vorgang wird **inverse Bremsstrahlung** genannt.

Schließlich tritt noch der dritte Prozeß auf, die **induzierte Bremsstrahlung.** In der Nähe des Ions wird ein Elektron durch ein Photon zu induzierter Emission veranlaßt. Das Elektron emittiert ein zweites Photon, welches mit dem ersten in Frequenz, Richtung und Polarisation übereinstimmt. Dabei wird das Elektron langsamer.

Alle drei Prozesse können nur in der Nähe von Ionen oder Atomen stattfinden. Man bezeichnet daher diesen Stoß auch als Dreier-Stoß (Elektron, Ion, Photon). Das dritte Teilchen ist notwendig für die Impulserhaltung. Es läßt sich leicht zeigen, daß nur zwei Teilchen (Elektron–Photon) nicht gleichzeitig bei einem Stoß Energie- und Impulssatz erfüllen können. Klassisch kommt das darin zum Ausdruck, daß ein freies Elektron im Strahlungsfeld im Mittel keine Enegie aufnimmt, sondern entsprechend der elektrischen Feldstärke oszilliert seine kinetische Energie zwischen einem Maximalwert und null.

Eine quantitative Beschreibung der Bremsstrahlung bezüglich Intensität und spektraler Verteilung kann nur die Quantenmechanik liefern.

7.7 Streuung von Photonen

7.7.1 Allgemeine Betrachtungen

Fällt eine ebene Lichtwelle auf ein Ensemble von Teilchen, so wird Licht durch diese Teilchen aus der einfallenden Welle herausgestreut, und die Intensität der Primärwelle nimmt ab. Bei den streuenden Teilchen kann es sich um Atome, Moleküle, Kolloide, Staubpartikel, Kristallite, aber auch um Dichte- oder Konzentrationsschwankungen handeln.

Durch die Streuung nimmt die Intensität[7] der Primärwelle ab, und es gilt für die differentielle Abnahme pro Wegelement:

$$\mathrm{d}J = -\sigma n_0 J \mathrm{d}x\,, \tag{7.49}$$

$$J = \frac{1}{2} c_0 \ \varepsilon_0 (E_0)^2\,. \tag{7.50}$$

Es bedeuten:

J = Intensität, Leistungsdichte,
c_0 = Vakuumlichtgeschwindigkeit = $3 \cdot 10^8$ m/s,
ε_0 = elektrische Feldkonstante = $8{,}854 \cdot 10^{-12}$ As/Vm,
E_0 = Feldstärkeamplitude,
n_0 = Anzahldichte der streuenden Teilchen,
σ = totaler Wirkungsquerschnitt.

σ ist der Wirkungsquerschnitt der Teilchen, also die wirksame Fläche, die sich den einfallenden Photonen bietet. Der Wirkungsquerschnitt ist stark abhängig von den Eigenschaften der Teilchen und der Frequenz des einfallenden Lichts. σ ist nicht identisch mit der geometrischen Fläche der Teilchen, wobei dieser Begriff im Bereich der atomaren Abmessungen sehr fragwürdig wird. Für den Fall, daß σ nicht von der Intensität des Lichts abhängt, läßt sich Gl. (7.49) integrieren und führt zu dem bekannten Lambertschen Gesetz der exponentiellen Intensitätsabnahme in einem streuenden oder absorbierenden Medium

$$J = J_0 e^{-\alpha x}\,,$$

$$\alpha = \sigma n_o \quad \text{Absorptionskoeffizient.}$$

Für das gestreute Licht läßt sich keine einfache Beziehung angeben, da hier der Streuwinkel ϑ eingeht. Außerdem braucht die Frequenz ν des gestreuten Lichts nicht mit der Frequenz des einfallenden Lichts übereinzustimmen. Man unterscheidet daher:

[7] In der physikalischen Optik wird sehr häufig die unendlich ausgedehnte ebene Welle benutzt, die den Öffnungswinkel null besitzt. Dann werden die Größen Strahlstärke und Strahldichte unsinnig, weil sie auf den Raumwinkel bezogen sind und divergieren. Man könnte den Begriff spezifische Ausstrahlung M (W/m^2) verwenden, was jedoch unüblich ist. Im folgenden wird deshalb dort, wo der zeitlich gemittelte Betrag des Poynting-Vektors gemeint ist, der nicht genormte Begriff Intensität J (W/m^2) benutzt.

elastische Streuung: keine Frequenzänderung
unelastische Streuung: Frequenzänderung.

Die Phasenbeziehung zwischen der einfallenden Welle und der gestreuten kann eine definierte sein, auch bei Frequenzverschiebungen zwischen den beiden Wellen, oder die Phasenbeziehung kann statistisch sein. Dementsprechend unterscheidet man:

kohärente Streuung: definierte Phasenbeziehung
inkohärente Streuung: statistische Phasenbeziehung

Im Photonenbild ist die Frequenzänderung gleichbedeutend mit einer Energieänderung des Photons, daher in Analogie zum Stoß die Bezeichnung „unelastische" Streuung.

In Tab. 7.9 sind die wichtigsten Arten der Streuung zusammengestellt. In allen Fällen erfolgt die Streuung letztlich durch die gebundenen Elektronen. Daher hängt die Streuung auch wesentlich von zwei Parametern ab, der Resonanzfrequenz ν_R der Teilchen und dem Verhältnis von Photonenenergie $h\nu_0$ zu Elektronenruheenergie $m_e c_0^2$. Bei hohen Lichtfrequenzen spielt die Resonanzfrequenz der Elektronen praktisch keine Rolle mehr und diese können als frei betrachtet werden.

Tab. 7.9 Zusammenstellung der verschiedenen Streuarten von Photonen. ν_0: Frequenz des eingestrahlten Lichts, ν_R: Resonanzfrequenz des Systems, $m_e c_0^2$: Elektronenruheenergie.

Bezeichnung	Streukörper	Frequenzbereich	Frequenzverschiebung $\delta\nu/\nu_0$
elastische Streuung			
Mie-Streuung	Teilchen, die groß gegen die Wellenlänge sind (Staub, Ruß, Mastix), Moleküle, Atome		0
Resonanz-Streuung	Anregung atomarer Übergänge in Resonanz	$\nu_0 = \nu_R$	0
Rayleigh-Streuung	Teilchen, die klein gegen die Wellenlänge sind (Moleküle, statistische Dichteschwankungen)		0
Thomson-Streuung	quasifreie Elektronen	$m_e c_0^2 \gg h\nu_0 \gg h\nu_R$	0
unelastische Streuung			
Compton-Streuung	freie Elektronen	$h\nu \gtrless m_e c_0^2$	$-(10^{-3} - 10^{-1})$
Paar-Erzeugung	Atomkerne	$h\nu \geqq 2m_e c_0^2$	-1
Raman-Streuung	Molekülschwingungen, optische Gitterschwingungen	$\nu_0 \gg \nu_R$	$\pm(10^{-3} - 10^{-2})$
Brillouin-Streuung	akustische Schwingungen in Kristallen und Flüssigkeiten	$\nu_0 \gg \nu_R$	$\pm(10^{-6} - 10^{-5})$

7.7.2 Thomson-Streuung

Die elastische Streuung von Licht ist im Wellenbild leicht einzusehen. Unter dem Einfluß der elektrischen Feldstärke des Lichts beginnen die elastisch gebundenen Elektronen zu oszillieren und wirken als Hertzsche Dipole (Bd. 2), d.h. jedes oszillierende Elektron strahlt Licht der gleichen Frequenz ab. Diese Abstrahlung erfolgt nicht nur in Vorwärtsrichtung, sondern je nach Anordnung der streuenden Teilchen und deren Abmessung in einem weiten Winkelbereich.

Bei der Mieschen Streuung sind die Teilchen groß gegen die Wellenlänge und die von verschiedenen Punkten des Teilchens abgestrahlten Lichtwellen können interferieren. Dabei entstehen charakteristische Abstrahlkeulen, aus denen auf die Struktur und Abmessungen des Teilchens geschlossen werden kann.

Bei der Rayleigh-Streuung sind die Teilchen klein gegen die Wellenlänge und ihre Struktur hat keinen Einfluß auf die Abstrahlcharakteristik. Jedes Teilchen strahlt mit der typischen Charakteristik des Hertzschen Dipols. Die Amplitude der gestreuten Welle hängt jedoch stark von dem Bindungszustand des streuenden Elektrons ab.

Im folgenden soll etwas näher die Thomson-Streuung betrachtet werden, die sich im Prinzip nicht von den beiden vorangehenden Streuungen unterscheidet. Es wird jedoch vorausgesetzt, daß die Frequenz ν_0 des einfallenden Lichts groß ist gegen alle Resonanzfrequenzen der Elektronen. Dann können diese als frei angesehen werden und die speziellen Eigenschaften der Bindung sind ohne Bedeutung. Für diese Streuung entwickelte J.J. Thomson ein sehr einfaches, klassisches Modell.

Unter dem Einfluß der Feldstärke des Lichts

$$\boldsymbol{E} = \boldsymbol{E}_0 \sin \omega_0 t$$

wirkt auf das Elektron eine Kraft

$$\boldsymbol{F} = m_e \ddot{x} = e \boldsymbol{E}_0 \sin \omega_0 t \,.$$

Daraus ergibt sich die periodische Beschleunigung zu:

$$\ddot{x} = \frac{e}{m_e} \boldsymbol{E}_0 \sin \omega_0 t \,. \tag{7.51}$$

Eine beschleunigte Ladung emittiert. Die gesamte abgestrahlte elektromagnetische Leistung beträgt

$$P = \frac{e^2 \ddot{x}^2}{6\pi e_0 c_0^3},$$

P = abgestrahlte Leistung (SI-Einheit W),
$\ddot{x}$ = Beschleunigung (SI-Einheit m/s^2),
$\varepsilon_0 = 8{,}854 \cdot 10^{-12}$ As/Vm.

Wird die Beschleunigung nach Gl. (7.51) eingesetzt, so ergibt sich für die *mittlere* abgestrahlte Leistung pro Elektron

$$\bar{P} = \frac{e^4 \boldsymbol{E}_0^2}{12\pi\varepsilon_0 m_e^2 c_0^3} \,. \tag{7.52}$$

Jedes Elektron, welches vom einfallenden Licht getroffen wird, strahlt im zeitlichen Mittel die Leistung $\bar{P}$ ab. Pro Fläche und durchstrahlte Schichtdicke $\mathrm{d}x$ werden $n_0 \mathrm{d}x$ Elektronen getroffen. Die pro Schichtdicke aus dem Licht herausgestreute Lichtintensität $\mathrm{d}J$ ist somit:

$$\mathrm{d}J = -\bar{P} n_0 \mathrm{d}x$$

Der Vergleich mit Gl. (7.49) liefert damit für den Wirkungsquerschnitt der Thomson-Streuung:

$$\sigma_\mathrm{T} = \frac{-\mathrm{d}J}{\mathrm{d}x} \frac{1}{n_0 J} = \frac{\bar{P}}{J}.$$

Werden für $\bar{P}$ und J die Werte nach Gl. (7.52) und (7.50) eingesetzt, so folgt:

$$\sigma_\mathrm{T} = \frac{8\pi}{3} \left[\frac{e^2}{4\pi\varepsilon_0 m_\mathrm{e} c_0^2}\right]^2. \tag{7.53}$$

Man bezeichnet den Ausdruck in der Klammer als den klassischen Elektronenradius r_e, mit

$$r_\mathrm{e} = \frac{e^2}{4\pi\varepsilon_0 m_\mathrm{e} c_0^2},$$

$$r_\mathrm{e} = 2{,}8 \cdot 10^{-13}\,\mathrm{cm}.$$

Der Elektronenradius r_e trat bereits bei der korrigierten Energiedichte des elektromagnetischen Feldes auf (Gl. (7.29)). Daraus darf jedoch nicht geschlossen werden, daß das Elektron den Radius r_e besitzt; r_e ist als Konstante zu betrachten.

Bei der Streuung von Licht im Thomson-Bereich verhält sich also das Elektron wie ein kleines Scheibchen mit dem Querschnitt σ_T. Jedes Photon, welches auf dieses Scheibchen fällt, wird gestreut. Experimentell ist die reine Thomson-Streuung schwer zu realisieren, da gleichzeitig noch Photoeffekt auftritt, also ein Teil der Licht- bzw. Röntgenintensität verbraucht wird, um gebundene Elektronen freizusetzen.

Mit zunehmender Frequenz der Röntgenstrahlen macht sich der Rückstoß der Photonen bemerkbar und diese klassische Streuung geht über in die Compton-Streuung.

7.7.3 Compton-Streuung

Noch deutlicher als beim lichtelektrischen Effekt tritt der Zwiespalt zwischen Welle und Korpuskel bei einer von A.H. Compton (1923) durchgeführten Untersuchung zutage. Es handelt sich dabei um die Erklärung der von C.G. Barkla (1904) zum erstenmal gemachten Beobachtung, daß die Röntgenstrahlung bei Streuung an Materie eine vom klassischen Standpunkt unverständliche Veränderung erleidet.

Das Experiment ergab, daß die Durchlässigkeit von Filtern für das gestreute Röntgenlicht geringer war als für das primäre. Das könnte durch die Annahme erklärt werden, daß die gestreuten Wellenlängen durch den Streuprozeß größer als die primären geworden seien, da das Durchdringungsvermögen der Röntgenstrahlen im allgemeinen um so kleiner wird, je größer die Wellenlänge ist. Aber gerade die Wellenlängenänderung ist mit der klassischen Auffassung unvereinbar. Zur Zeit von Barklas Versuchen gab es noch keine Möglichkeit, Röntgenwellenlängen zu messen (Laues Entdeckung fällt erst ins Jahr 1912), und daher mußte man sich lange Zeit mit dem obigen zwar formal möglichen, aber physikalisch unverständlichen und jedenfalls nicht exakt bewiesenen Erklärungsversuch begnügen. Erst durch Compton wurde die Sachlage geklärt. Fast gleichzeitig und unabhängig von Compton hat P. Debye dieselbe Theorie entwickelt.

Da die klassische Auffassung eine Wellenlängenänderung nicht verstehen läßt, wird die korpuskulare Auffassung zugrunde gelegt. Für die folgenden Rechnungen wird der Streuprozeß idealisiert. Es wird angenommen, daß die von der Strahlung beeinflußten Elektronen frei sind, d. h. nicht durch Kräfte an Atome gebunden sind. Tatsächlich ist das niemals der Fall, aber die Bindungskräfte sind relativ klein gegenüber der Energie der Röntgenstrahl-Photonen. Ein Photon der Frequenz ν_0, also mit der Energie $h\nu_0$ und dem Impuls $h\nu_0/c_0$, treffe auf ein ruhendes, freies Elektron der Masse m_e, das nach dem Stoß die Geschwindigkeit v habe. Für diesen Stoßvorgang wird Erhaltung von Energie und Impuls verlangt. Es handelt sich also um ein klassisches Problem, der elastische Stoß zweier Teilchen.

Der Stoß kann nicht wie beim lichtelektrischen Effekt ablaufen, indem das Elektron die gesamte Energie des Photons absorbiert und dieses nach dem Stoß nicht mehr existiert. Im Gegensatz zum lichtelektrischen Effekt fehlt hier der dritte Partner (das Kristallgitter), welcher den überschüssigen Impuls aufnehmen kann.

Compton hat daher angenommen, daß die Energie und der Impuls des stoßenden Photons sich aufteilen, indem ein Teil dazu benutzt wird, dem Elektron (sog. *Rückstoßelektron*) eine Geschwindigkeit v in bestimmter Richtung (Winkel φ mit der Stoßrichtung) zu erteilen. Restenergie und Restimpuls bleiben dem Photon, das dann natürlich eine kleinere Frequenz $\nu < \nu_0$ hat und in einer bestimmten Richtung (Winkel ϑ zur Stoßrichtung) abgelenkt („gestreut") wird (Abb. 7.36).

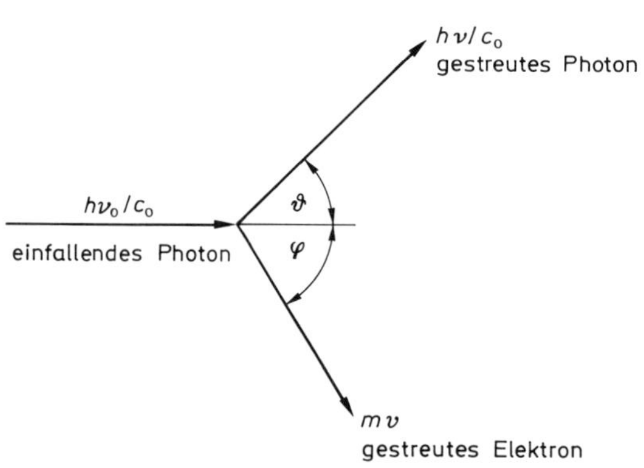

Abb. 7.36 Compton-Streuung. Streuung von Photonen (γ-Quanten) an freien, ruhenden Elektronen. Dargestellt ist das Impulsdiagramm maßstabsgerecht für $h\nu_0 = 5\,\text{keV}$ und $\vartheta = 45°$.

Die Aufstellung der Energiegleichung braucht nicht besonders erläutert zu werden. Die Impulserhaltung muß aber sowohl parallel zur Stoßrichtung als auch senkrecht dazu erfüllt sein. Es ergeben sich also drei Gleichungen:

$$h\nu_0 = h\nu + c_0^2(m - m_e) \quad \text{(Energieerhaltung).} \tag{7.54a}$$

Hierbei ist $m_e c_0^2$ die Ruheenergie und mc_0^2 die gesamte Energie des Elektrons. Die Masse des bewegten Elektrons hängt mit seiner Ruhemasse zusammen über

$$m = m_e \frac{1}{\sqrt{1-\beta^2}}; \quad \beta = \frac{v}{c_0}.$$

In der Klammer der Gl. (7.54a) steht die Differenz von gesamter Energie und Ruheenergie des Elektrons, also seine kinetische Energie, die es bei dem Stoß gewinnt. Einzelheiten zu dieser Formulierung der Energieerhaltung werden in Kap. 10 und 12 diskutiert. Für die Impulserhaltung ergeben sich die beiden Gleichungen:

$$\frac{h\nu_0}{c_0} = \frac{h\nu}{c_0}\cos\vartheta + mv\cos\varphi \tag{7.54b}$$

(Impuls parallel zur Stoßrichtung),

$$0 = \frac{h\nu}{c_0}\sin\vartheta + mv\sin\varphi \tag{7.54c}$$

(Impuls senkrecht zur Stoßrichtung).

In den drei Gln. (7.54) sind vier Unbekannte (ν, ϑ, φ, v) enthalten, von denen also drei als Funktion der vierten bestimmt werden können. Es sollen ν, φ, v als Funktion von ϑ ermittelt werden. Quadrieren und Addieren der beiden Gln. (7.54b) und (7.54c) liefert

$$\left(\frac{h\nu_0}{c_0} - \frac{h\nu}{c_0}\cos\vartheta\right)^2 + \frac{h^2\nu^2}{c_0^2}\sin^2\vartheta = m^2 v^2$$

und nach einigen Umrechnungen

$$\left(\frac{h\nu_0}{c_0} - \frac{h\nu}{c_0}\right)^2 + \frac{2h^2\nu_0\nu}{c_0^2}(1-\cos\vartheta) = m^2 c_0^2 \beta^2 . \tag{7.55}$$

Aus dieser Gleichung soll β eliminiert werden. Man beachte, daß sich die rechte Seite von Gl. (7.55) auch mit Hilfe der Gl. (7.54a) herstellen läßt:

$$m^2 c_0^2 \beta^2 = \frac{h^2(\nu_0 - \nu)^2}{c_0^2} + 2hm_e(\nu_0 - \nu) . \tag{7.56}$$

Die Kombination mit Gl. (7.55) ergibt dann sofort für die Frequenzänderung $\nu_0 - \nu = \Delta\nu$ die Gleichung:

$$\Delta\nu = \frac{h}{m_e c_0^2}\nu_0\nu(1-\cos\vartheta) = \frac{2h\nu_0\nu}{m_e c_0^2}\sin^2\frac{\vartheta}{2}, \tag{7.57}$$

woraus für ν selbst folgt:

$$\nu = \frac{\nu_0}{1 + \frac{2h\nu_0}{m_e c_0^2}\sin^2\frac{\vartheta}{2}} \tag{7.58}$$

und für die relative Frequenzänderung

$$\frac{\Delta\nu}{\nu_0} = \frac{1}{1 + \frac{m_e c_0^2}{2h\nu_0}\sin^2\frac{\vartheta}{2}}\,. \tag{7.59}$$

Die relative Frequenzänderung als Funktion des Streuwinkels ϑ ist in Abb. 7.37 dargestellt. Parameter ist das Verhältnis von Photonenenergie zur Elektronenruheenergie. Je energiereicher das Photon ist, um so größer ist die relative Frequenzänderung, die jeweils für Rückwärtsstreuung ($\vartheta = \pi$) einen Maximalwert annimmt. Bei sehr kleinen Photoenergien verschwindet die Frequenzänderung, die Streuung ist eine elastische und die Compton-Streuung geht über in die Thomson-Streuung. Für die Wellenlängenänderung $\Delta\lambda$, die der Frequenzänderung $\Delta\nu$ entspricht, folgt

$$\Delta\lambda = \frac{2h}{m_e c_0}\sin^2\frac{\vartheta}{2}\,. \tag{7.60}$$

Diese Gleichung drückt die Wellenlängenänderung als Funktion des Streuwinkels des Photons aus; sie ist bemerkenswerterweise unabhängig von der primären Frequenz oder Wellenlänge. Der Proportionalitätsfaktor $2h/m_e c_0$ in Gl. (7.60) ist also universell und hat mit $h = 6{,}625 \cdot 10^{-34}\,\mathrm{Ws}^2$ und $m_e = 0{,}91 \cdot 10^{-27}\,\mathrm{g}$ den Wert

$$\frac{2h}{m_e c_0} = 4{,}853\,\mathrm{pm}\,.$$

Damit geht Gl. (7.60) über in

$$\Delta\lambda = 4{,}853\sin^2\frac{\vartheta}{2}\;\mathrm{pm}\,. \tag{7.60a}$$

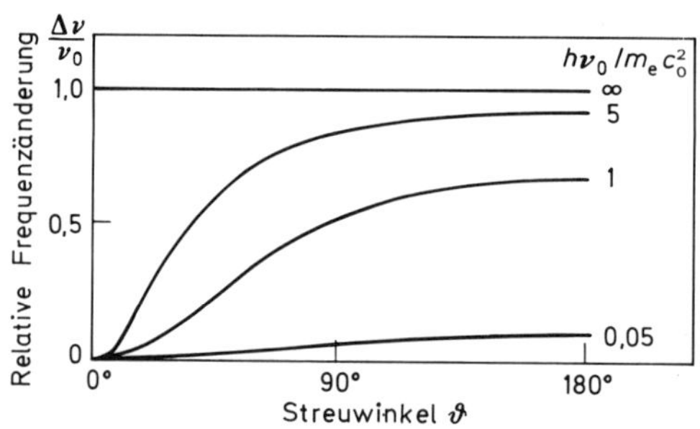

Abb. 7.37 Relative Frequenzänderung der gestreuten Photonen als Funktion des Streuwinkels ϑ. Parameter ist das Verhältnis von Photonenenergie $h\nu_0$ zu Elektronenruheenergie $m_e c_0^2$.

Die Wellenlängenänderung verschwindet für $\vartheta = 0$ und ist am größten für $\vartheta = \pi$ ($\Delta\lambda = 4{,}853$ pm). Der spezielle Wert für $\vartheta = \pi/2$ wird als *Compton-Wellenlänge des Elektrons* $\lambda_{C,e}$ bezeichnet und beträgt $\lambda_{C,e} = 2{,}42631$ pm.

Aus der Energiegleichung (7.54a) gewinnt man die kinetische Energie des Rückstoßelektrons zunächst als Funktion von $\nu_0 - \nu$ und in Verbindung mit Gl. (7.57) und (7.58) als Funktion von ϑ:

$$E_{kin} = h\nu_0 \frac{\frac{2h\nu_0}{m_e c_0^2}\sin^2\frac{\vartheta}{2}}{1 + \frac{2h\nu_0}{m_e c_0^2}\sin^2\frac{\vartheta}{2}}. \tag{7.61}$$

Daraus ergibt sich schließlich die Geschwindigkeit v des Rückstoßelektrons als Funktion von ϑ.

Es bleibt noch der Zusammenhang zwischen φ und ϑ festzustellen. Aus Gl. (7.54a) und (7.54c) folgt nach Umordnung und Division:

$$\tan\varphi = \frac{\sin\vartheta}{\frac{\nu_0}{\nu} - \cos\vartheta}.$$

Den Wert von ν_0/ν entnimmt man aus Gl. (7.58) und erhält schließlich

$$\tan\varphi = \frac{1}{1 + \frac{h\nu_0}{m_e c_0^2}} \cdot \frac{1}{\tan\frac{\vartheta}{2}}. \tag{7.62}$$

Die Gl. (7.58) bis (7.62) enthalten die Lösung des Problems unter der Voraussetzung freier Elektronen.

Eine wichtige Folgerung ergibt sich sofort aus Gl. (7.62). Nach den Bedingungen des Problems kann ϑ zwischen 0 und π variieren. Wenn ϑ von 0 an bis π wächst, so nimmt φ von $\pi/2$ bis 0 ab. Der Impuls des Rückstoßelektrons bildet also mit der Stoßrichtung stets einen spitzen Winkel, das heißt, das Elektron wird stets nach vorn geschleudert. Im Grenzfall $\varphi = \pi/2$, also $\vartheta = 0$ wird nach Gl. (7.54c) $v = 0$.

Das idealisierte Modell der Streuung hat also folgende Konsequenzen *(Compton-Effekt):* Das gestreute Photon hat eine Frequenzänderung erlitten; die Frequenzänderung $\Delta\nu$ ist um so größer, je größer ν_0 ist, fällt also um so mehr ins Gewicht, je größer die eingestrahlte Frequenz ist. Die Wellenlängenänderung ist unabhängig von der eingestrahlten Wellenlänge wie auch vom Material des Streukörpers, dagegen proportional $\sin^2\vartheta/2$; Geschwindigkeit und Streuwinkel des Elektrons sind abhängig vom Streuwinkel des Photons.

Die bisherigen Rechnungen, die Impuls- und Energiesatz verwenden, machen keine Aussagen über die Wahrscheinlichkeit der Compton-Streuung. Wieviel Photonen werden gestreut, wenn Röntgenlicht bestimmter Intensität auf Elektronen fällt? Wie groß ist der Wirkungsquerschnitt σ_c der Compton-Streuung? Diese Frage kann wieder nur die Quantenelektrodynamik beantworten. Klein und Nishina berechneten den Wirkungsquerschnitt für Compton-Streuung in Näherung zu:

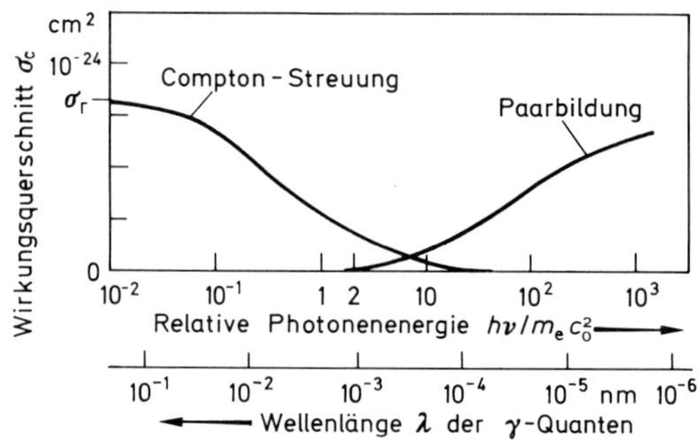

Abb. 7.38 Wirkungsquerschnitt σ_c der Comptonstreuung als Funktion der relativen Photonenenergie. Zusätzlich ist der Wirkungsquerschnitt für Paar-Erzeugung skizziert, σ_T Wirkungsquerschnitt der Thomson-Streuung.

$$\sigma_c = \frac{\sigma_T}{1 + \dfrac{2h\nu_0}{m_e c_0^2}} = \frac{\sigma_T}{1 + \dfrac{2\lambda_{C,e}}{\lambda_0}}, \tag{7.63}$$

wobei σ_T der Wirkungsquerschnitt für Thomson-Streuung nach Gl. (7.53) ist. Man beachte, daß σ_c der totale Wirkungsquerschnitt ist. Die Gl. (7.63) zeigt, daß bei kleiner Photonenenergie der Wirkungsquerschnitt für Compton-Streuung in den für Thomson-Streuung übergeht, und daß für sehr hohe Photonenenergien der Wirkungsquerschnitt gegen null geht (Abb. 7.38). Wird die Photonenenergie größer als $2m_e c_0^2$ (≈ 1020 keV), so setzt **Paarbildung** ein, d. h. bei Streuung sehr energiereicher Quanten an Atomkernen erzeugt das γ-Quant ein **Elektron-Positron-Paar,** wozu mindestens deren gesamte Ruheenergie $2m_e c_0^2$ aufgebracht werden muß.

Wie jeder Elementarprozeß ist die Compton-Streuung auch umkehrbar. Ein γ-Quant wird an einem schnellen Elektron gestreut. Dieses verliert Energie und die Frequenz des γ-Quants wird zu höheren Frequenzen verschoben. Man bezeichnet diese Streuung als *inversen Compton-Effekt.*

Experimentelle Prüfung des Compton-Effekts. Wenn man wissen will, ob das Comptonsche Modell auf die Streuung von Röntgenstrahlen anwendbar ist, so müssen die oben aufgeführten Behauptungen geprüft werden. Eine geeignete Apparatur ist in Abb. 7.39 nach Compton schematisch skizziert. Von der primären Röntgenstrahlung, die von der Antikathode A einer Röntgenröhre R ausgeht, wird durch Blenden B_1 ein schmales Parallelstrahlbündel bestimmter Richtung ausgeblendet, das auf den kleinen Streukörper K auffällt, von dem die Streustrahlung ausgeht. Auch von dieser ist durch Blenden B_2 ein Strahl definierter Richtung festgelegt. Die gestreute Strahlung durchläuft dann ein Braggsches Röntgenspektrometer Sp, das zur Messung der Wellenlänge dient, und tritt in ein Ionisationsgefäß zur Intensitätsmessung ein. Durch Beseitigung des Streukörpers und geeignete Schwenkung der Röhre kann man bequem auch die primäre Strahlung nach Wellenlänge und Intensität messen. Die von der Antikathode ausgehende Strahlung besitzt außer dem kontinuierlichen

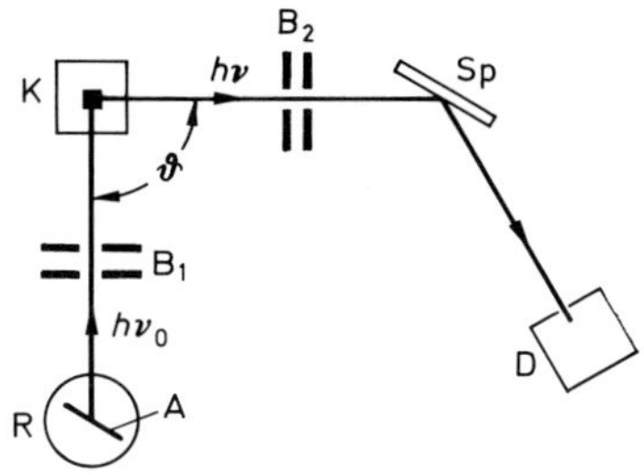

Abb. 7.39 Schema einer Compton-Apparatur für 90°-Streuung. R: Röntgenröhre, A: Antikathode, B_1, B_2: Blenden, K: Streukörper, Sp: Bragg-Spektrometer, D: Detektor.

Bremsspektrum auch für das Material charakteristische „Fluoreszenzlinien". Bei Molybdän, das zu den ersten Versuchen benutzt wurde, ist in der Primärstrahlung die Wellenlänge $\lambda_0 = 70{,}8$ pm mit großer Intensität vorhanden. Für Streuung dieser Strahlung an Graphit fand Compton für $\vartheta = \pi/2$ die Wellenlänge $\lambda = 73{,}0$ pm der gestreuten Linie. Die Vergrößerung um $\Delta\lambda = 2{,}2$ pm bestätigt gut den theoretischen Wert 2,42 pm. Die Unabhängigkeit der Wellenlängendifferenz von der Primärwellenlänge (Variation des Antikathodenmaterials) und vom Streukörper ist aus der folgenden Tabelle ersichtlich.

Es bleibt noch zu zeigen, daß die Wellenlängenänderung proportional zu $\sin^2(\vartheta/2)$ ist. Der untere Teil der Tab. 7.10 zeigt einige derartige Messungen. Die in der letzten Spalte angegebenen Wellenlängenverschiebungen $\Delta\lambda$ stimmen tatsächlich sehr gut mit den theoretischen Werten nach Gl. (7.60a) überein. Genauer zeigt Abb. 7.40 solche Messungen. In den vier Bildern sind als Ordinaten die Intensitäten

Tab. 7.10 Compton-Streuung an verschiedenen Substanzen.

Streukörper	Antikathode	Wellenlänge λ in pm	Streuwinkel ϑ	Wellenlängenverschiebung $\Delta\lambda$ in pm
C	Mo	70,8	90°	2,42
Al	Mo			2,44
S	Mo			2,40
Cu	Mo			2,44
Ag	Mo			2,38
C	W	20,3	90°	2,40
C	Ag	50,0		2,23
C	Au	110,0		2,40
C	Zn	143,6		2,38
C	Cu	154,1		2,40
C	Mo	70,8	30°	0,3
C	Mo		60°	1,2
C	Mo		90°	2,36

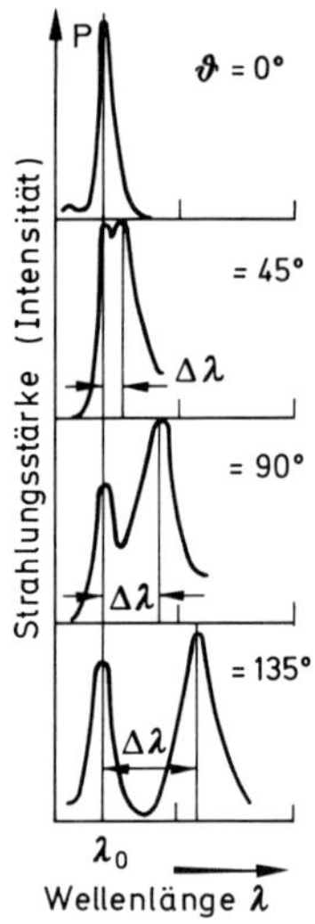

Abb. 7.40 Compton-Effekt an Graphit. $\lambda_0 = 70{,}8\,\text{pm}$, P: Primärlinie.

der gestreuten Strahlung, als Abszissen die Winkelablesungen des Spektrometers aufgetragen. Man erkennt zunächst, daß auf jedem Teilbild die unverschobene Linie $\lambda_0 = 70{,}8\,\text{pm}$ auftritt. Wie dies zu erklären ist, wird gleich erörtert. Vorläufig ist es bequem, daß auf jeder Aufnahme die Verschiebungen direkt zu sehen sind und ausgemessen werden können. Im ersten Teilbild ($\vartheta = 0$) ist nur die unverschobene Linie zu sehen, wie es sein soll. Auf den folgenden Teilbildern hebt sich davon deutlich getrennt die jeweilige größere Wellenlänge ab. Der Abstand der beiden Maxima ist durch vertikale Geraden markiert, deren Abstände berechnet sind, und die Tatsache, daß sie exakt durch die Kurvenmaxima hindurchgehen, beweist die Richtigkeit der theoretischen Voraussage.

Das Auftreten der unverschobenen Linie kann am einfachsten so verstanden werden, daß einzelne Photonen am ganzen Atom gestreut werden. Da dieses eine viel größere Masse als das Elektron hat, ist nach Gl. (7.60) wegen des Auftretens der Masse im Nenner verständlich, daß dann praktisch keine meßbare Verschiebung auftreten kann.

Wegen der Unabhängigkeit der Wellenlängenverschiebung von der Primärwellenlänge könnte man auf die Vermutung kommen, daß ein Compton-Effekt auch im sichtbaren Spektralgebiet zu erwarten wäre. Aber das ist nicht der Fall, und der Grund dafür ist auch klar: Zu je längeren Wellenlängen man übergeht, desto kleiner wird die Energie des primären Photons und um so mehr muß es ins Gewicht fallen, daß die Elektronen des Streumaterials nicht vollkommen frei sind, sondern doch gebunden. In Übereinstimmung damit findet man schon bei längeren Röntgenwellenlängen keine verschobene Linie mehr, um so weniger ist dann ein Effekt im Sichtbaren zu erwarten.

Umgekehrt wird man bei den sehr kleinen Wellenlängen der γ-Strahlen der radioaktiven Substanzen leicht den Compton-Effekt beobachten können. Da dann ν_0

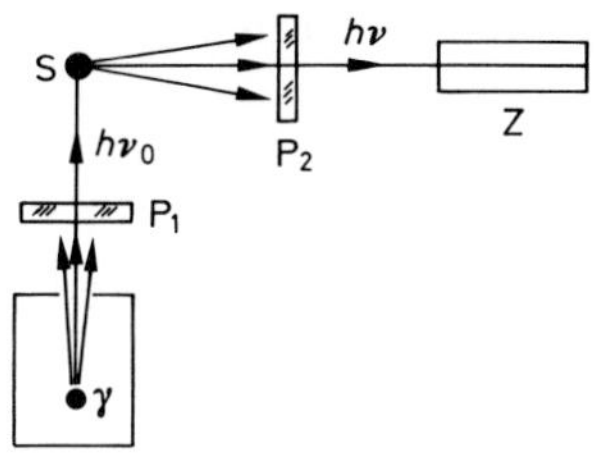

Abb. 7.41 Schema des Barklaschen Streuversuchs. γ: γ-Strahlungsquelle, S: Streukörper, Z: Zählrohr, P_1, P_2: alternative Positionen einer Plexiglasplatte.

entsprechend größer ist, wird die idealisierende Annahme der Theorie praktisch immer gerechtfertigt sein. Gut geeignet zu Versuchen über den Compton-Effekt ist z. B. die fast monochromatische Strahlung des radioaktiven Cobalt-Isotops mit der relativen Atommasse 60, das eine mittlere Wellenlänge $\lambda_0 = 1$ pm als radioaktive γ-Strahlung aussendet (in Wirklichkeit sind es zwei dicht benachbarte Linien). Streut man diese Strahlung unter 90° an einem Streukörper, so ist natürlich wieder $\Delta\lambda = 2{,}42$ pm, so daß die Streustrahlung nunmehr die Wellenlänge $\lambda = 1 + 2{,}42 = 3{,}42$ pm besitzt. Hier ist die Verschiebung sogar größer als die Wellenlänge selbst, und es leuchtet ein, daß man mit Cobalt-60 den Barklayschen Versuch leicht durchführen kann. Das Cobaltpräparat muß dabei so verkapselt sein, daß zwar die γ-Strahlung austritt, nicht aber die ebenfalls von ihm emittierte Elektronenstrahlung. Die grundsätzliche Versuchsanordnung zeigt Abb. 7.41. Das gekapselte Präparat befindet sich am Boden eines Gefäßes mit dicken Bleiwänden, so daß γ-Strahlung nur nach oben austritt. Diese fällt auf den Streukörper (z. B. Blei), und mittels Zählrohr oder Ionisationskammer kann die Intensität der Streustrahlung gemessen werden. Der eigentliche Versuch besteht in folgendem: Man stellt zunächst die Intensität der Strahlung fest für den Fall, daß sich nichts weiter im Strahlengang befindet. Dann schiebt man eine 1 mm dicke Plexiglasscheibe in den primären Strahlengang ein und stellt fest, daß keine Intensitätsänderung erfolgt. Die primäre Strahlung wird also nicht meßbar vom Plexiglas absorbiert. Bringt man nunmehr die Plexiglasscheibe in den sekundären Strahlengang, so zeigt das Meßinstrument eine Abnahme der Intensität um etwa die Hälfte an; die Streustrahlung mit der Wellenlänge $\lambda = 3{,}42$ pm wird also zu 50% absorbiert.

Der Versuch zeigt die der gewöhnlichen Optik fremde Erscheinung, daß es auf die Reihenfolge der von der Strahlung durchsetzten Stoffe ankommt. Denken wir uns den Fall, daß die Plexiglasplatte im Primärstrahlengang ist, so wird die volle Intensität angezeigt. Vertauscht man jetzt Strahlungsquelle und Meßinstrument, so erhält man nur noch die halbe Intensität. Das Reziprozitätsgesetz, nach dem die Strahlrichtung immer umkehrbar sei, gilt nicht mehr – eben als Folge der Änderung der Wellenlänge, die in der „normalen“ Optik nicht auftritt.

Die Rückstoßelektronen. Die Deutung, die Einstein dem lichtelektrischen Effekt und Compton und Debye dem Compton-Effekt gegeben haben, beruht auf der Voraussetzung, daß die beiden Erhaltungssätze der Energie und des Impulses für den Elementarprozeß streng gültig sind. Daraus, daß diese Sätze in der nichtatomaren „Makrophysik“ ausnahmslos gelten, kann man nicht unbedingt folgern, daß sie dies auch im atomaren Bereich tun. Es wäre an sich denkbar, daß ihre Gültigkeit in der Makrophysik nur etwa in der Weise zustande käme wie bei statistischen Gesetzen. Auch deren Angaben sind gesetzmäßig, aber der Einzelfall braucht sich ihnen nicht zu fügen. Wegen der großen Zahl der Einzelfälle heben sich im Mittel die Unregelmäßigkeiten heraus. Ein solches statistisches Gesetz ist z. B. der zweite Hauptsatz der Thermodynamik, der Satz von der Zunahme der Entropie. Diese Entropiezunahme findet ausnahmslos im Makroprozeß statt, aber nicht im Elementarprozeß. Die Vermutung einer Nichtgültigkeit der Erhaltungssätze für den Elementarprozeß wurde 1924 von Bohr, Kramers und Slater ausgesprochen, um den Schwierigkeiten der gleichzeitigen Gültigkeit von Korpuskular- und Wellentheorie zu entgehen. Eine Entscheidung konnte nur der Versuch bringen, und ein solcher wurde von W. Bothe und H. Geiger 1924/25 ausgeführt. Die Idee dieses Versuches soll an Hand der prinzipiellen Versuchsanordnung erläutert werden (Abb. 7.42).

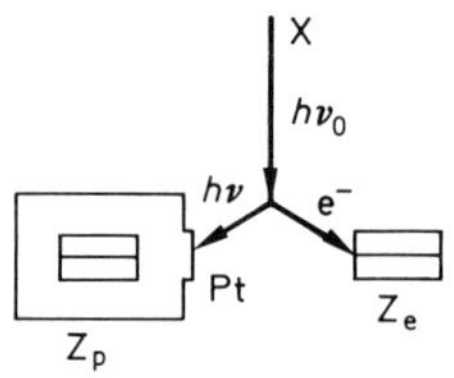

Abb. 7.42 Schema des Versuchs von Bothe und Geiger. Z_p: Photonenzähler, Z_e: Elektronenzähler, Pt: Platinfolie.

Nach der Theorie von Compton und Debye soll das Auftreten des Rückstoßelektrons zur gleichen Zeit erfolgen wie die Aussendung des gestreuten Photons $h\nu$. Dagegen sollte nach der Auffassung, die Bohr, Kramers und Slater vorschlugen, die Streuung eines Photons und die Emission eines Elektrons voneinander völlig unabhängig sein. Erst im Zeitmittel über sehr viele Einzelprozesse sollte nach dieser Auffassung Streuung und Elektronenemission als zusammengehörig erscheinen. Eine Entscheidung kann offenbar nur durch eine Methode erfolgen, die die Einzelprozesse, sowohl die Streuung eines Photons als auch die Emission eines Elektrons, gesondert erfaßt. Abb. 7.42 zeigt zwei einander zugekehrte Geiger-Spitzenzähler in kleinem Abstand voneinander. Der linke ist in einem mit Luft gefüllten geschlossenen Gefäß enthalten, dessen rechte Seitenwand durch eine dünne Platinfolie (0,02 mm) gebildet ist, die kein Elektron hindurchtreten läßt. Der rechte Geiger-Zähler ist offen. Beide Zähler befinden sich in einer Wasserstoffatmosphäre, so daß das Innere des rechten Zählers ebenfalls mit Wasserstoff gefüllt ist. Der Zwischenraum zwischen beiden Zählern wird von oben nach unten mit einer besonders intensiven primären Röntgenwelle durchstrahlt. Zwei Fälle können auftreten: Geht ein Rückstoßelektron nach rechts, so tritt nach Abb. 7.36 das zugehörige Photon nach links. Dieser Fall ist in der Abb. 7.42 dargestellt, und dementsprechend ist der linke Zähler als Photonenzähler, der rechte als Elektronenzähler bezeichnet. In diesem Fall geschieht folgendes: Das Photon geht nach links und löst in der Platinfolie durch lichelektrischen Effekt ein Elektron aus, das zum Unterschied vom Rückstoßelektron als Photoelektron bezeichnet wird. Dieses bringt den linken Geigerzähler zum Ansprechen, und das mit ihm verbundene Elektrometer reagiert durch einen plötzlichen Ausschlag. Auf der anderen Seite tritt dann ein Rückstoßelektron in den Zähler, der direkt darauf anspricht. Es kann aber auch der umgekehrte Fall eintreten, daß das Elektron nach links, das Photon nach rechts geht. In diesem Fall passiert aber nichts, die beiden Geigerzähler reagieren nicht. Denn das Elektron links wird durch die Platinfolie des linken Zählers nicht durchgelassen, ebensowenig passiert auf der rechten Seite, da das Photon von Wasserstoff praktisch nicht absorbiert wird, also keine Ionisationsprozesse im Zählrohr einleiten kann. Haben Compton und Debye recht, so müssen im ersten Fall beide Elektrometerausschläge gleichzeitig erfolgen. Nach der Auffassung von Bohr und Mitarbeitern würde aber kein zeitlicher Zusammenhang erkennbar sein.

Der tatsächliche Versuch verläuft nicht ganz so einfach, wie es hier geschildert wurde. Zunächst erzeugt nicht jedes Streuphoton im linken Zähler ein Photoelektron, denn die Quantenausbeute des lichtelektrischen Effekts ist im allgemeinen sehr gering. Man kann also nicht erwarten, daß jedem Elektrometerausschlag des Elektronenzählers auch ein Ausschlag des Photonenzählers entspricht. Umgekehrt sollte aber jedem Ansprechen des Photonenzählers auch ein solches des Elektronenzählers entsprechen. Man muß also sehr langdauernde Beobachtungsreihen machen und dann feststellen, ob überhaupt und wieviele Koinzidenzen aufgetreten sind. Eine Berechnung auf Grund der Wahrscheinlichkeitstheorie muß dann zeigen, ob die Zahl der Koinzidenzen derjenigen entspricht, die man rein nach den Gesetzen des Zufalls zu erwarten hätte, oder ob sie erheblich größer ist. In diesem letzteren Fall kann man die Compton-Debyesche Theorie als erwiesen ansehen. Bei der Ausführung der Versuche wurden die Ausschläge der beiden Elektrometer auf einem schnell bewegten photographischen Film registriert. Bei einer Beobachtungsreihe von 5 Stunden wurden dabei 66 Koinzidenzen beobachtet, und die Berechnung ergab, daß mit einer Wahrscheinlichkeit von 400 000 : 1 behauptet werden konnte, daß diese Koinzidenzen nicht zufällig waren.

Eine Koinzidenz wurde bei den Versuchen von Bothe und Geiger dann als vorliegend betrachtet, wenn die Zeitdifferenz zwischen den beiden Prozessen kleiner als 1 ms war, das entsprach der Leistungsfähigkeit der Apparatur. Die Versuche sind 1949 von R. Hofstadter und J. A. McIntyre und 1952 von R. E. Bell mit dem gleichen Ergebnis wiederholt worden, obwohl eine Koinzidenz nur dann als reell betrachtet wurde, wenn sie innerhalb eines Zeitintervalls von etwa 10^{-10} s vor sich ging.

In sehr sorgfältigen Experimenten haben bereits 1923/25 Bothe, Wilson, Compton und Simon die Rückstoßelektronen und die Gültigkeit der Gl. (7.62) nachgewiesen.

Die Erhaltungssätze von Energie und Impuls und damit die Grundlage der Theorie des Compton-Effekts sind also auch für den Elementarprozeß streng gültig.

7.7.4 Raman- und Brillouin-Streuung

Neben der Emissions- und Absorptionsspektroskopie kann die *Raman-Streuung* erfolgreich bei der Strukturuntersuchung von Gasen, Flüssigkeiten und Kristallen eingesetzt werden [16]. Durch die Möglichkeit, die hohen Strahlstärken des Lasers für die Raman-Streuung zu verwenden, hat diese in letzter Zeit wieder erheblich an Bedeutung gewonnen. Daher soll etwas ausführlicher hierauf eingegangen werden.

Der Raman-Effekt wurde von A. Smekal vermutet und 1928 von C.V. Raman, nach dem die Erscheinung genannt wird, und fast gleichzeitig von G. Landsberg und L. Mandelstam gefunden. Auch bei der Erklärung des Raman-Effekts kommt man mit den bisherigen Annahmen der Korpuskulartheorie aus, d.h. mit den Erhaltungssätzen, solange man nicht nach dem Wirkungsquerschnitt der Streuung fragt.

Bei diesem Streuprozeß tritt wie beim Compton-Effekt eine Änderung der Frequenz ein. Es handelt sich also auch hier um eine unelastische Streuung. Die Energie des eingestrahlten Photons wird jedoch nicht in kinetische Energie eines Elektrons, sondern teilweise in Schwingungsenergie eines Moleküls umgewandelt.

Experimentelle Ergebnisse. Den prinzipiellen Versuchsaufbau zeigt Abb. 7.43. Als Lichtquelle wird eine Quarz-Quecksilberlampe, eine Heliumlampe oder auch ein Laser verwendet. Die Lichtquelle wird in dem durchsichtigen Streukörper abgebildet, der fest, flüssig oder gasförmig sein kann.

Die im Streukörper erzeugte sekundäre Strahlung wird auf dem Kollimatorspalt eines Spektrographen abgebildet. Auf der photographischen Platte des Spektrographen entsteht das Spektrum des Streulichts. Der Quecksilber-Lichtbogen emittiert eine große Zahl starker und hinreichend monochromatischer Linien, die zu den Versuchen geeignet sind, z.B. die Linien 435,83 nm und 404,68 nm; andere, schwächere Linien können durch geeignete Filter beseitigt werden. In Abb. 7.43 wird senkrecht zur Einstrahlungsrichtung beobachtet, doch ist dies keineswegs notwendig, aber meist zweckmäßig. Zur Ausmessung der Frequenzen des Streulichtspektrums eicht man die photographische Platte bzw. die Verschiebung der Photozelle in Frequenzen, indem man noch eine direkte Aufnahme des Quecksilberspektrums selbst oder eines anderen Vergleichsspektrums macht, dessen Frequenzen genau bekannt sind.

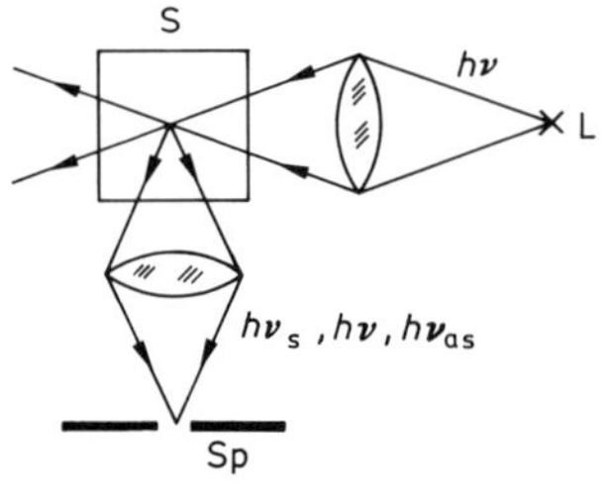

Abb. 7.43 Schema einer Raman-Apparatur. L: Lichtquelle, S: Streukörper, Sp: Spektrographen-Spalt.

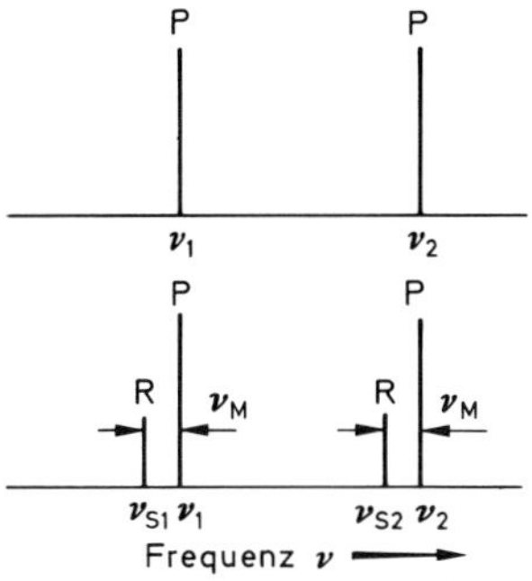

Abb. 7.44 Schematisches Raman-Spektrum; a) Spektrum der Lichtquelle ohne Streuung, b) Raman-Spektrum. P: Primärlinien, R: Raman-Linien.

Die Eigenart des Raman-Spektrums soll an einem vereinfachten Beispiel erläutert werden. Es wird angenommen, daß die Strahlung der Lichtquelle nur zwei monochromatische Linien mit den Frequenzen ν_1 und ν_2 enthält. Sie sind schematisch in Abb. 7.44 durch lange Linien über der Frequenzskala aufgetragen. Diese Linien finden sich mit unveränderter Frequenz auch im Spektrum der Streustrahlung wieder, was in der unteren Hälfte der Abb. 7.44 auf die gleiche Weise angedeutet ist. In beiden Teilen der Abbildung sind diese Primär- und Sekundärlinien mit P bezeichnet. Die aus diesen Linien bestehende Streu-Strahlung ist die Rayleigh-Streuung. Dieses klassisch zu deutende Phänomen soll hier nicht weiter interessieren. In der unteren Hälfte der Abb. 7.44 ist zu erkennen, daß auf der Seite der kleineren Frequenzen jede P-Linie von einer neuen Linie begleitet wird, die mit R bezeichnet ist und die in der Primärstrahlung nicht vorhanden ist. Diese Linien verdanken ihre Entstehung dem Raman-Streuprozeß; sie werden *Raman-Linien* genannt. Die Ausmessung der Spektrogramme zeigt, daß die Raman-Linien eines Streukörpers gegenüber der jeweils zugehörigen P-Linie die gleiche Differenzfrequenz besitzen. Diese Differenzfrequenz $\nu_M = \nu_1 - \nu_{s1} = \nu_2 - \nu_{s2}$ ist unabhängig von der Primärfrequenz. Eine zweite Tatsache, die von Raman sofort erkannt wurde, ist die Identität der Frequenzdifferenzen ν_M mit den ultraroten Eigenschwingungen des Streukörpers. (In Abb. 7.44 ist nur eine solche Eigenfrequenz angenommen worden.) In dieser Tatsache liegt die große praktische Bedeutung des Raman-Effekts; denn die ultraroten Eigenfrequenzen sind lediglich durch die Struktur des betreffenden Moleküls und die in ihm wirksamen Kräfte bestimmt, die also durch Anwendung des Raman-Effekts untersucht werden können, und zwar mit Messungen im sichtbaren Gebiet und im nahen Ultraviolett. Bei größeren Frequenzen der erregenden Linien stört bald der Compton-Effekt (von experimentellen Schwierigkeiten abgesehen), bei kleineren Frequenzen nahe den Eigenfrequenzen ist die Wechselwirkung der Strahlung mit den Molekülen nicht mehr durch eine einfache Theorie des Streuvorgangs erfaßbar.

Nun hat man freilich auch andere Methoden, die ultraroten Eigenfrequenzen eines Materials zu bestimmen, nämlich durch Untersuchung seiner Absorption und Dispersion in diesem Spektralgebiet. Eine genaue Prüfung hat zu dem Ergebnis geführt, daß im allgemeinen weder Raman-Effekt noch ultrarotes Spektrum für sich allein sämtliche Eigenfrequenzen liefern können. Manche Eigenfrequenzen, die im Raman-Effekt beobachtet werden, fehlen im Ultrarot und umgekehrt, so daß beide Methoden sich ergänzen. Welche Eigenfrequenzen als Linien im Ultrarot- oder im Raman-Spektrum oder in beiden gemeinsam auftreten, hängt eng mit der strukturellen Symmetrie der streuenden Moleküle zusammen. Dies liefert eine vielbenutzte Methode, Molekülsymmetrien spektroskopisch zu bestimmen. Mehr hierüber im Band 4.

Abb. 7.44 ist schematisiert und stark vereinfacht. Zur Ergänzung zeigt Abb. 7.45a das wirkliche Raman-Spektrum von $SiCl_4$. (Ganz analog verhalten sich die übrigen Tetrachloride und Tetrabromide.) Dabei tritt nicht nur eine Raman-Linie auf, sondern es werden vier Linien beobachtet, entsprechend der Tatsache, daß Tetrachlorid-Moleküle vier verschiedene Eigenfrequenzen besitzen. Ferner zeigt Abb. 7.45a, daß die gleichen Raman-Linien auf der kurzwelligen Seite der Primärlinie auftreten, al-

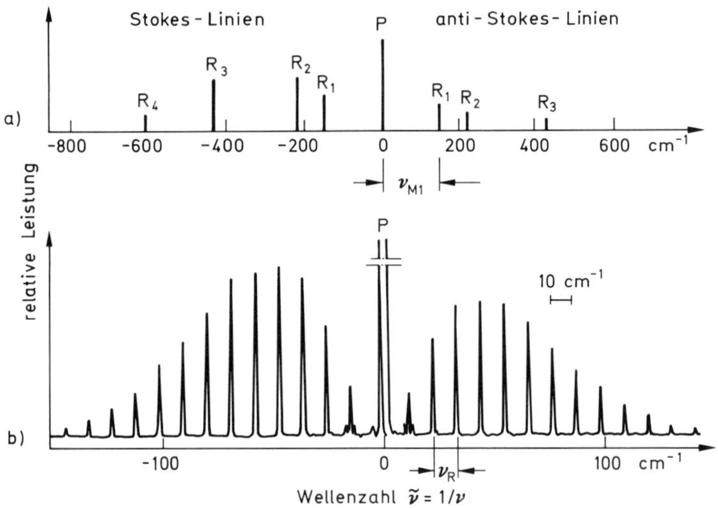

Abb. 7.45 a) Raman-Spektrum von $SiCl_4$. Die Höhe der Linien deutet die Leistung an. Die Zahlen an der Abszisse messen die Entfernung von der Hg-Primärlinie in cm^{-1}; b) Rotations-Raman-Spektrum von Sauerstoff (O_2), aufgenommen mit einem Argon-Laser von $\lambda = 514{,}5\,nm$ und 1,4 W Leistung als Primär-Lichtquelle. Die Wellenzahlen zählen von der Argon-Laser-Primär-Linie P [16].

Tab. 7.11: Raman-Spektrum von $SiCl_4$, Primärlinie $\lambda_p = 404{,}6\,nm$, Wellenzahl der Primärlinie $\tilde{\nu}_p = 24\,708\,cm^{-1}$, $\tilde{\nu}_M$: Wellenzahl der Moleküleigenschwingung.

Stokes-Frequenzen		Anti-Stokes-Frequenzen	
$\tilde{\nu}_s$ in cm^{-1}	$\tilde{\nu}_M$ in cm^{-1}	$\tilde{\nu}_{AS}$ in cm^{-1}	$\tilde{\nu}_M$ in cm^{-1}
24588	150	24858	150
24493	215	24928	220
24284	424	25132	424
24304	604	—	—

lerdings mit geringerer Intensität, eine der Linien fehlt sogar auf dieser Seite des Spektrums. Die Ausmessung des Spektrums liefert im einzelnen die in der Tab. 7.11 zusammengestellten Werte, wobei statt der Frequenzen die Wellenzahlen $\tilde{\nu} = 1/\lambda$ angegeben sind.

Voraussetzung für die Aufnahme eines Raman-Spektrums ist eine genügend schmalbandige Primärlichtquelle, damit die oft nur um kleine Frequenzen gegen die Primärfrequenz verschobenen Raman-Linien nicht in der Primärlinie verschwinden. Wird die Bandbreite normaler Lichtquellen derartig eingeengt, so geht das stets auf Kosten der Strahlleistung. Für die Aufnahme eines Raman-Spektrums sind daher oft Stunden erforderlich. Nach der Erfindung des Lasers, der eine intensive, kohärente und monochromatische Lichtquelle darstellt (Abschn. 7.9), waren diese Schwierigkeiten behoben. Abb. 7.45b zeigt das Raman-Spektrum von Sauerstoff, aufgenommen mit der 514,5-nm-Linie eines Argon-Lasers von 1,4 W Ausgangsleistung. In diesem Fall handelt es sich um das Rotationsspektrum von Sauerstoff (O_2), d.h. die auftretenden Raman-Frequenzen ν_R entsprechen den Rotationsfrequenzen des O_2-Moleküls um eine Achse, die senkrecht auf der Verbindungsachse der beiden Sauerstoffatome steht.

Die Frequenzdifferenzen ν_M stimmen tatsächlich innerhalb der Meßgenauigkeit mit solchen aus Absorptions- und Dispersionsmessungen bestimmten überein. Die Frequenzen auf der längerwelligen Seite der Primär-Linien werden als *Stokes-Frequenzen,* die auf der anderen Seite als *Anti-Stokes-Frequenzen* bezeichnet. Einige Zahlenwerte für die Eigenschwingungen von Molekülen sind in Tab. 7.12 zusammengestellt. Eine Winkelabhängigkeit der normalen Raman-Streuung, die auch **spontane Raman-Streuung** genannt wird, tritt weder bei den Stokes- noch bei den Anti-Stokes-Linien auf.

Tab. 7.12 Moleküleigenschwingungen (nach Eckhardt et al. [17]). Angegeben sind die jeweils intensivsten Linien.

Substanz	Molekülfrequenzen $\tilde{\nu}_M$ als Wellenzahlen in cm^{-1}
Kohlenstofftetrachlorid	459
Benzol C_6H_6	992,3064
C_6D_6	945,2292
Toluol	785,1004
Nitrobenzol	1345,1004
Methan	2914
Deuterium D_2	2993
Wasserstoff	4160

Völlig anders sieht die Raman-Streuung aus, wenn das Licht sehr intensiver Laser verwendet wird. Den prinzipiellen Aufbau zeigt Abb. 7.46. Das intensive Licht eines Rubinlasers (Strahlstärke $I = 10^6$ bis 10^7 W/cm^2) wird in eine mit Benzol gefüllte Küvette fokussiert. Das gestreute Licht enthält wieder die um die Molekülfrequenzen $\tilde{\nu}_M = 992\,cm^{-1}$ von Benzol verschobenen Frequenzen, wobei sowohl die Stokes- als auch die Anti-Stokes-Linien mit erheblicher Strahlstärke auftreten. Wegen der hohen Strahlstärke des Laserlichts treten auch die um die doppelte oder dreifache Mole-

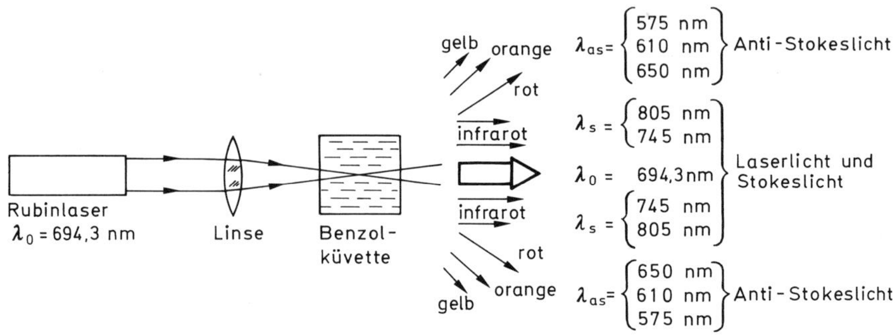

Abb. 7.46 Raman-Streuung bei extrem hohen Bestrahlungsstärken nach Terhune [18] (induzierte Raman-Strahlung).

külfrequenz verschobenen Linien auf. Das heißt, die Raman-Linien im Anti-Stokes-Bereich sind deutlich sichtbar auch in der Farbe verändert. Bemerkenswert bei diesem Experiment sind drei Punkte:

1. die Stokes-Streuung erfolgt überwiegend in Vorwärtsrichtung
2. die Anti-Stokes-Streuung erfolgt in relativ scharfen Kegeln um den einfallenden Lichtstrahl
3. die Anti-Stokes-Linien treten mit relativ großer Strahlstärke auf.

Im Gegensatz zur spontanen Raman-Streuung bei geringen Bestrahlungsstärken wird diese Streuung bei hohen Bestrahlungsstärken **induzierte Raman-Streuung** genannt. Sie wurde von Eckhardt und Mitarbeitern [17] 1962 entdeckt.

Es handelt sich hierbei um einen nichtlinearen Wechselwirkungsprozeß, da die gestreute Intensität nicht mehr proportional der einfallenden Intensität ist (s. Kap. 8) und es eine relativ scharfe Schwelle für den Einsatz der induzierten Streuung gibt, wie Abb. 7.50 zeigt.

Theoretische Deutung der Raman-Streuung. Zunächst soll kurz auf die klassische Theorie eingegangen werden, da sie einige wesentliche Merkmale der Raman-Streuung sehr einfach erklären kann.

Eine Lichtwelle $\boldsymbol{E} = \boldsymbol{E}_0 \sin(2\pi\nu_0 t)$ falle auf ein Molekül. Unter dem Einfluß der Feldstärke beginnen die Elektronen des Moleküls gegen die sehr viel schwereren Kerne zu schwingen. Es entsteht ein oszillierendes, elektrisches Dipolmoment $\boldsymbol{m}$, welches bei kleinen Schwingungsamplituden proportional der Feldstärke $\boldsymbol{E}$ ist:

$$\boldsymbol{m} = \varepsilon_0 \alpha \boldsymbol{E}_0 \sin(2\pi\nu_0 t)\,.$$

α wird Polarisierbarkeit des Moleküls genannt und ist im einfachsten Fall eine skalare Größe. Die Polarisierbarkeit ist abhängig von der Frequenz des einfallenden Lichts, dem Bindungszustand und den Symmetrieeigenschaften des Moleküls. Treten nun interne Molekülschwingungen der Frequenz ν_M auf, z. B. dadurch, daß einige Molekülkerne gegeneinander schwingen, so kann sich abhängig von der Molekülsymmetrie auch die Polarisierbarkeit periodisch mit dieser Molekülfrequenz ändern:

$$\alpha = \alpha_0 + \alpha_1 \sin(2\pi \nu_M t) .$$

Aus beiden Gleichungen folgt nach einer trigonometrischen Umformung:

$$\boldsymbol{m} = \alpha_0 \boldsymbol{E}_0 \sin(2\pi \nu_0 t) + \\ + \frac{\alpha_1 \boldsymbol{E}_0}{2} \{\cos[2\pi(\nu_0 - \nu_M) t] - \cos[2\pi(\nu_0 + \nu_M) t]\} . \tag{7.64}$$

Das oszillierende Dipolmoment $\boldsymbol{m}$ des Moleküls enthält drei Frequenzen und strahlt auch diese drei Frequenzen ab. Die Frequenz ν_0 ist die des einfallenden Lichts, d. h. das Molekül strahlt die gleiche Frequenz wieder ab. Dieser Fall entspricht offensichtlich der elastischen Rayleigh-Streuung. Daneben treten die neuen Frequenzen

$$\nu_s = \nu_0 - \nu_M , \\ \nu_{as} = \nu_0 + \nu_M \tag{7.65}$$

auf, die der Stokes- bzw. Anti-Stokes-Frequenz entsprechen. In dem klassischen Bild der Raman-Streuung wird also das einfallende Licht durch das Molekül mit der Molekülfrequenz ν_M moduliert und es entstehen zwei neue Lichtfrequenzen. Dieses einfache Bild kann zwar grob die Raman-Streuung erklären, aber es reicht nicht aus, die Experimente quantitativ zu beschreiben. So sollten z. B. nach Gl. (7.64) die Stokes- und Anti-Stokes-Frequenzen immer mit der gleichen Intensität auftreten, was den experimentellen Erfahrungen widerspricht.

Korpuskulare Theorie der Raman-Streuung bei geringen Bestrahlungsstärken (spontane Raman-Streuung). Bei geringen Bestrahlungsstärken, wie sie von normalen Lichtquellen geliefert werden, ist die korpuskulare Theorie besonders einfach. Dazu wird Gl. (7.65) mit h multipliziert und umgeordnet:

$$h\nu_0 = h\nu_s + h\nu_M \quad \text{(Stokes-Fall)}, \tag{7.66a}$$

$$h\nu_0 + h\nu_M = h\nu_{as} \quad \text{(Anti-Stokes-Fall)}. \tag{7.66b}$$

Die neue Schreibweise der Gl. (7.65) stellt den Energiesatz dar. Ein Photon der Energie $h\nu_0$ trifft auf ein Molekül. Das Molekül streut das Photon, wobei ein Teil der Photonenenergie als Schwingungsenergie $h\nu_M$ im Molekül zurückbleibt (Gl. (7.66a)). Um diesen Vorgang richtig zu verstehen, muß ein Ergebnis der Quantenmechanik benutzt werden, welches ausführlich erst im Bd. 4 behandelt werden kann. Es wurde jedoch bereits bei der Ableitung des Planckschen Strahlungsgesetzes (Kap. 5) benötigt. Es handelt sich um die Tatsache, daß die Energie eines jeden harmonischen Oszillators, also auch die der elastischen Molekülschwingungen, gequantelt ist. Ebenso wie beim elektromagnetischen Feld sind nur die folgenden stationären Energiezustände möglich:

$$E_v = \left(v + \frac{1}{2}\right) h\nu_M \quad (v = 0, 1, 2, \ldots) , \tag{7.67}$$

v = Schwingungsquantenzahl.

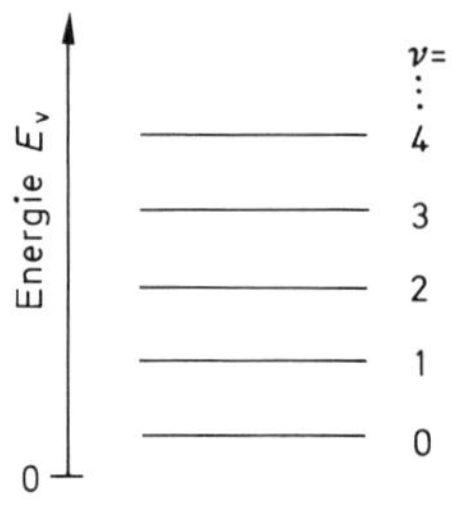

Abb. 7.47 Das Termschema des quantenmechanischen, harmonischen Oszillators.

Das Energienieveauschema der Molekülschwingungen besteht aus einer Folge diskreter Energiestufen im Abstand $h\nu_M$ (Abb. 7.47). Im Gegensatz zum Wasserstoffatom (Abb. 7.26) sind die Abstände äquidistant und um den Faktor 10 bis 100 kleiner, d.h. die Einheiten der Schwingungsenergie liegen bei $h\nu_M = 0{,}1 \ldots 0{,}01$ eV, entsprechend einer Molekülfrequenz von $\nu_M = 10^{13} \ldots 10^{12}\,\mathrm{s}^{-1}$.

Damit läßt sich die Streuung von Photonen an Molekülen wie folgt präzisieren. Ein Photon der Energie $h\nu_0$ trifft auf ein Molekül, welches sich im z.B. untersten Energiezustand ($v = 0$) befindet (Abb. 7.48). Das Molekül absorbiert das Photon kurzzeitig und befindet sich dabei in einem verbotenen Energiezustand, denn es besitzt kein für die Photonenenergie $h\nu_0$ passendes Energieniveau. Ein solcher verbotener Energiezustand wird als *virtueller Energiezustand* bezeichnet; er ist in Abb. 7.48 gestrichelt dargestellt. Von diesem virtuellen Zustand kehrt das Modell sehr schnell in einen reellen Energiezustand zurück. Dabei hat es zwei Möglichkeiten:

1. Das Molekül kehrt in den Grundzustand ($v = 0$) zurück. Dann wird die volle Energie $h\nu_0$ wieder abgestrahlt. Das Photon hat nur seine Richtung geändert, aber keine Energie an das Molekül abgegeben. Dieser Fall entspricht der *Rayleigh-Streuung*.
2. Das Molekül kehrt in den ersten angeregten Schwingungszustand ($v = 1$) zurück. Dann kann nur ein Photon der Energie $h\nu_s = h(\nu_0 - \nu_M)$ emittiert werden. Die Differenzenergie bleibt als Schwingungsenergie im Molekül zurück. Dieser Fall entspricht der *spontanen Raman-Streuung,* und zwar dem *Stokes-Fall* (Gl. (7.66a)).

Das Molekül kann sich jedoch bereits vor der Wechselwirkung mit dem Licht in einem angeregten Zustand (z.B. $v = 1$) befinden. Wieder wird es durch das einfallende Photon $h\nu_0$ in einen virtuellen Zustand übergehen und hat jetzt drei Möglichkeiten, in einen reellen Energiezustand zurückzukehren. Es kann in den Ausgangszustand $v = 1$ oder in einen noch höheren Zustand $v = 2$ übergehen. Dann entsteht Rayleigh- bzw. Stokes-Strahlung. Es gibt jedoch noch die dritte Möglichkeit:

3. Das vorher angeregte Molekül ($v = 1$) kehrt in den Grundzustand ($v = 0$) zurück. Dann gibt es seine Schwingungsenergie dem Photon mit, und es wird ein Photon der Energie $h\nu_{as} = h(\nu_0 + \nu_M)$ emittiert. Dieser Fall entspricht ebenfalls der *spontanen Raman-Streuung,* aber dem *Anti-Stokes-Fall* nach Gl. (7.66b).

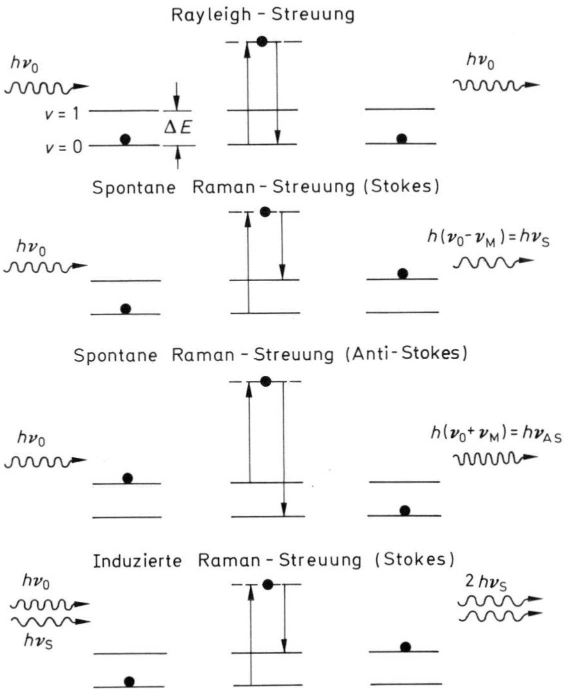

Abb. 7.48 Die Rayleigh-Streuung und die verschiedenen Raman-Streuungen im Energieniveau-Schema. $v = 0$, 1 unterster und erster angeregter Schwingungszustand des Moleküls, $\Delta E = h\nu_M$, ν_M Molekülfrequenz, --- virtueller Energiezustand. Von den vielen Energiezuständen des Moleküls (Abb. 7.47) sind hier nur die beiden untersten eingezeichnet.

Auch im korpuskularen Bild läßt sich also die Raman-Streuung zwanglos durch die Anwendung des Energiesatzes erklären. Sie liefert jedoch noch mehr.

Die Moleküle, an denen die Raman- Streuung erfolgt, mögen sich in einem Hohlraum befinden[8]. In diesem Hohlraum gibt es pro Frequenzintervall eine bestimmte Anzahl stehender Wellen, die sich aus der Rayleighschen Abzählformel berechnen lassen. Bei der spontanen Raman-Streuung werden die Stokes-Photonen gleichmäßig in alle stehenden Wellen des Hohlraums gestreut. Die Wahrscheinlichkeit W_{se} für die **spontane Emission eines Stokes-Photons** in eine der stehenden Wellen ist proportional der Zahl q_0 der eingestrahlten Photonen $h\nu_0$ und proportional der Zahl n_0 der Moleküle im Grundzustand:

$$W_{se}(h\nu_s) = D q_0 n_0 \,, \tag{7.68a}$$

D = Proportionalitätsfaktor, charakteristisch für das Molekül,
n_0 = Zahl der Moleküle im Grundzustand ($v = 0$),
q_0 = Zahl der eingestrahlten Photonen der Frequenz $h\nu_0$.

[8] Die Abmessungen des Hohlraums haben keine Bedeutung, solange sie groß gegen die Wellenlänge des Lichts sind. Man könnte das Hohlraum-Volumen auch gegen unendlich gehen lassen.

Entsprechendes gilt für die Wahrscheinlichkeit der **spontanen Emission eines Anti-Stokes-Photons:**

$$W_{se}(h\nu_{as}) = D q_0 n_1 , \tag{7.68b}$$

n_1 = Zahl der Moleküle im angeregten Zustand ($v = 1$).

Die spontane Emission eines Anti-Stokes-Photons tritt nur dann mit meßbarer Wahrscheinlichkeit auf, wenn genügend angeregte Moleküle n_1 vorhanden sind. Im thermischen Gleichgewicht gilt jedoch nach Gl. (7.45):

$$n_1 = n_0 \exp\left(-\frac{h\nu_M}{kT}\right).$$

Bei Zimmertemperatur ($T = 300$ K, $kT \approx 0{,}025$ eV) liegt $h\nu_M/kT$ in der Größenordnung von 4 bis 0,4. Es befinden sich stets weniger Moleküle im angeregten Zustand ($v = 1$) als im Grundzustand ($v = 0$), folglich ist die Anti-Stokes-Linie immer schwächer als die Stokes-Linie, solange sich die Moleküle im thermischen Gleichgewicht befinden. Damit ist geklärt, wieso im Experiment die Anti-Stokes-Linien eine geringere Intensität besitzen, und gleichzeitig ist auch die Intensitätszunahme der Anti-Stokes-Linien mit der Temperatur verständlich geworden.

Der Vorgang der spontanen Emission von Stokes-Photonen ist auch umkehrbar. Dazu braucht die Gl. (7.66a) nur von rechts nach links gelesen zu werden und kann wie folgt gedeutet werden: Ein Stokes-Photon $h\nu_s$ trifft auf ein Molekül im angeregten Zustand und wird gestreut. Hierbei gibt das Molekül dem Stokes-Photon seine Schwingungsenergie mit, so daß nach der Streuung ein Photon der Frequenz $h\nu_0$ entstanden ist. Man könnte diesen Prozeß spontane Absorption von Stokes-Photonen oder spontane Emission von Photonen der Energie $h\nu_0$ nennen. Die Wahrscheinlichkeit W_{sa} für die **spontane Absorption von Stokes-Photonen** ist proportional der Zahl q_s der Stokes-Photonen und proportional der Zahl n_1 der angeregten Moleküle:

$$W_{sa}(h\nu_s) = D q_s n_1 . \tag{7.69}$$

Bei der normalen Raman-Streuung ist die Zahl der Stokes-Photonen und die Zahl der angeregten Moleküle gering, so daß praktisch keine Absorption von Stokes-Photonen auftritt.

Die korpuskulare Theorie der Raman-Streuung bei hohen Bestrahlungsstärken (induzierte Raman-Streuung). Bei hohen Bestrahlungsstärken tritt zunächst erhöhte spontane Raman-Streuung (Stokes-Fall) auf, wodurch entsprechend viele Moleküle in den angeregten Schwingungszustand ($v = 1$) übergehen. Viele angeregte Moleküle n_1 bedeutet jedoch nach Gl. (7.68b), daß auch die Intensität der spontanen Raman-Streuung im Anti-Stokes-Bereich zunimmt.

Neben der erhöhten spontanen Raman-Streuung kann auch induzierte Raman-Streuung auftreten. Ein einfallendes Photon $h\nu_0$ bewirkt zunächst wieder den Übergang eines Moleküls in einen virtuellen Zustand (Abb. 7.48). Wenn jetzt innerhalb der sehr kurzen Verweilzeit im virtuellen Zustand ein anderswo spontan erzeugtes Stokes-Photon $h\nu_s$ auf dieses Molekül trifft, so kann induzierte Emission vom virtuellen Niveau aus erfolgen. Das heißt, es entstehen zwei Stokes-Photonen $2h\nu_s$, die in Richtung Frequenz und Polarisation übereinstimmen. Die Energiebilanz für diesen Prozeß lautet:

$$h\nu_0 + h\nu_s = 2h\nu_s + h\nu_M \,. \tag{7.70}$$

Die Wahrscheinlichkeit W_{ie} für die **induzierte Emission eines Stokes-Photons** $h\nu_s$ ist proportional der Zahl q_0 der eingestrahlten Photonen $h\nu_0$, der Zahl q_s der Stokes-Photonen $h\nu_s$ und der Zahl n_0 der Moleküle im Grundzustand

$$W_{ie}(h\nu_s) = Dq_0 q_s n_0 \,. \tag{7.70a}$$

Verglichen mit der Wahrscheinlichkeit für die normale induzierte Emission (Gl. (7.42)), die proportional der Photonenzahl q_0 ist, tritt hier das Produkt zweier Photonenzahlen auf. Ein solcher Prozeß wird als *nichtlinear* bezeichnet. Aus den beiden Gln. (7.68a) und (7.70a) ergibt sich für die gesamte Emissionswahrscheinlichkeit eines Stokes-Photons

$$W_{emiss}(h\nu_s) = Dq_0 n_0 (1 + q_s) \,. \tag{7.71}$$

Ebenso kann auch ein Stokes-Photon induziert absorbiert werden, d. h. ein Stokes-Photon $h\nu_s$ und ein Photon $h\nu_0$ treffen auf ein Molekül im angeregten Zustand. Das Molekül gibt seine Schwingungsenergie dem Stokes-Photon mit und nach der Streuung sind zwei Photonen $h\nu_0$ vorhanden. Es ist also ein Stokes-Photon absorbiert worden. Die Energiebilanz für den Vorgang lautet:

$$h\nu_0 + h\nu_s + h\nu_M = 2h\nu_0 \,. \tag{7.72}$$

Analog zu den vorangehenden Fällen ergibt sich die Wahrscheinlichkeit W_{ia} für diese **induzierte Absorption von Stokes-Photonen** zu

$$W_{ia}(h\nu_s) = Dq_0 q_s n_1 \tag{7.73}$$

und die gesamte Wahrscheinlichkeit für die Absorption eines Stokes-Photons nach Gl. (7.69) und (7.73) zu

$$W_{abs}(h\nu_s) = Dq_s n_1 (1 + q_0) \,. \tag{7.74}$$

Mit diesen einfachen Überlegungen ist es relativ leicht, die Raman-Experimente bei hohen Bestrahlungsstärken zu verstehen. Hohe Bestrahlungsstärke bedeutet großes q_0, d. h. nach Gl. (7.68a) wird die Wahrscheinlichkeit für die Emission von Stokes-Photonen groß. Hohe Stokes-Photonenzahl hat zur Folge, daß nach Gl. (7.70) die induzierte Emission von Stokes-Photonen zunimmt. Wenn sowohl die Zahl q_0 der eingestrahlten Photonen als auch die Zahl q_s der Stokes-Photonen groß gegen eins ist, folgt aus den Gln. (7.74) und (7.71):

$$W_{emiss}(h\nu_s) - W_{abs}(h\nu_s) = Dq_s q_0 (n_0 - n_1) \,. \tag{7.75}$$

Da unter Normalbedingungen $n_1 < n_0$ ist, also immer weniger Moleküle im angeregten Zustand als im Grundzustand sind, überwiegt nach Gl. (7.75) die Emission von Stokes-Photonen und kann beträchtliche Werte annehmen.

Man kann sich diesen Prozeß folgendermaßen vorstellen. Beim Eindringen des intensiven Lichtstrahls der Frequenz ν_0 in die Flüssigkeitsküvette entstehen zunächst spontane Stokes-Photonen $h\nu_s$. Einige davon laufen in Richtung des Lichtstrahls und erzeugen auf ihrem weiteren Weg in der Küvette neue Stokes-Photonen durch induzierte Emission. Die Stokes-Photonen, die parallel zum einfallenden Lichtstrahl laufen, werden also durch induzierte Emission verstärkt, d.h. die Zahl der Stokes-Photonen $h\nu_s$ nimmt zu auf Kosten der Zahl der eingestrahlten Photonen $h\nu_0$, die mit zunehmender Küvettenlänge abnehmen (Energieerhaltung Gl. (7.70)). Daher tritt in Richtung des Lichtstrahls eine viel höhere Raman-Stokes-Strahlungsleistung auf als in den anderen Richtungen, wie auch von Terhune beobachtet wurde (Abb. 7.46). Aus Gl. (7.75) ergibt sich für die Zahl der Stokes-Photonen $\mathrm{d}q_s$, die pro Wegelement $\mathrm{d}z$ in der Küvette erzeugt werden:

$$\frac{\mathrm{d}q_s}{\mathrm{d}z} = \frac{D}{c} q_s q_0 (n_0 - n_1) .$$

Es ist üblich, die Photonenzahlen q_s bzw. q_0 durch die Intensitäten J_s und J_0 der ebenen Welle zu ersetzen. Außerdem werden alle Konstanten zusammengefaßt zu der Größe g. Dann folgt aus der obigen Gleichung

$$\frac{\mathrm{d}J_s}{\mathrm{d}z} = g J_s J_0 .$$

Unter der Annahme konstanter eingestrahlter Intensität J_0 läßt sich diese Gleichung integrieren und liefert:

$$J_s(z) = J_s(0) \exp(g J_0 z) . \tag{7.76}$$

Die Intensität des Stokes-Lichts wird in der Küvette exponentiell verstärkt. Hierbei ist $J_s(0)$ die Stokes-Intensität am Ort $z = 0$, also dort, wo der Lichtstrahl der Frequenz ν_0 in die Küvette eintritt. $J_s(0)$ wird im allgemeinen die spontan emittierte Stokes-Intensität sein, die durch den einfallenden Lichtstrahl J_0 am Anfang der Küvette erzeugt wird, und zwar der Anteil, der zufällig annähernd parallel zum einfallenden Lichtstrahl läuft. Der Faktor g im Exponenten der Gleichung (7.76) hängt vom speziellen Medium ab. Ein typischer Wert für Flüssigkeiten ist $g = 10^{-8}$ cm/W.

Er ist derartig klein, daß bei normalen Intensitäten von einigen Watt pro cm^2 keine nennenswerte Verstärkung des Stokes-Lichts auftreten kann, also dieser Effekt der induzierten Raman-Streuung mit normalen Lichtquellen nicht beobachtet werden kann. Dagegen ist es ohne Schwierigkeiten möglich, mit dem Rubinlaser Intensitäten von 10^8 W/cm^2 zu erzeugen. Bei derartigen Werten von J_0 erfolgt z.B. in einer Küvette von $z = 10$ cm Länge eine Verstärkung des Stokes-Lichts nach Gl. (7.76) um den Faktor $e^{10} \approx 2{,}2 \cdot 10^4$.

Die exponentielle Verstärkung nach Gl. (7.76) gilt natürlich nicht für beliebige Werte von z. Bei der Integration wurde angenommen, daß die eingestrahlte Intensität J_0 längs der Küvette konstant sei. Das gilt jedoch nur für kleine Werte der Stokes-Intensität J_s. Mit zunehmendem J_s werden immer mehr Photonen der eingestrahlten Intensität in Stokes-Photonen verwandelt. Daher nimmt die einfallende Intensität J_0 mit der Länge z ab und Gl. (7.76) ist nicht länger gültig. In Abb. 7.49 ist der

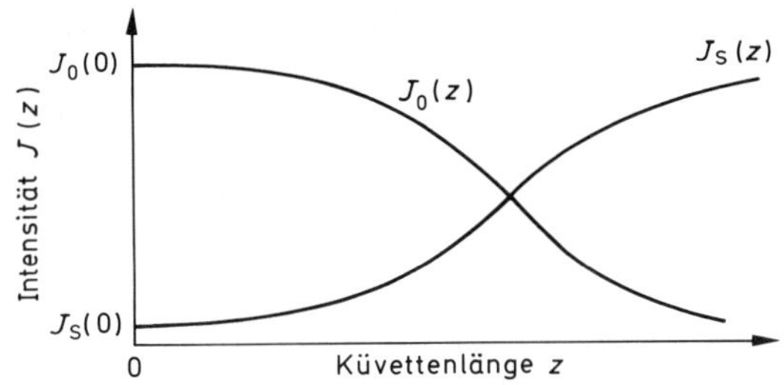

Abb. 7.49 Prinzipieller Verlauf der Stokes-Intensität J_s und der eingestrahlten Intensität J_0 als Funktion der Küvettenlänge z. Die Stokes-Intensität J_s steigt für kleine Werte von J_s exponentiell an.

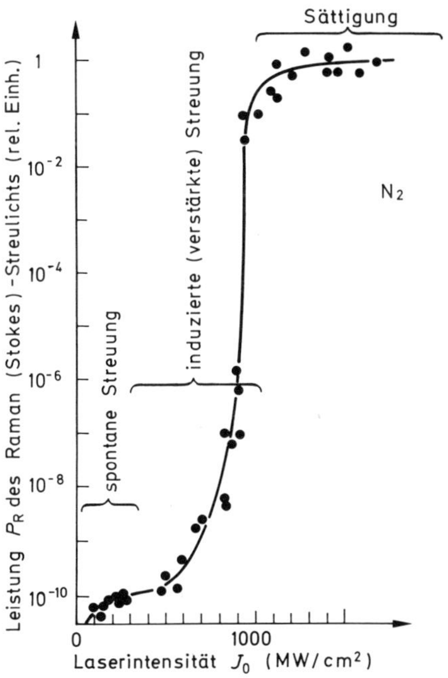

Abb. 7.50 Leistung P_R des Raman-Stokes-Streulichts als Funktion der eingestrahlten Laserintensität J_0. Als Raman-Medium wurde N_2 verwendet, der Laser war ein gepulster Rubin-Laser (nach Grun et al. [19]).

prinzipielle Verlauf der Stokes-Intensität J_s und der eingestrahlten Intensität J_0 längs der Küvette skizziert.

Ein experimentelles Beispiel zeigt die Abb. 7.50. Dort ist die Strahlungsleistung des Raman-Stokes-Streulichts in Abhängigkeit von der Intensität des eingestrahlten Laserlichts dargestellt. Deutlich ist der Unterschied zwischen der spontanen Raman-Streuung bei geringen Intensitäten und der induzierten Raman-Streuung bei hohen Intensitäten zu erkennen. Typisch auch das schwellenartige Verhalten der Raman-

Strahlung. Bei einer Laserintensität von etwa 800 MW/cm² steigt die Raman-Strahlung steil an.

Alle Überlegungen, die zur Emission und Absorption von Stokes-Photonen angestellt wurden, lassen sich auf die Anti-Stokes-Photonen übertragen. Von den zahlreichen möglichen Prozessen soll ein interessanter Spezialfall diskutiert werden.

Wegen der hohen anregenden Lichtintensität entstehen zunächst sehr viele Stokes-Photonen durch spontane und induzierte Emission. Folglich bleibt entsprechend viel Schwingungsenergie $h\nu_M$ im Kristall oder in der Flüssigkeit zurück. Das heißt, es befinden sich viele Moleküle n_1 im angeregten Zustand ($v = 1$), die nach Tab. 7.13 zu spontaner und induzierter Emission von Anti-Stokes-Photonen Anlaß geben können. Ein derartiger Prozeß kann in der Energiebilanz wie folgt formuliert werden:

$$h\nu_0 + h\nu_0 = h\nu_s + h\nu_{as} \,. \tag{7.77}$$

Zwei Photonen $h\nu_0$ bilden ein Stokes- und ein Anti-Stokes-Photon. Die bei der Emission des Stokes-Photons angeregte Molekülschwingung wird sofort wieder zur Emission des Anti-Stokes-Photons verwendet. Das Molekül verändert insgesamt

Tab. 7.13 Zahlenwerte zur *Raman*- und *Brillouin*-Strahlung (nach Kaiser und Maier [20]).

Substanz	$\Delta\nu$ in cm^{-1}	$n_0\, d\sigma/d\Omega$ in $cm^{-1}\, sr^{-1}$	g in cm MW^{-1}
Raman-Streuung			
Flüssiger Sauerstoff	1552	$5 \cdot 10^{-9}$	0,015
Flüssiger Stickstoff	2326	$3 \cdot 10^{-9}$	0,017
Benzol	992	$3 \cdot 10^{-8}$	0,003
Kohlenstoffdisulfid	655	$7 \cdot 10^{-9}$	0,024
Wasserstoffgas H_2	4155	–	0,0015
$^7LiNbO_3$	256	$3{,}8 \cdot 10^{-6}$	17,8
	266	$2{,}6 \cdot 10^{-6}$	35,6
	637	$2{,}3 \cdot 10^{-6}$	8,4
	643	$2{,}3 \cdot 10^{-6}$	12,6
$^6LiTaO_3$	201	–	4,4
	215	–	10
SiO_2	467	–	0,8
Brillouin-Streuung			
Kohlenstoffdisulfid	0,19	–	0,13
Aceton	0,15	–	0,08
Benzol	0,22	–	0,018
Wasser	0,19	–	0,0048

$\Delta\nu$ = Frequenzverschiebung
$d\sigma/d\Omega$ = differentieller Wirkungsquerschnitt,
n_0 = Anzahldichte der streuenden Teilchen,
g = Verstärkungskoeffizient für induzierte Streuung nach Gl. (7.76).
Für die spontan gestreute Intensität pro Raumwinkel und Wegelement gilt
$dJ_s = (n_0\, d\sigma/d\Omega)\, J_0\, dx$.

gar nicht seinen Zustand, sondern spielt nur die Rolle eines Vermittlers. Es handelt sich hierbei um einen Prozeß dritter Ordnung (Kap. 8) oder eine Vierwellenmischung, da vier Photonen miteinander wechselwirken. Dieser nichtlineare Prozeß wird in der Spektroskopie eingesetzt und ist unter dem Namen *CARS* (kohärente Anti-Stokes-Raman-Streuung) bekannt [6].

Impulssatz. Bisher wurde bei der Raman-Streuung nur der Energiesatz verwendet. Natürlich muß auch der Impulssatz erfüllt sein. Bei allen Streuprozessen muß das Molekül die Impulsdifferenz aufnehmen. Also gilt z. B. bei der spontanen Emission eines Stokes-Photons:

$$\hbar \boldsymbol{k}_0 = \hbar \boldsymbol{k}_s + \boldsymbol{p}_M ,$$

wobei $\boldsymbol{k}_0$, $\boldsymbol{k}_s$ die Ausbreitungsvektoren von einfallendem und gestreutem Photon sind (Gl. (7.16)). $\boldsymbol{p}_M$ ist der Impuls, den das Molekül aufnimmt.

Interessant ist der Fall, der durch Gl. (7.77) beschrieben wird. Hier findet keine Veränderung des Moleküls statt, d.h. die vier Photonen müssen für sich den Impulssatz erfüllen:

$$2\boldsymbol{k}_0 = \boldsymbol{k}_s + \boldsymbol{k}_{as} . \tag{7.78}$$

Für die Beträge der Ausbreitungsvektoren gilt:

$$|\boldsymbol{k}_0| = \frac{2\pi}{\lambda_0}, \quad |\boldsymbol{k}_s| = \frac{2\pi}{\lambda_s}, \quad |\boldsymbol{k}_{as}| = \frac{2\pi}{\lambda_{as}},$$

wobei die Wellenlängen im Medium einzusetzen sind. Wenn auf die Lichtfrequenzen umgerechnet wird, folgt daher:

$$|\boldsymbol{k}_0| = \frac{2\pi \nu_0 \eta_0}{c_0}; \quad |\boldsymbol{k}_s| = \frac{2\pi \nu_s \eta_s}{c_0}; \quad |\boldsymbol{k}_{as}| = \frac{2\pi \nu_{as} \eta_{as}}{c_0} .$$

Hierbei sind η_0, η_s, η_{as} die Brechzahlen bei den entsprechenden Frequenzen. Da sich die drei Frequenzen nur um die im allgemeinen geringe Molekülfrequenz ν_M unterscheiden (Gl. (7.65)), kann die Brechzahl in eine Reihe entwickelt werden und es gilt in Näherung:

$$\eta_s = \eta_0 - \nu_M \frac{\partial \eta}{\partial \nu} \quad \eta_{as} = \eta_0 + \nu_M \frac{\partial \eta}{\partial \nu} .$$

Mit dieser Näherung und mit Gl. (7.65) folgt für die Summe der Beträge der Wellenvektoren $\boldsymbol{k}_s$ und $\boldsymbol{k}_{as}$:

$$|\boldsymbol{k}_s| + |\boldsymbol{k}_{as}| = 2|\boldsymbol{k}_0| + \frac{4}{c_0} \pi \nu_M^2 \frac{\partial \eta}{\partial \nu} .$$

Da im allgemeinen in einem Bereich normaler Dispersion gearbeitet wird, ist $\partial \eta / \partial \nu$ positiv, d.h. die Brechzahl nimmt mit der Frequenz zu. Dann ergibt sich aus obiger Gleichung:

$$|\boldsymbol{k}_s| + |\boldsymbol{k}_{as}| > 2|\boldsymbol{k}_0| \tag{7.79}$$

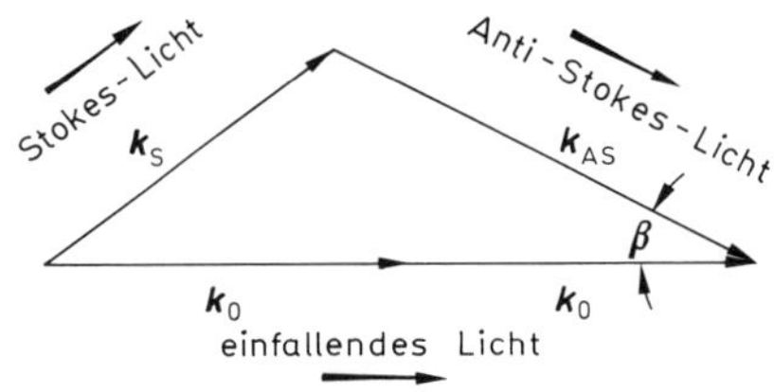

Abb. 7.51 Die Impulserhaltung beim Vier-Photonen-Prozeß.

Die Gl. (7.79) zusammen mit Gl. (7.78) ist nur dann zu erfüllen, wenn die Wellenvektoren von Stokes- und Anti-Stokes-Licht einen Winkel zum einfallenden Licht bilden, wie in Abb. 7.51 skizziert ist. Damit wird verständlich, warum bei dem Versuch von Terhune (Abb. 7.46) das Anti-Stokes-Licht in einem Kegel um die Einfallsrichtung abgestrahlt wird.

Man sieht, daß die korpuskulare Betrachtung weitreichende Folgerungen zuläßt, obwohl nur die Erhaltung von Energie und Impuls berücksichtigt wurde. Natürlich ist es nicht möglich, in dieser einfachen Betrachtung Aussagen über die Größe der Streustrahlung zu machen. Hierzu muß eine quantenmechanische Rechnung durchgeführt werden.

Raman-Linien höherer Ordnung. Bei dem Experiment von Terhune (Abb. 7.46) traten nicht nur die beiden Raman-Linien auf, die um die Benzoleigenfrequenz ν_M zu höheren oder niedrigeren Frequenzen verschoben waren, sondern es ergeben sich auch Vielfache dieser Frequenzverschiebung. Hierfür lautet dann der Energiesatz:

$$\nu_{s,n} = \nu_0 - n\nu_M\,,$$
$$\nu_{as,n} = \nu_0 + n\nu_M\,.$$

Dieser Effekt tritt nur bei hohen Bestrahlungsstärken auf. Man kann sich vorstellen, daß ein Stokes-Photon ein zweites Mal Raman-Streuung erfährt, was eine doppelte Verschiebung bedeutet usw.

Raman-Streuung an Kristallen. Die Raman-Streuung kann nicht nur an isolierten Molekülschwingungen erfolgen, sondern ebenso an den elastischen Schwingungen in Kristallen, und zwar an den optischen Schwingungen. Das sind die Schwingungsformen im Festkörper, bei denen benachbarte Atome gegenphasig schwingen (siehe Bd. 4). Bei den ionischen Kristallen ist diese Schwingung mit einem starken Dipolmoment verknüpft und wechselwirkt mit Licht über die normale Dipolwechselwirkung, deshalb optische Schwingung. Raman-Streuung tritt auf, wenn sich bei dieser optischen Schwingung die Polarisierbarkeit gemäß Gl. (7.64) ändert. Die Frequenz dieser Schwingungen liegt im Bereich von $\nu_R = 10^{12}$–$10^{13}\,s^{-1}$ und führt zu ähnlichen Raman-Verschiebungen wie die Molekülschwingungen.

Die sich im Kristall ausbreitende optische Schwingung ist in gleicher Weise quantisiert wie die Molekülschwingungen. Die Elementaranregung wird Phonon genannt, ein Quasiteilchen. Die Impulsbilanz beim Raman-Effekt hat jetzt eine sehr anschauliche Bedeutung. Der Impuls des einfallenden Photons ist gleich dem Impuls des gestreuten Photons plus dem Impuls des zusätzlich erzeugten Phonons.

Bei sehr hohen Bestrahlungsstärken, also dann, wenn induzierte Raman-Streuung auftritt, erfolgt eine starke und kohärente Anregung der optischen Schwingungen. Durch den Kristall läuft die anregende Lichtwelle der Frequenz ν_0 und die Stokes-Lichtwelle der Frequenz ν_s, die beide im gesamten Streubereich eine elastische Welle der Differenzfrequenz $\nu_R = \nu_0 - \nu_s$ anregen. Hieraus folgt noch eine weitere wichtige Eigenschaft der induzierten Raman-Streuung: es ist eine *kohärente Streuung*. Zwischen anregender Lichtwelle und induzierter Stokeswelle besteht eine definierte Phasenbeziehung. Im Gegensatz dazu ist die spontane Raman-Streuung eine inkohärente Streuung, da die Phasenbeziehung zwischen einfallender und gestreuter Lichtwelle rein statistisch ist.

Brillouin-Streuung. Im Jahre 1922 untersuchte Brillouin theoretisch die spektrale Verteilung des Lichts, welches von statistischen Dichteschwankungen in Gasen, Flüssigkeiten oder Kristallen gestreut wird. Er fand, daß neben der Frequenz ν_0 des einfallenden Lichts zwei neue Frequenzen auftreten, die um die Frequenz $\pm\Omega$ gegen die Frequenz ν_0 verschoben sind. Das Streulicht der Frequenz ν_0 ist das bekannte Rayleigh-Streulicht, während das in der Frequenz verschobene Licht an die Raman-Streuung erinnert. Dieser Streuprozeß unterscheidet sich jedoch wesentlich von der Raman-Streuung und wird *Brillouin-Streuung* genannt.

In einem Kristall (oder auch in einer Flüssigkeit) treten wegen der thermischen Bewegung der Gitterbausteine (oder Moleküle) ständig statistische Dichte- und damit Brechzahlschwankungen auf. Diese Schwankungen können nach Fourier in sinusförmige Schwankungsanteile zerlegt werden. Man kann sich also vorstellen, daß durch den Kristall ständig sinusförmige Dichteschwankungen laufen, die nichts anderes darstellen als Schallwellen (akustische Schwingungen). Die Frequenz Ω und der Ausbreitungsvektor $\boldsymbol{K}$ dieser Schallwellen sind völlig statistisch nach Betrag, Richtung und Phase. Die Geschwindigkeit dagegen ist in einem weiten Frequenzbereich unabhängig von der Frequenz und gleich der Schallgeschwindigkeit $\boldsymbol{v}$.

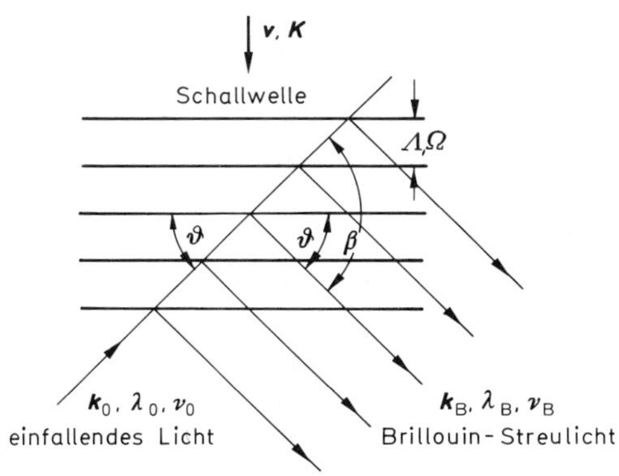

Abb. 7.52 Zur Entstehung der Brillouin-Streuung. Ω, Λ, $\boldsymbol{v}$, $\boldsymbol{K}$ kennzeichnen Frequenz, Wellenlänge, Geschwindigkeit und Ausbreitungsvektor der Schallwelle; ν_0, λ, $\boldsymbol{c}$, $\boldsymbol{k}$ sind die entsprechenden Größen der Lichtwelle.

Eine beliebige Schallwelle im Kristall (Abb. 7.52) wird gekennzeichnet durch:

$$\left.\begin{array}{ll} \text{Frequenz } \Omega & \\ \text{Wellenlänge } \Lambda & \\ \text{Geschwindigkeit } \boldsymbol{v}, & |\boldsymbol{v}| = \Omega\Lambda \\ \text{Ausbreitungsvektor } \boldsymbol{K}, & |\boldsymbol{K}| = 2\pi/\Lambda \end{array}\right\} \text{Schallwelle.}$$

Auf diese Schallwelle falle eine Lichtwelle unter dem Winkel ϑ ein. Sie wird charakterisiert durch:

$$\left.\begin{array}{l} \text{Frequenz } \nu_0 \\ \text{Wellenlänge } \lambda_0 \\ \text{Geschwindigkeit } c = \nu_0 \lambda_0 \\ \text{Ausbreitungsvektor } \boldsymbol{k}_0,\ |\boldsymbol{k}_0| = 2\pi/\lambda_0 \end{array}\right\} \text{im Medium} \quad \begin{array}{l}\text{einfallende}\\ \text{Lichtwelle.}\end{array}$$

Durch die periodischen Dichteschwankungen der Schallwelle wird das einfallende Licht gestreut. Die Streuwelle wird gekennzeichnet durch:

$$\left.\begin{array}{l} \text{Frequenz } \nu_B \\ \text{Wellenlänge } \lambda_B \\ \text{Geschwindigkeit } c,\ c = \nu_B \lambda_B \\ \text{Ausbreitungsvektor } \boldsymbol{k}_B,\ |\boldsymbol{k}_B| = 2\pi/\lambda_B \end{array}\right\} \text{im Medium} \quad \begin{array}{l}\text{gestreute}\\ \text{Lichtwelle.}\end{array}$$

Maximale Streuung tritt auf, wenn das von den verschiedenen Dichtemaxima gestreute Licht sich phasenrichtig überlagert, wenn also die Bragg-Bedingung erfüllt ist. Diese lautet im vorliegenden Fall[9]:

$$2\Lambda \sin\vartheta = \lambda_0 \,. \tag{7.80}$$

Diese Bedingung besagt, daß Licht, welches unter dem Winkel ϑ auf die Schallwelle auffällt auch unter dem Winkel ϑ maximal gestreut wird, weswegen auch oft von Reflexion des Lichts gesprochen wird. Der Winkel ϑ ist über die Bragg-Bedingung einer bestimmten Schallwelle zugeordnet. Natürlich wird auch Licht in andere Richtungen gestreut, nur erfolgt diese Streuung an einer Schallwelle, die in eine andere Richtung läuft und eine andere Wellenlänge besitzt. Durch die vielen Schallwellen, die statistisch im Kristall hin- und herlaufen, wird also Licht in alle Raumrichtungen gestreut.

Da sich die Schallwelle mit der Geschwindigkeit $\boldsymbol{v}$ bewegt, wird die Frequenz des gestreuten Lichts infolge Doppler-Effekt verschoben. Die Frequenz ν_B des gestreuten Lichts beträgt daher:

$$\frac{\nu_B}{\nu_0} = 1 \pm 2\frac{v}{c}\sin\vartheta\,; \quad |\boldsymbol{v}| = v\,. \tag{7.81}$$

Das positive Vorzeichen gilt für eine Schallwelle, die der Lichtwelle entgegenläuft (Abb. 7.51), das negative Vorzeichen für die entgegengesetzte Richtung der Schall-

[9] Diese Gleichung ist exakt nur gültig, wenn die Frequenz des Lichts bei der Streuung konstant bleibt. Die geringe Frequenzverschiebung von $\delta\nu/\nu_0 = 10^{-5}$, die hier auftritt, kann jedoch bei der Bragg-Bedingung vernachlässigt werden.

welle. Zusammen mit Gl. (7.80) ergibt sich:

$$\frac{\nu_B}{\nu_0} = 1 \pm 2\frac{v}{c}\,\frac{\lambda_0}{2\Lambda},$$

woraus mit $v/\Lambda = \Omega$ und $c/\lambda_0 = \nu_0$ folgt:

$$\nu_B = \nu_0 + \Omega\,. \tag{7.82}$$

Die Frequenz ν_B des Brillouin-Streulichts ist um die Schallfrequenz Ω vermindert oder erhöht worden. Genau wie bei der Raman-Streuung treten auch hier eine Brillouin-Stokes- und Brillouin-Anti-Stokes-Frequenz auf. Jedoch besteht ein wesentlicher Unterschied zur Raman-Streuung; die Frequenzverschiebung ist, wie Gl. (7.81) zeigt, abhängig vom Einfallswinkel ϑ. Wird ϑ durch den Streuwinkel β ersetzt, so folgt:

$$\frac{\nu_B}{\nu_0} = 1 \pm 2\frac{v}{c}\sin\frac{\beta}{2}\,. \tag{7.83}$$

Jedem Streuwinkel β ist nach dieser Relation eine andere Frequenz ν_B des Streulichts zugeordnet. Die maximale Frequenzverschiebung ergibt sich für $\beta = \pi$, also bei Rückwärts-Streuung. Da die Schallgeschwindigkeit im Bereich von $v = 10^5$ cm/s liegt, folgt für die relative Frequenzverschiebung

$$\frac{\delta\nu}{\nu_0} = \frac{\nu_0 - \nu_B}{\nu_0} = 10^{-5}\,.$$

Dieser Wert ist sehr viel kleiner als bei der Raman-Streuung, wo relative Frequenzverschiebungen von $\delta\nu/\nu_0 = 10^{-3}$–$10^{-2}$ auftreten. Entsprechend schwieriger ist der Nachweis der Brillouin-Streuung, der sehr monochromatische Lichtquellen erfordert. Ein Sonderfall der Brillouin-Streuung ist der *Debye-Sears-Effekt,* also die Beugung von Licht an Ultraschall. Hierbei handelt es sich jedoch um von außen angeregte, kohärente, monochromatische Schallwellen, während die in diesem Abschnitt behandelte Brillouin-Streuung an den thermisch erzeugten, statistischen und inkohärenten Schallwellen erfolgt.

Impulssatz. Der Impulssatz bei der Brillouin-Streuung lautet:

$$\hbar \boldsymbol{k}_0 + \hbar \boldsymbol{K} = \hbar \boldsymbol{k}_B\,. \tag{7.84}$$

Der Impuls $\hbar\boldsymbol{k}_0$ des einfallenden Photons (bzw. der Ausbreitungsvektor $\boldsymbol{k}_0$ des einfallenden Lichts) setzt sich mit dem Impuls $\boldsymbol{K}$ der Schallwelle zum Impuls des gestreuten Lichts $\boldsymbol{k}_B$ zusammen. Die Zerlegung der Vektor-Gleichung (7.84) in die Komponenten parallel und senkrecht zum Impuls der Schallwelle ergibt (Abb. 7.53):

$$\frac{2\pi}{\lambda_0}\sin\vartheta - \frac{2\pi}{\Lambda} = -\frac{2\pi}{\lambda_B}\sin(\beta - \vartheta)\,,$$

$$\frac{2\pi}{\lambda_0}\cos\vartheta = \frac{2\pi}{\lambda_B}\cos(\beta - \vartheta)\,,$$

Da die Frequenzverschiebung gering ist, gilt in Näherung $\lambda_0 = \lambda_B$. Damit folgt:

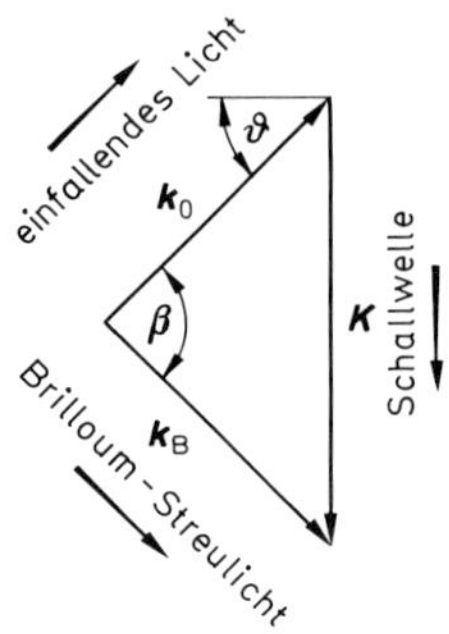

Abb. 7.53 Impulserhaltung bei der Brillouin-Streuung.

$$\beta = 2\vartheta \quad \text{und} \quad 2\Lambda \sin\vartheta = \lambda_0 ,$$

also wieder die Bragg-Bedingung Gl. (7.80). Der Impulserhaltungssatz Gl. (7.84) ist die allgemeine Formulierung der Bragg-Bedingung.

Induzierte Brillouin-Streuung. Bei hohen Intensitäten der einfallenden Welle tritt, wie bei der Raman-Streuung, auch hier induzierte Streuung auf. Wegen der hohen Intensität kann der Quantencharakter des Lichts weitgehend vernachlässigt werden.

Die intensive einfallende Lichtwelle E_0 erzeugt zunächst durch spontane Streuung frequenzverschobenes Brillouin-Licht, welches ungerichtet ist. Ein geringer Anteil läuft parallel bzw. antiparallel zur einfallenden Welle. Der mit der Welle laufende Anteil besitzt nach Gl. (7.83) die Frequenzverschiebung null und ist damit ohne Interesse. Die der einfallenden Welle entgegenlaufende Streuwelle E_B dagegen besitzt die maximale Frequenzverschiebung. Sie wechselwirkt auch maximal mit der einfallenden Welle. Die beiden Wellen E_0 und E_B erzeugen eine Schwebungsfrequenz $\Omega = \nu_0 - \nu_B$. Diese Schwebung ist Ursprung einer akustischen Welle (Druckwelle), die als Folge der Elektrostriktion entsteht und wie folgt verstanden werden kann. Durch das elektrische Feld werden Dipole induziert oder ausgerichtet. Zwischen den Dipolen wirken anziehende Kräfte und das Volumen wird sich verändern, bis die elastischen Gegenkräfte den elektrischen Kräften das Gleichgewicht halten. Diese Volumenänderung ist unabhängig vom Vorzeichen der Feldstärke und führt auf einen Druck p

$$p = -\frac{1}{2}\gamma E^2 .$$

Wird für E das resultierende Feld $E_0 + E_B$ eingesetzt, so tritt im Druck p eine Welle der Frequenz Ω auf, die sich im Medium ausbreitet. Die Druckwelle moduliert die Brechzahl des Mediums und koppelt somit die beiden Lichtwellen. Es erfolgt ein Energietransfer von der Lichtwelle E_0 zur Welle E_B, wobei im Gegensatz zur spontanen Streuung jetzt eine feste Phasenbeziehung zwischen den beiden Lichtwellen und der Druckwelle besteht.

Aus der zunächst spontanen Brillouin-Streuung entsteht durch Kopplung über die Druckwelle aus der eingestrahlten Welle E_0 eine gegenläufige Welle E_B. Die Zunahme der Amplitude und damit der Intensität erfolgt exponentiell

$$J_B(l) = J_B(0) \exp(g J_0 l) \tag{7.85}$$

wobei J_0 die Leistungsdichte der einfallenden Welle, l die Wechselwirkungslänge und g der Verstärkungskoeffizient nach Tab. 7.13 ist.

Es gibt für die induzierte Streuung keine scharfe Schwelle, wie beim Laser. Als Faustformel gilt die Bedingung:

$$g J_0 l > 10 .$$

Daraus resultiert ein Verstärkungsfaktor von $\exp 10 \approx 2{,}2 \cdot 10^4$, so daß auch eine schwache Startintensität zu einem merklichen Wert verstärkt wird. Das Medium wirkt dann für das einfallende Strahlungsfeld wie ein Spiegel mit einem Reflexionsfaktor, der für hohe Werte von J_0 an eins herankommt (Abb. 7.54). Das reflektierte Licht ist frequenzverschoben!

Die induzierte Brillouin-Streuung gehört zu den nichtlinearen Prozessen dritter Ordnung [20], die in Kap. 8 eingehender behandelt werden.

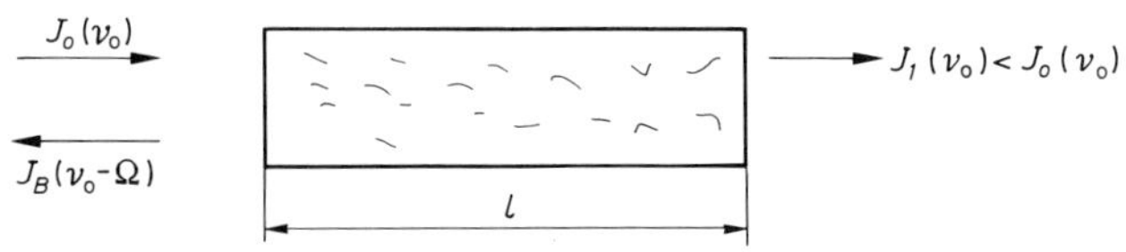

Abb. 7.54 Eine Lichtwelle J_0 der Frequenz ν_0 wird bei hinreichender Intensität von einer Flüssigkeit wie z. B. CS_2 reflektiert. Es entsteht durch Brillouin-Rückwärtsstreuung eine in der Frequenz verschobene Lichtwelle J_B.

7.8 Statistische Eigenschaften des elektromagnetischen Feldes

Die experimentellen Ergebnisse der vorangehenden Abschnitte und insbesondere der lichtelektrische Effekt zeigen, daß die Energie einer elektromagnetischen Welle nicht gleichmäßig über die Wellenfläche verteilt ist, sondern in den Photonen konzentriert ist. Wenn z. B. ein Lichtstrahl, der für das Auge eine zeitlich konstante Intensität besitzt, auf einen empfindlichen Multiplier hoher Zeitauflösung fällt, so können direkt die Photonen nachgewiesen werden. Mit einer gewissen Wahrscheinlichkeit, entsprechend der Quantenausbeute η, löst das Photon an der Multiplier-Kathode ein Elektron aus; dieses wird durch die Dynoden vervielfacht und als Stromimpuls an der Anode registriert. Der Multiplier liefert also kein zeitlich konstantes Signal, sondern eine statistische Folge von Stromimpulsen. Hierbei wird die Statistik der Stromimpulse durch die statistischen Eigenschaften des Multipliers[10] und der

[10] Auslösung und Vervielfachung der Elektronen sind statistische Prozesse.

Photonen bestimmt. Für die folgenden Betrachtungen werden die Eigenschaften des Multipliers unberücksichtigt bleiben, obwohl sie letztlich bei allen Experimenten eine wichtige Rolle spielen.

In diesem Abschnitt sollen ausführlicher die statistischen Eigenschaften des Strahlungsfeldes untersucht werden. Wie sind die Photonen im Strahlungsfeld örtlich, zeitlich und energetisch verteilt? Welche Beziehungen bestehen zwischen den Schwankungen der Photonenzahl, der Phase und den Amplitudenschwankungen? Wie hängen diese vom Zustand des Strahlungsfeldes ab? Notgedrungen müssen sich die Betrachtungen hier auf mehr qualitative Diskussionen beschränken. Eine tiefere theoretische Behandlung dieser Probleme findet man z. B. bei Troup [21] und Mandel [22].

Die energetische Verteilung der Photonen wurde im Kap. 5 untersucht; es ergab sich das Plancksche Strahlungsgesetz. Wie bereits dort bemerkt wurde, krankt die Plancksche Ableitung an einem Widerspruch, weil sie teils klassische Eelektrodynamik benutzt, dann aber an entscheidender Stelle eine damit unverträgliche Hypothese einführt, daß nämlich die im Hohlraum vorhandenen Oszillatoren der Frequenz ν nur diskreter Energiewerte E_i fähig sind. Da die Existenz von diskreten Energieniveaus nun aber auch durch die Linienspektren bestätigt wird, erhebt sich die Frage, wie von der Bohrschen Auffassung der Emission eine Brücke zum Strahlungsgesetz der Gleichgewichtsstrahlung gebaut werden kann. Die Lösung dieses Problems gelang Einstein 1917 [13].

Einsteins Ableitung des Planckschen Strahlungsgesetzes. Ein Ensemble von Atomen möge sich in einem Hohlraum der Temperatur T befinden. Im thermischen Gleichgewicht herrscht in diesem Hohlraum eine spektrale Strahlungsdichte $u_\nu(\nu, T)$, eine noch unbekannte Funktion der Frequenz und Temperatur.

Zur Vereinfachung werden von den vielen Energienieveaus der Atome nur zwei Niveaus E_1, E_2 betrachtet. Im thermischen Gleichgewicht gilt für die Besetzungszahlen n_1, n_2 der Niveaus die Boltzmann-Verteilung (Gl. (7.45)):

$$n_2 = n_1 \mathrm{e}^{-(E_2 - E_1)/kT} ,$$
$$E_2 - E_1 = h\nu_{21} . \tag{7.86}$$

Durch Energieabsorption aus dem Strahlungsfeld gehen Atome vom unteren Energieniveau E_1 in das obere Niveau E_2. Umgekehrt erfolgen Übergänge von E_2 nach E_1 durch induzierte und spontane Emission. Im stationären Zustand sind die Übergangsraten von $E_1 \to E_2$ und $E_2 \to E_1$ gleich, und die Strahldichte muß einen solchen Wert besitzen, daß sich für die Besetzungszahlen n_1, n_2 die Boltzmann-Verteilung nach Gl. (7.86) einstellt.

Für die Zahl der Atome, die pro Zeit und Volumen ein Photon der Frequenz $h\nu_{21}$ aus dem Strahlungsfeld absorbieren, gilt nach Gl. (7.41):

$$\frac{\mathrm{d}n_1}{\mathrm{d}t} = -B_{12} n_1 u_\nu f(\nu_{21}) .$$

Hierbei ist $\nu_{21} = (E_2 - E_1)/h$ die Resonanzfrequenz des atomaren Übergangs. Da $f(\nu)$ das normierte Linienprofil ist, gilt für die Resonanzfrequenz $f(\nu_{21}) = 1$ (Abb. 7.28). Damit vereinfacht sich die obige Gleichung zu:

$$\frac{dn_1}{dt} = -B_{12} n_1 u_\nu . \tag{7.87}$$

Entsprechend folgt für die Zahl der Atome, die pro Zeit und Volumen ein Photon spontan oder induziert emittieren, nach Gl. (7.42) und (7.43)

$$\frac{dn_2}{dt} = -B_{21} n_2 u_\nu - A_{21} n_2 . \tag{7.88}$$

Im stationären Gleichgewicht muß $dn_2/dt = dn_1/dt$ sein und es gilt:

$$B_{12} n_1 u_\nu = B_{21} n_2 u_\nu + A_{21} n_2 ,$$

Absorption = induzierte + spontane Emission.

Unter Benutzung der Gl. (7.86) folgt dann für u_ν:

$$u_\nu = \frac{A_{21}/B_{12}}{e^{h\nu/kT} - B_{21}/B_{12}} \tag{7.89}$$

Die Koeffizienten A_{21}, B_{12} und B_{21} erhält man aus einer quantenmechanischen Rechnung. Einstein stand diese Theorie nicht zur Verfügung. Er verlangte deshalb, daß für geringe Quantenenergien, also für $h\nu \ll kT$ sich das klassisch herleitbare Rayleigh-Jeanssche Gesetz ergeben muß. Für diesen Grenzfall kann die Exponentialfunktion in eine Reihe entwickelt werden und aus Gl. (7.89) folgt

$$u_\nu = \frac{A_{21}/B_{12}}{1 + h\nu/kT - B_{21}/B_{12}} .$$

Der Vergleich mit dem Rayleigh-Jeansschen Gesetz (Kap. 5) liefert:

$$B_{12} = B_{21} , \quad \frac{A_{21}}{B_{12}} = \frac{8\pi h \nu^3}{c^3} . \tag{7.90}$$

Damit ergibt sich endgültig das Plancksche Strahlungsgesetz:

$$u_\nu = \frac{8\pi h \nu^3}{c^3} \cdot \frac{1}{e^{h\nu/kT} - 1} . \tag{7.91}$$

Man beachte, daß c die Lichtgeschwindigkeit (Phasengeschwindigkeit) in dem betreffenden Hohlraum ist.

Die erste Beziehung Gl. (7.90) gilt nur für nicht entartete Niveaus mit den Gewichtsfaktoren $g_1 = g_2 = 1$. Andernfalls gilt, wie die statistische Mechanik zeigt

$$\frac{B_{21}}{B_{12}} = \frac{g_2}{g_1} .$$

So gelang es Einstein, das Plancksche Strahlungsgesetz mit der Bohrschen Vorstellung über die Emission von Strahlungsfrequenzen bei Energieübergängen zu verbinden und das Strahlungsgesetz einfach aus dem Begriff des Strahlungsgleichgewichts abzuleiten. Hierzu noch einige Bemerkungen:

Es wurden nur Übergänge zwischen zwei Zuständen behandelt. Aber alle anderen denkbaren Übergänge müssen je zu zweien in derselben Weise miteinander im Gleichgewicht stehen, wenn das Gesamtsystem im Gleichgewicht sein soll. Man nennt diese Aufteilung eines Gleichgewichts in Gleichgewichte zwischen Teilsystemen oft die *Methode des detaillierten Gleichgewichts*. Schließlich sei noch bemerkt, daß ohne die induzierten Übergänge von E_2 nach E_1 sich die Wiensche Spektralgleichung ergibt

$$u_\nu = \frac{8\pi h\nu^3}{c^3}\,e^{-h\nu/kT},$$

die nur für große Werte von $h\nu/kT$ Gültigkeit besitzt. Die Einführung der induzierten Übergänge ist also notwendig für den Erfolg des Verfahrens.

Verteilung der Photonen auf die Hohlraumschwingungen. Das Plancksche Gesetz Gl. (7.91) gibt die spektrale Verteilung der Energiedichte u_ν in einem Hohlraum der Temperatur T an. Die spektrale Verteilung der Energie E_ν ergibt sich durch Multiplikation der Strahlungsdichte u_ν mit dem Hohlraumvolumen V, also $E_\nu = u_\nu V$. Wird die spektrale Energieverteilung E_ν durch die Quantenenergie $h\nu$ dividiert, so erhält man die spektrale Verteilung der Photonenzahlen $N_\nu = u_\nu V/h\nu$ und daraus schließlich durch Multiplikation mit dem Frequenzintervall $\mathrm{d}\nu$ die Zahl $\mathrm{d}N$ der Photonen im Frequenzintervall:

$$\mathrm{d}N = \frac{u_\nu V}{h\nu}\,\mathrm{d}\nu\,.$$

Zusammen mit Gl. (7.91) folgt:

$$\mathrm{d}N = \frac{8\pi\nu^2 V}{c^3}\,\frac{1}{e^{h\nu/kT}-1}\,\mathrm{d}\nu\,. \tag{7.92}$$

Im Kap. 5 wird gezeigt, daß die Zahl der stehenden Wellen oder Eigenschwingungen in einem Hohlraum

$$\mathrm{d}Z = \frac{8\pi\nu^2 V}{c^3}\,\mathrm{d}\nu \tag{7.93}$$

beträgt *(Rayleighsche Abzählformel)*. Hiermit vereinfacht sich Gl. (7.92) zu:

$$\frac{\mathrm{d}N}{dZ} = \frac{1}{e^{h\nu/kT}-1} = \bar{n}\,. \tag{7.94}$$

Der Differentialquotient $\mathrm{d}N/\mathrm{d}Z$ ist die Zahl der Photonen pro Hohlraumschwingung. Damit gewinnt die Gl. (7.92) eine sehr anschauliche Bedeutung. Die Zahl $\mathrm{d}N$ der Photonen im Frequenzinterval ist gleich der Zahl $\mathrm{d}Z$ der stehenden Wellen in diesem Frequenzintervall, multipliziert mit der mittleren Zahl $\bar{n}$ der Photonen pro Hohlraumschwingung.

Die mittlere Zahl der Photonen pro Hohlraumschwingung ist eine Funktion der betrachteten Frequenz und der Temperatur. In Abb. 7.55 ist die Abhängigkeit dargestellt. Man erkennt, daß bei Temperaturen von 10^3 bis 10^4 K, die auf der Erde noch stationär realisierbar sind, im Hochfrequenzbereich sehr viele Photonen auf eine Hohlraumschwingung entfallen. Im sichtbaren Spektralbereich dagegen beträgt die mittlere Zahl der Photonen pro Hohlraumwelle nur noch 10^{-2} und weniger.

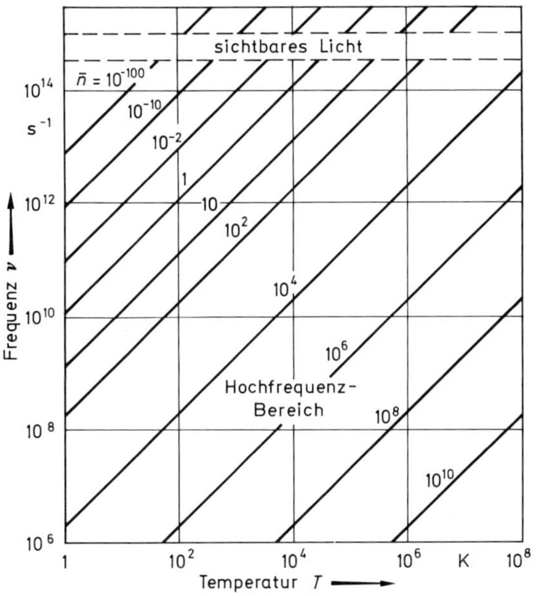

Abb. 7.55 Mittlere Zahl der Photonen $\bar{n}$ pro Hohlraumschwingung als Funktion der Temperatur T und der Frequenz ν.

Das heißt, in den meisten Fällen ($\approx 99\%$) enthält die Hohlraumwelle kein Photon und nur selten ($\approx 1\%$) ein Photon. Man beachte, daß $\bar{n}$ ein Mittelwert ist. Die Hohlraumschwingung kann auch zwei Photonen enthalten, jedoch tritt dieser Fall nur äußerst selten auf.

In dieser Darstellung wird verständlich, warum die Welleneigenschaften des elektromagnetischen Strahlungsfeldes im Hochfrequenzbereich so ausgeprägt auftreten, dagegen im kurzwelligen Teil des Spektrums immer schwieriger nachzuweisen sind. Bei genügend hohen Temperaturen, wie sie bei den Sternen auftreten können, sind natürlich auch im sichtbaren und ultravioletten Bereich des Spektrums die Hohlraumwellen mit genügend Photonen besetzt.

Der Begriff der Phasenzelle. Die Photonen in einem Hohlraum können durch die Angabe von Ort und Impuls charakterisiert werden. Genau wie in der Mechanik werden jedem Photon drei Ortskoordinaten x, y, z und drei Impulskoordinaten p_x, p_y, p_z zugeordnet. Der Zustand des Strahlungsfeldes wäre dann eindeutig durch die Angabe der sechs Koordinaten aller Photonen bestimmt, wobei noch eine zusätzliche Koordinate angegeben werden muß, der Polarisationszustand. Während die Orts- und Impulskoordinaten einen Wertebereich von null bis unendlich durchlaufen können, kann die Polarisationskoordinate nur zwei Werte annehmen, nämlich parallele und senkrechte Polarisation bezüglich einer beliebigen Vorzugsrichtung, oder links-rechts-zirkulare Polarisation. Diese beiden Zustände entsprechen den möglichen Spinstellungen des Photons $\boldsymbol{s} = \pm\hbar$ (siehe Gl. (7.17)).

Im Gegensatz zur klassischen Physik können jedoch Ort und Impuls nicht gleichzeitig scharf bestimmt werden, sondern die Unschärfe-Relation verlangt (Gl. (7.23)):

$$\Delta x\, \Delta p_x \geqq \hbar\,; \quad \Delta y\, \Delta p_y \geqq \hbar\,; \quad \Delta z\, \Delta p_z \geqq \hbar\,. \tag{7.95}$$

Orts- und Impulsangabe sind mit einer Unschärfe behaftet. Die Multiplikation dieser drei Gleichungen liefert:

$$(\Delta x\, \Delta y\, \Delta z)\,(\Delta p_x\, \Delta p_y\, \Delta p_z) \geqq \hbar^3\,. \tag{7.96}$$

In der klassischen Physik ist der Zustand eines Teilchens durch die Angabe der sechs Orts- und Impulskoordinaten vollständig beschrieben (abgesehen vom Eigendrehimpuls). In einem sechsdimensionalen Raum, bei dem drei Achsen die Ortskoordinaten x, y, z und die anderen drei Achsen die Impulskoordinaten p_x, p_y, p_z repräsentieren, wird dann der Zustand des Teilchens durch einen Punkt markiert.

Die Unschärfe-Relation verbietet jedoch, den Zustand eines Photons durch einen Punkt in diesem sechsdimensionalen Raum, der auch *Phasenraum* genannt wird, zu markieren, sondern gemäß Gl. (7.96) ist nur ein Orts- und Impulsbereich angebbar, in dem sich das Photon aufhält. Der Zustand des Photons kann also im Phasenraum nur durch ein Volumenelement gekennzeichnet werden. Dieses „Volumenelement" der Dimension (Impuls · Länge)^3 wird **Phasenzelle** genannt. Eine genauere quantenmechanische Rechnung liefert für das Volumen der Phasenzelle:

$$V(\text{Phasenzelle}) = h^3\,.$$

Für zwei Koordinaten sind diese Verhältnisse in Abb. 7.56 skizziert. Das Photon wird durch die Ortskoordinate x und die Impulskoordinate p_x beschrieben. Ist der Impuls sehr genau bekannt, so muß die Ortskoordinate entsprechend unscharf sein (Phasenzelle 1). Umgekehrt wird der Impuls sehr unscharf, wenn der Ort genau bekannt ist (Phasenzelle 2). Es können aber auch Ort und Impuls mit einer gleich großen Unschärfe behaftet sein (Phasenzelle 3). Man sieht, daß die Phasenzelle keine bestimmte Form hat, sondern beliebig deformiert werden kann. Festgelegt ist nur ihr Volumen.

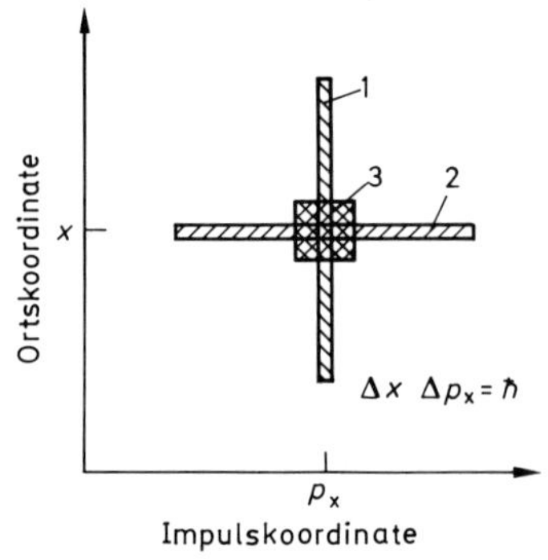

Abb. 7.56 Der Phasenraum in zweidimensionaler Darstellung. Drei mögliche Formen der Phasenzelle sind skizziert.

Während in der klassischen Physik die Volumenelemente des Phasenraumes beliebig klein sein können, folgt aus der quantenmechanischen Betrachtung wegen der Unschärfe-Relation eine Mindestgröße von h^3. Der Phasenraum ist also in kleine Volumeneinheiten, die Phasenzellen, unterteilt.

Ein Strahlungsfeld, welches aus sehr vielen Photonen besteht, kann im Phasenraum dadurch charakterisiert werden, daß die Verteilung der Photonen auf die verschiedenen Phasenzellen angegeben wird. Diese Möglichkeit, den Zustand eines Teilchenensembles zu beschreiben, tritt bereits in der Thermodynamik auf. Dort handelt es sich um ein Gas, also um eine Vielzahl gleichartiger Atome. Durch die Angabe, wie sich die Atome auf die Phasenzellen verteilen, ist der Zustand des Gases charakterisiert (wobei die klassische Thermodynamik keine Aussagen über die Größe der Phasenzelle macht). Insbesondere ist die thermische Verteilung im stationären Gleichgewicht von Bedeutung. Für ein klassisches, ideales Gas ergibt sich bekanntlich die Maxwell-Boltzmann-Verteilung.

Die gleiche Frage kann auch für das *Photonengas* gestellt werden. Wie verteilen sich die Photonen im thermischen Gleichgewicht auf die Phasenzellen? Das Problem kann genau wie in der Thermodynamik durch die Methoden der Statistik gelöst werden und führt zum Planckschen Strahlungsgesetz. Daß sich jetzt statt der Maxwell-Boltzmann-Verteilung das Plancksche Strahlungsgesetz (auch allgemeiner Bose-Einstein-Verteilung genannt) ergibt, liegt an einem wichtigen Unterschied. In der klassischen Physik werden die Teilchen in einer Phasenzelle als *unterscheidbar* angenommen, wogegen die quantenmechanischen Teilchen wegen der Unschärfe-Relation innerhalb der Phasenzelle *ununterscheidbar* sind.

Diese Ableitung des Planckschen Strahlungsgesetzes ist die konsequenteste und kommt mit den wenigsten Grundannahmen aus.

An diesem Ergebnis erkennt man, daß die Phasenzelle durch die Hohlraumschwingung repräsentiert wird; denn das Plancksche Strahlungsgesetz in der modifizierten Form der Gl. (7.94) gibt ja gerade die Verteilung der Photonen auf die Hohlraumschwingungen an. Wenn die stehende Welle im Hohlraum mit der Phasenzelle identifiziert wird, so ist damit schon eine bestimmte Form der Phasenzelle vorgegeben. Es wird nämlich nicht mehr sehr genau nach dem Ort des Photons gefragt, sondern es wird nur noch angegeben, daß das Photon sich im Hohlraum vom Volumen V befindet. Das heißt, die Ortskoordinaten sind mit der Unschärfe $\Delta x \, \Delta y \, \Delta z = V$ behaftet, wodurch die Impulskoordinaten bzw. nach Gl. (7.15) die Frequenzen entsprechend genau bekannt sind.

Zeitliche und örtliche Kohärenz, Elementarbündel. Wegen der Unschärfe-Relation sind Photonen einer Phasenzelle oder Hohlraumschwingung nicht unterscheidbar. Innerhalb der prinzipiell möglichen Meßgenauigkeit müssen sie also in Energie, Impuls und Polarisation übereinstimmen. Damit sind aber auch die von diesen Photonen repräsentierten Strahlungsfelder identisch und sollten nach klassischer Vorstellung interferenzfähig, also kohärent sein. Es ergibt sich die Folgerung, die im folgenden näher untersucht werden soll: *Photonen einer Phasenzelle sind interferenzfähig.*

Die im folgenden benutzten Begriffe der örtlichen und zeitlichen Kohärenz werden nur qualitativ diskutiert. Eine korrekte Definition erfordert einigen mathematischen Aufwand (siehe Born und Wolf [10]).

Zeitliche Kohärenz. Auf den Begriff der zeitlichen Kohärenz wurde bereits ausführlich im Kap. 3 eingegangen. Eine normale, thermische Lichtquelle emittiert eine statistische Folge gedämpfter Wellenzüge. Die zeitliche Dauer der Wellenzüge sei $2\Delta t$ und wird *Kohärenzzeit* oder *Kohärenzlänge* genannt. Die Kohärenzzeit ist gemäß der Unschärfe-Relation Gl. (7.24) umgekehrt proportional der Bandbreite $\Delta \nu$ der Lichtquelle:

$$\Delta t \geqq \frac{1}{2\pi \Delta \nu},$$

wobei $\Delta \nu$ durch ein passendes Interferenzfilter erheblich eingeschränkt werden kann, also die Kohärenzzeit vergrößert werden kann. Einige Zahlenwerte sind in Tab. 7.14 angegeben. Das Michelson-Interferometer (Abb. 7.57) zur Bestimmung der zeitlichen Kohärenz liefert auf den Beobachtungsschirm nur dann ein Interferenzbild,

Tab. 7.14 Die zeitliche Kohärenz einiger Strahlungsquellen. Bei den angegebenen Werten handelt es sich um Richtwerte. Die Güte Q ist ein relatives Maß für die zeitliche Kohärenz und gestattet Strahlungsquellen unterschiedlicher Mittenfrequenz ν_0 zu vergleichen. Q gibt die Zahl der Wellenlängen innerhalb der Kohärenzlänge l_K an.

Strahlungsquelle	Bandbreite $\Delta \nu$ in s^{-1}	Kohärenzzeit Δt in s	Kohärenzlänge $l_K = 2c_0\Delta t$ in cm	Güte $Q = \nu_0/\Delta \nu$
Sonne	$5 \cdot 10^{14}$	$3 \cdot 10^{-16}$	$2 \cdot 10^{-5}$	1
Interferenzfilter ($\Delta\lambda = 1$ nm)	$5 \cdot 10^{11}$	$3 \cdot 10^{-13}$	$2 \cdot 10^{-2}$	10^3
Spektrallampe	10^9	$1{,}5 \cdot 10^{-10}$	10	$5 \cdot 10^5$
Interferometer	10^8	$1{,}5 \cdot 10^{-9}$	10^2	$5 \cdot 10^6$
Laser	10^3	$1{,}5 \cdot 10^{-4}$	10^7	$5 \cdot 10^{11}$
γ-Quanten (^{67}Zn) (Mössbauer-Effekt)	10^4	$1{,}5 \cdot 10^{-5}$	10^6	$2 \cdot 10^{15}$

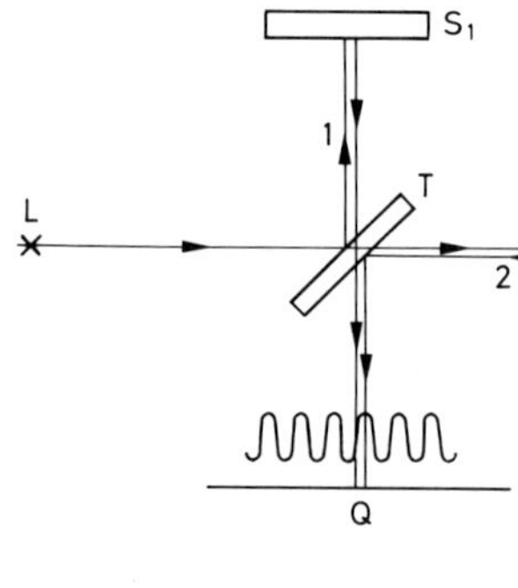

Abb. 7.57 Das Michelson-Interferometer zur Bestimmung der zeitlichen Kohärenz. L: Lichtquelle, S_1, S_2: Spiegel, T: Teilerspiegel, Q: Beobachtungsebene.

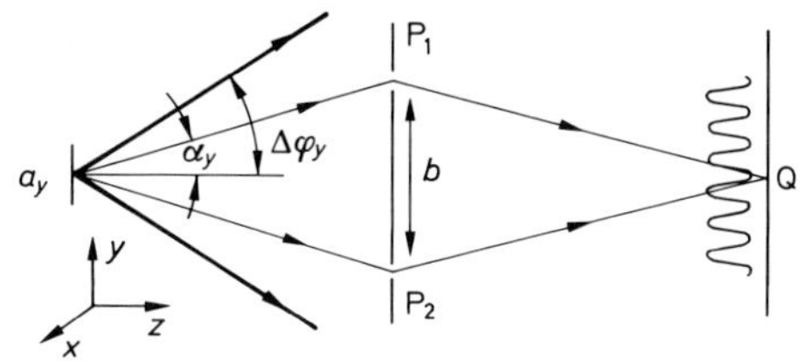

Abb. 7.58 Der Youngsche Doppelspaltversuch zur Bestimmung der örtlichen Kohärenz. Die beiden fett eingezeichneten Strahlen geben den Bereich des Elementarbündels an. Innerhalb dieses Bereiches ist das Licht örtlich kohärent.

wenn der Laufzeitunterschied τ der beiden Lichtstrahlen 1, 2 kleiner als die Kohärenzzeit $2\Delta t$ ist.

$$\tau \leqq 2\Delta t \geqq \frac{1}{\pi \Delta \nu}\,. \tag{7.97}$$

Natürlich kann nicht ein Wellenzug der Bandbreite $\Delta\nu$ hergestellt werden, der kürzer ist als $1/2\pi\Delta\nu$. Das würde der Unschärfe-Relation widersprechen. Aber man kann sich aus einem Wellenzug der Dauer $\Delta t = 1/(2\pi\Delta\nu)$ ein Teilstück herausgreifen und damit Interferenzversuche anstellen.

Örtliche Kohärenz. Mit einer Lichtquelle der Ausdehnung a_x, a_y wird ein Doppelspalt P_1, P_2 beleuchtet (Abb. 7.58). Die von den beiden Spalten ausgehenden Beugungswellen überlagern sich auf dem Beobachtungsschirm Q und geben nur dann ein Interferenzbild, wenn Ausdehnung a_x, a_y der Lichtquelle und Öffnungswinkel $2\alpha_x, 2\alpha_y$ des Lichtbündels die Relationen

$$a_x \sin\alpha_x < \frac{\lambda}{\pi}\,, \tag{7.98}$$

$$a_y \sin\alpha_y < \frac{\lambda}{\pi}\,, \tag{7.99}$$

erfüllen. Auf diese Bedingungen wurde bereits in Kap. 3 eingegangen. Sie besagen, daß hinter einer Öffnung mit dem Durchmesser a_x das Licht innerhalb der nullten Beugungsordnung örtlich kohärent ist (siehe Beugung am Spalt), d. h. innerhalb des Lichtbündels, das durch den räumlichen Winkel $2\alpha_x\, 2\alpha_y$ begrenzt ist, treten Interferenzen auf.

Elementarbündel und Phasenzelle. Die drei Bedingungen Gl. (7.97), (7.98) und (7.99) legen ein Lichtbündel fest mit dem Öffnungswinkel $2\alpha_x\, 2\alpha_y$ und der zeitlichen Dauer $\tau < 2\Delta t$ bzw. der örtlichen Ausdehnung in z-Richtung von $c\tau$. Ein solches Lichtbündel wird *Elementarbündel* genannt. Innerhalb des Elementarbündels ist das Licht örtlich und zeitlich kohärent. Die drei Bedingungen, die das Elementarbündel festlegen, können zusammengefaßt werden zu

$$\left(\frac{a_x \sin\alpha_x}{\lambda}\right)\left(\frac{a_y \sin\alpha_y}{\lambda}\right)(\Delta\nu\tau) < \frac{1}{\pi^3}\,. \tag{7.100}$$

Die Photonen, die in diesem Elementarbündel enthalten sind, werden durch die Gl. (7.100) bezüglich Ort und Richtung (d. h. Impuls) festgelegt, und es muß geprüft werden, in welcher Beziehung das Elementarbündel zur Unschärfe-Relation steht. In x- bzw. y-Richtung sind die Photonen durch die Abmessungen der Lichtquelle örtlich bestimmt. Es gilt also:

$$\Delta x = \pm a_x/2 \quad \Delta y = \pm a_y/2 .$$

In z-Richtung sind die Photonen durch die Ausdehnung $c\,\Delta t$ des Elementarbündels örtlich bestimmt:

$$\Delta z = c\,\Delta t .$$

Diese Ortsunschärfen sind nach den Gl. (7.23) mit entsprechenden Impulsunschärfen verknüpft und bilden nach Gl. (7.96) das Volumen der Phasenzelle. Werden die obigen Ortsunschärfen eingesetzt und der Impuls durch die Gl. (7.21) bzw. (7.15) ersetzt, so folgt:

$$\left(\frac{a_x \sin\Delta\varphi_x}{\lambda}\right)\left(\frac{a_y \sin\Delta\varphi_y}{\lambda}\right)(\Delta\nu\,\Delta t) \geqq \frac{1}{\pi^3} . \tag{7.100a}$$

Ein Lichtbündel, welches von einer Lichtquelle mit den Abmessungen a_x, a_y ausgeht und die spektrale Breite $\Delta\nu$ besitzt, muß mindestens den Öffnungswinkel $2\Delta\varphi_x\, 2\Delta\varphi_y$ und die Dauer $2\Delta t$ besitzen, so daß die Gl. (7.100a) erfüllt ist. Es ist nicht möglich ein Elementarbündel mit kleineren Abmessungen im Orts-Zeitraum herzustellen. Wohl aber können Messungen innerhalb des durch Gl. (7.100a) festgelegten Bündels gemacht werden, wie z. B. das Michelson-Interferometer (Abb. 7.57) zeigt, jedoch wird durch diesen Eingriff das Lichtbündel verändert. Ist die Meßzeit τ kleiner als die Kohärenzzeit des Elementarbündels, so wird die spektrale Breite entsprechend größer, d. h. die Frequenz wird unschärfer.

Die Bedingung der Gl. (7.100) für örtliche und zeitliche Kohärenz besagt nun nichts anderes, als daß das Licht nur innerhalb einer Phasenzelle interferenzfähig ist. Das Elementarbündel ist also identisch mit der Phasenzelle. Alle Interferenzversuche müssen stets so ausgeführt werden, daß nur innerhalb einer Phasenzelle gemessen wird. Sowie verschiedene Phasenzellen zur Überlagerung kommen, tritt keine Interferenz mehr auf.

Diese Bedingung für Interferenz soll am Doppelspalt (Abb. 7.58) nochmals verständlich gemacht werden. Aus der Abmessung a_y der Lichtquelle ergibt sich mit der Unschärfe-Relation (oder aus der Beugungstheorie) ein Öffnungswinkel $\Delta\varphi_y$, der Kohärenzwinkel. Damit auf dem Beobachtungsschirm eine Interferenzfigur entsteht, muß der Öffnungswinkel α_y, unter dem die Spalte P_1, P_2 beleuchtet werden, kleiner sein als der Winkel $\Delta\varphi_y$:

$$\alpha_y < \Delta\varphi_y .$$

Nur dann wird innerhalb einer Phasenzelle gemessen und nur dann tritt Interferenz auf, vorausgesetzt, daß in x und z-Richtung auch die entsprechenden Bedingungen eingehalten werden. Im Photonenbild kann die Interferenzbedingung folgendermaßen formuliert werden:

- Photonen sind dann interferenzfähig, wenn sie aus einer Phasenzelle stammen, also ununterscheidbar sind.

Schwankungserscheinungen. Die Zahl der Photonen, die sich im thermischen Gleichgewicht in einer Phasenzelle, Hohlraumschwingung oder Elementarbündel aufhalten, beträgt nach Gl. (7.94)

$$\bar{n} = \frac{1}{e^{h\nu/kT} - 1} . \tag{7.101}$$

Hierbei handelt es sich um eine mittlere Besetzungszahl, d. h. bei einer Messung werden sowohl mehr als auch weniger Photonen in der Phasenzelle angetroffen. Erst im Mittel über sehr viele Messungen ergibt sich der Wert $\bar{n}$. Die Schwankung um diesen Mittelwert ist eine Folge sowohl des korpuskularen Charakters des Lichts als auch eine Folge der statistischen Eigenschaften der spontan emittierten Wellenzüge (Kap. 7.6).

Schwankung der Besetzungszahl einer Phasenzelle. Als erstes soll untersucht werden, wie die Besetzungszahl einer Phasenzelle schwankt. Dazu wird durch Blenden und Filter aus einer thermischen Lichtquelle ein Elementarbündel ausgefiltert. Öffnungswinkel α_x, α_y und Blendendurchmesser a_x, a_y müssen so gewählt werden, daß die Gl. (7.98) und (7.99) erfüllt sind. Wenn das Interferenzfilter die spektrale Durchlaßbreite $\Delta\nu$ besitzt, so beträgt die zeitliche Dauer des Elementarbündels $\Delta t = 1/2\pi\Delta\nu$. Um also die Zahl der Photonen in dem Elementarbündel (Phasenzelle) zu messen, muß die Zahl der Photonen gezählt werden, die innerhalb der Kohärenzzeit $2\Delta t$ von der Lichtquelle in den Winkelbereich α_x, α_y emittiert werden. Das kann z. B. durch einen Multiplier erfolgen, falls die Wellenlänge des Lichts nicht zu weit im roten Spektralbereich liegt. Werden sehr viele Messungen durchgeführt, so kann die Wahrscheinlichkeit $P(n)$ angegeben werden, innerhalb der Meßzeit die Photonenzahl n zu messen, wenn die mittlere Photonenzahl $\bar{n}$ beträgt. In Übereinstimmung mit der Theorie [23], auf die hier nicht weiter eingegangen werden soll, ergibt sich:

$$P(n) = \frac{1}{(1+\bar{n})} \frac{1}{\left(1 + \frac{1}{\bar{n}}\right)^n} . \tag{7.102}$$

Diese Wahrscheinlichkeitsverteilung wird *Bose-Einstein-Verteilung* genannt. Sie ergibt sich aus der Quantenstatistik unter Berücksichtigung der besonderen Eigenschaften der Photonen, die zur Klasse der Bosonen gehören.

Für große mittlere Besetzungszahlen $\bar{n}$ geht Gl. (7.102) über in[11]:

$$P(n) = \frac{1}{\bar{n}} \frac{1}{\left[\left(1 + \frac{1}{\bar{n}}\right)^{\bar{n}}\right]^{n/\bar{n}}} \approx \frac{1}{\bar{n}} e^{-n/\bar{n}} . \tag{7.102a}$$

[11] Man beachte, daß $\lim\limits_{n\to\infty} \left(1 + \frac{1}{n}\right)^n = e$.

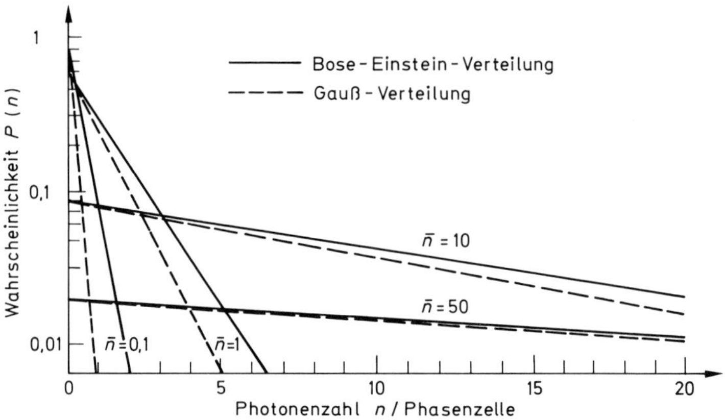

Abb. 7.59 Die Wahrscheinlichkeit $P(n)$ in einer Phasenzelle n Photonen zu messen, wenn die mitttlere Besetzungszahl $\bar{n}$ beträgt. Die korrekte Bose-Einstein-Verteilung ist mit der für große Werte von $\bar{n}$ näherungsweise gültigen Gauß-Verteilung verglichen.

Diese Verteilung wird Gaußsche Wahrscheinlichkeitsverteilung genannt[12] und läßt sich auch klassisch für ein statistisches Wellenfeld ableiten. Daß sich für große Photonenzahlen eine klassische Verteilung ergibt, ist zu erwarten. Große mittlere Photonenzahl $\bar{n}$ bedeutet im thermischen Gleichgewicht, daß nach Gl. (7.101) die Photonenenergie $h\nu$ klein gegen die thermische Energie kT ist. Für diesen Fall geht auch das Plancksche Strahlungsgesetz über in das klassische Rayleigh-Jeansssche Strahlungsgesetz. Licht, dessen Intensitätsschwankungen der Gaußschen Wahrscheinlichkeitsverteilung gehorchen, wird auch Gaußsches Licht genannt.

In Abb. 7.59 ist der Verlauf der Wahrscheinlichkeit $P(n)$ für verschiedene Werte von n dargestellt, und zwar sowohl der korrekte Verlauf nach Gl. (7.102) als auch die Näherung nach Gl. (102a). Für kleine Werte der mittleren Besetzungszahl $\bar{n}(\bar{n} < 10)$ ist die Abweichung der Bose-Einstein-Verteilung von der klassischen Verteilung merklich. Insbesondere im optischen Bereich mit Werten von $\bar{n} = 10^{-2}$ und kleiner (Abb. 7.55) versagt die klassische Statistik vollständig.

Bemerkenswert ist die Tatsache, daß in allen Fällen die Wahrscheinlichkeit am größten ist, kein Photon in der Phasenzelle anzutreffen. Für größere Werte von $\bar{n}$ ist aber die Wahrscheinlichkeit fast ebenso groß ein, zwei oder mehr Photonen anzutreffen. Man bezeichnet diese Eigenschaft der Photonen als *Klumpenbildung*. Photonen einer Phasenzelle treten bevorzugt in Klumpen, d.h. größerer Anzahl auf. Das unterscheidet sie wesentlich von den klassischen Teilchen eines idealen Gases, die gleichmäßiger verteilt sind und der *Poisson-Verteilung* gehorchen (Gl. (7.106)).

Wie eine solche Verteilung etwa aussieht, ist in Abb. 7.60 skizziert. Dort sind 10 Meßintervalle angegeben und die pro Meßintervall gezählte Photonenzahl durch

[12] Da die Photonenzahl ein Maß für die Strahlstärke ist, und diese proportional dem Quadrat der Feldstärke ist, $I \sim E^2$, kann die obige Verteilung auch zu einer Wahrscheinlichkeitsverteilung für die Feldstärken umgeformt werden und entspricht dann der bekannten, symmetrischen Gauß-Verteilung.

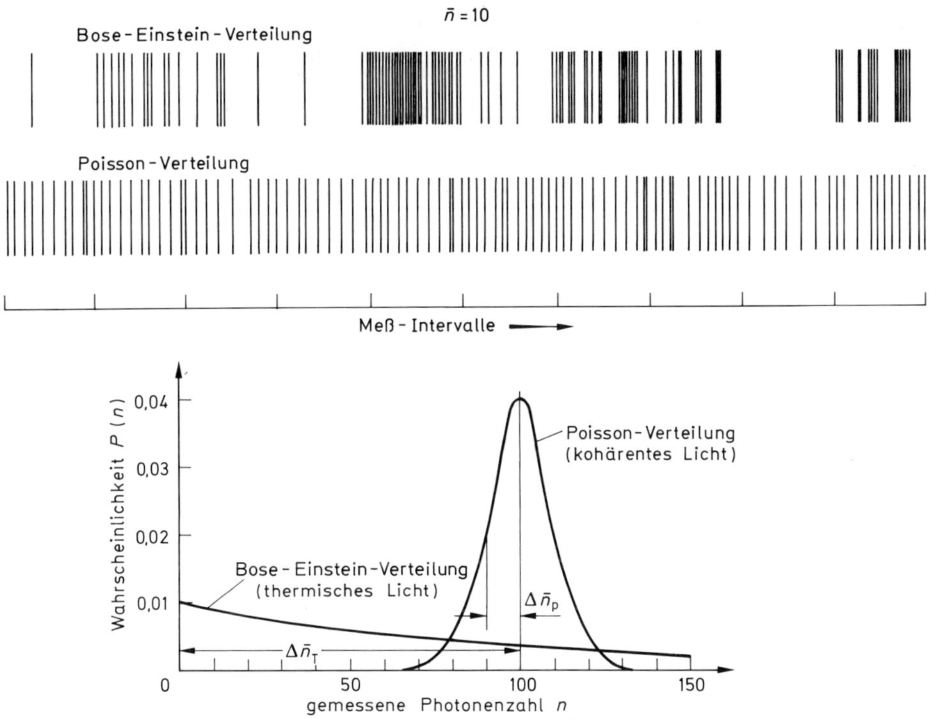

Abb. 7.60 Oben: Die statistische Verteilung von Teilchen, die einer Bose-Einstein-Verteilung bzw. einer Poisson-Verteilung gehorchen. Jeder Strich symbolisiert ein Teilchen. Unten: Die Wahrscheinlichkeit $P(n)$ in einem Meßintervall n Photonen zu messen, wenn die mittlere Meßrate $\bar{n} = 100$ beträgt für thermisches und kohärentes Licht.

Striche markiert. Der Unterschied zwischen der Bose-Einstein-Verteilung für Photonen und der Poisson-Verteilung für Teilchen eines idealen Gases ist deutlich zu erkennen.

Als letztes soll das mittlere Schwankungsquadrat $\overline{\Delta n^2}$ der Besetzungszahl diskutiert werden. Es wird definiert als:

$$\overline{\Delta n^2} = (\bar{n})^2 - \overline{(n^2)} \,.$$

Wie die Theorie zeigt [23], ergibt sich für thermische Verteilungen allgemein:

$$\overline{\Delta n_{\mathrm{T}}^2} = \frac{kT}{k\nu} T \frac{\mathrm{d}\bar{n}}{\mathrm{d}T} \,. \tag{7.103}$$

Mit Gl. (7.101) folgt hieraus für das absolute Schwankungsquadrat:

$$\overline{\Delta n_{\mathrm{T}}^2} = \bar{n} + \bar{n}^2 \,. \tag{7.104}$$

Die Schwankung besteht aus zwei Anteilen. Der eine Anteil wird, wie die folgenden Überlegungen zeigen, durch den Korpuskelcharakter des Lichts hervorgerufen, der andere Anteil durch den Wellencharakter. Bei sehr kleinen Besetzungszahlen der Phasenzelle folgt:

$$\overline{\Delta n_{\mathrm{T}}^2} \approx \bar{n}\,, \quad \bar{n} \ll 1\,.$$

Das Schwankungsquadrat ist gleich der Teilchenzahl. Ein Ergebnis, welches typisch für ein klassisches Teilchenensemble ist und welches konsistent mit den vorangehenden Betrachtungen ist, die bereits mehrfach ergaben, daß sich das Strahlungsfeld bei kleinen Photonendichten weitgehend wie ein Korpuskelstrom verhält. Bei großen Werten von $\bar{n}$ folgt aus Gl. (7.104)

$$\overline{\Delta n_{\mathrm{T}}^2} = \bar{n}^2\,, \quad \bar{n} \gg 1\,.$$

Dieses Ergebnis ist typisch für die Schwankungen eines Wellenfeldes, die größer sein müssen als die eines Teilchenensembles; eine direkte Folge der Interferenzfähigkeit von Wellenfeldern.

Man sieht, daß das Schwankungsquadrat der Photonenzahl beide Eigenschaften der Photonen berücksichtigt, die Korpuskel- und die Welleneigenschaften.

Schwankungen von nichtklassischem Licht. Das Schwankungsquadrat der Photonenzahl von thermischem (klassischem) Licht ist durch Gl. (7.104) gegeben. Abweichungen hiervon sind durchaus zulässig, denn das lichtemittierende System muß nicht im thermischen Gleichgewicht sein. In jedem Fall muß jedoch die Unschärfe-Relation zwischen Teilchenzahl und Phase gelten:

$$\Delta n \, \Delta \varphi \geq 1 \tag{7.105}$$

Nicht im thermischen Gleichgewicht ist z. B. der selbsterregte Hochfrequenz-Generator oder der Laser. Ein solcher Generator liefert einen unendlich ausgedehnten Sinuswellenzug, den man auch als kontrollierte Schwingung bezeichnet. In der klassischen Physik, die keine Photonen kennt, sind beim idealen Sinuszug Phase und Amplitude zeitlich konstant und es tritt keine Schwankung auf.

Quantenmechanisch wird der Sinuswellenzug jedoch durch Photonen repräsentiert, und die örtliche oder zeitliche Verteilung macht sich als statistische Schwankung der Intensität bemerkbar. Außerdem ist es wegen der Unschärfe-Relation zwischen Photonenzahl n und Phase φ im Gegensatz zum klassischen Sinuswellenzug nicht möglich, gleichzeitig Amplitude und Phase zu stabilisieren. Den quantenmechanischen idealen Sinuswellenzug kann man sich als eine zeitlich sehr langgestreckte Phasenzelle vorstellen, in der die Frequenz der Photonen entsprechend scharf bestimmt ist. Für die Verteilung der Photonen in einer solchen kontrollierten Schwingung gilt die *Poisson-Verteilung*. Die Wahrscheinlichkeit $P(\bar{n})$, in einem Meßintervall die Photonenzahl n zu messen, ergibt sich zu:

$$P(\bar{n}) = \frac{1}{n!}(\bar{n})^n \, \mathrm{e}^{-\bar{n}}\,, \tag{7.106}$$

wobei $\bar{n}$ die mittlere Photonenzahl pro Meßzeit ist. In Abb. 7.60 ist die Poisson-Verteilung dargestellt. Mit größter Wahrscheinlichkeit wird der Mittelwert $\bar{n}$ gemessen, aber es treten auch Abweichungen hiervon auf. Das Schwankungsquadrat der

Poisson-Verteilung lautet:

$$\overline{\Delta n_{\mathrm{P}}^2} = \bar{n}\,, \tag{7.107}$$

und ist kleiner als die Schwankung des thermischen Lichts. Das war zu erwarten, denn bei der kontrollierten Schwingung entsteht die Schwankung nur noch durch den Korpuskelanteil der Strahlung; der Wellenanteil liefert keinen Beitrag zur Schwankung. Die Poisson-Verteilung zeigt, daß sich in diesem Fall die Photonen wie klassische, unabhängige Teilchen verhalten. Ein derartiger Zustand der Photonen wird **kohärenter Zustand (kohärentes Licht)** genannt.

Für große Photonenzahlen werden sowohl Phasenschwankung als auch relative Photonenzahlschwankung beliebig klein, und im Grenzfall geht der quantenmechanische Sinuswellenzug in den klassischen über.

Die Schwankungen der Photonenzahl beeinträchtigen die Meßgenauigkeit z. B. bei Interferenzversuchen. Sind Leistung des Lasers und Meßzeit vorgegeben, so sind die in diesem Zeitintervall eintreffende Photonenzahl und deren Schwankung ebenfalls festgelegt und damit bei sonst idealen Bedingungen die Meßgenauigkeit. Nun legt die Unschärfe-Relation nur das Produkt aus Teilchenzahlschwankung und Phasenschwankung fest. Verzichtet man auf Genauigkeit bei der einen Größe, kann man die andere genauer messen. Es ist vorstellbar, daß es Lichtquellen gibt, bei denen Δn geringer ist als beim Laser nach Gleichung (7.107). Licht dieser Art nennt man nichtklassisch. Erzeugen läßt sich derartiges Licht z. B. durch nichtlineare Verstärkung von Laserlicht, da nur durch nichtlineare Prozesse eine Statistik verändert werden kann. Weil das Volumen der Phasenzelle vorgegeben ist, kann durch Manipulationen an der Statistik nur die Form der Phasenzelle verändert werden. Sie wird gequetscht, weshalb man diese Zustände auch *squeezed states* nennt [24].

Fluktuationen des Feldes. Es ist in mancher Hinsicht anschaulicher, statt der Photonenzahlfluktuationen die Schwankungen des elektrischen Feldes zu betrachten. Das Feld kann durch die zeitabhängige komplexe elektrische Feldstärke $\mathscr{E}(t)$ beschrieben werden (s. Kap. E):

$$\mathscr{E}(t) = \mathscr{E}_0(t)\exp[\mathrm{i}(\omega t + \varphi(t))]\,.$$

Sowohl die Amplitude $\mathscr{E}_0(t)$ als auch die Phase $\varphi(t)$ sind Schwankungen unterworfen. Der Augenblickswert von $\mathscr{E}(t)$ kann in der komplexen Ebene durch einen Punkt dargestellt werden, wobei die schnelle Oszillation mit der Frequenz ω herausgenommen wird. Ein fluktuierendes Strahlungsfeld bedeutet einen sich in der komplexen Ebene statistisch bewegenden Punkt. Die Häufigkeit, mit der ein bestimmter Zustand des Feldes angetroffen wird, ist in Abb. 7.61 durch die Punktdichte gekennzeichnet.

Ein klassischer, idealer Wellenzug wird dann durch einen zeitlich fixen Punkt markiert, die Punktdichte entartet zur Delta-Funktion.

Ein quantenmechanisches Feld wird durch die Punktdichteverteilung charakterisiert. Bei einer geeigneten Wahl des Zeitnullpunktes kann man immer erreichen, daß der Imaginärteil von $\mathscr{E}$ maximal wird und der Realteil so klein, wie es die unvermeidbare Schwankung zuläßt. Dann ergibt sich für die Phasenschwankung aus Abb. 7.61 b:

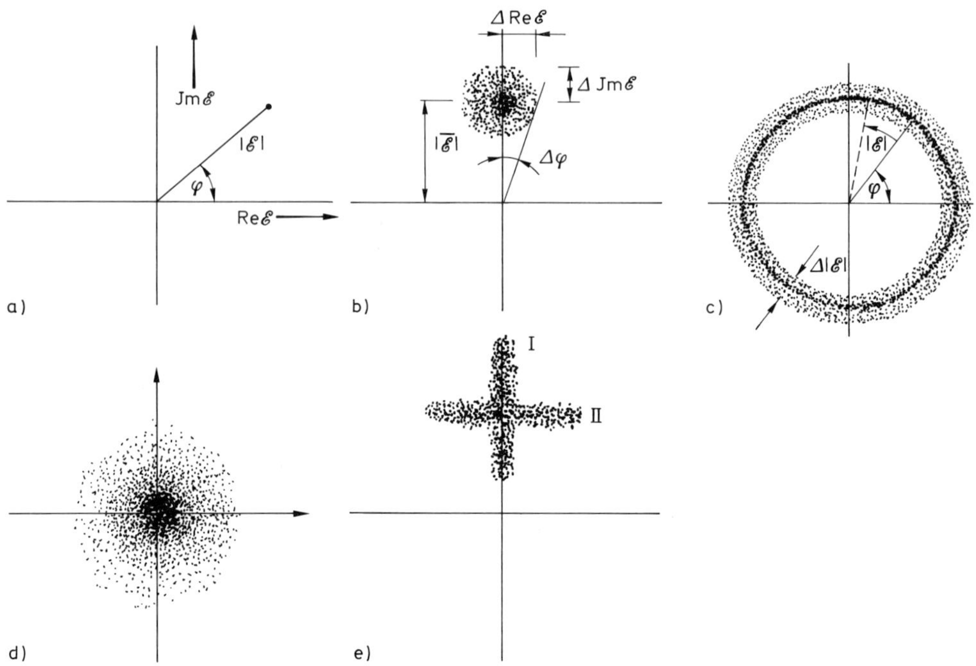

Abb. 7.61 Die verschiedenen Zustände eines Strahlungsfeldes. Dargestellt ist die elektrische Feldstärke in der komplexen Ebene. Die Punktdichte gibt an, wie häufig ein bestimmter Wert von $\mathscr{E}$ angetroffen wird. a) Der klassische Wellenzug, b) der kohärente Zustand, c) der Laser, d) thermisches Licht, e) ein squeezed state (gequetschter Zustand).

$$\Delta\varphi = \frac{\Delta \operatorname{Re}\mathscr{E}}{|\mathscr{E}|},$$

wobei im folgenden zur Vereinfachung ein skalares Feld betrachtet wird.

Der Schwankung des Imaginärteils entspricht eine Energiedichteschwankung in dem betrachteten Hohlraum vom Volumen V, oder in Photonenzahlen ausgedrückt

$$\Delta n = \varepsilon_0 V \frac{\Delta \operatorname{Im}\mathscr{E}}{\hbar\omega} |\mathscr{E}| .$$

Mit Gl. (7.105) folgt hieraus

$$\Delta n \, \Delta\varphi = (\Delta \operatorname{Re}\mathscr{E})(\Delta \operatorname{Im}\mathscr{E}) \frac{\varepsilon_0 V}{\hbar\omega} \geq 1$$

oder

$$(\Delta \operatorname{Re}\mathscr{E})(\Delta \operatorname{Im}\mathscr{E}) \geq \frac{\hbar\omega}{\varepsilon_0 V} .$$

Das heißt, Real- und Imaginärteil der Feldstärke können nicht gleichzeitig scharf gemessen werden.

Beim kohärenten Zustand bewegt sich die Spitze des $\mathscr{E}$-Vektors in der komplexen Ebene statistisch innerhalb eines Kreises vom Radius

$$\Delta|\mathscr{E}| = \sqrt{\frac{\hbar\omega}{\varepsilon_0 V}}$$

wie Abb. 7.61 b zeigt. Es gilt in der Unschärferelation das Gleichheitszeichen.

Der ideale Laser besitzt infolge der nichtlinearen Verstärkereigenschaften des aktiven Mediums eine stabilisierte Amplitude mit einer Schwankungsbreite nach Gl. (7.107). Aber infolge der spontanen Emission ändert sich die Phase φ statistisch. Nach hinreichend langer Zeit überdeckt φ den gesamten Winkelbereich von 2π. Es entsteht in der komplexen Ebene eine Art Ringwall [25], wie Abb. 7.61 c zeigt.

Thermisches Licht bedeutet, daß mit größter Wahrscheinlichkeit die Amplitude null gemessen wird und die Phase alle Werte von null bis 2π durchläuft. Es entsteht ein Maulwurfshügel (Abb. 7.61 d).

Als squeezed states bezeichnet man die Zustände, bei denen das Gleichheitszeichen in der Unschärferelation gilt, aber die Schwankungen von Real- und Imaginärteil nicht mehr gleich groß sind. In Abb. 7.61 e sind zwei derartige „gequetschte" Bereiche dargestellt. Fall I bedeutet große Schwankung der Amplitude (Photonenzahl) und geringe Phasenschwankung, in Fall II ist gerade die inverse Situation dargestellt.

Messung über mehrere Phasenzellen. Es soll kurz noch der Fall betrachtet werden, daß die Meßzeit τ groß gegen die Kohärenzzeit Δt ist. Dann wird über mehrere Phasenzellen gemittelt, und es ist zu erwarten, daß sich die Schwankungen der Photonenzahlen ausgleichen und das relative Schwankungsquadrat kleiner wird. Werden z Phasenzellen betrachtet, die in einem hinreichend kleinen Frequenzintervall liegen, so ist ihre Besetzungszahl $\bar{n}$ die gleiche, und die mittlere Zahl der Photonen pro Messung beträgt

$$\bar{n}_z = z\bar{n} = \frac{z}{e^{h\nu/kT} - 1}\,.$$

Das Schwankungsquadrat folgt aus der Gl. (7.103) zu

$$\frac{\overline{\Delta n_z^2}}{\bar{n}_z^2} = \frac{1}{\bar{n}_z} + \frac{1}{z}\,. \tag{7.108}$$

Verglichen mit dem relativen Schwankungsquadrat einer Phasenzelle (siehe Gl. (7.104) ist, wie erwartet, eine Verringerung der Schwankung eingetreten, und zwar hat sich der Anteil der Schwankung verringert, der vom Wellenanteil herrührt. Bei Messung in mehreren Phasenzellen wird sich auch die Wahrscheinlichkeit $P(n_z)$ für das Auftreten einer bestimmten Photonenzahl n_z pro Meßintervall ändern. Es wird unwahrscheinlicher, die Photonenzahl $n_z = 0$ zu messen; denn das würde bedeuten, daß alle z Phasenzellen zum Zeitpunkt der Messung kein Photon enthalten. Es ist plausibel, daß bei vielen Phasenzellen die Wahrscheinlichkeit zunimmt, die mittlere Photonenzahl $\bar{n}_z$ zu messen. Im Grenzfall sehr vieler Phasenzellen geht die Bose-Einstein-Verteilung der Gl. (7.102) über in eine Poisson-Verteilung. Das zeigt sich auch am Schwankungsquadrat Gl. (7.108), welches im Grenzfall in das Schwankungsquadrat der Poisson-Verteilung Gl. (7.106) übergeht. Das Übergangsgebiet mehrerer Phasenzellen kann nur durch eine relativ komplizierte Verteilungsfunktion beschrieben werden, auf die hier nicht eingegangen werden soll.

Die Schwankungen der Strahlungsleistung nach Gl. (7.108) werden relativ um so bedeutender, je kleiner $\bar{n}$ ist. Man muß also erwarten, daß bei äußerst kleiner Strahlungsleistung das Auge Helligkeitsschwankungen beobachtet oder daß etwa eine regelmäßige periodische Folge von sehr schwachen Lichtblitzen nicht als solche gesehen wird, sondern daß unter Umständen einige dieser Blitze vom Auge überhaupt nicht wahrgenommen werden oder jedenfalls nicht mir gleicher Helligkeit, also nicht mit gleicher Photonenzahl. Solche Versuche sind sehr schwierig durchzuführen und haben nur Aussicht auf Erfolg, wenn man sich an der unteren Grenze der Helligkeitsempfindlichkeit des Auges befindet. Dann können nämlich an sich kleine Schwankungen vom Auge in große Helligkeitsempfindungen umgesetzt werden, indem man gerade unterhalb oder oberhalb der Schwelle der Empfindlichkeit ist, also zwischen der Helligkeit Null oder einer endlichen Helligkeit schwankt. Man muß bei solchen Beobachtungen sicher sein, daß die Schwankungen nicht vorgetäuscht werden durch etwaige Störungen im Auge selbst, etwa durch Ermüdung oder infolge der Unmöglichkeit, bei Stäbchensehen einen Gegenstand zu fixieren. Immerhin ist es in Versuchen von S. I. Wawilow und R. B. Barnes und M. Czerny gelungen, die Existenz dieser Schwankungen der Photonenzahl in Blitzen auf die angedeutete Weise qualitativ festzustellen.

Nach Barnes u. Czerny [26] reichen 40–100 Photonen einfallenden Lichts aus, eine Helligkeitsempfindung im Grün zu erzeugen. Aus Wahrscheinlichkeitsbetrachtungen errechnen sich daraus Schwankungen von etwa 30%. Das Ergebnis ist treffend durch diese Autoren wie folgt wiedergegeben: „Wenn das Auge auch nur ungefähr zehnmal empfindlicher wäre als es ist, so wäre der Schroteffekt (die Schwankungen) so deutlich, daß man das Licht der schwachen Sterne vom Himmel heruntertropfen sehen würde ... Wenn das Auge andererseits zehnmal unempfindlicher wäre, so würde die Beobachtung eines Schroteffekts ausgeschlossen sein. In Wirklichkeit hat sich ergeben, daß das Auge gerade bis an die Grenze entwickelt ist, wo es einen Schrotefekt wahrnehmen könnte.“

Die in diesem Abschnitt angestellten Überlegungen zeigen, daß die statistischen Eigenschaften des Lichts stark von seinen Kohärenzeigenschaften abhängen. Es muß also möglich sein, aus statistischen Messungen Rückschlüsse auf den Kohärenzzustand des Lichts zu ziehen. Auf ein derartiges Experiment soll im folgenden eingegangen werden.

Experimente zur Photonenstatistik. Das Youngsche Experiment mit dem Doppelspalt wurde von Michelson ausgenutzt, um den Winkeldurchmesser von Sternen bzw. den Winkelabstand von Doppelsternen zu bestimmen (Sterninterferometer). Die Abb. 7.62 zeigt die prinzipielle Meßanordnung. Der Doppelstern S_1, S_2, der von der Erde unter dem Winkel δ gesehen wird, beleuchtet eine Doppelblende Bl mit variablen Abstand b. Im Abschn. 3 wurde gezeigt, daß auf dem Beobachtungsschirm nur dann eine Interferenzfigur entsteht, wenn die Bedingung

$$b \leqq \frac{\lambda}{\delta} \tag{7.109}$$

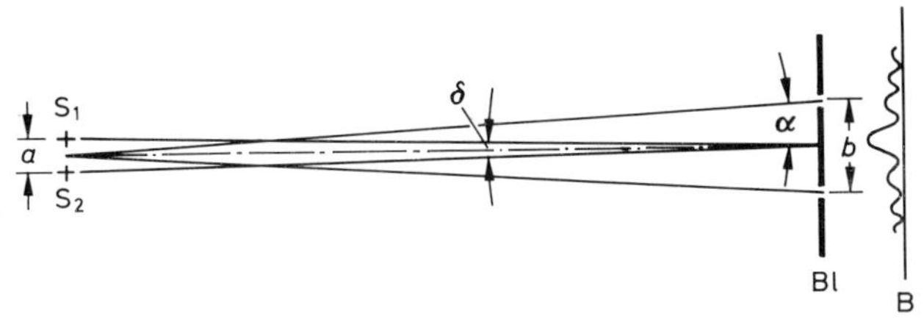

Abb. 7.62 Sterninterferometer nach Michelson. S_1, S_2: Doppelstern, Bl: Doppelblende, B: Beobachtungsschirm.

erfüllt ist. Es läßt sich leicht zeigen, daß die Bedingung (7.109) bis auf einen Zahlenfaktor mit der Kohärenzbedingung Gl. (7.101) für kleine Winkel übereinstimmt und auch identisch ist mit der Abbeschen Auflösungsbedingung für ein abbildendes System. Zunächst wird b sehr klein gemacht, so daß die obige Bedingung mit Sicherheit erfüllt ist und auf dem Schirm eine Interferenzfigur entsteht. Bei Vergrößerung von b nimmt der Kontrast der Interferenz ab und verschwindet bei einem bestimmten Wert von b, nämlich dann, wenn die obige Gleichung nicht mehr erfüllt ist. Aus diesem Wert von b kann dann δ ermittelt werden. Um δ wirklich genau ermitteln zu können, muß sehr sorgfältig der Kontrast ausgemessen werden, der auch noch von der Form der Blenden abhängt. Gl. (7.109) gibt also nur eine grobe Abschätzung an.

Um kleine Winkel δ auflösen zu können, muß die Basis b des Interferometers sehr groß sein, was oberhalb von $b = 6\,\text{m}$ zu Intensitäts- und Justierschwierigkeiten führt. Außerdem machen sich bei großen Basislängen die statistischen Inhomogenitäten der Luft bemerkbar[13].

Hanbury-Brown und Twiss [27] schlugen vor, auf die direkte Registrierung der Interferenzstruktur zur verzichten und dafür hinter jede Blende einen Multiplier zu setzen. Aus dem Vergleich der elektrischen Ausgangssignale der beiden Multiplier sollte es möglich sein, auf die Kohärenzeigenschaften des Lichts und damit auf den Kohärenzwinkel bzw. den Winkelabstand δ der Sterne zu schließen. Das muß prinzipiell möglich sein; denn wie in den vorangehenden Abschnitten gezeigt wurde, besteht ein Zusammenhang zwischen den Kohärenzeigenschaften und den statistischen Eigenschaften des Lichts.

Um diese Vermutung zu prüfen, führten Hanbury-Brown und Twiss einen Modellversuch aus, der in Abb. 7.63 skizziert ist. Durch Blenden und Filter wird aus der Quecksilberlampe Q ein Elementarbündel ausgefiltert. Ein Multiplier M_1 registriert die Intensitätsschwankungen in diesem Bündel, d. h. er zählt die Photonen. Über einen Teilerspiegel T wird die Hälfte der Intensität herausgespiegelt und auf den Multiplier M_2 gegeben, der gleichfalls die Intensitätsschwankungen registriert. Die Ausgangssignale beider Multiplier werden auf einen Koinzidenzzähler gegeben, der immer dann ein Signal registriert, wenn innerhalb einer apparativ bedingten

[13] Um diese Störungen zu umgehen, kann im Zentimeterwellenbereich gearbeitet werden. Die Interferenzstruktur wird dann elektronisch mit Mikrowellenempfängern ermittelt. Wegen der sehr viel größeren Wellenlänge ist die Winkelauflösung der Mikrowelleninterferometer auch bei größerer Basislänge schlechter als bei optischen Interferometern.

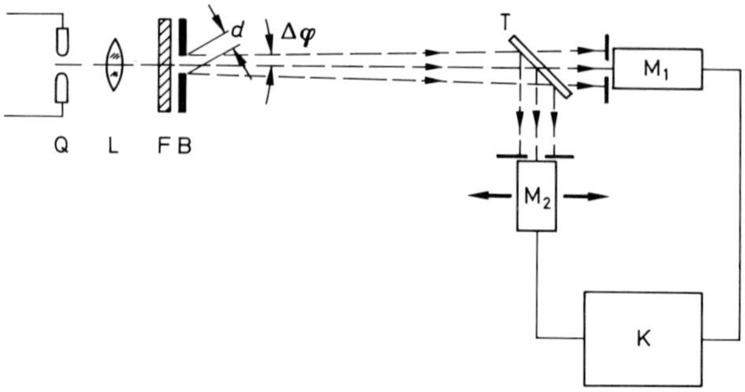

Abb. 7.63 Prinzipieller Aufbau des Versuchs von Hanbury-Brown und Twiss [27].

Zeit τ in beiden Multipliern gleichzeitig ein Intensitätsmaximum auftritt. Zunächst sind beide Multiplier derart justiert, daß sie in derselben Phasenzelle des Lichts messen.

Wären die Photonen klassische Teilchen, die der Boltzmann-Statistik gehorchen, so ergäbe sich pro Zählintervall wegen der endlichen Auflösung der Koinzidenzzähler eine bestimmte Koinzidenzrate, denn es gibt immer Teilchen, die zufällig innerhalb der Auflösungszeit τ auf die beiden Multiplier treffen und als koinzident gezählt werden. Man bezeichnet diese Koinzidenzen als *zufällige Koinzidenzen.*

Die Verteilung der Photonen über die Phasenzellen wird jedoch durch die Bose-Einstein-Verteilung Gl. (7.102) beschrieben. Diese besagt, daß die Photonen die Eigenschaft besitzen, in „Klumpen" aufzutreten, wie Abb. 7.60 zeigt. Ist z. B. in der Phasenzelle gerade ein Photonenklumpen enthalten, so wird er durch den Teilerspiegel aufgeteilt; bei beiden Multipliern tritt ein Intensitätsmaximum auf, welches als Koinzidenz gezählt wird. Da also die Photonen einer nichtklassischen Statistik gehorchen, treten in diesem Experiment mehr Koinzidenzen auf als nach einer klassischen Statistik zu erwarten wäre. Diese werden *echte Koinzidenzen* genannt.

Wird jetzt der Multiplier M_2 senkrecht zur Strahlungsrichtung verschoben (Abb. 7.63), so registriert er die Photonen einer anderen Phasenzelle als der Multiplier M_1 (sofern die Verschiebung größer ist als dem Kohärenzwinkel der Lichtquelle entspricht). Zwei Phasenzellen sind jedoch unabhängig voneinander und unterscheidbar; die Klumpenbildung der Photonen in der einen Phasenzelle ist völlig unabhängig von derjenigen in der anderen Phasenzelle. Die Zahl der Koinzidenzen muß abnehmen und ist im Grenzfall gleich der Zahl der zufälligen Koinzidenzen, bedingt durch die endliche Auflösung der Meßapparatur. Genau dieses Verhalten wurde von Hanbury-Brown und Twiss beobachtet. Das Experiment war nicht so einfach wie hier geschildert wurde. Tatsächlich änderte sich bei dem Versuch die Koinzidenzarte nur um $2{,}5 \cdot 10^{-4}$, d. h. von 10^4 Koinzidenzen waren nur 2–3 echt bzw. bedingt durch die Bose-Einstein-Statistik. Um also zuverlässige Aussagen zu gewinnen, deren Fehler außerhalb des statistischen Fehlers liegen, mußten sehr viele und sorgfältige Messungen durchgeführt werden.

Als Beweis für die Brauchbarkeit dieser Methode wurde von Hanbury-Brown und Twiss der Durchmesser des Sirius gemessen, da dieser aus anderen Messungen

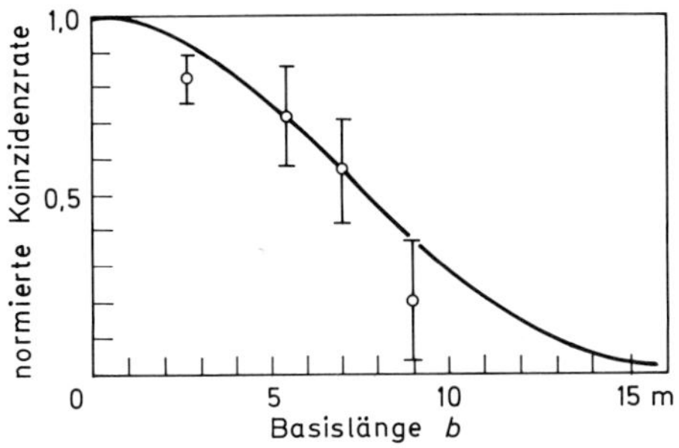

Abb. 7.64 Die Koinzidenzrate als Funktion der Basislänge b bei dem Experiment von Hanbury-Brown und Twiss zur Bestimmung des Winkeldurchmessers δ vom Sirius. Die ausgezogene Kurve gibt den theoretischen Verlauf für $\delta = 0{,}0069''$ an.

bekannt war. Abb. 7.64 zeigt das Ergebnis. Dort ist die normierte Koinzidenzrate als Funktion der Basislänge b (Abstand der beiden Multiplier) angegeben. Die zufälligen Koinzidenzen sind hier nicht eingetragen, d.h. tatsächlich fällt die Koinzidenzrate nicht auf null ab, sondern auf den Wert der zufälligen Koinzidenzen. Man erkennt die gute Übereinstimmung zwischen dem theoretischen Verlauf (berechnet aus dem bekannten Durchmesser des Sirius) und dem gemessenen Verlauf.

Die hier geschilderte Meßmethode unterscheidet sich trotz der formalen Ähnlichkeit von dem ursprünglichen Michelson-Sterninterferometer (Abb. 7.62). Dort werden auf dem Beobachtungsschirm (Photoplatte) die Lichterregungen, also die Feldstärken, die von beiden Blenden ausgehen, überlagert. Die Photoplatte registriert die Intensität, die proportional dem Quadrat der resultierenden Feldstärke ist, wobei über die Belichtungszeit τ integriert wird. Werden die von beiden Blenden ausgehenden Lichterregungen am Ort der Photoplatte mit E_1 und E_2 bezeichnet, so ist die Schwärzung der Photoplatte proportional:

$$S \sim \int_0^\tau (E_1 + E_2)^2 \,\mathrm{d}\tau = \int_0^\tau (E_1^2 + E_2^2 + 2E_1 E_2) \,\mathrm{d}\tau \,.$$

Die Anteile E_1^2, E_2^2 entsprechen der Bestrahlungsstärke, die von beiden Blenden am Ort des Schirms erzeugt wird. Der Anteil $E_1 E_2$ ist das Interferenzglied, welches die örtliche Interferenzstruktur auf der Photoplatte erzeugt. Dieses Integral wird als *Kreuzkorrelationsfunktion* $\Gamma_{12}^{(1)}$ *erster Ordnung* bezeichnet, wobei es üblich ist, den Grenzübergang für τ gegen ∞ zu vollziehen:

$$\Gamma_{12}^{(1)} = \lim_{\tau \to \infty} \frac{1}{\tau} \int_0^\tau E_1 E_2 \,\mathrm{d}\tau \,. \tag{7.110}$$

Beim Experiment von Hanbury-Brown und Twiss dagegen registriert jeder Multiplier die Bestrahlungsstärke; dann werden diese Bestrahlungsstärken elektronisch korreliert und über die Auflösungszeit τ integriert. Es wird also eine Größe der Form

$$\Gamma_{12}^{(2)} = \frac{1}{\tau} \int_0^\tau E_1^2 E_2^2 \,\mathrm{d}\tau \tag{7.111}$$

bestimmt, die auch *Korrelationsfunktion zweiter Ordnung* genannt wird.

Monochromasie und Kohärenz. Zum Abschluß soll kurz auf diese beiden wichtigen Begriffe eingegangen werden, die oft als gleichwertig oder gar identisch benutzt werden, obwohl es sich um zwei verschiedene Eigenschaften des Lichts handelt.

Monochromasie. Entsprechend der Bedeutung des Wortes (Einfarbigkeit) wird Licht als monochromatisch bezeichnet, wenn seine spektrale Breite hinreichend gering ist. An dieser Definition ist zu erkennen, daß es sich um einen mehr qualitativen Begriff handelt. Das einfachste Beispiel für monochromatisches Licht ist Licht einer thermischen Lichtquelle, welches durch ein Interferenzfilter hinreichend schmalbandig gemacht wird.

Das Interferenzfilter ist ein lineares Übertragungselement, d. h. seine Eigenschaften sind unabhängig von der Bestrahlungsstärke des Lichts. Daher verändert ein Interferenzfilter nicht die statistischen Eigenschaften des Lichts. Thermisches Licht genügt der Bose-Einstein-Statistik, und auch das Licht hinter dem Filter wird durch diese Statistik beschrieben. Das Filter ändert nur die Bandbreite $\Delta\nu$ und damit die Kohärenzzeit Δt. Während vor dem Filter die statistischen Schwankungen der Bestrahlungsstärke sehr schnell erfolgen (bei einer Temperatur der Lichtquelle von $T = 3000\,\mathrm{K}$ wird $\Delta t \approx 10^{-15}\,\mathrm{s}$) verlängert das Filter die Kohärenzzeit und die Schwankungen erfolgen langsamer ($\Delta t = 10^{-12}$ bis $10^{-9}\,\mathrm{s}$). Die Statistik ist jedoch die gleiche geblieben. Zwischen monochromatischem und nichtmonochromatischem Licht besteht kein prinzipieller Unterschied, sondern nur ein Unterschied in der Bandbreite (Abb. 7.65).

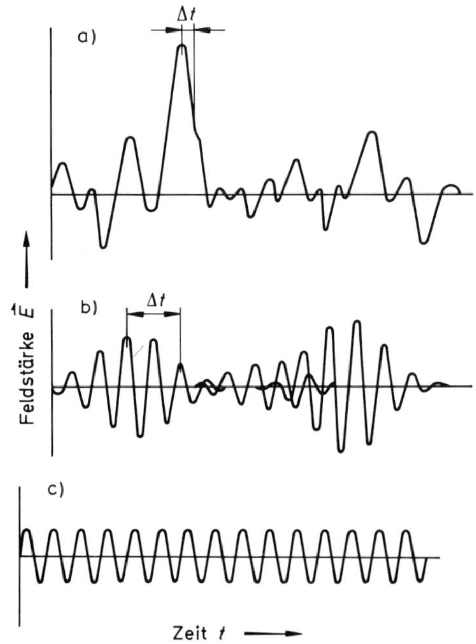

Abb. 7.65 Schematische Darstellung des zeitlichen Verlaufs der elektrischen Feldstärke ***E*** für verschiedene Zustände des Strahlungsfeldes: a) Thermisches Licht des schwarzen Strahlers, b) thermisches Licht hinter einem Interferenzfilter (monochromatisches Licht), c) kohärentes Licht eines Lasers (kontrollierte Schwingung).

Kohärenz. Licht oder allgemeiner ein elektromagnetisches Feld ist kohärent, wenn die Photonen der Poisson-Statistik genügen Gl. (7.106). Derartiges Licht entspricht, wie bereits gezeigt wurde, dem idealen Sinuswellenzug konstanter Amplitude, wie er durch Hochfrequenzgeneratoren oder Laser erzeugt wird. Kohärentes Licht ist stets monochromatisch, während die Umkehrung nicht gilt. Kohärentes Licht ist auch stets interferenzfähig, wohingegen monochromatisches Licht nur dann interferenzfähig ist, wenn gewisse Kohärenzbedingungen eingehalten werden.

Die beiden verschiedenen Zustände des Strahlungsfeldes können allein durch eine Spektralanalyse nicht unterschieden werden, denn in jedem Fall zeigt das Spektrum eine scharfe Linie. Der Spektralapparat mißt, wie sich leicht zeigen läßt, nur das Korrelationsmaß $\Gamma_{12}^{(1)}$ erster Ordnung Gl. (7.110), welches für kohärentes und monochromatisches Licht den gleichen Wert hat. Dagegen können die beiden Zustände des Lichts durch statistische Meßverfahren unterschieden werden, d.h. das Korrelationsmaß zweiter Ordnung $\Gamma_{12}^{(2)}$ Gl. (7.111) ist unterschiedlich für kohärentes und monochromatisches Licht. Auf Einzelheiten soll hier nicht eingegangen werden, da diese nur im Rahmen einer quantenmechanischen Rechnung verständlich werden.

7.9 Erzeugung von kohärentem Licht – LASER

Im vorangehenden Abschnitt wurde dargelegt, daß ein kohärentes elektromagnetisches Strahlungsfeld durch einen unendlich ausgedehnten Sinuswellenzug der elektrischen oder magnetischen Feldstärke dargestellt werden kann. Amplitude und Phase der Welle sind hierbei so konstant, wie es die Unschärfe-Relation Gl. (7.26) zuläßt. Die Erzeugung kohärenter elektromagnetischer Wellen im Hochfrequenzbereich ist ein Problem, welches vor mehr als fünfzig Jahren gelöst wurde. 1888 wies H. Hertz die Existenz elektromagnetischer Wellen nach, 1906 wurde von L. de Forest und R. v. Lieben die Verstärkerröhre erfunden, und 1913 entdeckte A. Meissner das *Rückkopplungsprinzip,* welches zum selbsterregten Oszillator, dem Hochfrequenzgenerator führte. Dieses Prinzip, auf welches bereits in Bd. 2 eingegangen wurde, ist als Blockschaltbild in Abb. 7.66a skizziert. Alle kohärenten elektromagnetischen Wellen

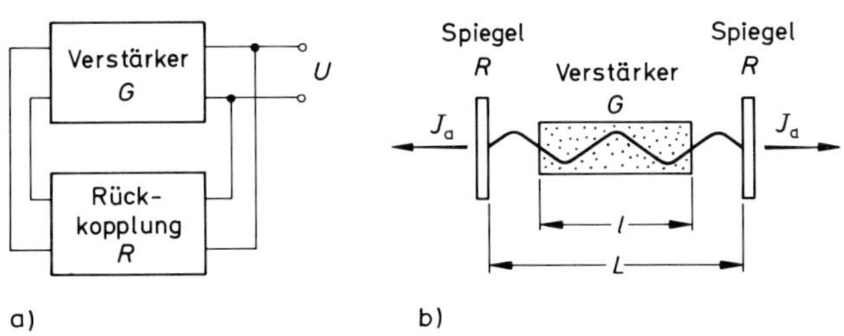

Abb. 7.66 Das Rückkopplungsprinzip nach A. Meissner; a) Hochfrequenzgenerator, b) Laser. In beiden Fällen ist *G* die Verstärkung des Strahlungsfeldes durch den Verstärker (Röhre oder Transistor im Fall *a*, angeregte Atome oder Moleküle im Fall *b*). *R* gibt den Bruchteil des Strahlungsfeldes an, der in den Verstärker zurückgekoppelt wird.

vom Langwellenbereich bis in den optischen Bereich werden nach dem Meissnerschen Rückkopplungsprinzip erzeugt.

Es bereitete jedoch große Schwierigkeiten, das Rückkopplungsprinzip im Zentimeter-Wellenbereich (Mikrowellen) oder gar im optischen Bereich zu realisieren. Der Grund war der, daß für die kurzen Wellenlängen kein geeigneter Verstärker zur Verfügung stand. Erst 1954/1955 gelang es Gordon, Zeiger und Townes [28] nach vorangehenden theoretischen Arbeiten von Weber [29], einen Generator zu entwickeln, der im Mikrowellenbereich bei einer Frequenz von $\nu_0 = 2{,}39 \cdot 10^{10}$ Hz arbeitete. Als verstärkendes Medium wurden angeregte Ammoniakmoleküle verwendet und dieser Generator nach seinem Verstärkungsprinzip **Maser** (**m**icrowave **a**mplification by **s**timulated **e**mission of **r**adiation) genannt.

In einer theoretischen Arbeit untersuchten Schawlow und Townes [30] die Möglichkeit, das Maserprinzip auf den optischen Bereich zu übertragen, und 1960 gelang es Maiman [31], den ersten selbsterregten Generator im sichtbaren Spektralbereich bei einer Frequenz von $\nu_0 = 4{,}32 \cdot 10^{14}$ Hz zu realisieren. Als verstärkendes Medium wurden Chromionen in Saphir (Rubin) benutzt, und in Analogie zum Maser wurde dieser Lichtoszillator **Laser** (**l**ight **a**mplification by **s**timulated **e**mission of **r**adiation) genannt.

7.9.1 Das Rückkopplungsprinzip und Lichtverstärkung

Ein Verstärker für elektromagnetische Wellen besitzt die Eigenschaft, eine Eingangsintensität J_{ein} zu verstärken und eine Ausgangsintensität J_{aus} zu liefern. Bei kleinen Intensitäten, abhängig vom speziellen System, ist diese Verstärkung linear, d. h. die Ausgangsintensität ist proportional der Eingangsintensität. Der Proportionalitätsfaktor wird Leerlaufverstärkungsfaktor G_0 genannt, und es gilt

$$J_{aus} = G_0 J_{ein}, \quad J_{ein} \to 0 .$$

Für hohe Eingangsintensität zeigen alle Verstärker ein Sättigungsverhalten, d. h. der Verstärkungsfaktor G wird jetzt abhängig von der Intensität und nimmt i. a. mit zunehmender Intensität ab. Es gilt allgemein

$$J_{aus} = G(I_{ein}) J_{ein} .$$

Bei einem rückgekoppelten Verstärker wird nun ein Bruchteil R der Ausgangsintensität über ein Rückkopplungsglied, z. B. ein Transformator bei niedrigen Frequenzen, ein teildurchlässiger Spiegel im optischen Bereich, wieder auf den Eingang des Verstärkers gegeben, nochmals verstärkt, usw. Wenn dann die Bedingung

$$G_0 R V > 1 \tag{7.112}$$

erfüllt ist, wobei V ein Verlustfaktor ist, der die in den Leitungen auftretenden ohmschen Verluste oder beim Licht die Streuverluste und Absorption enthält, nimmt die Intensität bei jedem Umlauf zu. Mit zunehmender Intensität wird jedoch der Verstärkungsfaktor kleiner, bis sich schließlich ein stationärer Zustand einstellt, gekennzeichnet durch

$$G(J_{\text{ein}})\,RV = 1\,. \tag{7.113}$$

Man bezeichnet die Bedingung Gl. (7.112) als Selbsterregungsbedingung, denn nur wenn die gesamte Verstärkung pro Umlauf größer als eins ist, kann sich durch fortgesetzte Verstärkung aus dem Rauschen ein Ausgangssignal entwickeln. Gl. (7.113) ist die Stationaritätsbedingung, d. h. im stationären Fall stellt sich die Intensität J_{ein} so ein, daß diese Gleichung erfüllt ist.

Da es sich um interferenzfähige Felder handelt, kommt noch eine weitere Bedingung hinzu. Das rückgekoppelte Feld muß sich dem am Eingang bereits vorhandenen Feld phasenrichtig überlagern, da sonst durch destruktive Überlagerung (Gegenkopplung) das Feld am Eingang des Verstärkers verringert wird. Die Phasenschiebung pro Umlauf muß also ein ganzes Vielfaches von 2π betragen:

$$\Delta\phi = p\,2\pi \quad (p = 1, 2, \ldots)\,. \tag{7.114}$$

Man bezeichnet diese Bedingung als Resonanzbedingung. Diese Überlegungen zum Rückkopplungsprinzip gelten sowohl im Hochfrequenzbereich, als auch für Licht. Es muß nun untersucht werden, wie ein Verstärker für Licht zu realisieren ist.

Verstärkung von Licht durch induzierte Emission. In Abschn. 7.6 wird gezeigt, daß bei der Wechselwirkung von Licht mit Atomen das Licht durch induzierte Emission verstärkt werden kann, daß aber im thermischnen Gleichgewicht stets die Absorption überwiegt. Insgesamt wird also eine Lichtwelle bei der Wechselwirkung mit Atomen im thermischen Gleichgewicht geschwächt. Absorption und induzierte Emission werden durch die Gl. (7.41) und (7.42) beschrieben:

Absorption $$\frac{\mathrm{d}n_1}{\mathrm{d}t} = -B_{12}n_1u_\nu f(\nu)\,,$$

induzierte Emission $$\frac{\mathrm{d}n_2}{\mathrm{d}t} = -B_{21}n_2u_\nu f(\nu)\,.$$

Es bedeuten:

- n_1, n_2 = Anzahldichte der Atome im Grundzustand bzw. im angeregten Zustand,
- u_ν = spektrale Energiedichte,
- B_{12}, B_{21} = Einstein-Koeffizienten (atomare Konstanten, bei nicht entarteten Niveaus gilt: $B_{12} = B_{21}$),
- $f(\nu)$ = normiertes Linienprofil.

Die Zahl der pro Zeit und Volumen absorbierten Photonen ist gleich $-\mathrm{d}n_1/\mathrm{d}t$ und die Zahl der induziert erzeugten Photonen gleich $-\mathrm{d}n_2/\mathrm{d}t$. Die Differenz dieser beiden Ausdrücke gibt also die gesamte Änderung $\mathrm{d}q/\mathrm{d}t$ der Photonenanzahldichte q an:

$$\frac{\mathrm{d}q}{\mathrm{d}t} = \frac{\mathrm{d}n_1}{\mathrm{d}t} - \frac{\mathrm{d}n_2}{\mathrm{d}t} = B_{12}u_\nu f(\nu)\,(n_2 - n_1)\,.$$

Die spektrale Strahlungsdichte u_ν kann in die Photonenanzahldichte q umgerechnet werden gemäß $u_\nu = qh\nu/\Delta\nu$. Aus obiger Gleichung folgt dann[14]:

$$\frac{\mathrm{d}q}{\mathrm{d}t} = -\sigma c \Delta n q\,. \tag{7.115}$$

Hierbei bedeuten:

σ $= B_{12}h\nu f(\nu)/\Delta\nu$ = frequenzabhängiger Wirkungsquerschnitt des Überganges, σ hat die Dimension einer Fläche,
$\Delta n = n_1 - n_2$ = Besetzungszahlendifferenz, Dimension einer Anzahldichte,
c = Lichtgeschwindigkeit im Medium.

Die zeitliche Änderung der Photonenanzahldichte nach Gl. (7.115) kann auch als örtliche Änderung formuliert werden:

$$\frac{\mathrm{d}q}{\mathrm{d}t} = \frac{\mathrm{d}q}{\mathrm{d}x}\frac{\mathrm{d}x}{\mathrm{d}t} = c\frac{\mathrm{d}q}{\mathrm{d}x},$$

woraus folgt:

$$\frac{\mathrm{d}q}{\mathrm{d}x} = -\sigma \Delta n q\,. \tag{7.116}$$

Die Photonenzahldichte läßt sich gemäß

$$J = qch\nu \tag{7.117}$$

in Intensitäten umrechnen.

Unter der Voraussetzung örtlich konstanter Besetzungszahlendifferenz Δn läßt sich Gl. (7.116, 7.11) sofort integrieren und liefert:

$$J(\mathrm{x}) = J(0)\,\mathrm{e}^{-\Delta n \sigma x}\,. \tag{7.118}$$

Im thermischen Gleichgewicht ist Δn stets positiv, Gl. (7.46), und es gilt für atomare Übergänge im optischen Bereich bei normalen Temperaturen: $n_2 = 0$, $n_1 = n_0$, $\Delta n = n_0$ (n_0 = Gesamtzahldichte der Atome $n_1 + n_2$), d. h. nahezu alle Atome befinden sich im untersten Energiezustand. Dann stellt Gl. (7.118) das bekannte Lambertsche Absorptionsgesetz dar, also die exponentielle Schwächung einer Lichtwelle beim Durchgang durch ein absorbierendes Medium.

Damit eine Verstärkung der Lichtwelle bei der Wechselwirkung mit Atomen erfolgt, muß die Besetzungszahlendifferenz $\Delta n = n_1 - n_2$ negativ werden. Es müssen sich mehr Atome im angeregten Energiezustand als im Grundzustand befinden. Ein derartiger nichtthermischer Zustand wird *Inversionszustand* genannt:

[14] Obwohl von einer spektralen Verteilung u_ν der Strahlungsdichte ausgegangen wurde, sind die Gl. (7.115) und (7.116) auch gültig, wenn q die Photonenanzahldichte einer monochromatischen Welle darstellt. Bei der korrekten quantenmechanischen Ableitung dieser Beziehungen wird umgekehrt vorgegangen. Erst wird die Wechselwirkung der Atome mit einer monochromatischen Lichtwelle betrachtet und daraus durch geeignete Integration über alle Frequenzen die Wechselwirkung mit einem thermischen Strahlungsfeld berechnet. Daraus ergeben sich dann die Gl. (7.41) und (7.42).

$\Delta n > 0, \quad n_1 > n_2$ thermischer Zustand, Schwächung der Lichtwelle,

$\Delta n < 0, \quad n_1 < n_2$ Inversionszustand, Verstärkung der Lichtwelle.

Der Inversionszustand entspricht formal nach Gl. (7.45) einer negativen thermodynamischen Temperatur.

7.9.2 Herstellung eines Inversionszustandes

Das Drei-Niveau-System. Der historisch erste Laser war der *Rubin-Laser* von T.H. Maiman (1960). An diesem Beispiel soll die Erzeugung des Inversionszustandes erläutert werden.

Der Rubinkristall besteht aus Aluminiumoxid (Al_2O_3), welches in reiner, kristalliner Form auch als Saphir bekannt ist. Die rote Färbung des Rubins entsteht durch geringe Zusätze von Chromatomen ($\approx 0{,}05\%$). Diese Chromatome ersetzen zum Teil die Aluminiumatome des Saphirs und liegen in dreifach ionisierter Form vor. Ein stark vereinfachtes Termschema der Chromionen zeigt Abb. 7.67. E_1 und E_2 bezeichnen den Grundzustand und ersten angeregten Zustand des Chromions. Außerdem treten zwei stark verbreiterte Energiezustände auf[15], die gemeinsam mit E_3 bezeichnet werden. Weitere scharfe Energieniveaus, die bei höheren Energien liegen, sind hier nicht eingezeichnet, da sie für den Laser-Prozeß keine Bedeutung haben. Wegen der drei Energieniveaus, die hier für die Herstellung des Inversionszustandes wichtig sind, wird dieses System *Drei-Niveau-System* genannt.

Wird der Rubinkristall mit blauem oder grünem Licht bestrahlt ($\lambda \approx 410$ nm bzw. 560 nm), so absorbieren die Chromionen dieses Licht und gehen dabei vom Grundzustand E_1 in die beiden angeregten Zustände E_3. Von dort hat das Chromion die Möglichkeit, entweder direkt in den Grundzustand zurückzukehren und die absorbierte Energie wieder zu emittieren, oder es geht in den Energiezustand E_2 und von

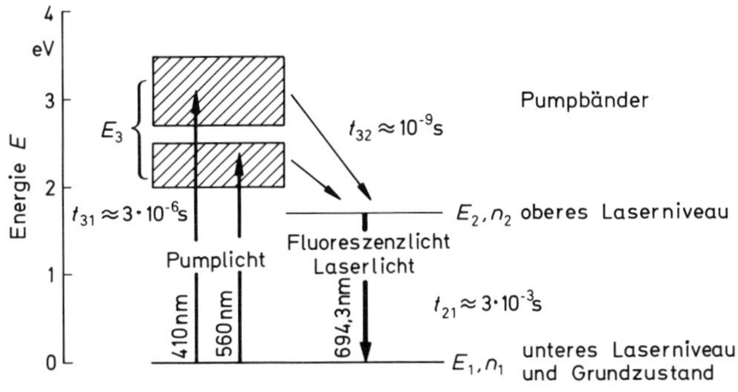

Abb. 7.67 Stark vereinfachtes Termschema der Chromionen im Rubin ($Al_2O_3 : Cr^{3+}$) als Beispiel für ein Drei-Niveau-System. Die Lichtverstärkung erfolgt zwischen den Niveaus der Energien E_1 bzw. E_2 für $\lambda_0 = 694{,}3$ nm.

[15] Die Verbreiterung wird durch die umgebenden Atome des Kristallgitters verursacht (Bd. 4).

dort in den Grundzustand. Beide Übergänge sind zulässig, aber mit unterschiedlicher Wahrscheinlichkeit. Die Übergangszeit t_{31} direkt in den Grundzustand beträgt $3 \cdot 10^{-6}$ s, die Übergangszeit t_{32} in den Zustand E_2 dagegen nur 10^{-9} s. D.h. von 1000 angeregten Chromionen kehren 3 direkt in den Grundzustand zurück und der Rest geht in den Zustand E_2, wobei die Energiedifferenz $E_3 - E_2$ als Wärme an den Kristall abgegeben wird.

Der Zustand E_2 hat eine für atomare Verhältnisse sehr lange Lebensdauer. Die Chromionen verweilen im Mittel $3 \cdot 10^{-3}$ s in diesem Niveau und kehren erst dann in den Grundzustand zurück, wobei sie ihre Energie als rotes Fluoreszenzlicht emittieren (spontane Emission), daher das leuchtende Rot des Rubins.

Ist das eingestrahlte blaue oder grüne Licht, welches auch als *Pumplicht* bezeichnet wird, hinreichend intensiv, so werden die Chromionen schneller in das E_2-Niveau befördert, als sie durch spontane Emission in den Grundzustand zurückkehren. Nach einer gewissen Zeit werden sich also mehr Chromionen im angeregten Zustand E_2 befinden als im Grundzustand E_1. Die Besetzungsdichte n_2 ist größer als n_1, d.h. Δn ist negativ und ein Inversionszustand liegt vor.

Damit ist der Rubinkristall in der Lage, Licht der Frequenz $\nu_0 = (E_2 - E_1)/h$ dieses Überganges durch induzierte Emission zu verstärken. Beim Rubin betragen $\nu_0 = 4{,}32 \cdot 10^{14}$ Hz und $\lambda_0 = 694{,}3$ nm. Besitzt der Kristall die Länge l, so beträgt nach Gl. (7.118) der Verstärkungsfaktor G für einen Durchgang des Lichts durch den Kristall

$$G = \mathrm{e}^{-\Delta n \sigma l}\,. \tag{7.119}$$

Der Rubinkristall verstärkt nicht nur Licht der Resonanzfrequenz ν_0, sondern auch benachbarte Frequenzen innerhalb einer Bandbreite $\Delta\nu$, entsprechend dem Linien-

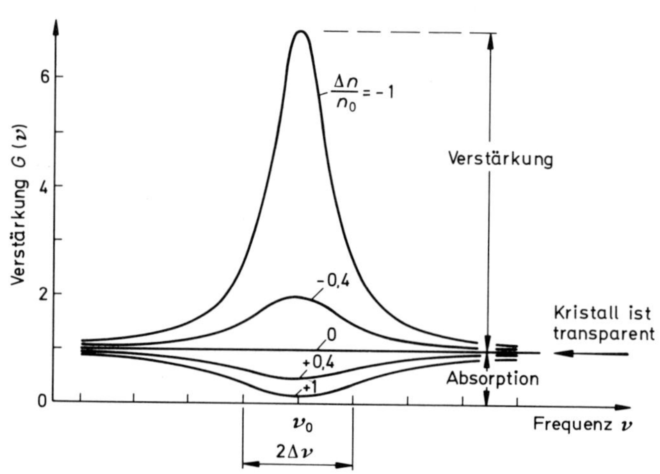

Abb. 7.68 Spektraler Verlauf des Verstärkungsfaktors $G(\nu)$ beim Rubinkristall für verschiedene Werte der relativen Besetzungszahlendifferenz $\Delta n/n_0$ (bzw. verschiedenen Pumplichtintensitäten). – $n_0 = n_1 + n_2$ totale Chromionendichte, $\Delta n = n_1 - n_2$, $\nu_0 = 4{,}32 \cdot 10^{14}$ Hz, $\lambda_0 = 694{,}3$ nm, $\Delta\nu = 3 \cdot 10^{11}$ Hz [40].

profil $f(\nu)$ des Übergangs (vgl. Abb. 7.28). Der spektrale Verlauf des Verstärkungsfaktors $G(\nu)$ für verschiedene Werte der Besetzungszahlendifferenz Δn am Beispiel des Rubinkristalls ist in Abb. 7.68 dargestellt.

Wird kein Pumplicht eingestrahlt, so befinden sich alle Chromionen im Grundzustand und die relative Besetzungszahlendifferenz ist $\Delta n/n_0 = 1$. In diesem Fall absorbiert der Kristall rotes Licht der Wellenlänge $\lambda_0 = 694{,}3$ nm ($G < 1$). Bei Einstrahlung von Pumplicht werden Chromionen in den angeregten Zustand gehoben, die Besetzungszahlendifferenz nimmt ab und entsprechend verringert sich die Absorption. Bei einer gewissen Pumplichtintensität befinden sich gleichviel Chromionen im unteren (E_1) und oberen (E_2) Energieniveau. Es ist $\Delta n = 0$ und der Kristall ist für rotes Licht transparent ($G = 1$). Wird die Pumplichtintensität noch weiter erhöht, so nimmt Δn negative Werte an und nach Gl. (7.119) verstärkt der Kristall ($G > 1$) das rote Licht. Im Grenzfall für unendlich hohe Pumplichtintensitäten befinden sich alle Chromionen im angeregten Zustand. Die Besetzungszahlendifferenz wird $\Delta n/n_0 = -1$ und der Verstärkungsfaktor nimmt einen Maximalwert an[16].

Um hohe Verstärkungsfaktoren zu erreichen, muß eine entsprechend hohe Pumplichtintensität zur Verfügung stehen. Zur Anregung des Rubins werden daher Xe-

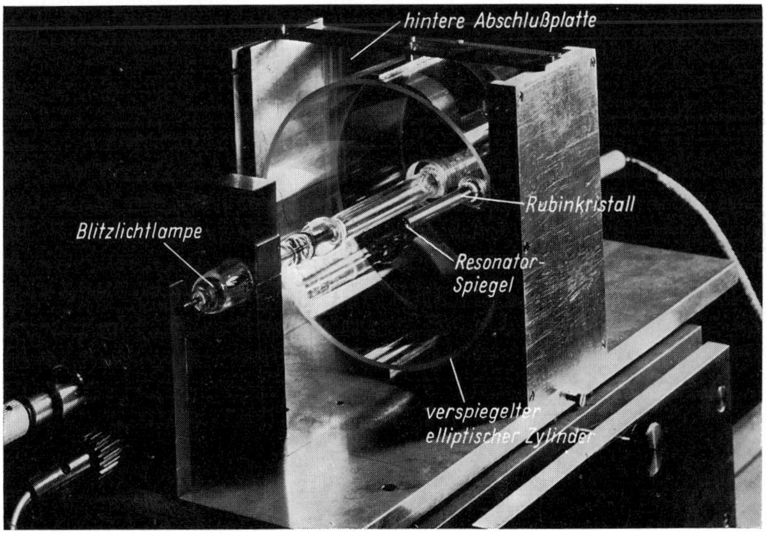

Abb. 7.69 Praktische Ausführung eines Rubin-Lasers. Rubinstab-Länge $l = 5$ cm. Die vordere Abschlußplatte des elliptischen Zylinders (Pumplichtgehäuse) wurde entfernt (Photo: I. Phys. Inst. T.U. Berlin) [40].

[16] Mit dieser Absorptionsänderung ist auch eine Brechzahländerung verknüpft. Wie in Kap. 2 gezeigt wird, geht die Besetzungszahlendifferenz Δn in die Dispersionsformel ein und führt bei Inversion zu der sogenannten negativen Dispersion. Experimentell wurde diese nachgewiesen von H. Kopfermann und R. Ladenburg (1928) durch die Beobachtung, daß die Brechzahl in der Nähe einer Emissionslinie von Ne abnimmt, wenn das Gas durch Energiezufuhr (in diesem Fall durch elektrischen Strom in eine Gasentladung, also durch Stoß von Elektronen) genügend stark angeregt wurde.

nonblitzlichtlampen verwendet. Abb. 7.69 zeigt eine derartige Anordnung. In dieser Betriebsart verstärkt der Rubin nicht kontinuierlich, sondern nur für kurze Zeit entsprechend der Entladungsdauer der Blitzlichtlampe, die bei einigen 10^{-3} s liegt.

Es besteht auch die Möglichkeit, den Rubin kontinuierlich durch Quecksilberkapillarlampen anzuregen. Da deren Leuchtdichte sehr viel geringer als die von Blitzlichtlampen ist, werden nur Verstärkungsfaktoren von $G \approx 1{,}05$ erreicht.

Das Vier-Niveau-System. Beim Drei-Niveau-System muß stets die Hälfte der Atome angeregt werden, um in den Verstärkungsbereich des Systems zu kommen. Die dafür benötigte Energie geht dem Verstärkungsprozeß verloren. Günstiger in dieser Hinsicht ist das Vier-Niveau-System. Ein Beispiel hierfür ist das System Glas: Neodym, dessen Termschema in Abb. 7.70 skizziert ist. Die Anregung erfolgt wie beim Rubin. Durch Einstrahlung von Pumplicht werden die Neodymionen vom Grundzustand über das Pumpniveau E_3 in das langlebige obere Laserniveau E_2 gebracht. Die Verstärkung von Licht erfolgt jedoch nicht wie beim Drei-Niveau-System durch induzierte Übergänge zwischen E_2 und dem Grundniveau, sondern zwischen E_2 und einem Niveau E_1, welches in diesem Beispiel etwa 0,24 eV über dem Grundzustand E_0 liegt. Dieser Energieabstand ist groß gegen die thermische Energie kT (bei Normaltemperatur etwa 0,025 eV), so daß im thermischen Gleichgewicht das Niveau E_1 praktisch leer ist ($n_1 = 0$). Für die Besetzungszahlendifferenz ergibt sich daher $\Delta n = n_1 - n_2 = -n_2$, und ein Inversionszustand $\Delta n < 0$ liegt sofort vor, wenn das Niveau E_2 besetzt ist. Daher kommt man beim Vier-Niveau-System mit sehr viel geringeren Pumplichtleistungen aus als beim Drei-Niveau-System.

7.9.3 Bilanzgleichungen, Selbsterregung und Ausgangsleistung eines Laser-Oszillators

Steht ein verstärkendes Medium zur Verfügung, kann dieses durch Rückkopplung zu einem selbsterregten Oszillator ausgebaut werden, sofern es gelingt, die Selbsterregungsbedingung Gl. (7.112) zu erfüllen. Dazu wird das Medium zwischen zwei

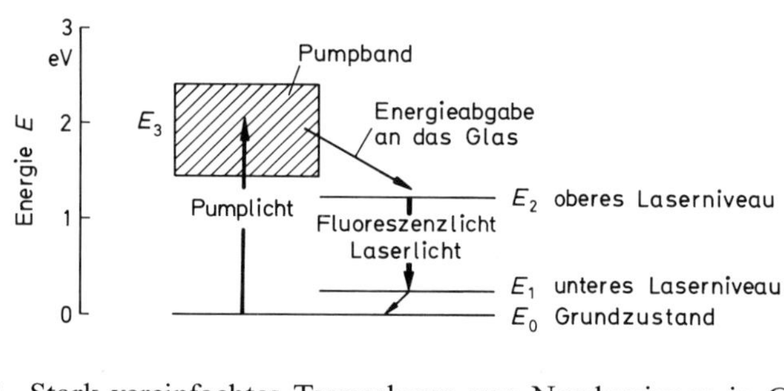

Abb. 7.70 Stark vereinfachtes Termschema von Neodymionen in Glas als Beispiel für ein Vier-Niveau-System. Die Lichtverstärkung erfolgt zwischen E_1 und E_2 für $\lambda_0 = 1060$ nm.

ausgerichtete Spiegel gesetzt. Zunächst tritt nur spontane Emission auf. Von den emittierten Wellenzügen (Photonen) werden einige wenige zufällig senkrecht auf die Spiegel auftreffen, reflektiert, durchlaufen das Medium nochmals, werden dabei verstärkt, wieder reflektiert usw. Es entsteht eine mit der Zahl der Durchläufe exponentiell wachsende Lichtlawine, die schließlich in einen stationären Zustand übergeht.

Am Beispiel des idealisierten Vier-Niveau-Systems ist es leicht möglich, aus einer Leistungsbilanz die wichtigsten Größen eines Lasers zu ermitteln [32].

Es mögen sich n_2 Atome im oberen Niveau E_2 befinden. Das untere Laserniveau ist leer und im Grundzustand, von dem aus die Anregung erfolgt, liegen dann $n_0 - n_2$ Atome vor. Hierbei ist n_0 die Gesamtdichte der aktiven Atome. Die Anregung durch Lichtabsorption aus dem Grundzustand ist proportional den dort vorhandenen Atomen und der eingestrahlten Lichtleistung. Man nennt diesen Proportionalitätsfaktor Pumprate W:

Anregung

$$\frac{\mathrm{d}n_2}{\mathrm{d}t} = W(n_0 - n_2)\,.$$

Der Abbau der sich in E_2 befindlichen Atome erfolgt durch spontane und induzierte Emission. Erstere ist proportional der Besetzungszahl n_2. Mit Gl. (7.43) ergibt sich für die Verminderung von n_2 durch:

Spontane Emission

$$\frac{\mathrm{d}n_2}{\mathrm{d}t} = -A_{21} n_2\,.$$

Die induzierte Emission ist proportional der Besetzungsdichte n_2 und der Photonenzahldichte bzw. Intensität. Unter Benutzung der Gln. (7.42)/(7.115)/(7.117) folgt für die

Induzierte Emission

$$\frac{\mathrm{d}n_2}{\mathrm{d}t} = -n_2 \sigma \frac{J}{h\nu}\,.$$

Im stationären Zustand muß die Zunahme von n_2 durch optisches Pumpen die Abnahme durch spontane und induzierte Emission ausgleichen. Es gilt somit

$$W(n_0 - n_2) = A_{21} n_2 + n_2 \sigma \frac{J}{h\nu}\,. \tag{7.120}$$

Weil beim Vier-Niveau-System $-n_2 = \Delta n$ ist, kann Gl. (7.120) sofort nach Δn aufgelöst werden, und liefert

$$\Delta n = -n_2 = -n_0 \frac{W/A_{21}}{1 + W/A_{21} + J/J_\mathrm{s}}\,. \tag{7.121}$$

J_s ist eine für das spezielle System charakteristische Größe, die Sättigungsintensität

$$J_s = \frac{h\nu}{\sigma A_{21}} . \tag{7.122}$$

Zunächst wird der Fall unterhalb Selbsterregung betrachtet. Dann ist die Intensität J im System null. Ohne optisches Pumpen ($W = 0$) ist die Besetzungszahlendifferenz null und wird für $W = 0$ sofort negativ, was nach Gl. (7.119) einen Verstärkungsfaktor $G > 1$ bedeutet. Mit zunehmender Pumpleistung steigt der Verstärkungsfaktor an und erreicht schließlich den für die Selbsterregung notwendigen Wert, der sich aus Gl. (7.112) ergibt. Man bezeichnet die hierfür erforderliche Inversionsdichte als Schwellinversionsdichte Δn_s. Sie lautet nach Gl. (7.121) (immer noch ist $J = 0$) zusammen mit Gl. (7.112) und Gl. (7.119):

Schwellinversionsdichte

$$\Delta n_s = \frac{n_0}{\sigma l} \ln R V . \tag{7.123}$$

Diese Schwellinversionsdichte wird erzeugt mit der Schwellpumprate W_s. Aus Gl. (7.121) folgt für die

Schwellpumprate

$$W_s = \frac{-\Delta n_s / n_0}{1 + \Delta n_s / n_0} \cong \frac{n_0}{\sigma l}(1 - R V) , \tag{7.124}$$

wobei die Näherungsformel für geringe Gesamtverluste $R V \cong 1$ gilt.

Bei höherer Pumprate setzt Selbsterregung ein, die Intensität steigt, jedoch nicht mehr die Inversionsdichte, da diese wegen der Stationaritätsbedingung konstant bleiben muß. Die Zunahmen von W und J verlaufen gerade so, daß Δn nach Gl. (7.121) konstant bleibt. Kombiniert man die Gln. (7.113)/(7.121)/(7.124), so entsteht ein Ausdruck für die Intensität im Lasersystem

$$J = J_s \left(\frac{W}{W_s} - 1 \right) . \tag{7.125}$$

Die Intensität im System steigt oberhalb einer gewissen Schwelle linear mit der Pumpleistung an. Davon kommt jedoch nur ein Bruchteil als nutzbare Intensität heraus, entsprechend dem Transmissionsvermögen der Spiegel. Es ist sinnvoll, einen Spiegel teildurchlässig zu wählen und den anderen möglichst hochreflektierend. Bei unterschiedlichen Reflexionsgraden ist R durch den mittleren Reflexionsgrad gemäß

$$R = \sqrt{R_1 R_2}$$

zu ersetzen.

Man beachte, daß die hier skizzierten Beziehungen nicht generell gelten, sondern für den Sonderfall des idealisierten Vier-Niveau-Systems abgeleitet wurden.

Selbsterregung verlangt auch die Erfüllung der Gl. (7.114). Die Phasenschiebung nach einem Umlauf muß ein ganzes Vielfaches von 2π betragen. Wenn L die optische Länge des Resonators ist, so beträgt die Zeit für einen Umlauf

$$T = \frac{2L}{c_0}. \tag{7.126}$$

Bei einer Kreisfrequenz ω bedeutet das eine Phasenschiebung von

$$\Delta\phi = \omega T$$

oder mit Gl. (7.114)

$$\omega_p = p c_0 \frac{\pi}{L}, \quad (p = 1, 2, \ldots) \tag{7.127a}$$

$$\nu_p = p c_0 \frac{1}{2L}, \tag{7.127b}$$

bzw. umgeschrieben auf die Wellenlänge

$$\lambda_p = \frac{2L}{p}. \tag{7.128}$$

Die Resonanzbedingung nach Gl. (7.114) läßt nur gewisse Frequenzen, die Resonanzfrequenzen ν_p bzw. -wellenlängen λ_p zu. Gl. (7.128) bedeutet anschaulich, daß nur die Wellen zur Selbsterregung kommen, von denen ein ganzes Vielfaches der halben Wellenlänge zwischen die Spiegel paßt, d. h. es entsteht eine stehende Welle.

Der Frequenzabstand Ω zweier aufeinanderfolgender Wellen ergibt sich zu:

$$\Omega = \nu_{p+1} - \nu_p = \frac{c_0}{2L} \tag{7.129}$$

und wird als Resonatorgrundfrequenz bezeichnet, da es die niedrigste Eigenfrequenz des Resonators ist ($p = 1$).

Die Frequenz ν_p muß innerhalb der verstärkungsfähigen Breite der Atome liegen, wodurch die Zahl p festgelegt wird ($\nu_p \approx \nu_0$).

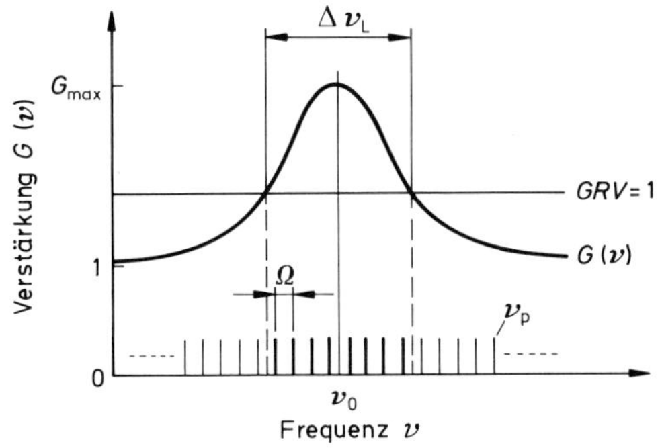

Abb. 7.71 Spektraler Verlauf des Verstärkungsfaktors $G(\nu)$ eines Lasers mit den zulässigen Resonanzfrequenzen ν_p des Resonators. Es kommen nur diejenigen Frequenzen zur Selbsterregung, für die die Verstärkung G größer ist als die gesamten Verluste RV. $\Delta\nu_L$ ist die laserfähige Bandbreite.

In Abb. 7.71 sind diese Verhältnisse skizziert. Die waagerechten Striche auf der Frequenzskala kennzeichnen die zulässigen Frequenzen ν_p nach Gl. (7.127). Von diesen können höchstens diejenigen zur Selbsterregung kommen, die die Bedingung Gl. (7.114) erfüllen, für die also die Verstärkung G größer ist als die gesamten Verluste RV. Dieser Spektralbereich wird *laserfähige Bandbreite* $\Delta\nu_L$ genannt.

Ein Zahlenbeispiel möge den Sachverhalt verdeutlichen. Ein typischer Spiegelabstand ist $L = 50\,\text{cm}$. Aus Gl. (7.129) folgt dann für den Abstand zweier stehender Wellen $\Omega = 3 \cdot 10^8\,\text{Hz}$. Die Mittenfrequenz der Rubin-Verstärkers liegt bei $\nu_0 = 4{,}32 \cdot 10^{14}\,\text{Hz}$. Also muß nach Gl. (7.127) die Ordnungszahl der stehenden Welle wegen $\nu_0 \approx \nu_p$ im Bereich von $p = 1{,}4 \cdot 10^6$ liegen, der Resonator wird in der 10^6-ten Oberwelle angeregt. Die laserfähige Bandbreite $\Delta\nu_L$ des Rubins ist wegen der immer vorhandenen Reflexionsverluste R und Streuverluste V geringer als die Bandbreite $\Delta\nu$ des Überganges. Sie beträgt etwa $\Delta\nu_L = 3 \cdot 10^{10}\,\text{Hz}$. Da der Abstand zweier stehender Wellen nur $\Omega = 3 \cdot 10^8\,\text{Hz}$ ist, können beim Rubinlaser gleichzeitig bis zu $\Delta\nu_L/\Omega = 100$ stehende Wellen angeregt werden. Es ist jedoch möglich, durch spezielle Spiegelanordnungen *(Etalon-Reflektoren)* die Zahl der selbsterregten Wellen zu verringern.

7.9.4 Beispiele für Laseroszillatoren

Es gibt viele Möglichkeiten, einen Inversionszustand herzustellen, und hunderte von verschiedenen Laseroszillatoren, die sich bezüglich aktivem Medium, Aufbau, Anregung, Betriebsart, Spektrum und Ausgangsleistung unterscheiden. Es ist üblich, die Laser-Systeme nach der Art des aktiven Mediums einzuteilen in: *Gas-*, *Farbstoff-*, *Halbleiter-* und *Festkörper-Laser*. Typische Eigenschaften dieser Laser-Systeme sind in Tab. 7.15 zusammengestellt. Der Wellenlängenbereich, der von den Laseroszillatoren überdeckt wird, reicht vom ultravioletten Spektralbereich bis in das ferne Infrarot, wo im Millimeter-Wellenbereich der Anschluß an die Hochfrequenzgeneratoren erreicht ist.

Von den vielen Laser-Oszillatoren haben nur wenige praktische Bedeutung erlangt. Die wichtigsten Typen sind in Tab. 7.16 zusammengestellt.

An einigen typischen Beispielen sollen im folgenden die technischen Ausführungen diskutiert und weitere Möglichkeiten der Inversionserzeugung vorgeführt werden.

Die praktische Ausführung eines Festkörper-Lasers zeigt Abb. 7.69. Das aktive Medium ist ein zylindrischer Rubinkristall von 5 cm Länge und 0,6 cm Durchmesser. Die beiden Enden des Kristalls sind sehr gut poliert und planparallel. Die Spiegel werden direkt auf diese Endflächen aufgebracht. Der Kristall und die Blitzlichtlampe befinden sich jeweils in den Brennlinien eines leicht elliptischen, reflektierenden Zylinders. Dadurch wird erreicht, daß nahezu die gesamte von der Blitzlichtlampe ausgehende Pumplichtinensität in den Rubin-Kristall fokussiert wird. Das Laserlicht wird senkrecht zu den Spiegeln emittiert, und zwar nur solange der Kristall durch die Blitzlichtlampe angeregt wird, also für etwa $10^{-3}\,\text{s}$. Ersetzt man die Blitzlichtlampe durch eine kontinuierlich anregende Gasentladungslampe (Hg-Kapillarlampe), so wird ständig Laserlicht emittiert, aber mit sehr viel geringerer Leistung. Der Rubin-Laser ist ein typischer Vertreter eines Drei-Niveau-Systems.

Festkörper-Laser, die vom technischen Aufbau dem Rubin-Laser entsprechen,

Tab. 7.15 Zusammenstellung verschiedener Lasersysteme mit typischen Zahlenwerten.

Laser-systeme	Aktives Medium	Anregung	Typische Länge l in cm	Ausgangsleistung P in W kontinuierlich	gepulst	Wellenlängenbereich λ in μm
Gas-Laser	Edelgase Molekülgase Metalldämpfe	Gasentladung Chemische Anregung	50	10^{-3}–10^{4}	10^{3}–10^{5}	0,1–1000
Farbstoff-Laser	Organische Farbstoffe in Lösungsmitteln	Blitzlicht, Laserlicht	5	10^{-1}	10^{5}	0,3– 1
Halbleiter-Laser	p-n-Übergang	elektrischer Strom	0,1	0,1–5	10^{4}	0,6– 30
Festkörper-Laser	Kristalle und Gläser mit Metallatomen oder seltenen Erden dotiert	Blitzlichtlampen, kontinuierliche Gasentladungslampen, Halbleiterlaser	10	1-500	10^{4}–10^{9}	0,3– 2,6
Farbzentren-Laser	Kristalle mit induzierten Fehlstellen	Laser	1	10^{-3}–1		0,8– 3,6
Freie Elektronen-Laser	Freie Elektronen im periodischen Magnetfeld	Elektronenbeschleuniger	500		10^{3}–10^{6}	0,5–1000
Plasma-Super-Strahlungs-Laser	expandierendes Plasma	Laser	1	–	–	0,007–0,030

aber Vier-Niveau-Systeme darstellen, sind z. B. Nd-YAG (Neodym-Yttrium Aluminium Granat), Nd-Glas oder auch Alexandrit ($Cr:BeAl_2O_4$).

Der kontinuierliche Helium-Neon-Laser (Abb. 7.72) hat als kohärente Lichtquelle einen breiten Anwendungsbereich in der Optik, Holographie und Meßtechnik gefunden. Typische Ausgangsleistungen liegen im Bereich von Milliwatt. Die Erzeugung des Inversionszustandes erfolgt in einer Gasentladung und ist typisch für Gas-Laser. Sie soll deswegen etwas eingehender diskutiert werden.

In einem Glasrohr von einigen Millimeter Durchmesser und 10 bis 100 cm Länge befindet sich ein Gemisch von Helium und Neon bei einem Totaldruck von etwa 1 mbar. Einen Ausschnitt aus dem Termschema dieser beiden Gase zeigt Abb. 7.73.

Tab. 7.16 Die wichtigsten Laser mit typischen Werten für die Ausgangsleistung P.

Laser	aktives Medium (verstärkende Atome, Moleküle/Medium)	Wellenlänge λ in µm	Ausgangsleistung P in W gepulst	kontinuierlich
CO_2-Laser	CO_2/N_2	10,6	10^5	10^4–10^5
Neodym-Laser	Nd/Glas	1,062	10^4–10^8	—
	Nd/Yttrium-Aluminium-Granat (YAG)	1,064	10^4–10^8	1–$5 \cdot 10^2$
Gallium-Arsenid	pn-Übergang	0,84	10^3	10^{-1}–1
Alexandrit	$Cr/BeAl_2O_3$	0,70–0,81	10^4–10^8	
Rubin-Laser	Cr/Aluminiumoxid	0,69	10^4–10^8	10
He/Ne-Laser	He/Ne	0,63	—	10^{-2}
Argon-Laser	Ar-Ion	0,35 0,49 0,51	—	1–10^2
Krypton-Laser	Kr-Ion	0,47 0,52 0,65 0,68	—	1–10
Rhodamin 6G Farbstoff-Laser	Rhodamin 6G/ Wasser, Alkohol	0,61–0,58	10^6	5
Stickstoff	N_2	0,34	10^4	–

Die freien Elektronen der Gasentladung regen durch Stoß die Helium-Atome an, die vom Grundzustand in den 2^3S und 2^1S-Zustand[17] übergehen. Wie man aus Abb. 7.73 entnimmt, sind die beiden angeregten Zustände 2^1S und 2^3S von Helium ungefähr auf der gleichen Höhe wie die Niveaus 3s bzw. 2s von Neon. Unter diesen Umständen ist es erfahrungsgemäß leicht, die Anregungsenergie von He auf das Ne durch Stöße zweiter Art strahlungslos zu übertragen[18]. Die Übergangszeiten zwischen den einzelnen Niveaus sind nun derart, daß sich eine Überbesetzung sowohl zwischen den 3s – 2p- als auch den 2s – 2p-Niveaus des Neons einstellt. Dadurch sind die angeregten Neon-Atome imstande, Licht der entsprechenden Wellenlänge von $\lambda_1 = 1150\,\text{nm}$ und $\lambda_2 = 632{,}8\,\text{nm}$ durch induzierte Emission zu verstärken.

Bei Farbstoff- (oder Dye-)Lasern handelt es sich um Farbstoffmoleküle mit sehr großer Molekülmasse wie z. B. Rhodamin, die in Wasser, Alkohol oder ähnlichen

[17] Die Bezeichnung der Niveaus als 2^1S, 2^3S usw. sei hier als bloße Benennung eingeführt. Ihr Zusammenhang mit der Struktur der Atome kann erst in Bd. 4 erläutert werden.

[18] Zur kurzen Erläuterung: Bei Stößen erster Art wird kinetische Energie stoßender Teilchen in Anregungsenergie gestoßener Teilchen umgesetzt. Bei Stößen zweiter Art dagegen wird Anregungsenergie eines stoßenden Teilchens in kinetische Energie oder in Anregungsenergie des gestoßenen Teilchens verwandelt.

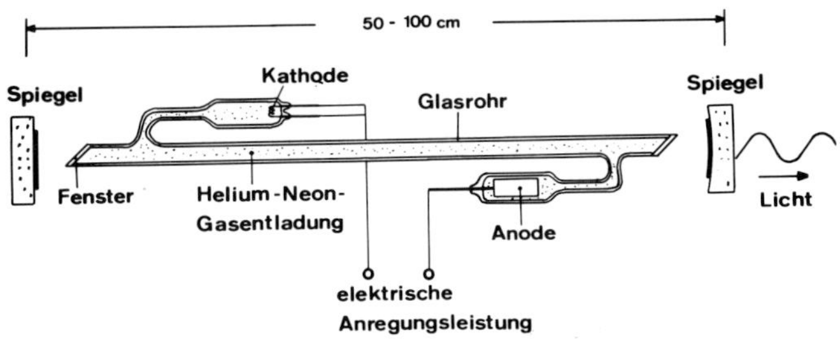

Abb. 7.72 Schematischer Aufbau eines Helium-Neon-Lasers. Häufig werden die Spiegel direkt auf das Glasrohr gesetzt [40].

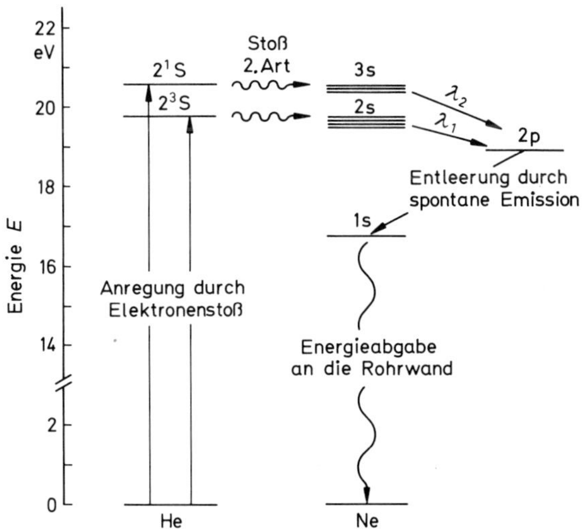

Abb. 7.73 Auszug aus dem Termschema von Helium und Neon. Die Lichtverstärkung erfolgt durch die angeregten Neon-Atome zwischen den 2s – 2p-Niveaus ($\lambda_1 = 1150$ nm) und den 3s – 2p-Niveaus ($\lambda_2 = 632{,}8$ nm) [40].

Lösungsmitteln gelöst werden. Die Anregung erfolgt durch Blitzlampen wie bei den Festkörperlasern oder auch kontinuierlich durch andere Laser, wobei das Pumpschema einem Vier-Niveau-System entspricht. Infolge der zahlreichen Rotations- und Schwingungszustände, die diese Moleküle besitzen, sind die Laserniveaus zu breiten Bändern entartet. Dadurch kann der Rhodamin-Laser über einen Spektralbereich von fast 30 nm abgestimmt werden. Da es eine sehr große Anzahl von Farbstoffen gibt, die ebenfalls laserfähig sind, ist es möglich, den gesamten sichtbaren Spektralbereich zu überdecken. Diese schmalbandigen, intensiven und abstimmbaren Lichtquellen sind ideal für die Spektroskopie von Atomen und Molekülen. Sie ersetzen gewissermaßen den Monochromator.

Auch die Halbleiterdiode kann zur inkohärenten und kohärenten Lichterzeugung ausgenutzt werden. Der erste Typ ist bekannt als LED (**l**ichtemittierende **D**iode), der zweite als Diodenlaser. Ein typischer Vertreter ist GaAs, welches durch Dotierung mit Se bzw. Zn zu n- oder p-leitendem Material wird. Bei Anlegen einer Spannung in Durchlaßrichtung rekombinieren am p-n-Übergang Elektronen und Löcher, wobei die freiwerdende Energie als Licht emittiert wird. Fließt ein genügend hoher Strom durch den p-n-Übergang, tritt Lichtverstärkung durch induzierte Emission auf. Das Verständnis dieser Vorgänge erfordert tiefere Kenntnisse der Festkörperphysik (Bd. 6).

Der Diodenlaser ist trotz seiner geringen Ausgangsleistung von großer Bedeutung für die Nachrichtenübertragung. Er ist einfach zu modulieren, und wegen seiner geringen Abmessung (siehe Abb. 7.74) kann er direkt an Glasfaserkabel angekoppelt werden.

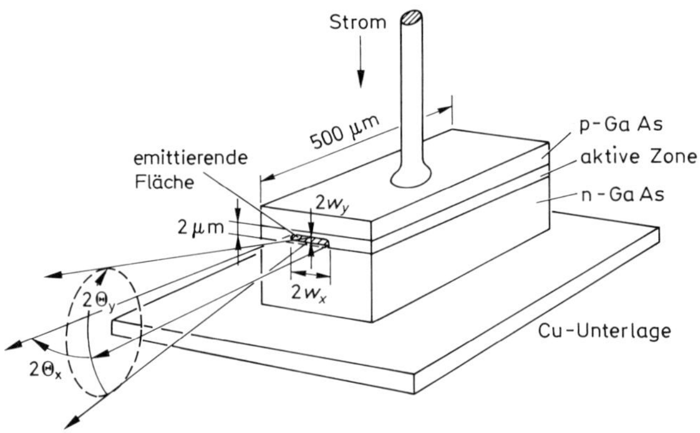

Abb. 7.74 Schematische Darstellung eines Gallium-Arsenid-Halbleiters. Man beachte die geringen Abmessungen [40].

Nachteilig ist seine große Bandbreite (bis zu 10 nm) und die große Strahldivergenz (bis 10°) als Folge der Beugung an den geringen Abmessungen des p-n-Überganges (einige µm). Das in Abb. 7.74 dargestellte System ist stark vereinfacht. Der reale Laser besteht aus sehr vielen, unterschiedlich dotierten Schichten (Heterostrukturen) um hohe Wirkungsgrade und geringe Verluste zu erreichen.

Man kann mehrere dieser aktiven Zonen dicht nebeneinander anbringen, was zunächst die Leistung proportional zur Zahl der Elemente erhöht und den Öffnungswinkel unverändert läßt. Geling es jedoch, die Einzeldioden kohärent zu koppeln, so verhält sich die Anordnung wie ein optisches Gitter; der Öffnungswinkel in Richtung dieser Diodenreihe verringert sich (Kap. 3). Tatsächlich gelingt es die Einzeldioden wenigstens partiell zu koppeln, was durch die gegenseitigen Überlappungen der Strahlungsfelder benachbarter Dioden erfolgt, und der Öffnungswinkel verringert sich. Man nennt derartige Anordnungen von Laserdioden Diodenarrays.

Einer der leistungstärksten Laser ist der CO_2-Laser, von großer Bedeutung in der Materialbearbeitung. Er kann ebenfalls elektrisch angeregt werden. Hierzu wird ein CO_2/N_2/He-Gemisch benutzt. Die Anregung erfolgt durch direkten Elektronen-

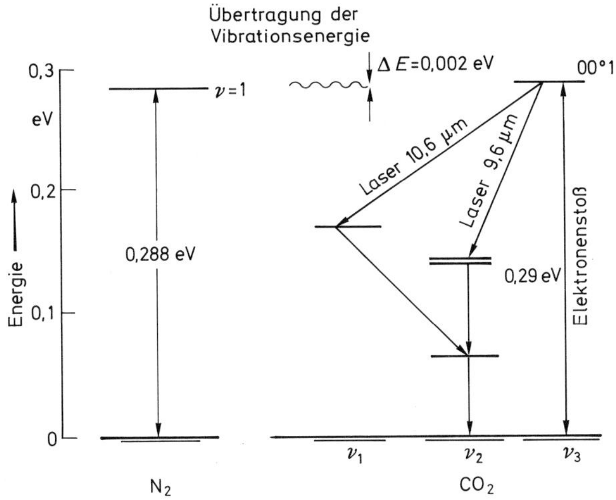

Abb. 7.75 Termschema des CO_2-Lasers. Hier erfolgt die Anregung durch direkten Elektronenstoß und durch Stoß mit angeregten Stickstoffmolekülen [40].

stoß und über das Stickstoff-Molekül, welches zusätzlich durch Stoß seine Anregungsenergie an das CO_2-Molekül weitergibt, wo Schwingungen und Rotationen angeregt werden (Abb. 7.75). Eine Inversion erfolgt zwischen Schwingungsniveaus und tritt im Laserbetrieb in zwei Liniengruppen bei Wellenlängen im Bereich von 10,6 µm und 9,6 µm auf.

Interessant beim CO_2-Laser ist die Möglichkeit, den Inversionszustand auf eine völlig andere Weise herzustellen.

Das Prinzip dieses Verfahrens ist in Abb. 7.76 skizziert. Es läßt sich auch auf andere Gase und Plasmen übertragen. Das stark vereinfachte Termschema des CO_2-Moleküls ist nochmals in Abb. 7.76 dargestellt. E_1, E_2 sind die beiden Niveaus,

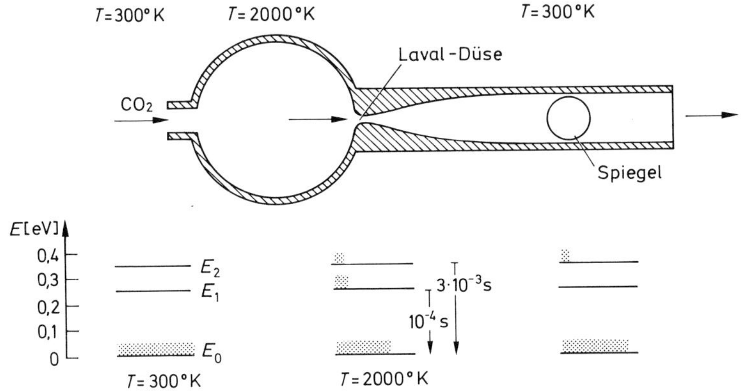

Abb. 7.76 Das Prinzip des gasdynamischen Lasers am Beispiel des CO_2-Lasers [40].

zwischen denen die Laseremission stattfindet. Beide Niveaus befinden sich genügend weit oberhalb des Grundzustandes E_0, so daß bei Zimmertemperatur von $T = 300$ K sich praktisch alle Moleküle im Grundzustand befinden. Das Gas wird dann in einem Kessel auf eine Temperatur von etwa 2000 K aufgeheizt. Bei dieser Temperatur sind auch die oberen Niveaus der Moleküle besetzt. Anschließend wird das Gas durch eine Düse entspannt und kühlt sich wieder auf Zimmertemperatur ab. Im Gleichgewicht befinden sich dann natürlich wieder alle Moleküle im Grundzustand E_0, jedoch dauert es eine gewisse Zeit, bis sich dieser Gleichgewichtszustand eingestellt hat. Bei dem speziellen Termschema des CO_2-Lasers sind die Abklingzeiten für die einzelnen Laserniveaus unterschiedlich. Während das untere Niveau E_1 in 10^{-4} s entleert ist, benötigt das obere Niveau hierfür $3 \cdot 10^{-3}$ s. Das heißt, nach einigen 10^{-4} s ist das untere Niveau praktisch leer, während das obere Niveau noch besetzt ist. Es liegt also ein Inversionszustand vor, und Licht der entsprechenden Wellenlänge von $\lambda \cong 10\,\mu$m kann verstärkt werden.

Dieser sogenannte gasdynamische Laser hat den Vorteil, daß chemische Energie verwendet wird, die sehr gut in hoher Konzentration gespeichert werden kann (Treibstoffe). Wirkungsgrade und Strahlqualität sind jedoch mäßig, so daß alle kommerziellen CO_2-Laser für die Materialbearbeitung elektrisch angeregt werden.

Das Prinzip des gasdynamischen Lasers kann bei allen Metalldämpfen eingesetzt werden. Durch eine kurze elektrische Entladung (Funken) oder durch einen kurzen intensiven Laserpuls wird ein heißes Metallplasma erzeugt, welches hochionisierte Atome enthält. Infolge der hohen Temperatur und falls annähernd thermisches Gleichgewicht vorliegt, sind die Energiezustände nach der Boltzmann-Verteilung (bzw. Saha-Gleichung für die Ionisierungszustände) besetzt, es liegt keine Inversion vor. Bei der Expansion des Plasma erfolgt eine Abkühlung und infolge unterschiedlicher Relaxationszeiten treten wie beim gasdynamischen Laser Inversionszustände auf, die für den Laserbetrieb ausgenutzt werden können. Es besteht die berechtigte Hoffnung, dieses Prinzip bis in den Röntgenbereich auszudehnen, um kohärentes Röntgenlicht zu erzeugen [33].

Zum Abschluß noch ein Laser, der zwar zunächst sehr aufwendig erscheint, aber doch breite Einsatzmöglichkeiten haben wird, der Freie-Elektronen-Laser [34].

Um diesen Laser wenigsten qualitativ zu verstehen, soll zunächst kurz der klassische Dipol diskutiert werden.

Eine beschleunigte Ladung strahlt elektromagnetische Energie ab. Das bekannteste Beispiel hierfür ist der Hertzsche Dipol, d. h. die oszillierende Ladung. Im Fernfeld, d. h. für Abstände r groß gegen die Wellenlänge und für Dipolabmessungen klein gegen die Wellenlänge, emittiert der Dipol ein Feld mit den Komponenten (Bd. 2):

$$E_r = E_\varphi = 0\,,$$

$$E_\vartheta = \frac{1}{4\pi\varepsilon_0}\,\frac{\omega^2\mu}{c_0^2 r}\sin\vartheta\sin(\omega t - kr)\,,$$

$$H_r = H_\vartheta = 0\,,$$

$$H_\varphi = \frac{1}{4\pi}\,\frac{\omega^2\mu}{c_0 r}\sin\vartheta\sin(\omega t - kr)\,,$$

wobei μ die Amplitude des mit der Frequenz ω schwingenden Dipolmomentes ist.

Die abgestrahlte Leistungsdichte ergibt sich aus dem Mittelwert des Poynting-Vektors zu

$$J = |\boldsymbol{S}| = \frac{1}{32\pi^2}\,\frac{\omega^4 \mu^2}{\varepsilon_0 c_0^3 r^2}\sin\vartheta$$

und die gesamte abgestrahlte Leistung durch Integration über eine geschlossene Fläche um den Dipol zu

$$P = \frac{1}{12\pi\varepsilon_0}\,\frac{\omega^4 \mu^2}{c_0^3}\,.$$

Die ϑ-abhängige Abstrahlcharakteristik ist in Abb. 7.77a für einen ruhenden, oszillierenden Dipol dargestellt. Bewegt sich der Dipol mit einer Geschwindigkeit v, die mit der Lichtgeschwindigkeit vergleichbar ist, so verschieben sich die Abstrahlkeulen in Richtung der Geschwindigkeit. Bei einer Bewegung senkrecht zur Schwingungsrichtung wird außerdem die Abstrahlkeule enger. Für den Öffnungswinkel gilt [34]:

$$\Delta\vartheta \approx \sqrt{1 - \left(\frac{v}{c_0}\right)^2} \quad (v \approx c_0)\,.$$

Ein anderes bekanntes Beispiel ist das Elektronen-Synchrotron, in dem durch Magnetfelder Elektronen hoher kinetischer Energie auf eine Kreisbahn gezwungen werden und inkohärente Strahlung im UV-Bereich erzeugen.

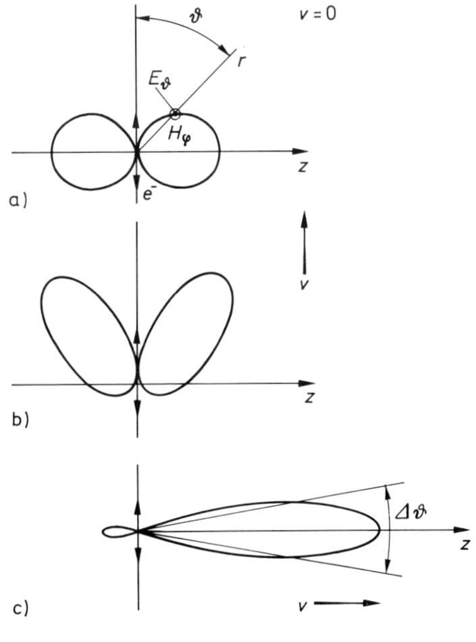

Abb. 7.77 Abstrahlcharakter eines oszillierenden Dipols: a) Ruhender Dipol, b) Dipol bewegt sich mit hoher Geschwindigkeit in Schwingungsrichtung [35], c) Dipol bewegt sich mit hoher Geschwindigkeit senkrecht zur Schwingungsrichtung [34]. In den Fällen a, b ist die Abstrahlcharakteristik rotationssymmetrisch bezüglich der Schwingungsrichtung.

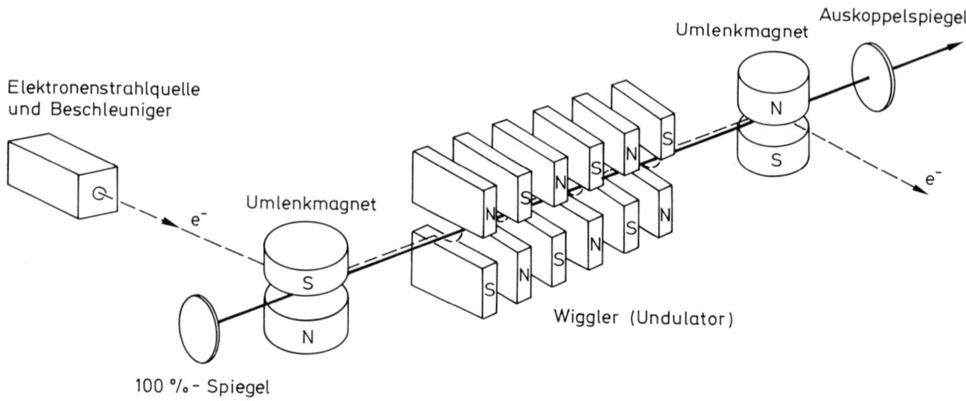

Abb. 7.78 Schematische Darstellung des Freie-Elektronen-Lasers.

1953 veröffentlichten Smith und Purcell [36] ein System, bei dem ein Elektronenstrahl dicht über ein metallisches Gitter geführt wurde. Die freien Elektronen verdrängen die Ladungsträger im Metall, es entsteht gegenüber dem Elektron ein Ladungsloch, d. h. eine scheinbar positive Ladung, die mit dem freien Elektron mitläuft. An den Gitterfurchen ist der Abstand Elektron–Loch größer als an den Gitterstegen. Es entsteht ein oszillierender Dipol, dessen Frequenz sich aus der Ausbreitungsgeschwindigkeit v der Elektronen und dem Abstand d der Gitterstriche errechnet,

$$\nu = \frac{v}{d},$$

solange $v \ll c_0$ ist. Bei relativistischen Elektronen sind die Änderung der Abstrahlcharakteristik und die Doppler-Verschiebung zu berücksichtigen.

Die Smith-Purcell-Lichtquelle liefert inkohärentes Licht, da die einzelnen Elektronen des Strahles unkorreliert abstrahlen. Kohärente Strahlung erhält man wie beim normalen Laser durch Rückkopplung. Ein Teil der Strahlung wird in den Elektronenstrahl zurückgeschickt, zwingt die Elektronen durch induzierte Emission zu einer korrelierten Abstrahlung und stellt damit die gewünschte Kohärenz her.

Eine schematische Darstellung des Freie-Elektronen-Lasers zeigt Abb. 7.78. Die periodische Struktur wird durch ein entsprechendes Magnetfeld, den Undulator oder Wiggler erreicht. Für die Frequenz des abgestrahlten Lichtes ergibt sich nach Marshall [34] und Brau [37]:

$$\nu = \frac{v}{d} \frac{1}{\left(1 - \frac{v}{c_0}\right)} \quad (v \ll c_0), \qquad \nu = \frac{c_0}{d}\gamma^2 \quad (v \approx c_0),$$

$$\gamma = \frac{\text{Elektronenenergie}}{\text{Elektronenruheenergie}} = \frac{1}{\sqrt{1 - \left(\frac{v}{c_0}\right)^2}}.$$

Da die untere Grenze für die Periode d des Magnetfeldes aus technischen Gründen begrenzt ist, muß γ, d.h. die kinetische Energie der Elektronen hinreichend groß sein. Gleichzeitig steigt natürlich die Ausgangsleistung an. Freie-Elektronen-Laser im sichtbaren Spektralbereich mit Ausgangsleistungen bis zu 0,1 Watt sind realisiert worden.

7.9.5 Optische Resonatoren

Die beiden Spiegel des Lasers bilden einen optischen Resonator. Bisher wurden diese Spiegel als transversal unbegrenzte Planspiegel betrachtet. Tatsächlich werden jedoch weitgehend Hohlspiegel verwendet. Außerdem muß die an den begrenzten Abmessungen unvermeidliche Beugung berücksichtig werden. Es ist deshalb notwendig, den Resonator etwas genauer zu untersuchen.

Das typische Kennzeichen eines Resonators ist seine Fähigkeit, Energie zu speichern. Für bestimmte Frequenzen, die sogenannten Resonanz- oder Eigenfrequenzen ν_p, nimmt die gespeicherte Energie ein Maximum an. Das einfachste Beispiel für ein Resonanzsystem ist die mechanische Feder, die Energie in Form von kinetischer und potentieller (elastischer) Energie speichert. Für die Resonanzfrequenz der Feder nehmen die Amplitude der Schwingung und damit die gespeicherte Energie einen Maximalwert an.

Weitere Resonatoren sind die Stimmgabel, die schwingende Saite, akustische Hohlräume, Schwingquarze, LC-Schwingkreise, Atomhülle und auch der Atomkern (Tab. 7.17).

Alle realen Resonatoren besitzen Verluste, d.h. die gespeicherte Energie E_0 im System klingt exponentiell mit der Zeit ab, falls keine neue Energie nachgeführt wird:

$$E = E_0 \, \mathrm{e}^{-t/t_a} \,.$$

Teilweise wird die Energie in Wärme umgesetzt (Reibung bei der Feder), teilweise wird Energie auch abgestrahlt (spontane Emission der Atome). Als Folge dieser Verluste besitzen die Resonanzstellen des Systems eine endliche Bandbreite $\Delta\nu_R$. Die gespeicherte Energie (oder Schwingungsamplitude) nimmt in der Umgebung

Tab. 7.17 Beispiele für Resonanzsysteme.

Resonanzsystem	Resonanzfrequenz ν_p in s^{-1}	Bandbreite $\Delta\nu_R$ in s^{-1}	Güte $Q = \nu_p/\Delta\nu_R$
Spiralfeder	2	0,1	20
Stimmgabel	$4 \cdot 10^2$	$4 \cdot 10^{-2}$	10^4
LC-Schwingkreis	10^5	10^3	10^2
Schwingquarz	10^6	1	10^6
Atomhülle (ungestört)	10^{14}	10^8	10^6
Interferenzfilter	10^{14}	10^{11}	10^3
optischer Resonator	10^{14}	10^6	10^8
Atomkern (Mössbauer-Effekt)	10^{19}	10^4	10^{15}

einer Resonanzstelle ν_p innerhalb des Bereiches $\Delta\nu_R$ beträchtliche Werte an. Hierbei ist $\Delta\nu_R/2$ die Abweichung von der Resonanzfrequenz ν_p, bei der die gespeicherte Energie auf die Hälfte des Maximalwertes bei Resonanz gesunken ist. Bandbreite und Abklingzeit sind verknüpft durch:

$$2\pi\,\Delta\nu_R \approx \frac{1}{t_a}, \tag{7.130}$$

wobei die genaue Formulierung dieser Beziehung vom speziellen Resonanzsystem abhängt. Um Resonanzsysteme verschiedener Resonanzfrequenzen vergleichen zu können, ist es üblich, eine dimensionslose Größe, die Güte Q einzuführen:

$$Q = \frac{\nu_p}{\Delta\nu_R}. \tag{7.131}$$

Dem äquivalent ist die Definition:

$$Q = 2\pi\nu_p \frac{\text{gespeicherte Energie}}{\text{Energieverlust pro Zeit}}.$$

Je geringer die Verluste eines Resonanzsystems sind, desto kleiner ist die Bandbreite und desto größer sind Abklingzeit t_a und Güte Q. Für einige Resonanzsysteme sind charakteristische Zahlenwerte in Tab. 7.17 zusammengestellt.

Axiale Wellenformen des optischen Resonators. Die beiden Spiegel, die den optischen Resonator bilden, müssen nicht planparallele Spiegel sein. Die Justierung der Spiegel ist viel unkritischer, wenn Hohlspiegel verwendet werden, und tatsächlich werden die meisten Laser-Oszillatoren mit Hohlspiegeln betrieben. Trotzdem soll zur Vereinfachung zunächst ein System von planparallelen Spiegeln betrachtet werden, wie es in Abb. 7.79 skizziert ist, wobei das aktive Medium vernachlässigt wird. Sind die Spiegeldurchmesser d groß gegen den Spiegelabstand L, so ist dieser optische Resonator identisch mit dem Fabry-Perot-Interferometer (Abschn. 3.5).

Der Transmissionsgrad τ des Interferometers für eine ebene, senkrecht einfallende Welle der Bestrahlungsstärke E_e ist eine Funktion der Frequenz ν, wie in Abb. 7.80 skizziert ist:

$$\tau = \frac{E_a}{E_e} = \frac{(1-R)^2\,V}{(1-RV)^2 + 4RV\sin^2(2\pi\nu L/c_0)}. \tag{7.132}$$

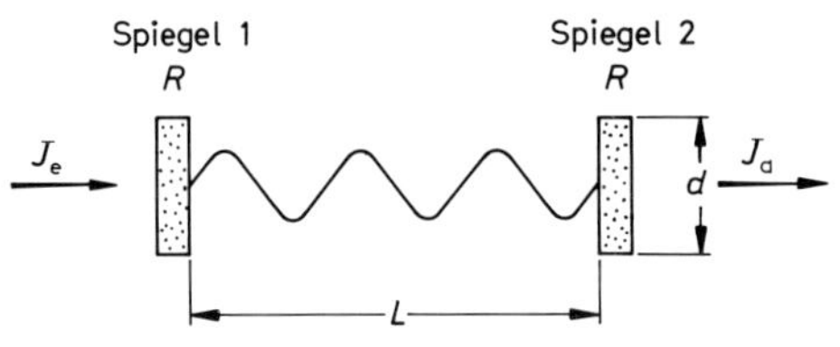

Abb. 7.79 Ein optischer Resonator (Fabry-Perot-Interferometer) besteht im einfachsten Fall aus zwei planparallelen Spiegeln, zwischen denen sich im Resonanzfall eine stehende Welle ausbildet.

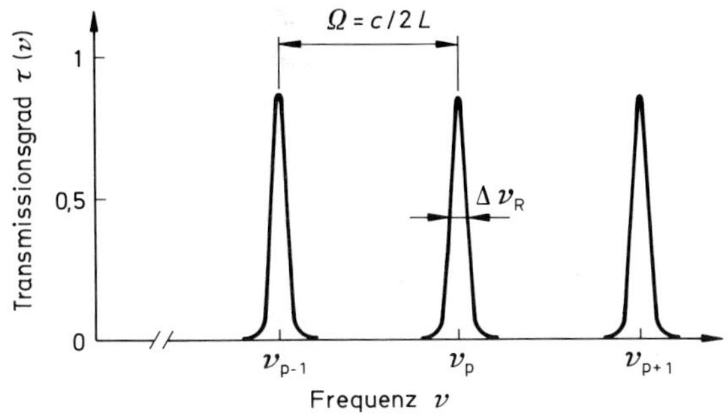

Abb. 7.80 Die Frequenzabhängigkeit des Transmissionsgrades τ eines Resonators. Bei konstanter einfallender Bestrahlungsstärke ist die Strahldichte im Innern des Resonators proportional der Transmission und bei Resonanz jeweils maximal. ν_p: Resonanzfrequenzen, $\Delta\nu_R$: Bandbreite des Resonators.

Für die Resonanzfrequenzen $\nu_p = pc_0/2L$ nach Gl. (7.127) nimmt τ jeweils einen Maximalwert an. Das sind auch die Frequenzen, die beim rückgekoppelten Verstärker zur Selbsterregung gelangen (Abb. 7.71).

Die Halbwertsbreite $\Delta\nu_R$ dieser Resonanzkurven ergibt sich aus Gl. (7.132) für nicht zu große Verluste des Resonators zu

$$\Delta\nu_R \approx \frac{c_0}{2\pi L}(1 - RV) \tag{7.133}$$

und die Abklingzeit der Energie zu:

$$t_a = \frac{L}{c_0(1 - RV)}\,. \tag{7.134}$$

Je geringer die Resonatorverluste sind, desto kleiner wird die Bandbreite $\Delta\nu_R$ und desto größer die Abklingzeit t_a. Im Grenzfall des verlustfreien Resonators ($R = 1$, $V = 1$) geht die Bandbreite gegen null und die Abklingzeit gegen unendlich. Weiter ist die Abklingzeit direkt proportional der Resonatorlänge L; ein sehr anschauliches Ergebnis; denn mit zunehmendem Spiegelabstand benötigt die zwischen den Spiegeln gespeicherte Energie auch immer mehr Zeit, um aus dem Resonator herauszukommen.

Ist die Frequenz des einfallenden Lichts gleich der Resonanzfrequenz ν_p, so baut sich zwischen den Spiegeln eine stehende Welle auf, und die Strahlungsdichte im Resonator nimmt ein Maximum an. Die Resonanzkurve in Abb. 7.80 stellt also auch gleichzeitig die Frequenzabhängigkeit der Strahlungsdichte bei konstanter eingestrahlter Strahlungsleistung dar.

Die stehenden Wellen der Resonanzfrequenz ν_p werden auch als *axiale Wellenformen, Eigenschwingungen* oder *Moden* des Resonators bezeichnet. Axial deswegen, weil die Resonanzfrequenz nur von der Zahl p der Knoten der stehenden Welle in Richtung der Resonatorachse abhängt.

Transversale Wellenformen. Die bisherige Betrachtung des optischen Resonators ist unvollständig, weil die endliche Ausdehnung d des Spiegels nicht berücksichtigt wurde. Für einen unendlich ausgedehnten Spiegel, oder wenn zumindest d sehr viel größer als der Abstand L ist, bildet sich zwischen den beiden Spiegeln eine *ebene, stehende Welle* aus. Bei den Laser-Oszillatoren liegt jedoch im allgemeinen der umgekehrte Fall vor: der Durchmesser ist klein gegen den Spiegelabstand L. Der Grund ist nicht der Spiegel selbst, sondern das verstärkende Medium, dessen Durchmesser bei einigen Millimetern bis Zentimetern liegt und klein gegen die Länge L ist, die zwischen 10 und 100 cm liegt.

Diese Begrenzung des Strahlungsfeldes im Resonator hat Beugung zur Folge. Durch die Beugung wird die ebene Phasenfläche der Lichtwelle deformiert und es treten zusätzliche Verluste auf, denn das in die höheren Beugungsordnungen gebeugte Licht wird nicht mehr zwischen den beiden Spiegeln hin- und herreflektiert, sondern nach einigen Durchgängen aus dem Resonator herausreflektiert.

Die mathematische Behandlung dieses Problems ist sehr aufwendig und es sind auch nur Näherungslösungen für einige spezielle Resonatoranordnungen möglich. Erstmals wurden solche Lösungen von Fox u. Li [38] für den planparallelen Resonator und von Boyd und Gordon [39] für den Resonator mit sphärischen Spiegeln angegeben.

Ihr Gedankengang war der folgende: Auf dem Spiegel S_1 (Abb. 7.81) sei eine bestimmte Verteilung der Feldstärke $\mathscr{E}_1\,(x_1, y_1)$ des Strahlungsfeldes vorgegeben. Von jedem Punkt dieses Spiegels geht dann nach dem Huygensschen Prinzip eine Kugelwelle aus. Die Feldverteilung $\mathscr{E}_2\,(x_2, y_2)$ auf dem Spiegel S_2 ergibt sich durch Summierung bzw. Integration über alle Kugelwellen. Wie in der Einführung gezeigt wurde, führt das auf das Fresnelsche Beugungsintegral (Abschn. E.6.2):

$$\mathscr{E}_2(x_2, y_2) = \frac{\mathrm{i}k_0}{2\pi L}\exp(-\mathrm{i}k_0 L)\iint_{S_1}\mathscr{E}_1(x_1, y_1)\exp[\mathrm{i}\phi(x_1, y_1, x_2, y_2)]\,\mathrm{d}x_1\,\mathrm{d}y_1\ ;$$

und umgekehrt ergibt sich $\mathscr{E}_1$ aus $\mathscr{E}_2$ gemäß:

$$\mathscr{E}_1(x_1, y_1) = \frac{\mathrm{i}k_0}{2\pi L}\exp(-\mathrm{i}k_0 L)\iint_{S_2}\mathscr{E}_2(x_2, y_2)\exp[\mathrm{i}\phi(x_2, y_2, x_1, y_1)]\,\mathrm{d}x_2\,\mathrm{d}y_2\ ,$$

$$\phi = -\frac{\mathrm{i}k_0}{2L}[(x_2 - x_1)^2 + (y_2 - y_1)^2]\,,$$

$k_0 = 2\pi/\lambda_0$ = Wellenzahl

L = optische Resonatorlänge (Spiegelabstand)

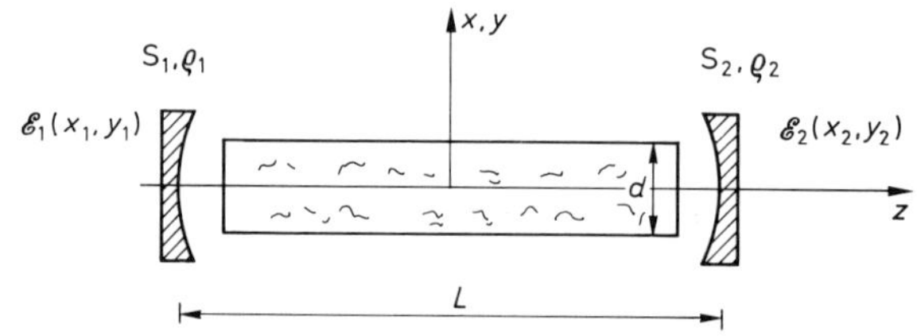

Abb. 7.81 Zur Berechnung der stationären Feldverteilungen in einem Laser-Oszillator.

Gesucht sind die stationären Verteilungen des Feldes, also z. B. die Verteilung $\mathscr{E}_1(x_1, y_1)$ die sich nach einem vollen Umlauf im Resonator bis auf einen konstanten Faktor κ, bedingt durch Verluste, reproduziert. Das Beugungsintegral zweimal angewendet, muß wieder die Ausgangsverteilung liefern:

$$\kappa \cdot \mathscr{E}_1(x_1, y_1) = -\frac{k_0^2}{(2\pi L)^2} \exp(-2ik_0 L) \iint_{S_2} \exp[i\phi(x_2, y_2, x_1, y_1)]\, dx_2\, dy_2 \cdot \iint_{S_1} \mathscr{E}_1(x_1', y_1') \exp[i\phi(x_1', y_1', x_2, y_2)]\, dx_1'\, dy_1' \,. \qquad (7.135)$$

Eine derartige Gleichung ist eine Integralgleichung zur Bestimmung von $\mathscr{E}_1$. Nur ganz bestimmte Funktionen, die Eigenfunktionen $\mathscr{E}_{1,mn}$ sind Lösung dieser Gleichung. Die Indizes m, n durchlaufen alle ganzen positiven Zahlen einschließlich null. Man nennt sie beim optischen Resonator die transversalen Wellenformen oder Moden. Auch beim Laser-Oszillator treten diese Feldverteilungen auf.

Die Funktionen $\mathscr{E}_{1,mn}$ hängen von der speziellen Form der Spiegel (Plan- oder Hohlspiegel) und von der Spiegelbegrenzung (rechteckige oder kreisförmige Begrenzung) ab. Für einen Resonator mit sphärischen Spiegeln und einer rechteckigen Begrenzung sind in Abb. 7.82 die Feldverteilungen niedriger Ordnungen wiederge-

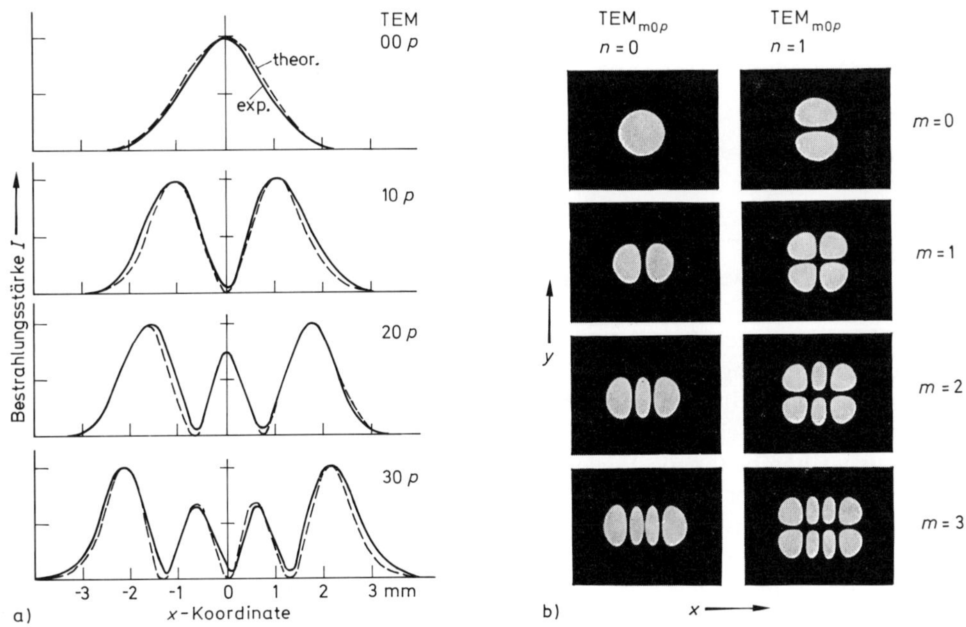

Abb. 7.82 Die Wellenformen (Eigenschwingungen oder Moden) eines sphärischen, optischen Resonators ($L = 100$ cm) mit rechteckiger Spiegelbegrenzung: a) Vergleich der experimentell ermittelten Bestrahlungsstärke mit den theoretischen Werten längs der x-Achse auf einem Spiegel. b) Aufnahme der Verteilung in der x, y-Ebene eines Spiegels (nach G. Herziger u. H. Tillmann, Photo: I. Phys. Inst. T. U. Berlin).

geben. Es handelt sich um die Gauß-Hermite-Polynome [32] mit folgender Form für die Feldamplitude auf dem Spiegel S_1:

$$\begin{aligned}
&\mathscr{E}_{1,mnp}(x_1,y_1)\\
&= \mathscr{A}_1 \exp\left[-\frac{x_1^2+y_1^2}{w_1^2}\right] H_m\left(\sqrt{2}\frac{x_1}{w_1}\right) H_n\left(\sqrt{2}\frac{y_1}{w_1}\right)\exp(\mathrm{i}\omega_{mnp}t), \qquad (7.136)\\
&w_1 = \sqrt{\frac{2L}{k_0}\sqrt{\frac{g_1}{g_2(1-g_1g_2)}}},\\
&g_{1,2} = 1-\frac{L}{\varrho_{1,2}}.
\end{aligned}$$

Durch Vertauschen der Indizes 1, 2 ergibt sich die Verteilung auf dem Spiegel 2. Es bedeuten:

$\varrho_{1,2}$ = Krümmungsradien der Spiegel,
H_m = Hermite-Polynom,
$\mathscr{A}_{1,2}$ = Feldamplitude auf den Spiegeln $S_{1,2}$,
$w_{1,2}$ = Strahlradius des Modes der Ordnung $00p$ auf den Spiegeln $S_{1,2}$,
ω_{mnp} = Eigenfrequenz,
$g_{1,2}$ = Resonatorparameter.

Die Hermite-Polynome sind tabelliert (z. B. Abramowicz [41]). Einige Polynome niedriger Ordnung lauten:

$$H_0 = 1\,, \qquad H_1 = 2\sqrt{2}\frac{x}{w}\,,$$

$$H_2 = 8\frac{x^2}{w^2}-1\,, \qquad H_3 = 16\sqrt{2}\frac{x^3}{w^3} - 12\sqrt{2}\frac{x}{w}\,,$$

wobei für w der jeweilige Wert auf dem betrachteten Spiegel nach Gl. 7.136 einzusetzen ist.

In diesem speziellen Beispiel gibt der Index m die Zahl der Nullstellen der Amplitude in x-Richtung und n die Zahl der Nullstellen in y-Richtung an. Das Koordinatensystem liegt hierbei parallel zu den Kanten der rechteckigen Blende.

Hinzu kommt noch der Index p, der die Zahl der Knoten in Richtung der Resonatorachse angibt (axiale Wellenform), so daß eine Wellenform des Resonators durch insgesamt drei Indizes m, n, p gekennzeichnet ist. Da sowohl der elektrische als auch der magnetische Feldvektor des Strahlungsfeldes senkrecht auf der Ausbreitungsrichtung stehen, werden diese Wellenformen als *transversal-elektromagnetisch* bezeichnet und mit TEM_{mnp} abgekürzt. Entsprechend der großen Resonatorlänge liegt p in der Größenordnung von 10^6, während m und n alle ganzen Zahlen von Null an durchlaufen:

Wellenformen des optischen Resonators	TEM_{mnp}	$p = 10^6, 10^6+1, \ldots$ $m, n = 0, 1, 2, \ldots$

Aus der Gleichung für den Strahlradius w_1 ersieht man, daß dieser nur endlich bleibt, wenn die Parameter $g_{1,2}$ des betreffenden Resonators im Bereich

$$0 < g_1 g_2 < 1$$

liegen. Man bezeichnet derartige Resonatoren als stabil. Abstand und Krümmungsradius der Spiegel müssen bestimmte Bedingungen erfüllen, damit ein Mode endlicher transversaler Ausdehnung existieren kann. Resonatoren, für die $g_1 g_2 < 0$ oder $g_1 g_2 > 1$, werden instabil genannt. Sie werden bei Hochleistungslasern eingesetzt.

Der TEM-Grundmode und das ABCD-Gesetz. Von besonderer Bedeutung ist die Feldverteilung niedrigster Ordnung $n = m = 0$. Sie ergibt sich aus den vorangehenden Gleichungen zu:

$$\mathscr{E}_{1,00} = \mathscr{A}_1 \exp\left[-\frac{x_1^2 + y_1^2}{w_1^2}\right] \mathrm{e}^{\mathrm{i}\omega_{00p}t},$$

und stellt eine Gaußsche Verteilung der Amplitude und damit auch der Intensität dar (Abb. 7.82). Diese Verteilung wird als Grundmode, TEM 00-Mode oder auch kurz als Gauß-Strahl bezeichnet. Die obige Gleichung beschreibt die Amplitudenverteilung des Strahlungsfeldes auf dem Resonatorspiegel. Für die sich in z-Richtung ausbreitende Welle folgt dann aus der Wellengleichung (siehe Einführung):

$$\mathscr{E}(r, z) = \frac{\mathscr{A}_1}{1 - \mathrm{i}\dfrac{z}{z_r}} \exp\left\{-\frac{r^2}{w^2}\left(1 + \mathrm{i}\frac{z}{z_r}\right)\right\} \exp \mathrm{i}\{\omega_{00p}t - kz\}, \qquad (7.137)$$

$$r^2 = x^2 + y^2,$$

mit dem Strahlradius

$$w = w_0 \sqrt{1 + \left(\frac{z}{z_r}\right)^2},$$

und der Rayleigh-Länge (Schärfentiefe)

$$z_r = k\frac{w_0^2}{2}.$$

Der Koordinatenursprung $z = 0$ wird hierbei in die Taille des Gauß-Strahles gelegt. Im Abstand $z = z_r$ von der Taille hat sich der Strahlradius um den Faktor $\sqrt{2}$ vergrößert, die Fläche also um den Faktor 2 und die Intensität ist auf die Hälfte des ursprünglichen Wertes am Ort der Taille gesunken. Man bezeichnet deshalb die Größe z_r auch als Schärfentiefe. Der Krümmungsradius der Phasenfläche lautet:

$$R = z_r\left(\frac{z}{z_r} + \frac{z_r}{z}\right).$$

Hierbei ist k stets die Kreiswellenzahl im Medium $k = 2\pi n/\lambda_0$, wobei n die Brechzahl ist. Der Ort der Taille L_0 und deren Radius w_0 hängen vom speziellen Resonator ab. Es gilt [32]:

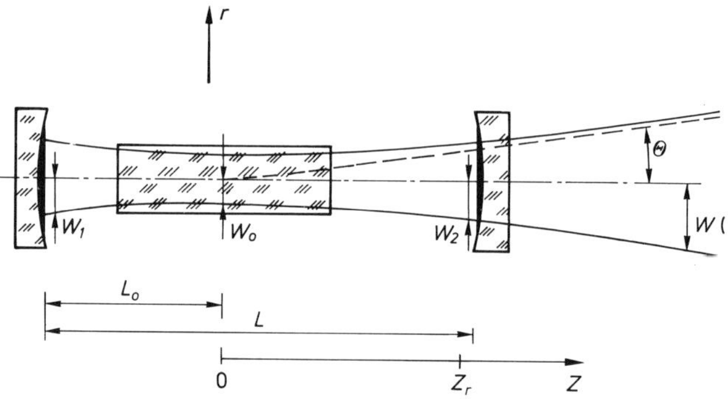

Abb. 7.83 Der TEM 00 Grundmode oder Gauß-Strahl in einem Laserresonator mit sphärischen Spiegeln.

$$w_0 = \sqrt{\frac{2L}{k_0} \frac{\sqrt{g_1 g_2 (1 - g_1 g_2)}}{|g_1 + g_2 - 2 g_1 g_2|}},$$

$$L_0 = L \frac{(1 - g_1) g_2}{g_1 + g_2 - 2 g_1 g_2}.$$

Der Öffnungswinkel des Grundmodes im Fernfeld ergibt sich als Winkel zwischen der Asymptote und der z-Achse (Abb. 7.83) zu:

$$\Theta = \lim_{z \to \infty} \frac{w}{z} = \frac{2}{k w_0} = \frac{\lambda_0}{\pi w_0 n}. \tag{7.138}$$

und ist der prinzipiell kleinste Öffnungswinkel für eine Feldverteilung der Halbwertsbreite w_0. Diese Feldverteilung läßt sich am besten fokussieren, d. h. bei einer Linse der Brennweite f ist der Fokusradius minimal und ergibt sich zu $r_f = f\Theta = f\lambda_0/\pi n w_0$ (wichtig für die Materialbearbeitung). Der Grundmode ist auch am besten geeignet für die Nachrichtenübertragung z. B. im Weltall von Satellit zu Satellit, da sein Durchmesser im Fernfeld ebenfalls minimal wird.

Es ist üblich, den Gauß-Strahl durch den komplexen Strahlparameter q zu charakterisieren, wobei dieser definiert wird zu:

$$q = z + z_r \quad \text{oder} \quad \frac{1}{q} = \frac{1}{R} - \mathrm{i}\frac{\lambda_0}{\pi w^2 n}. \tag{7.139}$$

Daß beide Definitionen identisch sind, läßt sich durch Einsetzen der vorangehenden Gleichungen für Strahlradius w und Krümmungsradius R bzw. Rayleighlänge z_r zeigen. Der Gauß-Strahl kann dann sehr einfach formuliert werden

$$\mathscr{E} = \frac{\mathrm{i} z_r}{q} \mathscr{A}_1 \exp\left\{-\mathrm{i}\frac{k r^2}{2q}\right\} \exp \mathrm{i}\{\omega_{00p} t - kz\}.$$

Beim Durchgang eines Gaußschen Strahles durch optische Elemente mit einem quadratischen, radialen Brechzahlprofil (z. B. Gradientenfaser, *GRIN*-Linse) oder mit

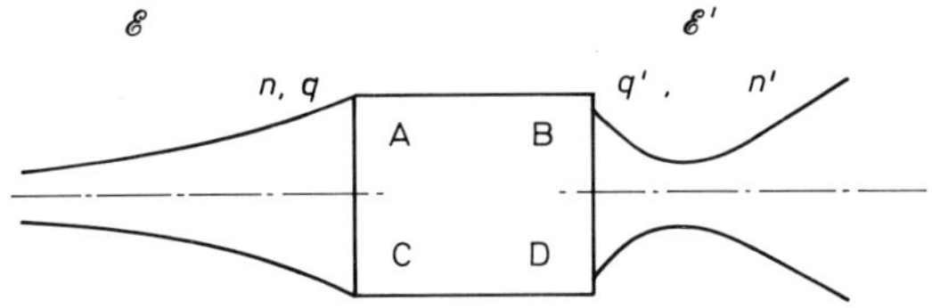

Abb. 7.84 Ein quadratisches, optisches Element, charakterisiert durch die Größen A, B, C, D, transformiert einen von links einfallenden Gaußschen Strahl $\mathcal{E}$ in einen rechts austretenden Gaußschen Strahl $\mathcal{E}'$. Der komplexe Strahlparameter q' des austretenden Strahles ist mit dem Parameter q des einfallenden Strahles über das ABCD-Gesetz verknüpft.

einer quadratischen Phasenfläche (Spiegel, Linse) bleibt die Feldverteilung in ihrer Struktur erhalten. Es ändern sich nur Strahlradius, Krümmungsradius und Amplitude. Der neue Gauß-Strahl hinter einem optischen Element lautet

$$\mathcal{E}' = \frac{\mathrm{i} z_r}{A + B/q} \mathscr{A}_1 \exp\left\{-\mathrm{i}\frac{k' r^2}{2q'}\right\} \exp\mathrm{i}\{\omega_{00p} t - k' z\} .$$

$$\text{mit} \quad q' = \frac{Aq + B}{Cq + D} . \tag{7.140}$$

Die Größen A, B, C, D charakterisieren das optische Element (siehe Abb. 7.84). Wie zuerst Kogelnik [42] zeigte, sind diese Größen verknüpft mit den Elementen g_{ij} der Strahlmatrizen, die die Ausbreitung von Strahlen beschreiben und eingehend in Kap. 1 behandelt wurden. Es gilt die Beziehung:

$$A = g_{22} , \qquad B = -g_{21} n_1 ,$$
$$C = -g_{12}/n_2 , \quad D = g_{11} n_1/n_2 .$$

k' in obiger Gleichung ist die Kreiswellenzahl im Medium jenseits des optischen Elementes und q' berechnet sich nach Gl. (7.140). Daraus können dann nach Gl. (7.139) der Krümmungsradius R' und der Strahlradius w' des neuen Gauß-Strahles gemäß

$$\frac{1}{R'} = \mathrm{Re}\left(\frac{1}{q'}\right) \quad \text{und} \quad w'^2 = -\frac{\lambda_0}{\pi n} \frac{1}{\mathrm{Im}\left(\frac{1}{q'}\right)}$$

ermittelt werden. Man bezeichnet die Gl. (7.140) auch als ABCD-Gesetz. Dieses ist eine sehr elegante Methode, um die Ausbreitung Gaußscher Strahlen in optischen Systemen zu berechnen. Hierbei ist zu beachten, daß diese Beziehungen nur in paraxialer Näherung gelten und keine Linsenfehler berücksichtigt werden. Eine ausführliche Darstellung wird z. B. bei Yariv [32] gegeben.

Resonanzfrequenzen. Die Resonanzfrequenzen dieser Wellenformen sind nicht mehr allein durch Gl. (7.127) gegeben, sondern hängen jetzt von allen drei Indizes ab. So gilt z. B. für unendlich ausgedehnte sphärische Spiegel [32, 40]

$$\omega_{mnp} = \frac{\pi c_0}{L} \left\{ 1 + p + \frac{m+n+1}{\pi} \arccos \sqrt{g_1 g_2} \right\}.$$

Bei der Beugung an den Begrenzungen tritt nicht nur ein Intensitätsverlust des Lichts auf, sondern es erfolgt auch zusätzlich eine Phasenschiebung. Diese bedeutet, daß die Lichtgeschwindigkeit im beugungsbegrenzten Resonator nicht der Vakuumlichtgeschwindigkeit entspricht, auch wenn im Resonator Vakuum ist, eine Erscheinung, die von den Hohlleitern der Hochfrequenztechnik her bekannt ist. Das hat zur Folge, daß die Resonanzfrequenzen ω_{mnp} der transversalen Wellenformen nicht mehr exakt durch die obige Gleichung beschrieben werden. Auf Einzelheiten soll hier nicht näher eingegangen werden[19].

Im Prinzip unterscheiden sich die Wellenformen des optischen Resonators nicht von denen eines akustischen oder hochfrequenztechnischen Hohlraumresonators; nur sind diese im allgemeinen allseitig geschlossen, während der optische Resonator keine seitlichen Begrenzungen besitzt.

Eigenschaften des Laserlichts. Öffnungswinkel und örtliche Kohärenz. In Selbsterregung bildet sich zwischen den beiden Spiegeln eine stehende, beugungsbegrenzte Welle aus, die Wellenform TEM_{mnp}. Der Öffnungswinkel Θ dieser Lichtwelle ist durch die Beugung an der Spiegelbegrenzung gegeben und hängt natürlich von der speziellen Form dieser Begrenzung ab. In erster Näherung gilt jedoch für den Grundmode TEM_{00p} Gl. (7.138).

Die Wellenlänge liegt im Bereich von $\lambda_0 = 5 \cdot 10^{-5}$ cm und der Radius beträgt etwa $w_0 \approx 0{,}5$–$0{,}1$ cm, daraus ergeben sich Öffnungswinkel von $\Theta \approx 3 \cdot 10^{-5}$ bis 10^{-4} rad. Die gesamte Laserstrahlung wird also in diesen kleinen Öffnungswinkel abgegeben. Bei den realen Lasern werden die minimalen, beugungsbegrenzten Öffnungswinkel nur dann erreicht, wenn keine Störungen durch das aktive Medium auftreten. Mit He-Ne-Gaslasern werden tatsächlich derartig kleine Öffnungswinkel erreicht, dagegen treten bei den Festkörperlasern und Hochleistungslasern wegen der nicht vermeidbaren optischen Inhomogenitäten des aktiven Mediums sehr viel größere Winkel auf.

Natürlich kann man durch geeignete Blenden und Linsenanordnungen auch aus einer thermischen Lichtquelle einen Lichtstrahl mit einem derartig kleinen Öffnungswinkel herstellen, nur geht diese Winkeleinengung auf Kosten der Strahlstärke.

Da es sich beim Laserstrahl um ein beugungsbegrenztes Lichtbündel handelt, ist er über den gesamten Durchmesser örtlich kohärent.

Der Unterschied zwischen einer normalen, thermischen Lichtquelle und dem Laser ist in Abb. 7.85 skizziert. Die einzelnen Atome der thermischen Lichtquelle emittieren spontan, unabhängig voneinander und in alle Raumrichtungen. Die Wellenzüge laufen wirr durcheinander und es entsteht keine einheitliche Phasenfläche der Lichtquelle. Beim Laser dagegen werden die Atome durch die stehende Lichtwelle im Resonator zu gleichphasiger, induzierter Emission veranlaßt und emittieren in einem relativ kleinen Raumwinkel eine Lichtwelle mit einheitlicher Phasenfläche.

[19] Eine Verschiebung der Resonanzfrequenzen eines Systems tritt stets bei zusätzlichen Verlusten auf, so z. B. bei der mechanischen Feder (Bd. 1) oder beim elektrischen Schwingkreis (Bd. 2).

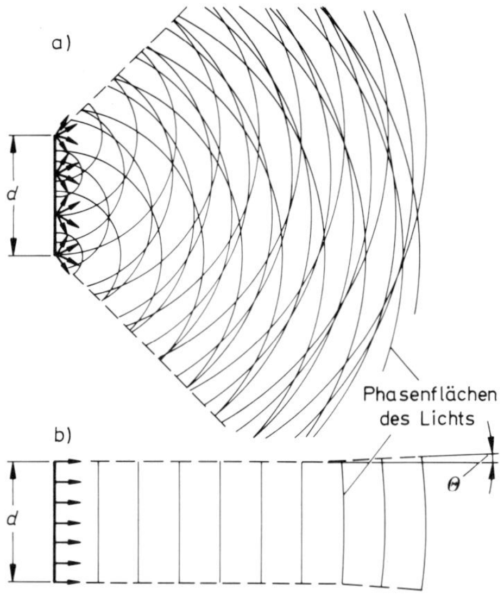

Abb. 7.85 Öffnungswinkel und örtliche Kohärenz a) einer thermischen Lichtquelle und b) eines Lasers.

Fokussierung von Laserlicht. Wird das Licht einer normalen Lichtquelle fokussiert, so gelangt immer nur ein Teil des Lichts in die Fokussierungsoptik. Für die fokussierte Bestrahlungsstärke E_f im Brennpunkt einer Linse gilt in Näherung:

$$E_f \approx L A^2 , \tag{7.141}$$

wobei L die Strahldichte der Lichtquelle ist. A, die Apertur der Linse, ist stets kleiner als eins, d. h. die fokussierte Bestrahlungsdichte ist im Idealfall ($A = 1$) gleich der Strahldichte der Lichtquelle. Beim Laser erfaßt die Linse bei geeigneter Dimensionierung das gesamte Lichtbündel, und es gilt für die fokussierte Bestrahlungsstärke annähernd:

$$E_f \approx L \left(\frac{d}{\Theta f} \right)^2 . \tag{7.142}$$

Im Grenzfall kann Licht auf einen Bereich der Größenordnung der Wellenlänge fokussiert werden. Das gilt sowohl für thermisches Licht als auch für Laserlicht. Beim Laser kann jedoch die gesamte Ausgangsleistung fokussiert werden, während bei einer normalen Lichtquelle immer nur ein Bruchteil der Lichtleistung erfaßt werden kann.

Die Strahldichte L ist bei den Hochleistungslasern bereits sehr groß. Durch kurzbrennweitige Linsen (kleines f) und wegen des geringen Öffnungswinkels Θ kann die Leistungsdichte noch bedeutend erhöht werden, so daß im Brennpunkt der Linse Werte bis zu $10^{15}\,\mathrm{W/cm^2}$ erreicht werden. Das sind unvorstellbare Bestrahlungsstärken, die ausreichen, um alle bekannten Materialien zu schmelzen und zu ver-

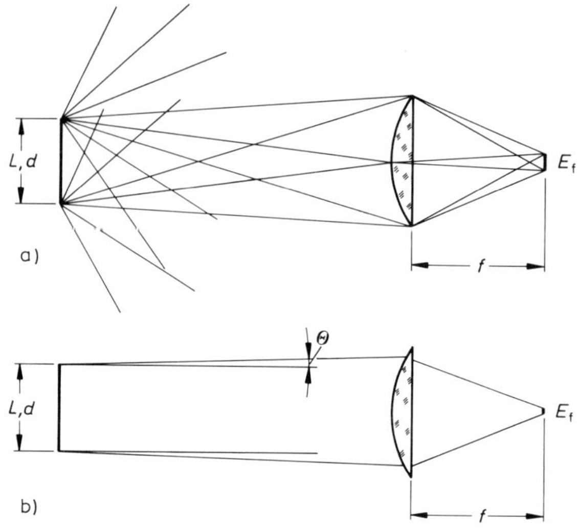

Abb. 7.86 Die Fokussierung a) von thermischem Licht und b) von Laserlicht. L: Strahldichte der Lichtquelle, E_f: fokussierte Strahldichte.

dampfen. Es ist sogar möglich, mit derartigen Bestrahlungsstärken Kernfusionsreaktionen zu erzeugen, also Wasserstoff zu Helium zu verschmelzen, ein Prozeß, der im Innern der Sonne stattfindet.

Bandbreite und Kohärenzlänge. Eine thermische Lichtquelle emittiert eine statistische Folge kurzer Wellenzüge, deren Länge, die Kohärenzlänge l_K, mit der Bandbreite $\Delta\nu$ verknüpft ist über

$$l_K \approx \frac{c_0}{\Delta\nu} \approx c_0 \Delta t\,,$$

wobei die genaue Formulierung dieser Beziehung von der Form der Wellenzüge abhängt. Der Laser-Oszillator dagegen als selbsterregter Generator emittiert einen unendlich langen Sinuswellenzug nahezu konstanter Amplitude und Frequenz. Danach sollte also das Laserlicht die Kohärenzlänge unendlich besitzen.

Wie sich aus Gl. (7.127) ergibt, ist die Frequenz des Laserlichts durch die Resonatorlänge L bestimmt, wobei L die optische Länge ist, also das Produkt von Brechzahl und geometrischem Spiegelabstand. Bei allen realen Lasersystemen sind diese Größen nicht konstant, sondern infolge mechanischer, akustischer und thermischer Schwankungen ändern sich Brechzahl des Mediums und Spiegelabstand statistisch, woraus sich entsprechende statistische Schwankungen der Laserfrequenz ν_p ergeben. Daraus resultiert eine endliche Bandbreite des Laserlichts, die stark vom speziellen Lasersystem abhängt (Tab. 7.18). Durch enormen experimentellen Aufwand ist es gelungen, die Bandbreite stabilisierter He/Ne-Laser auf einige Hz zu reduzieren (ein normaler He/Ne-Laser besitzt eine Bandbreite von 10^8 Hz) [43]. Die relative Band-

Tab. 7.18 Vergleich normaler Lichtquellen mit Lasersystemen. Die fokussierte Bestrahlungsstärke E_f gilt für eine fehlerfreie 5-cm-Linse mit der Apertur $A = 1$. Durch kürzerbrennweitige Linsen kann die Bestrahlungsstärke noch weiter gesteigert werden (nach H. Weber, Naturw. Rundschau **22,** Vol. 8 (1969)). Der Raumwinkel Ω entspricht dem Quadrat des Öffnungswinkel θ.

Lichtquelle	Lichtleistung P in W	fokussierte Bestrahlungsstärke E_f in $\mathrm{W\,cm^{-2}}$	Bandbreite $\Delta\nu$ in $\mathrm{s^{-1}}$	Kohärenzlänge l_K in cm	räumlicher Öffnungswinkel Ω in sr
Sonne	$\approx 10^{26}$	$5 \cdot 10^2$	$5 \cdot 10^{14}$	$6 \cdot 10^{-5}$	4π
Quecksilberhöchstdrucklampe (100W)	≈ 5	$\approx 1{,}5 \cdot 10^3$	$\approx 5 \cdot 10^{14}$	$6 \cdot 10^{-5}$	$\approx 4\pi$
Spektrallampe	$< 10^{-3}$	—	$\approx 10^9$	≈ 30	$\approx 4\pi$
He/Ne-Laser	10^{-2}	$4 \cdot 10^4$	10^8	$3 \cdot 10^2$	10^{-8}
stabilisiert	—	—	10	$3 \cdot 10^9$	10^{-8}
Argon-Laser	10^2	$4 \cdot 10^8$	10^6	$3 \cdot 10^4$	10^{-8}
Rubin-Laser, Nd-Laser	$5 \cdot 10^7$	$5 \cdot 10^{13}$	10^{10}	10^3	10^{-6}

breite beträgt hierbei $\Delta\nu/\nu_p = 10^{-12}$. Entsprechend mußte die relative Resonatorlänge $\Delta L/L$ auf 10^{-12} konstant gehalten werden. Bei einer absoluten Länge von $L = 50\,\mathrm{cm}$ bedeutet das eine Längenkonstanz von $\Delta L = 5 \cdot 10^{-11}\,\mathrm{cm}$ oder $\Delta L = 0{,}5\,\mathrm{pm}$, d. h. der Spiegelabstand wurde auf Bruchteile eines Atomdurchmessers konstant gehalten. Hieraus kann man die Schwierigkeiten derartiger Experimente abschätzen [44].

Die stabilisierten Laser können sowohl als hochauflösende Meßgeräte für extrem kleine Längen- oder Brechzahländerungen als auch als Normale (Längennormal) verwendet werden.

Diese Bandbreite ist ebenfalls durch äußere Störungen bedingt. Würde es gelingen, alle äußeren Störeffekte zu beseitigen, so bliebe nur die spontane Emission als Störung übrig. Die spontan emittierten Photonen mit ihrer statistischen Phasenlage überlagern sich den induziert emittierten Photonen, führen zu einer statistischen Störung und begrenzen damit prinzipiell die Bandbreite eines Generators. Von Schawlow und Townes [30] wurde für die prinzipiell erreichbare Bandbreite folgender Ausdruck abgeleitet:

$$\Delta\nu = \frac{\pi(\Delta\nu_R)^2}{P} h\nu \left(n_s + \frac{1}{2}\right).$$

$\Delta\nu$ = Bandbreite des Lasers,
$\Delta\nu_R$ = Bandbreite des Resonators nach Gl. (7.133),
$h\nu$ = Photonenenergie,
P = Ausgangsleistung des Lasers im stationären Betrieb pro Wellenform,
n_s = Zahl der spontan erzeugten Photonen pro Wellenform im Resonator.

Mit zunehmender Laserleistung P sollte also die Bandbreite abnehmen und erst im Grenzfall unendlich hoher Leistung gegen null gehen. Setzt man typische Zahlenwerte eines extrem stabilisierten He/Ne-Gaslasers ein: $\Delta \nu_R \approx 10^7$ Hz, $P = 10^{-4}$ W, $h\nu = 3 \cdot 10^{-19}$ Ws, $n_s \approx 1$, so folgt $\Delta \nu \approx 0{,}4$ Hz. Die Gültigkeit der Townes-Beziehung wurde bereits experimentell nachgewiesen.

7.9.6 Die Erzeugung kurzer, intensiver Lichtimpulse mit dem Laser

Die Ausgangsleistung der kontinuierlichen Laser liegt zwischen einigen Milliwatt beim Helium-Neon-Laser und einigen Kilowatt beim Neodym- oder CO_2-Laser (Tab. 7.16). Im Pulsbetrieb ist es jedoch möglich, diese Ausgangsleistungen kurzzeitig um viele Größenordnungen zu steigern. Speziell die Festkörper-Laser sind hierfür gut geeignet. Sie erreichen Ausgangsleistungen bis zu 10^{12} W; ein unvorstellbarer Wert, der etwa der gesamten mittleren elektrischen Leistungserzeugung der Erde entspricht. Es besteht jedoch ein wesentlicher Unterschied: ein Kraftwerk arbeitet kontinuierlich, der Laser erzeugt diese hohe Leistung für nur etwa 10^{-11} s.

Mit diesen hohen Bestrahlungsstärken sind entsprechend hohe elektrische Feldstärken und Photonendichten verknüpft, die zu zahlreichen neuen und interessanten Effekten bei der Wechselwirkung mit Materie führten.

Es gibt drei prinzipielle Verfahren, mit dem Laser kurze Lichtimpulse herzustellen: *Pulsbetrieb, Gütemodulation (Q-switch)* und *Kopplung von Wellenformen*. Im folgenden soll kurz auf das Prinzip dieser Verfahren eingegangen werden [45].

Pulsbetrieb. Die einfachste Möglichkeit, kurze und intensive Lichtimpulse zu erzeugen, besteht darin, die Anregungsleistung des Lasers, also z. B. das Pumplicht, zu pulsen. Das bringt den Vorteil, daß die Anregungsleistung im Pulsbetrieb gegenüber

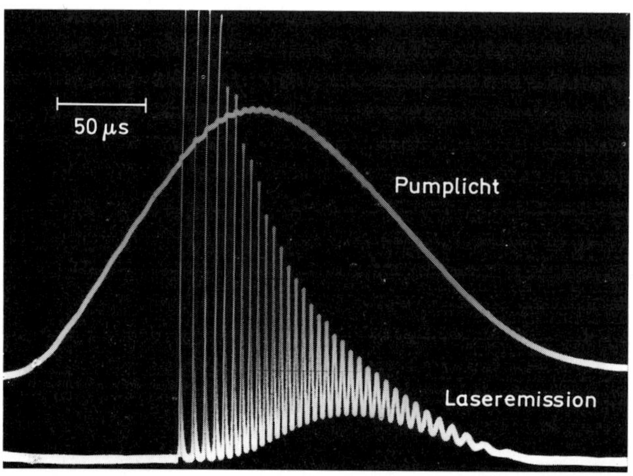

Abb. 7.87 Zeitlicher Verlauf von anregendem Pumplicht (Xenon-Entladungslampe) und der Laserausgangsleistung P bei einem Festkörper-Laser.

dem stationären Wert um Größenordnungen erhöht werden kann. So können z. B. in einer Xenon-Blitzlichtlampe kurzzeitig 10^6 W elektrische Leistung umgesetzt werden, im stationären Betrieb dagegen nur 10^3 W. Entsprechend steigt die Laserausgangsleistung an.

Ein Beispiel hierfür ist der gepulste Rubinlaser. Den zeitlichen Verlauf von Bestrahlungsstärke E des Pumplichts und Strahlungsleistung P zeigt Abb. 7.87. Nach Zünden der Blitzlichtlampe steigt die Bestrahlungsstärke schnell auf den Maximalwert und fällt dann mit einer Zeitkonstante von $1{,}5 \cdot 10^{-3}$ s ab. Durch das anregende Blitzlicht werden die Chromionen in das obere Laserniveau befördert, von wo aus sie durch spontane Emission in den Grundzustand zurückkehren. Da die Chromionen in diesem Niveau sehr lange verweilen ($3 \cdot 10^{-3}$ s), steigt ihre Zahl mit zunehmender Einwirkung des Blitzlichts an. Ist die Zahl der Chromionen im oberen Niveau E_2 so weit angestiegen, daß die Selbsterregungsbedingung Gl. (7.112) erfüllt ist, so setzt Laser-Oszillation ein. Zu diesem Zeitpunkt steigt die Strahlungsleistung P über viele Größenordnungen an. Bemerkenswert ist die Tatsache, daß die Strahlungsleistung P aus einer Folge sehr scharfer Intensitätsspitzen besteht (*Spikes*). Ein derartiges Überschwingen kann bei vielen schwingungsfähigen Systemen direkt nach einem plötzlichen Einschaltvorgang beobachtet werden. Wenn keine weiteren Störungen auftreten, klingt dieser Einschwingvorgang ab, und die Laseremission geht in einen zeitlich konstanten Verlauf der Leistung P_s über.

Dieser Vorgang kann durch die zeitabhängigen Bilanzgleichungen (Abschn. 7.9.3) beschrieben werden. Er beruht darauf, daß nach Einschalten des Pumplichts die Inversion n über den Gleichgewichtswert n_s steigt, weil die Leistung P zunächst noch sehr gering ist. Wenn dann $n > n_s$ ist, liegt ein Gesamtverstärkungsfaktor größer als eins vor. P steigt exponentiell über den Gleichgewichtswert an, baut die Inversion unter den Wert n_s ab, was zum Abbruch des Strahlungsfeldes führt, usw.

Gütemodulation (Q-switch). Das Prinzip der Gütemodulation besteht darin, im aktiven Medium (Laserkristall) Anregungsenergie zu speichern und diese Energie dann schlagartig in Form eines kurzen, intensiven Lichtimpulses herauszuholen. Als Beispiel soll wieder der Rubinlaser betrachtet werden.

Durch das Pumplicht, welches zur Zeit $t = 0$ eingeschaltet wird, gelangen Chromionen vom Grundzustand E_1 in den angeregten Zustand E_2 (Abb. 7.67). Entsprechend steigt die Verstärkung G des Rubins an und erreicht schließlich den stationären Wert G_s, der gerade die Verluste ausgleicht (Abb. 7.88). Jetzt kann Selbsterregung einsetzen, und die hohe Strahldichte, die sich im Resonator aufbaut, bewirkt durch induzierte Emission ebensoviele Übergänge von E_2 nach E_1, wie das Pumplicht von E_1 nach E_2 befördert. Es stellt sich ein Gleichgewichtswert Δn_s der Inversionsdichte ein, derart, daß gerade der Selbsterregungswert G_s der Verstärkung erreicht wird. Über diesen Wert kann die Besetzungsdichte im stationären Wert nicht ansteigen.

Bei der Gütemodulation wird nun einer der beiden Resonatorspiegel abgedeckt, z. B. durch einen elektrooptischen Kristall mit Polarisator, dessen Transmission T durch Anlegen einer elektrischen Spannung variiert werden kann (*Pockels-Zelle*). Dadurch ist die Rückkopplung unterbrochen und Selbsterregung kann nicht eintreten. Folglich kann sich auch im Resonator keine intensive Strahldichte aufbauen, denn eigentlich existiert der Resonator bei abgedecktem Spiegel gar nicht. Das Pumplicht kann also unbehindert durch induzierte Emission die Chromionen in das

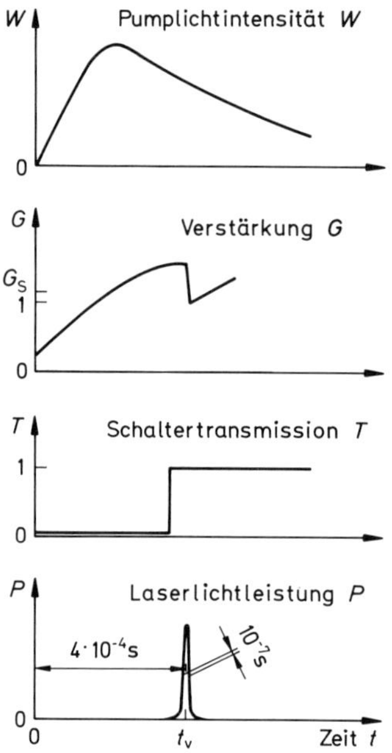

Abb. 7.88 Schematische Darstellung des zeitlichen Verlaufs von Pumplichtintensität W. Verstärkung G, Schaltertransmission T und Laserlichtleistung P beim Q-switch-Laser.

Tab. 7.19 Spitzenleistung P_{max} und Dauer Δt der nach verschiedenen Verfahren erzeugten Laserlichtimpulse.

Verfahren	Spitzenleistung P_{max} in W	Pulsdauer Δt in s
kontinuierliche Laser	10^3	∞
gepulste Laser	10^3–10^5	10^{-5}–10^{-7}
Q-switch	10^6–10^8	10^{-7}–10^{-8}
Modenkopplung	10^7–10^{10}	10^{-9}–$3 \cdot 10^{-14}$
Nachverstärkung von Licht	10^{10}–10^{12}	10^{-9}–10^{-12}

obere Laserniveau befördern. Dadurch steigt die Verstärkung G weit über ihren Gleichgewichtswert an. Erst dann wird der Spiegel wieder freigegeben, d.h. die Transmission des elektrooptischen Kristalls (optischer Schalter) wird auf eins geschaltet. Infolge der jetzt vorliegenden hohen Verstärkung baut sich im Resonator sehr schnell eine hohe Strahldichte auf. Innerhalb kürzester Zeit wird die im Kristall gespeicherte Anregungsenergie durch induzierte Emission in Strahlungsenergie umgewandelt. Das führt zu sehr kurzen und intensiven Lichtimpulsen, wie Tab. 7.19 zeigt. Ein experimentelles Beispiel zeigt Abb. 7.89.

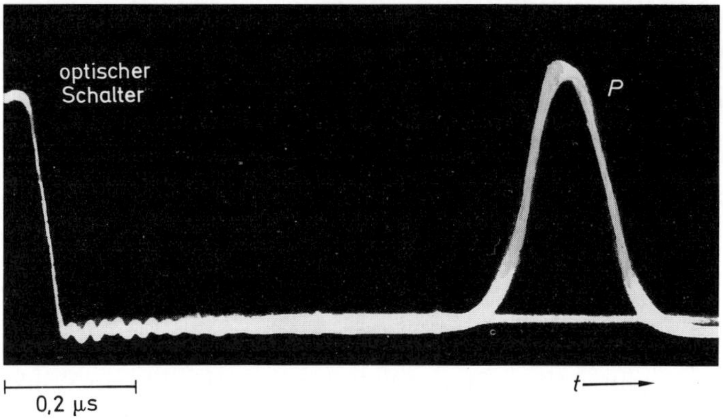

Abb. 7.89 Beispiel für die aktive Güteschaltung durch einen elektrooptischen Schalter. Nach Öffnen des Schalters baut sich aus der spontanen Emission das Strahlungsfeld exponentiell auf und führt nach einer Verzögerungszeit zu einem kurzen, intensiven Lichtpuls.

Bei diesem Verfahren wird die Güte des Resonators zeitlich geändert, daher die Bezeichnung Gütemodulation oder Q-switch. Wichtig für einen hohen Wirkungsgrad dieses Verfahrens ist ein verlustarmer, schneller optischer Schalter. Neben dem erwähnten elektrooptischen Kristall werden auch mechanische Schalter (rotierende Prismen oder rotierende Spiegel) verwendet. Besonders einfach und wirkungsvoll sind die passiven Schalter. Hierbei handelt es sich um absorbierende Filter, die in den Resonator gesetzt werden. Die Transmission dieser Filter ist eine Funktion der einfallenden Bestrahlungsstärke und nimmt mit steigender Bestrahlungsstärke zu. Bei geeigneter Wahl der Parameter wirkt ein derartiger Absorber wie ein optischer Schalter (s. Kap. 8).

Kopplung von Wellenformen. In einem Laser-Oszillator sind stets mehrere stehende Wellen (axiale Wellenformen) angeregt, die durch den Index p gekennzeichnet werden (Gl. (7.127)). Der zeitliche Verlauf der elektrischen Feldstärke einer stehenden Welle ergibt sich ohne Berücksichtigung der Ortsabhängigkeit zu

$$\boldsymbol{E}_p = \boldsymbol{E}_{p0} \sin(2\pi \nu_p t + \varphi_p)\,, \tag{7.143}$$

wobei ν_p die Resonanzfrequenz nach Gl. (7.127) ist. Amplitude $\boldsymbol{E}_{p0}$ und Phase φ_p dieser Welle sind zunächst beliebig. Gelangen N solcher Wellen zur Selbsterregung, so gilt für die resultierende Feldstärke $\boldsymbol{E}(t)$:

$$\boldsymbol{E}(t) = \sum_{p}^{p+N-1} \boldsymbol{E}_{p0} \sin(2\pi \nu_p t + \varphi_p)\,. \tag{7.144}$$

Die Ausgangsleistung $P(t)$ des Lasers ist proportional dem Quadrat dieser Feldstärke. Der zeitliche Verlauf der Gesamtfeldstärke $E(t)$ hängt von den Amplituden und den Phasen ab. Es ist daher nicht möglich, im allgemeinen Fall eine Aussage über den Zeitverlauf zu machen.

Für einen Spezialfall kann jedoch die Summierung in Gl. (7.144) ausgeführt werden. Es wird angenommen, daß alle Amplituden gleich groß und alle Phasen null sind:

$$\begin{aligned} E_{p0} &= E_0\,, \\ \varphi_p &= 0\,. \end{aligned} \quad \text{(für alle } N \text{ Wellenformen)}$$

Dann vereinfacht sich Gl. (7.144) zu:

$$\boldsymbol{E}(t) = \boldsymbol{E}_0 \sum_{p}^{p+N-1} \sin(2\pi \nu_p t)\,. \tag{7.145}$$

Diese Gleichung ist identisch mit der Summation bei der Vielstrahlinterferometrie und der Beugung am Gitter (Kap. 3), nur daß dort als Variable ein Winkel auftritt und hier die Zeit. Die Summation wird genau wie dort durch Zerlegung der reellen Winkelfunktion in die beiden komplexen Exponentialfunktionen durchgeführt. Beachtet man, daß sich zwei benachbarte Frequenzen ν_p stets um die Resonatorgrundfrequenz Ω unterscheiden (Gl. (7.129))

$$\nu_{p+1} - \nu_p = \Omega = \frac{c_0}{2L}\,, \tag{7.146}$$

so folgt aus Gl. (7.145)

$$\boldsymbol{E}(t) = \boldsymbol{E}_0 \sin[2\pi \nu_p t + (N\text{-}1)\,\pi\Omega t]\,\frac{\sin(N\pi\Omega t)}{\sin(\pi\Omega t)}\,. \tag{7.147}$$

Die resultierende Feldstärke besteht aus einem schnell oszillierenden Anteil, der im wesentlichen die Lichtfrequenz ν_p enthält, und einen Anteil, der mit der Resonatorgrundfrequenz Ω oszilliert. Eine ähnliche Erscheinung tritt bei den Lichtschwebungen auf, also bei der Überlagerung von zwei verschiedenen Lichtfrequenzen. Die Lichtdetektoren (Multiplier, Photozellen) zeigen die hohe Lichtfrequenz ν_p nicht an, sondern registrieren nur die verhältnismäßig kleine Frequenz Ω. Aus Gl. (7.147) folgt daher für die Strahlungsleistung P, wenn über die hohen Frequenzen gemittelt wird:

$$P(t) = P_0 \left[\frac{\sin(N\pi\Omega t)}{\sin(\pi\Omega t)}\right]^2, \tag{7.148}$$

ein Ergebnis, welches bereits ausführlich bei der Beugung am Gitter diskutiert wurde. P_0 ist hierbei die Leistung einer stehenden Welle.

Der zeitliche Verlauf $P(t)$ für vier Wellenformen ist in Abb. 7.90 dargestellt. Es gibt einen Zeitpunkt t_0, zu dem sich alle vier Wellenformen phasenrichtig überlagern und zu einem Maximalwert $P_{\max}$ der Strahlungsleistung führen. Etwas später verschieben sich die Phasenlagen der einzelnen Wellen wegen ihrer unterschiedlichen Frequenz gegeneinander und die Überlagerung führt zu einer teilweisen Auslöschung, so daß die resultierende Strahlungsleistung sehr klein wird. Erst nach einer Zeit $T = 1/\Omega = 2L/c_0$, der Laufzeit des Lichtes im Resonator, überlagern sich die Wellenformen wieder phasenrichtig und führen zu einem weiteren Maximum der Strahlungsleistung. Der zeitliche Verlauf der Laserleistung besteht also aus einer periodischen Folge sehr kurzer und intensiver Lichtimpulse. Eine genauere Diskus-

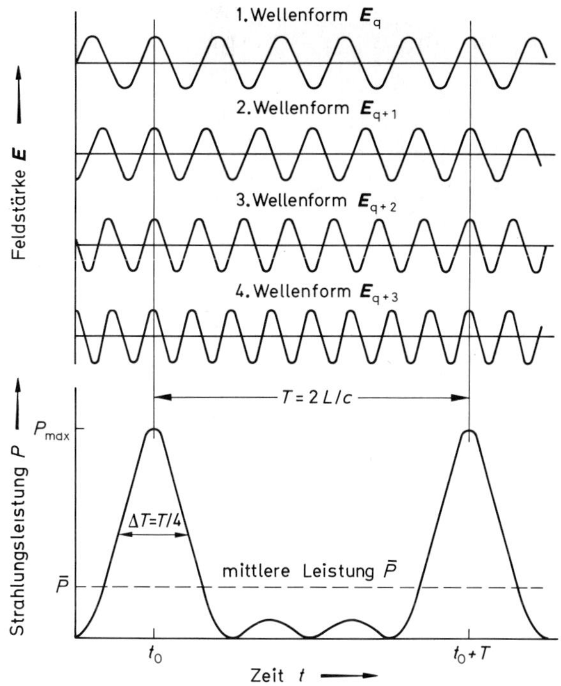

Abb. 7.90 Die phasenrichtige Überlagerung von vier Sinuswellen, die sich jeweils um die gleiche Frequenz Ω unterscheiden. Bei dem zeitlichen Verlauf der Strahlungsleistung P wurde über die hohen Frequenzen gemittelt [40].

sion der Gl. (7.148) liefert für die Maximalleistung P_{max} und die Pulshalbwertsbreite Δt:

$$P_{max} = N^2 P_0 \quad \Delta t \approx \frac{T}{N} = \frac{1}{N} \frac{2L}{c_0}. \tag{7.149}$$

Mit zunehmender Zahl N der phasenrichtig überlagerten Wellenformen steigt die Maximalleistung quadratisch an und die Pulshalbwertsbreite nimmt linear ab. Durch Kopplung von genügend vielen Wellenformen können also extrem intensive und kurze Lichtimpulse mit dem Laser hergestellt werden, wie Tab. 7.19 zeigt. Bei vorgegebener Resonatorlänge ist die Zahl N der Wellenformen durch die verstärkungsfähige Breite $\Delta \nu_L$ des aktiven Mediums beschränkt (Abb. 7.71). Im Grenzfall ist die Zahl der Wellenformen

$$N \leqq \frac{\Delta \nu_L}{\Omega}, \tag{7.150}$$

also gleich dem Verhältnis von verstärkungsfähiger Breite zu Abstand der Wellenformen. Aus den Gl. (7.146), (7.149) und (7.150) ergibt sich damit für die minimale Pulsdauer:

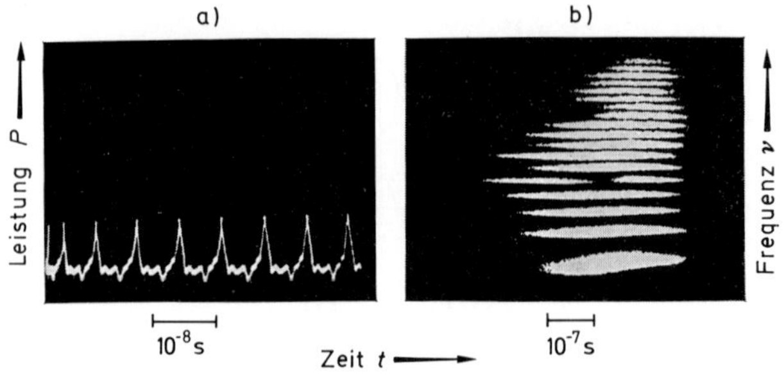

Abb. 7.91 Beispiel für die phasenrichtige Überlagerung von 18 Wellenformen; a) Ausschnitt aus dem Zeitverlauf der Strahlungsleistung P. b) Zeitverlauf des Spektrums. Der Abstand zweier diskreter Frequenzen beträgt jeweils $\Omega = 1{,}5 \cdot 10^8$ Hz. Als Folge des hier benutzten Interferometers ist die Frequenzskala nicht linear [40].

$$\Delta t \geqq \frac{1}{\Delta \nu_L} .$$

Das bedeutet, daß zum Beispiel mit einem Neodymlaser, dessen Bandbreite $\Delta\nu \approx 10^{12}$ Hz beträgt, Pulsdauern von 10^{-12} s erreichbar sein sollten. Beim realen Laser treten jedoch starke Abweichungen von dem hier diskutierten Idealfall auf, so daß tatsächlich nur Pulsdauern in der Größenordnung von 10^{-11} s erreicht werden. Ein Beispiel für die Kopplung von 18 Wellenformen zeigt die Abb. 7.91.

Bisher wurde einfach vorausgesetzt, daß alle Wellenformen gleiche Amplituden und Phasen besitzen. Zunächst ist das natürlich nicht der Fall. In einem normalen Laser schwingen alle Wellenformen völlig unabhängig voneinander mit beliebigen, statistisch verteilten Phasenlagen, und der zeitliche Verlauf der Strahlungsstärke besteht daher auch nicht aus periodischen Impulsen, sondern aus einem mehr oder weniger stark schwankenden (aber periodischen) Signal.

Damit sich alle Wellenformen phasenrichtig überlagern, muß die Laseremission im Resonator beeinflußt werden. Das kann z. B. dadurch erfolgen, daß die Feldstärkeamplitude im Resonator mit der Frequenz Ω amplitudenmoduliert wird. Es läßt sich zeigen, daß dann die Wellenformen nicht mehr unabhängig schwingen, sondern durch die Modulation gekoppelt sind und sich phasenrichtig überlagern. Auch nichtlineare Absorber, die im Laser-Resonator angebracht werden, bewirken eine phasenrichtige Kopplung der Wellenformen. Diese Art der Modenkopplung wird passiv genannt. Mit ihr werden bei Farbstofflasern Pulsbreiten von einigen 10^{-14} s erreicht [45].

Nachverstärkung von Licht. Das aktive Medium stellt einen Verstärker mit dem Verstärkungsfaktor G dar und kann, genau wie in der Hochfrequenztechnik, zur Verstärkung von Licht eingesetzt werden. Es ist also möglich, die bereits sehr intensiven Lichtimpulse durch eine Kette nachfolgender Verstärker noch weiter zu verstärken. Durch solche Nachverstärkungsketten können extreme Strahlungsleistungen von 10^{12} W erreicht werden. Eine Grenze ist dadurch gegeben, daß bei zu hohen Bestrahlungsstärken die aktiven Medien zerstört werden.

Literatur

Zitierte Publikationen

[1] Dance, J.B., Photoelectric Devices, Illife Books Ltd., London, 1969. (Zu Abschn. 7.3)
[2] Shonkeren, J.B., Photomultipliers, Philips Application Book, Eindhoven, 1970. (Zu Abschn. 7.3)
[3] Frisch, R.O., Zs. f. Physik **86,** 42 (1933). (Zu Abschn. 7.4)
[4] Ashkin, A., Dziedzic, J.M., Appl. Phys. Lett. **19,** 283 (1971) (Zu Abschn. 7.4)
[5] Ashkin, A., Scient. Am. **226,** 63 (2), (1972). (Zu Abschn. 7.4)
[6] Demtröder, W. , Laserspektroskopie, Springer Verlag, Berlin 1991. (Zu Abschn. 7.4)
[7] Becker/Sauter, Theorie der Elektrizität Bd. 1, B.G. Teubner, Stuttgart, 1973. (Zu Abschn. 7.4)
[8] Beth, R.A., Phys. Rev. **50,** 115 (1936). (Zu Abschn. 7.4)
[9] Euler, H., Ann. Phys. **26,** 398, (1936). (Zu Abschn. 7.4)
[10] Born, M., Wolf, E., Principles of Optics, Pergamon-Press, Oxford, 1964. (Zu Abschn. 7.5 u. 7.8)
[11] Schenzle, A., Phys. Blätter **45,** 84 (1989). (Zu Abschn. 7.5)
[12] Heisenberg, W., Physikalische Prinzipien der Quantenmechanik, Hochschultaschenbücher Nr. 1, Bibliographisches Institut, Mannheim, 1958. (Zu Abschn. 7.5)
[13] Einstein, A., Phys. Zeitschrift **18,** 121 (1917). (Zu Abschn. 7.6 u. 7.8)
[14] Mössbauer, R.G., Z. f. Physik **151,** 124 (1985). (Zu Abschn. 7.6.2)
[15] Lamb, W.E., Phys. Rev. **55,** 190 (1939). (Zu Abschn. 7.6.2)
[16] Brandmüller, J., Moser, H., Einführung in die Raman-Spektroskopie, Steinkopf-Verlag, Darmstadt, 1962. (Zu Abschn. 7.7.3)
[17] Eckhardt, G., Hellwarth, R.W., McClung, F., Schwarz, S.E., Weiner, D., Woodbury, E.J., Phys. Rev. Lett. **9,** 455, (1962). (Zu Abschn. 7.7.4)
[18] Terhune, R.W., Solid State Design **4,** 38 (1963). (Zu Abschn. 7.7.4)
[19] Grun, J.B., McQuillan, A.K., Stoicheff, B.P., Phys. Rev. **180,** 61 (1969). (Zu Abschn. 7.7.4)
[20] Kaiser, W., Maier, M., Laserhandbook III, Herausgeber F.T. Arecchi, E.O. Schulz-Dubois, North Holland Publ. Comp., Amsterdam, 1972. (Zu Abschn. 7.7.4)
[21] Troup, G.J., Optical Coherence Theory, Methuen and Co. Ltd., London, 1967. (Zu Abschn. 7.8)
[22] Mandel, L., Fluctuations of Light Beams, Progress in Optics II, North Holland Publ. Comp. Amsterdam, 1965. (Zu Abschn. 7.8)
[23] Reif, F., Fundamentals of statistical and thermal physics, McGraw Hill Book Comp., N.Y., 1965. (Zu Abschn. 7.8)
[24] Kimble, H.J., Walls, D.F., Squeezed States of the Electormagnetic Field JOSA Sonderheft, no. 10, **B4,** Pct. (1987). (Zu Abschn. 7.8)
[25] Mooradian, A., Physics Today, **38,** May, p. 43 (1985). (Zu Abschn. 7.8)
[26] Barnes, R.B., Czerny, M., Z. f. Physik **79,** 436 (1982). (Zu Abschn. 7.8)
[27] Hanbury-Brown, R., Twiss, R.Q., Proc. of the Royal Soc., **A242,** 300 (1957), **A243,** 291 (1957), **A248,** 199 (1958), **A248,** 222 (1958). (Zu Abschn. 7.8)
[28] Gordon, I.P., Zeiger, H.J., Townes,. C.H., Phys. Rev. **99,** 1269 (1955), Phys Rev. **95,** 282 (1954). (Zu Abschn. 7.9)
[29] Weber, J., Trans. IRE **3,** 1 (1953). (Zu Abschn. 7.9)
[30] Schawlow, A.L., Townes, C.H., Phys. Rev. **112,** 1940 (1958). (Zu Abschn. 7.9 und 7.9.5)
[31] Maiman, T.H., Nature **187,** 433 (1960). (Zu Abschn. 7.9)
[32] Yariv, A., Quantum Electronics, John Wiley and Sons, 1975. (Zu Abschn. 7.9.3 und 7.9.5)
[33] Yamanaka, C., Ed., Short Wavelength Lasers, Springer Proc. in Physics **30,** Springer Verlag, Berlin, 1988. (Zu Abschn. 7.9.4 und 7.9.6)

[34] Marshall, T.C., Free Electron Lasers, McMillan Publ. Comp., London, 1985. (Zu Abschn. 7.9.4)
[35] Sommerfeld, A., Vorlesungen über Theoretische Physik III, Akad. Verlagsgesellschaft Geest u. Dortig K.G., Leipzig, 1949. (Zu Abschn. 7.9.4)
[36] Smith, S.J., Purcell, E.M., Phys. Rev. **92,** 1069 (1953). (Zu Abschn. 7.9.4)
[37] Brau, C.A., Laser Focus/Electro-Optics, Vol. **23,** No. 2, 40 (1987). (Zu Abschn. 7.9.4)
[38] Fox, A.G., Li, T., Bell. Syst. Tech. J. **40,** 453 (1961). (Zu Abschn. 7.9.5)
[39] Boyd, G.D., Gordon, J.P., Bell Syst.tech. J. **40**, 489 (1961). (Zu Abschn. 7.9.5)
[40] Weber, H., Herziger, G., Laser-Grundlagen und Anwendungen, Physik-Verlag, Weinheim, 1972. (Zu Abschn. 7.9.5)
[41] Abramowitz, M., Stegun, I.A., Handbook of Mathematical Funcions, Dover Publ., Inc., N.Y., 1965. (Zu Abschn. 7.9.5)
[42] Kogelnik, H., Appl. Opt. **4,** 1562 (1965). (Zu Abschn. 7.9.5)
[43] Hellwig, H., et al., J. Appl. Phys. **43,** 450 (1972). (Zu Abschn. 7.9.5)
[44] Herziger, G., Lindner, H., Z. f. Physik, **206,** 446 (1976). (Zu Abschn. 7.9.5)
[45] Herrmann, J., Wilhelmi, B., Laser für ultrakurze Lichtimpulse, Physik-Verlag, Weinheim, 1984. (Zu Abschn. 7.9.6)

Weiterführende Literatur

Haken, H., Licht und Materie Bd. I, II, Wissenschaftsverlag, Bibliographisches Institut, Mannheim 1981. (Zu Abschn. 7.6)
Nussenzweig, H.M., Introduction to Quantum Optics, Gordon and Beach Science Publ., London, 1973. (Zu Abschn. 7.4)
Shen, Y.R., The Principles of Nonlinear Optics, J. Wiley & Sons, New York 1984. (Zu Abschn. 7.8)
Siegman, A., Lasers, University Science Books, Mill Valey, California 1986. (Zu Abschn. 7.9)
Suhrmann, R., Simon, H., Der Lichtelektrische Effekt und seine Anwendungen, Springer-Verlag, Berlin, 1958. (Zu Abschn. 7.1–7.3)
Weisskopf, V.F., Recent Developments in the Theory of the Electron, Rev. Mod. Phys. **21,** 305 (1949). (Zu Abschn. 7.5)
Yariv, A., Quantum Electronics, J. Wiley & Sons, New York 1975. (Zu Abschn. 7.9)

8 Nichtlineare Optik

Horst Weber

Die Ausbreitung von Licht in Materie wird durch die beiden frequenzabhängigen optischen Konstanten, die Brechzahl n und den Absorptionsgrad α, beschrieben. In der normalen, linearen Optik sind diese Größen unabhängig von der Bestrahlungsstärke des einfallenden Lichts. Reflexion, Brechung, Ausbreitungsgeschwindigkeit und Schwächung (oder auch Verstärkung) des Lichts sind daher Konstanten des betreffenden Mediums und nur abhängig von der Frequenz des Lichts. Daraus folgen zwei wichtige Prinzipien, die überall in der linearen Optik benutzt werden: das Superpositionsprinzip und die Erhaltung der Frequenz.

Das **Superpositionsprinzip** oder die unabhängige Überlagerung von verschiedenen Lichtwellen ist z. B. die Voraussetzung für die Fourier-Zerlegung, also die Spektralanalyse des Lichts. Das Superpositionsprinzip besagt, daß sich Lichtwellen gegenseitig nicht beeinflussen und ungestört überlagert werden können. Eine Lichtwelle breitet sich in einem Medium aus, unabhängig davon, ob sich dort bereits eine zweite Lichtwelle befindet oder nicht.

Die **Erhaltung der Frequenz** bedeutet, daß bei der Wechselwirkung von Licht mit Materie keine neuen Lichtfrequenzen entstehen. Die Frequenz des Lichts ist innerhalb und außerhalb des Mediums die gleiche.

Diese beiden wichtigen Voraussetzungen gelten nur bei relativ kleiner Bestrahlungsstärke, wie sie normale Lichtquellen liefern. Bei den hohen Bestrahlungsstärken der Laser dagegen gilt weder das Superpositionsprinzip noch die Erhaltung der Frequenz. Der letztere Effekt wurde bereits bei der Raman-Streuung diskutiert (Kap. 7.7), die schon bei geringen Bestrahlungsstärken auftreten kann.

Auch in der klassischen Optik gibt es Beispiele für die Ungültigkeit des Superpositionsprinzips. Es sei an den elektrischen Kerr-Effekt und den magnetischen Faraday-Effekt erinnert.

Bei diesen Effekten wird das Licht durch hohe elektrische oder magnetische Felder beeinflußt. Jedoch handelt es sich hierbei um statischc Felder oder um Felder niedriger Frequenzen. Diese Effekte sind seit langem bekannt, weil im niederfrequenten Bereich hinreichend leistungsstarke Generatoren zur Verfügung standen. Die gegenseitige Beeinflussung von Strahlungsfeldern im optischen Bereich ist theoretisch schon um 1930 untersucht worden, die experimentellen Nachweise gelangen jedoch erst 1961 nach der Entdeckung des Lasers. Seitdem ist eine Vielzahl nichtlinearer Effekte gefunden worden. Eine Übersicht zeigt Tab. 8.1.

Tab. 8.1 Beispiele für nichtlineare Effekte. In der rechten Spalte ist jeweils die Polarisation angegeben, als Argument die Frequenz, mit der die Polarisation bzw. die neu erzeugte Feldstärke oszilliert. $\boldsymbol{E}(0)$, $\boldsymbol{H}(0)$ sind Gleichfelder.

Quadratische Effekte	$\underline{\chi}'$	Polarisation $\mathscr{P}^{(2)}$
Frequenzverdopplung (1961)	reell	$\mathscr{P}^{(2)}(2\omega) = \varepsilon_0 \underline{\chi}' \mathscr{E}(\omega) \mathscr{E}(\omega)$
Linearer, elektrooptischer Effekt, Pockels-Effekt (1893)	reell	$\left.\right\}$ $\mathscr{P}^{(2)}(\omega) = \varepsilon_0 \underline{\chi}' \mathscr{E}(\omega) \boldsymbol{E}(0)$
Linearer Stark-Effekt	imaginär	
Parametrische Verstärkung (1962)	reell	$\mathscr{P}^{(2)}(\omega_1 + \omega_2) = \varepsilon_0 \underline{\chi}' \begin{cases} \mathscr{E}_1(\omega_1) \mathscr{E}_2(\omega_2) \\ \mathscr{E}_1(\omega_1 \mathscr{E}_2^*(\omega_2) \end{cases}$
Faraday-Effekt (1845)	komplex	$\mathscr{P}^{(2)}(\omega) = \varepsilon_0 \underline{\chi}' \mathscr{E}(\omega) \boldsymbol{H}(0)$
Optische Gleichrichtung (1962)	reell	$\mathscr{P}^{(2)}(0) = \varepsilon_0 \underline{\chi}' \mathscr{E}(\omega) \mathscr{E}^*(\omega)$
Kubische Effekte	$\underline{\chi}''$	**Polarisation $\mathscr{P}^{(3)}$**
Frequenzverdreifachung	reell	$\mathscr{P}^{(3)}(3\omega) = \varepsilon_0 \underline{\chi}'' \mathscr{E}(\omega) \mathscr{E}(\omega) \mathscr{E}(\omega)$
Selbstfokussierung (1964) Selbstphasenmodulation	reell reell	$\left.\right\}$ $\mathscr{P}^{(3)}(\omega) = \varepsilon_0 \underline{\chi}'' \mathscr{E}(\omega) \mathscr{E}(\omega) \mathscr{E}^*(\omega)$
Sättigbare Absorber Sättigbare Verstärker	imaginär negativ	
Zwei-Photonen-Absorption	imaginär positiv	
Quadratischer Stark-Effekt Elektrischer Kerr-Effekt (1875)	imaginär reell	$\left.\right\}$ $\mathscr{P}^{(3)}(\omega) = \varepsilon_0 \underline{\chi}'' \mathscr{E}(\omega) \boldsymbol{E}(0) \boldsymbol{E}(0)$
Frequenzverdopplung im äußeren Feld (1962)	reell	$\mathscr{P}^{(3)}(2\omega) = \varepsilon_0 \underline{\chi}'' \mathscr{E}(\omega) \mathscr{E}(\omega) \begin{cases} \boldsymbol{E}(0) \\ \boldsymbol{H}(0) \end{cases}$
Cotton-Mouton-Effekt (1907)	reell	$\mathscr{P}^{(3)}(\omega) = \varepsilon_0 \underline{\chi}'' \mathscr{E}(\omega) \boldsymbol{H}(0) \boldsymbol{H}(0)$
Induzierte Streuung Raman, Brillouin, Rayleigh (1962/64)	imaginär negativ	$\left.\right\}$ $\mathscr{P}^{(3)}(\omega \pm \Omega) = \varepsilon_0 \underline{\chi}'' \mathscr{E}_1(\omega \pm \Omega) \mathscr{E}_2(\omega) \mathscr{E}_2^*(\omega)$
Entartete Vierwellenmischung, Phasenkonjugation, Echtzeitholographie	imaginär und reell	$\left.\right\}$ $\mathscr{P}^{(3)}(\omega) = \varepsilon_0 \underline{\chi}'' \mathscr{E}_1(\omega) \mathscr{E}_2(\omega) \mathscr{E}_3^*(\omega)$
Effekte höherer Ordnung		
Optische Bistabilität Frequenzvervielfachung Multiphotonen-Ionisierung		

8.1 Die allgemeine Beziehung zwischen Polarisation des Mediums und der elektrischen Feldstärke

8.1.1 Ausbreitung von Licht in einem linearen Medium

Die Ausbreitung von Licht in einem Medium wurde am Beispiel des klassischen Oszillatormodells bereits in der Einführung und ausführlich in Kap. 2.8 behandelt. Dieses Modell ist auch für die nichtlineare Wechselwirkung sehr nützlich, deshalb werden im folgenden nochmals kurz die Ergebnisse wiederholt.

Die elektrische Feldstärke $\boldsymbol{E}$ der Lichtwelle übt auf die elastisch gebundenen Elektronen eine Kraft aus. Unter dem Einfluß dieser Kraft beginnen die leichten Elektronen gegen den schweren Kern mit der Lichtfrequenz zu oszillieren, es ist ein schwingender Dipol entstanden. Die Summe aller Dipolmomente in der Volumeneinheit des Mediums wird elektrische Polarisation $\boldsymbol{P}$ genannt. Diese ist im einfachsten Fall direkt proportional der angelegten elektrischen Feldstärke.

Die Polarisation, d. h. die oszillierenden elektrischen Dipole sind Ausgangspunkte einer neuen elektrischen Feldstärke (Hertzscher Dipol), deren Frequenz mit der der anregenden Feldstärke übereinstimmt, aber deren Phase wegen der Trägheit der elastisch gebundenen Elektronen verschoben ist. Die anregende Feldstärke und die von den Dipolen abgestrahlte Feldstärke überlagern sich zu einer resultierenden Feldstärke, die ebenfalls in der Phase gegen die ursprüngliche Feldstärke verschoben ist. Diese Phasenverschiebung macht sich makroskopisch als veränderte Lichtgeschwindigkeit bemerkbar und wird durch die Brechzahl n beschrieben. Außerdem kann eine Schwächung der Lichtwelle auftreten, charakterisiert durch den Absorptionskoeffizienten α. Zusammenfassend läßt sich die Lichtausbreitung im Bereich der linearen Optik so beschreiben: Die Lichtwelle $\boldsymbol{E}$ läuft durch das Medium, induziert eine Polarisationswelle $\boldsymbol{P}$ gleicher Frequenz, die mit gleicher Phasengeschwindigkeit durch das Medium läuft und ihrerseits eine neue Lichtwelle derselben Frequenz abstrahlt.

Im folgenden wird für Feldstärke $\boldsymbol{E}$ und Polarisation $\boldsymbol{P}$ häufig die komplexe Schreibweise verwendet, gekennzeichnet durch $\mathscr{E}$ bzw. $\mathscr{P}$ (s. Kap. E). Die reellen, physikalischen Größen ergeben sich daraus gemäß:

$$\boldsymbol{E} = \frac{1}{2}(\mathscr{E} + \mathscr{E}^*) \tag{8.1a}$$

und

$$\boldsymbol{P} = \frac{1}{2}(\mathscr{P} + \mathscr{P}^*) \,. \tag{8.1b}$$

Für $\boldsymbol{E}$ wird eine ebene, monochromatische, sich in z-Richtung ausbreitende Welle angesetzt, deren Amplitude $\boldsymbol{A}$ noch eine Funktion von z sein kann:

$$\boldsymbol{E} = \boldsymbol{A}(z)\cos(\omega t - kz)$$

oder

$$\mathscr{E} = \mathscr{A}(z)\exp[\mathrm{i}(\omega t - kz)] \tag{8.2}$$

wobei k die Kreiswellenzahl im Medium ist

$$k = \frac{\omega}{c} = \frac{n\omega}{c_0} = \frac{2\pi n}{\lambda_0}$$

Es bedeuten λ_0 die Vakuumwellenlänge, n die Brechzahl und c, c_0 die Phasengeschwindigkeit im Medium bzw. im Vakuum. Im linearen Medium gilt für die Polarisation:

$$\mathscr{P}(\omega) = \varepsilon_0 \underline{\chi}(\omega) \mathscr{E}(\omega), \tag{8.3}$$

mit

ε_0 elektrische Feldkonstante $= 8{,}85 \cdot 10^{-12}$ As/Vm,
$\underline{\chi}$ elektrische Suszeptibilität (dimensionslose Stoffkonstante, frequenzabhängig).

Im verlustbehafteten Medium sind Kreiswellenzahl, Brechzahl und Suszeptibilität komplexe Größen, wobei die Suszeptibilität i. allg. ein komplexer Tensor ist:

$$\underline{\chi} = \chi_1 + \mathrm{i}\chi_2 = (\underline{\chi}_{ij}) .$$

Hierbei soll $(\underline{\chi}_{ij})$ die Matrix des 3×3-Tensors darstellen. In anisotropen Medien sind die Vektoren $\mathscr{E}$ und $\mathscr{P}$ nicht kollinear. Die obige Gleichung in Komponenten geschrieben lautet:

$$\mathscr{P}_i = \varepsilon_0 \sum_j \underline{\chi}_{ij} \mathscr{E}_j , \quad i, j = x, y, z .$$

Für verlustfreie Medien ist der Suszeptibilitätstensor reell

$$\chi_2 = 0 \tag{8.4}$$

und der verbleibende Realteil stets symmetrisch

$$\chi_{ij} = \chi_{ji} . \tag{8.5}$$

Für verlustfreie Medien ist n reell und im isotropen Fall gilt

$$n = \sqrt{1 + \chi_1} . \tag{8.6}$$

Gl. (8.6) kann auf anisotrope Medien übertragen werden. Falls das Medium verlustfrei ist, kann der χ-Tensor auf Hauptachsen transformiert werden und es gilt:

$$n_i = \sqrt{1 + \chi_{ii}} , \quad (i = x, y, z) ; \tag{8.7}$$

n_i sind die drei Hauptbrechzahlen des betreffenden Kristalls.

8.1.2 Die Kennlinie des Elektrons

Eine Voraussetzung für die oben geschilderte Ausbreitung von Licht ist der lineare Zusammenhang zwischen Polarisation und Feldstärke. Die Polarisation ist die Dichte der induzierten Dipolmomente, d. h. $\boldsymbol{P}$ ist letztlich proportional der Auslenkung des Elektrons unter dem Einfluß der elektrischen Feldstärke $\boldsymbol{E}$. Linearität bedeutet somit, daß die Auslenkung $\boldsymbol{d}$ des Elektrons proportional der angreifenden Kraft ist, was voraussetzt, daß das Elektron sich in einem Parabelpotential befindet; denn wenn das Potential $U \sim \boldsymbol{d}^2$, gilt für die rücktreibende Kraft $\boldsymbol{F} \sim \boldsymbol{d}$. Nur unter dieser Voraussetzung führt das Elektron eine harmonische Schwingung aus, d. h. nur dann ist die Auslenkung proportional der angreifenden Kraft (bis auf eine Phasenverschiebung). Diese Tatsache wurde bereits ausführlich in Bd. 1 bei den mechanischen Schwingungen diskutiert und behält auch im atomaren Bereich ihre Gültigkeit.

Der Zusammenhang zwischen Auslenkung $\boldsymbol{d}$ des Elektrons und angreifender Feldstärke $\boldsymbol{E}$ kann durch die sogenannte Kennlinie des Elektrons dargestellt werden (Abb. 8.1). Ein Kennzeichen des elastisch gebundenen Elektrons ist die lineare Kennlinie.

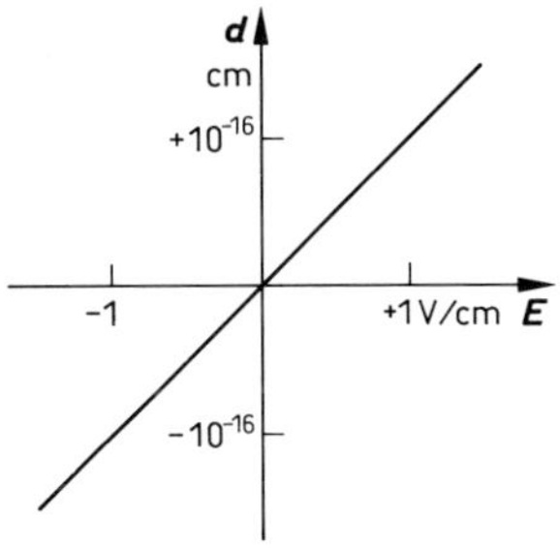

Abb. 8.1 Die Kennlinie des elastisch gebundenen Elektrons. Dargestellt ist die Auslenkung $\boldsymbol{d}$ über der anregenden Feldstärke $\boldsymbol{E}$.

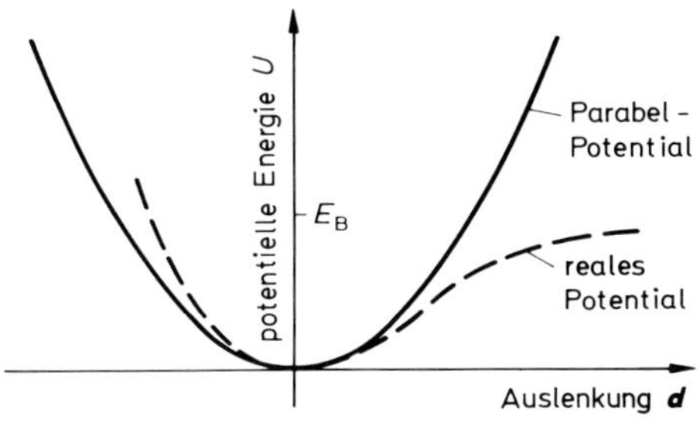

Abb. 8.2 Vergleich des idealen Parabelpotentials mit dem typischen Verlauf eines realen Potentials. E_B: Bindungsenergie.

Tatsächlich ist das Modell des elastisch gebundenen Elektrons nur eine Näherung für die realen Bindungszustände. In Abb. 8.2 ist das ideale Parabelpotential mit dem typischen Verlauf eines realen Potentials verglichen. Die Abweichungen machen sich bei hohen Schwingungsenergien besonders stark bemerkbar. Überschreitet die Schwingungsenergie (bzw. die Amplitude) den Wert E_B der Bindungsenergie, so wird das Elektron sogar freigesetzt. Entsprechend ist die Kennlinie des realen Elektrons keine Gerade wie in Abb. 8.1, sondern wird mehr oder weniger stark davon abweichen. Der gleiche Effekt tritt auch in der Mechanik bei der Feder auf. Der elastische Bereich (Hookescher Bereich) ist begrenzt, und bei zu starker Auslenkung verhält sich die Feder nichtlinear, d.h. die rücktreibende Kraft ist nicht mehr proportional der Auslenkung.

Mit normalen Lichtquellen können Feldstärken von typisch $|\boldsymbol{E}| \approx 1\,\mathrm{V/cm}$ erreicht werden. Bei diesen Feldstärken treten Auslenkungen der Elektronen von $|\boldsymbol{d}| \approx 10^{-16}\,\mathrm{cm}$ auf, ein Wert, der sehr klein gegen die Abmessungen der Atome von etwa $10^{-8}\,\mathrm{cm}$ ist. Für normales Licht ist daher die Kennlinie des Elektrons eine Gerade und das Modell des elastisch gebundenen Elektrons voll gültig.

Bei den hohen Feldstärken der Laser können jedoch die Auslenkungen so groß werden, daß sich die Nichtlinearität der Kennlinie bemerkbar macht.

Die Polarisation bei hohen Feldstärken. Im nichtlinearen Teil der Kennlinie vollführt das Elektron unter dem Einfluß einer sinusförmigen Feldstärke anharmonische Schwingungen, d.h. in der Auslenkung $\boldsymbol{d}$ bzw. in der Polarisation $\boldsymbol{P}$ treten Oberwellen auf. In diesem Fall ist die lineare Beziehung Gl. (8.3) zwischen Polarisation und Feldstärke nicht länger gültig. Die Polarisation ist jetzt eine komplizierte Funktion der Feldstärke und enthält nicht nur den linearen Term in $\boldsymbol{E}$, sondern auch höhere Ordnungen

$$\boldsymbol{P} = \varepsilon_0 [\chi_t \boldsymbol{E} + (\chi_t' \boldsymbol{E}) \boldsymbol{E} + ((\chi_t'' \boldsymbol{E}) \boldsymbol{E}) \boldsymbol{E} + \ldots] . \tag{8.8}$$

Zur Bedeutung von χ_t, χ_t', χ_t'', ... siehe Abschn. 8.2. Die obige Beziehung gilt in dieser Form zwar für einen beliebigen Zeitverlauf der elektrischen Feldstärke, aber nur für verlustfreie Medien. Andernfalls macht sich die Phasenschiebung zwischen $\boldsymbol{E}$ und $\boldsymbol{P}$ bemerkbar, und der Zeitverlauf von $\boldsymbol{P}$ ist ein anderer als der von $\boldsymbol{E}$. Es ist dann zweckmäßiger, Gl. (8.8) in der komplexen Schreibweise zu formulieren, was in Abschn. 8.2 erfolgt. Es muß deshalb auch unterschieden werden zwischen χ_t und $\underline{\chi}$. Der Index t soll andeuten, daß der Wert der Suszeptibilität nicht nur vom Medium abhängt, sondern auch vom speziellen Zeitverlauf der elektrischen Feldstärke. $\underline{\chi}$ dagegen verknüpft monochromatische Felder nach Gl. (8.3), hängt von der Frequenz des Feldes ab und ist i.a. komplex. Das gleiche gilt für die Suszeptibilitäten höherer Ordnung.

Im allgemeinen Fall können auch noch die magnetischen Felder die Polarisation beeinflussen (Faraday-Effekt), und in Gl. (8.8) treten entsprechende Glieder in $\boldsymbol{H}$ und Mischterme $\boldsymbol{EH}$ auf. Die magnetischen Effekte sollen im folgenden nicht weiter diskutiert werden.

Bei Festkörpern ergibt sich für die Größenordnung der Konstanten:

$$\chi_t \approx 1\,, \quad \chi_t' \approx 10^{-10}\,\mathrm{cm/V}\,, \quad \chi_t'' \approx 10^{-17}\,\mathrm{cm^2/V^2}\,.$$

Die höheren Ordnungen der nichtlinearen Anteile werden sehr schnell kleiner, und es sind beträchtliche Feldstärken erforderlich, um eine spürbare Polarisation durch die nichtlinearen Glieder zu erreichen. Für den Fall, daß die Feldstärke $\boldsymbol{E}$ aus einer reinen Kosinuswelle

$$\boldsymbol{E} = \boldsymbol{A} \cos \omega t$$

besteht, ergibt sich die Polarisation unter Berücksichtigung nur der linearen und quadratischen Glieder bei einem verlustfreien Medium zu:

$$\boldsymbol{P} = \varepsilon_0 [\chi \boldsymbol{A} \cos \omega t + (\chi' \boldsymbol{A}) \boldsymbol{A} \cos^2 \omega t] \, .$$

Durch eine einfache trigonometrische Umformung folgt

$$\boldsymbol{P} = \frac{\varepsilon_0}{2} (\chi' \boldsymbol{A}) \boldsymbol{A} + \varepsilon_0 \chi \boldsymbol{A} \cos \omega t + \frac{\varepsilon_0}{2} (\chi' \boldsymbol{A}) \boldsymbol{A} \cos (2 \omega t) \tag{8.9}$$

oder

$$\boldsymbol{P} = \boldsymbol{P}^{(0)}(0) + \boldsymbol{P}^{(1)}(\omega) + \boldsymbol{P}^{(2)}(2\omega) \, , \tag{8.10}$$

wobei χ, χ' jetzt von den verschiedenen hier auftretenden Frequenzen abhängen und wegen der Verlustfreiheit reell sind.

Die Polarisation enthält außer der Grundwelle $\boldsymbol{P}^{(1)}(\omega)$, einen Gleichanteil $\boldsymbol{P}^{(0)}(0)$ und einen Anteil mit der doppelten Frequenz $\boldsymbol{P}^{(2)}(2\omega)$. In Abb. 8.3 sind diese Verhältnisse skizziert.

Die Polarisationswellen der Frequenzen ω und 2ω strahlen wieder ein elektrisches Feld der gleichen Frequenzen ab, d. h. es tritt nicht nur das Licht der eingestrahlten Frequenz auf, sondern auch Licht der doppelten Frequenz. Infrarotes Licht ist in grünes verwandelt worden und rotes Licht in blaues. Ein Effekt, der im optischen Bereich erstmals von Franken, Hill, Peters und Weinreich [1] im Jahre 1961 nachgewiesen wurde, indem sie das intensive Licht eines Rubin-Q-switch-Lasers

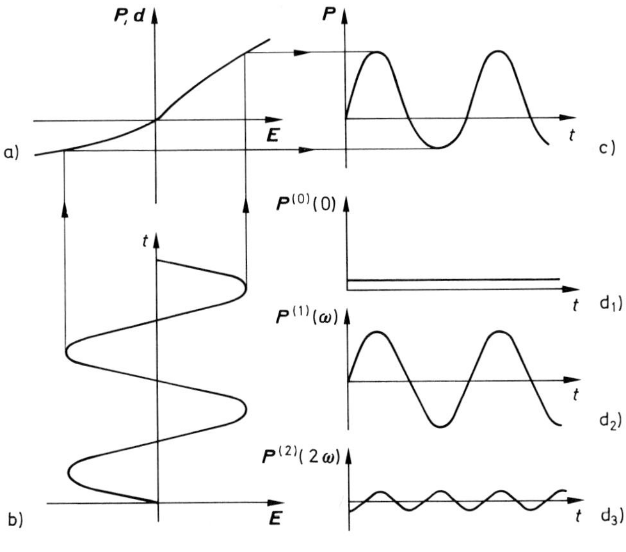

Abb. 8.3 Auf das Elektron mit der nichtlinearen Kennlinie a) wirkt eine sinusförmige Feldstärke b) der Frequenz ω. Das Elektron vollführt nichtharmonische Schwingungen c) und entsprechend auch die Polarisation $\boldsymbol{P}$ des Mediums. Die Fourier-Zerlegung der nichtharmonischen Schwingung liefert d_1) einen Gleichanteil $\boldsymbol{P}^{(0)}(0)$, d_2) einen linearen Anteil, die Grundwelle $\boldsymbol{P}^{(1)}(\omega)$ und d_3) einen Anteil $\boldsymbol{P}^{(2)}(2\omega)$ der doppelten Frequenz.

($\lambda_1 = 694{,}3\,\text{nm}$) auf Quarz fokussierten und die 1. Oberwelle des Laserlichts mit $\lambda_2 = 347{,}2\,\text{nm}$ wahrnahmen.

Die Gl. (8.8) stellt die allgemeine Beziehung zwischen der Feldstärke $\boldsymbol{E}$ und der Polarisation $\boldsymbol{P}$ dar. Effekte, die mit χ_t verknüpft sind, nennt man lineare Effekte; χ_t' charakterisiert Effekte zweiter Ordnung, χ_t'' Effekte dritter Ordnung. Auf die Eigenschaften von χ_t', χ_t'' wird im folgenden noch näher eingegangen. Die Feldstärke in Gl. (8.8) kann zunächst eine beliebige Zeitabhängigkeit besitzen. Im folgenden werden jedoch nur monochromatische Felder betrachtet. $\boldsymbol{E}(t)$ wird dann als Summe monochromatischer komplexer Felder $\mathscr{E}(\omega)$ nach Gl. (8.1 a) dargestellt, und die Suszeptibilitäten werden frequenzabhängige und komplexe Größen $\underline{\chi}(\omega)$, $\underline{\chi}'(\omega)$, $\underline{\chi}''(\omega)$. Bezüglich Real- bzw. Imaginärteil dieser Größen gilt jedoch auch das für $\underline{\chi}$ Gesagte. Der Imaginärteil kennzeichnet Verluste oder Verstärkung, der Realteil Phasenschiebungen bzw. Frequenzänderungen.

8.1.3 Beispiele für einige nichtlineare Effekte

Frequenzverdopplung. Die in einen Kristall eingestrahlte Feldstärke erzeugt eine Auslenkung der Elektronen, die nicht harmonisch ist. Das heißt, die Schwingungsamplitude enthält höhere Frequenzanteile, entsprechend die Polarisation. Die zweite Harmonische kann immer dann auftreten, wenn der Kristall kein Inversionszentrum besitzt (keine Spiegelsymmetrie bezüglich eines Punktes).

Linearer, elektrooptischer Effekt (Pockels-Effekt). Durch ein äußeres Gleichfeld wird die Brechzahl eines Mediums geändert. Ist diese Änderung proportional zur angelegten Feldstärke, so wird der Effekt als linear bezeichnet, obwohl es ein quadratischer ist.

Linearer Stark-Effekt. Ein äußeres Gleichfeld verschiebt die atomaren Energieniveaus. Das führt zu einer Änderung der Absorption und der Brechzahl. Bei überwiegender Absorptionsänderung ist $\underline{\chi}'$ imaginär.

Parametrische Verstärker. In einen Kristall werden die beiden Felder $\boldsymbol{E}_1(\omega_1)$ und $\boldsymbol{E}_2(\omega_2)$ eingestrahlt. Der quadratische Term der Polarisation enthält dann Glieder der Frequenzen $2\omega_1$, $2\omega_2$, $\omega_1 \pm \omega_2$. Bei geeigneter Wahl der Einstrahlungsbedingungen kann z. B. nur der Frequenzanteil $\omega_1 - \omega_2$ merklich zum Aufbau eines neuen Feldes beitragen, d. h. die Differenzfrequenz wird verstärkt.

Faraday-Effekt. Durch ein magnetisches Gleichfeld erfolgt eine Verschiebung der atomaren Energieniveaus, was dem linearen Stark-Effekt entspricht. Dadurch wird ein isotropes Medium zirkular doppelbrechend und dichroitisch. Meistens ist die Absorption vernachlässigbar und deshalb $\underline{\chi}'$ reell. Es kann aber auch komplex sein (z. B. Faraday-Effekt an dünnen Eisenschichten).

Optische Gleichrichtung. Bei der Frequenzverdopplung, die einem Quadrieren der Feldstärke entspricht und damit wie eine Gleichrichterdiode der HF-Technik wirkt, tritt auch ein Gleichfeld auf.

Frequenzverdreifachung. In den Kristall wird nur ein Feld eingestrahlt. Besitzt der Kristall ein Inversionszentrum, so kann die zweite Oberwelle nicht auftreten, wohl aber die dritte Oberwelle.

Selbstfokussierung, Selbstphasenmodulation und thermische Effekte. Die Brechzahl eines Mediums wird durch die Bestrahlungsstärke verändert. Dabei machen sich die schnellen Oszillationen des Strahlungsfeldes nicht bemerkbar, d. h. die Brechzahl spricht auf den Mittelwert an. Hierbei unterscheidet man Selbstfokussierung, wenn die Brechzahl noch Änderungen im Zeitbereich von 10^{-12} s folgt, und thermische Effekte, wenn die Zeitkonstante der Brechzahländerung bei 10^{-6} s liegt. Der erste Effekt ist ein molekularer Effekt (Orientierung der permanenten Dipolmomente), der zweite Effekt tritt auch bei Molekülen ohne permanentes Dipolmoment auf und wird durch die Wärmeleitung bestimmt.

Sättigbarer Absorber oder Verstärker. Bei hinreichend hoher Bestrahlungsstärke ändern sich die Besetzungszahlen der Energieniveaus und Absorption bzw. Verstärkung ändern sich. Dabei ist die Brechzahländerung vernachlässigbar (sie ist null im Resonanzfall) und $\underline{\chi}''$ wird imaginär. Imaginär negativ bedeutet, daß der Effekt mit der Bestrahlungsstärke abnimmt. Da die Zeitkonstanten (spontane Lebensdauern) der Niveaus bei 10^{-8} bis 10^{-10} s liegen, wird über die schnellen Oszillationen des Strahlungsfeldes gemittelt.

Zwei-Photonen-Absorption. Ist die Frequenz ω des Strahlungsfeldes hinreichend weit von der Resonanzfrequenz ω_0 eines atomaren Überganges entfernt, so findet keine Absorption statt. Wenn jedoch $\omega \approx \omega_0/2$ und die Bestrahlungsstärke genügend groß ist, so können 2 Photonen des Strahlungsfeldes einen Übergang bewirken und 2 Photonen werden gleichzeitig absorbiert. Dieser Effekt nimmt mit der Bestrahlungsstärke zu, deswegen ist $\underline{\chi}''$ imaginär positiv.

Quadratischer Stark-Effekt. Entspricht dem linearen Stark-Effekt, nur ist der Effekt jetzt proportional dem Quadrat der Feldstärke.

Kerr-Effekt. Ist physikalisch identisch mit der Selbstfokussierung. Es ist jedoch üblich, diese Nichtlinearität Kerr-Effekt zu nennen, wenn es sich um ein äußeres Feld handelt, und Selbstfokussierung, wenn es sich um das Strahlungsfeld des Lichts handelt, welches die Dipolmomente der Moleküle ausrichtet.

Frequenzverdopplung im äußeren Feld. Ein Kristall mit Inversionszentrum zeigt keine Frequenzverdopplung. Man kann jedoch durch ein äußeres Feld diese Symmetrieeigenschaft des Kristalls beseitigen und somit die Oberwelle erzeugen.

Induzierte Streuprozesse. Die induzierten Streuprozesse wie induzierte Raman- und Brillouin-Streuung gehören zu den kubischen Effekten der nichtlinearen Optik. Sie wurden bereits ausführlich in Abschn. 7.7 diskutiert.

8.2 Die Suszeptibilität für Effekte 2. und 3. Ordnung

Bevor ausführlicher auf die Erzeugung von Oberwellen im optischen Bereich eingegangen wird, muß die Gl. (8.8) genauer betrachtet werden. Die Beziehungen zwischen Polarisation $\boldsymbol{P}$ und Feldstärke $\boldsymbol{E}$ sind nicht so einfach, wie es die Schreibweise dieser Gleichung vermuten läßt.

Der χ_t'-Tensor stellt die allgemeine Beziehung zwischen dem nichtlinearen Anteil der Polarisation $\boldsymbol{P}_{\mathrm{NL}}$ und dem quadratischen Feldstärketerm $\boldsymbol{EE}$ dar:

$$\boldsymbol{P}_{\mathrm{NL}}^{(2)} = \varepsilon_0 (\chi_t' \boldsymbol{E}) \boldsymbol{E}$$

bzw. in der Komponentenschreibweise

$$P_{i,\mathrm{NL}}^{(2)} = \varepsilon_0 \sum_{jk} \chi_{ijk,\mathrm{t}} E_j(t) E_{\mathrm{k}}(t) \,.$$

$\chi_{ijk,\mathrm{t}}$ ist ein Tensor dritter Stufe, d. h. eine $3 \times 3 \times 3$-Matrix, die die drei Komponenten der Polarisation mit den neun Gliedern des quadratischen Feldstärketerms verknüpft. Da das entsprechende $\underline{\chi}_{ijk}$ komplex sein kann, besteht die $\underline{\chi}'$-Matrix aus 27 komplexen Komponenten.

Die Reihenfolge der Feldstärkekomponenten ist physikalisch ohne Bedeutung und es muß gelten

$$\underline{\chi}_{ijk} = \underline{\chi}_{ikj} \,, \tag{8.11}$$

was die Zahl der $\underline{\chi}'$-Komponenten reduziert.

Einstrahlung einer monochromatischen Welle. Beschränken wir uns im folgenden zunächst auf die Einstrahlung einer monochromatischen Welle. Dann folgt aus der obigen Gleichung mit Gl. (8.1a, b):

$$\mathscr{P}_{i,\mathrm{NL}}^{(2)} = \frac{\varepsilon_0}{2} \left\{ \sum_{j,k} \underline{\chi}_{ijk}^{(a)} \mathscr{E}_j \mathscr{E}_k + \underline{\chi}_{ijk}^{(b)} \mathscr{E}_j^* \mathscr{E}_k \right\} \tag{8.12}$$

bzw. mit Gl.(8.2)

$$\begin{aligned} \mathscr{P}_{i,\mathrm{NL}}^{(2)} &= \frac{\varepsilon_0}{2} \left\{ \sum_{j,k} \underline{\chi}_{ijk}^{(a)} \mathscr{A}_j \mathscr{A}_k \exp[\mathrm{i}(2\omega t - 2kz)] + \underline{\chi}_{ijk}^{(b)} \mathscr{A}_j^* \mathscr{A}_k \right\} \\ &= \mathscr{P}_i^{(2)}(0) + \mathscr{P}_i^{(2)}(2\omega) \,. \end{aligned} \tag{8.13}$$

Die Indizierung a, b soll andeuten, daß die beiden Koeffizienten unterschiedlich sind, denn $\underline{\chi}^{(a)}$ beschreibt die Oberwellenerzeugung und $\underline{\chi}^{(b)}$ die Gleichpolarisation. Da die Indizes i, j, k die Werte x, y, z durchlaufen, liefert Gl. (8.11) gerade 9 Nebenbedingungen, und die in Tab. 8.2 angegebene Schreibweise ist üblich. Die Zuordnung der d_{jk}-Koeffizienten zu den $\underline{\chi}_{ijk}$-Werten ergibt sich aus dem Vergleich von Gl. (8.12) mit Tab. 8.2. In diesem Fall ist der Zahlenwert von d_{jk} halb so groß wie der entsprechende Zahlenwert des zugeordneten $\underline{\chi}_{ijk}$-Wertes.

Tab. 8.2 Die Beziehung zwischen der Polarisation zweiter Ordnung und den Feldstärke-Komponenten bei Einstrahlung einer monochromatischen Welle. Oben die Polarisation der doppelten Frequenz, unten die Gleichpolarisation. Das Schema darunter gibt an, welche Koeffizienten bei verlustfreien Kristallen gleich sind.

Oberwellenerzeugung
Polarisation zweiter Ordnung der Frequenz 2ω

$$\begin{pmatrix} \mathscr{P}_x^{(2)} \\ \mathscr{P}_y^{(2)} \\ \mathscr{P}_z^{(2)} \end{pmatrix} = \varepsilon_0 \begin{pmatrix} d_{11} & d_{12} & d_{13} & d_{14} & d_{15} & d_{16} \\ d_{21} & d_{22} & d_{23} & d_{24} & d_{25} & d_{26} \\ d_{31} & d_{32} & d_{33} & d_{34} & d_{35} & d_{36} \end{pmatrix} \cdot \begin{pmatrix} \mathscr{E}_x^2 \\ \mathscr{E}_y^2 \\ \mathscr{E}_z^2 \\ 2\mathscr{E}_y\mathscr{E}_z \\ 2\mathscr{E}_x\mathscr{E}_z \\ 2\mathscr{E}_x\mathscr{E}_y \end{pmatrix}$$

Gleichpolarisation
Polarisation zweiter Ordnung der Frequenz 0

$$\begin{pmatrix} \mathscr{P}_x^{(2)} \\ \mathscr{P}_y^{(2)} \\ \mathscr{P}_z^{(2)} \end{pmatrix} = \varepsilon_0 \begin{pmatrix} d_{11} & d_{12} & d_{13} & d_{14} & d_{15} & d_{16} \\ d_{21} & d_{22} & d_{23} & d_{24} & d_{25} & d_{26} \\ d_{31} & d_{32} & d_{33} & d_{34} & d_{35} & d_{36} \end{pmatrix} \cdot \begin{pmatrix} \mathscr{E}_x\mathscr{E}_x^* \\ \mathscr{E}_y\mathscr{E}_y^* \\ \mathscr{E}_z\mathscr{E}_z^* \\ 2\mathscr{E}_y\mathscr{E}_z^* \\ 2\mathscr{E}_x\mathscr{E}_z^* \\ 2\mathscr{E}_x\mathscr{E}_y^* \end{pmatrix}$$

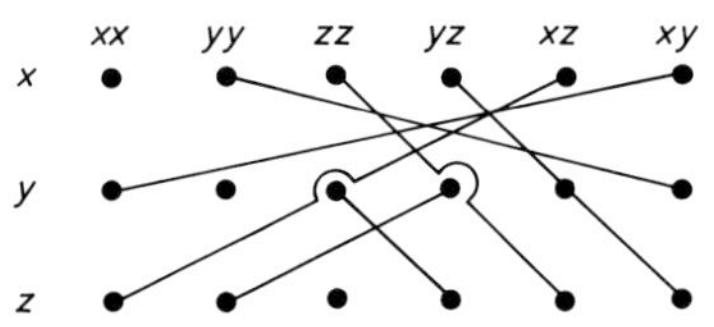

Kleinmans Symmetrieregel und weitere Reduktionen des $\underline{\chi}'$-Tensors: Eine weitere Vereinfachung liefert Kleinmans Symmetrieregel [2]. Werden nur Kristalle betrachtet, die für die betreffenden Strahlungsfelder verlustfrei sind, so ist, wie bei der linearen Wechselwirkung, der χ_t'-Tensor symmetrisch und der entsprechende $\underline{\chi}'$-Tensor reell. Der Beweis läßt sich leicht führen. Verlustfrei bedeutet, daß die pro Periode des Lichts geleistete elektrische Arbeit null ist

$$\oint \boldsymbol{P} d\boldsymbol{E} = 0 . \tag{8.14}$$

Dieses Umlaufintegral verschwindet, wenn die Rotation von $\boldsymbol{P}$ bezüglich $\boldsymbol{E}$ gebildet null wird:

$$\frac{\partial P_i}{\partial E_j} = \frac{\partial P_j}{\partial E_i} .$$

Da diese Bedingung für alle Frequenzen, die hier zur Diskussion stehen, gelten muß, folgt [3]:

$$\chi_{ijk,t} = \chi_{jik,t} \quad \text{bzw.} \quad \chi_{ijk} = \chi_{jik} \,. \tag{8.15}$$

Außerdem ist der Tensor reell. Man beachte den Unterschied zu Gl. (8.11). Diese gilt immer, während Gl. (8.15) nur für absorptionsfreie Medien gilt. Gl. (8.15) liefert 9 weitere Nebenbedingungen, die aber nicht unabhängig von den 9 Nebenbedingungen nach Gl. (8.11) sind. Da nach Gl. (8.11)/(8.15) die Elemente des χ'-Tensors symmetrisch in allen drei Indizes sind, gibt es genau 10 Möglichkeiten, drei verschiedene Zahlen in Dreiergruppen anzuordnen. Im allgemeinen verlustfreien Fall besitzt der χ'-Tensor also 10 verschiedene reelle Elemente. Entsprechend vereinfacht sich die d-Matrix, wie Tab. 8.2 zeigt.

Der χ'-Tensor muß natürlich auch die Symmetrieeigenschaften der betreffenden Kristalle widerspiegeln, was zu weiteren Reduktionen führt [3, 4]. Als einfachstes Beispiel soll ein Kristall mit Inversionszentrum betrachtet werden (Abb. 8.4). Dieser

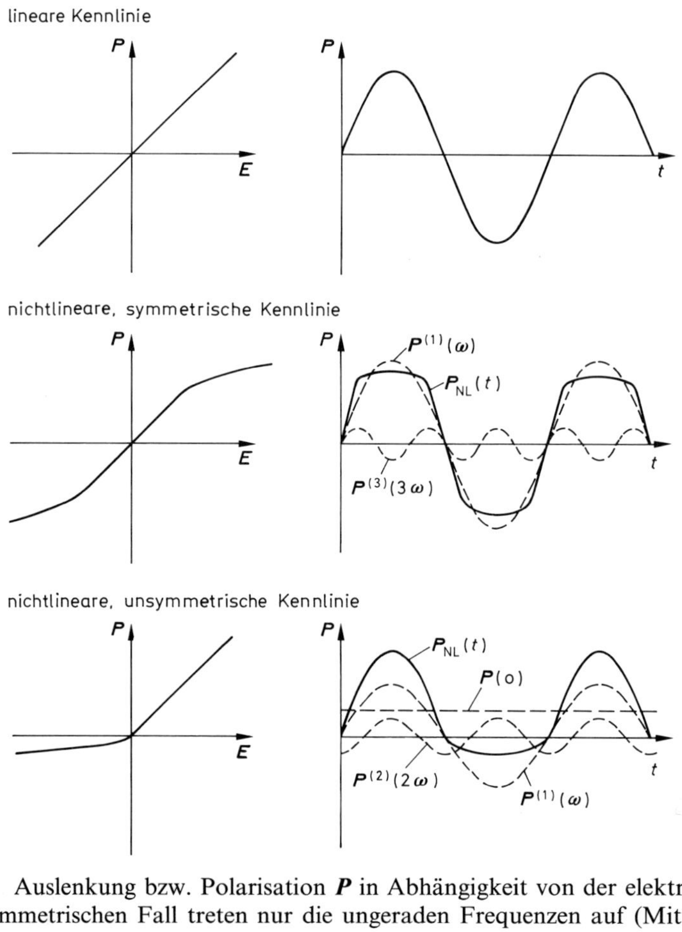

Abb. 8.4 Auslenkung bzw. Polarisation ***P*** in Abhängigkeit von der elektrischen Feldstärke ***E***. Im symmetrischen Fall treten nur die ungeraden Frequenzen auf (Mitte), im unsymmetrischen Fall alle Frequenzen (unten).

Tab. 8.3 Beispiele für Kristalle, die zur Frequenzverdopplung eingesetzt werden. Die Kristallklassen werden in Kap. 4 behandelt. Die d_{jk} sind die nicht verschwindenden Koeffizienten der d-Matrix. Sie sind teilweise mit erheblichen Fehlern behaftet. $\Delta\lambda$ ist der Transparenzbereich, λ_0 die Wellenlänge, für die der d-Koeffizient angegeben ist. J_z ist die Zerstörschwelle für kurze Pulse (ca. 10 ns). Weitere Angaben [3, 11, 12, 45].

Kristall	Kristallklasse	d_{jk} in $10^{-12}\,mV^{-1}$	$\Delta\lambda$ in µm	λ_0 in µm	J_z in GW cm^{-2}
		$d_{36} \approx d_{25} = d_{14}$			
KDP (KH_2PO_4)	$\bar{4}$ 2 m	0,6	0,2 – 1,7	1,06	0,2
KD*P (KD_2PO_4)	$\bar{4}$ 2 m	0,55	0,2 – 2,15	1,06	
ADP ($NH_4H_2PO_4$)	$\bar{4}$ 2 m	0,76	0,19 – 1,5	1,06	
CDA (CsH_2AsO_4)	$\bar{4}$ 2 m	0,32	0,52 – 1,4	0,69	0,5
Banana ($Ba_2NaNb_5O_{15}$)	2 m m	$d_{15} = d_{31} = 9{,}2$ $d_{32} = d_{24} = 9{,}2$ $d_{33} = 12$	0,46 – 1,06	1,06	
KTP ($KTiOPO_4$)	2 m m	$d_{15} = d_{31} = 14{,}1–13{,}3$ $d_{32} = d_{24} = 16{,}5–10{,}8$ $d_{33} = 30$	0,35 – 4,5	1,06	1
Lithiumniobat ($LiNbO_3$)	3 m	$d_{15} = d_{24} = d_{32} = d_{31} = -6$ $-d_{21} = -d_{16} = d_{22} = 3{,}2$ $d_{33} = -47$	0,42 – 4,2	1,06	0,05
Bariumbetaborat BBO (β-BaB_2O_4)	3	$d_{11} = -d_{12} = -d_{26} = 2{,}4$ $d_{31} = d_{32} = d_{24} = d_{15} \ll d_{11}$ $d_{21} = -d_{22} = d_{16} \ll d_{11}$	0,19 – 3,5	1,06	5
Quarz (SiO_2)	3 2	$d_{11} = -d_{12} = -d_{26} = 0{,}4$	0,18 – 3,5 keine Phasenanpassung möglich	1,06	
Selen (Se)	3 2	$d_{11} = -d_{12} = -d_{36} \approx 100$	0,8 – 20	10,6	
Tellur (Te)	3 2	$d_{11} = -d_{12} = -d_{36} \approx 920$	4 – 32	10,6	0,045
Galliumarsenid (GaAs)	$\bar{4}$ 3 m	$d_{36} = d_{25} = d_{14} \approx 336$ $= 134$	0,9 – 17	1,06 10,6	
MPANP*	2	$d_{22} = 50–70$		1,06	

* Organischer Kristall als dünne Schicht [46], es sind nur wenige Daten bekannt.

ist dadurch gekennzeichnet, daß er bei Spiegelung in sich selber übergeht. Die Gl. (8.8) im gespiegelten System lautet

$$-\boldsymbol{P} = \varepsilon_0[-\chi_t \boldsymbol{E} + (\chi_t' \boldsymbol{E})\,\boldsymbol{E} - ((\chi_t'' \boldsymbol{E})\,\boldsymbol{E})\,\boldsymbol{E}]$$

und soll in gleicher Weise gültig sein, wie die ursprüngliche Gleichung. Das ist nur möglich, wenn gilt:

$$\chi_t' = (\chi_{ijk,t}) \equiv 0\,.$$

Frequenzverdopplung tritt bei Kristallen mit Inversionszentrum nicht auf, also auch nicht bei isotropen Medien wie z. B. Glas. Allerdings muß diese Aussage etwas abgeschwächt werden. Ein Kristall mit Oberfläche ist nicht mehr spiegelsymmetrisch bezüglich der Oberfläche, auch wenn der Kristall selbst ein Inversionszentrum besitzt. Diese Oberflächeneffekte sind jedoch gering und sollen hier nicht weiter diskutiert werden. Für einige Kristalle sind in Tab. 8.3 die verbleibenden d_{jk}-Werte zusammengestellt.

Aus der *Millerschen Regel* [5] kann die Größenordnung der nichtlinearen Suszeptibilität abgeschätzt werden:

$$d \cong \varepsilon_0[n^2-1]^3\,\Delta\,,$$
$$\Delta = 0{,}5\,\mathrm{m^2A^{-1}s^{-1}}\,.$$

Hierbei wurden die Indizes *j*, *k*, d. h. die Kristallsymmetrie nicht berücksichtigt. Die obige Beziehung besagt nur, daß es sich lohnt Kristalle mit einer großen Brechzahl *n* zu untersuchen, da diese auch eine große Nichtlinearität aufweisen können. Anschaulich läßt sich die Millersche Regel wie folgt verstehen. Große Brechzahl *n* bedeutet großes Dipolmoment, d. h. starke Auslenkung des Elektrons, so daß sich Abweichungen des Potentials vom Parabelpotential unter Umständen stärker bemerkbar machen und damit die nichtlineare Suszeptibilität groß wird.

Frequenzmischung. Besteht das eingestrahlte Feld aus zwei monochromatischen Feldern der Frequenzen ω_1, ω_2

$$\boldsymbol{E} = \boldsymbol{E}_1 + \boldsymbol{E}_2 = \boldsymbol{A}_1\cos(\omega_1 t - k_1 z) + \boldsymbol{A}_2\cos(\omega_2 t - k_2 z)\,,$$

so liefert Gl. (8.8) für die Polarisation zweiter Ordnung neben den Oberwellen $2\omega_1$, $2\omega_2$ und dem Gleichanteil auch die Summen- und Differenzfrequenz $\omega_3 = \omega_1 \pm \omega_2$. Die Gl. (8.14b) in Tab. 8.2 ist entsprechend abzuändern und lautet jetzt für die Summenfrequenz:

$$\begin{pmatrix} \mathscr{P}_x^{(2)} \\ \mathscr{P}_y^{(2)} \\ \mathscr{P}_z^{(2)} \end{pmatrix} = 2\varepsilon_0(d)\cdot \begin{vmatrix} \mathscr{E}_x(\omega_1)\mathscr{E}_x(\omega_2) \\ \mathscr{E}_y(\omega_1)\mathscr{E}_y(\omega_2) \\ \mathscr{E}_z(\omega_1)\mathscr{E}_z(\omega_2) \\ \mathscr{E}_y(\omega_1)\mathscr{E}_z(\omega_2) + \mathscr{E}_y(\omega_2)\mathscr{E}_z(\omega_1) \\ \mathscr{E}_x(\omega_1)\mathscr{E}_z(\omega_2) + \mathscr{E}_x(\omega_2)\mathscr{E}_z(\omega_1) \\ \mathscr{E}_x(\omega_1)\mathscr{E}_y(\omega_2) + \mathscr{E}_x(\omega_2)\mathscr{E}_y(\omega_1) \end{vmatrix}$$

Für die Differenzfrequenz sind die Terme mit ω_2 durch die konjugiert komplexen Werte zu ersetzen. (*d*) ist wieder das Koeffizientenschema nach Tab. 8.2. Hierbei ist zu beachten, daß die Suszeptibilitätskoeffizienten sowohl von den erzeugenden Frequenzen als auch von der neu erzeugten Frequenz abhängen. Es ist üblich, als Argument der Suszeptibilität alle drei Frequenzen anzugeben in folgender Reihenfolge: erzeugte Frequenz, erzeugende Frequenz, erzeugende Frequenz:

Oberwellenerzeugung	$\mathrm{d}_{ij} = \mathrm{d}_{ij}(2\omega, \omega, \omega)$,
Gleichpolarisation	$\mathrm{d}_{ij} = \mathrm{d}_{ij}(0, \omega, -\omega)$,
Summenfrequenzbildung	$\mathrm{d}_{ij} = \mathrm{d}_{ij}(\omega_3, \omega_2, \omega_1)$.

Effekte dritter Ordnung. Für die Polarisation dritter Ordnung gilt

$$\boldsymbol{P}_{\mathrm{NL}}^{(3)} = \varepsilon_0 \chi_{\mathrm{t}}'' \boldsymbol{E}\boldsymbol{E}\boldsymbol{E}$$

Von Interesse sind nur verlustfreie Kristalle. Dann gelten die gleichen Überlegungen wie bei den Effekten zweiter Ordnung. Der χ_{t}''-Tensor ist jetzt ein Tensor 4. Stufe. Die obige Gleichung in Komponenten geschrieben lautet in der komplexen Schreibweise

$$\mathscr{P}_{i,\mathrm{NL}}^{(3)} = \frac{\varepsilon_0}{4} \left\{ \sum_{j,k,l} \chi_{ijkl}^{(a)} \mathscr{E}_j \mathscr{E}_k \mathscr{E}_l + \chi_{ijkl}^{(b)} \mathscr{E}_j^* \mathscr{E}_k \mathscr{E}_l + \chi_{ijkl}^{(c)} \mathscr{E}_j \mathscr{E}_k^* \mathscr{E}_l + \chi_{ijkl}^{(d)} \mathscr{E}_j \mathscr{E}_k \mathscr{E}_l^* \right\}$$

$$(i, j, k, l = x, y, z) \,. \tag{8.16}$$

Tab. 8.4 Die Beziehung zwischen der Polarisation dritter Ordnung und den Feldstärkekomponenten für verlustfreie Kristalle. Das untere Schema gibt an, welche Komponenten gleich sind. Bei Übergang zur komplexen Schreibweise nach Gl. (8.1) ist ε_0 durch $\varepsilon_0/4$ zu ersetzen, und es ist die Anzahl der wechselwirkenden Felder zu berücksichtigen.

$$\begin{pmatrix} P_x^{(3)} \\ P_y^{(3)} \\ P_z^{(3)} \end{pmatrix} = \varepsilon_0 \begin{pmatrix} e_{11} & e_{12} & e_{13} & e_{14} & e_{15} & e_{16} & e_{17} & e_{18} & e_{19} & e_{10} \\ e_{21} & e_{22} & e_{23} & e_{24} & e_{25} & e_{26} & e_{27} & e_{28} & e_{29} & e_{20} \\ e_{31} & e_{32} & e_{33} & e_{34} & e_{35} & e_{36} & e_{37} & e_{38} & e_{39} & e_{30} \end{pmatrix} \cdot \begin{pmatrix} E_x^3 \\ E_y^3 \\ E_z^3 \\ 3E_x E_y^2 \\ 3E_x E_z^2 \\ 3E_y E_x^2 \\ 3E_y E_z^2 \\ 3E_z E_x^2 \\ 3E_z E_y^2 \\ 6E_x E_y E_z \end{pmatrix}$$

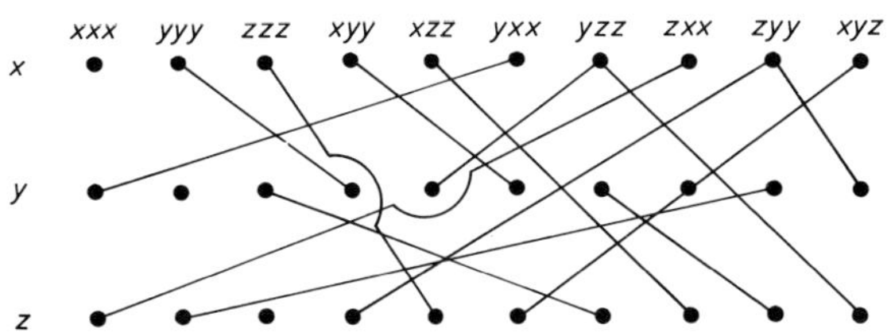

Der χ''-Tensor ist reell wegen der Verlustfreiheit. Da die Reihenfolge j, k, l ohne Bedeutung ist, reduziert sich die Zahl der ursprünglich 81 Komponenten auf 30. Wegen Kleinmans Symmetrieregel gilt außerdem

$$\chi_{ijkl} = \chi_{jikl},$$

so daß maximal 15 unabhängige Koeffizienten übrig bleiben, die zu einem Koeffizientenschema e_{ij} zusammengefaßt werden (Tab. 8.4). Hinzu kommen die Kristallsymmetrien, die dann die Zahl der verschiedenen Komponenten und der Komponenten ungleich null weiter stark reduzieren. Bei kubischen Kristallen gibt es nur noch zwei verschiedene Koeffizienten, und bei isotropen Medien nur noch einen (Kap. 8.6). Eine Darstellung der χ''-Tensoren für die verschiedenen Kristallklassen wird z. B. bei Brunner et al. gegeben [6].

Geht man von der reellen Darstellung in Tab. 8.4 zur komplexen Darstellung nach Gl. (8.16) über, so sind die unterschiedlichen Zahlenfaktoren zu beachten, die ähnlich wie bei den Effekten zweiter Ordnung auch vom eingestrahlten Feld abhängen (ein oder zwei monochromatische Felder usw.).

8.3 Quantitative Beschreibung der Oberwellenerzeugung

8.3.1 Die Wellengleichung der nichtlinearen Optik und Lösungen

Es wird die in Abb. 8.5 skizzierte Situation betrachtet. Auf einen Kristall, charakterisiert durch χ', fällt eine intensive Welle $\mathscr{E}_1(\omega_1)$, und erzeugt eine neue Welle $\mathscr{E}_2(\omega_2)$. Untersucht werden soll die Änderung der Amplituden beider Wellen. Hierzu wird von der Grundgleichung der nichtlinearen Optik ausgegangen. Sie folgt aus den Maxwell-Gleichungen (siehe Kap. E) zu:

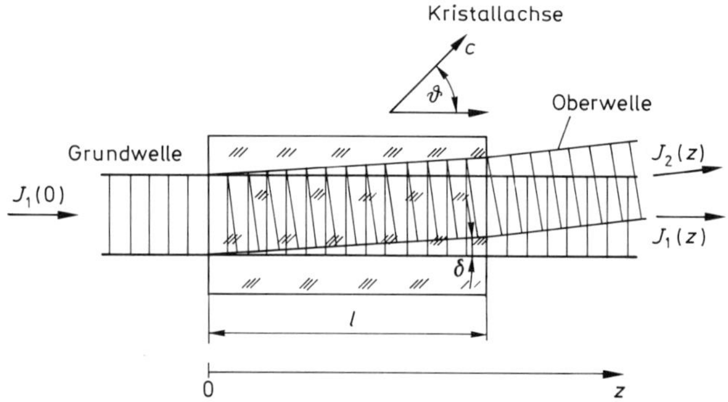

Abb. 8.5 Die Grundwelle J_1 (0) wird in den nichtlinearen Kristall eingestrahlt und erzeugt eine Oberwelle $J_2(z)$, die unter dem Winkel δ zur Oberwelle läuft. Die Kristallachse ist durch c gekennzeichnet.

$$\frac{\partial \mathscr{A}}{\partial z} = \mathrm{i}\frac{\mu_0}{2k}\exp[-\mathrm{i}(\omega t - kz)]\left.\frac{\partial^2 \mathscr{P}_{\mathrm{NL}}}{\partial t^2}\right|_{\boldsymbol{k}}, \tag{8.17}$$

wobei k die Kreiswellenzahl des durch die nichtlineare Polarisation $\mathscr{P}_{\mathrm{NL}}$ neu erzeugten Feldes der Amplitude $\mathscr{A}$ ist. Bei anisotropen Medien wirkt wegen der Transversalität der Felder nur der Anteil von $\boldsymbol{P}_{\mathrm{NL}}$, der senkrecht auf der Ausbreitungsrichtung $\boldsymbol{k}$ der neu erzeugten Welle steht, was der Index $\boldsymbol{k}$ andeuten soll. Für Grund- bzw. Oberwelle wird angesetzt:

$$\mathscr{E}_1(\omega_1) = \mathscr{A}_1(z)\exp[\mathrm{i}(\omega_1 t - k_1 z),$$
$$\mathscr{E}_2(\omega_2) = \mathscr{A}_2(z)\exp[\mathrm{i}(\omega_2 t - k_2 z) \quad (\omega_2 = 2\omega_1).$$

Für die Kreiswellenzahlen gilt:

$$k_1 = \frac{\omega_1}{c_1} = \frac{\omega_1 n_1}{c_0}, \quad k_2 = \frac{\omega_2}{c_2} = \frac{\omega_2 n_2}{c_0}.$$

n_1, n_2 sind die Brechzahlen bei den Frequenzen ω_1, ω_2; c_0 die Vakuumlichtgeschwindigkeit. Wegen der Dispersion ist die Kreiswellenzahl k_2 der Oberwelle nicht immer gleich der doppelten Kreiswellenzahl k_1 der Grundwelle, sondern es gilt:

$$\Delta k = 2k_1 - k_2 = 2\frac{\omega_1}{c_0}(n_1 - n_2). \tag{8.18}$$

Durch die Nichtlinearität entsteht eine Fülle neuer Frequenzen, neuer Felder und damit weiterer Frequenzen. Es wird angenommen, daß nur Grund- und Oberwelle mit merklicher Intensität vorhanden sind und alle anderen Felder vernachlässigt werden können. Eine Annahme, die zunächst nicht begründbar ist, die aber später gerechtfertigt wird. Die Polarisation der Oberwelle lautet nach Gl. (8.12):

$$\mathscr{P}^{(2)}(2\omega_1) = \frac{\varepsilon_0}{2}\chi' \mathscr{A}_1 \mathscr{A}_1 \exp[\mathrm{i}(2\omega_1 t - 2k_1 z)]. \tag{8.19}$$

Diese Polarisation wird in Gl. (8.17) eingesetzt und ergibt mit $\omega = 2\omega_1$, $k = k_2$ die Bestimmungsgleichung für die Amplitude $\mathscr{A}_2$ der Oberwelle.

$$\frac{\partial \mathscr{A}_2}{\partial z} = -\mathrm{i}\frac{k_2}{n_2^2}\frac{\chi'}{4}\mathscr{A}_1\mathscr{A}_1(z)\exp(-\mathrm{i}\Delta k z)|_{\boldsymbol{k}_2}. \tag{8.20}$$

Die Änderung der Amplitude der Oberwelle muß wegen der Energieerhaltung eine entsprechende Änderung der Grundwellenamplitude zur Folge haben. Da bei $z = 0$ die Oberwellenamplitude null ist, muß gelten

$$n_1|\mathscr{A}_1(0)|^2 = n_1|\mathscr{A}_1(z)|^2 + n_2|\mathscr{A}_2(z)|^2. \tag{8.21}$$

Hierbei wurde der Zusammenhang zwischen der Intensität J und der Amplitude $\mathscr{A}$ der Welle benutzt:

$$J = \frac{1}{2}\varepsilon_0 c_0 n |\mathscr{A}|^2.$$

Das Gleichungssystem (8.20) und (8.21) läßt sich allgemein lösen, was aber sehr aufwendig ist [7]. Im folgenden sollen deshalb zwei Sonderfälle betrachtet werden.

Konstante Grundwellenintensität. Die Amplitude $\mathscr{A}_2$ der Oberwelle sei klein gegen die Amplitude $\mathscr{A}_1$ der Grundwelle. Dann kann diese als konstant betrachtet werden und Gl. (8.20) läßt sich sofort integrieren. Zur Vereinfachung wird der Vektorcharakter der Felder zunächst nicht berücksichtigt. Für einen Kristall der Länge l ergibt sich

$$\mathscr{A}_2(l) = \frac{k_2}{n_2^2} \frac{\chi'}{4} \frac{\mathscr{A}_1^2}{\Delta k} [\exp(-\mathrm{i}\Delta k l) - 1] , \tag{8.22}$$

woraus die Oberwellenintensität folgt zu:

$$J_2(l) = J_1^2 \frac{8\pi^2 M}{\varepsilon_0 c_0 \lambda_1^2} \left[\frac{\sin(\Delta k l/2}{\Delta k/2}\right]^2 \quad (J_2 \ll J_1) . \tag{8.23}$$

Hierbei ist J_1 die Grundwellenintensität und λ_1 deren Vakuumwellenlänge. Der Faktor

$$M = \frac{1}{n_1^2 n_2} \left(\frac{\chi'}{2}\right)^2 = \frac{d^2}{n_1^2 n_2} \tag{8.24}$$

wird als Gütefaktor bezeichnet. d ist hierbei der d-Koeffizient aus der Darstellung der Tab. 8.2. Die Oberwellenintensität ist moduliert, mit zunehmender Kristallänge l nimmt die Intensität periodisch zu und ab, falls $\Delta k \neq 0$. Das Maximum ist erreicht nach

$$l_{\max} = \frac{\pi}{\Delta k} .$$

und ergibt die Oberwellenintensität:

$$J_{2,\max} = J_1^2 \frac{32\pi^2}{\varepsilon_0 c_0} \frac{M}{(\Delta k \lambda_1)^2} .$$

Der Grund für die Intensitätsmodulation ist die unterschiedliche Phasengeschwindigkeit c_1, c_2 von Grund- und Oberwelle. Nach einer gewissen Wegstrecke ist die Oberwelle nicht mehr in Phase mit den neu erzeugten Oberwellenanteilen der nichtlinearen Polarisation, da diese sich mit der Geschwindigkeit c_1 ausbreitet, die Oberwelle jedoch mit c_2. Je mehr die beiden Geschwindigkeiten differieren, um so schneller erfolgt die Auslöschung der Oberwelle. Danach kann der ganze Vorgang von neuem einsetzen. Im Kristall wird also die Strahlungsleistung der Oberwelle örtlich periodisch zu- und abnehmen.

Die Strecke, nach der die Oberwellenintensität wieder auf null gefallen ist, nennt man Kohärenzlänge l_c, die sich nach Gl. (8.18) und Gl. (8.23) zu

$$l_c = \frac{2\pi}{\Delta k} = \frac{\lambda_1}{2(n_2 - n_1)} \tag{8.25}$$

ergibt. Falls also die Brechzahlen von Grund- und Oberwelle stark unterschiedlich sind, beträgt die Kohärenzlänge nur wenige Wellenlängen, und entsprechend gering ist die Oberwellenintensität.

Hierzu führten Maker et al. [8] ein sehr schönes Experiment aus: In den intensiven, roten Lichtstrahl eines Rubin-Lasers wurde eine Quarzplatte gehalten, welche blaues Licht der doppelten Frequenz erzeugte. Bei Drehung der Quarzplatte um sehr kleine Winkel nahm die Strahlungsleistung des blauen Lichts periodisch zu und ab, weil sich hierbei die effektive Dicke der Quarzplatte änderte und der oben beschriebene Effekt der destruktiven Interferenz auftrat (Abb. 8.6).

Dieses Experiment zeigt sehr deutlich, daß die unterschiedlichen Geschwindigkeiten der Grund- und Oberwelle sich störend bemerkbar machen und die effektive Erzeugung von intensivem Licht der doppelten Frequenz in einem nichtlinearen Kristall verhindern.

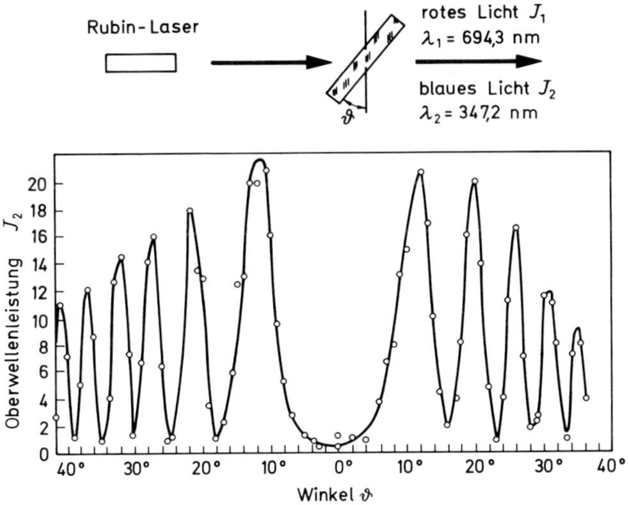

Abb. 8.6 Die Erzeugung der ersten Oberwelle in Quarz (nach [8]). Infolge der Fehlanpassung der Brechzahlen von Grund- und Oberwelle ist die Oberwellenleistung eine periodische Funktion der Quarzplattendicke bzw. des Winkels.

Anpassung der Brechzahlen, $\Delta k = 0$. In diesem Fall kann nicht mehr die Konstanz der Grundwellenintensität angenommen werden, aber für $\Delta k = 0$ läßt sich Gl. (8.20) mit Gl. (8.21) exakt integrieren. Dazu wird angenommen, daß die Amplitude der Grundwelle $\mathscr{A}_1(0)$ bei Eintritt in das Medium reell ist, was keine Einschränkung ist. Es ergibt sich für die Oberwellenintensität

$$J_2(l) = J_1(0) \tanh^2 \frac{l}{L}. \tag{8.26}$$

L ist eine Länge, die angibt nach welcher Strecke im Kristall 58% der Grundwellenintensität in Oberwellenintensität umgesetzt worden ist:

$$L = \sqrt{\frac{\varepsilon_0 c_0 \lambda_1^2}{8\pi^2 J_1 M}}. \tag{8.27}$$

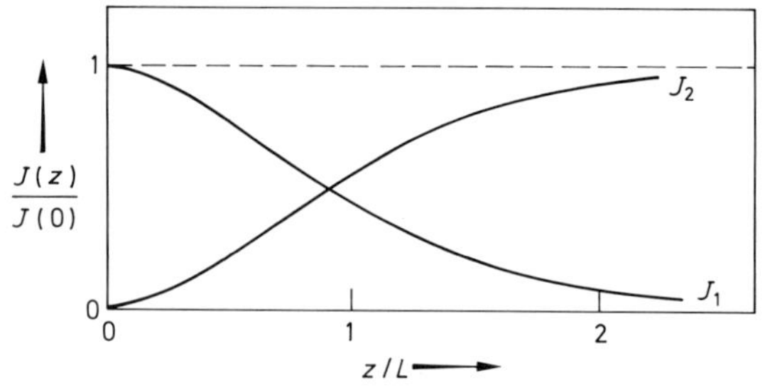

Abb. 8.7 Intensität von Grundwelle J_1 und Oberwelle J_2 im nichtlinearen Kristall. L ist die effektive Länge nach Gl. (8.27).

M ist wieder der Gütefaktor nach Gl. (8.24). Die Intensität der Grundwelle kann aus den Gl. (8.21)/(8.26) ermittelt werden:

$$J_1(z) = J_1(0)\left[1 - \tanh^2 \frac{l}{L}\right]. \tag{8.28}$$

Die z-Abhängigkeit beider Intensitäten ist in Abb. 8.7 dargestellt. Für den Fall $\Delta k = 0$ ist es also möglich, nahezu die gesamte Grundwellenintensität in Oberwellenintensität umzusetzen. Man nennt diesen Fall Anpassung der Brechzahlen, Phasen- oder Indexmatching.

8.3.2 Realisierung der Phasenanpassung

Phasenanpassung bedeutet $n_1(\omega_1) = n_2(\omega_2)$. Grund- und Oberwelle müssen die gleiche Brechzahl besitzen, was normalerweise wegen der Dispersion im Medium nicht der Fall ist. Unter Ausnutzung der Doppelbrechung von anisotropen Kristallen ist es jedoch möglich, die Bedingung $\Delta k = 0$ zu erreichen. Am Beispiel des KDP-Kristalls soll das Verfahren näher erläutert werden.

Der *KDP-Kristall* (Kaliumdihydrogenphosphat) ist einer der gebräuchlichsten Kristalle für Frequenzverdopplung. Er ist ein optisch einachsiger Kristall, gekennzeichnet durch eine optische Achse (z-Achse). Bei diesen Kristallen liegen zwei Hauptbrechzahlen vor $n_x = n_y = n_o$ und n_e. Zu jeder Ausbreitungsrichtung eines Strahles, festgelegt durch den Winkel ϑ zur optischen Achse gibt es zwei Vorzugsrichtungen der Polarisation. Steht der Verschiebungsvektor $\mathcal{D}$ senkrecht auf der optischen Achse, bezeichnet man diesen Strahl als ordentlichen Strahl. Der elektrische Feldvektor $\mathcal{E}$ ist parallel zur Verschiebungsdichte und für alle Winkel ϑ ist die Brechungszahl gleich dem Wert der ordentlichen Brechzahl:

$$\left.\begin{aligned} &\mathcal{D}_o \perp c\text{-Achse}, \\ &\mathcal{E}_o \parallel \mathcal{D}_o, \\ &n_o = n_x = n_y . \end{aligned}\right\} \quad \to \text{ordentlicher Strahl}$$

Der zu $\mathcal{D}_o$ senkrechte Verschiebungsvektor $\mathcal{D}_e$ wird als außerordentlicher Strahl bezeichnet. Der elektrische Feldvektor bildet einen Winkel δ mit der Verschiebungsdichte und die Brechzahl n ist winkelabhängig:

$$\begin{aligned} &\mathcal{D}_e \perp \mathcal{D}_o\,, \\ &\mathcal{E}_e, \mathcal{D}_e \measuredangle \delta\,, \qquad \rightarrow \text{außerordentlicher Strahl} \\ &\frac{1}{n^2} = \frac{\cos^2\vartheta}{n_o^2} + \frac{\sin^2\vartheta}{n_e^2}\,. \end{aligned} \tag{8.29}$$

Der Winkel δ zwischen Feldstärke und Verschiebung, der gleichzeitig auch der Winkel zwischen Energiestrom (Poyntingvektor) und Ausbreitungsvektor der Phasenflächen ist (s. Kap. 4.5), ergibt sich zu [3]:

$$\tan\delta = \frac{(n_o^2 - n_e^2)\tan\vartheta}{n_e^2 + n_o^2\tan\vartheta}\,. \tag{8.30}$$

Man beachte im folgenden den Unterschied zwischen den beiden Hauptbrechzahlen n_o, n_e und der winkelabhängigen Brechzahl $n(\vartheta)$ nach Gl. 8.29) für den außerordentlichen Strahl.

Wegen der hohen Symmetrie dieses Kristalls bleiben von den 18 Koeffizienten der nichtlinearen Suszeptibilität d_{ij} nur sechs übrig (Tab. 8.3), die auch noch untereinander nahezu gleich sind. Mittels dieser Koeffizienten ist es im vorliegenden Fall recht einfach, die nichtlineare Polarisation $\boldsymbol{P}^{(2)}$ zu berechnen. Es ergibt sich für die drei Komponenten:

$$\begin{aligned} &\mathrm{P}_x^{(2)}(2\omega_1) = 2\varepsilon_0 d_{14}\mathrm{E}_y\mathrm{E}_z\,, \\ &\mathrm{P}_y^{(2)}(2\omega_1) = 2\varepsilon_0 d_{25}\mathrm{E}_x\mathrm{E}_z\,, \\ &\mathrm{P}_z^{(2)}(2\omega_1) = 2\varepsilon_0 d_{36}\mathrm{E}_x\mathrm{E}_y\,, \\ &d_{14} = d_{25} \approx d_{36}\,. \end{aligned} \tag{8.31}$$

Dieser Zusammenhang gilt nur in der Hauptachsendarstellung des Suszeptibilitätstensors, d.h. in einem Koordinatensystem,. welches parallel zu den Hauptachsen des Kristalls liegt (Abb. 8.8a). In den Kristall wird die Grundwelle $\mathcal{E}_1(\omega_1)$ unter dem Winkel ϑ zur optischen Achse (z-Achse) eingestrahlt. Der Feldstärkevektor soll senkrecht zur optischen Achse polarisiert sein und lautet dann

$$\mathcal{E}_1 = \mathcal{A}_1(z')(\cos\varphi, \sin\varphi, 0)\exp[\mathrm{i}(\omega_1 t - k_1 z')]\,,$$

wobei z' die Ausbreitungsrichtung der Grundwelle ist. Der Winkel φ ist noch frei wählbar. Es handelt sich dann um den ordentlichen Strahl, dessen Brechzahl n_{o1} unabhängig vom Winkel ϑ ist. Von der nichtlinearen Polarisation nach Gl. (8.31) bleibt wegen $\mathcal{E}_z = 0$ nur noch die z-Komponente übrig:

$$\mathcal{P}_z^{(2)}(2\omega_1) = 2\varepsilon_0 d_{36}\sin\varphi\cos\varphi\,\mathcal{A}_1^2\exp[\mathrm{i}(2\omega_1 t - 2k_1 z')]\,.$$

Die nichtlineare Polarisation steht senkrecht auf der ordentlichen Grundwelle und erzeugt deshalb einen außerordentlichen Strahl, dessen Brechzahl vom Winkel ϑ

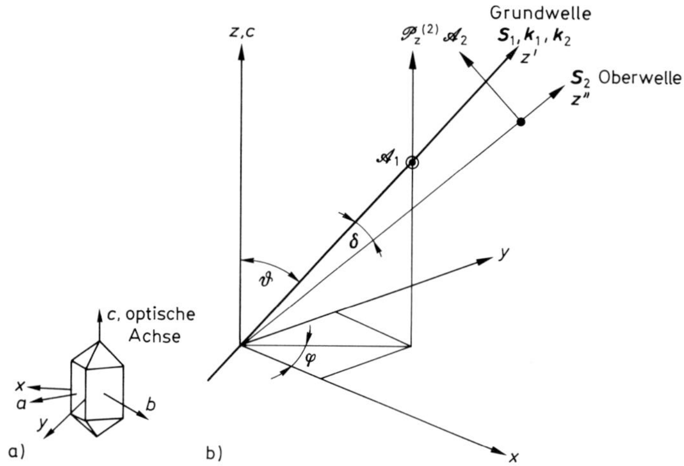

Abb. 8.8 a) Die charakteristische Form des KDP-Kristalls mit seinen drei kristallographischen Achsen a, b, c, von denen die *c*-Achse gleichzeitig die optische Achse dieses einachsig doppelbrechenden Kristalls ist; b) Die Einstrahlung der Grundwelle $\mathscr{A}_1(\omega_1)$ bezüglich der optischen Achse (Phasenanpassungs-Richtung) und die Orientierung der nichtlinearen Polarisation $\mathscr{P}^{(2)}(2\omega_1)$. ($\vartheta_0 \approx 50°$, $\varphi = 45°$).

abhängt. Das wichtige Ergebnis dieser Überlegungen für den KDP-Kristall:

- Grundwelle und Oberwelle sind senkrecht zueinander polarisiert,
- ein ordentlicher Lichtstrahl der Grundfrequenz ω_1 erzeugt einen außerordentlichen Strahl der doppelten Frequenz $2\omega_1$.

Bei der außerordentlichen Welle $\mathscr{E}_2$ muß zwischen der Ausbreitungsrichtung der Phasenflächen, gekennzeichnet durch den Ausbreitungsvektor $\boldsymbol{k}_2$, und der Ausbreitungsrichtung des Energieflusses, gekennzeichnet durch den Poynting-Vektor $\boldsymbol{S}_2$, unterschieden werden. Während bei der ordentlichen Grundwelle $\boldsymbol{S}_1 \| \boldsymbol{k}_1$ ist, bilden $\boldsymbol{S}_2$ und $\boldsymbol{k}_2$ den Winkel δ nach Gl. (8.30). Energiefluß und Strahl laufen auseinander.

Als nächstes sollen die Brechzahlen der beiden Strahlen betrachtet werden. Sowohl die Brechzahl n_{o1} der ordentlichen Grundwelle als auch die Brechzahl n_2 der außerordentlichen Oberwelle sind frequenzabhängig und nehmen mit der Frequenz zu, außerdem ist n_2 winkelabhängig. Abb. 8.9a zeigt diese Zusammenhänge. Dort ist die Abhängigkeit der Brechzahlen vom Winkel ϑ für ordentliche und außerordentliche Strahlen der Frequenzen ω_1 und $2\omega_1$ in einem Polardiagramm dargestellt. Die Länge des Radiusvektors unter einem bestimmten Winkel ϑ ist ein Maß für die Größe der Brechzahl (Index-Fläche). Es zeigt sich, daß es einen Winkel ϑ_0 zur optischen Achse gibt, für den die Brechzahl des ordentlichen Strahls der Grundwelle gleich der Brechzahl der außerordentlichen Oberwelle ist:

$$n_{o1}(\omega_1) = n_2(2\omega_1)\,, \quad \vartheta = \vartheta_0\,.$$

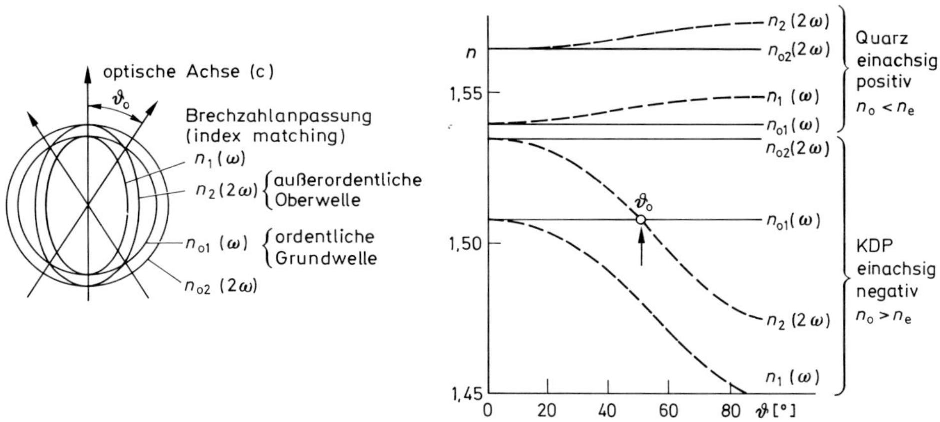

Abb. 8.9 Links die Winkelabhängigkeit der vier Brechzahlen für den ordentlichen und außerordentlichen Strahl bei einem einachsig, negativ doppelbrechenden Kristall. Die Exzentrizitäten der Ellipsen sind stark übertrieben. Zum Vergleich ist im rechten Bild zusätzlich der Verlauf der Brechzahlen für Quarz dargestellt. ϑ_0 ist der Phasenanpassungswinkel.

Aus Gl. (8.29) folgt durch einfache Umrechnung:

$$\sin^2\vartheta_0 = \frac{\dfrac{1}{n_{o1}^2} - \dfrac{1}{n_{o2}^2}}{\dfrac{1}{n_{e2}^2} - \dfrac{1}{n_{o2}^2}} . \tag{8.32}$$

Die Brechzahlen sind angepaßt (Index-matching, Phase-matching). Läuft der Lichtstrahl unter diesem Winkel ϑ_0 zur *c*-Achse durch den Kristall, so ist die Geschwindigkeit für Grundwelle, Polarisationswelle und Oberwelle die gleiche. Insbesondere kommen Polarisationswelle und Oberwelle nicht mehr außer Phase. Alle Oberwellenanteile überlagern sich phasenrichtig und die Leistung der Oberwelle steigt mit zunehmender Kristalldicke an.

Die Größe des Winkels ϑ hängt von der Wellenlänge ab, und liegt bei KDP im Bereich von 40° bis 50°.

Da die Poynting-Vektoren $\boldsymbol{S}_1$, $\boldsymbol{S}_2$ von Grund- und Oberwelle einen Winkel δ bilden, laufen die Wellenfelder mit zunehmender Weglänge im Kristall auseinander (walk-off), und eine vollständige Umwandlung von Grundwellenleistung in Oberwellenleistung ist in diesem Fall nicht möglich. Hinzu kommen Störungen im Kristall und die Tatsache, daß das Laserlicht nicht immer der ideale Sinuswellenzug ist, der hier angenommen wurde.

Von der nichtlinearen Polarisation $\mathscr{P}_{z,\mathrm{eff}}^{(2)}$ trägt nur die Projektion auf die Feldstärkekomponente $\mathscr{E}_z$ zur Oberwellenerzeugung bei. Hierbei ist der oben erwähnte Walk-Off-Winkel δ nach Gl. (8.30) bzw. nach Abb. 8.5 zu berücksichtigen. Die somit effektiv wirksame nichtlineare Polarisation beträgt damit:

$$\mathscr{P}_{z,\mathrm{eff}}^{(2)} = 2\varepsilon_0 d_{36} \sin\varphi \cos\varphi \sin(\vartheta_0 + \delta)\mathscr{A}_1^2 \exp[\mathrm{i}(2\omega_1 t - 2k_1 z')] .$$

Es ist üblich, die Winkelfunktionen, deren Werte vom speziellen Kristall abhängen, mit d_{36} zur effektiven, nichtlinearen Suszeptibilität zusammenzufassen:

$$d_{\text{eff}} = 2d_{36} \sin\varphi \cos\varphi \sin(\vartheta_0 + \delta) .$$

In dem hier diskutierten Fall wird d_{eff} maximal für $\varphi = 45°$.

Phasenanpassung ist nicht immer möglich, wie das Beispiel des einachsig positiven Quarz-Kristalls in Abb. 8.9b zeigt.

Erhöhung des Wirkungsgrades. Der Wirkungsgrad der Frequenzumwandlung hängt wesentlich von der Intensität der Grundwelle ab. Es ist naheliegend, die Grundwelle in den Kristall zu fokussieren, was jedoch die Strahldivergenz erhöht und damit unter Umständen wegen schlechter Phasenanpassung die Oberwellenintensität wieder reduziert. Im besten Fall steht die Grundwelle als TEM00 Gauß-Strahl zur Verfügung, wie in Kap. 7 dargelegt. Wird ein solcher Gauß-Strahl fokussiert (Abb. 8.10), so daß der Strahlradius im Fokus w_0 beträgt, ergibt sich die Schärfentiefe zu $z_r = \pi w_0^2/\lambda_1$. Über diese Länge ist das Strahlungsfeld hinreichend kollimiert, und man kann für eine grobe Abschätzung $l_w \cong 2z_r$ als Wechselwirkungslänge ansetzen. Die mittlere Intensität der Grundwelle in diesem Bereich ist dann

$$J_1 \approx \frac{P_1}{\pi w_0^2} .$$

Fokussierung erhöht die Intensität, aber reduziert gleichzeitig die nutzbare Wechselwirkungslänge im Kristall. Es gibt eine optimale Fokussierung [9], bei der der maximale Wirkungsgrad erreicht wird für

$$l_{\text{w,opt}} = 2{,}84\, z_r .$$

Die experimentell erreichbaren Wirkungsgrade liegen bei 50%–80%. Wirkungsgrade bis zu 100% werden durch Frequenzumwandlung im Laserresonator erreicht. Der nichtlineare Kristall wird hierzu im Resonator angebracht. Der Reflexionsgrad der Spiegel beträgt für die Grundwelle nahezu 100% und muß für die zu nutzende Oberwelle an den Laser angepaßt werden [10].

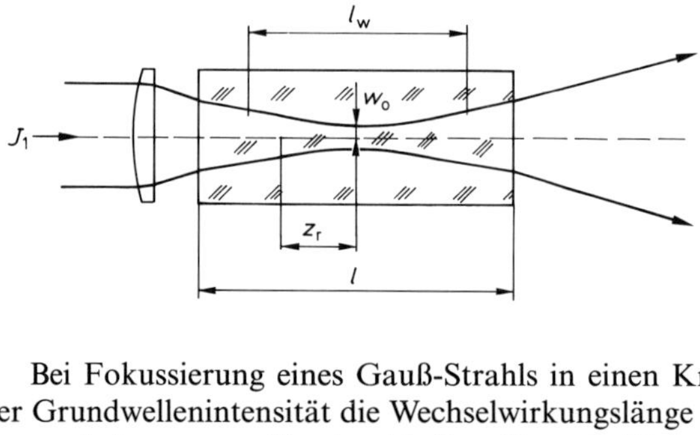

Abb. 8.10 Bei Fokussierung eines Gauß-Strahls in einen Kristall muß für maximale Konversion der Grundwellenintensität die Wechselwirkungslänge l_w an die Rayleigh-Länge (konfokaler Parameter) z_r angepaßt sein. Als Faustformel gilt $l_w \approx 2{,}84\, z_r$. Ein Kristall, der sehr viel länger ist als l_w, bringt keine wesentliche Erhöhung des Konversionsgrades.

Die Erhaltungsätze bei der Frequenzverdopplung. Im Photonenbild des Lichts besagt die Frequenzverdopplung, daß zwei Photonen der Frequenz ω_1 in ein Photon der doppelten Frequenz $2\omega_1$ umgewandelt werden.

Eine ähnlich anschauliche Bedeutung hat die Brechzahlanpassung. Die Bedingung $\Delta k = 0$ muß allgemein vektoriell geschrieben werden

$$\boldsymbol{k}_1 + \boldsymbol{k}_1 = \boldsymbol{k}_2 \,.$$

Wird für den Ausbreitungsvektor der Impuls des Photons $\boldsymbol{p} = \hbar \boldsymbol{k}$ eingeführt, liefert die Phasenanpassungs-Bedingung

$$\boldsymbol{p}_1 + \boldsymbol{p}_1 = \boldsymbol{p}_2 \,.$$

Diese Bedingung ist nichts anderes als die Impulserhaltung. Der Gesamtimpuls der beiden einfallenden Photonen $2\boldsymbol{p}_1$ ist gleich dem Impuls des resultierenden Photons $\boldsymbol{p}_2$. Damit sind die Bedingungen für die Frequenzverdopplung nichts anderes als zwei längst bekannte Erhaltungssätze der Physik, Energie- und Impulserhaltung. Daß auch bei Verletzung der Impulserhaltung, also bei $\Delta k \neq 0$, eine Oberwellenerzeugung auftritt, wenn auch mit geringem Wirkungsgrad, ist eine Folge der Unschärferelation. Die Umsetzung der Photonen erfolgt innerhalb der Kohärenzlänge l_c nach Gl. (8.25). Damit liegt eine Ortsunschärfe $\Delta z \approx l_c$ vor, die eine entsprechende Impulsunschärfe Δp_z zur Folge hat. Innerhalb dieser Unschärfen ist eine Verletzung der Erhaltungssätze zulässig.

Andere Methoden der Phasenanpassung, Akzeptanz. Phasenanpassung erfolgt nur, wenn die Grundwelle unter dem Phasenanpassungswinkel in den Kristall eingestrahlt wird. Bei Abweichungen hiervon wird $\Delta k \neq 0$, und die Oberwellenintensität fällt nach Gl. (8.23) schnell ab. Bei $\Delta k l = \pi$ ist die Intensität etwa auf die Hälfte des Maximalwertes für $\Delta k = 0$ abgefallen. Aus den Gl. (8.23)/(8.29)/(8.32) folgt damit für die volle Winkelbreite

$$\Delta \vartheta = \frac{\lambda_1 / l}{n_{o1}^2 \, [n_{e2}^{-2} - n_{o2}^{-2}] \sin 2\vartheta_0} \,. \tag{8.33}$$

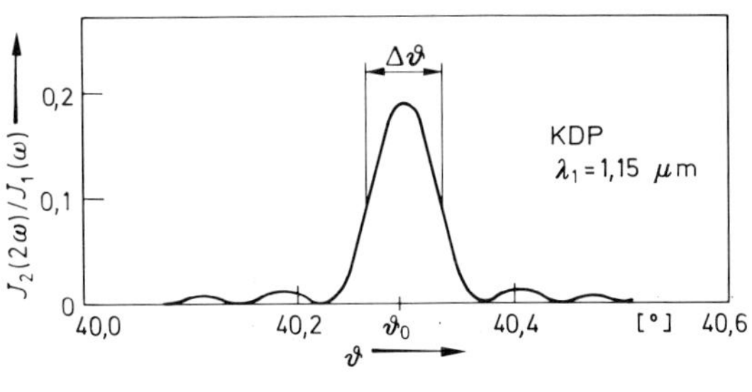

Abb. 8.11 Leistung der Oberwelle P_2 bezogen auf die Leistung der Grundwelle P_1 in Abhängigkeit vom Winkel ϑ zur optischen Achse für den KDP-Kristall bei einer Wellenlänge der Grundwelle von $\lambda_1 = 1{,}15\,\mu\text{m}$ [34]. ϑ_0 ist der Phasenanpassungswinkel.

Ein experimentelles Beispiel für den Intensitätsabfall bei Abweichung vom Phasenanpassungswinkel ϑ_0 zeigt Abb. 8.11. Die Breite bezeichnet man als Winkelakzeptanz des betreffenden Kristalls. Sie liegt beim KDP-Kristall und der hier diskutierten Phasenanpassung bei knapp einem Zehntel Grad. Dieser geringe Wert erfordert nicht nur eine hohe Einstellgenauigkeit des Kristalls bezüglich des einfallenden Strahls, sondern begrenzt auch den zulässigen Öffnungswinkel des Strahls. In gleicher Weise macht sich die spektrale Breite der Grundwelle bemerkbar. Handelt es sich um einen kurzen Lichtpuls, so enthält dieser ein breites Frequenzspektrum und es ist nicht möglich, wegen der Dispersion die Phasenanpassung für alle Frequenzen zu erfüllen. Es gibt andere Methoden der Phasenanpassung. Die bisher diskutierte (Typ I) bestand darin, zwei Wellenvektoren $\boldsymbol{k}_{o1}$ der ordentlichen Grundwelle zu einem Wellenvektor $\boldsymbol{k}_{e2}$ der außerordentlichen Oberwelle zusammenzuführen:

$$\text{Typ I} \qquad \boldsymbol{k}_{o1} + \boldsymbol{k}_{o1} = \boldsymbol{k}_{e2} \, .$$

Eine andere Möglichkeit ist die Typ-II-Anpassung, bei der eine ordentliche und eine außerordentliche Grundwelle eine außerordentliche Oberwelle liefern

$$\text{Typ II} \qquad \boldsymbol{k}_{o1} + \boldsymbol{k}_{e1} = \boldsymbol{k}_{e2} \, .$$

In diesem Fall ist die Akzeptanz doppelt so groß wie bei der Typ-I-Anpassung. Beide Phasenanpassungen arbeiten mit kollinearen Wellenvektoren. Man könnte sich auch eine nichtkollineare Anpassung vorstellen, wie sie bereits in Kap. 7 bei der induzierten Streuung auftrat. Jedoch laufen in diesem Fall die Wellenfelder zu schnell auseinander und der Wirkungsgrad ist gering.

Eine weitere Möglichkeit ist die Temperatur-Anpassung. Die Brechzahlen n_o, n_e sind verschieden stark abhängig von der Temperatur. Bei einigen Kristallen gelingt es durch geeignete Wahl der Temperatur eine Phasenanpassung für $\vartheta_0 = 90°$ zu erreichen. Das Brechzahlellipsoid von n und die Brechzahlkugel von n_o berühren sich (Abb. 8.12) und die Akzeptanz $\Delta\vartheta$ wird groß. Aus den Gl. (8.23)/(8.29) folgt für einachsige, negative Kristalle:

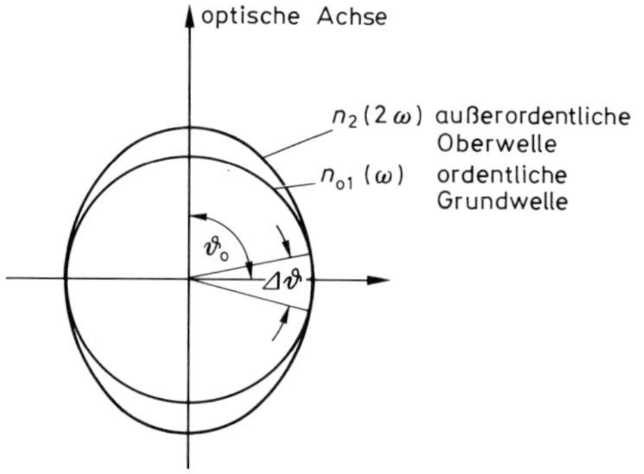

Abb. 8.12 Verlauf der Brechzahlen für die außerordentliche Oberwelle und die ordentliche Grundwelle bei 90°-Phasenanpassung ($\vartheta_0 = 90°$). $\Delta\vartheta$ ist die Akzeptanz.

$$\Delta \vartheta = \sqrt{\frac{\lambda_1/l}{n_{o1}^2 [n_{e2}^{-2} - n_{o2}^{-2}]}}. \tag{8.34}$$

Zwar ist jetzt die Winkeleinstellung unkritisch, aber die Kristalltemperatur muß sehr genau eingehalten werden wie Abb. 8.13 zeigt.

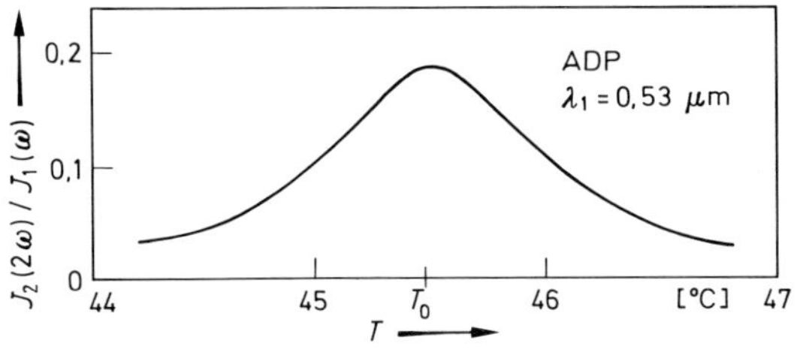

Abb. 8.13 Abhängigkeit der relativen Oberwellenintensität von der Temperatur bei 90°-Phasenanpassung (ADP, $\lambda_1 = 0{,}53$ m) [35].

Auswahl der Kristalle für Frequenzverdopplung. Folgende Anforderungen werden an die Kristalle gestellt.

Nichtlinearität. Wichtigster Parameter bei der Auswahl des Kristalls ist die nichtlineare Suszeptibilität d_{ij} bzw. der Gütefaktor $M = d_{ij}^2/n^3$, der möglichst groß sein sollte. An erster Stelle stehen hier die organischen Kristalle, von denen einer in Tab. 8.3 (MBANP) angegeben ist. Jedoch sind große, homogene organische Kristalle schwer ziehbar, auch MBANP liegt nur als dünne Schicht vor. Deshalb werden insbesondere für hohe Laserleistungen die anorganischen Kristalle verwendet, die von hoher optischer Qualität und in großen Abmessungen herstellbar sind.

Möglichkeit der Phasenanpassung. Hierzu ist die genaue Kenntnis der Dispersion erforderlich. In weiten Bereichen kann die Sellmeier-Gleichung benutzt werden. Es gilt:

$$n^2 = A + \frac{B_1}{\lambda^2 - B_2} - \frac{C_1}{C_2 - \lambda^2}.$$

Die Konstanten für die wichtigsten Kristalle sind z. B. im Laserhandbuch von Stitch et al. [11] zusammengestellt.

Transmission. Der Kristall muß für Grund- und Oberwelle hinreichend transparent sein. Dadurch wird die Erzeugung von Oberwellen im UV-Bereich begrenzt. Bei Kristallen liegen die kürzesten Wellenlängen bei etwa 120 nm. Eine Übersicht gibt Abb. 8.14.

Zerstörungsschwelle. Die Zerstörungsschwelle muß genügend hoch sein, damit für die Intensität der Grundwelle große Werte zulässig sind. In Tab. 8.2 sind einige Werte zusammengestellt, weitere Angaben findet man z. B. bei Lin et al. [12].

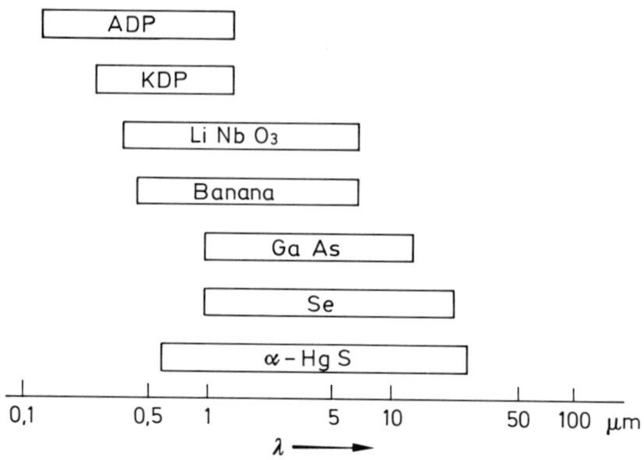

Abb. 8.14 Transparenzbereich einiger Kristalle.

8.4 Parametrische Systeme

Werden in einem nichtlinearen Kristall zwei Felder unterschiedlicher Frequenz ω_1, ω_2 eingestrahlt, so entstehen durch den quadratischen Term der nichtlinearen Polarisation neben den doppelten Frequenzen $2\omega_1$, $2\omega_2$ auch die Summen und Differenzfrequenzen $\omega_1 \pm \omega_2$. Durch Phasenanpassung kann man erreichen, daß nur eine der Frequenzen mit merklicher Intensität auftritt. An einem Sonderfall soll dieser Effekt diskutiert werden. In Anlehnung an ähnliche Prozesse im Mikrowellenbereich werden sie parametrisch genannt.

Parametrische Verstärker. In einem Lithiumniobat-Kristall ($LiNbO_3$) werden ein intensives Feld $\boldsymbol{E}_p$ und ein schwächeres Feld $\boldsymbol{E}_s$ eingestrahlt. Man bezeichnet diese Felder auch als Pump- bzw. Signalwelle. $\boldsymbol{E}_p$ besitze nur eine z-Komponente, $\boldsymbol{E}_s$ nur eine y-Komponente. Beide breiten sich in x-Richtung aus (siehe Abb. 8.15).
Durch die Nichtlinearität entsteht eine Vielzahl neuer Frequenzen wie $2\omega_p$, $2\omega_s$, $\omega_p \pm \omega_s$. Nun wird die Phasenanpassung derart gewählt, daß nur die Welle der Differenzfrequenz

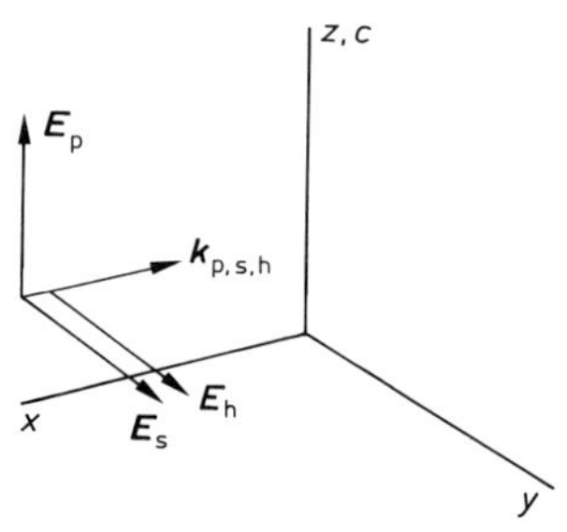

Abb. 8.15 Einstrahlung von Pump-, Signal- und Hilfswelle in einen Lithium-Niobat-Kristall.

$$\omega_h = \omega_p - \omega_s \tag{8.35}$$

zu merklicher Intensität anwächst. Man nennt diese Welle die Hilfswelle $\boldsymbol{E}_h$. Phasenanpassung bedeutet jetzt für die Wellenzahlen

$$k_h = k_p - k_s$$

und ist bei Lithiumniobat durch Temperaturphasenanpassung mit dem Einstrahlwinkel $\vartheta_0 = 90°$ zu erfüllen. Man kann in gleicher Weise wie bei der Frequenzverdopplung vorgehen. Die Ansätze für die Felder werden in die Grundgleichung der nichtlinearen Optik, Gl. (8.17) eingesetzt und die entsprechenden Koeffizienten aus Tab. 8.3 entnommen. Dann wird nach Frequenzen geordnet, was zu drei Gleichungen für die drei Amplituden $\boldsymbol{E}_p$, $\boldsymbol{E}_s$, $\boldsymbol{E}_h$ führt.

Es entsteht mit den in Abb. 8.15 skizzierten Feldern der Signal- und Pumpwelle eine Hilfswelle, bei der nur die y-Komponente ungleich null ist. Die Nichtlinearität erzeugt die neue Frequenz ω_h, d. h. die Hilfswellenleistung steigt mit zunehmender Wechselwirkungslänge im Kristall auf Kosten der Pumpwellenleistung an. Gleichzeitig nimmt die Signalwellenleistung zu, denn die Energieerhaltung nach Gl. (8.35) besagt, daß ein „Pumpphoton" $\hbar\omega_p$ in ein „Signalphoton" $\hbar\omega_s$ und ein „Hilfsphoton" $\hbar\omega_h$ zerfällt. Der Verlauf der Leistung der drei Wellen ist in Abb. 8.16 skizziert.

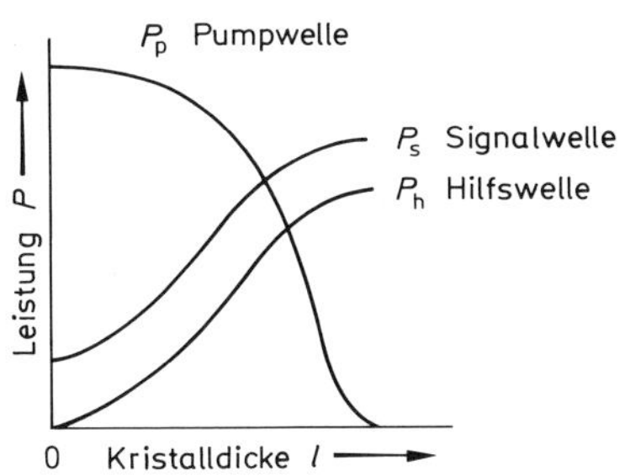

Abb. 8.16 Der parametrische Verstärker. Mit zunehmender Kristalldicke nimmt die Pumpleistung P_p ab, während die Signalleistung P_s ansteigt. Gleichzeitig entsteht eine neue Lichtwelle, die Hilfswelle P_h [36].

Es ist mit einem solchen System möglich, schwache Signale auf Kosten eines intensiven Pumplichts zu verstärken. In gleicher Weise können neue Frequenzen durch Mischung intensiver Felder erzeugt werden. Ein experimentelles Beispiel zeigt Abb. 8.17.

Manley-Rowe-Relationen. Im Photonenbild kann die parametrische Verstärkung beschrieben werden als die Aufspaltung eines Pumpphotons in ein Signalphoton und ein Hilfsphoton. Für die Zahl der zeitlich umgesetzten Photonen muß somit gelten:

$$q_p = q_s = q_h \,.$$

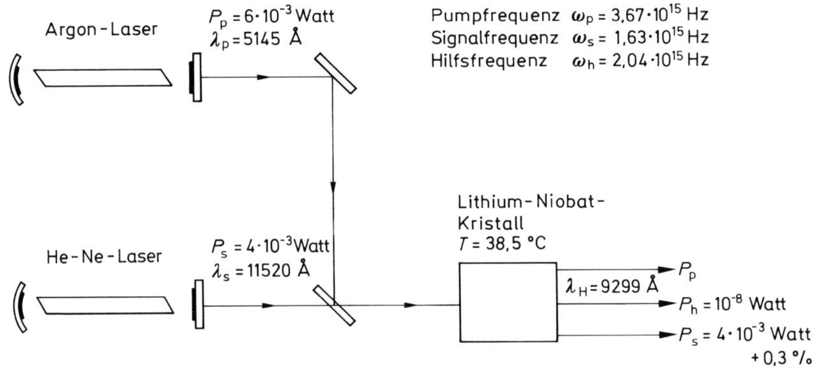

Abb. 8.17 Eines der ersten Experimente zum Nachweis der parametrischen Verstärkung von Licht [37]. Das Licht eines Argon-Lasers wird benutzt, um das Licht eines Helium-Neon-Lasers um etwa 0,3% zu verstärken. Zusätzlich entsteht Licht im infraroten Spektralbereich, die Hilfswelle.

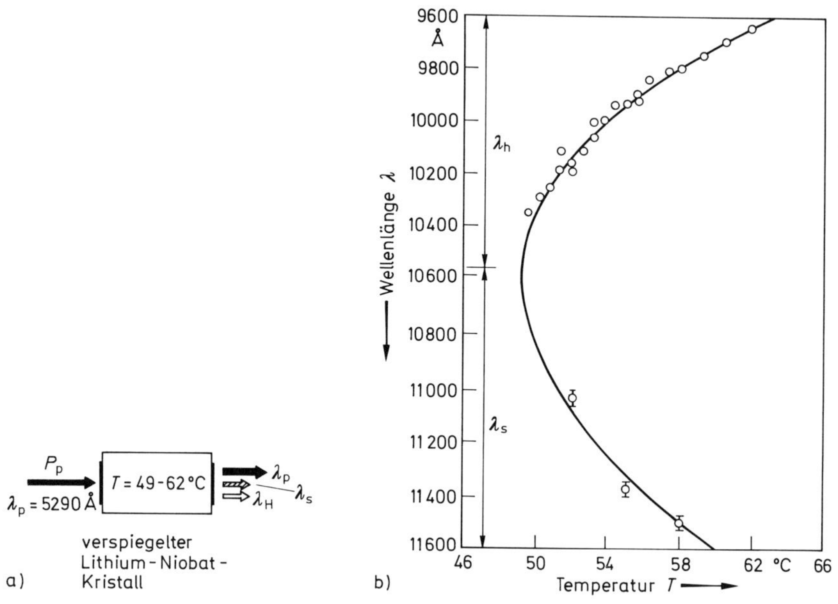

Abb. 8.18 a) Der parametrische Oszillator, gepumpt durch einen Argonlaser; b) Wellenlänge von Signal- und Hilfswelle als Funktion der Temperatur [38].

Da die entsprechenden Leistungen $P_i = q_i \hbar \omega_i$ sind, folgt die Relation:

$$\frac{P_p}{\omega_p} = \frac{P_s}{\omega_s} = \frac{P_h}{\omega_h}.$$

Diese Gleichungen zusammen mit dem Energieerhaltungssatz

$$P_p = P_s + P_h$$

werden als *Manley-Rowe-Gleichungen* [13] bezeichnet.

Parametrischer Oszillator. Der parametrische Verstärker kann bei Einstrahlung von Pumplicht der Frequenz ω_p Licht einer anderen Frequenz ω_s verstärken, vorausgesetzt, die Phasenmatching-Bedingung ist erfüllt. Dabei ist es gleichgültig, wie groß die Signalamplitude ist. Wird kein Signal eingestrahlt, so kann sich bei genügend hoher Verstärkung aus dem Rauschen (in diesem Fall die Nullpunktsenergie) ein Signal aufbauen. Dabei stellt sich die Frequenz derart ein, daß die Phasenanpassungsbedingung erfüllt ist. Diese ist jedoch abhängig von der Temperatur des Kristalls. Es ist somit möglich, die Frequenz von Signal- und Hilfswelle durch Änderung der Temperatur stetig über breite Frequenzbereiche abzustimmen. Ein experimentelles Beispiel zeigt Abb. 8.18. Um die notwendige Verstärkung zu erreichen, wird der Kristall auf beiden Seiten verspiegelt, d. h. man geht über zu einem rückgekoppelten Verstärker bzw. zum parametrischen Oszillator.

Es gibt eine Vielzahl von Kristallen, die sich als parametrische Oszillatoren verwenden lassen (Tab. 8.5). Sie sind heute weitgehend verdrängt durch die abstimmbaren Farbstoff-Laser.

Tab. 8.5 Beispiele für parametrische Oszillatoren [47].

Pumplaser	Pumpwellenlänge λ_p in µm	Kristall	Abstimmbereich λ_s, λ_h in µm
Nd-Glas			
2. Harmonische	0,53	KDP	0,957– 1,117
3. Harmonische	0,35		0,48 – 0,58
			0,96 – 1,16
Nd-YAG			
Grundwelle	1,06	$LiNbO_3$	1,4 – 4,4
4. Harmonische	0,266	ADP	0,42 – 0,73
Rubin			
Grundwelle	0,69	$LiNbO_3$	66 –200
		$LiIO_3$	0,77 – 4
			1,1 – 1,9
2. Harmonische	0,347	$LiIO_3$	0,41 – 2,1
HF-Laser	2,87	CdSe	4,3 – 4,5
			8,1 – 8,3
$Nd\text{-}CaWO_4$	1,065	Ag_3AsS_3	1,22 – 8,5

8.5 Weitere quadratische Effekte

Im folgenden sollen weitere quadratische Effekte diskutiert werden, ohne zu detailliert auf eine quantitative Beschreibung einzugehen.

8.5.1 Der Pockels-Effekt (linearer, elektrooptischer Effekt)

Von großer technischer Bedeutung ist die Beeinflussung von Wellenfeldern durch äußere, elektrostatische Felder. Obwohl es sich um quadratische Effekte handelt, werden diese Effekte lineare, elektrooptische Effekte genannt. Der Grund wird später ersichtlich. Beim parametrischen Verstärker wechselwirken zwei Felder der Frequenzen ω_1, ω_2 und erzeugen ein neues Feld der Summen- oder Differenzfrequenz $\omega_1 \pm \omega_2$. Man kann nun eine Frequenz zu null machen. Dann handelt es sich um ein statisches Feld. Es werden keine neuen Frequenzen erzeugt, aber das Strahlungsfeld der Frequenz ω wird durch das statische Feld beeinflußt. An einem Spezialfall, dem longitudinalen, elektrooptischen Effekt, soll die Wechselwirkung von Licht mit einem statischen Feld diskutiert werden.

Ein KDP-Kristall (Abb. 8.19) wird in Richtung seiner optischen Achse, der c- oder z-Achse, mit linear polarisiertem Licht durchstrahlt:

$$\mathscr{E}_1 = (\mathscr{A}_x, \mathscr{A}_y, 0) \exp[\mathrm{i}(\omega t - kz)] .$$

Da $\mathscr{E}_1$ senkrecht auf der optischen Achse steht, handelt es sich um den ordentlichen Strahl, dessen Brechzahl n_o unabhängig von der Richtung der Feldstärke ist. Außerdem wird an den Kristall ein statisches Feld $\boldsymbol{E}_2$ in Richtung der c-Achse gelegt:

$$\boldsymbol{E}_2 = (0, 0, E_s) .$$

Der quadratische Term der Polarisation enthält dann die Frequenzen ω, 2ω und einen Gleichanteil. Der Anteil der Frequenz ω ergibt sich unter Benutzung der Tab. 8.3 zu:

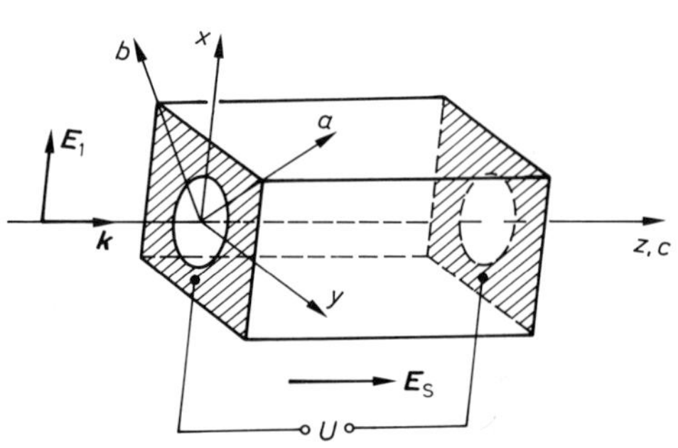

Abb. 8.19 Der longitudinale, elektrooptische Effekt an KDP.

$$\mathscr{P}_x(\omega) = 2\varepsilon_0 d_{14}^{(0)} \mathscr{A}_y E_s \cos(\omega t - kz)\,,$$
$$\mathscr{P}_y(\omega) = 2\varepsilon_0 d_{25}^{(0)} \mathscr{A}_x E_s \cos(\omega t - kz)\,. \tag{8.36}$$

Hierbei ist zu beachten, daß die Zahlenwerte d_{ij} in Tab. 8.3 nur für die Oberwellenerzeugung gelten, nicht für den hier vorliegenden Fall, was durch die hochgestellte 0 angedeutet werden soll. Wohl aber gilt auch hier, daß für KDP nur drei Koeffizienten übrig bleiben, die im verlustfreien Fall gleich sind:

$$d_{14}^{(0)} = d_{25}^{(0)} \approx d_{36}^{(0)}\,.$$

Aus Gl. (8.36) ergibt sich die komplexe Polarisation, die in Gl. (8.17) einzusetzen ist und für die Amplituden der Lichtwelle

$$\frac{\partial \mathscr{A}_x}{\partial z} = \frac{-\mathrm{i}kd_{14}^{(0)} \mathscr{A}_y E_s}{n^2}\,,$$
$$\frac{\partial \mathscr{A}_y}{\partial z} = \frac{-\mathrm{i}kd_{14}^{(0)} \mathscr{A}_x E_s}{n^2} \tag{8.37}$$

liefert. Die beiden Gleichungen lassen sich leicht lösen. Wird eine Welle eingestrahlt, die bei $z = 0$ nur eine x-Komponente enthält, so ergibt sich, wie man durch Einsetzen überprüfen kann,

$$\mathscr{A}_x(z) = \mathscr{A}_x(0) \cos\varphi\,, \tag{8.38a}$$
$$\mathscr{A}_y(z) = -\mathrm{i}\mathscr{A}_x(0) \sin\varphi\,, \tag{8.38b}$$
$$\varphi = \frac{kd_{14}^{(0)} E_s z}{n^2}\,. \tag{8.39}$$

Die Amplitude der neu entstehenden, parallel zur y-Achse polarisierten Welle, nimmt mit zunehmender Wegstrecke im Kristall zu. Der Faktor i bedeutet, daß die Phase um 90° verschoben ist gegen die ursprüngliche Welle $\mathscr{A}_x$. Für $\varphi = \pi/4$ sind die Amplituden beider Felder gleichgroß und um 90° phasenverschoben, d. h. das Licht ist zirkular polarisiert. Der Kristall wirkt wie ein $\lambda/4$-Blättchen und in Analogie dazu wird die Spannung, die linear polarisiertes Licht in zirkulares umwandelt, Viertelwellen-Spannung genannt. Sie ergibt sich aus Gl. (8.39) zu:

$$U_{\lambda/4} = \frac{n\lambda_0}{8d_{14}^{(0)}}\,. \tag{8.40}$$

Für $\varphi = \pi/2$ ist die Amplitude des ursprünglichen Feldes null, während das neu entstehende Feld den Maximalwert annimmt und parallel zu y-Achse linear polarisiert ist. Die dazu notwendige Spannung wird Halbwellenspannung genannt:

$$U_0 = \frac{n\lambda_0}{4d_{14}^{(0)}}\,. \tag{8.41}$$

Der elektrooptische Effekt kann zur schnellen Lichtmodulation ausgenutzt werden. Dazu wird linear polarisiertes Licht, $\mathscr{E}_1$-Vektor parallel zur x-Achse des KDP-Kristalls eingestrahlt. Hinter dem Kristall befindet sich ein Polarisator, Durchlaßrichtung ebenfalls in x-Richtung. Für die transmittierte Intensität gilt dann nach den

Gl. (8.38a)/(8.41):

$$J = J_0 \cos^2\left(\frac{\pi}{2}\frac{U}{U_0}\right).$$

Eine periodische Spannung $U(t)$ führt zu einer periodischen Intensitätsmodulation. Diese Modulation kann mit Frequenzen bis zu 10^9 Hz erfolgen.

Ein derartiger elektrooptischer Kristall zwischen zwei parallelen oder gekreuzten Polarisatoren wirkt wie ein optischer Schalter. Das Anlegen oder Abschalten der Spannung U_0 führt zu einer Transmissionsänderung von 0 auf 1 oder umgekehrt. In der Lasertechnik wird ein solches Element, meistens als Kombination Polarisator–elektrooptischer Kristall–Spiegel zur Güteschaltung von Laseroszillatoren verwendet (siehe Kap. 7).

Brechzahländerung des Kristalls. Der KDP-Kristall im elektrischen Feld wirkt wie ein Viertelwellenblättchen mit einer schnellen und langsamen Achse (Kap. 4). Man kann deshalb die Veränderung des Polarisationszustandes auch auf eine Brechzahländerung zurückführen. Der Feldstärkevektor $\mathscr{E}_1$ der einfallenden Welle kann in zwei Anteile parallel zur a- bzw. b-Achse des Kristalls zerlegt werden (Abb. 8.8a). Die Änderung des Polarisationszustandes ist dann gleichbedeutend mit einer unterschiedlichen Ausbreitungsgeschwindigkeit der Vektoren $\mathscr{E}_a$, $\mathscr{E}_b$, d.h. die Brechzahlen n_a, n_b sind verschieden:

$$n_a = n - \Delta n\,,$$
$$n_b = n + \Delta n\,.$$

Es gilt mit Gl. (8.38):

$$\mathscr{E}_a = \frac{1}{\sqrt{2}}(\mathscr{E}_x + \mathscr{E}_y) = \frac{\mathscr{A}_x(0)}{\sqrt{2}} \exp[\mathrm{i}(\omega t - kz + \varphi)]\,,$$
$$\mathscr{E}_b = \frac{1}{\sqrt{2}}(\mathscr{E}_x - \mathscr{E}_y) = \frac{\mathscr{A}_x(0)}{\sqrt{2}} \exp[\mathrm{i}(\omega t - kz - \varphi)]\,.$$

Zwischen den Feldern $\mathscr{E}_a$, $\mathscr{E}_b$ tritt eine Phasenschiebung von

$$\Delta\varphi = 2\varphi = \frac{k}{n^2} d_{14}^{(0)} E_s z$$

auf. Diese ist verknüpft mit der Brechzahländerung über

$$\Delta\varphi = 2\pi(n_b - n_a)\frac{l}{\lambda_0} = 4\pi\Delta n\frac{l}{\lambda_0}\,,$$

woraus folgt:

$$\Delta n = \frac{d_{14}^{(0)} E_s}{2n}\,. \tag{8.42}$$

Die Brechzahländerung ist proportional dem statischen Feld, weshalb dieser Effekt auch als *linearer, elektrooptischer Effekt* bezeichnet wird.

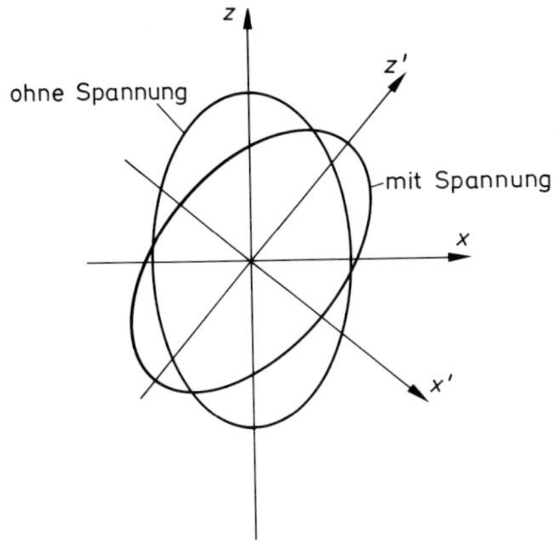

Abb. 8.20 Der elektrooptische Effekt an einem beliebigen Kristall bedeutet Drehung des Brechzahlellipsoides und Änderung der Hauptachsenabschnitte bei Anlegen einer Spannung. Beim linearen elektrooptischen Effekt sind die Änderungen proportional der Spannung.

Der elektrooptische Effekt für zweiachsige Kristalle. Das optische Verhalten eines Kristalls wird durch das Brechzahlellipsoid charakterisiert. Dieses lautet in Hauptachsendarstellung (Kap. 4.5):

$$\frac{d_x^2}{n_1^2} + \frac{d_y^2}{n_2^2} + \frac{d_z^2}{n_3^2} = 1\,, \tag{8.43}$$

wobei $\boldsymbol{d} = (d_x, d_y, d_z)$ ein Einheitsvektor in Richtung der elektrischen Verschiebung des Feldes im Kristall und n_j die Hauptbrechzahlen sind. Wird an diesen Kristall ein elektrisches Feld $\boldsymbol{E}$ gelegt, so treten Brechzahländerungen auf, die zu einem neuen, gedrehten Brechzahlellipsoid führen (Abb. 8.20):

$$\frac{d_x^2}{n_1'^2} + \frac{d_y^2}{n_2'^2} + \frac{d_z^2}{n_3'^2} + \frac{2d_y d_z}{n_4^2} + \frac{2d_x d_z}{n_5^2} + \frac{2d_x d_y}{n_6^2} = 1\,, \tag{8.44}$$

wobei für Feldstärke $\boldsymbol{E}$ gegen null n_1', n_2', n_3' die ursprünglichen Werte n_1, n_2, n_3 annehmen und die gemischten Glieder verschwinden. Man führt die Brechzahländerung ein:

$$\Delta\frac{1}{n_i^2} = \begin{cases} \dfrac{1}{n_i^2} - \dfrac{1}{n_i'^2} & (i = 1,2,3)\,, \\[2ex] \dfrac{1}{n_i^2} & (i = 4,5,6)\,. \end{cases} \tag{8.45}$$

Wenn es sich um einen linearen, elektrooptischen Kristall handelt, ist diese Änderung proportional dem angelegten Feld:

$$\Delta\frac{1}{n_i^2} = \sum_j r_{ij} E_j\,. \tag{8.46}$$

Gl. (8.46) läßt sich wieder in Form einer Matrix-Gleichung schreiben:

$$\begin{pmatrix} \Delta\frac{1}{n_1^2} \\ \Delta\frac{1}{n_2^2} \\ \Delta\frac{1}{n_3^2} \\ \Delta\frac{1}{n_4^2} \\ \Delta\frac{1}{n_5^2} \\ \Delta\frac{1}{n_6^2} \end{pmatrix} = \begin{pmatrix} r_{11} & r_{12} & r_{13} \\ r_{21} & r_{22} & r_{23} \\ r_{31} & r_{32} & r_{33} \\ r_{41} & r_{42} & r_{43} \\ r_{51} & r_{52} & r_{53} \\ r_{61} & r_{62} & r_{63} \end{pmatrix} \cdot \begin{pmatrix} E_1 \\ E_2 \\ E_3 \end{pmatrix} \tag{8.47}$$

Man bezeichnet diese Matrix als die elektrooptische Matrix. Für kleine Änderungen folgt aus Gl. (8.45):

$$\Delta n_i \approx -\frac{n^3}{2}\sum_j r_{ij} E_j\,, \tag{8.48}$$

wobei n eine mittlere Brechzahl sei. Der Vergleich von Gl. (8.48) mit (8.42) zeigt, daß ein Zusammenhang zwischen der elektrooptischen Matrix und der d-Matrix für den linearen elektrooptischen Effekt bestehen muß. Eine genauere Betrachtung liefert [3]:

$$r_{ij} = -\frac{d_{ji}}{n^4}\,, \tag{8.49}$$

d.h. die r_{ij}-Matrix besitzt die gleiche Symmetrieeigenschaft wie die d-Matrix.

Der Zahlenwert der r_{ij}-Koeffizienten hängt sowohl von der Frequenz ω des Lichts, als auch von der Frequenz f des angelegten Feldes ab, also in der in Abschn. 8.2 benutzten Schreibweise $r_{ij} = r_{ij}(\omega - f, f, \omega)$. Die in Tab. 8.6 angegebenen Werte gelten für $f \to 0$.

Am Beispiel von KDP soll die Bedeutung der elektrooptischen Matrix kurz erläutert werden. Das ungestörte Brechzahlellipsoid lautet:

$$\frac{d_x^2}{n_o^2} + \frac{d_y^2}{n_o^2} + \frac{d_z^2}{n_e^2} = 1\,,$$

wobei x, y, z die in Abb. 8.8 angegebenen Achsen sind. Es wird ein Feld E_s in c-Richtung angelegt. Dann lautet das neue Brechzahlellipsoid nach Gl. (8.46)/(8.44):

$$\frac{d_x^2}{n_o^2} + \frac{d_y^2}{n_o^2} + 2d_x d_y r_{63} E_s \frac{d_z^2}{n_e^2} = 1\,.$$

Das Ellipsoid mit Feld ist ein dreiachsiges geworden, dessen Hauptachsen in der

Tab. 8.6 Elektrooptische Koeffizienten einiger Kristalle [48]. Angegeben sind die nicht verschwindenden Koeffizienten r_{ij}. Diese hängen sowohl von der Wellenlänge λ_0 des Lichts, als auch von der Frequenz des angelegten quasistatischen Feldes ab. Die Werte hier gelten für niedrige Frequenzen. Das gleiche gilt für die Werte der statischen Dielektrizitätszahl (Permittivitätszahl) ε_i. n_o, n_e sind die Brechzahlen bei der entsprechenden Wellenlänge des Lichts.

Kristall	Kristall-klasse	λ_0 in µm	r_{ij} in $10^{-12}\,\mathrm{mV}^{-1}$	n_o	n_e	$\varepsilon_1 = \varepsilon_2$	ε_3
KDP	$\bar{4}$ 2 m	0,55	$r_{41} = r_{52} = 8{,}8$ $r_{63} = 10{,}3$	1,51	1,47	42	50
ADP	$\bar{4}$ 2 m	0,63	$r_{41} = r_{52} = 23{,}4$ $r_{63} = 7{,}85$	1,52	1,48	56	15
$BaTiO_3$	4 m m	0,55	$r_{42} = r_{51} = 1640$ $r_{33} = 23 \quad r_{23} = r_{13} = 8$	2,44	2,40	3600	135
$LiNbO_3$	3 m	0,63	$-r_{12} = r_{22} = r_{61} = 6{,}8$ $r_{13} = r_{23} = 9{,}6$ $r_{33} = 31 \quad r_{42} = r_{51} = 33$	2,28	2,20	78	32
GaAs	$\bar{4}$ 3 m	10,6 1,06	$r_{63} = r_{52} = r_{41} = 1{,}51$ $= 1{,}1$	3,3 3,43	— —	12,3	—
ZnSe	$\bar{4}$ 3 m	10,6 0,55	$= 2{,}2$ $= 2$	2,39 2,66	— —	9,1	—

x, y-Ebene um 45° gedreht sind. Führt man ein um 45° gedrehtes Koordinatensystem ein, welches jetzt mit den a, b-Achsen des KDP-Kristalls zusammenfällt, folgt mit

$$d_x = d_a \cos 45^\circ - d_b \sin 45^\circ$$

und

$$d_y = d_a \sin 45^\circ + d_b \cos 45^\circ$$

$$\left(\frac{1}{n_o^2} + r_{63} E_s\right) d_a^2 + \left(\frac{1}{n_o^2} - r_{63} E_s\right) d_b^2 + \frac{d_z^2}{n_e^2} = 1\,.$$

Die neuen Hauptbrechzahlen in a, b-Richtung lauten:

$$n_a \approx n_o - \frac{n_o^3}{2} r_{63} E_s\,,$$

$$n_b \approx n_o + \frac{n_o^3}{2} r_{63} E_s\,. \tag{8.50}$$

Elektrooptische Ablenkung von Licht. Die bei Anlegen eines Feldes auftretende Brechzahländerung kann zur Strahlablenkung ausgenutzt werden. Dazu werden zwei KDP-Kristalle mit gegenläufiger Orientierung der c-Achsen zusammengekittet

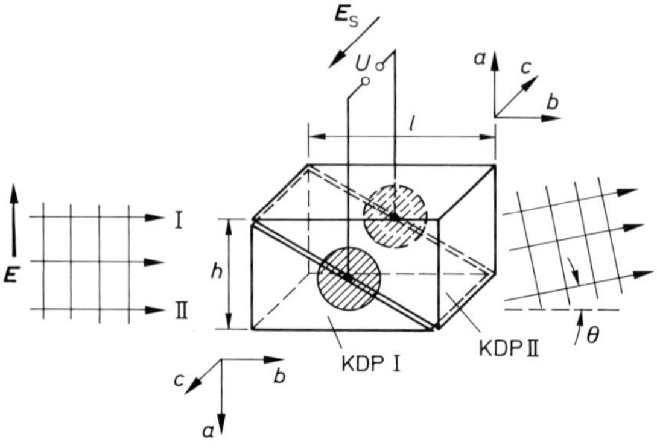

Abb. 8.21 Elektrooptische Strahlablenkung durch einen doppelten KDP-Kristall.

(Abb. 8.21). Für die beiden Kristallhälften ergeben sich die Brechzahlen nach Gl. (8.47):

$$n_{a\mathrm{I}} \approx n_o - \frac{n_o^3}{2} r_{63} E_s ,$$

$$n_{a\mathrm{II}} \approx n_o + \frac{n_o^3}{2} r_{63} E_s .$$

Der obere Strahl I durchläuft den optischen Weg $n_{a\mathrm{I}} l$, der mittlere Strahl den Weg $n_o l$ und der untere Strahl II den Weg $n_{a\mathrm{II}} l$. Die Brechzahländerung quer zur Ausbreitungsrichtung beträgt

$$\Delta n = n_o^3 r_{63} E_s .$$

Der planparallele Kristall wirkt infolge dieses Brechzahlgradienten wie ein Prisma und lenkt den Strahl ab. Für den Winkel ergibt sich:

$$\Theta_A = \frac{l \Delta n}{h} = \frac{l}{h} n_o^3 r_{63} E_s . \tag{8.51}$$

Ein solches Element kann zur schnellen Ablenkung von Laserstrahlen eingesetzt werden (Abtasten von Bildern). Das Auflösungsvermögen ergibt sich aus dem Verhältnis von Ablenkwinkel Θ_A zu Öffnungswinkel Θ des einfallenden Wellenfeldes. Handelt es sich um einen Gauß-Strahl, so ist der Öffnungswinkel minimal und lautet $\Theta = 2\lambda/\pi h$. Das Auflösungsvermögen wird

$$A = \frac{\Theta_A}{\Theta} = \frac{\pi l n_o^3 r_{63} E_s}{2\lambda} . \tag{8.52}$$

8.5.2 Optische Gleichrichtung

Die Gleichrichtung von Licht ist auf den ersten Blick überraschend. Es bedeutet, daß aus einem Wechselfeld der Frequenz 10^{14} Hz ein Gleichfeld entsteht, was bisher nur in der Hochfrequenztechnik bekannt war. Zwar ist die optische Gleichrichtung technisch noch ohne Bedeutung, aber physikalisch interessant und soll deshalb genauer betrachtet werden.

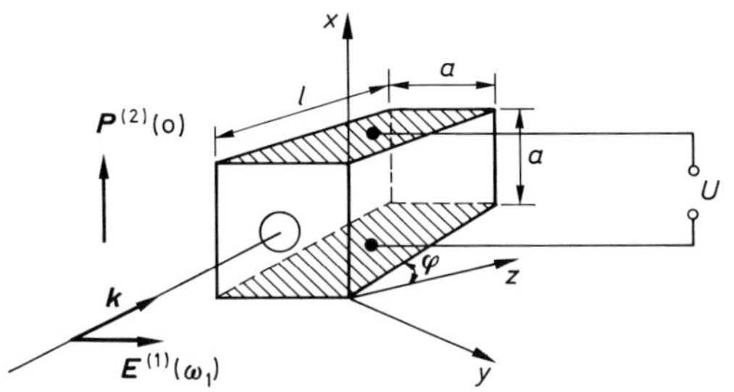

Abb. 8.22 Prinzipieller Aufbau zum Nachweis der Gleichrichtung von Licht nach Ward [39].

Den schematischen, experimentellen Aufbau zeigt Abb. 8.22. In einen ADP-Kristall wird eine Lichtwelle der Frequenz ω eingestrahlt, deren Feldstärkevektor in der y, z-Ebene liegt. Die beiden Flächen senkrecht zur x-Achse sind mit Elektroden versehen. Wird ein intensiver Lichtpuls hindurchgeschickt, kann man an den Elektroden einen Spannungspuls gleicher Dauer abgreifen. Das einfallende Wellenfeld lautet

$$\boldsymbol{E}(\omega) = A\cos(\omega t - kz)\{0, \cos\varphi, \sin\varphi\}\,.$$

und wird maximal für $\varphi = 45°$. Der ADP-Kristall mit seinen beiden Elektroden stellt einen Kondensator dar mit der Kapazität

$$C = \varepsilon_0\varepsilon_s\frac{la}{a}$$

wobei ε_s die statische Dielektrizitätszahl (Permittivitätszahl) ist. Die Polarisation erzeugt eine Ladung auf den Elektroden von

$$Q = P_x^{(2)}(0)al\,.$$

Aus $Q = CU$ ergibt sich dann die Kondensatorspannung. Wird die Gleichpolarisation eingesetzt und die Strahlleistung P eingeführt, so folgt für die Spannung

$$U = d_{14}^{(0)}\frac{P}{\varepsilon_0\varepsilon_s c_0 n a}\,.$$

Wie im vorangehenden Abschnitt gezeigt wurde, läßt sich $d_{14}^{(0)}$ durch den entsprechenden Koeffizienten r_{41} der elektrooptischen Matrix ersetzen nach Gl. (8.49)

$$U = -r_{41} \frac{n^3 P}{\varepsilon_0 \varepsilon_s c_0 a} . \tag{8.53}$$

Erstmals nachgewiesen wurde der Effekt von Ward [39]. Er benutzte einen Q-switch Rubin-Laser mit einer Pulsausgangsleistung von $P = 10^6$ W und einer Pulsdauer von 25 ns. Die Daten des ADP-Kristalls betrugen $a = 1$ cm, $l = 2$ cm, $\varepsilon_s = 56$, $n = 1{,}52$, $r_{41} = 28 \cdot 10^{-10}$ cm/V. Die daraus resultierende Spannung von $24 \cdot 10^{-9}$ V/W konnte nur indirekt nachgewiesen werden, weil die Meßanordnung die kurzen Pulsdauern nicht korrekt registrierte.

8.6 Kubische Effekte

Bei den kubischen Effekten ist die nichtlineare Polarisation gegeben durch Gl. (8.16) bzw. durch Tab. 8.4. Ein verlustfreies Medium ist i. allg. durch 15 Koeffizienten e_{ij} charakterisiert, entsprechend vielfältig sind die kubischen Effekte. Eine Zusammenstellung der e-Matrizen für die verschiedenen Kristallklassen befindet sich bei Brunner et al. [6]. Hier sollen nur einige einfache, aber in der Praxis wichtige Fälle diskutiert werden. Für verlustfreie, kubische Kristalle lautet die Beziehung zwischen Feldstärke und nichtlinearer Polarisation (Tab. 8.4):

$$P^{(3)}_{\mathrm{NL},i} = \varepsilon_0 E_i [e_{11} E_i^2 + 3 e_{14} (E_j^2 + E_k^2)] \quad (i \neq j \neq k = x, y, z) . \tag{8.54}$$

Bei isotropen Medien ist $e_{11} = 3 e_{14}$, und die obige Gleichung vereinfacht sich zu

$$P^{(3)}_{\mathrm{NL},i} = \varepsilon_0 e_{11} E_i \langle \boldsymbol{E}\boldsymbol{E} \rangle . \tag{8.55}$$

Man erkennt, daß kubische Kristalle mit Inversionszentrum und isotrope Medien, die beide keine Effekte 2. Ordnung liefern, sich jetzt in den optischen Eigenschaften 3. Ordnung unterscheiden.

8.6.1 Elektrooptische Effekte

Es wird ein Medium mit Inversionszentrum betrachtet, z. B. eine Flüssigkeit. Eine ebene, linear polarisierte Lichtwelle laufe in z-Richtung (Abb. 8.23):

$$\mathscr{E}_1(\omega) = (\mathscr{E}_x, 0, 0) = (|\mathscr{E}_x|, 0, 0) \exp[\mathrm{i}(\omega t - kz)] .$$

In y-Richtung wird ein statisches Feld E_s angelegt

$$\boldsymbol{E}_s = (0, E_s, 0) .$$

Das gesamte elektrische Feld lautet dann $\boldsymbol{E} = \boldsymbol{E}_1 + \boldsymbol{E}_s$. Von den Termen dritter Ordnung $\boldsymbol{EEE}$ werden nur die Anteile der Frequenz ω betrachtet. Das liefert mit Gl. (8.55):

$$\mathscr{P}_x^{(3)}(\omega) = \varepsilon_0 e_{11} \mathscr{E}_x \left[\frac{3}{4} |\mathscr{E}_x|^2 + E_s^2 \right] ,$$

$$\mathscr{P}_y^{(3)}(\omega) = \mathscr{P}_z^{(3)}(\omega) = 0 .$$

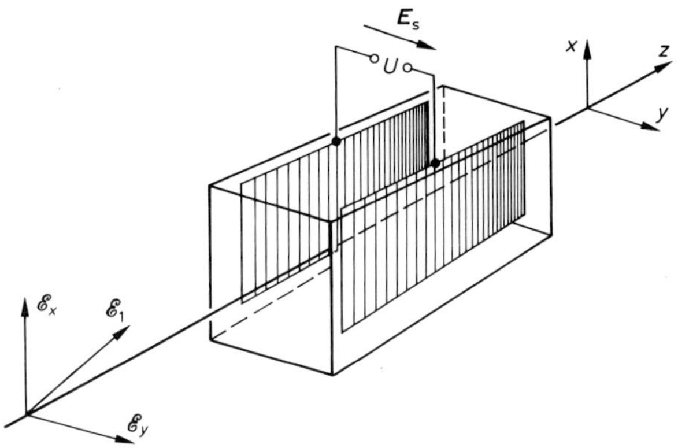

Abb. 8.23 Der quadratische, elektrooptische Effekt (Kerr-Effekt) in einer Flüssigkeit.

Außerdem erzeugt das einfallende Strahlungsfeld die normale, lineare Polarisation, gekennzeichnet durch die lineare Suszeptibilität χ

$$\mathscr{P}_x^{(1)}(\omega) = \varepsilon_0 \chi \mathscr{E}_x \,.$$

Beides zusammen ergibt die gesamte Polarisation der Frequenz ω in dem Medium

$$\mathscr{P}_x(\omega) = \varepsilon_0 \mathscr{E}_x \left[\chi + \frac{3}{4} e_{11} |\mathscr{E}_x|^2 + e_{11} E_s^2 \right] = \varepsilon_0 \chi_{NL} \mathscr{E}_x \,,$$

wobei χ_{NL} eine intensitätsabhängige, nichtlineare Suszeptibilität ist. Aus der Maxwellschen Relation $n_o = \sqrt{1 + \chi_{NL}}$ ergibt sich für die Brechzahl:

$$n_o = \sqrt{1 + \chi + \frac{3}{4} e_{11} |\mathscr{E}_x|^2 + e_{11} E_s^2} \qquad (\mathscr{E} \perp \boldsymbol{E}_s) \,. \tag{8.56}$$

Man nennt n_o in Analogie zu den doppelbrechenden Kristallen die ordentliche Brechzahl, weil der Feldstärkevektor senkrecht auf dem statischen Feld $\boldsymbol{E}_s$ steht, welches bei dem hier ursprünglichen isotropen Medium die „Kristallachse“ darstellt. Die gleiche Rechnung kann für ein Strahlungsfeld durchgeführt werden, welches parallel. zum statischen Feld polarisiert ist und man erhält für die außerordentliche Brechzahl

$$n_e = \sqrt{1 + \chi + \frac{3}{4} e_{11} |\mathscr{E}_y|^2 + 3 e_{11} E_s^2} \qquad (\mathscr{E} \parallel \boldsymbol{E}_s) \,. \tag{8.57}$$

Die Brechzahl wird sowohl durch das einfallende Licht, als auch durch das angelegte statische Feld geändert. Ein isotropes Medium wird einachsig doppelbrechend.

Der Kerr-Effekt (quadratischer elektrooptischer Effekt). Bei normalem Licht ist $|\mathscr{E}_y| \ll E_s$, außerdem sind die Änderungen der Brechzahl durch das statische Feld gering. Damit vereinfachen sich Gl. (8.56)/(8.57) zu

$$n_o \approx n\left[1 + \frac{e_{11}}{2n^2} E_s^2\right],$$

$$n_e \approx n\left[1 + \frac{3e_{11}}{2n^2} E_s^2\right],$$

wobei $n = \sqrt{1+\chi}$ die Brechzahl des unbeeinflußten Mediums ist. Die Differenz der Brechzahlen ergibt sich dann zu:

$$\Delta n = n_e - n_o = \frac{e_{11}}{n} E_s^2 . \tag{8.58}$$

Da die Phasenschiebung der beiden Polarisationsrichtungen proportional der Wellenlänge λ_0 ist, wird Gl. (8.58) häufig

$$\Delta n = B\lambda_0 E_s^2 = \gamma E_s^2 \tag{8.59}$$

geschrieben. Zahlenwerte von B, γ sind in Tab. 8.7 zusammengestellt. Weil die Brech-

Tab. 8.7 Zahlenwerte zum quadratischen, elektrooptischen Effekt (Kerr-Effekt, Selbstfokussierung). B, γ: Koeffizienten nach Gl. (8.59); δ, γ_L: Koeffizienten für kurze Lichtimpulse nach Gl. (8.60) (lineare Polarisation). P_k ist die kritische Leistung, oberhalb derer Selbstfokussierung auftritt. Die Werte hier sind nach Gl. (8.61) berechnet und nur als Richtwerte zu betrachten. Die Zahlenangaben für γ_L, δ schwanken stark in der Literatur, da es schwierig ist definierte Versuchsbedingungen zu schaffen. Weitere Angaben [49, 50, 51, 52]. Bei den mit * markierten Medien handelt es sich um organische Substanzen [46]. Alle Angaben gelten für $\lambda_0 = 1$ µm. Bei Nitrobenzol sind die Werte für kurze Pulse von 10^{-9} s (ns) und 10^{-12} s (ps) Dauer angegeben.

Substanz	Brechzahl	B in 10^{-15} mV^{-2}	γ in 10^{-20} m^2V^{-2}	γ_L in 10^{-22} m^2V^{-2}	δ in 10^{-20} m^2W^{-1}	P_k in 10^3 W
Nitrobenzol	1,55	3500	350	88 (ns) 7 (ps)	440 (ns) 35 (ps)	11 (ns) 140 (ps)
Schwefelkohlenstoff	1,61	36	3,6	110	550	9
Wasser	1,33	52	5,2	2,2	11	450
Benzol	1,49	7	0,7	14	70	70
Glas (BK7)	1,52			0,68	3,4	1450
Quarzglas	1,49			0,54	2,7	1830
Aluminiumoxid	1,77 (o)			0,5	2,5	1980
Natriumchlorid	1,54			0,66	3,3	1 500
POT*	1,7			18000	$9 \cdot 10^4$	
MNA*	1,8			2700	$1,3 \cdot 10^4$	
Luft[1] 1 at	1,00			0,045	0,22	22000
100 at	1,03			4,5	22	220

[1] 1 at entspricht 98 kPa

zahländerung proportional dem Quadrat des statischen Feldes ist, wird dieser Effekt quadratischer elektrooptischer Effekt genannt, ist aber ein Effekt 3. Ordnung. Bei Kristallen wird, wie in Abschn. 8.5, vom Brechzahlellipsoid ausgegangen. Allgemein gilt:

$$\Delta\left(\frac{1}{n_i^2}\right) = \sum_j r_{ij} E_j + \sum_{jk} R_{ijk} E_j E_k \,,$$

wobei der lineare elektrooptische Effekt nach Gl. (8.46) hierin enthalten ist. Für Medien mit Inversionszentrum, also auch isotrope Medien, ist $r_{ij} = 0$. Dann bleiben nur noch die quadratischen Terme mit R_{ijk} übrig, die mit den χ_{ijkl} verknüpft sind und die gleiche Symmetrie aufweisen.

Selbstfokussierung in isotropen Medien. In ein isotropes Medium wird linear polarisiertes Licht wie in Abb. 8.23 eingestrahlt; es sei $E_s = 0$. Dann gilt für die Brechzahl n_L bei geringen Änderungen nach Gl. (8.56):

$$n_L = n + \gamma_L |\mathscr{E}|^2 = n + \delta J \,, \tag{8.60}$$

wobei J die Intensität des eingestrahlten Lichts ist und γ_L durch

$$\gamma_L = \frac{3}{8} \frac{e_{11}}{n} \tag{8.60a}$$

gegeben ist. Man beachte, daß Gl. (8.60) nur für linear polarisiertes Licht gilt. Bei zirkular polarisiertem Licht beträgt die Brechzahländerung 2/3 des obigen Wertes. Dieser Effekt wird als Selbstfokussierung bezeichnet. Selbstfokussierung und quadratischer, elektrooptischer Effekt beruhen auf dem gleichen physikalischen Phänomen, nämlich der Orientierung von permanenten oder induzierten Dipolen. Einige Zahlenwerte sind in Tab. 8.7 zusammengestellt. Die Selbstfokussierung erfordert sehr hohe Lichtintensitäten, wie sie nur durch kurze Pulse erzeugt werden können. Bedingt durch die Trägheit der permanenten Dipole trägt deren Ausrichtung bei kurzen Lichtimpulsen nicht voll zur Brechzahländerung bei. Deshalb sind die Koeffizienten für γ und γ_L unterschiedlich. Außerdem ist es schwierig, bei kurzen Lichtimpulsen die Intensität hinreichend genau zu bestimmen. Die Meßfehler von γ_L sind sehr groß.

Selbstfokussierung Gaußscher Strahlen. Wird der Lichtstrahl eines intensiven Lasers mit der Intensitätsverteilung der TEM 00 Wellenform nach Abb. 8.24 in ein Medium eingestrahlt, so ist die Brechzahl über den Querschnitt des Strahls nicht mehr konstant. Infolge der höheren Intensität in der Strahlmitte ist dort die Brechzahl größer als am Rand. Das heißt aber, die Randstrahlen laufen schneller durch das Medium als der Mittelstrahl. Das Strahlungsfeld wird fokussiert; das Medium mit der jetzt inhomogenen Brechzahl wirkt wie eine Sammellinse. Durch die Fokussierung steigt die Feldstärke des Lichts an, dadurch wird der Brechzahlgradient noch größer, die Fokussierung wird stärker usw. Der Lichtstrahl wird schließlich so stark fokussiert, daß das Medium dann durch die hohen Felder zerstört wird. Aber schon vorher ist der Gültigkeitsbereich der Gl. (8.60) überschritten.

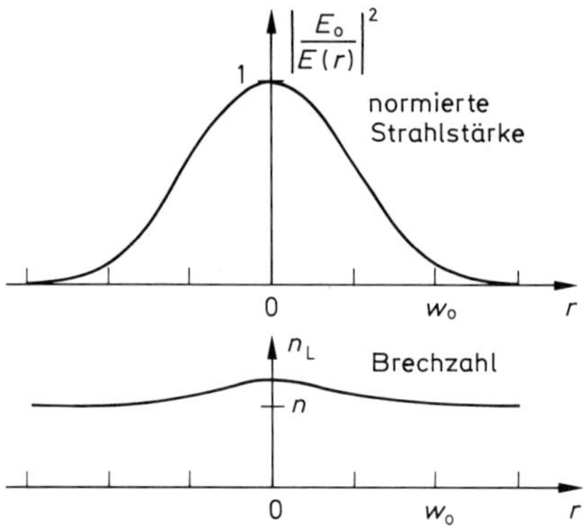

Abb. 8.24 Die rotationssymmetrische, glockenförmige Strahlstärkeverteilung eines Laserstrahls bewirkt in einem Medium eine geringfügige Brechzahländerung, die auf den Laserstrahl fokussierend wirkt.

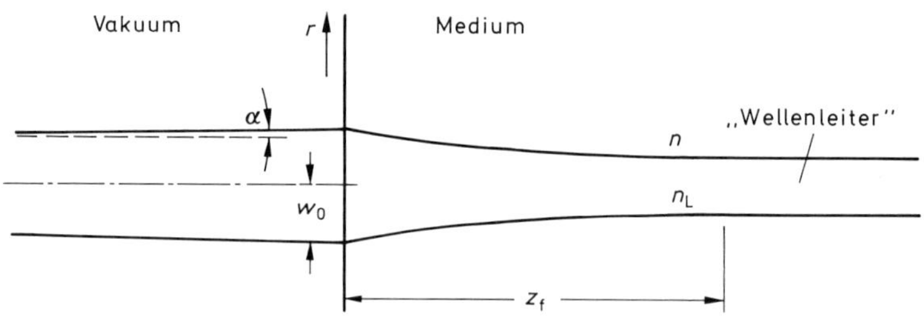

Abb. 8.25 Die durch den Laserstrahl hervorgerufene Brechzahländerung wirkt wie ein Wellenleiter. Falls die Leistung P im Strahl einen kritischen Wert P_k überschreitet, wird die Beugung des Strahls durch die Selbstfokussierung kompensiert und der Strahl nach einer Strecke Z_f im Medium fokussiert.

Eine genaue quantitative Beschreibung dieser Strahlfokussierung ist sehr schwierig, da die Wellengleichung nichtlinear wird und analytische Lösungen nicht existieren. Es soll deshalb im folgenden eine anschauliche qualitative Abschätzung gegeben werden. Betrachten wir hierzu Abb. 8.25. Der einfallende Lichtstrahl der Feldstärke $\boldsymbol{E}(r)$ habe den Durchmesser $2w_0$ und damit eine Leistung von:

$$P \approx \pi w_0^2 \left[\frac{1}{2} n \varepsilon_0 c_0 |\boldsymbol{E}_0|^2\right]$$

mit

$$\boldsymbol{E}(r) = \boldsymbol{E}_0 \exp\left(\frac{-r^2}{w_0^2}\right).$$

Am Rande des Lichtstrahls hat die Brechzahl infolge der dort geringen Strahlstärke den Wert

$$n_1 \approx n$$

in der Mitte des Strahls den größeren Wert

$$n_L = n + \gamma_L |\boldsymbol{E}_0|^2 \,.$$

Es tritt ein Brechzahlsprung auf, der Lichtstrahl erzeugt in dem Medium eine Art Wellenleiter und breitet sich darin aus. Dabei wird der Lichtstrahl durch den Wellenleiter infolge Totalreflexion am optisch dünneren Medium geführt, solange der Öffnungswinkel α des Lichtbündels kleiner ist als der Winkel der Totalreflexion

$$\cos\alpha < \cos\alpha_t = \frac{n}{n_L} = \frac{n}{n + \gamma_L |\boldsymbol{E}_0|^2} \,.$$

Man beachte, daß α hier der Winkel ist, unter dem der Lichtstrahl gegen den Brechzahlübergang n, n_L auftritt. Da im allgemeinen n sich nur wenig von n_L unterscheidet, ist α ein sehr kleiner Winkel. Der Kosinus kann in einer Reihe entwickelt werden. Für den Strahlöffnungswinkel ergibt sich, damit Selbstfokussierung auftritt, die Bedingung:

$$\frac{\alpha^2}{2} < \frac{\gamma_L |\boldsymbol{E}_0|^2}{n} \,.$$

Der minimale Öffnungswinkel eines Strahles vom Durchmesser $2w_0$ ist durch die Beugung gegeben und beträgt bei einem Gauß-Strahl (Kap. 7):

$$\alpha = \lambda_0 / n\pi w_0 \,.$$

Aus den beiden letzten Gleichungen folgt eine Bedingung für die Amplitude des Lichts, die in Lichtleistung umgerechnet

$$P > P_k = \frac{\varepsilon_0 c_0 \lambda_0^2}{4\pi\gamma_L} \tag{8.61}$$

liefert.

Es bedeuten:

P_k = kritische Strahlungsleistung,
ε_0 = elektrische Feldkonstante,
c_0 = Vakuumlichtgeschwindigkeit,
λ_0 = Vakuumwellenlänge,
γ_L = Konstante nach Tab. 8.7.

Wenn die Leistung im Lichtstrahl den Wert P_K überschreitet, tritt Selbstfokussierung auf. Das bedeutet jedoch nicht, daß der Lichtstrahl sofort nach Eintritt in das Medium sich einschnürt und das Medium zerstört. Das Medium wirkt vielmehr wie eine Sammellinse und der Selbstfokussierungspunkt tritt erst eine gewisse Strecke Z_f nach Eintritt in das Medium auf. Man bezeichnet Z_f als *Selbstfokussierungslänge*. Diese ergibt sich (ohne Beweis) zu [14]:

$$Z_f = \frac{\pi w_0^2 / \lambda_0}{\sqrt{P/P_k - 1} + 1} \tag{8.62}$$

Die Gln. (8.61/8.62) sind als eine grobe Abschätzung zu betrachten, da das hier benutzte Modell des Wellenleiters die tatsächlichen Verhältnisse nicht korrekt beschreibt. Eine genauere Analyse der Selbstfokussierung erfordert die Lösung der nichtlinearen Wellengleichung Gl. (8.17), wobei die radiale Struktur des Strahlungsfeldes zu berücksichtigen ist. Eine ausführliche Darstellung findet man z. B. bei Akhmanov [15].

Die Überlegungen zeigen, daß es eine obere Grenze in der Leistung bei der Ausbreitung von Licht gibt. Man kann nicht beliebig hohe Leistungen übertragen, auch nicht durch Luft. Das ist von Bedeutung bei den Hochleistungslasern, wie sie z. B. für die Kernfusion entwickelt werden.

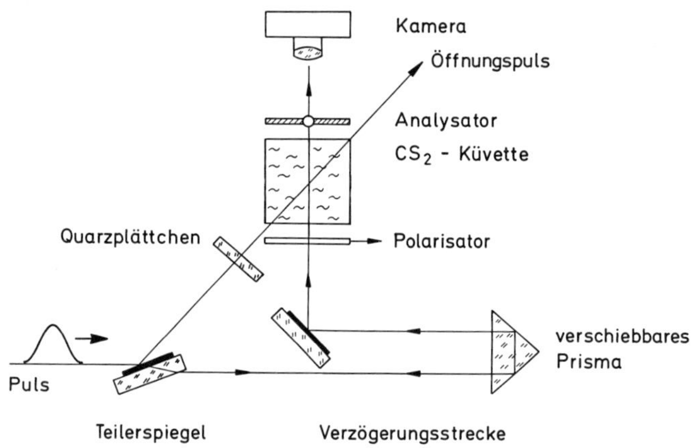

Abb. 8.26 Der schnelle optische Verschluß mit Verschlußzeiten im Bereich von 10^{-11} s.

Der schnelle optische Verschluß. Der Kerr-Effekt kann ausgenutzt werden, um extrem schnelle optische Verschlüsse herzustellen. Das Prinzip ist in Abb. 8.26 dargestellt. Zwischen zwei gekreuzten Polarisatoren befindet sich eine Küvette mit Kohlenstoffdisulfid (CS_2), eine sogenannte Kerr-Zelle. Wegen der gekreuzten Polarisatoren läßt diese Kerr-Zelle kein Licht hindurch. Wenn man jedoch in einem elektrischen Feld die CS_2-Moleküle ausrichtet, so wird Kohlenstoffdisulfid doppelbrechend. Die Polarisationsrichtung des in Abb. 8.26 von unten kommenden Lichts wird in der Flüssigkeit gedreht, und es kann wenigstens teilweise durch den Analysator hindurch. Wird das elektrische Feld abgeschaltet, verschwindet die Ausrichtung der Moleküle und die Kerr-Zelle sperrt wieder. Wie schnell die Zelle sperrt, hängt davon ab, wie schnell die Moleküle in ihren ungeordneten Zustand zurückkehren. Bei Kohlenstoffdisulfid dauert es etwa 10^{-12} s. Damit steht ein extrem schneller optischer Verschluß zur Verfügung, wenn das elektrische Feld hinreichend kurz ist. Wird nun statt des elektrischen Gleichfeldes ein Wechselfeld genommen, z. B. ein kurzer Lichtpuls, so funktioniert die Kerr-Zelle in gleicher Weise. Für die Dauer des Lichtpulses, in der Abb. 8.26 mit Öffnungspuls bezeichnet, ist der Verschluß geöffnet.

Mit diesem Verschluß kann man nun den Puls selber photographieren. Dazu wird der Puls einmal zum Öffnen (Öffnungspuls) durch die Zelle geschickt und außerdem senkrecht dazu durch beide Polarisatoren und die Zelle. Dahinter kann er dann von einer Kamera registriert werden. Dieser Puls kann jedoch nur dann durch die Zelle hindurch, wenn sich beide Pulse in der Zelle treffen.

Sind die Pulse um mehr als ihre Pulsdauer gegeneinander verschoben, fällt kein Licht auf den Detektor. Die beiden Pulse werden nun in einer Verzögerungsleitung um die Zeit T gegeneinander verzögert. Für $T = 0$ gelangt maximale Intensität auf den Detektor. Ist T größer als die Pulsdauer Δt, kommt keine Intensität hindurch. Aus der Abhängigkeit der registrierten Intensität von der Verzögerungszeit T kann die Pulsdauer bestimmt werden. T kann durch einfaches Verschieben der Prismen der Verzögerungsleitung verändert werden. Die Zeitmessung ist auf eine Längenmessung zurückgeführt worden. Man beachte, daß der Detektor nur die integrale Intensität registriert, er muß nicht schnell sein.

Da der Puls bei diesem Verfahren durch einen Verschluß photographiert wird, der vom Puls wiederum gesteuert wird, bezeichnet man die Methode auch als eine *Autokorrelationsmessung*.

Selbstphasenmodulation. Die transversale, örtliche Struktur des Strahlungsfeldes führt bei einer intensitätsabhängigen Brechzahl zu einer Änderung der örtlichen Amplitudenverteilung (Selbstfokussierung). Analog tritt eine Änderung der zeitlichen Amplitudenverteilung ein, wenn das Strahlungsfeld eine zeitliche Struktur besitzt. Die Intensitätsabhängigkeit der Brechzahl nach Gl. (8.60) bedeutet, daß die Phasengeschwindigkeit des Lichts in einem Medium von der Intensität abhängt. Ein kurzer Lichtpuls wird somit zu einer zeitabhängigen Lichtgeschwindigkeit und damit zu einer zeitabhängigen Phase führen. Der Puls moduliert sich selbst.

Als Beispiel soll ein Puls der Dauer Δt mit gaußförmigem Zeitverlauf der Amplitude betrachtet werden

$$\mathscr{E}(t,z) = \boldsymbol{E}_0 \exp\left[-\left(\frac{t}{\Delta t}\right)^2 + \mathrm{i}\omega_0\left(t - \frac{z n_{\mathrm{L}}}{c_0}\right)\right].$$

Der Intensitätsverlauf ist dann

$$J(t,z) = J_0 \exp\left[-2\left(\frac{t}{\Delta t}\right)^2\right].$$

Läuft dieser Puls durch ein Medium mit der Brechzahl n_{L} und der Länge l, so lautet die Amplitude hinter dem Medium

$$\mathscr{E}(t,l) = \boldsymbol{E}_0 \exp\left[-\left(\frac{t}{\Delta t}\right)^2 + \mathrm{i}\varphi\right]$$

mit der Phase

$$\varphi = \omega_0\left(t - \frac{l n_{\mathrm{L}}}{c_0}\right).$$

Die momentane Frequenz ω_{m} einer Lichtwelle ist gegeben durch:

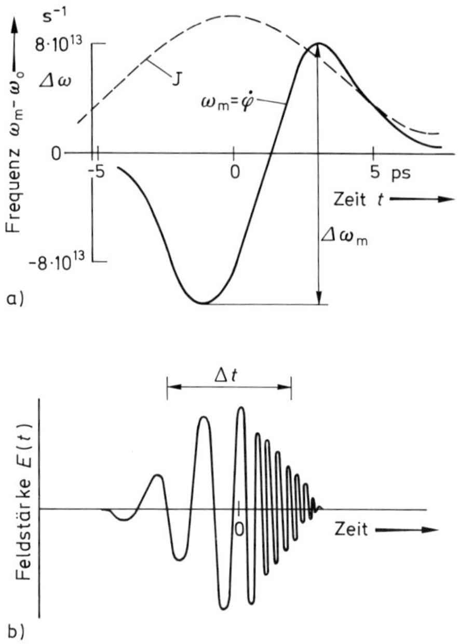

Abb. 8.27 a) Zeitlicher Verlauf der Pulseinhüllenden J und der momentanen Frequenz ω_m beim Durchgang eines kurzen Pulses durch eine CS_2-Küvette von $l = 10\,\mathrm{cm}$ Länge. Die Maximalintensität des Pulses beträgt $J_0 = 22\,\mathrm{GW/cm^2}$. Die Einstellzeit der Brechzahländerung von CS_2 wird hier mit 2 ps angenommen [40]; b) Als Folge der Selbstphasenmodulation ändert sich die Frequenz des Pulses zeitlich (Chirp), wie hier nicht maßstabsgerecht dargestellt ist.

$$\omega_m = \frac{\mathrm{d}\varphi}{\mathrm{d}t} = \omega_0\left(1 - \frac{l}{c_0}\frac{\mathrm{d}n_\mathrm{L}}{\mathrm{d}t}\right).$$

Daraus folgt für einen gaußförmigen Puls mit Gl. (8.60):

$$\omega_\mathrm{m} = \omega_0\left\{1 + \frac{4l\delta}{c_0}J_0\frac{t}{\Delta t^2}\exp\left[-2\left(\frac{t}{\Delta t}\right)^2\right]\right\}.$$

Die momentane Frequenz nimmt zunächst ab ($t < 0$) bis zu einem Minimum, steigt dann über ω_0 bis zu einem Maximum an, um schließlich wieder auf ω_0 abzufallen. Der Verlauf ist in Abb. 8.27a dargestellt. Der gesamte Frequenzhub errechnet sich zu

$$\Delta\omega_\mathrm{m} = \frac{4}{\sqrt{\mathrm{e}}}\frac{l\delta}{c_0\Delta t}J_0\,.$$

Die spektrale Breite des Pulses ist nach Durchlaufen eines Kerr-Mediums größer als vorher. Da zwischen Pulsdauer und spektraler Breite die Beziehung $\Delta\omega \geqq 1/\Delta t$ besteht (Fourier-Transformation), könnte der Puls hinter dem Medium prinzipiell kürzer sein. Das Medium ändert jedoch nicht die Pulsbreite, sondern vergrößert die Bandbreite. Das heißt, wenn der Puls vorher bandbreitebegrenzt war, also $\Delta\omega = 1/\Delta t$ galt, so ist er hinter dem Medium nicht mehr bandbreitebegrenzt, $\Delta\omega > 1/\Delta t$. Seine Dauer entspricht nicht mehr dem minimal möglichen Wert, der sich aus der spektralen Breite errechnet. Der Grund ist die Phasenstörung durch das Medium. Wie in Abb. 8.27b skizziert ist, besitzt der Puls an der vorderen Flanke ($t < 0$) eine geringere Frequenz als an der hinteren Flanke ($t > 0$). Hinter dem Medium erscheinen zunächst die „roten" Anteile des Pulses und dann die „blauen" Anteile. Der Puls stellt sich dar als die Überlagerung vieler kürzerer Pulse verschiedener Mittenfrequenzen. Man kann diese Verschiebung korrigieren durch geeignete Reflexion an einem Gitter, derart, daß die Laufzeit des roten Pulsanteils größer ist als die des blauen Pulsanteils. Damit erreicht man einen insgesamt kürzeren, nun bandbreitebegrenzten Puls. Auf diese Weise, nämlich

- spektrale Verbreiterung durch Selbstphasenmodulation,
- zeitliche Kompression durch Reflexion an einem Gitter,

können kurze Laserpulse, die nach dem Mode-Locking-Verfahren hergestellt wurden, weiter verkürzt werden, was dann in den Femtosekundenbereich (10^{-15} s) führt (Kap. 7).

Die vorangehenden Gleichungen setzten voraus, daß die Brechzahländerung sofort dem Intensitätsverlauf folgt. Das ist nicht der Fall, wenn der molekulare Kerr-Effekt den wesentlichen Beitrag liefert, und die Pulse bereits sehr kurz sind. Der Zahlenwert δ von Nitrobenzol in Tab. 8.7 macht das deutlich. Für Pulse von 10^{-9} s Dauer ist δ wesentlich größer als für Pulse von 10^{-12} s Dauer. Im Verlauf der momentanen Frequenz macht sich diese Einstellzeit, die bei Nitrobenzol etwa $2 \cdot 10^{-12}$ s beträgt, als Asymmetrie bemerkbar, wie in Abb. 8.27 angedeutet ist.

8.6.2 Entartete Vierwellen-Mischung

Die Effekte 3. Ordnung bedeuten eine Wechselwirkung von vier Wellen, denn ein Polarisationsterm 3. Ordnung erzeugt eine neue, die 4. Welle. Es soll nun der Sonderfall betrachtet werden, daß alle vier Wellen die gleiche Frequenz ω, aber unterschiedliche Ausbreitungsvektoren $\boldsymbol{k}_i$ besitzen, d. h. die Wellen breiten sich in unterschiedlichen Richtungen aus:

$$\mathscr{E}_m(\omega) = \mathscr{A}_m \exp\mathrm{i}(\omega t - \boldsymbol{k}_m \boldsymbol{r}) ,$$
$$\boldsymbol{E}_m(\omega) = \frac{1}{2}(\mathscr{E}_m + \mathscr{E}_m^*) . \quad (m = 1, 2, 3, 4) \tag{8.63}$$

Die Felder sollen alle im gleichen Polarisationszustand sein. Der Index m kennzeichnet jetzt nicht die Komponente des Vektors, sondern eines der vier Felder. Die Beträge der Ausbreitungsvektoren in einem isotropen Medium sind gleich:

$$k_m = \frac{\omega}{c} .$$

Im folgenden soll zur Vereinfachung nur der Fall betrachtet werden, der von praktischer Bedeutung ist. Eine schwache Welle $\mathscr{E}_3$ soll mit zwei gegenläufigen intensiven

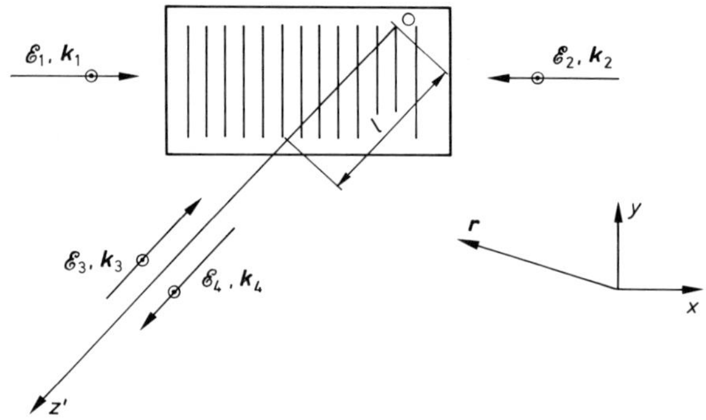

Abb. 8.28 Die entartete Vier-Wellenmischung. In einem isotropen Medium wechselwirken vier Wellen gleicher Frequenz. Die Amplituden der Wellen $\mathscr{E}_1$, $\mathscr{E}_2$ seien viel größer als die Amplituden $\mathscr{E}_3$, $\mathscr{E}_4$. Ein eingestrahltes Feld $\mathscr{E}_3$ wird dann als $\mathscr{E}_4$ mit konjugiert komplexer Amplitude reflektiert. $\boldsymbol{r}$ ist der Ortsvektor in einem beliebigen Koordinatensystem.

Wellen $\mathscr{E}_1$, $\mathscr{E}_2$ (Pumpwellen) wechselwirken, wie in Abb. 8.28 dargestellt ist, d.h.

$$\boldsymbol{k}_1 = -\boldsymbol{k}_2 .$$

Anschaulich kann man die Wechselwirkung als Streuung der Welle $\mathscr{E}_3$ an dem periodischen Brechzahl-Gitter betrachten, welches durch die Überlagerung der beiden Pumpwellen als Folge der Brechzahländerung nach Gl. (8.60) entsteht. Der Ausbreitungsvektor $\boldsymbol{k}_4$ der gestreuten Welle muß die Phasenanpassungsbedingung erfüllen.

$$\boldsymbol{k}_1 + \boldsymbol{k}_2 + \boldsymbol{k}_3 + \boldsymbol{k}_4 = 0 . \tag{8.64}$$

Für den hier vorliegenden Fall mit $\boldsymbol{k}_1 = -\boldsymbol{k}_2$ ist das nur möglich für

$$\boldsymbol{k}_4 = -\boldsymbol{k}_3 . \tag{8.65}$$

Die Welle $\mathscr{E}_4$ läuft der einfallenden Welle $\mathscr{E}_3$ entgegen. Die nichtlineare Polarisation folgt aus Gl. (8.55), wobei für $\boldsymbol{E}$ das gesamte eingestrahlte Feld einzusetzen ist

$$\boldsymbol{E} = \boldsymbol{E}_1 + \boldsymbol{E}_2 + \boldsymbol{E}_3 ,$$

bzw.

$$\mathscr{E} = \mathscr{E}_1 + \mathscr{E}_2 + \mathscr{E}_3 .$$

Da nur Terme der Frequenz ω interessieren, ergibt sich

$$\mathscr{P}^{(3)}(\omega) = \frac{3}{4}\varepsilon_0 e_{11} \mathscr{E}\mathscr{E}\mathscr{E}^* .$$

Von diesen trägt nur der Anteil zur neuen Welle $\mathscr{E}_4$ bei, der die Phasenanpassungsbedingung Gl. (8.64) und Gl. (8.65) erfüllt,

$$\mathscr{P}_4^{(3)}(\omega) = \frac{3}{2}\varepsilon_0 e_{11} \mathscr{E}_1 \mathscr{E}_2 \mathscr{E}_3^* ,$$

oder mit Gl. (8.63)

$$\mathscr{P}_4^{(3)}(\omega) = \frac{3}{2}\varepsilon_0 e_{11} \mathscr{A}_1 \mathscr{A}_2 \mathscr{A}_3^* \exp[\mathrm{i}(\omega t + \boldsymbol{k}_3 \boldsymbol{r})] \,.$$

Dieses in die Grundgleichung der nichtlinearen Optik Gl. (8.17) eingesetzt, ergibt für die Amplitude der Welle $\mathscr{A}_4 = \varrho \mathscr{A}_3^*$, und für die gesamte Welle

$$\mathscr{E}_4 = \varrho \mathscr{A}_3^* \exp[\mathrm{i}(\omega t + \boldsymbol{k}_3 \boldsymbol{r})] \,. \tag{8.66}$$

Die Welle $\mathscr{E}_3$ wird von dem Brechzahl-Gitter der Pumpwellen $\mathscr{E}_1$, $\mathscr{E}_2$ in sich reflektiert. Es gilt also nicht mehr Einfallswinkel gleich Ausfallswinkel, wie man es von der normalen Reflexion gewohnt ist. Der Reflexionskoeffizient für die Amplituden beträgt

$$\varrho = -\mathrm{i}\frac{3\pi e_{11}}{2n\lambda_0} \mathscr{A}_1 \mathscr{A}_2 z' \quad (\varrho \ll 1) \,,$$

woraus der Reflexionsgrad für die Leistungsdichten $R = |\varrho|^2$ berechnet werden kann. Für gleiche Leistungsdichten $J_1 = J_2 = J$ der beiden Pumpwellen folgt:

$$R = \left[\frac{3\pi e_{11}}{n^2 \varepsilon_0 c_0 \lambda_0}\right]^2 [Jz']^2 \,. \tag{8.67}$$

Der Reflexionsgrad nimmt mit dem Quadrat der Intensität der Pumpwellen und mit dem Quadrat der Wechselwirkungslänge z' im Medium zu. Das gilt nur solange, wie die Intensität J_4 der Welle klein ist gegen die Pumpwellenintensität J, andernfalls ist die Abnahme der Pumpwellenintensität zu berücksichtigen.

Die wichtigste Eigenschaft ist jedoch die Tatsache, daß die Amplitude der reflektierten Welle proportional der konjugiert komplexen Amplitude der einfallenden Welle ist. Damit ist es möglich, Abberationen optischer Systeme zu korrigieren, wichtig z. B. für Hochleistungslaser. Genauer wird hierauf in Kap. 3 eingegangen *(Phasenkonjugation)*.

Zum Abschluß ein Zahlenbeispiel: Für MNA (Tab. 8.7) lautet der $e_{11} = \chi_{1111}$-Wert mit Gl. (8.60a) $\chi_{1111} = 1{,}2 \cdot 10^{-18}\,\mathrm{m^2/V^2}$. Brechzahl $n = 1{,}8$; Intensität $J = 1\,\mathrm{MW/cm^2}$, Wechselwirkungsstrecke $z' = 1\,\mathrm{cm}$ ergeben einen Reflexionsgrad von $R = 1{,}7\%$.

Die Vierwellenmischung wird auch als Echtzeit-Holographie bezeichnet, da hier die gleichen Vorgänge wie bei der Aufnahme und Wiedergabe eines Hologramms ablaufen, mit dem Unterschied, daß die Speicherung und Abfrage eines normalen Hologramms getrennte Vorgänge sind, während hier beides gleichzeitig abläuft.

Zur Vereinfachung wurde hier nur das Brechzahl-Gitter betrachtet, welches die beiden Pumpwellen erzeugen. In gleicher Weise erzeugen auch die Wellen $\mathscr{E}_3$, $\mathscr{E}_1$ oder $\mathscr{E}_4, \mathscr{E}_1$ usw. ein Gitter, an dem wiederum gestreut werden kann. Wegen der hier gemachten Voraussetzungen über die Amplituden der vier Wellen können jedoch die anderen Gitter vernachlässigt werden.

Bei dem hier erzeugten Gitter handelt es sich um ein reines Phasengitter, welches sich als Folge der bei hohen Intensitäten auftretenden Brechzahländerungen nach Gl. (8.60) ergibt. Im allgemeinen kann jedoch die Suszeptibilität, d. h. der $\underline{\chi}_{ijkl}$-Tensor, komplex werden. Das bedeutet Absorption und die Pumpwellen erzeugen ein Absorptionsgitter, an dem in gleicher Weise Beugung stattfinden kann [16].

Die induzierte Brillouin-Streuung, die bereits ausführlich in Kap. 7 diskutiert wurde, liefert ebenfalls ein phasenkonjugiertes, reflektiertes Strahlungsfeld [17]. Jedoch tritt im Gegensatz zur entarteten Vierwellen-Mischung eine Frequenzverschiebung auf.

Kerr-Effekt, thermische Effekte und Photorefraktion. Die atomaren oder molekularen Effekte, die zu einer Brechzahländerung führen, sind vielfältig.

Elektronischer Kerr-Effekt. Das Strahlungsfeld bewirkt mittlere Verschiebungen von positivem und negativem Ladungsschwerpunkt des Atoms als Folge des nichtparabolischen Potentials. Dieser Beitrag zur Brechzahländerung ist gering, aber die Änderung reagiert auf das Feld in Subpicosekunden. Beispiele sind Glas oder Luft.

Molekularer Kerr-Effekt. Das Strahlungsfeld oder auch das angelegte statische Feld bewirkt eine teilweise Ausrichtung von molekularen Dipolmomenten. Dieser Beitrag zur Brechzahländerung ist sehr viel größer als der elektronische Kerr-Effekt, aber wegen der Viskosität der hierfür verwendeten Flüssigkeiten erfolgt die Ausrichtung vergleichsweise langsam. Ein Beispiel hierfür ist CS_2. Typische Zeiten liegen bei 10^{-9} s.

Thermische Effekte. In diesem Fall ist γ proportional dem Temperaturkoeffizienten der Brechzahl. Der Beitrag ist groß, aber die Einstellzeit liegt bei Millisekunden bis Sekunden, abhängig von den Abmessungen des Mediums. Verwendung findet die thermische Brechzahländerung bei den bistabilen optischen Elementen (Kap. 8.9). Gegenläufige Wellen führen in diesem Fall nicht zu einem Brechzahl-Gitter, da der Temperaturausgleich zwischen benachbarten Interferenzmaxima wegen des geringen Abstands sehr schnell erfolgt.

Photorefraktion. Kristalle mit lokalisierten elektrischen Ladungen zeigen unter dem Einfluß eines Lichtfeldes ebenfalls Brechzahländerungen. Diese erfolgt auf folgende Weise. Das einfallende Licht bewirkt eine Anregung der lokalisierten Elektronen (traps) in das Leitungsband, wo sie sich bewegen können und an anderer Stelle wieder eingefangen werden. Auf diese Weise entstehen an den Maxima des Strahlungsfeldes positiv geladene „Löcher". Eine Interferenzstruktur zweier Pumpwellen $\boldsymbol{E}_1$, $\boldsymbol{E}_2$ erzeugt eine entsprechende Ladungsstruktur, welche eine periodische elektrische Feldstruktur verursacht. Über den linearen, elektrooptischen Effekt hat diese eine Brechzahländerung mit periodischem Verlauf zur Folge, woran die Welle $\boldsymbol{E}_3$ gebeugt wird und zur Welle $\boldsymbol{E}_4$ führt. Es liegt wieder eine Vierwellen-Mischung vor. Es gibt jedoch wesentliche Unterschiede zwischen der hier beschriebenen Photorefaktion und dem normalen Kerr-Effekt.

Die Photorefraktion ist ein integraler Effekt und reagiert nicht auf die Amplitude des Feldes, sondern auf die Energie. Nach Einschalten des Strahlungsfeldes werden die Elektronen in das Leitungsband angehoben und es baut sich eine Feldverteilung im Kristall auf. Sind alle im Bereich eines Intensitätsmaximums des Lichts liegenden Elektronen freigesetzt, ist die Photorefraktion gesättigt. Weitere Einstrahlung erhöht den Effekt nicht mehr. Die Einstellzeit dagegen ist amplitudenabhängig. Bei einer hohen Amplitude des Lichts erfolgt die Einstellung sehr schnell.

Beim Kerr-Effekt ist das Interferenzfeld $\boldsymbol{E}_1 + \boldsymbol{E}_2$ phasenstarr mit dem entstehenden Brechzahlgitter verbunden. Dagegen besteht keine solche Phasenbeziehung bei der Photorefraktion. Die Freisetzung der Elektronen und anschließende Diffusion zerstört jede Kohärenz.

Ein angelegtes, statisches Feld kann die Photorefraktion noch verstärken. Ein häufig benutzter Kristall ist Bariumtitanat.

8.6.3 Nichtlineare Absorption

Bisher wurde nur der Fall behandelt, daß die Brechzahl durch die hohe Feldstärke $\boldsymbol{E}$ des Lichts verändert wird. In gleicher Weise kann auch der Absorptionskoeffizient α sich ändern. Für isotrope Medien gilt in erster Näherung:

$$\alpha = \alpha_0 [1 - \beta |\boldsymbol{E}|^2] . \tag{8.68}$$

Es handelt sich also um einen kubischen Effekt. Im folgenden soll nur ein einfaches Beispiel diskutiert werden, die Resonanzabsorption eines Moleküls. Als Modell dient ein Termschema, wie es in Abb. 8.29 skizziert ist.

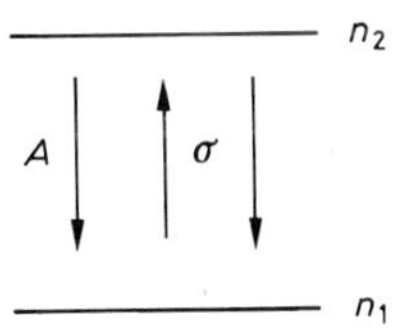

Abb. 8.29 Das Zwei-Niveau-System als einfachstes Beispiel für einen sättigbaren, nichtlinearen Absorber.

Im Normalfall befinden sich alle Moleküle im Grundzustand, es gilt $n_1 = n_0$:

$$n_0 = n_1 + n_2 = \text{Gesamtdichte der Moleküle.}$$

Durch Einstrahlung von Licht gelangen Moleküle in den oberen Zustand, von wo sie durch spontane oder induzierte Emission in den Grundzustand zurückkehren. Im Gleichgewicht gilt die Bilanz (siehe Kap. 7):

$$n_1 \sigma \frac{J}{h\nu} = n_2 \sigma \frac{J}{h\nu} + \frac{n_2}{\tau} . \tag{8.69}$$

Es bedeuten:

n_1, n_2 = Dichte der Moleküle im Grund- bzw. angeregten Zustand,
J = Bestrahlungsstärke (Intensität),
$h\nu$ = Energie der Photonen,
τ = Verweilzeit im oberen Niveau,
σ = Wirkungsquerschnitt.

Die Gl. (8.69) ist eine Energiebilanz. Auf der linken Seite stehen die Absorptionsakte pro Zeit, auf der rechten Seite die Emissionsprozesse, und zwar die induzierten und spontanen Übergänge. Der Absorptionskoeffizient ergibt sich aus Gl. (8.69) zu:

$$\alpha = (n_1 - n_2)\sigma = \frac{\alpha_0}{1 + J/J_s}. \qquad (8.70)$$

Hierbei ist:

$\alpha_0 = n_0 \sigma$ = Absorptionskoeffizient bei kleinen Intensitäten,

$J_s = \dfrac{h\nu}{2\sigma\tau}$ = Sättigungsbestrahlungsstärke (Sättigungsintensität).

Kommt die Bestrahlungsstärke in den Bereich des Sättigungswertes, so ändert sich die Absorption merklich. Man erkennt, daß Gl. (8.68) eine Näherung der Gl. (8.70) für geringe Bestrahlungsstärken ist. Der Koeffizient β ergibt sich zu $\beta = 2J_s/\varepsilon_0 c_0$.

Die Leistungsdichte in dem Absorber nimmt ab gemäß

$$\frac{\mathrm{d}J}{\mathrm{d}z} = -\alpha J = \frac{-\alpha_0}{1 + J/J_s} J$$

und führt auf eine transzendente Gleichung für J:

$$\ln\frac{J}{J_0} + \frac{J - J_0}{J_s} = -\alpha_0 z\,. \qquad (8.71)$$

Hierbei sind $J(z)$ die Bestrahlungsstärke an der Stelle z im Absorber und J_0 die eingestrahlte Bestrahlungsstärke. Führt man die von der Bestrahlungsstärke abhängige Transmission $T(J_0) = J(d)/J_0$ und die Transmission T_0 bei Bestrahlungsstärke null ein

$$T_0 = \exp(-\alpha_0 d)\,, \quad (d \text{ Absorberdicke}),$$

so läßt sich obige Gleichung umformen zu

$$\ln\frac{T}{T_0} = (1 - T)\frac{J_0}{J_s}\,.$$

Für $(1 - T) \ll 1$ folgt hieraus die Näherung

$$T = T_0^{1/(1 + J_0/J_s)}\,. \qquad (8.71\,\mathrm{a})$$

Tab. 8.8 Beispiele für Substanzen, die bei intensivem Lichteinfall ihren Transmissionsgrad verändern. Die Zeitkonstante τ gibt an, wie schnell nach Abschalten der Bestrahlungsstärke sich wieder der ursprüngliche Transmissionsgrad T_0 einstellt.

Absorber	Absorptionswellenlänge λ_0 in µm	Sättigungsparameter J_s in W/m²	Zeitkonstante τ in s
Cryptocyanin in Methanol gelöst	0,69	$2 \cdot 10^{10}$	10^{-9}
Phthalocyanin	0,69	10^9	$5 \cdot 10^{-7}$
RG-10-Farbglas	0,69	$6 \cdot 10^9$	$8 \cdot 10^{-9}$
Kodak-Farbstoff Nr. 9740	1	$4 \cdot 10^{11}$	10^{-11}
Difluormethan	10	$3 \cdot 10^5$	—

Eine merkliche Änderung des Transmissionsgrades tritt erst dann ein, wenn die Bestrahlungsstärke J in die Größenordnung der für die spezielle Molekülart charakteristischen Größe J_s kommt. Typische Werte von J_s sind in Tab. 8.8 zusammengestellt. Im Grenzfall sehr hoher Bestrahlungsstärken ($J \gg J_s$) nähert sich der Transmissionsgrad dem Wert Eins. Das bedeutet $\Delta n = 0$, d. h. es befinden sich gleichviel Moleküle im unteren und im oberen Energieniveau. Ein Beispiel zeigt Abb. 8.30.

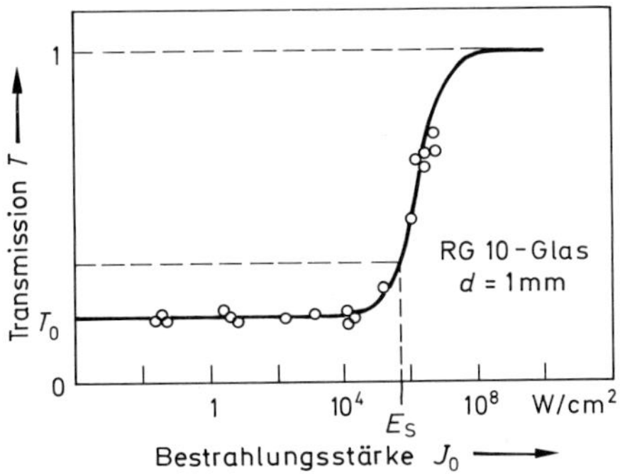

Abb. 8.30 Die Transmission eines Absorbers bei Einstrahlung hoher Bestrahlungsstärken. E_s: Sättigungsparameter. In diesem Beispiel handelt es sich um ein RG-10-Farbglas, dessen Absorption im roten Spektralbereich liegt (nach [54]).

8.7 Nichtlineare Anregungsprozesse

In der Nähe einer Resonanzstelle wird die komplexe lineare Suszeptibilität maximal, wie in Kap. 2 am Beispiel des Lorentz-Modells der Wechselwirkung gezeigt wurde. Entsprechendes gilt für die nichtlinearen Prozesse, die ebenfalls resonanzartiges Verhalten zeigen. Hierbei überwiegt jetzt der Imaginärteil der Suszeptibilität. Es erfolgt eine Anregung atomarer oder molekularer Übergänge und die dazu notwendige Energie wird aus dem Strahlungsfeld entnommen. Dieses wurde eingehend in Kap. 7.7 im Photonenbild behandelt.

Auch alle nichtlinearen Prozesse lassen sich im Photonenbild beschreiben. Die lineare Wechselwirkung ist ein Zwei-Photonen-Prozeß, denn ein Photon welches in das Medium einfällt liefert ein Photon gleicher Frequenz, welches das Medium verläßt. Entsprechend ist die Frequenzverdopplung ein Drei-Photonen-Prozeß, denn zwei Photonen der Frequenz ω liefern ein Photon der Frequenz 2ω usw.

Besonders einfach läßt sich die Anregung von atomaren Übergängen und die Ionisation von Atomen im Mehrphotonenbild qualitativ beschreiben. Zur Berechnung dieser Prozesse werden wieder die Komponenten der χ-Tensoren benötigt, die nur aus einer quantenmechanischen Rechnung folgen. Im Photonenbild ist es dann zweckmäßig, die Suszeptibilitäten durch die Wirkungsquerschnitte zu ersetzen. Zur Vereinfachung werden im folgenden nur isotrope Medien betrachtet.

8.7.1 Zweiphotonen-Anregung

Wenn die Energie $h\nu_0$ eines Photons viel kleiner als der Energieabstand zweier Niveaus ist, findet bei kleinen Intensitäten keine Anregung statt.

Der Wirkungsquerschnitt, proportional $\mathrm{Im}(\chi)$, geht fernab der Resonanz schnell gegen null. Wenn jedoch die Summe zweier Photonen $2h\nu_0$ ausreicht, um den Energieabstand zu überbrücken, kann wieder Anregung erfolgen. Der Absorptionskoeffizient für einen Zweiphotonenübergang ist proportional dem Quadrat der elektrischen Feldstärke. Es gilt:

$$\alpha = \sigma^{(2)} \frac{n_0}{h\nu_0} J, \tag{8.72}$$

$\sigma^{(2)}$ = Wirkungsquerschnitt für Zweiphotonenabsorption,
J = Bestrahlungsstärke der einfallenden Lichtwelle,
$h\nu_0$ = Photonenenergie,
n_0 = Dichte der Moleküle.

Es handelt sich wieder um einen Prozeß dritter Ordnung, mit dem Unterschied zur nichtlinearen Absorption, daß die Absorption mit der Bestrahlungsstärke zunimmt. Für die Ausbreitung von Licht in einem Medium mit Zweiphotonenabsorption gilt jetzt

$$\frac{\mathrm{d}J}{\mathrm{d}z} = -\sigma^{(2)} \frac{n_0}{h\nu_0} J^2,$$

was integriert mit $J = J_0$ an der Stelle $z = 0$ für die Intensitätsabnahme die Relation

$$J = J_0 \frac{1}{1 + \sigma^{(2)} n_0 J_0 z / h\nu_0} \tag{8.73}$$

liefert. Die Intensität nimmt mit z hyperbolisch ab, nicht wie üblich exponentiell. Die induzierte (und spontane) Zweiphotonenemission tritt ebenfalls auf. Zahlenwerte für den Wirkungsquerschnitt sind in Tab. 8.9 zusammengestellt.

Tab. 8.9 Wirkungsquerschnitte $\sigma^{(2)}$ für die Zwei-Photonen-Absorption von Farbstoffmolekülen [43, 44].

Farbstoff	Lösungsmittel	$\sigma^{(2)}$ in $10^{-50}\,\mathrm{cm^4 s}$	λ_0 in µm
Rhodamin 6G	Ethanol	5,5	1,06
Rhodamin B	Dichlorethan	14	1,06
Acridin rot	Ethanol	2,8	1,06
Na-Fluoreszin	Ethanol	0,18	1,06
DODCI	Methanol	22	1,06
Anthrazen	Chloroform	30	0,69
Stilben	Chloroform	400	0,69
Tolan	Dioxan	90	0,69
Dimethyl-POPOP	Dioxan	90	0,69

8.7.2 Multiphotonen-Ionisierung

Der in den Abschn. 7.1 bis 7.4 dargestellte lichtelektrische Effekt ist ein linearer Prozeß und gilt nur bei geringen Bestrahlungsstärken. Experimentelle Untersuchungen haben ergeben, daß bei hohen Bestrahlungsstärken der lichtelektrische Effekt in einer ganz anderen Form auftritt. Das bedeutet nicht, daß die Einsteinschen Überlegungen falsch sind, sondern daß die Materie sich bei hohen Bestrahlungsstärken völlig anders verhält.

Ein Zahlenbeispiel soll diese Tatsache veranschaulichen. Hierzu wird wieder die Glühlampe von 100 W elektrischer Leistung betrachtet, die in 1 m Abstand eine Bestrahlungsstärke von $7 \cdot 10^{-5}$ W/cm² erzeugt (Abschn. 7.1) Da ein Photon im grünen Spektralbereich eine Energie von rund $3 \cdot 10^{-19}$ Ws besitzt, entspricht dieser Bestrahlungsstärke ein Photonenstrom von etwa $2 \cdot 10^{14}$ Photonen/(scm²). Ein Atom mit einer wirksamen Fläche von $\sigma = 10^{-16}$ cm² wird also im Mittel alle 50 Sekunden von einem Photon getroffen und kann ionisiert werden, falls die Energie des Photons ausreicht. Bei der hohen Bestrahlungsstärke des Lasers von 10^{12} W/cm² dagegen ergibt sich ein Photonenstrom von etwa 10^{31} Photonen/(scm²) und auf ein Atom fallen im Mittel pro Sekunde 10^{15} Photonen ein. Es ist einzusehen, daß bei diesen hohen Photonendichten der Photoeffekt anders verläuft als bei den niedrigen Photonendichten der konventionellen Lichtquellen.

Experimentelle Ergebnisse. Wird intensives Laserlicht mit einer Linse in Luft fokussiert, so entsteht bei Bestrahlungsstärken oberhalb von 10^{11} W/cm² im Fokus ein leuchtendes Plasma. Durch das intensive Licht ist der Stickstoff ionisiert worden, und, wie aus der Leuchterscheinung zu schließen ist, auf sehr hohe Temperaturen aufgeheizt worden. Diese Erscheinung wird Gas-Durchschlag genannt. Da die Ionisierungsenergie von Stickstoff, sie entspricht der Austrittsarbeit des lichtelektrischen Effekts, bei $E_i = 14{,}5$ eV (Tab. 8.10) liegt und die Photonenenergie des roten Laserlichtes ($\lambda_0 = 694{,}3$ nm) nur 1,8 eV beträgt, sollte eine Ionisierung gar nicht möglich

Tab. 8.10 Ionisierungsenergien und kritische Bestrahlungstärke einiger atomarer Gase. Die kritische Bestrahlungstärke hängt stark von den Versuchsbedingungen ab. Die hier angegebenen Werte gelten für Normdruck 1,013 bar (101 325 Pa), für eine Pulsdauer des Lichtes von etwa $4 \cdot 10^{-8}$ s und einen Fokusdurchmesser von 0,1 mm.

Gas	Ionisierungsenergie E_i in eV	Kritische Bestrahlungsstärke J_k in W/cm² $\lambda_0 = 0{,}694$ µm	$\lambda_0 = 1{,}06$ µm
Xenon	12,1	$4 \cdot 10^{10}$	$5 \cdot 10^{10}$
Wasserstoff	13,6	$7 \cdot 10^{11}$	—
Krypton	14,0	$7 \cdot 10^{10}$	$8 \cdot 10^{9}$
Stickstoff	14,5	$7 \cdot 10^{11}$	—
Argon	15,8	$8 \cdot 10^{10}$	$1 \cdot 10^{10}$
Neon	21,6	$6 \cdot 10^{10}$	$2 \cdot 10^{11}$
Helium	24,6	$1 \cdot 10^{13}$	—

sein. Die Frequenz des ionisierenden Lichts liegt weit unterhalb der Grenzfrequenz ν_0 für den lichtelektrischen Effekt, wie sie sich aus $h\nu_0 = E_i$ ergibt.

Sehr ausführliche experimentelle Untersuchungen dieses neuen lichtelektrischen Effektes wurden angestellt. Es ergab sich, daß die kritische Bestrahlungsstärke J_K, bei der Ionisierung erfolgt, stark abhängig von der Wellenlänge des Lichtes, dem Gasdruck, der Gasart, dem Fokusdurchmesser und der Pulsdauer des Laserlichtes ist. Einige typische Zahlenwerte sind in Tab. 8.10 zusammengestellt.

Ein wesentliches Kennzeichen des normalen lichtelektrischen Effektes war die strenge Proportionalität zwischen Elektronenstrom und Bestrahlungsstärke. Diese Proportionalität ist bei hohen Bestrahlungsstärken nicht gewahrt, wie Untersuchungen von Voronov [18] zeigten.

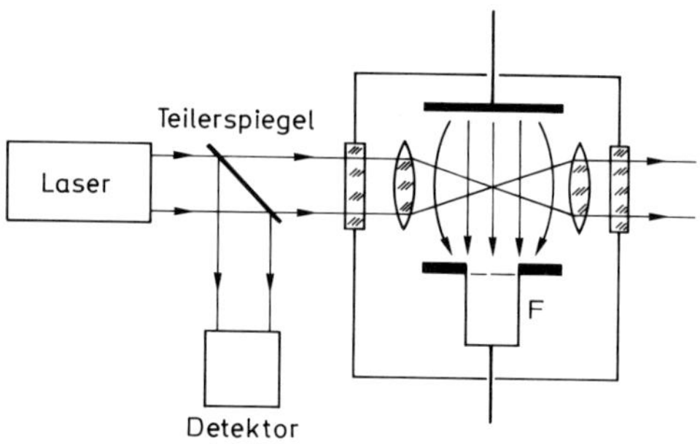

Abb. 8.31 Versuchsaufbau zur Bestimmung des Ionenstroms als Funktion der eingestrahlten Strahlungsenergie, F ist ein Faraday-Käfig.

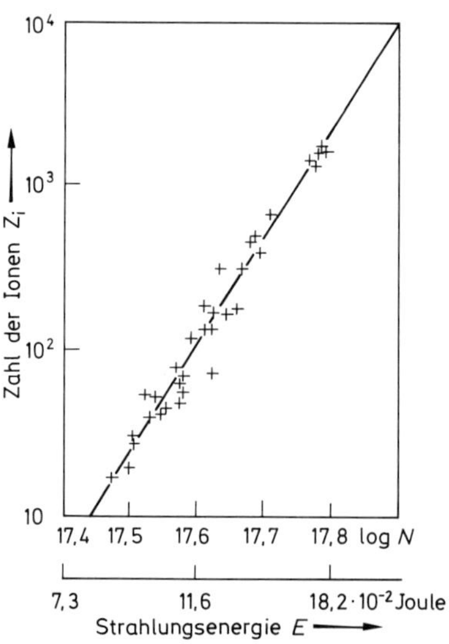

Abb. 8.32 Zahl der erzeugten Ionen Z als Funktion der eingestrahlten Strahlungsenergie für Krypton von 10^{-3} mbar Druck. N ist die Zahl der eingestrahlten Photonen pro Puls (nach [18]).

Der prinzipielle Versuchsaufbau ist in Abb. 8.31 skizziert. Das Laserlicht ($\lambda_0 =$ 694,3 nm) wird in ein Gefäß fokussiert, welches mit Krypton von 10^{-3} mbar Druck gefüllt ist. Durch ein elektrisches Feld werden die entstehenden Ionen abgesaugt und der Ionenstrom mit einem Faraday-Käfig F gemessen. Da das intensive Laserlicht nicht kontinuierlich zur Verfügung steht, sondern nur in Form von kurzen, intensiven Pulsen, wurden nicht Bestrahlungsstärke und Ionenstrom, sondern die integrierten Größen, also Strahlungsenergie und Zahl der Ionen gemessen, die beim normalen lichtelektrischen Effekt auch einander proportional sind. Die Ergebnisse sind in Abb. 8.32 in einer logarithmischen Darstellung wiedergegeben. Statt der Proportionalität zwischen Strahlungsenergie E und Ionenzahl Z_i ergibt sich eine exponentielle Abhängigkeit der Form:

$$Z_i = \text{const.}\, E^k \quad \text{mit} \quad k = 6{,}49 \quad \text{(für Krypton)}, \tag{8.74}$$

ein Ergebnis, das allen bisherigen Vorstellungen vom lichtelektrischen Effekt widerspricht.

Bevor auf eine theoretische, wenn auch nur qualitative, Erklärung der experimentellen Ergebnisse eingegangen wird, soll an die Beziehung zwischen Feldstärke $\boldsymbol{E}_0$ des Strahlungsfeldes, Bestrahlungsstärke J und Photonenfluß q erinnert werden. Es gilt:

$$J = \frac{1}{2} c_0 \varepsilon_0 |\boldsymbol{E}_0|^2 \quad \text{und} \quad q = \frac{J}{h\nu}.$$

In Tab. 8.11 sind einige Zahlenwerte von Feldstärke, Intensität und Photonendichte zusammengestellt, wie sie mit Lasern erreichbar sind.

Tab. 8.11 Lichtintensität bzw. Bestrahlungsstärke J, elektrische Feldstärkeamplitude E_0 und Photonenstromdichte q (für $\lambda_0 = 0{,}694\,\mu$m).

J in W/cm^2	E_0 in V/m	q in s^{-1}m^{-2}
1	27	$3{,}5 \cdot 10^{18}$
10^6	$2{,}7 \cdot 10^4$	$3{,}5 \cdot 10^{24}$
10^9	$8{,}7 \cdot 10^5$	$3{,}5 \cdot 10^{27}$
10^{12}	$2{,}7 \cdot 10^7$	$3{,}5 \cdot 10^{30}$

Die bei hohen Lichtintensitäten auftretenden Erscheinungen, die sich vom normalen lichtelektrischen Effekt unterscheiden, können vollständig im Rahmen der bestehenden Quantentheorie von Atom und Strahlungsfeld geklärt werden. Hier soll nicht weiter auf diese umfangreichen, theoretischen Untersuchungen eingegangen werden, sondern es soll versucht werden, eine qualitative, anschauliche Deutung zu geben.

Die Ionisierung eines Atoms im Strahlungsfeld einer intensiven Lichtquelle kann durch zwei Mechanismen erfolgen: die Mehrquantenionisierung und die Feldemission.

Mehrquantenionisierung. Beim normalen Photoeffekt, also z. B. bei der Ionisierung von Gasatomen durch Röntgenstrahlen, trifft ein Photon der Energie $h\nu$ auf das

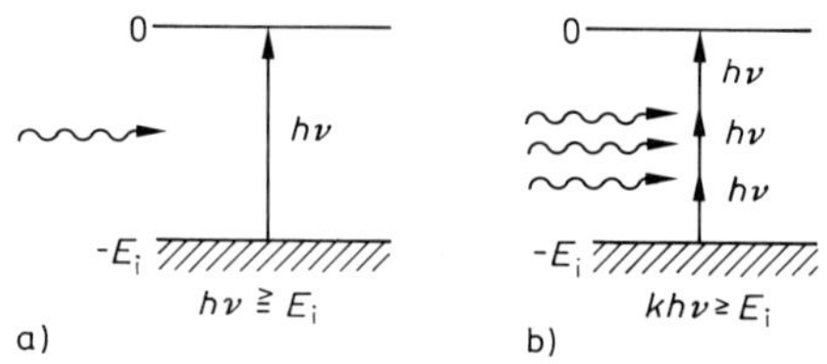

Abb. 8.33 Der lichtelektrische Effekt im Energieniveauschema: a) normaler Photoeffekt, b) Mehrquantenionisation.

Atom. Ionisierung kann dann eintreten, wenn die Energie des Quants mindestens gleich der Bindungsenergie des Elektrons ist, also gleich der Ionisierungsenergie E_i:

$$h\nu \geqq E_i\,. \tag{8.75}$$

Die Ionisierung durch ein Lichtquant kann in einem Energieniveauschema verdeutlicht werden (Abb. 8.33). Das gebundene Elektron befindet sich in einem mehr oder weniger definierten Energiezustand, der mit $-E_i$ bezeichnet wird. Hierbei kann es sich um ein Atomelektron handeln oder auch um ein Metallelektron. Bei letzterem entspricht der Ionisierungsenergie die Austrittsarbeit $e\Phi$. Bei der Ionisierung bringt das Photon diese Bindungsenergie auf und setzt das Elektron frei, wobei das Elektron mindestens den Energiezustand $E = 0$ erreichen muß. Ist die Quantenenergie kleiner als die Ionisierungsenergie, so kann das Elektron zwar kurzzeitig angeregt werden, aber es kann nicht freigesetzt werden.

Wenn jedoch genügend Photonen vorhanden sind, so kann die Ionisierung dadurch erfolgen, daß zwei oder mehr Quanten gleichzeitig auf das Atom treffen und gemeinsam die notwendige Energie aufbringen. In diesem Fall muß die Gl. (8.75) abgeändert werden zu:

$$kh\nu \geqq E_i\,. \tag{8.76}$$

Diese Art der Ionisierung wird Mehrquantenionisierung genannt. Wenn die Energie eines Quants nicht zur Ionisierung ausreicht, also die Frequenz unterhalb der Grenzfrequenz liegt und nach dem einfachen Modell des lichtelektrischen Effektes keine Ionisierung auftreten sollte, kann diese trotzdem erfolgen, falls genügend Photonen zur Verfügung stehen. So kann z. B. Krypton, welches normalerweise Röntgenquanten mit 14 eV Energie zur Ionisierung benötigt, durch $k = 8$ Quanten der Energie 1,8 eV (Wellenlänge $\lambda = 694{,}3$ nm) ionisiert werden, allerdings sind die hierfür erforderlichen Photonendichten bzw. Bestrahlungsstärken beträchtlich, wie Tab. 8.10 zeigt.

Die exponentielle Abhängigkeit der Zahl der erzeugten Ionen von der Bestrahlungsstärke bzw. Strahlungsenergie nach Gl. (8.76) ist qualitativ leicht einzusehen. Die Wahrscheinlichkeit, daß ein Atom von einem Photon getroffen wird, ist proportional der Bestrahlungsstärke. Dann ist nach den Gesetzen der Wahrscheinlichkeitsrechnung die Wahrscheinlichkeit, daß das Atom sowohl von einem als auch von einem zweiten Photon getroffen wird, proportional dem Quadrat der Bestrahlungsstärke usw. Die Wahrscheinlichkeit, daß das Atom gleichzeitig von k Quanten getroffen wird, ist dann proportional J^k, ein Ergebnis, was etwa mit den experimentellen Werten übereinstimmt. Die Forderung nach gleichzeitigem Eintreffen von mehreren Photonen bedeutet, daß die Photonen innerhalb einer sehr kurzen Zeit von etwa 10^{-14} s auf das Atom einwirken müssen, damit eine Mehrquantenionisierung erfolgen kann. In einer genaueren, quantenmechanischen Rechnung gehen die speziellen Eigenschaften der Atome ein, und es muß berücksichtigt werden, daß diese auch noch durch das starke elektrische Feld des Lichtes verändert werden.

Bei höheren Gasdrücken können noch andere Effekte zur Ionisierung beitragen. So können z. B. die ersten durch Mehrquantenionisation entstandenen Elektronen im Strahlungsfeld des Lichtes beschleunigt werden (inverse Bremsstrahlung) und ihrerseits wieder durch Stoß neue Atome ionisieren. Diese Effekte sind stark druckabhängig und überdecken dann die hier diskutierte Mehrquantenionisierung.

Feldemission. Neben Photoeffekt und Glühemission (Bd. 2) gibt es noch eine dritte Möglichkeit, Elektronen zu erzeugen: die Feldemission. Wirkt eine genügend große Feldstärke auf ein gebundenes Atomelektron oder auf ein Metallelektron, so kann dieses durch die dabei auftretenden Kräfte freigesetzt werden. Benutzt man hierfür statische Felder, so werden Feldstärken von etwa 10^7 V/cm benötigt. Eine quantitative Erklärung der Feldemission kann erst durch die Quantenmechanik erfolgen. Da die Feldstärken des Laserlichtes in der gleichen Größenordnung liegen wie die für die Feldemission benötigten Feldstärken, kann man erwarten, daß auch hier Feldemission auftritt. Bei der Feldstärke des Lichtes handelt es sich um ein oszillierendes Feld

$$\boldsymbol{E} = \boldsymbol{E}_0 \sin(\omega t) ,$$

entsprechend wirkt auf das Elektron eine oszillierende Kraft $\boldsymbol{F} = e\boldsymbol{E}$ und die Bewegungsgleichung eines freien Elektrons lautet

$$m_e \ddot{\boldsymbol{x}} = e\boldsymbol{E}_0 \sin(\omega t) ,$$

woraus sich durch einfache Integration die kinetische Energie des Elektrons ergibt zu

$$E_{\text{kin}} = \frac{m_e}{2} v^2 = \frac{1}{2m_e} \left[\frac{e\boldsymbol{E}_0}{\omega} \cos(\omega t) \right]^2 .$$

Die kinetische Energie oszilliert ebenfalls, und der maximale Wert beträgt

$$E_{\text{kin,max}} = \frac{1}{2m_e} \left[\frac{e\boldsymbol{E}_0}{\omega} \right]^2 .$$

Damit das Elektron durch das Lichtfeld freigesetzt werden kann, muß seine kinetische Energie mindestens so groß sein wie die Ionisierungsenergie, d. h. die einer Halbwelle des oszillierenden elektrischen Feldes muß das Elektron die notwendige Energiemenge aus dem Strahlungsfeld aufnehmen. Die Bedingung für Feldemission durch Licht lautet damit

$$\frac{1}{2m_e} \left[\frac{e\boldsymbol{E}_0}{\omega} \right]^2 \geqq E_i .$$

Diese Abschätzung gibt natürlich nur die Größenordnung der benötigten Feldstärken an. Eine genauere Rechnung muß die Eigenschaften der Atome berücksichtigen [19, 20, 21].

8.8 Erzeugung von ultraviolettem Licht durch Frequenzvervielfachung

Bisher wurde die Frequenzverdopplung im sichtbaren Spektralbereich diskutiert. Wie sieht es in anderen Spektralbereichen aus? Man benötigt ja nicht nur Kristalle mit einer hinreichenden Nichtlinearität, sondern der Kristall muß die i. allg. hohen Lichtintensitäten vertragen, er muß die Anpassung der Brechzahlen zulassen, und er muß transpartent sein für Grund- und Oberwelle. Dadurch wird die Zahl der Kristalle stark eingeschränkt, insbesondere die letzte Forderung der Transparenz engt den ausnutzbaren Bereich eines Kristalls ein, wie aus Abb. 8.14 zu entnehmen ist. Wohl überdecken die Kristalle recht gut den infraroten Bereich und schließen an die Wellenlängen an, wo diskrete elektronische Elemente (wie z. B. Dioden) zur Frequenzvervielfachung eingesetzt werden können, aber im ultravioletten Bereich ist bei $\lambda_0 = 0{,}12\,\mu\text{m}$ Schluß [22, 23].

Zunächst soll kurz die Frage diskutiert werden wie man von den leistungsstarken Lasern, deren Wellenlänge im roten bzw. infraroten Spektralbereich liegt an die Grenze von $0{,}12\,\mu\text{m}$ gelangt.

Wie bereits vorher gezeigt wurde, entwickelt die Polarisation auch höhere, nichtlineare Anteile. Je nach Symmetrie des Kristall treten kubische und Effekte 4., 5. Ordnung usw. auf. Es ist also zu erwarten, daß die dreifache und vierfache Frequenz auftreten. Tatsächlich gelang auch die Erzeugung der dreifachen Frequenz, aber mit einem Wirkungsgrad von nur 10^{-5}. Der Grund dafür ist der, daß die Konstante $\underline{\chi}''$, die den Anteil der dritten Oberwelle der Polarisation angibt, sehr klein ist. Um trotzdem noch einen merklichen Anteil von Licht der Frequenz 3ω zu erhalten, muß die Intensität der Grundwelle sehr hoch sein, was zu Zerstörungen des Kristalls führt.

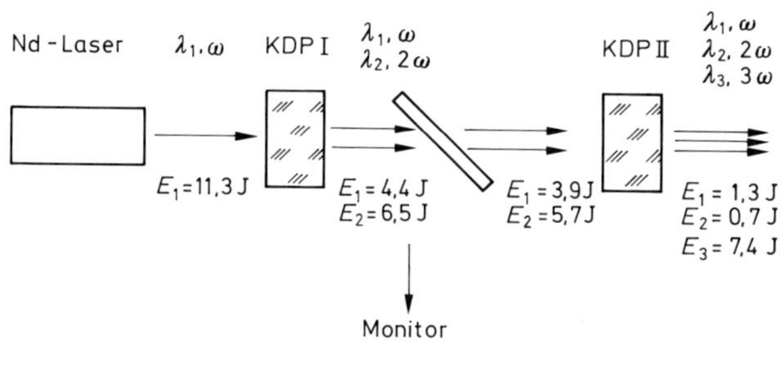

Abb. 8.34 Erzeugung der dreifachen Frequenz in einem zweistufigen Prozeß [41]. Die Dauer der Ausgangspulse betrug 140 ps, der Strahldurchmesser 6 cm. E_1, E_2, E_3: Pulsenergien der Frequenzen ω, 2ω, 3ω. Die Kristalle besaßen einen Durchmesser von 7 cm bei einer Länge von jeweils 1,2 cm.

Es gibt jedoch die Möglichkeit durch zwei passend geschnittene KDP-Kristalle die dreifache Frequenz in zwei Stufen mit hohem Wirkungsgrad zu erzeugen. Der experimentelle Aufbau ist stark vereinfacht in Abb. 8.34 dargestellt. Ein Nd-Glas-Laser liefert einen intensiven, kurzen Puls der Wellenlänge $\lambda_1 = 1{,}054\,\mu m$. In einem ersten Kristall wird ein Teil der Pulsenergie benutzt, um die Oberwelle der halben Wellenlänge $\lambda_2 = 0{,}527\,\mu m$ zu erzeugen. Die beiden Strahlen, die Grundwelle der Frequenz ω und die Oberwelle der Frequenz 2ω werden in einem zweiten KDP-Kristall gemischt, wobei die Phasenanpassung für die Summenfrequenz 3ω eingestellt wird, d. h. es entsteht Licht der Wellenlänge $\lambda_3 = 0{,}351\,\mu m$. Bei hohen Pulsintensitäten werden Wirkungsgrade von 80% erreicht, was dem maximal möglichen Wirkungsgrad bei der hier vorgegebenen Geometrie entspricht. Interessant ist die Abnahme des Wirkungsgrades der 3. Harmonischen bei hohen Intensitäten, wie Abb. 8.35 zeigt. Wenn die Grundwellenintensität infolge Konversion in die Oberwellen stark abgenommen hat und die Intensitäten der Oberwellen 2ω und 3ω überwiegen, erfolgt eine Rekonversion. Aus Licht der Frequenzen 2ω und 3ω entsteht wieder Grundwellenintensität der Frequenz ω, und die 3. Harmonische nimmt ab.

Eine andere Methode höhere Frequenzen zu erzeugen besteht darin, die Frequenz der Oberwelle nochmals zu verdoppeln. Dadurch kann aus Nd-Laser-Licht der Wellenlänge $\lambda_1 = 1{,}06\,\mu m$ mit zwei KDP-Kristallen die Wellenlänge $\lambda_4 = 0{,}265\,\mu m$ hergestellt werden. Eine nochmalige Verdopplung durch KDP scheitert daran, daß der Kristall für die höheren Frequenzen nicht mehr transparent ist.

Man kann dann zu ADP übergehen und gelangt so an die Grenze der bisher bekannten Kristalle.

Es gibt natürlich genügend Substanzen, die im Bereich jenseits von $\lambda_0 = 0{,}12\,\mu m$ noch transparent sind, und nichtlinear werden sie alle bei genügend hohen Intensitäten, wie z. B. Gase, Dämpfe und Flüssigkeiten. Auch organische Substanzen sind durchaus für die Frequenzvervielfachung geeignet [24, 25].

An einem speziellen Beispiel soll die Frequenzvervielfachung im ultravioletten Spektralbereich erläutert werden. Als nichtlineares Medium wird Rubidium-Dampf

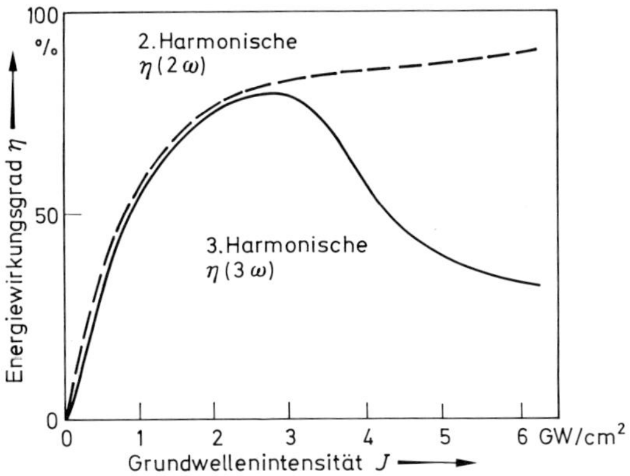

Abb. 8.35 Wirkungsgrad η für die Erzeugung der zweiten und dritten Harmonischen mit der Anordnung nach Abb. 8.34. Hierbei wurden die theoretisch möglichen Werte erreicht [42].

verwendet. Dieser wird in einem Ofen durch Verdampfen von Rubidium-Metall erzeugt. Hierbei handelt es sich um einen speziellen Ofen, eine sogenannte heat-pipe, die es gestattet, in einem zylindrischen Gefäß über eine längere Strecke von ca. 30 cm Länge einen homogenen Dampf von ca. 1 Torr ($\approx$ 133 Pa) Druck zu erzeugen. Dieser Ofen ist mit zwei Fenstern abgeschlossen und ermöglicht es, von außen Licht einzustrahlen.

Rubidiumdampf ist ein isotropes Medium, es besitzt ein Inversionszentrum und nach den Überlegungen in Abschn. 8.2 kann dann nicht die doppelte Frequenz, sondern nur die dreifache erzeugt werden. Ausgehend von der Wellenlänge des Nd-Lasers mit $\lambda_1 = 1{,}06\,\mu\text{m}$ wird als Oberwelle die Wellenlänge $\lambda_3 = 0{,}35\,\mu\text{m}$ erzeugt werden, was tatsächlich beobachtet wurde [26]. Die Phasenanpassungsbedingung muß hier natürlich auch erfüllt sein.

Das erfolgt in diesem Beispiel durch Zusetzen von Xenon. Während für Rubidiumdampf die Brechzahl für die Oberwelle kleiner ist als für die Grundwelle, ist es beim Xenon gerade umgekehrt. Durch geeignete Wahl des Xenon-Druckes ist es dann möglich, die Phasenanpassungsbedingung zu erfüllen (Abb. 8.36).

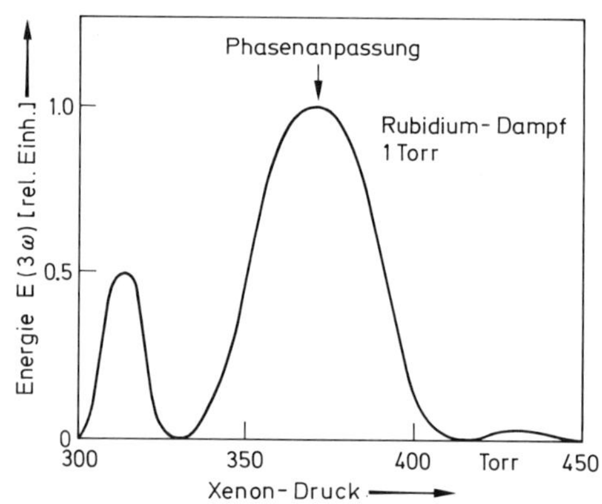

Abb. 8.36 Die Phasenanpassung bei der Frequenzverdreifachung in Rubidium-Dampf erfolgt durch Zusetzen von Xenon. Dargestellt ist hier die Energie des Oberwellenpulses als Funktion des Xenon-Drucks [26]. (1 Torr entspricht $\approx$133 Pa).

Da die Suszeptibilität $\underline{\chi}''$, die für die Erzeugung der dreifachen Frequenz verantwortlich ist, sehr klein ist und bei einem Druck von 1 Torr ($\approx$ 133 Pa) die Zahl der Rubidiumatome, die zur Oberwelle beitragen, sehr viel kleiner ist als bei einem Kristall, muß man mit der Intensität der Grundwelle sehr hoch gehen, um zu vernünftigen Ausbeuten zu kommen. Typische Wirkungsgrade liegen im Bereich von einigen Prozent.

Das am Rubidium detailliert geschilderte Verfahren kann auf alle Gase und Metalldämpfe übertragen werden, vorausgesetzt, Phasenanpassung ist erreichbar und die Nichtlinearität nicht zu klein. Eine hohe Nichtlinearität tritt stets in der Nähe einer Resonanzstelle auf, denn dort sind die Schwingungen des Elektrons besonders groß und infolgedessen auch der $\underline{\chi}$-Koeffizient. Andererseits nimmt die Absorption

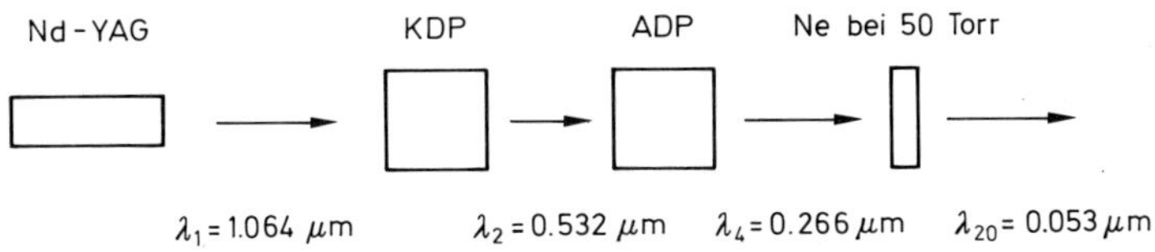

Abb. 8.37 Erzeugung der 20. Oberwelle eines Nd-YAG-Lasers durch Verdopplung mit KDP, dann Verdopplung mit ADP, und schließlich Verfünffachung in Neon (50 Torr entsprechen etwa 6,67 kPa).

zu, was nicht wünschenswert ist. Man muß also einen Kompromiß suchen zwischen möglichst hoher Nichtlinearität und gerade noch zulässiger Absorption.

Ein weiteres Beispiel für die Frequenzvervielfachung zeigt Abb. 8.37. Die Frequenz eines Nd-YAG-Lasers wird zunächst durch KDP verdoppelt und dann durch ADP nochmals verdoppelt, so daß man ausgehend von $\lambda_1 = 1{,}06\,\mu\text{m}$ bei $\lambda_4 = 0{,}266\,\mu\text{m}$ angekommen ist. Durch Verfünffachung an Neon wird dann eine Wellenlänge von $\lambda_{20} = 0{,}053\,\mu\text{m}$ erzeugt, die zwanzigste Oberwelle der ursprünglichen Grundwelle. Der Wirkungsgrad lag unter 10^{-6}, obwohl hierbei die Nähe einer Resonanz des Neon-Atoms ausgenutzt wurde. Der Grund ist der, daß die Quantenenergie der Oberwelle von $\hbar(20\omega_1) = 23{,}3\,\text{eV}$ ausreicht, um Neon-Atome zu ionisieren, was zur teilweisen Absorption dieser Quanten führt.

In einem anderen Experiment wurde die 7. Oberwelle eines Kryptonfluorid-Lasers ($\lambda_0 = 248\,\text{nm}$) durch Frequenzvervielfachung in Helium erzeugt, was eine Wellenlänge von 35,4 nm liefert [27].

8.9 Optische Instabilitäten

Die nichtlinearen Prozesse wurden in den vorangehenden Abschnitten weitgehend als stationäre Vorgänge ohne Rückkopplung betrachtet. Sehr viel interessanter sind die nichtlinearen, dynamischen Prozesse der Rückkopplung. Ein Beispiel ist der in Kap. 7 diskutierte Laser, der aber dort nur als stationäres System behandelt wurde.

Rückkopplung und Nichtlinearität führen nur in Sonderfällen zu stabilen Systemen mit einem Gleichgewichtszustand. Liegen bei einem optischen Element mehrere stabile Zustände bei gleichem Eingangssignal vor, so bezeichnet man dieses Element als multistabil, ein Sonderfall sind die bistabilen optischen Elemente [28].

Nichtlineare dynamische Systeme können aber auch prinzipiell instabil sein, was z. B. zu periodischen Lichtpulsen oder aber auch zu einem chaotischen Verhalten führen kann [9, 29]. Weder die theoretischen noch die experimentellen Untersuchungen hierzu sind zum Abschluß gekommen, so daß im folgenden nur einige, einfache Systeme beschrieben werden sollen.

Absorptive Bistabilität. Ein leicht zu verstehendes und auch zu berechnendes bistabiles Element zeigt Abb. 8.38. Es wurde zuerst von Szöke [30] vorgeschlagen. In einem Fabry-Perot-Interferometer befindet sich ein sättigbarer Absorber, wie er in

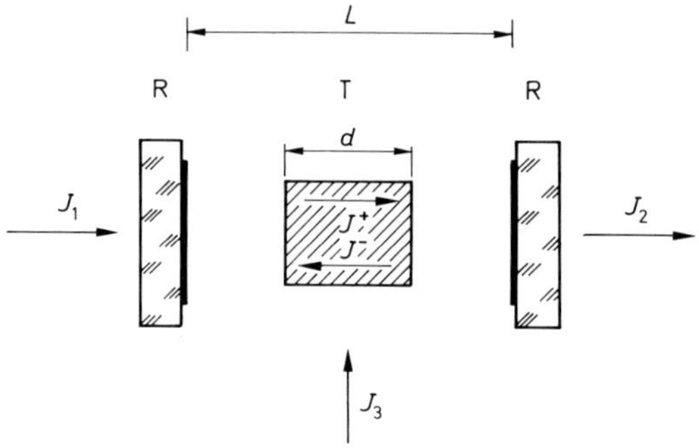

Abb. 8.38 Ein Fabry-Perot-Interferometer mit einem nichtlinearen Absorber T zeigt als Funktion der Eingangsintensität bistabiles Verhalten.

Abschn. 8.6.3 beschrieben wurde. Für den Transmissionsgrad des Interferometers gilt nach Abschn. 7.9.5 (siehe auch Abschn. 3.5) im Resonanzfall:

$$\tau = \frac{J_2}{J_1} = \frac{(1-R)^2 T}{(1-RT)^2}. \tag{8.77}$$

Der Reflexionsgrad R der Spiegel und der Transmissionsgrad T seien nahe bei eins:

$$\begin{aligned} 1 - R &= \Delta \ll 1 , \\ 1 - T &= \frac{\alpha_0 d}{1 - J_i/J_s} \ll 1 , \end{aligned} \tag{8.78}$$

wobei für den Absorber das einfache Modell nach Abschn. 8.6.3 Gl. (8.70) benutzt wird. α_0 ist der Absorptionskoeffizient und d die Absorberdicke.

J_i ist die auf den Absorber wirkende Leistungsdichte im Resonator. Sie setzt sich zusammen aus der hin- und rücklaufenden Welle J^+, J^- im Resonator und ist verknüpft mit der transmittierten Intensität J_2:

$$J_i = J^+ + J^- \approx \frac{2J_2}{\Delta}. \tag{8.79}$$

Werden R, T und J_i in Gl. (8.77) eingesetzt und die quadratischen Glieder $\Delta\alpha_0 d$ vernachlässigt, folgt:

$$\frac{J_2}{J_1} = \frac{1}{\left[1 + \dfrac{\alpha_0 d/\Delta}{1 + 2J_2/J_s}\right]^2}.$$

Die Gleichung wird übersichtlicher, wenn die normierten Größen

$$I_{1,2} = \frac{2J_{1,2}}{\Delta J_s} \tag{8.80}$$

eingeführt werden. Nach I_1 aufgelöst, folgt

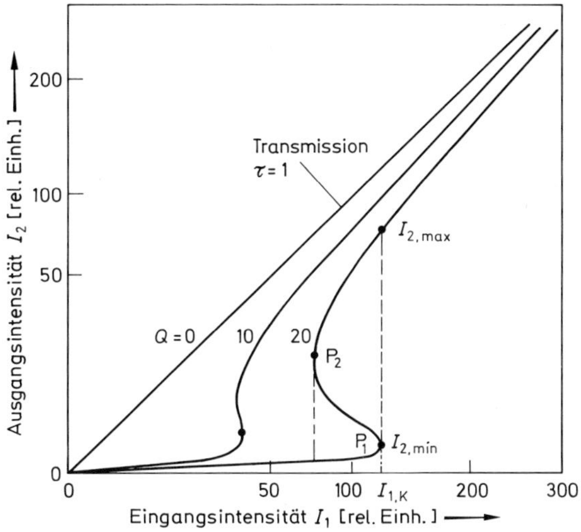

Abb. 8.39 Die Kennlinie einer absorptiven Bistabilität für verschiedene Werte des Parameters $Q = (1 - T_0)/(1 - R)$. T_0 ist die Transmission bei Bestrahlungsstärke null, R Reflexionsgrad der Spiegel, I_1, I_2 normierte Intensitäten nach Gl. (8.80).

$$I_1 = I_2 \left[1 + \frac{Q}{1 + I_2} \right]^2 ,$$
$$Q = \frac{\alpha_0 d}{\Delta} = \frac{1 - T_0}{1 - R} . \tag{8.81}$$

Für verschiedene Parameter Q ist diese Beziehung in Abb. 8.39 dargestellt. Für kleine Werte von I_1 ist das Ausgangssignal I_2 zunächst gering. Mit zunehmenden I_1 beginnt der Absorber auszubleichen und I_2 nimmt schneller zu als I_1. Es gibt einen kritischen Punkt, wo dI_2/dI_1 sehr groß wird. Dieser Punkt ist instabil, wie sich leicht einsehen läßt. Bei Zunahme von I_1 nimmt zunächst die Leistungsdichte J_i proportional zu. Dadurch wird der Absorber stärker ausgeblichen. Die nun geringeren Verluste bewirken ein weiteres Ansteigen von J_i, weiteres Ausbleichen usw. Wenn also einmal dieser kritische Punkt erreicht ist, springt die Ausgangsintensität von dem Wert $I_{2,\min}$ auf einen Wert $I_{2,\max}$. Zum gleichen Eingangswert von I_1 gibt es zwei Werte I_2. Wird I_1 wieder verringert, so folgt I_2 der Kennlinie bis zum kritischen Punkt P_2 und springt dann auf den unteren Bereich der Kennlinie zurück. Dieses optische Element zeigt Hysterese und besitzt zwei stabile Zustände (optische Bistabilität [28]). Die Zeit, die für das Springen von $I_{2,\min}$ nach $I_{2,\max}$ benötigt wird, hängt von der Resonatorumlaufzeit $2L/c$ ab und liegt bei einigen 10^{-8} s. Geht man jedoch zu bistabilen Halbleiterbauelementen über, so kann diese Schaltzeit bei wenigen 10^{-12} s und darunter liegen.

Dieses nichtlineare optische Element kann auch durch ein weiteres Signal J_3 von außen geschaltet werden. Liegt J_1 wenig unterhalb des kritischen Wertes $J_{1,K}$, so reicht ein geringes Signal J_3 aus, um das Element zu schalten. Anwendung werden solche Elemente für optische Computer finden, da die Schaltzeiten und Signallaufzeiten sehr viel kürzer sein können, als bei den konventionellen Rechnern [31]. Nachteilig sind bei dem absorptiven Element die hohen Schaltleistungen (siehe Tab. 8.8).

Dispersives multistabiles Element. Die Brechzahländerung durch intensive Strahlungsfelder nach Gl. (8.60) kann ebenfalls für optische Schalter ausgenutzt werden. Der nichtlineare Absorber in Abb. 8.38 wird durch ein Medium ersetzt, welches einen starken Kerr-Effekt zeigt. Dann gilt für den Transmissionsgrad des jetzt nahezu absorptionsfreien Interferometers mit Gl. (8.60) (siehe auch Abschn. 3.5):

$$\tau = \frac{(1-R)^2}{(1-R)^2 + 4R\sin^2\left[2\pi\frac{L}{\lambda_0}(\mathrm{n}+\gamma J_\mathrm{i})\right]} = \frac{J_2}{J_1}. \tag{8.82}$$

Hierbei wurde angenommen, daß das Kerr-Medium den gesamten Resonator ausfüllt ($L = d$). J_i ist wieder die auf das Medium wirkende Leistungsdichte nach Gl. (8.79). Bei geringer Einstrahlung sei die Resonatorlänge L auf Resonanz eingestellt, d. h.

$$2\pi n\frac{L}{\lambda_0} = p\pi \quad (p = 1, 2, \ldots).$$

Dann liefert die obige Gleichung

$$I_2[1 + (F\sin I_2)^2] = I_1. \tag{8.83}$$

Hierbei ist $I_{1,2}$ wieder eine normierte Intensität:

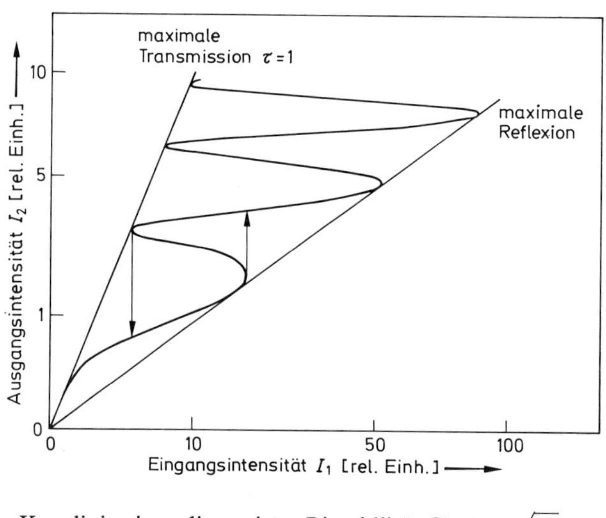

Abb. 8.40 Kennlinie einer dispersiven Bistabilität für $F = \sqrt{10}$. I_1, I_2 sind normierte Intensitäten nach Gl. (8.83).

$$I_{1,2} = \frac{4\pi J_{1,2}\gamma L}{(1-R)\lambda_0},$$

$$F = \frac{\sqrt{4R}}{1-R}. \tag{8.84}$$

Die Kennlinie dieses nichtlinearen, dispersiven Elements ist in Abb. 8.40 dargestellt. Sie zeigt ein ähnliches Verhalten wie das absorptive Element, aber oberhalb bestimmter Werte von I_1 gibt es jetzt mehrere stabile Betriebszustände I_2.

Bei einem dispersiven Element treten fast keine Verluste auf, d.h. Reflexion und Transmission ergeben eins. Sinkt die Transmission, nimmt die Reflexion entsprechend zu.

Dieses Element wurde zuerst von Gibbs [32] realisiert. Ein experimentelles Beispiel zeigt Abb. 8.40.

Diese Schaltelemente können nur dann als logische Bausteine in schnellen Rechnern eingesetzt werden, wenn die notwendigen Schaltleistungen gering und die Schaltzeiten klein sind. Diese Bedingungen lassen sich nicht gleichzeitig erfüllen, wie bereits in Abschn. 8.6.1 qualitativ diskutiert wurde. Extrem geringe Leistungen (siehe Abb. 8.41) werden bei Ausnutzung thermischer Effekte erreicht. In diesem Fall ist γ in Gl. (8.82) der Temperaturkoeffizient der Brechzahl. Die Schaltzeit ist gegeben durch die Aufheizzeit des optischen Elements und dessen Wärmekapazität. Typische Werte liegen bei Mikrosekunden und darüber [33].

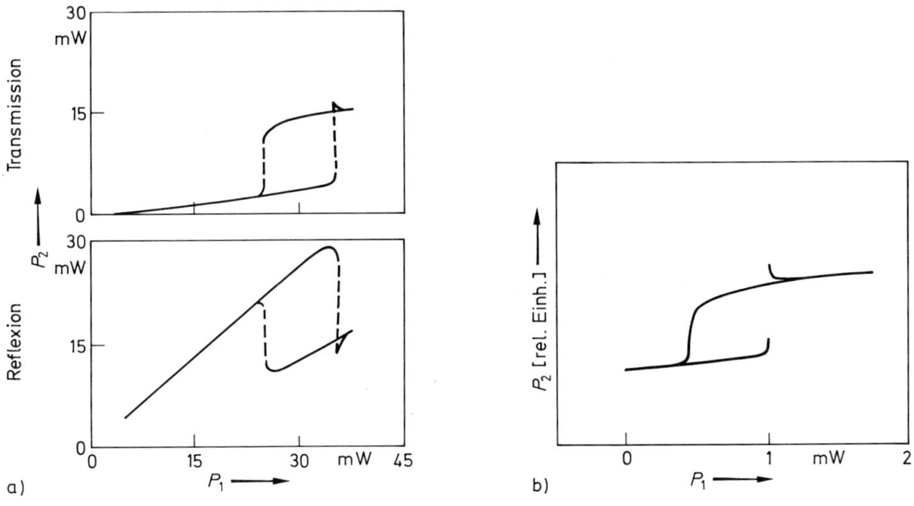

Abb. 8.41 Beispiele für die Hysterese einer dispersiven thermischen Instabilität nach [33]. a) Reflektierte bzw. transmittierte Leistung P_2 als Funktion der einfallenden Leistung P_1 bei ZnSe und $\lambda_0 = 0{,}63\,\mu m$. b) Transmittierte Leistung bei einer mit einem Diodenlaser gepumpten dispersiven thermischen Instabilität. $\lambda_0 = 0{,}79\,\mu m$ (4-cyano-4'-pentylbiphenyl).

Literatur

Zitierte Publikationen

[1] Franken, P.A., Hill, A.E., Peters, C.W., Weinreich, G., Phys. Rev. Lett. **7**, 118 (1961). (Zu Abschn. 8.1.2)
[2] Kleinman, D.A., Phys. Rev. **174**, 1027 (1968). (Zu Abschn. 8.2)
[3] Zernicke, F., Midwinter, I.E., Appl. Nonlinear Optics, J. Wiley, N.Y., 1973. (Zu Abschn. 8.2, 8.3.2 u. 8.5.1)
[4] Butcher, P.N., Nonlinear Optical Phenomena, Bulletin 200, Ohio State University, 1965. (Zu Abschn. 8.2)
[5] Miller, R.C., Appl. Phys. Lett. **5,** 17 (1964). (Zu Abschn. 8.2)
[6] Brunner, W., Junge, K., Lasertechnik, Hüthig Verlag, Heidelberg, 1984. (Zu Abschn. 8.2 u. 8.6)
[7] Armstrong, I.A., Bloembergen, N., Cucuing, I.U., Pershan, P.S., Phys. Rev. **127**, 1978 (1962). (Zu Abschn. 8.3.1)
[8] Maker, P.D., Terhune, R.W., Nisenhoff, M., Savage, C.M., Phys. Rev. Lett. **8**, 21 (1962). (Zu Abschn. 8.3.1)
[9] Boyd, G.D., Kleinman, P.A., J. Appl. Phys. **39,** 3597 (1968). (Zu Abschn. 8.3.2)
[10] Geusic, I.E., et al., IEEE J. Quant. Electr. **QE-4**, 352 (1968) (Zu Abschn. 8.3.2)
[11] Stitch, M.L., Bass, M., Eds., Laserhandbook Vol. 131, North Holland Publishing Co., Amsterdam, 1979. (Zu Abschn. 8.3.2)
[12] Lin, I.T., Chen, C., Laser & Optronics, **6**, 59 Nov. (1987). (Zu Abschn. 8.2 u. 8.3.2)
[13] Manley, I.M., Rowe, H.E., Proc. IRE **47**, 2115 (1959). (Zu Abschn. 8.4)
[14] Yariv, A., Quantum Electronics, J. Wiley, N.Y., 1975. (Zu Abschn. 8.5.1 u. 8.6.1)
[15] Akhamow, S.A., et al., Laser Handbook Vol. 2, Ed. Arecchi, F.I., Schultz-Dubois, E.O., North Holland Publ. Comp. Amsterdam, 1972. (Zu Abschn. 8.6.1)
[16] Eichler, H.J., Günter, P., Pohl, D.W., Laser Induced Dynamic Gratings, Springer Series in Opt. Sciences, Springer Verlag, Berlin, 1986. (Zu Abschn. 8.6.2)
[17] Zel'dovich, B.Ya., et al., JETP Letters **15**, 267 (1978). (Zu Abschn. 8.6.2)
[18] Voronov, G.S., Delone, G.A., Delone, N.B., Sov. Phys. JEPT **24**, 1122 (1967). (Zu Abschn. 8.7.2)
[19] De Michelis, C., Laser Induced Gas Breakdown, IEEE Journal of Quantum Electronics, **QE-5**, 188 (1969). (Zu Abschn. 8.7.2)
[20] Keldysh, L.V., Sov. Phys. JETP **20**, 1307 (1965). (Zu Abschn. 8.7.2)
[21] Gold, A., Bebb, H.B., Phys. Rev. Lett. **14**, 60 (1967). (Zu Abschn. 8.7.2)
[22] Langhoff, H., Physik in unserer Zeit, **8**, 154 (1977). (Zu Abschn. 8.8)
[23] Wallenstein, R., Laser und Optoelektronik **14**, 29 (1982). (Zu Abschn. 8.8)
[24] Jain, K., et al., Optics and Laser Technology **13**, 297 (1981). (Zu Abschn. 8.8)
[25] Vidal, C.R., Four Wave Frequency Mixing in Gases, Topic in Appl. Phys. Vol. 59, Ed. L.F. Mollenhauer, I.C. White, Springer Verlag, Berlin–Heidelberg, 1987. (Zu Abschn. 8.8)
[26] Puell, H.P., Vidal, C.R., IEEE J. Quantum Electronics **QE-14**, 364 (1978). (Zu Abschn. 8.8)
[27] Bucksbaum, P.H., et al., Opt. Lett. **8**, 217, (1983). (Zu Abschn. 8.8)
[28] Bowden, C.M., Ciftan, M., Robl, H., Eds., Optical Bistability, Plenum Press N.Y., 1981. (Zu Abschn. 8.9)
[29] Schuster, H.G., Deterministic Chaos, VHG Verlagsgesellschaft, Weinheim, 1988. (Zu Abschn. 8.9)
[30] Szöke, A., Appl. Phys. Lett. **15,** 376 (1969). (Zu Abschn. 8.8)
[31] Dorsel, A., Meystre, P., Phys. Blätter **40**, 143 (1984). (Zu Abschn. 8.9)
[32] Gibbs, H.M., et al., Appl. Phys. Lett. **35**, 451 (1979). (Zu Abschn. 8.9)

[33] Wherrett, B.S., et al., Proc. SPIE Vol. **881**, 2 (1988), Optical Computing and Nonlinear Materials, Peyghambarian, N., Ed. (Zu Abschn. 8.9)
[34] Ashkin, A., et al., Phys. Rev. Lett. **11**, 14 (1963). (Zu Abschn. 8.3.2)
[35] Schinke, D.P., IEEE J. **QE-8,** 86 (1972). (Zu Abschn. 8.3.2)
[36] Weber, H., Herziger, G., Laser, Physik Verlag, Weinheim, 1972. (Zu Abschn. 8.4)
[37] Boyd, G.D., Ashkin, A., Phys. Rev. **146,** 187 (1966). (Zu Abschn. 8.4)
[38] Giordmaine, I.A., Miller, R.C., Phys Rev. Lett. **14**, 973 (1965). (Zu Abschn. 8.4)
[39] Ward, I.F., Phys. Rev. **143**, 569 (1966). (Zu Abschn. 8.5.2)
[40] Fisher, R., et al., Appl. Phys. Lett. **14,** 140 (1969). (Zu Abschn. 8.6.1)
[41] Seka, W., et al., Opt. Com. **34**, 469 (1989). (Zu Abschn. 8.8)
[42] Craxton, R.S., Opt. Com. **34**, 474 (1980). (Zu Abschn. 8.8)
[43] Kleinschmidt, J., Tottleben, W., Rentsch, S., Exp. Tech. d. Phys. **22**, 192 (1974). (Zu Abschn. 8.7.1)
[44] Kleinschmidt, J., Torpatschow, P., Exp. Tech. d. Phys. **23**, 181 (1975). (Zu Abschn. 8.7.1)
[45] Kato, K., IEEE J. **QE-22**, (6) (1986). (Zu Abschn. 8.2)
[46] Kobayashi, T., ed., Nonlinear Optics of Organics and Semiconductors. Springer Proc. in Physics, Springer Verlag, Berlin, 1989. (Zu Abschn. 8.2 u. 8.6.1)
[47] Shen, Y.R., The Principles of Nonlinear Optics, J. Wiley & Sons, N.Y., 1984. (Zu Abschn. 8.4)
[48] Yariv, A., Optical Electronics, Holt, Rinehart, Winstin, Holt-Saunders, Japan, 1985.
[49] Pailette, M., Ann. de Physique **4**, 671 (1969). (Zu Abschn. 8.6.1)
[50] Shapiro, S.L., Ultra Short Light Pulses, Springer Verlag, Heidelberg, 1977. (Zu Abschn. 8.6.1)
[51] Brown, D.C., High Peak Power Nd-Glass Laser, Springer Series in Optical Sciences, Vol. 25, Springer Verlag, Berlin, 1983. (Zu Abschn. 8.6.1)
[52] Weber, M.J., Optical Engineering, **17**, 463 (1978). (Zu Abschn. 8.6.1)
[53] Stitch, M.L., Bass, M., Eds., Laserhandbook Vol. 3 u. 4, North Holland Publishing Com., Amsterdam, 1979/85. (Zu Abschn. 8.2)
[54] Schmackpfeffer, A., Diss. D 83, TU Berlin, 1967

Weiterführende Literatur

Paul, H., Nichtlineare Optik Bd. I, II, Akademie Verlag, Berlin 1973
Shen, Y.R., The Principles of Nonlinear Optics, J. Wiley & Sons, N.Y., 1984.
Yariv, A., Optical Electronics, Holt, Rinehart, Winstin, Holt-Saunders, Japan, 1985.
Zernicke, F., Midwinter, I.E., Applied Nonlinear Optics, J. Wiley & Sons, N.Y., 1973.

9 Röntgenoptik

Günter Schmahl

Im elektromagnetischen Spektrum schließt sich an das kurzwellige Ultraviolett die weiche Röntgenstrahlung an mit Wellenlängen von etwa 10 nm bis 0,5 nm. Der Bereich der harten Röntgenstrahlung reicht herunter bis zu Wellenlängen von 0,01 nm, gefolgt von der γ-Strahlung mit noch kürzeren Wellenlängen.

Harte Röntgenstrahlung wird bereits seit vielen Jahrzehnten in Wissenschaft und Technik eingesetzt. Am bekanntesten ist die Röntgendiagnostik, die darauf beruht, daß Röntgenstrahlen auch Stoffe durchdringen, die für sichtbares Licht undurchlässig sind und darauf, daß Röntgenstrahlung in trüben, inhomogenen Stoffen, wie z. B. Fleisch, Knochen, Holz, keine Streureflexion erfährt. Wichtig geworden sind auch die Erzeugung von Röntgenstrahlinterferenzen zur Untersuchung der Kristallstruktur fester Körper sowie die Erforschung der Röntgenspektren, die wesentlich zur Aufklärung des Atombaus beigetragen haben.

Auf dem Gebiet der weichen Röntgenstrahlen haben sich durch die Entwicklung intensiver Strahlungsquellen und leistungsfähiger Röntgenoptiken folgende Schwerpunkte gebildet: Röntgenastronomie, Röntgenspektroskopie, Röntgenplasmadiagnostik, Röntgenlithographie und Röntgenmikroskopie.

Der Einsatz von Röntgenteleskopen, die in Satelliten die Erde umkreisen, ermöglicht es, kosmische Röntgenquellen zu erforschen. Diese Untersuchungen geben Einblick in kosmische Phänomene, die mit sehr hohen Temperaturen, Dichten oder Magnetfeldstärken verbunden sind. Beispiele sind die Untersuchung der Endstadien der Sternentwicklung, der Überreste von Supernova-Explosionen oder aktiver Galaxienkerne.

Der Bau von Elektronenspeicherringen als intensive Röntgenquellen sowie die Entwicklung lichtstarker Röntgenspektrometer ermöglicht Röntgenspektroskopie und Photoelektronenspektroskopie mit hoher Auflösung für die Atom-, Festkörper- und Oberflächenphysik.

Heiße Plasmen mit Temperaturen von 10^6 K bis 10^7 K, die z. B. bei Experimenten zur kontrollierten Kernfusion auftreten, strahlen einen großen Teil ihrer Energie im weichen Röntgenbereich ab. Die Röntgendiagnostik mit Hilfe abbildender und dispersiver Röntgenoptiken ermöglicht die Messung physikalischer Parameter solcher Plasmen, wie z. B. Elektronentemperatur und Elektronendichte.

Für die Erzeugung und Übertragung von Mikrostrukturen, insbesondere für elektronische Bauelemente, werden lithographische Verfahren verwendet. Neben der Lithographie mit Elektronen (vgl. Abschn. 10.7) sowie mit sichtbarer oder ultravioletter Strahlung wird auch die Röntgenlithographie für die Übertragung von Submikrometerstrukturen eingesetzt.

Abbildung mit Röntgenstrahlen im weitesten Sinn schließt die Röntgenstrahlinterferenzen von Kristallen, die Röntgentomographie sowie die medizinische Röntgendiagnostik mit harter Röntgenstrahlung ein. Dieses Kapitel soll sich jedoch auf Abbildungen mit weicher Röntgenstrahlung beschränken. In den Abschnitten 9.1 bis 9.3 werden Röntgenquellen, Röntgenoptiken und Röntgendetektoren für weiche Röntgenstrahlung behandelt. In den Abschnitten 9.4 und 9.5 wird auf die Mikroskopie und Lithographie mit weichen Röntgenstrahlen eingegangen.

9.1 Röntgenquellen

In klassischen Röntgenröhren wird Röntgenstrahlung dadurch erzeugt, daß hochenergetische Elektronen auf die Antikathode der Röhre treffen. Dabei werden Elektronen aus den K, L, M ... Schalen des Antikathodenmaterials entfernt und durch Elektronen aus höheren Schalen ersetzt. Das dabei emittierte Linienspektrum nennt man charakteristische Eigenstrahlung einer Röntgenröhre. Zusätzlich werden die auftreffenden Elektronen durch Coulomb-Wechselwirkung mit den Kernen des Antikathodenmaterials abgebremst und senden dabei ein kontinuierliches Spektrum (Bremsspektrum) aus (vgl. Abschn. 3.11). Die Emission der Röntgenstrahlung solcher Röntgenröhren erfolgt weitgehend isotrop, d. h. für röntgenoptische Abbildungen kann immer nur ein relativ kleiner Teil der emittierten Strahlung benutzt werden. Dazu ergibt sich für weiche Röntgenstrahlung eine weitere Schwierigkeit, die im folgenden Beispiel für das kontinuierliche Spektrum illustriert werden soll: Das Verhältnis der Leistung der emittierten Röntgenstrahlung zur Leistung der auf die Antikathode auftreffenden Elektronenstrahlen beträgt $\eta \approx 10^{-9}\,cZU$, wobei c ein Faktor der Dimension V^{-1}, Z die Ordnungszahl des Antikathodenmaterials und U die angelegte Spannung in Volt ist. Bereits für harte Röntgenstrahlung ist η klein. Für eine Wolframantikathode, $Z = 74$, und eine Spannung von $U = 10^5$ Volt folgt $\eta = 7{,}4 \cdot 10^{-3}$. Für weiche Röntgenstrahlung ist η noch wesentlich kleiner. Für eine Kohlenstoffantikathode, $Z = 6$, und eine Spannung von $U = 10^3$ Volt folgt $\eta = 6 \cdot 10^{-6}$. Ähnlich sind die Bedingungen beim Linienspektrum klassischer Röntgenröhren.

Für röntgenoptische Abbildungen ist neben der gesamten emittierten Leistung die räumliche und spektrale Verteilung der emittierten Strahlung wichtig. Diese Eigenschaften werden in der Größe spektrale Brillanz B berücksichtigt. Darunter versteht man die Zahl N der emittierten Photonen geteilt durch die Zeit t, bezogen auf den Raumwinkel $\mathrm{d}\Omega$, in den Strahlung emittiert wird, bezogen auf die Fläche $\mathrm{d}F$ der Quelle und bezogen auf die relative Bandbreite $\mathrm{d}\lambda/\lambda$, d. h.

$$B = \frac{N/t}{\mathrm{d}\Omega\,\mathrm{d}F(\mathrm{d}\lambda/\lambda)}\,.$$

Die größte spektrale Brillanz aller Röntgenquellen haben z. Z. Synchrotronstrahlungsquellen, insbesondere Wiggler und Undulatoren. Die spektrale Brillanz dieser Quellen übersteigt die klassischer Röntgenröhren um viele Größenordnungen.

9.1.1 Synchrotronstrahlungsquellen

Wird ein elektrisch geladenes Teilchen beschleunigt, so sendet es elektromagnetische Strahlung aus. Diese Tatsache nutzt man, um in Speicherringen für Elektronen bzw. Positronen sehr intensive Strahlung vom Infraroten bis zum Röntgenbereich zu erzeugen (Abschn. 12.12).

Abb. 9.1 zeigt schematisch den Berliner Elektronenspeicherring für Synchrotronstrahlung (BESSY). Elektronen werden in einem Vorbeschleuniger zunächst bis auf eine Energie von 20 MeV beschleunigt und gelangen dann in einen Kreisbeschleuniger (Synchrotron), der u.a. Ablenkmagnete, fokussierende Quadrupolmagnete und einen Hochfrequenz-Resonator enthält. Die Ablenkmagnete sorgen dafür, daß die Elektronen eine geschlossene Umlaufbahn durchlaufen. Die Quadrupolmagnete bewirken, daß die Elektronen gebündelt im Synchrontron umlaufen. Im Hochfrequenz-Resonator werden die Elektronen beschleunigt. Die Feldstärken in den Magneten werden jeweils an die Energieänderungen der Elektronen angepaßt. Die Endenergie beträgt beim BESSY-Synchrotron 800 MeV. Nach dem Erreichen der Endenergie werden die Elektronen aus dem Synchrotron über den Transportweg in den Speicherring eingeschossen. Der Speicherring besteht wie das Synchrotron im wesentlichen ebenfalls aus ablenkenden Magneten, Quadrupolmagneten und einem Hochfrequenz-Resonator. Dieser sorgt dafür, daß die durch Abstrahlung abgegebene Energie den Elektronen wieder zugeführt wird. Die Anordnung der Quadrupol- und Ablenkmagneten bestimmt die Dimension des umlaufenden Elektronenstrahls und damit die Quellgröße.

Durch die Ablenkmagnete wird die Richtung der Geschwindigkeit der Elektronen geändert, d.h. die Elektronen werden beschleunigt und senden Strahlung aus. Da die Elektronen sich nahezu mit Lichtgeschwindigkeit bewegen, entspricht die Richtcharakteristik der Strahlung nicht der üblichen Dipolstrahlung. Die Elektronen emittieren vielmehr ein enges Strahlenbündel, das sich entlang der gekrümmten Bahnstücke mit den Elektronen mitbewegt (vgl. Abb. 2.35 in Abschn. 2.5).

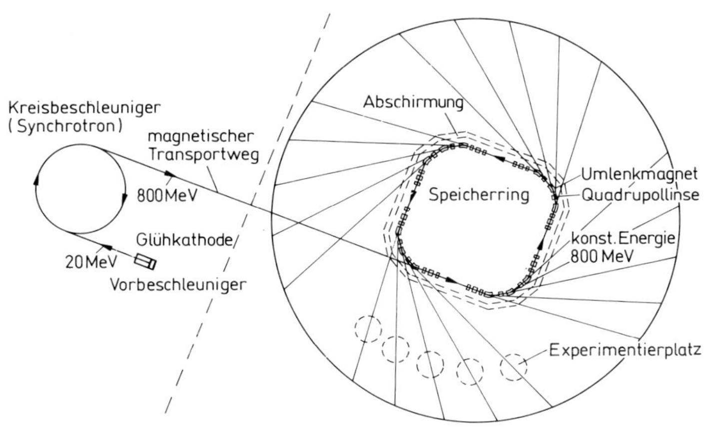

Abb. 9.1 Schematische Darstellung des Berliner Elektronenspeicherrings für Synchrotronstrahlung (BESSY).

Der halbe Öffnungswinkel Θ des Strahlungskegels beträgt $\Theta = \gamma^{-1} = mc_0^2/E$. Dabei ist $mc_0^2 = 0{,}511$ MeV die Ruheenergie des Elektrons und E die Energie des umlaufenden Elektrons. Für $E = 800$ MeV folgt $\Theta = 0{,}6$ mrad. Ein Beobachter außerhalb der Bahn sieht eine Folge kurzer Strahlungsimpulse im Abstand der Elektronenumlaufzeit, die beim BESSY $2 \cdot 10^{-7}$ s beträgt. Jeder Impuls enthält ein breites Frequenzspektrum, d. h. man erhält ein kontinuierliches Spektrum. Da die Quellgrößen mit $\mathrm{d}F \leq 1\,\mathrm{mm}^2$ und die Raumwinkel $\mathrm{d}\Omega \leq 1 \cdot 10^{-6}$ sr klein sind, ergibt sich eine hohe spektrale Brillanz, beim BESSY von 10^3 Photonen/(s mm^2 10^{-6} sr) bei $\Delta\lambda/\lambda = 0{,}1\,\%$. Bei Speicherringen mit höheren Elektronenenergien, wie z. B. beim Speicherring DORIS am Deutschen Elektronensynchrotron (DESY) in Hamburg oder beim Speicherring der European Synchrotron Radiation Facility (ESRF) in Grenoble mit $E = 6$ GeV verschiebt sich das Maximum der Emission zu höheren Photonenenergien bis in den Bereich harter Röntgenstrahlen (vgl. Abb. 5.15 in Abschn. 5.12).

Die Strahlung ist in der Ebene der Elektronenbahn linear, oberhalb und unterhalb der Ebene elliptisch polarisiert. Gleichzeitig ist die Strahlung gepulst: Nur die Elektronen können über lange Zeit umlaufen, die vom Hochfrequenz-Resonator Energie übertragen bekommen, d. h., daß das Verhältnis der Frequenzen des Hochfrequenzsystems (z. B. $\nu = 500$ MHz) zur Umlauffrequenz – beim BESSY $\nu_{\text{umlauf}} = 4{,}8$ MHz – eine ganze Zahl sein muß. Damit ergibt sich, daß die Elektronen im Paketen (Bunchen) im Speicherring umlaufen. Beim BESSY beträgt die Zahl der Bunche 104, die Pulsbreite 20–50 ps und die Pulsabstände 2 ns. Der Speicherring kann auch so betrieben werden, daß nur ein Elektronenpaket umläuft (single-bunch-Betrieb). Damit können Experimente mit hoher Zeitauflösung durchgeführt werden. In modernen Speicherringen wird nicht nur die Synchrotronstrahlung aus Ablenkmagneten genutzt, sondern auch die aus Wigglern und Undulatoren. Dabei handelt es sich um Magnetstrukturen, die in ein gerades Stück des Speicherrings eingebaut werden und so aufgebaut sind, daß sie eine sinusförmige Elektronenbahn hervorrufen (Abb. 9.2). Die Synchrotronstrahlung überlagert sich dabei in Vorwärtsrichtung von mehreren Ablenkbögen. Bei einer Elektronenbahn mit n Bögen läßt sich mit einem Wiggler etwa die $2n$-fache Intensität erzielen, da sich die Strahlung von $2n$ Tangentialpunkten mit einem Abstand von $\lambda_0/2$ überlagert. Der Beobachter sieht ein quasikontinuierliches Spektrum.

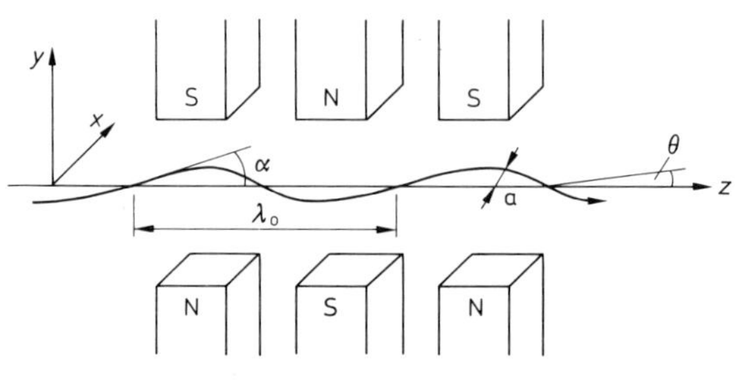

Abb. 9.2 Schema eines Wigglers/Undulators.

Bei kleinen Auslenkungen a der Elektronen von der geraden Bahn überlagert sich die von den n Bögen ausgehende Strahlung so, daß je nach Wellenlänge und Beobachtungsrichtung Θ konstruktive oder destruktive Interferenz auftritt. Man bezeichnet eine solche Magnetfeldanordnung als Undulator. Ein Beobachter nahe der z-Achse sieht ein Spektrum, das aus einzelnen Harmonischen der Wellenlänge

$$\lambda_i = \frac{\lambda_0}{2i\gamma^2}\left(1 + \frac{K^2}{2} + \gamma^2\Theta^2\right)$$

besteht. Dabei ist $K = \alpha\gamma$ der Wiggler- bzw. Undulatorparameter, $\gamma = E/mc_0^2$ und α der maximale Ablenkwinkel der Elektronenbahn, der von der magnetischen Feldstärke abhängt. λ_0 ist die Periode der Magnetfeldanordnung. Ist z.B. $E = 1{,}5$ GeV, d.h. $\gamma = 2{,}94 \cdot 10^3$, $\lambda_0 = 30$ mm und $K = 1$, so folgt für die Wellenlänge der 1. Harmonischen in Richtung der z-Achse ($\Theta = 0$), $\lambda_1 = 2{,}6$ nm. Mit Undulatoren läßt sich Strahlung mit einer spektralen Brillanz erzeugen, die um drei bis vier Größenordnungen höher ist als die aus Ablenkmagneten. Moderne Elektronenspeicherringe werden daher so gebaut, daß mehrere Wiggler und Undulatoren installiert werden können.

9.1.2 Plasmaquellen

Ein Plasma ist ein ionisiertes Gas, besteht also aus positiv geladenen Ionen und Elektronen. Ein Plasma sendet Strahlung aus: Beim Übergang zwischen angeregten Niveaus der Ionen des Plasmas entsteht Linienstrahlung. Zusätzlich entsteht kontinuierliche Strahlung durch frei-frei Übergänge der Elektronen (Bremsstrahlung) und frei-gebunden Übergänge (Rekombinationsstrahlung), d.h. durch Einfang freier Elektronen durch die Ionen. Damit ein Plasma intensiv im Bereich weicher Röntgenstrahlung emittiert, müssen Temperaturen von $T \geq 10^6$ K und Elektronen- und Ionendichten von 10^{19}–10^{20} cm^{-3} vorhanden sein. Solche Zustände können mit verschiedenen Systemen erreicht werden, z.B. mit lasererzeugten Plasmen oder Plasmafokus-Gasentladungen [1].

Laserplasmen entstehen bei der Fokussierung der Strahlung gepulster Hochleistungslaser auf ein Target. Bei Laserenergien pro Puls von einigen Joule und Pulsdauern im Nanosekundenbereich werden dabei Leistungsdichten auf dem Target von etwa 10^{13} Watt cm^{-2} erreicht. Dabei bildet sich an der Targetoberfläche ein heißes Plasma, das Röntgenstrahlung aussendet. Besteht das Target aus Material mit hoher Kernladungszahl Z, so wird ein quasikontinuierliches Röntgenspektrum emittiert. Bei einem Material mit niedrigem Z dominiert Linienstrahlung. Die typische Ausdehnung des Röntgenstrahlung emittierenden Gebietes beträgt etwa 100 μm. Als Laser werden hauptsächlich Excimerlaser und Nd-YAG-Lager eingesetzt. Der Wirkungsgrad, d.h. das Verhältnis der Energien der emittierten Röntgenstrahlung zur fokussierten Lascrstrahlung beträgt $\leq 10\,\%$.

Ein Plasmafokus besteht aus einem koaxialen Elektrodensystem, das mit einem Entladegas bei einigen mbar Druck gefüllt ist. Nach Anlegen einer Spannung findet eine Gasentladung statt, bei der die Plasmaschicht in Richtung des offenen Endes der Entladungsgeometrie läuft und dort radial kollabiert (vgl. Abb. 9.3). Die mit großen Entladungsströmen verknüpften Magnetfelder komprimieren das Plasma

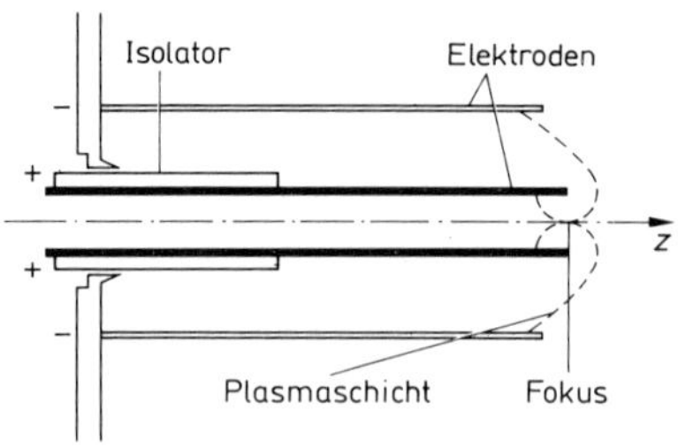

Abb. 9.3 Anordnung für eine Plasmafokus-Gasentladung.

auf einen Zylinder von einigen Millimetern Länge und einem Durchmesser von 0,2–0,5 mm (Pincheffekt). Das Plasma im Fokusgebiet heizt sich dabei auf Temperaturen $T \geq 10^6$ K auf. Damit ist der Plasmafokus für eine Zeit $\tau \leq 10$ ns eine intensive Röntgenquelle. Benutzt man z. B. Stickstoff als Entladegas, so finden sich im Plasma des Fokusgebietes vorwiegend 6fach ionisierte Stickstoffionen, die u. a. eine starke Linie bei der Wellenlänge $\lambda = 2{,}48$ nm aussenden (1 s – 2 p Übergang des 6fach ionisierten Stickstoffs). Die in dieser Röntgenlinie abgegebene Energie pro Entladung beträgt einige hundert mJ.

9.2 Elemente der Röntgenoptik

9.2.1 Wechselwirkung weicher Röntgenstrahlen mit Materie

Die Wechselwirkung weicher Röntgenstrahlen mit Materie setzt sich zusammen aus elastischer Streuung und photoelektrischer Absorption. Im Wellenbild bedeutet das eine Phasenschiebung der Welle und eine Dämpfung ihrer Amplitude.

Wir betrachten eine Materieschicht der Dicke t mit der komplexen Brechzahl

$$\mathscr{n} = n - \mathrm{i}\beta = 1 - \delta - \mathrm{i}\beta,$$

die von einer ebenen Welle mit der Amplitude $\mathscr{A}_0$ bestrahlt wird. Ist $\mathscr{A}_1$ die Amplitude der hindurchgehenden Welle, so ergibt sich für die Amplitudentransmission

$$\mathscr{T} = \frac{\mathscr{A}_1}{\mathscr{A}_0} = \mathrm{e}^{-\frac{2\pi}{\lambda}\beta t}\,\mathrm{e}^{\mathrm{i}\frac{2\pi}{\lambda}\delta t}\,\mathrm{e}^{-\mathrm{i}\frac{2\pi}{\lambda}t}. \tag{9.1}$$

Der erste Faktor beschreibt die Schwächung der Amplitude der einfallenden Welle, der zweite die Phasenschiebung der Well relativ zu einer Welle im Vakuum. Mit $\mathscr{A}_0\mathscr{A}_0^* = I_0$ und $\mathscr{A}_1\mathscr{A}_1^* = I_1$ folgt für die Intensität

$$\frac{I_1}{I_0} = \mathrm{e}^{-\frac{4\pi}{\lambda}\beta t}. \tag{9.2}$$

Man nennt die Größe $\mu_l = 4\pi\beta/\lambda$ den linearen Absorptionskoeffizienten. Teilt man μ_l durch N, d. h. die Anzahldichte der Atome, so ergibt sich der atomare Wirkungsquerschnitt für photoelektrische Absorption $\sigma_a = \mu_l/N$. Tabelliert ist häufig auch der Massenabsorptionskoeffizient $\mu = \mu_l/\varrho$.

Behandelt man Phasenschiebungen, so müssen die Amplituden und nicht die Intensitäten betrachtet werden. Entsprechend kann man einen Koeffizienten für die Phasenschiebung einführen, nämlich $\eta = 2\pi\delta/\lambda$.

Phasenschiebung und Absorption, beschrieben durch die komplexe Brechzahl n, können zurückgeführt werden auf die Streuung der Welle an den Atomen der Materieschicht, beschrieben durch den atomaren Streufaktor $f = f_1 + \mathrm{i}f_2$ [2]. Die an einem Atom gestreute Amplitude ist gegeben durch diesen Faktor f multipliziert mit der Amplitude, die gestreut würde, wenn das Atom durch ein freies Elektron ersetzt würde. Überlagert man die Amplituden der an den einzelnen Atomen der Materieschicht gestreuten Wellen, so erhält man eine resultierende Welle, deren Wechselwirkung mit dem Material also durch f_1 und f_2 beschrieben wird. Damit ergibt sich ein Zusammenhang zwischen der komplexen Brechzahl n und dem atomaren Streufaktor f in folgender Form [2]:

$$\delta = \frac{r_0 \lambda^2}{2\pi} N f_1$$

und

$$\beta = \frac{r_0 \lambda^2}{2\pi} N f_2 \,. \tag{9.3}$$

$r_0 = 2{,}82 \cdot 10^{-15}$ m ist der klassische Elektronenradius, $N = N_A \varrho/M$ ist die Anzahldichte der Atome, N_A die Avogadro Konstante, M die molare Masse und ϱ die Dichte des Materials. Zahlenwerte für den atomaren Streufaktor sind von Henke et al. [3] für den Wellenlängenbereich $0{,}6\ \mathrm{nm} \le \lambda \le 12{,}4\ \mathrm{nm}$ für 94 Elemente angegeben. Abb. 9.4 zeigt als Beispiel f_1- und f_2-Werte für Kohlenstoff mit der ausgeprägten K-Absorptionskante bei der Wellenlänge $\lambda = 4{,}4$ nm. Aus Gl. (9.3) folgt,

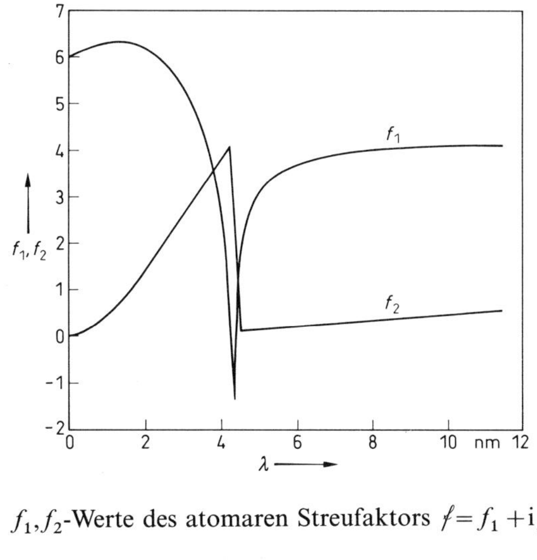

Abb. 9.4 f_1,f_2-Werte des atomaren Streufaktors $f = f_1 + \mathrm{i}f_2$ [3].

daß δ und β sehr viel kleiner als 1 sind. Zum Beispiel sind für Germanium bei der Wellenlänge $\lambda = 2{,}34$ nm $\delta = 2{,}5 \cdot 10^{-3}$ und $\beta = 7{,}8 \cdot 10^{-4}$, d.h. der lineare Absorptionskoeffizient beträgt in diesem Fall $\mu_l = 4{,}2\ \mu\mathrm{m}^{-1}$. Würde man versuchen, eine Sammellinse aus Germanium für weiche Röntgenstrahlen zu bauen, so müßte diese wegen der großen Absorption extrem dünn und damit sehr klein sein. Da der Realteil der Brechzahl nahe bei 1 liegt, hätte diese, wegen $n < 1$ als Plankonkav- oder Bikonkavlinse ausgeführt, eine relativ lange Brennweite und damit eine sehr kleine numerische Apertur. Brechungslinsen für weiche Röntgenstrahlen sind daher praktisch nicht verwendbar.

Die andere, aus der Lichtoptik bekannte konventionelle Methode zur Abbildung benutzt Spiegel. Nach den Fresnelschen Formeln ist der Reflexionsgrad, d.h. das Verhältnis aus reflektierter zu einfallender Intensität bei senkrechtem Einfall gegeben durch

$$\varrho = \left(\frac{n-1}{n+1}\right)^2 .$$

Mit $n = 1 - \delta - \mathrm{i}\beta$ folgt

$$\varrho = \frac{\delta^2 + \beta^2}{(2-\delta)^2 + \beta^2} \approx \frac{1}{4}(\delta^2 + \beta^2) . \qquad (9.4)$$

Für das o.g. Beispiel, d.h. $\lambda = 2{,}34$ nm und Germanium als Spiegelmaterial folgt $\varrho = 1{,}7 \cdot 10^{-6}$, für einen Goldspiegel ergibt sich für die gleiche Wellenlänge $\varrho = 4 \cdot 10^{-5}$. Im Bereich der weichen Röntgenstrahlung ist der Reflexionsgrad bei senkrechtem Einfall für alle Materialien sehr klein. Konventionelle Spiegel können daher für Abbildungen nicht benutzt werden.

Der Reflexionsgrad von Spiegeln wird stark erhöht, wenn Röntgenstrahlen in streifendem Einfall auf die Spiegel auftreffen, oder wenn Spiegel mit Vielfachschichten so belegt sind, daß die an den Schichten reflektierten Wellen konstruktiv interferieren.

9.2.2 Spiegel für Reflexion in streifendem Einfall

Für Röntgenstrahlen ist Materie optisch dünner als Vakuum oder Luft. Beim Eintritt eines Röntgenstrahls aus einem optisch dichteren Medium 1 mit $n_1 = 1$, z.B. Luft, in ein optisch dünneres Medium 2 mit $n_2 = n = 1 - \delta - \mathrm{i}\beta$, z.B. Glas oder Metall, wird der Strahl vom Einfallslot weggebrochen (vgl. Abschn. 1.4). Wird der Einfallswinkel α im dichteren Medium, gemessen von der Spiegelnormalen, soweit erhöht, daß der gebrochene Strahl parallel zur Grenzfläche verläuft, so ergibt sich – ohne Berücksichtigung der Absorption –

$$\sin\alpha_g = 1 - \delta .$$

Für Einfallswinkel α, die größer sind als α_g, werden die Röntgenstrahlen an der Grenzfläche reflektiert (Totalreflexion). Mit $\Theta = 90^\circ - \alpha$ folgt für den Grenzwinkel Θ_g der Totalreflexion:

$$\cos\Theta_g = 1 - \delta .$$

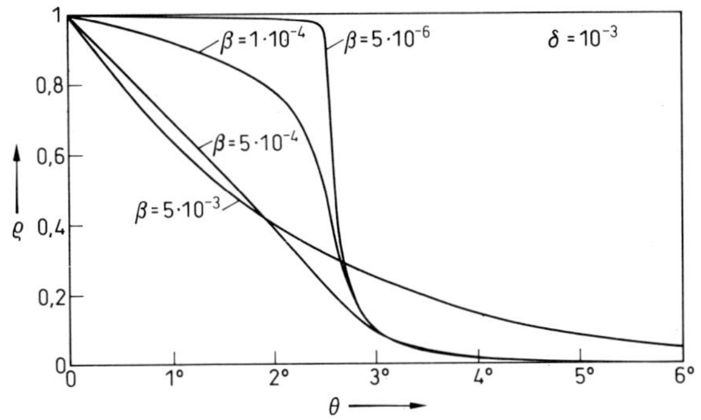

Abb. 9.5 Berechnete Werte des Reflexionsgrades ϱ bei streifendem Einfall.

Da $\delta \ll 1$ folgt genähert

$$\sin \Theta_g = \sqrt{2\delta},$$

für z. B. $\delta = 10^{-3}$ also $\Theta_g = 2{,}56°$. Man spricht daher von Totalreflexion bei streifendem Einfall, wobei die Vorsilbe total nur berechtigt ist, wenn die Absorption im Spiegelmaterial vernachlässigt wird. Für den genauen Verlauf des Reflexionsgrades als Funktion des Einfallswinkels muß die Absorption berücksichtigt werden. Für die Berechnung des Reflexionsgrades mit Hilfe der Fresnelschen Formeln (vgl. Abschn. 4.2) muß demnach die komplexe Brechzahl $n = 1 - \delta - \mathrm{i}\beta$ benutzt werden. Abb. 9.5 zeigt berechnete Werte des Reflexionsgrades ϱ für streifenden Einfall für einen Spiegel mit $\delta = 10^{-3}$ und verschiedene β-Werte.

Für $\beta \ll \delta$ ist der Reflexionsgrad groß für $\Theta < \Theta_g$. Für $\Theta > \Theta_g$ fällt der Reflexionsgrad stark ab. Für größere Werte von β fällt der Reflexionsgrad schon bei kleineren Winkeln mit wachsendem Θ ab.

Berechnet man den Reflexionsgrad nach den Fresnelschen Formeln für senkrecht ($\varrho_\perp$) bzw. parallel ($\varrho_\parallel$) zur Einfallsebene polarisiertes Licht, so ergibt sich, daß $\varrho_\perp \simeq \varrho_\parallel$ ist für kleine Winkel Θ.

Bisher war vorausgesetzt, daß die reflektierende Oberfläche ideal glatt ist. Man kann zeigen, daß der atomare Aufbau der Oberfläche den Reflexionsgrad für weiche Röntgenstrahlen nicht verringert, wohl aber eine rauhe Oberfläche. Die Höhenvariationen einer rauhen Oberfläche können gemessen und auf eine mittlere Ebene der Oberfläche bezogen werden. Den rms-Wert dieser Höhenvariationen bezeichnet man als Rauhigkeit σ. Für den Reflexionsgrad ϱ_r einer rauhen Oberfläche ergibt sich

$$\varrho_r = \varrho \exp\left[-\left(4\pi \sin\Theta \frac{\sigma}{\lambda}\right)^2\right]. \tag{9.6}$$

Dabei ist ϱ der Reflexionsgrad für eine ideal glatte Oberfläche. Abb. 9.6 zeigt die Abnahme des Reflexionsgrades für verschiedene Werte von σ/λ. Um hohe Reflexionsgrade im streifenden Einfall zu erhalten, muß demnach $\sigma \leq \lambda$ sein, was in der Praxis erreichbar ist.

Im sichtbaren Spektralbereich können mit Spiegeln, die im senkrechten Einfall benutzt werden, Objekte auf der optischen Achse bzw. in der Nähe der optischen

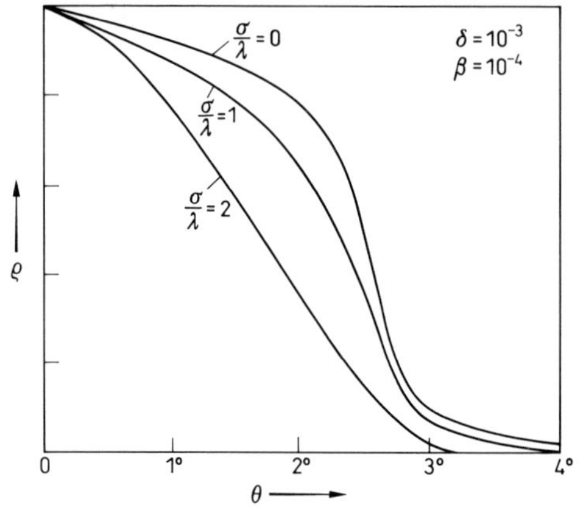

Abb. 9.6 Einfluß der Rauhigkeit σ auf den Reflexionsgrad bei streifendem Einfall.

Achse fehlerfrei abgebildet werden. Mit zunehmendem Abstand von der optischen Achse treten bei der Abbildung rasch anwachsende Aberrationen auf, die besonders groß sind bei Abbildungen im streifenden Einfall. So zeigen z. B. sphärische Hohlspiegel bei Abbildungen im streifenden Einfall einen so großen Astigmatismus, daß sie für praktische Zwecke ungeeignet sind. Die im streifenden Einfall auftretenden Aberrationen können verringert werden, wenn einzelne asphärische Spiegel, wie z. B. toroidale Spiegel, Paare von Zylinderspiegeln oder rotationssymmetrische Zweispiegelsysteme zur Abbildung eingesetzt werden. Die verschiedenen Möglichkeiten wurden von Michette [4] zusammenfassend dargestellt. Hier soll lediglich eine von Wolter [5] angegebene Lösung diskutiert werden, mit der es gelungen ist, sehr leistungsfähige Röntgenteleskope zu bauen.

Wir betrachten zunächst einen Ausschnitt aus einem Rotationsparaboloid (Abb. 9.7), der in streifendem Einfall einen unendlich fernen Achsenpunkt stigmatisch in den Brennpunkt F abbildet. Jeder außeraxiale Punkt wird nicht in F, sondern in einen Kreis um F abgebildet. Bildet man auf diese Weise ein ausgedehntes Objekt ab, so hat das Bild in der Brennebene praktisch keine Ähnlichkeit mehr mit dem Objekt. Das Objekt wird nur dann in ein dem Objekt ähnliches Bild abgebildet, wenn die Abbesche Sinusbedingung erfüllt ist. Für die hier betrachtete Abbildung

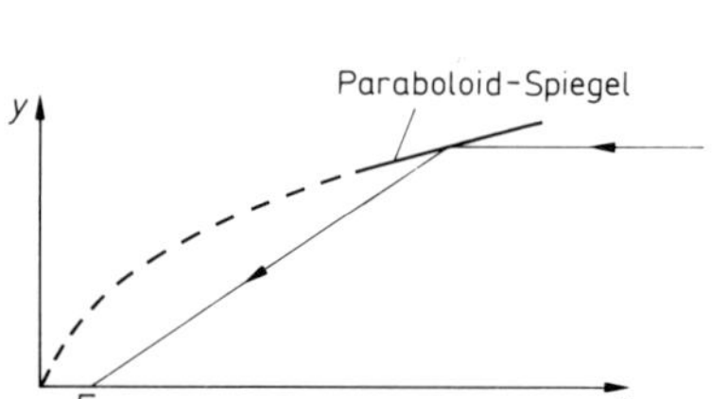

Abb. 9.7 Abbildung in streifendem Einfall durch ein Rotationsparaboloid, das durch Rotation des Parabelstücks um die x-Achse entsteht.

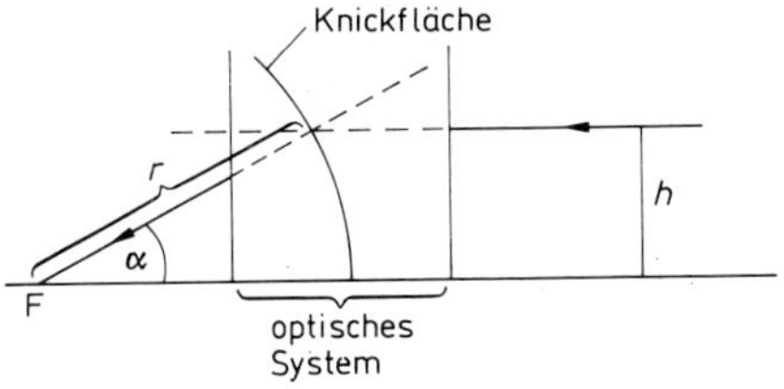

Abb. 9.8 Zur Erläuterung der Abbeschen Sinusbedingung bei der Abbildung eines unendlich fernen Objektes.

eines unendlich fernen Objektes lautet diese Bedingung (vgl. Abb. 9.8)

$$r = \frac{h}{\sin\alpha} = \text{const};$$

d.h. die Knickfläche, nämlich der geometrische Ort der Schnittpunkte korrespondierender Strahlen, auf der sich also die verlängerten einfallenden achsenparallelen Strahlen mit den rückwärts verlängerten ausfallenden Strahlen schneiden, soll eine Kugel mit dem Radius r um den Brennpunkt F sein. Für das in Abb. 9.7 dargestellte Paraboloid ist nur für achsennahe Strahlen die Knickfläche eine Kugel. Dort wird aber Röntgenstrahlung wegen der zu steilen Auftreffwinkel nicht reflektiert. Für die Außenzonen des Paraboloids, die für streifenden Einfall in Frage kommen, ist die Sinusbedingung stark verletzt, da die Knickfläche annähernd in Strahlrichtung verläuft und nicht senkrecht dazu. Ähnlich sind die Bedingungen, wenn das abzubildende Objekt endlich weit entfernt ist. Das Paraboloid muß dann durch ein Rotationsellipsoid ersetzt werden. Auch hier ist die Knickfläche die Spiegelfläche selbst, so daß für ausgedehnte Objekte starke Aberrationen bei der Abbildung auftreten. H. Wolter [5] hat Zweispiegelsysteme angegeben, für die die Abbesche Sinusbedingung annähernd erfüllt ist. Abb. 9.9 zeigt ein solches System für die Abbildung eines unendlich fernen Objektes. Das Spiegelsystem besteht aus einem Rotationsparaboloid und einem Rotationshyperboloid, dessen rückseitiger Brennpunkt F_1 mit dem Paraboloidbrennpunkt zusammenfällt. Die Knickfläche, die so durch die Schnittkante der beiden Spiegel geht wie in Abb. 9.9 angedeutet, ergibt sich als Paraboloid.

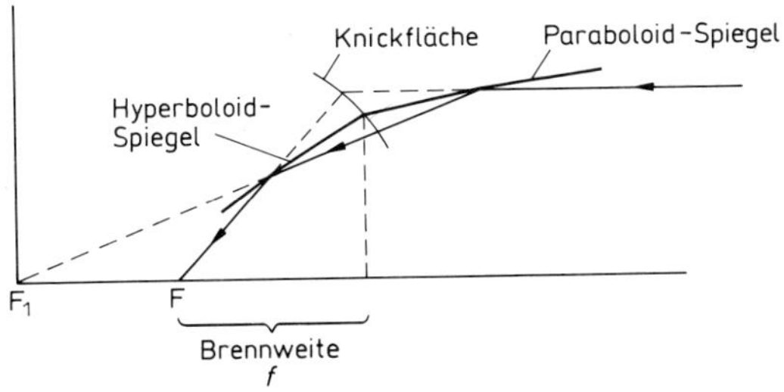

Abb. 9.9 Funktionsprinzip des Wolter-Telekops.

Man kann daher für solche Systeme eine ähnliche Bildqualität erwarten, wie sie für den gewöhnlichen Paraboloidhohlspiegel bei Verwendung einer Zone nahe der Mitte bekannt ist.

Erfolgreich eingesetzt werden solche Spiegelsysteme als Röntgenteleskope. Abb. 9.10 zeigt als Beispiel den Strahlengang im vierfach geschachteteln Wolter-

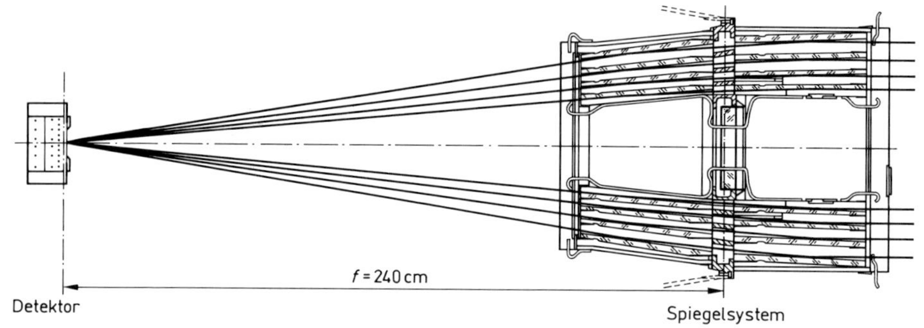

Abb. 9.10 Strahlengang im Spiegelsystem von ROSAT. Es sind vier Wolter-Doppelspiegel gleicher Brennweite ineinandergeschachtelt, um eine große Sammelfläche zu erhalten (Quelle: C. Zeiss, Oberkochen).

Abb. 9.11 Montage des ROSAT-Wolter Teleskops (Werksphoto C. Zeiss, Oberkochen).

Teleskop für den Röntgensatelliten ROSAT. Die vier Parabolspiegel mit einer maximalen Eintrittsöffnung von 83 cm haben, ebenso wie die vier Hyperboloidspiegel, eine Länge von 50 cm. Die Spiegel bestehen aus Zerodur und sind zur Verbesserung der Reflektivität mit Gold belegt. Die Brennweite des Teleskops beträgt $f = 240$ cm, das Winkelauflösungsvermögen etwa fünf Bogensekunden. Abb. 9.11 zeigt die Montage des ROSAT-Wolter-Teleskops.

Zur Abbildung eines endlich fernen Objekts mit Wolter-Zweispiegelsystemen muß der Paraboloidspiegel durch einen Ellipsoidspiegel ersetzt werden. Solche Optiken hat Wolter für die Röntgenmikroskopie zur Erzeugung hochaufgelöster, vergrößerter Röntgenbilder vorgeschlagen. Wegen der extremen Anforderungen an die Güte der Spiegel und wegen des begrenzten Objektfeldes haben sich solche Optiken für die Röntgenmikroskopie bisher nicht durchgesetzt.

9.2.3 Spiegel für Reflexion in senkrechtem Einfall – Spiegel aus Mehrfachschichten

Im Vergleich zu Spiegeln für streifenden Einfall haben Spiegel für senkrechten Einfall u. a. den Vorteil, daß wegen der geringeren Aberrationen größere Felder abgebildet werden können. Für weiche Röntgenstrahlen können solche Spiegel durch eine Anordnung von Mehrfachschichten erhalten werden, bei der also die Brechzahl mit der Tiefe periodisch variiert. Erzeugt werden diese Spiegel dadurch, daß abwechselnd Schichten der Dicke $t \approx \lambda/4$ mit relativ hoher Brechzahl, n_1, und solche mit relativ niedriger Brechzahl n_2, auf einen Träger aufgedampft oder aufgesputtert werden [6]. Die schwache reflektierte Strahlung an den Grenzflächen dieser Schichtenfolge wird kohärent und phasengerecht überlagert und führt zu einer starken Erhöhung des Reflexionsgrades. Liegt z. B. der Reflexionsgrad einer Grenzfläche im Bereich 10^{-4} bis 10^{-6}, dann ist der Reflexionskoeffizient für die Amplitude der reflektierten Strahlung 10^{-2} bis 10^{-3}. Unter Vernachlässigung der Absorption würde die phasengerechte Überlagerung der an 10^2 bis 10^3 Grenzflächen reflektierten Strahlung also dazu führen, daß die gesamte einfallende Röntgenstrahlung mit der relativen Bandbreite $\Delta\lambda/\lambda = 1/N$, N ist die Zahl der Perioden, reflektiert wird. Bei Berücksichtigung der Absorption ergeben sich theoretisch unter der Annahme ideal glatter Schichten Reflexionsgrade von 40 % bis 80 %, wie Abb. 9.12 zeigt [7]. Aufgetragen sind berechnete Reflexionsgrade ϱ für senkrechten Einfall im Wellenlängenbereich 0,6 nm bis 12,4 nm sowie die Zahl der Perioden N, die für diese Reflexionsgrade nötig sind. Der im unteren Teil der Abbildung aufgetragene Wert Γ ist das Verhältnis der Schichtdicke der Schicht mit relativ hoher Brechzahl, n_1, zur Schichtdicke einer Periode. Für die Rechnungen hat Rosenbluth die Materialien jeweils so ausgesucht, daß maximale Reflexionsgrade erreicht wurden. Die Diskontinuitäten in den Kurven repräsentieren die Absorptionskanten der verwendeten Materialien. Grundlage für die Rechnungen waren die optischen Konstanten, die von Henke et al. [3], angegeben sind. In der Praxis begrenzt die Rauhigkeit der Schichten, die nach Gl. (9.6) für $\sin\Theta = 1$ sehr klein sein muß im Vergleich zur benutzten Wellenlänge, den erreichbaren Reflexionsgrad, insbesondere für die kürzeren Wellenlängen in Abb. 9.12. Typische gemessene Reflexionsgrade für den Bereich der längeren Wellenlängen in Abb. 9.12 betragen etwa $\varrho = 20\,\%$ bis $30\,\%$, noch höhere Werte wurden für das

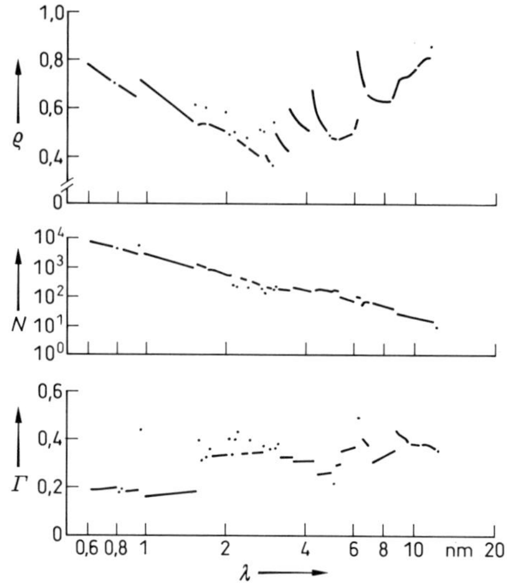

Abb. 9.12 Reflexionsgrad ϱ von Spiegeln aus Mehrfachschichten für senkrechten Einfall. N ist die Zahl der Prioden und Γ der Quotient aus der Schichtdicke mit relativ hoher Brechzahl und Schichtdicke der Periode [7].

Vakuumultraviolette gemessen, z. B. $\varrho > 60\,\%$ für $\lambda = 17$ nm [8]. Anwendungen von Spiegeln aus Mehrfachschichten für weiche Röntgenstrahlen und kurzwellige ultraviolette Strahlung finden sich z. B. bei Marshall [9].

9.2.4 Zonenplatten

Eine weitere Möglichkeit, mit Röntgenstrahlen optische Abbildungen durchzuführen, besteht darin, die Beugung an Kreisgittern auszunutzen. Soret [10] hat bereits im Jahre 1875 optische Abbildungen mit Kreisgittern untersucht. In Wellenlängenbereichen, für die es Brechungslinsen gibt, haben Kreisgitter als abbildende Systeme praktisch keine Anwendung gefunden. Es ist aber sinnvoll – wie insbesondere in Abschnitt 9.4 gezeigt wird – geeignet dimensionierte Kreisgitter für kurzwellige Strahlung einzusetzen, für die es keine Brechungslinsen gibt. Solche Kreisgitter mit radial ansteigender Liniendichte werden auch als Fresnelsche Zonenplatten bezeichnet, die direkt aus der Fresnelschen Zonenkonstruktion abgeleitet werden können (vgl. Bd. 1, Abschn. 80. Huygens-Fresnelsches Prinzip; Beugung).

Eine Zonenplatte kann auch als Hologramm eines endlich fernen Punktes aufgefaßt werden, das durch Überlagerung einer Kugelwelle mit einer Kugel- oder Planwelle als Referenzwelle in einer lichtempfindlichen Schicht aufgezeichnet werden kann. Bei der Überlagerung zweier Kugelwellen, deren erste nach Abb. 9.13 von 0 ausgeht, und deren zweite in B konvergiert, entsteht in der Ebene ZP das Zonen-

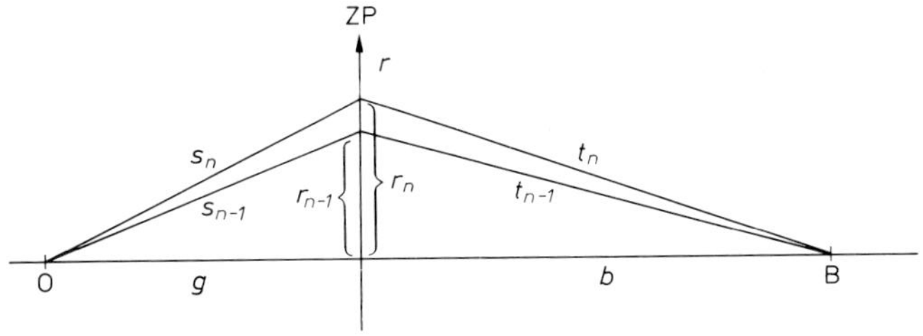

Abb. 9.13 Strahlengang zur Ableitung des Zonenplatten-Bildungsgesetzes.

plattenmuster. Man kann mit Abb. 9.13 sowohl die Erzeugung als auch die optische Wirkung einer Zonenplatte erläutern. Im folgenden sei angenommen, daß der Abstand $\overline{OB}$ gerade ein Vielfaches von λ sei. Man spricht dann von einer Soret-Zonenplatte. Die Weglängen von 0 nach B über jeweils aufeinanderfolgende Zonen mit den Zonenzahlen n und $n-1$ und den Radien r_n und r_{n-1} unterscheiden sich um $\lambda/2$. Daraus folgt nach Abb. 9.13:

$$g + b = s_n + t_n - \frac{n\lambda}{2} \quad \text{oder} \tag{9.7}$$

$$\sqrt{g^2 + r_n^2} + \sqrt{b^2 + r_n^2} = g + b + \frac{n\lambda}{2} \tag{9.8}$$

Löst man Gl. (9.8) nach r_n auf, so folgt:

$$r_n^2 = \frac{n\lambda(g+b)\,gb + \frac{1}{4}n^2\lambda^2(3gb + g^2 + b^2) + \frac{1}{8}n^3\lambda^3(b+g) + \frac{1}{64}n^4\lambda^4}{(g + b + \frac{1}{2}n\lambda)^2} \tag{9.9}$$

Es sollen zwei Spezialfälle betrachtet werden:

1. Das Zonenplattenmuster entsteht durch Überlagerung einer Plan- mit einer Kugelwelle. Dann folgt aus (9.9) mit $(b/g) \to \infty$.

$$r_n^2 = gn\lambda + \frac{1}{4}(n\lambda)^2 \,. \tag{9.10}$$

Eine nach dem Bildungsgesetz Gl. (9.10) hergestellte Zonenplatte ist das Hologramm eines Punktes im Abstand g mit einer ebenen Welle als Referenzwelle. Trifft eine ebene Welle mit der Wellenlänge auf eine solche Zonenplatte, so wird diese im Abstand g hinter der Zonenplatte fokussiert, g ist in diesem Fall also die Brennweite f der Zonenplatte. Für nicht zu große n folgt aus Gl. (9.10) genähert das bekannte quadratische Bildungsgesetz:

$$r_n^2 = n\lambda f \,. \tag{9.11}$$

Für $n = 1$ folgt:

$$f = \frac{r_1^2}{\lambda} \quad \text{und} \quad r_n = r_1\sqrt{n} \,. \tag{9.12}$$

Die Zonenplatte ist also eine Linse mit einem starken chromatischen Fehler. Für nicht zu kleine n ergibt sich durch Differenzieren des Ausdrucks Gl. (9.11) nach n die Breite $\mathrm{d}r_n$ der n-ten Zone zu

$$\mathrm{d}r_n = \frac{r_n}{2n}. \tag{9.13}$$

Ebenso wie andere Gitter besitzt auch die Zonenplatte mehrere Beugungsordnungen.
Ersetzt man in Gl. (9.7) $\lambda/2$ durch $m\lambda/2$, so folgt:

$$r_n^2 = mn\lambda f_m \quad \text{bzw.} \quad f_m = \frac{1}{m} f. \tag{9.14}$$

Die mit einer Zonenplatte als Linse erreichbare Auflösung δ ergibt sich nach dem Rayleigh-Kriterium zu

$$\delta = 1{,}22 \frac{\lambda f}{D}. \tag{9.15}$$

Dabei ist $D = 2r_n$ der Durchmesser der Zonenplatte. Mit Gl. (9.13) und Gl. (9.14) folgt

$$\delta = 1{,}22 \frac{\mathrm{d}r_n}{m}. \tag{9.16}$$

Eine Zonenplatte löst also in der ersten Beugungsordnung Strukturen in der Größe der kleinsten Zonenbreite auf. Das setzt jedoch voraus, daß quasimonochromatische Strahlung mit einer relativen Bandbreite $(\Delta\lambda/\lambda) \leq (1/n)$ benutzt wird.

2. Entsteht das Zonenplattenmuster durch Überlagerung zweier Kugelwellen und liegt die Zonenplatte genau zwischen 0 und B, dann folgt aus Gl. (9.9) mit $g = b$:

$$r_n^2 = \frac{1}{2} gn\lambda + \frac{1}{16}(n\lambda)^2 \tag{9.17}$$

Diese Geometrie entspricht dem 4f-Aufbau einer 1 : 1-Abbildung. Für nicht zu große Zonenzahl n folgt wieder das quadratische Bildungsgesetz:

$$r_n^2 = \frac{1}{2} gn\lambda = n\lambda f.$$

Beugungswirkungsgrad von Zonenplatten. Es wird angenommen, daß die Zonen ein Rechteckprofil aufweisen mit der Breite $\mathrm{d}r_n$ und der Dicke t (Laminargitter). Besteht jede zweite Zone einer Zonenplatte aus einem Material, das die einfallende Strahlung völlig absorbiert, so spricht man von einer Amplitudenzonenplatte. Die abbildende Wirkung einer solchen Zonenplatte beruht auf der Ausblendung der Elementarwellen, die mit entgegengesetzter Phase zur elektromagnetischen Erregung im Bildpunkt B beitragen. Verwendet man anstelle des absorbierenden Materials phasenschiebendes Material, so läßt sich die Phase der Elementarwellen so verschieben, daß auch sie konstruktiv zum Bildpunkt B beitragen und die Intensität in B erhöhen. Reine Amplituden- bzw. Phasenzonenplatten sind Grenzfälle. Im allgemeinen müssen sowohl die Absorption als auch die Phasenschiebung berücksichtigt werden.

Der Beugungswirkungsgrad der m-ten Beugungsordnung, η_m, ist das Verhältnis der Intensität im Fokus m-ter Ordnung zur Intensität der auf die Zonenplatte fallenden Strahlung. Kirz [11] hat den Beugungswirkungsgrad dünner Zonenplatten mit Rechteckprofilen der Zonen bestimmt. Angenommen wird dabei, daß die Breite benachbarter Zonen gleich ist. Beträgt die Phasenschiebung in einer Zone der Dicke t relativ zur Phasenschiebung in einer offenen Zone $\Phi = (2\pi/\lambda)\,\delta t$, so folgt mit $k = \frac{\beta}{\delta} = \frac{f_2}{f_1}$:

$$\eta_m = \begin{cases} \frac{1}{\pi^2 m^2}(1 + e^{-2k\Phi} - 2e^{-k\Phi}\cos\Phi) & (m = \pm 1, \pm 3, \dots), \\ 0 & (m = \pm 2, \pm 4, \dots), \\ \frac{1}{4}(1 + e^{-2k\Phi} - 2e^{-k\Phi}\cos\Phi), & (m = 0). \end{cases} \tag{9.18}$$

Abb. 9.14 zeigt den Beugungswirkungsgrad einer Zonenplatte in der ersten Beugungsordnung als Funktion der Phasenschiebung Φ für verschiedene Werte von $k = \beta/\delta$. Für große k dominiert die Absorption des Zonenmaterials. Da die Zonenplattenstrukturen die Hälfte der Zonenplatte bedecken, wird 50 % der einfallenden Intensität absorbiert, 25 % geht in die nullte Beugungsordnung. Die übrigen 25 % verteilen sich auf die ungeraden Beugungsordnungen; für eine erste Beugungsordnung ergibt sich $\eta_1 = 10{,}1\,\%$. Für $k \to 0$ hat man es mit einer reinen Phasenzonenplatte zu tun. Der Wirkungsgrad für die erste Beugungsordnung beträgt $\eta_1 = 40{,}4\,\%$. Bei der Herstellung von Zonenplatten ist es also sinnvoll, Materialien zu verwenden, die für die gewünschte Wellenlänge einen möglichst kleinen k-Wert aufweisen. Für die Wellenlänge $\lambda = 2{,}4$ nm ist z. B. für Germanium $k = 0{,}32$, der maximale Beugungswirkungsgrad beträgt damit $\eta_1 = 20\,\%$, die Schichtdicke t_{opt}, die eine Phasenverschiebung von $\Phi = \pi$ hervorruft, beträgt $t_{\text{opt}} = 0{,}4$ µm. Für Nickel ergeben sich $k = 0{,}2$, $\eta_1 = 24\,\%$ und $t_{\text{opt}} = 0{,}24$ µm, für Beryllium $k = 0{,}11$, $\eta_1 = 30\,\%$ und $t_{\text{opt}} = 0{,}85$ µm. Für hochauflösende Zonenplatten, also solche mit sehr kleinen äußeren Zonenbreiten $\mathrm{d}r_n$, ist es wichtig, daß t_{opt} nicht zu groß ist, da Zonen mit hohen Aspektverhältnissen $t_{\text{opt}}/\mathrm{d}r_n$ schwer zu erzeugen sind. Bei zu großen Aspektverhältnissen können die Zonenplatten nicht mehr als dünne Gitter behandelt werden.

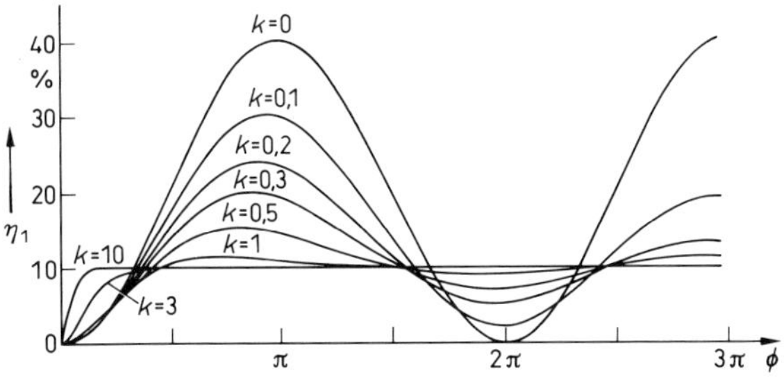

Abb. 9.14 Beugungswirkungsgrad einer Zonenplatte in der 1. Beugungsordnung als Funktion der Phasenschiebung ϕ für verschiedene Werte von $k = \beta/\delta$.

Herstellung von Zonenplatten. Zonenplatten als hochauflösende Röntgenobjektive und als Röntgenkondensoren lassen sich mit einem photolithographischen Verfahren erzeugen [12]. Unter Benutzung hinreichend monochromatischer Strahlung überlagert man eine konvergente mit einer divergenten Welle zur Erzeugung des Zonenplattenmusters. Die Interferenzfigur wird in einem lichtempfindlichen Lack (Photoresist) aufgenommen. Die Strukturen in der Lackschicht werden dann mit Methoden der Mikrostrukturtechnik in mehreren Präparationsschritten in Metall- oder Halbleiterschichten übertragen, die auf dünnen, für weiche Röntgenstrahlen hinreichend durchlässigen Trägerfolien aufgebracht sind. Die Zonenplatten werden nach dieser Methode mit sichtbarem oder ultraviolettem Licht gebaut und mit weicher Röntgenstrahlung benutzt, d. h. mit Wellenlängen, die etwa einhundertmal kürzer sind. Die dadurch auftretenden Aberrationen können korrigiert werden, wenn anstelle von Kugelwellen asphärische Wellen zur Erzeugung der Zonenplattenmuster überlagert werden: Es wird zunächst das Bildungsgesetz einer Zonenplatte berechnet, die für einen vorgegebenen Wellenlängenbereich und einen vorgegebenen Abbildungsmaßstab fehlerfrei abbildet. Dann werden asphärische Wellenfronten berechnet, deren Überlagerung eine Interferenzfigur nach dem berechneten Bildungsgesetz ergibt. Dazu wird ein Linsensystem für sichtbares oder ultraviolettes Licht entworfen und berechnet, das die beiden asphärischen Wellenfronten gleichzeitig erzeugt und geeignet überlagert. Abb. 9.15 zeigt als Beispiel ein optisches System zur Erzeugung der Interferenzfigur für eine hochauflösende Zonenplatte. Ein Strahlenteiler wird mit einem divergenten Bündel der Wellenlänge $\lambda = 257$ nm gespeist, die durch Frequenzverdopplung der Ar^+-Laserline $\lambda = 514$ nm entsteht. Der Strahlenteiler erzeugt zwei konvergente Bündel, die von dem folgenden fünflinsigen Aplanatensystem aus Quarz symmetrisch zum aplanatischen Punkt des Systems fokussiert werden. Die Interferenzfigur wird in einer Photoresistschicht aufgenommen, die mit einer Immersionsflüssigkeit mit der Brechzahl n an die Planfläche der letzten Linse gedrückt wird. Die effektive Wellenlänge, mit der die Interferenzfigur erzeugt wird, beträgt damit $\lambda_{\text{eff}} = 514\,\text{nm}/2n = 171$ nm. Die aus der Interferenzfigur resultierende Zonenplatte hat die Daten $r_n = 27{,}8$ µm, $n = 251$ und $\mathrm{d}r_n = 0{,}055$ µm. Die Brennweite für die Wellenlänge $\lambda = 2{,}4$ nm beträgt $f = 1{,}3$ mm.

Das beschriebene Verfahren erlaubt es auch, Zonenplatten mit großen Zonenzahlen als Röntgenkondensoren herzustellen, z. B. Kondensoren mit 9 mm Durchmesser, etwa $4 \cdot 10^4$ Zonen und Brennweiten $f = 200$ mm für $\lambda = 2{,}4$ nm. Zonenplatten mit noch feineren Strukturen können mit Hilfe der Elektronenstrahl-Lithographie (Abschn. 10.7) erzeugt werden. Das Zonenplattenmuster wird dabei mit einem feinen

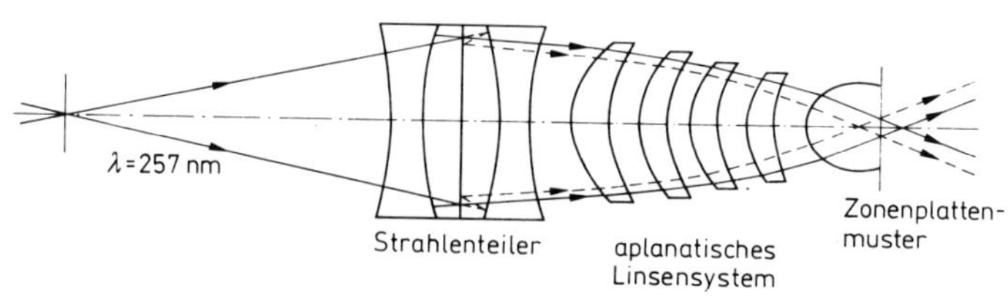

Abb. 9.15 Optische Anordnung zur Erzeugung des Zonenplattenmusters für eine hochauflösende Zonenplatte.

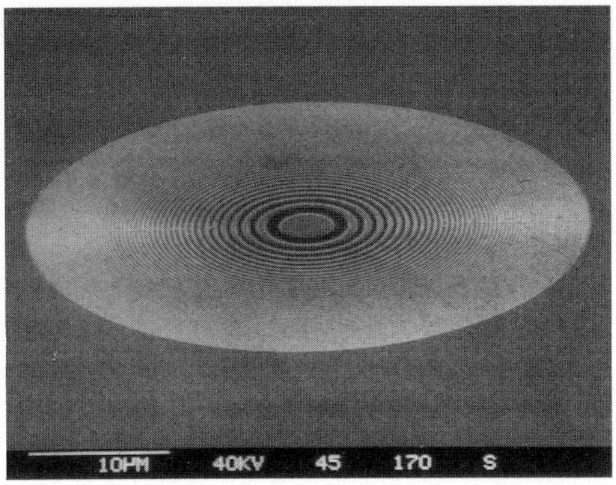

Abb. 9.16 Rasterelektronenmikroskopische Aufnahme einer Gold-Zonenplatte, erzeugt mit Hilfe der Elektronenstrahl-Lithographie [13].

Elektronenstrahl in eine Photoresistschicht geschrieben und dann in Metall- oder Halbleiterschichten übertragen. Dieses Verfahren ist geeignet zur Erzeugung von Zonenplatten mit relativ kleinen Zonenzahlen ($n = 10^2$ bis 10^3), die als hochauflösende Röntgenobjektive in der Röntgenmikroskopie eingesetzt werden. Die kleinsten, bisher erreichten Zonenbreiten liegen im Bereich von 20 nm bis 30 nm. Abb. 9.16 zeigt eine rasterelektronenmikroskopische Aufnahme einer Zonenplatte mit einem Durchmesser von 40 µm, einer Zonenzahl von $n = 10^2$ und äußeren Zonenbreiten der Goldzonen von 100 nm.

9.3 Röntgendetektoren

Für die Umwandlung weicher Röntgenstrahlung in eine nachweisbare Größe kommen folgende Umwandlungsprozesse in Frage:

a) Elektronen-Ionenpaarerzeugung in Edelgasen, z. B. in Proportionalzählrohren,
b) Elektronen-Lochpaarerzeugung in Halbleitern, z. B. in Photodioden, CCDs (Charge Coupled Device) oder Mikrokanalplatten,
c) Fluoreszente Umwandlung in sichtbares Licht oder UV-Licht in Phosphoren oder Szintillatoren,
d) Schwärzung von photographischen Emulsionen.

Röntgendetektoren sollen die einfallenden Röntgenstrahlen möglichst effektiv nachweisen, d. h. eine gute Quantenausbeute besitzen. Man charakterisiert Detektoren daher durch die DQE (detective quantum efficiency), die das Signal-Rausch-Verhältnis der nachzuweisenden Photonen mit dem der Aufzeichnung verknüpft:

$$\mathrm{DQE} = \frac{(\mathrm{S/R})^2_{\mathrm{Aufzeichnung}}}{(\mathrm{S/R})^2_{\mathrm{Photonen}}}$$

Dabei ist S das integrierte Signal, R das integrierte Rauschen. Von einem rauschfreien Detektor spricht man, wenn die DQE = 1 ist, was in der Praxis nie ganz zu erreichen ist. Wichtig sind weiterhin – je nach Anwendung –

a) eine hohe Ortsauflösung, möglichst zweidimensional,
b) ein großer dynamischer Bereich, d.h. ein möglichst großer Unterschied zwischen dem kleinsten und größten nachweisbaren Signal,
c) eine hohe Zeitauflösung
d) eine gute Energieauflösung.

Aus der Vielzahl der für verschiedene Anwendungen eingesetzten Detektoren [14] soll hier als Beispiel der Mikrokanalmultiplier beschrieben werden. Abb. 9.17a zeigt ein Glasrohr, das im Inneren mit einer hochohmigen Halbleiterschicht belegt ist. Die von auftreffenden Photonen erzeugten Elektronen werden durch ein elektrisches Feld mit etwa 10^6 V m^{-1} beschleunigt, so daß sie beim Auftreffen auf die Wand Sekundärelektronen auslösen. In einem Mikrokanalmultiplier sind 10^4 bis 10^7 Kanäle mit Durchmessern zwischen 10 und 100 Mikrometern parallel angeordnet (Abb. 9.17b). Die Länge der Kanäle beträgt etwa 1 mm. Bei einer angelegten Spannung von z.B. 1000 Volt ergibt sich eine Verstärkung von 10^3 bis 10^4. Hinter der Mikrokanalplatte kann eine Phosphorschicht angebracht werden, in der die auftreffenden Elektronen sichtbares Licht erzeugen. Ein Mikrokanalmultiplier kann somit ein Röntgenbild mit hoher räumlicher Auflösung in ein sichtbares Bild umwandeln.

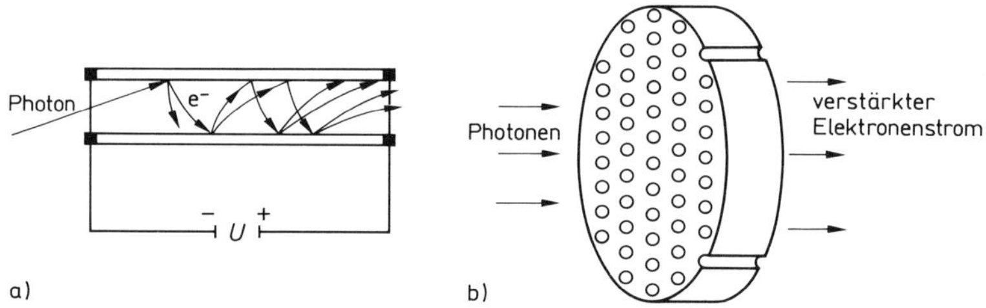

Abb. 9.17 Prinzip des Mikrokanalmultipliers. a) Einzelner Mikrokanalmultiplier, b) Mikrokanalplatte.

9.4 Röntgenmikroskopie

Bereits unmittelbar nach der Entdeckung der Röntgenstrahlung durch W.C. Röntgen im Jahre 1895 versuchte man, diese Strahlung zur Sichtbarmachung von Mikrostrukturen zu nutzen. Etwa zwei Jahrzehnte später erkannte man, daß Röntgenstrahlung elektromagnetische Strahlung kurzer Wellenlänge ist. Damit war klar, daß mit Röntgenstrahlen die durch die Wellenlänge des sichtbaren Lichtes gegebene Auflösungsgrenze überwunden werden kann. Hinsichtlich der erreichbaren Auflösung bewegt sich die Röntgenmikroskopie zwischen der Licht- und der Elektronenmikroskopie. Bisher wurden röntgenmikroskopische Untersuchungen mit einer Auf-

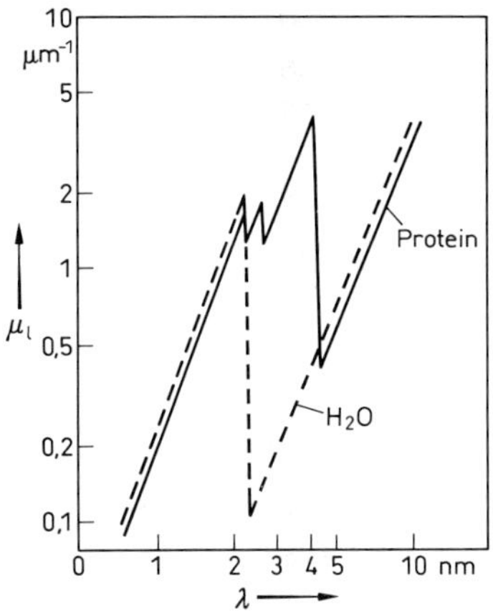

Abb. 9.18 Linearer Absorptionskoeffizient μ_l für Protein und Wasser als Funktion der Wellenlänge.

lösung von 30 bis 60 nm durchgeführt [15, 16, 17]. Durch Weiterentwicklung der Röntgenoptik ist damit zu rechnen, daß Auflösungen von etwa 10 nm erreicht werden. Mikroskopische Objekte sind für weiche Röntgenstrahlen sowohl Amplitudenobjekte als auch Phasenobjekte, und Röntgenmikroskopie kann im Amplituden- und Phasenkontrast betrieben werden. Wir wollen uns hier auf Untersuchungen im Amplitudenkontrast beschränken, bei denen also der Kontrast im röntgenmikroskopischen Bild durch unterschiedlich starke photoelektrische Absorption der Röntgenstrahlung in den Objektstrukturen hervorgerufen wird. Für biologische Anwendungen ist hierfür der Wellenlängenbereich zwischen 2,3 nm und 4,4 nm, den K-Absorptionskanten des Sauerstoffs bzw. des Kohlenstoffs, am besten geeignet. In Abb. 9.18 ist der lineare Absorptionskoeffizient μ_l von Wasser und Protein der Zusammensetzung $C_{94}H_{139}N_{24}O_{31}S$ und der Dichte $\varrho = 1{,}35\ \mathrm{g\,cm^{-3}}$ dargestellt. Man sieht, daß im Wellenlängenbereich zwischen den K-Kanten des Sauerstoffs und des Kohlenstoffs Wasser sehr viel transparenter ist als organisches Material. Daraus ergibt sich für Zellen und Zellorganellen in natürlichem, wäßrigem Zustand ein natürlicher Kontrast, Färben der Strukturen ist also nicht notwendig. Die hohe Transparenz des Wassers hat zur Folge, daß Schichtdicken von mehreren Mikrometern gut durchstrahlt werden können. Man bezeichnet den o. g. Wellenlängenbereich daher in der Röntgenmikroskopie auch als Wasserfenster.

Bisher ist versucht worden, mit Spiegeln im streifenden Einfall, mit Spiegeln aus Mehrfachschichten sowie mit Zonenplatten röntgenmikroskopische Abbildungen durchzuführen. Da es bisher nur mit Zonenplatten gelungen ist, Auflösungen zu erreichen, die deutlich besser sind als lichtoptische, sollen hier nur Röntgenmikroskope diskutiert werden, die Zonenplatten als hochauflösende Röntgenlinsen enthalten.

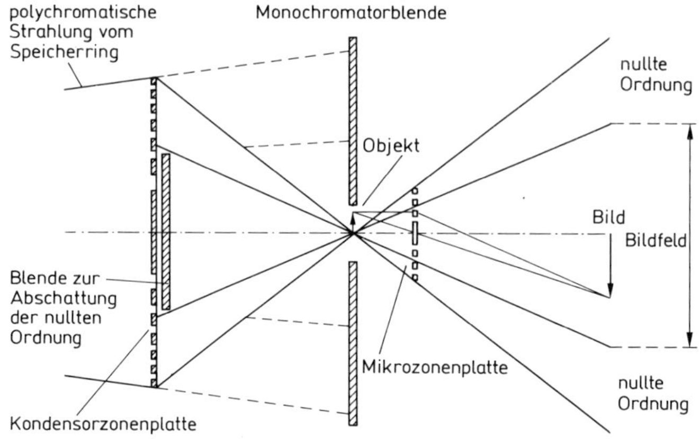

Abb. 9.19 Röntgenoptischer Strahlengang eines Röntgenmikroskops.

9.4.1 Röntgenmikroskope

Abb. 9.19 zeigt den röntgenoptischen Strahlengang eines Röntgenmikroskops, das mit Synchrotronstrahlung am Elektronenspeicherring BESSY in Berlin betrieben wird [18]. Die kontinuierliche Strahlung trifft auf eine Kondensorzonenplatte, die Strahlung der gewünschten Wellenlänge in eine Lochblende in der Objektebene fokussiert. Die Anordnung Kondensorzonenplatte und Lochblende dient als Linearmonochromator mit einem spektralen Auflösungsvermögen $\lambda/\mathrm{d}\lambda \approx D/2d$. Dabei ist D der Durchmesser der Kondensorzonenplatte und d der Durchmesser der Lochblende. Typische Werte sind $D = 9$ mm und $d = 20$ µm, d. h. $\lambda/\mathrm{d}\lambda \approx 225$. Im weiteren Strahlengang haben wir es also mit quasimonochromatischer Strahlung zu tun, die notwendig ist, um beugungsbegrenzt abzubilden. Die zentrale Blende auf der Kondensorzonenplatte dient zur Abschattung der nullten Ordnung und verhindert zusätzlich, daß die nullte Ordnung der Mikrozonenplatte das Bildfeld erreicht. Hinter dem Objekt befindet sich eine Mikrozonenplatte, die als hochauflösende Röntgenlinse das Objekt vergrößert abbildet. Dieses Röntgenbild kann dann mit einem Mikrokanalmultiplier zum direkten Betrachten in ein sichtbares Bild umgewandelt oder mit einer photographischen Platte oder einer CCD-Kamera direkt aufgenommen werden.

Da die Reichweite weicher Röntgenstrahlung in Luft nur etwa einen Millimeter beträgt, verläuft der röntgenoptische Strahlengang im Vakuum. Lediglich das zu untersuchende Objekt kann sich zwischen zwei dünnen Folienfenstern in Luft oder Wasser befinden. Abb. 9.20 zeigt das Röntgenmikroskop am Elektronenspeicherring BESSY in Berlin. Abb. 9.21 zeigt als Beispiel einer röntgenmikroskopischen Aufnahme einen Ausschnitt aus einem Riesenchromosom aus der Speicheldrüse der Larve von *Chironomus thummi*, aufgenommen mit dem in Abb. 9.20 gezeigten Mikroskop. Für die Aufnahme wurde Röntgenstrahlung der Wellenlänge $\lambda = 2{,}4$ nm verwendet. Das Bild zeigt, daß bei dieser Wellenlänge im Wasserfenster biologische Objekte in natürlichem, wäßrigen Zustand hohe Kontraste aufweisen.

Abb. 9.20 Röntgenmikroskop am Elektronenspeicherring BESSY [18].

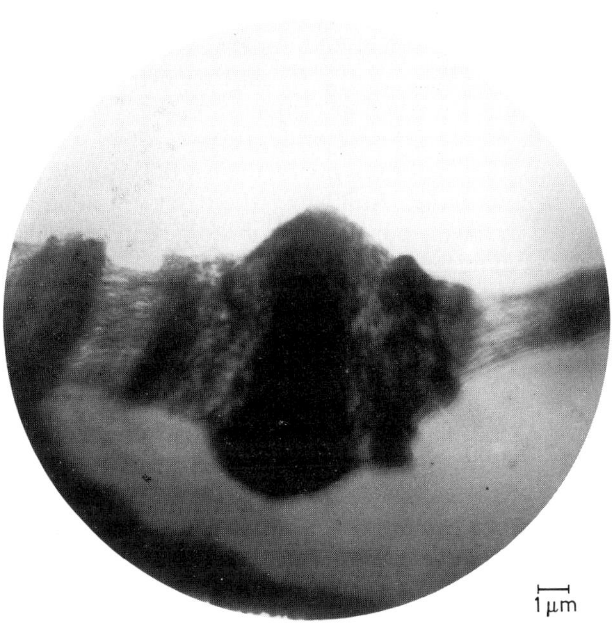

Abb. 9.21 Ausschnitt aus einem Riesenchromosom, aufgenommen mit dem Röntgenmikroskop von Abb. 9.20 bei der Wellenlänge $\lambda = 2{,}4$ nm. (Das Bild wurde aufgenommen von G. Schneider, P. Guttmann, M. Robert-Nicoud).

Mit Synchrotronstrahlung von Elektronenspeicherringen läßt sich vor allem Grundlagenforschung auf dem Gebiet der Röntgenmikroskopie betreiben. Zusätzlich ist es wünschenswert, Röntgenmikroskope mit kleinen, kompakten Röntgenquellen zur Verfügung zu haben. Niemann et al. [19] haben ein Röntgenmikroskop beschrieben, das einen Plasmafokus als Röntgenquelle und eine röntgenoptische Anordnung enthält, wie sie in Abb. 9.19 gezeigt ist.

9.4.2 Rasterröntgenmikroskope

Ein Rasterröntgenmikroskop bietet gegenüber einem im obigen Abschnitt beschriebenen Röntgenmikroskop dann Vorteile, wenn es darauf ankommt, die Strahlendosis, d. h. die absorbierte Energie pro Masse, möglichst gering zu halten. Wie in Abb. 9.19 gezeigt, durchdringt beim Röntgenmikroskop die Strahlung zuerst das Objekt und dann die Mikrozonenplatte, die nur einen Teil der Strahlung zur Bilderzeugung nutzt. Außerdem besitzen die Detektoren stets eine Quantenausbeute < 1. Wird z. B. eine Mikrozonenplatte mit einem Beugungswirkungsgrad von 10 % und ein Detektor mit einer DQE = 0,5 benutzt, so wird das Objekt mit einer zwanzigmal höheren Dosis belastet, als im Idealfall notwendig wäre. Abb. 9.22 zeigt den röntgenoptischen Strahlengang eines Rasterröntgenmikroskops. Die Röntgenquelle wird durch zwei Zonenplatten zweistufig verkleinert auf das zu untersuchende Objekt abgebildet. Die zentralen Blenden auf den Zonenplatten dienen zur Abschattung der nullten Ordnung. Das Objekt wird rasterförmig durch den Fokus bewegt. Die durch das Objekt hindurchgehende Strahlung wird Punkt für Punkt nacheinander von einem Detektor registriert, das Röntgenbild des Objektes direkt auf einem Monitor dargestellt. Als Röntgendetektor kann z. B. ein Proportionalzähler mit einer Quantenausbeute von 0,5 benutzt werden. Die röntgenoptische Anordnung bewirkt, daß die das Objekt belastende Strahlendosis etwa um eine Größenordnung geringer ist als im Röntgenmikroskop. Für die Praxis nachteilig ist, daß zum Erreichen einer kleinen Röntgensonde, d. h. einer hohen Auflösung, die Röntgenquelle bereits einen kleinen Durchmesser haben muß, da nur der örtlich kohärente Anteil der Quelle (vgl. Abschn. 3.1) für eine beugungsbegrenzte Abbildung der Quelle benutzt werden kann. Es müssen also Quellen hoher spektraler Brillanz, insbesondere Undulatoren an Elektronenspeicherringen, eingesetzt werden, um nicht zu lange Integrationszeiten bei der Erzeugung hochaufgelöster Röntgenbilder zu bekommen.

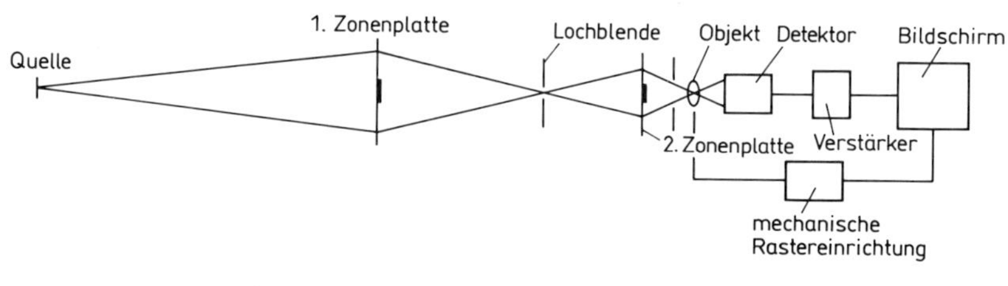

Abb. 9.22 Röntgenoptischer Strahlengang eines Rasterröntgenmikroskops.

9.5 Röntgenlithographie

In Abschn. 10.7 sind lithographische Verfahren für die Erzeugung hochintegrierter elektronischer Schaltungen beschrieben. Dabei werden Strukturen auf einer Maske z. B. lichtoptisch verkleinert auf eine photoempfindliche Lackschicht abgebildet. Eine andere Möglichkeit besteht darin, Strukturen im Submikrometerbereich mit Hilfe weicher Röntgenstrahlung in einem Projektionsverfahren zu übertragen, wie es in Abb. 9.23 dargestellt ist [20, 21]. Synchrotronstrahlung im Wellenlängenbereich von 0,2–2 nm tritt durch ein Vakuumfenster, das das Strahlrohr eines Elektronen-

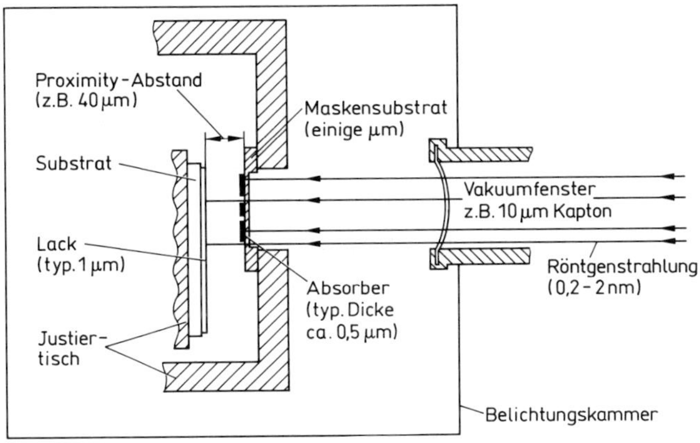

Abb. 9.23 Anordnung zur Übertragung von Mikrostrukturen mit Hilfe der Röntgenlithographie (Quelle: Fraunhofer-Institut für Mikrostrukturtechnik, Berlin).

Abb. 9.24 Lackstrukturen auf einer Aluminiumoberfläche, übertragen mit Hilfe der Röntgenlithographie (Quelle: Fraunhofer-Institut für Mikrostrukturtechnik, Berlin).

speicherrings von der Belichtungskammer trennt. Die Strahlung durchdringt die Teile der Maske, die frei von Absorbern sind, und belichtet den lichtempfindlichen Lack auf dem Substrat. Die folgenden Prozeß-Schritte sind in Abschn. 10.7 beschrieben. Wegen der kürzeren Wellenlänge der Röntgenstrahlung kann der Abstand zwischen Maske und Substrat relativ groß gewählt werden, ohne daß störende Beugungseffekte an den Absorberstrukturen der Maske Unschärfen in den übertragenen Strukturen hervorrufen. Ein weiterer Vorteil ist, daß die den Lack durchdringende Röntgenstrahlung am Substrat nicht reflektiert wird, sich also keine störenden stehenden Wellen an der Substratoberfläche ausbilden können. Abb. 9.24 zeigt Lackstrukturen im Submikrometerbereich auf einem Aluminiumsubstrat, übertragen mit der Anordnung von Abb. 9.23. Bemerkenswert ist insbesondere das hohe Aspektverhältnis der Lackstrukturen, d.h. das Verhältnis aus Höhe zu Breite der Strukturen.

Literatur

[1] Eberle, J., et al., Physikalische Blätter 45, Nr. 8, 333 (1989). (Zu Abschn. 9.1.2)

[2] James, R. W., The Optical Principles of the Diffraction of X-Rays, Ox Bow Press, Woodbridge, Connecticut, 1982. (Zu Abschn. 9.2.1)

[3] Henke, B. L., et al., in American Institute of Physics Conference Proceedings No. 75, 340 (1981), und Henke, B. L. et. al. (1982), Atomic Data and Nuclear Data Tables, Vol. 27, No. 1. (Zu Abschn. 9.2.1 u. 9.2.3)

[4] Michette, A. G., Optical Systems for Soft X-Rays, Plenum Press, New York, London, 1986. (Zu Abschn. 9.2.2)

[5] Wolter, H., Ann. Physik. 6. Folge, Bd. 10, 94 (1952). (Zu Abschn. 9.2.2)

[6] Spiller, E., Appl. Phys. Letters 20, 365 (1972). (Zu Abschn. 9.2.3)

[7] Rosenbluth, A., Thesis, Univ. Rochester, 1982. (Zu Abschn. 9.2.3)

[8] Barbee, T. W., in Proc. SPIE Vol. 563, 2 (1985). (Zu Abschn. 9.2.3)

[9] Marshall, G. F. (Hrsg.), Applications of Thin Film Multilayered Structures to Figured X-Ray Optics, Proc. SPIE Vol. 563 (1985). (Zu Abschn. 9.2.3)

[10] Soret, J. L., Ann. Phys. Chem. 156, 99 (1875). (Zu Abschn. 9.2.4)

[11] Kirz, J., J. Opt. Soc. Am. 64 (3), 301 (1974). (Zu Abschn. 9.2.4)

[12] Schmahl, G., et al., in X-Ray Microscopy, Springer-Verlag, 1984, 63. (Zu Abschn. 9.2.4)

[13] Bögli, V., et al., Proc. SPIE, Vol. 733, 1986, 449–457. (Zu Abschn. 9.2.4)

[14] Ullmaier, H., Vorlesungsmanuskript des 18. IFF-Ferienkurses der KFA Jülich, 7.1–7.28 (1987). (Zu Abschn. 9.3)

[15] Schmahl, G., Rudolph, D. (Hrsg.), X-Ray Microscopy, Springer-Verlag, Berlin, Heidelberg, New York, Tokyo, 1984. (Zu Abschn. 9.4)

[16] Sayre, D., Howells, M., Kirz, J., Rarback, H. (Hrsg.), X-Ray Microscopy II, Springer-Verlag, Berlin, Heidelberg, New York, London, Paris, Tokyo, 1988. (Zu Abschn. 9.4)

[17] Michette, A. G., Morrison, G. R., Buckley, C. J. (Hrsg.), X-Ray Microscopy III, Springer-Verlag, Berlin, Heidelberg, New York, Tokyo, 1992. (Zu Abschn. 9.4)

[18] Rudolph, D., Niemann, B., Schmahl, G., Christ, O., in: X-Ray Microscopy, Springer-Verlag, 1984, 192. (Zu Abschn. 9.4.1)

[19] Niemann, B., et al., Optik 84, No. 1, 35 (1990). (Zu Abschn. 9.4.1)

[20] Heuberger, A., Proc. SPIE Vol. 1089, 140 (1989). (Zu Abschn. 9.5)

[21] Petzold, H.-C., in Application of Synchrotron Radiation, Gordon and Breach Science Publishers, 277 (1989). (Zu Abschn. 9.5)

10 Materiewellen, Elektronenoptik

Heinz Niedrig

10.1 Materiewellen

Die Entdeckung der Beugung von Röntgenstrahlen an Kristallgittern (siehe Abschn. 3.11) zeigte deren Welleneigenschaften und führte zu der Erkenntnis, daß *Röntgenstrahlen* und *Lichtstrahlen* von gleicher Natur sind: In beiden Fällen handelt es sich um eine *elektromagnetische Wellenstrahlung*, nur die Wellenlängen unterscheiden sich. Andererseits zeigte sich, daß elektromagnetische Strahlung neben Welleneigenschaften auch *korpuskulare* Eigenschaften hat: In manchen Versuchen (z. B. beim Photoeffekt oder beim Compton-Effekt, s. Kap. 7) reagiert elektromagnetische Strahlung so, als ob sie aus Licht-„Quanten" besteht. Diese Lichtquanten können als Korpuskeln der Energie $E = h\nu$ und des Impulses $p = h\nu/c = h/\lambda$ aufgefaßt werden. Die beiden nach klassischer Vorstellung sich gegenseitig ausschließenden Eigenschaften sind Grenzfälle der das Licht vollständig beschreibenden *Quantenelektrodynamik*. Diese Eigenschaften einer nach klassischer Auffassung typischen *Wellen*strahlung legen die Frage nahe, ob umgekehrt die nach klassischer Auffassung typischen *Korpuskeln*, aus denen die *Materie* aufgebaut ist (Atome, Elektronen usw.), neben ihren korpuskularen Eigenschaften auch *Wellen*eigenschaften besitzen.

Aus Gründen der Symmetrie in der Natur vermutete de Broglie 1924 [1], daß Materieteilchen mit einer sog. *Materiewelle* verknüpft seien, deren Wellenlänge sich aus der Umkehrung der entsprechenden Beziehung für das Licht ergeben sollte:

$$\lambda = \frac{h}{p}. \tag{10.1}$$

Hierin ist $p = mv$ der Impuls des Teilchens, m seine Masse und v seine Geschwindigkeit. Für elektrisch geladene Teilchen, die in elektrischen Feldern beschleunigt wurden, läßt sich die Geschwindigkeit aus dem Energiesatz

$$E_\mathrm{k} = \frac{m}{2}v^2 = eU \tag{10.2}$$

berechnen, wobei hier einfach geladene, d. h. mit einer Elementarladung e versehene Teilchen vorausgesetzt wurden. U ist die vom Teilchen durchlaufene Potentialdifferenz. Für die Materiewellenlänge folgt damit die Beziehung

$$\lambda = \frac{h}{\sqrt{2mE_\mathrm{k}}} = \frac{h}{\sqrt{2meU}}. \tag{10.3}$$

Tab. 10.1 De-Broglie-Wellenlängen.

U in V	Elektronen v/c	λ in nm	Protonen v/c	λ in nm**
0,01	$2{,}0 \cdot 10^{-4}$	$1{,}2 \cdot 10^{1}$	$4{,}6 \cdot 10^{-6}$	$2{,}9 \cdot 10^{-1}$
0,1	$6{,}3 \cdot 10^{-4}$	3,9	$1{,}4 \cdot 10^{-5}$	$9{,}1 \cdot 10^{-2}$
1	$2{,}0 \cdot 10^{-3}$	1,2	$4{,}6 \cdot 10^{-5}$	$2{,}9 \cdot 10^{-2}$
10	$6{,}3 \cdot 10^{-3}$	$3{,}9 \cdot 10^{-1}$	$1{,}4 \cdot 10^{-4}$	$9{,}1 \cdot 10^{-3}$
100	$2{,}0 \cdot 10^{-2}$	$1{,}2 \cdot 10^{-1}$	$4{,}6 \cdot 10^{-4}$	$2{,}9 \cdot 10^{-3}$
1 000	$6{,}3 \cdot 10^{-2}$	$3{,}9 \cdot 10^{-2}$	$1{,}4 \cdot 10^{-3}$	$9{,}1 \cdot 10^{-4}$
10 000	0,19*	$1{,}2 \cdot 10^{-2}$	$4{,}6 \cdot 10^{-3}$	$2{,}9 \cdot 10^{-4}$
100 000	0,55*	$3{,}7 \cdot 10^{-3}$*	$1{,}4 \cdot 10^{-2}$	$9{,}1 \cdot 10^{-5}$
1 000 000	0,94*	$8{,}7 \cdot 10^{-4}$*	$4{,}6 \cdot 10^{-2}$	$2{,}9 \cdot 10^{-5}$
10 000 000	0,999*	$1{,}2 \cdot 10^{-4}$*	$1{,}4 \cdot 10^{-1}$	$9{,}0 \cdot 10^{-6}$*

* relativistisch korrigiert
** 1 nm = 10^{-9} m = 10 Å (Angström: in der Elektronenmikroskopie häufig verwendete Längeneinheit)

In dieser einfachen Form gilt die Gleichung nur für Geschwindigkeiten, bei denen die relativistische Abhängigkeit der Masse von der Geschwindigkeit (Kap. 12) noch nicht berücksichtigt werden muß, für Elektronen z. B. nur für Beschleunigungsspannungen U bis höchstens 10 000 V. Tab. 10.1 gibt einige nach Gl. (10.3) berechnete Wellenlängen von Materiewellen (den sog. *de-Broglie-Wellen*) für Elektronen und Protonen (= Wasserstoffkerne) an.

Die Einführung der Materiewellen ermöglichte es de Broglie, physikalisch zu verstehen, wie *stationäre Energiezustände* in Atomen auftreten können. Das *Bohrsche Atommodell,* das so erfolgreich die optischen Spektren insbesondere des Wasserstoffs quantitativ beschreiben konnte, enthielt ja neben dem nach klassischen Gesetzen behandelten Verhalten der Elektronen eines Atoms eine *Quantenbedingung, die nicht klassisch erklärt werden konnte.* Die Wellenvorstellung bietet jedoch eine Möglichkeit hierfür:

Im Bohrschen Modell des Wasserstoffatoms läuft das Elektron auf einer geschlossenen, z. B. kreisförmigen Bahn um den positiven Kern. Im Wellenbild entspricht dem eine Amplitudenverteilung der Materiewelle längs der klassischen Bahn, wie sie z. B. in Abb. 10.1 für einen bestimmten Zeitpunkt symbolisiert ist. Dabei müssen

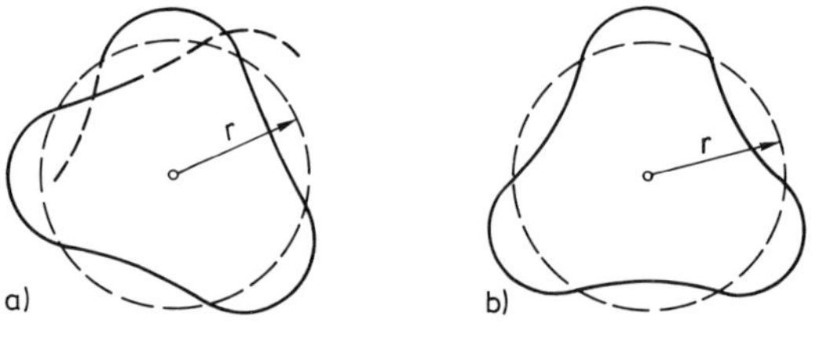

Abb. 10.1 Elektronen-„welle“ auf Kreisbahn; a) instationärer Fall, b) stationärer Fall ($n = 3$).

zwei Fälle unterschieden werden. Abb. 10.1 a zeigt den instationären Fall, in dem der Kreisumfang $2\pi r$ nicht durch die Materiewellenlänge λ teilbar ist. Wird die Amplitudenverteilung über den gezeichneten Bereich hinaus verfolgt, so erkennt man, daß sich die Welle durch Interferenz selbst auslöscht. Ein *stationärer Fall* ist nur möglich, wenn der *Bahnumfang* gleich einem *ganzzahligen Vielfachen* der Wellenlänge ist (Abb. 10.1 b):

$$2\pi r_n = n\lambda \quad (n = \text{ganze Zahl}). \tag{10.4}$$

Mit der de-Broglie-Beziehung Gl. (10.1) folgt daraus sofort die Bohrsche *Quantenbedingung* für den *Drehimpuls* pr_n:

$$pr_n = n\frac{h}{2\pi} = n\hbar\,. \tag{10.5}$$

Die zunächst unverständliche Quantenbedingung kann also mit Hilfe der Materiewellenvorstellung auf das Stationaritätsproblem eines schwingenden Systems mit „Randbedingungen" zurückgeführt werden. Diese Randbedingung lautet hier: Die Welle muß in sich zurücklaufen. Denkt man sich den Bahnkreis an einem Knotenpunkt aufgeschnitten und zu einer linearen Saite gestreckt, so erkennt man die Analogie zum Problem einer schwingenden Saite mit eingespannten Enden. Die Weiterentwicklung dieser Überlegungen führte schließlich zur Schrödingerschen *Wellenmechanik*.

Mit der Wellenvorstellung über die Elektronen im Atom läßt sich noch eine weitere Schwierigkeit beim Verständnis des Bohrschen Atommodells beseitigen: die postulierte *Strahlungslosigkeit* der stationären Bohrschen Bahnen. Das System eines um den positiv geladenen Atomkern kreisenden Elektrons stellt ja einen schwingenden elektrischen Dipol dar, der nach der Elektrodynamik elektromagnetische Wellen abstrahlen und somit kontinuierlich Energie verlieren sollte. Eine längs der klassischen Elektronenbahn schwingende Materiewelle bedeutet jedoch, daß das Elektron gewissermaßen über den Bahnumfang „verschmiert" ist. Man erkennt, daß in diesem Bild das System Atomkern-Elektron keinen schwingenden elektrischen Dipol darstellt und somit – wie von Bohr postuliert – die Strahlungsnotwendigkeit entfällt. Die später zu besprechende Unschärferelation (Abschn. 10.9) zeigt dies noch deutlicher.

Es zeigt sich also, daß die Einführung der Materiewellen außerordentlich erfolgreich ist bei der Deutung von Quanteneigenschaften des Atoms. Jedoch tritt nun ein neues Problem auf, nämlich das der *Lokalisierbarkeit* eines Materieteilchens, wenn man die Materiewellenvorstellung auf ein sich frei bewegendes Teilchen überträgt. Im Atom sind die Elektronenwellen in sich geschlossen, sind also räumlich auf den Bereich des Atoms begrenzt. Ordnet man aber einem freien Teilchen eine monochromatische Welle zu, so ist diese unendlich ausgedehnt, ohne Anfang und Ende, so daß ein Widerspruch auftritt zu der Eigenschaft eines Teilchens, räumlich eng begrenzt, also lokalisierbar zu sein. Es liegt daher nahe, einem Teilchen – ähnlich wie dem Photon – nicht eine streng monochromatische Welle mit genau definierter Wellenlänge und Frequenz zuzuordnen, sondern eine *Wellengruppe,* wie man sie aus der Überlagerung vieler Wellen mit je etwas verschiedenen Wellenlängen z. B. zwischen λ und $\lambda + \Delta\lambda$ erhält:

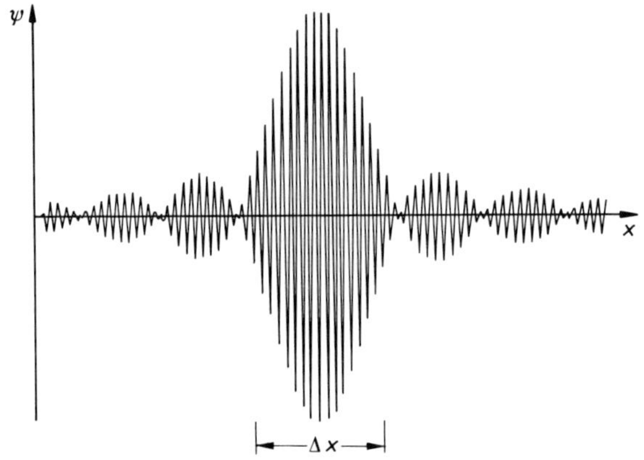

Abb. 10.2 Wellenpaket.

$$\psi = \int_{\lambda}^{\lambda+\Delta} A \cos\left\{\frac{2\pi}{\lambda}(x - v_p t)\right\} d\lambda . \tag{10.6}$$

Hierin ist v_p die Phasengeschwindigkeit der Materiewelle mit der Wellenlänge λ. Die dementsprechende Darstellung in Abb. 10.2 zeigt, daß eine solche Wellengruppe („Wellenpaket") ihre größten Amplituden ψ in einem räumlich begrenzten Bereich hat, was der Partikelvorstellung etwas näher kommt. Dennoch ist auch diese Wellengruppe räumlich ausgedehnt, man erhält eine *Ortsunschärfe* Δx des Teilchens, zu der sich noch eine *Wellenlängenungenauigkeit* $\Delta\lambda$ gesellt. Beides wird uns später (Abschn. 10.9) zur *Unschärfe-Relation* von Heisenberg führen.

Über die Natur dieser Materiewellen, z. B. welche Quantität durch die „Wellenfunktion" ψ ausgedrückt wird, wurde bisher nichts ausgesagt. Auch die genauere Theorie, die Wellenmechanik, macht hierüber keine Aussage. Lediglich das Quadrat der Amplitude $|\psi|^2$ wird anschaulich als Maß für die Aufenthaltswahrscheinlichkeit des Teilchens gedeutet. Von ψ wird daher manchmal als *Wahrscheinlichkeitswelle* gesprochen. Bei der Betrachtung sehr vieler Teilchen ist $|\psi|^2$ dann der mittleren Teilchenzahldichte proportional.

In Verfolgung der Analogie zum Licht läßt sich die Energie der bewegten Teilchen mit einer Frequenz ν verknüpfen. Nehmen wir ferner das Äquivalenzprinzip von Masse und Energie hinzu (Kap. 12), so erhalten wir aus

$$E = h\nu = mc_0^2 \tag{10.7}$$

für die Frequenz (hierbei handelt es sich nach dem vorangegangenen um eine mittlere Frequenz) einer Materiewelle

$$\nu = \frac{mc_0^2}{h} . \tag{10.8}$$

Damit ergibt sich für die *Phasengeschwindigkeit einer Materiewelle* unter Berücksichtigung der de-Broglie-Beziehung Gl. (10.1):

$$v_{\mathrm{p}} = \nu\lambda = \frac{mc_0^2\lambda}{h} = \frac{mc_0^2}{mv} = \frac{c_0^2}{v}. \tag{10.9}$$

Daraus folgt, da die Teilchengeschwindigkeit v die Lichtgeschwindigkeit c_0 nicht übersteigen kann (Kap. 12), daß die Phasengeschwindigkeit einer Materiewelle immer größer als die Lichtgeschwindigkeit ist. Der Leser beachte dazu aber die Anmerkung hinter Gl. (10.13).

Nach Gl. (10.9) ist die Phasengeschwindigkeit umgekehrt proportional zur Teilchengeschwindigkeit v und damit von der Wellenlänge λ abhängig, es liegt also *Dispersion* vor. Für diesen Fall bestimmt sich die *Gruppengeschwindigkeit* v_{g}, also die Fortpflanzungsgeschwindigkeit des dem Teilchen zugeordneten Wellenpaketes (Abb. 10.2), nach Abschn. 2.2 aus der Beziehung (Lord Rayleigh)

$$v_{\mathrm{g}} = v_{\mathrm{p}} - \lambda\frac{\mathrm{d}v_{\mathrm{p}}}{\mathrm{d}\lambda} = -\lambda^2\frac{\mathrm{d}\nu}{\mathrm{d}\lambda} = \frac{\mathrm{d}\nu}{\mathrm{d}\left(\frac{1}{\lambda}\right)}. \tag{10.10}$$

Beschränken wir uns auf nichtrelativistische Teilchen ($v \ll c_0$), so ist

$$mc_0^2 = m_0c_0^2 + \frac{1}{2}m_0v^2 \quad \text{und} \quad \frac{1}{\lambda} = \frac{m_0v}{h}. \tag{10.11}$$

Damit erhalten wir aus den Gln. (10.8), (10.10) und (10.11)

$$v_{\mathrm{g}} = \frac{\mathrm{d}\left(c_0^2 + \frac{1}{2}v^2\right)}{\mathrm{d}v} = v\,, \tag{10.12}$$

d.h. *die Teilchengeschwindigkeit ist gleich der Gruppengeschwindigkeit der dem Teilchen zugeordneten Wellengruppe,* ein Ergebnis, das ebenfalls bereits de Broglie 1924 [1] gefunden hatte und das befriedigend zur Beschreibung eines Teilchens durch eine Wellengruppe paßt. Aus den Gln. (10.9) und (10.12) ergibt sich die für Materiewellen allgemein gültige Beziehung

$$v_{\mathrm{g}}v_{\mathrm{p}} = c_0^2\,, \tag{10.13}$$

die nicht auf Lichtwellen (Photonen) übertragen werden darf.

Anmerkung: Da die Energie mc_0^2 in Gl. (10.7) bzw. (10.8) nicht eindeutig ist, sondern durch eine potentielle Energie $E_{\mathrm{p}} = eV$ (V: elektrostatisches Potential) mit frei wählbarem Nullpunkt ergänzt werden kann, ist die Phasengeschwindigkeit Gl. (10.9) willkürbehaftet. Andere Rechnungen liefern z. B. $v_{\mathrm{p}} = v_{\mathrm{g}}/2$. Dies zeigt, daß die Phasengeschwindigkeit von Materiewellen unbestimmt und eine nicht direkt beobachtbare Größe ist. Beobachtet wird stets nur die Gruppengeschwindigkeit.

Wir sehen also, daß wie die elektromagnetische Strahlung auch die Materie „dualen“ Charakter haben kann, was hier nur bedeuten soll, daß gewisse Eigenschaften der korpuskularen Bestandteile der Materie besser im Wellenbild gedeutet werden können. Es hat sich später gezeigt, daß sowohl Korpuskel- als auch Wellenbild

Grenzfälle der die Teilcheneigenschaften vollständig beschreibenden *Quantenmechanik* sind. Ähnlich wie bei den Röntgenstrahlen müßte allerdings noch ein direkter Nachweis für die Welleneigenschaften – etwa durch Erzeugen von *Interferenzen* – erbracht werden.

10.2 Elektronenbeugung und -interferometrie

Es liegt nahe, die vermuteten *Welleneigenschaften* von *Elektronen* dadurch zu prüfen, daß man – ähnlich wie bei den Röntgenstrahlen – *Kristalle* als *Beugungsgitter* von geeigneter Gitterkonstante benutzt, worauf Elsasser 1925 [2] hinwies.

Tatsächlich gelang es Davisson und Germer 1927 [3, 4], solche Interferenzerscheinungen bei der Streuung von Elektronen an einem Kristall zu finden: Sie erzeugten mit einer Glühkathode im Vakuum freie Elektronen und erteilten ihnen durch eine Beschleunigungsspannung U eine bestimmte, einstellbare Geschwindigkeit, die sich aus Gl. (10.2) berechnen läßt:

$$v = \sqrt{2\frac{e}{m}U}\,. \tag{10.14}$$

Der durch eine Öffnung in der Anode tretende Elektronenstrahl traf senkrecht auf eine kristallographisch ausgezeichnete Oberfläche (dreizählige Symmetrie) eines Nickeleinkristalls (Abb. 10.3). Die Intensität der gestreuten Elektronen (Streuintensität[1]) wurde mit einem als Faraday-Becher (Bd. 2, Kap. 1) ausgebildeten Auffänger

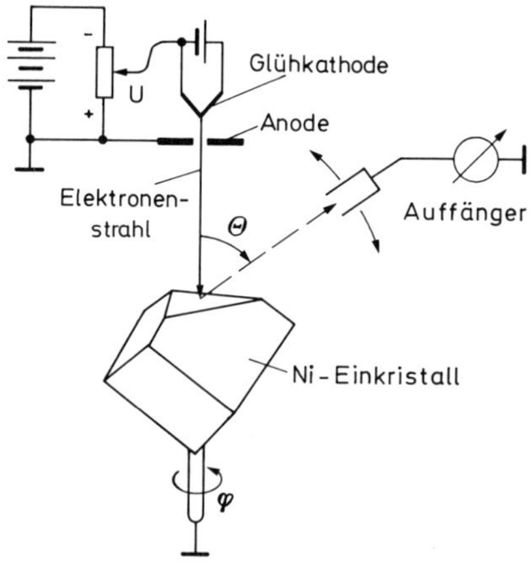

Abb. 10.3 Anordnung von Davisson und Germer [3, 4] zur Untersuchung der Elektronenbeugung an einem Nickeleinkristall.

[1] Als Streu- oder Beugungsintensität wird hier und im folgenden die vom Streuwinkel abhängige, mit einem geeigneten Detektor gemessene Teilchenzahl-Stromdichte der gestreuten oder gebeugten Elektronen, Atome, Neutronen usw. bezeichnet.

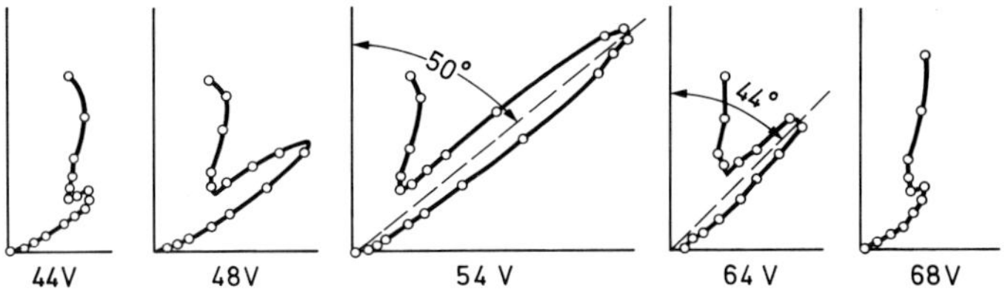

Abb. 10.4 Mit der Anordnung nach Abb. 10.3 erhaltene Polardiagramme der Streuintensitäten von Elektronen verschiedener Energien.

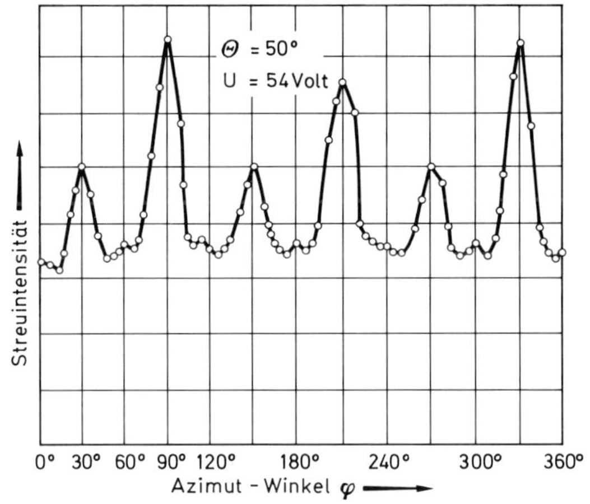

Abb. 10.5 Abhängigkeit der Elektronen-Streuintensität an einem Ni-Einkristall vom Azimutwinkel (vgl. Abb. 10.3).

mit angeschlossenem Meßgerät als elektrischer Strom registriert. Durch Schwenken des Auffängers ließ sich die Streuintensität als Funktion des Streuwinkels Θ messen. Dabei ergaben sich keine „glatten" Kurven, sondern ausgeprägte Maxima bei ganz bestimmten Streuwinkeln Θ, deren Lage von der Elektronenenergie E_k, also von der von den Elektronen durchlaufenen Potentialdifferenz U abhing (Abb. 10.4).

Wurde der Streuwinkel auf ein solches Maximum eingestellt und konstant gelassen (z. B. $\Theta = 50^\circ$ bei $U = 54$ V), nun aber der Kristall gedreht, so zeigten sich als Funktion des Azimutwinkels φ wiederum Maxima bei bestimmen Winkeln im Abstand von je 120°, die den Zusammenhang mit der erwähnten dreizähligen Symetrie der Kristallstruktur deutlich zeigen (Abb. 10.5). Es traten also Streuintensitätsmaxima in bestimmten Raumrichtungen auf, ganz ähnlich wie bei der Erzeugung des *Laue-Diagramms* eines Einkristalls mit Röntgenstrahlen (Abschn. 3.11) mit dem einzigen Unterschied, daß die Maxima hier in Reflexion statt in Durchstrahlung beobachtet wurden. Es war also zu vermuten, daß es sich hier tatsächlich – ähnlich wie bei der Röntgenstreuung – um eine Beugungserscheinung handelte, *indem die Elektronen als Materiewelle am Raumgitter des Kristalls gebeugt* wurden und *Interferenzerscheinungen* hervorriefen.

Entscheidend für diese Auffassung spricht jedoch die Tatsache, daß die zu den beobachteten Maxima gehörenden Winkel fast genau mit denjenigen übereinstimmen, die man erhält, wenn man in die Braggsche Gleichung für das Auftreten von Röntgenreflexen (Abschn. 3.11)[2]:

$$2d\sin\frac{\vartheta}{2} = n\lambda \quad (n = 1, 2, 3, \ldots) \tag{10.15}$$

die Wellenlänge λ aus der Beziehung für die de-Broglie-Wellenlänge (Gl. 10.3) einsetzt. Damit war die Existenz der Materiewellen und gleichzeitig die Richtigkeit der de-Broglie-Beziehung Gl. (10.1) nachgewiesen.

Bei genauer Ausmessung der Winkel ϑ für die Beugungsmaxima zeigt sich allerdings, daß eine geringe Abweichung gegenüber den aus Gl. (10.15) berechneten Beugungswinkeln auftritt, wenn dort als Wellenlänge λ die aus Gl. (10.3) gewonnenen Werte eingesetzt werden. Auch hierfür läßt sich eine Erklärung finden: Die Beziehung (10.3) war ja unter der stillschweigend gemachten Voraussetzung hergeleitet worden, daß die Elektronen sich im Vakuum bewegen. Treten sie nach der Beschleunigung jedoch in ein Medium ein, so sind sie darin zusätzlichen elektrostatischen Kräften ausgesetzt, die von den Atomkernen und Elektronen des Mediums ausgeübt werden. Setzen wir hierfür eine potentielle Energie E_p an, so gilt anstelle von Gl. (10.2) jetzt

$$eU = \frac{m}{2}v^2 + E_p\,. \tag{10.16}$$

$E_p = -eU_i$ ist im allgemeinen von der Größenordnung einiger eV, das zugehörige Potential U_i wird *inneres Potential* genannt. Mit dem daraus bestimmten Wert des Impulses mv erhält man aus Gl. (10.1) die vollständigere Beziehung

$$\lambda = \frac{h}{\sqrt{2m(eU - E_p)}}\,. \tag{10.17}$$

In Analogie zur Optik kann das Verhältnis der Wellenlängen im Vakuum und im Medium als „Brechzahl“ (früher „Brechungsindex“) definiert werden:

$$n = \frac{\lambda_{\mathrm{Vak}}}{\lambda_{\mathrm{Med}}} = \sqrt{1 - \frac{E_p}{eU}}\,. \tag{10.18}$$

Auch diese Gleichung gilt nur für $v \ll c_0$. Wir werden im Abschn. 10.4 (Elektronenoptik) auf diese sog. *elektronenoptische Brechzahl* noch zurückkommen. In einem Medium ist E_p räumlich nicht konstant, sondern z. B. in einem Kristall in allen drei Raumrichtungen periodisch vom Ort abhängig. Die Angabe einer mittleren Brechzahl wird daher nicht immer voll ausreichen. Immerhin sind dadurch die Abweichungen bei den Messungen von Davisson und Germer deutbar. Mit zunehmender

[2] ϑ gibt hierin den Winkel zwischen den Richtungen des Beugungsreflexes und des einfallenden Strahls an, also den Supplementwinkel zu Θ in den Abb. 10.3 bis 10.5: $\vartheta = \pi - \Theta$.

a) b) c)

Abb. 10.6 Reflexionsbeugungsaufnahmen mit langsamen Elektronen (LEED-Verfahren) von einer Eisen-Einkristall-Oberfläche (Aufnahmen: P. Meischner, Fritz-Haber-Institut der Max-Planck-Gesellschaft, Berlin-Dahlem, 1970): a) Reine (211)-Fläche von α-Fe, Elektronenenergie 145 eV; b) Die gleiche Fläche mit geringer Sauerstoff-Bedeckung nach Behandlung mit 10^{-6} Pa O_2 während 100 s. Elektronenenergie 145 eV; c) Nach Behandlung mit 10^{-5} Pa O_2 während 100 s; Elektronenenergie 192 eV.

Beschleunigungsspannung U wird der Einfluß der mittleren Wertes von E_p immer geringer und schließlich vernachlässigbar.

Die Beugung von Elektronen mit relativ niedriger Energie wie z. B. in den Versuchen von Davisson und Germer hat heute wieder erheblich an Bedeutung gewonnen, und zwar aus folgendem Grunde: Elektronen mit Energien von 10 bis 100 eV dringen nur wenige Atomlagen tief in einen Festkörper ein. Die entstehende Beugungsfigur, die ja von der kristallinen Struktur des Festkörpers bestimmt wird, läßt daher Aussagen insbesondere über die Festkörperoberflächenstruktur zu. Das sog. *LEED-Verfahren* (low energy electron diffraction) ist daher ein geeignetes Mittel zur Untersuchung von *Oberflächenstrukturen* und *-reaktionen*. Die gebeugten Elektronen werden bei diesem Verfahren elektrisch nachbeschleunigt und photographisch registriert. Als Beispiel zeigt Abb. 10.6 Aufnahmen, die mit dieser Technik gewonnen wurden. Die erste Aufnahme entstand durch Beugung an einer reinen Eisen-Einkristall-Oberfläche mit einer Elektronenenergie von 145 eV. (Der Schatten rührt von der Kristallhalterung her, die auch die 0. Ordnung verdeckt.) Die gleiche Oberfläche zeigt nach einer extrem schwachen Sauerstoffzufuhr (10^{-6} Pa O_2 während 100 s) zusätzliche Reflexe (zweite Aufnahme), die von regelmäßig angeordneten Sauerstoffatomen auf der Eisenoberfläche hervorgerufen werden. Eine weitere Zufuhr von Sauerstoff (Dosis zehnmal größer) bewirkt weitere starke Veränderungen im Beugungsbild (dritte Aufnahme).

Bei der Beugung von Elektronen höherer Energie ($10^4 \ldots 10^6$ eV) spielt das innere Potential und damit die Brechzahl des beugenden Kristalls keine Rolle mehr. Das Durchdringungsvermögen solcher Elektronen ist wesentlich höher, so daß etwa sehr dünne Metallschichten (Dicke 10 ... 1000 nm) noch durchstrahlt werden können. Über die ersten Beugungsversuche in Durchstrahlung wurde – ebenfalls im Jahre 1927 – von G.P. Thomson berichtet [5, 6, 74] (Abb. 10.7). Er verwendete Kathodenstrahlen der Energie 10000 ... 50000 eV und durchstrahlte zunächst dünne Aluminium- und Goldschichten. Das entstehende Beugungsbild konnte er direkt auf

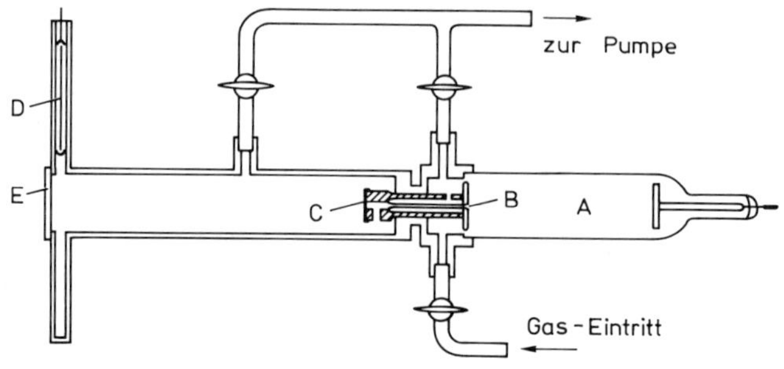

Abb. 10.7 Der von G.P. Thomson [6] benutzte Apparat zur Elektronenbeugung: A: Gasentladungsröhre; B: Anodenöffnung für Kathodenstrahlen; C: durchstrahlbare dünne Folie, an der die Elektronen gebeugt wurden; D: einschwenkbare Photoplatte; E: Leuchtschirm aus Willemit; (nach Contemp. Phys. **9**, 1, 1968).

einem Fluoreszenzschirm beobachten und photographieren. Auch hier bestätigten sich die de-Broglieschen Annahmen auf das Genaueste. Thomson konnte auch den Einwand entkräften, daß die beobachteten Beugungsbilder gar nicht Elektronenwellen zuzuordnen seien, sondern den durch die Elektronen im Kristall ausgelösten und anschließend gebeugten Röntgenstrahlen, indem er zeigte, daß sich das Beugungsbild magnetisch ablenken läßt, was bei Röntgenstrahlen nicht möglich ist.

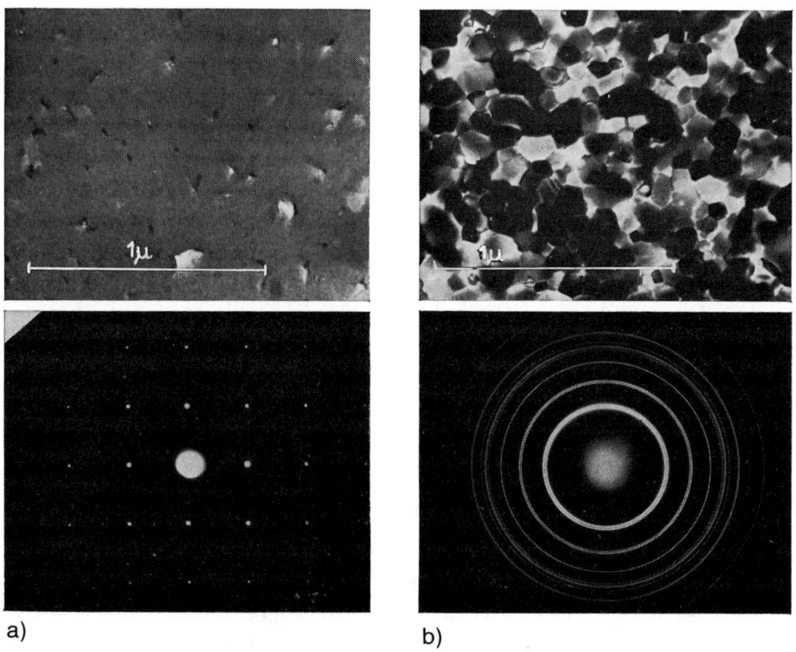

Abb. 10.8 Elektronenmikroskopische Abbildung (oben) und Elektronenbeugungsfigur (unten) einer Zinn-Schicht. Dicke: 80 nm. Elektronenenergie: 100 keV [7]; a) Einkristalline Schicht, b) polykristalline Schicht.

Wird eine Einkristallschicht durchstrahlt, so erhält man ein Punktsystem als Beugungsbild (Abb. 10.8a), das dem Laue-Diagramm bei Röntgenstrahlbeugung entspricht (Abb. 3.74). Meistens bestehen solche dünnen Schichten jedoch aus vielen kleinen Kristallen mit statistischer Orientierung, sie sind polykristallin. Erfaßt der Elektronenstrahl sehr viele dieser Kristallite, dann erhält man als Beugungsbild ein Ringsystem (Abb. 10.8b), das dem *Debye-Scherrer-Diagramm* bei Röntgenstrahlbeugung entspricht (Abb. 3.81).

Heute ist praktisch jedes Elektronenmikroskop (Abschn. 10.5) auch für Elektronenbeugungsaufnahmen eingerichtet, und die Elektronenbeugung hat ihren festen Platz als Methode zur Analyse unbekannter Substanzen.

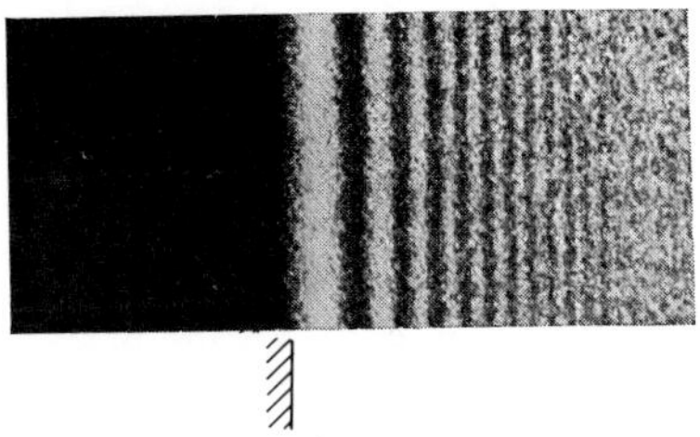

Abb. 10.9 Fresnelsche Beugung von Elektronen an einer makroskopischen Kante [8, 9].

Die bisher behandelten Experimente zum Nachweis der Welleneigenschaften von Partikeln wurden sämtlich als *Fraunhofersche Beugung* (Abschn. 3.8) *an Mikrostrukturen* (Atomgitter oder Moleküle als beugendes Objekt) durchgeführt. Boersch gelang es 1940 erstmalig, die *Fresnelsche Beugung* (Abschn. 3.8) von Elektronen an einer *makroskopischen Kante* einer Al_2O_3-Schicht nachzuweisen (Abb. 10.9). Die dabei entstehende Beugungsfigur zeigt im Lichtraum helle und dunkle Interferenzstreifen parallel zur beugenden Kante, ganz analog zur Lichtbeugung an einer Kante (Abb. 3.49). „Die besondere Bedeutung der Fresnelschen Beugungserscheinung der Kante ... besteht darin, daß der Abstand der Interferenzmaxima ... unabhängig von den geometrischen Dimensionen des Streukörpers ist, daß insbesondere submikroskopische Größen, wie z. B. die Atomabstände ... keine Rolle spielen. Infolgedessen wird die Bestimmung der Wellenlänge der Elektronen ... auf die unmittelbare Messung der Abstände der Elektronenquelle vom Objekt und der Interferenzmaxima untereinander zurückgeführt“ [8][3].

Eine andere Möglichkeit zum Nachweis der Welleneigenschaften von Elektronen ist die *Überlagerung zweier kohärenter Elektronenbündel* ähnlich wie bei dem *Fresnelschen Biprisma* für Licht (Abb. 3.8). Ein solches *Biprisma für Elektronen* besteht aus einem gegenüber der Umgebung positiv geladenen Faden von wenigen μm

[3] Es ist interessant zu bemerken, daß erst die Beobachtung der Fresnelschen Beugung im Elektronenmikroskop Anlaß gab, entsprechende Erscheinungen auch im Lichtmikroskop genauer zu untersuchen und die Bildentstehung weiter zu klären (vgl. Kinder und Recknagel [12]).

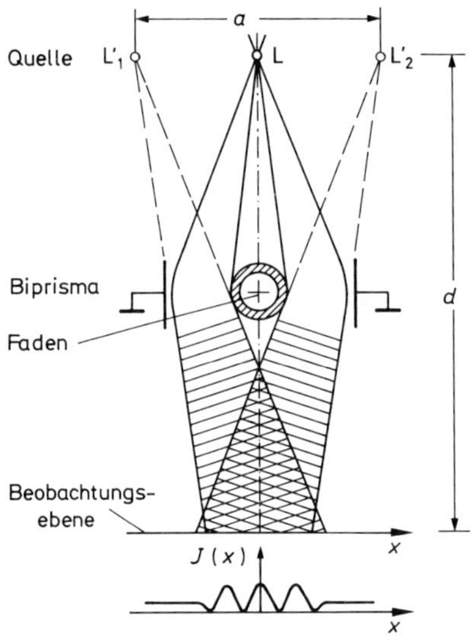

Abb. 10.10 Interferometer-Anordnung mit elektrostatischem Biprisma zur Erzeugung von Elektroneninterferenzen [11]. L: Elektronenoptisch verkleinerte Elektronenquelle, $L'_{1,2}$: Virtuelle Elektronenquellen.

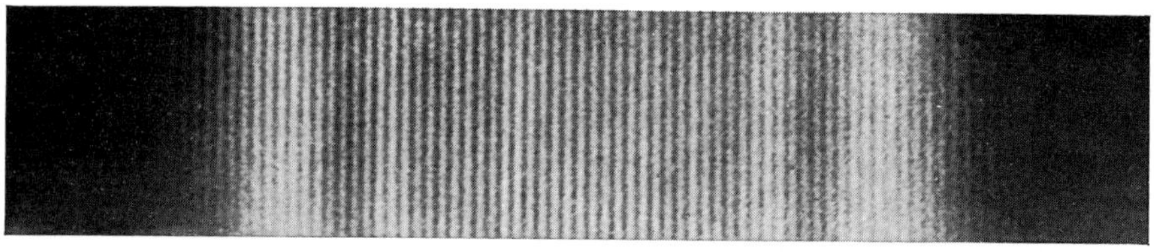

Abb. 10.11 Biprisma-Elektroneninterferenzen [10].

Durchmesser (Abb. 10.10), auf den ein Elektronenstrahl gerichtet wird. Die Teilbündel zu beiden Seiten des Fadens werden wegen dessen positiver Ladung umgelenkt und überlagern sich unterhalb des Fadens unter einem sehr kleinen Winkel. Auf einem Leuchtschirm im Überlagerungsgebiet lassen sich dann Interferenzstreifen beobachten, wie Abb. 10.11 zeigt. Da die Streifen sehr dicht liegen, muß man, um sie überhaupt auflösen zu können, eine sehr feine Elektronenquelle L haben, die man durch elektronenoptische Vorverkleinerung einer üblichen Elektronenquelle (Abschn. 10.4.2) herstellt. Das Biprisma erzeugt dann zwei virtuelle kohärente Elektronenquellen L'_1 und L'_2, deren Abstand a von dem Potential des Biprismafadens abhängt. Aus dem Abstand der Interferenzstreifen läßt sich die Wellenlänge der Elektronenwellen genau wie bei dem entsprechenden Versuch mit Licht (Fresnel) bestimmen. Das Resultat bestätigt erneut die Gültigkeit der de-Broglie-Beziehung Gl. (10.1).

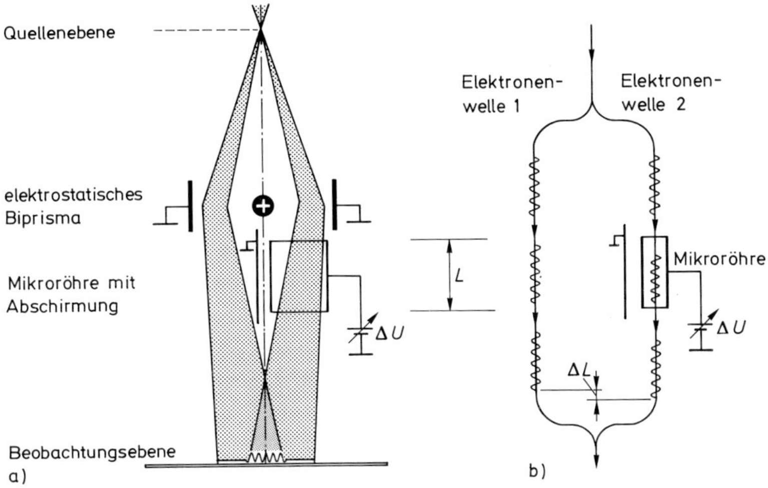

Abb. 10.12 Elektroneninterferometer mit Möllenstedt-Biprisma und Mikroröhre zur elektrostatischen Phasenschiebung der Elektronenwelle 2 gegenüber der Elektronenwelle 1 [13, 14]; a) Prinzipielle Anordnung des Experimentes, b) Schema für die Führung der kohärenten Teilwellen.

Mit Hilfe des Möllenstedtschen Biprismas für Elektronen läßt sich ferner die Länge der Materiewellenpakete der verwendeten Elektronenstrahlen, d.h. ihre *Kohärenzlänge* (Abschn. 3.1) bestimmen. Die kinetische Energie der durch die Spannung U beschleunigten Elektronen ist $E = -eU = mv^2/2$ (nichtrelativistischer Fall). Der eine Teilstrahl im Biprisma wird nun durch ein Gebiet der Länge L mit einem um ΔU erhöhten Potential geschickt (Abb. 10.12). In diesem Gebiet ist die Geschwindigkeit der Elektronen bzw. die Gruppengeschwindigkeit der Elektronenwellen (Abschn. 10.1) nach Gl. 10.14 um

$$\Delta v = \sqrt{\frac{e}{2mU}}\,\Delta U \tag{10.19}$$

höher, ihre Wellenlänge λ nach der de-Broglie-Beziehung $\lambda = h/mv$ (Gl. 10.1) kleiner als im anderen Teilstrahl. Die der Weglänge L entsprechende Phase φ (Anfangsphase φ_0; Kreiswellenzahl $k = 2\pi/\lambda$) ist mit Gl. (10.1)

$$\varphi = kL + \varphi_0 = \frac{2\pi}{\lambda}L + \varphi_0 = \frac{mvL}{\hbar} + \varphi_0\,. \tag{10.20}$$

Die Potentialerhöhung um ΔU bewirkt eine Änderung der Phase am Ende des Gebietes L um

$$\Delta\varphi = \frac{mL}{\hbar}\Delta v = \frac{eL}{\hbar}\sqrt{\frac{m}{2eU}}\,\Delta U\,. \tag{10.21}$$

Mit Gl. (10.14) folgt daraus

$$\Delta\varphi = \frac{e\mathrm{L}}{\hbar v}\Delta U\,. \tag{10.22}$$

Dieses Experiment wurde von Schmid 1985 [13] mit einem gegenüber Abb. 10.12a abgewandelten Elektroneninterferometer mit um 300 µm voneinander getrennten kohärenten Teilwellen durchgeführt. Hier war es möglich, die eine Teilwelle durch eine abgeschirmte Mikroröhre von $L = 3$ mm Länge laufen zu lassen, die bei angelegter Spannung ΔU eine Phasenschiebung $\Delta\varphi$ bzw. eine Wegverschiebung $\Delta L = \Delta\varphi/k$ der Teilwelle 2 gegen die Teilwelle 1 bewirkt. Im Interferenzgebiet verschieben sich dabei die Interferenzstreifen seitlich. Solange ΔL klein ist gegen die Länge der Elektronenwellenzüge, d. h. gegen die Kohärenzlänge, wird der Kontrast der Interferenzstreifen gut erkennbar sein. Wird dagegen ΔL (durch Erhöhung von ΔU) etwa so groß gemacht wie die Kohärenzlänge, so können die Teilwellen nicht mehr miteinander interferieren, und die Interferenzstreifen verschwinden (Abb. 10.12b). Die zur Phasenschiebung um $\Delta\varphi = 2\pi$ bzw. zur Wegverschiebung um eine Wellenlänge ($\Delta L = \lambda$) notwendige Spannung $\Delta U_{2\pi}$ an der Mikroröhre beträgt nach Gl. (10.22)

$$\Delta U_{2\pi} = \frac{h}{L}\sqrt{\frac{2U}{em}}\,. \tag{10.23}$$

Bei einer Elektronenenergie von 35 keV und einer Länge der Mikroröhre von $L = 3$ mm ist dazu eine Spannung von $\Delta U_{2\pi} \approx 150\,\mu$V erforderlich. Man kann nun ΔU von 0 V an solange erhöhen, bis der Streifenkontrast verschwindet. Dann gibt der Quotient $\Delta U/\Delta U_{2\pi}$ die Zahl n der Wellenlängen an, um die die Elektronenwellen gegeneinander verschoben worden sind, d. h. $n\lambda$ ergibt die Kohärenzlänge.

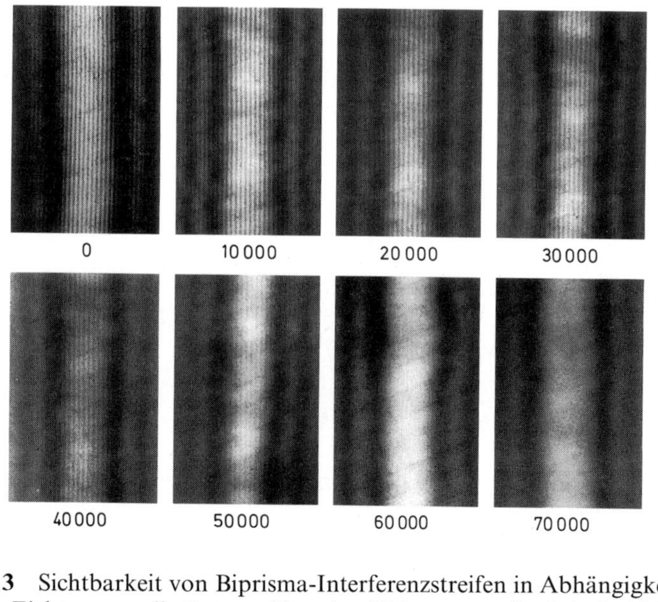

Abb. 10.13 Sichtbarkeit von Biprisma-Interferenzstreifen in Abhängigkeit von der Verschiebung der Elektronenwelle 2 gegenüber der Elektronenwelle 1 (vgl. Abb. 10.12), angegeben als Zahl der Elektronenwellenlängen [13].

Abb. 10.13 zeigt, daß Kohärenzlängen bis zu 60000 Elektronenwellenlängen erreichbar sind. Die Elektronenwellenlänge bei $U = 35\,\mathrm{kV}$ beträgt $\lambda = 6{,}6\,\mathrm{pm}$, die Kohärenzlänge der Elektronenwellen in dem beschriebenen Experiment beträgt daher $n\lambda = 0{,}4\,\mu\mathrm{m}$. Mit Elektronenstrahlen dieser Kohärenz läßt sich auch Elektronen-Holographie betreiben (Abschn. 10.5.3).

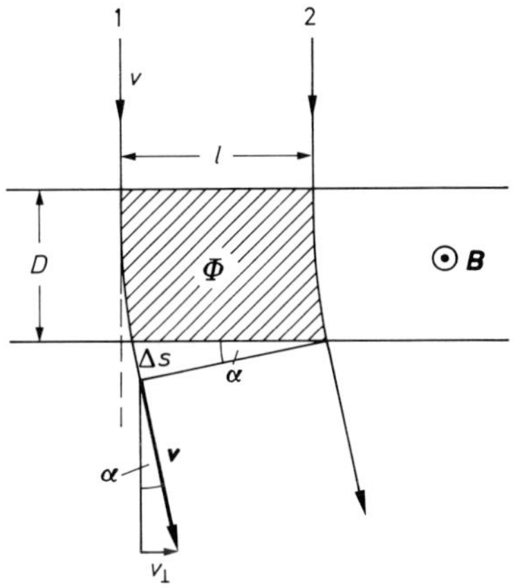

Abb. 10.14 Zur Berechnung der magnetischen Phasenschiebung einer Elektronenwelle.

Die *Elektroneninterferometrie* wurde u. a. zur Bestimmung sehr kleiner magnetischer Flüsse benutzt, wie sie z. B. als *magnetische Flußquanten* in Supraleitern (Bd. 2, S. 212, 792) auftreten. Um diese Meßmethode verstehen zu können, betrachten wir zunächst den Durchgang einer ebenen Elektronenwelle durch ein Gebiet der Dicke D (Abb. 10.14), in dem senkrecht zur Zeichenebene ein magnetisches Feld $\boldsymbol{B}$ vorhanden sein möge (z. B. eine ferromagnetische Schicht). Diesen Vorgang wollen wir zunächst im Teilchenbild behandeln. Die Gegenüberstellung mit dem Wellenbild wird dann Folgerungen für die Elektronenwelle ergeben. Im Feldbereich wirkt auf die Elektronen der Geschwindigkeit $\boldsymbol{v}$ die Lorentz-Kraft (Bd. 2, S. 230, 547)

$$\boldsymbol{F} = e\boldsymbol{v} \times \boldsymbol{B} \tag{10.24}$$

senkrecht zu $\boldsymbol{v}$ und $\boldsymbol{B}$ und lenkt die Elektronen um den Winkel α ab. Die zugeordnete Elektronenwelle ändert ihre Richtung um den gleichen Winkel. Der Strahl 1 hat dann gegenüber einem Strahl 2 eine Wegdifferenz $\Delta s = l \sin\alpha$ zurückzulegen, die durch eine dementsprechende Phasenschiebung $\Delta\varphi = k\Delta s$ ($k = 2\pi/\lambda$) kompensiert sein muß, damit die Wellenflächen auch nach dem Durchgang durch das Magnetfeld senkrecht zur Ausbreitungsrichtung sind. Wir betrachten nur kleine Ablenkungen α. Während der Laufzeit t durch das Feld erhalten die Elektronen durch die Lorentzkraft eine zur ursprünglichen Richtung $\boldsymbol{v}$ senkrechte Geschwindigkeitskomponente

$$v_\perp = bt = \frac{e}{m} vBt\,.$$

Die Laufzeit beträgt $t \approx D/v$, woraus sich für den Ablenkwinkel

$$\alpha \approx \frac{v_\perp}{v} = \frac{e}{m} \frac{BD}{v}$$

ergibt. Aus Abb. 10.14 folgt weiter

$$\Delta s \approx l\alpha \approx \frac{e}{m} \frac{BDl}{v}.$$

BDl ist aber gerade der von beiden Strahlen eingeschlossene magnetische Fluß Φ. Für die Phasenverschiebung $\Delta\varphi$ zwischen beiden Strahlen ergibt sich damit:

$$\Delta\varphi = \frac{2\pi}{\lambda}\Delta s = e\Phi\frac{2\pi}{mv\lambda}.$$

Unter Berücksichtigung der de-Broglie-Beziehung Gl. (10.1) erhalten wir schließlich

$$\Delta\varphi = \frac{e}{\hbar}\Phi \tag{10.25}$$

mit $\hbar = h/2\pi$. Die Phasenschiebung hängt also von der Größe des von beiden Strahlen eingeschlossenen magnetischen Flusses ab, nicht direkt von der Flußdichte $\boldsymbol{B}$ am Ort der betrachteten Strahlen (im Gegensatz zum Ablenkwinkel α). Das legt die Vermutung nahe, daß diese Phasenverschiebung auch dann auftritt, wenn die beiden Strahlen einen Fluß Φ einschließen, ohne dabei das Feld selbst zu durchdringen. Diese Annahme wurde experimentell mittels Interferometer-Versuchen bestätigt, bei denen ein definierter, eng begrenzter magnetischer Fluß längs des Biprisma-Fadens (Abb. 10.10) zwischen den Teilwellen angeordnet wurde, z. B. durch eine dünne Eisenschicht auf dem Faden [15] oder eine Mikrospule [16]. Die durch den eingeschlossenen Fluß verursachte Phasenverschiebung zeigt sich dann durch eine Veränderung des Interferenzstreifensystems (Verschiebung der Maxima) im Interferenzbereich.

Vom *Nahwirkungsstandpunkt* aus würde das bedeuten, daß nicht die magnetische Feldstärke, sondern eine andere Größe die Phasenverschiebung bewirken muß. Dies läßt sich leicht anhand der Abb. 10.14 einsehen: ändert man den Abstand l der beiden Strahlen voneinander, so muß die der Wegdifferenz Δs proportionale Phasenverschiebung $\Delta\varphi$ nach den vorangegangenen Überlegungen mit *l zunehmen, obwohl die magnetische Flußdichte* $\boldsymbol{B}$ innerhalb der Schicht als *überall gleich* angenommen wurde und somit nicht direkt eine ortsabhängige Phasenverschiebung hervorrufen kann. Ehrenberg und Siday [17] und später Aharonov und Bohm [18] gaben als direkte Einflußgröße das sogenannte magnetische Vektorpotential $\boldsymbol{A}$ an, das mit der Flußdichte $\boldsymbol{B}$ durch die Definitionsgleichung

$$\boldsymbol{B} = \operatorname{rot}\boldsymbol{A} \tag{10.26}$$

verknüpft ist und auch dort vorhanden sein kann, wo $\boldsymbol{B} = 0$ ist.

Die Phasenschiebung durch das magnetische Vektorpotential gemäß Gl. (10.25) und (10.26) läßt sich ohne Zusatzannahmen ableiten, wenn man von einer gegenüber Gl. (10.1) erweiterten de-Broglie-Beziehung für die Wellenlänge λ einer Elektronen-

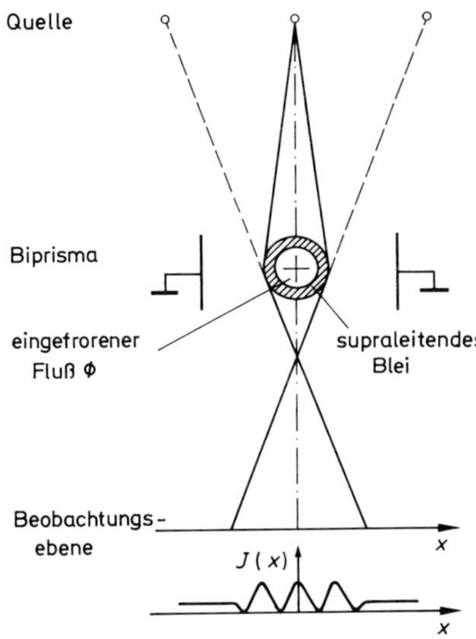

Abb. 10.15 Elektroneninterferometer mit auf Flüssig-Helium-Temperaturen kühlbarem Biprismafaden zur Untersuchung des in supraleitenden Hohlzylindern eingefrorenen magnetischen Flusses [20], vgl. auch Abb. 10.10.

welle in einem magnetischen Vektorpotentialfeld ausgeht[4]:

$$\lambda = \frac{h}{mv + eA_s} \tag{10.27}$$

A_s: Komponente des Vektorpotentials in Ausbreitungsrichtung der Elektronenwelle

Die Anwendung dieses sogenannten *Bohm-Aharonov-Effektes* zur Messung sehr kleiner magnetischer Flüsse, insbesondere in *supraleitenden Hohlzylindern,* kann z. B. in einer Interferometer-Anordnung gemäß Abb. 10.15 erfolgen. Dabei wird der Biprisma-Faden mit einer Blei-Schicht bedampft. Bei Abkühlung auf Temperaturen unterhalb 7,2 K mit flüssigem Helium (Bd. 1, Kap. 12) wird Blei supraleitend, so daß der Biprisma-Faden zu einem supraleitenden Hohlzylinder wird. Aus einem solchen supraleitenden Hohlzylinder kann ein vor dem Abkühlen durch Anlegen eines äußeren Feldes vorhandener magnetischer Fluß auch nach dem Abschalten des äußeren Feldes *(= Einfrierfeldstärke)* nicht entweichen, solange der Zylinder supraleitend ist (Bd. 2, Kap. 12): der magnetische Fluß ist „eingefroren".

Ist kein Fluß eingefroren, so muß das Interferenzstreifensystem symmetrisch sein und in der Mitte maximale Elektronen-Stromdichte zeigen. Da nach Gl. (10.25) die

[4] Gl. (10.27) folgt aus einer ebenfalls bereits von de Broglie [19] angegebenen Beziehung für die Phasengeschwindigkeit v_p von Elektronenwellen

$$v_p = \lambda \nu = \frac{h\nu}{mv + eA_s}.$$

Phasenverschiebung $\Delta\varphi$ proportional zu Φ steigt, verschiebt sich je nach Größe eines eingefrorenen Flusses Φ das Interferenzstreifensystem seitlich gegenüber seiner Lage bei $\Phi = 0$. Der Verschiebung um eine Streifenbreite entspricht eine Phasenverschiebung $\Delta\varphi = 2\pi$ und damit nach Gl. (10.25) ein eingefrorener Fluß $\Phi = h/e = 4{,}1 \cdot 10^{-15}$ Vs. Durch Messung der Streifenverschiebung lassen sich also außerordentlich kleine magnetische Flüsse bestimmen. Dabei zeigte sich, daß nicht beliebige Werte von Φ eingefroren werden können, sondern nur solche Werte, die eine Streifenverschiebung um ganze Vielfache einer halben Streifenbreite (entsprechend $\Delta\varphi = \pi$) hervorrufen. Mit steigender Einfrierfeldstärke beobachtet man abwechselnd helle und dunkle Interferenzstreifen im Symmetriezentrum der Interferenzfiguren (Abb. 10.16).

Der eingefrorene Fluß kann also nur ganze Vielfache eines *magnetischen Flußquants*

$$\Phi_0 = \frac{h}{2e} = 2{,}07 \cdot 10^{-15}\,\mathrm{Vs} \tag{10.28}$$

annehmen. Dieses Ergebnis wurde auch mittels magnetischer Methoden erhalten [21, 22, 23] und ist eine wesentliche Stütze der Theorie der Supraleitung.

Abgesehen von der grundsätzlichen Bedeutung der *Elektroneninterferometrie* für den Nachweis der Wellennatur der Elektronen gibt es neben der eben behandelten noch weitere Anwendungen, von denen insbesondere die *Elektronen-Holographie* bei der höchstauflösenden Elektronenmikroskopie an Bedeutung gewinnt (Abschn. 10.5.3).

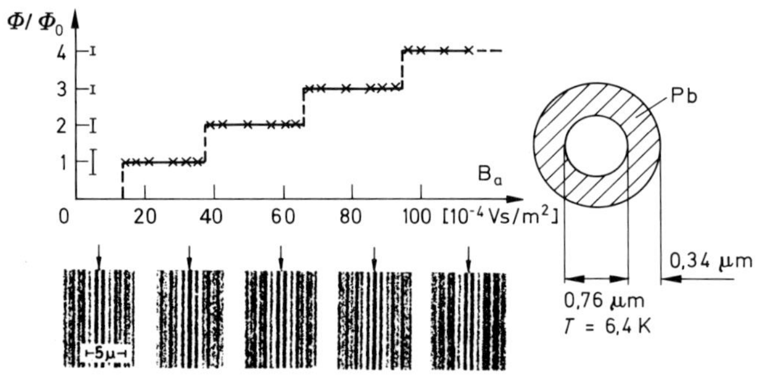

Abb. 10.16 Eingefrorener magnetischer Fluß als Funktion des äußeren Magnetfeldes B_a in einem supraleitenden Blei-Hohlzylinder, gemessen mit einem Elektroneninterferometer nach Abb. 10.15. Mit steigendem Einfrierfeld ändern sich die Interferenzdiagramme diskontinuierlich und zeigen damit die Quantennatur des eingefrorenen Flusses an [20].

10.3 Beugung anderer Materieteilchen

Die de-Broglie-Beziehung Gl. (10.1) sollte generell gültig sein, d.h. die Materie-Wellenlänge nicht nur für Elektronen, sondern auch für andere Teilchen angeben, also z.B. für Atome oder Moleküle. Als erste wiesen Stern, Frisch und Estermann 1929 [24, 70, 71] die *Beugung* von Helium-*Atomstrahlen* an einer LiF-Kristalloberfläche nach. Um auflösbare Beugungswinkel zu erhalten, muß man wegen der sehr viel größeren Masse dieser Teilchen sehr kleine Geschwindigkeiten, sog. *thermische Geschwindigkeiten,* benutzen. Als Atomstrahlquelle diente hier He-Gas der Temperatur $T = 400\,\mathrm{K}$. Aus der mittleren Energie (Bd. 1, Gl. XI, 17a)

$$\bar{E} = \frac{m}{2}\overline{v^2} = \frac{3}{2}kT$$

folgt dann für die de-Broglie-Wellenlänge der He-Atome

$$\lambda = \frac{h}{\sqrt{3mkT}} \approx 0{,}06\,\mathrm{nm}\,, \tag{10.29}$$

also ein Wert, der bei Kristallgitterkonstanten der Größenordnung 0,1 nm gut meßbare Beugungswinkel ergeben müßte. m ist die Masse der He-Atome und k die Boltzmann-Konstante. Abb. 10.17 zeigt die beobachtete Beugungsintensitätsverteilung, die tatsächlich Maxima an den erwarteten Stellen zeigt. Sie sind nicht sehr scharf, weil der Atomstrahl ja eine breite thermische Geschwindigkeitsverteilung besitzt, also auch die Wellenlänge nicht sehr scharf definiert ist.

Moderne Atomstrahlbeugungs-Systeme für die Oberflächenphysik benutzen Hochdruck-Düsen-Quellen zur Erzeugung thermischer He- und Ne-Atomstrahlen hoher Intensität und schmaler Energiebreite [26]. Thermodynamische Kühleffekte und hydrodynamische Maßnahmen führen bei einem He-Gasdruck der Düse (auf Zimmertemperatur) von 80 atm zu relativen Energiebreiten $\Delta E/E \approx 0{,}03$ [27]. Die mittlere Energie des He-Strahls und damit seine Wellenlänge kann durch Kühlen oder Heizen der Düse variiert werden.

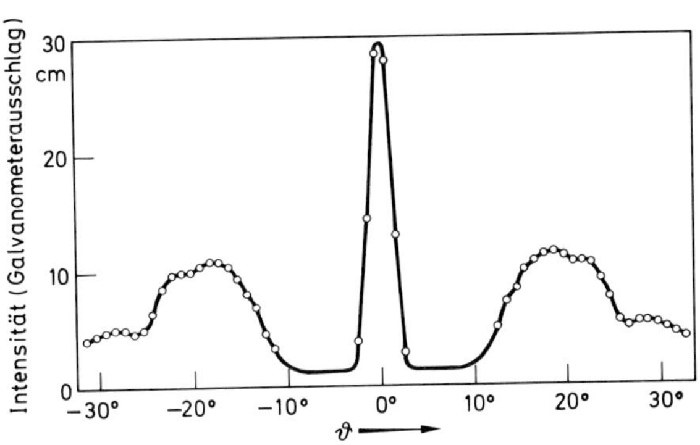

Abb. 10.17 Beugung von He-Atomen an einer LiF-Oberfläche [25].

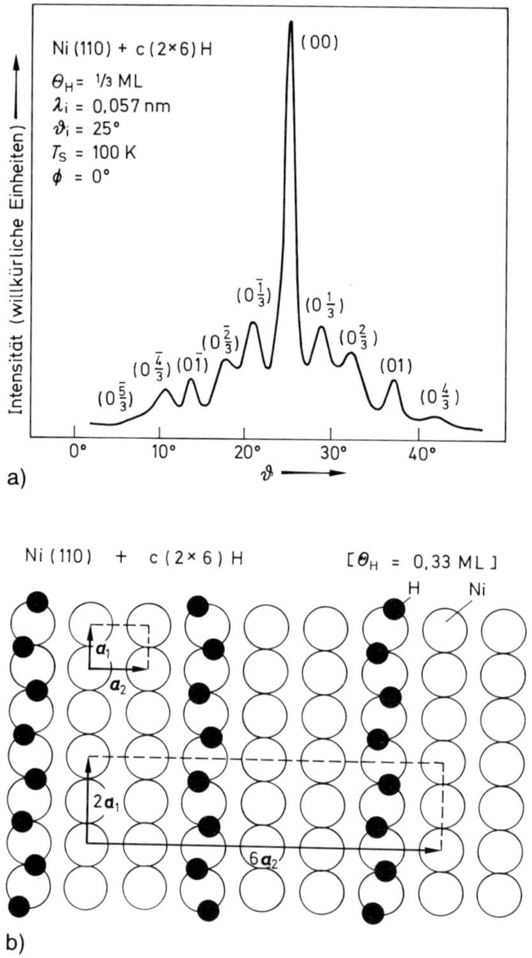

Abb. 10.18 He-Atomstrahlbeugung an der (2 × 6)-Struktur einer 1/3-Monolage adsorbierten Wasserstoffs auf einer Ni(110)-Oberfläche [28]; a) Beugungsintensitätsverteilung, b) Strukturmodell der Oberfläche.

Nach der Beugung an der zu untersuchenden Kristalloberfläche, an der z. B. die Adsorption von Gasen analysiert werden soll, werden die gebeugten He-Atome mittels einer Elektronenquelle ionisiert und mit einem Sekundärelektronen-Vervielfacher (Bd. 2, Abschn. 1.14) in Abhängigkeit vom Beugungswinkel ϑ registriert. Abb. 10.18a zeigt als Beispiel die Beugung von He-Atomstrahlen (Wellenlänge $\lambda_{He} = 0{,}057$ nm) an einer Ni(110)-Oberfläche, die mit einer 1/3 Monolage Wasserstoff bedeckt ist (Abb. 10.18 b) [28]. Der Vergleich mit Abb. 10.17 zeigt die wesentlich verbesserte Auflösung heutiger Atomstrahl-Beugungsanlagen.

Seitdem es Kernreaktoren gibt, die hohe Neutronenflußdichten erzeugen, spielt auch die *Neutronenbeugung* eine wichtige Rolle als Hilfsmittel zur Festkörperuntersuchung, insbesondere zur Untersuchung der Struktur organischer Kristalle, die

Wasserstoffatome enthalten. Hierfür sind Röntgenstrahlen und Elektronen nicht sehr geeignet, weil ihre Wechselwirkung mit den Atomen in erster Linie mit der Zahl der Elektronen im streuenden Atom bzw. dessen Kernladung steigt. An leichten Atomen – wie z. B. Wasserstoff – werden sie daher wenig gestreut, so daß diese leichten Atome neben schwereren Atomen oft kaum nachzuweisen sind. Neutronen dagegen werden aufgrund von Kernkräften und der magnetischen Wechselwirkung zwischen den magnetischen Momenten des Neutrons und des Atomkerns gestreut (Bd. 4), und gerade an Wasserstoffatomen werden Neutronen stark gestreut. Die Neutronenbeugung wird in Kap. 11 behandelt.

Ebenso wie die Röntgen- und Elektronenbeugung haben die Atombeugung und die Neutronenbeugung heute einen festen Platz in der Physik als Hilfsmittel zur Untersuchung von Festkörpern. Insgesamt hat sich damit in überzeugender Weise die Richtigkeit der Vorstellungen von de Broglie gezeigt.

10.4 Elemente der Elektronenoptik

10.4.1 Elektronenoptische Brechzahl

Im Abschn. 10.2 wird eine Brechzahl

$$n = \frac{\lambda_{\mathrm{Vak}}}{\lambda_{\mathrm{Med}}} = \sqrt{1 - \frac{E_{\mathrm{p}}}{e\,U}} \tag{10.30}$$

definiert, die für Elektronen der Energie $e\,U$ beim Übergang vom Vakuum in ein Medium gilt, in dem die Elektronen eine potentielle Energie $E_{\mathrm{p}} = -e\,U_{\mathrm{i}}$ besitzen. Das „Medium", von dem hier die Rede ist, muß nicht ein materielles Medium, etwa ein Kristall, sein. Jedes elektrische Feld oder auch ein Magnetfeld führt zu einer Brechung von Elektronenstrahlen. Dieser Umstand wird in der *Elektronenoptik* ausgenutzt, die im folgenden besprochen wird. Wie in der Newtonschen Auffassung des Lichts und dessen Brechung ist die Brechung der Elektronen durch Kraftwirkungen auf diese Teilchen erklärbar (siehe weiter unten). Wir haben also eine Auferstehung der *Newtonschen Optik* in ganz anderer Gestalt vor uns, aber eben nur in bezug auf die Ursache der Brechung, nicht in bezug darauf, daß sogar auch diese materielle Strahlung Wellencharakter besitzt. Aus den Gln. (10.1) und (10.30) folgt, daß wie in der Newtonschen Optik die Brechzahl durch

$$n = \frac{v_{\mathrm{Med}}}{v_{\mathrm{Vak}}} \tag{10.31}$$

gegeben ist. Dabei handelt es sich um Teilchengeschwindigkeiten, also nach Gl. (10.12) um die Gruppengeschwindigkeiten der zugehörigen Materiewellengruppen. Unter Berücksichtigung der Beziehung (10.13) zwischen Phasen- und Gruppengeschwindigkeit einer Materiewelle geht hervor, daß – genauso wie bei Lichtwellen – die Brechzahl gleich dem Verhältnis der Vakuum- zur Medium-Phasengeschwindigkeit zu definieren ist:

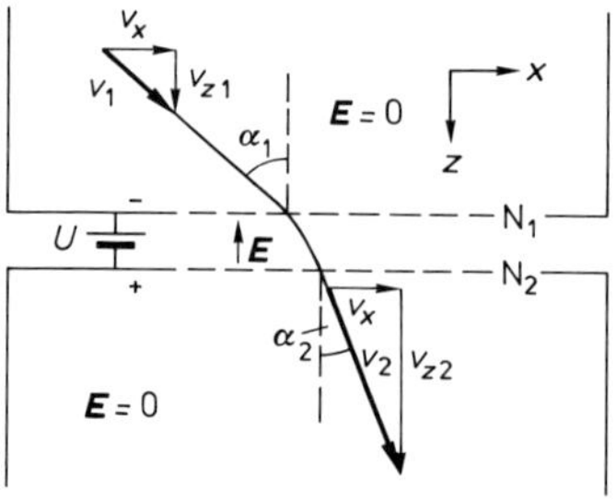

Abb. 10.19 Zur Brechung von Elektronenstrahlen.

$$n = \frac{v_{\mathrm{p,Vak}}}{v_{\mathrm{p,Med}}}. \tag{10.32}$$

Bisher hatten wir zur Erklärung der Brechzahl für Elektronen die Materiewellenvorstellung benutzt. Wir wollen die Brechung von Elektronenstrahlen zum Vergleich auch einmal ganz klassisch von der Teilchenvorstellung her beschreiben. Dazu betrachten wir eine Potential-Doppelschicht, z. B. eine Anordnung aus zwei parallelen feinmaschigen Netzen N_1 und N_2, zwischen denen eine elektrische Spannung U, d.h. eine Feldstärke $\boldsymbol{E}$ herrschen möge. Der Raum oberhalb N_1 und unterhalb N_2 sei feldfrei (Abb. 10.19). Die unter dem Einfallswinkel α_1 auf das Netz N_1 treffenden Elektronen werden durch die elektrische Feldstärke $\boldsymbol{E}$ zwischen den Netzen beschleunigt, so daß die z-Komponente der Elektronengeschwindigkeit von v_{z1} auf v_{z2} steigt. Die Tangentialkomponente ändert sich dabei nicht. Die Elektronenstrahlen werden also bei dieser Polung der Netze zum Einfallslot hin „gebrochen". Die Geschwindigkeiten der Elektronen vor und nach dem Durchtritt durch die Doppelschicht sind durch den Energiesatz miteinander verknüpft:

$$\frac{m}{2} v_1^2 + eU = \frac{m}{2} v_2^2 . \tag{10.33}$$

Die einfallenden Elektronen seien durch die Spannung U_0 auf v_1 beschleunigt worden, so daß $mv_1^2/2 = eU_0$ ist. Dann folgt aus Gl. (10.33) für das Verhältnis der Teilchengeschwindigkeiten

$$\frac{v_2}{v_1} = \sqrt{1 + \frac{U}{U_0}} . \tag{10.34}$$

Aus der Abb. 10.19 läßt sich entnehmen:

$$\frac{\sin \alpha_1}{\sin \alpha_2} = \frac{v_2}{v_1} . \tag{10.35}$$

Dieser Ausdruck entspricht wiederum dem Brechungsgesetz der Lichtoptik und läßt sich als Verhältnis der Brechzahlen n_1 und n_2 der „Medien" 1 und 2 auffassen:

$$\frac{n_2}{n_1} = \frac{v_2}{v_1} = \sqrt{1 + \frac{U}{U_0}} . \tag{10.36}$$

Diese Gleichung entspricht völlig den mittels der Materiewellenvorstellung gewonnenen Beziehungen (10.31) und (10.30).

10.4.2 Elektronenlinsen, Brennweite

Die Form der Brechzahl für Elektronenstrahlen legt die Frage nahe, ob man mit den Materiewellen eine zur Optik der Lichtwellen analoge Optik, eine „Elektronenoptik" aufbauen kann. Wie wir eben anhand der beiden Herleitungen der elektronenoptischen Brechzahl gesehen haben, ist zum Aufbau einer *geometrischen Elektronenoptik,* die der geometrischen Strahlenoptik des Lichts entspricht, die Bezugnahme auf die Welleneigenschaften gar nicht notwendig. Es ist nur zu klären, ob sich Felder herstellen lassen, die die Elektronen so ablenken, daß wie in der Lichtoptik Linsenwirkungen entstehen. Diese könnten dann in geometrisch-optisch konstruierten Instrumenten ausgenutzt werden. Erst wenn es sich um das Auflösungsvermögen solcher Instrumente handelt, kämen die Welleneigenschaften ins Spiel.

Tatsächlich hat schon vor der vollen Erkenntnis der dualen Natur der Materie Busch 1926 [29] die Möglichkeit einer Elektronenoptik in dem eben genannten Sinn erkannt. Aber erst die Erkenntnis, daß die sehr kleine Wellenlänge der Elektronenwellen einen Fortschritt gegenüber der Lichtoptik bezüglich des *Auflösungsvermögens* bringen könnte, hat die Entwicklung auf diesem Gebiet gefördert. Die an sich ja mögliche Verringerung der Wellenlänge elektromagnetischer Strahlung kann in lichtoptischen Instrumenten nicht ausgenutzt werden, da die Brechzahl zu nahe an 1 herankommt, so daß die Konstruktion von Linsen unmöglich wird, ganz abgesehen von Absorptionsverlusten und rein technischen Schwierigkeiten. Die Form der Brechzahl der Materiewellen läßt aber vermuten, daß geeignete Felder zu *Elektronenlinsen* führen könnten.

In Analogie zur Lichtoptik ist anzunehmen, daß eine rotationssymmetrische Geometrie des brechenden Mediums (hier: des elektrischen oder magnetischen Feldes) am besten für eine Abbildung geeignet ist. Daher werden wir uns im folgenden auf solche rotationssymmetrischen elektrischen oder magnetischen Felder beschränken (die Symmetrieachse ist die optische Achse).

Eine Abbildung im Gaußschen Sinne der geometrischen Optik liegt dann vor, wenn Strahlen, die von einem Punkt ausgehen, in einem Punkt wieder vereinigt werden und wenn verschiedene Punkte des ausgedehnten ebenen Gegenstandes in einer Ebene derart abgebildet werden, daß das Bild dem Gegenstande geometrisch ähnlich ist. Zunächst soll die Grundbedingung für die Erzeugung einer solchen Abbildung (licht- oder elektronenoptisch) angegeben werden. Danach wird zu klären sein, ob diese Bedingung bei elektrischen bzw. magnetischen Feldern erfüllbar ist, eine Abbildung also möglich ist.

Dazu betrachten wir Abb. 10.20. Das die Abbildung bewirkende System sei auf die Fläche S senkrecht zur optischen Achse konzentriert. Ein vom Punkt G unter dem Winkel α_1 gegen die optische Achse ausgehender Strahl möge in S so gebrochen werden, daß er die optische Achse hinter dem brechenden System S im Punkt B unter dem Winkel β_1 schneidet. Eine Abbildung von G nach B liegt nach dem oben Gesagten dann vor, wenn auch unter anderen Winkeln α_2 von G ausgehende Strahlen so gebrochen werden, daß sie durch B gehen. Dann gilt nach Abb. 10.20:

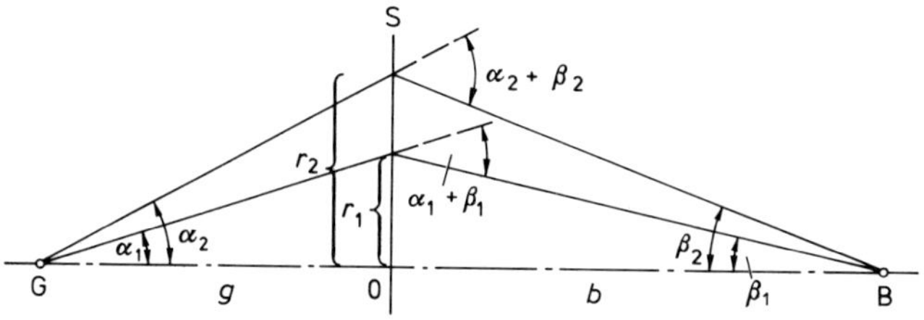

Abb. 10.20 Zur Herleitung der Abbildungsbedingung.

$$\tan\alpha = \frac{r}{g} \quad \text{und} \quad \tan\beta = \frac{r}{b}.$$

Beschränken wir uns auf achsennahe Strahlen, also auf kleine Winkel α und β, so ist $\tan\alpha \approx \alpha$ und $\tan\beta \approx \beta$. Die zur Abbildung notwendige Strahlenablenkung $(\alpha + \beta)$ ergibt sich dann zu

$$(\alpha + \beta) \approx r\left(\frac{1}{g} + \frac{1}{b}\right). \tag{10.37}$$

Bei gegebener Gegenstandsweite g muß b für alle von G ausgehenden Strahlen gleich sein, darf also nicht von r abhängen. Das ist nach Gl. (10.37) dann erfüllt, wenn die Ablenkung proportional zu r erfolgt:

$$(\alpha + \beta) = \text{const.}\, r\,. \tag{10.38}$$

Wird hierin $g^{-1} + b^{-1} = \text{const.} = f^{-1}$ gesetzt, so erhält man die bekannte Linsengleichung (Abbildungsgleichung, Abschn. 1.5.3). f ist die von $(\alpha + \beta)$ unabhängige Brennweite des Abbildungssystems.

Eine ganz analoge Betrachtung (die wir hier nicht durchführen) für nicht auf der optischen Achse liegende, aber achsennahe Gegenstandspunkte führt zu derselben Beziehung. Ein optisches System mit Eigenschaften gemäß Gl. (10.38) bildet also achsennahe Punkte einer Gegenstandsebene G in Punkte der Bildebene B ab. Die geometrische Ähnlichkeit folgt ebenfalls aus Gl. (10.38): Für Strahlen, die durch den Mittelpunkt 0 des optischen Systems gehen, ist $r = 0$ und damit $(\alpha + \beta) = 0$, d.h. solche Strahlen werden nicht abgelenkt. Anhand solcher Strahlen läßt sich aber die geometrische Ähnlichkeit zwischen Bild und Gegenstand sofort einsehen. Damit ist Gl. (10.38) die gesuchte Bedingung, die zur Erzielung einer Abbildung erfüllt sein muß.

Angewandt auf Elektronenstrahlen bedeutet das, daß die im elektronenoptischen System auf die Elektronen wirkende Kraft

$$\boldsymbol{F}_r \sim -\boldsymbol{r} \tag{10.39}$$

sein muß, um eine abstandsproportionale Ablenkung gemäß Gl. (10.38) und damit eine Abbildung zu bewirken.

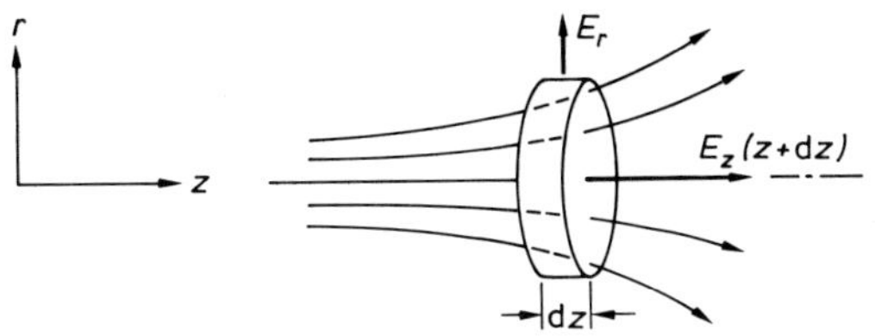

Abb. 10.21 Zur Berechnung der Radialkomponente E_r eines rotationssymmetrischen elektrischen Feldes.

Elektrische Linsen. In elektrischen Feldern ist die auf Elektronen wirkende Kraft der elektrischen Feldstärke $\boldsymbol{E}$ proportional. Für die Abbildung ist daher die Radialkomponente E_r der elektrischen Feldstärke von entscheidender Bedeutung. Zur Berechnung von E_r für ein beliebiges, radialsymmetrisches Feld benutzen wir den Gaußschen Satz (Bd. 2, Abschn. 1.6). Unter der Annahme, daß im betrachteten Volumenelement (Abb. 10.21) keine Ladungen vorhanden sind[5], lautet der Gaußsche Satz:

$$\oint \varepsilon_0 \boldsymbol{E}\, \mathrm{d}\boldsymbol{A} = 0\,. \tag{10.40}$$

Seine Anwendung auf die Oberfläche des Volumenelementes in Abb. 10.21 ergibt

$$2\pi r\, dz\, E_r + \pi r^2 E_z(z + \mathrm{d}z) - \pi r^2 E_z(z) = 0\,. \tag{10.41}$$

Wir beschränken uns nach wie vor auf achsennahe Gebiete, so daß E_z in erster Näherung nicht von r abhängt.

Mit der Reihenentwicklung

$$E_z(z + \mathrm{d}z) \approx E_z(z) + \frac{\mathrm{d}E_z}{\mathrm{d}z}\mathrm{d}z$$

folgt weiter

$$E_r = -\frac{r}{2}\frac{\mathrm{d}E_z}{\mathrm{d}z}\,. \tag{10.42}$$

Diese Gleichung entspricht bereits der Bedingung (10.39), d. h. die ablenkende Kraft ist dem Achsenabstand r proportional. Sie zeigt also, daß eine elektronenoptische Abbildung mit einem rotationssymmetrischen elektrischen Feld möglich ist. Zur späteren Verwendung schreiben wir diese Beziehung noch mittels

$$E_z = -\frac{\mathrm{d}U(\mathrm{z})}{\mathrm{d}z}$$

um:

[5] Genau genommen gilt diese Voraussetzung in der Elektronenoptik meist nicht, da die abzulenkenden Elektronenstrahlen ja Raumladungen darstellen, die die Felder verändern können. Dieser Einfluß ist jedoch in erster Näherung vernachlässigbar.

$$E_r = \frac{r}{2}\,\frac{\mathrm{d}^2 U(z)}{\mathrm{d}z^2}\,. \tag{10.43}$$

Hierin ist $U(z)$ das Potential auf der Achse.

Eine einfache Ausführungsform einer elektrischen Linse mit einem rotationssymmetrischen Feld ist die *Rohrlinse* (Abb. 10.22). Die nach links gewölbten Potentiallinien wirken sammelnd auf die von links einfallenden Elektronenstrahlen, während die nach rechts gewölbten Potentiallinien zerstreuend wirken. Da aber die Elektronen beim Durchgang durch die Rohrlinse beschleunigt werden, überwiegt die Sammelwirkung des Linsenbereiches, in dem die Elektronen langsamer sind. Die Rohrlinse wirkt also ähnlich wie die Kombination einer starken Sammellinse mit einer schwachen Zerstreuungslinse in der Lichtoptik (Abb. 10.22).

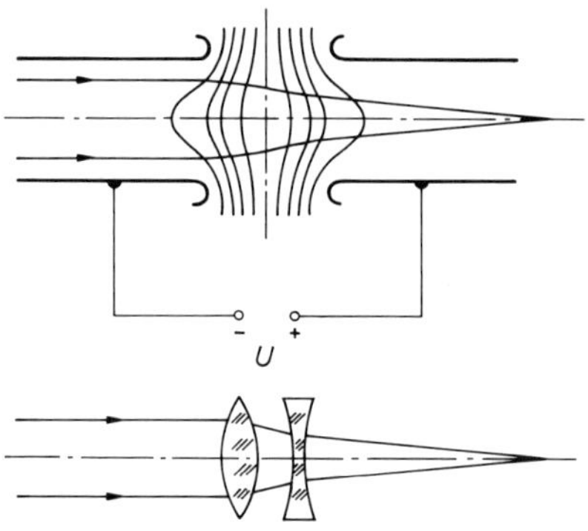

Abb. 10.22 Elektronenoptische Rohrlinse und ihr lichtoptisches Analogon.

Bei der Rohrlinse sind die Außenräume links und rechts auf verschiedenem Potential, die Elektronen haben also vor und hinter der Linse verschiedene Geschwindigkeiten und damit verschiedene Materie-Wellenlängen. In Analogie zur Lichtoptik bezeichnet man daher solche Linsen als *Immersionslinsen* (vgl. Abschn. 1.9.2.2).

Auch die als *Elektronenstrahlerzeuger* benutzten Systeme aus Glühemissionskathode, Wehneltzylinder und durchbohrter Anode in der Oszillographenröhre (Bd. 2, S. 564) stellen Immersionslinsen dar. Ähnliche Systeme werden in der Elektronenoptik verwendet (Abb. 10.23). Als Elektronenquelle wird häufig ein haarnadelförmig gebogener, elektrisch geheizter Wolframdraht verwendet. Die durch Glühemission (Bd. 2, S. 107) freiwerdenden Elektronen werden auf die lochblendenförmige Anode beschleunigt. Der gegenüber der Kathode negativ vorgespannte sog. *Wehnelt-Zylinder* begrenzt den Emissionsbereich der Kathode. Durch Änderung der *Wehnelt-spannung* U_w kann die Elektronenstrahlintensität beeinflußt werden. Das ganze System Kathode–Wehneltzylinder–Anode stellt praktisch eine spezielle Form einer Rohrlinse (bzw. zwei hintereinandergeschaltete Rohrlinsen) dar. Durch deren Linsenwirkung entsteht in der Nähe der Anodenöffnung ein engster Strahlquerschnitt (sog. *cross-over*), der als sekundäre Strahlquelle für den elektronenoptischen Strahlengang benutzt werden kann.

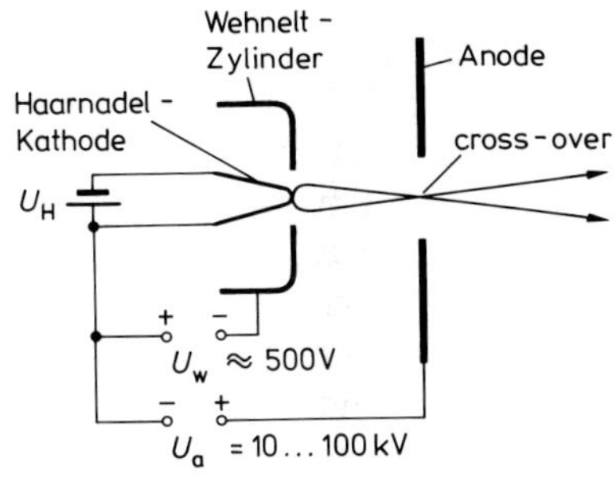

Abb. 10.23 Elektronenstrahlerzeugungssystem mit Haarnadel-Glühkathode.

Anstelle der *thermischen* Elektronenemission aus einer Haarnadel-Kathode wird in speziellen Fällen (*Feldelektronenmikroskop* nach E.W. Müller, vgl. Bd. 2, Abschn. 8.5 u. Bd. 6, Abschn. 3.5.1; *Transmissions-Rasterelektronenmikroskop*, vgl. Abb. 10.53) die *Feldemission* von Elektronen aus sehr feinen Wolframspitzen (Krümmungsradius $r = 0{,}1 \ldots 1\,\mu m$) ausgenutzt. Die dazu notwendige hohe Feldstärke wird wegen des kleinen Krümmungsradius schon bei Spannungen von $U = 1 \ldots 5\,kV$ zwischen Spitze und Umgebung erreicht (Spitzenfeldstärke $E = U/r \approx 10^{10}\,V/m$, vgl. Bd. 2, S. 589). Für die Elektronenstrahlerzeugung wird der Spitze als Kathode eine durchbohrte Anode mit einem positiven Potential von 1 ... 5 kV gegenübergestellt, der weitere Anoden zur Nachbeschleunigung auf 10 ... 100 keV sowie zur Strahlbündelung mit Hilfe ihrer Linsenwirkung folgen. Diese Feldemissionsstrahler zeichnen sich durch eine hohe Elektronenstromdichte innerhalb eines kleinen Strahlwinkels aus. Ihr Betrieb erfordert ein sehr gutes Vakuum (Ultrahochvakuum, $p = 10^{-7} \ldots 10^{-8}\,Pa$), da sonst die feine Kathodenspitze sehr schnell durch positive Ionen aus dem Restgas zerstört werden würde.

Ordnet man drei Lochblenden gemäß Abb. 10.24 an, wobei die äußeren Elektroden gleiches Potential erhalten, so erhält man eine sogenannte *Einzellinse*. Sie un-

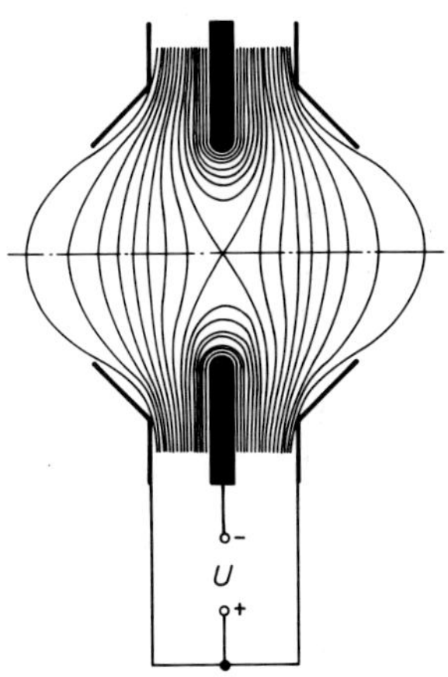

Abb. 10.24 Potentialfeld der Einzellinse.

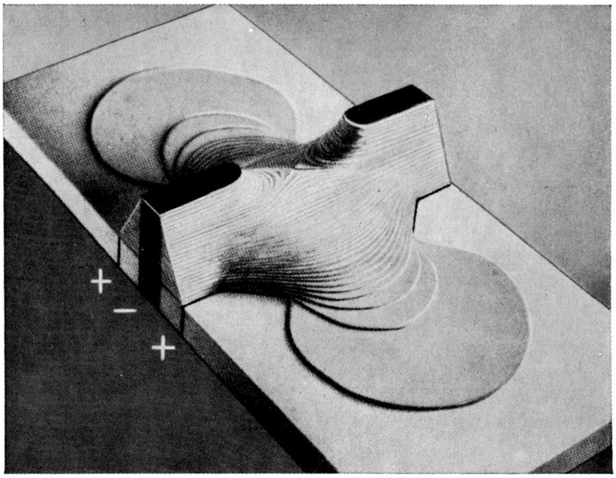

Abb. 10.25 Potentialgebirge der Einzellinse (nach [30]).

terscheidet sich von der Immersionslinse dadurch, daß die Elektronen vor und hinter einer solchen Einzellinse die gleiche Geschwindigkeit besitzen. Den Potentialverlauf zeigt Abb. 10.24; das zugehörige „Potentialgebirge" (Abb. 10.25) hat in der Mitte einen Sattelpunkt. Das Potentialgebirge, die Umdeutung von Linien gleichen elektrischen Potentials in Höhenlinien, erlaubt ein anschauliches mechanisches Bild der Verhältnisse in den elektrischen Linsen, indem man das Elektron als Kugel auffaßt, die sich nach den Gesetzen der Mechanik im Schwerkraftfeld bewegt. Wegen der negativen Ladung des Elektrons ist in Abb. 10.25 das negative Potential nach oben als Höhe aufgetragen.

Wir wollen die Brennweite einer solchen Einzellinse berechnen. Dazu schreiben wir die Bewegungsgleichung für die Radialkomponente der Elektronenbewegung im rotationssymmetrischen elektrischen Feld auf und berücksichtigen Gl. (10.43):

$$m\frac{\mathrm{d}^2 r}{\mathrm{d}t^2} = -eE_r = -e\frac{r}{2}\,\frac{\mathrm{d}^2 U(z)}{\mathrm{d}z^2}. \tag{10.44}$$

Mit Hilfe der Transformation

$$\frac{\mathrm{d}r}{\mathrm{d}t} = \frac{\mathrm{d}r}{\mathrm{d}z}v_z \tag{10.45}$$

bzw.

$$\frac{\mathrm{d}^2 r}{\mathrm{d}t^2} = \frac{\mathrm{d}}{\mathrm{d}t}\left(v_z\frac{\mathrm{d}r}{\mathrm{d}z}\right) = v_z\frac{\mathrm{d}}{\mathrm{d}z}\left(v_z\frac{\mathrm{d}r}{\mathrm{d}z}\right) \tag{10.46}$$

erhalten wir

$$mv_z\frac{\mathrm{d}}{\mathrm{d}z}\left(v_z\frac{\mathrm{d}r}{\mathrm{d}z}\right) = -e\frac{r}{2}\,\frac{\mathrm{d}^2 U(z)}{\mathrm{d}z^2}.$$

Nach Gl. (10.14) ist die Geschwindigkeit der Elektronen gegeben durch

$$v_z = \sqrt{2\frac{e}{m}U(\mathrm{z})}\,. \tag{10.47}$$

Damit folgt

$$\sqrt{U}\frac{\mathrm{d}}{\mathrm{d}z}\left(\sqrt{U}\frac{\mathrm{d}r}{\mathrm{d}z}\right) = -\frac{r}{4}\frac{\mathrm{d}^2 U}{\mathrm{d}z^2} \tag{10.48}$$

und nach Ausführung der Differentiation

$$\frac{\mathrm{d}^2 r}{\mathrm{d}z^2} + \frac{1}{2U}\frac{\mathrm{d}U}{\mathrm{d}z}\frac{\mathrm{d}r}{\mathrm{d}z} + \frac{1}{4U}\frac{\mathrm{d}^2 U}{\mathrm{d}z^2}r = 0 \tag{10.49}$$

Das ist die Bewegungsgleichung für achsennahe Elektronen in rotationssymmetrischen Feldern (Busch-Gleichung). Zu ihrer Lösung wird nur die Kenntnis des Potentialverlaufs $U(z)$ auf der Achse des Systems benötigt, die man sich z.B. experimentell anhand eines Modellversuchs im elektrolytischen Trog verschaffen kann. Zwei wichtige Folgerungen kann man jedoch schon aus Gl. (10.49) entnehmen. Erstens bleibt die Form der Busch-Gleichung identisch erhalten, wenn man U durch $U' = aU$ ($a = \mathrm{const.}$) ersetzt. Das bedeutet, daß die Bahnkurve $r = r(z)$ sich nicht ändert, wenn die Potentiale aller Elektroden im gleichen Verhältnis geändert werden, d.h. auch die Brennweite der elektrischen Linsen bleibt dann konstant. Versorgt man also alle Elektroden in einem elektronenoptischen Strahlengang aus der gleichen Spannungsquelle, so spielen Spannungsschwankungen der Quelle keine Rolle für die elektronenoptische Abbildung, ein wichtiger technischer Gesichtspunkt. Zweitens tritt in der Busch-Gleichung die spezifische Ladung e/m nicht auf. Daher haben elektrische Linsen mit gegebenen Elektrodenpotentialen für beliebige geladene Teilchen (z.B. Protonen) die gleichen Brennweiten wie für Elektronen, sofern die Teilchenenergien gleich sind.

Wir wollen nun die Busch-Gleichung in der Form

$$\frac{\mathrm{d}}{\mathrm{d}z}\left(\sqrt{U}\frac{\mathrm{d}r}{\mathrm{d}z}\right) = -\frac{1}{4}r\frac{\mathrm{d}^2 U}{\mathrm{d}z^2}\frac{1}{\sqrt{U}} \tag{10.50}$$

auf die Verhältnisse bei der Einzellinse anwenden, um deren Brennweite zu berechnen (Abb. 10.26). Der Linsenbereich befinde sich zwischen den Ebenen 1 und 2. Außerhalb dieses Bereiches sei das Potential konstant, die Feldstärke gleich null. Ein Elektronenstrahl möge von links parallel zur optischen Achse (z-Achse) einfallen. Wir integrieren nun Gl. (10.50) über z im Linsenbereich, wobei wir zur Abkürzung

$$\frac{\mathrm{d}U}{\mathrm{d}z} = U' \quad \text{und} \quad \frac{\mathrm{d}^2 U}{\mathrm{d}z^2} = U''$$

einführen:

$$\left(\sqrt{U}\frac{\mathrm{d}r}{\mathrm{d}z}\right)_{z_2} - \left(\sqrt{U}\frac{\mathrm{d}r}{\mathrm{d}z}\right)_{z_1} = -\frac{1}{4}\int\limits_{z_1}^{z_2} r\frac{U''}{\sqrt{U}}\,\mathrm{d}z \tag{10.51}$$

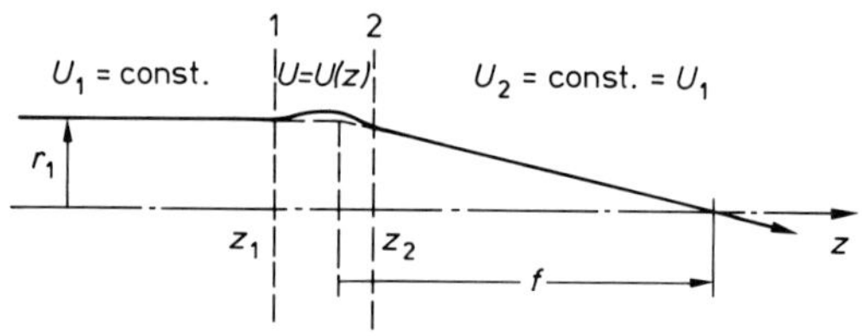

Abb. 10.26 Zur Berechnung der Brennweite einer elektrischen Linse.

Nun ist $(\mathrm{d}r(z_1)/\mathrm{d}z) = 0$, da bei z_1 der Strahl achsenparallel ist. Die Neigung der Bahn an der Stelle z_2 hängt mit der Brennweite f zusammen:

$$\frac{\mathrm{d}r(z_1)}{\mathrm{d}z} = -\frac{r_1}{f}.$$

Schließlich ist $U(z_1) = U(z_2) = U_\mathrm{a}$ (Potential außerhalb der Linse). Damit folgt

$$\frac{1}{f} = \frac{1}{4r_1\sqrt{U_a}} \int\limits_{z_1}^{z_2} r \frac{U''}{\sqrt{U}} \mathrm{d}z\,. \tag{10.52}$$

Ist die Linse kurz, so wird sich der Achsenabstand der Elektronen innerhalb der Linse nicht wesentlich ändern, d.h.

$$r \approx r_1\,.$$

Damit wird

$$\frac{1}{f} \approx \frac{1}{4\sqrt{U_a}} \int\limits_{z_1}^{z_2} \frac{U''}{\sqrt{U}} \mathrm{d}z\,.$$

Durch partielle Integration erhalten wir

$$\frac{1}{f} \approx \frac{1}{4\sqrt{U_a}} \left.\frac{U'}{\sqrt{U}}\right|_{z_1}^{z_2} + \frac{1}{8\sqrt{U_\mathrm{a}}} \int\limits_{z_1}^{z_2} \frac{(U')^2}{U^{3/2}} \mathrm{d}z\,.$$

Das erste Glied fällt weg, da nach Voraussetzung $U'(z_1) = U'(z_2) = 0$ ist. Für die *Brennweite der Einzellinse* ergibt sich also

$$\frac{1}{f} \approx \frac{1}{8\sqrt{U_a}} \int \left(\frac{\mathrm{d}U}{\mathrm{d}z}\right)^2 U^{-3/2} \mathrm{d}z\,. \tag{10.53}$$

Darin ist U_a das Potential der Außenelektroden gegenüber der Kathode und $U(z)$ das variable Potential auf der Systemachse. Die Brennweite ist immer positiv, unabhängig davon, ob die Mittelelektrode positiv oder negativ gegen die äußeren Elektroden aufgeladen ist. Die Einzellinse ist daher immer Sammellinse. Diesen Tatbestand wollen wir uns anhand von Abb. 10.25 anschaulich klarzumachen versuchen. In dieser Abbildung ist die Mittelektrode negativ gegenüber den beiden äußeren gewählt. Das parallel zur Symmetrieachse ankommende Elektron verliert an dem aufsteigenden Grat an kinetischer Energie so viel, wie es nach Passieren des Sattels wieder gewinnt, da es auf der gleichen Grundebene landet. Seine Richtung wird jedoch geändert. In den Außenbezirken wird das Elektron bei An- und Abstieg nach außen abgelenkt, in der Umgebung des Sattels selbst dagegen nach innen. Welche Ablenkung überwiegt? Die Gesamtzahl aller nach außen oder nach innen ablenkenden Potentialstufen ist die gleiche, da beim Durchlaufen des Potentialfelds jede auf den Elektroden endende Fallinie (Kraftlinie) keinmal oder zweimal – und dann mit entgegengesetzter Ablenkungswirkung – von der Elektronenbahn geschnitten werden muß. Wegen der geringeren Geschwindigkeit auf dem Sattel wirken die dort herrschenden Sammelkräfte aber längere Zeit als die zerstreuenden Kräfte auf den Außengraten, so daß der transversale Impuls insgesamt nach innen gerichtet ist. Ist die Innenelektrode positiv, so durchläuft das Elektron die sammelnd wirkenden äußeren Potentialmulden langsamer als den zerstreuend wirkenden Grat im Zentrum. Diesmal überwiegt die Außenwirkung, und wir haben wieder eine Sammellinse vor uns.

Magnetische Linsen. Ein Magnetfeld wirkt auf Elektronen in ganz anderer Weise ein als ein elektrisches Feld. Ein Elektron, das sich mit der Geschwindigkeit $\boldsymbol{v}$ in einem Magnetfeld $\boldsymbol{B}$ bewegt, erfährt eine Kraft (Lorentz-Kraft):

$$\boldsymbol{F} = e\boldsymbol{v} \times \boldsymbol{B} \tag{10.54}$$

senkrecht zur Geschwindigkeits- und Magnetfeldrichtung. Im Gegensatz zum elektrischen Feld ruft das magnetische Feld daher nur eine Änderung der Geschwindigkeits*richtung* hervor. Aus diesem Grund werden Magnetfelder in der Elektronenoptik dann benutzt, wenn eine abbildende Wirkung ohne Beeinflussung des Geschwindigkeits*betrages* erzielt werden soll.

In Bd. 2, Abschn. 8.4 wird gezeigt, daß in einem homogenen Magnetfeld Elektronen infolge der Lorentz-Kraft schraubenförmige Bahnen beschreiben und daß von einem Punkt in verschiedene Richtungen mit gleicher Geschwindigkeit ausgehende Elektronen wieder in einem Punkt vereinigt werden. Bereits ein homogenes Magnetfeld ermöglicht also eine Abbildung. Trotzdem können wir dieses abbildende System nicht ohne weiteres als Linse bezeichnen, denn es hat hier keinen Sinn, von einer Brennweite zu reden, da zu $\boldsymbol{B}$ parallele Strahlen nach Gl. (10.54) durch das Feld überhaupt nicht vereinigt werden. Erst begrenzte inhomogene magnetische Felder ergeben eigentliche magnetische Linsen.

Wir betrachten daher kurze rotationssymmetrische magnetische Felder, die sich durch kurze Spulen, am besten eisengepanzert, realisieren lassen (s. Abb. 10.27). Legen wir die z-Achse in die Symmetrieachse (optische Achse), so hat das Magnetfeld $\boldsymbol{B}$ an jeder Stelle eine Radialkomponente B_r und eine Axialkomponente B_z (Abb. 10.28). Ein in das Feld eintretendes Elektron mit den Geschwindigkeitskomponenten v_r und v_z erfährt dadurch eine Lorentz-Kraft in φ-Richtung der Größe

$$F_\varphi = ev_r B_z - ev_z B_r \,, \tag{10.55}$$

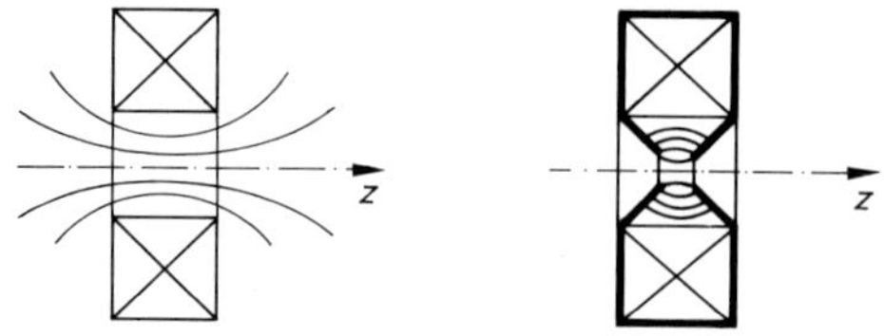

Abb. 10.27 Luftspule und eisengepanzerte Spule als magnetische Elektronenlinsen.

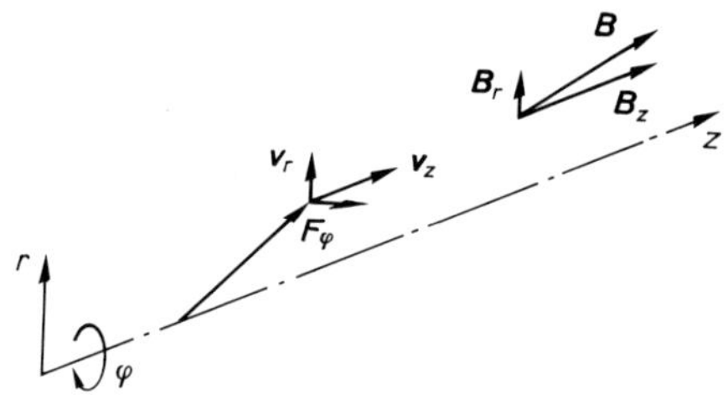

Abb. 10.28 Elektronengeschwindigkeitskomponenten und Feldkomponenten im rotationssymmetrischen Magnetfeld.

so daß das Elektron im Magnetfeld eine Geschwindigkeitskomponente v_φ erhält. Es entsteht eine schraubenähnliche Bahn mit einer Winkelgeschwindigkeit $\omega = \mathrm{d}\varphi/\mathrm{d}t$ in φ-Richtung. Durch v_φ entsteht schließlich mit B_z eine Lorentz-Kraft $F_r = ev_\varphi B_z$, die auf die Achse hin gerichtet ist und eine sammelnde Wirkung auf die einfallenden Elektronenstrahlen hat.

Zur Berechnung der Brennweite einer kurzen magnetischen Linse wollen wir vereinfachend annehmen, daß das Linsenfeld in z-Richtung so kurz ist, daß der Abstand der Elektronenbahn von der Achse innerhalb des Linsenfeldes sich nur wenig mit z ändere. Dann vereinfacht sich Gl. (10.55) wegen $r \approx$ const. bzw. $v_r \approx 0$ zu

$$F_\varphi = m\frac{\mathrm{d}v_\varphi}{\mathrm{d}t} \approx -ev_z B_r\,.$$

Mit $v_\varphi = \omega r$ erhalten wir

$$\frac{\mathrm{d}\omega}{\mathrm{d}t} = -\frac{ev_z}{mr}B_r\,. \tag{10.56}$$

Aus der Quellenfreiheit des magnetischen Feldes

$$\oint \boldsymbol{B}\,\mathrm{d}\boldsymbol{A} = 0 \tag{10.57}$$

(s. Abschn. E.1) folgt

$$B_r = -\frac{r}{2}\frac{\mathrm{d}B_z}{\mathrm{d}z}\,. \tag{10.58}$$

Die Rechnung ist völlig analog zu derjenigen beim elektrischen Feld, Gl. (10.40) bis (10.42). Hierbei ist wie bei den elektrischen Linsen vorausgesetzt, daß nur achsennahe Gebiete (achsennahe Strahlen, kleine Neigungswinkel) betrachtet werden. B_z ist dann in erster Näherung gleich der Achsenfeldstärke. Damit erhalten wir aus Gl. (10.56) und mit $v_z = \mathrm{d}z/\mathrm{d}t$

$$\frac{\mathrm{d}\omega}{\mathrm{d}t} = \frac{e}{2m} v_z \frac{\mathrm{d}B_z}{\mathrm{d}z} = \frac{e}{2m} \frac{\mathrm{d}B_z}{\mathrm{d}t} . \tag{10.59}$$

Vor Eintritt in das Linsenfeld sei $\omega = 0$. Dann ergibt die Integration der Gl. (10.59)

$$\omega = \frac{e}{2\,m} B_z . \tag{10.60}$$

(Diese Beziehung läßt sich auch ohne die Einschränkung $r \approx$ const. herleiten.)

Die die Sammelwirkung der magnetischen Linse verursachende Radialkraft setzt sich zusammen aus der schon erwähnten Komponente der Lorentz-Kraft $ev_\varphi B_z$ und der wegen ω zu berücksichtigenden Zentrifugalkraft $mr\omega^2$:

$$m\frac{\mathrm{d}^2 r}{\mathrm{d}t^2} = -ev_\varphi B_z + mr\omega^2 .$$

Mit $v_\varphi = \omega r$ und Gl. (10.60) folgt

$$\frac{\mathrm{d}^2 r}{\mathrm{d}t^2} = -\frac{r}{4}\frac{e^2}{m^2} B_z^2 \sim -r . \tag{10.61}$$

Die ablenkende Kraft ist also bei den magnetischen Linsen ebenfalls proportional zum Abstand r von der optischen Achse, so daß nach dem allgemeinen Kriterium Gl. (10.39) auch hier eine Abbildung möglich sein muß.

Die bereits früher verwendete Transformation Gl. (10.45) bzw. (10.46) läßt sich hier vereinfachen, da bei der magnetichen Linse und den vorausgesetzten geringen Bahnneigungen $v_z = \text{const.} = v = \sqrt{2eU_\mathrm{a}/m}$ ist (U_a: Beschleunigungsspannung der Elektronen):

$$\frac{\mathrm{d}^2 r}{\mathrm{d}t^2} = v^2 \frac{\mathrm{d}^2 r}{\mathrm{d}z^2} = 2\frac{e}{m} U_\mathrm{a} \frac{\mathrm{d}^2 r}{\mathrm{d}z^2} .$$

Damit erhalten wir aus Gl. (10.61) die Differentialgleichung der Elektronenbahn im Linsenfeld:

$$\frac{\mathrm{d}^2 r}{\mathrm{d}z^2} = -\frac{e}{m}\frac{B_z^2}{8U_\mathrm{a}} r . \tag{10.62}$$

Diese beschreibt nur den Achsenabstand $r(z)$ ohne Berücksichtigung der zusätzlich auftretenden Bahndrehung $\varphi(z)$.

Wir betrachten zur Berechnung der Brennweite wieder einen parallel zur optischen Achse einfallenden Elektronenstrahl (Abb. 10.29). Das Linsenfeld befinde sich zwischen den Ebenen 1 und 2. Im Linsenfeld selbst wird sich der Achsenabstand r nicht wesentlich ändern, so daß $r \approx r_1$. Dann liefert die Integration der Gl. (10.62) zwischen z_1 und z_2

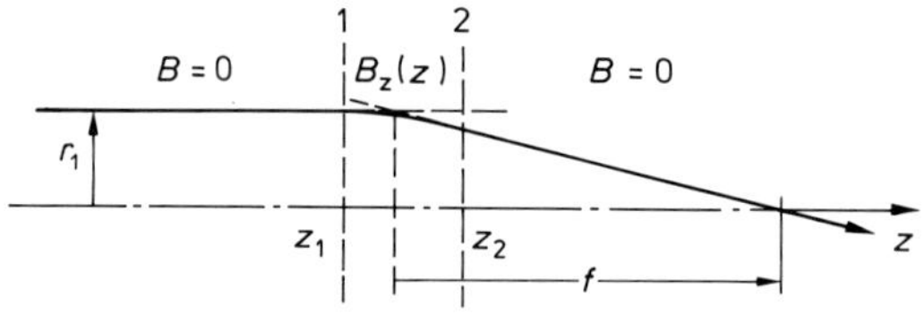

Abb. 10.29 Zur Berechnung der Brennweite einer magnetischen Linse.

$$\frac{\mathrm{d}r(z_2)}{\mathrm{d}z} - \frac{dr(z_1)}{\mathrm{d}z} = -r_1 \frac{e}{8mU_\mathrm{a}} \int\limits_{z_1}^{z_2} B_z^2 \,\mathrm{d}z\,.$$

Die Bahnneigung $\mathrm{d}r/\mathrm{d}z$ an der Stelle z_1 ist vorausetzungsgemäß 0, während die Bahnneigung an der Stelle z_2 mit der Brennweite f verknüpft ist:

$$-\frac{r_1}{f} = \frac{\mathrm{d}r(z_2)}{\mathrm{d}z}\,.$$

Daraus ergibt sich für die *Brennweite der kurzen magnetischen Linse:*

$$\frac{1}{f} = \frac{e}{8mU_\mathrm{a}} \int B_z^2 \,\mathrm{d}z\,. \tag{10.63}$$

Zur Erzielung einer kurzen Brennweite muß zunächst die Länge des Feldes klein und nach Gl. (10.63) die Feldstärke B_z möglichst groß sein. Beides läßt sich mit eisengepanzerten Spulen nach Abb. 10.27 erreichen.

Wegen der schraubenähnlichen Bahnen im Magnetfeld ist das Bild gegenüber dem Gegenstand verdreht (Abb. 10.30). Diese Bilddrehung läßt sich aus Gl. (10.60) berechnen:

$$\omega = \frac{\mathrm{d}\varphi}{\mathrm{d}t} = \frac{\mathrm{d}\varphi}{\mathrm{d}z} v_z = \frac{e}{2m} B_z\,.$$

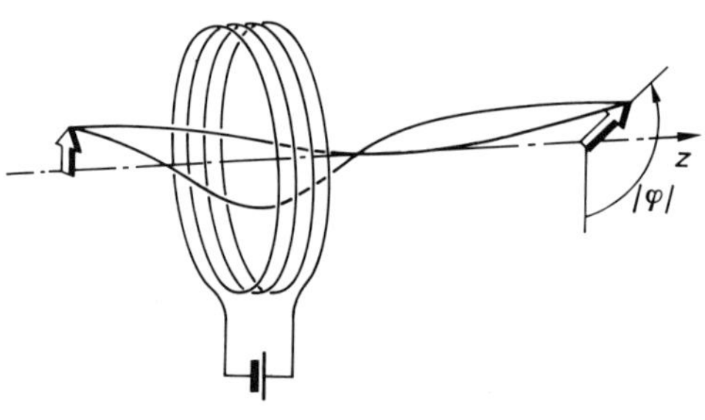

Abb. 10.30 Abbildung durch eine kurze magnetische Linse.

Die Integration längs z ergibt mit $v_z = \sqrt{2eU_a/m}$

$$\varphi = \sqrt{\frac{e}{8mU_a}} \int B_z \mathrm{d}z\,. \tag{10.64}$$

Die elektronenoptischen Linsen haben gegenüber den üblichen lichtoptischen Glaslinsen einen großen praktischen Vorteil: Durch Änderung der Elektrodenspannung bei elektrischen Linsen bzw. des Spulenstromes bei magnetischen Linsen läßt sich die Brennweite in weiten Grenzen variieren (vgl. Gl. (10.53) bzw. (10.63)). Bei einer elektronenoptischen Abbildung kann daher die Scharfstellung ohne mechanische Bewegung der Abbildungselemente erfolgen. Da die elektronenoptische Abbildung im Vakuum erfolgen muß, ist dies von besonderer technischer Bedeutung.

Bei der Herleitung der Gln. (10.53), (10.63) und (10.64) war stets vorausgesetzt, daß die Brennweite groß gegenüber der axialen Ausdehnung des Linsenbereiches ist („dünne Linse"). Trifft dies bei höherer Linsenerregung nicht mehr zu, so sind die genannten Beziehungen zu modifizieren [68].

10.4.3 Bildfehler von Elektronenlinsen

Rotationssymmetrische elektrische und magnetische Linsen zeigen dieselben Abbildungsfehler wie lichtoptische Linsen (Abschn. 1.7), und Reimer [31]). Bei magnetischen Linsen gibt es daneben drei weitere Bildfehler, die damit zusammenhängen, daß das Magnetfeld die Meridionalebenen der Strahlen dreht. Sie haben die Eigenschaft, daß eine Umkehrung des Magnetfeldes auch die Richtung der Abweichung von der idealen Abbildung umkehrt. Hier gilt daher der Satz von der Umkehr der Lichtwege nicht mehr. Der charakteristischste dieser magnetischen Bildfehler ist die *Bildzerdrehung (anisotrope Verzeichnung, Spiralverzeichnung)*. Sie rührt davon her, daß die Bilddrehung bei endlicher Abweichung von der Paraxial-Abbildung nicht mehr unabhängig vom Achsenabstand des Objektpunktes ist, sondern mit wachsendem Abstand ansteigt, wie es deutlich in Abb. 10.31 sichtbar ist. In diesem Bild erkennt man gleichzeitig den Einfluß der Bildfeldwölbung: nur die Mitte ist scharf abgebildet, das Bild des Randes liegt in einer anderen Ebene.

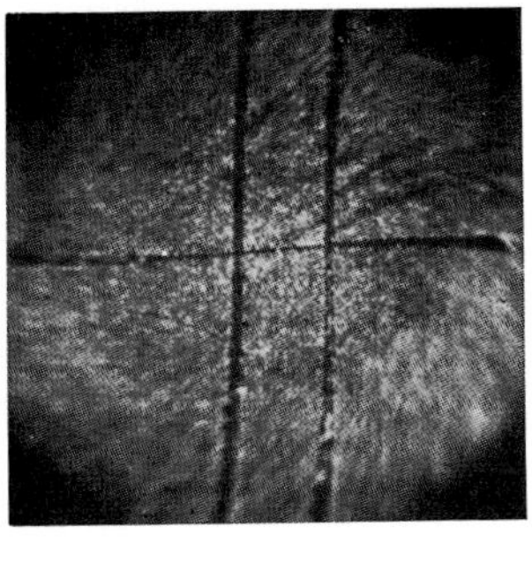

Abb. 10.31 Bildzerdrehung durch eine magnetische Linse bei Abbildung gerader Linien (nach [30]).

In der weiteren Behandlung werden nur die Bildfehler von Elektronenlinsen besprochen, die für die elektronenmikroskopische Hochauflösung von besonderer Bedeutung sind: Öffnungsfehler (sphärische Aberration) und Farbfehler (chromatische Aberration), außerdem die Wirkung einer Abweichung von der durch die Linsengleichung gegebenen Abbildungsbedingung (Defokussierung), vgl. z. B. Reimer [31], sowie der Beugungsfehler. Den lichtoptischen Strahlen entsprechen dabei die Elektronenbahnen.

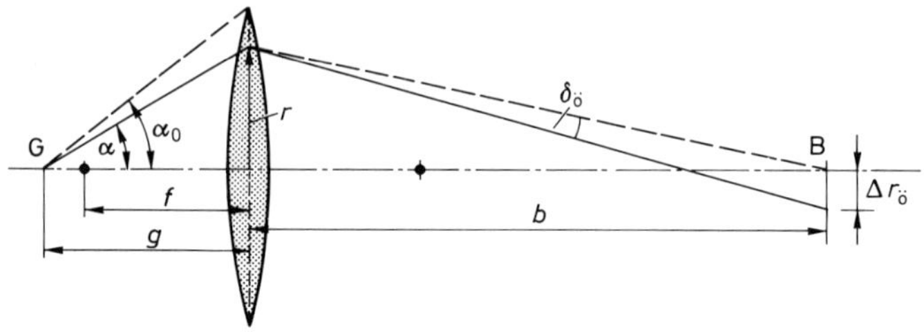

Abb. 10.32 Zur Berechnung der radialen Strahlabweichung $\Delta r_ö$ und der Winkelabweichung $\delta_ö$ außeraxialer Strahlen infolge des Öffnungsfehlers.

Öffnungsfehler (sphärische Aberration). Der Öffnungsfehler beschreibt die Tatsache, daß für außeraxiale Strahlen, d. h. für Strahlen, die bei großem Winkel α durch den Randbereich der Linse (Öffnungswinkel α_0) gehen, die Brennweite kürzer wird als bei achsennahen Strahlen (Abb. 10.32):

Elektronen, die im Objektpunkt G unter einem Winkel α gestreut werden, treffen nach Durchgang durch die Elektronenlinse im Abstand $\Delta r_ö$ von der optischen Achse auf die Gaußsche Bildebene, in der der Bildpunkt B für achsennahe Strahlen liegt.

Für $\Delta r_ö$ gilt wie bei lichtoptischen Linsen (Abschn. 1.7)

$$\Delta r_ö = C_ö \alpha^3 M \tag{10.65}$$

mit dem Abbildungsmaßstab $M = b/g$. $C_ö$ ist die Öffnungsfehlerkonstante. Gl. (10.65) läßt sich z. B. leicht für die 1:1-Abbildung in homogenen Magnetfeldern herleiten [31], sie gilt jedoch allgemein auch für Elektronenlinsen.

Die Gesamtheit der von G im Winkelbereich $\alpha = 0 \ldots \alpha_0$ ausgehenden Elektronenstrahlen ergibt das Öffnungsfehlerscheibchen in der Gaußschen Bildebene als Abbildung des Objektpunktes G.

Das Auftreten des Öffnungsfehlerscheibchens in der Bildebene bedeutet, daß aus dem Bild nur auf das Vorhandensein eines Gegenstandes geschlossen werden kann, dessen Radius kleiner oder etwa gleich dem mit Hilfe des Abbildungsmaßstabes M auf die Gegenstandsebene zurückgerechneten Radius des Öffnungsfehlerscheibchens ist:

$$r_ö = C_ö \alpha_0^3 \,. \tag{10.66}$$

Die Öffnungsfehlerkonstante $C_ö$ kann minimale Werte um 1 mm bei magnetischen Linsen erreichen.

Zur Berechnung der Wellenaberration (siehe weiter unten) ist die Winkelabweichung $\delta_{\ddot{o}}$ infolge des Öffnungsfehlers (Abb. 10.32) von Interesse. Für große Bildweiten $b \gg r$ ergibt sich aus Abb. 10.32

$$\delta_{\ddot{o}} \approx \frac{\Delta r_{\ddot{o}}}{b} = \frac{C_{\ddot{o}} \alpha^3}{g}.$$

Bei großen Bildweiten $b \gg g$ ist $g \approx f$ und (für nicht zu große Öffnungswinkel) $\alpha \approx r/g \approx r/f$, und damit die Winkelabweichung

$$\delta_{\ddot{o}} \approx C_{\ddot{o}} \frac{r^3}{f^4}. \tag{10.67}$$

Defokussierung. Als weiteren Fall einer Abweichung von der Gaußschen Abbildung nehmen wir an, daß statt eines Öffnungsfehlers eine kleine Brennweitenänderung Δf vorliegt (Abb. 10.33).

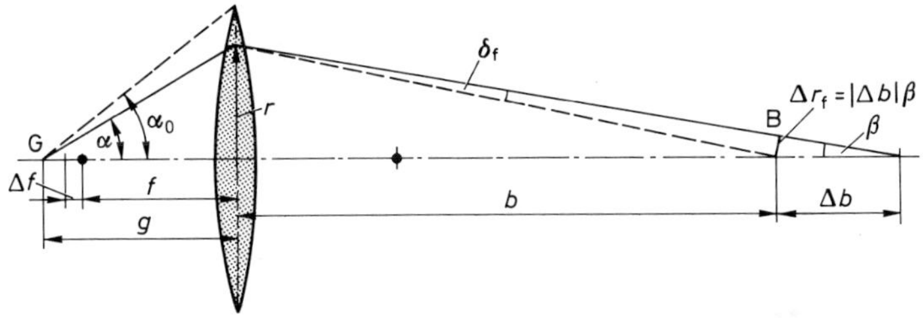

Abb. 10.33 Zur Berechnung der Winkelabweichung δ_f bei einer Brennweitenänderung.

In diesem Falle ändert sich die Bildweite um Δb, und die Linsengleichung lautet nach Entwicklung

$$\frac{1}{f}\left(1 - \frac{\Delta f}{f}\right) \approx \frac{1}{g} + \frac{1}{b}\left(1 - \frac{\Delta b}{b}\right).$$

Mit $1/f = 1/g + 1/b$ folgt daraus

$$\Delta b \approx \Delta f \frac{b^2}{f^2} \tag{10.68}$$

und eine radiale Abweichung in der Gaußschen Bildebene um

$$\Delta r_{\mathrm{f}} \approx |\Delta b| \beta \approx |\Delta b| \frac{\alpha}{M}. \tag{10.69}$$

Nach Abb. 10.33 ist $\delta_{\mathrm{f}} \approx -\Delta r_{\mathrm{f}}/b$. Mit $\beta \approx r/b$ und mit Gl. (10.68) ergibt sich für die Winkelabweichung infolge einer Defokussierung

$$\delta_{\mathrm{f}} \approx -\Delta f \frac{r}{f^2}. \tag{10.70}$$

In ganz analoger Weise ergibt sich für die Winkelabweichung δ_g bei einer Gegenstandsverschiebung Δg

$$\delta_g \approx \Delta g \frac{r}{f^2} \,. \tag{10.71}$$

Brennweitenänderung und Gegenstandsverschiebung können zur *Defokussierung*

$$\Delta z = \Delta f - \Delta g \tag{10.72}$$

zusammengefaßt werden. Für $\Delta z > 0$ wird sie *Unterfokussierung*, für $\Delta z < 0$ *Überfokussierung* genannt. Die gesamte Winkelabweichung durch Öffnungsfehler und Defokussierung ergibt sich dann aus Gl. (10.67 ... 10.72) zu

$$\delta = \delta_ö + \delta_f + \delta_g = C_ö \frac{r^3}{f^4} - \Delta z \frac{r}{f^2} \,. \tag{10.73}$$

Farbfehler (chromatische Aberration). Die Brennweite f elektronenoptischer Linsen hängt von der Beschleunigungsspannung U_a und damit von der Energie E der Elektronen ab. Wir wollen den Farbfehler nur für magnetische Linsen berechnen. Nach Gl. (10.63) ist $f \sim U_a/B_z^2 \sim E/I^2$, da die magnetische Flußdichte $\boldsymbol{B}$ in einer Spule proportional zum Spulenstrom I ist. Schwankungen der Beschleunigungsspannung um ΔU_a (bzw. der Elektronenenergie um ΔE) oder des Linsenstromes um ΔI verursachen daher eine Brennweiten-Schwankung Δf

$$\frac{\Delta f}{f} = \sqrt{\left(\frac{\Delta E}{E}\right)^2 + 2\left(\frac{\Delta I}{I}\right)^2} \,. \tag{10.74}$$

Wie für die Defokussierung berechnet (Gl. 10.69) ergibt sich auch hier eine radiale Abweichung in der Gaußschen Bildebene um

$$\Delta r_c \approx |\Delta b| \, \beta \approx |\Delta b| \frac{\alpha}{M} \,. \tag{10.75}$$

Bezogen auf die Gegenstandsseite erhalten wir daraus für den Radius des Farbfehlerscheibchens mit Gl. (10.68)

$$r_c = \alpha_0 \Delta f \frac{g^2}{f^2} \,.$$

Mit Gl. (10.74) und $g \approx f$ folgt schließlich

$$r_c = C_c \alpha_0 \sqrt{\left(\frac{\Delta E}{E}\right)^2 + 2\left(\frac{\Delta I}{I}\right)^2} \,, \tag{10.76}$$

worin $C_c \approx f$ die Farbfehlerkonstante ist. Bei sehr stark erregten Linsen ist $C_c \approx 0{,}6 f$. Schwankungen der Beschleunigungsspannung und des Linsenstromes führen danach zu einer Aufweitung des Bildes eines Gegenstandspunktes gemäß Gl. (10.76). Der gleiche Effekt wird dadurch bewirkt, daß die abbildenden Elektronenstrahlen eine gewisse Energiebreite besitzen, einerseits durch die Erzeugung z. B. mit einer thermischen Kathode (Abb. 10.23), andererseits durch unterschiedliche Energieverluste der Elektronen in der Objektschicht (Abschn. 10.6).

Beugungsfehler. Durch die endliche Öffnung jeder Linse wird aufgrund von Beugung auch bei sonst idealer Linse ein Gegenstandspunkt nicht als Punkt, sondern als Beugungsscheibchen abgebildet. Dieses besteht aus einem zentralen Intensitätsmaximum und ringförmigen, konzentrischen Nebenmaxima (Abschn. 3.8). Bezogen auf die Gegenstandsseite bei $g \approx f$ ist der Radius des zentralen Beugungsmaximums (= Radius des ersten dunklen Ringes), d. h. der Radius des Beugungsfehlerscheibchens nach Gl. (3.45) mit $\alpha_0 \approx R/f$ (R ist der Radius der Linsenöffnung)

$$r_\mathrm{B} = 0{,}61\,\frac{\lambda f}{R} \approx 0{,}61\,\frac{\lambda}{\alpha_0}\,. \tag{10.77}$$

Öffnungsfehler und Farbfehler einerseits und Beugungsfehler andererseits sind daher gegensinnig vom Öffnungswinkel α_0 abhängig: Bei großen Linsenöffnungen ist der Öffnungsfehler groß, bei kleinen Linsenöffnungen der Beugungsfehler. Dazwischen wird es einen optimalen Öffnungswinkel α_opt geben, bei dem das Gesamtfehlerscheibchen am kleinsten ist (Abb. 10.34).

Bei Vernachlässigung des Farbfehlers und quadratischer Überlagerung der Radien der anderen Fehlerscheibchen

$$r_\mathrm{ges} = \sqrt{r_\mathrm{B}^2 + r_\mathrm{ö}^2} = \sqrt{\left(0{,}61\,\frac{\lambda}{\alpha_0}\right)^2 + (C_\mathrm{ö}\alpha_0^3)^2}$$

erhält man aus der Bedingung $\mathrm{d}r_\mathrm{ges}/\mathrm{d}\alpha_0 = 0$ den für das Minimum des Fehlerscheibchenradius optimalen Öffnungswinkel

$$\alpha_\mathrm{opt} = 0{,}77\,\sqrt[4]{\frac{\lambda}{C_\mathrm{ö}}} \tag{10.78}$$

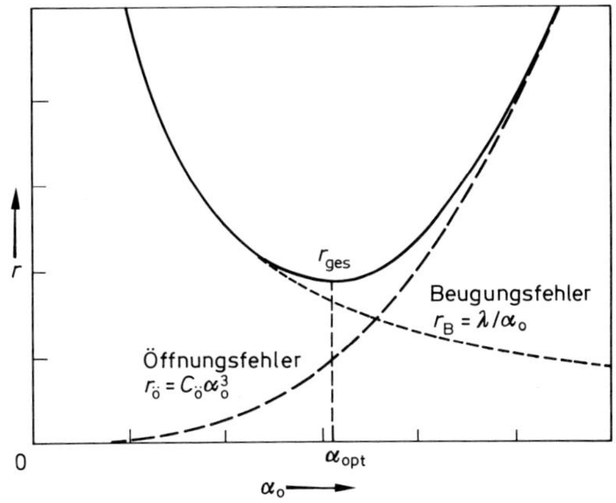

Abb. 10.34 Radien der Fehlerscheibchen durch Öffnungsfehler und Beugungsfehler.

(vgl. dazu auch Gl. (10.84)). Für $C_ö = 1\,\mathrm{mm}$ ergibt sich bei einer Elektronenenergie $E_0 = 100\,\mathrm{keV}$ ($\lambda = 3{,}7\,\mathrm{pm}$) ein optimaler Öffnungswinkel von $\alpha_{opt} = 6 \cdot 10^{-3}\,\mathrm{rad}$.

Wellenaberration und Phasenkontrast. Unter Wellenabberation wird der hier durch Öffnungsfehler und Defokussierung verursachte achsenabstandsabhängige Abstand Δ zwischen idealer und realer Wellenfläche verstanden (Abb. 10.35). Sie kann auch durch die Phasenschiebung $W = k\Delta = (2\pi/\lambda)\Delta$ der realen Wellenfläche ausgedrückt werden. λ ist die Wellenlänge, k die Wellenzahl der Elektronenwelle.

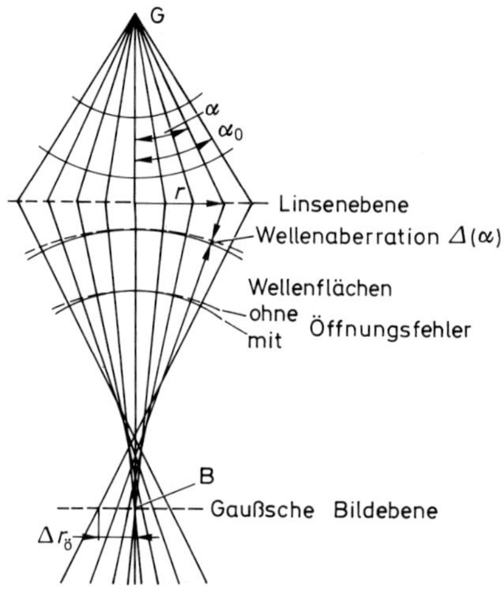

Abb. 10.35 Elektronenbahnen und Wellenflächen in einer Elektronenlinse mit Öffnungsfehler.

Vom Objektpunkt G ausgehende Strahlen, die die brechende Linsenebene an benachbarten Stellen im Achsenabstand r und $r + \mathrm{d}r$ durchlaufen, weisen für $b \gg g$ eine zusätzliche Wegdifferenz $\mathrm{d}s = \delta\,\mathrm{d}r$ zwischen realer und idealer Wellenfläche auf (Abb. 10.36).

Der gesamte Abstand Δ zwischen realer und idealer Wellenfläche im Achsenabstand r ergibt sich durch Integration von $\mathrm{d}s$ unter Beachtung von Gl. (10.73) und $r/f \approx \alpha$:

$$\Delta = \int_0^r \mathrm{d}s = \frac{1}{4}[C_ö\alpha^4 - 2\Delta z\alpha^2]\,. \tag{10.79}$$

Daraus erhalten wir die *Scherzer-Formel* für die als Phasenschiebung ausgedrückte *Wellenaberration* [32].

$$W(\alpha) = k\Delta = \frac{\pi}{2\lambda}[C_ö\alpha^4 - 2\Delta z\alpha^2]\,. \tag{10.80}$$

Für eine allgemeinere Darstellung der Wellenaberration ist es zweckmäßig, zu nor-

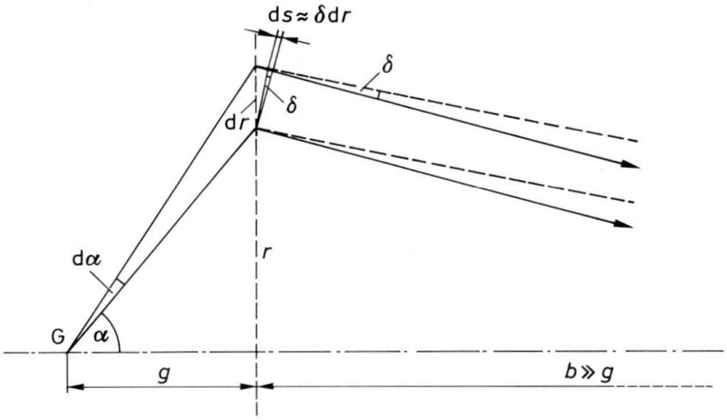

Abb. 10.36 Zur Berechnung der Wellenaberration.

mierten Größen von α und Δz überzugehen:

$$\alpha^* = \alpha \sqrt[4]{\frac{C_ö}{\lambda}}, \quad \Delta z^* = \Delta z \frac{1}{\sqrt{C_ö \lambda}}. \tag{10.81}$$

In diesen normierten Variablen lautet die Wellenaberration

$$W(\alpha^*) = \frac{\pi}{2}\alpha^{*4} - \pi \Delta z^* \alpha^{*2}. \tag{10.82}$$

Abb. 10.37 zeigt den Verlauf der Wellenaberration für verschiedene normierte Defokussierungen $\Delta z^* = \sqrt{n}$ $(n = 0, 1, 2, \ldots)$, für die sich Minima der Wellenaberrationen $W(\alpha^*)_{min} = -n\pi/2$ ergeben.

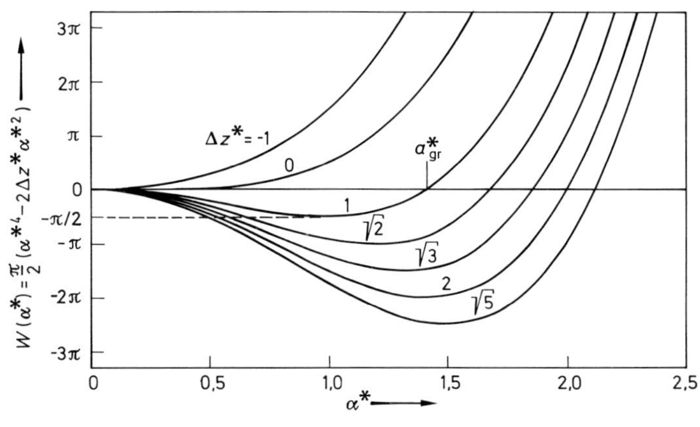

Abb. 10.37 Wellenaberration W von Elektronenlinsen infolge des Öffnungsfehlers als Funktion des normierten Streuwinkels α^* (Parameter: normierte Defokussierung Δz^*).

Elektronenoptisch abzubildende Objekte bestehen meist aus sehr dünnen Schichten (Abschn. 10.5), die von Elektronen noch durchstrahlt werden können. Im Grenzfall sind solche Objekte reine Phasenobjekte (Abschn. 3.12), die bei scharfer idealer Abbildung keinen Bildkontrast liefern. Nach Zernike lassen sich jedoch Phasenstrukturen sichtbar machen (Phasenkontrast), wenn die vom Phasenobjekt um einen Winkel α gebeugten Wellen in ihrer Phase gegenüber der Phase der 0. Ordnung (also der ungebeugt durch das Objekt gehenden Welle) um $\pi/2$ verschoben werden (Abschn. 3.12). Bei der Abbildung mit Licht kann dies durch eine $\lambda/4$-Phasenplatte in der 0. Beugungsordnung in der hinteren Brennebene des Objektivs erreicht werden. Für Elektronenwellen sind Phasenplatten ohne gleichzeitige Streuung der Elektronen leider nicht herstellbar.

Für die elektronenoptische Abbildung von Phasenobjekten analog zum Zernike-Verfahren kann jedoch die Phasenschiebung durch den Öffnungsfehler der Elektronenlinse in Verbindung mit einer geeignet gewählten Defokussierung wie eine Phasenplatte für die vom Objekt unter dem Winkel α gestreuten bzw. gebeugten Elektronen wirken. Dazu muß für einen möglichst großen Streuwinkelbereich $\alpha > 0$ die Phasenschiebung in der Nähe von $(-)\pi/2$ liegen. Das ist nach Abb. 10.37 für eine normierte Defokussierung $\Delta z^* = 1$ der Fall. Aus Gl. (10.81) ergibt sich dann der sog. *Scherzer-Fokus*

$$\Delta z_s = \sqrt{C_ö \lambda} \tag{10.83}$$

und aus Gl. (10.82) der Grenzwert der Linsenöffnung für $W(\alpha_{gr}) = 0$:

$$\alpha_{gr} = 1{,}41 \sqrt[4]{\frac{\lambda}{C_ö}}, \tag{10.84}$$

der knapp doppelt so groß ist wie der Wert bei kleinstem Fehlerscheibchen (Gl. (10.78)).

Zur Abbildung von Phasenobjekten mit Hilfe des Phasenkontrastes kann demnach die Phasenschiebung durch den Öffnungsfehler selbst ausgenutzt werden. Eine hierfür besonders günstige Einstellung liegt bei einer Defokussierung vor, wie sie durch den Scherzer-Fokus Gl. (10.83) angegeben wird, also bei einer etwas „unscharfen" Abbildung.

Nach dem Fourier-Theorem läßt sich jede Objektstruktur als Überlagerung periodischer Strukturen mit unterschiedlicher Periodenlänge Λ (Gitterkonstante) beschreiben. Demzufolge entspricht jedem Winkel α der vom Objekt ausgehenden Elektronen eine Beugung von Elektronenwellen an einer periodischen Struktur der Periodenlänge $\Lambda \approx \lambda/\alpha$. Die Abszisse in Abb. 10.37 läßt sich daher auch in Periodenlängen Λ eichen, die mit steigendem α bzw. α^* kleiner werden. Verfolgen wir etwa die Kurve für $\Delta z^* = 1$, so finden wir im Bereich um $\alpha^* = 1$ den besten Phasenkontrast ($W = -\pi/2$). Bei $\alpha^* = \alpha_{gr}$ wird $W = 0$, der Phasenkontrast verschwindet. Hierzu gehört mit Gl. (10.84) eine Periodenlänge

$$\Lambda_{gr} \approx \frac{\lambda}{\alpha_{gr}} \approx 0{,}7 \sqrt[4]{C_ö \lambda^3}\,. \tag{10.85}$$

Mit darüberhinaus steigendem α^* wird die Phasenschiebung positiv und steigt monoton an: Bei $W = +\pi/2$ ist der Phasenkontrast maximal, fällt dann wieder auf Null ab ($W = +\pi$), wird wieder negativ und so periodisch fort. Objektstrukturen mit $\Lambda < \Lambda_{gr}$ werden daher mit periodisch wechselndem Phasenkontrast wiedergegeben, was die Bildinterpretation schwierig macht [33].

Abb. 10.38 zeigt die Kontrastumkehr bei der elektronenoptischen Abbildung von Phasenstrukturen anhand einer sog. Fokussierungsreihe, d.h. einer Serie von Aufnahmen desselben Objektbereiches mit schrittweise veränderter Defokussierung. Die Daten der einzelnen Aufnahmen gehören zu Punkten auf einer vertikalen Linie im Diagramm Abb. 10.37. Die eingerahmten Objektdetails von etwa 1 nm Abstand werden bei Überfokussierung ($\Delta z < 0$) dunkel, bei Unterfokussierung ($\Delta z > 0$) hell und bei einer bestimmten Defokussierung ($\Delta z \approx 0$) gar nicht abgebildet (in Abb. 10.38 nicht dargestellt). Bei stärkeren Defokussierungen würde der Kontrast periodisch zu wechseln beginnen, wie aus Abb. 10.37 entnommen werden kann.

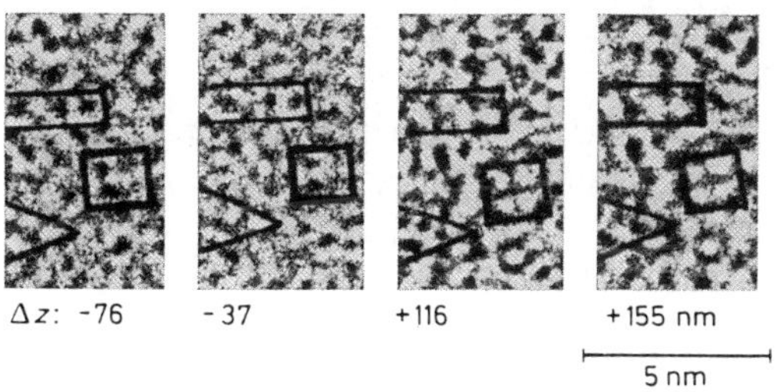

Abb. 10.38 Elektronenoptische Abbildung einer Kohlenstoff-Folie bei verschiedenen Defokussierungen: Kontrastumkehr von ≈1-nm-Strukturen (siehe Einrahmungen). Aufnahmen: Thon [33].

10.5 Elektronenmikroskopie

Elektronen der Energie 100 keV haben nach Gl. (10.3) eine Wellenlänge λ von 0,0037 nm, die damit gegenüber der des sichtbaren Lichtes um etwa den Faktor 10^5 kleiner ist. Da der kleinste auflösbare Abstand d zweier Objektpunkte (Abschn. 3.9 und 3.12) durch

$$d = 0{,}61 \frac{\lambda}{\sin \alpha_0} \tag{10.86}$$

gegeben ist (α_0: Aperturwinkel der Objektivlinse), müßte mit der Verwendung von Elektronenstrahlen dieser oder höherer Energie in einem „Elektronenmikroskop" eine beträchtliche Auflösungssteigerung gegenüber dem Lichtmikroskop erreichbar sein. Dem steht jedoch der gegenüber lichtoptischen Linsen verhältnismäßig große Öffnungsfehler entgegen (Gl. (10.66)). Bei einem sehr guten Wert der Öffnungsfehlerkonstanten $C_ö \approx 1$ mm folgt aus Gl. (10.78) für den optimalen Öffnungswinkel bei kleinstem Fehlerscheibchen $\alpha_{opt} = 6 \cdot 10^{-3}$ rad $\mathrel{\hat{=}} 0{,}34°$. Wegen des Öffnungsfehlers von Elektronenlinsen muß daher die Objektivapertur sehr klein gehalten werden.

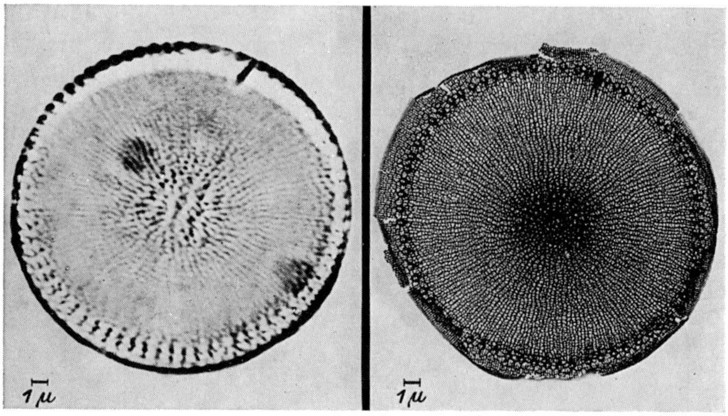

Abb. 10.39 Lichtmikroskopische und elektronenmikroskopische Aufnahme einer Diatomee (nach Gölz und Kolbe, AEG und Reichsanstalt für Wasser- und Luftgüte).

Das ergibt nach Gl. (10.86) nur eine Auflösungsgrenze von 0,38 nm, die damit aber immer noch um etwa 10^3 besser als diejenige des Lichtmikroskops (Abschn. 3.12) ist und in die Größenordnung atomarer Abstände kommt.

Das erste *magnetische Elektronenmikroskops* – so genannt nach den hierbei verwendeten magnetischen Linsen – wurde von Knoll und Ruska 1932 [34, 35] beschrieben (Nobel-Preis 1986). Kurz danach berichteten Brüche und Johannson [67] über ein *elektrostatisches Elektronenmikroskop,* das seinen Namen von der Verwendung elektrischer Elektronenlinsen erhielt. Bereits 1936 konnte die Auflösungsgrenze des Lichtmikroskops mit dem Elektronenmikroskop („Übermikroskop") unterschritten werden [36]. Ein Beispiel für die Verbesserung des Auflösungsvermögens durch das Elektronenmikroskop zeigt die Gegenüberstellung in Abb. 10.39.

Je nachdem, wie das zu untersuchende Objekt mit Elektronen bestrahlt wird (oder auch selbst Elektronen emittiert), unterscheidet man verschiedene Typen von Elektronenmikroskopen: Durchstrahlungsmikroskope, Spiegelmikroskope, Reflexionsmikroskope und Emissionsmikroskope. Eine spezielle Variante ist das Rastermikroskop. Im folgenden werden wir nur das Durchstrahlungs-Elektronenmikroskop und das Raster-Elektronenmikroskop behandeln.

10.5.1 Durchstrahlungs-Elektronenmikroskop

Der Aufbau eines Durchstrahlungs- oder Transmissions-Elektronenmikroskops (hier ist die konventionelle Bauart gemeint, nicht das später zu besprechende Durchstrahlungs-Rasterelektronenmikroskop) entspricht im Prinzip dem Aufbau eines Projektions-Lichtmikroskops (Abb. 10.40).

Trotz des Vorzugs eines Elektronenmikroskops mit elektrostatischen Linsen, unempfindlich gegen Spannungsschwankungen zu sein (vgl. Abschn. 10.4.2), hat sich aufgrund anderer technischer Vorteile (kleinere Abbildungsfehler, Verwendbarkeit höherer Elektronenenergien) die Verwendung magnetischer Linsen heute weitgehend durchgesetzt. Abb. 10.41 zeigt ein modernes Hochleistungselektronenmikroskop mit

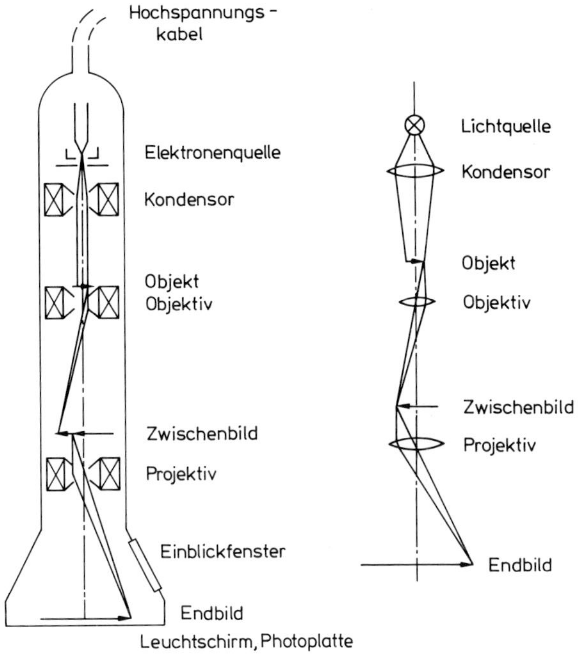

Abb. 10.40 Stark vereinfachter Aufbau eines Durchstrahlungs-Elektronenmikroskops mit magnetischen Linsen (die meist vorhandene 2. Kondensorlinse sowie eine oder mehrere Zwischenlinsen sind weggelassen). Rechts daneben der entsprechende Strahlengang eines lichtoptischen Projektionsmikroskops.

magnetischen Linsen für eine Elektronenenergie von 80 keV. Das Objekt wird von Elektronen dieser Energie durchstrahlt. Da Elektronen in Materie stark gestreut werden, muß das Objekt sehr dünn (maximal ca. 100 nm) sein, damit eine ausreichende Elektronenstromdichte in die Objektiv-Apertur gelangt. Von größeren biologischen Präparaten (z. B. Zellen, Bakterien, Gewebeproben usw.) müssen daher Ultradünnschnitte mit einem *Mikrotom* hergestellt werden. Kleinere Objekte (Viren, Mikrokristalle usw.) werden auf eine Kohle- oder Kollodiumfolie von wenigen 10 nm Dicke gebracht und können dann durchstrahlt und abgebildet werden. Mit einem speziellen Verfahren gelang es Hall 1956 [37], einzelne Riesenmoleküle von Desoxyribonukleinsäure – kurz DNS (in der englischen Literatur DNA) genannt – im Elektronenmikroskop abzubilden. Die DNS-Moleküle sind dünne, fadenförmige Moleküle von etwa 2 nm Durchmesser und 10 ... 20 000 nm Länge. Sie werden als Träger des genetischen Codes, d. h. der Erbanlagen, angesehen und sind seitdem der Beobachtung im Elektronenmikroskop zugänglich (Abb. 10.42; [38, 69]).

Zu untersuchende anorganische Substanzen werden oft durch thermisches Verdampfen im Vakuum auf dünne Trägerfolien kondensiert. Als wenige 10 nm dicke, meist kristalline Schichten können sie dann von Elektronen durchstrahlt und abgebildet werden. 1956 gelang es Menter [39], einzelne Atom-Netzebenen in Platin-

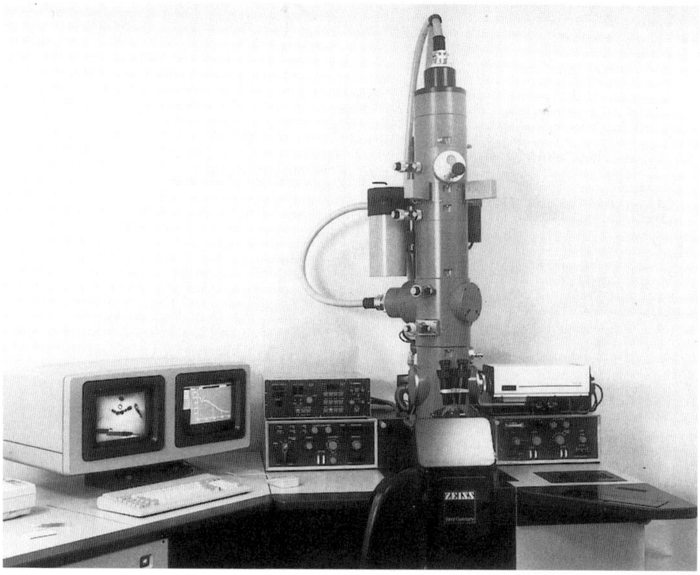

Abb. 10.41 Modernes Hochleistungselektronenmikroskop für Elektronenergien 50/80 keV (CEM 902, Werkphoto Carl Zeiss, Oberkochen). Dieses rechnergesteuerte Gerät enthält oberhalb des Projektivs (vgl. Abb. 10.40) einen abbildenden Energieanalysator, vgl. Abschn. 10.6.

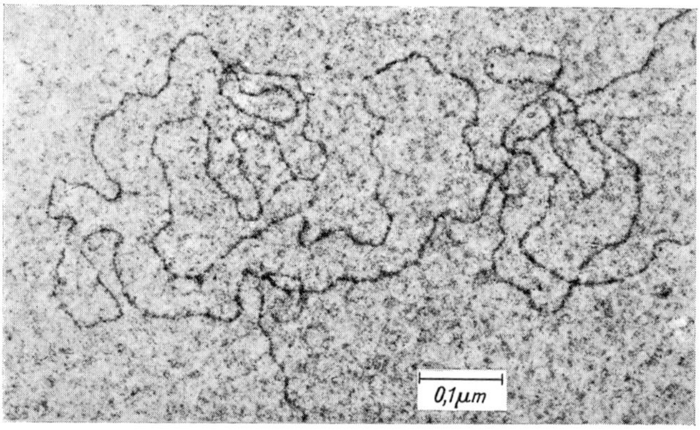

Abb. 10.42 Elektronenmikroskopische Abbildung von DNS-Molekülen. Elektronenenergie: 80 keV [38].

Phthalocyanin-Kristallen mit einem Netzebenenabstand von 1,2 nm im Elektronenmikroskop abzubilden. Inzwischen ist das Auflösungsvermögen soweit verbessert worden, daß heute Netzebenen im Abstand von unter 0,1 nm abgebildet werden können. Abb. 10.43a zeigt zwei kleine Goldkristallite von etwa 5 nm Durchmesser auf einer amorphen Kohlefolie, aufgenommen mit einem höchstauflösenden 300-

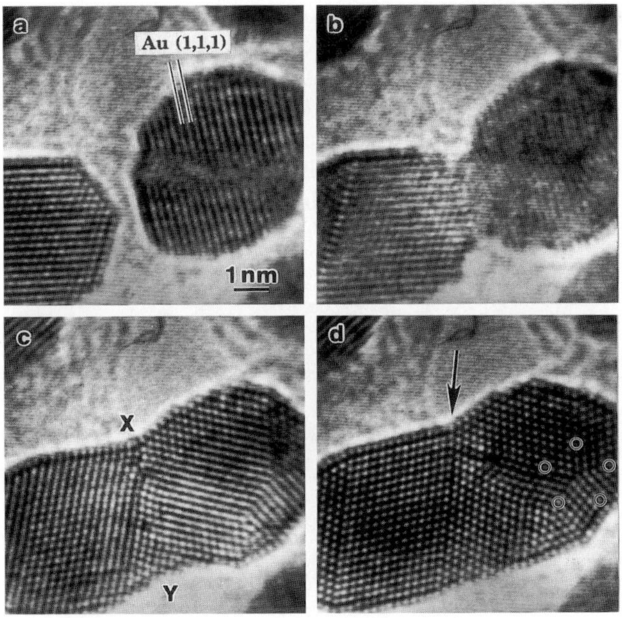

Abb. 10.43 Zusammenwachsen zweier Goldpartikel von etwa 5 nm Durchmesser unter dem Elektronenstrahl, aufgenommen bei einer Elektronenenergie von 300 keV (Philips EM 430 ST). Zeitlicher Abstand zwischen den Aufnahmen ca. 3, 5 und 2 s [40].

keV-Elektronenmikroskop [40]. Die Au-(111)-Netzebenen mit einem Abstand von 0,235 nm sind klar zu erkennen. Der rechte Kristallit zeigt einen Kristallbaufehler (*Zwillingsbildung* im mittleren, etwas unscharfen Bereich). Die Energiezufuhr durch den abbildenden Elektronenstrahl fördert die Diffusion von Goldatomen an der Kristallitoberfläche und auf der Kohlefolie mit der Folge, daß die beiden Kristallite zusammenwachsen, wie auf den im zeitlichen Abstand von jeweils einigen Sekunden folgenden Aufnahmen zu sehen ist (Abb. 10.43 a–d). Beim Zusammenwachsen ändert sich die atomare Packung (Bereich XY in Abb. 10.43 c) und es bildet sich eine *Zwillingsebene,* markiert durch einen Pfeil in Abb. 10.43 d. Kurzzeitig bildet sich auch ein lokaler Bereich mit fünfzähliger Symmetrie (Abb. 10.43 d rechts), die nicht zu den regulär auftretenden Kristallsymmetrien gehört (Bd. 1, Abschn. 69, 70).

Um die Abbildung solcher Atom-Netzebenenscharen zu ermöglichen, muß nach der Abbeschen Theorie (Abschn. 3.12) neben der geradeaus durchgehenden Elektronenwelle nullter Beugungsordnung mindestens noch die erste Beugungsordnung der an den Netzebenen gebeugten Elektronenwelle von der Objektiv-Apertur erfaßt werden. Der notwendige Öffnungswinkel ergibt sich aus der Bragg-Gleichung (10.15). Die Problematik der atomaren Auflösung im Elektronenmikroskop wird in den folgenden beiden Abschnitten noch ausführlicher behandelt.

Die Abbildung der für die Materialeigenschaften so wichtigen Kristallbaufehler im Elektronenmikroskop ist jedoch auch ohne elektronenoptische Auflösung der einzelnen Netzebenen möglich (Abb. 10.46), da jede Abweichung vom regelmäßigen periodischen Gitter sich als mehr oder weniger starker Kontrast bemerkbar macht.

Abb. 10.44 zeigt die Kristallstruktur von chloriertem Kupfer-Phthalocyanin, abgebildet mit einem 500-keV-Elektronenmikroskop [41]. Hier sind das zentrale Kupferatom der Elementarzelle und die peripheren Chloratome wegen ihrer etwas stärkeren Streuwechselwirkung mit den Strahlelektronen besonders gut zu sehen (die Streuung der Strahlelektronen am Coulomb-Feld des Atomkerns nimmt nach der Rutherford-Streuformel mit der Kernladungszahl Z quadratisch zu, vgl. Gl. (10.87)), während die innen angeordneten Kohlenstoff- und Stickstoffatome einen geringeren Kontrast zeigen.

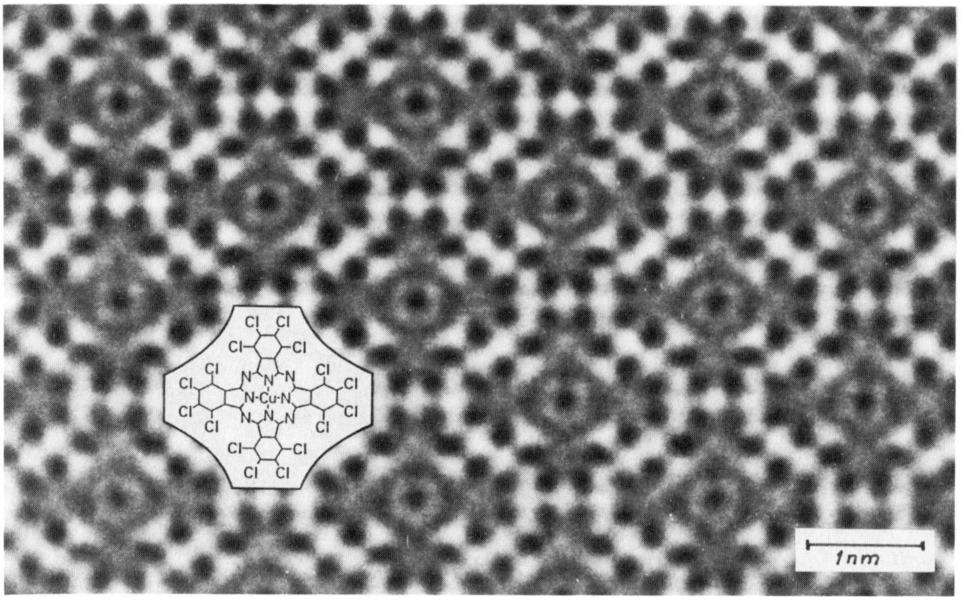

Abb. 10.44 Elektronenmikroskopische Abbildung von Atomen in einem Kupfer-Chlorphthalocyanin-Kristall. Elektronenenergie: 500 keV [41]. Die Strukturformel eines der den Kristall aufbauenden Moleküle ist in das Bild eingezeichnet.

In mancher Hinsicht unterscheiden sich die Eigenschaften dünner Schichten von denen des technisch oft wichtigeren kompakten Materials. Aus diesem Grunde ist man bestrebt, möglichst dicke Schichten zu untersuchen. Um das hierfür notwendige Durchdringungsvermögen der Elektronen zu erreichen, muß deren Energie stark erhöht werden. Unter anderem deswegen wurden Elektronenmikroskope gebaut, die z. B. mit einer Energie von 3 MeV arbeiten (Abb. 10.45). Die für solche Energien erforderlichen Elektronenbeschleuniger sind größer als die eigentliche Mikroskopsäule. Ein Aufnahmebeispiel dieses Geräts zeigt Abb. 10.46 [42, 43].

Abb. 10.45 Die Säule des 3-MeV-Elektronenmikroskops in Toulouse. Der Hochspannungsgenerator und der Elektronenbeschleuniger befinden sich in einem Raum oberhalb der Mikroskopsäule [42].

10.5.2 Abbildung mit atomarer Auflösung

Der Kontrast elektronenmikroskopischer Präparate entsteht in erster Linie durch die Ablenkung (Streuung) der Strahlelektronen an den Atomkernen der Präparatatome. In erster Näherung kann die Ablenkung im Coulombfeld der Atomkerne durch die Streuformel von Rutherford (Bd. 4)

$$\frac{\mathrm{d}N}{N} = n_\mathrm{s}\left(\frac{Ze^2}{4\pi\varepsilon_0 E}\right)^2 \frac{\mathrm{d}\Omega}{16\sin^4\frac{\vartheta}{2}} \tag{10.87}$$

beschrieben werden. Hierin ist $\mathrm{d}N/N$ der Anteil der Strahlelektronen der Energie E, der unter dem Winkel ϑ in das Raumwinkelelement $\mathrm{d}\Omega$ gestreut wird, Z die Ordnungszahl der Präparatatome und n_s die Flächenanzahldichte der Atome in der Präparatschicht. (Für sehr kleine Streuwinkel ϑ muß die Rutherford-Formel modifiziert werden, weil sonst $\mathrm{d}N$ für $\vartheta \to 0$ über alle Grenzen wächst. Dies trifft aber wegen der durch die Elektronenhülle des Atoms begrenzten Ausdehnung des Coulombfeldes des Atomkerns nicht zu.) Wegen der notwendig kleinen Objektivapertur (Öffnungsfehler!) der Elektronenlinsen tragen die nach Gl. (10.87) in Winkel $\vartheta > \alpha_0$ gestreuten Elektronen zum weiteren Abbildungsvorgang nicht bei, wodurch die Orte

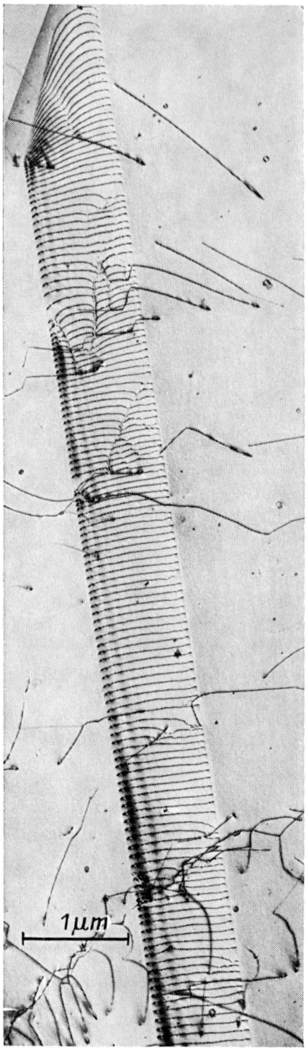

Abb. 10.46 Versetzungslinien in nichtrostendem Stahl, aufgenommen bei einer Elektronenenergie von 2 MeV [43].

höherer Atomkonzentrationen im Objekt mit weniger Strahlelektronen abgebildet werden als andere Stellen: *Streukontrast*. Da die Ordnungszahl Z der streuenden Atome in die Streuformel Gl. (10.87) quadratisch eingeht, entsteht auch ein starker Materialkontrast. Der Streukontrast bewirkt, daß das elektronenoptisch abzubildende Präparat sich als *Amplitudenobjekt* (Abschn. 3.12) verhält.

Sollen atomare Strukturen mit entsprechender Auflösung abgebildet werden, so müssen die Präparatschichten sehr dünn sein (wenige Atomlagen). In diesem Fall ist der Streukontrast vernachlässigbar. Die atomare Objektstruktur wirkt jetzt durch das Coulomb-Potential der Atomkerne im wesentlichen nur noch auf die Phase der die Strahlelektronen repräsentierenden Elektronenwellen ein. Das elektronenmikroskopische Objekt stellt in diesem Falle ein *Phasenobjekt* (Abschn. 3.12) dar, das bei idealer, scharfer Abbildung keinen Bildkontrast erzeugt. Wie wir jedoch bei der Diskussion der elektronenoptischen Abbildungsfehler (Abschn. 10.4.3) gesehen haben, bewirkt die Wellenaberration durch den Öffnungsfehler eine Phasenschiebung der in den Winkel ϑ gestreuten Wellen gegenüber der sich in Richtung $\vartheta = 0$ ausbreitenden Welle, die zu einem *Phasenkontrast* im Sinne der Vorstellungen von Zernike (Abschn. 3.12) führt. Dieser kann durch eine geeignete Defokussierung optimiert werden. Der Phasenkontrast ermöglicht daher im Prinzip eine Abbildung atomarer Strukturen, z. B. Netzebenen von Kristallen in atomarer Auflösung (Abb. 10.43 und 10.44).

Um die etwas komplizierten Verhältnisse bei der Abbildung mit atomarer Auflösung etwas genauer betrachten zu können, wollen wir als abzubildendes Objekt ein solches mit einer einzigen periodischen Struktur der Periodenlänge Λ betrachten. Jedes beliebige Objekt läßt sich dann als Überlagerung vieler periodischer Strukturen mit unterschiedlicher Periodenlänge beschreiben (Fourier-Theorem). Die Beugung von Elektronenwellen der Wellenlänge λ an einer solchen Struktur ergibt Beugungsmaxima unter dem Winkel $\alpha \approx \lambda/\Lambda$. Aus Gründen einer einfacheren Schreibweise ist es zweckmäßig, die reziproke Periodenlänge als *Ortsfrequenz* $q = 1/\Lambda = \alpha/\lambda$ einzuführen. Das Objekt werde nun mit einer ebenen Elektronenwelle in z-Richtung „beleuchtet", in der komplexen Schreibweise

$$\underline{\psi}_1 = \psi_0 \mathrm{e}^{ikz}, \tag{10.88}$$

mit $k = 2\pi/\lambda$. Der zeitperiodische Faktor $\mathrm{e}^{\mathrm{i}\omega t}$ wurde weggelassen. Die zu z senkrechten Koordinaten in der Objektebene seien ξ und η, in der Bildebene x und y. Die durch das Objekt (Raumperiode Λ in ξ-Richtung) modifizierte Welle unmittelbar hinter dem Objekt kann dann durch einen Faktor $\mathcal{O}(\xi)$, die Objektfunktion, beschrieben werden:

$$\underline{\psi}_\mathrm{G} = \mathcal{O}(\xi)\,\psi_0 \mathrm{e}^{ikz} = a_\mathrm{G}(\xi)\,\mathrm{e}^{\mathrm{i}\varphi_\mathrm{G}(\xi)}\,\psi_0 \mathrm{e}^{ikz}, \tag{10.89}$$

mit $a_\mathrm{G}(\xi) \leq 1$: Amplitudenschwächung, und $\varphi_\mathrm{G}(\xi)$: Phasenschiebung durch das Objekt (die Objektfunktion $\mathcal{O}(\xi)$ entspricht der Funktion $F(\xi, n)$ in Abschn. 3.12). Die Modulation der einfallenden Elektronenwelle $\underline{\psi}_1$ durch das Objekt sei klein:

$$a_\mathrm{G}(\xi) = 1 - \varepsilon_\mathrm{G}(\xi), \quad \mathrm{e}^{\mathrm{i}\varphi_\mathrm{G}(\xi)} \approx 1 + \mathrm{i}\varphi_\mathrm{G}(\xi).$$

mit $\varepsilon_\mathrm{G} \ll 1$ und $\varphi_\mathrm{G} \ll 1$. Die Objektfunktion lautet dann näherungsweise

$$\mathcal{O}(\xi) \approx 1 - \varepsilon_\mathrm{G}(\xi) + \mathrm{i}\varphi_\mathrm{G}(\xi), \tag{10.90}$$

bzw. bei kosinusförmiger Modulation mit der Ortsfrequenz q

$$\begin{aligned}\mathcal{O}(\xi) &= 1 - \varepsilon_q \cos(2\pi q \xi) + \mathrm{i}\varphi_q \cos(2\pi q \xi)\\ &= 1 + (-\varepsilon_q + \mathrm{i}\varphi_q)\cos(2\pi q \xi).\end{aligned} \tag{10.91}$$

Das hier gewählte Objekt wird also als schwaches Kosinusgitter beschrieben, das einerseits entsprechend der Modulation mit ε_q als Amplitudengitter, andererseits entsprechend der Modulation mit $\mathrm{i}\varphi_q$ als Phasengitter (Abschn. 3.12) auf die einfallende Elektronenwelle (Gl. (10.88)) wirken soll. Ein solches Gitter könnte z. B. aus den Atom-Netzebenen eines Kristalls bestehen. Die Fraunhofersche Beugung wird durch eine Fourier-Transformation angegeben (Abschn. 3.8). Sie ergibt im Falle des Kosinusgitters gemäß Gl. (10.91) neben der 0. Beugungsordnung zwei Beugungsmaxima (± 1. Ordnung) in den Richtungen $\alpha = \pm\lambda/\Lambda = \pm\lambda q$ mit den Amplituden $0{,}5(-\varepsilon_q + \mathrm{i}\varphi_q)$.

In der Bildebene erhält man bei idealer Abbildung eine Amplitudenverteilung $\mathcal{O}_\mathrm{B}(x)$ der Elektronenwellen, die der Amplitudenverteilung $\mathcal{O}(\xi)$ hinter dem Objekt gemäß Gl. (10.91) entspricht, lediglich um den Abbildungsmaßstab $M = b/g$ gedehnt. Im realen Falle sind jedoch die den Beugungsstrahlen entsprechenden Amplituden mit einem zusätzlichen Phasenfaktor $\exp(-\mathrm{i}\,W(q))$ versehen, die die Phasenschiebung der Beugungsstrahlen gegenüber dem Strahl 0. Ordnung infolge der Abbildungsfehler (Abschn. 10.4.3) berücksichtigen. $W(q)$ ist die Wellenaberration (Gl. (10.80)) als Funktion der Ortsfrequenz $q = \alpha/\Lambda$. Die Amplitudenverteilung in der Bildebene ($\psi_0 = 1$ gesetzt) lautet daher

$$\mathcal{O}_\mathrm{B}(x) = 1 + (-\varepsilon_q + \mathrm{i}\varphi_q)\,\mathrm{e}^{-\mathrm{i}W(q)}\cos(2\pi q x)\,. \tag{10.92}$$

Die Intensität $I(x)$ in der Bildebene ergibt sich daraus unter Vernachlässigung von Gliedern höherer Ordnung zu

$$I(x) = \mathcal{O}_\mathrm{B}(x)\,\mathcal{O}_\mathrm{B}^*(x) \approx 1 - D(q)\,\varepsilon_q\cos(2\pi q x) - B(q)\,\varphi_q\cos(2\pi q x)\,, \tag{10.93}$$

mit

$$D(q) = 2\cos W(q) \quad \text{und} \quad B(q) = -2\sin W(q)\,. \tag{10.94}$$

Bis auf die Faktoren D und B entspricht daher die Intensitätsverteilung in der Bildebene (Gl. (10.93)) der Amplitudenverteilung in der Gegenstandsebene (Gl. (10.91)), wobei jedoch die Phasenstruktur (letzter Term) nun auch als Intensitätsstruktur wiedergegeben wird. Die Funktionen $D(q)$ und $B(q)$ bestimmen den *Kontrast* (Abschn. 3.9), mit dem die Amplitudenstrukturen ε_q und die Phasenstrukturen φ_q des Objekts im Bild wiedergegeben werden. Sie werden daher **Kontrastübertragungsfunktionen** $D(q)$ für die Amplitude und $B(q)$ für die Phase genannt. Werden allein Öffnungsfehler und Defokussierung berücksichtigt, so lassen sich die Kontrastübertragungsfunktionen mit Hilfe der Wellenaberration Gl. (10.80) oder (10.82) berechnen (Abb. 10.47a, b).

Die Kontrastübertragungsfunktion D für Amplitudenstrukturen hat für niedrige Ortsfrequenzen $q = \alpha/\lambda$, also bei kleinen normierten Beugungswinkeln $\alpha^* = \alpha(C_\mathrm{ö}/\lambda)^{1/4}$ (Gl. (10.81)), den maximalen Wert. Mit steigender Ortsfrequenz bzw. steigendem Beugungswinkel durchläuft D Nullstellen und wechselt zunehmend häufig das Vorzeichen (Abb. 10.47a). Das bedeutet, daß Amplitudenstrukturen unterschiedlich hoher Ortsfrequenzen – außer bei niedrigen Ortsfrequenzen – mit wechselndem Kontrast abgebildet werden, so daß die Bildinterpretation schwierig wird.

Ähnlich ist die Situation bei der Kontrastübertragungsfunktion B für Phasenstrukturen. Bei niedrigen Ortsfrequenzen (kleine Beugungswinkel) ist $B = 0$, solche Phasenstrukturen werden wie bei idealer Abbildung ohne Kontrast (d. h. nicht) wiedergegeben. Bei höheren Ortsfrequenzen bzw. Beugungswinkeln sorgt die Wellenaberration durch Öffnungsfehler und Defokussierung (Abschn. 10.4.3) für einen

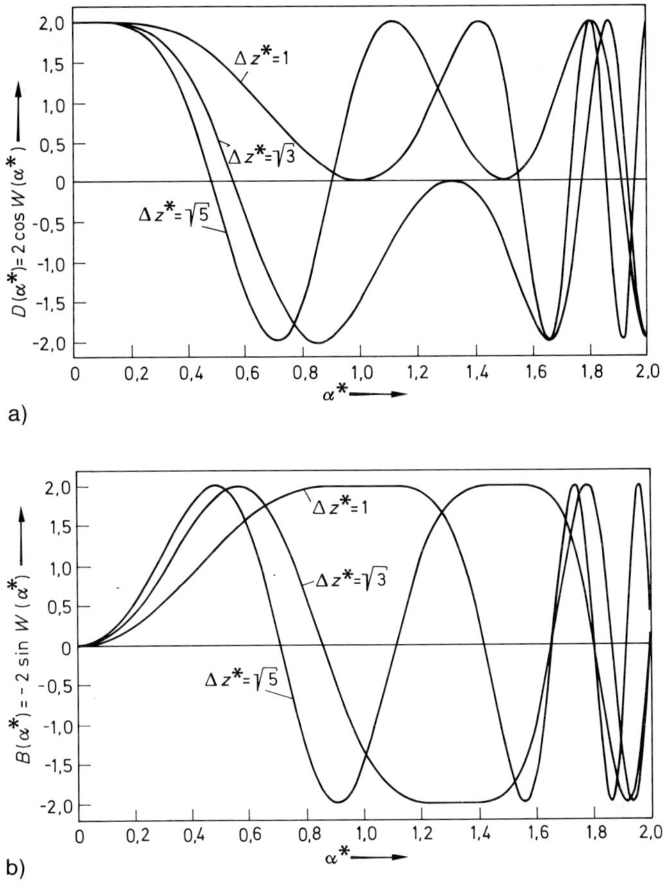

Abb. 10.47 Kontrastübertragungsfunktionen für a) Amplitude und b) Phase in normierter Darstellung bei verschiedenen normierten Defokussierungen Δz^*.

Phasenkontrast im Sinne von Zernike (Abschn 3.12). Zum Beispiel schließt sich bei einer Defokussierung $\Delta z^* = 1$ an den Bereich ohne Kontrast ein vergleichsweise breites Band mit maximalem Phasenkontrast an, bevor auch hier der Kontrast beginnt, zunehmend schneller das Vorzeichen zu wechseln (Abb. 10.47b). Für stärkere Defokussierungen gibt es breitere Bänder hohen Phasenkontrastes bei höheren Ortsfrequenzen. Wenn also Phasenstrukturen mit bestimmten Ortsfrequenzen abgebildet werden sollen, ist jeweils eine geeignete Defokussierung einzustellen. Allerdings werden andere Ortsfrequenzbereiche mit unterschiedlichem, teilweise entgegengesetztem Phasenkontrast abgebildet.

Sind die zur Abbildung benutzten Elektronen nicht monochromatisch, d.h. besitzen sie eine Energieverteilung der Halbwertsbreite ΔE, so wird die Kontrastübertragung als Folge des Farbfehlers der Elektronenlinsen (Abschn. 10.4.3) besonders bei hohen Ortsfrequenzen geschwächt. Die Energieverteilung der Elektronen ist einerseits aufgrund ihrer Emission z.B. aus einer thermischen Kathode (Abschn. 10.4.2, Abb. 10.23) mit einer Halbwertsbreite von $\Delta E = 1$ bis 2 eV oder aus einer Feldemissionskathode mit $\Delta E = 0{,}2$ bis 0,3 eV gegeben. Andererseits kann sie auch durch Schwankungen der Beschleunigungsspannung U_a bedingt sein. Im gleichen Sinne wirken Schwankungen des Linsenstromes der Elektronenlinsen (Gl. (10.74); z. B. Hanszen u. Trepte [44]). Der Einfluß der Energieverteilung der Elektronen läßt sich durch einen zusätzlichen, ortsfrequenzabhängigen Schwächungsfaktor $K_c(q)$ zur Kontrastübertragungsfunktion berücksichtigen. Beschränken wir uns auf Phasenobjekte, so läßt sich für die zeitlich gemittelte Intensitätsfunktion in der Bildebene in Abwandlung von Gl. (10.93) schreiben

$$\overline{I(x)} = 1 - B(q)\,K_c(q)\,\varphi_q \cos(2\pi q x)\,. \tag{10.95}$$

Wird für die Energieverteilung der Strahlelektronen eine Gauß-Verteilung angenommen, so läßt sich die schwächende Hüllkurve $K_c(q)$ für die Phasenkontrast-Übertragungsfunktion in folgender Weise darstellen (z. B. Reimer [31]):

$$K_c(q) = \mathrm{e}^{-(\Lambda_{\min} q)^4}\,. \tag{10.96}$$

$\Lambda_{\min} = 1/q_{\max}$ ist die Ortsperiode, bei der der Schwächungsfaktor $K_c(q) = 1/e = 0{,}37$ beträgt. Setzt man hier die Grenze für die Erkennbarkeit der Kontrastmodulation, so ist $q_{\max}$ die höchste übertragbare Ortsfrequenz. Die kleinste übertragbare Ortsperiode $\Lambda_{\min}$ hängt in folgender Weise von der Farbfehlerkonstanten C_c (Abschn. 10.4.3; ohne Ableitung) ab:

$$\Lambda_{\min} = \sqrt{\frac{\pi \lambda H}{4\sqrt{\ln 2}}} \tag{10.97}$$

$$H = C_c \frac{\Delta E}{E} f_r = C_c \frac{\Delta U}{U} f_r = 2 C_c \frac{\Delta I}{I} f_r\,. \tag{10.98}$$

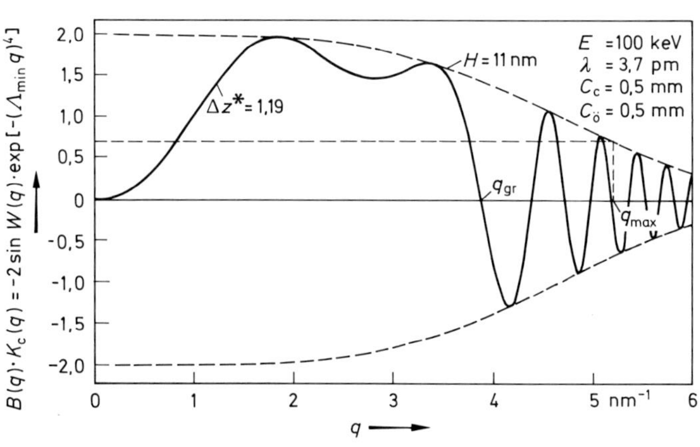

Abb. 10.48 Phasenkontrast-Übertragungsfunktion unter Berücksichtigung des Farbfehlers $B(q)\,K_c(q)$.

f_r ist ein relativistischer Korrekturfaktor, der etwa ab $E \geq 100\,\text{keV}$ zu berücksichtigen ist:

$$f_r = \frac{1 + E/E_0}{1 + E/2E_0}, \quad E_0 = m_0 c_0^2 = 511\,\text{keV}\,. \tag{10.99}$$

Abb. 10.48 zeigt eine Phasenkontrast-Übertragungsfunktion unter Berücksichtigung des Dämpfungsfaktors durch den Farbfehler. Die normierte Defokussierung Δz^* wurde so gewählt, daß ein möglichst breites Übertragungsband mit positivem Phasenkontrast entsteht. Mit den Daten $\Delta E = 2\,\text{eV}$ oder $\Delta U = 2\,\text{V}$ bei $E = 100\,\text{keV}$ oder $\Delta I/I = 10^{-5}$ können bei einer Farbfehlerkonstanten $C_c = 0{,}5\,\text{mm}$ Ortsperioden bis etwas unter $\Lambda_{gr} = 0{,}26\,\text{nm}$ ($q_{gr} = 3{,}9\,\text{nm}^{-1}$) ohne Vorzeichenwechsel des Phasenkontrastes abgebildet werden. Der Farbfehler allein würde sogar eine Auflösung bis herab zu $\Lambda_{min} = 0{,}19\,\text{nm}$ ($q_{max} = 5{,}2\,\text{nm}^{-1}$) zulassen.

10.5.3 Elektronen-Holographie

Durch photographische Schichten oder andere Bildregistriereinrichtungen in der Bildebene werden nur Elektronenintensitäten registriert (d. h. das Quadrat der Bildwellen*amplitude*), z. B. Intensitätsverteilungen gemäß Gl. (10.93) oder (10.95). Die Ortsfrequenzen q des Objektes werden mit gleichsinnigem Kontrast nur von $q \geq 0$ bis zur ersten Nullstelle der Kontrastübertragungsfunktion q_{gr} (z. B. Abb. 10.48) registriert. Für höhere Ortsfrequenzen tritt – bedingt durch die Wellenaberration infolge Öffnungsfehler und Defokussierung – wechselnder Kontrast auf, sodaß das Bild in diesem Ortsfrequenzbereich nicht mehr zu interpretieren ist. Amplituden- und Phaseninformation des Objektes werden dabei in komplizierter Weise auf Amplitude und Phase der Bildwelle verteilt [45]. Durch die alleinige Registrierung des Amplitudenanteils der Bildwelle geht außerdem die Information über Ortsfrequenzen in der Umgebung der Nullstellen der Kontrastübertragungsfunktion verloren. Gelänge es, Amplituden- *und* Phaseninformation der Bildwelle zu registrieren, würde sich der Informationsverlust durch die Nullstellen vermeiden lassen, weil die Kontrastübertragungsfunktionen für Amplitude und Phase hinsichtlich der Nullstellen und Maxima sich komplementär ergänzen (Abb. 10.47a, b).

Wie das Beispiel Abb. 10.48 zeigt, kann die Kontrastdämpfung durch den Farbfehler bei den heutigen technischen Möglichkeiten der Konstanz von Beschleunigungsspannung und Linsenstrom bzw. der Energiebreite von Feldemissionsstrahlern im Prinzip durchaus eine Auflösung bis zu einer höheren Ortsfrequenz $q_{max} > q_{gr}$ zulassen. Dazu müßte jedoch die Phaseninformation der Bildwelle ebenfalls registriert werden, und aus Amplituden- und Phaseninformation der Bildwelle bei Kenntnis der Wellenaberration die Objektwelle rekonstruiert werden.

Eine solche Möglichkeit bietet die Elektronen-Holographie [46, 73]. Wir wollen hier allein die sog. Off-Axis-Holographie betrachten, wie sie für Licht von Leith und Upatnieks 1962 [47] vorgeschlagen worden ist (Abschn. 3.14), und zwar zunächst für eine aberrationsfreie Abbildung. Durch Überlagerung der Bildwelle $\underline{\psi}_B = \psi_0 a_G(\boldsymbol{r}) \cdot e^{i\varphi_G(\boldsymbol{r})} e^{i\boldsymbol{k}_1\boldsymbol{r}}$ mit einer kohärenten Referenzwelle $\underline{\psi}_R = \psi_0 e^{i\boldsymbol{k}_2\boldsymbol{r}}$ entsteht eine Interferenzstruktur mit der Erregungsverteilung

$$\underline{\psi} = \psi_G[a_0(\boldsymbol{r})\,e^{i\varphi_G(\boldsymbol{r})}\,e^{i\boldsymbol{k}_1\boldsymbol{r}} + e^{i\boldsymbol{k}_2\boldsymbol{r}}], \tag{10.100}$$

worin $\boldsymbol{k}_1$ und $\boldsymbol{k}_2$ die Ausbreitungsvektoren von Bild- und Referenzwelle sind (Abb. 10.49). Eine photographische Schicht in der Bildebene registriert die Intensität des entstehenden Interferenzstreifensystems *(Hologramm)* gemäß

$$\begin{aligned} I(\boldsymbol{r}) &= \underline{\psi}\,\underline{\psi}^* \\ &= I_0\{1 + a_G^2(\boldsymbol{r}) + a_G(\boldsymbol{r})\,e^{i\varphi_G(\boldsymbol{r})}\,e^{i(\boldsymbol{k}_1-\boldsymbol{k}_2)\boldsymbol{r}} + a_G(\boldsymbol{r})\,e^{-i\varphi_G(\boldsymbol{r})}\,e^{-i(\boldsymbol{k}_1-\boldsymbol{k}_2)\boldsymbol{r}}\} \\ &= I_0\left\{1 + a_G^2(\boldsymbol{r}) + 2a_G(\boldsymbol{r})\cos\left[2\pi\frac{x}{d} + \varphi_G(\boldsymbol{r})\right]\right\}. \end{aligned} \tag{10.101}$$

$(\boldsymbol{k}_1 - \boldsymbol{k}_2)$ zeige in x-Richtung (Abb. 10.49). Der Winkel zwischen den beiden interferierenden Strahlen sei β. Dann ist $d = 2\pi/|\boldsymbol{k}_1 - \boldsymbol{k}_2| \approx \lambda/\beta$ der Abstand der Interferenzstreifen und das cos-Glied beschreibt das Interferenzstreifensystem. Der Term $\varphi_G(\boldsymbol{r})$ im Argument des cos-Gliedes bewirkt eine Verschiebung der Interferenzstreifen in x-Richtung, worin sich die Objektphase φ_G im Hologramm manifestiert. Die Objektamplitude a_G ist im Amplitudenfaktor des Interferenzgliedes enthalten. Im Hologramm sind also Amplituden- und Phaseninformation des Objektes gespeichert. Wie bei der Licht-Holographie kann die Objektwelle durch Beugung einer ebenen Welle am Hologramm rekonstruiert werden. Für die das Hologramm beleuchtende Welle wird Laserlicht verwendet. Eine der beiden dabei entstehenden Beugungswellen 1. Ordnung ist der Objektwelle in Amplitude und Phase proportional, womit das Ziel der Rekonstruktion erreicht ist (Abschn. 3.14). Der Abstand d der Interferenzstreifen im Hologramm muß durch geeignete Wahl von λ und β mindestens um einen Faktor 2–3 kleiner gemacht werden als die kleinste noch wiederzugebende Ortsperiode Λ.

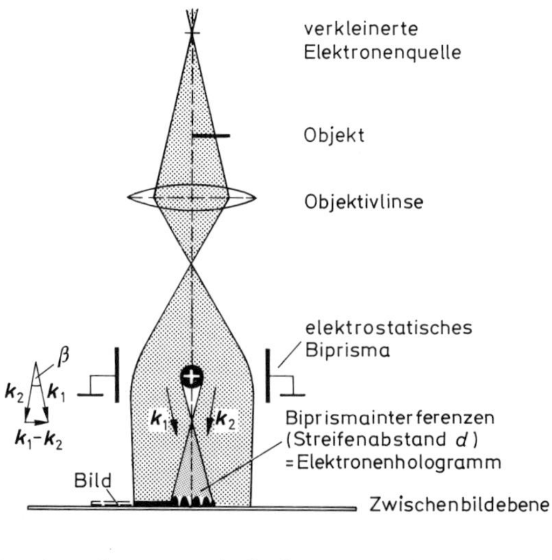

Abb. 10.49 Anordnung zur Aufnahme von Off-Axis-Elektronenhologrammen mit dem elektrostatischen Biprisma [48, 49, 50].

Da die Beugung am Hologramm mathematisch einer Fourier-Transformation entspricht (Abschn. 3.12), läßt sich die Rekonstruktion nach Digitalisierung des Hologramms auch numerisch mittels eines Computers durchführen. Dies ist besonders dann zweckmäßig, wenn die Bildwelle durch die Wellenaberration verändert ist. Bei bekannten Abbildungseigenschaften der Elektronenlinse, d. h. bei bekannter Wellenaberration kann deren Einfluß dann rechnerisch korrigiert werden, sodaß eine Kontrastübertragung bis zur höchsten, trotz des kontrastdämpfenden Farbfehlers noch übertragbaren Ortsfrequenz ohne störende Kontrastwechsel möglich wird.

Off-Axis-Elektronenholographie kann im Elektronenmikroskop mit Hilfe des elektrostatischen Biprismas nach Möllenstedt und Düker [11] durchgeführt werden. Den Aufbau eines solchen Biprismas für Elektronenwellen haben wir bereits in Abschn. 10.2 (Abb. 10.12) kennengelernt. Eine ausreichend kohärente Elektronenwelle erhält man bei Verwendung einer Feldemissions-Kathode (Abschn. 10.4.2) zur Erzeugung des beleuchtenden Elektronenstrahls. Die Objektschicht wird lediglich von der Hälfte des Strahls durchsetzt, die andere Hälfte dient als Referenzstrahl (Abb. 10.49). Durch den positiv geladenen Biprismafaden werden die beiden kohärenten Teilstrahlen überlagert. Das durch die Objektivlinse erzeugte Bild des Objektes ist dann im Überlagerungsbereich von Interferenzstreifen durchzogen, deren Intensitätskontrast und Streifenauslenkungs-Modulation nach Gl. (10.101) die Amplituden- und Phaseninformation über das Objekt enthält: *Bildebenen-Hologramm*. Die Bildinformation ist allerdings durch die Wellenaberration der Objektivlinse noch zusätzlich verschlüsselt, wie oben und in Abschn. 10.4.3 beschrieben. Abb. 10.50a

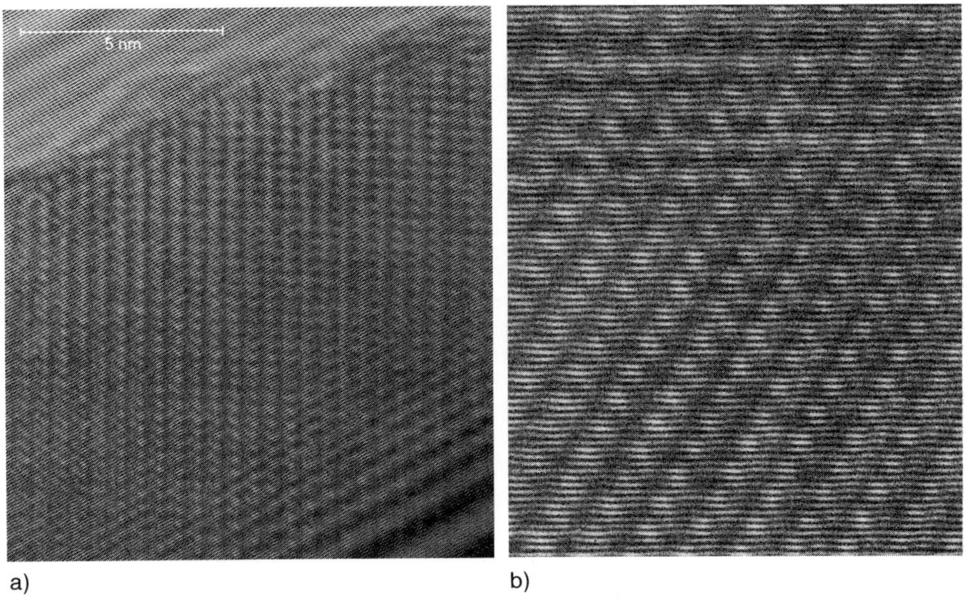

Abb. 10.50 Elektronenhologramm eines Nioboxid-Kristalls [45]. a) Die atomare Struktur (vertikale Netzebenen) ist andeutungsweise erkennbar. Oben links ist der Rand des Kristalls zu sehen. b) Vergrößerter und um 30° gedrehter Ausschnitt. Interferenzstreifen-Abstand 0,075 nm (horizontale Linien).

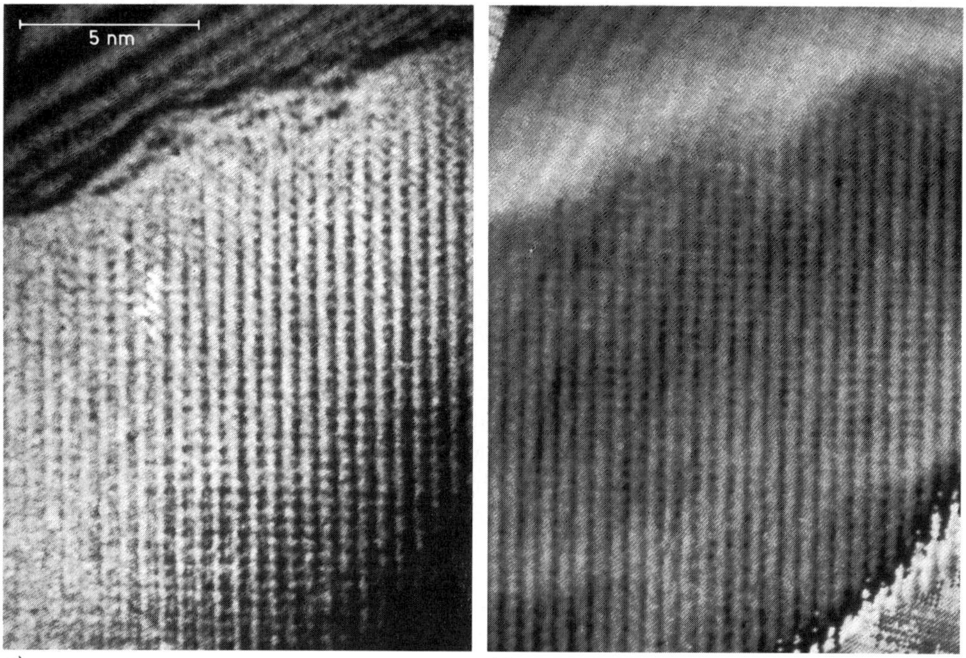

a) b)

Abb. 10.51 Aus dem Hologramm Abb. 10.50 rekonstruiertes Bild eines Nioboxid-Kristalls, ohne Korrektur der Wellenaberration der Objektivlinse [45]. a) Amplitudenanteil, b) Phasenanteil der Bildwelle.

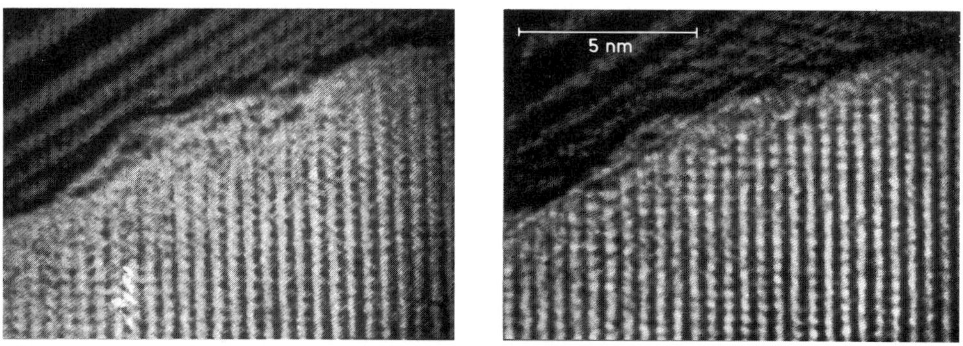

a) b)

Abb. 10.52 Aberrationskorrigierte Wiedergabe des rekonstruierten Bildes eines Nioboxid-Kristalls (Amplitudenanteil) nach Lichte [45]. a) Unkorrigiert, b) korrigiert.

zeigt ein so erhaltenes Elektronenhologramm eines Nioboxid-Kristalls [45, 72], in dem die vertikalen Atom-Netzebenen bereits erkennbar sind. Im vergrößerten Ausschnitt Abb. 10.50b (um ca. 30° gedreht) sind die Interferenzstreifen des Hologramms und deren Modulation durch die Phase als Streifenauslenkung gut zu sehen.

Die (rechnerische) Rekonstruktion des Amplituden- und des Phasenanteils der Bildwelle zunächst ohne Korrektur der Wellenaberration der Objektivlinse ist in

Abb. 10.51 wiedergegeben. Die Netzebenen des Kristalls sind in der Rekonstruktion vor allem am Rand des Kristalls schlecht aufgelöst. Der Netzebenenkontrast ist (örtlich komplementär) teilweise im Amplitudenanteil, teilweise im Phasenanteil der Bildwelle stärker vorhanden.

Die (rechnerische) Korrektur der Wellenaberration liefert schließlich eine deutlich verbesserte Wiedergabe der Netzebenen bis an den Rand des Kristalls (Abb. 10.52). Die Elektronen-Holographie kann also im Grenzbereich der elektronenmikroskopischen Höchstauflösung deutliche Verbesserungen der Abbildung atomarer Strukturen erzielen.

10.5.4 Raster-Elektronenmikroskop

Das Prinzip des Rastermikroskops wurde bereits 1935 durch Knoll [51] und 1938 durch v. Ardenne [52, 53] eingeführt, ist aber erst nach 1960 technisch bedeutsam geworden. Im Gegensatz zum bisher besprochenen konventionellen Elektronenmikroskop, wo die gesamte Bildinformation *gleichzeitig* auf einem Leuchtschirm oder einer Photoplatte registriert wird, werden beim Rastermikroskop die Objektpunkte durch einen feinen Elektronenstrahl mit einem Durchmesser von 10 nm oder weniger *nacheinander* rasterförmig abgetastet. Elektronenoptische Methoden werden hier in

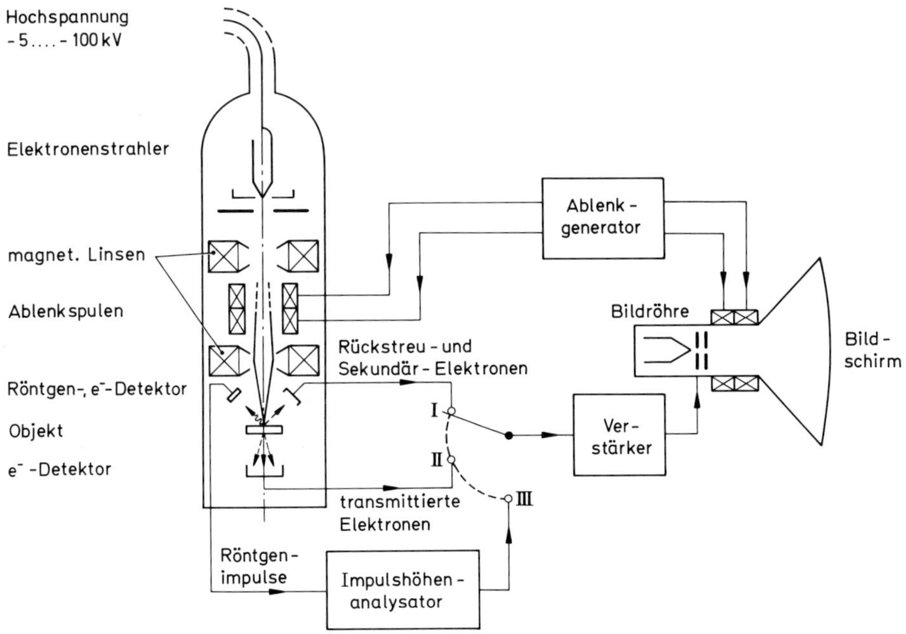

Abb. 10.53 Prinzipieller Aufbau eines Raster-Elektronenmikroskops (vereinfacht). Schalterstellungen: I zur Abbildung von Oberflächen; II zur Abbildung von dünnen Schichten in Durchstrahlung (Transmission); III zur Aufnahme von Elementverteilungen mittels charakteristischer Röntgenquanten (Elektronenstrahl-Mikroanalyse), vgl. Abb. 10.60.

Abb. 10.54 Modernes Raster-Elektronenmikroskop für Elektronenenergien von 0,2 bis 40 keV (Stereoscan 360, Werkphoto Cambridge Instruments). Links die elektronenoptische Säule, rechts der Bildbeobachtungsteil. Seitlich an der elektronenoptischen Säule angeflanscht ist eine Kühlvorrichtung für einen energiedispersiven Röntgendetektor zur Elektronenstrahl-Mikroanalyse (vgl. Abschn. 10.6).

der Hauptsache zur Erzeugung der sehr feinen Elektronensonde benutzt. Dies geschieht mittels eines üblichen Elektronenstrahl-Erzeugungssystems (Abb. 10.23) und meist drei magnetischen Linsen, die den cross-over stark verkleinert auf dem zu untersuchenden Objekt abbilden (Abb. 10.53). Zusätzlich angebrachte Ablenkspulen erlauben ein zeilenweises Abtasten des Objekts ähnlich der Fernsehtechnik. In der getroffenen Objektstelle werden Elektronen rückgestreut und Sekundärelektronen ausgelöst. Sie gelangen zum Teil in einen seitlich angebrachten Elektronendetektor (Schalterstellung I in Abb. 10.53). Das daraus entstehende elektrische Signal wird verstärkt und zur Helligkeitssteuerung einer Fernsehbildröhre verwendet, deren Elektronenstrahl synchron mit dem Abtaststrahl im Rastermikroskop zeilenweise über den Leuchtschirm geführt wird. Auf diese Weise erhält man ein Bild der abgetasteten Objektfläche auf dem Leuchtschirm der Bildröhre.

Das Raster-Elektronenmikroskop (Abb. 10.54) ist besonders zur Abbildung der Oberfläche massiver Proben geeignet, die im Durchstrahlungsmikroskop direkt überhaupt nicht abzubilden ist. Gegenüber diesem als auch gegenüber dem Lichtmikroskop zeichnet sich das Raster-Elektronenmikroskop durch seine große Schärfentiefe aus, die es besonders zum Studium rauher und zerklüfteter Oberflächen geeignet macht (Abb. 10.55 u. 10.56; vgl. auch Bd. 6, Abschn. 3.5.3).

Die Auflösungsgrenze bei der Abbildung von Oberflächen massiver Proben liegt bei etwa 20 nm, da selbst bei einer Elektronensonde mit viel kleinerem Durchmesser infolge Elektronendiffusion im Objekt Sekundärelektronen in der weiteren Umgebung ausgelöst werden. Dieser „Diffusionshof" kann sich jedoch nicht in dünnen Schichten ausbilden. Bei der Untersuchung dünnster Objektschichten ist daher im Prinzip die gleiche hohe Auflösung von wenigen 0,1 nm zu erwarten wie beim konventionellen Durchstrahlungs-Elektronenmikroskop. Der Elektronendetektor wird dann zweckmäßigerweise unter der Objektschicht angebracht (Schalterstellung II

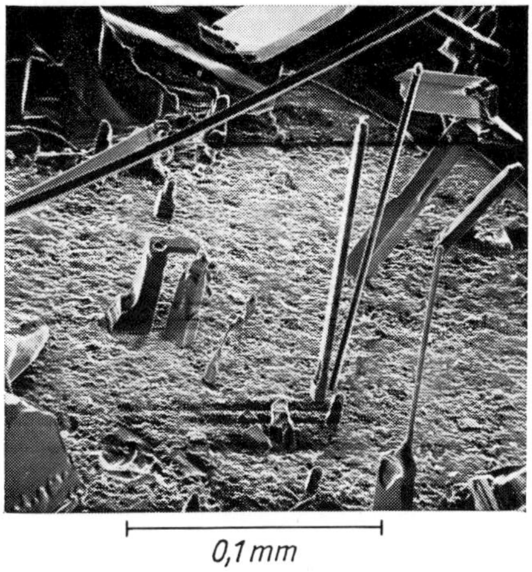

Abb. 10.55 Rasterelektronenmikroskopische Aufnahme von Alkalihalogenid-Whiskern [54].

Abb. 10.56 Rasterelektronenmikroskopische Aufnahme einer Silber-(11,3,1)-Einkristalloberfläche nach Beschuß mit 24-keV-Ar^+-Ionen: Kegelbildung durch Ionenätzung. Aufnahme: J. Linders, Optisches Institut TU Berlin, 1984.

in Abb. 10.53). Ein solches *Durchstrahlungs-Rasterelektronenmikroskop* hat gegenüber dem konventionellen Durchstrahlungs-Elektronenmikroskop wegen der zeitlich sequentiellen Abtastung die zusätzliche Möglichkeit, die Bildsignale in einfacher Weise elektronisch zu verarbeiten. Ein weiterer wesentlicher Vorteil besteht darin, daß Elektronen, die in der Objektschicht durch unelastische Stöße einen Teil ihrer Enegie verloren haben, genauso wie Elektronen ohne Energieverlust zur Bildentstehung beitragen können, da nach Durchstrahlung des Objekts keine elektronenoptische Abbildung erfolgt (im konventionellen Durchstrahlungsmikroskop wird infolge der Abhängigkeit der Elektronenlinsen-Brennweite von der Elektronenenergie – vgl. Gl. (10.53) und (10.63) – die Abbildung durch Elektronen mit unterschied-

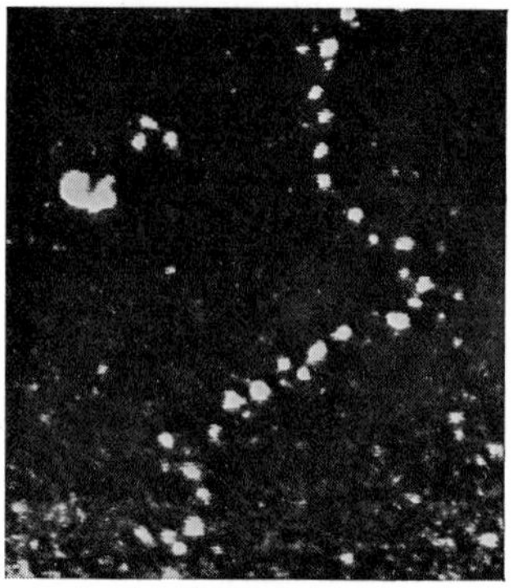

Abb. 10.57 Rasterelektronenmikroskopische Aufnahme von Uranatomen, die in ein fadenförmiges DNS-Molekül eingebaut wurden [55].

lichen Energieverlusten unscharf, was sich insbesondere bei dickeren Objektschichten bemerkbar macht). Bei Durchstrahlungs-Rasterelektronenmikroskopen höchster Auflösung werden heute Feldemissionskathoden verwendet (vgl. Abschn. 10.4.2), da sie es gestatten, einen Elektronenstrahl mit sehr geringer Energiebreite zu erzeugen, der sich mit Elektronenlinsen zu einer Sonde mit wenigen 0,1 nm Durchmesser auf dem Objekt fokussieren läßt. Mit einem solchen Gerät ist es Crewe [55] erstmals gelungen, einzelne Schweratome in DNS-Molekülen sichtbar zu machen (Abb. 10.57).

10.6 Elektronenenergieverlust-Spektroskopie und Mikroanalyse

Die Anwendung der Elektronenoptik in der Elektronenmikroskopie hat der Forschung Objekte von Mikrodimensionen erschlossen, die der Lichtmikroskopie nicht mehr zugänglich sind. Es besteht jedoch eine weitgehende Analogie zwischen Licht- und Elektronenoptik. Diese Analogie betrifft aber nicht nur die Abbildung, sondern auch den Bereich der Spektroskopie. Die Emissions- und Absorptionsspektroskopie mit Licht ermöglicht aufgrund der Einsteinschen Beziehung $E = h\nu$ zwischen Energie und Frequenz eines Photons sowie der Bohrschen Postulate über die Strahlungsemission und -absorption die Bestimmung von Energiezuständen in Atomen und Atomverbänden (Moleküle, Kristalle usw.). Solche Messungen lassen sich auch mit Elektronenstrahlen durchführen. Bei der *Elektronenstoßspektroskopie* werden Elektronenstrahlen z. B. durch Gase oder dünne Festkörperschichten geschossen. Durch die dabei auftretenden Stoßprozesse zwischen Elektronen und Atomen können die verschiedenen Energiezustände der Atome angeregt werden, wobei die Elektronen von ihrer Anfangsenergie $E = mv^2/2$ die den Anregungsenergien entsprechenden Energiebeträge ΔE verlieren. Diese Energieverluste und damit die Anregungsenergien der Atome lassen sich experimentell bestimmen, indem man die Elektronen

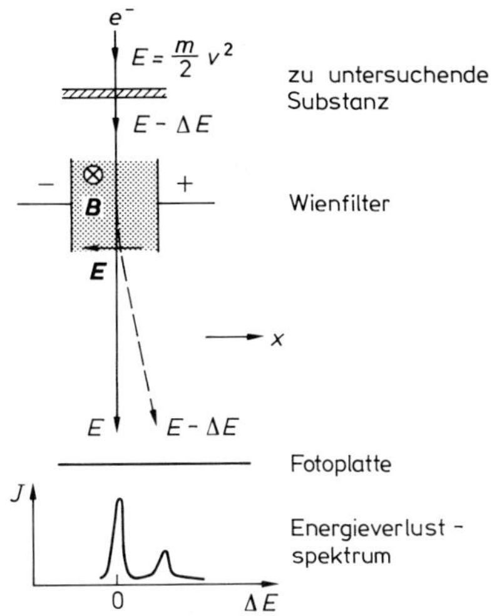

Abb. 10.58 Elektronenstoßspektroskopie mit gekreuzten elektrischen bzw. magnetischen Feldern (Wien-Filter).

nach dem Durchgang durch die zu untersuchende Substanz z. B. durch ein *Wien-Filter* schießt. Das Wien-Filter (Abb. 10.58) besteht aus einem elektrischen Feld $\boldsymbol{E}$ und einem dazu senkrechten magnetischen Feld $\boldsymbol{B}$. Auf ein senkrecht zu beiden Feldern mit der Geschwindigkeit $\boldsymbol{v}$ hindurchfliegendes Elektron wirken dann in x-Richtung die Kräfte

$$F_e = e|\boldsymbol{E}|$$

und

$$F_m = evB\,.$$

Die Feldstärken werden beim Wien-Filter so eingestellt, daß z. B. für Elektronen ohne Energieverlust die beiden ablenkenden Kräfte sich gerade kompensieren:

$$e|\boldsymbol{E}| = evB\,,$$

d. h.

$$\frac{|\boldsymbol{E}|}{B} = v\,. \tag{10.102}$$

Die energieverlustfreien Elektronen durchqueren das Wien-Filter dann unabgelenkt. Elektronen mit einem Energieverlust ΔE haben jedoch eine kleinere Geschwindigkeit und werden abgelenkt. Das Wien-Filter entspricht somit einem lichtoptischen Geradsichtprisma (Abschn. 2.4). Auf einer Photoplatte unterhalb des Wien-Filters läßt sich auf diese Weise ein *Energieverlustspektrum* registrieren, auf dem die Anregungsenergien der durchstrahlten Substanz direkt ablesbar sind. Die Meßgenauigkeit dieser Methode liegt heute bei einigen 10^{-3} eV (Anfangsenergie der Elektronen $3 \cdot 10^4$ eV) [56, 57, 58].

In Elektronenmikroskopen werden auch magnetische Sektorfelder allein oder in

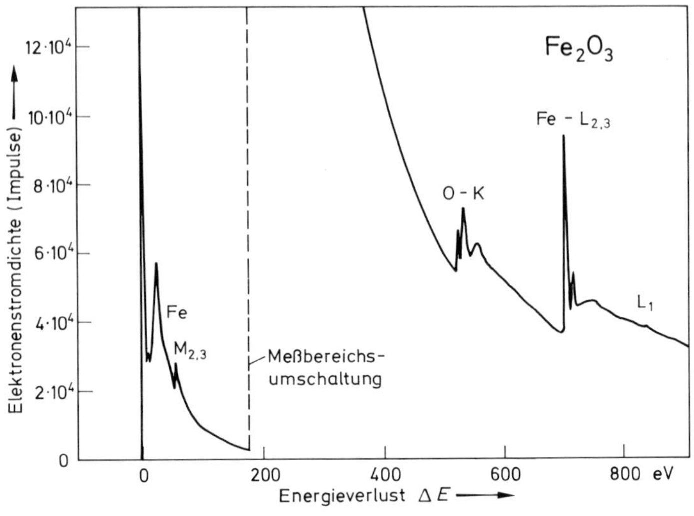

Abb. 10.59 Elektronen-Energieverlust-Spektrum einer Fe_2O_3-Schicht, die mit 200-keV-Elektronen durchstrahlt wurde. Sehr gut zu erkennen sind die Eisen-L- und -M-Absorptionskanten sowie die Sauerstoff-K-Kante [59].

Kombination mit elektrostatischen Spiegeln als Energieanalysatoren verwendet, die mittels einer Energieblende nur Elektronen eines vorgegebenen Energieverlustes durchlassen. Ein Analysator dieses letzteren Typs ist z. B. in dem in Abb. 10.41 gezeigten Elektronenmikroskop eingebaut.

Die Magnetfeldstärke im Analysator legt die Energie fest, mit der Elektronen durch die Energieblende gelangen können. Registriert man nun die Elektronenstromdichten hinter der Energieblende als Funktion der eingestellten Magnetfeldstärke, so erhält man ein Energieverlustspektrum, wie es etwa in Abb. 10.59 für eine Eisenoxidschicht (Fe_2O_3) dargestellt ist. Anhand der Lage der Energieverlustkanten in einem solchen Spektrum läßt sich die durchstrahlte Schicht analysieren, d. h. die darin enthaltenen Atomsorten lassen sich angeben. Es können jedoch auch Präparate mit Elektronen eines bestimmten Energieverlustes ΔE, z. B. entsprechend der Fe-L-Kante (Abb. 10.59) abgebildet werden. Dann erhält man Elementverteilungsbilder, in dem Beispiel die Verteilung von Eisen im Präparat.

Im Raster-Elektronenmikroskop lassen sich anstelle der Elektronen mit K-, L- oder M-Kanten-Energieverlusten auch die entsprechenden charakteristischen Röntgenquanten, die nach der Elektronen-Stoßanregung von den Präparatatomen emittiert werden, mit geeigneten Detektoren registrieren (Schalterstellung III in Abb. 10.53). Die Energie dieser Röntgenquanten entspricht dem Energieverlust der anregenden Elektronen, es ist also die gleiche Information über die Elemente im Präparat darin enthalten. Dabei ist die Höhe der durch die Röntgenquanten im Detektor (z. B. Halbleiterdetektor) erzeugten elektrischen Impulse direkt der Energie der Röntgenquanten proportional. Der Detektor stellt daher zusammen mit einem nachgeschalteten Impulshöhenanalysator (Abb. 10.53) ein *Röntgenspektrometer* dar.

Mit dem hiervon gelieferten Signal lassen sich daher ebenfalls Energiespektren *(Röntgen-Mikroanalyse)* oder Elementverteilungen gewinnen.

Ein Beispiel für diese Art der Mikroanalyse zeigen die Abb. 10.60a–c, in denen rasterelektronenmikroskopische Bilder der Bruchfläche einer Glasfaser dargestellt sind, wie sie heute zur lichtoptischen Informationsübertragung verwendet werden. Eine solche Glasfaser von etwa 0,11 mm Durchmesser besteht aus einem Kern (etwa 0,05 mm Durchmesser) aus Glas mit etwas höherer Brechzahl (in diesem Fall erreicht durch Dotierung mit Germanium) und einem Glasmantel mit etwas niedrigerer

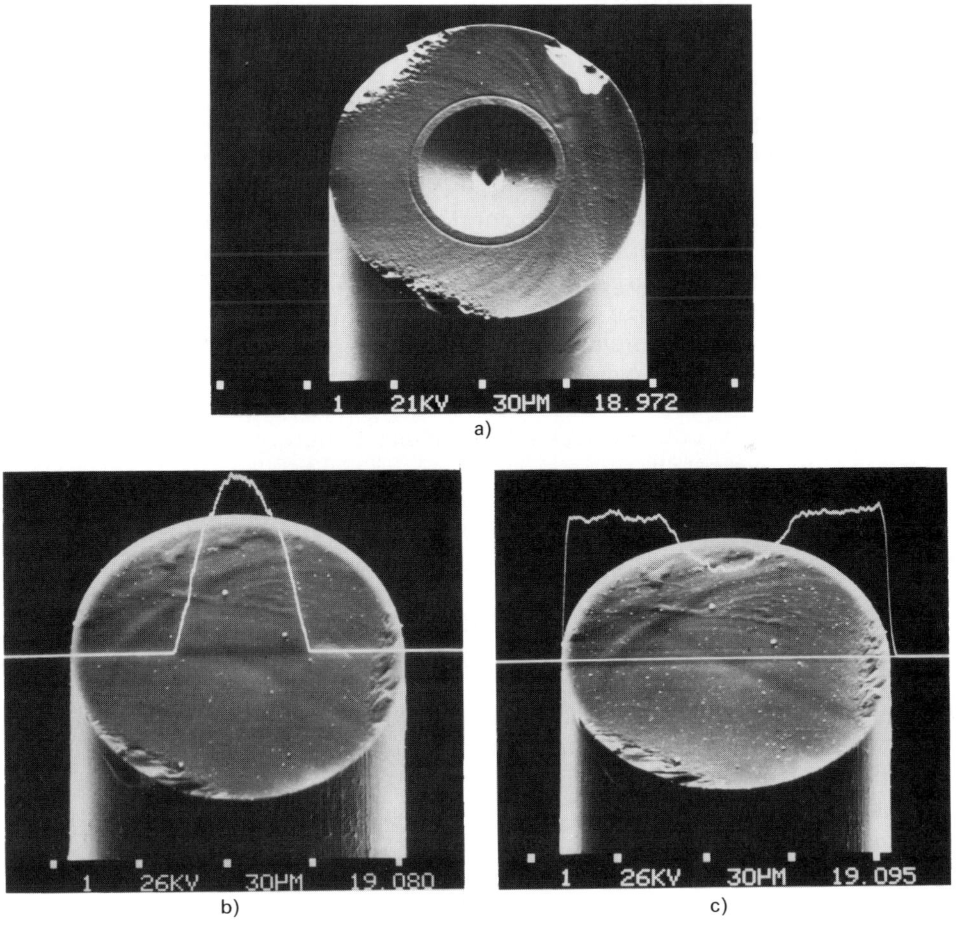

Abb. 10.60 Rasterelektronenmikroskopische Aufnahme der Bruchfläche einer Glasfaser mit optisch höherbrechendem Kern (Dotierung mit Germanium) zur lichtoptischen Informationsübertragung; a) Chemische Anätzung: der mit Ge dotierte Kern wird stärker angegriffen, b) Mikroanalyse mit elektronenstrahlinduzierten charakteristischen Röntgenquanten: die dem Bild überlagerte Kurve zeigt die Ge-Konzentration längs eines Durchmessers; c) Wie b: Verminderung der Silicium-Konzentration im Kernbereich infolge der Ge-Dotierung. Aufnahmen: H. Brennenstuhl, Fachhochschule für Technik, Esslingen.

Brechzahl. Die Lichtfortleitung erfolgt im wesentlichen im Kern. Die Dotierung des Kerns mit Germanium bewirkt auch eine Änderung der chemischen Eigenschaften des Glases, so daß bei geeigneter Anätzung dieser Bereich stärker angegriffen und auf diese Weise sichtbar wird (Abb. 10.60a). Genauere Aussagen erhält man jedoch durch eine Mikroanalyse etwa längs eines Faserdurchmessers. Wird z. B. der Impulshöhenanalysator des Röntgenspektrometers auf eine charakteristische Röntgenlinie des Germaniums eingestellt, so zeigt die der Abbildung überlagerte Kurve (Abb. 10.60b) die Ortsverteilung der Germaniumdotierung in der Glasfaser. Wird dagegen auf eine Röntgenlinie des Siliciums eingestellt (eine der Grundsubstanzen des Glases), so zeigt sich deutlich im Kern der Glasfaser eine Verringerung der Si-Konzentration (Abb. 10.60c).

10.7 Elektronenstrahl-Lithographie

In der modernen Halbleitertechnologie werden elektronische Schaltungen nicht mehr aus Einzelbauelementen zusammengelötet, sondern mit besonderen Verfahren viele Bauelemente einschließlich der elektrischen Verbindungsleitungen auf einem Silicium-Trägerplättchen hergestellt, einem sog. *Chip*. Je nach Zahl der elektronischen Funktionen spricht man von hoch- oder *höchst-integrierten Schaltungen* (engl. *v*ery *l*arge *s*cale *i*ntegrated *c*ircuits, kurz *VLSI circuits*). Es können umso mehr elektronische Funktionen auf einem solchen Chip untergebracht werden, je kleiner die Strukturabmessungen (etwa die Breite von Leiterbahnen) gemacht werden können. Heute werden in der industriellen Chip-Fertigung Strukturgrößen im Bereich weit kleiner als 1 μm hergestellt.

Derartig kleine Strukturen können nicht mehr mit mechanischen Werkzeugen erzeugt werden, sondern sie werden *photolithographisch* hergestellt. Dazu wird der Roh-Chip zunächst mit einer lichtempfindlichen Lackschicht überzogen. Die gewünschte Struktur wird dann von einer belichteten *Maske* lichtoptisch verkleinert auf die Lackschicht abgebildet. An den belichteten Stellen kann der Lack anschließend durch geeignete Lösungsmittel herausgelöst werden, während die unbelichteten Lackbereiche auf dem Chip bleiben. Wird der Chip nun z. B. im Vakuum mit Aluminium bedampft und der restliche Lack samt der darauf haftenden Aluminiumschicht mit einem anderen Lösungsmittel entfernt, so verbleibt eine Aluminiumschicht an den ursprünglich belichteten Stellen. Je nach Kompliziertheit der zu erzeugenden Schaltung muß dieser Vorgang mit anderen Masken und anderen Behandlungen der durch den lithographischen Prozeß freigelegten Oberflächenbereiche mehrfach wiederholt werden.

Wegen der Wellenlänge des Lichtes von etwa 0,5 μm sind einer weiteren Verkleinerung der Schaltungsstrukturen durch lichtoptische Lithographie Grenzen durch Beugungseffekte gesetzt. Strukturen im 0,1-μm-Bereich und darunter lassen sich jedoch durch Verwendung von Strahlung kleinerer Wellenlänge lithographisch herstellen: *Röntgenlithographie* (Abschn. 9.5) und *Elektronenstrahl-Lithographie*. Die letztere sei hier kurz behandelt.

Eine Möglichkeit der Elektronenstrahl-Lithographie besteht darin, ähnlich wie in der Photolithographie einer Transmissions-Maske, die die gewünschten Strukturen als reale Löcher enthält, elektronenoptisch stark verkleinert auf die Chip-Oberfläche abzubilden, die mit einer elektronenempfindlichen Lackschicht überzogen ist. Die weitere Verarbeitung geschieht wie oben geschildert. Üblicher ist die Verwendung des Rasterverfahrens, bei dem ohne Verwendung einer Maske die gewünschten Strukturen durch rechnergesteuerte Ablenkung eines feinen Elektronenstrahls direkt in den Lack auf der Chip-Oberfläche „geschrieben" werden.

Bei den normalerweise verwendeten Elektronenenergien von 5 bis 50 keV sind die Materiewellenlängen um mehrere Größenordnungen kleiner als die zu erzeugenden Strukturdimensionen von etwa 0,1 µm (vgl. Tab. 10.1), so daß Beugungsprobleme hier nicht auftreten. Es gibt jedoch andere Störeffekte, die berücksichtigt werden müssen, z. B. durch Rückstreuung der Elektronen im Chip-Material (sog. *Proximity-Effekt,* von proximity, zu deutsch Nachbarschaft), oder durch elektrostatische Abstoßung der Strahlelektronen untereinander bei hohen Strahlstromdichten (nach dem Entdecker *Boersch-Effekt* genannt). Da bei der Lithographie relativ große Bildfelder in cm-Bereich mit Genauigkeiten $\lesssim 0{,}1$ µm verzerrungsfrei abge-

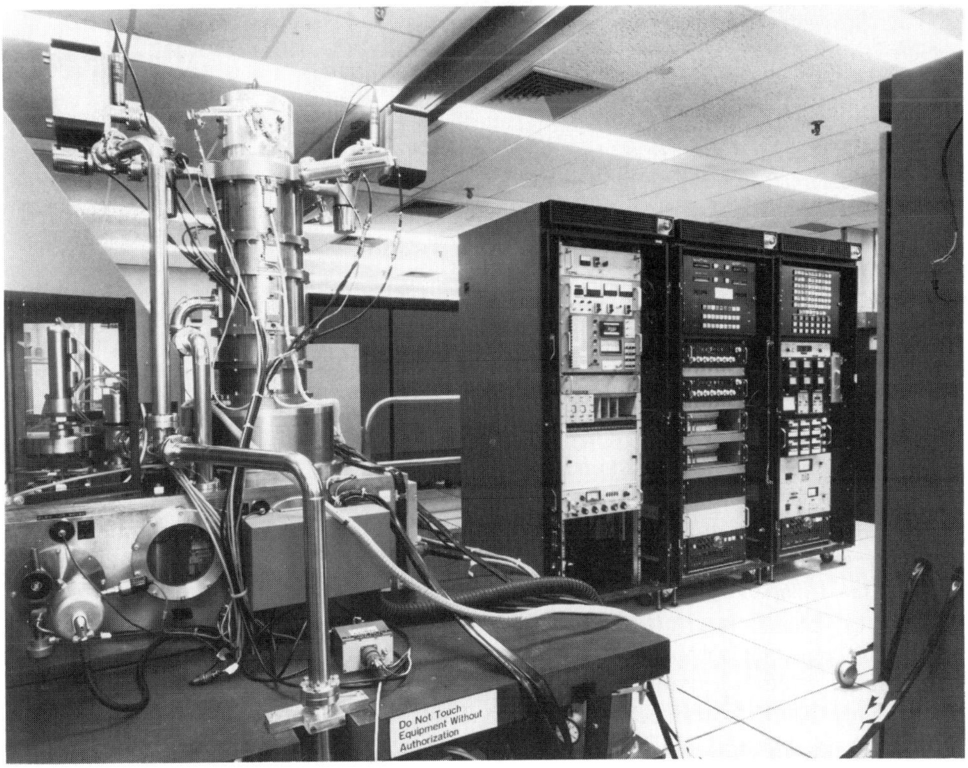

Abb. 10.61 Elektronenstrahl-Lithographie-Maschine EL 1 zum direkten Schreiben von Strukturen auf VLSI-Halbleiter-Chips nach dem Verfahren von H. C. Pfeiffer. Links die elektronenoptische Säule als Kopfstation einer automatischen Fertigungsstraße für VLSI-Chips, rechts der Rechner für die Steuerung der Elektronenstrahl-Ablenkung und -Stromstärke (Werkphoto IBM East-Fishkill/USA).

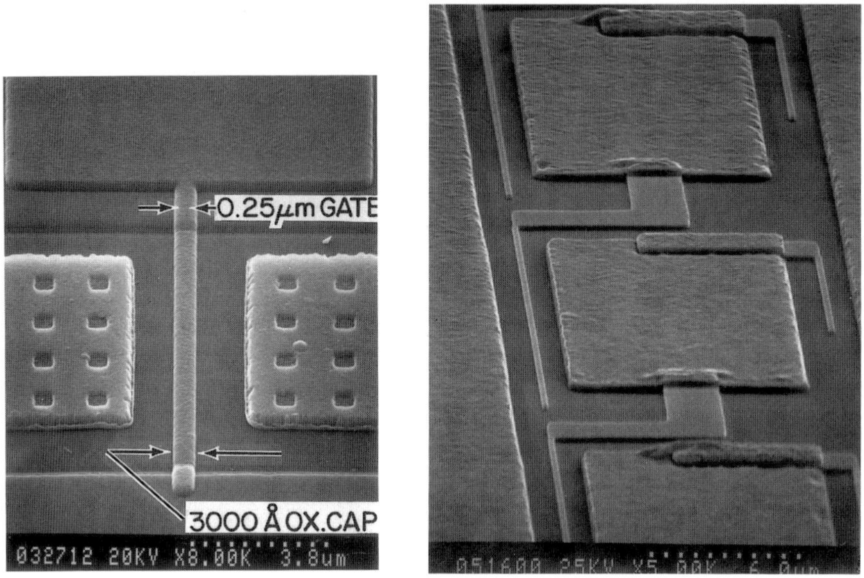

a) b)

Abb. 10.62 Ausschnitte aus elektronenstrahllithographisch erzeugten VLSI-Halbleiterschaltungen mit a) 0,25 μm bzw. b) 0,15 μm Minimalstrukturen (Gate-Längen). Die Punktreihen unter den rasterelektronischen Bildern kennzeichnen Längen von 3,8 μm bzw. 6,0 μm. Es handelt sich um Feldeffekt-Transistoren in a) Silicium- bzw. b) Galliumarsenid-Technologie [60].

bildet bzw. geschrieben werden müssen, sind die Anforderungen an die Elektronenoptik sehr hoch. U.a. hat dies zur Folge, daß der elektronenoptische Aufbau im Vergleich zu Elektronenmikroskopen wie in den Abb. 10.41 und 10.54 größer und massiver erfolgen muß. Eine solche Elektronenstrahl-Lithographie-Maschine, die in der automatischen Fertigung von VLSI-Chips eingesetzt ist, zeigt Abb. 10.61. Auch die Herstellung von Masken für die Röntgenlithographie erfolgt mit derartigen Maschinen.

Abb. 10.62 zeigt als Beispiel rasterelektronenmikroskopische Aufnahmen von elektronenstrahl-lithographisch erzeugten VLSI-Schaltungsausschnitten: Feldeffekt-Transistoren (FET) in Si- bzw. GaAs-Technologie mit Minimalstrukturen von 0,25 μm (a) bzw. 0,15 μm (b).

Es lassen sich jedoch nicht nur Mikroschaltkreise auf diese Weise erzeugen, sondern auch andere physikalisch interessante Strukturen, wie z. B. Fresnelsche Zonenplatten (vgl. Bd. 1, Abschn. 78) für weiche Röntgenstrahlen (Abb. 10.63). Diese werden als Linsen für *Röntgenmikroskope* (vgl. Kap. 9) verwendet. Normale Linsen können für Röntgenstrahlen nicht hergestellt werden, da es kein transparentes Material mit einer Brechzahl gibt, die bei Röntgenwellenlängen wesentlich von 1 verschieden ist.

Hochintegrierte elektronische Mikroschaltungen wie etwa in Abb. 10.62 müssen natürlich auch elektrisch geprüft werden, d. h. es müssen z. B. elektrische Potentiale an Meßpunkten mitten in einer solchen Schaltung gemessen werden. Bei den mi-

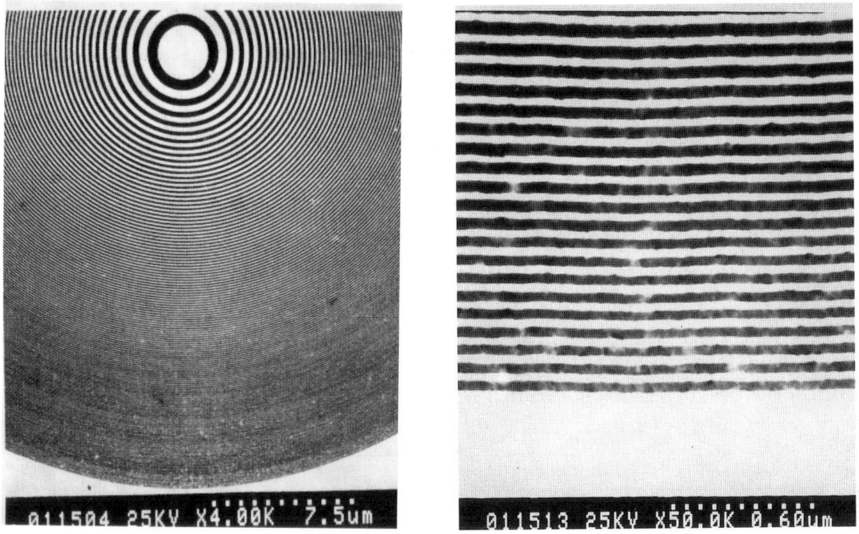

a) b)

Abb. 10.63 Elektronenstrahl-lithographisch erzeugte Zonenplatten für Röntgenstrahlen: a) ca. 300 Gold-Ringstrukturen (50 nm dick) auf einer 100 nm dicken Si_3N_4-Membran, b) Ringbreite im Randbereich ca. 40 nm. Die im Beschriftungsfeld wiedergegebenen Punktreihen kennzeichnen Längen von 7,5 µm bzw. 0,6 µm. Aufnahmen: D. Kern/IBM Yorktown Heights u. E. Anderson/Lawrence Berkeley Laboratory, 1990.

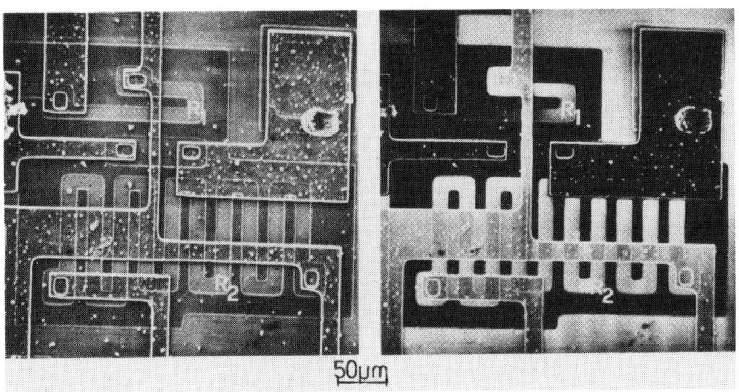

Abb. 10.64 Rasterelektronenmikroskopische Abbildung einer integrierten Schaltung (engl. integrated circuit, abgekürzt IC). Links ohne angelegte Spannung: reiner Material- und Topographie-Kontrast. Rechts mit angelegter Spannung von 10 V: Potential-Kontrast. Man beachte z. B. den Helligkeitsverlauf der Widerstandsbahn R_1, der den Potentialabfall zwischen 10 und 0 V widerspiegelt [61].

kroskopischen Abmessungen der Leiterbahnen ist dies jedoch nicht mehr durch Aufsetzen von Kontaktspitzen möglich. Hier bietet wiederum das Raster-Elektronenmikroskop eine Möglichkeit: Der Chip mit der Mikroschaltung wird im Raster-Elektronenmikroskop elektrisch in Betrieb genommen, mit der Folge, daß die verschiedenen Punkte der Mikroschaltung unterschiedliche Potentiale aufweisen. Wird nun die Chip-Oberfläche mit dem Elektronenstrahl abgetastet, so werden wie bei der normalen Rasterabbildung Sekundärelektronen an der Chip-Oberfläche ausgelöst. Diese haben jedoch entsprechend den unterschiedlichen Potentialen der Mikroschaltung unterschiedliche Startenergien. Ein geeignet elektrisch vorgespanntes Gitter vor dem Sekundärelektronendetektor bewirkt dann unterschiedliche Signalstärken je nach Potential des abgetasteten Punktes auf dem Chip: *Potential-Kontrast*. Ein so erzeugtes raster-elektronenmikroskopisches Bild zeigt unterschiedliche Helligkeiten an Punkten unterschiedlichen Potentials (Abb. 10.64). Man hat damit eine Methode zum quasi berührungslosen elektrischen Testen hochintegrierter Mikroschaltungen.

10.8 Raster-Tunnel-Mikroskopie

Eine vom Prinzip her extrem einfache Art der Abbildung durch Oberflächenabtastung ist die von Binnig und Rohrer 1982 [62] erfundene *Raster-Tunnel-Mikroskopie*[6]. Hierbei wird ein Elektronen„strahl" mitsamt der Kathode ohne zwischengeschaltete Elektronenoptik rasternd über die abzubildende Oberfläche geführt (Abb. 10.65).

Eine mittels piezoelektrischer Stäbe dreidimensional verschiebbare, feine Metallspitze wird der zu untersuchenden Oberfläche auf ca. 1 nm oder weniger genähert. Wird zwischen Spitze und Objektoberfläche eine elektrische Spannung U_T angelegt, so fließt ein Strom I_T zwischen Spitze und Objekt, obwohl keine metallisch leitende Verbindung vorliegt. Ursache ist der quantenmechanische *Tunnel-Effekt* (vgl. Bd. 2, Abschn. 9.3). Der „Tunnelstrom" I_T hängt sehr stark (exponentiell) vom Abstand

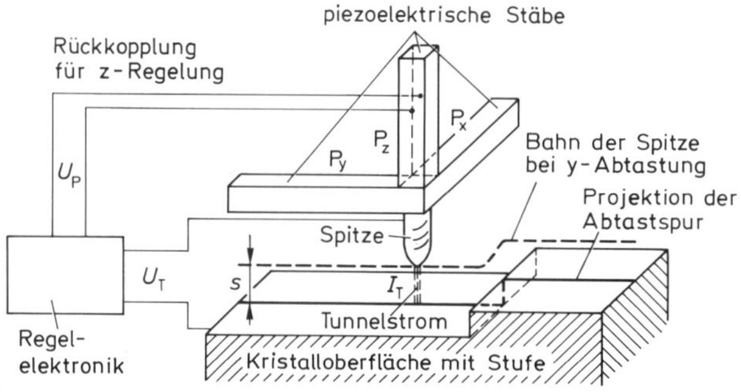

Abb. 10.65 Prinzip des Raster-Tunnel-Mikroskops nach [62].

[6] Hierfür erhielten G. Binnig und H. Rohrer 1986 den Nobel-Preis für Physik, gemeinsam mit E. Ruska (für das erste Elektronenmikroskop).

s zwischen Spitze und Objektoberfläche ab. Man erhält nach Binnig und Rohrer [62] eine ähnliche Beziehung wie die (hier nicht wiedergegebene) *Fowler-Nordheim-Gleichung* für die Elektronen-Feldemission (vgl. Bd. 2, Abschn. 8.3), die ebenfalls auf dem Tunnel-Effekt beruht:

$$I_{\mathrm{T}} \approx A\alpha \frac{U_{\mathrm{T}}}{s} \sqrt{\Phi}\, \mathrm{e}^{-\beta\sqrt{\Phi} s}\,. \tag{10.103}$$

Hierin sind: A der Tunnelstromquerschnitt, $\alpha = e^2\sqrt{2me}/h^2 = 3{,}16\cdot 10^{-5}\,\mathrm{AV}^{-1,5}\,\mathrm{nm}^{-1}$, U_{T} die Spannung zwischen Spitze und Objekt, Φ das mittlere Austrittspotential von Spitze und Objektoberfläche für Elektronen, und $\beta = 2\sqrt{2me}/\hbar = 10{,}25\,\mathrm{V}^{-0,5}\,\mathrm{nm}^{-1}$. Gl. (10.103) gilt für den Fall, daß die angelegte Tunnelspannung $U_{\mathrm{T}} \ll \Phi$ ist [66]. Bei einem Tunnelstromquerschnitt vom Radius 0,1 nm, einem Abstand $s = 0{,}2$ nm und einem Austrittspotential $\Phi = 4{,}5$ V ergibt sich ein Tunnelwiderstand von der Größenordnung $R_{\mathrm{T}} = U_{\mathrm{T}}/I_{\mathrm{T}} \approx 10\,\mathrm{M\Omega}$.

Beim rasternden Abtasten der Objektoberfläche mittels der piezoelektrischen y- und x-Verstellung ($\mathrm{P_y}$ und $\mathrm{P_x}$) wird mit Hilfe einer Rückkopplung auf die Abstandsverstellung $\mathrm{P_z}$ der Tunnelstrom I_{T} und damit der Abstand s der Spitze von den Oberflächenstrukturen konstant gehalten. Die Spitze folgt dann allen Höhenveränderungen der Objektoberfläche. Wird das dementsprechende Regelsignal U_{P} über der y-x-Ebene aufgezeichnet, so erhält man ein Rasterbild der Objektoberfläche in z-Modulationsdarstellung (Abb. 10.66a). Die laterale und die Höhenauflösung konnte dabei so weit getrieben werden, daß monoatomare Stufen sichtbar werden.

Die reine Oberflächentopographie erhält man nur bei Materialien, bei denen das Austrittspotential Φ auf der abgerasterten Oberfläche konstant bleibt. Ändert sich Φ, weil z. B. ein Bereich anderer Zusammensetzung abgetastet wird, so macht sich wegen der $\sqrt{\Phi}$-Abhängigkeit des Exponenten in Gl. (10.103) dieser Bereich ebenfalls durch ein geändertes Signal bemerkbar. Diese unterschiedlichen Kontrastarten lassen sich durch Signalmodulationsverfahren unterscheiden.

Wegen der starken exponentiellen Abhängigkeit des Tunnelstromes vom Abstand s sind von der Spitze im allg. nur wenige oder sogar nur ein einzelnes vorstehendes Atom am Tunnelstromquerschnitt beteiligt. Dadurch wird es möglich, atomare Auflösung auch in lateraler Richtung zu erhalten. Abb. 10.66b zeigt hierfür ein Beispiel in einer Grauwertdarstellung, bei der das Regelsignal U_{P} in Helligkeitswerte umgesetzt wurde. Adsorbierte Fremdatome machen sich hier auch durch das geänderte Austrittspotential bemerkbar.

Mit geeignet feinen Tunnelspitzen gelingt es sogar, gleichzeitig sowohl mehratomare Stufen als auch die Oberflächenatome selbst sichtbar zu machen (Abb. 10.67). Aus Abb. 10.67b ist zu entnehmen, daß die atomare Oberflächenstruktur der Silicium-Terrassen bis heran an die Kanten der Stufen nahezu ungestört ist [65] (vgl. auch Bd. 6, Abschn. 3.5.4).

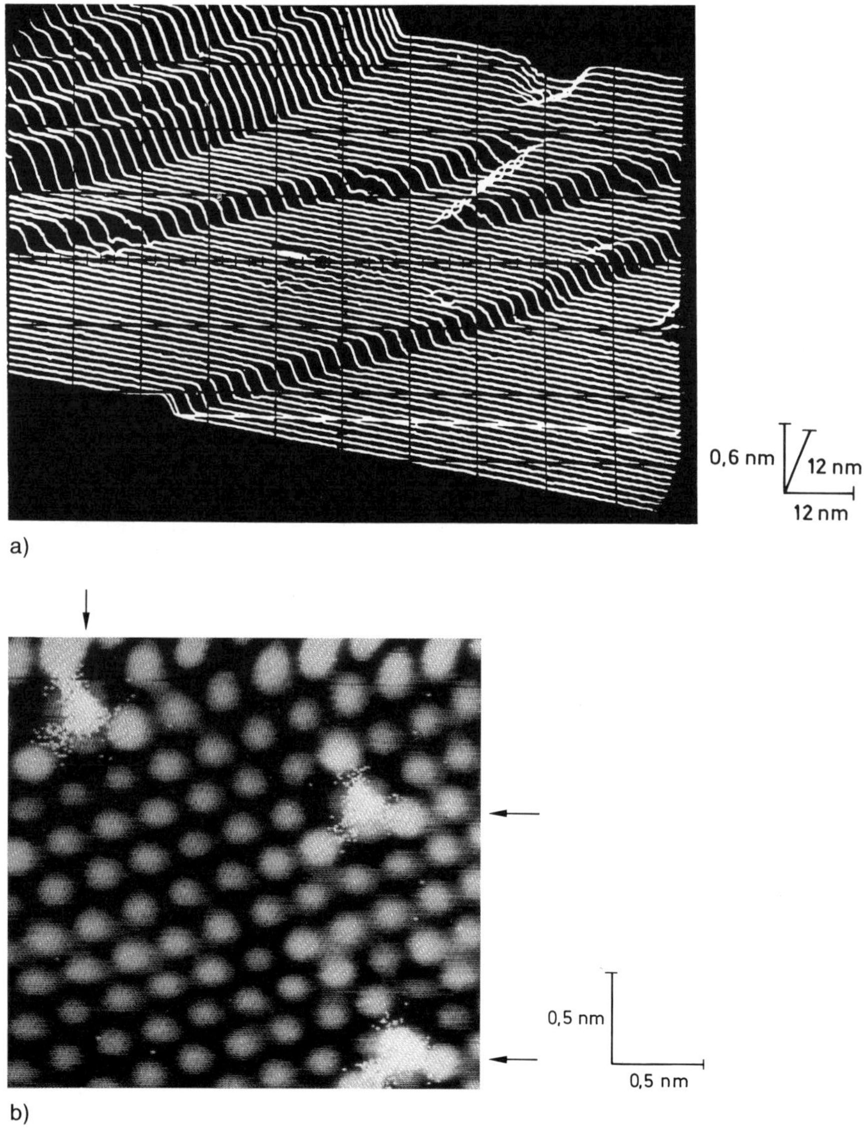

Abb. 10.66 Rastertunnelmikroskopisches Bild der Topographie einer Al(111)-Oberfläche: a) mit überwiegend monoatomaren Stufen (z-Modulations-Darstellung [63]), b) mit drei adsorbierten Kohlenstoffatomen (Pfeile; Grauwertdarstellung [64]).

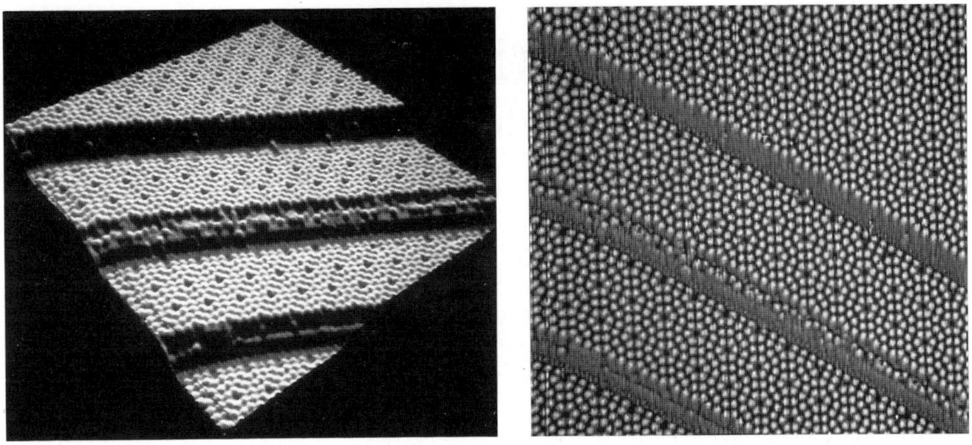

a) b)

Abb. 10.67 Rastertunnelmikroskopische Bilder einer terrassenförmigen Si(111)-Oberfläche (7×7-Struktur) mit drei mehratomaren Stufen von je etwa 1,3 nm Höhe. Die Breite der Terrassen zwischen den Stufen beträgt etwa 7,5 nm; a) Oberflächenausschnitt $32 \times 36\,\text{nm}^2$, b) Draufsicht nach einer Bildsignaldifferentiierung [65].

10.9 Die Unschärfe-Relation bei Materiewellen

In den Kap. 7 und 10 wird gezeigt, daß sowohl die elektromagnetische Strahlung als auch die Materie Eigenschaften zeigt, die teils im klassischen Wellenbild, teils im klassischen Teilchenbild gedeutet werden können. Sowohl der Wellenbegriff als auch der Korpuskelbegriff können also nicht eindeutig der Strahlung oder der Materie zugeordnet werden, sondern unter gewissen Umständen muß der jeweils andere Begriff mit zur Beschreibung herangezogen werden. Das wirft die Frage auf, wo denn die Grenzen der Anwendbarkeit der klassischen Begriffe Welle und Korpuskel liegen. Eine Teilantwort auf diese Frage gibt die *Heisenbergsche Unschärferelation*. Sie hängt eng damit zusammen, daß Partikel durch Wellengruppen beschreibbar sind, können aber auch durch eine Kritik der Beobachtungsmöglichkeiten erhalten werden.

Bei einer Wellengruppe sind gewisse charakteristische Größen, z. B. ihre Ausdehnung und das Wellenlängenintervall der sie bildenden Wellen (Abschn. 10.1) miteinander durch eine Beziehung verbunden, die für den in Abschn. 2.2 behandelten Fall einer Wellengruppe aus zwei Wellen leicht abzuleiten ist. Diese Wellengruppe ist zwar insofern nicht als Bild eines Teilchens brauchbar, als sie ja eine Schwebung darstellt, also wiederum ein unendlich ausgedehntes Phänomen, d. h. gewissermaßen eine periodische Aneinanderreihung vieler räumlich begrenzter Wellengruppen. Für unsere Zwecke ist aber diese Wellengruppe ausreichend, und wir brauchen den komplizierten Fall einer wirklich räumlich beschränkten Gruppe aus vielen Wellenlängen (Gl. (10.6) und Abb. 10.2) nicht heranzuziehen.

Nach Bd. 1 lautet der mathematische Ausdruck für eine Schwebung, die sich aus zwei Wellen von nur wenig verschiedener Frequenz ν_1 bzw. ν_2 (mittlere Frequenz

ν, Differenz $\Delta\nu = \nu_1 - \nu_2$) und wenig verschiedener Wellenlänge λ_1 bzw. λ_2 (mittlere Wellenlänge λ, Differenz $\Delta\lambda = \lambda_1 - \lambda_2$) zusammensetzt:

$$\psi = 2\psi_0 \cos 2\pi\left(\frac{\Delta\nu}{2} t - \frac{\Delta\lambda}{2\lambda^2} x\right) \sin 2\pi\left(\nu t - \frac{x}{\lambda}\right). \tag{10.104}$$

Dabei stellt das Kosinusglied die (zeitlich und örtlich) langsam veränderliche Amplitude der laufenden Welle dar, die durch das Sinusglied beschrieben wird. Die Breite eines Schwebungsmaximums, die wir analog zu Abb. 10.2 mit der Ortsunschärfe Δx gleichsetzen wollen, ist durch die halbe örtliche Periodenlänge des Kosinusgliedes bestimmt und ergibt sich aus dem Koeffizienten von x in Gl.(10.104) zu

$$\Delta x = \frac{\lambda^2}{\Delta\lambda}.$$

Aus der de-Broglie-Beziehung für die Materiewelle

$$\lambda = \frac{h}{p}$$

erhalten wir eine Beziehung für die Impulsunschärfe Δp_x in x-Richtung, die mit der Überlagerung zweier Wellen mit unterschiedlichen Wellenlängen verknüpft ist:

$$\Delta\lambda = -\frac{h}{p_x^2}\Delta p_x.$$

Damit wird die Ortsunschärfe unter Vernachlässigung des Minuszeichens, das hier ohne Bedeutung ist,

$$\Delta x = \frac{h}{\Delta p_x}$$

bzw.

$$\Delta x \Delta p_x = h. \tag{10.105}$$

Bei Verfeinerung der hier skizzierten Betrachtung ist das Gleichheitszeichen durch das Zeichen $\geqq$ und h durch $\hbar = h/2\pi$ zu ersetzen, und man erhält *Heisenbergs Unschärferelation:*

$$\Delta x \Delta p_x \geqq \hbar. \tag{10.106}$$

Was bedeutet diese Beziehung? Wenn die Wellengruppe ein Teilchen beschreibt, so können wir Δx als die Ungenauigkeit interpretieren, mit der der Ort eines Teilchens bestimmt worden ist. Dann sagt die Beziehung (10.106) aus, daß die gleichzeitige Messung von p_x nicht genauer sein kann, als durch Gl. (10.106) angegeben wird.

Heisenberg hat Gedankenversuche angegeben, die zeigen sollen, wie bei dem Versuch einer genauen Messung zweier „kanonisch konjugierter" Variablen[7] Wellen- und Korpuskeleigenschaften einander ausschließen. Ein einfaches Beispiel soll hier

[7] Der Begriff „kanonisch konjugierte Variable" stammt aus der theoretischen Mechanik. Für uns genügt die Definition, daß es solche Variable sind, für die das Produkt $\xi \mathrm{d}\eta/\mathrm{d}t$ eine Energiegröße ist. Das trifft für x und $p_x = mv_x$ zu, da $p_x \mathrm{d}x/\mathrm{d}t = mv_x^2$.

im Anschluß an Heisenberg besprochen werden, das sogenannte γ-Strahl-Mikroskop.

Wenn man z. B. den Ort eines ruhenden Elektrons ($p = 0$) bestimmen möchte, so könnte man daran denken, ein Mikroskop zu benutzen, das mit sehr kurzwelliger Strahlung (γ-Strahlung) arbeitet, mit Wellenlängen in der Größenordnung des Durchmessers des Elektrons. Denn wir wissen ja aus der Beugungstheorie des Auflösungsvermögens des Mikroskops, daß die kleinste auflösbare Länge Δx durch die Wellenlänge begrenzt ist, indem

$$\Delta x \approx \frac{\lambda}{\sin\alpha}, \tag{10.107}$$

wenn α der Öffnungswinkel des Objektivs ist. Nun ist zwar ein solches Mikroskop nicht herstellbar, aber das ist für den Gedankengang unwesentlich. Selbst wenn seine Kontruktion möglich wäre, würde die Messung problematisch sein: Unsere Betrachtung ging aus von der für Strahlung zunächst „natürlichen" Wellenvorstellung. Aber diese Strahlung hat ja auch Partikeleigenschaften, die wir nicht ignorieren dürfen, und gerade diese sind für die Beobachtung eines Elektrons wichtig. Um die Lage des Elektrons feststellen zu können, ist es notwendig, daß mindestens ein Lichtquant dieses Elektron trifft und dann ins Objektiv abgelenkt wird (Streulicht, Abb. 10.68). Bei diesem Stoß wird Impuls auf das Elektron übertragen (Kap. 7, Compton-Effekt). Der Impuls des Elektrons nach dem Stoß läßt sich mittels Energie- und Impulssatz ausrechnen, wenn die Richtung des gestreuten Lichtquants bekannt ist. Dies ist jedoch nur beschränkt möglich: Falls überhaupt eine Beobachtung zustande kommt, wissen wir nur, daß das Lichtquant bei dem Stoß in den Öffnungskegel des Mikroskops gestreut wurde. Sein Impuls $p = h/\lambda$ ist daher in x-Richtung unsicher um einen Betrag (vgl. Abb. 10.68)

$$\Delta p_x \approx p\sin\alpha = \frac{h}{\lambda}\sin\alpha\,. \tag{10.108}$$

Dies stellt wegen des Impulssatzes gleichzeitig die Impulsunschärfe des Elektrons in x-Richtung dar, die um so größer wird, je kleiner λ ist. Aus Gl. (10.107) und (10.108) folgt sofort die vorher aus der Wellengruppendarstellung hergeleitete Unschärferelation

$$\Delta x \Delta p_x \approx h\,,$$

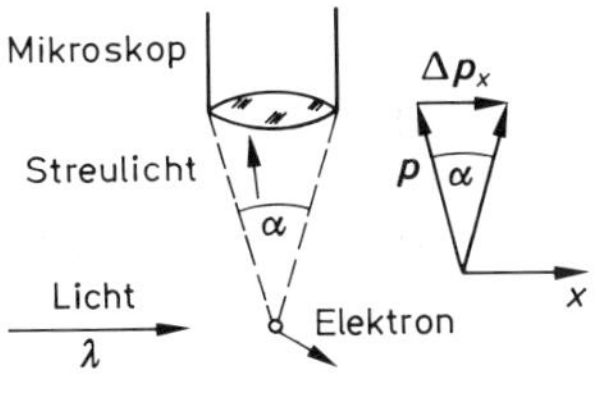

Abb. 10.68 Ortsbestimmung eines Elektrons mit einem Mikroskop.

die hier aus einem Meßvorgang gewonnen wurde. Für die zur Zeichenebene senkrechten y-Komponenten folgt eine entsprechende Beziehung. Man kann dieses Ergebnis so beschreiben, daß man sagt, die Beobachtung mittels eines γ-Strahls stört die zu messende Größe derart, daß eine Messung von p_x und x mit für beide beliebig vorgegebener Genauigkeit unmöglich ist. Wesentlich ist dabei nicht etwa die Tatsache, daß das Hilfsmittel der Beobachtung diese stört. Bei jeder Messung stört ja das Meßinstrument. Aber im Rahmen der klassischen Physik ist diese Störung (z. B. die durch ein Thermometer bei einer Temperaturmessung) berechenbar auf Grund bekannter Daten des Meßinstrumentes (z. B. Temperatur und „Wasserwert" des Thermometers) oder kann kompensiert werden, wiederum auf Grund der Berechnung der zu erwartenden Störung mittels der Gesetze der klassischen Physik. Gerade das ist hier unmöglich, in unserm Fall deshalb, weil ein endlicher Winkel α notwendig ist, um überhaupt eine genaue Ortsmessung vorzunehmen, während eine genaue Impulsmessung einen sehr kleinen Winkelbereich erfordern würde.

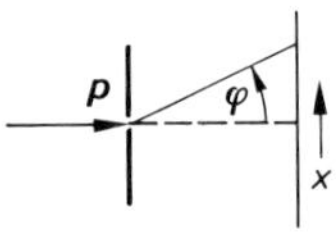

Abb. 10.69 Zur Ortsbestimmung mittels eines Spaltes.

Eine andere Möglichkeit zur Ortsbestimmung wäre die Registrierung eines Teilchens nach Durchgang durch einen engen Spalt (Abb. 10.69). Die Ortsunschärfe in x-Richtung ließe sich dann beliebig klein halten, indem der Spalt entsprechend eng gemacht wird. Wegen der Beugung am Spalt läßt sich nur sagen, daß das Teilchen mit großer Wahrscheinlichkeit im 0. Maximum bleiben wird. Dessen Breite und damit die Impulsunschärfe Δp_x des Teilchens in x-Richtung nimmt jedoch mit enger werdendem Spalt, d. h. abnehmender Ortsunschärfe Δx zu. Die quantitative Behandlung wird bereits in Kap. 7 für Lichtquanten durchgeführt und führt auch zur Unschärferelation Gl. (10.105).

Wir können also feststellen, daß eine genaue Ortsbestimmung eines Teilchens, die nach dem Korpuskelbild ohne weiteres möglich ist, und eine gleichzeitige genaue Impulsbestimmung, die ja wegen der de-Broglie-Beziehung mit einer genauen Wellenlängenbestimmung der dem Teilchen zugeordneten Materiewelle identisch wäre, nicht miteinander vereinbar sind; Partikelbild und Wellenbild sind nur begrenzt gleichzeitig anwendbar. Die Anwendung des Partikelbildes verbietet sich, sowie eine so große Zahl von Einzelakten beobachtet wird, daß Interferenzerscheinungen auftreten. Die Wellenauffassung versagt dagegen, wenn gerade ein Einzelakt beobachtet wird, was ja an sich durchaus möglich ist; wir brauchen nur an die Beobachtung eines Szintillationsblitzes auf einem Leuchtschirm zu denken.

Daß von der Unschärferelation in der makroskopischen Physik nichts bemerkt wird, liegt daran, daß h so klein ist und die Massen so groß, daß eine merkliche Geschwindigkeitsunschärfe selbst dann nicht auftritt, wenn Δx nur mikroskopisch klein ist. Das möge der Leser selbst ausrechnen. Umgekehrt bleibt auch eine Lageungenauigkeit unbeobachtbar klein, wenn makroskopisch noch herstellbare, wenn auch kleine Impulsänderungen auftreten können. Erst im atomaren Bereich wird das anders.

Wenden wir die Unschärferelation z. B. auf den Ort und den Impuls des Elektrons in der 1. Bohrschen Bahn des Wasserstoffatoms ($r_1 = 0{,}053$ nm) an, so ergibt sich folgendes: Wird als Ortsunschärfe der Durchmesser dieser Bahn gewählt, also $\Delta x \approx 0{,}1$ nm, d. h. legt man den Ort des Elektrons nur etwa auf den Bereich des Atoms fest, so ergibt sich eine aus der Impulsunschärfe folgende Geschwindigkeitsunschärfe, die von gleicher Größenordnung wie die klassisch zu berechnende Umlaufgeschwindigkeit des Elektrons ist! Die klassische Rechnung verliert hier also völlig ihren Sinn, und es wird auch von da her klar, daß ein solches System nicht ohne weiteres wie ein klassischer elektromagnetischer Dipol behandelt werden darf (vgl. Abschn. 10.1).

Die umfassendere Theorie, die die behandelten Erscheinungen korrekt beschreibt und, wie bereits mehrfach angedeutet, Partikel- und Wellenbild als Grenzfälle enthält, ist die Quantenmechanik nach Schrödinger und Heisenberg. Sie kann in diesem Rahmen nicht behandelt werden.

Literatur

Zitierte Publikationen

[1] De Broglie, L., Diss., Masson, Paris; Phil. Mag. **47,** 446–458 (1924). (Zu Abschn. 10.1)
[2] Elsasser, W. M., Naturwiss. **13,** 711 (1925). (Zu Abschn. 10.2)
[3] Davisson, C. J., Germer, L. H., Nature **119,** 558 (1927). (Zu Abschn. 10.2)
[4] Davisson, C. J., Germer, L. H., Phys. Rev. **30,** 705–740 (1927). (Zu Abschn. 10.2)
[5] Thomson, G. P., Reid, A., Nature **119,** 890 (1927). (Zu Abschn. 10.2)
[6] Thomson, G. P., Nature **120,** 802 (1927). (Zu Abschn. 10.2)
[7] Jeschke, G., Diss. Technische Universität Berlin D 83 (1970). (Zu Abschn. 10.2)
[8] Boersch, H., Naturwiss. **28,** 709–711 (1940). (Zu Abschn. 10.2)
[9] Boersch, H., Phys. Z. **44,** 202-211 (1943). (Zu Abschn. 10.2)
[10] Möllenstedt, G., Düker, H., Z. Phys. **145,** 377 (1956). (Zu Abschn. 10.2)
[11] Möllenstedt, G., Düker, H., Naturwiss. **42,** 41 (1955). (Zu Abschn. 10.2 u. 10.5.3)
[12] Kinder, E., Recknagel, A., Optik **2,** 346–363 (1947). (Zu Abschn. 10.2)
[13] Schmid, H., Dissertation Universität Tübingen, 1985. (Zu Abschn. 10.2)
[14] Möllenstedt, G., Physica B **151,** 201–205 (1988). (Zu Abschn. 10.2)
[15] Boersch, H., Hamisch, H., Grohmann, K., Wohlleben, D., Z. Phys. **165,** 79–93 (1961). (Zu Abschn. 10.2)
[16] Möllenstedt, G., Bayh, W., Naturwiss. **49,** 81–82 (1962). (Zu Abschn. 10.2)
[17] Ehrenberg, W., Siday, R. E., Proc. Phys. Soc. Lond. B **62,** 8–21 (1949). (Zu Abschn. 10.2)
[18] Aharonov, Y., Bohm, D., Phys. Rev. II **115,** 485–491 (1959). (Zu Abschn. 10.2)
[19] De Broglie, L., Ann. de Phys., Ser. X, **3,** 60 (22–128) (1925). (Zu Abschn. 10.1)
[20] Boersch, H., Lischke, B., Z. Physik **237,** 449–468 (1970). (Zu Abschn. 10.2)
[21] Doll, R., Näbauer, M., Phys. Rev. Letters **7,** 51–52 (1961). (Zu Abschn. 10.2)
[22] Doll, R., Näbauer, M., Z. Physik **169,** 526–563 (1962). (Zu Abschn. 10.2)
[23] Deaver, B., Fairbank, W., Phys. Rev. Letters **7,** 43–46 (1961). (Zu Abschn. 10.2)
[24] Stern, O., Naturwiss. **17,** 391 (1929). (Zu Abschn. 10.3)
[25] Frisch, R. O., Stern, O., Z. Physik **84,** 430–442 (1933). (Zu Abschn. 10.3)
[26] Toennies, J. P., Winkelmann, K., J. chem. Phys. **66,** 3965–3979 (1977). (Zu Abschn. 10.3)
[27] Rieder, K. H., Contemp. Phys. **26,** 559–578 (1985). (Zu Abschn. 10.3)

[28] Rieder, K. H., Phys. Rev. B **27,** 7799–7802 (1983). (Zu Abschn. 10.3)
[29] Busch, H., Ann. Physik, 4. Folge, **81,** 974–993 (1926). (Zu Abschn. 10.4.2)
[30] Brüche, E., Scherzer, O., Geometrische Elektronenoptik. Springer, Berlin, 1934. (Zu Abschn. 10.4.2 u. 10.4.3)
[31] Reimer, L., Transmission Electron Microscopy. 2. Aufl., Springer, Berlin, 1989. (Zu Abschn. 10.4.3 u. 10.5.2)
[32] Scherzer, O., J. Appl. Phys. **20,** 20–29 (1949). (Zu Abschn. 10.4.3)
[33] Thon, F., Z. Naturforsch. **20 a,** 154–155 (1965). (Zu Abschn. 10.4.3)
[34] Knoll, M., Ruska, E., Ann. Physik **12,** 607–640 u. 641–661 (1932). (Zu Abschn. 10.5)
[35] Knoll, M., Ruska, E., Z. Physik **78,** 318–339 (1932). (Zu Abschn. 10.5)
[36] Krause, F., Z. Physik **102,** 417-422 (1936). (Zu Abschn. 10.5)
[37] Hall, C. E., J. biophys. biochem. Cytol. **2,** 625 (1956). (Zu Abschn. 10.5.1)
[38] Dubochet, J., Ducommun, M., Kellenberger, E., Proc. VIIth Int. Congr. Electron Microscopy, Grenoble, **I,** 601–602 (1970). (Zu Abschn. 10.5.1)
[39] Menter, J. W., Proc. Roy. Soc. **236,** 119 (1956). (Zu Abschn. 10.5.1)
[40] Flüeli, M., Buffat, P. A., Borel, J.-P., Inst. Phys. Conf. Ser. 93 (EUREM 88) **2**, 311 (1988) u. Surface Science **202**, 343–353 (1988). (Zu Abschn. 10.5.1)
[41] Uyeda, N., Kobayashi, T., Ishizuka, K., Fujiyoshi, Y., Chemica Scripta **14,** 59 (47–61) (1978–79). (Zu Abschn. 10.5.1)
[42] Dupouy, G., Perrier, F., Durieu, L., J. de Microscopie **9,** 575–592 (1970). (Zu Abschn. 10.5.1)
[43] Dupouy, G., Perrier, F., Proc. VIIth Int. Congr. Electron Microscopy, Grenoble, **I,** 129–130 (1970). (Zu Abschn. 10.5.1)
[44] Hanszen, K. J., Trepte, L., Optik **32,** 519–538 (1971). (Zu Abschn. 10.5.2)
[45] Lichte, H., Ultramicroscopy **20,** 293–304 (1986). (Zu Abschn. 10.5.3)
[46] Gabor, D., Proc. Roy. Soc. A **197,** 454–487 (1949). (Zu Abschn. 10.5.3)
[47] Leith, E. N., Upatnieks, J., J. Opt. Soc. Am. **52,** 1123 (1962). (Zu Abschn. 10.5.3)
[48] Wahl, H., Optik **39,** 585–588 (1974). (Zu Abschn. 10.5.3)
[49] Wahl, H., Habilitationsschrift Universität Tübingen, 1975. (Zu Abschn. 10.5.3)
[50] Lichte, H., Physica B **151,** 214–222 (1988). (Zu Abschn. 10.5.3)
[51] Knoll, M., Z. techn. Physik **16,** 467–475 (1935). (Zu Abschn. 10.5.4)
[52] Ardenne, M. v., Z. Physik **109,** 553–572 (1938). (Zu Abschn. 10.5.4)
[53] Ardenne, M. v., Z. techn. Physik **19,** 407–416 (1938). (Zu Abschn. 10.5.4)
[54] Borchardt-Ott, W., Blaschke, R., Beitr. elektronenmikr. Direktabb. Oberfl. (BEDO) **2,** 239–248 (1969). (Zu Abschn. 10.5.4)
[55] Crewe, A. V., Wall, J., Langmore, J., Proc. VIIth Int. Congr. Electron Microscopy, Grenoble, **I,** 467–468 (1970). (Zu Abschn. 10.5.4)
[56] Boersch, H., Geiger, J., Hellwig, H., Phys. Lett. **3,** 64–66 (1962). (Zu Abschn. 10.6)
[57] Boersch, H., Geiger, J., Stickel, W., Phys. Lett. **10,** 285–290 (1964). (Zu Abschn. 10.6)
[58] Geiger, J., Topschowsky, M., Z. Naturforsch. **21 a,** 626–634 (1966). (Zu Abschn. 10.6)
[59] Ahn, C. C., Krivanek, O. L., EELS Atlas, Arizona State University, 1983. (Zu Abschn. 10.6)
[60] Bucchignano, J., Rosenfield, M., Pepper, G., Davari, B., Hohn, F., Viswanathan, R., IBM Research Report RC 14645 (# 65677) 5/26/89 (1989). (Zu Abschn. 10.7)
[61] Feuerbaum, H. P., Kubalek, E., Beitr. elektronenmikroskop. Direktabb. Oberfl. (BEDO) **8,** 469–480 (1975). (Zu Abschn. 10.7)
[62] Binnig, G., Rohrer, H., Helv. Phys. Acta **55,** 726–735 (1982). (Zu Abschn. 10.8)
[63] Wintterlin, J., Brune, H., Höfer, H., Behm, R. J., Appl. Phys. A **47,** 99–102 (1988). (Zu Abschn. 10.8)
[64] Brune, H., Wintterlin, J., Ertl, G., Behm, R. J., Phys. Rev. Lett. **13,** 123 (1990). (Zu Abschn. 10.8)

[65] Wiesendanger, R., Tarrach, G., Bürgler, D., Güntherodt, H.-J., Europhys. Lett. **12** (1), 57–61 (1990). (Zu Abschn. 10.8)
[66] Simmons, J. G., J. Appl. Phys. **34,** 1793–1803 (1963). (Zu Abschn. 10.8)
[67] Brüche, E., Johannson, H., Naturwis. **20,** 353–358 (1932). (Zu Abschn. 10.5)
[68] Dosse, J., Z. Physik **117,** 722–753 (1941). (Zu Abschn. 10.4.2 u. 3)
[69] Dubochet, J., Ducommun, M., Zollinger, M., Kellenberger, E., J. Ultrastructure Res. **35,** 147-167 (1971). (Zu Abschn. 10.5.1)
[70] Estermann, J., Stern, O., Z. Physik **61,** 95–125 (1930). (Zu Abschn. 10.3)
[71] Estermann, J., Frisch, R. O., Stern, O., Z. Physik **73,** 348–365; Phys. Z. **32,** 670–675 (1931). (Zu Abschn. 10.3)
[72] Franke, F. J., Herrmann, K.-H., Lichte, H., Scanning Microscopy Suppl. **2,** 59–67 (1988). (Zu Abschn. 10.5.3)
[73] Hanszen, K.-J., Holography in Electron Microscopy, in: Advances in Electronics and Electron Physics, **59,** 1 (Academic Press, New York) (1982). (Zu Abschn. 10.5.3)
[74] Thomson, G. P., Proc. Roy. Soc. A, **117,** 600–609 (1928). (Zu Abschn. 10.2)

Weiterführende Literatur

Bethge, H., Heydenreich, J., Electron Microscopy in Solid State Physics. Elsevier, Amsterdam, New York, 1987.
Boersch, H., Über die Wechselwirkung von Elektronen mit Materie. Mikroskopie **21,** 122–141 (1966).
Düker, H., Emissions-Elektronenmikroskopie. Acta Phys. Austr. **18,** 232 (1964).
Geiger, J., Unelastische Elektronenstreuung. In: Fachberichte der 31. Physikertagung München, 108–117, Teubner, Stuttgart, 1966.
Geiger, J., Elektronen und Festkröper: Anregungen, Energieverluste, dielektrische Theorie. Vieweg, Braunschweig, 1968.
Glaser, O. W., Grundlagen der Elektronenoptik. Springer, Wien, 1952.
Good, R. H., Müller, E. W., Field Emission. In: Hdb. d. Physik (Hrsg. S. Flügge), **XXI,** 176. Springer, Berlin, 1956.
Goodman, P. (Hrsg.): Fifty Years of Electron Diffraction. D. Reidel Publ. Comp., Dordrecht, Boston, London, 1981.
Hirsch, P. B., Howie, A., Nicholson, R. B., Pashley, D. W., Whelan, M. J., Electron Microscopy of Thin Crystals. Butterworths, London, 1965.
Kleinschmidt, A. K., Nucleinsäuren. Naturwiss. **54,** 417 (1967).
Kyser, D. F., Niedrig, H., Newbury, D. E., Shimizu, R. (Hrsg.): Electron Beam Interaction with Solids. SEM Inc., AMF O'Hare, IL 60666/USA, 1982/84.
Niedrig, H., Physical Background of Electron Backscattering. Scanning **1,** 17–34 (1978).
Niedrig, H., Electron Backscattering from Thin Films. J. Appl. Phys. **53** (4), R15–R49 (1982).
Niedrig, H., Die Anfänge der Elektronenmikroskopie: Eine Berliner Entwicklung. Physik u. Didaktik **15,** 52–64 (1987).
Reimer, L., Pfefferkorn, G., Rasterelektronenmikroskopie. 2. Aufl., Springer, Berlin, 1977.
Reimer, L., Transmission Electron Microscopy. 2. Aufl., Springer, Berlin, 1989.
Riecke, W. D., Aktuelle Probleme der Elektronenmikroskopie. In: Plenarvorträge der 33. Physikertagung Karlsruhe, 85–127. Teubner, Stuttgart, 1968.
Ruska, E., Die frühe Entwicklung der Elektronenlinsen und der Elektronenmikroskopie. Acta Historica Leopoldina, Heft Nr. 42. Joh. Ambr. Barth, Leipzig, 1979.
Thomson, G. P., The Early History of Electron Diffraction. Contemp. Physics **9,** 1–15 (1968).
Wegmann, L., Photoemissions-Elektronenmikroskopie. Mikroskopie **26,** 99 (1970).
Wilkens, M., Hochspannungselektronenmikroskopie. In: Physik **71,** Plenarvorträge der 36. Physikertagung Essen. Teubner, Stuttgart, 1971.

11 Neutronenoptik

Helmut Rauch

11.1 Einleitung und Grundgleichungen

Die Beugungsphänomene von Licht, von Röntgenstrahlen und von Elektronen wurden in den vorangegangenen Kapiteln behandelt. Hier wenden wir uns der Beugung von Neutronen zu und machen damit einen weiteren Schritt in Richtung Optik mit immer schwereren Teilchen. Bei den entsprechenden Experimenten wird daher der *Welle-Teilchendualismus* der Quantenmechanik immer deutlicher zum Vorschein kommen. Neutronen sind Fermionen (Teilchen, die der Fermi-Statistik gehorchen; vgl. auch Bd. 1, Abschn. 119 und Bd. 6) mit dem Spin $\frac{1}{2}\hbar$ und besitzen nicht nur eine wohldefinierte Masse von $m_n = 1{,}6749286(10) \cdot 10^{-27}$ kg und ein wohldefiniertes magnetisches Moment ($\mu_n = -1{,}91304275(45)\,\mu_N$ mit $\mu_N = 5{,}0507866(17) \cdot 10^{-27}\,\mathrm{JT}^{-1}$, Kernmagneton), sondern sind außerdem aus zwei *down*- und einem *up*-Quark (vgl. Bd. 4) zusammengesetzt; sie stellen damit räumlich ausgedehnte Objekte mit einem *confinement*-(„Einschluß"-)Radius von 0,7 fm dar. Neutronen sind neben den Protonen die wichtigsten Bestandteile der Atomkerne und können durch verschiedene Kernreaktionen freigesetzt werden, wobei sie als freie Neutronen eine Lebensdauer von $889{,}6 \pm 2{,}3$ s besitzen und durch β-Zerfall in ein Proton, ein Elektron und in ein Antineutrino zerfallen. Für die im folgenden zu beschreibenden Experimente wird der Zerfall der Neutronen ohne Bedeutung sein, weil die Verweilzeiten der Neutronen in der Apparatur in den meisten Fällen viel kürzer sind als die Lebensdauer.

Entsprechend den zuerst von de Broglie [1] entwickelten Vorstellungen können wir der Bewegung von Materieteilchen eine Wellenlänge zuordnen:

$$\lambda = \frac{h}{p}, \tag{11.1}$$

wobei h das Plancksche Wirkungsquantum und $p = mv$ den Impuls des sich mit der Geschwindigkeit v bewegenden Teilchens darstellt. Relativistische Effekte sind im Bereich der Neutronenoptik praktisch nicht zu berücksichtigen, da die entsprechenden Experimente mit thermischen oder kalten Neutronen durchgeführt werden, für die $v/c_0 < 10^{-5}$ gilt. Die Vorstellung über die Existenz sogenannter *Materiewellen* stimulierte die Entwicklung der Wellenmechanik, die schließlich zur Formulierung der für unser Naturverständnis fundamentalen Quantenmechanik führte. Demnach ist der Zustand eines Systems mit der Schrödinger-Gleichung beschreibbar [2]:

$$-\frac{\hbar^2}{2m}\Delta\psi(\boldsymbol{r},t) + V(\boldsymbol{r},t)\,\psi(\boldsymbol{r},t) = \mathrm{i}\hbar\frac{\partial\psi(\boldsymbol{r},t)}{\partial t}, \tag{11.2}$$

wobei das Quadrat der Wellenfunktion $|\psi|^2$ die Wahrscheinlichkeit angibt, das System im betreffenden Zustand (Ort, Zeit) vorzufinden. Sofern das Wechselwirkungspotential V von der Zeit unabhängig ist, befindet sich das System in einem Energieeigenzustand mit der Gesamtenergie $E_t = \hbar\omega$. Mit dem Lösungsansatz[1] $\psi(\boldsymbol{r}, t) = \psi(r)\exp(\mathrm{i}\omega t)$ erhalten wir die zeitunabhängige Schrödinger-Gleichung

$$\left[-\frac{\hbar^2}{2m}\Delta + V(\boldsymbol{r})\right]\psi(\boldsymbol{r}) = E_t\psi(\boldsymbol{r}) \tag{11.3}$$

und erkennen daraus die direkte Analogie zur Wellengleichung der klassischen Optik, wie sie in Kap. E dieses Buches ausführlich behandelt wurde. Die *Brechzahl* (früher Brechungsindex) ist auch in der Neutronenoptik als Verhältnis der Geschwindigkeiten innerhalb eines Mediums ($V \neq 0$) zur Geschwindigkeit im Vakuum definiert. Nachdem der erste Ausdruck in Gl. (11.3) den Operator für die kinetische Energie darstellt ($\hbar^2\Delta/2m \mathrel{\hat=} E = mv^2/2 = \hbar^2 k^2/2m$), erhalten wir die Brechzahl für ebene Wellen ($\psi(\boldsymbol{r}) \sim \exp(\mathrm{i}\boldsymbol{k}\boldsymbol{r})$) in der Form:

$$n = \frac{v}{v_0} = \frac{k}{k_0} = \sqrt{1 - \frac{V}{E}}\,. \tag{11.4}$$

Als Geschwindigkeiten sind hier die *Gruppengeschwindigkeiten* zu verstehen. Definieren wir auch hier in Analogie zur Lichtoptik eine *Phasengeschwindigkeit* unter Beachtung der Tatsache, daß die Gesamtenergie eines Teilchensystems auch die Ruheenergie enthält ($E_t = \hbar\omega = mc_0^2 = m_0 c_0^2 + m_0 v^2/2$), so ergibt sich:

$$v_{\mathrm{ph}} = \frac{\omega}{k} = \frac{c_0^2}{v}\,. \tag{11.5}$$

Die *Phasengeschwindigkeit* von Materiewellen ist daher immer größer als die Lichtgeschwindigkeit und außerdem ist sie umgekehrt proportional zur Teilchengeschwindigkeit, die im nichtrelativistischen Fall identisch ist mit der Gruppengeschwindigkeit der dem Teilchen zugeordneten Materiewelle und in Form eines Wellenpaketes darstellbar ist (vgl. Abschn. 10.1)

$$\psi(\boldsymbol{r}, t) = (2\pi)^{-3/2}\int A(\boldsymbol{k}', t)\exp(\mathrm{i}(\boldsymbol{k}'\boldsymbol{r} - \omega t))\,\mathrm{d}k'\,. \tag{11.6}$$

Jede Komponente entspricht einer unterschiedlichen Geschwindigkeit, wodurch es auch im kräftefreien Raum bereits zu einer Dispersion, das heißt zu einem Zerfließen des Wellenpaketes kommt. Für den Fall Gauß-förmiger Pakete, deren Kreiswellenzahlunschärfe Δk und Ortsunschärfe zur Zeit $t = 0$ die minimale Unschärferelation erfüllen ($\Delta k \Delta x = 1/2$), ergibt sich eine Verbreiterung [3, 4]

$$[\Delta x(t)]^2 = [\Delta x(0)]^2 + \left[\frac{(\hbar/2\mathrm{m})\,t}{\Delta x(0)}\right]^2, \tag{11.7}$$

[1] Da die Wellenfunktion ψ in diesem Kapitel generell komplex angesetzt wird, wird hier (anders als in den anderen Kapiteln) auf eine besondere Kennzeichnung der komplexen Eigenschaft von ψ durch Unterstreichen ($\underline{\psi}$) verzichtet.

die im Fall quasiklassischer Pakete ($\Delta k \Delta x \gg 1$) mit thermischen Neutronen und üblichen Laufstrecken meßbar ist. Dieses Zerfließen ist allerdings nur bei zeitaufgelösten Experimenten von Relevanz. Bei zeitunabhängigen Untersuchungen erhalten wir aus Gl. (11.3) stationäre Wellenfelder mit einer von der experimentell verfügbaren Apparatur her bestimmten Impulsverteilung $|A(\boldsymbol{k})|^2$

$$\psi(\boldsymbol{r}) = (2\pi)^{-3/2} \int A(\boldsymbol{k}') \exp(\mathrm{i}\boldsymbol{k}'\boldsymbol{r})\, \mathrm{d}k' \,, \tag{11.8}$$

wobei $|\psi(\boldsymbol{r})|^2$ die Wahrscheinlichkeit angibt, an der betreffenden Stelle ein Teilchen vorzufinden. Mit diesen Definitionen läßt sich auch die *Kohärenz eines Wellenfeldes* als Selbstkorrelationsfunktion von überlagerten Wellenfeldern darstellen [5, 6].

$$\Gamma(\boldsymbol{r}, t) = \langle \psi(0,0) * \psi(\boldsymbol{r}, t) \rangle \,, \tag{11.9}$$

wobei $\Gamma(\boldsymbol{r}, 0)$ die räumliche und $\Gamma(0, t)$ die zeitliche Kohärenz des Feldes beschreibt. Die Selbstkorrelationsfunktion ist als Faltung einer Funktion mit sich selbst zu verstehen.

Die zur Lichtoptik weitgehend analoge Formulierung der Ausgangsgleichungen läßt auch für Neutronen ähnliche optische Effekte erwarten wie für Photonen und Elektronen. Einige charakteristische Ergebnisse sind in Abb. 11.1 schematisch dargestellt. Die wesentlichsten Unterschiede werden in der unterschiedlichen Wechselwirkung der Neutronen mit Materie und mit Feldern zu suchen sein. Neutronen unterliegen der *starken Wechselwirkung* mit den Atomkernen, der *elektromagnetischen Wechselwirkung* hauptsächlich aufgrund des magnetischen Dipolmoments, der *Gravitation* als Folge der endlichen Ruhemasse und der *schwachen Wechselwirkung,* welche die endliche Lebensdauer verursacht. Gerade diese Eigenschaften machen Neutronen zu geradezu idealen Probepartikeln für die Untersuchung der verschiedenen fundamentalen Wechselwirkungsphänomene und für Untersuchungen über den fundamentalen Welle-Teilchendualismus der Quantenmechanik.

Die starke **Kernwechselwirkung** kann in Form eines Fermi-Pseudopotentials beschrieben werden [7]

$$V_\mathrm{n} = \frac{2\pi\hbar^2}{m}\, b\, \delta(\boldsymbol{r}) \,, \tag{11.10}$$

wobei b als gebundene Streulänge bezeichnet wird und durch die Phasenverschiebung Δ der bei der Streuung an einem Einzelkern auftretenden Kugelwelle im Vergleich zur einlaufenden Welle gegeben ist ($b \simeq -\lim\limits_{k \to 0} \Delta/k$). $\delta(\boldsymbol{r})$ ist die Diracsche Deltafunktion, die nur für $\boldsymbol{r} \to 0$ von 0 verschieden ist. Die Verwendung eines δ-förmigen Potentials, d. h. einer Punktwechselwirkung ist gerechtfertigt, weil die Reichweite der Kernkräfte ($\approx 10^{-15}$ m) wesentlich kleiner ist als die Wellenlänge thermischer oder kalter Neutronen ($\approx 10^{-10}$ m), was unter anderem auch zu einer im Schwerpunktsystem isotropen Streuung am Einzelatom führt. Optische Phänomene werden durch die gleichzeitige Wechselwirkung mit zahlreichen Streuzentren bestimmt, weswegen auch die dabei auftretende mittlere Phasenverschiebung $\langle \Delta \rangle$ eine entscheidende Rolle spielt und damit ihrerseits eine kohärente Streulänge b_c definiert. Damit läßt sich ein über das Volumen gemitteltes Potential angeben, $\bar{V}_\mathrm{n} = 2\pi\hbar^2 N b_\mathrm{c}/m$, womit wir mit Gl. (11.4) und Gl. (11.1) die *Brechzahl* angeben können als

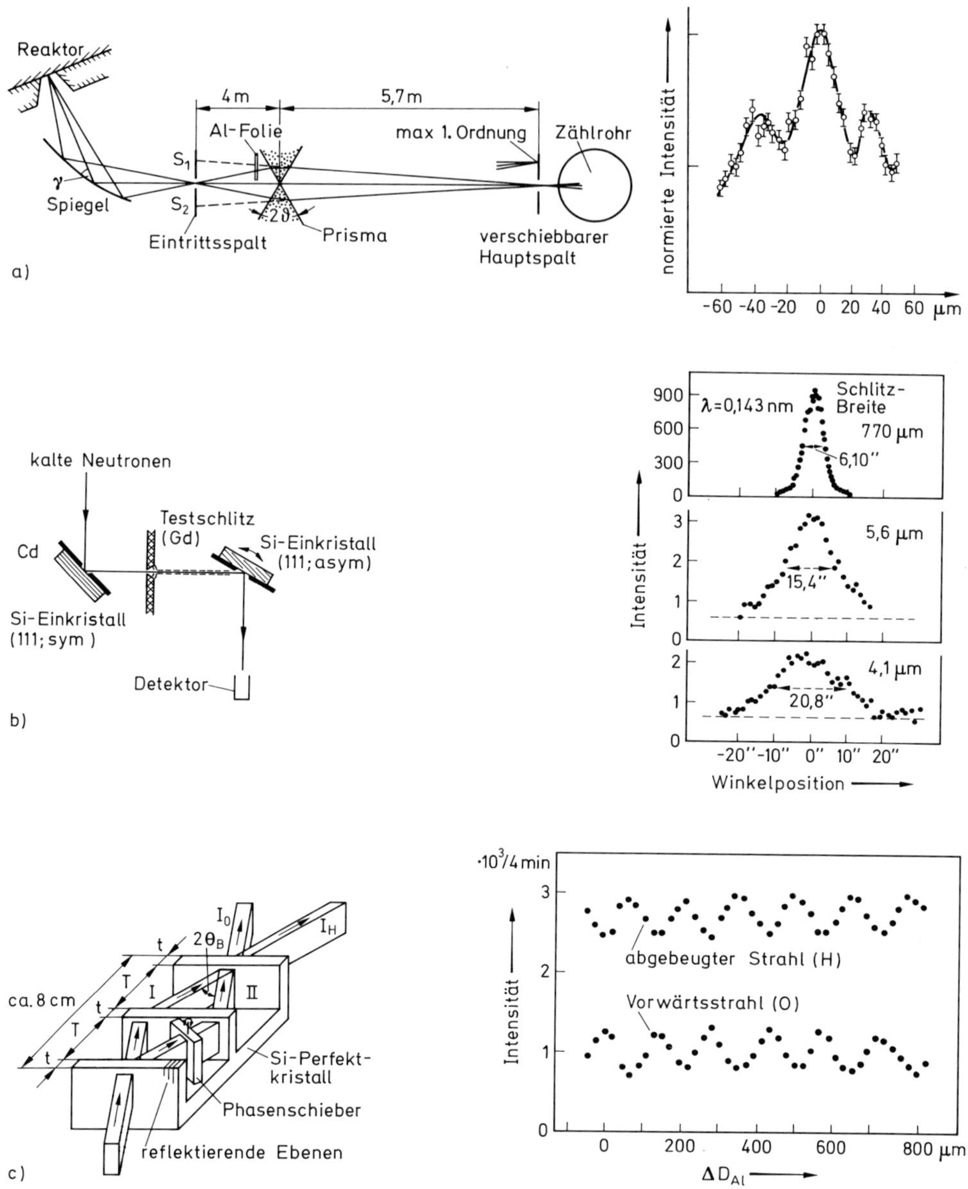

Abb. 11.1 Einige neutronenoptische Ergebnisse, die in den vergangenen Jahrzehnten die Entwicklung der Neutronenoptik stark beeinflußt haben. Schematische Darstellung a) der Ergebnisse der Biprismen-Interferenz von Neutronen [20], b) der Beugung an einem Einzelspalt [38] und c) der Interferenz in einem Perfektkristall-Interferometer [75].

$$n^2 = 1 - \frac{\bar{V}_n}{E} = 1 - \frac{\lambda^2 N b_c}{\pi} = 1 - \left[\frac{\lambda}{\lambda_c}\right]^2, \tag{11.11}$$

wobei N die Anzahldichte der Streuzentren im Volumen angibt. Mit dieser Gleichung wird gleichzeitig eine *Grenzwellenlänge* $\lambda_c = (\pi/Nb_c)^{1/2}$ definiert, die eine Grenze angibt, ab der Neutronen – selbst bei senkrechtem Auftreffen auf eine Grenzfläche – nicht mehr in das Material eintreten können. Die Brechzahl wird dann imaginär. Die entsprechenden Zahlenwerte für λ_c liegen im Bereich von 100 nm, wobei Neutronen mit $\lambda > \lambda_c$ als *ultrakalte Neutronen* bezeichnet werden. Die in diesem Zusammenhang angesprochene Mittelung über zahlreiche Streuzentren läßt sich auch mit Hilfe der Heisenbergschen Unschärferelation $\Delta x \Delta k \geq 1/2$ verdeutlichen. Bei optischen Phänomenen ist der Impulsübertrag gering oder durch die Struktur des Objekts genau bekannt und somit Δk klein, weswegen der Neutronenstrahl über einen relativ großen Bereich Δx mittelt.

In vielen Fällen ist $V/E \ll 1$ bzw. $\lambda \ll \lambda_c$ und Gl. (11.11) kann geschrieben werden als

$$n \approx 1 - \lambda^2 \frac{Nb_c}{2\pi}. \tag{11.12}$$

Absorptionskeffekte können mit komplexen Wechselwirkungspotentialen und damit mit komplexen Streulängen beschrieben werden, was in der Folge auch zu einer komplexen Brechzahl $\mathfrak{n}$ führt [8]

$$\mathfrak{n} \approx 1 - \lambda^2 \frac{N}{2\pi} \sqrt{b_c^2 - \left(\frac{\sigma_r}{2\lambda}\right)^2} + \mathrm{i}\frac{\sigma_r N}{4\pi}, \tag{11.13}$$

wobei $\sigma_r = \sigma_a + \sigma_s$ sowohl den Absorptions- als auch den Streuwirkungsquerschnitt beinhaltet und die Gültigkeit des bekannten Schwächungsgesetzes liefert $I = I_0 \exp[-(\sigma_a + \sigma_s) ND]$. Bei noch genauerer Behandlung sind Lokalfeldkorrekturen zu berücksichtigen, die durch das gegenseitige Hin- und Herreflektieren zwischen den einzelnen Streuzentren entstehen [9]. Dieser Effekt dürfte sehr klein sein und wurde bisher experimentell nicht beobachtet.

Die **kohärente Streulänge** b_c kann im Rahmen vieler neutronenoptischer Experimente gemessen werden und stellt eine tabellierte Kenngröße für jedes Material dar. Eine zufriedenstellende a priori Berechnung ist wegen des Fehlens einer vollständigen Theorie der starken Wechselwirkung nicht möglich. Bekannt ist, daß die starke Kernwechselwirkung von Isotop zu Isotop und von Element zu Element stark unterschiedlich ist und zudem bei Kernen mit Kernspin von der Relativstellung des Neutronenspins zum Kernspin abhängt. Deswegen gibt es unterschiedliche Streulängen für die mit der Häufigkeit $g_+ = (I+1)/(2I+1)$ auftretende Wechselwirkung mit Gesamtspin $I + 1/2$ und für die mit der Häufigkeit $g_- = I/(2I+1)$ auftretende Wechselwirkung mit Gesamtspin $I - 1/2$. Die kohärente Streulänge eines Elements mit j verschiedenen Isotopen der Häufigkeit n_j ergibt sich als Mittelwert über die verschiedenen statistisch auftretenden Wechselwirkungen

$$b_c = \sum_j n_j (g_{j+} b_{j+} + g_{j-} b_{j-}). \tag{11.14}$$

Zahlenwerte für die kohärente Streulänge, die sowohl positive als auch negative

Tab. 11.1 Kenngrößen von häufig in der Neutronenoptik verwendeten Substanzen.

	$N \cdot 10^{28}$ m^{-3}	b_c fm	$V \cdot 10^{-7}$ eV	λ_c nm	Θ_c ′	für $\lambda = 0{,}18$ nm – Neutronen D_λ µm	$(1-n) \cdot 10^{-6}$	σ_a b	σ_i b
Be	12,362	7,791	2,508	57,1	10,83	36,25	4,966	0,00768	0,0051
Al	6,030	3,4495	0,5415	122,5	5,05	167,8	1,072	0,2313	0,00927
Si	4,994	4,1491	0,5395	123,1	5,02	168,5	1,068	0,1713	0,0152
Ti	5,657	−3,4382	−0,5064	.	.	179,5	−1,003	6,0913	2,674
V	7,034	−0,382412	−0,0700	.	.	1297	−0,139	5,082	5,18716
Fe*	8,475	9,546 ± 5,98	2,105 ± 1,32	$62{,}3^{-13{,}4}_{+39{,}7}$	$9{,}92^{+2{,}73}_{-3{,}86}$	$43{,}17^{-16{,}6}_{+72{,}8}$	4,197 ± 2,614	2,563	0,393
Co*	8,901	2,535 ± 4,64	0,586 ± 1,076	$118{,}1^{-47{,}9}$	$5{,}23^{+3{,}49}$	$155{,}0^{-100}$	1,161 ± 2,13	37,186	4,83
Ni*	9,129	10,31 ± 1,62	2,448 ± 0,385	$57{,}8^{-4{,}1}_{+5{,}3}$	$10{,}72^{+0{,}80}_{-0{,}89}$	$37{,}12^{-5{,}04}_{+6{,}94}$	4,848 ± 0,764	4,4916	5,24
^{58}Ni*	9,251	15,05 ± 1,62	3,613 ± 0,390	$47{,}6^{-2{,}4}_{+2{,}8}$	$13{,}00^{+0{,}86}_{-0{,}72}$	$25{,}15^{-2{,}45}_{+3{,}05}$	7,155 ± 0,772	4,63	0
Cu	8,453	7,7184	1,699	69,4	8,92	53,50	3,364	3,782	0,524
Ge	4,438	8,18520	0,946	93,0	6,65	96,09	1,874	2,32	0,176
Hg	4,081	12,662	1,345	78,0	7,93	67,56	2,664	372,340	6,71
Pb	3,297	9,401720	0,807	100,7	6,15	112,6	1,598	0,1712	0,00307
H_2O	3,343	−1,6774	−0,146	.	.	662,6	−0,289	0,665415	159,805
D_2O	3,322	19,1537	1,657	70,3	8,80	54,86	3,281	0,00121	4,086
SiO_2	2,641	15,7595	1,084	86,9	7,12	83,87	2,146	0,1713	0,0305

* +/− Angaben beziehen sich auf spinabhängige magnetische Streulängen

Werte annehmen kann, sind in Tab. 11.1 angeführt. Weitere Werte können verschiedenen Tabellenwerken entnommen werden [10, 11].

Handelt es sich um eine Wechselwirkung mit magnetischen Atomen oder Ionen, so kommt es zwischen dem magnetischen Moment des Neutrons $\boldsymbol{\mu}$ und dem magnetischen Feld dieser Atome oder Ionen zu einer **magnetischen Dipolwechselwirkung,** die – über das Volumen gemittelt – von einer zur Kernwechselwirkung vergleichbaren Stärke ist. Das zugehörige Potential V_{m} lautet:

$$V_{\mathrm{m}} = -\boldsymbol{\mu}\boldsymbol{B} = -\mu\boldsymbol{\sigma}\boldsymbol{B}(\boldsymbol{r})\,. \tag{11.15}$$

$\boldsymbol{B}(\boldsymbol{r})$ bedeutet das von den ungepaarten Elektronen des magnetischen Atoms verursachte Magnetfeld und $\boldsymbol{\sigma}$ stellt die Paulischen Spinmatrizen dar. Die Streulänge p erhält man mit Hilfe der Fourier-Transformation [12]:

$$p(\boldsymbol{Q}) = \frac{m}{2\pi\hbar^2}\int \mathrm{e}^{\mathrm{i}\boldsymbol{Q}\boldsymbol{r}}\, V_{\mathrm{m}}(\boldsymbol{r})\,\mathrm{d}\boldsymbol{r} = -\left(\frac{\mu}{\mu_{\mathrm{n}}}\right) r_0 f_{\mathrm{m}}(\boldsymbol{Q})\langle \boldsymbol{S}\rangle(\boldsymbol{\sigma}\boldsymbol{q})\,, \tag{11.16}$$

wobei $\boldsymbol{Q} = \boldsymbol{k} - \boldsymbol{k}_0$ den übertragenen Impuls angibt, $r_0 = 2{,}81794 \cdot 10^{-15}$ m den klassischen Elektronenradius, $f_{\mathrm{m}}(\boldsymbol{Q})$ den magnetischen Atomformfaktor, der sich aus der Fourier-Transformation der Spindichte des Atoms oder Ions ergibt, $\langle \boldsymbol{S}\rangle$ die mittlere Magnetisierung und $\boldsymbol{q} = \hat{\boldsymbol{h}} - (\hat{\boldsymbol{h}}\hat{\boldsymbol{e}})\hat{\boldsymbol{e}}$ den magnetischen Wechselwirkungsvektor, der sich aus dem Einheitsvektor der Magnetisierung $\hat{\boldsymbol{h}}$ und dem Einheitsvektor $\hat{\boldsymbol{e}}$ in Richtung des übertragenen Impulses zusammensetzt. Die gesamte Streulänge eines derartigen Atoms setzt sich aus der Kern- und aus der magnetischen Streulänge zusammen ($b \pm p(Q)$), wobei die magnetische Streulänge deutlich vom übertragenen Impuls, d. h. von der Streurichtung, abhängt, was seine Ursache darin hat, daß die räumliche Ausdehnung der Magnetisierungsverteilung im magnetischen Atom vergleichbar ist mit der Wellenlänge der wechselwirkenden Neutronen. Die Brechzahl erhalten wir analog zu Gl. (11.11)

$$n^2 = 1 - \frac{V_{\mathrm{n}} + V_{\mathrm{m}}}{E} = 1 - \lambda^2 N \frac{(b_{\mathrm{c}} \pm p(0))}{2\pi}\,, \tag{11.17}$$

wobei die magnetische Vorwärtsstreulänge auch mit Hilfe der mittleren Magnetisierung B angegeben werden kann, $p(0) = \mp\, \mu m B/2\pi N\hbar^2$.

Die Bewegung eines magnetischen Dipols durch ein elektrisches Feld $\boldsymbol{E}$, zum Beispiel das Coulomb-Feld eines Atoms, verursacht im Rahmen der Elektrodynamik weitere Wechselwirkungsbeiträge, die als **Spin-Bahn-**(Schwinger-) und **Foldy-Wechselwirkungen** bezeichnet werden (siehe z. B. [9, 12]).

$$V_{\mathrm{e}} = \frac{\hbar}{mc}\boldsymbol{\mu}(\boldsymbol{E}\times\boldsymbol{k}) - \frac{\hbar\mu}{2mc}\,\mathrm{div}\,\boldsymbol{E}\,. \tag{11.18}$$

Die entsprechenden Streulängen sind um einige Größenordnungen kleiner als die zuvor behandelten Kern- und magnetischen Streulängen und sind wegen der elektrischen Neutralität der Atome in Vorwärtsrichtung Null, müssen daher im Bereich der Neutronenoptik nicht weiter behandelt werden.

Neutronen unterliegen aufgrund ihrer Ruhemasse der **Gravitationswechselwirkung,** welche in die Anziehungs- und Coriolis-Wechselwirkung separiert werden kann

$$V_g = -m\boldsymbol{g}\boldsymbol{r} - \boldsymbol{\omega}\boldsymbol{L}\,, \tag{11.19}$$

wobei $\boldsymbol{g}$ die Beschleunigung zum Erdmittelpunkt hin angibt, $\boldsymbol{r}$ den Abstand vom Erdmittelpunkt, $\boldsymbol{\omega}$ die Winkelgeschwindigkeit der Erde ($\omega = 0{,}727 \cdot 10^{-4}$ rad/s) und $\boldsymbol{L} = \boldsymbol{r} \times \boldsymbol{p}$ den Drehimpuls des Neutrons in bezug auf den Erdmittelpunkt. Dieser Effekt verursacht parabolische Flugbahnen mit leichten Ost-West-Versetzungen, was bei vielen neutronenoptischen Experimenten berücksichtigt werden muß und teilweise auch als Meßeffekt Verwendung findet. Die Gravitation kann auch als kontinuierlich variable Brechzahl oder als entsprechender Phasenschub beschrieben werden.

Um die drei wichtigsten Wechselwirkungen der Neutronen quantitativ zu vergleichen, ist es nützlich, sich zu vergegenwärtigen, daß etwa das mittlere Potential in Cu $1{,}65 \cdot 10^{-7}$ eV, das magnetische Potential in einem 1 T-Magnetfeld $\pm 6{,}03 \cdot 10^{-8}$ eV und der Unterschied im Gravitationspotential bei 1 m Höhenunterschied $1{,}03 \cdot 10^{-7}$ eV beträgt.

11.2 Neutronenquellen und Detektoren

Freie Neutronen, wie sie für die zu beschreibenden Experimente benötigt werden, können nur über Kernreaktionen hergestellt werden. Der erste Nachweis freier Neutronen erfolgte über die Reaktion [13]

$$\alpha + {}^{9}\mathrm{Be} \rightarrow {}^{12}\mathrm{C} + n + 5{,}704\,\mathrm{MeV}\,.$$

Es gibt auch eine Reihe schwerer Kerne, die bei spontaner Spaltung Neutronen emittieren. Am bekanntesten ist ^{252}Cf, welches $2{,}34 \cdot 10^{12}$ Neutronen pro Gramm und Sekunde emittiert.

Für die Erzielung höherer Intensitäten stehen im Vordergrund:

a) $$\mathrm{D} + \mathrm{T} \rightarrow {}^{4}\mathrm{He} + \mathrm{n} + 17{,}59\,\mathrm{MeV}\,,$$

wobei Deuteronen in einem kleinen Beschleuniger auf etwa 0,3 MeV beschleunigt und auf ein Tritium-Target geschossen werden. Die Ausbeute liegt bei 10^{-4} Neutronen pro Deuteron.

b) Die Kernspaltung in Forschungsreaktoren

$$\mathrm{n} + {}^{235}\mathrm{U} \rightarrow \mathrm{A}_1 + \mathrm{A}_2 + \nu\mathrm{n} + 200\,\mathrm{MeV}\,,$$

wobei die Kernspaltung bevorzugt von thermischen Neutronen eingeleitet wird und im Durchschnitt $\nu = 2{,}4$ Neutronen freigesetzt werden, die im Rahmen einer Kettenreaktion eine kontinuierliche Neutronenproduktion gestatten. A_1 und A_2 symbolisieren die Spaltprodukte.

c) Die Spallationsreaktion an Großbeschleunigern

$$\mathrm{p} + {}^{238}\mathrm{U} \rightarrow \mathrm{A}_1 + \mathrm{A}_2 + \ldots \mathrm{A}_\mathrm{n} + \nu_{\mathrm{sp}}\mathrm{n} + 2{,}5\,\mathrm{GeV}\,,$$

wobei durch hochenergetische Protonen (~ 1 GeV) schwere Atomkerne regelrecht zertrümmert werden und bis zu $\nu_{sp} = 50$ Neutronen pro Proton freigesetzt werden. Weitere Details über Neutronenquellen findet man bei Cierjacks [14]. Bei den besprochenen Kernreaktionen entstehen schnelle Neutronen mit Energien im MeV-Bereich. Durch – im Schwerpunktsystem – elastische Stöße an leichten Moderatorkernen können sie bis auf thermische Energien abgebremst werden. Der mittlere Energieverlust im Laborsystem bei Streuung an einem Atomkern der Massenzahl A beträgt gemäß der elementaren Gesetze der Mechanik

$$\Delta E = \frac{E}{2} \frac{4A}{(A+1)^2} . \tag{11.20}$$

Bei der Moderation an Wasserstoff sind zur Abbremsung etwa 18 Stöße und eine Zeit von etwa 10 µs erforderlich; bei der Abbremsung in Graphit betragen diese Werte 114 bzw. 150 µs. Bei Beschleunigeranlagen kann der Beschleunigerstrahl beliebig gepulst werden. Der sich dann im Moderator bildende thermische Neutronenimpuls hat jedoch eine zeitliche Breite Δt, die mindestens der Abbremszeit entspricht. Das begrenzt bei Laufzeitexperimenten das Auflösungsvermögen $\Delta t/t$, wobei t die Laufzeit zwischen gepulster Quelle und dem Detektor in der Entfernung L angibt ($t = L/v$).

Sobald die Neutronen bei der Bremsung Energien erreichen, die mit der thermischen Energie der Moderatoratome vergleichbar ist, werden die Neutronen teilweise auch wieder beschleunigt, und es stellt sich ein thermisches Gleichgewicht entsprechend der *Maxwell-Boltzmannschen Energieverteilung* der Moderatoratome ein. Diese thermalisierten Neutronen werden aus dem Moderator mit Strahlrohren extrahiert, wobei die Energieverteilung des Neutronenflusses näherungsweise geschrieben werden kann als (s.z.B. [15])

$$\Phi(E) = \Phi_{th} \frac{E}{(k_B T)^2} e^{-E/k_B T} . \tag{11.21}$$

Damit werden Werte für die thermische Energie, die Geschwindigkeit, die Wellenlänge und die Kreiswellenzahl definiert:

$$E_{th} = k_B T = \frac{m v_{th}^2}{2} = \frac{h^2}{2m\lambda_{th}^2} = \frac{\hbar^2 k_{th}^2}{2m} . \tag{11.22}$$

Für ein bei Raumtemperatur voll moderiertes Spektrum betragen diese Werte ($T = 293{,}6$ K)

$$E_{th} = 0{,}0253 \text{ eV} , \quad v_{th} = 2200 \text{ m/s} , \quad \lambda_{th} = 0{,}18 \text{ nm } (1{,}8 \text{ Å}) .$$

Durch Moderation in gekühlten Moderatorsubstanzen (flüssiger Wasserstoff oder Deuterium, flüssiges Methan u.ä.) läßt sich das Spektrum begrenzt zu größeren Wellenlängen verschieben. Die Begrenzung besteht darin, daß sich bei tiefgekühlten Moderatorsubstanzen wegen der Nullpunktschwingung der Moderatoratome kein Gleichgewicht zwischen Moderator- und Neutronentemperatur mehr einstellen kann. Für neutronenoptische Untersuchungen haben sich jedoch derartige *„kalte Quellen“* sehr bewährt, da damit die Intensität der langwelligen und damit für die Neutronenoptik besonders geeigneten Neutronen oft um mehr als das Zwanzigfache erhöht werden kann. Die Gesamtintensität thermischer Neutronen ist dabei auf Werte $\Phi \leq 10^{18}\,\mathrm{m^{-2}s^{-1}sr^{-1}}$ begrenzt, was einem Gasstrahldruck von rund 10^{-5} Pa entspricht. Diese Begrenzung besteht wegen der Schwierigkeit, die bei höherer Kernreaktionsrate entstehende Wärme mit einem Kühlmittel abführen zu können. Spallationsneutronenquellen bieten hier einen gewissen Vorteil, weil die produzierte Wärme pro erzeugtem Neutron geringer ist und weil ein gepulster Betrieb relativ einfach realisierbar ist.

Für optische und spektroskopische Untersuchungen ist die jeweilige **Phasenraumdichte** von Bedeutung. Diese ist im Fall einer vollständigen Moderation der Neutronen aus Gl. (11.21) zu berechnen [16]:

$$\frac{\mathrm{d}^6 n}{\mathrm{d}V_\mathrm{p}} = \frac{\Phi_\mathrm{th}}{2\pi}\,\frac{m}{\hbar k_\mathrm{th}^4}\exp\left(-\frac{k^2}{k_\mathrm{th}^2}\right), \tag{11.23}$$

wobei das Phasenraumelement gegeben ist als $\mathrm{d}V_\mathrm{p} = \mathrm{d}x\,\mathrm{d}y\,\mathrm{d}z\,\mathrm{d}k_x\,\mathrm{d}k_y\,\mathrm{d}k_z$. Daraus ergibt sich die Zahl $\mathrm{d}J$ der Neutronen, die in der Zeit $\mathrm{d}t$ ($\mathrm{d}t = \mathrm{d}z/v$) senkrecht durch ein Flächenelement $\mathrm{d}f$ senkrecht zur Flugrichtung (z) durchtreten

$$\mathrm{d}J = \frac{\Phi_\mathrm{th} k_z}{2\pi k_\mathrm{th}^4}\exp\left(-\frac{k_z^2}{k_\mathrm{th}^2}\right)\mathrm{d}f\,\mathrm{d}k_x\,\mathrm{d}k_y\,\mathrm{d}k_z. \tag{11.24}$$

Dieser Ausdruck kann weiter umgeformt werden, indem wir $\mathrm{d}J$ als Produkt von Leuchtdichte mal Fläche $\mathrm{d}f = \mathrm{d}x\,\mathrm{d}y$ mal Raumwinkel $\mathrm{d}\Omega = \mathrm{d}k_x\,\mathrm{d}k_y/k_z^2$ bei einer relativen Geschwindigkeitsauflösung $\mathrm{d}v/v = \mathrm{d}k_z/k_z$ darstellen

$$\mathrm{d}J = \frac{\Phi_\mathrm{th}}{2\pi}\,\frac{k_z^4}{k_\mathrm{th}^4}\exp\left(-\frac{k_z^2}{k_\mathrm{th}^2}\right)\frac{\mathrm{d}v_z}{v_z}\,\mathrm{d}f\,\mathrm{d}\Omega\,. \tag{11.25}$$

Thermalisierte Neutronen in einem Moderator oder aus einem Moderator ausfließende Neutronen verhalten sich demnach wie ein ideales Gas, welches dem Liouvilleschen Theorem gehorcht und dessen Phasenraumdichte durch keine wie immer geartete konservative Kraft geändert werden kann. Durch verschiedene neutronenoptische Komponenten kann jedoch die Gestalt des Phasenraumelements in weiteren Grenzen geändert werden. Methoden der Strahlkühlung, die mit einer Erhöhung der Phasenraumdichte verbunden sind und bei Beschleunigeranlagen für geladene Teilchen eingesetzt werden (Synchrotronstrahlungskühlung, Elektronenkühlung, stochastisches Kühlen), existieren für Neutronen nicht. Die einzige verbleibende Möglichkeit ist die Abkühlung des Neutronenspektrums zu immer tieferen Temperaturen, da in diesem Fall die Phasenraumdichte für sehr langsame Neutronen mit $1/T^2$ zunimmt (s. Gl. (11.23)). Die Phasenraumdichte von Neutronen ist jedoch selbst bei den bestdimensionierten Quellen im Bereich 10^{-14}, während thermische Lichtquellen Phasenraumdichten von 10^{-3} und Laser solche von 10^{14} aufweisen. Bei Elektronenquellen, Synchrotronstrahlungsquellen und Lasern liegen diese Werte teilweise noch deutlich höher. Aus dem Zahlenvergleich erkennt man sofort, daß Neutronenexperimente durch niedrige Intensitätsverhältnisse gekennzeichnet sind und dadurch die gegenseitige Beeinflussung bzw. nichtlineare Effekte keine Rolle spielen. Bei Interferenzeffekten, wie sie in den folgenden Kapiteln besprochen werden, befindet man sich somit immer im Bereich der reinen *Selbstinterferenz*, und in den meisten Fällen befindet sich zu einer gewissen Zeit im Mittel weniger als ein Neutron in der gesamten Apparatur. Der Intensitätsnachteil bei neutronenphysikalischen Experimenten muß durch größere Strahlquerschnitte, größere Strahldivergenz und geringere Monochromasie der Strahlen sowie durch raffinierte Meßtechniken zumindest teilweise ausgeglichen werden.

Der Nachweis der Neutronen erfolgt ebenfalls über Kernreaktionen, wobei hauptsächlich folgende Reaktionen ausgenutzt werden (s. z. B. [17]):

$$\begin{aligned} {}^{3}\mathrm{He} + \mathrm{n} &\to \mathrm{T} + \mathrm{p} + 0{,}77\,\mathrm{MeV}\,, \\ {}^{7}\mathrm{Li} + \mathrm{n} &\to \mathrm{T} + \alpha + 4{,}76\,\mathrm{MeV}\,, \\ {}^{10}\mathrm{B} + \mathrm{n} &\to {}^{7}\mathrm{Li} + \alpha + 2{,}78\,\mathrm{MeV}\,. \end{aligned}$$

Die Wirkungsquerschnitte dieser drei Reaktionen betragen im thermischen Bereich: 5327 b, 953 b und 3837 b (1 b = 1 barn = $10^{-28}\,\mathrm{m}^2$). Die Reaktionsenergie Q verteilt sich auf die beiden Reaktionsprodukte entsprechend den elementaren Stoßgesetzen $E_\mathrm{A} = Q m_\mathrm{B}/(m_\mathrm{A} + m_\mathrm{B})$ und reicht aus, in einem Gasionisationsdetektor (meist ^{3}He- oder BF_3-Gas) oder in einem Szintillator (Li- oder B-Glas) einen elektronisch meßbaren Impuls auszulösen. Die Nachweiswahrscheinlichkeit erreicht nahe 100%, was gerade für neutronenoptische Experimente einen nicht zu vernachlässigenden Vorteil bedeutet. Der Neutronennachweis kann auch über Einfang-Gamma- und Konversionselektronenstrahlung erfolgen, was beim Gadolinium-Detektor ausgenützt wird [18]. Ortsauflösende Detektoren wurden auf der Basis der verschiedenen Nachweismethoden ebenfalls entwickelt.

Zum Abschluß dieses Abschnitts soll noch darauf hingewiesen werden, daß sowohl die Kernreaktionen zur Erzeugung als auch die zum Nachweis von Neutronen über die Bildung eines angeregten Compoundkerns erfolgt, in dem die Energie statistisch auf alle Nukleonen verteilt wird, sodaß zwischen einlaufendem und auslaufendem Teilchen eine vollständige Phasenentkopplung existiert.

11.3 Brechung und Reflexion

Beachten wir bei der Lösung der Wellengleichung (Gl. (3)) die Randbedingungen der Quantenmechanik an einer Grenzfläche, d. h. die Stetigkeit der Wellenfunktion und deren Ableitung in Richtung der Grenzflächennormalen, so erhalten wir aus der Stetigkeit der Tangentialkomponente des Ausbreitungsvektors und der Änderung seines Betrages entsprechend der Brechzahl, das aus der Lichtoptik her bekannte *Snelliussche Brechungsgesetz:*

$$n = \frac{k}{k_0} = \frac{\cos\Theta_0}{\cos\Theta}\,, \tag{11.26}$$

wobei Θ_0 und Θ die Winkel des einfallenden und des in das Medium eintretenden Strahls zur Oberfläche angeben. Gleichzeitig tritt unter dem Winkel Θ_0 ein reflektierter Strahl auf, dessen Intensität gegegeben ist durch $I_r = R I_0$ mit

$$R = \left| \frac{\sin \Theta_0 - n \sin \Theta}{\sin \Theta_0 + n \sin \Theta} \right|^2 , \tag{11.27}$$

(vgl. Abschn. 2.6 und 4.2), wodurch bei vernachlässigter Absorption und inkohärenter Streuung auch die Intensität des transmittierten Strahls gegeben ist als $I_t = TI_0$ mit $R + T = 1$. Man erkennt, daß für $\Theta < \Theta_c$ Totalreflexion auftritt ($R = 1$; siehe Gl. (11.11)). Berücksichtigt man die Absorptions- und inkohärenten Streuprozesse, so hat man ein komplexes Stufenpotential zur Lösung von Gl. (11.3) zu verwenden ($V \to V_0 - \mathrm{i} V_1$ mit $V_1 = \hbar N(\sigma_a + \sigma_i)/2$, s. Gl. (11.13)), und man erhält in erster Ordnung von V_1/V_0 für den Reflexionsgrad

$$R = 1 - 2\frac{V_1}{V_0}\sqrt{\frac{\sin^2 \Theta_0}{1 - n^2 - \sin^2 \Theta_0}} . \tag{11.28}$$

Nachdem für die meisten Substanzen $V_1/V_0 \approx 10^{-4}$ ist, können wir die meisten Effekte für den schwächungsfreien Fall behandeln. Für den *Grenzwinkel für Totalreflexion* erhalten wir:

$$\Theta_c = \frac{\lambda}{\lambda_c} = \sqrt{1 - n^2} . \tag{11.29}$$

Für thermische Neutronen weicht n nur sehr wenig von 1 ab (Tab. 11.1) und die Gln. (11.27) und (11.29) können in der einfacheren Form geschrieben werden:

$$R = \left| \frac{1 - \sqrt{1 - (\Theta_c/\Theta)^2}}{1 + \sqrt{1 - (\Theta_c/\Theta)^2}} \right|^2 , \tag{11.30}$$

$$\Theta_c = \lambda \sqrt{\frac{N b_c}{\pi}} . \tag{11.31}$$

Da für Neutronen in der Regel die Brechzahl kleiner als 1 ist, tritt bei den meisten Substanzen Totalreflexion beim Eintritt in das Material auf. Berücksichtigen wir auch Absorptions- und inkohärente Streuprozesse, d.h. wir verwenden eine komplexe Brechzahl (Gl. (11.13)), so ergibt sich eine geringfügige Erniedrigung des Reflexionsgrades und eine Abrundung der Totalreflexionskurve.

Der Effekt der Brechung kann auch für Neutronen am einfachsten durch *Prismenbrechung* nachgewiesen werden. Entsprechend den elementaren Gesetzen der Strahlenoptik (Kap. 1) ergibt sich der Ablenkwinkel zu (Abb. 11.2)

$$\delta = 2(1 - n) \left[\frac{\sin \varepsilon}{\cos \varepsilon + \cos 2\Delta} \right] , \tag{11.32}$$

was sich im Fall des symmetrischen Strahlenganges vereinfacht zu

$$\delta = 2(1 - n) \tan \frac{\varepsilon}{2} , \tag{11.33}$$

wobei die im allgemeinen sehr geringen Ablenkwinkel ($\approx$ Bogensekunden) relativ bequem und intensitätsgünstig mit Hilfe einer Doppel-Perfektkristallkamera nachgewiesen werden können [19], aber auch mit hochauflösenden Schlitzapparaturen

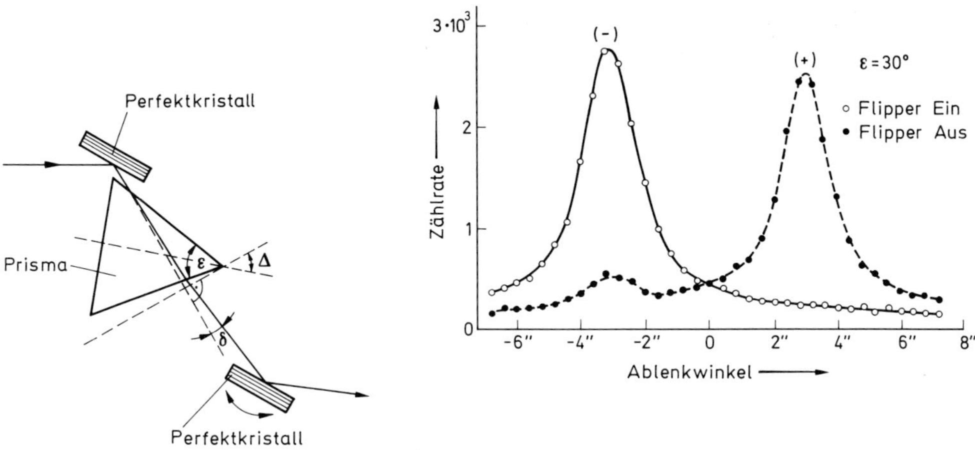

Abb. 11.2 Magnetiche Prismenablenkung von Neutronen bei unsymmetrisch angeordnetem Prisma [22].

kann dieser Effekt beobachtet und neutronenoptisch genutzt werden [20, 21]. Abb. 11.2 zeigt als Beispiel die Prismenaufspaltung eines Strahls in Magnetfeldprismen. Die Ablenkung der beiden Spinkomponenten ist unterschiedlich ($\delta = \pm(\mu B/E_0)\tan(\varepsilon/2)$), was zu einer doppelhöckerigen Reflexionskurve des Perfektkristallspektrometers führt und zur Erzeugung polarisierter Neutronen verwendet werden kann [22]. Die Hintereinanderreihung mehrerer Prismen verstärkt den Ablenkungseffekt entsprechend.

Die **Totalreflexion** von Neutronen bei flachem Einfall auf ebene Spiegel wurde bereits 1946 von Fermi und Zinn [23] beobachtet und später zu einer Standardmethode zur Messung von kohärenten Streulängen (b_c) weiterentwickelt (s. z. B. Koester [24]). Die Reflektivität eines flachen Spiegels als Funktion des Einfallswinkels ist in Gl. (11.30) angegeben. Die entsprechende *Eindringtiefe,* die sich aus der im Inneren existierenden und exponentiell abklingenden Wellenfunktion berechnen läßt, beträgt

$$\Delta = \frac{1}{k}\sqrt{\Theta_c^2 - \Theta^2}\,, \tag{11.34}$$

was Werte in der Größenordnung 0,01 bis 0,1 μm ergibt. Die Totalreflexionseigenschaften von magnetischen Materialien sind für die beiden Spinkomponenten unterschiedlich (Gl. (11.17)), z. B.:

$$\Theta_c = \lambda\sqrt{\frac{N}{\pi}[b_c \pm p(0)]}\,. \tag{11.35}$$

Es ist daher möglich, daß überhaupt nur eine Spinkomponente reflektiert wird (z. B. an Co, s. Tab. 11.1), was zur Produktion und zur Analyse polarisierter Neutronen verwendet wird [25].

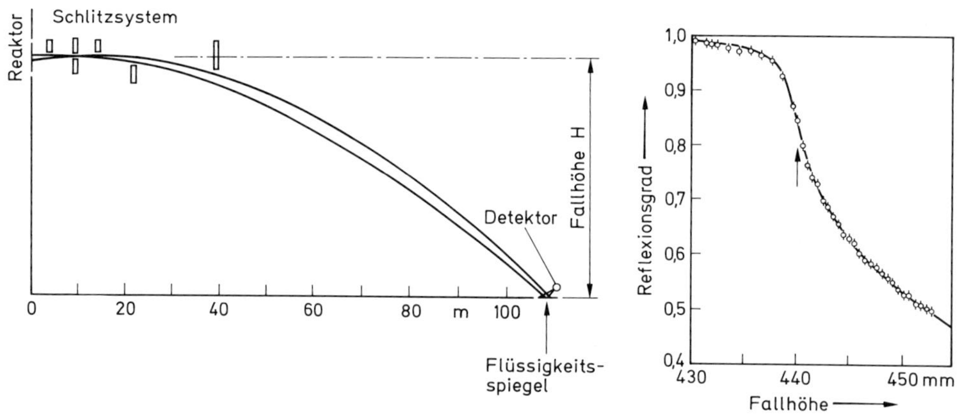

Abb. 11.3 Schema des Schwerkraftrefraktometers und ein charakteristisches Ergebnis an einem Fluorbenzol-Flüssigkeitsspiegel [28].

Eine sehr elegante Methode, die Totalreflexion zur genauen Messung von kohärenten Streulängen ausnutzt, besteht in der Form des *Schwerkraftrefraktometers*, welches von Maier-Leibnitz [26] vorgeschlagen und von Koester [27] realisiert wurde (Abb. 11.3). Gut kollimierte, horizontal aus einem Schlitzsystem austretende langwellige Neutronen gewinnen aufgrund der Gravitation gerade soviel Energie, daß sie an einem horizontal liegenden Spiegel – meistens eine Flüssigkeit – gerade totalreflektiert werden:

$$mgH_c = \bar{V} = \frac{2\pi\hbar^2}{m} Nb_c . \tag{11.36}$$

Der entsprechende Auftreffwinkel der Parabelbahn des Neutrons auf den Spiegel beträgt $\Theta = \sqrt{2gH}/v$, wobei H die erreichte Fallhöhe in einer Entfernung L angibt ($H = gL^2/2v^2$). Damit läßt sich Gl. (11.30) auch schreiben als:

$$R = \left|\frac{1-\sqrt{1-(H/H_c)}}{1+\sqrt{1-(H/H_c)}}\right|^2 , \tag{11.37}$$

woraus man erkennt, daß dieser Ausdruck unabhängig ist von der Wellenlänge der Neutronen. Deswegen kann mit einem breiten Geschwindigkeitsband gemessen werden, was in bezug auf Intensität und Genauigkeit entscheidende Vorteile bietet. Ein typisches Beispiel einer derartien Messung ist in Abb. 11.3 gezeigt. Bei einer genaueren Auswertung der Meßkurven sind auch Zentrifugal- und Coriolisterme sowie Absorptionseffekte (Gl. (11.28)) und eventuelle Oberflächenverunreinigungen zu berücksichtigen [28].

Das Gravitationsfeld kann mit Hilfe einer langsam variierenden Brechzahl (Gl. (11.4)) dargestellt werden, womit die mittlere Trajektorie der Neutronen in einem derartigen Feld berechnet werden kann (s. a. Abschn. 11.6f). Diese Trajektorien entsprechen den Flugbahnen der klassischen Mechanik. Erste Messungen dazu stam-

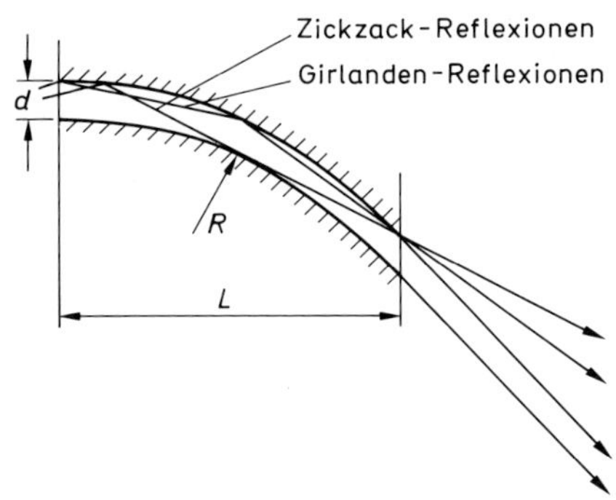

Abb. 11.4 Schema eines gekrümmten Neutronenleiters.

men von McReynolds [29]. Koester [30] hat das Schwerkraftrefraktometer dazu benutzt, das Galileische Prinzip der Universalität der Fallbeschleunigung für alle Körper bis zu einer Genauigkeit von $3 \cdot 10^{-4}$ für Neutronen zu verifizieren.

Neutronenleiter stellen eine andere wichtige Anwendung der Totalreflexion dar. Durch fortlaufende Totalreflexion an einem innen polierten Rohr gelingt es, die innerhalb des Grenzwinkels am Moderatorrand existierende Leuchtstärke (Gl. (11.24)) ohne wesentliche Verluste bis zum Ende des Neutronenleiters zu führen. Diese Entwicklung wurde von Maier-Leibnitz und Springer [31] initiiert und stellt heute einen der wesentlichsten Fortschritte bei der Instrumentierung neuer Neutronenquellen dar. Besondere Bedeutung erlangten gekrümmte Neutronenleiter, die – falls die Dimension des Leiters der Bedingung $L^2 \geq 8Rd$ (Abb. 11.4) genügt – keine direkte Durchsicht ermöglichen, wodurch der Untergrund an schnellen Neutronen und von Gammastrahlen am Ende des Leiters deutlich reduziert wird (Abb. 11.4). Setzen wir den charakteristischen Auftreffwinkel $\Theta_{\text{eff}} = (2d/R)^{1/2}$ gleich dem Grenzwinkel für Totalreflexion, so läßt sich eine charakteristische, durch den Neutronenleiter transmittierte Wellenlänge definieren, die im wesentlichen durch den Krümmungsradius bestimmt ist:

$$\lambda^* = \sqrt{\frac{2\pi d}{N b_c R}}. \tag{11.38}$$

Besondere Anforderungen sind an die Oberfläche derartiger Neutronenleiter gestellt, wobei sowohl die mikroskopische Rauhigkeit als auch die weitreichendere Welligkeit der Oberfläche zu Transmissionsverlusten führt. Häufig werden metallbedampfte (Ni, Cu) Glasplatten zu Neutronenleitern zusammengesetzt, deren Längen dann 10 bis 100 m und deren Krümmungsradien 10 bis 3000 m betragen. Die meisten Neutronen werden entlang der konkaven Seite des Neutronenleiters in Form von Girlandenreflexionen transmittiert, weswegen es am Ende des Leiters zu einer inhomogenen Intensitätsverteilung kommt. Die Transmissionsverluste liegen üblicherweise unter 20% und können bei besonderer Oberflächenbehandlung sowie optimaler Justierung weiter reduziert werden. An einer Hochfluß-Neutronenquelle kann am Ende eines Neutronenleiters mit einem Fluß von $10^{14}\,\text{m}^{-2}\,\text{s}^{-1}$ gerechnet werden, wobei selbstverständlich die Effektivität zu langwelligen Neutronen hin zunimmt. Für Sonderanwendungen kann durch eine Verengung in Form einer logarithmischen Spirale am Ende der Neutronenleiter eine Intensitätserhöhung auf Kosten der Strahldivergenz erreicht werden [32]. Entwickelt wurden auch gekrümmte totalreflektierende Soller-Systeme [33] sowie analoge Systeme zur gleichzeitigen Erzeugung polarisierter Neutronen [25, 34]. Hohe Polarisationsgrade wurden erzielt, indem dünne ferromagnetische Schichten auf einem geeigneten Substratmaterial aufgebracht wurden und in Feldern von etwa 0,1 T aufmagnetisiert wurden. Hohe Polarisationsgrade erhielten auch Rekveldt und Kraan [35], indem sie einen Stapel von geeigneten, mit magnetischen Substanzen bedampften Si-Plättchen zu einem Neutronenleitersystem zusammenpackten. Die Entwicklung von Mikro-Neutronenleitern, die sowohl zur Fokussierung als auch zur Polarisation geeignet sind, ist im Gange [36].

11.4 Beugung an makroskopischen Objekten

Während Brechungs- und Reflexionseffekte weitgehend von der Struktur der Objekte unabhängig sind, sind Beugungsphänomene deutlich abhängig von den Dimensionen der Objekte und auch von der relativen Anordnung von Quelle–Objekt–Detektor.

Die theoretische Beschreibung erfolgt mit Hilfe der feldfreien Schrödinger-Gleichung (Gl. (11.3)), die der Helmholtz-Gleichung der Lichtoptik (Abschn. E.4.6) äquivalent ist, weswegen wir die dort erhaltenen Ergebnisse im wesentlichen übernehmen können. Betrachten wir die Situation an einem einfachen Spalt (Abb. 11.5), von dem wir annehmen, daß alle auf die Blende auffallenden Neutronen absorbiert werden und die Rückstreuung von den Blendenkanten gering ist, so können wir die Wellenfunktion in jedem Punkt P hinter dem Schlitz mit Hilfe der *Kirchhoff-Formel* anschreiben (Kap. E, Gl. (E.76))

$$\psi_{\mathrm{P}} = \frac{\mathrm{i}}{2\lambda} \int S(y,z)\, \frac{\exp[\mathrm{i}k(r+s)]}{rs} [\cos(\hat{\boldsymbol{n}}\hat{\boldsymbol{r}}) + \cos(\hat{\boldsymbol{n}}\hat{\boldsymbol{s}})]\, \mathrm{d}y\,\mathrm{d}z\,, \qquad (11.39)$$

wobei vorausgesetzt wurde, daß $\lambda \ll r, s$ ist. Im Rahmen dieser Näherung haben

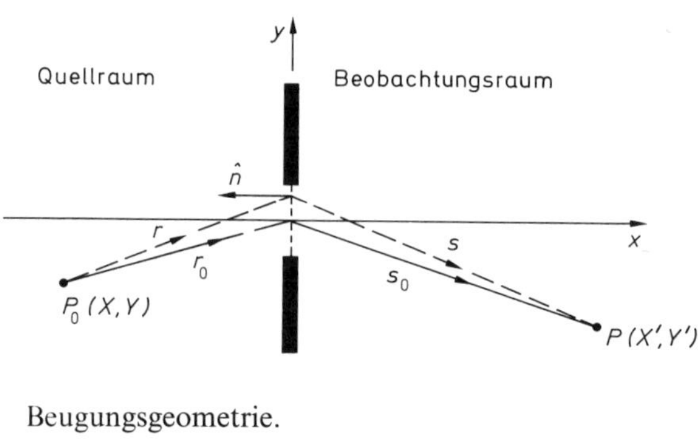

Abb. 11.5 Beugungsgeometrie.

wir das Integral nur über die Blendenöffnung zu nehmen, was wir durch das Einführen der Spalttransmissionsfunktion $S(y,z)$ berücksichtigen, die für einen Spalt in y-Richtung zu schreiben ist als $S(y,z)=1$ für $|y|\leq D/2$ und $S(y,z)=0$ für $|y|>D/2$. Den Nenner in Gl. (11.39) können wir ohne wesentlichen Fehler durch $r_0 s_0$ ersetzen, während im Phasenfaktor der Wegunterschied Δ zu berücksichtigen bleibt $(r+s)=(r_0+s_0)+\Delta(y,z)$. In den meisten Fällen sind nur kleine Winkel von Relevanz ($\cos(\hat{\boldsymbol{n}}\hat{\boldsymbol{r}})\approx\cos(\boldsymbol{r}\boldsymbol{s})\approx-1$), weswegen wir erhalten:

$$\psi_{\mathrm{P}}=-\frac{\mathrm{i}}{\lambda}\,\frac{\exp[\mathrm{i}k(r_0+s_0)]}{r_0 s_0}\int\limits_S S(y,z)\,\mathrm{e}^{\mathrm{i}k\Delta(y,z)}\,\mathrm{d}y\,\mathrm{d}z\,. \tag{11.40}$$

Mit Hilfe moderner Rechenmethoden können wir damit die Intensität in jedem Punkt des Detektorbereichs P berechnen, die von einem Quellbereich P_0 herrührt und durch ein Objekt modifiziert wurde. Dabei ist nicht nur die Art des Objekts von Relevanz, sondern auch die Ausdehnung der Quelle sowie die Wellenlängenverteilung der emittierten Strahlung. Für eine Diskussion der Ergebnisse ist es dennoch nützlich, sich einige Grenzfälle zu vergegenwärtigen.

Aus der geometrischen Situation erhalten wir

$$\begin{aligned}\Delta(y)&=\sqrt{x^2+(y+y)^2}+\sqrt{x'^2+(y+y')^2}-(r_0+s_0)\\&\approx-y\left(\frac{y}{r_0}+\frac{y'}{s_0}\right)+\frac{y^2}{2}\left(\frac{1}{r_0}+\frac{1}{s_0}\right)+\ldots\end{aligned} \tag{11.41}$$

und einen analogen Ausdruck für die z-Richtung. Sofern der resultierende Phasenunterschied zwischen den Randstrahlen ($y=\pm D/2$) klein ist gegenüber 2π, d.h.:

$$k\Delta_{\max}=k\frac{D^2}{2}\left(\frac{1}{r_0}+\frac{1}{s_0}\right)\ll 2\pi\,, \tag{11.42}$$

sprechen wir von *Fraunhofer-Beugung* und sonst von *Fresnel-Beugung*. In letzterem Fall sind vor allem achsennahe Punkte von Relevanz, weswegen der zweite Term in der Entwicklung Gl. (11.41) dominiert, was zu den bekannten und tabellierten Fresnel-Integralen führt, die auch mit Hilfe der Cornu-Spirale dargestellt werden können (s. z. B. Born und Wolf [6]).

Im Fall der Fraunhofer-Beugung verbleibt somit nur der in y lineare Term, den wir durch die Einführung des efffektiven Beugungswinkels $\sin\Theta\approx(Y/r_0)+(Y'/s_0)$ und des Impulsübertrags $|\boldsymbol{Q}|=|\boldsymbol{k}_0-\boldsymbol{k}|=2k\sin(\Theta/2)\approx k\Theta$ auch in folgender Form schreiben können:

$$\mathrm{e}^{\mathrm{i}k\Delta(y)}\approx\mathrm{e}^{\mathrm{i}ky\sin\Theta}=\mathrm{e}^{-\mathrm{i}\boldsymbol{Q}\boldsymbol{r}}\,, \tag{11.43}$$

wobei $\boldsymbol{r}$ nun einen Vektor in der Spaltöffnung angibt.

Man erkennt daraus, daß im Fall der Fraunhofer-Beugung das Beugungsbild $|\psi_{\mathrm{P}}|^2$ durch die Fourier-Transformation der Spaltfunktion gegeben ist. Das gleiche Resultat läßt sich auch durch die Überlagerung gleichphasiger Kugelwellen mit ihrem Ursprung im Bereich $-D/2\leq y\leq D/2$ ableiten (Huygenssches Prinzip) sowie als erste Bornsche Näherung im Rahmen der allgemeinen Streutheorie (z. B. Cowley [37]). In diesem Rahmen können wir die Streuamplitude, d. h. die Veränderung der auslaufenden Kugelwelle im Vergleich zur einlaufenden ebenen Welle, schreiben als Fouriertransformierte über die in einem gewissen Bereich existierende Wechselwirkungsstärke

$$f(\boldsymbol{Q}) = \frac{m}{2\pi\hbar^2}\int V(\boldsymbol{r})\,\mathrm{e}^{\mathrm{i}\boldsymbol{Q}\boldsymbol{r}}\,\mathrm{d}\boldsymbol{r}\,. \tag{11.44}$$

Wir können bei der Beugung an makroskopischen Objekten den in Gl. (11.40) neben den Kugelwellen auftretenden Faktor auch als Formfaktor des streuenden Objekts auffassen, der als Fourier-Transformierte des Objekts gegeben ist

$$f(\boldsymbol{Q}) = -\frac{\mathrm{i}}{\lambda}\int S(\boldsymbol{r})\,\mathrm{e}^{-\mathrm{i}\boldsymbol{Q}\boldsymbol{r}}\,\mathrm{d}\boldsymbol{r}\,. \tag{11.45}$$

Der Faktor i/λ erscheint nur aus Normierungsgründen wegen der Annahme einer planaren Verteilung der Streufunktion. Die Streuwahrscheinlichkeit schreiben wir in Form eines Wirkungsquerschnitts ($\mathrm{d}\boldsymbol{Q} = k^2\,\mathrm{d}\Omega$)

$$\frac{\mathrm{d}\sigma}{\mathrm{d}\Omega} = |f|^2\,. \tag{11.46}$$

Für eine *Spalt-Transmissionsfunktion* erhält man damit

$$\frac{\mathrm{d}\sigma}{\mathrm{d}\Omega} = \left| D\,\frac{\sin\left(\dfrac{\pi D}{\lambda}\sin\Theta\right)}{\dfrac{\pi D}{\lambda}\sin\Theta} \right|^2. \tag{11.47}$$

Die volle Halbwertsbreite des zentralen Peaks beträgt demgemäß $\Theta_{1/2} = 0{,}88\,\lambda/D$. Diese Verbreiterung wurde von Shull [38] mit einer Perfektkristallanordnung für Neutronen mit einer Wellenlänge von $\lambda = 0{,}443$ nm nachgewiesen (Abb. 11.1). Später wurden derartige Untersuchungen mit einer 10 m langen optischen Bank und mit langwelligen Neutronen ($\lambda = 1{,}926 \pm 0{,}07$ nm) durchgeführt, wobei bei der Beugung an einem $92{,}1 \pm 0{,}3$ µm breiten Spalt auch Nebenmaxima und gute Übereinstimmung mit der theoretischen Vorhersage beobachtet wurde (Abb. 11.6b [39, 40]).

Das Beugungsbild eines *Doppelspalts* mit Spaltbreite D und Spaltabstand A ist im Idealfall der reinen Fraunhofer-Beugung gegeben als

$$\frac{\mathrm{d}\sigma}{\mathrm{d}\Omega} = \left| 2D\,\frac{\sin\left(\dfrac{\pi D}{\lambda}\sin\Theta\right)}{\dfrac{\pi D}{\lambda}\sin\Theta}\cos\left(\frac{\pi A}{\lambda}\sin\Theta\right) \right|^2, \tag{11.48}$$

d.h., es tritt eine Modulation des Beugungsbildes von zwei Punktquellen mit dem Beugungsbild des Einzelspalts auf. Entsprechende Untersuchungen wurden von Zeilinger et al. [39, 40] durchgeführt und erbrachten nach Berücksichtigung der experimentellen Parameter eine gute Übereinstimmung zwischen Theorie und Experiment (Abb. 11.6c). Verwendet wurden Neutronen mit einer Wellenlänge von

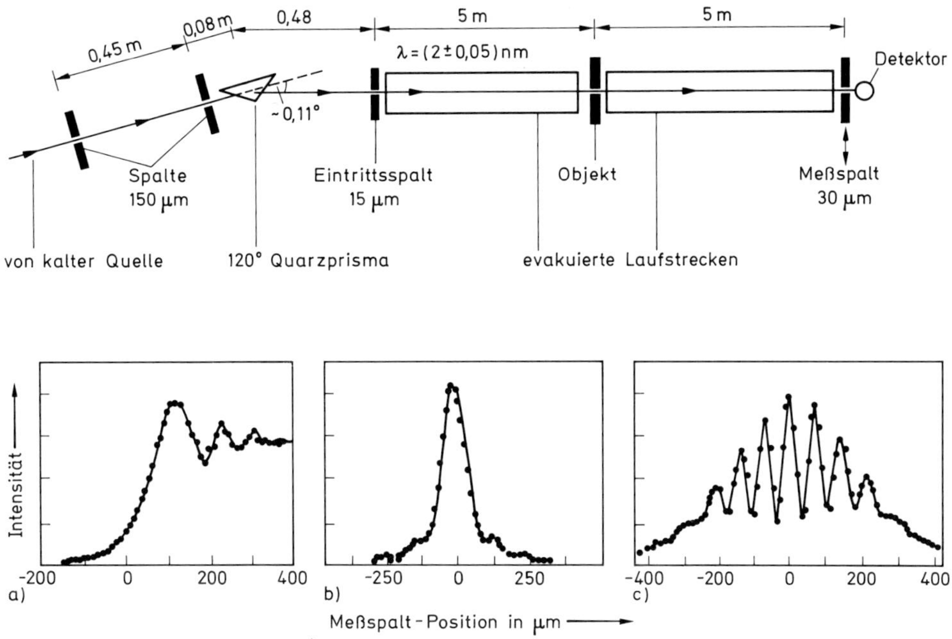

Abb. 11.6 Neutronenoptische Bank zur Messung a) der Beugung an einer Kante [41], b) der Beugung am Einzelspalt und c) am Doppelspalt [39].

1,845 ± 0,14 nm, der Schlitzabstand betrug $A = 126\,\mu m$ und die Schlitzbreite $D = 22\,\mu m$. Die Verschmierung der Intensitätsverteilung bei höheren Ordnungen ist vor allem durch die relativ breite Wellenlängenverteilung verursacht worden, die verwendet werden mußte, um die Meßzeit in erträglichen Grenzen zu halten.

Mit der gleichen Apparatur erfolgte auch eine genaue Messung der *Beugung an einer Kante,* was als klassisches Beispiel einer Fresnel-Beugung anzusehen ist. Nach Berücksichtigung des instrumentellen Auflösungsvermögens, d.h. der Breite des Quell- und Detektorspalts sowie der Wellenverteilung ergab sich wiederum eine ausgezeichnete Übereinstimmung zwischen Theorie und Experiment (Abb. 11.6a [41]).

In diese Kategorie fällt auch die in der Einleitung angesprochene Untersuchung eines *Biprismeninterferometers* von Maier-Leibnitz und Springer [20], bei dem das Biprisma zwei virtuelle Quellspalte (S_1 und S_2) erzeugt, deren Wellenfunktion sich im Detektorbereich überlagern (Abb. 11.1). Diese Untersuchungen erfolgten mit Neutronen einer Wellenlänge von 0,44 ± 0,1 nm, die Schlitzbreite betrug 10 μm und die Distanz der virtuellen Quellen 126 μm. Damit konnte Landkammer [42] erste Anzeichen von Beugungsphänomenen an einer Kante beobachten.

Für den Grenzfall vieler im Abstand d angeordneter Spalte erhalten wir das Beugungsbild eines Gitters, dessen Maxima bei $\sin\Theta = m\lambda/d$ liegen, wobei deren Intensitäten der Ordnungen m durch die entsprechenden Fourier-Komponenten der Transmissionsfunktionen gegeben sind. Erste derartige Untersuchungen wurden von Kurz und Rauch [43] mit thermischen Neutronen und einem Nickel-Reflexionsgitter mit einem Gitterabstand $d = 18{,}5\,\mu m$ und einem Teilungsverhältnis $b/d = 2/3$ durchgeführt. Aufgrund der Überlagerung der von den Flächen ausgehenden Zylinderwellen ergeben sich Intensitätsmaxima durch konstruktive Interferenz, falls

$$\begin{aligned} \cos\psi - \cos\Theta &= \frac{m\lambda}{d}, \\ n\cos\xi - \cos\Theta &= \frac{m\lambda}{d}, \end{aligned} \qquad (m = 0, \pm 1, \pm 2, \ldots,) \tag{11.49}$$

wobei m die Ordnung und n die Brechzahl angibt. Im Außenraum treten nur dann merkliche Intensitäten auf, wenn der Einfallswinkel kleiner ist als der Grenzwinkel für Totalreflexion (Gl. (11.31)). In diesem Fall werden sowohl innere ($m > 0$) als auch äußere Ordnungen ($m < 0$) beobachtet. Weitere detailliertere Untersuchungen dieser Art wurden von Graf et al. [44] mit kalten Neutronen ($\lambda > 0{,}4\,nm$) durchgeführt und von Scheckenhofer und Steyerl [45] mit ultrakalten Neutronen ($\lambda = 150 \pm 30\,nm$). Letztere verwendeten ebenfalls ein Nickel-Gitter, jedoch mit einer Gitterkonstante von $8{,}3\,\mu m$ und einem dreieckförmigen Profil, bei dem die 0. Ordnung stark zugunsten der 1. Ordnung unterdrückt ist (Abb. 11.7). Ein *Absorptionsgitter* in Transmissionsstellung wurde von Baumann et al. [46] für thermische Neutronen getestet und ergab die theoretisch erwarteten Beugungsbilder. Von den soeben skizzierten Überlegungen ausgehend, ist es nur ein kleiner Schritt zur Verwendung von reinen *Phasengittern,* bei denen durch eine unterschiedliche Dicke die Phase der an der vertieften Fläche zur Phase der an der erhobenen Fläche austretenden Wellen um einen bestimmten Betrag ($\chi = k(1-n)\,\Delta D = Nb_c\lambda\Delta D$, meist $= \pi$) verschoben ist. Damit ist ebenfalls eine Unterdrückung der 0. Ordnung und eine gezielte Verstärkung bestimmter Beugungsordnungen möglich. Phasengitter mit einer Gitterkonstante $d = 21\,\mu m$ wurden von Ioffe et al. [47] für Neutronen mit einer Wellenlänge von $\lambda = 0{,}315 \pm 0{,}04\,nm$ in Reflexionsstellung verwendet, und π- und $\pi/2$-Phasengitter mit einer Gitterkonstante von $d = 2\,\mu m$ wurden für sehr langwellige Neutronen ($\lambda = 10{,}2 \pm 1{,}2\,nm$) von Eder et al. [48] erprobt. Abb. 11.7 zeigt die gemessene Verteilung eines derartigen π-Phasengitters.

Neben der Beugung an linearen Gitterstrukturen wurde auch die *Beugung an planaren Strukturen* beobachtet. Die im Abschn. 11.3 behandelte Totalreflexion (s. z. B. Abb. 11.3) kann als Wechselwirkung mit einem Stufenpotential der Höhe V verstanden werden. Ist diese Stufe verschmiert oder mit einer Oberflächenlage bedeckt, so erhalten wir das Beugungsbild als Fourier-Transformierte der Wechselwirkungsstärke dieses Oberflächenprofils, $N(z)\,b_c(z)$:

$$I \sim \frac{1}{Q^2}\,|\int e^{ikz} N(z)\,b_c(z)\,dz|^2\,. \tag{11.50}$$

Im Fall definierter Schichtdicken kommt es oberhalb des Grenzwinkels für Totalreflexion zu einer Modulation der in diesem Bereich abfallenden Intensität, deren Periode umgekehrt proportional zur Dicke des Filmes ist. Abb. 11.8 zeigt ein Beispiel einer derartigen Untersuchung mit einem 29lagigen Langmuir-Blodgett Film $(C_{19}D_{39}CO_2)_2Cd$, der auf Glas aufgebracht war [49]. Die raschen Oszillationen beim Abfall der Reflexionskurven stammen von der Interferenz von Wellen, die an der Oberfläche des Films und an der Substratoberfläche reflektiert wurden. Bei

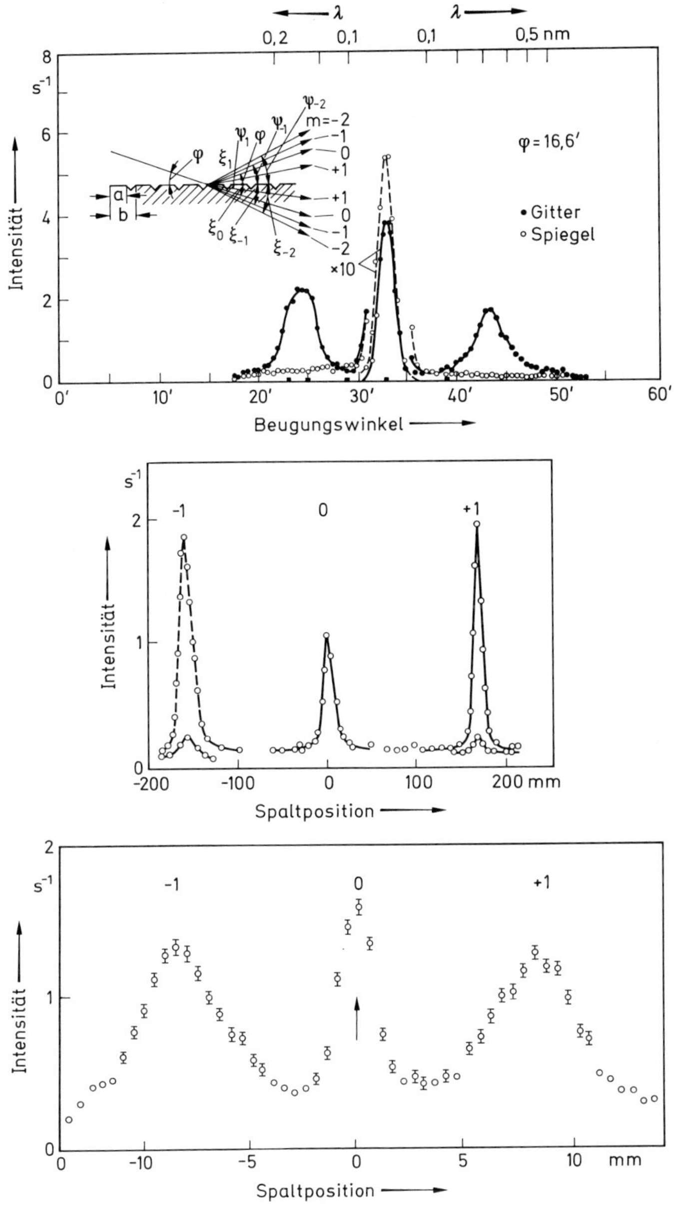

Abb. 11.7 Beugung von Neutronen an Strichgittern. Oben: Beugung thermischer Neutronen, $\lambda \approx 0{,}18$ nm [43]; Mitte: Beugung ultrakalter Neutronen, $\lambda \approx 150$ nm, an einem „blazed“-Gitter [45]; Unten: Beugung sehr kalter Neutronen, $\lambda \approx 10{,}2$ nm, an einem Phasengitter [48].

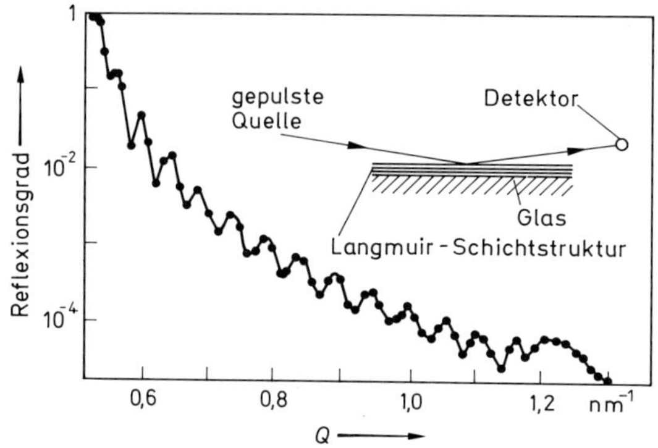

Abb. 11.8 Reflexionsgrad eines 29lagigen Langmuir-Blodgett Films gemessen an einer gepulsten Quelle und mit Laufzeitanalyse [49].

$Q \approx 1{,}3\,\mathrm{nm}^{-1}$ erkennt man Ansätze für die Ausbildung eines Bragg-Maximums aufgrund der internen Schichtstruktur des Films. Die Ergebnisse hängen nur vom übertragenen Impuls ab ($Q = 2k \sin\Theta/2 = k\Theta$) und können daher entweder bei konstanter Wellenlänge als Funktion des Streuwinkels erhalten werden oder bei konstantem Einfallswinkel als Funktion der Wellenlänge. Letztere Methode bietet sich vor allem bei gepulsten Quellen an, wo die Wellenlängenverteilung durch Laufzeitanalyse bestimmt werden kann. Damit eröffnet sich ein interessantes Gebiet der Oberflächen- und Grenzflächenforschung, dessen Empfindlichkeit bis zu Untersuchungen an Monolayern reicht.

Werden Materialien mit verschiedenen Brechungszahlen regelmäßig geschichtet übereinander aufgebracht, so entsteht ein *Schichtgitter,* dessen Beugungsmaxima wie bei der Bragg-Beugung an Einkristallen zu berechnen ist

$$m\lambda = 2d \sin\frac{\Theta}{2}\,. \tag{11.51}$$

Die Intensität der Peaks ist auch hier gegeben durch die Fourier-Transformierte des unterschiedlichen Wechselwirkungspotentials V innerhalb der periodischen Schichten [9].

$$I_m \sim \left|(N_A b_A - N_B b_B)\frac{\sin(m\pi a/d)}{m\pi}\right|^2, \tag{11.52}$$

wobei $N_A b_A$ und $N_B b_B$ die jeweiligen Streulängendichten der beiden Materialien angibt (Tab. 11.1). Falls ein rechteckiges Profil vorliegt und $a/d = 1/2$, treten nur ungerade Ordnungen auf, und die optimale Zahl von Doppelschichten läßt sich ähnlich wie die primäre Extinktionsdistanz bei der Beugung an perfekten Einkristallen berechnen (Abschn. 5) und ergibt sich als

$$N \approx \frac{\pi}{d^2 |N_A b_A - N_B b_B|}, \tag{11.53}$$

was bei einer Gitterkonstante von 5 nm Werte von $N \approx 200$ liefert. Falls es durch geeignete Eindiffusion gelingt, ein sinusförmiges Wechselwirkungspotential zu erreichen, so tritt nur die erste Ordnung auf, deren Intensität bestimmt ist durch

$$I_1 \sim \left| \frac{N_A b_A - N_B b_B}{4} \right|^2 . \tag{11.54}$$

Erste derartige Untersuchungen wurden an Ge-Mn-Schichten von Schoenborn et al. [50] durchgeführt. Falls eine der beiden Substanzen ferromagnetisch ist, kann durch geeignete Zusammensetzung der Streudichteunterschied für eine Spinkomponente Null werden, weswegen dann ein derartiges System auch zur Erzeugung polarisierter monochromatischer Neutronen geeignet ist. Abb. 11.9 zeigt einen Vergleich der Reflektivität eines Schichtgitters, bestehend aus 1500 Fe-Ge-Schichten, mit einer Gitterkonstante von $d = 5{,}5$ nm, mit der Reflektivität eines pyrolitischen Graphitkristalls und mit der eines Heusler-Kristalls [51]. Dieser Vergleich wurde für Neutronen mit einer Wellenlänge von $\lambda = 0{,}24$ nm durchgeführt und erbrachte für das Schichtgitter einen Polarisationsgrad von über 98%.

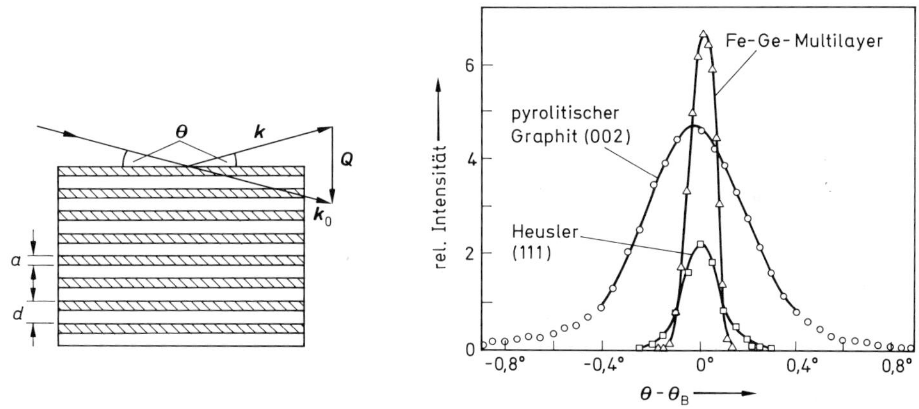

Abb. 11.9 Vergleich der Reflexionsgrade von einem Spinzustand an pyrolithischem Graphit, an einem Heusler-Kristall und an einer Ge-Fe-Schichtstruktur [51].

Betrachten wir nochmals die vom Punkt P_0 (Abb. 11.5) auslaufenden Kugelwellen, so variiert deren Phase mit $k r_0$, und wir können Segmente mit annähernd gleicher Phase herausgreifen, indem wir diese Ausbreitungskugel mit einer Kugel mit ihrem Ursprung im Aufpunkt P zum Schnitt bringen. Die innere Zone mit einheitlicher Phase (zum Beispiel 0 bis π) hat einen Radius von

$$l_0 = \sqrt{\frac{\lambda r_0 s_0}{r_0 + s_0}} . \tag{11.55}$$

Der nächste Phasenwechsel tritt bei $\sqrt{2} l_0$ auf usw. (Abb. 11.10), wobei die Flächen der einzelnen Zonen gleich sind. Die innerhalb einer gewissen Apertur mit Radius R liegende Anzahl von derartigen *Fresnel-Zonen* beträgt somit $N = (R/l_0)^2$. Blendet

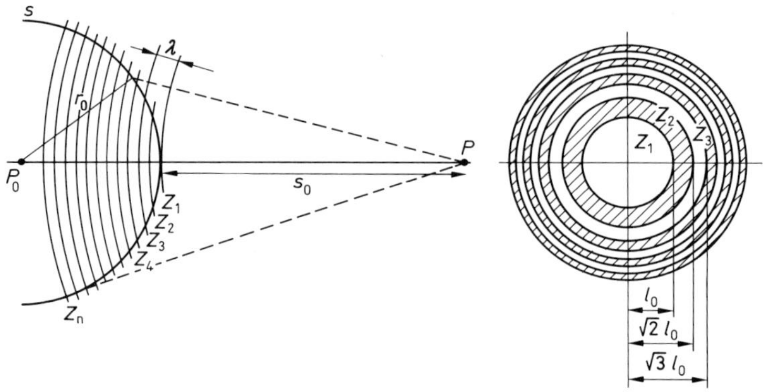

Abb. 11.10 Konstruktion der Fresnel-Zonen.

man die geraden oder die ungeraden Zonen etwa durch Absorberschichten aus oder – noch besser – sorgt man durch unterschiedliche Dicke dafür, daß die Wellen in allen Zonen mit gleicher Phase austreten, so erhält man im Zentrum eine mit dem Quadrat der verfügbaren Zonen zunehmende Intensität. Dadurch sind *Zonenplatten* interessante Fokussierungselemente für Röntgen- und Neutronenstrahlen, zumal ihre Effizienz nicht durch die nur wenig von 1 verschiedene Brechzahl begrenzt ist. Die Fokussierungslänge ergibt sich aus Gl. (11.55) zu

$$\frac{1}{f} = \frac{1}{r_0} + \frac{1}{s_0} = \frac{\lambda}{l_0^2} = \frac{N\lambda}{R^2}, \tag{11.56}$$

woraus man erkennt, daß die Fokussierungswirkung von Zonenplatten wellenlängenabhängig ist, weswegen die Einschränkung auf ein enges Wellenlängenband notwendig ist. Die Zahl der tatsächlich realisierbaren Fresnel-Zonen ist außerdem durch die Grenzen der Präparationstechnik der äußersten und damit engsten Zonen bestimmt (etwa 2 µm). Entsprechende Experimente wurden von Kearney et al. [52] mit einer runden Zonenplatte mit 200 Zonen mit einem Radius der innersten Fresnel-Zone von 70,7 µm durchgeführt. Die Messungen erfolgten mit Neutronen einer Wellenlänge von 2 nm, wodurch die Fokussierungslänge 2,5 m betrug. Sie erbrachten im wesentlichen das erwartete Ergebnis. Die Verschmierung durch die endliche Breite des Eintrittsspaltes (50 µm) und die Wellenlängenbreite $\Delta\lambda/\lambda \sim 20\%$ begrenzen bisher den weiteren Einsatz dieser Technik. Für ultrakalte Neutronen gibt es durch Verwendung gekrümmter reflektierender Fresnel-Spiegel und unter Einbeziehung der Gravitationseffekte erfolgversprechende Untersuchungen, um auch achromatische Fokussierungssysteme zu realisieren [53].

Mit den hier angestellten Überlegungen läßt sich auch zeigen, daß der Grenzfall der Fraunhofer-Beugung nur dann gegeben ist, wenn nur die erste Fresnel-Zone zur Beugung beiträgt. Wir können daher Gl. (11.42) mit Hilfe von Gl. (11.56) in eine handhabbarere Form umschreiben:

$$D \ll \sqrt{2}\, l_0 = \sqrt{\frac{2\lambda r_0 s_0}{r_0 + s_0}}. \tag{11.57}$$

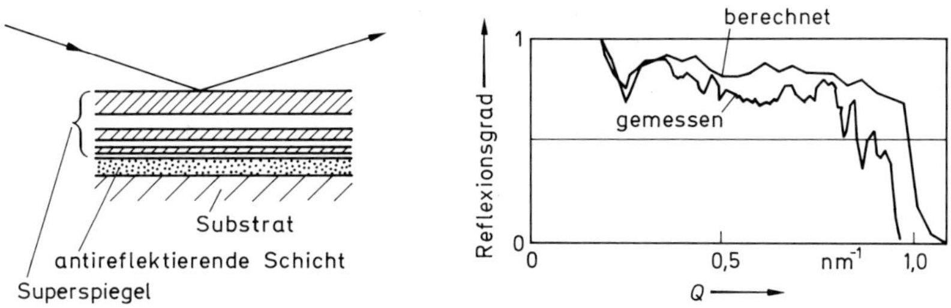

Abb. 11.11 Prinzip eines Superspiegels und Ergebnisse für ein 300-lagiges Ti-Ni-System [55].

Eine Beziehung, die nicht nur auf die Spaltbreite anzuwenden ist, sondern auch auf die Größe der Quelle und des Detektorspaltes.

Eine Art Kombination von Schichtgitter und Fresnel-Zonenplatten stellen die sog. *Superspiegel* dar [54]. Anstelle einer einheitlichen Gitterkonstante variiert man diese gemäß

$$d_j(n) = \frac{\lambda_c}{\sqrt{16\sqrt{\frac{m}{2}} - \left[\frac{\lambda_c}{\lambda_{cj}}\right]^2}}$$

mit

$$\lambda_c = \frac{\lambda_{ci}\lambda_{cj}}{\sqrt{\lambda_{cj}^2 - \lambda_{ci}^2}}, \tag{11.58}$$

wobei $\lambda_{ci,j}$ die Grenzwellenlängen der jeweiligen Materialien angeben (Gl. (11.11)). Damit gelingt es, den Bereich der Totalreflexion (Gl. (11.31)) etwa um den Faktor 3 zu erweitern. Die erreichten Reflektivitäten oberhalb des kritischen Winkels Θ_c liegen jedoch deutlich unter 1 und auch unterhalb der für ideale Geometrie berechneten Werte (Abb. 11.11). Besondere Bedeutung haben Superspiegel für die Erzeugung und Analyse polarisierter Neutronen. Als Schichtmaterialien eignen sich dafür besonders Co und Ti, oder Fe und Ag. Um die Rückreflexion der Neutronen mit der unerwünschten Spinkomponente von der Substratsubstanz zu verhindern, wird als unterste Schicht eine genügend dicke Absorberschicht (Gd) oder phaseninvertierende Schichten aufgebracht und, um im Bereich $\Theta < \Theta_c$ den hohen (Total-) Reflexionsgrad auszunutzen, wird die oberste (nullte) Deckschicht deutlich dicker als die Eindringtiefe gewählt (Gl. (11.34)). Superspiegel werden teilweise auch dazu verwendet, um die Effizienz von Neutronenleitern zu verbessern (s. Abschn. 11.3). Die Entwicklung geht hier relativ parallel zur Entwicklung ähnlicher Systeme im Bereich der Röntgenoptik (s. Abschn. 9.2).

Beugungserscheinungen treten nicht nur an ein- und zweidimensionalen makroskopischen Objekten auf, sondern auch an dreidimensionalen, was in das Gebiet der **Neutronen-Kleinwinkelstreuung** führt. Sofern wir uns im Bereich der Fraunhofer-Beugung befinden (z. B. Gl. (11.57)) und der durch das Objekt der Dicke d verursachte Phasenschub $\chi = k(1-n)\,d \ll 2\pi$ ist, können wir den Wirkungsquerschnitt als Fourier-Transformierte der Wechselwirkungsstärke angeben (Gl. (11.44)). Beziehen wir den Wirkungsquerschnitt auf ein Atom und mitteln wir die Kernwechselwirkung über einen genügend großen Volumenbereich, so erhalten wir

$$\frac{\mathrm{d}\alpha}{\mathrm{d}\Omega} = \frac{1}{N} |\int_V \mathrm{e}^{\mathrm{i}\boldsymbol{Q}\boldsymbol{r}} N(r) b_c(r) \, \mathrm{d}\boldsymbol{r}|^2 , \tag{11.59}$$

wobei $N(r) b_c(r)$ die lokale Streulängendichte angibt. Sofern wir separierte Substanzen haben, z. B. Ausscheidungen in einer Matrix oder festes Material in einer Flüssigkeit (*Christiansen-Filter,* Abschn. 2.10), so ist die Streulängendichte innerhalb der jeweiligen Substanz konstant und wir erhalten

$$\frac{\mathrm{d}\sigma}{\mathrm{d}\Omega} = \frac{1}{N} (N_A b_A - N_b b_B)^2 |\int \mathrm{e}^{\mathrm{i}\boldsymbol{Q}\boldsymbol{r}} S(\boldsymbol{r}) \, \mathrm{d}\boldsymbol{r}|^2 , \tag{11.60}$$

wobei der Integralterm den Formfaktor der Ausscheidung angibt, deren Gestalt mit $S(\boldsymbol{r})$ beschrieben wird. Dieser ist für die verschiedensten Geometrien zu berechnen und z. B. für unkorrelierte Kugeln mit dem Radius R gegeben als:

$$|F(Q)|^2 = V^2 \left[3 \frac{\sin QR - QR \cos QR}{Q^3 R^3} \right]^2 . \tag{11.61}$$

Guinier [56] hat im Rahmen einer Reihenentwicklung des Formfaktors gezeigt, daß für $QR \ll 2\pi$ das Quadrat des Formfaktors unabhängig ist von der jeweiligen Geometrie und folgendermaßen geschrieben werden kann:

$$|F(Q)|^2 = V^2 \exp\left(- \frac{Q^2 R_g^2}{3} \right) , \tag{11.62}$$

wobei R_g den Trägheitsradius der Ausscheidung angibt (für Kugel $R_g^2 = 3R^2/5$). Für andere Bereiche des Impulsübertrags gibt es ebenfalls Näherungen und, falls es sich um korrelierte Ausscheidungen handelt oder die Phasengrenze verschmiert ist, ergeben sich wesentlich kompliziertere Ausdrücke (s. z. B. Kostorz [57], Glatter und Kratky [58]). Die Kleinwinkelstreuung mit Neutronen erfreut sich besonderer Beliebtheit, weil die Absorption auch für große Wellenlängen relativ gering ist, weil die Methode ebenso zur Untersuchung der magnetischen Domänenstruktur geeignet ist und weil damit auch biologische Makromoleküle hin bis zu Zellen und Viren untersucht werden können. Besonders wichtig ist dabei die Methode der *Kontrastvariation,* wobei durch unterschiedliche Isotopenzusammensetzung (z. B. leichtes und schweres Wasser) die Streulängendichte so variiert werden kann, daß verschiedene Teile im Beugungsbild hervorgehoben oder unterdrückt werden können. Die Messungen erfolgen in der Regel mit langwelligen Neutronen ($\lambda > 1$ nm), wobei die in der Probe unter kleinen Winkeln gestreute Intensität in großem Abstand mit einem ortsauflösenden Detektor nachgewiesen wird. Ein Beispiel einer derartigen Messung an Hämozyaninmolekülen von Weichtieren zeigt Abb. 11.12 [59]. Für Messungen bei noch kleineren Q-Werten, d. h. noch kleineren Winkeln wurde die von Bonse und Hart [60] für Röntgenstrahlen entwickelte Doppelkristallmethode auch auf Neutronen übertragen [61], was eine Weiterentwicklung der von Shull [38] zur Beobachtung der Beugung am Einzelspalt verwendeten Meßtechnik darstellt (s. Abb. 11.1).

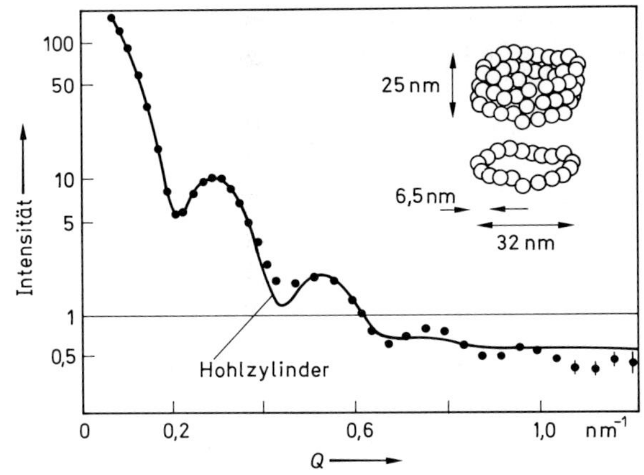

Abb. 11.12 Neutronen-Kleinwinkelstreuung an Hämozyanin-Molekülen von Weichtieren mit einer Darstellung der daraus extrahierten Form [59].

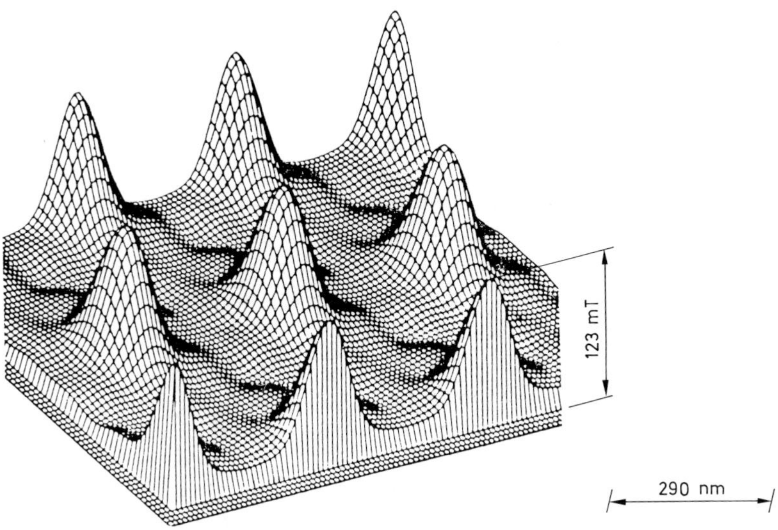

Abb. 11.13 Magnetisches Flußliniengitter in supraleitendem Niob im Mischzustand wie es durch Neutronenbeugungsexperimente bestimmt wurde [63].

Infolge der magnetischen Wechselwirkung der Neutronen kann auch deren *Beugung an den magnetischen Flußlinien* im Mischzustand von Typ-II-Supraleitern beobachtet werden (Bd. 2, Abschn. 12.1 u. Bd. 6, Abschn. 9.5). In diesem Bereich tritt das Magnetfeld in Form von quantisierten Flußschläuchen ein und bildet ein regelmäßiges zweidimensionales Gitter, dessen Gitterkonstante durch das angelegte Magnetfeld variiert werden kann und an dem Bragg-Streuung im Kleinwinkelstreubereich beobachtet werden kann:

$$a = \sqrt{\frac{2\Phi_0}{\sqrt{3}B}}, \tag{11.63}$$

wobei $\Phi_0 = h/2|e| \equiv 2{,}07 \cdot 10^{-15}$ Wb das elementare Flußquantum angibt. Erste Messungen dieser Art stammen von Cribier et al. [62]. Abb. 11.13 zeigt das Ergebnis einer späteren Untersuchung an Niob und das daraus mittels Fourier-Inversion erhaltene detaillierte Bild des Flußliniengitters [63].

11.5 Beugung an perfekten Kristallen (Dynamische Beugung)

Bei der Beugung an zahlreichen und sehr regelmäßig angeordneten Streuzentren darf nicht nur die Wechselwirkung des Systems mit der einlaufenden Welle berücksichtigt werden, sondern es muß auch die gegenseitige Wechselwirkung aller im System angeregten Wellen betrachtet werden. Dies führt zur sog. *„Dynamischen Beugungstheorie“*, die schon sehr früh von Ewald [64] und von von Laue [65] für Röntgenstrahlen und kurz danach ebenfalls von von Laue [66] auch für Materiewellen entwickelt wurde. Die detaillierte Formulierung der Dynamischen Beugungstheorie für Neutronen findet man bei Rauch und Petrascheck [67] und bei Sears [9]. Hier werden nur einige grundsätzliche Zusammenhänge dargestellt, die für das weitere Verständnis kristalloptischer Effekte von Bedeutung sind.

Ausgangspunkt der theoretischen Behandlung ist die stationäre Schrödinger-Gleichung (Gl. (11.3)), die für ein streng periodisches Potential $V(\boldsymbol{r}) = V(\boldsymbol{r} + \boldsymbol{R})$ zu lösen ist. Die durch die regelmäßige Kristallstruktur vorgegebene Periodizität legt einen Bloch-Wellen-Ansatz nahe

$$\psi(\boldsymbol{r}) = \mu(\boldsymbol{r}) \exp(\mathrm{i}\boldsymbol{K}\boldsymbol{r}). \tag{11.64}$$

Ähnlich wie bei der Berechnung der Elektronenstruktur im Festkörper (vgl. Bd. 6, Kap. 1), kann man auch hier das Wechselwirkungspotential und die Amplitudenfunktion in Form einer Fourier-Reihe anschreiben:

$$V(\boldsymbol{r}) = \sum_{\boldsymbol{H}} V(\boldsymbol{H}) \exp(\mathrm{i}\boldsymbol{H}\boldsymbol{r}),$$

$$\mu(\boldsymbol{r}) = \sum_{\boldsymbol{H}} \mu(\boldsymbol{H}) \exp(\mathrm{i}\boldsymbol{H}\boldsymbol{r}), \tag{11.65}$$

wobei $\boldsymbol{H}$ einen reziproken Gittervektor (vgl. Bd. 1, Abschn. 69 und Bd. 6, Kap. 2) darstellt ($\boldsymbol{H} = h\boldsymbol{h}_1 + k\boldsymbol{h}_2 + l\boldsymbol{h}_3$, mit $\boldsymbol{h}_i = 2\pi(\boldsymbol{a}_j \cdot \boldsymbol{a}_k)/v_c$, $v_c \ldots$ Volumen der Elementarzelle). Setzen wir nun obigen Ansatz in die Schrödinger-Gleichung (Gl. (11.3)) ein, so erhalten wir die *Grundgleichungen der Dynamischen Beugungstheorie:*

$$\left[\frac{\hbar^2}{2m}(\boldsymbol{K} + \boldsymbol{H})^2 - E\right] \mu(\boldsymbol{H}) = -\sum_{\boldsymbol{H}'} V(\boldsymbol{H} - \boldsymbol{H}') \mu(\boldsymbol{H}'). \tag{11.66}$$

Dabei handelt es sich um ein homogenes Gleichungssystem für die Amplitudenfunktion $\mu(\boldsymbol{H})$, welches nur für gewisse Werte des Ausbreitungsvektors $\boldsymbol{K}$ im Kristall nichttriviale Lösungen besitzt.

Betrachten wir ein einfaches und starres Bravais-Gitter (vgl. Bd. 1, Abschn. 69 und Bd. 6, Kap. 2) sowie reine Kernwechselwirkung in der Form des Fermi-Pseudopotentials (Gl. (11.10)), so erhalten wir durch Fourier-Inversion von Gl. (11.65)

$$V(\boldsymbol{H}) = \frac{2\pi\hbar^2}{m}\frac{b_c}{v_c} = \frac{2\pi\hbar^2}{m}Nb_c\,, \tag{11.67}$$

was identisch ist mit dem früher bestimmten mittleren Potential $\bar{V}$ Gl. (11.11)) und unabhängig vom reziproken Gittervektor $\boldsymbol{H}$. Hätten wir mehrere Atome pro Elementarzelle angenommen, wäre dieser Ausdruck mit dem geometrischen Strukturfaktor der Zelle (Bd. 6, Abschn. 2.3) zu multiplizieren, und hätten wir die thermische Bewegung der Atome um den jeweiligen Gitterpunkt mit berücksichtigt, so wäre b_c für $\boldsymbol{H} \neq 0$ durch $b_c \exp(-H^2 u^2/3)$ zu ersetzen (u^2 ist die mittlere quadratische thermische Auslenkung).

Wegen der Kleinheit von $V(H)/E = \bar{V}/E \approx 10^{-5}$ sind verschiedene Näherungen möglich, wobei wir auch noch den experimentellen Befund einfließen lassen, daß eine merkliche Intensität nur dann zu beobachten ist, wenn

$$\boldsymbol{Q} = \boldsymbol{k} - \boldsymbol{k}' \simeq \boldsymbol{H}\,, \tag{11.68}$$

was die vektorielle Schreibweise der *Bragg-Gleichung* darstellt (Abschn. 3.11 und Bd. 6, Abschn. 2.3). Daher können wir annehmen, daß auch im Kristallinneren Wellen mit Ausbreitungsvektoren $\boldsymbol{K}$ überwiegen, die nahe der Vorwärts-(0) bzw. nahe der Bragg-Richtung ($\boldsymbol{H}$) liegen, sofern der Kristall in Bragg-Richtung gestellt wurde. Auch die Beträge dieser Vektoren werden sich nicht stark unterscheiden

$$K^2 = k^2(1 + 2\varepsilon)\,, \tag{11.69}$$

wobei ε von von Laue als Anregungsfehler bezeichnet wurde.

Einstrahlnäherung. In diesem Fall wird keine Bragg-Reflexion angeregt, d. h. es ist nur eine Welle nahe der Vorwärtsrichtung zu erwarten. Mit Gl. (11.66) erhalten wir

$$\left[\frac{\hbar^2}{2m}K_0^2 - E\right]\mu(0) = -V(0)\,\mu(0)\,. \tag{11.70}$$

Mit $E = \hbar^2 k^2/2m$ können wir damit den bereits in Gl. (11.11) angegebenen Ausdruck für die Brechzahl bestätigen.

$$n^2 = \frac{K_0^2}{k^2} = 1 - \frac{V0)}{E} = 1 - \frac{\lambda^2 N b_c}{2\pi}\,. \tag{11.71}$$

Zweistrahlnäherung. Hier werden sich die für die Kristallbeugung interessanten Effekte ergeben. Wir erwarten einen Strahl nahe der Vorwärts- und einen nahe der Bragg-Richtung ($\boldsymbol{K}$ und $\boldsymbol{K} + \boldsymbol{H}$).

$$\left[\frac{\hbar^2}{2m}K^2 - E\right]\mu(0) = -V(0)[\mu(0) + \mu(\boldsymbol{H})]\,,$$

$$\left[\frac{\hbar^2}{2m}|K + H|^2 - E\right]\mu(\boldsymbol{H}) = -V(0)[\mu(0) + \mu(\boldsymbol{H})]\,. \tag{11.72}$$

Berücksichtigen wir an der Eintrittsfläche die im Rahmen der Quantenmechanik geforderte Stetigkeit der Tangentialkomponente, so muß gelten

$$\boldsymbol{K} = \boldsymbol{k} + \frac{k\varepsilon}{\cos\gamma}\boldsymbol{n}$$

und

$$|\boldsymbol{K} + \boldsymbol{H}|^2 = k^2\left(1 + \frac{2\varepsilon}{b} + \alpha\right) \tag{11.73}$$

mit

$$\alpha = \frac{H^2 + 2\boldsymbol{k}\boldsymbol{H}}{k^2} = 2(\Theta_\mathrm{B} - \Theta)\sin 2\Theta_\mathrm{B}$$

und

$$b = \frac{\cos\gamma}{\cos\gamma_H} = \frac{\hat{\boldsymbol{k}}\hat{\boldsymbol{n}}}{\hat{\boldsymbol{k}}_H\hat{\boldsymbol{n}}}\,.$$

Die Bedeutung dieser Größen ist aus Abb. 11.14 ersichtlich. Werden diese Größen nun in Gl. (11.72) eingesetzt, so erhält man

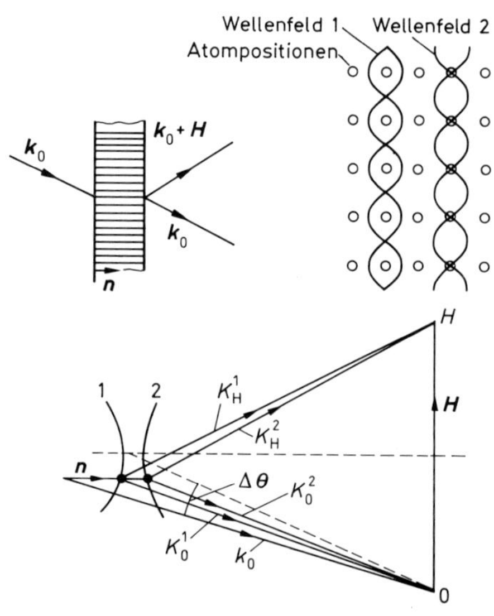

Abb. 11.14 Wellenfelder außerhalb und innerhalb eines perfekten Kristalls (oben) und die im Kristallinneren durch eine ebene Welle (k_0) angeregten Ausbreitungsvektoren.

$$\begin{vmatrix} 2\varepsilon + \dfrac{V(0)}{E} & \dfrac{V(0)}{E} \\ \dfrac{V(0)}{E} & \dfrac{2\varepsilon}{b} + \alpha + \dfrac{V(0)}{E} \end{vmatrix} = 0\,, \tag{11.74}$$

was erkennen läßt, daß es zwei Werte für ε gibt ($\varepsilon_{1,2}$) und damit auch zwei Werte für $\boldsymbol{K}$ ($K_{1,2}$) sowie für die Amplituden $\mu_{1,2}(0)$ und $\mu_{1,2}(\boldsymbol{H})$. Die Endpunkte der K-Vektoren liegen auf der sog. *Dispersionsfläche* (1 und 2), die bei größeren Abweichungen von der Bragg-Position in die um die Brechungskorrektur verschobenen *Ewald-Ausbreitungskugeln* übergeht. Das gesamte im Kristallinneren bestehende Wellenfeld setzt sich somit aus zwei Wellen mit Wellenvektoren nahe der Vorwärtsrichtung und zwei Wellen mit Wellenvektoren nahe der Bragg-Richtung zusammen, wovon jeweils eine Welle zum Wellenfeld 1 und die zweite zum Wellenfeld 2 gehört.

$$\psi_{1,2} = \psi_{1,2}(0) + \psi_{1,2}(\boldsymbol{H})\,. \tag{11.75}$$

Sofern man diese Wellen explizit anschreibt, erkennt man, daß ein Wellenfeld eine Wellenfunktion besitzt, deren Wellenbäuche an der Stelle der Gitterposition sind, während das zweite Wellenfeld diese gerade zwischen den Gitterpositionen hat (Abb. 11.14). Damit ist auch die leicht unterschiedliche Länge der jeweiligen K-Vektoren physikalisch zu verstehen, da eben ein Wellenfeld die Wechselwirkung mit den Atomkernen stärker spürt als das andere. Zieht man Absorption mit in Betracht, was mit einem komplexen Potential erfolgen kann, so versteht man auch, weswegen ein Wellenfeld anormal stark absorbiert wird, während das zweite Wellenfeld anormal stark transmittiert wird [68].

Führen wir für die weitere Behandlung einen neuen, aber durch ε bestimmten Parameter y ein, der im wesentlichen die Abweichung des Strahls von der exakten Bragg-Lage in dimensionslosen Einheiten angibt

$$y = \frac{\alpha b - (1-b)\,V(0)/E}{2\sqrt{|b|}\,V(0)/E}\,, \tag{11.76}$$

so ergibt sich nach einigen Zwischenrechnungen für die Ausbreitungsvektoren im Kristallinneren

$$\boldsymbol{K}_{1,2} = \boldsymbol{k} - \left(\frac{k\,V(0)}{2E\cos\gamma} + \frac{\pi}{\Delta_0}\left(-y \pm \sqrt{y^2 + \operatorname{sign} b}\right)\right)\hat{n}\,. \tag{11.77}$$

Hier wurde die Pendellösungslänge Δ_0 eingeführt, die die Modulationslänge der in gleicher Richtung (0 oder $\boldsymbol{H}$) laufenden Wellenfelder 1 und 2 angibt

$$\Delta_0 = \frac{k\sqrt{\cos\gamma\cos\gamma_H}}{2Nb_c} \tag{11.78}$$

und womit auch eine reduzierte Kristalldicke definiert werden kann:

$$A = \frac{\pi t}{\Delta_0}\,. \tag{11.79}$$

Für 0,2-nm-Neutronen und (220)-Reflexion an Silicium beträgt $\Delta_0 = 65\,\mu\text{m}$. Um eine bessere Anschaulichkeit des Parameters y zu erhalten, geben wir diesen noch für die symmetrische Laue-Reflexion an ($\cos\gamma = \cos\gamma_H$, $b = 1$). Hier gilt $y = k^2(\Theta_B - \Theta)\sin 2\Theta_B/4\pi b_c N$, wobei $|y| = 1$ einer Abweichung von der exakten Bragg-Position von ungefähr einer Bogensekunde entspricht.

Beschreiben wir weiter den *Laue-Fall,* bei dem der abgebeugte Strahl an der Rückseite einer ebenen Kristallplatte austritt, so ergibt sich für die entsprechenden Amplituden

$$\mu_{1,2}(0) = \frac{1}{2}\left(1 + \frac{y}{\sqrt{1+y^2}}\right),$$

$$\mu_{1,2}(H) = \pm\frac{\sqrt{b}}{2\sqrt{1+y^2}}, \tag{11.80}$$

und damit für die entsprechenden Intensitäten

$$P_H(y) = \frac{\sin^2 A\sqrt{1+y^2}}{1+y^2},$$

$$P_0(y) = 1 - P_H(y). \tag{11.81}$$

Diese Funktion ist in Abb. 11.15 dargestellt und zeigt zahlreiche Pendellösungsoszillationen. Auch die integrale Intensität ($\int P_H(y)\,\mathrm{d}y$) zeigt als Funktion der Kristalldicke ein oszillierendes Verhalten, welches in einer Messung von Sippel et al. [69] auch experimentell bestätigt wurde. Das Verhalten im Bragg-Fall, d. h. wenn der abgebeugte Strahl auf der selben Seite austritt, auf der der einfallende Strahl auftrifft, zeigt für den Bereich $|y| \leq 1$ vollständige Reflexion ($R = 1$) und für $|y| \geq 1$ ein rasch

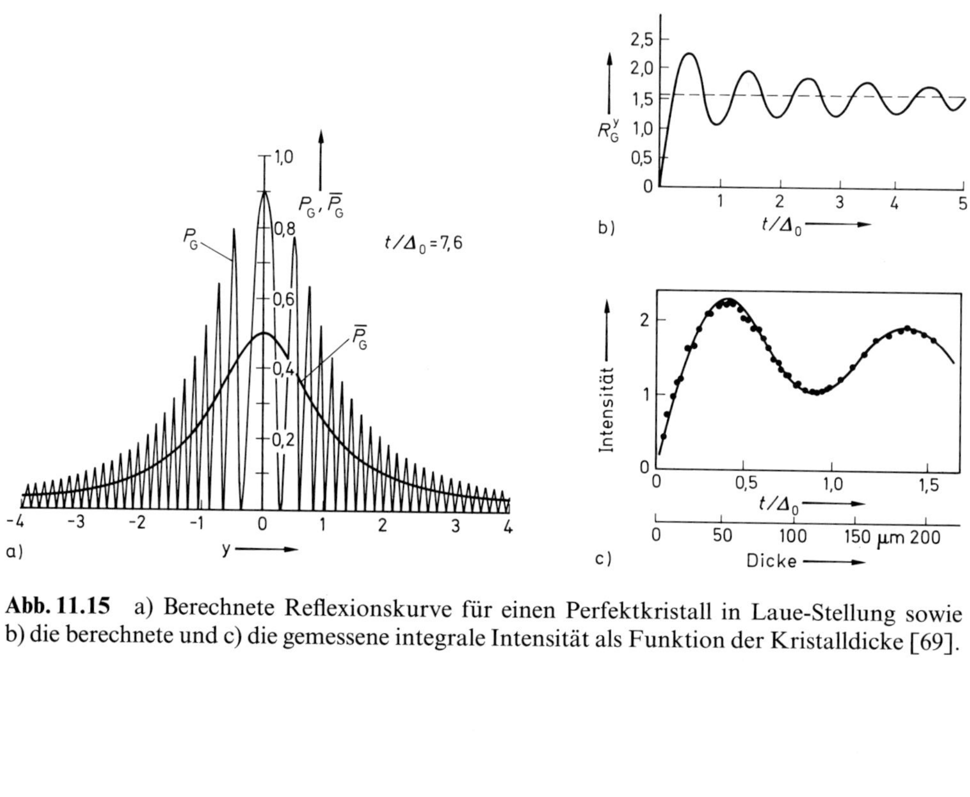

Abb. 11.15 a) Berechnete Reflexionskurve für einen Perfektkristall in Laue-Stellung sowie b) die berechnete und c) die gemessene integrale Intensität als Funktion der Kristalldicke [69].

abklingendes oszillatorisches Verhalten. In Winkeleinheiten ausgedrückt, ist der Bereich $|y| \leq 1$ für symmetrische Reflexion $\Delta\Theta = 2Nb_c\lambda^2/\pi \sin 2\Theta_B$, was für Neutronen im 0,1-nm-Bereich einige Bogensekunden beträgt (*Darwin-Breite*). Diese Aussage gilt mit Ausnahme des Rückstreubereichs, wo $\Delta\Theta$ Werte in der Größenordnung $1°$ annimmt, was die Grundlage für die hochauflösende *Rückstreuspektroskopie* bildet [70].

Mit den bekannten Wellenfunktionen kann man nun auch die Strahlrichtung im Kristallinneren berechnen

$$\begin{aligned} \boldsymbol{j}_{1,2} &= \left(\frac{\hbar}{2\mathrm{i}m}\right)[\psi_{1,2}^* \nabla \psi_{1,2} - \psi_{1,2} \nabla \psi_{1,2}^*] \\ &= \frac{\hbar k}{m}[\hat{k}|\mu_{1,2}(0)|^2 + \hat{k}_H |\mu_{1,2}(H)|^2]\,, \end{aligned} \tag{11.82}$$

wobei über rasche Richtungsoszillationen innerhalb einer Elementarzelle gemittelt wurde. Falls Strahlen unter verschiedenen Winkeln (verschiedenen y-Werten), aber einheitlicher Phase an einer Stelle der Kristalloberfläche auftreffen, erfolgt eine Aufspaltung der Intensität in einen Winkelbereich $-\Theta_B \leq \Omega \leq \Theta_B$ (*Borrmann-Fächer*). Aus geometrischen Gründen interferieren hier nicht Wellenfelder mit gleichem y, sondern $\psi_1(y)$ und $\psi_2(-y)$, was bei einer Beschreibung mit Kugel- oder Zylinderwellen voll einsichtig wird. Die Intensität an der hinteren Austrittsfläche ergibt sich als

$$P_H(\Gamma) = \frac{\sin^2\left[A\sqrt{1-\Gamma^2} + \frac{\pi}{4}\right]}{\sqrt{1-\Gamma^2}}\,, \tag{11.83}$$

wobei Γ für symmetrische Laue-Reflexion zu schreiben ist als

$$\Gamma = \frac{y}{\sqrt{1+y^2}}\,. \tag{11.84}$$

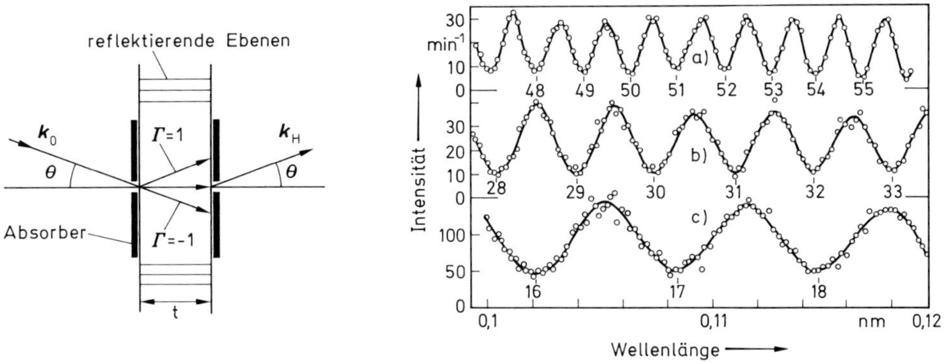

Abb. 11.16 Gemessene Pendellösungsoszillationen im Zentrum des Borrmann-Fächers als Funktion der Kristalldicke für drei verschieden dicke Silicium-Kristalle: a) $t = 10$ mm; b) $t = 5{,}94$ mm; c) $t = 3{,}32$ mm [71].

Auch die Funktion $P_H(\Gamma)$ zeigt ausgeprägte Pendellösungsoszillationen, die für $|\Gamma| \to 1$ immer enger werden. Durch Ausblendung des inneren Bereichs des Borrmann-Fächers ($|\Gamma| \leq 0{,}05$) konnte Shull [71] die Oszillation als Funktion von A nachweisen, indem er die Wellenlänge kontinuierlich variierte (Abb. 11.16). Das bestätigt eindrucksvoll die Gültigkeit der Dynamischen Beugungstheorie und deren Anwendbarkeit im Bereich der Neutronenoptik.

Aus Gl. (11.84) läßt sich ein Winkelverstärkungsfaktor der Kristallablenkung in Relation zu einer Variation des Einfallswinkels (bzw. des y-Wertes) ableiten, der im Zentrum des Borrmann-Fächers in der Größenordnung 10^5 ist

$$\Omega = \frac{2E}{V(0)} \sin^2 \Theta_\mathrm{B} \delta\Theta \,. \tag{11.85}$$

Dieser Effekt wurde zuerst von Kikuta et al. [72] nachgewiesen, indem sie geringe $\delta\Theta$-Ablenkungen zwischen zwei Perfektkristallplatten durch Prismenablenkung erzeugten und wurde von Zeilinger und Shull [73] benutzt, um die longitudinale Zeeman-Aufspaltung in einem Magnetfeld (Bd. 4, Abschn. 1.6) zu beobachten (Abb. 11.17). Auch der Effekt der Gravitation wird innerhalb des Kristalls entsprechend verstärkt [74].

Die hier besprochenen dynamischen Beugungseffekte sind praktisch nur für perfekte Einkristalle von Relevanz. Die meisten üblichen Einkristalle zerfallen wegen verschiedenster Versetzungen und Verzerrungen in einzelne Kristallite, die untereinander um mehr als die Darwin-Breite (s. o., nach Gl. (11.81)) verdreht sind, sodaß es dann zu keiner Amplituden- sondern zu einer einfachen Intensitätsüberlagerung kommt, die mit der einfacheren kinematischen Beugungstheorie zu beschreiben ist, z. B. Sears [9].

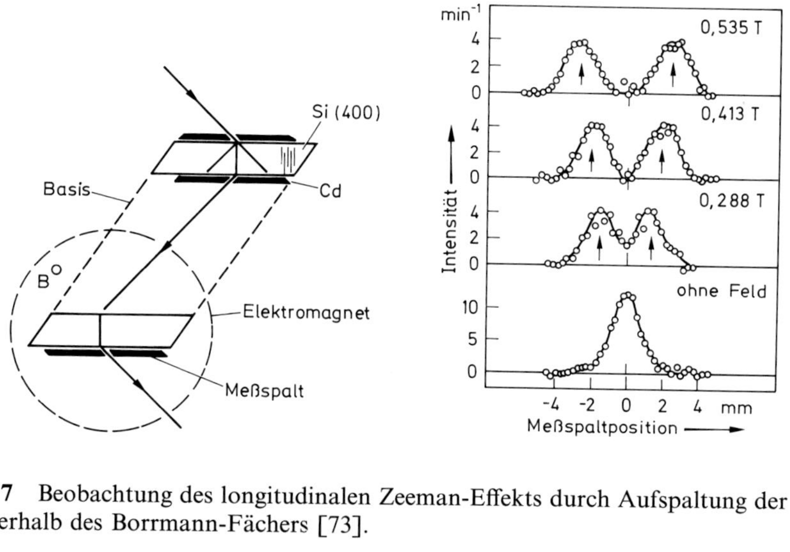

Abb. 11.17 Beobachtung des longitudinalen Zeeman-Effekts durch Aufspaltung der Strahlwege innerhalb des Borrmann-Fächers [73].

11.6 Interferometrie

Die Untersuchung von Interferenzeffekten zählt bei allen Strahlungsarten zu den interessantesten Aufgaben, nicht zuletzt deswegen, weil dabei sowohl Grundlagenfragen unseres physikalischen Verständnisses berührt werden, als auch höchste Genauigkeit erreicht werden kann. Interferenzeffekte kommen zustande, wenn Strahlen mit bestimmtem Phasenunterschied überlagert werden (vgl. Kap. 2). Diese Phasendifferenz läßt sich mit Hilfe des Wegintegrals in allgemeiner Form angeben:

$$\chi = \oint \boldsymbol{k} \cdot \mathrm{d}\boldsymbol{s}\,, \tag{11.86}$$

wobei $\hbar \boldsymbol{k}$ den kanonischen Impuls entlang der kohärenten Strahlwege angibt. Die zur Erzielung eines geschlossenen Wegintegrals notwendige kohärente Strahlteilung kann durch Aufspaltung der *Wellenfront-* oder durch *Amplitudenaufteilung* erfolgen. Erstere Methode ist dem *Young-Doppelspaltinterferometer* analog, die zweite Methode der *Michelson-Interferometrie* der Lichtoptik (Abschn. 3.4).

Verschiedene Arten der Interferometrie wurden auch für Neutronen realisiert und sind in Abb. 11.18 schematisch dargestellt. Maier-Leibnitz und Springer [20] nutzten

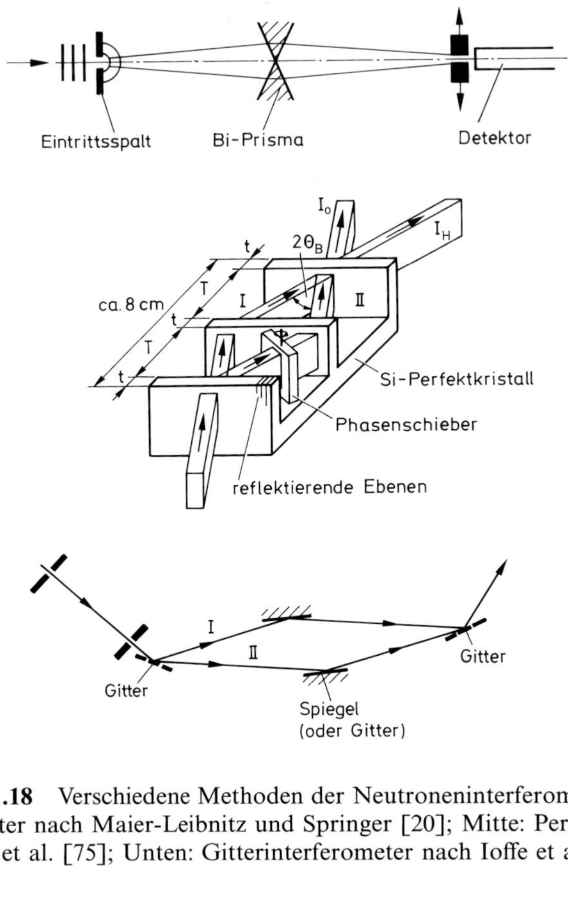

Abb. 11.18 Verschiedene Methoden der Neutroneninterferometrie. Oben: Bi-Prismen-Interferometer nach Maier-Leibnitz und Springer [20]; Mitte: Perfektkristallinterferometer nach Rauch et al. [75]; Unten: Gitterinterferometer nach Ioffe et al. [47].

die *Biprismen-Ablenkung* hinter einem engen Spalt, um Strahlen von zwei virtuellen Quellen zu überlagern (Abb. 11.1). Die Strahlteilung ($\approx$ 50 µm) war jedoch zu gering, um wesentliche Interferenzuntersuchungen damit durchführen zu können. Die Methode wurde allerdings später weiterentwickelt [21] und auch die Doppelspaltuntersuchungen von Zeilinger et al. [39] fallen in diesen Bereich von Interferenzuntersuchungen (Abb. 11.6). Die größte Strahlseparation (Amplitudentrennung) ist mit Hilfe der *Perfektkristall-Interferometrie* möglich, welche von Rauch, Treimer und Bonse [75] erstmals 1974 für Neutronen erprobt wurde. Diese Methode entspricht der Mach-Zehnder-Interferometrie der Lichtoptik (Abschn. 3.4) und der von Bonse und Hart [59] entwickelten Röntgeninterferometrie. Die Strahlteilung beruht auf den in Abschn. 11.5 behandelten dynamischen Beugungseffekten an perfekten Kristallen. Um die Phasenkohärenz über den gesamten Interferometerbereich aufrecht zu erhalten, müssen die reflektierenden Kristallebenen bis auf deren Gitterabstand parallel sein, was völlige Versetzungs- und Spannungsfreiheit des Kristalls voraussetzt und was im Rahmen eines monolithischen Dreiplattensystems am leichtesten zu realisieren ist (Abb. 11.18). Auch Vibrationen, die während der Flugzeit der Neutronen durch das Interferometer ($\approx$ 30 µs) die Netzebenen in der Größenordnung der Gitterkonstante verschieben, müssen unterdrückt werden. Die Ungenauigkeiten der Plattendicken und Plattenabstände müssen bei einer optimalen Funktionsweise des Interferometers kleiner sein als die in Gl. (11.78) definierte Pendellösungslänge. Sofern diese Anforderungen erfüllt sind, können die im Abschn. 11.5 (Gln. (11.64), (11.65), (11.77) und (11.80)) angegebenen Wellenfunktionen hinter der ersten Platte stufenweise weiterverfolgt werden, und hinter dem Interferometer können die Wellenfunktionen von beiden Strahlwegen überlagert werden. Nach eher langwierigen Rechnungen erkennt man, daß die Wellenfunktionen über die Strahlwege I und II für die Vorwärtsrichtung (0) sowohl bezüglich Amplitude als auch Phase völlig gleich sind:

$$\psi_0^{\mathrm{I}} = \psi_0^{\mathrm{II}}\,, \tag{11.87}$$

was man aus einfachen Symmetriegründen auch sofort verstehen kann, weil beide Teilstrahlen transmittiert–reflektiert–reflektiert (TRR) bzw. reflektiert–reflektiert–transmittiert (RRT) wurden. Bringen wir einen Phasenschieber mit der Brechzahl n und der Dicke D in einen der Strahlgänge, so beträgt der Phasenunterschied zwischen beiden Teilstrahlen gemäß Gln. (11.86) und (11.12)

$$\chi = (n-1)\,kD = -Nb_c\lambda D\,, \tag{11.88}$$

und die entsprechenden Wellenfunktionen unterscheiden sich um den Phasenfaktor $\psi_0^{\mathrm{I}}/\psi_0^{\mathrm{II}} = \exp(\mathrm{i}\chi)$, und wir erhalten

$$I_0 \sim |\psi_0^{\mathrm{I}} + \psi_0^{\mathrm{II}}|^2 = \frac{|\psi_0^{\mathrm{I}}|^2}{2}(1+\cos\chi)\,, \tag{11.89}$$

d. h. eine vollständige Modulation der Strahlintensität als Funktion des Phasenschubes. In gut justierten Anordnungen wurden Modulationsgrade über 90% tatsächlich erreicht. Der restliche nichtinterferierende Anteil ist auf verschiedenste geringste Imperfektionen des Kristalls, des für die Messung notwendigen Phasenschiebers (Absorption, Geometrie usw.) und des Neutronenstrahls zurückzuführen (z. B. Abweichungen von ebener Welle). Der große Vorteil der Perfektkristall-Interferometrie liegt nicht nur in der großen Strahlseparation von einigen Zentimetern, sondern auch in der relativ hohen verfügbaren Intensität, weil breite Spalte (cm) und relativ breite Wellenlängenverteilungen ($\Delta\lambda/\lambda \approx 5\%$) verwendet werden können, da die Anordnung nicht dispersiv ist und dem Strahl die makroskopischen Kohärenzeigenschaften durch den perfekten Kristall aufgeprägt werden.

In den letzten Jahren wurde auch die auf der *Gitterbeugung basierende Interferometrie* entwickelt, wobei sowohl Reflexions- als auch Phasengitter erprobt wurden [47, 76]. Diese Interferometer werden vor allem nützlich sein für langwellige Neutronen, die an einem Kristallgitter nicht mehr Bragg-gebeugt werden und für Untersuchungen schwacher Wechselwirkungseffekte, für deren Beobachtung vor allem eine lange Wechselwirkungszeit erforderlich ist.

Wie bereits im Abschn. 11.2 angeführt wurde, handelt es sich im gesamten Bereich der Neutronenoptik und insbesondere im Bereich der Neutroneninterferometrie um Selbstinterferenzphänomene, da sich im Mittel zu einer Zeit immer nur viel weniger als ein Neutron innerhalb der Apparatur befindet. Es sieht daher so aus, als hätte im Interferenzbereich jedes Neutron gleichzeitig Information über die physikalische Situation in beiden weit voneinander getrennten Strahlwegen.

Im folgenden werden einige typische Interferenzexperimente behandelt. Auf einige andere Übersichtsartikel sei hier hingewiesen [9, 77, 78, 79].

a) Streulängenmessungen. Aus den Gln.(11.88) und (11.89) erkennt man, daß die Streulänge durch eine Variation der Phasenverschiebung extrahiert werden kann. Berücksichtigt man noch den nicht interferierenden Anteil und eine eventuell vorhandene Nullphase, so ist das Interferenzbild in Parameterform anzugeben:

$$I = I_0 \left[1 + K \cos 2\pi \left(\frac{D}{D_\lambda} + \Phi_0 \right) \right], \qquad (11.90$$

wobei $D_\lambda = 2\pi/Nb_c\lambda$ die λ-Dicke des Phasenschiebers angibt und $K = (I_{max} - I_{min})/(I_{max} + I_{min})$ den Kontrast beschreibt. Das Interferenzbild kann am einfachsten durch Dickevariation des Phasenschiebers erreicht werden, wobei dieser etwa in einem oder in beiden Strahlwegen gedreht wird. Bei Messungen mit gasförmigen Proben kann auch die Dichte variiert werden, weswegen dann D/D_λ durch N/N_λ zu ersetzen ist. Abb. 11.19 zeigt typische Interferogramme, die mit verschiedenen Gasen erhalten wurden [89]. Verschiedene Probenanordnungen sind in Abb. 11.20 gezeigt, wobei Anordnung C besondere Beachtung verdient, weil in diesem Fall wegen $\lambda = 2d_{hkl} \sin \Theta_B$ und $D = D_0/\sin \Theta_B$ der Phasenschub unabhängig von der Wellenlänge ist,

$$\chi = -2d_{hkl} N b_c D_0 , \qquad (11.91)$$

was eine genaue Wellenlängenmessung überflüssig macht (Abb. 11.21 [81]). Sofern man nur über Proben mit unregelmäßiger Form verfügt, kann die *Christiansen-Filter-Methode* (Abschn. 2.10) angewendet werden, bei der die Streulängendichte von Proben und umgebender – teilweise deuterierter – Flüssigkeit abgeglichen wird, wobei der höchste Kontrast im Abgleichpunkt ($N_A b_A = N_B b_B$) beobachtet wird. Die erreichbare Genauigkeit wird weniger von der neutronenphysikalischen Seite her

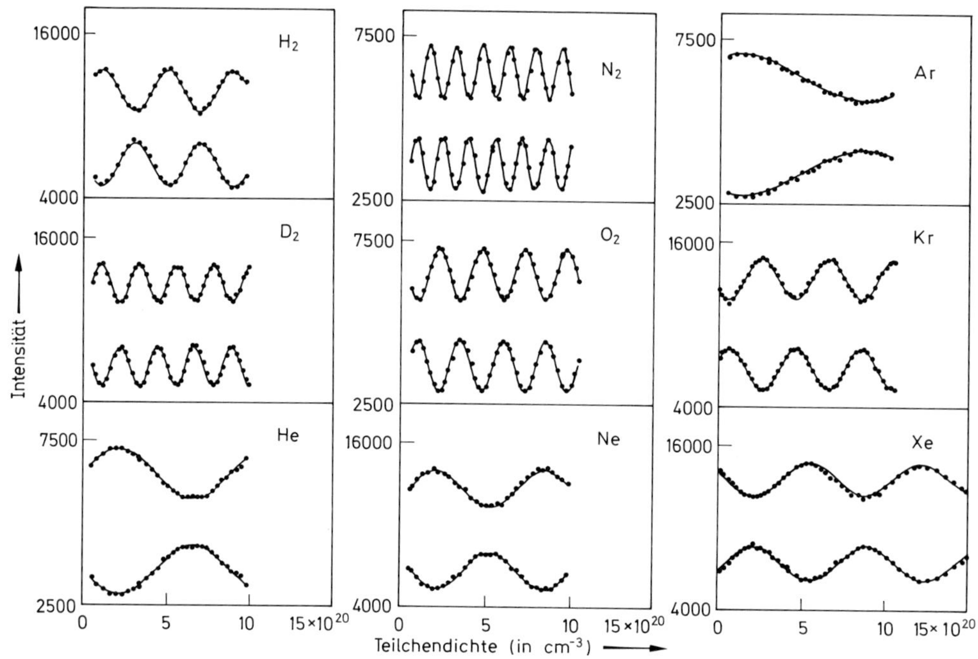

Abb. 11.19 Neutroneninterferometrische Messung der Streulänge verschiedener Gase [80].

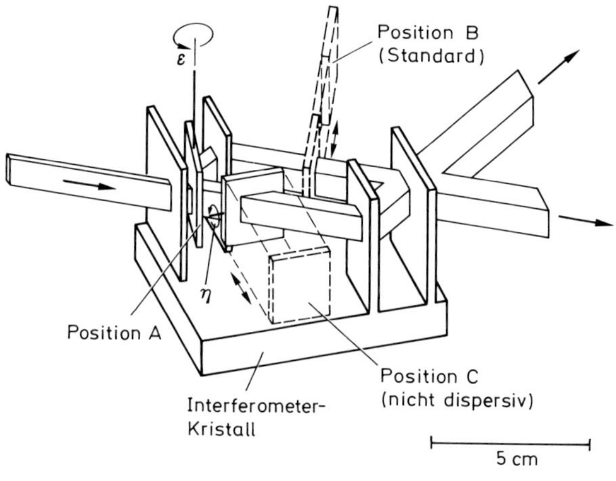

Abb. 11.20 Skizze eines schiefsymmetrischen Perfektkristallinterferometers mit verschiedenen Probenanordnungen.

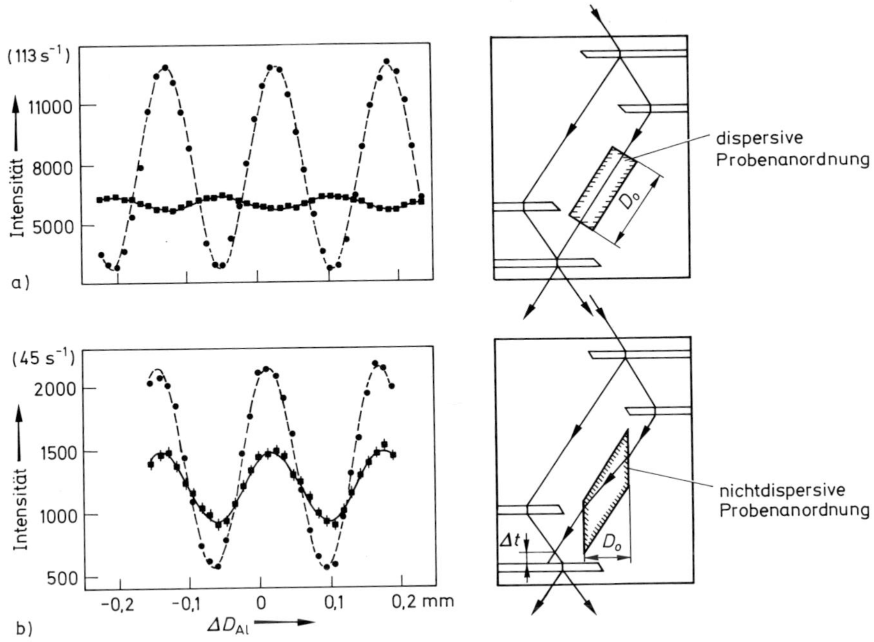

Abb. 11.21 Interferenzmuster bei hohen Ordnungen ($m > 250$) mit a) dispersiver und b) nichtdispersiver Phasenschieberanordnung [81].

bestimmt als von der Genauigkeit der Reinheitsanalyse sowie von der Dichte und von der Dickenbestimmung. Bei Präzisionsmessungen ist die Streulängendichte der durch die Probe verdrängten Luft zu berücksichtigen. Über 30 Werte kohärenter Streulängen wurden bisher interferometrisch gemessen; ein Teil davon ist in Tab. 11.1 berücksichtigt.

b) Kohärenzmessungen. Die Kohärenzeigenschaften sind durch die Selbstkorrelationsfunktion der Wellenfunktion (Gl. (11.9)) gegeben. Mit dem Neutroneninterferometer kann die räumliche Korrelationsfunktion $\Gamma(\boldsymbol{r})$ gemessen werden, aus deren Abfall als Funktion von $\boldsymbol{r}$ die Kohärenzlängen bestimmt werden können. Die räumliche Verschiebung der Wellenzüge erfolgt in Richtung der Normalen des Phasenschiebers ($r = \chi/k$). Bei der Perfektkristall-Interferometrie ist das Kohärenzverhalten stark anisotrop, da die Impulsverteilung nur in Richtung senkrecht zur reflektierenden Ebene durch die Dynamische Beugung deutlich eingeschränkt wird ($|y| \lesssim 1$), während sie in longitudinaler (z) und vertikaler Richtung unbeeinflußt bleibt. Falls wir Gaußsche Impulsverteilung annehmen können, ergibt sich eine Kontrastabnahme mit zunehmendem Phasenschub gemäß

$$K \to K_0 \exp\left[-\left(\frac{\Delta k_z}{k_{z0}}\right)^2 \frac{\chi_0^2}{2}\right]. \qquad (11.92)$$

Dadurch ist auch das Verhalten des Intensitätsbildes bei großen Phasenschüben im dispersiven und nichtdispersiven Fall verständlich (Abb. 11.21) [81]). Es handelt sich dabei um Interferenzen, bei denen die Wellenzüge mehr als 250 λ verschoben wurden. Die auch im nicht dispersiven Fall beobachtete Kontrastverminderung ist auf Absorptions- und inkohärente Streuprozesse zurückzuführen. Aus derartigen Messungen läßt sich ein Kohärenzvolumen definieren, welches für Gaußsche Verteilungsfunktionen dem Phasenraumelement (Gl. (11.23)) äquivalent ist, da dann zwischen den Kohärenzlängen und den Impulsunschärfen die Heisenbergsche Unschärferelation gilt ($\Delta x_i = 1/(2\Delta k_i)$. Für die Perfektkristallinterferometrie sind typische Werte für das *Kohärenzvolumen:* Δx (longitudinal) $\approx$ 100 nm, Δx (vertikal) $\approx$ 5 nm und Δx (horizontal) $\approx$ 10 μm. Es soll weiter betont werden, daß die Strahlen auch dann kohärent zueinander bleiben, wenn die Wellenpakete nicht mehr überlappen und somit kein Interferenzkontrast mehr zu beobachten ist. Durch eine weitere spektrale Filterung – auch hinter dem Interferometer – können die Interferenzphänomene wieder zum Vorschein gebracht werden, was experimentell auch bestätigt wurde [82].

Auch durch *Absorption* in einem der Teilstrahlen wird der Interferenzkontrast und damit der Kohärenzgrad verringert, nicht zuletzt deshalb, weil mit der Absorption eine Detektion des Strahlweges verbunden ist, was gemäß der Quantenmechanik nicht gleichzeitig mit der Beobachtung der Interferenz erfolgen kann. Verwendet man zur Beschreibung dieses Phänomens die komplexe Brechzahl gemäß Gl. (11.13), so erkennt man, daß nun die Änderung der durch die Absorption betroffenen Wellenfunktion zu schreiben ist als $\psi^{\text{II}} \rightarrow \sqrt{\tau}\exp(\mathrm{i}\chi)\,\psi^{\text{II}}$, wobei τ die Transmissionswahrscheinlichkeit durch die Probe angibt, $I/I_0 = \tau = \exp[-(\sigma_{\mathrm{a}} + \sigma_{\mathrm{s}})\,ND]$. Man erhält somit eine Intensitätsmodulation

$$I \sim [(\tau + 1) + 2\sqrt{\tau}\cos\chi]\,. \tag{11.93}$$

Vergleicht man demgegenüber die Situation, bei der die Strahlschwächung durch Verengung des Spaltes oder durch ein bestimmtes offen/zu-Verhältnis erreicht wird, so erhält man

$$I \sim [(\tau + 1) + 2\tau\cos\chi]\,, \tag{11.94}$$

was in der Modulationsamplitude gerade bei geringen Tranmissionswahrscheinlichkeiten, d.h. bei hoher Strahlwegdetektion, einen großen Unterschied bewirkt, obwohl in beiden Fällen gleich viele Neutronen absorbiert werden. Hier zeigt sich deutlich der Unterschied zwischen *stochastischen und deterministischen Effekten* in der Quantenmechanik. Abb. 11.22 zeigt das Ergebnis derartiger Experimente bei verschiedenen τ-Werten [83]. Bei sehr kleinen Transmissionswahrscheinlichkeiten spielt auch die Variation der Absorption eine Rolle, weswegen die entsprechenden Meßpunkte in diesem Bereich unter der $\sqrt{\tau}$-Kurve liegen [84].

c) Messung der 4π-Spinor-Symmetrie. Dabei handelt es sich um eines der meistdiskutierten Experimente, die durch die Entwicklung der Neutroneninterferometrie erstmals möglich wurden. Aufgrund der elementaren Gesetze der Quantenmechanik kann die Propagation einer Wellenfunktion mit einer durch den Hamilton-Operator gegebenen unitären Transformation beschrieben werden. Im Fall der magnetischen Wechselwirkung (Gl. (11.15)) kann die Entwicklung der zweikomponentigen *Spinor-*

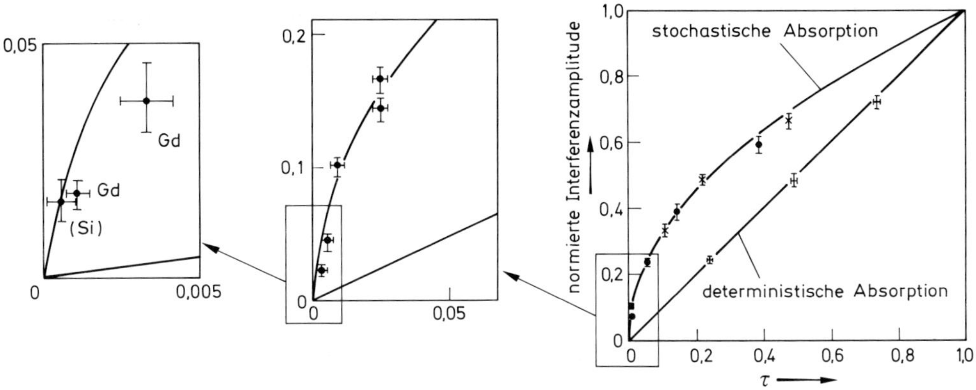

Abb. 11.22 Normalisierte Amplitude des Interferenzbildes als Funktion der Transmissionswahrscheinlichkeit τ im Fall einer stochastischen und deterministischen Absorption in einem Teilstrahl [83].

Wellenfunktion (Bd. 4, Abschn. 1.5), die das Neutron als Fermion beschreibt, wie folgt dargestellt werden:

$$\psi(t) = \mathrm{e}^{-\mathrm{i}Ht/\hbar}\psi(0) = \mathrm{e}^{-\mathrm{i}\boldsymbol{\mu B}t/\hbar}\psi(0) = \mathrm{e}^{-\mathrm{i}\boldsymbol{\sigma\alpha}/2}\psi(0) = \psi(\alpha)\,, \tag{11.95}$$

wobei $\boldsymbol{\alpha}$ den *Larmor-Drehwinkel* um das Magnetfeld beschreibt:

$$|\alpha| = \frac{2\mu}{\hbar}\int B\,\mathrm{d}t \approx \frac{2\mu}{\hbar v}\int B\,\mathrm{d}s\,. \tag{11.96}$$

Durch Einsetzen der Pauli-Spinmatrizen (Bd. 4, Abschn. 2.4) läßt sich leicht zeigen, daß $\psi(\alpha)$ eine *4π-Symmetrie* besitzt und nicht die für Erwartungswerte oder im Bereich der klassischen Physik gewohnte 2π-Symmetrie

$$\begin{aligned}\psi(2\pi) &= -\psi(0)\,,\\ \psi(4\pi) &= \psi(0)\,.\end{aligned} \tag{11.97}$$

Dieser Sachverhalt, der früher als nicht nachweisbar angesehen wurde, ist neutroneninterferometrisch einfach sichtbar zu machen, indem man die Intensitätsmodulation beobachtet, bei der ein kohärenter Teilstrahl ein Magnetfeld passiert.

$$I_0 = |\psi_0(0) + \psi_0(\alpha)|^2 \sim \left(1 + \cos\frac{\alpha}{2}\right). \tag{11.98}$$

Diese Relation gilt sowohl für polarisierte als auch für unpolarisierte Neutronen, was auf eine innere Symmetrieeigenschaft der Fermionen hinweist. Aus den Gln. (11.97) und (11.98) erkennt man, daß erst bei $\alpha = 4\pi$ der ursprüngliche Zustand wieder reproduziert wird, was durch die von Rauch et al. [85] und von Werner et al. [86] fast gleichzeitig durchgeführten Messungen voll bestätigt wurde (Abb. 11.23). Dieser Effekt wurde anschließend auch mit etlichen anderen Methoden und für eine Reihe anderer Fermion-Systeme nachgewiesen. Eine allgemein verständliche theoretische Diskussion dieses Effekts findet man bei Bernstein und Philips [87].

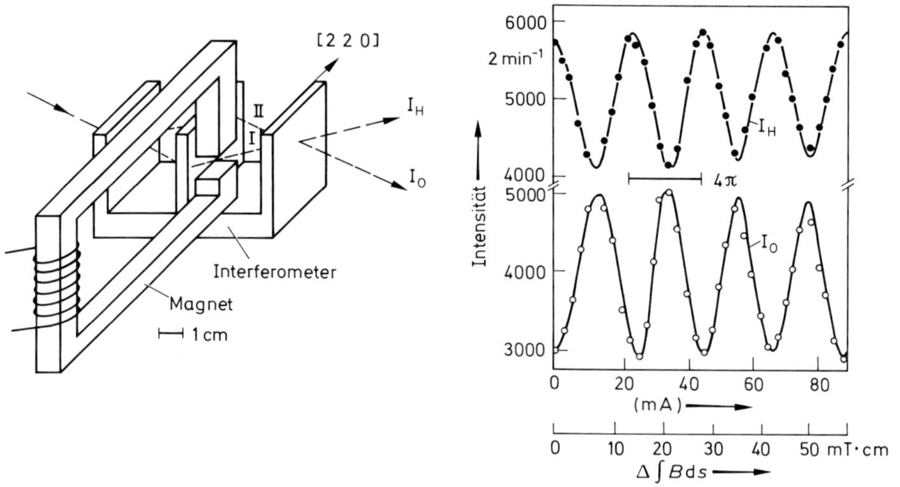

Abb. 11.23 Neutroneninterferometrische Messung der 4π-Symmetrie von Spinoren [85].

d) Messung der Spin-Superposition. Hier handelt es sich ebenfalls um ein häufig verwendetes Prinzip in der Quantenmechanik, dessen Realisierung im makroskopischen Bereich des Interferometers dennoch Erstaunen auslöst. Die Wellenfunktion eines in $|z\rangle$-Richtung polarisierten Strahls wird in einem Teilstrahl nach $|-z\rangle$ invertiert und dann mit dem anderen unveränderten Teilstrahl überlagert. Die Spinumdrehung kann etwa durch eine Larmor-Präzession um ein Magnetfeld senkrecht zur z-Richtung erfolgen (vgl. Bd. 2, Abschn. 4.3), was eine Standardmethode der Physik polarisierter Neutronen darstellt. Das Ergebnis bei Superposition der Teilstrahlen ist mit Hilfe der Quantenmechanik zu erhalten, indem wir in einem Teilstrahl den Drehoperator (Gl. (11.95)) etwa für eine Drehung um 180° in y-(Strahl-)Richtung anwenden. Sofern wir auch einen skalaren (Kern-)Phasenschub mitberücksichtigen, erhalten wir

$$\psi(\chi, \pi) = e^{i\chi} e^{-i\sigma_y \pi/2} |+z\rangle = -i\pi\sigma_y e^{i\chi} |+z\rangle = e^{i\chi} |-z\rangle . \tag{11.99}$$

Die Gesamtwellenfunktion bei der Überlagerung lautet somit

$$\psi = |+z\rangle + e^{i\chi} |-z\rangle , \tag{11.100}$$

was folgende Polarisation des auslaufenden Strahls bewirkt

$$\boldsymbol{p} = \frac{\psi^* \boldsymbol{\sigma} \psi}{\psi^* \psi} = \begin{pmatrix} \cos\chi \\ \sin\chi \\ 0 \end{pmatrix} . \tag{11.101}$$

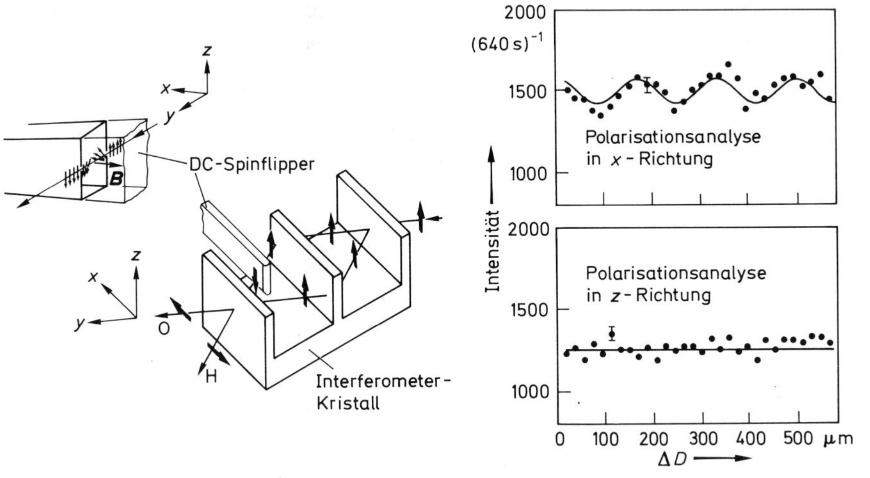

Abb. 11.24 Nachweis der kohärenten Spin-Superposition durch Überlagerung von Teilstrahlen mit Polarisationsrichtungen in $|z\rangle$ und $|-z\rangle$ [88].

Diese Polarisation liegt somit in der x, y-Ebene und ist senkrecht zur Polarisation der überlagerten Teilstrahlen. Damit wurde ein reiner Quantenzustand in $|+z\rangle$-Richtung, z. B. für $\chi = 0$, in einen Quantenzustand in $|+x\rangle$-Richtung transferiert, was im Sinn der sicher vorliegenden Selbstinterferenz den Anschein erweckt, als hätte jedes Neutron Information über die physikalische Situation in beiden weit voneinander getrennten Teilstrahlen. Das von Summhammer et al. [88] durchgeführte Experiment hat diesen Prozeß voll bestätigt (Abb. 11.24). Intensitätsmodulationen treten nur auf, wenn die Polarisationsanalyse in der (x, y)-Ebene erfolgt.

Dieses Experiment wurde mit einem *Rabi-Resonanzflipper* wiederholt, welcher ebenfalls in der Physik polarisierter Neutronen routinemäßig zur Spinumkehr eingesetzt wird. Im Fall einer vollständigen Spinumkehr muß die Frequenz des oszillierenden Feldes der Larmor-Resonanzfrequenz der Neutronen im stationären Führungsfeld entsprechen ($\hbar\omega_r = 2\mu B_0$) und die Amplitude B_1 der Bedingung $\mu B_1 l/\hbar v = \pi$ genügen, wobei l die Länge der Spule und v die Geschwindigkeit der Neutronen angibt. Hier ist jedoch zu beachten, daß gleichzeitig mit der Spinumkehr ein Energieaustausch zwischen Resonator- und Neutronensystem erfolgt ($\Delta E = \hbar\omega_r = 2\mu B_0$, $B_0 \ldots$ Stärke des Führungsfeldes). Zur Berechnung der entsprechenden Wellenfunktion hinter dem Flipper haben wir daher die zeitabhängige Schrödinger-Gleichung (Gl. (11.2)) zu verwenden und den Energieaustausch zu berücksichtigen:

$$\psi(\chi, \omega_r) = e^{i\chi} e^{-i(\omega - \omega_r)t} |-z\rangle \,, \tag{11.102}$$

was bei Überlagerung mit dem unveränderten anderen Teilstrahl $|z\rangle$ eine Polarisation ergibt:

$$\boldsymbol{p} = \begin{pmatrix} \cos(\chi - \omega_r t) \\ \sin(\chi - \omega_r t) \\ 0 \end{pmatrix} . \tag{11.103}$$

Die Polarisation liegt somit ebenfalls in der (x, y)-Ebene, rotiert jedoch mit der Resonanzfrequenz des Flip-Feldes. Dieser Effekt konnte mit einer stroboskopischen Messung, bei der die Polarisation in einer bestimmten Richtung synchron mit der Phase des Flip-Feldes gemessen wurde, ebenfalls nachgewiesen werden [89].

Im Zusammenhang mit diesen Ergebnissen wurde die Frage ventiliert, ob nicht durch Messung des Energieübertrags eine Bestimmung des Strahlweges ermöglicht wird. Es kann jedoch gezeigt werden, daß dies nicht möglich ist, weil im Fall einer meßbaren Energieverschiebung (d.h. größer als die Energiebreite des Strahls) die Interferenz verschwindet, und weil die Messung der Energieänderung des Flip-Feldes um ein Quant wegen der *Photonzahl-Phase-Unschärferelation* $(\Delta N \Delta \Phi > 1)$ prinzipiell unmöglich ist.

e) Neutronen-Josephson-Effekt. In diesem Fall wird die Polarisation in beiden Teilstrahlen mit Resonanz-Spin-Flipper umgedreht, weswegen die Endpolarisation in die $|-z\rangle$-Richtung zeigt. Obwohl in dieser Anordnung mit Sicherheit 1 ein Energieaustausch erfolgt und dieser Energieaustausch wegen der Gültigkeit der Energieerhaltung nur in einer der beiden Spulen erfolgen kann, bleibt die Interferenzfähigkeit des Strahls erhalten. Dies könnte so gedeutet werden, als ob das Neutron doch eine Trajektorie durch das Interferometer besitzt, nur bleibt uns unbekannt, welcher der beiden möglichen Strahlwege gewählt wurde. Das Interferenzbild hängt in diesem Fall von der Phasenlage der beiden Resonanzfelder ab. Ein besonders interessanter Fall ergibt sich, wenn die Frequenz der beiden Resonanzfelder leicht unterschiedlich ist:

$$\psi = e^{i(\omega - \omega_{r1})t} |-z\rangle + e^{i(\omega - \omega_{r2})t} |-z\rangle , \tag{11.104}$$

was eine zeitliche Intensitätsmodulation hervorruft, gemäß

$$I \sim 1 + \cos[\chi + \cos(\omega_{r1} - \omega_{r2})t] . \tag{11.105}$$

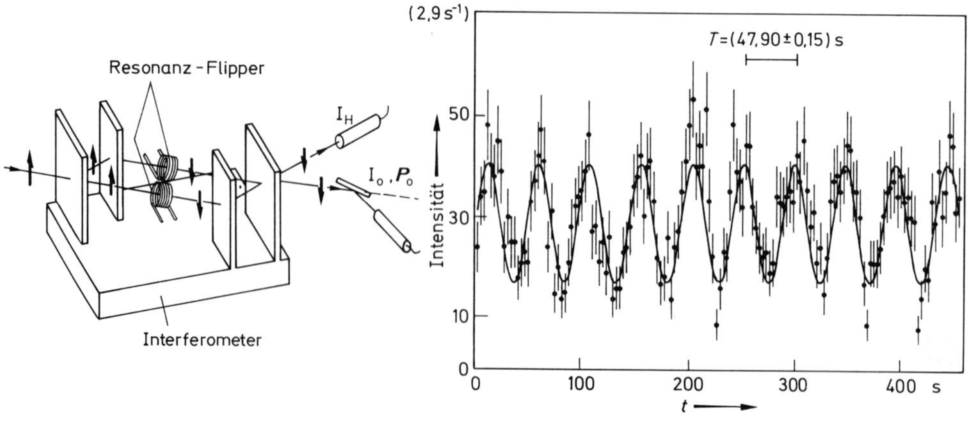

Abb. 11.25 Nachweis der zeitlichen Strahlmodulation bei geringfügig unterschiedlichem Energieübertrag in beiden Teilstrahlen (Neutronen-Josephson-Effekt) [90].

Der Frequenzunterschied und damit der Unterschied in der übertragenen Energie kann sehr klein gehalten werden, wodurch die zeitliche Oszillation sehr lang wird (Abb. 11.25) [90]). Der Energieunterschied entspricht in diesem Fall $\Delta E = 8{,}6 \cdot 10^{-17}$ eV und die Energieempfindlichkeit $2{,}7 \cdot 10^{-19}$ eV. Wie durch das Experiment nachgewiesen werden konnte, kann dieser Effekt bei Neutronen zur Erzielung einer extrem hohen Energieauflösung verwendet werden.

Dieser Effekt kann als Neutronen-Josephson-Effekt gedeutet werden, da in diesem Fall die Phase variiert gemäß:

$$\frac{\partial}{\partial t}(\Delta_2 - \Delta_1) = \omega_{r2} - \omega_{r1} = \frac{1}{\hbar} 2\mu B_0 \qquad (11.106)$$

und durch das Magnetfeld getrieben wird, während sie beim *Josephson-Effekt* bei supraleitenden Tunnelkontakten durch das elektrische Feld getrieben wird (z. B. Weber und Hittmair [91] u. Bd. 6, Abschn. 9.3):

$$\frac{\partial}{\partial t}(\Phi_2 - \Phi_1) = \frac{1}{\hbar}(E_2 - E_1) = \frac{1}{\hbar} 2eE\,. \qquad (11.107)$$

f) Gravitationseffekte. Wie in Abschn. 11.1 ausgeführt wurde, ist die Gravitationswechselwirkung unter üblichen Laborbedingungen von vergleichbarer Größenordnung wie die gemittelte Kern- und magnetische Wechselwirkung, weswegen bei interferometrischen Experimenten entsprechende Einflüsse zu erwarten sind. Mit Gl. (11.19) erhalten wir zunächst die Bewegungsgleichung eines Massepunktes im Gravitationsfeld der Erde

$$m\frac{\partial^2 \boldsymbol{r}}{\partial t^2} = m\boldsymbol{g} - m\boldsymbol{\omega}\times(\boldsymbol{\omega}\times\boldsymbol{r}) - 2m\boldsymbol{\omega}\times\frac{\partial \boldsymbol{r}}{\partial t}, \qquad (11.108)$$

wobei $\boldsymbol{g}$ die zum Erdmittelpunkt weisende Gravitationsbeschleunigung angibt, welche durch die Gravitationskonstante $G = 6{,}67259(85) \cdot 10^{-11}\,\mathrm{m^3 s^{-2} kg^{-1}}$, durch den Erdradius und durch die Masse der Erde gegeben ist ($g = GM/R^2$). Aus obiger Beziehung folgt die Bahngleichung

$$\boldsymbol{r} = \boldsymbol{r}_0 + \boldsymbol{v}_0 t + \frac{1}{2}\boldsymbol{g}' t^2 + \frac{1}{3} t^3 \boldsymbol{\omega}\times\boldsymbol{g}'\,, \qquad (11.109)$$

wobei die am Ort $\boldsymbol{R}$ wirksame effektive Gravitationsbeschleunigung zur Beschreibung verwendet wurde:

$$\boldsymbol{g}' = \boldsymbol{g} + \boldsymbol{\omega}\times(\boldsymbol{\omega}\times\boldsymbol{R})\,. \qquad (11.110)$$

Den Phasenschub im Interferometer berechnet man mit Hilfe des Wegintegrals aus Gl. (11.86), wobei der kanonische Impuls aus $\partial \boldsymbol{r}/\partial t = m(\partial \boldsymbol{H}/\partial p)$ mit dem Wechselwirkungspotential aus Gl. (11.19) zu berechnen ist:

$$\boldsymbol{k} = \frac{m}{\hbar}\left[\frac{\partial \boldsymbol{r}}{\partial t} + \left(\boldsymbol{\omega}\times\frac{\partial \boldsymbol{r}}{\partial t}\right)\right]. \qquad (11.111)$$

Auf diese Weise erhält man nach einigen Zwischenrechnungen den *Gravitationsphasenschub*

$$\begin{aligned}\beta &= \frac{m}{\hbar}\oint \frac{\partial \boldsymbol{r}}{\partial t}\,\mathrm{d}\boldsymbol{r} + \frac{m}{\hbar}\oint\left(\omega \times \frac{\partial \boldsymbol{r}}{\partial t}\right)\mathrm{d}\boldsymbol{r}\\ &= \frac{m^2 g\lambda A \sin\Phi}{2\pi\hbar^2} + \frac{2m\omega A\sin\Phi_\mathrm{L}\sin\varepsilon}{\hbar},\end{aligned} \qquad (11.112)$$

wobei A die von den kohärenten Strahlen eingeschlossene Fläche darstellt, Φ den Winkel, um den das Interferometer aus der Horizontalebene herausgedreht wurde, Φ_L die geographische Breite des Ortes, wo die Messung stattfindet und ε den Drehwinkel um die vertikale Achse. Der erste Term in dieser Gleichung stellt den vertrauten Gravitationsterm dar und wurde von Colella, Overhauser und Werner [92] durch Drehen des Interferometers um eine horizontale Achse nachgewiesen. Dieser Phasenschub kann verstanden werden aus dem Unterschied des Gravitationspotentials, in dem der nun etwas höhere Strahl im Vergleich zum niedriger liegenden Strahl durch das Interferometer läuft. Bei üblichen Dimensionen von Perfektkristall-Interferometern ($A \approx 50\,\mathrm{cm}^2$) und Drehwinkel $\pm 20°$ werden zirka 10 Interferenzordnungen überstrichen.

Der *Coriolisterm* in Gl. (11.112) wurde von Werner et al. [93] erstmals interferometrisch beobachtet, indem sie einen Neutronenstrahl senkrecht nach oben richteten und ein Perfektkristall-Interferometer um diese nun senkrechte Achse drehten (Abb. 11.26). Das Ergebnis gibt einen Eindruck von der Empfindlichkeit der Meßmethode. Vorstellen kann man sich diesen Effekt am ehesten, indem man sich die von den Teilstrahlen aufgespannte Fläche als Fahne auf der sich drehenden Erde denkt, die – wenn sie in verschiedene Himmelsrichtungen gedreht wird – verschiedenen Corioliskräften ausgesetzt ist, was sich im Interferometerexperiment als Phasenschub bemerkbar macht. Eine eingehendere Diskussion dazu findet man bei Greenberger [77]. Die Wirkung der Erdrotation auf einzelne Kalziumatome wurde mittels eines Atominterferometers von Riehle et al. [94] beobachtet.

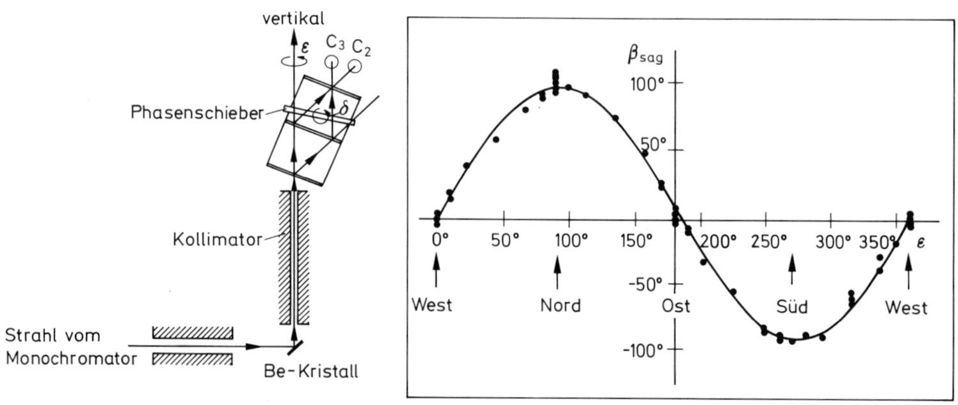

Abb. 11.26 Nachweis der Wirkung der Erdrotation auf den Phasenschub im Neutronen-Interferometer [93].

Eine zu den Gravitationsmessungen komplementäre Untersuchung wurde von Bonse und Wroblewski [95] durchgeführt, die das Interferometer leicht bewegt haben und ebenfalls eine der jeweiligen Beschleunigung der Interferometerplatten proportionale Phasenverschiebung beobachtet haben. Damit wurde die Gültigkeit der klassischen Transformationsgesetze für *nicht-inertiale Bezugssysteme* im Quanten-Grenzfall bestätigt.

g) Neutronen-Fizeau-Effekt. Sobald sich der Phasenschieber relativ zum Neutronenstrahl bewegt, ergibt sich ein zusätzlicher Phasenschub. Wegen der im Vergleich zur Lichtgeschwindigkeit geringen Geschwindigkeit der Neutronen, kann die Berechnung auf der Basis der Galilei-Transformation erfolgen, derzufolge der Impuls im mit der Geschwindigkeit $\boldsymbol{w}$ bewegten System gegeben ist als

$$\boldsymbol{K}' = \boldsymbol{K} - \frac{m}{\hbar}\boldsymbol{w}\,. \tag{11.113}$$

Die Brechzahl in diesem System erhält man als

$$n' = \frac{K'}{k'} = \sqrt{1 - \frac{\bar{V}}{E'}} \approx 1 - \frac{\bar{V}}{2E'} \tag{11.114}$$

und den Fizeau-*Phasenschub* als Differenz des Phasenschubs der bewegten und ruhenden Probe:

$$\Delta\chi_{\mathrm{F}} = (1-n')\,k'D - (1-n)\,kD = -\frac{\bar{V}Dm}{\hbar^2 k}\,\frac{w}{v-w}\,. \tag{11.115}$$

Aufgrund der Randbedingungen der Quantenmechanik sind bei den Geschwindigkeiten nur die Komponenten senkrecht (x) zur bewegten Fläche von Relevanz ($w \to w_x$, $v \to v_x$). Daraus erkennt man, daß ein Fizeau-Phasenschub nur auftritt, wenn sich die Oberfläche des Phasenschiebers relativ zum Neutronenstrahl bewegt [96]. Das stellt einen deutlichen Unterschied zum Licht-Fizeau-Effekt dar, wo der Bewegungszustand des brechenden Mediums für das Auftreten des Effekts entschei-

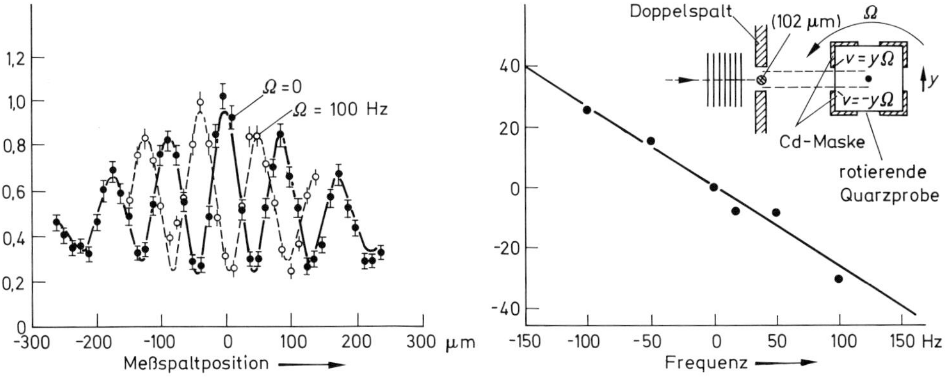

Abb. 11.27 Messung des Neutronen-Fizeau-Effekts mit einem Doppelspalt-Interferometer und einer rotierenden Quarz-Probe [97].

dend ist (s. Kap. 12.7). Der Neutronen-Fizeau-Effekt wurde zuerst von Klein et al. [97] mit einem Doppelspalt-Interferometer, wie es in Abb. 11.6c dargestellt ist, und einem drehenden Quarz-Phasenschieber nachgewiesen (Abb. 11.27). Zusätzliche Effekte treten auf, wenn das mittlere Potential $\bar{V}$ energieabhängig anzusetzen ist.

h) Aharonov-Casher-Effekt. Sofern sich ein magnetischer Dipol in einem elektrischen Feld bewegt, kommt es zur *Spin-Bahn-Wechselwirkung* (Gl. (11.18)). Diese verursacht ebenfalls einen (geringen) Phasenschub, der zuerst von Aharonov und Casher [98] angegeben und von Cimmino et al. [99] experimentell mit einem Perfektkristall-Interferometer nachgewiesen wurde. Gemäß Gl. (11.18) können wir ein im bewegten System des Neutrons wirkendes effektives Magnetfeld definieren:

$$\boldsymbol{B}_{\text{eff}} = -\frac{1}{c^2}\,\boldsymbol{v}\times\boldsymbol{E}\,, \tag{11.116}$$

womit wir mit den bekannten Ausdrücken für einen magnetischen Phasenschub (Gl. (11.96)) schreiben können:

$$\Delta_{\text{AC}} = 2\alpha = \frac{\mu}{\hbar v}\oint \boldsymbol{B}\,\mathrm{d}\boldsymbol{s} = \pm\frac{2\mu}{\hbar c^2}\,El\,, \tag{11.117}$$

wobei l die Länge des wirksamen elektrischen Feldes angibt. Interessant ist, daß dieser Ausdruck nur von der von den kohärenten Teilstrahlen umschlossenen Ladung abhängig ist und damit einen gewissen topologischen Charakter besitzt, was Ähnlichkeiten zum bekannten Aharonov-Bohm-Effekt aufzeigt, bei dem im Elektroneninterferometer (Abschn. 10.2) ein Phasenschub entsteht, der nur vom umschlossenen magnetischen Fluß abhängt (s. Peshkin und Tonomura [100]).

Die Vielzahl der durchgeführten Experimente zeigt, daß Neutronen nahezu ideale Probepartikel sind, um quantenmechanische Untersuchungen zum Welle-Teilchen-Dualismus und zur Verifikation fundamentaler Wechselwirkungsmechanismen durchzuführen. Der Wunsch, Interferometrie mit immer schwereren Teilchen durchführen zu können, führte 1991 zu ersten Erfolgen im Bereich der Interferometrie mit Atomen. Carnal und Mlynek [101] erprobten ein Doppelschlitzinterferometer für Heliumatome und erzielten eine Strahlteilung von 8 µm. Keith et al. [102] entwickelten ein Gitterinterferometer für Natriumatome und erzielten eine Strahlseparation von 27 µm, auch Kasevich und Chiu [103] konnten mit lasergekühlten Natriumatomen und einer kohärenten Strahlteilung mittels stimulierter Raman-Übergänge Strahlseparationen von 2,4 mm erzielen. Besonders attraktiv bei der Interferometrie mit Atomen wird sein, daß vor, in und hinter dem Interferometer verschiedenste atomare Anregungen erfolgen können und die Gravitationseffekte noch deutlicher in Erscheinung treten.

11.7 Optik mit ultrakalten Neutronen

Neutronen mit einer Wellenlänge $\lambda > \lambda_C = (\pi/Nb_C)^{1/2}$ (s. Gl. (11.11) und Tab. 11.1) werden als *ultrakalte Neutronen* bezeichnet und selbst bei senkrechtem Einfall auf eine Grenzfläche totalreflektiert. Daher kann man beim Aufbau neutronenoptischer Apparaturen weitgehend konventionelle Komponenten verwenden, wie wir sie aus der Lichtoptik her kennen. Unterschiede entstehen jedoch durch den starken Einfluß der Gravitation auf die Bahnbewegung und wegen der unvergleichlich geringeren verfügbaren Intensität derartiger Neutronen. Der Anteil ultrakalter Neutronen im Spektrum eines Moderators ist gemäß Gl. (11.23) $f = (E_C/k_B T)^2/2$, was für gekühlte Moderatoren Werte von rund 10^{-10} ergibt. Außerdem ist zu beachten, daß sowohl der Absorptionswirkungsquerschnitt als auch der integrale inelastische Wirkungsquerschnitt für langsame Neutronen mit $1/v$ ansteigt, weswegen nur eine dünne Moderatorschicht als Quellvolumen in Frage kommt. Wegen der Brechungsgesetze folgt weiters, daß ultrakalte Neutronen aus einem Medium mit positiver Streulängendichte $Nb_C > 0$ überhaupt nicht austreten können.

Es gibt verschiedene Versuche, intensivere Quellen ultrakalter Neutronen zu entwickeln (s. z. B. [104–106]). Hier seien einige Entwicklungen kurz erwähnt:

a) Durch dünne gekühlte *Konverterfolien* in einen Strahl thermischer Neutronen gebracht, kann durch einmalige inelastische Streuung erreicht werden, daß mehr Neutronen zu niedrigen Energien gestreut werden als das im Fall eines thermodynamischen Gleichgewichts der Fall ist. Als Konverterfolien kommen vor allem wasserstoffhaltige Substanzen wie Methan, para-Wasserstoff u. a. in Frage. Bei optimaler Dimensionierung erscheinen Gewinnfaktoren von 30 erreichbar.

b) Weiter gibt es Versuche mit sog. „*Superquellen*“ für ultrakalte Neutronen, bei denen Neutronen vorwiegend an den Rotor-Zuständen in reinem flüssigem He-4 (vgl. Bd. 1, S. 838) zu sehr niedrigen Energien gestreut werden, wobei die entsprechende Aufwärtsstreuung kinematisch unterdrückt wird [106, 107]. Damit können zumindest im Prinzip deutlich höhere Gewinnfaktoren erzielt werden, aber das Problem der Extraktion dieser Neutronen ist bis jetzt nicht zufriedenstellend gelöst.

c) Am weitesten entwickelt ist die Produktion ultrakalter Neutronen mit Hilfe der sog. *Neutronenturbine*. Kalte Neutronen aus einer kalten Quelle werden in einem nach oben gerichteten, aber stark gekrümmten Neutronenleiter durch die Gravitation gleichzeitig etwas abgebremst und entsprechend dem Krümmungsradius (Gl. (11.38)) vorgefiltert. Die am Ende eines derartigen Leiters austretenden Neutronen (z. B. $\lambda \approx 8$ nm, $v \approx 50$ m/s) treffen auf rasch bewegte ($v = 25$ m/s) totalreflektierende Turbinenblätter, wo sie entsprechend der Doppler-Verschiebung auf extrem langsame Geschwindigkeiten abgebremst werden (Abb. 11.28). Die Konstanz der Phasenraumdichte entsprechend dem Liouvilleschen Theorem bewirkt eine Vergrößerung der Strahldivergenz und des Strahlquerschnitts. Mit einer am Hochflußreaktor in Grenoble installierten Turbine mit 690 gekrümmten Ni-Spiegeln und mit einem Durchmesser von 1,7 m wurde für Neutronen mit $v \leq 7$ m/s eine totale Strahlintensität von $4 \cdot 10^6\,\mathrm{s}^{-1}$ erzielt, was einer Dichte von etwa $6 \cdot 10^7\,\mathrm{m}^{-3}$ und etwa 8% der mit dieser Methode erzielbaren maximalen Dichte entspricht [105].

Bei der Dimensionierung optischer Instrumente, die zur Abbildung von Objekten dienen sollen, muß vor allem versucht werden, die durch das Gravitationsfeld verursachte sphärische und chromatische Aberration gering zu halten. Zwei danach

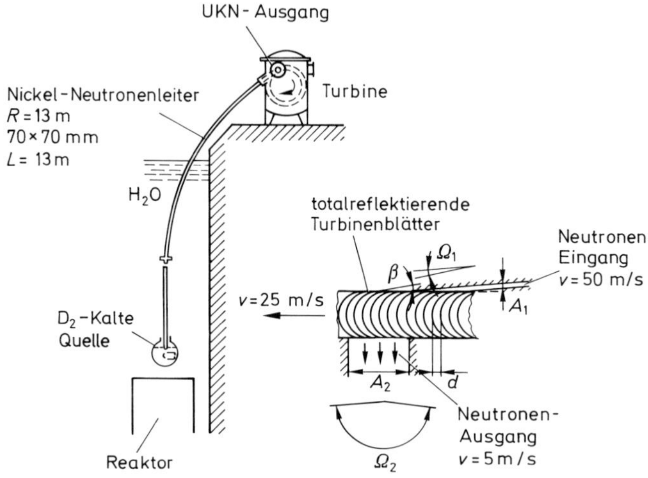

Abb. 11.28 Schema der Extraktion sehr kalter Neutronen aus einer kalten Quelle und deren Transformation zu ultrakalten Neutronen mit Hilfe einer Neutronen-Turbine [105].

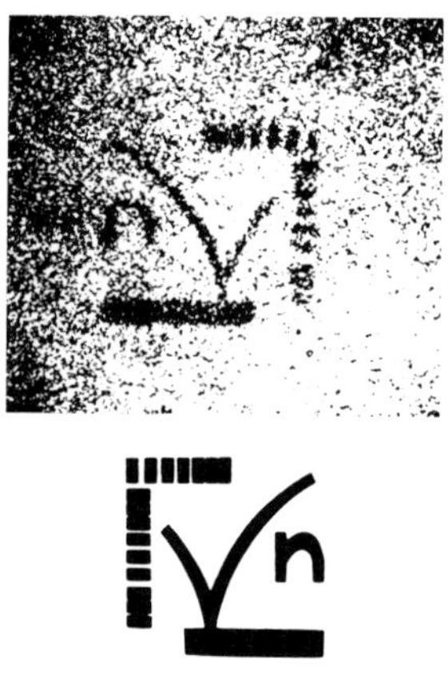

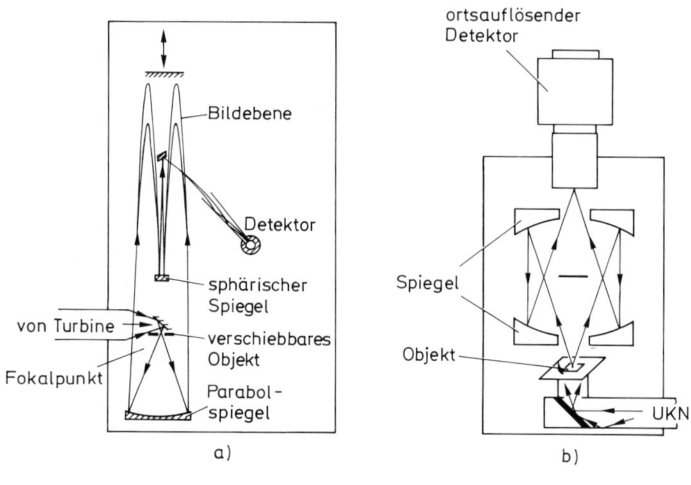

Abb. 11.29 Zwei verschiedene Typen von Neutronen-Mikroskopen und ein Beispiel einer neutronenoptischen Abbildung [108, 109].

entwickelte Typen von *Neutronen-Mikroskopen* sind in Abb. 11.29 dargestellt [108, 109]. In diesem Bild ist auch die neutronenoptische Abbildung des gezeigten Objekts am ortsauflösenden Detektor der Anordnung (b) gezeigt. Bei dieser Anordnung tritt die Aberrationsminimierung ein, falls die Krümmungsradien (R) der Spiegel und deren Abstand (d) der Bedingung $R_1 + R_2 = 6d$ genügen. Für die Anordnung (a) ergibt sich die Fokussierungsbedingung aus dem Fermatschen Prinzip als $R = 2vt_1t_1/(t_1 + t_2)$, wobei v die Vertikalgeschwindigkeit der Neutronen beim Auftreffen auf den Spiegel bedeutet und t_1 die Laufzeit der Neutronen zwischen Objekt und Spiegel angibt und t_2 die Laufzeit zwischen Spiegel und Bildebene. Mit diesen Anordnungen wurden Vergrößerungen ($\mu = t_2/t_1$) bis 243 beobachtet; allerdings mußte wegen des Fehlens eines ortsauflösenden Registriersystems das Objekt durch die Fokalebene bewegt werden. Die Leuchtstärke der verfügbaren Neutronenmikroskopie ist wegen der geringen Phasenraumdichte sehr gering, aber dennoch eröffnen sich damit interessante Arbeitsgebiete, vor allem für die Untersuchung biologischer Objekte und magnetischer Strukturen.

Die Wirkung der Schwerkraft wird im *Schwerkraftdiffraktometer* zur Messung kleinster Impuls- oder Energieänderungen ausgenützt [110]. Horizontal in eine evakuierte Meßkammer eintretende ultrakalte Neutronen werden vertikal beschleunigt und erreichen bei Rückreflexion eine andere als die Eintrittshöhe, sofern ihr Impuls oder ihre Energie beim Auftreffen auf eine strukturierte Wand (Probe) geändert wurde. Ein typisches Ergebnis ist in Abb. 11.7 (Mitte) gezeigt, wo die Beugung ultrakalter Neutronen an einem speziellen Strichgitter untersucht wurde. Werden planare Strukturen als Wechselwirkungsobjekte verwendet, so kann man damit *Resonatorphänomene* beobachten, bei denen Neutronen zwischen den einzelnen Schichten mehrfach hin- und herreflektiert werden [111]. Wird das Schwerkraftdiffraktometer im Energie-Mode betrieben, so können Energieänderungen im neV-Bereich beobachtet werden.

Die meisten bisher durchgeführten Untersuchungen mit ultrakalten Neutronen beschäftigten sich jedoch mit deren *Speicherung* in verschiedenen innen *totalreflektierenden Behältern* oder innerhalb gewisser Magnetfeldkonfigurationen. Die stärkste Motivation für diese Entwicklung ist vom Wunsch getragen, mit langzeitig gespeicherten Neutronen höchstempfindliche Untersuchungen bezüglich deren Lebensdauer, einer eventuell vorhandenen elektrischen Ladung oder eines elektrischen Dipolmoments durchführen zu können. Damit werden fundamentale Fragen der schwachen Wechselwirkung und der Zeitinvarianz im Rahmen verallgemeinerter Feldtheorien angesprochen (z. B. Dubbers [112]).

Wollen wir die erwarteten Speicherzeiten abschätzen, so müssen wir uns mit den Verlustmechanismen bei der Totalreflexion beschäftigen. Die Wellenfunktion tritt teilweise in das Wandmaterial ein, was zu Verlusten durch Absorption, durch inkohärente und inelastische Streuung führt und was durch ein komplexes Wechselwirkungspotential beschrieben werden kann. Mit Hilfe des in Gl. (11.28) erhaltenen Ausdrucks für den Reflexionsgrad H und deren Integration über alle Auftreffwinkel erhält man den mittleren Verlustfaktor als [113]

$$\bar{\mu}(E) = 2\frac{V_1}{V_0}\left[\frac{V_0}{E}\arcsin\sqrt{\frac{E}{V_0}} - \sqrt{\frac{V_0}{E} - 1}\right] \tag{11.118}$$

und die mittlere Zahl der Wandstöße als $\bar{\nu}(E) = 1/\bar{\mu}(E)$. Die mittlere Wegstrecke zwischen zwei Wandstößen in einem Behälter mit Folumen V und Oberfläche S läßt sich für die meisten Geometrien schreiben als $\bar{l} = 4V/S$, weswegen man die Verlustrate erhält in der Form

$$W = \frac{1}{\tau_{\text{loss}}} + \frac{1}{\tau} = v\frac{\bar{\mu}}{\bar{l}} + \frac{1}{\tau}, \tag{11.119}$$

wobei v die Geschwindigkeit der ultrakalten Neutronen angibt und der zweite Term die Verlustrate durch den β-Zerfall berücksichtigt. Für Kupfer beträgt $V_1/V_0 \approx 1{,}5 \cdot 10^{-4}$, und wir erhalten für $v = 5\,\mathrm{ms}^{-1}$ für Zylinder- oder Kugelgeometrie eine Speicherzeit $\tau_{\mathrm{loss}} \approx 130\,\mathrm{s}$. Das Füllen und Entleeren des Behälters erfolgt in den meisten Fällen durch Öffnen und Schließen mechanischer Klappen, wobei die charakteristische Zeitkonstante für das Füllen und Entleeren gegeben ist als $\tau_{\mathrm{f}} = 4\,V/A\,v$ (A... Apertur der Klappen). Die beobachteten Speicherzeiten waren in der Regel um den Faktor 20 bis 30 geringer als die berechneten Werte, was auf Rauhigkeitseffekte, auf wasserstoffhaltige Oberflächenbelegungen und spezielle Oberflächenanregungen zurückgeführt wird. Verbesserungen ergaben sich, indem man als Wandmaterial einen Flüssigkeitsfilm (Perfluor-Polyether) verwendete und diesen auf polierte Glasplatten aufsprühte [114]. Durch gezielte Änderung des Volumens und damit des $1/\tau_{\mathrm{loss}}$-Terms konnten diese Autoren einen sehr genauen Wert für die *Lebensdauer der Neutronen* extrahieren ($\tau = 887{,}6 \pm 3{,}0\,\mathrm{s}$).

Eine sehr elegante Methode zur Speicherung ultrakalter Neutronen besteht in deren Einschluß in geeignet geformten Magnetfeldern. Die besten Erfahrungen hat man diesbezüglich mit einem *magnetischen Speicherring* gemacht, in dem Neutronen durch ein Hextupolfeld in einem Ring gehalten werden (NESTOR, Abb. 11.30 [115]). Die Radialabhängigkeit des Magnetfelds ist dabei gegeben als $B = B_0(r/r_0)^2$, was für eine Spinkomponente eine rücktreibende Kraft $F = \mu\partial B/\partial r \sim r$ zur Folge hat. Um die Zentrifugalkraft zu kompensieren, sind in der tatsächlichen Anordnung die sechs supraleitenden Leiterschleifen an der Außenseite des Ringes angebracht. Die Grenzenergie der Neutronen, die in einem derartigen Ring gespeichert werden können, beträgt

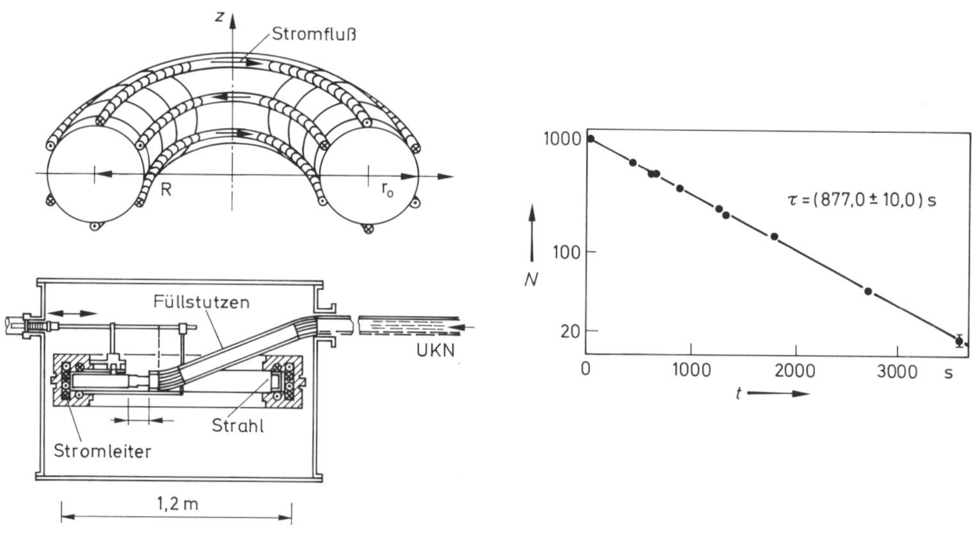

Abb. 11.30 Schematische Darstellung des Neutronenspeicherrings NESTOR und Ergebnisse eines Neutronen-Speicherexperiments [116]. N ist die Zahl der gespeicherten Neutronen.

$$E_{\max} = \mu B_0 \left[\frac{R}{R_0} + 1 \right], \tag{11.120}$$

was für ein Maximalfeld von 3,5 T einem Wert von $2 \cdot 10^{-6}$ eV ($\hat{=}$ 20 m/s) entspricht. Die Einfütterung der Neutronen erfolgt über einen geeigneten Neutronenleiter von der Innenseite her. Der Füllstutzen wird dann zurückgezogen, um die Neutronen ungestört im Ring herumlaufen zu lassen. Damit gelang es, Neutronen weit über die Lebensdauer hinaus zu speichern, wie das aus Abb. 11.30 ersichtlich ist [116].

Der soeben besprochene Speicherring konnte auch als eine Art *Waage für Neutronen* verwendet werden. Wegen der Balance von Gravitations- und magnetischer Kraft ($mg = \mu \,\text{grad}\, B$) ist der Schwerpunkt der umlaufenden Neutronen etwas nach unten verschoben, was je nach Stromstärke in den Leitern eine Verschiebung von 2–5 mm ausmacht und zu einer Bestimmung der schweren Masse von Neutronen von $m = (1{,}67 \pm 0{,}06) \cdot 10^{-27}$ kg führte. Magnetische Speicherringe stellen ein Pendant zu den Paulschen Ionenkäfigen dar [117].

Literatur

[1] Broglie, L. de, Nature **112,** 540 (1923). (Zu Abschn. 11.1)
[2] Schrödinger, E., Ann. Phys. **79,** 361 und **81,** 109 (1926). (Zu Abschn. 11.1)
[3] Messiah, A., Quantum Mechanics, North Holland Publ. Comp., Amsterdam, 1965. (Zu Abschn. 11.1)
[4] Hittmair, O., Lehrbuch der Quantentheorie, Verlag K. Thiemig, München 1972. (Zu Abschn. 11.1)
[5] Mandel, L., Wolf, E., Rev. Mod. Phys. **37,** 231 (1965). (Zu Abschn. 11.1)
[6] Born, M., Wolf, E., Principles of Optics, Pergamon Press, 1975. (Zu Abschn. 11.1 und 11.3)
[7] Fermi, E., Ric. Sci. **1,** 13 (1936). (Zu Abschn. 11.1)
[8] Goldberger, M. L., Seitz, F., Phys. Rev. **71,** 194 (1947). (Zu Abschn. 11.1)
[9] Sears, V. L., Neutron Optics, Oxford Univ. Press, 1989. (Zu Abschn. 11.1, 11.4–11.6)
[10] Sears, V. L., Phys, Rep. **141,** 281 (1986). (Zu Abschn. 11.1)
[11] Koester, L., Rauch, H., Seymann, E., Atomic Data and Nuclear Data Tables **49**, 65 (1991). (Zu Abschn. 11.1)
[12] Marshall, W., Lovesey, S. W., Theory of Thermal Neutron Scattering, Clarendon Press, Oxford, 1971. (Zu Abschn. 11.1)
[13] Chadwick, J., Proc. Roy. Soc. **A136,** 692 (1932). (Zu Abschn. 11.2)
[14] Cierjacks, S. (Ed.), Neutron Sources for Basic Physics and Applications, Pergamon Press, 1983. (Zu Abschn. 11.2)
[15] Beckurts, K. H., Wirtz, K., Neutron Physics, Springer Verlag, 1964. (Zu Abschn. 11.2)
[16] Maier-Leibnitz, H., Nukleonik **8,** 5 (1966). (Zu Abschn. 11.2)
[17] Schneider, W., Neutronenmeßtechnik, Walter de Gruyter Verlag, 1973. (Zu Abschn. 11.2)
[18] Feigl, B., Rauch, H., Nucl. Instr. Meth. **61,** 349 (1968). (Zu Abschn. 11.2)
[19] Schneider, C. S., Shull, C. G., Phys. Rev. **83,** 830 (1971). (Zu Abschn. 11.3)
[20] Maier-Leibnitz, H., Springer, T., Z. Physik **167,** 386 (1962). (Zu Abschn. 11.1, 11.3, 11.4, 11.6)
[21] Gähler, R., Kalus, J., Mampe, W., J. Phys. **E13,** 546 (1980). (Zu Abschn. 11.3 und 11.6)

[22] Badurek, G., Rauch, H., Wilfing, A., Bonse, U., Graeff, W., J. Appl. Cryst. **12,** 186 (1979). (Zu Abschn. 11.3)
[23] Fermi, E., Zinn, W.H., Phys. Rev. **70,** 103 (1946). (Zu Abschn. 11.3)
[24] Koester, L., Springer Tracts in Modern Physics **80,** (1977). (Zu Abschn. 11.3)
[25] Hayter, J.B. in: Neutron Diffraction, ed. H. Dachs, Topics in Current Physics **6,** 41; Springer Verlag, 1978. (Zu Abschn. 11.3)
[26] Maier-Leibnitz, H., Z. Angew. Physik **14,** 738 (1962). (Zu Abschn. 11.3)
[27] Koester, L., Z. Physik **182,** 328 (1965). (Zu Abschn. 11.3)
[28] Koester, L., Nistler, W., Z. Physik **A272,** 189 (1975). (Zu Abschn. 11.3)
[29] McReynolds, A.W., Phys. Rev. **83,** 233 (1951). (Zu Abschn. 11.3)
[30] Koester, L., Phys. Rev. **D14,** 907 (1976). (Zu Abschn. 11.3)
[31] Maier-Leibnitz, H., Springer, T., J. Nucl. Energy A/B **17,** 217 (1963). (Zu Abschn. 11.3)
[32] Maier-Leibnitz, H., Springer, T., Ann. Rev. Nucl. Sci. **16,** 207 (1966). (Zu Abschn. 11.3)
[33] Fiala, W., Rauch, H., Nucl. Instr. Meth. **52,** 15 (1967). (Zu Abschn. 11.3)
[34] Williams, W.G., Polarized Neutrons, Clarendon Press, 1988. (Zu Abschn. 11.3)
[35] Rekveldt, M.Th., Kraan, W.H., Physica **B120,** 81 (1983). (Zu Abschn. 11.3)
[36] Alefeld, B., Fabian, H.J., Schwahn, D., Springer, T., Physica **B156&157,** 602 (1989). (Zu Abschn. 11.3)
[37] Cowley, J.M., Diffraction Physics, North Holland, 1981. (Zu Abschn. 11.4)
[38] Shull, C.G., Phys, Rev. **179,** 752 (1969). (Zu Abschn. 11.1 und 11.4)
[39] Zeilinger, A., Gähler, R., Shull, C.G., Treimer, W., Symp. Neutron Scatt. Argonne, AIP-Conf. Proc. No. 89, 93 (1981). (Zu Abschn. 11.4 und 11.6)
[40] Zeilinger, A., Gähler, R., Shull, C.G., Treimer, W., Mampe, W., Rev. Mod. Phys. **60,** 1067 (1988). (Zu Abschn. 11.4)
[41] Gähler, R., Klein, A.G., Zeilinger, A., Phys. Rev. **A23,** 1611 (1981). (Zu Abschn. 11.4)
[42] Landkammer, F.J., Z. Physik **189,** 113 (1966). (Zu Abschn. 11.4)
[43] Kurz, H., Rauch, H., Z. Physik **220,** 419 (1969). (Zu Abschn. 11.4)
[44] Graf, A., Rauch, H., Stern, T., Atomkernenergie **33,** 298 (1979). (Zu Abschn. 11.4)
[45] Scheckenhofer, H., Steyerl, A., Phys. Rev. Lett. **39,** 1310 (1977). (Zu Abschn. 11.4). Steyerl, A., Physica **B151,** 36 (1988). (Zu Abschn. 11.4)
[46] Baumann, J., Kalus, J., Mampe, W., Nucl. Instr. Meth. **A284,** 184 (1989). (Zu Abschn. 11.4)
[47] Ioffe,k A.I., Zabiyakan, V.S., Drabkin, G.M., Phys. Lett. **111,** 373 (1985). (Zu Abschn. 11.4 und 11.6)
[48] Eder, K., Gruber, M., Zeilinger, A., Gähler, R., Mampe, W., Drexel, W., Nucl. Instr. Meth. **A284,** 171 (1989). (Zu Abschn. 11.4)
[49] Hughes-Davis, T.T., Lee, E.M., Willot, A.J., Thomas, R.K., Inst. Phys. Conf. Series **101,** 171 (1989). (Zu Abschn. 11.4)
[50] Schoenborn, B.P., Caspar, D.L.D., Kammerer, D.F., J. Appl. Cryst. **7,** 508 (1974). (Zu Abschn. 11.4)
[51] Majkrzak, C.F., Passel, L., Acta Cryst. **A41,** 41 (1985). (Zu Abschn. 11.4)
[52] Kearney, P.lD., Klein, A.G., Opat, G.I., Gähler, R., Nature **287,** 313 (1980). (Zu Abschn. 11.4)
[53] Schütz, G., Steyerl, A., Mampe, W., Phys. Rev. Lett. **44,** 1400 (1980). (Zu Abschn. 11.4)
[54] Mezei, F., Dagleish, P.A., Comm. Phys. **2,** 41 (1977). (Zu Abschn. 11.4)
[55] Schärpf, O., Stuessner, N., Nucl. Instr. Meth. **A284,** 208 (1989). (Zu Abschn. 11.4)
[56] Guinier, A., Ann. Phys. (Paris) **12,** 161 (1939). (Zu Abschn. 11.4)
[57] Kostorz, G. in: Treatise on Materials Science and Technology, Vol. 15, 227, Academic Press, 1979. (Zu Abschn. 11.4)
[58] Glatter, O., Kratky, O., Small Angle X-Ray Scattering, Academic Press, 1982. (Zu Abschn. 11.4)

[59] Triolo, R. et al., ISIS-1990, p. 23 (1990). (Zu Abschn. 11.4)
[60] Bonse, U., Hart, M., Appl. Phys. Lett. **7,** 238 (1965). (Zu Abschn. 11.4 und 11.6)
[61] Schwahn, D., Miksovsky, A., Rauch, H., Seidl, E., Zugarek, G., Nucl. Instr. Meth. **A239,** 229 (1985). (Zu Abschn. 11.4)
[62] Cribier, D., Jacrot, B., Rao, L.M., Farnoux, B., Phys. Lett. **9,** 106 (1964). (Zu Abschn. 11.4)
[63] Weber, H.W., Schelten, J., Lippmann, G., phys. stat. sol. **b57,.** 515 (1973). (Zu Abschn. 11.4)
[64] Ewald, P.P., Ann. Physik **49,** 1 und **49,** 117 (1916). (Zu Abschn. 11.5)
[65] Laue, M. von, Erg. Exakt. Naturwiss. **10,** 133 (1931). (Zu Abschn. 11.5)
[66] Laue, M. von, Materiewellen und Interferenzen, Akad. Verlagsbuchhandlung Leipzig, 1948. (Zu Abschn. 11.5)
[67] Rauch, H., Petraschek, D. in: Neutron Diffraction, ed. H. Dachs, Topics in Current Physics **6,** 303; Springer Verlag, 1978. (Zu Abschn. 11.5)
[68] Borrmann, G., Z. Physik **42,** 157 (1941) und Z. Physik **127,** 297 (1950). (Zu Abschn. 11.5)
[69] Sippel, D., Kleinstück, K., Schulze, G.E.R., Phys. Lett. **14,** 174 (1965). (Zu Abschn. 11.5)
[70] Alefeld, B., Birr, M., Heidemann, A., Naturwissenschaften **56,** 410 (1969). (Zu Abschn. 11.5)
[71] Shull, C.G., Phys. Rev. Lett. **21,** 1585 (1968). (Zu Abschn. 11.5)
[72] Kikuta, S., Ishikawa, I., Kohra, K., Hoshino, S., Phys. Soc. Japanh **39,** 471 (1975). (Zu Abschn. 11.5)
[73] Zeilinger, A., Shull, C.G., Phys. Rev. **B19,** 3975 (1979). (Zu Abschn. 11.5)
[74] Werner, S.A., Phys. Rev. **B21,** 1774 (1980). (Zu Abschn. 11.5)
[75] Rauch, H., Treimer, W., Bonse, U., Phys. Lett. **A47,** 369 (1974). (Zu Abschn. 11.1 und 11.6)
[76] Gruber, M., Eder, K., Zeilinger, A., Gähler, R., Mampe, W., Phys. Lett. **140,** 363 (1990). (Zu Abschn. 11.6)
[77] Greenberger, D.M., Rev. Mod. Phys. **55,** 875 (1983). (Zu Abschn. 11.6)
[78] Klein, A.G., Werner, S.A., Rep. Progr. Phys. **46,** 259 (1983). (Zu Abschn. 11.6)
[79] Rauch, H., Contemp. Phys. **27,** 345 (1986). (Zu Abschn. 11.6)
[80] Kaiser, H., Rauch, H., Badurek, G., Bauspieß, W., Bonse, U., Z. Physik **A291,** 231 (1979). (Zu Abschn. 11.6)
[81] Rauch, H., Seidl, E., Tuppinger, D., Petrascheck, D., Scherm, R., Z. Physik **B69,** 313 (1987). (Zu Abschn. 11.6)
[82] Kaiser, H., Clothier, R., Werner, S.A., Rauch, H., Wölwitsch, H., Phys. Rev. **A45,** 31 (1992). (Zu Abschn. 11.6)
[83] Summhammer, J., Rauch, H., Tuppinger, D., Phys. Rev. **A36,** 4447 (1987). (Zu Abschn. 11.6)
[84] Namiki, M., Pascazio, S., Phys. Lett. **147A,** 430 (1990). (Zu Abschn. 11.6)
[85] Rauch, H., Zeilinger, A., Badurek, G., Wilfing, A., Bauspieß, W., Bonse, U., Phys. Lett. **54A,** 425 (1975). (Zu Abschn. 11.6)
[86] Werner, S.A., Colella, R., Overhauser, A.W., Eagen, C.F., Phys. Rev. Lett. **35,** 1053 (1975). (Zu Abschn. 11.6)
[87] Bernstein, H.J., Phillips, A.V., Scientific American **245,** 121 (1981). (Zu Abschn. 11.6)
[88] Summhammer, J., Badurek, G., Rauch, H., Kischko, U., Zeilinger, A., Phys. Rev. **A27,** 2523 (1983). (Zu Abschn. 11.6)
[89] Badurek, G., Rauch, H., Summhammer, J., Phys. Rev. Lett. **51,** 1015 (1983). (Zu Abschn. 11.6)
[90] Badurek, G., Rauch, H., Tuppinger, D., Phys. Rev. **A34,** 2600 (1986). (Zu Abschn. 11.6)
[91] Weber, H.W., Hittmair, O., Supraleitung, Verlag K. Thiemig, München, 1979. (Zu Abschn. 11.6)

[92] Colella, R., Overhauser, A.W., Werner, S.A., Phys. Rev. Lett. **34,** 1472 (1975). (Zu Abschn. 11.6)
[93] Werner, S.A., Staudenmann, J.L., Colella, R., Phys. Rev. Lett. **42,** 1103 (1979). (Zu Abschn. 11.6)
[94] Riehle, R., Kisters, Th., Witte, A., Helmcke, J., Phys. Rev. Lett. **67**, 177 (1991). (Zu Abschn. 11.6)
[95] Bonse, U., Wroblewski, T., Phys. Rev. Lett. **51,** 1401 (1983). (Zu Abschn. 11.6)
[96] Horne, M.A., Zeilinger, A., Klein, A.G., Opat, G.I., Phys. Rev. **A28,** 1 (1983). (Zu Abschn. 11.6)
[97] Klein, A.G., Opat, G.I., Cimmino, A., Zeilinger, A., Treimer, W., Gähler, R., Phys. Rev. Lett **46**, 1551 (1981). (Zu Abschn. 11.6)
[98] Aharonov, Y., Casher, A., Phys. Rev. Lett. **53,** 319 (1984). (Zu Abschn. 11.6)
[99] Cimmino, A., Opat, G.I., Klein, A.G., Kaiser, H., Werner, S.A., Arif, M., Clothier, R., Phys. Rev. Lett. **63,** 380 (1989). (Zu Abschn. 11.6)
[100] Peshkin, M., Tonomura, A., Lect. Notes in Physics **340,** Springer Verlag, 1989. (Zu Abschn. 11.6)
[101] Carnal, O., Mlynek, J., Phys. Rev. Lett. **66**, 149 (1991). (Zu Abschn. 11.6)
[102] Keith, D.W., Ekstrom, C.R., Turchette, Q. A., Pritchard, D.E., Phys. Rev. Lett. **66**, 2693 (1991). (Zu Abschn. 11.6)
[103] Kasevich, M., Chiu, S., Phys. Rev. Lett. **67**, 181 (1991). (Zu Abschn. 11.6)
[104] Steyerl, A. in: Neutron Physics, Springer Tracts in Modern Physics **80,** 57 (1977). (Zu Abschn. 11.7)
[105] Steyerl, A., Malik, A.A., Nucl. Instr. Meth. **A284,** 200 (1989). (Zu Abschn. 11.7)
[106] Golub, R., Richardson, D., Lamoreaux, S.K., Ultra-Cold Neutrons, Adam Hilger 1991. (Zu Abschn. 11.7)
[107] Golub, R., Pendlebury, J.M., Phys. Lett. **A53,** 133 (1975). (Zu Abschn. 11.7)
[108] Herrmann, P., Steinhauser, K.-A., Gähler, R., Steyerl, A., Phys. Rev. Lett. **54,** 1969 (1985). (Zu Abschn. 11.7)
[109] Arzumanov, S.S., Masalovich, S.V., Strepetov, A.N., Frank, A.I., JETP Lett. **44,** 271 (1986). (Zu Abschn. 11.7)
[110] Scheckenhofer, H., Steyerl, A., Nucl. Instr. Meth. **179,** 393 (1981). (Zu Abschn. 11.7)
[111] Steyerl, A., Ebisawa, T., Steinhauser, K.-A., Atsuro, M., Z. Physik **B41,** 283 (1981). (Zu Abschn. 11.7)
[112] Dubbers, D., Progr. Part. Nucl. Phys. **A26,** 173 (1991). (Zu Abschn. 11.7)
[113] Golub, R., Pendlebury, J.M., Rep. Prog. Phys. **42,** 439 (1979).
[114] Mampe, W., Ageron, P., Bates, J.C., Pendlebury, J.M., Steyerl, A., Nucl. Instr. Meth. **A284,** 111 (1989). (Zu Abschn. 11.7)
[115] Kügler, K.-J., Moritz, K., Paul, W., Trinks, V., Nucl. Instr. Meth. **228,** 240 (1985). (Zu Abschn. 11.7)
[116] Paul, W., Anton, F., Paul, L., Paul, S., Mampe, W., Z. Physik **C45,** 25 (1989). (Zu Abschn. 11.7)
[117] Paul, W., Physikal. Blätter **47,** 227 (1990). (Zu Abschn. 11.7)

12 Lichtausbreitung und Relativitätstheorie

Heinz Schoenebeck †
Überarbeitet von Erwin Sedlmayr und Axel Fleischer

Die endliche Ausbreitungsgeschwindigkeit des Lichtes führte schon im 19. Jahrhundert auf ein Problem, dessen Lösung erst durch die Relativitätstheorie erfolgte. Die Problematik gipfelte in der Frage, wie sich die Ausbreitung des Lichtes relativ zu irgendwie bewegten Körpern verhält. Die – ebenfalls im 19. Jahrhundert durchgeführten – Experimente trugen zunächst nicht zu einer Klärung bei, vielmehr verschärften ihre Ergebnisse das Problem. Um so bedeutsamer wurden die Erkenntnisse der Relativitätstheorie, die zu einer endgültigen Klärung dieser Fragen führten. In diesem Sinn stellt die Relativitätstheorie den Abschluß der klassischen Physik, insbesondere im Hinblick auf Elektrodynamik und Optik, dar. Die Auswirkungen dieser Theorie erstrecken sich allerdings auf weite Bereiche der Physik und der Astrophysik. Daher soll eine Behandlung der Grundlagen der Relativitätstheorie auch in diesem Lehrbuch den Abschluß des Bandes 3 (Optik) bilden.

12.1 Das Relativitätsprinzip der Mechanik

Im Bd. 1 wurde gezeigt, daß das zweite Newtonsche Bewegungsgesetz fundamentale Bedeutung für die Mechanik besitzt. Es ergab sich ferner, daß die Gleichung

$$\boldsymbol{F} = m\boldsymbol{a} \tag{12.1}$$

erst dann einen Sinn bekommt, wenn das Bezugssystem angegeben wird, relativ zu dem die Beschleunigungen, Geschwindigkeiten und Lagen der Massenpunkte und Körper zu messen sind. Beobachtungen haben ergeben, daß ein im Fixsternhimmel verankertes Koordinatensystem ein geeignetes Bezugssystem für die auf die Newtonschen Bewegungsgesetze sich aufbauende Mechanik darstellt: *Fundamentalsystem.* Da in dem zweiten Newtonschen Bewegungsgesetz nur der Vektor der Beschleunigung, nicht aber der Geschwindigkeitsvektor auftritt, *besitzt die Grundgleichung* (12.1) *in denjenigen Koordinatensystemen, die sich relativ zu dem Fundamentalsystem mit konstanter Geschwindigkeit bewegen, die gleiche Form.* Diese im Sinne der Newtonschen Mechanik „gleichberechtigten“ oder zulässigen Systeme werden *Inertialsysteme* genannt. Daraus folgt, daß es keine Möglichkeit gibt, im Bereich der Mechanik durch Versuche eine „absolute Geschwindigkeit“ zu bestimmen. Beispiel: In einem geradlinig mit konstanter Geschwindigkeit bewegten Fahrzeug verlaufen alle mechanischen Experimente genau so, als ob das Fahrzeug ruht. Daher kann durch Versuche im Fahrzeug die Fahrzeuggeschwindigkeit nicht ermittelt werden. Dieser Relativcharakter der Newtonschen Mechanik wird als **Relativitätsprinzip der Mechanik** oder **Relativitätsprinzip von Galilei** bezeichnet[1].

Der relative Charakter der Mechanik läßt sich mathematisch aus den Transformationsgleichungen entnehmen, die den Zusammenhang zwischen dem Ortsvektor $\boldsymbol{r}$ und der Zeit t eines Inertialsystems Σ und dem Ortsvektor $\boldsymbol{r}'$ und der Zeit t' eines dagegen bewegten Inertialsystems Σ' vermitteln. Besitzt das System Σ' relativ zu dem System Σ die konstante Translationsgeschwindigkeit $\boldsymbol{u}$, so gilt zunächst für die Ortsvektoren

$$\boldsymbol{r}' = \boldsymbol{r} - \boldsymbol{u}t\,. \tag{12.2}$$

Daraus folgt für Geschwindigkeit $\mathrm{d}\boldsymbol{r}/\mathrm{d}t$ und Beschleunigung $\mathrm{d}^2\boldsymbol{r}/\mathrm{d}t^2 = \boldsymbol{a}$ eines Massenpunktes

$$\frac{\mathrm{d}\boldsymbol{r}'}{\mathrm{d}t} = \frac{\mathrm{d}\boldsymbol{r}}{\mathrm{d}t} - \boldsymbol{u}\,,$$

$$\frac{\mathrm{d}^2\boldsymbol{r}'}{\mathrm{d}t^2} = \frac{\mathrm{d}^2\boldsymbol{r}}{\mathrm{d}t^2}\,, \quad \text{oder} \quad \boldsymbol{a}' = \boldsymbol{a}\,.$$

Die Beschleunigung eines Massenpunktes ist also in beiden Intertialsystemen gleich, eine Aussage, die natürlich für alle zulässigen Inertialsysteme gilt. Dagegen unterscheiden sich Geschwindigkeits- und Ortsvektoren in beiden Systemen. Da aber in dem zweiten Newtonschen Grundgesetz (12.1) nur die Beschleunigung $\boldsymbol{a}$ auftritt, ist dieses Gesetz in allen Inertialsystemen gleich; *es ist gegenüber der Transformation* (12.2) *invariant.* Die Gl. (12.2) ist aber noch unvollständig, da sie nichts über die Zeitmessung in den Systemen aussagt. In der Newtonschen Mechanik gilt dafür die Voraussetzung der *Existenz einer absoluten Zeit,* d.h. daß irgendeine Zeitangabe t für alle Inertialsysteme gültig ist. Daher ist die Transformationsgleichung (12.2) durch die Aussage

$$t' = t \tag{12.3}$$

zu vervollständigen. Die Gln. (12.2) und (12.3) stellen die mathematische Formulierung des Relativitätsprinzips der Mechanik dar. In vielen Fällen wird die so formulierte Transformation vom Koordinatensystem $\boldsymbol{r}$, t zum Koordinatensystem $\boldsymbol{r}'$, t' als *Galilei-Transformation* bezeichnet.

Die Invarianz des zweiten Newtonschen Grundgesetzes gegenüber der vollständigen Galilei-Transformation ist somit einerseits eine Folge der Tatsache, daß in diesem Gesetz die Geschwindigkeit nicht auftritt, andererseits ist für die Invarianzeigenschaft die Voraussetzung der Existenz einer absoluten Zeit erforderlich. Die für alle Experimente entscheidende Konsequenz ist, daß *durch mechanische Versuche keine konstante Translationsgeschwindigkeit des Bezugssystems festgestellt werden kann.*

[1] Letztere Bezeichnung ist historisch inkonsequent, da nicht Galilei, sondern erst Newton diesen Sachverhalt erkannt und formuliert hat.

Da die Erde gegen den Fixsternhimmel neben einer Translation auch eine Rotation ausführt, besitzt dieser Himmelskörper gegenüber dem im Fixsternhimmel verankerten Koordinatensystem eine (Normal)-beschleunigung (vgl. Bd. 1). Daher kann die Gl. (12.1) auf der Erde nicht gelten und geeignete Experimente müßten prinzipielle Abweichungen von Gl. (12.1) aufzeigen. Das bekannteste mechanische Experiment dieser Art ist der berühmte Foucaultsche Pendelversuch (vgl. Bd. 1), der die prinzipiellen Abweichungen von Gl. (12.1) in Form der Zentrifugal- und der Corioliskraft angibt. Daher bezieht sich das Relativitätsprinzip von Galilei nur auf Translationsbewegungen, nicht aber auf Rotationsvorgänge, die durch mechanische Versuche nachgewiesen werden können. Versuche im Bereich der Optik, die ebenfalls Rotationsvorgänge zu erkennen gestatten, werden in Abschn. 12.9 besprochen werden.

12.2 Versagen des Relativitätsprinzips der Mechanik in der Elektrodynamik

Da durch mechanische Versuche keine konstante Translationsgeschwindigkeit des Bezugssystems feststellbar ist, liegt die Frage nahe, ob diese Möglichkeit durch *elektrodynamische* und *optische Experimente* gegeben ist. Zur Beantwortung dieser Frage werden die Feldgleichungen der Elektrodynamik (Maxwellsche Gleichungen) herangezogen. Bei Spezialisierung auf das Vakuum und unter der Annahme, daß im betrachteten Bereich keine felderzeugenden elektrischen Ladungen und Ströme vorhanden sind, lauten diese Gleichungen im Internationalen Einheitensystem (SI)[2]:

[2] Da in zahlreichen Lehrbüchern und wissenschaftlichen Veröffentlichungen noch das ältere Gaußsche Maßsystem verwendet wird, soll der Übergang von dem in diesem Kapitel ausschließlich verwendeten Internationalen Einheitensystem zum Gaußschen System kurz angegeben werden. Die für das Vakuum spezialisierten Maxwellschen Gln. (12.4) bis (12.7) im Internationalen Einheitensystem lassen sich durch Einführung eines konstanten Faktors Γ, der auch dimensionsbehaftet sein kann, zu

$$\varepsilon_0 \mu_0 \frac{\partial E_x}{\partial t} = \Gamma \left(\frac{\partial B_z}{\partial y} - \frac{\partial B_y}{\partial z} \right); \quad -\frac{\partial B_x}{\partial t} = \Gamma \left(\frac{\partial E_z}{\partial y} - \frac{\partial E_y}{\partial z} \right)$$

erweitern. (Zur Abkürzung wird nur die erste Gleichung beider Tripel angegeben.) Wegen der Konsequenzen aus der Wellengleichung (12.12) wird ferner

$$\Gamma = c\sqrt{\varepsilon_0 \mu_0}$$

gesetzt. Mit der Wahl von $\Gamma = \mathrm{Y}$ – und damit $c = \sqrt{(\varepsilon_0 \mu_0)^{-1}}$ – ergeben sich wieder die Maxwellschen Gln. (12.4) bis (12.5). Wird aber $\Gamma = c$ – also $\sqrt{\varepsilon_0 \mu_0} = 1$ – und außerdem $\varepsilon_0 = 1$ und $\mu_0 = 1$ gesetzt, folgen die Maxwellschen Gleichungen unter Verwendung des Gaußschen Maßsystems, nämlich

$$\frac{1}{c} \frac{\partial E_x}{\partial t} = \frac{\partial B_z}{\partial y} - \frac{\partial B_y}{\partial z}; \quad -\frac{1}{c} \frac{\partial B_y}{\partial t} = \frac{\partial E_x}{\partial y} - \frac{\partial E_y}{\partial z}$$

und je zwei weitere Gleichungen.

$$\left.\begin{aligned}
\varepsilon_0 \mu_0 \frac{\partial E_x}{\partial t} &= \frac{\partial B_z}{\partial y} - \frac{\partial B_y}{\partial z} \\
\varepsilon_0 \mu_0 \frac{\partial E_y}{\partial t} &= \frac{\partial B_x}{\partial z} - \frac{\partial B_z}{\partial x} \\
\varepsilon_0 \mu_0 \frac{\partial E_z}{\partial t} &= \frac{\partial B_y}{\partial x} - \frac{\partial B_x}{\partial y}
\end{aligned}\right\} \tag{12.4}$$

$$\left.\begin{aligned}
-\frac{\partial B_x}{\partial t} &= \frac{\partial E_z}{\partial y} - \frac{\partial E_y}{\partial z} \\
-\frac{\partial B_y}{\partial t} &= \frac{\partial E_x}{\partial z} - \frac{\partial E_z}{\partial x} \\
-\frac{\partial B_z}{\partial t} &= \frac{\partial E_y}{\partial x} - \frac{\partial E_x}{\partial y}
\end{aligned}\right\} \tag{12.5}$$

$$0 = \frac{\partial E_x}{\partial x} + \frac{\partial E_y}{\partial y} + \frac{\partial E_z}{\partial z}, \tag{12.6}$$

$$0 = \frac{\partial B_x}{\partial x} + \frac{\partial B_y}{\partial y} + \frac{\partial B_z}{\partial z}, \tag{12.7}$$

mit der *elektrischen Feldkonstante* ε_0 und der *magnetischen Feldkonstante* μ_0 (vgl. Abschn. E.1). Zur Abkürzung werden der Vektor $\operatorname{rot} \boldsymbol{E}$, definiert durch

$$\operatorname{rot} \boldsymbol{E} = \left(\frac{\partial E_z}{\partial y} - \frac{\partial E_y}{\partial z}\right)\boldsymbol{i} + \left(\frac{\partial E_x}{\partial z} - \frac{\partial E_z}{\partial x}\right)\boldsymbol{j} + \left(\frac{\partial E_y}{\partial x} - \frac{\partial E_x}{\partial y}\right)\boldsymbol{k}$$

und die skalare Größe $\operatorname{div} \boldsymbol{E}$, definiert durch

$$\operatorname{div} \boldsymbol{E} = \frac{\partial E_x}{\partial x} + \frac{\partial E_y}{\partial y} + \frac{\partial E_z}{\partial z}$$

eingeführt[3]. Mit den entsprechenden Größen für $\boldsymbol{B}$ erhalten die Gln. (12.4) bis (12.7) die Gestalt

$$\varepsilon_0 \mu_0 \frac{\partial \boldsymbol{E}}{\partial t} = \operatorname{rot} \boldsymbol{B}, \tag{12.8}$$

$$-\frac{\partial \boldsymbol{B}}{\partial t} = \operatorname{rot} \boldsymbol{E}, \tag{12.9}$$

$$0 = \operatorname{div} \boldsymbol{E}, \tag{12.10}$$

$$0 = \operatorname{div} \boldsymbol{B}. \tag{12.11}$$

[3] Dabei stellen die Symbole $\boldsymbol{i}, \boldsymbol{j}, \boldsymbol{k}$ Einheitsvektoren in den Richtungen der x-, y- und z-Achse eines rechtwinkligen Koordinatensystems dar.

Unter den hier angenommenen Vereinfachungen folgt aus der Elektrodynamik, daß alle sechs Komponenten der Feldvektoren **E** und **B** der homogenen Wellengleichung genügen (vgl. Abschn. E.4). Es gilt also z. B. für E_x:

$$\Delta E_x - \varepsilon_0 \mu_0 \frac{\partial^2 E_x}{\partial t^2} = 0 \tag{12.12}$$

mit dem Laplace-Operator

$$\Delta = \frac{\partial^2}{\partial x^2} + \frac{\partial^2}{\partial y^2} + \frac{\partial^2}{\partial z^2} . \tag{12.13}$$

Daraus folgt weiter, daß eine punktförmige Lichtquelle elektromagnetische Kugelwellen aussendet (vgl. Abschn. E.4.6), die sich isotrop in den Raum mit der Phasengeschwindigkeit $c = \sqrt{(\varepsilon_0 \mu_0)^{-1}} = 3 \cdot 10^8 \, \mathrm{m\,s^{-1}}$ ausbreiten[4]. Dann ist zu schließen, daß für die Grundgleichungen der Elektrodynamik dasjenige Koordinatensystem zugrunde gelegt werden sollte, das der *Aussage von der Isotropie der Lichtwellenausbreitung* von sich aus entspricht. Dieses ausgezeichnete Koordinatensystem ist im Prinzip durch Experimente zu bestimmen.

Ein Hinweis darauf, daß das Relativitätsprinzip der Mechanik in der Elektrodynamik versagen muß, ist bereits durch die Tatsache gegebe, daß die Phasengeschwindigkeit der Lichtwellen c in den Grundgleichungen der Elektrodynamik – z. B. in Gl. (12.12) – explizit auftritt. Das *Versagen des Relativitätsprinzips der Mechanik zeigt sich aber unmittelbar,* wenn die homogene Wellengleichung für eine der sechs Feldvektorkomponenten (hier allgemein mit ψ abgekürzt) betrachtet wird:

$$\Delta \psi - \frac{1}{c^2} \frac{\partial^2 \psi}{\partial t^2} = 0 . \tag{12.14}$$

Diese Differentialgleichung wird der Galilei-Transformation unterworfen. Dann folgt aus den Gln. (12.2) und (12.3) für den Zusammenhang von x und x'

$$x = x' + u_x t' \tag{12.15}$$

und daraus mittels der Kettenregel der Differentialrechnung

$$\frac{\partial \psi}{\partial x} = \frac{\partial \psi}{\partial x'} \frac{\partial x'}{\partial x} + \frac{\partial \psi}{\partial t'} \frac{\partial t'}{\partial x} = \frac{\partial \psi}{\partial x'} ,$$

da nach Gl. (12.2) $\partial x'/\partial x = 1$ ist und t' nicht von x abhängt. Eine abermalige Anwendung der Kettenregel liefert dann

$$\frac{\partial^2 \psi}{\partial x^2} = \frac{\partial^2 \psi}{\partial x'^2} .$$

Da erstens die y- und die z-Komponente in der Gl. (12.2) die zu Gl. (12.15) analogen Beziehungen

[4] In diesem Kapitel tritt die Lichtgeschwindigkeit häufig, aber ausschließlich als Vakuumlichtgeschwindigkeit (c_0) auf. Zur Vereinfachung wird daher hier, anders als in den anderen Kapiteln, der Index 0 bei der Vakuumlichtgeschwindigkeit weggelassen.

$$y = y' + u_y t' , \quad z = z' + u_z t'$$

ergeben und zweitens der Laplace-Operator nach Gl. (12.13) in den Koordinaten x, y, z gleich gebaut ist, gilt ebenso

$$\frac{\partial^2 \psi}{\partial y^2} = \frac{\partial^2 \psi}{\partial y'^2}, \quad \frac{\partial^2 \psi}{\partial z^2} = \frac{\partial^2 \psi}{\partial z'^2}.$$

Daraus folgt mit

$$\Delta' = \frac{\partial^2}{\partial x'^2} + \frac{\partial^2}{\partial y'^2} + \frac{\partial^2}{\partial z'^2}$$

zunächst

$$\Delta \psi = \Delta' \psi . \tag{12.16}$$

Andererseits bestimmt sich aus $\psi = \psi(\boldsymbol{r}', t')$ wiederum nach der Kettenregel $\partial \psi / \partial t$ zu

$$\frac{\partial \psi}{\partial t} = \frac{\partial \psi}{\partial x'} \frac{\partial x'}{\partial t} + \frac{\partial \psi}{\partial y'} \frac{\partial y'}{\partial t} + \frac{\partial \psi}{\partial z'} \frac{\partial z'}{\partial t} + \frac{\partial \psi}{\partial t'} \frac{\partial t'}{\partial t} .$$

Nach Gl. (12.2) und (12.3) gilt

$$\frac{\partial x'}{\partial t} = -u_x , \quad \frac{\partial y'}{\partial t} = -u_y , \quad \frac{\partial z'}{\partial t} = -u_z , \quad \frac{\partial t'}{\partial t} = 1 ,$$

so daß

$$\frac{\partial \psi}{\partial t} = -\left(\frac{\partial \psi}{\partial x'} u_x + \frac{\partial \psi}{\partial y'} u_y + \frac{\partial \psi}{\partial z'} u_z \right) + \frac{\partial \psi}{\partial t'}$$

folgt. Bei vektorieller Zusammenfassung der drei Summanden in der runden Klammer zu $\boldsymbol{u} \cdot \operatorname{grad}' \psi$ und Vertauschen der Reihenfolge in diesem skalaren Produkt ergibt sich

$$\frac{\partial \psi}{\partial t} = \frac{\partial \psi}{\partial t'} - \boldsymbol{u} \cdot \operatorname{grad}' \psi . \tag{12.17}$$

Die Gln. (12.16) und (12.17) liefern als Endergebnis

$$\Delta \psi - \frac{1}{c^2} \frac{\partial^2 \psi}{\partial t^2} = \Delta' \psi - \frac{1}{c^2} \left[\frac{\partial}{\partial t'} - \boldsymbol{u} \cdot \operatorname{grad}' \right]^2 \psi . \tag{12.18}$$

Die Wellengleichung (12.14) des Systems Σ wird also durch Anwendung der Galilei-Transformation im System Σ' wesentlich abgeändert, wie die rechte Seite von Gl. (12.18) zeigt.

Es ergeben sich also deutliche Hinweise darauf, daß das *Relativitätsprinzip der Mechanik in der Elektrodynamik und Optik versagt*. Daher scheint es möglich zu sein, durch elektrodynamische bzw. optische Versuche eine konstante Translationsgeschwindigkeit, z. B. die der Erde, gegenüber einem ausgezeichneten Bezugssystem der Elektrodynamik zu bestimmen. Das erste grundsätzliche Experiment in dieser Richtung ist von A. Michelson (1887) durchgeführt worden. Dieses Experiment und seine Ergebnisse werden in Abschn. 12.4 besprochen.

12.3 Versuche zum Mitführungskoeffizienten

Zum Verständnis der Gedankengänge, die zu dem Versuch von Michelson führten, müssen die Vorstellungen der Physiker nach Aufstellung der Maxwellschen Gleichungen bis in die Zeit der Jahrhundertwende genauer erläutert werden. In jener Zeit war die Vorstellung vorherrschend, daß als „Träger" des elektromagnetischen Feldes (also auch der elektromagnetischen Wellen) ein das gesamte Weltall erfüllender „Stoff", der sog. „Äther" anzusehen ist. In diesem hypothetischen Stoff sollten sich die elektromagnetischen Wellen als elastische Wellen ausbreiten, deren Phasengeschwindigkeit dann durch die „elastischen Konstanten" des Äthers bestimmt wäre. Da die elektromagnetischen Wellen Materie durchlaufen, mußte angenommen werden, daß der Äther auch die materiellen Bereiche des Weltalls durchsetzt. Ein so universeller „Träger" des elektromagnetischen Feldes sollte aber als das ausgezeichnete Koordinatensystem der Elektrodynamik anzusehen sein.

Die Vorstellung eines sowohl das Vakuum als auch jede Materie durchdringenden Äthers warf damals die Frage auf, ob der Äther im Innern der Materie mit dieser ganz oder teilweise mitbewegt wird oder gegenüber der Umgebung in Ruhe bleibt. Darüber sollten Experimente entscheiden, die seit der Mitte des 19. Jahrhunderts vorgenommen wurden.

Ein erster wichtiger Versuch zu dieser Frage wurde von Fizeau (1851) durchgeführt, dem es gelang, die Lichtgeschwindigkeit in strömendem Wasser in Abhängigkeit von der Strömungsgeschwindigkeit zu messen. Dabei wurden zwei gleich lange mit Wasser gefüllte Rohre je von einer Lichtwelle gleicher Wellenlänge in gleicher Richtung durchlaufen und anschließend beide Wellen zur Interferenz gebracht. Im ruhenden Wasser (Brechzahl n) ist die Phasengeschwindigkeit für beide Wellen gleich und durch $v = c/n$ gegeben. Der Interferenzversuch wurde wiederholt, wobei dann das Wasser mit der Geschwindigkeit w in beiden Rohren gegenläufig strömte. Die Phasengeschwindigkeiten der beiden Lichtwellen sind nun durch $v_1 = c/n + Fw$ bzw. $v_2 = c/n - Fw$ gegeben. Der Faktor F, der ein Maß für die Größe der Mitführung des Äthers durch das strömende Wasser ist, wird als *Fresnelscher Mitführungskoeffizient* bezeichnet. Der Maximalwert $F = 1$ entspricht vollständiger Mitführung; der Wert $F = 0$ beschreibt dagegen den Fall des ruhenden Äthers, und jeder Zwischenwert offenbar eine partielle Mitführung. Aus einer Verschiebung der Interferenzstreifen gegenüber der Interferenzfigur bei ruhendem Wasser konnte auf den Wert von F geschlossen werden. Bereits Fizeau stellt eine durch $F \approx 0{,}48$ beschriebene *partielle Mitführung* fest. Alle späteren Versuche, die mit zunehmender Genauigkeit durchgeführt wurden, ergaben ebenfalls eine partielle Mitführung.

Das Experiment von Fizeau hatte den großen Nachteil, daß die Strömungsgeschwindigkeit des Wassers im Laboratorium nur relativ niedrig gewählt werden konnte. Es war daher ein wesentlicher Fortschritt, als Hoek (1868) ein Experiment durchführte, in dem die Tatsache ausgenutzt wurde, daß die Erde selbst ein bewegtes Laboratorium darstellt. Gegenüber Strömungsgeschwindigkeiten des Wassers von maximal $25\,\mathrm{m\,s^{-1}}$ beträgt die Translationsgeschwindigkeit der Erde etwa $3 \cdot 10^4\,\mathrm{m\,s^{-1}}$. Es liegt damit ein Verhältnis zur Lichtgeschwindigkeit im Vakuum von $\beta = w/c \approx 10^{-4}$ vor.

In dem Experiment von Hoek trifft die Lichtwelle, die von der Lichtquelle L kommt, auf den unter 45° geneigten, halbdurchlässigen, ebenen Spiegel S_1

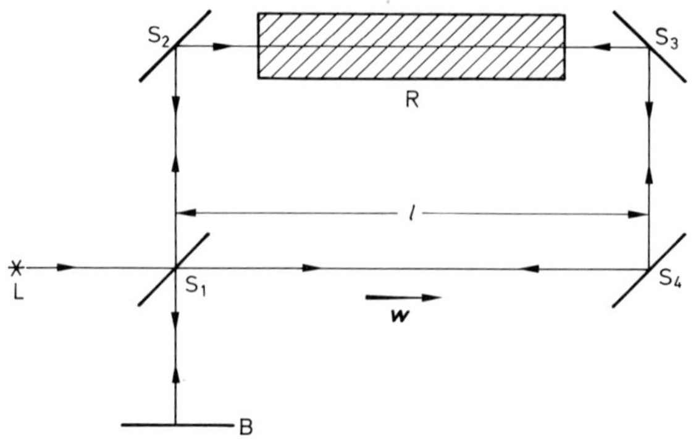

Abb. 12.1 Schema des Versuchs von Hoek.

(Abb. 12.1). Dort wird die Lichtwelle in zwei kohärente Teilwellen aufgespalten, die über die ebenen Spiegel S_2, S_3, S_4 in entgegengesetzter Richtung ein mit Wasser gefülltes Rohr R durchlaufen. An dem halbdurchlässigen Spiegel S_1 treffen beide Lichtwellen wieder zusammen. Diese Anordnung stellt ein optisches Interferometer dar (Abschn. 3.1 und 3.4), dessen Streifensystem auf dem Beobachtungsschirm B von dem Gangunterschied, d. h. von der Differenz der optischen Wege zwischen beiden Wellen, abhängt. Wird die Phasengeschwindigkeit einer der beiden Lichtwellen gegenüber derjenigen der anderen Welle abgewandelt, so ändert sich mit dem Gangunterschied auch die Lage des Streifensystems auf dem Schirm B.

Tatsächlich geht von der Quelle L keine ebene Welle, sondern ein Strahlenbündel aus. Von diesem wird hier gewissermaßen der Mittelstrahl betrachtet. Auch die Annahme, daß der halbdurchlässige Spiegel S_1 unendlich dünn ist, ist eine Fiktion. In Wirklichkeit handelt es sich um eine planparallele Platte.

Zunächst wird das Experiment so durchgeführt, daß der gesamte Versuchsaufbau mit der Translationsgeschwindigkeit $\boldsymbol{w}$ der Erde in Richtung der Verbindungslinie LS_1 bewegt wird. Die Laufzeit des Lichtes für die Strecke l zwischen den Spiegeln S_1 und S_4 beträgt dann

$$t_{14}^{(1)} = \frac{l}{c - w}.$$

(Dabei wurde für die Luft näherungsweise $n = 1$ gesetzt. Die beiden Teilwellen werden durch die oberen Indizes (1) bzw. (2) unterschieden.) Die gleiche Teilwelle benötigt für die gleichlange Strecke zwischen den Spiegeln S_3 und S_2 die Zeit

$$t_{32}^{(1)} = \frac{l}{c/n + w - Fw}. \tag{12.19}$$

Der dritte Summand im Nenner von Gl. (12.19) stellt in einem sich mit der Apparatur bewegenden Koordinatensystem (Laborsystem) die Geschwindigkeit des Äthers im Wasser bei Mitführung dar. Die gesamte Laufzeit dieser Teilwellen für den Weg von S_1 durch das Rohr R zurück nach S_1 beträgt

$$t^{(1)} = t_{14}^{(1)} + t_{43}^{(1)} + t_{32}^{(1)} + t_{21}^{(1)} = \frac{l}{c-w} + \frac{d}{c} + \frac{l}{c/n + w - Fw} + \frac{d}{c}\,.$$

Für die zweite Teilwelle liefert eine entsprechende Überlegung nach Ersetzen von w durch $-w$

$$t^{(2)} = \frac{l}{c+w} + \frac{d}{c} + \frac{l}{c/n - w + Fw} + \frac{d}{c}\,.$$

In der Laufzeitdifferenz $\Delta t = t^{(1)} - t^{(2)}$ fallen die Anteile für die senkrecht zur Geschwindigkeit w liegenden Strecken heraus, so daß sich

$$\Delta t = l\left[\frac{1}{c-w} - \frac{1}{c+w} + \frac{1}{c/n + w - Fw} - \frac{1}{c/n - w + Fw}\right] \tag{12.20}$$

ergibt. Werden auf der rechten Seite dieser Gleichung der erste und zweite Summand sowie der dritte und vierte Summand zusammengefaßt und dabei Ausdrücke mit dem Faktor $\beta^2 = (w/c)^2 \approx 10^{-8}$ gegenüber 1 vernachlässigt, folgt

$$\Delta t \approx 2\frac{l}{c}\left(\frac{w}{c}\right)[1 - n^2(1 - F)]\,. \tag{12.21}$$

Diese Laufzeitdifferenz entspricht einem Gangunterschied und bestimmt daher die Lage der Interferenzstreifen.

Da die gesamte Apparatur drehbar angeordnet war, wurde von Hoek das Experiment nach Drehung um einen Winkel α um eine senkrecht zur Ebene der Wellenausbreitung (d. h. senkrecht zur Zeichenebene von Abb. 12.1) stehende Achse wiederholt. In diesem Fall ist die Komponente der Geschwindigkeit $\boldsymbol{w}$, die in die Richtung der Verbindungslinie der Spiegel S_2 und S_3 fällt, durch $w\cos\alpha < w$ gegeben. Das entscheidende Ergebnis des Versuches ist nun, daß für jeden Drehwinkel α der Apparatur die Interferenzerscheinung unverändert bleibt. Der Wert der Laufzeitdifferenz Δt ist also unabhängig von der Größe der Geschwindigkeitskomponente in der Richtung S_2S_3. Da dieses Ergebnis auch für $\alpha = 90°$ ($\boldsymbol{w}$ senkrecht zur der Richtung S_2S_3) erhalten wird und dafür aus Gl. (12.21) $\Delta t = 0$ folgt, muß für jeden Wert der Geschwindigkeitskomponente $\Delta t = 0$ gelten. Für $w \neq 0$ folgt somit

$$1 - n^2(1 - F) = 0\,,$$

also

$$F = 1 - \frac{1}{n^2}\,. \tag{12.22}$$

In Übereinstimmung mit dem Versuch von Fizeau zeigt der Versuch von Hoek das Ergebnis, daß der *Äther* von bewegter Materie *partiell mitgeführt* wird. Der Mitführungskoeffizient ist nach Gl. (12.22) eine Funktion der Brechzahl n. Für Wasser ($n \approx 1{,}33$) ergibt sich für F der Wert 0,44, der mit dem Wert von Fizeau und moderneren Ergebnissen nach der Fizeauschen Anordnung gut übereinstimmt.

12.4 Der Versuch von Michelson

Der Versuch von Hoek ergab die Tatsache der partiellen Mitführung des Äthers in Abhängigkeit von der Brechzahl. Speziell folgt aus Gl. (12.22), daß im Vakuum ($n = 1$) oder in Luft ($n \approx 1$) wegen $F = 0$ *keine* Mitführung auftreten darf. Daraus ist zu schließen, daß im Luftraum an der Erdoberfläche trotz der Translationsbewegung der Erde keine Mitführung des Äthers erfolgt. Dann sollte aber der ruhende Äther sich auf der Erde bei ihrer Bewegung als sog. „Ätherwind" mit einer der Translationsgeschwindikgeit der Erde entgegengerichteten Geschwindigkeit $-\boldsymbol{w}$ bemerkbar machen. Diese Geschwindigkeit wäre zugleich die Relativgeschwindigkeit zwischen der Erde und dem ausgezeichneten Bezugssystem der Elektrodynamik, als das der Äther anzusehen wäre. Damit wäre aber auch die absolute Translationsgeschwindigkeit der Erde zu messen.

Ein *erster Versuch der Messung des Ätherwindes* oder der Absolutgeschwindigkeit der Erde ist von Michelson (1881) ausgeführt worden. Dieser benutzte dabei das von ihm entwickelte Interferometer (Abb. 12.2). Die Lichtwelle, die von der Lichtquelle L ausgeht, wird entsprechend dem Experiment von Hoek an einem unter 45° geneigten, halbdurchlässigen Spiegel S_1 in zwei kohärente Teilwellen aufgespalten. Die den Spiegel S_1 ungebrochen durchlaufende Teilwelle (in Richtung der x-Achse) wird an dem Spiegel S_2 um 180° reflektiert und erreicht nach zweimaligem Durchlaufen der Strecke l_x wieder den Spiegel S_1. Die zweite Teilwelle wird durch Reflexion am Spiegel S_1 in eine Richtung senkrecht zur x-Achse abgelenkt und an dem Spiegel S_3 um 180° reflektiert. Nach zweimaligem Durchlaufen der Strecke l_y passiert ein Teil dieser Teilwelle ungebrochen den halbdurchlässigen Spiegel S_1 und erreicht den Beobachtungsschirm B. Dorthin gelangt nach Reflexion um 90° am Spiegel S_1 auch ein Teil der von S_2 reflektierten Teilwelle. Beide Teilwellen erzeugen auf dem Schirm B eine Interferenzerscheinung. Wenn die Oberflächen der Spiegel S_2 und S_3 nicht exakt, sondern nur annähernd senkrecht aufeinander stehen, ergibt sich auf B ein

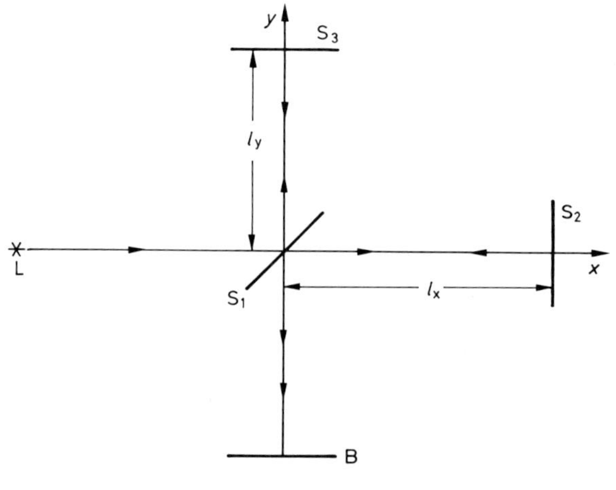

Abb. 12.2 Schema des Versuchs von Michelson.

System von äquidistanten Interferenzstreifen, ähnlich wie es ein sehr schmaler Keil verursacht (vgl. Abschn. 3.3 und 3.4).

Die Versuchsanordnung wird zunächst so eingerichtet, daß die x-Achse parallel zur Richtung der Translationsgeschwindigkeit der Erde liegt. In einem sich mit der Apparatur bewegenden Koordinatensystem (Laborsystem) besitzt die längs der x-Achse laufende Teilwelle auf dem Weg von S_1 nach S_2 die Geschwindigkeit $c - w$, da diese Bewegung dem Ätherwind entgegengesetzt gerichtet ist. Entsprechend ergibt sich für diese Teilwelle auf dem Rückweg, d.h. parallel zum Ätherwind, eine Geschwindigkeit $c + w$. Analog zum Hoekschen Versuch wird die Laufzeit der Teilwelle von S_1 nach S_2 und zurück berechnet[5] und ergibt

$$t^{(1)} = t_{12}^{(1)} + t_{21}^{(1)} = l_x \left(\frac{1}{c - w} + \frac{1}{c + w} \right),$$

woraus

$$t^{(1)} = l_x \frac{2c}{c^2 - w^2} \tag{12.23}$$

folgt. Die Geschwindigkeit für die Teilwelle in Richtung der y-Achse ergibt sich aus der Tatsache, daß in diesem Fall der Vektor der Ausbreitungsgeschwindigkeit im mitbewegten Koordinatensystem $\boldsymbol{c} - \boldsymbol{w}$ senkrecht auf dem Geschwindigkeitsvektor $-\boldsymbol{w}$ des Ätherwindes steht. Aus der Abb. 12.3 folgt dann für die Geschwindigkeit in Richtung der y-Achse, aber aus Symmetriegründen auch für die entgegengesetzte Richtung, aus dem rechtwinkligen Dreieck $|\boldsymbol{c} - \boldsymbol{w}| = \sqrt{c^2 - w^2}$. Damit ergibt sich die Laufzeit der zweiten Teilwelle für den Weg von S_1 nach S_3 und zurück zu

$$t^{(2)} = t_{13}^{(2)} + t_{31}^{(2)} = l_y \left(\frac{1}{\sqrt{c^2 - w^2}} + \frac{1}{\sqrt{c^2 - w^2}} \right). \tag{12.24}$$

Aus Gl. (12.23) und (12.24) läßt sich die Laufzeitdifferenz Δt der beiden Teilwellen bis zu ihrem Zusammentreffen bei S_1 ermitteln. (Die Wege $\overline{LS_1}$ und $\overline{S_1B}$ tragen zur Laufzeitdifferenz nicht bei.) für Δt folgt durch Differenzbildung

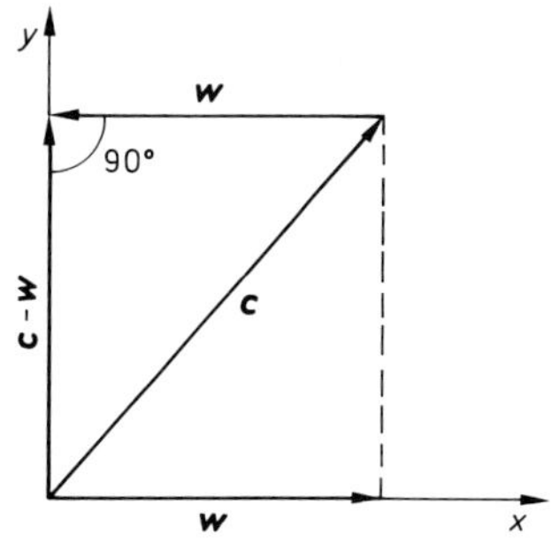

Abb. 12.3 Addition von Lichtgeschwindigkeit $\boldsymbol{c}$ und Geschwindigkeitsvektor $-\boldsymbol{w}$ des Ätherwindes.

[5] Wie in Abschn. 12.3 werden die Teilwellen durch obere Indizes unterschieden.

$$\Delta t = t^{(1)} - t^{(2)} = l_x \frac{2c}{c^2 - w^2} - l_y \frac{2}{\sqrt{c^2 - w^2}}$$

und daraus durch einfache Umformungen sowie mit $\beta = w/c$

$$\Delta t = \frac{2}{c} \left[\frac{l_x}{1 - \beta^2} - \frac{l_y}{\sqrt{1 - \beta^2}} \right]. \tag{12.25}$$

Im Gegensatz zu der Laufzeitdifferenz nach Gl. (12.21) beim Versuch von Hoek tritt hier die kleine Größe $\beta \approx 10^{-4}$ lediglich quadratisch auf. Daher müssen bei der Reihenentwicklung der Nenner von Gl. (12.25) die Glieder mit β^2 berücksichtigt werden. Das führt auf den Ausdruck

$$\Delta t(\beta) = \frac{2}{c} \left[l_x (1 + \beta^2) - l_y \left(1 + \frac{1}{2} \beta^2 \right) \right]. \tag{12.26}$$

Diese Laufzeitdifferenz legt die Lage des Interferenzstreifensystems in B fest, die nach Gl. (12.26) von der unbekannten Absolutgeschwindigkeit w der Erde abhängt. Es scheint daher möglich zu sein, diese Größe aus der durch $\Delta t(\beta)$ bedingten Verschiebung der Interferenzfigur gegenüber der Interferenzerscheinung für $w = 0$, nämlich

$$\Delta t(0) = \frac{2}{c} [l_x - l_y] \tag{12.27}$$

zu ermitteln. Die Laufzeitdifferenz nach Gl. (12.27) ist offensichtlich rein geometrischer Natur und verschwindet für $l_y = l_x$. Jedoch ist gerade die durch Gl. (12.27) bedingte Interferenzfigur nicht beobachtbar, da bei einer Versuchsapparatur auf der bewegten Erde stets $w \neq 0$ ist.

Diese Schwierigkeit konnte Michelson dadurch beseitigen, daß er den Versuch nach Drehung der gesamten Apparatur um 90° um eine zur x, y-Ebene senkrechte Achse wiederholte. In diesem Fall vertauschen x- und y-Richtung ihre Rollen, denn nun liegt die y-Richtung parallel zu $\boldsymbol{w}$. Daher berechnet sich die jetzt auftretende Laufzeitdifferenz $\Delta t'(\beta)$ aus Gl. (12.26) formal durch Vertauschen der Faktoren von l_x und l_y. Das führt zu

$$\Delta t'(\beta) = \frac{2}{c} \left[l_x \left(1 + \frac{1}{2} \beta^2 \right) - l_y (1 + \beta^2) \right]. \tag{12.28}$$

Der Unterschied zwischen den beiden Interferenzstreifensystemen vor und nach der Drehung um 90° ergibt sich durch Bildung der Differenz zwischen Gl. (12.26) und (12.28):

$$\delta = \Delta t(\beta) - \Delta t'(\beta) = \frac{1}{c} (l_x + l_y) \beta^2 . \tag{12.29}$$

Auch hier tritt – im Gegensatz zu der Laufzeitdifferenz Gl. (12.21) im Versuch von Hoek – in Gl. (12.29) die Größe β nur quadratisch auf. Hinsichtlich des Parameters β ist der Michelson-Versuch als *Effekt zweiter Ordnung* gekennzeichnet.

Aus der Laufzeitdifferenz δ nach Gl. (12.29) ergibt sich eine optische Weglängendifferenz

$$\Delta = \delta c = (l_x + l_y)\beta^2 .$$

Da bei Licht der Wellenlänge λ helle Interferenzstreifen dann auftreten, wenn die optische Weglängendifferenz die Bedingung $\Delta = m\lambda$ ($m = 0, 1, 2, \ldots$) erfüllt, ist der Abstand benachbarter heller Interferenzstreifen durch $D = \lambda$ gegeben. Daher ist eine relative Verschiebung der Interferenzstreifen von

$$\frac{\Delta}{D} = \frac{l_x + l_y}{\lambda}\beta^2 \tag{12.30}$$

zu erwarten. Bei den genauesten Messungen von Michelson, die dieser 1887 gemeinsam mit Morley ausführte, war $l_x = l_y = 11$ m. Bei einer Wellenlänge von $\lambda \approx 600$ nm und $\beta^2 \approx 10^{-8}$ ergibt sich

$$\frac{\Delta}{D} \approx 3{,}7 \cdot 10^{-1} .$$

Es ist also eine Streifenverschiebung um etwa 37% des Streifenabstandes zu erwarten. Bei einer Wiederholung des Michelson-Experimentes durch Joos (1930) konnte die Apparatur bei Weglängen $l_x = l_y = 21$ m noch korrekt gedreht werden und hätte nach Gl. (12.30) zu einer Streifenverschiebung von etwa 71% geführt. Bei der hohen Meßgenauigkeit des Experimentes von Joos hätten Streifenverschiebungen von $\Delta/D \approx 10^{-3}$ nachgewiesen werden können. Das Ergebnis dieser und aller entsprechenden Experimente lautet, daß *keine Verschiebung der Interferenzstreifen beobachtet wird.* Das gleiche Ergebnis zeigte sich auch bei Verwendung von Sternenlicht bei Experimenten von Tomaschek (1924). Dieses *unerwartete* Ergebnis läßt zunächst *zwei* Deutungen zu:

1. Es existiert an der Erdoberfläche kein Ätherwind, d.h. die Lufthülle der Erde führt den Äther vollständig mit.
2. Die Addition der Geschwindigkeiten – nach Abb. 12.3 und in den Gln. (12.23) und (12.24) – im Sinn der Galilei-Transformation ist nicht gültig.

Insofern ist der Michelson-Versuch bedeutungsvoller als jeder Versuch zur Bestimmung des Mitführungskoeffizienten. Bei diesen Versuchen sind Einflüsse der Substanz unvermeidlich, wie z.B. das Auftreten der Brechzahl n in Gl. (12.21) oder (12.22) zeigt. Dagegen ist der Michelson-Versuch substanzunabhängig, da bei seiner Behandlung Geschwindigkeiten im Vakuum nach Abb. 12.3 vektoriell addiert werden.

Die erste der beiden Deutungen des Experimentes stellt sofort einen unmittelbaren Widerspruch zu den Experimenten von Fizeau und Hoek zum Mitführungskoeffizienten dar, denn aus Gl. (12.22) folgt für Vakuum $F = 0$, also nicht $F = 1$ für vollständige Mitführung. *Die Notwendigkeit der zweiten Deutung hat dann Einstein (1905) zu seiner Erklärung des Michelsonschen Versuches geführt.* Von Einstein wird im Rahmen einer ganz neuen Konzeption jenes Additionstheorem der Geschwindigkeiten aufgestellt, das u.a. auch zur Erklärung des überraschenden Ergebnisses des Michelson-Versuches führt. Diese Einsteinsche Lösung des Problems wird in Abschn. 12.5 behandelt.

Bei der Berechnung der relativen Interferenzstreifenverschiebung nach Gl. (12.30) ist in der Größe $\beta^2 \approx 10^{-8}$ für w die mittlere Translationsgeschwindigkeit der Erde auf ihrer elliptischen Bahn um die Sonne eingesetzt worden. Wird nun beachtet, daß die Rotationsgeschwindigkeit in der Milchstraße am Ort der Sonne etwa $3 \cdot 10^5\,\mathrm{m\,s^{-1}}$ beträgt, ergibt dieser Wert für die Erdgeschwindigkeit w die Größe β^2 zu etwa 10^{-6}. In der Anordnung von Joos hätte nach Gl. (12.30) eine um den Faktor 10^2 größere relative Streifenverschiebung erst recht im Bereich der Beobachtungsmöglichkeiten gelegen.

Gegen die zuerst genannte Deutung des Ergebnisses des Michelson-Versuches spricht auch der von Bradley (1728) entdeckte astronomische Effekt der *Aberration des Lichtes* (vgl. Abschn. 2.1). Aus diesen Ausführungen ist zu erkennen, daß ein ruhender Äther eine Voraussetzung für das Auftreten der Aberration ist.

12.5 Die Einsteinsche Lösung des Problems

Einstein greift die Fragen, ob ein Äther existiert und ob dieser Äther von bewegter Materie mitgeführt wird oder nicht, zunächst gar nicht auf. Vielmehr strebt er eine Lösung der durch alle einschlägigen Versuche aufgeworfenen Probleme auf dem Boden einer allgemeineren Konzeption an. Dies erreicht er durch Aufstellen eines neuen Prinzips. Alle bisherigen Versuche lassen sich durch die Annahme erklären, daß die Ausbreitung des Lichtes im Vakuum (oder Luft) auch auf der bewegten Erde isotrop erfolgt. Allgemeiner nimmt Einstein an, daß die Lichtgeschwindigkeit im Vakuum, unabhängig vom Bewegungszustand eines Beobachters, für jeden Beobachter dieselbe ist. Diese Folgerung aus allen bekannten Experimenten wird nun von Einstein als ein *neues physikalisches Prinzip* angesehen. Es kann so formuliert werden:

- Die Gesetze der Elektrodynamik (und damit der Optik) sind so beschaffen, daß in allen Koordinatensystemen, die sich gegeneinander mit gleichförmiger Geschwindigkeit bewegen, die Lichtgeschwindigkeit im Vakuum konstant ($= c$) ist (**Prinzip von der Konstanz der Lichtgeschwindigkeit** oder auch Prinzip von Einstein).

Offenbar gilt auch in der Elektrodynamik ein Relativitätsprinzip, das allerdings mit dem Relativitätsprinzip der Mechanik (vgl. Abschn. 12.1) nicht übereinstimmen kann. Da jenes Prinzip an die Galilei-Transformation gekoppelt ist, stellt sich im Bereich der Elektrodynamik als Nächstes die Frage nach den dort gültigen Transformationsgleichungen.

Die Einsteinsche Erkenntnis, daß die Ausbreitung des Lichtes unabhängig von der Bewegung eines Beobachters isotrop erfolgt, bedeutet auch, daß *Längenmessungen* mit Hilfe von Lichtwellen *in jeder Raumrichtung denselben Wert* ergeben müssen. Die Prüfung dieser Aussage stellt dann neben dem Michelson-Versuch einen weiteren Test für das Prinzip von der Konstanz der Lichtgeschwindigkeit dar. Von Brillet und Hall [1] wurde 1979 dieser Test unter Verwendung moderner Lasertechnik und neuartiger elektronischer Auswerteverfahren ausgeführt und dabei eine extrem hohe Präzision erzielt.

Bei diesem Experiment wird als Länge der Abstand L der beiden Spiegel eines Fabry-Perot-Interferometers (vgl. Abschn. 3.5) mit Hilfe von zwei hochstabilisierten Lasern gemessen. Dabei wird die Frequenz ν des einen Lasers so eingestellt, daß die *Resonanzbedingung* $\nu_q = qc/2L$ ($q = 1, 2, 3, \ldots$) erfüllt ist (*optischer Resonator*, vgl. Abschn. 7.9.5), also im Interferometer eine *stehende Welle* erzeugt wird. Die gesamte Interferometeranordnung ist auf einer waagerecht liegenden, massiven Granitplatte montiert, die gleichförmig und langsam um eine vertikale Achse rotiert. Würde die Lichtgeschwindigkeit c von der Richtung im Raum abhängen, so würde die Resonanzbedingung ebenfalls richtungsabhängig sein. Durch Verändern der Laserfrequenz ν_q könnte diese Abweichung von der Resonanzbedingung aber kompensiert werden. Diese Frequenzänderung kann ihrerseits durch Vergleich mit einem zweiten Laser, dem Referenzlaser, gemessen werden. Das Experiment ergab *keinen Hinweis auf eine Anisotropie der Lichtausbreitung und bestätigte somit das Einsteinsche Prinzip aufs neue.*

Das Experiment von Brillet und Hall ist außerordentlich genau. Gegenüber der Wiederholung des Michelson-Experimentes durch Joos (1930), das lange Zeit der präziseste Test war, ergibt sich eine Steigerung der Genauigkeit um den Faktor 6000.

Die Lorentz-Transformation. Zur Vereinfachung ist es zweckmäßig, zwei Koordinatensysteme Σ und Σ' zu betrachten, die relativ zueinander eine gleichförmige Translation mit der Geschwindigkeit $\boldsymbol{u}$ ausführen. Die x-Achse von Σ und die x'-Achse von Σ' werden parallel zueinander in Richtung von $\boldsymbol{u}$ angenommen. Die Zeit wird im System Σ mit t und im System Σ' mit t' bezeichnet, wobei allgemeiner als in der Galilei-Transformation Gl. (12.3) hier $t' \neq t$ angenommen wird. *Im Gegensatz zur Newtonschen Mechanik wird somit die Existenz einer absoluten Zeit, die unabhängig vom Bewegungszustand ist, nicht mehr vorausgesetzt.* Da nach dem Einsteinschen Prinzip in beiden Systemen die Lichtausbreitung *isotrop* und mit konstanter Geschwindigkeit c erfolgen soll, gilt für die Wellenflächen einer von einer punktförmigen Lichtquelle emittierten Kugelwelle in beiden Systemen

$$x^2 + y^2 + z^2 - c^2 t^2 = 0\,, \quad x'^2 + y'^2 + z'^2 - c^2 t'^2 = 0\,. \tag{12.31}$$

Gesucht werden nun diejenigen Transformationsgleichungen

$$\begin{aligned} &x' = x'(x, y, z, t)\,, \quad y' = y'(x, y, z, t)\,, \quad z' = z'(x, y, z, t)\,, \\ &t' = t'(x, y, z, t)\,, \end{aligned} \tag{12.32}$$

die in Gl. (12.31) die ungestrichene Form in die gestrichene und umgekehrt überführen. Die systematische Ableitung dieser Transformation ist elementar, jedoch recht umfangreich. Daher sollen im folgenden die gesuchten Transformationsgleichungen zunächst angegeben und anschließend an Hand von Gl. (12.31) auf ihre Richtigkeit geprüft werden. Diese Transformationsgleichungen lauten im vorliegenden, vereinfachten Fall:

$$x' = \frac{x - ut}{\sqrt{1 - \beta^2}}\,, \quad y' = y\,, \quad z' = z\,, \quad t' = \frac{t - \dfrac{u}{c^2}x}{\sqrt{1 - \beta^2}}\,. \tag{12.33}$$

Dabei ist u der Betrag der Translationsgeschwindigkeit beider Systeme relativ zueinander in x-Richtung und es gilt wie in Abschn. 12.4 die Abkürzung $\beta = u/c$. Aus Gl. (12.33) folgt durch Quadrieren

$$x'^2 = \frac{(x-ut)^2}{1-\beta^2}\,, \quad y'^2 = y^2\,, \quad z'^2 = z^2\,, \quad t'^2 = \frac{\left(t - \frac{u}{c^2}x\right)^2}{1-\beta^2}$$

und anschließend durch Addieren der drei ersten Gleichungen und Subtrahieren der mit c^2 multiplizierten vierten Gleichung

$$x'^2 + y'^2 + z'^2 - c^2 t'^2 = \frac{(x-ut)^2 - c^2\left(t - \frac{u}{c^2}x\right)^2}{1-\beta^2} + y^2 + z^2\,.$$

Durch Umformen des Zählers auf der rechten Seite dieser Gleichung und Einführen von β ergibt sich

$$x'^2 + y'^2 + z'^2 - c^2 t'^2 = x^2 + y^2 + z^2 - c^2 t^2\,,$$

womit gezeigt ist, daß die Transformation Gl. (12.33) in Gl. (12.31) die ungestrichene Gleichung in die gestrichene überführt. Die Gln. (12.33) können aber auch nach den ungestrichenen Größen aufgelöst werden. Eine einfache Rechnung ergibt dafür die Gleichungen

$$x = \frac{x' + ut'}{\sqrt{1-\beta^2}}\,, \quad y = y'\,, \quad z = z'\,, \quad t = \frac{t' + \frac{u}{c^2}x'}{\sqrt{1-\beta^2}}\,, \tag{12.34}$$

die mit den vier Gln. (12.33) identisch sind, falls dort u durch $-u$ ersetzt wird. Dieses Ergebnis besagt, daß lediglich die relative Translationsgeschwindigkeit $\boldsymbol{u}$ zwischen beiden Systemen Σ und Σ' Bedeutung besitzt und daß die beiden Aussagen: Σ' bewegt sich relativ zu Σ mit der Geschwindigkeit $\boldsymbol{u}$ bzw. Σ bewegt sich relativ zu Σ' mit der Geschwindigkeit $-\boldsymbol{u}$ identisch sind. Die Forderung des Einsteinschen Prinzips nach Isotropie der Lichtgeschwindigkeit in beiden Systemen Σ und Σ' ist nach Gl. (12.31) ganz wesentlich dadurch erfüllt worden, daß im Gegensatz zur Galilei-Transformation *keine* absolute Zeit vorausgesetzt wurde.

Die Transformationsgleichungen (12.33) bzw. (12.34) sind erstmals von H. A. Lorentz (1904) angegeben worden; sie wurden wenig später und unabhängig von Poincaré (1905) und von Einstein (1905) [48] ebenfalls formuliert. Obwohl die prinzipielle physikalische Bedeutung dieser Transformation zuerst von Einstein im Rahmen seiner allgemeinen Konzeption (Einsteinsches Prinzip) erkannt wurde, wird die durch die Gln. (12.33) und (12.34) beschriebene Transformation nach einem Vorschlag von Einstein als **Lorentz-Transformation** bezeichnet. Die *Galilei-Transformation* stellt formal den Grenzfall der Lorentz-Transformation (12.33) für $\beta = u/c \to 0$ dar *(unrelativistischer Grenzfall)*. In diesem Fall folgt nämlich aus Gl. (12.33)

$$x' = x - ut\,, \quad y' = y\,, \quad z' = z\,, \quad t' = t\,,$$

was den Transformationsgleichungen (12.2) und (12.3) der Galilei-Transformation entspricht. Für die Geschwindigkeiten im Bereich der Mechanik ist fast immer $u \ll c$. Dies trifft aber z. B. nicht mehr für Elektronen zu, die Beschleunigungsspannungen

$U > 10^4$ V durchlaufen haben, da dann $u/c \geqq 1{,}9 \cdot 10^{-1}$ wird. Für bewegte Systeme dieser Art – aber auch für hinreichend hohe Geschwindigkeiten $\boldsymbol{u}$ im astronomischen Bereich – ist das Abgehen vom Newtonschen Standpunkt einer absoluten Zeit und damit das Einsteinsche Prinzip eine physikalische Notwendigkeit.

Es handelt sich dabei um ein *Problem der Zeitmessung,* das sich in relativ zueinander bewegten Systemen eben verschieden darstellt (vgl. Gl. (12.33)). Damit liegt aber ein *rein physikalisches Problem* vor, so daß alle darüber hinausgreifenden Konsequenzen (z. B. philosophischer Art) in dem physikalischen Prinzip von Einstein keinen legitimen Ursprung besitzen. Es bleibt jedoch erforderlich, eine kritische Untersuchung der physikalischen Zeitmessung vor dem Hintergrund der neuen Theorie durchzuführen.

Bereits 1887 hatte Voigt eine Verallgemeinerung der Galilei-Transformation mit der Eigenschaft gefunden, die Wellengleichung der Lichtausbreitung im Vakuum forminvariant zu lassen. Dabei ist zu beachten, daß Voigt zu diesem Ergebnis nicht über die Maxwellschen Gleichungen, sondern auf dem Boden der älteren „elastischen Lichttheorie" kam. Hierin ist wohl auch der Grund dafür zu sehen, daß diese Überlegungen von niemandem beachtet wurden.

Regelung der Uhren[6]. Die erste Frage ist die nach der Regelung von Uhren, so daß diese die Zeiten t' richtig angeben.

Es wird zunächst ein ruhender Stab AB (Länge l) betrachtet, der in den Endpunkten, aber auch in allen Zwischenpunkten, mit Uhren besetzt ist. Alle diese Uhren sollen mit der in A befindlichen synchronisiert werden. Es könnte zunächst daran gedacht werden, die Uhr in A zu allen anderen Uhren hin zu bewegen und diese danach einzustellen. Da damit aber die Voraussetzung verknüpft ist, daß eine Bewegung der Uhr in A deren Gang nicht beeinflußt, ist diese Möglichkeit auszuschließen. Es ist aber denkbar, z. B. neben der Uhr in B (aber auch neben jeder dazwischen liegenden Uhr) einen Spiegel so aufzustellen, daß ein von A im Zeitpunkt t_0 nach B emittierter Lichtstrahl von dem Spiegel in B wieder nach A reflektiert wird und dort im Zeitpunkt t_2 eintrifft. Wird der Zeitpunkt der Reflektion in B mit t_1 bezeichnet, so gilt $t_1 - t_0 = t_2 - t_1$, also $t_1 = (t_0 + t_2)/2$, falls die Uhr in B so gestellt wird, daß der Lichtstrahl für Hin- und Rückgang die gleiche Zeit benötigt. Da für den ruhenden Stab als Bezugssystem die Lichtausbreitung isotrop ist, ist diese Art der Uhrenregelung trivial und liefert in der Einsteinschen Theorie nichts Neues gegenüber der Newtonschen Mechanik.

Es wird nun der Stab AB für den Fall betrachtet, daß er sich gegenüber dem Bezugssystem Σ mit der Geschwindigkeit u in der Richtung von A und B bewegt. Ein im Zeitpunkt t'_0 in A emittierter Lichtstrahl soll an der Stelle B zur Zeit t'_1 nach A reflektiert werden, wo er im Zeitpunkt t'_2 eintrifft. Nach dem Prinzip von der Konstanz der Lichtgeschwindigkeit ist ein im Stab AB verankertes Bezugssystem Σ' ein solches, in dem die Lichtgeschwindigkeit *isotrop* ist. Also besitzt der Lichtstrahl auf Hin- und Rückweg die gleiche Geschwindigkeit c, und es gilt wie im vorangegangenen Beispiel $t'_1 - t'_0 = t'_2 - t'_1$, also $t'_1 = (t'_0 + t'_2)/2$. Die Verhältnisse liegen jedoch gänzlich anders unter der Newtonschen Voraussetzung der Existenz einer absoluten Zeit. Jetzt ist von dem Bezugssystem Σ auszugehen, so daß entsprechend

[6] Mit dem Begriff „Uhr" wird ein beliebiger zeitlich periodischer Vorgang umschrieben.

den Überlegungen von Abschn. 12.3 und 12.4 die Relativgeschwindigkeit u des Stabes eingeht. Die Lichtgechwindigkeiten für Hin- bzw. Rückweg des Strahls sind jetzt unterschiedlich und betragen $c - u$ bzw. $c + u$. Daher ist auch der Zeitpunkt t'_1 der Reflexion in B nicht mehr durch Halbierung der gesamten Laufzeit $t'_2 - t'_0$ zu erhalten. Es gilt also im Gegensatz zum ruhenden Stab und zum Ergebnis nach Einstein nunmehr für den bewegten Stab $t'_1 \neq (t'_0 + t'_2)/2$, was dann zu einer *unterschiedlichen* Regelung der Uhren führt.

Die auf dem Prinzip von der Konstanz der Lichtgeschwindigkeit beruhende Regelung der Uhren nach Einstein ist für ruhende *und* bewegte Systeme gleich. Damit kommt deutlich zum Ausdruck, daß die so festgelegten Zeiten untereinander *gleichberechtigt* sind.

Das Problem der Gleichzeitigkeit. Die zweite Frage im Zusammenhang mit dem Problem der Zeitmessung ist die Frage nach der Gleichzeitigkeit von Ereignissen in verschiedenen Bezugssystemen. Zur Beantwortung werden zwei Ereignisse an zwei ruhenden Punkten $P_1(x_1, y, z)$ und $P_2(x_2, y, z)$ betrachtet, die ein ruhender Beobachter (System Σ) *gleichzeitig* zum Zeitpunkt t wahrnimmt. Ein bewegter Beobachter (System Σ') nimmt dann nach dem letzten Teil von Gl. (12.33) das erste Ereignis zum Zeitpunkt

$$t'_1 = \frac{t - \frac{u}{c^2} x_1}{\sqrt{1 - \beta^2}},$$

das zweite Ereignis dagegen zum Zeitpunkt

$$t'_2 = \frac{t - \frac{u}{c^2} x_2}{\sqrt{1 - \beta^2}}$$

wahr. Daraus folgt

$$t'_2 - t'_1 = \frac{u}{c^2} \frac{(x_1 - x_2)}{\sqrt{1 - \beta^2}} \neq 0, \tag{12.35}$$

da $x_1 \neq x_2$ und $u \neq 0$ vorausgesetzt wurde. *Zwei Ereignisse, die im System Σ gleichzeitig stattfinden, sind in jedem relativ zu Σ bewegten System Σ' nicht gleichzeitig. Der Begriff Gleichzeitigkeit wird also relativiert.* Diese Erkenntnis gilt im Rahmen der Einsteinschen Deutung prinzipiell. Das Ergebnis ist in der Mechanik und Optik des täglichen Lebens nur deshalb bedeutungslos, weil im allgemeinen in Gl. (12.35) die Größe $\beta = u/c \ll 1$ ist.

Längenkontraktion. Nach Klärung des Problems der Uhrenregelung läßt sich folgendes Problem betrachten. Ein Stab (Länge l) wird zunächst von einem Beobachter vermessen, der in bezug auf den Stab ruht. Dabei erfolgt der Meßvorgang einmal vor und zum zweitenmal nach der Drehung des Stabes um einen Winkel von 90°. Die Richtungen, in denen der Stab bei der Messung liegt, werden als x-Achse und als y-Achse bezeichnet. Dann gilt für diese Messungen $l = x_2 - x_1$ bzw. $l = y_2 - y_1$.

Nunmehr soll der ruhende Stab in beiden Lagen von einem bewegten Beobachter (System Σ') zu dem beliebigen aber willkürlichen Zeitpunkt t' dieses Systems gemessen werden. Die Bewegung des Beobachters erfolge mit der konstanten Geschwindigkeit u in Richtung der x-Achse von Σ, zu der die x'-Achse von Σ' parallel gelegt wird. Der Meßvorgang kann durch folgendes Gedankenexperiment beschrieben werden. An jedem Punkt der x'-Achse des Systems Σ' werden sowohl Uhren, die nach dem oben erläuterten Verfahren geregelt sind, als auch Beobachter aufgestellt. Diese Beobachter messen die Zeit t' vom bewegten System Σ' aus und bewegen sich dabei an dem ruhenden Stab vorbei. Die Zeitpunkte, an denen jeder Beobachter Anfang und Ende des Stabes passiert, werden von diesem notiert. In diesen Aufzeichnungen findet sich dann jede Zeitangabe t' zweimal, nämlich einmal für den Beobachter B_1' als Angabe für den Stabanfang und ein zweites Mal für einen anderen Beobachter B_2' als Angabe für das Stabende. Der räumliche Abstand $x_2' - x_1'$ dieser zwei Beobachter ist dann die Länge l' des ruhenden Stabes zum Zeitpunkt t' vom System Σ' aus gemessen.

Aus der Transformationsgleichung (12.34) folgt bei Lage des Stabes in y-Richtung

$$y_2' - y_1' = y_2 - y_1$$

also

$$l' = l\,.$$

Dagegen liefert diese Transformationsgleichung bei der Lage des Stabes in x-Richtung (oder auch x'-Richtung)

$$x_2 = \frac{x_2' + ut'}{\sqrt{1-\beta^2}}\,, \quad x_1 = \frac{x_1' + ut'}{\sqrt{1-\beta^2}}\,,$$

also

$$l = x_2 - x_1 = \frac{x_2' - x_1'}{\sqrt{1-\beta^2}}\,.$$

Wird dieses Ergebnis nach l' aufgelöst, so folgt

$$l' = x_2' - x_1' = l\sqrt{1-\beta^2} < l\,, \tag{12.36}$$

da $0 < \beta < 1$ ist. Das Ergebnis ist so zu deuten: Die Länge des ruhenden Stabes erscheint vom bewegten System Σ' aus in der Bewegungsrichtung (hier x- bzw. x'-Achse) liegend um den Faktor $\sqrt{1-\beta^2}$ *verkleinert*. Dagegen bleibt die Länge des Stabes in der Lage senkrecht zur Bewegungsrichtung von Σ' *unverändert*. Da es nach dem Einsteinschen Prinzip gleichgültig ist, welches von zwei Systemen als ruhend und welches als bewegt zu betrachten ist, gilt ebenfalls: *einem ruhenden Beobachter erscheint die Dimension eines mit der Geschwindigkeit u bewegten Körpers in Richtung der Bewegung um den Faktor $\sqrt{1-\beta^2}$ verkürzt.*

Dieses Ergebnis war von Lorentz (1892) als eine besondere Hypothese eingeführt worden, um den Ausgang des Michelson-Versuches (vgl. Abschn. 12.4) zu erklären. Er nahm an, die Länge des jeweils in Richtung der Translationsgeschwindigkeit $\boldsymbol{w}$ der Erde liegenden Interferometerarmes (vgl. Abb. 12.2) werde – analog zu Gl. (12.36) – so verkürzt, daß der Einfluß des Ätherwindes auf die Lichtgeschwindigkeit kompensiert wird. Bei gleicher Länge der Interferometerarme ($l_x = l_y$) konnte Lorentz nach Gl. (12.25) bis (12.30) zeigen, daß die Laufzeitdifferenz δ verschwindet, was mit Gl. (12.30) dem Experiment entsprochen hätte. Jedoch haben Kennedy und Thorndike (1923) ein dem Michelson-Versuch ähnliches Experiment durchgeführt, bei dem die Interferometerarme eine Längendifferenz von $|l_x - l_y| = 16\,\text{cm}$ aufwiesen. Das dabei nach Gl. (12.26) auftretende Interferenzstreifensystem wurde bei festgehaltener Apparatur (im Gegensatz zur Drehung bei Michelson) monatelang beobachtet. Eine Änderung des Interferenzmusters durch die Änderung der Geschwindigkeit des Laboratoriums und der damit fixierten Apparatur – bezogen auf ein im Fixsternhimmel verankertes Koordinatensystem – wurde aber nicht beobachtet (wobei die Translationsgeschwindigkeit der Erde auf der Bahn um die Sonne und die Geschwindigkeit der täglichen Erdrotation zu berücksichtigen war).

Dies steht völlig im Einklang mit dem Ergebnis des Michelson-Versuches, widerlegt aber die Lorentz-Kontraktion als besondere Hypothese.

Während bei Lorentz die Längenkontraktion als *besondere Hypothese* erscheint, folgt in der Einsteinschen Lösung dieser Effekt aus einem *allgemeinen Prinzip.*

Zeitdilatation. Eine analoge Betrachtung läßt sich auf Zeitdifferenzen anwenden. An einer beliebigen Stelle des ruhenden Systems Σ (z. B. für $x = 0$) befinde sich eine Uhr, die dem gleichfalls an der Stelle $x = 0$ befindlichen ruhenden Beobachter B_1 die Zeit angibt. Zwei Zeitpunke t_1 und t_2 begrenzen dann für B_1 eine Zeitdifferenz $\Delta t = t_2 - t_1$. Für einen in x-Richtung mit der konstanten Geschwindigkeit u bewegten Beobachter B_2 (System Σ') folgen dann aus der Transformationsgleichung (12.33) für $x = 0$ die Zeiten

$$t'_2 = \frac{t_2}{\sqrt{1-\beta^2}} \qquad t'_1 = \frac{t_1}{\sqrt{1-\beta^2}}$$

also für die Zeitdifferenz $\Delta t' = t'_2 - t'_1$ des bewegten Beobachters

$$\Delta t' = \frac{t_2 - t_1}{\sqrt{1-\beta^2}},$$

$$\Delta t' = \frac{\Delta t}{\sqrt{1-\beta^2}} > \Delta t\,, \tag{12.37}$$

da $\beta < 1$ ist. Das Ergebnis ist so zu deuten: *eine Zeitdifferenz erscheint vom bewegten System Σ' aus um den Faktor $(\sqrt{1-\beta^2})^{-1}$ vergrößert oder dem bewegten Beobachter scheint eine ruhende Uhr langsamer zu gehen. Dasselbe gilt für die Ablesung einer bewegten Uhr durch einen ruhenden Beobachter.* Dieses wichtige Ergebnis der Zeitdilatation ist erstmals von Einstein als eine Konsequenz aus seinem Prinzip erhalten worden.

Offenbar ist die Zeitdifferenz Δt zwischen den Zeitpunkten t_1 und t_2 im System Σ, in dem die messende Uhr ruht, kleiner als in jedem anderen, dagegen bewegten System. Diese Zeitangabe wird als *Eigenzeit* bezeichnet.

Die Zeitdilatation kann *experimentell* geprüft werden. Eine besonders interessante Bestätigung des Effektes liefert die Beobachtung von *Myonen* (μ-*Mesonen*) in der kosmischen Strahlung auf ihrem Durchgang durch die Atmosphäre. Diese sehr instabilen Teilchen entstehen in einer Höhe H von 20 km und darüber und besitzen nach Messungen von Rossi und Nereson (1943) in einem mit dem Myon bewegten System Σ eine Lebensdauer τ von nur $2{,}15 \cdot 10^{-6}$ s. Selbst wenn die Myonen mit Lichtgeschwindigkeit zum Erdboden gelangten, würde die Laufzeit $T = H/c \approx 0{,}7 \cdot 10^{-4}\,\mathrm{s} \gg \tau$ verlangen, daß Myonen auf der Erdoberfläche nicht beobachtet werden dürften. Das widerspricht den Experimenten. Aus der Einsteinschen Zeitdilatation folgt hingegen, daß die Lebensdauer τ als die den Zerfall beschreibende Zeitdifferenz im mitbewegten System für einen Beobachter auf der Erde vergrößert wird. Nach Gl. (12.37) gilt für die Lebensdauer τ', die ein irdischer Beobachter feststellt,

$$\tau' = \frac{\tau}{\sqrt{1-\beta^2}}\,.$$

Experimentell wurde festgestellt, daß die Geschwindigkeit dieser Myonen der Lichtgeschwindigkeit sehr nahekommt ($\beta^2 \approx 0{,}968$), woraus dann $\tau' \approx 31\tau \approx 0{,}7 \cdot 10^{-4}$ s $\approx T$ folgt. Dieses Ergebnis der Zeitdilatation von Einstein wird durch die Beobachtung derartiger Myonen an der Erdoberfläche ausgezeichnet bestätigt.

Eine sehr genaue Messung der Zeitdilatation ist von Farley (1968) im Bereich der Elementarteilchen durchgeführt worden und ergab eine Bestätigung mit einer Genauigkeit von 1%.

Die *Ganggeschwindigkeit* der modernen *Caesium-Atomuhren* (vgl. Bd. 1) erlaubt weitere experimentelle Prüfungen der Zeitdilatation mit schnellbewegten Uhren. Dies gelang Hafele und Keating (1971) in einem normalen Verkehrsflugzeug, das mit einer Caesium-Atomuhr an Bord einmal in westlicher und einmal in östlicher Richtung rund um die Erde flog. Allerdings tritt bei diesem Experiment nach der allgemeinen Relativitätstheorie eine *zusätzliche* Änderung der Ganggeschwindigkeit der Atomuhr durch den Unterschied des Gravitationspotentials der Erde in Flughöhe gegenüber dem Gravitationspotential der Referenzuhr auf der Erdoberfläche auf (vgl. Abschn. 12.13). Da dieser Effekt aber von der Flughöhe abhängt, läßt sich durch deren Variation der Einfluß des Gravitationspotentials nach der allgemeinen Relativitätstheorie von demjenigen der Zeitdilatation im Rahmen der speziellen Relativitätstheorie abtrennen. Der Effekt der Zeitdilatation wurde auch mit diesem relativ einfachen Experiment bestätigt.

12.6 Der Minkowski-Raum

Vierdimensionale Darstellung. Zur genaueren Diskussion der Struktur von Raum und Zeit in der speziellen Relativitätstheorie wird zuerst eine geometrische Deutung dieses Formalismus erläutert. Dazu wird an die Gln. (12.31) angeschlossen, die zum Ausdruck bringen, daß die Lichtgeschwindigkeit sowohl im System Σ als auch im System Σ' die gleiche ist. Nach diesen Gleichungen gilt

$$x^2 + y^2 + z^2 - c^2 t^2 = x'^2 + y'^2 + z'^2 - c^2 t'^2\,. \tag{12.38}$$

In Abschn. 12.5 konnte dann gezeigt werden, daß die Lorentz-Transformation Gl. (12.33) dieser Invarianzforderung entspricht. An Stelle der Gl. (12.38) kann auch die differentielle Formulierung

$$dx^2 + dy^2 + dz^2 - c^2 dt^2 = dx'^2 + dy'^2 + dz'^2 - c^2 dt'^2 . \tag{12.38}$$

verwendet werden, die ebenfalls die Konstanz der Lichtgeschwindigkeit in den Systemen Σ und Σ' ausdrückt. Die Form $dx^2 + dy^2 + dz^2 - c^2 dt^2$ ist auch hier gegenüber einer Lorentz-Transformation invariant.

Es ist nun formal möglich, an Stelle von ct bzw. $c dt$ die *imaginären Größen* ℓ und $d\ell$ einzuführen, die eindeutig durch

$$ict = \ell , \quad icdt = d\ell \tag{12.39}$$

definiert werden. Daraus folgt

$$(ict)^2 = -c^2 t^2 = \ell^2 , \qquad -c^2 dt^2 = d\ell^2 .$$

Hiermit können die eben benutzten Lorentz-invarianten Ausdrücke als

$$\begin{aligned} x^2 + y^2 + z^2 + \ell^2 &= x'^2 + y'^2 + z'^2 + \ell^{2\prime} , \\ dx^2 + dy^2 + dz^2 + d\ell^2 &= dx'^2 + dy'^2 + dz'^2 + d\ell'^2 . \end{aligned} \tag{12.40}$$

geschrieben werden. Der Vorteil der Einführung der *„imaginären Zeitkoordinate“* ℓ ist, daß in Gl. (12.40) die drei Raumkoordinaten x, y, z und diese neue Zeitkoordinate ℓ in vollkommen *gleicher* Weise auftreten, was eine einfache geometrische Deutung ermöglicht.

Entsprechend der dreidimensionalen Mannigfaltigkeit des gewöhnlichen Raumes, beschrieben durch drei kartesische Koordinaten x, y, z, läßt sich als Erweiterung eine vierdimensionale Mannigfaltigkeit mit den kartesischen Koordinaten x, y, z, ℓ einführen. Dann ist

$$s^2 = x^2 + y^2 + z^2 + \ell^2$$

das Quadrat des Abstandes eines Punktes mit den Koordinaten (x, y, z, ℓ) vom Ursprung; ein solcher Punkt wird *Raumzeitpunkt* genannt. Ferner ist

$$ds^2 = dx^2 + dy^2 + dz^2 + d\ell^2 \tag{12.41}$$

das Quadrat des Abstandes zweier differentiell benachbarter Punkte $P(x, y, z, \ell)$ und $P(x + dx,\ y + dy,\ z + dz,\ \ell + d\ell)$. ds^2 enthält die vollständige Information über die *Abstandsverhältnisse* zwischen benachbarten Punkten der vierdimensionalen Raumzeit und damit über die *metrische Struktur* der zugrunde liegenden Mannigfaltigkeit. Aus diesem Grund wird Gl. (12.41) auch als *Metrik* bezeichnet. Die erste der Gln. (12.40) sagt nun aus, daß das *Quadrat des Abstandes* eines Raumzeitpunktes vom Ursprung in dieser vierdimensionalen Mannigfaltigkeit gegenüber der Lorentz-Transformation *invariant* ist. Das gleiche gilt auch für die zweite der Gln. (12.40), welche besagt, daß auch die *Metrik* sich *invariant* verhält.

Die vierdimensionale Mannigfaltigkeit mit den drei kartesischen Koordinaten x, y, z und der imaginären Zeitkoordinate ℓ hat Minkowski mit dem prägnanten Namen *Welt* bezeichnet. Heute bezeichnet man allgemein Räume, in welchen die Metrik

$$ds^2 = dx^2 + dy^2 + dz^2 - c^2 dt^2 \tag{12.42}$$

gilt, als *Minkowski-Räume*.

Diese Darstellung enthüllt den *geometrischen Charakter der Lorentz-Transformation,* denn die Invarianz des Ausdrucks $x^2 + y^2 + z^2 + \ell^2$ gegenüber dieser Transformation zeigt, *daß in der vierdimensionalen Raumzeit mit den Koordinaten x, y, z, ℓ der Übergang von einem System Σ zu einem anderen Inertialsystem Σ' einer vierdimensionalen Drehung um den Ursprung entspricht.* Das ist der Situation im gewöhnlichen Raum völlig analog, denn in diesem läßt eine Drehung des Koordinatensystems um den Ursprung den rein räumlichen Abstand zweier benachbarter Punkte $(dx^2 + dy^2 + dz^2)^{1/2}$ ebenfalls unverändert.

Da bisher (auch in Abschn. 12.5) nur der Spezialfall der Lorentz-Transformation betrachtet wurde, bei dem $y = y'$, $z = z'$ gilt (vgl. Gl. (12.33)), kann im folgenden statt der vierdimensionalen „Welt" die zweidimensionale x, ℓ-Ebene betrachtet werden. Wenn in dieser Ebene durch eine Drehung um den Winkel φ der Übergang vom System Σ mit den Koordinaten x, ℓ zu einem System Σ' mit den Koordinaten x', ℓ' erfolgt, gelten bekanntlich die Transformationsgleichungen

$$\begin{aligned} x' &= x\cos\varphi + \ell\sin\varphi\,, \\ \ell' &= -x\sin\varphi + \ell\cos\varphi\,, \end{aligned} \tag{12.43}$$

die leicht verifiziert werden können. Wird in den Gln. (12.33) der Lorentz-Transformation nach Gl. (12.39) die Zeitkoordinate ℓ eingeführt, so folgt neben $y' = y$ und $z' = z$ mit $\beta = u/c$

$$\begin{aligned} x' &= \frac{x}{\sqrt{1-\beta^2}} + \frac{\mathrm{i}\beta\ell}{\sqrt{1-\beta^2}}\,, \\ \ell' &= \frac{-\mathrm{i}\beta x}{\sqrt{1-\beta^2}} + \frac{\ell}{\sqrt{1-\beta^2}}\,. \end{aligned} \tag{12.44}$$

Der Vergleich von Gl. (12.44) mit Gl. (12.43) ergibt

$$\cos\varphi = \frac{1}{\sqrt{1-\beta^2}}\,, \quad \sin\varphi = \frac{\mathrm{i}\beta}{\sqrt{1-\beta^2}}\,, \tag{12.45}$$

also

$$\operatorname{tg}\varphi = \mathrm{i}\beta = \mathrm{i}\frac{u}{c}\,. \tag{12.46}$$

Der *Drehwinkel* φ in der „Welt" ist *rein imaginär.* Die Lorentz-Transformation entspricht demnach einer *vierdimensionalen Drehung* um den Ursprung mit einem imaginären Drehwinkel, der nach Gl. (12.46) der Translationsgeschwindigkeit u proportional ist.

Zur geschlossenen Darstellung der Physik im Minkowski-Raum ist es notwendig, zur sog. *Viererschreibweise* überzugehen. Dies geschieht durch geeignete Zusammenfassung der physikalischen Größen zu entsprechenden *Vierervektoren,* welche sich bei einer Lorentz-Transformation wie die Koordinaten transformieren. Der Betrag eines Vierervektors bleibt bei einer Drehung im vierdimensionalen Raum, d. h. einer Lorentz-Transformation, invariant.

Sind die physikalischen Gesetze mit Skalaren, Vierervektoren und analog definierten Vierertensoren geschrieben, so sind sie demzufolge forminvariant gegenüber Lorentz-Transformationen.

Die Raum-Zeit-Struktur des Minkowski-Raumes. Die in den vorangehenden Abschnitten dargestellten Gesetze der Lichtausbreitung zeigen, daß diese, im Unterschied zu den Bewegungsgesetzen der Newtonschen Mechanik, nur dann forminvariant bezüglich Inertialsystemen sind, wenn sich sowohl die Maßstäbe für Längenmessungen als auch der Gang der Uhren gemäß den Gesetzen der Lorentz-Transformation verhalten. In der damit gegebenen *Verknüpfung von Längen- und Zeitmaßen* mit dem Bewegungszustand kommt zum Ausdruck, daß bei der relativistischen Beschreibung physikalischer Vorgänge der dreidimensionale Raum und die eindimensionale Zeit nicht mehr, wie in der Newtonschen Vorstellung, als unabhängige Entitäten betrachtet werden können, sondern nur noch in ihrer Vereinigung als *vierdimensionale Raumzeit* einen lokalen absoluten Charakter besitzen. Dies ist der Sinn der Aussage, daß *die Welt vierdimensional ist.*

Die Darstellung der Metrik des Minkowski-Raumes unter Verwendung einer imaginären Zeitkoordinate Gl. (12.41) erlaubt zwar unmittelbar, diesen formal als vierdimensionalen euklidischen Raum zu schreiben und Lorentz-Transformationen als Drehungen im Raum der Koordinaten (x, y, z, ℓ) zu interpretieren, hat aber keinen Vorteil, um die Struktur der tatsächlichen reellen Raumzeit mit den Koordinaten (x, y, z, t) zu erhellen. Zu diesem Zweck ist es besser, direkt von der Metrik Gl. (12.42) mit der reellen Zeitkoordinate t auszugehen. Im folgenden verwenden wir als Zeitkoordinate die Größe ct, welche die Dimension einer Länge besitzt und sich wegen der Invarianz der Lichtgeschwindigkeit unter Lorentz-Transformation identisch wie die Zeitkoordinate t verhält. Der Übergang von t zu ct bedeutet lediglich die Wahl einer anderen Zeiteinheit. Die Koordinaten x, y, z, ct bezeichnet man häufig als *Galilei-Koordinaten.*

Jeder Zustand im Raumpunkt (x, y, z) zur Zeit t wird durch einen Punkt in der vierdimensionalen Raumzeit (x, y, z, ct), einem sogenannten *Weltpunkt,* dargestellt, welcher in der Zeit eine stetige Folge von Zuständen, eine *Weltlinie,* durchläuft, deren Linienelement per definitionem vermöge

$$\mathrm{d}s = (\mathrm{d}x^2 + \mathrm{d}y^2 + \mathrm{d}z^2 - c^2\mathrm{d}t^2)^{1/2}$$

gegeben ist.

Abb. 12.4 zeigt Beispiele für Weltlinien von bezüglich der x-Achse ruhenden, sowie von in x-Richtung sich gleichförmig bewegenden bzw. beschleunigten Teilchen. Die reziproke Steigung der Weltlinie

$$\left(\frac{\mathrm{d}(ct)}{\mathrm{d}x}\right)^{-1} = \frac{u}{c} = \beta$$

gibt die lokale Geschwindigkeit u des Vorgangs (in Einheiten der Lichtgeschwindigkeit) am Ort (x, y, z) zum Zeitpunkt t an. Da die Lichtgeschwindigkeit c die maximale Geschwindigkeit für einen physikalischen Vorgang ist, darf keine Weltlinie eines realen physikalischen Ereignisses eine Steigung besitzen, deren Betrag kleiner als 1 ist. Für Weltlinien, welche materielle Ereignisse repräsentieren, gilt an jeder

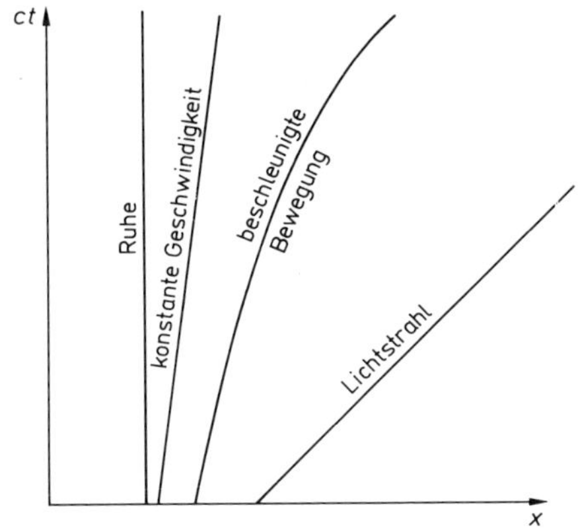

Abb. 12.4 Weltlinien.

Stelle

$$\left|\frac{\mathrm{d}(ct)}{\mathrm{d}x}\right| > 1 \,,$$

für Weltlinien, welche masselose Teilchen (z. B. Photonen) repräsentieren, gilt stets

$$\left|\frac{\mathrm{d}(ct)}{\mathrm{d}x}\right| = 1 \,.$$

Weltlinien, für welche an irgend einem Weltpunkt

$$\left|\frac{\mathrm{d}(ct)}{\mathrm{d}x}\right| < 1$$

gilt, würden dort Vorgängen mit Überlichtgeschwindigkeit entsprechen und kommen deshalb in der realen Raumzeit nicht vor. (Siehe dazu die Bemerkungen über *Tachyonen* in Abschn. 12.10.)

Anders als im Fall eines *euklidischen* Raumes mit den *reellen* Koordinaten x_1, x_2, x_3, x_4 und seiner *positiv definiten* Metrik

$$\mathrm{d}s^2 = (\mathrm{d}x_1)^2 + (\mathrm{d}x_2)^2 + (\mathrm{d}x_3)^2 + (\mathrm{d}x_4)^2 \geq 0$$

ist die Metrik des Minkowski-Raumes

$$\mathrm{d}s^2 = \mathrm{d}x^2 + \mathrm{d}y^2 + \mathrm{d}z^2 - c^2\,\mathrm{d}t^2 \tag{12.42}$$

indefinit, d. h. $\mathrm{d}s^2$ kann sowohl negativ, null oder positiv sein. Man bezeichnet deshalb den Minkowski-Raum auch als *pseudo-euklidisch.* Klammert man in Gl. (12.42) $\mathrm{d}t^2$ aus, erhält man

$$\mathrm{d}s^2 = \left(\frac{\mathrm{d}x^2}{\mathrm{d}t^2} + \frac{\mathrm{d}y^2}{\mathrm{d}t^2} + \frac{\mathrm{d}z^2}{\mathrm{d}t^2} - c^2\right)\mathrm{d}t^2 \,,$$

was wegen

$$u^2 = \frac{dx^2}{dt^2} + \frac{dy^2}{dt^2} + \frac{dz^2}{dt^2}$$

unmittelbar durch den Betrag der Geschwindigkeit u ausgedrückt werden kann

$$ds^2 = (u^2 - c^2)\,dt^2 .$$

Je nach Größe der Geschwindigkeit u lassen sich drei Fälle unterscheiden:

$$ds^2 \begin{cases} < 0 & \text{für } u < c\,, \\ = 0 & \text{für } u = c\,, \\ > 0 & \text{für } u > c\,. \end{cases} \tag{12.47}$$

An jedem betrachteten Weltpunkt P_0 zerlegt also die Metrik Gl. (12.42) die vierdimensionale Raumzeit in drei disjunkte Gebiete GI, GII und GIII (s.Abb. 12.5) mit der Eigenschaft, daß für den Abstand $\overline{P_0 P}$ zu einem Weltpunkt P gilt

$$\overline{P_0 P} \begin{cases} < 0 & \text{für } P \in \mathrm{GI}\,, \\ = 0 & \text{für } P \in \mathrm{GII}\,, \\ > 0 & \text{für } P \in \mathrm{GIII}\,. \end{cases}$$

Man bezeichnet den Abstand $\overline{P_0 P}$ mit $P \in$ GI als *zeitartig*, $P \in$ GII als *lichtartig* und $P \in$ GIII als *raumartig*. Diese Sprechweise wird häufig auch auf die entsprechenden Bereiche übertragen. So nennt man folgerichtig GI bezüglich P_0 zeitartig, GII bezüglich P_0 lichtartig und GIII bezüglich P_0 raumartig.

Bezüglich des Weltpunkts P_0 liegen alle Punkte P, die mit P_0 durch ein Lichtsignal verbunden werden können, für die also

$$(x - x_0)^2 + (y - y_0)^2 + (z - z_0)^2 - c^2(t - t_0)^2 = 0$$

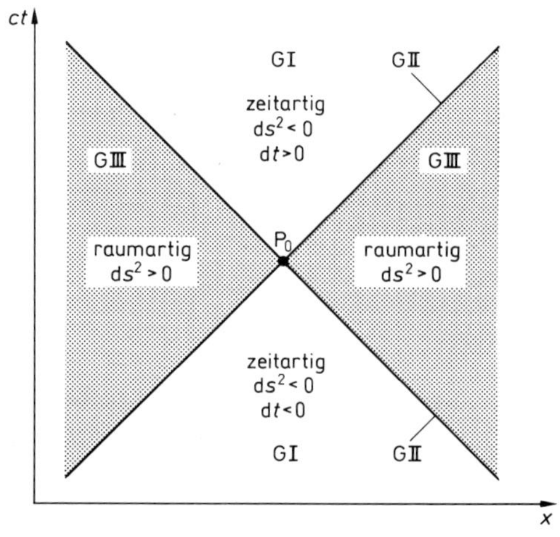

Abb. 12.5 Der Lichtkegel.

und somit differentiell

$$ds^2 = dx^2 + dy^2 + dz^2 - c^2 dt^2 = 0 \tag{12.48}$$

gilt, auf einer dreidimensionalen Hyperfläche (GII) der vierdimensionalen Raumzeit, welche den Mantel eines Doppelkegels darstellt mit P_0 als Kegelspitze und der Zeitachse als Kegelachse. Man bezeichnet deshalb naheliegend die im Weltpunkt P_0 durch die Metrik Gl. (12.48) induzierte Raumzeit-Struktur als **Lichtkegel.** Das Innere des Lichtkegels (das zeitartige Gebiet GI) repräsentiert die Welt der materiellen Ereignisse, d. h. jene Weltpunkte, welche mit P_0 mittels Signalen mit Geschwindigkeiten $u < c$ verbunden werden können. Die Mannigfaltigkeit, welche alle bezüglich P_0 zeitartigen und lichtartigen Ereignisse umfaßt (GI $\cup$ GII) heißen wir die *reale Welt,* d.h. jenen Ausschnitt der Raumzeit, in welchem physikalische Wirkungen ausgeübt werden können. Entsprechend umfaßt das äußere (raumartige) Gebiet GIII alle Weltpunkte, welche mit P_0 nur mit Signalen mit Überlichtgeschwindigkeit verbunden werden können. Da derartige Signalgeschwindigkeiten in der Welt der Physik nicht vorkommen, ist der raumartige Bereich der vierdimensionalen Raumzeit kein Teil der realen Welt.

Der Lichtkegel in einem Weltpunkt P_0 zerlegt die reale Welt in zwei Bereiche

$$ds^2 \leq 0 \quad \text{für} \begin{cases} dt > 0\,, \\ dt < 0\,. \end{cases}$$

Der Bereich $dt < 0$, der *Vergangenheitslichtkegel,* umfaßt alle Weltpunkte, welche P_0 durch materielle oder lichtartige Signale beeinflussen können. Der Bereich $dt > 0$, der *Zukunftslichtkegel,* umfaßt alle Weltpunkte, welche von P_0 durch materielle oder lichtartige Signale beeinflußt werden können. Ein gegebener Weltpunkt P_0 und der zugehörige Lichtkegel definieren also die Bereiche der möglichen gegenseitigen *kausalen Einwirkung* und erlauben damit, eindeutig *Gegenwart, Vergangenheit* und *Zukunft* festzulegen. Im Lichtkegel bestimmt die Zeitachse die Reihenfolge von Ursache und Wirkung, d.h. die Kausalitätsrichtung. Sie hat also, auch als Koordinate der vierdimensionalen Raumzeit, einen besonderen Charakter, welcher sie von den drei Ortskoordinaten unterscheidet.

Es gibt keine Möglichkeit, einen Weltpunkt P aus GIII durch eine an jeder Stelle zeitartige bzw. lichtartige Weltlinie mit P_0 zu verbinden. Daher ist eine kausale Beeinflussung von P durch P_0 bzw. von P_0 durch P ausgeschlossen. Solche Vorgänge, welche Signalausbreitung mit Überlichtgeschwindigkeit voraussetzen, widersprechen der physikalischen Erfahrung und sind nicht im Einklang mit dem **Kausalitätsprinzip.**

12.7 Das Additionstheorem der Geschwindigkeiten; der Mitführungskoeffizient

Im System Σ' bewege sich ein Massenpunkt mit der Geschwindigkeit $\boldsymbol{w}' = w'_x \boldsymbol{i} + w'_y \boldsymbol{j} + w'_z \boldsymbol{k}$. Das System Σ' bewege sich seinerseits mit der konstanten Translationsgeschwindigkeit $\boldsymbol{u}$ gegen das System Σ. Dabei habe $\boldsymbol{u}$ die Richtung der als parallel angenommenen x-Achse und x'-Achse. Es soll die resultierende Geschwindigkeit $\boldsymbol{w} = w_x\boldsymbol{i} + w_y\boldsymbol{j} + w_z\boldsymbol{k}$ berechnet werden. Zunächst wird für die Komponenten von $\boldsymbol{w}'$ und $\boldsymbol{w}$ nach Bd. 1

$$w'_x = \frac{\mathrm{d}x'}{\mathrm{d}t'}, \quad w'_y = \frac{\mathrm{d}y'}{\mathrm{d}t'}, \quad w'_z = \frac{\mathrm{d}z'}{\mathrm{d}t'},$$

$$w_x = \frac{\mathrm{d}x}{\mathrm{d}t}, \quad w_y = \frac{\mathrm{d}y}{\mathrm{d}t}, \quad w_z = \frac{\mathrm{d}z}{\mathrm{d}t}, \tag{12.49}$$

geschrieben. Die Differentialquotienten der zweiten Zeile von Gl. (12.49) können aber leicht aus der Transformationsgleichung (12.34) durch Differenzieren nach der Größe t erhalten werden:

$$\frac{\mathrm{d}x}{\mathrm{d}t} = \frac{\dfrac{\mathrm{d}x'}{\mathrm{d}t} + u\dfrac{\mathrm{d}t'}{\mathrm{d}t}}{\sqrt{1-\beta^2}} = \frac{\dfrac{\mathrm{d}x'}{\mathrm{d}t'} + u}{\dfrac{\mathrm{d}t}{\mathrm{d}t'}\sqrt{1-\beta^2}}, \quad \frac{\mathrm{d}y}{\mathrm{d}t} = \frac{\mathrm{d}y'}{\mathrm{d}t} = \frac{\mathrm{d}y'}{\mathrm{d}t'}\,\frac{\mathrm{d}t'}{\mathrm{d}t},$$

$$\frac{\mathrm{d}z}{\mathrm{d}t} = \frac{\mathrm{d}z'}{\mathrm{d}t} = \frac{\mathrm{d}z'}{\mathrm{d}t'}\,\frac{\mathrm{d}t'}{\mathrm{d}t}, \quad \frac{\mathrm{d}t}{\mathrm{d}t'} = \frac{1 + \dfrac{u}{c^2}\,\dfrac{\mathrm{d}x'}{\mathrm{d}t'}}{\sqrt{1-\beta^2}}. \tag{12.50}$$

Werden die letzte Teilgleichung und ihr Kehrwert in die anderen Teilgleichungen von Gl. (12.50) eingesetzt, so folgt mit Gl. (12.49)

$$w_x = \frac{\mathrm{d}x}{\mathrm{d}t} = \frac{w'_x + u}{1 + \dfrac{u}{c^2}w'_x},$$

$$w_y = \frac{\mathrm{d}y}{\mathrm{d}t} = \frac{w'_y\sqrt{1-\beta^2}}{1 + \dfrac{u}{c^2}w'_x},$$

$$w_z = \frac{\mathrm{d}z}{\mathrm{d}t} = \frac{w'_z\sqrt{1-\beta^2}}{1 + \dfrac{u}{c^2}w'_x}. \tag{12.51}$$

Dieses Ergebnis ist ungewöhnlich, da hiernach die resultierende Geschwindigkeit $\boldsymbol{w}$ nicht mehr durch vektorielle Addition der Geschwindigkeiten $\boldsymbol{u}$ und $\boldsymbol{w}'$ erhalten wird. Dabei ist jedoch zu beachten, daß $\boldsymbol{u}$ im System Σ und $\boldsymbol{w}'$ im System Σ' gemessen wird. Geschwindigkeiten, die vom *gleichen* System aus gemessen werden, addieren sich stets vektoriell. Die Gl. (12.51) wird als **relativistisches Additionstheorem der Geschwindigkeiten** bezeichnet. Es ist zuerst von Einstein aufgestellt worden.

Genau wie bei der Lorentz-Transformation, deren Grenzfall für $\beta = u/c \to 0$ die Galilei-Transformation darstellt, folgt, falls $\beta = u/c \to 0$ – aber auch $w'_x/c \to 0$ – gilt, aus Gl. (12.51)

$$w_x = w'_x + u, \quad w_y = w'_y, \quad w_z = w'_z,$$

d. h.

$$\boldsymbol{w} = \boldsymbol{w}' + \boldsymbol{u}$$

und damit die einfache Vektoraddition der Geschwindigkeiten für diesen Grenzfall. *Die einfache Vektoraddition stellt den „unrelativistischen Grenzfall“ des Additionstheorems der Geschwindigkeiten dar.*

Der andere Grenzfall, daß z. B.

$$w'_x = c\,, \quad w'_y = w'_z = 0$$

gesetzt wird, führt von Gl. (12.51) auf

$$w_x = \frac{c+u}{1+\dfrac{u}{c}} = c\,, \quad w_y = 0\,, \quad w_z = 0\,,$$

d. h. auf $|\boldsymbol{w}| = |\boldsymbol{w}'| = c$. Das ist aber das Prinzip von der Konstanz der Lichtgeschwindigkeit nach Abschn. 12.5, das nach Einstein zur Erklärung des Michelson-Versuches führt.

Nach dem in Abschn. 12.6 gesagten, sind Lorentz-Transformationen Drehungen um den Ursprung im Raum der Koordinaten (x, y, z, ℓ). Diese Tatsache erlaubt eine besonders elegante Ableitung des relativistischen Additionstheorems der Geschwindigkeiten. Dazu beschränken wir uns auf den Fall der Bewegung parallel zur x-Achse, d. h. auf die spezielle Lorentz-Transformation (12.44). Es werden nacheinander zwei Drehungen um die imaginären Winkel φ_1 und φ_2 durchgeführt, wobei die Gesamtdrehung mit $\alpha = \alpha_1 + \alpha_2$ bezeichnet wird. Nach Gl. (12.46) folgt

$$\tan\alpha_1 = \mathrm{i}\frac{u_1}{c}\,, \quad \tan\alpha_2 = \mathrm{i}\frac{u_2}{c}\,, \quad \tan\alpha = \mathrm{i}\frac{w}{c}\,.$$

Für die unbekannte Gesamtgeschwindigkeit w gilt dann entsprechend einer bekannten Umformung aus der Trigonometrie

$$w = \frac{c}{\mathrm{i}}\tan\alpha = \frac{c}{\mathrm{i}}\tan(\alpha_1 + \alpha_2) = \frac{c}{\mathrm{i}}\,\frac{\tan\alpha_1 + \tan\alpha_2}{1 - \tan\alpha_1\tan\alpha_2}$$

bzw. mit den Werten für $\tan\alpha_1$ und $\tan\alpha_2$

$$w = \frac{c}{\mathrm{i}}\;\frac{\dfrac{\mathrm{i}}{c}u_1 + \dfrac{\mathrm{i}}{c}u_2}{1 - \left(\dfrac{\mathrm{i}}{c}\right)^2 u_1 u_2} = \frac{u_1 + u_2}{1 + \dfrac{u_1 u_2}{c^2}}\,.$$

Diese Gleichung entspricht genau der ersten Gl. (12.51) des relativistischen Additionstheorems, wobei zu beachten ist, daß im vorliegenden Beispiel u_1 und u_2 parallel zur x-Achse gerichtet sind, so daß die beiden weiteren Gln. (12.51) hier gegenstandslos sind.

Durch die Einführung der imaginären Zeitgröße ℓ nach Gl. (12.39) ist erreicht worden, daß die Ausdrücke für die Wellenflächen in Gl. (12.40) die Form besitzen, die von der Euklidischen Geometrie verlangt wird. Da jedoch eine der Koordinaten

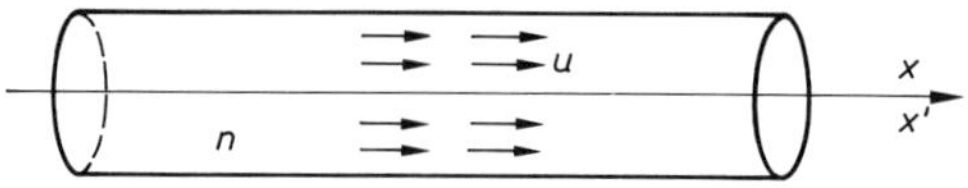

Abb. 12.6 Zum Mitführungsversuch von Fizeau.

imaginär ist, wird die vierdimensionale Geometrie der Lorentz-Transformation als *pseudoeuklidisch* bezeichnet.

Das Additionstheorem der Geschwindigkeiten liefert auch eine Erklärung der Mitführungsversuche von Fizeau und Hoek, die in Abschn. 12.3 behandelt wurden. Es genügt, eine dem Fizeauschen Versuch entsprechende, aber vereinfachte Versuchsanordnung zu betrachten (vgl. Abb. 12.6). In einem Rohr fließe Wasser mit der konstanten Geschwindigkeit u in Richtung der Rohrachse[7]. Das System Σ sei fest mit dem Rohr verbunden, das System Σ' dagegen bewege sich mit dem Wasser mit der Geschwindigkeit u relativ zu Σ. Nach der bisherigen Wahl der Koordinatenachsen fallen die x- und x'-Achse mit der Rohrachse zusammen. Für die Lichtausbreitung im System Σ' gilt dann

$$w'_x = \frac{c}{n}, \quad w'_y = 0, \quad w'_z = 0,$$

wobei n die Brechzahl des Wassers ist. Für die Lichtgeschwindigkeit im System Σ folgt aus Gl. (12.51)

$$w_x = \frac{\frac{c}{n} + u}{1 + \frac{u}{c}\frac{1}{n}}, \quad w_y = 0, \quad w_z = 0. \tag{12.52}$$

Da $u/c \approx 10^{-4}$ und $n \approx 1{,}33$ ist, kann in der ersten Formel von Gl. (12.52) der Nenner in eine Potenzreihe entwickelt werden. Wird der Faktor c/n im Zähler vorgezogen und die Entwicklung mit der ersten Potenz von u/cn abgebrochen, ergibt sich für w_x

$$w_x = \frac{c}{n}\left(1 + \frac{u}{c}n\right)\left(1 - \frac{u}{c}\frac{1}{n} + \ldots\right).$$

Hieraus folgt durch Multiplizieren in der gleichen Näherung

$$w_x = \frac{c}{n}\left[1 + \frac{u}{c}n\left(1 - \frac{1}{n^2}\right)\right]$$

oder

$$w_x = \frac{c}{n} + u\left(1 - \frac{1}{n^2}\right). \tag{12.53}$$

Bei der Behandlung des Mitführungseffektes in Abschn. 12.3 wurde der Mitführungskoeffizient F als Faktor vor der Strömungsgeschwindigkeit w (hier entspre-

[7] In Abschn. 12.3 war die Strömungsgeschwindigkeit mit $\boldsymbol{w}$ bezeichnet worden.

chend u) eingeführt, der ein Maß für die Größe der Mitführung darstellt. Wird diese Formulierung jetzt übernommen, erhält die Gl. (12.53) die Form

$$w_x = \frac{c}{n} + uF,$$

und ein Vergleich ergibt für den Mitführungskoeffizienten

$$F = 1 - \frac{1}{n^2}.$$

Dieses Ergebnis stimmt mit Gl. (12.22) überein, die eine Folge der Überlegungen zum Versuch von Hoek darstellt. Mit dem Wert von n für Wasser ergibt sich $F \approx 0{,}44$, ein Zahlenwert, der dem numerischen Ergebnis bei dem Versuch von Fizeau sehr nahe kommt.

Diese Ableitung des Mitführungskoeffizienten stützt sich auf das relativistische Additionstheorem der Geschwindigkeiten und damit auf das Einsteinsche Prinzip. Im Gegensatz zu den Überlegungen von Abschn. 12.3 wird die Annahme der Existenz von Äther und Ätherwind *nicht* benötigt.

12.8 Dopplersches Prinzip und Aberration

Ein weiteres wichtiges Ergebnis der experimentellen Optik ist das Dopplersche Prinzip. Dieses Prinzip ist für Schallwellen bereits rein kinematisch in Bd. 1 abgeleitet worden. Der daraus resultierende Doppler-Effekt erklärt die Veränderung der Frequenz (und Wellenlänge) einer Wellenerscheinung für den Fall, daß Quelle und Beobachter relativ zueinander bewegt sind, bezogen auf den Fall, daß beide ruhen. Dieser Effekt ist auch im Bereich der elektromagnetischen Wellen bekannt (vgl. Abschn. 2.10) und äußert sich z. B. in der Verschiebung der Spektrallinien von Sternen, die gegenüber der Erde eine Relativgeschwindigkeit besitzen.

Zur Ableitung des Doppler-Effektes wird eine *Kugelwelle* betrachtet, die von einer punktförmigen Lichtquelle L emittiert wird. Das ruhende Bezugssystem Σ wird so gewählt, daß die Lichtquelle in seinem Ursprung liegt. Das bewegte Bezugssystem Σ' wird fest mit dem Beobachter B auf der Erde verbunden, die gegenüber der Quelle eine Relativgeschwindigkeit u besitzt. In dem System Σ hat die Kugelwelle ψ in der komplexen Schreibweise (vgl. Fußnote 1 in Kap. 11) die Form

$$\psi = \frac{A}{r} \exp\left[\mathrm{i}\omega\left(t - \frac{r}{c}\right)\right]. \tag{12.54}$$

Darin bedeutet ω die Kreisfrequenz der Welle im System Σ und r die Entfernung des Beobachtungspunktes von L. Zur Anwendung der Lorentz-Transformation wird ein rechtwinkliges Koordinatensystem mit dem Ursprung in L so eingeführt, daß Quelle L und Beobachter B in der x, y-Ebene liegen, d. h. daß für sie $z = 0$ ist (vgl. Abb. 12.7). Der Punkt B mit den Koordinaten $x, y, z = 0$ besitzt von L den Abstand

$$r = x \cos\varphi + y \sin\varphi\,. \tag{12.55}$$

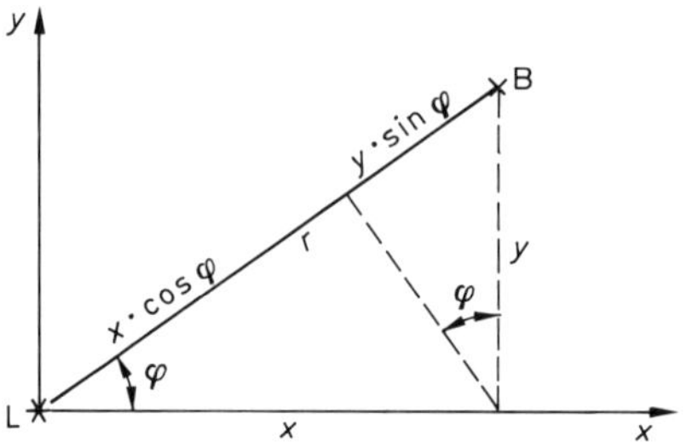

Abb. 12.7 Zur Berechnung des Doppler-Effekts.

Nun wird die Kugelwelle vom Standpunkt des Beobachters B im System Σ' aus betrachtet, und zwar in dem Augenblick, da der Punkt B $(x, y, z = 0)$ mit dem Punkt B $(x', y', z' = 0)$ zusammenfällt. Wird Gl. (12.55) in die Phase der Kugelwelle Gl. (12.54) eingesetzt, so folgt

$$\psi = \frac{A}{r} \exp\left[i\omega \left(t - \frac{x}{c} \cos\varphi - \frac{y}{c} \sin\varphi \right) \right]. \tag{12.56}$$

Mit Hilfe der Lorentz-Transformation werden in der Phase der Wellenfunktion nach Gl. (12.34) die ungestrichenen Größen durch die gestrichenen ersetzt. Gleichzeitig muß auch der Abstand r transformiert werden, da er nach Gl. (12.55) die Koordinaten x und y enthält. Da eine derartige Transformation aber lediglich die Amplitude der Kugelwelle betrifft, wird dieser Schritt im folgenden nicht explizit durchgeführt, vielmehr nur durch die Schreibweise $r = r(x', y', t')$ angedeutet. Dann folgt

$$\psi = \frac{A}{r(x', y', t')} \exp\left[i\omega \left(\frac{t' + \frac{u}{c^2} x'}{\sqrt{1-\beta^2}} - \frac{x' + ut'}{\sqrt{1-\beta^2}} \frac{\cos\varphi}{c} - y' \frac{\sin\varphi}{c} \right) \right]. \tag{12.57}$$

Die Phase dieser Wellenfunktion läßt sich analog zu der Phase der Wellenfunktion nach Gl. (12.56) schreiben, falls eine Kreisfrequenz ω' und ein Azimutwinkel φ' für das System Σ' eingeführt werden:

$$\psi = \frac{A}{r(x', y', t')} \exp\left[i\omega' \left(t' - \frac{x'}{c} \cos\varphi' - \frac{y'}{c} \sin\varphi' \right) \right]. \tag{12.58}$$

Durch Vergleich der Phasen der Gln. (12.57) und (12.58) bezüglich der drei Variablen t', x' und y' ergeben sich die folgenden Zusammenhänge

$$\omega' t' = \omega \frac{t'}{\sqrt{1-\beta^2}} - \omega \frac{ut'}{\sqrt{1-\beta^2}} \frac{\cos\varphi}{c},$$

$$-\omega' x' \frac{\cos\varphi'}{c} = \omega \frac{\frac{u}{c^2} x'}{\sqrt{1-\beta^2}} - \omega \frac{x'}{\sqrt{1-\beta^2}} \frac{\cos\varphi}{c},$$

$$-\omega' y' \frac{\sin\varphi'}{c} = -\omega y' \frac{\sin\varphi}{c},$$

oder umgeformt und dabei jeweils durch t', x' und y' dividiert und $\beta = u/c$ eingeführt

$$\omega' = \omega \frac{1-\beta\cos\varphi}{\sqrt{1-\beta^2}}, \tag{12.59}$$

$$\cos\varphi' = \left(\frac{\omega}{\omega'}\right) \frac{\cos\varphi - \beta}{\sqrt{1-\beta^2}}, \tag{12.60}$$

$$\sin\varphi' = \left(\frac{\omega}{\omega'}\right) \sin\varphi. \tag{12.61}$$

Diese drei Gleichungen stellen das Dopplersche Prinzip in sehr allgemeiner Form dar. Die Gl. (12.59) zeigt, daß der im System Σ' bewegte Beobachter eine *andere* Frequenz ω' der Kugelwelle beobachtet, die von der Frequenz ω im Ruhesystem Σ der Quelle abweicht: **Doppler-Effekt.** Die Gln. (12.60) und (12.61) lassen erkennen, daß der bewegte Beobachter die Welle aus einer *anderen* Richtung φ' (hier beschränkt auf die x, y-Ebene) einfallen sieht als dem Einfallswinkel φ im Ruhesystem der Lichtquelle entspricht: **Aberration.**

In der vorausgegangenen Behandlung des Doppler-Effektes war die Lichtquelle als ruhend, der Beobachter auf der Erde als dagegen bewegt angesehen worden. Nach dem Relativitätsprinzip kann mit gleicher Berechtigung der Beobachter als ruhend und die Lichtquelle als dagegen bewegt angenommen werden. Die Ergebnisse in den Gln. (12.59) bis (12.61) behalten dabei ihre Gültigkeit, wenn u durch $-u$, also auch β durch $-\beta$ ersetzt wird. Um mit Experimenten vergleichen zu können, wird in Gl. (12.59) der Winkel φ mittels der Gl. (12.60) durch φ' ausgedrückt. Dazu wird Gl. (12.60) nach $\cos\varphi$ aufgelöst:

$$\cos\varphi = \cos\varphi' \left(\frac{\omega'}{\omega}\right) \sqrt{1-\beta^2} + \beta, \tag{12.62}$$

ein Ergebnis, das in Gl. (12.59) eingesetzt, diese Gleichung zu

$$\omega' = \omega \frac{\sqrt{1-\beta^2}}{1+\beta\cos\varphi'} \tag{12.63}$$

umformt.

Für den Vergleich mit Experimenten oder mit astronomischen Beobachtungen ist der Fall von besonderer Bedeutung, bei dem Beobachter B und Lichtquelle L sich relativ zueinander längs ihrer Verbindungslinie bewegen, d. h. entweder $\varphi' = 0$ (B und L entfernen sich voneinander) oder $\varphi' = \pi$ (B und L nähern sich): *longitudinaler Doppler-Effekt*. Die Gl. (12.63) lautet dann für beide Fälle

$$\omega' = \omega \frac{\sqrt{1-\beta^2}}{1+\beta} \qquad (\varphi' = 0),$$

$$\omega' = \omega \frac{\sqrt{1-\beta^2}}{1-\beta} \qquad (\varphi' = \pi).$$

Da $\beta < 1$ ist, können Zähler und Nenner entwickelt werden. Im Gegensatz zu früheren Überlegungen werden auch noch die quadratischen Anteile in β berücksichtigt. Als Ergebnis folgt

$$\begin{aligned} \omega' &= \omega\left(1 - \beta + \frac{1}{2}\beta^2\right) \qquad (\varphi' = 0) \\ \omega' &= \omega\left(1 + \beta + \frac{1}{2}\beta^2\right) \qquad (\varphi' = \pi) \end{aligned} \tag{12.64}$$

Hier besteht – bis auf die Summanden mit β^2 – Identität mit dem Ergebnis für die Frequenzverschiebung in der nichtrelativistischen Behandlung des longitudinalen Doppler-Effektes (vg. Bd. 1). Die Abweichungen bei der relativistischen Behandlung des Doppler-Effektes treten also in der Größenordnung β^2 auf: *quadratischer longitudinaler Doppler-Effekt*. Dieser zusätzliche Effekt ist zwar stets vorhanden, wird jedoch von dem größeren linearen Effekt ($\beta < 1$) überdeckt.

Werden die Beobachtungen des Doppler-Effektes im rechten Winkel zur Bewegungsrichtung des Beobachters B durchgeführt *(transversaler Doppler-Effekt)*, so folgt wegen $\varphi' = \pi/2$ aus Gl. (12.63)

$$\omega' = \omega\sqrt{1 - \beta^2} \qquad (\varphi' = \pi/2)\,, \tag{12.65}$$

also stets $\omega' < \omega$. In der nichtrelativistischen Theorie darf es aber für $\varphi' = \pi/2$ *keinen* Doppler-Effekt geben, so daß dieser rein quadratische transversale Doppler-Effekt als ein echt relativistischer Effekt anzusehen ist. Das ist auch daran zu erkennen, daß bei Einführung der Periodendauern $T' = 2\pi/\omega'$ und $T = 2\pi/\omega$ aus Gl. (12.65)

$$T' = \frac{T}{\sqrt{1 - \beta^2}}$$

folgt, also $T' > T$. Dieses Ergebnis ist *identisch* mit der Gl. (12.37) der relativistischen Zeitdilatation.

Eine experimentelle Untersuchung des quadratischen Doppler-Effektes stellt daher eine *ausgezeichnete Prüfung der speziellen Relativitätstheorie* dar. Wegen der Kleinheit des Effektes gelang dieses Experiment erst Ives und Stilwell [2] durch Beobachtung des quadratischen *longitudinalen* Doppler-Effektes. Dabei wurde die Lichtemission von angeregten Atomen aus Wasserstoff-Atomstrahlen (vgl. Bd. 4, Abschn. 1.7) in Bewegungsrichtung und entgegengesetzt dazu spektroskopisch untersucht, wodurch der *lineare Anteil* des Doppler-Effektes *eliminiert* wurde. Das Ergebnis war eine sehr gute Bestätigung der speziellen Relativitätstheorie.

Wenig später wurde dieses Experiment von Otting [33] in ähnlicher Form durchgeführt, dessen Versuchsanordnung aus Abb. 12.8 zu entnehmen ist. Als bewegte Lichtquelle dienen die mit hoher Geschwindigkeit ($\beta^2 \approx 3 \cdot 10^{-5}$) fliegenden angeregten Atome aus einem Wasserstoff-Kanalstrahl K. Deren Licht wird einmal direkt durch ein Fabry-Perot-Interferometer (vgl. Abschn. 3.4) F hindurch auf den Spalt Sp eines Spektrographen abgebildet, wobei die Lichtquelle auf den Beobachter zufliegt, so daß in Gl. (12.64) $\varphi' = \pi$ gilt. Zum anderen wird das Licht der Atome zunächst an dem Spiegel S reflektiert und dann über F auf den Spalt Sp abgebildet. Das entspricht Lichtquellen, die sich vom Beobachter entfernen, so daß jetzt in

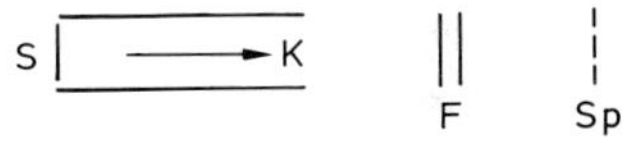

Abb. 12.8 Schema zur Beobachtung des quadratischen Doppler-Effekts. – K: Kanalstrahl, S: Spiegel, F: Interferometer, Sp: Spektrographenspalt.

Gl. (12.64) der Fall $\varphi' = 0$ vorliegt. Auf der Photoplatte des Spektrographen sind die rot- bzw. blauverschobenen Linien des Spektrums zu erkennen, die wegen des zwischengeschalteten Interferometers in ihrer Längsrichtung Interferenzmaxima und -minima aufweisen. Aus den Abständen der Interferenzminima hoher Ordnung lassen sich die Wellenlängen der verschobenen Spektrallinien sehr genau bestimmen. Die Messung ergibt Linienverschiebungen, aus denen sich über Wellenlängendifferenzen $\Delta\lambda'$ die Frequenzdifferenzen $|\Delta\nu'| = |\Delta\omega'|/2\pi$

$$|\Delta\nu'_{\text{rot}}| = 1{,}5848 \cdot 10^{17}\,\text{s}^{-1}\,, \quad |\Delta\nu'_{\text{blau}}| = 1{,}5881 \cdot 10^{17}\,\text{s}^{-1}$$

ergeben. Die Gln. (12.64) liefern für die beiden Fälle die Frequenzänderungen

$$\omega' - \omega = \omega\left(-\beta + \frac{1}{2}\beta^2\right),$$

$$\omega' - \omega = \omega\left(\beta + \frac{1}{2}\beta^2\right),$$

woraus Frequenzdifferenzen $|\Delta\nu'| = |\omega' - \omega|/2\pi$

$$|\Delta\nu'_{\text{rot}}| = \nu\left|\beta - \frac{1}{2}\beta^2\right|,$$

$$|\Delta\nu'_{\text{blau}}| = \nu\left|\beta + \frac{1}{2}\beta^2\right|$$

folgen. Da der lineare Effekt für Rot- und Blauverschiebung die gleichen Differenzen ergibt, ist die Unsymmetrie der Frequenzverschiebungen nach Gl. (12.66) ein Beweis für das Auftreten des quadratischen Doppler-Effektes. Die beobachteten Verschiebungen werden von den Gln. (12.64) mit einer Abweichung von nur 5% wiedergegeben und stimmen daher mit den Vorhersagen der speziellen Relativitätstheorie überein.

Die bisher genaueste Bestätigung der Gültigkeit der speziellen Relativitätstheorie erzielten Kaivola und Mitarbeiter [3] durch eine neuartige Messung des relativistischen longitudinalen Doppler-Effektes. Dazu wird die *Zwei-Photonenabsorption* (vgl. Abschn. 8.7) in *stehenden Wellen* eines Lasers bei Resonanz mit einem atomaren Elektronenübergang benutzt. Gemessen wird der Frequenzunterschied zwischen einem Zwei-Photonenübergang in schnell bewegten Neonatomen N_1 aus einem Atomstrahl (Geschwindigkeit $u_1 = 9{,}5 \cdot 10^5\,\text{m}\,\text{s}^{-1}$, $\beta_1^2 = 10^{-5}$) und dem entsprechenden Übergang in Neonatomen N_2 mit thermischen Geschwindigkeiten ($u_2 \approx 3 \cdot 10^2\,\text{m}\,\text{s}^{-1}$, $\beta_2^2 \approx 10^{-12}$). Es werden zwei Farbstofflaser L_1 bzw. L_2 verwendet, die im Bereich der Neonatome N_1 bzw. N_2 stehende Wellenfelder in Richtung der Geschwindigkeit $\boldsymbol{u}_1$ der Strahlatome N_1 bilden. Für den Zwei-Photonenübergang kann die stehende Welle als Superposition zweier entgegengesetzt laufender, sonst aber gleicher Teilwellen aufgefaßt werden, aus den *simultan* jeweils *ein* Photon absorbiert wird.

Ähnlich dem Experiment von Ives und Stilwell wird auf diese Weise der lineare Anteil des Doppler-Effektes eliminiert. Da $\beta_2^2 \ll \beta_1^2$ ist, spielt der quadratische Anteil des Doppler-Effektes bei den thermisch bewegten Neonatomen keine Rolle. Eine Messung der *Schwebungsfrequenz* der beiden auf genaue Resonanz mit den atomaren Übergängen bei N_1 bzw. N_2 abgestimmten Laser L_1 bzw. L_2 bedeutet dann die Messung der durch den quadratischen Anteil des Doppler-Effektes *veränderten Resonanzfrequenz* bei den schnell bewegten Neonatomen N_1. Das Ergebnis ist in *ausgezeichneter Übereinstimmung* mit den Aussagen der speziellen Relativitätstheorie; die Genauigkeit der Bestätigung liegt bei 43 ppm.

Wie bereits bemerkt wurde, geben die Gl. (12.60) und (12.61) den Effekt der *Aberration* wieder. Es soll hier nur der Fall betrachtet werden, daß die Beobachtungsrichtungen senkrecht zur Geschwindigkeit der Erde liegt. Dann folgt wegen $\varphi' = \pi/2$ aus Gl. (12.62)

$$\cos\varphi = \beta \, .$$

Da die Translationsgeschwindigkeit der Erde durch $u = 3 \cdot 10^4 \,\mathrm{m\,s^{-1}}$ gegeben ist (vgl. Abschn. 12.3), folgt $\beta = u/c \approx 10^{-4}$, so daß φ in der Nähe von $\pi/2$ liegt. Dann gilt näherungsweise

$$\varphi = \frac{\pi}{2} \pm \beta \, . \tag{12.67}$$

Der ursprüngliche Beobachtungswinkel $\varphi' = \pi/2$ wird also um den Betrag β geändert, der einem Winkel von 20″ entspricht. Infolge der Bewegung der Erde auf einer elliptischen Bahn um die Sonne muß demzufolge ein Fixstern am Himmelsgewölbe eine scheinbare Ellipse durchlaufen. Für den Fall, daß stets senkrecht zur Ebene der Erdbahn beobachtet wird, entartet die Ellipse zu einem Kreis mit dem Radius $\beta = u/c = 20''$. Dieser Effekt der Aberration des Sternenlichtes wurde bereits von Bradley (1728) entdeckt und klassisch gedeutet. Bradley nahm an, daß das längs der Achse des Fernrohres einfallende Licht – das also die Mitte des Objektivs passiert – nicht in der Mitte des Okulars auftrifft; denn während der Laufzeit des Lichtes vom Objektiv zum Okular hat sich das Fernrohr in der Richtung der Erdgeschwindigkeit weiterbewegt. Diese Deutung hat aber zur Folge, daß die Lichtgeschwindigkeit auf dem Wege zwischen Objektiv und Okular den Effekt beeinflussen muß. Daher wurden diese Beobachtungen von Airy (1871) mit einem Fernrohr durchgeführt, das mit Wasser gefüllt war. Das Ergebnis sprach gegen die klassische Deutung der Aberration nach Bradley, da keine Änderung des Aberrationseffektes gegenüber einem luftgefüllten Fernrohr beobachtet wurde. Die Gl. (12.67) bestätigt, daß die Lichtgeschwindigkeit in der Materie, die das Fernrohr erfüllt, keine Rolle spielt.

12.9 Rotationsbewegung

Im Abschn. 12.5 ist zu erkennen, daß die grundlegende Lorentz-Transformation und damit das Relativitätsprinzip der Elektrodynamik (Einsteinsches Prinzip) sich ausdrücklich auf *Translationsbewegungen* bezieht. Dies gilt auch für alle bisherigen Folgerungen aus diesen Grundlagen und für alle bisher betrachteten Experimente. Es wurden stets Systeme Σ und Σ' betrachtet, deren Relativbewegung durch eine konstante Translationsgeschwindigkeit beschrieben wurde. Aus der Mechanik ist bekannt, daß Naturvorgänge in einem rotierenden System anders als in einem nicht rotierenden verlaufen. Das ergibt z. B. der Foucaultsche Pendelversuch (vgl. Bd. 1), mit dem die Rotation der Erde nachgewiesen werden kann. In der Mechanik werden daher die Bewegungsgleichungen im rotierenden System abgeändert, indem zu den tatsächlich wirkenden Kräften sog. *Scheinkräfte (Zentrifugalkraft* und *Corioliskraft)* eingeführt werden. Formal bleiben dabei die Bewegungsgleichungen auch im rotierenden System gültig.

Im Bereich der Optik sind Experimente, die einen Effekt bei Rotationsbewegung zeigen, zuerst von Harress (1912) und von Sagnac (1913) durchgeführt worden. Im folgenden wird der Versuch von Sagnac behandelt, dessen Theorie bereits 1911 von v. Laue gegeben wurde. Zur Erläuterung dient dabei die Abb. 12.9.

Ein von L kommender Lichtstrahl wird an dem halbdurchlässigen Spiegel P in zwei kohärente Strahlen aufgespalten, die an den auf einem Kreis durch P angeordneten Spiegeln S_1 bis S_3 in einander entgegengesetztem Umlaufsinn reflektiert werden, dabei sich in Luft ausbreiten und an der Stelle P wieder zusammentreffen. Die Überlagerung beider Strahlen wird in der Ebene B beobachtet; dort entsteht ein System von Interferenzstreifen gleicher Neigung (vgl. Abschn. 3.3). Der Gangunterschied der beiden Strahlen (in Abb. 12.9 ausgezogen gezeichnet) ist dann gleich Null.

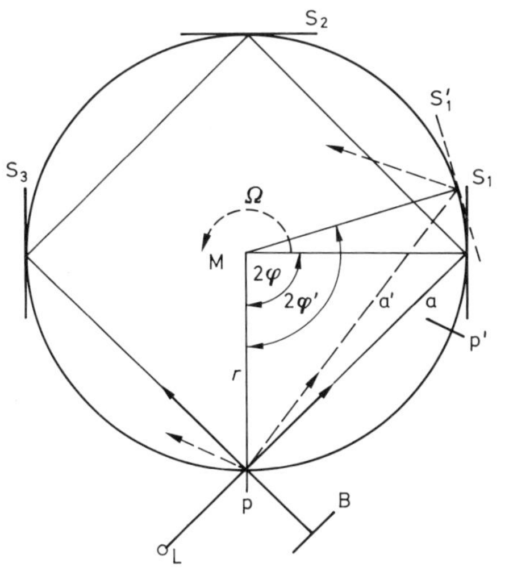

Abb. 12.9 Zum Sagnacschen Versuch; — Strahlengang in Ruhe, --- desgleichen in Bewegung.

Nun werde die gesamte ebene Anordnung mit der Winkelgeschwindigkeit Ω um eine senkrechte Achse durch den Kreismittelpunkt M in Rotation versetzt, etwa gegen den Uhrzeigersinn. Dann muß der im gleichen Sinn umlaufende Strahl einen längeren Weg als der entgegengesetzt umlaufende zurücklegen, da der Spiegel P sich inzwischen bis P′ bewegt hat. In der Zeit, in der sich der eine Strahl z. B. von P nach S_1 bewegt, hat sich auch S_1 schon weiterbewegt. S_1' in Abb. 12.9 soll die Lage von S_1 nach einer bestimmten Zeit t andeuten. Nach Vollendung eines Umlaufs der Lichtstrahlen ist dann P nach P′ in der Zeit mt verschoben, wenn m die Anzahl der durchlaufenen Kreissehnen ist (in Abb. 12.9 gilt $m = 4$). Die gestrichelt gezeichneten Strahlen haben nun einen Gangunterschied, so daß sich das Interferenzstreifensystem im Gegensatz zum Michelson-Versuch verschiebt. Die Zeit zum Durchlaufen der gesamten Strecke ma' ist

$$\tau_+ = m\frac{a'}{c} = m\frac{2r\sin\varphi'}{c},$$

worin wegen $2\varphi' - 2\varphi = \Omega\tau_+/m$ und $2\varphi = 2\pi/m$

$$\varphi' = \frac{1}{m}\left(\pi + \frac{\Omega\tau_+}{2}\right)$$

zu setzen ist:

$$\tau_+ = m\frac{2r}{c}\sin\left[\frac{1}{m}\left(\pi + \frac{\Omega\tau_+}{2}\right)\right].$$

Entsprechend gilt für den entgegengesetzt laufenden Strahl

$$\tau_- = m\frac{2r}{c}\sin\left[\frac{1}{m}\left(\pi - \frac{\Omega\tau_-}{2}\right)\right].$$

Ist $T = \lambda/c$ die Periodendauer der Lichtwelle, so gibt $\Delta = (\tau_+ - \tau_-)/T$ die Verschiebung des Interferenzstreifensystems in Bruchteilen des Abstandes zweier Streifen an, und es ist

$$\Delta = m\frac{2r}{\lambda}\left\{\sin\left[\frac{1}{m}\left(\pi + \frac{\Omega\tau_+}{2}\right)\right] - \sin\left[\frac{1}{m}\left(\pi - \frac{\Omega\tau_-}{2}\right)\right]\right\}.$$

Nach einfacher trigonometrischer Umformung ergibt sich

$$\Delta = m\frac{4r}{\lambda}\cos\left[\frac{1}{m}\left(\pi + \Omega\frac{\tau_+ - \tau_-}{4}\right)\right]\sin\left[\frac{1}{m}\frac{\Omega}{4}(\tau_+ + \tau_-)\right].$$

Da die Laufzeiten τ_+ und τ_- umgekehrt proportional zur Lichtgeschwindigkeit c sind, ist $\Omega(\tau_+ - \tau_-)/4 \ll \pi$. Wird ferner wegen der Kleinheit von τ_+ und τ_- die Sinusfunktion durch ihr Argument angenähert, so gilt

$$\Delta = m\frac{4r\Omega}{\lambda}\cos\left(\frac{\pi}{m}\right)\frac{\tau_+ + \tau_-}{4m}.$$

Die Größen τ_+ und τ_- werden durch die Zeit τ_0 angenähert, die zum Durchlaufen der Strecke ma bei ruhender Apparatur erforderlich ist. Die Zeit τ_0 ergibt sich aus den Formeln für τ_+ oder τ_-, wenn dort $\Omega = 0$ gesetzt wird, zu

$$\tau_0 = m\frac{2r}{c}\sin\left(\frac{\pi}{m}\right).$$

Damit folgt

$$\frac{\tau_+ + \tau_-}{4m} = \frac{\tau_0}{2m} = \frac{r}{c}\sin\left(\frac{\pi}{m}\right),$$

$$\Delta = m\frac{4r^2\Omega}{\lambda c}\cos\left(\frac{\pi}{m}\right)\sin\left(\frac{\pi}{m}\right) = m\frac{2r^2\Omega}{\lambda c}\sin\left(\frac{2\pi}{m}\right).$$

Der Flächeninhalt des von dem Lichtweg umschlossenen m-Ecks ist aber

$$A = m\frac{r^2}{2}\sin\left(\frac{2\pi}{m}\right).$$

Also folgt für die relative Streifenverschiebung der Ausdruck

$$\Delta = \frac{4A\Omega}{\lambda c}.$$

Bei den genauen Messungen von Pogany (1926–1927) betrug die vom Lichtweg umschlossene Fläche $A = 0{,}118\,\mathrm{m}^2$, die mit einer Winkelgeschwindigkeit $\Omega = 1{,}57 \cdot 10^2\,\mathrm{s}^{-1}$ rotierte. Bei der Wellenlänge der grünen Linie des Quecksilberspektrums ($\lambda = 546\,\mathrm{nm}$) ergibt die Rechnung den Wert $\Delta = 0{,}453$, der in den Experimenten sehr gut bestätigt wurde.

Da die Größe $\Delta \sim \Omega$ ist, liegt bei dem Versuch von Sagnac ein Experiment vor, *in dem die Rotation der optischen Anordnung beobachtet werden kann.*

Michelson und Gale (1925) verwendeten anstelle der rotierenden Ebene die *Rotation der Erde*. Auch dieser Versuch brachte ein Ergebnis, das mit der berechneten Streifenverschiebung übereinstimmt.

Die Winkelgeschwindigkeit Ω kann durch die Tangentialgeschwindigkeit u der Punkte P, S_1 bis S_3 längs des Kreisbogens (Radius r) ausgedrückt werden: $\Omega = u/r$. Daher folgt für die relative Streifenverschiebung mit $\beta = u/c$

$$\Delta = \frac{4A}{\lambda r}\beta.$$

Das Experiment von Sagnac liefert also hinsichtlich des Parameters β nur einen *Effekt erster Ordnung*.

Die hier durchgeführte rein geometrische Ableitung der relativen Streifenverschiebung Δ enthält neben rechnerischen Vereinfachungen die *Vernachlässigung der* bei Rotation der Apparatur auftretenden *Beschleunigungen*. Die Berücksichtigung eines mit der Apparatur beschleunigt mitbewegten Bezugsystems würde über die bisherige Formulierung der Relativitätstheorie hinausführen. Eine strenge Ableitung ist nur im Rahmen der Allgemeinen Relativitätstheorie möglich. Nur weil bei dem Versuch von Sagnac ein Effekt erster Ordnung vorliegt, führt die einfache geometrische Ableitung näherungsweise zum richtigen Ergebnis.

Eine moderne Ausführung des Sagnac-Versuchs wird durch einen *Ringlaser* gebildet, bei dem das Licht eines Gaslasers von z. B. drei Spiegeln so umgelenkt wird, daß es ähnlich dem Lichtweg in Abb. 12.9 in beiden Richtungen ein Quadrat durchläuft und so einen Laserresonator darstellt. Bei Rotation der Anordnung wird die Resonatorlänge für die beiden im Gegensinn umlaufenden Lichtwellen geringfügig vergrößert bzw. verkleinert, so daß sich damit auch die Frequenz beider Lichtwellen geringfügig unterscheidet (vgl. Abschn. 7.9). Die Differenzfrequenz kann gemessen werden und erlaubt eine Bestimmung der Winkelgeschwindigkeit: „*Laserkreisel*".

Inzwischen konnte auch in Durchführungen des Sagnac-Versuchs mit Elektronen- und Neutronenwellen dieser Effekt bestätigt werden [4].

12.10 Die Invarianz der Gleichungen der Elektrodynamik und der Mechanik gegenüber der Lorentz-Transformation

Die Gleichungen der Elektrodynamik. In den Abschn. 12.5 bis 12.8 wurde die weitreichende Leistungsfähigkeit der Lorentz-Transformation gezeigt. Diese wurde dabei als eine Konsequenz des Einsteinschen Prinzips von der Konstanz der Lichtgeschwindigkeit erkannt. Jedoch verlangt die heutige *axiomatische Formulierung der speziellen Relativitätstheorie,* daß *kein* Experiment eine *gleichförmige* Translationsgeschwindigkeit feststellen darf. Das bedeutet: *alle Naturgesetze müssen so beschaffen sein, daß sie für Systeme, die relativ zueinander eine gleichförmige Translationsgeschwindigkeit aufweisen, die gleiche Gestalt besitzen.* Der Übergang zwischen zwei derartigen Systemen Σ und Σ' wird mathematisch durch die Lorentz-Transformation gemäß den Gln. (12.33) und (12.34) vollzogen. *Also müssen alle Gleichungen, mit denen Naturgesetze formuliert werden, gegenüber dieser Transformation invariant sein.*

In Abschn. 12.5 wurde gezeigt, daß die Form der Wellenfläche einer Kugelwelle $x^2 + y^2 + z^2 - c^2 t^2 = 0$ gegenüber der Lorentz-Transformation invariant ist. Ferner ist als Ergebnis der Betrachtungen in Abschn. 12.5 bis 12.8 festzuhalten, daß die Lorentz-Transformation eine Anzahl von Effekten richtig beschreibt, die auch experimentell geprüft worden sind. Es ist daher die nächste Aufgabe zu zeigen, daß *das Relativitätsprinzip der Elektrodynamik für die gesamte Elektrodynamik in ihrer Formulierung durch die Maxwellsche Theorie Gültigkeit besitzt.* Dazu ist es notwendig zu beweisen, daß die Feldgleichungen der Elektrodynamik (Maxwellsche Gleichungen) invariant gegenüber der Lorentz-Transformation sind. In den Feldgleichungen (12.8) bis (12.11) – gültig im System Σ – sind alle sechs Komponenten der Feldvektoren $\boldsymbol{E}$ und $\boldsymbol{B}$ Funktionen der Ortskoordinaten und der Zeit, z. B. also $E_x = E_x(x, y, z, t)$. Nach der Transformationsgleichung (12.34) sind aber die Koordinaten x, y, z und die Zeit t Funktionen der Koordinaten x', y', z' und der Zeit t' für das System Σ'. Daher können mit Hilfe dieser Transformationsgleichungen die Feldgleichungen (12.8) bis (12.11) auf die gestrichenen Größen umgerechnet werden. Diese Rechnung ist nicht schwierig, aber doch ziemlich langwierig, so daß hier nur das Ergebnis angegeben wird. Dabei genügt es zunächst, nur diejenige Komponente der beiden vektoriellen Feldgleichungen zu betrachten, die mit der Relativgeschwindigkeit $\boldsymbol{u}$ übereinstimmt. Im Falle der Transformationsgleichungen (12.33) und (12.34) ist das die x-Komponente. Mit der mehrfach verwendeten Abkürzung $\beta = u/c$ folgt dafür

$$\varepsilon_0 \mu_0 \frac{\partial E_x}{\partial t'} = \frac{\partial}{\partial y'}\left[\frac{1}{\sqrt{1-\beta^2}}\left(B_z - \frac{\beta}{c}E_y\right)\right] - \frac{\partial}{\partial z'}\left[\frac{1}{\sqrt{1-\beta^2}}\left(B_y + \frac{\beta}{c}E_z\right)\right] \tag{12.68}$$

$$-\frac{\partial B_x}{\partial t'} = \frac{\partial}{\partial y'}\left[\frac{1}{\sqrt{1-\beta^2}}(E_z + uB_y)\right] - \frac{\partial}{\partial z'}\left[\frac{1}{\sqrt{1-\beta^2}}(E_y - uB_z)\right]. \tag{12.69}$$

Diese transformierten Gleichungen besitzen wieder die Gestalt der entsprechenden Maxwellschen Gleichungen (12.4) und (12.5), wie sie für das ruhende System Σ gelten. Es läßt sich sogar *Identität* der Gln. (12.68) und (12.69) mit den ersten Zeilen der Gln. (12.4) und (12.5) erreichen, wenn folgende Abkürzungen eingeführt werden:

$$\begin{aligned} E'_{x'} &= E_x\,, & B'_{x'} &= B_x\,, \\ E'_{y'} &= \frac{1}{\sqrt{1-\beta^2}}(E_y - uB_z)\,, & B'_{y'} &= \frac{1}{\sqrt{1-\beta^2}}\left(B_y + \frac{\beta}{c}E_z\right), \\ E'_{z'} &= \frac{1}{\sqrt{1-\beta^2}}(E_z + uB_y)\,, & B'_{z'} &= \frac{1}{\sqrt{1-\beta^2}}\left(B_z - \frac{\beta}{c}E_y\right). \end{aligned} \tag{12.70}$$

Dann erhalten die Gln. (12.68) und (12.69) die Gestalt

$$\varepsilon_0 \mu_0 \frac{\partial E'_{x'}}{\partial t'} = \frac{\partial B'_{z'}}{\partial y'} - \frac{\partial B'_{y'}}{\partial z'}$$

$$-\frac{\partial B'_{x'}}{\partial t'} = \frac{\partial E'_{z'}}{\partial y'} - \frac{\partial E'_{y'}}{\partial z'}.$$

Daraus folgt Identität mit den ersten Zeilen der Gln. (12.4) und (12.5), wenn die Größen $E'_{x'}$, $E'_{y'}$, $E'_{z'}$, $B'_{x'}$, $B'_{y'}$, $B'_{z'}$ als die Komponenten der Feldvektoren $\boldsymbol{E}'$ und $\boldsymbol{B}'$ im bewegten System Σ' eingeführt werden. Es läßt sich ferner zeigen, daß die Transformationsgleichungen (12.70) auch aus den bisher nicht betrachteten Komponenten der Feldgleichungen (12.8) bis (12.11) folgen. Diese Rechnung wird aber nicht ausgeführt. Da die Geschwindigkeit der relativen Translationsbewegung in Richtung der x- bzw. x'-Achse liegt, also $\boldsymbol{u} = u_x \boldsymbol{i}$ gilt, ergeben sich die Vektorprodukte

$$\boldsymbol{u} \times \boldsymbol{E} = -uE_z\boldsymbol{j} + uE_y\boldsymbol{k}$$

bzw.

$$\boldsymbol{u} \times \boldsymbol{B} = -uB_z\boldsymbol{j} + uB_y\boldsymbol{k}\,.$$

Daher lassen sich die Gln. (12.70) auch in der Form

$$
\begin{aligned}
E'_{x'} &= E_x\,, & B'_{x'} &= B_x\,,\\
E'_{y'} &= \frac{1}{\sqrt{1-\beta^2}}\,[E_y + (\boldsymbol{u}\times\boldsymbol{B})_y] & B'_{y'} &= \frac{1}{\sqrt{1-\beta^2}}\left[B_y - \frac{1}{c^2}(\boldsymbol{u}\times\boldsymbol{E})_y\right],\\
E'_{z'} &= \frac{1}{\sqrt{1-\beta^2}}\,[E_z + (\boldsymbol{u}\times\boldsymbol{B})_z]\,, & B'_{z'} &= \frac{1}{\sqrt{1-\beta^2}}\left[B_z - \frac{1}{c^2}(\boldsymbol{u}\times\boldsymbol{E})_z\right],
\end{aligned}
\tag{12.71}
$$

angeben[8]. Da nun sowohl $(\boldsymbol{u}\times\boldsymbol{E})_x$ als auch $(\boldsymbol{u}\times\boldsymbol{B})_x$ gleich Null sind, ergibt sich für den nichtrelativistischen Grenzfall, d.h. für $\beta^2 = 0$ aber $u/c^2 \neq 0$, in Vektorform

$$
\begin{aligned}
\boldsymbol{E}' &= \boldsymbol{E} + (\boldsymbol{u}\times\boldsymbol{B})\,,\\
\boldsymbol{B}' &= \boldsymbol{B} - \frac{1}{c^2}(\boldsymbol{u}\times\boldsymbol{E})\,.
\end{aligned}
\tag{12.72}
$$

Etwas allgemeiner als in den Gln. (12.72) lassen sich die Transformationsgleichungen formulieren, wenn die Eigenschaft $\boldsymbol{u} = u\boldsymbol{i}$ explizit verwendet wird. Dann kann nämlich der Summand $(\boldsymbol{u}\times\boldsymbol{B})_x$ in der Transformationsformel für E_x zugefügt werden (entsprechend auch der Summand $(\boldsymbol{u}\times\boldsymbol{E})_x$ in der Formel für B_x). Um außerdem die Bevorzugung der x- bzw. x'-Achse aufzuheben, werden die Richtungen der Feldvektoren parallel und senkrecht zur Richtung der Relativgeschwindigkeit $\boldsymbol{u}$ von Σ und Σ' mit den Indizes $_\parallel$ und $_\perp$ gekennzeichnet. Damit folgt aus den Gln. (12.71) für die Transformation des Vektors $\boldsymbol{E}$

$$
\begin{aligned}
\boldsymbol{E}'_\parallel &= [\boldsymbol{E} + (\boldsymbol{u}\times\boldsymbol{B})]_\parallel\,,\\
\boldsymbol{E}'_\perp &= \frac{1}{\sqrt{1-\beta^2}}\,[\boldsymbol{E} + (\boldsymbol{u}\times\boldsymbol{B})]_\perp\,.
\end{aligned}
$$

Entsprechende Gleichungen gelten für $\boldsymbol{B}'_\parallel$ und $\boldsymbol{B}'_\perp$.

Diese Rechnungen liefern zunächst das *Ergebnis, daß die Maxwellschen Gleichungen gegenüber der Lorentz-Transformation invariant sind. Das bedeutet aber, daß das Relativitätsprinzip von Einstein für die gesamte Elektrodynamik Gültigkeit besitzt.* Ferner stellt die in der ersten Gl. (12.72) auftretende Feldstärke $\boldsymbol{E}'$, mit der elektrischen Ladung q multipliziert, eine Kraft, die sog. Lorentz-Kraft $\boldsymbol{F}_\mathrm{L}$, dar:

$$
\boldsymbol{F}_\mathrm{L} = q[\boldsymbol{E} + (\boldsymbol{u}\times\boldsymbol{B})]\,. \tag{12.73}
$$

Dieser Ausdruck liefert die Gesamtkraft, die in beliebigen elektromagnetischen Feldern auf die Ladung q ausgeübt wird.

Schließlich ist an Hand der Gln. (12.71) und (12.72) deutlich erkennbar, *daß die Charakterisierung elektromagnetischer Felder als „rein elektrisch" oder „rein magnetisch" nicht absolut gilt, sondern von Bewegungszustand des Beobachters abhängt.*

Eine experimentelle Bestätigung der relativierenden Aussage für elektromagnetische Felder nach den Gln. (12.71) wurde von W. Wien (1916) erhalten. Es ist bekannt, daß durch ein elektrisches Feld Spektrallinien leuchtender Gase aufgespalten wer-

[8] In den Gln. (12.71) bedeuten die Symbole $(\boldsymbol{u}\times\boldsymbol{E})_y$ bzw. $(\boldsymbol{u}\times\boldsymbol{E})_z$ die y- bzw. z-Komponente des Vektors $(\boldsymbol{u}\times\boldsymbol{E})$.

den, der sog. *Stark-Effekt* (vgl. Abschn. 4.14). Wien sandte nun leuchtende Kanalstrahlen durch ein transversales Magnetfeld, *ohne* aber von außen ein elektrisches Feld anzulegen. Das Magnetfeld hat vom System Σ des ruhenden Beobachters aus gesehen die Komponenten $B_x = 0$, $B_y \neq 0$, $B_z \neq 0$, falls die x-Achse von Σ in der Bewegungsrichtung der Kanalstrahlatome liegt. Ein Beobachter in einem mit den Kanalstrahlen mitbewegten System Σ' (x'-Achse parallel zur x-Achse) stellt aber neben dem Magnetfeld nach den Gln. (12.71) auch ein elektrisches Feld fest. Da $\boldsymbol{E} = 0$ und $\boldsymbol{u} = u\boldsymbol{i}$ gilt, folgt aus den Gln. (12.70) für die Komponenten dieses elektrischen Feldes

$$E'_{x'} = 0\,, \quad E'_{y'} = -\frac{u}{\sqrt{1-\beta^2}}B_z\,, \quad E'_{z'} = \frac{u}{\sqrt{1-\beta^2}}B_y\,.$$

In dem Versuch von Wien wurde das Licht von Wasserstoffkanalstrahlen spektral zerlegt. Dabei zeigte sich bei den Wasserstoff-Spektrallinien H_α und H_β gerade die Aufspaltung, die vom Stark-Effekt her aus Experiment und Theorie bekannt ist. Da das von außen angelegte Magnetfeld diese Aufspaltung *nicht* hervorrufen kann, ist das Ergebnis des Wienschen Experimentes ein Beweis für die Tatsache, daß die Charakterisierung eines elektromagnetischen Feldes vom Bewegungszustand des Beobachters abhängt.

Die relativistischen Gleichungen der Dynamik. Es hat sich nach dem Vorhergehenden gezeigt, daß die elektromagnetischen Feldgleichungen gegenüber der Lorentz-Transformation invariant sind. Daher besitzt das Relativitätsprinzip der Elektrodynamik für die gesamte Elektrodynamik Gültigkeit. *Da diese Aussage von der heutigen Formulierung der speziellen Relativitätstheorie auch auf den Bereich der Mechanik übertragen wird, müssen auch deren Grundgleichungen invariant gegenüber der Lorentz-Transformation sein.* In Abschn. 12.1 wurde die Invarianz der mechanischen Grundgleichungen gegenüber der Galilei-Transformation gezeigt. Aus dem Unterschied von Galilei-Transformation (Gl. (12.2)) und Lorentz-Transformation (Gl. (12.33)) folgt, daß dann jene Grundgleichungen der Mechanik *nicht invariant* gegenüber der Lorentz-Transformation sind. Demzufolge *sind diese Gleichungen zu korrigieren,* und zwar so, daß einerseits die entstehenden Gleichungen invariant gegenüber der Lorentz-Transformation werden, aber andererseits das zweite Newtonsche Bewegungsgesetz der Mechanik Gl. (12.1) als Grenzfall für $u/c \ll 1$ enthalten ist. Dazu wird das Newtonsche Bewegungsgesetz in der Form der Aussage geschrieben, daß die Kraft auf einen Massenpunkt durch die Ableitung seines mechanischen Impulses nach der Zeit gegeben ist (vgl. Bd. 1):

$$\boldsymbol{F} = \frac{\mathrm{d}}{\mathrm{d}t}(m_0\boldsymbol{u})\,, \tag{12.74}$$

wobei gegenüber Gl. (12.1) bei der Punktmasse m der Index 0 angefügt wurde. Im Sinne der klassischen Mechanik ist m_0 von der Zeit unabhängig und es gilt

$$\boldsymbol{F} = \frac{\mathrm{d}}{\mathrm{d}t}(m_0\boldsymbol{u}) = m_0\frac{\mathrm{d}\boldsymbol{u}}{\mathrm{d}t} = m_0\boldsymbol{a}\,.$$

Die *Änderung,* die *im Bereich der klassischen Mechanik* erforderlich ist, besteht darin, daß der „klassische" Impuls $m_0 \boldsymbol{u}$ durch den „relativistischen" Impuls

$$\boldsymbol{p} = \frac{m_0 \boldsymbol{u}}{\sqrt{1-\beta^2}} \tag{12.75}$$

ersetzt wird.

Dann lautet die *Grundgleichung der relativistischen Dynamik*:

$$\boldsymbol{F} = \frac{\mathrm{d}}{\mathrm{d}t}\left(\frac{m_0 \boldsymbol{u}}{\sqrt{1-\beta^2}}\right). \tag{12.76}$$

Hier kann nun

$$\frac{m_0}{\sqrt{1-\beta^2}} = m \tag{12.77}$$

gesetzt werden; dabei hängt aber die Masse m jetzt vom Betrag u der Geschwindigkeit $\boldsymbol{u}$ ab. Mit Gl. (12.77) kann die Gl. (12.76) in der Form

$$\boldsymbol{F} = \frac{\mathrm{d}}{\mathrm{d}t}(m\boldsymbol{u}) \tag{12.78}$$

geschrieben werden. In Gl. (12.78) ist aber die Masse *m keine Konstante* mehr, sondern hängt vom Betrag der Geschwindigkeit $\boldsymbol{u}$ ab. Zum Unterschied von der *geschwindigkeitsabhängigen Masse m* wird m_0 als die *konstante* **Ruhemasse** bezeichnet.

Es ist kennzeichnend für die so erhaltenen Gln. (12.76) bis (12. 78), daß die *Abweichungen* von der *Newtonschen Grundgleichung* (12.1) dann sehr *klein* werden, wenn die betrachteten *Geschwindigkeiten klein* sind. Die größte makroskopische Geschwindigkeit, die auf der Erde vorkommt, ist die Translationsgeschwindigkeit der Erde auf ihrer Bahn um die Sonne. Für diese Geschwindigkeit gilt $u \approx 3 \cdot 10^4\,\mathrm{m\,s^{-1}}$, d.h. $\beta = u/c \approx 10^{-4}$ und $\sqrt{1-\beta^2} \approx \sqrt{1-10^{-8}}$. Dann ist nach Gl. (12.77) $m_0 \approx m$, und aus den Gln. (12.76) und (12.77) folgt, daß die Newtonsche Grundgleichung (12.1) der klassischen Mechanik in sehr guter Näherung weiter gilt. Entsprechendes ergibt sich auch für die *Fluchtgeschwindigkeit von Raketen,* die diese zum Verlassen der Erde benötigen (vgl. Bd. 1). Aus dem Wert $u = 1{,}12 \cdot 10^4\,\mathrm{m\,s^{-1}}$ dieser Fluchtgeschwindigkeit folgt $\beta^2 \approx 10^{-9}$. Die relativistische Geschwindigkeitsabhängigkeit der Raketenmasse nach Gl. (12.77) fällt also praktisch nicht ins Gewicht. (Selbstverständlich ändert sich die Masse der Rakete mit der Zeit wegen des Treibstoffverbrauchs.)

Für Geschwindigkeiten u, die von der Größenordnung der Lichtgeschwindigkeit c sind, weicht dagegen der Quotient m/m_0 beträchtlich von 1 ab, z.B. folgt für $u/c = 0{,}5$ ein Wert $m/m_0 = 1{,}16$, der um 16% von 1 abweicht. Geschwindigkeiten dieser Größe treten zwar nicht im makroskopischen irdischen Bereich, wohl aber bei bestimmten *Elementarteilchen,* z.B. bei Elektronen, Protonen und Mesonen (Myonen), auf (vgl. Abschn. 10.1). An Elektronenstrahlen sind auch die ersten experimentellen Prüfungen der Gl. (12.77) durchgeführt worden. Untersuchungen von Bucherer (1908) und Schaefer (1913–1916) bestätigen die Gültigkeit der Gl. (12.64) im Geschwindigkeitsbereich von $u/c = 0{,}3$ bis $u/c = 0{,}85$ mit einer Genauigkeit von 1%. In Tab. 12.1 sind einige Werte von u/c und m/m_0 enthalten. In Abb. 12.10 ist

Tab. 12.1 Masse als Funktion der Geschwindigkeit.

u/c	m/m_0	u/c	m/m_0
0,001	1,000	0,700	1,400
0,010	1,000	0,800	1,667
0,050	1,001	0,850	1,898
0,100	1,005	0,900	2,294
0,200	1,021	0,950	3,203
0,400	1,091	0,990	7,089
0,500	1,155	0,995	10,037
0,600	1,250	0,999	22,366
0,700	1,400	0,9995	31,626

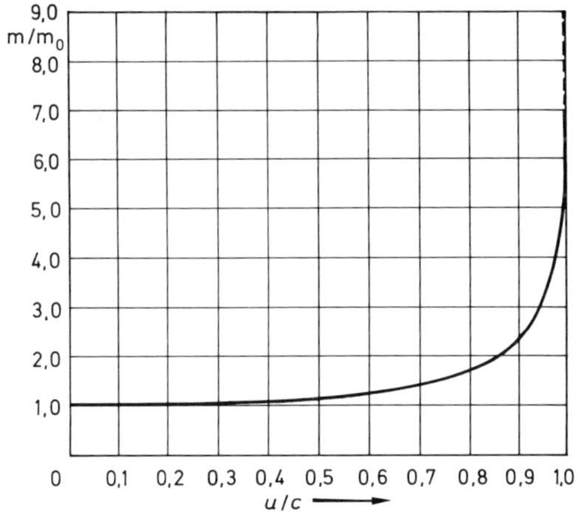

Abb. 12.10 Abhängigkeit der Masse von der Geschwindigkeit.

der Verlauf des Quotienten m/m_0 in Abhängigkeit von der Geschwindigkeit dargestellt.

In großem Umfang tritt die *Massenveränderlichkeit der Elementarteilchen* bei den modernen *Teilchenbeschleunigern* in Erscheinung, die zur Erzeugung hochenergetischer Teilchen (Elektronen, Protonen, Ionen) gebaut wurden. In diesen Apparaten erreichen insbesondere die leichten Teilchen (z. B. Elektronen) Geschwindigkeiten, die der Lichtgeschwindigkeit *fast unbegrenzt* nahe kommen. In allen Fällen ist die relativistische Massenabhängigkeit nach Gl. (12.77) ausgezeichnet bestätigt worden.

Energie und Masse. Es ist nun zu fragen, wie in der relativistischen Mechanik ein Ausdruck für die Energie zu erhalten ist. In der nichtrelativistischen Mechanik wird die kinetische Energie E_k dadurch definiert, daß die zeitliche Zunahme (Abnahme) der kinetischen Energie gleich der pro Zeit geleisteten (gewonnenen) Arbeit der Kraft $\boldsymbol{F}$ ist:

$$\frac{\mathrm{d}E_\mathrm{k}}{\mathrm{d}t} = \boldsymbol{u} \cdot \boldsymbol{F}.$$

Im relativistischen Fall kann parallel zu diesem Vorgehen das skalare Produkt von $\boldsymbol{u}$ und der Kraft $\boldsymbol{F}$ nach Gl. (12.76) gebildet werden:

$$D = \boldsymbol{u} \cdot \frac{\mathrm{d}}{\mathrm{d}t}\left[\frac{m_0 \boldsymbol{u}}{\sqrt{1-\beta^2}}\right]. \tag{12.79}$$

Falls sich die rechte Seite der Gl. (12.79) als vollständiges Differential einer Funktion nach der Zeit darstellen läßt, wird diese Funktion – bis auf eine mögliche additive Konstante – als die *Energie der relativistischen Mechanik* definiert. Um das zu untersuchen, wird zuerst die rechte Seite von Gl. (12.79) differenziert:

$$D = m_0 \boldsymbol{u} \cdot \left[\frac{\dfrac{\mathrm{d}\boldsymbol{u}}{\mathrm{d}t}}{\sqrt{1-\beta^2}} + \frac{\left(\boldsymbol{u} \cdot \dfrac{\mathrm{d}\boldsymbol{u}}{\mathrm{d}t}\right)\boldsymbol{u}}{c^2(1-\beta^2)^{3/2}}\right] = \frac{m_0}{(1-\beta^2)^{3/2}}\left(\boldsymbol{u} \cdot \frac{\mathrm{d}\boldsymbol{u}}{\mathrm{d}t}\right).$$

Dabei ist zu beachten, daß $\beta^2 = (u/c)^2 = \boldsymbol{u} \cdot \boldsymbol{u}/c^2$ gilt. Zweitens kann durch Differenzieren gezeigt werden, daß die Gleichung

$$\frac{\mathrm{d}}{\mathrm{d}t}\left(\frac{m_0 c^2}{\sqrt{1-\beta^2}}\right) = \frac{m_0}{(1-\beta^2)^{3/2}}\left(\boldsymbol{u} \cdot \frac{\mathrm{d}\boldsymbol{u}}{\mathrm{d}t}\right)$$

richtig ist. Aus den beiden letzten Gleichungen folgt

$$D = \frac{\mathrm{d}}{\mathrm{d}t}\left(\frac{m_0 c^2}{\sqrt{1-\beta^2}}\right), \tag{12.80}$$

so daß nach Gl. (12.79) die zeitliche Ableitung der Größe

$$E = \frac{m_0 c^2}{\sqrt{1-\beta^2}} \tag{12.81}$$

als die in der Zeit geleistete Arbeit dargestellt werden kann. Die Funktion E wird daher als *Energiegröße* definiert. Dabei wird eine additive Integrationskonstante unterdrückt. E ist aber *nicht* mit der kinetischen Energie unmittelbar zu identifizieren, denn für $u = 0$, d.h. $\beta = 0$, nimmt E den Wert $m_0 c^2$ an. Da die kinetische Energie E_k für $u = 0$ verschwinden muß, kann der Ausdruck

$$E_\mathrm{k} = E - m_0 c^2 = m_0 c^2\left(\frac{1}{\sqrt{1-\beta^2}} - 1\right) \tag{12.82}$$

als *kinetische Energie der relativistischen Mechanik* bezeichnet werden. Die Berechtigung dazu wird besonders deutlich, wenn in Gl. (12.82) die Wurzel nach Potenzen von β entwickelt wird:

$$E_k = m_0 c^2 \left[1 + \frac{1}{2}\beta^2 + \frac{3}{8}\beta^4 + \ldots - 1\right] = m_0 c^2 \frac{1}{2}\beta^2 \left[1 + \frac{3}{4}\beta^2 + \ldots\right]$$
$$= \frac{1}{2} m_0 u^2 \left[1 + \frac{3}{4}\beta^2 + \ldots\right].$$

Werden nur Glieder der Ordnung β^2 berücksichtigt, geht der Ausdruck (12.82) für E_k in den nichtrelativistischen Grenzfall $E_k = \frac{1}{2} m_0 u^2$ über.

Die Bedeutung des Energieanteils $E_0 = m_0 c^2$ wird dadurch klar, daß im Hinblick auf Gl. (12.77) die Gln. (12.81) und (12.82) auf die Form

$$E = mc^2\,, \tag{12.83}$$

$$E_k = (m - m_0)\,c^2 = E - E_0 \tag{12.84}$$

gebracht werden können. Da für $u = 0$ der Energieausdruck E gleich E_0 wird, hat $E_0 = m_0 c^2$ die Bedeutung einer **Ruheenergie.** Dabei wird dieser Begriff entsprechend der Bezeichnung Ruhemasse für m_0 (vgl. Abschn. 12.10) gewählt.

Die relativistische Mechanik enthält in der Gl. (12.82) die bisher unbekannte bzw. unbeachtet gebliebene Tatsache, daß in jeder Masse m_0 ein *Energievorrat* $E_0 = m_0 c^2$ steckt, der sich bei den normalen Prozessen nicht oder nur unmerklich ändert, also keine Rolle bei Energieumsetzungen spielt. Ändern könnte sich der Ausdruck nur, wenn die Masse m_0 durch bestimmte Prozesse vermehrt oder vermindert werden könnte. Die Gln. (12.81) bis (12.84) sind nur in einem sehr speziellen Falle gewonnen worden. Aber Einstein hat aus der Relativitätstheorie geschlossen, daß *diese Beziehung zwischen Energie und Masse allgemein gilt.* Es folgt daraus, daß jeder Energie E eine Masse $m = E/c^2$ zukommt, die wegen des großen Divisors c^2 im allgemeinen sehr klein sein muß; aber grundsätzlich ist die Auffassung von größter Bedeutung. Wenn bisher in Einklang mit der Erfahrung behauptet wurde, ein bestimmtes Stück Materie, z. B. ein Stück Kupfer, habe bei 0 °C die gleiche Masse wie bei 1000 °C, so muß, wenn die Gl. (12.83) zutrifft, diese Auffassung revidiert werden. Denn die Temperaturerhöhung von 0 °C auf 1000 °C kann ja nur so erfolgen, daß dem Material eine bestimmte Quantität von Wärmeenergie zugeführt wird. Da diese eine Masse besitzt, muß der Kupferstab von 1000 °C eine größere Masse besitzen als der gleiche Stab bei 0 °C. Es wäre aber keine Waage genau genug, um diese Massenvermehrung nachzuweisen. Ebenso muß der Licht- und Wärmestrahlung, allgemein *jeder elektromagnetischen Strahlung, Masse zugeschrieben werden.* Allgemein kann gesagt werden, daß Masse und Energie gleichartige Dinge sind, so daß die Massen direkt als gewaltige Energieanhäufungen betrachtet werden können.

Bisher galten in der Physik und Chemie zwei *getrennte* Erhaltungssätze – für die *Masse* und für die *Energie* –, die beide aus experimentellen Untersuchungen erwachsen sind. So wurde untersucht, ob bei einer chemischen Reaktion die Massensumme der Reaktionsteilnehmer vor und nach der Reaktion die gleiche sei, und die genauesten Wägungen haben niemals einen Unterschied ergeben. Dennoch muß auch diese Auffassung korrigiert werden: denn jeder chemische Prozeß verläuft mit einer positiven oder negativen Wärmetönung; d. h. er gibt Wärme ab oder nimmt solche auf. Im Hinblick auf die Gl. (12.81) bedeutet das aber, daß nach der Reaktion bei Wärmeabgabe (exothermer Reaktion) die Massensumme der Reaktionsteilnehmer kleiner geworden ist als sie vor der Reaktion war, und umgekehrt bei Wärmeaufnahme; auch diese Massenänderungen sind viel zu klein, um mit der Waage erkennbar zu sein. Aber in der *Massenspektroskopie* (vgl. Bd. 1) existiert eine viel genauere Methode, die direkt solche **Massendefekte** erkennen läßt. Es ist daher festzustellen, daß die *beiden Erhaltungssätze der Masse und der Energie* tatsächlich in einen einzigen, z. B. den der Energie *zusammengefaßt* werden, indem alle Massen durch Multiplikation mit c^2 in Energien umgerechnet werden. Natürlich können auch umgekehrt Energien in Massen umgerechnet und dann die Erhaltung der Masse als einziger Erhaltungssatz bezeichnet werden. Wegen des großen Faktors c^2 entsprechen die Massen und Massenänderungen sehr großen Energien. Einige Beispiele sollen diese Erkenntnisse veranschaulichen. Erstens: wenn es möglich wäre, ein Gramm Masse zu vernichten, so ergäbe es $25 \cdot 10^6$ kWh. Zweitens: Da die Sonne dauernd Energie nach allen Seiten ausstrahlt, so muß sie Masse verlieren, und zwar in jeder Minute $2{,}5 \cdot 10^{11}$ kg. Da die Sonne aber eine Masse von mehr als 10^{30} kg besitzt, würde es etwa 10^{13} Jahre dauern, bis die Sonne ihre ganze Energie verausgabt hat. Drittens: Ein Heliumkern (^{4}He) besteht aus 2 Protonen und 2 Neutronen; im Vergleich zur Masse m_{He} des Heliumkernes ist aber die Summe der Massen von 2 Protonen und 2 Neutronen merklich größer. Der *relative Massendefekt* beläuft sich auf $\Delta M/m_{\mathrm{He}} \approx 7{,}6 \cdot 10^{-3}$. Bei der Bildung von 1 g Helium aus der erforderlichen Anzahl von Protonen und Neutronen wird daher eine dem Massendefekt nach Gl. (12.83) äquivalente **Kernenergie** von ca. $2 \cdot 10^5$ kWh frei. Ein komplizierter Kernreaktionszyklus, der den Aufbau von ^{4}He-Atomen aus Wasserstoffkernen enthält, ist eine wichtige *Quelle der Energie der Sonne und anderer Sterne*.

Inzwischen sind die Energietönungen und die Massendefekte einer großen Anzahl von Kernprozessen bekannt, so daß die Energie-Masse-Beziehung genau empirisch geprüft werden kann. Braunbeck (1937) hat aus im ganzen 31 Kernprozessen das Verhältnis der Energietönung zu den zugehörigen Massendefekten, d.h. nach Gl. (12.83) die Lichtgeschwindigkeit, berechnet. Es ergab sich $c = 2{,}985 \cdot 10^8\,\mathrm{m\,s^{-1}}$. Daher kann heute mit Sicherheit von einer *empirischen* Bestätigung der Gl. (12.83) in der *Kernphysik* ausgegangen werden.

Eine wichtige Anwendung der Gl. (12.81) ergibt sich aus der Möglichkeit, mit ihrer Hilfe die Geschwindigkeit hochenergetischer Teilchen in modernen Teilchenbeschleunigern zu berechnen. Dazu wird Gl. (12.83) in Gl. (12.81) eingesetzt und mit $\sqrt{1-\beta^2}$ erweitert:

$$\sqrt{1-\beta^2} = \frac{m_0 c^2}{m c^2}\,.$$

Hieraus folgt dann durch Quadrieren und Auflösen nach β als Ergebnis

$$\beta = \sqrt{1 - \left(\frac{m_0 c^2}{m c^2}\right)^2} = \sqrt{1 - \left(\frac{E_0}{E}\right)^2}\,.$$

Werden Elektronen betrachtet, dann gilt für deren Ruheenergie in der Einheit Elektronvolt $E_0 = m_0 c^2 = 0{,}5110034 \cdot 10^6$ eV, entsprechend der Ruhemasse $m_0 = 9{,}109534 \cdot 10^{-28}$ g. Sind die Elektronen z. B. in einem Elektronensynchrotron auf eine Energie von $E = 6$ GeV (1 GeV $\hat{=}$ 10^9 eV) beschleunigt worden, so folgt $\beta = 0{,}999999996$ und das Massenverhältnis $m/m_0 = 1{,}2 \cdot 10^4$. Derartige Elektronen besitzen also praktisch Lichtgeschwindigkeit. Da die heute in Beschleunigungsexperimenten erzielte Elektronenenergien typischerweise einige 10 GeV betragen, spielen relativistische Effekte hierbei eine große Rolle. In allen Situationen und Energiebereichen haben sich die Gesetze der Speziellen Relativitätstheorie ausgezeichnet bestätigt.

Die bisherigen Ergebnisse werden seit Einstein (1905) dahingehend interpretiert, daß materielle Systeme keine Geschwindigkeiten besitzen können, welche die Lichtgeschwindigkeit erreichen ($\beta = 1$) oder gar übersteigen ($\beta > 1$). Das zeigt sich besonders drastisch in den Gln. (12.81) und (12.83), aus denen für $\beta = 1$ eine unendlich große Masse m für den betrachteten Körper folgt. *Somit erscheint die Lichtgeschwindigkeit als eine nicht überschreitbare Schranke für materielle Geschwindigkeiten.* Von Feinberg [5] ist die bisherige Interpretation nun erweitert worden, indem er zeigt, daß es den Ergebnissen der speziellen Relativitätstheorie – insbesondere den Gln. (12.79) bis (12.84) – nicht widerspricht, die *Existenz einer neuen Art von Teilchen* anzunehmen, die sich mit *Überlichtgeschwindigkeit* bewegen können. Diese zunächst hypothetischen Teilchen werden von Feinberg **Tachyonen** genannt (nach dem griechischen Wort tachys für schnell). Für diese Teilchen gilt $\beta^2 = (u/c)^2 > 1$, daher ist in Gl. (12.81) der Radikand im Nenner negativ und der Nenner selbst eine imaginäre Größe. Damit die nach Gl. (12.81) definierte Energiegröße eine reelle Größe bleibt, muß die Ruhemasse m_0 im Zähler von Gl. (12.81) als imaginäre Größe gewählt werden: $m_0 = \mu_0 \mathrm{i}$. Dann bleibt die Energie E des Teilchens reell, solange $(u/c)^2 > 1$ gilt. Die Gln. (12.81) und (12.77) haben dann die Gestalt

$$E = \frac{\mu_0 c^2}{\sqrt{\beta^2 - 1}} = \mu c^2 , \quad \mu = \frac{\mu_0}{\sqrt{\beta^2 - 1}} . \tag{12.85}$$

Die so eingeführten Teilchen besitzen eine Reihe von seltsamen Eigenschaften. Während Teilchen mit Unterlichtgeschwindigkeit nach Gl. (12.81) bei Zuführen von Energie E beschleunigt werden (β^2 wird größer, da der Nenner kleiner werden muß), werden die Tachyonen nach Gl. (12.81) bei Zuführung von Energie *verzögert* ($\beta^2 > 1$ wird kleiner, da der Nenner kleiner werden muß). Bei hinreichend großer Energieaufnahme nähert sich die Geschwindigkeit u der Tachyonen der Schranke der Lichtgeschwindigkeit von höheren Geschwindigkeiten her. Dieser Grenzwert kann aber auch hier nicht erreicht werden, da nach Gl. (12.85) auch μ für $u/c = 1$ unendlich groß werden würde. *Offenbar ist die Lichtgeschwindigkeit eine Schranke, die die beiden Bereiche der Unter- bzw. Überlichtgeschwindigkeiten so voneinander trennt, daß es unmöglich ist, Teilchen aus dem Bereich der Unterlichtgeschwindigkeiten auf Überlichtgeschwindigkeiten zu beschleunigen und entsprechend umgekehrt.* Daraus folgt z. B., daß Tachyonen nie auf die Geschwindigkeit $u = 0$ verlangsamt werden, also sich nie in Ruhe befinden können. Dann ist aber ihre Ruhemasse nicht meßbar und die Tatsache, daß diese imaginär sein muß, ohne reale Bedeutung.

Wird zusätzlich angenommen, daß die Tachyonen eine elektrische Ladung besitzen, müßten die mit Überlichtgeschwindigkeit durch Vakuum sich bewegenden Tachyonen eine Tscherenkov-Strahlung emittieren, entsprechend der Kopfschallwelle eines mit Überschallgeschwindigkeit fliegenden Flugkörpers (vgl. Bd. 1). Diese und ähnliche experimentelle Nachforschungen haben bisher *keinen Nachweis der Existenz von Tachyonen erbracht.*

12.11 Die Viererschreibweise der Grundgleichungen der Elektrodynamik und Mechanik

Kovariante und kontravariante Vektoren. Die wesenhafte Vierdimensionalität der physikalischen Raumzeit legt es nahe, die Grundgleichungen der Elektrodynamik und Mechanik in einer geschlossenen vierdimensionalen Form auszudrücken, in welcher ihr Verhalten gegenüber Lorentz-Transformation unmittelbar ersichtlich ist.

Wie in Abschn. 12.5 bemerkt, ist der Minkowski-Raum nicht euklidisch. Aus diesem Grund muß man zwischen *kontravarianten* und *kovarianten* Vektoren und Tensoren unterscheiden. Wir gehen dabei von dem bisher verwendeten kartesischen Koordinatensystem aus, welches wir der Einfachheit halber umbenennen und durchnumerieren

$$x, y, z, ct \rightarrow x^1, x^2, x^3, x^4 . \tag{12.86}$$

Die entsprechende Basis der Koordinatenvektoren bezeichnen wir $\{\boldsymbol{X}_\mu\}$, $\mu = 1, 2, 3, 4$.

Ein beliebiger Vektor $\boldsymbol{V}$ wird bez. dieser Basis wie folgt dargestellt

$$\boldsymbol{V} = \sum_{\mu=1}^{4} V^\mu \boldsymbol{X}_\mu , \tag{12.87}$$

wobei seine Komponenten V^μ bez. der Basis $\{\boldsymbol{X}_\mu\}$ Funktionen der Koordinaten sind

$$V^\mu = V^\mu(x^1, x^2, x^3, x^4) .$$

Betrachten wir eine nicht entartete Koordinatentransformation von einem Koordinatensystem Σ in ein System Σ'

$$\begin{aligned} &\{\boldsymbol{X}_1, \boldsymbol{X}_2, \boldsymbol{X}_3, \boldsymbol{X}_4\} \rightarrow \{\boldsymbol{X}'_1, \boldsymbol{X}'_2, \boldsymbol{X}'_3, \boldsymbol{X}'_4\} , \\ &(x^1, x^2, x^3, x^4) \rightarrow (x'^1, x'^2, x'^3, x'^4) . \end{aligned} \tag{12.88}$$

Da die Koordinatentransformation Gl. (12.88) nicht entartet sein soll, ist die zugehörige Funktionalmatrix

$$\frac{\partial x^\nu}{\partial x'^\mu}$$

nicht singulär. Die Basisvektoren $\boldsymbol{X}_\mu$ sind die Tangentialableitungen entlang der Koordinaten x^μ. Somit ergibt sich für die Basisvektoren vermöge der Kettenregel das Transformationsgesetz

$$\boldsymbol{X}'_\mu = \sum_{\nu=1}^{4} \frac{\partial x^\nu}{\partial x'^\mu} \boldsymbol{X}_\nu \quad \text{bzw.} \quad \boldsymbol{X}_\mu = \sum_{\nu=1}^{4} \frac{\partial x'^\nu}{\partial x^\mu} \boldsymbol{X}'_\nu . \tag{12.89a, b}$$

Der Vergleich der Gl. (12.89a) mit Gl. (12.87) zeigt, daß die μ-te Zeile der Funktionalmatrix $\partial x^\nu/\partial x'^\mu$ gerade die Komponenten des transformierten Basisvektors $\boldsymbol{X}'_\mu$ bezüglich der alten Basis $\{\boldsymbol{X}_1, \boldsymbol{X}_2, \boldsymbol{X}_3, \boldsymbol{X}_4\}$ enthält.

Der Vektor $\boldsymbol{V}$ läßt sich in beiden Basen darstellen

$$\boldsymbol{V} = \sum_{\mu=1}^{4} V^\mu \boldsymbol{X}_\mu = \sum_{\nu=1}^{4} V'^\nu \boldsymbol{X}'_\nu . \tag{12.90}$$

Setzt man $\boldsymbol{X}_\mu$ aus Gl. (12.89b) in Gl. (12.90) ein, so folgt

$$\sum_{\nu=1}^{4} V^\mu \boldsymbol{X}_\mu = \sum_{\nu=1}^{4} V'^\mu \boldsymbol{X}'_\nu = \sum_{\mu=1}^{4} \sum_{\nu=1}^{4} V^\mu \frac{\partial x'^\nu}{\partial x^\mu} \boldsymbol{X}'_\nu$$

und durch Koeffizientenvergleich zwischen der zweiten und dritten Summe

$$V'^\nu = \sum_{\mu=1}^{4} \frac{\partial x'^\nu}{\partial x^\mu} V^\mu . \tag{12.91}$$

Die Gln. (12.89a) und (12.91) besagen, daß sich die Basisvektoren $\boldsymbol{X}_\mu$ bei einer Transformation gemäß Gln. (12.87) mit der Funktionalmatrix $\partial x^\nu / \partial x'^\mu$ transformieren, während sich die Komponenten der Vektoren $\boldsymbol{V}$ mit der *inversen* Funktionalmatrix $\partial x'^\nu / \partial x^\mu$ – also *entgengesetzt* – transformieren. Die Größen $\boldsymbol{V}$ bezeichnet man deshalb als *kontravariante* Vektoren.

Betrachten wir anstelle des Vektors $\boldsymbol{V}$ eine Linearform $\Lambda(\boldsymbol{V})$, d.h. eine lineare Abbildung der Vektoren $\boldsymbol{V}$ auf die reellen Zahlen, so gilt nach Gl. (12.90)

$$\Lambda\left(\sum_{\mu=1}^{4} V^\mu \boldsymbol{X}_\mu\right) = \Lambda\left(\sum_{\nu=1}^{4} V'^\nu \boldsymbol{X}'_\nu\right). \tag{12.92}$$

Betrachtet man die linke Seite von Gl. (12.92), so folgt

$$\Lambda\left(\sum_{\mu=1}^{4} V^\mu \boldsymbol{X}_\mu\right) = \sum_{\mu=1}^{4} V^\mu \Lambda(\boldsymbol{X}_\mu) = \sum_{\mu=1}^{4} V^\mu \Lambda_\mu , \tag{12.93}$$

wobei Λ_μ das durch Λ erzeugte Bild des Basisvektors $\boldsymbol{X}_\mu$, also die μ-Komponente der Linearform Λ ist. Analog gilt für die rechte Seite von Gl. (12.92)

$$\Lambda\left(\sum_{\nu=1}^{4} V'^\nu \boldsymbol{X}'_\nu\right) = \sum_{\nu=1}^{4} V'^\nu \Lambda'_\nu . \tag{12.94}$$

Aus Gl. (12.94) folgt unter Verwendung von Gl. (12.91)

$$\sum_{\nu=1}^{4} V'^\nu \Lambda'_\nu = \sum_{\mu=1}^{4} \sum_{\nu=1}^{4} \frac{\partial x'^\nu}{\partial x^\mu} V^\mu \Lambda'_\nu = \sum_{\mu=1}^{4} \sum_{\nu=1}^{4} V^\mu \frac{\partial x'^\nu}{\partial x^\mu} \Lambda'_\nu . \tag{12.95}$$

Aus Gln. (12.92), (12.93), (12.94) und (12.95) liest man direkt ab, daß die Komponenten der Linearformen sich gemäß

$$\Lambda_\mu = \sum_{\nu=1}^{4} \frac{\partial x'^\nu}{\partial x^\mu} \Lambda'_\nu \quad \text{bzw.} \quad \Lambda'_\mu = \sum_{\nu=1}^{4} \frac{\partial x^\nu}{\partial x'^\mu} \Lambda_\nu \tag{12.96a, b}$$

also *wie* die Basisvektoren in Gl. (12.89) transformieren. Gl. (12.96b) folgt unmittelbar aus Gl. (12.96a) durch Multiplikation mit der Funktionalmatrix $\partial x^\mu / \partial x'^\varrho$ und anschließender Umbenennung der Indices. In der linearen Algebra wird gezeigt, daß die Gesamtheit der Linearformen $\{\Lambda\}$ einen Vektorraum bildet und daher die Größen Λ_μ Komponenten eines Vektors sind (s. z. B. Greub [6]). Da diese sich gemäß Gl. (12.96b) *wie* die Basisvektoren $\boldsymbol{X}_\mu$ transformieren (Gl. (12.89a)), nennt man die Größen Λ *kovariante* Vektoren. Die Basen im Raum der kovarianten Vektoren erhalten obere Indices.

Die Koordinaten-Differentiale $\mathrm{d}x^\mu$ erfüllen nach der Kettenregel

$$\mathrm{d}x'^\nu = \sum_{\mu=1}^{4} \frac{\partial x'^\nu}{\partial x^\mu} \mathrm{d}x^\mu$$

das Transformations-Gesetz (Gl. (12.91)) für kontravariante Vektoren. Sie bilden ein vollständiges Basensystem im Raum der kovarianten Vektoren und werden ihrer Einfachheit wegen in der Regel als Standardbasis gewählt.

Eine Grundforderung der Physik ist, daß die Form der Naturgesetze von dem verwendeten Koordinatensystem unabhängig ist. Dies wird nach den Gln. (12.91) *und* (12.96) *dadurch erreicht, daß die in die physikalischen Gesetze eingehenden Grundgrößen (Vektoren, Tensoren, ...) in kovarianter Form dargestellt werden.*

Im weiteren vereinbaren wir, daß in allen Ausdrücken, in denen ein oberer und ein unterer Index gleich sind, jeweils über ein solches Indexpaar von 1 bis 4 summiert werden soll. Diese Vorschrift heißt *Einsteinsche Summationskonvention.* Wir schreiben deshalb z. B. Gl. (12.89a) abkürzend als

$$\boldsymbol{X}'_\mu = \frac{\partial x^\nu}{\partial x'^\mu} \boldsymbol{X}_\nu ,$$

mit der Verabredung, daß hierin über das Indexpaar ν von 1 bis 4 zu summieren ist.

Ein wichtiges Beispiel für einen kovarianten Vektor ist der Gradient $\partial f/\partial x^\mu$ einer skalaren Funktion $f(x^\mu)$, welcher sich nach der Kettenregel gemäß

$$\frac{\partial f}{\partial x'^\mu} = \frac{\partial f}{\partial x^\nu} \frac{\partial x^\nu}{\partial x'^\mu} ,$$

also mit der Transformationsmatrix wie in Gl. (12.96b) transformiert.

Diese Definitionen lassen sich unmittelbar auf *Tensoren beliebiger Stufe* verallgemeinern, wo $T^{\mu_2 \ldots \mu_m}_{\nu_2 \ldots \nu_n}$ einen Tensor $(m+n)$-ter Stufe mit m kontravarianten und n kovarianten Indices bezeichnet.

Unter *Verjüngung* eines Tensors verstehen wir das Gleichsetzen jeweils eines oberen und unteren Indexes und Summation über dieses Indexpaar

$$T^{\mu_2 \ldots \mu_m}_{\nu_2 \ldots \nu_n} = T^{\mu_1 \mu_2 \ldots \mu_m}_{\mu_1 \nu_2 \ldots \nu_n} .$$

Verjüngung erzeugt also aus einem Tensor n-ter Stufe einen Tensor $(n-2)$-ter Stufe.

Durch Verjüngung des dyadischen Produkts $a_\mu b^\nu$, welches durch das Produkt der Komponenten eines kovarianten Vektors a_μ und eines kontravarianten Vektors b^ν gebildet wird, erhält man das *Skalarprodukt* $a_\mu b^\mu$. Ein besonders wichtiges Beispiel für ein Skalarprodukt ist die in Gl. (12.42) eingeführte Metrik des Minkowski-Raums

$$\mathrm{d}s^2 = (\mathrm{d}x^1)^2 + (\mathrm{d}x^2)^2 + (\mathrm{d}x^3)^2 - (\mathrm{d}x^4)^2 , \tag{12.97}$$

ausgedrückt in den Koordinaten der Gl. (12.86).

Allgemein ist die *Metrik einer Mannigfaltigkeit* das Skalarprodukt der Vektoren der Koordinatendifferentiale

$$\mathrm{d}s^2 = \mathrm{d}x_\mu \mathrm{d}x^\mu , \tag{12.98}$$

welches häufig auch als quadratische Form der Koordinatendifferentiale

$$ds^2 = \eta_{\mu\nu} dx^\nu dx^\mu \tag{12.99}$$

ausgedrückt wird, deren Koeffizientenmatrix der kovariante symmetrische Tensor zweiter Stufe $\eta_{\mu\nu}$ ist. Man nennt $\eta_{\mu\nu}$ den metrischen Tensor der Mannigfaltigkeit.

Koeffizientenvergleich von Gl. (12.99) mit der expliziten Form Gl. (12.97) ergibt für den metrischen Tensor des Minkowski-Raumes

$$\eta_{\mu\nu} = \begin{cases} +1 & \text{für} \quad \mu = \nu = 1, 2, 3 \\ -1 & \text{für} \quad \mu = \nu = 4 \\ 0 & \text{sonst.} \end{cases} \tag{12.100}$$

$\eta_{\mu\nu}$ ist also diagonal mit $\det(\eta_{\mu\nu}) = -1$ und $\mathrm{Spur}(\eta_{\mu\nu}) = +2$.

Ein Vergleich der Ausdrücke (12.89) und (12.99) erlaubt unmittelbar eine Vorschrift abzulesen, wie man kontravariante in kovariante Koordinatendifferentiale umrechnet.

$$dx_\mu = \eta_{\mu\nu} dx^\nu .$$

Multiplizieren wir diesen Ausdruck mit $\eta^{\varrho\mu}$, dem zu $\eta_{\mu\nu}$ *inversen* Tensor, folgt der entsprechende Ausdruck

$$dx^\varrho = \eta^{\varrho\mu} dx_\mu$$

für die Umrechnung von kovarianten in kontravariante Komponenten.

Diese hier für den Koordinatenvektor angegebene Vorschrift zum *Senken* und *Heben* von Indices gilt gleicherweise für alle Vektoren und Tensoren; z. B. $a_\mu = \eta_{\mu\nu} a^\nu$, $a^\mu = \eta^{\mu\nu} a_\nu$, $T_{\mu\nu} = \eta_{\mu\varrho} T^\varrho_\nu = \eta_{\mu\varrho}\eta_{\nu\sigma} T^{\varrho\sigma}$, etc.

Die Indefinitheit der Metrik des Minkowski-Raumes (s. Gln. (12.42) und (12.47)) spiegelt sich auch im entsprechenden Verhalten des Skalarprodukts und speziell dem Betrag von Vektoren wieder. In sinngemäßer Übertragung der in Abschn. 12.6 eingeführten Eigenschaften für die Abstandsbeziehung zweier Punkte – *zeitartig, lichtartig* und *raumartig* – auf die Vektoren selbst, deren Betragsquadrat

$$a_\mu a^\mu = \eta_{\mu\nu} a^\nu a^\mu$$

wegen der Indefinitheit der Metrik negativ, null oder positiv sein kann, nennt man Vektoren mit dem Betragsquadrat

$$a_\mu a^\mu = \eta_{\mu\nu} a^\nu a^\mu \begin{cases} < 0 & \text{zeitartig} \\ = 0 & \text{lichtartig} \\ > 0 & \text{raumartig} . \end{cases} \tag{12.101}$$

Vierervektoren, welche realen physikalischen Größen entsprechen, müssen stets zeitartig bzw. lichtartig sein.

Die vierdimensionalen Grundgleichungen der Vakuum-Elektrodynamik. Da die Invarianz der Maxwellschen Gleichungen und damit auch der hieraus abgeleiteten Wellengleichung gegenüber Lorentz-Transformationen bereits explizit in Abschn. 12.10 gezeigt wurde, genügt es hier, lediglich die Viererschreibweise dieser Gleichungen anzugeben. Dazu faßt man die Komponenten der Feldvektoren $\boldsymbol{E}$ und $\boldsymbol{B}$ zu einem elektromagnetischen *Feldtensor* zusammen:

$$F_{\mu\nu} = \begin{pmatrix} 0 & B_3 & -B_2 & \frac{1}{c}E_1 \\ -B_3 & 0 & B_1 & \frac{1}{c}E_2 \\ B_2 & -B_1 & 0 & \frac{1}{c}E_3 \\ -\frac{1}{c}E_1 & -\frac{1}{c}E_2 & -\frac{1}{c}E_3 & 0 \end{pmatrix} . \tag{12.102}$$

In der hier gewählten Definition ist $F_{\mu\nu}$ ein antisymmetrischer kovarianter Tensor zweiter Stufe. Der vollständige Satz der Vakuum-Maxwell-Gleichungen Gln. (12.8)...(12.11) ist identisch mit den Systemen der Tensor-Gleichungen

$$\frac{\partial F_{\mu\nu}}{\partial x^\lambda} + \frac{\partial F_{\lambda\mu}}{\partial x^\nu} + \frac{\partial F_{\nu\lambda}}{\partial x^\mu} = 0 \tag{12.103}$$

und

$$\frac{\partial F_\mu^\nu}{\partial x^\nu} = \eta^{\nu\varrho}\frac{\partial F_{\mu\varrho}}{\partial x^\nu} = 0\,, \tag{12.104}$$

wenn wir in Gl. (12.8) explizit die Beziehung $c^2 = (\varepsilon_0\mu_0)^{-1}$ einsetzen.

Im Gleichungssystem (12.103) können alle Indices μ, ν, λ unabhängig voneinander von 1 bis 4 variieren. Wegen der Antisymmetrie von $F_{\mu\nu}$ liefern allerdings nur die Indexkombinationen mit jeweils drei verschiedenen Indices nichttriviale Ausdrücke. Diese sind identisch mit den Maxwell-Gleichungen

$$\operatorname{div}\boldsymbol{B} = 0 \quad \text{für } \mu = 1,\ \nu = 2,\ \lambda = 3 \text{ und Permutationen}$$

und

$$\frac{\partial \boldsymbol{B}}{\partial t} = -\operatorname{rot}\boldsymbol{E} \quad \text{für einen Index} = 4\,.$$

Gleichungssystem (12.104), dessen linke Seite die Divergenz des Feldtensors bezüglich der vier Koordinaten x^ν ist, besteht aus vier Gleichungen, welche mit den Maxwellschen Gleichungen

$$\frac{1}{c^2}\frac{\partial \boldsymbol{E}}{\partial t} = \operatorname{rot}\boldsymbol{B} \quad \text{für } \mu = 1, 2, 3$$

und

$$\operatorname{div}\boldsymbol{E} = 0 \quad \text{für } \mu = 4$$

identisch sind.

In der vierdimensionalen Darstellung (12.103) und (12.104) nehmen die Maxwell-Gleichungen eine sehr einfache, geschlossene Form an, in welcher die Besonderheit der Zeitkoordinate nur noch in der Tatsache zum Ausdruck kommt, daß in Gl. (12.104) anstelle des rein kovarianten Tensors $F_{\mu\nu}$ der daraus gebildete „gemischte" Tensor

$$F_\mu^\nu = \eta^{\nu\varrho}F_{\mu\varrho} \tag{12.105}$$

eingeht. Die Gln. (12.103) bedeuten, daß der Feldstärketensor vierdimensional rotationsfrei ist. Aus diesem Grund können sie, wie die Maxwell-Gleichungen, durch Einführen eines entsprechenden *Viererpotentials* A_μ formal integriert werden.

$$F_{\mu\nu} = \frac{\partial A_\nu}{\partial x^\mu} - \frac{\partial A_\mu}{\partial x^\nu}. \tag{12.106}$$

Die ersten drei Komponenten von A_μ sind dabei gegeben durch die drei Komponenten des Vektorpotentials $\boldsymbol{A}$ des magnetischen Feldes und die vierte Komponente durch das skalare elektrische Potential φ

$$A_\mu = \begin{pmatrix} \boldsymbol{A} \\ -\dfrac{\varphi}{c} \end{pmatrix}. \tag{12.107}$$

Wie üblich sind die Größen so eingeführt, daß sich für die elektrische Feldstärke die Beziehung

$$\boldsymbol{E} = \frac{\partial \boldsymbol{A}}{\partial t} - \operatorname{grad} \varphi \tag{12.108}$$

ergibt.

Wie das dreidimensionale Vektorpotential $\boldsymbol{A}$ ist auch das Viererpotential A_μ nur bis auf die Addition eines beliebigen wirbelfreien Vektors festgelegt. Die Gln. (12.106) bleiben also invariant unter der *Eichtransformation*

$$\tilde{A}_\mu = A_\mu + \frac{\partial f}{\partial x^\mu}, \tag{12.109}$$

worin f eine beliebige skalare Funktion der Koordinaten x^μ ist.

Setzen wir den Ausdruck (12.106) für den Feldtensor in (12.104) ein, erhalten wir

$$\frac{\partial F_\mu^\nu}{\partial x^\nu} = \eta^{\nu\varrho} \frac{\partial F_{\mu\varrho}}{\partial x^\nu} = -\eta^{\nu\varrho} \frac{\partial^2 A_\mu}{\partial x^\nu \partial x^\varrho} + \frac{\partial^2 A^\nu}{\partial x^\mu \partial x^\nu} = 0. \tag{12.110}$$

Kürzen wir, wie üblich, den Differentialoperator

$$\eta^{\nu\varrho} \frac{\partial^2}{\partial x^\nu \partial x^\varrho} = \left(\frac{\partial}{\partial x^1}\right)^2 + \left(\frac{\partial}{\partial x^2}\right)^2 + \left(\frac{\partial}{\partial x^3}\right)^2 - \left(\frac{\partial^2}{\partial x^4}\right)^2,$$

für welchen auch die Bezeichnung *d'Alembert-Operator* gebräuchlich ist, mit dem Symbol $\Box$ ab, erhalten wir aus Gl. (12.110) den Ausdruck

$$\Box A_\mu - \frac{\partial}{\partial x^\mu}\left(\frac{\partial A^\nu}{\partial x^\nu}\right) = 0,$$

der mit der speziellen *Eichung*

$$\frac{\partial A^\nu}{\partial x^\nu} = \operatorname{div} \boldsymbol{A} + \frac{1}{c^2}\frac{\partial \varphi}{\partial t} = 0, \tag{12.111}$$

welche man auch als *Lorentz-Eichung* bezeichnet, in die vierdimensionale Wellengleichung für das Vakuum

$$\square A_\mu = \left(\frac{\partial}{\partial x^2} + \frac{\partial}{\partial y^2} + \frac{\partial}{\partial z^2} - \frac{1}{c^2} \frac{\partial}{\partial t^2} \right) A_\mu = 0 \tag{12.112}$$

übergeht.

Die einfachsten Lösungen der Wellengleichung (12.112) sind ebene Wellen (s. Abschn. E.4.1)

$$A_\mu = A_\mu^0 \mathrm{e}^{\mathrm{i}(\boldsymbol{k} \cdot \boldsymbol{x} - \omega t)} ,$$

worin A_μ^0 die konstanten Komponenten des Amplitudenvektors, $\boldsymbol{x}$ der Ortsvektor, $\boldsymbol{k}$ der Ausbreitungsvektor (Wellenzahlvektor) und ω die Kreisfrequenz der Welle sind. Fassen wir hierin $\boldsymbol{k}$ und ω zu einem *Viererwellenzahlvektor*

$$k^\nu = \begin{pmatrix} \boldsymbol{k} \\ \frac{\omega}{c} \end{pmatrix} \tag{12.113}$$

zusammen, läßt sich A_μ formal als

$$A_\mu = A_\mu^0 \mathrm{e}^{\mathrm{i} k_\nu x^\nu} = A_\mu^0 \mathrm{e}^{\mathrm{i} \eta_{\nu\varrho} k^\varrho x^\nu}$$

schreiben. Setzt man diesen Ausdruck in die Wellengleichung (12.112) ein, folgt die *Dispersionsrelation*

$$k_\mu k^\mu = \eta_{\mu\nu} k^\nu k^\mu = \boldsymbol{k}^2 - \frac{\omega^2}{c^2} = 0 , \tag{12.114}$$

wie man unschwer durch Eintragen von Gl. (12.113) erkennt. k^μ ist also ein lichtartiger Vektor mit drei unabhängigen Komponenten.

Eine Verallgemeinerung der Gleichungen dieses Abschnitts auf den Fall des materieerfüllten Raumes ist ohne Schwierigkeiten möglich. Da dies aber den hier gewählten Rahmen überschreiten würde, sei auf Lehrbücher der Elektrodynamik verwiesen [7, 8, 9,].

Die vierdimensionalen Grundgleichungen der Mechanik. Analog zu den Gleichungen der Elektrodynamik lassen sich auch die Gleichungen der Mechanik in geschlossener vierdimensionaler Form darstellen. Wir gehen dazu von den entsprechenden Gleichungen des vorigen Abschnitts aus, in welchen bereits das Verhalten der mechanischen Grundgrößen Geschwindigkeit, Impuls, Masse, Energie, gegenüber Lorentz-Transformationen diskutiert wurde. Auf dieser Grundlage gelangen wir zur vierdimensionalen Lorentz-invarianten Formulierung der mechanischen Bewegungsgesetze, wenn wir im Fall der Elektrodynamik die mechanischen Grundgrößen zu entsprechenden *Vierergrößen* im Minkowski-Raum zusammenfassen. Zu diesem Zweck definieren wir die *Vierergeschwindigkeit*

$$U^\mu(\tau) = \frac{\mathrm{d}x^\mu(\tau)}{\mathrm{d}\tau} , \tag{12.115}$$

welche die Tangentialvektoren einer zeitartigen Weltlinie eines Massenpunktes mit

Ruhemasse $m_0 \neq 0$ sind. $\mathrm{d}\tau$ ist hierin das Differential der Eigenzeit des Massepunktes (vgl. Abschn. 12.5), welches nach Gl. (12.37) mit dem Zeitdifferential $\mathrm{d}t$ über die Beziehung

$$\mathrm{d}\tau = \sqrt{1-\beta^2}\,\mathrm{d}t \tag{12.116}$$

verknüpft ist. Das Eigenzeitdifferential $\mathrm{d}\tau$ beschreibt den Ablauf der Zeit t für $u = 0$, d.h. in einem bezüglich des Massenpunktes ruhenden Bezugssystem.

Nach Definition Gl. (12.115) ist die Vierergeschwindigkeit ein zeitartiger Vektor mit den Komponenten

$$U^\mu = \frac{1}{\sqrt{1-\beta^2}}\begin{pmatrix}\boldsymbol{u}\\ c\end{pmatrix} \tag{12.117}$$

und dem konstanten Betrag

$$U_\mu U^\mu = \eta_{\mu\nu} U^\nu U^\mu = -c^2 . \tag{12.118}$$

Mittels der Vierergeschwindigkeit Gl. (12.117) und der Ruhemase m_0 (s. Abschn. 12.10) kann man den entsprechenden *Viererimpuls* definieren

$$p^\mu = m_0 U^\mu , \tag{12.119}$$

dessen räumliche Komponenten (p^1, p^2, p^3) mit dem im Abschn. 12.10 eingeführten relativistischen Impuls

$$\boldsymbol{p} = \frac{m_0 \boldsymbol{u}}{\sqrt{1-\beta^2}} \tag{12.75}$$

identisch sind. Die vierte Komponente p^4 des Viererimpulses erhalten wir direkt aus Gl. (12.118) durch Einsetzen von Gln. (12.119), (12.117) und (12.75)

$$p^4 = \frac{m_0 c}{\sqrt{1-\beta^2}} = mc , \tag{12.120}$$

welche nach Gl. (12.77) auch mit der geschwindigkeitsabhängigen Masse m geschrieben werden kann, $p^4 = mc$. Nach Gl. (12.81) drückt die vierte Komponente des Viererimpulses direkt die Gesamtenergie E aus

$$E = cp^4 . \tag{12.121}$$

Unter Verwendung des Viererimpulses p^4 und der Eigenzeit aus Gl. (12.116) lassen sich sowohl die Grundgleichungen der relativistischen Dynamik

$$\frac{\mathrm{d}}{\mathrm{d}t}\left(\frac{m_0 \boldsymbol{u}}{\sqrt{1-\beta^2}}\right) = \boldsymbol{F} \tag{12.76}$$

als auch die Energiegleichung

$$\frac{\mathrm{d}E}{\mathrm{d}t} = D , \tag{12.80}$$

welche man aus den Gln. (12.80) und (12.81) abliest, in geschlossener, invarianter vierdimensionaler Form schreiben

$$\frac{\mathrm{d}p^\mu}{\mathrm{d}\tau} = F^\mu \,, \tag{12.122}$$

wenn man die *Viererkraft* auf der rechten Seite gemäß

$$F^\mu = \frac{1}{\sqrt{1-\beta^2}} \begin{pmatrix} \boldsymbol{F} \\ \frac{1}{c} D \end{pmatrix} \tag{12.123}$$

einführt. Nach Gln. (12.76), (12.79) und (12.123) kann F^4 ebenfalls durch die nichtrelativistische Kraft $\boldsymbol{F}$ ausgedrückt werden

$$F^4 = \frac{1}{c\sqrt{1-\beta^2}} \boldsymbol{u} \cdot \boldsymbol{F} .$$

Setzen wir in Gl. (12.123) als Beispiel für $\boldsymbol{F}$ die Lorentz-Kraft

$$\boldsymbol{F}_\mathrm{L} = q(\boldsymbol{E} + \boldsymbol{u} \times \boldsymbol{B}) \tag{12.73}$$

auf ein Teilchen mit Ladung q und Geschwindigkeit $\boldsymbol{u}$ im elektromagnetischen Feld ein, erhalten wir für dessen Bewegungsgleichung in Viererschreibweise Gl. (12.122)

$$\frac{\mathrm{d}p^\mu}{\mathrm{d}\tau} = \frac{q}{\sqrt{1-\beta^2}} \begin{pmatrix} \boldsymbol{E} + \boldsymbol{u} \times \boldsymbol{B} \\ \frac{1}{c} \boldsymbol{u} \cdot \boldsymbol{E} \end{pmatrix} . \tag{12.124}$$

welche durch Einführen des elektromagnetischen Feldtensors Gl. (12.102) und der Vierergeschwindigkeit Gl. (12.117) zu dem geschlossenen vierdimensionalen Ausdruck

$$\frac{\mathrm{d}p^\mu}{\mathrm{d}\tau} = q F^\mu_\nu U^\nu = \frac{q}{m_0} F^\mu_\nu p^\nu \tag{12.125}$$

zusammengefaßt werden kann.

Die hier eingeführten Gleichungen beschreiben nur die Bewegung materieller Teilchen, nicht aber von Teilchen mit Ruhemasse $m_0 = 0$, wie z. B. Photonen, welche sich mit Lichtgeschwindigkeit bewegen müssen. Für derartige Teilchen gilt stets $\beta = 1$, d. h. daß für sie das Element der Eigenzeit $\mathrm{d}\tau$ in Gl. (12.116) identisch verschwindet, so daß die nach Gl. (12.115) eingeführte Vierergeschwindigkeit sinnlos ist. Man geht deshalb in diesem Fall unmittelbar von der physikalischen Bedeutung des Viererimpulses p^μ aus, dessen räumliche Komponenten nach Gl. (12.75) den Impuls des Teilchens und dessen zeitliche Komponenten nach Gl. (12.121) die Energie des Teilchens ausdrücken:

$$(p^1, p^2, p^3) = \boldsymbol{p} \,, \quad p^4 = \frac{E}{c} . \tag{12.126}$$

Da der Impulsbetrag eines masselosen Teilchens

$$|\boldsymbol{p}| = \frac{E}{c} \tag{12.127}$$

ist, läßt sich $\boldsymbol{p}$ durch

$$\boldsymbol{p} = \frac{E}{c}\hat{\boldsymbol{k}} \tag{12.128}$$

ausdrücken, worin $\hat{\boldsymbol{k}}$ der Einheitsvektor in Richtung des Impulses ist. Somit ist der Viererimpuls eines masselosen Teilchens durch die Richtung seines Impulses und durch seine Energie gegeben

$$p^\mu = \frac{E}{c}\begin{pmatrix}\hat{\boldsymbol{k}}\\ 1\end{pmatrix}.$$

Masselose Teilchen sind verknüpft mit lichtartigen Vorgängen. Deshalb muß p^μ ein lichtartiger Vektor sein, für welchen nach Gl. (12.101) gilt

$$p_\mu p^\mu = \eta_{\mu\nu} p^\nu p^\mu = 0\,. \tag{12.129}$$

Dies ist die gesuchte *Bewegungsgleichung für kräftefreie Teilchen.*

Nach der Quantentheorie bestehen zwischen dem Impuls $\boldsymbol{p}$ und der Energie E eines masselosen Teilchens einerseits und dem Ausbreitungsvektor $\boldsymbol{k}$ und der Kreisfrequenz ω andererseits die Beziehungen

$$\boldsymbol{p} = \hbar\boldsymbol{k} \quad \text{und} \quad E = \hbar\omega\,,$$

worin $\hbar = h/2\pi$ und h das Plancksche Wirkungsquantum ist. Setzen wir diese Ausdrücke in Gl. (12.126) ein, erhalten wir für den Viererimpuls

$$p^\mu = \hbar\begin{pmatrix}\boldsymbol{k}\\ \dfrac{\omega}{c}\end{pmatrix},$$

was wegen Gl. (12.113) auch als

$$p^\mu = \hbar k^\mu$$

geschrieben werden kann. Die Bewegungsgleichung (12.129) für den Viererimpuls p^μ eines masselosen Teilchens ist also gleichbedeutend mit der Dispersionsrelation Gl. (12.114) für dessen Viererausbreitungsvektor k^μ.

Der Energie-Impuls-Tensor. In einer Kontinuumsbeschreibung werden die physikalischen Größen – wie Masse, Impuls, Kraft, Energie usw. – durch Volumenintegrale über die entsprechenden Dichten ausgedrückt. So geht z. B. das Newtonsche Kraftgesetz aus Abschn. 12.1

$$\boldsymbol{F} = m\boldsymbol{a} \tag{12.1}$$

über in

$$\boldsymbol{f} = \varrho\boldsymbol{a}\,, \tag{12.130}$$

worin $\boldsymbol{f}$ die lokale *Kraftdichte* und ϱ die lokale *Massendichte* sind, aus welchen durch Volumenintegration die Kraft

$$\boldsymbol{F} = \int \boldsymbol{f} \, \mathrm{d}V$$

und die Masse

$$m = \int \varrho \, \mathrm{d}V$$

berechnet werden. Im Gegensatz zu Gl. (12.1), welche für einen Massenpunkt mit der Masse m gilt und die man deshalb als *Einteilchen-Formulierung* bezeichnet, beschreibt Gl. (12.130) die *Kontinuums-* bzw. die *Feldformulierung* der Bewegungsgleichung. Die Kraftdichte $\boldsymbol{f}$ muß nach dem zweiten Newtonschen Axiom der zeitlichen Änderung der zugehörigen *Impulsdichte*

$$\boldsymbol{\pi} = \varrho \boldsymbol{u} \tag{12.131}$$

entsprechen, welche durch die *Kontinuitätsgleichung* für die Impulsdichte

$$\frac{\partial \boldsymbol{\pi}}{\partial t} + \operatorname{div}(\boldsymbol{\pi} \boldsymbol{u}) = \boldsymbol{f}$$

gegeben ist, deren linke Seite unter Verwendung des Koordinaten-Vektors x^μ und der Vierergeschwindigkeit U^ν aus Gl. (12.117) formal als *Viererdivergenz* geschrieben werden kann

$$\frac{\partial(\boldsymbol{\pi} \sqrt{1-\beta^2}\, U^\nu)}{\partial x^\nu} = \boldsymbol{f} \, . \tag{12.132}$$

Dieses Konzept des Übergangs von der Punkt- zur Kontinuums- bzw. Feldbeschreibung läßt sich unmittelbar auf die Vierergleichungen im Minkowski-Raum (s. Abschn. 12.11) anwenden, wenn wir in der Bewegungsgleichung (12.122) die Vierervektoren p^μ (Gl. (12.119)) und F^μ (Gl. (12.123)) durch die entsprechende *Viererimpulsdichte*

$$\pi^\mu = \varrho \begin{pmatrix} \boldsymbol{u} \\ c \end{pmatrix} = \varrho_0 \, U^\mu \tag{12.133}$$

und die entsprechende *Viererkraftdichte* f^μ ersetzen und beachten, daß die linke Seite von Gl. (12.122) wie in Gl. (12.132) durch eine entsprechende Viererdivergenz

$$\frac{\partial \pi^\mu U^\nu}{\partial x^\nu}$$

ausgedrückt wird. Damit erhalten wir als *Vierer-Kontinuums-Bewegungsgleichung*

$$\frac{\partial(\pi^\mu U^\nu)}{\partial x^\nu} = f^\mu \, , \tag{12.134}$$

welche mit der Bewegungsgleichung

$$\frac{\mathrm{d}p^\mu}{\mathrm{d}t} = \sqrt{1-\beta^2}\, F^\mu \, ,$$

die man unmittelbar durch Einsetzen von $\mathrm{d}\tau$ (Gl. (12.116)) in Gl. (12.122) erhält, über die Bedingungen

$$p^\mu = \int_{x^4=\text{const.}} \pi^\mu \mathrm{d}V$$

und

$$F^\mu = \int_{x^4=\text{const.}} f^\mu \mathrm{d}V$$

zusammenhängt.

Die Integration $\int_{x^4=\text{const.}} \ldots \mathrm{d}V$ erstreckt sich hierbei über das Ortsvolumen, d. h. über die drei Komponenten des orientierten Flächenelements $\mathrm{d}V$ der raumartigen Hyperfläche $x^4 = ct = \text{const.}$ des Minkowski-Raums.

Per definitionem ist ϱ_0 die Massendichte im Ruhesystem der Materie, d. h. im Inertialsystem mit Geschwindigkeit $\boldsymbol{u} = 0$. ϱ_0 hängt mit der Massendichte ϱ im bewegten Inertialsystem über die Beziehung

$$\varrho = \frac{\varrho_0}{\sqrt{1-\beta^2}} \tag{12.135}$$

zusammen. Diese Beziehung ergibt sich unmittelbar als Folge der relativistischen Längenkontraktion (Gl. (12.36)) (durch welche das Volumenelement im Ruhesystem $\mathrm{d}V_0$ auf das Volumenelement $\mathrm{d}V = \sqrt{1-\beta^2}\,\mathrm{d}V_0$ im bewegten Inertialsystem verkleinert wird) und der Invarianzforderung $\varrho_0 \mathrm{d}V_0 = \varrho \mathrm{d}V$.

Setzen wir w^μ aus Gl. (12.133) in Gl. (12.134) ein, sieht man, daß sich die linke Seite als Viererdivergenz des symmetrischen Tensors zweiter Stufe

$$A^{\mu\nu} = \varrho_0 U^\mu U^\nu$$

schreiben läßt

$$\frac{\partial A^{\mu\nu}}{\partial x^\nu} = f^\mu .$$

Ohne es hier weiter auszuführen bemerken wir, daß auch die Viererkraftdichte f^μ als Viererdivergenz eines entsprechenden Feldtensors zweiter Stufe $B^{\mu\nu}$ geschrieben werden kann.

$$f^\mu = -\frac{\partial B^{\mu\nu}}{\partial x^\nu},$$

so daß mit der Definition des *Energie-Impuls-Tensors*

$$T^{\mu\nu} = A^{\mu\nu} + B^{\mu\nu}, \tag{12.136}$$

die Vierebewegungsgleichung (12.134) in der geschlossenen Form

$$\frac{\partial T^{\mu\nu}}{\partial x^\nu} = 0 \tag{12.137}$$

folgt.

Die Gleichungen für $\mu = 1, 2, 3$ drücken hierin die relativistische Bewegungsgleichung, die Gleichung für $\mu = 4$ drückt die relativistische Energiegleichung aus. Da die zeitliche Veränderung des *Viererdrehimpulses* proportional zum *antisymmetrischen Anteil des Energie-Impuls-Tensors* ist, folgt aus dem *vierdimensionalen Drehimpulssatz*, welcher die Erhaltung des Drehimpulses und der Schwerpunktbewegung umfaßt, daß $T^{\mu\nu}$ *symmetrisch* konstruiert sein muß.

Der Energie-Impuls-Tensor, welcher zuerst von Minkowski zur geschlossenen vierdimensionalen Formulierung der Bewegungsgesetze in der speziellen Relativitätstheorie eingeführt wurde, enthält die vollständige Information über das dynamische Verhalten eines betrachteten physikalischen Systems und spielt demzufolge eine zentrale Rolle in allen Feldtheorien, so z. B. in der *Allgemeinen Relativitätstheorie*.

Im folgenden seien einige wichtige Beispiele für den „Feldanteil" $B^{\mu\nu}$ des Energie-Impuls-Tensors angeführt (s. z. B. Stephani [10], Weinberg [11]):

Inkohärente Materie: $B^{\mu\nu} = 0$

Ideale Flüssigkeit: $B^{\mu\nu} = p(U^\mu U^\nu / c^2 + \eta^{\mu\nu})$.

Elektromagnetisches Feld: $B^{\mu\nu} = F^{\mu\varrho} F_\varrho^\nu - \frac{1}{4} \eta^{\mu\nu} F^{\varrho\lambda} F_{\varrho\lambda}$.

Als *inkohärent* bezeichnet man Materie, deren thermodynamischer Druck p stets vernachlässigt werden kann.

12.12 Die Strahlung eines beschleunigten geladenen Teilchens

Eine besonders interessante und wichtige Anwendung des in Abschn. 12.11 dargestellten Formalismus ist die Untersuchung der Abstrahlung einer mit beliebiger Geschwindigkeit $|\boldsymbol{u}| < c$ bewegten beschleunigten Punktmasse m mit der Ladung q.

Als Ausgangspunkt für unsere Überlegung betrachten wir die Abstrahlung des Teilchens zu einem bestimmten aber beliebigen Zeitpunkt t_0. Zu diesem Zeitpunkt existiert ein Inertialsystem Σ_0, welches sich mit der konstanten momentanen Teilchengeschwindigkeit $\boldsymbol{u} = \boldsymbol{u}(t_0)$ bewegt. Bei t_0 ruht also das Teilchen bezüglich des Systems Σ_0, so daß Σ_0 als ein momentanes Ruhesystem angesehen werden kann. Da das Teilchen beschleunigt ist, ist die Wahl eines solchen Ruhesystems Σ_0 stets nur für einen beliebig gewählten Zeitpunkt $t = t_0$ möglich! Wir bezeichnen im folgenden alle das Teilchen charakterisierenden Größen, welche sich auf dieses momentane Ruhesystem Σ_0 beziehen, mit einem Index $_0$.

Die Gesamtstrahlungsleistung Φ_0 im System Σ_0 ist unmittelbar durch die *Larmorsche Formel für Dipolstrahlung*

$$\Phi_0 = \frac{q^2}{6\pi\varepsilon_0 c^3} |\boldsymbol{a}_0|^2 \tag{12.138}$$

gegeben [7], vgl. auch Bd. 2, Abschn. 7.6 und 8.6, worin $\boldsymbol{a}_0$ die Beschleunigung des Teilchens zum Zeitpunkt t_0 im System Σ_0 bezeichnet.

Die im Zeitintervall $\mathrm{d}t_0$ ausgestrahlte Energie $\mathrm{d}\tilde{E}_0$ ist also gleich

$$\mathrm{d}\tilde{E}_0 = \Phi_0 \mathrm{d}t_0 \,. \tag{12.139}$$

Da das Teilchen in Σ_0 ruht, entspricht nach den Ausführungen hinter Gl. (12.116) das Zeitintervall $\mathrm{d}t_0$ gerade dem Intervall der Eigenzeit $\mathrm{d}\tau$, so daß gilt

$$\mathrm{d}\tilde{E}_0 = \Phi_0 \mathrm{d}\tau \,. \tag{12.140}$$

Wegen der Symmetrie der Dipolstrahlung ist der im System Σ_0 im Zeitintervall $\mathrm{d}\tau$ abgestrahlte Gesamtimpuls $\mathrm{d}\tilde{\boldsymbol{p}}_0$ (Impulsstrom integriert über den gesamten Raumwinkel mal $\mathrm{d}\tau$) gleich Null:

$$\mathrm{d}\tilde{\boldsymbol{p}}_0 = 0 \,. \tag{12.141}$$

Betrachten wir nun analog zu Gl. (12.126) die Größen

$$\mathrm{d}\tilde{\boldsymbol{p}}_0 = (\mathrm{d}\tilde{p}_0^1, \mathrm{d}\tilde{p}_0^2, \mathrm{d}\tilde{p}_0^3) \quad \text{und} \quad \frac{\mathrm{d}\tilde{E}_0}{c} = \mathrm{d}\tilde{p}_0^4 \tag{12.142}$$

als die entsprechenden Komponenten des in $\mathrm{d}\tau$ abgestrahlten Viererimpulses $\mathrm{d}\tilde{p}_0$, können wir die Gln. (12.140) und (12.141) zum Gleichungssystem

$$\mathrm{d}\tilde{p}_0^\mu = \frac{\Phi_0}{c} \begin{pmatrix} 0 \\ 0 \\ 0 \\ \mathrm{d}\tau \end{pmatrix} \tag{12.143}$$

zusammenfassen, welches die Abstrahlung von Impuls und Energie im Ruhesystem Σ_0 angibt. Um die Abstrahlung dieser Größen bezüglich eines beliebig bewegten Inertialsystems Σ zu beschreiben, müssen wir Gl. (12.143) in relativistisch korrekter Form ausdrücken. Nach den Ausführungen in Abschn. 12.11 geschieht dies durch Einführen entsprechender Vierervektoren für die in die Formel eingehenden dynamischen Größen $|\boldsymbol{a}_0|^2$ und $\mathrm{d}\tau$:

Im Ruhesystem Σ_0 nimmt die Viererbewegungsgleichung Gl. (12.122) wegen $\boldsymbol{u} = 0$ die einfache Form

$$\frac{\mathrm{d}p_0^\mu}{\mathrm{d}\tau} = F_0^\mu = \begin{pmatrix} \boldsymbol{F}_0 \\ 0 \end{pmatrix} = m_0 \begin{pmatrix} \boldsymbol{a}_0 \\ 0 \end{pmatrix} \tag{12.144}$$

an, welche den Viererimpuls des Teilchens p_0^μ mit der Beschleunigung $\boldsymbol{a}_0$ verknüpft.

Durch Quadrieren von (12.144) folgt

$$\frac{\mathrm{d}p_{0\mu}}{\mathrm{d}\tau} \frac{\mathrm{d}p_0^\mu}{\mathrm{d}\tau} = \eta_{\mu\nu} \frac{\mathrm{d}p_0^\nu}{\mathrm{d}\tau} \frac{\mathrm{d}p_0^\mu}{\mathrm{d}\tau} = |\boldsymbol{F}_0|^2 = m_0^2 |\boldsymbol{a}_0|^2 \,. \tag{12.145}$$

Nach Gl. (12.122) ist $\mathrm{d}p_0^\mu/\mathrm{d}\tau$ ein Vierervektor. Da sich Vierervektoren unter Lorentz-Transformation per definitionem wie die Koordinaten x^μ transformieren (s. dazu die Bemerkung nach Gl. (12.46) in Abschn. 12.6), ist ihr Betrag eine relativistische Invariante (s. Abschn. 12.5 und 12.11), d.h. es gilt stets

$$\frac{\mathrm{d}p_\mu}{\mathrm{d}\tau}\frac{\mathrm{d}p^\mu}{\mathrm{d}\tau} = \frac{\mathrm{d}p_{0\mu}}{\mathrm{d}\tau}\frac{\mathrm{d}p_0^\mu}{\mathrm{d}\tau} = m_0^2\,|\boldsymbol{a}_0|^2\,, \tag{12.146}$$

worin $\mathrm{d}p^\mu/\mathrm{d}\tau$ der entsprechende Vierervektor im beliebig bewegten Inertialsystem Σ ist.

Setzen wir die Gln. (12.145) und (12.146) in den Ausdruck (12.138) für Φ_0 ein, erhalten wir die Beziehung

$$\Phi_0 = \frac{q^2}{6\pi\varepsilon_0 c^3 m_0^2}\frac{\mathrm{d}p_{0\mu}}{\mathrm{d}\tau}\frac{\mathrm{d}p_0^\mu}{\mathrm{d}\tau} = \frac{q^2}{6\pi\varepsilon_0 c^3 m_0^2}\frac{\mathrm{d}p_\mu}{\mathrm{d}\tau}\frac{\mathrm{d}p^\mu}{\mathrm{d}\tau} = \Phi\,, \tag{12.147}$$

welche die Strahlungsleistung Φ in einem beliebigen Inertialsystem Σ angibt. Die Gesamtstrahlungsleistung Φ eines beschleunigten Teilchens ist somit unabhängig von der Geschwindigkeit und in *allen* Inertialsystemen gleich ihrem Wert Φ_0 im Ruhesystem Σ_0.

Im System Σ_0 gilt per definitionem

$$\mathrm{d}x_0^4 = c\,\mathrm{d}t_0 = c\,\mathrm{d}\tau\,. \tag{12.148}$$

Setzen wir Gln. (12.147) und (12.148) in Gl. (12.143) ein, folgt

$$\mathrm{d}p_0^\mu = \frac{\Phi_0}{c^2}\begin{pmatrix}0\\0\\0\\\mathrm{d}x_0^4\end{pmatrix} \tag{12.149}$$

Da der Faktor vor der Klammer nach Gl. (12.147) relativistisch invariant ist, müssen wir, um die Ausstrahlung $\mathrm{d}\tilde{p}^\mu$ in einem beliebigen Inertialsystem zu erhalten, den Ausdruck in der Klammer als Vierervektor schreiben. Da dieser im System Σ_0 die Gestalt $\mathrm{d}x_0^\mu = (0, 0, 0, \mathrm{d}x_0^4)$ annehmen muß, kommt aus Dimensionsgründen nur noch der Vektor $\mathrm{d}x^\mu$ in Frage. Somit ergibt sich als relativistisch korrekter Ausdruck für den abgestrahlten Viererimpuls im System Σ

$$\mathrm{d}\tilde{p}^\mu = \frac{1}{c^2}\Phi\,\mathrm{d}x^\mu\,,$$

woraus durch Einsetzen der Vierergeschwindigkeit

$$U^\mu = \frac{\mathrm{d}x^\mu}{\mathrm{d}\tau} \tag{12.117}$$

der Ausdruck

$$\mathrm{d}\tilde{p}^\mu = \frac{1}{c^2}\Phi\,U^\mu\,\mathrm{d}\tau \tag{12.150}$$

folgt, welcher vermöge der Beziehung

$$\mathrm{d}\tau = \sqrt{1-\beta^2}\,\mathrm{d}t \tag{12.116}$$

sofort auf die Koordinaten im System Σ umgerechnet werden kann.

Wählen wir für Σ speziell das System eines Beobachters, z. B. das Laborsystem Σ_L, welches sich mit der Geschwindigkeit $-\boldsymbol{u}$ relativ zum ruhenden Teilchen bewegt, so beschreibt Gl. (12.150) gerade die Abstrahlung von Impuls und Energie eines Teilchens, das sich relativ zu diesem Beobachter mit der Geschwindigkeit $\boldsymbol{u}$ bewegt (siehe hierzu die Bemerkungen in Abschn. 12.8 unmittelbar vor Gl. (12.62)).

Für spätere Anwendungen ist es vorteilhaft, Gl. (12.50) unmittelbar durch die auf das Inertialsystem Σ bezogene Beschleunigung und Geschwindigkeit des Teilchens auszudrücken. Dazu zerlegen wir den Beschleunigungsvektor $\boldsymbol{a}_0$ im System Σ_0 in seine Komponenten parallel und senkrecht zu $\boldsymbol{u}$:

$$\boldsymbol{a}_0 = \boldsymbol{a}_0^{\parallel} + \boldsymbol{a}_0^{\perp} . \tag{12.151}$$

Durch ein völlig analoges Vorgehen wie bei der Ableitung der Gln. (12.50) und (12.51) sehen wir, daß sich diese Komponenten beim Übergang vom ruhenden System Σ_0 zum bewegten System Σ gemäß

$$\boldsymbol{a}^{\parallel} = (1-\beta^2)^{3/2}\,\boldsymbol{a}_0^{\parallel} \tag{12.152a}$$

bzw.

$$\boldsymbol{a}^{\perp} = (1-\beta^2)\,\boldsymbol{a}_0^{\perp} \tag{12.152b}$$

transformieren. Bilden wir hieraus die Invariante (s.Gl. (12.146))

$$|\boldsymbol{a}_0|^2 = |\boldsymbol{a}_0^{\parallel}|^2 + |\boldsymbol{a}_0^{\perp}|^2 = \frac{|\boldsymbol{a}^{\parallel}|^2}{(1-\beta^2)^3} + \frac{|\boldsymbol{a}^{\perp}|^2}{(1-\beta^2)^2} \tag{12.153}$$

und setzen diese in Φ_0 ein, ergibt sich nach Gl. (12.147) die Strahlungsleistung

$$\Phi = \frac{q^2}{6\pi\varepsilon_0 c^3}\,\frac{1}{(1-\beta^2)^2}\left(\frac{|\boldsymbol{a}^{\parallel}|^2}{1-\beta^2} + |\boldsymbol{a}^{\perp}|^2\right), \tag{12.154}$$

ausgedrückt durch die Geschwindigkeit $\boldsymbol{u}$ und die Projektionen der Beschleunigung $\boldsymbol{a}$ des Teilchens im System Σ.

Setzen wir diesen Ausdruck und die Darstellung von U^μ aus Gl. (12.117) in Gl. (12.150) ein, erhalten wir als endgültige Formel

$$\mathrm{d}\tilde{p}^\mu = \frac{q^2}{6\pi\varepsilon_0 c^5}\,\frac{1}{(1-\beta^2)^2}\left(\frac{|\boldsymbol{a}^{\parallel}|^2}{1-\beta^2} + |\boldsymbol{a}^{\perp}|^2\right)\cdot\begin{pmatrix}\boldsymbol{u}\\ c\end{pmatrix}\mathrm{d}t\,, \tag{12.155}$$

deren erste drei Gleichungen nach Gl. (12.126) den im Zeitintervall $\mathrm{d}t$ abgestrahlten Impuls

$$\mathrm{d}\tilde{\boldsymbol{p}} = \frac{q^2}{6\pi\varepsilon_0 c^5}\,\frac{1}{(1-\beta^2)^2}\left(\frac{|\boldsymbol{a}^{\parallel}|^2}{1-\beta^2} + |\boldsymbol{a}^{\perp}|^2\right)\boldsymbol{u}\,\mathrm{d}t \tag{12.156}$$

und deren vierte Gleichung die im Zeitintervall $\mathrm{d}t$ abgestrahlte Energie

$$\mathrm{d}\tilde{E} = c\,\mathrm{d}\tilde{p}^4 = \frac{q^2}{6\pi\varepsilon_0 c^3}\,\frac{1}{(1-\beta^2)^2}\left(\frac{|\boldsymbol{a}^{\parallel}|^2}{1-\beta^2} + |\boldsymbol{a}^{\perp}|^2\right)\mathrm{d}t \tag{12.157}$$

im System Σ angeben.

Im Fall einer elektromagnetischen Beschleunigung des Teilchens ist es vorteilhaft, seine Bewegungsgleichung (12.125) direkt in die Formel für die Strahlungsleistung (12.147) einzusetzen:

$$\Phi = \frac{q^2}{6\pi\varepsilon_0 c^3 m_0^2} \frac{\mathrm{d}p_\nu}{\mathrm{d}\tau} \frac{\mathrm{d}p^\nu}{\mathrm{d}\tau} = \frac{q^4}{6\pi\varepsilon_0 c^3 m_0^2} \eta_{\nu\lambda} F^\nu_\varrho F^\lambda_\sigma U^\varrho U^\sigma \,, \tag{12.158}$$

woraus für den abgestrahlten Viererimpuls nach Gl. (12.150) der allgemeine Feldausdruck

$$\mathrm{d}\tilde{p}^\mu = \frac{q^4}{6\pi\varepsilon_0 c^5 m_0^2} \eta_{\nu\lambda} F^\nu_\varrho F^\lambda_\sigma U^\varrho U^\sigma U^\mu \mathrm{d}\tau \tag{12.159}$$

folgt. Setzen wir hierin die Darstellung des elektromagnetischen Feldtensors aus Gl. (12.102), die Vierergeschwindigkeit aus Gl. (12.117) und $\mathrm{d}\tau$ aus Gl. (12.116) ein, erhalten wir die endgültige Formel für den abgestrahlten Viererimpuls im System Σ ausgedrückt durch die elektromagnetischen Felder und die Geschwindigkeit des Teilchens.

Diesen Ausdruck erhalten wir aber auch unmittelbar aus Gl. (12.150), wenn wir dort Φ aus Gl. (12.147) explizit durch die Bewegungsgleichung (12.124) ausdrücken und die Beziehung

$$U^\mu \mathrm{d}\tau = \begin{pmatrix} \boldsymbol{u} \\ c \end{pmatrix} \mathrm{d}t$$

benutzen:

$$\mathrm{d}\tilde{p}^\mu = \frac{q^4}{6\pi\varepsilon_0 c^5 m_0^2} \frac{1}{1-\beta^2} \left[|\boldsymbol{E}|^2 + |\boldsymbol{u} \times \boldsymbol{B}|^2 - \frac{1}{c^2}(\boldsymbol{u} \cdot \boldsymbol{E})^2 \right] \begin{pmatrix} \boldsymbol{u} \\ c \end{pmatrix} \mathrm{d}t \tag{12.160}$$

worin die ersten drei Gleichungen den in $\mathrm{d}t$ abgestrahlten Impuls

$$\mathrm{d}\tilde{\boldsymbol{p}} = \frac{q^4}{6\pi\varepsilon_0 c^5 m_0^2} \frac{1}{1-\beta^2} \left[|\boldsymbol{E}|^2 + |\boldsymbol{u} \times \boldsymbol{B}|^2 - \frac{1}{c^2}(\boldsymbol{u} \cdot \boldsymbol{E})^2 \right] \boldsymbol{u} \, \mathrm{d}t \tag{12.161}$$

und die vierte Gleichung die in $\mathrm{d}t$ abgestrahlte Energie

$$\mathrm{d}\tilde{E} = c\,\mathrm{d}\tilde{p}^4 = \frac{q^4}{6\pi\varepsilon_0 c^3 m_0^2} \frac{1}{1-\beta^2} \left[|\boldsymbol{E}|^2 + |\boldsymbol{u} \times \boldsymbol{B}|^2 - \frac{1}{c^2}(\boldsymbol{u} \cdot \boldsymbol{E})^2 \right] \mathrm{d}t \tag{12.162}$$

darstellen.

Besonders einfache Verhältnisse liegen vor, wenn wir die Abstrahlung einer in einem konstanten Magnetfeld gyrierenden Ladung betrachten. In diesem Fall ($\boldsymbol{E} = 0$) reduzieren sich die Vitererbewegungsgleichungen (12.124) auf die einfache Form

$$\frac{\mathrm{d}p^\mu}{\mathrm{d}\tau} = \frac{q}{\sqrt{1-\beta^2}} \begin{pmatrix} \boldsymbol{u} \times \boldsymbol{B} \\ 0 \end{pmatrix}, \tag{12.163}$$

aus welcher wir für den Impuls $\boldsymbol{p}$ bzw. für die Beschleunigung $\boldsymbol{a}$ sofort die Beziehung

$$\frac{\mathrm{d}\boldsymbol{p}}{\mathrm{d}t} = \frac{m_0}{\sqrt{1-\beta^2}} \boldsymbol{a} = q(\boldsymbol{u} \times \boldsymbol{B}) \tag{12.164}$$

ablesen. Zerlegen wir hierin $\boldsymbol{a}$ in seine Anteile parallel und senkrecht zu $\boldsymbol{u}$

$$\boldsymbol{a} = \boldsymbol{a}^{\parallel} + \boldsymbol{a}^{\perp} \tag{12.165}$$

erkennen wir aus Gl. (12.164) durch Vergleich

$$\boldsymbol{a}^{\parallel} = 0 \tag{12.166a}$$

und

$$\boldsymbol{a}^{\perp} = \frac{q}{m_0}\sqrt{1-\beta^2}\,(\boldsymbol{u} \times \boldsymbol{B})\,. \tag{12.166b}$$

Die Gln. (12.166) beschreiben die Bahn eines Teilchens, das sich mit konstanter Geschwindigkeit $\boldsymbol{u}^{\parallel}$ parallel zum Magnetfeld $\boldsymbol{B}$ bewegt und welches in der Ebene senkrecht zu $\boldsymbol{B}$ mit dem konstanten Geschwindigkeitsbetrag

$$|\boldsymbol{u}^{\perp}| = u \sin\alpha = \frac{|\boldsymbol{a}^{\perp}|}{\omega_{\mathrm{g}}} \tag{12.167}$$

auf einer Kreisbahn umläuft, worin $u = |\boldsymbol{u}|$ und α der sogenannte *Pitchwinkel,* d. h. der Winkel zwischen der Richtung des Magnetfeldes $\boldsymbol{B}$ und der Richtung der Geschwindigkeit $\boldsymbol{u}$ sind:

$$\sin\alpha = \frac{|\boldsymbol{u} \times \boldsymbol{B}|}{|\boldsymbol{u}|\,|\boldsymbol{B}|} = \frac{\boldsymbol{u} \cdot \boldsymbol{u}^{\perp}}{|\boldsymbol{u}|\,|\boldsymbol{u}^{\perp}|}\,. \tag{12.168}$$

Die Gyrationsfrequenz ω_{g} dieser periodischen Bewegung folgt unmittelbar durch Vergleich der Gln. (12.167) und (12.166b), wenn dort $\boldsymbol{u}$ durch $\boldsymbol{u}^{\perp}$ ersetzt und der Betrag genommen wird:

$$\omega_{\mathrm{g}} = \sqrt{1-\beta^2}\,\frac{|q|\,|\boldsymbol{B}|}{m_0}\,. \tag{12.169}$$

Für den Fall sehr kleiner Geschwindigkeiten ($\beta \to 0$) geht ω_{g} in die sog. *Zyklotronfrequenz*

$$\omega_0 = \frac{|q|\,|\boldsymbol{B}|}{m_0} \tag{12.170}$$

über, welche die Gyration eines Teilchens im Fall $|\boldsymbol{u}| \ll c$ beschreibt (Bd. 2, Abschn. 8.6).

Setzen wir die Ausdrücke (12.166) und (12.167) in den Ausdruck (12.154) für die Gesamtstrahlungsleistung Φ ein, erhalten wir

$$\Phi = \frac{q^2}{6\pi\varepsilon_0 c^3}\,\frac{q^2 B^2}{(1-\beta^2)\,m_0^2}\,u^2 \sin^2\alpha\,. \tag{12.171}$$

Drücken wir in Gl. (12.171) den zweiten Faktor gemäß Gl. (12.169) durch die Gyrationsfrequenz ω_{g} aus, erhalten wir schließlich für die abgestrahlte Gesamtleistung

$$\Phi = \frac{q^2}{6\pi\varepsilon_0 c^3}\,\frac{\omega_{\mathrm{g}}^2}{(1-\beta^2)}\,u^2 \sin^2\alpha\,, \tag{12.172}$$

woraus wir ersehen, daß im Fall eines konstanten Magnetfeldes die Gesamtleistung

Φ nur vom Betrag u der Geschwindigkeit, dem Pitchwinkel α und der Gyrationsfrequenz ω_g abhängt.

Die Winkelverteilung der emittierten Strahlung. Zur Ableitung der Winkelverteilung der von einem beschleunigten geladenen Teilchen emittierten Strahlung beschreiben wir die Situation zum Zeitpunkt t_0 sowohl im Ruhesystem Σ_0 des Teilchens als auch im dazu mit der Geschwindigkeit $-\boldsymbol{u}$ längs der x-Richtung bewegten Koordinatensystem Σ. Fassen wir Σ als das Laborsystem Σ_L auf, bewegt sich das Teilchen bezüglich Σ gerade mit der Geschwindigkeit $\boldsymbol{u}$ längs der x-Achse. Die Koordinatenachsen der Inertialsysteme Σ_0 und Σ seien parallel.

Wir nehmen an, daß im System Σ_0 der Energiebetrag $\mathrm{d}\tilde{E}_0(\hat{\boldsymbol{k}}_0)$ in den Raumwinkel

$$\mathrm{d}\Omega_0 = \sin\varphi_0\,\mathrm{d}\varphi_0\,\mathrm{d}\psi_0 = -\mathrm{d}(\cos\varphi_0)\,\mathrm{d}\psi_0 \tag{12.173}$$

um die Richtung $\hat{\boldsymbol{k}}_0$ abgestrahlt wird; $\hat{\boldsymbol{k}}_0$ sei der Einheitsvektor in Strahlrichtung.

Um besonders einfache geometrische Verhältnisse zu haben, betrachten wir die Ausstrahlung in der (x_0, y_0)-Ebene in Σ_0, welche durch das Azimut $\psi_0 = 0$ festgelegt und deren positive x_0-Achse durch die Winkel $\varphi_0 = 0$ und $\psi_0 = 0$ gegeben sei (s. Abb. 12.7).

Den Zusammenhang zwischen den Winkeln φ_0, ψ_0 im System Σ erhalten wir aus den Formeln (12.60) und (12.61) für die Aberration, wenn wir dort φ durch φ_0, φ' durch φ und β durch $-\beta$ ersetzen. Der Azimutwinkel $\psi_0 = 0$ bleibt beim Übergang zum System Σ ungeändert, da die x-Achsen in beiden Systemen parallel sind und der Winkel ψ senkrecht zur Bewegungsrichtung $\boldsymbol{u}$ gemessen wird. Somit erhalten wir den Zusammenhang:

$$\cos\varphi = \frac{\cos\varphi_0 + \beta}{1 + \beta\cos\varphi_0} \tag{12.174}$$

und

$$\psi = \psi_0\,. \tag{12.175}$$

Damit ergibt sich als Raumwinkelelement im System Σ

$$\mathrm{d}\Omega = -\mathrm{d}(\cos\varphi)\,\mathrm{d}\psi = \frac{1-\beta^2}{(1+\beta\cos\varphi_0)^2}\,\mathrm{d}\Omega_0\,. \tag{12.176}$$

Mit $\mathrm{d}\tilde{p}_0^\mu(\hat{\boldsymbol{k}}_0)$ bzw. $\mathrm{d}\tilde{p}^\mu(\hat{\boldsymbol{k}})$ bezeichnen wir den im Zeitintervall $\mathrm{d}\tau$ bzw. $\mathrm{d}t$ in Richtung $\hat{\boldsymbol{k}}_0$ bzw. $\hat{\boldsymbol{k}}$ abgestrahlten Viererimpuls im System Σ_0 bzw. Σ. Da nach den obigen Ausführungen die Viererimpulse Vierervektoren sind, transformieren sich ihre Komponenten bei Lorentz-Transformation wie die Koordinaten x^μ. Betrachten wir speziell die vierte Komponente, welche sich wie die Zeitkoordinate ct transformiert, so folgt aus Gl. (12.33) durch Einsetzen der Geschwindigkeit $-\boldsymbol{u}$:

$$\mathrm{d}\tilde{p}^4(\hat{\boldsymbol{k}}) = \frac{\mathrm{d}\tilde{p}_0^4(\hat{\boldsymbol{k}}_0) + (u/c)\,\mathrm{d}\tilde{p}_0^1(\hat{\boldsymbol{k}}_0)}{\sqrt{1-\beta^2}}\,. \tag{12.177}$$

Nach Gln. (12.126) und (12.127) geben die räumlichen Komponenten des Viererimpulses den in Strahlrichtung emittierten Impuls und die vierte Komponente dessen Betrag an. Somit gilt für dessen x-Komponente nach Gl. (12.128)

$$\mathrm{d}\tilde{p}_0^1(\hat{\boldsymbol{k}}_0) = \mathrm{d}\tilde{p}_0^4(\hat{\boldsymbol{k}}_0)\cos\varphi_0 \,.$$

Setzen wir diesen Zusammenhang in (12.177) ein und berücksichtigen $\beta = u/c$, folgt

$$\mathrm{d}\tilde{p}^4(\hat{\boldsymbol{k}}) = \frac{1+\beta\cos\varphi_0}{\sqrt{1-\beta^2}}\,\mathrm{d}\tilde{p}_0^4(\hat{\boldsymbol{k}}_0)$$

oder nach Gl. (12.126) ausgedrückt durch die entsprechenden Energien

$$\mathrm{d}\tilde{E}(\hat{\boldsymbol{k}}) = \frac{1+\beta\cos\varphi_0}{\sqrt{1-\beta^2}}\,\mathrm{d}\tilde{E}_0^4(\hat{\boldsymbol{k}}_0)\,. \tag{12.178}$$

Division durch $\mathrm{d}\Omega$ aus Gl. (12.176) liefert die Winkelverteilung der emittierten Energien im System Σ

$$\frac{\mathrm{d}\tilde{E}(\hat{\boldsymbol{k}})}{\mathrm{d}\Omega} = \frac{(1+\beta\cos\varphi_0)^3}{(1-\beta^2)^{3/2}}\,\frac{\mathrm{d}\tilde{E}(\hat{\boldsymbol{k}}_0)}{\mathrm{d}\Omega_0}\,, \tag{12.179}$$

ausgedrückt durch die Größen im System Σ_0.

Für die weitere Diskussion ist es vorteilhaft, den Winkel φ_0 vermöge Gl. (12.174) durch den Winkel φ im System Σ auszudrücken. Setzen wir $\cos\varphi_0$ aus Gl. (12.174) in Gl. (12.179) ein, erhalten wir

$$\frac{\mathrm{d}\tilde{E}(\hat{\boldsymbol{k}})}{\mathrm{d}\Omega} = \frac{(1-\beta^2)^{3/2}}{(1-\beta\cos\varphi)^3}\,\frac{\mathrm{d}\tilde{E}_0(\hat{\boldsymbol{k}}_0)}{\mathrm{d}\Omega_0}\,. \tag{12.180}$$

Hieraus erhalten wir die Winkelabhängigkeit der im System Σ in Richtung $\hat{\boldsymbol{k}}$ in den Raumwinkel $\mathrm{d}\Omega$ abgestrahlten Leistung

$$\frac{\mathrm{d}\Phi(\hat{\boldsymbol{k}})}{\mathrm{d}\Omega} = \frac{\mathrm{d}}{\mathrm{d}\Omega}\left(\frac{\mathrm{d}\tilde{E}(\hat{\boldsymbol{k}})}{\mathrm{d}t}\right) \tag{12.181}$$

durch Division mit $\mathrm{d}t = \mathrm{d}\tau/\sqrt{1-\beta^2}$:

$$\frac{\mathrm{d}\Phi(\hat{\boldsymbol{k}})}{\mathrm{d}\Omega} = \frac{(1-\beta^2)^2}{(1-\beta\cos\varphi)^3}\,\frac{\mathrm{d}\Phi_0(\hat{\boldsymbol{k}}_0)}{\mathrm{d}\Omega_0}\,. \tag{12.182}$$

Setzen wir hierin für die Winkelverteilung der Strahlungsleistung im Ruhesystem die *Larmorsche Dipolformel* (Gl. (12.182) [7])

$$\frac{\mathrm{d}\Phi_0(\hat{\boldsymbol{k}}_0)}{\mathrm{d}\Omega_0} = \frac{3}{8\pi}\,\Phi_0\sin^2\vartheta_0 \tag{12.183}$$

ein, worin

$$\Phi_0 = \int\frac{\mathrm{d}\Phi_0(\hat{\boldsymbol{k}}_0)}{\mathrm{d}\Omega_0}\,\mathrm{d}\Omega_0 = \Phi$$

die invariante winkelintegrierte Gesamtleistung aus Gl. (12.138) ist und ϑ_0 den Winkel zwischen der Strahlrichtung $\hat{\boldsymbol{k}}_0$ und dem Vektor der Beschleunigung $\boldsymbol{a}_0$ bezeichnet, erhalten wir den Ausdruck

$$\frac{\mathrm{d}\Phi(\hat{\boldsymbol{k}})}{\mathrm{d}\Omega} = \frac{3}{8\pi} \frac{(1-\beta^2)^2}{(1-\beta\cos\varphi)^3} \Phi \sin^2\vartheta_0 \,. \tag{12.184}$$

Um die endgültige Formel für die Winkelverteilung der Strahlungsleistung im bewegten System Σ zu erhalten, muß noch der Winkel ϑ_0 durch die Größen im System Σ ausgedrückt werden. Da dies im allgemeinen Fall einer beliebigen Richtung der Beschleunigung $\boldsymbol{a}_0$ sehr aufwendig ist, beschränken wir uns im folgenden auf zwei wichtige Sonderfälle:

1. Fall: $\boldsymbol{a}_0 \| \boldsymbol{u}$ im System Σ_0.

In diesem Fall ist $\vartheta_0 = \varphi_0$, so daß nach Gl. (12.174) ϑ_0 unmittelbar durch den entsprechenden Winkel $\vartheta = \varphi$ in Σ ausgedrückt werden kann

$$\sin^2\vartheta_0 = \sin^2\varphi_0 = \frac{(1-\beta^2)\sin^2\varphi}{(1-\beta\cos\varphi)^2} \,. \tag{12.185}$$

Nach Gl. (12.152a) folgt aus $\boldsymbol{a}_0 \| \boldsymbol{u}$ auch $\boldsymbol{a} \| \boldsymbol{u}$, d.h. auch im System Σ besitzt die Beschleunigung nur die Parallelkomponente $\boldsymbol{a} = \boldsymbol{a}^{\|}$. Setzen wir den Ausdruck (12.154) für Φ mit $\boldsymbol{a}^{\perp} = 0$ und die Winkeltransformation (12.185) in Gl. (12.184) ein, erhalten wir als endgültige Winkelverteilung im Fall $\boldsymbol{a} \| \boldsymbol{u}$:

$$\frac{\mathrm{d}\Phi(\hat{\boldsymbol{k}})}{\mathrm{d}\Omega} = \frac{q^2}{16\pi^2\varepsilon_0 c^3} |\boldsymbol{a}^{\|}|^2 \frac{\sin^2\varphi}{(1-\beta\cos\varphi)^5} \,. \tag{12.186a}$$

Gl. (12.186a) beschreibt z.B. die Winkelverteilung der Strahlungsleistung eines Teilchens in einem *Linearbeschleuniger*.

2. Fall: $\boldsymbol{a}_0 \perp \boldsymbol{u}$.

Auch in diesem Fall kann $\sin^2\vartheta_0$ in einfacher Weise durch die Koordinatenwinkel φ_0 und ψ_0 dargestellt werden

$$\cos\vartheta_0 = \sin\varphi_0 \cos\psi_0 \,.$$

Drücken wir hierin $\sin\varphi_0$ vermöge Gl. (12.174) durch $\sin\varphi$ aus, folgt wegen $\psi = \psi_0$:

$$\sin^2\vartheta_0 = 1 - \frac{1-\beta^2}{(1-\beta\cos\varphi)^2} \sin^2\varphi \cos^2\psi \,. \tag{12.187}$$

Setzen wir Gl. (12.187) und Φ aus Gl. (12.154) in Gl. (12.184) ein, erhalten wir wegen Gl. (12.152b) den endgültigen Zusammenhang für die Winkelverteilung der Strahlungsleistung im System Σ:

$$\frac{\mathrm{d}\Phi(\hat{\boldsymbol{k}})}{\mathrm{d}\Omega} = \frac{q^2}{16\pi^2\varepsilon_0 c^3} |\boldsymbol{a}^{\perp}|^2 \frac{1}{(1-\beta\cos\varphi)^3} \left[1 - \frac{(1-\beta^2)\sin^2\varphi\cos^2\psi}{(1-\beta\cos\varphi)^2}\right], \tag{12.188a}$$

der für den Spezialfall $\boldsymbol{a} \| y$-Achse, d.h. $\psi = 0$ in die Gleichung

$$\frac{\mathrm{d}\Phi(\hat{\boldsymbol{k}})}{\mathrm{d}\Omega} = \frac{q^2}{16\pi^2\varepsilon_0 c^3} |\boldsymbol{a}^{\perp}|^2 \frac{1}{(1-\beta\cos\varphi)^3} \left[1 - \frac{(1-\beta^2)\sin^2\varphi}{(1-\beta\cos\varphi)^2}\right], \tag{12.189}$$

übergeht.

Gl. (12.189) beschreibt die spezielle Winkelverteilung der abgestrahlten Leistung für die gleichförmige Bewegung eines Teilchens auf einer Kreisbahn, z. B. in einem *Zyklotron* bzw. einem *Synchrotron* (Bd. 2, Abschn. 8.6).

Die abgeleiteten Ausdrücke Gln. (12.184), (12.186a) und (12.188a) beschreiben die Winkelverteilung der *emittierten* Strahlungsleistung bezüglich des bewegten Systems Σ. Fassen wir nach dem oben gesagten Σ als das Laborsystem Σ_L auf, beschreiben diese Formeln gerade die Winkelverteilung der Emission eines geladenen Teilchens mit der Geschwindigkeit $\boldsymbol{u}$. Im Laborsystem ist es für praktische Untersuchungen wichtig, anstelle der vom Teilchen emittierten Strahlungsleistung die in Σ_L *empfangene* Strahlungsleistung $\mathrm{d}\Phi_L(\hat{\boldsymbol{k}})/\mathrm{d}\Omega$ zu wissen. Der diesbezügliche Ausdruck ergibt sich aus den Gln. (12.181) und (12.182), wenn wir dort gemäß der Dopplerformel Gl. (12.59) das retardierte Zeitintervall

$$\mathrm{d}t_L = (1 - \beta\cos\varphi)\,\mathrm{d}t$$

einsetzen:

$$\begin{aligned}\frac{\mathrm{d}\Phi_L(\hat{\boldsymbol{k}})}{\mathrm{d}\Omega} &= \frac{\mathrm{d}}{\mathrm{d}\Omega}\left(\frac{\mathrm{d}\tilde{E}(\hat{\boldsymbol{k}})}{\mathrm{d}t_L}\right) = \frac{\mathrm{d}}{\mathrm{d}\Omega}\left(\frac{\Phi(\hat{\boldsymbol{k}})}{1-\beta\cos\varphi}\right)\\ &= \frac{(1-\beta^2)^2}{(1-\beta\cos\varphi)^4}\,\frac{\mathrm{d}\Phi_0(\hat{\boldsymbol{k}}_0)}{\mathrm{d}\Omega_0}\,,\end{aligned} \tag{12.190}$$

woraus in völlig analoger Weise der Ausdruck

$$\frac{\mathrm{d}\Phi_L(\hat{\boldsymbol{k}})}{\mathrm{d}\Omega} = \frac{3}{8\pi}\,\frac{(1-\beta^2)^2}{(1-\beta\cos\varphi)^4}\,\Phi\sin^2\vartheta_0\,, \tag{12.191}$$

bzw. für die Spezialfälle $\boldsymbol{a}_0 \| \boldsymbol{u}$ (Gl. (12.186a)) und $\boldsymbol{a}_0 \perp \boldsymbol{u}$ (Gl. (12.188a)) die Formeln

$$\frac{\mathrm{d}\Phi_L(\hat{\boldsymbol{k}})}{\mathrm{d}\Omega} = \frac{q^2}{16\pi^2\varepsilon_0 c^3}\,|\boldsymbol{a}^{\|}|^2\,\frac{\sin^2\varphi}{(1-\beta\cos\varphi)^6} \tag{12.192}$$

und

$$\frac{\mathrm{d}\Phi_L(\hat{\boldsymbol{k}})}{\mathrm{d}\Omega} = \frac{q^2}{16\pi^2\varepsilon_0 c^3}\,|\boldsymbol{a}^{\perp}|^2\,\frac{1}{(1-\beta\cos\varphi)^4}\left[1 - \frac{(1-\beta^2)\sin^2\varphi\cos^2\psi}{(1-\beta\cos\varphi)^2}\right] \tag{12.193}$$

folgen.

Der extrem relativistische Grenzfall $\beta \to 1$. Aus Abb. 12.11 entnehmen wir, daß mit zunehmender Teilchengeschwindigkeit $\boldsymbol{u}$ die winkelabhängige Strahlungsleistung $\mathrm{d}\Phi(\hat{\boldsymbol{k}})/\mathrm{d}\Omega$ vorwiegend in Bewegungsrichtung abgestrahlt wird. Wir wollen dieses Verhalten im Grenzfall $\beta \to 1$, wo besonders einfache Verhältnisse vorliegen, genauer betrachten.

Dazu gehen wir von der allgemeinen Gl. (12.182) aus. Der Einfachheit halber nehmen wir an, daß die Ausstrahlung im Ruhesystem Σ_0 isotrop sein soll. (Dieser Fall ist zwar nicht im Einklang mit der bei der Ableitung zugrunde gelegten Dipolformel und daher in gewisser Hinsicht artifiziell, erlaubt aber unmittelbar das wesentliche zu erkennen.) Für isotrope Ausstrahlung gilt

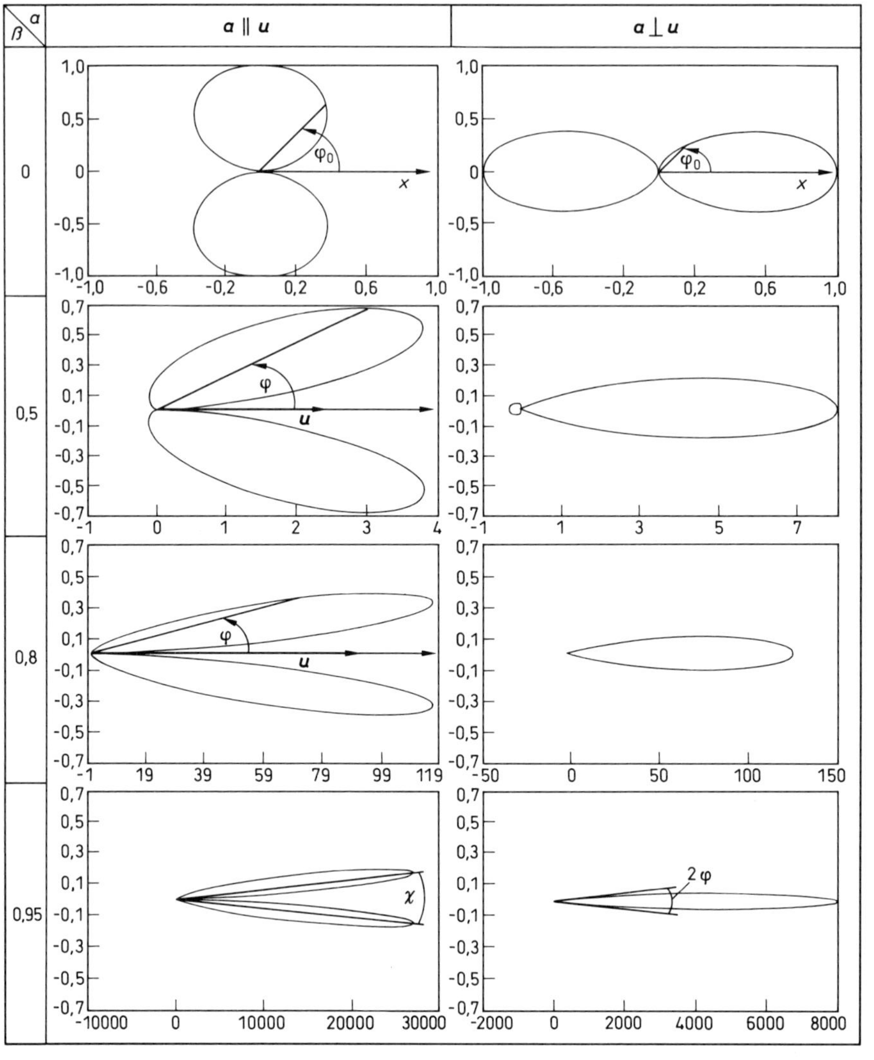

Abb. 12.11 Richtcharakteristiken der Strahlung beschleunigter Ladungen: Darstellung des Winkelanteils der Gln. (12.186a) und (12.189). Die Ordinate ist auf den Maximalwert normiert. Man beachte die unterschiedliche Skalierung der Ordinate im Fall $\beta = 0$. Weiterhin ist der Öffnungswinkel χ der Emissionskeulen nach Gl. (12.199a), sowie die Winkelausdehnung der Emissionskeule 2φ nach Gl. (12.199b) für den extrem relativistischen Fall eingetragen.

$$\frac{\mathrm{d}\Phi_0(\hat{\boldsymbol{k}}_0)}{\mathrm{d}\Omega_0} = \frac{\Phi_0}{4\pi},$$

so daß die Richtungsabhängigkeit der Abstrahlung im System Σ lediglich durch den Vorfaktor von Gl. (12.182)

$$A = \frac{(1-\beta^2)^2}{(1-\beta\cos\varphi)^3} \tag{12.194}$$

gegeben ist. Diese Größe geht für $\cos\varphi \neq 1$ im Grenzfall $\beta \to 1$ gegen Null, d.h. effektive Abstrahlung im System Σ ist nur innerhalb eines engen Winkelbereichs um $\varphi = 0$ zu erwarten. Deshalb approximieren wir für die weitere Rechnung $\cos\varphi$ durch die Reihenentwicklung

$$\cos\varphi \approx 1 - \frac{\varphi^2}{2} \tag{12.195}$$

und entwickeln β um 1 nach dem *Lorentzfaktor*

$$\gamma = \frac{1}{\sqrt{1-\beta^2}}, \tag{12.196}$$

für welchen im betrachteten Grenzfall $\gamma \gg 1$

$$\beta \approx 1 - \frac{1}{2\gamma^2}$$

und somit

$$1 - \beta\cos\varphi \approx \frac{1+(\varphi\gamma)^2}{2\gamma^2} \tag{12.197}$$

folgt.

Setzen wir die Gln. (12.196) und (12.197) in Gl. (12.194) ein und berücksichtigen höchstens quadratische Glieder in $\varphi\gamma$, erhalten wir den Ausdruck

$$A \approx \gamma^2 \left(\frac{2}{1+(\varphi\gamma)^2}\right)^3, \tag{12.198}$$

welcher für $\gamma \to \infty$ ein extrem spitzes Maximum bei $\varphi = 0$, also in Vorwärtsrichtung, besitzt.

Eine völlig analoge Rechnung für die Gln. (12.186a) und (12.188a) liefert für den Grenzfall $\gamma \to \infty$:

$$\frac{\mathrm{d}\Phi(\hat{\boldsymbol{k}})}{\mathrm{d}\Omega} \approx \frac{2q^2}{\pi^2\varepsilon_0 c^3} |\boldsymbol{a}^{\parallel}|^2 \gamma^8 \left(\frac{1}{1+(\varphi\gamma)^2}\right)^5 (\varphi\gamma)^2 \tag{12.186b}$$

bzw.

$$\frac{\mathrm{d}\Phi(\hat{\boldsymbol{k}})}{\mathrm{d}\Omega} \approx \frac{q^2}{2\pi^2\varepsilon_0 c^3} |\boldsymbol{a}^{\perp}|^2 \gamma^6 \left(\frac{1}{1+(\varphi\gamma)^2}\right)^5 [1+(\varphi\gamma)^4 + (\varphi\gamma)^2(2-4\cos^2\psi)] \tag{12.188b}$$

Der Ausdruck (12.186b), welcher die Abstrahlung eines extrem relativistisch bewegten

Teilchens für den Fall $\boldsymbol{a} \| \boldsymbol{u}$ beschreibt, liefert die maximale Emission für $|\varphi\gamma| = 1/2$, woraus für den Öffnungswinkel der Emissionskeulen χ (s. Abb. 12.11) die Beziehung

$$\chi = 2\varphi = \frac{1}{\gamma} \tag{12.199a}$$

folgt. Der Ausdruck (12.188b) hingegen, der den Fall $\boldsymbol{a} \perp \boldsymbol{u}$ beschreibt, hat sein Maximum bei $\varphi = 0$, d.h. exakt in Bewegungsrichtung und fällt für $|\varphi\gamma| > 1$ steil ab. Die Winkelausdehnung der Emissionskeule (s. Abb. 12.11) ist demzufolge etwa

$$2\varphi = \frac{2}{\gamma} = 2\sqrt{1-\beta^2}\,. \tag{12.199b}$$

Das Frequenzspektrum der emittierten Strahlung. Die Berechnung des Frequenzspektrums der Strahlung eines relativistisch bewegten Teilchens ist im allgemeinen sehr aufwendig und soll deshalb hier nicht im einzelnen durchgeführt werden. Eine ausführliche Darstellung dieses Problems ist z. B. in der Originalarbeit von Schwinger [12] sowie in den folgenden Monographien zu finden: Jackson [8], Landau-Lifschitz [13], Melrose [14], Rybicki, Lightman [15]. Wir beschränken uns daher hier auf einige qualitative Überlegungen, welche die grundsätzlichen Eigenschaften der Strahlung einer in einem gegebenen konstanten Magnetfeld $\boldsymbol{B}$ gyrierenden Ladung betreffen. Ein derartiger Fall liegt z. B. für $\boldsymbol{B} \perp \boldsymbol{u}$ bei Zyklotron- oder Synchrotron-Strahlung vor.

Wir betrachten im folgenden den Grenzfall eines relativistisch gyrierenden Teilchens ($\beta \to 1$), bei welchem die Strahlung extrem in Vorwärtsrichtung emittiert wird. Seine Emissionskeule, deren Winkelausdehnung in Gl. (12.199b) gegeben ist, überstreicht einen entfernten Beobachter in der Zeit

$$\Delta t = \frac{2\varphi}{\omega_g \sin\alpha}, \tag{12.200}$$

welche durch Einsetzen von 2φ aus Gl. (12.199b) in der Form

$$\Delta t = \frac{2\sqrt{1-\beta^2}}{\omega_g \sin\alpha} = \frac{2}{\omega_0 \sin\alpha} \tag{12.201}$$

geschrieben werden kann. Sei $\Delta t = t_2 - t_1$, wobei t_1 den „Beginn" und t_2 das „Ende" der Emission in Richtung zum Beobachter bezeichnen soll. Ein zum Zeitpunkt t_1 ausgesandtes Lichtsignal erreicht den Beobachter in der Entfernung r zum Zeitpunkt $t_1^B = t_1 + r/c$. Da sich während der Zeit Δt das Teilchen um die Weglänge $u\Delta t$ auf den Beobachter zu bewegt, erreicht demzufolge ein zum Zeitpunkt t_2 ausgesandtes Lichtsignal den Beobachter zum Zeitpunkt $t_2^B = t_2 + (r - u\Delta t)/c$, so daß sich für die Zeitdauer des *empfangenen Signals* die Beziehung

$$\Delta t^B = t_2^B - t_1^B = (1-\beta)\,\Delta t \tag{12.202}$$

ergibt. Im extrem relativistischen Grenzfall ($\beta \to 1$) gilt

$$(1-\beta) \approx \frac{(1-\beta)(1+\beta)}{2} = \frac{1-\beta^2}{2},$$

so daß Gl. (12.202) in die Form

$$\Delta t^{\mathrm{B}} = \frac{1-\beta^2}{2}\,\Delta t \tag{12.203}$$

umgeschrieben werden kann. Setzen wir hierin Δt aus Gl. (12.201) ein, folgt

$$\Delta t^{\mathrm{B}} = \frac{(1-\beta^2)^{3/2}}{\omega_{\mathrm{g}}\sin\alpha} = \frac{1-\beta^2}{\omega_0 \sin\alpha}\,. \tag{12.204}$$

Da im betrachteten Fall $(1-\beta^2)$ sehr klein ist, ist die Zeitdauer der von einem Betrachter empfangenen Strahlung extrem klein im Vergleich zur Gyrationsperiode des Teilchens

$$T = \frac{2\pi}{\omega_{\mathrm{g}}}\,. \tag{12.205}$$

Die beobachtete Strahlung entspricht also zeitlich einem sehr kurzen Puls. Gemäß den Gesetzen der Fourier-Transformation gehört zu einem derartigen Puls ein Spektrum mit der charakteristischen Breite

$$\omega_{\mathrm{p}} = \frac{1}{\Delta t^{\mathrm{B}}} = \frac{\omega_{\mathrm{g}}\sin\alpha}{(1-\beta^2)^{3/2}} \gg \omega_{\mathrm{g}}\,, \tag{12.206}$$

d.h. ein extrem breites Spektrum. Vermöge

$$\sqrt{1-\beta^2} = \frac{m_0 c^2}{E} \tag{12.81}$$

können wir ω_{p} unmittelbar durch die Energie E des Teilchens ausdrücken:

$$\omega_{\mathrm{p}} = \left(\frac{E}{m_0 c^2}\right)^3 \omega_{\mathrm{g}}\sin\alpha\,. \tag{12.207}$$

In exakteren Betrachtungen wird meistens anstelle der Frequenz ω_{p} die sogenannte kritische Frequenz

$$\omega_{\mathrm{c}} = \frac{3}{2}\omega_{\mathrm{p}} \tag{12.208}$$

verwendet (z. B. Ginzburg und Syrovatskii [16], Gl. (2.16), Melrose [14], Gl. (4.68)). Um dem Leser den problemlosen Anschluß an diese theoretischen Darstellungen zu ermöglichen, beziehen wir uns in den folgenden Bemerkungen hinsichtlich der Form des Spektrums auf diese kritische Frequenz ω_{c}.

Eine detaillierte Analyse zeigt, daß das abgestrahlte Spektrum aus diskreten Beiträgen bei den charakteristischen Frequenzen

$$\omega_n = n\omega_{\mathrm{g}} + \boldsymbol{k}^{\parallel}\cdot\boldsymbol{u}^{\parallel} \qquad n = 1, 2, \ldots \tag{12.209}$$

besteht, worin ω_{g} die Gyrationsfrequenz aus Gl. (12.169) und $\boldsymbol{k}^{\parallel}$ die Komponente des Ausbreitungsvektors der Strahlung parallel zum Magnetfeld $\boldsymbol{B}$ ist. Der erste Term auf der rechten Seite berücksichtigt die mit zunehmender Geschwindigkeit $\boldsymbol{u}$

wichtiger werdenden Beiträge der höheren Multipolmomente, der zweite Term die Dopplerverschiebung durch eine eventuelle Bewegungskomponente des Teilchens parallel zum Magnetfeld. Im Fall einer reinen Kreisbewegung ($\boldsymbol{u} \perp \boldsymbol{B}$), wie sie z. B. in einem Zyklotron oder Synchrotron vorliegt, verschwindet dieser Beitrag, und wir erhalten

$$\omega_n = n\omega_g \,, \quad n = 1, 2, \ldots \tag{12.210}$$

Das Auftreten dieser diskreten Frequenzen kann man sich leicht folgendermaßen erklären: Für sehr kleine Geschwindigkeiten kann die Emission mit großer Näherung in Dipolapproximation beschrieben werden (Gl. (12.172) für $\beta \ll 1$, [7]). Ein Dipol strahlt aber gerade in der Grundfrequenz $\omega_g = \omega_0$. Mit zunehmender Geschwindigkeit weicht die Winkelverteilung immer mehr von der Dipolform ab (s. Abb. 12.11), so daß für eine Darstellung dieser Verteilungen zunehmend Beiträge höherer Multipolmomente erforderlich werden. Da das n-te Multipolmoment ($n = 1$ Dipol, $n = 2$ Quadrupol, ...) gerade die Eigenfrequenz $\omega_n = n\omega_g$ abstrahlt, treten im Spektrum mit zunehmender Geschwindigkeit Frequenzen ω_n mit immer größeren n auf. Im extrem relativistischen Grenzfall $\beta \to 1$ ist nach Gln. (12.206) und (12.208) $\omega_c \gg \omega_g$, d. h. für den relativen Linienabstand gilt

$$\frac{\omega_n - \omega_{n-1}}{\omega_c} = \frac{\omega_g}{\omega_c} \ll 1 \,. \tag{12.211}$$

Das Spektrum kann also näherungsweise als *kontinuierlich* betrachtet werden.

Fassen wir im weiteren $\Phi_\omega \mathrm{d}\omega$ als die im Frequenzintervall $\mathrm{d}\omega$ in den gesamten Raumwinkel abgestrahlte Strahlungsleistung auf, welche durch die kontinuierliche *Spektralverteilung* $f(\omega)$ gemäß

$$\Phi_\omega \mathrm{d}\omega = \Phi f(\omega)\,\mathrm{d}\omega \tag{12.212}$$

gegeben sei. Per definitionem gilt

$$\Phi = \int_0^\infty \Phi_\omega \mathrm{d}\omega = \Phi \int_0^\infty f(\omega)\,\mathrm{d}\omega \,,$$

woraus die Normierungsbedingung

$$\int_0^\infty f(\omega)\,\mathrm{d}\omega = 1 \tag{12.213}$$

folgt.

Für reine Dipolstrahlung, wie sie im Ruhesystem Σ_0 vorliegt, ist die Spektralverteilung eine δ-Funktion

$$f(\omega) = \delta(\omega - \omega_0) \,, \tag{12.214}$$

so daß die Ausstrahlung bei der festen Frequenz $\omega = \omega_0$ stattfindet.

Im Fall einer relativistisch gyrierenden Ladung ist die Berechnung von $f(\omega)$ relativ aufwendig. Wir verzichten deshalb auf eine exakte Ableitung der diesbezüglichen Formeln, welche in Lehrbüchern der Elektrodynamik zu finden sind [8] und geben die Form des Spektrums für die über einen vollständigen Umlauf gemittelte emittierte Strahlungsleistung $\bar{\Phi}_\omega$ unmittelbar an:

$$\bar{\Phi}_\omega \, \mathrm{d}\omega = \Phi \bar{f}(\omega) \, \mathrm{d}\omega \tag{12.215}$$

mit Φ aus Gl. (12.172) und der Spektralverteilung

$$\bar{f}(\omega) = \frac{1}{\omega_c \Gamma\left(\frac{2}{3}\right) \Gamma\left(\frac{7}{3}\right)} \frac{\omega}{\omega_c} \int_{\frac{\omega}{\omega_c}}^{\infty} K_{5/3}(y) \, \mathrm{d}y \,, \tag{12.216}$$

worin $K_{5/3}(y)$ die modifizierte Bessel-Funktion mit Index 5/3 bedeutet (s. Abramowitz, Stegun [34]) und der Vorfaktor mit den Gammafunktionen die Normierung von $\bar{f}(\omega)$ gemäß Gl. (12.213) ausdrückt.

Zur Diskussion des Spektralverlaufs ist es üblich, die dimensionslose Frequenzvariable

$$x = \frac{\omega}{\omega_c}$$

einzuführen und in Gl. (12.216) nur den frequenzabhängigen Teil

$$F(x) = x \int_x^{\infty} K_{5/3}(y) \, \mathrm{d}y \tag{12.217}$$

zu betrachten. $F(x)$ ist eine nichtelementare Funktion, deren vollständiger Ausdruck nur numerisch berechnet werden kann. Abb. 12.12 zeigt den Graphen dieser Funktion. Wir sehen daran, daß $F(x)$ für $x = 0.29$ ein ausgeprägtes Maximum besitzt und für $x \to 0$ bzw. für $x \to \infty$ monoton abfällt. Dieses Verhalten erkennen wir deutlich aus den asymptotischen Entwicklungen von $F(x)$, welche für $x \ll 1$ bzw. $x \gg 1$ die genäherten Ausdrücke

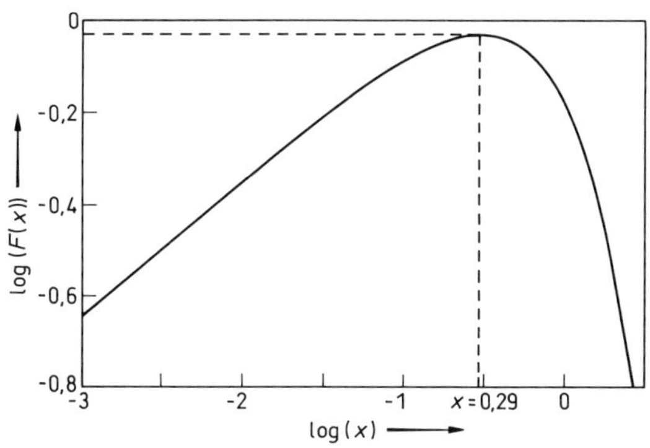

Abb. 12.12 Spektralverlauf der Strahlung beschleunigter Ladungen ($\boldsymbol{a} \perp \boldsymbol{u}$): Doppelt logarithmische Darstellung der Funktion $F(x)$ aus Gl. (12.217), $x = \omega/\omega_c$.

$$F(x) \approx \begin{cases} \dfrac{4\pi}{\sqrt{3}\,\Gamma\left(\dfrac{1}{3}\right)} \sqrt[3]{\dfrac{x}{2}} & \text{für } x \ll 1 \\ \sqrt{\dfrac{\pi x}{2}}\, \mathrm{e}^{-x} & \text{für } x \gg 1 \end{cases}$$

liefern. Vergleichen wir die Spektralverteilung Gl. (12.216) mit der Emission eines Schwarzen Körpers der Temperatur T in den Halbraum, welche durch die *Plancksche Strahlungsformel* (s.Abschn. 7.9)

$$\pi B_\omega \mathrm{d}\omega = \frac{\hbar}{4\pi^2 c^2} \frac{\omega^3}{\mathrm{e}^{\hbar\omega/kT} - 1} \mathrm{d}\omega\,, \tag{12.218}$$

gegeben ist, so stellen wir erhebliche Abweichungen fest. Dies gilt insbesondere auch für das Grenzverhalten, welches beim Schwarzen Körper durch die Entwicklungen

$$\pi B_\omega = \frac{1}{4\pi^2 c^2} \begin{cases} kT\omega^2 & \text{für } \hbar\omega/kT \ll 1 \text{ (Rayleigh-Jeans-Bereich)} \\ \hbar\omega^3 \mathrm{e}^{-\hbar\omega/kT} & \text{für } \hbar\omega/kT \gg 1 \text{ (Wien-Bereich)} \end{cases}$$

gegeben ist. Das Spektrum einer relativistisch bewegten Ladung entspricht also einer *nichtthermischen* Strahlung.

12.13 Allgemeine Relativitätstheorie

Gravitation und Krümmung der Raumzeit. Die bisher betrachtete „spezielle" Relativitätstheorie hat sich sehr bald als umfassend gültige Theorie für fast alle Bereiche der *lokalen* Physik erwiesen und den ihr zugrunde liegenden Minkowski-Raum als grundlegende lokale Raum-Zeit-Struktur der Welt etabliert. Trotz dieser herausragenden Bedeutung empfand man sehr bald eine gewisse Unvollkommenheit und Unzulänglichkeit dieser Theorie, welche in den zwei folgenden prinzipiellen Beschränkungen liegen.

1) Wie in Abschn. 12.5 dargelegt, ist die Gültigkeit der Speziellen Relativitätstheorie grundsätzlich eingeengt auf die Beschreibung der Physik in bezug auf Inertialsysteme, d. h. auf gleichförmig bewegte Bezugssysteme (s. Abschn. 12.1). Eine Verallgemeinerung auf Nicht-Intertialsysteme, z. B. beschleunigte Systeme, ist nicht ohne weiteres möglich.
2) Gravitative Vorgänge werden in der Speziellen Relativitätstheorie nicht erfaßt. Nach der alltäglichen Erfahrung ist aber Gravitation ein Einfluß, dem, abgesehen von speziellen Ausnahmesituationen, alle Körper unterliegen.

Es war deshalb ein zentrales Anliegen Einsteins, diese grundsätzlichen Schranken zu überwinden und eine Theorie zu schaffen, welche für *beliebig bewegte Bezugssysteme* gilt und es erlaubt, auch *gravitative Vorgänge* in relativistisch korrekter Form zu beschreiben. Dies leistet gerade die von Einstein 1916 vollendete **Allgemeine Re-**

lativitätstheorie, in welcher, im Unterschied zu der in den vorigen Abschnitten behandelten Speziellen Relativitätstheorie, beliebige nicht-singuläre Koordinatentransformationen zugelassen sind, welche auch *beschleunigte Systeme* einschließen.

Zunächst scheint der Versuch, allgemeine Transformationen zuzulassen, auf unüberwindliche Hindernisse zu stoßen, deren tiefster Grund im Charakter des *Kraftbegriffes* liegt. Dazu wird ein Inertialsystem betrachtet, in dem ein Körper eine *Trägheitsbewegung* (konstante Geschwindigkeit auf geradliniger Bahn) ausführt. Auf diesen Körper wirkt dann *keine* Kraft und mit dieser Aussage wird ein *objektiver Sinn* verbunden. Denn unter der auf einen Körper wirkenden „Kraft" werden nach Newton (vgl. Bd. 1) gewisse *objektive Bedingungen* verstanden, die in der „Relation" des Körpers zu seiner Umgebung (in der Mechanik also zu allen anderen Massen) begründet sind. Das bedeutet, daß unter „Kraft" eine *physikalische Realität* verstanden wird und daß es ein objektiv feststellbarer Sachverhalt ist, ob auf einen Körper eine Kraft wirkt oder nicht. Diese Vorstellung vom Kraftbegriff gilt auch in der speziellen Relativitätstheorie; denn wenn eine Bewegung im System Σ eine Trägheitsbewegung ist, so ist sie es auch im System Σ', da der Übergang zwischen den Systemen durch die Lorentz-Transformation beschrieben wird. In *beiden* Systemen ist die *Bewegung* gleichförmig und geradlinig, also *kräftefrei*. Erfolgt aber der Übergang vom System Σ zu einem relativ dazu beliebig bewegten System, so ist die kräftefreie Bewegung in Σ von dem neuen System aus beruteilt weder geradlinig noch unbeschleunigt. Es müßte also erklärt werden, daß im neuen System die Bewegung unter dem Einfluß bestimmter Kräfte erfolgt. Auch das Umgekehrte läßt sich erzielen: eine beliebig beschleunigte Bewegung in einem Inertialsystem Σ kann als unbeschleunigt angesehen werden, wenn die Beobachtung von einem System aus erfolgt, das genau so beschleunigt gegenüber Σ ist wie der bewegte Körper, denn in dem neuen System wäre eine kräftefreie Bewegung festzustellen. Es ist zu erkennen, daß der Begriff der Kraft, entgegen der bisher verwendeten Auffassung, jede objektive Bedeutung verlieren würde. Ob eine Bewegung als kräftefrei oder als nicht kräftefrei anzusprechen ist, hinge dann allein von der Wahl des Koordinatensystems ab.

Dennoch ist es Einstein gelungen, diese Schwierigkeit ins Positive zu wenden. Ausgangspunkt ist die Überlegung, daß im allgemeinen in einem Inertialsystem die Beschleunigung beliebiger Massen unter der Wirkung von Kräften der trägen Masse der Körper umgekehrt proportional und damit je nach den Massen verschieden ist. Durch Einführen eines *einzigen* beschleunigten Bezugssystems kann daher auch nur eine *einzige* dieser Beschleunigungen in eine Trägheitsbewegung transformiert werden. Die anderen Beschleunigungen werden zwar bei der Transformation geändert, aber im allgemeinen *nicht* in eine Trägheitsbewegung umgeformt. Aber der Satz, daß die Beschleunigungen der trägen Masse umgekehrt proportional sind, besitzt eine wichtige Ausnahme, nämlich für den *Fall der Gravitation*. Wenn das Gravitationsfeld homogen ist, erteilt die Gravitation allen Massen die gleiche Beschleunigung, weil die Gravitationskräfte einerseits selbst der schweren Masse proportional sind und andererseits erfahrungsgemäß die schwere gleich der trägen Masse ist (vgl. Bd. 1). Somit kann die einheitliche, durch ein *homogenes Gravitationsfeld* sämtlichen Massen erteilte Beschleunigung durch Wahl eines geeignet beschleunigten Bezugssystems zum Verschwinden gebracht werden. Ein *homogenes Schwerefeld kann also „wegtransformiert werden"*. Diese Eigenschaft verleiht der Gravitation unter allen Kräften eine besondere Stellung. Es kann daher gefolgert werden, daß der Gravitationskraft keine objektive Bedeutung zukommt, da es nur vom Bezugssystem abhängt, ob ein Körper der Schwerkraft unterliegt oder ob dieser Körper sich kräftefrei nach dem Trägheitsgesetz bewegt. Wird diese Vorstellung nach Einstein als ein neues Prinzip angesehen, so besagt dieses:

- Es gibt keinerlei physikalische Möglichkeit zu unterscheiden, ob ein homogenes Schwerefeld (beurteilt von einem ruhenden oder gleichförmig bewegten Bezugssystem) oder eine Trägheitsbewegung (beurteilt von einem geeignet beschleunigten Bezugssystem) vorliegt: **Einsteinsches Äquivalenzprinzip.**

Nach diesem Prinzip kann aber umgekehrt ein homogenes Schwerefeld „erzeugt“ werden, indem eine Trägheitsbewegung von einem beschleunigten Bezugssystem aus beurteilt wird.

Es ist zu beachten, daß nur ein *homogenes* Schwerefeld wegtransformiert oder erzeugt werden kann. In hinreichend kleinen Dimensionen, die praktisch aber sehr groß sein können, ist das jedoch stets der Fall. Daher kann zwischen wegtransformierbaren und allgemeinen Schwerefeldern kein Unterschied im Wesen anerkannt werden. *Nach dem allgemeinen Äquivalenzprinzip müssen grundsätzlich die Trägheitserscheinungen mit den Gravitationserscheinungen für wesenhaft identisch erklärt werden.* Bei einem Übergang von einem Inertialsystem zu einem rotierenden System treten die Zentrifugal- und die Corioliskraft auf. In der Newtonschen Mechanik wurden diese Kräfte als Schein- oder Trägheitskräfte gedeutet, die durch das „falsche“, d.h. dem Bewegungsvorgang nicht angepaßte Koordinatensystem „erzeugt“ werden (vgl. Bd. 1). Werden grundsätzlich *alle* Koordinatensysteme als gleichberechtigt zugelassen, müssen auch diese Trägheitseffekte als eine spezielle Art der Gravitationskräfte angesehen werden. Es ist also deutlich zu erkennen, wie das Problem der allgemeinen Relativität auf das Engste mit dem Problem der Gravitation verknüpft ist. Einstein hat das zuerst erkannt und das Problem der allgemeinen Relativität aufgegriffen, mit dem Ziel, *alle* Bezugssysteme bzw. Koordinatentransformationen zuzulassen.

Um Einsteins Überlegungen kennenzulernen, gehen wir jetzt von der allgemeinen Koordinatentransformation (Gl. (12.88)) aus. In der speziellen Relativitätstheorie werden nur Transformationen zwischen jeweils Inertialsystemen Σ und Σ' – also Lorentz-Transformationen – betrachtet, durch welche die Galilei-Koordinaten x^μ in Σ in die Galilei-Koordinaten x'^μ in Σ' übergeführt werden. Die Metrik $\mathrm{d}s^2$ (Gl. (12.97)) und der metrische Tensor $\eta_{\mu\nu}$ aus Gl. (12.100) bleiben dabei unverändert. Betrachten wir jetzt eine Koordinatentransformation von einem Inertialsystem Σ auf ein *beliebig bewegtes Bezugssystem* $\tilde{\Sigma}$, also von den Galilei-Koordinaten x^μ in Σ auf die *allgemeinen Koordinaten* $\tilde{x}^\mu$ in $\tilde{\Sigma}$, so bleibt zwar auch hier der *Skalar* $\mathrm{d}s^2$ invariant, nicht dagegen aber der metrische Tensor, welcher wegen

$$\mathrm{d}s^2 = \eta_{\mu\nu}\mathrm{d}x^\mu \mathrm{d}x^\nu = g_{\alpha\beta}\mathrm{d}\tilde{x}^\alpha \mathrm{d}\tilde{x}^\beta = \mathrm{d}\tilde{s}^2 \tag{12.219}$$

im System $\tilde{\Sigma}$ die Form

$$g_{\alpha\beta} = \eta_{\mu\nu}\frac{\mathrm{d}x^\mu}{\mathrm{d}\tilde{x}^\alpha}\,\frac{\mathrm{d}x^\nu}{\mathrm{d}\tilde{x}^\beta} \tag{12.220}$$

annimmt. Wegen Gl. (12.219) ist der metrische Tensor $g_{\alpha\beta}$ im beliebig bewegten System $\tilde{\Sigma}$ zwar nach wie vor symmetrisch ($g_{\alpha\beta} = g_{\beta\alpha}$), hat aber wegen Gl. (12.220) i. a. nicht mehr die einfache pseudoeuklidische Form von $\eta_{\mu\nu}$ Gl. (12.100), sondern besitzt im Prinzip zehn unabhängige Komponenten, welche Funktionen von $\tilde{x}^\mu$ sind.

Hieraus ist zu erkennen, daß die Zulassung *beliebiger Transformationen die Konsequenz hat, daß die Weltmannigfaltigkeit* (x^1, x^2, x^3, x^4) *nicht mehr euklidisch, d. h. nicht mehr eben, sondern vielmehr gekrümmt ist*. Die Formeln (12.98) bis (12.101) des Abschn. 12.11 werden unmittelbar auf gekrümmte Räume übertragen, wenn dort $\eta_{\mu\nu}$ durch $g_{\mu\nu}$ (Umbenennung der Indizes von $g_{\alpha\beta}$!) ersetzt wird.

Die Koeffizienten $g_{\mu\nu}$ hängen natürlich mit den Gravitationsfeldern zusammen, die durch eine allgemeine Transformation auf (x^1, x^2, x^3, x^4) „erzeugt" werden. Das sind aber trotzdem *echte* Gravitationsfelder wie bereits dargelegt wurde. Die Gleichungen, denen die Größen $g_{\mu\nu}$ zu genügen haben, sind von Einstein ebenfalls angegeben worden. Als Ergebnis aller dieser Überlegungen kann folgender Gedankengang formuliert werden:

- Die Gravitationskräfte werden in Wirklichkeit durch die Massen bestimmt und in der Allgemeinen Relativitätstheorie durch die Koeffizienten $g_{\mu\nu}$ ausgedrückt. Diese Koeffizienten $g_{\mu\nu}$ hängen also von der Massenverteilung ab, die dadurch die „Krümmung" des Weltkontinuums bedingt.

Die Bewegung eines Körpers im Schwerefeld wird in der Einsteinschen Theorie somit zu einer Trägheitsbewegung in einem nichteuklidischen Kontinuum, dessen Linienelement nach Gl. (12.219) durch die Koeffizienten $g_{\mu\nu}$ *bestimmt wird. Gravitative Wirkungen sind also demnach nichts anderes als Effekte der Krümmung der Raumzeit auf die physikalischen Objekte.*

Die mathematische Theorie zur Beschreibung krummliniger Räume – die Nichteuklidische Geometrie – wurde im vorigen Jahrhundert entwickelt. Ausgangspunkt war die von C. F. Gauß gefundene Geometrie krummer zweidimensionaler Flächen, welche von B. Riemann auf krumme Räume beliebiger Dimension verallgemeinert wurde. Man nennt derartige Räume heute deshalb auch *Riemannsche Räume*. Die Raumzeit der Allgemeinen Relativitätstheorie ist also mathematisch ausgedrückt, ein spezieller vierdimensionaler Riemannscher Raum mit der Eigenschaft, lokal, d. h. an jedem beliebigen vorgegebenen Punkt, näherungsweise „minkowskisch" zu sein.

Die Einsteinschen Feldgleichungen. In der von Einstein [17] in der Allgemeinen Relativitätstheorie entwickelten Beschreibung der Raumzeit-Struktur und der darin ablaufenden physikalischen Vorgänge offenbart sich die wesenhafte *gegenseitige Bedingtheit* von Raumzeit-Struktur und Materieverteilung:

a) Die Raumzeit-Struktur bestimmt die Bewegung und Lagerung der Materie und umgekehrt.
b) Die Materieverteilung bestimmt die Raumzeit-Struktur.

Aus dieser „Symmetrie" folgt, daß bei der mathematischen Formulierung der Theorie die „geometrische Seite" und die „physikalische Seite" des Problems in gleicher Weise eingehen müssen. Wir drücken diesen Zusammenhang symbolisch durch folgende „Gleichung" aus:

$$\begin{pmatrix}\text{Größen, welche lokal die}\\ \text{geometrische Struktur der}\\ \text{gekrümmten vierdimen-}\\ \text{sionalen Raumzeit be-}\\ \text{stimmen}\end{pmatrix} = \kappa \cdot \begin{pmatrix}\text{Größen, welche lokal die}\\ \text{„Physik" (ohne Gravita-}\\ \text{tion) vollständig bestim-}\\ \text{men}\end{pmatrix} \qquad (12.221)$$

Die hierin auftretende Kopplungskonstante κ, welche die geometrischen Objekte auf der linken Seite mit den physikalischen Größen auf der rechten Seite verknüpft, heißt *Einsteinsche Gravitationskonstante*. Sie setzt sich aus zwei Naturkonstanten, der Newtonschen Gravitationskonstante G und der Lichtgeschwindigkeit c zusammen

$$\kappa = \frac{8\pi G}{c^4}, \qquad (12.222)$$

worin zum Ausdruck kommt, daß die Allgemeine Relativitätstheorie eine *relativistische Gravitationstheorie* ist.

Der Zusammenhang (12.221) wird mathematisch durch die Einsteinschen Gleichungen für das Gravitationsfeld (12.223), welche gewöhnlich als *Einsteinsche Feldgleichungen* bezeichnet werden, gegeben.

Ohne auch nur eine heuristische Ableitung der Einsteinschen Feldgleichungen zu versuchen, möchten wir hier lediglich ihre Form angeben und den damit ausgedrückten Zusammenhang motivieren. (Zur ausführlichen physikalischen Begründung und mathematischen Herleitung der Einsteinschen Feldlgleichungen sei auf die im Literaturverzeichnis aufgeführten Bücher über Allgemeine Relativitätstheorie verwiesen.)

Die lokale Physik, also die rechte Seite der Feldgleichungen, wird vollständig beschrieben durch den in Abschn. 12.11 eingeführten Energie-Impuls-Tensor $T_{\mu\nu}$ (Gl. (12.136)). Da in der Allgemeinen Relativitätstheorie die Schwerefelder durch die Raumkrümmung, also durch die Geometrie ausgedrückt werden, darf $T_{\mu\nu}$ keine Anteile enthalten, welche Gravitationsfeldern entsprechen. Der Energie-Impuls-Tensor ist ein symmetrischer Tensor zweiter Stufe. Da κ nach Gl. (12.222) ein Skalar ist, muß deshalb auch die linke Seite der Feldgleichungen, welche die Geometrie der Raumzeit beschreibt

$$G_{\mu\nu} = \kappa T_{\mu\nu} \qquad (12.223)$$

ein symmetrischer Tensor zweiter Stufe sein. Man nennt $G_{\mu\nu}$ den *Einstein-Tensor*, welcher aus den aus der Differentialgeometrie bekannten Größen – den *Ricci-Tensor* $R_{\mu\nu}$ und den *Krümmungsskalar* R – aufgebaut wird:

$$G_{\mu\nu} = R_{\mu\nu} - \frac{1}{2} g_{\mu\nu} R \,. \qquad (12.224)$$

Die Größen $R_{\mu\nu}$ und R sind Funktionen des metrischen Tensors $g_{\mu\nu}$ und seiner Ableitungen. Ohne die Rechnungen explizit durchzuführen, geben wir diesen Zusammenhang unmittelbar an. Dazu definieren wir die *Christoffel-Symbole*

$$\Gamma^{\lambda}_{\mu\nu} = \frac{1}{2} g^{\lambda\varrho} \left(\frac{\partial g_{\mu\varrho}}{\partial x^{\nu}} + \frac{\partial g_{\nu\varrho}}{\partial x^{\mu}} - \frac{\partial g_{\mu\nu}}{\partial x^{\varrho}} \right) \qquad (12.225)$$

und den Riemannschen *Krümmungstensor*

$$R^{\varrho}_{\mu\lambda\nu} = \frac{\partial \Gamma^{\varrho}_{\mu\nu}}{\partial x^{\lambda}} - \frac{\partial \Gamma^{\varrho}_{\mu\lambda}}{\partial x^{\nu}} + \Gamma^{\varrho}_{\sigma\lambda}\Gamma^{\sigma}_{\mu\nu} - \Gamma^{\varrho}_{\sigma\nu}\Gamma^{\sigma}_{\mu\lambda}\,, \tag{12.226}$$

aus welchen man durch Verjüngen den *Ricci-Tensor*

$$R_{\mu\nu} = R^{\lambda}_{\mu\lambda\nu} \tag{12.227}$$

und den *Krümmungsskalar*

$$R = R^{\mu}_{\mu} = g^{\mu\nu} R_{\mu\nu} \tag{12.228}$$

erhält.

Wegen der Gln. (12.225) bis (12.228) sind die Einsteinschen Feldgleichungen (12.223) zehn gekoppelte partielle Differentialgleichungen zweiter Ordnung, welche in geschlossener Form sowohl die Struktur der vierdimensionalen Raumzeit, als auch die Lagerungs- und Bewegungsverhalten der Materie und der Felder beschreiben. Im Einzelfall reduziert sich die Anzahl der unabhängigen Gleichungen z. B. durch die Symmetrie eines speziellen Problems.

Die durch $T_{\mu\nu}$ repräsentierte *Materie* – einschließlich dem Massenäquivalent der darin enthaltenen nichtgravitativen Felder – *ist die Quelle für die Gravitation und somit die Ursache für die Krümmung der Raumzeit.* Außerhalb der felderzeugenden Massen verschwindet der Energie-Impuls-Tensor $T_{\mu\nu}$, so daß dort

$$G_{\mu\nu} = R_{\mu\nu} - \frac{1}{2} g_{\mu\nu} R = 0$$

gilt. Durch Multiplikation mit dem inversen metrischen Tensor $g^{\mu\nu}$ und Spurbildung folgen hieraus sofort $R = 0$ und somit die *Vakuum-Feldgleichungen*

$$R_{\mu\nu} = 0\,. \tag{12.229}$$

Ein flacher Raum wird dadurch charakterisiert, daß an jeder Stelle der Krümmungstensor (Gl. (12.226)) verschwindet.

$$R^{\varrho}_{\mu\lambda\nu} = 0\,. \tag{12.230}$$

Das Verschwinden des Ricci-Tensors $R_{\mu\nu}$ nach Gl. (12.229) bedeutet daher *nicht,* daß dort der Raum notwendigerweise flach, also minkowskisch, ist, sondern nur, daß dort keine anderen Felder als Gravitationsfelder vorhanden sind. Lediglich im Fall eines *leeren* Raumes, welcher per definitionem flach ist, gelten nicht nur Gln. (12.229), sondern auch Gln. (12.230).

Die von Einstein in der Allgemeinen Relativitätstheorie vollzogene Verschmelzung von Physik und Raumzeit-Struktur machte die physikalische Theorie nicht nur logisch einheitlicher und einfacher, sondern führte auch zu neuen, im Kontext der *Newtonschen* Physik nicht erklärbaren bzw. nicht vorkommenden Effekten. So z. B. lieferte sie die exakte Erklärung für die beobachtete Periheldrehung der Planetenbahnen oder postulierte die *Wellenlängenänderung* des Lichts, sowie die *Ablenkung* der Lichtstrahlen im Gravitationsfeld schwerer Massen und die Existenz von *Gravitationswellen.* Dies sind wichtige Effekte, welche heute bei der Diskussion der Bahnen bzw. der Lichtemission massereicher kompakter Objekte wie z. B. Neutronensterne und Schwarze Löcher bzw. im Zusammenhang mit sog. Gravitationslinsen in der Astronomie von Bedeutung sind.

Im folgenden gehen wir näher auf diese Effekte der Allgemeinen Relativitätstheorie ein.

12.14 Experimentelle Bestätigungen der Allgemeinen Relativitätstheorie

Rotverschiebung von Spektrallinien. Die Ganggeschwindigkeit einer Uhr hängt vom Gravitationspotential des Ortes ab, an dem sie sich befindet. Als Uhr in diesem Sinn kann jedes sich periodisch verhaltende physikalische Gebilde verwendet werden, z. B. ein Atom, das eine Spektrallinie aussendet: Caesium-Atomuhr (vgl. Bd. 1). Die Periodendauer $T = (\nu)^{-1}$ dieser Spektrallinie soll als Zeiteinheit benutzt werden. Es sollen z. B. die Frequenzen ν einer auf der Sonne befindlichen Strahlungsquelle gemessen werden, indem sie auf die gleichfalls auf der Sonne gemessene, eben festgelegte Zeiteinheit bezogen werden. Werden ebenso die Frequenzen einer identischen Strahlungsquelle, die sich auf der Erde befindet, auf die nunmehr auf der Erde gemessene gewählte Zeiteinheit bezogen, so ergeben sich *identische Resultate* für die auf Sonne und Erde auf diese Weise gemessenen Frequenzen: Denn die Veränderungen der Ganggeschwindigkeit dieser Atomuhren durch das auf Sonne und Erde unterschiedliche Gravitationspotential sind genau gleich den Veränderungen der zu messenden Frequenzen der identischen Strahlungsquellen. Das ändert sich jedoch, wenn die Frequenzen der auf der Sonne befindlichen Strahlungsquelle nicht mehr auf die Zeiteinheit, die durch die auf der Sonne befindliche Atomuhr festgelegt ist, bezogen werden, sondern auf die Zeiteinheit der auf der Erde befindlichen Atomuhr. Dann macht sich die verschiedene Größe der Zeiteinheiten auf Sonne und Erde bemerkbar. Wird die zu messende Frequenz der Strahlungsquelle in bezug auf eine Uhr auf dem gleichen Gravitationspotential mit ν_0, dagegen die Frequenz der gleichen Strahlungsquelle auf der Sonne bei Bezug auf eine Atomuhr auf der Erde mit ν_E bezeichnet, so muß sich $\nu_E \neq \nu_0$ ergeben. Werden die Gravitationspotentiale (vgl. Bd. 1) auf der Oberfläche von Sonne und Erde mit V_S und V_E bezeichnet ($V_S \neq V_E$), so ergibt die Theorie allgemein

$$\nu_E = \nu_0 \left(1 + \frac{V_S - V_E}{c^2}\right). \tag{12.231}$$

Die Gravitationspotentiale sind durch

$$V_S = -G \frac{M_S}{R_S}, \quad V_E = -G \frac{M_E}{R_E} \tag{12.232}$$

gegeben. Dabei bedeutet G die Gravitationskonstante, und M_S und R_S bzw. M_E und R_E stellen Masse und Radius von Sonne bzw. Erde dar. Aus Gl. (12.231) folgt damit nach einfachen Umformungen

$$\nu_E = \nu_0 \left(1 - \frac{G}{c^2} \frac{M_S}{R_S} \left[1 - \frac{M_E}{M_S} \frac{R_S}{R_E}\right]\right). \tag{12.233}$$

Dabei ist

$$\frac{G}{c^2} M_S = \frac{1}{2} r_0 \tag{12.234}$$

eine charakteristische Größe der Sonne mit der Dimension einer Länge, die bis auf den Faktor 1/2 dem Schwarzschild-Radius der Sonne r_0 entspricht (vgl. Bd. 7).

Die Länge r_0 ist ein Maß für die Abweichungen der Geometrie eines kugelsymmetrischen Gravitationsfeldes von der Geometrie des ebenen Raumes, d. h. auch ein Maß für die Abweichung des metrischen Tensors $g_{\mu\nu}$ in Gl. (12.220) vom Minkowski-Tensor $\eta_{\mu\nu}$ in Gl. (12.100). Ist der Abstand vom Zentrum des Gravitationsfeldes groß gegenüber r_0, so sind die Abweichungen von der Geometrie des ebenen Raumes sehr klein.

Da der zweite Summand in der eckigen Klammer von Gl. (12.233) näherungsweise vernachlässigt werden kann, folgt mit Gl. (12.234)

$$\nu_E = \nu_0 \left(1 - \frac{1}{2} \frac{r_0}{R_S}\right)$$

oder bei Übergang auf Wellenlängen wegen $\lambda = c/\nu$

$$\lambda_E = \frac{\lambda_0}{\left(1 - \frac{1}{2} \frac{r_0}{R_S}\right)},$$

so daß

$$\nu_E < \nu_0 \quad \text{oder} \quad \lambda_E > \lambda_0$$

gilt. *Für einen irdischen Beobachter werden die Spektrallinien auf der Sonne zu längeren Wellenlängen hin* (d. h. zum roten Endes des sichtbaren Spektrums) *verschoben:* **Gravitative Rotverschiebung der Spektrallinien.**

Für die Sonne gilt $r_0 = 2{,}9 \cdot 10^3$ m, $R_S = 6{,}95 \cdot 10^8$ m, also $r_0/R_S \approx 4{,}2 \cdot 10^{-6}$. Damit ergibt sich für die Rotverschiebung aus Gl. (12.235)

$$\Delta\lambda = \lambda_E - \lambda_0 \approx \lambda_0 \frac{1}{2} \frac{r_0}{R_S}$$

und für die *relative Rotverschiebung*

$$z = \frac{\Delta\lambda}{\lambda_0} \approx \frac{1}{2} \frac{r_0}{R_S} = 2{,}1 \cdot 10^{-6}. \tag{12.236}$$

Dieser Effekt ist von Dicke (1964) über den gesamten Bereich der Sonnenkugel an der D_1-Linie des Natriumspektrums ($\lambda_0 = 589{,}6$ nm) mit einer Genauigkeit von $\pm 5\%$ *bestätigt worden.* Davor war der Effekt der Rotverschiebung bereits für den Himmelskörper Sirius B von Adams (1925) an der Spektrallinie H_β ($\lambda_0 = 486$ nm) mit geringerer Genauigkeit beobachtet worden. Für diesen Stern liefert Gl. (12.236) eine relative Rotverschiebung von $\Delta\lambda/\lambda_0 \approx 6{,}5 \cdot 10^{-5}$, während Adams den Wert $\Delta\lambda/\lambda_0 = 6{,}3 \cdot 10^{-5}$ beobachtete. Besonders erfreulich ist es, daß seit dem Jahre 1958 die Möglichkeit besteht, die gravitative Rotverschiebung auch auf der Erde zu beobachten. Relative Verschiebungen der Größenordnung der Gl. (12.236) entsprechend der Sonne oder des Sirius B, sind auf der Erde nicht zu erhalten; aber die Genauigkeit der Beobachtung kann um ein Vielfaches gesteigert werden. Mit den üblichen Spektrallinien ist dieser Versuch nicht durchzuführen, da ihre Halbwertsbreiten viel zu groß sind. Wenn extrem kleine Verschiebungen von Spektrallinien zu messen sind, darf die Linie selbst nicht wesentlich breiter als die zu messende Verschiebung sein. Sehr schmale Spektrallinien, allerdings nicht im sichtbaren Spektralbereich, sondern bei geeigneten γ-Spektren, werden durch den *Mößbauer-Effekt* (vgl. Abschn. 7.6) geliefert. Bei dieser rückstoßfreien Resonanzfluoreszenz (Mößbauer 1958) ist die Breite der γ-Spektrallinie etwa gleich ihrer natürlichen Linienbreite und besitzt den relativen Wert $\Delta\lambda/\lambda \approx 10^{-16}$, der um den Faktor 10^{-8} kleiner als die relative Halbwertsbreite bei Spektrallinien im sichtbaren Bereich des Spektrums ist. Diese schmale Linienbreite ist sowohl bei Emission als auch bei Absorption der in Frage kommenden γ-Linien vorhanden. Werden zwei identische, γ-Strahlen emittierende und absorbierende Systeme betrachtet, so wird von dem Absorber die vom anderen System emittierte γ-Strahlung nahezu vollständig absorbiert: *Resonanz*. Würde aber dem Absorber gegenüber dem Strahler eine sehr kleine Relativgeschwindigkeit erteilt werden, ergäbe die resultierende Doppler-Verschiebung bereits eine so starke *Verstimmung* zwischen emittierendem und absorbierendem System, daß eine vollständige Resonanz nicht mehr eintreten kann. Der gleiche Effekt muß aber auch erscheinen, wenn *die Rotverschiebung nach der Allgemeinen Relativitätstheorie wirksam wird.* Dazu ist es notwendig, daß emittierendes und absorbierendes System *verschiedene Gravitationspotentiale* besitzen. Im Erdfeld reicht dazu bereits ein Höhenunterschied beider Systeme von etwa 10 m aus, um den Effekt beobachten zu können. Die Frequenzverschiebung ergibt sich im Schwerefeld der Erde analog zu Gl. (12.231). Werden die Gravitationspotentiale auf der Erdoberfläche und in der Höhe H über dieser mit V_0 und V_1 bezeichnet, so gilt für $H \ll R_E$, entsprechend den Gln. (12.232)

$$V_0 = -G\frac{M_E}{R_E},$$

$$V_1 = -G\frac{M_E}{R_E + H} \approx -G\frac{M_E}{R_E}\left(1 - \frac{H}{R_E}\right),$$

$$V_0 - V_1 = -G\frac{M_E}{R_E^2}H.$$

Wird dieser Wert in Gl. (12.231) eingesetzt, so folgt

$$\nu_1 = \nu_0\left(1 - \frac{GM_E}{R_E^2}\frac{H}{c^2}\right) \tag{12.237}$$

und wegen $\lambda = c/\nu$ für $H = 22$ m eine relative Wellenlängenänderung von

$$\frac{\Delta\lambda}{\lambda_0} = 2{,}5 \cdot 10^{-15}. \tag{12.238}$$

Von Pound und Snider [18] wurde 1965 bei diesem Höhenunterschied und der γ-Strahlung des ^{57}Fe (14,4 keV)[9] eine relative Wellenlängenänderung gemessen, die den theoretischen Wert der Gl. (12.238) mit der sehr guten Genauigkeit von $\pm 1\%$ bestätigte.

Zu diesen relativ guten Bestätigungen des Effektes der Rotverschiebung ist allerdings anzumerken, daß der Effekt *keinen* Test auf die gesamte AR darstellt, da zur Ableitung der Gl. (12.231) lediglich das Einsteinsche Äquivalenzprinzip benötigt wird. Die für die Theorie wesentlichen Feldgleichungen des Gravitationsfeldes werden dazu jedoch *nicht* herangezogen und somit auch *nicht* durch die Experimente *bestätigt*.

Die Gl. (12.237) liefert auch die Erklärung für den gravitativen, flughöhenabhängigen Anteil der Änderung der Ganggeschwindigkeit der Atomuhren im *Hafele-Keating-Experiment* (vgl. Abschn. 12.5). Mit $v = T^{-1}$ ergeben sich Zeitdifferenzen zwischen der Uhr im Flugzeug und der Referenzuhr auf der Erdoberfläche

$$T_1 = \frac{T_0}{\left(1 - \dfrac{GM_\mathrm{E}}{R_\mathrm{E}^2}\dfrac{H}{c^2}\right)} \approx T_0\left(1 + \frac{GM_\mathrm{E}}{R_\mathrm{E}^2}\frac{H}{c^2}\right)$$

zu

$$T_1 - T_0 = T_0 \frac{GM_\mathrm{E}}{R_\mathrm{E}^2}\frac{H}{c^2}\,.$$

Die gravitative Rotverschiebung der Spektrallinien darf *nicht* mit der sog. *kosmologischen Verschiebung der Spektrallinien* verwechselt werden. Unter dieser wird die Beobachtung verstanden, daß das von allen *Galaxien* emittierte Licht eine Rotverschiebung der Spektrallinien gegenüber den Wellenlängen auf der Erde aufweist. Diese Rotverschiebung ist näherungsweise dem Abstand der Galaxien von der Erde proportional und wird als *longitudinaler Doppler-Effekt* (vgl. Abschn. 12.8) interpretiert, der als Folge einer Radialbewegung der Galaxien auftritt, in welcher sich die Expansion des Universums manifestiert (s. Bd. 7).

Lichtablenkung im Gravitationsfeld. Die allgemeine Relativitätstheorie behauptet, daß Lichtstrahlen in einem Gravitationsfeld abgelenkt werden.

Es werden parallele Lichtstrahlen von weit entfernten Lichtquellen betrachtet, die bei geradliniger Ausbreitung den kürzesten Abstand b vom Mittelpunkt Z eines kugelsymmetrischen Gravitationsfeldes besitzen würden (s. Abb. 12.13)[10]. Diese Lichtstrahlen sollen im Gravitationsfeld um einen Winkel Θ abgelenkt werden. Eine Ablenkung der Lichtstrahlen kann qualitativ durch folgende Überlegung eingesehen werden. Die Strahlung besteht aus Photonen der Energie $E = h\nu$ (vgl. Kap. 7). Nach Abschn. 12.10 kommt jeder Energie E eine Masse $m = E/c^2$ zu. Wird diese Aussage auf die Strahlungsenergie übertragen, so folgt aus der Identität von träger und schwerer Masse, daß jede Masse m – also auch ein Photon – von jeder anderen Masse M, z. B. von derjenigen, die in Abb. 12.13 das Gravitationsfeld um Z erzeugt, angezogen wird.

[9] Dieser Energie der γ-Quanten entspricht eine Wellenlänge von $\lambda_0 = 8{,}6 \cdot 10^{-2}$ nm.

[10] Der Abstand b entspricht dem Stoßparameter bei *Streuproblemen* (vgl. Bd. 4, Abschn. 1.10).

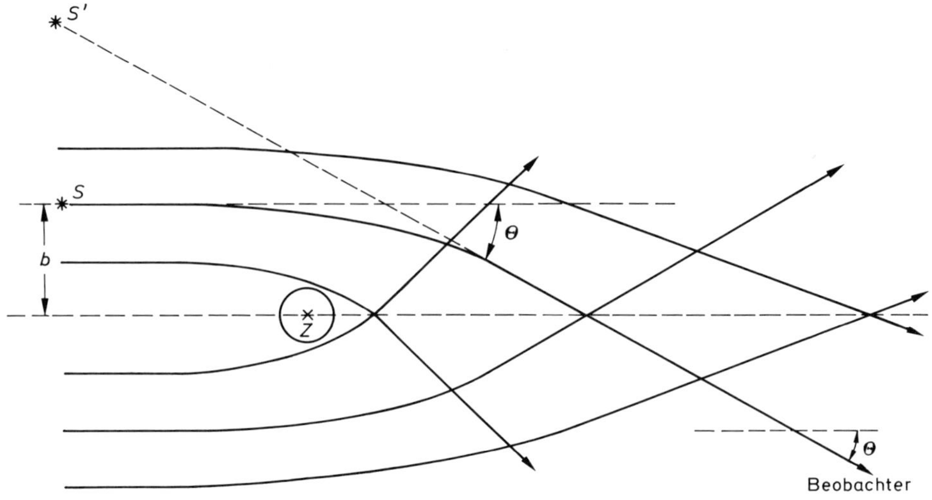

Abb. 12.13 Zur Lichtablenkung im Schwerefeld.

Für den Ablenkwinkel Θ ergibt die Allgemeine Relativitätstheorie den Wert

$$\Theta = \frac{4G\,M}{b\,c^2}\,. \tag{12.239}$$

Da Θ umgekehrt proportional zu b ist, erfolgt die Ablenkung des Lichtstrahls umso stärker, je kleiner b ist. In Abb. 12.13 sind drei Lichtstrahlen mit verschiedenen Werten von b eingezeichnet.

Die Wirkung eines kugelsymmetrischen Gravitationsfeldes auf Lichtstrahlen entspricht daher der *Wirkung einer Linse*. Jedoch wird das Licht durch das Gravitationsfeld nicht fokussiert.

Die ältesten Messungen der *Lichtablenkung im Gravitationsfeld* (seit 1919) erfolgten an dem Licht weit entfernter Sterne, wenn sich dieses unmittelbar am Sonnenrand vorbei zur Erde hin ausbreitet. In Gl. (12.239) ist dann für M die Sonnenmasse M_S und für b ungefährt der Radius R_S der Sonne einzusetzen. Nach Einführung des Schwarzschild-Radius r_0 durch Gl. (12.234) folgt

$$\Theta = 2\,\frac{r_0}{R_S} = 1{,}75''\,. \tag{12.240}$$

Die Ablenkung der Lichtstrahlen durch die Sonne hat die Konsequenz, daß diejenigen Sterne S, die ihr Licht dicht an der Sonne vorbei zur Erde senden, zu anderen Sternen *vergrößerte Winkelabstände* aufweisen. Ein Beobachter auf der Erde sieht nämlich den Stern nicht an seinem wahren Ort S sondern in Richtung der Asymptoten des gekrümmten Lichtstrahls bei S′. Die Beobachtungen werden so vorgenommen, daß eine geeignete Gegend des Himmels zunächst photographiert wird, wenn die Sonne weit von dieser Gegend entfernt ist. Eine zweite Aufnahme derselben Himmelsgegend wird dann durchgeführt, wenn die Sonne genau in der Beobachtungsrichtung von der Erde zu diesen Sternen steht. Das ist allerdings nur bei einer totalen Sonnenfinsternis durchführbar. Die bisher erfolgten Messungen dieses Effektes schwanken leider außerordentlich. Ihre Ergebnisse liefern für den Ablenkwinkel Θ Werte zwischen $\Theta = 1{,}43''$ und $\Theta = 2{,}7''$. Der Mittelwert aller Messungen liegt bei etwa $\Theta = 1{,}79''$, ist also merklich größer als der theoretische Wert nach Gl. (12.240). Die Tatsache der Lichtablenkung im Gravitationsfeld der Sonne wird also bei allen Beobachtungen festgestellt, jedoch kann von einer *quantitativen Bestätigung der Allgemeinen Relativitätstheorie nicht* gesprochen werden.

Bei Präzisionsexperimenten von Fomalont und Sramek [35, 36] wurde ein Radiointerferometer mit einer Basislänge von 35 km verwendet, das sehr genaue Winkelmessungen ermöglicht. Zur Kontrolle wurde bei zwei verschiedenen Radiofrequenzen (2695 und 8085 MHz) beobachtet. Mit diesem Interferometer wurde verfolgt, wie sich die gegenseitige Lage dreier auf einer Geraden liegenden Radioquellen ändert, wenn eine davon ihre Wellen nahe am Sonnenrand entlang sendet und danach verdeckt wird. Aus den Beobachtungen berechnete sich eine Ablenkung von $\Theta = 1{,}761''$ mit einer Unsicherheit von $\pm 0{,}016''$. Dies stellt eine sehr gute Bestätigung des theoretischen Wertes von Einstein, $\Theta = 1{,}75''$, nach Gl. (12.240) dar.

Die Ablenkung eines Lichtstrahls in einem kugelsymmetrischen Gravitationsfeld zeigt große Ähnlichkeiten mit der *Ausbreitung des Lichts in inhomogener Materie* (z. B. in Glas) im euklidischen Raum, wobei dieser Vorgang durch eine ortsabhängige, kugelsymmetrische *Brechzahl* (Brechungsindex) beschrieben wird. Daher kann der Effekt der Lichtablenkung im Schwerefeld ebenfalls durch eine *„Brechzahl des Vakuums"* n_0 beschrieben werden, die ein Maß für die Abweichung von der Geometrie des ebenen Raumes darstellt. Die Allgemeine Relatvitätstheorie ergibt für das kugelsymmetrische Gravitationsfeld eines Himmelskörpers mit der Masse M im Abstand r in Bereichen, in denen $2GM/c^2 \ll r$ gilt, den Wert

$$n_0(r) = 1 + \frac{2GM}{c^2}\,\frac{1}{r}\,. \tag{12.241}$$

Für das Schwerefeld der Sonne folgt daraus mit dem Schwarzschild-Radius r_0 nach Gl. (12.234) und $r_0 \ll r$ eine „Brechzahl des Vakuums"

$$n_0(r) = 1 + \frac{r_0}{r}\,. \tag{12.242}$$

Die *quantitative* Bestätigung der Lichtablenkung im Schwerefeld nach der Theorie von Einstein stellt, im Gegensatz zur Rotverschiebung der Spektrallinien, einen Test für die *Gültigkeit der gesamten Allgemeinen Relativitätstheorie* dar.

Gravitationslinsen. Lichtablenkungen in Gravitationsfeldern treten in weit größerem Maßstab in extragalaktischen Konfigurationen auf. So wird das 1979 im Sternbild Ursa major (Großer Bär) entdeckte Objekt 0957+561 als das erste beobachtete *Gravitationslinsen*system angesehen [19, 20, 21].

Das Prinzip einer Gravitationslinse kann man sich anhand der Abb. 12.13 veranschaulichen. Als Strahlungsquelle S wirkt ein weit entfernter Quasar oder eine Galaxie (s. Bd. 7). Die eigentliche *„Linse"* Z wird durch eine Galaxie oder einen Galaxienhaufen in geringerem Abstand zum Beobachter gebildet. Liegen Quelle S, Linse Z und der Beobachter exakt auf einer Geraden, so crscheint dem Beobachter die Quelle S als ein Kreis; die von S ausgehende Strahlung wird im Gravitationsfeld von Z gleichmäßig abgelenkt und für den Beobachter ergibt sich ein Kreis als Bild von S. In der Tat wurden in letzter Zeit fast vollständige Ringe beobachtet (MG 1131 + 0456), die man als Bild eines Quasars interpretiert, dessen Licht von einer elliptischen Vordergrundgalaxie abgelenkt wird.

Daß Gravitationslinsen Ringstrukturen erzeugen können, wurde schon 1936 von Einstein vermutet.

Liegen die Quelle S, die Linse Z und der Beobachter nicht exakt auf einer Linie, so werden von der Linse mehrere Bilder des Objekts S erzeugt. Dies ist z. B. der Fall bei dem schon erwähnten Objekt 0957 + 561, bei diesem „Doppel-Quasar" handelt es sich um *ein* und dasselbe Objekt, was man daran erkennen kann, daß beide Komponenten ein identisches Spektrum aufweisen.

Genau wie der Ablenkwinkel bei einer optischen Linse von der Eintrittsstelle des einfallenden Lichts abhängt, variiert die Ablenkung im Gravitationsfeld entsprechend der Stelle, an der die Strahlung durch das Gravitationsfeld hindurchgeht. Die Anzahl der Bilder und ihre Helligkeit hängen also von der Geometrie und der Massenverteilung in der „Linse" Z ab.

Mithilfe von Gravitationslinsen ist es z. B. möglich, großräumige Inhomogenitäten im Universum aufzudecken, insbesondere kann aber eine Gravitationslinse die Bildquelle vergrößern und damit die Möglichkeit geben, Einzelheiten der Quelle zu untersuchen, die man normalerweise nicht auflösen könnte.

Periheldrehung der Planetenbahnen. Die Allgemeine Relativitätstheorie liefert aus den von Einstein gefundenen Gleichungen für die Größen $g_{\mu\nu}$ in erster Näherung das Newtonsche Gravitationsgesetz (Bd. 1) und damit für die Planetenbewegung die Keplerschen Gesetze. Jedoch fügt die zweite Näherung für die Lösung der Einsteinschen Gleichungen dem Newtonschen Gravitationsgesetz eine *Korrektur* hinzu, die auch die klassischen Gesetze der Planetenbewegung abändert. Diese Korrektur bewirkt, daß die Planetenbahnen keine im Sonnensystem festliegende Ellipsen sind, sondern daß die Achsen der Ellipsen in diesem System eine langsame Drehung ausführen. Die Planetenbewegung wird daher schematisch durch Abb. 12.14 wiedergegeben. Dieser Effekt wird als *Periheldrehung* bezeichnet, da das Perihel[11] P sich auf einem Kreise bewegt, dessen Mittelpunkt in der Sonne S liegt (in Abb. 12.14

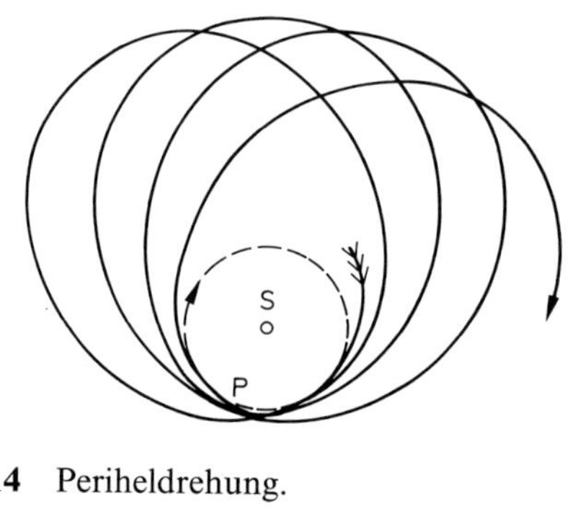

Abb. 12.14 Periheldrehung.

[11] Mit Perihel wird der sonnennächste Scheitelpunkt der Ellipsenbahn eines Planeten bezeichnet.

punktiert gezeichnet). Diese Drehung überlagert sich der Perihelbewegung, die von den Störungen durch die Gravitationswirkungen der anderen Planeten herrührt. Durch das Newtonsche Gravitationsgesetz ist diese zusätzliche Periheldrehung quantitativ nicht zu erklären. Die Allgemeine Relativitätstheorie liefert für den Drehwinkel der großen Ellipsenachse pro Umlauf den Wert

$$\Delta\varphi = 3\pi \frac{r_0}{a} \frac{1}{(1-e^2)}. \qquad (12.243)$$

Darin bedeutet a die große Halbachse und e die Exzentrizität der Ellipsenbahn sowie r_0 den Schwarzschild-Radius der Sonne nach Gl. (12.234). Nach Gl. (12.243) ist die *Periheldrehung für den sonnennächsten Planeten Merkur am größten*. Für diesen ist sie auch seit etwa 1860 aus astronomischen Beobachtungen der Merkurbahn bekannt. Nach den Auswertungen der astronomischen Daten beläuft sich der Anteil am Drehwinkel, der nicht von bekannten Störungen (z. B. durch die Gravitationswirkung anderer Planeten) herrührt, bei Merkur auf $\varphi_{\text{Ex}} = 43{,}11'' \pm 0{,}45''$ in einem Jahrhundert. Die Allgemeine Relativitätstheorie liefert ihrerseits für den Merkur nach Gl. (12.243) einen Drehwinkel pro Umlauf von $\Delta\varphi = 0{,}1038''$. Bei 415 Bahnumläufen im Jahrhundert folgt daraus ein Drehwinkel von $\varphi_{\text{Th}} = 43{,}04''$ pro Jahrhundert, der mit dem beobachteten Wert φ_{Ex} *ausgezeichnet übereinstimmt.*

Da zur relativistischen Ableitung des Effektes das Feldgleichungssystem der Allgemeinen Relativitätstheorie in zweiter Näherung gelöst werden muß, kann diese gute Übereinstimmung bei der Periheldrehung des Merkur zugleich als die *umfassendste Bestätigung der Allgemeinen Relativitätstheorie angesehen werden.*

Bei der Untersuchung der Periheldrehung des Merkur wurde aber vorausgesetzt, daß die Massenverteilung innerhalb der Sonne und damit auch deren Gravitationsfeld kugelsymmetrisch ist. Wäre das nicht der Fall, würde bereits die Newtonsche Gravitationstheorie einen Einfluß der Abweichung von der Kugelsymmetrie auf die Ellipsenbahnen der Planeten fordern. Einerseits zeigen photoelektrische Messungen von Dicke und Goldenberg (1966) nun eindeutig eine *Abplattung der Sonne* an ihren Polen um etwa $5 \cdot 10^{-5}$ gegenüber den äquatorialen Dimensionen. Diese Abweichung der Sonne von der Kugelgestalt sollte bereits nach der Newtonschen Gravitationstheorie eine Periheldrehung der Merkurbahnellipse von etwa $\varphi_{\text{Q}} \approx \pm 3{,}4''$ pro Jahrhundert bewirken. Dann sollte aber in dem beobachteten Wert φ_{Ex} der Periheldrehung nur ein Anteil von $43{,}11'' - 3{,}4'' = 39{,}71''$ als Folge der Relativitätstheorie zu finden sein, was mit der Rechnung nach Gl. (12.243) nicht gut übereinstimmt. Andererseits zeigen neuere Messungen von Hill (1974), daß die beobachtete Abplattung der Sonne ein vorgetäuschter Effekt ist, der durch sehr geringe Helligkeitsunterschiede zwischen dem Äquator und den Polen der Sonne hervorgerufen wird. Wegen dieser Unsicherheiten lassen möglicherweise die Messungen der Periheldrehung des Merkur *keinen* Schluß auf die Gültigkeit der Allgemeinen Relativitätstheorie zu.

Der erst 1949 entdeckte *Kleinplanet Icarus* besitzt eine elliptische Umlaufbahn, deren große Halbachse a zwar größer als die der Erde ist, jedoch eine ungewöhnlich große Exzentrizität e aufweise, so daß in Gl. (12.243) der Faktor $(1 - e^2)$ im Nenner verhältnismäßig klein wird. Die aus Gl. (12.243) berechnete Periheldrehung pro Jahrhundert beträgt $\varphi_{\text{Th}} = 10{,}3''$, mit der die gemessenen Werte $\varphi_{\text{Ex}} = 9{,}8'' \pm 0{,}8''$ ebenfalls gut übereinstimmen.

In diesem Abschn. 12.14 sind bisher die drei *klassischen Tests der Allgemeinen Relativitätstheorie* behandelt worden: gravitative Rotverschiebung der Spektrallinien, Lichtablenkung im Gravitationsfeld der Sonne und Periheldrehung der Planetenbahnen.

Die nächsten beiden Testmöglichkeiten der Allgemeinen Relativitätstheorie beziehen sich auf die Umgebung unseres Sonnensystems. Da die dort auftretenden Gravitationsfelder relativ schwach sind und sich die Materie relativ langsam im Vergleich zur Lichtgeschwindigkeit bewegt, bieten diese Experimente die Möglichkeit, die Allgemeine Relativitätstheorie im Rahmen einer entsprechenden Näherung, der sog. *Post-Newtonschen-Approximation* (s. z. B. Misner, Thorne, Wheeler [22]), zu überprüfen.

Laufzeitverzögerung von Radiowellen. Dieser Test zur Prüfung der Allgemeinen Relativitätstheorie wurde 1965 von Shapiro vorgeschlagen. Dabei soll abermals der Einfluß des Gravitationsfeldes der Sonne auf hochfrequente elektromagnetische Wellen untersucht werden. Im Gegensatz zu den Messungen der Ablenkung von Radiowellen, die von punktförmigen Quellen im Weltall ausgehen, z. B. bei den Experimenten von Fomalont und Sramek, verwendet Shapiro eine künstliche Quelle auf der Erde. Das von dieser irdischen Quelle emittierte Radarsignal läuft nahe an der Sonne vorbei, wird an einem hinter der Sonne stehenden Planeten reflektiert und nach abermaligem Passieren der Sonne auf der Erde empfangen, ein Vorgang, der als *Radarecho* bezeichnet wird. Dabei wird die Laufzeit für Hin- und Rückweg gemesen, die nach der Allgemeinen Relativitätstheorie um so größer wird, je näher die Radiowellen den Sonnenrand passieren. Eine Abschätzung der *Laufzeitänderung* läßt sich mit Hilfe der *Brechzahl des Vakuums* nach Gl. (12.242) durchführen. *Analog zum Brechungsgesetz der geometrischen Optik* (vgl. Abschn. 1.4) wird eine *effektive Lichtgeschwindigkeit im Vakuum*

$$c_{\text{eff}} = \frac{c}{n_0(r)}$$

eingeführt, woraus für das Schwerefeld der Sonne und für $r_0 \ll r$ aus Gl. (12.242)

$$c_{\text{eff}} = \frac{c}{1 + \dfrac{r_0}{r}} < c$$

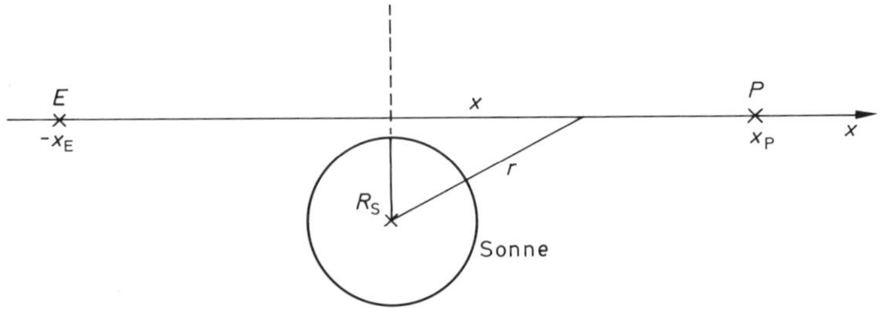

Abb. 12.15 Zum Shapiro-Effekt.

folgt. Wird der Lichtweg zwischen dem Planeten P und der Erde E durch eine Gerade angenähert (x-Achse in Abb. 12.15), beträgt die Laufzeit von E nach P und zurück nach der Allgemeinen Relativitätstheorie

$$t_R = 2 \int_{x=-x_E}^{x_P} \frac{dx}{c_{eff}} = \frac{2}{c} \left(\int_{-x_E}^{x_P} dx + r_0 \int_{-x_E}^{x_P} \frac{dx}{r} \right), \tag{12.244}$$

wobei der Faktor 2 für Hin- und Rückweg steht. Das erste Integral auf der rechten Seite von Gl. (12.244) ist gerade die Laufzeit t_{NR} von E nach P gemäß der nichtrelativistischen Betrachtung, die dann die richtigen Werte ergibt, wenn der Lichtweg von E nach P weit von der Sonne entfernt verläuft. Die Differenz $\Delta t = t_R - t_{NR}$ ergibt daher nach Gl. (12.244) wegen $c_{eff} < c$ eine *Laufzeitverzögerung* (vgl. Abb. 12.15)

$$\Delta t = t_R - t_{NR} = 2\frac{r_0}{c} \int_{-x_E}^{x_P} \frac{dx}{r} = 2\frac{r_0}{c} \int_{-x_E}^{x_P} \frac{dx}{\sqrt{x^2 + R_S^2}},$$

deren Integration auf

$$\Delta t = 2\frac{r_0}{c} \ln \left(\frac{\sqrt{x_P^2 + R_S^2} + x_P}{\sqrt{x_E^2 + R_S^2} - x_E} \right) \tag{12.245}$$

führt. Da die Entfernungen der Planeten (einschließlich der Erde) von der Sonne wesentlich größer als der Sonnenradius R_S sind (x_P, $x_E \gg R_S$), werden die Wurzeln in Gl. (12.245) entwickelt, wodurch die Laufzeitverzögerung näherungsweise den Wert

$$\Delta t = 2\frac{r_0}{c} \ln \left(\frac{4 x_P x_E}{R_S^2} \right) \tag{12.246}$$

bekommt.

Die ersten Laufzeitverzögerungen von Radiowellen (7840 MHz) wurden von Shapiro (ab 1968) bei Reflexion an den Planeten Venus und Merkur gemessen [23]. Dabei ergab sich für die Venus eine Laufzeitverzögerung von 200 μs mit einem Meßfehler von zunächst noch $\pm 20\%$. Da der aus Gl. (12.246) berechnete Wert $(\Delta t)_{Th} = 240$ μs beträgt, lieferten diese ersten Messungen noch keine quantitative Bestätigung der Allgemeinen Relativitätstheorie. Die Präzision der Messungen konnte jedoch später bis auf Meßfehler von nur $\pm 5\%$ gesteigert werden.

Bedeutend bessere Ergebnisse zeigen die Messungen der Laufzeitverzögerung von Radiowellen, die an *künstlichen Satelliten* reflektiert werden. Dies erfolgte zuerst im Jahre 1970 an den *Marssonden* Mariner 6 und Mariner 7. Die bisher präziseste Messung der Laufzeitverzögerung mit einer Genauigkeit von 2‰ konnte jedoch nach dem Niedergehen der beiden *Viking-Landefähren auf dem Mars* im Jahre 1976 durchgeführt werden. Dabei ergab sich für die Laufzeitverzögerung Δt eine so gute Übereinstimmung mit dem theoretischen Wert nach Gl. (12.246) von 251 μs, daß *kein Zweifel mehr an der Gültigkeit der Allgemeinen Relativitätstheorie bestehen kann.*

Perigäumdrehung und Thirring-Lense-Effekt. Eine weitere Prüfungsmöglichkeit der Allgemeinen Relativitätstheorie besteht in der genauen *Vermessung der elliptischen*

Bahnen von Erdsatelliten, deren erdnächster Scheitelpunkt (Perigäum) bei entsprechender Anwendung der Gl. (12.243) eine Drehung von etwa 1500″ pro Jahrhundert ausführen soll. Ein Nachweis dieses Effekts ist bis heute noch nicht einwandfrei gelungen, da mehrere Nebeneffekte (Reibung in der Erdatmosphäre, Abweichung des Erdkörpers von der Kugelgestalt, Einfluß der Gebirge) außerordentlich stören.

Zur Prüfung der Allgemeinen Relativitätstheorie könnte auch der *Thirring-Lense-Effekt* (1918) dienen, der bei rotierenden Körpern einen zusätzlichen Beitrag zum Gravitationsfeld darstellt und von der Rotationsenergie des Körpers herrührt. Dieser Anteil ist gegenüber dem statischen Gravitationsfeld sehr klein, nimmt mit dem Abstand vom Rotationszentrum schnell ab und ist von der Winkelgeschwindigkeit der Rotation abhängig. Daher ändert dieser Beitrag auch sein Vorzeichen, wenn die Richtung der Rotation umgekehrt wird, und die Wirkung auf einen starren Körper ähnelt derjenigen einer Corioliskraft. Ein Kreisel im Gravitationsfeld eines rotierenden Körpers muß daher durch den zusätzlichen „Rotationsanteil" des Feldes ein Drehmoment erfahren, das eine *Präzession der Kreiselachse* zur Folge hat (vgl. Bd. 1). Für einen Kreisel in einem Erdsatelliten mit niedriger Umlaufbahn würde diese Präzession etwa 0,05″ pro Jahr ergeben.

12.15 Gravitationswellen

Eine der interessantesten Fragen in der Allgemeinen Relativitätstheorie betrifft die Existenz und die Beschreibung von *Gravitationswellen.* Schon Einstein suchte nach Lösungen der Feldgleichungen mit Wellencharakter und zeigte, daß sich diese Wellen im Vakuum mit Lichtgeschwindigkeit ausbreiten müssen [24, 25]. Im Gegensatz zu den „klassischen" Tests der Allgemeinen Relativitätstheorie im Abschn. 12.14 stellt der Nachweis von Gravitationswellen nach wie vor eine Herausforderung für die moderne experimentelle Physik dar.

Während ruhende Massen von einem statischen Gravitationsfeld umgeben sind, erzeugen *beschleunigte Massen veränderliche Gravitationsfelder und somit zeitlich variable Störungen der lokalen Metrik* (s. Abschn. 12.13), welche sich, analog zu elektromagnetischen Wellen, unabhängig von der sie erzeugenden „Ladung" – d. h. hier der *Masse* – ausbreiten.

Bevor wir uns mit der Ausbreitung der Gravitationsstrahlung und anschließend mit ihrem experimentellen Nachweis auf der Erde beschäftigen, wollen wir zunächst einige einfache Überlegungen zur Natur von Gravitationswellen und dem Prinzip ihrer Erzeugung anstellen. Wir lassen uns dabei von der oben angesprochenen Analogie zur Elektrodynamik leiten.

In der Elektrodynamik wird die Abstrahlung einer *Ladungsverteilung* durch die Beiträge ihrer entsprechenden *Ladungsmultipole* dargestellt. So spricht man von *elektrischer Dipol-Strahlung, magnetischer Dipol-Strahlung, elektrischer Quadrupol-Strahlung* usw., um nur die niedrigsten Ordnungen der Beiträge zu nennen. (Siehe dazu die in der Literaturliste aufgeführten Lehrbücher zur Elektrodynamik.) Dieser Formalismus läßt sich sinngemäß auf die Abstrahlung einer *Massenverteilung* übertragen, wenn man die Ladungsmultipole durch die entsprechenden *Massenmultipole* ersetzt. Eine exakte allgemeine Behandlung dieses Problems ist formal sehr aufwendig und verlangt die volle Multipolentwicklung des *Energie-Impuls-Tensors* (s. Abschn. 12.11). Da sich jedoch die wesentlichen Ergebnisse auch schon im *Fall kleiner Geschwindigkeiten* demonstrieren lassen, wo die Verhältnisse besonders einfach sind, wollen wir hier diese grundsätzlichen Überlegungen für den nichtrelativistischen Grenzfall ($\beta \ll 1$) durchführen.

Nach Gl. (12.138) ist die in den gesamten Raum abgestrahlte Leistung eines elektrischen Dipols proportional zum Quadrat der Ladung q und zum Quadrat ihrer Beschleunigung a_0 gemessen im Ruhesystem Σ_0 des Dipols. (Da sich in diesem Unterabschnitt alle Größen auf das System Σ_0 beziehen, lassen wir in den folgenden Gleichungen den Index $_0$ weg).

Durch Einführen des *elektrischen Dipolmoments*

$$\boldsymbol{d} = q\boldsymbol{x} \,,$$

worin $\boldsymbol{x}$ der Verbindungsvektor zwischen den als betragsmäßig gleich angenommenen Ladungen q und $-q$ des Dipols ist, und der Definition

$$\boldsymbol{a} = \frac{\mathrm{d}^2\boldsymbol{x}}{\mathrm{d}\tau^2}$$

folgt aus Gl. (12.138)

$$\Phi_{\text{elektr. Dipol}} = \frac{1}{6\pi\varepsilon_0 c^3}\left|\frac{\mathrm{d}^2\boldsymbol{d}}{\mathrm{d}\tau^2}\right|^2 . \tag{12.247}$$

In der Gravitationstheorie entspricht dem elektrischen Dipolmoment das *Massendipolmoment*

$$\boldsymbol{d}_m = m\boldsymbol{x} \,,$$

wobei, analog zu den Ladungen beim elektrischen Dipol, hier zwei Massenpunkte der Masse m betrachtet werden. Wie im Fall eines elektrischen Dipols ist auch die gesamte *Strahlungsleistung der Gravitationsstrahlung S* eines Massendipols

$$S_{\text{Dipol}} \sim \left|\frac{\mathrm{d}^2\boldsymbol{d}_m}{\mathrm{d}\tau^2}\right|^2 .$$

Die zeitliche Änderung von $\boldsymbol{d}_m$ entspricht dem Impuls des Systems

$$\frac{\mathrm{d}\boldsymbol{d}_m}{\mathrm{d}\tau} = m\frac{\mathrm{d}\boldsymbol{x}}{\mathrm{d}\tau} = \boldsymbol{p}$$

woraus, bei Abwesenheit von äußeren Kräften

$$\frac{\mathrm{d}^2\boldsymbol{d}_m}{\mathrm{d}\tau^2} = m\frac{\mathrm{d}^2\boldsymbol{x}}{\mathrm{d}\tau^2} = \frac{\mathrm{d}\boldsymbol{p}}{\mathrm{d}\tau} = 0$$

folgt. Die Gültigkeit der Impulserhaltung verbietet also Gravitations-Dipol-Strahlung im Rahmen der Einsteinschen Allgemeinen Relativitätstheorie.

Die Strahlungsleistung eines magnetischen Dipols mit dem Dipolmoment

$$\boldsymbol{m} = \frac{1}{2} q (\boldsymbol{x} \times \boldsymbol{u})$$

ist entsprechend durch

$$\Phi_{\text{magn. Dip.}} = \frac{1}{6\pi\varepsilon_0 c^5} \left| \frac{\mathrm{d}^2 \boldsymbol{m}}{\mathrm{d}\tau^2} \right|^2 \tag{12.248}$$

gegeben. Das magnetische Dipolmoment $\boldsymbol{m}$ entspricht in der Gravitationstheorie dem Drehimpuls (bezogen auf den Massenmittelpunkt)

$$\boldsymbol{L} = m(\boldsymbol{x} \times \boldsymbol{u}) .$$

Setzen wir $\boldsymbol{L}$ in Gl. (12.248) ein, folgt aufgrund der Drehimpulserhaltung

$$\frac{\mathrm{d}\boldsymbol{L}}{\mathrm{d}\tau} = 0 ,$$

so daß auch das Massenanalogon zu einem magnetischen Dipol keinen Beitrag zur Gravitationsstrahlung liefert und somit

$$S_{\text{magn. Dipol}} = 0$$

ist. Hieraus folgt insbesondere, daß ein auf einer Kreisbahn rotierender Körper keine Gravitationswellen abstrahlen kann.

Eine genauere Analyse [26] zeigt, daß erst der Quadrupolterm einen Beitrag zur Gravitationsstrahlung liefert[12]. Die exakte Gleichung (s. z. B. Misner, Thorne, Wheeler S. 915 [22]) für die Strahlungsleistung $S_{\text{Quadrupol}}$ des Massen-Quadrupols

$$S_{\text{Quadrupol}} = \frac{G}{5c^5} \left(\frac{\mathrm{d}^3}{\mathrm{d}\tau^3} \boldsymbol{Q} \right)^2 \tag{12.249}$$

enthält die dritte zeitliche Ableitung des Massen-Quadrupolmoments $\boldsymbol{Q}$. Wegen des aus der Newtonschen Gravitationskonstanten G und der Lichtgeschwindigkeit c zusammengesetzten sehr kleinen Vorfaktors, welcher einen Effekt fünfter Ordnung in $1/c$ darstellt, sind die zu erwartenden Intensitäten allerdings außerordentlich klein, so daß der Nachweis von im Labor erzeugter Gravitationsstrahlung nicht möglich sein wird. Als Quellen von Gravitationsstrahlung kommen daher nur astrophysikalische Objekte in Frage.

Die Frage, ob es – anders als im elektromagnetischen Fall – möglicherweise auch *Gravitations-Monopol-Strahlung* gibt, wird durch das *Birkhoffsche Theorem,* welches besagt, daß jede sphärisch-symmetrische Vakuumlösung der Einsteinschen Feldglei-

[12] Dies ist kein Zufall, sondern Folge einer allgemeinen Gesetzmäßigkeit. Es wird dazu ein klassisches Strahlungsfeld und das entsprechende quantenmechanische Teilchen mit verschwindender Ruhemasse und ganzzahligem Spin s betrachtet. Entwickelt man das Feld in Multipole, so kann man zeigen, daß alle Multipole der Ordnung $l < s$ keinen Beitrag zur Strahlung liefern [27]. Die Quanten des Gravitationsfeldes (*Gravitonen*) sind masselose Teilchen mit Spin $s = 2$. Aus diesem Grund müssen die Beiträge der Multipole mit $l < 2$ verschwinden und die Gravitationsstrahlung quadrupolar sein, anders als im Fall elektromagnetischer Strahlung, deren Quanten (*Photonen*) Spin-1-Teilchen sind, und welche demzufolge wesentlich dipolar ist.

chungen Gl. (12.223) *statisch* sein muß, verneint (s. z. B. Stephani S. 101 [10]). Eine streng kugelsymmetrische Bewegung der Massenverteilung eines Körpers ändert demzufolge sein externes Gravitationsfeld nicht und kann daher auch keine Gravitationswellen erzeugen.

Einen Hinweis auf die Existenz von Gravitationswellen gibt z. B. der Doppelstern-Pulsar PSR 1913 + 16 [28]. In diesem System umkreisen ein *Neutronenstern* von etwa $1\,M_\odot$ [13] und ein etwa gleichschwerer unbeobachteter Begleiter einander in einem Abstand, der dem Sonnendurchmesser ($1{,}392 \cdot 10^8$ m) entspricht. An diesem seit 1974 regelmäßig beobachteten Objekt hat man eine Abnahme der Umlaufperiode festgestellt, die man auf die Aussendung von Gravitationswellen zurückführt. Die Änderung der Umlaufperiode entspricht bis auf wenige Prozent der mit der Quadrupolformel Gl. (12.249) berechneten Abnahme, was heute allgemein als indirekter Nachweis von Gravitationsstrahlung gewertet wird.

Weitere Quellen intensiver Gravitationsstrahlung können *Supernova-Explosionen* und *Gravitationskollapsphänomene* sein.

Ausbreitung von Gravitationswellen. Bei der Beschreibung der Ausbreitung von Gravitationswellen unterscheidet man grundsätzlich zwei Methoden:

a) Störungsrechnung. Diese Approximationsmethode, die schon von Einstein verwendet wurde, faßt eine *Gravitationswelle* als *kleine Störung einer festen Hintergrundmetrik* auf. Im einfachsten Fall wird als Hintergrundmetrik der metrische Tensor des Minkowski-Raums $\eta_{\mu\nu}$ genommen, dem eine kleine Störung $h_{\mu\nu}$ hinzugefügt wird

$$g_{\mu\nu} = \eta_{\mu\nu} + h_{\mu\nu}\,. \tag{12.250}$$

Berechnet man mit dieser Metrik die für die Feldgleichungen, Gl. (12.223), notwendigen Krümmungsgrößen, Gln. (12.225) bis (12.228), (jeweils bis zur 1. Ordnung) und führt dabei die Größe

$$\bar{h}_{\mu\nu} = h_{\mu\nu} - \frac{1}{2}\eta_{\mu\nu} h^{\varrho}_{\varrho}$$

ein, so ergibt sich daß $\bar{h}_{\mu\nu}$ die *inhomogene Wellengleichung*

$$\Box \bar{h}_{\mu\nu} = 2\kappa T_{\mu\nu} \tag{12.251}$$

erfüllt. Außerhalb der felderzeugenden Massenverteilung ist $T_{\mu\nu} = 0$, so daß dort Gl. (12.251) in die entsprechende *Vakuum-Wellengleichung*

$$\Box \bar{h}_{\mu\nu} = 0$$

übergeht, welche zur elektromagnetischen Wellengleichung für das Vakuum Gl. (12.112) völlig analog ist.

Wie die Lösungen A_μ der Wellengleichung (12.112) sind auch die Größen $\bar{h}_{\mu\nu}$ durch Gl. (12.251) nur bis auf einen wirbelfreien Vektor festgelegt. Entsprechend der Lorentz-Eichung Gl. (12.111) wird auch hier die *Divergenzfreiheit* der Lösung

[13] $1\,M_\odot = 1$ Sonnenmasse $= 1{,}989 \cdot 10^{30}$ kg

gefordert

$$\frac{\partial \bar{h}^{\mu\nu}}{\partial x^{\nu}} = 0 .$$

Die Größen $\bar{h}_{\mu\nu}$ werden in Analogie zum Viererpotential A_{μ} *Gravitationspotentiale* genannt. Sie haben als Lösung der Wellengleichung (12.166) die Form von *retardierten Potentialen.* Da $h_{\mu\nu}$ durch

$$h_{\mu\nu} = \bar{h}_{\mu\nu} - \frac{1}{2}\eta_{\mu\nu}\bar{h}^{\varrho}_{\varrho} ,$$

gegeben ist, folgt wegen der Linearität von Gl. (12.251), daß der Störanteil $h_{\mu\nu}$ aus einer *Superposition von Lösungen der Wellengleichung* besteht, also auch Wellencharakter besitzt.

b) Exakte Lösungen der Einsteinschen Feldgleichungen. Die im vorigen Abschnitt dargestellte linearisierte Theorie ist nur anwendbar, wenn die durch die Gravitationswelle verursachten Störungen der Metrik klein sind, so daß quadratische Terme vernachlässigt werden können. Bei vielen im Universum vorkommenden Vorgängen, z. B. dem Gravitationskollaps eines Sterns, ist diese Näherung nicht zulässig. In diesen Fällen muß das vollständige System der Einsteinschen Feldgleichungen gelöst werden. So wird z. B. die sich ausbreitende Welle eine Veränderung der Geometrie der zugrundeliegenden Metrik bewirken. Weiterhin wird der Effekt auftreten, daß die Energie der Gravitationsstrahlungsquelle abnehmen wird, um der von der Welle abtransportierten Energie Rechnung zu tragen. Dies macht, im Gegensatz zu den Lösungen der linearisierten Theorie, exakt periodische Lösungen unmöglich. Außerdem muß bei der Ausbreitung der Gravitationsstrahlung auch die Wechselwirkung mit lokalen Inhomogenitäten, d. h. Raumzeitkrümmungen, wie sie z. B. Galaxien, Sterne usw. hervorrufen, berücksichtigt werden. Dies führt sowohl zu Veränderungen der Wellenform als auch der Wellenlänge der Gravitationswellen *(Gravitationsverschiebung).*

Diese Effekte sind jedoch extrem klein und können sich nur in kosmologischen Dimensionen aufbauen, so daß für die *lokale Beschreibung die linearisierte Theorie eine gute Näherung* darstellt. Ein weiteres, jedoch in erster Linie vom theoretischen Standpunkt aus gesehen, interessantes Phänomen besteht in der Möglichkeit, daß ein einzelner, eng begrenzter *Gravitationswellenpuls* gravitativ instabil werden und zu einem schwarzen Loch kollabieren kann. Dies zu betrachten würde jedoch über den Rahmen dieses Kapitels hinausgehen.

In den meisten Fällen ist die Lösung des vollständigen Systems der Einsteinschen Feldgleichungen nur numerisch möglich. Deshalb sollen im weiteren am einfachen Beispiel einer exakten *ebenen Wellenlösung* einige interessante Aspekte von Gravitationswellen diskutiert werden: Dazu betrachten wir eine Gravitationswelle, welche sich in x-Richtung mit Lichtgeschwindigkeit ausbreiten und in y- und z-Richtung unendlich ausgedehnt sein soll. Im einfachsten Fall kann man dies durch die Wahl der folgenden Metrik darstellen

$$\mathrm{d}s^2 = \mathrm{d}x^2 + f^2\,\mathrm{d}y^2 + g^2\,\mathrm{d}z^2 - c^2\,\mathrm{d}t^2 , \tag{12.252}$$

wobei f und g Funktionen von

$$\bar{x} = x - ct$$

sind. Berechnet man mit dieser Metrik den Ricci-Tensor Gl. (12.227), so sieht man, daß die Einsteinschen Feldgleichungen für das Vakuum Gl. (12.229) die folgende einfache Gestalt annehmen

$$\frac{1}{f}\frac{\partial^2 f}{\partial \bar{x}^2} + \frac{1}{g}\frac{\partial^2 g}{\partial \bar{x}^2} = 0\,. \tag{12.253}$$

Bei der Berechnung des Riemann-Tensors Gl. (12.226) sieht man, daß dieser identisch verschwindet, wenn gilt

$$\frac{\partial^2 f}{\partial \bar{x}^2} = \frac{\partial^2 g}{\partial \bar{x}^2} = 0\,,$$

d.h. wenn f und g lineare Funktionen von $\bar{x}$ sind. Die Metrik beschreibt dann einen flachen Raum. Insbesondere erhält man für $f = g = 1$ die Minkowski-Metrik.

Mit der Wahl der Metrik (12.252) ist die Form der sich ausbreitenden Störung noch nicht vollständig festgelegt. Dies ist der Fall, wenn die Funktionen f, g als Lösung von (12.253) bestimmt sind.

Die einfachste Lösung ist

$$f = \cos(k\bar{x})\,, \quad g = \cosh(k\bar{x})\,,$$

worin k eine beliebige relle Konstante ist. Es zeigt sich, daß wir eine ebene Welle der Breite a^2 konstruieren können, d.h. ein Gebiet der Raumzeit, in dem die Krümmung von Null verschieden ist, das von zwei parallelen Ebenen begrenzt ist und das sich mit Lichtgeschwindigkeit in Richtung des Normalenvektors der Ebenen ausbreitet. Außerhalb dieser Ebene soll die Raumzeit flach sein (Abb. 12.16).

Analog zur Maxwellschen Theorie der Elektrodynamik müssen an den Grenzflächen zwischen gekrümmten und flachem Raumzeitgebiet Sprungbedingungen gelten. So fordert man in der Allgemeinen Relativitätstheorie die Stetigkeit der Metrik und ihrer ersten Ableitungen; in dem gewählten Beispiel heißt das, daß f, g, $\partial f/\partial \bar{x}$, $\partial g/\partial \bar{x}$ stetig sein müssen.

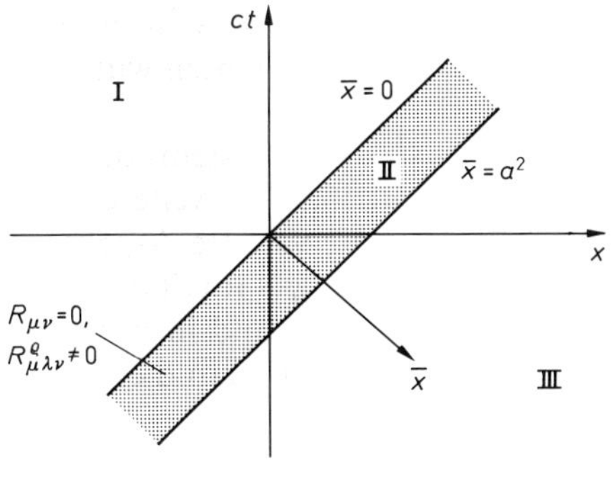

Abb. 12.16 Ausbreitung einer ebenen Gravitationswelle in x-Richtung. Außer im Gebiet II ist die Raumzeit flach, d.h. der Riemann-Tensor verschwindet.

Sei die erste Ebene bei $\bar{x} = 0$ und die zweite bei $\bar{x} = a^2$ lokalisiert, so ergibt sich durch Auswertung der Sprungbedingungen folgende Form der Lösung:

$$\text{I)}\ f = 1\,, \quad g = 1 \quad \text{für } \bar{x} \leq 0\,,$$

$$\text{II)}\ f = \cos\left(\frac{\bar{x}}{a}\right), \quad g = \cosh\left(\frac{\bar{x}}{a}\right) \quad \text{für } 0 \leq \bar{x} \leq a^2\,,$$

$$\text{III)}\ f = (\cos a + a \sin a) - \left(\frac{\bar{x}}{a}\right) \sin a\,, \quad \text{für } a^2 \leq \bar{x}\,,$$

$$g = (\cosh a - a \sinh a) + \left(\frac{\bar{x}}{a}\right) \sinh a\,.$$

Zum Abschluß sei noch der Effekt dieser ebenen Gravitationswelle auf eine Schar von Testteilchen betrachtet, die sich auf zeitartigen Bahnkurven mit $x, y, z = \text{const}$ bewegen. Die Teilchen sind relativ zueinander in Ruhe. Vor dem Durchgang der Welle beträgt der Abstand in y-Richtung von zwei beliebigen Teilchen $|\mathrm{d}s| = f\mathrm{d}y$ ($\mathrm{d}y = \text{const}$). Analog ist die räumliche Differenz zweier Teilchen die in z-Richtung durch die Koordinatendifferenz $\mathrm{d}z$ getrennt sind $|\mathrm{d}s| = g\mathrm{d}z$. Während des Durchgangs der Welle nimmt f ab. Daher verringert sich der räumliche Abstand in y-Richtung und vergrößert sich in z-Richtung. Nach dem Durchgang der Welle bewegen sich die Teilchen gleichförmig gegeneinander.

Weitere Rechnungen zeigen u. a., daß man Gravitationswellen auch Polarisationszustände zuordnen kann. Jedoch würden diese Rechnungen den Rahmen dieses Kapitels überschreiten, und es sei daher auf die zitierten Lehrbücher der Allgemeinen Relativitätstheorie verwiesen.

Experimenteller Nachweis von Gravitationswellen auf der Erde. Der Nachweis von Gravitationsstrahlung auf der Erde und die Untersuchung ihrer Eigenschaften ist ein wichtiges Ziel, das zum einen als experimentelle Stütze für die Einsteinsche Theorie der Gravitation dienen könnte, aber darüberhinaus auch andere konkurrierende Gravitationstheorien diskriminieren könnte.

Obwohl weltweit einige Gruppen mit teilweise großem finanziellen Aufwand an der *experimentellen Verifikation von Gravitationswellen* arbeiten, muß man heute noch sagen, daß ein definitiver Nachweis nicht gelungen ist und die verläßlichsten Aussagen über Gravitationswellen aus dem indirekten Nachweis stammen, der im ersten Abschnitt beschrieben wurde.

Bei den direkten Nachweismethoden kann man zwei Grundprinzipien unterscheiden, zum einen die Messung der *Verformung von elastischen Körpern* und zum anderen die Registrierung von *Laufzeitänderungen von elektromagnetischen Wellen* (interferometrische Methode).

Auf dem ersten Prinzip beruhen die Antennen, die Weber [29, 30] in seinen pionierhaften Arbeiten in den sechziger Jahren konstruiert hat. Er benutzte einen Aluminiumzylinder mit einem Durchmesser von 0,6 m, einer Länge von 1,5 m und einer Masse von $1{,}5 \cdot 10^3$ kg, der von mechanischen und akustischen Störungen abgeschirmt, aufgehängt wurde.

Es zeigte sich, daß die Isolation so gut war, daß das thermische Rauschen bei Zimmertemperatur der dominierende Störfaktor auf die Grundschwingung des Zylinders war. Der Durchgang einer Gravitationswelle sollte sich in mechanischen Vibrationen äußern, die von auf der Oberfläche des Zylinders angebrachten Piezo-Kristallen registriert werden. Weiterhin wurden zwei identische Versuchsaufbauten 1000 km voneinander getrennt installiert. 1969 berichtete Weber, daß die Anzahl der koinzidenten Signale anstieg, wenn die Antennen auf das Zentrum der Galaxis gerichtet wurden. Dieses Ergebnis konnte jedoch von keiner Arbeitsgruppe, die ähnliche Experimente durchführte, bestätigt werden, so daß zwar nicht klar ist, woher die Koinzidenzen kommen, ein Nachweis von Gravitationswellen sind sie höchstwahrscheinlich nicht.

Die *interferometrische Methode* beruht auf dem Nachweis der durch die Gravitationswelle hervorgerufenen *Phasenverschiebung* zwischen den Lichtstrahlen im Interferometer.

Der Aufbau ist im Prinzip analog zur Abb. 12.2. Um die geforderte Leistung zu erhalten, kann als Lichtquelle nur ein Laser verwendet werden. Eine Verlängerung des Lichtwegs wird dadurch erreicht, daß in den beiden Armen des Interferometers das Licht zwischen sphärischen Spiegeln hin- und herreflektiert wird („optical delay line") und nach einer Aufenthaltszeit τ diese Laufzeitleitung wieder verläßt. Man kann zeigen, daß eine Verlängerung von τ, eine Verstärkung des Ausgangssignals bewirkt. Störungen durch Schwankungen der Brechzahl werden dadurch vermieden, daß der gesamte Lichtweg im Vakuum geführt wird. Durch diesen Aspekt entsteht ein wesentlicher Teil der Kosten derartiger Aufbauten, da z. B. das in München [31, 32] geplante Interferometer eine geometrische Armlänge von 3 km haben soll.

Die Antenne soll Störungen der Raumzeitstruktur bis zu einer Größenordnung von $\delta l/l = 10^{-22}$ in einem Frequenzbereich von 100 Hz bis zu einigen 100 kHz nachweisen.

Da die Empfindlichkeit der geplanten Antenne mehrere Größenordnungen über dem (nur für die Resonanzfrequenz empfindlichen) Weber-Zylinder liegt, scheint der direkte Nachweis von Gravitationswellen möglich zu sein.

Schlußbemerkung. In diesem Kapitel sind die wesentlichen Elemente und Gedankengänge, welche die Spezielle und die Allgemeine Relativitätstheorie bestimmen, dargelegt. Dem Charakter und den Erfordernissen eines schwerpunktartig experimentell orientierten Optik-Buches entsprechend, nimmt die Diskussion von Licht- und Wellenphänomenen auch in diesem Kapitel einen breiten Raum ein. Dies ist selbstverständlich für die Spezielle Relativitätstheorie, welche ja genuin eine *elektromagnetische Theorie* ist, deren Herzstück die *Lorentz-Invarianz der Maxwellschen Gleichungen* darstellt. Aber auch bei der Diskussion der Allgemeinen Relativitätstheorie spielt die Behandlung optischer Effekte, wie sowohl die klassischen Tests *(Gravitationsrotverschiebung* und *Lichtablenkung),* als auch *Laufzeitmessungen* und *Gravitationswellen* zeigen, eine große Rolle. In allen angesprochenen Fällen hat sich die Allgemeine Relativitätstheorie in ausgezeichneter Weise bewährt. Auf die Darstellung weiterer interessanter Komplexe, bei deren Beschreibung die Allgemeine Relativitätstheorie ebenfalls von zentraler Bedeutung ist – wie *Kosmologie* bzw. *Schwarze Löcher* –, wird hier bewußt verzichtet, da sie an anderer Stelle dieses Werkes ausführlich behandelt werden (s. Bd. 7).

Literatur

Zitierte Publikationen

[1] Brillet, A., Hall, J. L., Phys. Rev. Lett. **42,** 549 (1979). (Zu Abschn. 12.5)
[2] Ives, H. I., Stilwell, G. R., Journ. Opt. Soc. **28,** 215 (1938). (Zu Abschn. 12.8)
[3] Kaivola, M. et al., Phys. Rev. Lett. **54,** 255 (1985). (Zu Abschn. 12.8)
[4] Hasselbach, F., Nicklaus, M., in: Proc. XIIth Int. Congr. Electron Microscopy, San Francisco, 1990, 212. (Zu Abschn. 12.9)
[5] Feinberg, G., Phys. Rev. **159,** 1089 (1967). (Zu Abschn. 12.10)
[6] Greub, W., Linear Algebra, Grad. Texts in Mathematics, Vol. 23, Springer-Verlag, New York, Heidelberg, Berlin, 1975. (Zu Abschn. 12.11)
[7] Becker, R., Sauter, F., Theorie der Elektrizität, Bd. I, Teubner, Stuttgart, 1969. (Zu Abschn. 12.11 u. 12.12)
[8] Jackson, J. D., Klassische Elektrodynamik, Verlag de Gruyter, Berlin, 1985. (Zu Abschn. 12.11 u. 12.12)
[9] Landau, L. D., Lifschitz, E. M., Lehrbuch der Theoretischen Physik, Bd. VIII, Elektrodynamik der Kontinua, Hrsg. G. Lehmann, 3. Aufl., Akademie-Verlag, Berlin, 1980. (Zu Abschn. 12.11)
[10] Stephani, H., Allgemeine Relativitätstheorie, VEB Deutscher Verlag der Wissenschaften, Berlin, 1980. (Zu Abschn. 12.11 u. 12.15)
[11] Weinberg, S., Gravitation and Cosmology, John Wiley & Sons, New York, London, Sidney, Toronto, 1972. (Zu Abschn. 12.11)
[12] Schwinger, J., Phys. Rev. **75,** 1912 (1949). (Zu Abschn. 12.12)
[13] Landau, L. D., Lifschitz, E. M., Lehrbuch der Theoretischen Physik, Bd. II, Klassische Feldtheorie, Hrsg. H.-G. Schöpf, 8. Aufl., Akademie-Verlag, Berlin, 1981. (Zu Abschn. 12.12)
[14] Melrose, D. B., Plasma Astrophysics, Vol. I, Gordon and Breach, New York, 1980. (Zu Abschn. 12.12)
[15] Rybicki, G. B., Lightman, A. P., Radiative Processes in Astrophysics, Wiley-Interscience, New York, 1979. (Zu Abschn. 12.12)
[16] Ginzburg, V. L., Syrovatskii, S. I., Ann. Rev. Astron. Astrophys. **3,** 297 (1965). (Zu Abschn. 12.12)
[17] Einstein, A., Ann. Phys. **49,** 769 (1916a). (Zu Abschn. 12.13)
[18] Pound, R., Snider, J., Phys. Rev. **140,** B, 788 1(965). (Zu Abschn. 12.14)
[19] Burke, B. F., in: Quasars, Proc. IAU Symp. No. 119, G. Swarup, V. K. Kapahi (eds.), D. Reidel, Dordrecht 1985, p. 517. (Zu Abschn. 12.14)
[20] Narayau, R., in: Quasars, Proc. IAU Symp. No. 119, G. Swarup, V. K. Kapahi (eds.), D. Reidel, Dordrecht 1985, p. 529. (Zu Abschn. 12.14)
[21] Turner, E. L., Spektrum d. Wissensch. **9,** 104 (1988). (Zu Abschn. 12.14)
[22] Misner, C., Thorne, K., Wheeler, A., Gravitation, Freeman, San Francisco, 1973. (Zu Abschn. 12.14 u. 12.15)
[23] Shapiro, J. et al., Phys. Rev. Lett. **20,** 1265 (1968) u. Phys. Rev. Lett. **26,** 1132 (1971). (Zu Abschn. 12.14)
[24] Einstein, A., Sitzungsprotokolle d. Preuss. Akad. d. Wissensch., 688 (1916b). (Zu Abschn. 12.15)
[25] Einstein, A., Sitzungsprotokolle d. Preuss. Akad. d. Wissensch., 154 (1918). (Zu Abschn. 12.15)
[26] Wald, R. M., General Relativity, University of Chicago Press, Chicago, 1984. (Zu Abschn. 12.15)
[27] Couch, W. E., Newman, E. T., J. Math. Phys. **13,** 929 (1972). (Zu Abschn. 12.15)

[28] Taylor, J. H., in: Proc. XI. Intern. Conf. on General Relativity and Gravitation, MacCullum (ed.), Cambridge University Press, Cambridge 1987, p. 209. (Zu Abschn. 12.15)
[29] Weber, J., Phys. Rev. Lett. **22,** 1320 (1969). (Zu Abschn. 12.15)
[30] Weber, J., Phys. Rev. Lett. **24,** 276 (1970). (Zu Abschn. 12.15)
[31] Kafka, P., Naturwissensch. **73,** 248 (1986a). (Zu Abschn. 12.15)
[32] Kafka, P., Naturwissensch. **73,** 305 (1986b). (Zu Abschn. 12.15)
[33] Otting, F., Physik, Z. **40,** 681 (1939). (Zu Abschn. 12.8)
[34] Abramowitz, M., Stegun, I. A., Handbook of Mathematical Functions, Dover Publications, New York, 1972. (Zu Abschn. 12.12)
[35] Fomalont, E. B., Sramek, R. A., Phys. Rev. Lett. **36,** 1475 (1976). (Zu Abschn. 12.14)
[36] Fomalont, E. B., Sramek, R. A., Comm. Astrophys. **7,** 19 (1977). (Zu Abschn. 12.14)

Weiterführende Literatur

Becker, R., Sauter, F., Theorie der Elektrizität, Bd. I, Teubner, Stuttgart, 1969. (Zu Abschn. 12.11 u. 12.12)

Born, M., Die Relativitätstheorie Einsteins, 4. Aufl., Springer-Verlag, Berlin, 1964.

Einstein, A., Grundzüge der Relativitätstheorie, 2. Aufl., F. Vieweg & Sohn, Braunschweig, 1960

Falk, G., Ruppel, W., Mechanik, Relativität, Gravitation, Springer-Verlag, Berlin, Heidelberg, New York, 1973.

Jackson, J. D., Klassische Elektrodynamik, Verlag de Gruyter, Berlin, 1985. (Zu Abschn. 12.11 u. 12.12)

Kacser, C., Einführung in die spezielle Relativitätstheorie, Berliner Union GmbH, Stuttgart 1970.

Landau, L. D., Lifschitz, E. M., Lehrbuch der Theoretischen Physik, Bd. VIII, Elektrodynamik der Kontinua, Hrsg. G. Lehmann, 3. Aufl., Akademie-Verlag, Berlin 1980. (Zu Abschn. 12.11)

Landau, L. D., Lifschitz, E. M., Lehrbuch der Theoretischen Physik, Bd. II, Klassische Feldtheorie, Hrsg. H.-G. Schöpf, 8. Aufl., Akademie-Verlag, Berlin 1981. (Zu Abschn. 12.12)

v. Laue, M., Die Relativitätstheorie, Bd. 1: Die spezielle Relativitätstheorie, 7. Aufl., F. Vieweg & Sohn, Braunschweig, 1961.

v. Laue, M., Die Relativitätstheorie, Bd. 2: Die allgemeine Relativitätstheorie, 5. Aufl., F. Vieweg & Sohn, Braunschweig, 1965.

Melcher, H., Relativitätstheorie in elementarer Darstellung mit Aufgaben und Lösungen, 2. Aufl., VEB Deutscher Verlag der Wissenschaften, Berlin, 1970

Melrose, D. B., Plasma Astrophysics. Vol. I, Gordon and Breach, New York, 1980. (Zu Abschn. 12.12)

Misner, C., Thorne, K., Wheeler, A., Gravitation, Freeman, San Francisco, 1973. (Zu Abschn. 12.14 u. 12.15

Møller, C., The Theory of Relativity, Clarendon Press, Oxford, 1952

Rindler, W., Essential Relativity, Texts and Mongraphs in Physics. Springer-Verlag, Berlin, Heidelberg, New York, 1977.

Rybicki, G. B., Lightman, A. P., Radiative Processes in Astrophysics, Wiley-Interscience, New York, 1979. (Zu Abschn. 12.12)

Schmutzer, E., Relativitätstheorie – Aktuell: Ein Beitrag zur Einheit der Physik, Verlag Harri Deutsch, Thun, Frankfurt/Main, 1981.

Sexl, R., Sexl, H., Weiße Zwerge – Schwarze Löcher, 2. Aufl., F. Vieweg & Sohn, Braunschweig, Wiesbaden, 1979.

Stephani, H., Allgemeine Relativitätstheorie, VEB Deutscher Verlag der Wissenschaften, Berlin, 1980. (Zu Abschn. 12.11 u. 12.15)

Straumann, N., Allgemeine Relativitätstheorie und Relativistische Astrophysik, Lecture Notes in Physics, Vol. 150, Springer-Verlag, Berlin, Heidelberg, New York, 1981.

Wald, R. M., General Relativity, University of Chicago Press, Chicago, 1984. (Zu Abschn. 12.15)

Weinberg, S., Gravitation and Cosmology, John Wiley & Sons, New York, London, Sidney, Toronto, 1972. (Zu Abschn. 12.11)

Register

Tafel I

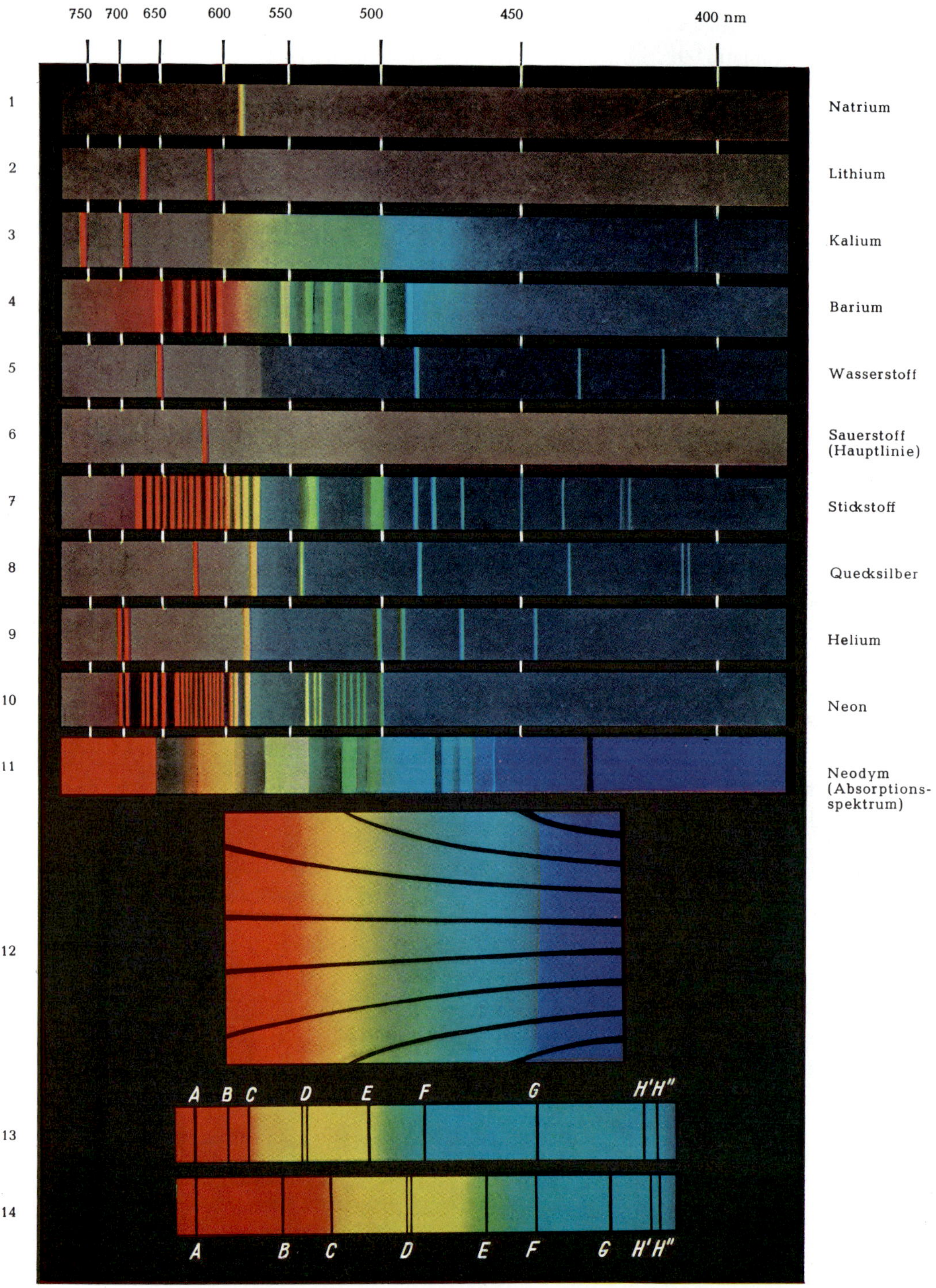

1–10: Emissionsspektren (zu S. 281).
11: Absorptionsspektrum (zu S. 281).
12: Interferenzstreifen im Spektrum (Müllersche Streifen) (zu S. 313 u. 564).
13: Fraunhofersche Linien im prismatischen Spektrum (zu S. 207, 209 u. 383).
14: Fraunhofersche Linien im Beugungsgitterspektrum (zu S. 383).

(Mit Genehmigung der B. G. Teubner Verlagsgesellschaft mbH, Stuttgart, nach Grimsehl, Lehrbuch der Physik.)

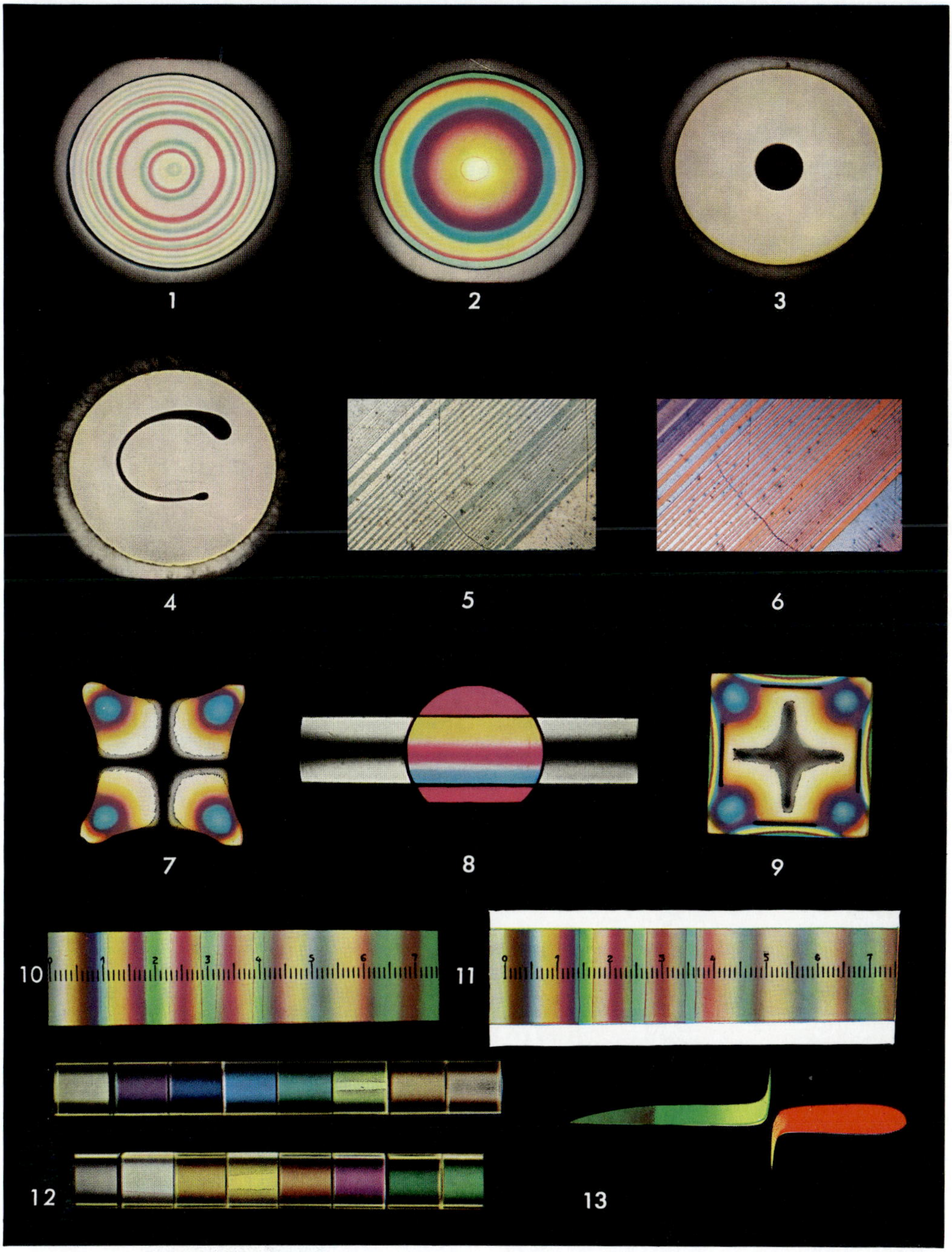

1 u. 2: Interferenzringe auf rotierender Seifenlamelle (zu S. 327).
3: Schwarzer Fleck auf rotierender Seifenlamelle (zu S. 327).
4: Schwarzer Fleck auf Seifenlamelle nach Abstellen der Rotation (zu S. 327).
5: Ferroelastische (110)-Domänen eines supraleitenden orthorhombischen $YBa_2Cu_3O_{7-\delta}$-Kristalls im reflektierten polarisierten Licht an einer (001)-Fläche. – Objektiv 50 × 0.85, Ölimmersion; Bildabmessung horizontal 210 µm (nach H. Rabe et al. [6]) (zu S. 558 u. 594).
6: Kristallpräparat der Abb. 5 nach Zwischenschalten des Laves-Ernst-Kompensators bei gekreuzten Polarisatoren. Additionsfarbe (blau): Domänenachse a_2 horizontal, Subtraktionsfarbe (orange): Domänenachse a_1 horizontal (zu S. 558 u. 594).
7: Schnell gekühltes Glas im linear polarisierten Licht zwischen gekreuzten Nicols (zu S. 593).
8: Auf Biegung beanspruchter Glasstab zwischen gekreuzten Nicols mit Gipsplättchen (rot I. Ord.) (zu S. 591).
9: Schnell gekühltes Glas im zirkular polarisierten Licht zwischen gekreuzten Nicols (zu S. 593).
10: Quarzkeil zwischen gekreuzten Nicols (zu S. 564).
11: Quarzkeil zwischen parallel gestellten Nicols (zu S. 564).
12: Sichtbarmachung der Rotationsdispersion bei der Drehung der Schwingungsebene im Quarz (zu S. 541).
13: Anomale Dispersion des Natriumdampfes; die Aufnahme ist um die Horizontale um 180° zu drehen, da sich die Brechzahl auf der kurzwelligen Seite der Absorptionsstelle erniedrigt (zu S. 255).

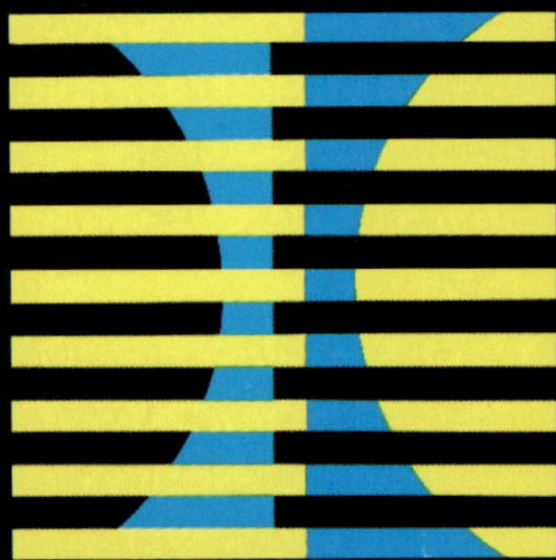

1

3

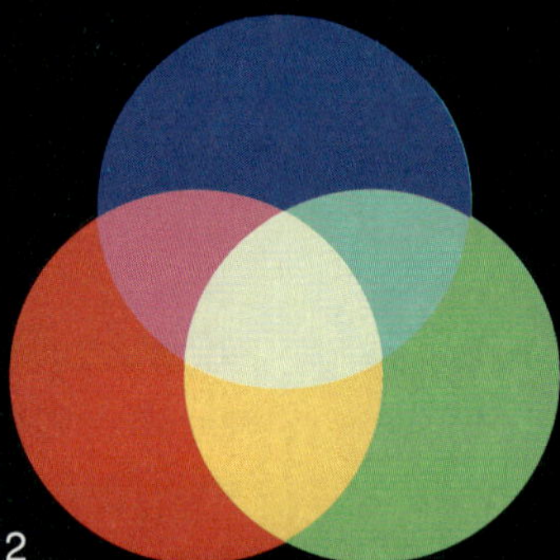

2

4

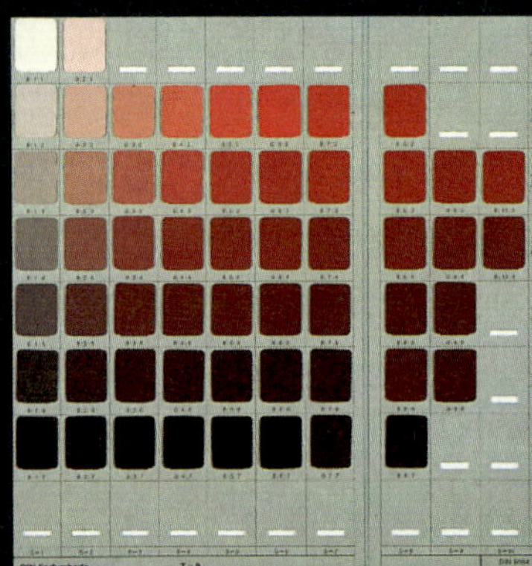

5

1: Beispiel für den Bezold-Effekt. Zu den blauen Flächen in beiden Bildhälften gehören gleiche physikalische Farbreize, sie erscheinen aber unterschiedlich [13] (zu S. 667).

2: Additive Farbmischungen aus drei Grundfarben, erzeugt mit Hilfe dreier Projektoren mit Farbfiltern (zu S. 688, 690 u. 691).

3: Additive Farbmischung auf dem Farbfernseh-Bildschirm (aus [11]). Die kreisförmigen Ausschnitte zeigen Vergrößerungen, in denen die Phosphorpunkte sichtbar werden (zu S. 688, 690 u. 691).

4: Subtraktive bzw. multiplikative Farbmischung mit drei übereinandergelegten Farbfiltern in den subtraktiven Grundfarben Gelb, Magenta (Purpur), Cyan (Blaugrün) (zu S. 750).

5: Beiblatt Nr. 108 der DIN-Farbenkarte. Dargestellt sind die Muster der Bunttonzahl $T = 8$. Die Dunkelstufe nimmt von oben nach unten von $D = 1$ bis 7, die Sättigungsstufe von links nach rechts von $S = 1$ bis 10 zu (zu S. 744).

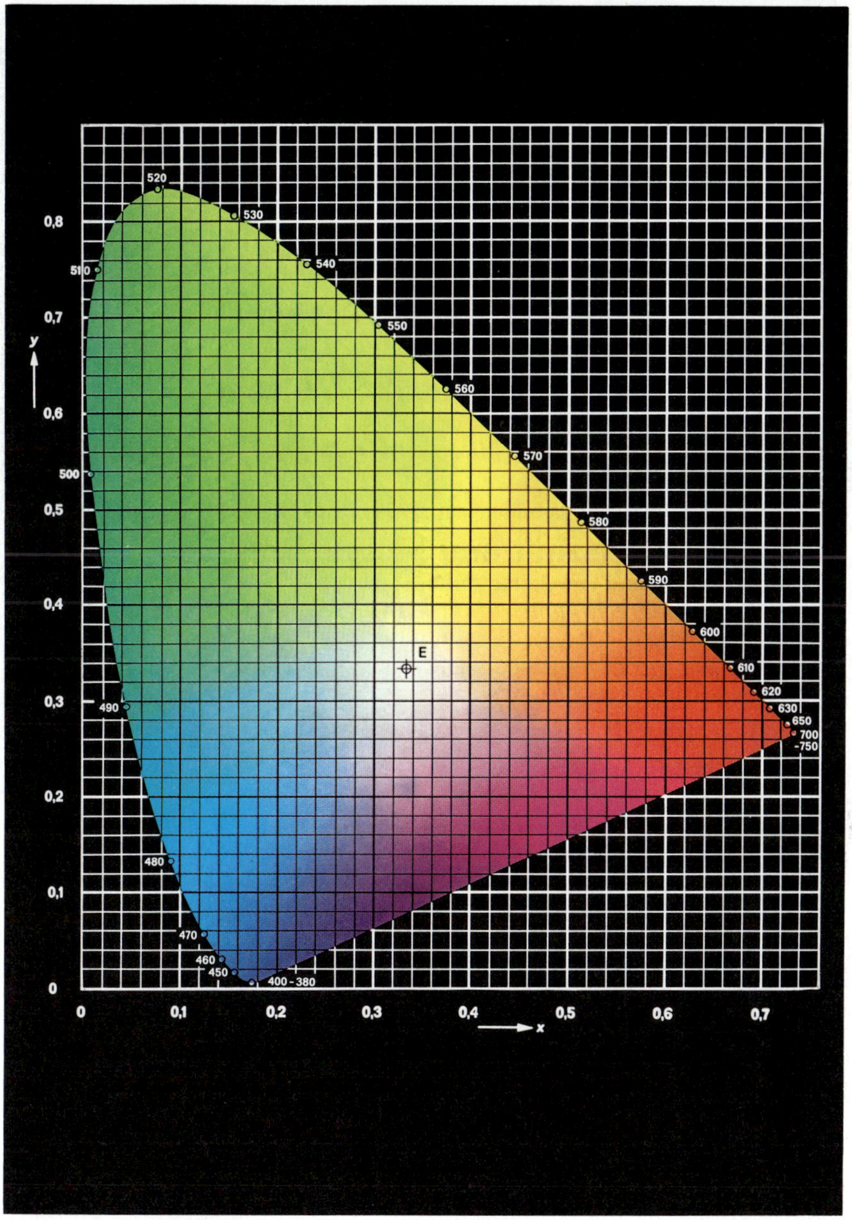

Normfarbtafel nach DIN 5033. Die ausgedruckten Farben dienen nur der ungefähren Veranschaulichung der Verteilung der Farbarten in der Farbtafel. Farbarten, die Farbörtern nahe dem Spektralfarbenzug entsprechen, können drucktechnisch nicht realisiert werden (zu S. 716).